AF344956

# HANDBUCH DER LEBENSMITTELCHEMIE

HERAUSGEGEBEN VON

L. ACKER · K.-G. BERGNER · W. DIEMAIR · W. HEIMANN
F. KIERMEIER · J. SCHORMÜLLER · S. W. SOUCI

GESAMTREDAKTION

J. SCHORMÜLLER

BAND VII

## ALKOHOLISCHE GENUSSMITTEL

SPRINGER-VERLAG
BERLIN · HEIDELBERG · NEW YORK
1968

# ALKOHOLISCHE GENUSSMITTEL

BEARBEITET VON

K.-G. BERGNER · C.-C. EMEIS · A. FREY · G. GÜNTHER · D. HESS
W. HORAK · O. KAUPPILA · F. KOPPE · L. NYKÄNEN · R. J. PELTONEN
K. SCHUSTER† · H. SPECHT† · H. SUOMALAINEN · E. VOGT

SCHRIFTLEITUNG

**W. DIEMAIR**

MIT 123 ABBILDUNGEN

SPRINGER-VERLAG
BERLIN · HEIDELBERG · NEW YORK
1968

ISBN-13: 978-3-642-46131-6    e-ISBN-13: 978-3-642-46130-9
DOI: 10.1007/978-3-642-46130-9



Titel Nr. 5583

# Inhaltsverzeichnis

**Untersuchung der Branntweine und Sprite.** Von Reg.-Dir. Dr. W. HORAK, Offenbach, Prof. Dr. A. FREY, Weihenstephan und Dipl.-Ing. G. GÜNTHER, Lüdinghausen. (Mit 6 Abbildungen) . . . . . . . . . . . . . . . . . . . . . . . . . . . . . . . . . . . . . . 654

# Verzeichnis der Mitarbeiter

o. Prof. Dr. rer. nat. habil.
KARL-GUSTAV BERGNER,
Direktor des Instituts für Lebensmittelchemie der Universität Stuttgart
7 Stuttgart 1, Keplerstraße 17

Dr. rer. nat. CARL-CHRISTIAN EMEIS,
Priv.-Doz. an der Technischen Universität,
Institut für Gärungsgewerbe
1 Berlin 65, Seestraße 13

apl. Prof. Dr.-Ing. Dipl.-Ing. ALFRED FREY,
805 Freising, Kulischstraße 17

Dipl.-Ing. GERHARD GÜNTHER,
4714 Selm/Westf., Lüdinghauser Str. 5a

Dr. phil. nat., Dipl.-Chem. DIETER HESS,
6501 Nieder Olm, Birkenweg 2

Regierungsdirektor Dr.-Ing. WILH. HORAK,
605 Offenbach/Main, Spießstraße 5

Dipl.-Ing. OLLI KAUPPILA, Produktionschef
der Rajamäki-Werke des Staatlichen
Finnischen Alkoholmonopols
Rajamäki/Finnland

Oberchemierat Dr. rer. nat. FRIEDR. KOPPE,
Staatl. Chemische Untersuchungsanstalt
28 Bremen, St. Jürgenstraße

Mag. phil. LALLI NYKÄNEN, Vorstand der
Analytischen Abteilung der Forschungs-
laboratorien des Staatlichen Finnischen
Alkoholmonopols
Box 10350, Helsinki 10/Finnland

Dipl.-Ing. RISTO J. PELTONEN,
Betriebsleiter der Salmisaari-Fabrik des
Staatlichen Finnischen Alkoholmonopols
Box 10350, Helsinki 10/Finnland

Prof. Dr.-Ing. KARL SCHUSTER †,
Technische Hochschule München,
Fakultät für Brauwesen, Weihenstephan

Prof. Dr. H. SPECHT †,
Institut für Gärungsgewerbe
1 Berlin 65,
Seestraße 13

Dr. HEIKKI SUOMALAINEN, Direktor der
Produktion der Chemischen Forschung
des Staatlichen Finnischen
Alkoholmonopols
Box 10350, Helsinki 10/Finnland

Prof. Dr. phil. nat. ERNST VOGT,
78 Freiburg i. Br.,
Okenstraße 46

# Alkoholische Gärung

Von

Prof. Dr. **Hermann Specht** †, Berlin (Abschnitte I, III u. IV)
und Dr. **C. C. Emeis**, Berlin (Abschnitt II)

Mit 5 Abbildungen

Die alkoholische Gärung der Hefen, bei der bestimmte Hexosen über eine verzweigte Reaktionskette zu Äthylalkohol und Kohlendioxid gespalten werden, gehört zu den anaeroben Formen der Dissimilationsvorgänge. Dieser exergonische Vorgang liefert 55 kcal pro mol Glucose, mit deren Hilfe energiereiche Verbindungen aufgebaut werden, die wiederum für endergonische Reaktionen zur Verfügung stehen. Im Gegensatz dazu bringt die biologische Oxydation der Glucose zu Kohlendioxid und Wasser 693 kcal pro mol Glucose. Es hat sich gezeigt, daß auch der aerobe Stoffwechsel über zahlreiche Stufen mit dem anaeroben gemeinsam verläuft und sich nur durch die Verwendung der reduzierten Coenzyme und der Brenztraubensäure unterscheidet. Auf dieser Abbaustufe stehen beide Reaktionsfolgen an einer Weiche, und es ist nicht verwunderlich, daß die Hefen imstande sind, beide Vorgänge gleichzeitig ablaufen zu lassen und zur Energiegewinnung einzusetzen. Die Hefen vermögen nur bestimmte Hexosen, d. s. D-Glucose, D-Fructose, D-Mannose und in geringerem Umfang D-Galaktose, zu vergären. Oligo- und Polysaccharide müssen vorher zu diesen Hexosen bzw. deren Phosphorsäureestern gespalten werden, ehe die Gärung einsetzen kann.

## Geschichtliches

Das Wissen über die Herstellung der alkoholischen Getränke ist sehr alt und mit der Kultur der Völker eng verknüpft. Dagegen war die wissenschaftliche Erforschung der alkoholischen Gärung der Neuzeit vorbehalten, und ihre Geschichte kann mit der Entwicklung der Biochemie gleichgesetzt werden. In dieser Geschichte finden wir die Namen der großen Pioniere der Biochemie. Die berühmte summarische Gärungsgleichung geht auf Gay-Lussac zurück. A. van Leeuwenhoek, dem wir die Erfindung des Mikroskops verdanken, erkannte bereits im Jahre 1680 die Hefe als aus kleinen Kugeln bestehend und machte von dieser Entdeckung der Royal Society Mitteilung. Aber erst viel später kam unabhängig voneinander den deutschen Forschern F. Kützing (1837) und Th. Schwann (1837) sowie dem Franzosen M. Cagniard-Latour (1838) bei Betrachtung der Hefe unter dem Mikroskop die Erkenntnis, daß die Hefe ein lebender Organismus und die Gärung „organisches Leben" sei; sie begründeten damit die vitalistische Auffassung der Gärungserscheinungen. In den folgenden Jahrzehnten beschäftigte sich L. Pasteur (1860, 1862), anknüpfend an die Ergebnisse der dreißiger Jahre, sehr eingehend mit der alkoholischen Gärung, die er für den Ausdruck des Lebens der Hefezelle und an ihre Lebenstätigkeit gebunden ansah. Aber schon E. Buchner (1897) vermochte einen zellfreien Hefepreßsaft zu gewinnen, der die alkoholische Gärung auslöste, und leitete damit die Entwicklung der Enzymologie ein. Von den Forschern, die sich mit den Vorgängen in Hefepreßsäften beschäftigten und das heutige Bild der Gärung formten, sollen hier A. Harden u. W.J. Young (1906, 1908), C. Neuberg (1911), H. v. Euler (1936, 1942), G. Embden (1933), O. Meyerhof (1937, 1942, 1949), J.K. Parnas (1938), O. Warburg (1938, 1948), K. Lohmann (1934, 1937) und C.F. Cori (1941) genannt werden. Ihre Namen kehren z. T. wieder in den Zwischenprodukten dieses anaeroben Abbauweges, das nach seinen wichtigsten Autoren als „Embden-Meyerhof-Schema" oder „Embden-Meyerhof-Weg" bezeichnet wird.

# I. Der Ablauf der alkoholischen Gärung

Die nach der klassischen Gay-Lussac-Gleichung

$$C_6H_{12}O_6 \rightarrow 2\,C_2H_5OH + 2\,CO_2$$
$$\text{(Glucose)} \qquad \text{(Äthylalkohol)}$$

über den Embden-Meyerhof-Weg ablaufende alkoholische Gärung wurde von C. Neuberg u. H. Hirsch (1919a) als *„erste Vergärungsform der Zucker durch Hefen"* bezeichnet. Wir können im Hinblick auf das Kohlenstoffgerüst der Abbauprodukte drei Teilstrecken unterscheiden:

1. *Die Phosphorylierungen der Hexose* mit Hilfe der Phosphotransferasen und dem Adenylsäuresystem als Coenzym.

2. *Die Spaltung der phosporylierten Hexose* in 2 mol Triosephosphat und deren Oxydation unter Phosphataufnahme zur 1.3-Diphosphoglycerinsäure, die zunächst in die 3-Phosphoglycerinsäure umgewandelt wird. Diese Reaktionsfolge bringt den einzigen Energiegewinn auf dem Abbauweg, der für andere energieverbrauchende Reaktionen wieder eingesetzt werden kann. Über die 2-Phosphoglycerinsäure und die Phosphoenolbrenztraubensäure wird die Schlüsselsubstanz Brenztraubensäure gebildet, wobei das unter 1. beanspruchte Adenylsäuresystem wieder regeneriert wird. Als Coenzyme fungieren das Nicotinamid-adenin-dinucleotid, die 2.3-Diphosphoglycerinsäure und das Adenylsäuresystem.

3. *Die Brenztraubensäure erfährt eine Spaltung* zu Acetaldehyd und Kohlensäure. Der Acetaldehyd wird zu Äthylalkohol reduziert, wobei diese Reduktion mit der unter 2. erfolgten Oxydation ein Oxydoreduktions-Gleichgewicht ergibt. Die Coenzyme dieser letzten Phase sind das Thiaminpyrophosphat und das Nicotinamid-adenin-dinucleotid.

Im einzelnen läuft die alkoholische Gärung der Hefen über folgende enzymatisch katalysierte Wege ab:

## 1. Die Phosphorylierung der Hexose

a) Die freie D-Glucose wird in der Hefezelle durch das Ferment Hexokinase (ATP: D-Hexose-6-phosphotransferase) in das *D-Glucose-6-phosphat (Robisonester)* übergeführt, wobei $Mg^{++}$-Ionen notwendig sind. Adenosintriphosphat (ATP) fungiert dabei als Coenzym:

$$\text{D-Glucose} + \text{ATP} \xrightarrow{\;Mg^{++}\;} \text{D-Glucose-6-phosphat} + \text{ADP}.$$

Die Hefe-Hexokinase phosphoryliert auch D-Fructose, D-Mannose, 2-Desoxy-D-Glucose und Glucosamin. Das Gleichgewicht der Hexokinase-Reaktion liegt fast vollständig beim Hexose-6-phosphat. Das Adenosintriphosphat ist ein Nucleotid, das aus Adenin, Ribose und drei Phosphorsäuregruppen zusammengesetzt ist, von denen zwei unter Freisetzung von je 7 kcal/mol hydrolysierbar sind, wobei Adenosindiphosphat (ADP) bzw. Adenosinmonophosphat (AMP) entstehen. Das Adenylsäuresystem (ATP, ADP und AMP) ist im Bd. I d. Handb. (S. 288 und S. 835—836) eingehend beschrieben.

b) Das D-Glucose-6-phosphat wird nunmehr durch die Phosphohexose-isomerase (D-Glucose-6-phosphat-ketolisomerase) zum D-*Fructose-6-phosphat (Neubergester)* isomerisiert:

$$\text{D-Glucose-6-phosphat} \rightleftarrows \text{D-Fructose-6-phosphat.}$$
$$(68\%) \qquad\qquad (32\%)$$

Das Ferment wird durch Orthophosphat und Pyrophosphat gehemmt. Das Gleichgewichtsgemisch aus Glucose-6-phosphat und Fructose-6-phosphat wird Embden-ester genannt.

c) Die Phosphofructokinase (ATP: D-Fructose-6-phosphat-1-phosphotransferase) phosphoryliert anschließend zum D-*Fructose-1.6-diphosphat (Harden-Young-Ester,* Bd. I, d. Handb., S. 420):

$$\text{D-Fructose-6-phosphat} + \text{ATP} \xrightarrow{\text{Mg}^{++}} \text{D-Fructose-1.6-diphosphat} + \text{ADP.}$$

Als Coenzym fungiert wiederum ATP.

## 2. Die Spaltung der phosphorylierten Hexose

*Der zweite Teil des Embden-Meyerhof-Weges* vollzieht sich unter der Mitwirkung der wasserstoffübertragenden Fermente, bei denen Coferment und Apoferment dissoziabel verbunden sind. Als Coenzym ist das NAD (Nicotinamid-adenindinucleotid) notwendig, das aus Nicotinsäureamid, Adenin, 2 Ribose und 2 Phosphorsäure aufgebaut ist und auch Diphosphopyridin-nucleotid (DPN) genannt wird. Für die Wasserstoffübertragung ist die Pyridinkomponente verantwortlich, die reversibel hydriert wird (Bd. I d. Handb., S. 887 und 939).

a) Das nicht immer absolut spezifische Ferment Aldolase oder Zymohexase (Ketose-1-phosphat-aldehydlyase) spaltet das D-Fructose-1.6-diphosphat in 2 Triosen, in *Dihydroxyacetonphosphat* und D-*Glycerinaldehyd-3-phosphat.* Die Hefealdolase benötigt dazu $Zn^{++}$, ersatzweise $Fe^{++}$ oder $Co^{++}$. Durch Zusatz von Komplexbildnern ($a,a'$-Dipyridyl, o-Phenanthrolin usw.) tritt Hemmung durch Bindung der Schwermetall-Ionen ein:

$$\text{D-Fructose-1.6-diphosphat} \xrightleftharpoons{\text{Zn}^{++}} \text{Dihydroxyacetonphosphat} + \text{D-Glycerinaldehyd-3-phosphat.}$$

b) Keto-Triose und Aldo-Triose stehen in einem Gleichgewicht, dessen Einstellung durch das Ferment Triosephosphat-isomerase (D-Glycerinaldehyd-3-phosphat-ketolisomerase) beschleunigt wird. Das Enzym besitzt eine hohe Wechselzahl, so daß der im weiteren Verlauf umgesetzte Aldehyd sofort nachgeliefert werden kann:

$$\text{Dihydroxyacetonphosphat} \rightleftarrows \text{D-Glycerinaldehyd-3-phosphat.}$$
$$(96\%) \qquad\qquad (4\%)$$

c) Die Triosephosphat-dehydrogenase (D-Glycerinaldehyd-3-phosphat: NAD-oxydoreduktase) mit NAD als Coenzym oxydiert in einem interessanten Teilschritt den Aldehyd zur Säure unter gleichzeitiger Aufnahme und Bindung von Orthophosphat als Acylphosphat:

$$\text{D-Glycerinaldehyd-3-phosphat} + \text{NAD}^+ + \text{Orthophosphat} \rightleftarrows$$
$$\text{D-1.3-Diphosphoglycerinsäure} + \text{NADH} + \text{H}^+.$$

Die Oxydation verläuft dabei über die SH-Gruppe des Enzyms zum Acyl-S-Enzym, das der „aktiven Essigsäure" entspricht. Durch Phosphorolyse zu der D-*1,3-Diphosphoglycerinsäure (Warburg-Negelein-Ester)* bleibt die Energie des Thioesters im Acylphosphat als chemische Energie erhalten. Das Ferment ist wegen seiner freien SH-Gruppen sehr empfindlich gegen SH-Reagentien, z. B. Jodessigsäure, p-Chlormercuribenzoat usw.

d) Der Phosphatrest des Acylphosphats wird nunmehr durch die 3-Phosphoglycerat-kinase (ATP: D-3-Phosphoglycerat-1-phosphotransferase) an ADP übertragen, wobei ATP und D-*3-Phosphoglycerinsäure* entstehen:

$$\text{D-1.3-Diphosphoglycerinsäure} + \text{ADP} \xrightleftharpoons{\text{Mg}^{++}} \text{D-3-Phosphoglycerinsäure} + \text{ATP}.$$

Diese ATP-Bildung entspricht einem Energiebetrag von 7 kcal/mol und wird *Substratkettenphosphorylierung* genannt (Bd. I d. Handb., S. 890).

Das Gleichgewicht der enzymatischen Reaktion (vgl. 2c) liegt beim D-3-Phosphoglycerinaldehyd und der Reaktion (vgl. 2d) bei der D-3-Phosphoglycerinsäure, so daß das Zwischenprodukt D-1.3-Diphosphoglycerinsäure nur in geringer Gleichgewichtskonzentration vorhanden sein kann. Die hohe Wechselzahl der 3-Phosphoglycerat-kinase und ihre sehr große Affinität zur D-1.3-Diphosphoglycerinsäure bewirken außerdem, daß das an sich labile Zwischenprodukt D-1.3-Diphosphoglycerinsäure schnell durchlaufen wird.

e) Das Ferment Phosphoglycerat-mutase wandelt über das Coferment 2.3-Diphosphoglycerinsäure die D-3-Phosphoglycerinsäure in die D-*2-Phosphoglycerinsäure* um,

$$\text{D-3-Phosphoglycerinsäure} \rightleftarrows \text{D-2-Phosphoglycerinsäure}$$

wobei das Gleichgewicht auf der linken Seite der Reaktionsgleichung liegt.

f) Im nächsten Schritt wird die D-2-Phosphoglycerinsäure mit Hilfe des Enzyms Enolase (D-2-Phosphoglycerathydrolyase) zur *Phosphoenolbrenztraubensäure* dehydratisiert:

$$\text{D-2-Phosphoglycerinsäure} \xrightleftharpoons{\text{Mg}^{++}} \text{Phosphoenolbrenztraubensäure} + \text{H}_2\text{O}.$$

Das Ferment benötigt zu seiner Wirkung $\text{Mg}^{++}$-Ionen, die durch $\text{Mn}^{++}$- oder $\text{Zn}^{++}$-Ionen ersetzbar sind. Die Enolase ist gegen Fluorid sehr empfindlich, wobei die Hemmung durch Phosphat noch verstärkt wird. Man nimmt daher an, daß sich ein Magnesiumfluorphosphat-Komplex mit dem Enzymprotein dissoziierend bindet und das für die Wirkung notwendige $\text{Mg}^{++}$ abdrängt. Eine analoge Komplexbildung kann auch mit Arsenat anstelle von Phosphat stattfinden. Die seit langem bekannte Fluoridhemmung der alkoholischen Gärung beruht somit auf einer Wirkung gegenüber der Hefeenolase.

g) Die Phosphorsäure liegt in der Phosphoenolbrenztraubensäure wieder in einer energiereichen Form, nämlich als Enolester, vor. Sie wird mit Hilfe der Pyruvatkinase (ATP: Pyruvat-phosphotransferase) auf ADP übertragen, und es entsteht als Schlüsselsubstanz und wichtigster Metabolit im anaeroben wie aeroben Kohlenhydratstoffwechsel die *Brenztraubensäure:*

$$\text{Phosphoenolbrenztraubensäure} + \text{ADP} \xrightleftharpoons{\text{Mg}^{++},\ \text{K}^{+}} \text{Brenztraubensäure} + \text{ATP}.$$

Das Gleichgewicht dieser Reaktion liegt stark auf der Seite der Brenztraubensäure. Die Reaktionsfolge von der Phosphoglycerinsäure zur Brenztraubensäure ermöglicht die Rückgewinnung der bei der Phosphorylierung der Hexose eingesetzten 2 ATP, da pro mol Triose 1 ATP bzw. pro mol Hexose 2 ATP anfallen. Bei der tierischen Glykolyse und der Milchsäuregärung durch homofermentative Milchsäurebakterien stellt die Brenztraubensäure bereits das eigentliche Endprodukt der Dissimilationsvorgänge dar. Sie übernimmt nunmehr den beim Teilschritt (vgl. 2c) als $\text{NADH} + \text{H}^{+}$ angefallenen Wasserstoff und wandelt sich zur Milchsäure um. Bei der alkoholischen Gärung ist jedoch eine weitere Spaltung vom $\text{C}_3$- zum $\text{C}_2$-Körper der Reduktion vorgeschaltet.

### 3. Spaltung der Brenztraubensäure

*Der dritte Teil des Embden-Meyerhof-Weges* in Hefezellen erfordert die Mitwirkung einer nur im Pflanzenreich vorkommenden Brenztraubensäure-decarboxylase (2-Oxosäure-carboxylyase), als deren Coferment das Thiaminpyrophosphat (TPP) fungiert.

a) Dabei wird die Brenztraubensäure irreversibel zu *Acetaldehyd und Kohlensäure* (Gärungskohlensäure) decarboxyliert:

$$\text{Brenztraubensäure} \rightarrow \text{Acetaldehyd} + CO_2.$$

Die Codecarboxylase (Thiaminpyrophosphat = TPP) enthält das Thiamin (Aneurin, Vitamin $B_1$), das eines der in seiner biologischen Wirkung am längsten bekannten Vitamine ist, und besitzt auch die Fähigkeit, den Acetaldehyd als „aktiven Acetaldehyd" zu binden (Bd. I d. Handb., S. 880—881). In dieser Eigenschaft vermag das TPP allgemein den „aktiven Acetaldehyd" zu übertragen und im besonderen die Acyloinkondensation zu katalysieren, z. B.:

$$\text{aktiver Acetaldehyd} + \text{freier Acetaldehyd} \rightarrow \text{Acetoin (Acetylmethylcarbinol)} + TPP.$$

Die Brenztraubensäure-decarboxylase, welche das TPP mit $Mg^{++}$ in nicht dissoziierender Form gebunden enthält, decarboxyliert nur $a$-Ketocarbonsäuren.

b) Der Acetaldehyd wird im letzten Teilschritt der Enzymkette durch die Alkohol-dehydrogenase (Alkohol: NAD-oxydoreduktase) zum *Äthylalkohol* reduziert. Den notwendigen Wasserstoff liefert das reduzierte NAD vom Teilschritt (vgl. 2 c):

$$\text{Acetaldehyd} + \text{NADH} + \text{H}^+ \rightleftarrows \text{Äthylalkohol} + \text{NAD}^+.$$

Das Ferment ist in den Hefezellen in hoher Konzentration vorhanden und vermittelt eine Gleichgewichtseinstellung, die im neutralen und schwachsauren Gebiet auf der Seite des Alkohols liegt. Daher tritt bei der ersten Gärungsform der Acetaldehyd nur als Zwischenprodukt in geringer Menge auf; im alkalischen Bereich liegt das Gleichgewicht jedoch auf der Seite des Acetaldehyds. Neben dem Äthylalkohol kann das Ferment auch andere Substrate, z. B. n-Propion-, n-Butyr-, Isobutyr-, n-Valer- und Isovaleraldehyd usw. zu den entsprechenden Alkoholen reduzieren. Es ist ein SH-Enzym und gegen SH-Reagentien empfindlich.

Der anaerobe Abbau von Glucose zu Alkohol und Kohlendioxid im Verlauf der alkoholischen Gärung der Hefe nach der Gleichung

$$C_6H_{12}O_6 \rightarrow 2\,C_2H_5OH + 2\,CO_2$$

erfolgt in einer Kette von 12 hintereinander geschalteten Enzymen, die im vorstehenden einzeln besprochen wurden. Das Gesamtschema der alkoholischen Gärung ist aus Abb. 1 ersichtlich.

Aus dem Schema der Abb. 1 ist außerdem zu ersehen, daß die $NAD^+$ bzw. $NADH + H^+$ erfordernde Oxydoreduktion zwischen dem 3-Phosphoglycerinaldehyd und dem Acetaldehyd nicht in vollem Umfang abläuft, sondern in geringem Maße auch zwischen dem 3-Phosphoglycerinaldehyd und dem Dihydroxyacetonphosphat, das dabei zu $a$-Glycerophosphat reduziert wird. Durch eine spezifische Glycerophosphatase entstehen geringe Mengen Glycerin (3 % bezogen auf Zucker). Bei der „*zweiten Vergärungsform der Zucker durch Hefen*" nach C. NEUBERG u. E. REINFURTH (1918), wird dieser Enzymmechanismus ausgenutzt und der gärenden Hefe Sulfit zugesetzt, das den Acetaldehyd abfängt. Das bei der Triosephosphatdehydrierung anfallende $NADH + H^+$ kann den Wasserstoff nicht mehr an den Aldehyd abgeben, so daß es zu einer Blockierung des NADH und der Triosephosphate kommt. Dieser unphysiologische Zustand veranlaßt die Hefezelle, die Oxydoreduktion zwischen dem 3-Phosphoglycerinaldehyd und dem Dihydroxyaceton-

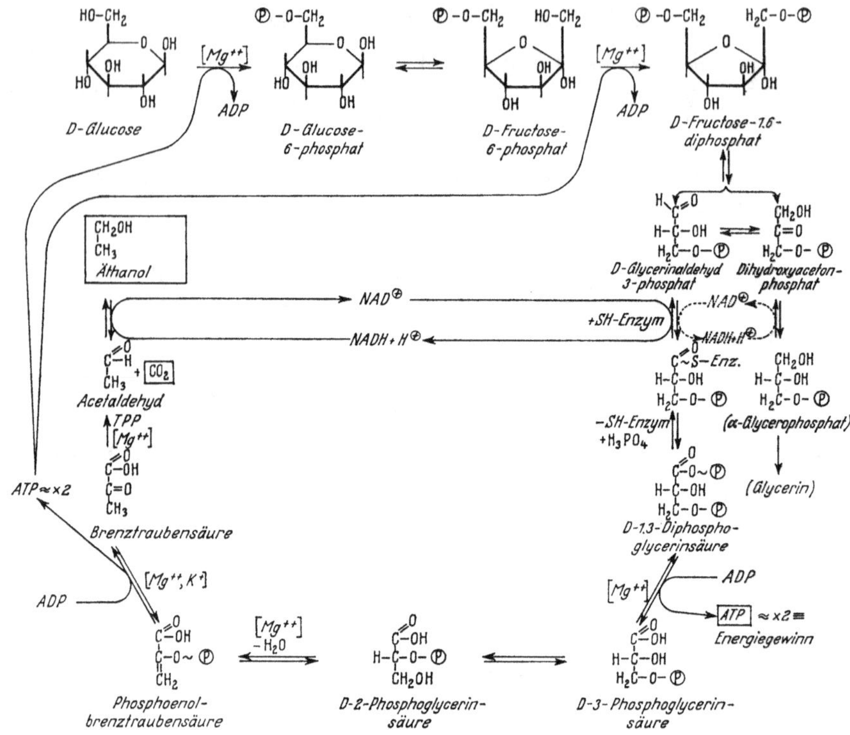


Abb. 1. Schema der alkoholischen Gärung

phosphat in verstärktem Maße ablaufen zu lassen. Es werden 25—27 % Glycerin, bezogen auf Zucker, gebildet. Die Bilanzgleichung dieser zweiten Gärungsform ist folgende:

$$C_6H_{12}O_6 \rightarrow C_3H_8O_3 + CH_3CHO + CO_2.$$
(Glucose)    (Glycerin) (Acetaldehyd)

Im alkalischen Milieu (pH = 8 oder alkalischer), das man durch Zusatz von Natriumhydrogencarbonat und Dinatriumphosphat erreicht, findet eine Dismutation des Acetaldehyds zu Alkohol und Essigsäure statt. Aber auch hier kommt es zu einer hohen Konzentration an NADH, so daß sich über das hydrierte Dihydroxyacetonphosphat größere Mengen Glycerin bilden:

$$2\,C_6H_{12}O_6 + H_2O \rightarrow CH_3COOH + C_2H_5OH + 2\,C_3H_8O_3 + 2\,CO_2.$$
(Glucose)      (Essigsäure)     (Äthanol)    (Glycerin)

C. Neuberg u. J. Hirsch (1919b) bezeichneten diese Gärung als „dritte Vergärungsform".

Bei der Hexokinasereaktion wurde erwähnt, daß das Ferment außer D-Glucose, dessen Abbauweg im besonderen verfolgt wurde, auch D-Fructose und D-Mannose zu den entsprechenden Hexose-6-phosphaten zu phosphorylieren vermag. Das D-Fructose-6-phosphat (Neubergester) reiht sich direkt in den Embden-Meyerhof-Weg ein, das D-Mannose-6-phosphat wird durch eine Phosphomanno-isomerase (D-Mannose-6-phosphatketolisomerase) in das D-Fructose-6-phosphat umgewandelt und damit in den Glucoseabbauweg eingeschleust. Dagegen muß die D-Galaktose durch eine besondere Galaktokinase (ATP:D-Galaktose-1-phosphotransferase) vorerst in das D-Galaktose-1-phosphat übergeführt werden, das mit Hilfe einer

Galakto-Waldenase in das Glucose-1-phosphat umgewandelt wird. Das Ferment Phosphoglucomutase bewirkt anschließend die Transferierung der Phosphorsäure vom $C_1$ zum $C_6$ der Glucose und damit das Einlenken in den Embden-Meyerhof-Weg. Ebenso muß das Reservekohlenhydrat der Hefe, das Glykogen, zuerst mit $H_3PO_4$ und der Phosphorylase ($a$-1.4-Glucan: Orthophosphat-glucosyltransferase) zum $a$-D-Glucose-1-phosphat abgebaut werden. Die folgende Darstellung läßt diese Phosphorylierungsmechanismen deutlich werden.

D-Galaktose $\qquad$ Glykogen
$\downarrow$ $\qquad\qquad$ $\downarrow$
D-Galaktose-1-phosphat $\rightleftarrows$ D-Glucose-1-phosphat
$\qquad\qquad\qquad$ $\uparrow\downarrow$
D-Glucose $\qquad$ $\rightarrow$ D-Glucose-6-phosphat
D-Fructose $\qquad$ $\longrightarrow$ $\searrow$ $\uparrow\downarrow$
D-Mannose-6-phosphat $\rightleftarrows$ D-Fructose-6-phosphat
$\uparrow$ $\qquad\qquad\qquad$ $\downarrow$
D-Mannose $\qquad$ D-Fructose-1.6-diphosphat

Die alkoholische Gärung der Hefen hätte nicht jene wirtschaftliche Bedeutung erlangt, wenn nur die genannten Hexosen vergoren würden. Die durch technische Verfahren in großen Mengen zur Verfügung stehenden Zucker sind vielmehr Disaccharide, die mit Hilfe von in der Hefezelle vorkommenden Glykosidasen in die vergärbaren Monosaccharide gespalten werden können. Folgende Enzyme sind dabei von erheblicher Bedeutung:

1. Die Invertase oder $\beta$-Fructofuranosidase ($\beta$-D-Fructofuranosid-fructohydrolase) spaltet den Rohrzucker oder die Saccharose ($a$-D-Glucosido-$\beta$-D-fructosid) in D-Glucose und D-Fructose:

$$\text{Saccharose} + H_2O \rightleftarrows \text{D-Glucose} + \text{D-Fructose.}$$

Zugleich wird das Trisaccharid Raffinose in Melibiose und D-Fructose hydrolysiert:

$$\text{Raffinose} + H_2O \rightleftarrows \text{Melibiose} + \text{D-Fructose.}$$

Das Ferment, das in der Hefe seit langem bekannt ist, besitzt eine wesentlich größere Aktivität zu Saccharose als zu Raffinose. Die Saccharosespaltung ist mit einer Änderung der Drehung des polarisierten Lichtes verbunden (Inversion), weil die entstehende D-Fructose stärker nach links dreht als die D-Glucose nach rechts.

2. Die Maltase oder $a$-Glucosidase ($a$-D-Glucosid-glucohydrolase) hydrolysiert die Maltose (4-$a$-D-Glucosido-D-glucose) zu 2 Molekülen D-Glucose:

$$\text{Maltose} + H_2O \rightleftarrows 2 \text{ D-Glucose.}$$

Sie konnte nicht in allen Hefen nachgewiesen werden und ist für die Spaltung der bei der Konversion stärkehaltiger Rohstoffe durch die Malzamylasen gebildeten Maltose unbedingt notwendig. Das Ferment greift auch die Saccharose, jedoch von der $a$-glucosidischen Seite her, an.

3. Die untergärigen Hefen (Bierhefen) enthalten das Enzym $a$-Galaktosidase oder Melibiase ($a$-D-Galaktosid-galaktohydrolase), das die Melibiose (6-$a$-D-Galaktosido-D-glucose), die durch Einwirkung der Invertase auf Raffinose entsteht, in je ein Molekül D-Galaktose und D-Glucose aufspaltet:

$$\text{Melibiose} + H_2O \rightleftarrows \text{D-Galaktose} + \text{D-Glucose.}$$

Somit vermögen die untergärigen Hefen, in denen sowohl die Invertase als auch die $a$-Galaktosidase vorhanden sind, die Raffinose vollständig zu vergären, während die obergärigen Hefen diesen Zucker nur zu $^1/_3$ vergären können.

4. Milchzucker vergärende Hefen, z. B. Saccharomyces kefir, enthalten die $\beta$-Galaktosidase oder Lactase ($\beta$-D-Galaktosid-galaktohydrolase), die den Milch-

zucker (Lactose = 4-$\beta$-D-Galaktosido-D-glucose) zu D-Galaktose und D-Glucose hydrolysiert:

$$\text{Lactose} + H_2O \rightleftarrows \text{D-Galaktose} + \text{D-Glucose.}$$

5. In geringer Konzentration enthalten die Hefen auch die $\beta$-Glucosidase ($\beta$-D-Glucosid-glucohydrolase), die Trehalase (Trehalose-1-glucohydrolase) und die Oligo-1.6-glucosidase oder Grenzdextrinase (Dextrin-6-glucanohydrolase). Das letztere Enzym hydrolysiert die $a$-1.6-glucosidischen Bindungen der Isomaltose (6-$a$-D-Glucosido-D-glucose), der Panose (6-Glucosylmaltose) und der Grenzdextrine.

Das Schema der alkoholischen Gärung (Abb. 1) zeigt auch den Phosphatkreislauf, der vom Adenylsäuresystem betrieben wird und die Phosphatbindung bzw. die Phosphatübertragung einschließt. Es werden von der Glucose bis zum Fructose-1.6-diphosphat 2 ATP benötigt, die bei der Dephosphorylierung der Phosphoenolbrenztraubensäure (pro Glucosemolekül) wieder zurückgewonnen werden. Dagegen sind die 2 ATP (pro Glucosemolekül), die aus der Aufnahme des Orthophosphats zwecks Bildung der 1.3-Diphosphoglycerinsäure und aus deren Dephosphorylierung zu 3-Phosphoglycerinsäure resultieren, überschüssig und als Speicherung eines Teils der verfügbaren freien Energie (Enthalpie) dieses Dissimilationsvorganges in Form von chemischer Energie anzusehen. Unter Zugrundelegung von —7 kcal ($\varDelta$ G°) für den Energieinhalt der Bindung der dritten Phosphatgruppe im überschüssig erzeugten ATP beträgt der Energiegewinn, der in Form von chemischer Energie erhalten bleibt und somit nicht in Wärme übergeht, nur —14 kcal/mol Glucose bei einer verfügbaren freien Energie von —55 kcal/mol Glucose. Dieser bescheidene Energiegewinn in Form von 2 ATP kann mit endergonischen Reaktionen des Baustoffwechsels (Proteinsynthese usw.) gekoppelt werden, sofern die Zelle dies für erforderlich hält. ATP ist somit ein Energieträger, der die chemische Energie (freie Energie chemischer Reaktionen) in der Form der energiereichen Bindungen enthält und diese für verschiedene Leistungen wieder abgeben kann. Die Zahl der bei biochemischen exergonischen Prozessen entstehenden ATP-Moleküle pflegt man allgemein als Maß für die Nutzung der freien Energie oder Enthalpie dieser Vorgänge durch die Zelle anzusehen. Für die alkoholische Gärung und die biologische Oxydation der Glucose zu $CO_2$ und $H_2O$ sind die Zahlen für die Reaktionsenthalpie ($\varDelta$ H°), die freie Enthalpie auf den Standardzustand bezogen ($\varDelta$ G°) und der Nutzwert in ATP-Einheiten in der folgenden Tab. 1 zusammengefaßt. Dabei wurde als freie Energie der ATP-Hydrolyse nach

$$ATP + H_2O \rightarrow ADP + H_3PO_4$$

wiederum der Wert von —7 kcal ($\varDelta$ G°) eingesetzt[1].

Tabelle 1. *Reaktionsenthalpie, freie Enthalpie und ATP-Erzeugung bei der vollständigen Glucoseoxydation und der Glucosevergärung*

| Stoffwechselvorgang | Glucose-Oxydation | Glucose-Gärung |
|---|---|---|
| Bilanzgleichung . . . . . . . . . . . . . . . . . . . | Glucose + 6 $O_2$ → 6 $CO_2$ + 6 $H_2O$ | Glucose → 2 Alkohol + 2 $CO_2$ |
| Reaktionsenthalpie (kcal/mol). . . . . . . . . | —674 | —17 |
| Freie Enthalpie (kcal/mol) . . . . . . . . . | —693 | —55 |
| Energiegewinn in ATP-Einheiten . . . . . . | 38 | 2 |
| Freie Energie der ATP-Hydrolyse (kcal) . . . . | —266 | —14 |

---

[1] Die auf den Standardzustand (konstanter Druck 1 at, Substanzen in Lösung bei 1,0 m Konzentration und t = 25°) bezogenen Enthalpien ($\varDelta$ G°) sind reine Rechengrößen, da die der Zelle wirklich zur Verfügung stehenden Energien ($\varDelta$ G) wesentlich vom Konzentrationsverhältnis der Stoffe abhängen (Bd. I d. Handb., S. 834—835).

Man ersieht, daß pro mol abgebauter Glucose anaerob nur etwa $^1/_{19}$ der Energie in Form von ATP verfügbar wird als aerob. Bei dem anoxybiontischen Zuckerabbau entsteht aber als begehrtes und verhältnismäßig energiereiches Produkt der Äthylalkohol, bei dessen vollständigem Abbau, sofern Sauerstoff eingesetzt werden kann, weitere Energien verfügbar werden (Wp = 327 kcal/mol).

Aus diesen energetischen Erkenntnissen ergibt sich, daß die Hefezellen unter Sauerstoffausschluß mehr Kohlenhydrat umsetzen müssen als unter Sauerstoffzufuhr, um den für den Baustoffwechsel notwendigen Energiebedarf decken zu können (Pasteureffekt). Die Alkoholbildung aus Zucker erreicht daher unter anaeroben Bedingungen ihr Maximum, doch vermehrt sich dann die Hefe nur langsam. Umgekehrt wird unter optimalen aeroben Verhältnissen, d. s. eine hohe Sauerstoffeintragung in das Nährmedium und eine der Vermehrung der Zellsubstanz angepaßter Zulauf des Nährmediums, kein Alkohol gebildet, dagegen ein Maximum an Hefevermehrung erzielt. Diese Tatsachen werden in der Technologie des Gärungswesens in jeder Beziehung zur Nutzanwendung gebracht. Indessen ist es zwar energetisch sinnvoll, wenn der oxybiontische Glucoseabbau den anoxybiontischen Embden-Meyerhof-Abbau begrenzt, doch ist damit die Frage nach dem Mechanismus des Pasteureffektes noch nicht beantwortet. Zur Erklärung der Hemmung des Kohlenhydratumsatzes durch Sauerstoff stellten F. LYNEN u. R. KOENIGSBERGER (1951) die Theorie auf, daß der hohe Bedarf an anorganischem Phosphat und ADP, der bei der Glucoseoxydation infolge intensiver ATP-Erzeugung aus diesen beiden Stoffen durch die Atmungskettenphosphorylierung eintritt, die Reaktionsgeschwindigkeit der phosphaterfordernden Triosephosphatdehydrogenase und der ADP benötigenden Phosphoglyceratkinase des Embden-Meyerhof-Weges begrenzt.

Bei der Darlegung des anaeroben Dissimilationsvorganges nach EMBDEN-MEYERHOF wurde auf dessen biochemische Verwandtschaft mit dem entsprechenden aeroben Vorgang hingewiesen, wobei beide Abbauwege bis zum Zwischenprodukt Brenztraubensäure in gleicher Weise verlaufen. Den biologischen Zusammenhang beider Prozesse erkannte bereits L. PASTEUR (1876) mit dem bekannten Wort: „Die Gärung ist Leben ohne Luft". Versuche, die zum Zwecke des Studiums der Korrelation von oxybiontischem und anoxybiontischem Glucoseabbau durchgeführt wurden, ließen erkennen, daß die Hefen beide Energiequellen benötigen, wenn auch nicht beide in gleichem Umfang. Diese Erkenntnis ist den Gärungstechnologen seit langem geläufig und findet ihren Niederschlag im Auffrischen der Betriebshefen durch Lüftung bzw. im Lüften der Würzen vor dem Anstellen mit Hefe. Durch die letztgenannte Maßnahme werden insbesondere eine schnelle Vermehrung und damit eine Verjüngung der Hefezellen erreicht, die beide für den folgenden anaeroben Gärprozeß absolut notwendig erscheinen.

## 4. Nebenprodukte der alkoholischen Gärung der Hefen

Während das Glycerin, über das bei den verschiedenen Gärungsformen bereits berichtet wurde, die Brenztraubensäure und der Acetaldehyd als Nebenprodukte des Energiestoffwechsels des Embden-Meyerhof-Weges betrachtet werden können, ist dies bei dem *Fuselöl*, das neben dem Hauptprodukt Äthylalkohol in geringen Mengen entsteht, nicht möglich. Dieses komplexe Stoffgemisch kann je nach Herkunft bis zu 50 Bestandteile enthalten, deren Trennung und Identifizierung erst mit den modernen Methoden der analytischen Chemie möglich wurde. Die Erkenntnis, daß sowohl der Fuselölgehalt als auch dessen Zusammensetzung einen bedeutenden Einfluß auf den organoleptischen Charakter von alkoholischen Getränken, insbesondere von Weinbrand, Rum, Whisky usw. haben, konnte sich nur langsam entwickeln.

In der Brennerei wird das Fuselöl bei der Rektifikation des Rohspiritus bzw. schon bei der Gewinnung des vorgereinigten Rohspiritus als ölige Flüssigkeit abgeschieden, deren Hauptbestandteile die beiden Isoamylalkohole 3-Methylbutanol-(1) und 2-Methylbutanol-(1) sind. Dagegen enthält das Weinfuselöl auch größere Mengen Ester, Säuren und Acetale. Obwohl eine allgemein gültige Definition dieses Nebenproduktes noch nicht geschaffen wurde, erscheint es angebracht, das Fuselöl als ein bei der Destillation von mit Hefe vergorenen Flüssigkeiten vom System Äthylalkohol-Wasser sich unterscheidendes Stoffgemisch zu bezeichnen, das sowohl die dabei flüchtigen, als Produkte des Baustoffwechsels der Hefe entstandenen aliphatischen Alkohole, Säuren, Ester, Aldehyde und Acetale höheren Molekulargewichts, als auch die flüchtigen, dem Rohstoff entstammenden Stoffe umfassen kann. Zu den letzteren gehören vor allem die Terpene und das Furfurol. Diese weitgespannte Begriffsbestimmung ist besonders im Hinblick auf das Weinfuselöl und manche Brennereifuselöle gerechtfertigt. Die im Fuselöl enthaltenen aliphatischen Alkohole höheren Molekulargewichts werden folgerichtig als *Fuselalkohole* bezeichnet; man nennt sie auch Fuselöl im engeren Sinne. Bei der alkoholischen Gärung werden im Verlauf des Baustoffwechsels der Hefe auch Alkohole gebildet, die unter den Bedingungen der Destillation im Sumpf verbleiben oder nur teilweise flüchtig sind. Es handelt sich dabei hauptsächlich um aromatisch substituierte Äthylalkohole, wie z. B. den $\beta$-Phenyläthylalkohol und den p-Hydroxyphenyläthylalkohol (Tyrosol). Diese nicht oder nur teilweise flüchtigen Alkohole mit ihrem unverkennbar aromatischen Charakter sollten getrennt von den flüchtigen, fuseligen Alkoholen behandelt werden. Für beide Gruppen, also die Fuselalkohole und die aromatischen Alkohole, ist die Bezeichnung *„höhere Alkohole"* angebracht. Der Begriff „höhere Alkohole" ist daher umfassender als jener der „Fuselalkohole".

In einer Reihe von Untersuchungen hat F. Ehrlich (1905, 1907a, b) gezeigt, daß die bei der Hefegärung entstehenden Alkohole mit größerem Molekulargewicht nicht aus dem vergorenen Zucker, sondern aus den der Einwirkung der gärenden Hefe unterliegenden Aminosäuren gebildet werden; er konnte als ganz allgemein gültiges Gesetz feststellen, daß jede Aminosäure durch gärende Hefe in den Alkohol mit der nächst niederen Zahl von Kohlenstoffatomen übergeführt wird, ein Vorgang, der durch den folgenden Reaktionsverlauf ausgedrückt werden kann:

$$\overset{\displaystyle R}{\underset{\displaystyle COOH}{|\;\;CH\!-\!NH_2\;\;|}} + H_2O \rightarrow \overset{\displaystyle R}{|\;\;CH_2OH} + CO_2 + NH_3$$

Da das Ammoniak in den gärenden Maischen niemals nachgewiesen werden konnte, folgerte F. Ehrlich, daß dieses von der Hefe sofort assimiliert wird. Die für diese Reaktion notwendigen Aminosäuren liegen als exogene Aminosäuren in eiweißreichen Nährmedien in ausreichender Menge vor. Für die Bildung der Fuselalkohole in reinen Zuckerlösungen machte F. Ehrlich autolytische Vorgänge in der Hefezelle als Folge des Eiweißmangels verantwortlich, wobei die entsprechenden Aminosäuren aus dem Hefeeiweiß anfallen und von den lebenden Zellen umgewandelt werden können. O. Neubauer u. K. Fromherz (1910/11) haben das Ehrlichsche Schema verbessert und die folgenden Zwischenstufen des Aminosäureabbaus festgelegt:

$$\overset{\displaystyle R}{\underset{\displaystyle COOH}{|\;\;HC\!-\!NH_2\;\;|}} \xrightarrow{-H_2} \overset{\displaystyle R}{\underset{\displaystyle COOH}{|\;\;C\!=\!NH\;\;|}} \xrightarrow[-NH_3]{+H_2O} \overset{\displaystyle R}{\underset{\displaystyle COOH}{|\;\;C\!=\!O\;\;|}} \xrightarrow{-CO_2} \overset{\displaystyle R}{C\!-\!H} \overset{O}{\diagup} \xrightarrow{+H_2} \overset{\displaystyle R}{|\;\;CH_2OH}$$

Neue Impulse erhielt die Fuselalkoholforschung erst durch das Aufkommen der Isotopenmeßtechnik in der Biochemie, mit deren Hilfe Reaktionsketten verfolgt werden konnten, und durch die Entwicklung der Gaschromatographie als Verfahren zur quantitativen Analyse von verdampfbaren Stoffgemischen. Dazu wurden in den vierziger Jahren die Voraussetzungen für erbbiologische und damit auch strahlengenetische Untersuchungen bei Hefen der Gattung Saccharomyces geschaffen. In der Folge konnten für bestimmte Aminosäuren bedürftige Mutanten von Stämmen Saccharomyces cerevisiae zu vergleichenden Untersuchungen über die Bildung der entsprechenden höheren Alkohole herangezogen werden. L. GENEVOIS u. M. LAFON (1956, 1957) konnten feststellen, daß die Theorie von F. EHRLICH für die Vergärung einfacher Zuckerlösungen ungenau war. Die Hauptmenge der Fuselalkohole wurde nicht aus den Aminosäuren, sondern aus dem Zucker über die Zwischenstufen Brenztraubensäure und aktive Essigsäure gebildet. Auch der erste Schritt des Schemas von EHRLICH-NEUBAUER-FROMHERZ, nämlich die Umwandlung der Aminosäure in die Ketosäure über die Iminosäure hielt einer eingehenden Prüfung nicht stand (S. SHANMUGANATHAN 1958, 1960a; H. SOUMALAINEN 1963). Es handelt sich vielmehr in den meisten Fällen um eine einfache Transaminierungsreaktion zwischen der Aminosäure und der $a$-Ketoglutarsäure, wie überhaupt die Glutaminsäure und die $a$-Ketoglutarsäure Schlüsselpositionen im Aminosäurestoffwechsel einnehmen. Die von L. GENEVOIS u. Mitarb. angegebenen Reaktionsmechanismen für die Bildung der Fuselalkohole aus dem Zucker konnten später von J. L. INGRAHAM u. J. F. GUYMON (1960) in eindrucksvoller Weise verbessert werden. Der Syntheseweg der Fuselalkohole und höheren Alkohole allgemein war gekoppelt mit dem Aufbauweg der entsprechenden Aminosäuren. Denn in aminosäurefreien Nährmedien wurde von einer strahleninduzierten Mutante von Saccharomyces cerevisiae, die Leucin nicht zu synthetisieren vermochte, nur eine geringe Menge 3-Methylbutanol-(1) gebildet. Eine für Valin bedürftige Mutante bildete ebenso wenig Isobutanol, und eine Isoleucin erfordernde Mutante vermochte kein 2-Methylbutanol-(1) aufzubauen. Diese Mutanten bildeten dafür höhere aliphatische Alkohole, deren Synthesewege nicht blockiert waren, z. B. n-Propanol und n-Butanol. Aus diesen Ergebnissen und den in der letzten Zeit bei den Hefen und Bakterien ermittelten Synthesewegen für die Aminosäuren (M. STRASSMANN u. Mitarb. 1956; O. REISS u. K. BLOCH 1955) konnte geschlossen werden, daß der Aufbau der Fuselalkohole und der Aminosäuren aus den Zuckern in gleicher Weise bis zu den Ketosäuren verläuft. Deren Transaminierung mit Hilfe der Schlüsselsubstanz Glutaminsäure führt dann zu den entsprechenden Aminosäuren, während durch die Decarboxylierung der Ketosäuren zu den Aldehyden und die nachfolgende Wasserstoffanlagerung an letztere die Fuselalkohole entstehen. Die gleichen $a$-Ketocarbonsäuren sind aber auch Zwischenprodukte bei der Reaktion nach EHRLICH-NEUBAUER-FROMHERZ, so daß man hier von einer Weichenstellung sprechen kann, an der der reversible Weg der Transaminierung zu den Aminosäuren und der irreversible Weg der Decarboxylierung zu den Aldehyden, den Zwischenprodukten der Fuselalkoholbildung, auseinandergehen. Neuere Versuche ergaben sowohl die Richtigkeit des Ehrlich-Abbaus als auch des Syntheseweges. Der Hauptentstehungsweg bzw. das durch Befolgung der beiden Bildungsmechanismen entstandene Verhältnis ist von der Art des Nährmediums abhängig. In der an Aminosäuren und Peptiden reichen Bierwürze bildet die Hefe die höheren Alkohole nach EHRLICH durch den Abbau der Aminosäuren; in eiweißarmen Nährlösungen dagegen baut sie die gleichen Alkohole auch aus den Intermediärprodukten des dissimilatorischen Kohlenhydratstoffwechsels auf demselben Wege wie die Aminosäuren auf. Somit können die bei der alkoholischen Gärung der Hefe *entstehenden Alkohole höheren Molekulargewichts* allgemein als *Überschuß-*

*produkte des Aminosäurenstoffwechsels* der Hefen angesehen werden. Die verschiedenen Stufen der enzymatisch katalysierten Umwandlungen stehen unter der Kontrolle bestimmter Rückkopplungsmechanismen. *Der Syntheseweg aller höheren aliphatischen Alkohole* beginnt bei der Brenztraubensäure, die entweder mit dem

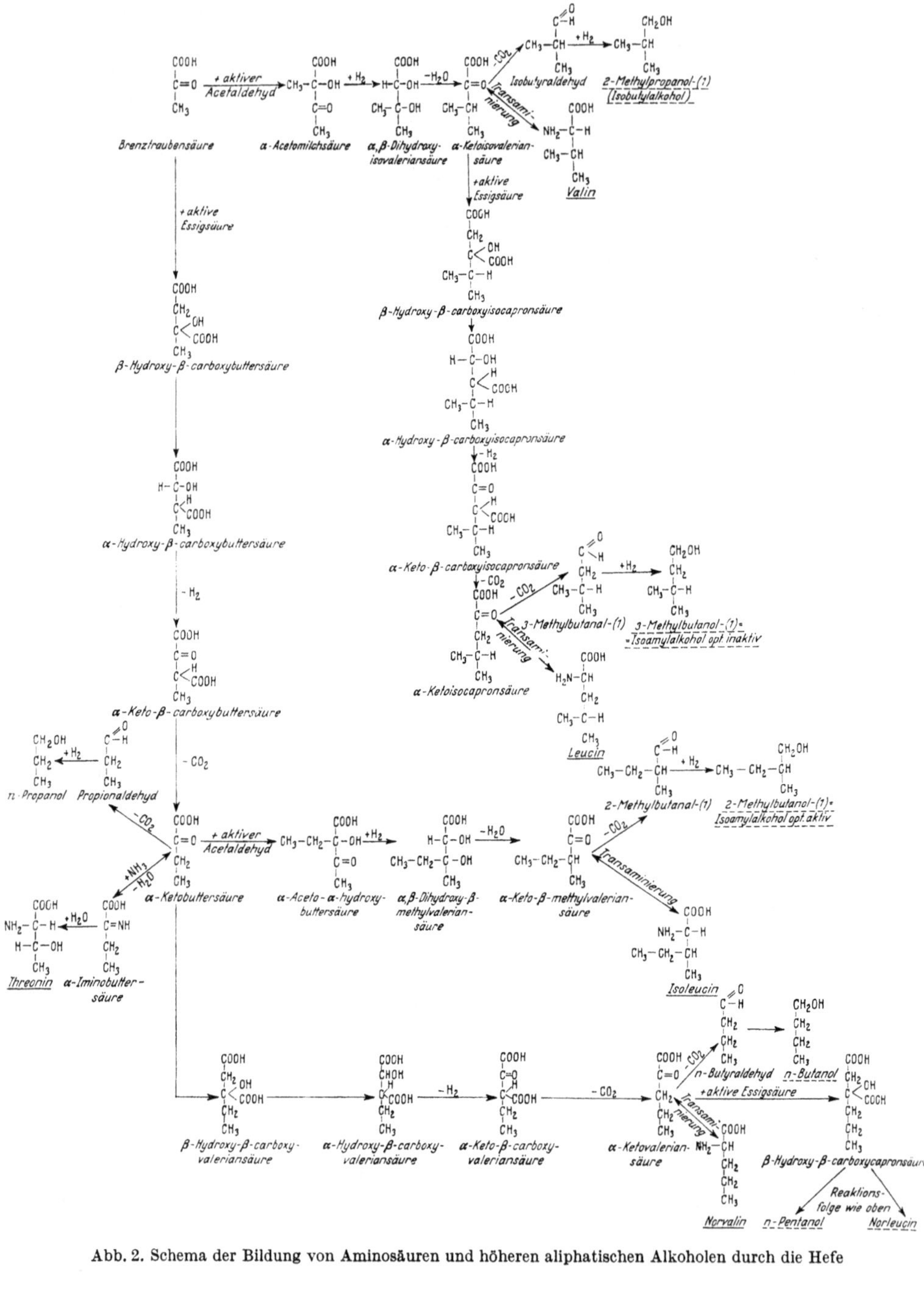

Abb. 2. Schema der Bildung von Aminosäuren und höheren aliphatischen Alkoholen durch die Hefe

aktiven Acetaldehyd oder der aktiven Essigsäure reagieren kann. Der erste Additionsmechanismus führt zu den verzweigten, der zweite zu den normalen Alkoholen. Die Kondensation von Ketocarbonsäuren mit aktiver Essigsäure ist aus dem Tricarbonsäure- oder Krebscyclus bereits bekannt und führt dort von der Oxalessigsäure zur Citronensäure. Es ist offensichtlich, daß dieses Reaktionsschema im biologischen Geschehen eine größere Rolle spielt, als man ursprünglich annahm (J. L. INGRAHAM u. Mitarb. 1960, 1961).

Obwohl mehrere der die einzelnen Schritte katalysierenden Enzyme noch nicht erforscht werden konnten, sollte das Schema (vgl. Abb. 2) der biochemischen Bildung von Aminosäuren und höheren aliphatischen Alkoholen durch die Hefe den neueren Forschungsergebnissen gerecht werden (T. RAMAKRISHNAN u. E. A. ADELBERG 1964; M. FREUNDLICH u. Mitarb. 1962; K. YOSHIZAWA 1964).

Es berücksichtigt sowohl den Ehrlichschen Abbau von den Aminosäuren zu den entsprechenden Alkoholen als auch die Synthese der gleichen Verbindungen, ausgehend von der Brenztraubensäure. Es ist von besonderem Interesse, daß haploide Hefen nur etwa halb so viel höhere Alkohole bilden als die Diplonten gleichen Erbgutes (B. DREWS u. Mitarb. 1964); eine Parallele dazu bilden die Befunde von M. OGUR u. Mitarb. (1952), daß eine Serie polyploider Hefen DNS-Gehalte aufwiesen, die direkt proportional der genetischen Multiplizität oder dem Ploidiegrad waren.

Über die möglichen, sehr interessanten Synthesewege der vier *aromatischen Alkohole: β*-Phenyläthanol, Tyrosol, Tryptophol und Histidol ist aus der Literatur kaum etwas bekannt; offenbar verläuft der Aufbau ebenso wie jener der entsprechenden Aminosäuren. Nach F. EHRLICH (1911, 1912, 1913) bilden sich die ersten drei aromatischen Alkohole in guter Ausbeute aus den entsprechenden Aminosäuren Phenylalanin, Tyrosin und Tryptophan. Es ist F. EHRLICH jedoch nicht gelungen, das Histidol aus Histidin durch Gärung zu gewinnen. Es entsteht aber tatsächlich in sehr geringen Mengen, die nur mit Hilfe der Dünnschichtchromatographie nachgewiesen werden können.

Die vor allem im Weinfuselöl enthaltenen Fettsäuren höheren Molekulargewichts, deren Ester einen wesentlichen Bestandteil der Bukettstoffe darstellen, verdanken ihre Entstehung den CoA-Enzymen, desgleichen die bei jeder Gärung entstehende Essigsäure und deren Ester. Die Bernsteinsäure wird aus der Glutaminsäure und der Methylalkohol aus den Methoxylgruppen der Pektine verschiedener Rohstoffe gebildet.

## II. Die Erreger der alkoholischen Gärung und ihre Morphologie[1]

Als Erreger der alkoholischen Gärung kommen fast ausschließlich Hefen in Frage. Bei den Hefen handelt es sich um einzellige pflanzliche Mikroorganismen, die, soweit Askosporenbildung bekannt ist, zu den *Protascales* (Urschlauchpilzen) gerechnet werden. Innerhalb der *Protascales* umfassen die Familien der *Endomycetaceae* und der *Saccharomycetaceae* die echten Hefen. Die hefeähnlichen Pilze, deren Askosporenbildung unbekannt ist — sie werden auch als *Fungi imperfecti* bezeichnet — werden in einem künstlichen System in den beiden Familien der *Cryptococcaceae* und *Sporobolomycetaceae* zusammengefaßt (S. WINDISCH 1960).

Die Form der Hefezellen gleicht in etwa einem Rotationsellipsoiden mit einem langen Durchmesser von 6—12 $\mu$ und einem kurzen Durchmesser von 4—8 $\mu$. Allerdings können von diesen Formen starke art- und kulturbedingte Abweichungen auftreten wie z. B. sehr langgestreckte Zellen (Pseudomycel) oder kleine kugelförmige Zellen (u. a. bei der Gattung *Torulopsis*).

---

[1] Von Dr. C. C. EMEIS, Berlin.

Im Aufbau der Hefezellen unterscheidet man zwischen Zellwand, Zellkern und Zellplasma. Die Zellwand der Hefen ist im wesentlichen aus Polysacchariden verschiedener Zusammensetzung (Mannane und Glucane), teilweise in Komplexbindung mit Proteinen, aufgebaut und besitzt nach außen eine stärker lipoidhaltige Schicht. Das Zellplasma besteht zur Hauptsache aus Eiweiß, in welches verschiedene Cytoplasmapartikel (Granula) eingeschlossen sind. Die Cytoplasmapartikel stellen teilweise Reservestoffe wie Öl- und Volutinkörperchen dar, teilweise handelt es sich um Mitochondrien, die sich durch einen hohen Gehalt an verschiedenen Enzymen auszeichnen. Der Zellkern, das Steuerungszentrum und der Sitz der Erbanlagen der Zelle, ist bei den Hefen nur mit speziellen Färbeverfahren sichtbar zu machen.

Die vegetative Vermehrung der Hefen erfolgt durch Sprossung, in seltenen Ausnahmen (z. B. bei *Schizosaccharomyces*) durch Teilung. Bei der Sprossung bildet die Mutterzelle eine Ausstülpung, die heranwächst und, nachdem sie einen Zellkern bekommen hat, durch eine Scheidewand von der Mutterzelle getrennt wird. Je nach Hefeart und äußeren Bedingungen lösen sich die Sproßzellen von der Mutterzelle ab oder bleiben längere Zeit unter Bildung von Sproßverbänden an ihr haften.

Die echten Hefen besitzen die Fähigkeit zur Askosporenbildung, die ein Teil des sexuellen Entwicklungscyclus mit einem typischen Kernphasenwechsel darstellt. Dieser Entwicklungscyclus wurde von Ö. Winge u. Mitarb. 1937 restlos aufgeklärt. Normalerweise ist die Hefezelle diploid, d. h. sie besitzt einen doppelten

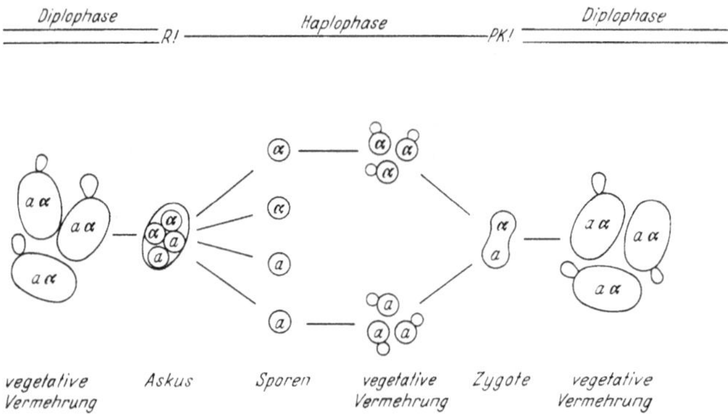


Abb. 3. Entwicklungscyclus einer diploiden Hefe mit Kernphasenwechsel

Chromosomensatz. Während der Bildung der Askosporen findet eine Reduktion zum einfachen Chromosomensatz statt, so daß die Askosporen haploid sind. Die Sporen keimen zu haploiden Zellen aus, die sich vegetativ durch Sprossung vermehren. Die haploiden Zellen sind wesentlich kleiner als die diploiden und von kugelförmiger Gestalt. Unter geeigneten Bedingungen verschmelzen zwei haploide Zellen zu einer diploiden Zygote, die zu normalen diploiden Zellen auswächst: der sexuelle Entwicklungscyclus ist damit geschlossen (vgl. Abb. 3).

Neuere genetische Untersuchungen haben jedoch gezeigt, daß die Mehrzahl der Hefen und insbesondere der Kulturhefen nicht diploid ist; sie besitzen nicht zwei sondern drei, vier oder mehr Chromosomensätze. Die Kulturhefen sind also zum größten Teil polyploid (C. C. Emeis 1961).

Die in der Gärungsindustrie planmäßig gezüchteten Hefen werden als Kulturhefen bezeichnet. Meist kommen sie in Form von Reinkulturen zur Anwendung, d. h. in Kulturen, die unter infektionsfreien Bedingungen herangezüchtet werden und nur Zellen einer bestimmten Hefeart enthalten. Je nach Anwendungszweck kennen wir Brauereihefen, Brennereihefen, Backhefen und Weinhefen. Alle aufgeführten Kulturhefen gehören der Familie der *Saccharomycetaceae* und der Gattung *Saccharomyces* an.

Den Kulturhefen stehen die sog. ,,wilden Hefen" gegenüber. Es handelt sich dabei um alle Hefen, die nicht zu den Kulturhefen gehören, unabhängig davon, ob sie in der Gärungsindustrie auftreten oder nicht. Zu den ,,wilden Hefen" können also auch echte Hefen aus der engeren Verwandtschaft der Kulturhefen gerechnet werden.

## 1. Die Brauereihefen

In der Brauerei werden zwei verschiedene Hefen verwendet: die obergärigen und die untergärigen Bierhefen. Die obergärigen Hefen gehören innerhalb der Gattung *Saccharomyces* speziell zur Art *Saccharomyces cerevisiae Hansen*. Sie bilden während der Gärung auf der Würze eine schaumige Decke, die durch die Hefezellen eine schleimig-schmierige Konsistenz bekommt. Im mikroskopischen Bild zeigen die obergärigen Hefen meist große, sparrige Sproßverbände, allerdings können auch obergärige Stämme beobachtet werden, die nicht in Sproßverbänden wachsen (vgl. Abb. 4).

Häufig wird zur Bestimmung des obergärigen Charakters einer Hefe das Vermögen zur Vergärung von Raffinose herangezogen. Erfahrungen haben gezeigt, daß obergärige Bierhefen Raffinose nur zu einem Drittel vergären können (nur den Fructose-Anteil), während untergärige Bierhefen die Raffinose vollständig

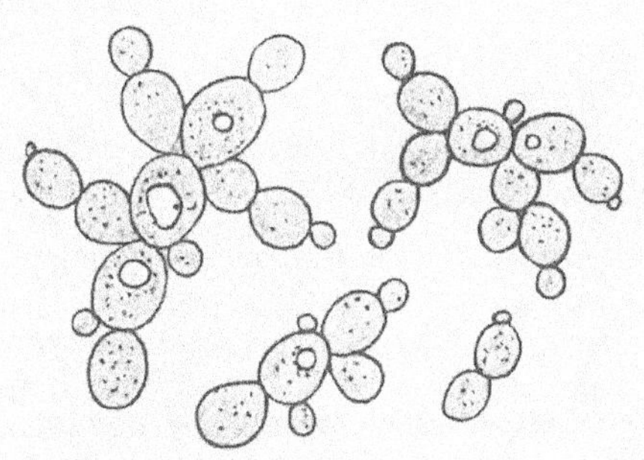

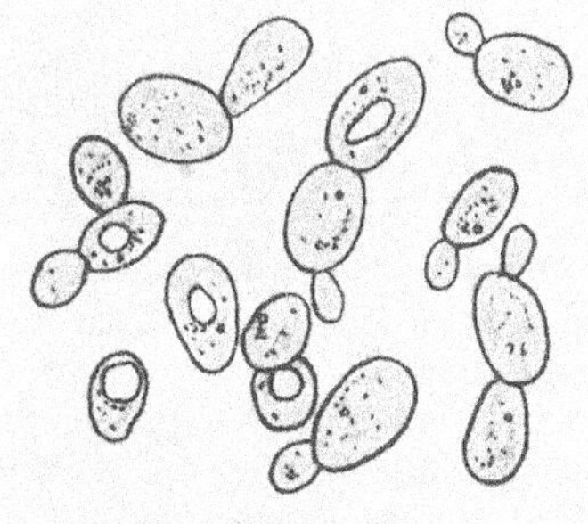

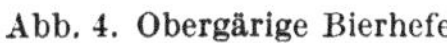

Abb. 4. Obergärige Bierhefe        Abb. 5. Untergärige Bierhefe

vergären. Da zwischen Ober- bzw. Untergärung und Raffinosevergärung kein funktioneller Zusammenhang besteht, ist es nicht erstaunlich, daß es gelegentlich sowohl Raffinose-$^1/_3$-vergärende untergärige als auch Raffinose-$^3/_3$-vergärende obergärige Hefen gibt.

Die untergärigen Bierhefen gehören ebenfalls zur Gattung *Saccharomyces*, aber zur Art *Saccharomyces carlsbergensis Hansen*. Sie setzen sich während der Gärung am Boden der Gärbottiche ab. Das mikroskopische Bild zeigt länglich ovale Zellen, die sich nach der Sprossung bald von der Mutterzelle trennen, so daß es nicht zur Bildung größerer Sproßverbände kommt (vgl. Abb. 5).

Wir unterscheiden bei den untergärigen Bierhefen Bruch- und Staubhefen. Erstere ballen sich, insbesondere am Ende der Hauptgärung, zu kleinen, makroskopisch sichtbaren Flocken zusammen, die sich fest am Boden der Bottiche absetzen. Die Staubhefe bleibt dagegen länger in fein verteilter Form in Schwebe und führt daher meist zu einem höheren Vergärungsgrad. Beide, sowohl Staub- als auch

Bruchhefen, zeigen bei den niedrigen Temperaturen im Gärkeller (6—10°C) noch eine kräftige Gärung.

## 2. Die Brennereihefen

Bei den in der Brennerei verwendeten Hefen handelt es sich um Vertreter der Art *Saccharomyces cerevisiae Hansen.* Sie sind häufig obergärig und als typische Staubhefen anzusehen. Im mikroskopischen Bild ähneln sie stark den obergärigen Bierhefen, wenn auch die Ausbildung der Sproßverbände nicht so ausgeprägt ist. Da von einer Brennereihefe eine kräftige, schnelle und möglichst weitgehende Vergärung der Maischen verlangt wird, müssen sie verschiedene Eigenschaften erfüllen:

a) Die während der Hauptgärung auftretenden hohen Temperaturen bis zu 32°C müssen ohne Schädigung der Gärkraft vertragen werden können.

b) Die in den Maischen vorhandenen Zucker sollen schnell und vollständig vergoren werden; gute Brennereihefen besitzen daher eine hohe Maltase- und Saccharase-Aktivität. Um diese Eigenschaften zu erhalten, erweist es sich als günstig, eine geeignete Brennereihefe-Rasse im Betrieb z. B. nach dem Kunsthefeverfahren weiterzuführen.

c) Als weitere Voraussetzung wird eine gute Alkoholverträglichkeit verlangt, da auch bei 9—10% Alkohol noch keine deutliche Hemmung der Gärintensität auftreten darf.

d) Brennereihefen müssen eine hohe Säureverträglichkeit aufweisen, da die Kultivierung zur Vermeidung von Infektionen in mit Milchsäure oder Schwefelsäure angesäuerten Maischen erfolgt.

Es gibt eine ganze Reihe von Brennereihefe-Rassen, die speziell nach diesen Gesichtspunkten gezüchtet worden sind und die gestellten Bedingungen gut erfüllen. Für Brennereizwecke sind daher Backhefe-Rassen oder gar Bierhefen weniger geeignet.

## 3. Die Backhefen

Unter Backhefe (häufig als Preßhefe bezeichnet) versteht man spezielle obergärige Heferassen der Art *Saccharomyces cerevisiae,* die sich durch eine gute Triebkraft auszeichnen und damit als Teiglockerungsmittel geeignet sind. Weiter wird von den Backhefen eine gute Haltbarkeit gefordert. Eine früher übliche Verwendung oder Zumischung von Bierhefe zur Backhefe ist nicht zulässig. Bei der Herstellung von Backhefe wird das Hauptgewicht auf die Gewinnung großer Hefemengen gelegt. Das bedingt, daß Backhefe heute ausschließlich im Lüftungs- und Zulaufverfahren gewonnen wird; als Rohstoff kommt vor allem Melasse in Frage.

Gute Backheferassen unterscheiden sich im mikroskopischen Bild nicht von Brennereihefen, jedoch dürfen sie weder zu staubig noch zu stark bruchbildend sein, da im ersteren Falle Schwierigkeiten bei der Separation der Hefen entstehen können; bei zu starker Bruchbildung neigen die Hefen zur Griesigkeit. Backhefe wird meist abgepreßt und gepfundet mit einem Wassergehalt von 72—75% in den Handel gebracht.

## 4. Die Weinhefen

Bei den Gärungen in der Weinbereitung müssen wir zwischen Spontan- und Reingärung unterscheiden. Bei der Spontangärung werden keine Hefereinkulturen verwendet, sondern die auf den Weinbeeren haftenden verschiedenen Hefen gelangen in den Most und rufen hier die Gärung hervor. Je nach dem Zucker- und Alkoholgehalt und bedingt durch sonstige Faktoren während der Gärung entwickeln sich die Hefen zu verschiedenen Zeitpunkten, so daß bei der spontanen Gärung eine Florenfolge auftritt (T. Castelli 1954). Die Angärung erfolgt meist durch *Kloeckera-* bzw. *Hanseniaspora*-Arten, während die eigentlichen Weinhefen aus der Gattung *Saccharomyces* erst bei höheren Alkoholgehalten das Übergewicht gewinnen.

Bei der Reingärung werden Reinzuchten der verschiedenen Weinheferassen (*Saccharomyces cerevisiae var. ellipsoideus*) verwendet. Die Rassen können in ihren Eigenschaften sehr unterschiedlich sein; in der Alkoholverträglichkeit, der Empfindlichkeit gegenüber Temperaturschwankungen, der $SO_2$-Verträglichkeit, in der Bildung von Nebenprodukten während der Gärung usw. Die Rassen werden meist nach ihrer Herkunft oder Weinberglage benannt, was leicht zu der irrigen Annahme führen kann, daß die Verwendung einer bestimmten Rasse dem Wein den Charakter der entsprechenden Weingegend verleiht. Nach neueren Angaben soll die Benutzung von Reinzuchthefen in Form von Mischkulturen verschiedener Rassen besonders erfolgreich sein, da sich die Rasseeigenschaften gegenseitig ergänzen und die Qualität der Weine günstig beeinflussen können (H. Schulle 1953). So gibt es z. B. hochvergärende Rassen, die Vergärungsgrade bis zu 20 Vol.-% Alkohol erreichen; andere $SO_2$-resistente Rassen können z. B. auch noch in stärker geschwefelten Mosten zufriedenstellend gären.

Kulturhefen, bzw. Gärungen mit Kulturhefen, können mit sog. ,,wilden Hefen" infiziert sein. Soweit es sich bei den ,,wilden Hefen" um Arten der Gattung *Saccharomyces* handelt, ist die mikroskopische Unterscheidung von den Kulturhefen häufig sehr schwierig, nur eingehende physiologische Untersuchungen können die Unterschiede aufweisen. Andere ,,wilde Hefen", die insbesondere bei der Weingärung aber auch bei der Biergärung und der Backhefefabrikation auftreten, zeigen gegenüber den Kulturhefen stärkere morphologische Unterschiede. Hierzu gehören u. a. die Kahmhefen, stark sauerstoff-bedürftige Hefen, die an der Bildung einer Kahmhaut auf der Flüssigkeitsoberfläche leicht zu erkennen sind und sich häufig durch starke Aromabildung auszeichnen. Die als Apikulatus-Hefen vorher schon erwähnten *Hanseniaspora- und Kloeckera*-Arten haben typisch zitronenförmige Zellen und sind auf Früchten häufig zu finden. Die ,,wilden Hefen" der Gattung *Candida* zeichnen sich durch Bildung von Pseudomycel aus und werden daher oft fälschlich als ,,Schimmelhefen" bezeichnet. ,,Wilde Hefen" können durch ihre schlechten Gäreigenschaften und durch Bildung unerwünschter Geschmackskomponenten zu unangenehmen Störungen bei der alkoholischen Gärung führen. Bei Backhefen kann die Haltbarkeit und die Triebkraft durch Infektionen mit ,,wilden Hefen" erheblich reduziert werden.

## 5. Die Bakterien

Bakterien sind in der Natur weit verbreitete, einzellige und sehr artenreiche Mikroorganismen, deren häufigste Gestalt entweder kugelförmig (Kokken, Streptokokken, Sarzinen) oder stäbchenförmig (Bakterien, Bacillen) ist. Sie sind wesentlich kleiner als die Hefen, der Durchmesser der Kokken beträgt 0,5—1 $\mu$; die stäbchenförmigen Bakterien sind 1—8 $\mu$ lang mit einem Durchmesser von 0,5—1 $\mu$. Schraubenförmige Bakterien (Spirillen, Spirochäten) sind im Zusammenhang mit der Gärungsindustrie von keinem Interesse. Bei manchen Bakterien findet man eine aktive Fortbewegung mit Hilfe von Geißeln.

Zur Vermehrung der Bakterien bildet sich in der Mitte des Stäbchens oder der Kokke eine Querwand bzw. schnürt sich die Zelle ein, worauf die Zweiteilung der Zelle erfolgt. Unter optimalen Bedingungen beträgt die Generationszeit bei manchen Arten weniger als 30 min.

Im Gegensatz zu den Hefen sind die meisten Bakterien gegen Säuren relativ empfindlich; sie entwickeln sich auf neutralen bis leicht alkalischen Nährböden am besten. In bezug auf die Sauerstoffbedürftigkeit finden wir große Unterschiede. Manche Arten können sich nur bei Anwesenheit von Sauerstoff entwickeln (aerobe Bakterien), andere zeigen nur bei Abwesenheit von Sauerstoff Wachstum (anaerobe Bakterien). Eine große Zahl der Bakterien vermehrt sich jedoch sowohl bei Sauerstoff-Gegenwart als auch bei Sauerstoff-Abwesenheit (fakultativ anaerob bzw. aerob). Die thermophilen Bakterien haben ihre optimale Entwicklungstemperatur bei 45—55°C, die mesophilen bei 30—38°C und die psychrophilen bei 15—20°C.

Bei den Bacillen ist als Besonderheit das Sporenbildungsvermögen zu erwähnen. Die gebildeten Endosporen dienen nicht der Vermehrung sondern der Überdauerung ungünstiger Umweltsbedingungen. Die Sporen zeichnen sich daher durch eine sehr hohe Resistenz gegenüber verschiedenen äußeren Einflüssen aus und können z. B. Temperaturen von z. T. über 100°C bei Einwirkungszeiten bis zu 1 Std lebend überstehen.

Von der großen Zahl der bekannten Bakterienarten sind für die Gärungsindustrie nur sehr wenige von Interesse; die Besprechung kann daher auf diese wenigen Arten beschränkt bleiben. Bei den für die Gärungsindustrie wichtigen Bakterien handelt es sich zumeist um relativ säurebeständige Arten, was sich häufig schon in der Fähigkeit dieser Bakterien zur Bildung größerer Säuremengen niederschlägt und eine systematische Einteilung der Bakterien nach der Art der gebildeten Säure ermöglicht: Milchsäurebakterien, Essigsäurebakterien, Buttersäurebakterien und einige wenige Arten aus anderen Gattungen.

α) **Milchsäurebakterien.** Die Milchsäurebakterien sind in der Natur auf Pflanzen und auf Pflanzenprodukten weit verbreitet. Es gibt sowohl kokkenförmige als auch stäbchenförmige Arten. Sie bilden aus Glucose und anderen Zuckern Milchsäure. Alle Milchsäurebakterien sind mikroaerophil, d. h. sie zeigen bei geringem Sauerstoffpartialdruck die beste Entwicklung. Je nach dem Stoffwechselweg der Milchsäuregärung unterscheidet man homofermentative und heterofermentative Arten. Die homofermentativen Milchsäurebakterien bauen den Zucker nach dem Emden-Mayerhof-Schema ab, wobei als Stoffwechselprodukt fast ausschließlich Milchsäure gebildet wird. Bei den heterofermentativen Stämmen wird der Zuckerabbau über eine Oxydation von Glucose-6-Phosphat zu 6-Phosphoglucanat mit einer anschließenden Decarboxylierung eingeleitet. Als Gärprodukte treten neben Milchsäure auch andere Säuren und gasförmige Stoffwechselprodukte auf.

In der Gärungsindustrie werden homofermentative, thermophile Milchsäurebakterien (z. B. *Lactobacillus delbrückii*) zur Säurung der Maischen verwendet. Viele heterofermentative Milchsäurebakterien treten in allen Zweigen der Gärungsindustrie als gefürchtete Schädlinge auf und verursachen Geschmacksveränderungen, Trübungen, Gärungsstörungen und Haltbarkeitsverschlechterung.

β) **Essigsäurebakterien.** Bei den Essigsäurebakterien handelt es sich um kleine, stäbchenförmige Bakterien, die in der Natur auf Früchten und Pflanzenteilen sowie in der Vergesellschaftung und in der Folge von Hefen häufig gefunden werden. Die Essigsäurebakterien zeichnen sich durch ihre Fähigkeit zur Oxydation von Alkohol zu Essigsäure aus. In der Bakteriensystematik werden sie entweder zur Gattung *Acetomonas* oder *Acetobacter* gestellt. Die *Acetomonas*-Arten oxydieren den Alkohol nur bis zur Essigsäure, während die *Acetobacter*-Arten die Essigsäure weiter zu $CO_2$ und Wasser oxydieren können. Außerdem bestehen noch Unterschiede in der Begeißelung der beiden Gattungen. Verschiedene andere Zuckeralkohole und Kohlehydrate werden ebenfalls von den Essigsäurebakterien oxydiert. Da bei der Oxydation Sauerstoff als Wasserstoffacceptor dient, ist die Entwicklung der Essigsäurebakterien an die Gegenwart von Sauerstoff gebunden, die Essigsäurebakterien sind streng aerob.

Eine früher übliche Einteilung der Essigsäurebakterien nach ihrer Herkunft (Würze-, Bier-, Weinessigbakterien usw.) ist nicht befriedigend, da nicht alle Arten in ein derartiges System eingeordnet bzw. Überschneidungen nicht vermieden werden können. Aber auch die Einordnung nach den oben beschriebenen Stoffwechseltypen ist nicht in allen Fällen eindeutig. CARR u. Mitarb. haben 1961 einen guten Überblick über den heutigen Stand der Untersuchungen über die Essigsäurebakterien gegeben.

In der Gärungsindustrie spielen die Essigsäurebakterien nur eine untergeordnete Rolle. Gelegentlich treten sie als Infektionen auf, haben aber für Brauereien und Brennereien keine Bedeutung, da durch Abschluß gegenüber Sauerstoff die Entwicklung weitgehend unterdrückt wird. In Trauben- und Obstmaischen können allerdings die Essigsäurebakterien unangenehme Infektionen verursachen, da die Bildung von Essigsäure die Gärung der Hefen hemmen kann. Ebenfalls Infektionen in Weinen können gefährlich werden und den gefürchteten Essigstich hervorrufen.

γ) **Buttersäurebakterien.** Die Buttersäurebakterien sind obligat anaerobe, sporenbildende Bakterien (*Clostridium butyricum* und andere Arten der Gattung *Clostridium*), deren Entwicklungsoptimum im neutralen bis leicht alkalischen Milieu liegt. Sie bilden aus Kohlenhydraten Buttersäure und einige andere Stoffwechselprodukte (Propionsäure, Essigsäure, Butanol usw.). Da die Buttersäure als Hefegift zu betrachten ist, kann die alkoholische Gärung durch Infektionen mit Buttersäurebakterien erheblich gehemmt werden, bei ausreichender Säurung der Maischen ist die Infektionsgefahr aber nicht groß. Es ist zu erwähnen, daß in der Rumgärung die Buttersäurebakterien eine gewisse Rolle spielen, indem sie durch Bildung spezifischer Geschmacksstoffe (Äthylbutyrat u. a.) mit zum charakteristischen Aroma des Rums beitragen.

δ) **Bakterien aus anderen Gattungen** können neben diesen drei Bakteriengruppen vereinzelt zu Störungen in der Gärungsindustrie führen, insbesondere Fäulniserreger aus der Familie der *Enterobacteriaceen* werden hin- und wieder beobachtet. Im Zusammenhang mit dem Betriebswasser sei auf die Coli-Bakterien als Indikatoren für fäkale Verunreinigungen hingewiesen.

# III. Die Inhaltsbestandteile der Hefen

Es sollen hier nur die Inhaltsbestandteile jener Hefen behandelt werden, die zur Herstellung von alkoholischen Getränken, reinem Alkohol und Backhefe verwendet werden. Zu ihnen gehören die gärfähigsten bekannten Hefen, z. B. die Kulturhefen *Saccharomyces cerevisiae* (Brennerei- und obergärige Bierhefen, Backhefen) und *S. carlsbergensis* (untergärige Bierhefen), sowie *S. cerevisiae var. ellipsoideus* (Weinhefen) und mehrere Milchzucker vergärende Hefen. Schon im Hinblick auf die Vielzahl der gärfähigen Heferassen, deren Kulturbedingungen und physiologischen Zustand ist die chemische Zusammensetzung der Hefen beträchtlichen Schwankungen unterworfen. Auch wurden vielfach Hefen analysiert, denen noch Reste der Kulturflüssigkeit oder des Waschwassers anhafteten. Um aus den gewonnenen Hefen das extracelluläre Begleitwasser zu entfernen, bedient man sich der Presse, wobei die Trockensubstanz nicht über 33—35% gesteigert werden darf, da sonst die Gefahr der Zerstörung der Zellen und des Austritts des intracellulären Wassers besteht. F. JUST (1940) stellte fest, daß der *wahre Wassergehalt* für jede Hefeart praktisch konstant ist und z. B. für die untergärige Bierhefe 65% beträgt; J. WHITE (1954) ermittelte für die Backhefe ebenfalls 65%. Für letztere ist der wahre Wassergehalt von besonderem Interesse, da man durch schonende Trocknung eine aktive Trockenbackhefe mit 8% Wasser erhält, bei welcher der enzymatische Eiweißabbau auf ein Mindestmaß beschränkt und die Haltbarkeit beträchtlich erhöht werden kann.

Die vier Hauptelemente Kohlenstoff, Stickstoff, Wasserstoff und Sauerstoff machen nach J. White (1954) in der Backhefe ungefähr 94 %, in der Bierhefe 94—95 % aus und verteilen sich folgendermaßen:

Tabelle 2. *Zusammensetzung der aschefreien Trockensubstanz von Bier- und Backhefe an den Elementen C, H, N, O*

| Autor | Hefeart | C | H | N | O |
|---|---|---|---|---|---|
| Schlossberger . . . . . . . . . | Bierhefe | 48,0% | 6,5% | 9,8% | 35,7% |
| White . . . . . . . . . . . . | Backhefe | 50,1% | 6,3% | 9,0% | 34,6% |

*Der Schwefelgehalt der Hefen* ist gering, jedoch von biologischer und ernährungsphysiologischer Bedeutung, da der Schwefel für das Wachstum notwendig ist. Beinahe alle Hefen können anorganisches Sulfat und Methionin als Schwefelquellen verwerten, während für Cystein, Cystin, Glutathion und andere organische Schwefelverbindungen beträchtliche Unterschiede hinsichtlich der Assimilationsfähigkeit gefunden wurden. Für Back- und Bierhefen ist anorganisches Sulfat unzweifelhaft die beste Schwefelquelle. Für die Saccharomycesarten ergaben sich folgende Gesamtschwefelgehalte in der Hefetrockensubstanz (vgl. Tab. 3):

Tabelle 3. *Gesamtschwefelgehalte von Saccharomyces-Hefen* ( % i. Hefe-Tr.)

| Autoren | Hefeart | Gesamtschwefel |
|---|---|---|
| C. E. Dent (1947) . . . . . . . . . . . . . . | Backhefe | 0,53 |
| P. György (1948) . . . . . . . . . . . . . | Backhefe | 0,86 |
| MacManns u. Mitarb. (1950) . . . . . . . . | 4 Backhefen | 0,35—0,45 |
| B. Drews u. Mitarb. (1958) . . . . . . . . | 14 Brennereihefen | 0,48—0,96 |
| J. Schormüller u. H. Ballschmieter (1951) | Brennereihefe | 0,606 |
| P. György (1948) . . . . . . . . . . . . . | Bierhefe | 0,65 |
| O. Lindan u. E. Work (1951) . . . . . . . | Bierhefe | 0,55 |
| H. Suomalainen u. A.J.A. Keränen (1955) . | Bierhefe | 0,44—0,49 |
| H. Suomalainen u. A.J.A. Keränen (1955) . | Brennereihefe (Melasse) | 0,30—0,35 |

Zweifellos sind die hier angezeigten Unterschiede im Schwefelgehalt größtenteils auf die Nährmedien, in denen die Hefen gezüchtet waren, und auf die Analysenmethoden zurückzuführen. Den Hauptanteil am Gesamtschwefel stellte dabei der organisch gebundene Schwefel, dessen Hauptbestandteile wiederum die Aminosäuren Methionin und Cystin waren. Den Gehalt der Hefen an diesen wichtigen S-haltigen Aminosäuren zeigt die Tab. 4.

Tabelle 4. *Cystin- und Methioningehalte von Back-, Brennerei- und Bierhefen* ( % i. Hefe-Tr.)

| Autoren | Hefeart | Methionin | Cystin |
|---|---|---|---|
| J. Schormüller u. H. Ballschmieter (1951) | Backhefe | 0,35 | 0,58 |
| J.G. Chiao u. W.H. Peterson (1953) . . . | 6 Stämme | 0,70—0,84 | 0,26—0,38 |
| J. Schormüller u. H. Ballschmieter (1951) | Brennereihefe | 0,54 | 0,52 |
| J. Schormüller u. H. Ballschmieter (1951) | Bierhefe | 0,84 | 0,26 |
| J. Schormüller u. H. Ballschmieter (1951) | Bierhefe | 0,48 | 0,74 |
| G. E. N. Nelson u. Mitarb. (1960) . . . . . | 53 Stämme | 0,51 | — |

Das Peptid Glutathion wird bei den freien Aminosäuren behandelt werden.

## 1. Die mineralischen Bestandteile der Saccharomyces-Hefen

Bei der kontrollierten Verbrennung der Hefe verbleibt die Asche, deren Menge je nach Rasse und Kulturbedingungen größeren Schwankungen unterliegt (5—9 % i. Tr.). Die Zusammensetzung einiger Hefeaschen zeigt die Tab. 5.

Tabelle 5. *Die Bestandteile der Hefeasche (Saccharomyces cerevisiae) in Prozenten auf Asche bezogen* (nach A. A. EDDY 1958)

| | M.A. JOSLYN (1941) | F. CZAPEK (1920) | BÉCHAMPS (1952) | J. WHITE (1954) |
|---|---|---|---|---|
| $P_2O_5$ % | 44,8 —59,0 | 50,6 | 54 —58 | 43,3 |
| $K_2O$ % | 28,0 —48,0 | 33,4 | 29 —31 | 41,7 |
| $Na_2O$ % | 0,06— 0,7 | Spur | 0,8— 1,9 | — |
| MgO % | 4,0 — 8,1 | 6,1 | 4,0— 7.0 | 6,7 |
| CaO % | 1,0 — 4,5 | 5,5 | 1,6— 2,5 | 0,83 |
| $Fe_2O_3$ % | 0,11— 8,1 | 0,56 | 0,9— 8,1 | 0,11 |
| $SiO_2$ % | 0,0 — 1,6 | 1,3 | Spur | 1,3 |
| $SO_3$ % | 0,4 — 6,0 | 0,56 | — | 0,5 |
| Cl % | 0,03— 1,0 | — | — | 0,33 |

Man erkennt, daß Phosphorsäure und Kalium die Hauptbestandteile sind, entsprechend dem Kalium- und Phosphatbedarf der Dissimilationsvorgänge. Das Magnesium, das als anorganisches Komplement für mehrere Gärungsenzyme notwendig ist, folgt an zweiter Stelle, während die übrigen Kationen und Anionen nur in geringeren Mengen in der Asche vorkommen. Des weiteren besitzt die Hefe die Fähigkeit, Metallionen aus dem Nährmedium aufzunehmen und sogar in der Zelle zu konzentrieren. Viele sog. „Spurenelemente" sind ein regelmäßiger Bestandteil der Hefezellen, z. B. Zn, Mn, Co. Nach K. SILBEREISEN (1960) und J. HUDSON (1958) kann mit folgenden Gehalten an Spurenmetallen in der Hefetrockensubstanz gerechnet werden (vgl. Tab. 6):

Tabelle 6. *Spurenmetalle in Hefen (Saccharomyces cerevisiae)* (in mg/100 g Hefe-Tr.)

| lfd. Nr. | Spurenmetall | SILBEREISEN | HUDSON |
|---|---|---|---|
| 1 | Eisen | 2 —9 | 1,7 — 2,5 |
| 2 | Kupfer | 1 —8 | 3,4 —10,4 |
| 3 | Zink | 4 —7 | — |
| 4 | Mangan | 0,4 —1,0 | 0,4 — 1,1 |
| 5 | Blei | 0,06—2,0 | 0,2 —10,0 |
| 6 | Kobalt | 0,5 —3,0 | — |
| 7 | Aluminium | 2 —7 | 0,1 — 0,3 |
| 8 | Arsen | 0,4 | — |
| 9 | Molybdän | — | 0,01—0,27 |
| 10 | Nickel | — | 0,3 — 0,4 |
| 11 | Zinn | — | 0,3 —10,0 |
| 12 | Vanadium | — | 0,04— 0,07 |

## 2. Die Kohlenhydrate der Saccharomyces-Hefen

Die untergärigen Bierhefen enthalten nach F. STOCKHAUSEN u. K. SILBEREISEN (1935a) in der Trockensubstanz etwa 9—11,5 %, die Backhefen 13 % Gesamtkohlenhydrate; sie sind teils in der Zellwand, teils im Zellinnern vorhanden, wobei keine genauen Grenzen gezogen werden können. Die Membranpolyose von L. ZECHMEISTER u. G. TOTH (1934) ist ein $\beta$-1.3-glucosidisch verkettetes Glucan vom Mol.-Gew. 6500, das gegenüber Wasser, heißem Alkali, kalten verdünnten

Säuren und ammoniakalischer Kupfersalzlösung sehr widerstandsfähig ist. Der Aufbau des Hefeglucans wurde von K. Freudenberg u. E. Plankenhorn (1938) und W.Z. Hassid u. Mitarb. (1941) aufgeklärt.

Im Cytoplasma der Hefezelle treten vor allem das *Hefeglykogen* und das *Hefemannan* mengenmäßig hervor; weiterhin findet man die *Trehalose* (1-$a$-D-Glucosido <1,5>-1-$a$-D-glucosid <1,5>), ein nicht reduzierendes Disaccharid vom Typ $a$,$a$. Das Glykogen und die Trehalose sind als Hauptreservekohlenhydrate der Hefezelle anzusehen. Der Trehalosegehalt der Hefen schwankt in weiten Grenzen (0,5—10% i. Tr.), ist jedoch in obergärigen Hefen wesentlich höher als in untergärigen. Den Hauptbestandteil der Kohlenhydrate des Zellinneren macht das Hefeglykogen aus, das sich durch seine Widerstandsfähigkeit gegen hochkonzentrierte Kalilauge in der Hitze auszeichnet. Bei guter Ernährung wird das Glykogen in der Hefezelle als Reservekohlenhydrat gespeichert und im Hungerzustand wieder abgebaut. Der Auf- und Abbau geschieht über die Glucose-1-phosphorsäure (Coriester). Der Glykogengehalt der Hefe kann bis 20% in besonderen Fällen ansteigen. F. Stockhausen u. K. Silbereisen (1935b) fanden unter gleichen Züchtungsbedingungen in einer Backhefe 4,2%, in einer Weinhefe mit Bruchcharakter 15,4% und mit Staubcharakter 3,1%, in einer untergärigen Bierhefe 8,7% und in einer obergärigen Bierhefe 14,4% Glykogen i. Tr. W.E. Trevelyan u. J.S. Harrison (1952) ermittelten in einer Backhefe 7% Glykogen i. Tr. Das Hefeglykogen enthält auch in reinster Form noch etwa 0,1% Phosphor und ist mit den tierischen Glykogenen eng verwandt; es besteht aus D-Glucoseeinheiten, die sowohl $a$-1.4- als auch $a$-1.6-glucosidisch verknüpft sind und besitzt ein Mol.-Gew. von ungefähr 2 Mio. Sein Aufbau ist dem des Amylopektins ähnlich, obwohl letzteres zum Unterschied von Glykogen in Wasser nicht löslich ist (Bd. I d. Handb., S. 450).

Das *Hefemannan* bildet die Hauptmenge des sog. „Hefegummis" und ist in der Trockensubstanz der Saccharomyces-Hefen in unterschiedlicher Menge enthalten. W.N. Haworth u. Mitarb. (1941) ermittelten Werte von ca. 2% i. Tr., doch wurden in Back- und Weinhefen auch höhere Werte gefunden (F. Stockhausen u. K. Silbereisen 1935b). Charakteristisch für das Hefemannan ist seine Fällbarkeit mit Fehlingscher Lösung als blaues unlösliches Kupfersalz; in reinem, trockenem Zustand stellt es ein weißes hygroskopisches Pulver dar, das sich in Wasser zu einer Lösung von hoher Viscosität und gutem Schaumvermögen auflöst. Es ist zu 95% aus Mannopyranosen zusammengesetzt, die 1.2-, 1.3- und 1.6-glykosidisch verbunden sind. Das Hefemannan ist somit ähnlich stark verzweigt wie das Hefeglykogen, besitzt aber ein geringeres Molekulargewicht (ca. 100000 entsprechend 600 Mannose-Einheiten). Es hat eine völlig andere physiologische Funktion als das Glykogen und vermag mit Proteinen Komplexe (W.J. Nickerson u. G. Falcon 1956) zu bilden, die möglicherweise eine Rolle bei der Zellteilung und der Hefeflockung spielen (A.A. Eddy u. A.P. Rudin 1957).

### 3. Das Eiweiß der Hefezelle

Das Eiweiß bildet den Hauptbestandteil der Trockensubstanz der Hefezellen. Nach der üblichen Methode, den nach dem Kjeldahl-Verfahren ermittelten Stickstoffgehalt mit dem Faktor 6,25 zu multiplizieren, erhält man jedoch nur den Gehalt an „*Roheiweiß oder Rohprotein*", der infolge der analytischen Miterfassung der Nucleinsäuren höher ist als der Gehalt an „Reineiweiß". Der Rohproteingehalt der Hefen ist von den Ernährungs- und Züchtungsbedingungen stark abhängig und schwankt zwischen 42 und 60% i. Tr.; er kann bei der gezielten Backhefezüchtung genau eingestellt werden. Bierhefen enthalten meist 51—58%, Backhefen nur 42—45% Roheiweiß. Die Hauptmenge des Hefeeiweißes ist aktives

Enzymeiweiß, dessen Fermente den für die Lebenserhaltung der Zellen notwendigen Energie- und Baustoffwechsel katalysieren. Da durch chemische Eingriffe schon Veränderungen im biologischen Gleichgewicht der lebenden Zelle eintreten können, ist es schwierig, etwas über den wahren Zustand der darin vorkommenden Eiweißkörper auszusagen, die außerdem der Lebensdynamik des dauernden Auf-, Um- und Abbaues unterliegen. Dieser Umstand gilt insbesondere für die freien Aminosäuren der Zelle, die ein Reservoir („pool") mit starkem Zu- und Abgang darstellen. Der Anteil des Nichteiweiß-Stickstoffs am Gesamtstickstoff beträgt ungefähr 15—20 %; dieser Teil besteht vornehmlich aus Nucleinsäuren (8—10 % Purin-N), freien Aminosäuren (7 % N), Glutathion (1,5—1,7 % N) und einigen anderen Peptiden (O. LINDAN u. E. WORK 1951).

Bei der üblichen Aminosäurenanalyse der Hefeproteine, der eine Hydrolyse vorangehen muß, werden *die freien und im Eiweiß gebundenen Aminosäuren* gemeinsam erfaßt. Man erhält die Aminosäurenzusammensetzung der Hefen, die für die Beurteilung ihres Nährwertes von großer Bedeutung ist. Erste Untersuchungen in dieser Richtung wurden von J. MEISENHEIMER (1921) unternommen; doch sind diese Ergebnisse heute nur noch von beschränktem Wert. Später haben O. LINDAN u. E. WORK (1951) den Gehalt an Aminosäuren in Bier- und Backhefen eingehend auf chromatographischem und chemischem Wege untersucht. Die Ergebnisse sind in der folgenden Tab. 7 zusammengefaßt, wobei zu beachten ist, daß bei der von den Forschern angewandten sauren Hydrolyse das Tryptophan offenbar teilweise zerstört wurde.

Tabelle 7. *Der gesamte Aminosäurengehalt von Bier- und Backhefen nach* O. LINDAN u. E. WORK (1951) (in g Aminosäure-N von 100 g Gesamt-N)

| Aminosäure | Bierhefe | Backhefe | Aminosäure | Bierhefe | Backhefe |
|---|---|---|---|---|---|
| Alanin | 9,0 | 9,0 | Methionin | 0,8 | 0,8 |
| Arginin | 10,0 | 5,0 | Phenylalanin | 1,0 | 3,0 |
| Asparaginsäure | 7,5 | 8,4 | Prolin | 3,0 | 3,0 |
| Cystin | 1,5 | 1,0 | Serin | 3,0 | 4,0 |
| Glutaminsäure | 12,0 | 11,0 | Threonin | 6,0 | 4,0 |
| Glycin | 7,0 | 7,0 | Tryptophan | — | 1,1 |
| Histidin | 7,0 | 7,0 | Tyrosin | 2,0 | 3,0 |
| Isoleucin | 3,0 | 3,0 | Valin | 7,0 | 7,0 |
| Leucin | 3,7 | 5,0 | Ornithin | 1,0 | — |
| Lysin | 8,2 | 8,0 | | | |

Die Tab. 7 zeigt, daß die Bierhefe reicher an Arginin und Cystin ist als die Backhefe; im übrigen treten jedoch keine wesentlichen Unterschiede hinsichtlich der Mengen an anderen Aminosäuren auf. Es ist interessant, daß sich die Aminosäurenzusammensetzung des Backhefeeiweißes auch bei starken Schwankungen des Rohproteingehaltes nicht ändert, wie von O. RÜDIGER (1955) unter Anwendung der mikrobiologischen Bestimmungsmethode (E. BARTON-WRIGHT 1952) gefunden wurde.

Die Hefen enthalten ebenso wie viele andere Mikroorganismen *freie Aminosäuren* in merklichen Mengen. Sie stellen ein ausgleichendes Sammelbecken (pool) dar, das durch ständigen Zu- und Abfluß einem steten Wandel unterworfen ist. Die exogenen Aminosäuren des Nährmediums und die endogen aus $NH_3$ und Glucose gebildeten Aminosäuren strömen in das Becken ein, während die zur Proteinsynthese erforderlichen gleichzeitig ausströmen. Somit wird das System im Zustand des Fließgleichgewichts erhalten. Der Aminosäurenpool der Hefen (vgl. Tab. 8) ist vom physiologischen Zustand der Zellen, den Bedingungen der Züchtung und Ernährung abhängig und kann mit verschiedenen Mitteln (z. B. mit

70%igem wäßrigen Alkohol oder mit 10%iger Trichloressigsäure) extrahiert werden. Dabei wurde die Hefe I (E. Spoerl u. R. Carleton 1954) in einem definierten organischen Medium, in dem Vitamine und Aminosäuren bzw. vitaminfreies Caseinhydrolysat enthalten waren, gezüchtet und gegen Ende der exponentiellen

Tabelle 8. *Freie Aminosäuren in Saccharomyces-Hefen* (nach J. T. Holden 1962)
(mmol Aminosäure/100 g Hefe-Trockensubstanz)

| Aminosäure | Saccharomyces cerevisiae I | Saccharomyces cerevisiae II | Aminosäure | Saccharomyces cerevisiae I | Saccharomyces cerevisiae II |
|---|---|---|---|---|---|
| Glutaminsäure | 6,5 | 10,0 | Histidin . . . . | 0,2 | 1,0 |
| Glutamin . . | 9,5 | — | Leucin/Isoleucin | 1,1 | 0,5/0,6 |
| Asparaginsäure | 2,2 | 3,6 | Valin . . . . . | 1,9 | 1,6 |
| Asparagin . . | 9,8 | — | Methionin . . . | 1,0 | 0,6 |
| Alanin . . . | 4,5 | — | Prolin . . . . . | + | 0,9 |
| Glycin . . . . | 2,9 | — | Tyrosin . . . . | + | 0,2 |
| Threonin. . . | 4,1 | 2,2 | Phenylalanin . . | + | 0,3 |
| Serin . . . . | 2,3 | 3,7 | Tryptophan . . | + | 0,03 |
| Lysin . . . . | 2,8 | 4,3 | a-Aminobutter- | | |
| Ornithin . . . | 2,0 | — | säure . . . . | 0,3 | — |
| Arginin . . . | 4,9 | 1,2 | Cystein + Cystin | — | 0,1 |
| Citrullin . . . | 1,7 | — | Cysteinsäure . . | + | — |

Tabelle 9. *DNS-Zusammensetzung von Saccharomyces-Hefen*
(nach A. N. Belozersky u. A. S. Spirin 1960)

| Species | Basenverhältnisse (Mol.-%) | | | | $\dfrac{A+T}{G+C}$ |
|---|---|---|---|---|---|
| | G | A | C | T | |
| Saccharomyces cerevisiae I[1] . . . . | 18,3 | 31,7 | 17,4 | 32,6 | 1,80 |
| Saccharomyces cerevisiae II[2] . . . . | 18,7 | 31,3 | 17,1 | 32,9 | 1,79 |

Literatur: [1] E. Vischer u. Mitarb. (1949); [2] S. Zamenhof u. E. Chargaff (1950)

Tabelle 10. *RNS-Zusammensetzung von Saccharomyces-Hefen*
(nach A. N. Belozersky u. A. S. Spirin 1960)

| Species | Basenverhältnisse (Mol.-%) | | | | $\dfrac{G+U}{A+C}$ | Pu/Py | $\dfrac{G+C}{A+U}$ |
|---|---|---|---|---|---|---|---|
| | G | A | C | U | | | |
| S. cerevisiae I[1] . . . . . . . . | 24,6 | 25,4 | 22,6 | 27,4 | 1,08 | 1,00 | 0,90 |
| S. cerevisiae II[2] . . . . . . . | 28 | 25 | 20 | 27 | 1,22 | 1,13 | 0,92 |
| S. cerevisiae, fr. 1[3] . . . . . . | 33,0 | 23,2 | 20,0 | 23,7 | 1,31 | 1,29 | 1,13 |
| S. cerevisiae, fr. 2[4] . . . . . . | 27,3 | 24,3 | 22,5 | 25,7 | 1,13 | 1,07 | 1,00 |

Literatur: [1] D. Elson u. E. Chargaff (1955); [2] A. M. Crestfield u. Mitarb. (1955)
[3] A. A. Hakim (1957); [4] A. A. Hakim (1957)

Wachstumsperiode entnommen, während die Hefe II (H. D. Halvorson u. S. Spiegelman 1953) in einem komplexen organischen Medium unter Zusatz von Hefeextrakt gewachsen war und der mittleren exponentiellen Wachstumsperiode entstammte.

Auch das *Glutathion (γ-L-Glutamyl-L-cysteinyl-glycin)* ist mit anderen Peptiden aus der Zelle extrahierbar; die Reinigung erfolgt über das schwer lösliche Kupfersalz. Seine biologische Bedeutung liegt in der Mitwirkung an Aktivierungs- und Entgiftungsvorgängen in der Zelle (Bd. I d. Handb., S. 202 u. 842). O. Lindan u. E. Work (1951) fanden in Backhefe 1,5 g und in Bierhefe 1,7 g Glutathion-N/ 100 g N.

Es ist seit langem bekannt, daß die Mikroorganismen einen hohen *Nucleinsäurengehalt* im Vergleich zu den Zellen höherer Organismen haben. Die Hefen enthalten in der Trockensubstanz 5—7 % Ribonucleinsäuren (RNS) und 0,1 bis 0,2 % Desoxyribonucleinsäuren (DNS), wobei die ersteren sowohl im Zellkern als auch im Cytoplasma und die letzteren nur im Zellkern vorkommen. Der Nucleinsäurengehalt der Hefen unterliegt jedoch großen Veränderungen, die von den Züchtungsbedingungen und dem physiologischen Zustand der Zelle abhängen. Alle bisher in dieser Richtung durchgeführten Untersuchungen haben sogar ergegen, daß eine direkte Beziehung zwischen dem Alter, der biologischen Aktivität und dem Wachstum der Hefezelle auf der einen und ihrem Nucleinsäurengehalt auf der anderen Seite besteht.

Da die Spezifität der Nucleinsäuren unter anderem auf deren chemische Zusammensetzung, z. B. dem Verhältnis der Purin- und Pyrimidinbasen (Pu/Py) beruht, sollen im folgenden die DNS- und RNS-Zusammensetzungen von zwei Saccharomyces-Hefen wiedergegeben werden. In den DNS kommen als Basen die Purinderivate Adenin (A) und Guanin (G) und die Pyrimidine Cytosin (C) und Thymin (T) vor; dagegen in den RNS statt des Thymins das Uracil (U) (Bd. I d. Handb., S. 288—289, 877—878).

## 4. Die Lipoide der Hefen

Die Menge der Lipoide in der Hefezelle und deren Zusammensetzung hängt sehr stark von den Züchtungsbedingungen und dem verwendeten Stamm ab. Während bei den sog. Fetthefen (z. B. *Rhodotorula gracilis*) Gesamt-Lipoidgehalte von 50 % i. Tr. erreicht werden können, vermögen die hier zu behandelnden Saccharomyces-Hefen solche Maximalmengen nicht zu bilden. Die Bierhefen enthalten 2,3—7,8 %, und die Backhefen 2,0—23,4 % Gesamt-Lipoide i. Tr. Die Hefelipoide können in folgende Gruppen unterteilt werden:

A. Fette (Triglyceride)

B. Lipoide (fettähnliche Stoffe)

   I.   Einfache Lipoide

      a) Sterine, b) Squalen, c) Carotinoide, d) Lipoidchinone

   II.   Zusammengesetzte Lipoide

      a) Phosphatide (Phospholipoide), b) Cerebrine (Phytosphingolipoide)

   III. Lipoidkomplexe

      a) Lipoid-Eiweißverbindungen, b) Lipoid-Kohlenhydratverbindungen

Eine allgemeine Verteilung der Gesamt-Lipoide von einigen Saccharomyces-Hefen zeigt die folgende Tab. 11:

Tabelle 11. *Verteilung der Gesamt-Lipoide von Saccharomyces-Hefen in Prozenten der Hefetrockensubstanz* (nach W. HOPPE 1960)

| Hefe | Gesamt-Lipoide % | Gesamt-sterine % | Phospha-tide % | Gesamt-Fettsäuren % | Neutral-fett % | Unverseif-bares % |
|---|---|---|---|---|---|---|
| Backhefe[1] . . . | 14,94 | 0,86 | 2,66 | 3,34 | 2,18 | 1,88 |
| Backhefe[2] . . . | 21,3 | 0,86 | 2,28 | 9,97 | 10,14 | 2,24 |
| Backhefe[3] . . . | 23,67 | 1,4 | 3,32 | 5,39 | 4,14 | 2,81 |

Autor und Bemerkung: [1] F. REINARTZ u. H. LAFOS (1950), mit reichlich N gezüchtet.
[2] F. REINARTZ u. H. LAFOS (1950), ohne N gezüchtet.
[3] F. REINARTZ u. H. LAFOS (1950), mit unzureichenden Mengen N gezüchtet.

Die Lipoide (früher auch Rohfett genannt) der Hefen haben zumeist eine flüssige bis salbenförmige Konsistenz. Zu dem verseifbaren Anteil gehören die Fette, Phosphatide und Lipoidsymplexe, zu dem unverseifbaren die Sterine, Carotinoide, Lipoidchinone, Squalen und Cerebrine. Wegen der an Eiweiß und Kohlenhydrate gebundenen Lipoide ist eine Vorbehandlung der Hefen und die genaue Einhaltung konventioneller Analysenmethoden notwendig.

Das Vorkommen von *Fetten* in der normalen Saccharomyces-Hefe muß als gering bezeichnet werden. Die Hauptmenge des Hefefettes besteht aus neutralen Glycerinestern, daneben sind auch freie Fettsäuren enthalten. Nach K. Täufel u. Mitarb. (1936) wurden folgende Analysenwerte erhalten:

$$5,3\% \text{ Glycerin}$$
$$5,2\% \text{ wasserdampfflüchtige Säuren}$$
$$9,5\% \text{ Palmitinsäure}$$
$$5,9\% \text{ Stearinsäure}$$
$$47,6\% \text{ Ölsäure}$$
$$2,9\% \text{ Linolsäure}$$
$$19,6\% \text{ Unverseifbares}$$

Somit überwiegen die flüssigen, ungesättigten Säuren in beträchtlichem Maße. Zweifellos würden jedoch die modernen Methoden der Gaschromatographie bessere Erkenntnisse über die Zusammensetzung der Fettsäuren vermitteln. Als Kennzahlen des Hefefettes wurden folgende Werte festgestellt:

$$SZ = 108,4; \; VZ = 156,6; \; EZ = 48,2; \; R\text{-}M\text{-}Z = 7,4; \; Po\text{-}Z = 3,4; \; JZ = 130,4.$$

Unter den einfachen Lipoiden der Hefen spielen die *Sterine*, die sich im Unverseifbaren vorfinden, die wichtigste Rolle. Sie sind in allen Fettlösungsmitteln, so vor allem in Äther, Chloroform, Aceton und auch in Fetten löslich. Ihre Isolierung und Reinigung ist deshalb besonders schwierig, weil sie sehr ähnliche Eigenschaften aufweisen und die Eigentümlichkeit zeigen, Mischkristalle zu bilden. Die reinen kristallisierten Sterine haben jedoch scharfe Schmelzpunkte, die zusammen mit jenen der Acetate und anderer Verbindungen zu ihrer Identifizierung herangezogen werden. Das Hauptsterin der Saccharomyces-Hefen ist das *Ergosterin*, das durch Bestrahlung im UV-Licht über ein Zwischenprodukt in das Vitamin $D_2$ übergeht (Bd. I d. Handb., S. 336—342, 1025—1027). Daneben finden sich weitere Begleitsterine, deren mengenmäßige Anteile bei höheren Gesamtsteringehalten der Hefen unterschiedlich hervortreten. Tab. 12 gibt eine Übersicht über die Haupt- und Nebensterine der Hefen, deren Strukturformeln, soweit sie bekannt sind, ihre nahe Verwandtschaft untereinander erkennen lassen. Das von O.N. Breivik u. Mitarb. (1954) in Backhefen gefundene $\Delta^{24\,(28)}$-Ergosterin ($\Delta^{5.7.22.24\,(28)}$-Ergostatetraen-$3\beta$-ol) soll wie das Zymosterin in den Begleitsterinen mengenmäßig hervortreten. Das von H. Wieland u. Mitarb. (1941b) beschriebene Neosterin wurde von R.K. Callow (1931) und später von D.H.R. Barton u. J.D. Cox (1948) als ein Gemisch von Ergosterin und $\alpha$-Dihydroergosterin angesprochen. Ebenso wurde das Anasterin als ein Gemisch von Ergosterin und $\Delta^7$-Ergostenol beschrieben (T.G. Halsall u. G.C. Sayer 1959). Das Hyposterin wurde noch nicht näher untersucht.

Für eine industrielle Produktion des Ergosterins, das für die Herstellung von Vitamin $D_2$ notwendig ist, eignen sich besonders die Hefen der Gattung Saccharomyces, die unter geeigneten Bedingungen 10% Gesamtsterine (i. Tr.) bilden können.

Im Unverseifbaren der Hefelipoide ist ferner das *Squalen*, ein ungesättigter Kohlenwasserstoff isoprenoider Natur, enthalten. Es bildet sich nach den Arbeiten von Lynen, Bloch, Popjak u. Folkers (P. Karlson 1964) aus dem Acetyl-CoA über die Mevalonsäure, das Isopentenylpyrophosphat und Farnesylpyrophosphat

Tabelle 12. *Sterine der Saccharomyces-Hefen*
(nach LETTRÉ-INHOFFEN-TSCHESCHE 1954; L. F. FIESER u. M. FIESER 1961)

| Lit. Nr. | Sterin | Summen-formel | Smp, °C | $[a]D$ | Smp, °C Acetat |
|---|---|---|---|---|---|
| 1 | Ergosterin . . . . . . . . . . | $C_{28}H_{44}O$ | 165 | —135 | 179—181 |
| 2 | Zymosterin . . . . . . . . . . | $C_{27}H_{44}O$ | 110 | +49 | 106—108 |
| 3 | $\varDelta^7$-Ergostenol = Fungisterin . . | $C_{28}H_{48}O$ | 146 | ±0 | 157 |
| 4 | $\varDelta^{7.22}$-Ergostadien-3$\beta$-ol =$a$-Dihydroergosterin . . . | $C_{28}H_{46}O$ | 174 | —20 | 180—181 |
| 5 | Lanosterin = Kryptosterin . . . | $C_{30}H_{50}O$ | 139 | +60 | 130—131 |
| 6 | Ascosterin . . . . . . . . . | $C_{28}H_{46}O$ | 142 | +45 | — |
| 7 | Faecosterin . . . . . . . . | $C_{28}H_{46}O$ | 162 | +42 | 159—161 |
| 8 | Episterin . . . . . . . . . | $C_{28}H_{46}O$ | 151 | —5 | 160—162 |
| 9 | Cerevisterin. . . . . . . . . | $C_{28}H_{46}O_3$ | 256 | —83 | 171 |
| 10 | $\varDelta^{24(28)}$-Ergosterin . . . . . . | $C_{28}H_{42}O$ | 120* * Monohydrat | —78* | 141—144 |
| 11 | Hyposterin . . . . . . . . . | $C_{27}H_{42}O$ | 100—102 | +12,5 | 119—138 |
| 12 | Anasterin . . . . . . . . . | $C_{27}H_{44}O$ | 157—159 | —8 | 180—182 Benzoat |
| 13 | Neosterin. . . . . . . . . . | $C_{28}H_{44}O$ | 164—165 | —104 | 173—174 |

Literatur:

*1* I. SMEDLEY-MACLEAN u. E. M. THOMAS (1920); A. WINDAUS u. W. GROSSKOPF (1923); A. HEIDUSCHKA u. H. LINDNER (1929); F. REINDEL u. E. WALTER (1928); A. WINDAUS u. J. BRUNKEN (1928); H. WIELAND u. M. ASANO (1929); H. WIELAND u. G. A. C. GOUGH (1930); H. WIELAND u. W. M. STANLEY (1931).

*2* I. SMEDLEY-MACLEAN (1928); F. REINDEL u. A. WEICKMANN (1929, 1930); J. M. HEILBRON u. W. ARCHIBALD (1929 a); H. WIELAND u. Y. KANAOKA (1937 b); H. WIELAND u. Mitarb. (1941 a); B. HEATH-BROWN u. Mitarb. (1940); H. WIELAND u. W. BENEND (1943 b).

*3* H. WIELAND u. G. COUTELLE (1941 c); H. WIELAND u. W. BENEND (1943 a); T. G. HALSALL u. G. C. SAYER (1959).

*4* R. K. CALLOW (1931); G. H. ALT u. D. H. R. BARTON (1954); J. M. HEILBRON u. Mitarb. (1929 b); H. WIELAND u. Mitarb. (1941 b).

*5* H. WIELAND u. Mitarb. (1937 a); H. WIELAND u. E. JOOST (1941 d); H. WIELAND u. W. BENEND (1942); L. RUZICKA u. Mitarb. (1945).

*6* H. WIELAND u. Y. KANAOKA (1937 b); H. WIELAND u. Mitarb. (1941 b).

*7* H. WIELAND u. Mitarb. (1941 b).

*8* E. M. HONEYWELL u. CH. E. BILLS (1928); H. WIELAND u. Mitarb. (1941 b); D. H. R. BARTON u. J. D. COX (1949).

*9* E. M. HONEYWELL u. CH. E. BILLS (1928); G. H. ALT u. D. H. R. BARTON (1954); E. M. HONEYWELL u. CH. E. BILLS (1932, 1933).

*10* O. N. BREIVIK u. Mitarb. (1954).

*11* H. WIELAND u. G. A. C. GOUGH (1930).

*12* H. WIELAND u. G. A. C. GOUGH (1930); T. G. HALSALL u. G. C. SAYER (1959).

*13* H. WIELAND u. M. ASANO (1929); H. WIELAND u. Mitarb. (1941 b); D. H. R. BARTON u. J. D. COX (1948).

($C_{15}$-Verbindung). Durch Kopf-an-Kopf-Kondensation von 2 $C_{15}$-Einheiten entsteht schließlich das *Squalen* (Bd. I d. Handb., S. 349).

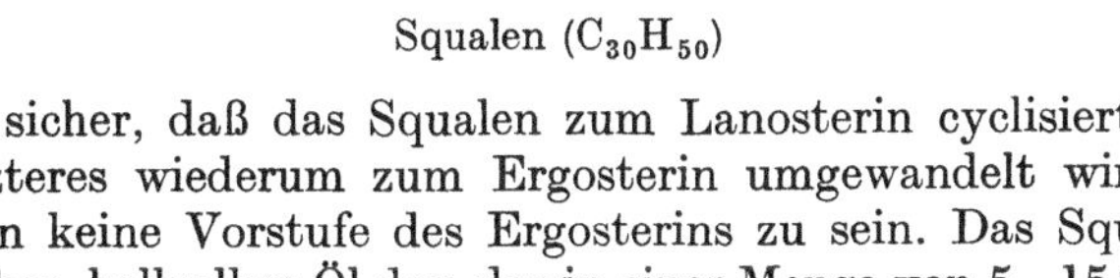

Squalen ($C_{30}H_{50}$)

Es gilt als sicher, daß das Squalen zum Lanosterin cyclisiert (E. KODICEK 1959) und letzteres wiederum zum Ergosterin umgewandelt wird. Zymosterin scheint dagegen keine Vorstufe des Ergosterins zu sein. Das Squalen stellt ein leicht bewegliches, hellgelbes Öl dar, das in einer Menge von 5—15 %, bezogen auf den Gesamt-Lipoidgehalt, in den Saccharomyces-Hefen vorkommt. Seine Bestimmung erfolgt nach K. TÄUFEL u. Mitarb. (1939) als Hexahydrochlorid.

Zu den in den Hefen vorkommenden Lipoiden isoprenoider Natur gehören auch die Carotinoide, die ebenfalls über die Mevalonsäure synthetisiert werden. Die Carotinoide, im besonderen $\alpha$- und $\beta$-Carotin, werden jedoch in den Saccharomyces-Hefen nur in geringer Menge angetroffen (E.M. Luce u. Mitarb. 1925); dagegen sind sie charakteristische Bestandteile der Rhodotorulaceae.

Zu den *Lipoidchinonen* gehören die in letzter Zeit auch in der Hefe vorgefundenen *Ubichinone*, die als Redoxsysteme im Elektronentransportsystem eingeschaltet sind. Aerob gezüchtete Backhefe enthielt 5—10 mal mehr Ubichinon(30) als die entsprechend anaerob gewachsene Hefe. Die Ubichinone wurden von R.A. Morton u. Mitarb. (1958) entdeckt, das Ubichinon(30) im besonderen von U. Gloor u. Mitarb. (1958). Es besitzt 30 C-Atome in der isoprenoiden Seitenkette des substituierten Benzochinons und einen Schmelzpunkt von 19—20 °C.

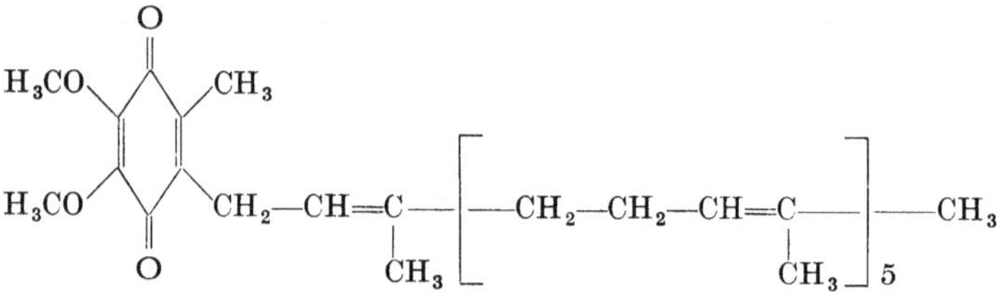

$$H_3CO\text{—}\!\!\underset{O}{\overset{O}{\bigcirc}}\!\!\text{—}CH_3,\quad H_3CO\text{—}\cdots\text{—}CH_2\text{—}CH=\!\!\underset{CH_3}{C}\text{—}\!\!\left[\text{—}CH_2\text{—}CH_2\text{—}CH=\!\!\underset{CH_3}{C}\text{—}\right]_5\!\!\text{—}CH_3$$

Ubichinon (30)

Die in Backhefe gefundenen Mengen schwankten zwischen 0,017—0,197 mg/1 g Hefe-Tr. (H. Rudney u. T. Sugimura 1961).

Von den zusammengesetzten Lipoiden der Hefen wurden die *Phosphatide* bereits frühzeitig erkannt. Viele Angaben über die Phosphatide in Saccharomyces-Hefen stammen jedoch aus älteren Untersuchungen, während über die gleichen aus Torulahefen neuere Analysen von W. Diemair u. Mitarb. (1948, 1950) vorliegen. Aus dem P:N-Verhältnis ergibt sich, daß die Hefephosphatide aus $\beta$-Lecithin und $\alpha$-Kephalin bestehen, deren Fettsäurereste vorwiegend die Palmitin-, Stearin- und Ölsäure enthalten. Nach C.G. Daubney u. J. Smedley-MacLean (1927) setzt sich das Lecithin der Hefe aus 75 % Oleyl-palmityl-Lecithin und 25 % Dioleyl-Lecithin und das Kephalin der Hefe aus 82 % Dioleyl-Kephalin und 18 % Oleyl-Palmityl-Kephalin zusammen.

Wie aus Tab. 11 hervorgeht, beträgt der Phosphatidgehalt der Saccharomyces-Hefen, auf Hefe-Tr. bezogen, 2,3—3,3 % und, auf die Gesamt-Lipoide bezogen, 11—18 %. Torulahefen erzeugen Phosphatide in erheblich größeren Mengen (W. Diemair u. W. Poetsch 1949).

In Begleitung des Ergosterins kommt in der Hefe das von F. Reindel u. Mitarb. (1940) erstmals isolierte *Pilzcerebrin* vor, das ähnliche Eigenschaften wie die das Cholesterin begleitenden Cerebroside des tierischen Organismus aufweist. Es besitzt die Bruttoformel $C_{46}H_{93}O_5N$ und ist eine Verbindung zwischen einer langkettigen Base und einer Hydroxysäure, die säureamidartig miteinander verbunden sind. Es bildet feine, zu Büscheln vereinigte Nadeln vom Smp 143—144 °C. Nach der Spaltung konnte der Säureanteil als $\alpha$-Hydroxy-n-hexacosansäure identifiziert werden, während die Base von F. Reindel als 1.3.5-Trihydroxy-4-amino-eicosan angesehen wurde. Bei der Untersuchung von Pflanzen- und Schimmelpilzcerebrinen wurde als basische Komponente jedoch das Phytosphingosin, ein 1.3.4-Trihydroxy-2-amino-octadecan, isoliert (H.F. Carter u. Mitarb. 1954), das aus dem Sphingosin der Sphingolipoide (Sphingomyeline, Cerebroside) formal durch Addition von Wasser entsteht.

Als *Lipoidkomplexe* werden die an Eiweiß und Kohlenhydrate gebundenen Lipoide bezeichnet, die bei der Analyse der Gesamtlipoide einige Schwierigkeiten bereiten. Durch eine Behandlung mit Alkoholen, im besonderen Methanol, können diese Komplexe gespalten und der nachfolgenden Extraktion zugänglich gemacht werden. Durch die Bindung der Lipoide an die hydrophilen Substanzen Eiweiß und Kohlenhydrat kann ihre Löslichkeit und damit Transportfähigkeit verändert werden. Lipoproteide spielen außerdem eine wesentliche Rolle als Apoenzyme der in den Mitochondrien verankerten Elektronen übertragenden Enzyme (z. B. Ubichinon), und es wird angenommen, daß die räumliche Anordnung der wasserlöslichen und der Lipoproteid-Enzyme in aufeinanderfolgenden Schichten für die Funktion der Atmungskette und der oxydativen Phosphorylierung von großer Bedeutung ist (P. KARLSON 1964 und W.C. SCHNEIDER 1959).

## 5. Porphyrine und Zellhämine

Den in der Hefe natürlich vorkommenden Porphyrinen und Zellhäminen liegt das Molekülgerüst des *Porphins* (Bd. I d. Handb., S. 707) zugrunde, dessen Strukturformel von H. FISCHER u. Mitarb. (1937, 1940) aufgestellt wurde.

Durch Eintritt von Substituenten (1—8) in das Porphingerüst entstehen die Porphyrine, von denen die Koproporphyrine I und III in natürlicher Form aus den Hefen isoliert wurden (H. FISCHER u. Mitarb. 1924), wobei die III-Form hauptsächlich in Hungerhefe festgestellt wurde (J. E. KENCH u. J.F. WILKINSON 1945). Die *Koproporphyrine* (Bd. I d. Handb., S. 713—714) entstehen nicht durch den Abbau der Zellhämine, sondern vielmehr infolge einer Abweichung von der normalen Häminsynthese. Autolyse, Anaerobiose, Cyanid und Riboflavinmangel veranlassen die Hefe, die Koproporphyrinbildung zu intensivieren und sich dem anaeroben Stoffwechsel anzupassen (P.P. SLONIMSKI 1952). H. FISCHER u. H. FINK (1924, 1925a, b) beobachteten eine Steigerung der Koproporphyrinbildung bei Zugabe von Eisen, Kupfer, Blei und Vanadium in großen Verdünnungen. Bierhefe enthielt 1,2 mg Koproporphyrin pro 1 kg Hefe, aber auch Backhefen und Weinhefen enthielten davon kleine Mengen. Die relativ größte Menge bildete die bei 40°C optimal gärende *Saccharomyces anamensis (Saccharomyces cerevisiae Hansen var. ellipsoideus)*, wie allgemein erhöhte Gärtemperaturen und 10% Saccharosezusatz bei anoxybiontischer Vermehrung die Koproporphyrinbildung der Hefen förderten. Unter solchen Bedingungen vermochte die Hefe 144 mg Koproporphyrin pro 1 kg zu bilden. Die auf diese Weise mit Koproporphyrin angereicherte Hefe wurde von H. FISCHER u. H. FINK als ,,Koprohefe'' bezeichnet.

Durch den möglichen Eintritt eines zweiwertigen Metalls ($Fe^{++}$, $Cu^{++}$, $Mn^{++}$, $Mg^{++}$) in das Porphyringerüst (Bd. I d. Handb., S. 714—718) entstehen allgemein Komplexe, von denen diejenigen des Eisens als prosthetische Gruppen elektronenübertragender Enzyme im Stoffwechsel der Hefen die weitaus wichtigste Rolle spielen. $Fe^{++}$-Porphyrine (Häme) und $Fe^{+++}$-Porphyrine (Hämine) vermögen eine Vielzahl verschiedener Reaktionen zu katalysieren. Das von H. FISCHER u. H. HILMER (1926) aus den Ätherextrakten frischer Hefen oder Hefeautolysaten gewonnene *Protoporphyrin IX* entstammt solchen Hämoproteiden mit Fermentfunktion (Eisen-Protoporphyrin-Proteiden), die bei geeigneter Behandlung in das Eiweiß und die prosthetische Gruppe Protohäm ($Fe^{++}$-Protoporphyrin) bzw. Protohämin ($Fe^{+++}$-Protoporphyrin) gespalten werden können. Aus dem Protoporphyrin entsteht durch Hydrierung der Vinyl- zu den Äthylgruppen das *Mesoporphyrin ,,IX''*. Die entsprechenden Eisenkomplexe Protohäm und Mesohäm wirken z. T. substituiert als prosthetische Gruppen der *Zellhämine* in den Hefen. Als solche werden jene Hämoproteide bezeichnet, die in geringen Konzentrationen in der Zelle vorkommen und den Eisen-Porphyrinkomplex enthalten. Das Porphingerüst ist bei diesen biologisch wichtigen Porphyrinen in den Positionen 1, 3 und 5 durch Methylgruppen ($-CH_3$) und in den Positionen 6 und 7 durch Propionsäure ($-CH_2 \cdot CH_2 \cdot COOH$) substituiert. Dagegen wechseln die Seitenketten in den Positionen 2, 4 und 8, wie aus der folgenden Tab. 13 hervorgeht. Darin bedeutet $R_1$ die Alkylgruppe (nach M. Grassl u. Mitarb. 1963).

$$\left[ CH_2 - CH_2 - \overset{\overset{\textstyle CH_3}{\textstyle |}}{CH} - CH_2 \right]_3 H$$

Offenbar sind jedoch Porphyrin a bzw. Häm a und das Cytoporphyrin bzw. Cytohäm Warburgs identisch (D.B. Morell u. Mitarb. 1961; R. Lemberg u. Mitarb. 1961; R. Lemberg 1961). Die Hämine dieser die Formylgruppe tragenden „Formylphorphyrine" sind grün gefärbt.

Tabelle 13. *Seitenketten in den Positionen 2, 4 und 8 der biologisch wichtigen Porphyrine und Eisen-Porphyrinkomplexe*

| Porphyrine | Seitenkette in | | | Eisen-Porphyrin-komplexe |
| --- | --- | --- | --- | --- |
| | Pos. 2 | Pos. 4 | Pos. 8 | |
| Cytoporphyrin (Porphyrin a) | $-CHOH-CH_2-R_1$ | $-CH=CH_2$ | $-C{\overset{O}{\underset{H}{<}}}$ | Cytohäm (Häm a) |
| Protoporphyrin | $-CH=CH_2$ | $-CH=CH_2$ | $-CH_3$ | Protohäm |
| Mesoporphyrin | $-CH_2-CH_3$ | $-CH_2-CH_3$ | $-CH_3$ | Mesohäm |
| Porphyrin c | $\overset{\textstyle CH_3}{-CH-S-}$ | $\overset{\textstyle CH_3}{-CH-S-}$ | $-CH_3$ | Häm c |

Der Grund der zweifellos wichtigen Rolle der Eisenporphyrin-Komplexe als Wirkgruppen im Zellgeschehen liegt offenbar in der Fähigkeit des Eisens, spezifische Proteine, insbesondere Apofermente, durch Nebenvalenzbeziehung zu binden, so daß verschiedene biokatalytische Funktionen ausgeübt werden können.

Die wichtigsten Katalysatoren der Hefezelle im Verlauf der biologischen Oxydation sind zweifellos die aufgrund ihrer Lichtabsorption von MacMunn entdeckten „Myohämatine", die später von D. Keilin (1925) wiedergefunden und als *Cytochrome* bezeichnet wurden; sie sind als Hämoproteide zu definieren, deren Hauptfunktion der Elektronentransport ist, der mit Hilfe eines reversiblen Valenzwechsels ihres Häm-Eisens vollzogen wird. In den Saccharomyceshefen wurden drei Hauptgruppen von Cytochromen festgestellt (Cytochrome in I.U.B.-Symposium 1961):

1. *Cytochrome A* mit Formylporphyrin-Eisen als prosthetische Gruppe; letztere ist das Häm A oder ein verwandtes Häm mit einer Formylseitenkette.

2. *Cytochrome B* mit Protophorphyrin-Eisen oder Protohäm als prosthetischer Gruppe.

3. *Cytochrome C* mit Hauptvalenzbindungen zwischen dem Häm und dem Protein. Als prosthetische Gruppe fungiert ein substituiertes Mesohäm.

Aus der Gruppe A kommen die *Cytochrome a und $a_3$*, die in gereinigter Form *Cytochromoxydase* genannt werden, zusammen in der Hefe vor (D. Keilin u. E.F. Hartree 1939; T. Yonetani 1963). Die Cytochromoxydaseaktivität der beiden Cytochrome beruht auf der Weitergabe der Elektronen, die sie von negativeren Redoxsystemen, z. B. Cytochrom c, empfangen, an den Sauerstoff als Elektronenacceptor, der dabei zu $O^{--}$ reduziert wird. Der Mechanismus dieser Reduktion ist bis jetzt nicht vollkommen geklärt. Offenbar ist die prosthetische Gruppe der Cytochrome a und $a_3$ ein einziges dichroitisches Häm, nämlich das Häm a. Der

Unterschied zwischen den beiden Cytochromen, sofern sie getrennt existieren, ist auf die Verschiedenheit entweder der Apoproteine oder der Bindung zwischen dem Häm a und dem Apoprotein zurückzuführen. Sie enthalten außerdem nicht im Porphyrin *gebundenes Kupfer*, über dessen Rolle noch keine Klarheit gewonnen werden konnte.

Es wird allgemein angenommen, daß das *Cytochrom b der Hefe* in seinen Eigenschaften von demjenigen des Herzmuskels abweicht (E. C. SLATER u. J. P. COLPA-BOONSTRA 1961). Letzteres wirkt auf dem Hauptwege der biologischen Oxydation, indem es Elektronen sowohl von $NADH_2$ als auch Succinat übernimmt (H. LUNDEGARDH 1956). Das in der neueren Literatur (E. BOERI u. L. TOSI 1956; C. A. APPLEBY u. R. K. MORTON 1952, 1960) beschriebene *Cytochrom $b_2$* der Backhefe ist ein Hämoflavoproteid, das an ein einziges Protein eine Protohämgruppe und einen Flavinmononucleotidrest (FMN) gebunden enthält. Als spezifisches Substrat dient die L(+)-Milchsäure, die in einem vom NAD unabhängigen Wege zu Brenztraubensäure oxydiert wird, wobei zuerst die Flavingruppe und nachfolgend das Protohämin reduziert wird. Als Elektronenacceptoren dienen vor allem das Cytochrom c, aber auch Hexacyanoferrat (III), Methylenblau und bestimmte Chinone. Das Cytochrom $b_2$ (L-Lactat:Cytochrom c-Oxydoreduktase) kommt in der Hefe nur in geringer Menge vor und ist zu unterscheiden von der Milchsäuredehydrogenase (L-Lactat:NAD-Oxydoreduktase).

*Das Cytochrom c der Hefe* war eines der ersten von den Forschern studierten Cytochrome; es ist eine sehr stabile Substanz und reagiert weder mit $O_2$ noch mit CO. Das Häm c (Bd. I d. Handb., S. 897) ist ein substituiertes Mesohäm, das durch Cystein-S-Valenzen (Tab. 13) fest an das Apoprotein gebunden ist. Im Schema des Elektronentransport-Systems steht das Cytochrom c vor den Cytochromoxydasen, denen es die Elektronen überträgt, um dabei selbst wieder in die $Fe^{+++}$-Form überzugehen. Das System Cytochrom c-Cytochromoxydase stellt das Hauptrelais der Hefeatmung dar (B. EPHRUSSI 1956). Auch das *Cytochrom $c_1$*, das in der Atmungskette vor dem Cytochrom c eingereiht wird und dessen prosthetische Gruppe ebenfalls ein durch Thioäthergruppen an das Protein fest gebundenes Mesohämderivat ist, wurde in der Hefe festgestellt (H. LUNDEGARDH 1956, 1959). Das einzige Cytochrom-System der Hefe, das hinreichend chemisch charakterisiert werden konnte, ist die Kette b—$c_1$—c—a—$a_3$ (P. NICHOLLS 1963).

Ganz andere Eigenschaften als die Cytochrome besitzen die ebenfalls als Zellhämine in der Hefe vorkommenden *Hydroperoxydasen*. Sie enthalten Protohämine als prosthetische Gruppen, die offenbar auch bei ihren Funktionen die Stufe der Dreiwertigkeit beibehalten. Sofern die Reaktion zwischen einem Substrat ($AH_2$) als Elektronendonator und $H_2O_2$ als -Acceptor katalysiert wird,

$$AH_2 + H_2O_2 \rightarrow A + 2\,H_2O$$

handelt es sich um die *Peroxydase*, die in der Backhefe mit beträchtlicher Aktivität wirksam ist. Das Enzym enthält eine an das Apoprotein gebundene Protohämingruppe (R. ABRAMS u. Mitarb. 1942). Dagegen überträgt die Hefekatalase die Elektronen vom ersten Donator-Molekül $H_2O_2$ zum zweiten Acceptor-Molekül $H_2O_2$ nach der Reaktionsgleichung:

$$O_2H_2 + H_2O_2 \rightarrow O_2 + 2\,H_2O.$$

Das Enzym, das große Ähnlichkeit mit den tierischen Katalasen aufweist, enthält wie diese 4 Protohämine pro Gesamtmolekül (G. L. BROWN 1953). Die physiologische Rolle der Hydroperoxydasen besteht offenbar in der Entfernung des durch mehrere Oxydasen, z. B. Glucoseoxydase, Aminosäureoxydasen, gebildeten $H_2O_2$, wobei die Wirkung der Peroxydase als „Ein-Elektron"-Reaktion und diejenige der Katalase als „Zwei-Elektronen"-Katalyse angesehen werden kann.

## 6. Flavinkomplexe der Hefen

Die Flavinkomplexe Flavin-mononucleotid (FMN) und Flavin-adenindinucleotid (FAD) kommen in der Hefe als Coenzyme in loser und als prosthetische Gruppen in fester Form gebunden an fakultativ aerobe und anaerobe Dehydrogenasen vor. Das „alte gelbe Ferment" WARBURGS aus Hefe [$NADPH_2$: (Acceptor)-Oxydoreduktase] ist ein Flavoproteid mit FMN als Coenzym, das den Wasserstoff vom reduzierten NADP sowohl an Sauerstoff unter Bildung von $H_2O_2$ als auch an andere Acceptoren, z. B. Methylenblau, zu übertragen imstande ist. Andere Flavinenzyme der Hefe dienen in der Atmungskette ausschließlich als Mediatoren zwischen dem NAD und den Cytochromen ($NADH_2$: Cytochrom c-Oxydoreduktasen), einige wirken direkt auf die Substrate, z. B. die Bernsteinsäuredehydrogenase [Succinat: (Acceptor)-Oxydoreduktase]. Die meisten Flavinfermente enthalten FAD als Wirkgruppe, zusätzlich auch manchmal Eisenatome. Das Cytochrom $b_2$ der Hefe wurde als Hämoflavoproteid erkannt. Die Flavinkatalyse beruht auf dem reversiblen Redoxsystem des 6.7-Dimethyl-9-ribityl-isoalloazins (Riboflavin = Vitamin $B_2$), das in der oxydierten Form gelb und in der reduzierten farblos ist.

## 7. Die Vitamine der Saccharomyces-Hefen

Die Hefen zeichnen sich durch einen hohen Gehalt an den Vitaminen der B-Gruppe, mit Ausnahme des Vitamins $B_{12}$, aus. Ihnen fehlen aber die Vitamine A, C, D, E und K. Unter sonst gleichen Bedingungen ist die Fähigkeit der Hefen zur Vitaminsynthese bei den verschiedenen Rassen unterschiedlich und insbesondere von deren physiologischem Zustand abhängig. Einen bedeutenden Einfluß auf den Vitamingehalt der Hefen haben die Art der Züchtung und der Vitamingehalt der Nährlösung, da die Hefen, sofern sie die Vitamine nicht zu synthetisieren vermögen, diese dem Nährmedium entnehmen. Die meisten Vitamine werden von den Saccharomyces-Hefen (Kulturhefen) als Wuchsstoffe benötigt, so insbesondere die Vitamine Thiamin, Pantothensäure und Biotin. Dagegen ist bekannt, daß die Backhefen bei aerober Züchtung das Riboflavin als Wuchsstoff nicht

Tabelle 14. *Vitamingehalte der Saccharomyces-Hefen* (mg/100 g i. Tr.)

| Vitamine | Bierhefe | Backhefe | Brennereihefe |
|---|---|---|---|
| Thiamin (Vitamin $B_1$) | 7,0—25,0 | 2,0—8,9 | 1,0—13,5 |
| Riboflavin (Vitamin $B_2$) | 1,7—8,2 | 2,5—8,5 | 3,3—5,5 |
| Nicotinsäure (—amid) | 30,6—63,0 | 29,0—53,7 | 20,5—79,0 |
| Pyridoxin (Vitamin $B_6$) | 2,3—10,0 | 1,6—5,6 | 0,75—2,2 |
| Pantothensäure | 1,0—20,2 | 6,9—26,0 | 2,5—34,5 |
| Folsäure | 1,9—5,9 | 1,9—8,0 | 0,7—1,24 |
| p-Aminobenzoesäure | 1,5—10,2 | 1,6—17,5 | — |
| Biotin | 0,08—0,11 | 0,06—0,18 | 0,01—0,26 |
| Meso-Inosit | 270—500 | 432 | — |
| Ergosterin (Provitamin $D_2$) | 130—310 | 700—850 | 350—500 |

brauchen, da offenbar ihre Syntheseleistung ausreichend ist. Allgemein besitzen die anaerob wachsenden, insbesondere Brauereihefen, einen höheren Gehalt an Vitaminen als die aerob gezüchteten; dies trifft insbesondere für die Vitamine $B_1$ und $B_6$ zu.

Die Tatsache, daß die Hefen die Vitamine synthetisieren oder sie aus dem Nährmedium aufnehmen, kennzeichnet ihre Wichtigkeit für den gesamten Hefestoffwechsel; sie ergibt sich aus der Coenzymfunktion der Vitamine. Das Pyrophosphat des Thiamins (Vitamin $B_1$) ist das Coenzym der Decarboxylasen, das 5'-Phosphat des Riboflavins (Vitamin $B_2$) ist die Wirkgruppe der Flavinenzyme und das Nicotinsäureamid ist Bestandteil der Codehydrogenasen. Die das Pyridoxin (Vitamin $B_6$) enthaltenden Coenzyme katalysieren die Transaminierung der Aminosäuren, während die Pantothensäure im Coenzym A vorkommt. Das Biotin wurde als Bestandteil der Transcarboxylasen entdeckt. Der Gehalt der Saccharomyces-Hefen an den wichtigsten Vitaminen ist aus Tab. 14 zu ersehen, in der auch das Ergosterin (Provitamin $D_2$) aufgenomenm wurde (G. BUTSCHEK 1957; A.-M. HERBST 1964).

Der hohe Gehalt der Saccharomyces-Hefen, insbesondere der untergärigen Bierhefen, an B-Vitaminen hat dazu geführt, daß aus ihnen Vitamin-Trockenhefen, Nährhefen und Hefeextrakte für medizinische und diätetische Zwecke industriell hergestellt werden.

# IV. Gärungserzeugnisse
## 1. Äthanol enthaltende Produkte

Die alkoholische Gärung bildet die Basis einer Anzahl wichtiger Industrien und Gewerbezweige, die im technischen Maßstab aus zuckerhaltigen Flüssigkeiten in jedem Falle vorerst wäßrigen Alkohol herstellen. Dabei kann der von Hefe vergärbare Zucker als solcher bereits vorliegen oder im Gang der Rohstoffverarbeitung durch enzymatische oder chemische Hydrolyse von Poly- und Oligosacchariden erzeugt werden. Es ist nicht gesagt, daß in allen Gärungsbetrieben das gleiche Ziel angestrebt wird, nämlich möglichst viel Alkohol aus den eingesetzten Sacchariden zu gewinnen. Vielmehr wird die Gärung nach dem Verwendungszweck des Gärungserzeugnisses sehr verschieden vorgenommen. So z. B. soll das Bier nicht nur eine wäßrige alkoholische Lösung, sondern zudem ein erfrischendes, vollmundiges Getränk darstellen, bei dessen Herstellung auch andere biochemische Umwandlungen als die alkoholische Zuckerspaltung beachtet werden müssen. Ebenso ist bei der Weinbereitung der Alkoholgehalt des Weines zwar wesentlich, aber nicht wertbestimmend. Das Altertum kannte nur *Wein und Bier*, d. s. Gärungsprodukte, die durch alkoholische Gärung aus den entsprechenden Rohstoffen hergestellt und in dieser Form als alkoholische oder „geistige" Getränke konsumiert werden. Somit sind sie als *Gärungserzeugnisse, die ohne Destillationsvorgang* hergestellt werden, anzusehen. Auf die Ausnahmen, z. B. Dessertweine, kann an dieser Stelle nicht eingegangen werden.

Der Destillationsvorgang dürfte erst in der Zeit zwischen 1050 und 1150 entdeckt worden sein, als man gelernt hatte, die leicht flüchtigen Bestandteile des Weines durch Kühlvorrichtungen, wenn auch primitiver Art, zu verdichten (H. WÜSTENFELD u. G. HAESELER 1964). Durch „Brennen" des Weines wurde so der *Branntwein* gewonnen, den man auch aqua ardens und wegen seiner Hochschätzung als Allheilmittel aqua vitae, später auch spiritus vini „Weingeist" nannte. Das arabische Wort Alkohol für den spiritus vini wurde erst von PARACELSUS eingeführt. Am Ausgang des Mittelalters wurde bereits Branntwein aus Korn hergestellt, dagegen wurde der Kartoffelbranntwein erst nach Einführung der Kartoffel in Europa bekannt. Nach deutschem Sprachgebrauch versteht man daher unter *Branntwein ein Gärungserzeugnis, das mit Destillationsvorgang* hergestellt wird, oder genauer gesagt, eine Flüssigkeit, in der aus vergorenen, zuckerhaltigen Pflanzenstoffen oder in Zucker verwandelten und vergorenen polysaccharidhaltigen Stoffen durch Destillation (Brennverfahren) gewonnener Äthanol als wertbestimmender Anteil enthalten ist. Die gesetzlichen Branntweinmonopol- und Steuervorschriften enthalten dagegen keine erschöpfende Begriffsbestimmung für Branntwein; es werden die Bezeichnungen „Branntwein" für alle Alkohol-Wassergemische mit bestimmten Ausnahmen, z. B. Bier, Wein usw., benutzt und „Weingeist" für den 100%igen Äthanol als Rechnungseinheit angewandt.

Die im sprachwissenschaftlichen Sinne aufgestellte Definition des Branntweins schließt bereits den *Spiritus* ein, der als ein *technisches Gärungserzeugnis* anzusehen ist, das mit *Destillationsvorgang*, jedoch bei gegenseitiger Berührung der dampfförmigen und flüssigen Phase im Gegenstrom (*Rektifikation*), hergestellt wird. Das einfache Destillationsverfahren war viele Jahrhunderte das einzige physikalische Verfahren zur Gewinnung bestimmter reiner Alkohollösungen. Der Vorteil des Destillierens ist die große Einfachheit der Apparatur, sein Nachteil aber ist die Begrenzung der Trennung, indem es nicht möglich ist, durch eine einmalige Destillation jeden beliebigen Gehalt an Alkohol im Destillat zu erzielen (E. Kirschbaum 1960). Erst die Rektifikation, die um 1817 erfunden wurde, ermöglichte die beliebige und weitestgehende Anreicherung des Alkohols im Alkohol-Wassergemisch in einem Arbeitsgang. Man gewinnt den *Rohspiritus* (auch Rohsprit genannt), in dem noch das gesamte Fuselöl enthalten ist, in einem Arbeitsgang aus den reifen Maischen in einer Stärke von ca. 84 Gew.-% Weingeist oder in der gleichen Weise den *vorgereinigten Rohspiritus*, der nur geringe Mengen Fuselöl enthält, in einer Stärke von mindestens 90 Gew.-% Weingeist. Die weiteren Verunreinigungen des Rohspiritus bestehen aus Acetaldehyd und höheren Aldehyden, Säuren, Estern, Acetalen, Furfurol usw.

Aus dem Rohspiritus werden nach dem Herabsetzen auf 20—45% durch periodische oder kontinuierliche Rektifikation die einzelnen Sprite in einer Stärke von 94,7 Gew.-% gewonnen. Während das periodische Verfahren nurmehr in kleineren Kornbrennereien üblich ist und eigentlich eine fraktionierte Destillation darstellt, fließt bei der kontinuierlichen Arbeitsweise der zu reinigende Rohspiritus dem Rektifizierapparat fortlaufend zu, während die einzelnen Sprite an verschiedenen Stellen des Apparates kontinuierlich abgezogen werden. Als Hauptprodukt wird der *Prima-* oder *Feinsprit* gewonnen, als Nebenprodukte der *Sekundasprit*, der gewöhnlich einige Böden über dem Primasprit abgezogen wird, und der *Tertiasprit*, der der Nachlaufkolonne entstammt. Der Primasprit wird entweder zur Herstellung von Trinkbranntweinen und Likören oder nach der Absolutierung als absoluter Alkohol für medizinische Zwecke verwendet. Der aldehydreichere *Sekundasprit* wird nach der Vergällung hauptsächlich von der *chemischen Industrie* aufgenommen, während der *Tertiasprit* als *Brennspiritus* dient.

Obwohl der Primasprit bereits ein Erzeugnis von hohem Reinheitsgrad darstellt, wird er für besondere Zwecke noch über Holzkohle filtriert und anschließend einer erneuten Destillation zur Beseitigung der bei der Filtration neu entstehenden Aldehydmengen unterworfen. Man erhält auf diese Weise den *extra fein filtrierten Sprit* (eff-Sprit), ein Produkt höchsten Reinheitsgrades für die Spirituosenindustrie. Prima- und eff-Sprit werden aus Mischungen von Rohspiritus-Sorten verschiedener Herkunft (Melasse, Milocorn, Manioka, Mais und Kartoffeln) hergestellt. Dagegen darf *Kornbranntwein* nur aus Roggen, Weizen, Buchweizen, Hafer oder Gerste gewonnen werden.

Die Siedetemperatur von Äthanol-Wassergemischen liegt im allgemeinen zwischen den Siedepunkten der beiden Komponenten und ist um so niedriger, je reicher das Gemisch an der leichter siedenden (Alkohol) ist. Ihr niedrigster Wert wird jedoch infolge Bildung eines aus 95,57 Gew.-% Äthanol und 4,43 Gew.-% Wasser bestehenden azeotropischen Gemisches erhalten, das unter dem Siedepunkt des reinen Alkohols (78,328°) bei 78,15° konstant siedet. Bei höherem Alkoholgehalt des Ausgangsgemisches als 95,57 Gew.-% nimmt die Siedetemperatur wieder zu, um bei 100%igem Alkohol einen Wert von 78,328° zu erreichen. Bis zur Grenze des *Siedepunktminimums von 78,15°* entspricht die Beziehung zwischen dem Alkoholgehalt der siedenden Flüssigkeit und dem der Dämpfe der Regel, daß die Dämpfe reicher an Alkohol sind als die Flüssigkeit; bei Erreichung des Siedepunktminimums haben jedoch die Dämpfe infolge Bildung des azeotropischen Gemisches den gleichen Alkoholgehalt wie die siedende Flüssigkeit. Daher ist eine Verstärkung über den Alkoholgehalt von 95,57 Gew.-% durch Rektifikation unter normalem Luftdruck nicht möglich. Der azeotropische Punkt kann durch Anwendung entsprechender Unterdrücke, durch Zugabe eines im System Äthanol-Wasser löslichen flüssigen Stoffes oder durch Zugabe wasserentziehender Salze überwunden werden. In der Bundesrepublik Deutschland wird zur Herstellung von *absolutem Alkohol* ausschließlich das *Benzin-Benzol-Verfahren* angewandt, bei dem in kontinuierlicher Arbeitsweise das gesamte Wasser als Bestandteil eines niedrig siedenden azeotropischen Gemisches entfernt und der absolute Alkohol am Fuß der Kolonne abgezogen wird. Zur Absolutierung wird entweder Primasprit genommen, aus dem *absoluter Alkohol für medizinische Zwecke (DAB 6)* hergestellt wird, oder Sulfitsprit, aus dem *absoluter Alkohol für technische Zwecke* gewonnen wird. Letzterer wird auch durch chemische Synthese aus Äthylen oder Acetaldehyd großtechnisch produziert. Die *physikalischen und technischen Daten* des wasserfreien, chemisch reinen Äthanols sind in der folgenden Tab. 15 zusammengefaßt.

Tabelle 15. *Physikalische und technische Daten des wasserfreien, chemisch reinen Äthanols*

| Lfd. Nr. | Physikalische und technische Größen<br>Dimensionen | Kennzahl | Lit. (s. u.) |
|---|---|---|---|
| 1 | Mol.-Gew. | 46,07 | |
| 2 | Sdp bei 760 Torr, °C | 78,328 | *1* |
| 3 | Smp, °C | —114,7 | *2* |
| 4 | Dichte, $D_4^{15}$ | 0,79356 | *3* |
| 5 | Dichteverhältnis, $D_{15}^{15}$ | 0,79425 | *4* |
| 6 | Dichte, $D_4^{20}$ | 0,78939 | *5* |
| 7 | Dichteverhältnis, $D_{20}^{20}$ | 0,79079 | *6* |
| 8 | Brechungszahl, $n_D^{20}$ | 1,36155 | *7* |
| 9 | Viscosität in Zentipoise (cP) bei 20°C | 1,118 | *8* |
| 10 | Oberflächenspannung bei 20°C, $\gamma$, in dyn/cm | 22,55 | *9* |
| 11 | Molwärme bei konst. Druck und 25°C, flüssig, $C_P^0$, in J/(mol. grd) | 111,4 | *10* |
| 12 | Schmelzenthalpie beim Schmelzpunkt, $\Delta HF$, in KJ/mol | 5,02 | *11* |
| 13 | Verdampfungsenthalpie beim Siedepunkt, $\Delta H$Verd., in KJ/mol | 38,74 | *12* |
| 14 | Verbrennungswärme bei konst. Druck, flüssig, in kcal/mol | 326,66 | *13* |
| 15 | Maximale Mischungswärme in gcal/g Mischung (30 Gew.-% Äthanol + 70 Gew.-% Wasser), bei 17,33°C | 9,39 | *14* |

Literatur:

*1* BEILSTEIN, III. Erg., Bd. I₂, S. 1232.
*2* LANDOLT-BÖRNSTEIN, 6. Aufl., II. Bd., 4. Teil, S. 307 (1961).
*3* LANDOLT-BÖRNSTEIN, 5. Aufl., Bd. I, S. 449 (1923), und Tabellen der Normaleichungskommission.
*4* LANDOLT-BÖRNSTEIN, 5. Aufl., Bd. I, S. 550 (1923), und Tabellen der Normaleichungskommission.
*5* berechnet nach J. DOMKE u. E. REIMERDES (1912).
*6* berechnet nach J. DOMKE u. E. REIMERDES (1912).
*7* LANDOLT-BÖRNSTEIN, 6. Aufl., II. Bd., 8. Teil, S. 610 (1962).
*8* LANDOLT-BÖRNSTEIN, 6. Aufl., IV. Bd., 1. Teil, S. 594 (1955).
*9* LANDOLT-BÖRNSTEIN, 6. Aufl., II. Bd., 3. Teil, S. 426 (1956).
*10* LANDOLT-BÖRNSTEIN, 6. Aufl., II. Bd., 4. Teil, S. 307 (1961).
*11* LANDOLT-BÖRNSTEIN, 6. Aufl., II. Bd., 4. Teil, S. 307 (1961).
*12* LANDOLT-BÖRNSTEIN, 6. Aufl., II. Bd., 4. Teil, S. 307 (1961).
*13* BEILSTEIN, III. Erg., Bd. I₂, S. 1232.
*14* H. STAUDE (1949).

## 2. Höhere Alkohole

Von den höheren Alkoholen werden nur die flüchtigen oder *Fuselalkohole* bei der Rektifikation des Rohspiritus bzw. bei der Herstellung des vorgereinigten Rohspiritus großtechnisch gewonnen. Mit Hilfe der Gaschromatographie wurde es möglich, das Gemisch der flüchtigen höheren Alkohole auf einfache Weise quantitativ zu analysieren. Die folgende Tab. 16 (B. Drews u. H. Specht 1963) zeigt die Zusammensetzung von technischen Fuselölen verschiedener Herkunft. Analysen verschiedener Fuselöle wurden auch von anderer Seite in der letzten Zeit durchgeführt (L. Genevois u. J. Baraud 1959; J. Baraud 1961; H. Pfenniger 1963).

Tabelle 16. *Zusammensetzung von technischen Fuselölen verschiedener Herkunft* (in Gew.-%)

| Komponente | Kartoffel-fuselöl | Roggen-fuselöl | Weizen-fuselöl | Gersten-fuselöl | Melasse-fuselöl | Sulfit-ablaugen-fuselöl (1) | Sulfit-ablaugen-fuselöl (2) | Holzzucker-fuselöl |
|---|---|---|---|---|---|---|---|---|
| | 1 | 2 | 3 | 4 | 5 | 6 | 7 | 8 |
| Äthanol | 6,49 | 10,02 | 0,71 | 0,15 | 8,30 | 0,96 | 4,60 | 16,60 |
| n-Propanol | 11,46 | 8,71 | 3,45 | 4,53 | 10,36 | 6,24 | 1,61 | 7,89 |
| Isobutanol | 31,94 | 18,69 | 17,48 | 21,17 | 20,80 | 19,97 | 26,84 | 18,86 |
| n-Butanol | — | — | — | — | — | 0,70 | 2,79 | 0,87 |
| 2-Methylbutanol-(1) | 12,85 | 17,17 | 21,55 | 22,33 | 17,17 | 13,64 | 10,32 | 9,30 |
| 3-Methylbutanol-(1) | 37,26 | 45,41 | 56,81 | 51,82 | 43,37 | 55,92 | 42,30 | 33,65 |
| n-Pentanol | — | — | — | — | — | 1,72 | 0,57 | — |
| n-Hexanol | — | — | — | — | — | 0,77 | 10,97 | — |
| Cyclopentanon | — | — | — | — | — | — | — | 12,83 |
| unbekannte Substanz | — | — | — | — | — | 0,08 | — | — |

Die Untersuchungen zeigen allgemein, daß dessen Zusammensetzung stark von den Brennereirohstoffen, den verwendeten Heferassen, dem Abscheidungsprozess und dem Gärverfahren abhängt. Eine Abtrennung der einzelnen Komponenten aus dem Gemisch im technischen Maßstab ist mit Hilfe besonderer Rektifizierkolonnen möglich, wobei jedoch die als *Gärungsisoamylalkohole* bezeichneten 3-Methylbutanol-(1) und 2-Methylbutanol-(1) gemeinsam gewonnen werden. Die Trennung dieses „fast idealen Gemischs" gelang nicht nur gaschromatographisch, sondern auch destillativ durch extraktive Rektifikation an einer Laboratoriumskolonne für kontinuierliche Destillation (G. Kortüm u. E. Faltusz 1961) bzw. unter Benutzung einer Podbielniakkolonne (R. M. Ikeda, R. E. Kepner u. A. D. Webb 1956). Die abgetrennten Fuselalkohole werden in der chemischen Technik sehr ausgedehnt, zumeist in Form ihrer Ester, benutzt. Für die Bewertung technischer Fuselöle in Deutschland sind deren Gehalte an dem Gemisch der beiden Isoamylalkohole wertbestimmend. Der Gärungsisoamylalkohol findet Verwendung zur Milchfettbestimmung nach Gerber; das Isoamylacetat wird als Extraktionsmittel für Penicillin, als Lösungsmittel in der Lackindustrie und als Geruchsstoff in der Nahrungsmittelindustrie angewandt. In der folgenden Tab. 17 sind die Eigenschaften der in technischen Spritfuselölen vorkommenden höheren Alkohole zusammengestellt. Die Werte wurden mit Ausnahme der Daten der Isoamylalkohole (Tables for identification of organic compounds, 2nd Ed. 1964) dem Beilstein, III. Erg., entnommen. Die vergleichenden Werte für die berauschende und toxische Wirkung der Fuselalkohole entstammen den Untersuchungen von H. WALLGREN (1960).

Die Zusammensetzung des Weinfuselöls ist dagegen wesentlich komplizierter (A. DINSMOOR WEBB, R. E. KEPNER u. R. M. IKEDA 1952) und war in den letzten Jahren Gegenstand vieler Untersuchungen (R. M. IKEDA u. Mitarb. 1956; J. BARAUD 1961; E. PEYNAUD u. G. GUIMBERTEAU 1958, 1962). Auch dem Bierfuselöl wurde größere Aufmerksamkeit geschenkt, zumal die stürmische Entwicklung gaschromatographischer Methoden eine genaue Untersuchung gestattete (E. SHITO u. V. ARKIMA 1963; B. DREWS, H. SPECHT u. G. BÄRWALD 1964).

## 3. Glycerin

Das Glycerin entsteht als Nebenprodukt der alkoholischen Gärung der Hefen in einer Menge von 2,5—3,6 % des vergorenen Zuckers; es findet sich daher nicht nur in Brennereimaischen, sondern auch im Bier und Wein. Bei der Destillation der Maischen verbleibt das Glycerin in der Schlempe. Die Glycerinbildung läßt sich aber auf das zwölffache steigern, wenn man die Gärung im alkalischen Gebiet in Gegenwart von Sulfit ablaufen läßt. Während des ersten Weltkrieges wurde Glycerin nach dieser 2. Vergärungsform (C. NEUBERG u. E. REINFURTH 1918) unter Anwendung des „Protolverfahrens" (W. CONNSTEIN u. K. LÜDECKE 1919) großtechnisch hergestellt.

Tabelle 17. *Eigenschaften der in technischen Spritfuselölen vorkommenden höheren Alkohole*

| Lfd. Nr. | Physikalische und technische Größen, Dimensionen | n-Propanol | Isobutanol | n-Butanol | D(—)-2-Methylbutanol-(1) | 3-Methyl-butanol-(1) | n-Pentanol | n-Hexanol |
|---|---|---|---|---|---|---|---|---|
| 1 | Mol.-Gew. | 60,09 | 74,12 | 74,12 | 88,15 | 88,15 | 88,15 | 102,17 |
| 2 | Sdp bei 760 Torr, °C | 97,21 | 108,0 | 117,73 | 128,9 | 132,0 | 138,06 | 157,85 |
| 3 | Smp, °C | —126,5 | —108,0 | —89,53 | — | —117,0 | —78,85 | —52,0 |
| 4 | Brechungsindex, $n_D^{20}$ | 1,38533 | 1,3955 | 1,3993 | 1,4107 | 1,4087 | 1,4100 | 1,41790 |
| 5 | Dichte, $D_4^{20}$ | 0,80330 | 0,80178 | 0,8095 | 0,8193 | 0,80918 | 0,8136 | 0,8186 |
| 6 | spez. Drehung, $[a]_D^{20}$ | — | — | — | —5,756 | — | — | — |
| 7 | Löslichkeit in Wasser, Gew.-% (°C) | $\infty$ | 8,02 (25°) | 8,0 (20°) | — | 2,66 (22°) | 2,16 (20°) | 0,62 (25°) |
| 8 | Verbrennungswärme bei konst. Druck, kcal/mol | 482,15 | — | 638,1 | — | — | 794,30 | 950,55 |
| 9 | berauschende Wirkung, molar, bez. auf Äthanol 1,0 | 2,5 | 3,6 | 6,3 | — | — | — | — |
| 10 | toxische Wirkung, molar, bez. auf Äthanol 1,0 | ca. 2,5 | ca. 3,5 | ca. 6,5 | — | — | — | — |

## Literatur

### *I. Der Ablauf der alkoholischen Gärung*

#### Bibliographie


Boyer, P.D., H. Lardy and K. Myrbäck: The enzymes. 2. Aufl., Bd. I. New York: Academic Press 1959.

Greenberg, D.M.: Metabolic pathways. Bd. I. New York-London: Academic Press 1960.

Hoffmann-Ostenhof, O.: Enzymologie. Wien: Springer 1954.

Holzer, H., G. Schultz u. A. Holldorf: Stoffwechsel der Hefen. II. Kohlenhydratstoffwechsel. In: Die Hefen. Hrsg. von F. Reiff, R. Kautzmann, H. Lüers u. M. Lindemann. Bd. I, S. 673—721. Nürnberg: Hans Carl 1960.

Karlson, P.: Kurzes Lehrbuch der Biochemie. Stuttgart: Georg Thieme 1964.

Netter, H.: Theoretische Biochemie. Berlin-Göttingen-Heidelberg: Springer 1959.

Pasteur, L.: Études sur la bière. S. 271. Paris: Gauthier-Villars 1876.

Warburg, O.: Wasserstoffübertragende Fermente. Berlin: Dr. Werner Saenger 1948.

*Report of the Commission on Enzymes*, I.U.B. Symposium Series, Bd. 20. Oxford-London-New York-Paris: Pergamon Press 1961.


#### Zeitschriftenliteratur


Buchner, E.: Alkoholische Gärung ohne Hefezellen. Ber. dtsch. chem. Ges. **30**, 117—124 (1897).

Cagniard-Latour, M.: Mémoire sur la fermentation vineuse. Ann. Chim. Phys., 2e série **68**, 206—222 (1838).

Cori, C.F.: Phosphorylation of glycogen and glucose. Biol. Symposia **5**, 131. Lancaster: Catell Press 1941.

Drews, B., H. Specht u. G. Bärwald: Über die höheren aliphatischen Alkohole im Bier und einige Faktoren zu ihrer mengenmäßigen Beeinflussung. Mschr. Brauerei **17**, 101—116 (1964).

Ehrlich, F.: Über die Entstehung des Fuselöls. Zuckerindustr. **55**, 539—567 (1905).

— Über die Bedingungen der Fuselölbildung. Zuckerindustr. **57**, 461—482 (1907a)

— Über die Bedingungen der Fuselölbildung und über ihren Zusammenhang mit dem Eiweißabbau der Hefe. Ber. dtsch. chem. Ges. **40**, 1027—1047 (1907b).

— Über die Vergärung des Tyrosins zu p-Oxyphenyläthylalkohol (Tyrosol). Ber. dtsch. chem. Ges. **44**, 139—146 (1911).

— Über Tryptophol ($\beta$-Indolyl-äthylalkohol), ein neues Gärprodukt der Hefe aus Aminosäuren. Ber. dtsch. chem. Ges. **45**, 883—889 (1912).

— $\beta$-Phenyläthylalkohol durch Gärung. Angew. Chem. **26**, 518—603 (1913).

Embden, G., H.J. Deuticke u. G. Kraft: Über die intermediären Vorgänge bei der Glykolyse in der Muskulatur. Klin. Wschr. **12**, 213—215 (1933).

Euler, H. v.: Die Cozymase. Ergebn. Physiol. **38**, 1—30 (1936).

—, P. Karrer u. E. Usteri: Der Zucker der Cozymase. Helv. chim. Acta **25**, 323—325 (1942).

Freundlich, M., R.O. Burns and H.E. Umbarger: Control of isoleucine, valine, and leucine biosynthesis. I. Multivalent repression. Proc. nat. Acad. Sci. USA **48**, 1804—1808 (1962).

Genevois, L., et M. Lafon: Transformation de l'acétate marqué par la levure en fermentation anaerobic: formation d'acide succinique, d'isopropanol, d'alcoolamylique et de sterols. Bull. Soc. Chim. Biol. (Paris) **38**, 89—97 (1956).

Harden, A., and W.J. Young: The alcoholic ferment of yeast-juice. Part II. The coferment of yeast-juice. Proc. roy. Soc., Ser. B (Lond.) **78**, 369—375 (1906).

— — The alcoholic ferment of yeast-juice. Part III. The function of phosphates in the fermentation of glucose by yeast-juice. Proc. roy. Soc., Ser. B (Lond.) **80**, 299—311 (1908).

Ingraham, J.L., and J.F. Guymon: The formation of higher aliphatic alcohols by mutant strains of Saccharomyces cerevisiae. Arch. Biochem. Biophys. **88**, 157—165 (1960).

— — and E.A. Crowell: The pathway of formation of n-butyl and n-amylalcohols by a mutant strain of Saccharomyces cerevisiae. Arch. Biochem. Biophys. **95**, 169—175 (1961).

Kützing, F.: Mikroskopische Untersuchungen über die Hefe und Essigmutter, nebst mehreren anderen dazugehörigen vegetabilischen Gebilden. J. prakt. Chem. **11**, 385—409 (1837).

Lohmann, K., u. O. Meyerhof: Über die enzymatische Umwandlung von Phosphoglycerinsäure in Brenztraubensäure und Phosphorsäure. Biochem. Z. **273**, 60—72 (1934).

—, u. Ph. Schuster: Untersuchungen über die Cocarboxylase. Biochem. Z. **294**, 188—214 (1937).

Lynen, F., u. R. Koenigsberger: Zum Mechanismus der Pasteur'schen Reaktion: Der Phosphat-Kreislauf der Hefe und seine Beeinflussung durch 2,4-Dinitrophenol. Liebigs Ann. Chem. **573**, 60—84 (1951).

Meyerhof, O.: Über die Intermediärvorgänge der enzymatischen Kohlehydratspaltung. Ergebn. Physiol. 39, 10—75 (1937).
— Intermediate reactions of fermentation. Wallerstein Lab. Commun. 5, 181—186 (1942).
— Glycolysis of animal tissue extracts compared with the cell-free fermentation of yeast. Wallerstein Lab. Commun. 12, 255—265 (1949).
Neubauer, O., u. K. Fromherz: Über den Abbau der Aminosäuren bei der Hefegärung. Hoppe-Seylers Z. physiol. Chem. 70, 326—350 (1910/11).
Neuberg, C., u. L. Karczag: Über zuckerfreie Hefegärungen. IV. Carboxylase, ein neues Enzym der Hefe. Biochem. Z. 36, 68—75 (1911).
—, u. E. Reinfurth: Natürliche und erzwungene Glycerinbildung bei der alkoholischen Gärung. Biochem. Z. 92, 234—266 (1918).
—, u. J. Hirsch: Wirkungsweise der Abfangmethode bei der Acetaldehyd-Glycerinspaltung des Zuckers. Die Korrelation von Acetaldehyd und Glycerin innerhalb der gesamten Gärführung, der zeitliche Verlauf dieser Vergärungsform und ihre Beziehung zur gewöhnlichen alkoholischen Gärung. Biochem. Z. 98, 141—158 (1919a).
— — Die dritte Vergärungsform des Zuckers. Biochem. Z. 100, 304—323 (1919b).
Ogur, M., S. Minckler, G. Lindegren and C.C. Lindegren: The nucleic acids in a polyploid series of Saccharomyces. Arch. Biochem. Biophys. 40, 175 (1952).
Parnas, J.K.: Über die enzymatischen Phosphorylierungen in der alkoholischen Gärung und in der Muskelglykogenolyse. Enzymologia 5, 166—184 (1938).
Pasteur, L.: Mémoire sur la fermentation alcoolique. Ann. Chim. Phys., 3e série 58, 323—426 (1860).
— Mémoire sur les corpuscules organisés qui existent dans l'atmosphere. Ann. Chim. Phys., 3e série 64, 5—110 (1862).
Ramakrishnan, T., and E.A. Adelberg: Regulatory mechanisms in the biosynthesis of isoleucine and valine. J. Bact. 87, 566—573 (1964).
Reiss, O., and K. Bloch: Studies in leucine biosynthesis in yeast. J. biol. Chem. 216, 703—712 (1955).
Schwann, Th., Vorläufige Mitteilung betreffend Versuche über die Weingährung und Fäulnis. Poggendorfs Ann. Phys. 41, 184—193 (1837).
Shanmuganathan, S., and S.R. Elsden: The mechanism of the formation of tyrosol by Saccharomyces cerevisiae. Biochem. J. 69, 210—218 (1958).
— The mechanism of the formation of higher alcohols from amino acids by Saccharomyces cerevisiae. Biochem. J. 74, 568—576 (1960a).
— The purification and properties of the tyrosin-2-oxoglutarate transaminase of Saccharomyces cerevisiae. Biochem. J. 77, 619—625 (1960b).
Strassmann, M., L.A. Locke, A.J. Thomas and S. Weinhouse: A study of leucine biosynthesis in Torulopsis utilis. J. amer. chem. Soc. 78, 1599—1602 (1956).
Suomalainen, H., and P. Ronkainen: Keto acids in baker's yeast and in fermentation solution. J. Inst. Brewing 69, 478—483 (1963).
Warburg, O.: Chemische Konstitution von Fermenten. Ergebn. Enzymforsch. 7, 210—243 (1938).
Yoshizawa, K.: The formation of higher alcohols in the fermentation of amino acids by yeast. The formation of isobutanol from $a$-acetolactic acid by washed yeast cells. Agric. biol. Chem. (Tokyo) 28, 279—285 (1964).

## II. Die Erreger der alkoholischen Gärung und ihre Morphologie

### Bibliographie

Windisch, S., u. W. Laskowski: Die hefeartigen Pilze. In: Die Hefen. Hrsg. von F. Reif, R. Kautzmann, H. Lüers u. M. Lindemann. Bd. I, S. 23—208. Nürnberg: Hans Carl 1960.

### Zeitschriftenliteratur

Castelli, T.: Les Agents de la Fermentation Vinaire. Arch. Mikrobiol. 20, 323—342 (1954).
Carr, J.G., and J.L. Shimwell: The acetic acid bacteria, 1941—1961. A critical review. Antonie v. Leeuwenhoek 27, 386—400 (1961).
Emeis, C.C.: Polyploide Kulturhefen. Europ. Brewery Convention 1961, S. 205—215.
Schulle, H.: Über das Zusammenwirken von Hefen der Gattung Saccharomyces und der Untergattung Zygosaccharomyces bei der Vergärung von zuckerreichen Mosten. Arch. Mikrobiol. 18, 133—148 (1953).
Winge, Ö., and O. Laustsen: On two types of spore germination, and on genetic segregations in Saccharomyces, demonstrated through single-spore cultures. C.R. Trav. Lab. Carlsberg, Sér. physiol. 22, 99—120 (1937).

*III. Inhaltsbestandteile der Hefen*

## Bibliographie

Barton-Wright, E.: The microbiological assay of the vitamin B-complex and amino acids. London: Pitman 1952.

Béchamps, zitiert bei Haehn, H.: Biochemie der Gärungen, S. 99, Berlin: W. de Gruyter 1952.

Belozersky, A.N., and A.S. Spirin: Chemistry of nucleic acids in microorganisms. In: The nucleic acids. Hrsg. von E. Chargaff u. J.N. Davidson. Bd. III, S. 147—185. New York -London: Academic Press Inc. 1960.

Butschek, G.: Hefe. In: ULLMANNs Enzyklopädie der technischen Chemie. 3. Aufl., Bd. VIII, S. 451. München-Berlin: Urban & Schwarzenberg 1957.

Czapek, F.: Biochemie der Pflanzen. Bd. II. Jena: Fischer 1920.

Eddy, A.A.: Aspects of the chemical composition of yeasts. In: The chemistry and biology of yeasts, Hrsg. von A.H. Cook. S. 158. New York: Academic Press 1958.

Fieser, L., u. M. Fieser: Steroids. Weinheim/Bergstr.: Verlag Chemie 1961.

Fischer, H., u. H. Orth: Die Chemie des Pyrrols. Bd. II, erste Hälfte. Leipzig: Akademische Verlagsgesellschaft 1937.

—, u. A. Stern: Die Chemie des Pyrrols. Bd. II, zweite Hälfte. Leipzig: Akademische Verlagsgesellschaft 1940.

Holden, J.T.: Amino acid pools. S. 82. Amsterdam-London-New York: Elsevier 1962.

Hoppe, W.: Die Lipide der Hefen. In: Die Hefen. Hrsg. von F. Reiff, R. Kautzmann, H. Lüers u. M. Lindemann. Bd. I, S. 466—467. Nürnberg: Hans Carl 1960.

Hudson, J.: zitiert bei Cook, A.H.: The chemistry and biology of yeasts. S. 158. New York: Academic Press 1958.

Karlson, P.: Kurzes Lehrbuch der Biochemie. Stuttgart: Georg Thieme 1964.

Kodicek, E.: Biosynthesis of yeast sterols and the preparation of $^{14}$C-labelled vitamin $D_2$. In: Ciba foundation symposium on the biosynthesis of terpenes and sterols, S. 173—184. London: J. & A. Churchill Ltd. 1959.

Lemberg, R.: Cytochromes of group A and their prosthetic groups. In: Advances in enzymology, Hrsg. von F.F. Nord. Bd. XXIII, S. 265—321. New York: Interscience Publishers, Inc. 1961.

—, P. Clezy and J. Barret: The structure of porphyrin a, cryptoporphyrin a and chlorin $a_2$. In: Haematin enzymes, I.U.B. Symposium series. Hrsg. von J.E. Falk, R. Lemberg u. R. Morton. Bd. XIX, Teil 1, S. 341—361. Oxford-London-New York-Paris: Pergamon Press 1961.

Lettré, H., H.H. Inhoffen u. R. Tschesche: Über Sterine, Gallensäuren und verwandte Naturstoffe. 2. Aufl., Bd. I, S. 131. Stuttgart: Enke 1954.

Morell, D.B., J. Barret, P. Clezy and R. Lemberg: The isolation, purification and properties of haemin a. In: Haematin enzymes I.U.B. symposium series. Hrsg. von J.E. Falk, R. Lemberg u. R.K. Morton. Bd. XIX, Teil 1, S. 320—334. Oxford-London-New York-Paris: Pergamon Press 1961.

Nicholls, P.: Cytochromes - a survey. In: The enzymes. Hrsg. von P.D. Boyer, H. Lardy u. K. Myrbäck. 2. Aufl., Bd. VIII, S. 3—40. New York-London: Academic Press 1963.

Rudney, H., and T. Sugimura: Ciba foundation symposium on quinones in electron transport. London: J. & A. Churchill Ltd. 1961.

Rüdiger, O.: Vergleichende Bestimmungen des Gehaltes an essentiellen Aminosäuren in Hefen, insbesondere in N-reichen, N-normalen und N-armen Backhefen. Dissertation an der Fakultät für Landbau der Technischen Universität Berlin 1955.

Silbereisen, K.: Mineralstoffe und Elemente. In: Die Hefen. Hrsg. von F. Reiff, R. Kautzmann, H. Lüers und M. Lindemann. Bd. I, S. 350. Nürnberg: Hans Carl 1960.

Schneider, W.C.: Mitochondrial metabolism. In: Advances in enzymology. Hrsg. von F.F. Nord. Bd. XXI, S. 1—72. New York: Interscience Publishers, Inc. 1959.

Slater, E.C., and J.P. Colpa-Boonstra: The role of cytochrom b in the respiratory chain. In: Haematin enzymes. I.U.B. symposium series. Hrsg. von J.E. Falk, R. Lemberg u. R.K. Morton. Bd. XIX, Teil 2, S. 575—596. Oxford-London-New York-Paris: Pergamon Press 1961.

White, J.: Yeast technology. New York: John Wiley 1954.

Yonetani, T.: The a-type cytochromes. In: The enzymes. Hrsg. von P.D. Boyer, H. Lardy u. K. Myrbäck. 2. Aufl., Bd. VIII, S. 41—79. New York-London: Academic Press 1963.

*Cytochrome.* In: *Report of the Commission on Enzymes,* I.U.B. Symposium Series. Bd. XX, S. 24—27, 57. Oxford-London-New York-Paris: Pergamon Press 1961.

## Zeitschriftenliteratur

Abrams, R., A.M. Altschul and T.R. Hognes: Cytochrome c peroxidase. II. The peroxidase-hydrogen peroxide complex. J. biol. Chem. **142**, 303—316 (1942).

ALT, G. H., and D. H. R. BARTON: The action of perphthalic acid on 5-dihydroergosteryl and ergosteryl acetates. J. chem. Soc. (London) **1954**, 1356—1361.

APPLEBY, C. A., and R. K. MORTON: Crystalline cytochrome $b_2$ and lactic dehydrogenase of yeast. Nature (Lond.) **173**, 749—752 (1952).

— — Lactic dehydrogenase and cytochrome $b_2$ of baker's yeast. Biochem. J. **75**, 258—269 (1960).

BARTON, D. H. R., and J. D. COX: The application of the method of molecular rotation differences to steroids. IV. Neosterol. J. chem. Soc. **1948**, 1357—1358.

— — The application of the method of molecular rotation differences to steroids. VII. Olefinic unsaturation at the 8 (9)-position. J. chem. Soc. **1949**, 214—219.

BOERI, E., and L. TOSI: Properties of cytochrome $b_2$ from yeast. Arch. Biochem. Biophys. **60**, 463—475 (1956).

BREIVIK, O. N., J. L. OWADES and R. F. LIGHT: A new tetraethenoid sterol of yeast. J. organ. Chem. **19**, 1734—1740 (1954).

BROWN, G. L.: A study of yeast catalase. Acta chem. scand. **7**, 435—440 (1953).

CALLOW, R. K.: Occurence of $a$-dihydroergosterol as an impurity in yeast ergosterol. Biochem. J. **25**, 87—94 (1931).

CARTER, H. E., W. D. CELMER, W. E. M. LANDS, K. L. MUELLER and H. H. TOMIZAWA: Biochemistry of the sphingolipides. VIII. Occurence of a long chain base in plant phosphatides. J. biol. Chem. **206**, 613—623 (1954).

CHIAO, J. S., and W. H. PETERSON: Methionine and cystine contents. J. agric. Food Chem. **1**, 1005—1008 (1953).

CRESTFIELD, A. M., K. C. SMITH and F. W. ALLEN: The preparation and characterization of ribonucleic acids from yeast. J. biol. Chem. **216**, 185—193 (1955).

DAUBNEY, C. G., and I. SMEDLEY-MACLEAN: The carbohydrate and fat metabolism of yeast. IV. The nature of the phospholipids. Biochem. J. **21**, 373—385 (1927).

DENT, C. E.: The cystine and methionine contents of liver protein in acute hepatic necrosis. Biochem. J. **41**, 314—320 (1947).

DIEMAIR, W., u. J. KOCH: Beitrag zur Kenntnis der Hefephosphatide Angew. Chem. **60**, 155—157 (1948).

—, u. W. POETSCH: Phosphatide als Begleitstoffe der Nährhefen. Biochem. Z. **319**, 571—591 (1949).

—, u. G. MANDERSCHEID: Die chemische Zusammensetzung der Phosphatide und anderer Begleitstoffe der Wuchshefe (Torula utilis). Stärke **2**, 5—8 (1950).

DREWS, B., H. SPECHT u. R. WIESENACK: Über die Schwefelwasserstoffbildung bei der alkoholischen Gärung, im besonderen bei der Vergärung von Roggenmaischen. Branntweinwirtschaft **1958**, 117—123.

EDDY, A. A., and A. P. RUDIN: New aspects of the structure of the yeast cell wall. Proc. Soc. gen. Microbiol., April Meeting 1957. In: J. gen. Microbiol. **1957**, S. V—VI.

ELSON, D., and E. CHARGAFF: Evidence of common regularities in the composition of pentose nucleic acids. Biochim. biophys. Acta **17**, 367—376 (1955).

EPHRUSSI, B.: Die Bestandteile des cytochrombildenden Systems der Hefe. Naturwiss. **43**, 505—511 (1956).

FISCHER, H., u. H. FINK: Über Koproporphyrinsynthese durch Hefe und ihre Beeinflussung. 1. Mitt. Hoppe-Seylers Z. physiol. Chem. **140**, 57—68 (1924).

— — Über Koproporphyrinsynthese durch Hefe und ihre Beeinflussung. 2. Mitt. Analyse von krystallisiertem Koproporphyrin-Kupfer aus frischer Hefe und Vermehrung des Porphyrins durch Zusätze. Hoppe-Seylers Z. physiol. Chem. **144**, 101—122 (1925 a).

— — Über Koproporphyrinsynthese durch Hefe und ihre Beeinflussung. 3. Mitt. Koproporphyrinester aus Reinkulturen von Saccharomyces anamensis. Hoppe-Seylers Z. physiol. Chem. **150**, 243—260 (1925 b).

—, u. J. Hilger: Zur Kenntnis der natürlichen Porphyrine. 8. Mitt. Über das Vorkommen von Uroporphyrin (als Kupfersalz, Turacin) in den Turacusvögeln und den Nachweis von Koproporphyrin in der Hefe. Hoppe-Seylers Z. physiol. Chem. **138**, 49—67 (1924).

—, u. H. HILMER: Über Koproporphyrinsynthese durch Hefe und ihre Beeinflussung. Hoppe-Seylers Z. physiol. Chem. **153**, 167—214 (1926).

—, u. K. SCHNELLER: Zur Kenntnis der natürlichen Porphyrine. 6. Mitt. Über die Verbreitung der Porphyrine in Organen. Nachweis eines Porphyrins in der Hefe. Hoppe-Seylers Z. physiol. Chem. **135**, 253—293 (1924).

FREUDENBERG, K., u. E. PLANKENHORN: Synthese der 2,4,6-Trimethylglucose und ihre Beziehung zum Hefeglucan. Liebigs Ann. Chem. **536**, 257—266 (1938).

GLOOR, U., O. ISLER, R. A. MORTON, R. RÜEGG und O. WISS: Die Structur des Ubichinons aus Hefe. Helv. chim. Acta **41**, 2357—2362 (1958).

GRASSL, M., U. COY, R. SEYFFERT und F. LYNEN: Die chemische Konstitution des Cytohämins. Biochem. Z. **338**, 771—795 (1963).

György, P.: Observations on the biological effect of tocopherol in living organisms. Transl. 3rd Conf. on biological antioxidants, Josiah Macy, Jun. Found., S. 71—91 (1948).

Hakim, A.A.: Differential behavior of certain ribonucleic acids in response to electrophoresis convection. J. biol. Chem. **225**, 689—697 (1957).

Halsall, T.G., and G.C. Sayer: The chemistry of the triterpenes and related compounds. XXXV. Some non-acidic constituents of Polyporus pinicola, Fr. J. chem. Soc. **1959**, 2031 bis 2036.

Halvorson, H.D., and S. Spiegelman: The effect of free amino acid pool levels on the induced synthesis of enzymes. J. Bact. **65**, 496—504 (1953).

Hassid, W.Z., M. Joslyn and R.M. McCready: The molecular constitution of an insoluble polysaccharid from yeast (Saccharomyces cerevisiae). J. amer. chem. Soc. **63**, 295—298 (1941).

Haworth, W.N., R.L. Heath and S. Peat: The constitution of yeast mannan. J. chem. Soc. **1941**, 833—842.

Heath-Brown, B., J.M. Heilbron and E.R.H. Jones: Studies in the sterol group. XLII. The constitution of zymosterol. J. chem. Soc. **1940**, 1482—1489.

Heiduschka, A., u. H. Lindner: Über den Ergosteringehalt der Hefe. Hoppe-Seylers Z. physiol. Chem. **181**, 15—23 (1929).

Heilbron, J.M., and W. Archibald: Studies in the sterol group. VII. Preliminary note on the isolation of zymosterol. J. chem. Soc. **1929a**, 2255—2257.

—, F. Johnstone and F.S. Spring: Studies in the sterol group. VI. Dihydroergosterol and the formation of isomerides. J. chem. Soc. **1929b**, 2248—2255.

Herbst, A.-M.: Ein Beitrag zum Vitamingehalt von Trockenhefe. Branntweinwirtschaft **1964**, 401—402.

Honeywell, E.M., and Ch. E. Bills: Antiricketic substances. VIII. Studies on highly puri-fied ergosterols and its esters. J. biol. Chem. **80**, 15—23 (1928).

— — Cerevisterin, ein Sterin, das mit Ergosterin in Hefe vorkommt. J. biol. Chem. **99**, 71—78 (1932).

— — Cerevisterin; neue Bemerkungen über Zusammensetzung, Eigenschaften und Beziehung zu anderen Sterinen. J. biol. Chem. **103**, 515—520 (1933).

Joslyn, M.A.: The mineral metabolism of yeast. Wallerstein Lab. Commun. **11**, 49—65 (1941).

Just, F.: Vergleichende Untersuchungen über die Zusammensetzung von Bierhefe und Futter-hefen. Sind Bierhefe und „Kunsthefe" gleichwertig. Wschr. Brauerei **57**, 230 (1940).

Keilin, D.: On cytochrome a respiratory pigment, common to animals, yeast and higher plants. Proc. roy. Soc., Ser. B (Lond.) **98**, 312—339 (1925).

—, and E.F. Hartree: Cytochrome and cytochrome oxidase. Proc. roy. Soc., Ser. B (Lond.) **127**, 167—191 (1939).

Kench, J.E., and J.F. Wilkinson: Porphyrin formation by yeast. Nature (Lond.) **155**, 579—580 (1945).

Lindan, O., and E. Work: The amino acid composition of two yeasts used to produce massiv dietetic liver necrosis in rats. Biochem. J. **48**, 337—344 (1951).

Luce, E.M., and I. Smedley-MacLean: The presence of vitamin A in yeast fat. Biochem. J. **19**, 47—51 (1925).

Lundegårdh, H.: New spectrophotometric methods for investigation of the respiratorical enzymes of yeast. Acta chem. scand. **10**, 1083—1096 (1956).

— Spectrophotometric investigations on enzyme systems in living objects. IV. Kinetics of the steady states. Biochim. biophys. Acta **35**, 340—353 (1959).

MacManns, D.K., A.S. Schultz and W.E. Maynard: Microbiological determination of sulfur in yeast. Analytic. Chem. **22**, 1187—1190 (1950).

Meisenheimer, J.: Die stickstoffhaltigen Bestandteile der Hefe. Hoppe-Seylers Z. physiol. Chem. **104**, 229—283 (1919).

— Die stickstoffhaltigen Bestandteile der Hefe. 2. Mitt. Die Purinbasen und Diaminosäuren. Ergebnisse. Hoppe-Seylers Z. physiol. Chem. **114**, 205—249 (1921).

Morton, R.A., U. Gloor, O. Schindler, G.M. Wilson, L.H. Chopard-dit-Jean, F.W. Hemming, O. Isler, W.N.F. Leat, J.F. Pennock, R. Rüegg, U. Schwieter u. O. Wiss: Die Struktur des Ubichinons aus Schweineherzen. Helv. chim. Acta **41**, 2343—2357 (1958).

Nelson, G.E.N., R.F. Anderson, R.A. Rhodes, M.C. Shekleton and H.H. Hall: Lysine, methionine and tryptophan content of microorganisms. II. Yeasts. Appl. Microbiol. **8**, 179—182 (1960).

Nickerson, W.J., and G. Falcon: Identification of protein disulfide reductase as a cellular division enzyme in yeast. Science (Washington) **124**, 722—723 (1956).

Reinartz, F., u. H. Lafos: Über die Lipoide der Preßhefe. Angew. Chem. **62**, 572—575 (1950).

REINDEL, F., u. E. WALTER: Über das Ergosterin der Hefe. II. Liebigs Ann. Chem. **460**, 212—224 (1928).

—, u. A. WEICKMANN: Zur Kenntnis des Zymosterins. Liebigs Ann. Chem. **475**, 86—100 (1929).

— — Zur Kenntnis des Zymosterins. Liebigs Ann. Chem. **482**, 120—129 (1930).

— —, S. PICARD, K. LUBER u. P. TURULA: Über Pilzcerebrin. II. Liebigs Ann. Chem. **544**, 116—137 (1940).

RUZICKA, L., R. DENSS und O. JEGER: Zur Kenntnis der Triterpene. 96. Mitt. Beweis der Identität von Lanosterin und Kryptosterin. Helv. chim. Acta **28**, 759—766 (1945).

SCHORMÜLLER, J., u. H. BALLSCHMIETER: Über den Methionin- und Cystingehalt von Hefen und Pilzeiweiß. Brauwiss. **4**, 117—122, 166—169 (1951).

SLONIMSKI, P.P.: Excrétion des porphyrines par la levure en anaerobiose. C.R. Acad. Sci. (Paris) **235**, 1064—1066 (1952).

SMEDLEY-MACLEAN, I: The isolation of a second sterol from yeastfat. Biochem. J. **22**, 22—26 (1928).

—, and E.M. THOMAS: The nature of yeast fat. Biochem. J. **14**, 483—493 (1920).

SPOERL, E., and R. CARLETON: Studies on cell division. Nitrogen compound changes in yeast accompanying an inhibition of cell division. J. biol. Chem. **210**, 521—529 (1954).

STOCKHAUSEN, F., u. K. SILBEREISEN: Hefegummistudien. I. Die Bestimmung des Hefegummis in der Hefe. Wschr. Brauerei **52**, 145—147 (1935a).

— — Hefegummistudien. II. Über den Hefegummigehalt und seine Bedeutung in der Hefe. Wschr. Brauerei **52**, 257—259 (1935b).

SUOMALAINEN, H., u. A.J.A. KERÄNEN: Die Bestimmung des Schwefelgehaltes der Hefe. Z. analyt. Chem. **148**, 81—91 (1955).

TÄUFEL, K., H. THALER u. H. SCHREYEGG: Zur Kenntnis des Fettes der Hefe (Saccharomyces spec.). Z. Untersuch. Lebensmittel **72**, 394—404 (1936).

— —, u. G. WICHMANN: Vorkommen und Bestimmung von Squalen in pflanzlichen und tierischen Fetten. Biochem. Z. **300**, 354—372 (1939).

TREVELYAN, W.E., and J.S. HARRISON: Studies on yeast metabolism. I. Fractionation and microdetermination of cell carbohydrates. Biochem. J. **50**, 298—303 (1952).

VISCHER, E., S. ZAMENHOF and E. CHARGAFF: Microbial nucleic acids: The desoxypentose nucleic acids of avian tubercle bacilli and yeast. J. biol. Chem. **177**, 429—438 (1949).

WIELAND, H., u. M. ASANO: Zur Kenntnis der Sterine der Hefe. Liebigs Ann. Chem. **473**, 300—313 (1929).

—, u. W. BENEND: Die Beziehungen zwischen Lanosterin und Kryptosterin. X. Über die Nebensterine der Hefe. Hoppe-Seylers Z. physiol. Chem. **274**, 215—222 (1942).

— — Einige Betrachtungen über die Hydrierung von Sterinen. Liebigs Ann. Chem. **554**, 1—8 (1943a).

— — Über Zymosterin. XI. Mitt. über die Nebensterine der Hefe. Ber. dtsch. chem. Ges. **75**, 1708—1715 (1943b).

—, u. G. COUTELLE: Zur Kenntnis des Fungisterins und anderer Inhaltsstoffe von Pilzen. Über die Nebensterine der Hefen. IX. Liebigs Ann. Chem. **548**, 270—283 (1941c).

—, u. G.A.C. GOUGH: Zur Kenntnis der Sterine der Hefe. II. Liebigs Ann. Chem. **482**, 36—49 (1930).

—, u. E. JOOST: Zur Kenntnis des Kryptosterins. Über die Nebensterine der Hefe. VI. Liebigs Ann. Chem. **546**, 103—119 (1941d).

—, u. Y. KANAOKA: Über die Nebensterine der Hefe. V. Zymosterin und Ascosterin. Liebigs Ann. Chem. **530**, 146—151 (1937b).

—, H. PASEDACK und A. BALLAUF: Über die Nebensterine der Hefe. IV. Kryptosterin. Liebigs Ann. Chem. **529**, 68—83 (1937a).

—, F. RATH u. W. BENEND: Über die Nebensterine der Hefe. VII. Zur Kenntnis des Zymosterins. Liebigs Ann. Chem. **548**, 19—33 (1941a).

— — u. H. HESSE: Über die Nebensterine der Hefe. VIII. Zur Konstitution von Ascosterin, Faecosterin, Episterin und Neosterin. Liebigs Ann. Chem. **548**, 34—49 (1941b).

—, u. W.M. STANLEY: Zur Kenntnis der Sterine der Hefe. III. Liebigs Ann. Chem. **489**, 31—42 (1931).

WINDAUS, A., u. W. GROSSKOPF: Über das Ergosterin der Hefe. Hoppe-Seylers Z. physiol. Chem. **124**, 8—14 (1923).

—, u. J. BRUNKEN: Über die photochemische Oxydation des Ergosterins. Liebigs Ann. Chem. **460**, 225—235 (1928).

ZAMENHOF, S., a. E. CHARGAFF: Dissymetry in nucleotide sequence of desoxypentose nucleic acids. J. biol. Chem. **187**, 1—14 (1950).

ZECHMEISTER, L., u. G. TOTH: Über die Polyose der Hefemembran. Biochem. Z. **270**, 309—316 (1934).

*IV. Gärungserzeugnisse*

## Bibliographie

Beilstein: Handbuch der organischen Chemie. 4. Aufl., III. Er.-W., Bd. I, Teil 2, S. 1398 bis 1652.

Domke, J., u. E. Reimerdes: Handbuch der Aräometrie. Berlin: Springer 1912.

Kirschbaum, E.: Destillier- und Rektifiziertechnik. 3. Aufl. Berlin-Göttingen-Heidelberg: Springer 1960.

Wüstenfeld, H., u. G. Haeseler: Trinkbranntweine und Liköre. 4. Aufl. Berlin-Hamburg: Paul Parey 1964.

Frankel, M., and S. Patai: Tables for identification of organic compounds, 2. Aufl. Cleveland, Ohio/USA: The Chemical Rubber Co. 1964.

Staude, H.: Physikalisch-chemisches Taschenbuch. Bd. II, S. 1231. Leipzig: Akademische Verlagsgesellschaft Geest & Portig K.-G. 1949.

## Zeitschriftenliteratur

Baraud, J.: Étude quantitative, par chromatographie en phase vapeur, des alcools et esters de la fermentation alcoolique. Bull. Soc. chim. France **1961**, 1874—1877.

Dinsmoor Webb, A., R.E. Kepner and R.M. Ikeda: Composition of a typical grape brandy fuseloil. Analytic. Chem. **24**, 1944—1949 (1952).

Drews, B., u. H. Specht: Quantitative gaschromatographische Untersuchungen an Sprit-Fuselölen. Chemiker-Ztg. **87**, 696—697 (1963).

— — u. G. Bärwald: Über die höheren aliphatischen Alkohole im Bier und einige Faktoren zu ihrer mengenmäßigen Beeinflussung. Mschr. Brauerei **17**, 101—116 (1964).

Connstein, W., u. K. Lüdecke: Über Glyceringewinnung durch Gärung. Ber. dtsch. chem. Ges. **52**, 1385—1391 (1919).

Genevois, L., et J. Baraud: Les produits secondaire de la fermentation alcoolique; la composition des fusels. Industr. agric. aliment. **76**, 837—844 (1959).

Kortüm, G., u. E. Faltusz: Trennung des „fast idealen" Gemisches 2-Methyl-butanol-1/3-Methyl-butanol-1 durch selektive physikalische Trennverfahren. Chem.-Ing.-Techn. **33**, 599—606 (1961).

Ikeda, R.M., R.E. Kepner and A. Dinsmoor Webb: Densities, refractive indices and rotations of mixtures of active amyl and isoamyl alcohols, application to analysis. Analytic. Chem. **28**, 1335—1336 (1956).

—, A. Dinsmoor Webb and R.E. Kepner: Comparative analysis of fusel oils from Thompson seedles, Emperor, and Muscat of Alexandria wines. J. agric. Food Chem. **4**, 355—363 (1956).

Neuberg, C., u. E. Reinfurth: Die Festlegung der Aldehydstufe bei der alkoholischen Gärung. Biochem. Z. **89**, 365—414 (1918).

Peynaud, E., et G. Guimberteau: Teneur des vins en alcools supérieurs. Ann. Falsif. Fraudes **51**, 70 (1958).

— — Sur la formation des alcools supérieurs par les levures de vinification. Ann. Technol. agric. **11**, 85—105 (1962).

Pfenninger, H.: Gaschromatographische Untersuchungen von Fuselölen aus verschiedenen Gärprodukten. III. Mitt. Ergebnisse der gaschromatographischen Untersuchung von Fuselölen aus verschiedenen Gärprodukten. Z. Lebensmittel-Untersuch. u. -Forsch. **120**, 117—126 (1963).

Shito, E., and V. Arkima: Proportions of some fusel oil components in beer and their effect on aroma. J. Inst. Brewing **69**, 20—25 (1963).

Wallgren, H.: Relative intoxicating effects in rats of ethyl, propyl and butyl alcohols. Acta pharmacol. Toxicol. **16**, 217—222 (1960).

# Bier

Von

Prof. Dr. **K. Schuster** †, München

Mit 3 Abbildungen

## Einleitung

Das Bier ist ein durch alkoholische Gärung aus Zerealien-Stärke — vorzugsweise Gerste — gewonnenes Getränk, das, wenn auch in technisch einfachster Art, zu den „Urerfindungen" der Menschheit gehört und das schon im 7. Jahrtausend v. Chr. in solchem Ansehen stand, daß es neben anderen Gaben den Göttern bereits als Opfer dargebracht wurde, wie aus dem ältesten Kulturdokument der Geschichte im Pariser Louvre zu ersehen ist. In den Ländern des Vorderen Orients, bei den Sumerern, Babyloniern, Assyrern usw. stand das gesamte Brauwesen vor allem im 3. und 2. Jahrtausend v. Chr. in hoher Blüte. Den Römern war zwar der „Gerstenwein" bekannt, schien aber nicht sehr geschätzt worden zu sein; in den römischen Provinzen jedoch — z. B. in Kalabrien und Rhätien — die zur Zeit der Eroberung durch die Römer noch von Kelten bewohnt waren — spielte das Bier bereits eine beachtliche Rolle und es gilt als erwiesen, daß die gesamte indogermanische Völkerfamilie die Kunst des Brauens in verschiedenen Abarten beherrschte.

Ein wichtiger Wendepunkt in der Geschichte der Bierbereitung ist die erstmalige, dokumentarisch belegte Verwendung des Hopfens, der zwar vermutlich schon den Völkern des Morgenlandes und Asiens bekannt war, im abendländischen Kulturkreis aber erst im 9. Jahrhundert n. Chr. auftaucht; gefördert durch die Braukunst der Mönche wurde der Hopfen dann zum charakteristischen Merkmal unserer heute üblichen Biere.

Schon im frühen Mittelalter eroberte sich das Brauhandwerk die Fürstenhöfe und das aufstrebende Bürgertum der Städte, und so war es ein besonders bedeutsames Ereignis für die immer mehr sich festigende Kunst des Brauens, daß im Jahre 1516 durch Herzog Wilhelm IV. von Bayern das „Reinheitsgebot" erlassen wurde, das als strenggefügter Rahmen bis in die heutige Zeit, vor allem in Bayern, für die Kunst des Brauens maßgebend war und noch ist. Die großen Pioniererfindungen der im vorigen Jahrhundert einsetzenden Industrialisierung — die, auf das Brauwesen bezogen, mit der Einführung der kalten untergärigen Brauweise durch Münchner Brauereien, maßgeblich unterstützt durch die Erfindung der künstlichen Kälteerzeugung und die sich immer mehr mit der Brautechnologie beschäftigenden Wissenschaft ihren Anfang nahm — leiteten auch den Durchbruch zum modernen Brauzeitalter ein.

Die heutige Brautechnologie beruht, als Verfahrenstechnik gesehen, demnach auf uralten handwerklichen Überlieferungen, hat sich aber in den letzten Jahrzehnten zu einem mächtigen Industriezweig entwickelt, der einer immer weitergehenden Rationalisierung, Automation und Schematisierung nach dem Kontinuitätsprinzip zuzustreben scheint. Die physiologischen und biochemischen Vorgänge bei der Malz- und Bierbereitung sind ihrer Natur gemäß nicht wandelbar, nur die Durchführung dieser Prozesse hat sich dem jeweiligen Stand und den technischen Möglichkeiten eines bestimmten Zeitalters angepaßt. Heute hat die Brautechnik eine weltweite Bedeutung gewonnen und sich historisch bedingten Bedürfnissen und Umweltsverhältnissen verschiedener Länder und Menschen angeglichen; so ist heute noch England das „klassische Land" der obergärigen Biere und die Vereinigten Staaten haben aufgrund einer ebenfalls geschichtlich begründeten, durchschnittlich sehr hohen Verarbeitung von Rohfrucht bei der Bierbereitung, eine eigene Technologie hervorgebracht, die aber gleichwohl denselben physiologischen und biologischen Gesetzmäßigkeiten unterworfen ist. Das deutsche Biersteuergesetz (§ 9) bestimmt auch heute noch, daß zur Bereitung von untergärigem Bier nur Gerstenmalz, Hopfen, Hefe und Wasser verwendet werden darf; bei obergärigem Bier ist auch die Verwendung anderer Malze und — mit Ausnahme von Bayern — technisch reinen Zuckers und aus Zuckern hergestellter Färbemittel zulässig.

Im Vergleich zu der gewaltigen Entwicklung der untergärigen Brauindustrie hat die obergärige Brauweise in der Bundesrepublik Deutschland nur eine — von Ausnahmen abgesehen — örtlich begrenzte Bedeutung.

Die nachstehende Abhandlung befaßt sich demnach hauptsächlich mit der Herstellung untergäriger Biere nach dem Reinheitsgebot, wo es aber notwendig und wissenswert erscheint, auch mit technologischen Maßnahmen anderer Länder, die nicht an ein Reinheitsgebot gebunden sind.

# A. Die Technologie der Malzbereitung

## I. Rohstoffe

### 1. Die Gerste

#### a) Allgemeines

Die Gerste gehört zur Familie der Gräser; die aus Asien stammende Urform war sechszeilig, d. h. die rund erscheinende Ähre zeigt sechs um die Achse gelagerte Körnerreihen. Aber nur das Mittelkorn ist regelmäßig geformt, die Seitenkörner sind seitlich gedreht und unsymmetrisch; man bezeichnet sie als „Krummschnäbel", die bei einer Gerstenprobe darauf hinweisen, daß es sich um keine reine Braugerste im technologischen Sinn handelt, da sechszeilige Gersten sich nach den bei uns heute üblichen Mälzungssystemen nur unregelmäßig vermälzen lassen und kein homogenes Braumalz ergeben. Vierzeilige Gersten sind Umwandlungen der sechszeiligen, aber nur die zweizeiligen Gersten, an deren Spindel nur zwei Körnerreihen zur Entwicklung kommen, sind die eigentliche Braugerste. Sie wird hauptsächlich als „Sommergerste" angebaut, während die zweizeilige Wintergerste heute noch zum großen Teil verfüttert wird, obwohl sie gelegentlich von Mälzern und Brauern nicht ungünstig beurteilt wird.

Man unterscheidet bei zweizeiligen Braugersten folgende große Hauptgruppen:

1. Die aufrechtstehende, dichtährige Gerste (*Hordeum distichum erectum*), die ihre Bedeutung als Braugerste so ziemlich verloren hat,

2. die nickende Gerste, mit locker aneinanderliegenden Körnern (*Hordeum distichum nutans*) die heute z. B. in der BR Deutschland fast ausschließlich für Brauzwecke angebaut wird.

Ein wichtiges Unterscheidungsmerkmal der Braugerste ist neben der Form der Kornbasis vor allem die Behaarung und die Form der sog. „Basalborste", durch die verschiedene Gerstentypen gekennzeichnet werden; die größte Bedeutung hat die Landgerste vom Basalborstentyp A erlangt.

Früher wurde die Braugerste hauptsächlich nach ihrer Herkunft bewertet; da aber die „Landgersten" Gemische von biologisch sehr verschiedenartigen Formen darstellen, wurden in neuerer Zeit reine Gerstensorten mit besonders wertvollen Eigenschaften gezüchtet, die heute für den Braugerstenbau und den Markt bestimmend sind (H. HUNTER 1962).

Bei der Gerstenzüchtung unterscheidet man das ursprüngliche und verhältnismäßig einfache Verfahren der *Pflanzenauslese* (Formenkreistrennung), sowie die *Kreuzung* (G. AUFHAMMER 1934, 1936; G. D. H. BELL u. Mitarb. 1962).

Durch die Auslese wurde zwar schon früher eine Reihe vorzüglicher Braugerstensorten gewonnen, aber erst die Kreuzung ermöglicht es, wertvolle Eigenschaften verschiedener Sorten in einer neuen Pflanze anzureichern. Es bedarf aber langjähriger und mühevoller Kleinarbeit, um Zuchtstämme zu erzielen, die *nur* die günstigen Eigenschaften zweier Sorten in sich vereinigen (E. ULONSKA 1959).

Jede zugelassene Gerstensorte besitzt ihren geschützten Namen, der in einem Sortenregister mit allen typischen Merkmalen eingetragen ist. Wichtig ist die Auswahl und eine Beschränkung der Sorten, um einen unnützen Sortenwettstreit zu vermeiden und möglichst einheitliche, mit den derzeit bestbewährten Eigenschaften ausgestatteten Gerstenmengen zu erzeugen (G. AUFHAMMER u. K. SCHUSTER 1956).

Aufgrund ihrer äußeren Form lassen sich drei Hauptgruppen zusammenfassen:

1. *Kurzkorntyp:* klein, gedrungen, vollkörnig, anpassungsfähig, hoher Extraktgehalt (Beispiel: Ackermanns Donaria, Lichtis DN, Firlbecks Union, Müllers Frankonia).

2. *Mittelkorntyp:* Korn etwas gestreckt, aber vollkörnig und feinspelzig (Beispiel: Breuns Wisa, Heines Haisa II, Ackermanns Isaria Nova, Heines Amsel).

3. *Langkorntyp:* großes, längliches Korn, hohes Tausendkorngewicht, Neigung zur Grobspelzigkeit (Beispiel: Ackermanns MGZ, Carlsberg II).

Technologisch besser zu vermälzen sind normalerweise *Kurz-* und *Mittelkorntypen.* Die Züchtung ist bestrebt, nicht nur äußerlich optimale und landwirtschaftlich günstige Eigenschaften zu erzielen, sondern vor allem auch die inneren, für Keimung, Mälzung und Weiterverarbeitung des Malzes wertvollen Eigenarten zu vervollkommnen.

Die Gerstensorten unterscheiden sich nicht nur in ihrer ursprünglichen chemischen Zusammensetzung, in ihrem Enzymgehalt usw., sondern auch in der Art der bei der Keimung vorsichgehenden Stoffumwandlungen. Die Kenntnisse dieser Sorteneigentümlichkeiten sind demnach für den Mälzer und Brauer von besonders praktischer Bedeutung, da sich damit die Möglichkeit ergibt, durch Auswahl der Gerstensorte auf die Eigenschaften der Malze und Biere einzuwirken (G. AUFHAMMER 1957). Der Qualitätsgerstenbau hat — wie in den meisten gerstenbauenden Ländern — vor allem auch in der BR Deutschland in den letzten Jahren großen Auftrieb erhalten und durch die Zusammenarbeit von Züchtern, Landwirten, Mälzern, Brauern und Wissenschaftlern war es möglich, alle Gerstensorten sowohl hinsichtlich ihrer landwirtschaftlichen wie ihrer technologischen Seite zu überprüfen und eine entsprechende Sortenauswahl zu treffen, wobei die Kleinmälzungsmethodik eine wichtige Rolle spielt (E. ULONSKA 1961).

## b) Gestaltskunde, chemische Grundbestandteile, technologische Eigenschaften

Die Hauptteile des Gerstenkornes sind:

1. Der *Keimling (Embryo)* mit dem Schildchen und dem Aufsaugeepithel, am unteren Ende auf der Rückenseite mit den Anlagen der künftigen Achsenorgane, des Wurzel- und des Blattkeims. Das an den Mehlkörper angrenzende Schildchen

hat die Aufgabe, dem wachsenden Keimling die Nährstoffe zuzuleiten. Vom Keimling aus als dem lebenden Teil des Kornes, wandern die Enzyme in den Mehlkörper und bereiten ihn auf, ein technologischer Vorgang, der als „Auflösung" bezeichnet wird (vgl. S. 69).

2. Der *Mehlkörper* stellt den Nährstoffvorrat für den Keimling dar; er besteht im wesentlichen aus zwei leicht zu unterscheidenden Lagen, den fett- und den stärkeführenden Zellen, die den Kern bilden, in ein Gerüst von eiweiß- und gummiartigen Stoffen eingebettet und von einer dreifachen Schicht dickwandiger Zellen umgeben sind, der sog. *Aleuron- oder Kleberschicht*, die vorzugsweise Eiweiß und Fett enthält. Die in den Zellen mehr oder weniger häufig verteilten Mitochondrien haben eine besondere physiologische Bedeutung, da sie Sitz und Ausgangspunkt wichtiger Enzyme und Enzymreaktionen sind. Diese ursprünglich in den Epithelzellen des sog. „Palisadenparenchyms" anzutreffenden Mitochondrien vermehren sich bei der Keimung durch Teilung und wandern allmählich in die Zellen des Endosperms.

3. Die *Umhüllung* des Kornes bildet auf der Bauchseite die innere bzw. obere, auf der Rückenseite die äußere bzw. untere Kornspelze, deren Verlängerung als Granne bezeichnet wird. Unterhalb der Spelze befindet sich das äußere Hüllblatt, die Fruchtschale (Pericarp), darunter das innere Hüllblatt, die Samenschale (*Testa*), die halbdurchlässig (semipermeabel) ist, d. h. also, daß Wasser, aber keine höhermolekularen Stoffe eindringen können.

*Chemische Bestandteile:*

Die Gerste besteht je nach ihrem Feuchtigkeitsgehalt aus 80—88 % Trockensubstanz, die sich aus chemischen Bestandteilen, wie in Tab. 1 dargestellt, zusammensetzt:

Tabelle 1. *Chemische Bestandteile der Gerste*
(nach H. Lüers 1950a)

|  | lufttrocken | wasserfrei |
| --- | --- | --- |
| Wasser . . . . . . . . . . . | 14,5 | — |
| Stärke . . . . . . . . . . | 54,0 | 63,15 |
| Sonstige N-freie Extraktstoffe | 12,0 | 14,03 |
| Eiweiß . . . . . . . . . | 9,5 | 11,11 |
| Rohfaser . . . . . . . . | 5,0 | 5,85 |
| Fett . . . . . . . . . . . | 2,5 | 2,93 |
| Mineralsubstanzen . . . . . | 2,5 | 2,93 |

*Kohlenhydrate:*

Die bedeutendste Stoffgruppe der Menge nach stellen demnach die Kohlenhydrate dar, die, wie bei anderen pflanzlichen Organismen, unter Einwirkung des Sonnenlichtes mit Hilfe des Chlorophylls aus $CO_2$ und $H_2O$ unter Abgabe von Sauerstoff in der lebenden Zelle aufgebaut werden. (Photosynthese) (E. Lehnartz 1959).

Das wichtigste Kohlenhydrat in der Gerste stellt die *Stärke* dar; sie ist ein Polysaccharid, ein hochmolekulares Kondensationsprodukt, das als untersten Zuckerbaustein die D-Glucose in der „Pyranform" enthält.

Der Aufbau der Stärke — die Assimilation — erfolgt unter Mithilfe aufbauender Enzyme, vor allem der Phosphorylase (Transglykosidase) über die niederen Zucker zu immer höheren Kondensationsprodukten. Die Stärke ist ein sehr beweglicher und für die Pflanze überall zur Verfügung stehender Reservestoff, der für den jungen Keimling während seiner ersten Entwicklungsperiode unentbehrlich ist.

Die Stärke wird in Form von Körnern in den Samen abgelagert, die sich aus Sphärokristallen — radial geordneten Kriställchen, Trichiten — zusammensetzen.

In der Gerste treten diese hauptsächlich in zwei Größen auf: als runde, linsenförmige *Großkörner* (20—50 $\mu$) und mehr oder weniger kugelige Kleinkörner (2—10 $\mu$), deren Mengen normalerweise mit dem Eiweißgehalt der Gerste zunehmen.

Die chemische Zusammensetzung der gewachsenen Stärkekörner ist nicht einheitlich: etwa 98 % bestehen aus chemisch reiner Stärke mit der Bruttoformel $(C_6H_{10}O_5)_n$, der Rest enthält außer Eiweiß, Fett, Faserstoffen noch mineralische Bestandteile, hauptsächlich $P_2O_5$ und $SiO_2$.

Abgesehen von der Hülle der Stärke, die aus Gründen der Widerstandsfähigkeit aus höher kondensierten Kohlenhydratanteilen besteht, unterscheidet man am Stärkekorn zwei strukturell verschiedene Bestandteile: die Amylose (normal oder n-Amylose) und das Amylopektin (Iso- oder i-Amylose).

1. Die *Amylose* macht ungefähr 17—20 % der Stärke aus; sie befindet sich gewöhnlich im Innern der Körner und besteht aus langen und verzweigten, spiralig gewundenen Ketten von 60—600 Glucoseresten in Maltosebindung (1,4-Bindung). Das Mol.-Gew. schwankt zwischen 10000 und 100000, z. T. darüber. Sie färbt sich mit Jod rein blau und ist in Nadeln oder Rosetten kristallisierbar. In Wasser bildet Amylose keinen Kleister, die Lösung trübt sich aber mit der Zeit und wird dann durch $\beta$-Amylase schwerer aufschließbar.

2. Das *Amylopektin* ist zu ca. 80 % in der Stärke vorhanden und hüllt die Amylose ein. Es enthält neben Glucoseketten in Maltosebindung auch verzweigte Moleküle in Iso-Maltose-(1,6-)Bindung. Die Bildung der schwer lösbaren 1,6-Bindung wird dem sog. „Q-Enzym" (Branching factor) zugeschrieben. Das Mol.-Gew. ist ca. zehnmal höher als das der Amylose (100000—1000000) und bei bestimmten Pflanzen auch noch wesentlich darüber. Charakteristisch für das Amylopektin ist der Gehalt von ungefähr 0,075 % $P_2O_5$ in esterartiger Bindung. Die Amylopektin-Lösungen besitzen die merkwürdige Eigenschaft der Kleisterbildung; sie kristallisieren und altern weniger leicht als die Amylose. Die wäßrige Lösung färbt Jod violettrot bis rein rot.

Diese sog. „Jodreaktion" spielt technologisch eine wichtige Rolle; sie wird benützt zum Nachweis der Stärke, ist äußerst scharf und selbst bei geringen Mengen durch eine intensive indigoblaue Färbung gekennzeichnet, die auf eine Adsorptionsverbindung von Jod in Stärke zurückzuführen ist. Voraussetzung für den Eintritt der Färbung ist, daß beide Stoffe kalt sind; beim Erwärmen verschwindet die blaue Farbe, erscheint aber bei Abkühlung wieder. Die Jodreaktion kann beeinträchtigt werden durch die Anwesenheit bestimmter Substanzen, z. B. von Gerbstoffen oder Eiweißkörpern.

Mit dem Abbau der Stärke zu niedrigen Kohlenhydraten ändert sich auch die Jodfärbung: So gehen die blauen Farbtöne beim Abbau der Stärke zu Dextrinen bis zur Maltose allmählich in violette, rote und gelbe über.

Die Stärke der Gerste hat das spez. Gewicht von 1,63 in wasserfreiem und 1,5—1,6 in lufttrockenem Zustand; die spez. Wärme beträgt in trockenem Zustand 0,270, die Verbrennungswärme ca. 4140 cal/kg. Das optische Drehungsvermögen schwankt je nach Art der Stärkegewinnung zwischen ca. 200 und 204.

Die Stärke besitzt ausgesprochen kolloidale Eigenschaften, eine Eigenschaft, die gerade für die Technologie der Brauerei von Bedeutung ist, besonders hinsichtlich seines Verhaltens beim Zusammenbringen mit Wasser und beim Erwärmen (H. LÜERS 1950b).

Das Lösen der Stärkekörner in Wasser ist kein einheitlicher Vorgang, es wirken mechanische, chemische und vor allem enzymatische Teilprozesse zusammen, über die später noch ausführlicher berichtet wird (vgl. S. 109).

In kaltem Wasser sind die Stärkekörner zunächst unlöslich, sie quellen aber und nehmen Wasser auf (Porenquellung). Mit Jod tritt noch keine Farbreaktion ein.

Beim Erwärmen in Wasser läßt sich eine stärkere Quellung (Lösungsquellung) und Vergrößerung der Stärkekörner verfolgen, die bei etwa 50°C einsetzt und bei etwa 70°C radial verlaufende Risse hervorruft, bis das blasenartig gequollene Stärkekorn unter Abtrennung verschiedener Schichten platzt.

Die Hüllsubstanz sondert sich in Form gequollener Häutchen ab, der Inhalt der Körner verteilt sich allmählich im Wasser, das nun auch eine deutliche Jodreaktion erkennen läßt.

Die Suspension der aufgeschlämmten Stärkebestandteile wird einheitlicher, es entsteht, besonders beim Weitererhitzen unter entsprechender Wasseraufnahme, eine ständige Volumvergrößerung, die bei Wassermangel zu einer milchig opalisierenden, gallertartigen, viscosen Masse — dem *Kleister* — erstarrt, die, durch das Amylopektin verursacht, aus der kolloidalen, jedoch nicht verkleisternden Lösung der Amylose als *Sol* und der verkleisternden des Amylopektins als *Gel* besteht.

Elektrolyte beeinflussen die Verkleisterung je nach Art und Konzentration. Laugen und stärkere Säuren wirken quellungsfördernd und erniedrigen die Verkleisterungstemperatur; Stärke von Gersten kühler Landstriche verkleistern früher als die wärmerer.

Wird die Stärke vorsichtig erhitzt, so verliert sie zunächst nur ihr Wasser (10—20%), ohne sich sonst merklich zu verändern; allerdings werden die letzten Reste sehr fest (bis ca. 120°C) zurückgehalten; bei raschem Erhitzen tritt z. T. Verkleisterung ein, bei Gegenwart stärkerer Säuren wird die Stärke vollkommen zu Glucose hydrolysiert.

Eine Bräunung der Stärke beginnt erst bei etwa 150—160°C, die Zersetzungstemperatur liegt bei 200°C (C. T. Greenwood 1963).

*Andere wichtige Polysaccharide:* als Gerüstsubstanz, demnach hauptsächlich in den Spelzen angereichert, spielt die *Cellulose* eine bedeutende Rolle. Sie ist, ähnlich wie die Amylose, aus Glucoseeinheiten in 1,4-Bindungen aufgebaut. Beim nicht vollkommenen Abbau der Cellulose entsteht aber nicht Maltose, sondern das Disaccharid Cellobiose. Viele Glucoseketten von ungleicher Länge vereinigen sich zu Micellen, die für die Cellulosestruktur charakteristisch sind. Obwohl im Aufbau ähnlich, unterscheiden sich Stärke und Cellulose grundsätzlich voneinander: Cellulose ist geschmack- und geruchlos, chemisch schwer angreifbar, in Wasser unlöslich und auch gegen enzymatische Einflüsse ziemlich widerstandsfähig.

Sie tritt normalerweise nicht in den Stoffwechsel des Kornes mit ein; das die Zellwände aufbauende Fasergeflecht der Cellulose-Moleküle wird inkrustiert durch Lignin und Pektine. Während des Mälzens wird die Cellulose kaum verändert, eine gewisse technologische Bedeutung erlangt sie als „Filtermaterial" beim Abläutern im Läuterbottich (vgl. S. 118). Sie wird gewöhnlich als „Rohfaser" analytisch in einer Menge von 3,5—7,0% in der Gerstentrockensubstanz bestimmt.

Die *Hemicellulosen* sind, meist vergesellschaftet mit den Cellulosen, ebenfalls am Aufbau der Zellwände mit beteiligt, können aber auch als Reservestoffe dienen. Sie sind gegen Säuren weniger widerstandsfähig als Cellulose, in Wasser aber auch unlöslich. Sie sind aus Pentosanen und Hexosanen aufgebaut und enthalten Uronsäuren. Analytisch werden sie durch die sog. Pentosan- oder Furfurogenbestimmung erfaßt und zwar in einer Menge von ca. 6%; unreife Körner sind gewöhnlich reicher an Hemicellulosen als reife (Pawlowski-Schild 1961a).

Zu den Hemicellulosen zählen auch die *Glucane*, unter denen das Lichenin als Reservecellulose noch besonders zu erwähnen ist. *Mannane* sind nur aus Hexosen bestehende Hemicellulosen, die in der Kleie von Weizen, in Gerste und in den Hefe-Membranen zu finden sind.

Der enzymatische Abbau der Hemicellulosen erfolgt durch die Hemicellulasen (Cytasen) (vgl. S. 67). Durch die „Auflösung" bzw. Perforierung der Zellmembrane verliert das Korn seine Festigkeit und wird zerreiblich. Die dabei entstehenden niederen Kohlenhydrate erhöhen — soweit sie nicht beim Wachstum verbraucht werden — den Extraktgehalt des Malzes.

Unter den sog. *Gummikörpern*, die auch aus Pentosanen und Hexosanen aufgebaut sind und mit Wasser kolloide Lösungen ergeben, kann das „Amylan" — ein polymeres Glucosan, das hauptsächlich in den Trebern gefunden wird — infolge seiner hohen Viscosität bei der Würzegewinnung technologisch Schwierigkeiten bereiten (W. PIRATZKY u. Mitarb. 1937).

Pektine sind kohlenhydratähnliche, aus methylierten Hexosen und Pentosen aufgebaute Inkrustationsstoffe, die aber normalerweise während der Keimung enzymatisch abgebaut werden.

Von den *Zuckern* ist in erster Linie das Disaccharid Saccharose zu erwähnen, das schon im unveränderten Korn zu ca. 1—2 % in der Nähe des Keimlings vorhanden ist. Enzymatisch wird die *Saccharose* ($C_{12}H_{22}O_{11}$, Rohrzucker), ebenso wie durch Einwirkung von [$H^+$] der Säuren unter Wasseraufnahme in Glucose und Fructose umgewandelt (Inversion). Die Saccharose nimmt während der Keimung ständig, bis 4—5 %, zu. Das Disaccharid *Maltose* ($C_{12}H_{22}O_{11}$) — im Gegensatz zur Saccharose ein reduzierender Zucker — kommt in der Gerste in analytisch kaum nachweisbaren Mengen vor.

Das als *Invertzucker* bezeichnete Gemisch aus vorwiegend Glucose und Fructose läßt sich in einer Menge von 0,3—0,4 % in der Gerste nachweisen.

*Fette und Lipoide:*

Etwa 2—3 % der Gerstentrockensubstanz besteht aus einem goldbraunen, aromatischen, öligen Fett; es sitzt hauptsächlich in den Spelzen und in bestimmten Zellen der Kleberschicht. Es wird beim Mälzen nur zu einem Teil angegriffen, bzw. zu Glycerin und zu Fettsäure gespalten, eine geringe Menge geht unverändert in die Würze über, der Großteil aber bleibt in den Trebern zurück (vgl. S. 68/124). Begleitet wird das Fett von Lecithinen, die als Lipoide wichtige physiologische Zellfunktionen zu erfüllen haben. Eine besondere Bedeutung hat auch das *Phytin* — ein Phosphorsäureester des Inosits — das zu etwa 0,9 % als Ca-Mg-Salz ausschließlich in den Spelzen vorkommt. Es liefert während der Keimung den Hauptanteil an primären Phosphaten (vgl. S. 66), die als Puffersubstanzen sowohl während der Mälzung, wie bei der Würzebereitung und im fertigen Bier eine wesentliche Rolle spielen.

Erwähnenswert sind außerdem die Isoprenabkömmlinge der *Carotinoide*, die einen Einfluß auf die spätere Farbtiefe des Malzes ausüben können (vgl. S. 83).

*Gerb- und Bitterstoffe* („Herbstoffe")

Obwohl sie nur in einer Menge von 0,1—0,3 % nachgewiesen werden können, haben diese, strukturmäßig den Polyphenolen zuzuzählenden Stoffe, eine erhebliche physiologische und technologische Bedeutung. Neben den einfacheren *hydrolysierbaren*, den Gallotannin- und Ellagen-Gerbstoffen nahestehenden Gruppen besitzen vor allem die *kondensierbaren* Gerbstoff-Komplexe eine dehydratisierende und damit auch eiweißfällende Wirkung, die zwar wesentlich schwächer ist als z. B. die der Hopfengerbstoffe, die aber bei Veränderung physikalisch-chemischer Bedingungen — Redoxpotential, zunehmende Acidität, Kälte usw. — im Bier Trübungserscheinungen hervorrufen können (vgl. S. 52).

Die der *Catechingruppe* zugehörigen Anthocyane und Anthoxantine, z. B. Cyanidine, Delphinidine, Flavone u. a., die in enger Beziehung zu den Pflanzenfarbstoffen stehen, führen, wie die anderen kondensierbaren Gerbstoffe, durch allmähliche Oxydation zu den in ihrer Gesamtheit noch nicht eingehend erforschten *Phlobaphenen*, die ebenfalls fällende und färbende Einflüsse auf Malz, Würze und Bier ausüben können (vgl. S. 110).

Der Gerbstoffgehalt der Gerste scheint sowohl sorten- wie auch umweltsbedingt zu sein. Gerbstoffreiche Gersten neigen im allgemeinen zu stärkerer Farbebildung; maßgebend ist dabei vermutlich nicht der absolute Gehalt an Gerbstoffen, sondern vor allem das Verhältnis der Leucoanthocyane zu den aufoxydierten Stufen der Anthocyane und anderer Gerbstoffkomponenten (K. Schuster u. H. Raab 1961).

*Eiweißstoffe*

Die Hauptmenge der sowohl im Gersten- wie im Malzkorn vorhandenen Eiweißkörper sind hochmolekulare, zum großen Teil wasserunlösliche einfache Eiweißkörper, die aufgrund ihrer Löslichkeit in verschiedenen Lösungsmitteln und nach ihrer Fällbarkeit nach Osborne in 4 Hauptgruppen unterteilt werden:

1. *Albumine:* löslich in reinem Wasser, verdünnten Salzlösungen, Säuren und Laugen, demnach auch in der Würze enthalten; das Albumin der Gerste und des Malzes heißt *Leucosin*.

2. *Globuline:* unlöslich in reinem Wasser, löslich in verdünnten Salzen, Säuren und Alkalien, daher auch in gewisser Menge in der Würze vorhanden. Das Gersten- bzw. Malzglobulin nennt man *Edestin*; es besteht mindestens aus vier Fraktionen ($a, \beta, \gamma, \delta$). Da der isoelektrische Punkt der Gerstenglobuline innerhalb verhältnismäßig weiter Grenzen schwankt (4,9—7,0) kann es Anlaß zu nachträglichen Trübungen im Bier geben (vgl. S. 110).

3. *Prolamine:* unlöslich in reinem Wasser und in Salzlösungen, löslich dagegen unterschiedlich in ca. 50—90 %igem Alkohol, außerdem in Säuren, Alkalien, unter Salzbildung. Das Prolamin der Gerste — das *Hordein* — besteht aus fünf elektrophoretisch trennbaren Komponenten; charakteristisch ist sein hoher Gehalt an Glutaminsäure und Prolin (E. Waldschmidt-Leitz 1957; E. Waldschmidt-Leitz u. Mitarb. 1963).

4. *Gluteline* (Glutenine): sind in neutralen Lösungsmitteln unlöslich, löslich jedoch in alkalischen; neben Hordein bildet diese Gruppe den Hauptbestandteil des Gersten- und auch des Trebereiweißes.

*Bedeutung des Eiweißgehaltes*

Eiweißarme Gersten gelten — vor allem für die Herstellung *hellen* Malzes und Bieres — als die edlere Brauware; zu niedriger Eiweißgehalt allerdings ist ebenfalls für unsere Spezial-Biertypen unerwünscht, da eine gewisse Konzentration an Eiweiß zur Ernährung der Hefe, zur Schaumhaltigkeit und für die geschmacklichen Eigenschaften des Bieres unerläßlich ist.

Eiweißreiche Gersten vermälzen sich weniger günstig, sie haben gewöhnlich eine geringere Extraktergiebigkeit, da der Stärkeinhalt des Kornes bei größeren Anteilen an stickstoffhaltigen Substanzen abnimmt. Hoher Eiweißgehalt im Malz läßt auch Schwierigkeiten hinsichtlich der Verarbeitung im Sudhaus erwarten, die daraus hergestellten Biere lassen sich schlecht klären und neigen zu Trübungserscheinungen (Kältetrübung, reversible und irreversible Oxydationstrübungen) (vgl. S. 111).

Für die Herstellung *dunkler* Biere ist ein größerer Stickstoffanteil im allgemeinen nicht nachteilig.

Der Eiweißgehalt der Gerste ist abhängig von der Wassermenge (Grund- oder Regenwasser), die der Gerste bei der Entwicklung zur Verfügung steht: wenig Wasser läßt eine eiweißreichere Gerste erwarten. Auch die Art der Vorfrucht,

Bodenzusammensetzung, Düngung usw., vermögen im Zusammenhang mit den Witterungseinflüssen erhebliche Unterschiede im Eiweißgehalt hervorzurufen.

Eine *Erhöhung* erfolgt gewöhnlich durch reichliche oder späte Stickstoffdüngung, durch Anbau auf moorigen Böden, durch trockenes Wetter im Frühjahr und durch späte Aussaat.

Eine *Verminderung* ist wahrscheinlich bei nassem Wetter im Frühjahr, durch frühe Aussaat, durch Anbau nach der Brache, durch Verwendung stickstoffärmerer Sorten, durch richtige Düngung (P, K) bei nicht stickstoffreichen Böden.

Die sog. „*Glasigkeit*" der Gerste tritt meist unter ungünstigen klimatischen Bedingungen bei an sich eiweißreicheren Gerstensorten auf, wobei das *Hordein* eine maßgebende Rolle zu spielen scheint.

Verschiedene Gerstensorten unterscheiden sich oft beträchtlich im Stickstoffgehalt, aber auch schon die Körner einer Ähre weisen unterschiedliche Eiweißkonzentrationen auf: die oberen Körner sind gewöhnlich stickstoffreicher; kleinere Körner enthalten durchschnittlich stets mehr Eiweiß als größere. Das Verhältnis der verschiedenen Eiweißfraktionen untereinander in einer bestimmten Gerstensorte ist von verschiedenen Faktoren abhängig; wird in einer bestimmten Gerstensorte der Gesamtstickstoffgehalt größer, so wird der gesamte salzlösliche Stickstoffanteil (Leucosin, Edestin + Abbauprodukte) zwar ebenfalls etwas höher, aber relativ zum Gesamt-Stickstoffgehalt betrachtet, kleiner. Das Hordein hingegen steigt stärker an und nimmt demnach prozentmäßig zu; das Glutelin nimmt etwa gleichlaufend mit dem Gesamtstickstoffgehalt zu, bleibt prozentual demnach ungefähr gleich. Der gesamtlösliche und der lösliche, *nicht* coagulierbare Stickstoffanteil ist vom Gesamtstickstoffgehalt, andererseits auch von der Gerstensorte unabhängig, wird aber von der Bodenbeschaffenheit und von der Witterung wesentlich beeinflußt.

Man kennt eine Reihe von Verfahren, um die einzelnen Eiweißarten zu ermitteln. Es sind dies die älteren Fällungsmethoden nach SCHJERNING, OSBORNE-BISHOP, LUNDIN, K. u. S. MYRBÄCK usw.; die dabei gewonnenen Lösungen oder Fraktionen sind aber nicht einheitlich, sondern meist Gemische verschiedener Stickstoffkörper oder Eiweißgruppen.

*Abbauprodukte des Gersteneiweißes*

Neben den echten Eiweißkörpern finden sich in der Gerste geringe Mengen dem Eiweiß verwandter Stoffe, die entweder noch nicht zu höhermolekularen Stufen polymerisiert sind oder bei den physiologischen Vorgängen in der keimenden Gerste bereits wieder als Abbauprodukte der eigentlichen Eiweißstoffe auftreten:

1. *Aminosäuren*, die bei der vollkommenen Hydrolyse der Eiweißstoffe durch Enzyme, Säuren oder Alkalien entstehen. Die durch die sog. „Formoltitration" erfaßbaren Aminosäuren und niedrigen Peptide können als Maßstab für die Eiweißlösung des Malzes benutzt werden (vgl. S. 95).

2. Die aus zwei oder mehr Aminosäuren gebildeten *Peptide* (Di-, Tri-, Polypeptide) entstehen beim Aufbau bzw. Abbau der Eiweißstoffe.

3. *Proteosen* (Albumosen, Globulosen) nennt man die noch hochmolekularen Komplexe des ersten hydrolytischen Abbaues, die noch manche Eigenschaften der Proteine besitzen und als Zwischenprodukte beim Eiweißabbau eine ähnliche Rolle spielen wie etwa die Dextrine beim Stärkeabbau. Sie sind keine einheitliche Verbindung, sondern sie stellen ein Gemisch höherer Abbauprodukte dar. Sie sind z. T. mitverantwortlich für die Schaumeigenschaften und die Vollmundigkeit des Bieres, reagieren noch mit Gerbstoffen, sind aussalzbar, coagulieren aber nicht mehr in der Hitze.

Im allgemeinen sind die Bezeichnungen Proteosen und Peptone — unter denen man die dem molekularen Gewicht nach nächst niederen Eiweißabbauprodukte verstand — nicht mehr gebräuchlich; in der Technologie der Malz- und Bierbereitung spielen sie noch eine gewisse Rolle, da sie den Hinweis auf einen mehr oder weniger intensiven Eiweißabbau und daher auch auf die Eiweißstabilität des Bieres erlauben.

*Enzyme*

Da der Herstellungsvorgang beim Mälzen und bei der Bierbereitung fast ausschließlich auf enzymatischen Reaktionen beruht, hat der Enzymgehalt der Gerste und des Malzes eine besondere Bedeutung. Technologisch wichtig sind allerdings hauptsächlich nur die *hydrolysierenden Enzyme (Hydrolasen)*, während die übrigen Enzymgruppen nur für das physiologische Geschehen während der Keimung der Gerste und mittelbar auch für den sog. Mälzungsschwand mit verantwortlich sind (vgl. S. 92).

Von den *Esterasen* (C-O-Hydrolasen) sind es besonders die Phosphatasen, die eine wesentliche Rolle für die Aciditätsverhältnisse spielen, im geringen Umfang nur die Lipasen; von überragender Wichtigkeit für alle Vorgänge bei der Malz- und Bierbereitung sind die *Carbohydrasen* (Glycosidasen), unter ihnen vor allem die Polysaccharidasen: $\alpha$- und $\beta$-Amylasen (Endo- und Exo-Amylasen), die den Stärkeabbau in enger gegenseitiger Wechselbeziehung durchführen, dann die Hemicellulasen (Cytasen) und die *Oligosaccharidasen:* Glucosidasen (Maltasen), Fructosidasen (Saccharasen) u. ä.

Die *Proteasen* (C-N-Hydrolasen) üben vor allem während des Mälzungsvorgangs eine entscheidende Funktion aus. Maßgebend sind dabei die Proteinasen (Endopeptidasen), die auf hochmolekulare, echte Eiweißkörper einwirken und diese zu löslichen Stoffen von mittlerem und niedrigem Molekulargewicht abbauen.

Peptidasen (Endopeptidasen), die hauptsächlich einfachere Eiweißabbauprodukte (Peptide) angreifen und diese zu Aminosäuren aufspalten.

*Amidasen* verursachen die Spaltung von Amiden und Aminosäuren durch Lösung der Säureamidbindung, wobei $NH_3$ frei wird. (Über die weiteren Enzymgruppen vgl. S. 66.)

*Andere Wirkstoffe:*

Im Gerstenkorn sind hauptsächlich gewisse lösliche Vitamine der B-Gruppe, insbesondere Thiamin [$B_1$], Riboflavin [$B_2$], Pyridoxin [$B_6$], sowie Tokopherol (Vitamin E), Carotine, Folsäure, Niacin und Niacinamid u. a. vorhanden, die sich z. T., wenn auch meist in wesentlich verminderter Menge, auch noch im Bier vorfinden und somit auch dem Bier eine physiologische Wirksamkeit verleihen (vgl. S. 162) (K. Schuster u. Weinfurtner 1964a).

Als Wirkstoff besonderer Art ist auch die *Gibberellinsäure* anzusehen, die in geringer Menge bereits in der Gerste vorkommt und die in jüngerer Zeit auch technologische Bedeutung gewonnen hat, da sie das Keimlingswachstum der Gerste wesentlich beeinflussen kann und deshalb als Wuchsstoff zur Beschleunigung der Mälzungszeit in verschiedenen Ländern eine Rolle spielt (vgl. S. 79).

*Anorganische Bestandteile*

Die Gesamtmenge der mineralischen Stoffe beträgt, auf Trockensubstanz berechnet, etwa 2,5—3,5 %. Sie weist je nach Boden- und anderen Umweltsbedingungen gewisse Unterschiede auf.

Die *Asche* der Gerste hat ungefähr folgende Zusammensetzung:

$$\left.\begin{array}{l} P_2O_5 = 35,0\% \\ K_2O = 21,0\% \\ SiO_2 = 26,0\% \\ MgO = 8,0\% \\ CaO = 3,0\% \end{array}\right\} 56\% \qquad \begin{array}{l} Na_2O = 2,5\% \\ SO_3 = 2,0\% \\ Fe_2O_3 = 1,5\% \\ Cl = 1,0\% \end{array}$$

$K_2O$ und $P_2O_5$, die Hauptmenge der Asche, haben physiologisch und für die Technologie der Malz- und Würzebereitung eine besondere Bedeutung, da durch das Verhältnis zwischen den sauren *primären* und den alkalischen *sekundären* Phosphaten in hohem Grade die Acidität und das Pufferungsvermögen während der Keimung und während der weiteren Bierbereitung bestimmt wird.

Da die *Acidität* sowohl die Wirkung der Enzyme steuert, wie auch bei der Sudhausarbeit, bei der Gärung und Lagerung von großer Bedeutung ist, strebt der Technologe schon beim Mälzen ein möglichst niedriges pH und gleichzeitig ein gutes Pufferungsvermögen an, da gerade bei hellem Bier ein niedriges pH die Farbe und die Stabilität des Bieres günstiger beeinflußt (vgl. S. 110).

Auch das *Redoxpotential* hat für die Würze- und Bierbereitung eine erhöhte Bedeutung, da viele trübungsbildende Stoffe, die sich in labiler, kolloider Lösung im Bier vorfinden, durch Oxydationsvorgänge ausgefällt werden können und das Bier dadurch in seiner chemisch-physikalischen Stabilität gefährden (vgl. S. 111).

*Wassergehalt*

Der Wassergehalt der Gerste bzw. des Malzes hat zunächst eine wirtschaftliche Bedeutung beim Einkauf, dann aber auch technologisch, da ein hoher Wassergehalt die Lagerfestigkeit einer Gerste und eines Malzes wesentlich beeinträchtigen kann.

Die Höhe des Wassergehaltes ist abhängig von der Herkunft der Gerste, vom Zustand der Reife oder von der Lagerung bzw. der Vorbehandlung der Gerste vor der Lagerung. Die reife Gerste besitzt kurz nach dem Schnitt etwa 20 % Wasser und sogar darüber. Man rechnet normalerweise bei Gersten unserer Zonen mit einer Lagerzeit von 1—3 Monaten bis zur „Mälzungsreife", wobei sich naturgemäß der Wassergehalt bei einwandfreier Lagerung vermindert.

Wichtig ist die Erntemethode: die durch Mähdrescher eingebrachte Gerste weist gewöhnlich einen hohen Wassergehalt auf. Über die Nachteile feuchter Gerste für die Lagerung und Verarbeitung siehe weiter unten.

*Untersuchung und Bewertung der Braugerste*

Eine gute Braugerste soll eine reine, hellgelbe, sowie glänzende *Farbe* besitzen. Grünliche, bräunliche, allgemein mißfarbene Gersten deuten auf ungenügende Reife, ungünstige Erntewitterung bzw. auch auf Schimmelbefall hin. Ganz weiße Gersten sind häufig hart und glasig, können aber auch durch Schwefelung gebleicht sein.

Eine gesunde Gerste soll einen *frischen Strohgeruch* besitzen. Dumpfer Geruch deutet auf hohe Feuchtigkeit und Schimmelbefall hin, der gewöhnlich die Keimfähigkeit der Gerste beeinträchtigt.

Die Gerste soll gut *gereinigt* und frei von fremden Getreidearten und Unkraut sein, keine ausgewachsenen Körner besitzen und keine tierischen oder pflanzlichen Schädlinge enthalten.

Großer Wert sollte auf die *Sortenreinheit* der Gerste gelegt werden, denn nur eine nach Alter, Herkunft und Sorte möglichst gleichmäßige Gerste vermälzt sich einwandfrei.

Eine für die Qualität des Malzes wichtige Bedeutung hat die *Feinheit* der *Spelzen*, die sich durch zarte Kräuselung der Spelzenhaut zu erkennen gibt. Nur feinspelzige Gersten sind eine edle Brauware, da die Spelzen keinen Extraktwert für den Brauer ergeben und außerdem technologisch ungünstige Stoffe enthalten, die den Geschmackscharakter unangenehm beeinflussen (D. Lau 1960).

Der Spelzengehalt schwankt normalerweise zwischen 7—9 % bei feinspelzigen, und bis zu 13 % bei grobspelzigen, vor allem bei Winter- und mehrzeiligen Gersten.

Für die „*mechanische Untersuchung*" der Gerste wird verwendet:

1. das *Hektolitergewicht* (←65—75→ kg); bei Malzgerste durchschnittlich 68—72 kg;

2. das „*Tausendkörnergewicht*" als Maßstab für das absolute Korngewicht, das in direkter Beziehung zur Sortierung und zum Extraktgehalt steht. Grenzwerte für lufttrockene Gerste: 35—48 g, für wasserfreie 30—42 g.

Das Tausendkörnergewicht dient der Überprüfung von Mustertreue und zur annähernden Berechnung des Malzschwandes (vgl. S. 92).

3. *Gleichmäßigkeit:* man benützt ein Sortiersieb mit drei Einsätzen, die Schlitzweiten von 2,8, 2,5 und 2,2 mm aufweisen.

Gerste über dem 2,8- und 2,5 mm-Sieb: Sorte I (Vollgerste); (das 2,8 mm-Sieb wird gewöhnlich nur zur näheren Charakterisierung der Vollgerste benützt);

2,2—2,5 mm: Sorte II;

unter 2,2 mm: Abfall- und Futtergerste.

4. *Beschaffenheit des Mehlkörpers:* Man unterscheidet mehlige und glasige Körner mit allen Zwischenstufen, die als halb- oder teilglasig bezeichnet werden. Es gibt eine „bleibende" und eine „vorübergehende" Glasigkeit, die durch vorsichtiges, 24stündiges Weichen und anschließendes Trocknen wieder verschwindet und den Brauwert der Gerste nicht beeinträchtigt. Körner mit „bleibender" Glasigkeit lösen sich schwer, liefern harte Malze und ergeben geringe Ausbeute. Durch die „Schnittprobe" oder mit Hilfe der Durchleuchtung läßt sich die Anzahl mehliger bzw. glasiger Körner bestimmen.

5. Die wichtigste Eigenschaft der Gerste ist ihre *Keimfähigkeit*, da der Mälzungsvorgang auf der während der Keimung stattfindenden Aktivierung und Entwicklung der Enzyme beruht. Die Anzahl der nicht keimenden Körner, der „Ausbleiber", soll möglichst gering sein.

Das Gerstenkorn macht verschiedene Reifestadien durch: *physiologische* Reife (Ende der Substanzeinlagerung)- *Vollreife-Totreife*. In unseren Klimazonen ist die Gerste aber damit noch nicht „keimreif", sie bedarf noch einer gewissen „*Keimruhe*" (dormancy), die von Sorte, Klimaeinflüssen und sonstigen Umweltsbedingungen abhängig ist. Die Keimruhe kann 3—8 Wochen betragen. Ursache und Beeinflussungsmöglichkeiten der Keimruhe sind noch nicht vollkommen geklärt (H. Müller 1960/62). Man unterscheidet

a) die *Keimreife:* sie wird durch die „Keimenergie" der Gerste festgestellt; man versteht darunter die Anzahl der Körner, die innerhalb eines bestimmten Zeitabschnittes (z. B. 3 bzw. 5 Tage) wirklich keimen;

b) die *Keimfähigkeit:* d. h. die vorhandene oder latente biologische Aktivität einer Gerste, unabhängig von der augenblicklichen Keimenergie; sie erfaßt die Anzahl der lebensfähigen Körner überhaupt.

Ein zwischen „Keimenergie" (KE) und „Keimfähigkeit" (KF) bestehender Unterschied wird durch die „*Keimruhe*" bedingt (G. Fischbeck u. Mitarb. 1964). Unter „Wasserempfindlichkeit" — eine Erscheinung bei der durch Aufnahme größerer Wassermengen die Keimkraft gehemmt werden kann, — steht in gewissem Zusammenhang mit der Keimruhe (R. Scriban 1963). Eine in ihrer Wirkung schwankende Verkürzung der Keimruhe kann möglicherweise erreicht werden durch vorsichtige Trocknung oder auch durch „Kälteschock". In ungünstigen Erntejahren besitzt die Gerste gewöhnlich eine mäßige Keimfähigkeit. Eine an sich gut keimende Gerste kann durch unsachgemäße Behandlung und Lagerung nachträglich in ihrer Keimkraft stark beeinträchtigt werden, vor allem wenn die Gerste frisch, ohne genügende natürliche Trocknung in zu hoher Schicht gelagert wird (K. Schuster u. O. Jung 1961).

Für die *substanzmäßige Beurteilung* wird die Gerste auch einer chemischen Untersuchung unterworfen:

1. Bestimmung des *Wassergehaltes*, u. a. als Grundlage für die Errechnung der Trockensubstanz (12—20 %);

2. Bestimmung der *Stärke* (bzw. auch anderer Kohlenhydrate) als Hauptextraktbildner (←58—65→ %).

Statt der etwas umständlichen Analyse durch Polarisation wird meist der vom Stärkegehalt abhängige „Gerstenextrakt" (72—82 %) bestimmt, der in ungefährer Höhe des zu erwartenden Extraktes aus dem Darrmalz liegen soll.

Als Differenz zwischen Stärke- und Extraktgehalt der Gerste kann ungefähr 14,75 % angenommen werden. Eine formelmäßige Erfassung des Extraktwertes z. B. nach BISHOP (H. LÜERS 1956) hat nur bedingten Wert; am genauesten läßt sich der Extraktwert einer Gerste durch die Kleinmälzung erfassen (vgl. S. 93).

3. Bestimmung der *N-haltigen Substanzen* (8—14 %, normal 9—12 %), gewöhnlich durch die Kjeldahl-Methode. Der Stickstoffgehalt steht naturgemäß in enger Beziehung zum Extraktgehalt. Eiweißreiche Gersten drücken den Extraktgehalt und verursachen Schwierigkeiten bei der Verarbeitung. Für helle Biere werden stets eiweißärmere Gersten bevorzugt, für dunkle Biere ist ein höherer Eiweißgehalt nicht unbedingt schädlich.

4. *Farbverhältnisse:* Die Farbe des Malzauszuges spielt technologisch eine sehr wichtige Rolle, vor allem bei der Herstellung heller Biere. Jede Gerstensorte hat einen mehr oder weniger großen „Grundstock" an natürlichen Farbstoffen, die einen Einfluß auf die spätere Malzfarbe ausüben. Kaltwasserauszüge der Gerste weisen Farben zwischen 0,07—0,11 nach BRAND oder 1,3—2,0 EBC-Einheiten auf.

Diese färbenden Substanzen der Gerste stehen den Pflanzenfarbstoffen nahe: geringe Mengen Carotine, hauptsächlich aber Anthocyane, wie Cyanidin, Delphinidin, und Anthoxanthine, wie Flavone u. ä. Da diese, den Gerbstoffen zuzuzählenden Substanzen, ihren Sitz vor allem in der Spelze haben, ist der Wunsch des Mälzers verständlich, feinspelzige Gersten zu verarbeiten.

Untersuchungen besonderer Art, wie z. B. Acidität, Pufferung, Aufgliederung der Kohlenhydrate und Eiweißstoffe usw. ergeben zwar bemerkenswerte wissenschaftliche Aufschlüsse, sind aber bei den gewöhnlichen Gerstenanalysen nicht üblich. (Über die mechanische und chemische Gerstenuntersuchung vgl. PAWSLOWSKI-SCHILD 1961 b.)

## 2. Der Weizen

### a) Allgemeines

Der Weizen, ebenfalls ein Rohmaterial für die Malzbereitung, besitzt der Gerste gegenüber allerdings nur eine untergeordnete Bedeutung. Weizenmalz wird — allein oder meist in Mischungen mit Gerstenmalz — zur Bereitung des obergärigen Weizen- oder „Weiß"bieres benützt. Bevorzugt werden gewöhnlich braunfarbige Brauweizensorten (z. B. Wahrberger Ruf, Heine IV, Walthari u. ä.). Eiweißreiche Sorten werden ungern vermälzt, weil sie sich schwer „lösen" und wegen eines meist hohen Gehaltes an Oxydasen gewöhnlich nicht den gewünschten goldgelben Farbton ergeben (K. SCHUSTER u. H. KIENINGER 1957).

### b) Chemische Zusammensetzung

Das Weizenkorn ist im wesentlichen ähnlich gebaut wie das Gerstenkorn, besitzt aber, im Gegensatz zur Gerste, keine Spelze.

Die Trockensubstanz besteht im allgemeinen aus den gleichen Hauptgruppen wie die Gerste. Das prozentuale Verhältnis und das Verhalten der unlöslichen Kleber-Proteine ist hingegen wesentlich verschieden.

Durchschnittliche Zusammensetzung des Weizens (nach H. Lüers 1950 c):

| | | | |
|---|---|---|---|
| $H_2O$ | 13,5% | N-freie | |
| Protein | 12,5% | Substanz | 10,9% |
| Fett | 1,9% | Rohfaser | 2,3% |
| Stärke | 57,0% | Asche | 1,9% |

Weizen mit mehr als 15 % Eiweiß ist zum Mälzen nicht mehr geeignet.

Am Aufbau des Weizen-Eiweißes beteiligen sich:

| | |
|---|---|
| Albumine (Weizenleucosin) . . . | 0,3—0,5% |
| Globuline (Weizenedestin) . . . . | 0,6—0,8% |
| Prolamine (Gliadin) . . . . . . . | 4,0—5,0% |
| Glutenine . . . . . . . . . . . | 5,0—6,0% |

Charakteristisch für den Weizen ist der sog. *Kleber*, der ca. 80 % des Gesamt-
eiweißes ausmacht (hauptsächlich Prolamine und Glutenine), vermengt mit
wechselnden Mengen Stärke, Cellulose, Fett und Aschebestandteilen.

Das Hektolitergewicht des Weizens bewegt sich zwischen ←76 und 80→ kg,
das Tausendkörnergewicht etwa zwischen ←36 und 42→ g.

# 3. Das Wasser

## Chemische Bestandteile natürlicher Wässer

Träger aller physiologisch-biochemischen Reaktionen ist das Wasser; seine
Zusammensetzung spielt demnach für die Technologie der Malz- und Bierbereitung
eine maßgebende Rolle (L. Chapon 1963 a). Neben dem Sauerstoff ist das Wasser
für die Einleitung der Lebensvorgänge im Korn unerläßlich. Alle in ihren Eigenschaften den örtlichen Gegebenheiten nach sehr unterschiedlichen Betriebswässer
sind Lösungen von vorwiegend Salzen und Gasen, die je nach Art und Konzentration mehr oder weniger großen Einfluß auf die technologischen Vorgänge ausüben.

Neben den natürlich vorkommenden Stoffen sind die durch örtliche Verunreinigungen in das Wasser gelangenden organischen Stoffe, sowie Nitrate, Phosphate,
Ammoniumsalze, vor allem aber Nitrite, technologisch immer sehr bedenklich.
Auch Eisen — wegen seiner Zufärbungsgefahr — sowie $SiO_2$ — wegen seiner kolloidalen Eigenschaften — sind in höheren Konzentrationen im Betriebswasser unerwünscht.

Es genügt im allgemeinen, bei der Beurteilung eines Betriebswassers dessen
*Härte* zu kennen, die allerdings nur einen Teil der Salze, nämlich die Ca- und Mg-
Verbindungen erfaßt.

Für die Kennzeichnung der Härte sind in verschiedenen Ländern unterschiedliche Einheiten gebräuchlich, z. B.

1 deutscher Härtegrad entspricht 10 mg CaO/l
1 französischer Härtegrad entspricht 10 mg $CaCO_3$/l
1 englischer Härtegrad entspricht 1 Grain (0,065 g) $CaCO_3$/Gallon (4,544 l)
1 amerikanischer Härtegrad entspricht 1 part $CaCO_3$/per million = 1 mg $CaCO_3$/l.

Unter *Gesamthärte* werden alle Ca- und Mg-Salze verstanden, unabhängig von
den im Wasser vorhandenen Säureresten.

Die kohlensauren Ca- und Mg-Salze — ausgedrückt in Gewichtseinheiten CaO
oder der äquivalenten Menge MgO — ergeben die *Carbonathärte*, die übrigen, an
andere Säurereste gebundenen Ca- und Mg-Ionen ergeben als Summe die *Nicht-
carbonathärte*. Für die Technologie der Brauerei ist diese Unterscheidung besonders
wichtig, da die beiden Härtegruppen die brautechnischen Vorgänge, vor allem
beim Maisch- und Sudprozeß und bei der Gärung entscheidend beeinflussen.

In der Mälzerei ist die Einwirkung der Wassersalze im allgemeinen unbedeutend, obwohl nach heutigen Erkenntnissen gewisse Ionen mit dem Wasser in das Korninnere eindringen und dort, je nach Art und Konzentration, Veränderungen im Mehlkörper und beim Stoffwechsel verursachen können (K. Schuster u. H. Eppinger 1959).

Auch die *biologische* Beschaffenheit des Wassers spielt bei der Malzbereitung eine untergeordnete Rolle, da die im Wasser vorhandenen Organismen im Vergleich zu den durch die Gerste eingebrachten verschwindend gering sind; trotzdem muß naturgemäß das Betriebswasser der Mälzerei hygienisch einwandfrei sein.

Die *Abwasserfrage* muß heute auch in der Mälzerei mit erhöhter Aufmerksamkeit betrachtet werden, um eine Gefährdung des Grundwassers zu vermeiden (A. Uhl u. Mitarb. 1964).

# II. Die Vermälzung der Gerste

## 1. Behandlung der Rohgerste

### a) Putzen, Sortierung, Entstaubung

Bei der Anlieferung der Gerste in die Mälzerei — früher gewöhnlich in Säcken, heute rationeller lose in Großraumbehältern — steht die *Kontrolle des Gewichtes* an erster Stelle; ebenso soll die Gerste auch mit Hilfe von Probenehmern auf Mustertreue, Beschädigung, unnatürlichen Geruch, Käferbefall und wenn möglich auch auf den Wassergehalt überprüft werden, da dieser ja nicht nur das Gewicht der gelieferten Trockensubstanz bestimmt, sondern auch Hinweise — bei zu großer Feuchtigkeit — auf die Weiterbehandlung der Gerste (Trocknung, Lagerung) gibt.

Nur eine sorgfältig gereinigte und sortierte Gerste ergibt ein gleichmäßiges, technologisch einwandfreies Malz. Die Putz- und Sortierarbeit stellt einen verhältnismäßig komplizierten Auslesevorgang dar, der empfindlich ist gegen stärkere Beanspruchung oder zu große Belastung, da zur einwandfreien Trennung des Abfalles von der Malzgerste praktisch jedes einzelne Korn erfaßt werden muß.

Die angelieferte Gerste wird zunächst einer „*Vorreinigung*" durch leistungskräftige Apparate unterworfen, in denen durch Siebe verschiedener Größe die groben Verunreinigungen, und durch Gebläse feinere Teilchen (Sand, Spelzenstaub usw.) abgeführt werden (Aspiratore, Monitore, Schwingsiebe, Scalperatore u. ä.).

Zur Vorreinigung gehört gewöhnlich auch noch die Entfernung von Grannen und Schmutz durch rotierende Schläger („Entgranner"), die bei sehr trockener Gerste zur Vermeidung von Beschädigungen abgeschaltet werden können; auch die Herausnahme von Eisenteilen durch Magnete erfolgt meist im Zuge der Vorreinigung.

Diese vorgereinigte Gerste kann bereits einer Zwischenlagerung unterworfen werden, was bei starker und unregelmäßiger Anfuhr sich als notwendig erweisen kann.

Bei der nun folgenden *Hauptreinigung* durch Spezialmaschinen läuft die Gerste zunächst über den *Trieur* — einen Metallzylinder mit eingefrästen oder eingepreßten Taschen von 6,5 mm $\varnothing$ — der Halbkörner und fremde Rundsamen entfernt. (Zum Auslesen besonderer Unkrautsamen und anderer Getreidearten werden gelegentlich auch Trieure mit unterschiedlichen Taschenformen oder -größen verwendet.)

Anschließend gelangt die Gerste in die *Sortierzylinder*, in denen sie durch entsprechende Rundsiebe gewöhnlich in drei Fraktionen aufgeteilt wird:

über 2,5 mm: Sorte I, Vollgerste,
2,2—2,5 mm: Sorte II
unter 2,2 mm: Abfall, Schmachtgerste, Ausputz

(Gelegentlich wird die Vollgerste auch in 2,5-bzw. 2,8 mm-Anteile aufgetrennt.)

Die Sorte II wird gewöhnlich für sich vermälzt, und zwar am günstigsten auf dunkles Malz (vgl. S. 94).

Der Ausputz soll bei normalen Jahrgängen nicht mehr als ca. 1% betragen, in ungünstigen Jahren kann er allerdings bis zu 5% und darüber ansteigen. Bei Jahrgängen mit durchschnittlich kleineren Körnern kann die Sortierung auch mit anderen Sieben erfolgen (z. B. 2,4 bzw. 2,1 mm).

Nach einem anderen technischen Prinzip als der Sortierzylinder arbeitet der „*Plansichter*“: es sind Zwillingsapparate mit einem System übereinander angeordneter Flachsiebe, die, in schwingende Bewegung versetzt, kreisförmige Drehungen beschreiben. Durch eine dünne, gleichmäßige Ausleseschicht und eine dauernde Umlagerung des Sichtgutes während der Sortierung wird im allgemeinen eine schärfere Trennung der verschiedenen Anteile erreicht.

Eine besonders wichtige Maßnahme während des Putzens und Sortierens ist die Sammlung und Abführung des entstehenden Staubes: alle Maschinen werden an ein Röhrensystem angeschlossen, das zur Vorentstaubung in besondere Metallgefäße — „Zyklone“, „Zentriklone“ (früher auch in sog. Staubkammern) — geleitet wird; zur Entfernung des Feinststaubes sind *Saugschlauch-* oder auch *Druckschlauchfilter* üblich.

## b) Lagerung der Gerste

Eine einwandfreie Lagerung der Gerste ist ein wirtschaftliches (Vorratshaltung!) und ein technologisches Problem. Frisch geerntete Gerste gemäßigter Klimazonen keimt immer schlecht und bedarf einer gewissen Nachreife während einer sachgemäßen Lagerung, um die für die Verarbeitung erforderliche volle Keimfähigkeit zu erreichen (vgl. S. 56).

Die Nachreife ist gewöhnlich mit einer Wasserverminderung verbunden, es scheidet sich $CO_2$ ab, während gleichzeitig die Keimenergie mehr und mehr zunimmt.

Aber auch das „nachgereifte“ Korn ist als lebender Organismus empfindlich gegen Umwelteinflüsse, seine Atmungsprodukte — vor allem $CO_2$, $H_2O$ und Wärme — regen den Stoffwechsel immer mehr an, so daß die Beschränkung der Atmung auf ein Mindestmaß die wichtigste Vorbedingung für eine optimale Lagerung ist.

Je feuchter und wärmer das Getreide ist, um so stärker ist seine Atmung, vor allem wirkt der höhere Wassergehalt aktivierend auf den Atmungsstoffwechsel ein. Nach einem praktischen Großversuch veratmen 100 kg frisch geerntete Gerste innerhalb 10 Tagen folgende Substanzmengen:

bei 11% Wassergehalt und 10°C ~     0,20 g
bei 20% Wassergehalt und 18°C ~ 250,00 g

Als ungefähre Grenzwerte des Wassergehaltes und der Lagertemperatur, bei denen die Substanzverluste noch als geringfügig angesehen werden können, gelten 14—15% $H_2O$ bzw. 15°C. Lassen sich diese Richtwerte nicht einhalten, so droht neben den hohen Substanzverlusten auch die Gefahr einer übermäßigen Entwicklung der Mikroorganismen auf der Gerstenspelze, die nicht nur den Verlust zusätzlich erhöhen, sondern das Getreide ernsthaft gefährden.

Die *Lagerfestigkeit* ist auch vom Reinheitsgrad der Gerste abhängig: bedenklich sind vor allem halbe oder sonstwie beschädigte Körner, da deren Mehlkörper offen liegt und den Mikroorganismen einen günstigen Nährboden bietet. Auch die gewöhnlich wasserreichen Unkrautsamen oder -reste beeinträchtigen die Lagerfestigkeit. Eine gründliche Vorreinigung ist demnach eine wirkungsvolle Vorsichtsmaßnahme gegen gewisse Lagerschäden.

Die älteste *Lagerungsart* ist die offene Bodenlagerung in dünner Schicht. Sie ist wegen ihres großen Flächenbedarfs meist nur noch in kleineren Betrieben möglich, sie entspricht aber weitgehend natürlichen Bedingungen; sie begünstigt durch die große Oberfläche die Entwässerung, fördert die Abkühlung und vermindert dadurch die Atmung. Jede Erwärmung bei frischen Haufen muß sorgfältig beobachtet und durch Umlagerung des Getreides wieder ausgeglichen werden. Wegen des erwähnten Raumbedarfes ist die Flächenlagerung in größeren Betrieben allenfalls noch als Zwischenlagerung möglich, sonst aber wird die Gerste fast ausschließlich in Silos — Beton oder Metall — gelagert.

Für eine *Silolagerung* sind allerdings gewisse Voraussetzungen erforderlich: Die Gerste muß bereits „*nachgereift*" sein, außerdem geputzt, und, im Sinne der obigen Richtwerte, kühl und trocken eingelagert werden.

Die „geballte" Lagerung in Silos erfordert aber noch weitere sorgfältige Maßnahmen: da die Atmung auch bei kühlen Temperaturen sich nicht vollkommen unterbinden läßt, verdrängt das entstehende Kohlendioxid allmählich den Sauerstoff der Zelle, durch Atmungswasser nimmt die Feuchtigkeit der Gerste wieder zu und die durch den physiologischen Stoffwechsel bedingte Eigenerwärmung führt zu Temperatursteigerungen und begünstigt damit auch das Wachstum der zahllosen Mikroorganismen, die der Gerste einen dumpfen und muffigen Geruch verleihen: insgesamt ein Vorgang, der selbst immer wieder eine stärkere Anregung der Lebensfunktionen — allerdings in unnatürlicher Weise — hervorruft und der Gerste schwere Schäden zufügt. Die Gerste in den Silos muß demnach von Zeit zu Zeit umgelagert werden, damit ein Ausgleich der verschiedenen Schichten, der Temperaturen und des Wassergehaltes, eine Verdrängung der verbrauchten „Stickluft" (die das Korn zu „intramolekularer" Atmung zwingt) durch kräftige Belüftung stattfinden kann.

Eine ständige Kontrolle der Temperaturen — am besten durch eingebaute elektrische Meßgeräte in verschiedenen Höhen — ist daher unbedingt erforderlich, um „Wärmenester" rechtzeitig zu entdecken und Abhilfe zu schaffen.

Technologisch vorteilhaft sind naturgemäß *Belüftungssilos*, bei denen durch Luftkanäle eine ausreichende Belüftung — ständiger Wechsel der verbrauchten Luft und eine stete Abkühlung — erreicht werden kann.

## Künstliche Trocknung

Alle Gersten, die mit einem höheren Wassergehalt als ca. 15 % eingebracht werden, müssen aus den oben näher aufgeführten Gründen künstlich getrocknet werden. Es ist allerdings wichtig, daß sie bereits einen gewissen Nachreifegrad erreicht haben, damit keine Schädigung der in diesem Zustand sehr empfindlichen Keimanlagen eintritt.

*Künstliche Trocknung* kann durch Abkühlung oder — wie heute fast noch allgemein üblich — durch Erwärmung erzielt werden.

Dabei kommt es darauf an, die Wasserdampfspannung im Korn so zu steigern, daß sie höher ist als die der Trocknungsluft. Die Schnelligkeit des Wasserentzuges nimmt zu mit der stärkeren Erwärmung, der aber eine Grenze dadurch gesetzt ist, daß die Gerste aus biologischen Gründen gegen Temperaturen über 45—50°C sehr empfindlich ist. Bei zu rascher und starker Erwärmung stellen sich durch überhöhten Dampfdruck leicht Rißbildungen oder sonstige Spelzenbeschädigungen ein, die sich technologisch äußerst ungünstig auswirken. Gerste kann bei sorgfältiger Temperaturführung auch auf der Darre getrocknet werden; gewöhnlich werden aber heute eigene kontinuierliche *Trocknungsapparate* — wie Dächer-, Kaskaden-, oder die besonders schonend arbeitenden Vakuumtrockner — benützt (K. SCHUSTER 1963a).

Technologisch sehr vorteilhaft, aber etwas kostspieliger, ist die Trocknung der Gerste durch Kaltluft: ein durch die Gerste gedrückter, stark gekühlter Luftstrom erwärmt sich im Getreide und wird dadurch befähigt, Wasser aufzunehmen. Bei der Kalttrocknung werden Beschädigungen der Körner vermieden, das Getreide bedarf keiner Nachkühlung wie bei der Warmlufttrocknung und außerdem wirkt sich die dadurch erzielte Abkühlung des lagernden Getreides sehr günstig auf die Lagerfestigkeit und auch auf die Keimfähigkeit aus.

### c) Pflanzliche und tierische Gerstenschädlinge

Eine Lagergerste wird nicht nur durch die oben näher dargelegten physiologischen und physikalischen Faktoren beeinflußt, sondern ist auch noch den Gefahren einer Reihe von Getreideschädlingen ausgesetzt. Bedenklich können pflanzliche Parasiten werden — z. B. Brand-, Rostpilze und Mutterkorn — wenn sie in stärkerem Maße auftreten, da sie sich geschmacklich und auch technologisch noch im Malz und bei der weiteren Bierbereitung unangenehm bemerkbar machen können.

Wesentlich gefährlicher allerdings sind jene Schädlinge, die gewöhnlich erst im gelagerten Getreide auftreten, tierische Schmarotzer, die den Käfern und Schmetterlingen zuzuzählen sind, wie z. B. der Kornkäfer, Reiskäfer, Khaprakäfer u. a. sowie Kornmotten, und dann natürlich auch Ratten und Mäuse.

Der gefürchtetste unter diesen Schädlingen ist der *Kornkäfer*, auch Kornkrebs, Getreidewippel oder schwarzer Kornwurm genannt (*Calandra granaria*), ein 2,5—4,5 mm langer, dunkelbrauner Rüsselkäfer, der besonders umfangreiche Schäden anrichten kann. Eine ständige Überprüfung der angelieferten Gerste, auch der Transportmittel und der Lagerräume auf Kornkäferbefall ist demnach eine unerläßliche Kontrollmaßnahme in der Mälzerei. Ist der Käfer einmal eingeschleppt, ist es sehr schwierig, ihn wieder auszurotten. Wenn auch der Käfer durch gründliche Reinigung der Räume, durch wiederholtes Putzen der Gerste, durch Käfersiebe, sowie durch Wärme (bis zu 50°C) und Kälte (um 0°C) bekämpft werden kann, so ist eine völlige Vernichtung, vor allem auch der Larven und Puppen, meist nur durch chemische Mittel möglich. Es gibt eine Reihe von *Schutz-, Anstrich- und Stäube-Präparaten*, sowie die in jüngerer Zeit bekannt gewordenen *Kontakt-Insecticide* („Pybuthrine"), am wirksamsten aber sind Vergasungsmittel, die sowohl die Lagerräume desinfizieren, wie auch den Käfer mit seiner Brut töten. Man wendet gewöhnlich zwei Methoden an:

1. Begasung des Getreides in abgeschlossenen, vollkommen gasdichten Beton- oder Stahlsilos im „Kreislaufverfahren" durch Umwälzung eines Luft-Gasgemisches (z. B. Cartox-T-Gas, Cyklon-Blausäure, Delicia, Methylbromid, Acrylnitril u. a.).

2. Begasung offenliegender Getreidehaufen mit Phosphorwasserstoffpräparaten („Delicia") oder „Degesch"-Kornkäferpräparate (B. Mändl 1956).

Die Schädlingsbekämpfung durch chemische Mittel umfaßt auch ein wichtiges biologisches Problem: die mögliche Resistenz gewisser Schädlinge gegen ein Bekämpfungsmittel, die z. B. durch Selektion hervorgerufen sein kann, wenn Nachkommen mit einer widerstandsfähigeren Erbmasse am Leben bleiben, oder wenn eine allmählich sich verstärkende individuelle Widerstandskraft aus physiologischen Gründen vorliegt. Diese Tatsache erklärt häufig die Ursache des Versagens von Schädlingsbekämpfungsmitteln, die zunächst sehr wirksam schienen.

Bei der Schädlingsbekämpfung ist auch die gesicherte Feststellung wichtig, daß die angewandten Mittel weder den physiologischen Vorgang der Keimung noch die sonstigen technologischen Prozesse während der Bierbereitung beeinflussen, vor allem aber auch, daß sie für den Organismus des Menschen in keiner Weise bedenklich sind.

## 2. Das Weichen der Gerste

### a) Theorie des Weichens

Mit dem „Weichen" der Gerste beginnt der eigentliche Mälzungsprozeß, bei dem der Mälzer die physiologischen Vorgänge bei der Keimung der Gerste möglichst naturnah zu unterstützen versucht, allerdings unter genau genormten und kontrollierbaren Voraussetzungen, d. h. er läßt den Keimungsvorgang nur so weit voranschreiten, als es zur optimalen Aktivierung der verschiedenen Enzymgruppen erforderlich ist, bei gleichzeitig möglichst geringen Verlusten an organischer Substanz.

Die Ankeimung erfolgt erst bei einem bestimmten *Feuchtigkeitsgehalt*, den die Gerste beim Weichvorgang aufnimmt. Diese Wasseraufnahme findet hauptsächlich durch die an der Kornbasis mündenden Gefäße und Tracheiden, im geringeren Maße auch an der Kornspitze statt. Die Spelzen verlieren erst nach und nach ihre Sprödigkeit durch die Wasseraufnahme von unten und innen her. Die beim unverletzten Korn den Mehlkörper und den Keimling einhüllende Samenhaut stellt eine halbdurchlässige Membran dar, die das Eindringen von Salzen und anderen Stoffen verhindert. Die Geschwindigkeit der Wasseraufnahme ist in den ersten Stunden groß, läßt aber mit der Annäherung an den Sättigungspunkt nach. Je wärmer das Wasser, um so rascher die Aufnahme, obwohl sich die den natürlichen Bedingungen entsprechende Temperatur von 10—12°C am günstigsten erweist. Stärkere Körner nehmen naturgemäß das Wasser langsamer auf als schwächere, was auf die Wichtigkeit einer scharfen Sortierung hinweist, um eien gleichmäßige Weiche und damit auch eine gleichmäßige Keimung und ein gleichmäßiges Malz zu erhalten. Auch die Struktur des Kornes beeinflußt die Wasseraufnahme: mehlige Körner weichen rascher als glasige und trocken gewachsene. Nicht zu unterschätzen sind auch die Eigentümlichkeiten verschiedener Gerstensorten, die sich manchmal nicht unerheblich in der Art der Wasseraufnahme von einander unterscheiden.

Der ursprüngliche Wassergehalt der Gerste (Organisations- oder Konstitutionswasser), der bei Lagergerste normal etwa 12—15 % beträgt, wird durch die Wasseraufnahme auf einen, in der Praxis gewöhnlich als „Weichgrad" bezeichneten Wassergehalt von 42—46 % erhöht; dieser Weichgrad ist abhängig von der Gerstensorte, von Jahrgangseinflüssen, von den technischen Einrichtungen der Mälzerei und vom Typ des zu erzeugenden Malzes. Die Aufnahme des Wassers bei der Weiche sollte nur bis zu jenem natürlichen Sättigungsgrad erfolgen, der der „Quellreife" im Ackerboden entspricht (B. D. Hartong u. Mitarb. 1963). Da aber die „technisch" geweichte Gerste im Gegensatz zu natürlichen Umweltsbedingungen, verhältnismäßig lange von Wasser durchtränkt wird, nimmt sie widerstandslos Wasser auf, wenn die Weiche nicht unterbrochen wird. „Überweichte" Gersten bleiben in der Keimung hinter normal geweichten weit zurück, während „unterweichte" gewöhnlich gut ankeimen, später aber von normal geweichten überholt werden. Bei der Überweiche wird vermutlich die Halbdurchlässigkeit der Samenhaut zerstört, so daß nicht nur Wasser, sondern auch andere Stoffe in das Korninnere eindringen können und dann zur „Totweiche" Anlaß geben.

Gersten für „helles" Malz sollten im allgemeinen eine etwas knappere Weiche erhalten als solche für „dunkle" Malze, die aus später noch zu erörternden Gründen einer sog. „Vollweiche" bedürfen.

Da die Weiche alle physiologischen Vorgänge der Keimung auslöst, ist es wichtig, dieses erste Mälzungsstadium mit besonderer Vorsicht durchzuführen (L. Chapon 1963b).

Die Keimung des Kornes aber ist nicht nur an die Aufnahme des Wassers gebunden, sie erfordert auch gleichzeitig die Gegenwart von Sauerstoff und einer gewissen „Initial"-Wärme, die den Lebensprozeß einleitet: unterhalb 3—5°C hören die Wachstumserscheinungen auf, ebenso bei Temperaturen über 40°C; die günstigste Wachstumstemperatur für Gerste bei der Mälzung liegt etwa zwischen 14—18°C.

Die Aufgabe des Weichens ist es demnach, nicht nur Wasser, sondern mit ihm auch Luft, bzw. Sauerstoff zuzuführen; nebenbei dient die Weiche auch noch der „nassen" Reinigung, zur Entfernung des Schmutzfilms, der die Gerstenkörner gewöhnlich bedeckt.

Zu diesem Zwecke wird die Gerste gelegentlich auch vor der eigentlichen Weiche in sog. „Vorweichen" durch kräftige Bewegung gründlich gereinigt; diese Behandlung hat auch noch den Vorteil, daß mit der Reinigung eine ausgiebige Belüftung stattfindet. Auch gewisse Zusätze zum Weichwasser fördern oder unterstützen die Reinigung, wie z. B. CaO bzw. $Ca(OH)_2$ als ältestes und bekanntestes Mittel; eingetrocknete Schmutzreste lockern sich, dumpfer Geruch wird beseitigt, $CO_2$ gebunden und gewisse in den Spelzen eingelagerte, technologisch unvorteilhafte Stoffe, wie z. B. Gerbstoffe, Humine, Pflanzenfarbstoffe usw. werden leichter herausgelöst. Als günstig erweist es sich, besonders bei grobspelzigen und in der Farbe unansehnlichen Gersten, stärkere Alkalien — NaOH oder auch $Na_2CO_3$ in irgend einer Form — in Konzentrationen von etwa 0.03—0.1 % zu verwenden, gegebenenfalls in Verbindung mit einer Warm- oder Heißwasserweiche. Eine technologisch besonders günstige Doppelwirkung wird durch Zusatz von $H_2O_2$ erzielt, das nicht nur als kräftiges Desinfiziens wirkt, sondern auch einer intensivierten Belüftung gleichkommt.

Normale Weichdauer bei einer Wassertemperatur von etwa 10—12°C:

bei Gerste für „helles" Malz   ←-55— 75→ Std     in Abhängigkeit von Me-
bei Gerste für „dunkles" Malz ←90—110→ Std     thodik und Weicheinrich-
                                                          tung.

Durch Anwendung einer Warmwasserweiche ($\sim$ 15—30°C) verkürzt sich die Weichdauer erheblich, auch die Reinigungswirkung und die Auslaugung ist günstiger, andererseits ist die technische Durchführung schwierig und kann, auch bei kurzzeitiger Überhöhung der Temperatur, zu Beschädigungen des Keimlings führen. Heißwasserweichen (bis 50°C) sind kaum gebräuchlich, da sie trotz der intensiven Reinigungswirkung leicht zu technologischen Schädigungen führen.

Zu Beginn einer Kampagne sind die Weichzeiten — für unterschiedliche Gerstensorten gesondert — vorteilhaft durch Kleinmälzungsversuche oder durch Probemälzungen festzulegen und methodisch zu überprüfen durch Bestimmung des Wassergehaltes der trockenen und der geweichten Gerste, oder auch mit Hilfe der auf Trockensubstanz umgerechneten Tausendkörnergewichte (vgl. S. 56).

Der Sauerstoffbedarf der weichenden Gerste wächst zusehends mit dem Beginn der ersten Lebensäußerungen, so daß die im Wasser gelöste Luft, bzw. der Sauerstoff nicht mehr ausreicht, um dieses Bedürfnis zu befriedigen und die Gerste gezwungen ist, durch „intramolekulare" Atmung sich am Leben zu erhalten. Bei diesem fehlgeleiteten Stoffwechsel entstehen Oxydationszwischenprodukte wie Alkohole, Ester, Oxysäuren u. ä. Ein sich dabei entwickelnder $CO_2$-Überschuß wirkt, gemeinsam mit den erzeugten Alkoholen, stark hemmend auf die Wachstumserscheinungen (L. Chapon 1961).

Eine ausreichende Luftzufuhr beim Weichen ist demnach die wichtigste Voraussetzung für einen einwandfreien Ablauf der gesamten Mälzung.

### b) Praxis des Weichens

Die ursprünglichen Weichbehälter waren gewöhnlich einfache, flache Steintröge, in denen die Gerste in verhältnismäßig niedriger Schicht geweicht wurde. Der im Wasser gelöste Sauerstoff genügte im allgemeinen den Bedürfnissen des Kornes. Mit steigenden Kapazitäten und Vergrößerung der „Weichstöcke", die heute meist eine zylindrische Form mit konischem Boden besitzen und aus Stahl oder eisenbewehrtem Beton bestehen, verringert sich die „Atmungsoberfläche" der geweichten Gerste im Verhältnis zum gelösten Sauerstoff wesentlich. Die immer heftiger atmende Gerste verbraucht den bereits durch Mikroorganismen angegriffenen Sauerstoffvorrat in kurzer Zeit, $CO_2$ sammelt sich an und die Gerste würde unter dem oben beschriebenen Mangelzustand physiologisch zur intramolekularen Atmung „umschalten".

Bei neuzeitlichen Weichmethoden wird demnach hauptsächlich dafür Sorge getragen, daß das weichende Korn stets genügend Sauerstoff zur Verfügung hat, entweder durch häufigen Wasserwechsel oder durch ein künstliches Belüftungssystem.

Je größer die Weichen, um so schwieriger ist es, alle Gerstenschichten gleichmäßig mit Luft in Berührung zu bringen. Hier hat sich die Methode der „Naßtrockenweiche" bewährt: das Weichwasser wird von Zeit zu Zeit abgelassen und das Weichgut ohne Wasser stehen gelassen, wobei im allgemeinen die Dauer der „Trockenweiche" jene der „Naßweiche" überwiegt; die Versorgung mit Sauerstoff kann unterstützt werden durch Umpumpen aus einem Weichgefäß in ein anderes, sowie durch zusätzliche Belüftung — „naß" oder „trocken" — mittels der gewöhnlich im Konus der Weiche eingebauten Lüftungsrohre, wobei Preßluft oder auch — um das Absaugen des Kohlendioxids zu unterstützen — Saugluft verwendet werden kann.

Es gibt verschiedene Abarten der Weichmethodik: z. B. *Brausenweichen,* bei denen Wasser ständig über die Gerste rieselt. Vorteile: reichliche Zuführung von Sauerstoff, ständiger Ablauf des verunreinigten Wassers, naturgemäßere Aufnahme des Wassers. Weiterhin die sog. *Saladin-Weiche:* die Gerste bleibt nur kurzzeitig in der Weiche, das Restwasser wird in den Keimkästen durch „Spritzen" zugegeben.

In jüngerer Zeit hat sich die Forschung eingehend mit dem Weichproblem befaßt und der Praxis verschiedene Anregungen vermittelt, z. B. hinsichtlich der „Flutweiche", „resteeping" und anderen Methoden, mit denen eine optimale Auflösung bei verkürzter Keimzeit und vermindertem Schwand erzielt werden sollen (B.H. Kirsop u. Mitarb. 1964; L. Isebaert u. Mitarb. 1963/64).

## 3. Die Keimung der Gerste

### a) Theorie der Keimung

#### α) Physiologische und biochemische Umwandlungen

Der schon während der Weichperiode einsetzende Keimvorgang — das Korn soll bereits „spitzend" die Weiche verlassen — kommt im nunmehr folgenden eigentlichen „Mälzungs"-Prozeß zu einer immer stürmischeren Entwicklung. Durch die Aufnahme des Vegetationswassers und des Sauerstoffs geht das Korn aus dem „statischen" in den „dynamischen" Zustand über, in harmonischer Reihenfolge beginnt bzw. verstärkt sich die Wirksamkeit der Enzyme und die „Auflösung" des Kornes schreitet bis zu einem, empirisch ermittelten, Höhepunkt fort. Der Mälzer muß aus wirtschaftlichen Gründen bestrebt sein, die dem Typ des Malzes entsprechende „Auflösung" bei möglichst geringen Substanzverlusten zu erzielen.

*Äußerlich sichtbare Veränderungen:*

1. Das Hauptwürzelchen durchbricht die Frucht- und Samenschale; das Korn „spitzt" und „gabelt".

2. Der Blattkeim (Plumula) schiebt sich unter der Spelze gegen die Kornspitze zu, sollte aber bei normalem Mälzungsverlauf, vor allem bei hellem Malz, nicht über die Spitze hinauswachsen („Husaren!").

*Physiologische Vorgänge:*

Die bei der Reifung des Kornes durch Polymerisation und Kondensation aufgebauten hochmolekularen Stoffe (hauptsächlich Kohlenhydrate und Eiweiß) werden bei der Keimung allmählich wieder in niedermolekulare, wanderungsfähige Substanzen verwandelt und zur Atmung, Ernährung und zum Neuaufbau in den Zellen des wachsenden Keimlings verwendet, wobei die hydrolytischen Enzyme besonders aktiviert werden. Als Bildungsstätte der Enzyme — deren Ausgangsmaterial vermutlich die in das Endosperm eingelagerten Stickstoffverbindungen sind — werden die säulenförmigen Epithelzellen betrachtet, die das Schildchen des Keimlings von den eigentlichen Endospermzellen trennen (Mitochondrien! — vgl. S. 48).

Die Verteilung der Enzyme ist ungleich; die Hauptmenge konzentriert sich beim Keimling und an den Randzonen. Die Tätigkeit der Enzyme schreitet gemäß der allmählichen „Auflösung" zur Spitze hin fort.

Die als Lyo-, Endo- oder Desmoenzyme vorhandenen Fermente verursachen dabei folgende Veränderungen:

*Zunahme des Säuregrades:*

Die sehr geringe Säuremenge im ungekeimten Korn nimmt durch die Wirkung der *Phosphatasen* (vor allem der Phytasen) ständig zu: hydrolytische Spaltung des Phytins und des Amylopektins (Amylophosphatase), weiterhin aus Lipoiden (Lecithin) durch Glycerophosphatasen. Eine Zunahme der Säuerung erfolgt auch durch Bildung von Amino- und anderen organischen Säuren (Atmung!), außerdem durch geringe Spuren $H_2SO_4$, bzw. saurer schwefelsaurer Salze.

Im gekeimten Korn (Grünmalz) unterscheidet man:

1. Die ursprüngliche, bereits in der Gerste vorhandene Säure;

2. die enzymatische, bei der Weiche und Keimung gebildete Säure, und schließlich als Summe der beiden, die *Gesamtsäure*.

Während des Keimvorgangs ist die Entwicklung der *Titrationsacidität* besonders kräftig.

Das pH der Auszüge aus Gerste (5,9—6,2) und des Grünmalzes unterscheiden sich nur wenig, was hauptsächlich auf die zunehmende Bildung von Pufferstoffen zurückzuführen ist.

Titrationswerte in ml n-Alkali für 100 g Gersten- und Grünmalztrockensubstanz, (pH 9,18)

| | Gerste | Grünmalz |
|---|---|---|
| Gesamtsäure: | 9—12 ml | 18—22 ml |

*Umwandlung der Kohlenhydrate:*

Der nur geringe Anteil an sog. „präexistierenden" Zuckern (Saccharose, Glucose, Fructose u. a.) in der Gerste (2—3 %) steigt während der Keimung verhältnismäßig rasch an und erreicht schließlich Werte von 7,5—14 %; je größer die Konzentration, um so stärker „gelöst" ist das Malz. Der Saccharosegehalt — der sich vermutlich durch molekulare Umwandlung aus Maltose bildet — fällt beim Weichen zunächst etwas, steigt dann bis zu etwa 7 % und vermindert sich wieder gegen Ende der Keimperiode.

Maltose entsteht erst während der Keimung, steigt auf ca. 3 % an, wird aber durch das Enzym Maltase rasch zu Glucose abgebaut.

Der Invertzucker nimmt beim Weichen ebenfalls etwas ab, steigt aber dann auf Kosten der Saccharose und der Maltose bis zu etwa 6 % an.

*Bei der Keimung wirksame Carbohydrasen (Glykosidasen):*

*Saccharase* ($\beta$-Fructosidase): mit zunehmender Säurebildung nimmt ihre Wirkung zu.

*Maltase* (*a*-Glucosidase): geht beim Keimen aus einer unlöslichen Form in eine lösliche über und wirkt kräftig mit fortschreitender „Auflösung".

*Diastase* (als Gesamtbegriff verstanden): ungekeimte Gerste enthält nur $\beta$-Amylase (Saccharogenamylase, Exoamylase), erst beim „Spitzen" der Gerste entwickelt sich auch *a*-Amylase (Dextrinogenamylase, Endoamylase); ihrer beider Wirksamkeit nimmt mit steigender Acidität immer mehr zu. Da die verflüssigte bzw. verzuckerte Stärke den „Edelextrakt" bei der Bierbereitung liefert, ist der Mälzer bemüht, die Wirksamkeit der Diastase in sehr engen Grenzen zu halten. Die Stärkeverluste sind in den ersten Keimtagen zwar noch sehr gering, nehmen aber gegen Ende der Keimung bis zu 4—5% — gelegentlich auch darüber — zu.

Kleine Körner enthalten und entwickeln relativ mehr Diastase als große; diese Tatsache wird technisch für die Herstellung besonders diastasereicher Malze (z. B. als Brennereimalz oder zur Rohfruchtverarbeitung) ausgenützt.

*Cytasen* (Hemicellulasen): ihre sofort mit Beginn der Keimung auftretende Wirkung erstreckt sich hauptsächlich auf die zu einem erheblichen Teil aus Hemicellulose bestehenden Zellwände, durch deren Perforierung bzw. „Auflösung" den Amylasen der Weg zu der in den Zellen eingelagerten Stärke frei gemacht wird. Die Spaltprodukte der Cytasen bestehen aus Hexosanen und Pentosanen.

*Eiweißabbau:*

Wie die Cytasen beginnen auch die proteolytischen Enzyme schon in den ersten Keimtagen durch spontane Aktivierung bzw. Neubildung wirksam zu werden; die durch sie erzielten Veränderungen im Mehlkörper bezeichnet man als „Eiweißlösung". Zuerst wird das *physiologische Reserve-Eiweiß* angegriffen. Es liefert die Hauptmenge des zur Ernährung des Keimlings bestimmten, wasserlöslichen Eiweißes.

Das *histologische Eiweiß* wird normalerweise nur so weit abgebaut, als es zur optimalen Eiweißlösung erforderlich ist.

Das *Klebereiweiß* der Aleuronschicht wird praktisch überhaupt nicht angegriffen.

Der auch der Länge des Kornes nach ungleich verteilte Stickstoffgehalt beträgt z. B. durchschnittlich

| | | |
|---|---|---|
| am Keimlingsende | . . . . | 2,8% N (17,5% Eiweiß) |
| an der Kornspitze | . . . . . | 2,3% N (14,4% Eiweiß) |
| in der Kornmitte | . . . . . | 1,8% N (11,2% Eiweiß) |
| in der Spelze | . . . . . . . | 1,1% N ( 6,9% Eiweiß) |

Die proteolytischen Enzyme (Proteasen), die sich in der Gerste bzw. im Malz in zwei Hauptgruppen nachweisen lassen — Proteinasen (Endopeptidasen), Peptidasen (Exopeptidasen) — sind im Korn normalerweise in inaktiver Form vorhanden, ausgenommen bei schlecht geernteten oder gelagerten und bei sehr eiweißreichen Gersten.

Die Wirksamkeit der Proteinasen setzt bereits im ersten Keimstadium kräftig ein, die der Peptidasen erst mit der äußeren Entwicklung des Wurzelkeims.

Die Eiweißverhältnisse in Würze und Bier werden — im Gegensatz zum Stärkeabbau — schon weitgehend während des Mälzens festgelegt und können nur mehr geringfügig beim Sudprozeß verändert werden.

Die Endopeptidasen wirken dabei zuerst schwerpunktsmäßig auf genuine Eiweißmoleküle ein, wobei die beiden unlöslichen Eiweißgruppen — Prolamine und Gluteline — zu einem erheblichen Teil in Polypeptide und Peptide umgewandelt werden, die ihrerseits durch die Exopeptidasen weiter zu Aminosäuren, durch die Amidasen in geringer Menge auch zu Ammoniak abgebaut werden. Die Wirkung der Endo- und Exopeptidasen geht ohne scharfe Grenzen ineinander über. Der Umfang des während der Keimung eingetretenen Eiweißabbaues wird durch den sog. „Eiweißlösungsgrad" ausgedrückt. Er hängt — abgesehen von den Sorteneigenschaften und vom physiologischen Zustand der Gerste — hauptsächlich von der Aktivität der proteolytischen Enzyme ab.

5*

*Eiweißveränderungen während der Mälzung:* Verminderung des gesamtlöslichen Stickstoffanteiles durch Auslaugung bei der Weiche; längere Weichzeiten fördern den Eiweißabbau.

Beim Keimen erfolgt eine zunehmende hydrolytische Spaltung der eigentlichen Eiweißstoffe, die gleichzeitig zu einer Anreicherung an Eiweißabbauprodukten führt. Der Höchstwert der gesamtlöslichen Stickstoffsubstanzen wird nach etwa 4—5 Tagen erreicht; dann stellt sich ein gewisses Gleichgewicht ein, da die abnehmende Konzentration des genuinen Eiweißanteiles im Mehlkörper und der Wiederaufbau höher molekularen Eiweißes in den Blatt- und Wurzelkeimen sich die Waage halten.

Die formoltitrierbaren Stickstoffsubstanzen steigen (in % des dauernd löslichen ausgedrückt) von ca. 25 % in der Gerste auf ca. 45 % im Grünmalz an, wobei das Verhältnis der beiden Anteile — unabhängig vom Gesamteiweißgehalt der Gerste und von der Keimführung — immer ungefähr gleich bleibt.

Der lösliche, *coagulierbare* Stickstoffanteil nimmt ebenfalls während der Keimung zu, vermutlich auch z. T. infolge der steigenden Menge der sich bildenden Salze — vor allem von Phosphaten — die die Lösungsfähigkeit der Globuline erhöhen.

Eine verlängerte Keimdauer hat in den meisten Fällen kaum mehr einen Einfluß auf die Eiweißlösung, es findet nur mehr eine Umlagerung der verschiedenen Eiweiß- bzw. Eiweißabbaustoffe statt, wohl aber schreitet die „Zellauflösung" durch die Cytasen weiter fort.

Wichtig für den „Stickstoffspiegel" ist der Einfluß der Haufenführung: *kalte Temperaturen* steigern den Eiweißabbau, da durch eine „kalte Führung" das Wachstum bzw. die Aufbautätigkeit des Keimlings verringert wird, so daß sich die Eiweißabbauprodukte stärker anreichern; mit zunehmender Temperatur entstehen mehr höhermolekulare Abbaustoffe. Das Eiweiß stickstoffarmer Gersten löst sich bei gleichen Mälzungsbedingungen im allgemeinen leichter als das stickstoffreicher.

*Eiweißlösungsgrad und Extraktgehalt:* Mit steigendem Eiweißgehalt sinkt zwar normalerweise der Extraktgehalt des Malzes, ein steigender Eiweißlösungsgrad erhöht ihn andererseits wieder durch die in Lösung gehenden Abbauprodukte.

Gersten mit einem geringen Gehalt an gesamt- und dauernd löslichen Stickstoffsubstanzen — wie es gut gereiften und gelagerten Gersten entspricht — eignen sich am besten zur Vermälzung.

Zwischen der *Glasigkeit und dem Eiweißgehalt* der Gerste scheinen gewisse Zusammenhänge zu bestehen: glasige Gerstenkörner ergeben gewöhnlich eiweißreicheres Malz, auch sind glasige Malzkörner meist eiweißreicher als mehlige.

Zwischen der Eiweiß- und der Zellauflösung besteht keine eindeutige Beziehung; es ist deshalb wichtig, durch einen sachgemäßen Keimverlauf sowohl eine einwandfreie proteolytische wie auch eine cytolytische Auflösung zu erhalten.

Der Stickstoffgehalt auch einer einheitlichen Gerstensorte ist immer mehr oder weniger großen Schwankungen hinsichtlich seiner einzelnen Korneinheiten unterworfen; je größere Unterschiede hier auftreten, um so schwieriger ist die Vermälzung der Gerste.

*Eiweißverluste:* der ursprüngliche Stickstoffgehalt der Gerste nimmt beim Mälzen im allgemeinen um etwa 10—15 % ab.

Das etwa 2—3 % der Gerstentrockensubstanz betragende *Fett* vermindert sich bei der Keimung — hauptsächlich in der Nähe des Keimlings — z. T. durch Atmung bzw. durch hydrolytische Spaltung. Das Fett der Aleuronschicht geht normalerweise nahezu unverändert in die Treber.

*Gummistoffe* und ähnliche Verbindungen, die mit dem histologischen Eiweiß die Gerüstsubstanzen des Endosperms verstärken, werden enzymatisch ebenfalls in niedermolekulare Kohlenhydrate übergeführt, die neben den cytolytischen Abbauprodukten dem Keimling in den ersten Keimtagen als Nahrung dienen.

### β) Zum Begriff der „Auflösung"

Der Gesamtablauf des physiologischen Stoffwechsels im Korn während der Weiche und der Keimung wird technologisch als „Auflösung" bezeichnet, weil der für den Praktiker wesentlichste Vorgang darin besteht, daß die im ursprünglichen Gerstenkorn noch sehr widerstandsfähigen, starren Zellwände, die hauptsächlich aus Cellulose, Hemicellulosen und anderen Einlagerungen bestehen, durch die hydrolytische Wirkung der Cytasen auf die Hemicellulasen zum Teil „aufgelöst" werden, wodurch der Mehlkörper seine ursprüngliche Härte verliert und mürbe und zerreiblich wird.

Diese „Auflösungsvorgänge", in die natürlich alle Inhaltsstoffe des Kornes irgendwie mit einbezogen werden, können durch zwei technologisch wichtige Zustandsmerkmale analytisch erfaßt werden:

1. durch die sog. „Zell-(cytolytische) Auflösung",
2. durch die sog. „Eiweiß-(proteolytische) Auflösung".

Sie stellen gewissermaßen die Endpunkte eines ganzen Spektrums von Stoffumwandlungen dar und geben dem Mälzer und Brauer wichtige Hinweise über den Verlauf einer Mälzung.

*Stoffverbrauch beim Keimen:*

Da die Mälzung aus physiologischen Gründen immer mit Substanzverlusten verbunden ist, muß sich der Mälzer im Sinne einer wirtschaftlichen Arbeitsweise auch über den Stoffverbrauch bei den einzelnen Mälzungsstadien unterrichten.

Die Hauptverluste entstehen naturgemäß durch die Dynamik des Wachstums: das Korn deckt seinen hierzu erforderlichen Energiebedarf durch die Atmung, bei der ein Teil der Stärke hauptsächlich zu Kohlendioxid und Wasser verbrannt wird, wobei gleichzeitig biologische Wärme frei wird, die eine Temperaturerhöhung des keimenden Haufens bewirkt. Aus größeren praktischen Versuchsreihen ergeben sich folgende Durchschnittswerte:

Von 100 kg Gerstentrockensubstanz werden ca. 6,7 kg Stärke durch Atmung verbraucht; es entstehen dabei ca. 10,9 kg $CO_2$ und 3,7 kg Wasser sowie ca. 26 000 kcal.

Es ist kaum möglich, die Atmungszwischen- und Endprodukte einzeln genau zu erfassen; nur durch Messung des Sauerstoffverbrauches (N. NIELSEN 1937) erhält man einen tieferen Einblick in das biologische Geschehen während der verschiedenen Mälzungsabschnitte.

Der Verlauf der Wachstumserscheinungen, der Stoffveränderungen, des Stoffverbrauches usw. hängt von den Bedingungen ab, die durch die sog. „Haufenführung" festgelegt werden und die durch 4 Faktoren technisch und technologisch geregelt werden können:

1. durch die Temperaturen beim Weich- und Keimprozeß,
2. durch den Feuchtigkeitsgehalt der ausgeweichten Gerste,
3. durch die Zusammensetzung der „Haufenluft", d. h. durch das Verhältnis von Sauerstoff zu Kohlendioxid,
4. durch die Länge der Keimzeit.

Grundsätzlich wird unterschieden zwischen einer „kalten" und einer „warmen" Haufenführung; bei der *kalten* verläuft die Keimung ungefähr bei Temperaturen zwischen 10—17,5°C, bei der *warmen* steigen die Temperaturen in den letzten Tagen gewöhnlich auf 17—20—22°C an.

*Kalte Haufenführung:* Das Wachstum ist langsam, die Atmung schwach und die Erwärmung gering; bei dieser langsamen Entwicklung erreicht man meist höhere Ausbeuten und eine größere Gleichmäßigkeit des Grünmalzes. Die cytolytische Lösung verläuft etwas gehemmt, die Eiweißlösung scheinbar kräftiger, aber nur im Verhältnis zum geringeren Eiweißwiederaufbau in den Blatt- und Wurzelkeimen.

*Warme Haufenführung:* Atmung und Erwärmung werden begünstigt, Blatt- und Wurzelkeime entwickeln sich rasch aber ungleichmäßiger und die Ausbeuten gehen infolge stärkeren Substanzverbrauches zurück.

Die kalte Haufenführung empfiehlt sich also als die günstigere Mälzungsart und besonders vorteilhaft für die Herstellung „heller" Malze. Es gibt aber Fälle, die eine kalte Haufenführung nicht zulassen.

Die Gerste erwärmt sich beim Keimen leicht, sie ist „hitzig". Diese anormale „Hitzigkeit" kann verschiedene Ursachen haben: als Auswirkung einer Sorteneigenschaft, wenn eine Gerste eine überdurchschnittlich hohe Enzymkonzentration besitzt.

Auch kleinkörnige Gersten erwärmen sich leichter als großkörnige, da bei jenen auf ein gleiches Raummaß eine größere Anzahl von Keimlingen trifft, die demnach auch eine konzentrierte Lebensäußerung aufweisen und mehr biologische Wärme abstrahlen. Besonders hitzige Gersten sind solche, bei denen Kleinkörnigkeit, höherer Eiweiß- und Fettgehalt, sowie Dünnschaligkeit zusammentreffen.

Auch schlecht gelagerte, angeschimmelte und unsachgemäß geweichte Gersten neigen zu einer ungesunden Hitzigkeit.

Es gibt aber auch Gersten — sorten- oder jahrgangsmäßig bedingt — die sich, obwohl sie nicht „hitzig" sind, bei einer kalten Haufenführung nicht genügend lösen, z. B. Gersten mit einem nicht mehr normalen Anteil an bleibender Glasigkeit oder hohem Eiweißgehalt. Diese Gersten sollten die ersten Tage wie üblich kalt geführt, gegen Ende der Keimzeit aber mit höheren Temperaturen behandelt werden, bis eine genügende Lösung eintritt.

Selbstverständlich muß die Haufenführung sich auch dem Typ des herzustellenden Malzes und dem Mälzungssystem anpassen:

*Helle Malze* sollten so weit wie möglich kalt gemälzt werden; ohne daß es einer ausnahmslosen Regel entspräche, wird gewöhnlich — nach einer nicht zu starken Weiche ($\sim$ 43 %) — ein knappes Gewächs und damit auch keine zu kräftige Auflösung angestrebt. Man wird also keine „hitzigen", sondern, wenn möglich, leicht lösbare Gersten verwenden. Sollte das infolge eines ungünstigen Jahrganges nicht durchführbar sein, muß durch sorgfältige Weicharbeit, Abkürzung der Keimzeit, niedrigere Abdarrtemperaturen — allerdings kein unbedenkliches Mittel! — ein Ausgleich gesucht werden.

Für *dunkle Malze*, die ohne Schaden auch aus eiweißreicheren Gersten hergestellt werden können, ist eine Vollweiche ($\sim$ 45 %) eine wärmere Führung und eine dadurch bedingte kräftigere Lösung zur Erzielung des natürlichen, dunklen Farbtones (vgl. S. 82) sogar erforderlich.

Da das bei der Weiche aufgenommene Vegetationswasser den Ablauf aller Lebensäußerungen bestimmt, ist es notwendig, diesen Wassergehalt während der Keimung möglichst auf etwa gleicher Höhe zu halten, was auf der Tenne (vgl. S. 72) wegen der geringen Luftbewegung und des sich stetig neu bildenden Atmungswassers verhältnismäßig einfach ist, schwieriger jedoch bei den pneumatischen Mälzungssystemen (vgl. S. 74).

Schließlich ist die *Zusammensetzung der Haufenluft*, bzw. das Verhältnis von Sauerstoff zu Kohlendioxid, ein besonders wichtiger Faktor: je mehr $O_2$ zur Verfügung steht, umso rascher und vollkommener sind die biologischen Stoffumsetzungen, um so schwieriger ist es aber auch, den Haufen kühl und die Substanzverluste in normalen Grenzen zu halten. $CO_2$ dämpft die Atmung und damit auch den Keimvorgang; eine gewisse Anreicherung an $CO_2$ ist im späteren Keimstadium sogar erwünscht und wird bei manchen Mälzungssystemen künstlich herbeigeführt, um den Stoffwechsel zu drosseln, die enzymatischen Kräfte anzuregen und den „Schwand" zu verringern (vgl. S. 78).

Ein wichtiger mälzungstechnischer Regelfaktor ist auch die *Keimzeit:* je kälter, trockener und sauerstoffärmer die Gerste geführt wird, um so langsamer wächst sie und löst sie sich; eine kalte Haufenführung verlangt demnach gewöhnlich auch eine längere Keimzeit ($\leftarrow 6$—$10 \rightarrow$Tage).

## b) Praxis der Keimung

*Allgemeines:* Wie aus der Theorie der Keimung ersichtlich, sind die physiologischen Vorgänge zwar in ihren wesentlichen Erscheinungen und Auswirkungen bekannt und auch grundwissenschaftlich in umfangreichen Arbeiten behandelt. Aber alle diese technologisch wichtigen Lebensvorgänge sind so vielfältig, verwirrend und von oft unscheinbaren Einzelheiten abhängig, daß es unmöglich ist, ein allgemein gültiges Schema für den Keimungsverlauf aufzustellen. Auch heute noch ist der Mälzer häufig nur auf empirische Merkmale angewiesen, um für die rasch ablaufenden Lebensäußerungen ein Maß und einen Anhaltspunkt zu finden und die verwickelten Stoffwechselvorgänge — durch ständige und genaue Beobachtung — überwachen und sachgemäß leiten zu können. Die sicherste Gewähr für eine einwandfreie Durchführung der Mälzung sind auch heute noch praktische Gesichtspunkte, die auf alten Erfahrungen beruhen. Der Keimprozeß ist durch zwei wesentliche Vorgänge gekennzeichnet: durch *Wachstumserscheinungen* und durch die sich dabei abspielenden *stofflichen Veränderungen*.

Zur Beurteilung von Verlauf und Umfang dieser Vorgänge hält sich der Praktiker an einige äußerlich wahrnehmbare Unterscheidungen:

*Am einzelnen Korn:* Entwicklung und Ausbildung der Wurzeln und des Blattkeims,

die durch die „Auflösung" hervorgerufenen Stoffveränderungen.

*Am Keimgut:* die durch Atmung eintretenden, feststellbaren Erscheinungen bzw. Oxydationsprodukte

Wasserdampf (als sog. „Schweißbildung"),

$CO_2$,

Erwärmung des Haufens.

Zahlenmäßige Erfassungen sind nur hinsichtlich der Erwärmung möglich; alle anderen Vorgänge werden meist gefühlsmäßig und empirisch beurteilt.

Die *Wachstumserscheinungen* sind ein natürlicher Maßstab für die Entwicklung des Kornes: der Wurzelkeim durchbricht die Spelze und gibt aufgrund seiner Länge Hinweise auf die fortschreitende Auflösung. Die Länge der Wurzelkeime kann die einfache Kornlänge oder auch die 2- bis $2^1/_2$fache betragen, je nach Lösungsfähigkeit der Gerste und Art des herzustellenden Malztyps. Geschätzt wird eine möglichst gleichmäßige Ausbildung der Wurzelkeime, die auch auf eine gleichmäßige und einwandfreie Auflösung hinweisen.

Gedrungene, kräftige Wurzeln werden bevorzugt; sie sind ein Zeichen für die Frische des Keimgutes und führen reichlich Eiweiß aus dem Mehlkörper in die Wurzeln ab (vgl. S. 70), weshalb man besonders bei eiweißreichen Gersten auf eine kräftige Wurzelbildung hinarbeitet.

Sinkt der Wassergehalt des Keimgutes rasch ab, werden die Wurzeln welk und braun. Dünne, lange und schnell schrumpfende Wurzeln deuten auf ein erhitztes Wachstum oder auf eine zu warme Haufenführung hin. Gelegentlich tritt diese

Erscheinung bei pneumatischen Mälzungssystemen auf. Gehemmt wird die Wurzelbildung durch die „Kohlensäurerast".

Ein Ausbleiben der Wurzelkeimentwicklung deutet auf unreife, schlecht gelagerte oder übersommerte Gersten hin, die keine Enzyme bilden, leicht schimmeln und ungenügende Ausbeuten ergeben.

Mechanische Verletzungen oder auch gänzliches Abreiben der Wurzelkeime infolge Unachtsamkeit oder technischer Mängel führen ebenfalls leicht zu Schimmelbildung und gefährden das übrige Keimgut.

Der *Blattkeim* auf der Rückseite des Kornes, der auch am Darrmalz noch zu erkennen ist, steht in enger Beziehung zum Auflösungsvorgang beim Mälzen: eine kurze Blattkeimentwicklung — wenn ca. 70% der Körner nur etwa $^1/_2$—$^3/_4$ der Kornlänge gewachsen sind — ist immer ein Zeichen knapper Lösung, wie sie gewöhnlich zur Herstellung *heller* Malze angestrebt wird; ein langes Gewächs — wenn etwa 70% zu $^3/_4$ bis zur ganzen Kornlänge gewachsen sind — deutet auf eine reichliche Auflösung hin, wie sie für *dunkle* Malze als vorteilhaft angesehen wird.

## 4. Die verschiedenen Mälzungssysteme

### a) Die Tennenmälzerei

Die ursprüngliche Art der Mälzung, die Tennenmälzerei, wird zwar mehr und mehr durch pneumatische Systeme verdrängt, aber alle technischen und technologischen Fortschritte beruhen auf den Erfahrungen der alten Tennenmälzung, da sich diese den Keimbedingungen des Kornes am natürlichsten anpaßt.

„Klassische" Tennenräume sind gewöhnlich unterirdisch angelegt, um eine möglichst gleichmäßige, kühle Temperatur (12—14°C) zu gewährleisten; bei guter Isolierung können Tennen naturgemäß auch übereinander angeordnet werden. Das bewährteste Tennenpflaster sind Solnhofer Platten; auch gut geglättete Betonböden sind üblich, nicht aber Asphaltbeläge. Sind die Tennen zu kalt, so kann man sich meist nur durch Dichterlegen der Haufen behelfen; sind sie zu warm — wenn beispielsweise das ganze Jahr über gemälzt wird — dann kann ein Kühlsystem mit Soledurchfluß eingebaut werden, das allerdings vorsichtig gehandhabt werden muß, da es nicht nur kühlt, sondern auch die nach oben steigende, feuchte Warmluft trocknet und so den Wasserhaushalt des Keimgutes stört.

Die durch die „Schweißbildung" im allgemeinen ziemlich ausgeglichene Feuchtigkeit bleibt nur dann ungefähr auf gleicher Höhe, wenn die Luft im Tennenraum wasserdampfgesättigt ist. Die Tennen dürfen demnach nicht zu hoch sein (3—4 m), aber auch nicht zu nieder, weil sonst eine zu rasche Erwärmung eintritt.

Wichtig ist eine langsame, aber stete Lufterneuerung, die meist durch ein Kanalsystem mit natürlichem Zug — Aufsteigen der warmen Luft — hervorgerufen wird.

Der Flächenbedarf der Tenne ist sehr groß, weil der Haufen zur Kühlhaltung dünn gelegt werden muß. Man rechnet für 100 kg Gerste — Gänge mit eingeschlossen — etwa 3,2 m².

Zur Überprüfung der physikalischen Luftzustände sind Thermometer sowie Hygro- oder Psychrometer unbedingt erforderlich.

*Arbeitsweise der Tennenmälzung:* Die trocken oder naß (mit dem Weichwasser) ausgeweichte Gerste soll zur Einleitung des Keimprozesses möglichst schnell „abtrocknen", was in kälteren Tennen manchmal schwierig ist, da durch die Wasserverdunstung auch wieder eine Abkühlung eintritt, die den Keimungsvorgang verzögert. Das Trocknen des „Naßhaufens" kann auch zur Abkürzung der Keimzeit in Weichbehälter mit Belüftungseinrichtungen verlegt werden. Im „Trockenhaufen" treten die ersten Merkmale der Keimung auf: Wurzelbildung, Wasser (Schweiß), $CO_2$-Entwicklung und Temperatursteigerung. Wenn der Keimling

„spitzt", „sticht" oder „äugelt" spricht man vom „Brechhaufen", wenn sich die Wurzeln gabeln, vom „Gabelhaufen". Diese Vorgänge müssen sich langsam und gleichmäßig vollziehen, die Temperatur soll nicht über 12—14°C steigen. Mit dem „Junghaufenstadium" setzt die heftigste Wachstumsperiode ein; der Haufen wird dünner gelegt, die Temperatur soll nicht über 14—15°C steigen und gut im „Schweiß" bleiben. Wichtig ist, daß der Haufen zunächst etwa alle 8 Std, wenn er durch die Wurzeln etwas lockerer geworden ist, etwa alle 12 Std „gewendet" wird.

Der „Wachshaufen" zeigt bereits deutliche Zeichen der Auflösung, der Mehlkörper wird zerreiblich; man sollte in diesem Stadium bei gut löslichen Gersten die Temperatur nicht höher steigen lassen als 16—17°C.

Für die Herstellung dunkler Malze, sowie bei schwer löslichen Gersten läßt man nunmehr die Temperatur jeden Tag um 1°C ansteigen, so daß bis zur Erreichung eines entsprechenden Lösungsgrades Temperaturen von 18—20—22°C gehalten werden, vor allem wenn der Feuchtigkeitsgehalt etwas absinkt. Gelegentlich läßt die Wachstumsenergie mit dem 4. und 5. Tag etwas nach; dann können notfalls die Haufen durch vorsichtiges „Spritzen" — d. h. Besprühen der Haufen mit Wasser — durchschnittlich 0,5—1,0 l je 100 kg Gerste — wieder angeregt werden. Bei Herstellung dunkler Malze oder Verarbeitung schwer löslicher Gersten läßt man die Haufen auch „greifen", d. h. man läßt die Haufen liegen, ohne sie zu wenden, die Wurzeln wachsen dann so ineinander, daß der Haufen wie eine einheitliche Masse wirkt. Der Bodenschweiß wird reichlich, die Temperatur steigt aber infolge der $CO_2$-Ansammlung nur wenig, die Enzyme jedoch arbeiten lebhaft, ein erhöhter Zuckergehalt und ein starker Eiweißabbau, ähnlich wie bei der „Kohlensäurerast" (vgl. S. 78) ist die Folge.

Hört schließlich die Schweißbildung auf und wird die Atmung schleppend, spricht man vom „Althaufen", der nur noch selten gewendet wird und das fertige Produkt dieser Mälzungsperiode, das „Grünmalz", darstellt.

Die Haufen werden nunmehr „gezogen", d. h. mechanisch oder pneumatisch auf die Darre befördert.

Die Keimdauer der Gersten schwankt innerhalb gewisser Grenzen, je nach Provenienz, Jahrgang und Typ des herzustellenden Malzes zwischen 6—11 Tagen, gelegentlich, besonders bei der Verarbeitung mehrzeiliger Gersten nach anderen Mälzungsverfahren, auch noch darunter. Durch Sonderbehandlung (vgl. S. 79) kann die Keimzeit der Gersten ebenfalls variiert werden.

*Mittel der Haufenführung auf der Tenne:* 1. „Auseinanderziehen" und Dünnerlegen des Keimgutes, als eine der Tennenmälzerei eigentümliche Regelung der Temperatur durch Abkühlung; durch „Zusammensetzen", Höherschichten der Haufen wird ein Temperaturanstieg erreicht. Das Arbeiten in wechselnd dünnen Schichten erlaubt eine gleichmäßige und individuelle Behandlung der Haufen. 2. Das „Wenden": eine Arbeit, die Beobachtungsgabe, Übung und Gewissenhaftigkeit erfordert, bezweckt zunächst einen Schichtwechsel der Körner zum gründlichen Durchmischen und Ausgleich der Temperaturen sowie der Feuchtigkeit; weiterhin verhindert es das „Verfilzen" des Keimgutes, eine Abkühlung durch Wasserverdunstung während des Wendens, sowie eine ständige Zufuhr von Frischluft und Verdrängung von $CO_2$, das in den ersten Keimtagen etwa 2—4%, in den letzten 1—2% der Haufenluft beträgt.

Bei einer 7—8tägigen Keimzeit wird im allgemeinen 12—14mal gewendet; günstiger ist es, das Wachstum durch rechtzeitiges Auseinanderziehen des Haufens zu regeln als durch zu häufiges Wenden.

## b) Pneumatische Mälzungssysteme

### α) Allgemeines

Die Vorteile der Tennenmälzerei — leichte Haufenführung, Anpassung an natürliche Keimbedingungen, ständige Beobachtungsmöglichkeit des Mälzungsverlaufes — werden heute durch einige erhebliche Nachteile wirtschaftlicher und technischer Art aufgehoben: Das Keimgut ist von der Temperatur des Tennenraumes abhängig, alle größeren Schwankungen teilen sich dem keimenden Haufen mit; der Raumbedarf ist groß und die volle Ausnützungsmöglichkeit verhältnismäßig gering. Daher war es schon im vorigen Jahrhundert das Bestreben der Mälzungstechnik, alle wechselhaften und die Leistung beeinträchtigenden Faktoren auszuschalten und eine höhere Betriebssicherheit zu erzielen. Zwar läßt sich auch in der Tenne durch Einbau von Temperierungsmöglichkeiten, Wendemaschinen usw. eine größere Rationalisierung erreichen, dabei begibt man sich aber mancher Vorteile der Tenne ohne die Leistung der voll-pneumatischen Anlagen zu erhalten.

*Leistungsvergleiche:* bei allen pneumatischen Systemen wird in „dicker" Schicht gemälzt und der dadurch bedingten stärkeren Erwärmung durch Belüftung entgegengewirkt.

Auf 1 m² Fläche können — einschließlich Gänge, Befeuchtungsanlagen, Temperiervorrichtungen usw. — vermälzt werden:

|  |  |
|---|---|
| Tenne:. . . . . . . . . . . . . . . . . | 30— 35 kg Gerste |
| pneumat. Keimkasten (Saladin):. . . . | 300—500 kg Gerste |
| pneumat. Trommel (Galland): . . . . . | 300—500 kg Gerste |
| Lösungskammer (Kropff): . . . . . . | 500 kg Gerste |

Es ergibt sich demnach bei den pneumatischen Systemen eine rund 10—12mal größere Beladungsdichte als bei der Tenne; außerdem ist die Arbeitsweise weitgehend mechanisiert, so daß eine teure Spezial-Handarbeit nicht mehr erforderlich ist.

## β) Wesentliche technische Einrichtungen

Das für die pneumatischen Systeme charakteristische Mälzen in „hoher Schicht" ist nur dann möglich, wenn das Keimgut durch einen mit Feuchtigkeit übersättigten Luftstrom gekühlt und außerdem das entstehende $CO_2$ entfernt und $O_2$ zugeführt wird, ohne dem keimenden Korn wesentlich Wasser zu entziehen.

Allen pneumatischen Anlagen gemeinsam sind demnach gewöhnlich die Belüftungseinrichtungen für die Präparierung der zur Kühlung des Keimgutes benötigten Luft. Sie bestehen im allgemeinen aus Vorrichtungen für die Luftreinigung, Temperierung und Befeuchtung, sowie aus einem Kanalsystem durch das mittels Ventilatoren die Luft zu den Keimräumen hin und wieder fort bewegt wird.

*Reinigung:* erfolgt meist durch Waschen mit Wasser, ähnlich wie in den Befeuchtungsanlagen.

*Temperiervorrichtungen:* die zur Belüftung und Kühlung benützte Luft muß natürlich kälter sein als der Haufen, jedoch auch wieder nicht zu kalt, weil sie sonst durch Zunahme der Wasseraufnahmefähigkeit dem Keimgut zu viel Feuchtigkeit entzieht.

Die Temperierung muß sich nach dem Wärmeinhalt des Haufens richten: in den ersten Keimtagen etwa 10—12°, ausgenommen bei Verarbeitung schwer löslicher oder bei Herstellung dunkler Malze. Der Temperaturunterschied zwischen Einströmluft und Grünmalz sollte 2—3°C nicht überschreiten, was allerdings, vor allem bei zeitweiliger Belüftung (vgl. S. 77) nicht immer möglich ist. Die Kühlluft muß demnach, je nach den Verhältnissen der Außenluft und des Keimstadiums entweder erwärmt oder abgekühlt werden.

*Erwärmung:* Bei größeren Anlagen meist durch dampf- oder heißwasserbeheizte Kaloriferen, zusätzlich auch durch die Wiederverwendung der aus dem Haufen austretenden Luft; diese wird gewöhnlich zur Erzielung eines bestimmten Wärmegrades mit Frischluft verschnitten, kann aber auch für sich allein verwendet werden (vgl. S. 77).

*Abkühlung:* Es sind zwei physikalische Möglichkeiten vorhanden:

1. *Abkühlung durch Verdunstung,* wenn die den Wassernebel durchstreichende Luft *nicht wasserdampfgesättigt* ist, besonders günstig bei sehr trockener Luft; Rückluft, die immer sehr wasserhaltig ist, kann auf diese Weise nicht oder kaum gekühlt werden.

2. *Kontaktkühlung,* d. h. direkte Übertragung der Wassertemperatur auf die Luft durch innige Vermischung; sie ist um so wirkungsvoller, je feiner die Zerstäubung des Wassers und die Länge der Kontaktzeit ist.

Das Kühlen der Luft in dieser Art wird fast ausschließlich mit der Befeuchtung verbunden.

Für die gesamten physikalischen Zustandsmöglichkeiten bei Anwärmung und Abkühlung der Luft gibt das Mollier i-x-Diagramm genauen Aufschluß (K. Schuster 1963b).

Es ist auch üblich, das Spritzwasser in Durchflußkühlern oder in einem Kühlbecken durch ein Röhrenkühlsystem zu kühlen. Auch Ammoniak- oder Frigenverdampfer werden direkt in die Einströmkanäle eingebaut, diese dürfen jedoch der durchziehenden Luft keinen großen Widerstand entgegensetzen. Mit dieser direkten Kühlung lassen sich vor allem bei Verwendung sauerstoffarmer Rückluft vorteilhafte Wirkungen, auch hinsichtlich des Wasserverbrauches, erzielen.

*Befeuchtungsanlagen:* Um zu verhindern, daß die Kühlungsluft das Keimgut zu sehr entwässert, muß der Einströmluft Wasser in feinster Verteilung zugeführt werden. Diese Überfeuchtung erfolgt entweder in sog. „Befeuchtungstürmen" oder durch andere neuzeitliche Geräte (z. B. Turbozerstäuber).

Die Befeuchtungstürme werden gewöhnlich unmittelbar an die Stirnmauer der Keim-
anlage eingebaut; sie sind meistens mehrteilig, um der Luft einen für die gründliche Durchmischung mit dem Wassernebel genügend langen Weg zu verschaffen.

Durch die Befeuchtungstürme wird die Luft im allgemeinen auf eine Temperatur von
12—14°C gebracht und mit einem Feuchtigkeitsgehalt von über 100% versehen, d. h. das
Luft-Wassergemisch soll je m³ mindestens 10,7—12,1 g Wasserdampf enthalten. Die Versprü-
hung von Luft erfolgt durch Spritzdüsen, die so konstruiert sind, daß sie bei einem Wasser-
druck von etwa 2—3 atü eine möglichst feine Vernebelung des Wassers herbeiführen. Der
Wasserverbrauch der im Befeuchtungsturm zweckentsprechend angebrachten Düsen beträgt
durchschnittlich bei 2,5 atü ca. 1 l pro Minute; die Schwankungen bei verschiedenen Düsen-
konstruktionen sind allerdings groß.

Eine neuere Art der Luftbefeuchtung stellen die sog. „Turbozerstäuber" dar, die das
Wasser außerordentlich fein versprühen, es gewissermaßen in der Luft „auflösen" und demnach nur einen Bruchteil der bei den Düsen üblichen Wassermengen verbrauchen. Allerdings
kann bei sehr heißer Witterung die Kühlwirkung — die gewöhnlich mit der Befeuchtung verbunden ist — unzureichend sein, da die Kontaktkühlung bei dieser Vernebelung infolge der
geringen Wassermengen praktisch entfällt (W. KLINGLER 1956).

*Ventilatoren:* Die Erzeugung von Druckunterschieden zur Fortbewegung der Luft wird
durch Ventilatoren — Radial- oder Axialventilatoren — bewirkt.

Bei Verwendung von *Saugluft,* die heute im allgemeinen nur noch selten üblich ist, werden
mit *einem* Ventilator meist mehrere Keimanlagen belüftet. Da dann aber für alle Kästen mit
verschiedenen Keimstadien nur immer der gleiche physikalische Luftzustand zur Verfügung
steht, ist die Haufenführung wegen der wechselnden Temperatur- und Druckunterschiede in
den einzelnen Kästen schwierig zu handhaben.

Bei *Druckluftanlagen* befindet sich der Ventilator *vor* den Keimanlagen: die Luft strömt
durch die Luft-Präpariervorrichtungen zu den Keimapparaten, meist von der Stirnseite her;
es entsteht dabei ein Überdruck unter der Horde, der durch den Widerstand des Haufens —
keine zu großen Dimensionen vorausgesetzt — sich im unteren Luftkanal gleichmäßig verteilt
und eine entsprechende Luftbewegung durch den Haufen verursacht.

Gemessen werden die Druckunterschiede in mm Wassersäule;

Beispiel: Überdruck in der untersten Haufenschicht = 60 mm

Überdruck in der obersten Haufenschicht = 20 mm

Druckabfall im Haufen . . . . . . . . . = 40 mm

Aus wirtschaftlichen und technologischen Gründen sucht man mit geringen Luftmengen
auszukommen, wobei die Dauer der Lüftung ständig oder auch nur zeitweise sein kann: je
größer die Luftmenge, um so größer auch die Gefahr der Austrocknung. Man rechnet, je nach
Art der Luftpräpariereinrichtungen und sonstiger Betriebsverhältnisse, mit Luftmengen
zwischen 40—80 m³ je 100 kg Gerste und Stunde.

*Luftgeschwindigkeit:* optimal etwa 2,0—2,5 m/sec unter der Horde, um das Keimgut nicht
zu beeinträchtigen.

## c) Keimanlagen der pneumatischen Mälzerei

### α) Trommelmälzerei

Keimtrommeln sind zylinderförmige, drehbare Metallbehälter; man unterscheidet geschlossene und offene Trommeln.

*Geschlossene Trommeln:* Die älteste, technisch am besten ausgereifte Form, die
auch eine größere Verbreitung gefunden hat, ist die Keimtrommel von GALLAND
(eingeführt 1880): ein schmiedeeiserner Zylinder auf vier Laufrollen; die beiden
Böden besitzen Öffnungen, durch die die Ventilationsluft zu- bzw. abgeführt wird,
und zwar zunächst in eine vom Inneren abgetrennte Luftkammer, von der aus
gelochte Kanäle die ganze Trommellänge durchziehen. In der Mitte ist ein weites
Zentralrohr, durch das die Luft abziehen kann. Die Belüftung erfolgte früher fast
ausschließlich durch Saugluft, heute auch durch Druckluft.

Fassungsraum: etwa von 3000—20000 kg; normalerweise 10000—12000 kg.

*Weitere Konstruktionen:*

*Miag*-Keimtrommel, die sich im wesentlichen an die Galland-Trommel anlehnt, mit einigen
Verbesserungen zur Erreichung einer gleichmäßigeren Belüftung.

*Topf*-Keimkastentrommel: gleicht äußerlich der Gallandtrommel, stellt aber eine Kombination zwischen Trommel- und Keimkastensystem dar: das Keimgut liegt auf einem geschlitzten Hordenblech, durch das die Belüftung erfolgt; gewendet wird wie bei der Galland-Trommel.

Es gibt auch „Mehrhaufentrommeln", in denen Keimgut mit unterschiedlichen Wuchsstadien in getrennten Abteilungen mit gesonderter Lüftung bearbeitet wird.

*Arbeitsweise:* im allgemeinen gelten die gleichen Richtlinien wie bei der Haufenführung auf der Tenne; Unterschiede sind nur durch die technischen Eigenheiten der Trommel selbst gegeben.

Die *Füllung* erfolgt so, daß das Zentralrohr mindestens am 2. Tage bedeckt ist. Die *Luftmenge* wird durch Absperrorgane auf der Austrittseite reguliert. Da die Temperatur der Luft während der ganzen Keimzeit durchschnittlich auf ~ 10°C gehalten wird, muß die Regulierung der biologischen Wärme im Keimgut durch Vermehrung oder Verminderung der Luftzufuhr erfolgen; dadurch wird bei den in lebhaftem Wachstum befindlichen Haufen durch die größeren Temperaturunterschiede die Entfeuchtung begünstigt, und es wird notwendig, das entzogene Wasser durch „Spritzen" wieder zu ersetzen. Wegen der schonenden und gleichmäßigen Wendung durch die Trommeldrehung tritt aber bald wieder ein Ausgleich des Wassers und der Temperatur ein. Durch abwechselnde Drehung und Ruhestellung der Trommel wird die Keimung — je nach dem Wurzel- und Blattkeimgewächs und der „Auflösung" des Kornes — geregelt. Wenn auch die Temperaturen, besonders in der Ruhestellung, oft sehr merklich von einander abweichen, liegt andererseits das Keimgut, besonders während der Drehzeiten, fast stets in reiner Luft.

Das Trommelgrünmalz besitzt im wesentlichen die Eigenschaften des Tennenmalzes, nur ist der Wurzelkeim gewöhnlich länger und dünner als beim Tennenmalz.

*Offene Trommeln* spielen eigentlich nur mehr eine historische Rolle, abgesehen davon, daß gelegentlich wieder Konstruktionen ähnlicher Art auftauchen, die aber kaum größere Verbreitung finden.

Eine gewisse Bedeutung hat nur die *Tilden*-Trommel, die gleichzeitig der Keimung und der Darrung dient, ähnlich wie z. B. auch die amerikanische Trommelmälzerei nach Graff.

## β) Kasten-Mälzerei

Neuzeitliche pneumatische Kastenkeimanlagen gehen alle mehr oder weniger auf das System von Saladin zurück, der gegen Ende des vorigen Jahrhunderts die zu einem erheblichen Teil auch heute noch gültigen technischen Grundlagen für die allgemein vorherrschende Form pneumatischer Mälzungsanlagen schuf.

Das Keimgut in einem „Saladin"-Kasten ist einem Tennenhaufen vergleichbar, der sich nur nach oben ausdehnen kann und deshalb ständig an Höhe zunimmt. Das Lockern und Umschichten erfolgt durch einen langsam wandernden mechanischen Wender.

Der *Keimkasten* ist ein gemauerter, rechteckiger Kasten (meist ein Backsteinwerk mit glattem Zementverputz, von normal 1 m Höhe vom Hordenblech aufwärts; Wandstärke 16—20 cm). Auf der Innenseite der Stirnwände sind dem Durchmesser der Wenderschnecken angepaßte Ausbuchtungen angebracht.

*Verhältnis von Länge zur Breite:* richtet sich nach örtlichen Verhältnissen, sollte aber über gewisse Grenzen aus technologischen Gründen (ungleichmäßige Belüftung!) nicht hinausgehen (4:1 bis höchstens 6:1). Über dem Kastenboden werden perforierte Horden-(Trag-)bleche für das Keimgut eingelegt, unter diesen befindet sich der für die Ventilationsluft bestimmte Raum.

Die *Schneckenwender* bestehen aus einem Wenderwagen, der sich auf Laufschienen oder mittels Nockenstangen über die Seitenwände fortbewegt; über die Kastenbreite gleichmäßig verteilt sind stehende (Spiral-)Schnecken angebracht, die sich beim Vorschub des Wenderwagens (~ 0,50 m/min) ebenfalls drehen, das Keimgut auflockern und eine Umschichtung herbeiführen. Sparsames Wenden schont das Keimgut und verhindert größere Wasserverluste.

*Zahl der Kästen:* vorteilhaft so, daß jeden Tag mindestens ein Kasten gezogen und auch gereinigt werden kann.

Das *Fassungsvermögen* einzelner Kästen erstreckt sich von 2500—70000 kg, meist etwa zwischen 10000—30000 kg. Die Anlagen werden mit zunehmender Größe wirtschaftlicher.

*Aufstellung:* in einem geschlossenen Keimsaal, in größtmöglicher Unabhängigkeit von der Außenluft und anderen Umweltsbedingungen, mit einer Höhe von etwa 3,2—3,5 m.

Das *Belüftungssystem* gleicht grundsätzlich dem anderer pneumatischer Anlagen, muß aber örtlichen Gegebenheiten angepaßt werden. Ursprünglich wurde die Einströmluft für alle Kästen an einer Zentralstelle gemeinsam temperiert, befeuchtet und durch einen oder auch zwei Ventilatoren zu allen Kästen geschafft.

In neuerer Zeit ist es üblich, jedem Kasten einen eigenen Ventilator und eine Befeuchtungsanlage — unmittelbar an der Stirnseite — zu geben, in dem die Luft dem Erwärmungsgrad des Haufens entsprechend temperiert und befeuchtet wird, und zwar von einem für Frisch- und Rückluft gemeinsamen Hauptkanal aus. Anstatt der früheren *Saugbelüftung* wird heute fast ausschließlich mit *Druckluft* gearbeitet. Die Regulierung der Luftmenge erfolgt entweder durch Drosselung der Ansaugluftmenge vor dem Ventilator oder hauptsächlich durch den über dem Keimgut befindlichen Abluftschieber, wodurch ein einstellbarer Gegendruck über dem Haufen erzielt wird. Der Druckabfall vom Druckraum unter bis zum Raum über der Horde beträgt je nach Höhe und Beschaffenheit des Grünmalzes etwa 3—8 mm Wassersäule. Die Belüftungsart kann *zeitweilig* (periodische Belüftung) oder *ständig* sein (kontinuierliche Belüftung). Die heute gewöhnlich nur selten übliche zeitweise Belüftung braucht leistungsfähige Ventilatoren, um große Luftmengen innerhalb kurzer Zeit zu befördern, da die während der Ruheperiode sich rasch erwärmenden Haufen einer großen Luftmenge bedürfen, um wieder abzukühlen. Bei der ständigen Lüftung dagegen genügt ein gleichmäßiger und der Menge nach wesentlich geringerer Luftstrom, um die Haufentemperatur auf der gewünschten Höhe zu halten (J. DE CLERCK u. Mitarb. 1963).

*Grenzwerte* für den Luftverbrauch je Stunde für 100 kg Gerste als Grünmalz: 40—75 m³.

Bei der ständigen Belüftung liegt die Temperatur der Einströmluft im allgemeinen nur etwa 1—2°C unter der erforderlichen Haufentemperatur.

Die leichte aber ständige Belüftung entspricht dem natürlichen Wachstumsvorgang mehr als die zeitweise, stürmische.

*Rücklufttechnik (Rundlaufverfahren):* Ein Teil der Abluft (manchmal auch die gesamte) wird in einem Rückluftkanal wieder dem Ventilator zugeführt, mit Frischluft verschnitten und erneut durch den Haufen gedrückt. Der ursprüngliche, zunächst rein wirtschaftliche Zweck war, den Wärmeinhalt der Rückluft zum Anwärmen der Einströmluft mit zu verwenden, allmählich bekam diese Maßnahme jedoch auch eine technologische Bedeutung: die Rückluft wird bei wiederholtem Kreislauf sauerstoffärmer, regt das Wachstum geringer an und hemmt die Wärmeentwicklung.

Je nach dem gegenseitigen Verhältnis von Frisch- und Rückluft (die nahezu immer feuchtigkeitsgesättigt ist) läßt sich auch Wachstum und Stoffverbrauch innerhalb gewisser Grenzen regeln.

*Vorteile der Rückluftverwendung:* Verringerung der Luftmengen, leichte Anfeuchtung der Luft, sparsamer Verbrauch an Frischluft, Verminderung der Austrocknungsgefahr und größerer Temperaturdifferenzen, kühleres und langsameres Wachstum, selteneres Wenden, Schonung des Gewächses und leichtere Beherrschung auch größerer Haufen.

Zu betonter Rückluftverwendung werden heute Einzel- oder auch Doppelkästen in sorgfältig isolierten Räumen gebaut, um die Vorteile der Rücklufttechnik voll ausnützen zu können. Die Anreicherung an $CO_2$ bedeutet allerdings dabei eine beträchtliche Gefahr, der durch sorgfältige Überwachung begegnet werden muß: schon 3% $CO_2$ machen sich durch erschwerte Atmung bemerkbar, 4% $CO_2$ können bereits erhebliche Kreislauf- und Bewußtseinsstörungen hervorrufen, 8% $CO_2$ und darüber: rasch abnehmende Atmung, Bewußtlosigkeit und Tod, wenn nicht sofortige Hilfe zur Stelle ist. Auch wenn das Kohlendioxid z. B. durch Frischwasser teilweise herausgewaschen wird, wirkt sich der Sauerstoffmangel in ähnlicher Weise aus.

*Die Keimbedingungen der Kastenmälzerei:* Für die Haufenführung in den pneumatischen Keimkästen gelten ebenfalls wieder ganz allgemein die Richtlinien der Tennenmälzerei.

*Nasses Ausweichen* ist die Regel, das Weichwasser tropft durch die Hordenbleche ab.

*Zum Abtrocknen* der Haufen: ständige Lüftung mit kleinen Luftmengen (Dauer etwa 18—20 Std), Wenden ungefähr alle 8 Std. Leicht lösliche Gersten führt man nach dem Abtrocknen ungefähr bei 12°C weiter, läßt am 4. oder 5. Tage auf 15—16°C ansteigen bis zum „Haufenziehen".

Schwer lösliche Gersten: in den ersten Tagen bereits auf etwa 14°C halten, dann je nach Auflösung, jeden Tag um 1°C höher gehen bis auf Temperaturen von 18 und 20°C, notfalls auch noch darüber. Die Temperaturdifferenz zwischen der unteren und oberen Keimgutschicht soll nicht über 2°C hinausgehen, sonst ist die Beladung zu groß oder die Belüftungsanlage ist zu gering bemessen.

Wichtig ist auch die weitgehende Gleichheit der Temperaturen an *allen* Stellen des Kastens, vor allem am Anfang und Ende.

Auch die *Druckverhältnisse* müssen sorgfältig beobachtet werden. Der im Kastenraum herrschende Überdruck muß dem der Luftströmung entgegenstehenden Widerstand angepaßt sein; er liegt je nach Fassungsvermögen und anderen technischen Gegebenheiten normalerweise zwischen 7—25 mm. Die Einstellung des richtigen „Gegendruckes" stellt eine grundlegende Bedienungsmaßnahme hinsichtlich des Luftdurchgangs, des Feuchtigkeitsgehaltes und der Temperaturverhältnisse dar.

Bei sachgemäßer Handhabung ist ein neuzeitlicher, mit den notwendigen Kontrollorganen versehener Keimkasten ein zuverlässiges System, das es gestattet, die Lebensäußerungen des Kornes genau zu überwachen, zu regeln und — bei entsprechenden Gerstenqualitäten — ein ausgezeichnetes Malz herzustellen. Der Malzschwand (vgl. S. 92) wird im Kasten — vor allem bei mäßigem Frischluftzusatz und starker Rückluftverwendung — um ca. 1% (gelegentlich darüber) geringer als bei Tennen- und Trommelmalzen.

*Die ständige Kontrolle* einer pneumatischen Keimkastenanlage erstreckt sich auf:
1. die Temperaturen der Luft (Außen-, Raum-, Einström-, Rück- und Abluft);
   die Temperaturen des Wassers (Leitungs- und Grubenwasser);
   die Temperaturen des Haufens (unten, oben; an verschiedenen Stellen des Kastens: vorne, Mitte, Ende).
2. Druckhöhen im Horden- und oberen Kastenraum; Pumpendruck.
3. Klappenstellung zum Verschneiden von Frisch- und Rückluft, sowie der Abluft.
4. Wenden: Zeit und Wenderstellung.
5. Beobachtung des Gewächses und der Lösung.
6. Feuchtigkeitsgehalt des Keimgutes.
7. besondere Maßnahmen oder Beobachtungen: Spritzen der Haufen, abnorme Wachstumserscheinungen.

### γ) Andere pneumatische Systeme

*Wanderhaufenmälzerei:* Im Grunde genommen ein Keimkasten, der zu einer Art „Keimstraße" verlängert ist, auf der die Gerste von einem Ende zum anderen, d. h. also vom Ausweichen bis zum Abräumen, durch einen großen Wenderwagen fortbewegt wird. Die ganze Kastenlänge ist in 16—18 Felder unterteilt („Halbtagesfelder") die durch besondere Luftzuführung und entsprechende Temperierung eine dem jeweiligen Zustand des Keimgutes angepaßte Haufenführung erlauben.

*Popp-System:* Diese pneumatische Mälzerei-Konstruktion weicht von den herkömmlichen ab und besteht aus einem Stahlzylinder (Keimgefäß), einem Kühl- und Spritzturm und einem Druckbehälter mit Kompressor.

Das Weichgut wird mit der im Kühl- und Spritzturm präparierten Frisch- oder Rückluft von oben nach unten oder umgekehrt belüftet. Das Wenden erfolgt durch Druckluft: der Deckel des Keimgefäßes wird angehoben, die normale Belüftung ausgeschaltet und komprimierte Luft von einigen atü eingeleitet, die ein schonendes und luftiges Heben und Umschichten des Keimgutes bewirkt (E. Reitzel 1964).

*„Kohlensäurerast"-Verfahren:* Diese, nach dem Erfinder Kropff benannte Mälzungsmethode hat zwar ihre einstige Bedeutung eingebüßt, da es, wie weiter oben schon ausgeführt (vgl. S. 77), mit derzeitigen pneumatischen Kastenanlagen möglich ist, eine genau kontrollierte und abgestufte „Kohlensäurerast" durchzuführen; gleichwohl ist das ursprüngliche „Kropff-System" doch mehr als nur eine geschichtlich bemerkenswerte Mälzungsart, weil es grundsätzliche Erkenntnisse über den Verlauf der in einer $CO_2$-Atmosphäre vor sich gehenden Keimung erbrachte, die auch in der heutigen Technologie noch Gültigkeit besitzen. Seinem Wesen nach widerspricht es dem natürlichen Keimungsvorgang auf der Tenne oder im Kasten, aber es ergeben sich durch die starke Hemmung der Lebensvorgänge und einer dadurch bedingten stärkeren enzymatischen Wirksamkeit erhebliche Ausbeutegewinne.

Das alte Kropff-Verfahren ist ein kombiniertes Mälzungssystem. Nach einer 4—5tägigen normalen Keimung beginnt die eigentliche „Kohlensäurerast" in einer besonders konstruierten „Lösungskammer" aus gewöhnlichem Mauerwerk, mit quadratischem oder rechteckigem Querschnitt, die Decken gewöhnlich aus Beton mit Zementverputz und insgesamt hermetisch abgedichtet.

*Prinzip:* Die bereits kräftig angekeimte Gerste wird in den vollkommen luftundurchlässigen „Lösungskasten" gegeben; der Sauerstoffvorrat wird rasch verbraucht, während die $CO_2$-Konzentration im gleichen Maße ansteigt, nach unten sinkt, die untere Luftreserve nach oben drückt, bis praktisch aller Sauerstoff verbraucht ist. Dabei kann der Gehalt an Kohlendioxid im Lösungskasten bei gesunden und keimkräftigen Gersten auf 25—30 % ansteigen. Die Bildung von Atmungsprodukten und das Wachstum hören auf, die zunächst noch steigenden Temperaturen nehmen nicht mehr zu und die normale oxybiontische Atmung geht in die anoxybiontische über, es kommt zur „intramolekularen" Atmung mit den typischen Erscheinungen des Sauerstoffmangels: Entstehung von esterartigen Verbindungen, von Alkoholen, Säuren u. a. als Folge eines krankhaften Stoffwechsels; die Keime werden welk und braun, die Auflösung verläuft in anormaler Weise: das Ergebnis würde ein unbrauchbares, verdorbenes Malz sein, deshalb darf die „Ruheperiode" im Lösungskasten nur beschränkte Zeit dauern. Das „Kohlensäurebad" wird durch eine sog. „große Lüftung" (2stündig) unterbrochen, die den Haufen kühlt, $CO_2$ verdrängt und Sauerstoff zuführt; zwischen zwei „großen" Lüftungen wird noch eine „kleine" durchgeführt (5 min), quer durch den unteren Sammelraum, eigentlich nur ein Absaugen des sich unten sammelnden Kohlendioxids, um stärkere Zersetzungserscheinungen hintanzuhalten. Bleibt ein Grünmalz, wie normalerweise üblich, etwa 4 Tage im Lösungskasten, so kann es beispielsweise ungefähr täglich 2mal mit „großer" und zwischenzeitlich mit „kleiner" Lüftung behandelt werden, wobei aber örtliche Verhältnisse, sowie Sorten- und Jahrgangseigenschaften beachtet werden müssen.

Die $CO_2$-Rast kann auch, wie oben schon erwähnt (vgl. S. 77) bei entsprechenden technischen Voraussetzungen in den gewöhnlichen Keimkästen durchgeführt werden; durch allmähliche und leicht steuerbare Verminderung des Sauerstoffgehaltes — die ja die eigentliche Vorbedingung für die $CO_2$-Rast darstellt — werden die Eingriffe in die Stoffwechselvorgänge weniger heftig und stärkere Beeinträchtigungen des Malzcharakters vermieden.

*Eigenschaften der $CO_2$-Rastmalze:* Das Wachstum der Blatt- und Wurzelkeime ist geringer, die Enzymentwicklung kräftiger, die niedermolekularen Abbauprodukte entsprechend konzentrierter als bei gewöhnlichen Malzen. Diese weitgehende Auflösung verursacht gelegentlich Schwierigkeiten bei der Herstellung heller Malze, da die Voraussetzungen für eine sehr lebhafte „Melanoidinreaktion" gegeben sind (vgl. S. 82). Das Kohlensäurerastverfahren eignet sich demnach besonders für dunkle Malztypen.

Wirtschaftlich vorteilhaft ist die Verminderung des Malzschwandes um durchschnittlich 2 %, weiterhin auch die Einsparung menschlicher und mechanischer Arbeitskraft, die geringere Belüftung und die verhältnismäßig einfache Vergrößerung der Kapazität einer Mälzerei, da auf 1 m² Kastenfläche Grünmalz aus ca. 500 kg Gerste erzeugt werden kann.

## 5. Beeinflussung der Keimung durch besondere Methoden

Länge der Keimzeit, Malzschwand und Extraktausbeute sind für den Mälzer von grundlegender Bedeutung und es hat demnach nie an Versuchen gefehlt — je nach den gegebenen technischen Möglichkeiten — diese Faktoren wirtschaftlich zu verbessern, die biologischen Vorgänge zu vereinfachen oder abzukürzen, Schwand zu sparen, ohne die für den Brauer unentbehrliche Auflösung zu beeinträchtigen.

*Einige ältere und jüngere Beispiele:* „Ausbeutemalz" (Verfahren „Wolfrum"); Besprühen der ausgeweichten Gerste mit $HNO_3$ (6 Bé); Hemmung des Wurzel- und Blattkeimwachstums. Enzyme werden angeblich nicht geschädigt und Schwandersparnisse bis zu 3 % erzielt.

Statt $HNO_3$ werden auch wäßrige Lösungen N-haltiger Stoffe (salpetersaurer Harnstoff, „Sladrol") vorgeschlagen mit angeblich ähnlichen Ergebnissen.

Gleichartige Erfolge soll auch $CuSO_4$ in verd. Lösungen erzielen lassen.

Vom technologischen Standpunkt aus ist die Anwendung rein chemischer Mittel für diese Zwecke immer problematisch und bedenklich (K. SCHUSTER 1963c).

Bekannt geworden ist in jüngerer Zeit die Behandlung der Gerste mit „*Gibberellinsäure*": ein Stoff, der durch japanische Forscher in einem Schimmelpilz auf Reispflanzen (*Gibberella fujikuori*) entdeckt wurde und sich durch einen sehr starken Wachstumsreiz auszeichnete. In späteren Untersuchungen wurde festgestellt, daß dieser Stoff aus drei Komponenten mit ungefähr gleichen physiologischen Eigenschaften besteht — $A_1$, $A_2$, $A_3$ — von denen die letztere die beste Ausbeute ergab und „Gibberellinsäure" benannt wurde. Die praktische Anwendung in der Mälzung (vorgeschlagene Konzentrationen: 0,01—0,3 mg/kg Gerste) ergab eine beträchtliche Verkürzung der Keimzeit, Erhöhung der Extraktausbeute, Verminderung des Malzschwandes, Erhöhung der diastatischen Kraft usw.; allerdings liegt der Schwerpunkt der durch die Gibberellinsäure hervorgerufenen Wirkung auf der Proteinseite, so daß der Eiweißlösungsgrad des Malzes außerordentlich stark ansteigt und so die anderen Vorteile überschattet (L. Weith 1960; E. Sandegren u. Mitarb. 1958; H. Jomo u. Mitarb. 1963). In neueren Arbeiten wird vorgeschlagen (und im Ausland auch angewandt) ein bestimmtes Mischungsverhältnis von Gibberellinsäure und Bromat zu verwenden, um einen Ausgleich zwischen den Lösungsvorgängen und dem Eiweißabbau zu erzielen (A. Macey u. Mitarb. 1961).

Auch die Verwendung von *Glucose* bei der Weiche, bzw. Keimung der Gerste soll technologische und wirtschaftliche Vorteile erbringen (P. Kolbach u. Mitarb. 1961).

Wenn auch die Wirkung obiger Mittel hauptsächlich auf biologischen Reaktionen beruht, so herrschen doch über Anwendung und Erfolg noch unterschiedliche Meinungen (A. H. Cook 1963; H. Kieninger u. Mitarb. 1963).

# 6. Das Darren des Grünmalzes

## a) Theorie des Darrens

Das durch Umwandlungsvorgänge bei der Keimung erzielte Produkt, das „Grünmalz", ist ein nicht haltbares Zwischenerzeugnis, das erst durch die Darrung in seinen Eigenschaften fixiert und stabilisiert wird. Die Eigenschaften des Grünmalzes sind aber ein Wesensmerkmal für den Charakter des späteren Malzes; aus einem technologisch unbefriedigendem Grünmalz läßt sich auf keinen Fall ein Qualitätsmalz herstellen, ein einwandfreies Grünmalz kann aber auch andererseits durch eine unsachgemäße Darrung wieder entwertet werden.

*Eigenschaften des Grünmalzes:*

Frischer, „gurkenartiger" Geruch, kräftige gedrungene Wurzelkeime, eine je nach dem Typ des Malzes genügende Blattkeimlänge; die Auflösung soll trocken und mehlig sein, schmieriger oder teigiger Zustand des Kornes rührt von Fehlern beim Weichen und Mälzen her.

Tab. 2 gibt in einigen charakteristischen Analysenwerten deutlich die Veränderungen wieder, die eine Gerste während eines Keimungsvorganges erleidet.

Tabelle 2

| | Gerste | „Helles" Grünmalz | „Dunkles" Grünmalz |
|---|---|---|---|
| 1. Wassergehalt in % . . . . . . . . . | 14—16 | 42—44 | 43—45 |
| 2. Säure bis pH 9,0 | | | |
|     ursprüngliche ml n/1[1] . . . . . . . | 2,5—4,0 | 5,0—8,0 | 6,0—9,0 |
|     enzymatische ml n/1 . . . . . . . | 4,5—7,0 | 8,0—12,0 | 10,0—15,0 |
|     Gesamtsäure ml n/1 . . . . . . . | 7,0—11,0[2] | 13,0—20,0 | 16,0—24,0 |
| 3. Formolstickstoff | | | |
|     ursprünglicher mg[1] . . . . . . . | 20—35 | 115—200 | 125—250 |
|     enzymatischer mg . . . . . . . . | 20—40 | 75—175 | 100—225 |
|     insgesamt mg . . . . . . . . . . | 40—80[3] | 190—375 | 225—475 |
| 4. Diastatische Kraft (Windisch-Kolbach) | 50—200 | 300—400 | 350—500 |
| Als Ausdruck der kombin. Wirkung zwischen $a$- und $\beta$-Amylasen | erheblich sortenbedingt | | |

[1] Enzyme durch Alkohol abgetötet. [2] Spezialauszug bei 53°C. [3] Spezialauszug bei 48°C.

Erst das Darren verwandelt das biologisch noch aktive Grünmalz in ein dauerhaftes, lagerfähiges Produkt, und zwar durch Entzug des noch vorhandenen Vegetationswassers, um die biologischen Reaktionen so weit wie möglich zu unterbinden; der rohfruchtartige Charakter des Grünmalzes muß einem die verschiedenen Malztypen kennzeichnenden Aroma weichen, weiterhin ist vor allem für das dunkle Malz die Bildung von Melanoidinen (vgl. S. 82) wichtig. Für die Weiterverarbeitung des Malzes ist außerdem die Entfernung der Wurzelkeime erforderlich, um ein erneutes Anziehen von Wasser zu verhindern.

Der Darrprozeß, dem das Grünmalz unterworfen wird, besteht aus einem Trocknungs- und anschließend einem abgestuften Röstvorgang. Es erfährt dabei tiefgreifende physikalische und chemische Veränderungen, die davon abhängig sind, mit welcher Geschwindigkeit, bei welchen Temperaturen und wie lange abgedarrt wird.

*Physikalische Veränderungen:* Verminderung des Wassergehaltes auf 1,5 bis 4,0% je nach Art des Malzes; beim Entwässerungsvorgang unterscheidet man zwei Stufen: das „Schwelken" und das eigentliche „Trocknen", unabhängig davon, daß bei neuzeitlichen Einhordendarren diese Stufen ineinander übergehen.

Bis zu 18—20% gibt das Grünmalz sein Wasser verhältnismäßig leicht ab (Hygroskopizitätspunkt! vgl. S. 87); die Wasserabgabe wird dann zögernder bis zu etwa 10%; man spricht bei diesem Intervall vom sog. „Schwelkprozeß". Darunter setzt nunmehr der eigentliche Trocknungsvorgang ein (bei hellem Malz bis zu 3—4%, bei dunklem bis zu 1,5—2,0%); der Wasserentzug wird immer schwieriger, da mit fortschreitender Trocknung die Capillar- und Kolloidkräfte des Kornes entgegenwirken und gleichzeitig meist eine gewisse Schrumpfung eintritt, die allerdings so gering wie möglich sein soll; sie wird um so größer, je feuchter das Schwelkmalz in höhere Temperaturen kommt, je schneller es entwässert wird und je höher es ausgedarrt wird. Schlecht gelöste Malze schrumpfen stärker als gut gelöste.

Der Mehlkörper muß mürbe und bröselig sein, nicht hart und zäh.

Größere Veränderungen an Farbe, Geruch und Geschmack treten hauptsächlich beim dunklen Malze ein.

*Chemische Veränderungen:* Biochemische Reaktionen finden statt, solange das Korn noch lebt, als Folge eines noch weitergehenden natürlichen Wachstums mit enzymatischen Ab- und Aufbauvorgängen, nach Aufhören des Wachstums nur mehr enzymatische Vorgänge, nach eingetretener „Wärmestarre" des Kornes ausschließlich chemische Umsetzungen.

So lange die Feuchtigkeit des Darrgutes nicht unter 10—15% sinkt und die Temperatur nicht über 40°C steigt, geht das Wachstum und die Enzymtätigkeit weiter; bei Temperaturen von 40—70°C spielen sich nur noch allmählich ausklingende enzymatische Vorgänge ab, ist der Wassergehalt unter 10% gesunken und liegt die Temperatur über 70°C, hören alle natürlichen Lebenserscheinungen auf, die sich weiter abwickelnden Reaktionen sind nur mehr chemischer Natur, die aber bei der Herstellung dunkler Malze noch eine besondere Rolle spielen.

*Beeinflussung der Enzyme:* sie sollen möglichst wenig beschädigt, sondern nur — infolge des Wasserentzuges — inaktiviert werden.

Im einzelnen ereignet sich folgendes: die Hemicellulasen (Cytasen) werden schon bei mittleren Temperaturen (50—60°C) vernichtet; auch die Amylasen leiden unter dem Darrprozeß, es sollte aber eine möglichst hohe diastatische Kraft erhalten bleiben.

Proteinasen zeigen eine bessere Hitzebeständigkeit als Peptidasen, die bei noch höherem Wassergehalt bereits bei 40°C beeinträchtigt werden; ähnlich verhalten sich die säurebildenden Enzyme.

*Verhalten der Stoffgruppen:* Kohlenhydrate reagieren uneinheitlich; Cellulose und Pentosane verändern sich kaum, der Abbau der Stärke nimmt aber mit Erhöhung der Temperatur zu in besonderer Abhängigkeit vom Wassergehalt. Endprodukte bei niedrigen Temperaturen: Glucose, Invertzucker, Saccharose; bei höherer Temperatur: Maltose und Dextrine. Unterhalb 15% $H_2O$ findet mit steigender Temperatur eine ständige Abnahme des Gesamtextraktes statt, z. T. durch Hitzecoagulation der Eiweißstoffe, Bildung hochmolekularer, nicht mehr löslicher Kohlenhydrate, von Melanoidinen usw.

Der als *Gesamt-N* gefundene Anteil ändert sich beim Darren der Menge nach nicht, wohl aber in seiner Zusammensetzung.

Beim *hellen* Malz zeigen die löslichen, niedermolekularen und formoltitrierbaren N-Substanzen nur geringe Veränderungen, der coagulierbare Anteil nimmt aber bei höheren Temperaturen nicht unerheblich ab, ein technologisch wichtiger Vorgang, da höhermolekulare Eiweißstoffe in Würze und Bier hinsichtlich der Stabilität bedenklich sind.

Beim *dunklen* Malz nimmt der dauernd lösliche Stickstoffanteil bis zu 60°C kräftig zu, während des Ausdarrens tritt eine starke Abnahme des coagulierbaren Eiweißes ein.

*Glasigkeit* (Körner mit glasigem Rand oder Kern) entsteht durch proteolytische bzw. cytolytische Einwirkung, wenn Malz mit noch hohem Wassergehalt raschen Temperatursteigerungen ausgesetzt wird.

Eine der technologisch bedeutsamsten Vorgänge während des Darrens ist die *Melanoidinreaktion*, die für die Farb- und Aromaeigenschaften des Malzes maßgebend ist und die bevorzugt bei Temperaturen von 100—110°C eintritt, aber auch in geringerer Menge bei tieferen Wärmegraden stattfindet. Sie setzt einen Mindestwassergehalt von 5% voraus, einfache, reduzierende Zucker (Pentosen und Hexosen), sowie formoltitrierbare Stickstoffanteile (niedermolekulare Peptide und Aminosäuren) (C. Lindner 1912).

Es reagieren die freien Carbonylgruppen einfacher Zucker und Pentosen mit den Aminogruppen niedermolekularer Peptide bzw. der Aminosäuren unter Bildung heterocyclischer Ringstrukturen, wobei die Stickstoffsubstanzen zu Aldehyden, Ammoniak und Kohlendioxid umgewandelt werden. Die stickstoffhaltigen Reaktionsträger bestimmen hauptsächlich den Charakter der entstehenden Melanoidine.

Beispiele:

*Glykokoll:* Reaktion sehr aktiv, starke Färbung und leicht säuerlicher Geschmack;

*Alanin:* langsamere Reaktion, aber ähnliche Produkte;

*Valin:* langsame Reaktion, bräunliche, angenehm aromatisch schmeckende Stoffe;

*Leucin:* schwach färbende Verbindungen, kräftiges, brotartiges Aroma.

*Melanoidine* sind ganz allgemein teils unlösliche, teils lösliche, aber nicht vergärbare Substanzen mit verschieden hoher Färbekraft und Aroma-Eigenschaft; sie gehen kolloid in Lösung, sind negativ elektrisch und üben infolge ihrer schutzkolloiden und reduzierenden Wirkung einen günstigen Einfluß auf den Schaum und auf die Eiweißstabilität aus (J. Mühlbauer u. Mitarb. 1956).

Die beim Darren gebildete Menge und ihre qualitativen Eigenschaften hängen von der Konzentration der vorhandenen reduzierenden Zucker und Aminosäuren bzw. niederen Peptiden, vom Wassergehalt, von der Temperatur und von den Aciditätsverhältnissen ab.

Es ist demnach verständlich, daß man für dunkle Malze eiweißreichere Gersten bevorzugt und sowohl beim Weichen, Keimen und sogar noch auf der oberen Horde der Darre (vgl. S. 89) eine kräftige Auflösung herbeizuführen versucht, um die Bildung reaktionsfähiger Kohlenhydrate und Eiweißabbauprodukte zu fördern.

Im Gegensatz dazu wird man deshalb beim hellen Malz alles vermeiden, was einer stärkeren Bildung von Melanoidinen gleichkommt, d. h. eiweißärmere Gersten sowie knappe Weiche und Auflösung wählen, und das Wasser auf der Horde rasch entziehen, um diese Melanoidinebildung (es entstehen zuerst die farbkräftigen, erst bei höherer Temperatur die aromatischen Stoffe) wegen ihrer zufärbenden Wirkung hintanzuhalten. Es muß dabei bedacht werden, daß die Farbebildung beim Mälzen und Darren nicht ausschließlich durch Melanoidine bewirkt wird, sondern daß auch eine Reihe von Pflanzenfarbstoffen, die den Polyphenolen bzw. den Gerbstoffen zugehören, einen erheblichen Einfluß ausüben und daß demnach Gersten mit einem höheren Gehalt an Gerbstoffkomplexen und Anthocyanen auch bei vorsichtigster Behandlung nicht die gewünschten lichten Malzfarben ergeben (vgl. S. 51).

Für die beim Darren zunehmende Säurebildung sind drei Wirkungsmomente zu beachten:

1. Säurebildende Enzyme: Zu Beginn des Darrens in ähnlicher Weise wie beim Keimen, mit einem Optimum bei ca. 60°C, hauptsächlich durch Hydrolyse organischer Phosphate.

2. Phosphatfällung: Ausfällung von unlöslichen sekundären und tertiären Ca- und Mg-Phosphaten und dadurch relative Zunahme der sauren primären Phosphate; verbunden damit eine Verminderung der Pufferwirkung.

3. Die schon beschriebene aciditätserhöhende Bildung von Melanoidinen, die infolge ihres reduzierenden Charakters auch eine günstige Beeinflussung des Redox-Potentials und damit eine stabilitätsfördernde Wirkung zur Folge haben.

Die *fettartigen* Bestandteile erfahren innerhalb der verschiedenen Temperaturstufen ebenfalls Veränderungen durch hydrolytische Spaltungsreaktionen, die sich besonders bei stark gelösten Malzen hinsichtlich der organoleptischen und Schaumeigenschaften der Biere nicht immer günstig auswirken.

Da beim Darrprozeß die Enzyme mehr oder weniger geschwächt, eine Reihe von Stoffen durch Fällungsreaktionen und Hitzecoagulation ausgeschieden werden, sinkt mit zunehmender Temperatur und Einwirkungsdauer die Gesamtausbeute des Malzes (vgl. S. 92).

## b) Einteilung der Darren

Entwicklungsgeschichtlich lassen sich die Darren einteilen in *Plandarren, Planhochleistungsdarren, Vertikaldarren und Einhorden-Hochleistungsdarren.*

Aufgrund der Heizungssysteme unterscheiden wir: *mittelbare Heizung*, bei denen nur *indirekt* erwärmte Luft, und *unmittelbare Heizung*, bei denen die *Verbrennungsgase* direkt durch das Grünmalz ziehen.

Je nach Art des Heizungsmittels oder des wärmeübertragenden Mediums: Koks-, Kohlen-, Anthrazit-, Öl-, Dampf-, Heißwasserdarren usw.

*Plandarren:* sie stellten — insbesondere die 2-Hordendarre — für eine lange Entwicklungsperiode in mehr oder weniger großen Abwandlungen den auch heute noch gültigen „klassischen" Darrentyp dar.

*Charakteristische Merkmale:* Hoher, turmartiger Bau, von verhältnismäßig kleinem, meist quadratischen Querschnitt. Die Hauptteile einer Plandarre sind:

Der Heizapparat (gewöhnlich ein Darrofen),
die Auflagestellen für das Trockengut (Horden),
die Belüftungseinrichtungen.

Der *Heizapparat* dient bei indirekt erwärmten Darren zum Erhitzen der Trocknungsluft, deren relative Feuchtigkeit dabei wesentlich herabgesetzt, das spezifische Gewicht erniedrigt wird, so daß die Luft nach oben steigt und das Trocknungsgut infolge der unterschiedlichen Wasserdampfspannungen allmählich entwässert wird; die Wärmeübertragung durch ein bewegtes Medium (Luft, Verbrennungsgase) erfolgt dabei durch *Konvektion*.

Der Darrofen steht in einem luftigen, nicht zu niedrigem Schürraum, der gelegentlich in einen oberen Raum für die Luftzuführung zu den Horden und in einen unteren für die Feuerung unterteilt ist.

*Heizungsmaterialien bzw. Heizungsträger:* Braun-, Steinkohle, Anthrazit, Koks, Torf, Holz; dann aber auch Abdampf, Frischdampf, Heißwasser, Öl, Gas, selten auch Elektrizität; am günstigsten sind Brennmaterialien mit einem mittleren Heizwert von 5000—6000 kcal. Die möglichst vollkommene Abgabe der erzeugten Wärme an die Trocknungsluft erfolgt in der sog. „Wärmekammer" oder „Sau" oberhalb des Schürraums; durch einen gemauerten, schamottegefütterten Kanal werden die Heizgase in Stahlblechrohre („Saurohre") geleitet, die ihre Wärme dann an die die Wärmekammer durchziehende Trockenluft abgeben. Form, Höhe und Weite der Heizrohre sind sehr verschieden, wichtig ist eine entsprechend große Heizfläche, die bei den älteren Darren zur „Darrfläche" in einem ungefähren Verhältnis von 2,5:1 steht, bei neueren, hochbeladenen Darren etwa 5:1 bis 6:1. Die Heizrohre werden häufig in mehreren Lagen angeordnet, um den Zug der erwärmten Luft so wenig wie möglich zu beeinträchtigen. In der Wärmekammer wird die Luft auch mit der von unten eintretenden Frischluft zur Regelung der Temperaturverhältnisse vermischt. Zur gleichmäßigen Verteilung der Trocknungsluft dienen Luftpfeifen — an der Decke des Schürraums oder anderen durchgezogenen Decken — mit einstellbaren Drehklappen für die Luftbemessung. Gelegentlich werden auch mehrere Wärmekammern eingebaut zur genaueren Fixierung bestimmter Temperaturen in den einzelnen Horden.

Die *Horden* stellen die Auflageflächen für das zu trocknende Grünmalz dar; sie sind luftdurchlässig und bestimmen je nach ihrer Anzahl den Typ der Darre: Ein-, Zwei- und Dreihordendarren. Dem aufsteigenden Warmluftstrom sollen sie möglichst wenig Widerstand entgegensetzen, um einen raschen Luftdurchgang mit entsprechender Trockenwirkung auch bei verhältnismäßig niederen Temperaturen zu gewährleisten. Die aus einzelnen Feldern gebildeten, fest verankerten Horden bestehen heute fast ausschließlich aus Stahl, der als geschlungener Draht oder als Drahtgewebe verarbeitet ist; in der Mehrzahl findet man *Profildrahthorden*, die sehr tragfähig sind, eine große freie Durchgangsfläche (30—40%) und eine völlig glatte Oberfläche besitzen.

Die Höhe der Hordenräume sind mitverantwortlich für den Zug; „die klassischen" Maße der unteren Horde waren 2—3 m, die der oberen ca. 6 m, die gewöhnlich als Gewölbe gebaut war bzw. ist. Den Abschluß der Plandarre bildet der „Dunstschlauch", ein kaminartiger Aufsatz (8—10 m hoch), der die mit Wasserdampf angereicherte Luft abführt und selbst wieder nach oben durch haubenförmige drehbare Aufsätze, nach unten durch einen verstellbaren „Dunstschirm" mehr oder weniger abgeschlossen werden kann.

*Belüftungseinrichtungen:* Der ursprünglich ausschließlich „natürliche" Zug war bei den älteren Darren von Konstruktionseinzelheiten und von verschiedenen Umweltsbedingungen abhängig.

Der Zufuhr von Außenluft dienen folgende Einrichtungen:

1. gleichmäßig verteilte Öffnungen an der Decke des Schürraums: „kalte" Züge;

2. durch Schieber verschließbare Öffnungen im Ofenmantel, durch die Luft vom Schürraum einströmt und angewärmt wird: „warme" Züge;

3. schmale, verschließbare Kanäle in den Umfassungsmauern, um Zusatzluft in die Hordenräume führen zu können: „Künstlicher" Zug.

Die schon erwähnten Umweltsbedingungen, vor allem die atmosphärischen und jahreszeitlichen Einflüsse, so wie die technologischen Voraussetzungen (Bau der

Darren, Beladungshöhe usw.) werden zwar bei *pneumatischen* Darren weniger wirksam, sind aber doch nicht ganz auszuschalten.

Ähnlich wie bei der Keimung in pneumatischen Anlagen will man auch beim Darren mit möglichst geringen Luftmengen auskommen.

*Beispiel:* Die für die Entwässerung des Grünmalzes erforderlichen Luftmengen lassen sich einfach errechnen.

*1. Insgesamt zu verdampfende Wassermenge:*

Wassergehalt des Grünmalzes . . . . = 45%
Wassergehalt des Darrmalzes (geputzt) = 2%

100 kg Darrmalz entsprechen dann:

$$\frac{98}{55} \text{ kg} \cdot 100 \text{ kg} = 178 \text{ kg Grünmalz}$$

178 kg Grünmalz enthalten $178 \cdot 0{,}45 = 80{,}1$ kg $H_2O$. Um 100 kg geputztes Darrmalz zu erhalten, müssen demnach ca. 80 kg = 80000 g $H_2O$ verdampft werden.

*2. Aufnahmefähigkeit der Trocknungsluft:*

Einströmluft, Druck . . . . . . . = 760 Torr
Einströmluft, Temperatur . . . . = 6°C
Einströmluft $\varphi$ (relative Feuchtigkeit) = 75%

1 kg Einströmluft enthält dann 4,40 g $H_2O$ als Dampf (K. SCHUSTER 1963b).

*3. Physikalischer Zustand der Abluft:*

Abluft, Druck . . . . . . . . . = 760 Torr
Abluft, Temperatur . . . . . . . = 25°C
Abluft $\varphi$ (relative Feuchtigkeit) . . = 95%

1 kg Abluft enthält dann 19,33 g $H_2O$.

Aus der Differenz der beiden Feuchtigkeitsgehalte (Abluft — Einströmluft) ergibt sich, daß 1 kg (Trockenluft) 14,93 g $H_2O$ aufgenommen hat.

Da die dem Grünmalz zu entziehende Wassermenge für 100 kg Darrmalz mit 2% $H_2O$ ca. 80000 g beträgt, sind demnach erforderlich: $\frac{80000}{14{,}93} = 5358$ kg Luft obigen Zustandes. Da die Luft gewöhnlich in der Praxis durch Raumeinheiten bestimmt wird, ergibt sich:

Das spez. Gewicht von 1 m³ Luft (760 Torr, 6°C und 75% relat. Feuchtigkeit: 1,255

$$\frac{5358}{1{,}255} = 4269 \text{ m}^3$$

4300 m³ Luft sind ein ungefährer, auch für andere Darrkonstruktionen gültiger Mittelwert für 100 kg geputztes Darrmalz, der sich aber je nach den physikalischen Zustandsbedingungen der Luft und den gegebenen technischen Voraussetzungen sehr stark verschieben kann; besonders bei sehr kalter oder sehr warmer Witterung ergeben sich wesentliche Unterschiede. Selbstverständlich spielt auch die Art der Heizung und der Belüftung — z. B. direkte oder indirekte Heizbelüftung — eine nicht unwesentliche Rolle.

Da Darren mit „natürlichem" Zug ebenso abhängig sind von äußeren Bedingungen wie Tennen, lag es nahe, die Darrarbeit durch Einbau von Ventilatoren gleichmäßiger und leistungsfähiger zu machen; es wurden zunächst besonders konstruierte Saugventilatoren benützt, die entweder im oberen Hordenraum (Darrgewölbe) oder am unteren Ende des Dunstkamins eingebaut wurden. Sie waren (und sind z. T. noch) so ausgerichtet, daß der „künstliche" Zug auf die gerade benötigte Luftmenge abgestimmt werden konnte. Die Laufzeit der Ventilatoren richtet sich nach der Ladehöhe auf der oberen Horde, nach den Eigenschaften der Außenluft und nach dem Typ des herzustellenden Malzes. Voraussetzung eines einwandfreien Ablaufs der Darrung ist eine ausreichende Heizfläche, die gegebenenfalls vergrößert werden muß, was auch wieder einen höheren Brennstoffbedarf nach sich zieht. Man suchte den steigenden Anforderungen hinsichtlich Leistung, Wirtschaftlichkeit und Qualitätssteigerung durch verschiedene konstruktive, technische und technologische Neuerungen gerecht zu werden: 3-Hordendarren z. B. („Engelhardt-, Brünedarren"), die den Schwelk- und den Ausdarrvorgang noch individueller gestalten ließen und auch wärmetechnische Vorteile aufwiesen, andererseits aber hohe Investitionskosten erforderten und schwieriger zu handhaben waren. Das Einziehen fester Decken zwischen den Horden mit regulierbaren Luftpfeifen erlaubte zwar eine schärfere Trennung der Darrstadien und eine gleichmäßigere Durchführung des Darrverlaufes, beeinträchtigte aber auch wieder den Zug und gab Veranlassung, unter Ausschaltung des immer schwankenden „natürlichen" Zuges, nur mehr die Belüftung durch Saug- oder Druckventilatoren anzuwenden und dadurch zwar einen wesentlich höheren Energieaufwand, dafür aber ein genau einzuhaltendes Darrschema, mit weitgehender Unabhängigkeit von äußeren Umweltbedingungen, zu ermöglichen. Auch für die verschiedenen Malztypen wurden eigene Konstruktionen gebaut, da die Darrführung „heller" und „dunkler" Malze sich wesentlich voneinander unterscheidet. Die anpassungsfähigeren Einhordendarren lassen sowohl eine „helle" wie „dunkle" Darrführung zu (vgl. S. 89).

*Plan-Hochleistungsdarren:* eine Weiterentwicklung, die auf derselben technischen Linie liegt, nur mit einer gewissen Überdimensionierung aller einzelnen Darrelemente. Die Beladungshöhe von etwa 60 cm erfordert einen ansehnlichen Energieaufwand, da das Verhältnis der Heiz- zur Darrfläche auf das 6—10fache ansteigt.

*Vertikaldarren:* sie haben ebenfalls eigentlich nur mehr eine historische Bedeutung, obwohl sie konstruktionsmäßig und technologisch sehr interessant sind. Sie erlauben eine besonders gleichmäßige Darrung, da das Trockengut in schmalen und hohen Schichten, unterteilt in zwei oder drei Darrabschnitte, in senkrecht nebeneinander stehenden Horden liegt, die von der Ventilationsluft in wechselnder Richtung durchstrichen werden.

*Pneumatische Einhorden-(Hochleistungs-)Darren:* Den Abschluß einer langen Entwicklungsperiode stellen die heutigen pneumatischen Einhordendarren dar, die zwar wieder auf die vereinfachte Form der ursprünglichen Darren zurückgehen, aber infolge der heutigen technischen Möglichkeiten zu einer ausgereiften, wirtschaftlich und technologisch hochstehenden Konstruktion gelangten.

Sie werden in verschiedenen Abwandlungen hergestellt und unterscheiden sich hauptsächlich durch die Art der Beheizung.

Gemeinsam sind ihnen allen folgende Gesichtspunkte:

1. Die Beladungsdichte ist wesentlich größer als bei anderen Systemen, die Kapazität, auf eine Raumeinheit bezogen, daher besonders günstig.

2. Sie arbeiten ausschließlich mit künstlicher Druckbelüftung und erlauben auch eine systematische Rückluftverwendung zu besonderen technischen Zwecken (Herstellung von dunklem Malz).

3. Die hohe Hordenschicht bedarf keines Wenders und auch alle anderen Einrichtungen sind technisch verhältnismäßig einfach.

4. Das Beladen, Abräumen, sowie die Bedienung und Überprüfung sind gewöhnlich weitgehend mechanisiert und automatisiert; die energiemäßigen Bedingungen sind im allgemeinen vorteilhaft.

5. Der Darrablauf kann programmäßig gesteuert werden und auch die Regulierung der Temperaturverhältnisse und der Belüftung erfolgt meist automatisch.

Hinsichtlich der Beheizungsart unterscheidet man unmittelbare (direkte) Feuerung, zu der man verwendet:

*Feste Brennstoffe:* Koks, Anthrazit, reine Kohlensorten, mitunter auch Torf. Es muß aber besonders darauf geachtet werden, daß die Brennstoffe bei direkter Feuerung keine Geruchs- oder Geschmacksstoffe an das Malz abgeben.

*Flüssige Brennstoffe:* leichtes, möglichst schwefelarmes Öl; für stärker schwefelhaltige Öle ist ein „Dolomit"-Zerstäuber empfehlenswert.

*Gasförmige Brennstoffe:* Erdgas, Methan u. ähnl.

Bei der mittelbaren (indirekten) Beheizung unterscheiden wir: *Feuerlufterhitzer*, bei denen die Heiz-(Trocknungs-)luft durch ein Heizrohrsystem erhitzt und der Horde zugeführt wird;

*Heißwasser-* oder *Dampfbeheizung* durch Kesselfeuerung, bei der Brennstoffe irgendwelcher Art verbrannt werden können.

*Darrvorgang:* Trocknung schichtweise von unten nach oben; während in den unteren Schichten bereits nach wenig Stunden durch starken Wasserentzug keine enzymatisch-biologischen Reaktionen mehr stattfinden, sind diese in den oberen Schichten vergleichsweise noch ungewöhnlich lebhaft. Nach dem i-x-Diagramm — Mollier — (K. SCHUSTER 1963 b) bleibt die Lufttemperatur infolge der ständigen Sättigung beim Verlassen der Horde immer etwa im Temperaturbereich von 25—30°C; erst wenn auch bei den oberen Schichten der Wassergehalt unter den sog. „Hygroskopizitätspunkt" abgesunken ist ($\sim$ 18—20%) nimmt die relative Feuchtigkeit ständig ab, während gleichzeitig die Temperatur ansteigt.

Der „*Hygroskopizitätspunkt*" hat für die pneumatischen Einhordendarren eine besondere Bedeutung: während des ganzen Schwelk- und Darrvorgangs muß hinsichtlich einer störungsfreien, allmählichen Entwässerung ein gewisses „Dampfspannungsgefälle" zwischen Grünmalz und Trocknungsluft herrschen. Die Außenluft enthält bei höheren Temperaturen gewöhnlich einen größeren absoluten Feuchtigkeitsgehalt, deshalb ist in der kalten Jahreszeit die Trocknungswirkung im allgemeinen günstiger; dafür ist allerdings der Energieaufwand — vor allem für die Heizung — wieder höher.

Die Dampfspannung im Malz sinkt mit abnehmendem Wassergehalt immer mehr, weil die Gerste infolge ihrer dichten Schale das Wasser immer schwerer hergibt.

Bei Wassergehalten um 18—20 % erreicht das Grünmalz eine niedrigere Wasserdampfspannung als Oberflächenwasser bei gleicher Temperatur. Man spricht nunmehr vom „Hygroskopizitätspunkt", weil sich das Spannungsgefälle umkehrt, d. h. die Dampfspannung im Korninnern geringer wird als die der Trocknungsluft.

Nur durch Zufuhr von Energie, d. h. in diesem Falle von Wärme, kann die Trocknungsluft „entspannt" werden, der Feuchtigkeitsgehalt nimmt relativ ab und die Luft kann wieder Wasser aufnehmen.

In der Praxis bedeutet das, daß nach Unterschreiten des Hygroskopizitätspunktes im Grünmalz bis zur obersten Schicht die Temperatur der Abluft bei gleichzeitiger Abnahme der relativen Feuchtigkeit, wie oben schon erwähnt, plötzlich ansteigt. Dieser Zeitpunkt wird als „Durchbruch" bezeichnet, der als das Ende des eigentlichen Schwelkvorganges anzusehen ist.

Bei *direkt* beheizten Darren hat auch die Zusammensetzung der Verbrennungsgase, die ja unmittelbar durch das Trockengut ziehen, eine Bedeutung: $CO_2$ und CO beeinflussen den Darrvorgang eher günstig; das bei der Verbrennung des Kokses und der Heizöle entstehende $SO_2$ beeinträchtigt in nicht zu großen Konzentrationen den Charakter des Malzes nicht, durch Erniedrigung des pH-Wertes und „Blockierung" reaktionsfähiger Endgruppen bei Zuckern und Eiweißabbauprodukten (Melanoidinbildung!) kann für helle Malze sogar ein wünschenswerter Vorteil eintreten.

Der heute am meisten vertretene pneumatische Einhordendarrentyp, der auf die sog. „Winkler-Darre" zurückgeht und durch die „Mügerdarre" besonders nach dem Kriege eine große Verbreitung fand, ist hauptsächlich gekennzeichnet durch den starken Druckventilator, der gewöhnlich im „Schürraum" neben dem Heizapparat untergebracht ist, weiter durch die Heißluftdruckkammer und den eigentlichen Darr-(Horden-)raum.

Im Schürraum befindet sich auch der Meßinstrumentenschrank für die Temperaturen unter der Horde und über dem Darrgut; ein Mehrfarbenpunktschreiber für Lufteintritts- und Ablufttemperaturen, sowie für die relative Luftfeuchte, zur Messung des Luftdruckes in der Heißluftkammer, Ampèremeter, Temperaturregler und Großregler für Luftbemessungseinrichtungen, der den Luftdurchgang optimal dem günstigsten Trocknungswirkungsgrad angleicht; der ganze Darrverlauf kann durch einen Programmregler (Kurvenscheibe) automatisiert werden.

Es gibt auch pneumatische Einhordendarren, die gewissermaßen im Verbundbetrieb neben bzw. hintereinandergeschaltet sind, so daß abwechselnd eine Horde die Schwelkhorde, die andere die Darrhorde darstellt; auf diese Weise ergibt sich eine besonders günstige Wärmeausnützung.

*Zusammenstellung einiger technischer Daten verschiedener Darrsysteme:*

*a) Plandarren* (Mehrhordendarren)

| Leistung: je m² Hordenfläche | mit Ventilator | ohne Ventilator |
|---|---|---|
| abgeräumtes Malz: | 60—100 kg | 35—50 kg |
| Darrzeit: | 2 · 12, 2 · 24 Std | 3 · 8, 3 · 12 Std |
| Saurohr-Heizfläche: | 2—3fache Hordenfläche bei 48 Std Darrzeit | |
| | 4—5fache Hordenfläche bei 24 Std Darrzeit | |
| Wärmeverbrauch: | Zweihordendarre 115—130 000 kcal/100 kg Malz | |
| | Dreihordendarre 110—120 000 kcal/100 kg Malz | |

*b) Einhorden-(Hochleistungs-)Darren*

| Leistung je m² Hordenfläche: | 230—300 kg Malz |
|---|---|
| Darrzeit: | 18—20 Std |
| Kraftbedarf des Ventilators: | |
| bei direkter Beheizung: | 2,0—3,0 kWh/100 kg Malz |
| bei indirekter Beheizung: | 2,8—3,5 kWh/100 kg Malz |
| Wärmeverbrauch: | |
| direkte Ölfeuerung: | 85—110 000 kcal/100 kg Malz |
| direkte Koksfeuerung: | 80—100 000 kcal/100 kg Malz |
| Heißwasser- und Dampfbeheizung (in Abhängigkeit vom Kesselwirkungsgrad): | 105—120 000 kg/100 kg Malz |
| Luftdurchsatz in der Schwelkphase: | im Durchschnitt 400—480 m³ je Std/100 kg Malz |

*Darrarbeit für helles Malz-Mehrhordendarren:* Verhältnismäßig rascher Wasserentzug, um alle weiteren biologisch-enzymatischen Reaktionen im Korninneren zu unterbinden. Je dünner aufgetragen wird, um so gleichmäßiger und rascher der Entfeuchtungsvorgang; der Zug (natürlich oder künstlich) bestimmt die Beladungshöhe.

Auf der *oberen Horde* soll das Grünmalz im Verlaufe von ca. 12 Std auf etwa 10—12% entfeuchtet werden und zwar soll dieser Wasserentzug in zwei Stufen vor sich gehen: von 43% auf ~ 30% bei Temperaturen von ungefähr 35—40°C, dann weiter bis zu 10% bei Temperaturen von höchstens 40—50°C.

Langsames Entwässern würde noch lebhafte biologische Reaktionen und ein Weiterwachsen der Keimlinge zur Folge haben; eine zu rasche Entwässerung bringt andererseits die Gefahr des Schrumpfens, ungünstiger Geschmacksbeeinflussungen und Gärungsstörungen mit sich.

Der Charakter des Malzes wird bereits auf der oberen Horde — im Gegensatz zum dunklen Malz — endgültig festgelegt.

Auf der *unteren Horde* wird bei sehr kräftigem Luftzug bis auf 3,0—4,0% entwässert; jede Hitzestauung muß vermieden werden, um das Schwelkmalz nicht durch zu hohe Temperaturen zu schädigen. Die Zeitdauer des „Ausdarrens" mit Höchsttemperaturen bis zu 80—85% soll etwa 4—5 Std dauern.

Voraussetzung für einen sachgemäßen Darrverlauf ist immer die entsprechende Keimführung, wobei zu bedenken ist, daß weitgehende Auflösung, $CO_2$-Rast usw. die Zunahme der Farbe sehr fördern.

Der richtige *Ausdarrungsgrad* für helle Malztypen wurde früher durch die dem Darrmalz noch verbliebene „Keimfähigkeit" festgestellt, eine Methode, die infolge der neuzeitlichen Darrtechnik keine Beweiskraft mehr hat, da durch das rasche und gründliche Entwässern die Keimkraft gewöhnlich nur zu einem Teil inaktiviert, demnach nur geschwächt, aber nicht vernichtet wird. Die Bestimmung des noch coagulierbaren Stickstoffs in dem zu prüfenden und in einer nachgedarrten Probe, sowie die Farbebeständigkeit beim Nachdarren, auch die Bestimmung des Endvergärungsgrades oder des Katalasegehaltes geben ungefähre, aber keine eindeutigen Hinweise.

Je kräftiger der Zug, um so gleichmäßiger und rascher geht die Entwässerung vor sich, um so weniger besteht die Gefahr, daß höhere Temperaturen den Charakter des Malzes — vor allem hinsichtlich der Farbe — ungünstig beeinflussen.

Das *Wenden* des Malzes, ein wichtiger Arbeitsvorgang auf den Mehrhordendarren, darf für helles Malz auf der oberen Horde nicht zu früh und nicht zu häufig erfolgen, da sonst die noch feuchten oberen Schichten nach unten, die schon trockenen nach oben kommen und durch Kondenswasser von unten her wieder angefeuchtet werden, ein für das vorgetrocknete Malz schädlicher Vorgang, da sich diese Körner durch das wiederholte Trocknen zusammenziehen und hart werden. Beim Ausdarren auf der unteren Horde hingegen ist das Wenden eine Voraussetzung für Gleichmäßigkeit und Verhütung von Zufärbungen.

*Pneumatische Einhordendarren:* Grundsätzlich gelten naturgemäß dieselben Richtlinien wie bei den Mehrhordendarren, obwohl sich bei den Einhordendarren die technologischen Vorgänge — Schwelken und Darren — gewissermaßen „fließend" abspielen. Es wird zunächst ebenfalls mit großen Luftmengen gearbeitet, um einen schnellen Schwelkprozeß mit möglichst geringen physiologischen Umsetzungen durchzuführen, was allerdings bei der großen Schichthöhe verhältnismäßig schwieriger ist als bei Mehrhordendarren: während nämlich die untersten Zonen schnell und vollkommen getrocknet sind, liegen die mittleren und oberen Schichten noch lange in optimalen biologischen Temperatur- und Feuchtigkeitsbereichen.

*Darrarbeit:* Beladung etwa 0,80—1,20 m Höhe; anfänglich Temperaturen von 40—50°C, allmähliche gleichmäßige Steigerung auf 60°C, nach 9—10 Std erfolgt gewöhnlich der „Durchbruch", die Temperatur steigt, stufenweiser Temperaturanstieg bis zur Ausdarrtemperatur; bei günstigen Feuchtigkeitsverhältnissen kann u. U. auch mit Rückluft gefahren werden.

*Darrarbeit für dunkles Malz — Mehrhordendarren:* Das bereits durch eine kräftige Auflösung vorbehandelte Grünmalz darf nur sehr langsam getrocknet werden, damit noch möglichst ausgedehnte biologisch-chemische Reaktionen im Schwelkmalz stattfinden. Früher wurde das „dunkle" Grünmalz häufig besonders „geschwelkt", d. h. bei gewöhnlicher Temperatur, meist in der Nähe der Darre, vorgetrocknet, um noch eine gewisse, wenig gehemmte Nachlösung zu erzielen.

Auf der *oberen Horde* soll der Wassergehalt von ca. 45% innerhalb von etwa 14 Std auf 20—25% erniedrigt werden, wobei die Temperaturen nicht über 40°C hinausgehen sollen; während der nächsten 10 Std soll der Wassergehalt von ungefähr 20% bei geringsten Zug beibehalten, die Temperatur bis auf 60—65°C gesteigert werden; der Zweck dieser Behandlung auf der oberen Horde ist ein noch kräftiger Eiweißabbau und eine Nachverzuckerung, um jene Abbauprodukte zu erhalten, die zur Melanoidinbildung erforderlich sind.

Das Malz kommt mit einem Wassergehalt von etwa 20% auf die *untere Horde* und wird in 8—10 Std bei relativ niederer Temperatur (50°C) auf etwa 10—12% $H_2O$ entwässert. Die weitere technologische Phase ist gekennzeichnet durch einen Wasserentzug auf nicht unter 5% $H_2O$, damit noch die für das dunkle Malz charakteristischen Aroma — und Farbbildungsreaktionen vor sich gehen können. Das nunmehr beginnende Abdarrstadium führt, wenn allmählich die Temperaturen um 100—105° erreicht wurden, zu einer letzten Erniedrigung des Wassergehaltes auf 1,5—2% während der etwa 4 Std dauernden Abdarrung.

Zu hohe Abdarrtemperaturen sind unwirtschaftlich und beeinträchtigen die Qualität, da sich statt der erwünschten Melanoidine bei zu hoher Rösttemperatur die brenzlich schmeckenden *Assamare* bilden können.

Im Gegensatz zur Darrung heller Malze wird bei der „dunklen" Malzbereitung der Zug immer mehr gedrosselt und gegen Ende des Darrprozesses eine möglichst ruhende, „gespannte" Hitze im ganzen Darrsystem angestrebt.

*Pneumatische Einhordendarren:* Auch hier müssen die bereits besprochenen Voraussetzungen im Grünmalz gegeben sein, um so mehr, als das Darren dunkler Malze in Einhordendarren an sich schon problematischer ist als auf 2-Hordendarren: weder das „Treibhausklima" auf der oberen Horde, noch die Beibehaltung von ca. 20% $H_2O$ während einer längeren Darrperiode ist auf der Einhordendarre im „klassischen" Sinne der „dunklen" Malzbereitung möglich. Wenig günstig ist außerdem die Wirkung von $SO_2$ bei direkter Beheizung.

*Darrarbeit:* Die Beladung ist ähnlich wie beim hellen Malz oder wird nach Erfahrung gewählt; vorsichtige Einleitung der Schwelkphase, um eine zu rasche Entwässerung zu vermeiden, daher Verwendung von großen Rückluftmengen zur Erreichung eines durchschnittlichen Gesamtwassergehaltes von 20—25% und Temperaturen zwischen 40—80°C, wodurch eine kräftige Nachlösung erzielt werden soll. Nach dieser Schwelkperiode erfolgt mit viel feuchter Umluft eine Aufheizung bis zur Abdarrtemperatur (100—105°C) und eine möglichst kräftige Abdarrung.

Die *Nebenarbeiten*, die mit dem Darrprozeß verbunden sind, wie z. B. Haufenziehen, Beladen der Horden, Wenden des Darrgutes bei Mehrhordendarren, Abräumen des Malzes u. ähnl. sind technische Maßnahmen, die — mit Ausnahme des Wendens — keine technologische Bedeutung haben.

Das *Haufenziehen* erfolgt heute durchwegs mechanisch (bei großen Kästen oft mit verhältnismäßig komplizierten Maschinen) oder pneumatisch, wobei auf alle Fälle dafür gesorgt werden muß, daß das empfindliche Grünmalz in keiner Weise geschädigt wird.

Die zur Vermeidung von unregelmäßigem Luftdurchgang möglichst gleichmäßige *Beladung* der Horden wird noch gelegentlich mit Kippwägen, meist aber mit Hängewagen oder Schwenkrohren durchgeführt. Arbeitserleichternd sind die sog. „Schleuderbandförderer".

Zum *Wenden* bei den Mehrhordendarren dienen fast ausschließlich mechanische Wender: Laufwagen, die entweder mittels Welle oder endloser Kette bewegt werden; an einer durchlaufenden Welle sind winkelförmige Bleche, manchmal als „Klappschaufeln" ausgebildet, befestigt. Die Art der Wendegeräte ist je nach Beschaffenheit des Trockengutes auf den einzelnen Horden verschieden. Bei hoher Beladung findet man für die Lockerung des zähen Schwelkmalzes manchmal bloß Stacheln oder sogar Schneckenwender, ähnlich wie bei den pneumatischen Kästen.

Das wegen der Staubentwicklung und der Hitze besonders anstrengende Abräumen des Malzes mit Hilfe eines „Darresels" (eine breite Schaufel mit Zugseil und Trommel) wird heute mehr und mehr verdrängt durch mechanische Apparate und Maschinen. Am vorteilhaftesten und sichersten sind die „Kipphorden", bewegliche, große Hordengestelle, die durch langsame Neigung nach unten das Malz allmählich abrutschen lassen.

# III. Das fertige Malz

## 1. Aufbewahrung

### a) Vorbehandlung

Das Malz soll nach dem Darren möglichst rasch auf eine normale Lagertemperatur (nicht über 20°C) gebracht werden, damit eine Schädigung der Enzyme, Zufärbung oder eine geschmackliche Verschlechterung vermieden wird. Die Malze verlieren zwar beim Abräumen schon viel von ihrer Wärme, aber gleichwohl genügt auch der Vorgang des Putzens und des Transportes noch nicht, um sie einwandfrei abzukühlen. Bei Silolagerung sind höhere Temperaturen besonders gefährlich, weil eine ziemlich kräftige Nachlösung mit betonter Zufärbung eintreten kann, dabei entsteht selbst immer wieder Wärme, die einen weiteren Stoffwechsel anregt. Bei großen Mengen sollte dem Malz Gelegenheit gegeben werden, kurze Zeit an der Luft zu lagern, allerdings vorsichtig, um das Malz nicht zuviel Wasser anziehen zu lassen. Sinngemäß angewandt können auch Gerstentrockner (vgl. S. 61) zur Abkühlung des Malzes herangezogen werden.

Die *Entfernung der Wurzelkeime* sollte ebenfalls sofort nach dem Darren erfolgen; die Keime enthalten bittere und zufärbende Stoffe und ziehen dochtartig begierig Wasser an sich. Das Entkeimen geht um so leichter vor sich, je rascher es nach dem Darren durchgeführt wird. Malzentkeimungsmaschinen sind gewöhnlich langsam sich drehende Siebtrommeln — mit gleichfalls rotierenden Schlägern — in denen das Malz durch Reibung von den spröden Malzkeimen befreit wird; ein Gebläse sorgt für die Entfernung des Staubes und der Keime. Beim Ablauf wird das entkeimte Malz auf diese Weise noch einmal kräftig belüftet.

Die *Malzkeime* sind ein wertvolles Abfallprodukt; mengenmäßig betragen sie etwa ← 3—4 → % des gesamten Trockengewichtes. Der Anteil wird um so größer, je länger das Malz gewachsen war. Durchschnittliche Zusammensetzung der Keime (schwankend je nach Gerstensorte und Mälzungsmethode):

| | | | |
|---|---|---|---|
| Wasser | 10% | Fett | 2% |
| Rohprotein | 24% | Rohfaser | 14% |
| N-freie Anteile | 42% | Asche | 8% |

Das „*Polieren*" des Malzes — das allerdings erst meist kurz vor dem Versieden erfolgt — wird in Apparaten durchgeführt die ähnlich wie die Malzputzmaschinen gebaut sind (Siebtrommeln mit Stahlschlägern bzw. Bürsten). Je nach Wirkung der Entkeimung und der Förderweglänge anfallende Menge: 0,5—1,5%. Der Polierabfall enthält gewöhnlich auch noch Malzgrieße, die sehr extraktreich sind und durch „Grießgewinnungsanlagen" wieder ausgeschieden werden können.

## b) Lagerung

Frisch abgedarrtes Malz bedarf normalerweise noch einer gewissen Lagerreife (etwa 4—6 Wochen), ehe es verarbeitet werden kann, da es sonst Abläuterschwierigkeiten, Störungen im Gärverlauf, ungünstige Beeinflussung der Schaumhaltigkeit und der organoleptischen Eigenschaften der Biere verursacht. Während der Lagerung zieht das Malz eine bescheidene Menge Wasser an (Gesamtwassergehalt aber nicht über 5%!), das Malz beginnt wieder leicht zu atmen, $CO_2$ und $H_2O$ scheiden sich aus, das Volumen des Kornes nimmt etwas zu, Spelzen und Mehlkörper werden mürber und die Auflösung — vor allem bei knapp gelösten Malzen — wird vorteilhafter und gleichmäßiger. Da das Malz bei der Lagerung — im Gegensatz zur Gerste — mit möglichst wenig Luft in Berührung kommen soll, ist das Lagern in Säcken und auf Böden sehr ungünstig; besser sind Malzkästen aus Holz oder Eisen, technologisch einwandfrei aber ist die Lagerung in Silos aus Beton oder Stahl.

Selbstverständlich muß das zur Lagerung in Silos bestimmte Malz gut entkeimt, kalt und trocken sein; Vorsicht ist beim Einlagern auch insoferne geboten, als eine Entmischung in schwerere und leichtere Körner vermieden werden soll, was zu Unregelmäßigkeiten bei der Weiterverarbeitung führen könnte (Anwendung von Streutellern oder -glocken beim Einlauf, beim Auslauf Einbau von Spezialverschlüssen, die ein Entmischen vermindern und auch ein sachgemäßes Verschneiden erlauben).

Der häufig in größeren Betonsilos durch Reibung entstehende Malzstaub hat negative Auswirkungen im Sudhaus, vor allem aber bei der Gärung, und sollte entfernt werden (K. Schuster 1930). Schlecht gelöste Malze mit einer größeren Anzahl harter Körner können vor der Weiterverarbeitung durch besondere Maschinen — z. B. „Schule-Ausleser" — vom „Steinmalz" befreit werden.

## 2. Der Malzschwand

Man versteht darunter im allgemeinen den Gewichtsverlust zwischen der geputzten und sortierten Braugerste und dem geputzten, lagerfertigen Darrmalz. Er setzt sich zusammen aus einem „scheinbaren" Verlust, hervorgerufen durch die Abnahme des Wassergehaltes von der Gerste bis zum Malz (z. B. von etwa 15% auf 4%) und dem *wirklichen Substanzverlust*, der sich bei der Verarbeitung ergibt, ausgedrückt als sog. „Trockenschwand".

Während der gesamte *lufttrockene* Mälzungsschwand hauptsächlich eine kaufmännische Bedeutung hat, da er verhältnismäßig einfach zu bestimmen ist und einen allgemeinen Überblick ergibt, ist der *Trockenschwand* für den Techniker wichtig, weil nur dieser einen objektiven Vergleich und Hinweise auf einen einwandfreien Mälzungsverlauf ergibt.

Beispiel: 100 kg ltr. Gerste ergeben 78 kg ltr. Malz. Der ltr. Mälzungsschwand beträgt demnach 22%.

(ltr. hier und weiter unten: lufttrocken, i. Tr. = Trockensubstanz).

Der ltr. Mälzungsschwand ist im wesentlichen abhängig von der Gerstensorte, vom Jahrgang, vom Malztyp und von der Verarbeitung.

Im Durchschnitt beträgt der Gesamtmalzschwand lufttrocken:

$$\leftarrow 17\text{---}30 \rightarrow \%, \text{ normal } 19\text{---}25\%.$$

Bei dunklen Malzen liegen die Werte gewöhnlich etwas höher als bei hellen.

Tabelle 3. *Durchschnittswerte des gesamten Malztrockenschwandes*

|  | helles Malz | dunkles Malz |
|---|---|---|
| Weichschwand . . . . . . . . . . | 1,0% | 1,0% |
| Atmungsschwand . . . . . . . . . | 4,0—6,0% | 7,0—8,0% |
| Wurzelschwand . . . . . . . . . . | 3,0—4,0% | 4,0—5,0% |
| Durchschnitt insgesamt . . . . . . | 10,0% | 13,0% |

Der *Weichschwand* ist innerhalb gewisser Grenzen von Temperatur und Zusammensetzung des Weichwassers und von der Weichdauer abhängig. Es werden Staub, Schmutz und anorganische Stoffe herausgelöst, aber auch Humine, Testine, unerwünschte pflanzliche Farbstoffe, Herb-(Bitter-) und Gerbstoffe. Der Weichschwand ist demnach eine Art Veredelungsverlust, da er die Qualität des Malzes verbessert.

Der *Atmungsschwand* ist mengenmäßig und qualitativ der bedeutendste Verlust, da er hauptsächlich die wertvolle Stärke betrifft. Alle mälzungstechnischen Maßnahmen zielen darauf hin, diesen Verlust so weit wie möglich einzuengen, ohne die Qualität des Malzes zu beeinträchtigen.

Der *Wurzel- oder Keimschwand* ist ebenfalls abhängig vom Malztyp und von den Mälzungsbedingungen, somit auch vom Atmungsschwand: je kräftiger die Atmung, um so stärker ist im allgemeinen auch die Wurzelkeimentwicklung.

Aufgrund der einzelnen Teilverluste lassen sich anormale Bedingungen oder technologische Fehler ersehen. Aber jeder bisherige Versuch, den Trockenschwand unter eine bestimmte Grenze herunterzudrücken (ca. 7%), ergibt nach derzeitigen Erkenntnissen ein ungenügend gelöstes oder minderwertiges Malz.

Neben der Mälzungsmethode sind zur Schwandverringerung folgende Punkte zu beachten: einwandfreie Gersten, richtige Lagerung, sorgfältiges Putzen und Sortieren, Vermeidung von Kornbeschädigungen, sachgemäße Kontrolle des gesamten Mälzungsvorganges usw. (K. SCHUSTER 1962).

*Berechnung des Mälzungsschwandes:*

*Beispiel:*

|  | Gerste | Malz |
|---|---|---|
| Gewichtsmenge . . . . . . . . . . . . | 100 kg | 75 kg |
| Wassergehalt . . . . . . . . . . . . . | 16% | 2,0% |
| ltr. Schwand . . . . . . . . . . . . . | 100—75 kg = | 25% |

Wasserfreier Schwand (i. Tr.):

100 kg ltr. Gerste 100—16) = 84,0 kg Gerstentrockensubstanz
100 kg ltr. Malz (100— 2) = 98,0 kg Malz i. Tr.

$$75 \text{ kg ltr. Malz ergeben} \quad \frac{98 \cdot 75}{100} = 73,5 \text{ kg Malz i. Tr.}$$

dann ergeben in % ausgedrückt, 84,0 kg Gersten i. Tr.:

$$\frac{73,5 \cdot 100}{84} = 87,5\% \text{ (Gerstentrockensubstanz)}$$

Der wasserfreie Schwand beträgt demnach 12,5%.

*Berechnung aus den 1000-Körnergewichten von Gerste und Malz:*

*Beispiel:* ltr. 1000-Körnergew. der Gerste: 46,0 g; des Malzes 34,5 g.

| 100,0 g ltr. Gerste (100—16) | = | 84,0 g Gersten i. Tr. |
|---|---|---|
| $46,0 \text{ g ltr. Gerste } \dfrac{84 \cdot 46}{100}$ | = | 38,64 g Gersten i. Tr. |
| 100,0 g ltr. Malz (100—2,5) | = | 97,5 g Malz i. Tr. |
| $34,5 \text{ g ltr. Malz } \dfrac{97,5 \cdot 34,5}{100}$ | = | 33,64 g Malz i. Tr. |
| 38,64 g Gersten i. Tr. liefern demnach | | 33,64 g Malz i. Tr. |

$$\text{in \%:} \quad \frac{33,64 \cdot 100}{38,64} = \sim 87\%.$$

Der *wasserfreie* Schwand beträgt daher 13%.

Der Gesamtmalzschwand in *wasserfreier Substanz* liegt in den Grenzwerten zwischen ←8—14→%, mit gelegentlichen Abweichungen nach oben und unten.

Zur ungefähren Festlegung des Malzschwandes bei verschiedenen Gerstensorten und unterschiedlichen Mälzungsmethoden ist die Kleinmälzung (Mikromälzung) ein vorteilhaftes Instrument, das auch zu wissenschaftlichen Arbeiten hinsichtlich Gerstenzüchtung und Grundlagenforschung verwendet wird (H. LÜERS 1956; W.O.S. MEREDITH u. Mitarb. 1962).

## 3. Eigenschaften der Malze

Der Charakter der Biere ist durch die Eigenschaften des Malzes innerhalb gewisser Grenzen vorher bestimmt; es ist deshalb erforderlich, das Malz seinen wichtigsten Analysendaten nach beurteilen zu können. Allerdings muß bedacht werden, daß die im Laboratorium hergestellten Würzen eine etwas andere Zusammensetzung haben, als die der Praxis und deshalb nur vergleichende Schlußfolgerungen zulassen.

*Äußere Merkmale:* Gut entkeimt, ohne fremde Beimengungen (Unkraut, Malzkeime, verschimmelte Körner, Krummschnäbel, andere Getreidekörner usw.).

Die *Farbe* soll ähnlich der Gerste sein; verschimmeltes Malz ist grün-, schwarz-, oder rotfleckig. Auch eisenhaltiges Wasser beeinflußt die Farbe ungünstig.

Der *Geruch* muß rein und mehr oder weniger — je nach dem Malztyp — aromatisch sein.

*Mechanische Analyse:* Hektolitergewicht ←53—60→kg; normale Werte ←56—59→ bei hellen, 54—57 bei dunklen Malzen. Pneumatisch hergestellte Malze haben wegen ihres meist kürzeren Gewächses gewöhnlich etwas höhere Gewichte.

Das *Tausend-Körnergewicht* sinkt mit zunehmender Auflösung, dunkle sind gewöhnlich leichter als helle.

Durchschnittswerte: ←29—38→g; es wird zur Überprüfung der Mustertreue, sowie zur Bestimmung des lufttrockenen und des wasserfreien Schwandes verwendet.

Die *Sortierung* (vgl. S. 59) ermöglicht ein Urteil über die Gleichmäßigkeit, eine wichtige Voraussetzung für eine einwandfreie Verarbeitung.

*Mehlkörperbeschaffenheit:* eine möglichst große Anzahl mürber und mehliger Körner (über 90%); kein Hart-, Glas-, oder Steinmalz (L. Chapon 1964).

*Chemische Analyse:* Grundlage ist die durch internationale Vereinbarungen niedergelegte „Kongreß-Methode", die *Wassergehalt, Extraktausbeute* mit destilliertem Wasser im *Fein-* (oder auch Grob-) *schrot, Farbentiefe* und eine Reihe anderer Feststellungen (Geruch, Aussehen, Ablaufzeit der Würze usw. umfaßt).

*Wassergehalt:* bei frisch abgedarrtem Malz 1,5—4,0%, bei gelagertem 4,0—5,0%. Zu hoher Wassergehalt ist aus wirtschaftlichen und technologischen Gründen zu beanstanden.

*Extraktergiebigkeit:* (Laboratorimusausbeute) Das wichtigste Untersuchungsmerkmal, das die Summe der löslichen und durch die Maischarbeit löslich gemachten Bestandteile erfaßt. Es läßt allerdings nur relative Vergleiche zwischen verschiedenen Malzen zu, steht aber zur Sudhausausbeute in einer bestimmten Relation.

Laboratoriumsausbeuten (Feinschrot)
(lufttrocken): 72—79%
normal:         75—78%
(wasserfrei):  78—82% (gelegentlich auch darüber).

Grobschrotanalysen (Laboratoriumsgrobschrot mit 25% Feinmehlanteil) ergibt im Vergleich zur Feinschrotanalyse durch die Differenz zwischen den beiden Extraktwerten einen Hinweis auf die Auflösung des Malzes und für die Verarbeitung im Sudhaus. Unterschiede über 3,5% deuten auf eine mangelhafte cytolytische Auflösung hin.

*Verzuckerung:* Die bei 70°C während des Laboratorium-Maischens erforderliche Zeit, um die vollkommene „Verzuckerung" der Malzstärke festzustellen (Prüfung durch die „Jodreaktion" vgl. S. 117). Normale Werte für helles Malz: 10—15 min, für dunkles Malz: 20—30 min.

Der *Geruch* der Laboratoriumswürze muß rein und malzig sein.

Die *Farbentiefe* wird mit Hilfe von Normalfarben festgelegt (z. B. 0,1 n-Jod-Lösung nach Brand, bzw. EBC-Einheiten).

Helle Malze:   0,14—0,25 ml 0,1 n-Jodlösung, bzw. 2,5— 4,5 EBC-Einheiten.
Dunkle Malze: 0,60—1,00 ml 0,1 n-Jodlösung, bzw. 9,0—13,0 EBC-Einheiten.

Die Unveränderlichkeit der Farbentiefe wird gelegentlich mit der Prüfung auf Darrfestigkeit verbunden (vgl. S. 89).

Die Würzen sollen *blank* sein und rasch ablaufen; Trübungen rühren meist von Eiweißstoffen her.

*Sonderuntersuchungen:* Der Verhältnis von *Zucker:Nichtzucker (Z:NZ),* also das Verhältnis der vergärbaren zu den nicht vergärbaren Stoffen hat für die Technologie des Gär- und Lagerkellers eine große praktische Bedeutung; hinsichtlich der Malzbeurteilung gibt es Aufschluß über die Wirkung der Carbohydrasen während des Maischens im Kongreßverfahren.

Durchschnittswerte für helles Malz:  1:0,4—0,5.
Durchschnittswerte für dunkles Malz: 1:0,5—0,7.

*Eiweißverhältnisse:* Eine wichtige Bezugsgröße ist das beim Mälzen gebildete sog. *„lösliche Eiweiß"*, das aus den löslichen und löslich gewordenen N-Bestandteilen besteht, wie sie im „Kaltwasserauszug" — ohne Mitwirkung proteolytischer Enzyme — festgestellt werden können.

Normale Werte, bezogen auf den Gesamtstickstoffgehalt des Malzes:

|  | hell | dunkel |
|---|---|---|
| Gesamtlösl. N-Anteil . . . . | ←28—34→% | ←20—31→% |
| davon coagulierbar  . . . . | ← 6— 9→% | ← 4— 7→% |
| dauernd löslich . . . . . . | ←22—25→% | ←16—24→% |

Absolutgehalt des löslichen N-Anteils in der „Kaltmaische":
$$450\text{—}550 \text{ mg}/100 \text{ g i. Tr.}$$

Die *Gesamtmenge* des beim Maischen nach dem *Kongreßverfahren* löslich gewordenen N-Betrages, in % des Malzstickstoffs (*Kolbachzahl*)

helles Malz:  ←35—45→%
dunkles Malz: ←28—37→%

*Absolutgehalt* des löslichen N-Anteils in der Laboratoriumswürze:
$$500\text{—}800 \text{ mg}/100 \text{ g i. Tr.}$$
Normale Durchschnittswerte: 580—650 mg/100 g i. Tr.

Da der Eiweißlösungsgrad (Kolbachzahl) nur eine Relation darstellt, hat er nur dann eine sinngemäße Bedeutung, wenn er mit dem Gesamtstickstoffgehalt des Malzes verglichen wird.

Die *Lundin-Fraktionen* unterteilen den löslichen Stickstoffanteil in der Würze in 3 Gruppen:

Fraktion A (tanninfällbar, hochmolekular)

Fraktion B (fällbar durch Phosphormolybdänsäure, mittelmolekular)

Fraktion C (nicht fällbar, niedermolekular)

Durchschnittswerte: A ~ 25%, B ~ 15%, C ~ 60%.

*Fraktion A:* erfaßt die in der Würze vorhandenen genuinen Eiweißstoffe (Albumine, Globuline), die, wenn sie in höherer als normaler Konzentration auftreten, Störungen der Eiweißstabilität im Bier verursachen können.

*Franktion B:* die mittleren Abbauprodukte (Proteosen) der echten Eiweißstoffe; sie sind wesentlich (mit Fraktion A) an der Schaumbildung und -haltbarkeit beteiligt; in größeren Mengen (ungenügende Lösung) können sie ebenfalls Trübungserscheinungen hervorrufen.

*Fraktion C:* je größer diese Gruppen, um so weiter ist die Auflösung des Malzes vorangeschritten; sie enthält alle nicht mehr fällbaren unteren Eiweißabbaustufen (Peptide, alle formoltitrierbaren Abbauprodukte bis zu den Aminosäuren). Eine zu hohe Konzentration gibt Anlaß zu leeren, wenig schaumhaltigen, organoleptisch unbefriedigenden Bieren.

*Ungefähres Verhältnis zwischen verschiedenen Eiweiß- bzw. abbauprodukten in einer normalen „Kongreßwürze":*

| | |
|---|---|
| Gesamtlösl. N . . . . . . . . . | 38% des Gesamtmalz-N |
| coagulierbarer N  . . . . . . . | 6% des Gesamtmalz-N |
| dauernd lösl. N . . . . . . . . | 32% des Gesamtmalz-N |
| davon formoltitrierbarer N . . . | 12% des Gesamtmalz-N |

Die Werte für dunkle Malze liegen meist etwas niedriger.

Zur *Beurteilung der Zell- bzw. Mehlkörperauflösung* sind eine Reihe von Untersuchungen gebräuchlich, die allerdings nicht alle als vollgültig anerkannt bzw. eindeutig beweiskräftig sind: Mechanische Analysen: „Sinker"-Probe, Mürbigkeitsmessung nach „Brabender" und mit dem „Sklerometer".

Chemische und sonstige Methoden: Ausbeutedifferenz zwischen Fein- und Grobschrot; Viscosität der Würze; Verhältniszahl nach Hartong; Endvergärungsgrad; Pentosane und Zucker u. a.

Um sich ein wirkliches Bild vom Auflösungsgrad eines Malzes zu machen, sind immer mehrere Untersuchungen zu empfehlen, da die Auflösungserscheinungen ein Zusammenspiel vieler Enzymgruppen sind, die ohne scharfe Grenzen ineinander übergehen.

Über Einzelheiten obiger Untersuchungsmethoden sei auf die einschlägige Literatur verwiesen.

*Wirkung der säurebildenden Enzyme:* sie wird analytisch in zwei Stufen (gewöhnlich elektrometrisch) bestimmt.

1. Stufe bis pH 7,07 (Neutralrot)
2. Stufe bis pH 9,0  (Phenolphtalein)

*Helles Malz:*

| | |
|---|---|
| 1. Stufe . . . . 3,5— 5,0 ml n-NaOH | |
| 2. Stufe . . . 10,5—15,0 ml n-NaOH | je 100 g i. Tr. |
| Gesamtsäure . . 14,0—20,0 ml n-NaOH | |

*Dunkles Malz:*

| | |
|---|---|
| 1. Stufe . . . . 4,0— 6,0 ml n-NaOH | |
| 2. Stufe . . . . 9,0—12,0 ml n-NaOH | je 100 g i. Tr. |
| Gesamtsäure . . 13,0—18,0 ml n-NaOH | |

*Ionenacidität, aktuelle Acidität, pH:* bei Kongreßwürzen zwischen 5,6—6,0; ergibt einen Hinweis auf die Aciditätsverhältnisse in der Sudhauswürze.

*Pufferstoffe:* Phosphate, organische Säuren und Salze, Eiweißabbauprodukte u. ähnl., nehmen um ca. 20 % gegenüber der Gerste zu. Pufferreichere Malze sind widerstandsfähiger gegen aciditätsverändernde Einflüsse (z. B. Brauwasser). Als einfacher Maßstab für die Pufferung kann die 2. Stufe der Säuretitration herangezogen werden (Über die einzelnen Untersuchungsmethoden: Pawlowski-Schild 1961c; L. Weith u. Mitarb. 1963).

Mit *chromatographischen, elektrophoretischen und spektrophotometrischen Methoden* läßt sich heute eine bis ins einzelne gehende Aufgliederung der Malzinhaltsstoffe erzielen; sie spielen demnach für Forschung und Wissenschaft eine bedeutsame Rolle.

# IV. Sonder- und Spezialmalze

## 1. Weizenmalz

Grundsätzlich gelten dieselben Richtlinien wie für die Herstellung des Gerstenmalzes, nur ist der Weizen wegen der fehlenden Spelze empfindlicher und muß deshalb schonender behandelt werden.

*Mälzungsarbeit:* schwache Weiche — im allgemeinen 40—50 Std — manchmal auch noch Nachweiche; dünne, kalte Haufenführung, sorgsames und nicht zu häufiges Wenden; Keimdauer etwa 5—6 Tage; zum Zwecke einer reichlichen Lösung wird gelegentlich „geschwelkt". Darren: nicht zu hoch auftragen, große Luftzufuhr, Trocknung bei niederer Temperatur (36—40°C); öfters wenden, da das Weizenmalz leicht zufärbt. Abdarrtemperatur 70—75°C, (3—4 Std). Der Malzschwand ist meist geringer als beim Gerstenmalz.

Andere Getreidearten als Gerste und Weizen sind für das Mälzen nicht geeignet.

## 2. Ausbeute- und ähnliche Malze

Als besondere Malze sind die bereits beschriebenen Ausbeute- und Gibberellinmalze anzusehen; eine andere Art, ohne chemische oder biologische Zusätze stellen die *Kurz- und Spitzmalze* dar, die, dem Braumalz zugegeben, infolge der noch kaum oder wenig abgebauten Inhaltsstoffe die Schaumhaltigkeit und die Vollmundigkeit erhöhen sollen.

Prinzip: normale Gerstenweiche, kurzzeitige Keimung, Trocknung bzw. Darrung (je nach der Wurzelkeimlänge spricht man von *Spitz-* oder *Kurzmalz*). Zur Herstellung der „Gerstenmalzschrotflocken" wird das kurz gewachsene Grünmalz durch dampfbeheizte Walzen getrocknet und zu Flocken zermahlen (P. KOLBACH 1957).

## 3. Spezialmalze und besondere Zusätze

Die Anforderungen, die heute an Qualitätsbiere gestellt werden, waren Veranlassung, Malze mit besonders betonten Eigenschaften herzustellen zur Erzielung bestimmter Wirkungen in der Würze, bzw. im Bier: Farbe, Geschmack, Vollmundigkeit, Schaumhaltigkeit, Säureverhältnisse, Stabilität usw.

*Farbmalz:* zur Erzielung einer entsprechenden Farbtiefe für dunkle Biere (Münchener-, dunkle Bockbiere usw.).

*Herstellung:* trockenes oder angefeuchtetes helles Darrmalz (auch geschwelktes Grünmalz) wird in einem Trommelröster auf Temperaturen von über 200 °C erhitzt; starke Melanoidinreaktion und Bildung von Assamaren (bittere Röstprodukte). Durch Zugabe von Wasser gegen Ende der Röstung können einige unangenehme, wasserdampfflüchtige Stoffe teilweise wieder entfernt werden. Die Enzyme werden vollständig vernichtet (E. SCHILD u. Mitarb. 1964).

*Anwendung:* für dunkle kontinentale Biere gewöhnlich nicht mehr als 1—2%.

*Brühmalz:* eine früher in Bayern beliebte Art eines besonders dunklen und aromatischen Malzes.

*Herstellung:* eiweißreichere Gersten, Vollweiche, 8tägige Keimung, dann Aufschütten zu einem etwa 50 cm hohen „Brühhaufen", festtreten, mit Planen abdecken und 40 Std ruhen lassen: biologische Erhitzung auf ca. 50 °C, durch $CO_2$-Anreicherung fällt die Temperatur wieder ab, das Wachstum hört auf. Darrung nicht über 100 °C, dabei werden infolge hoch konzentrierter Abbauprodukte reichlich Melanoidine gebildet mit entsprechend hoher Farbtiefe und günstiger Einwirkung auf pH und rH der Würze.

Zur Färbung „untergäriger" Biere kann auch *Farbebier* verwendet werden:

ungefähr gleiche Teile helles Malz und Farbmalz werden vermaischt, häufig durch Aktivkohle entbittert, abgeläutert, reichlich gehopft und auf ca. 16—20% konzentriert; mit Hefe vergoren, auf Fässer und schließlich steril auf Flaschen gefüllt, wird es in der Würzepfanne oder auch beim Abziehen dem Bier bis zur gewünschten Farbentiefe zugesetzt. (Biersteuergesetz § 9 Abs. 3; Farbebierordnung (FBO) Anlage A des DB.)

*Zuckercouleur,* das aus Rohr-, Rüben-, Invert- oder Stärkezucker durch Erhitzen bereitet wird und eine hohe Färbekraft durch die gebildeten Caramel- und Assamarstoffe besitzt, kann nur — außerhalb Bayerns — im Bundesgebiet zur Herstellung *obergäriger* Biere verwendet werden.

*Melanoidin- und rH-Malze:* auf der Basis der „Brühmalze" nach neuzeitlicheren Methoden gewonnene Produkte, gleichmäßiger in Auflösung, Farbe und Aroma; durch einen hohen Gehalt an reduzierenden Substanzen und damit durch günstige Beeinflussung des rH, vermindern sie die im Bier gegebene Sauerstoffempfindlichkeit.

*Caramelmalze:* zur Betonung der Vollmundigkeit, zum Ausgleich der Farben oder auch zur Verbesserung der Schaumhaltigkeit, in ganz hellen bis zu dunklen Farbtönen (E. SCHILD u. Mitarb. 1964).

*Herstellung:* ein vor dem Haufenziehen kräftig mit Wasser benetztes Grünmalz wird in geschlossenen Apparaten auf 60—80 °C erhitzt; nach eingetretener Verflüssigung und Verzuckerung wird auf eine der gewünschten Farbtiefe entsprechende Darrtemperatur aufgeheizt (150—180 °C). Ihre Wirkung ist dem hohen Kolloidgehalt und dem leicht erhöhten Säuregrad zuzuschreiben. Bei Verarbeitung z. B. überlöster Malze kann ihre Anwendung eine Qualitätsverbesserung herbeiführen, für Biere des kontinentalen Geschmackstypes ist aber ein Übermaß zu vermeiden.

*Sauermalze:* Zur Erzielung einer für die Technologie vorteilhaften aktuellen und potentiellen Acidität. Wirksamer Bestandteil: Milchsäure in adsorbierter Form.

*Herstellung:* normales Grünmalz wird mit einer auf biologischem Wege (Reinheitsgebot!) gewonnenen, mit Milchsäure angereicherter Würze besprengt oder eingeweicht, dann getrocknet bzw. gedarrt. Sauermalz hat einen hohen Säuregehalt (pH 3,8—4,2); die Farbe kann je nach Anforderung hell oder dunkel sein. Gewinnung der Milchsäure-Würze: kleine Mengen einer normalen Würze werden mit einer Reinkultur von Bacillus Delbrücki beimpft und unter laufendem Zusatz frischer Würze längere Zeit bei 45°C gehalten; Sauerwürze kann dann periodisch entnommen werden. In Ländern ohne Reinheitsgebot kann natürlich auch künstliche Milchsäure zur Säuerung verwendet werden.

# V. Zusammenfassender Überblick
## über die Mälzungstechnik der Gegenwart

Die Technologie des Mälzens und des Brauens ist in allen Ländern an geschichtliche und an allgemeine Umweltbedingungen gebunden, insbesondere an die Eigenschaften des wichtigsten Rohstoffes, der Gerste (J.R.A. POLLOCK 1962). Während z. B. heute in fast allen bierbrauenden Ländern Europas die 2-zeilige Sommergerste (zu einem geringen Teil auch die 2-zeilige Wintergerste) technologisch die Hauptrolle spielt, ist in Amerika, besonders in den USA, die mehrzeilige Gerste vorherrschend, was naturgemäß eine entsprechende Beeinflussung der Malz- und Brautechnik zur Folge hat. Auch die Tatsache, daß Länder, die gesetzlich einem „Reinheitsgebot" unterworfen sind, wie beispielsweise die Bundesrepublik Deutschland und die Schweiz, technologisch andere Wege gehen müssen als Länder mit nicht begrenzter Freizügigkeit in der Verwendung und Verarbeitung der Ausgangsstoffe, findet einen Ausdruck in der Vielfalt der technischen Ausrüstung und Weiterentwicklung. Die physiologischen Vorgänge bei der Malzbereitung bleiben sich zwar innerhalb verhältnismäßig enger Grenzen immer gleich, nur die technischen Möglichkeiten unterscheiden sich voneinander und ändern sich. *England* z. B., das „klassische" Land der „obergärigen" Biere, bevorzugt für seine Malze hauptsächlich eiweißarme Gersten, die bei langer Keimführung sehr weit gelöst werden; die Darrung dauerte gewöhnlich mehrere Tage, erst in neuerer Zeit scheint sich hier eine gewisse Angleichung an die kontinentale Mälzungsweise anzubahnen. Englische, mit Anthrazit beheizte Darren haben häufig zwei Feuerungen an den entgegengesetzten Enden der Darre, sind aber in ihrer sonstigen Wirkung den kontinental üblichen Einhordendarren gleichzusetzen. England war auch maßgebend an der Entwicklung der direkt beheizten Öldarren beteiligt. Schwierigkeiten ergaben sich zunächst dabei mit den sog. „Magpies" (Elstern), schwarzgepunktete Körner, die bei besonderen Temperaturen und Luftgeschwindigkeiten auftraten.

Die USA sind infolge ihrer häufig sehr hohen Rohfruchtgaben (Mais, Reis) gezwungen, außerordentlich enzymreiche Malze herzustellen, die, wie schon erwähnt, hauptsächlich den mehrzeiligen Gersten entstammen. Die Weiterverarbeitung schließt sich mehr oder weniger den üblichen technologischen Maßnahmen an.

In allen bierbrauenden Ländern höherer technologischer Entwicklung ist das Bestreben zu erkennen, durch eine intensivierte Gerstenzüchtung ein optimales Ausgangsprodukt zu sichern, das der landesüblichen Geschmacksrichtung ihrer Biere und anderen umweltbedingten Eigenheiten am meisten entgegenkommt und auch bei der Verarbeitung einen gleichmäßigen und störungsfreien Produktionsablauf erwarten läßt (A.H. COOK u. Mitarb. 1963).

Das angestrebte Ziel einer vollautomatischen, kontinuierlichen Mälzung konnte noch nicht erreicht werden, wenn auch gewisse Ansätze vorhanden sind. Störend sind immer wieder die zeitlich so verschiedenartig ablaufenden Vorgänge — Weichen, Keimen, Darren — die keine „Fließarbeit" im üblichen Sinne erlauben. Einer Vollautomatik steht auch im Wege, daß die Gersten ihren eigenen biologischen Gesetzen gehorchen und sich, je nach Jahrgang und Sorte — die selbst immer wieder wandelbar sein werden — in ihren Mälzungseigenschaften unterscheiden.

# B. Die Technologie der Würzebereitung

## I. Rohmaterialien

### 1. Malz

Mit der Herstellung des Malzes aus der „Rohfrucht" Gerste ist die erste und zwar die „feste" Phase der Bierbereitung abgeschlossen und es beginnt der Extraktionsvorgang, um alle für die Eigenschaften des Bieres erforderlichen Stoffe aus dem durch die Mälzung aufgeschlossenen Korn herauszulösen und eine für die Gärung und Reifung des Bieres notwendige harmonische Zusammensetzung dieses Extraktes — der sog. „Würze" — zu erhalten. Immer bleibt das Malz, das durch die Keimung aufbereitet und an Enzymen angereichert wurde, die durch nichts zu ersetzende Grundlage für den sich über ein breites Temperaturband erstreckenden Lösungsprozeß. Während in Ländern mit Reinheitsgebot für die „untergärigen" Biere nur *Gerstenmalz* verarbeitet werden kann, wird in den anderen Ländern die an sich teure Malzstärke teilweise durch eine billige, unaufbereitete und unaufgeschlossene Stärke ersetzt. Man spricht von „Rohfrucht", die dann beim Extraktionsvorgang von den Enzymen des Gerstenmalzes — gemeinsam mit der Malzstärke — zu Zuckern und niedermolekularen Dextrinen abgebaut wird.

### 2. Ersatzstoffe des Malzes

Hierzu zählt vor allem der *Mais*, der besonders in Amerika eine große Rolle spielt und der gelegentlich fast bis zur Hälfte der gesamten Einmaischmenge mit verwendet wird. Der ursprünglich aus Amerika stammende *Mais* wird in verschiedenen Sorten angebaut; der amerikanische selbst ist rotgelb bis weiß und besitzt Körner mit mehr oder weniger starken Eindrücken (Zahnmais). Europäischer Mais ist mehr rundlich.

*Zusammensetzung des Maises* (i. Tr.) (nach H. VOGEL 1949):

| | | | |
|---|---|---|---|
| N-Substanz. . . . | 12,6% | Rohfaser . . . . . | 2,0% |
| Fett . . . . . . | 4,3% | Mineralbestandteile | 1,7% |
| Kohlenhydrate . . | 79,4% | | |

Die N-haltigen Bestandteile sind denen der Gerste ähnlich, sie spielen allerdings kaum eine technologische Rolle, da die für den Brauer wichtigen „Grieße" nur im Durchschnitt 7—8% enthalten, wegen der mangelnden Enzymaktivität entweder unlöslich bleiben oder beim „Würze"-Kochen ausfallen.

Eine für die Bierbereitung wenig angenehme Eigenschaft stellt der verhältnismäßig reichliche Ölgehalt (vor allem in der Nähe des Keimlings) dar, der zwar durch Entölung auf chemischem oder mechanischem Wege als „Maisöl" gewonnen wird, aber doch aus dem übrigen Korn nicht vollkommen entfernt werden kann. Das Öl wirkt, abgesehen von der Möglichkeit des Ranzigwerdens, besonders schädigend auf die Schaumhaltigkeit und auf die organoleptischen Eigenschaften der Biere ein.

In Amerika wird der Brauwert des Maises vom Ölgehalt abhängig gemacht, der nicht mehr als höchstens 1,5% betragen soll. Der Mais wird gewöhnlich in Form von „Grits" (Grieße) verwendet, gelegentlich auch als „flakes" (Flocken), die durch dampfbeheizte Walzen zu Plättchen gepreßt, dabei z. T. aufgeschlossen werden und unmittelbar mit dem Malzschrot eingemaischt werden können.

Eine weitere wichtige Rohfrucht ist der *Reis*, der aus Asien stammt; zu Brauzwecken wird meist der beim Schälen und Putzen beschädigte „Bruchreis" verwendet.

*Zusammensetzung (polierter Reis)* (nach H. Vogel 1949):

| | | | |
|---|---|---|---|
| Wasser | 12,6% | Kohlenhydrate | 77,8% |
| N-Substanzen | 7,9% | Rohfaser | 0,5% |
| Fett | 0,5% | Mineralbestandteile | 0,7% |

Reis übertrifft hinsichtlich der Extraktausbeute den Mais, allerdings verzuckert die Reisstärke häufig erst bei höherer Temperatur als die Maisstärke; auch der N- und der Fettanteil ist wesentlich geringer. Der Reis kann aber gelegentlich durch wertlose Bestandteile in seinem Extraktgehalt herabgedrückt werden.

*Zucker:* Die Mitverwendung von Zucker ist im Bundesgebiet Deutschland auf die Herstellung obergäriger Biere beschränkt (in Bayern auch nicht für obergärige Biere zulässig). Er zählt zwar technologisch und steuerlich zur „Rohfrucht", obwohl er ein sekundär gewonnenes Kohlenhydrat darstellt. Seiner leichten Löslichkeit wegen kann er unmittelbar in die Würzepfanne gegeben werden, meist aber dient er bei den obergärigen Malz- und Karamelbieren Mittel- und Norddeutschlands zum Süßen alkoholarmer einfacher Biere.

Verwendung finden Glucose, Invertzucker, Stärkezucker, Saccharose (Rübenzucker, Rohrzucker) und zwar in flüssiger oder fester Form, auch karamelisiert und als Zuckercouleur (vgl. S. 97).

*Sonstige Ersatzstoffe:* Während in Notstandszeiten eine ganze Reihe stärkehaltiger Naturprodukte als Ersatzstoffe für Bier herangezogen werden (Kartoffeln, Kartoffelstärke, Pferdebohnen, Roßkastanien, Hirse u. a.), haben diese Stoffe in normalen Zeiten keinerlei Bedeutung.

# 3. Das Brauwasser

## a) Allgemeines

Während die Zusammensetzung und selbst der biologische Zustand des Wassers zum Weichen der Gerste kaum eine Bedeutung hat, wird es als *Brauwasser* zum Reaktionsträger aller biologisch-chemischen Vorgänge bei der Würzebereitung. Die Einflüsse der Brauwassersalze und sonstiger Stoffe sind so groß, daß die unterschiedlichen Eigenschaften verschiedener Brauwässer ihrer Zusammensetzung nach sogar zu einer Typisierung von Bieren verschiedener Art und Herkunft führten. So ist das verhältnismäßig carbonatreiche Münchner Wasser für die Herstellung dunkler Biere charakteristisch, während andererseits das „Pilsner"-Bier wegen der Salzarmut seines Brauwassers den heutigen Typ der hellen Biere kennzeichnet. Die Wirkung der Brauwassersalze sind vielfältig und es gibt keine Phase in der gesamten Würze- und Bierbereitung, die nicht durch Salze des Brauwassers in irgendeiner Weise beeinflußt würde (K. Schuster 1956).

Hinsichtlich ihrer Wirksamkeit unterteilt man die Brauwassersalze in:

Chemisch wirksame: Bicarbonate, Sulfate, Chloride und Nitrate von Calcium und Magnesium;

Chemisch unwirksame: (wenn sie nicht in größerer Konzentration auftreten) Alkalichloride, -nitrate und -sulfate; Ammoniumsalze, Silicate u. a., sowie organische Stoffe.

Die wichtigsten, dem Malz und dem Hopfen entstammenden Stoffe, mit denen die wirksamen Brauwassersalze in Reaktion treten, sind:

*Phosphate* von K, Ca, Mg und geringe Mengen als *Sulfate.*

*Salze verschiedener organischer Säuren* (Milch-, Bernstein-, Äpfel-, sowie von Aminosäuren); wegen des Überwiegens der Milchsäure faßt man sie als „Laktate" zusammen.

Von den ungezählten möglichen Reaktionen dieser Hauptstoffgruppen kann nur ein allgemeines Schema gegeben werden, das aber im Grunde genommen immer durch eine Acititätsverschiebung gekennzeichnet ist. Man unterscheidet dabei *aciditätsvernichtende* und *aciditätsfördernde* Reaktionen, die vor allem durch die CA$^{++}$ und Mg$^{++}$ Ionen hervorgerufen werden, weshalb die *Härte* des Wassers eine grundlegende Bedeutung für den Maischprozeß besitzt.

Folgende Ionengleichungen geben dies in vereinfachter Form wieder:

Aciditätsvernichtend: $HCO_3^- + H^+ \rightarrow H_2O + CO_2$
Aciditätsfördernd: $Ca^{++} + 2\ HPO_4^{--} \rightleftarrows Ca_3\ (PO_4)_3 + 2\ H^+$

*Aciditätsvernichtend* sind demnach alle Bicarbonate, gleichgültig an welche Basis sie gebunden sind; *aciditätsfördernd* sind hingegen Ca-$^{++}$ und Mg-$^{++}$ Ionen, letztere allerdings nur mit halber Wirksamkeit.

Die *Bicarbonate* verwandeln — je nach der gegebenen Konzentration — die in der Würze vorhandenen primären Kaliumphosphate (unter Bildung von sekundären oder tertiären Calziumphosphaten) zu sekundären alkalisch reagierenden $K_2HPO_4$; in ähnlicher Weise reagiert das $Mg\ (HCO_3)_2$, das in Brauwässern im allgemeinen nur in geringer Menge vorhanden ist. Allerdings gehen die Umsetzungen bloß bis zum sekundären $Mg\ HPO_4$, das im Gegensatz zum $Ca\ HPO_4$ löslich ist und deshalb mit dem alkalischen $K_2HPO_4$ die Acidität der Würze wesentlich vermindert, was für helle Biere unerwünschte technologische Folgen nach sich zieht.

Besonders gefährlich sind infolge ihrer starken Alkalität sodahaltige Wässer, die allerdings sehr selten anzutreffen sind. Durch Ca $Cl_2$ — oder wenn der Zusatz von Säuren erlaubt ist — durch HCl (u. a.) können sie wirkungslos gemacht werden.

Wichtig für die Herstellung heller Biere ist die sog. „Restalkalität", die für die richtige Korrektur des Brauwassers, wenn sie weniger als $+ 5°dH$ beträgt, eine Entcarbonisierung nicht mehr erforderlich macht (P. Kolbach 1941).

Neben den Phosphaten beteiligen sich auch die „Lactate" (s. o.) an den Umsetzungen mit den Wassersalzen in sehr komplizierten Reaktionen, bis ein Ionengleichgewicht zwischen Phosphaten, Laktaten und freier Milchsäure eintritt. Je größer die Konzentration an Lactaten, um so günstiger sind Acidität und Pufferung, bei gleichzeitiger Neutralisierung der Carbonate.

Die technologischen Folgen der Aciditätsverschiebung zur alkalischen Seite beziehen sich hauptsächlich auf die Tätigkeit der Fermente, da alle für den Maischvorgang wichtigen Enzymgruppen — mit Ausnahme der Peptidasen — im sauren Bereich ihre optimale Wirkung aufweisen. Die gehemmte Tätigkeit der Enzyme kommt auch in einer Herabsetzung der Ausbeute — die je nach Konzentration der Bicarbonate 1—3 % betragen kann — zum Ausdruck.

Auch auf die Lösung der Hopfenbitterstoffe und vor allem auf die Gärungsvorgänge üben carbonatreiche Wasser gewöhnlich einen störenden Einfluß aus.

Bei *dunklen* Bieren hingegen ist ein gewisser Carbonatgehalt sogar erwünscht, da sowohl die Farbe wie alle anderen technologischen Vorgänge durch die Aciditätsverschiebung kaum oder nur günstig beeinflußt werden und, wie schon erwähnt, der Typ des Münchner Bieres durch den Carbonatgehalt erst den ihm eigenen Charakter erhält.

### b) Korrektur des Brauwassers

Um die schädliche Wirkung der Carbonate bei „harten" Wässern für die Herstellung heller Biere auszuschalten, können diese durch *Entcarbonisierung* aufbereitet werden.

Früher wurde diese „Enthärtung" in unvollkommener Weise durch Kochen des Brauwassers durchgeführt, wobei zwar der größte Teil des $Ca (HCO_3)_2$ sich ausscheidet, während das $Mg (HCO_3)_2$ in der Hitze langsam ausfällt, in der Kälte sich aber wieder löst. Da außerdem die Ausscheidungsvorgänge reversibel sind: $Ca (HCO_3)_2 \rightleftarrows Ca CO_3 + CO_2 + H_2O$, wird das sinkende $Ca CO_3$ durch das aufsteigende $CO_2$ teilweise wieder gelöst. Selbst ein Kochen unter Druck, kräftige Bewegung usw. ergibt keine vollkommene Ausscheidung, so daß die auch heute noch übliche Fällung durch $Ca (OH)_2$ einen wesentlichen Fortschritt bedeutete, da dieses nicht nur die Bicarbonate, sondern auch das freie, aggressive $CO_2$ mitentfernen hilft:

$$CO_2 + Ca (OH)_2 = Ca CO_3 + H_2O; \quad Ca (HCO_3)_2 + Ca (OH)_2 = 2 Ca CO_3 + 2 H_2O.$$

Etwas schwieriger ist die Fällung von $Mg (HCO_3)_2$, das wegen der Löslichkeit von $Mg CO_3$ in kaltem Wasser nur in zwei Stufen zur Fällung gebracht werden kann:

$$Mg (HCO_3)_2 + Ca (OH)_2 = Mg CO_3 + Ca CO_3 + 2 H_2O$$
$$Mg CO_3 + Ca (OH)_2 = Ca CO_3 + Mg (OH)_2.$$

Magnesiumhydroxid fällt damit ebenfalls aus und auch das zugesetzte Calciumhydroxid wird quantitativ wieder als Calziumkarbonat ausgeschieden. Die zunächst etwas kolloide Fällung wird durch kräftiges Rühren und durch höhere Temperaturen zur grobflockigen Ausscheidung gebracht und setzt sich — auch mit etwa vorhandenen Eisensalzen — im Reaktionsgefäß ab.

Heute wird die Entcarbonisierung meist in automatischen, kontinuierlichen Apparaten durchgeführt (gelegentlich auch unter höheren Drücken), bei denen mit Hilfe einer Kontaktmasse das entstehende $Ca CO_3$ adsorptiv angelagert und ausgeschieden wird.

Bei größeren Mg-Konzentrationen wird nach dem sog. „Splitverfahren" in zwei Stufen gearbeitet:

Zugabe des zur Entcarbonisierung der Gesamtbrauwassermenge erforderlichen Calciumhydroxidlösung auf einen Teil (ca. $^2/_3$); das Mg fällt dabei als $Mg (OH)_2$ aus. Durch Zugabe des restlichen Rohwassers wird der gesamte Kalkanteil gefällt und nur der verhältnismäßig geringe Mg-Überschuß des Restwassers bleibt in Lösung. Zur Entcarbonisierungsanlage gehört auch ein Filter zur Entfernung der sich noch allmählich ausscheidenden $Ca CO_3$-Mengen.

Wasser mit geringerem Carbonatgehalt, aber störendem Einfluß von Kolloiden (z. B. $Si O_2$) können auch mit Aluminiumsulfat behandelt werden:

$$Al_2 (SO_4)_3 + 3 Ca (HCO_3)_2 = 2 Al (OH)_3 + 3 Ca SO_4;$$

dabei werden auch Kolloide mit ausgeschieden.

Eine vollkommene Entcarbonisierung des Brauwassers — die immer die Gefahr einer schwach alkalischen Reaktion mit sich bringen kann — ist, wie schon erwähnt, normalerweise nicht notwendig, wenn die *Restalkalität* des Brauwassers nicht mehr als 5° dH beträgt. Eine Entcarbonisierung auf 3—4° dH ist im allgemeinen der Sicherheit halber üblich.

*Weitere Enthärtungs- bzw. Entsalzungsmethoden:*

*Elektro-Osmose*-Verfahren, bei dem durch elektrischen Gleichstrom die Salze ausgeschieden werden. Bei starkem Carbonatgehalt ist eine Vorenthärtung mit $Ca (OH)_2$ zu empfehlen.

Eine praktisch vollkommene Entsalzung erlaubt das *Ionenaustauschverfahren:*

Rohwasser wird langsam über sog. „polyvalente" Substanzen geleitet, die auf Kunstharzbasis aufgebaut sind (Wofatite, Lewatite) und die Eigenschaft haben, Kationen — $Ca^{++}$, $Mg^{++}$, $Na^+$ usw. — gegen andere Kationen — beim Brauwasser gewöhnlich $H^+$ — auszutauschen.

$$CaSO_4 + H_2 \cdot Lewatit \rightarrow Ca \cdot Lewatit + H_2SO_4;$$
$$Ca(HCO_3)_2 + H_2 \cdot Lewatit \rightarrow Ca \cdot Lewatit + 2 H_2CO_3 \Big\langle \begin{matrix} 2\,CO_2 \\ 2\,H_2O \end{matrix}$$

Die dabei zwischenzeitlich entstehenden freien Säuren werden — mit Ausnahme der Kohlensäure — in einem $(OH)^-$-Ionenaustauscher neutralisiert:
$H_2SO_4 + (OH)_2 \cdot Lewatit \rightarrow 2 H_2O + SO_4 \cdot Lewatit$. Das Wasser wird dann gewöhnlich noch über einen Pufferaustauscher geleitet, der die noch vorhandenen freien $H^+$ und $(OH)^-$-Ionen abfängt.

Die Ionenaustauscher können durch verdünnte Laugen bzw. Säuren wieder regeneriert werden (A. HUBERT 1963). Da eine vollkommene Entsalzung eines Brauwassers sowieso nicht erforderlich, sondern technologisch sogar unerwünscht ist, wird das Wasser gewöhnlich nur teilentsalzt, d. h. in einem Teilstrom entsalztes Wasser durch unbehandeltes Rohwasser auf einen bestimmten Härte- bzw. Salzgehalt eingestellt. Durch Kombination mit gewöhnlichen Kalk-Enthärtern läßt sich das Austauschverfahren besonders wirtschaftlich gestalten. Es gibt auch „schwachsaure" Austauscher, die nur die Carbonathärte entfernen.

Da $Ca^{++}$ acid3itätsfördernd ist, läßt sich stärker carbonathaltiges Wasser durch Zusatz von *Gips* oder *Calciumchlorid* in seiner aciditätsvermindernden Wirkung etwas kompensieren, da die relative Zunahme der $Ca^{++}$-Ionen die Alkalität der Bicarbonationen zurückdrängt. Allerdings verursachen größere Gipskonzentrationen ihrerseits wieder Calciumphosphatfällungen und damit eine Verringerung der Pufferwirkung. Im allgemeinen sind Gipszusätze über 10 g/hl Brauwasser technologisch bedenklich (P. KOLBACH 1941).

Eine weitere Möglichkeit, Brauwasser zu entcarbonisieren, ist der Zusatz von Säure, der im Bundesgebiet Deutschland allerdings aufgrund des Reinheitsgebotes untersagt ist. Je nach Art der Säure entstehen dabei z. B. Sulfate, Chloride, oder — wie im Ausland häufig üblich — Lactate, die sich sehr vorteilhaft auswirken. Auch Eisen oder Mangan können, wenn sie in Mengen über 2—3 g/hl auftreten, unerwünschte Folgen haben, vor allem hinsichtlich der Farbe und des Geschmacks. Eisen (mit Mangan) läßt sich meist auch beim Entcarbonisieren oder auch durch Lüftung und Filtration beseitigen.

Nicht unmittelbar schädlich, aber bedenklich ist das Vorhandensein von $NH_3$, weil es auf faulende und verwesende Substanzen hinweisen kann; schädlich aber sind *Salpetrige Säure bzw. Nitrite*, als ausgesprochene Hefegifte. Weniger gefährlich sind *Nitrate*, wenn nicht denitrifizierende Bakterien nachgewiesen werden. Auch *Silicate* (häufig mit Soda vergesellschaftet), können ihrer alkalischen und kolloiden Eigenschaften wegen sehr störend sein. Wässer dieser Art kommen allerdings gewöhnlich nur in alt- oder neuvulkanischen Gebieten vor.

*Biologisch*, d. h. hinsichtlich seines Keimgehaltes soll ein Brauwasser den Anforderungen wie an ein gutes Trinkwasser genügen; biologisch nicht einwandfreie Wässer können durch Chlorieren (mit anschließender Entchlorung durch Aktivkohle!), durch das Ozon-, Katadyn- u. ähnl. Verfahren verbessert werden.

# 4. Der Hopfen

## a) Allgemeines

Der Hopfen verleiht unseren heutigen Bieren den ihnen eigenen aromatischbitteren Charakter, gewissermaßen den geschmacklichen Kontrapunkt zu den dem Malz entstammenden und durch die Gärung gewandelten organoleptischen Eigenheiten. Seine zusätzlichen eiweißfällenden, schaumfördernden und bacterciden Wirkungen machen ihn zum wertvollsten und wichtigsten Rohmaterial bei der Bierbereitung.

*Morphologie:* Der Hopfen ist eine perennierende, zur Familie der Cannabinaceen gehörige, zweihäusige Pflanze. Verwendet werden nur die reifen Fruchtstände der weiblichen Blüten (Dolden oder Zapfen); eine Befruchtung ist unerwünscht, da samenhaltiger Hopfen weniger wertvolle Bestandteile enthält und schwerer wiegt. Nach englischer Ansicht sollen mäßig befruchtete Hopfen etwas widerstandsfähiger gegen Krankheiten sein.

Bau der Hopfendolde: die 8—12mal knieförmig gebogene „Spindel" trägt die Hochblätter (Vor- und Deckblätter) in einer Zahl von 40—100. Jedes Deckblatt umschließt zwei an der Innenseite am unteren Rande etwas eingeschlagene Vorblätter, die ihrerseits den — bei guten Hopfen verkümmerten — Fruchtknoten bzw. die Samenanlage umhüllen. Auf der Innenseite der Deck- und Vorblätter, sowie am Fruchtknoten befindet sich das Hopfenmehl oder das „*Lupulin*". Die im frischen Zustand gelbgrünen, stark glänzenden Lupulinkörner sind Drüsenhaargebilde, die aromatische Sekrete, Harze und Fette abscheiden und zwar unter der Kutikula in einer becherartigen Vertiefung. Mit zunehmendem Alter oder bei zu hohen Trocknungstemperaturen nimmt das Lupulin eine stumpfe, rotgelbe bis braunrote Färbung an, das Lupulin „verharzt", der angenehme Hopfengeruch wird widerlich und käsig.

Tabelle 4. *Durchschnittliche Zusammensetzung des Hopfens*
(nach H. Lüers 1950d)

| | |
|---|---|
| $H_2O$ | 12,5% |
| Mineralbestandteile (Asche) | 7,5% |
| Rohfaser | 13,3% |
| N-haltige Substanzen | 17,5% |
| Ätherisches Öl | 0,4% |
| Ätherextrakt (Gesamtbitterstoffe) | 18,3% |
| Gerbstoffe | 3,0% |
| N-freie Substanzen | 27,5% |

Die für die Bierbereitung wichtigsten Bestandteile sind: Hopfenöle, Hopfenbitterstoffe, Hopfengerbstoffe.

*Ätherische Öle:* (0,3—1,0%), je nach Sorte ein das „Hopfenaroma" charakterisierendes Gemisch meist flüchtiger und in der Hauptsache den Kohlenwasserstoffen nahestehende Öle, unter denen *Myrcen* ($C_{10}H_{16}$) und Humulen ($C_{15}H_{24}$) die bedeutsamsten sind.

*Hopfenbitterstoffe:* (12—21%) sie sind die technologisch maßgebenden Bestandteile; nach der „klassischen" Einteilung, die als Grundlage der heutigen Hopfenforschung angesehen werden kann, unterscheidet man:

die $\alpha$-Fraktion (Humulon, $\alpha$-Säure)
die $\beta$-Fraktion (Lupulon, $\beta$-Säure — Weichharze)
die Hartharze.

*Neuere Nomenklatur:*

*Gesamtharze:* Hartharze, Weichharze, $\alpha$- und $\beta$-Säuren;

*Hartharze:* unlöslich in niedrig siedenden Paraffin-Kohlenwasserstoffen; ohne oder nur mit schwach bitternder Wirkung;

*Gesamtweichharze:* löslich in niedrig siedenden Paraffin-Kohlenwasserstoffen;

*$\beta$-Fraktion:* $\beta$-Säuren und die — nicht genau definierten — Verbindungen der Weichharze;

*$\alpha$-Säuren:* Humulon, Cohumulon, Adhumulon, Prähumulon;

*$\beta$-Säuren:* Lupulon, Colupulon, Adlupulon, Prälupulon (Y. Kuroiwa u. Mitarb. 1961).

*Allgemeine Eigenschaften:* Die Gesamtmenge der *Bitterstoffe* ist löslich in Äther, Alkohol und anderen Harzlösungsmitteln; frische Hopfenpflanzen enthalten fast ausschließlich $\alpha$- und $\beta$-Säuren; durch Oxydation bilden sich Weich- und Hartharze. Die optisch aktive $\alpha$-Säure (Humulon) hat die Formel $C_{21}H_{30}O_5$; frischer Hopfen enthält 2—8%. Co-, Ad- und Prähumulon unterscheiden sich geringfügig in einer Seitenkette. Der Geschmack der $a$-Gruppe ist rein aber etwas scharf bitter; der Umwandlungsvorgang in Weich- und Hartharze durch Oxydation und Polymerisation läßt sich mit gewöhnlichen Mitteln bei der üblichen Lagerung nicht aufhalten. Dabei verwandeln sich die $a$-Säuren allmählich in das weniger bittere $a$-Weichharz und mit zunehmender Alterung immer mehr zu Hartharz. Die $a$-Säuren sind mit Blei in methylalkoholischer Lösung fällbar; in Wasser sind sie nicht löslich und gehen beim Kochen in sog. „Isohumulone" über, die erst die wesentlichen Träger der Hopfenbittere in der Würze bzw. im Bier darstellen. Die $\beta$-Säuren (Lupulon $C_{26}H_{38}O_4$) sind gleichfalls in Wasser praktisch unlöslich, *nicht* durch Blei aus Lösungen fällbar; sie gehen ebenfalls langsam durch Oxidation und Polymerisation in $\beta$-Weichharz über, das löslicher ist und eine mildere und edlere Bittere als die $a$-Säuren ergibt.

Wöllmer hat den „Bitterwert" des Hopfens in einer Formel zum Ausdruck gebracht: $a + \beta/9$, wobei unter „$\beta$" sowohl die $\beta$-Säuren wie die Gesamtweichharze zu verstehen sind. Eine besondere Rolle bei den Lösungsvorgängen spielt das pH (vgl. S. 121). Die Bitterstoffe des Hopfens — vor allem die Weichharze — wirken auf grampositive Bakterien *toxisch*, und zwar zunehmend mit sinkendem pH.

*Gerbstoffe:* (2—5%) konzentrieren sich hauptsächlich in den Zapfenblättern (bis zu 90%); ein amorphes hellbraunes Pulver, etwas löslich in kaltem, vor allem in heißem Wasser, in Aceton und verd. Alkohol, nicht in absolutem und in Äther. Eine für die Technologie besonders wichtige Eigenschaft ist ihre Fähigkeit, mit Eiweiß Komplexe zu bilden, die sich ausscheiden und dadurch die Stabilität der Biere erhöhen. Schon beim Reifen, vor allem aber bei höheren Temperaturen (Trocknung!) wird der Gerbstoff, als Gesamtkomplex betrachtet (vgl. S. 52), durch Oxydation in „Phlobaphen" umgewandelt: als wasserlösliches Produkt ein hellbraunes Pulver, herb-bitter und adstringierend, das allmählich, besonders bei stärkerer Hitze in eine unlösliche Form übergeht. Bei der Eiweißfällung verhalten sich Gerbstoffe und Phlobaphen unterschiedlich: Gerbstoffeiweißverbindungen sind in der Hitze noch löslich (Würzekochung!), scheiden sich aber in der Kälte aus; Phlobapheneiweiß ist auch in der Hitze unlöslich und wird beim Würzekochen im „Bruch" mit ausgefällt (vgl. S. 120/122). Vom Gerstengerbstoff unterscheidet sich der Hopfengerbstoff durch eine größere chemische Aktivität, vor allem hinsichtlich der Eiweißfällung. Mit Bicarbonaten des Wassers gibt Hopfengerbstoff unerwünschte, rotstichige Farbtöne, die durch Entcarbonisierung vermieden werden können. Je tiefer das pH, um so lichter und grüner sind die durch den Hopfen mit beeinflußten Zufärbungen.

*Andere Hopfenbestandteile:* Eiweiß und Eiweißabbauprodukte, die beim Würzekochen in Lösung gehen; ca. 30% davon stehen dem *Asparagin* nahe und bilden eine wichtige Hefenahrung. *Glucose, Laevulose* (3—4%), *Pektine* (ca. 12%), *Pentosane, organische Säuren* (Apfel-, Citronen-, Oxalsäure u. a.), Borsäure in Spuren, sind, wie auch der *Wachsgehalt*, ohne besondere technologische Bedeutung.

*Mineralbestandteile:* (5—12%); K, Ca, $P_2O_5$, $SiO_2$ u. ähnl.; der natürliche Schwefelgehalt von etwa 0,1—0,3% wird bei der üblichen „Schwefelung" etwas vermehrt. Spuren von Cu und As können von krankheitsbekämpfenden Mitteln herrrühren. In England und in den USA ist es verboten, Hopfen mit mehr als 0,14 mg $As_2O_3$/100 g Hopfen zu verkaufen.

*Wassergehalt:* Handelsware 10—17% (meist zwischen 12—14%); bei zu geringem Wassergehalt: Zerfall der Dolden; bei zu hohem: Verringerung der Haltbarkeit. Man spricht von „sackreifem" Hopfen, wenn er so weit getrocknet ist, daß er *ungeschwefelt* bei sachgemäßer Lagerung ohne Erwärmung und Wertminderung haltbar ist.

### b) Beurteilung und Lagerung

Der Hopfen wird gewöhnlich aufgrund äußerer Merkmale durch die sog. „Handbonitierung" (Weihenstephaner, Berliner Richtverfahren) bewertet: Pflükke, Trocknung, Farbe und Glanz, Form und Dichte, Lupulingehalt, Aroma; negative Punkte ergeben: Krankheiten, schlechter Geruch, Samen.

*Hopfensorten:* man unterscheidet sie gewöhnlich nach ihrer Herkunft (Provenienz), die im allgemeinen auf bestimmte Gebiete beschränkt ist, wo durch geeignete Bodenbeschaffenheit, günstige, gemäßigte klimatische Bedingungen (gewöhnlich in Breitegraden zwischen 40—60°) entsprechende Voraussetzungen für einen Qualitätshopfenbau gegeben sind; Wuchs, Zapfenform, Aroma usw. bestimmen Brauwert und Preis.

*Wichtige deutsche Anbaugebiete:* Bayern, Württemberg-Baden (A. Rebl 1963); im Ausland: Tschechoslowakei, Frankreich, Ungarn, Jugoslawien, Belgien, England, Rußland, U.S.A.

Frisch geernteter Hopfen enthält 60—80% Wasser, er muß demnach in eigenen „Hopfendarren" getrocknet werden, wobei niedrige Temperaturen mit starkem Luftstrom verwendet werden sollten (30—50°C) (K. Schuster u. Mitarb. 1955). Nach dem Trocknen wird der Hopfen „gereutert", d. h. zur Entfernung fremder Bestandteile über ein Schüttelsieb geleitet; die Ware darf dabei nicht verändert werden. Zur Konservierung wird der Hopfen — gewöhnlich in sog. „Präparieranstalten" — geschwefelt; man rechnet dabei für 100 kg Hopfen etwa 0,5—1,20 kg Schwefel, dessen Verbrennungsgase durch den locker geschütteten Hopfen ziehen. Der gut getrocknete Hopfen wird entweder lose gesackt oder in Ballen und Zylinder gepreßt.

Zur besseren Haltbarmachung des Hopfens, hauptsächlich zu Versandzwecken, werden verschiedene Methoden vorgeschlagen (J. De Clerck 1959). Als eine wirksame Konservierungsart erweist sich die Tiefkühlung (etwa —18°C), bei der sich der Hopfen ohne größere Brauwertverluste auch längere Zeit aufbewahren läßt (K. Schuster, F. Berg u. E. Fuchs 1964).

Die *Lagerung* des sehr empfindlichen Hopfens muß so erfolgen, daß die an sich unvermeidlichen biologisch-chemischen Umwandlungen der Öle, Bitterstoffe und Gerbstoffe in Grenzen gehalten werden. Der Hopfen muß deshalb trocken, kalt und dunkel gelagert werden; er sollte außerdem wenig mit Luft in Berührung kommen und so weit wie möglich frei sein von zerstörenden Bakterien.

Für kürzere Lagerzeiten wählt man Ballen, für längere Büchsenpackung; normale Lagerungstemperaturen liegen um 0°C.

## II. Die Herstellung der Würze

### 1. Theorie des Maischens

#### a) Allgemeines

Um die Inhaltsstoffe des Malzes in geeigneter Weise zu extrahieren, ist es erforderlich, das durch die Spelzen umschlossene Korn zu öffnen und dem Lösungsvorgang zugänglich zu machen. Bei dieser ersten Vorarbeit, dem „Schroten" des Malzes wird nicht — was naheliegend wäre — eine weitgehende Zermahlung des Kornes angestrebt, sondern nur eine Zerkleinerung in mehr oder weniger große Schrotanteile, da durch ein zu feines Vermahlen, besonders der Spelzen, nicht nur unerwünschte Geschmacksstoffe in die Würze gelangen, sondern auch die Trennung der Würze von den Trebern sehr erschwert würde. Den eigentlichen Extraktträger bildet der Mehlkörper, dessen Mahlprodukte sich hinsichtlich Größe,

Extraktergiebigkeit und Aufschließbarkeit unterscheiden. Die gut gelösten Teile um den Keimling herum sind mürbe und ergeben feine Schrotanteile, die beim hellen Malz zur Spitze zu knapper gelösten Partien sind härter und erbringen entsprechend gröbere Schrotanteile. In der Praxis werden ganz allgemein unterschieden: Spelzen, Grob-, Feingrieße, Mehl und Pudermehl. Es liegt an der Kunst des Schrotens, die *enzymreichen*, gut gelösten Teile nicht zu fein, die enzymärmeren Grieße nicht zu grob auszumahlen. Es ist auch notwendig, die extraktarmen Spelzen schonend zu behandeln, da sie sonst ein schlechtes „Filtermaterial" im Läuterbottich abgeben und außerdem geschmacksbeeinträchtigend und zufärbend sind. Um die manchmal — besonders bei frischem Malz — sehr spröden Spelzen elastischer zu machen, wird vorgeschlagen, das Malz zu befeuchten (Malzwäsche) oder zu dämpfen; auch die „Naßschrotung" hat sich in dieser Hinsicht bewährt.

Die Beurteilung des Schrotes ist eine wichtige Aufgabe der Betriebskontrolle. Zwar gibt schon die „Griffigkeit" dem Praktiker gewisse Hinweise, aber erst eine Schrotsortierung, die mit Hilfe bestimmter Siebsätze (Laboratoriums-Plansichter) durchgeführt wird, läßt eindeutige Schlußfolgerungen zu. Beispiel einer Schrotsortierung für Grobschrot (Läuterbottich) und Feinschrot (Maischefilter) mit dem „Pfungstädter Sieb" gibt Tabelle 5.

Tabelle 5

| Siebteile | Schrotanteile | Grobschrot | Feinschrot |
| --- | --- | --- | --- |
| 1 | Spelzen | 15—20% | 8—12% |
| 2 | Grobgrieß | 5—10% | 2— 6% |
| 3 | Feingrieß I | 28—42% | 14—18% |
| 4 | Feingrieß II | 12—18% | 38—48% |
| 5 | Grießmehl | 4— 8% | 8—12% |
| Boden | Pudermehl | 8—15% | 12—20% |

Die optimale Zusammensetzung ändert sich nach Art der Malze sehr. Maßgebend für die Wahl des Schrotes sind hauptsächlich zwei Gesichtspunkte:

1. Die Sudhausausbeute — sie sinkt gewöhnlich bei zu grobem Schrot;

2. Die Läuterarbeit — sie wird im allgemeinen schwieriger bei zu feinem Schrot.

*Schrotmühlen:* Die früher auf sehr primitive Weise (Mahlsteine) durchgeführte Schrotung erfolgt heute ausschließlich durch Hartgußwalzen, die sich mit gleicher oder unterschiedlicher Geschwindigkeit drehen, glatt oder geriffelt sind. Die einfachsten — manchmal in kleineren Betrieben noch anzutreffenden Mühlen — haben nur 2 Walzen; die Schrotung kann hier natürlich nicht individuell sein. Erst mit den 4-, 5-, und 6 Walzenmühlen ist eine genaue Einstellung des Schrotes möglich geworden.

Bei den heutigen Schrotmühlen wird das Mahlgut durch Siebvorrichtungen in verschiedene Anteile zerlegt. Der „Vorbruch" des 1. Mahlganges wird durch einen Siebsatz in Spelzen, Grieße und Mehle getrennt, die schon entsprechenden Schrotmengen werden abgeführt, die anderen durch die „Spelzen"- bzw. „Grieß"-Walzen weiter zerkleinert.

Für den *Zustand* und die *Zusammensetzung* des Schrotes sind mit bestimmend:

Die *Auflösung* des Malzes — bei guter Lösung verliert die Schrotung an Bedeutung, bei schlechter ist sie besonders wichtig.

Der *Wassergehalt* — feuchtes Malz ist schwierig zu zerkleinern; zu trockenes Malz wird leicht zerschlagen.

Das *Sudverfahren* — je kürzer, um so wichtiger ist die Schrotung; lange und gründliche Maischverfahren sind unabhängiger vom Schrot.

Die *Abläutervorrichtungen* — der Läuterbottich ist empfindlicher gegen das Schrot als das Maischefilter; bei grobem Schrot läuft die Würze rasch ab, aber die Ausbeute geht zurück. Zu feines Schrot verzögert die Abläuterung und erschwert das „Aussüßen" (vgl. S. 119) der Treber.

Die Schrotmühlen müssen in der BR Deutschland eine amtlich zugelassene Waage mit Zählwerk besitzen, die so verschlossen und plombiert wird, daß es unmöglich ist, unkontrolliertes Malz einzumaischen. Betriebe unter 3000 hl im Jahr brauchen diese Waagen nicht, dürfen aber nur in Gegenwart eines Zollbeamten schroten.

*Das Sudhaus:* Es bildet in gewissem Sinn den technologischen Schwerpunkt des Betriebes, steht meist in zentraler Lage und muß mit ausreichenden Wasser- und Kraftanschlüssen versehen sein.

Die Sudhauseinrichtung geht historisch auf zwei verschiedene Gefäßarten zurück: auf ein *nicht* heizbares Gefäß, das zur Mischung und Aufbewahrung des Maischgutes dient — den Maischbottich;

auf ein *heizbares*, zum Erwärmen einzelner Maischeanteile und zum Kochen der fertigen Würze — die kombinierte Maisch- und Würzepfanne.

Eine leistungsmäßig wesentlich günstigere Einrichtung stellt das „Doppel-Sudwerk" dar:

1 Maischbottich, 1 Maischpfanne (heute meist beide heizbar als „Maischbottich-Pfannen") 1 Läuterbottich, 1 Würzepfanne (Hopfenkessel).

Diese Grundformen der Sudhausgefäße sind, wenn auch in zahlreichen Variationen, bis heute noch gültig und je nach Kapazität eines Betriebes in verschiedenen Größen, in kombinierter oder Parallelanordnung mit einander verbunden. Es sind auch Hilfsapparate zu finden, wie z. B. Vorlauf- oder Diastasegefäße, gelegentlich wird der Läuterbottich durch einen Maischefilter ersetzt.

Mechanisierung und Rationalisierung sind in neuzeitlichen Sudwerken sehr weit fortgeschritten; das gilt vor allem bei „Block"- oder „Turmsudwerken", bei denen die Gefäße nicht mehr in der „klassischen" runden Form sondern gewöhnlich in rechteckigen Behältern übereinander angeordnet sind und so raum- wie auch durch bessere Wärmeausnutzung energiesparend sind. Durch Programmsteuerung kann der Sudablauf nach einem bestimmten Arbeitsplan weitgehend automatisiert werden.

Man rechnet bei einfachen Sudwerken mit einer jährlichen Sudzahl von 500—700, bei Doppelsudwerken von 900—1300; mit Maischefilter können bis 1500 Sude hergestellt werden.

Ein ungefährer Überblick über die Jahresproduktion ergibt sich aus der Annahme, daß aus 100 kg Malz ca. 5 hl Bier mit normaler Vollbierstammwürze gebraut werden können.

## b) Die biochemischen Vorgänge beim Maischen

Der Maischprozeß ist die sinngemäße Weiterführung der Auflösungsvorgänge beim Mälzen; er bezweckt die Überführung der löslichen bzw. lösbar gemachten Malzbestandteile in flüssige Form, vor allem den Abbau der noch hochmolekularen Stärke, die den wichtigsten Extraktbildner darstellt; gleichzeitig erfahren dabei auch die anderen Grundstoffe, hauptsächlich das Eiweiß, wesentliche Veränderungen, die fast ausnahmslos durch enzymatische Reaktionen hervorgerufen werden.

*Der Stärkeabbau:* Die Malzstärke besitzt im wesentlichen die Eigenschaften der Gerstenstärke, nur sind die Kettenlängen der Amylose und des Amylopektins etwas kürzer als die der Stärke. Der Lösungsvorgang der Stärke ist durch drei Stadien gekennzeichnet: Aufschlämmung und Quellung der Stärkekörner, Verkleisterung und enzymatischer Abbau.

*Quellung:* Von etwa 50°C an tritt eine merkliche Vergrößerung der Stärke-körner ein, bei 70°C bilden sich Risse und allmählich — während sich die äußere Hüllsubstanz (Amylocellulose) ablöst — zerfällt die Stärke, geht kolloidal in Lösung und ist durch Jod nachweisbar.

*Verkleisterung:* Die Stärke geht — unter steter Wasseraufnahme — aus dem festen Zustand in den formlosen, viskosen Stärkekleister über, — eine Eigenschaft, die dem Amylopektin zugeschrieben wird, — der dabei gleichzeitig die nicht verkleisternde Amylose mit einschließt.

Die verschiedenen natürlichen Stärkearten haben unterschiedliche Verkleisterungstemperaturen, die alle über 55°C liegen (Kartoffelstärke) und bei der kleinkörnigen Reisstärke am höchsten ist (80—85°C).

Die *Verflüssigung* wird in der Technologie der Bierbereitung durch die Amylasen (technisch: Diastase) bewirkt, bei deren Gegenwart die Verkleisterungstemperatur um etwa 20°C herabgesetzt wird und deshalb praktisch gar nicht in Erscheinung tritt.

Beim hydrolytischen Abbau der Stärke entstehen neben der hauptsächlich gebildeten Maltose auch „Dextrine", die man heute als ein Gemisch verschiedener Polysaccharide bzw. Oligosaccharide mit mehr oder weniger hohen Molekulargewichten auffaßt. Sie lassen sich durch einige physikalisch-chemische Methoden in größere Gruppen zusammenfassen, für die Praxis ist aber allein die „Jod-Reaktion" (vgl. S. 49) wichtig, weil in der Bierwürze keine sich mit Jod färbende Stärkeabbauprodukte mehr vorhanden sein dürfen.

*Wirkungsbedingungen der Amylasen:*

$a$-*Amylase* (Dextrinogenamylase, Endoamylase); gegen Temperaturen über 60°C ist sie ziemlich resistent, empfindlich aber gegen tiefes pH. Das Wirkungsoptimum liegt etwa bei pH 5,6 und im Temperaturbereich zwischen 60—65°C; sie kann bis 80°C noch eine sehr lebhafte Wirkung entfalten. Die gebildete Maltose liegt in der $a$-Modifikation vor. Der Verzuckerungsvorgang erfolgt bei raschem Verschwinden der Jod-Färbung unter Bildung von viel Dextrinen und zunächst nur geringerem Maltoseanteil.

$\beta$-*Amylase* (Saccharogenamylase, Exoamylase); sie ist bei Temperaturen über 60°C sehr empfindlich, tiefes pH verträgt sie verhältnismäßig gut. Ihr Wirkungsoptimum liegt bei einem pH von 4,6 und Temperaturen zwischen 40—55°C. Die entstehende Maltose liegt in der $\beta$-Form vor. Im Gegensatz zur $a$-Amylase verschwindet die Jodfärbung während der Verzuckerung nur langsam.

Da mit zunehmender Temperatur die Wirkung der Enzyme allgemein ansteigt, bei Überschreitung der Optimaltemperatur wieder abnimmt bis zur Vernichtung der Enzyme, ist die Wirkungsspanne verhältnismäßig gering.

Beim Maischen wird durch Temperatursteigerung die optimale Aktivität der beiden Amylasen erreicht und überschritten und durch die kombinierte Wirkung ein bestimmtes Verhältnis zwischen Maltose und Dextrinen und damit auch zwischen vergärbaren und unvergärbaren Kohlenhydraten festgelegt. Während die $\beta$-Amylase nur die freien Kettenenden der Stärkekomponenten von außen her angreift (Exoamylase!), sprengt die $a$-Amylase von innen her das Gefüge (Endoamylase!), und je nach Betonung der Optima läßt sich das Verhältnis von vergärbaren zu unvergärbaren Stoffen in gewissen Grenzen steuern.

Beim Abbau der Stärke entstehen nach- und nebeneinander: Maltose in $a$- und $\beta$-Modifikation, Glucose, Maltotriose, Isomaltose (aus den 1,6-Bindungen des Amylopektins), Grenzdextrine (die ebenfalls die 1,6-Bindungen mit enthalten).

Für die Verzuckerung der Stärke, die bei höheren Temperaturen verhältnismäßig rasch eintritt, gibt es kein Schema. Das endgültige Ergebnis hängt von verschiedenen Faktoren ab: 1. Menge und Wirkungskraft der Enzyme, 2. Dauer der Einwirkung, 3. Temperatur, 4. Acidität.

*Menge und Wirkung* der beiden Amylasekomponenten verändern sich laufend während des Maischens: die durch Vernichtung beim Maischekochen teilweise geschwächten Enzyme und die unterschiedliche Betonung einzelner Temperaturstufen haben ein ständig wechselndes Verhältnis der Enzymaktivität zur Folge. Die gebildete Zuckermenge ist der *Einwirkungsdauer* der Amylasen proportional (bis zu einem Maltosegehalt von ca. 40 %). Je nach den eingehaltenen *Temperaturen* verschiebt sich Art und Geschwindigkeit der Verzuckerung; so entsteht zwischen 55—63°C normalerweise die größte Maltosemenge, bei Temperaturen von 65°C an in kurzer Zeit eine erhebliche Dextrinkonzentration, wobei zu bedenken ist, daß neben der Schwerpunktverteilung bei den Amylasekomponenten vor allem die *kombinierte* Wirkung für die Verzuckerung maßgebend ist. Langsameres Aufheizen ergibt dabei maltosereichere Würzen als rasches Maischen. Je konzentrierter die Maischen um so höhere Temperaturen werden von den Amylasen vertragen.

Ein günstiges *pH der Würze* (5,4—5,8) — das seinerseits wieder temperaturabhängig ist — fördert die Wirkung beider Amylasen; jede Verschiebung zum Neutralpunkt hin schwächt ihre Wirkung, besonders die der $\beta$-Amylase.

*Eiweißabbau:* Zwischen Stärke- und Eiweißabbau bestehen wesentliche Unterschiede: während die Stärke als verhältnismäßig einfach gebauter Grundstoff in den Maischprozeß eintritt, ist das Eiweiß ein uneinheitliches Gemisch verschiedenartiger N-substanzen.

Zwei Vorgänge sind beim Maischen dabei von besonderer Bedeutung: 1. Der enzymatische Abbau durch die proteolytischen Enzyme, der als hydrolytische Spaltung der „Peptid-Bindung" erfolgt:

$$Polypeptide: \ldots NH_2 . CH_2 . CO . NH . CH_2 \ldots . COOH$$
$$OH^- \quad H^+$$
$$\rightarrow \ldots NH_2 CH_2 . COOH — NH_2 . CH_2 \ldots . COOH$$

2. Die Fällung hochmolekularer Eiweißstoffe bei der Maische- und Würzekochung; der Mechanismus dieser nie im möglichen Ausmaß stattfindenden Reaktion ist sehr kompliziert. Hochmolekulares Eiweiß ist kolloidal gelöst und seinem chemischen Verhalten nach amphoter, es dissoziiert demnach — wenn auch in geringer Konzentration — sowohl $H^+$- wie $OH^-$-Ionen ab. Je nach dem Überwiegen der Kationen oder der Anionen ist das Eiweiß positiv oder negativ geladen; ist ihre Konzentration gleich, so ist es elektrisch neutral und dieser charakteristische Punkt ist für die Eigenschaften des Eiweißes von großer Bedeutung: „Isoelektrisches Eiweiß" ist weniger quellend (hydratisiert), hat mehr suspensoidkolloiden Charakter, die Löslichkeit und die Viscosität sind am geringsten. Es läßt sich durch Hitze, konz. Salzlösungen oder durch andere physikalisch-chemische Einflüsse leicht ausfällen. Da die meisten in der Würze vorkommenden Eiweißstoffe schwach sauer reagieren, werden sie bei einem tieferen pH der flüssigen Phase, durch dissoziative Zurückdrängung der $H^+$-Ionen im Eiweißmolekül, sich mehr oder weniger dem isoelektrischen Punkt nähern und demnach durch Erwärmung oder auch durch dehydratisierende Stoffe, wie Gerbstoff und Phlobaphen, verhältnismäßig leicht coagulieren, ein Vorgang, der besonders beim Würzekochen eine sehr bedeutende Rolle spielt.

*Wirkungsweise der eiweißabbauenden Enzyme: Proteinasen* (Endopeptidasen) greifen hauptsächlich hochmolekulares Eiweiß an und spalten es von innen her zu niedermolekularen N-Substanzen verschiedener Art (Polypeptide, Tri-, Dipeptide); das Wirkungsoptimum liegt etwa bei 4,3, im Temperaturbereich von 50°C. Sie sind verhältnismäßig temperaturbeständig und können noch bis 70°C sehr aktiv sein.

*Peptidasen* (Exopeptidasen) spalten zunächst vorzugsweise Polypeptide zu niederen Peptiden und Aminosäuren; im Malz können verschiedene Peptidasen unterschieden werden (I und II). Das Wirkungsoptimum der Peptidasen liegt im Gegensatz zu den anderen hydrolytischen Enzymen des Malzes im alkalischen Gebiet (Pept. I: 7,8; Pept. II: 8,6) bei Temperaturen von 40—45°C. Ihre Tätigkeit wird also sowohl durch das ungewöhnliche pH wie durch die Temperatur erheblich eingeschränkt.

*Amidasen* spalten die Aminosäuren unter Bildung von $NH_3$; ihre Bedeutung ist für den Brauprozeß unwesentlich. Im Gegensatz zum Stärkeabbau findet ein beträchtlicher Eiweißabbau bereits beim Mälzen statt. Während des Maischens wird dieser Prozeß fortgeführt ist aber schwierig in der richtigen Weise zu steuern, wieder im Gegensatz zur Stärke-Hydrolyse, die durch die Jodreaktion leicht zu kontrollieren ist. In der Praxis ergibt sich, daß zwischen 45—50°C der niedermolekulare N-Anteil erhöht wird, zwischen 65—70°C der höher molekulare.

Zu geringer Eiweißabbau bringt unerwünschte Folgen mit sich, da nicht ausgefälltes Eiweiß — darunter z. B. das sog. $\beta$-Globulin mit einem isoelektrischen Punkt bei pH 4,9 — später unter anderen psysikalischen Voraussetzungen (tiefes pH, Kälte) zu Trübungen des Bieres führen kann.

Bei einem zu weit gehenden Abbau fehlen andererseits wieder die mittelmolekularen N-Substanzen, die für Geschmack, Schaumhaltigkeit, Vollmundigkeit usw. maßgebend sind. Eine Überprüfung des Eiweißabbaues durch eine der bei der Malzuntersuchung (vgl. S. 95) beschriebenen Methoden (Lundinfraktionen, formoltitrierbarer N u. ähnl.), sowie durch die Bestimmung der „Maischintensität" (vgl. S. 96) sollte zeitweilig erfolgen.

*Andere Malzinhaltsstoffe:* Sie spielen im allgemeinen eine geringere Rolle; nur die Zunahme der Pentosane als Auswirkung der cytolytischen Tätigkeit, die Pektine (Einfluß auf Schaum und Vollmundigkeit) haben eine gewisse Bedeutung. Auch die „Amylane", aus Glucose aufgebaute Hexosane, können, wenn sie beim Maischen nicht genügend abgebaut werden, verzögernd auf die Abläuterung einwirken (W. PIRATZKY u. Mitarb. 1937).

Die Vermehrung von sauer reagierenden Substanzen während des Maischens hängt hauptsächlich mit der Bildung von primären Phosphaten zusammen, die durch Phosphatasen (Optimum: pH 5,0—5,5, bei 40—55°C) aus organischen Phosphorverbindungen hydrolysiert werden.

## 2. Praxis des Maischens

Das Lösen der Malzbestandteile während des Maischprozesses muß so erfolgen, daß es der optimalen Würzezusammensetzung entsprechend verläuft und außerdem wirtschaftlich, d. h. in bestmöglicher Ausbeute und mit geringsten Kosten vor sich geht.

*Allgemeine Richtlinien:* zwei physikalische Hilfsmittel zur Vorbereitung des störungsfreien Aufschlusses sind das *Schroten* und das *Kochen der Maischanteile*, durch das die Zellwände gesprengt und die Stärkekörner für den Angriff der Diastase bloßgelegt werden. Gerade für dunkle Biere ist das Maischekochen von großem Vorteil, da hier die Zufärbung keine Rolle spielt und die bei dunklen Malzen geschwächten Enzyme in ihrer Wirkung unterstützt werden. Bei hellen Bieren hingegen sucht man das Kochen einzuschränken, um Zufärbungen und Geschmacksveränderungen zu vermeiden.

Auch der Salzgehalt beeinflußt den Lösungsvorgang: Carbonatwässer hemmen durch ihre alkalisierende Wirkung die Tätigkeit der Enzyme, die Ausbeute sinkt und der Vergärungsgrad wird gedrückt; außerdem fördert eine höhere Salzkonzentration die Löslichkeit der Globuline, die wegen der Eiweißstabilität nicht erwünscht ist.

*Einmaischen, Guß und Gußführung:* Das Vermischen des Malzschrotes mit Wasser — „Einmaischen" — erfolgt im Maischbottich oder in der Maischbottichpfanne, Gefäße, die je 100 kg Malzschrot etwa 7—8 hl Maischraum beanspruchen. Wichtige Hilfseinrichtungen: ein Rührwerk mit Propeller zum gründlichen Durchmischen der Maische, Registrierthermometer zur Feststellung und Aufzeichnung des Temperaturverlaufes; unerläßlich sind heute ferner Wassermischapparate, die es erlauben, die erforderlichen Wassermengen auch der Temperatur gemäß genau einzustellen.

*Schüttung:* die für einen Sud verwendete Schrotmenge.

*Guß:* das Gesamtwasser, das zur Aufbereitung der Schüttung erforderlich ist; der zuerst zugesetzte „Hauptguß" dient dem Lösungsvorgang beim Maischen. Die dabei gewonnene Extraktlösung heißt „Vorderwürze"; der nach Beendigung des Maischprozesses meist in mehreren Teilen zugesetzte „Nachguß" wäscht die extrahierten Malzrückstände, die Treber, aus.

Die Aufteilung des Haupt- und des Nachgusses muß so vor sich gehen, daß die Würze eine bestimmte Konzentration besitzt, der Extrakt möglichst vollkommen gewonnen wird und die letzten „Nachgüsse" (Glattwasser) bei normalen Vollbieren nur mehr etwa 0,5% betragen (unterschiedlich je nach Art und Stärke des Bieres), und daß schließlich beim Würzekochen nicht zu viel Wasser eingedampft werden muß, um die „Ausschlagkonzentration" zu erhalten. Für die Reaktionen beim Maischvorgang spielt der Extraktgehalt der Würze eine besondere Rolle: „dicke" Maischen sind „träge", deshalb wird man bei hellen Bieren die Konzentration nicht zu hoch wählen, um die Enzymwirkung nicht zu beeinträchtigen; bei dunklen Bieren hingegen ist eine höherprozentige Vorderwürze vorteilhafter.

Je kleiner der Hauptguß, um so konzentrierter die Vorderwürze, um so mehr Extrakt bleibt aber in den Trebern, die durch den Nachguß so weit wie möglich wieder „ausgewaschen" werden müssen. Die Menge des Hauptgusses steht demnach im umgekehrten Verhältnis zu den Nachgüssen: je kleiner der Hauptguß, um so höher also die Konzentration der Vorderwürze, um so größer müssen die Nachgüsse sein.

Die *Berechnung* der erforderlichen Hauptgußwassermengen für eine bestimmte Vorderwürzekonzentration läßt sich aus Tabellen entnehmen, aber einfach auch nach der „Mischungsregel" oder nach folgender Formel ungefähr festlegen:

$$W = \frac{A \cdot (100-V)}{V}$$

W = Wassermenge (hl/100 kg Malz)
A = lufttrockene Laboratoriumsausbeute des Malzes (bezogen auf 100 kg Malz)
V = Prozentgehalt der Vorderwürze.

Gleiche Biere, gleiche Vorderwürzen! Für helle Biere normalerweise nicht höher als 16%, nur in besonderen Fällen auch mehr. Für dunkle Biere zieht man gewöhnlich stärkere Vorderwürzen vor: 18—20%, bei dunklen Starkbieren sogar gelegentlich darüber.

Als Faustregel kann gelten: Hauptguß bei hellen Bieren je 100 kg Malz ca. 4—6 hl; bei dunklen Bieren etwa 3—4 hl.

*Allgemeine Richtlinien:* Das Verhältnis des Extraktes der Vorderwürze zu dem der Ausschlagwürze: helle Biere    (1,1—1,4) : 1
dunkle Biere (1,4—1,7) : 1

Gut gelöste Malze vertragen einen kleineren Hauptguß, schlecht gelöste Malze werden dünner eingemaischt. Auch bei karbonathaltigem Wasser empfiehlt es sich, dünner einzumaischen.

Mit der Menge des Hauptgusses sind auch die Nachgußmengen festgelegt; sie betragen ca. das 4—5fache der Schüttung (hl/100 kg Malzschrot). Der Extraktgehalt des zuletzt ablaufenden Nachgusses, des „Glattwassers" ist ein ungefährer Maßstab für die Bemessung und die Wirkung der Nachgüsse: normalerweise um etwa 0,5%, kann er sich nach Art und besonderer Qualität des Bieres verschieben. Zwischen dem Extraktgehalt der letzten Nachgüsse und der dadurch hervorgerufenen Verdünnung der Würze muß hinsichtlich der zur Verdampfung erforderlichen Energie ein wirtschaftliches Gleichgewicht bestehen; die „Glattwässer" werden nämlich stets auch qualitativ schlechter, da sich gegen Schluß zu aus den Malzrückständen immer mehr unerwünschte Bestandteile herauslösen — Bitterstoffe („Herbstoffe") Gerbstoffe, Pflanzenfarbstoffe, Salze usw. — die sowohl den Geschmack, wie vor allem auch die Farbe der Würze beeinträchtigen.

Neben seinen chemischen Einwirkungen beeinflußt auch die *Temperatur* des Brauwassers die Maischvorgänge. Man unterscheidet kaltes (normale Brunnentemperatur), warmes (um 35°C), und heißes (50—64°C) Einmaischen. Bei hellen, sehr gut gelösten Malzen wählt man höhere Einmaischtemperaturen, bei schlecht gelösten, enzymarmen, niedrigere Temperaturen, um durch das anschließende Aufheizen eine gründliche Benetzung des Schrotes, eine sorgfältige Lösung und eine frühzeitige Aktivierung der Enzyme zu erreichen.

Das *Einmaischen* bezweckt hauptsächlich eine einwandfreie Verteilung und Aufschlämmung des Malzschrotes, ohne daß Verluste durch Malzstaub entstehen. Heute werden gewöhnlich „Vormaischer" benutzt, um das Schrot schon vor dem Einlaufen in den Bottich mit Wasser vollkommen zu benetzen und zu vermischen.

Die *Dauer* des Einmaischens soll 15—30 min nicht überschreiten; gewöhnlich schließt sich der Maischprozeß unmittelbar an. Eine Ausnahme stellt das „Digerieren" dar (kalt eingeteigtes Schrot, das 8—12 Std stehenbleibt), bei dem vor allem bei schlecht gelösten Malzen die Maische „vorgelöst" werden soll; es wird zwar eine gewisse Ausbeuterhöhung erreicht, die aber meist mit einer unangenehmen Zufärbung und im Sommer mit Infektionsgefahr und „Sauerwerden" verbunden ist.

## 3. Die technischen Maischverfahren

Die große Anzahl der Maischmethoden lassen sich in zwei Hauptgruppen unterteilen:

a) Dekoktionsverfahren

b) Infusionsverfahren.

Jeder Maischprozeß, unabhängig von der Art der Durchführung, bezweckt, die Malz-Wassermischung auf direktem oder indirektem Wege auf eine Temperatur von 75—78°C zu bringen; innerhalb dieser Temperaturspanne liegen die Wirkungsbereiche aller wesentlichen Enzymgruppen. Dem Aufbereiten und Lösen der Malzinhaltsstoffe dienen *chemisch-biologische* Mittel:

durch kürzeres oder längeres Verweilen (Rasten) bei bestimmten Temperaturen wird die Tätigkeit der Enzyme geregelt;

sowie *physikalische Mittel:*

die — bereits näher besprochene — Schrotung und Kochung von Maischeanteilen ohne und gelegentlich unter Druck.

### a) Dekoktionsverfahren

Das Malzwassergemisch wird in einzelnen Partien zum Kochen erhitzt und diese wieder zur Restmaische gegeben: so erfolgt eine stufenweise Aufheizung bis zur Abmaischtemperatur. Je nach der Anzahl der „Kochmaischen" unterscheidet man 3-, 2-, 1-Maischverfahren.

Das älteste und bekannteste Dekoktionsverfahren, von dem sich alle anderen herleiten lassen, ist das *3-Maischverfahren* (altes, bayerisches „Sicherheitsverfahren").

*Arbeitsschema:* vgl. Abb. 1.

*Erläuterung:* Beim Einmaischen lösen sich alle aktiven, in ungebundener Form vorhandenen Enzyme (Lyoenzyme), sowie alle löslichen Kohlenhydrat- und Eiweißabbauprodukte, Gummistoffe, organische Säuren, anorganische Salze, vor allem Phosphate. Wassersalze und Malzstoffe wirken aufeinander ein, Phosphatasen erhöhen die Acidität, in geringem Umfang auch Milchsäurebakterien (Bacilli Delbrücki) und allmählich stellt sich ein gewisses pH-Gleichgewicht ein.

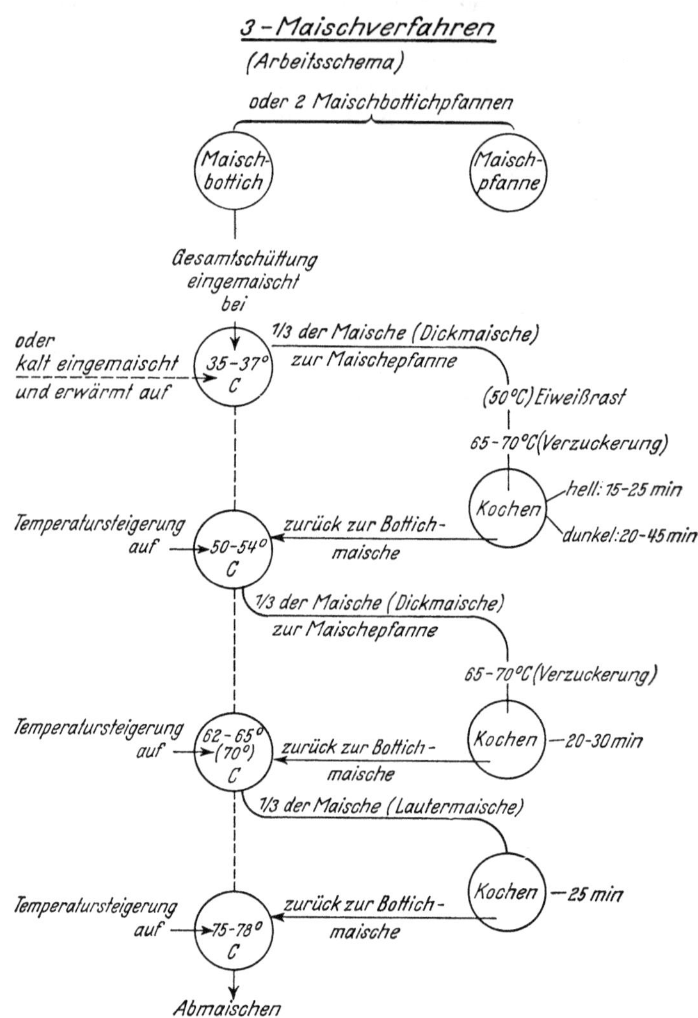


Abb. 1.

*1. Kochmaische:* möglichst viel feste Bestandteile „ziehen" (Dickmaische!); langsame Erwärmung erbringt besseren Aufschluß (etwa 1°C/min); Bildung von aromatischen Geschmacksstoffen (Melanoidine). Die enzymatische Tätigkeit ist noch gering, aber die Maische bietet durch die Freilegung der Stärkekörner den Enzymen eine größere Reaktionsoberfläche. Durch das Zurückpumpen zur Restmaische erhöht sich die Temperatur auf 50—54°C; es setzt eine lebhafte Proteolyse ein, bis die 2. *Kochmaische* zurückgepumpt wird. Nun erhöht sich die Temperatur im Bottich auf 62—65°C: durch die kombinierte Wirkung der beiden Amylasen wird die Stärke außerordentlich rasch abgebaut, da die Maische durch die beiden Kochanteile intensiv aufgeschlossen wurde; der Extrakt steigt nunmehr sprunghaft an. Die 3. *Kochmaische,* die „Lautermaische", die durch Absitzenlassen der extrahierten Malzrückstände gewonnen wurde, dient dem Zweck, den größten Teil der nicht mehr benötigten Enzyme zu zerstören. Sie soll so bemessen sein, daß beim Zurückpumpen die Abläutertemperatur erreicht wird und muß so lange kochen, bis eine vollkommene Verzuckerung der Restmaische eingetreten ist.

Infolge der Betonung aller wichtigen Temperaturbereiche ist das 3-Maischverfahren zwar sehr sicher, aber etwas umständlich und erfordert einen erheblichen Zeit- und Energieaufwand. Durch unterschiedliche Bemessung der Kochmaischanteile oder durch das sog. „Arbeiten mit Maischeresten[1]" lassen sich zwar die Temperaturbereiche der Eiweiß- und Verzuckerungsrast, wenn erforderlich, etwas verändern, wie z. B. beim alten Pilsner Maischverfahren[1]; aber sonst hat es seine frühere Bedeutung verloren und findet höchstens noch bei der Herstellung dunkler Biere Anwendung (Dauer etwa $5^1/_2$ Std).

Das *2-Maischverfahren* ist durch den Wegfall einer Kochmaische etwas beweglicher, spart Zeit — und Energie.

*Arbeitsschema:* vgl. Abb. 2.

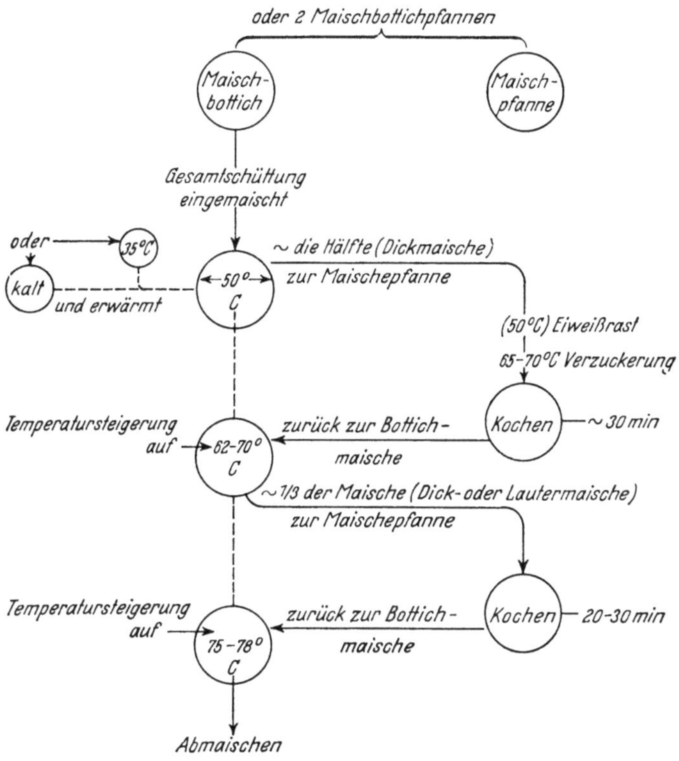


Abb. 2.

Die biochemischen Vorgänge gleichen denen des 3-Maischverfahrens; für die Herstellung heller Biere gut geeignet, gegen die Schrotzusammensetzung ist es etwas empfindlicher und setzt demnach eine genau einstellbare Schrotmühle voraus (Dauer etwa 5 Std).

Alle anderen Maischverfahren lassen sich sinngemäß nach den Schemata (vgl. Abb. 1 u. 2) ableiten.

Technologisch am wandlungsfähigsten ist das *1-Maischverfahren*, aber auch wesentlich empfindlicher gegen die Qualität des Malzes und die Schrotzusammen-

---

[1] K. SCHUSTER, Technologie der Würzebereitung, II. Band, 4. Auflage, Seite 168/169.

setzung. Man unterscheidet verschiedene Variationen, entweder in Anlehnung an die Mehrmaischverfahren oder als sog. „Kesselmaischverfahren".

Durch das Abziehen einer „Lautermaische", die zur Verzuckerung der aufgeschlossenen „Dickmaische" dient, leitet dieses Verfahren zu den sog. „Satzverfahren" über, bei denen in zahlreichen Abwandlungen durch Abziehen einer dünnflüssigen „Diastaselösung" ein schwer aufschließbarer Maischeanteil (auch bei Rohfrucht) verzuckert wird.

*Besondere Verfahren:* Für sehr enzymreiche und hervorragend gelöste Malze kann das „*Hoch-Kurz-Maischverfahren*" (Windisch) angewendet werden; es ist dadurch gekennzeichnet, daß alle niederen Temperaturstufen vermieden werden, um die Wirkung der Amylasen und der Proteasen etwas einzuengen.

*Einmaischen:* ~ 62°C; es wird sofort eine Dickmaische gezogen, nur 5 min gekocht und zum Bottich zurückgegeben. Die Temperatur der Gesamtmaische soll dann auf ~ 70°C steigen; etwa $^1/_2$—$^3/_4$ → Std Rast, dann wird eine 2. Kochmaische gezogen, wieder 5 min gekocht und beim Zurückpumpen im Bottich 78°C erreicht. Das Verfahren wendet also sehr drastische Mittel an, um vor allem einem übermäßigen Eiweißabbau vorzubeugen (Dauer etwa 2 Std).

Auch die sog. „*Springmaischverfahren*" dienen dazu, bei sehr gut oder überlösten Malzen einem zu starken Abbau entgegenzuwirken. Sie beruhen darauf, daß man entweder die gesamte Maische oder günstiger, verschiedene Maischeanteile in heißes Wasser oder in heiße Kochmaischen „springen" läßt; dabei wird ein Großteil der Enzyme stark geschwächt und die Abbauwirkung wird eingeschränkt.

*Schmitzverfahren:* heute kaum mehr üblich; es soll die hohe Viscosität heißer Würze gegenüber der zwischen 75—78°C ablaufenden Würze technisch insoferne nutzen, als die nach irgend einer Methode hergestellte Vorderwürze nach Abziehen eines „kalten Satzes" zum Kochen erhitzt und dann rasch abgeläutert wird; dann wird die Würze auf Verzuckerungstemperatur abgekühlt und mit der Diastaselösung verzuckert.

An Bedeutung verloren haben auch die „Druckmaischverfahren", bei denen man die Treber entweder nach dem Ablaufen der Vorderwürze in einer Druckpfanne (2—3 at) etwa 30 min kocht oder die bereits ausgewaschenen Treber ebenfalls noch einer halbstündigen Druckkochung unterwirft. Die etwas höheren Ausbeuten werden aber qualitativ durch den gewaltsam gewonnenen z. T. unedlen Treberextrakt wieder entwertet.

Für besonders helle Qualitätsbiere hingegen eignen sich die sog. „*Schrot-Maischverfahren*" (Kubessa):

Das Schrot wird in Mehl, Grobgrieße und Spelzen aufgetrennt. Die schwer löslichen Grobgrieße werden bei 48°C eingemaischt, auf 70°C gebracht, gründlich verzuckert und etwa 20—30 min gekocht. Anschließend wird sie den inzwischen kalt oder warm eingemaischten Spelzen zugegeben, wobei Temperaturen von 70—74°C erreicht werden. Die Spelzen machen also keinen Kochprozeß mit und geben keine unedlen Geschmacks- und Farbstoffe an die Würze ab. Die Spelzen-Grießmaische läßt man unter kräftigem Rühren in die Pfanne springen und gleichzeitig wird das sehr enzymkräftige Mehl (trocken oder eingeteigt), zugegeben und rasch zu Ende verzuckert.

### b) Infusionsverfahren

Die gesamte in der Pfanne eingemaischte Malz-Wassermischung wird langsam erwärmt, unter Einhaltung entsprechender Enzympausen für Eiweiß- und Stärkeabbau bis zu einer Abmaischtemperatur von etwa 75°C. Die Extraktion wird also ohne physikalische Hilfsmittel (Kochung!) durchgeführt. Nur wenn die Malze sehr gut gelöst sind, ergeben sich dabei keine Ausbeuteverluste. Die Zusammensetzung der Würzen unterscheiden sich wesentlich von denen der Dekoktionsverfahren, sie sind weiter abgebaut, demnach gewöhnlich zuckerreicher, es fehlt ihnen aber der durch das Kochen hervorgerufene kräftige und herzhaftere Geschmack.

Die *abwärtsmaischende* Methode ist dadurch charakterisiert, daß das Malzschrot mit heißem Wasser eingemaischt wird und alle tiefen Temperaturen dadurch umgangen werden; Verzuckerung und Eiweißabbau werden gleichsam von „oben" her begonnen. Das Verfahren ist nur für besonders gut gelöste Malze geeignet. In der Bundesrepublik Deutschland sind Infusionsverfahren kaum mehr üblich, in England jedoch sind sie auch heute noch die „klassische" Methode der dortigen, gewöhnlich obergärigen Bierbereitung.

*Naßschrotverfahren:* Eine grundsätzlich andere Art des Maischens wird im sog. „Maischefertiger" durch Naßschrotung angewendet: das Schroten — auf einer einfachen 2-Walzenmühle — und der Maischprozeß werden in einem einzigen Arbeitsgang im gleichen Apparate durchgeführt.

## c) Rohfruchtverarbeitung

Eine wesentliche Bedeutung für Länder ohne Reinheitsgebot hat die Verwendung von Rohfrucht (vgl. S. 99) zur Bierbereitung, die teure Malzstärke durch andere, nicht aufbereitete kohlenhydrathaltige Materialien ersetzen hilft. Es kommen hauptsächlich Mais und Reis in Betracht, die zwar einen erheblichen Anteil an Stärke besitzen, aber kaum aktivierte Enzyme, und die deshalb nur durch die Malzamylasen mit abgebaut werden können. Die Stärke muß aber zuerst „aufgeschlossen" werden, was in der Regel durch Kochung (mit und ohne Druck) erfolgt. Da die Rohfrucht selbst keine Spelzen mitbringt, muß das Gerstenmalz meist etwas gröber geschrotet werden, um die Trennung der Würze von den Rückständen ohne größere Schwierigkeiten durchführen zu können.

Beim Kochen der Rohfruchtmaischen muß auch ein Teil Gerstenmalz mit beigegeben werden, damit der enzymatische Abbau schon beim Aufheizen beginnt und die Verkleisterung der Rohfruchtstärke vermieden wird. Die Rohfruchtzugabe kann bis zu 50 % der Gesamtschüttung betragen, in kontinentalen Ländern allerdings meist nicht über 20—25 %. Je mehr Rohfrucht, um so enzymreicher muß das Malz sein.

Bei der Zugabe von Reis ist zu beachten, daß gelegentlich die Verkleisterung erst über 80° vor sich geht; dann muß die Rohfruchtmaische auf 85—90°C erhitzt, gekühlt und durch Zusatz von Malz oder auch von Diastaselösung verzuckert werden.

*Beispiel einer Rohfruchtverarbeitung,* wie sie häufig in den USA Anwendung findet („Doppelmaischsystem"): Es ist gekennzeichnet durch zwei getrennte Maischen: „Grießmaische" (Rohfrucht mit etwa $^1/_3$ Gerstenmalz) und die eigentliche „Malzmaische". Zuerst wird die Grießmaische bei etwa 35—40°C eingemaischt mit anschließender $^1/_2$—1stündiger Rast („lactic acid rest" oder „peptonising rest"); Verzuckerung bei 62—65°C, dann Aufheizen zum Kochen. Die Rohfruchtmaische wird dann in einem eigenen Gefäß mit der etwa $1^1/_2$ Std später eingemaischten Malzmaische gemischt und dabei Temperaturen von 66—68°C erreicht; kurze Rast, hochheizen auf 72—74°C, dann Überpumpen zum Läuterbottich oder zum Maischefilter.

Bei der Druckkochung vollzieht sich der Aufschluß rascher und vollkommener. Feiner Grieß benötigt etwa 1,5—2,0 atü grober bis zu 3 atü. Es werden entweder gewöhnliche Druckpfannen oder eigene Rohfruchtaufschlußgeräte benützt.

Druckkochung bei 9—10 atü soll sich geschmacklich besonders günstig auswirken (Suominen 1953).

Wenn die Rohfrucht in Form von „flakes" (Flocken) gegeben wird, gestaltet sich die Verarbeitung einfacher, da die Flocken bereits aufgeschlossen sind und keiner zusätzlichen Kochung mehr bedürfen.

*Kontrolle des Maischprozesses:* Die wichtigste Kontrolle bezieht sich auf den Stärkeabbau, d. h. auf die technologisch leicht durchführbare Verzuckerungsprüfung durch die Jodreaktion. Schlecht verzuckerte Würzen läutern langsam und unvollkommen ab, ergeben große Gärschwierigkeiten und liefern kleistertrübe, ungenügend haltbare Biere.

Grundlage für die allgemeine Kontrolle sind Malz-, Schrot- und Wasseranalyse (Härtebestimmung);

Technische Mittel zur Überwachung des Maischvorganges: Schreibthermometer, Meßstäbe, Manometer, Spindel zur Extraktbestimmung, Schaugläser.

Technologische Maßnahmen: Überprüfung der Konzentration, der Farbe und der Verzuckerung, gelegentlich ergänzt durch weitere Analysen, wie z. B. pH, Eiweißverhältnisse usw. Zeitweise sind auch die Prüfungsinstrumente selbst (Spindeln, Thermometer usw.) zu kontrollieren. Ein vollautomatischer Maischprozeß schließt laufende Überwachung der technologischen Vorgänge nicht aus!

*Wahl des Maischverfahrens:* Helle Biere verlangen nicht zu weit gelöste Malze, salzarmes Brauwasser; 2-Maischverfahren, dünne Maische empfehlenswert. Lange Maischverfahren ergeben meist eine kräftigere Spelzenauslaugung und höhermolekulare N-Anteile, die für die Stabilität bedenklich sind.

Für besonders *lichte Qualitätsbiere* ist ein Schrotmaischverfahren vorteilhaft, das jede Geschmacksbeeinträchtigung durch Spelzenstoffe ausschaltet (vgl. S. 51).

Bei sehr gut bis überlösten Malzen sind 1-Maisch- oder Hoch-Kurzmaischverfahren am Platze; allerdings ist hinsichtlich möglicher Ausbeuteverluste Vorsicht geboten.

*Märzenbiertypen* nach Münchener Art können einen kernigen, aber leicht aromatischen Geschmack besitzen und sollen nicht zu hopfenbetont sein. Sie liegen geschmacklich in der Mitte zwischen hellen und dunklen Bieren. Mäßiges Carbonatwasser und ein nicht zu kurzes 2-Maischverfahren sind angebracht.

*Dunkle Biere:* eiweißreichere Gersten, reichliche Lösung, vollaromatische Malze; wegen der geschwächten Enzyme ist ein 3-Maisch- (oder ein intensives 2-Maisch-) verfahren vorzuziehen. Die Verwendung eines mäßig harten Carbonatwassers ist zu empfehlen. Vorsichtiger Farbmalzzusatz, nicht über 2%, am günstigsten als Auszug kurz vor oder nach der letzten Kochmaische, auch Farbebier (vgl. S. 97) kann gegeben werden; Brühmalze eignen sich besonders für den Charakter dunkler Biere. Für die Herstellung dunkler Starkbiere gelten ähnliche Gesichtspunkte.

## III. Gewinnung der Würze

Die Trennung des gewonnenen Extraktes, der „Würze", muß möglichst vollkommen und in kürzester Zeit vor sich gehen; sie erfolgt in zwei Stufen:

1. Abziehen der Vorderwürze (Abläutern)
2. Auswaschen der in den Trebern verbleibenden Würze durch heißes Wasser (anschwänzen, aussüßen, auslaugen).

Zwei technische Apparate stehen für die Würzegewinnung zur Verfügung: Läuterbottich oder Maischefilter.

1. *Läuterbottich:* Das empfindlichste Sudhausgerät; von seiner Konstruktion (Schmiedeeisen, bzw. Stahlblech, ganz oder teilweise Kupfer, nichtrostender Stahl) hängt der einwandfreie Verlauf der Läuter- und Anschwänzarbeit ab.

Die wesentlichste Hilfseinrichtung ist der „Läuterboden", der aus gelochten, gewöhnlich aber geschlitzten Messing-, Kupfer- oder Bronzeplatten besteht. Die freie Durchgangsfläche gelochter Böden beträgt etwa 2%, die der geschlitzten 6—8%. Unter dem Läuter-(„Senk")-boden befindet sich der eigentliche Bottichboden mit „Anstichen", d. h. Abflußöffnungen für die abgeläuterte Würze; sie führen entweder — bei der „offenen" Abläuterung — zu einer größeren Anzahl von einzeln regulierbaren Hähnen, oder, bei der „geschlossenen" Abläuterung, zu einem großen Sammelrohr. Der volle Läuterbottich ist ein kompliziertes, hydrodynamisches System: die Schnelligkeit und Klarheit der ablaufenden Würze ist abhängig von verschiedenen zumeist physikalischen Faktoren wie z. B. von der Höhe der Würzeschicht, von der „spezifischen Schüttung", vom Treberwiderstand, von der Temperatur, von Acidität und Viscosität u. a.

*Arbeitsvorgang:* Die Maische wird in den vorher mit heißem Wasser gefüllten („gedeckten") Läuterbottich gepumpt, wobei darauf zu achten ist, daß eine möglichst gleichmäßige Verteilung auf dem „Senkboden" stattfindet. Eine kurze „Ruhe" dient einem langsamen Absitzen der Maische und einer gewissen Schichtenbildung der Malzrückstände, die je nach ihrer Schwere schneller oder verzögert nach unten sinken; den Abschluß nach oben bildet der „Oberteig" (ausgeschiedenes Eiweiß, unlösliche Zell- und Spelzenteilchen u. a.) darüber steht die Würze. Die Sedimentationsgeschwindigkeit der Maische wird mitbestimmt vom Extraktgehalt, von der Temperatur und von der Acidität. Je heißer das System ist, um so lockerer liegen die Treber und um so rascher läuft die Würze ab; das günstigste pH ist zwischen 5,50—5,75. Hat sich die Würze gut — mit „schwarzem Spiegel" — abgesetzt (rotstichige Oberfläche deutet auf schlecht gelöste Malze oder auf fehlerhafte Maischarbeit), läßt man „vorschießen", d. h. die einzelnen Hähne werden paarweise schnell aufgerieben, so daß von den „Quellgebieten" der Anstichrohre der Bodenteig mit fortgerissen wird; die Regulierung des Haupthahnes bei der geschlossenen Abläuterung muß mit besonderer Sorgfalt geschehen.

Die „Trübwürze" wird vorsichtig in den Läuterbottich zurückgepumpt und dann werden die Hähne $^{1}/_{4}$—$^{1}/_{5}$ ihres Durchflußquerschnittes geöffnet, so daß ein langsamer aber steter und nicht „saugender" Ablauf erfolgt, damit die Treberschicht nicht zusammengezogen wird. Von maßgebender Bedeutung für den Läutervorgang ist nämlich der allmählich zunehmende Treberwiderstand, der in seiner Gesamtheit hauptsächlich von der Schrotzusammensetzung, von der Einlagerung der Maische, von der Treberhöhe, von der Senkbodenverlegung usw. abhängig ist, sowie natürlich von den Temperaturverhältnissen.

Die Messung des Treberwiderstandes ist demnach für den störungsfreien Ablauf wichtig und kann auf einfache Weise durch (zwei oder) drei senkrechte Flüssigkeitsstandrohre erfolgen, die den Druckunterschied zwischen dem Läuterbottich oben, dem Senkboden (unterhalb der Treberschicht) bzw. den Abflußhähnen in mm Wassersäule und so, je nach den gegebenen Unterschieden, eine erforderliche Regulierung des Abflusses oder Auflockerung der Trebermasse anzeigen.

Die nach dem Ablaufen der Vorderwürze in den Trebern verbleibenden Extraktreste, die mengenmäßig sehr unterschiedlich sein können — wieder je nach Lösung und Schrotung des Malzes — werden nun mit Hilfe eines „Anschwänzapparates" (geschlossene, mit feinen Öffnungen versehene Rohre, die sich um die Achse des Bottichs drehen, meistens nach dem Prinzip des Segnerschen Wasserrades) durch Besprühen der Läuteroberfläche allmählich verdrängt und verdünnt. Die Auslaugung ist ein Diffusionsvorgang, dessen Geschwindigkeit vor allem von der stetig abnehmenden Viscosität und natürlich von der Temperatur bestimmt wird, die bis zu 80°C gesteigert werden kann. Das „Aussüßen" sollte mit den geringst möglichen Wassermengen stattfinden. Es kann periodisch oder kontinuierlich erfolgen; vorteilhafter nimmt man mehrere kleine und gleich große, als umfangreiche und unterschiedliche Nachgüsse, da sich diese ungleich vermischen und ungleichmäßige Abläufe ergeben.

Eine Reihe von Maßnahmen und Hilfseinrichtungen bezweckt eine gleichmäßigere und raschere Durchführung der Läuterarbeit: z. B. das Abziehen der Vorderwürze von oben (technologisch nicht unbedenklich, wenn die Vorderwürze nicht genügend geklärt ist), verschiedene Einrichtung zur Vergrößerung der Läuteroberfläche und die sich daraus entwickelnden sog. „Schnell"- oder auch „automatischen" Abläuterungen, die alle darauf hinausgehen, störende, meist physikalisch bedingte Einflüsse auszuschalten, dann auch Oxydationsmöglichkeiten einzuschränken und die Auslaugung unedler und herber Geschmacksanteile zu verhindern. Es wurde ebenfalls versucht, die letzten Nachgüsse mittels Filtration durch Kieselgur oder Aktivkohle von unreinen Geschmacksstoffen zu befreien; das dabei gleichzeitig mit entfernte Gerstenfett soll auch eine erhebliche Verbesserung der Schaumeigenschaften zur Folge haben (STADLER u. ZELLER 1952).

Die Treber können nur dann quantitativ und qualitativ einwandfrei ausgewaschen werden, wenn der allmählich zunehmenden Dichte von Zeit zu Zeit durch Auflockerung entgegengewirkt wird. Man bedient sich dabei einer achsial sich drehenden Maschine, deren Querarme mit einer Anzahl von Messern und pflugähnlichen Teilen versehen sind. Die verstellbaren Messer schneiden Querfurchen in den Treberkuchen, lockern ihn auf und lassen das Anschwänzwasser gleichmäßig seitlich und in die Tiefe eindringen.

2. *Maischefilter:* Die Gesamtmaische wird nach Beendigung des Maischprozesses in schmale, kammerartige Rahmen („Kammern") gepumpt, die durch stabile, mit Filtertüchern versehene Platten (oder auch Roste) getrennt sind. Anstelle eines einzigen Läutervorganges wird beim Maischefilter der Filtrationsprozeß in kleine Treberschichten von je 6—8 cm Dicke zerlegt und damit eine wesentlich größere Läuterfläche erzielt. Eine Kammer kann etwa 0,7—1,0 hl fassen; im Mittel kann man auf 100 kg Schüttung einen Filterraum von ca. 120 l annehmen. Hieraus läßt sich Zahl und Größe der Rahmen für eine gegebene Schüttung errechnen.

*Arbeitsvorgang:* Um eine unbedingt vorauszusetzende Gleichmäßigkeit und eine vollkommene Füllung zu erreichen, wird das Filter zuerst mit heißem Wasser beschickt und dann die Maische unter kräftigem Rühren im Bottich möglichst gleichartig durch die „Maischeeintrittsköpfe" in die Kammern gepumpt, wobei darauf zu achten ist, daß die Luft durch Entlüftungshähne entweichen kann. Noch während des Einlaufens der Maische (etwa 25—30 min) dringt filtrierte Würze durch die Filtertücher, sammelt sich an den Rippen der Platten und läuft durch die daran angebrachten Hähne ab. Nach dem Ablauf der Vorderwürze wird das Anschwänzwasser durch die an den Platten seitlich oder unten angebrachten Wassereintrittsköpfe geleitet; jeder zweite Hahn wird geschlossen und das Anschwänzwasser dadurch gezwungen, zwei dazwischenliegende Kammern zu durchströmen. Wichtig ist, daß während der Läuter- und Anschwänzarbeit der Druck im Maischefilter 1 at nicht überschreitet.

Vorteile des Maischefilters sind seine rationellen, gleichmäßigen und raschen Läutervorgänge, die auch bei weniger gut gelösten Malzen und bei Rohfruchtverwendung kaum ernsthafte Schwierigkeiten bereiten. Auch kann die Leistungsfähigkeit eines Sudhauses durch Zeitgewinn gesteigert werden, was besonders bei kontinuierlichem Betrieb ins Gewicht fällt, und wodurch auch die Nachteile der zahlreichen Nebenarbeiten wieder ausgeglichen werden.

# IV. Das Kochen und Hopfen der Würze

## 1. Allgemeines

Die durch den Läuterprozeß gewonnene Würze wird in der Würzepfanne (Hopfenkessel) gekocht, um

1. das überschüssige Wasser zur Erzielung einer bestimmten „Ausschlag-Konzentration" zu verdampfen,

2. die restlichen Enzyme zu zerstören und die Würze zu sterilisieren,

3. hochmolekulares Eiweiß auszuscheiden („Bruch"),

4. die Würze dem Biertyp entsprechend mit Hopfen zu bittern.

Die Kochung muß rasch und kräftig durchgeführt werden, eine ausreichende Heizfläche ist demnach eine der wichtigsten Voraussetzungen für den Kochprozeß. Die früher eingemauerten „Feuerpfannen" sind heute fast ausschließlich durch Dampf- oder neuzeitlich auch durch Heißwasserpfannen sowie durch Öl und Gas beheizte Pfannen ersetzt. Moderne Hochleistungspfannen haben meist einen kegelförmig nach oben eingezogenen Boden, um die Heizfläche zu vergrößern und ein optimales Verhältnis zwischen der Flüssigkeitshöhe und dem Pfannendurchmesser (ca. 1:2) zu schaffen. Rührwerke sind unbedingt erforderlich, um ein Anbrennen oder auch nur Anliegen von Würzeteilen zu verhindern.

Je lebhafter die „Konvektion", d. h. die Bewegung der am Pfannenboden oder an den Wänden überheizten Würze nach oben, um so rascher ist der Wärmeausgleich, um so günstiger die Verdampfungswirkung und um so geringer die Zufärbung, was besonders für helle Biere wichtig ist. Normal ist eine Verdampfungsleistung von stündlich 6—10 %, wird diese nicht erreicht, so kann durch Einbau eines Zusatz-Kochapparates die Leistung erhöht werden.

Eine an sich natürliche und unvermeidliche Zufärbung, die schon durch die Konzentration gegeben ist, wird noch durch eine zusätzliche Melanoidinbildung und eine Oxydation von Gerbstoffen herbeigeführt; tiefes pH verringert die Zufärbungswirkung.

Die Ausscheidung von hochmolekularem Eiweiß — „Bruchbildung" — ist eine der Hauptaufgaben bei der Würzekochung. Der Mechanismus der Eiweiß-Coagulation wurde schon auf S. 110 erläutert (K. Schuster u. P. Eiber 1958; K. Schuster u. H. Hager 1963).

Es ist dabei von praktischer Bedeutung, daß die sich zunächst opal trübende Würze rasch einen möglichst grobflockigen Bruch ergibt, während die Würze selbst klar und feurig durchscheinen soll.

Die Bruchbildung wird erfolgreich unterstützt durch tieferes pH (optimal 5,3), durch kräftige Konvektion, durch Oxydation, vor allem aber durch die Wirkung der Phlobaphene, die den Kern des „Heißtrubs", sowie der Gerbstoff-Eiweiß-Komplexe, die den „Kühltrub" mit verursachen.

Das Eindampfen der Würze kann auch unter *Druck* (etwa 2 atü) — bei besonders kräftiger Eiweißausscheidung — oder im *Vakuum* geschehen; die niedrige Verdampfungstemperatur ist geschmacklich und hinsichtlich der Farbe günstig zu bewerten. Vor allem wird die Eindampfung der Glattwässer im Vakuum empfohlen.

Bei der sog. „überbarometrischen Druckkochung" mit einem Druck von etwa 0,2—0,3 atü kann eine Verkürzung der gesamten Kochzeit, bei grobem Bruch und lichter Farbe, erreicht werden.

Der ungefähre Wirkungsgrad kann durch den Restgehalt an noch coagulierbarer N-Substanz geprüft werden: ca. 12%ige Würzen enthalten normal noch 1—3 mg coagulierbaren Rest-N (gegenüber 6—12 mg vor dem Kochen) je 100 ml Würze.

## 2. Das Hopfen-Kochen

Die technologisch wichtigste Veränderung erfährt die Würze durch das Kochen mit Hopfen: sofort löslich sind die Hopfengerbstoffe und (teilweise) Phlobaphene, außerdem gewisse Eiweiß- bzw. Eiweißabbaustoffe, Kohlenhydrate und mineralische Bestandteile, die allerdings infolge ihrer geringen Menge (mit Ausnahme der Stickstoffsubstanzen) keine wesentliche Bedeutung haben.

Die Lösungsvorgänge der eigentlichen Hopfenwertbestandteile, der Bitterstoffe und der Hopfenöle, sind hingegen verwickelter.

Es sei daran erinnert, daß im frisch- oder im gutkonservierten Hopfen nachstehende Bitterstoffe vorhanden sind: die Humulon-, die Lupulongruppe, die daraus durch Oxydation und Polymerisation entstehenden Weichharze, sowie die Hartharze, die bei gutem Hopfen 15% der Gesamtharzmenge nicht überschreiten sollen. Wichtig ist, daß bei der allmählichen Oxydation die stark bitternden Humulone an Bitterkraft verlieren, während die zunächst nicht löslichen Lupulone beim Übergang in die Weichharzform an Bittere — und zwar an sog. „Edelbittere" — zunehmen.

Die Lösungsfähigkeit der Bitterstoffe wird durch die Acidität entscheidend mit beeinflußt: je mehr sich das pH dem Neutralpunkt nähert, um so leichter gehen die Bitterstoffe zwar in Lösung (vermutlich bilden sich hierbei mit den Salzen des Brauwassers Humulate), um so weniger edel aber ist der Geschmack; bei tieferem pH verteilen sich die Bitterstoffe mehr in kolloider Form — im Ultramikroskop werden deutliche Submikronen sichtbar — der Geschmack wird jedoch unaufdringlicher, runder und feiner. Beim ungefähren pH einer normalen Würze (5,4—5,8) löst sich nur ein kleiner Teil „echt", der größere Teil liegt in kolloiddisperser Verteilung vor. Eiweiß- und höhermolekulare Kohlenhydratsubstanzen üben in der Würze eine schutzkolloide Wirkung aus, dabei ist allerdings auch die Gefahr gegeben, daß beim Ausflocken des Eiweißes der Würze nicht unerhebliche Mengen an Bitterstoffen entzogen werden.

Die freien $\alpha$-Säuren sind sehr oberflächenaktiv; darauf beruht auch die stark schaumstützende Wirkung frischen Hopfens. Beim Kochen wandelt sich der Humulonkomplex verhältnismäßig rasch in „Isohumulone" um (früher Harzkörper A), dann weiter zu angenehm schmeckenden Weichharzen, bei längerem Kochen in Humulonsäure neben geringen Mengen Essigsäure und anderen organischen Säuren bzw. Aldehyden.

Nach neueren Versuchen wird Adhumulon bei der Hopfenbitterung besonders günstig ausgenützt. Für die Praxis ergibt sich, daß bei niedrigem pH (vor allem bei künstlich gesäuerter Würze) die Umwandlung der Humulone verzögert und ein höherer Verlust durch adsorptive Bindung an den Trub eintritt; dafür ist andererseits der Geschmack edler und reiner als der dem Neutralpunkt sich nähernden Würze.

Nach 1—2stündiger Kochzeit ist praktisch die ganze Humulongruppe in Isohumulon umgewandelt, bei längerem Kochen nimmt die Bittere wieder ab, die Polymerisierung zum Hartharz ständig zu.

Die praktisch wasser- und würzeunlöslichen Lupulone gehen nur über die bei der Lagerung sich bildenden zartbitteren $\beta$-Weichharze in Lösung.

Der Hopfen ist der am schlechtesten ausgenützte Rohstoff der Brauerei. Nur ein Teil der Wertbestandteile geht in die Würze über, der andere bleibt ungelöst in den Hopfentrebern; sowohl beim Hopfenkochen als bei der Gärung und Lagerung geht ein erheblicher Anteil verloren, so daß schließlich nur $^1/_3$—$^1/_4$ der ursprünglichen Bitterstoffe noch im Bier nachweisbar sind. Allerdings schmecken die ausgeschiedenen höhermolekularen Bitterstoffe weniger bitter als die niedermolekularen, so daß der eigentliche *Bitterwert* im Bier immerhin noch etwa 50 % ausmacht. Diese relativ großen Verluste geben Veranlassung zu Hopfensparmaßnahmen, um z. B. die Hopfentreber, die rd. 20 % der Gesamtbitterstoffmenge zurückbehalten, durch Aufschließung, Oxydation und Extrahierung noch besser auszunützen; diesen Sparmaßnahmen sind jedoch durch qualitative Auswirkungen Grenzen gesetzt.

Die Rolle des *Gerbstoffs* bei der „Bruchbildung" wurde schon erläutert; seine durch adstringierende Wirkung hervorgerufene, etwas derbe Geschmacksbeeinflussung, kann bei länger gelagertem, gerbstoffreicherem Hopfen durch „Brühen" gemildert werden, da wohl Gerbstoffe, aber nicht Bitterstoffe dabei gelöst werden. Eine unangenehme Eigenschaft des Gerbstoffs ist die bei Einwirkung von Luftsauerstoff gegebene Oxydation zu Phlobaphen, die besonders bei Gegenwart einer größeren Bicarbonatkonzentration im Brauwasser Veranlassung zu „rotstichigen" Würzen sein kann.

Das *Hopfenöl* ist zwar zum größten Teil beim Hopfenkochen mit Wasserdampf flüchtig, sein Einfluß auf die organoleptischen Eigenschaften des Bieres hat aber eine Bedeutung für das Aroma; man gibt deshalb auch — trotz des dabei eintretenden Bitterstoffverlustes — den Hopfen meist in mehreren Gaben, um durch die letzte, kurz vor dem Ausschlagen zugesetzte Menge noch eine leichte „Aromatisierung" des Bieres zu erreichen. In England wird dem Bier gelegentlich auch reines Hopfenöl zur Aromatisierung zugegeben.

Die *Höhe der Hopfengabe* ist abhängig von der Qualität des Hopfens, von der Geschmacksrichtung, von der Art der Bierherstellung, von der Zusammensetzung des Brauwassers bzw. der Würze und von der technischen Durchführung des Hopfengebens.

Grundsätzlich erfordern helle Biere mehr Hopfen als dunkle, da ausgeprägtes Malzaroma und Hopfenbittere nicht harmonisieren. Im allgemeinen genügen $1^1/_2$—$2^1/_2$ Std Kochzeit, um alle beabsichtigten technologischen Wirkungen eintreten zu lassen; bei kurzer Kochung muß die Hopfengabe vergrößert werden. Auch längere Lagerzeit des Bieres und höhere Lagertemperaturen machen größere Hopfengaben notwendig.

Die *Höhe der Hopfengabe* kann aber nie schematisch angegeben werden; als allgemeine Richtlinien gelten:

je 100 kg Malz bei hellen Bieren ca. 1—1,8 kg Hopfen
100 kg Malz bei dunklen Bieren ca. 0,8—1,2 kg Hopfen;

oder:

auf 1 hl Verkaufsbier bezogen:

helles Vollbier . . . . . . . . . . . 180—400 g Hopfen
dunkles Vollbier . . . . . . . . . . 130—200 g Hopfen
Märzenbier (nach Münchner Art) . . . 180—220 g Hopfen
obergäriges Weizenbier . . . . . . . 100—170 g Hopfen

Ausländische Biere, vor allem amerikanische, weisen im allgemeinen geringere Hopfengaben auf.

Die *Zugabe des Hopfens* erfolgt meist im natürlichen Zustand, d. h. in ganzen Dolden, obwohl dabei die Auslaugung wirtschaftlich nicht ganz befriedigend ist. Es gibt Hopfenzerreißmaschinen (die den Hopfen zerkleinern) und Hopfenmühlen (Vermahlung), die eine bessere Ausnützung ermöglichen, aber auch weniger edle Geschmacksbestandteile mit in die Würze gelangen lassen. Sog. „Hopfenentlauger", bei denen der Hopfen in einem Behälter durch heiße Würze oder heißes Wasser gründlich ausgelaugt wird, haben sich nicht durchgesetzt. Alle Versuche, den Hopfen besser auszunützen — z. B. durch Ultrabeschallung eine bessere Verteilung und Lösung zu erreichen — blieben bis jetzt unvollkommen, da primär günstige Wirkungen durch negative ziemlich ausgeglichen werden. Wirtschaftlich vorteilhafter ist die Herstellung und Verwendung von „Hopfenextrakten", die mit Hilfe spezieller Lösungsmittel (Äther, Äthanol, Hexan u. a.) gewonnen werden und den wesentlichen Vorteil einer längeren Lagermöglichkeit bieten ohne größere Veränderungen zu erleiden. Die ausschließliche Verwendung von Hopfenextrakt ist im allgemeinen nicht üblich.

Wird der Hopfen in Dolden zugesetzt, so kann er auf einmal oder, wie meist üblich, in verschiedenen Teilen (2—4) zur Kochwürze zugesetzt werden, wobei die letzte Teilgabe, wie schon erwähnt, vor allem der Erzielung eines gewissen Hopfenaromas dienen soll.

Eine wertvolle Nebenwirkung des Würzekochens ist die Bildung von *reduzierenden Substanzen* (Reduktone); da die Würze selbst ein labiles Redoxsystem darstellt, das gegen Sauerstoffeinfluß sehr empfindlich ist und im fertigen Bier zu unangenehmen Trübungserscheinungen führen kann, ist die Bildung reduzierender Stoffe als Schutzwirkung sehr wichtig (H. J. WELLHOENER 1957). Das Redox-Potential — gemessen als sog. ITT-Wert (Indicator-Time Test) oder als rH (PAWLOWSKI-SCHILD 1961 d) — wird zur Wasserstoffseite hin verschoben und fängt den störenden Einfluß des Sauerstoffes ab. Die wichtigsten Substanzen dieser Art sind die Melanoidine (die sich in der hellen Würze aber nur in verhältnismäßig geringen Mengen bilden); in Ländern ohne Reinheitsgebot können auch z. B. die stark reduzierende Ascorbinsäure oder andere, nicht immer unbedenkliche Reduktionsmittel zugegeben werden.

# V. Das Ausschlagen der Würze

## 1. Eigenschaften und Zusammensetzung der Ausschlagwürze

Die Würze wird „ausgeschlagen", wenn der für den Typ des späteren Bieres notwendige Extraktgehalt und alle anderen technologischen Erfordernisse erreicht wurden. Sie wird zunächst von den Hopfentrebern befreit und zwar mit Hilfe der sog. „Hopfenseiher", mehr oder weniger komplizierter Geräte, in denen entweder durch einfaches Auswaschen, mit heißem Wasser oder auch durch Druck und Zerkleinerung der Treber der größte Teil der noch anhaftenden Extraktreste entfernt wird. Die Ausschlagwürze ist ihrer Zusammensetzung nach ein sehr labiles System mit echt gelösten Stoffen und zahlreichen Kolloiden unterschiedlichen Dispersitätsgrades. Die hauptsächlichsten Extraktträger stellen naturgemäß die Kohlenhydrate, insbesondere verschiedene Zuckerarten und Dextrine dar.

*Durchschnittliche Zusammensetzung der Ausschlagwürze:*

1. *Kohlenhydrate*
   a) Rohmaltose (Maltose neben geringen Mengen Glucose, Fructose, Laevulose und Dextrine) . . . . . . . . . . . . . . . ~ 60—70%
   davon
       bei hellen Würzen . . . . . . . . . . 60—70%
       bei „Wiener" Würzen . . . . . . . . 62—66%
       bei „Münchner" Würzen . . . . . . . 58—64%
   b) Saccharose . . . . . . . . . . . . . . . . . 2— 8%
   c) Pentosane . . . . . . . . . . . . . . . . 3— 4%
   d) Gummistoffe, Inosit u. a. . . . . . . . . . . 0,2%
   e) unvergärbare Dextrine . . . . . . . . . . 15—26%
2. Roheiweiß bzw. -abbaustoffe . . . . . . . . 3— 6%
3. Asche (mineralische Bestandteile) . . . . . . . 1,5—2,0%
   Freie organische Säuren (als Milchsäure) . . . . 0,5—1,0%;

außerdem: Hopfenbitterstoffe, Gerbstoffe, Spuren von Hopfenöl u. a.

Die *N-haltigen Verbindungen* bestehen nur zum geringen Teil aus genuinen, coagulierbaren Eiweißstoffen, hauptsächlich sind es Polypeptide verschiedener Art, Aminosäuren, Amide, Ammoniumverbindungen, sowie Melanoidine und andere Röststoffe.

Von *freien organischen Säuren* sind neben Milchsäure nachgewiesen: Ameisen-, Essig-, Propion-, Bernstein-, Oxalsäure, sowie eine Reihe von Oxysäuren wie sie beim Kohlenhydratstoffwechsel auftreten.

*Aschebestandteile:* K, Na, Mg, Ca, Fe, (Mn), Al, gebunden als Sulfate, Chloride, Phosphate, Silicate u. a.

77—84% der *Würzephosphate* liegen in anorganischer,
16—23% in organischer Bindung vor.
1 Liter Würze enthält außerdem 150—200 mg *Gerbstoffe,*
                 sowie ca. 100—180 mg *Bitterstoffe;*

das *pH der Würze* liegt normalerweise zwischen 5,4—5,8,
bei Säuerungsmethoden bis zu             5,2.
*Viscosität* einer 11—12%igen Würze etwa     1,60—1,85
Oberflächenspannung: 40—45 Dyn/cm.

Unter den noch verbleibenden Vitaminen in der Würze spielt besonders die B-Gruppe eine bemerkenswerte Rolle (Thiamin, Riboflavin, u. a.) sowie das wichtige Nicotinamid.

## 2. Die Treber

Die hauptsächlich aus den Spelzen des Malzes und den ungelöst gebliebenen Bestandteilen zusammengesetzten Treber sind ein wertvolles Abfallprodukt der Brauerei. Die erhaltene Menge schwankt je nach Extraktgehalt und Auslaugungsgrad des Malzes. Durchschnittlich entsprechen 100 kg Malz etwa 110—130 kg Naßtreber mit 70—80% Wassergehalt, oder 20—30 kg Trebertrockensubstanz.

Treber sind ein begehrtes Futtermittel und enthalten in der Trockensubstanz (Durchschnittswerte):

    Rohprotein . . . . . . . . . . . . . . . . . . . 28,0%
    Rohfett . . . . . . . . . . . . . . . . . . . . . 8,2%
    N-freie Extraktstoffe . . . . . . . . . . . . . 41,0%
    Rohfaser . . . . . . . . . . . . . . . . . . . . 17,5%
    Asche . . . . . . . . . . . . . . . . . . . . . . 5,2%
    Gesamtcalorien . . . . . . . . . . . . . . . . . 483,4 kcal

Können die Treber nicht sofort verkauft werden, müssen sie in irgend einer Art konserviert werden (Silierung und Säuerung durch Milchsäurebakterien, oder, wie meist üblich, durch Trocknung) (A. Szilvinyi 1960).

## 3. Die Sudhausausbeute

Die für die BR Deutschland gültige Formel zur Errechnung der sog. „*Sudhausausbeute*" (alle löslich gemachten Extraktstoffe auf eine bestimmte Malzmenge bezogen) lautet:

$$\text{Ausbeute} = \frac{\text{Würzemenge in Litern (hl)} \cdot \text{Vol.-\%} \cdot 0{,}96}{\text{Schüttung in kg (dz)}}$$

Ohne weiteres festgestellt werden kann dabei die *Schüttung*, die gewöhnlich in dz angegeben wird. Die Angabe der Würzemenge ist weniger einfach, da die Ausschlagwürze heiß ist und verschiedene Faktoren die Bestimmung erschweren: erforderlich ist eine genaue Eichung der Würzepfanne, weiterhin ein amtlich geprüfter Meßstab zum „Abstechen" der Würze. Die Ablesung muß sehr sorgfältig geschehen, da 1 mm Ablesefehler je m² Pfannenfläche ungefähr 1 l Würze entspricht.

Die festgestellte *Würzemenge* muß aber noch korrigiert werden: die Temperatur liegt nahe am Siedepunkt, das Volumen ist daher größer als bei normaler Temperatur (20°C); die Konzentration hat geringere Bedeutung, die Würzeverdrängung durch den Hopfen kann aber nicht vernachlässigt werden, da 1 kg Hopfen einen Raum von ca. 800 ml einnimmt. Die Verdrängung durch ausgeschiedenes Eiweiß ist unwesentlich. Als ausgewogener Mittelwert für diese das Volumen beeinflussenden Faktoren werden amtlich 4% angenommen, die in der Zahl 0,96 ihren Ausdruck finden (G. JAKOB 1946).

Der Extraktgehalt wird in der Praxis festgestellt mit einem nach dem Prinzip der Aräometer konstruierten *Saccharometer*, das eine Korrekturskala für Temperaturausgleich enthält. Während früher der Extrakt nach BALLING aufgrund einer genormten Rohrzuckerlösung bestimmt wurde, gilt heute die Tabelle der „Normaleichungskommission" (PLATO). Geprüft wird eine der Würzepfanne entnommene, abgekühlte Probe bei 20°C. Der mit dem Saccharometer ermittelte Wert bezieht sich auf *Gewichtsprozente*, da aber die *Menge* der Ausschlagwürze gemessen wird, müssen die Gewichtsprozente in Volumprozente umgerechnet werden.

Zur Beurteilung der Sudhausausbeute, die von vielen Einzelheiten abhängig ist, kann die Malzanalyse als feste Vergleichsbasis herangezogen werden. Zwar unterscheiden sich die Lösungsvorgänge im Sudhaus und bei der Kongreßanalyse wesentlich, aber sie stehen doch in einem reproduzierbaren Verhältnis zueinander. Um etwaige Extraktverluste während der Sudhausarbeit festzustellen, müssen auch die noch in den Trebern enthaltenen unaufgeschlossenen und auswaschbaren Extraktmengen mit einbezogen werden. Man erhält so eine zwar nicht vollkommen eindeutige, aber doch vergleichbare Ausbeutebilanz, die bei mangelhaften Sudhausergebnissen die Ursache erkennen lassen kann.

| *Praxis* | | *Laboratorium* | |
|---|---|---|---|
| Sudhausausbeute . . . . . . | 76,5% | lufttrockene Ausbeute . . . . | 77,8% |
| auswaschbarer Treberextrakt . | 1,2% | (Kongreßverfahren) | |
| (auf 100 Teile Malz umgerechnet) | | auswaschbarer Treberextrakt . | — |
| unverzuckerte Malzstärke | | unverzuckerte Malzstärke | |
| der Treber . . . . . . . . | 0,3% | der Treber . . . . . . . . | 0,6% |
| Gesamtausbeute . . . . . . | 78,0% | | 78,4% |

Der Ausbeuteunterschied beträgt demnach 0,4%; weichen die Extraktbeträge nicht mehr als 0,8% voneinander ab, kann die Ausbeute als normal angesehen werden (B. MÄNDL 1957).

Die Ursachen schlechter Ausbeuten können am Braumaterial, an der Sudhausarbeit und auch an der technischen Einrichtung liegen; meist allerdings sind die Fehler bei schlecht verarbeiteten Malzen und bei einem nicht sachgerechten Maischverfahren zu suchen.

# VI. Das Abkühlen der Würze und die Trubabscheidung

## 1. Physikalisch-chemische Vorgänge

Die Ausschlagwürze für untergärige Biere wird normalerweise auf 4—7°C abgekühlt, um den anschließenden Vergärungsvorgang einzuleiten. Die Würzebehandlung nach dem Ausschlagen verfolgt dabei drei technologische Zwecke:

1. Abkühlung der Würze auf Anstelltemperatur,

2. Aufnahme von Sauerstoff,

3. Trubabscheidung.

Die *Würzekühlung* ist ein einfacher physikalischer Vorgang, der sich allerdings je nach Art der Kühleinrichtungen sehr unterschiedlich abspielen kann. Wichtig dabei ist vor allem, daß die Würze die für Infektionen besonders gefährliche Temperaturspanne zwischen ca. 40—20°C verhältnismäßig rasch durchläuft und Infektionsmöglichkeiten weitgehend ausgeschaltet werden. Der Aufnahme von Sauerstoff liegen zwei verschiedene Ursachen zugrunde: bei höheren Temperaturen finden *Oxydationsvorgänge* statt (N-Substanzen, Hopfenbitterstoffe, Gerbstoffe, Kohlenhydrate u. a.), von etwa 40°C abwärts wird der Sauerstoff mehr oder weniger direkt gelöst bzw. gebunden. Die O-Reaktionen bzw. Lösungsvorgänge ergeben eine Verschiebung des Redox-Potentials und eine manchmal nicht unerhebliche Farbzunahme, sowohl durch Konzentration der Würze wie auch durch die Oxydationen. Die *physikalische Bindung* des Sauerstoffs in der Würze ist eine wichtige Voraussetzung für die Lebenstätigkeit der Hefe und für einen einwandfreien Gärverlauf.

*Ausscheidung des Trubs:* Man unterscheidet den *Heißtrub* (Kochtrub), der durch Hitzecoagulation, unterstützt durch Gerbstoff-(Phlobaphen-)reaktionen und Sauerstoffeinwirkung entsteht, und den *Kühltrub* (Feintrub, amorphe Substanz), der sich beim Kühlen der heißen Würze — zwischen den Grenzwerten 70—55°C (im Mittel bei ca. 60°C) — bildet, und zwar vom „Kühltrübungspunkt" an bis zur Anstelltemperatur.

*Beschaffenheit des Heißtrubs:* Abhängig von den Eigenschaften des Malzes, schwankt er qualitativ und quantitativ innerhalb ziemlich weiter Grenzen.

100 hl (11—12%ige) Würze ergeben 20—60 kg (Heiß-) Naßtrub (einschließlich imbibierter Würze)

oder: je 100 kg Schüttung etwa 0,3—0,8 kg Trub-Trockensubst.

Infusions- und Hochkurzmaischverfahren liefern im allgemeinen die höchsten, 3-Maischverfahren die geringsten Heißtrubanteile. Auch die Zusammensetzung ist sehr wechselnd: bei einem durchschnittlichen Wassergehalt von ca. 80% besteht der Trub aus:

    50—60% Stickstoffsubstanzen
    16—20% Hopfenharzen
    20—30% anderen org. Stoffen (Phlobaphen)
     3—30% Asche

*Kühltrub:* Der Menge nach nur etwa 5—10% des Heißtrubs; beim Erwärmen geht er wieder in Lösung. Der Eiweißgehalt liegt zwischen 60—70%; möglicherweise handelt es sich beim Kühltrub um Globulinderivate, die an etwa 20% Gerbstoff gebunden sind. Schnelligkeit der Abkühlung, Zusammensetzung der Würze, Bewegung, Einwirkung von Sauerstoff usw. sind verantwortlich für den Dispersitätsgrad des ausgeschiedenen Trubs. Mit fortschreitender Auflösung eines Malzes nimmt die Kühltrubmenge gewöhnlich sehr stark ab; auch liefert Feinschrot meist mehr Kühltrub als Grobschrot. Infusionswürzen geben kühltrubreichere Würzen, je größer die Hopfengabe um so reichlicher ist ebenfalls die Kühltrubmenge. Rasche Abkühlung zwischen 50—25°C — aber nicht unter 30 sec! — fördert zwar die Ausscheidung des Kühltrubs, während bei langsamer Kühlung eine vollkommenere Ausscheidung der Eiweißsymplexe stattzufinden scheint.

## 2. Methodik

*Kühlhauseinrichtungen:* Neben den „klassischen" Einrichtungen — Kühlschiff, Berieselungskühler, Trubpresse — finden sich heute Setzbottich, Ausschlagbottich, Zentrifuge, Plattenkühler, Filtrationsapparate usw., die zahlreiche Kombinationsmöglichkeiten ergeben.

Das altbewährte Kühlschiff aus Eisen (Stahl) oder Kupfer erfüllt in idealer Weise die Erfordernisse der *Vorkühlung:* die große Oberfläche, die dünne Würzeschicht bewirken eine verhältnismäßig rasche Abkühlung, die durch die Verdunstung noch gesteigert wird; ebenso einfach und leicht ist die Sauerstoffaufnahme, sowohl die oxydative mit ihrer fällungsfördernden Wirkung auf Eiweiß, Gerbstoffe usw., wie auch die absorptive, die für die Gärungsvorgänge unerläßlich ist. Nachteile des Kühlschiffs sind der große Raumbedarf und die Möglichkeit von Infektionen bei den gefährlichen Temperaturen von ca. 50°C abwärts. Um solche Infektionen einzuschränken, werden auch Anlagen für „keimfreie" Belüftung gebaut, die aber andererseits wieder wegen des nun fehlenden natürlichen Zuges die Nebel- und Kondenswasserbildung fördern.

Der *Setzbottich,* ein Ersatz für die großflächigen Kühlschiffe, ist hinsichtlich des Kühleffektes und der Trubausscheidung weniger wirksam als das Kühlschiff; er soll keine zu große Schichthöhe — nicht über 1 m — aufweisen und wenn möglich mit Kühlschlangen und Schwimmerschwenkrohren zum laufenden Abziehen der oberen (sauerstoffreicheren) Würzeschicht versehen sein.

Als *Ausschlagbottiche* werden Sammelgefäße bezeichnet, die nur als Durchlauf-, Puffer- oder Ausgleichgefäße bei besonderen Verfahren (z. B. Kieselgurfilter und Plattenkühler) dienen. Die eigentliche Würzekühlung erfolgt vielfach durch große *Kühlapparate,* gewöhnlich mit wellenförmiger Oberfläche (aus Kupfer), über die die Würze vom Kühlschiff oder Setzbottich aus in dünner Schicht herabrieselt und — im oberen Teil durch Brunnen-, im unteren durch künstlich gekühlte Sole oder Süßwasser — bis zur Anstelltemperatur herabgekühlt wird. Für offene Berieselungskühler sind Anlagen für Luftsterilisierung ebenfalls vorteilhaft.

*Geschlossene Kühler* tauchten im vorigen Jahrhundert zuerst in England auf und wurden auch von den Pilsener Brauereien übernommen. Die schwierige Reinigung und die dadurch gegebene Infektionsgefahr waren Anlaß zu ihrer Verdrängung durch die offenen Kühlapparate; in den neuzeitlichen Formen der geschlossenen Kühlapparate — Plattenkühler, Wärmeaustauscher — fließen Würze und Kühlflüssigkeit in flachen Strömungswegen dicht aneinander vorbei und ermöglichen so eine rasche und intensive Kühlwirkung auf engem Raum. Da sie leicht auseinanderzunehmen und deshalb auch einfach zu reinigen sind, ist auch die Infektionsgefahr gering. Die Würze kommt allerdings mit Luft nicht ausreichend in Berührung, so daß dafür zu sorgen ist, die Würze auf der Austrittsseite mit steriler Luft (elektrisch entkeimt oder mit Hilfe einer Laterne, fein einstellbarem Nadelventil und Luftfilter) zu versehen.

*Trubabscheidung:* sie erfolgt bei der Würzebehandlung auf dem Kühlschiff oder im Setzbottich meist durch eine Filterpresse (der früher übliche „Trubsack" hat keine Bedeutung mehr). Nach dem Ablaufen der Würze wird der auf dem Kühlschiff liegengebliebene Trub mit Krücken zusammengeschoben und durch das Trubventil in die Presse gefüllt. Die sehr klare, gewöhnlich aber bereits infizierte Trubwürze wird meist gesondert mit Hefe angestellt, um die übrige Würze biologisch nicht zugefährden. Vorteilhafter ist es, die Trubwürze zu sterilisieren oder durch einen 3teiligen Plattenapparat zu erhitzen und sofort wieder abzukühlen.

Eine neue rationellere Methode der Trubabscheidung ist die Anwendung von Zentrifugen (Klärschleudern): das verzögerte Absetzen des Trubs auf dem Kühlschiff und besonders im Setzbottich kann durch eine Zentrifuge in kurzer Zeit und vor allem bis zu einem bestimmten Dispersitätsgrad durchgeführt werden, wobei auch Teilchen des Kühltrubs mit entfernt werden können. Die Arbeitsweise ist schonender als die der Filter und das kolloide System wird gewissermaßen homogenisiert. Die Zentrifuge bietet folgende Möglichkeiten der Trubausscheidung:

1. Das Zentrifugieren des auf dem Kühlschiff bzw. im Setzbottich abgesetzten Trubs (Ersatz der Filterpresse);

2. Das Zentrifugieren der Gesamtwürze bei verschiedenen Temperaturen und dementsprechend unterschiedlichen Mengen des auszuscheidenden Trubs.

Im allgemeinen ist die Heiß-Separierung technologisch vorteilhafter, da die etwas beschränkte Leistungsfähigkeit der Zentrifuge durch die geringere Viscosität der Würze gesteigert werden kann. Hinsichtlich späterer Kältetrübungen wirkungsvoller erscheint jedoch eine Zentrifugierung der Gesamtwürze bei 0—1°C, da hier wesentliche Anteile später trübungsfördernder Stoffe mit ausgeschieden werden können (G. Prahl 1964).

*Die Trubabsonderung durch Würzefiltration* hat in neuerer Zeit größere Beachtung gefunden, da sie verhältnismäßig einfach und ohne komplizierte Geräte durchzuführen ist.

Ein Vorläufer der heute üblichen Würzefiltration ist die sog. „Hopfenfiltration", bei der der Hopfen als Filterschicht für den Heißtrub dient. Nachteilig allerdings ist es, daß der zu diesem Zwecke zerkleinerte Hopfen in den zylinderförmigen Filtergefäßen noch längere Zeit mit der Würze in Berührung steht und ihr unangenehme Geschmacks- und auch trübungsgefährliche Stoffe mitgeben kann.

Eine größere Verbreitung hat die *Kieselgurfiltration* gefunden, die mit einfachen Mitteln eine saubere Trennung der Würze vom Trub ermöglicht. Kieselgur, mikroskopisch kleine Skelete von Diatomeen, hat sich gerade für diese Art der Filtration als sehr geeignet erwiesen, wobei aber vorauszusetzen ist, daß die Beschaffenheit und die Aufbereitung der Kieselgur dem technologischen Zwecke vollkommen entspricht (vgl. S. 152).

Ähnlich der Zentrifuge ist auch die Kieselgurfiltration sehr schonend und technisch ohne größere Apparaturen durchzuführen: in einem Mischbehälter wird die Kieselgur in einem bestimmten Verhältnis der Würze beigegeben und dann so lange durch den Filter (der aus Sieben, Filtertüchern oder Spezialschichten besteht) gepumpt, bis die Würze klar läuft; der Durchflußwiderstand ist gewöhnlich gering.

# C. Die Technologie der Gärung

## I. Die Bierhefe und ihre Stoffwechselprodukte

Die durch die Sudhausarbeit gewonnene, abgekühlte Ausschlagwürze stellt nunmehr die Grundlage dar für das letzte Stadium der Bierbereitung, für die Gärung, Nachreifung und Lagerung des Bieres. Unter „Gärung" sind Stoffwechselprozesse zu verstehen, die durch Mikroorganismen (bzw. durch die von diesen gebildeten Enzyme) hervorgerufen werden. Die alkoholische Gärung, bei der Zucker durch Hefe in Alkohol und Kohlendioxid umgewandelt werden, ist technologisch die wichtigste Gärungsform, die bei der Bier- und Weinherstellung eine industrielle Anwendung findet. Für ein eingehendes Studium dieses vielfältigen Fragenkomplexes sei hier auf das Hauptwerk über die Gärung verwiesen: F. Weinfurtner, Die Technologie der Gärung — Das fertige Bier. 3. Aufl. Stuttgart, Ferd. Enke-Verlag 1963.

### 1. Die Bierhefe

Je nach ihrer Fähigkeit, Sporen zu bilden, unterscheidet man zwei große Hefegruppen: sporogene und asporogene Hefen. Die Bierhefe gehört zu den *sporenbildenden Hefen* (Saccharomyces Reess) und wird selbst wieder unterteilt in verschiedene Arten und Rassen. Die für die Bierbereitung besonders geeigneten „Stämme" werden reingezüchtet und als „Bier-Kulturhefen", alle anderen Hefen als „wilde Hefen" bezeichnet. Die Kulturhefen wiederum werden aufgrund einiger von einander abweichenden Gärbilder und -erscheinungen in *obergärige* (Varianten von Saccharomyces cerevisiae) und *untergärige Hefen* (Rassen von Saccharomyces carlsbergensis) unterteilt, obwohl sie sich morphologisch kaum, lediglich im Sprossungsbild unterscheiden (F. WEINFURTNER u. Mitarb. 1963).

*Charakteristische Wesensmerkmale:*

| Untergärige Hefen | obergärige Hefen |
|---|---|
| Mutter- und Tochterzellen trennen sich bald voneinander. | Tochterzellen bleiben verhältnismäßig lange mitsammen verbunden und bilden verzweigte Sproßverbände, die erst nach vollendeter Gärung zerfallen. |
| Raffinose wird im allgemeinen vergoren. | Von Raffinose wird nur Fructose abgespalten; Melibiose bleibt unverändert zurück. |
| Die Fähigkeit der Sporenbildung ist sehr gering ausgeprägt und tritt meist erst sehr spät und nur bei einzelnen Zellen ein (60—70 Std). | Kräftigeres Sporenbildungsvermögen, meist schon nach kurzer Zeit (48 Std). |
| Die Hefe bleibt in der gärenden Würze und geht gegen Ende der Gärung zu Boden. | Die Hefe steigt während der intensivsten Gärung zum großen Teil an die Oberfläche. |
| Normale Temperatur der „Hauptgärung": 4—12 °C in 6—14 Tagen. Nachgärung und Lagerung: 0—2 °C (1—6 Monate). | Meist bei Temperaturen von 15—25 °C in 3—6 Tagen, wobei bereits die Endvergärung erreicht wird. |

Ein für die Technologie der Gärung wesentlicher Unterschied zwischen verschiedenen Kulturheferassen besteht darin, daß einige „staubig" bleiben, d. h. sich nur äußerst langsam absetzen und sehr hoch vergären („hoch vergärende Hefen"), während andere wieder verhältnismäßig rasch „flocculieren", einen „Bruch" bilden und rasch zu Boden sinken („niedrig vergärende Hefen"). Bruchhefen können gelegentlich ihr Agglutinationsvermögen verlieren, das überhaupt bis zu einem gewissen Grade von Umweltsbedingungen (Züchtung, Ernährungs- und Temperaturverhältnisse) abhängig zu sein scheint.

*Morphologie und Cytologie:* Die gewöhnlich runden oder elliptisch-ovalen Zellen sind 5—14 $\mu$ (meist 6—10 $\mu$) lang und 3—8 $\mu$ breit; die Oberfläche beläuft sich im Mittel auf 150 $\mu^2$. Bei normaler „Anstellung" mit dickbreiiger Hefe läßt sich je hl Würze eine Zellenzahl von etwa 1,5 Billionen errechnen. Die die Hefe umschließende feste aber elastische Zellwand (ca. 19% der Hefetrockensubstanz) besteht hauptsächlich aus 1,3-Glucan, anderen Polysacchariden, Eiweiß und Lipiden; eine die Oberfläche umhüllende Schleimsubstanz („Hefegummi") setzt sich vor allem aus „Mannan" zusammen.

Der lebende Zellinhalt, das „Protoplasma" wird in zwei Komponenten unterteilt: in das „Cytoplasma" (mit dem undifferenzierten „Hyaloplasma" und den darin eingebetteten Mitochondrien, Mikrosomen u. a.) und in das von ihm umschlossene „*Karyoplasma*" (Kern), über das noch sehr unklare Vorstellungen herrschen. Das neutral oder schwach alkalisch reagierende *Cytoplasma* füllt in jungen Zellen fast das ganze Zellumen aus mit Ausnahme der „*Vacuolen*", Zellsafträumen mit sauer reagierendem aus dem Plasma abgesondertem Inhalt, die mit der Alterung zunehmen und schließlich beinahe das ganze Plasma verdrängen. Die unregelmäßig in der Zelle (bis zu 50 Einheiten) verteilten „*Mitochondrien*" („Chondrio-

somen") sind — ähnlich wie in der Gerste — Träger verschiedener Stoffwechsel-
enzyme (Atmungsoxydative Phosphorylierung, Fettsäureoxydation u. a.). Auch
die „*Mikrosomen*" („Sphärosomen") sind Enzymträger und vermutlich an der
Eiweißsynthese beteiligt. *Glykogen* bildet — besonders in älteren Zellen — ein
wichtiges Reservekohlenhydrat; auftretende *Fett-Tröpfchen* weisen auf eine reichliche Kohlenhydrat-, aber nicht genügende Stickstoffversorgung hin. Die sog.
„*Volutin-Granula*" — meist in jüngeren Zellen — stellen möglicherweise eine
Phosphat- und Energiereserve dar.

Bemerkenswert ist, daß die Hefen neben der vegetativen Vermehrung durch
Sproßung auch geschlechtlich differenzierte „Haplonten" hervorbringen, die
paarweise kopulieren.

*Chemische Zusammensetzung:*

| | |
|---|---|
| $H_2O$ (gepreßte Hefe) . . . . . . | ca. 75% (65—86%) |
| $H_2O$ intracellular . . . . . . . . | 55—65% |
| Inhaltsstoffe der Trockensubstanz: | |
| N-Verbindungen . . . . . . . . | 45—60% |
| Kohlenhydrate . . . . . . . . . | 15—37% |
| Fette . . . . . . . . . . . . . | 2—12% |
| Asche (Mineralbestandteile) . . . | 6—12% |
| Vitamine in Spuren usw. | |

*Stickstoffverbindungen:* etwa 90% gehören den Proteinen an; die Hauptmenge
(ca. $^3/_4$) besteht aus einem Albumin (Cerevesin) und einem Phosphorglobulin
(Zymocasein).

An Nichteiweiß-Stickstoffverbindungen sind 10—13% vorhanden (Peptide
und freie Aminosäuren — „Aminosäurepool" — sowie Nucleinsäure mit ihren
Derivaten).

*Kohlenhydrate: Pentosen* in Spuren;
      *Glucose*, als Bauelement nahezu aller anderen Kohlenhydrate.

*Glucan*, ein unlösliches Polysaccharid (wesentlich am Aufbau der Zellwand
beteiligt), gelegentlich als „Hefecellulose" bezeichnet. Ein weiteres, in der Zellwand vorhandenes, nicht genau definierbares Polysaccharid liefert nach der
Hydrolyse ungefähr zu einem Drittel D-*Glucosamin*.

*Mannan* („Hefegummi") in der Schleimhülle um die Hefezelle, als Ester auch
in der Zellwand nachzuweisen.

*Phosphate des Glykogens* in der Hefezellwand weisen strukturelle Ähnlichkeiten
mit der Stärke auf und stellen einen typischen Reservestoff dar.

In geringen Spuren scheinen auch noch vorzukommen: Trehalose, ein Lävulan,
ein Dextrin und ein Pentosan.

*Lipide (Fette und Lipoide):* Der an sich geringe Anteil an Fett und fettähn-
lichen Substanzen (z. T. als Symplexe an Eiweiß und Kohlenhydrate gebunden)
kann von etwa 2—12% unter besonderen Züchtungsbedingungen auf über 42%
erhöht werden. Das Cytoplasma alter Zellen ist gewöhnlich reich an Fett-Tröpfchen. *Lipoide*, vor allem deren *Phosphatide*, spielen eine lebenswichtige Rolle. Das
physiologisch wichtige Ergosterin geht durch UV-Bestrahlung in das Vitamin $D_2$
über und wird daher auch als Provitamin D bezeichnet.

Der Mineralsalzgehalt, der — neben einer Reihe von meist nur in Spuren vorhandenen Elemente (vor allem Metalle), die zum einwandfreien Funktionieren des
Stoffwechsels erforderlich sind — 6—12% (normal 8—9%) betragen kann, setzt
sich vorwiegend zusammen aus Alkali- und Erdalkalioxiden, $Fe_2O_3$, $SiO_2$, $P_2O_5$
und $SO_3$. Andere, meist nur in geringsten Mengen (photometrisch) nachweisbare
Elemente (z. B. As, B, Br, Cl, Cr, Pb, Sn u. a.) scheinen physiologisch keine Bedeutung zu haben.

*Vitamine:* von den fettlöslichen Vitaminen ist nur die schon erwähnte Vorstufe des Vitamin $D_2$ (Ergosterin) vorhanden; wasserlösliche Vitamine kommen reichlich vor, vor allem das für den Kohlenhydratstoffwechsel wichtige *Thiamin* (Vitamin $B_1$, Aneurin), weiterhin *Riboflavin* (Vit. $B_2$, Lactoflavin) und *Pyridoxin* (Vit. $B_6$, Adermin); in großen Mengen vertreten ist das *Nicotinamid* (Niacin, Vit. PP). *Pantothensäure* (Vit. $B_5$) ist ein Baustein des Co-Enzyms A (Co A), die *p-Aminobenzoesäure* (PABS, Vit. H') steht in enger Beziehung zur *Folsäure*, die, selbst wieder Bestandteil eines komplizierten Coferments, an wichtigen Umsetzungen beteiligt ist (Bildung von Serin, Methionin usw.). *Biotin* (Vit. H, Bios II) ist — auch in stärkster Verdünnung — ein äußerst wirksamer Wuchsstoff. *meso-Inosit (Bios I)* sowie *Cholin* werden vielfach nicht mehr zu den Vitaminen, sondern zu essentiellen Nahrungsstoffen gezählt.

*Ascorbinsäure* (Vit. C) ist in der Hefe gewöhnlich nicht vorhanden.

*Enzyme:* Die grundsätzlichen Ausführungen (vgl. S. 66) gelten naturgemäß auch für die Enzyme der Hefe, während aber für die Technologie der Malzbereitung praktisch nur die *Hydrolasen* eine wesentliche Rolle spielen, sind für die Stoffwechselvorgänge in der Hefe auch die anderen großen Enzymgruppen von Bedeutung: *Transferasen, Oxydoreductasen, Lyasen und Syntheasen, Isomerasen und Racemasen.*

Von den *Hydrolasen* sind auch für die Hefe die *Carbohydrasen* wichtig zur Verwertung der Kohlenhydrate: in reichlicher Menge vorhanden ist die *β-h-Fructosidase*, die Saccharose in Glucose und Fructose hydrolysiert und außerdem auch Raffinose in Melibiose und Fructose spaltet (pH-Optimum 4,5). *α-Glucosidase* (Maltase) hydrolysiert Maltose zu Glucose, ein für die Bierbereitung maßgebender Vorgang, da die Würze zu 60—70% aus Maltose besteht (pH-Optimum etwa 7,0 bei einem Temperaturoptimum von ca. 40°C).

*α-Galactosidase* trennt Melibiose in Glucose und Galaktose: technologisch bedeutsam, da gewöhnlich nur untergärige Hefen in der Lage sind, dieses Enzym zu erzeugen und dadurch Raffinose vergärbar zu machen.

*β-Amylase* ist in geringer Menge vorhanden.

*Esterasen:* Die *Lipase*-Aktivität in der Hefe ist verhältnismäßig gering, dagegen können mehrere *Phosphatasen* nachgewiesen werden, die die hydrolytische Spaltung der Phosphatester bewirken, bzw. beschleunigen und die hinsichtlich Schnelligkeit und Spezifität ihrer Wirkungsweise sehr unterschiedlich auftreten. Vielschichtig in ihrer Spezifität sind auch die in verschiedene Gruppen vorhandenen Polyphosphatasen; eine ATP-Monophosphatase wurde ebenfalls nachgewiesen.

Verhältnismäßig gering ist die proteolytische Aktivität in der Hefezelle, wo die Peptidasen hauptsächlich nur in die Stickstoffversorgung mit eingeschaltet sind (Abbau von höher molekularen Stickstoffsubstanzen in leicht assimilierbare Spaltprodukte); erst bei der Hefeautolyse treten sie kräftiger in Erscheinung.

Nachgewiesen sind hauptsächlich „Exopeptidasen", unter denen die „*Prolinase*" und die „*Prolidase*" eine gewisse Bedeutung besitzen. Von „Endopeptidasen" ist bis jetzt nur die *Hefeproteinase* gefunden worden. Gewöhnlich schreitet der Abbau der Proteine und Polypeptide bis zu den Aminosäuren fort, die dann von der Hefe meist direkt assimiliert werden. Die sehr spezifischen *Amidasen* vermögen aber auch noch die untersten Spaltprodukte unter Freisetzung von $NH_3$ abzubauen; ihre Wirkung erstreckt sich auch auf Purinbasen, Nucleoside und Nucleotide. Zu den Amidasen zählen auch die in der Hefe nachgewiesene Arginase und Asparaginase.

*Transferasen:* Sie übertragen Molekülbestandteile (Radikale), nicht jedoch $H^+$ und Elektronen, von einem „Donator" auf einen „Acceptor" (nicht auf $H_2O$).

Am bedeutsamsten sind die *Transphosphatasen*, die an der alkoholischen Gärung beteiligt sind, wobei gewöhnlich ATP als Phosphatdonator, und ADP als Acceptor wirksam sind. Eine Kohlenhydratreste übertragende „Transglykosylase" ist in die Biosynthese des Glykogens mit eingeschaltet, und zwei streng spezifische „Transaminasen", die an der Bildung von bestimmten Aminosäuren teilhaben. (Über diese sehr vielfältigen Vorgänge vgl. F. Weinfurtner 1963a.)

*Oxydoreductasen:* Sie übertragen Elektronen oder $H^+$ und sind somit Ursache und Wirkung zahlreicher Oxydations- und Reduktionsvorgänge. Zu ihnen zählen vor allem die großen Enzymgruppen der „*anaeroben Transhydrogenasen*", bei denen Pyridinnucleotide (DPN oder TPN) als $H^+$-Acceptor oder -donator wirksam sind. Bei vielen spezifisch wirkenden „Dehydrasen" ist der Reaktionsablauf noch nicht geklärt.

„*Aerobe Transhydrogenasen*" katalysieren durch Übertragung von Wasserstoff auf Sauerstoff die Bildung von $H_2O_2$.

Die Enzymgruppe der *Cytochrome* ist wesentlich beteiligt an der Zellatmung.

Die „*Oxydasen*" (aerobe Transelektronasen) sind Fe- oder Cu-haltige Enzyme, die aktivierten Wasserstoff unmittelbar auf elementaren Sauerstoff übertragen unter Bildung von $H_2O$.

Die den Sauerstoff in den Atmungsprozeß einführende „*Cytochromoxydase*" scheint mit dem „Atmungsferment" von Warburg (Indophenoloxydase) und vermutlich auch mit dem Cytochrom $a_3$ identisch zu sein.

„Peroxydasen" und „Katalasen" erfüllen hauptsächlich den Zweck, das im Stoffwechsel erzeugte, für die Zelle aber giftige $H_2O_2$ abzubauen.

Die den „*Lyasen*" *und* „*Syntheasen*" zuzuzählenden „*Carboxylasen*" und „*Decarboxylasen*" haben insofern eine besondere Bedeutung, als sie unmittelbar in das Geschehen der alkoholischen Gärung eingreifen. Auch „*Hydratasen*" und „*Dehydratasen*" haben wichtige Aufgaben im Kohlenhydratabbau zu erfüllen.

Von der Gruppe der *Isomerasen* enthält die Hefe einige Enzyme, die vor allem Phosphatverbindungen intramolekular umwandeln und die auch z. T. für die Biosynthese des Glykogens aus Glucose verantwortlich sind.

*Racemasen* konnten bisher in der Hefe nicht nachgewiesen werden.

## 2. Stoffwechselprozesse und -produkte der Hefe

Wie fast in jedem Lebensvorgang sind auch für die Hefe die energiereichen Phosphatbindungen im Adenosindiphosphat (ADP) und Adenosintriphosphat (ATP) als Energiereserve von ausschlaggebender Bedeutung. Die beiden Nucleotide können unter wechselweiser Aufnahme oder Abgabe von Energie und Phosphorsäure ineinander übergehen.

Eine vollständige Verbrennung und Energieverwertung der vergärbaren Zukker, wie sie z. B. in der Würze vorliegen, bis zu den letzten Oxydationsstufen $CO_2$ und $H_2O$ ist nur bei ausreichender Sauerstoffzufuhr möglich; andernfalls spielt sich die Oxydation mehr oder weniger innerhalb des Moleküls ab (intramolekulare Atmung!); diese „Anoxybiose" — wie sie z. B. bei der Hefegärung vorliegt — ergibt als Endprodukt hauptsächlich Äthanol und $CO_2$ unter entsprechend geringerem Energiegewinn. Die alkoholische Gärung ist demnach die Zerlegung von Zucker in — vorwiegend — $C_2H_5OH$ und $CO_2$ und kann durch eine einfache Gleichung schematisch dargestellt werden: $C_6H_{12}O_6 \rightarrow 2\ C_2H_5OH + 2\ CO_2$.

Der wirksame Biokatalysator dieses Vorgangs ist der als „Zymase" bekannte Enzymkomplex, der zunächst in zwei Fraktionen aufgeteilt werden kann: in die „Cozymase" (dialysabel und thermostabil) und „Apozymase" (thermolabil), die nur gemeinsam als „Holoenzym" Gärfähigkeit besitzen. Nach heutigen Erkenntnissen stellt das Gärungsferment Zymase ein großes Enzymsystem dar, dem 12 Enzymproteine, 2 Coenzyme, 2 enzymatische und 2 anorganische Komplemente angehören.

Bei dem ungeheuer vielfältig und kompliziert ablaufenden Gärungsvorgang werden die Zucker nicht direkt, sondern erst im „phosphorylierten" Zustand angegriffen, wobei als Phosphatdonator Adenosintriphosphat (ATP) in Wechselreaktion mit Adenosindiphosphat (ADP) in Erscheinung tritt.

Der gesamte Gärverlauf vom Zucker bis zum Alkohol läßt sich in 4 Abschnitte gliedern:

1. Zweifache Phosphorylierung der Glucose durch ATP und Umwandlung in Fructose;

2. Spaltung des Fructose-1,6-diphosphats in 2 Triosephosphate;

3. Abbau zu Brenztraubensäure unter Energieabgabe, wobei ein Teil im ATP erhalten bleibt;

4. Decarboxylierung der Brenztraubensäure und Reduktion des Aldehyds zu Äthylalkohol.

Die Umwandlung der Glucose zur Brenztraubensäure ist beim anaeroben Kohlenhydratabbau (alkoholische und Milchsäuregärung) und bei der aeroben Atmung gleich; erst dann teilen sich die Abbauwege in ihre jeweilige typische Reaktionsfolge zu Zwischen- bzw. Endoxydationsprodukten. Über die sowohl Atmung wie Gärung kennzeichenden Energiebilanzen, die auf nachstehender thermischer Grundformel beruhen: $C_6H_{12}O_6 + 6\,O_2 \rightarrow 6\,H_2O + 6\,CO_2 + 674000$ cal, haben eine Reihe grundlegender Arbeiten weitgehende Aufklärung gebracht (A. RIPPEL-BALDES 1955).

*Nebenprodukte der Gärung:* Beim natürlichen Gärungsverlauf durch Hefe werden die theoretisch möglichen Ausbeuten an Alkohol bzw. $CO_2$ nicht erreicht, da etwa 2 % der Glucose in den Stoffwechselprozeß der Hefe mit einbezogen werden und ein weiterer geringer Anteil zu Nebenprodukten verwandelt wird, z. B. zu Acetaldehyd, Glycerin, Essigsäure, Milchsäure u. a. Die Ausbeute an Glycerin läßt sich bis zu etwa 40 % der vergärbaren Glucose steigern, wenn das entstehende Acetaldehyd durch bestimmte Substanzen (z. B. Natriumsulfit) in eine nicht mehr enzymatisch reduzierbare Form übergeführt oder das pH zur alkalischen Seite hin verschoben wird (etwa 8,0). Diese Verfahren dienen auch der großtechnischen Gewinnung von Glycerin. Die Bildung von Milchsäure, die eng mit der alkoholischen Gärung verknüpft ist — Reduktion der Brenztraubensäure (Milchsäuredehydrogenase) — tritt in der Hefezelle bei schwacher Aktivität der Carboxylase

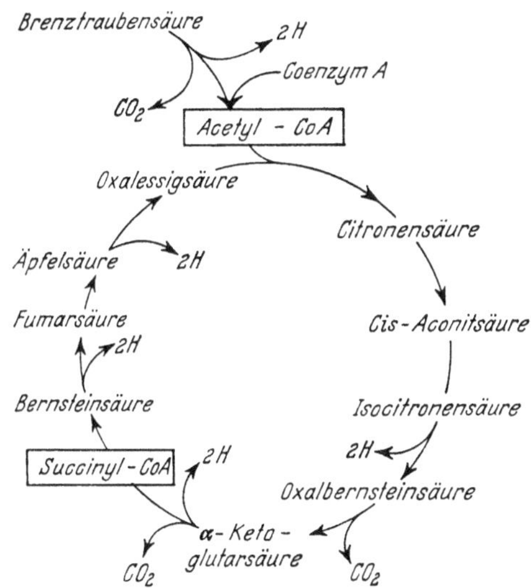


Abb. 3. Tricarbonsaure-(Citronensäure-) Cyclus
(Nach F. WEINFURTNER, Die Technologie der Gärung)

ein, wenn teilweise anstelle von Acetaldehyd schon Brenztraubensäure reduziert wird. Bei der Hefegärung entstehen auch noch sog. „Fuselöle", die in einem komplizierten Mechanismus über Aminosäuren der Würze gebildet werden: Isoamylalkohol, Amylalkohol, Isobutylalkohol u. a.

*Aerober Abbau der Kohlenhydrate (Atmung):* Wird der Hefe Sauerstoff zugeführt, so kann die Brenztraubensäure — allerdings gewöhnlich nur zu einem geringen Anteil — aerob decarboxyliert und in den „Citronensäure-Cyclus" übergeleitet werden, wobei das „Coenzym A" eine wesentliche Rolle spielt (Bildung von Acetyl-Co A → Oxalessigsäure → Citronensäure) (vgl. Abb. 3).

Da der Citronensäure-Cyclus energiemäßig ausgeglichen ist, können energiereiche Phosphatverbindungen erst dann wieder gebildet werden, wenn die abgespaltenen H-Atome durch das Cytochrom-System zu Wasser oxydiert werden.

Nach neueren Erkenntnissen ist die direkte Oxydation der Hexosen — bis zu 30 % soll die abzubauende Glucose in der Hefezelle über diesen Reaktionsweg geleitet werden — auch über den *Pentosemonophosphat-Cyclus* (Warburg-Dickens-Horecker-Schema) möglich.

*Eiweiß-Stoffwechsel:* Die Hefe ist imstande, verschiedene einfache N-Substanzen zu assimilieren und damit selber höhermolekulare N-Verbindungen zu synthetisieren; aus $(NH_4)_2SO_4$ beispielsweise kann die Hefe über Aminosäuren, Peptide usw. makromolekulare Eiweißstoffe aufbauen, ebenso die N-haltigen Komponenten der Nucleinsäuren, die Purin- und Pyrimidinbasen. Nitrate können von der Brauereihefe nicht verwertet werden; durch Reduktion zu dem hemmend und sogar toxisch wirkenden Nitrit kann ein gelegentlicher Nitratgehalt im Brauwasser zu Wachstums- und Gärungsschwierigkeiten führen. Durch Einlagerung einer Aminogruppe in $a$-Keto-, oder $a$-Oxysäuren (die sowohl in der Hefe wie bei der Gerstenkeimung als Zwischenprodukte auftreten) können Aminosäuren gebildet werden, ebenso durch Transaminierung von einer vorhandenen Aminosäure auf eine $a$-Ketosäure, wobei sich unter den Reaktionspartnern stets Glutamin- oder Asparaginsäure finden.

Die meist einem Aminosäurevorrat eingegliederten neugebildeten Aminosäuren („Aminosäure-pool") können nach Bedarf — oder auch sofort nach der Bildung — unter Wasseraustritt zu Peptiden kondensiert werden, bemerkenswerterweise unter stets gleichbleibender Reihenfolge der einzelnen Bausteine („Matrizentheorie"). Die Verflechtung der Aminosäuren und der Peptide zu Polypeptiden und den Makromolekülen der Proteine kann durch enzymatische Steuerung einzeln oder auch durch Transpeptidierung („Peptidübertragung") erfolgen (K. Lang 1952).

Die Synthese der Nucleinsäuren — lebenswichtige Faktoren der Erbanlagen in den Chromosomen — kann von der Hefe mit Ammoniak-Stickstoff durchgeführt werden.

Andererseits verfügt die Hefe zum Abbau genuiner Eiweißstoffe zwar über eine Anzahl individueller Endopeptidasen, deren Aktivität aber im Vergleich zu anderen Mikroorganismen nur gering ist und erst während der Autolyse deutlicher wird (M. A. Joselyn 1955).

Die verwirrende Vielfalt dieser Auf- und Abbauvorgänge in der Hefe macht es verständlich, daß hier noch viele Fragen offen sind oder erst zu einem Teil geklärt werden konnten.

Hinsichtlich der praktischen Probleme bei der Gärung ist zu bemerken, daß der Stickstoffvorrat der Würze im allgemeinen genügt, um eine ausreichende N-Ernährung der Hefe zu gewährleisten; es sind allerdings Ausnahmen möglich, die dann zum Rückgang der Stoffwechselprozesse und zur Degeneration führen.

*Fettstoffwechsel:* Da die Fettsynthese in der Hefe vorzugsweise bei aeroben Bedingungen und bei knapper Stickstoffversorgung vor sich geht, sind die technologischen Voraussetzungen für einen merklichen Fetthaushalt und -umsatz nicht gegeben.

Ganz allgemein unterscheidet man beim Fettaufbau drei Stufen: Synthese der Fettsäuren, Synthese des Glycerins und Veresterung dieser Komponenten. Bei der Fettsäurebildung spielen wieder die Essigsäure als Baustein und das Coenzym A eine wichtige Rolle; auch die Glycerinsynthese steht in enger Beziehung zum Kohlenhydratabbau. Der Vorgang der Veresterung selbst ist noch weitgehend ungeklärt.

*Abgebaut* werden die Fettsäuren durch Lipase; das anfallende Glycerin wird in den anaeroben Kohlenhydratstoffwechsel mit eingebaut, während die Fettsäuren zu $CO_2$ und $H_2O$ oxydiert werden.

*Mineralstoffwechsel:* Mineralsalze haben einen wesentlichen Anteil am Aufbau von Gerüstsubstanzen, vor allem aber an der Regulierung von Stoffwechselprozessen. Neben gewissen Spurenelementen (z. B. Cu, Mn, Zn u. a.) haben P und K eine überragende Bedeutung; besonders P, der als organisches oder anorganisches Phosphat in der Hefe vorliegt, ist am Auf- und Abbau aller lebenswichtigen Vorgänge beteiligt. K-Ionen greifen in den Stoffwechselprozeß ein, vor allem aber sind sie in Verbindung mit Phosphat Regulatoren der Pufferung und der Acidität. Na scheint keine, Ca hingegen eine maßgebende Bedeutung für die Hefevermehrung zu haben. Außerdem sind Ca-Ionen mit eine Voraussetzung für die Bruchbildung der Hefe. Mg kann Ca im Stoffwechselgeschehen teilweise ersetzen; eine besonders wesentliche Bedeutung des Mg-Ions liegt in seiner Fähigkeit, verschiedene Enzyme zu aktivieren.

Fe und Cu üben in geringsten Spuren wichtige physiologische Wirkungen aus; auch die in der Asche ebenfalls nachgewiesenen Spurenelemente Mn, Co und Zn haben gewisse stimulierende Einflüsse auf Enzyme, während das in der Bierherstellung vielfach verwendete Aluminium keine Einwirkung auf die Hefe erkennen läßt. Von den Nichtmetallen ist neben Phosphor auch Schwefel ein unentbehrliches Element, da es einen dominierenden Bestandteil von Aminosäuren (Cystin, Cystein u. a.) sowie von Vitaminen (Thiamin, Biotin) und anderen wichtigen Wirkstoffen darstellt. Der Einfluß anderer Ionen — wie z. B. der Halogene (von denen besonders Cl für das Zellwachstum unentbehrlich ist) — scheint sehr differenziert zu sein und läßt noch manche Fragen offen (F. WEINFURTNER 1963 b).

## II. Die Praxis der Gärung und Lagerung

### 1. Allgemeines

#### a) Auswahl der Hefe und Hefereinzucht

Für den Typ und den endgültigen Charakter der Biere ist die Auswahl der Hefe von hervorragender Bedeutung; allerdings ist es wesentlich schwieriger, die labilen physiologischen Eigenschaften der Hefe zu überprüfen, als etwa die Grundrohstoffe der Brauerei zu bewerten (F. WEINFURTNER u. L. NARZISS 1957).

Die wichtigste Voraussetzung für eine Betriebshefe ist ihre absolute Reinheit hinsichtlich bierverderbender Organismen, da diese infolge sekundärer Infektionen einen ganzen Betrieb verseuchen und durch stete Anreicherung das Ausstoßbier und auch größere Lagervorräte unverkäuflich machen können. Auch soll die Hefe nicht mehr als etwa 5% tote Zellen aufweisen und auch möglichst frei sein von mechanischen Verunreinigungen (ausgefälltes Eiweiß, Eiweißgerbstoffverbindungen, Hopfenharze, gummiartige Stoffe u. a.), die durch Verkleben der Zellenoberfläche die Gärleistung vermindern. Selbstverständlich muß sie an sich gesund, gärtüchtig und in gewissem Sinne auch abwehrfähig gegen Fremdorganismen sein. Ihr Gärbild soll durch kräftige Kräusen ausgezeichnet, die Säurebildung normal sein und schließlich soll sie auch eine dem Biertyp entsprechende „Bruchbildung" zeigen oder andererseits lange in Schwebe bleiben.

Die Bierhefe wird als „Reinkultur" gezüchtet und zwar grundsätzlich von einer einzigen Zelle aus. Die wichtigsten Reinzuchtmethoden sind die sog. „Tröpfchen-Kultur" und die „Plattenmethode".

Bei der Tröpfchenkultur wird eine Hefesuspension mit steriler Würze so weit verdünnt, daß die auf einem Deckgläschen aufgetragenen Tröpfchen durchschnittlich nur je eine einzige Zelle aufweisen. Das Deckgläschen wird auf einem hohlgeschliffenen Objektträger mit Vaseline luftdicht aufgeklebt und durch mikroskopische Überprüfung werden alle jene Tröpfchen markiert, die nur eine Zelle enthalten. Der sich bildende Zellenverband („Klon") wird durch Übertragung in ein steriles Würzekölbchen weiter gezüchtet.

Einfacher in der Praxis ist die „Plattenmethode", bei der in verschiedenartiger Ausführung des „Gußverfahrens" ebenfalls eine entsprechend verdünnte Hefesuspension in keimfreier Würzegelatine oder -agar zur Entwicklung gebracht und dann die Einzelkulturen wie bei der Tröpfchenkultur weitergezüchtet werden.

Eine neuere Art der Reinzüchtung kann mit Hilfe des „Mikromanipulators" erfolgen (Ö. Winge 1935).

Es ist vorteilhaft, aus einer größeren Anzahl von Zellen Reinkulturen anzulegen, unter denen dann durch genaue Kontrollmaßnahmen jene Hefen ausgewählt werden, die die besten physiologischen und technologischen Eigenschaften hinsichtlich des allgemeinen Gärverlaufes, der Vergärungsgeschwindigkeit, des Vergärungsgrades, der Klärung usw., vor allem aber des Geschmackes aufweisen. Um diese Überprüfung zu ermöglichen, sind größere Gäransätze mit mindestens 2 l Inhalt erforderlich. Die als einwandfrei befundenen Kulturen werden laufend im Laboratorium weitergezüchtet (F. Weinfurtner 1963c).

Die Einführung in den Betrieb kann auf verhältnismäßig einfache Weise durch Weiterzüchtung in mit Deckel versehenen Gefäßen von ungefähr 10—20 l Inhalt (Al, $V_2$A-Stahl, Glasemaille u. a.) geschehen. Stets im Zustand der „Hochkräusen" geht die „Herführung" in immer größeren Gefäßen weiter, bis ein kleiner Bottich im Gärkeller (mit etwas höherer Temperatur, etwa 10°C) zu ungefähr einem Drittel des Bottichvolumens angestellt werden kann, der dann durch „Drauflassen" (von Würze) allmählich gefüllt wird. Diese Art der Reinzucht genügt für praktische Zwecke vollkommen, da ja die Hefe auf alle Fälle einmal in die nicht mehr sterilen, natürlichen Verhältnisse des Gärkellers gelangen muß (F. Weinfurtner 1957).

In den sog. „Reinzuchtapparaten" wird in kontinuierlicher Arbeitsweise Reinhefe unter vollkommen sterilen Verhältnissen in keimfreier Würze vermehrt. Diese Anlagen sind so konstruiert, daß sie die Möglichkeit einer Sterilisierung und Kühlung haben und somit jede Infektionsgefahr ausgeschlossen ist. Von der laufend entnommenen Reinzuchthefe bleibt immer ein Rest in den Apparaten zur Weiterzüchtung. Reinzuchtanlagen bestehen entweder aus einem Würzezylinder (Sterilisator) und einem Gärzylinder, oder auch aus einem einzigen Gefäß für beide Zwecke; kompliziertere Anlagen mit entsprechend größerer Leistungsfähigkeit bestehen aus mehreren Teilen, z. B. einem Würzesterilisator, einigen Gärgefäßen und „Vorgärungsapparaten" (zur Gewinnung größerer Mengen Reinzuchthefe unter sterilen Bedingungen).

Die Bedienung der Reinzuchtapparate setzt Sorgfalt, Sachkenntnis und Zuverlässigkeit voraus, da sich sonst die „Reinzuchthefe" physiologisch verschlechtern kann, vor allem dann, wenn etwa die im Apparat verbleibende Hefe länger als 14 Tage unter Bier stehen bleibt.

Eine Veränderung und schließliche Entartung der Betriebshefe ist eine Erscheinung, die früher oder später im praktischen Betrieb eintritt: die Hefe „ermüdet", sie degeneriert, die Gärung „bleibt stecken", die „Kräusen" sind niedrig, unregelmäßig und grobblasig, die Säurebildung ist gering und der Gärkellervergärungsgrad wird nicht mehr erreicht. Die Hefe flockt gegen Ende der Gärung nicht mehr, sie setzt sich „suppig" ab und die Hefeernte wird geringer. Weinfurtner weist auf die Ursachen dieser Erscheinungen hin, die darin zu suchen seien, „daß die Sauerstoffversorgung der Hefe während ihrer Anzucht und auch zu Beginn der Hauptgärung im Brauereibetrieb weitgehend das Ausmaß des Zellstoffwechsels bestimmt. Je schlechter die Sauerstoffversorgung der Hefe ist, um so geringer ist ihre Vermehrung und um so schwächer wird allmählich der Stoffwechseldurchsatz der Zellen; dies gilt gleichermaßen für die Atmung wie auch für die Gärung. Die Zellen sind wegen ihrer vielfältigen Syntheseleistung auf die Aerobiose angewiesen, andernfalls werden Vermehrung und Gärung allmählich schleppend und die Hefe damit schließlich immer weniger tauglich für die weitere Verwendung in der Braupraxis."

Der Sauerstoffmangel macht sich nun nicht sofort bemerkbar, sondern erst nach mehreren Führungen, wodurch die Behebung der eingetretenen Schäden schwieriger wird.

Natürlich gibt es auch andere, durch technologische Fehler bedingte Faktoren, die eine Degenerierung der Hefe verursachen können; neben einer falschen Gärführung ist es meistens die Zusammensetzung der Würze selbst, die eine Schwächung der Hefe veranlassen kann: schädliche Brauwassersalze (z. B. Nitrate, vgl. S. 134), schlechte Malzqualitäten, unsachgemäße Sudhausarbeit (nicht jodnormale, schlecht verzuckerte Würzen, zu alter Hopfen oder auch zu hohe Hopfengaben, dann auch zu geringer oder zu hoher Extraktgehalt mit der dadurch bedingten höheren Alkoholkonzentration). Da die technologischen Bedingungen der „Obergärung" der Aerobiose obergäriger Hefen wesentlich besser entgegenkommt, lassen sich erfahrungsgemäß diese Hefestämme viel länger führen als untergärige Hefen.

### b) Gewinnung der Hefe

Nach Beendigung der Hauptgärung setzt sich die Hefe mehr oder weniger rasch am Boden des Gärgefäßes ab (fest bei Bruchhefen, breiig bei Staubhefen). Zur Wiederverwendung wird gewöhnlich nur die sog. „Kernhefe" benützt, die den größten Teil der Hefeernte ergibt, am wenigsten Verunreinigungen enthält und auch biologisch am reinsten ist.

Die unterste Schicht — der „Unterzeug" oder „Nachzeug" — ist vermischt mit dem abgesetzten Trub der Anstellwürze, ist biologisch am ungünstigsten und enthält auch durchwegs die schwächsten, enzymärmsten und auch die meisten toten Zellen. Die „Oberhefe" enthält mechanische Verunreinigungen (Hopfenharze, Gerbstoffverbindungen, coag. Eiweiß u. a.) aber auch besonders gärkräftige Hefen, die sich deshalb zuletzt abgesetzt haben.

Die drei Hefeschichten werden sorgfältig voneinander getrennt; die gewonnene Kernhefe — normalerweise das 2—4fache der angestellten Menge — wegen des Überschusses nur teilweise verwendet. Die übrige sog. „Abfallhefe" ist ein wertvolles Nebenprodukt der Brauerei (Verkauf als Anstell- oder Futterhefe).

Durch nicht sachgemäße Auslese der zum Wiederanstellen benutzten Hefe kann sich allmählich eine ungünstige Verschiebung der Gärkraft oder anderer Eigenschaften ergeben, wenn etwa nur die früh bruchbildenden und nicht auch die aktivsten, sich erst spät absetzenden Hefezellen Verwendung finden.

Die geerntete Hefe kann sofort, von Bottich zu Bottich — „trocken" — wieder in Betrieb genommen werden, was häufig bei Staubhefen der Fall ist. Bruchhefen werden gewöhnlich gewaschen und unter kaltem Wasser aufbewahrt.

Das *Waschen* der Hefe bezweckt die Entfernung der mechanischen Verunreinigungen (Hopfenharze, Eiweiß), von Bakterien und toten Hefezellen, die sonst in Autolyse übergehen und dadurch Geschmacksverschlechterungen und einen guten Nährboden für Bierschädlinge abgeben. Die ursprüngliche Art, das Abwässern mit kaltem Wasser („Schlämmen"), wurde durch neuzeitliche Apparate weitgehend verbessert und zum Teil automatisiert.

Zum Waschen darf nur kaltes Wasser verwendet werden (günstig ist auf 4—5°C gekühltes Wasser); es sollte auch nicht zu lange geschehen, da sonst die Hefe geschwächt wird.

*Aufbewahrung:* Wenn sich von der Gewinnung der Hefe bis zur Wiederverwendung, wie normalerweise üblich, nur ein Zeitraum von etwa 3 Tagen ergibt, kann die Hefe in einer Hefewanne (Kippwannen aus Al oder $V_2$A-Stahl, vorteilhaft mit einer von Kühlwasser durchflossenen Doppelwand versehen) unter gekühltem Wasser (0—2°C) aufbewahrt werden. Selbstverständlich muß das Wasser biologisch einwandfrei sein; zu weiches Wasser ist nicht empfehlenswert, da die Hefezellen zu sehr ausgelaugt würden. Wässer dieser Art können durch „Gipsen", oder auch durch $KH_2PO_4$, $CaHPO_4$ usw. zum isotonischen Ausgleich verbessert werden. Hefe, die längere Zeit aufbewahrt werden muß, sollte in eine Würze von höchstens 2°C gegeben werden; die schwache Gärung schützt sie vor zu starker Schwächung. Günstiger ist es, die Hefe nach gründlichem Waschen durch Auspressen von überschüssigem Wasser und auch von Luft zu befreien und sie dann in Blechbüchsen bei 0—2°C zu lagern.

## 2. Die Hauptgärung

Voraussetzung für einen einwandfreien Ablauf der Gärung ist ein gekühlter Raum mit stets reiner und möglichst trockener Luft, wobei der Entfernung des sich laufend bildenden Kohlendioxids besondere Aufmerksamkeit zu schenken ist. Gewöhnlich wurden und werden noch die Gärräume unterirdisch angelegt, um eine Kühlhaltung zu erleichtern; heute ist der Einbau mit neuzeitlichen Isolierungs- und Kühlmethoden auch in Hochbauten möglich. Selbstverständlich sollen die Leitungen für die Anstellwürze, für das Jungbier usw. möglichst kurz sein und ein Fließen durch genügendes Gefälle ohne Pumpen ermöglichen. Je kürzer die Leitungswege um so leichter die Reinigung und um so geringer die Infektionsgefahr; die Nähe von Gersten- und Malzböden sollte dabei vermieden werden. Neuzeitliche Gärräume haben eine Höhe von etwa 3,50—5,00 m.

Eine ausreichende Isolierung (Korksteine oder Kunststoffmassen) sind auch bei Kellern erforderlich, um gefährliches und lästiges Schwitzen der Wände und Decken hintanzuhalten.

Die Kühlung der Gärräume erfolgt heute ausschließlich durch künstliche Kälteerzeugung, wobei zwei Verfahren üblich sind:

*die stille Kühlung,* bei der durch die an der Decke angebrachten Rohrsysteme — solegekühlt oder mit direkt verdampfendem Kältemittel — die Raumluft abgekühlt wird und nach unten sinkt; sie erwärmt sich dabei wieder, steigt aufwärts, wird erneut abgekühlt und so entsteht eine Luftumwälzung in vertikaler Richtung. Durch „Ausfrieren" von Feuchtigkeit an den Kühlrohren wird die Luft auch trockener; allerdings vermindert der Reif die Kühlwirkung und es muß durch zeitweise Stillsetzung der Kühlung ein Abtauen der Rohre ermöglicht werden. Die Kühlrohre dürfen nicht über den Bottichen angebracht sein, da durch Schmelzwasser auch Infektionen mit in die gärende Würze gelangen könnten.

Diese „stille Kühlung" besitzt manche technische Mängel, so daß neuzeitliche Gärräume vorzugsweise mit *Luftumlaufkühlung* ausgestattet werden: mit Hilfe eines Ventilators wird die Luft über die Kühlsysteme geleitet, wo sie abgekühlt und — ebenfalls durch Ausfrieren — getrocknet wird.

Die im Rundlauf bewegte Luft reichert sich immer mehr mit $CO_2$ an, es muß ihr demnach laufend Frischluft zugeführt werden, da bereits 3% $CO_2$ für den Menschen sehr bedenklich sind. Die Umwälzluft kann die Räume quer, von oben nach unten oder von unten nach oben durchstreichen, je nach den örtlich gegebenen Verhältnissen. Manchmal werden auch zur Erzeugung einer reinen und vollkommen staubfreien Luft in den Kreislauf Filter mit eingeschaltet.

Die *Gärgefäße:* ihr Fassungsvermögen ist abhängig von der Kapazität des Betriebes und vom Herstellungsmaterial; man findet Größen von 10—500 hl. Holzbottiche fassen meist nur bis zu 200—250 hl; Behälter aus Eisen, Aluminium, Beton u. a. erlauben weitaus größeren Inhalt.

Die früher allgemein üblichen *Holzbottiche* werden mehr und mehr durch Gefäße aus anderen Materialien verdrängt, weil ihre Lebensdauer verhältnismäßig kurz ist, die Raumausnützung gering und auch viele Möglichkeiten einer Infektion gegeben sind. Rohes Holz ist unzweckmäßig, es muß mit einer Schicht aus Lack, Pech oder Paraffin überzogen werden.

*Eisen* ist widerstandsfähiger und billiger, aber es kann durch die Säuren des gärenden Bieres leichter angegriffen werden; auch gehen Gerbstoffe mit Eisen tintenartige, geschmacklich unangenehme Verbindungen ein, die Innenwände müssen deshalb ebenfalls durch eine Auskleidung geschützt werden. Man benützt für diese Zwecke Anstriche auf Lack- oder Pechbasis, Wachs, Paraffin, Glasemaille, Emaillit und verschiedenartige Kunstharze.

Das heute auf elektrolytischem Wege fast rein herzustellende *Aluminium* hat dem Eisen gegenüber wesentliche Vorzüge, da es infolge seiner Indifferenz der Würze, dem Bier und der Hefe gegenüber keinen Innenbelag braucht. Die Behälter werden aus 3—4 mm starken Al-Blechen so zusammengeschweißt, daß sich vollkommen glatte Flächen ergeben. Die Innenseiten werden mit verd. Natronlauge gebeizt, mit Wasser gespült und mit verdünnter Salpetersäure neutralisiert; mit einem Grundanstrich — gewöhnlich aus Kaltasphaltlack, mit weiteren Isolierschichten darüber — werden die Aluminiumbottiche außen vor der meist üblichen Einmauerung geschützt und isoliert.

Nachteilig ist die Anfälligkeit des Aluminiums gegen Alkalien und nichtoxydierende Säuren, sowie gegen Quecksilber (Thermometer!). Neuzeitliche Gärräume werden heute auch mit Gefäßen aus nichtrostenden Stahlsorten belegt, unter denen der $V_2A$-Stahl (mit 18% Chrom und 8—9% Nickel) am bekanntesten ist. Sie sind teuer, aber praktisch unangreifbar und sehr fest; sie werden meist ebenfalls eingemauert, so daß eine Wandstärke von etwa 2 mm genügt.

Auch Eisen- und Stahlbeton wird als Material für Gärgefäße verwendet; sie können in jeder gewünschten Größe erstellt und den gegebenen Raumverhältnissen leicht angepaßt werden; allerdings erfordern sie wegen ihres sehr hohen Gewichtes einen entsprechend festen Unterbau. Sie sind auch mit einem indifferenten Überzug auszukleiden, der eingebrannt werden muß; eine bewährte Masse ist „Ebon", heute werden aber auch Isolierstoffe in Plattenform aus Kunststoffen verwendet.

*Kühlvorrichtungen für Gärgefäße:* Die bei der Gärung entstehende biologische Wärme — unter Gärkellerbedingungen auf 1 kg Glucose bezogen ca. 178 kcal — muß durch eine entsprechend ausgelegte Kühlung aufgefangen und die erforderliche Temperaturführung genau gesteuert werden können.

Zur Bottichkühlung werden heute fast ausnahmslos Rohr- (Schlangen-) oder Taschenkühler verwendet, die in die Bottiche eingehängt werden oder in die Wände eingebaut sind. Auch sog. „Mantel-Kühlungen" sind üblich, bei denen das Kühlsystem in die Einmauerung verlegt ist.

*Spezifischer Kältebedarf für die Bottichkühlung:* 120—150 kcal/hl/je Tag;
*erforderlich sind hiezu* (je nach Kältemittel und technischer Ausführung)
*Kühlflächen* von 1,2—2,5 m²/100 hl Würze.

*Das „Anstellen":* Die Hefe muß der Ausschlagwürze so rasch wie möglich zugegeben werden, da die Würze eine ausgezeichnete Nährlösung für Mikroorganismen darstellt und gewöhnlich schon die überall ansässigen „Termobakterien" (Fäulnisbakterien) mit sich führt, deren außerordentlich schnelles Wachstum durch die Hefe so rasch wie möglich unterbunden werden muß. Ein Aufkommen der Termobakterien, etwa durch fehlerhafte Arbeitsweise, kann eine unangenehme Qualitätsminderung der Biere zur Folge haben, da sie nicht nur einen widerlichen Geschmack und Geruch hervorrufen, sondern auch der Würze die für das Wachstum notwendigen Vitamine zu einem erheblichen Teil entziehen können.

Die Hefegabe muß so bemessen sein, daß auf alle Fälle eine genügend rasche Angärung erzielt wird. Im allgemeinen rechnet man mit einer Menge von etwa $^1/_2$ l „dickbreiiger" Hefe je hl ca. 12%iger Würze (oder 2—3 l je dz Malzschüttung).

Um einen raschen Aufwuchs junger und kräftiger Hefe zu erzielen, sollte die Hefegabe auch nicht zu groß sein, da sonst die Hefe „überaltert" und infolge vieler abgestorbener Zellen Autolysenprodukte entstehen, die nicht nur einen unangenehmen, den sog. „Hefegeschmack" verursachen, sondern auch einen günstigen Nährboden für Bierschädlinge ergeben.

Bei sehr tiefen Anstelltemperaturen oder bei angestrebter kürzerer Gärdauer muß mehr Hefe gegeben werden. Auch der Belüftungseffekt, d. h. der Sauerstoff-

gehalt der Würze (Kühlschiff und offener Kühler, bzw. Setzbottich und Platten-
apparate) spielt eine gewisse Rolle.

Je nach den Betriebsbedingungen und der Art des herzustellenden Bieres wird
helles Bier im allgemeinen „kalt" (4—5°C) angestellt, dunkle hingegen meist
„warm" geführt (6—7°C); kalte Keller und kleine Hefegaben erfordern ebenfalls
eine etwas höhere Anstelltemperatur.

Die Hefe kann, wie schon erwähnt, unmittelbar von Bottich zu Bottich gegeben werden,
normalerweise wird sie aber gewaschen und (wenn es sich nicht um eine ausgeprägte Staubhefe handelt) „dickbreiig" verwendet, entweder mit einem Metall-Löffel geschöpft oder mittels
einer Hefepumpe aus der Hefewanne, mit kalter Würze gut vermischt („aufgezogen"), damit
sich Hefeklumpen verteilen und Sauerstoff zutreten kann. Eigene „Hefeaufziehapparate"
erleichtern diese Arbeit. Nach dem Mischen der Hefe mit der Anstellwürze wird der volle
Bottich wieder kräftig mit filtrierter Luft — auch noch am nächsten Tag — aufgezogen; ein
Übermaß an Luft schadet jedoch auch wieder, weil die Gärung dann durch zu starke „aerobe"
Beeinflussung im anaeroben Stoffwechselablauf gestört wird.

Bemerkenswert ist die Verschiebung des Redoxpotentials, das ursprünglich
optimal bei rH 20 liegt und innerhalb weniger Tage auf etwa 9—11 absinkt.

Unter „Herführen" der Hefe versteht man das bei der Reinzucht übliche Verfahren einer partienweisen Zugabe von frischer Würze auf die in Hochkräußen
stehende Gärwürze.

In ähnlicher Art wird das „Drauflassen" durchgeführt, bei dem beispielsweise
ein Sud auf einige Bottiche — nur halb gefüllt — verteilt und bei Einsetzen kräftiger Gärung Würze des nächsten Sudes „draufgelassen" wird.

Das Anstellen kann direkt in den Gärbottich erfolgen oder auch in einem „Anstell-Bottich",
der mindestens einen ganzen Sud aufnehmen kann und der sofort mit Hefe angestellt wird;
nach mehr oder weniger kräftigen „Ankommen" (12—48 Std) wird in die kleineren Bottiche
umgepumpt. Die Anstellbottiche ermöglichen eine große Gleichmäßigkeit und die im Anfangsstadium aus dem Gärsubstrat besonders stark anfallenden Verunreinigungen (Heißtrub, Kühltrub, dann auch tote Hefezellen und andere Würzeorganismen) werden bereits im Anstell-
bottich abgeschieden und gelangen nicht in die Gärgefäße.

*Gärführung:* Die charakteristische Eigenschaft der untergärigen Bierbereitung
beruht auf einer kalten Temperaturführung, die eine stürmisch verlaufende Gärung
vermeidet und außerdem auch nur geringste Mengen an Zucker aerob veratmen
lassen soll. Die bei den „exergonischen" Abbauvorgängen freiwerdende Wärme
muß dabei entsprechend durch Kühlung beseitigt werden.

Die Temperaturgrenzen während der Gärung liegen innerhalb von 4—11°C.

| | |
|---|---|
| *Anstelltemperatur der kalten Gärführung* . . | 4— 5°C |
| Höchsttemperatur . . . . . . . . . . . | 8— 9°C |
| *Anstelltemperatur der warmen Gärführung* . . | 6— 7°C |
| Höchsttemperatur . . . . . . . . . . . | 10—11°C |

Bei der *kalten* Gärführung werden die Biere infolge der zwar langsameren, aber
dennoch intensiven Ausscheidung gewöhnlich edler im Geschmack. Die warme,
häufig bei dunkler Bierherstellung angewandte Temperaturführung regt den Gärverlauf stark an, was auch bei kalten Kellern, schlecht isolierten Bottichen oder
aber auch bei Dünnbierwürzen manchmal notwendig sein kann. Die Hefe arbeitet
sich rascher ab, das pH fällt ebenfalls stark und dadurch erfolgt eine besonders
kräftige Ausscheidung, die mehr Eiweiß coaguliert, andererseits aber auch mehr
Bitterstoffe entzieht, so daß warm geführte Biere „leer" schmecken und schlecht
schaumhaltig sind.

Die Differenz zwischen der Anstell- und der Höchsttemperatur soll mindestens
3°, höchstens aber 5°C betragen.

Die Überwachung des Gärverlaufes geschieht durch das „Gradieren" d. h. durch zweimali-
ges Ablesen der Temperaturen am „Schwimmer-Thermometer" auf $^1/_{10}$°C; die Ablesung wird
zweckmäßig in Gärdiagrammen festgehalten. Nach 3—4 Tagen (Temperatursteigerung
3—5°C) wird zum ersten Male gekühlt, aber sehr vorsichtig und nur so weit, daß die Tempera-

tur nicht mehr weiter steigt; die Höchsttemperatur wird etwa 2—3 Tage gehalten, dann wird langsam mit der Rückkühlung begonnen, bis schließlich wieder die Anstelltemperatur erreicht ist. Das Gärschema hat sich aber immer nach den Betriebsverhältnissen zu richten, die manchmal nicht unerheblich voneinander abweichen.

Der *Vergärungsgrad* wird aus den Extraktgehalten der Anstellwürze und des „Jungbieres" ermittelt:

$$\text{Vergärungsgrad (v)} = \frac{(s-e) \cdot 100}{s} \%$$

$$\text{Beispiel: } s = \% \text{ Extrakt der Anstellwürze} \quad . \quad . \quad 11,5\%$$
$$e = \% \text{ Extrakt des Jungbieres} \quad . \quad . \quad . \quad 4,6\%$$

$$v = \frac{(11,5-4,6) \cdot 100}{11,5} = 60\%$$

Hinsichtlich des Vergärungsgrades ist folgendes zu beachten:

Der *scheinbare Vergärungsgrad* errechnet sich aus der Anzeige des Saccharometers; er ergibt eine etwas höhere Vergärung als sie der Wirklichkeit entspricht, weil das Saccharometer wegen des sich bildenden Alkohols (und damit des sinkenden spezifischen Gewichtes) tiefer einsinkt. Der *wirkliche Vergärungsgrad* wird im Laboratorium ermittelt (PAWLOWSKI-SCHILD 1961 h). Der scheinbare Vergärungsgrad wird in der Praxis gewöhnlich nur durch Extraktbestimmungen mittels Pyknometer oder Spindel ausgedrückt. Der Gärkellervergärungsgrad ist ein Maßstab für den Verlauf der Hauptgärung und deren Beendigung, d. h. für den Zeitpunkt des „Fassens"; der Lagerkeller-(Ausstoß-)vergärungsgrad zeigt die „Konsumreife" des Bieres an. Beide Werte sind aber immer auf den Endvergärungsgrad zu beziehen, da ein Teil des vergärbaren Extraktes noch für die Nachgärung erhalten bleiben muß und die Hauptgärung entsprechend zu führen ist; die Differenz zwischen Ausstoß- und Endvergärungsgrad darf andererseits auch wieder nicht zu groß sein, um die biologische Stabilität nicht zu gefährden (2—5%) (F. WULLINGER u. Mitarb. 1964).

Das Verhältnis von Zucker : Nichtzucker (Z:NZ) in der Würze bestimmt deren Gärfähigkeit und damit auch den sog. „Endvergärungsgrad". Während bei hellen Würzen normalerweise 75—85% des Gesamtextraktes vergären, wird bei dunklen Bieren gewöhnlich nur ein Endvergärungsgrad von 65—75% erreicht.

Der Endvergärungsgrad wird bereits durch die Eigenschaften des Malzes und durch die Sudhausarbeit festgelegt (Bestimmung des Endvergärungsgrades vgl. PAWLOWSKI-SCHILD 1961 f).

*Charakterisierung der Hauptgärung:* „Ankommen" (Überweißen); etwa 15 bis 20 Std nach dem Anstellen bildet sich eine feinblasige, weiße Schaumdecke. Extraktabnahme 0,2—0,4%, Temperatursteigerung 0,5°C, pH-Abnahme 0,25 bis 0,28 (bei einem Anstell-pH von 5,4—5,6).

*Niedere Kräusen:* 2.—3. Tag; die dichter und höher werdende, rahmartige Schaumdecke wird gezackt und „gekräuselt". Die lebhafte $CO_2$-Entwicklung bringt gelblich-braune Würzeausscheidungen mit an die Oberfläche (Eiweiß-, Trub-, Hopfenbitterstoffe) vor allem mit sinkendem pH. Extraktabnahme 0,4 bis 0,7% in 24 Std; Temperaturzunahme 1,5—2,0°C; pH 4,9—4,7.

*Hochkräusen:* 3.—4. Tag (Dauer etwa 3 Tage); die Tätigkeit der Hefe ist am stärksten: es bilden sich feste Kräusen von 30 cm und darüber, die Verfärbung nimmt zu bis dunkelbraun.

Extraktabnahme 1—2% in 24 Std, Temperatursteigerung 3—5°C über der Anstelltemperatur; Regelung durch Kühlung; pH 4,7—4,4. Die Hefe vermehrt sich kaum mehr.

*Deckenbildung:* In den nächsten 3—4 Tagen gehen die Kräusen zurück, der Schaum sinkt zusammen und bildet eine geschlossene („getigerte") Decke; überlöste Malze, wärmere Gärführung, alter Hopfen u. a. ergeben oft unerwünscht dünne Decken. Vor dem „Fassen" wird die Decke mit einem „Seihlöffel" gewöhnlich abgehoben, um ein Zurückfallen ausgeschiedener Stoffe in das Bier zu vermeiden.

Extraktabnahme 0,2—0,3 % in 24 Std, durch Kühlung Temperaturabnahme bis annähernd Anstelltemperatur; das pH ändert sich kaum mehr, das Bier wird „schlauchreif".

*Anormale Gärerscheinungen:* Schlechtes „Ankommen" der Hefe kann verursacht werden durch unrichtige Hefegabe, Sauerstoffmangel, zu kaltes Anstellen, durch eine bereits gärschwache Hefe oder auch durch eine ungünstige Würzezusammensetzung.

Ein „Steckenbleiben" der Gärung, die schon in Gang gekommen war, aber nicht über die niederen Kräusen hinauskommt, hat häufig ähnliche Ursachen. An der Oberfläche auftretende „kahle", nur mit dünnem Schaum bedeckte Stellen geben sich gewöhnlich wieder mit fortschreitender Gärung, wenn sich die Hefe gleichmäßig verteilt hat. Das sog. „Nachschieben" der Hefe vom Bottichrand oder vom Kühler her tritt oft bei zu plötzlichem Abkühlen auf und ist unbedenklich. Die gegen Ende der Hauptgärung sich gelegentlich einstellende „Blasengärung" (auffallend grober Blasenschaum an verschiedenen Stellen) kann nicht ohne weiteres auf erklärbare Ursachen zurückgeführt werden: die Decke ist sehr viscos und mit zähen und schleimigen Stoffen überzogen, z. B. infolge Verwendung zu alten Hopfens, bei ungünstiger Trubkonsistenz, schließlich auch durch Malzstaub aus den untersten Partien großer Silos (K. Schuster 1930). Die „kochende" Gärung kann in jedem Gärstadium auftreten, meist aber am 4. oder 5. Tag (etwa 12—48 Std lang): die Würze einzelner Bottiche oder auch ganzer Sude gerät plötzlich in wallende Bewegung unter gleichzeitiger Bildung großer $CO_2$-Mengen, die die Kräusen zerstören, so daß die Oberfläche nahezu schaumlos wird. Dabei kommt es seltsamerweise kaum zu einer Temperaturerhöhung oder zu einer Änderung des Vergärungsgrades. Die Ursachen sind noch nicht völlig geklärt; kochende Gärung wird manchmal beobachtet bei schwer löslichen Gersten oder auch bei Gersten trockener Jahrgänge. Nachteilige Folgen entstehen im allgemeinen nicht. Eine bedenkliche Erscheinung ist das Aufsteigen eines großen Teiles der Hefe an die Bottichoberfläche ohne mechanische Ursache (Schlauchen des Bottichs), meist gegen Ende der Gärung: hier handelt es sich um eine Entartung der Hefe, d. h. um eine Umwandlung zum „obergärigen" Charakter.

Ein unerwünschtes „Durchfallen" der Decke in das Jungbier ist bei großen Bottichen möglich, wenn die Festigkeit der Decke zu gering oder die Ausscheidungen zu schwer sind (gelegentlich bei dunklem Malz oder bei Farb- und Caramelmalzzusätzen); auf diese Weise gelangen unedle und bittere Stoffe in das Bier, die sich im Alkohol wieder auflösen. Ein rechtzeitiges Abheben der Decke kann diese Erscheinung verhüten.

*Die Veränderungen der Würze während der Gärung:* Die Zunahme der Acidität, die sich von einem durchschnittlichen pH der Anstellwürze — 5,4—5,7 — langsam zum pH des Jungbieres — 4,4—4,6 — verschiebt, ist neben der Alkoholbildung eine der wichtigsten Veränderungen während der Gärung. Sie hat ihre Ursache in der Bildung von organischen Säuren sowie in einer Verschiebung der Pufferwirkung zur sauren Seite; das pH der Hefe selbst bleibt jedoch verhältnismäßig konstant bei etwa 6,0. Die stärkste Abnahme des pH-Wertes erfolgt während der aeroben Phase der Gärung (Hefevermehrung), und nur eine geringere während des anaeroben Stoffwechsels durch Bildung von sauren Nebenprodukten (Milch- und Essigsäure) und der ebenfalls pH-erniedrigenden Gärungskohlensäure. Allgemein betrachtet, hängt die Art der Säurebildung ab von den technologischen Eigenschaften der Würze, von der Hefe und von der Gärführung, wobei festzustellen ist, daß die Acidität um so intensiver steigt, je *höher* das ursprüngliche pH, je geringer die Pufferungskapazität und je größer der Gehalt der Anstellwürze an leicht assimilierbaren Stickstoffsubstanzen ist. Über die Aciditätsverhältnisse bei der Malz- und Würzebereitung, die demnach auch für die Säurebildung bei der Gärung eine wichtige Voraussetzung darstellen, wurde schon in den entsprechenden Kapiteln berichtet. Hinsichtlich der unterschiedlichen Säurebildung bei einzelnen Heferassen gilt, daß die „Bruchhefen" bei Beginn der Gärung eine wesentlich stärkere Säurezunahme hervorrufen als die Staubhefen, die aber infolge ihrer längeren Gärungsaktivität ein tieferes pH ($< 4,5$) ergeben gegenüber 4,6—4,7 bei Bruchhefen. Da ein niederes pH sich technologisch besonders günstig für die biologische Haltbarkeit und auch für die Eiweißstabilität auswirkt (Ausfällung von höhermolekularen Eiweißsubstanzen), ist eine zwar langsame, aber stete Abnahme des pH-Wertes anzustreben.

Wesentlichen Veränderungen sind auch die Eiweißstoffe unterworfen: der Gesamt-N-Gehalt der Würze nimmt während der Gärung um etwa 20—25 % ab, und zwar sowohl die hoch-, mittel- und niedermolekularen Bestandteile. Für diese Veränderung sind hauptsächlich folgende Vorgänge verantwortlich: Assimilation von niedermolekularen N-Verbindungen durch die Hefe, Wiederabgabe eines Teiles (bis zu ca. $^1/_3$) des assimilierten Stickstoffbetrages durch die Hefe, Änderung des Dispersitätsgrades, sowie Ausscheidung von hochmolekularem Eiweiß infolge der pH-Abnahme, wieder in Abhängigkeit von der verwendeten Heferasse. Alle Maßnahmen die die Hefevermehrung und den pH-Abfall beschleunigen, erhöhen die N-Abnahme während der Gärung.

Die Abnahme des *Redoxpotentials* stellt für die Technologie der Gärung und auch für das fertige Bier eine besonders wichtige Tatsache dar: je nach Belüftung hat die Anstellwürze ein rH von 20—26, das gemäß den Gärbedingungen auf etwa 8—12 herabsinkt; unter einem rH von 9—11 findet praktisch keine Hefevermehrung mehr statt, es sollte daher so weit wie möglich erhalten bleiben. Häufig allerdings steigt es während der weiteren Bierbereitung wieder auf ein rH von 18—20 an, was sich geschmacklich und auch stabilitätsmäßig ungünstig auswirken kann. Das Bier enthält zwar sog. „Beschwerungs"-(reduzierende) Stoffe, die sich allen Veränderungen des rH-Wertes zunächst widersetzen, allmählich aber „aufgebraucht" werden (A. DEVREUX 1963).

Bereits bei der Beschreibung der *Würzehopfung* wurde erwähnt, daß ein erheblicher Teil der Bitterstoffe sich während der Gärungsvorgänge wieder ausscheidet: sie werden entweder durch die negativ geladenen $CO_2$-Bläschen nach oben getragen und in der Decke ausgeschieden oder auch durch Adsorption von der Hefe mit zu Boden gerissen.

Auch der *Gerbstoffgehalt*, vor allem der des Malzes, vermindert sich etwas; vermutlich werden während der Gärung andere Gerbstoffderivate neu gebildet, so daß die „Gerbstoffbilanz" etwas verschleiert wird. Je kräftiger die Ausscheidung der Gerbstoff- und Gerbstoff-(Phlobaphen-)Eiweißverbindungen, um so günstiger sind im allgemeinen die geschmacklichen und die Stabilitätseigenschaften der Biere (K. SCHUSTER u. H. RAAB 1961).

Die für helle Biere erwünschte Abnahme der *Farbe* während der Gärung beruht z. T. auf einer Art „Indikatorwirkung" einiger Verbindungen, die im tieferen pH-Bereich lichter sind als im höheren (Pflanzenfarbstoffe), aber auch auf Ausfällungs- und Adsorptionserscheinungen, die vor allem Gerbstoff-, Phlobaphen- und Eiweißverbindungen, aber auch Melanoidinkomplexe betreffen.

Die „*Bruchbildung*" der Hefe, die vermutlich mit elektrischen Ladungen und Entladungen zusammenhängt, führt dazu, daß gewisse, frühzeitig bruchbildende

Heferassen niedriger vergären, aber eine reichliche Hefeernte ergeben und das Bier schneller „lauter" werden lassen. „Staubhefen" hinwiederum, die lange in Schwebe bleiben und sich nur schwer und „suppig" absetzen, ergeben eine geringe Hefeernte aber einen hohen Vergärungsgrad („hoch vergärende Hefen"!).

Mit der Bruchbildung der Hefe (die selbst wieder von der Würzekonzentration und der Gärführung beeinflußt wird) hängt auch die Dauer der Hauptgärung zu einem wesentlichen Teil mit ab: sie kann 7—9, aber auch in besonderen Fällen bis zu 14 Tagen betragen, bis der angemessene Vergärungsgrad erreicht ist. Das Bier ist „schlauchreif" (d. h. es kann nun zur Nachgärung in den Lagerkeller „geschlaucht" — gefaßt — werden), wenn sowohl der Extraktgehalt des Jungbieres, der Gärkeller-Vergärungsgrad, die Bruchbildung der Hefe, die Menge der noch schwebenden Hefezellen und die Temperatur des Jungbieres den gegebenen Verhältnissen entspricht. Die tägliche, 1—2mal durch das Saccharometer festgestellte Extraktabnahme, der durch das Schauglas beobachtete „Bruch", sowie die Feststellung des Vergärungsgrades sind die wichtigsten Anhaltspunkte für die „Schlauchreife" des Bieres. Helle Vollbiere haben normalerweise einen Endvergärungsgrad zwischen 75—82 %, der Gärkellervergärungsgrad soll dann zwischen 64—72 % liegen. Bei dunklen Bieren gleicher Stärke ist der Endvergärungsgrad zwischen 63—74 %, die Gärkellervergärung zwischen 53—64 %. Natürlich übt die Würzekonzentration einen maßgebenden Einfluß aus: bei Starkbieren darf der Gärkellervergärungsgrad nicht sehr hoch sein, da der hohe osmotische Druck und der relativ hohe Alkoholgehalt nur eine träge Nachgärung bewirken. Auch die Lagerzeit ist zu beachten: kurzlagernde Biere erfordern einen entsprechenden höheren Vergärungsgrad im Gärkeller, im Gegensatz z. B. zu den lang lagernden Starkbieren.

Das Bier darf beim Schlauchen weder zu viel noch zu wenig schwebende Hefezellen enthalten; wird das Jungbier zu „grün" geschlaucht, verläuft die Nachgärung unnatürlich rasch, ist das Bier zu „lauter", wird die Nachgärung zu träge. Man unterscheidet demnach technologisch innerhalb gewisser Grenzen je nach Art und Lagerdauer des Bieres zwischen „grün" und „lauter" schlauchen („fassen").

Vor dem *Fassen* des Bieres wird mit einem Sieblöffel die Decke sorgfältig abgehoben, eine Arbeit die bei geschlossenen Bottichen (Gewinnung von $CO_2$) nicht ganz einfach durchzuführen ist. Wenn der Gärkeller, wie es als normal anzusehen ist, über dem Lagerkeller liegt, kann das Jungbier mit natürlichem Gefälle und in kurzen Metall-Leitungen — bei möglichst geringer Schlauchverwendung — in die Lagergefäße fließen.

Beim Schlauchen soll das Jungbier nicht sofort in zu kalte Temperaturen kommen, um eine Abschreckung der Hefe zu vermeiden, optimal demnach bei etwa 2—3°C.

Die bei der Gärung entstehende $CO_2$ entweicht normalerweise in die Gärkellerluft und wird durch Lüftung entfernt; nur etwa 0,2 % $CO_2$ bleiben im Jungbier. $CO_2$ ist aber ein für die zeitgemäße Bierabfüllung und auch für den Ausschank ein wichtiger Hilfsstoff geworden, so daß es sich im allgemeinen lohnt, $CO_2$ bei der Hauptgärung in entsprechenden Anlagen zur Weiterverwendung zu gewinnen. Obwohl theoretisch bei der Vergärung einer etwa 12 % Würze (Endvergärungsgrad ca. 75 %) je hl ungefähr 4 kg $CO_2$ erzeugt werden könnten, ergibt sich in der Praxis nur etwa die halbe Menge, die aber gleichwohl ausreicht, um den Eigenbedarf — einschließlich einer Limonadenherstellung — zu decken.

Zur *Gewinnung des Kohlendioxids* müssen vollkommen geschlossene Gärgefäße vorhanden sein, die durch nicht zu hohe Hauben — gewöhnlich aus Eisen oder Aluminium — abgedeckt werden. Die vielseitigen technischen Möglichkeiten zur $CO_2$-Gewinnung müssen aber so beschaffen sein, daß sie den Hauptzweck, nämlich den Gärungsvorgang, nicht störend beeinflussen. Erforderlich sind im allgemeinen folgende zusätzliche Einrichtungen: ein Gasometer (Sammlung des Kohlendioxids) eine Reinigungsanlage, einen ein- oder mehrstufig arbeitenden Kompressor, ein $CO_2$-Vorrats- und Druckgefäß. Erst wenn der Luftgehalt des in die Haube aufsteigenden $CO_2$-Gases nur mehr 0,2% beträgt, wird auf die Sammelleitungen umgeschaltet, die zu einem Gasometer mit einem ungefähr gleichbleibenden Druck von 60—70 mm W.S. führen. Nach Füllung schaltet sich automatisch ein Kompressor ein, nach Entleerung wieder aus. Bei größeren Anlagen führt die Sammelleitung direkt zum dauernd laufenden Kompressor. Das auf mehrere Atmosphären verdichtete Gas wird nach der Kompression durch Abkühlung vom größten Teil der Feuchtigkeit (ca. 75%) und von Alkoholdämpfen mittels Zentrifugieren befreit; Geruchsstoffe und geringe Ölspuren werden durch Aktivkohle bzw. Schwebestoff-Filter, die letzten Feuchtigkeitsreste durch ein Silicagel-Doppelfilter entfernt. Das gereinigte Kohlendioxid wird entweder in einem Vorratsbehälter unter 8—12 atü aufbewahrt, oder, zum Weiterverkauf, einer gewöhnlich vollautomatisch arbeitenden Verflüssigungsanlage zugeleitet, die meist in 3 Stufen (4—20—60 atü) komprimiert; da eine Verflüssigung von $CO_2$ nur möglich ist, wenn der Reinheitsgrad mindestens 99,8% beträgt, ist eine besonders sorgfältige Reinigung unerläßlich. Soll auch „Trockeneis" gewonnen werden, wird gewöhnlich nach dem „Joule-Thomson-Effekt" verfahren; die Verluste sind dabei allerdings erheblich und die Anlagen kostspielig.

Die *geschlossene Gärführung* bringt keinerlei technologischen Abweichungen einer normalen Hauptgärung gegenüber mit sich; die abgedeckten Bottiche vermindern sogar die Infektionsgefahr und die Gärräume sind nahezu frei von $CO_2$.

## 3. Die Nachgärung und die Lagerung des Bieres

Das beim Fassen noch ungenügend vergorene Jungbier enthält noch etwa $^1/_6$—$^1/_8$ der insgesamt vergärbaren Zucker; es ist außerdem noch „unreif" im Geschmack infolge einer Reihe unedler Bestandteile, die erst allmählich bei der Nachgärung ausgeschieden werden können. Eine Lagerung, Nachgärung und Klärung des Bieres bei niederen Temperaturen (von —1,5 bis +2°C) ist demnach unerläßlich. Es werden dabei folgende technologische Zwecke erfüllt: eine nachträgliche Vergärung bis zum Ausstoßvergärungsgrad (normalerweise 2—5% unter dem Endvergärungsgrad), zur Sicherung einer guten Haltbarkeit und Bekömmlichkeit; weiterhin eine Sättigung mit $CO_2$, wodurch die typische Eigenart, Rezenz, Schaumhaltigkeit und die erfrischende Wirkung des Bieres erzielt wird; und schließlich eine natürliche Klärung und Reifung, eine dadurch bedingte Ausscheidung rauher und unedler Geschmacksstoffe und Trübungsbildner, sowie das Absetzen der Hefe.

Die früher ebenfalls fast ausschließlich unterirdisch angelegten *Lagerräume* können heute durch entsprechende Isoliermaßnahmen ohne Schwierigkeiten auch oberirdisch gebaut werden.

Die wichtigste Voraussetzung ist dabei eine ausreichende Kühlung, damit die Nachgärung sehr langsam verlaufen kann, was für die Erzeugung eines harmonischen Geschmacks und einer festen „Bindung" des Kohlendioxids notwendig ist.

Die ehemalige Natureiskühlung hat keine praktische Bedeutung mehr; die Kühlung erfolgt heute allgemein durch Rohrsysteme, die mit gekühlter Sole oder direkt verdampfenden Kältemitteln beschickt sind. Die Raumfeuchtigkeit schlägt sich zum großen Teil als (von Zeit zu Zeit wieder abzutauender) Reif an den Rohren nieder, so daß die Luft trocken wird.

Die von vielen Faktoren abhängige Kälteleistung muß auf jeden Fall genügen, die frei werdende Nachgärungswärme aufzufangen (bei ca. 12%igem Bier durchschnittlich 150—180 kcal je hl Bier); zusätzlich erforderlich sind etwa 400—500 kcal, bis das mit etwa 4—5°C in den Gärkeller gelangende Bier auf Raumtemperatur abgekühlt ist und einige andere Kälteverluste ausgeglichen sind (J. BUCHI 1937).

„Luftumlaufkühlungen" sind im allgemeinen für Lagerräume wenig gebräuchlich. Die gelegentlich anzutreffende (direkte) „Innenkühlung" des Bieres in den Lagerbehältern hat den Vorteil einer unmittelbaren und unterschiedlichen Behandlung der lagernden Biere, erfordert aber eine sachgerechte Durchführung, um nicht z. B. durch Abschreckung der Hefe die Nachgärung zu stören und die Bildung genügender $CO_2$ zu unterbinden.

Die *Lagerräume*, die selbstverständlich heute allen hygienischen und technologischen Forderungen hinsichtlich der Gesamtanlage, der Leitungsführung usw. genügen müssen, sollen so ausgelegt sein, daß der verfügbare Lagerraum mindestens $1/5$ des durchschnittlichen Jahresausstoßes fassen kann (bei einer Lagerzeit von 6—10 Wochen); größere Ausstoßspitzen müssen entsprechend mit einkalkuliert werden.

*Lagergefäße:* Die alten *Holzfässer* (meist gespaltenes, mit Pech ausgekleidetes Eichenholz) haben sich als vorzüglich geeignete Behälter für die Nachgärung bewährt und sind auch heute noch anzutreffen, wenn sie auch ihre ehemalige Bedeutung verloren haben. Ihre Raumausnützung ist verhältnismäßig gering und eine Infektionsmöglichkeit bei Beschädigung des Innenbelages groß; andererseits nimmt im Holzfaß das Bier die Lagerkellertemperatur langsamer an, die Hefe wird nicht abgeschreckt und die Nachgärung verläuft ruhig und gleichmäßig.

*Metall-Tanks* werden — ähnlich wie Gärgefäße — hergestellt aus Aluminium, Eisen (Stahl) mit entsprechender Auskleidung (Emaille), $V_2A$-Stahl. Sie besitzen dem Holz gegenüber wesentliche Vorteile, vor allem hinsichtlich der Raumausnützung, die etwa bei 50 % liegt. Metalltanks werden von Temperaturschwankungen allerdings stärker beeinflußt als Holzfässer. Die sehr verbreiteten Al-Tanks sind verhältnismäßig billig und leicht, vertragen aber — außer bei Spezialanfertigungen — keine Drücke, die um 1,0 atü liegen.

Die beste Raumausnützung lassen *Betontanks* zu (bis zu 85 %), da sie, im allgemeinen rechteckig konstruiert, sich jeder Lagerkellerstruktur anpassen können. Sie müssen mit einer Auskleidung (z. B. Ebon) versehen sein, die sowohl gegen Bier wie gegen Reinigungsmittel indifferent ist. Die Kühlung kann natürlich nicht durch Raumluft erfolgen, sondern durch eingebaute Kühlrohre oder Taschenkühler. Durch den Wegfall einer Raumkühlung läßt sich bei sachgemäßer Bedienung eine nicht unerhebliche Einsparung am Kältebedarf erzielen.

*Die Nachgärung:* Das zur Vermeidung von $CO_2$-Verlusten ruhig und stoßfrei in die sorgfältig gereinigten und desinfizierten Lagergefäße eingeschlauchte Jungbier soll so wenig wie möglich mit Luft, bzw. Sauerstoff in Berührung kommen. Es ist vielfach üblich, nicht ein Gefäß nach dem anderen zu füllen, sondern einen Sud auf mehrere Behälter zu verteilen und nachfolgende Sude „draufzuschlauchen", um eine größere Gleichmäßigkeit hinsichtlich Farbe, Geschmack und sonstiger technologischer Eigenschaften zu erreichen. Biere, die aus irgendwelchen Gründen von der üblichen Norm abweichen, müssen gesondert geschlaucht und zunächst für sich behandelt werden. Besonders vorteilhaft ist das Verschneiden in bezug auf verschiedene Heferassen: stark bruchbildende Hefen können dabei mit kräftig nachgärenden Hefen verschnitten werden, wodurch eine höhere und nahe an den Endvergärungsgrad heranreichende Vergärung erzielt werden kann. Streng zu beachten ist aber, daß die nur „angeschlauchten" Gefäße spätestens innerhalb von 2—3 Tagen vollgeschlaucht werden, um eine, wie schon erwähnt, zu lange Berührung des Jungbieres mit Luft und außerdem größere $CO_2$-Verluste zu vermeiden.

Das früher übliche „randvolle" Füllen der Fässer, das ein „Stoßen" oder „Käppeln" des Bieres verursachen soll (Bildung einer Schaumhaube über der Spundöffnung, wobei sich Hopfenharze und andere Bitterstoffe ausscheiden) wird heute wegen der damit verbundenen Infektionsgefahr kaum mehr geübt. Heute wird meistens „hohl" gefaßt mit einem kleinen Leerraum von 10—15 cm zwischen Bierspiegel und Gefäßdecke.

Bei der *Nachgärung* lassen sich gewöhnlich zwei Phasen unterscheiden: die *beschleunigte Nachgärung*, bei einer meist noch etwas höheren Temperatur, und die *stille Nachgärung*, die stetig und gleichmäßig vor sich gehen soll, nicht zu rasch, aber auch nicht zu schleppend, um Störungen der $CO_2$-Bindung und der Schaumhaltigkeit zu verhindern.

Abhängig ist die Art der Nachgärung hauptsächlich von der Menge des noch vorhandenen vergärbaren Extraktes, von der Menge und vom physiologischen Zustand der Hefezellen, sowie von der Temperaturführung und Spundung.

Durch entsprechende Maßnahmen läßt sich eine nicht ganz einwandfrei verlaufene Hauptgärung etwas ausgleichen, aber natürlich nicht „nachholen", vor allem, wenn die verbliebenen Hefezellen an sich gärschwach sind; durch ein „Draufschlauchen" wird im allgemeinen eine kräftigere Nachgärung erreicht. Die stille Nachgärung soll wegen der festeren $CO_2$-Bindung bei Temperaturen möglichst um 0—1°C stattfinden. Eine sehr träge Nachgärung kann durch Zusatz von „Kräusen" (Jungbier im beginnenden Kräusenstadium) etwas aufgebessert werden; 10% etwa eines mit Staubhefe angesetzten Jungbieres ergeben auch bei kalter Lagertemperatur meist noch eine genügende Nachgärung.

Der Verlauf der Nachgärung spiegelt sich im sog. „Ausstoßvergärungsgrad" wider, der sich vom Endvergärungsgrad nur um etwa 2—5% unterscheiden soll; je größere Anforderungen an die Haltbarkeit gestellt werden müssen, um so geringer soll diese Differenz sein.

Übliche *Endvergärungsgrade* (als Richtlinien für die Ausstoßvergärungsgrade):

| | |
|---|---|
| Helles Vollbier | 78—82% |
| Dunkles Vollbier | 70—74% |
| Helles Exportbier | 79—84% |
| Märzenbier | 74—77% |
| Starkbier (hell) | 80—83% |
| Starkbier (dunkel) | 66—69% |

Zum Zwecke einer genügenden *$CO_2$-Anreicherung* werden die Gefäße „*gespundet*", wodurch ein gewisser „Spundungsdruck" im lagernden Bier erzeugt wird. Neuzeitliche Spundapparate ermöglichen es, während der gesamten Nachgärung einen stets gleichbleibenden, genau einstellbaren Druck zu erzielen; die Wasser- oder Quecksilberspundapparate sind nach dem Prinzip der kommunizierenden Röhren gebaut; die sehr handlichen „Membranventile" werden durch Änderung einer Federspannung reguliert. Um nicht mehr gut zu machende Schäden im Bier zu verhüten, müssen die Spundapparate vollkommen zuverlässig sein, genau eingestellt und ständig überprüft werden.

Man unterscheidet die individuelle *Einzel- und die Kolonnenspundung*, bei der mehrere Gefäße durch Schlauchverbindungen an einen gemeinsamen Apparat angeschlossen sind, was zwar technisch einfacher ist und auch einen umfassenden Überblick über eine größere Menge Bier erlaubt, andererseits aber nicht mehr die unbedingte Sicherheit wie bei der Einzelspundung gibt, da zwar der Gesamtdruck aller Behälter unter gleichen Druckbedingungen zu stehen scheint, bei den einzelnen Gefäßen aber dennoch — durch verschiedene Faktoren verursacht — die Nachgärung nicht vollkommen gleichmäßig vor sich gehen könnte. Wichtig ist der richtige Zeitpunkt des Spundens und der Spundungsdruck, der stets mit der Lagertemperatur in Wechselbeziehung steht. Die Nachgärung muß noch so lebhaft sein, daß der erforderliche Spundungsdruck erreicht wird, es darf aber nicht zu früh gespundet werden — vor allem bei „grün" geschlauchten Bieren — um eine Verschmutzung und damit möglicherweise eine Druckveränderung der Spundapparate zu verhüten. Es soll sich ein zunächst noch geringer, aber stetig ansteigender Druck ergeben; nach Erreichen des vollen Spundungsdruckes „bläst" dann Kohlendioxid ab, was mindestens 8—14 Tage vor dem Abfüllen eintreten soll, da das Bier einige Zeit unter Spundungsdruck stehen muß, um sich genügend mit $CO_2$ anzureichern. Normale Spundungsdrücke liegen zwischen 0,3—0,45 atü; wärmere Temperaturen und kürzere Lagerzeiten erfordern entsprechend höhere Drücke, wobei noch zu berücksichtigen ist, daß auch die Flüssigkeitshöhe den Druck beeinflußt. Gewöhnlich enthält das Ausstoßbier ca. 0,4 Gew.-% Kohlendioxid — das je zur Hälfte von der Hauptgärung bzw. von der Nachgärung stammt — was aber bei unsachgemäßer Arbeit nicht immer der Fall ist, sodaß ein $CO_2$-armes, schales und schlecht schaumhaltiges Bier resultiert.

Die Anreicherung und Bindung von $CO_2$ vollzieht sich in verschiedenen Stufen und zwar findet zunächst eine physikalische Lösung statt, dann eine Übersättigung (hervorgerufen durch den Überdruck), die dann allmählich in ein labiles Temperatur- und Druckgleichgewicht übergeht: je höher der Druck und je niederer die Temperatur, um so besser ist die Aufnahmefähigkeit einer Flüssigkeit für Gase (Henry'sches Gesetz). Eine um 1°C höhere Temperatur vermindert den $CO_2$-Gehalt bei gleichem Druck um 0,01%; bei einer Drucksteigerung um 0,1 atü können ca. 0,03% mehr $CO_2$ gebunden werden.

Die verhältnismäßig starke Bindung von $CO_2$ im Bier beruht — neben der die Entbindung hemmenden Viscosität — zu einem erheblichen Teil auf Adsorptionskräften, vor allem der in feinster Dispersität vorhandenen Kolloide der Kohlenhydrate, N-Substanzen und der Hopfenbitterstoffe, deren große innere Oberfläche die chemisch-physikalische Aufnahmefähigkeit des Bieres für $CO_2$ hauptsächlich ermöglicht.

Das im Ausland häufig übliche „Karbonisieren", das erforderlich wird, wenn durch besondere Maßnahmen, z. B. zur Erhöhung der Stabilität, größere $CO_2$-Verluste eintreten, darf im Bundesgebiet nach dem Biersteuergesetz nur mit der im Betrieb selbst gewonnenen „Kohlensäure" durchgeführt werden; da aber normalerweise die durch Gärung erzeugte $CO_2$-Menge vollkommen ausreicht, wird es nur in besonderen Fällen angewendet.

Das Karbonisieren erfolgt gewöhnlich vor der Filtration mit Hilfe eines „Karbonisierapparates", wobei durchschnittlich etwa 0,15 kg $CO_2$ je hl Bier benötigt werden.

Während der Lagerung tritt eine allmähliche *Klärung* des Bieres ein, die sowohl von der Größe und Art der Trübungsstoffe (Hefe, Eiweiß, Hopfenharze usw.) wie auch von den technologisch-physiologischen Bedingungen während der Nachgärung abhängig ist. Je gröber die trübenden Bestandteile, je weniger viscos das Bier, um so rascher erfolgt gewöhnlich diese natürliche Klärung. Bruchhefen setzen sich schnell, Staubhefen sehr langsam; auch tiefere Temperaturen verzögern die Klärung. Gerbstoffeiweißkomplexe, deren Ausfällung für die Haltbarkeit der Biere sehr wichtig ist, fallen ebenfalls sehr langsam, mit tieferen Temperaturen aber weitgehend aus, so daß für die Herstellung eiweißstabiler Biere eine möglichst tiefe Temperatur empfohlen wird, die gegen Ende der Lagerzeit auf —1 bis —2°C eingestellt werden kann. Eine sehr rasche Klärung des Bieres kann sich sowohl geschmacklich wie auch hinsichtlich der Stabilität ungünstig auswirken (Hefeautolyse, die besonders bei höherer Temperatur begünstigt wird). Eine längere Lagerzeit erbringt gewöhnlich auch eine bessere Klärung, was sich — in Verbindung mit tieferen Temperaturen — qualitativ sehr bemerkbar machen kann.

Die *künstliche Klärung* im Lagergefäß wird durch das deutsche Reinheitsgebot dahingehend eingeschränkt, als nur solche Hilfsmittel verwendet werden dürfen, die wieder vollständig aus dem Bier ausgeschieden werden, so daß nur mechanisch wirkende Maßnahmen in Frage kommen. Von den früher verwendeten „leimartigen" Klärmitteln (tierischen und pflanzlichen Ursprungs: Hausenblase, Karaghen- und isländisches Moos) ist in der Bundesrepublik Deutschland nur die Hausenblase für obergärige Biere zugelassen.

Rein mechanisch wirkende Mittel sind die „Späne" (aus Haselnuß- oder Buchenholz); sie adsorbieren durch ihre große Oberfläche die Trübungsstoffe und nehmen sie mit zu Boden; neuzeitlicher ist die Anwendung von Holzpulver („Biospäne"), die eine sehr große Adsorptionsfähigkeit besitzen. Da heute praktisch alle Biere durch Filtrieren geklärt werden, ist die Verwendung von Spänen in den Hintergrund getreten.

Klärmittel besonderer Art sind hochoberflächenaktive Stoffe, wie z. B. Aktivkohle oder Montmorillonite (Bentonite), die meist nicht eigentlich zur Klärung bestimmt sind, sondern zur Entfernung aller trübungsgefährlichen Substanzen, die sich gewöhnlich erst später im Bier durch mechanisch-physikalische Ursachen, vor allem aber nach dem Pasteurisieren ausscheiden (vgl. S. 167).

Mit der Klärung des Bieres steht auch im allgemeinen die Reifung in engem Zusammenhang; die sog. „Jung-Bukett-Stoffe" werden in edlere, rundere Geschmacksstoffe übergeführt, besonders spielt hier die Bildung von Estern eine große Rolle: es handelt sich dabei um Verbindungen, die durch Veresterung von Milch-, Bernstein-, Aminosäuren usw. mit Alkoholen entstehen (Äthanol, Glycerin, Amylalkohol u. a.); auch Aldehyde fördern die geschmacklichen Veränderungen. Durch $CO_2$ werden außerdem auch flüchtiges $H_2S$ und organische S-Verbindungen aus dem Bier entfernt.

Mit der Länge der Lagerung nimmt die Veredelung des Geschmacks zu, allerdings nur bis zu einem gewissen Höhepunkt, der für verschiedene Biertypen charakteristisch ist und nicht überschritten, aber auch nicht unterschritten werden sollte. Jede Verkürzung der Lagerzeit ist für die organoleptischen und für die Schaumeigenschaften des Bieres von Nachteil (Ch. A. MASSCHELEIN 1963).

Allgemeine Richtlinien für die Länge der Lagerzeit:

| | |
|---|---|
| Einfachbiere . . . . . . . . . . . . . . | 3—4 Wochen |
| Schankbiere . . . . . . . . . . . . . | 6—7 Wochen |
| Lagerbiere . . . . . . . . . . . . . . | 2—3 Monate |
| Exportbiere . . . . . . . . . . . . . | 3—4 Monate |
| Starkbiere . . . . . . . . . . . . . . | 5—7 Monate |

Die *Kontrolle der Nachgärung*, die sich zunächst auf die Überprüfung und zweckentsprechende Einstellung der Spundung erstreckt, muß sich naturgemäß auch auf gelegentliche geschmackliche und andere technologische Untersuchungen ausdehnen.

Man nimmt „Zwickelproben", die dem Fortschreiten der Nachgärung (Vergärungsgrad!), der Beobachtung allmählicher Klärung und Reifung dienen, dann aber auch besonders der Feststellung biologischer Reinheit: die steril entnommenen Proben werden bei etwa 25°C längere Zeit beobachtet, ob bakterielle Trübungen auftreten, die Veranlassung sind, gegebenenfalls notwendige Gegenmaßnahmen hinsichtlich der Weiterentwicklung etwaiger Bierschädlinge (Sarzina, Milchsäurestäbchen) zu ergreifen. Die Prüfung auf $CO_2$-Bindung wird gewöhnlich gegen Ende der Lagerung vorgenommen (Bestimmung des $CO_2$-Gehaltes). Auch die zunehmende Klärung kann durch entsprechende Proben beobachtet und überprüft werden, ebenso die geschmacklichen Veränderungen.

## 4. Besondere Gärverfahren

Es gibt eine Reihe von Bierherstellungsverfahren, die andere Wege als die üblichen gehen und die z. T. durch umweltbedingte Erfordernisse (z. B. sterile und abgekürzte Bierbereitung in tropischen Ländern) gestellt und zu lösen versucht wurden.

Das bekannteste Beispiel dieser Art ist das sog. „Nathan-Verfahren", das durch eine kurze (10—14 Tage) und keimfreie Herstellungsweise gekennzeichnet ist. (Eine genaue Beschreibung des Verfahrens findet sich bei F. WEINFURTNER [1961d]. Über britische und amerikanische Braumethoden vgl. R.H. HOPKINS [1959]).

Technik und Technologie erstreben aus Gründen der Rationalisierung — ähnlich wie in der Mälzerei und im Sudhaus — kontinuierliche Methoden an, die trotz guter Ansätze qualitativ noch nicht als voll ausgereift anzusehen sind. Denn gerade beim Bier handelt es sich um eine Summe von Problemen, die kaum in einer Norm zu fassen sind und die eine rein auf quantitative und vollkommen schematische Arbeitsweise hinzielende Herstellung zunächst noch ausschließen. Es wurde bereits erwähnt, wie wichtig gerade die kalte Gärführung für die qualitativen Erfordernisse des untergärigen Bieres ist; da die in jüngerer Zeit entwickelten Verfahren aber meist mit höheren Temperaturen arbeiten, ergibt sich hier eine gewisse Diskrepanz. Das dürfte wohl auch der Grund sein, daß trotz der zweifellos gegebenen Vorzüge hinsichtlich Zeit- und Arbeitsersparnis sich diese neueren Verfahren nur zögernd da einführen lassen, wo beispielsweise eine plötzliche Ausstoßerweiterung wegen Mangel an Gär- und Lagerraum zur Zeit keine andere Möglichkeit erlaubt. Damit soll nicht gesagt sein, daß die zum großen Teil sich noch im Versuchsstadium befindlichen Methoden in Zukunft nicht doch zu einer in jeder Weise zufriedenstellenden Lösung führen können (R. Parsons 1963).

Im Grunde handelt es sich bei der kontinuierlichen Gärung darum, gewissermaßen im „Fließ-Verfahren", Hefebehältern langsam trubfreie Würze zuzuführen, während andererseits ebenso laufend Jungbier abgezogen wird.

Es sei hier auf bekanntgewordene Verfahren in Rußland, Amerika, Kanada und Neuseeland hingewiesen.

Ein in der Bundesrepublik Deutschland bekanntgewordenes Verfahren ist dadurch gekennzeichnet, daß es unter besonderen Druckverhältnissen (zur Regulierung der Hefeatmung und -vermehrung) durchgeführt wird (H.J. Wellhoener 1954).

Auch sog. „semi-kontinuierliche" Verfahren wurden in letzter Zeit entwickelt.

## III. Die künstliche Klärung des Bieres (Filtration)

### 1. Allgemeines

Das ausgereifte und mit $CO_2$ angereicherte Bier muß nach einer für den betreffenden Biertyp optimalen Lagerzeit geklärt, blank und feurig glänzend in Transportgefäße (Fässer oder Flaschen) abgefüllt werden, um an die Kundschaft versandt werden zu können.

Das Hauptproblem der Abfüllung besteht darin, das im Bier gebundene $CO_2$ durch den etwas gewaltsamen Prozeß des Abfüllens zu schonen, um keine größeren Verluste zu erleiden; das Bier darf demnach weder Temperatur- noch Druckveränderungen — allerdings mit gewissen Ausnahmen (Heißabfüllung!) — unterworfen werden. Während früher das Bier ohne künstliche Klärung (Filtration) mit der durch Lagerung und Reifung erhaltenen Klarheit zum Ausschank kam, sind heute die Anforderungen an Glanzfeinheit so groß, daß das Bier durch besondere Maßnahmen in hohem Maße geklärt werden muß. Bei den zu entfernenden Stoffen handelt es sich vor allem um die bereits erwähnten Gerbstoffeiweißkomplexe, Hopfenharze und Hefezellen, gegebenenfalls sind auch noch etwaige bierschädliche Bakterien so weit wie möglich zu beseitigen, um die biologische Haltbarkeit des Bieres nicht zu gefährden. Bei den zu entfernenden Partikelchen handelt es sich hauptsächlich um *grobe Dispersionen*, die auch mit bloßem Auge als Trübung sichtbar sind (über 0,1 $\mu$); *Kolloide* (zwischen 0,001 und 0,1 $\mu$), die durch Elektronenaustausch, Dehydratation und andere physikalische Einwirkungen sich später im fertigen Bier zu größeren Komplexen zusammenballen und Trübungen verursachen können, werden zur Erzielung einer besonderen chemisch-physikalischen Stabilität gelegentlich durch neuzeitliche Methoden ebenfalls vermindert; dabei läuft man allerdings Gefahr, auch manche für Schaumhaltigkeit und Vollmundigkeit wesentliche Kolloide mit zu entfernen und dadurch eine gewisse „Leere" im Bier hervorzurufen.

Für eine beschleunigte Entfernung von Trübungsstoffen stehen der Technologie folgende Maßnahmen zur Verfügung:

künstliche *Sedimentation, Siebwirkung und Adsorption*.

Auch durch *Tiefkühlen* des Bieres, schon im Lagerkeller oder vor der Filtration (Röhren- oder Plattenkühler), auf 0 bis —2°C werden gewisse, zur Fällung neigende Stoffe entfernt.

Alle diese physikalischen Hilfsmittel können einzeln oder auch in verschiedener Kombination zur Durchführung kommen.

Der *Einfluß der künstlichen Klärung* auf das Bier bezieht sich — neben den Eigenschaften des Bieres selbst — hauptsächlich auf äußere Faktoren: Methodik der Filtration, bzw. Sedimentation, Filterdruck, Filterfläche, Dauer und Temperaturverhältnisse bei der Filtration, den durch die Filterschichten hervorgerufenen Widerstand, der infolge der sich absetzenden Trübungsteilchen ständig zunimmt, u. a. Man wird versuchen, mit einem möglichst geringen Druck — aber immer über dem entsprechenden $CO_2$-Sättigungsdruck! — auszukommen, sonst müssen die Filterschichten erneuert bzw. regeneriert werden. Auch die Temperatur soll zur Steigerung der $CO_2$-Lösungsfähigkeit, möglichst nieder sein. Zur sachgerechten Durchführung des Filtrationsvorganges gehört auch ein „*Verschneidbock*" (Sammellaterne), der die Aufgabe hat, Bier aus verschiedenen Lagerbehältern zu verschneiden (größere Gleichmäßigkeit des Biercharakters!): es sind feste oder auch fahrbare Gestelle mit 3 oder mehr „Laternen", die der Beobachtung des Bierflusses dienen und in denen beim Leerlaufen eines Gefäßes Gummischwimmer die Leitung abdichten und damit ein Einziehen der Luft verhindern. Für die Bewegung des Bieres vom Lagerbehälter zum Filter sorgen sog. „Druckregler", gewöhnlich fahrbare Pumpen, die stoßfrei arbeiten und auch durch entsprechende ab- oder zunehmende Förderleistung den Druck des Bierflusses in der Leitung bis zum Füller regulieren; allerdings muß das zu „ziehende" Lagergefäß unter einen geringen Überdruck (0,5—0,8 atü) gesetzt werden, damit das Bier dem Druckregler zufließt und nicht angesaugt werden muß.

Der nach dem Ziehen im Lagergefäß verbleibende Rückstand, das „*Geläger*", besteht hauptsächlich aus Hefezellen, Eiweiß, Gerbstoffkomplexen, Hopfenharzen usw. Ein fest absitzendes Geläger verursacht weniger Verluste als ein „suppiges"; normale Mengen sind etwa 0,3—0,4 l je hl Bier. Das noch im Geläger enthaltene, qualitativ nicht vollwertige Bier (0,15—0,20 l je hl Bier) kann durch eine Presse oder durch einen Separator gewonnen werden und wird gewöhnlich mit anderen Bierresten (Abseihbier, Vor- und Nachlauf usw.) in einem „Restfaß" gesammelt „aufgekräust" und nochmals gelagert; beim Verschneiden mit anderen Bieren sollte es durch eine „Sterilfiltration" entkeimt werden.

## 2. Arbeitsweisen der künstlichen Klärung

*Bierfiltration:* Nach dem „Anstecken" des Lagerbehälters wird entweder unmittelbar über das Filter in die Transportgefäße abgefüllt, oder, vorteilhafter, auf Vorrattanks, die ein vom Abfüllvorgang unabhängiges und störungsfreies Filtrieren ermöglichen; selbstverständlich müssen alle Leitungen und Schläuche (gleichen Querschnitts) stets rein und keimfrei sein.

Das *Massefilter* besteht aus einem Gestell mit Boden- und Deckelstück, zwischen denen die Filterschalen mit dem „Filterkuchen" eingepreßt werden.

Das unfiltrierte Bier verteilt sich im Innern und strömt gleichmäßig durch die verschiedenen Massekuchen. Durch Einsetzen eines beweglichen Zwischenstückes kann mit jedem Filter doppelt filtriert werden.

Die *Filtermasse* besteht hauptsächlich aus gereinigten, entfetteten und entsprechend präparierten Baumwollfasern mit etwa 1—2% Asbest, der eine sehr hohe Adsorptionswirkung besitzt.

Die in heißem Wasser gewaschene Filtermasse wird mit Hilfe einer hydraulischen oder pneumatischen Apparatur in Kuchen gepreßt, die genau in die Filterschalen passen; je Liter Schaleninhalt benötigt man etwa 280 g Trockenmasse. Mit 3,5 atü werden „Kuchen" von meist 55 mm Stärke gepreßt (mit einem Restwassergehalt von etwa 65%). Nach dem Einlegen wird durch das Filter zur Abkühlung und zur Beseitigung loser Fasern kaltes Wasser gedrückt.

Dann folgt der „Vorlauf", d. h. das dem Wasser nachfließende Bier, das in ein Vorlaufgefäß läuft, bis das Bier die entsprechende Konzentration besitzt. Der Filterwiderstand soll zu Beginn nicht höher sein als 0,3—0,5 atü; bei einem Abfülldruck von 0,7 atü beträgt der Druck am Einlauf bereits 1,0—1,2 atü. Der Druck nimmt ständig zu (0,1—0,2 atü/Std) und somit läßt auch die Filterleistung wegen Verringerung der Sieb- und Adsorptionswirkung allmählich nach. Einfaches oder doppeltes Filtrieren ist eine Frage der an die Feinheit gestellten Anforderungen und der Erfahrung.

Nach beendeter Filtration werden die Leitungen und das Filter wieder mit Wasser „nachgedrückt"; durch sorgsames Arbeiten können die „Nachlaufmengen" gering gehalten werden.

Nach Gebrauch werden die Filterkuchen durch gründliches Waschen gereinigt; man spart Zeit, wenn man schon eine „Vorwäsche" vornimmt und etwa 40° C heißes Wasser durch das Filter schickt. Anschließend wird die Filtermasse in eigenen Waschmaschinen bei Temperaturen zwischen 80—85° C gereinigt. Die dabei entstehenden Verluste — sie sollten nicht mehr als etwa 1,5 % der Trockenmasse betragen — werden gegen Schluß des Waschens wieder zugesetzt. Durch die Temperatur und das $1/_2$—1stündige Waschen wird auch eine Sterilisation der Filtermasse erzielt; vorteilhaft ist es, die Masse im Filter selbst noch mit heißem Wasser (90° C) zu sterilisieren, weil dann auch gleichzeitig das Filter und die Leitung mit entkeimt werden. Die Filtermasse mit chemischen Mitteln zu sterilisieren ist wegen der starken Adsorptionskraft der Fasern nicht zu empfehlen; günstig ist hingegen ein Zusatz von $H_2O_2$, das allerdings in wirksamer Konzentration (2—3 %) teuer ist; aber auch schon in geringerer Konzentration wird die Masse aufgelockert, durchoxydiert, gereinigt und entfärbt.

Die bereits bei der Würzegewinnung erwähnte *Kieselgurfiltration* hat sich auch bei der Bierfiltration eingeführt.

Die Wirkung der aufbereiteten Kieselgur beruht allerdings mehr auf einem mechanischen (Sieb-)Effekt, als auf einer Adsorption und ist im allgemeinen sehr abhängig von Qualität, Sorte und Struktur der Kieselgur.

Zur Durchführung der Filtration wird zunächst das Leitungssystem und der Filter mit Wasser gefüllt; im „Dosiergerät" wird die für die „Anschwemmung" (auf Siebe aus feinem Drahtgewebe oder auch Schichtenfiltern) benötigte Kieselgurmenge mit Wasser durchgemischt und aufgeschlämmt (300—500 g Kieselgur je m² Filterfläche); die Anschwemmung muß sehr rasch geschehen, damit eine gleichmäßige Verteilung erreicht wird. Zur anschließenden Bierfiltration wird im Dosiergerät die für den laufenden Zusatz notwendige Mischung hergestellt (normal rd. 50—70 g Kieselgur je hl Bier), in Abhängigkeit vom Trübungsgrad des Bieres und der Kieselgursorte. Die laufende Dosierung kann automatisch oder nach dem Injektionsverfahren (mit einem Teilstrom des zu filtrierenden Bieres) erfolgen. Im Laufe der Filtration steigt der Druck am Auslauf nach etwa 6—8 Std auf 3,0—5,5 atü an, die ohne Wirkungseinbuße nicht mehr überschritten werden dürfen. Durch Zusatz von 3—8 % Asbest kann die Filtrationsleistung verbessert werden. Die Kontrolle der Feinheit kann nephelometrisch geschehen, wobei ein automatisches Relais die Dosierung der Kieselgur je nach Trübungsgrad regelt. Bei sachgemäßer Arbeit und einwandfreier Qualität bietet die Kieselgurfiltration einige wesentliche wirtschaftliche Vorteile: Einfachheit der Bedienung, geringer Schwand, rasche Umstellmöglichkeit bei verschiedenen Biersorten und durch Wegfall des Massewaschens Einsparungen an Zeit, Arbeit und Energie.

Die sog. „*Schichtenfilter*" (gepreßte Platten aus Holzzellulose und Asbest) besitzen zwar eine sehr starke Filterwirkung, die auch Bakterien zurückzuhalten vermag, sind aber verhältnismäßig teuer und deshalb meist nur als Nachfilter zur Entkeimung (E. K. Filtration) im Gebrauch.

Die Bierklärung mittels *Zentrifuge* beruht darauf, daß der normalerweise langsam vor sich gehende Sedimentationsvorgang durch die hohen Tourenzahl der Zentrifuge außerordentlich beschleunigt wird und Trübungsteilchen mit 8000 bis 10000facher Kraft ausgeschieden werden.

Man unterscheidet zwei Arten von Zentrifugen: Separatoren mit Teller- und solche mit Kammertrommel (die aber meist nur zur Trubausscheidung verwendet werden). Tellerseparatoren besitzen nur einen geringen Schlammraum, die Biere müssen daher bereits weitgehend vorgeklärt sein, damit große Biermengen zentrifugiert werden können (G. Prahl 1964). Die Leistungen der Separatoren betragen je nach Bauart und Kläreffekt zwischen 10—100 hl je Std.

Nachteilig wirkt sich bei den Zentrifugen die Notwendigkeit der Schlammraumentleerung aus, bei der die Arbeit unterbrochen werden muß; einfacher, aber wesentlich teurer sind die „selbstaustragenden" Separatoren, bei denen der Rückstand nach dem Stillstand selbsttätig abfließt, wobei allerdings ein etwas größerer Schwand entsteht.

Die Klärwirkung kann bei den Separatoren durch Drosselung des Durchflusses erhöht werden, wobei aber eine gewisse Temperatursteigerung mit in Kauf genommen werden muß und damit die Möglichkeit der Wiederauflösung bereits ausgeschiedener Gerbstoffeiweiß-komplexe; das Bier sollte daher vor dem Eintritt in den Separator auf —1°C abgekühlt werden.

Vorteile der Zentrifugen: leichte Bedienung, einfache Reinigung und Sterilisierung, Wegfall des Vor- und Nachlaufs, und, wie bei der Kieselgurfiltration, keine zusätzliche Arbeit durch das Waschen der Filtermasse.

Andererseits wird das Bier nicht so glanzfein wie durch Filtration und neigt eher zur Kältetrübung, weshalb Zentrifugen häufig nur in Verbindung mit Filtern Verwendung finden.

## IV. Das Abfüllen des Bieres

Wie beim Filtrationsvorgang ist auch beim Abfüllen dafür zu sorgen, daß keine $CO_2$-Verluste auftreten; das Abfüllen muß demnach unter Gegendruck geschehen (isobarometrische Abfüllung). Alle Anlagenteile, die eine Änderung der Druck- und Temperaturverhältnisse mit sich bringen, müssen auf das $CO_2$-Gleichgewicht im Bier abgestimmt werden: z. B. bei Kurz-Zeit-Pasteurisationsapparaten, bei denen die Temperatur rasch und plötzlich ansteigt, wird zum Ausgleich auf einen Druck von 6—8 atü gesteigert, damit der $CO_2$-Sättigungsdruck nicht unterschritten wird.

### 1. Transportfässer

Transportfässer können bis zu 200 l fassen, gewöhnlich beträgt der Inhalt aber nur zwischen 25—100 l. Jedes Faß muß mit Inhaltsangabe versehen sein und alle 2 Jahre geeicht werden. Das bevorzugte Material für *Holzfässer* ist ausgewähltes Eichenholz; sie werden innen mit einem isolierenden und glatten Pechüberzug versehen, der das Vollsaugen des Holzes mit Bier verhindert, $CO_2$-Verluste vermeidet und keinerlei Stoffe weder von sich noch vom Holz an das Bier abgibt.

Das ,,Pichen", an das naturgemäß ganz besondere Forderungen gestellt werden, erfolgt in großen ,,Pich-Apparaten", die, nach vorherigem ,,Entpichen" der Fässer (mit Heißluft von nicht mehr als 300°C) das Faßinnere durch Einspritzen von heißem Pech mit einer frischen Schicht versehen; auf einer ,,Rollanlage" werden die frisch gepichten Fässer dann so lange in Bewegung gehalten, bis die Pechschicht erstarrt. Anschließend werden die Fässer noch ausgeleuchtet und gewöhnlich mit Preßluft auf Dichtheit überprüft.

Die in jüngerer Zeit eingeführten *Metallfässer* (weit verbreitet ist das Leicht-metallfaß aus einer Al-, Mg-, Si-Legierung) hat den Holzfässern gegenüber manche Vorteile: leichtere Reinigung, geringeres Gewicht und niedrigere Betriebskosten; sie sind allerdings empfindlicher gegen Temperaturschwankungen.

Die *Reinigung* der Fässer — außen und innen — ist aus technischen und hygienischen Gründen wichtig. Sie erfolgt heute gewöhnlich halb- oder vollautomatisch in *Faßreinigungsanlagen*, in denen die Fässer äußerlich durch Bürsten, innen durch Einspritzen von heißem und kaltem Wasser gesäubert werden.

Das zur *Füllung der Fässer* bestimmte Bier wird dem ,,Füllapparat" zugeleitet, der im wesentlichen aus einem Bierkessel und den einzelnen Füllorganen besteht, durch die das Bier in die gereinigten, kalten Fässer ,,isobarometrisch" einfließt.

Aus Gründen der Stabilisierung des Bieres und zur Vermeidung von Oxydationen soll das Bier möglichst wenig mit Luft in Berührung kommen; in den sog. ,,kessellosen Füllern" wird — mit Ausnahme des Fasses selbst — jeder Sauerstoffeinfluß ausgeschaltet.

### 2. Flaschen

Im Bundesgebiet Deutschland sind 9 Flaschentypen und -größen (DIN-Normen) zugelassen, unter denen hauptsächlich Flaschen mit 0,5 und 0,33 l Inhalt vorherrschen.

Neben guter Standfestigkeit, einer Schutzfarbe gegen Lichteinwirkungen (am günstigsten sind braune oder orange, am häufigsten grüne Farben) werden hohe Anforderungen bei Pasteurisierung und Heißabfüllung an die Flaschen gestellt; sie sollen normalerweise einen Schnellbruchdruck von mindestens 25 kg/cm² und einen Dauerstanddruck von 12 kg/cm² aushalten. *Verschlüsse:* Der gebräuchliche Drahtbügelverschluß kann zwar wiederholt benutzt werden, ist aber technisch und hygienisch nicht optimal, während die in dieser Beziehung einwandfreien Kronenkorke und Aluminiumkappen nur einmal benützt werden können.

Die Flaschen müssen vor der Füllung nicht nur mechanisch, sondern auch biologisch allen Anforderungen genügen; das früher allgemein übliche „Bürsten" und Nachspritzen ist nur noch in kleineren Betrieben zu finden. Neuzeitliche Maschinen erlauben es, bis zu 20000 Flaschen in der Stunde mit Hilfe chemischer Mittel bei hohen Temperaturen und Drücken einwandfrei zu säubern.

Naturgemäß hängt der Reinigungseffekt von vielen Faktoren ab, vor allen von der zum Weichen bzw. Spritzen verwendeten Lauge, die durchschnittlich etwa aus 40—60% NaOH, aus einem Korrosionsschutzmittel (gewöhnlich Silicat) einem polymeren Phophat (Verhinderung der Kalkablagerung) und einem die Hygroskopizität herabsetzenden Neutralsalz (gegen Klumpenbildung) besteht; gelegentlich wird der Weichlauge auch ein „Netzungsmittel" zur besseren Emulgierfähigkeit der Lauge beigefügt (F. Weinfurtner u. Mitarb. 1960).

Auch die *Flaschenfüllung* muß ohne Störung des chemisch-physikalischen Gleichgewichtes im Bier unter Gegendruck möglichst schaumfrei erfolgen.

Neuzeitliche vollautomatische Füllanlagen werden für Stundenleistungen von 2000 bis 30000 Flaschen gebaut. Zur Flaschenfüllung kommt das Bier meist aus (auf Vorrat gefüllten) Drucktanks in Abfüllanlagen, die aus einem runden Hauben- oder Ringkessel bzw. einem ringförmigen Bierkanal und den Füllorganen bestehen. Grundsätzlich gelten für die Flaschenfüllung hinsichtlich Druck und Druckentlastung dieselben Grundsätze wie bei der Faßabfüllung. Die technologisch wichtige Forderung beim Abfüllen, den Sauerstoff soweit wie möglich auszuschalten, wird technisch verschiedenartig zu lösen versucht; befriedigende Erfolge ergeben sich beim Ringkanalfüller (oder auch bei entsprechend konstruierten Hauben- und Ringkesseln), wenn die Rückluft aus den Flaschen getrennt abgeführt und CO₂ als „Vorspanngas" verwendet wird. Bei neueren Verfahren werden die Flaschen vor der „Vorspannung" noch evakuiert, wodurch praktisch eine vollkommene Ausschaltung des Lufteinflusses erzielt wird.

Um die im Flaschenhals zurückbleibende, besonders schädliche Luft zu entfernen, genügt ein kurzes „Aufschäumenlassen" nach dem Füllen, wobei das entweichende Kohlendioxid den Leerraum füllt.

Eine besondere wirtschaftliche Bedeutung hat heute der Bierversand durch *Großbehälter* („Container"), um weiter entfernte Niederlagen frachtmäßig billig zu beliefern und die Abfüllung auf Flaschen erst dort vornehmen zu lassen.

## V. Der Bierschwand

Aus wirtschaftlichen und steuertechnischen Gründen ist eine Bilanz des gesamten Bierumsatzes einer Brauerei aufzustellen, aus der Produktion, Verkauf, sonstiger Verbrauch und die als „Bierschwand" zusammengefaßten Verluste zu ersehen sind.

Diese Verluste werden gewöhnlich als „Volumschwand" des Bieres von der heißen Ausschlagwürze bis zum abgefüllten Bier bestimmt nach der Formel:

$$S_V = \frac{V_A - V_B}{V_A} \cdot 100\ (\%)$$

$S_V$ = Volumschwand, $V_A$ = heiße Ausschlagwürze (l, bzw. hl), $V_B$ = Verkaufsbier (l bzw. hl).

Da im Volumenschwand auch *scheinbare Verluste* enthalten sind (Kontraktion, Verdunstung) unterliegen die Schwandzahlen je nach den technischen Einrichtungen eines Betriebes (Kühlschiff, Setzbottich, offene oder geschlossene Kühlsysteme) großen Schwankungen (zwischen 8—24%); rationell arbeitende Betriebe liegen gewöhnlich unter 15%).

Wenn der Volumenschwand demnach auch nur ein unvollkommenes Bild über die Wirtschaftlichkeit einer Brauerei ergibt, so ist seine Kenntnis aus steuerlichen Gründen unerläßlich. Der Schwand einer Brauerei kann in gewissen Grenzen jederzeit ermittelt werden, unbedingt erforderlich ist er am Ende einer Rechnungsperiode.

Die Menge der *heißen Ausschlagwürze* ergibt sich aus dem *Sudbuch;* schwieriger ist die Feststellung der *Verkaufsbiermenge,* zu der nicht nur das buchmäßig verkaufte Bier (einschließlich „Haustrunk", Gratisbier, vernichtetes „Rückbier" u.a.), sondern auch das bereits abgefüllte, lagernde und gärende Bier gehört, wobei die für eine entsprechende Gär- oder Lagerperiode geltenden Schwandfaktoren zu berücksichtigen sind.

Da der Volumenschwand, ähnlich dem „lufttrockenen Mälzungsschwand", keine eindeutigen Anhaltspunkte über die Wirtschaftlichkeit der Arbeitsweise erkennen läßt, sollten einem Betrieb auch die *wirklichen,* von der Flüssigkeitsmenge unabhängigen *Extraktverluste* während der Bierbereitung bekannt sein.

Dem *Extraktschwand* liegt eine ähnliche Formel zugrunde:

$$S_E = \frac{E_A - E_B}{E_A} \cdot 100 \ (\%)$$

$S_E$ = Extraktschwand;

$E_A$ = Extraktmenge in der kalten Ausschlagmenge ($V_A \cdot 0{,}96$);

$E_B$ = Extraktmenge im Verkaufsbier ($V_B$).

Der Extraktschwand liegt normalerweise zwischen 3—12 %, wieder in weitgehender Abhängigkeit von der Methodik und den technischen Einrichtungen einer Brauerei.

Die Berechnung der Extraktverluste ist natürlich wesentlich schwieriger als die des Flüssigkeitsschwandes, vor allem deshalb, weil ja der ursprüngliche Extrakt der Würze durch die Vergärung zum weitaus größten Teile verbraucht wurde und nur durch Errechnung der sog. „Stammwürze" ($St_B$) im Bier mit dem Extrakt der Würze zu vergleichen ist (vgl. S. 158).

Man stellt die Durchschnittswerte des Stammwürzegehaltes einzelner Biersorten innerhalb eines längeren Zeitraumes zusammen und nimmt dabei gewisse Ungenauigkeiten mit in Kauf, da nur durch Einzelbestimmung der „Teilschwände" ein genauerer Überblick über etwaige Fehler oder Verlustquellen möglich ist.

*Aufstellung der Teilschwände:* sie beginnen bereits im Sudhaus und umfassen hier (vgl. S. 125):

1. Die *Kontraktion* der heißen Würze durch Abkühlung, Würzeverdrängung durch Hopfen u. a. . . . . . . . . . . . . . . . . . . . . . . . 2,7—4,5 %
2. *Verdunstung* . . . . . . . . . . . . . . . . . . . . . . . . . . . . 1,0—9,0 %
3. Verluste durch *Hopfentreber, Kühlgeläger* und *Benetzung.* . . . . . . . . 0,5—3,0 %

Mit Ausnahme des Punktes 3 handelt es sich vorwiegend um „scheinbare" Verluste. Die Richtwerte obiger Teilschwände sind im Anhang des Biersteuergesetzes festgelegt.

Da die Schwankungsbreite dieser Volumen- und Extraktverluste demnach von Fall zu Fall außergewöhnlich groß ist und, wie bereits erwähnt, nicht nur von den Rohstoffen, von der Arbeitsweise, von der technischen Einrichtung sondern selbst von der Lage der Brauerei abhängig sind (Unterschied der Kochtemperaturen in Meeresnähe oder in größeren Höhen!), werden, um eine einheitliche Berechnung der kalten Ausschlagwürze (als Bezugswert für die eigentlichen Bierverluste) zu ermöglichen, für die Kontraktion der heißen Würze allgemein 4 % festgelegt; darin sind alle anderen mehr oder weniger großen Verlustmöglichkeiten (Hopfenverdrängung usw.) mit eingeschlossen.

Insgesamt können als *Volumenverluste* vom Ausschlagen bis zum Gärkeller 6—16% angenommen werden, als Extraktschwand 1—3%. Die sog. „*Gärkellerausbeute*" läßt sich verhältnismäßig leicht bestimmen, wenn geeichte Anstell- bzw. Gärbottiche vorhanden sind, und zwar nach der Formel:

$$A_G = \frac{V_G \cdot St_G}{S} \%$$

$A_G$ = Gärkellerausbeute (in %), $V_G$ = Würzevolumen (hl), $St_G$ = Stammwürzegehalt (in Gew.-Vol.%), $S$ = Malzschüttung (in 100 kg).

Diese Gärkellerausbeute steht in enger Beziehung zur Sudhausausbeute und sollte 1—0,5% unter dieser liegen.

Der eigentliche *Bierschwand* umfaßt alle Verluste von der Anstellwürze bis zum abgefüllten Bier mit Werten zwischen 3—9%, normal etwa 3—5%.

Man unterscheidet dabei

den Schwand im Gärkeller . . . . . . . . . . . . . . 1—4%;
den Schwand im Lagerkeller . . . . . . . . . . . 1—3% und
den Schwand beim Filtrieren und Abfüllen . . . . . 1—2%.

Alle vom *Gärkeller* an auftretenden Verluste sind sowohl Volumen- wie Extraktverluste; sie werden verursacht durch die Gärdecke, bedeutsamer noch durch die Hefe, sowie durch Benetzung.

Die Verluste im *Lagerkeller* werden hauptsächlich durch das Geläger hervorgerufen (0,3—0,4 l/hl Bier), dessen halbes Volumen aus Bier besteht und das durch eine Gelägerpresse oder durch zentrifugieren gewonnen werden kann; es ist weniger bitter als das aus der Hefe abgepreßte Bier, besitzt infolge seines relativ großen Gehaltes an höhermolekularen N-Substanzen eine verminderte Stabilität, was beim Verschneiden zu beachten ist.

Die *Filtrationsverluste* gehen hauptsächlich auf das Filter zurück, vor allem wenn es sich um stark adsorptiv wirkende Filtermassen oder -schichten handelt.

| zum Beispiel | Schwand bei doppelter Massefiltration . | 1,0 % |
|---|---|---|
| | Schwand bei Kieselgurfiltration . . . . | 0,4 % |
| | Schwand bei Zentrifugen . . . . . . . | 0,02% |

Die Verluste beim *Abfüllen* werden besonders von der einwandfreien Funktion der Abfüllanlagen beeinflußt; zusätzliche Verluste beim Flaschenfüller können noch durch zerspringende Flaschen eintreten und außerdem — wie auch beim Faßbier — durch die gewöhnlich auf 0,5 und 1,0 l abgerundeten Inhaltsangaben, im einzelnen zwar kleine, insgesamt aber doch ins Gewicht fallende Übermengen.

Auch bei der *Pasteurisation* und bei der *Heißabfüllung* sind noch zusätzliche Verluste möglich, vor allem dann, wenn die Flaschen nicht den durch die Druckverhältnisse hervorgerufenen Anforderungen genügen.

# D. Das fertige Bier

## I. Allgemeines

Zusammensetzung eines normalen Vollbieres:

| | 90—92% Wasser |
|---|---|
| flüchtige Bestandteile . . | 3,5—5,5% Alkohol |
| | 0,35—0,45% Kohlensäure |
| nicht flüchtig . . . . . | 4—5% Extrakt. |

Der Alkoholgehalt (in Abhängigkeit von Stammwürze und Vergärung) beträgt:

bei niedrig vergorenen, extraktreichen Bieren durchschnittlich: 1,0—1,5 Gew.-%
bei Dünnbieren . . . . . . . . . . . . . . . . . . . . . 1,5—2,0 Gew.-%
bei Vollbieren  . . . . . . . . . . . . . . . . . . . . . 3,5—4,5 Gew.-%
bei Starkbieren . . . . . . . . . . . . . . . . . . . . . 4,8—5,5 Gew.-%

An *höheren Alkoholen*, die eine gewisse organoleptische Bedeutung haben enthält das Bier insgesamt nicht über 75 mg/l; in abnehmender Menge sind enthalten: n- und Isoamylalkohol, n- und Isobutylaklohol, n-Propylalkohol, sowie n- und Isopropylalkohol.

*Flüchtige organische Säuren:* Essigsäure  . . . .  130 mg/l,
$\qquad\qquad\qquad\qquad\qquad$ Ameisensäure  . . .  20 mg/l;
*Ester,* als Äthylacetat bestimmt . . . . . . . .  40—60 mg/l;
*Aldehyde* — hauptsächlich Acetaldehyd — 5 mg/l, sowie Spuren von *Aceton.*
Der *Restextrakt im Bier beträgt normal* 4—5% (etwas mehr bei nieder vergorenen Bieren).

Durchschnittliche Zusammensetzung des Restextraktes (nach J. R. A. POLLOCK 1963):

Kohlenhydrate . . . . . . . . . . . . . . 80—85%
davon: Dextrine: . . . . . . . . . . . . 60—75%
$\qquad$ Mono- und einfache Oligosaccharide 20—30%
$\qquad$ Pentosane . . . . . . . . . . . 6—8%
N-Substanzen . . . . . . . . . . . . . 6—9%
Glycerin . . . . . . . . . . . . . . . . 5—7%
Mineralstoffe . . . . . . . . . . . . . 3—4%
Bitter-, Gerb-, Farbstoffe . . . . . . . . 2—3%
organische Säuren, Vitamine usw. . . . . 0,7—1,0%

*Erläuterungen:*

Bei den *Dextrinen* handelt es sich um ein Gemisch höhermolekularer, nicht vergärbarer Kohlenhydrate, deren Menge hauptsächlich durch das Malz und die Maischarbeit mitbestimmt wird; dasselbe gilt von den Oligosacchariden.

Der Gehalt an *vergärbaren Zuckern* hingegen hängt in erster Linie von der Haupt- und Nachgärungsführung ab; normalerweise handelt es sich nur um geringe Mengen von Maltose, Maltotriose und Spuren von Glucose, Fructose und Galaktose, sowie noch Arabinose, Xylose und Ribose als Abbauprodukte der Hemicellulose.

Die *N-Verbindungen* ($^1/_{10}$—$^1/_{12}$ des Kohlenhydratgehaltes) sind für wesentliche Eigenschaften des Bieres (Schaum, Geschmack, Stabilität) verantwortlich; sie sind gewöhnlich in Form von hydratisierten Kolloiden vorhanden und können mit der Zeit infolge Dispersitätsvergröberung („Alterung") und Komplexbildung mit anderen Substanzen (Gerbstoffen) zu Trübungen Anlaß geben. Die aus dem Bier zu erhaltende dialysierbare N-Fraktion (70—90% des Gesamtstickstoffgehaltes) besteht aus Peptiden, freien Aminosäuren und einer Reihe von meist flüchtigen Aminen. Verhältnismäßig reichlich vorhanden sind: Prolin, *a*-Alanin, Tyrosin, Valin u. a., in geringerer Menge: Arginin, Asparaginsäure, Histidin, Leucin usw.

Vom nicht dialysierbaren N-Anteil entfällt normalerweise nur eine geringe Menge (15—18 mg/l) auf coagulierbare N-Substanzen; der Rest besteht aus Proteosen. Für die Stabilität gewöhnlich unerwünschte Kolloide stellen die Globuline dar.

*Glycerin,* als Nebenprodukt der alkoholischen Gärung, hat kaum einen Einfluß auf die Eigenschaften des Bieres.

Die Zusammensetzung der *Mineralsalze* ist größeren Schwankungen unterworfen, verursacht durch die verwendeten Rohstoffe und vor allem durch das Brauwasser. Von den Kationen sind rd. $^1/_3$ des Gesamtgehaltes Na und K, dann Ca und Mg; in Spuren sind vorhanden: Al, Ba, Cr, Cu, Fe, Mn, Mo, Pb, Sn, Sr, Ti, V und Zn.

Anionen: überwiegend Phosphate (organisch und anorganisch gebunden), dann Chloride, Sulfate, Silikate, Oxalate u. a.

Die den Polyphenolen zuzuzählende Gruppe der *Gerbstoffe* stammt zu $^2/_3$ aus dem Malz und zu ca. $^1/_3$ vom Hopfen; sie sind sowohl geschmacklich wie auch hinsichtlich der Stabilität von Bedeutung. Zwischen Malz- und Hopfengerbstoffen besteht kein grundsätzlicher Unterschied, sie stehen alle den Anthocyanogenen, den Catechinen und ligninähnlichen Verbindungen nahe.

Die *Bitterstoffe* entstammen hauptsächlich dem Hopfen und werden hinsichtlich ihrer Bitterkraft durch das Isohumulon charakterisiert. Je nach Hopfung, Kochung und Weiterbehandlung enthalten die Biere etwa 10—35 mg Isohumulon/l (St. Laufer u. Mitarb. 1957).

An *Farbstoffen* sind vorhanden Flavine und Carotine, vorwiegend am Farbeffekt beteiligt sind aber vor allem die Melanoidine und zu einem Teil auch Phlobaphene.

Im Extrakt enthalten sind außerdem noch geringe Mengen von *S-haltigen Verbindungen*, insgesamt nicht mehr als maximal etwa 16—18 mg/l (hauptsächlich $SO_2$, Sulfhydrylverbindungen, in Spuren flüchtige Mercaptane und $H_2S$) (M. Brenner u. Mitarb. 1959).

Für die organoleptischen Eigenschaften von gewisser Bedeutung sind noch eine Reihe von *nichtflüchtigen organischen Säuren* (300—400 mg/l), darunter als wichtigste: Citronen-, Bernstein-, Äpfel-, Milch-, Glykol-, Oxalsäure u. a.

Über *Vitamine* vgl. S. 162.

# II. Chemisch-physikalische Eigenschaften

## 1. Allgemeines

Das spezifische Gewicht des entkohlensäuerten Bieres ergibt nur den sog. „scheinbaren" Extrakt, da es durch den Alkoholgehalt wesentlich erniedrigt wird. Das wirkliche spez. Gewicht und den wirklichen Extrakt erhält man erst durch Ersatz (Verdampfen) des Alkohols mit dem gleichen Volumen Wasser (Pawlowski-Schild 1961 g). Mit Hilfe des „wirklichen" Extraktes ($E_w$) und dem Alkoholgehalt (A) errechnet man den Extraktgehalt *vor* der Gärung (Stammwürzegehalt) (p) nach der *Balling'schen* Formel:

$$p = \frac{2{,}0665A + E_w}{1{,}0665A + 100} \cdot 100$$

Viscosität des Bieres . . ca. 1,5—2,2 cp
Oberflächenspannung . . 42—48 Dyn/cm
normales pH . . . . . 4,4—4,6

Vorteilhaft ist stets ein tiefes *pH*; ein pH unter 4,4 zu erzielen ist ohne besondere Maßnahmen nicht möglich (z. B. hoher Rohfruchtanteil oder Zusatz von organischen oder anorganischen Säuren) Der *rH-Wert* gegen Ende der Lagerung (etwa 9—11) kann beim Abfüllen durch stärkeren Sauerstoffeinfluß auf 18—22 ansteigen; allmählich stellt sich zwischen oxydierenden und reduzierenden Stoffen (in Abhängigkeit vom pH) ein labiles Gleichgewicht ein, wobei eine höhere Konzentration an reduzierenden Substanzen ein niedrigeres rH und demgemäß einen gewissen Schutz gegen Sauerstoffeinflüsse ergibt. Vor allem sind es Melanoidine, die wegen ihres „Dienol-Diaceton"-Verhältnisses eine Veränderung des rH-Wertes innerhalb gewisser Grenzen verhindern können.

Alle — in der Praxis als „Beschwerungsstoffe" bezeichneten — reduzierenden Substanzen werden bezüglich ihrer Reduktionskraft mit Hilfe des ITT-Testes in drei Gruppen unterteilt:

1. „Sofort-Gruppen", die innerhalb von 15 sec reagieren; ihnen gehören 40—50% der Beschwerungsstoffe an (Sulfhydryle, Reduktone und ein geringerer Anteil an Melanoidinen);

2. „Schnell-Gruppen", mit einer Reaktionszeit zwischen 15 sec und 5 min (ein Teil Sulfhydryle und Reduktone, dann Melanoidine und wahrscheinlich auch Sulfite);

3. „Langsam-Gruppen", mit einer Reaktionsdauer bis zu 150 min und mehr (Hauptmenge der Melanoidine, Hopfenharze, Gerbstoffe u. a.). Eine optimale Konzentration dieser Stoffe wirkt sich vorteilhaft auf die Stabilität der Biere aus; nachteilig können sich allerdings die Sulfhydryle erweisen, die bei ihrer rasch wirkenden Reaktionsfähigkeit zur Bildung von —S—S—Gruppen neigen, die durch Polymerisation zu Geschmacksbeeinträchtigung und auch zu Trübungen Anlaß geben können.

Die *Farbe* des *Bieres*, die schon in weitgespannten Grenzen — hell und dunkel — verschiedene Biertypen kennzeichnet, hat auch für die hellen Biere selbst noch eine wesentliche Bedeutung. Die Farbe muß immer rein und gleichmäßig sein und genau dem angestrebten Biertyp entsprechen; verpönt sind alle fuchsigen, rotstichigen und unreinen Farbtöne.

Durchschnittliche Farbtiefen einzelner Biersorten siehe Tabelle 6:

Tabelle 6

|  | Farbe nach BRAND (n/10 Jod) | EBC-Einheiten |
|---|---|---|
| Pilsner Typ . . . . . . . | 0,40—0,55 | 6,6—8,8 |
| Dortmunder Typ . . . . | 0,60—0,70 | 9,5—11 |
| Wiener Typ . . . . . . . | 1,8—2,5 | 24—31 |
| Münchner Typ . . . . . . | 4—12 | 44—95 |

Die Farbe des Bieres hängt — neben der Herstellungsweise — vor allem vom Charakter des verwendeten Malztyps und gegebenenfalls vom Zusatz gewisser Spezialmalze ab (P. KOLBACH 1950). Eine Farbveränderung im *fertigen* Bier kann noch durch die Pasteurisation oder auch durch Lichteinwirkung erfolgen.

Der *Schaum* ist eine der sinnfälligsten Eigenschaften der Biere. Ein Bier mit gutem Schaum muß zwar kein Qualitätsbier sein, ein Qualitätsbier muß aber auf jeden Fall gute Schaumeigenschaften besitzen (C. KREMKOW 1963).

Die Bildung und Haltbarkeit des Schaumes ist ein physikalisch-kolloid-chemisches Phänomen und beruht hauptsächlich auf den oberflächenaktiven Eigenschaften gewisser Kolloide. Bei der Schaumbildung unterscheiden wir:

Schaumerzeugende Stoffe (Gasbläschen: $CO_2$ oder Luft);

schaumbildende Stoffe (Kolloide der verschiedensten Art) und

schaumerhaltende (sütztende) Stoffe, die häufig durch Austausch entgegengesetzter Ladungen, durch Dehydratation oder durch oxydative Ausfällung von Kolloiden an den Grenzflächen der Schaumbläschen (Haptogenmembrane) zur Wirkung kommen (R. RUYSSEN 1963).

Die *Schaumdichte* wird durch die Biermenge ausgedrückt, die in einem bestimmten Volumen Schaum enthalten ist; sie ist bis zu einem gewissen Grade auch abhängig von der Viscosität des Bieres.

Die *Schaumhaltigkeit* hängt z. T. von der Oberflächenspannung des Bieres ab: je niedriger sie ist, um so größer ist im allgemeinen die Widerstandskraft der Schaumbläschen.

Der *Schaumzerfall* ist ein komplizierter Vorgang, der sowohl wieder von der Oberflächenspannung — und damit auch von der Oberflächenaktivität der sich an der Grenzfläche „Flüssigkeit/Gas" anreichernden Kolloide — wie auch von der Stabilität der die Bläschen bildenden und stützenden Stoffe abhängt. Infolge von Temperaturveränderungen oder durch andere physikalische Einwirkungen ($CO_2$-Entbindung, Sauerstoff, Dampfspannung) vereinigen sich diese zu immer größeren Bläschen und zerplatzen.

Neben „schaumpositiven" beeinflussen auch eine Reihe von „schaumnegativen" Faktoren die Schaumeigenschaften: höhere Alkohole, Fuselöle, Aminosäuren und andere flüchtige organische Säuren, möglicherweise auch Gerstenöle, vor allem aber sekundär mit dem Bier in Berührung kommende Stoffe (Fette, Seifen, entspannende Substanzen, wie sie beispielsweise beim Gläserreinigen verwendet werden) wirken durch Veränderung der Oberflächenspannung manchmal heftig schaumzerstörend.

Technologische Maßnahmen zur Förderung der Schaumhaltigkeit, die sich allerdings manchmal in entgegengesetzter Weise auf die Stabilität der Biere auswirken können, wurden bereits bei den verschiedenen Stadien der Malz- und Bierbereitung erwähnt; zusammengefaßt gilt, daß beim Mälzen keine zu weit gehende Lösung angestrebt werden sollte, beim Maischen keine zu intensiven Maischverfahren mit betonten, niederen Einmaischtemperaturen; eine nicht zu knappe Hopfengabe (keine alte Hopfen!) keine allzu lange Kochdauer, kalte Gärführung, angemessener, nicht zu niedriger Spundungsdruck bei tieferen Temperaturen: das sind allgemeine Richtlinien für gute Schaumqualitäten; im fertigen Bier sollen keine $CO_2$-Verluste und kein Schäumen beim Filtrieren und Abfüllen eintreten und schließlich ist auch ein sachgemäßes Ausschenken des Bieres (Schanktemperatur etwa 10°C) ein vorzügliches Mittel, das Bier mit einem guten Schaum zu versehen (P. Kolbach 1957).

Die Verwendung von schaumbildenden und -fördernden Mitteln, wie sie in Ländern ohne Reinheitsgebot benützt werden können, sind in der Bundesrepublik Deutschland nicht erlaubt.

## 2. Einteilung der Biere

Nach den Durchführungsbestimmungen des Biersteuergesetzes werden zwei „Bierarten" unterschieden: obergärige und untergärige Biere.

„Biergattungen" ergeben sich nach der steuerlichen Einteilung aufgrund des *Stammwürzegehaltes:*

| | |
|---|---|
| Einfachbier | 2— 5,5% |
| Schankbier | 7— 8 % |
| Vollbier | 11—14 % |
| Starkbier | über 16 % |

Unter „*Biersorte*" versteht man die verkehrsüblichen Bezeichnungen: Lagerbier, Spezialbier, Märzenbier, Exportbier; Bock, Doppelbock; Nährbier, Diätbier usw.

Unter „*Biertypen*" werden Biere verstanden, die sich nach Farbe, Hopfengeschmack usw. unterscheiden — z. B.: Pilsener, Münchener, Dortmunder Bier — und die sich meist historisch aufgrund der an diesen Braustätten verwendeten charakteristisch zusammengesetzten Brauwässern entwickelt haben. Der Farbe nach — die ja ebenfalls wieder z. T. auf die Zusammensetzung des Brauwassers und die verwendeten Malzarten zurückzuführen ist — trennt man die große Gruppe der „hellen" Biere (Farbe nach Brand: 0,40—0,80) von den „mittelfarbigen" (1,5—2,5) und den „dunklen" Bieren (4—14). Am meisten verbreitet sind heute die hellen Biere, die in den verschiedensten Variationen hergestellt werden und mehr oder weniger dem Pilsener oder Dortmunder Typ sich nähern (B. Mändl 1964).

Das ursprüngliche Pilsener Bier wurde mit einem sehr salzarmen Wasser gebraut und zeichnet sich durch eine charakteristische Hopfenbittere, sowie einen vorzüglichen Schaum aus. Dortmunder Biere sind stärker eingebraut und zwar mit einem sehr harten, aber überwiegend sulfathaltigen Wasser; die Hopfengabe ist etwas geringer.

Der mittelfarbige „Wiener" Typ, ebenfalls hauptsächlich durch den Charakter des ursprünglich sehr harten Karbonatwassers mit bedingt, ist nicht mehr sehr häufig anzutreffen.

Die bekanntesten „dunklen" Biertypen sind das Münchener und das Kulmbacher Bier; letzteres zeichnet sich durch einen etwas höheren Stammwürzegehalt und einen noch dunkleren Farbton aus.

# 3. Organoleptische Eigenschaften

Als „organoleptische" (mit den Sinnen wahrnehmbare) Eigenschaften werden alle durch das Trinken hervorgerufene Eindrücke zusammengefaßt, d. h. also vornehmlich Geschmacks- und Geruchsempfindungen.

Die den Geschmacksorganen der Zunge und des Mundes übermittelten Empfindungen von süß, sauer, bitter und salzig bestimmen auch die vorherrschenden Eindrücke beim Trinken des Bieres, wobei zu einem nicht unerheblichen Teil auch der Geruchssinn, vor allem aber physikalische Voraussetzungen: Temperatur, pH, kolloide Verteilung u. a. eine maßgebende Rolle spielen. Die Biertypen werden zunächst ganz allgemein durch die Geschmacksrichtung des biertrinkenden Publikums beeinflußt und durch das anteilige Verhältnis von Malz, Hopfen, besonders aber durch die Zusammensetzung des Brauwassers in seinem Charakter festgelegt. Als grundsätzliche Forderung gilt es, daß jedes Bier rein, rezent und frei von artfremden Geschmacksstoffen ist.

Der besonders die hellen Biere charakterisierende Bittergeschmack ist hauptsächlich abhängig von Menge, Art und Verarbeitung des Hopfens, wobei in erster Linie der Gehalt an Iso-$a$-Säure im Bier entscheidend ist.

Unangenehme Bitterstoffe („Herbstoffe") können auch durch das Malz in das Bier gelangen; es genügt schon eine geringe Konzentration von Gerb- und Herbstoffen, um einen kratzigen, derben und unedlen Geschmack hervorzurufen. Auch die Hefe übt einen Einfluß auf die Bittere des Bieres aus (vgl. S. 142).

Die sog. „*Vollmundigkeit*" — ein manchmal etwas irreführender und nicht genau zu definierender Begriff — bezieht sich auf einen bestimmten „Schwellenwert" an Geschmacksempfindungen („Körper"), wie sie durch höhermolekulare Substanzen (hauptsächlich Kohlenhydrate und Eiweiß) sowie Hopfenbitterstoffe hervorgerufen werden. Nicht „vollmundige" Biere bezeichnet man als „dünn", „leer" und — nicht immer als Abwertung — als „leicht". Die „Rezenz" eines Bieres wird besonders durch die angereicherte $CO_2$-Menge erzeugt, deren Wirkung auf die Geschmacksorgane allerdings mehr mechanisch ist und den einem frischen Bier eigenen „prickelnden" Geschmack verursacht.

*Geschmacksprüfung:* Neben der analytischen Beurteilung ist die Geschmacksprüfung naturgemäß für alle Biere von maßgebender Wichtigkeit; da sie nur auf subjektiven, vorübergehenden und flüchtigen Empfindungen beruht, kann sie nur durch erfahrene und unbeeinflußte Koster sachgerecht durchgeführt werden. Über die verschiedenen Methoden der Geschmacksprüfung wird bei F. WEINFURTNER (1963e) ausführlich berichtet (vgl. auch: A. KRAMER u. Mitarb. 1961). Festgestellte Geschmacksabweichungen oder -fehler sind für einen Betrieb von grundsätzlicher Bedeutung und müssen sofort in ihren Ursachen ermittelt und so schnell wie möglich behoben werden; dabei kann es sich um technologische Fehler handeln (unangenehme Bittere, „Jungbier"-Geschmack, Lichtgeschmack, Pasteurisiergeschmack u. a.) oder auch um Fehler, die durch Einfluß artfremder Stoffe entstanden sind („tintiger", Metall-, Pech-, Lackgeschmack usw.). Der sog. „Phenol"-Geschmack kann durch ungeeignetes Brauwasser (z. B. mit größerem Nitratgehalt), durch unpassende Lacke oder auch durch Desinfektion alter Schläuche mit Hypochloriten verursacht werden.

Die bedenklichsten Geschmacksbeeinträchtigungen werden durch *biologische Beeinflussung* hervorgerufen; z. B. durch *Termobakterien*, bei zu langsamer bzw. ungenügender Abkühlung oder zu spätem Einsetzen der Gärung: sie erzeugen einen unangenehmen, sellerieartigen (Fäulnis-) Geruch und Geschmack, der sich kaum mehr völlig beseitigen läßt.

*Hefegeschmack:* bei nachträglicher Hefetrübung im Bier; entsteht durch Autolyse toter Hefezellen und tritt vor allem auf bei höheren Temperaturen im Gär- und Lagerkeller (G. Wilharm 1951). Ein „wilder Hefe"-Geschmack als Folge einer Sekundärinfektion macht sich häufig durch gallig-bittere Stoffwechselprodukte bemerkbar.

*Estergeschmack:* bei reichlicher Sauerstoffzufuhr; ebenso der „Essigstich", der durch Essigsäurebakterien verursacht wird.

Die eigentlichen bierverderbenden Bakterien — Sarcina und Milchsäurestäbchen — können schwerwiegende Störungen bei der Bierbereitung hervorrufen, die sich geschmacklich besonders unangenehm durch das gefürchtete „Diacetyl" bemerkbar machen; es entsteht aus Acetaldehyd über Acetomilchsäure, Acetoin, mit anschließender Oxydation (G. A. Voerkelius 1961).

Der widerliche *Schimmelgeschmack und -geruch* („Grabeln"), der auf Schimmelpilze zurückzuführen ist (Penicilium, Dematium), tritt bei neuzeitlich geführten Betrieben kaum mehr auf.

## 4. Ernährungsphysiologische Bedeutung des Bieres

Neben seinen erfrischenden und angenehmen Geschmackseigenschaften besitzt das Bier auch einen gewissen Nährwert und zeichnet sich vor allem dadurch aus, daß die in ihm enthaltenen Grundnährstoffe fast restlos verwertbar, und — in erster Linie Kohlenhydrate und N-Substanzen — leicht resorbierbar sind. Je nach Stammwürzegehalt ergeben sich für 1 l[1] Bier 400—500 kcal, davon liefert allerdings der Alkohol allein (in Konzentrationen von 35—55 g/l) bereits 250—390 kcal; er wird physiologisch sehr rasch abgebaut, kann aber infolge seiner Nebenwirkungen naturgemäß nicht als Nahrungsmittel angesprochen werden. Unter normalen Bedingungen werden stündlich etwa 7—8 g Alkohol abgebaut (0,15 $^o/_{oo}$ je Std).

Unter den *Mineralstoffen* sind vor allem die Phosphate von hervorzuhebender Bedeutung, da sie an den lebenswichtigsten physiologischen Vorgängen im Körperhaushalt beteiligt sind. Bei einem mittleren täglichen Bedarf des Menschen von etwa 3,9 g, kann das Bier mit einem Gehalt von 0,4—1,0 g/l einen leicht assimilierbaren Beitrag liefern.

Die im Bier enthaltenen *Vitamine* gehören hauptsächlich dem B-Komplex an:

|  | γ-Liter |
|---|---|
| Thiamin (B$_1$) | 10—100 |
| Riboflavin (B$_2$) | 120—1300 |
| Pyridoxin (B$_6$) | 300—900 |
| Nicotinamid | 500—10500 |
| Pantothensäure (B$_5$) | 320—1100 |
| Biotin (H) | 2,6—9,7 |
| Inosit | 20000—30000 |
| p-Aminobenzoesäure | 20—30 |
| Folsäure | 85—100 |

Diese in variablen Konzentrationen vorhandenen, bedeutungsvollen Wirkstoffe können durch den Genuß eines Liters Bier zur Deckung des entsprechenden Tagesbedarfes nicht unerheblich beitragen.

Fettlösliche Vitamine, sowie Ascorbinsäure sind im Bier nicht nachzuweisen.

Eine hygienisch besonders wichtige Eigenschaft ist durch die Tatsache gegeben, daß sich im Bier keine den Menschen gefährlichen, pathogenen Keime entwickeln können; weiterhin wird dem Bier, hauptsächlich wegen seines Gehaltes an organischen Phosphorverbindungen und gewissen Hopfenwertbestandteilen (K. Boeltzig 1952; W. Stepp 1954) eine beruhigende Wirkung zugeschrieben. Es beeinflußt

---

[1] Die Kalorienwerte beziehen sich immer auf 1 l Bier!

außerdem die Sekretion des Magensaftes anregend, wirkt gewebsentwässernd und harntreibend (F. JUST 1958). Das sich beim Trinken entbindende Kohlendioxid schützt, auch bei kaltem Bier, durch seine schaumerzeugende Eigenschaft vor Unterkühlung des oberen Verdauungstraktes. Die dem Biere zugeschriebenen Heilwirkungen haben in jüngerer Zeit bei gewissen Krankheiten und Schwächezuständen, Rekonvaleszenz usw. zu greifbaren und statistisch abgesicherten Ergebnissen geführt.

## III. Die Haltbarkeit des Bieres

Die Haltbarkeit eines Bieres ist neben seinen allgemeinen Eigenschaften das am meisten in die Augen fallende Qualitätsproblem. Eine ungenügende biologische Stabilität wird durch Mikroorganismen verursacht, die imstande sind, sich unter den besonderen Bedingungen des „Bierklimas" so zu entwickeln, daß schließlich eine mehr oder weniger starke Trübung, Bodensatzbildung und damit gewöhnlich eine wesentliche Veränderung seiner technologischen und organoleptischen Eigenschaften eintritt. Da vergorenes Bier im allgemeinen ein schlechtes Nährsubstrat darstellt, sind nur wenige „Bierschädlinge" in der Lage, sich im Bier anzureichern. Es sind lediglich Milchsäurebakterien und unter Umständen Hefen, die zwar das Bier „verderben", ohne daß es aber deshalb gesundheitsschädlich wird. Alle Bierschädlinge gelangen durch „Infektionen" irgendwelcher Art in das Bier, entwikkeln sich zunächst beinahe unbemerkbar zwischen den Hefezellen weiter, um dann, nach dem Ende der Hefegärung, eine lebhafte, nunmehr nahezu ungestörte Eigenentwicklung und -vermehrung zu beginnen.

Zu den schädlichsten und unangenehmsten Erscheinungen zählen Infektionen durch Milchsäurebakterien, unter diesen wieder besonders die sog. „*Biersarcina*" *(Pediococcus cerevisiae)*. Sie tritt in Form von Mono-, Diplo- oder, in charakteristischer Eigenart, von Tetrakokken auf; aus niederen Zuckern bildet sie anaerob organische Säuren, hauptsächlich Milchsäure und Diacetyl, wodurch der Geschmack des Bieres, auch bei noch nicht so starker Entwicklung, erheblich verschlechtert wird. Das pH-Optimum liegt zwischen ca. 4,0 und 6,0; Sarcinen sind sehr abhängig von den begleitenden N-Substanzen, eine Tatsache, die auch zu ihrem manchmal sehr unterschiedlichen Auftreten beiträgt.

Die „*Milchsäurestäbchen*" *(Lactobacillus pastorianus)* erscheinen gewöhnlich als Langstäbchen; außer Milchsäure erzeugen sie auch Essig- und Ameisensäure (Wirkungsoptimum bei pH 4,0—8,0).

*Hefetrübungen:* Zu den „*wilden*" — durch Infektionen in das Bier gelangenden — *Hefen* zählen u. a. Saccharomyces cerevisiae Hansen var. ellipsoideus und Saccharomyces pastorianus Hansen; während letztere eine längere, „wurstförmige" Form besitzen, sind die ersteren nur schwierig von Kulturhefe zu unterscheiden. Eine Trübung des Bieres durch Kulturhefe kann dann eintreten, wenn das Bier noch genügend Restextrakt zur Verfügung stellt, um den im nicht pasteurisierten Bier immer noch in Spuren vorhandenen Kulturhefezellen — gewöhnlich noch durch Sauerstoffeinfluß gefördert — eine Vermehrungsmöglichkeit zu geben. Bei höherem Ausstoßvergärungsgrad, Verhinderung von Luftzutritt und gute Filtration lassen sich Trübungen dieser Art verhältnismäßig leicht vermeiden.

*Sicherung der biologischen Haltbarkeit:* Die beste Gewähr für eine biologisch einwandfreie Bierbereitung ist die durch die neuzeitliche Technologie gebotene sachgemäße und hygienische Arbeitsweise, unterstützt durch eine sinngemäße Desinfektionstechnik, und durch laufende biologische Betriebskontrollen ständig überwacht. Am meisten gefährdet ist immer das fertige Bier, deshalb ist vor allem dem Abfüllvorgang hinsichtlich steriler Behandlung, Einfluß von Luftsauerstoff usw. besonderes Augenmerk zu schenken. Eine künstliche Stabilisierung der biologischen Haltbarkeit sollte nur dann erfolgen, wenn an das Bier über das normale Maß hinausgehende Anforderungen gestellt werden (weite Exportwege, ungewöhnliche Klimaverhältnisse usw.).

Die am meisten angewandte Sicherungsmethode ist die *Pasteurisation*, die durch Erhitzen des Bieres eine Inaktivierung bzw. eine Abtötung der Hefezellen und der Bakterien bezweckt.

Da die im Bier noch vorhandenen Mikroorganismen nicht oder kaum (Hefen!) sporenbildend sind, genügt bei dem tiefen pH des Bieres meist schon eine Temperatur von 60°C ab, um — bei entsprechender Einwirkungsdauer — eine Tötung bzw. Inaktivierung aller Mikroorganismen im Bier zu erreichen.

Als Maßstab für den Wirkungsgrad kann die „Pasteurisations-Einheit" (PE) dienen (P. HORUP 1964).

Die Pasteurisation, die zwar hinsichtlich der biologischen Haltbarkeit eine ausgezeichnete Sicherung bietet, kann andererseits durch Veränderung des Struktur-Gleichgewichtes im Bier zu einer Gefährdung der physikalisch-chemischen Stabilität und auch zu einer nicht immer günstig zu bewertenden geschmacklichen Beeinflussung und zu einer Farbvertiefung führen. Es ist deshalb erforderlich, den Pasteurisationseffekt mit möglichst niederen Temperaturen und in kurzer Zeit zu erzielen.

Die *Flaschen-Pasteurisation* erfordert als Voraussetzung ein entsprechend vorbehandeltes, eiweißstabiles Bier.

Das Anwärmen und Abkühlen der Flaschen muß vorsichtig geschehen (nicht mehr als 2—3°C Temperaturveränderung/min). Der Innendruck in der Flasche darf nicht zu hoch werden, um größere Verluste zu vermeiden. Normale Flaschen halten Drücke von 12 kg/cm² aus; die Sicherheitsgrenze für das Dichthalten der Verschlüsse (vor allem der Kronenkorke) liegt meist erheblich tiefer ($\sim$ 7 atü). Der den Innendruck wesentlich mit beeinflussende Leerraum der Flasche sollte daher mindestens 3% des Volumens betragen, wobei aber auch noch der $CO_2$-Gehalt und die weitaus stärkere Ausdehnung des Biervolumens gegenüber der Flasche berücksichtigt werden muß.

Man unterscheidet im allgemeinen zwei Typen von Pasteurisationsapparaten:

*Kammerpasteurisierapparate* (für kleinere Betriebe), die wieder je nach der Art des Wärmeträgers unterteilt werden in Anlagen für Pasteurisation durch Wrasen (Heißwasser-Dampfgemisch) durch Wasserberieselung (Heißwasser entsprechender Temperatur) und durch Heißluft. Letztere Art hat den Vorteil, daß die Flaschen im etikettierten Zustand pasteurisiert werden können.

Die *Tunnelpasteurisationsapparate* (vollautomatisch, für große Leistungen) befinden sich zwischen der Verschließ- und der Etikettiermaschine: die Flaschen wandern auf einer breiten Plattenkette — ca. 20 cm/min — durch einen langen Tunnel, wobei sie mit Wasser steigenden und dann fallenden Temperaturen überrieselt werden.

Die Pasteurisation im „*Durchflußverfahren*" vermeidet manche der durch das verhältnismäßig lange Erhitzen verursachten Nachteile der vorbeschriebenen Pasteurisationsmethoden:

Das Bier fließt nur kurzzeitig durch einen (meist zwischen Filter und Abfüllanlage eingeschalteten) „Plattenapparat" mit aus Cr-, Cr-Ni- oder Cr-Ni-Mo-Stahl hergestellten sog. „Einstrom"-Platten, in denen das Bier zu ständigen Richtungsänderungen gezwungen wird und so einer den Wärmeübergang stark beschleunigenden, „turbulenten" Wirbelbildung unterliegt. Das in dünnster Schicht fließende (und somit eine große Oberfläche bietende) Bier und das Wärme- bzw. Kältemittel strömen im Gegensinn — jeweils in einem Plattenpaar — dicht aneinander vorbei, so daß eine Erhitzung (zuerst durch vorerwärmtes Bier, dann durch Heißwasser) auf 68—75°C innerhalb von etwa 25—30 sec genügt, um eine volle Pasteurisierleistung zu erzielen. Die Abkühlung erfolgt zunächst wieder durch frisch einströmendes Bier (das dadurch bereits vorerwärmt wird), dann durch Sole, günstiger durch tiefgekühltes Süßwasser oder durch ein Alkohol-Wassergemisch. Das kolloide Gleichgewicht des Bieres wird in dieser kurzen Zeit kaum verändert, vorausgesetzt, daß keine $CO_2$-Entbindung eintritt. Die Durchfluß-Pasteurisation erfordert aber einwandfreie, praktisch sterile Flaschen, um eine nachträgliche Infektion des nunmehr besonders empfindlichen Bieres zu vermeiden.

Eine neuere Abart der Pasteurisation ist die sog. „*Heißabfüllung*":

Das Bier wird in einem Plattenapparat auf Pasteurisiertemperatur erhitzt und heiß auf die ebenfalls sehr sorgfältig gereinigten, keimfreien und *warmen* Flaschen (zur Vermeidung von

Flaschenbruch) abgefüllt, ein Vorgang, bei dem alle nachträglichen Infektionsmöglichkeiten bis zum Verschluß der Flasche ausgeschaltet werden. Natürlich muß auch hier der Gegendruck auf dem Bier stets über dem jeweiligen $CO_2$-Sättigungsdruck liegen, was bei einer Abfülltemperatur von etwa 60°C einem Druck von 7—9 atü entspricht und eine besondere Konstruktion der Abfüllanlage erforderlich macht. Um nachteilige Folgen hinsichtlich der chemisch-physikalischen Haltbarkeit zu vermeiden ist eine entsprechende Eiweißstabilität der Biere eine notwendige Voraussetzung.

Im Gegensatz zur Heißbehandlung können Biere auch durch „*kalte Entkeimungsfiltration*" mit Hilfe von sog. „EK"-Schichtenfiltern biologisch haltbar gemacht werden.

Die verwendeten Filterschichten sind etwa 5—7 mm stark und bestehen aus Cellulose, Asbest, Baumwolle und Kieselgur. Je nach Asbestgehalt und Porenfeinheit können alle Klärungsgrade erzielt werden; infolge ihres gewöhnlich sehr hohen Astbestgehaltes besitzen sie eine große Adsorptionskraft, die alle Mikroorganismen zurückhält. Druck- und Stundenleistung müssen sehr vorsichtig gehandhabt werden (nicht über 1,5 atü und nicht mehr als 1,3 hl je m² Filterfläche), da sonst Mikroorganismen durch die Poren gepreßt werden können. Sind die Schichtenoberflächen durch Trübungsstoffe verlegt, steigt der Druck sehr rasch an, die Filtration muß unterbrochen werden, um die Filter zu „regenerieren" (Durchdrücken von Wasser in entgegengesetzter Richtung); auf diese Weise kann die Lebensdauer der Schichten erheblich verlängert werden, wenn gleichzeitig dafür gesorgt wird, daß die Biere schon sehr gut vorgeklärt sind, am besten durch Vorschalten eines gewöhnlichen Bierfilters. Durch die scharfe Filtration werden allerdings auch teilweise größere Kolloide mit zurückbehalten, weshalb gewöhnlich etwas hellere und auch meist weniger bittere Biere erzielt werden; die EK-Filtration empfiehlt sich deshalb besonders für die Entkeimung von Rest- und Rückbieren.

Um entkeimte Biere vor Nachinfektionen in der Flasche zu schützen, werden diese gelegentlich auch in einer Sterilisiermaschine unter Druck mit $SO_2$ vergast; nach einer gewissen Einwirkungsdauer wird das Schwefeldioxid mit steriler Luft wieder ausgetrieben (Mindestgehalt an $SO_2$ in der *feuchten* Flasche 150 mg/l. Der Restbetrag an $SO_2$ darf 10 mg/l nicht übersteigen. Manchmal werden auch Kronenkorke z. B. durch Formalindämpfe sterilisiert.

Die *chemisch-physikalische Haltbarkeit* beruht auf einem mehr oder weniger labilen kolloidchemischen Gleichgewicht im fertigen Bier, das durch verschiedene äußere Einwirkungen (Kälte, starke Bewegung, Pasteurisation usw.) gestört werden und dann Trübungen und Bodensatz hervorrufen kann. Es wurde schon bei den einzelnen Produktionsvorgängen — sowohl in der Mälzerei wie im Sudhaus — darauf hingewiesen, wie wichtig diese innere Stabilität ist und welche besonderen technologischen Maßnahmen erforderlich sind, um ein optimales Kolloidgleichgewicht zu erhalten. Normalerweise treten bei einwandfreier Bierbereitung chemisch-physikalische Trübungen innerhalb von 4—8 Wochen nicht auf, so daß für einen erheblichen Teil des Bierausstoßes die übliche Stabilität genügt; bei Bieren, die für sehr weiträumigen Export bestimmt sind, muß gegebenenfalls — z. B. durch Entfernung höhermolekularer N-Substanzen — das Kolloid-Gleichgewicht verbessert werden, vor allem bei Bieren, die pasteurisiert oder einer sonstigen „Heiß"-Behandlung unterzogen werden (H. WEYH 1963).

Nur ein geringer Teil der im Bier enthaltenen Stoffe sind molekular gelöst; das Bier stellt demnach ein sehr heterogenes, kolloid-disperses System dar, dem hauptsächlich „lyophile Kolloide" mit besonderen osmotischen, optischen und Viscose-Eigenschaften angehören, die u. a. aufgrund ihrer elektrischen Ladungen und ihrer Hydrathüllen in Schwebe gehalten werden. Bei gewissen pH-Werten tritt ein „isoelektrischer" Zustand ein, bei dem sich die elektropositiven und -negativen Ladungen ausgleichen und sich die kolloiden Teilchen durch Kohäsionskräfte zu immer größeren Aggregaten zusammenballen (Coagulation). Kolloide mit entgegengesetzten Ladungen, von denen eine Komponente einen größeren positiven oder negativen Überschuß aufweist, können eine adsorptive Schutzwirkung ausüben („Schutzkolloide").

Schon aufgrund der „Brown'schen Molekularbewegung" tritt eine allmähliche Komplex-, bzw. Symplexbildung und eine stets zunehmende Vergröberung der kolloiden Partikelchen ein, eine sog. „Alterung", die nicht rückgängig gemacht, höchstens verzögert werden kann. Auch durch „Dehydratation" der Lyophile kann eine Ausfällung kolloider Komplexe stattfinden, ebenso durch die den Kolloiden eigene Neigung, unter veränderten physikalischen Bedingungen, Adsorptionsverbindungen der verschiedensten Art einzugehen.

Stabilitätsgefährdend sind vor allem, wie schon erwähnt, höherstufige Molekularverbände (Eiweiß, Polyphenole); da der isoelektrische Punkt der im Bier noch enthaltenen und fällbaren Eiweißstoffe fast ausschließlich zwischen pH 4—5 liegt, besitzen sie nur einen geringen Ladungsüberschuß, so daß sie gewöhnlich nur durch ihre Hydratation in kolloider Lösung gehalten werden. Durch Entzug dieses Hydratationswassers (z. B. durch Gerbstoffe oder auch durch Erwärmung u. a.) werden die Kolloide denaturiert und fallen aus.

Je größer der Anteil der dem Malz und dem Hopfen entstammenden Gerbstoffkonzentrationen ist, um so nachhaltiger ist auch die Trübungsneigung. Die schon erwähnten Schutzkolloide wirken sich vorteilhaft gegen die Denaturierung aus, da sie mit instabilen Kolloiden Adsorptionsverbindungen eingehen, die in Lösung bleiben (R. H. Hopkins 1963).

Das Altern der Kolloide ist in besonderem Maß abhängig von Temperaturverhältnissen, dann auch von der Zeitdauer der Aufbewahrung, sowie von Erschütterungen und Lichteinflüssen; auch der Dispersitätsgrad der Kolloide, sowie der verfügbare Sauerstoff, der Gerbstoffe in die stark entquellenden Phlobaphene, sowie die in den Glutelinen und vor allem im ß-Globulin enthaltenen freien Sulfhydrylgruppen oxydiert, führt eine Beschleunigung der Molekülvergrößerungen herbei, wenn nicht ein ausgleichender Einfluß durch reduzierende Substanzen („Beschwerungsstoffe") diesem Prozeß entgegenwirkt.

Auch Schwermetall-Ionen können das Auftreten kolloider Trübungen begünstigen (vor allem Fe, Cu, Sn), in besonderem Maße bei gleichzeitiger Anwesenheit von Sauerstoff, der durch die Metallionen „aktiviert" wird (F. E. Gaeng 1963/64).

*Spezifizierung der kolloiden Trübungen:* Die früher üblichen Bezeichnungen — wie „Eiweiß-", „Oxydationstrübung" usw. — sind hinfällig geworden, da zwischen diesen Trübungserscheinungen kein grundsätzlicher Unterschied besteht, sondern lediglich auf verschiedene Ursachen bzw. Dispersitätsgrade zurückzuführen sind. Man unterscheidet demnach nur noch zwischen „Kälte"- (reversible) und „Dauer"- (irreversible) Trübungen.

Eine *Kältetrübung* ist die Folge einer zu kalten Lagerung des Bieres, sie verschwindet aber beim Erwärmen wieder; man sieht in ihr eine „Koazervatbildung" durch Vereinigung entgegengesetzt geladener lyophiler Kolloide, die, nach Art einer „übersättigten" Lösung durch Dehydratation ausfallen und sich infolge einer Rehydratisierung beim Erwärmen wieder lösen; wichtigste Reaktionspartner sind hierbei wieder Polyphenole in Adsorptionsverbindung mit Kohlenhydraten und Polypepeptiden. Ältere und vor allem pasteurisierte Biere neigen mehr zur Kältetrübung.

*Dauertrübungen* — die auch bei einer Mindesttemperatur von +20°C im Bier noch bestehen bleiben — sind hauptsächlich auf Alterung zurückzuführen, die durch eine Reihe von Faktoren noch beschneunigt werden kann: höhere Temperaturen, Pasteurisations- und oxydative Einflüsse usw.; grundsätzlich bestehen zwischen Kälte- und Dauertrübungen nur graduelle, aber keine ausschlaggebenden substanziellen Unterschiede.

Der Anteil an N-Substanzen in den chemisch-physikalischen Trübungen schwankt zwischen 40—77 % (6,5—12,4 % N); in der Peptidkomponente lassen sich durch Hydrolyse bis zu 17 verschiedene Aminosäuren nachweisen; es ist jedoch schwierig, deren Herkunft aus höher molekularen Eiweißkomplexen festzustellen. Wahrscheinlich aber besteht eine Beziehung zum $\beta$-Globulin der Gerste, sowie zu gewissen Hordein- oder Glutelin-Komponenten.

Die wesentlich kleinere Polyphenolfraktion enthält gewöhnlich nur drei Gruppen: Anthocyanogene (Cyanidine, Delphinidine), Ligninderivate und Phenolsäureester (aus den Malzspelzen und vom Hopfen).

Etwa 2—13 % der chemisch-physikalischen Trübungen bestehen aus Kohlenhydraten (Hexosane und Pentosane).

Der Aschegehalt beträgt 1—8 %, mit einem verhältnismäßig hohen Schwefelgehalt (1—2 %); auch Schwermetalle finden sich in der Asche (Fe, Cu, Sn, Al) und zwar in wesentlich höheren Konzentrationen als im normalen Bier (E. SANDEGREN 1951).

Gelegentlich treten im Bier auch noch Trübungen auf, die auf rein chemische Ursachen zurückzuführen sind, so z. B. die sog. *„Kleister-Trübung"*, die schon erwähnt wurde und die sich in einem gleichmäßigen leichten Schleier äußert; es handelt sich hier um einen groben technologischen Fehler bei der Sudhausarbeit, der nur durch Zugabe eines diastasereichen Malzauszuges spätestens im Lagerkeller (unterstützt durch Umpumpen und Aufkräusen) wieder einigermaßen behoben werden kann.

Die sog. *„Oxalattrübung"* wird durch Ca-Oxalat hervorgerufen und kann vor allem bei Flaschenbier als unangenehme Begleiterscheinung auftreten, wenn z. B. beim Waschen der Filtermasse stark kalkhaltiges Wasser verwendet wird.

Neben den bereits näher ausgeführten technologischen Erfordernissen zur Verhinderung größerer Anfälligkeit gegen chemisch-physikalischen Biertrübungen gibt es auch noch zusätzliche Maßnahmen um die kolloide Stabilität im Bier zu verbessern.

Durch gewisse *Adsorptionsmittel* ist es möglich aus dem Bier stabilitätsgefährdende Stoffe auszuscheiden; man verwendet heute meist Bentonite, Polyamidharze und Kieselgelpräparate.

*Bentonite*, stark quellende wasserhaltige Al-Silicate (Montmorillonite); sie können das 5—6fache ihres Gewichtes an Wasser aufnehmen und besitzen auch ein Kationen-Austauschvermögen, so daß z. B. positiv geladene höhermolekulare Eiweißsubstanzen festgehalten werden; Gerb- und Bitterstoffe hingegen werden kaum adsorbiert. Die unter verschiedenen Namen in den Handel kommenden (gewöhnlich gekörnten) Präparate werden aufgeschlämmt und dem lagernden Bier, ungefähr eine Woche vor dem Abfüllen — zwischen 20—300 g/hl — zugegeben, wodurch meist eine erhebliche Verbesserung der Kältestabilität erreicht wird, allerdings — bei größeren Mengen — auch unter gelegentlicher Beeinträchtigung der Schaumeigenschaften (E. WOLTER u. Mitarb. 1964).

*Polyamidharze* (Perlon, Nylon) adsorbieren hauptsächlich Polyphenole, in mäßigem Umfang auch höhermolekulare Eiweißstoffe; sie werden in verhältnismäßig geringer Konzentration angewendet, sind geschmacklich indifferent, in der Bundesrepublik Deutschland aber nicht zugelassen.

Erlaubt hingegen ist die Verwendung von *„Kieselgel"*-Präparaten in Pulverform, die aufgrund ihrer besonderen Feinstruktur eine sehr hohe Adsorptionskraft haben; sie können ebenfalls schon im Lagergefäß zugegeben werden, oder auch neben bzw. mit einer Kieselgurfiltration und zwar je nach den vorliegenden Verhältnissen zwischen 50—200 g/hl. Neuere Präparate dieser Art wirken weitgehend selektiv, vor allem auf hochmolekulare N-Substanzen.

Die auf *chemischer Basis* wirksamen Mittel zur Erhöhung der Stabilität (in der Bundesrepublik Deutschland mit geringen Ausnahmen nicht erlaubt), werden in eiweißausfällende, enzymatische und reduzierend wirkende Stoffe unterteilt.

Als eiweißfällendes Mittel wird praktisch nur *Tannin* verwendet, das etwa 2 Wochen vor der Abfüllung dem lagernden Bier zugesetzt wird (etwa 5 g/hl); bei höheren Gaben werden sonst zu viele Kolloide der verschiedensten Art und außerdem auch Farb- und Bitterstoffe entfernt. (In der Bundesrepublik Deutschland nur für ins Ausland bestimmte Biere zugelassen.)

*Enzympräparate* enthalten ein aktives proteolytisches Enzym, durch das höhermolekulare, stabilitätsgefährdende Stoffe zu niedermolekularen Abbauprodukten umgewandelt werden. Zur Verwendung kommen entweder Enzyme in reiner Form (Pepsin, Papain) oder für Brauereizwecke eigens hergestellte Präparate, die auch noch andere Stoffe oder Enzyme aufweisen. Bei den Enzympräparaten muß berücksichtigt werden, daß diese biokatalytische Vorgänge einleiten, die langsam, aber stetig weiterlaufen und daß selbst der Vergärungsgrad durch Abbau höherer Dextrine noch beeinflußt werden kann (Gefahr einer Hefetrübung!). Angewandte Mengen: zwischen 3—14 g/hl, am besten 1—2 Wochen vor der Abfüllung; Pasteurisation steigert zwar zunächst die Enzymwirkung um ein Vielfaches, durch die eintretende Hitzeinaktivierung erlischt die Hydrolyse sofort. (In der Bundesrepublik Deutschland nicht zugelassen.)

Die Zugabe *reduzierender Mittel* („Antioxydantien") hat im Gegensatz zu den bisher beschriebenen Präparaten den Zweck, höhermolekulare, stabilitätsgefährdende Stoffe vor Oxydation zu schützen; hauptsächlichste Vertreter dieser Gruppe sind die Ascorbinsäure und Sulfite. (Auch diese Mittel entsprechen nicht den Vorschriften des Reinheitsgebotes, werden aber im Ausland viel benützt.)

Die stark reduzierende Wirkung der Ascorbinsäure (Vitamin C) beruht auf einer Umlagerung der Dienol-Gruppe in Gegenwart von Sauerstoff, die nach folgendem Schema vor sich geht:

$$\begin{array}{ccc} \text{OH} \ \text{OH} & & \text{O} \ \ \text{O} \\ | \ \ \ \ | & & \| \ \ \| \\ -\text{C} = \text{C} - \ +\text{O} & \rightarrow & -\text{C} -\text{C} - \ + \text{H}_2\text{O}. \end{array}$$

Freier Sauerstoff wird also gewissermaßen „abgefangen", ohne daß sich eine das Kolloid-Gleichgewicht störende Reaktion einstellt. Allerdings wird dabei nur die Hälfte des Sauerstoffmoleküls gebunden, während das zweite O-Atom durch andere Stoffe verbraucht wird. Der Schutz durch Ascorbinsäure ist also nur bedingt und schließt spätere oxydative Veränderungen nicht vollkommen aus. Anstelle der relativ teuren Ascorbinsäure werden auch andere Stoffe verwendet, besonders Sulfite, die allerdings auch den Geschmack des Bieres beeinträchtigen können. In Ländern ohne Reinheitsgebot sind natürlich große Variationsmöglichkeiten gegeben: wenn z. B. die Vollmundigkeit leidet, können durch Zugabe geringer Mengen NaCl, oder, bei mangelnder Schaumhaltigkeit, durch Verwendung schaumfördernder Mittel die negativen Folgen der Stabilisierungsstoffe wieder etwas ausgeglichen werden.

Es sollte in diesem Zusammenhang nicht verkannt werden, daß das Deutsche Biersteuergesetz durch sein „Reinheitsgebot" einen weitgehenden Schutz gegen die Zugabe artfremder Stoffe bedeutet, die nicht immer unbedenklich sind und daß demnach Bier, nach den bei uns üblichen, genau überwachten Methoden hergestellt, ein Getränk darstellt, das nicht nur erfrischend und bekömmlich ist, sondern auch — in nicht übermäßiger Menge genossen — wegen der ausschließlichen Verwendung naturreiner Rohstoffe die gesamten Stoffwechselvorgänge des menschlichen Körpers in gesundheitsfördernder Weise unterstützt.

## Bibliographie


BELL, G.D.H., and F.G.H. LUPTON: The breeding of barley varieties, S. 45—96. Ed. by COOK, A.H. BARLEY and MALT. New York-London: Academie Press 1962.

HUNTER, H.: The science of malting barley production, S. 25—44. Ed. by COOK, A.H. BARLEY and MALT. New York and London: Academic Press 1962.

JAKOB, G.: Ausbeute und Schwand, S. 24. Nürnberg: Hans Carl 1946.

LANG, K.: Der intermediäre Stoffwechsel, S. 174. Berlin: 1952.

LEHNARTZ, E.: Einführung in die chemische Physiologie, S. 438. Berlin-Göttingen-Heidelberg: Springer 1959.

LÜERS, H.: Die wissenschaftlichen Grundlagen von Mälzerei und Brauerei. Nürnberg: Hans Carl 1950a S. 13; 1950b S. 316; 1950c S. 56; 1950d S. 58.

MACEY A., and K.C. STOWELL: The control of extract, protein modification and malting loss during malting. European Brewery Convention (EBC) Proceedings, Vienna 1961. Amsterdam-London-New York-Princeton: Elsevier Publ. Co. 1961, S. 85—96.

MEREDITH, W.O.S., J.A. ANDERSON, and L.E. HUDSON: Evaluation of malting barley, S. 207—268. Ed. by COOK, A.H. BARLEY and MALT. New York and London: Academic Press 1962.

MÜLLER, H.: Über die Keimung und Keimruhe der Braugerste unter Berücksichtigung des züchterischen Standpunktes. Braugerstenjahrbuch 1960/62, S. 89—111. Nürnberg: Hans Carl 1963.

PAWLOWSKI-SCHILD: Die brautechnischen Untersuchungsmethoden. 8. Aufl. Nürnberg: Hans Carl 1961a S. 63—65; 1961b S. 9—118; 1961c S. 122—193; 1961d S. 323; 1961e S. 241 bis 268; 1961f S. 267—268; 1961g S. 251; 1961h S. 266—267.

POLLOCK, J.R.A.: The Nature of the Malting Process, S. 303—388. Ed. by COOK, A.H. BARLEY and MALT. New York and London: Academic Press 1962.

REBL, A.: Die deutschen Hopfensorten. Wolnzach: Hopfenverlag 1963.

RIPPEL-BALDES, A.: Grundriß der Mikrobiologie, 3. Aufl., S. 119ff u. S. 166. Berlin 1955.

STEPP, W.: Bier, wie es der Arzt sieht. München: Carl Gerber 1954.

SCHUSTER, K.: Die Technologie der Malzbereitung, 5. Aufl. Stuttgart: Ferdinand Enke 1963a S. 127—151; 1963b S. 129; 1963c S. 357—358.

ULONSKA, E.: Die Braugerste. Frankfurt/Main: DLG-Verlag 1959.

— Bayer. Landwirtschaftl. Jb. 38,5 1961.

VOGEL, H.: Die Rohstoffe der Gärungsindustrie. Basel: Wepf & Co. 1949.

WALDSCHMIDT-LEITZ, E.: Chemie der Eiweiß-Körper. Stuttgart: Ferdinand Enke 1957.

WEINFURTNER, F.: Die Technologie der Gärung — Das fertige Bier. 3. Aufl. Stuttgart: Ferdinand Enke 1963a S. 24—39; 1963b S. 87—91; 1963c S. 104—110; 1963d S. 234—238; 1963e S. 383—388.

— Richtlinien für Hefereinzucht, Biologische Brauereibetriebskontrolle, Desinfektionsmittelprüfung. Nürnberg: Hans Carl 1957.

YOMO, H., and H. IINUMA: Malting with Gibberellin under restrained Germination. European Brewery Convention (EBC) Proceedings, Brussels, 1963. Amsterdam-London-New York: Elsevier Publ. Co. 1964, S. 520—527.


## Zeitschriftenliteratur


AUFHAMMER, G.: Gerstenzüchtung und Sortenveredelung. Tagesztg. Brauerei **236**, 662 (1934).

— Auswertung internationaler Sortenversuche zu Braugerste. Brauwelt **97**, 439—443 (1957).

—, u. K. SCHUSTER: Zur Brauwert-Feststellung von Gerstensorten. Brauwelt **96**, 565—570 (1956).

BUCHI, I.F.: Kälteverbrauch und Isolation in Bierlagerkellern. Schweiz. Brauerei-Rdsch. **48**, 33 (1937).

BOELTZIG, K.: Untersuchungen über die tuberkulostatische Wirkung einiger Hopfenbitterstoffe. Brauwiss. **5**, 217 (1952).

CHAPON, L.: Les propriétés exceptionelles de l'eau et leurs consequences en biologie. Brasserie **18**, 217—228 (1963a).

— Phénomènes respiratoires et activité métabolique dans le grain d'orge trempé. Brasserie **18**, 229—239 (1963b).

—, u. K.F.: KRETSCHMER: Malzmürbigkeit als Qualitätsfaktor für die Bierbereitung. Brauwiss. **17**, 1—10 (1964).

COOK, A.H., and G. HARRIS: Some thoughts on the malting process in relation to brewing. Brauwiss. **16**, 439—444 (1963).

DE CLERCK, J.: Untersuchungen über die Konservierung und Verbesserung von nach dem Weiner'schen Verfahren behandelten Hopfen. Brauwelt **99**, 9, 125—128 (1959).

—, u. E. DE CLERCK: Über die Notwendigkeit, den Luftkreislauf in der pneumatischen Mälzerei besser zu kontrollieren. Brauwiss. **16**, 444—446 (1963).

Devreux, A.: Les problèmes de l'oxydation de la bière. Brasserie et Malterie 13, 60—64 (1963).

Fischbeck, G., u. L. Reiner: Untersuchungen über Jahrgangs- und Sortenunterschiede in der Keimruhe von Sommergersten. Brauwiss. 17, 81—86 (1964).

Gaeng, F. E.: De practiyk van de colloidale houdbaarheid. Brouweriyen Mouteriy 23, 129—143 (1963/64).

Greenwood, C. T.: Problèmes actuels de la chimie des amidons de céréales, Industr. alim. agr. 80, 11—15 (1963).

Hartong, B. D., u. K. F. Kretschmer: Quellvermögen, Quellreife und Homogenität von Braugersten. Brauwiss. 16, 446—448 (1963).

Hopkins, R. H.: Comparison between british and american brewing techniques. Brew. Guild J. 45, 633—641 (1959).

— The non-biological stability of beer. Brew. Guild J. 49, 146—151 (1963).

Horup, P.: Pasteurisiereffekt und Pasteurisiereinheit. Brauwelt 104, 1221—1222 (1964).

Hubert, A.: Une nouvelle technique de régénération des échangeurs d'ions. Brasserie et Malterie 13, 42—45 (1963).

Isebaert, L., en R. Van der Beken: Studie van de „resteeping". Brouwerij en Mouterij 23, 153—156 (1963/64).

Joselyn, M. A.: Yeast autolysis. Wallerstein Lab. Commun. 18, 107—122 (1955).

Just, F.: Die Bierinhaltsstoffe und ihre diätetische Bedeutung. Brauwelt 98, 1673 (1958).

Kieninger, H., E. Reicheneder u. K. Molitoris: Mälzungsstudien mit Wuchs- und Hemmstoffen. Brauwiss. 16, 448—454 (1963).

Klingler, W.: Neuartige Luftbefeuchtung bei der pneumatischen Mälzerei. Brauwelt 96, 1153 (1956).

Kolbach, P.: Zur Beurteilung gipshaltiger Brauwässer. Wschr. Brauerei 58, 231 (1941).

— Über den Einfluß von Spitzmalz und Malzflocken auf die Qualität des Bieres. Brauwelt 97, 1649 (1957).

—, u. K. Zastrow: Glucosemalze. Mschr. Brauerei 6, 95 (1961).

Kramer, A., E. F. Murphy, A. M. Briant, M. Wang and M. E. Kirkpatrick: Studies in taste panel methodology. J. agric. Food Chem. 9, 224—228 (1961).

Kremkow, C.: Über den Einfluß verschiedener Braumaßnahmen auf die Schaumhaltigkeit. Mschr. Brauerei 16, 123—127 (1963).

Kuroiwa, Y., and H. Hashimoto: Fractionation of the $\beta$-fraction of hop resins. J. Inst. Brewing 67, 506—510 (1961).

Lau, D.: Über die Beziehungen zwischen äußeren und inneren Qualitätsmerkmalen bei Braugerste im Hinblick auf die Braugerstenzüchtung. Brauwiss. 13, 352—359 (1960).

Laufer, St., and M. Brenner: Beobachtungen über die Umwandlungen der Hopfenbitterstoffe im Verlaufe der Bierherstellung. MBAA Chicago; ref. in Brauwiss. 10, 145 (1957).

Lintner, C.: Über Farbe- und Aromabildung im Darrmalz. Z. ges. Brauwes. 25, 545—553 (1912).

Lüers, H.: Die Kleinmälzung als Bindeglied zwischen Wissenschaft und Praxis. Brauer und Mälzer 9, 6—10 (1956).

Mändl, B.: Kornkäfer- und Schädlingsbekämpfung unter Berücksichtigung der Brauerei- und Mälzereibelange. Brauwelt 96, 25—28 (1956).

— Über die Ausbeutebilanz. Brauwelt 97, 1475—1481 (1957).

— Biergattungen in rechtlicher und technologischer Hinsicht. Brauwelt 104, 1074, 1213 (1964).

Masschelein, Ch. A.: Qualité de la bière et transformations biochimiques au cours de la fermentation. Echo Brass. 19, 305—306 (1963).

Mühlbauer, J., u. O. Maisel: Die Bildung von Reduktonen beim Darr- und Sudprozeß. Brauwiss. 9, 176—181 (1956).

Nielsen, N.: Die Atmung während des Mälzens. Wschr. Brauerei 54, 289 (1937).

Parsons, R.: Continuous fermentation. A review. Brew. Guardian 92, 17—23 (1963).

Piratzky, W., u. G. Wiecha: Die Änderung der Zähflüssigkeit von Malzwürzen bei Einwirkung von Enzymen. Wschr. Brauerei 1937, 145, 1938, 97.

Pollock, I. R. A.: Recent work on the composition of beer. Brew. Guild J. 49, 14—20 (1963).

Prahl, G.: Einige Hinweise zur Schwandverringerung in Brauereien durch Einschaltung von Klär-Separatoren. Brauwelt 104, 1237—1241 (1964).

Reitzel, E.: Die Popp-Mälzerei, Brauwelt 104, 55—62 (1964).

Ruyssen, R.: Considérations sur les facteurs physico-chimiques de formation et de stabilité de la mousse de bière. Echo-Brass. 19, 541—550 (1963).

Sandegren, E.: Praktische Ergebnisse aus den Gebieten der Eiweißforschung. Brauwiss. 4, 197 (1951).

—, and H. Beling: Versuche mit Gibberellinsäure bei der Malzherstellung, Brauerei, Wissenschaftl. Beilage 12/231 (1958).

SCRIBAN, R.: Quelques observations sur les tests de germination et les inhibiteurs de germination. Brasserie 18, 102—106 (1936).

SCHILD, E., u. H. WEYH: Über die Untersuchung von Karamel- und Farbmalz auf Extraktgehalt und Zucker. Brauwiss. 16, 456—458 (1963).

SCHUSTER, K.: Der Malzstaub als gärungsstörender Faktor. Wschr. Brauerei 47, 481 (1930).

— Einfluß der Wassersalze auf die Würzeherstellung. Brauwelt 96, 700—703 (1956).

— Ausbeute und Schwand in der Mälzerei. Brauwelt 102, 789—794 (1962).

—, F. BERG u. R.A. FUCHS: Untersuchung neuer bisher im Braugewerbe nicht üblicher Trocknungs- und Lagerungsmethoden. Brauwiss. 17, 283—289 (1964b).

—, u. P. EIBER: Würzekochung und Eiweiß Koagulation unter besonderer Berücksichtigung von Druck und Temperatur, sowie der Heizflächenverhältnisse. Brauwiss. 11, 174—184, 205—212 (1958).

—, u. H. EPPINGER: Über den Einfluß von Salzlösungen verschiedener Art und Konzentration auf den Weich- und Keimvorgang beim Mälzen. Brauwiss. 12, 162—169, 191—196 (1959).

—, u. H. HAGER: Studien über Eiweißverhältnisse beim Maischen und Würzekochen. Brauwiss. 16, 109—117, 154—163 (1963).

—, u. O.M. JUNG: Veränderliche Mälzungseigenschaften von Braugerste, unter besonderer Berücksichtigung von tiefen Temperaturen auf die Erscheinungen der Keimruhe. Brauwiss. 14, 359—362, 399—409 (1960).

—, u. H. KIENINGER: Technische und technologische Betrachtungen zur Frage der Hopfentrocknung. Hopfenrdsch. 6, 61—66 (1955).

— — Beitrag zur brautechn. Bewertung verschiedener Weizensorten. Brauwiss. 10, 150—155, 182—188 (1957).

—, u. H. RAAB: Über die Bedeutung von Polyphenolderivaten der Gerste bzw. des Malzes bei der Malz- und Bierbereitung. Brauwiss. 14, 246—252, 306—313 (1961).

—, u. F. WEINFURTNER: Wirkstoffe des Lebens. Brauwiss. 17, 41—44 (1964a).

STADLER u. ZELLER: Erfahrungen mit der Kieselgurfiltration im Sudhaus, Gärkeller und Lagerkeller. Brauwelt 92, 289 (1952).

SZILVINYI, A.: Zur Kenntnis der Silage von Biertrebern. Mitt. Versuchsstat. Gärungsgewerbe 14, 33—37 (1960).

UHL, A., G. KÜHBECK u. H. BITTER: Abwasseranalytische Untersuchungen an Brauereiabwässern. Brauwelt 104, 1269—1277 (1964).

VOERKELIUS, G.A.: Über das Auftreten von Acetoin und Diacetyl in biologisch reinen untergärigen deutschen Bieren. Brauwiss. 14, 389—397 (1961).

WALDSCHMIDT-LEITZ, E., u. G. KLOOS: Über die Veränderlichkeit der Zusammensetzung des Hordeins II. Brauwiss. 16, 459—464 (1963).

WEINFURTNER, F., u. L. NARZISS: Der Einfluß der Hefe auf die Eigenschaften des Bieres. Brauwiss. 10, 58—66 (1957).

—, F. WULLINGER u. A. PIENDL: Die Beziehungen zwischen den verschiedenen Gäreigenschaften von Brauereihefen. Brauwiss. 16, 254—260 (1963).

—, u. H. WILMAR: Ein Beitrag zur Rationalisierung der Flaschenreinigung. Brauwelt 100, 1313 (1960).

WEITH, L.: Studien zur Technologie der Mälzerei. Brauwiss. 13, 262—288 (1960).

—, u. E. SCHÖN: Prüfungen auf das Bestehen eines Zusammenhanges zwischen verschiedenen Malzkennzahlen. Brauwiss. 16, 464—467 (1963).

WELLHOENER, H.J.: Ein kontinuierliches Gär- und Reifungsverfahren für Bier. Brauwelt 94, 624 (1954).

— Der Einfluß der Beschwerung auf Würze und Bier. Brauwelt 97, 719—724 (1957).

WEYH, H.: Eiweißstabilität und Stabilitätskontrolle. Weihenstephaner Jb. 1963, 95—104.

WILHARM, G.: Über die Autolyse der Hefe und die damit verbundene Geschmacksverschlechterung des Bieres. Brauwelt 4, 57—59 (1951).

WINGE, Ö.: C. R. Lab. Carlsberg, Sér. physiol. 21, 81 (1935).

WOLTER, E., u. K. FEDDER: Hinweise zur Bier-Stabilisierung mit Stabilisierungsmittel auf Bentonit-Basis. Brauwelt 104, 1333—1337 (1964).

WULLINGER, F., u. A. PIENDL: Zusammensetzung der Brauereiwürze an vergärbaren und nicht vergärbaren Kohlenhydraten. Brauwelt 104, 1285—1291 (1964).

# Wein I:
# Weinbau und Weinbereitung

Von

Prof. Dr. **E. VOGT**, Freiburg i. Br.

Mit 19 Abbildungen

## A. Der Wein

*Wein ist das durch alkoholische Gärung aus dem Saft der frischen Weintraube her-gestellte Getränk*[1].

Auch aus anderen *Früchten*, aus *Malz, Honig* u. dgl. bereitet man „*Wein*"; doch werden diese Weine nach den Früchten oder Stoffen benannt, aus denen sie hergestellt werden, z. B. Apfelwein, Johannisbeerwein, Malzwein usw.

Das deutsche *Weingesetz* verwendet die Bezeichnung *Wein* nur für das aus dem Saft der *frischen* Weintraube bereitete Getränk. Ein aus *getrockneten* Weinbeeren (Rosinen) hergestelltes Getränk ist kein Wein, sondern *Rosinenwein*. Für die aus dem Saft frischer Obst- und Beerenfrüchte, aus Rhabarberstengeln, Malzauszügen oder Honig bereiteten Weine wählt das Gesetz[2] die Bezeichnung „*dem Wein ähn-liche Getränke*" und schließt sie damit ebenfalls von der Bezeichnung Wein aus.

Die nach dem Weingesetz zugelassenen Behandlungsweisen, wie Verbesserung, Entsäuerung, Schönung, Verschnitt ändern nichts an der Bezeichnung der Getränke als *Wein*, obwohl sie oft tiefgreifende Veränderungen bewirken. Auch die *Herkunft* hat keinen Einfluß auf die Bezeichnung Wein. Ausländische Weine werden ebenfalls als Wein bezeichnet, wenn sie aus dem Saft frischer Weintrauben bereitet wurden und eine Gärung durchgemacht haben.

Eine *wesentliche* Eigenschaft des Weines ist sein Gehalt an *Alkohol*. Unvergorene Traubensäfte werden nicht als Wein, sondern als *Süßmost* bezeichnet, gleichgültig ob die Verhinderung der Gärung auf dem Wege der kalten Entkeimung (E. K.-Filter) oder durch Pasteurisierung erreicht wurde. Dagegen ist es für den Begriff Wein nicht wesentlich, ob die Gärung zu Ende ging oder ob der Wein neben Al-kohol auch noch gewisse Mengen unvergorenen *Zucker* enthält. Ist die Gärung vor-zeitig zum Stillstand gelangt oder wurde sie durch starke Schwefelung, Abkühlung oder Entkeimung unterbrochen, so muß doch bereits so viel Zucker in Alkohol um-gewandelt sein, daß das Erzeugnis seiner Art nach als *Wein* bezeichnet werden kann. Das ist z. B. bei deutschen *Trockenbeerenauslesen* stets der Fall, da bei diesen Weinen der weitaus größte Teil des ursprünglich im Traubensaft enthaltenen Zuk-kers in Alkohol umgewandelt ist.

Für die Bereitung von Wein werden fast ausschließlich die Trauben des *Wein-stocks* (*Vitis vinifera* L.) verwendet, der als wichtigster Vertreter der artenreichen Gattung *Vitis* anzusehen ist (G. HEGI 1925). Zwar finden in neuerer Zeit auch amerikanische Vitisarten wie Vitis riparia, Vitis rupestris und Vitis Berlandieri so-

---

[1] Weingesetz vom 25. Juli 1930, § 1, Reichsgesetzblatt 1930, I, 356.
[2] § 10 Abs. 1.

wie deren Kreuzungen im Weinbau Verwendung, doch sind die Trauben dieser amerikanischen Vitisarten zur Weinbereitung nicht geeignet. Auch die Kreuzungen zwischen amerikanischen und europäischen Reben, die als *Hybriden* oder *Direktträger* bezeichnet werden, liefern nur geringe Weine, die in der Güte hinter den Weinen der einheimischen Reben weit zurückstehen. Der Anbau von Hybriden und der Verkauf ihrer Weine ist in Deutschland und in anderen Ländern verboten. Dagegen finden Kreuzungen der amerikanischen Reben untereinander oder mit der Europäerrebe Vitis vinifera in größtem Umfange Verwendung im *Pfropfrebenbau*, wo sie die gegen die Reblaus widerstandsfähigen *Unterlagen* liefern. Auf die Unterlage, die den Wurzelstock bildet, wird ein *Edelreis* der Europäerrebe aufgepfropft, das die Trauben hervorbringt. Die Güte und die Eigenart der daraus gekelterten Weine werden durch die Unterlage nicht beeinträchtigt. Die Widerstandsfähigkeit der Unterlage gegen die Reblaus erfährt andererseits keine Einbuße durch die aufgepfropfte Edelrebe.

# B. Weinbau

## I. Geschichte des Weinbaus

Als *Heimat* der Weinrebe nahm man früher die Länder südlich des Schwarzen Meeres an. Durch fossile Funde (F. KIRCHHEIMER 1938—1944), die bis in das Tertiär zurückreichen und durch Pfahlbaufunde ist jedoch erwiesen, daß die Stammform unserer Weinrebe, die *Waldrebe* Vitis silvestris (GMELIN), in ganz Südeuropa und einem Teil von Mitteleuropa verbreitet war, lange bevor man dort die Weinbereitung kannte. Noch bis in unsere Zeit kam die Waldrebe wildwachsend in den Rheinwaldungen bis etwa in die Gegend von Mannheim vor (J.P. BRONNER 1857), ferner im ganzen Mittelmeergebiet, in Mittelfrankreich, der südöstlichen Schweiz, den Donauländern, Südrußland, Kleinasien und weiter bis zum Hindukusch. Aus Rebkernfunden in Ausgrabungen der späteren Bronze- und der Eisenzeit, die in Griechenland und Oberitalien gemacht wurden, geht hervor, daß die damals kultivierten Reben sich von unseren heutigen Rebsorten nicht wesentlich unterschieden.

Für das Vorkommen der Weinrebe ist somit die „Wanderungstheorie" widerlegt, nicht aber für die *Bereitung* und die *Kultur des Weines*, die nach neueren Forschungen in den an Wildreben reichen Flußtälern Vorderasiens ihren Ursprung hat. Sind hiernach indogermanische Volksstämme als die Urväter des Weinbaus und der Weinkultur anzusehen, so steht andererseits fest, daß nach altägyptischen Tempelbildern und assyrischen Dokumenten die Kultur der Rebe auch diesen Völkern schon im Jahre 3500 v.Chr. bekannt war (FR. V. BASSERMANN-JORDAN 1923). Nach *Griechenland* kam der Weinbau vielleicht durch Vermittlung der Phönizier spätestens um die Mitte des 2. Jahrtausends v.Chr. In den Schichten von Orchomenos, die auf die Jahre 1700—1500 v.Chr. zurückgehen, wurden Kerne der Edelrebe gefunden. Die Gesänge HOMERS lassen bereits einen hohen Stand der Weinkultur erkennen, der besonders der Landschaft *Thrazien* nachgerühmt wird. Überall verdrängte der Wein den älteren Mettrank aus Honig.

Nach *Italien* scheint der Weinbau durch griechische Kolonisten gelangt zu sein. Die römische Bezeichnung *vinum* wird auf das griechische oivos (oinos) zurückgeführt, dieses wieder auf das arabische *wain* und das hebräische *ja'in*. Durch griechische Einwanderer wurde der Weinbau um das Jahr 600 v.Chr. auch nach *Massalia* (Marseille) gebracht, von wo er sich schon vor der römischen Herrschaft rasch über den Süden und Westen des heutigen *Frankreich* ausbreitete. Unter den Römern, die neue Rebsorten in Gallien einführten, dehnte sich der Weinbau bis in den Norden des Landes aus und drang am linken Rheinufer und im Moseltal auch nach *Deutschland* vor. Hier mögen zuerst römische Kolonisten die Rebkultur, mit der sie von ihrer Heimat her vertraut waren, unter der ansässigen Bevölkerung verbreitet haben. Im 2. Jh. n.Chr. wurde zu beiden Seiten des Rheins, im Elsaß und in der Pfalz, in Baden und Rheinhessen, an der Mosel und an der Ahr Weinbau in großem Umfang betrieben. Er nahm besonders lebhaften Aufschwung, nachdem Kaiser PROBUS (276—282) die zum Schutze des römischen Weinbaus erlassenen Anbauverbote wieder aufhob und die Ansiedlung weinbaukundiger Veteranen am Rhein und an der Mosel förderte. Einen Beweis für den Einfluß der Römer auf den deutschen Weinbau liefern uns die noch heute gebräuchlichen Benennungen: *Wein* (vinum), *Winzer* (vinitor), *Most* (mustum), *Kufe* (cupa), *Küfer* (cuparius), *Keller* (cellarium) u. a.

Die *Germanen*, die bis dahin nur den Met kannten, nahmen an der Kultur des Weinstocks lebhaftes Interesse und wurden bald zu kundigen Weinbauern. Besondere Förderung erfuhr der Weinbau durch die deutschen Kaiser. Karl der Große ließ für den Rebbau Musterwirt-schaften anlegen und verlangte (capitulare de villis 812), daß auf jedem Weingut mindestens drei Straußwirtschaften betrieben wurden, die durch Aushängen von Kränzen kenntlich ge-macht werden mußten. So galt schon damals *Württemberg* als eines der weinreichsten Länder. An der Förderung und Ausbreitung der Rebenkultur waren auch die *Klöster* in hohem Maße beteiligt. Schon im 10. Jh. brachte die Kirche den Weinbau nach Sachsen, im 11. Jh. nach Thüringen und im 12. Jh. nach Brandenburg. Die berühmten Weinberglagen im Rheingau sind nachweislich erst im 12. Jh. angelegt worden. *Im 15. Jh. erreichte der deutsche Weinbau seine größte Ausdehnung.* In Niederbayern, Brandenburg und Schlesien, an der Saale, Elbe, Oder und Weichsel, bis weit hinauf in die Ostseeprovinzen wurde Weinbau getrieben. An die Güte des Weines, der *warm* und *stark gesüßt* getrunken wurde, stellte man noch keine beson-deren Anforderungen. Für die heutigen Begriffe waren die Weine aus dem Norden und Osten Deutschlands saure, unharmonische Getränke. Weinfälscher, die bisweilen schon damals am Werke waren, wurden nach einem Gesetz Kaiser Friedrichs III. vom Jahre 1487 mit einer Strafe von 100 Gulden bestraft; der verfälschte Wein wurde vernichtet.

Ende des 15. Jh. setzte ein *Rückgang* in der deutschen Weinbauwirtschaft ein. Die auf-blühende *Hanse* brachte überreiche Mengen von milden, alkoholreichen Südweinen auf den Markt. Dadurch wurden dem Winzer die Preise verdorben und dem Weintrinker das Verständ-nis für die herben deutschen Weine genommen. Die *Reformation* und die Verheerungen des *Dreißigjährigen Krieges* vernichteten den blühenden deutschen Weinhandel, so daß Ende des 17. Jh. der Weinbau in Deutschland wieder auf die klimatisch bevorzugten Gegenden am *Rhein* und seinen *Nebenflüssen* beschränkt war. Hier erlebte er im 18. Jh. einen bedeutenden Aufschwung. Man wandte sich aus wirtschaftlichen Gründen dem Anbau reichtragender Reb-sorten zu und konnte damit auch dem Landesherrn den geforderten Zehntwein liefern. Ins-besondere ließen sich die Klöster die Pflege des Weinbaus angelegen sein. Ihnen verdanken wir den Anbau auserlesener Traubensorten und die Zubereitung hochwertiger Weine, vor allem am Rhein und in der Pfalz. Aus jener Zeit, dem Ende des 18. Jh., stammen eine Reihe wich-tiger Erkenntnisse und Erfahrungen auf dem Gebiet des Weinbaus und der Kellerwirtschaft. Erwähnenswert ist der Einfluß der *Edelfäule* und der *späten Lese* auf die Güte und Beschaffen-heit der Weine. Damals führte man auch die heute üblichen Lagenbezeichnungen ein, legte Wert auf eine pflegliche *Kellerbehandlung* und begann, die Weine in *Flaschen* abzufüllen.

Durch die um die Mitte des 19. Jh. aufgenommenen Handelsbeziehungen mit Amerika wurden von dort auch Reben nach Westeuropa eingeführt, zugleich aber auch sehr gefährliche Krankheitserreger und Rebenschädlinge eingeschleppt: der echte *Mehltau* (Oidium), die *Reblaus* (Phylloxera) und die *Blattfallkrankheit* (Peronospora), die sich von Frankreich aus rasch über ganz Europa verbreiteten und ungeheuren Schaden anrichteten. Der Weinertrag Frankreichs sank damals auf den vierten Teil des normalen Ertrages, und allenthalben beobachtete man ein starkes Zurückgehen des Rebbaus.

Die von den Schädlingen drohende Gefahr konnte schließlich durch Anwendung wirk-samer *Bekämpfungsmittel* und durch Einführung zweckmäßiger Bekämpfungsmethoden über-wunden werden. Geblieben aber ist eine dauernde *Belastung* des Weinbaus durch vermehrte Arbeit und Aufwendung von Geld für den Ankauf von Bekämpfungsmitteln. Gegenüber den billiger produzierenden südlichen Weinbauländern wird sich der deutsche Weinbau in Zukunft nur behaupten können, wenn er *Qualitätsweine* auf den Markt bringt, und wenn es ihm weiter-hin gelingt, durch Modernisierung und weitgehende Mechanisierung eine wesentliche Senkung der Betriebskosten zu erreichen.

## II. Ausdehnung und wirtschaftliche Bedeutung des Weinbaus

Die Kultur des Weinstocks ist über die gemäßigten Zonen der ganzen Erde ver-breitet. Die ältesten und wichtigsten Weinbaugebiete liegen in den Ländern um das Mittelmeer. Auch in Deutschland, Österreich, Ungarn und Portugal besteht eine alte Weinkultur. Der Weinbau ist auch in diesen Ländern von erheblicher wirtschaftlicher Bedeutung.

In neuerer Zeit sind in den USA, in Rußland, in Argentinien, in Chile und in der Türkei große und bedeutende Weinbaugebiete entstanden, die teils der Wein-gewinnung, teils der Erzeugung von Rosinen dienen (Tab. 1).

In Ländern wie Frankreich, Italien, Spanien, Portugal, Griechenland und Alge-rien nimmt der Weinbau einen erheblichen Teil der landwirtschaftlich genutzten Fläche ein und beschäftigt mittelbar noch weitere Berufsstände, wie den Wein-handel, die Weinwirte, das Küferhandwerk und einen Teil der Flaschen-, Korken-

und Papierfabriken. Auch der Bedarf des Weinbaus an Düngemitteln, Schädlingsbekämpfungsmitteln, Geräten und Apparaten der Kellerwirtschaft wirkt belebend
auf Industrie und Handwerk sowie auf Handel und Verkehr des betreffenden
Landes.

In heißen und regenarmen Gegenden kommt dem Weinbau insofern eine beson-
dere Bedeutung zu, als auf den von der Rebe besiedelten steilen und trockenen
Hängen andere Kulturpflanzen nicht gedeihen. Diese Lagen wären für die land-
wirtschaftliche Nutzung verloren, wenn der Rebbau dort eingehen würde. In be-
triebswirtschaftlicher Hinsicht ist ferner der Weinbau anderen landwirtschaftlichen
Kulturen dadurch überlegen, daß von einer bestimmten Weinbergsfläche *mehr*
Menschen leben können als von der gleichen Fläche Acker- oder Weideland. Die
Bewirtschaftung von 1,5—2 ha Reben reicht in unseren Gebieten aus, um einer
Familie den Lebensunterhalt zu gewähren. Bei rein landwirtschaftlicher Nutzung
sind hierfür 5—6 ha erforderlich.

Die gesamte mit Reben bepflanzte Fläche der Erde umfaßte im Jahre 1963 rd.
10 Mio ha. Der Ertrag an Weinmost belief sich im gleichen Jahre auf insgesamt
248975154 hl. Davon entfallen rd. 181 Mio hl, also nahezu drei Viertel, auf die
sechs Haupterzeugungsländer Frankreich, Italien, Spanien, Argentinien, Portugal
und Algerien. Es ist aber zu beachten, daß in Ländern wie der Türkei, Bulgarien,
Tunesien, Jugoslawien, aber auch in Italien, UdSSR, USA, Spanien, Griechenland
und Syrien große Mengen Tafeltrauben und Rosinen erzeugt werden. Einen Überblick über die Weinbaufläche und den Weinertrag in den wichtigsten Weinbau
treibenden Ländern der Welt gibt Tab. 1. Über Einfuhr und Ausfuhr von Wein so-

Tabelle 1. *Rebflächen und Wein-Erträge in den wichtigsten Weinbauländern 1963*[1]

| Land | Wein-Ertrag hl | Rebfläche ha | Wein-Export hl | Wein-Import hl | Weinverbrauch je Kopf u. Jahr |
|---|---|---|---|---|---|
| Frankreich . . . . . | 56082762 | 1418000 | 4343087 | 9848830 | 131,5 |
| Italien . . . . . . . | 53042000 | 1700621 | 2471059 | 75828 | 116,1 |
| Spanien . . . . . . | 25825406 | 1698411 | 1854359 | 1224 | 63,7 |
| Argentinien . . . . | 20743980 | 265357 | 1688 | 2000 | 86,1 |
| Portugal . . . . . . | 13117150 | 338614 | 1758385 | — | 100,0 |
| Algerien . . . . . . | 12575261 | 361000 | 7112000 | — | 5,2 |
| UdSSR . . . . . . | 9760000 | 1039000 | 94000 | 420000 | 3,5 |
| USA . . . . . . . . | 7498400 | 253000 | 11378 | 543906 | 3,4 |
| Deutschland . . . . | 6034174 | 79604 | 160569 | 4470933 | 12,9 |
| Jugoslawien . . . . | 5900000 | 266000 | 458902 | 157 | 18,0 |
| Rumänien . . . . . | 5514000 | 290600 | 260000 | — | — |
| Südafrika . . . . . | 4928767 | 70687 | 176583 | 2907 | 7,6 |
| Chile . . . . . . . . | 4363254 | 108768 | 116902 | — | 55,0 |
| Bulgarien . . . . . | 3960000 | 188321 | 933130 | — | 17,6 |
| Ungarn . . . . . . | 3131300 | 239106 | 335200 | 63700 | 25,0 |
| Griechenland . . . . | 2767589 | 236486 | 329780 | — | 34,2 |
| Marokko . . . . . . | 2577448 | 69600 | 1563165 | — | 5,2 |
| Österreich . . . . . | 1826741 | 40132 | — | 532871 | 22,5 |
| Brasilien . . . . . . | 1900000 | 69000 | — | 7300 | 2,2 |
| Tunesien . . . . . . | 1751175 | 49250 | 1554275 | — | 6,5 |
| Australien . . . . . | 1358953 | 54047 | 73387 | 4118 | 5,3 |
| Uruguay . . . . . . | 1235084 | 19218 | — | — | 26,0 |
| Schweiz . . . . . . | 885708 | 12174 | 5038 | 1482004 | 38,1 |
| Tschechoslowakei . . | 505526 | 25083 | — | 385954 | 3,7 |
| Kanada . . . . . . | 360000 | 8417 | — | 111980 | — |
| Israel . . . . . . . | 211650 | 10000 | 17550 | — | 4,6 |
| Luxemburg . . . . . | 155000 | 1231 | 57000 | 34300 | 30,3 |
| Welt insgesamt . . . | 248975154 | 10060854 | — | — | — |

[1] Zit. aus Deutsches Weinbau-Jahrbuch 1966, S. 178 ff.

wie über den Verbrauch von Wein je Kopf und Jahr gibt ebenfalls Tab. 1 Auskunft.
Über Einfuhr und Ausfuhr von Wein im Bundesgebiet, unterteilt nach den verschiedenen Weinarten, unterrichtet für das Jahr 1964 die Tab. 2.

Tabelle 2. *Einfuhr und Ausfuhr von Wein der Bundesrepublik Deutschland 1964*

| Bezeichnung | Einfuhr-Menge in hl | Einfuhr-Wert in 1000 DM | Ausfuhr-Menge in hl | Ausfuhr-Wert in 1000 DM |
|---|---|---|---|---|
| Rotwein | 913 600 | 77 602 | 1 549 | 307 |
| Weißwein | 385 824 | 33 721 | 164 958 | 48 026 |
| Dessertwein | 289 184 | 27 104 | 245 | 38 |
| Wermutwein | 190 341 | 22 292 | 2 664 | 496 |
| Schaumwein | 40 409 | 13 964 | 10 144 | 5 462 |
| Verschnittwein rot | 131 317 | 5 402 | — | — |
| Wein zur Herstellung von | | | | |
|   Weindestillat | 1 510 406 | 98 640 | — | — |
|   Wermutwein | 68 088 | 3 854 | 2 664 | 496 |
|   Schaumwein | 482 045 | 24 609 | 1 791 | 203 |
|   Weinessig | 101 381 | 3 535 | — | — |

## III. Die wichtigsten Weinbaugebiete

**Deutschland.** Der Weinbau erstreckt sich im *Rheintal* von Basel bis Bonn und
beschränkt sich auf die vorgeschobenen Hügel des Schwarzwaldes und des Odenwaldes, der Haardt und des Taunus. Bedeutender Weinbau wird ferner an den
*Nebenflüssen des Rheines* getrieben, am *Neckar* mit Kocher und Jagst, am *Main*
mit der Tauber, an der *Nahe* mit Alsenz und Glan, an der *Mosel* mit Saar und
Ruwer, an der *Ahr* und an der *Lahn*. Kleinere Weinbaugebiete liegen am *Bodensee*
zwischen Überlingen und Friedrichshafen, an der *Saale* bei Naumburg, an der
*Unstrut, in Sachsen* und in *Schlesien* (Grünberg).

Großen Ruf als Weinbaugemeinden genießen in der *Pfalz* Deidesheim, Forst,
Wachenheim, Ruppertsberg, Dürkheim, Königsbach, Neustadt a. d. H., Ungstein,
Kallstadt, Bobenheim, Freinsheim, Leistadt, Herxheim a. B., Gimmeldingen und
Mußbach; in *Rheinhessen* Oppenheim, Dienheim, Nierstein, Bodenheim, Ingelheim, Laubenheim, Büdesheim, Bechtheim, Guntersblum u. a. m.; im *Rheingau*
Rauental, Eltville, Kiedrich, Erbach, Hattenheim, Hallgarten, Oestrich, Winkel,
Johannisberg, Geisenheim, Rüdesheim und Aßmannshausen (Rotwein); an der
*Mosel, Saar* und *Ruwer* Trittenheim, Piesport, Brauneberg, Lieser, Bernkastel-
Kues, Graach, Wehlen, Zeltingen, Uerzig, Erden, Traben-Trarbach, Enkirch, Zell,
Valwig, Kobern, Winningen, Serrig, Ockfen, Wiltingen, Kanzem, Grünhaus und
Waldrach; an der *Ahr* Walporzheim, Mariental, Heimersheim, Ahrweiler und Mayschoß; an der *Nahe* Bad Kreuznach, Langenlonsheim, Bretzenheim, Laubenheim,
Niederhausen, Schloßböckelheim, Bingerbrück und Münster-Sarmsheim; in
*Franken* Würzburg, Veitshöchheim, Randersacker, Iphofen, Rödelsee, Escherendorf, Frickenhausen, Volkach, Kreuzwertheim, Klingenberg u. a. m.; in *Württemberg* Untertürkheim, Fellbach, Lauffen a. N., Besigheim, Heilbronn, Weinsberg,
Mundelsheim, Stetten, Schnait, Kleinbottwar und Markelsheim; in *Baden* Meersburg a. B., Efringen, Auggen, Müllheim, Hügelheim, Laufen, Ebringen, Ehrenstetten, Kirchhofen, Wolfenweiler, Ihringen, Achkarren, Bickensohl, Oberrotweil,
Oberbergen, Bischoffingen, Endingen, Ortenberg, Durbach, Zell-Weierbach, Waldulm, Kappelrodeck, Affental, Varnhalt und Neuweier.

**Frankreich.** Durch seine Weinerzeugung, die Güte seiner Weine und die Höhe
des Weinverbrauches ist Frankreich das *erste* und *wichtigste* Weinland der Welt.

Die Rebfläche umfaßt 1,4 Mio ha; die jährliche Weinerzeugung von durchschnittlich 64 Mio hl kommt im Werte der französischen Getreideernte gleich. Nicht
weniger als 7 Mio Menschen ($^1/_6$ der Bevölkerung) sind am Wein und seiner Verarbeitung beteiligt. Der Weinbau erstreckt sich über große Gebiete an der *Saône*
und *Rhône* (Côte d'Or, Châlonnais, Mâconnais, Beaujolais, Jura), an der *Garonne*
und *Gironde* (Médoc, Graves, Sauternes, Côtes, Palus), an der *Charente* (Cognac),
an der *Loire* (Pouilly, Vouvray), an der *Seine* (Basse-Bourgogne), an der *Marne*
(Champagne), im *Elsaß*, im *Midi* und an den *Pyrenäen*.

Die *Rotweine* Frankreichs sind die *besten* der Welt.

Unter den *Bordeauxweinen* haben die Weine des *Médoc* Weltruf, vor allem die Château-
Lafitte, Ch.-Latour, Ch.-Margaux, Ch.-Mouton-Rothschild, Ch.-Haut-Brion, Ch.-Léoville, Ch.-
Gruaud-Larose, Ch.-Cos d'Estournel; unter den *Burgunderweinen* die Weine der *Côte d'Or*, die
Romanée-Conti, Romanée St. Vivant, Richebourg, Chambertin, Grand Musigny, Clos de
Vougeot, Nuits St. Georges, Savigny, Corton, Pommard, Volnay und Meursault.

Unter den französischen *Weißweinen* sind besonders die weißen Bordeauxweine (*Sauternes*)
berühmt, allen voran *Château-Yquem* mit edlen Weinen, die sehr hohe Preise erzielen. Auch in
den *Graves* werden gute Weißweine erzeugt, ebenso bei Chablis und Pouilly-Fuissé in *Burgund*.
In der *Champagne* werden nur die allerbesten Weine der Côte des Blancs bei Epernay aus
weißen Trauben erzeugt; im übrigen herrscht auch dort der blaue Burgunder vor. Die besten
Lagen sind Oger und Le Mesnil bei Epernay; Sillery, Mailly, Verzenay, Verzy und Bruzy bei
Reims. Berühmte Champagnermarken sind Veuve Cliquot, Perrier-Jouët, Pommery et Greno,
Mumm, Heidsieck, Moet et Chandon und Mercier.

Die *Charente* ist weniger ihrer Weine als ihres Weinbrandes (*Cognac*) wegen bekannt. Im
*Midi* werden große Mengen billiger Konsumweine erzeugt, bei Roussillon aber auch Likörweine (Malvasier). Das *Elsaß*, das ausschließlich deutsche Rebsorten trägt, liefert blumige
Silvaner-, Riesling- und Traminerweine. Bekannte Weinorte sind Gebweiler, Egisheim, Türk-
heim, Ammerschweier, Kientzheim, Reichenweier, Rappoltsweiler, Dambach, Mittelberg-
heim, Barr und Wolxheim.

**Italien.** Das alte „Weinland" (Oinotria) der Griechen steht heute noch in der
Ausdehnung der Rebfläche an der Spitze aller Länder. Aber unter den 1,7 Mio ha
„Weinbergen" sind nicht alle reines Rebgelände. Die Rebe gedeiht in dem gün-
stigen Klima in allen Teilen des Landes; doch werden verhältnismäßig wenig
Weine von hoher Qualität erzeugt.

Die bekanntesten Weine Italiens sind aus Piemont die *Barolo*-Weine und der *Asti spumante*, ein süßer Muskat-Schaumwein; aus der Lombardei der *Veltliner*; aus Venetien die
Weine von *Valpolicella* und *Conegliano*; aus Toscana die Weine von *Chianti* und *Rufina*; aus
Rom die Weine von *Velletri* und *Castelli-Romani*; aus der Campagna der rote *Falerner*, der
*Lacrimae Christi* und die Weine von *Capri*; aus Sizilien der goldgelbe *Marsala*, ein Likörwein
von Weltruf; aus Südtirol der *Lagreiner* und der *Kalterer See*, der *Traminer*, der *weiße Terlaner*
und der *Vino-Santo*.

**Spanien.** Die wichtigsten Weinbaugebiete des Landes sind das Riojagebiet,
Katalonien, Valencia, Alicante, La Mancha, Malaga und Jerez. Katalonien allein
erzeugt etwa $^1/_4$ der spanischen Weinernte und führt über Barcelona und Tarragona
große Mengen Wein aus. Im *Panadês*gebiet werden rote und weiße Weine von
8—14 Vol.-% Alkoholgehalt erzeugt. Die tiefdunklen *Priorato-* und *Alicante*weine
dienen als Deckweine für helle Rotweine (Portugieser) und werden auch viel nach
Deutschland ausgeführt. Berühmt sind die Süßweine, die unter Zusatz von konz.
Traubenmost und Alkohol hergestellt werden (vgl. S. 283 u. 284) und unter der
Bezeichnung *Malaga*, *Madeira*, *Sherry* und *Portwein* in den Handel kommen. $^4/_5$
der spanischen Rebfläche dienen dem Rotweinbau.

**Portugal.** Von alters her wird in ganz Portugal Weinbau getrieben, besonders aber im
Norden des Landes, an den Ufern des Douro und in der Ebene von Minho. Der größte Handels-
platz für Wein ist die Stadt Porto. Am bekanntesten sind die portugiesischen Südweine, wie der
*Portwein* (vgl. S. 284) und der *Madeira*, die besonders nach England, aber auch nach Brasilien,
Deutschland und anderen Ländern ausgeführt werden. Portugal erzeugt auch große Mengen von
Konsumweinen, darunter die sehr dunklen Liriaweine, die in Frankreich als Deckweine viel
verwendet werden.

# IV. Die Kultur der Weinrebe

## 1. Aufbau des Weinstocks

Die *Weinrebe* (*Weinstock*) (E. Vogt 1960) baut sich auf aus dem Stamm, den Ästen und den Blätter und Blüten tragenden Zweigen (Reben). Der holzige *Stamm* ist von einer leicht sich lösenden faserigen *Rinde* bedeckt und erreicht bei einzelstehenden Weinstöcken ein hohes Alter und einen oft beträchtlichen Umfang. Die *Äste*, Schenkel genannt, sind 3 Jahre alt und älter. Ihre Anzahl und Form richtet sich nach der Erziehungsart. Die einjährigen *Triebe* (Ruten) werden im Frühjahr bis auf wenige entfernt, die zum Aufbau der fruchttragenden Sommertriebe (Abb. 1) verwendet werden. Blätter, Blüten und Ranken entstehen nur an *einjährigem* Holz, das sich aus den Knospen (Augen) der vorjährigen Ruten entwickelt. Die *Blätter* der Rebe sind 3—5 lappig, groß und langgestielt (Abb. 2). Sie

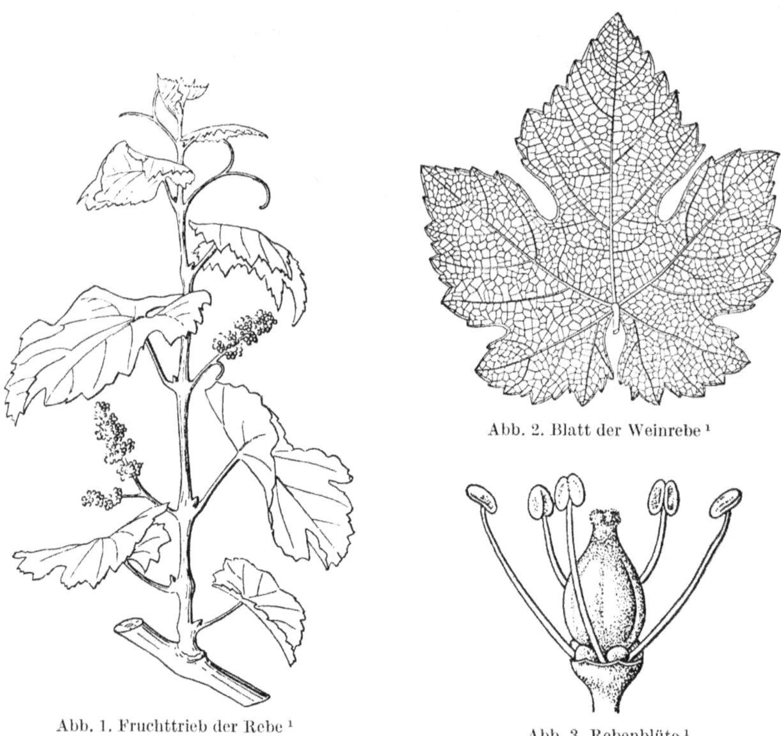

Abb. 1. Fruchttrieb der Rebe [1]

Abb. 2. Blatt der Weinrebe [1]

Abb. 3. Rebenblüte [1]

stehen wechselständig an den Knoten des Triebes, aus denen auch die Ranken entspringen. Die *Ranken* stehen den Blättern gegenüber. An jedem dritten Knoten fehlt die Ranke.

Die *Blüten* der Weinrebe (Abb. 3) sind klein und unscheinbar; sie stehen in Rispen, *Gescheine* genannt, zusammen. Jeder Sommertrieb trägt im allgemeinen 1—3 Gescheine, die sich an Stelle der Ranken am 3.—6. Knoten entwickeln. Die Blüten öffnen sich in Deutschland Ende Mai bis Mitte Juni, in südlicheren Ländern 1—2 Monate früher. Dabei bleiben die Blütenkronblätter an der Spitze vereinigt und fallen in Form eines flachen Käppchens oder Mützchens ab. Die offene Blüte,

[1] Aus: Babo und Mach: Handbuch des Weinbaus. Berlin: P. Parey 1923.

die einen zarten Duft verbreitet, trägt fünf Staubgefäße. Der Fruchtknoten ist durch eine Scheidewand in zwei Fächer geteilt, von denen jedes zwei Samenanlagen enthält.

Nach der Befruchtung entwickeln sich die Fruchtknoten zu fleischigen, saftreichen *Beeren*, die zu Fruchtständen (*Trauben*) vereinigt sind. Die verzweigten Achsensysteme der Trauben nennt man *Kämme* oder *Rappen*. Die Farbe der Beeren ist je nach Sorte und Reifegrad gelb, rot oder blau; ihre Schale ist von einer feinen Wachsschicht (Duft) überzogen.

Die einzelne *Beere* besteht aus der Schale oder *Hülse*, dem äußeren saftreichen Beerenfleisch, dem festeren „*Butzen*" und den meist in Zweizahl vorhandenen Samen oder *Kernen*. Der Farbstoff ist insbesondere bei den roten und blauen Trauben nur in den Zellen der Beerenhaut enthalten. Eine Ausnahme machen die Färbertraube und zahlreiche Hybriden, bei denen auch der Saft tiefrot gefärbt ist. *Kernlose* Traubensorten werden zur Gewinnung von *Sultaninen* und *Korinthen* sehr geschätzt. Bleibt infolge ungünstiger, kalter Witterung die Befruchtung aus, so entwickeln sich die Beeren nicht; die Traube ist *verrieselt*.

## 2. Erziehung und Schnitt

Der Regelung der natürlichen Fruchtbarkeit dienen die „*Erziehung*" des Weinstockes und der *Rebschnitt*. Man sucht zwar wenige, dafür aber wohlausgebildete Trauben von hohem Zuckergehalt zu gewinnen. Die Art der *Erziehung* richtet sich nach Rebsorte und Klima, nach wirtschaftlichen Gesichtspunkten und nach den besonderen Erfahrungen des Weinbaugebietes.

Die älteste Erziehung ist die am *Pfahl*. Heute bevorzugt man die Erziehung am *Draht*, die viele Vorteile besitzt. In Bordeaux werden die Reben an niedrigen, horizontalen Latten gezogen, in Tirol an über mannshohen aus Pfosten und Latten aufgebauten Gerüsten (Pergolaerziehung). Auch an freistehenden Bäumen (Italien), an Hauswänden und am Spalier läßt sich die Rebe zu großer und gleichbleibender Fruchtbarkeit erziehen.

Beim *Rebschnitt* unterscheidet man zwischen kurzem und langem Schnitt, je nach der Zahl der Augen, auf die man die stehenbleibenden letztjährigen Triebe verkürzt. Triebe mit nur 2—4 Augen bezeichnet man als „*Zapfen*", Triebe mit 5—8 Augen als „*Strecker*". Aus den Augen der einjährigen Ruten erhält man nur dann fruchtbare Sommertriebe, wenn sie auf einem noch so kleinen Stück zweijährigen Holzes stehen. Triebe, die aus altem Holz hervorbrechen, sind in den ersten beiden Jahren in der Regel unfruchtbar.

## 3. Ernährung und Düngung

Der *Ernährung* des Weinstockes dienen die *Wurzeln* und die *Blätter*. Während die Wurzeln mit dem Wasser Nährsalze aus dem Boden aufnehmen, assimilieren die Blätter unter der Einwirkung des Lichtes Kohlensäure zu Kohlenhydraten (Zucker, Stärke)[1]. Die zunächst auftretenden Monosaccharide werden unter Abspaltung von Wasser in hochmolekulare Kohlenhydrate (*Stärke*) übergeführt, die in den grünen Chlorophyllkörpern in Form kleiner farbloser Körnchen erscheint (Assimilationsstärke). Durch von den Zellen gebildete diastatische Fermente wird die Stärke wieder in Glucose bzw. Maltose umgewandelt und wandert in dieser Form von Zelle zu Zelle nach den Orten des Verbrauchs. Der größte Teil der Assimilate dient als Baustoffe; ein kleiner Teil wird zur Atmung verbraucht.

Das *Wurzelsystem* des Weinstockes ist sehr stark entwickelt und geht unter Umständen 4—5 m in den Erdboden, so daß die Rebe auch noch in sehr trockenen Lagen genügend Feuchtigkeit findet. Mit dem Wasser nimmt die Wurzel anorganische *Nährstoffe* auf, die sich in der Hauptsache aus den Kationen K·, Ca··, Mg·· und den Anionen $H_2PO_4{}'$, $SO_4{}''$ und $NO_3{}'$ zusammensetzen. Daneben werden kleine Mengen Na, Mn, Fe, Si und Cl aufgenommen, denen aber in ernährungsphysiologischer Hinsicht nur geringe Bedeutung beizumessen ist. Da das Bodenwasser nur sehr geringe Mengen Mineralstoffe enthält, muß die Rebe große Mengen *Wasser* aufnehmen. Der starke Wurzeldruck äußert sich im Frühjahr bei frisch geschnittenen Reben in einem auffälligen „*Bluten*" der Schnittflächen.

---

[1] Über den Assimilationsvorgang vgl. S. 199.

Die aufgenommenen Nährstoffe werden in der Hauptsache zur Bildung von Trauben verbraucht, aber auch als Vorratsstärke im Holzkörper abgelagert. Die *Holzreife* ist für den praktischen Weinbau ein wichtiger und sehr beachteter Umstand, der zu einem wesentlichen Teile die Menge und Güte des nächstjährigen Ertrages bestimmt.

## 4. Vermehrung der Weinreben

Eine Vermehrung der Reben durch Samen würde bei der großen Sämlingsvariation der Rebsorten keine Gewähr dafür bieten, daß die Sorteneigenschaften erhalten bleiben. Es kommt daher im Weinbau praktisch nur die Vermehrung durch *Ableger* (Stecklinge) und durch *veredelte Reben* (Pfropfreben) in Betracht. Nur für die Gewinnung neuer Sorten hat die Vermehrung durch Sämlinge eine gewisse Bedeutung.

Bei der Neubepflanzung ganzer Weinberge werden *Stecklinge* (Blindreben) von 30—50 cm Länge, die man von fruchtbaren Stöcken aus gut ausgereiften einjährigen Ruten geschnitten hat, vorgetrieben und entweder gleich in die Weinberge gesetzt oder zunächst in sog. Rebschulen eingepflanzt. Nach 1—2 Jahren werden die nun gut bewurzelten jungen Reben (,,*Wurzelreben*") in den Weinberg versetzt.

Die Heranzucht von Wurzelreben tritt heute ganz zurück gegenüber der Erzeugung von *Pfropfreben*, die in der gleichen Weise vorgetrieben und eingeschult werden wie Wurzelreben. Die Pfropfrebe besteht jedoch aus der *Unterlage*, einer etwa 30 cm langen Blindrebe vom Holze einer reblauswiderstandsfähigen Amerikanerrebe, auf die man durch englischen Zungenschnitt oder auf andere Weise ein *Edelreis*, d. h. ein mit Knospe versehenes kurzes Holzstückchen einer Europäerrebe aufpfropft. Um das Austreiben der Augen an der Unterlage zu verhindern, werden diese vorher weggeschnitten; die Unterlage wird ,,geblendet". Auch an der ausgepflanzten Pfropfrebe muß mehrmals nachgesehen werden, ob sich aus der Unterlage Triebe entwickeln oder aus dem Edelreis Wurzeln hervorkommen, die von der Reblaus besiedelt werden könnten.

Die Neubepflanzung der alten Weinberge ist auch wirtschaftlich von Bedeutung, handelt es sich doch selbst in Deutschland, das nur über eine kleine Weinbaufläche (1965 = 83000 ha) verfügt, um rund eine halbe Milliarde Rebstöcke, die der rasch drohenden Reblausverseuchung wegen durch reblausfeste Pfropfreben ersetzt werden mußten. Die Pfropfrebe bringt besonders in den ersten Jahren höhere Erträge als die wurzelechte Rebe. Die Qualität der Weine wird — wie langjährige Versuche erwiesen haben — durch die amerikanische Wurzelrebe nicht beeinträchtigt.

## 5. Krankheiten und Schädlinge der Reben

**Mehltau.** Kein anderer Zweig der Landwirtschaft ist in seinem Bestande so von dem Auftreten von *Krankheiten* und *Schädlingen* bedroht worden, wie der Weinbau Europas und der alten Welt. Durch den aufkommenden Dampferverkehr wurde im Jahre 1848 der *Rebenmehltau* (Oidium) mit amerikanischen Reben in Frankreich eingeschleppt. Mit größter Schnelligkeit breitete sich der Pilz (Uncinula necator) über ganz Europa aus und richtete solche Verwüstungen an, daß die Weinernte Frankreichs von 45,2 Mio hl im Jahre 1850 auf 4,9 Mio hl im Jahre 1854 sank. Es offenbarte sich hier zum ersten Male an einer Kulturpflanze, welche gewaltigen Zerstörungen durch die seuchenhafte Vermehrung eines Schädlings verursacht werden können. Erst als das Stäuben mit feinpulvrigem *Schwefel* allgemein wurde, gelang es, die Schäden auf ein erträgliches Maß herabzudrücken. Der Pilz befällt alle jungen Teile der Rebe, vor allem die Beeren, die vor der Reife aufplatzen (Samenbruch) und vertrocknen.

**Blattfallkrankheit.** Gegen Ende der 70er Jahre wurde der Weinbau Europas von einer neuen schweren Seuche heimgesucht, der *Blattfallkrankheit (Peronospora)*, die durch den Pilz Plasmopara viticola verursacht wird. Das Auftreten dieses Schädlings, der Blätter, Triebe und Gescheine mit weißen Pilzrasen überzieht, wird durch feuchtwarmes Wetter sehr begünstigt. Die Blätter verdorren und fallen ab; die Beeren werden braun und vertrocknen (*Lederbeerenkrankheit*); die Triebspitzen verkümmern. Starkes Auftreten der Krankheit hat völligen Ausfall des Ertrages und Eingehen des Weinstockes zur Folge. Die Peronospora kann — wie Millardet im Jahre 1882 entdeckte — durch vorbeugendes Spritzen mit *Kupfermitteln* und kupferfreien organischen Fungiciden wirkungsvoll bekämpft werden. Durch Beobachtung der Temperaturen und der Niederschläge läßt sich das voraussichtliche Auftreten des Pilzes und damit der günstigste Zeitpunkt für seine Bekämpfung errechnen.

Neben dem Rebenmehltau und der Blattfallkrankheit kommen als *Schädlingspilze* von geringerer Bedeutung noch in Betracht der rote Brenner Pseudopeziza tracheiphila), der schwarze Brenner (Gloeosporium ampelophagum), die Schwarzfäule, auch Blackrot genannt (Guignardia Bidwellii), eine in Amerika und Südwestfrankreich verbreitete Krankheit, die Melanose (Septoria ampelina), der Wurzelschimmel (Rosellinia necatrix) und die Stielfäule der Trauben (Botrytis cinerea).

**Reblaus.** Unter den schädlichen *Insekten* ist als schlimmster Feind der Rebe die an den Wurzeln lebende *Reblaus* (Viteus [Phylloxera] vitifolii Shimer) zu nennen, die um 1860 mit bewurzelten Reben aus dem Osten Amerikas eingeschleppt wurde und den Weinbau Europas mit völliger Vernichtung bedrohte. Besonders der Weinbau Frankreichs erhielt einen neuen schweren Schlag und die Weinerzeugung sank von 63,1 Mio hl im Jahre 1874 auf 23,2 Mio hl im Jahre 1889. Bis zum Jahre 1913 bezifferte Frankreich die allein durch die Reblaus verursachten Schäden auf 12 Mrd. Franken.

In Deutschland ist die Bekämpfung der Reblaus seit dem Jahre 1875 durch Reichsgesetze geregelt. Jeder neu entdeckte Reblausherd wurde bisher durch Verbrennen der Reben und Einbringen von *Schwefelkohlenstoff* in den Boden radikal zerstört. Schon seit langem ist man aber ganz dazu übergegangen, den Weinbau auf reblausfeste Pfropfreben umzustellen.

**Heu- und Sauerwurm.** Neben der Reblaus ist der *Heu-* und *Sauerwurm* ein gefürchteter Schädling der Rebe. Es handelt sich hierbei um die im Juni und Juli auftretenden beiden Generationen zweier sehr ähnlicher *Kleinschmetterlinge* (Motten), des bei uns einheimischen einbindigen *Traubenwicklers* (Clysia ambiguella) und des aus den Mittelmeerländern zugewanderten *Bekreuzten Wicklers* (Polychrosis botrana). Die Räupchen der ersten Generation, die etwa zur Zeit der *Heuernte* auftreten, zerstören die Blüten, während die Räupchen der zweiten Generation die jungen Traubenbeeren anfressen und bewirken, daß sie *sauerfaul* werden (Sauerwurm). Durch rechtzeitiges Spritzen oder Stäuben mit DDT-haltigen Präparaten oder Phosphorsäureestern werden die Heu- und Sauerwürmer abgetötet, bevor sie Schaden anrichten. Arsenmittel dürfen seit 1940 nicht mehr angewendet werden.

Weniger bedeutende Schäden verursachen an der Rebe die Kräuselmilbe (Phyllocoptes vitis), der Springwurm (Pyralis vitana). der Rebstecher (Rhynchites betuleti), die Blattgallmilbe (Eriophyes [Phytoptus] vitis), der Dickmaulrüßler (Otiorrhynchus sulcatus), der Rebenfallkäfer (Adoxus vitis), die Rebenschildlaus (Pulvinaria vitis) u. a. m.

Die Bekämpfung der Schädlinge, die für den Weinbau eine Lebensfrage ist, belastet die Winzer mit alljährlich sich wiederholenden zeitraubenden Spritz- und Stäubearbeiten und erfordert erhebliche Geldmittel zum Ankauf der notwendigen Chemikalien. Eine ähnliche Belastung hat bisher kaum ein anderer Zweig der Landwirtschaft zu ertragen.

# V. Die Weintraube

## 1. Bestandteile der Weintraube

Das Gewicht und die Zusammensetzung der einzelnen Teile der Weintraube wechseln je nach Sorte, Weinbergslage und Reifezustand sehr stark. Eine ungefähre Übersicht über die Zusammensetzung der Bestandteile der Weintraube gibt Tab. 3.

Tabelle 3. *Zusammensetzung der einzelnen Bestandteile der Traube*
(nach BABO u. MACH 1927)

|  | Fruchtfleisch % | Hülsen % | Kerne % | Kämme % |
|---|---|---|---|---|
| Wasser . . . . . . . . . | 65—85 | 65—75 | 30—45 | 55—80 |
| Zucker . . . . . . . . . | 10—30 | wenig | Spuren | Spuren |
| N-freie Extraktstoffe . . | 15—35 | 15—30 | 15—25 | 15—30 |
| N-Substanz . . . . . . . | 0,2—0,5 | 2 | 6 | 2 |
| Rohfaser . . . . . . . . | wenig | 4 | 28 | 5 |
| Asche . . . . . . . . . . | 0,2—0,6 | 0,5—1 | 1—2 | 1—2 |
| Gerbstoff . . . . . . . . | Spuren | 0,5—4 | 2—8 | 2—5 |
| Apfelsäure . . . . . . . | 0,3—1,2 | wenig | — | 0,05—0,25 |
| Weinsäure . . . . . . . . | 0,4—0,8 | — | — | Spuren |
| Fette und Öle . . . . . . | — | 0,1 | 8—15 | — |

Auch der Aschengehalt und die Zusammensetzung der Asche der einzelnen Bestandteile der Traube ist Schwankungen unterworfen. Darüber gibt Tab. 4 Auskunft.

Tabelle 4. *Zusammensetzung der Asche von Bestandteilen der Traube*

|            | $K_2O$ % | $Na_2O$ % | CaO % | MgO % | $Fe_2O_3$ % | $PO_4'''$ % | $SO_4''$ % | $SiO_2''$ % | $Cl'$ % |
|------------|------|-------|-----|-----|------|------|------|------|-----|
| Most . . . . | 65 | 1 | 6 | 4 | 1,5 | 13 | 5 | 3 | 1,0 |
| Hülsen . . . | 48 | 3 | 16 | 4 | 1,5 | 20 | 5 | 2 | 0,5 |
| Kerne . . . . | 31 | 4 | 34 | 9 | 0,5 | 24 | 6 | 1 | 0,5 |
| Kämme . . . | 36 | 7 | 13 | 3 | — | 9 | 3 | — | — |

α) **Die Beeren.** Die Form der Beeren kann rund, oval eiförmig oder sichelartig gekrümmt sein. Ihre Farbe wechselt bei den einzelnen Traubensorten zwischen einem hellen Gelbgrün und einem dunklen Blaurot. Man unterscheidet an der Beere die *Schale*, das *Fruchtfleisch* und die *Kerne*. Der Farbstoff ist nur in den äußeren Zellschichten der Beerenhaut enthalten; das Fruchtfleisch selbst ist nicht gefärbt.

β) **Die Kämme.** Die Traubenstiele, auch Kämme oder Rappen genannt, bestehen aus dem Hauptstiel und den stark verzweigten Stielchen, an denen die einzelnen Beeren sitzen. Sie bilden zugleich die Leitungsbahnen für die Nährstoffe, die in den Blättern erzeugt und während der Zeit des Wachstums und der Reife als Säure, Zucker usw. im Fruchtfleisch der Beeren aufgespeichert werden.

Das Gewicht der Kämme schwankt zwischen 3 und 7% des Gewichts der Trauben. Sie enthalten 1—3% Gerbstoff (Tannin), der sich dem Wein mitteilt, wenn die Traubenmaische zu lange steht und wenn bei der *Rotwein*bereitung der junge Wein nicht rasch genug von den festen Bestandteilen der Maische getrennt wird. Traubenstiele, die wegen mangelnder Ausreife noch grün sind, enthalten sehr unangenehm und herb schmeckende Stoffe, die dem Wein einen unreifen, harten Geschmack (Rappengeschmack) verleihen. Bei der Bereitung von Rotwein trennt man in Entrappungsmaschinen die Beeren von den Kämmen, ehe sie eingemaischt und vergoren werden. Auch bei der Bereitung feiner Weißweine entfernt man die Kämme, bevor man keltert.

γ) **Die Beerenhülsen.** Die Schalen oder Hülsen der Beeren sind in der Regel von einer feinen, wachsartigen Schicht bedeckt. Sie schützt die Zellen der Hülse vor den Einwirkungen der Luftfeuchtigkeit und verhindert das Eindringen von Krankheitskeimen ins Innere der Beeren. Die äußeren Zellschichten der Hülse enthalten oft einen Geruchstoff, der für die Traubensorte charakteristisch ist, der aber nicht dem späteren Bukett des Weines gleichzusetzen ist. Der wichtigste Bestandteil der Beerenhülse ist der *Farbstoff*, der nur in den äußeren Zellschichten enthalten ist und dessen Menge und Intensität vor allem bei der Rotweinbereitung eine Rolle spielt. Da dieser Farbstoff nur beim Öffnen oder beim Absterben der Zellen in Lösung geht, tritt er erst während der Gärung aus den Zellen aus und teilt sich der umgebenden Flüssigkeit mit. Zur Gewinnung von *Rotwein* müssen daher die Beeren der blauen Trauben *mit* den Hülsen vergoren werden, während man beim sofortigen Abkeltern und Trennen des Saftes von den festen Bestandteilen der Beeren auch aus blauen Trauben nur schwach rötlich gefärbte Weine erhält (Weißherbst oder Schillerweine).

Die Menge des Rotweinfarbstoffs und seine Intensität sind abhängig von der Traubensorte, von der Lage und dem Jahrgang. In sonnigen Jahren und bei guter Ausreife enthalten die Hülsenzellen mehr Farbstoff als in sonnenarmen Jahren und bei mangelnder Ausreife. Die Trauben südlicher Weinbaugegenden sind ferner meist reicher an Farbstoff als die der nördlicher gelegenen Zonen. Verfahren zur kolorimetrischen Bestimmung der Farbintensität von Rotweinen haben E. Vogt (1935), E. Kielhöfer (1944) und Fr. Villforth (1955) angegeben (vgl. S. 276).

δ) **Die Kerne.** In jeder normal entwickelten Traubenbeere sind *Kerne* oder Samen enthalten, deren Zahl zwischen 2 und 4 schwankt. *Kernlose* Traubensorten werden zur Gewinnung von *Korinthen* und *Sultaninen* angebaut.

Die Kerne, deren Gewicht 3—4% des Gewichtes der Beeren ausmacht, enthalten 10—20% fettes Öl, das als Speiseöl verwendet werden kann, und 5—9% Gerbstoff, kleine Mengen flüchtige Säuren und einen harzartigen, sehr herben Stoff, der dem Wein einen unangenehmen, zusammenziehenden Geschmack verleiht, wenn er aus den Kernen herausgelöst wird. Man muß daher unter allen Umständen vermeiden, die Traubenmühle so eng zu stellen, daß die Kerne zerquetscht werden.

Der *Ölgehalt* der Rebkerne, der von Beginn der Reife bis zur Vollreife stark ansteigt, hat die Bedeutung eines Reservestoffes. Bei 12 untersuchten Traubensorten Österreichs schwankte der Ölgehalt zwischen 10 und 19% in lufttrockenen Kernen und zwischen 11,2 und 21,1% in Kernen, die bei 100° C getrocknet wurden. Reines Traubenkernöl ist wohlschmeckend und kann als Speiseöl verwendet werden. Es besteht im wesentlichen aus Glyceriden der Linolsäure, enthält aber auch Glyceride der Ölsäure, der Palmitin- und der Stearinsäure. Näheres vgl. S. 212.

Der Gehalt der Kerne an *Gerbstoff* nimmt während der Reife, also von Mitte August bis Ende September erheblich ab. Die Kerne blauer Trauben enthalten mehr Gerbstoff als die Kerne weißer Trauben. Bei der Gärung der Rotweinmaische wird der Gerbstoff zum Teil aus den Kernen herausgelöst.

## 2. Wachstum und Reife der Trauben

### a) Wachstum

Nach der Befruchtung beginnen die Trauben zu wachsen. Die Beeren nehmen an Umfang und Gewicht zu, bleiben aber bis etwa Mitte August noch hart und grün. Die äußeren Zellen nehmen an Zahl nicht mehr zu, sondern vergrößern sich in tangentialer Richtung. Aus ihnen entsteht die Beerenhaut oder Hülse. Die innerhalb des Leitbündelnetzes liegenden Zellen vergrößern sich ebenfalls, und zwar in radialer Richtung. Aus ihnen geht das von zartwandigen Zellen erfüllte Fruchtfleisch hervor. Der Gehalt der Beeren an Zucker ist in dieser Zeit noch sehr gering, der Gehalt an Säuren um so größer ($20-30^0/_{00}$). Mit Beginn der Reife werden die Beeren durchscheinend und weich; sie „kommen in den Wein". Von diesem Zeitpunkt an nimmt der Gehalt an Zucker dauernd zu, während der Gehalt an Säure abnimmt. Die grüne Farbe der Beeren geht allmählich in grünlich-gelb bis goldgelb über. Bei roten und blauen Trauben entwickelt sich in den Zellen der Beerenhülse ein blauroter Farbstoff (Oenocyanin), der die beginnende Reife auch äußerlich ankündigt.

### b) Reife

Mit Beginn der *Reife* hört die Vergrößerung der Zellen auf. Auch die Größe der Beeren ändert sich nicht mehr. Nur in den Samen scheint noch Wachstum stattzufinden. Selbst im Gewicht der Beeren, das während des Wachstums stark zugenommen hat, ist jetzt nur noch eine schwache Zunahme festzustellen. Sowohl im Stadium des Wachstums wie auch in dem der Reife gehen im Zellsaft bedeutende chemische Veränderungen vor sich. Der Säuregehalt nimmt ständig zu, während der Zuckergehalt gering bleibt. Mit Beginn der Reife aber, wenn die Beeren weich werden und sich verfärben, steigt der Zuckergehalt rasch an, bis er einen von den Witterungsverhältnissen, vom Klima und von der Traubensorte abhängigen Höchstgehalt erreicht hat.

In den deutschen Weinbaugebieten wird der Zustand der *Vollreife* je nach Jahrgang erst Ende September bis Ende Oktober erreicht. Fast gleichzeitig mit der Zuckerzunahme spielt sich beim Reifen der Trauben ein zweiter Vorgang ab, der für die spätere Qualität des Weines von größter Bedeutung ist. Der *Säuregehalt* der Beeren nimmt sprunghaft ab, bis er je nach Jahrgang, Traubensorte und Klima einen bestimmten Tiefstand erreicht.

Der *Zucker* des Traubensaftes wird nicht in der Weinbeere gebildet, sondern in den Blättern der Rebe, von wo er während der Reife mit dem Saftstrom in die Beeren wandert und hier aufgespeichert wird. Er besteht aus etwa gleichen Mengen Traubenzucker und Fruchtzucker. Während der Reife finden jedoch zwei einander entgegengesetzte Vorgänge statt: Die Zuwanderung von Zucker und seine Aufspeicherung in der Beere, und der Verbrauch von Zucker durch die Atmung der Beerenzellen. Im Anfangsstadium der Reife überwiegt der erste Vorgang, Je mehr sich aber die Beere dem Zustand der Vollreife nähert, desto schwächer wird der Zustrom an Zucker, so daß schließlich der Verbrauch durch die Atmung überwiegt und meist eine wenn auch geringe Abnahme der Zuckermenge zu verzeichnen ist. Herrscht während der Reife warmes und trockenes Wetter, so findet infolge der Verdunstung von Wasser aus der Beere eine Konzentration des Traubensaftes statt, so daß sein Zuckergehalt trotz teilweiser Veratmung zunimmt.

Ein anschauliches Bild dieser Veränderungen bieten uns die in Tab. 5 wiedergegebenen Ergebnisse von Untersuchungen an je 1000 Beeren.

Hiernach nahm das Beerengewicht von Mitte August bis Mitte Oktober stetig zu, um nachher etwas abzunehmen. Der Zuckergehalt der Beeren stieg von Mitte August an von 16,2 auf 383 g am 31. Oktober. Offenbar hatte hier schon die Überreife eingesetzt. Die gesamte titrierbare Säure war bis 12. August auf 34 g, die freie Weinsäure auf 8,1 g und die Apfelsäure auf

21,7 g gestiegen, während die Gesamtweinsäure gegen Ende August den Höchstgehalt von 15 g erreichte. Mitte Oktober war die titrierbare Säure auf 14,8 g, die freie Weinsäure sogar auf 0,2 g, die Gesamtweinsäure auf 12,5 g gesunken. Den stärksten Abbau erfuhr die Apfelsäure, die Ende Oktober nur noch 4,8 g betrug. Beachtenswert ist die stetige Zunahme des Weinsteins,

Tabelle 5. *Änderungen in der Zusammensetzung von Traubenbeeren während der Reife*
(in Gramm je 1000 Beeren)

| Zeitpunkt der Untersuchung | 8. 7. | 16. 7. | 12. 8. | 25. 8. | 31. 8. | 9. 9. | 28. 9. | 12. 10. | 31. 10. |
|---|---|---|---|---|---|---|---|---|---|
| Gewicht von 1000 Beeren . . | 503 | 798 | 1190 | 1963 | 2063 | 2154 | 2173 | 2375 | 2283 |
| Zuckergehalt. . . . . . . . | 2,9 | 4,1 | 16,2 | 160 | 217 | 236 | 312 | 283 | 383 |
| Gesamtsäure. . . . . . . . | 11,4 | 20,9 | 34,0 | 25,1 | 21,2 | 18,3 | 15,4 | 14,8 | — |
| Freie Weinsäure . . . . . . | 4,1 | 7,8 | 8,1 | 6,5 | 3,0 | 2,5 | 0,4 | 0,2 | — |
| Weinstein . . . . . . . . . | 2,7 | 4,3 | 4,7 | 10,6 | 11,8 | 12,5 | 14,4 | 15,3 | 15,7 |
| Gesamtweinsäure. . . . . . | 6,3 | 11,2 | 11,9 | 15,0 | 12,4 | 12,5 | 11,9 | 12,9 | 12,5 |
| Apfelsäure . . . . . . . . | 4,5 | 9,0 | 21,7 | 11,0 | 11,9 | 9,8 | 8,6 | 7,3 | 4,8 |

die Mitte August in dem Maße einsetzte, als die freie Weinsäure in rascher Abnahme begriffen war. Während der Reifeperiode wandern aus den Wurzeln basische Stoffe, und zwar vorwiegend Kalium-, Calcium- und Magnesiumverbindungen in die Weinbeeren ein und verbinden sich mit der Weinsäure als der stärksten Säure.

Sehr gründliche Untersuchungen über die chemischen Veränderungen während der Reife von Trauben des Bordelais in den Jahren 1952, 1953 und 1954 haben E. Peynaud u. A. Maurie (1956) durchgeführt (vgl. Tab. 6). Aus ihren Untersuchungen geht hervor, daß die Beeren etwa eine Woche vor der Ernte ihr größtes Gewicht erreichten, daß aber der Beginn der Rotfärbung, der allgemein als Beginn der Reife angesehen wird, weder mit der Größe der

Tabelle 6. *Reifeuntersuchungen an Trauben der Sorte Cabernet-Sauvignon*
*Jahrgang 1953 Château L. Pauillac*

| Tag der Untersuchung | Mostgewicht ° Ochsle | Zuckergehalt g/l | pH | Milliäquivalente (ml n-Lösung) je Liter Most | | | | | | | | | |
|---|---|---|---|---|---|---|---|---|---|---|---|---|---|
| | | | | Gesamt-säure | Akalität | $NH_4$ | Summe d. Kationen | Weinsäure | Apfelsäure | Citronen-säure | $PO_4$ | Summe d. Anionen |
| 4. August | 39 | 48 | 2,32 | 476 | 38 | 16 | 530 | 143 | 354 | 7,1 | 1,0 | 505 |
| 13. August | 56 | 50 | 2,70 | 276 | 46 | 8 | 330 | 137 | 180 | 4,7 | 3,1 | 325 |
| 24. August | 64 | 129 | 2,78 | 196 | 45 | 10 | 251 | 107 | 122 | 5,3 | 4,2 | 238 |
| 3. Sept. | 81 | 182 | 3,00 | 140 | 56 | 8 | 204 | 130 | 68 | 3,1 | 2,1 | 203 |
| 14. Sept. | 86 | 196 | 3,20 | 116 | 61 | 8 | 185 | 114 | 64 | 3,7 | 2,1 | 186 |
| 21. Sept. | 88 | 196 | 3,30 | 100 | 62 | 6 | 168 | 116 | 48 | 3,2 | 1,5 | 169 |
| 28. Sept. | 91 | 204 | 3,15 | 100 | 57 | 6 | 163 | 107 | 49 | 3,3 | 2,1 | 161 |
| 5. Oktober | 96 | 212 | 3,22 | 103 | 54 | 6 | 163 | 112 | 50 | 2,6 | 2,1 | 167 |

Beeren noch mit ihrem Gehalt an Zucker, an Wein- oder Apfelsäure, oder mit ihrem Gehalt an Mineralstoffen in Beziehung zu setzen war. Der Gehalt der Beeren an Weinsäure und an Mineralstoffen wechselt mit den Jahrgängen, doch hängt der letztere nicht unmittelbar von der Menge der Niederschläge ab. Bei genügender Feuchtigkeit im Boden besteht vielmehr eine Beziehung zur Wärme während der Traubenreife, die ja die Verdunstung und damit die Aufnahme von Bodenfeuchtigkeit und der darin gelösten Mineralstoffe bestimmt. Das Mostgewicht nahm vom 4. August bis 5. Oktober von 39 auf 96° Öchsle zu, der Zuckergehalt von 48 auf 212 g/l. Der pH-Wert stieg von 2,32 auf 3,22, während die Gesamtsäure von 476 auf 103 mval zurückging. An diesem Rückgang war die Weinsäure nur mit 31, die Apfelsäure dagegen mit 304 mval beteiligt. Im ganzen ergab sich bei diesen Untersuchungen, daß der *Jahrgang* in erster Linie bestimmend ist für die Qualität der Trauben und Früchte, d. h. für deren Zusammensetzung und Geschmack. Erst in zweiter Linie kommen dafür auch die Lage, die Bodenbeschaffenheit und Kulturmaßnahmen in Betracht.

## c) Überreife und Edelfäule

Läßt man vollreife Trauben noch länger am Stock, so tritt in sonnigen Lagen und bei warmer, trockener Witterung ein Stadium ein, das man als *Überreife* bezeichnet. In dem Maße, wie die Blätter sich verfärben und ihre Tätigkeit einstellen, die Kämme und Beerenstiele verholzen und eintrocknen, läßt auch die Einwanderung von Stoffen in die Beeren nach und damit auch die Wasserzufuhr. Das aus der Beere verdunstende Wasser wird nicht mehr ersetzt; die Beere schrumpft ein und der Beerensaft wird konzentrierter. Der Zuckergehalt der Beere nimmt relativ zu, während die Säure und der Gerbstoffgehalt beträchtlich abnehmen. Unter günstigen klimatischen Verhältnissen, wie sie namentlich in südlichen Ländern bestehen, kommt es auf diese Weise zur Bildung von *Trockenbeeren*, aus denen u. a. die berühmten *Tokayer Essenzen* und *Ausbruchweine* gewonnen werden.

Im Südwesten Frankreichs (Sauternes) und in einigen bevorzugten Gegenden Deutschlands wie im Rheingau, in der Pfalz und in Baden werden bei warmer, trockener Herbstwitterung die Trauben vom *Edelfäulepilz* (Botrytis cinerea) befallen, der die Zellen der Beerenhäute zum Absterben bringt und dadurch eine starke Wasserverdunstung bewirkt. Der Gehalt des Traubensaftes an Zucker nimmt demnach zu, gleichzeitig aber auch sein Gehalt an Säure. Da indessen der Edelfäulepilz verhältnismäßig mehr Säure als Zucker verzehrt (STALDER 1954), steigt vergleichsweise das Mostgewicht stärker an als der Säuregehalt. Um welche Werte es sich dabei handeln kann, zeigen die folgenden der amtlichen Weinstatistik entnommenen Mostgewichte einiger Rheingauer *Trockenbeerenauslesen*. Es erreichten z. B. 1911er Erbacher Markobrunn 170°, Rauenthaler Wieshell 180°, Winkeler Schloßberg 200° und Hattenheimer Steinberg 209° Öchsle. Zugleich treten Veränderungen im Traubensaft auf, die zu einer Veredelung des *Buketts* im vergorenen Wein führen. Die Steigerung der Qualität ist so erheblich, daß die Pfälzer und Rheingauer Trockenbeerenauslesen und die Auslesen der besten Sauternes-Weine als *die edelsten Weißweine der Welt* bezeichnet werden. Die Mengenverluste, die bei solchen Auslesen bedeutend sind, werden durch die hohen Preise wieder ausgeglichen. Nicht zu unterschätzen ist auch die Bedeutung solcher Trockenbeerenauslesen für den Ruf eines ganzen Weinbaugebietes.

Durch die Edelfäule wird demnach der Traubensaft verhältnismäßig reicher an Zucker, doch wird zugleich seine Neigung zum Braunwerden verstärkt. Der Botrytispilz bildet das Antibioticum Botryticin, das die Gärung hemmen soll. Jedenfalls gären Moste aus edelfaulen Trauben länger als Moste aus gesundem Traubenmaterial.

So wertvoll das Eintreten der Edelfäule bei weißen Traubensorten sein kann, so schädlich ist es bei roten und blauen Sorten, aus denen Rotweine erzeugt werden sollen. Durch den Pilz der Edelfäule wird der in den Hülsen enthaltene rote Farbstoff zerstört und in wertlose, an der Luft braun werdende Körper verwandelt. Über die Bildung von Glycerin in vom Edelfäulepilz befallenen Traubenbeeren vgl. H. H. DITTRICH (1964) und S. 229.

## d) Fäulnis der Trauben

Die Wirkung des Botrytispilzes ist eine wesentlich andere, wenn er unreife Beeren befällt, die entweder durch Hagelschlag, vom Sauerwurm oder von irgend einem anderen Schädling verletzt wurden. Begünstigt feuchtwarmes Wetter die Entwicklung des Pilzes, so breitet er sich in kurzer Zeit auch auf den noch gesunden Beeren aus. Die Trauben werden weich und faul und geben einen sauren, wenig gehaltvollen Most. Tritt Regenwetter ein, so werden die geplatzten Beeren ausgewaschen und liefern dann beim Pressen einen zuckerarmen Traubensaft. Da diese Art der Fäulnis schon an unreifen Trauben auftritt und zu einer Verschlechterung des Mostes führt, wird sie im Gegensatz zur Edelfäule *Roh-* oder *Sauerfäule* genannt.

Mitunter werden im Herbst die Trauben bei feuchter Witterung von einem anfänglich weißen, später blaugrünen Schimmel befallen (*Grünfäule*). Die Entwicklung des Schimmelpilzes (*Penicillium glaucum*) beginnt an solchen Stellen der Beeren, die durch Vögel oder Insekten (Wespen) verletzt worden sind. Die Pilzfäden durchwuchern das Beerenfleisch und verwandeln es in eine mißfarbene, unangenehm riechende, breiige Masse. Die Fäule greift bald auch auf gesunde Beeren über und kann bei nassem Wetter die ganze Traube in kurzer Zeit in einen fauligen Klumpen verwandeln. Der Pinselschimmel verzehrt in erster Linie den Zucker der Beeren, greift aber auch die Säure, den Gerbstoff und die Stickstoffsubstanz an. In roten Trauben wird der Farbstoff vollkommen zerstört.

Will man einen gesunden Most und einen guten reintönigen Wein erzielen, so ist es notwendig, in einer *Vorlese* die faulen Trauben sorgfältig auszulesen. Es gelangen sonst unangenehme Geschmacks- und Geruchsstoffe in den Most sowie zahlreiche dem Wein schädliche Mikroorganismen.

### e) Gefrorene Trauben

Ähnliche Erscheinungen wie bei der Edelfäule kann man bei Trauben beobachten, die vom *Frost* befallen wurden. Die Wirkung des Frostes äußert sich auch in diesem Falle sehr verschieden, je nachdem ob vollreife oder unreife Beeren betroffen werden.

Tritt Frühfrost zu einer Zeit ein, in der die Trauben noch nicht reif sind, so hören die Blätter auf zu assimilieren; sie welken und fallen ab. Damit hört auch die Zuckerbildung und seine Aufspeicherung in den Beeren auf. Unter der Wirkung des Frostes sterben die Zellhäute ab, und die Beerenhaut wird wasserdurchlässig. Der Wein, der aus diesen frostgeschädigten Trauben gewonnen wird, ist meist minderwertig und zeigt einen Beigeschmack, den man als *Frostgeschmack* bezeichnet. Starke Frühfröste können daher für das Lesegut ganzer Weinbaugebiete verhängnisvoll werden.

Werden *vollreife* Trauben vom Frost betroffen, so hat der daraus gewonnene Wein nicht den unangenehmen Frostgeschmack. Man kann im Gegenteil aus gefrorenen Trauben hochwertige Weine gewinnen, indem man sie noch in gefrorenem Zustande preßt. Da sich im Innern der Beere Eis abgeschieden hat, ist der von der Presse abfließende Most konzentrierter und liefert einen gehaltvolleren stärkeren Wein, den sog. „*Eiswein*".

Die Möglichkeit, einen Teil des Wassers im Traubenmost mit Kohlensäureschnee auszufrieren und durch diese Konzentrierung wertvollere Weine zu gewinnen, hat P. Böhringer (1955) untersucht. Der Zuckergehalt, der Gehalt an Apfelsäure und die übrigen Extraktstoffe können dadurch wesentlich erhöht werden, während die Weinsäure durch Ausfall von Weinstein nicht zunimmt. In geschmacklicher Hinsicht macht sich die Erhöhung der Apfelsäure und der Gerbstoffe durch einen rauhen, unreifen Ton bemerkbar. Konzentratweine neigen auch dazu, früher zu altern. Das Verfahren setzt recht teure Einrichtungen voraus und erhöht den Mostpreis so, daß es kaum Aussicht hat, eingeführt zu werden.

### f) Strohweine

In manchen Weinbaugebieten, wie in Tirol und im Trentino, aber gelegentlich auch im Elsaß und in Baden, schneidet man gesunde, zuckerreiche Trauben nach eingetretener Vollreife vom Stock und bewahrt sie in offenen, luftigen Räumen auf Stroh oder Schilf liegend oder an Drähten aufgehängt so lange auf, bis sie merklich einschrumpfen. Faulende Beeren werden während dieser Zeit sorgfältig ausgelesen. Die aus diesen Trauben gewonnenen „*Strohweine*" gären nur langsam und bleiben infolge ihres hohen Zuckergehaltes süß. Sie ähneln den Ausbruchweinen und Trockenbeerenauslesen, denen sie aber in der Güte und in der Feinheit des Buketts nicht gleichkommen. Im Elsaß wurden im 18. und 19. Jh. Strohweine in solchen Mengen erzeugt, daß sich daraus ein einträglicher Handel entwickelte. Sie kamen erst nach 8—10-jähriger Lagerung in den Verkehr und erzielten sehr hohe Preise. Bekannte Strohweine aus der Gegend von Trient sind der Refosco passito und ein Vino santo.

## 3. Die wichtigsten Traubensorten

Die Zahl der *Traubensorten*, die in den verschiedenen Weinbaugebieten angebaut werden, ist sehr groß. Obwohl es sich fast ausschließlich um Varietäten der *Weinrebe* Vitis vinifera L. handelt, unterscheiden sie sich nach Form, Farbe und Reifezeit der Trauben und nach dem Zucker- und Säuregehalt des Traubensaftes sehr wesentlich voneinander. *Ampelographisch* (H. Goethe; Viala u. Vermorel; W. Moog) werden die Rebsorten nach Form und Färbung der Triebspitzen, nach Form und Beschaffenheit der Blätter, nach der Behaarung der Blattunterseiten und der Form der Blattstielbucht, nach Form, Färbung und Größe der Beeren und nach sonstigen Merkmalen in Klassen und Ordnungen eingeteilt, doch werden für die gleiche Rebsorte oft ganz verschiedene Namen verwendet. Praktisch unterscheidet man zwischen *Keltertrauben* und *Tafeltrauben*, obwohl eine scharfe Grenze zwischen diesen beiden Gruppen nicht gezogen werden kann. Im folgenden werden nur die wichtigsten Traubensorten aufgeführt.

### a) Keltertrauben

#### α) Für feine Weißweine

**Riesling.** Der in Deutschland beheimatete und sehr verbreitete weiße Riesling ist die *edelste Keltertraube* der Welt. Die kleinen, geschlossenen Trauben bestehen aus dünnschaligen, saftreichen Beeren von würzigem, muskatähnlichem Geschmack und liefern in der Vollreife rassige, edle Weine mit feinem *Bukett*. Aus *edelfaulen* und etwas *eingetrockneten* Rieslingtrauben werden am Rhein, an der Mosel und in der Pfalz die hochwertigsten Weine (*Trockenbeerenauslesen*) gewonnen, die den Weltruf der deutschen Weine begründet haben. Der Riesling eignet sich nur für warme, trockene Südlagen mit steinigem Boden.

**Traminer.** Die spätreifenden, sehr zuckerreichen, hellroten Trauben des *Traminers* oder *Clevners* liefern hochwertige alkoholreiche Weine von sehr feinem Aroma, das an Rosenduft erinnert. Das Bukett ist haltbarer als das des Rieslings und gewinnt während der Lagerung noch an Feinheit. Die Weine sind arm an Säure, aber körperreich. Ihr Alkoholgehalt bewegt sich in normalen Jahren zwischen 90 und 100—110 g/l. — Eine Spielart des Traminers ist der *Gewürztraminer*, der ein sehr starkes, fast aufdringliches Bukett besitzt, und dessen Weine daher häufig mit Weißem Burgunder oder Riesling verschnitten werden[1].

**Ruländer.** Der *Graue Burgunder* oder *Ruländer*, im Elsaß und in der Schweiz zu Unrecht auch „*Tokayer*" genannt, stammt aus Burgund und wurde um das Jahr 1711 von einem Kaufmann namens RULAND in Deutschland eingeführt. Er gedeiht besonders gut auf den heißen Böden des Kaiserstuhls und liefert dort feurige, hochwertige Weine von eigenartig feinem Bukett, die in der Güte den Weinen des Rieslings und des Traminers gleichzusetzen sind. Die Trauben des Ruländers sind länglich, klein, dichtbeerig und von braunroter Farbe. In heißen Sommern nehmen sie eine dunkle, fast blaurote Färbung an.

**Freisamer.** Unter dieser Bezeichnung wurde die 1916 in Freiburg i. Br. entstandene Kreuzung zwischen Silvaner und Ruländer in die Sortenschutzrolle eingetragen. Sie ist eine wertvolle Neuzüchtung, die manche Vorzüge der Elternsorten in sich vereinigt und die in guten Lagen volle und körperreiche Weine liefert.

**Weißer Burgunder.** Der auch in Deutschland mehr und mehr angebaute *Weiße Burgunder* (Pinot blanc), die Traubensorte der lieblichen *Chablis*-Weine und der Weine von Puligny-Montrachet, trägt kleine hellgelbe Trauben, deren Saft sehr süß ist und wenig Säuren enthält. Die Weine des Weißen Burgunders sind alkoholreich und von feinem Geschmack.

Dem Weißen Burgunder verwandte Rebsorten sind der in der Champagne verbreitete *Chardonnay* und der *Auxerrois blanc de Laquenexy*, der sich durch kräftigen Wuchs und durch Widerstandsfähigkeit gegen Winterkälte auszeichnet.

**Muskateller.** Der in südlichen Weinbauländern verbreitete *Gelbe Muskateller* wird in Deutschland weinbergsmäßig nicht mehr angebaut, findet sich aber seiner wohlschmeckenden Trauben wegen noch an Hauswänden, Mauern und Spalieren. Die Weine des Muskatellers sind sehr bukettreich, aber körperarm und oft etwas sauer. Milder in der Säure ist der wohl aus der Gutedel-Gruppe hervorgegangene

---

[1] Im Elsaß nennt man diesen Verschnitt „Edelzwicker".

*Muskat-Ottonel*, der seiner bukettreichen würzigen Weine wegen in Deutschland immer mehr Beachtung findet.

**Weiße Bordeaux-Sorten.** Die weltberühmten Sauternes-Weine werden aus einem Gemisch der drei Sorten *Semillon blanc, Sauvignon blanc* und *Muscadel* gewonnen, deren Trauben etwa im Verhältnis 60:30:10 gekeltert werden. Bei Eintritt der Edelfäule werden aus diesen Sorten sehr feine, süße Weine gewonnen, die hohe Preise erzielen. Der berühmteste Wein der Sauternes ist der von *Château Yquem*, der mit Recht „le roi des vins, le vin des rois" genannt wird.

**Gelber Mosler.** Die besten Weine Ungarns, die Tokayer, Ruster und Ödenburger Ausbruchweine wurden aus dem *Gelben Mosler*, der *Furminttraube* gekeltert, die man bis zur Zibebenbildung am Stock eintrocknen ließ. Sie werden heute kaum noch hergestellt.

### β) Traubensorten für mittlere Weißweine

**Silvaner.** Der *Grüne Silvaner*, auch *Österreicher* oder *Fränkischer* genannt, ist vor allem in der Pfalz, in Rheinhessen und in Franken weit verbreitet und trägt mittelgroße, gedrungene Trauben von rein grüner Farbe. Der Silvaner ist reich-tragend und liefert angenehme, milde Tischweine, die sich gut zum Verschnitt mit den härteren Rieslingweinen eignen. In guten Jahren und sonnigen Lagen bringt er auch ausgezeichnete Qualitätsweine hervor.

**Riesling** $\times$ **Silvaner.** Die auch in Deutschland immer mehr angebaute *Müller-Thurgau-Rebe*, eine Kreuzung zwischen Riesling und Silvaner, reift früh und zeichnet sich durch große Fruchtbarkeit aus (80—150 hl/ha). Sie übertrifft in weniger günstigen Lagen den Riesling und den Silvaner meist an Mostgewicht und Güte. Die Weine dieser Sorte sind angenehm, mild in der Säure und von deutlich hervortretendem Muskatgeschmack. Da sie sich rasch ausbauen, werden sie frühzeitig auf die Flasche genommen. Der Riesling$\times$Silvaner hat die früher angebauten Konsumweinsorten so gut wie ganz verdrängt. Er gibt auch nach Spätfrösten noch Ertrag, ist aber anfällig gegen die Traubenfäule.

**Gutedel.** Der im Markgräfler Land, in der Westschweiz und in Frankreich weit verbreitete *Gutedel*, im Wallis *Fendant*, in Frankreich *Chasselas* genannt, trägt große, lockere, süße Trauben von bräunlicher oder rötlicher Färbung, die auch als Tafeltrauben viel Verwendung finden. Die Weine des Gutedels, die in Deutschland als „*Markgräfler*" einen guten Ruf genießen, sind lieblich, von zartem Bukett und mild in der Säure. Sie besitzen keinen hohen Alkoholgehalt, können aber fast immer naturrein ausgebaut werden. Die Erträge des Gutedels schwanken zwischen 80 und 120 hl/ha.

**Veltliner.** Der *Grüne Veltliner*, der *Große rote Veltliner* und der *Frührote Veltliner* werden hauptsächlich in Österreich angebaut und bilden dort die Hauptrebsorten. Die Weine der Veltliner-Sorten sind mild, körperreich und von eigenartigem Bukett. Der Wein des sehr fruchtbaren Frühroten Veltliners bleibt in der Güte etwas hinter den Weinen der beiden anderen Sorten zurück.

**Elbling** und **Räuschling.** Die Konsumweine Badens, Württembergs und der oberen Mosel wurden früher aus den reichtragenden Sorten *Elbling* und *Räuschling* gewonnen. Beide Sorten sind heute durch bessere Rebsorten ersetzt.

**Scheurebe.** Durch Kreuzung der Sorten Silvaner $\times$ Riesling hat G. SCHEU im Jahre 1916 eine neue Rebsorte erhalten, die zunächst unter der Bezeichnung „S 88" bekannt war. Sie ist reichtragend und ihre Weine sind fruchtig und besitzen einen angenehmen Säuregehalt.

**Rieslaner.** Eine in Franken gewonnene Kreuzung der Sorten Silvaner $\times$ Riesling wurde unter der Bezeichnung„Rieslaner" in das Sortenschutzbuch eingetragen.

**Morio-Muskat.** Eine Züchtung aus Silvaner $\times$ Weißem Burgunder liefert sehr bukettreiche Weine.

Bei den im Elsaß üblichen Bezeichnungen „*Zwicker*" und „Edelzwicker" handelt es sich nicht um besondere Traubensorten, sondern um Weine, die aus Gemischen einfacher Sorten wie Gutedel und Silvaner bestehen (= Zwicker) oder aus Gemischen edler Sorten wie Weißburgunder, Riesling und Gewürztraminer (= Edelzwicker).

### γ) Traubensorten für feine Rotweine

**Blauer Spätburgunder.** Die Traubensorte der weltberühmten Weine der Côte d'Or, der *Blaue Spätburgunder* (Pinot noir fin), wird auch in der Champagne und in der ganzen Ostschweiz angebaut. In Deutschland ist der Spätburgunder vor allem in Baden verbreitet, wo er eine Fläche von nahezu 1800 ha bedeckt, ferner in Württemberg, am Rhein und an der Ahr. — Die kleinen, zylindrischen und dichtbeerigen Trauben des Spätburgunders sind von dunkelblauer Farbe und hell beduftet. Die Weine sind edel, reich an Alkohol und an Körper und von feinstem Aroma. In guten Jahren wie 1929, 1947 und 1959 liegen die Mostgewichte zwischen 100 und 120°. Weine von Weltruf sind Chambertin, Grand Musigny, Clos de Vougeot, Romanée-Conti, Richebourg, Les Grands Echézeaux u. a.

**Bordeaux-Sorten.** Die berühmten Weine des Médoc wie Château Lafitte, Ch. Latour, Ch. Margaux u. a. werden aus den drei Traubensorten *Cabernet-Sauvignon*, *Cabernet-franc* und *Merlot* gewonnen, die stets in gemischtem Satz angebaut sind. Der feine Geschmack, das wundervolle Bukett und die leuchtend rote Farbe erheben diese körperreichen Weine neben den großen Burgunderweinen an die Spitze aller Rotweine der Welt.

### δ) Traubensorten für einfachere Rotweine

**Gamay.** Die unter der Gruppenbezeichnung *Gamay* zusammengefaßten Rebsorten werden vor allem im Beaujolais, aber auch bei Mâcon, Châlon s. S. und in anderen Gegenden Frankreichs angebaut. Die Güte der Weine nähert sich in guten Lagen der des Blauen Spätburgunders, bleibt aber im allgemeinen doch hinter der Qualität der Burgunderweine zurück.

**Müllerrebe.** Die aus der Champagne stammende *Müllerrebe* (Pinot-Meunier) ist vor allem in Nordbaden und Württemberg verbreitet, wo sie *Schwarzriesling* genannt wird. Ihre Weine sind gut gedeckt und von angenehmem Geschmack, reichen aber in der Güte nicht an die Weine des Blauen Spätburgunders heran.

**Portugieser.** Die in der Pfalz, in Rheinhessen und in Nordbaden viel angebaute, sehr fruchtbare Rebsorte *Portugieser* liefert milde und meist gut gefärbte Rotweine, die aber nur wenig Bukett besitzen. Bekannte Weine dieser Art sind der Dürkheimer Feuerberg und die Weine von Ungstein und von Vöslau bei Wien.

**Trollinger.** Die auch *Groß-Vernatsch*, *Frankentaler* und *Blauer Malvasier* genannte Sorte ist sehr fruchtbar und wird als Keltertraube besonders in Tirol und in Württemberg geschätzt. Ihre Weine sind lieblich, aber oft klein und wenig gefärbt. In Tirol ist der Trollinger[1] als *Meraner Kurtraube* bekannt. Er liefert dort die bekannten und sehr geschätzten Weine vom Kalterer See, von St. Magdalena und St. Justina. — Eine Spielart, der *Muskat-Trollinger*, zeichnet sich durch deutlichen Muskatgeschmack aus.

**Limberger.** Die in Niederösterreich, in Württemberg und in Nordbaden verbreitete Sorte *Limberger* oder *Blaufränkischer* liefert gut gefärbte, etwas herbe Weine, die sich zum Verschnitt mit den milderen Portugieserweinen eignen. Die spätreifenden Trauben sind nur mittelgroß, locker und von dunkelblauer Farbe.

**Blauer Aramon.** In den großen Erzeugergebieten Südfrankreichs, den Départements Gard, Hérault und Aude gedeiht die außerordentlich fruchtbare *Aramon*-Rebe, deren Erträge bis 300 hl je ha betragen können. Die Weine sind leicht und wenig gefärbt. Bei Erträgen unter 100 l

---

[1] Ursprünglich wohl „Tirolinger" genannt.

je Ar liefert aber auch die Aramon-Rebe Weine von 75—80 g/l Alkoholgehalt und genügender Farbe.

**Rossara.** Die in Tirol angebaute *Rossara-Rebe* bringt große rote bis blaurote Trauben hervor. Der leicht säuerliche Wein ist hellrot und wird zur Erzielung einer besseren Qualität meist mit Lagrein, Teroldigo oder Trollinger verschnitten.

**Färbertrauben.** Europäerreben mit stark gefärbtem Traubensaft nennt man *Färbertrauben* (Teinturiers). Die Weine dieser Traubensorten sind dunkelfarbig aber geringwertig. Sie werden daher kaum mehr zum Auffärben wenig gedeckter Rotweine verwendet. Die beste Färbertraube ist *Gamay Fréaux.*

Durch das Bundessortenamt wurden ferner zwei neue in Württemberg gezüchtete Rotweinsorten anerkannt: die „*Herold-Rebe*" (aus Portugieser und Limberger) und die Sorte „*Blauer Weinsberger*" (aus Frühburgunder und Trollinger).

### b) Tafeltrauben

Zur Verwendung als *Eß-* oder *Tafeltrauben* eignen sich vor allem lockere, großbeerige, süße Sorten von gutem Aussehen, die einen würzigen Geschmack besitzen. Die Beerenhaut muß fest sein und einen Versand aushalten. In Belgien, Holland, England und in der Umgebung von Paris werden Tafeltrauben in großen besonders dafür eingerichteten Glashäusern gezogen. Auch an Hauswänden, Mauern, Lauben und Spalieren lassen sich wohlschmeckende Eßtrauben selbst in solchen Gebieten gewinnen, die nicht mehr für den Weinbau geeignet sind.

*Frühe Sorten,* die Mitte bis Ende August reifen, sind: *Madeleine Céline. M. royale. M. Angévine, Perle von Czaba, Königin der Weingärten* (beide mit Muskatgeschmack), *Früher Malinger* und *Früher Muskat,* die sich auch zur Kelterung eignen.

Als *mittelfrühe* und *späte Sorten* kommen vor allem der *Frühe rote Malvasier* und das *Blaue Ochsenauge* (Groß Colman) in Betracht. Es gehören dazu aber auch die Sorten Fosters White Seedling, Muskat von Hamburg, M. von Alexandrien, Cinsaut. Poulsard und die vorwiegend als Keltertrauben verwendeten Sorten Roter und Weißer Gutedel, Muskatgutedel, Muskat Ottonel. Gelber Muskateller. Silvaner. Portugieser, Trollinger, St. Laurent und Veltliner.

### c) Hybriden

Die als *Hybriden* oder *Direktträger* bezeichneten Kreuzungen zwischen Europäer- und Amerikanerreben wurden gezüchtet, um die Widerstandsfähigkeit der Amerikanerreben gegen Krankheiten und gegen die Reblaus auf die bewährten alten Europäersorten zu übertragen. Die Weine der älteren Hybriden sind aber nur geringwertig und zum großen Teil mit einem unangenehmen Foxgeschmack behaftet. Zudem ist ihre Widerstandsfähigkeit gegen Krankheiten und Schädlinge ungenügend. In neuester Zeit sind aber in Frankreich und in Deutschland (Forschungsinstitut für Rebenzüchtung) Rebsorten gezüchtet worden. die hinsichtlich der Qualität der Weine den Erwartungen entsprechen dürften.

# C. Der Traubensaft

## I. Traubenlese und Kelterung

### a) Traubenlese

Schon bei der Traubenlese ist größte Sorgfalt wichtig für die Weinbereitung. Sehr oft sind kranke und fehlerhafte Weine auf eine unsaubere Lese, unsachgemäße Kelterung und falsche Behandlung des noch süßen Mostes zurückzuführen. Auch der *Zeitpunkt* der Lese ist von großer Bedeutung für die Güte des Weines. Die Rebe liefert den besten Wein und zugleich den höchsten Ertrag nur dann, wenn die Trauben im Zustand der *Vollreife* geschnitten werden. Vor Eintritt der Vollreife darf nur gelesen werden, wenn die Trauben durch Frost, Hagelschlag oder durch rasch um sich greifende Fäulnis bereits so geschädigt sind, daß man bei weiterer Verzögerung der Lese keine Zunahme der Güte mehr zu erwarten hat, wohl aber mit größeren Verlusten am Ertrag rechnen muß. Soll durch Edelfäule oder durch Eintrocknen der Beeren (Zibeben) ein süßer Ausbruchwein gewonnen werden, so verbleiben die Trauben über die Vollreife hinaus am Stock.

Der *Lesebeginn* wird in den deutschen Weinbaugemeinden durch eine Herbstkommission bestimmt, der tüchtige und einsichtsvolle Winzer angehören. Kurz vor der Lese werden die Weinberge „*geschlossen*". Der Zutritt ist dann auch den Weinbergsbesitzern nur an bestimmten Tagen zur Vornahme notwendiger Arbeiten gestattet.

Im allgemeinen wird eine *Vorlese* und eine *Hauptlese*, sehr oft auch eine *Spätlese* abgehalten, deren Beginn, Dauer und Umfang sich nach der Traubensorte, nach der Witterung und nach den örtlichen Verhältnissen richtet. Bei der Vorlese werden die frühreifenden Sorten wie Riesling × Silvaner, Portugieser, Burgunder usw. gelesen, aber auch die später reifenden Traubensorten nach angefaulten Trauben durchsucht. Für Spätlesen, die sich bis in den Dezember erstrecken können, eignen sich vor allem Traubensorten wie Riesling und Traminer, aber auch Silvaner, Ruländer und Semillon. Die *erste* Spätlese soll in den Jahren zwischen 1760 und 1770 in den Weinbergen des früheren Zisterzienserklosters *Johannisberg* a. Rhein abgehalten worden sein und zwar unfreiwillig. Der die Leseerlaubnis überbringende Kurier des Fürstabtes von Fulda erkrankte unterwegs und kam einige Wochen zu spät. Nun wurden die guten und „schlechten" (d. h. edelfaulen) Trauben zusammen geherbstet und lieferten wider Erwarten einen ganz hervorragenden Wein.

Die Trauben werden mit einer spitzen *Traubenschere* vorsichtig vom Stock geschnitten, von faulen oder vertrockneten Beeren gesäubert und in kleinen Bütten aus Holz oder Kunststoff gesammelt. An diesen Bütten sind kleinere Gefäße befestigt, die zur Aufnahme der faulen oder angefressenen Beeren dienen. Besonders bei den zur *Rotweinbereitung* verwendeten Trauben müssen die faulen Beeren sorgfältig entfernt werden, weil sie die Farbe des Weines beeinträchtigen.

In Burgund sammelt man die Trauben in großen flachen Lesekörben und bringt sie unbeschädigt in die Abbeermaschinen, wo die Beeren von den Stielen (Kämmen) getrennt werden.

Die Lese darf nur bei *trockenem* Wetter stattfinden. Regennasse oder vom Tau oder Nebel benetzte Trauben können bis zu 6 % ihres Gewichtes an Wasser enthalten und liefern einen Most von merklich geringerem Mostgewicht. Bei der Lese wie bei der ganzen Weinbehandlung ist auf größte *Reinlichkeit* zu achten. Gefäße aus Eisenblech oder Zink dürfen *nicht* verwendet werden. Die Eisenteile der Traubenmühlen, Keltern usw. müssen einige Wochen vor dem Herbst mit geruchlosem, säurefestem Kelterlack gestrichen werden, damit nicht durch die Einwirkung der Säuren des Mostes Eisen oder Zink in Lösung geht. Eisenhaltige Weine neigen zu Trübungen und zum Schwarzwerden (vgl. S. 262). Zinkhaltige Weine sind bitter und können gesundheitsschädlich sein.

Will man saubere, reintönige Weine gewinnen, so müssen die gelesenen Trauben *noch am gleichen Tage* gemahlen und gekeltert werden. Besonders bei warmer Herbstwitterung dürfen die von der Sonne erhitzten Trauben nicht über Nacht oder noch länger stehenbleiben. Der ausgelaufene Saft beginnt sonst vorzeitig zu gären, und der entstehende Alkohol zieht aus den Kämmen, Hülsen und Kernen Gerbstoffe und andere Stoffe heraus, die dem Wein einen harten, trockenen Geschmack und eine gelbe bis gelbbraune Farbe verleihen. Besonders empfindlich sind in dieser Hinsicht die Trauben des Riesling × Silvaners. Es besteht ferner die Gefahr, daß sich in solchem der Wärme und der Luft ausgesetzten Lesegut Bakterien entwickeln, die Anlaß zum Essig- oder Milchsäurestich geben können. Kann man die gelesenen Trauben nicht mehr am gleichen Tag abpressen, so werden sie eingemaischt und mit 12—15 g Kaliumpyrosulfit je hl geschwefelt. Die Schwefelung verhindert sowohl die Entwicklung schädlicher Mikroorganismen wie auch die nachteiligen Einwirkungen des Luftsauerstoffs. Die unbestreitbare Hebung der Weinqualität durch die Winzergenossenschaften ist nicht zuletzt auf die von den Mitgliedern geübte Disziplin bei der Traubenlese und auf die Gepflogenheit der Genossenschaften zurückzuführen, das Traubengut nach Sorte und Qualität zu bewerten.

## b) Mahlen und Entrappen der Trauben[1])

Im alten Ägypten schlug man die zerdrückten Trauben in Tücher oder Säcke ein und preßte den Saft durch Zusammenwinden aus. Auch das Austreten der Traubenmaische mit den Füßen war üblich und hat sich bis heute in Ländern mit primitiver Weinkultur noch erhalten.

Heute bedient man sich zum Zerdrücken der Traubenbeeren und zum Einmaischen der *Traubenmühlen* (Abb. 4), in denen die Beeren von zylindrischen oder kegelförmigen Walzen aus Holz, Stein, Aluminium oder Gummi erfaßt und zerquetscht werden. Leistungsfähige Traubenmühlen werden mit Motorkraft angetrieben und sind mit einer Vorrichtung zum „Entrappen", d. h. zum Entfernen

---

[1] Zu den Abschnitten b)—d) wird auf die ausführlichere Darstellung von GERH. TROOST in Bd. I des Handbuchs der Kellerwirtschaft, 3. Auflage 1961, Verlag E. Ulmer, verwiesen.

der Kämme, versehen. Durch einen Einfülltrichter gelangen die Trauben in ein weitmaschiges, muldenförmiges oder zylindrisches Sieb, in welchem sich eine mit

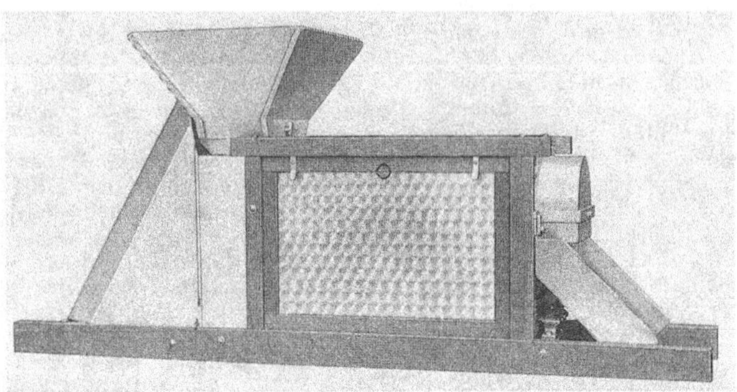

Abb. 4. Trauben-Abbeermaschine. Hersteller: Landmaschinen H. Amos, Heilbronn

Schlagleisten versehene Welle bewegt. Die abgelösten Beeren fallen durch die Öffnungen des Siebs auf die Walzen der Traubenmühle, während die Kämme ausgeworfen werden.

Das Entrappen der Trauben ist besonders bei der *Rotweinbereitung* von großem Vorteil. Der Traubensaft muß hier auf der Maische vergären, damit der rote Farbstoff aus den Zellen der Beerenhülsen herausgelöst wird. Unterläßt man das Entrappen, so gehen neben dem Farbstoff auch größere Mengen *Gerbstoff* in Lösung, die dem Rotwein eine bräunliche Farbe und einen herben, zusammenziehenden Geschmack verleihen. Auch bei der Bereitung feiner Weißweine werden die Trauben vor der Kelterung entrappt.

## c) Entsaften der Traubenmaische

Um die Arbeit des Kelterns zu erleichtern und die Zeit, die darauf verwendet werden muß, abzukürzen, hat man Vorrichtungen geschaffen, die ein *Vorentsaften* der Maische ermöglichen. Schon beim Aufbringen der Maische auf die Kelter

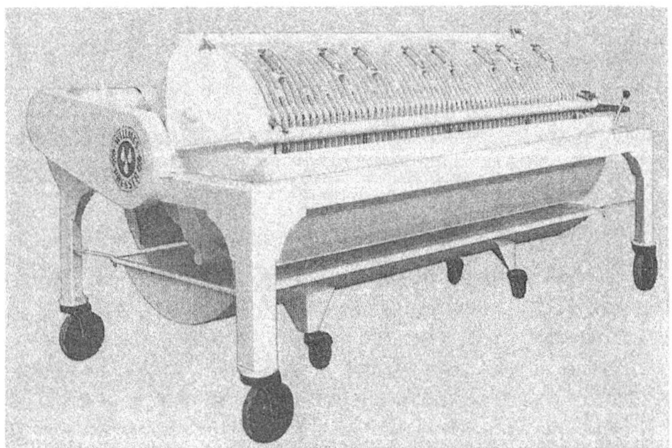

Abb. 5. Pneumatische Presse. Hersteller: J. Willmes K.G., Bensheim

fließen erhebliche Mengen des Saftes als sog. Vorlauf ab. Man hat aber vor allem in großen Betrieben nicht die Zeit, abzuwarten, bis dieser Vorgang von selbst zu Ende geht.

Bei den Entsaftungseinrichtungen unterscheidet man zwei Systeme: die *Entsaftungskammern* und die *maschinellen Entsafter*. Der Boden der Kammern besteht aus einem Holzrost, der so engmaschig ist, daß nur der Saft abfließen kann, der sofort in die Gärbehälter geleitet wird. Gefüllt wird die Kammer von oben her mit einer Maischepumpe großen Durchmessers. Vielseitiger als die nur kurze Zeit benutzten Entsaftungskammern sind Stahltanks mit herausnehmbarem Abtropfrost aus Edelstahl, die nach dem Herbst als Lagertanks verwendet werden. Sie finden als stehende oder liegende Mehrzwecktanks heute vielfach Verwendung.

Die *Entsaftungsmaschinen* bestehen entweder aus einem schwach geneigten, sich langsam drehenden Metallzylinder, der mit feinen Schlitzen versehen ist, oder aus einem unter 45° geneigten feststehenden Zylinder, der ebenfalls gelocht ist und in welchem sich die Maische mittels einer Archimedesschraube unter schwachem Druck nach oben bewegt. In beiden Fällen fließt der Saft aus der dauernd in Bewegung gehaltenen Maische in eine unter der ganzen Länge des Zylinders angebrachte Wanne und von dort unmittelbar in die Gärbehälter. Eine ausgezeichnete entsaftende Wirkung kommt auch den Horizontalkeltern zu (Vaslin, Colin, Bucher u. a.), besonders dem mit unzähligen feinen Schlitzen versehenen Preßkorb der *Willmes*-Presse (Ab. 5).

Mit maschinellen Entsaftern kann die Menge des Vorlaufs auf 70 und mehr Prozent der gesamten Mostausbeute gesteigert werden.

Entsaftungseinrichtungen sind vor allem in Winzergenossenschaften und großen Betrieben zweckmäßig, wo sehr rasch und unter Ausnutzung jeder Möglichkeit der Arbeitsersparnis gekeltert werden muß. Sie tragen durch die rasche Trennung des Saftes von der Maische wesentlich dazu bei, daß die Weine reintönig werden.

### d) Keltern des Traubenmostes

Zur Trennung des Traubensaftes von den festen Bestandteilen der Maische, den „Trestern", bedienten sich schon die Griechen und Römer mächtiger *Baumkeltern*, Trotten oder Torkeln (*torcularium*), in denen die Traubenmaische dem Druck eines 12—14 m langen, schweren Eichenstammes ausgesetzt war. Solche Trotten sind vereinzelt noch in Baden, Württemberg, der Schweiz und Österreich als Museumsstücke erhalten.

Die heute allgemein verwendeten *mechanischen* Keltern nehmen sehr viel weniger Raum ein und sind leistungsfähiger. Sie sind so konstruiert, daß man mit mäßigem Kraftaufwand eine möglichst hohe und gleichmäßige Leistung erzielt. In den südfranzösischen Gebieten mit großer Weinerzeugung werden *kontinuierliche Pressen* (pressoirs continus) benutzt, die nach Art der Fruchtpressen gebaut sind.

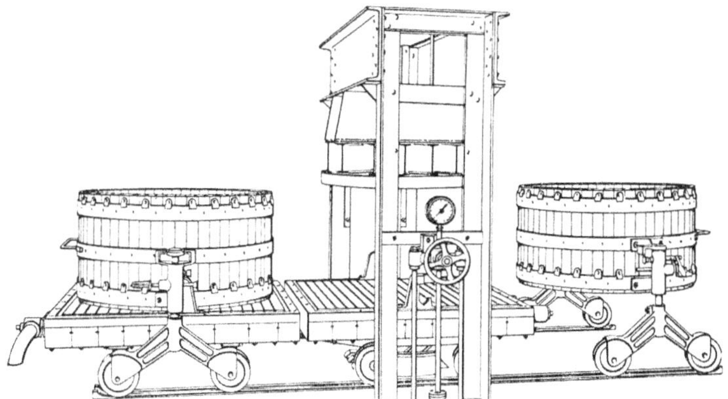

Abb. 6. Hydraulische Unterdruckkelter (Kleemann)

Die Maische wird hier einer horizontalen Schnecke (Archimedesschraube) zugeführt, die sich in einem mit feinen Schlitzen versehenen Zylinder dreht und das Keltergut gegen die beschwerte Abschlußplatte der vorderen Zylinderwand preßt. Der Saft fließt durch die Schlitze ab; die Trester werden von Zeit zu Zeit durch die sich selbsttätig öffnende Abschlußplatte ausgeworfen. Die kontinuierlichen Pressen zeichnen sich durch einfache Bedienung und hohe Leistung aus. Infolge der unvermeidlichen Reibung der Schnecke wird aber das Preßgut stärker angegriffen als in anderen Keltern, so daß der Trubgehalt der Moste sehr hoch ist. Bei unsachgemäßer Handhabung besteht ferner die Gefahr, daß infolge zu starker Pressung die Weine zu viel Gerbstoff und damit einen Maischegeschmack erhalten.

Noch häufig im Gebrauch sind *hydraulische Unterdruckkeltern* mit zwei ausfahrbaren oder ausschwenkbaren Körben (Abb. 6). Während in einem Korb die Maische schon gepreßt wird, füllt man in den andern mit einem Preßtuch versehenen Korb neue Maische ein, so daß kein Zeitverlust entsteht. Um den Ablauf des Traubensaftes zu erleichtern, legt man zwischen das Keltergut mehrere dünne *Zwischenböden*. Soll Kern- und Beerenobst gekeltert werden, so schlägt man kleinere Mengen der breiigen Maische in Preßtücher und packt sie in vielen Schichten übereinander. Diese Art der Kelterung in *Packpressen* (Abb. 19 S. 296) ist hier unerläßlich.

Man beginnt das Auspressen der Trauben- oder Obstmaischen mit geringem Druck und steigert den Druck erst dann, wenn die Leistung nachläßt. Hört nach Erreichen des höchsten Druckes (9—12 kg/cm²) der Ablauf des Saftes auf, so unterbricht man die Kelterarbeit und „scheitert" den Tresterkuchen um. Die aufgelockerten Trester werden nochmals gepreßt und ergeben weitere 6—10% Scheitermost, der aber einen rauheren Wein liefert als der beim ersten Pressen gewonnene Preßmost.

In den letzten Jahren sind auch in Deutschland die *horizontalen* Keltern stark in den Vordergrund getreten, die in Frankreich schon seit längerer Zeit üblich waren (Systeme Vaslin, Colin, Marmonier, Garnier u. a.), und zu denen auch die horizontalen, fahrbaren Kolbenpressen von Bucher, Willmes u. a. gehören (Abb. 7).

Ein ganz neues Keltersystem ist die kolbenlose pneumatische *Willmes*-Presse (Abb. 5). In der Willmes-Presse wird ein innen liegender dickwandiger Gummibalg mit Preßluft gefüllt, so daß die ihn umgebende Maische mit einem Druck von 6 atü an die mit vielen Schlitzen versehene

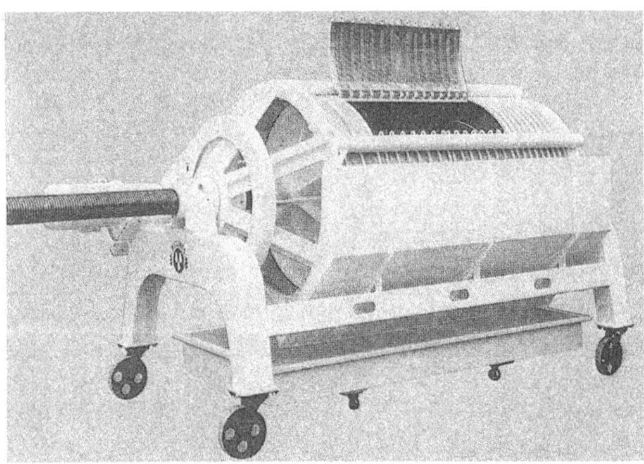

Abb. 7. Horizontalpresse. Hersteller: J. Willmes K.G., Bensheim

Wandung des horizontalen, drehbaren und aus nichtrostendem Stahl bestehenden Zylinders gepreßt wird. Der Saftablauf geht bei der Willmes-Presse besonders rasch vor sich. Schon beim Einfüllen der Maische wirkt der große, mit vielen Öffnungen versehene Zylinder wie ein Sieb, so daß sich ein vorheriges Entsaften der Maische erübrigt.

Auch die *Horizontal*-Presse, die mit einem aus Holz oder aus nichtrostendem Stahl bestehenden liegenden Preßkorb versehen ist, entsaftet sehr rasch. Der besondere Vorteil dieser Presse liegt in der Anordnung von Ketten aus nichtrostendem Stahl, die beim Zurückziehen des Preßkolbens den Preßkuchen automatisch und sehr gründlich auflockern. Auch der Preßkorb der Bucher-Presse ist drehbar. Eine Horizontal-Spindelpresse mit Drucksteuerung und automatischer Krümelung wird auch von *Willmes* gebaut (Abb. 7).

Die beim Keltern gewonnene Menge Traubensaft schwankt je nach Traubensorte, Jahrgang, Reifegrad und Leistungsfähigkeit der Kelter zwischen etwa 65 und 80 l auf 100 kg Trauben und kann im Durchschnitt mit 75 l angenommen werden. Man rechnet dabei rund 60% Vorlauf, 30% Preßmost und 10% Scheitermost.

Bei der Kelterung von Kern- und Beerenobst erhält man aus 100 kg Preßgut etwa folgende Mengen Saft:

|                                      |           |
|--------------------------------------|-----------|
| Äpfel und Birnen . . . . . . . .     | 65—80 l   |
| Johannisbeeren, Himbeeren . . .      | 70—85 l   |
| Erdbeeren, Stachelbeeren . . . .     | 70—80 l   |
| Brombeeren, Heidelbeeren . . . .     | 75—90 l   |

# II. Behandlung des Traubenmostes

## 1. Schwefeln des Traubenmostes

Die in wärmeren Weinbaugebieten schon früher übliche Schwefelung der noch unvergorenen Moste ist auch bei uns zur feststehenden kellerwirtschaftlichen Maßnahme geworden. Ein entscheidender Schritt in dieser Richtung wurde getan, als im Jahre 1923 auch in Deutschland die Verwendung schwefligsaurer Salze zum Schwefeln des Weines amtlich zugelassen wurde. Das Schwefeln der Traubenmaische oder des noch unvergorenen Mostes unmittelbar nach der Kelterung wirkt sich sowohl in *chemischer* wie in *gärungsphysiologischer* Hinsicht sehr günstig auf den weiteren Ausbau des Weines aus. Es verhindert das gefürchtete Hochfarbig- und Braunwerden der Moste und Jungweine und wirkt der Entwicklung schädlicher Kleinlebewesen (Essigbakterien, wilde Hefen, Schimmelpilze) dadurch entgegen, daß die entstehende Schweflige Säure den für das Leben dieser Mikroorganismen notwendigen Sauerstoff bindet. Die gärtüchtigen *echten* Hefen, deren Entwicklung im Most erwünscht ist, werden durch die Schwefelung nicht geschädigt. Diese begünstigt also indirekt die Entwicklung guter Heferassen. Sie wirkt im Sinne einer *Auslese* der Gärungserreger und sichert dadurch eine flotte und reintönige Gärung. Durch eine Schwefelung des Mostes wird auch die Entwicklung der säureabbauenden Bakterien gehemmt und einem vorzeitigen Abbau der Säure vorgebeugt. Je geringer der Säuregehalt eines Mostes ist, je größer sein Zuckergehalt und je höher die Temperatur, bei der gekeltert wurde, um so stärker ist auch die Schwefelung zu bemessen. Säurereiche, gesunde und bei kühler Temperatur gekelterte Trauben- und Obstsäfte werden weniger stark geschwefelt. Man setzt dem frisch von der Kelter kommenden Most im ersten Falle 5—7,5 g/hl Schwefeldioxid ($SO_2$) bzw. 10—15 g/hl Kaliumpyrosulfit zu, im zweiten Fall 3—4 g/hl $SO_2$ bzw. 6—8 g/hl K.P.

Es gelingt auf diese Weise leichter, die *Säure* im Wein zu erhalten und die Weine gesunder und rassiger auszubauen. Weine aus geschwefelten Mosten verkosten sich sauberer und reintöniger als Weine, bei denen eine Schwefelung vor der Gärung nicht erfolgte.

Eine versehentlich zu stark gewählte Schwefelung richtet keinen Schaden an. Sie verzögert allenfalls den Eintritt der Gärung um einige Tage, doch verläuft die Gärung in jedem Fall sauberer als bei einem ungeschwefelten Most. In Frankreich wendet man entsprechend der höheren Temperatur und den meist säurearmen Traubensorten auch weit stärkere Schwefelungen an. Man schwefelt dort die Maische der roten Trauben mit 7,5—15 g $SO_2$/hl, den Most der weißen Trauben mit 10—25 g $SO_2$/hl. E. NÈGRE u. P. FRANCO geben für gesunde Rotweine 10—15 g/hl, für gesunde Weißweine 25—30 g $SO_2$/hl an. Das sind Mengen, die in Deutschland nicht oder nur sehr selten verwendet werden. In Frankreich hat man aber damit offenbar gute Erfahrungen gemacht.

## 2. Vorklären der Weißweinmoste

Läßt man frisch gekelterten Most einige Zeit ruhig stehen, so *klärt* er sich unter Absetzen aller festen und flockigen Trubteilchen, die aus dem Beerenfleisch stammen oder von Pilzsporen, Schmutzteilchen und anderen Beimengungen herrühren. Enthält das Lesegut viele faule und kranke Beeren oder ist es stark verschmutzt, so *muß* zur Erzielung einer reintönigen Gärung der Most *vorgeklärt*, d. h. vom Trub befreit werden. Man schwefelt den von der Kelter kommenden Traubenmost mit 15—20 g Kaliumpyrosulfit oder mit 7,5—10 g verflüssigter Schwefliger Säure pro hl so stark ein, daß der Eintritt der Gärung um einige Tage verzögert wird, und überläßt ihn in einem möglichst kühlen Raum sich selbst. Nach 1—2 Tagen trennt man den geklärten Most durch Ablassen vom Trub, lüftet ihn dabei zur Entfernung der überschüssigen Schwefligen Säure und bringt ihn in einen wärmeren Gärkeller, wo er unter Zusatz von Reinzuchthefe oder einer guten im Betrieb selbst gewonnenen Hefe vergoren wird.

Die günstige Wirkung des Vorklärens kann noch durch Zusatz von 100—150 g/hl *aktiver Kohle*[1] (Eponit) zum Most verstärkt werden. Unangenehme Geruchs- und Geschmacksstoffe (Frostgeschmack, Faulgeschmack, Rauchgeschmack) werden dadurch erheblich gemildert. Die Kohleteilchen setzen sich mit dem Trub in kurzer Zeit wieder ab.

Auch durch eine *Schönung* mit größeren Mengen *Gelatine* oder durch eine *Blauschönung* (vgl. S. 242) kombiniert mit einer Gelatineschönung kann man oft eine genügende Vorklärung des frisch gekelterten Trauben- oder Obstsaftes erzielen. Eine weitgehende Entfernung aller Trubteilchen und Keime ist die unerläßliche Voraussetzung für das Gelingen der entkeimenden Filtration zur kalten Sterilisierung der Traubensäfte. Alle Maßnahmen der Klärung werden durch *Kühlhalten* des Mostes wesentlich unterstützt.

Eine sehr viel bessere Klärung des Traubensaftes als durch Absetzenlassen erzielt man durch Verwendung von Großraumschleudern (*Separatoren*), die insbesondere dann notwendig sind, wenn *Süßmost* hergestellt werden soll. Läßt man den frisch gekelterten möglichst kühlen Most durch solche Klärschleudern gehen, so erhält man den Trub als festen Kuchen, den man kompostieren kann. Es besteht ferner der Vorteil, daß der vergorene Wein beim ersten Abstich

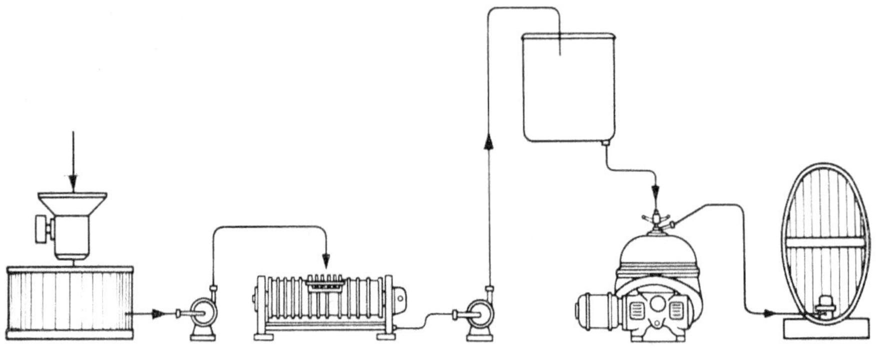

Abb. 8. Schema der Mostklärung durch Westfalia Separator mit selbstreinigender Trommel

viel weniger Hefetrub enthält als sonst und daß er sich leichter filtrieren läßt. Die Klärschleudern oder Separatoren (Abb. 8 und 20) finden daher in Großkellereien, Winzergenossenschaften und Süßmostbetrieben trotz ihres hohen Preises immer weitere Verbreitung (vgl. S. 250). Eine weitgehende Entfernung aller Trubteilchen erreicht man auch durch *Filtration* mittels Kieselgur, die bei Verwendung großer Filter der Klärung mittels Separatoren in der Mengenleistung kaum nachsteht. Auch die in Schalenform gepreßte Filtermasse, wie sie in Brauereien üblich ist, läßt sich mit Vorteil zur Klärung von Trauben- und Obstmost verwenden. Wesentlich unterstützt wird die Filtration durch den vorausgehenden Zusatz von *Filtrationsenzymen*, wie Filtragol, Pektinol, Pektinex, Meliovin u. a., die vor allem bei Obstmost die Viscosität herabsetzen und dadurch die Filtrationsgeschwindigkeit steigern. Diese Präparate enthalten Pektase und Pektinase, die das hochmolekulare kettenförmige Pektinmolekül aufspalten und in kleinere Bruchstücke zerlegen. Dadurch verliert es seine Gelierkraft und seine Wirkung als Stabilisator der Trübung (W. Heimann u. Mitarb. 1961).

[1] In extremen Fällen von 200—300 g/hl (G. Troost).

## 3. Entkeimen der Trauben- oder Obstmoste

Bei der Bereitung von *Süßmost* aus Trauben- oder Obstsaft wird der frisch gekelterte Most durch Zentrifugieren oder durch eine Schönung geklärt und durch *Pasteurisierung* oder durch *Filtration* mittels eines *Entkeimungsfilters* keimfrei gemacht. Bei der *Pasteurisierung* werden die im Most vorhandenen Kleinlebewesen: Hefezellen, Bakterien usw. durch kurzes *Erhitzen* auf 70—80° C getötet, bei der *Entkeimung* mit Hilfe besonders dichter Filter aus dem Most herausfiltriert. In beiden Fällen ist der Most vor dem Eintritt der Gärung nur so lange geschützt, als der Zutritt von Gärungserregern mit Sicherheit verhindert wird.

Entkeimte Traubensäfte werden als *Traubensüßmost* in den Handel gebracht, dienen aber auch als Zusatz zu Weinen, denen man eine leichte Süße und etwas mehr Körper verleihen will. Der Verschnitt von Weinen mit Traubensaft ist im Hinblick auf die Qualität des Verschnittes sehr umstritten. In *rechtlicher* Beziehung ist gegen einen solchen Verschnitt nichts einzuwenden, da es erlaubt ist, Wein mit Traubenmost zu verschneiden. Wird ein Naturwein mit Traubenmost versetzt, so geht er der Wachstumsbezeichnung verlustig, denn diese Angabe ist nur dann zulässig, wenn Trauben, Traubenmaische oder Traubenmost mit Trauben, Traubenmaische oder Traubenmost gleichen Wertes vermischt werden, nicht aber bei einem Verschnitt von Traubenmost mit Wein.

Pasteurisierte Traubensäfte werden in geringem Umfange auch zur Hefereinzucht verwendet. Es hat sich gezeigt, daß für diesen Zweck die pasteurisierten Moste den entkeimten Säften vorzuziehen sind, weil sich die Hefen in den ersteren rascher vermehren.

# III. Zusammensetzung der Traubenmoste

## 1. Einfluß von Traubensorte, Lage und Witterung

Die Zusammensetzung eines Traubensaftes beeinflussen vor allem die *Traubensorte* und der *Reifegrad* der Trauben, die *Lage* des Weinbergs und die *Witterung* während des Wachstums und der Reife der Trauben. Bei Traubensorten, die kleine und mittlere Konsumweine liefern, ist der Gehalt an Zucker gering (100—150 g/l), der Gehalt an Säuren oft hoch. Dazu gehören die Sorten Müller-Thurgau-Rebe (Riesling × Silvaner), Welschriesling, Portugieser, blauer Trollinger, Rossara und Aramon. Bei den wertvollsten Traubensorten wie Riesling, Traminer, Burgunder, Sauvignon und Semillon ist der Zuckergehalt wesentlich höher (180—280 g/l), der Gehalt an Säuren meist gering. Man gibt als Maß für die Güte eines Traubensaftes in Deutschland nicht den Gehalt an Zucker an, sondern das *Mostgewicht* (die Öchslegrade).

Die Schwankungen der Mostgewichte und der Säurezahlen bei den deutschen Traubensorten sind aus Tab. 7 ersichtlich, die nach Werten aus *mittelguten* Lagen und *mittleren* Jahrgängen zusammengestellt wurde, deren Zahlen also sehr oft eine erhebliche Erweiterung nach oben oder nach unten erfahren können. Genaueres darüber ist aus den Veröffentlichungen zu ersehen, in denen die Mostgewichte und der Säuregehalt der deutschen Traubenmoste alljährlich zusammengefaßt werden.

Tabelle 7. *Schwankungen der Mostgewichte und der Säurezahlen bei deutschen Traubensorten*

| Traubensorte | Most-gewicht ° Öchsle | Säure-gehalt °/₀₀ |
|---|---|---|
| Riesling . . | 70—90 | 8—12 |
| Traminer . | 80—95 | 6— 8 |
| Burgunder . | 75—95 | 7—11 |
| Ruländer . | 80—95 | 7—10 |
| Silvaner . . | 70—90 | 7—11 |
| Gutedel . . | 70—82 | 7—10 |
| Portugieser | 55—70 | 7—10 |

Neben der Traubensorte ist von maßgebendem Einfluß auf die Zusammensetzung eines Traubensaftes die *Lage des Weinberges* und seine *Bodenbeschaffenheit*. In den nördlichen Weinbaugebieten bevorzugt man für die Anlage eines Weinberges die nach Süden geneigten Lagen. Die Sonnenstrahlen treffen hier senkrecht auf und erwärmen den Boden gut. In wärmeren Gegenden zieht man die Südost- und Südwestlagen den reinen Südlagen vor. Wo die Hänge sehr steil sind, werden sie in Terrassen zerlegt und durch Mauern abgestützt. Steinige, gut durchlüftete Böden, die sich unter den Strahlen der Sonne rasch und anhaltend erwärmen, sind besonders für die Gewinnung feiner Weine geeignet. So wachsen die edlen Weine des Rheingaus und der Mosel auf *Tonschiefer* und Quarzit, die Tokayer Weine auf Trachyt und *Basalt*, die Weine Frankens, Burgunds und der Champagne auf *Kalkstein*, die feurigen Weine des Kaiserstuhls auf basaltischen Tuffen. Auch auf Granit (Ortenau), Gneis (Freiburg/Br.), Porphyr, Löß, tertiärem Kalk und Mergel (Markgräfler Land) werden gute Weine gewonnen. Tiefgründige, fruchtbare Böden, wie die mit Sand durchsetzten Lehmböden, sind nur für den Anbau reichtragender Sorten geeignet. Feuchte kalte Böden aus Ton oder Lehm sind für den Weinbau nicht geeignet.

Allgemein bekannt ist der Einfluß der *Witterung* auf die Menge und Güte der Traubenmoste und Weine. Die Rebe braucht besonders während der Zeit der Reife viel Sonne. Ein feuchtes Frühjahr, ein warmer, nicht zu trockener Sommer und ein heißer trockener Spätsommer und Herbst schaffen die besten Vorbedingungen für einen guten Wein. Die Jahren 1811, 1834, 1895, 1911, 1921, 1947, 1949, 1953, 1959 und 1961 sind wegen ihrer reichen Erträge *und* der vorzüglichen Qualität der Weine als *große Weinjahre* bekannt geworden.

Je nach dem Weinbaugebiet und seinen klimatischen Bedingungen ist der Begriff eines guten Weinjahres allerdings verschieden. Ein heißer trockener Sommer kann in Gegenden mit genügender Bodenfeuchtigkeit vorzügliche Weine hervorbringen, während in trockenen Lagen die Güte des Weines unter dem Mangel an Feuchtigkeit leidet. Auch im gleichen Jahrgang sind große Unterschiede je nach Lage des Weinberges und nach der Reifezeit der Trauben festzustellen.

## 2. Bestandteile des Traubensaftes

Im Traubensaft sind zahlreiche Stoffe enthalten, die man in folgende Gruppen einteilen kann:

1. Wasser.
2. Kohlenhydrate: Glucose, Fructose, Pentosen, Pentosane, Pektinstoffe.
3. Säuren: Apfelsäure, Weinsäure, Bernsteinsäure, Citronensäure (in Beerenfrüchten).
4. Mineralstoffe.
5. Stickstoffverbindungen: Eiweiß, Peptone, Aminosäuren, Stickstoffbasen, Ammoniak, Nitrate.
6. Gerbstoffe.
7. Phlobaphene.
8. Grüne und gelbe Farbstoffe; Rotweinfarbstoff (Oenin).
9. Öl, Fett und Wachs.
10. Fermente: Invertase, Oxydase, Pektase.
11. Bukettstoffe.
12. Sonstige Bestandteile: Sorbit, Inosit, Vitamine.

### a) Wasser

Im Traubensaft ist Wasser in einer Menge von durchschnittlich etwa 850 g/l, in Obst- und Beerensäften in einer Menge von 890—940 g/l enthalten. Das Wasser ist ein wesentlicher Bestandteil des Mostes, in dem neben dem Zucker und den Säuren noch zahlreiche andere Stoffe aus den Trauben und den Obst- und Beerenfrüchten gelöst sind. Je nach Jahrgang, Sorte und Reifegrad schwankt der Wassergehalt der Traubensäfte zwischen 810 und 890 g/l.

### b) Kohlenhydrate

α) **Bildung und Menge.** Die in der Pflanze vorkommenden *Kohlenhydrate* (Stärke, Zucker) werden durch Assimilation („Angleichung") in den grünen chlorophyllhaltigen Zellen der Blätter gebildet. Bei der Assimilation, die zu den wichtigsten chemisch-physiologischen Vorgängen in der Natur gehört und auf der letzten Endes das Leben aller höheren Pflanzen und der gesamten Tierwelt beruht, wird unter der Wirkung des Lichts (Photosynthese) aus *Kohlendioxid* und *Wasser* organische Substanz gebildet und Sauerstoff in Freiheit gesetzt.

Das erste nachweisbare Assimilationsprodukt ist im allgemeinen die *Stärke* (Blaufärbung mit Jod!). Als Zwischenprodukt sollte nach A. BAYER Formaldehyd entstehen:

$$CO_2 + H_2O \rightarrow HCHO + O_2.$$

6 Moleküle Formaldehyd würden sich hiernach zur Bildung von einem Molekül Traubenzucker zusammenlagern, aus dem durch Polymerisation das erste sichtbare Assimilationsprodukt, die Stärke, entsteht:

$$6\ HCHO \rightarrow C_6H_{12}O_6; \quad n\ C_6H_{12}O_6 \rightarrow (C_6H_{12}O_6)\ n.$$

Zur Bildung von 1 Molekül Traubenzucker (180 g) sind 674 Calorien erforderlich.

Nach neueren Untersuchungen (A. FREY-WISSLING 1949; A. PIRSON 1949, 1950; K. MYRBÄCK 1953) wird Wasserstoff unter der Einwirkung des Lichts (Lichtreaktion) durch ein im Chlorophyll wirksames Fermentsystem (A) aus Wasser aktiviert unter Freiwerden von Sauerstoff:

$$4\ H_2O \rightarrow 4\ H + 4\ OH \rightarrow 4\ H + 2\ H_2O + O_2.$$

Das aus der Luft aufgenommene Kohlendioxid wird mit Hilfe des aktivierten Wasserstoffs durch ein vom Chlorophyll und vom Licht unabhängiges Fermentsystem (B) zunächst zu einer Kohlenhydrat-Aufbaugruppe reduziert:

$$CO_2 + 4\ H \rightarrow H - \overset{\displaystyle |}{\underset{\displaystyle |}{C}} - OH + H_2O.$$

Nach dem Ergebnis dieser Untersuchungen, zu denen insbesondere M. CALVIN durch Einführung radioaktiver Isotopen des schweren Sauerstoffs $O^{18}$ und des Kohlenstoffs $C^{11}$ und $C^{14}$ (sog. „tracer") wertvolle Beiträge geliefert hat, stammt der bei der Photosynthese freiwerdende Sauerstoff also *nicht* aus $CO_2$, sondern aus $H_2O$. In der Folge der weiteren auch im Dunkeln vor sich gehenden Reaktionen (Blackmann-Reaktion) wird das aus der Luft aufgenommene $CO_2$ zunächst als —COOH-Gruppe an eine organische Verbindung RH — vermutlich eine organische Säure — gebunden.

$$RH + CO_2 \rightarrow R \cdot COOH.$$

Das erste Assimilationsprodukt ist demnach nicht Formaldehyd, sondern wahrscheinlich 2-Phosphoglycerinsäureester $CH_2 \cdot OH \cdot CHO \cdot (H_2PO_3) \cdot COOH$ bzw. Oxalessigsäure $COOH \cdot CH_2 \cdot CO \cdot COOH$[1]. Diese Verbindungen treten auch im Verlauf des Atmungsprozesses der Pflanzen auf, der demnach mit der $CO_2$-Assimilation in Parallele gesetzt werden kann. Etwa zwei Drittel der gebildeten Kohlenhydrate werden bei der Atmung unter $O_2$-Aufnahme und $CO_2$Abgabe wieder abgebaut. — Die Photosynthese kann in der Pflanzenzelle auch zur Bildung anderer organischer Verbindungen wie Fetten, Eiweißstoffen, Vitaminen führen.

Aus dem bei der Assimilation entstehenden Zucker werden auch die verschiedenen *Säuren* der Trauben und der Obstfrüchte gebildet wie Apfelsäure, Weinsäure, Bernsteinsäure und Citronensäure. Dabei dient Acetaldehyd $CH_3 \cdot CHO$ als Baustoff, aus dem zunächst Apfelsäure entsteht. In ähnlicher Weise soll auch die in Beerensäften vorkommende Citronensäure gebildet werden.

Im Trauben- oder Obstsaft kommen zwei Zuckerarten vor, die in ziemlich gleichen Teilen vorhanden sind, der *Traubenzucker* (D-Glucose) und der Fruchtzucker (D-Fructose). In Most aus überreifen oder edelfaulen Trauben überwiegt der Fruchtzucker, der auch Lävulose genannt wird.

Der Zuckergehalt der Trauben unterliegt je nach Sorte, Jahrgang und Lage großen Schwankungen. Er bewegt sich bei deutschen Traubensäften meist zwischen 100 und 250 g/l entsprechend etwa 46—108° Öchsle. Zur ungefähren Berechnung des Zuckergehaltes aus den Öchslegraden kann man sich der folgenden Formel bedienen:

$$Z = M \cdot 2{,}63 - E,$$

worin Z den Zuckergehalt in g/l, M das Mostgewicht in ° Öchsle und E den zuckerfreien Extrakt in g/l bedeuten. Ein Most von 85° Öchsle mit einem Gehalt von 28 g/l Nichtzuckerstoffen (Säuren, Mineralsalzen usw.) würde demnach $85 \cdot 2{,}63 = 224 - 28 = 196$ g/l Zucker enthalten.

---

[1] Aus dem Phosphoglycerinsäureester entsteht durch Hydrierung Triose, die weiter in Zucker umgewandelt wird; aus Oxalessigsäure können Bernsteinsäure bzw. Apfelsäure entstehen.

**β) Traubenzucker** (D-Glucose, Dextrose, Glycose, Stärkezucker) gehört ebenso wie Fruchtzucker zu den Monosacchariden, denen die Formel $C_6H_{12}O_6$ zukommt und die nach der Zahl der 6 C-Atome auch *Hexosen* genannt werden. Die Bezeichnung Dextrose (dexter = rechts) rührt daher, daß seine Lösung in Wasser die Ebene des polarisierten Lichtes nach rechts dreht. Die spezifische Drehung einer 10 %igen Lösung bei 17° im Natriumlicht $[a(D)]$ wird für wasserhaltige Dextrose mit $+ 52,74°$ angegeben. Mit wachsender Konzentration nimmt die spezifische Drehung etwas zu und beträgt bei 50 % Zucker $+ 54,7°$.

Der Traubenzucker bildet eine kristalline Masse, die eine Molekel Kristallwasser enthält und die bei etwa 83° schmilzt. Bei 86° C wird Traubenzucker wasserfrei. Aus seiner Lösung in Alkohol kristallisiert er in Form von Nadeln, deren Schmelzpunkt bei 146° liegt. Traubenzucker schmeckt süß, besitzt aber nur etwa die halbe Süßkraft des Rohrzuckers. Er ist chemisch als Aldose (Aldehydzucker) aufzufassen.

J. Boeseken (1913) und später W. N. Haworth (1929) haben anstelle der kettenförmigen Strukturformeln für die Hexosen räumliche Projektionsformeln entwickelt, die sich auf die heterocyclischen ringförmigen Grundkörper *Pyran* und *Furan* beziehen. Für D-Gluco-pyranose und D-Fructo-furanose ergeben sich dann die beiden Strukturformeln:

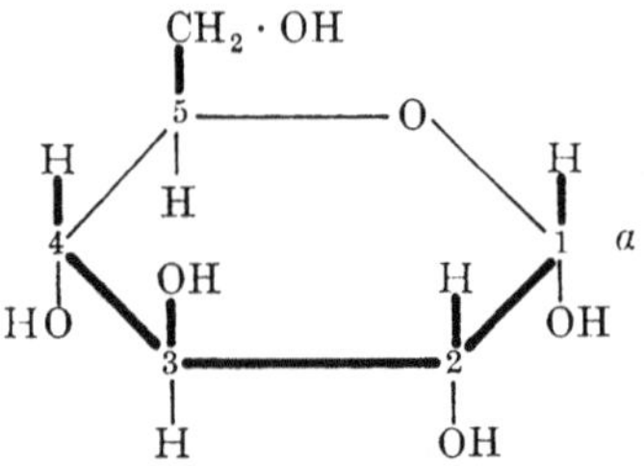

*a* D-Gluco-pyranose 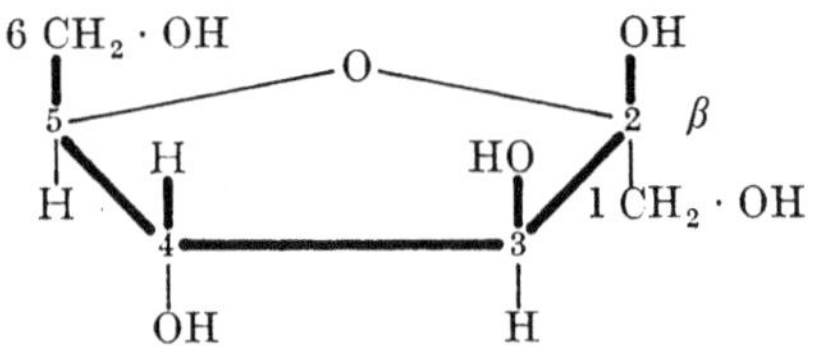          *β* D-Fructo-furanose

In 100 ml Wasser lösen sich bei 15° C 81,7 g Traubenzucker auf. In kalter Schwefelsäure tritt zum Unterschied von Rohrzucker keine Schwärzung auf. Ammoniakalische Silbernitratlösung wird unter Bildung eines braunschwarzen Niederschlages von Silber reduziert. Aus alkalischer Kupfersulfatlösung (Fehlings Lösung), die aus einer wäßrigen Lösung von 34,6 g Kupfersulfat, 173 g Seignettesalz und 51,6 g Ätznatron im Liter besteht, wird rotes Kupferoxydul ($Cu_2O$) in der Kälte langsam, beim Erhitzen sofort gefällt. In der Kälte wird dabei die Dextrose unter Bildung von Ameisensäure und Oxalsäure, in der Hitze unter Bildung von Kohlensäure, Ameisensäure, Oxalsäure und Mesoxalsäure ($COOH \cdot CO \cdot COOH$) zersetzt.

Durch Reduktion mit Natriumamalgam in saurer Lösung erhält man aus Traubenzucker *Sorbit* $C_6H_8(OH)_6 \cdot {}^1\!/_2H_2O$. Durch oxydierende Mittel wird er in Gluconsäure ($CH_2 \cdot OH \cdot (CH \cdot OH)_4 \cdot COOH$) und Zuckersäure ($COOH \cdot (CH \cdot OH)_4 \cdot COOH$) verwandelt. Bei der Einwirkung von Alkalilauge auf Dextrose tritt Braunfärbung ein und es entstehen Aceton ($CH_3 \cdot CO \cdot CH_3$), Acetol ($CH_3 \cdot CO \cdot CH_2 \cdot OH$) und Milchsäure ($CH_3 \cdot CH \cdot OH \cdot COOH$). Traubenzucker wird durch Hefe unmittelbar vergoren. Es entstehen dabei in der Hauptsache *Äthanol* ($CH_3 \cdot CH_2OH$) und *Kohlensäure* ($CO_2$).

*Dextropur* und *Silvose* sind Handelspräparate von reinem Traubenzucker.

**γ) Fruchtzucker.** Zu den Hexosen gehört auch der *Fruchtzucker* (D-Fructose, Lävulose), der in Trauben und in anderen Früchten vorkommt und seinem chemischen Aufbau nach eine *Ketose* ist.

Fruchtzucker schmeckt ebenso süß wie Rohrzucker und ist in Wasser und Alkohol leicht löslich, kristallisiert aber nur schwer in wasserfreien Kristallen, die sich bei 100° zersetzen. Die wäßrige Lösung dreht die Polarisationsebene nach links. Die spezifische Drehung $aD$ einer 10%igen Lösung bei 20° wird mit $-90,72°$ angegeben. Eine 40%ige Lösung zeigt eine Drehung von $-98,47°$.

Durch Natriumamalgam in alkalischer Lösung wird D-Fructose hauptsächlich zu Mannit und wenig Sorbit reduziert. Durch Oxydation geht sie in Glykolsäure $CH_2 \cdot OH \cdot COOH$ und Traubensäure $COOH \cdot (CH \cdot OH)_2 \cdot COOH$ über. Alkalische Silber- und Kupferlösungen werden auch durch D-Fructose reduziert, Fehlings Lösung etwas weniger energisch als durch D-Glucose. Eine verdünnte Lösung von Fruchtzucker färbt sich mit Diphenylaminsalzsäure blau.

Der Fruchtzucker wird ebenso wie der Traubenzucker unmittelbar von der Hefe vergoren, und zwar zu Äthylalkohol und Kohlensäure. Da der Traubenzucker aldehydartigen Charakter besitzt, verbindet er sich im Most oder in zuckerhaltigen Weinen mit Schwefliger Säure zu glucoseschwefliger Säure: $CH_2 \cdot OH — (CH \cdot OH)_4 — CH \cdot OH — SO_3H$. Die Eigenschaft, sich mit Schwefliger Säure zu verbinden, scheint dem Fruchtzucker zu fehlen. Dagegen verbindet sich Fruchtzucker mit Calciumhydroxid zu schwerlöslichem Calciumfructosat $C_6H_{12}O_6 \cdot$ $Ca(OH)_2 \cdot H_2O$. — Ein Verfahren zur raschen Bestimmung des Fruchtzuckers durch Titration hat F. PRILLINGER (1952) angegeben.

Traubenzucker unterscheidet sich von Fruchtzucker auch dadurch, daß sich eine wäßrige Lösung, mit Salzsäure und Resorcin erwärmt, schwach rötlich färbt, die des Fruchtzuckers aber tief kirschrot. Von Milchsäurebakterien wird Traubenzucker zu Milchsäure, Essigsäure und Alkohol vergoren, während aus Fruchtzucker der sechswertige Alkohol Mannit entsteht. — Bei Aufnahme größerer Mengen Fruchtzucker wird der Blutdruck erhöht, während die Pulszahl sinkt.

Während der Reife der Trauben wird zuerst Traubenzucker und dann erst Fruchtzucker gebildet. Im Saft vollreifer Trauben sind beide Zuckerarten etwa im Verhältnis 1:1 vertreten, während in *überreifen* und edelfaulen Trauben meist der *Fruchtzucker* überwiegt. Beide Zuckerarten werden von allen echten Hefen rasch und fast vollkommen vergoren:

$$C_6H_{12}O_6 \quad \rightarrow \quad 2\,C_2H_5OH \quad + \quad 2\,CO_2$$

Hexose (100 g)      Äthanol (51,1 g)      Kohlendioxid (48,9 g)

**δ) Rohrzucker** (Saccharose) kommt nicht im Traubensaft vor, wohl aber in nachreifenden Äpfeln und Birnen und vor allem im Saft des Zuckerrohrs (etwa 18%) und der Zuckerrübe (bis etwa 20%). Er wird zur Verbesserung von Traubenmost und -wein sowie von Obst- und Beerenmost viel verwendet. Rohrzucker gehört zu den Disacchariden und ist als Anhydrid der Glucose und der Fructose aufzufassen, ohne indessen deren Aldehyd- bzw. Ketoncharakter zu besitzen.

$$C_6H_{12}O_6 \quad + \quad C_6H_{12}O_6 \quad = \quad C_{12}H_{22}O_{11} \quad + \quad H_2O$$

Glucose      Fructose      Saccharose      Wasser

Seine Strukturformel ist:

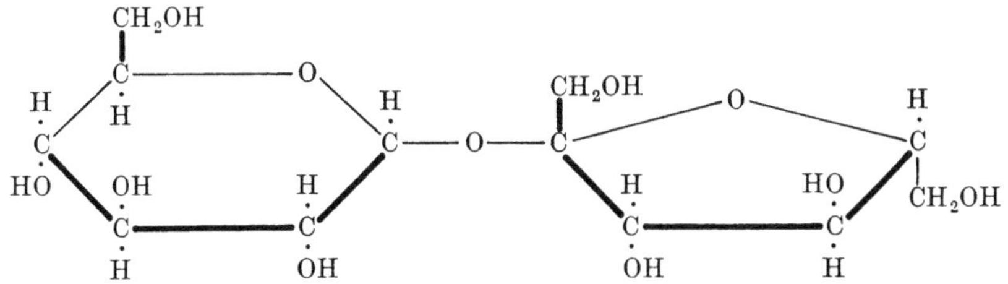

Saccharose

Rohrzucker kristallisiert in schönen monoklinen Prismen, die reiner und süßer schmecken als Traubenzucker. In 100 Teilen Wasser lösen sich bei 20° C 204 Teile, bei 100° C 487 Teile Rohrzucker. In Alkohol ist Rohrzucker nicht löslich. Beim Erhitzen auf 185° schmilzt er und erstarrt beim Erkalten zu einer amorphen Masse, die nach einiger Zeit wieder kristallinisch wird. Bei 190—200° verwandelt er sich in Karamel ($C_{12}H_{18}O_9$), eine amorphe braune Masse, die in Alkohol leicht löslich ist und als *Zuckercouleur* verwendet wird. Die Lösung des Rohrzuckers ist rechtsdrehend. Seine spezifische Drehung $[a]_D^{20°}$ beträgt $+ 66{,}5°$.

Beim Erhitzen mit verdünnten Säuren oder durch gewisse Enzyme (Saccharase) zerfällt Rohrzucker in je ein Molekül Traubenzucker und Fruchtzucker. Da hierbei die Rechtsdrehung in eine Linksdrehung umgekehrt wird, nennt man dieses Gemisch von Trauben- und Fruchtzucker auch *Invertzucker*. Die Linksdrehung kommt dadurch zustande, daß der gebildete Fruchtzucker stärker links dreht als die gleiche Menge Traubenzucker rechts.

Mit Alkalilauge erhitzt, bräunt sich Rohrzucker im Gegensatz zu Traubenzucker nicht. Konzentrierte Schwefelsäure verkohlt ihn schon in der Kälte unter Entweichen von Schwefeldioxid. Alkalische Silber- und Kupferlösung wird von Rohrzucker *nicht* reduziert. Er ist auch durch Hefe nicht unmittelbar vergärbar, sondern wird erst dann vergoren, wenn er durch das von der Hefe gebildete Ferment Saccharase (Invertin) in Trauben- und Fruchtzucker zerlegt ist. Aus dem spezifischen Drehungsvermögen des Rohrzuckers läßt sich durch Messung des Ablenkungswinkels der Zucker in einer reinen Zuckerlösung von unbekanntem Gehalt berechnen (Saccharimetrie). In nicht ganz reinen Lösungen wird der Rohrzucker zunächst invertiert und dann als Invertzucker mit alkalischer Kupferlösung (Fehlings-Lösung) bestimmt.

Die drei Zuckerarten Traubenzucker, Fruchtzucker und Rohrzucker (nach Invertierung!) werden nicht allein von echten Hefen unter Bildung von Kohlensäure und Alkohol vergoren, sie erfahren auch durch bestimmte Kahmhefen, Schimmelpilze und Bakterien mannigfache Veränderungen. So vergärt z. B. die Kahmhefe *Hansenula (Willia) anomala* Traubenzucker unter gleichzeitiger Bildung von Essigester, während Penicilliumarten Traubenzucker in Citronensäure verwandeln. Manche Bakterien, wie z. B. die Mannitbakterien, erzeugen aus Glucose Mannit und Essigsäure. Von *Bacterium xylinum*, einem Essigsäurebacterium, wird Glucose aber nicht Fructose in Gluconsäure verwandelt. *Granulobacter saccharobutyricus* zersetzt Glucose unter Bildung von Buttersäure, Butylalkohol, Kohlensäure und Wasserstoff.

ε) **Pentosen** sind Monosaccharide, denen die empirische Formel $C_5H_{10}O_5$ zukommt und die in Form von *Ketosen* $CH_2OH \cdot (CHOH)_2 \cdot CO \cdot CH_2OH$ oder *Aldosen* $CH_2OH \cdot (CHOH)_3 \cdot CHO$ auftreten. Sie sind im Gegensatz zu den Hexosen durch *Hefe nicht* vergärbar, reduzieren aber ebenso wie die Hexosen Fehlings Lösung.

J. Weiwers (Diss. Aachen 1906) gelang der Nachweis, daß vergorene Weine verschiedene Mengen Pentosen: l-Arabinose, Rhamnose (eine Methylpentose) und Xylose enthalten. Er fand im Mittel 0,5—0,8 g Arabinose im Liter. Auch Rhamnose ist in einer Menge von 0,15—0,36 g/l nachgewiesen worden, während Xylose im Traubenmost nur in verschwindend kleinen Mengen vorkommt. Es liegt die Annahme nahe, daß die Pentosen durch Aufspaltung der in Traubenmosten vorkommenden Pektinstoffe gebildet werden.

Zum Nachweis der Pentosen dient Bials Reagens, das man durch Auflösen von 1 g Orcin (Dioxytoluol 1,3,5-$C_6H_3 \cdot CH_3(OH)_2$) in 500 g 30%iger Salzsäure und Zusatz von 30 Tropfen 10%iger Eisenchloridlösung erhält. Beim Erwärmen mit Pentosen fällt ein grüner, in Amylalkohol löslicher Farbstoff aus.

ζ) **Pentosane.** Die zur Gruppe der Hemizellulosen gehörenden *Pentosane*, deren Konstitution noch wenig erforscht ist, sind in Weintrauben in einer Menge von 0,2—0,5% enthalten. Beim Erwärmen mit verdünnten Säuren gehen sie unter Wasseraufnahme in Pentosen über:

$$C_5H_8O_4 + H_2O = C_5H_{10}O_5.$$

η) **Pektine** oder **Pektinstoffe** (pectos = geronnen) der Trauben- und Obstsäfte stammen aus den Zellmembranen der Früchte und sind hochmolekulare kohlenhydratartige Stoffe, die im Pflanzenreich weit verbreitet sind. Die Pektine bestehen im wesentlichen aus Ketten von 1,4 *a*-glucosidisch verbundenen Galakturonsäuregliedern, deren Säuregruppen bis zu 75% mit Methylalkohol verestert sind. Sie bilden langgestreckte Riesenmoleküle von folgender Konstitution:

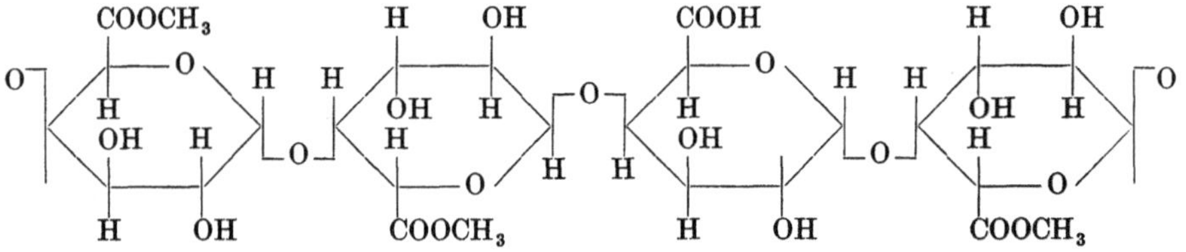

$$
\cdots\ \overset{\text{COOCH}_3}{\underset{\text{H}\ \ \text{OH}}{\text{C}_6\text{H}_7\text{O}_4}}\ -\!\!-\ \overset{\text{H}\ \ \text{OH}}{\underset{\text{COOCH}_3}{\text{C}_6\text{H}_7\text{O}_4}}\ -\!\!-\ \overset{\text{COOH}}{\underset{\text{H}\ \ \text{OH}}{\text{C}_6\text{H}_7\text{O}_4}}\ -\!\!-\ \overset{\text{H}\ \ \text{OH}}{\underset{\text{COOCH}_3}{\text{C}_6\text{H}_7\text{O}_4}}\ \cdots
$$

Bei den verschiedenen Pektinen schwanken die Molekülgrößen und -gewichte sehr erheblich. Es wurden Mol.-Gew. zwischen 30000 und mehreren Hunderttausend ermittelt.

Die Pektine kristallisieren nicht, sondern werden aus ihren wäßrigen Lösungen durch Alkohol gallertartig gefällt. Die Abkochungen vieler Früchte erstarren infolge ihres Gehaltes an diesen Stoffen zu Gallerten, den sog. Fruchtgelees. Beachtenswert ist der Pektingehalt in den Säften der Weintrauben und in denen von Himbeeren und Johannisbeeren nur insofern, als er das Absinken der Trubstoffe und damit die Klärung der Säfte verhindert, die nur schwer zu filtrieren sind. Durch enzymatischen Abbau des Pektins mittels der aus Pilzen (*Aspergillus oryzae* und *Penicillium glaucum*) gewonnenen „Filtrationsenzyme" gelingt es ‚die Viscosität der

Säfte herabzusetzen und ihre Filtration zu beschleunigen. Der Abbau des großen Pektinmoleküls, der durch die Enzyme Pektase, Pektinase, Pektinex und Protease bewirkt wird, vollzieht sich etwa nach folgendem Schema:

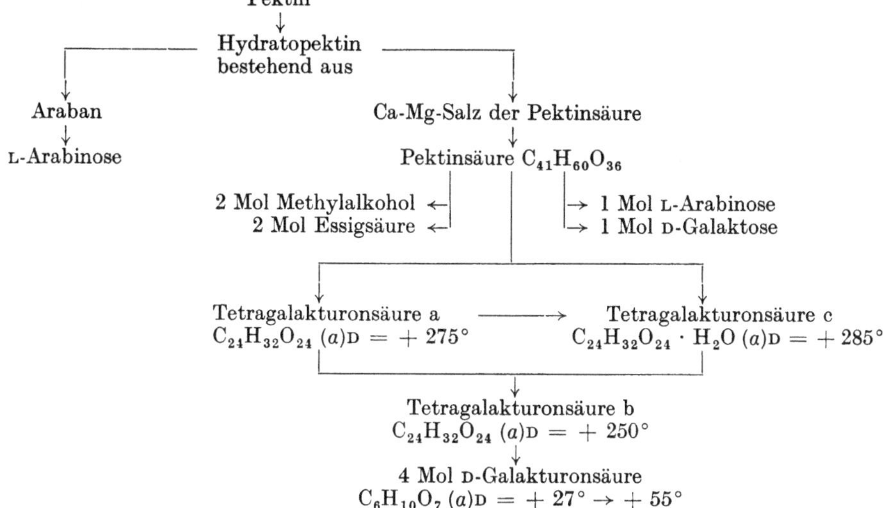


Beim Abbau des Pektins entstehen demnach L-Arabinose, D-Galaktose, D-Galakturonsäure, Methylalkohol und Essigsäure.

Nach E. PEYNAUD (1952) kommen Pektinstoffe im Traubensaft nur in geringer Menge vor (0,06—1,08 g/l). Da sie während der Gärung hydrolysiert und stark vermindert werden, finden sie sich im Wein nur noch in Spuren, spielen also für den Körper des Weines keine Rolle. Zu den Pektinstoffen werden oft auch Gummistoffe gerechnet, die nicht zu den Pektinen gehören.

Der in Tresterweinen und Tresterbranntweinen stets festgestellte geringe Gehalt an Methylalkohol ist offenbar auf die Aufspaltung des Pektins zurückzuführen. Der Gehalt der Weintrauben an Pektinstoffen beträgt etwa 1—3 g/kg. Während der Gärung nimmt der Gehalt des Traubensaftes an Pektinstoffen ab.

J. KOCH u. G. BRETTHAUER (1952) bestimmen den Gehalt von Trockenpektinen an Pektase und Pektinase durch Messung der Viscosität nach Zusatz von Filtrationsenzymen.

### c) Säuren

Der saure Geschmack der Trauben- und Fruchtsäfte und der daraus bereiteten Weine ist durch ihren Gehalt an freien und halbgebundenen organischen *Säuren* bedingt, die ihre Entstehung einer unvollkommenen Oxydation des Zuckers verdanken.

Unter den Säuren des Traubensaftes sind als wichtigste die *Apfelsäure* und die *Weinsäure* zu nennen. Daneben kommen in geringen Mengen Citronensäure, Gerbsäure, Bernsteinsäure (in unreifen Beeren!), Glykolsäure und Oxalsäure vor. Beerensäfte enthalten mit einigen Ausnahmen keine Weinsäure. Dagegen findet sich Citronensäure vorwiegend in Obst- und Beerenmosten. Oxalsäure (COOH—COOH) kommt als unlösliches Calciumsalz im Zellgewebe der Weinbeeren vor, spielt aber bei der Weinbereitung keine Rolle. In Rhabarberstengeln findet sich Oxalsäure in einer Menge von 4—15⁰/₀₀. Von seltener vorkommenden Säuren sind noch zu erwähnen die Benzoesäure, die in kleinen Mengen in Preisel- und Moosbeeren gefunden wurde, und die Salicylsäure, die in einer Reihe von Obst- und Beerensäften z. T. allerdings nur in Spuren vorkommt und durch Aufspaltung von Tyrosin während der Gärung entstehen soll. Flüchtige Säuren sind im Safte gesunder Trauben und Obstfrüchte *nicht* enthalten.

In den Traubenbeeren nimmt der Gehalt an Säuren während des Wachstums zunächst dauernd zu. Im Saft unreifer Trauben hat man bis zu 25 g/l Apfelsäure und bis zu 10 g/l Weinsäure festgestellt. Während der Reife nehmen aber die Säuren wieder ab. Zum Teil werden sie veratmet, zum Teil an Kalium, Calcium und Magnesium gebunden, die als Ionen aus dem Boden aufgenommen werden und mit dem Saftstrom in die Beeren gelangen. Ein Teil der Säuren tritt also in reifen Trauben geschmacklich nicht mehr hervor.

Der Gehalt der Weintrauben und Obstfrüchte an titrierbaren Säuren hängt von der Sorte, dem Jahrgang, der Lage und dem Reifegrad ab. In guten Jahren enthalten reife deutsche Traubenmoste etwa 6—12 g/l, in mittleren Jahren 9—15 g/l Säure. In sehr guten Jahren wie 1911, 1921, 1947 und 1953 kann der Säuregehalt bei bestimmten Traubensorten (Traminer) auf 4 g/l heruntergehen, während er in schlechten Jahren, in ungünstigen Lagen und bei an sich säurereichen Sorten auf 20 g/l ansteigen kann.

Wie stark der Säuregehalt in guten, mittleren und schlechten Weinjahren schwanken kann, zeigen die folgenden in Tab. 8 wiedergegebenen Untersuchungen, die in dem guten Weinjahre 1911 in der Pfalz an 655 Traubenmosten, im geringen Jahre 1912 an 2122 Traubenmosten der Mosel durchgeführt wurden.

Tabelle 8. *Schwankungen des Säuregehaltes von Traubenmosten in einem guten Jahr (1911) und einem schlechten Jahr (1912)*

(Zahl der Traubenmoste in % der untersuchten Proben)

| Säuregehalt g/l | <4 | —6 | —8 | —10 | —12 | —14 | —16 | —18 | —20 | —24 | —30 |
|---|---|---|---|---|---|---|---|---|---|---|---|
| 1911 . . . . | 0,3 | 26,1 | 45,0 | 22,5 | 4,0 | 2,1 | — | — | — | — | — |
| 1912 . . . . | — | — | — | 0,5 | 5,6 | 22,9 | 28,8 | 21,1 | 10,7 | 8,3 | 2,1 |

In Deutschland wird der Gehalt der Weine an Gesamtsäure als *Weinsäure* angegeben, in Frankreich oft als *Schwefelsäure*. Da 100 g Weinsäure 65,3 g Schwefelsäure entsprechen, müssen solche Zahlenangaben für den Säuregehalt der Weine mit 1,531 multipliziert werden, um den deutschen Angaben gleichwertig zu sein. Umgekehrt multipliziert man die deutschen Zahlen, die sich auf Weinsäure beziehen, mit 0,653, um Werte zu erhalten, die den in Frankreich noch üblichen Zahlenangaben (in Schwefelsäure) entsprechen.

Neben den freien Säuren Apfelsäure, Weinsäure und Bernsteinsäure sind im Most und Wein noch *saure Salze* enthalten, die ebenfalls sauer schmecken und die bei der Titration mitbestimmt werden. Die wichtigste dieser Verbindungen ist das Kaliumbitartrat, der *Weinstein*.

**α) Weinsäure.** Die im Saft der Weintrauben aber auch in anderen grünen Teilen der Rebe vorkommende *Weinsäure (Acidum tartaricum)* ist eine Dioxybernsteinsäure mit der empirischen Formel COOH · CHOH · CHOH · COOH. Da sie zwei asymmetrische C-Atome enthält, gibt es zwei optisch aktive Formen, ferner zwei inaktive Weinsäuren (Mesoweinsäure und Traubensäure), die sich durch folgende Konstitutionsformeln versinnbildlichen lassen:

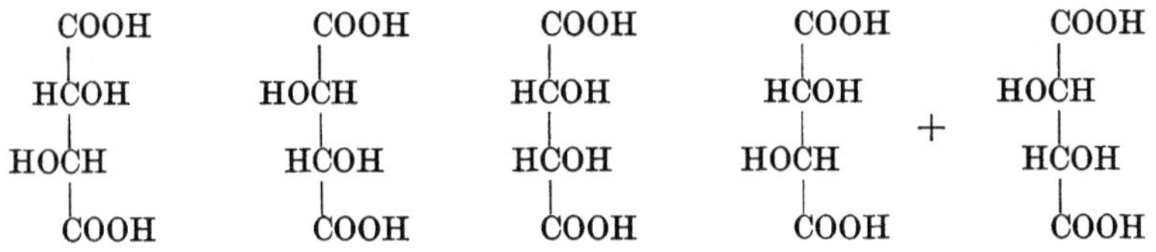

$$
\begin{array}{ccccc}
\text{COOH} & \text{COOH} & \text{COOH} & \text{COOH} & \text{COOH} \\
| & | & | & | & | \\
\text{HCOH} & \text{HOCH} & \text{HCOH} & \text{HCOH} & \text{HOCH} \\
| & | & | & | & \quad\quad | \\
\text{HOCH} & \text{HCOH} & \text{HCOH} & \text{HOCH} & +\quad \text{HCOH} \\
| & | & | & | & | \\
\text{COOH} & \text{COOH} & \text{COOH} & \text{COOH} & \text{COOH} \\
\text{D-Weinsäure} & \text{L-Weinsäure} & \text{Mesoweinsäure} & & \text{Traubensäure} \\
\text{I} & \text{II} & \text{III} & & \text{IV}
\end{array}
$$

Die Weinsäure des Traubensaftes ist rechtsdrehend und kristallisiert in farb- und geruchlosen monoklinen Prismen, die in Wasser und Alkohol leicht löslich sind. Weinsäure verhindert die Fällung von Kupferoxid in alkalischer Lösung durch Bildung folgender Verbindung: COONa — CHO — Cu — OHC — COONa (Fehlings Lösung). Diese Verbindung wird bei der Zuckerbestimmung in einem der Menge des Zuckers entsprechenden Umfange zu gelbrotem Kupferoxydul reduziert.

Erhitzt man n-Weinsäure über ihren Schmelzpunkt (170° C) hinaus, so entstehen unter Wasseraustritt Polymerisate noch wenig bekannter Konstitution, die man als „*Metaweinsäure*" bezeichnet. Sie kommen als graues sehr hygroskopisches Pulver in den Handel, das dem Wein zugesetzt wird, um die Ausscheidung von Weinsteinkristallen zu verhindern. Nach Versuchen von E. SCAZZOLA (1956), BR. WEGER (1957) und französischen Weinfachleuten gelingt es, durch Zusatz von 5—15 g „Metaweinsäure" zu 1 hl Wein die Bildung von Weinsteinkristallen oder von Kristallen des Ca-Tartrats für wenigstens 3 Monate zu verhindern, vermutlich dadurch, daß die Mikrokristalle nicht weiter wachsen. Im Laufe von etwa 3—6 Monaten geht Metaweinsäure durch Hydrolyse wieder in Weinsäure über und wird unwirksam. Nach BR. WEGER soll der Metaweinsäure folgende Konstitutionsformel zukommen:

$$COOH—CHOH—CH—CO$$
$$O \qquad O$$
$$CO—CH—CHOH—COOH.$$

Von den Salzen der Weinsäure sind besonders das *saure Kaliumtartrat*, der *Weinstein (Tartarus)*, und das *neutrale Calciumtartrat* zu erwähnen. Weinstein $COOK \cdot CHOH \cdot CHOH \cdot COOH$ bildet sich schon in der Traube beim Zusammentreffen der im Traubensaft enthaltenen Weinsäure mit dem aus dem Boden aufgenommenen Kalium. Er ist in Wasser wenig löslich, noch weniger aber in einer alkoholhaltigen Flüssigkeit wie Wein. Daher fällt ein Teil des im Traubensaft gelösten Weinsteins während der Gärung in rhombischen Kristallen aus und sammelt sich im Hefetrub. Der Gehalt der Weine an titrierbaren Säuren wird dadurch um 2—3 g/l, in sehr sauren Weinen sogar um 4 g/l vermindert (1 g Weinstein entspricht 0.4 g freier Weinsäure).

Noch schwerer löslich als der Weinstein ist das *weinsaure Calcium* $Ca \cdot C_4H_4O_6 + 4\,H_2O$, das sich ebenfalls während der Gärung abscheidet und das sich vor allem beim *Entsäuern* des Mostes oder Weines mit kohlensaurem Kalk bildet:

$$\begin{array}{l} CH \cdot OH — COOH \\ \qquad\qquad\qquad\quad + Ca \cdot CO_3 = \\ CH \cdot OH — COOH \end{array} \quad \begin{array}{l} CH \cdot OH \cdot COO \\ \qquad\qquad\qquad\;\;\; \rangle Ca + CO_2 + H_2O \\ CH \cdot OH \cdot COO \end{array}$$

Während sich 1 g Weinstein in 227 ml Wasser von 15° C löst, braucht man zum Auflösen von 1 g Calciumtartrat nicht weniger als 6265 ml Wasser von 15° C.

Beide Tartrate bilden leicht übersättigte Lösungen. Die Ausfällung kann daher auch sehr viel später erst erfolgen und zu unerwünschten Kristallabscheidungen in der Flasche führen.

Von Bedeutung sind ferner das Kaliumnatriumtartrat *Seignettesalz*[1] $(KNa \cdot C_4H_4O_6 + 4\,H_2O)$ und das Kaliumantimonyltartrat, der *Brechweinstein* $K(SbO) \cdot C_4H_4O_6 + \frac{1}{2}H_2O)$.

In essigsaurer Lösung gibt Weinsäure mit Kaliumchlorid (KCl) einen Niederschlag von Weinstein. Diese Reaktion wird zum Nachweis und zur Bestimmung der Weinsäure verwendet. Weinsäure wird technisch aus den Rückständen der Weinbereitung gewonnen. Der Gehalt der Weintrester an Weinsäure schwankt zwischen 3 und 5 % und ist am höchsten in Trestern aus vergorener Rotweinmaische. Im ausgepreßten, aber noch feuchten Hefetrub können bis zu 20 % Weinstein enthalten sein.

**β) Apfelsäure** $H_2 \cdot C_4H_4O_5$ ist im Pflanzenreich weit verbreitet. Sie kommt in Äpfeln, Birnen, Quitten, Vogelbeeren usw. vor und spielt auch im Traubensaft und im jungen Wein die wichtigste Rolle. Im Most ist sie teils in freiem, teils in gebundenem Zustand enthalten. Ihrem Formelbild nach ist die Apfelsäure eine Mono-*Oxybernsteinsäure*:

$$COOH — CH \cdot OH — CH_2 — COOH$$

mit einem asymmetrischen Kohlenstoffatom. Sie ist daher *optisch aktiv*, und zwar dreht die natürlich vorkommende Apfelsäure die Polarisationsebene des Lichts nach *links*. Daneben gibt es auch eine rechtsdrehende Apfelsäure und eine optisch inaktive Apfelsäure, die aus einem Gemisch von gleichen Teilen rechts- und linksdrehender Apfelsäure besteht.

---

[1] Der Apotheker SEIGNETTE lebte von 1660—1719 in La Rochelle.

Apfelsäure bildet nadelförmige zerfließliche Kristalle von angenehm saurem Geschmack, die in Wasser und Alkohol leicht löslich sind. Die sauren Salze der Apfelsäure sind meist weniger löslich und kristallisieren daher leichter als die neutralen Salze. Apfelsäure wird technisch aus dem Saft der Vogelbeeren (*Sorbus aucuparia*) gewonnen, der 3—5% Apfelsäure enthält. Beim Erhitzen geht Apfelsäure in Maleinsäure COOH · CH = CH · COOH über.

In den Traubenbeeren steigt der Gehalt an Apfelsäure während des Wachstums bis auf 15—20 g/l an. Während der Reife geht er aber hauptsächlich durch Veratmung wieder so stark zurück, daß im Saft reifer Trauben oft nur noch 3—5 g/l Apfelsäure enthalten sind. Der *biologische Säureabbau* im Wein bewirkt eine Spaltung der Apfelsäure in *Milchsäure* und *Kohlendioxid*. Auf diesem wichtigen, durch Bakterien verursachten Vorgang beruht der natürliche Rückgang der Säure im Wein (vgl. S. 234). In fertig ausgebauten Weinen ist daher nur noch wenig Apfelsäure vorhanden. An ihre Stelle ist die *Milchsäure* (Oxypropionsäure $CH_3$ · CHOH · COOH) getreten, die im Traubensaft nicht vorkommt. Auch von Kahmhefen und Essigbakterien wird Apfelsäure angegriffen und wahrscheinlich in Kohlendioxid und Wasser zerlegt.

Im Traubenmost guter und reifer Jahrgänge ist vor allem *Weinsäure* enthalten, während im Traubensaft unreifer Jahrgänge die *Apfelsäure* überwiegt. Mit zunehmender Reife der Trauben nimmt zwar die Apfelsäure, nicht aber die Weinsäure ab. Ihre Menge vermindert sich selbst dann nicht, wenn vollreife gesunde Trauben noch längere Zeit am Stock hängen. Sie ist daher ein wesentlicher Bestandteil *guter* Jahrgänge und wird vom Winzer auch *reife Säure* genannt im Gegensatz zur Apfelsäure, die in unreifen Jahrgängen weit überwiegt. — Deutsche *Weine* enthalten etwa 1,5—3,0 g Weinsäure im Liter. In sehr säurereichen Jahren wie 1912, 1936 und 1965 sind in Moselweinen bis 8 g Weinsäure im Liter festgestellt worden.

**γ) Milchsäure** (a-Oxypropionsäure, Acidum lacticum) $CH_3$ . CHOH . COOH hat die Konstitutionsformel:

$$H_3C \diagdown \diagup OH$$
$$> C <$$
$$H \diagup \diagdown COOH$$

und kommt in einer rechts-, einer linksdrehenden und in einer optisch inaktiven Form vor. Milchsäure ist eine farblose, klare, sirupartige Flüssigkeit, die rein sauer schmeckt und mit Wasser und Alkohol beliebig mischbar ist. Sie kommt als 90%ige und als 50%ige Lösung in den Handel. Wasserfreie Milchsäure bildet hygroskopische Kristalle, die bei 18° C schmelzen. Im Traubenmost und in unvergorenen Obstsäften ist Milchsäure nicht enthalten. Sie entsteht in der Milch (daher der Name) durch Vergärung des Milchzuckers, in Sauerkraut, Gurken, Silofutter usw. durch Vergärung von Zucker. In gesundem Wein wird Milchsäure im wesentlichen durch den Abbau der Apfelsäure (vgl. oben und S. 234) gebildet.

Auch beim Milchsäurestich und bei der Mannitgärung (vgl. S. 267) entsteht aus unvergorenem Zucker Milchsäure neben flüchtigen Säuren und Kohlendioxid. Wie C. Antoniani u. L. Federico (1956) nachgewiesen haben, vermögen auch eine ganze Anzahl Saccharomyces-Arten Milchsäure zu bilden und zwar in der Hauptsache a-Milchsäure.

Milchsäure wird durch Vergärung von Kartoffel- oder Getreidemaische mit Reinkulturen des Bacillus Delbrücki gewonnen, neuerdings auch durch Vergären der Kohlenhydrate von Sulfitablaugen. Sie findet Verwendung in der Nahrungsmittel- und Getränkeindustrie sowie in der Gerberei und in der Textilindustrie.

**δ) Citronensäure** findet sich in zahlreichen Früchten, die auch zur Weinbereitung verwendet werden, in freiem Zustande oder gebunden an Kalium und Calcium. Ferner entsteht Citronensäure bei der Vergärung von Traubenzucker durch die Pilze *Citromyces glaber, C. Pfefferianus, Penicillium luteum* und *Mucor piriformis*.

Citronensäure ist dreibasisch und besitzt die Formel $CH_2$ · COOH — CHO · COOH — $CH_2$ · COOH. Sie kristallisiert in großen farblosen rhombischen Kristallen und ist in Wasser und Alkohol leicht löslich. Schwer löslich sind das Ca- und das Ba-Salz der Citronensäure.

Auch im *Wein* wurde Citronensäure nachgewiesen und als normaler Bestandteil der Trauben und des Traubenweines erkannt. O. Reichardt (1926, 1934, 1936) fand in Pfalzweinen bis zu 300 mg im Liter Wein. Ein höherer Citronensäuregehalt kann auf Verfälschung mit Citronensäure oder mit Säften von Beerenobst hindeuten.

Citronensäure wird durch *Bacterium gracile* in Oxalessigsäure und Essigsäure gespalten. Aus der Oxalessigsäure können durch Oxydoreduktion, Kondensation und Decarboxylierung Milchsäure, 2,3-Butandiol, Acetoin und Diacetyl entstehen. Als Zwischenprodukt wird Brenztraubensäure vermutet.

In den süddeutschen Weinbaugebieten darf dem Haustrunk (Tresterwein) Citronensäure zur Erhöhung des Säuregehaltes und der Haltbarkeit zugesetzt werden. Das das Mol.-Gew. der dreibasischen Citronensäure (+ 1 $H_2O$) 208,14 beträgt, das Mol.-Gew. der zweibasischen Weinsäure 150, so verhalten sich die Äquivalentgewichte der beiden Säuren wie 69,38:75. Durch den Zusatz von $\frac{69{,}38 \cdot 100}{75}$ = 92,5 g Citronensäure zu 1 hl Haustrunk wird demnach der Säuregehalt, berechnet als Weinsäure, um 1 g/l erhöht.

ε) **Umrechnung der Säuren.** Zur Umrechnung der in Most und Wein vorkommenden Säuren kann man sich der in Tab. 9 angegebenen Faktoren bedienen.

Tabelle 9

*Umrechnungsfaktoren der in Wein, Obstwein und Beerenwein vorkommenden Säuren*

| Säure | Mol.-Gew. | Äquiv. Gew. | 1,000 g Säure entsprechen | | | | | |
|---|---|---|---|---|---|---|---|---|
| | | | Wein-säure | Apfel-säure | Milch-säure | Citr.-säure | Essig-säure | Schwefel-säure |
| Weinsäure . . . . . | 150,09 | 75,05 | 1,000 | 0,895 | 1,200 | 0,853 | 0,800 | 0,653 |
| Apfelsäure . . . . . | 134,09 | 67,05 | 1,119 | 1,000 | 1,343 | 0,955 | 0,896 | 0,731 |
| Milchsäure . . . . . | 90,08 | 90,08 | 0,833 | 0,744 | 1,000 | 0,711 | 0,667 | 0,544 |
| Citronensäure[1] . . . . | 190,12 | 63,37 | 1,172 | 1,047 | 1,406 | 1,000 | 0,938 | 0,766 |
| Essigsäure . . . . . | 60,05 | 60,05 | 1,250 | 1,117 | 1,500 | 1,067 | 1,000 | 0,817 |
| Schwefelsäure . . . . | 98,08 | 49,04 | 1,531 | 1,367 | 1,837 | 1,306 | 1,225 | 1,000 |

[1] *Wasserfreie* Citronensäure! Die im Handel befindliche kristallisierte Citronensäure $C_3H_5 \cdot O \cdot (COOH)_3 + 1 H_2O$ hat ein Mol.-Gew. von 208,14.

Beispiel: 1,000 g Weinsäure entsprechen in ihrem Gehalt an H·Ionen, d. h. in ihrem Verbrauch an Alkalilauge: 0,895 g Apfelsäure, 1,200 g Milchsäure, 0,853 g Citronensäure, 0,800 g Essigsäure und 0,653 g Schwefelsäure.

Will man z. B. berechnen, wieviel Gramm Weinsäure einer Menge von 0,5 g Citronensäure entsprechen, so ergibt sich folgender Ansatz:

$$\frac{0{,}853}{1{,}000} = \frac{x}{0{,}5} ; \quad x = \frac{0{,}853 \cdot 0{,}5}{1{,}000} = 0{,}4265 \text{ g Weinsäure.}$$

0,5 g Citronensäure entsprechen also 0,4265 g Weinsäure.

## d) Mineralstoffe

Das durch die Wurzeln aufgenommene Wasser führt der Rebe auch eine bestimmte Menge *Mineralstoffe* zu, die für den Aufbau und die Ernährung der Organe, wie Stamm, Blätter, Früchte notwendig sind. Die Menge dieser Stoffe hängt ab von der Witterung, der Bodenart, der Düngung, der Rebsorte, dem Reifegrad und anderen Faktoren und ist in trockenen Jahren oft geringer als in feuchten Jahren.

Nach Untersuchungen von E. PEYNAUD u. A. MAURIE (1956) ist aber nicht der Regenreichtum eines Jahres maßgebend für die Menge der aufgenommenen Mineralstoffe, sondern — genügende Bodenfeuchtigkeit vorausgesetzt — die *Sommerwärme*, die ja die Verdunstung und den Saftstrom in der Pflanze regelt.

Im großen ganzen unterliegt der Mineralstoffgehalt der Moste und Weine keinen großen Schwankungen. Er bewegt sich bei der Mehrzahl der Moste zwischen 3 und 5 g/l, bei der Mehrzahl der Weine zwischen 1,8 und 2,5 g/l. Da die Mineralstoffe beim Eindampfen und Verbrennen von Most und Wein in der Asche zurückbleiben, führen sie auch die Bezeichnung Aschenbestandteile oder kurzweg *Asche*.

In der Asche des Mostes und des Weines überwiegen stets die *Kationen*. Die beim Veraschen entstehende Kohlensäure wird z. T. gebunden und erhöht das Gewicht der „*Rohasche*". Als „*Reinasche*" bezeichnet man das Gewicht der Rohasche abzüglich der aufgenommenen Menge Kohlendioxid.

Die wichtigsten und in der Menge überwiegenden Mineralstoffe des Mostes und des Weines sind die Phosphate von Kalium, Calcium und Magnesium. Daneben finden sich in der Asche stets kleine Mengen Schwefelsäure, Natrium, Eisen, Chlor, Borsäure und Kieselsäure.

In 1,000 g Reinasche sind im Durchschnitt enthalten:

| | | | |
|---|---|---|---|
| Kalium ($K_2O$) . . . .500—700 mg | Phosphorsäure ($P_2O_5$) | 80—160 mg |
| Calcium (CaO) . . . . 40— 70 mg | Schwefelsäure ($SO_3$) . . 40—100 mg |
| Magnesium (MgO) . . 30— 50 mg | Kieselsäure ($SiO_2$) . . 20— 40 mg |
| Natrium ($Na_2O$) . . . 10— 25 mg | Chlor (Cl) . . . . . . 20— 60 mg |
| Eisen ($Fe_2O_3$) . . . . 4— 20 mg | Bor ($BO_3$) . . . . . . Spuren |

Auch Aluminium, Mangan, Kupfer und Jod finden sich in Spuren in der Asche von Trauben- und Fruchtsäften. Von den Mineralstoffen der Trauben- und Obstsäfte sind besonders *Kalium* und *Phosphorsäure* notwendig für die Ernährung und das Wachstum der Hefe. Reine mineralstofffreie Zuckerlösungen werden von der Hefe nicht vergoren. Calcium, Magnesium und Schwefelsäure spielen im Most und Wein eine geringere Rolle.

Der Gehalt der vergorenen *Weine* an Mineralstoffen ist geringer als der von unvergorenen Mosten, weil die Hefe gewisse Mengen dieser Stoffe zum Aufbau ihrer Körpersubstanz verbraucht und weil durch Abscheidung von Weinstein und weinsaurem Kalk eine Verminderung eintritt. Rotweine und Tresterweine, die auf der Maische vergoren wurden, enthalten mehr Aschenbestandteile als Weißweine. Der Aschengehalt wird auch durch unsachgemäßes Entsäuern, durch Schönung mit spanischer Erde oder Bentonit sowie durch besondere Behandlungsweisen wie Gipsen und Phosphatieren künstlich erhöht. Das Gewichtsverhältnis zwischen Asche und Extrakt beträgt bei deutschen Weinen im allgemeinen 1:10.

## e) Stickstoffverbindungen

Der Stickstoffgehalt in *Traubensäften* schwankt zwischen etwa 0,2 und 1,4 g, bei *Obstsäften* zwischen 0,4 und 0,8 g/l. Säfte aus faulen oder überreifen Trauben sind stickstoffärmer als solche aus gesunden Trauben. Besonders *arm* an Stickstoffverbindungen sind *Heidel-* und *Preiselbeersäfte*, die oft nur 0,1—0,2 g Stickstoff im Liter enthalten. Läßt man einen Trauben- oder Obstsaft sich durch Absetzen klären, so ist der Stickstoffgehalt des klaren Saftes geringer als derjenige des Trubes.

Über die chemischen Bindungsformen des Stickstoffes in Trauben- und Beerensäften liegen noch wenig Angaben vor. Der Gehalt an *Albumin* beträgt bei Traubensäften etwa 1—4% des Gesamtstickstoffes. Neben den wasserlöslichen Albuminen sind infolge enzymatischer Einflüsse auch Eiweißabbauprodukte: Albumosen, Peptone, Aminosäuren, Amine und Ammoniak nachzuweisen.

Die löslichen Stickstoffverbindungen sind für die Weinbereitung insofern von großer Bedeutung, als sie der *Hefe* als unentbehrlicher *Nährstoff* dienen; stickstoffarme Säfte und Moste bedingen eine verzögerte Hefevermehrung und eine schleppende Gärung. Bei der Verarbeitung der gewöhnlich stickstoffarmen Heidelbeer- und Preiselbeersäfte erfolgt Stickstoffzusatz in Form von Ammonsalzen (am besten von Ammoniumphosphat). Dagegen ist in Traubensäften der natürliche Stickstoffvorrat ausreichend für die Erhaltung der Stoffwechselvorgänge der Hefe und der Gärtätigkeit.

## f) Gerbstoffe

*Gerbstoffe* sind besonders in den Kämmen, Hülsen und Kernen der Trauben in beträchtlicher Menge enthalten und finden sich daher auch im Wein. Frische *Beerenhülsen* enthalten im Durchschnitt 1,2%, Trauben*kerne* 2—9% Gerbstoff. In grünen unverholzten *Kämmen* kann der Gehalt an Gerbstoff bis zu 5% betragen. Wird der Most auf den Trestern vergoren, so nimmt er aus den Kämmen, Hülsen und Kernen erhebliche Mengen Gerbstoff auf.

Weißweine enthalten höchstens 0,2—0,4 g Gerbstoff im Liter, milde Rotweine 1—1,5 g und dunkle schwere Rotweine 2—2,5 g im Liter. In sehr farbstoffreichen Deckweinen soll der Gerbstoffgehalt bis 6 g im Liter betragen.

K. Freudenberg unterscheidet *hydrolisierbare Gerbstoffe*, die von esterartiger Beschaffenheit sind und sich durch Hydrolyse zerlegen lassen, wie z. B. das chinesische Tannin und der Gerbstoff der Edelkastanie, und *kondensierte Gerbstoffe*, bei denen keine Esterbindung vorliegt, deren Kerne vielmehr durch Kohlenstoffbindungen zusammengehalten werden. Zu den wichtigsten kondensierten Gerbstoffen gehören die *Catechine*, farblose kristallisierbare Verbindungen, die als hydrierte Flavonole oder als hydrierte Anthocyanidine aufzufassen sind. Kennzeichnend für diese Verbindungen sind viele phenolische OH-Gruppen, von denen z. B. die Pentadigalloylglucose nicht weniger als 25 enthält. Hierher gehören die Gerbstoffe der Eichenrinde und der Roßkastanie neben anderen weniger genau bekannten Verbindungen.

Die Ontogenese der Gerbstoffe hat neuerdings H. SCHANDERL (1957) eingehend untersucht und beschrieben.

Während des Wachstums und der Reife nimmt der Gerbstoff im Innern der Beere immer mehr ab. Nur die Hülsen weisen z. Z. der Vollreife noch eine erhebliche Menge Gerbstoff auf. Die Kerne reifer Trauben enthalten nur in den beiden äußeren Hüllen Gerbstoff, während der Keimling stets frei davon ist.

Das aus Wein isolierte Oenotannin besitzt einen stark zusammenziehenden (adstringierenden) Geschmack und gibt mit Eisenoxidsalzen einen graugrünen Niederschlag. Eine wäßrige Lösung von Tannin rötet Lackmuspapier und färbt sich am Licht allmählich braun. Mit Eisenchlorid entsteht ein schwarzblauer Niederschlag (Tinte) von gerbsaurem Eisenoxid. Auch das Schwarzwerden der Tresterweine und mancher Obstweine ist auf die Entstehung einer solchen Eisengerbstoffverbindung zurückzuführen. Mit Eiweiß, Gelatine und Leim bilden die Gerbstoffe unlösliche lederartige Verbindungen, die in Form von braunen Flocken ausfallen. Von dieser Eigenschaft macht man bei der Schönung der Weine Gebrauch.

Die im Gerbstoffmolekül enthaltene Gallussäure (Trioxybenzoesäure) $C_6H_2 \cdot (OH)_3 \cdot COOH$ $+ H_2O$ besitzt einen schwach gerbsauren Geschmack und gibt mit Eisenchlorid ebenfalls eine schwarzblaue Färbung, fällt dagegen eine Lösung von Leim oder Gelatine *nicht*. Da diejenigen Stoffe, welche die Gerbsäurereaktion geben, mit Gelatine nicht vollständig ausgefällt werden, muß man annehmen, daß Gallussäure sich auch im Wein findet.

In Rot- und Weißweinen konnten K. HENNIG u. R. BURKHARDT (1957) im zweidimensionalen Chromatogramm 5 verschiedene Gerbstoffe nachweisen. Es wurden festgestellt: D-Catechin, Gallocatechin, Gallussäure, Ellagsäure und Ellagengerbstoff. Von den Polyphenolen wurden nachgewiesen: Chlorogensäure, Isochlorogensäure, p-Cumarsäure und Kaffeesäure, ferner Chinasäure als Bruchstück der Chlorogensäure. Von den Flavonolen wurden Quercetin und Quercitrin gefunden. Die Chlorogensäure und die Kaffeesäure sind verantwortlich für das Braunwerden der Weine (vgl. S. 261).

## g) Phlobaphene

Die bei der Oxydation von Pflanzensäften oft sehr rasch entstehenden rotbraunen Farbstoffe, die sich offenbar von kondensierten Gerbstoffen (Catechinen) herleiten, nennt man *Phlobaphene*. Sie treten besonders in gerbstofführenden Pflanzenteilen wie z. B. in alter Rinde und in Früchten auf und werden unter der Einwirkung pflanzlicher Oxydasen dort so rasch gebildet, daß sich die verletzten Rinden und Früchte oft unmittelbar nach dem Zutritt von Luft dunkel färben. Solche Farbstoffe bilden sich auch beim Abdampfen einer wäßrigen Gerbstofflösung nach Zusatz von wenig Säure. Sie sind in kaltem Wasser schwer, in heißem Wasser, Alkohol und Äther leichter löslich. Eiweiß wird durch Phlobaphene gefällt. Aus ihren sauren Lösungen werden sie durch Bromwasser, Chlornatrium und Chlorammonium niedergeschlagen.

Auf der Bildung von Phlobaphenen dürfte auch die rasche Braunverfärbung der Traubenund Obstmaischen und der Trauben- und Obsttrester beruhen.

## h) Farbstoffe

**α) Grüne und gelbe Farbstoffe.** Nicht allein in den Hülsen der auffallend gefärbten blauen und roten Trauben ist ein Farbstoff (Oenin, Oenocyanin) enthalten, auch in den sog. „weißen Trauben", deren Farbe zwischen grün und goldgelb wechselt, findet sich ein Gemisch von grünen und gelben Pflanzenfarbstoffen. Sie entwickeln sich in den vom Lichte getroffenen Pflanzenteilen aus den Farbträgern (Chromatophoren). Im Wandbelag des Protoplasmas der Pflanzenzellen bilden sich *Chlorophyll*körner, deren Grundmasse farblos ist und die zahlreiche ölartige Tröpfchen eines *grünen* Farbstoffs (Chlorophyll) enthält. Daneben ist in den Chlorophyllkörnern noch ein *gelber* Farbstoff (*Xanthophyll*) und ein *orangeroter* Farbstoff (*Carotin*) enthalten. Alle drei Farbstoffe sind in Alkohol löslich und können damit aus den grünen Pflanzenteilen herausgezogen werden. In durchfallendem Licht erscheint die Lösung schön grün, in auffallendem Licht zeigt sie eine tiefrote Fluorescenz.

Die Konstitution des Chlorophylls wurde durch R. WILLSTÄTTER (1913) und seine Schüler sowie durch HANS FISCHER u. Mitarb. aufgeklärt. Sie fanden, daß das Blattgrün aus zwei Komponenten besteht, dem blaugrünen *Chlorophyll a* und dem gelbgrünen *Chlorophyll b*.

Das charakteristische Merkmal beider Chlorophylle ist ein Dihydroporphyrinring mit eingebautem isocyclischem Ring. Chlorophyll enthält Magnesium, nicht Eisen, wie man früher annahm. Zu seiner Bildung ist jedoch Eisen erforderlich.

Zu den gelben Farbstoffen der Weinbeere zählt man das Carotin, das Xanthophyll, das Quercetin und das Quercitrin. Die beiden erstgenannten Farbstoffe sind im Pflanzenreich weit verbreitet und kommen in allen Blättern vor; sie kristallisieren und sind stickstofffrei. Das *Carotin* besitzt die Formel $C_{40}H_{56}$, ist sonach ein ungesättigter Kohlenwasserstoff. Das *Xanthophyll* $C_{40}H_{56}O_2$ ist als ein Dioxy-Derivat des Carotins aufzufassen.

In halbreifen Weinbeeren wurden die Flavonole Quercitrin und Quercetin gefunden. Das Quercetin, das vor allem in der Rinde der Färbereiche Quercus tinctoria vorkommt, ist ein Pentaoxyflavon mit folgender Struktur:

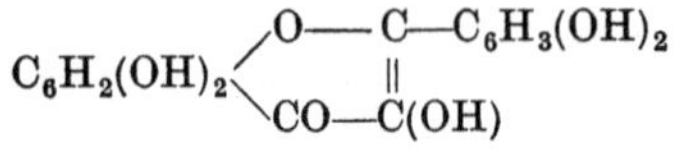

$$C_6H_2(OH)_2 \Big\langle \begin{matrix} O\!-\!\!-C\!\!-\!C_6H_3(OH)_2 \\ \| \\ CO\!\!-\!\!C(OH) \end{matrix}$$

Quercetin ist nahe verwandt mit den Anthocyanen, den blauen und roten Pflanzenfarbstoffen. *Quercitrin* ist ein Methylpentosid des Quercetins. Quercetin reagiert ebenso wie Oenidin mit Aldehyden unter Bildung brauner Körper (L. Genevois 1951) (brauner Bruch, vgl. S. 261).

„Überblickt man den Aufbau der Farb- und Gerbstoffe, so erkennt man in den Ringgerüsten die außerordentlich nahe Verwandtschaft. An dem Benzopyryliumring ist in der 2-Stellung stets ein Phenylring angelagert. Die Hydroxylgruppen stehen im Benzopyryliumring bevorzugt in 3-, 5-, 7-Stellung. Auch im Phenylring sind stets die 3″-, 4″-, 5″-Stellungen bevorzugt. Es sind daher die Übergänge von den Anthocyanidinen in die Flavonole und Gerbstoffe und umgekehrt durch Oxydations-Reduktionsreaktionen leicht möglich" (Hennig u. Burkhardt (1957, S. 380). Aus diesen Wechselbeziehungen erklärt sich die Mannigfaltigkeit der Farbstoffe und Gerbstoffe in den verschiedenen Weinen.

**β) Rotweinfarbstoff (Oenin).** Mit Ausnahme der Färbertrauben (teinturiers) und einiger Hybriden (Oberlin u. a.), deren Beerensaft rot gefärbt ist und die daher auch bei sofortigem Abpressen einen dunkelroten Most liefern, ist der Beerensaft auch der blauen und roten Trauben (Burgunder, Portugieser, Trollinger, Sauvignon u. a. m.) *farblos.* Der Farbstoff sitzt bei diesen Sorten nur in den äußeren Zellschichten der Beerenhülse, wo er unter dem Einfluß des Lichts gebildet wird. Werden die Trauben blauer Sorten während des Wachstums verdunkelt, so entwickeln sie sich zwar bis zur normalen Größe, bleiben aber ungefärbt. Die lichtere oder dunklere Färbung der Weine verschiedener Traubensorten hängt von der Menge des in den Hülsen enthaltenen Farbstoffes und vom Säuregehalt der Beeren ab. Säurereiche Trauben liefern meist hellrote Weine, säurearme Trauben dunkelrote Weine. Werden rote Trauben ungemaischt gekeltert, so fließt ein blaßroter Most (Weißherbst, Schiller) ab. Genügend gefärbte Rotweine werden nur beim Abkeltern *vergorener* Maischen erhalten.

Die Zusammensetzung des Rotweinfarbstoffes war lange in Dunkel gehüllt. Man wußte nur, daß man es mit einem glucosidartigen Körper zu tun hat. Erst den verdienstvollen Arbeiten von R. Willstätter (1913) u. Mitarb. war es vorbehalten, den chemischen Aufbau dieses Farbstoffes aufzuklären, den sie in die große Gruppe der Anthocyane einordneten und dem sie die Bezeichnung *Önin*[1] gaben. Nach Willstätter leiten sich die meisten roten und blauen Pflanzenfarbstoffe, die Anthocyane, von einem „Pyrylium" genannten heterocyclischen Ringsystem ab, das weder als solches noch in Form seiner Derivate bisher dargestellt werden konnte, das aber selbst wieder auf die folgenden $a$- und $\gamma$-Pyran genannten Ringsysteme zurückgeht:

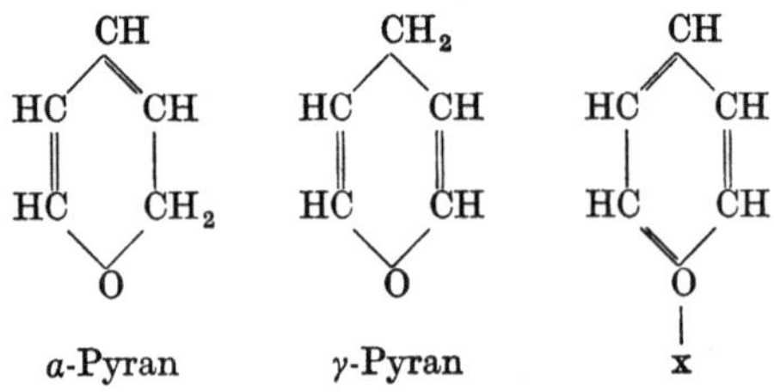

|     CH      |     CH₂     |     CH      |
| :---------: | :---------: | :---------: |
|  HC   CH    |  HC   CH    |  HC   CH    |
|  HC   CH₂   |  HC   CH    |  HC   CH    |
|     O       |     O       |     O       |
|  *a*-Pyran  | *γ*-Pyran   | x  Pyrylium |

---

[1] Von Oinos = der Wein.

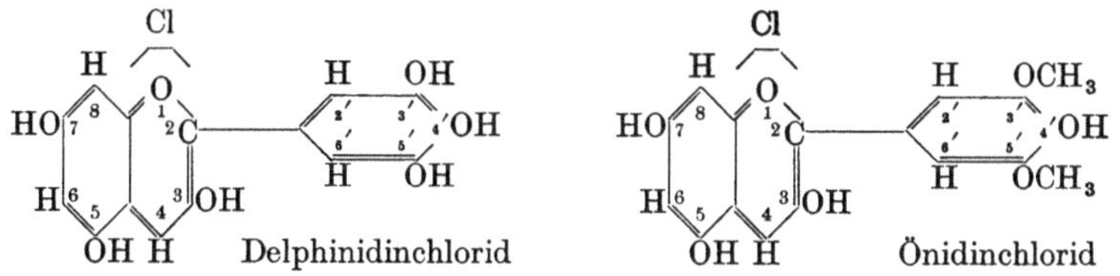

Delphinidinchlorid              Önidinchlorid

Die Anthocyane sind *Glucoside*, die beim Kochen mit Säuren oder unter der Einwirkung gewisser Fermente in Zucker und *Anthocyanidine* zerfallen.

Als Muttersubstanz des im Önin enthaltenen Farbstoffträgers *Önidin* ist nach WILLSTÄTTER das *Delphinidin* anzusehen, das man durch Spaltung des Farbstoffs des Rittersporns, des Delphinidins, erhält und an dessen Aufbau 2 Mol. Glucose und 2 Mol. p-Oxybenzoesäure teilnehmen. Für das Delphinidinchlorid wurde die obige Strukturformel aufgestellt.

Dem Farbstoff des Rotweins, dem *Önin*, liegt ein 3′,5′-Oxy-Delphinidin-, dimethylester, das *Önidin*, zugrunde, dessen Strukturformel sich von der des Delphinidins lediglich durch die Oxymethylgruppen bei 3′ und 5′ unterscheidet.

Es handelt sich demnach beim Önidin um einen Dimethylester des Phenylbenzopyryliumchlorids mit 2 Methoxy ($\cdot$ OCH$_3$) und 4 Hydroxylgruppen.

Önin zerfällt beim Kochen mit verdünnter Salzsäure in Glucose und Önidinchlorid bzw. Syringidinchlorid. Es ist demnach ebenso wie das *Malvidin* als Glucosid des Önidins bzw. Syringidins aufzufassen.

J. u. P. RIBÉREAU-GAYON (1954) haben den Farbstoff von Rotweintrauben verschiedener Sorten näher untersucht und gefunden, daß der Farbstoff der Europäer-Sorten Merlot und Cabernet aus 7 Komponenten besteht, der Farbstoff der Hybriden Seibel 7054 und 5455 aber aus 10 Komponenten. In beiden Fällen sind in erster Linie Delphinidin, Petunidin und Malvidin als Bestandteile des Rotweinfarbstoffs zu nennen. Bei Fortführung dieser Untersuchungen kommen P. RIBÉREAU-GAYON u. Mitarb. (1957) zu dem Ergebnis, daß man drei Typen des Farbstoffs der roten und blauen Trauben unterscheiden kann: den Typ F (français), zu dem alle Europäersorten einschließlich der Färbertrauben gehören und der zu etwa 70 % aus Monoglucosiden der oben genannten Komponenten besteht, den Typ H (Hybriden), zu dem 63,3 % der untersuchten 71 Hybriden zählen, und der zu etwa 75 % aus Diglucosiden besteht, und den Typ X, der bei 12,6 % der untersuchten Hybriden (Direktträgern) zutraf. Die restlichen 23,9 % der Hybriden wiesen den Typ F auf. Diese Feststellungen ermöglichen bis zu einem gewissen Grade die Einteilung und genetische Analyse der Hybriden, deren Herkunft oft wenig sicher ist.

Durch die Tätigkeit der Hefe und in der weiteren Folge durch Oxydationsvorgänge und durch Einwirkung der Säuren erfährt der Rotweinfarbstoff Umwandlungen, die z. T. mit der Bildung von Humuskörpern endigen. Das Oenidin wird in zunehmendem Maße demethoxyliert, ist nicht mehr dialysierbar und scheidet sich teilweise aus (L. GENEVOIS 1951). Nach Untersuchungen von S. V. DURMISHIDSZE (1948) nimmt die Menge des Farbstoffs vor allem während einer dreijährigen Faßlagerung stark ab. Nach der Abfüllung in Flaschen geht die Abnahme viel langsamer vor sich. Aber selbst bei sehr alten Weinen ist die Summe der Oxymethylgruppen des noch gelösten Farbstoffs und des Farbstoffdepots ziemlich unverändert. Als Katalysator der Oxydation des Rotweinfarbstoffs sieht RIBÉREAU-GAYON vor allem das im Wein enthaltene Eisen in der Ferroform an.

Daß die Luft den roten Farbstoff angreift, sehen wir bei älteren Rotweinen, die nach langer Faßlagerung einen bräunlich-roten Farbton annehmen. Mit Wasserstoffsuperoxid kann man diese Farbänderung sehr rasch hervorrufen. Beim Bitterwerden der Rotweine wird sehr oft der Farbstoff zerstört und als braunroter Körper ausgeschieden (vgl. S. 269). Schweflige Säure rötet zunächst den Farbstoff und führt ihn bei Einwirkung größerer Mengen SO$_2$ in eine farblose Verbindung über, die jedoch leicht zerfällt und unter der Einwirkung der Luft den Farbstoff wieder freigibt.

Das Önin kann aus den Beerenhülsen mittels Eisessig extrahiert werden. Es ist in Pulverform oder in Alkohol gelöst im Handel und wird in Italien zum Auffärben von Rotweinen verwendet. In Frankreich wird ein aus Rotweintrestern gewonnener Farbstoff unter der Bezeichnung Önocyanin in den Handel gebracht, der gleichfalls dazu dient, die Farbe der Rotweine zu verbessern.

## i) Öl, Fett und Wachs

Mit zunehmender Reife der Trauben werden in den Kernen größere Mengen *Öl* aufgespeichert. Je nach Reifegrad und Traubensorte schwankt die Menge des Öles in den lufttrockenen Kernen zwischen 10 und 20 % und beträgt im Mittel etwa 16 %. Den höchsten Ölgehalt besitzen die Kerne roter südländischer Traubensorten, während die Kerne unserer deutschen Weißweinsorten durchschnittlich nur 10—12% Öl enthalten. *Traubenkernöl* besteht in der Hauptsache aus Glyceriden der Linolsäure, enthält aber auch Glyceride der Ölsäure, der Palmitinsäure, der Stearinsäure und wahrscheinlich der Linolensäure. Es hat eine Dichte von 0,92 bei 15° C und erstarrt bei —16° C. Verseifungszahl 176—195, Jodzahl 130—160, Rhodanzahl 70—80, Reichert-Meissl-Zahl etwa 0,5. An der Luft trocknet es nur langsam.

Reines Traubenkernöl ist hellgelb, dickflüssig und von angenehmem Geschmack. Es kann als Speiseöl oder zur Herstellung von Margarine verwendet werden. Geringwertiges Traubenkernöl dient zur Herstellung von Ölfarben oder zur Bereitung von Seife.

Zur Gewinnung von Traubenkernöl eignen sich nur frische, nicht gebrannte Trester. In besonderen Maschinen werden die Kerne von den Hülsen und Kämmen getrennt, getrocknet, gemahlen und mit einem geeigneten Lösungsmittel wie Benzin, Benzol oder Trichloräthylen extrahiert. Aus dem ölhaltigen Auszug wird das Lösungsmittel bei gelinder Wärme abdestilliert, so daß reines Traubenkernöl zurückbleibt.

*Fette* und *Wachse* sind im Most und im Wein in sehr kleinen Mengen festgestellt worden. Die wachsähnlichen Stoffe rühren von dem feinen Wachsüberzug der Beerenhäute, dem „Duft" oder „Reif" her, den W. Seifert Vitin nannte und dem er die Formel $C_{19}H_{31} \cdot COOH$ gab. *Vitin* kristallisiert in feinen Nadeln, dreht in alkoholischer Lösung rechts und schmilzt bei 250—255° C. Nach den bisherigen Untersuchungen dürfte die Wachssubstanz der Traubenbeeren aus Verbindungen bestehen, die einerseits dem Cetylalkohol $C_{16}H_{33} \cdot OH$ und dem Myricylalkohol $C_{31}H_{63} \cdot OH$ andererseits der Palmitinsäure $C_{15}H_{31} \cdot COOH$ und der Cerotinsäure $C_{25}H_{51} \cdot COOH$ nahestehen.

In Weinen fand P. Kulisch geringe Mengen (0,05—0,1⁰/₀₀) *Fett*, das sich als ein Gemisch von Glycerinestern der Ölsäure und der Myristinsäure erwies. Kulisch vertritt die Auffassung, daß dieses Fett in der Hauptsache erst während der Gärung entsteht und für die Bukettbildung ohne Bedeutung ist.

## j) Fermente

Die *Fermente* oder *Enzyme* sind komplizierte organische Katalysatoren, die in lebenden Zellen gebildet werden, aber ihre Wirksamkeit auch außerhalb lebender Zellen entfalten können. Man bezeichnet die Fermente auch als „Biokatalysatoren", d. h. als Katalysatoren der lebenden organischen Substanz. Die frühere Unterscheidung zwischen „geformten" (kleinpilzartigen) Fermenten, den Enzymen, und „ungeformten" Fermenten, die auch außerhalb lebender Zellen wirken, wurde fallen gelassen, als E. Buchner 1897 nachwies, daß auch zellfreie Hefepreßsäfte imstande sind, Zuckerlösungen zu Alkohol und Kohlendioxid zu vergären. Die meisten Fermente sind in hohem Grade temperaturempfindlich, so daß sie schon bei 60° C dauernd inaktiviert werden. Dagegen vertragen sie Abkühlung auf sehr tiefe Temperaturen. Bei vielen Fermenten konnte man unterscheiden zwischen einer sog. prosthetischen Gruppe, bestehend aus einfacheren, nicht eiweißartigen, hitzebeständigen Stoffen, und einem kolloidalen Träger, der aus einem hochkomplizierten Eiweißkörper besteht und *Apoferment* genannt wird. Kann man die prosthetische Gruppe vom Apoferment trennen, so spricht man von einem *Co-Ferment*. Dieses Co-Ferment ist für sich allein nicht wirksam. Erst in Verbindung mit dem Eiweißkörper des Apoferments entsteht das voll wirksame Gesamtferment oder *Holoferment*. Man hat die Fermente in die beiden großen Gruppen der *Hydrolasen* und der *Desmolasen* eingeteilt.

Über die in Trauben- und Obstsäften wirksamen *Fermente* (Oxydasen, Saccharasen, Proteasen und Phosphatasen) ist nicht allzuviel bekannt. Für ein sauerstoffübertragendes Ferment (*Oxydase*) in reifen Trauben spricht der Umstand, daß auch Moste aus gesunden Trauben Neigung zum Braunwerden besitzen. In Trauben, die von dem Pilz *Botrytis cinerea* befallen sind, muß eine vermehrte Bildung von Oxydase durch diesen Pilz angenommen werden. H. Rentschler (1950) rechnet diese Oxydase oder „Önoxydase" zu den *Polyphenoloxydasen*. Daß es sich um ein Ferment handelt, geht auch daraus hervor, daß nach Erhitzen des Mostes auf 75—80° keine Veränderung der Farbe mehr auftritt, daß also die Oxydase offenbar unwirksam wurde und keinen Sauerstoff mehr überträgt. E. Bayer u. Mitarb. (1957) haben die Oxydasewirkung weiter untersucht und festgestellt, daß der wirksame Bestandteil des Ferments *Kupfer* ist und daß der Luftsauerstoff auf chemische Verbindungen mit o-Phenolgruppierungen übertragen wird, die zu gelb- bzw. rotgefärbten Chinonen und weiter zu braungefärbten Kondensationsprodukten oxydiert werden. Mit Schwefliger Säure wird eine echte Hemmung der Polyphenolase erzielt, die im Gegensatz zur Blausäure- und Thioharnstoff-Hemmung nicht durch Kupferzugabe reversibel ist. Ascorbinsäure hemmt das Ferment nicht, verhütet aber durch sofortige Reduktion der bei Anwesenheit von o-Phenolen entstehenden Chinone eine Dunkelfärbung.

Die Polyphenoloxydase ist in den Traubenbeeren vorwiegend in und unter den Beerenhäuten lokalisiert. Daher sind auch die Scheitermoste fermentreicher als die Preßmoste. Wie BAYER u. WEGMANN zeigen konnten, vermögen Phenoloxydasen Anthocyane, z. B. Cyanin und Delphinin, nur bei Gegenwart von natürlichen Substraten wie Brenzkatechin abzubauen. Im Wein sinkt übrigens die Aktivität des Ferments stark ab. Hier soll der Oxydationsvorgang durch Chinone bewirkt werden.

In Äpfeln und Birnen wurden *Tyrosinase* und *Peroxydase* nachgewiesen (W. BIEDERMANN 1956), doch beruhen die raschen Veränderungen der Farbe, des Gerbstoffgehaltes, des Aromas und des $O_2$-Gehaltes des Obstsaftes nur auf der Wirkung der Tyrosinase. Sie haftet fest im Trub und kann daher durch Filtration zum größten Teil entfernt werden. Ihre Wirkung fällt nach dem Pressen rapid ab, weil bei der Oxydation Fermentgifte gebildet werden.

In den Traubensüßmosten scheinen nach F. SCHMITTHENNER (1931) Fermente vorhanden zu sein, welche die Bukettbildung günstig beeinflussen. Das Aroma solcher Traubensüßmoste entwickelt sich während der Lagerung oft noch schöner und ausgeprägter als bei *Weinen*, die aus den gleichen Trauben hergestellt wurden.

Nach A. MEHLITZ (1934, 1935) erfolgt die Selbstklärung der Süßmoste im wesentlichen unter dem Einfluß eines Ferments, der *Pektase*, die eine Ausfällung des Pektins aus dem Most bewirkt. Dabei wird das große Pektinmolekül bis zur niedermolekularen Galakturonsäure $CHO \cdot (CH \cdot OH)_4 \cdot COOH$ abgebaut (vgl. S. 203). Der Trub wird dadurch entstabilisiert und zur Ausscheidung gezwungen, die Viscosität des Mostes wird herabgesetzt. Da die Konzentration des Pektins in den verschiedenen Fruchtsäften verschieden ist, tritt auch die Klärung durch Pektase oft erst nach längerer Zeit ein. Die im Pektin enthaltene Tetragalakturonsäure cheidet sich dabei in Form eines flockigen Niederschlages ab.

## k) Bukettstoffe

Traubensorten wie Muskateller, Gewürztraminer, Riesling, Sauvignon, Malvasier und Müller-Thurgau zeichen sich durch einen Gehalt an angenehm riechenden und schmeckenden Stoffen aus, die man als *Bukettstoffe* bezeichnet. Die Traubenbukette sind nicht in der Beerenhülse sondern im Fruchtfleisch und im Saft enthalten. Sie kommen erst bei Vollreife zur vollen Entwicklung, werden aber durch den Pilz der Edelfäule verändert. Offenbar handelt es sich um Abbauprodukte des Traubeneiweiß. Die *Geruchsstoffe* der Trauben gehören vermutlich zu der großen Gruppe der ätherischen Öle, wie sie in vielen Pflanzen und Pflanzenteilen vorkommen.

Die ätherischen Öle unterscheiden sich sehr deutlich von den fetten Ölen, die im wesentlichen aus Glycerinestern der Fettsäuren (Ölsäure, Palmitinsäure, Stearinsäure) bestehen. Es handelt sich bei den ätherischen Ölen um komplizierte Gemische von aliphatischen, aromatischen und hydroaromatischen Aldehyden, Alkoholen, Estern, Säuren, Schwefel- und Stickstoffverbindungen, sowie von Laktonen, Terpenen ($C_{10}H_{16}$) und heterocyclischen Verbindungen.

Ätherische Öle sind flüchtig und verschwinden daher nach und nach, ohne einen „Fettfleck" zu hinterlassen. Der Luft ausgesetzt, nehmen sie Sauerstoff auf, verharzen und verlieren allmählich ihren spezifischen Geruch. Auch die Duftstoffe der Trauben verschwinden, wenn der Wein längere Zeit lagert.

Die *Geschmacksstoffe* dagegen, die besonders die edelsten Traubensorten wie Riesling, Ruländer, Gewürztraminer und Sauvignon auszeichnen, bleiben auch im Wein erhalten und geben zusammen mit den bei der Gärung entstehenden und den bei der Lagerung sich entwickelnden Geruchs- und Geschmacksstoffen das charakteristische oft sehr edle Bukett der Weine (vgl. S. 279).

Bei früheren Untersuchungen konnte in Trauben nur *Vanillin*, 3-Methoxy-4-oxybenzaldehyd, nachgewiesen werden. Erst die neueren sehr verfeinerten Verfahren der papierchromatographischen Trennung und der Gaschromatographie haben es ermöglicht, die verschiedenen Ester, auf denen das Aroma von Fruchtsäften, Traubenbeeren und Weinen beruht, zu trennen und näher zu bestimmen. E. BAYER u. K. H. REUTHER (1956) extrahierten die Ester mittels Äthyläther aus den Fruchtsäften bzw. aus Wein und führten sie mit Hydroxylamin in *Hydroxamsäuren* über:

$$C_nH_{2n+1} \cdot C{\overset{O}{\underset{O \cdot C_2H_5}{\big<}}} + NH_2 \cdot OH \rightarrow C_nH_{2n+1} \cdot C{\overset{O}{\underset{NHOH}{\big<}}} + C_2H_5 \cdot OH$$

Äthylester        Hydroxylamin       Hydroxamsäure     Äthanol

Die so erhaltenen Hydroxamsäuren, die nicht mehr flüchtig sind, wurden als Eisen(III)-hydroxamate papierchromatographisch getrennt und photometrisch bestimmt. Die Eisen(III)-hydroxamate aus aliphatischen $C_1$—$C_{12}$-Carbonsäureestern und aus den aromatischen Carbonsäureestern lassen sich nach diesem Verfahren noch gut trennen und bis zu 2 $\gamma$ Ester noch qualitativ erkennen.

In *Traubensäften* wurden Ameisensäure-, Essigsäure-, Propionsäureester und höhere aromatische Ester gefunden. In Spitzenweinen und in Weinen von Neuzüchtungen traten vor allem aromatische Ester in oft ganz erheblichen Mengen auf, deren Färbung auf Salicylsäureester hindeutete. Als Bestandteile des *Apfelaromas* (Cox Orange 1955) wurden Ameisensäure-, Essigsäure- und Buttersäureester erkannt, während im *Birnensaft* offenbar höhere Ester wie Buttersäure- und Valeriansäureester vorliegen. Im *Orangensaft* ließen sich neben wenig Ameisensäure- und Essigsäureestern vor allem Valeriansäureester und höhere Ester nachweisen (vgl. auch S. 279).

## l) Sonstige Bestandteile des Mostes
### (Sorbit, Inosit, Gummistoffe, Vitamine)

**Sorbit.** Im Saft der Birnen, Äpfel und anderer Früchte findet sich der süßschmeckende sechswertige Alkohol *Sorbit* $C_6H_8(OH)_6$, der im Jahre 1872 in den Früchten der Vogelbeere (*Sorbus aucuparia*) zuerst nachgewiesen wurde. Sorbit kristallisiert in farblosen Nadeln (mit $^1/_2$ oder 1 $H_2O$), die bei etwa 110° schmelzen und deren Lösung rechtsdrehend ist. Schon W.J. BARAGIOLA u. TH. VON FELLENBERG war es aufgefallen, daß sich bei der Untersuchung der Extraktstoffe von Obstweinen Differenzen bis zu 13 g/l ergaben, die nur durch das Vorhandensein eines noch nicht näher bestimmten Stoffes zu erklären waren. Im Jahre 1928 gelang es J. WERDER (1928, 1929) diesen Stoff als *Sorbit* zu identifizieren und nach Angaben von J. MEUNIER (1890) in Form der schwerlöslichen Dibenzalverbindung zu isolieren. Sorbit findet sich in sehr wechselnder Menge in allen Obstweinen (VOGT 1934). Er wurde in allerdings sehr kleinen Mengen auch in Traubenweinen guter Jahrgänge und bei Sorten mit hohem Extraktgehalt (Ruländer, Spätburgunder) festgestellt (VOGT 1935; SCHÄTZLEIN 1935; TARANTOLA 1948).

Nachweis und Bestimmung des Sorbits erfolgen durch Abscheidung als Dibenzalsorbit $C_6H_8(OH)_4 \cdot (C_6H_5 \cdot CO)_2$ oder als Chlortribenzalsorbit $C_6H_8 \cdot (OH)_3 \cdot (C_6H_4 \cdot Cl \cdot CO)_3$ und Überführung in den gut kristallisierenden Hexaacetylsorbit $C_6H_8 \cdot (CH_3 \cdot COO)_6$, dessen Schmelzpunkt bei 98—99° liegt. Der Nachweis von Sorbit in Traubenweinen gilt als Beweis dafür, daß die Weine mit Obstwein verfälscht worden sind, wenn aus 100 ml Wein mehr als 25 mg der Chlortribenzalverbindung ausgeschieden werden.

Sorbit, der im großen aus Maiszucker (Traubenzucker) hergestellt wird, findet seines süßen Geschmackes wegen als Zuckerersatz bei Zuckerkrankheit Verwendung. Er wird auch dem für Diabetiker bestimmten Sekt an Stelle von Zucker zugesetzt.

**Inosit.** Der im Tier- und Pflanzenreich sehr weit verbreitete *Inosit*, ein Hexaoxyhexahydrobenzol $C_6H_6 \cdot (OH)_6$, wurde schon von A. HILGER (1871) in frischem Traubenmost und besonders in halbreifen Beeren festgestellt. Moste mit höherem Säuregehalt sollen reicher an Inosit sein, der nicht vergärbar ist und sich daher auch im Wein findet. Ein optisch inaktiver i-Inosit (Mesoinosit) ist nach KÖGL für das Wachstum der Hefen unerläßlich und spielt dabei die Rolle eines Co-Wuchsstoffes. Mesoinosit reduziert Fehlings Lösung nicht. Er ist in Wasser leicht löslich, schmeckt sehr süß und kristallisiert unterhalb 50° in farblosen monoklinen Kristallen, oberhalb 50° in wasserfreien Nadeln, deren Schmelzpunkt bei 225° C liegt.

Den Gehalt von Trauben und Wein an Inosit haben auf mikrobiologischem Wege E. PEYNAUD u. S. LAFOURCADE (1955) bestimmt.

CH · OH

HO · HC    CH · OH

HO · HC    CH · OH

CH · OH       Inosit

**Gummistoffe,** die mit den Pentosanen verwandt sind, scheinen im Traubenmost in geringer Menge enthalten zu sein. Offenbar stammen sie aus den verholzten Teilen der Traubenstiele. Mit arabischem Gummi, den sauren Salzen der Arabinsäure $(C_6H_{10}O_5)_2 + H_2O$, sind sie aber wohl nicht identisch. Gummi arabicum steht den Pektinen nahe, während die Gummistoffe der Trauben durch kochende verdünnte Schwefelsäure in Galaktose übergeführt werden.

Über den Gehalt der Trauben- und Obstmoste an Vitaminen und über die Kolloide in Most und Wein vgl. bei E. Vogt (1958, S. 61—70).

# IV. Untersuchung von Trauben- und Obstmosten

Bei unvergorenen Trauben- und Obstsäften werden in der Regel nur das *Mostgewicht* und der Gehalt an *Gesamtsäure* bestimmt. Das Ergebnis dieser beiden leicht und einfach auszuführenden Untersuchungen genügt, um den Most qualitativ zu beurteilen und gegebenenfalls darauf eine Berechnung zur Verbesserung mit Zucker oder Zuckerlösung zu begründen. Alle Untersuchungen werden bei einer Temperatur von 20° C ausgeführt.

## 1. Bestimmung des Mostgewichts

Das Mostgewicht als Maß für die Güte eines Trauben- oder Obstsaftes kann auf einfache Weise und mit hinreichender Genauigkeit nach einem der folgenden Verfahren bestimmt werden. Man verwendet dazu meist eine gläserne *Mostwaage* (Öchslewaage). Daneben führt sich mehr und mehr die Bestimmung mittels des *Handzuckerrefraktometers* (Carl Zeiss) ein. Im Laboratorium wird für sehr genaue Bestimmungen auch die *Mohr-Westphalsche Waage* oder das *Pyknometer* verwendet.

**α) Die Mostwaage.** In Deutschland und in der Schweiz wird ausschließlich die von F. Öchsle[1] eingeführte Mostwaage verwendet, auf der unmittelbar das spez. Gewicht des Mostes (die Dichtezahl) in gekürzter Form abzulesen ist. Die Skala dieser Waage gibt die hinter dem Komma stehenden Dezimalstellen der Zahl für das spez. Gewicht wieder. Besitzt ein Most z. B. das spez. Gewicht 1,085, so zeigt die Öchslewaage 85° an; wiegt ein Most 1,110, so liest man auf der Mostwaage 110° ab.

Die Mostwaage besteht aus einem mit Quecksilber oder Bleischrot beschwerten zylindrischen Glaskörper, der sich in ein rundes oder flach gedrücktes Glasrohr verlängert, das die Skala enthält (Abb. 9). Weicht die Temperatur des untersuchten Mostes wesentlich von 20° C ab, so werden für je 1° *unter* 20° C, 0,2 Öchsle abgezogen, für je 1° *über* 20° C 0,2 Öchsle hinzugezählt. Zeigt z. B. die Mostwaage in einem Most von nur 15° C 74 Öchslegrade an, so ist das Mostgewicht in Wirklichkeit 74 — 1 = 73°. Der Most hat demnach ein spez. Gewicht von 1,073 oder 1 l dieses Mostes wiegt bei 20° 1073 g.

Mostwaagen mit flacher, zweiseitig bedruckter Skala sind vorzuziehen. Sie zeigen meist die Mostgewichte von 30—120° an. In Betrieben, in denen Rotwein bereitet wird, sollte auch eine Waage verfügbar sein, deren Skala bis 0° reicht.

Zur Bestimmung des Mostgewichtes wird der Most filtriert oder durch Absitzen von seinen Trubstoffen befreit. Die Bestimmung wird in einem genügend hohen und weiten Glaszylinder ausgeführt. Die Mostwaage muß so vorsichtig in die Flüssigkeit eingesenkt werden, daß der obere Teil der Skala nicht benetzt und die Zylinderwand nicht berührt wird. Die Ablesung erfolgt durch die klare Flüssigkeit hindurch. Der oberste, eben noch sichtbare Skalenteil unter dem Flüssigkeitsspiegel wird notiert.

Den ungefähren Zuckergehalt des untersuchten Mostes kann man in der Weise errechnen, daß man bei Traubenmost die Anzahl der Öchslegrade durch 4 teilt und in geringen Jahren 3, in guten Jahren 2 abzieht. Ein Most von 92° Öchsle enthält demnach ungefähr (92 : 4) — 2 = 21% Zucker, ein Most von 64° ungefähr (64 : 4) — 3 = 13% Zucker. Bei Apfel- und Birnenmosten teilt man die abgelesenen Öchslegrade durch 5 und zählt zu der erhaltenen Zahl 1 hin

---

[1] Ferdinand Öchsle, 1774—1852, geboren bei Sulzbach in Baden, war Goldschmied und Erfinder in Pforzheim.

zu. Ein Apfelmost von 45° enthält demnach 45 : 5 = 9 + 1 = 10 g Zucker in 100 ml. Bei Beerenmosten wird die Anzahl der Öchslegrade durch 4 geteilt und von der erhaltenen Zahl bei hohem Säuregehalt 4, bei geringerem Säuregehalt 3 abgezogen. Die Abzüge müssen aus dem Grund vorgenommen werden, weil die Trauben- und Obstsäfte neben dem gelösten Zucker noch zuckerfreie Extraktstoffe — vor allem Säuren — in mehr oder minder großer Menge enthalten.

In Österreich ist neben der Öchslewaage auch die *Klosterneuburger Mostwaage* noch viel verbreitet. Sie wurde 1869 von A. von Babo berechnet und auf eine Temperatur von 17,5° C geeicht. Ihre Skala gibt den Extraktgehalt in „Zuckerprozenten" an und umfaßt die Werte 8,0—30,0%, die den Öchslegraden 38—156 entsprechen.

**β) Das Refraktometer.** Zur raschen Bestimmung des Mostgewichtes verwendet man in Weinbaubetrieben und Weinkellereien das sehr handliche und einfach zu bedienende *Handzuckerrefraktometer* der optischen Werke Carl Zeiss, das die Feststellung des Mostgewichtes schon mit einem Tropfen Trauben- oder Fruchtsaft er-

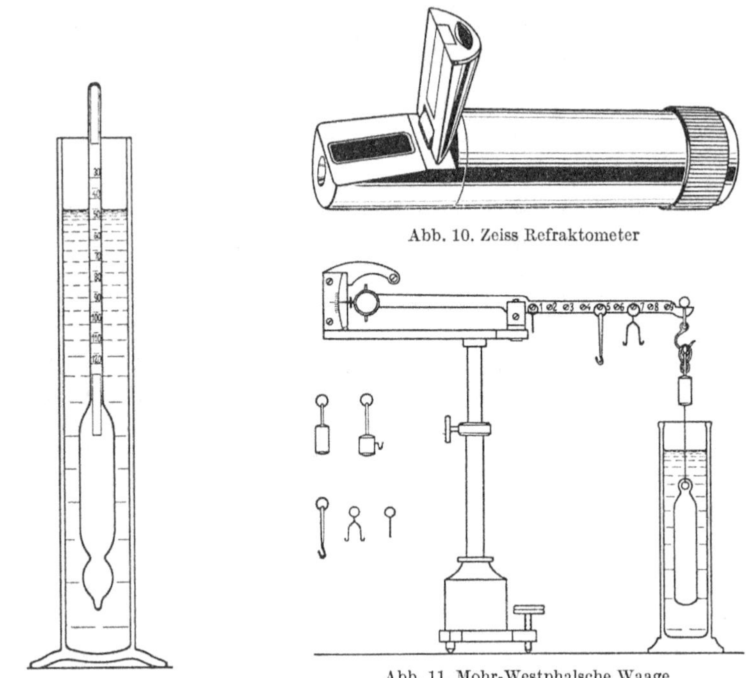

Abb. 10. Zeiss Refraktometer

Abb. 11. Mohr-Westphalsche Waage

Abb. 9. Mostwaage nach Öchsle

möglicht (Abb. 10). Die 1932 in Jena entstandene Ausführung des Instruments enthält eine Skala, die 0—30% Rohrzucker angibt. Das 1949 von den Zeiss-Opton-Werken herausgebrachte Refraktometer verfügt über einen weitergehenden Meßbereich von 0—54% Trockensubstanz und enthält eine zweite Skala, auf der 20—130 Öchslegrade abzulesen sind.

Eine Umrechnung in Öchslegrade ist bei den neuen Ausführungen des Refraktometers nicht mehr erforderlich. Bei dem ursprünglichen Refraktometer müssen die abgelesenen Werte für Traubenmoste mit 4,25 multipliziert werden[1], um die entsprechenden Öchslegrade zu ergeben. Bei Beerensäften und manchen Obstsäften ergibt der Faktor 4,0 richtigere Werte.

Die Arbeitsweise des Refraktometers beruht darauf, daß sich mit dem wechselnden Gehalt einer Flüssigkeit an gelösten Stoffen auch ihre Lichtbrechung ändert. Aus der Lage der Grenzlinie für die Totalreflexion und der Messung der Brechungszahl (Refraktometrie) läßt sich daher der Gehalt einer Flüssigkeit an einem bestimmten in Lösung befindlichen Stoff berechnen.

---

[1] Dieser Faktor gibt richtige Werte nur bei Mostgewichten zwischen etwa 50—80° Öchsle.

γ) **Die Mohr-Westphalsche Waage.** In Fällen, in denen eine genaue Bestimmung der Dichte eines Trauben- oder Fruchtsaftes durchgeführt werden soll, bedient man sich der *Mohr-Westphalschen Waage*, die bei richtiger Handhabung eine analytische Waage weitgehend ersetzt (Abb. 11). Sie wird mit gutem Erfolg auch bei der vereinfachten Bestimmung des Alkohol- und des Extraktgehalts im Wein verwendet.

Die Mohr-Westphalsche Waage besteht aus einem ungleicharmigen Waagebalken, dessen eine Hälfte durch Einkerbungen oder Stifte in zehn gleiche Teile geteilt ist, während die andere ein Gegengewicht trägt, das sich vor einer Skalenteilung auf und ab bewegt. Am Teilpunkt 10 wird mit Hilfe eines feinen Platindrahtes ein Senkkörper aus Glas befestigt, der ganz in die zu untersuchende Flüssigkeit eintauchen muß. Um den durch Wasserverdrängung bewirkten Gewichtsverlust des Senkkörpers auszugleichen, wird im Teilpunkt 10 ein Reitergewicht befestigt, das die Waage ins Gleichgewicht bringt. Bei 20° C zeigt die Waage dann in reinem Wasser das spez. Gewicht von genau 1,000 an.

Die Mohr-Westphalsche Waage ermöglicht ein rasches und sehr genaues Arbeiten. Sie eignet sich zur Ermittlung des spez. Gewichts von Flüssigkeiten aller Art.

δ) **Das Pyknometer.** Die Bestimmung des Mostgewichtes (der Dichtezahl) kann auch mit dem *Pyknometer* ausgeführt werden, und zwar nach der Vorschrift für die Bestimmung der Dichtezahl von Wein.

Ist der Traubenmost oder Obstsaft bereits in Gärung, so wird zunächst das Mostgewicht in der angegebenen Weise bestimmt. *Sofort* nach dieser Bestimmung wird auch der *Alkoholgehalt* des gärenden Mostes ermittelt. Die in 1 l Most festgestellten Gramm Alkohol werden den Öchslegraden hinzugezählt. Die Summe ergibt mit hinreichender Genauigkeit das Mostgewicht des unvergorenen Mostes. — Enthält jedoch der gärende Most schon mehr als 2,5 g/l Alkohol, so ist das unmittelbar festgestellte und das korrigierte Mostgewicht nebeneinander anzugeben. Bei Traubensüßmost und Obstsüßmost ist die Bestimmung des Alkoholgehalts insofern besonders wichtig, als Süßmost nicht mehr als 5 g/l Alkohol enthalten darf.

## 2. Bestimmung der titrierbaren Säure

Da jeder Most oder Wein mehrere Säuren enthält, deren Molekulargewichte verschieden sind, ist man übereingekommen, die Gesamtsäure bei Trauben- und Obstweinen als *Weinsäure*[1], bei Beerensäften meist als *Citronensäure* anzugeben. Die Bestimmung der einzelnen Säuren würde für die Bedürfnisse der Kellerpraxis zu schwierig und zu zeitraubend sein.

Um die Gesamtsäure eines Mostes oder Weines zu bestimmen, mißt man mit einer bei 20° C geeichten Pipette genau 25 ml Most oder Wein in ein dünnwandiges Becherglas ab und erhitzt bis zum beginnenden Sieden[2]. Aus einer in $^1/_{10}$ ml eingeteilten Bürette läßt man so lange $^1/_3$ normale Kali- oder Natronlauge zufließen, bis ein auf empfindliches rotes Lackmus- oder Azolitminpapier aufgebrachter Tropfen einen eben sichtbaren blauen Ring ergibt. Die verbrauchte Anzahl ml Lauge entspricht unmittelbar dem Gehalt des Mostes oder Weines an Säure (Weinsäure), ausgedrückt in Gramm je Liter (g/l).

Heute erfolgt die Bestimmung der titrierbaren Säuren (Gesamtsäure) durch potentiometrische Titration mit Glaselektrode bei 20° C bis zum pH-Wert 7,0[3].

# D. Die Gärung

Überläßt man den bei der Kelterung gewonnenen Trauben- oder Obstsaft sich selbst, so treten sehr bald tiefgreifende Veränderungen ein. Der Most trübt sich und wird unruhig. Es findet eine Gasentwicklung statt und die Temperatur der Flüssigkeit steigt um 8—15° C. Nach einiger Zeit läßt die Gasentwicklung nach, die Temperatur geht wieder zurück und die trübenden Bestandteile sinken langsam zu Boden. Aus dem süßen Trauben- oder Obstsaft ist *Wein* geworden.

---

[1] In Frankreich oft auch als Schwefelsäure.

[2] Das Erhitzen kann ohne größeren Fehler unterbleiben.

[3]) Allgemeine Verwaltungsvorschrift vom 26. April 1960 (Bundesanzeiger Nr. 86 vom 5. Mai 1960, S. 6).

Der Vorgang der *Gärung*, der sich unter normalen Bedingungen in jedem frischen Fruchtsaft im Verlauf weniger Tage abspielt, ist schon den ältesten Völkern bekannt gewesen. Das deutsche Wort „gären" stammt vom Mittelhochdeutschen „gern" und dieses vom Althochdeutschen „jerian". Daneben kommen im Mittelhochdeutschen die Ausdrücke „jesen" oder „jäsen" vor, die beide gären oder schäumen bedeuten und mit dem Sanskritwort „Yastas" verwandt sind, das sich noch im englischen yeast (Hefe) findet.

Im folgenden soll nur die *alkoholische Gärung* behandelt werden und nur in ihrer besonderen Bedeutung für das Werden des *Weines*. Die geschichtliche Entwicklung der alkoholischen Gärung, die chemischen Reaktionsabläufe, die verschiedenen enzymatischen Vorgänge sowie die Morphologie einzelner Gärungserreger wurden im Abschnitt *alkoholische Gärung* dieses Bandes behandelt.

# I. Die Erreger der Gärung[1]

Bekanntlich finden sich im frisch gekelterten Most zahlreiche Mikroorganismen: wilde Hefen, Schimmelpilze, Bakterien, Hefesporen sowie Vertreter echter Hefearten. Um die Entwicklung und Lebenstätigkeit der wilden Hefearten und der anderen unerwünschten Kleinlebewesen zu unterdrücken und eine reintönige Gärung einzuleiten, finden in der Kellerwirtschaft *Reinzuchthefen* Anwendung.

*Die echten Hefen.* Während man früher die Gattung *Saccharomyces* nach morphologischen Merkmalen in eine größere Anzahl Arten aufteilte, haben neuere Forscher[2] nachgewiesen, daß es sich hier im wesentlichen um Varietäten der Art *Saccharomyces cerevisiae* Hansen handelt. Die für die Weinbereitung wichtigsten Hefen *Saccharomyces cerevisiae var. ellipsoideus* Hansen (Decker) und *S. Pastorianus* besitzen zum Unterschied von der mehr runden Bierhefe einen ellipsoiden bis länglichen Zellkörper, sind untergärig und vermögen große Mengen Alkohol (bis 145 g/l) zu erzeugen. Sie sind unempfindlich gegenüber Säuren und Gerbstoff (Rotwein!) und widerstandsfähig gegen die in der Kellerwirtschaft viel verwendete Schweflige Säure. Bei der Gärung durch echte Weinhefen entstehen erwünschte Geruchs- und Geschmacksstoffe.

Im Gegensatz zu den *echten Hefen* erzeugen die im Most ebenfalls vorkommenden *Kahmhefen, Schleimhefen, Schimmelpilze* und *Bakterien* unreine Geruchs- und Geschmacksstoffe und flüchtige Säuren. Diese Mikroorganismen greifen den Alkohol und die Extraktstoffe des Weines an, zersetzen Weinsäure und Glycerin und verändern dadurch die Zusammensetzung des Weines in nachteiliger Weise. Ihre Unterdrückung bzw. Bekämpfung ist daher eine der wichtigsten Aufgaben der Kellerwirtschaft.

# II. Biologie der Hefen

Bringt man echte Weinhefen in frischen Trauben- oder Fruchtsaft, so vermehren sie sich rasch und rufen *Gärung* hervor, wobei der Zucker der Gärflüssigkeit durch die von der Hefe gebildete *Zymase* in Alkohol und Kohlendioxid umgewandelt wird. Die alkoholische Gärung verläuft unabhängig davon, ob die Luft Zutritt hat oder nicht. Die Hefe selbst aber verhält sich wesentlich anders, wenn sie mit Luft in Berührung kommt, als wenn sie von der Luft abgeschlossen ist. In einer Gärflüssigkeit, die reichlich durchlüftet ist, findet eine starke Vermehrung der Hefe statt, so daß erhebliche Mengen des vorhandenen Zuckers zum Aufbau von Körpersubstanz verbraucht werden, für die Alkoholbildung also verloren gehen.

---

[1] Näheres hierzu bei H. Schanderl (1959); P. Böhringer (1962); E. Vogt: Weinchemie und Weinanalyse. 2. Aufl., S. 72—79 (1958).

[2] N.M. Stelling-Decker: Die Hefesammlung des „Centraalbureau voor Schimmelcultures", Bd. 1. Amsterdam 1931.

Wird aber bei Beginn der Gärung für Abschluß der Luft Sorge getragen, wie es in der Praxis in der Regel der Fall ist, so vermehrt sich die Hefe weniger stark, setzt aber — da sie in ihrem Energiegewinn nun ganz auf intramolekulare Atmung angewiesen ist — einen größeren Teil des vorhandenen Zuckers in Alkohol und Kohlendioxid um. Bei Luftzufuhr unterliegen nur etwa 75% des Zuckers der alkoholischen Gärung, während bei Luftabschluß rd. 90% des Zuckers zur Bildung von Alkohol verbraucht werden. Will man also zur Bereitung eines Hefeansatzes oder zur industriellen Produktion von Hefe die eingeimpften Hefezellen rasch und möglichst stark vermehren, so muß die Gärflüssigkeit gut durchlüftet werden. Soll indessen aus einer gegebenen Menge Trauben- oder Obstsaft ein Wein erzeugt werden, der möglichst reich an Alkohol ist, so muß man den Zutritt der Luft durch Schwefelung des Mostes und durch Aufsetzen eines Gärtrichters auf das Faß nach Möglichkeit unterbinden.

Der Abbau des Zuckers zu Alkohol und Kohlendioxid verläuft exotherm, d. h. unter Freiwerden von Wärme und Energie. In diesem Abbau ist die für die Lebenstätigkeit notwendige Energiequelle zu erblicken, die der Hefe — wie allen übrigen Lebewesen — unter normalen Verhältnissen, d. h. bei Zutritt von Luft, in der *Atmung* zur Verfügung steht. Man bezeichnet daher die Vergärung des Zuckers, die ohne Mitwirkung des Luftsauerstoffs verläuft, auch als *intramolekulare Atmung*. Sauerstoffatmung und Gärung dienen demnach in gleicher Weise dazu, dem Organismus die für die Lebenstätigkeit notwendige *Energie* zu sichern.

Der bei der Gärung erzeugte Alkohol ist für die Hefe lediglich ein Stoffwechselprodukt, das ihr aber als Kampfmittel gegen konkurrierende andere Organismen (Schimmelpilze, Bakterien) gute Dienste leistet. Auch die echten Weinhefen sind nicht unbegrenzt widerstandsfähig gegen den von ihnen selbst erzeugten Alkohol. Sie stellen vielmehr ihre Tätigkeit ein, wenn der Alkoholgehalt des Gärgutes 120—145 g/l (15—17,5 Maßprozente) übersteigt. Apiculatus-Hefen werden durch einen Alkoholgehalt von etwa 55 g/l in ihrer Entwicklung gehemmt, während Schimmelpilze schon nicht mehr wachsen, wenn die Gärtätigkeit einsetzt. Auch das bei der Gärung entstehende Kohlendioxid dient der Hefe gewissermaßen als Kampfmittel, weil es die Luft verdrängt und den sauerstoffbedürftigen Organismen (Kahmhefen, Schimmelpilzen, Bakterien) die Lebensmöglichkeiten entzieht.

Auf die Lebensäußerungen der Hefen ist die *Temperatur* von wesentlichem Einfluß. Die günstigste Temperatur für die Vermehrung und die Gärtätigkeit der Hefen liegt zwischen 22 und 27° C. Steigt die Temperatur auf 40°, so stellen die Hefen Wachstum und Vermehrung ein. Erwärmt man Traubenmost einige Minuten auf 65° C, so sterben die Hefen ab. In Wein werden die Hefezellen schon bei 50—60° C abgetötet, weil hier der Alkohol die Wirkung der Wärme verstärkt. Sinkt die Temperatur unter 3° C, so hören Wachstum und Gärtätigkeit auf, doch bleiben die Hefen im Ruhezustand am Leben. Das Verhalten der Weinhefen gegen Wärme ist weitgehend von Art und Rasse, Alter und Kräftezustand sowie von äußeren Bedingungen abhängig. Die sog. Kaltgärhefen entfalten noch bei 6° C und bei tieferen Temperaturen eine wenn auch langsame Gärtätigkeit.

Die zum Leben notwendigen *Stickstoff*verbindungen finden die Hefen in den eiweißartigen Stoffen, den Aminosäuren und den Ammoniumverbindungen des Mostes. Dabei erzeugen die Hefen aus den Aminosäuren (Leucin, Isoleucin und Valin) kleine Mengen höherer Alkohole oder Fuselöle, die als Nebenprodukte jeder alkoholischen Gärung auftreten. Nach H. SCHANDERL (1940) vermögen die Hefen unter gewissen Bedingungen auch den elementaren Stickstoff der Luft zu assimilieren.

## III. Beeinflussung der Gärung durch verschiedene Faktoren

*α) Temperatur.* Die Spaltung des Zuckers in Alkohol und Kohlensäure verläuft unter Freiwerden von Wärme. Diese Energiemenge, die theoretisch 24 000 cal je 1 Gramm-Mol Zucker (180 g/l) beträgt, zeigt sich in der Praxis an der Erwärmung der gärenden Flüssigkeit. H. MÜLLER-THURGAU stellte fest, daß bei einer Kellertemperatur von 13° C die Temperatur während der Gärung folgendermaßen anstieg:

> In Fässern von   600 l Inhalt um 6— 9° C
> In Fässern von 1200 l Inhalt um 8—12° C
> In Fässern von 4800 l Inhalt um     17° C
> In Fässern von 7200 l Inhalt um     20° C

Die *günstigste* Temperatur für die alkoholische Gärung beträgt etwa 27° C. Sie wird erfahrungsgemäß bei einer anfänglichen Mosttemperatur von 12—15° C erreicht. Liegt die Anfangstemperatur niedriger, so empfiehlt sich das Vorwärmen des Mostes oder die Anwendung einer Kaltgärhefe. Bei anormal hohen Herbsttemperaturen kann die Gärtätigkeit durch Schwefelung des noch unvergorenen Mostes geregelt werden. Steigt die Temperatur in der gärenden Flüssigkeit über 30° C, so läßt die Gärfähigkeit der meisten Hefen nach, um bei 40° C völlig zum Stillstand zu kommen. Man spricht in solchen Fällen von einem „Versieden" des Mostes. In den warmen Gebieten Südfrankreichs und anderer Länder hat man daher in die Gärbehälter Kühleinrichtungen eingebaut, die selbsttätig in Funktion treten, sobald die Temperatur über 30° ansteigt.

Bei abnorm tiefen Herbsttemperaturen oder bei sehr später Lese (November) kann es umgekehrt notwendig sein, den frisch gekelterten Most mittels einer „Heizschlange" etwas aufzuwärmen, damit die Gärung in Gang kommt und ohne Stockung zu Ende geht. Ob man bei der Weinbereitung grundsätzlich zu einer *Kaltgärung* übergehen kann, bleibt abzuwarten. Es wären damit zweifellos Vorteile, wie höhere Alkoholausbeute, Erhaltung des Buketts und der Kohlensäure, verbunden. Insbesondere W. Saller (1955) setzt sich aufgrund seiner Versuche sehr für eine Kaltgärung ein.

Bei der Bereitung von *Rotwein* empfiehlt sich eine höhere Gärtemperatur von 22—26° C. Die Gärung auf der Maische soll hier *rasch* vor sich gehen. Durch Schwefeln des Mostes vor der Gärung mit 10—15 g/hl Kaliumpyrosulfit kann fast immer verhindert werden, daß die Gärung zu stürmisch verläuft. Ist das dennoch der Fall, so muß gekühlt oder *während* der Gärung mit 5—10 g/hl K.P. nachgeschwefelt werden. Stärkere Temperaturschwankungen sind im Gärkeller auf jeden Fall zu vermeiden.

β) **Druck.** Ähnliche Wirkungen, wie sie durch Gärung bei tieferen Temperaturen erzielt werden, kann man auch erreichen, wenn man die Gärung unter *Druck* vor sich gehen läßt. Dazu sind stählerne Tanks erforderlich, die einen Betriebsdruck von 8—10 at aushalten. Da bei steigendem Innendruck die Gärung schließlich zum Stillstand kommen würde, muß man durch Öffnen eines Ventils den Überdruck in regelmäßigen Abständen ablassen. Man gelangt auf diese Weise zu einer „*gezügelten*" Gärung, die sich 3—4 Wochen oder noch länger hinziehen kann. Die Vorteile dieser gelenkten Gärung bestehen vor allem in einer besseren Ausbeute des Zuckers, d. h. in der Bildung einer größeren Menge Alkohol. Nachteile des Verfahrens sind — abgesehen von den Anschaffungskosten und der zeitraubenden Wartung der Drucktanks — in den häufig verbleibenden Zuckerresten und in einer erhöhten Esterbildung zu erblicken.

Andere Versuchsansteller ziehen zur Lenkung der Gärung einen möglichst gleichbleibenden Druck von etwa 3 at vor. Das Verfahren der gezügelten Gärung, das durch die allgemeine Einführung druckfester Stahltanks in die Weinkellereien sehr gefördert wurde, hat zu einer Zunahme von Weinen mit „Restsüße" geführt. Einem Mißbrauch der technischen Möglichkeiten des Abstoppens der Gärung beugt das Weingesetz insofern vor, als diejenigen Verfahren der Kellerwirtschaft verboten sind, durch die bewirkt wird, daß in Wein (Ausnahme Auslesen und dergleichen) das Gewichtsverhältnis des Restzuckers zum vorhandenen Alkohol größer ist als 1:3.

γ) **Sauerstoff.** Während der Gärung und während des ganzen Ausbaus des Weines ist man darauf bedacht, der Luft keinen Zutritt zum Wein zu gestatten. Es besteht sonst die Gefahr, daß Oxydationen eintreten und sich luftliebende Mikroorganismen (Kahmhefen, Essigbakterien) entwickeln. Vermehrt sich aber die Hefe nicht im gewünschten Maße und will daher die Gärung nicht recht in Gang kommen, wie es besonders bei sehr zuckerreichen Traubensäften oft der Fall ist, so muß das Gärgut „gelüftet" werden. Das geschieht durch Einblasen von Luft oder durch Ablassen des Mostes mittels einer Brause und Umfüllen in ein wenig oder gar nicht geschwefeltes Faß. Die Zufuhr von Luft bewirkt eine raschere Vermehrung der Hefe und — im Falle einer zu starken Mostschwefelung — eine Entfernung des gärhemmend wirkenden Überschusses an Schwefliger Säure. Auch bei der Bereitung von Südweinen vom Sherrytyp muß die Luft Zutritt zum Wein haben. Erst unter ihrer Einwirkung tritt die Hefe in das „oxydative Stadium" und erzeugt das für diese Weine typische Sherrybukett.

Bei Säften normaler Zusammensetzung ist indessen ein Lüften des Mostes nicht notwendig. Es muß im Gegenteil durch Verwendung eines *Gärtrichters* (Abb. 14, S. 224) für möglichsten Abschluß der Luft gesorgt werden.

**δ) Zuckergehalt.** Der in Trauben- und Obstsäften vorkommende Zuckergehalt zwischen 80 und 240 g/l ermöglicht einen normalen Gärungsverlauf. Eine Verschleppung, eine Verzögerung der Gärung tritt im allgemeinen nur dann auf, wenn der Zuckergehalt zu hoch ist, da infolge der veränderten *osmotischen* Bedingungen

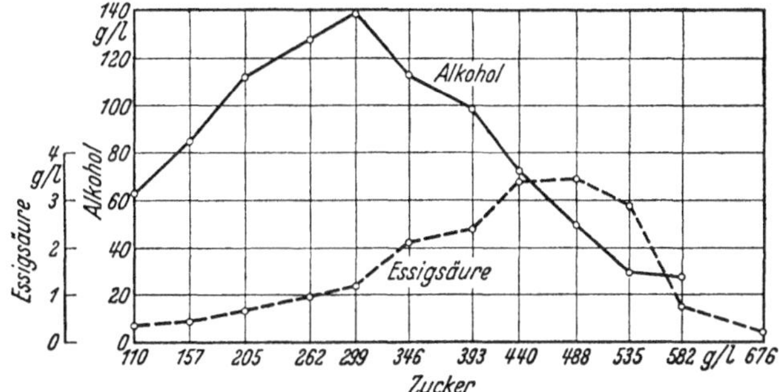


Abb. 12. Einfluß des Zuckergehaltes auf die Bildung von Alkohol und flüchtigen Säuren (nach VON DER HEIDE-SCHANDERL)

die Hefe in ihrer Lebenstätigkeit geschwächt wird (vgl. Abb. 12 und H. H. DITT-RICH 1964). Dies gilt insbesondere für Maischen aus sehr zuckerreichen *Beeren-auslesen*, in welchen sich die Hefe nur langsam vermehrt und nur innerhalb langer Zeiträume geringe Mengen Alkohol bildet. Der anfallende Hefetrub läßt vorwiegend Hefen der *Zygosaccharomycesart* (BARKER) erkennen, welche zwar in hochprozentigen Zuckerlösungen Gärung hervorrufen können, aber als schwache Alkoholbildner bekannt sind. K. KROEMER u. G. KRUMBHOLZ (1931) haben diese Hefen eingehend untersucht und sie als „osmophile" Hefen bezeichnet.

Bei der Bereitung von süßen Dessertweinen aus Beerenobst ist es angebracht, eine *ge-staffelte* Gärung durchzuführen, d. h. die berechnete Menge Zucker nicht auf einmal, sondern stufenweise und in kleinen Anteilen zuzusetzen. Um z. B. einen Likörwein aus Johannisbeeren herzustellen, der 140 g/l Alkohol enthalten soll, braucht man auf je 1 l Saft 1500 ml Zucker-lösung, die aus 700 g Zucker, gelöst in 1080 ml Wasser, besteht. Würde man diese Lösung auf einmal zugeben, so würde die Gärung auch nach Zusatz einer guten Reinhefe nur schwer in Gang kommen und sehr schleppend verlaufen. Man gibt daher zu je 1 l frisch gekeltertem Saft nur 500 ml Zuckerlösung, 2—3 Tage nach Beginn der Gärung weitere 500 ml und nach wieder-um 2 Tagen die restlichen 500 ml Zuckerlösung. Mit dieser stufenweisen Zuckerung erleichtern wir der Hefe die Gärtätigkeit. Wir erzielen aber auch eine reinere Gärung und eine geringere Bildung flüchtiger Säuren.

**ε) Alkoholgehalt.** Von den verschiedenen Hefen, die zur alkoholischen Gärung befähigt sind, zeigen sich die echten Weinhefen am widerstandsfähigsten gegen Alkohol. Die *Vermehrung* mancher Weinhefen nimmt zwar bei steigendem Alkohol-gehalt ab, doch leidet die Gärtätigkeit darunter nicht, so daß Alkoholgehalte von 110—120 g/l keine Seltenheit sind. Es können unter besonders günstigen Bedingungen bei gärkräftigen Hefen Alkoholgehalte bis 145 g/l beobachtet werden.

Abgesehen von den bereits besprochenen Substratbedingungen (Zuckergehalt) spielt aber auch, wie aus den Untersuchungen von C. VON DER HEIDE hervorgeht, die Menge der Hefeaussaat eine wesentliche Rolle. Inwieweit der Gärungsverlauf durch den Zuckergehalt, die gebildete Alkoholmenge und die Hefeaussaat beeinflußt werden kann, erläutert Tab. 10 und die graphische Aufzeichnung in Abb. 12.

Tabelle 10. *Beeinflussung des Gärverlaufes durch Zuckergehalt, Hefe- und Alkoholmenge*

| Zuckergehalt g in 1000 ml | Kleine Hefeaussaat | Große Hefeaussaat | Zuckergehalt g in 1000 ml | Kleine Hefeaussaat | Große Hefeaussaat |
|---|---|---|---|---|---|
| | Alkoholgehalt | g in 1000 ml | | Alkoholgehalt | g in 1000 ml |
| 110 | 59 | 62 | 400 | 87 | 97 |
| 160 | 82 | 84 | 495 | 34 | 49 |
| 210 | 107 | 112 | 540 | 12 | 27 |
| 265 | 120 | 131 | 590 | 3 | 7 |
| 300 | 110 | 138 | 685 | 1 | — |

Von der gärungshemmenden Wirkung des Alkohols macht man in südlichen Ländern bei der Bereitung von *Süßweinen* weitgehend Gebrauch. Man läßt z. B. den Most angären, bis eine bestimmte Menge Alkohol gebildet ist, und unterbricht dann die Gärung durch Zusatz von reinem Alkohol (Weindestillat) zu einem Zeitpunkt, da noch viel unvergorener Zucker im Wein vorliegt (*Portweinbereitung*). Bei der Herstellung der spanischen *Mistelas* verzichtet man auf eine *Gärung* und versetzt den frischen Traubensaft mit 16—18 Vol.-% Alkohol, so daß der natürlich vorhandene Zucker unverändert bleibt.

**ζ) Schweflige Säure.** Auf die Anwendung von Schwefliger Säure kann bei der Weinbereitung nicht verzichtet werden. Beim Schwefeln der frisch gekelterten Moste und besonders beim Vorklären von Trauben- oder Obstsäften werden sogar erhebliche Mengen Schwefliger Säure (8—10 g/hl $SO_2$) angewendet. Die Gärung kommt in solchen Fällen oft erst nach einigen Tagen in Gang, verläuft dann aber um so sauberer und reintöniger.

Die Abhängigkeit des Gärverlaufs von steigenden Mengen Schwefliger Säure wird durch die graphische Darstellung in Abb. 13 erläutert (Schanderl 1950).

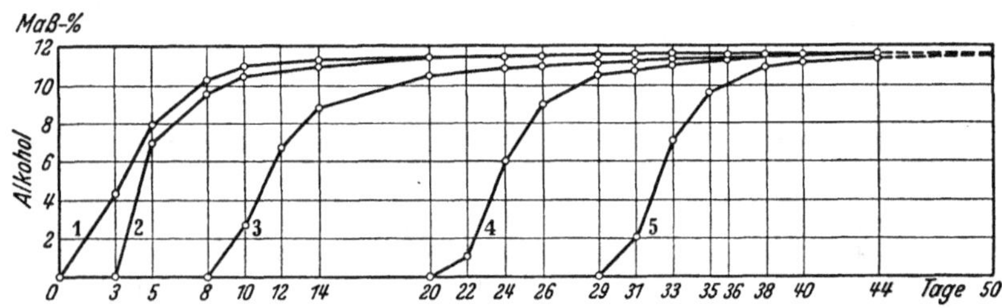


Abb. 13. Gärverlauf bei Zusatz verschiedener Mengen $SO_2$ (nach H. Schanderl). 1 = 0 mg, 2 = 100 mg, 3 = 150 mg, 4 = 200 mg, 5 = 300 mg $SO_2$ im Liter

Der Eintritt der Gärung wurde also durch einen Zusatz von 10 g/hl Schwefliger Säure (= 20 g/hl Kaliumpyrosulfit) nur um 3 Tage verzögert, durch einen Zusatz von 15 g $SO_2$ um 8 Tage und durch einen Zusatz von 20 g $SO_2$ um rd. 3 Wochen. Selbst eine Schwefelung mit 30 g/hl $SO_2$ (60 g/hl K.P.), wie sie in der Praxis niemals vorkommt, hinderte die völlige Vergärung des Zuckers nicht. Es ist anzunehmen, daß es sich in solchen Fällen nicht nur um die allmähliche Anpassung der Hefe an die überhöhten Mengen $SO_2$ handelt, sondern daß bis zum Eintritt der Gärung auch ein gewisser Teil der Schwefligen Säure durch Reduktion und auf andere Weise seine Wirkung verloren hatte. Besonders widerstandsfähig gegen Schweflige Säure ist die Hefe *Saccharomycodes ludwigii*, die aber zu den schwachen Alkoholbildnern gehört. Die zur Mostschwefelung verwendete Schweflige Säure wird während der Gärung zum Teil an Acetaldehyd gebunden, zum Teil entweicht sie mit dem bei der Gärung gebildeten Kohlendioxid. Nach Beendigung der Gärung sind daher im Jungwein keine erheblichen Mengen Schwefliger Säure mehr nachweisbar.

**η) Sonstige Faktoren.** Auf die Bedeutung der *Stickstoff*verbindungen für die Ernährung der Hefe und den Verlauf der Gärung wurde bereits auf S. 208 hingewiesen. In normalen Traubensäften sind die für die Hefe unentbehrlichen Stickstoffverbindungen (Eiweiß, Aminosäuren, Ammoniumverbindungen) in solcher Menge enthalten, daß die Gärung ohne künstlichen Zusatz von Ammonsalzen ingang kommt. Bei Mosten aus Kern- und Beerenobst, insbesondere bei Heidelbeer- und Preiselbeersäften, die sehr stickstoffarm sind, ist es aber meist notwendig, Ammoniumsulfat oder -phosphat in einer Menge bis zu 40 g/hl zuzusetzen.

*Gärungshemmend* wirken *Antibiotica* wie *Botryticin*, das der Pilz der *Edelfäule* erzeugt (RIBÉREAU-GAYON 1952). Hierin liege mit ein Grund dafür vor, daß Trockenbeerenauslesen nur sehr langsam vergären. H.H. DITTRICH (1964) konnte indessen in edelfaulen Mosten der Jahrgänge 1962 und 1963 im Vergleich zu gesunden Mosten gleichen Zuckergehaltes keine Gärhemmung, sondern nur eine geringfügige Erniedrigung des Endvergärungsgrades feststellen, an der die Bildung unvergärbarer Polysaccharide durch Botrytis beteiligt ist. Einen Hemmstoff „Botryticin" konnte H.H. DITTRICH *nicht* nachweisen. Wohl aber sind hier *Actidion*, *Antimycin A* und *Mycosubtilin* zu nennen (KIELHÖFER u. AUMANN 1957). Hingegen üben die im Traubensaft vorkommenden *Säuren* keinen nachhaltigen Einfluß auf die Gärung aus, sondern begünstigen sie sogar. Steigt aber der Gehalt an *Milchsäure* über 14 g/l, was in der Praxis der Weinbereitung niemals der Fall ist, so wird die Gärtätigkeit der Hefe gehemmt. Ein starkes Hefegift ist die *Essigsäure*, die bei einem Gehalt von 2 g/l schon eine Verzögerung, bei einem Gehalt von 8 g/l völligen Stillstand der Gärung bewirkt. Hierin liegt die Erklärung dafür, daß Jungweine, die schon gewisse Mengen flüchtige Säuren enthalten, leicht in der Gärung steckenbleiben, und daß es nicht möglich ist, Weine, die bereits essigstichig sind, durch Umgären wieder verkehrsfähig zu machen.

Starke Hefegifte sind ferner die *Salicylsäure* und die *Benzoesäure*, die beide als solche oder in Form ihrer Verbindungen zur Konservierung von Fruchtsäften und Marmeladen Verwendung finden. Ein Zusatz von 0,1—0,2 g/l hemmt die Gärung bereits erheblich, ein größerer Zusatz verhindert sie ganz. Eine gärungshemmende Wirkung besitzen schon in kleinen Mengen (1 g/l) auch Ameisensäure, Buttersäure, Fluorammonium und Formalin. Zur Konservierung von Mostproben, die zur Untersuchung eingesandt werden, genügt ein Zusatz von 0,5 g/l einer 40%igen Formalinlösung.

*Erhaltung der „Restsüße"*. Die steigende Zahl von Weinen, die mit einem gewissen Gehalt an Restzucker in den Handel kommen und dadurch der Gefahr der Nachgärung ausgesetzt sind, hat in den letzten Jahren die Aufmerksamkeit auf Mittel gelenkt, welche eine solche Nachgärung verhindern, ohne der Gesundheit des Weintrinkers zu schaden. Es sind hier in erster Linie die *Sorbinsäure* (KIELHÖFER 1960) $CH_3 \cdot CH : CH \cdot CH : CH \cdot COOH$ und der *Pyrokohlensäurediäthylester* (HENNIG 1961) $C_2H_5 \cdot O \cdot CO \cdot O \cdot CO \cdot O \cdot C_2H_5$ zu nennen, denen eine solche Wirkung zukommt. Die Versuche mit beiden Mitteln sind aber noch nicht abgeschlossen und die Verbindungen daher auch noch nicht zur Weinbehandlung zugelassen.

# IV. Praxis der Gärführung

## 1. Gärung der Weißweine

Den von der Kelter kommenden Most läßt man durch ein nicht zu engmaschiges Sieb laufen, um etwa mitgerissene feste Bestandteile (Kerne und Hülsen) zurückzuhalten. Er wird zunächst in einer Bütte aufgefangen, von wo er durch eine Schlauchleitung in die sorgfältig gereinigten Gärbehälter geleitet wird, die man zur Belassung des nötigen Steigraumes nur etwa zu ⁴/₅ anfüllt. Die Temperatur im Gärkeller soll nicht mehr als 15° C betragen.

Bei nicht zu stark geschwefelten Mosten setzt die Gärung schon am nächsten oder übernächsten Tag ein, um im Verlauf von 3—4 Tagen ihren Höhepunkt zu erreichen. Der Most trübt sich und wird unruhig. Es steigen kleine Bläschen auf, die an der Oberfläche Schauminseln bilden. Schließlich entweicht Kohlensäure in größerer Menge. Der Aufenthalt im Gärkeller wird nun gefährlich. Beim Betreten des Kellers ist durch eine möglichst tief gehaltene brennende Kerze festzustellen, ob die Luft noch so viel Sauerstoff enthält, daß keine Lebensgefahr besteht. Ist nur noch wenig Sauerstoff vorhanden, so erlischt die Kerze.

Nach Beendigung der Hauptgärung, die in 5—7 Tagen verläuft, werden die Fässer so weit *aufgefüllt*, daß eben noch der Gäraufsatz (vgl. Abb. 14) Platz hat, den man noch einige Zeit auf dem Faß beläßt. Das Auffüllen, das nicht zu spät erfolgen darf, hat den Zweck, den Wein vor den Einwirkungen der Luft zu schützen (Braunwerden, Kahmbildung, Entwicklung von Essigbakterien!) und ihm die Kohlensäure möglichst lange zu erhalten. Der junge Wein, der noch hefetrüb ist und noch große Mengen Kohlensäure enthält, heißt nun Sauser, Süßkrätzer oder *Federweißer*. Er wird in manchen Gegenden mit Vorliebe in diesem Zustand getrunken. Verläuft die Hauptgärung rasch und unter erheblicher Erwärmung des jungen Weines, so besteht Gefahr, daß noch Reste des Zuckers unvergoren bleiben. Es setzt dann einige Zeit nach Beendigung der Hauptgärung eine *Nachgärung* ein, die langsamer und ruhiger verläuft und zur völligen Vergärung des Restzuckers führt. Ist auch diese zu Ende, so sinkt die Hefe zu Boden, und der junge Wein klärt sich. Tritt während der Gärung eine *Stockung* ein, so muß durch Aufrühren der Hefe, Zufuhr von Luft und gegebenenfalls durch

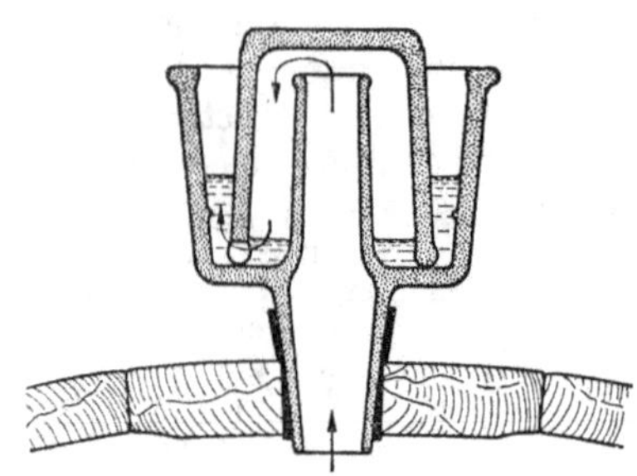

Abb. 14. Gärtrichter aus Steingut

Erwärmen des Weines für Wiederingangkommen der Gärung Sorge getragen werden. Reichen diese Maßnahmen nicht aus, so wird der Ansatz einer gärkräftigen, an hohen Alkohol gewöhnten Reinhefe zugesetzt.

## 2. Vergärung der Rotweinmaischen

Die Gärführung bei Rotweinen unterscheidet sich grundsätzlich von derjenigen der Weißweine. Um möglichst farbkräftige Weine zu erhalten, muß die Maische auf den Trestern vergoren werden. Dabei werden die farbstoffführenden Gewebspartien durch die Säuren und durch den gebildeten Alkohol aufgeschlossen. Dieser Vorgang wird durch die mechanische Bewegung der Flüssigkeit (veranlaßt durch die Kohlensäureentwicklung) noch begünstigt. Dabei gehen zugleich wertvolle Gerbstoffverbindungen aus den Beerenhülsen und -kernen in Lösung, die dem Rotwein den charakteristischen, angenehm herben Geschmack verleihen. Entrappung der Trauben verhindert einen zu hohen Gerbstoffgehalt.

Rotweinmaischen läßt man bei etwas höheren Temperaturen (20—24° C) vergären als Weißmoste, verwendet zur reinen Gärführung an Gerbstoff gewöhnte Reinzuchthefe und greift zu einer kräftigen Schwefelung (4—5 g $SO_2$ auf je 100 l vor Eintritt der Gärung und 2—3 g $SO_2$ auf je 100 l während der Gärung), um die auf den Beerenhülsen stets vorhandenen wilden Hefen in ihrer Entwicklung zu hemmen. Auf diese Weise erhält man eine reintönige Gärung und eine rein rote, leuchtende Farbe. Sobald das Mostgewicht in der gärenden Maische auf 25—15° Öchsle gesunken ist, „wirzt" man ab und keltert anschließend die Maische. Den Jungwein gibt man in ein leicht eingebranntes Faß, wo die Gärung ohne Schwierigkeit zu Ende geht. Den von selbst ablaufenden Wein nennt man *Wirzwein*, den erst durch Keltern erhaltenen Wein *Preßwein*.

Bei der Rotweinbereitung unterscheidet man die *offene* und die *geschlossene* Vergärung mit oder ohne *Senkboden*. Am häufigsten wurde früher die offene Gärung *ohne* Senkboden ausgeführt, zu der man aufrecht stehende offene Fässer oder Gärkufen verwendete, die zu etwa $^2/_3$ ihres Inhaltes angefüllt wurden. Die entweichende Kohlensäure reißt die festen Bestandteile der Maische: Hülsen, Kerne usw. mit und bildet auf der Oberfläche des Gärgutes eine Decke, den „*Tresterhut*". Dieser muß, da er einen gefährlichen Infektionsherd darstellt, von Zeit zu Zeit — während der Hauptgärung jede Stunde — untergestoßen werden. Dadurch wird die Gärung stets von neuem angeregt und zugleich eine gründliche Auslaugung der farbstoffhaltigen Beerenhäute erreicht.

Ein bedeutender Fortschritt auf dem Gebiet der Rotweinbereitung ist in der Einführung der geschlossenen Tanks aus emailliertem Stahl zu erblicken. In diesen Tanks wird die bei der Gärung entstehende Kohlensäure in Abständen von etwa einer Stunde abgesaugt und mit Hilfe einer Kompressorpumpe unter solchem Druck wieder in die gärende Rotweinmaische eingeblasen, daß eine stärkere Bewegung der Maische erzielt und der Farbstoff weitgehend aus den

Hülsen herausgelöst wird. Der große Vorteil des Verfahrens liegt darin, daß die gärende Maische nicht mit Luft in Berührung kommt und daß keine Verluste an Alkohol und Bukettstoffen eintreten.

Man kann die Vergärung der Rotweinmaische auch in der Weise durchführen, daß man auf die in einen Drucktank eingefüllte Maische einen *Vorspanndruck* von 2 atü Kohlensäure gibt, um die Bildung eines Tresterhutes zu verhindern. Steigt der Druck durch die Gärung an, so wird entspannt. Die Farbstoffausbeute ist bei diesem Verfahren recht gut.

Bei den geschilderten Maßnahmen setzt die Gärung rasch ein und verläuft innerhalb weniger Tage. Man läßt den jungen Rotwein noch während der Gärung von der Maische ab und schwefelt ihn nur schwach ein. Der von selbst ablaufende bessere *Wirzwein* und der durch Auspressen gewonnene herbere *Preßwein* werden gesondert in verschiedenen Fässern gelagert. Um die bald einsetzende Nachgärung verfolgen zu können, versieht man die Fässer mit einem Gärtrichter (vgl. Abb. 14).

Der richtig gewählte Zeitpunkt des Abziehens ist von Wichtigkeit für die Farbe des Weines, die einige Tage nach Beginn der Gärung ihre höchste Intensität erreicht, bei längerem Verweilen des vergorenen Weines auf der Maische aber wieder zurückgeht. Unter dem Einfluß der Luft findet eine allmähliche Zersetzung des Rotweinfarbstoffes (Önin) statt, die eine Vermehrung brauner, schwer löslicher Farbstoffverbindungen mit sich bringt. Mit diesem Vorgang ist eine durch die Zunahme des Gerbstoffgehaltes bedingte Geschmacksverschlechterung verbunden.

Zur Erhöhung des Farbstoffgehaltes der Rotweine sind verschiedene Verfahren in Vorschlag gebracht worden. So wurde in Burgund ein Verfahren ausgearbeitet, wobei ein Teil der Trauben vor dem Einmaischen kurz in erhitzten Traubensaft von 80° C eingetaucht wird. Dadurch wird eine Zerstörung der äußeren Zellschichten und ein leichteres Inlösunggehen des Farbstoffes erreicht. Farbe und Geschmack dieser Weine sind einwandfrei. Wendet man gleichzeitig mit der Erhitzung pektinspaltende Enzyme an, so eröffnet sich ein Weg, die oft schwierige und kostspielige Maischegärung zu vermeiden (KONLECHNER 1956, 1958; HEIMANN 1961; KLENK 1963). Die durch die Erhitzung bewirkte Durchlässigkeit der Zellhäute und der Abbau der Pektine können zu einem kontinuierlichen Entsaftungsverfahren führen, das es ermöglicht, auch den roten Traubensaft ohne Berührung mit den Hülsen und Kernen zu vergären. Die Apparaturen zur Maischeerhitzung sind allerdings kostspielig, wenn es sich um große Mengen Maische handelt.

Erwähnenswert ist noch die „*Über-Vier-Gärung*" (Fermentation superquatre) von L. SEMICHON (1923, 1929), bei welcher die frische Maische so weit mit bereits vergorenem Wein gleicher Herkunft versetzt wird, daß das Gemisch einen Alkoholgehalt von mindestens 4 Vol.-% enthält. Die Gärung vollzieht sich somit von Anfang an in einem Most mit 4% Alkohol und verläuft daher reintönig.

Bei der *doppelten Einmaischung* (Double macération) von H. ARMET (1926) wird die halbvergorene Maische zur besseren Auslaugung der farbstoffhaltigen Gewebe ein zweites Mal mit vergorenem Wein versetzt und durchgearbeitet. Auch hier werden besonders reintönige und gut gedeckte Rotweine erhalten.

Werden blaue Trauben sofort nach der Lese abgekeltert, so erhält man einen weißen oder nur leicht rötlich gefärbten Wein, der in Südbaden die Bezeichnung *Weißherbst* führt und den man in Württemberg *Schillerwein*, in Frankreich *Clairet* oder *Vin rosé*, in der Schweiz „*Süßabdruck*" nennt. Die Bezeichnung Weißherbst wird nur bei solchen Weinen angewendet, die ausschließlich aus den Trauben des Blauen Spätburgunders gewonnen werden. Nur die Färbertrauben und einige Hybriden (Oberlin) liefern beim Keltern sofort einen rotgefärbten Traubensaft.

## 3. Gärbehälter

Zur Vergärung und Lagerung von Trauben- oder Obstsäften wurden früher in erster Linie *Fässer* aus Eichenholz verwendet, die runde oder ovale Form besitzen und bis zu 100 hl und mehr Inhalt haben. In großen Betrieben und Winzergenossenschaften sind in den letzten Jahren immer mehr auch *Stahltanks* von 60 bis 600 hl Inhalt, Tanks aus Kunststoff (Abb. 15) und rechteckige, innen verglaste Behälter aus *Beton* in Gebrauch gekommen, die ein Fassungsvermögen von 150 bis 300 hl besitzen. Da die Stahltanks gesattelt werden und die Betonbehälter wenig Raum beanspruchen, leicht zu reinigen sind und keinen Farbstoff annehmen, bieten sie gewisse Vorteile vor den Holzfässern, die einer größeren Wartung bedürfen.

An der Mosel werden noch weitgehend die länglichen, runden *Fuder*fässer von 960 l Inhalt benutzt, im übrigen Deutschland *Halbstück*fässer (600 l), *Stück*fässer (1200 l) und Fässer größeren Inhalts. Neue Holzfässer müssen vor der Verwendung *weingrün* gemacht werden, d. h. man entzieht ihnen durch Behandlung mit überhitztem Wasserdampf oder auf andere Weise die löslichen Gerbstoffverbindungen und solche Stoffe, die dem Wein einen harten, trockenen „Holzgeschmack" verleihen (vgl. S. 264).

Die Stahltanks, die innen glasemailliert oder mit einer dauerhaften Auskleidung von Kunststoff (Emaillit, Vinidur usw.) versehen sind, die eingebrannt wird und säurefest ist, bedürfen lediglich der Reinigung mit Wasser. Auch die verglasten Betonbehälter sind leicht zu reinigen. Beide können abwechselnd für Weiß- und Rotweine verwendet werden. Lagert man in verglasten Betonbehältern Obstweine oder Wermutwein, der Citronensäure enthält, so werden die Zementfugen zwischen den Glasplatten angegriffen und mit der Zeit gelöst. Bei Lagerung von Traubenwein bildet sich in den Fugen Calciumtartrat, das nicht löslich ist.

Näheres über die Technik der Gärführung und die dazu verwendeten Behälter vgl. bei G. Troost: Handbuch der Kellerwirtschaft, Bd. I, 3. Aufl., S. 177—174, S. 534 f. und S. 558 f. Stuttgart 1961. Verlag E. Ulmer.

Abb. 15. Kunststofftank.
Hersteller: Hoelemann & Wolff, Osterode/Harz

# V. Die Anwendung von Reinhefen

Überläßt man einen Trauben- oder Obstsaft der Spontan- oder Eigengärung, so entwickeln sich zunächst nicht die echten Weinhefen, sondern diejenigen Mikroorganismen, die sich am raschesten vermehren. Das sind die *„wilden" Hefen*, vor allem die wenig gärkräftigen *Apiculatushefen* der Gattung Kloekeraspora und die Sporen des Pilzes Sphaerulina (= *Dematium pullulans*). Früher oder später wird zwar die echte Hefe die Oberhand gewinnen; bis dahin aber können die Apiculatushefen schon flüchtige Säuren und andere Stoffwechselprodukte gebildet haben, die im Wein nicht erwünscht sind.

Setzt man dagegen dem Trauben- oder Obstmost *sofort* nach der Kelterung eine genügende Menge reingezüchteter Weinhefe der Arten *Saccharomyces ellipsoideus* oder *S. Pastorianus* zu, so vermehren sich diese so schnell, daß die wilden Hefen nicht mehr aufkommen können. Das ist besonders dann der Fall, wenn man die Lebensbedingungen der wilden Hefen und Bakterien durch Sauerstoffentzug (*Schwefelung!*) erschwert. Die Gärung verläuft nun rascher, sauberer und reintöniger. Es wird die größtmögliche Menge Alkohol gebildet, und es entstehen nur angenehme Geruchs- und Geschmacksstoffe (Gärungsbukett), während die Bildung flüchtiger Säuren und unangenehm schmeckender Ester unterbleibt.

Es war das große Verdienst des dänischen Botanikers und Gärungsphysiologen E. Chr. Hansen, die Verschiedenheit der Hefen klar erkannt und als erster mit *Reinkulturen* gearbeitet zu haben. Seine Forschungen führten auf dem Gebiet des Brauereiwesens zu einer grundlegenden Reform der Gärtechnik. Für die Weinbereitung haben eine Reihe Forscher, vor allem H. Müller-Thurgau, die Frage der Anwendung von Reinhefen eingehend studiert und Reinhefezuchtstationen gegründet, in denen die besten Hefestämme vermehrt und für die Praxis der Weinbereitung nutzbar gemacht werden. Solche Reinhefestationen bestehen heute in Deutschland an den Weinbauversuchsanstalten in *Freiburg* i. Br. (Baden), *Geisenheim* a. Rh. (Rheingau), *Neustadt* a. d. Weinstraße (Pfalz), *Oppenheim* (Hessen), *Veitshöchheim* (Franken) und *Weinsberg* (Württemberg). Sehr bekannt wegen ihrer Forschungen auf diesem Gebiet sind ferner die Eidgenössische Versuchsanstalt für Obst-, Wein- und Gartenbau in *Wädenswil* bei Zürich und die Bundeslehranstalt in *Klosterneuburg* bei Wien.

## 1. Arten der Reinhefe

Die einzelnen Reinhefestämme unterscheiden sich in ihren Eigenschaften recht wesentlich voneinander. Während z. B. mit den Heferassen „Steinberg", „Winningen", „Geisenheim 1933", „Cognac 1933", „Ihringer Winklerberg" u. a. hohe Alkoholausbeuten erzielt werden, zeigen die Stämme „Assmannshausen", „Bordeaux" und „Maienfeld" neben einem hohen Endvergärungsgrad eine gewisse Widerstandsfähigkeit gegen Gerbstoffe. Auch die Schaumweinindustrie bevorzugt „Spezialhefen" wie „Champagne Hautvillers", „Champagne Ay", „Champagne Mesnil" u. a., die sich durch einen dichten, körnigen Trub auszeichnen, und die frei sind von Masken- und Ringbildung.

Allgemein sind für die Weinbereitung solche Hefen zu bevorzugen, die neben einem hohen Endvergärungsgrad ein starkes Gärungsvermögen aufweisen, viel Glycerin, aber wenig flüchtige Säuren bilden und vor allem wenig empfindlich gegen Temperaturschwankungen sind. Die früher viel verbreitete Ansicht, man könne durch Hefestämme aus besonders guten Weinberglagen die Vorzüge der dort erzeugten Hochgewächse auf Weine aus *geringeren* Lagen übertragen, hat sich nicht bestätigt. Wohl entwickeln die verschiedenen Hefestämme in *Zuckerlösungen* unterschiedliche Gärbukette; doch wird auch durch Verwendung hochwertiger Heferassen bei *Traubensäften* geringerer Lagen der durch Sorte, Lage und Jahrgang bedingte Charakter nicht verändert.

Die zur Erzeugung besonders guter Weine absichtlich verzögerte Traubenlese kann bisweilen in den Spätherbst fallen. Die Moste kommen dann *kalt* in den Keller und gären infolge der Kälteempfindlichkeit der Hefe nur schwer an. A. OSTERWALDER (1934) ist es gelungen, in dem Stamm „Wädenswil Schloß" eine Hefe aufzufinden, die noch bei $+ 5°$ C befriedigend vergärt und die selbst bei $+ 2°$ C noch ein gewisses Alkoholbildungsvermögen zeigt. Zu den *Kaltgärhefen* gehören auch die Wädenswiler Stämme „Salenegg", „Herrliberg" und „Fendant" und die Geisenheimer Stämme „Winningen" und „Waldenburg". Sie vergären bei Temperaturen über 20° C langsamer als normale Hefen. Die Gärgeschwindigkeit solcher Kaltgärhefen ist auch bei Temperaturen von nur 8—10° C gering und steht hinter derjenigen normaler Hefen bei den üblichen Kellertemperaturen von 14—16° C zurück.

Bei den sog. „*Sulfithefen*" handelt es sich nicht um besondere Hefestämme, bei denen die Unempfindlichkeit gegen *Schweflige Säure* eine arteigene, vererbbare Eigenschaft ist. Die echten Weinhefen sind vielmehr an sich schon wenig empfindlich gegen Schweflige Säure, und es scheint, daß man diese Unempfindlichkeit durch Heranzucht in Mosten mit steigendem Gehalt an Schwefliger Säure noch verstärken kann. „Sulfithefen" sind also Rassen, die auch bei niedrigem Redoxpotential rH, d. h. bei sehr geringem Gehalt des Gärgutes an Sauerstoff, noch Gärung durchführen können.

## 2. Anwendung der Reinhefen

Die Verwendung von Reinzuchthefen ist an bestimmte Voraussetzungen gebunden. Bei Traubenmosten aus *guten* Lagen und aus gesundem Lesegut ist die Verwendung „arteigener Hefestämme" empfehlenswert. Dagegen kommt die Verwendung von Reinzuchthefen (ohne Rücksicht auf Rasse und Herkunft) in folgenden Fällen in Betracht:

1. bei der Umgärung von Traubenweinen,

2. bei Gärstockungen (Kaltgärhefen!),

3. bei der Bereitung von Schaumweinen,

4. bei der Bereitung von Obst- und Beerenweinen,

5. bei der Vergärung von Traubenmosten aus geringen Lagen oder aus nicht einwandfreiem Lesegut,

6. bei Traubenmosten, die durch Separieren oder durch Kieselgurfiltration vorgeklärt und damit ihrer natürlichen Hefen beraubt wurden,

7. bei der Vergärung von Trockenbeerenauslesen (osmophile Hefen).

Da in den Säften von Obst- und Beerenfrüchten von Natur aus keine oder nur sehr kleine Mengen echter Weinhefen vorkommen, die wilden Hefen und Bakterien aber bei weitem überwiegen, sollten bei der *Obst- und Beerenweinbereitung* ausschließlich reingezüchtete Hefen zur Verwendung kommen. Die Qualität der Obst- und Beerenweine könnte dadurch sehr erheblich gesteigert werden. Bei der Bereitung von Dessertweinen aus Beerenobst ist die Verwendung von Reinhefen unerläßlich, weil nur diese den gewünschten hohen Alkoholgehalt erzeugen.

Bei der Vergärung von Trockenbeerenauslesen, die ihres hohen Zuckergehaltes wegen nur sehr langsam und zögernd vor sich geht, kann der Zusatz einer Reinkultur von osmophilen Hefen (Zygosaccharomyces) gute Dienste tun.

Die Anwendung von Reinhefen empfiehlt sich ferner bei der Vergärung von Obst- und Beerenmaischen zur Gewinnung von Branntweinen und Edelbranntweinen. Es werden dadurch wesentlich reintönigere Branntweine gewonnen und höhere Alkoholausbeuten erzielt.

## 3. Bereitung eines Reinhefeansatzes

Die von der Hefezuchtstation bezogene Menge Reinhefe ist gering und reicht nur zur Vergärung einer kleinen Menge Most (bis etwa 50 l) aus. Soll eine größere Menge Trauben- oder Obstmost vergoren werden, so muß die Reinhefe vor der Verwendung *vermehrt* werden. Es ist daraus ein ,,*Ansatz*" herzustellen, dessen Menge sich nach dem Quantum des zu vergärenden Mostes richtet. Man rechnet bei frischen Trauben- oder Obstmosten von normaler Beschaffenheit 0,5—1 l, bei Beerensäften 2 l und bei stärker geschwefelten Mosten oder beim Umgären von Wein 3—4 l Hefeansatz (Anstellhefe) auf je 100 l Most oder Wein.

Die Reinhefezuchtstationen fügen ihren Kulturen Gebrauchsanweisungen bei, in denen das Wesentliche über die Herstellung und Vermehrung eines Hefeansatzes gesagt ist. Besondere Sorgfalt ist dem Hefeansatz dann zu widmen, wenn er zur *Umgärung* (Verbesserung) eines bereits vergorenen Weines verwendet werden soll. Die Hefe, die an den darin schon enthaltenen Alkohol noch nicht angepaßt ist, kann sonst einen ,,Schock" erleiden und in ihrer Vermehrung und Gärtätigkeit stark gehemmt werden. Ein Hefeansatz, der zum Umgären von Wein dienen soll, muß daher auf einen höheren Alkoholgehalt aufgezuckert werden und so lange stehen bleiben, bis der Höhepunkt der Gärung erreicht ist. Durch stufenweise Vermehrung des Ansatzes mit gezuckertem Wein kann die Hefe allmählich an die neuen Lebensbedingungen angepaßt werden.

Die günstigen Wirkungen eines Reinhefeansatzes kann man durch Bereitung einer *Anstellhefe* aus den im Weinberg natürlich vorkommenden Weinhefen weitgehend ersetzen. Man keltert zu diesem Zweck etwa 8 Tage vor Beginn der Weinlese aus *gesunden* Trauben 20—50 l Most, schwefelt ihn mit 12—15 g Kaliumpyrosulfit/hl, um alle wilden Hefen und Bakterien zu unterdrücken, und läßt ihn bei 20—25° C spontan vergären.

## VI. Erzeugnisse der Alkoholgärung

Bei der alkoholischen Gärung wird der Zucker (Glucose, Fructose) in *Alkohol und Kohlensäure* gespalten. Die in nicht vergärbarer Form vorliegende Saccharose muß zunächst durch Saccharase (Invertase) in Trauben- und Fruchtzucker und damit in vergärbare Form übergeführt werden. Der Chemismus der alkoholischen Gärung, insbesondere die einzelnen Zwischenstufen und die dabei gebildeten Zwischenprodukte, wurden bereits an anderer Stelle dieses Bandes erörtert. Wir wissen, daß neben den wichtigsten Spaltprodukten Alkohol und Kohlensäure eine Reihe von Stoffen entsteht, von welchen bei der Weinbereitung vor allem Glycerin, höhere Alkohole und Ester (Bukettstoffe) und flüchtige Säuren von Wichtigkeit sind.

**α) Alkohol.** Das wichtigste Erzeugnis der Gärung ist der *Alkohol* (Äthanol, Weingeist) $C_2H_5 \cdot OH$, dessen Menge (40—140 g/l) je nach dem Zuckergehalt des Trauben- oder Obstmostes sehr großen Schwankungen unterliegt. Eine größere Menge als 144 g/l (18 Maßprozent) ist bisher in einem durch natürliche Gärung entstandenen, nicht gespriteten Wein noch nicht gefunden worden.

Nach der chemischen Gleichung müßten aus 100 g Trauben- oder Fruchtzucker 51,1 g Alkohol und 48,9 g Kohlendioxid entstehen, aus 100 g Rohrzucker 53,8 g

Alkohol und 51,4 g Kohlendioxid ($C_{12}H_{22}O_{11} + H_2O \rightarrow 4\,C_2H_5 \cdot OH + 4\,CO_2$). Als Durchschnittsergebnis vieler Untersuchungen fand jedoch schon L. Pasteur (1860), daß aus 100 g Fruchtzucker 48,4 g Alkohol, 46,6 g Kohlendioxid, 3,3 g Glycerin, 0,6 g Bernsteinsäure und 1,2 g sonstige Stoffe gebildet werden.

Diese Gewichtsunterschiede erklären sich daraus, daß die Hefe zum Aufbau ihrer Körpersubstanz gewisse Mengen Zucker verbraucht und daß Alkoholverluste während der Gärung unvermeidbar sind. Nach dem Ergebnis neuerer Untersuchungen kann man mit einer mittleren Ausbeute von 47—47,5 g Alkohol aus 100 g Zucker rechnen. Von den beiden Zuckerarten des Traubensaftes wird der Traubenzucker rascher vergoren als der Fruchtzucker.

**β) Glycerin**, ein dreiwertiger Alkohol $C_3H_5 \cdot (OH)_3$, ist in reinem Zustande eine farblose, dickliche Flüssigkeit, die süß schmeckt und ungiftig ist. Sie mischt sich mit Wasser und Alkohol in jedem Verhältnis und setzt den Gefrierpunkt des Wassers erheblich herab. Reines Glycerin besitzt bei 20° ein spez. Gewicht von 1,2613 und kann bei 290° fast unzersetzt destilliert werden. Glycerin gehört insofern zu den wertvollsten Erzeugnissen der Gärung, als es dem Wein Vollmundigkeit und Körper verleiht.

Die Menge des im Wein enthaltenen Glycerins hängt in der Hauptsache vom Endvergärungsgrad und der Menge des gebildeten Alkohols ab, aber auch von der Rasse der Gärhefe. Im allgemeinen enthalten die Weine auf 100 g Alkohol 7,5—10 g Glycerin. Der durchschnittliche Glyceringehalt deutscher Weine schwankt etwa zwischen 6 und 9 g im Liter Wein. In Südweinen und alkoholreichen Ausleseweinen können erheblich größere Mengen Glycerin enthalten sein. Dem Alkohol-Glycerin-Verhältnis wird von den Weinchemikern besondere Bedeutung für die Beurteilung der Naturreinheit beigelegt.

Das Verhältnis von gebildeter Glycerin- und Alkoholmenge erläutert Tab. 11:

Tabelle 11. *Gefundene Glycerinmenge in g bezogen auf 100 g Alkohol und % der Gesamtzahl (4423) der untersuchten Weine*

| Gramm | 2,0 bis 3,9 | 4,0 bis 4,9 | 5,0 bis 5,9 | 6,0 bis 6,9 | 7,0 bis 7,9 | 8,0 bis 8,9 | 9,0 bis 9,9 | 10,0 bis 10,9 | 11,0 bis 11,9 | 12,0 bis 12,9 | 13,0 bis 13,9 | 14,0 bis 14,9 |
|---|---|---|---|---|---|---|---|---|---|---|---|---|
| Prozent | 0,32 | 0,8 | 2,4 | 8,6 | *21,2* | *26,6* | *22,8* | 10,8 | 3,8 | 1,5 | 0,4 | 0,24 |

Nach neuesten Untersuchungen können Traubenmoste aus faulen und edelfaulen Trauben schon vor Eintritt der Gärung erhebliche Mengen (bis 20 g/l) Glycerin enthalten, das aus dem Stoffwechsel der auf den Trauben vorkommenden Pilze Aspergillus, Penicillium und vor allem Botrytis cinerea stammt. Daraus erklärt sich der oft ungewöhnlich hohe Glyceringehalt mancher Ausleseweine Mühlberger u. Grohmann 1956, 1962; H. H. Dittrich 1964. Bei Dittrich auch zahlreiche Literaturangaben.

**γ) 2,3-Butylenglykol** (2,3-Butandiol) $CH_3 \cdot CHOH \cdot CHOH \cdot CH_3$ ist ein zweiwertiger Alkohol, der in Mengen bis zu 0,6 g/l in Wein nachgewiesen wurde. Butandiol entsteht aus Diacetyl $CH_3 \cdot CO \cdot CO \cdot CH_3$ durch die Gärtätigkeit der Hefe. Sein Vorkommen in Mistellen und anderen Süßweinen dient als Beweis dafür, daß Gärung stattgefunden hat.

**δ) Höhere Alkohole.** Die Hefe braucht zum Aufbau ihres vorwiegend aus Eiweiß bestehenden Zellplasmas Stickstoff und greift zu diesem Zweck die im Trauben- und Fruchtsaft natürlich vorkommenden Aminosäuren an. Dabei entsteht

aus der Aminosäure *Leucin* der *Isoamylalkohol* $C_6H_{11} \cdot OH$: $\begin{matrix} CH_3 \\ CH_3 \end{matrix}\!\!>\!CH-CH_2-$

$CH(NH_2)-COOH + H_2O \longrightarrow \begin{matrix} CH_3 \\ CH_3 \end{matrix}\!\!>\!CH-CH_2-CH_2OH + CO_2 + NH_3$. In gleicher Weise entstehen aus *Isoleucin* der *Amylalkohol* $C_6H_{11} \cdot OH$, aus *Valin* der *Isobutylalkohol* $C_4H_9 \cdot OH$ und aus der *Aminobuttersäure* der *Propylalkohol* $C_3H_7 \cdot OH$.

Die höheren Alkohole werden demnach durch die *Hefe* gebildet und sind als Nebenprodukte der alkoholischen Gärung und des Stoffwechsels der Hefe aufzufassen (F. Ehrlich 1907, 1909). Sie sind mehr oder minder giftig und verursachen die toxischen Wirkungen des Branntweinrausches.

Obwohl höhere Alkohole im Wein nur in geringer Menge (0,1—0,3 g/l) enthalten sind, müssen die üblen Folgen eines zu weit gehenden Weingenusses in erster Linie dem Gehalt der Weine an höheren Alkoholen zugeschrieben werden. Hochwertige und alkoholreiche Weine, wie Beerenauslesen, Südweine und Likörweine, enthalten im allgemeinen *mehr* höhere Alkohole als einfache Weine von mittlerem Alkoholgehalt. An der Bildung der Bukettstoffe im Wein sind die höheren Alkohole vermutlich maßgebend beteiligt.

ε) **Bernsteinsäure** $COOH \cdot CH_2 \cdot CH_2 \cdot COOH$ entsteht ebenfalls bei der Gärung und wurde schon von Pasteur in Wein in einer Menge von 0,6 g auf 100 g vergorenen Zuckers festgestellt. Im Durchschnitt ist in deutschen Weinen etwas weniger als 1 g/l Bernsteinsäure enthalten.

Bernsteinsäure ist nahe verwandt mit Apfelsäure und Weinsäure. Sie kristallisiert in monoklinen Säulen oder Tafeln, ist in Wasser und Alkohol löslich und besitzt rein sauren Geschmack. Die bei der Gärung entstehende kleine Menge (0,6—1 g/l) gleicht den durch Weinsteinausfall entstehenden Säurerückgang z. T. wieder aus.

ζ) **Flüchtige Säuren.** Die organischen Säuren, die wie die *Essigsäure* $CH_3$ $\cdot COOH$, die *Propionsäure* $C_2H_5 \cdot COOH$ und die *Buttersäure* $C_3H_7 \cdot COOH$ beim Erhitzen des Weines oder bei der Destillation mit den Alkohol- und Wasserdämpfen übergehen, bezeichnet man als *flüchtige Säuren*. Sie werden bei der Gärung in kleinen, wechselnden Mengen gebildet, deren Höhe von der Zuckerkonzentration (Abb. 7) und der Heferasse abhängt. Der Gehalt normaler und gesunder Weißweine an flüchtigen Säuren bewegt sich etwa zwischen 0,3 und 0,6 g/l, berechnet als Essigsäure.

Übersteigt der Gehalt an flüchtigen Säuren bei Weißweinen 0,9 g/l und bei Rotweinen 1,2 g/l, so ist bestimmt anzunehmen, daß sich Essigbakterien im Wein entwickelt haben und der Wein zum Essigstich und zum Verderben neigt. Eine Ausnahme machen nur Südweine und Trockenbeerenauslesen, die als Folge der längeren und langsamen Gärung stets höhere Mengen flüchtiger Säuren enthalten.

η) **Essigsäure** ist in reinem Zustande eine farblose, scharf sauer riechende und schmeckende Flüssigkeit, die bei 118° siedet und eine Dichtezahl von 1,0492 bei 20° besitzt. Sie entsteht bei der Gärung aus Acetaldehyd: $2\,CH_3 \cdot CHO + H_2O = C_2H_5 \cdot OH + CH_3 \cdot COOH$, wird aber auch von Bakterien durch Oxydation des Äthanol gebildet:

$$C_2H_5 \cdot OH + O_2 \rightarrow CH_3 \cdot COOH + H_2O.$$

Tab. 12 (J.G. Zimmermann 1936) erläutert das Verhältnis der flüchtigen Säuren zum Alkoholgehalt und deren Veränderungen im Verlauf der Gärung.

Tabelle 12

| Heferasse | Most-gewicht ° Öchsle | Nach 3 Tagen g im Liter | | | Nach 7 Tagen g im Liter | | | Nach 53 (67) Tagen g im Liter | | |
|---|---|---|---|---|---|---|---|---|---|---|
| | | fl. Sr. | Alkohol | Verh. | fl. Sr. | Alkohol | Verh. | fl. Sr. | Alkohol | Verh |
| B 27 | 70 | 0,20 | 16,9 | 1: 84 | 0,40 | 43,8 | 1:110 | 0,48 | 68,8 | 1:143 |
| | 119 | 0,34 | 12,3 | 1: 36 | 0,88 | 40,2 | 1: 46 | 1,00 | 123,2 | 1:123 |
| D 38 | 70 | 0,10 | 12,9 | 1:129 | 0,34 | 47,3 | 1:139 | 0,31 | 74,1 | 1:239 |
| | 119 | 0,32 | 13,3 | 1: 42 | 0,67 | 39,0 | 1: 56 | 0,80 | 122,6 | 1:153 |
| Steinberg | 70 | 0,15 | 5,8 | 1: 39 | 0,59 | 43,6 | 1: 74 | 0,58 | 74,3 | 1:128 |
| | 119 | 0,15 | 1,7 | 1: 11 | 0,72 | 15,4 | 1: 21 | 1,64 | 102,2 | 1: 62 |

Die vorstehende Übersicht bringt zum Ausdruck, daß die Bildung der flüchtigen Säuren im wesentlichen in den ersten Stadien der Gärung erfolgt und von der Heferasse beeinflußt wird.

Technisch wird Essigsäure auf dem Wege der Oxydation verdünnter alkoholischer Flüssigkeiten durch Essigbakterien oder auf rein chemischem Wege durch Oxydation von Acetaldehyd hergestellt, der über das Acetylen aus Calciumcarbid gewonnen wurde (Carbidessig).

Die nächsten Vertreter dieser Säurenreihe *Propion-*, *Butter-* und *Valeriansäure* kommen frei, aber immer in sehr geringen Mengen in manchen Fuselölen vor und können auch als Ester im Wein vorhanden sein; das gleiche gilt auch für *Capron-*, *Capryl-* und *Caprinsäure*.

**9) Ester.** Die Ester der genannten Alkohole und Säuren, welche im Wein auftreten, beeinflussen ganz wesentlich den Geruch und Geschmack und bilden einen großen Teil der sog. Bukettstoffe. Es sind insbesondere die Ester der Säuren mit 4—10 C-Atomen, welche dem Wein das charakteristische Aroma verleihen. Neben diesen Estern, die als Nebenprodukte der Gärung auftreten, gibt es außerdem eine Reihe von Estern, die bereits im Ausgangsmaterial vorhanden sind oder sich erst später bei der Lagerung und Nachgärung bilden, die aber ebenfalls den Geschmack und die Blume des Weines beeinflussen können.

Die Ester der flüchtigen Säuren besitzen einen niederen Siedepunkt, sind flüchtig und von angenehmem Geruch. Bei den Aromastoffen des Weines handelt es sich im wesentlichen um ein Gemisch verschiedener Ester (vgl. S. 279). Essigester (Siedepunkt 77° C) kommt in gesunden Weinen nur in geringer Menge vor, ist aber in stichigen Weinen in größerer Menge enthalten. Durch Apiculatus-Hefen und durch die Kahmhefe Hansenula anomala werden erhebliche Mengen Essigester gebildet.

**ι) Bukettstoffe.** Die bei der alkoholischen Gärung entstehenden *Bukettstoffe* (Gärungsbukett) sind flüchtig und vergänglich. Nach H. MÜLLER-THURGAU werden sie aus dem Eiweiß der Hefe gebildet. Sie sind daher bei den einzelnen Heferassen verschieden. Das eigentliche Bukett und die spätere Art eines Weines werden von den Gärungsbukettstoffen nicht nachhaltig beeinflußt.

Bei dem „sekundären Traubenbukett" (Sortenbukett) handelt es sich nach F. EHRLICH (1909) um Geruchsstoffe, die bei der Gärung durch den Abbau bestimmter im Traubensaft vorkommender Eiweißstoffe entstehen.

**κ) Kohlendioxid.** Das bei der Gärung entweichende Gas, die „Kohlensäure", ist ein farb- und geruchloses Gas. Kohlendioxid ist 1,52mal so schwer als Luft, brennt nicht und unterhält auch das Brennen nicht. *Kohlendioxid ist auch nicht atembar.* Schon die Beimengung von einigen Prozenten zur Atemluft wirkt beklemmend, weil dadurch die Ausscheidung von Kohlendioxid aus der Lunge erschwert wird. Während der Gärung werden große Mengen Kohlendioxid frei, die sich im Gärkeller in lebensgefährlicher Weise ansammeln, wenn nicht durch Lüftungseinrichtungen für ihre Entfernung gesorgt wird. Um welche Mengen es sich dabei handelt, zeigt folgende Rechnung: Aus 1000 g Zucker entstehen theoretisch 489 g oder 247 l Kohlendioxid. Aus einem Halbstückfaß, das mit 600 l eines Mostes von 15 % Zuckergehalt (etwa 72° Öchsle) gefüllt ist, entweichen im Verlaufe der Gärung demnach $600 \cdot 0{,}150 \cdot 247 = 22\,200$ l Kohlendioxid im Gewicht von 44 kg. Das Freiwerden so großer Gasmengen, das auch mit Verlusten an Wasser und Alkohol verbunden ist, führt zu einer wesentlichen Verminderung des Gewichtes der gärenden Weine, die z. B. bei Bahntransporten oft nicht beachtet wird. Weine, die zu Beginn der Gärung versandt wurden, können daher am Bestimmungsort mit erheblichem Mindergewicht ankommen.

Nach der Gärung enthält der junge Wein noch reichlich Kohlendioxid gelöst, doch nimmt diese Menge im Laufe des Ausbaus und der Lagerung stark ab. Alkoholreiche Weine enthalten mehr Kohlendioxid als alkoholarme Weine, da Alkohol mehr Kohlendioxid löst als Wasser. Bei Atmosphärendruck und 15° lösen 100 ml Wasser 100,2 ml $CO_2$, 100 ml Alkohol dagegen 319,9 ml $CO_2$, also mehr als das Dreifache. In Wein, der 80 g/l Alkohol enthält, lösen sich bei 10° C maximal 1430 ml (= 2,82 g), bei 5° C 1670 ml (= 3,29 g) $CO_2$ in 1 l auf. Der Wein ist dann mit Kohlensäure gesättigt. Beträgt der Druck 2, 3 oder 4 at, so löst der Wein auch die 2-, 3- oder 4fache Menge Kohlendioxid (Schaumweinbereitung).

Bei ausgebauten Weinen, die schon auf der Flasche lagern, ist ein gewisser Gehalt an Kohlendioxid oft außerordentlich beliebt. Sie enthalten 50—250 ml $CO_2$ im Liter (0,1—0,5 g) (E. KIELHÖFER 1951; W. GEISS 1951). Weine mit mehr als 1 g/l $CO_2$ nennt man „spritzig". Die Kohlensäure dieser Weine rührt aber nicht mehr von der Gärung her, sondern ist durch die Spaltung der Apfelsäure in Milchsäure und Kohlendioxid entstanden:

$$COOH \cdot CH_2 \cdot CHOH \cdot COOH \rightarrow CH_3 \cdot CHOH \cdot COOH + CO_2.$$

Ein Verfahren zur maßanalytischen Bestimmung des Kohlendioxids im Wein haben J. Schneyder u. F. Epp (1955) ausgearbeitet. — Über die Bestimmung von $CO_2$ in Schaumwein vgl. L. Paronetto (1953), K. Hennig u. A. Lay (1962).

$\eta$) **Nebenprodukte der Gärung.** Mit den Nebenprodukten der alkoholischen Gärung und ihren quantitativen Beziehungen haben sich besonders eingehend die in Bordeaux wirkenden Chemiker L. Genevois, J. Ribéreau-Gayon, E. Peynaud u. Mitarb. befaßt (1946, 1948, 1949). Aufgrund eingehender Untersuchungen sind sie zu folgender Formel gelangt (J. Ribéreau u. Mitarb. 1952, 1955), welche die Mengenverhältnisse veranschaulicht bei einer Fehlergrenze von 3—10%:

$$5s + 2a + b + 2m + h = \Sigma = 0{,}8 - 0{,}9 \text{ g.}$$

Darin bedeuten $s$ Bernsteinsäure, $a$ Essigsäure, $b$ 2,3-Butandiol, $m$ Acetoin, $h$ Acetaldehyd und $g$ Glycerin. Mit Rücksicht darauf, daß bei der Gärung auch kleine Mengen Citronensäure ($c$) und Amylalkohol ($y$) entstehen, hat L. Genevois (1954) die Formel später wie folgt erweitert:

$$5s + 2a + b + 2m + h + 9c + 3y = \Sigma = g.$$

Über die Fragestellung, die Versuchsanordnung und die Modifikation der Bedingungen, unter denen die Nebenprodukte der alkoholischen Gärung entstehen vgl. die Dissertation von Madeleine Lafon, Bordeaux 1955, und die verschiedenen Arbeiten der Schule von Bordeaux.

Eine Bilanz der Nebenprodukte der Gärung bei 12 Qualitätsweinen aus dem Gebiet von Bordeaux gibt Tab. 13 wieder, die einer Arbeit von E. Peynaud (1950) entnommen ist.

Tabelle 13. *Bilanz der Nebenprodukte der Gärung bei 6 roten (1—6) und 6 weißen (7—12) Bordeauxweinen*

| | Glycerin g/l | Glycerin (g) mmol[1] | Essigsäure (a) mmol[1] | Bernsteinsäure (s) mmol[1] | 2-3-Butylenglykol (b) mmol[1] | Acetaldehyl (h) mmol[1] | $\Sigma$[2] | $\Sigma$/g Glycerin | Gärungsglycerin mmol[1] | Glycerin v. Botryt. mmol[1] |
|---|---|---|---|---|---|---|---|---|---|---|
| 1 | 8,55 | 93 | 22,1 | 9,1 | 7,0 | 0,6 | 97,3 | > 1 | — | — |
| 2 | 8,00 | 87 | 15,0 | 8,4 | 7,8 | 0,6 | 80,4 | 0,92 | — | — |
| 3 | 7,64 | 83 | 20,6 | 9,0 | 8,4 | 1,2 | 96,8 | > 1 | — | — |
| 4 | 8,36 | 91 | 15,0 | 8,9 | 8,7 | 1,2 | 84,4 | 0,93 | — | — |
| 5 | 8,28 | 90 | 14,4 | 9,9 | 7,9 | 0,8 | 87,0 | 0,97 | — | — |
| 6 | 7,17 | 78 | 15,6 | 8,3 | 6,9 | 0,5 | 80,1 | > 1 | — | — |
| 7 | 7,92 | 86 | 11,5 | 9,1 | 4,9 | 1,9 | 75,3 | 0,88 | — | — |
| 8 | 12,3 | 133 | 16,2 | 10,1 | 11,0 | 1,2 | 95,1 | — | 105 | 28 |
| 9 | 15,1 | 164 | 19,7 | 7,6 | 10,1 | 1,8 | 89,3 | — | 98 | 66 |
| 10 | 15,4 | 168 | 16,2 | 8,1 | 8,1 | 1,7 | 82,7 | — | 91 | 77 |
| 11 | 24,4 | 262 | 27,9 | 10,8 | 12,3 | 1,7 | 124 | — | 136 | 126 |
| 12 | 26,0 | 283 | 23,1 | 11,0 | 10,9 | 1,0 | 113 | — | 124 | 159 |

[1] Gewicht in g: Mol.-Gew. · 1000 = mmol.

[2] $\Sigma = 2a + 5s + b + h = 0{,}9$ Glycerin (L. Genevois, J. Ribéreau-Gayon u. E. Peynaud).

# E. Der Ausbau der Weine

Die Behandlung der Weine vom Ende der Gärung bis zur Flaschenreife umfaßt eine Reihe von Maßnahmen, die man als *Ausbau* bezeichnet. Dazu zählen in erster Linie das *Ablassen von der Hefe* und die weiteren *Abstiche*, das *Schwefeln*, das *Klären*, die *Filtration* der Weine und ihre *Abfüllung* in Flaschen. Auch die *Verbesserung* der Moste und Weine, die *Entsäuerung*, der *Verschnitt*, die Behandlung mit Kohlensäure und andere Pflegemaßnahmen gehören dazu.

Unter dem Ausbau der Weine verstehen wir ferner eine Reihe von *Vorgängen* teils chemischer, teils biologischer Art, die erwünschte Veränderungen im Wein bewirken. Wir können diese Vorgänge, die zu einem geruchlichen und geschmacklichen Reifer- und Besserwerden des Weines führen, nur bis zu einem gewissen Grade beeinflussen, z. B. durch Luftzufuhr, durch Schwefelung und durch Lagerung der Weine bei höherer oder niederer Temperatur. Unter dies Vorgänge fallen — soweit sie *chemischer* Art sind — leichte Oxydationen, die zur Aldehydbildung führen, die Bildung von Estern, die Verminderung der Säure durch teilweises Entsäuern und eine Reihe weiterer noch wenig geklärter chemischer Umsetzungen. Zu den *biologischen* Vorgängen gehört vor allem die Umwandlung der Apfelsäure in die milder schmeckende Milchsäure, ein Vorgang, den man kurz als *biologischen Säureabbau* bezeichnet.

Im Verlaufe der Gärung ist das spez. Gewicht, die „Dichte" des Mostes im gleichen Maße abgesunken, in dem der Zucker (Dichte rd. 1,6) in Äthanol (Dichte 0,7892) und $CO_2$ umgewandelt wurde. Bei völlig vergorenen Weinen liegt die Dichte meist wenig unter 1,000, bei sehr alkoholarmen Weinen oft wenig über 1,000. Weine mit einem Alkoholgehalt von 75—105 g/l besitzen eine Dichte, die sich etwa zwischen 0,9980 und 0,9925 bewegt. Zuckerreiche Weine wie Auslesen, Likörweine und Sekte weisen trotz ihres hohen Alkoholgehalts eine Dichtezahl über 1,000 auf.

Durch den bei der Gärung entstehenden Alkohol wird die Löslichkeit verschiedener Bestandteile des Mostes so vermindert, daß sie ausgeschieden werden. Zu diesen Ausscheidungen gehören eiweiß- und schleimartige Stoffe (Gummi und Pektin), Weinstein und weinsaurer Kalk. Die Ausscheidung des *Weinsteins* $HK \cdot C_4H_4O_6$ ist in hohem Maße vom Alkoholgehalt des Weines und von der Temperatur abhängig. Auch die Gegenwart von freier Weinsäure vermindert die Löslichkeit des Weinsteins. Im Traubenmost beträgt der Weinsteingehalt 4—8 g/l, so daß es sich in vielen Fällen um eine übersättigte Lösung von Weinstein handelt. Nach der Gärung sind im Wein selten mehr als 1—3 g/l Weinstein enthalten. Durch die Ausscheidung von 2,5 g Weinstein wird die titrierbare Säure theoretisch nur um 1 g/l vermindert. Da bei der Gärung gleichzeitig Bernsteinsäure und flüchtige Säuren erzeugt werden, wird die durch Weinsteinausfall bedingte Säureverminderung mehr oder weniger ausgeglichen.

Neben Weinstein fällt während der Gärung stets auch *weinsaurer Kalk* $C_4H_4O_6 \cdot Ca \cdot 4H_2O$ in geringen Mengen aus, der noch weniger löslich ist als Weinstein.

# I. Abstich und Behandlung der Jungweine

Nach dem Absinken der Hefe und anderer Trubteilchen muß der mehr oder minder klare Wein vom Hefetrub getrennt werden. Der junge Wein wird abgezogen oder — wie man auch sagt — „abgestochen". Ein längeres Belassen des Weines auf der Hefe ist in keinem Falle von Vorteil, kann aber nachteilige geruchliche und geschmackliche Veränderungen (Hefeböckser!) zur Folge haben. Die *Hefe* ist ein lebender Organismus, der nach einer gewissen Zeit in Zersetzung und Fäulnis gerät, wenn nicht für rechtzeitige Entfernung Sorge getragen wird.

Der *Zeitpunkt* des Abstichs richtet sich nach der Beschaffenheit des Weines, nach dem Gärverlauf und nach dem Grad der Klärung. Die säurearmen Weine Süddeutschlands werden schon wenige Wochen nach Beendigung der Hauptgärung von der Hefe vorgenommen, damit ihnen die Säure nach Möglichkeit erhalten bleibt. Der erste Abstich erfolgt hier also meist in der Zeit zwischen Mitte November und Mitte Dezember. Die an Säure reicheren Weine des Rheingaus und der Mosel läßt man dagegen bis mindestens zur Jahreswende und oft noch länger auf der Hefe, um den Säureabbau, der in diesen Gegenden erwünscht ist, zu fördern. Auch das Aufrühren der Hefe zur Beschleunigung des Säureabbaus kommt hier weit öfter in Frage als in Süddeutschland.

Die Auffassung, der Wein gewinne durch längeres Belassen auf der Hefe an Körper und Wohlgeschmack, ist irrig und wird immer mehr zugunsten eines frühen Abstichs fallengelassen. Spätlese und Ausbruchweine, die durch ihren hohen Alkoholgehalt gegen eine vorzeitige Zersetzung der Hefe geschützt sind, werden im allgemeinen später abgestochen.

Ob noch unvergorener Zucker im Wein enthalten ist, zeigt dem erfahrenen Kellerwirt schon die Kostprobe. Genaue Auskunft darüber, ob und in welcher Menge noch unvergorener Zucker vorhanden ist, gibt nur die *chemische* Untersuchung, die am besten durch ein Fachlaboratorium ausgeführt wird.

Es empfiehlt sich nicht immer, durch Aufrühren der Hefe, Erwärmen des Kellers und Lüften des Weines eine Vergärung des restlichen Zuckers zu erzwingen. Bei hochwertigen, alkoholreichen Weinen wird durch eine kleine Menge (5—10 g/l) unvergorener Zucker die

Qualität des Weines wesentlich gehoben. Der Zuckerrest verdeckt die Säure, macht den Wein vollmundiger und mildert einen höheren Gehalt an Alkohol. Ein solcher Zuckergehalt ist aber nur bei körperreichen Weinen aus edlen Traubensorten von Vorteil. In Weinen von geringerem Alkoholgehalt kann das Vorhandensein von unvergorenem Zucker umso unharmonischer wirken, je mehr Säure der Wein enthält. Weine mit Zuckerresten neigen auch zu Nachtrübungen und sind kellerwirtschaftlich schwerer zu behandeln.

Beim ersten Abstich wird der junge Wein häufig mit *Luft* in Berührung gebracht. Man läßt ihn in eine untergestellte Bütte oder Brenke springen und pumpt ihn von dort in das leere, frisch eingebrannte Faß. Muß der Wein eines Böcksers wegen stärker gelüftet werden, so läßt man ihn durch eine Brause oder ein Reißrohr ab. Durch die Luftberührung wird die Ausscheidung eiweißartiger Stoffe gefördert. Es werden dabei auch kleine Mengen Schwefelwasserstoff, die bei der Gärung entstanden sind, entfernt. Der Wein klärt sich besser und wird luftbeständiger, erleidet aber eine gewisse Einbuße an Kohlensäure und Bukettstoffen.

Neuerdings zieht man immer mehr den Abstich *ohne Luftberührung* vor, weil damit mehr Vorteile als Nachteile verbunden sind. Man versieht dazu die Zapflöcher beider Fässer mit Hahnen und verbindet diese durch einen Schlauch. Die Hälfte des Weines fließt dann von selbst in das leere Faß; den Rest drückt man mit einer zwischengeschalteten Weinpumpe oder — wenn möglich — mit Kohlensäure über, die man einer stählernen Druckflasche entnimmt. Bei dieser Art des Abstichs treten keine Verluste an Kohlensäure und Bukettstoffen ein und bleibt die hellgrüne Farbe des Weines erhalten. Man gibt ihr daher auch bei einem erforderlich werdenden zweiten Abstich der Weine allgemein den Vorzug. Ein zweiter Abstich kommt zumal bei säurearmen, empfindlichen Weinen dann in Betracht, wenn sich der junge Wein beim ersten Abstich noch nicht geklärt hatte und es nicht gelungen war, ihn völlig von der Hefe zu trennen. Er wird etwa 2—3 Monate nach dem ersten Abstich vorgenommen und häufig mit einer Blauschönung oder einer Filtration verbunden. Weitere Abstiche sind nur in ganz besonderen Fällen, z. B. beim Ausbau zuckerreicher Ausleseweine, notwendig. Die Erfahrung hat gezeigt, daß gesunde und fehlerlose Weine sich am besten entwickeln, wenn sie möglichst wenig abgelassen werden.

## II. Abbau der Säure im Wein

### 1. Der Vorgang des Säureabbaus

Nach beendigter Hauptgärung sammelt sich die Hefe auf dem Boden des Gärgefäßes an; der Wein klärt sich. Auch nach bereits eingetretener Klärung treten besonders bei warmer Lagerung Veränderungen auf, die sich in einer Kohlensäureentwicklung und meist in einer neuen Trübung des Weines äußern. Dieser Zustand wird allgemein als *Nachgärung* bezeichnet. Entgegen der früheren Auffassung handelt es sich hier weniger um eine alkoholische Gärung als um Gärungserscheinungen, welche sich in einer *Abnahme* des *Säuregrades* äußern. Die ersten Untersuchungen über den *Säureabbau* in Wein gehen auf H. Müller-Thurgau (1888) und P. Kulisch (1889) zurück, welche fälschlicherweise Oxydationsvorgänge bzw. die Tätigkeit der Hefe dafür verantwortlich machten. H. Müller-Thurgau (1891, 1896) vertrat später die Ansicht, daß die Abnahme der Säure auch durch Bakterien verursacht werde. Den Beweis für diese Annahme lieferten dann A. Koch (1898, 1900) und später W. Seifert (1901, 1903), sowie H. Müller-Thurgau u. A. Osterwalder (1913), indem sie zeigten, daß bestimmte im Hefetrub des Weines vorkommende Bakterien befähigt sind, die *Apfelsäure* des Weines in *Milchsäure* und *Kohlensäure* aufzuspalten.

$$
\begin{array}{ccccc}
\text{COOH} & & & & \\
| & & & & \\
\text{CH}_2 & & \text{CH}_3 & & \\
| & & | & & \\
\text{CHOH} & \longrightarrow & \text{CHOH} & + & \text{CO}_2 \\
| & & | & & \\
\text{COOH} & & \text{COOH} & & \\
\text{Apfelsäure} & & \text{Milchsäure} & & \text{Kohlendioxid} \\
(134) & & (90) & & (44)
\end{array}
$$

Damit war eine Erklärung für die fast gleichzeitig festgestellte überraschende Tatsache gegeben, daß sich inaktive *Gärungsmilchsäure* als *normaler* Bestandteil in jedem ausgebauten Wein vorfindet und zwar in einer Menge, die oft diejenige der anderen Säuren übertrifft (R. KUNZ 1901). In *unvergorenen* Mosten ist dagegen Milchsäure nicht und in jungen Weinen kaum oder nur in geringen Mengen vorhanden.

Tabelle 14
*Milchsäurebildung und Säurerückgang*
*(bei einem Gleisweilerer Weißwein)*

| Zeit der Untersuchung | Gesamtsäure als Weinsäure g/l | Milchsäure berechnet | Säurerückgang g/l |
|---|---|---|---|
| Juni . . . | 11,3 | 0,00 | 0,0 |
| Juli . . . | 11,0 | 0,40 | 0,3 |
| September | 10,5 | 0,84 | 0,8 |
| Februar. . | 9,3 | 1,95 | 2,0 |
| Juli . . . | 8,1 | 2,75 | 3,2 |

Bei auffallend starker Nachgärung kann sie in Mengen bis zu 7 g/l auftreten. Die von W. MÖSLINGER (1901) ermittelte Zunahme der Milchsäure stimmt ziemlich genau mit der Abnahme des Gesamtsäuregehaltes überein (Tab. 14).

Aus 134 g zweibasischer Apfelsäure entstehen 90 g einbasische Milchsäure und 44 g Kohlendioxid; oder aus 100 g Apfelsäure werden rd. 67 g Milchsäure gebildet. Berechnet man beide Säuren als Weinsäure, wie es bei der Bestimmung der Gesamtsäure im Wein üblich ist, so ergibt sich, daß *theoretisch bei der Spaltung von 2 g Apfelsäure im Liter (als Weinsäure berechnet) 1 g/l Gesamtsäure verschwindet.*

C. VON DER HEIDE u. W. BARAGIOLA (1912) fanden, daß aus 100 g Apfelsäure praktisch nur 50—56 g Milchsäure entstehen und nicht 67 g, so daß also ein Teil der Apfelsäure in anderer Weise zerlegt oder noch weiter abgebaut wird (K. RIPPEL 1948). Der Säurerückgang im Wein ist aber nicht allein durch die Veränderung des potentiellen Säuregrades, sondern auch durch die Abnahme der aktuellen Acidität bedingt. An Stelle der stärker dissoziierten Apfelsäure (Diss.-Konst. = 0,00040) tritt die wesentlich schwächer dissoziierte Milchsäure (Diss.-Konst. = 0,00014). Der Wein verkostet sich also nach dem Abbau auffallend *milder* als vorher. In geschmacklicher Hinsicht wird durch einen *normal* verlaufenden Säureabbau der Wein nicht beeinflußt.

Der Gehalt an *Milchsäure* ist in Weinen, in denen bereits ein Säureabbau stattgefunden hat, sehr verschieden hoch. Er ist höher in Weinen geringerer Jahrgänge, die erfahrungsgemäß mehr Apfelsäure enthalten, geringer in Weinen guter Jahrgänge, in denen nur wenig Apfelsäure vorkommt. In Weinen geringer Jahrgänge kann dementsprechend der Abbau bis zu 50% der Gesamtsäure betragen. In Weinen guter Jahrgänge beträgt er nur etwa 20%. Die Menge der Milchsäure schwankt im allgemeinen zwischen 1,5 und 3,5 g/l und übersteigt nur in seltenen Fällen 4 g/l.

Über das Ausmaß des Säurerückgangs bei Weinen verschiedener Jahrgänge gibt die folgende Tab. 15 nach Untersuchungen von P. KULISCH Auskunft.

Tabelle 15. *Säurerückgang in Weinen verschiedener Jahrgänge*

| Zahl der Weine | Gesamtsäure des Mostes | Mittlerer Säurerückgang in Hundertteilen der Gesamtsäure |
|---|---|---|
| 8 | 6,0— 6,9 | 22 |
| 13 | 7,0— 7,9 | 31 |
| 17 | 8,0— 8,9 | 37 |
| 21 | 9,0— 9,9 | 42 |
| 20 | 10,0—10,9 | 43 |
| 11 | 11,0—11,9 | 47 |
| 5 | 12,0—12,9 | 48 |
| 5 | 13,0—13,9 | 40 |

Der Abbau der Apfelsäure kann auf verschiedenen Wegen vor sich gehen: 1. durch unmittelbare Decarboxylierung zu Brenztraubensäure und darauffolgende Reduktion zu Milchsäure, oder 2. durch Oxydation der Apfelsäure zu Oxalessigsäure, Decarboxylierung zu Brenztraubensäure und Reduktion zu Milchsäure. Der erste Reaktionsmechanismus dürfte häufiger sein. JERCHEL, FLESCH u. BAUER

(1956) haben dabei drei Enzyme nachgewiesen: die Apfelsäure-Dehydrogenase, die Oxalessigsäure-Decarboxylase und das „Malic-Enzym".

In den letzten Jahren haben sich eine ganze Reihe Forscher mit der Aufklärung dieses neben der Alkoholgärung wichtigsten mikrobiologischen Vorgangs beim Werden des Weines befaßt. So Jerchel u. Mitarb. (1956), F. Radler (1957, 1958, 1962), H. Lüthi u. U. Vetsch (1959), H. L. Schmidt (1959), Flesch u. Jerchel (1960), P. Flesch (1961) und Th. Bezzegh (1963). Th. Bezzegh (1961) und H. H. Dittrich (1963) haben schließlich noch darauf hingewiesen, daß auch Hefen der Gattung Schizosaccharomyces befähigt sind, Apfelsäure unter Bildung von Äthanol bzw. von $CO_2$ und $H_2O$ abzubauen. Die rein wissenschaftlichen Ergebnisse dieser Untersuchungen sind in den angeführten Arbeiten und bei H. Schanderl (1959) nachzulesen.

Der Säureabbau als biologischer Vorgang ist abhängig von der *Temperatur*. Bei säurereichen Weinen, in denen man den Säureabbau fördern will, hält man daher die Kellertemperatur auch nach der Gärung noch einige Zeit auf etwa 15° C. Bei säurearmen Weinen dagegen sucht man die Temperatur möglichst rasch herabzusetzen, um einem zu weitgehenden Säureabbau vorzubeugen. Auch durch stärkere *Schwefelung* bald nach der Gärung kann der Säureabbau gehemmt oder sogar zum Stillstand gebracht werden.

P. Kulisch machte schon 1900 darauf aufmerksam, daß Weine aus Rebanlagen mit guter Stickstoffdüngung stärker Säure abbauen als solche aus ungedüngten Vergleichsparzellen. Nach alter kellerwirtschaftlicher Erfahrung wird ferner der Säureabbau dadurch gefördert, daß man den Wein längere Zeit auf der *Hefe* beläßt und diese gelegentlich aufrührt. Die säureabbauenden Bakterien vermehren sich also offenbar rascher, wenn der Wein reich an Eiweiß-Stickstoff ist oder wenn er stickstoffhaltige Zersetzungsprodukte abgestorbener Hefezellen enthält. Neuere Untersuchungen haben jedenfalls gezeigt, daß für die säureabbauenden Bakterien eine Anzahl Aminosäuren, darunter Alanin, Glutaminsäure u. a. lebenswichtig sind.

In Weinen mit einem Alkoholgehalt über 90 g/l und höherem Säuregehalt entwickeln sich die säureabbauenden Bakterien nur zögernd, obwohl gerade bei sauren Weinen eine starke Vermehrung und Tätigkeit dieser Bakterien erwünscht wäre. Nicht selten gelingt es, durch eine Entsäuerung mit kohlensaurem Kalk den Säureabbau ingang zu bringen. Es ist aber noch nicht gelungen, den Abbau der Apfelsäure durch Zusatz von Bakterienreinkulturen im Wein nach Belieben einzuleiten oder zu beschleunigen, obwohl F. Radler solche Reinkulturen in rein synthetischen Nährlösungen bereits heranziehen konnte.

## 2. Erreger des Säureabbaus

Die Aufspaltung der Apfelsäure in Milchsäure und Kohlendioxid wird durch mehrere *Bakterien* bewirkt, die wir in die Gruppe der reinen Milchsäurebildner und die Gruppe der Mannit- und Milchsäurebakterien einteilen können.

a) Die reinen Milchsäurebildner oder Bakterien des normalen Säureabbaus:

*Micrococcus malolacticus* (Seifert) baut Apfelsäure energisch ab, greift aber auch Zucker unter Bildung von Milchsäure und etwas Essigsäure an. Bei lebhafter Entwicklung kann der Wein eine wenig angenehme „Milchsäuregör" erhalten;

*Micrococcus acidovorax* und *M. variococcus* (Müller-Thurgau u. Osterwalder) spalten Apfelsäure und vergären Zucker zu Milchsäure und Essigsäure;

*Bacterium gracile* (Müller-Thurgau), das häufigste und wichtigste Bacterium des Säureabbaus in deutschen Weinen, das sich bei pH 4,2—4,5 optimal entwickelt und noch bei einem Alkoholgehalt von 110 g/l gedeiht und Säure abbaut, dessen Tätigkeit sich aber bei höherer Temperatur und höherem pH auch sehr ungünstig für den Wein auswirken kann. *B. gracile* ruft dann Mannit- und Milchsäuregärung hervor und kann den Wein durch Bildung flüchtiger Säuren völlig verderben. Damit leitet es über zu der zweiten Gruppe:

b) Die Mannit- und Milchsäurebakterien, oder die Bakterien des krankhaften Säureabbaus.

*Bacterium mannitopoeum* (Müller-Thurgau) kommt meist in südlichen Weinbauländern vor und bildet aus den verschiedenen Zuckerarten Mannit und Essigsäure, aus Apfel- und Citronensäure Milchsäure. *B. mannitopoeum* ist in deutschen Weinen sehr selten, häufig aber in Obst- und Beerenweinen anzutreffen.

*Bacterium tartarophtorum* (Müller-Thurgau u. Osterwalder) kommt in säure- und gerbstoffarmen Rotweinen vor, reduziert Fruchtzucker zu Mannit und baut energisch Apfelsäure, aber auch Glycerin, ab. In genügend geschwefelten Rotweinen kommt es nur sehr selten noch zur Entwicklung.

*Bacterium intermedium* und *B. Gayoni* (Müller-Thurgau u. Osterwalder) zersetzen verschiedene Zuckerarten unter Bildung flüchtiger Säuren. Während *B. intermedium* Apfelsäure rasch zersetzt, ist *B. Gayoni* dazu nicht mehr in der Lage.

## III. Schwefeln der Weine

Unter „*Schwefeln*" der Weine versteht man den Zusatz von gasförmigem, verflüssigtem oder gelöstem *Schwefeldioxid* $SO_2$ zu Maische, Most oder Wein oder den Zusatz von schwefligsauren Salzen, die unter der Einwirkung der Säuren des Mostes und Weines Schwefeldioxid abspalten bzw. das intermediäre Hydrat $SO_2....OH_2$ bilden (Dietzel u. Galanos 1925). Das Schwefeln der Weine ist eine sehr alte kellerwirtschaftliche Maßnahme, die dazu dient, die Weine frisch und gesund zu erhalten und sie vor dem Braunwerden und der Entwicklung krankheitserregender Mikroorganismen zu schützen.

Die Schweflige Säure als hervorragendes Antioxydans wirkt vor allem den nichtfermentativen Oxydationen entgegen, hemmt aber bis zu einem gewissen Grade auch die fermentativen Oxydationen, die man aber sicherer durch eine kurzzeitige Erhitzung des frisch gekelterten Mostes ausschaltet. Insbesondere Weißweine brauchen daher für eine reintönige Gärung und einen sauberen Ausbau eine gewisse Menge Schwefliger Säure, die mit etwa 50 mg/l beziffert werden kann. Darüber hinaus trägt aber die Schweflige Säure durch Bindung der Aldehyde auch in unverkennbarer Weise zur Aromabildung bei (J. Koch 1956), eine Wirkung, in der sie wie es scheint weder durch ein anderes chemisches Mittel noch durch eine besondere Behandlungsmethode ersetzt werden kann.

### 1. Bindung und physiologische Wirkung der Schwefligen Säure

Die dem Most oder Wein zugeführte Schweflige Säure bleibt nur zum kleinen Teil im Wein als *freie* Schweflige Säure erhalten. Über die Veränderungen, die sie dort erleidet und über die Bindungen, die sie mit anderen Bestandteilen des Weines eingeht, haben uns vor allem die Arbeiten von W. Kerp (1904—1913) eingehend unterrichtet, aber auch die Untersuchungen anderer Forscher wie Fresenius u. Grünhut, Beythin u. Bohrisch, Farnsteiner u. Rocques. Hiernach verbindet sich der größere Teil der Schwefligen Säure mit dem Acetaldehyd des Weines zu aldehydschwefliger Säure, deren Konstitution man als

$$CH_3 \cdot CHOH — HSO_3 \qquad \text{oder als} \qquad CH_3 \cdot CHOH — O — HSO_2$$
-Oxyäthylsulfonsäure -Oxyäthylschweflige Säure

auffassen kann. Die Tatsache, daß die aldehydschweflige Säure durch Laugen leicht aufgespalten wird, spricht für die zweite Formel, der man heute den Vorzug gibt. Für die Konstitution der Verbindung als Sulfonsäure spricht andererseits ihre Widerstandsfähigkeit gegen Jod und der Umstand, daß es sich hier um eine stark dissoziierte Säure handelt, während die Schweflige Säure selbst nur schwach dissoziiert ist ($k = 0{,}0174$ bei $25°$ C).

Die Bindung der Schwefligen Säure erfolgt sehr rasch, so daß bereits nach einer Stunde der größte Teil nur als gebundene $SO_2$ nachweisbar ist. Das Verhältnis von freier zu gebundener $SO_2$, das unmittelbar nach der Schwefelung $1:3$ bis $1:4$ beträgt, verschiebt sich allmählich auf $1:5$ bis $1:15$.

Hinsichtlich der Wirkung der Schwefligen Säure im Wein und ihrer chemischen Bindung haben sich unsere Anschauungen durch die gründlichen Arbeiten von E. Kielhöfer (1958, 1960) und von E. Kielhöfer u. G. Würdig (1958, 1959, 1960) in den letzten Jahren erheblich gewandelt und vertieft. Hauptaufgabe der $SO_2$ im Wein ist es hiernach, den während der Gärung entstehenden Acetaldehyd zu binden und geschmacklich zu neutralisieren. Je nach der Menge des gebildeten Acetaldehyds wird auf diese Weise ein großer Teil der dem Wein zugesetzten Schwefligen Säure gebunden und damit weiteren Aufgaben wie der Bindung des Luftsauerstoffs und Verhütung des Braunwerdens entzogen. In Jahrgängen wie 1960, in denen die Aldehydbildung besonders stark ist, bedürfen die Weine zu ihrem Ausbau besonders großer Mengen $SO_2$. Auch die vielfach geübte Mostschwefelung und Schwefelungen während der Gärung erhöhen die Aldehydbildung und damit — zur Bindung des Aldehyds — die Menge der zum Ausbau notwendigen Schwefligen Säure. In sehr viel geringerem Maße wird $SO_2$ auch an Glucose gebunden zu glucoseschwefliger Säure $C_5H_{11}O_5 \cdot CHOH \cdot HSO_3$. Praktische Bedeutung kommt dieser Verbindung allerdings nicht zu. Dagegen sind im Wein erhebliche Mengen „Rest-$SO_2$" (Kielhöfer 1960) enthalten, von denen man bisher annahm, sie seien an Glucose gebunden. Es kommen dafür aber andere Bestandteile des Weines in Betracht, die noch nicht näher bekannt sind, von denen man aber annehmen kann, daß es sich um Substanzen mit Aldehyd- und Keto-Funktionen handelt. In deutschen Tischweinen mit einem Gehalt von 50 mg/l freier $SO_2$ wurden 20—70 mg/l Rest-$SO_2$ festgestellt, in Weinen aus faulen Trauben bis zu 150 mg/l. Näheres hierüber ist in den Originalarbeiten von Kielhöfer und Würdig nachzulesen.

Die Schweflige Säure und ihre Verbindungen sind zwar an sich Blut- und Magengifte, doch werden sie im menschlichen Körper so rasch verändert, daß die charakteristischen Erscheinungen einer Allgemeinvergiftung wie Betäubung und Krämpfe auch nach Einnahme relativ großer Mengen von Sulfiten nicht auftreten. Selbst durch Aufnahme von 650 mg $SO_2$ in Wein wurden keine Störungen des Allgemeinbefindens oder des Stoffwechsels verursacht (W. Kerp 1912). Neuere Arbeiten von H. Schanderl (1953, 1956) haben aber gezeigt, daß die physiologische Verträglichkeit von geschwefelten Weinen doch sehr von der individuellen Beschaffenheit des Weintrinkers insbesondere seines Magens abhängt. Damit ist die Frage nach der gesundheitlichen Wirkung der Schwefligen Säure erneut aufgeworfen worden. Bei der großen Bedeutung dieser Frage erscheint es notwendig, die früheren Ergebnisse mit neueren und feineren Methoden zu überprüfen. Auf jeden Fall muß gefordert werden, daß sich der Kellerwirt bei der Schwefelung der Weine auf das unbedingt notwendige Maß beschränkt.

## 2. Schweflige Säure und Redoxpotential

Der Gehalt eines Mostes oder Weines an freiem Sauerstoff sinkt durch die Schwefelung so stark, daß Mikroorganismen, die auf Sauerstoff angewiesen sind, sich nicht mehr entwickeln können. Zu solchen für den Wein schädlichen Mikroorganismen gehören z. B. die Apiculatushefen und vor allem die Essigbakterien. Die echten Hefen dagegen, die ihre Lebensenergie auch durch intramolekulare Atmung gewinnen können, werden durch Schweflige Säure sehr viel weniger in ihrer Entwicklung gehemmt als die Spitzhefen und die aeroben Bakterien. Im besonderen gilt das für die als „Sulfithefen" bezeichneten Hefestämme und Anpassungsformen.

Die reduzierende Wirkung der Schwefligen Säure im Wein läßt sich auch kurz in der Weise kennzeichnen, daß sie das *Redoxpotential* des geschwefelten Weines herabmindert. Um diesen in der Chemie und der Mikrobiologie des Weines viel gebrauchten Begriff näher zu erläutern, sei folgendes ausgeführt:

Mit jedem Oxydationsvorgang ist ein Reduktionsvorgang untrennbar verbunden, weil die vom oxydierenden Stoff abgegebenen Elektronen von einem gleichzeitig reduzierten Stoff aufgenommen werden müssen. Wird z. B. Wasserstoff über erwärmtes Kupferoxid geleitet, so entsteht nach der Gleichung

$$CuO + H_2 = Cu + H_2O$$

rotes elementares Kupfer und Wasserdampf. Es wurde also in diesem Falle Kupferoxid zu Kupfer *reduziert* und *gleichzeitig* Wasserstoff zu Wasser *oxydiert*. Es hat demnach ein Reduktions-Oxydations-Prozeß stattgefunden, der auf Elektronenverschiebungen zwischen den reagierenden Stoffen beruht. Die beiden Elektronen der zwei H-Atome haben nämlich im Sauerstoffatom den Platz eingenommen, den vorher die beiden Elektronen des Kupferatoms inne-hatten. Die Intensität, mit der solche Elektronenverschiebungen stattfinden, ist nun bei den einzelnen chemischen Reaktionen sehr verschieden. Man kann die elektromotorischen Kräfte oder die Potentiale, die hier auftreten, elektrometrisch messen und in Millivolt angeben. Man kann aber als Maß der Reduktionskraft auch den Druck des Wasserstoffs angeben, mit dem eine Platinelektrode beladen sein muß, um eine bestimmte Reduktionswirkung hervorzurufen. Wie man also für die „Stärke" einer Säure in der Wasserstoffionenkonzentration eine exakte Vergleichsskala geschaffen hat, die von $pH_0$—$pH_{14}$ reicht, so läßt sich auch für die reduzierende bzw. oxydierende Kraft (Redoxpotential) einer Lösung eine rH-Skala aufstellen, deren Werte zwischen 0—42,5 liegen. Eine Lösung mit dem rH-Wert 0 hat die gleiche Reduktionswirkung wie gasförmiger, durch Berührung mit Platin aktivierter Wasserstoff. Der Wert 42,5 entspricht dagegen dem Potential einer sog. Sauerstoffelektrode bzw. einer stark oxydierenden Lösung z. B. von Kaliumpermanganat. In einem genügend geschwefelten Wein, der nach Art unserer deutschen Weine ausgebaut und behandelt ist, wird ein Redoxpotential von 18—19 festgestellt, während zu wenig geschwefelte rahne Weine, aber auch süße Weine vom Sherrytyp, einen rH-Wert von 20—21 aufweisen (H. SCHANDERL: Mikrobiologie 1959, S. 103). Näheres vgl. L. MICHAELIS: Oxydations- und Reduktionspotentiale. Berlin 1933. E. VOGT (1958) S. 137. H. RÖMPP: Chemie-Lexikon. Stuttgart 1962, S. 4248—4257.

## 3. Schweflige Säure und ITT-Wert

Unter dem ITT-Wert (Indicator Time Test) eines Weines versteht man die in Sekunden gemessene Zeit, innerhalb derer eine blaue Lösung des Farbstoffs 2,6-Dichlorphenol-indo-phenol von bestimmter Konzentration durch die in einer bestimmten Menge Wein enthaltenen reduzierenden Stoffe zu 80$^0_0$ entfärbt wird. Der ITT-Wert gibt uns an, ob ein Wein so viel reduzierende Stoffe enthält, daß er gegen Oxydation geschützt ist. Je größer der ITT-Wert ist, d. h. je länger es dauert, bis die blaue Farbstofflösung entfärbt ist, um so schlechter ist der Wein vor Oxydation geschützt, um so mehr bedarf er also des Zusatzes von reduzierenden Stoffen, zu denen in erster Linie die Schweflige Säure und die Ascorbinsäure (Vitamin C) ge-hören. Der untersuchte Wein enthält eine ausreichende Menge dieser reduzierenden Stoffe, wenn sein ITT-Wert etwa bei 120 sec liegt. Er bedarf des Zusatzes von Schwefliger Säure oder von Ascorbinsäure, wenn der ITT-Wert *über* 120 sec liegt; und er kann zuviel freie Schweflige Säure enthalten, wenn der ITT-Wert *unter* 120 sec liegt.

J. KOCH (1956) hat zuerst auf die Bedeutung des aus der Brauereiwissenschaft übernom-menen ITT-Wertes für die Weinbehandlung hingewiesen und ein Verfahren zur Bestimmung der ITT-Werte im Wein angegeben.

## 4. Mittel zum Schwefeln von Wein

Das Schwefeln der Weine, d. h. die Zufuhr von Schwefliger Säure zu Maische, Most oder Wein kann auf sehr verschiedene Art erfolgen: durch Verbrennen von *Schwefelschnitten*, durch Zusatz von *Kaliumpyrosulfit* und durch Zusatz von *ver-flüssigtem* oder *gelöstem Schwefeldioxid*.

**α) Schwefelschnitten.** Die älteste Form des Schwefelns besteht im Verbrennen von Schwefelschnitten, Schwefelfäden oder Schwefelringen im noch leeren Faß. Dabei entstehen nach der Formel

$$S + O_2 = SO_2$$

aus 32 g Schwefel durch Aufnahme von 32 g Sauerstoff 64 g Schwefeldioxid. Da die heute fast ausschließlich verwendeten *dünnen* Schwefelschnitten eine Auflage von rd. 2,5 g Schwefel tragen, entstehen bei ihrer Verbrennung etwa 5 g Schwefel-dioxid. Die Schwefelschnitten müssen von rein gelber Farbe sein und dürfen weder Arsen enthalten noch mit Gewürzen wie Anis, Korianer oder Nelken versetzt sein (A.V. zum Weingesetzt von 1930, Art. 7, Ziff. 5).

**β) Kaliumpyrosulfit.** Durch Verordnung vom 22. März 1923 (RGB. I, S. 215) wurde zum Schwefeln von Wein in Deutschland auch die Verwendung von Kalium-pyrosulfit (Kaliummetabisulfit) $K_2S_2O_5$ zugelassen, das in Tabletten zu 10 g oder in Blöcken zu 100 g in den Handel kommt und theoretisch 57%, praktisch aber rd. 50% Schwefeldioxid enthält. Beim Einbringen in Wein zersetzt sich Kaliumpyro-sulfit (K. P.) unter Freiwerden von Schwefeldioxid in folgender Weise:

$$K_2S_2O_5 + 2\,H_2 \cdot C_4H_4O_6 \rightarrow 2\,SO_2 + 2\,KH \cdot C_4H_4O_6 + H_2O.$$

Kaliumpyrosulfit    Weinsäure    Schwefeldioxid    Weinstein    Wasser

Gegenüber der Schwefelung mit Schnitten bietet Kaliumpyrosulfit den Vorteil, daß es eine genaue *Dosierung* der in den Wein eingebrachten Menge Schwefeldioxid ermöglicht, und daß in besonderen Fällen wie Braunwerden, Neigung zum Essigstich usw. dem Wein auch wesentlich *größere* Mengen Schwefeldioxid zugeführt werden können als durch Verbrennen von Schwefelschnitten. Ein besonderer Vorzug der Schwefelung mit K.P. liegt ferner darin, daß man den Wein nicht abzulassen braucht.

Kaliumpyrosulfit muß in luftdichter Packung und in trockener Luft aufbewahrt werden. In feuchten Kellern verliert es erhebliche Mengen Schwefeldioxid und wird rasch unwirksam. Nach Untersuchungen von FR. SEILER (1951) enthalten K.P.-Tabletten im Weinkeller schon nach 3 Monaten *keine* Schweflige Säure mehr.

Auch Natriumpyrosulfit $NaS_2O_5$ kann zum Schwefeln von Wein verwendet werden, doch ist zu beachten, daß schon 8,33 g $Na_2S_2O_5$ in der Wirkung 10 g $K_2S_2O_5$ entsprechen.

Nach einem Patent der Farbenfabriken Bayer, Leverkusen (DBP 892433) können zum Schwefeln von Fässern, Korken usw. (*nicht* von Most oder Wein!) auch die Äthyl- oder Methylester der Schwefligen Säure verwendet werden, die durch Verseifung leicht $SO_2$ abspalten:

$$(C_2H_5)_2 \cdot SO_3 + 2H_2O \rightarrow SO_2 + H_2O + 2C_2H_5OH.$$

**γ) Verflüssigtes Schwefeldioxid.** Falls geeignete Dosiergeräte zur Verfügung stehen, kann das reine verflüssigte Schwefeldioxid als das beste und vielseitigste Mittel zum Schwefeln der Weine und zur Behandlung der Fässer, Stützen und anderer Apparaturen im Weinkeller angesehen werden. Es ist frei von irgendwelchen Beimengungen, läßt sich genau dosieren und ist vor allem im Großbetrieb das *billigste* Schwefelungsmittel. Verflüssigtes Schwefeldioxid kommt in Bomben von 5—50 kg Inhalt in den Handel. Zur Abmessung dienen Dosiergeräte wie der „Fulgur" der Seitz-Werke (Abb. 16). $SO_2$ verdampft unter normalem Druck bei —10° und verbraucht bei raschem Verdampfen so viel Wärme, daß mit Vereisung der Leitungen zu rechnen ist. 1 l gasförmiges Schwefeldioxid wiegt 2,9263 g.

Zur Anwendung kleinerer Mengen Schwefeldioxid kann das Sulfovin-Gerät der Farbenfabriken Bayer empfohlen werden.

Abb. 16. Fulgur Abmeßgerät für $SO_2$.
Hersteller: Seitz-Werke, Bad Kreuznach

**δ) Schwefeldioxid in Lösung.** Reines Schwefeldioxid kommt auch in Form einer 6%igen wäßrigen *Lösung* in den Handel, die sich gleichfalls gut zum Schwefeln des Weines eignet. Die dabei in den Wein gelangenden Mengen Wasser (50—80 ml/hl) sind unerheblich. Die Lösung der Schwefligen Säure hält sich aber längere Zeit nur in ganz gefüllten, gut verschlossenen Flaschen, die im Dunkeln aufbewahrt werden. Am Licht und bei Zutritt von Luft geht die Schweflige Säure rasch in die kellerwirtschaftlich unwirksame Schwefelsäure über. Mit besonderem Vorteil wird die 6%ige Schweflige Säure zum Konservieren leerer Fässer und zur Behandlung von Kellergerätschaften, Flaschen und Korken verwendet. Im letzteren Falle wird sie zehnfach mit Wasser verdünnt.

## 5. Stärke der Schwefelung

Die Stärke der Schwefelung richtet sich nach der Art und der Beschaffenheit des Weines, nach seinem Alter, seinem Gehalt an Säure, seiner Neigung zum Braunwerden und nach anderen Umständen. Gesunde, säurereiche Konsumweine werden nur schwach bis mittelstark geschwefelt. Alkoholreiche Weine mit einem Gehalt an Restzucker bedürfen einer stärkeren Schwefelung. Weine, die sich an der Luft verfärben oder die zum Essigstich und anderen Krankheiten neigen, können oft nur durch eine starke Schwefelung vor dem völligen Verderben bewahrt werden. Die folgende Fabelle gibt Auskunft über die Mengen, die je hl Most oder Wein bei den verschiedenen Verfahren angewendet werden müssen, um eine Schwefelung von bestimmter Stärke zu erzielen.

Tabelle 16. *Stärke der Schwefelung je hl Most oder Wein*

| Stärke der Schwefelung | Schweflige Säure | | Kalium-pyrosulfit | Schwefel-schnitten 3 g[1] |
| | 100 % | 5 bis 6 % | | |
| --- | --- | --- | --- | --- |
| Sehr schwach | 1,5 g | 30 ccm | 3 g | $^1/_3$ |
| Schwach | 2,5 g | 50 ccm | 5 g | $^1/_2$ |
| Mittel | 5,0 g | 100 ccm | 10 g | 1 |
| Stark | 7,5 g | 150 ccm | 15 g | $1^1/_2$ |
| Sehr stark | 10,0 g | 200 ccm | 20 g | 2 |

[1] Unter Berücksichtigung der Verluste beim Einbrennen der Fässer.

Zur Schwefelung von frischem Traubenmost aus gesundem, säurereichem Lesegut genügen 4—5 g $SO_2$ (8—10 g K.P.) je hl. Bei Most aus angefaultem Lesegut und bei warmem Herbstwetter sind zur Schwefelung 6—7 g $SO_2$ (12—14 g K.P.) je hl erforderlich. Soll der Most totgeschwefelt und vorgeklärt werden, so ist u. U. ein Zusatz von 7,5—10 g $SO_2$ (15—20 g K.P.) je hl notwendig.

Auch beim *ersten Abstich* kann unbedenklich eine mittelstarke Schwefelung vorgenommen werden, es sei denn, daß der Wein noch größere Mengen Säure enthält, die abgebaut werden sollen. Man hat in der neuzeitlichen Kellerwirtschaft immer wieder die Erfahrung gemacht, daß eine stärkere Schwefelung vor der Gärung und beim ersten Abstich ohne Nachteil für den Ausbau der Weine ist, daß im Gegenteil diese Weine später mit wesentlich geringeren Mengen Schwefliger Säure auskommen als Weine, bei denen eine frühe Schwefelung versäumt oder in ungenügender Stärke vorgenommen wurde. Beim zweiten Abstich genügt eine Schwefelung mit 2—3 g $SO_2$ je 100 l. Vergehen bis zur Flaschenabfüllung noch einige Wochen, so wird kurz vor der Abfüllung nochmals eine leichte Schwefelung mit $1^1/_2$—2 g/hl $SO_2$ vorgenommen. Bei Weißherbsten, Ruländerweinen und zuckerreichen Spätlesen müssen diese Mengen etwas erhöht werden, um ein Hochfarbigwerden auf der Flasche zu vermeiden. Zuckerreiche, edle Ausleseweine, die sich nur langsam ausbauen und öfters abgezogen werden, verlangen naturgemäß höhere Gaben an Schwefliger Säure als einfache Tischweine.

## 6. Behandlung der Weine mit Ascorbinsäure

In dem Bestreben, die gesundheitlich wenig zuträgliche Schweflige Säure durch ein anderes Mittel zu ersetzen, kam die Weinforschung auf die ebenfalls reduzierend wirkende *l-Ascorbinsäure* (Vitamin C), die in vielen Früchten natürlich vorkommt und zu den unentbehrlichen Ergänzungsstoffen der menschlichen Ernährung gehört. Ascorbinsäure wirkt noch stärker reduzierend als Schweflige Säure, ist in gesundheitlicher Hinsicht völlig unbedenklich und beeinträchtigt in keiner Weise den Geruch oder Geschmack der damit behandelten Lebensmittel und Weine. Sie wirkt allerdings nicht bactericid, so daß sie weder in der Behandlung erkrankter Weine noch beim Keimfreimachen von Flaschen, Korken und Kellergeräten die Schweflige Säure ersetzt. Fermentative Oxydationen, auf denen z. B. das Braunwerden der Moste und Jungweine beruht, werden durch Ascorbinsäure nicht verhindert. Auch zur Geschmacksbildung im Wein trägt die Ascorbinsäure nicht bei.

Mit der Verwendbarkeit der l-Ascorbinsäure zur Weinbehandlung haben sich J. Koch (1953, 1955, 1956, 1958, 1960), H. Rentschler u. H. Tanner (1955), Frz. Paul (1954, 1962), H. Schanderl (1956), H. Konlechner u. H. Haushofer (1957) und besonders gründlich E. Kielhöfer (1949, 1957, 1958, 1959, 1960, 1963), E. Kielhöfer u. H. Aumann (1957, 1958) und E. Kielhöfer u. G. Würdig (1958, 1959, 1960, 1963) beschäftigt. Das Ergebnis dieser umfangreichen Untersuchungen lautet dahin, daß die Ascorbinsäure trotz ihrer unbestreitbaren Vorzüge die Schweflige Säure bei der Weinbehandlung nicht zu ersetzen vermag. Vor allem geht sie keine Verbindung mit dem in geschmacklicher Hinsicht unangenehmen Acetaldehyd ein, in dessen Neutralisierung wir heute ja die wichtigste Wirkung der Schwefelung des Weines erblicken. Sie vermag auch keinen Einfluß auf nachteilige fermentative Vorgänge in Most und Wein auszuüben und verhindert daher nicht deren Verfärbung. Da indessen Ascorbinsäure stärker reduzierend wirkt als Schweflige Säure, bietet sie durch „Abfangen" des Luftsauerstoffs Schutz gegen nicht-fermentative Oxydationsvorgänge. Beim Ausbau des Weines kann also Ascorbinsäure die Wirkung der $SO_2$ ergänzen bzw. z. T. ersetzen, so daß bei ihrer Anwenwendung Überschwefelungen leichter vermieden werden. Ein Zusatz von 25—50 mg/l unmittelbar vor der Abfüllung in Flaschen kann daher durchaus empfohlen werden. Näheres ist in den angegebenen Arbeiten einzusehen.

# IV. Klären der Weine

Die steigenden Ansprüche der Weintrinker an die Farbe, Klarheit und Helligkeit eines Weines haben in den vergangenen Jahrzehnten dazu geführt, immer bessere und schärfere Verfahren der Klärung zu ersinnen und in die Kellerwirtschaft einzuführen. Man bringt heute jugendlich frische und zugleich glanzhelle Weine schon zu einer Zeit in den Verkehr, in der früher der eigentliche Ausbau der Weine erst begann.

Nach dem damaligen Stande der Kellertechnik wurden Klarheit und Luftbeständigkeit nur durch längeres Lagern im Faß und durch eine Reihe von Abstichen erreicht. Dabei gingen die Frische und die Jugendlichkeit der Weine meist verloren, die oft firn und hochfarbig wurden. Den Ergebnissen der weinchemischen Forschung und den erfolgreichen Bemühungen der Industrie, hochwirksame Filter zu schaffen, die den Wein nicht angreifen, ist es zu danken, wenn heute allen Wünschen der Verbraucherschaft in geradezu vollkommener Weise entsprochen werden kann.

Eine Klärung des Weines kann man entweder durch *Schönung*, durch *Filtration* oder durch *Zentrifugieren* herbeiführen. Alle diese Verfahren sind wirksam und haben — richtig angewandt — Erfolg. Wie man im Einzelfalle vorgehen soll, darüber entscheidet eine Vorprobe sowie das Ergebnis der chemischen und gegebenenfalls der mikroskopischen Untersuchung des Weines. In den meisten Fällen führt eine Verbindung der beiden ersten Verfahren rasch und sicher zum Ziel.

## 1. Schönen der Weine

Mit dem Ausdruck „*Schönen*" bezeichnet man in der Sprache der Kellermeister die *Klärung* der Weine durch Zusatz bestimmter Stoffe, die entweder durch Oberflächenanziehung die Trübungsteilchen niederreißen, oder die mit einem Bestandteile des Weines eine kolloide Flockung geben, welche die Trubteilchen einhüllt und mit zu Boden zieht. Auch elektrische Entladungsvorgänge können dabei eine Rolle spielen. Bei der Blauschönung werden die zu einer Trübung führenden Stoffe — in erster Linie das Eisen — chemisch gebunden und in Form einer tiefblauen Flockung aus dem Wein ausgefällt.

Nach Artikel 4 und 7 der Ausführungsbestimmungen zum Weingesetz von 1930 (RGBl. I 1932, 358; 1936, 443) dürfen zur Klärung (Schönung) von Traubenmost, Wein oder dem Weine ähnlichen Getränken nur folgende Stoffe verwendet werden: *Hausenblase, Gelatine, Agar-Agar, Eiereiweiß, Tannin, Spanische Erde, weiße Tonerde* (Kaolin), *mechanisch wirkende Filterdichtungsstoffe* (Asbest, Cellulose u. dgl.), gereinigte *Holz-* oder *Knochenkohle* und chemisch reines *Kaliumferrocyanid*. Mittel wie Milch, Casein und Rinderblut, die früher viel zur Schönung von Wein und Obstwein verwendet wurden, sind zur Behandlung von Wein seit 1936 *nicht* mehr zugelassen. Von neueren Mitteln kommen vor allem die *Bentonite* zur Entfernung von Eiweißtrübungen in Betracht.

### a) Blauschönung

(Schönen mit Kalium-hexacyanoferrat(II) (Kaliumferrocyanid))

Der Klärung (Schönung) der Weine mit Kalium-hexacyanoferrat(II) (bisher Kaliumferrocyanid = gelbes Blutlaugensalz genannt) kommt auch heute noch große Bedeutung in der Weinbehandlung zu, obwohl mit der Verbesserung der Keltereinrichtungen und der zunehmenden Einsicht der Kellermeister die Zahl der Weine steigt, bei denen eine Blauschönung nicht mehr erforderlich ist.

Die hartnäckigen Trübungen des grauen und schwarzen Bruches (S. 262) haben die Weinfachleute seit langem beschäftigt. Mit Schönungsmitteln wie Hausenblase oder Gelatine war diesen Trübungen nicht beizukommen. Selbst die Filtration versagte, weil nach vorübergehender Klärung bald wieder eine neue Trübung auftrat. Die Weinchemiker W.J. BARAGIOLA und J. LABORDE haben um das Jahr 1909 unabhängig voneinander festgestellt, daß der graue und der schwarze Bruch durch *Eisen*verbindungen verursacht werden, die während des Ausbaus der Weine in die unlösliche Oxidform übergehen und als feine, schleierartige Trübungen ausfallen. Beim grauen Bruch handelt es sich im wesentlichen um Eisen(III)-phosphat $FePO_4$, beim schwarzen Bruch um Verbindungen des Eisens mit dem Gerbstoff des Weines.

Die Erkenntnis von der Ursache der Trübungen wies auch bald den Weg zu ihrer Beseitigung. Es war in erster Linie der in Neustadt a.d. Weinstraße tätige Weinchemiker Dr. W. MÖSLINGER, der schon Mitte der neunziger Jahre Versuche über die Behandlung des grauen Bruches mit Kaliumferrocyanid (gelbem Blutlaugensalz) angestellt und damit überraschend gute Ergebnisse erzielt hatte. Es war ihm gelungen, durch Zusatz einer bestimmten Menge Kaliumferrocyanid zum Wein das Eisen zu binden und als Berlinerblau aus dem Wein zu fällen. Die so behandelten Weine wurden glanzhell und zeigten auch nach längerer Lagerung keine Trübung mehr. Das Verfahren wurde nach einer langjährigen, sehr sorgfältigen Prüfung am 8. November 1923 zunächst versuchsweise für die Behandlung von Wein zugelassen[1] (O. KRUG 1924). Es wurde daran die Bedingung geknüpft, daß in dem geklärten Wein *keine Cyanverbindungen* mehr gelöst verbleiben.

Voraussetzung für das Gelingen der Blauschönung ist die Untersuchung des Weines durch einen *Fachchemiker*. Es muß auf jeden Fall vermieden werden, daß bei der Schönung zu große oder zu geringe Mengen Kaliumferrocyanid in den Wein gelangen. Ein Überschuß dieses Salzes kann sich unter der Wirkung der Säuren im Wein zersetzen und Anlaß zur Bildung der giftigen Blausäure oder ihrer Verbindungen geben. Eine zu geringe Menge Kaliumferrocyanid aber bleibt ohne die gewünschte Wirkung.

Das dem Wein zugesetzte Kaliumferrocyanid führt das Eisen zunächst in *lösliches* Berlinerblau über;

$$K_4 \cdot Fe(CN)_6 + FePO_4 \rightarrow KFe \cdot Fe(CN)_6 + K_3 \cdot PO_4,$$

das eine tiefblaue kolloide Flockung bildet. Durch überschüssiges Ferrisalz wird es nach und nach in *unlösliches* Berlinerblau umgewandelt:

$$3\,KFe \cdot Fe(CN)_6 + FePO_4 \rightarrow Fe_4 \cdot [Fe(CN)_6]_3 + K_3 \cdot PO_4.$$

Das unlösliche Berlinerblau ist nicht mehr in reinem Wasser löslich, wohl aber in verdünnter Oxalsäure (blaue Tinte). Es ist gegen verdünnte Alkalilaugen etwas widerstandsfähiger als das lösliche Blau.

Auch *Kupfer, Zink und Mangan*, die durch Berührung mit metallenen Gerätschaften in den Most oder Wein gelangten, werden durch Kaliumferrocyanid in schwer lösliche Verbindungen übergeführt und aus dem Wein ausgefällt. Mit Kupferverbindungen gibt Kaliumferrocyanid einen *rotbraunen* Niederschlag von Ferrocyankupfer, mit Zink eine *weiße*, flockige Fällung von Ferrocyanzink. Beide Niederschläge sind noch schwerer löslich als die entsprechende Eisenverbindung und fallen daher bei Zusatz von Kaliumferrocyanid zum Wein zuerst aus.

---

[1] RGBl. 1923, I, 1084.

Besondere Untersuchungen (E. Vogt 1931; H. Schanderl 1943; K. Hennig 1943) über die Zusammensetzung des Blautrubs haben ergeben, daß bei der Blauschönung auch *stickstoffhaltige* Substanzen in mehr oder minder großer Menge aus dem Wein ausgefällt werden. Diese eiweißartigen Stoffe, die oft zu hartnäckigen Trübungen Anlaß geben, konnten nach den früheren Verfahren der Weinbehandlung nur durch wiederholte Abstiche entfernt werden. Bei der Blauschönung werden sie nicht durch das zugesetzte Kaliumferrocyanid gefällt, sondern offenbar durch das sich ausscheidende Berlinerblau adsorptiv gebunden und auf diese Weise mit dem Trub niedergeschlagen.

Die im Wein enthaltenen *Mengen Eisen* schwanken bei der Mehrzahl der Weine zwischen etwa 5 und 25 mg Fe im Liter, bei Weinen, die nie mit Eisen in Berührung kamen, zwischen 4 und 7 mg Fe im Liter. Zur Ausfällung von 1 g Eisen der dreiwertigen Form (Ferriform) werden 5,6720 g Kaliumferrocyanid, von 1 g Eisen der zweiwertigen Form (Ferroform) 7,5643 g Kaliumferrocyanid $K_4 \cdot Fe(CN)_6 \cdot 3 H_2O$ gebraucht. Die zur Schönung von Wein erforderliche Menge Kaliumferrocyanid schwankt also im allgemeinen zwischen etwa 30 und 150 mg/l bzw. zwischen 3 und 15 g/hl Wein. Aus dem Umstand, daß das Eisen in zwei verschiedenen Wertigkeitsstufen vorliegen kann, folgt, daß eine genaue Berechnung der zur Schönung notwendigen Menge Kaliumferrocyanid aufgrund einer chemischen Bestimmung des im Wein enthaltenen Eisens nicht möglich ist. Man verzichtet daher auf eine solche Bestimmung und wählt den einfachen Weg, die Menge des Schönungsmittels durch Schönungsversuche mit kleinen Mengen Wein zu ermitteln. Auf diese Weise werden gleichzeitig auch die im Wein enthaltenen Metalle Kupfer und Zink erfaßt, die bei der Blauschönung ebenfalls abgeschieden werden.

Über die Untersuchung der Weine zur Blauschönung, über die Entnahme der Weinproben zur Untersuchung und über die Praxis der Schönung selbst ist das Nähere bei E. Vogt (1958 u. 1963) und bei G. Troost (1961) nachzulesen.

## b) Behandlung der Weine mit Phytaten

Zur Entfernung des Eisens aus dem Wein können auch die Salze der *Phytinsäure (Inositphosphorsäure)* verwendet werden, die das Eisen in Form von schwerlöslichen Komplexverbindungen als voluminösen weißlichen Niederschlag ausfällen. Präparate dieser Art sind das *Aferrin*, das von K. Hennig (1952, 1953) zur Schönung der Weine empfohlen wurde, das in der Schweiz versuchsweise verwendete *Calciumphytat* (Ciba) und die italienischen Präparate *Enofito* und *Purfino*. Die wirksame Substanz dieser aus Getreidekleie gewonnenen Schönungsmittel ist meist das *Inosittetracalciumphosphat*, das im Austausch gegen das Calcium das dreiwertige Eisen bindet und fällt.

Nach den Vorversuchen genügen 20 g Aferrin je hl, um aus Weinen mit einem Gehalt bis 20 mg/l Fe so viel Eisen auszufällen, daß keine Trübung mehr auftritt. Kupfer und Zink werden im Gegensatz zur Blauschönung aus Wein nicht ausgefällt, wohl aber aus Branntwein und nicht sauren Getränken. Eine chemische Untersuchung ist bei der Aferrinschönung im allgemeinen nicht notwendig, sichert aber den Erfolg des Verfahrens. Die Verwendung von zu viel Aferrin führt nicht zu einer gesundheitsschädlichen Veränderung der Weine.

## c) Schönung mit Tannin und Gelatine

Zur Schönung von Weinen und Obstweinen wird in Deutschland meist reine farblose *Blattgelatine* verwendet, die 72—74% *Glutin*, enthält und sich erst bei etwa 40° C löst. Die in Frankreich gebräuchlichen braunen leicht löslichen *Tafelgelatinen* (Lainé, Ostéocolle, Coignet) enthielten früher nur wenig Glutin, enthalten aber heute z. T. (Ostéocolle) auch über 70% Glutin. Sie sind zur Schönung von Wein in besonderem Maße geeignet. Durch Zugabe von Gelatine werden die Gerbstoffverbindungen ausgeflockt und mit ihnen die Trübungsteilchen zu Boden gerissen. Man verwendet Gelatine vor allem zur Schönung von *Rotweinen* und von *Obstweinen*, aber auch zur Schönung gerbstoffreicher Weißweine, etwa in nachfolgenden Mengen:

| Schönungs-<br>mittel g/hl | Weißweine | | Rot-<br>weine | Obst-<br>weine |
|---|---|---|---|---|
| | gerbstoff-<br>arm | gerbstoff-<br>reich | | |
| Tannin . . | 3—5 | 2—4 | — | 0— 5 |
| Gelatine . . | 4—6 | 6—8 | 8—14 | 10—40 |

Die Hauptschönung erfolgt in der Weise, daß man die notwendige Menge Gelatine einige Zeit in Wasser quellen läßt und im vorgewärmten Wein (40° C) löst. Die gelöste Gelatine wird schaumig geschlagen und der Hauptmenge des Weines zugesetzt. Die Zugabe der erforderlichen Menge Tannin erfolgt nach Auflösung im Wein einige Stunden vor Zusatz der Gelatine. Bei eiweißreichen Jungweinen oder bei Steckenbleiben einer Schönung mit Gelatine, Hausenblase oder Eiweiß erweist sich ein nachträglicher Tanninzusatz als zweckmäßig.

Nach Untersuchungen von M. RÜDIGER u. E. MAYR (1929) handelt es sich bei der bisher als Hauptfaktor betrachteten Bildung eines Gelatine-Gerbstoffniederschlages um einen *sekundären* Vorgang von untergeordneter Bedeutung, dem nur eine mechanische Mitwirkung bei der Beseitigung der Trübung zukommt. Die *eigentliche* Wirkung der Schönung beruht auf *elektrochemischen*, durch Ladung und Größe der Weintrübungs- und der Gelatineteilchen bedingten *Adsorptions-* und Flockungsvorgängen, auf die der Gehalt des Weines an Elektrolyten (Säuren und Salzen) von erheblichem Einfluß ist. Die Wirksamkeit einer Schönung hängt daher nicht allein von der verwendeten Gelatine und ihrem Glutingehalt ab, sondern ebenso von der Beschaffenheit des zu schönenden Weines und der Art der Trübung.

Anstelle von *Tannin*, das aus dem Ausland bezogen werden muß, wurde in den letzten Jahren vielfach *Kieselsol* in Verbindung mit Gelatine verwendet. Kieselsol kommt als weißliche opalisierende Flüssigkeit in den Handel, die 10% (z. T. 15%) kolloidale Kieselsäure enthält. Bei der Schönung verwendet man Kieselsol und Gelatine meist im Verhältnis 20:1, d. h. es werden auf 1 g Gelatine 20 ml Kieselsol zugegeben. Im Gegensatz zur Tannin-Gelatine-Schönung wird in diesem Fall zuerst die Gelatine und dann erst das Kieselsol dem Wein zugesetzt. Während man bei Weißweinen mit 2—4 g Gelatine und 40—80 ml Kieselsol je hl auskommt, müssen zur Schönung von Obstweinen 10—20 g Gelatine und 200—400 ml Kieselsol, zur Schönung von Süßmosten 15—30 g Gelatine und 100—200 ml Kieselsol je hl verwendet werden. Rotweinen wird *nur* Gelatine (8—14 g/hl) ohne Zusatz von Kieselsol zugegeben. Die Schönung mit Gelatine und Kieselsol hat sich in manchen Fällen besser bewährt als die Tannin-Gelatine-Schönung. Auch dieser Umstand spricht dafür, daß bei der Schönung mit Gelatine die eigentliche Wirkung auf elektrischen Vorgängen beruht, die durch Ladung und Größe der Weintrübungs- und Gelatineteilchen bedingt sind, und auf die der Gehalt des Weines an Elektrolyten (Säuren und Salzen) von erheblichem Einfluß ist.

Dem Säuregrad des Weines oder seinem pH-Wert scheint bei der Schönung eine dominierende Rolle zuzukommen. Als Optimum für die Ausflockung von Gelatine oder Eiweiß wird ein pH-Wert des Weines von annähernd 3 angegeben. Temperaturen von 25—30° erschweren dagegen die Klärung und führen leicht zu Überschönungen.

## d) Andere Schönungsmittel

**α) Hausenblase.** Es war früher allgemein üblich, ausgebaute Weine durch eine Schönung mit *Hausen-*, *Stör-* oder *Welsblase* zu klären. Auch diese Schönung hat durch die Blauschönung und durch die frühe Abfüllung der Weine in Flaschen an Bedeutung verloren. Man schönt mit Hausenblase vor allem ausgereifte gerbstoffarme Weine, deren trübende Bestandteile durch längere Lagerung und mehrere Abstiche bereits weitgehend beseitigt sind. Solche Weine werden durch eine sog. Flugschönung mit Hausenblase glanzhell.

Zum Schönen von 1 hl Wein genügen im allgemeinen 1—2 g Hausenblase (entsprechend $^1/_2$—1 l der $^1/_4$%igen Lösung). Muß die Schönung mit Hausenblase beim gleichen Wein wiederholt werden, so setzt man dem Wein vor der zweiten Schönung 3—4 g Tannin je hl zu.

**β) Eiweiß** oder **Albumin** wird zur Schönung feinster Rotweine verwendet. Das aus 2—4 frischen Eiern gewonnene Eiweiß wird schaumig geschlagen und 1 hl Wein zugesetzt. Anstelle von frischem Eiweiß kann auch reines getrocknetes Hühnereiweiß (Albumin) in einer Menge von 8—16 g/hl verwendet werden. Die Schönung mit Eiweiß ist wohl das älteste Schönungsverfahren. Es war schon den Römern bekannt.

**γ) Agar-Agar.** Das aus tropischen Meeresalgen gewonnene Agar-Agar wird in heißem Wasser gelöst und bildet nach dem Erkalten schon in der geringen Konzentration von 1,5—4,5 g/l[1] eine Gallerte. Agar-Agar wird in 1%iger sehr heißer Lösung zur Schönung von zähen oder schleimigen Weinen und zur „Rückschönung" überschönter Weine verwendet, und zwar in einer Menge von 15—30 g/hl.

Nach M. RÜDIGER (1929, 1932) ergab die bei schleimigen Weinen auf dem Weg der Kataphorese durchgeführte Prüfung des Ladungssinnes der trübenden Teilchen, daß diese *positive* Ladung tragen. Die gleiche positive Ladung tragen auch die Teilchen der im Überschuß dem Wein zugesetzten Gelatine. Damit ist die Möglichkeit gegeben, sowohl die Schleimsubstanz zäh gewordener Weine, wie auch die im Übermaß vorhandene Gelatine durch eine Lösung von Agar-Agar auszufällen, deren Teilchen stets *negativ* geladen sind.

---

[1] je nach der Herkunft des Agar-Agar!

δ) **Weinhefe.** Zur Behandlung hochfarbiger oder braun gewordener Weine eignet sich in besonderem Maße auch frische, dickflüssige Weinhefe (Kernhefe), die in einer Menge von 5—15 l/hl dem Wein zugesetzt und gegebenenfalls noch ein- oder mehreremal aufgerührt wird. Die zahllosen Hefezellen, die in ihrer Gesamtheit eine sehr große Oberfläche bilden, adsorbieren den braunen Farbstoff rahner Weine und beseitigen bis zu einem gewissen Grad auch Geruchs- und Geschmacksfehler. Ein besonderer Vorteil dieses Verfahrens ist, daß dabei keine fremden Stoffe in den Wein gelangen und daß durch die reduzierende Wirkung insbesondere der jungen Hefezellen das Redoxpotential (S. 238) fast ebenso stark herabgesetzt wird wie durch eine Schwefelung. Zur Schönung darf nur die frische, hellfarbige Hefe von gesunden Weinen verwendet werden. Ihre Menge ist durch das Weingesetz von 1930 auf 15 l für je 100 l Wein beschränkt. Bakterienkranke Weine sollen keinesfalls mit Hefe geschönt werden.

## 2. Mittel zum Stabilisieren der Weine

### a) Spanische Erde und Kaolin

Ein aus der Gegend von Jerex de la Frontera in Spanien stammendes feinkörniges Verwitterungsprodukt des Feldspats, die „spanische Erde", wird zum Klären von Süßweinen und zur Behandlung zäh gewordener Weine verwendet, und zwar in Mengen von 100—400 g/hl. Die zur Weinbehandlung verwendete Spanische Erde darf keinen Fremdgeruch besitzen und keine wesentlichen Mengen Carbonate enthalten. Die abgewogene Menge wird in einer Stütze mit der doppelten Menge Wein übergossen. Nach einer Stunde wird der Brei gut verrührt, mit Wein verdünnt und ins Faß gegeben.

*Kaolin*, ein wasserhaltiges Tonerdesilikat und Zersetzungsprodukt feldspatreicher Gesteine, wirkt ebenso wie Spanische Erde durch die Adsorptionsfähigkeit des kolloiden Aluminiumsilikats und wird wie diese angewendet, jedoch in Mengen bis 1000 g/hl.

### b) Bentonite

Zur Behandlung von Weinen mit Eiweißtrübungen werden in Kalifornien schon seit 1934 feinpulvrige kaolinähnliche Mineralien verwendet, die man als *Bentonite* bezeichnet. Die zur Weinbehandlung am besten geeigneten Bentonite, die in Wyoming vorkommenden Montmorillonit-Tonerden, bestehen aus komplexen Silikaten von Al, Mg, Ca und etwas Fe und sind vulkanischen Ursprungs. 1 g dieses sehr quellfähigen Materials soll eine Oberfläche von 50 000 cm² haben. Seine Teilchen sind negativ geladen und vermögen daher die Ladung der positiven Eiweißteilchen zu neutralisieren und damit das Eiweiß zur Ausflockung zu bringen. Die in Deutschland vorkommende „Geisenheimer Erde" hat eine ganz ähnliche Wirkung. Die Bentonite kommen unter Namen wie Agluton, Coagol, Deglutan (Wyoming) u. a. in den Handel.

Zur Behandlung eiweißtrüber oder zu Trübungen neigender Weine verwendet man 50—150 g Bentonit je hl, in hartnäckigen Fällen auch mehr. Das Mittel soll 1—2 Std in einer kleinen Menge Wein quellen, wobei jede Klumpenbildung zu vermeiden ist, und wird dann der Hauptmenge des Weines unter gründlichem Durchrühren zugesetzt. Nach 1—2 Tagen ist das Eiweiß adsorbiert, doch wartet man mit der Filtration besser noch einige Tage.

Die Behandlung mit Bentoniten verändert zwar die Zusammensetzung der Weine nicht, greift aber den Wein mehr oder minder stark an, so daß nur in zwingenden Fällen von diesem Mittel Gebrauch gemacht werden sollte. Es wurde durch die 6. Verordnung zur Ausführung des Weingesetzes von 1930 mit Wirkung vom 22. II. 1954 zur Behandlung von Wein, Wermutwein und Kräuterweinen zugelassen (BGBl. 1954, I, Nr. 3, S. 14). Bei Rotweinen werden erhebliche Mengen Farbstoff durch die Bentoniterden adsorbiert.

### c) Behandlung der Weine mit aktiver Kohle

**Wirkungsweise.** Sehr fein gepulverte und sorgfältig gereinigte *Holz-* oder *Knochenkohle* besitzt eine starke adsorptive Kraft für Gerb- und Farbstoffe sowie für Geruchs- und Geschmacksstoffe. Sie eignet sich daher vorzüglich zur Behandlung und Verbesserung fehlerhafter Weine. Man hat berechnet, daß die Teilchen von nur 1 g aktiver Kohle zusammen eine Oberfläche von etwa 15000 cm² besitzen. Diese ungewöhnlich große Oberfläche macht es verständlich, daß durch aktive Kohle bestimmte Farbstoffe, Geruchsstoffe und Geschmacksstoffe im Wein gebunden und mit der Kohle aus dem Wein entfernt werden. Da aktive Kohle den Wein stark angreift, beschränkt man sich in der Behandlung auf eine möglichst geringe Menge, die durch Vorversuche mit kleinen Mengen Wein zu ermitteln ist.

Von den zahlreichen Handelspräparaten (Eponit, Ecolit, Oenocarbon, Carbopuron, Optosorbol u. a. m.), die in ihrer Wirkungsweise oft wesentlich voneinander abweichen, hat sich für die Behandlung von Weinen die Lindenholzkohle *Eponit* recht gut eingeführt. Sie wird in Mengen von 10—15 g/hl zur Behandlung hochfarbiger Weine, in Mengen von 15—30 g/hl zur Entfärbung brauner Weine angewendet. Zur Beseitigung des Rotweinfarbstoffs darf aktive Kohle nach Artikel 4 der Ausführungsverordnung zum Weingesetz von 1930 *nicht* benutzt werden. Zur Behandlung von Geschmacksfehlern, wie Maischegeschmack, Geschmack nach faulen Trauben, Frostgeschmack usw., genügen oft schon 10—20 g/hl, zur Behandlung eines Böcksers 20—30 g/hl Eponit. Bei Schimmelgeschmack und anderen schweren Fehlern sind Kohlemengen bis 100 g/hl notwendig.

*Knochenkohle* ist noch stärker aktiv als Holzkohle und adsorbiert vor allem Farbstoffe. Sie wird in Mengen von 10—20 g/hl zur Entfärbung von Clarettweinen verwendet, die zur Schaumweinbereitung dienen.

Die Einführung der aktiven Kohle in die Weinkellerwirtschaft bedeutete einen großen Fortschritt auf dem Gebiete der Weinbehandlung. Erst durch die aktive Kohle ist es möglich geworden, leichte Fehler wie Maische-, Ester- und Rahngeschmack auf einfache Weise und ohne nachteilige Wirkung für den Wein zu beseitigen.

# 3. Filtrieren der Weine

Es können heute nur noch *glanzhelle* Weine in den Verkehr gelangen. Man ist daher ganz allgemein dazu übergegangen, alle Weine zu filtrieren, zumal die Abfüllung der Weine in Flaschen eine Filtration unumgänglich macht.

Von einem guten Weinfilter muß man verlangen, daß weder Bukett noch Frische, weder Körper noch Kohlensäuregehalt des Weines beeinträchtigt werden. Filter, die dem Wein „den Rock ausziehen", sind heute in der Weinkellerwirtschaft unmöglich. Weinfilter sollen ferner eine gewisse Stundenleistung aufweisen, bequem zu handhaben sein und aus einem Material bestehen, das weder von den Säuren des Weines noch von der Kellerluft angegriffen wird.

## a) Filtermaterial

Als Filterdichtungsstoffe kommen *Baumwollgewebe, Cellulose, Kieselgur* und vor allem *Asbest* in Betracht. Bei den meisten Weinfiltern wird sorgfältig gereinigter Asbest verwendet, oft in Mischung mit anderen Faserstoffen. Auch der Kieselgur hat man in den letzten Jahren erhöhte Aufmerksamkeit geschenkt. Das Filtermaterial, das in verschiedenen Durchlässigkeitsgraden in den Handel kommt, wird nach Gebrauch mit den darauf angesammelten Trubstoffen beseitigt oder zur Wiedergewinnung der Asbestfasern an den Hersteller zurückgesandt.

*Asbest.* Zur Filtration von Wein wird Asbest erst nach sorgfältiger mechanischer und chemischer Reinigung verwendet. Schlechte Asbestsorten enthalten bis zu 10% lösliche Bestandteile, die den Extrakt- und Aschengehalt des Weines erhöhen und einen Teil der Säuren binden. Sie verleihen dem Wein einen erdigen Beigeschmack und besitzen meist ein nur geringes Filtrationsvermögen.

*Kieselgur.* Zur Filtration von Wein sind nur besondere von Eisen befreite Sorten geeignet. Dabei wird die Kieselgur entweder als Bestandteil fertiger Filterschichten verwendet oder als Filterhilfsmittel, das dem Wein unter Einschaltung eines guten *Dosiergerätes dauernd* und in bestimmter Menge zugesetzt wird. Als Anschwemmunterlage können Schichten aus Asbest, Cellulose und anderem Material dienen, die in ein mit Trubkammern versehenes Schichtenfilter eingesetzt werden. Die dauernde Beimischung der Kieselgur in Mengen von 100—500 g/hl Wein ermöglicht eine große Filterleistung auch bei schleimigen und zähen Weinen. Durch die Verwendung des Dosiergerätes, das zwischen Pumpe und Filter eingeschaltet wird, vermeidet man die rasche Abnützung der Weinpumpen, die der stark schleifenden Wirkung der Kieselgur nicht lange standhalten würden. Verluste an Kohlensäure und Bukettstoffen sind bei dieser Anordnung nicht zu befürchten, so daß geeignete Kieselgursorten unbedenklich auch zur Filtration feiner Weine verwendet werden können. *Abwaschbare* Filterschichten erleichtern die Verwendung von Kieselgur sehr, da sie bei der Reinigung des Filters im Filter verbleiben. Bei der Filtration von Apfel- und Traubensäften, die als Süßmost Verwendung finden, werden das spezifische Gewicht, die Viscosität und der Calciumpektatwert der Säfte nicht verändert.

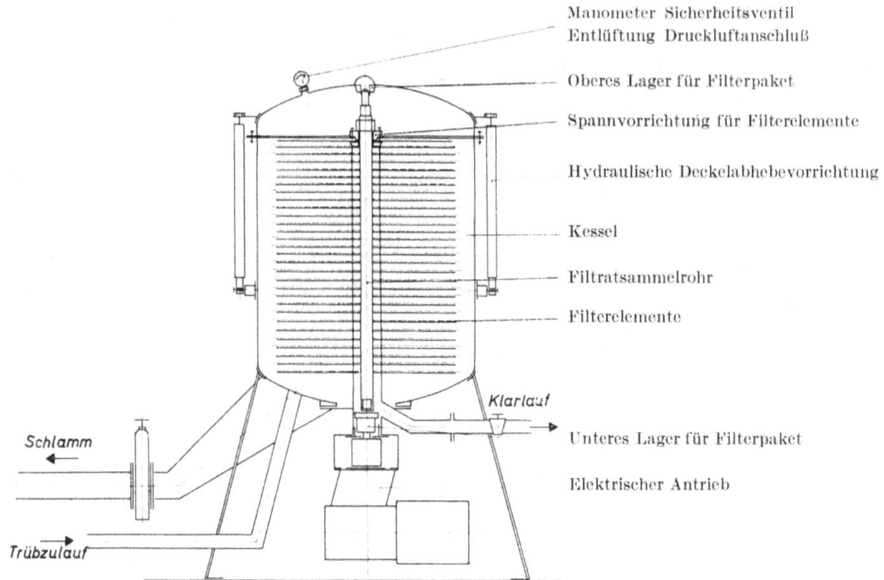


Abb. 17. Schenk-Zentrifugalfilter mit selbsttätiger Schlammaustragung (Schenk-Filterbau, Schwäbisch Gmünd)

Eine besondere Art der Anschwemmfilter sind die „Zentrifugalfilter" (Abb. 17). in denen die mit Siebgeweben bespannten Filterelemente zur Aufnahme der Kieselgur horizontal auf einer zentralen Hohlwelle angeordnet sind, die in Rotation versetzt werden kann. Sie ermöglicht die automatische Reinigung und Rückspülung der verbrauchten Kieselgur.

### b) Wirkungsweise der Filter

Bei der Wirkung eines Filters, gleich welcher Bauart und welchen Filtermaterials, ist zu unterscheiden, zwischen der *Siebwirkung* der Filterporen und der *adsorbierenden* Wirkung des verwendeten Materials. Eine Siebwirkung wird nur dann entfaltet, wenn der Porenquerschnitt kleiner ist als die kleinsten Teilchen des Trubes. Tuchfiltern und Membranfiltern kommt fast ausschließlich eine Siebwirkung zu. Auch eine Kieselgurschicht wirkt in der Hauptsache als räumliches Sieb. Das Filtrat fließt zu Beginn der Filtration noch etwas trüb, kommt aber bald klar und bleibt klar, bis das Filter verstopft oder die Filtration zu Ende ist. Eine *Adsorptionswirkung* ist bei den Asbestfiltern und in geringerem Grade auch bei der Kieselgur und bei den Zellulosefiltern festzustellen. Hier fließt das Filtrat gleich zu Anfang klar, bleibt aber nur so lange klar, bis die Adsorptionsfähigkeit des Filtermaterials erschöpft ist. Diese Erschöpfung tritt um so rascher ein, je reicher die filtrierte Flüssigkeit an trübenden Stoffen ist und je weniger Filtriermasse das Filter enthält.

Bei Flaschenabfüllfiltern (Komet) verwendet man ein Material, das wenig Asbest enthält. Man will verhindern, daß durch Adsorption gewisser Stoffe eine Störung in der Zusammensetzung des Weines eintritt, die zu einer Trübung führen könnte.

Mit Zellulosefiltern erhält man nur dann ganz klare Weine, wenn entweder der Wein nur geringe Mengen trübender Stoffe enthält oder die Masse des Filtermaterials sehr groß ist.

## c) Filtersysteme

**α) Massefilter.** Die früher viel verwendeten Massefilter gehören in der Weinkellerwirtschaft der Vergangenheit an, sind aber in der Form von aus Zellulose gepreßten Filterschalen in Wein- und Süßmostbetrieben noch in Gebrauch. Sie dienen hier zur Vorfiltration, und zeichnen sich durch hohe Mengenleistung aus. Die qualitative Leistung befriedigt mehr, wenn man der Zellulose $^1/_2$—1% Asbest zusetzt.

**β) Anschwemmfilter.** Sehr viel besser wurde die Leistung der Weinfilter, als man zum System der Anschwemmfilter überging, in denen man das aus Asbest und Cellulose bestehende Filtermaterial in dünner Schicht auf zylindrische oder flache Siebe aus verzinntem oder versilbertem Drahtgewebe anschwemmt. Durch Anordnung mehrerer Siebelemente in einem Filtergehäuse wird die Filterfläche vergrößert und die Leistung gesteigert. „Riesenfilter" dieser Art mit 4—20 herausziehbaren Filterlementen und einer Filterfläche von 6—60 m² ermöglichen Tagesleistungen bis zu 1 000 und sogar 2 000 hl.

**γ) Schichtenfilter.** Einen hohen Grad der Vollendung haben die *Schichtenfilter* erreicht, um deren Entwicklung sich besonders die Seitz-Werke, Bad Kreuznach, verdient gemacht haben. Das Filtermaterial wird hier nicht mehr angeschwemmt, sondern in Form fertiger, fester Schichten zwischen Filterrahmen eingespannt. In ihrer Gesamtheit bilden diese Schichten eine gleichmäßige, unempfindliche Filterfläche von fast beliebiger Größe. Die fertigen Schichten liegen nicht mehr auf einem Drahtgewebe auf, sondern auf festen Platten aus eloxiertem Aluminium, Speziallegierungen oder dämpfbarem Kunststoff, die mit Kanälen und Rippen versehen sind und deren Oberfläche von den Säuren des Weines nicht angegriffen wird. Durch Einsetzen einer Umleitkammer kann man im gleichen Arbeitsgang den Wein zunächst vorfiltrieren und anschließend glanzhell filtrieren, gegebenfalls sogar entkeimen. (Näheres vgl. Handbuch der Kellerwirtschaft Bd. I, 3. Aufl. S. 334 ff.)

Die besonderen Vorteile der Schichtenfilter bestehen darin, daß die Weine während der Filtration nicht mit Luft in Berührung kommen, und daß sie weder Kohlensäure noch Bukettstoffe verlieren. Die Bildung der Filterschicht ist auch keinen Zufälligkeiten mehr unterworfen und hängt nicht mehr von der Geschicklichkeit des Küfers ab. Das Einsetzten einer geringeren oder größeren Anzahl Schichten und die Abstufung der Schichten von der einfachen Klärwirkung bis zur Dichte einer Entkeimungsschicht ermöglichen eine geradezu universelle Verwendung dieser Filter sowohl in quantitativer wie in qualitativer Hinsicht.

## d) Entkeimende Filter

Der Gedanke, ein Filter von normaler Leistung und zugleich von solcher Feinheit und Zuverlässigkeit zu schaffen, daß die filtrierte Flüssigkeit das Filter keimfrei verläßt, ist von den Seitz-Werken in Kreuznach während des ersten Weltkrieges aufgegriffen und durch F. SCHMITTHENNER in die Tat umgesetzt worden. Die Entkeimungsschichten, die zunächst die Form runder Scheiben besaßen, werden heute in quadratischer Form hergestellt und zu den Standardfiltern passend geliefert. Sie bestehen aus sehr dichten Asbestschichten oder aus Membranschichten und sind so wirksam, daß nicht allein Hefezellen zurückgehalten werden, sondern auch die sehr viel kleineren Sporen von Pilzen und selbst Bakterien. Der filtrierte Wein oder Süßmost verläßt ein solches Filter daher *keimfrei*.

Mit der Erfindung des EK-Filters haben sich für die Behandlung der Weine und für die Konservierung der Trauben- und Obstsäfte Verfahren ergeben, die eine Umwälzung sowohl in der Kellerwirtschaft der Weine wie in der Bereitung von Süßmost bedeuten. Man hatte nun ein Mittel gefunden, um hochwertige Weine, wie Auslesen und Beerenauslesen, die noch gewisse Mengen unvergorenen *Zucker* enthalten, ohne die bisher übliche starke Schwefelung auf die Flasche zu bringen. Auch bei Weinen, die mit Essigbakterien oder anderen schädlichen Mikroorganismen infiziert sind, kann durch rechtzeitige Entkeimung dem Fortschreiten der Erkrankung Einhalt geboten und dem völligen Verderben der Weine vorgebeugt werden. Das größte Anwendungsgebiet hat aber das Entkeimungsfilter bei der Herstellung von Süßmost, vor allem von *Traubensüßmost*, gefunden, der sich des leicht auftretenden Kochgeschmacks wegen weniger für die Pasteurisierung eignet. Auch zur Entkeimung von *Trinkwasser, Essig, Bier* und *Fruchtsäften* sowie zur sterilen Abfüllung hitzeempfindlicher *Sera* findet das EK-Filter ausgedehnte Verwendung. Es erfüllt nur dann seinen Zweck, wenn sowohl das Filter selbst wie auch alle Apparate, Behälter, Flaschen und Korken, mit denen die entkeimte Flüssigkeit nach der Filtration in Berührung kommt. vor Gebrauch zuverlässig *keimfrei* gemacht werden.

## 4. Klärung mittels Separatoren

In Großbetrieben und in größeren Winzergenossenschaften werden mehr und mehr die sehr leistungsfähigen *Klärschleudern* oder *Separatoren* verwendet, wie sie von den Firmen *Westfalia* (Abb. 18), Oelde i. W., *Kraus-Maffei*, München, *Astra*,

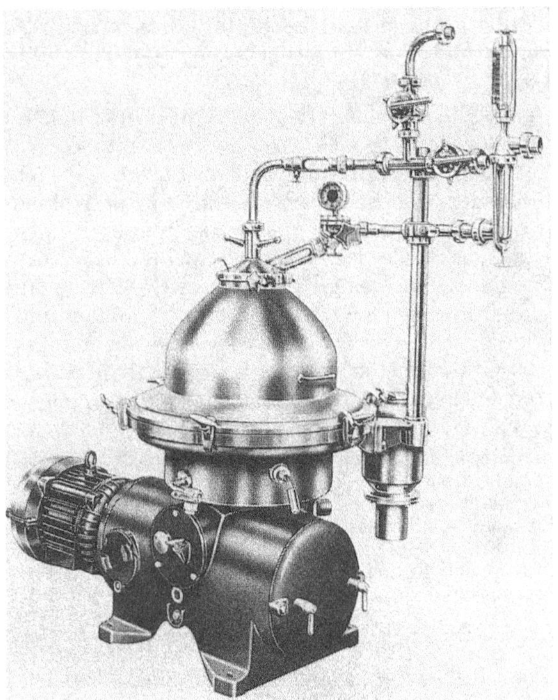

Abb. 18. Separator (Westfalia Separator A. G. Oelde i. W.)

Hamburg-Bergedorf u. a. hergestellt werden. Diese Separatoren, die zuverlässig arbeiten und einfach zu bedienen sind, die überdies nur geringe Betriebskosten (elektrischer Strom) verursachen, eignen sich in erster Linie zur Entfernung gröberer spezifisch schwerer Trubteilchen). Sie werden daher mit besonderem Erfolg bei der raschen Vorklärung keltertrüber Trauben- oder Obstmoste eingesetzt, können aber mit Vorteil auch zur Trennung der Jungweine von der Hefe und zur Beseitigung von Schönungstrub, insbesondere nach einer Bentonit-Schönung, verwendet werden. Bei schleimigen Weinen und bei kolloiden Trübungen leistet jedoch die Filtration mit Kieselgur mehr. Wirtschaftlich steht daher im Vordergrund das rasche und verlustlose Separieren trüber Keltermoste. Erfahrungsgemäß liefern vorgeklärte Moste besonders saubere und reintönige Weine.

Die Wirkung der Klärschleudern besteht darin, daß in einem System von 2—6 konzentrisch angeordneten, sehr rasch rotierenden Schalen oder Trommeln (Abb. 18) die Trubteilchen durch Fliehkraft an den Trommelwänden festgehalten werden, während der geklärte Most oder Wein die Zentrifuge unter ziemlichen Druck wieder verläßt. Dieser Druck reicht aus, um eine anschließende Filtration durchzuführen. Die Stundenleistung mittlerer Klärschleudern von 40 l Inhalt beträgt 1800—2000 l, kann aber auf 3000 l und mehr gesteigert werden. Von Nachteil war bei den meisten Separatoren früher die etwas umständliche und zeitraubende Entleerung und Reinigung der Klärtrommeln. In zunehmenden Maße werden daher heute in größeren Kellereien kontinuierlich arbeitende Separatoren verwendet, bei denen der sich ansammelnde Trub bei laufender Trommel ausgeworfen wird.

# V. Abfüllen der Weine in Flaschen

## 1. Vorteile des Abfüllens

Seit einigen Jahrzehnten ist man immer mehr dazu übergegangen, den Wein nach einer begrenzten Zeit des Ausbaus in Flaschen abzufüllen. Die früher übliche jahrelange Lagerung der Weine im Faß hatte nicht nur den Zweck, die Weine auszubauen; es standen damals auch keine anderen Mittel zur Verfügung, um Trübungen zu beseitigen, als mehrjährige Faßlagerung und mehrfach wiederholte Abstiche. Die Einführung der Blauschönung und die Vervollkommnung der Filtrierverfahren haben eine grundlegende Wandlung in der Kellerwirtschaft herbeigeführt und einen Ausbau der Weine ermöglicht, dessen Dauer z. T. von wirtschaftlichen Erfordernissen, in der Hauptsache aber von der Erzielung höchster Qualität bestimmt ist.

Während der Lagerung im Faß ist der Wein der Einwirkung der Luft in mehr oder minder starkem Maße ausgesetzt. Er büßt allmählich seine Frische und sein Bukett ein und wird mit der Zeit matt, hochfarbig, herb und trocken. In der Flasche bleibt der Wein dagegen frisch, blumig, spritzig und hell; er verliert weder Kohlensäure noch Bukettstoffe. Bei guten Weinen entwickelt sich in der Flasche eine während der Faßlagerung niemals erreichte feine und edle Art, die einen ausgereiften, guten Flaschenwein zu einem unvergleichlichen Genuß werden läßt. Während man früher nur wertvolle Weine in Flaschen abfüllte, ist man immer mehr dazu übergegangen, auch einfache Tischweine abzufüllen. Es handelt sich dabei weniger um einen weiteren Ausbau in der Flasche als um die Erhaltung der jungen und frischen Art, die der Weinfreund an diesen Weinen besonders liebt. In Gaststätten und Weinstuben erhält man auch „offenen" Wein nur noch aus der *Literflasche*, in der auch der Konsumwein seine Frische, seine Klarheit und seine saubere Art längere Zeit bewahrt.

## 2. Zeitpunkt des Abfüllens

Den *Zeitpunkt* für die Abfüllung eines Weines in Flaschen bestimmt der erfahrene Kellermeister nach der Kostprobe. Der Wein muß zu dieser Zeit bereits eine gewisse Reife besitzen und luftbeständig sein; er darf noch nicht alt, aber auch nicht mehr zu jung sein. Die vorhandenen oder möglicherweise sich noch bildenden Trübungen müssen bereits beseitigt sein. Ob der Wein zu Eiweißtrübungen neigt, zeigt am besten der *Wärmetest* (vgl. S. 271). Der Gehalt eines Tischweines an freier Schwefliger Säure soll bei der Abfüllung 15 bis höchstens 25 mg je Liter betragen.

Zur Abfüllung wird ein geschlossenes Abfüllfilter (Komet) oder ein Schichtenfilter verwendet. Um eine Berührung mit der Luft und Verluste an Kohlensäure und Bukett zu vermeiden, verwendet man bei empfindlichen Weinen Abfüllhähne mit einem bis auf den Boden der Flasche reichenden Auslaufrohr. Das Abfüllen wird erleichtert durch halbautomatische arbeitende Rundfüllapparare, ganz besonders aber durch vollautomatische Großfüllanlagen, die auch zur sterilen Abfüllung in erster Linie in Betracht kommen.

Bei Weinen mit Restsüße und bei Trauben- oder Obstsüßmosten ist es notwendig, die Flaschen vor der Abfüllung *keimfrei* zu machen. Das geschieht entweder durch Erhitzen mit Dampf oder durch Behandlung mit 1,5—2%iger Schwefliger Säure.

## 3. Flaschen und Korken

Zur Abfüllung guter Weißweine dient ausschließlich die *Schlegelflasche* (Rheinweinflache), die eine Nenngröße von 720 ml besitzen muß, abgefüllt und verkorkt also nicht weniger als 700 ml (0,7 l) Wein enthalten darf. An der Mosel, in der Pfalz und in Süddeutschland sind Flaschen aus grünem Glas üblich; im Rheingau bevorzugt man Flaschen aus braunem Glas. Die Weine des blauen Spätburgunders werden auch in Baden, an der Ahr und in anderen Weinbaugebieten in die bauchige *Burgunderflasche* abgefüllt, die Frankenweine in den charakteristischen *Bocksbeutel*. Die Bordeauxflasche ist walzenförmig; die Champagnerflasche ähnelt in der Form der Burgunderflasche, besteht aber aus dickwandigem Glas und faßt meist 0,8 l. Die italienischen Chiantiweine werden in dünnwandige, mit Bast umflochtene Fiaschi und Fiaschetti abgefüllt. Für Konsumweine wählt man Literflaschen aus grünem Glas, die in der Form der Schlegelflasche entsprechen. In geringerem Umfang sind auch Zweiliterflaschen (Österreich, Schweiz), Halbliterflaschen und halbe $^1/_1$-Flaschen (350 ml) in Gebrauch.

Die gefüllten Flaschen werden sofort mit fehlerfreien zylindrischen Korken von mindestens 4 cm Länge verkorkt, die vorher einige Stunden in fließendem kaltem Wasser eingeweicht und gewaschen, nicht aber gebrüht oder gedämpft worden sind. Eine Behandlung der Korken mit verdünnter Schwefliger Säure ist von Vorteil. Auch *paraffinierte* Korken werden verwendet.

Flaschenverschlüsse aus *Kunststoff* (in der Hauptsache Polyäthylen) haben sich bei Wein (Stillwein) bisher nicht eingeführt, weil bei den etwas ungleichmäßigen Flaschenmündungen die Kunststoffverschlüsse keine völlige Abdichtung gewährleisten. Bei Perlweinen und Schaumweinen werden Kunststopfen dagegen in zunehmenden Maße verwendet, und zwar sowohl bei der Flaschengärung wie auch zum Verschließen der versandfertigen Sektflaschen.

### 4. Aufmachung

Vor dem Versand werden die Flaschen etikettiert und verkapselt. Die Aufmachung soll einfach und geschmackvoll sein. Das Flaschenschild enthält die Bezeichnung des Weinbaugebiets, des Jahrgangs, der Lage, der Traubensorte und den Namen des Erzeugers oder der Kellerei. Mit einer Wachstumsbezeichnung oder einer Bezeichnung, die auf besondere Sorgfalt bei der Gewinnung der Trauben hindeutet wie Spätlese, Auslese, Spitzengewächs usw., und mit Ausdrücken, wie Originalabfüllung, Kellerabzug, Kreszenz usw., dürfen nach § 5 des Weingesetzes von 1930 nur *naturreine* Weine versehen werden. Korkbrand ist unter gewissen Einschränkungen auch bei verbesserten Weinen zulässig.

(Näheres über das Klären der Weine und die dabei verwendeten Filter und Verfahren sowie über die Lagerung und die Abfüllung der Weine ist den Fachbüchern von E. Vogt (1963), G. Troost (1961) und W. Geiss (1960) zu entnehmen.)

# F. Verbesserung der Traubenmoste und Weine

Die Güte eines Weines hängt nicht allein von der Traubensorte und der Lage des Weinbergs ab, sie ist in hohem Maße auch bedingt durch die Witterung, die während des Wachsens und Reifens der Trauben herrschte, insbesondere durch die Dauer des Sonnenscheins in den Monaten Juli bis Oktober. Nicht in jedem Jahre ist die Witterung in den nördlicheren Weinbauländern für die Ausreife so günstig, daß harmonische Weine mit genügendem Alkoholgehalt gewonnen werden. Die Gesetzgebung dieser Länder sieht daher die Möglichkeit einer *Verbesserung* der Traubenmoste vor, um den fehlenden natürlichen Zuckergehalt durch Zusatz von Zucker zu ergänzen. Nach § 3 des Deutschen Weingesetzes vom 25. VII. 1930 (BGBl. I, S. 356) darf dem Traubenmost und dem Wein, bei Rotweinbereitung auch der Traubenmaische Zucker zugesetzt werden, um einem Mangel an Zucker abzuhelfen, den die Weintrauben trotz Beachtung der festgelegten Lesezeiten aufweisen. Der Zusatz von Zucker soll erfolgen, wenn der Wein noch gärt oder wenn er nach dem Zusatz von Zucker nochmals einer Gärung unterworfen wird. Der Zusatz von Zucker darf nicht bewirken, daß

1. der Gehalt des gezuckerten Erzeugnisses an Alkohol einschließlich der dem unvergorenen Zucker entsprechenden Alkoholmenge (Gesamtalkohol) bei Rotwein und seinen Ausgangsstoffen 105 g, bei sonstigem Wein und seinen Ausgangsstoffen 95 g in 1 l übersteigt,

2. der Gesamtalkohol des gezuckerten Erzeugnisses in 1 l bei Rotwein um mehr als 35 g, bei sonstigem Wein um mehr als 30 g höher ist als der Gesamtalkoholgehalt der ungezuckerten Ausgangsstoffe.

Weiter bestimmt das Gesetz, daß bei der Zuckerung nur technisch reine, nicht färbende Saccharose verwendet werden darf, und daß die Zuckerung nur bis zum 31. III. des auf die Ernte folgenden Jahres erlaubt ist. Jede Verbesserung ist spätestens zwei Wochen nach ihrer Durchführung der zuständigen Behörde schriftlich zu melden.

Mit der Möglichkeit der Verbesserung soll dem Winzer demnach nicht ein Mittel in die Hand gegeben werden, aus geringwertigem Lesegut gute Weine zu erzeugen. Man will lediglich vermeiden, daß besonders saure und kleine Weine auf den Markt gelangen, die keine Abnehmer finden. Für bestimmte Weinbaugebiete bedeutet die Verbesserung der Weine eine Lebensfrage. Würde sie grundsätzlich abgelehnt, so müßte der Weinbau in manchen Teilen unserer heutigen Weinbauländer aufgegeben werden, obwohl man dort in guten Jahren marktfähige naturreine Weine gewinnt. Als Maßstab für die Berechnung der Zuckerung dient der Durchschnitt *guter* Jahrgänge wie 1948, 1953, 1961 und 1964. Große Weinjahre, wie 1911, 1921, 1929, 1947 und 1959, bleiben bei der Berechnung außer Betracht.

Auch in den übrigen weinbautreibenden Ländern ist die Verbesserung der Moste oder Weine gesetzlich geregelt.

In *Österreich* bestimmt § 5 des Weingesetzes vom 18. VII. 1929, daß bis 31. XII. der *Traubenmost* mit behördlicher Genehmigung in dem Ausmaß gezuckert werden darf, wie es dem Naturerzeugnis gleicher Art und Herkunft in guten Jahren entspricht. *Wein* darf *nicht* gezuckert werden.

In der *Schweiz* wird durch Artikel 353 der Verordnung des Bundesrates über den Verkehr mit Lebensmitteln vom 26. V. 1936 die *Trockenzuckerung* einheimischer Weine bis zur Erreichung des mittleren Alkoholgehaltes von gleichartigen Weinen aus reifen Trauben der betreffenden Gegend gestattet. Gallisierte (naßgezuckerte) Weine sind verboten.

*Frankreich* erlaubt den Zusatz von Zucker nur bei der ersten Gärung, und zwar dürfen nach dem Gesetz vom 26. VII. 1929 auf je 300 kg Maische oder 200 l Most bis zu 9 kg Zucker, oder auf das Erträgnis von 1 ha Reben bis zu 200 kg Zucker zugesetzt werden. Die durch die Zuckerung bewirkte Erhöhung des Alkoholgehaltes darf 2,5° (ca. 20 g/l) nicht übersteigen. Die Zuckerung ist anzeigepflichtig. Im *Elsaß* wurde neben der Trockenzuckerung der Zusatz von Zuckerwasser auch nach 1918 gestattet, doch sind gallisierte Weine nur im Elsaß verkehrsfähig.

In *Spanien* und *Portugal* darf eine Verbesserung der Weine nur mit eingedicktem *Traubenmost* vorgenommen werden; die Verwendung von Zucker ist verboten. Nur solche Weine, die zur Ausfuhr bestimmt sind, dürfen in Spanien nach den für das Einfuhrland geltenden Vorschriften verbessert werden.

*Italien* endlich behält die Bezeichnung Wein nur denjenigen Erzeugnissen vor, die durch alkoholische Gärung des Mostes von frischen oder leicht gewelkten Trauben gewonnen sind (Verordnung vom 15. X. 1925).

## I. Berechnen der Verbesserung

Durch die Verbesserung soll das Mostgewicht bzw. der Alkoholgehalt eines Weines nur so weit erhöht werden, daß der verbesserte Wein dem *Durchschnitt* der naturreinen Weine gleicher Art und Herkunft in *guten* Jahren entspricht. Aus einer großen Zahl praktischer Zuckerungsversuche, die vor allem von P. KULISCH an Traubenmosten und Weinen der verschiedensten Sorten und Jahrgänge durchgeführt worden sind, ergab sich, daß man folgende Mengen Rohrzucker zusetzen muß, um den Alkoholgehalt des vergorenen Weines um 1 g im Liter zu erhöhen.

bei der Trockenzuckerung von Most    240 g je hl,
bei der Naßzuckerung von Most . .    222 g je hl,
bei der Umgärung von Wein   . . .    210 g je hl.

Diese Zahlen sind wesentlich höher als sich aus der stöchiometrischen Berechnung ergibt, wonach aus 100 g Rohrzucker 53,8 g Alkohol entstehen. Zur Erhöhung des Alkoholgehalts um 1 g im Liter müßten hiernach $100 \times (100:53,8) = 186$ g Saccharose je hl ausreichend sein. Die

Menge Zucker, die sich aus der Differenz der praktisch ermittelten und der theoretisch errechneten Menge ergibt, wird demnach für den Aufbau und den Stoffwechsel der *Hefe* verbraucht, nicht aber in Alkohol umgewandelt. Am größten ist dieser Eigenverbrauch der Hefe an Zucker bei der Trockenzuckerung von frischem Most, zu der man 240 g je hl braucht, während man bei Zusatz von Zuckerwasser zu frischem Most (Naßzuckerung) mit 222 g Zucker je hl auskommt, um den Alkoholgehalt um 1 g/l zu erhöhen. Wird ein bereits vergorener Wein durch „Umgärung" verbessert, so verläuft die Gärung langsamer, und es wird dabei weniger Hefe gebildet. Dementsprechend wird auch weniger Zucker zu anderen Vorgängen verbraucht, so daß bei der Umgärung von Weinen nur 210 g Zucker je hl zugesetzt werden müssen, um den Alkoholgehalt um 1 g/l zu erhöhen. Es werden also bei dieser langsamer verlaufenden Gärung aus der gleichen Menge Zucker größere Mengen Alkohol gebildet als bei der Verbesserung von frischem Most. Stets ist der *Alkoholgehalt* des verbesserten Weines maßgebend für die Menge Zucker, die zur Verbesserung gebraucht wird.

Um das Mostgewicht um 1° Öchsle (= 0,001 spez. Gewicht) zu erhöhen, wäre ein Zusatz von 263 g Zucker je hl erforderlich. Diese Menge Zucker würde aber den Alkoholgehalt rechnerisch um 1,415 g/l, praktisch um etwa 1,24 g/l vermehren, also zu einer erheblichen *Überzuckerung* führen. Schon P. Kulisch hat (S. 105 seines Buches) darauf aufmerksam gemacht, daß bei einer richtig berechneten Verbesserung der gezuckerte Most nicht das erwartete Mostgewicht besitzt. „Man lasse sich aber dadurch nicht beirren. Dieses geringere Mostgewicht ergibt doch einen ebenso hohen Alkoholgehalt wie ein Naturmost mit dem gewünschten Mostgewicht. Das hat darin seinen Grund, daß in dem Naturmost größere Mengen Nichtzucker vorhanden sind, während die Erhöhung des Mostgewichtes bei der Zuckerung ja mit reinem Zucker erfolgt."

In der Praxis der Weinverbesserung sieht man von der Verschiedenheit von Mostgewicht und Alkoholgehalt mit Rücksicht auf eine einfache, leicht verständliche Berechnung der Zuckerung ab und setzt Mostgewicht gleich Alkoholgehalt (g im Liter), obwohl das Mostgewicht auf der *Gesamtmenge* der gelösten Stoffe beruht, der Alkoholgehalt des späteren Weines aber nur auf dem Gehalt des Mostes an Zucker.

In den üblichen Grenzen der Verbesserung, also ausgehend von Mostgewichten von etwa 55—70° Öchsle, stimmen Mostgewicht und Alkoholgehalt auch annähernd überein, so daß die Gleichsetzung kaum einen größeren Fehler als etwa 3 g/l bedingt. Bei geringeren Mostgewichten als 50° und vor allem bei höheren Mostgewichten als 75° beginnt aber die Differenz zwischen Mostgewicht und Alkoholgehalt größer zu werden, so daß eine Gleichsetzung der beiden Werte nicht mehr angängig ist. Wie zahlreiche Untersuchungen ergeben haben, und wie auch aus einer einfachen rechnerischen Überlegung hervorgeht, *übertrifft* der Alkoholgehalt von Weinen (ausgedrückt in g/l), die aus zuckerreichen Mosten hervorgegangen sind, das Mostgewicht (ausgedrückt in Grad Öchsle) um so mehr, je höher das Mostgewicht und je geringer der Säuregehalt des Mostes ist. Umgekehrt ergeben Moste von sehr geringem Zucker- und hohem Säuregehalt Weine, deren Alkoholgehalt *geringer* ist als das Mostgewicht erwarten läßt.

Daraus ergibt sich, daß das Mostgewicht als Grundlage der Zuckerungsberechnung nur sehr bedingt brauchbar ist. Bessere Werte erhält man, wenn man bei der Berechnung des Zuckerzusatzes vom künftigen *Alkoholgehalt* des Weines ausgeht, der sich aus dem Mostgewicht auf einfache Weise und mit hinreichender Genauigkeit nach der folgenden Formel errechnen läßt:

$$A = 1{,}25\ M - 0{,}5\ E^1.$$

Es bedeuten A der Alkoholgehalt des naturreinen Weines, M das Mostgewicht und E der Nichtzuckergehalt des Mostes (Extrakt). Für E kann in guten säurearmen Jahren der Wert 26, in mittleren Jahren der Wert 28—30 und in geringen Jahren der Wert 32 eingesetzt werden, ohne einen wesentlichen Fehler zu begehen

---

[1] Die Berechnung beruht darauf, daß aus 100 g Traubenzucker praktisch 47,5 g Alkohol gebildet werden (näheres darüber bei E. Vogt 1934). Diese Zahl ergab sich aus zahlreichen Gärversuchen von F. Trauth u. K. Bässler (1936). Neuerdings neigen manche Kellerfachleute dazu, statt 47,5 g nur eine Ausbeute von 46,5 g Alkohol aus 100 g Zucker anzunehmen. Es ist dann in die Formel der Wert 1,22 statt 1,25 einzusetzen.

(E. Vogt 1934). Sicherer ist es, den Wert E in einigen Naturmosten des betreffenden Jahrgangs zu bestimmen.

Auf die gleiche Weise läßt sich aus dem Alkohol- und Extraktgehalt eines Weines auch das spezifische Gewicht des Mostes berechnen, aus dem er entstanden ist:

$$M = 0,8 \ A + 0,4 \ E.$$

Diese Zurückberechnung des Mostgewichts M, bei der man für E die oben angegebenen Werte (etwa 28—30) einsetzt, ist für die Beurteilung eines Weines durch die Weinkontrolle oft von entscheidender Bedeutung.

Um die Menge des Zuckers zu berechnen, stellt man die Differenz zwischen dem Mostgewicht und dem angestrebten Alkoholgehalt bzw. zwischen dem vorhandenen und dem gewünschten Alkoholgehalt fest und multipliziert diese Zahl mit dem Faktor 0,240 bei Most bzw. 0,210 bei Wein. Man erhält auf diese Weise die Anzahl Kilogramm Zucker, die zur Verbesserung von 100 l Most oder Wein notwendig sind. Da auch der Zucker selbst einen gewissen Raum einnimmt, erfährt der verbesserte Most oder Wein durch die Zuckerung eine Raumvermehrung um 0,6 l für jedes Kilogramm Zucker.

*Beispiel 1:* Ein 1960er Traminermost von 75° Mostgewicht und 8,6 g/l Gesamtsäure soll auf 88 g/l Alkohol verbessert werden. Man braucht dazu die folgende Menge Zucker:
$$88—75 = 13 \times 0,240 = 3,12 \text{ kg}$$
auf je 100 l Most. Der Rauminhalt des gezuckerten Mostes wird um $3,12 \times 0,6 = 1,87$ l, d. h. auf 101,87 l vermehrt.

*Beispiel 2:* Ein 1962er Gutedelmost mit einem Mostgewicht von 70° und einem Säuregehalt von 8,8 g/l soll so verbessert werden, daß er nach der Vergärung 85 g/l Alkohol enthält. Es werden dazu $85—70 = 15 \times 0,240 = 3,60$ kg Zucker je hl gebraucht. Die Raummenge vergrößert sich um $3,60 \times 0,6 = 2,16$ l auf 102,16 l.

Nach § 3 Abs. 1 des Weingesetzes vom 25. VII. 1930 darf eine Zuckerung nur erfolgen, um einem *natürlichen* Mangel an Zucker insoweit abzuhelfen, als es der Beschaffenheit des aus Trauben gleicher Art und Herkunft in guten Jahrgängen ohne Zusatz gewonnenen Erzeugnisses entspricht. Der Begriff der „guten Jahrgänge" ist dann durch die 7. Verordnung zur Ausführung des Weingesetzes (BGBl. I Nr. 3 vom 21. I. 1958) insofern genauer festgelegt worden, als nun der Alkoholgehalt für die verschiedenen Traubensorten und Weinbaugebiete zahlenmäßig angegeben wurde. Es darf also durch die Verbesserung nur einem *Mangel* an natürlichem Zucker abgeholfen werden. Damit ist deutlich zum Ausdruck gebracht, daß — unbeschadet der angegebenen Grenzwerte — über die Behebung eines Mangels bei der Zuckerung nicht hinausgegangen werden soll, daß also der gezuckerte Wein nicht alkoholreicher sein darf als ein gleichartiger Wein aus einem guten Jahrgang.

Von der Verwendung einer Zuckerlösung *(Naßzuckerung)* wird in dem zu erwartenden neuen Weingesetz voraussichtlich nicht mehr die Rede sein. Es werden aber dann die am Weinbau beteiligten Länder aufgrund eines Landesgesetzes vorerst noch gestatten, daß man in ihrem Gebiet bei der Herstellung von Wein den Zucker auch in Wasser gelöst zusetzen kann, um einem Übermaß an Säure abzuhelfen. Dabei soll die Menge des Weins bei Qualitätswein höchstens um 10%, bei sonstigem Wein höchstens um 15% vermehrt werden.

Die Berechnung der Zuckerung ist schwieriger, wenn zur Verbesserung nicht reiner Zucker, sondern eine *Zuckerlösung* verwendet wird. Es ist zu berücksichtigen, daß durch Zusatz von Zuckerlösung zum Most der ursprüngliche Zuckergehalt des Mostes in eben dem Ausmaß verdünnt wird, wie Zuckerlösung zugesetzt wird. Beträgt z. B. der Zusatz von Zuckerlösung 10% der Gesamtmenge, so wird das ursprüngliche Mostgewicht rechnungsmäßig um 10% vermindert. Von diesem verminderten Mostgewicht, dem sog. „*Zwischenmostgewicht*", ist bei der Berechnung des Zuckerzusatzes auszugehen. Es muß bei der Naßzuckerung nicht die Differenz zwischen dem ursprünglichen Mostgewicht und dem gewünschten Alkoholgehalt (g/l), sondern die Differenz zwischen dem Zwischenmostgewicht und dem gewünschten Alkoholgehalt mit 0,222 multipliziert werden. Daraus ergibt sich die Menge Zucker in Kilogramm, die auf je 100 l verbesserter Most oder Wein verwendet werden muß. Bei der Berechnung der Wassermenge ist zu berücksichtigen, daß 1 kg Zucker 0,6 l Rauminhalt beansprucht. Zur Auflösung des Zuckers ist daher eine entsprechend geringere Menge Wasser zu nehmen.

*Beispiel 3:* Ein 1960er Riesling mit einem Mostgewicht von 70° und einem Gehalt an Gesamtsäure von 10,8 g/l soll unter Verwendung von 10% Zuckerlösung auf 88 g/l Alkohol verbessert werden.

Zwischenmostgewicht: $70—(70\times10:100=70—7=63°$.

Menge des Zuckers: $88—63=25\times0,222$ kg $=5,55$ kg.

Menge des Wassers: $10—(5,55\times0,6)=10—3,33=6,67$ l.

Verbesserungsformel 90 l Most $+5,55$ kg Zucker, aufgelöst in 6,67 l Wasser, ergeben 100 l verbesserten Most.

Zur raschen Ermittlung der Menge Zucker oder Zuckerlösung, die bei der Verbesserung gebraucht wird, kann auch eine Tabelle verwendet werden, aus der die Werte für eine Trockenzuckerung und für die wichtigsten Naßzuckerungen abzulesen sind[1].

Bei der Zuckerung der Moste und Weine, die eine wirkliche *Verbesserung* bewirken soll, ist niemals schematisch zu verfahren, sondern auf die Eigenart des Weinbaugebietes und die Besonderheit der Traubensorte Rücksicht zu nehmen. In den Veröffentlichungen der Amtlichen Weinstatistik ist ein reichhaltiges Material über die Zusammensetzung der deutschen Traubenmoste und Weine enthalten, das in Zweifelsfällen zu Rate gezogen werden kann.

Wer unsachgemäß und ohne Grund verbessert, schödigt sich und das ganze Weinbaugebiet. Eine unsachgemäße Verbesserung liegt aber nicht nur in solchen Fällen vor, in denen zuviel Zucker verwendet wurde, der Wein also wegen Überzuckerung zu beanstanden ist, sondern auch dann, wenn *zuwenig* Zucker verwendet wurde. Da eine zweite Zuckerung nach dem Gesetz nicht zulässig ist, werden solche Weine vom Käufer zurückgewiesen. Eine zweite Verbesserung ist auch dann nicht erlaubt, wenn die bereits zugesetzte Menge Zucker *unter* der zulässigen Grenze geblieben ist und man durch die zweite Verbesserung nicht über diese Grenze hinausgehen würde.

Auch die sog. *Rückverbesserung*, die in dem Verschnitt, eines überzuckerten Weines mit einem Wein von geringerem Alkoholgehalt besteht, ist verboten. Es geht ferner nicht an, gewissermaßen auf Vorrat Weine zu überzuckern, um nach Ablauf der Zuckerungsfrist noch über alkoholreiche Weine zum Verschnitt mit unzureichenden Naturweinen zu verfügen.

Verboten ist endlich auch die Zuckerung unbegründeter *Frühlesen;* denn Moste, die ohne zwingenden Grund vor Beginn des allgemeinen Herbstes gekeltert worden sind, enthalten keinen *natürlichen* Mangel an Zucker. Eine Ausnahme bilden nur Moste aus *verhagelten* oder *wurmgeschädigten* Trauben, die geerntet werden *müssen*, um größere Verluste zu vermeiden. In solchen Fällen ist die Frühlese als eine durch die Verhältnisse gerechtfertigte Maßnahme anzusehen.

Bei der Verbesserung der Rotweine wird der Zucker der vollen Traubenmaische zugesetzt oder dem von der Maische abgekelterten noch gärenden oder eben vergorenen Jungwein. Die Verbesserung der vollen Maische ergibt eine größere Ausbeute an Rotweinfarbstoff und wird aus diesem Grunde allgemein bevorzugt. Um eine gute Qualität zu erzielen, werden die Rotweintrauben vor dem Einmaischen von den Stielen oder Kämmen befreit (entrappt). In Rotweinmaischen, bei denen dieses Entrappen unterlassen wurde, gehen meist große Mengen Gerbstoff in Lösung, die den späteren Wein herb und rauh machen und seiner Farbe einen Stich ins Bräunliche verleihen.

Bei der Verbesserung der Rotweine ist zu beachten, daß aus 100 l Maische bei der Kelterung nur etwa 75—80 l Wein gewonnen werden. Der Berechnung des Zuckerzusatzes ist aber stets die Menge des *Weines* zugrunde zu legen, nicht die Menge der Maische. Ferner ist zu beachten, daß bei der offenen Vergärung der Rotweinmaischen Alkoholverluste auftreten, die je nach der Gärtemperatur und der Art und Häufigkeit des Stoßens 6—8 g/l betragen können. Bei geschlossener Vergärung und bei der Vergärung in Stahltanks treten solche Verluste nicht auf.

*Einfluß der Verbesserung auf Zusammensetzung und Güte der Weine*

Eine überlegte und richtig durchgeführte Zuckerung wird stets zu einer wirklichen *Verbesserung* des Weines führen. Es werden dabei größere Mengen Alkohol, Glycerin und Extrakt gebildet, die den Wein harmonischer und voller machen. Auch auf die Bildung von Bukettstoffen scheint die Verbesserung in vielen Fällen einen günstigen Einfluß zu haben. Bei *Rotweinen* kommt dazu noch eine durch den höheren Alkoholgehalt bedingte vermehrte Aufnahme von Farbstoff aus der Maische. Verbesserte Rotweine sind aber nicht nur dunkler in der Farbe, sie sind oft auch ausgeglichener und zeigen die bei Rotweinen so erwünschte milde Art. Die

---

[1] z. B. bei E. Vogt: Der Wein, 5. Aufl., Stuttgart 1968.

Verbesserung von Rotweinen mit einem geringeren Alkoholgehalt als 80 g/l kann geradezu als eine Notwendigkeit bezeichnet werden. Es ist hierbei — wie überhaupt bei der Bereitung von Rotweinen — zu beachten, daß während der offenen Vergärung Verluste an Alkohol eintreten können.

Die Verbesserung von Traubenmosten mit mäßigen Mengen Zuckerlösung führt nicht zu einer entsprechenden Verminderung der Säure, des Extrakts und des Aschengehaltes, weil dabei Bernsteinsäure und Glycerin neu gebildet werden. Nach dem Ergebnis zahlreicher Untersuchungen wird dadurch die durch die Zuckerlösung bedingte Verdünnung der Extraktbestandteile wieder ausgeglichen. Dagegen nehmen bei der Umgärung von Wein, wie sie bisher erlaubt und üblich war, die Extraktwerte ziemlich genau im Verhältnis des Zusatzes von Zuckerlösung ab. Wird durch viel Zuckerzusatz der Alkoholgehalt zu stark erhöht, so erhält man brandige wenig bekömmliche Weine, die heute noch mehr als früher vom Weintrinker abgelehnt werden. Infolge Bildung erheblicher Mengen höherer Alkohole (Fuselöle), verursachen diese Weine Benommenheit, Kopfschmerz und andere Nachwirkungen. Bei sachgemäß und vernünftig verbesserten Weinen sind solche Nachwirkungen jedoch *nicht* festzustellen.

## II. Entsäuern der Weine

In Jahren mit ungewöhnlich hohem Säuregehalt der Traubenmoste und Weine (1936, 1939, 1954), hat es sich als zweckmäßig erwiesen, eine *Entsäuerung* der Moste oder Weine mit *kohlensaurem Kalk* vorzunehmen. Es darf dazu nur *reiner gefällter* kohlensaurer Kalk verwendet werden, nicht aber Kreide, Marmor oder Kalkstein, die fremde Beimengungen enthalten und deren Anwendung den Geschmack des Weines ungünstig beeinflussen könnte. Die Entsäuerung verläuft nach der Gleichung:

$$H_2 \cdot C_4H_4O_6 \; + \; CaCO_3 \; \rightarrow \; Ca \cdot C_4H_4O_6 \; + \; CO_2 \; + \; H_2O$$
$$150 \qquad\qquad 100 \qquad\qquad 188 \qquad\quad 44 \qquad 18$$

Weinsäure   Calciumcarbonat   Calciumtartrat   Kohlendioxid   Wasser

Zur Bindung von 1 g Weinsäure sind demnach 100 : 150 = 0,666 g Calciumcarbonat erforderlich. Mit anderen Worten: Man muß zu 1 hl Traubenmost oder Wein rd. 67 g Calciumcarbonat zusetzen, um den Gehalt an Säure um 1 g/l zu vermindern.

Das dabei sich bildende weinsaure Calcium (Calciumtartrat) ist sehr schwer löslich und fällt in feinen Kristallen aus. Die Entsäuerung führt daher weder zu einer Trübung des Weines noch zu einer wahrnehmbaren Beeinflussung des Geschmacks. Es ist nach einer Entsäuerung *nicht* notwendig, den Wein abzulassen, zu schönen oder zu filtrieren. Naturreine Weine können nach der Entsäuerung weiter die Bezeichnung „naturrein" führen. Auch Meßwein (*vinum de vite*) darf entsäuert aber nicht verbessert werden.

Die Entsäuerung mit kohlensaurem Kalk wird am besten in der Zeit nach dem ersten Abstich vorgenommen. Der Weinsteinausfall ist um diese Zeit beendet, und es ist ein Urteil darüber möglich, ob der biologische Säureabbau noch zu einer genügenden Verminderung der Säure führen wird. Auch zu einem späteren Zeitpunkt läßt sich die Entsäuerung durchführen; doch sollte der Zusatz von kohlesaurem Kalk nicht später als 6—8 Wochen vor der Abfüllung in Flaschen erfolgen. Es muß sonst damit gerechnet werden, daß sich noch in der Flasche Kristalle von weinsaurem Kalk abscheiden. Bei sehr sauren Traubenmosten ist es von Vorteil, schon den von der Kelter laufenden Most zu entsäuern. Das Verfahren hat sich in vielen praktischen Versuchen bewährt. Es ist einfacher, wirkt sich geschmacklich besser aus, begünstigt den späteren biologischen Säureabbau und beläßt dem Wein das wertvolle Kalium, das sonst nach der Gärung in Form von Weinstein (Kaliumbitartrat) ausfallen und damit dem Wein entzogen würde. Kalium mildert durch Pufferung die Säure des Weines. TH. MÜNZ (1960) sowie BÖHRINGER u. MÜNZ (1962) haben ein Verfahren in Vorschlag gebracht, das in sehr sauren Traubenmosten eine gleichzeitige Fällung von Wein- und Apfelsäure unter Bildung eines Calcium-Doppelsalzes ermöglicht. Das Verfahren der „Doppelsalzentsäuerung" wurde dann durch E. Kielhöfer u. G. Würdig (1963 u. 1965) wesentlich vereinfacht, vor allem durch Einführung eines „Acidex" genannten Spezialkalks, der einen kleinen Anteil an bereits vorgebildeten Kristallen des Doppelsalzes von Wein- und Apfelsäure enthält, die bei der Entsäuerung als Impfkristalle wirken. Das Verfahren hat vor allem für solche Weinbaugebiete Bedeutung, die — wie die Mosel — nicht selten Weine von hohem Säuregehalt erzeugen. Wie A. Stührk u. A. Müller (1966) nachgewiesen haben, läßt sich mit reinem kohlensaurem Kalk (ohne Beimischung von Doppelsalz) der gleiche Erfolg erzielen, wenn man nach dem Verfahren von Kielhöfer u. Würdig arbeitet.

Das *Ausmaß* der Entsäuerung richtet sich nach der Gesamtsäure und nach dem Gehalt an *Weinsäure*. Im allgemeinen darf man mit der Entsäuerung nur so weit gehen, daß noch 0,5—1 g/l Weinsäure im Wein verbleiben.

Bei der *Ausführung* der Entsäuerung werden häufig Fehler begangen. Der abgewogene kohlensaure Kalk darf nicht einfach trocken oder mit wenig Wasser angerührt in den Wein gegeben werden. Die Folge würde eine stürmische Entwicklung von Kohlensäure sein, mit deren Entweichen der Wein zugleich seine Frische und seine spritzige Art verliert. Um diese Nachteile zu vermeiden, gibt man den kohlensauren Kalk in eine Stütze oder Bütte und löst ihn dort zuerst in einer kleinen Menge Wein auf, die nach Bedarf ein- oder mehrmals erneuert wird.

Werden *Rotweine* entsäuert, so vermindert sich entgegen einer verbreiteten Meinung der Gehalt an Farbstoff *nicht*. Es konnte im Gegenteil nachgewiesen werden (E. Vogt 1932), daß Rotweine nach der Entsäuerung infolge einer leichten Änderung des Farbtones dunkler erscheinen als vorher. Eine Ausfällung von Farbstoffteilchen durch den zugesetzten kohlensauren Kalk kommt bei gesunden Rotweinen nicht in Betracht.

Vor jedem Zusatz von kohlensaurem Kalk empfiehlt es sich, den Gehalt des Weines an Weinsäure festzustellen, damit Gewißheit darüber besteht, daß keine zu großen Mengen Calciumcarbonat angewendet werden. Mit der errechneten Menge sollte zunächst ein Versuch im kleinen angesetzt werden, der Aufschluß darüber gibt, ob sich weinsaurer Kalk in Kristallen abscheidet und wie sich die Abnahme der Säure geschmacklich auswirkt. Bei sauren Weinen, vor allem bei sauren Rotweinen, wird durch eine richtig angewendete Entsäuerung oft eine wesentliche Verbesserung des Geschmacks der Weine erzielt.

### Anwendung von Ionenaustauschern

Eine wirksame Verminderung des Säuregehaltes eines Weines läßt sich auch durch eine Behandlung mit *Anionenaustauschern* erzielen (K. Hennig 1952, 1953, 1954; J. Koch 1956, 1957). Diese Austauscher bestehen aus Kunstharzen (Kondensationsprodukten von Phenolen mit Formaldehyd bzw. von Anilinen mit Aldehyden), in die stark basische oder stark saure Träger der Austauschaktivität verankert werden. Bei Anionenaustauschern, die selbst positiv geladen sind, beladen sich die Ankergruppen mit negativen Hydroxylionen, wenn man sie mit einer Lauge behandelt. Wäscht man nun so lange mit Wasser aus, bis keine Na·-Ionen mehr nachweisbar sind, so ist der Austauscher „geladen" und vermag aus einer säurehaltigen Lösung (Most oder Wein) die Hydroxylionen gegen die Anionen der Säure auszutauschen. Diese gehen an den Austauscher, und das verbleibende H·-Ion ergibt mit dem OH'-Ion des Austauschers neutrales $H_2O$ (Wasser). Die anfänglich saure Lösung wird also durch die Berührung mit dem Austauscher *entsäuert*.

Im Wein werden auf diese Weise nicht nur die Weinsäure, sondern auch die Apfelsäure und in geringerem Grade auch Milchsäure, flüchtige Säuren und Schweflige Säure gebunden, und zwar in um so stärkerem Maße, je mehr Austauschersubstanz man mit dem Wein in Berührung bringt. Von dem Anionenaustauscher Lewatit M I/150 genügen nach Vorversuchen 5—10 g/l, bei besonders sauren Weinen 15 g/l bei einer Einwirkungszeit von 48 Std (Fr. Villforth 1954; P. Böhringer 1957). Das analytische Bild der behandelten Weine wird — vom Säure- und Extraktgehalt abgesehen — nicht verändert; Farbe, Klarheit und Geschmack werden nicht beeinträchtigt. Der Gehalt an Schwefliger Säure ist nach der Behandlung zu überprüfen. Für die Anwendung der Austauscher kommen das Einrühr- oder das Durchlaufverfahren in Betracht. Das erstere eignet sich mehr für kleinere Betriebe, ist aber mit manchen Nachteilen und Schwierigkeiten behaftet[1]. Das Durchlaufverfahren verlangt größere Apparaturen und könnte daher mehr in Großbetrieben Anwendung finden.

# III. Sonstige Verbesserungsverfahren

**α) Zusatz von Säure.** In südlichen Weinbauländern, in denen die Weine nur wenig Säure enthalten und daher in stärkerem Maße zu Krankheiten und Fehlern neigen, ist es unter bestimmten Bedingungen erlaubt, dem Most oder Wein 0,5—1 g Wein- oder Citronensäure je Liter zuzusetzen. Die Einfuhr derartiger Weine nach Deutschland ist jedoch nach § 13 des Weingesetzes von 1930 nicht gestattet.

In Deutschland ist lediglich bei der Herstellung von *Apfel- und Birnenweinen* ein Zusatz von Säure erlaubt. Es darf dazu nur *reine Milchsäure* in einer Menge bis zu 3 g/l verwendet werden. In Baden-Württemberg, wo vorwiegend säurearme Traubensorten angebaut werden, darf man bei der Bereitung von Haustrunk aus Traubenestern *Citronensäure* verwenden, und zwar in beliebiger Menge.

Durch Zusatz von 100 g der dreibasischen Citronensäure $C_3H_4 \cdot OH \cdot (COOH)_3$ zu 100 l Haustrunk wird der Säuregehalt — berechnet als Weinsäure! — um nicht ganz 1 g/l erhöht. Die Haltbarkeit des Getränkes wird dadurch erheblich gesteigert. Bei der Herstellung von Apfel- und Birnenwein ist nach Artikel 7, Ziffer 12 der Ausführungsverordnung zum Weingesetz vom 16. VII. 1932 der Zusatz von höchstens 3 g reiner *Milchsäure* je Liter zulässig. Da nach der chemischen Formel 120 g Milchsäure 100 g Weinsäure entsprechen und die Milchsäure meist in 50%iger Lösung in den Handel kommt, müssen zu 1 hl Obstwein 240 g käufliche Milchsäure (50%) zugesetzt werden, um den Gehalt an Gesamtsäure um 1 g/l zu erhöhen.

**β) Zusatz von Alkohol.** Eine Erhöhung des Alkoholgehaltes im Wein, wie sie durch die Zuckerung von Most oder Wein bewirkt wird, könnte auch durch Zusatz von reinem Alkohol erfolgen. Ein solcher Zusatz ist jedoch in Deutschland nur bei *Faßweinen* erlaubt, die für die Ausfuhr nach tropischen Gegenden bestimmt sind. Diesen Weinen darf man zur Haltbarmachung Alkohol bis zu einer Menge von 1 Raumteil auf 100 Raumteile zusetzen. Ferner darf ausländischer Dessertwein, der wieder ausgeführt wird, einen Zusatz von Alkohol bis zu der im Ursprungsland gestatteten Menge erhalten. Im übrigen ist jeder Zusatz von Alkohol zum Wein in Deutschland verboten.

**γ) Gipsen und Phosphatieren.** Zur Erhöhung des Gehalts an freier Weinsäure und zur Erzielung einer tiefroten feurigen Farbe setzt man in den Mittelmeerländern der Rotweinmaische *Gips* in einer Menge von 150—300 g je hl zu. Dabei verbindet sich der Gips (Calciumsulfat) mit dem Weinstein zu schwerlöslichem Calciumtartrat und zu Kaliumsulfat, wobei Weinsäure frei wird:

$$2\,KH \cdot C_4H_4O_6 + CaSO_4 = Ca \cdot C_4H_4O_6 + K_2SO_4 + H_2 \cdot C_4H_4O_6$$

Weinstein      Gips     Calciumtartrat   Kaliumsulfat   Weinsäure

Die freiwerdende Weinsäure erhöht den Säuregehalt des Weines und trägt zu einer besseren Ausbeute des Farbstoffes bei. Das Gipsen fördert — indirekt — auch die Gärung, unterstützt die Hefe in der Synthese von Fermenten und erhöht das Reduktionsvermögen der so behandelten Weine[2]. Das sind Vorteile, die vor allem den Südweinen zugute kommen, bei deren Bereitung das Gipsen — offenbar in Erkenntnis der günstigen Wirkungen — schon seit Jahrhunderten angewendet wird.

Das Verfahren ist nicht gesundheitsschädlich, doch haben die meisten Länder Bestimmungen erlassen, daß der Gehalt an Schwefelsäure bzw. an Sulfaten im Wein nicht mehr betragen darf als einer Menge von 2 g/l Kaliumsulfat entspricht.

Die gleichen günstigen Wirkungen auf den Säure- und Farbstoffgehalt erzielt man auch durch Zusatz von etwa 150—250 g sekundärem *Calciumphosphat* $CaHPO_4$ zu 1 hl Rotweinmaische:

$$2\,KH \cdot C_4H_4O_6 + CaHPO_4 = Ca \cdot C_4H_4O_6 + K_2HPO_4 + H_2 \cdot C_4H_4O_6.$$

Das Phosphatieren besitzt den Vorzug, daß dabei der Sulfatgehalt im Wein nicht erhöht wird.

Beide Verfahren sind in Frankreich, Spanien und Griechenland zugelassen, in Deutschland und der Schweiz jedoch nicht erlaubt.

**δ) Auffrischen mit Kohlensäure.** Bei dem heute üblichen Ausbau der Weine behalten die Weine ihre natürliche Frische und ihre spritzige Art bis zur Abfüllung in Flaschen. Um aber

---

[1] Vgl. G. TROOST, Handbuch der Kellerwirtschaft, Bd. 1, 3. Aufl., S. 416—419 (1961).
[2] H. SCHANDERL, Handbuch der Kellerwirtschaft, Bd. 2, S. 84 (1959).

Weinen, die infolge zu langer Lagerung im Faß oder aus anderen Gründen matt geworden sind, eine gewisse Frische wiederzugeben, ist es gestattet, dem Wein kleine Mengen reiner gasförmiger Kohlensäure ($CO_2$) zuzusetzen. Der Zusatz erfolgt am besten während der Abfüllung in Flaschen unter Verwendung eines geeigneten „Dosierapparates". Je tiefer die Temperatur des Weines ist und je mehr Alkohol er enthält, um so größere Mengen Kohlensäure werden dabei aufgenommen. Einen vollwertigen Ersatz für die auf natürliche Weise im Wein entstandene Kohlensäure bildet indessen das Auffrischen mit Kohlensäuregas nicht.

**ε) Anwendung von Kälte und Wärme.** Um spätere Trübungen durch Weinsteinausfall zu verhindern und den Ausbau der Weine zu beschleunigen, kühlt man Jungweine auf minus 3—4° C ab. Dadurch wird der Weinstein zur Ausfällung gebracht und seiner Ausscheidung in der Flasche vorgebeugt. Will man gleichzeitig Eiweißtrübungen verhindern, so erhitzt man den Wein zunächst in einem Plattenerhitzer auf 68—75° C, hält ihn 2 min auf dieser Temperatur und filtriert ihn anschließend oder kühlt ihn auf 3—4° unter Null ab. Durch das Erhitzen werden die Oxydasen unwirksam gemacht und die thermolabilen Stoffe ausgefällt, so daß sie abfiltriert werden können. Derart behandelte Weine altern langsamer und zeigen keine geschmackliche Beeinflussung, wenn nur kurz und unter völligem Luftabschluß erhitzt wurde.

Durch Behandeln von Traubenmost mit Kälte und Ausfrieren von Wasser stellt man in den USA, in Italien, Frankreich und anderen Ländern *Konzentrate* her, die entweder als solche Verwendung finden oder anstelle von Zucker zur Verbesserung zuckerarmer Traubenmoste dienen. In Deutschland ist man bestrebt, durch eine solche Kältebehandlung eine Erhöhung der Mostgewichte zu erzielen, ohne Zucker anzuwenden. Sowohl die Beschaffung von Kältemaschinen wie die Kaltkonzentrierung mit Trockeneis sind recht kostspielig. Bei der Verwendung von Trockeneis rührt man den Kohlensäureschnee in offenen Bütten in den vorher mit 30—50 mg/l $SO_2$ geschwefelten Traubenmost ein und preßt den auf diese Weise entstehenden Eisbrei nach 20—30 min möglichst rasch auf der Kelter ab. Um 1 l Traubenmost um t° abzukühlen, braucht man ($1 \times t$): 150 kg Kohlensäureschnee. Dazu kommen noch erhebliche Kosten für den Arbeitsaufwand und für die mit der Konzentrierung nun einmal verbundenen Mengenverluste.

Das Verfahren der Konzentration von Traubenmost zur Verbesserung von Wein ist in Deutschland noch nicht zugelassen.

**ζ) Verschneiden der Weine.** Ein in der Weinkellerwirtschaft und besonders im Weinhandel viel geübtes Verfahren, den zu hohen oder zu geringen Säuregehalt auszugleichen oder leichte Mängel zu verdecken, besteht darin, geeignete Weine zu vermischen bzw. — wie der Fachausdruck lautet — zu *verschneiden*. Ein überlegter, sachgemäß ausgeführter Verschnitt, bei dem die Eigenschaften und Bestandteile der beiden Weine sich vorteilhaft ergänzen, kann zu einer wesentlichen Verbesserung des Weines führen. Das ist vor allem dann der Fall, wenn durch den Verschnitt die zu harte Säure gemildert oder ein zu geringes Bukett verstärkt wird.

Da indessen das Verschneiden der Weine oft zur Täuschung des Käufers und zur Erzielung eines höheren Gewinnes vorgenommen wird, sind in den §§ 2, 5 und 7 des Weingesetzes vom 25. VII. 1930 Vorschriften erlassen worden, die den Verschnitt der Weine regeln. Hiernach ist es z. B. nicht gestattet, den Verschnitt kleiner Mengen Wein einer Edelsorte mit größeren Mengen Wein einer geringeren Sorte mit dem Namen der Edelsorte zu bezeichnen. Es ist ferner verboten, Weißwein mit Rotwein oder deutschen Weißwein mit ausländischem Weißwein zu verschneiden. Erlaubt ist dagegen, deutschem Rotwein ausländischen Rotwein bis zu einem Viertel der Gesamtmenge zuzusetzen, um den unzureichenden Farbstoff- und Alkoholgehalt ungünstiger Jahrgänge zu erhöhen. Bei dem Verschnitt mit solchen „Deckweinen", die unter Bezeichnungen wie Alicante, Priorato, Barletta u.a.m. eingeführt werden, und die reich an Farbstoff, Gerbstoff und Alkohol sind, treten oft Trübungen auf, die durch eine Schönung oder Filtration beseitigt werden müssen, ehe der Wein in den Verkehr gelangt. Der Zusatz von Deckwein soll sich stets in solchen Grenzen halten, daß die Eigenart der deutschen Rotweine möglichst nicht beeinträchtigt wird. Am besten eignen sich daher als Deckweine saubere dunkelfarbige Rotweine von wenig hervortretendem Fremdgeschmack.

# G. Fehler und Krankheiten der Weine

Nicht immer gelingt es, einen Wein so auszubauen, daß er auch dem Urteil des Kenners standhält. Von der Kelterung bis zur Abfüllung in Flaschen ist der Wein der Gefahr von Schädigungen ausgesetzt, die bis zum völligen Verderben gehen können. Die Ursache solcher Schädigungen ist oft in mangelhafter Beschaffenheit des Lesegutes begründet, kann aber auch auf falscher Gärführung, ungenügender Schwefelung oder Nachlässigkeit in der Pflege der Fässer und Gerätschaften beruhen. Meist ändern sich Aussehen und Beschaffenheit des Weines schon rein äußerlich. Es treten Trübungen auf, oder es ist ein fremdartiger Geruch oder Geschmack wahrzunehmen. Diese Veränderungen bezeichnet man je nach ihrem Grade und der Art ihres Entstehens als *Mängel*, *Fehler* oder *Krankheiten* der Weine.

Von den *Mängeln*, die ihre Ursache zumeist in der Geringwertigkeit der Traubensorte oder des Jahrgangs haben, bis zu den auf Vernachlässigung oder falscher Behandlung beruhenden Krankheiten gibt es alle Übergänge.

Unter Mängeln versteht man z. B. einen zu geringen Alkoholgehalt oder einen zu hohen Gehalt an Säure, einen Mangel an Farbstoff, an Bukett, an Körper und dergleichen. Soweit es möglich ist, sucht man die Mängel eines Weines durch Verbesserung oder durch Verschnitt zu beheben.

Die *Fehler* der Weine werden durch chemische oder physikalische Vorgänge im Wein oder durch Aufnahme fremder Stoffe verursacht und äußern sich in unerwünschten Veränderungen des Aussehens, des Geruchs und des Geschmacks.

Als *Krankheiten* der Weine bezeichnet man alle nachteiligen Veränderungen, die durch *Mikroorganismen* bewirkt werden. Sie beruhen auf der durch diese Organismen verursachten Veränderung oder Zerstörung einzelner Weinbestandteile und auf der Bildung neuer den Wein schädigender Stoffe. Diese Veränderungen können — was besonders kennzeichnend ist — *fortschreiten* und den Wein schließlich ungenießbar machen. Sie können mit den Mikroorganismen auch auf gesunde Weine *übertragen* werden. Die Entwicklung von Krankheiten läßt sich durch große *Reinlichkeit* im Keller verhüten, das Entstehen von Fehlern durch genaue Befolgung der Lehren der Weinbehandlung. Es ist eine allgemeine Erfahrung, daß in einem sauberen mit Kenntnis und Überlegung geführten Keller kranke und fehlerhafte Weine gar nicht oder nur sehr selten anzutreffen sind.

## I. Fehler der Weine

### 1. Braunwerden

Läßt man einen richtig behandelten Wein im offenen Glase an der Luft stehen, so soll sich seine Farbe und Klarheit im Verlaufe von 1—2 Tagen nicht ändern. Tritt jedoch eine *braune Verfärbung* ein, so wird damit angezeigt, daß der Wein nicht genügend geschwefelt wurde. Die Bräunung schreitet von der Oberfläche langsam fort, bis der ganze Wein braun gefärbt ist. Zugleich bildet sich an der Oberfläche ein schillerndes Häutchen, das von ausgeschiedenem braunem Farbstoff herrührt. Das Bukett und die Frische des Weines gehen verloren. Der Geruch erinnert an gedörrtes Obst oder an Brotrinde; der Geschmack wird sherryartig, aber zugleich trocken und unangenehm. Bei *Rotweinen* kann der braune Bruch besonders verhängnisvoll werden. Es ist damit eine Zerstörung des roten Farbstoffes verbunden, die so weit fortschreiten kann, daß der ganze Farbstoff als schmutzig-brauner Niederschlag ausfällt.

Läßt man die Traubenmaische einige Zeit offen stehen, so gewahrt man, daß die Trester sich an der Oberfläche bräunen und daß schon der abgepreßte Most eine gelbliche bis bräunliche Farbe besitzt. Offenbar enthalten besonders die Hülsen und Kämme erhebliche Mengen der sich bräunenden Stoffe (Chlorogensäure und Kaffeesäure) und auch derjenigen Substanz, welche die Einwirkung des Luftsauerstoffes auf diese Stoffe und damit die Bräunung vermittelt. Man nimmt an, daß es sich hierbei um ein *Enzym* handelt, das als „Oenoxydase" oder kurz „*Oxydase*" bezeichnet wird und das zu den Polyphenol-Oxydasen gehört (H. Rentschler 1950; W. Biedermann 1952). Eine Bestätigung dieser Ansicht kann darin erblickt werden, daß nach dem Erhitzen des Mostes auf 75—80° C keine Veränderung der Farbe mehr eintritt. Die Oxydase wird also offenbar durch Hitze zerstört. Sie oxydiert Verbindungen mit o-Phenolgruppierungen zu gelb- bzw. rotgefärbten Chinonen und weiter zu braungefärbten Kondensationsprodukten. Der wirksame Bestandteil der Oxydase ist Cu (E. Bayer u. Mitarb. 1957).

Weine aus vollreifen und überreifen Trauben neigen mehr zum Rahnwerden als Weine aus sauren wenig reifen Trauben. Besonders stark ist die Neigung zum braunen Bruch bei Weinen, die aus faulen oder edelfaulen Trauben gewonnen werden. Die braunwerdenden Stoffe scheinen demnach in faulen Trauben in größerer Menge vorzukommen. Welcher Art jedoch diese Stoffe sind, darüber ist näheres noch nicht bekannt. Es ist möglich, daß es sich hierbei um Abkömmlinge des Gerbstoffes handelt, die durch Oxydation unlöslich werden.

Als vorzügliches Mittel zur Verhütung des braunen Bruches hat sich die *Schweflige Säure* bewährt, doch ist ihre Wirkungsweise noch nicht ganz geklärt. Die Anhänger der Oxydasetheorie nehmen an, daß dieses Enzym gehemmt oder zerstört wird, während andere Forscher die Auffassung vertreten, die Schweflige Säure wirke der Oxydation durch rasche Aufnahme des Luftsauerstoffs entgegen. Die vorbeugende Schwefelung ist jedenfalls das beste Mittel gegen das Braunwerden. Sie kann auch bei Rotweinen unbedenklich vorgenommen werden. Die Furcht, daß dadurch der rote Farbstoff zerstört werde, ist nicht begründet. Nach starken Schwefelungen verblaßt die Farbe vorübergehend, doch tritt sie nach kurzer Zeit wieder in der alten Stärke auf und ist dann rubinrot und feurig.

Zur Behandlung braungewordener Weine hat sich am besten die *aktive Kohle* bewährt, von der je nach Stärke der Braunfärbung etwa 15—30 g/hl genügen, um die ursprüngliche Farbe wiederherzustellen.

Auch eine Schönung mit frischer, gesunder, hellfarbiger *Kernhefe* ist wirksam, weil die zahllosen Hefezellen eine große Oberfläche besitzen und die braunen Farbkörperchen adsorptiv binden. Zugleich wirkt frische Hefe ähnlich *reduzierend* wie eine Schwefelung.

## 2. Eisentrübung der Weine

Vor der Einführung der Blauschönung bereitete die *Eisentrübung* der Weine — auch weißer oder grauer Bruch genannt — dem Kellermeister wohl die meisten Sorgen. Sie tritt auch bei ganz gesunden und gepflegten Weinen auf, macht sich aber oft erst dann bemerkbar, wenn der Wein einige Zeit vorher beim Abstich oder bei der Abfüllung in Flaschen mit Luft in Berührung kam. Die Eisentrübung kann in Form eines feinen weißen oder grauweißen Schleiers in Erscheinung treten, aber auch in Form einer weißlichgrauen bis grauen Verfärbung und Trübung.

Die chemische Untersuchung des Trubes ergibt, daß er in der Hauptsache aus *Ferriphosphat* (Fe · PO$_4$) besteht. Weine, die zur Eisentrübung neigen, sind während der Kelterung oder später mit eisernen Gerätschaften in Berührung gekommen und haben gewisse Mengen Eisen aufgelöst, die sich mit der im Wein stets vorhandenen Phosphorsäure zu löslichem Eisen(II)-phosphat [Fe$_3$ · (PO$_4$)$_2$] verbinden. Kommt ein solcher Wein im Laufe des Ausbaus mit Luft in Berührung oder setzt man ihm einige Tropfen 3%iges Wasserstoffsuperoxyd zu, so geht das lösliche Eisen(II)-phosphat in schwerlösliches Eisen(III)-phosphat über, das in Form einer feinen, grauweißen Trübung ausfällt:

$$4 \text{ Fe}_3 \cdot (\text{PO}_4)_2 \;+\; 4 \text{ H}_3 \cdot \text{PO}_4 \;+\; 3 \text{ O}_2 \;\rightarrow\; 12 \text{ FePO}_4 \;+\; 6 \text{ H}_2\text{O}$$
Eisen(II)-phosphat Phosphorsäure Sauerstoff Eisen(III)-phosphat Wasser

Die Ausscheidung erfolgt um so rascher und um so intensiver, je mehr Eisen aufgenommen wurde und je ärmer der Wein an Säure ist. Bringt man einen durch Eisen(III)-phosphat leicht getrübten Wein einige Zeit ins Sonnenlicht, so verschwindet offenbar durch Reduktion die Trübung, um aber im Dunkeln bald wieder in alter Stärke aufzutreten. Der Chemiker erkennt das Wesen der Trübung an der Reaktion mit Kalium-hexacyanoferrat(II) (vgl. S. 242). Eine Blaufärbung und Flockung tritt auch bei einem eisenhaltigen Wein ein, *bevor* er noch Anzeichen einer beginnenden Trübung erkennen läßt. Sie gibt uns die Möglichkeit, eine Trübung vorauszusagen und den Wein durch vorbeugende Blauschönung vor dem Eintritt einer solchen Trübung zu bewahren. Durch die Schönung wird das im Wein enthaltene Eisen ausgefällt und damit die Hauptursache der Trübung beseitigt. Der in der Schweiz, Frankreich, Spanien, Italien und Griechenland erlaubte Zusatz von Citronensäure zum Wein (50—100 g/hl) verhindert in den meisten Fällen die Trübung nicht.

Eine *geschmackliche* Beeinflussung des Weines ist nur bei Gegenwart größerer Eisenmengen festzustellen. Weine, die sorgfältig vor der Berührung mit Luft bewahrt bleiben, werden trotz hohen Eisengehaltes weder trüb, noch schmecken sie nach Metall (E. VOGT 1933).

Oft tritt die Eisentrübung auch in Verbindung mit anderen Trübungen auf, unter denen in erster Linie Ausscheidungen von Eiweiß, Gerbstoff und Pektin zu nennen sind. Auch Weinstein-, Bakterien- und Hefetrübungen können die Eisentrübung begleiten. In solchen Fällen gibt die mikroskopische Untersuchung Aufschluß über Ursache und Art der Trübung.

Das Entstehen der Eisentrübung wird auch durch den Gehalt des Weines an Gesamtsäure beeinflußt. Geht die Apfelsäure durch den natürlichen Säureabbau in Milchsäure über, so werden damit die Bedingungen für die Bildung und Ausscheidung von Ferriphosphat günstiger.

Das Eisen ist im Wein in der Hauptsache in Form seiner zweiwertigen (Ferro-)Verbindung enthalten, die mehr oder weniger dissoziiert ist. Kommt der Wein mit Luftsauerstoff in Berührung, so werden die Ferroionen nach und nach zu Ferriionen oxydiert, die sich mit nichtdissoziierten Molekülen im Gleichgewicht befinden. Da jedoch das im Wein enthaltene Eisen-(III)-phosphat $FePO_4$ weniger löslich ist als die entsprechende Eisen(II)-verbindung, so verschiebt sich mit fortschreitender Oxydation das Gleichgewicht immer mehr nach der Seite der nichtdissoziierten, aus der Lösung ausscheidenden Moleküle und die Trübung verstärkt sich.

Mit der Theorie der Eisentrübung im Wein hat sich eingehend J. RIBÉREAU-GAYON (1933, 1947) befaßt, auf dessen Ausführungen verwiesen wird.

Nach FIORDILIGI (1957) lassen sich sowohl Eisen- wie auch Kupfertrübungen im Wein durch Zusatz von 10—20 g/hl des Dinatriumsalzes der Äthylendiamintetraessigsäure verhindern, die mit beiden Metallen wasserlösliche Komplexverbindungen bildet. Die Metallionen sind darin so fest gebunden, daß sie keine weiteren Reaktionen mehr eingehen. Äthylendiamintetraessigsäure ist ungiftig, doch ist ihre Verwendung in Deutschland nicht zulässig.

# 3. Kupfertrübung der Weine

In deutschen Weinen hat man Trübungen, die auf der Bildung schwerlöslicher *Kupfer*verbindungen beruhen, nur selten beobachtet. Dagegen war eine Kupfertrübung (casse cuivreuse) in weißen Bordeaux-Weinen häufig zu beobachten, weil diese Weine mit ihrem oft hohen Gehalt an Schwefliger Säure aus kupfernen Gefäßen und Geräten so große Mengen Kupfer herauslösten, daß es zur Bildung der zuerst von CARLES 1908 beschriebenen *Kupfertrübung* kam. Die Beobachtung einiger französischer Forscher in Bordeaux wie J. DUBAQUIÉ u. J. RIBÉREAU-GAYON, daß sich Kupfertrübungen rascher bei Tageslicht als im Dunkeln bilden und daß sie bei Luftzutritt wieder verschwinden, ist von F. SCHMITTHENNER bestätigt worden.

Bei den Kupfertrübungen handelt es sich um Verbindungen des einwertigen Kupferions (Cuproverbindungen), die schwer löslich sind und daher leicht ausfallen. Kommt der Wein nun mit Luft in Berührung, so werden die Cuproverbindungen zu den leichter löslichen Verbindungen des zweiwertigen Kupfers (Cupriverbindungen) oxydiert, und die Trübung verschwindet.

Nach H. RENTSCHLER u. H. TANNER (1951) ist das Entstehen einer Kupfertrübung weitgehend von dem Gehalt der Weine an freier $SO_2$ abhängig. Bei 50—100 mg/l freier $SO_2$ können schon 2—4 mg/l Cu zu einer Kupfersulfittrübung führen, die bei Zusatz von $H_2O_2$ verschwindet, am Licht aber wieder auftritt. In Süßmost kann sich auch bei Fehlen von $SO_2$ eine Kupfer-Eiweiß-Trübung bilden.

Versetzt man den zentrifugierten und gewaschenen Niederschlag einer Kupfertrübung mit etwas Salzsäure, so entwickelt sich fast stets Schwefelwasserstoff $H_2S$ in erheblicher Menge. Der Niederschlag besteht also z. T. aus Kupfersulfür $Cu_2S$, das in der Trübung in kolloidem Zustand enthalten ist, aber auch aus anderen Kupferverbindungen und aus organischer Substanz.

Da Kupferverbindungen einen stark bitteren Geschmack besitzen, ist das Auftreten von Kupfertrübungen oft mit einer geschmacklichen Beeinträchtigung des Weines verbunden. Zur Beseitigung der Kupfertrübungen und zur Ausfällung von gelöstem Kupfer im Wein wird eine Schönung mit Kalium-hexacyanoferrat(II) angewendet. Das hierbei entstehende *Kupfer-hexacyanoferrat(II)* $Cu_2 \cdot Fe(CN)_6$ ist rotbraun gefärbt (Hatchetts Braun). Da es noch weniger löslich ist als Berliner Blau, fällt es vor dieser Verbindung und mit ihr zusammen aus dem Weine aus.

## 4. Böckser der Weine

Der als *Böckser* bezeichnete Geruch junger Weine nach *Schwefelwasserstoff* ist ein harmloser Fehler, der beim ersten Abstich meist wieder verschwindet. Es genügt, den Wein dabei gründlich zu *lüften* und ihn mittelstark zu *schwefeln*. Auch längeres Einleiten feinverteilter Kohlensäure in den Wein hat guten Erfolg. Neben dem Schwefelwasserstoff sind vermutlich noch andere flüchtige Schwefelverbindungen (*Merkaptane*) an dem eigenartigen Geruch böcksernder Weine beteiligt.

Der Böckser entsteht während der Gärung dadurch, daß Schwefel von der Hefe zu Schwefelwasserstoff reduziert wird. Der Hefezelle steht hierzu ein Enzym, die Hydrogenase, zur Verfügung. Neben dem Schwefel, der beim Einbrennen der Fässer in den Most gelangt, kann auch der zur Oidiumbekämpfung verwendete Schwefel Anlaß zur Bildung eines Böcksers geben. Auch gebundene $SO_2$ und selbst schwefelsaure Salze können im Wein zu Sulfiden reduziert werden, und zwar durch Apiculatushefen und Kahmhefen, vielleicht auch durch Bakterien. Auf einen ähnlichen Vorgang dürfte auch die Beobachtung Nesslers zurückzuführen sein, daß auf gipshaltigen oder von Eisenkies durchsetzten Tonböden regelmäßig böcksernde Weine erhalten werden, ebenso auf Böden, die stark mit Stallmist gedüngt sind.

Wird ein böcksernder Wein nicht rechtzeitig gelüftet und dadurch sowie durch eine Schwefelung von seinem Gehalt an Schwefelwasserstoff befreit, so besteht Gefahr, daß sich der sehr übelriechende und fest haftende geschwefelte Alkohol (Äthylmerkaptan $C_2H_5 \cdot SH$) bildet:

$$H_2S + C_2H_5 \cdot OH \rightarrow C_2H_5 \cdot SH + H_2O.$$

Der auf diese Weise entstandene Faulböckser kann durch Lüften des Weines und Einbrennen mit Schwefliger Säure allein nicht mehr beseitigt werden. Weine mit einem Faulböckser müssen sofort abgelassen, gründlich gelüftet und mit 20—40 g/hl aktiver Kohle (Eponit) behandelt werden. 5—6 Tage nach dem Zusatz von Eponit werden die Weine filtriert. Die erforderliche Menge Kohle ist durch Vorversuche zu ermitteln.

Man hat bisher angenommen, der Faulböckser entstehe durch Zersetzung des Hefeeiweiß. Nach Versuchen von H. Rentschler (1951) und E. Woll (1955) lieferten die bei der Gärung zugesetzten verschiedenen Eiweißstoffe zwar besondere Zersetzungsprodukte, aber keinen Schwefelwasserstoff. Der Faulböckser oder richtiger Merkaptanböckser entsteht demnach auf chemische Weise und kann mit Sicherheit vermieden werden, wenn man für rechtzeitige Entfernung des Schwefelwasserstoffs aus dem Wein Sorge trägt.

## 5. Geschmacksfehler

Durch falsche Maßnahmen bei der Behandlung und beim Ausbau der Weine sowie durch Verwendung ungeeigneter Materialien oder unsauberer Fässer und Geräte können im Wein eine ganze Reihe von Fehlern entstehen, die lediglich in einer Veränderung des *Geschmacks* zum Ausdruck kommen. Diese Fehler, die nach Stärke und Eigenart sehr verschieden sind, lassen sich in leichten Fällen durch Behandlung mit aktiver Kohle und nachfolgenden Verschnitt mit fehlerfreiem Wein wieder beseitigen. Bei schweren Fehlern wie beim Grünschimmelgeschmack ist dagegen eine Wiederherstellung des Weines nicht oder nur unter gleichzeitigen starken Einbußen an Farbe und an Bukettstoffen möglich.

Der bei einer neuzeitlichen Weinbereitung nur noch selten auftretende *Firn-* oder *Altgeschmack*, der von einer zu langen Lagerung des Weines im Faß herrührt, wird durch Anwendung geringer Mengen Eponit (12—20 g/hl), durch eine Blauschönung oder durch Verschnitt mit einem frischen Jungwein behoben.

*Luftgeschmack* wird bei Weinen festgestellt, die in nicht vollen Fässern lagern. Sie verlieren in kurzer Zeit ihren Gehalt an $CO_2$ und an Bukettstoffen und werden matt und schal. Gleichzeitig findet eine Oxydation des Alkohols zu Aldehyd statt.

*Holz-* oder *Faßgeschmack* rührt von neuen, nicht weingrün gemachten Fässern her, aus deren Dauben noch Gerbstoffe und andere Stoffe in Lösung gehen. Neue Fässer sollten daher zunächst mit Haustrunk oder einem geringen Wein gefüllt werden, bevor sie zur Einlagerung guter Weine verwendet werden.

*Maischegeschmack* zeigen Weine, deren Trauben bei sehr warmem Lesewetter zu lange auf der Maische gestanden haben. Andere Bezeichnungen dafür sind *Trester-* oder *Rappengeschmack.*

*Rauchgeschmack* ist zuweilen bei Weinen festzustellen, die aus Weinbergen stammen, über die ständig der Rauch von Fabrikschornsteinen streicht. Behandlung der frischgekelterten Moste mit etwa 150 g/hl Eponit führt zur Beseitigung des Rauchgeschmacks.

*Frostgeschmack* tritt bei Weinen auf, die aus Trauben stammen, die bei ungenügender Reife Frühfrösten ausgesetzt waren. Die Moste solcher Trauben müssen vorgeklärt, die Weine gegebenenfalls einer Blauschönung unterworfen werden.

*Schimmelgeschmack* rührt von verschimmelten oder doch stark vernachlässigten Kellergeräten (Fässern, Bütten, Schläuchen) her und macht bei stärkerem Auftreten die Weine unverkäuflich. Man unterscheidet den Grauschimmel- von dem überaus unangenehmen Grünschimmelgeschmack.

*Korken-* oder *Stopfengeschmack* kann in Flaschenweinen bei Verwendung von Korken auftreten, die aus ungeeignetem (verschimmeltem) Material hergestellt wurden. Die Pilze haben schon am Stamm der Korkeiche die Rinde durchsetzt.

*Schwefelsäurefirn* nennt man Weine, die in Fässern lagern, die längere Zeit leer blieben und die daher häufig eingebrannt wurden. Die Schweflige Säure ist in solchen Fässern zu Schwefelsäure oxydiert, die den Wein eigenartig hart und sauer macht.

*Medizingeschmack* rührt von stark angefaultem Lesegut her, *Kreosotgeschmack* von Weinbergspfählen, die mit Karbolineum oder Kreosot imprägniert wurden.

Näheres über Geschmacksfehler und ihre Beseitigung vgl. bei E. Vogt (1968), Abschnitt VIII A.

## II. Krankheiten der Weine

### 1. Kahmigwerden

Das *Kahmigwerden* der Weine oder die Bildung von *Kuhnen* wird verursacht durch Sproßpilze, die sich an der Oberfläche des Weines entwickeln und hier grauweiße, runzelige, bis 1 cm dicke Häute bilden. Wird der Wein bewegt, so zerfällt die Haut und sinkt zu Boden.

Die kahmbildenden Sproßpilze, zu denen die Gattungen *Candida* (*Mycoderma*), *Pichia* und *Hansenula* (*Willia*) gehören, siedeln sich schon auf den Trauben und Obstfrüchten an und gelangen von hier aus in den Most und den Wein. Sie überdauern die Gärung, vermögen sich aber erst zu vermehren, wenn Luft in das Faß eingedrungen ist und die Gärungskohlensäure verdrängt hat. Alkoholarme Weine werden leichter kahmig als alkoholreiche. Besonders anfällig sind leichte junge Weine, die noch reichlich Stickstoffsubstanz enthalten, ferner Obstweine und Tresterweine, die in nicht vollen Fässern liegen. In Weinen mit einem Alkoholgehalt von mehr als 100 g/l (13 Maßprozent) kommen Kahmhefen in der Regel nicht mehr zur Entwicklung.

Die durch den Weinkahm verursachten Veränderungen im Wein sind mannigfacher Art. Sie bestehen nicht nur in der Zerstörung bzw. Umsetzung einzelner Bestandteile des Weines wie Alkohol, Glycerin, Mineralstoffgehalt, sondern auch in der Herabsetzung des Redoxpotentials und in der Bildung neuer Stoffe (flüchtige Säuren), wodurch die chemische Zusammensetzung des Weines verändert und seine Qualität nachteilig beeinflußt wird.

Die *Behandlung* kahmiger Weine muß zunächst darauf gerichtet sein, die schon gebildete Kahmhaut zu beseitigen. In einem nahezu vollen Faß gelingt das leicht durch vorsichtiges Auffüllen mittels eines langen Trichters und Herausschwemmen der dünnen Kahmschicht aus dem Spundloch. Weine mit dichter Kahmdecke werden unter der Kahmschicht so vorsichtig abgezogen, daß diese im Faß zurückbleibt. Die Weine werden dann je nach Stärke des Beigeschmackes mit 15—25 g/hl Eponit behandelt und anschließend geschönt oder filtriert. Nach dieser Behandlung werden sie in einem mäßig geschwefelten Faß *spundvoll* gelagert. Falls die Qualität noch nicht zu sehr gelitten hat, erweist sich der Verschnitt mit einem frischen gesunden Wein als zweckmäßig.

Der Weinkahm ist keineswegs eine harmlose Krankheit. Er sollte deshalb auch bei Obstweinen und Hausgetränken nicht leicht genommen werden, zumal es nicht allzu schwer ist, sein Auftreten zu verhüten. Die heute übliche frühe Abfüllung auch der einfachen Weine in Literflaschen hat die Kahmkrankheit bei Traubenweinen weitgehend zum Verschwinden gebracht.

## 2. Essigstich

Der *Essigstich*, in Frankreich piqûre oder acescence genannt, ist eine besonders in südlichen Ländern verbreitete, sehr gefährliche Erkrankung der Weine. Sie wird durch verschiedene Bakterien verursacht, die sich z. T. schon im Spätsommer auf verletzten oder aufgesprungenen Beeren oder Früchten entwickeln und beim Keltern mit in den Most gelangen. Die wichtigsten Essigbakterien sind *Acetobacter xylinum, A. orleanense, A. pasteurianum, A. ascendens, A. vini acetati* und *A. xylinoides*. Bei Zutritt von Luft vermögen sie den Alkohol des Weines über die Zwischenstufe Acetaldehyd in *Essigsäure* umzuwandeln (A. JANKE 1962). Wärme begünstigt diesen Vorgang sehr. Wird durch rechtzeitiges Auffüllen der Fässer die Luft entfernt oder durch Kohlendioxid verdrängt, so vermehren sich die Bakterien nicht, und es kommt nicht zur Essigbildung. Auch in Weinen mit hohem Säuregehalt ist die Vermehrung der Essigbakterien stark gehemmt. Weine mit einem Alkoholgehalt von 15 Vol.-% (120 g/l) aufwärts werden nicht mehr stichig.

Sehr empfindlich sind die Essigbakterien gegen freie Schweflige Säure, die bereits in einer Menge von 50 mg/l die Vermehrung der Bakterien und damit den Essigstich verhindert. Die an Acetaldehyd gebundene Schweflige Säure ist viel weniger wirksam. Durch einen höheren Alkohol- oder Säuregehalt im Wein wird die Giftwirkung der Schwefligen Säure noch gesteigert. C. MICONÉ (1951) ist es gelungen, durch Zusatz von 30 mg/l *Patulin* $C_7H_6O_4$ (Smp 110° C), einem aus Kulturen von Penicillium patulum gewonnenen Stoffwechselprodukt, die Tätigkeit der Essigbakterien zum Stillstand zu bringen.

Bei der Essigbildung entsteht aus zwei Molekülen Äthanol über die Zwischenstufe Acetaldehyd nur *ein* Molekül Essigsäure unter Rückbildung von einem Molekül Äthanol. Unter Weglassung der Zwischenstufen ergibt sich folgende Gleichung:

$$2\,C_2H_5 \cdot OH + O_2 \rightarrow CH_3 \cdot COOH + C_2H_5 \cdot OH + H_2O + 116\,000 \text{ cal}$$
$$92{,}14\text{ g} \qquad 32\text{ g} \qquad 60{,}05\text{ g} \quad 46{,}07\text{ g} \qquad 18{,}02\text{ g}$$

oder aus 1 g Äthanol werden 1,303 g Essigsäure gebildet. C. NEUBERG u. H. WIELAND haben nachgewiesen, daß unter der Wirkung einer Dehydrase zunächst Acetaldehyd als Zwischenprodukt entsteht unter vorübergehender Bildung von $H_2O_2$:

$$C_2H_5 \cdot OH + O_2 \rightarrow CH_3 \cdot CHO + H_2O_2.$$

In einer Oxydoreduktion werden 2 Moleküle Acetaldehyd in Essigsäure umgewandelt unter Rückbildung von Äthanol:

$$2\,CH_3 \cdot CHO + H_2O = CH_3 \cdot COOH + C_2H_5 \cdot OH + 15\,200 \text{ cal.}$$

Von den im Wein in kleinen Mengen vorkommenden *höheren Alkoholen* werden nur der Propylalkohol und der normale Butylalkohol in die entsprechenden Säuren (Propionsäure und normale Buttersäure) umgewandelt, während Methylalkohol, Isobutylalkohol und die Amylalkohole offenbar nicht oxydiert werden.

Neben der flüchtigen Essigsäure werden also noch andere Stoffe im Wein gebildet, die wie die Propion- und die Buttersäure Ursache des eigenartig kratzenden Beigeschmackes der stichigen Weine sind. Kleine Mengen Essigsäure entstehen auch bei der alkoholischen Gärung und kommen daher in jedem Wein vor. Übersteigt aber der Gehalt eines Weines an flüchtigen Säuren gewisse Grenzen (0,4—0,7 g/l), so besteht Verdacht, daß der Wein stichig wird. Nach den Landshuter Vereinbarungen der deutschen Lebensmittelchemiker[1] sind deutsche Weine, deren Gehalt an flüchtigen Säuren bei Weißweinen nicht mehr als 0,9 g/l, bei Rotweinen nicht mehr als 1,2 g/l beträgt, als *normal* anzusehen. Als nicht mehr normal, aber als noch nicht zu beanstanden, sollen deutsche Weißweine gelten, welche zwar über 0,9, aber nicht mehr als 1,2 g/l, deutsche Rotweine, die zwar über 1,2, aber nicht mehr als 1,6 g/l flüchtige Säuren enthalten. Deutsche Weißweine, die über 1,2 g/l, und deutsche Rotweine, die über 1,6 g/l flüchtige Säuren enthalten, sind *als essigstichig zu beanstanden*. Diese Weine dürfen — auch wenn die Kostprobe nichts Auffälliges ergibt — nicht mehr in den Verkehr gelangen. Treten die flüchtigen Säuren bei der Sinnenprobe deutlich hervor, so müssen die Weine als *verdorben* im Sinne des Lebensmittelgesetzes bezeichnet werden. Deutsche Edelweine und sehr alte Weine werden von diesen Bestimmungen nicht betroffen. Auch Auslandsweinen kann ein höherer Gehalt an flüchtigen Säuren zugebilligt werden. Weine südlicher Herkunft enthalten zuweilen 2 g/l flüchtige Säuren, ohne daß diese geschmacklich hervortreten.

---

[1] Veröffentlicht in: Forschungsber. Lebensm. u. Bez. z. Hyg. Bd. 4, S. 119 (1897).

Um die Entstehung des Essigstiches zu *verhüten*, müssen schon bei der Lese, beim Einmaischen und bei der Kelterung der Trauben alle Vorkehrungen getroffen werden, daß die stets vorhandenen Essigbakterien sich nicht vermehren können. Die gelesenen Trauben sind noch am gleichen Tage zu keltern, und der Most ist *sofort* nach der Kelterung mit 5—6 g/hl $SO_2$ oder mit 10—12 g/hl Kaliumpyrosulfit zu schwefeln. Bei hohen Herbsttemperaturen ist diese Schwefelung auf 7,5—10 g/hl $SO_2$ bzw. 15—20 g/hl Kaliumpyrosulfit zu steigern. Weine, die bereits stichig sind, können nicht mehr in Ordnung gebracht werden. Sie lassen sich nur noch zur Bereitung von Weinessig oder zur Gewinnung von Alkohol (*nicht Weinbrand!*) verwenden, dürfen aber nicht mehr als Wein in den Verkehr gebracht werden. *Es gibt bis heute kein praktisch anwendbares Mittel, die einmal gebildete flüchtige Säure aus dem Wein wieder zu entfernen.*

Der Essigstich ist besonders in den wärmeren Weinbaugebieten eine große Gefahr für die Weinkellerwirtschaft, der bei der geringen Empfindlichkeit der Essigbakterien gegen Alkohol auch viele gute Weine zum Opfer fallen. Durch saubere Lese, genügende Schwefelung des Mostes, rechtzeitiges Auffüllen der Fässer, kühle Lagerung und baldige Abfüllung der Weine in Flaschen kann diese gefährlichste Krankheit der Weine mit Sicherheit vermieden werden.

## 3. Milchsäurestich und Mannitgärung

Der *Milchsäurestich* der Weine tritt bald nach der Gärung auf und ist an dem kratzenden, süßsauren Geschmack und dem eigenartigen, an frisches Sauerkraut erinnernden Geruch der Weine zu erkennen, die meist sehr trüb sind. Die Krankheit befällt nur säurearme Weine und Obstweine, deren Lesegut bei hoher Temperatur eingebracht wurde und ohne genügende Schwefelung rasch zur Gärung kam. In südlichen Weinbauländern ist sie sehr verbreitet. In nördlichen Gebieten beschränkt sie sich auf Jahre mit hohen Herbsttemperaturen oder auf das Vorkommen in Birnenweinen, die meist arm an Säure sind. Der eigenartige Geruch soll u. a. auf der Bildung von Milchsäureestern beruhen.

Schon L. PASTEUR hatte erkannt, daß der Milchsäurestich durch *Bakterien* verursacht wird. H. MÜLLER-THURGAU u. A. OSTERWALDER (1913, 1917) haben diese Bakterien rein gezüchtet und ihnen die Bezeichnung *Bacterium mannitopoeum* und *B. gracile* gegeben. *B. mannitopoeum*, das sich bei Temperaturen zwischen 26° und 34° C optimal entwickelt und das auch völlig anaerob leben kann, ist als der eigentliche Erreger des Milchsäurestichs anzusehen. *B. gracile* beschränkt sich unter normalen Temperaturen und bei normalem Säuregehalt auf den Abbau der Apfelsäure zu Milchsäure und Kohlendioxid. Wie F. RADLER (1959) festgestellt hat, werden aber bei einem zu weit gehenden Säureabbau auch Acetoin und besonders Diacetyl gebildet, von denen das letztere schon in geringen Mengen den Geschmack des Weines stark beeinträchtigt. Sehr kleine Mengen Acetoin und Diacetyl werden auch bei der alkoholischen Gärung gebildet.

Ein höherer Gehalt an Säure, an Alkohol und an Gerbstoff verhindert das Auftreten des Milchsäurestichs. Die hemmende Wirkung wird durch eine *Schwefelung* unterstützt. Es genügt dann schon ein normaler Gehalt an Alkohol und Säure, um die Milchsäurebakterien nicht aufkommen zu lassen. Schweflige Säure ist am wirksamsten, wenn sie dem Most *vor* Eintritt der Gärung zugesetzt wird.

Der Milchsäurestich ist im Wein in der Regel schon vor Beendigung der Gärung festzustellen. Die Weine sind besonders anfangs milchig getrübt. Aus unvergorenem Zucker entsteht *Milchsäure* $CH_3 \cdot CHOH \cdot COOH$ unter gleichzeitiger Bildung von viel *flüchtigen Säuren* und unter Entwicklung von Kohlendioxid. Ist Fruchtzucker vorhanden, so wird meist auch eine erhebliche Menge *Mannit* $C_6H_8(OH)_6$ gebildet, und der Milchsäurestich geht in eine *Mannitgärung* über. *Bacterium mannitopoeum* bildet also aus Traubenzucker Milchsäure und Essigsäure, aus Fruchtzucker Mannit, Essigsäure, Milchsäure und Kohlensäure. *B. gracile* vergärt Traubenzucker zu Milchsäure, Essigsäure und Alkohol und wandelt Fruchtzucker außerdem in Mannit um.

Eine dem Milchsäurestich sehr ähnliche Krankheitserscheinung wird von einem Bacterium hervorgerufen, das von H. MÜLLER-THURGAU u. A. OSTERWALDER *Bacterium gayoni* genannt wurde. Fruchtzucker wird von diesem Bacterium in Mannit, Milchsäure, Essigsäure und geringe Mengen Bernsteinsäure und Glycerin zerlegt. Aus Traubenzucker und Rohrzucker erzeugt es Milchsäure, viel Essigsäure,

Kohlendioxid, Methylalkohol, Glycerin und Bernsteinsäure. Bis 73% des Fruchtzuckers können in unvergärbaren *Mannit* übergeführt werden, was eine bedeutende Erhöhung des Extraktgehaltes im Wein zur Folge hat. So haben Gayon u. Dubourg in zwei französischen Rotweinen 8,6 und 12,4 g, in einem algerischen 18,3 g, in einem spanischen Rotwein 23 g und in einem algerischen Weißwein sogar 31,4 g Mannit im Liter festgestellt.

Mannitkranke Weine besitzen ebenfalls einen säuerlich-süßen, etwas kratzenden Geschmack und enthalten häufig noch unvergorenen Zucker, weil die Gärung durch die Bildung großer Mengen Essigsäure vorzeitig zum Stillstand gekommen ist. Auch die Entwicklung der Mannitbakterien wird durch höhere Temperaturen stark gefördert. Daraus erklärt sich das häufige Vorkommen von Mannit in Weinen südlicher Herkunft.

Schließlich sei noch eine vierte von Müller-Thurgau u. Osterwalder beschriebene Bakterienart, das *Bacterium intermedium*, erwähnt, ein Stäbchenbacterium, das aus Fruchtzucker ebenfalls Mannit, Milchsäure und Essigsäure, aus Traubenzucker aber nur wenig Essigsäure bildet.

Die Vorbeugungsmaßnahmen gegen den Milchsäurestich entsprechen etwa denen, die zur Verhütung des Essigstiches weiter oben angegeben sind. Weine, die einen geringen Milchsäurestich aufweisen, werden kräftig geschwefelt und mittels des E.K.-Filters entkeimt. Den eigenartigen Beigeschmack sucht man durch eine Behandlung mit Eponit zu mildern und durch späteren Verschnitt mit einem gesunden Wein zu verdecken. Bei Weinen, die einen starken Milchsäurestich aufweisen, versagen diese Maßnahmen. Solche Weine dürfen nicht mehr als Wein in den Verkehr gelangen, sondern können bestenfalls noch zur Essigbereitung verwendet werden.

## 4. Mäuseln der Weine

Das *Mäuseln* der Weine ist eine schwere Krankheit, die aber bei Traubenweinen verhältnismäßig selten anzutreffen ist. Viel häufiger begegnet man ihr bei säurearmen *Obst-* und *Beerenweinen*, besonders bei Stachel- und Heidelbeerweinen. Mäuselnde Weine besitzen einen an Mäuseharn erinnernden Geruch und einen unangenehmen Geschmack, der als widerlicher Nachgeschmack noch einige Zeit zu spüren ist. Man hat beobachtet, daß das Mäuseln vor allem in säurearmen Weinen entsteht, die zu warm lagerten und die zu lange auf der Hefe belassen wurden. Auffallend ist, daß mäuselnde Weine fast stets eine größere Menge flüchtige Säuren enthalten, auch wenn sie nicht mit Luft in Berührung kamen und die Entwicklung von Essigbakterien ausgeschlossen war.

Müller-Thurgau u. Osterwalder (1913) bezeichneten als Erreger dieser Krankheit das *Bacterium mannitopoeum*, das sie wiederholt in Weinen nachzuweisen vermochten, die einen ausgesprochenen Mäuselgeschmack und Milchsäurestich zeigten. Welche chemische Verbindung dabei gebildet wird, ist noch nicht bekannt. Die Annahme, daß es sich um Acetamid $CH_3 \cdot CO \cdot NH_2$ handelt, dessen Geruch an Mäuseharn erinnert, scheint wenig zutreffend zu sein. F. Villforth (1950/51) vertrat die Auffassung, daß das „Mäuseln" der Weine durch polymerisierten Formaldehyd und Acetaldehyd hervorgerufen wird.

Die Entstehung des Mäuselgeschmacks wird durch saubere Kellerbehandlung, rechtzeitiges Ablassen von der Hefe und genügend starke Schwefelung verhindert.

## 5. Zähwerden

Das *Zähwerden* der Weine und Obstweine — auch Weichwerden, Lindwerden oder Öligwerden genannt — ist eine zwar lästige, im allgemeinen aber ungefährliche Erkrankung. Sie wird von verschiedenen Erregern verursacht und äußert sich darin, daß der Wein dickflüssig und schleimig wird und nicht mehr perlend, sondern ölig ins Glas fließt. Kohlensäurebläschen, die sich in zähgewordenen Weinen oft in Mengen entwickeln, steigen nur langsam an die Oberfläche empor. Der Geschmack weichgewordener Weine ist fad; ihr Bukett hat jedoch kaum gelitten. Das Zähwerden tritt fast ausschließlich bei *jungen*, säure- und gerbstoffarmen Weinen und Obstweinen auf, die vorher einen starken Säureabbau durchgemacht haben und wenig mit Luft in Berührung gekommen sind. Der pH-Wert dieser Weine liegt nach

H. Lüthi (1949) stets über 3,4 und meist um etwa pH 5. Auch Weine, die zu lange auf der Hefe lagen, werden zäh. Bei Rotweinen, die einen höheren Gehalt an Gerbstoffen besitzen, beobachtet man das Zähwerden selten.

Welche Bestandteile des Weines in Schleim umgewandelt werden, ist noch ebensowenig bekannt wie die chemische Zusammensetzung der Schleimstoffe selbst. Nach H. Rentschler (1948) soll es sich dabei um stickstoffhaltige Kohlenhydrate handeln, die den als *Mucine* bezeichneten Schleimstoffen nahe verwandt sind.

Das Zähwerden wird vorwiegend von *Bakterien* verursacht, doch kommen auch Schleimhefen, einzelne Pilze (*Dematium pullulans*) und schleimbildende Kokken dafür in Betracht. Da aber das Zähwerden sehr oft nach einem stärkeren Säureabbau auftritt, besteht auch Grund zu der Annahme, daß die säureabbauenden Bakterien selbst es sind, die durch Verschleimung ihrer Außenschichten die zähe Beschaffenheit des Weines hervorrufen.

Als *vorbeugende* Maßnahmen gegen das Zähwerden sind in erster Linie zu nennen: genügende Schwefelung der noch unvergorenen Moste, gute Durchgärung und rechtzeitiges Abziehen der Jungweine von der Hefe. Besonders bei säurearmen Weinen sind diese ersten Maßnahmen von entscheidender Bedeutung für den weiteren Ausbau.

## 6. Weinsäure- und Glycerinzersetzung („Umschlagen")

Rotweine zeigen zuweilen eine Trübung, die bei Luftzutritt mit einer auffallenden Veränderung der Farbe und der übrigen Eigenschaften des Weines verbunden ist. Die rubinrote Farbe schlägt in Braun um, die Trübung verstärkt sich, und es bildet sich ein schmutzig-brauner Bodensatz. Zugleich nimmt der Wein einen widerwärtigen Geruch und Geschmack an. Mit dem weiteren Fortschreiten der Krankheit wird der Wein schließlich ungenießbar. Solange diese Veränderungen vor sich gehen, findet eine dauernde Entwicklung von Kohlensäure statt, weshalb man den Vorgang auch „Versieden" nennt.

L. Pasteur hat die Krankheit schon 1873 beschrieben und sie „la tourne" (das Umschlagen) genannt. Im Jahre 1874 stellte er zusammen mit Duclaux fest, daß sie stets mit einer Zersetzung der *Weinsäure* verbunden ist. Erst Müller-Thurgau u. Osterwalder (1913) gelang es aber, den Chemismus der Krankheit aufzuklären. Sie fanden zwei fakultativ aerobe Bakterien von ähnlicher Beschaffenheit und Gestalt, die sie *Bacterium tartarophtorum* und *B. tartarophtorum* var. *a* nannten. *B. tartarophtorum* zerstört *Weinsäure* und *Glycerin*, während die mit *a* bezeichnete Bakterienart wohl Weinsäure energisch zersetzt, Glycerin aber nur wenig angreift.

Begünstigt wird die Krankheit durch warme Lagerung und niederen Säuregehalt der Weine. Der Gerbstoffgehalt des Weines und ein Alkoholgehalt bis etwa 90 g/l hindern das *Bacterium tartarophtorum* nicht an der Entwicklung. Gegen Schweflige Säure ist es dagegen sehr empfindlich. Als *vorbeugende* Maßnahmen kommen daher in Betracht: Entfernung der kranken und faulen Trauben, Schwefeln des Mostes oder der Maische *vor* der Gärung, rechtzeitiger Abstich unter genügend starker Schwefelung und kühle Lagerung der Weine.

## 7. Bitterwerden der Rotweine

Bei Rotweinen, die *bitter* werden, schwindet zunächst die feurige Farbe; der Geschmack wird eigentümlich fade und bei fortschreitender Krankheit ausgesprochen bitter. Zuweilen nimmt der Wein eine bräunliche Farbe an, trübt sich und scheidet einen braunen Bodensatz ab. Oft bleiben Farbe und Klarheit bitterer Weine unverändert. Auch in diesem Falle werden aber die Weine schließlich ungenießbar. Die Krankheit ist bei Faßweinen wie bei Flaschenweinen selbst nach jahrelangem Lagern beobachtet worden.

Als Erreger der Krankheit scheinen in erster Linie *Bakterien* in Betracht zu kommen, aber auch *Schimmelpilze* und selbst *Hefen*. Nach E. Voisenet (1910—1929) wird die Krankheit durch ein Bacterium *Bacillus amaracrylus* hervorgerufen, das Glycerin unter Bildung von

Divinylglykol, Acrolein, Essigsäure und Acrylsäure zersetzt. Der bittere Geschmack sei vor allem dem Divinylglykol zuzuschreiben.

Nach Untersuchungen von H. Rentschler u. H. Tanner (1951) ist der Vorgang des Bitterwerdens in zwei Teilreaktionen zu zerlegen. In einer ersten Phase wird Glycerin auf biologischem Wege in *Acrolein* $CH_2 = CH - CH = O$ (Kp 52,3°) umgewandelt. In der zweiten Phase verbindet sich Acrolein auf rein chemischem Wege und unter Verschiebung des Redoxpotentials nach der Oxydationsseite mit Polyphenolen und geht so in diejenigen Bitterstoffe über, die für bittere Weine charakteristisch sind. Bei den Bitterstoffen handelt es sich entgegen der Ansicht von Voisenet nicht um Divinylglykol, sondern um Verbindungen, an deren Bildung ausschließlich *Polyphenole*, vor allem Gerbstoffe und *Acrolein* beteiligt sind, und die mit den Bitterstoffen des Hopfens verwandt zu sein scheinen. Daraus erklärt es sich, daß gerbstoffreiche Weine (Rotweine) viel häufiger bitter werden als gerbstoffarme Weine.

Als Vorbeugungsmaßnahme zur Verhütung des Bitterwerdens kommen in Betracht: Aussonderung aller faulen Beeren bei der Lese der roten Trauben, baldiges Abkeltern der vergorenen Maische, Fernhalten der Luft durch regelmäßiges Auffüllen und genügende Schwefelung. Beim Abfüllen der Rotweine in Flaschen sind nur die besten Korken zu verwenden.

# III. Trübungen der Flaschenweine

## 1. Ausscheidung von Weinstein

Ausscheidungen von Weinstein oder weinsaurem Calcium treten in der Hauptsache dann auf, wenn die Flaschen in einem kalten Keller liegen oder bei kaltem Wetter versandt werden. Soweit diese Ausscheidungen in Form reiner Kristalle erfolgen, sind sie belanglos und ohne Einfluß auf die Qualität des Weines. Es kommt aber auch vor, daß zusammen mit dem Weinstein andere Stoffe, wie Eiweißgerinnsel und dergleichen, abgeschieden werden, die den Wein trüben und unansehnlich machen. Sind an diesen Abscheidungen auch Gerbstoffe beteiligt, so kann dadurch der Geschmack des Weines eine leichte Einbuße erleiden.

Die Bildung von Calciumtartratkristallen ist in solchen Flaschenweinen möglich, die erst kurz vor der Abfüllung mit kohlensaurem Kalk *entsäuert* wurden und die man nicht lange genug im Faß lagern ließ. Zur Beseitigung dieser und anderer kristalliner Abscheidungen genügt es, die Weine umzufiltrieren.

Durch Zusatz von 5—15 g/hl „*Metaweinsäure*", einem durch Erhitzen von Weinsäure über den Schmelzpunkt (170° C) hinaus gewonnenen Polymerisat wenig bekannter Konstitution, gelingt es, die Bildung von Weinkristallen für eine Dauer von etwa 6 Monaten zu verhindern. In Deutschland ist die Verwendung von Metaweinsäure nicht erlaubt, weil damit geschmackliche Nachteile verbunden sind.

## 2. Trübungen durch Salze der Schleimsäure

In älteren Flaschenweinen fanden Kielhöfer u. Würdig (1961) Ausscheidungen von Kristallen, die zunächst für Weinsteinkristalle gehalten wurden. Bei der näheren Untersuchung stellte sich aber heraus, daß es sich um ein Ca-Salz der in Wein noch nicht gefundenen *Schleimsäure* handelte, dem die Formel $C_4H_8O_4 \cdot (COOCa)_2$ zukommt. Schleimsäure (Tetrahydroxyadipinsäure) ist kein Produkt der Gärung, sondern kommt offenbar schon im Traubensaft vor, wo sie unter der Einwirkung von Fäulnispilzen aus Galakturonsäure entsteht. Die Weine, in denen Kristalle des Ca-Salzes der Schleimsäure gefunden wurden, stammten sämtlich aus teilweise edelfaulen Trauben edler Sorten und guter Jahrgänge.

Schleimsäure $COOH \cdot (CHOH)_4 \cdot COOH$ ist ein weißes Kristallpulver, das unter Zersetzung bei 255° C schmilzt und sich in 300 Tln. kaltem und 60 Tln. kochendem Wasser löst.

## 3. Eiweiß-Gerbstofftrübungen

Jüngere Weine, deren Ausbau noch nicht beendet ist, enthalten noch mehr oder weniger große Mengen eiweißartiger Stoffe gelöst. Diese Eiweißstoffe können bei Einwirkung von Luftsauerstoff unlöslich werden und sich nach der Abfüllung in Flaschen ausscheiden. Das ist vor allem bei alkoholreicheren Weinen der Sorten Riesling, Burgunder, Ruländer und Traminer der Fall. Die Trübung bildet sich meist erst einige Wochen nach der Abfüllung und setzt sich im Laufe der Lagerung in Form eines gelblich-grauen Streifens auf der Unterseite der Flasche ab. In doppeltnormaler Alkalilauge löst sie sich bis auf geringe Reste auf.

Man sucht Eiweiß- und Weinsteintrübungen dadurch vorzubeugen, daß man die Weine einige Zeit vor der Abfüllung kurz auf 60—70° C erhitzt und dann in gut isolierten Kühltanks etwa 5 Tage lang auf —2 bis —4° C abkühlt. Das Verfahren ist zwar teuer, wird aber viel in Großbetrieben angewendet (vgl. S. 260). Auch durch eine vorbeugende Behandlung der Weine mit proteolytisch wirkenden Fermenten wie „Vinolysin" läßt sich eine spätere Ausscheidung von Eiweiß verhindern. Mit Sicherheit kann das Eiweiß im Wein jedoch nur durch eine Bentonitschönung (vgl. S. 246) mit Test auf Resteiweiß entfernt werden.

Will man einen Wein vor der Abfüllung daraufhin prüfen, ob er zu Trübungen auf der Flasche neigt, so bringt man eine Probe davon 2—3 Std in eine Temperatur von 30—33° C oder besser noch 24 Std in eine Temperatur von etwa 55° C (Wärmetest!). Es tritt dann in manchen Fällen eine Trübung auf, die auf ausgeschiedenen Eiweißstoffen beruht (KIELHÖFER 1948, 1949, 1951).

J. KOCH u. E. SAJAK (1963) erblicken im „löslichen Traubenprotein" die Ursache der in manchen Jahren besonders stark auftretenden Eiweißtrübung der Weine. In den sog. „reifen" Jahren mit überdurchschnittlicher Sonneneinstrahlung ist dieses Protein besonders reichlich in den Trauben enthalten. Verschiebt sich in den Weinen solcher Jahre der pH-Wert infolge des geringen Säuregehaltes soweit, daß er mit dem isoelektrischen Punkt des Proteins zusammenfällt, so sind besonders günstige Bedingungen für das Auftreten einer Eiweißtrübung gegeben.

## 4. Hefetrübungen

Enthält ein Wein im Zeitpunkt der Abfüllung noch gewisse Mengen unvergorenen *Zucker*, so kann er in der Flasche noch einmal in Gärung geraten. Solche Weine trüben sich durch die gebildete Hefe. Bei der mikroskopischen Untersuchung werden *sprossende* Hefen in großer Anzahl festgestellt.

Um Trübungen dieser Art zu vermeiden, müssen Weine, die noch unvergorenen Zucker enthalten, mittels Entkeimungsfilter abgefüllt werden. Die Flaschen und Korken sind vorher mit 0,5—1%iger Schwefliger Säure oder auf andere Weise zu sterilisieren.

Durch Mittel, welche die Entwicklung von Hefen hemmen oder sogar verhindern, wie gewisse Antibiotica, Sorbinsäure und Pyrokohlensäurediätylester, kann der Entstehung von Hefetrübungen in der Flasche vorgebeugt werden. (vgl. darüber S. 223)

## 5. Trübungen durch Bakterien und Schleimhefen

Bei der mikroskopischen Untersuchung trüber Flaschenweine findet man oft *Bakterien* und *Schleimhefen*, die von den Extraktstoffen leben und wertvolle Stoffe im Wein zerstören. Auch die säureabbauenden Bakterien können bei übermäßiger Entwicklung zu einer Trübung des Weines und zum Scharfwerden durch Bildung großer Mengen Kohlesäure führen. Unter den noch wenig erforschten Schleimhefen kommen die Gattungen *Candida* und *Torulopsis* in jedem Weinkeller vor. Sie vermögen durch schlechte Korken in den Wein einzudringen, wirken aber nur im Verlaufe einer längeren Lagerung wirklich schädigend.

# H. Zusammensetzung und Beurteilung der Weine

## I. Bestandteile der Weine

Die zahlreichen chemischen Verbindungen, aus denen der Wein besteht, werden teils nach ihrer chemischen Verwandtschaft, teils nach analytischen Gesichtspunkten in folgende Gruppen gegliedert: *Alkohole, Säuren, Kohlenhydrate, Gerbstoffe* und *Farbstoffe, Stickstoffverbindungen, Mineralstoffe* und *Bukettstoffe.* Die nichtflüchtigen unter diesen Substanzen faßt man unter dem in der Weinanalyse wichtigen Begriff des *Extrakts* zusammen.

Weiter enthält der Wein regelmäßig kleine Mengen höhere Alkohole, Pektine, Aldehyde, Ester, Aromastoffe, Vitamine und meist auch etwas Kohlensäure und Schweflige Säure. Alle diese Stoffe sind in *Wasser gelöst*, das 85—90% der Menge des Weines ausmacht.

Für den Wert und die Güte eines Weines ist besonders wichtig sein Gehalt an *Äthanol, Extrakt, Zucker, Glycerin, Säuren* und *Bukettstoffen.*

Die Zusammensetzung eines Weines ist nicht allein von der Traubensorte abhängig, aus der er gewonnen wurde, sie wird in hohem Maße auch beeinflußt von der Lage und der Bodenbeschaffenheit, von den Witterungsverhältnissen, vom Reifegrad und vom Gesundheitszustand der Trauben sowie von der Art der Gärführung und der Kellerbehandlung des Weines. Ein reichhaltiges Zahlenmaterial über die Zusammensetzung der deutschen Traubenmoste und Weine ist in den „*Ergebnissen der amtlichen Weinstatistik*" veröffentlicht worden[1] und wird laufend in den führenden Fachzeitschriften bekanntgegeben.

Für die Gesamtheit aller analytischen Untersuchungen, Bestimmungen und Messungen an Wein und Schaumwein schlägt L. Deibner (1954) in einer bemerkenswerten, stark mathematisch und physikalisch-chemisch orientierten Arbeit mit vielen Literaturangaben auch aus der UdSSR die Bezeichnung „*Oenometrie*" vor.

Aus dem umfangreichen Zahlenmaterial, das über die chemische Zusammensetzung der Weine veröffentlicht wurde, sind in Tab. 17 die Analysenwerte von 5 Weinen aufgeführt, einem 1955er Haardter Silvaner (von P. Böhringer analysiert), einem 1961er Dürnsteiner Grünen Veltliner, einem 1961er Kremser Riesling (J. Schneyder 1963) und zwei Bordeaux-Weinen der Jahrgänge 1945 und 1943 (E. Peynaud 1950). Besonders die Veröffentlichung von J. Schneyder enthält ein sehr reichhaltiges analytisches Zahlenmaterial. Auch auf die ausführliche Weinanalyse von Von der Heide u. Baragiola (vgl. S. 252 der 1. Auflage dieses Werkes), die nicht weniger als 35 analytische Daten wiedergibt, sei nochmals hingewiesen.

**Tabelle 17.** *Gesamtanalyse von 5 Weinen der Jahrgänge 1943—1961*

|  | 55er Silvaner | 61er Grüner Veltliner | 61er Riesling | 45er Médoc | 43er Barsac |
|---|---|---|---|---|---|
| Dichte . . . . . . . . . . . . . . . . | 0,9959 | 0,9911 | 0,9937 | 0,9958 | 1,0290 |
| Alkohol . . . . . . . . . . g/l | 87,5 | 100,4 | 98,7 | 93,2 | 109,7 |
| Alkohol . . . . . . . . Vol.-% | 11,08 | 12,72 | 12,50 | 11,81 | 13,89 |
| Extrakt . . . . . . . . . . g/l | 27,8 | 21,9 | 25,5 | 24,4 | 119,3 |
| reduz. Zucker . . . . . . . . g/l | 1,46 | 1,0 | 1,7 | 2,0 | 74,0 |
| Extrakt, zuckerfrei . . . . . . g/l | 27,3 | 20,9 | 23,8 | 23,4 | 46,3 |
| Glucose . . . . . . . . . . g/l | — | — | — | 0,1 | 29,2 |
| Fructose . . . . . . . . . . g/l | — | — | — | 1,4 | 43,9 |
| Pentosen . . . . . . . . . g/l | — | — | — | 0,5 | 0,9 |
| Gesamtsäure . . . . . . . . g/l | 7,3 | 4,6 | 8,7 | 6,3 | 8,4 |
| Weinsäure . . . . . . . . . g/l | 2,14 | 1,9 | 4,0 | 2,14 | 1,63 |
| Apfelsäure . . . . . . . . . g/l | — | — | — | 0,22 | 0,95 |
| Milchsäure . . . . . . . . . g/l | 0,85 | 0,9 | 0,4 | 1,94 | 1,26 |
| Bernsteinsäure . . . . . . . . g/l | — | — | — | 1,06 | 1,27 |
| Citronensäure . . . . . . . g/l | — | — | — | 0,06 | 0,58 |
| Glycerin . . . . . . . . . . g/l | 5,86 | 11,2 | 9,1 | 7,64 | 24,4 |
| Flüchtige Säuren . . . . . . . g/l | 0,60 | 0,25 | 0,36 | 1,01 | 1,36 |
| 2, 3-Butandiol . . . . . . . . g/l | — | — | — | 0,76 | 1,11 |
| Aldehyd . . . . . . . . . mg/l | 20,24 | — | — | — | — |
| Gesamt-N . . . . . . . . . mg/l | 122 | — | — | — | — |
| Freie $SO_2$ . . . . . . . . . mg/l | — | 21 | 22 | 0 | 104 |
| Gesamte $SO_2$ . . . . . . . . mg/l | — | 67 | 103 | 82 | 515 |
| Asche . . . . . . . . . . g/l | 2,57 | 1,99 | 1,52 | 2,76 | 3,58 |
| Aschen-Alk. . . . . . . . . mval | 32,4 | 16,9 | 14,6 | 23,0 | 23,0 |
| pH-Wert . . . . . . . . . . . . | 3,55 | 3,59 | 3,02 | 3,45 | 3,24 |
| K' . . . . . . . . . . . . mg/l | — | 770 | 580 | — | — |
| Mg" . . . . . . . . . . . . mg/l | — | 60 | 80 | — | — |
| Ca" . . . . . . . . . . . . mg/l | — | 40 | 80 | — | — |
| $PO_4$'" . . . . . . . . . . . mg/l | — | 320 | 180 | — | — |
| $SO_4$" . . . . . . . . . . mg/l | — | 40 | 80 | — | — |

---

[1] Arbeiten Kaiserl. Gesundheitsamt, Bände 9—49.

# 1. Alkohole

**Äthanol.** Der bei der Gärung (vgl. S. 217f.) entstehende Äthanol (Weingeist)
$C_2H_5 \cdot OH$ ist der wertvollste Bestandteil des Weines, der in erster Linie Qualität,
Haltbarkeit und Handelswert eines Weines bedingt. Zuckerreiche Traubensorten,
gute Weinbergslagen und sonnige Jahre bringen Weine von hohem Alkoholgehalt
hervor, während geringe Traubensorten, schlechte Lagen und regenreiche Sommer
kleine, alkoholarme Weine ergeben. In Ländern mit großer Weinerzeugung richtet
sich der Handelswert der Konsumweine fast ausschließlich nach ihrem Gehalt an
Alkohol.

Der Alkoholgehalt der Traubenweine schwankt je nach Jahrgang und Sorte
zwischen etwa 55 und 110 g/l. Leichte Weine enthalten 55—75 g/l, mittlere 75—90
g/l und gute bis sehr gute Weine 90—110 g/l Alkohol und mehr. Ein Alkoholgehalt
von über 144 g/l (= 18,2 Maßprozent) ist nicht mehr durch Gärung allein entstanden. Es muß in solchen Fällen angenommen werden, daß dem Wein Alkohol in
Form von Weingeist zugesetzt worden ist.

Für die Beurteilung eines Weines ist der Alkoholgehalt insofern von Bedeutung,
als daraus Rückschlüsse auf die Herkunft und die Echtheit des Weines gezogen
werden können. Der Weinchemiker sieht sich sehr oft vor die Notwendigkeit gestellt, aus dem Alkoholgehalt eines Weines das Mostgewicht des Traubenmostes
zu berechnen, aus dem der Wein hervorgegangen ist. Nur dann ist es ihm möglich,
festzustellen, ob Zusammensetzung und Herkunftsangabe miteinander überein-
stimmen oder ob eine Fälschung bzw. eine falsche Bezeichnung vorliegt.

Eine Erhöhung des Alkoholgehaltes im Wein kann durch Verbesserung (S. 252) oder auch
durch Zusatz von reinem Alkohol erfolgen. Ein solcher Zusatz ist jedoch in Deutschland nur
bei *Faßweinen* erlaubt, die für die Ausfuhr nach tropischen Gegenden bestimmt sind.

**Methylalkohol.** In Trauben- und Obstweinen, die nicht auf den Trestern vergoren sind,
kommt Methylalkohol (Methanol) $CH_3 \cdot OH$ nur in sehr geringen Mengen vor. G. BERTRAND u.
L. SILBERSTEIN (1950) fanden in Weißweinen 38—113 mg/l, in Rotweinen 138—188 mg/l Methylalkohol. In einer zweiten Analysenreihe lauteten die entsprechenden Zahlen 41—114 und
125—200 mg/l. Läßt man den Wein jedoch auf der Maische gären, so kann der Gehalt an Methylalkohol auf 0,17—0,44% des Gehaltes an Äthanol ansteigen. Branntwein aus Trauben- oder
Obsttrestern enthalten nicht selten 1—2% Methylalkohol, der während der alkoholischen Gärung aus Pektinstoffen gebildet wurde.

Methylalkohol (Methanol) siedet bei 64,6° C und ist *giftig*. Sein Genuß wirkt berauschend
und führt bei Aufnahme größerer Mengen zu *Erblindung* und zum Tod.

**Höhere Alkohole.** Das Vorkommen von Propyl-, Butyl- und Amylalkohol in Wein und
ihre Entstehung aus Aminosäuren wurden bereits S. 229 besprochen. Neben diesen Alkoholen,
die etwa 99% des Fuselöles bilden, sind im Wein noch kleine Mengen Hexyl-, Heptyl- und
Nonylalkohol sowie andere höhere Alkohole gefunden worden. Die höheren Alkohole bzw. ihre
Ester bilden einen wesentlichen Bestandteil der Bukettstoffe der Weine. In physiologischer
Hinsicht sind sie insofern von Interesse, als insbesondere die Amylalkohole giftige Bestandteile
des Weines sind. Auf ihrer Wirkung beruhen in erster Linie die unangenehmen Folgen eines
zu weitgehenden Genusses von schweren alkoholreichen Weinen.

**Glycerin.** Der dreiwertige Alkohol Glycerin $C_3H_5 \cdot (OH)_3$ entsteht während
der Gärung im Wein (vgl. S. 229) in einer Menge von etwa 6—10 g/l. Auf dem Gehalt eines Weines an Glycerin beruht zu einem guten Teil sein „Körper" und seine
Vollmundigkeit. Das Glycerin-Alkohol-Verhältnis, dem bei der Beurteilung eines
Weines großer Wert beigelegt wird, darf nicht wesentlich unter 7:100 sinken.

Eine strenge Gesetzmäßigkeit zwischen dem Zuckergehalt des Mostes und dem
Glyceringehalt des Weines besteht indessen nicht. Die Menge des Glycerins hängt
u. a. von der Heferasse, der Gärführung und der Temperatur ab. Auch haben
neuere Untersuchungen ergeben, daß schon im unvergorenen Most aus faulen und
edelfaulen Trauben Glycerin in erheblicher Menge enthalten sein kann, das offenbar
aus dem Stoffwechsel des Pilzes stammt. Der hohe Glycerin- und Extraktgehalt

mancher Weine aus überreifen und von Pilzen befallenen Trauben findet darin seine Erklärung.

Da Glycerin durch Kahmpilze und bestimmte Bakterien zerstört wird, sind kahmige und bakterienkranke Weine oft außergewöhnlich arm an Glycerin.

**Sorbit.** Bei der genauen Untersuchung der Extraktstoffe von Obstweinen war es aufgefallen, daß sich Differenzen bis zu 13 g/l ergaben, die sich nur durch das Vorhandensein eines noch nicht näher bestimmten Stoffes erklären ließen. Dem Schweizer Chemiker J. Werder gelang es, diesen Stoff als *Sorbit* $C_6H_8(OH)_6$ zu identifizieren und in Form der schwerlöslichen Tribenzalverbindung zu isolieren.

Die Annahme Werders, daß Traubenweine völlig frei von Sorbit seien, hat sich nicht als richtig erwiesen. In der Folge haben E. Vogt (1935), Chr. Schätzlein u. E. Sailer (1935) u. a. festgestellt, daß auch reine Traubenweine etwas Sorbit enthalten. Die nur einige Milligramm in 100 ml Wein betragenden Mengen, die offenbar von der Traubensorte, dem Reifegrad und anderen Faktoren abhängen, sind indessen so klein, daß sie den Wert des amtlichen Verfahrens zur Bestimmung des Sorbits nicht beeinträchtigen und dem erfahrenen Weinchemiker keinen Anlaß zur Verwechslung mit wirklichen Obstweinverschnitten bieten.

**Mannit.** Der dem Sorbit isomere sechswertige Alkohol *d-Mannit* $C_6H_8(OH)_6$, der im Pflanzenreich ebenfalls weit verbreitet ist, kommt in gesunden Weinen nicht vor, entsteht aber oft in großen Mengen (bis 35 g/l in *kranken* Weinen durch die Tätigkeit von Bakterien, besonders von *B. mannitopoeum* (vgl. S. 267). Mannit wird durch Reduktion der d-Mannose $C_6H_{12}O_6$ und neben Sorbit auch durch Reduktion der d-Fructose erhalten. Da der gebildete Mannit keine weitere Veränderung erleidet, wird der Extrakt solcher Weine oft derart erhöht, daß bis zu 60 g/l und mehr zuckerfreier Extrakt festgestellt werden.

**Ester** und **Acetale.** Im Wein finden sich etwa 75—150 mg/l Ester des Äthyl-, des Propyl- und des Amylalkohols mit einer Reihe von Fettsäuren, unter denen in erster Linie Ameisen-, Essig-, Propion-, n-Butter-, n-Caprin-, Capryl- und Laurinsäure zu nennen sind (K. Hennig 1953). Auch das aus Alkohol und Essigsäure entstehende *Acetal* $CH_3 \cdot CH(O \cdot C_2H_5)_2$ ist wiederholt im Destillat vergorener Flüssigkeiten gefunden worden. Ferner kommen im Wein auch kleine Mengen *Oenanthäther* (Cognacöl) vor, dessen Siedepunkt zwischen 225 und 230° liegt und der im wesentlichen aus einem Gemenge verschiedener Fettsäureester besteht, unter denen die Äthyl- und Amylester der Capryl- und besonders der Caprinsäure überwiegen.

*Oenanthäther* (Weinöl) wird aus Weinhefe gewonnen, die man nach Abdestillieren des Äthylalkohols noch weiter erhitzt. Mit Wasserdämpfen geht dann das schwerflüchtige Weinöl über, das in reinem Zustand farblos und leicht beweglich ist und einen betäubenden Geruch besitzt. Weinöl, das erst nach starker Verdünnung den angenehm aromatischen Geruch nach Wein zeigt, wird zur Herstellung von Weinbrandessenzen verwendet. Es ist schon 1836 von J. von Liebig aus Wein hergestellt worden.

**2,3-Butandiol** (Butylenglykol) $CH_3 . CH (OH) . CH(OH) . CH_3$, ein zweiwertiger Alkohol, ist in Wein und Obstwein in Mengen bis zu 2.2 g/l nachgewiesen worden und kann bei Süßweinen und Dessertweinen als Beweis dafür angesehen werden, daß die Weine eine Gärung durchgemacht haben. H. Rebelein (1957) fand in 129 Weinen verschiedener Herkunft 0,23—2,25 g/l Butandiol. In der Mehrzahl dieser Weine schwankte der Gehalt aber nur zwischen 0,4—0,7 g/l.

## 2. Säuren

Der *Säuregehalt* der Weine ist ebenso wie der Alkoholgehalt großen Schwankungen unterworfen. Weine aus reifen Trauben und guten Jahrgängen enthalten geringere Mengen Säuren als Weine unreifer Trauben und sonnenarmer Jahrgänge. Während der Gärung und während des Ausbaues findet eine Abnahme des Säuregehaltes durch Weinsteinausfall und Säureabbau statt, dem nur eine geringe Zunahme durch Bildung von Bernsteinsäure und flüchtigen Säuren gegenüber steht. In *kranken* Weinen ist oft eine starke Zunahme an flüchtigen Säuren, aber auch eine weitgehende Aufspaltung nichtflüchtiger organischer Säuren durch Bakterientätigkeit zu beobachten.

Der Gehalt an titrierbaren Säuren wird in Deutschland als *Weinsäure*, in Frankreich oft als Schwefelsäure angegeben. Er bewegt sich bei ausgebauten deutschen Weinen meist zwischen etwa 5,5 und 8,5 g/l (als Weinsäure berechnet).

Die Weine südlicher Weinbauländer sind im allgemeinen säureärmer als die Weine der nördlicher gelegenen Weinbaugebiete. Reich an Säure sind besonders die Rieslingweine der Mosel, der Saar und des Rheins, soweit sie aus geringeren Lagen stammen. Rotweine enthalten meist weniger Säure als Weißweine..

Die „*Gesamtsäure*" oder titrierbare Säure des Weines besteht aus verschiedenen organischen Säuren, unter denen bei Traubenweinen die *Weinsäure*, die *Apfelsäure* und die *Milchsäure* die wichtigsten sind. In Obstsäften überwiegt bei weitem die Apfelsäure, in Beerenweinen die *Citronensäure*. Weinsäure findet sich in geringer Menge auch in einigen Beerensäften. In Schweizer Mostbirnensäften konnten H. Rentschler u. H. Tanner (1954) erhebliche Mengen Citronensäure nachweisen, die im Durchschnitt 30—50% der Gesamtsäure dieser Säfte ausmacht. Da Citronensäure durch Mikroorganismen leicht und unter Bildung flüchtiger Säuren zerstört wird, erklärt sich daraus die Tatsache, daß in bäuerlichen Betrieben Birnensäfte häufiger verderben als Apfelsäfte, die durch ihren Gehalt an Apfelsäure besser geschützt sind.

In unreifen Traubenmosten ist der Gehalt an Apfelsäure besonders hoch (bis etwa 18 g/l). Es sind jedoch nur wenige zuverlässige Angaben über den Gehalt der Moste und Weine an Apfelsäure vorhanden, weil ihre Bestimmung bisher sehr umständlich war.

Durch die Tätigkeit der Hefe entstehen kleine Mengen *Bernsteinsäure* und *flüchtige Säuren* im Wein (vgl. S. 230). Beim Säureabbau wird ferner *Milchsäure* gebildet unter gleichzeitigem Verschwinden der entsprechenden Menge Apfelsäure. In kranken Weinen können durch die Tätigkeit von Bakterien Essigsäure, Propionsäure, höhere Fettsäuren und Milchsäure entstehen.

Ein Teil der Säuren ist in *freiem* Zustand im Wein enthalten, ein anderer Teil an Basen *gebunden*. Die freien Säuren lassen sich durch Titration bestimmen, während man für die Menge der an Basen gebundenen Säuren einen Anhaltspunkt in der Alkalität der Weinasche hat. Die Ausdrücke „*freie Säuren*" und „*Gesamtsäure*" wären besser durch die Bezeichnung „*titrierbare Säuren*" zu ersetzen. Auch die aus praktischen Gründen übliche Unterscheidung zwischen „*flüchtigen*" und „*nichtflüchtigen*" Säuren ist theoretisch nicht begründet, da bei der Wasserdampfdestillation Anteile der verschiedensten Fettsäuren (hoch- und niedermolekulare) übergetrieben werden.

Über Entstehung und Vorkommen der einzelnen Säuren im Wein und über ihre Eigenschaften vgl. S. 203 f. Über die Bindung der Säuren, über Dissoziationskonstante, Säuregrad und pH-Wert der Weine vgl. im Handbuch der Kellerwirtschaft Bd. III (1958) S. 194—197.

# 3. Kohlenhydrate

**Hexosen.** In völlig vergorenen Weinen ist *Trauben-* oder *Fruchtzucker* entweder nicht mehr oder nur noch in sehr geringen Mengen enthalten. In Auslesen und Trockenbeerenauslesen finden sich dagegen oft noch große Mengen unvergorener Zucker, unter denen der *Fruchtzucker* überwiegt. Unter sehr günstigen Umständen vermag die Hefe 280—300 g/l Zucker zu vergären und daraus etwa 140 g/l Alkohol zu erzeugen. Größere Mengen Zucker wirken gärungshemmend. In zuckerreichen Trockenbeerenauslesen kommt die Gärung oft schon zum Stillstand, wenn erst 50—80 g/l Alkohol gebildet wurden.

Da Traubenzucker (Glucose) rascher vergoren wird als Fruchtzucker (Fructose), findet man in edelsüßen Weinen, die eine Gärung durchgemacht haben, Fruchtzuckermengen, die mehr als 60% des gesamten reduzierenden Zuckers betragen. Der Gehalt solcher Weine an Fructose kann vier- bis sechsmal so hoch sein wie der an Glucose. In Weinen, die erst *nach* der Gärung mit entkeimtem Most, mit Konzentrat oder mit einem Auszug aus Rosinen nachgesüßt wurden, beträgt der Anteil an Fructose etwa 50% des Gesamtzuckers.

Kleine Mengen unvergorener Zucker können den Wohlgeschmack und die Vollmundigkeit der Weine günstig beeinflussen und sind besonders bei hochwertigen Weinen sehr erwünscht. In Weinen mit geringerem Alkoholgehalt wirken sie dagegen leicht unharmonisch. Sie bilden auch eine ständige Gefahr für die Haltbarkeit solcher Weine. Um eine Nachgärung zu vermeiden, müssen Weine mit einem Gehalt an unvergorenem Zucker mittels des Entkeimungsfilters entkeimt und in sterile Flaschen abgefüllt werden. Nach dem Änderungsgesetz vom 31. III. 1965 (BGBl. I S. 208) werden die auf Erhaltung von „Restsüße "gerichteten Verfahren der Weinbereitung dann nicht beanstandet, wenn das Gewichtsverhältnis des unvergorenen Zuckers (als

Invertzucker berechnet) zum vorhandenen Alkohol nicht größer ist als 1 : 3. Weine, die weniger als 4 g/l Restzucker enthalten, können als „durchgegoren" bezeichnet werden.

**Saccharose.** Nach Beendigung der Gärung können sich in verbesserten Weinen noch Reste von Rohrzucker (Saccharose) befinden, die allerdings bald von der in Jungweinen noch genügend vorhandenen Invertase (Saccharase) invertiert, d. h. in Trauben- und Fruchtzucker aufgespalten werden. In älteren Weinen kommt dadür nur noch die Säure des Weines in Betracht, die eine wesentlich langsamere Inversion bewirkt. In vergorenen Weinen, die nachträglich gesüßt wurden, läßt sich daher der Rohrzucker noch einige Zeit polarimetrisch nachweisen.

Likörweine versetzt man erst nach beendeter Klärung und Filtration mit der erforderlichen Menge *Invertzucker*, um ihnen die gewünschte Süße zu geben. Die Süßkraft dieses Zuckers ist zwar um etwa ein Viertel geringer, als die des Rohrzuckers, bleibt aber im Wein in vollem Umfang erhalten, während der Rohr- oder Rübenzucker durch Invertierung allmählich an Süßkraft verliert.

**Pentosen.** Auch völlig vergorene Weine reduzieren Fehlings Lösung in geringem Maße. Dieses Reduktionsvermögen beruht auf einem gewissen Gehalt an *Pentosen* vor allem an *l-Arabinose* $C_5H_{10}O_5$, die in Naturweinen in einer Menge von 0,5—1,26 g/l vorkommt. Auch *Rhamnose* $C_5H_9 \cdot CH_3 \cdot O_5$, eine Methylpentose, findet sich in einer Menge von 0,15—0,36 g/l im Wein, ebenso d-Arabinose und Xylose in sehr kleinen Mengen. Da der Gehalt an Pentoson im Mittel etwa 1 g/l beträgt, zieht man bei der Bestimmung des Zuckers im Wein von der gefundenen Menge reduzierender Substanz stets 1 g/l ab.

# 4. Gerb- und Farbstoffe

Die Bildung und das Vorkommen von Gerb- und Farbstoffen in der Weintraube, im Traubenmost und im Wein wurde bereits auf S. 208 f. besprochen.

Die Bestimmung der Farbtiefe von Rotweinen ist für die Beurteilung ihres Handelswertes wichtig, dient aber auch zur Überprüfung der verschiedenen Verfahren zur Gewinnung gut gedeckter Rotweine. Ferner hat die Farbmessung Bedeutung gewonnen für die Züchtung neuer Rotweinsorten.

Zur kolorimetrischen Bestimmung (E. Vogt 1935, 1958) der Farbintensität von Rotweinen kann man sich einer Vergleichslösung bedienen, die aus einer Auflösung von 65 mg Alizarinastrolviolett B und 35 mg MOO[1] in 1 l Wasser besteht und lange unverändert haltbar ist. Den Farbwert dieser Vergleichslösung bezeichnet man mit der Zahl 100. Da aber die Rotweinfarbe noch eine wenn auch schwache grüne Komponente aufweist, wird als Vergleichslösung auch eine Lösung von 78 mg Alizarinastrolviolett B, 14 mg Alicancrocein MOO und 4 mg PLX in 1 l Wasser vorgeschlagen (E. Kielhöfer 1944), deren Farbe der Rotweinfarbe noch näher kommt. Auch das bekannte Pulfrich-Photometer der Zeiss-Werke kann mit Erfolg zur Farbmessung bei Traubensäften und Weinen herangezogen werden (Kaczmarek u. Weise 1941).

F. Wobisch u. J. Schneyder (1955) verwenden als Vergleichslösung eine Auflösung von 50 g $CoSO_4 \cdot 7 H_2O$ zu 1000 ml Wasser. Die zu untersuchenden Weine werden mit einer Pufferlösung 1 : 10 verdünnt, und ihre Farbe wird ebenso wie die der Vergleichslösung unter Verwendung eines Grünfilters VG 9 im lichtelektrischen Kolorimeter von Dr. B. Lange gemessen. Das Verhältnis der beiden Extinktionswerte ergibt die Farbtiefe des Weines ausgedrückt in Gramm $CoSO_4 \cdot 7 H_2O$ in 100 ml.

Fr. Villfotrh (1958) bestimmte den Farbwert der Weine mit dem Elekrophotometer Elco II der Fa. Carl Zeiss, das die Hundertteile der durch die Farbe der Rotweine bewirkten Lichtabsorption angibt.

Über die Farbstoffe im Wein, ihre Identifizierung und Bestimmung, liegen Arbeiten vor von H. Rentschler u. H. Tanner (1959), J. Schneyder u. F. Epp (1959), H. Grohmann u. E. Gilbert (1959), H. Bieber (1960), F. Drawert (1960), P. Jaulmes u. M. Ney (1960) sowie von K. Hennig u. R. Burkhardt (1960) (Quercitrin und Myricitrin betreffend). Auf diese Arbeiten sei hiermit verwiesen. H. Tanner u. H. Rentschler (1963) haben über die Auftrennung und Identifizierung von Pflanzenfarbstoffen unter Einsatz der Dünnschichtchromatographie gearbeitet. Als Standard-Vergleichsfarbstoff verwendeten sie reinstes Malvin. Eine einfache und schnelle Bestimmung der kondensierbaren Gerbstoffe in Weißweinen und Tresterweinen wird von R. Burkhardt u. K. Hennig (1964) angegeben. Sie fanden in normalen Weißweinen bis 50 mg/l Catechin, in fermentierten Mosten und Weinen 100—250 mg/l und in Tresterweinen 580—2400 mg/l Gerbstoff als Catechin. J. Koch (1962) hat über die Bildung von Hydroxymethylfurfurol beim Erhitzen von Traubensäften gearbeitet, das den „Kochgeschmack" bedingt.

---

[1] Hergestellt in den Bayer-Werken, Leverkusen.

## 5. Stickstoffverbindungen

Die aus der Traube und aus Obst- und Beerenfrüchten stammenden Eiweißstoffe werden z. T. schon während des Einmaischens und Kelterns in Form von
Gerbstoffverbindungen abgeschieden, z. T. durch den bei der Gärung sich bildenden Alkohol ausgefällt. Ein großer Teil der Stickstoffverbindungen (70—80%)
wird von der *Hefe* verbraucht, die damit den zu ihrer Entwicklung und Vermehrung notwendigen Nährstoffbedarf deckt. Die *Ammonsalze* werden von der Hefe
besonders leicht assimiliert und auch bei einem Überfluß anderer organischer
Stickstoffverbindungen zunächst verbraucht.

Bleibt der Hefetrub nach beendigter Gärung längere Zeit im Wein, so setzt eine
Selbstverdauung ein, die mit einer Aufspaltung des Hefeeiweiß zu niederen Spaltprodukten (Peptonen, Albumosen, Aminosäuren u. a.) verbunden ist. Darauf beruht die Zunahme des Stickstoffgehaltes insbesondere in Hefewein und Hefepreßwein.

FR. MUTH u. L. MALSCH (1934) haben eine Stickstoffbilanz von Traubenmosten und -weinen
aufgestellt, die in der Tab. 18 wiedergegeben ist.

Tabelle 18. *Stickstoffbilanz einiger Weine und Süßmoste* (in mg/l)

| Bezeichnung | Eiweiß | Ammoniak | Phosphor-wolfram-säurefällung | Amino-säuren | Humin-N | Summe | Gesamt-stickstoff nach KJELDAHL |
|---|---|---|---|---|---|---|---|
| Hefewein . . . . . . . | 36,2 | 127,8 | 279,0 | 589,4 | 10,2 | 1042,6 | 1045,0 |
| Tresterwein . . . . . | 3,5 | 12,1 | 52,4 | 121,6 | — | 189,6 | 194,7 |
| 1904er Auslesewein . . | 7,3 | 15,9 | 120,9 | 148,0 | 9,1 | 294,2 | 301,2 |
| 1930er Geisenheimer . | 11,2 | 35,9 | 224,0 | 251,1 | 8,6 | 530,8 | 536,5 |
| 1931er Geisenheimer . | 13,3 | 45,0 | 313,6 | 274,5 | 9,2 | 655,6 | 665,5 |
| 1932er Geisenheimer . | 10,5 | 19,1 | 145,4 | 194,2 | 9,8 | 379,0 | 376,8 |
| Burgundersüßmost . . | 28,0 | 119,5 | 228,0 | 226,2 | 7,8 | 609,5 | 616,4 |
| Apfelsüßmost . . . . | 4,2 | 12,6 | 125,3 | 88,5 | 5,1 | 235,7 | 243,7 |

Der größte Teil des Gesamtstickstoffes entfällt also auf die Aminosäuren und die durch
Phosphorwolframsäure fällbaren Verbindungen (Prolin, Arginin, Lysin, Histidin und Cystin).
Bei allen untersuchten Weinen ist die Verteilung des Stickstoffes auf die einzelnen Gruppen
ziemlich gleichmäßig.

Der Gesamtgehalt der deutschen Weine an Stickstoff schwankt zwischen etwa 200 und
800 mg im Liter, doch kommt auch ein geringerer und ein wesentlich höherer Stickstoffgehalt
in Betracht. Salpetersäure ist im Wein nur in sehr geringer Menge (ca. 20 mg/l) enthalten.

Einen guten Überblick über die in den letzten Jahren ausgeführten Arbeiten zur Untersuchung stickstoffhaltiger Substanzen im Wein gibt F. PRILLINGER (1957). Auch auf die Arbeiten von JOHN G. B. CASTOR (1953) und von K. HENNIG u. S. M. FLINTJE (1954) sei in diesem
Zusammenhang hingewiesen.

K. HENNIG u. P. OHSKE (1942) haben eine Stickstoffbilanz während und nach der Gärung
aufgestellt und durch ihre Untersuchungen das starke Absinken des Stickstoffgehaltes während
der Gärung bestätigt. Weiter stellten sie fest, daß *nach* der Gärung der Gehalt des Weines an
Gesamtstickstoff langsam aber stetig wieder ansteigt, daß also die Hefe wieder Stickstoffverbindungen an den Wein abgibt. Unverändert bleibt in dieser Zeit nur der Amid- und der Rest-
stickstoff. Eine Untersuchung der N-Verbindungen in der Zeit nach der Gärung hat ferner
K. HENNIG (1943) bei einem 1942er Riesling mit einem Gesamtstickstoffgehalt von 748 mg/l
im Most durchgeführt.

Bei Traubenmosten genügt der natürliche Gehalt an Stickstoffverbindungen, um die Hefe
zu ernähren und die Gärung in Gang zu halten.

## 6. Mineralstoffe

Unter dem Gehalt der Weine an Mineralstoffen — kurz „*Asche*" genannt —
versteht man die Summe aller nicht verbrennbaren Stoffe des Weines. Sie setzt sich
aus der Gesamtheit der anorganischen Kationen und Anionen zusammen, ver-

mehrt um die bei der Verbrennung aufgenommene Kohlensäure und um den Oxid-
sauerstoff.

Der vergorene Wein ist stets ärmer an Mineralstoffen als der noch unvergorene
Most. Die Hefe verbraucht Mineralstoffe, und durch Ausfällen von Weinstein und
Calciumtartrat findet eine weitere Verminderung der Mineralbestandteile statt.
Weine aus regenarmen Jahrgängen enthalten meist wenig Mineralstoffe, während
die Weine niederschlagsreicher Jahre durch einen höheren Aschengehalt gekenn-
zeichnet sind. Auch durch Angärenlassen auf der Maische und durch starkes Pressen
der Trauben auf der Kelter wird der Gehalt der Weine an Mineralstoffen erhöht.
Rotweine, die auf der Maische vergären, sind daher im allgemeinen reicher an
Mineralsubstanz als Weißweine. Auch Tresterwein enthält verhältnismäßig viel
Aschenbestandteile.

Der durchschnittliche Aschengehalt der deutschen Weine beträgt etwa 1,8—2,5
g/l, liegt aber in sehr trockenen Jahren etwas tiefer. Über die einzelnen Bestandteile der Weinasche vgl. S. 207 und Handbuch der Kellerwirtschaft Bd. III, S. 204
bis 208.

Die Weinasche besteht in der Hauptsache aus Carbonaten, Phosphaten, Sulfaten und Chloriden des Kaliums, Magnesiums, Calciums und Natriums. Daneben
sind in kleinen Mengen vorhanden: Eisen, Aluminium, Mangan, Kupfer, Arsen,
Kieselsäure, Borsäure. Die durchschnittliche Zusammensetzung einer Weinasche
ist aus folgender Übersicht zu entnehmen:

| Bestandteile | $K_2O$ | MgO | CaO | $Na_2O$ | $Fe_2O_3$ | $Al_3O_3$ | $CO_2$ | $P_2O_5$ | $SO_3$ | Cl | $SiO_2$ |
|---|---|---|---|---|---|---|---|---|---|---|---|
| Prozent | 40 | 6 | 4 | 2 | | 1 | 18 | 16 | 10 | 2 | 1 |

Genaue Bestimmungen des Mineralstoffgehalts von 8 natursüßen Qualitätsweinen hat
E. Peynaud (1950), Bordeaux, veröffentlicht. Sie umfassen die wichtigsten Bestandteile der
Asche (96—98% ihres Gesamtgewichtes.. Tabelle 19 gibt die Milliäquivalente (Milliliter n-
Lösung je Liter) der in der Asche von 8 Weinen festgestellten Kationen und Anionen wieder.

Tabelle 19. *Milliäquivalente der Kationen und Anionen von 8 Weinaschen*

| | 1 | 2 | 3 | 4 | 5 | 6 | 7 | 8 |
|---|---|---|---|---|---|---|---|---|
| K· | 17,9 | 18,3 | 14,8 | 11,5 | 11,3 | 13,0 | 8,4 | 13,2 |
| Na· | 1,8 | 1,6 | 1,8 | 2,1 | 2,1 | 1,6 | 1,9 | 3,0 |
| Ca·· | 4,0 | 4,5 | 3,4 | 3,5 | 3,4 | 3,5 | 3,8 | 4,0 |
| Mg·· | 13,0 | 10,6 | 14,5 | 10,9 | 10,9 | 10,9 | 9,5 | 10,7 |
| Fe··· | 1,6 | 1,9 | 0,7 | 1,6 | 0,9 | 1,4 | 0,8 | 2,4 |
| Summe der Kationen | 38,3 | 36,9 | 35,2 | 29,6 | 28,6 | 30,4 | 24,4 | 33,3 |
| Alkalität $(CO_3)$'' | 21,7 | 13,2 | 18,2 | 19,5 | 16,0 | 14,7 | 10,0 | 17,0 |
| $PO_4$''' | 2,5 | 2,8 | 5,3 | 3,3 | 3,0 | 3,3 | 2,0 | 3,3 |
| $SO_4$'' | 11,4 | 15,0 | 9,0 | 6,7 | 11,8 | 9,9 | 12,0 | 10,6 |
| Cl' | 0,8 | 1,0 | 1,0 | 0,8 | 1,0 | 1,2 | 0,8 | 1,2 |
| Summe der Anionen | 36,4 | 32,0 | 33,5 | 30,3 | 31,8 | 29,1 | 24,8 | 32,1 |

Neben den angeführten Anionen enthält die Weinasche auch kleine Mengen (2—50 mg/l)
$SiO_2$ und größere Mengen *Kohlensäure*. Diese Kohlensäure ist aber nicht ursprünglich im Wein
vorhanden, sondern erst während des Veraschens entstanden und von basischen Bestandteilen
gebunden worden. Zieht man von der *Rohasche* den ermittelten Gehalt an Kohlensäure ab, so
erhält man die *Reinasche*. Auch die Reinasche entspricht nicht der Summe der Mineralbestandteile des Weines, da sie noch basisch wirkenden *Sauerstoff* enthält, der während des Veraschens
aufgenommen wurde.

Die nach der amtlichen Methode ermittelte *Aschenalkalität* läßt nur Rückschlüsse auf die
Stärke der Schwefelung zu, bietet aber sonst keine Anhaltspunkte für die Beurteilung der
Weine. Eine stark erhöhte Alkalität läßt aber darauf schließen, daß ein Zusatz von Alkali-
salzen (zum Zwecke der Entsäuerung!) erfolgt ist.

Die zur Schwefelung, zur Entsäuerung und zur Schönung verwendeten anorganischen Salze wie Kaliumpyrosulfit, Calciumcarbonat und Kalium-hexacyanoferrat(II) bewirken bei sachgemäßer Anwendung *keine* nennenswerte Erhöhung des Mineralstoffgehalts.

Näheres über Vorkommen und Menge der Kationen und Anionen im Wein ist in „Weinchemie und Weinanalyse", 2. Auflage, S. 45—47 und S. 204—208 (Verlag E. Ulmer, 1958) nachzulesen. Zu den dort angegebenen Literaturstellen seien noch angeführt: W. DIEMAIR u. GUNDERMANN (1959), W. DIEMAIR u. G. MAIER (1962), H. ESCHNAUER (1959), W. GÄRTEL (1960), K. BEYERMANN u. H. ESCHNAUER (1962), H. TANNER (1963).

## 7. Bukettstoffe

Die charakteristischen Geruchs- und Geschmacksstoffe des Weines faßt man unter dem Ausdruck „*Bukettstoffe*" oder Aromastoffe zusammen. Die Gesamtwirkung der flüchtigen Stoffe auf die Geruchsnerven bezeichnet man auch als „*Blume*" des Weines.

Es ist anzunehmen, daß die *Traubenbukette* (vgl. S. 213) aus Abkömmlingen von Eiweißstoffen entstehen, die in den Zellen des Beerenfleisches enthalten sind. Die *Gärungsbukette* dagegen, die sehr vergänglich sind, entstehen aus dem Eiweiß der Hefezellen und sind je nach der Art der Hefe und des Hefeeiweiß verschieden (vgl. S. 231). Beim Ausbau des Weines gehen sie zum größten Teil verloren. Dafür entwickelt sich im lagernden Wein durch chemische Vorgänge (Veresterung) das *Lagerbukett*, das in der Form des Firngeschmacks eine unerwünschte Weiterbildung zeigen kann. Da junge Weine sich bei völligem Luftabschluß nur unvollkommen ausbauen, liegt die Annahme nahe, daß das Reifen der Weine und die Bildung des Lagerbuketts auf einer langsamen Oxydation gewisser Bestandteile des Weines beruht.

Die Untersuchung und Identifizierung der einzelnen *Bukettstoffe* war bisher mit erheblichen Schwierigkeiten verbunden, weil diese sehr flüchtigen Stoffe nur in geringen Mengen im Wein vorkommen und sich bei dem Versuch, sie zu isolieren, leicht verändern oder zersetzen. Auch durch sehr vorsichtige Destillation im Vakuum gelingt es nicht, die Bukettstoffe unverändert zu gewinnen und ihre chemische Struktur zu bestimmen. K. HENNIG u. F. VILLFORTH (1942) hatten sich daher einer anderen Methode bedient. Sie arbeiteten nach dem Ausschüttelungsverfahren und verwendeten dazu reines *Pentan* $C_5H_{12}$. Aus der Pentanlösung wurden die Aromastoffe durch vorsichtiges Abdestillieren des Pentans auf dem Wasserbad gewonnen, wobei keine höhere Temperatur als 34° C zur Anwendung kam. Es blieb eine gelbgefärbte, etwas ölige Flüssigkeit von scharfem Geruch zurück, in der die *Butyl-* und *Amylester* der Essigsäure vorherrschten. Dabei zeigte der Rückstand das typische Bukett des untersuchten Weines. Die Untersuchung des Extraktionsrückstandes ergab neben Methyl-, Äthyl-, i-Propyl-, i-Butyl- und i-Amylalkohol sowie *a*-Terpineol das Vorhandensein einer Reihe von Aldehyden, Ketonen und Fettsäuren. Unter ihnen sind besonders bemerkenswert Vanillin, Zimtaldehyd, Acetaldehyd, Aceton, Terpineol, Propyl-, Butyl- und Amylalkohol sowie Essig-, Propion-, Butter-, Caprin- und Caprylsäure. Aus dieser Aufstellung, die noch nicht vollständig sein dürfte, ergibt sich mit hoher Wahrscheinlichkeit, daß sich die sehr verschiedenen und in ihrer Stärke sehr wechselnden Bukettstoffe der Weine im wesentlichen aus höheren Aldehyden, Ketonen und Estern zusammensetzen.

Während HENNIG u. VILLFORTH sowie alle früheren Untersucher noch große Mengen Wein verarbeiten mußten, erlauben die neueren Verfahren der Papierchromatographie (E. BAYER u. K.H. BEUTHER 1956) und insbesondere der Gasphasen-Chromatographie (R. MECKE, R. SCHINDLER u. M. DE VRIES 1960; F. DRAWERT 1960; E. LEMPERLE u. R. MECKE 1964) mit viel kleineren Mengen auszukommen und auch diejenigen Ester zu trennen und zu identifizieren, die sich nur in ihrer Alkoholkomponente unterscheiden. Ester der Capron-, Önanth-, Capryl-, Caprin- und Pelargonsäure fanden sich in allen untersuchten Weinen, ließen sich aber nicht in eine einfache Beziehung zur Qualität der Weine bringen. Spitzenweine weisen eine relativ hohe Konzentration an Estern der aromatischen Carbonsäuren auf. In Traubensäften finden sich vorwiegend Ester der Ameisen- und der Essigsäure sowie Ester der $C_6$- bis $C_{10}$-Carbonsäuren.

## 8. Extrakt

Unter dem Extrakt eines Weines versteht man die Gesamtheit derjenigen Stoffe, die beim Verdampfen oder bei der Destillation des Weines zurückbleiben. Es sind dies vor allem die Kohlenhydrate, das Glycerin, die nichtflüchtigen Säuren, die Stickstoffverbindungen, die Gerb- und Farbstoffe, die höheren Alkohole und die Mineralstoffe. Der Extraktgehalt der deutschen Weine schwankt je nach Sorte und Jahrgang ziemlich stark und beträgt im Mittel etwa 22 g/l. Er bewegt sich bei ca. 85% aller Weine zwischen 20 und 30 g/l. Bei 10% der Weine liegt er unter 20 g/l, bei nur 5% über 30 g/l. Rotweine sind gewöhnlich extraktreicher als Weißweine. Weine aus Preßmost enthalten mehr Extraktstoffe als Weine aus Vorlaufmost. Nach einer in Frankreich üblichen Regel soll der Extraktgehalt bei Rotweinen mehr als das Doppelte, bei Weißweinen mehr als das Anderthalbfache des Alkoholgehaltes in Maßprozent betragen. In trockenen Jahren sind Extrakt- und Aschegehalt niedriger als in Jahren mit normaler Feuchtigkeit (P. BÖHRINGER 1952, 1953).

Bei Weinen, die noch unvergorenen Zucker enthalten, gibt man neben dem analytisch ermittelten Extrakt stets auch den *zuckerfreien Extrakt* an, d. h. denjenigen Wert, den man nach Abzug der 1 g/l übersteigenden Menge Zucker erhält[1]. Während der Gärung und während des Ausbaus der Weine nimmt der Extraktwert merklich ab. Die Hefe verbraucht Stickstoffverbindungen und Mineralstoffe, es scheidet sich Weinstein aus , und an die Stelle von 1 g Apfelsäure treten während des Säureabbaus nur etwa 0,6 g Milchsäure. Mit diesem Rückgang der Säure allein kann eine Extraktminderung von etwa 2—4 g/l verbunden sein. Dem steht eine Vermehrung der Extraktstoffe nur durch die Bildung von Glycerin und von Bernsteinsäure gegenüber. Auch bei Weinkrankheiten zerstören die Bakterien meist einen Teil der Extraktstoffe. Das ist der Fall beim Kahmigwerden, beim Essig- und beim Milchsäurestich und bei der Weinsäure- und Glycerinzersetzung, die unter Umständen starke Extraktminderungen zur Folge haben, aber auch — wie bei der Mannitgärung — eine erhebliche Extrakterhöhung durch Bildung von Mannit verursachen können.

Die früher übliche „direkte" Extraktbestimmung durch Eindampfen des Weines in offener Schale und Wägen des Rückstandes wurde in den Weinlaboratorien fast vollständig verdrängt durch die *indirekte Methode*, die auf der Ermittlung der Dichte des entgeisteten Weines beruht. Die auf diese Weise erhaltenen Werte liegen stets etwas höher als die Werte der direkten Extraktbestimmung, die ihrerseits den Vorteil hat, daß man aus Konsistenz und Aussehen des Extrakts gewisse Rückschlüsse auf die Beschaffenheit des Weines ziehen kann.

Durch Umgären der Weine mit Zuckerwasser kann eine merkliche Herabsetzung der Extraktwerte bewirkt werden. Bei der Mostzuckerung bleibt diese Extraktminderung nur sehr gering, weil neue Stoffe gebildet werden und weil die prozentuale Verdünnung der Extraktstoffe dadurch wieder ausgeglichen wird, daß Stoffe in Lösung gehalten werden, die sich sonst ausscheiden würden. Bei der Umgärung bereits vergorener Weine ist das indessen nicht der Fall, so daß hier die Extraktminderung deutlich hervortritt.

Sinkt der Extraktwert in Weinen von normalem Säuregehalt unter 17,5 g/l bei Weißweinen und unter 18,5 g/l bei Rotweinen, so liegt der Verdacht vor, daß die Weine überstreckt wurden.

Dem sog. „Extraktrest", d. h. dem Wert, der nach Abzug der titrierbaren Säuren vom zuckerfreien Extrakt verbleibt, kommt keine analytische Bedeutung zu, weil Angaben dieser Art der theoretischen Grundlage entbehren.

Über die Analysenwerte einer größeren Anzahl Weine siehe die Tab. 31—41 bei E. VOGT (1958) und die Tabellen bei H. REBELEIN (1962) und bei J. SCHNEYDER (1963), ferner Bulletin O. J. V. 1962, Heft 379. S. 1153—1186.

## II. Die Konzentration der Wasserstoffionen

Bei der analytischen Bestimmung der *Säure* eines Mostes oder Weines durch Titration mit einer eingestellten Lauge wird nur die „Gesamtsäure" ermittelt and als *Weinsäure*[2] angegeben, obwohl es sich dabei um eine Reihe organischer und einige anorganische Säuren von sehr verschiedener Stärke handelt. Die Bestimmung

---

[1] Bei Auslandsweinen nach Abzug der 2,5 g/l übersteigenden Menge Zucker.
[2] In Frankreich oft als Schwefelsäure $H_2SO_4$.

der einzelnen Säuren wäre zu umständlich und zeitraubend und würde über den Grad der Säure bzw. über den sauren Geschmack der Weine doch nur wenig aussagen, weil sich ein Teil der Säuren in halbgebundenem Zustand im Wein findet. Der saure Geschmack eines Weines ist auch nicht so sehr von der Menge der tirimetrisch nachweisbaren Säuren abhängig als vielmehr von dem *Säuregrad* oder der *Acidität* des Weines (TH. PAUL u. A. GÜNTHER 1905, 1908). Dieser Säuregrad ändert sich aber je nach der Art und der Menge der einzelnen Säuren und steht in engem Zusammenhang mit der *Konzentration der Wasserstoffionen.*

Der *saure Geschmack* einer Säure oder eines sauren Salzes ist allein abhängig von der Zahl der freien $H^{\cdot}$-*Ionen*, die sich in der Lösung finden. Demnach ist diejenige Säure am stärksten, die am vollständigsten dissoziiert ist, d. h. bei der in Lösungen von gleichem Gehalt die Konzentration der Wasserstoffionen am größten ist.

Bekanntlich nimmt die elektrolytische Dissoziation einer Säure mit steigender Verdünnung der Lösung zu. Der Dissoziationsgrad ist also von der Konzentration abhängig und daher veränderlich. Diese Veränderlichkeit wird quantitativ durch das Massenwirkungsgesetz wiedergegeben. Wird nun der dissoziierte Anteil in Beziehung gebracht zu dem nicht dissoziierten Anteil und dem Volumen der Lösung, so erhält man einen Zahlenwert, der für alle Dissoziationsgrade konstant bleibt: *die elektrolytische Dissoziationskonstante.* Diese Dissoziationskonstante ist nach W. OSTWALD das einzige rationelle Maß für die Stärke einer Säure. Für die im Wein vorkommenden Säuren besitzt die Dissoziationskonstante folgende Werte (TH. PAUL 1914):

| Weinsäure | Citronensäure | Apfelsäure | Milchsäure | Bernsteinsäure | Essigsäure |
|---|---|---|---|---|---|
| 0,00097 | 0,00082 | 0,000395 | 0,000138 | 0,000066 | 0,000018 |

Es geht daraus hervor, daß die Weinsäure unter den angeführten Säuren die stärkste ist, daß dann die Citronensäure folgt und daß die Essigsäure am schwächsten dissoziiert ist. Damit wird auch verständlich, weshalb Weine, die einen biologischen Säureabbau durchgemacht haben, wesentlich milder schmecken als vorher. An die Stelle der zweibasischen Apfelsäure ist die schwach dissoziierte einbasische Milchsäure getreten, deren Dissoziationskonstante nur ein Drittel derjenigen der Apfelsäure beträgt.

Die Dissoziationstheorie zeigt uns, daß die Acidität einer Säure ganz und gar auf den freien Wasserstoffionen beruht und daß auch der saure Geschmack *allein* von der Konzentration der Wasserstoffionen abhängt.

Für die Entstehung des sauren Geschmackes im Wein kommt es also darauf an, welche freien und halb gebundenen Säuren der Wein enthält, in welchem Mengenverhältnis sie darin vorkommen und in welchem Grade sie dissoziiert sind. Der Einfachheit wegen und zum Unterschied gegen den Säuregehalt gibt man die Konzentration der Wasserstoffionen (exakter die Aktivität der Wasserstoffionen) als pH-Wert an (vgl. D. BERNDT in Bd. II Teil 1).

Die Ermittlung des Säuregrades vermag uns auch eine Erklärung dafür zu bieten, weshalb Weine, die bei der Säurebestimmung mittels Lauge einen höheren Säuregehalt aufweisen, zuweilen *weniger* sauer schmecken als Weine mit geringerer Gesamtsäure.

Der Säuregrad bildet zweifellos einen zuverlässigeren Maßstab für den sauren Geschmack eines Weines als die titrimetrische Bestimmung der Gesamtsäure. Es muß aber berücksichtigt werden, daß der saure Geschmack auch von anderen im Wein enthaltenen Stoffen beeinflußt wird, vor allem von dem Gehalt des Weines an Alkohol, Glycerin und Zucker. In Weinen mit höherem Alkoholgehalt und mehr Körper tritt die Säure geschmacklich nicht so stark hervor wie in kleinen alkohol- und körperarmen Weinen, auch wenn zur Bestimmung der Säure in beiden Fällen die gleiche Menge Lauge nötig ist. Einen gewissen Einfluß auf den sauren Geschmack hat auch die Temperatur. Es ist bekannt, daß heiße Fruchtsäfte und Marmeladen saurer schmecken als kalte.

In Traubenweinen schwankt der pH-Wert zwischen 2,8 und 3,8. Weine mit höherem Gesamtsäuregehalt weisen aber nicht immer niedrigere pH-Werte auf, und gleichen Mengen Gesamtsäure stehen nicht immer gleiche pH-Werte gegenüber. Vielmehr können auch Weine mit gleicher Konzentration der Wasserstoffionen ganz verschiedene Mengen titrierbare Säure enthalten, wie folgende Beispiele zeigen (W. SEIFERT 1938):

| Weinsorte | pH | Säuregrad | Gesamtsäure |
|---|---|---|---|
| Tischwein . . . . . . . . | 2,92 | 1,20 | 8,78 g/l |
| 1923er Kahlenberger . . . . | 2,92 | 1,20 | 6,54 g/l |
| 1925er Weidlinger . . . . . | 3,38 | 0,42 | 5,63 g/l |
| 1925er Gumpoldskirchner . . | 3,36 | 0,44 | 9,69 g/l |

Aus den pH-Werten wurde im vorliegenden Beispiel der jeweilige Säuregrad (mg H· in 1 l) errechnet, weil dieser mit der Konzentration der H-Ionen steigt und fällt und daher das Verhältnis zur Acidität bzw. zum sauren Geschmack besser veranschaulicht als die pH-Werte, die im allgemeinen mit zunehmender Säure geringer werden, mit abnehmender Säure aber ansteigen. Der Säuregrad als Maß für die wahre Acidität eines Weines leistet also besonders in solchen Fällen gute Dienste, wo es gilt, den Widerspruch zwischen dem Ergebnis der Säurebestimmung und der Kostprobe aufzuklären.

Die Bestimmung der Wasserstoffionenkonzentration hat sich bisher noch nicht so in die Weinanalyse eingeführt, wie es wünschenswert wäre. Es dürfte das darin seinen Grund haben, daß das große Zahlenmaterial der amtlichen Weinstatistik, das bei Weinuntersuchungen immer wieder zum Vergleich herangezogen wird, Zahlenwerte enthält, die durch *titrimetrische* Bestimmung der Gesamtsäure erhalten wurden. Bei rein wissenschaftlichen Untersuchungen tritt indessen die Bestimmung des pH-Wertes heute mehr in den Vordergrund.

# J. Dessertweine, Schaumweine, weinhaltige Getränke

## I. Dessertweine

Neben den als „Wein "bezeichneten Getränken, die durch alkoholische Gärung aus dem Saft *frischer* Weintrauben bereitet werden, gibt es Weine, die einen nicht durch Gärung erreichbaren hohen Gehalt an Alkohol und meist auch einen hohen Zuckergehalt besitzen. Sie werden als *Dessertweine, Süd-* oder *Süßweine* bezeichnet und sind nach dem Weingesetz als Wein anzusehen. Die Verfahren, nach denen sie in den Erzeugerländern hergestellt werden, sind oft schon sehr alt. Es kommen dabei bestimmte Zusätze wie Trockenbeeren, eingedickter Traubensaft und Alkohol zur Anwendung[1]. Die verschiedenen Dessertweine zeichnen sich durch hohen Alkoholgehalt, durch große Süße und durch einen eigenartigen, oft sehr feinen Geruch und Geschmack aus. Die Bezeichnung Süd- oder Süßweine ist mißverständlich, weil unter Südweinen auch die in südlichen Ländern gewonnenen nichtsüßen Weine verstanden werden, und weil man zu den Süßweinen auch Trockenbeerenauslesen und manche weinhaltigen Getränke, wie Wermutwein, rechnen kann. Die im Weingesetz festgelegte Bezeichnung „*Dessertweine*" gilt also nur für solche Süßweine, bei denen die folgenden Merkmale zutreffen.

Man unterscheidet zwei grundsätzlich verschiedene Verfahren der Herstellung von Dessertweinen, die aber in den verschiedenen Ländern auch abgeändert oder miteinander kombiniert werden:

1. durch Vergärung konzentrierter sehr zuckerreicher Traubensäfte oder durch Zusatz von konzentriertem Traubensaft zu normalem Wein (*konzentrierte* Dessertweine);
2. durch Zusatz von Alkohol oder von gespritetem eingedicktem Most zu teilweise vergorenem Traubenmost (*gespritete* Dessertweine).

Zur Bereitung von konzentrierten Dessertweinen werden entweder *Trockenbeeren* verwendet, die durch längeres Belassen am Stock eingeschrumpft sind, oder aber *getrocknete* Beeren, bei denen durch Aufhängen der Trauben in luftigen Räumen oder durch Lagern auf Stroh, Schilf u. dgl. eine Konzentrierung des Beerensaftes bewirkt wurde. Zur Herstellung konzentrierter Dessertweine werden aber auch Traubensäfte verwendet, die im Vakuum eingedickt wurden. Die Verwendung von Rosinen und der Zusatz von Zucker sind unstatthaft. Solche Weine dürfen die Bezeichnung Dessertwein nicht führen. Sie dürfen in Deutschland nicht in den Verkehr gebracht werden.

Bei der Bereitung *gespriteter* Dessertweine setzt man dem vergorenen oder noch in Gärung befindlichen Most von frischen Weintrauben oder von Trockenbeeren so viel Alkohol oder gespriteten eingedickten Most zu, daß die Gärung zum Stillstand kommt.

### 1. Ungarische Dessertweine

Die ungarischen Ausbruchweine und Essenzen wurden ausschließlich aus überreifen, auf natürliche Weise eingetrockneten Beeren gewonnen, also ohne Zusatz von eingedicktem Traubensaft oder von Alkohol. Heute werden diese Weine kaum noch hergestellt.

**α) Szamorodny.** Die edlen Tafelweine der *Tokay-Hegyalja*[1], die als *Szamorodny* (so wie gewachsen) bezeichnet werden, gewinnt man durch Keltern der überreifen und z. T. eingeschrumpften *Furminttrauben* in Jahren, in denen die Trockenbeerenbildung nicht so reichlich ist, daß sich die Herstellung von *Ausbruchweinen* oder von *Essenzen* lohnt. Die Szamorodner sind entweder vollkommen vergoren oder enthalten nur geringe Mengen Zucker. Sie sind stark und feurig, besitzen eine gelbe bis dunkelgelbe Farbe und ein feines, an frische Brotrinde erinnerndes Aroma. Ihr Alkoholgehalt beträgt rund 125 g/l = 16 Vol.%, der Gehalt an zuckerfreiem Extrakt nahezu 30 g im Liter. In guten Jahren und aus hervorragenden Lagen werden auch *natursüße* Szamorodner gewonnen, die in ihrer edlen Art den Ausbruchweinen ähnlich sind.

Ein Alkoholzusatz von 4% (=32 g je Liter) ist heute zulässig.

**β) Tokayer und Ruster Ausbruchweine.** Die ausgelesenen Trockenbeeren werden mit frisch gekeltertem Traubenmost versetzt und 1 Tag lang damit durchgearbeitet. Man erhält auf diese Weise einen sehr süßen Most, der bis zu 300 und 350 g Zucker im Liter enthält. Je nachdem man einem Faß Most von 136 l Inhalt 2—5 Butten[2] Trockenbeeren zusetzt, wird ein „zwei- bis fünfbuttiger" Ausbruchwein gewonnen.

In den kühlen Kellern des Tokayer Gebiets vergären diese zuckerreichen Moste nur sehr langsam und nur so weit, daß die Weine 80—120 g/l Alkohol enthalten, dazu aber oft noch 100—150 g unvergorenen Zucker. Ihr Gehalt an zuckerfreiem Extrakt beträgt 40—50 g, ihr Gehalt an Glycerin 10—20 g/l.

**γ) Tokayer Essenzen.** Zur Gewinnung der edelsten und teuersten Trockenbeerenauslesen Ungarns, der Tokayer *Essenzen*, wurden die sorgfältig ausgelesenen Trockenbeeren in Bottichen aufgeschichtet und festgestampft. Nach einigen Tagen floß ein honigartiger dicker Most ab, der 300—400 g/l Zucker enthielt und der des hohen Zuckergehalts wegen kaum in Gärung geriet. Die Essenzen konnten nur in sehr guten Jahren hergestellt werden, wenn es viele Trockenbeeren gab. Der Ausbau dieser heute nicht mehr erhältlichen Trockenbeerenauslesen dauerte sehr lange. Sie enthielten nur etwa 50 g/l Alkohol bei einem Zuckergehalt von 200—300 g/l.

## 2. Spanische Dessertweine

**α) Malaga-Weine.** Die nach der andalusischen Stadt Malaga genannten süßen und halbsüßen Dessertweine werden vor allem aus den Traubensorten Pedro Ximenes und Moscatel gekeltert. Um den wertvollen hellen *Goldmalaga* zu gewinnen, läßt man die vollreifen Trauben noch eine Zeitlang am Stock oder setzt sie nach der Lese noch einige Tage der Sonne aus, ehe man sie einmaischt und keltert. Man erhält in zwei- bis dreijährigem Ausbau einen sehr süßen hellfarbigen Wein, der die Bezeichnung *Lagrima* führt. Auch die Moscatel-Weine Malagas gehören zu den besten Weinen Spaniens.

Für den Auslandshandel setzt man den Weinen meist eingedickten Traubensaft (Arope oder Color genannt) zu und so viel Alkohol, daß sie unbegrenzt haltbar sind. Auf diese Weise werden die bekannten, sehr süßen, goldbraunen bis dunklen Malagaweine gewonnen, die 120—150 g/l Alkohol enthalten.

Von großer Bedeutung für den Weinbau Spaniens ist auch die Erzeugung der feinen *Malaga-Rosinen*, zu der ausschließlich Moscateltrauben verwendet werden.

**β) Sherry-Weine.** In der Provinz Cadiz werden bei der Stadt Jerez die am höchsten geschätzten Weine Spaniens bereitet, die unter der englischen Bezeichnung Sherry in der ganzen Welt bekannt wurden. Es sind alkoholreiche Weine von bern-

---

[1] Vgl hierzu auch L. GRÜNHUT (1913), A. F. LINDNER (1952), FERD. ENGEL (1955), P. H. JOPPIEN (1961, 1962) und H. ARNTZ (1959).

[2] Eine Butte faßt 12—15 kg Trockenbeeren.

[1] Hegyalja = Berghalde.

steingelber Farbe und sehr feinem Aroma, die aus den weißen Traubensorten Pedro Ximenes, Moscatel, Palomina und Castigliano gewonnen werden.

Um den Zuckergehalt der vollreifen Trauben noch weiter zu steigern, läßt man sie nach der Lese 1—2 Tage an der Sonne trocknen. In der „Bodega", dem Anwesen des Weingutbesitzers, wird der gekelterte Traubenmost in neue Fässer von etwa 500 l Inhalt gefüllt und in oberirdischen Hallen vergoren. Die langen, meist dreifach geschichteten Faßreihen nennt der Spanier eine „Solera" bzw. ein „Solerasystem". Nach der stürmischen Gärung, die etwa 1 Woche dauert, und einer längeren Nachgärung, klärt sich der junge Wein.

Nun beginnt ein besonderes, mehrere Jahre andauerndes Verfahren des Ausbaus, durch das die Jerez-Weine ihre feine Art und das ihnen eigene Sherrybukett erhalten. In den nur drei Viertel gefüllten Fässern bildet sich auf der Oberfläche des Weines eine „flor del vino" genannte dicke, gelblichweiße Haut echter Weinhefen, die sich im oxydativen Stadium befinden (H. Schanderl 1936 u. 1941). Der Tätigkeit dieser Hefedecke ist das eigenartige Bukett der Weine (Sherrybukett) zuzuschreiben. Nach zwei- bis fünfjährigem Ausbau wird aus der untersten Faßreihe ein Teil des Weines zum Versand entnommen, ohne die Hefedecke zu verletzen. Das Fehlende wird aus der nächsthöheren und nächstjüngeren Faßreihe ersetzt, in dieser wieder aus der nächstjüngeren Faßreihe und so fort. Gute Jerez-Weine kommen daher erst nach etwa fünfjährigem Ausbau in den Handel. Die feinste Sorte, der „Fino", ist ein hellfarbiger nichtsüßer Wein. Als „Oloroso" wird ein dunkler Sherry von würzigem Geschmack bezeichnet, und der „Manzanilla" ist ein Fino, der in der Nähe der Küste gewachsen ist. „Amontillado" ist alter körperreicher und meist recht teurer Sherry. „Raya"-Weine nennt man die gefärbten und gezuckerten geringwertigen Sherry-Weine (J.M. von Sieg 1950). Die besten Sherry-Weine werden aus der Traubensorte Pedro-Ximenes gewonnen.

Auch in anderen Gegenden des spanischen Weinbaugebietes wie Tarragona, Murcia und Alicante werden gute Dessertweine erzeugt, die meist mit konzentriertem Traubensaft gesüßt und durch Zusatz von Weindestillat alkoholreicher gemacht werden.

## 3. Portugiesische Dessertweine

α) **Portwein.** Der weltbekannte und besonders in England beliebte *Portwein* wird in dem fest umgrenzten Weinbaugebiet zu beiden Ufern des oberen Douro aus blauen Trauben erzeugt. Der junge Wein wird noch vor Beendigung der Gärung abgelassen und in Fässern aus Kastanienholz gelagert. Der Ausbau erfolgt in den großen Kellereien von Vila nova de Gaia. Dort versetzt man den Wein mit 6—10% Weindestillat oder mit 5—10% eines Gemisches von 1 Teil Weingeist mit 4—5 Teilen Traubenmost, das man „Geropiga" nennt. Bei jedem Abstich werden weitere Mengen Weingeist zugesetzt, bis der Alkoholgehalt 150—160 g/l beträgt. Durch eine drei bis vierjährige Lagerung in der Flasche nimmt der Portwein noch wesentlich an Feinheit zu.

Im weiteren Sinne werden als Portweine auch die Weine bezeichnet, die aus der Landschaft zwischen Douro und Rio Corgo stammen. Der als Frühstückswein sehr beliebte Portwein kommt in besonders geformten Flaschen in den Handel. Er ist im allgemeinen dunkelrot. In besonders guten Jahren werden aber auch *weiße* Portweine erzeugt. Der Gehalt der Portweine an Oxymethylfurfurol ist auf 40 mg/l beschränkt.

β) **Madeira-Weine.** Die goldbraunen süßen *Madeiraweine* werden auf der an der Westküste Afrikas gelegenen portugiesischen Insel Madeira gekeltert, und zwar aus den Traubensorten Malvasier, Muskateller, Alicante und Verdelho. Die besten Weine stammen aus dem Bezirk Funchal an der Südküste der Insel und werden aus der Malvasiertraube gewonnen, die aus Kreta dort eingeführt wurde. Damit der Wein süß bleibt, setzt man ihm lange vor Beendigung der Gärung 4—5% Weingeist zu. Ein gewisser Anteil des Mostes wird ferner so stark gespritet, daß überhaupt keine Gärung eintritt. Mit diesem stumm gemachten Most (Mistela) werden die Madeiraweine später nachgesüßt. Seltener wird hierzu eingedichter Traubensaft (Arrobe) verwendet.

Um höchste Qualitäten zu erzielen, läßt man die Madeiraweine 6 Jahre ausreifen. Neuerdings kürzt man aber die Zeit auch dadurch ab, daß man sie in Hallen mit Glasdächern (estufas) lagert, die sich unter dem Einfluß der Sonne sehr stark erwärmen. Madeiraweine müssen mindestens 17 Vol.% (135 g/l) Alkohol enthalten. In Ausnahmefällen darf der Alkoholgehalt auch bis auf 15,5 Vol.% (123 g/l) heruntergehen (A. KICKTON u. P. BERG 1926).

Als portugiesische Dessertweine verdienen noch Erwähnung der Muskateller von *Setubal* und die Weine von *Carcavellos*.

## 4. Italienische und griechische Dessertweine

**Marsala.** Unter den Dessertweinen *Italiens* genießt der goldgelbe sizilianische Marsala besonderen Ruf. Er wird aus Cattarato- und Insoliatrauben gewonnen, deren Most gegipst und mit 5—10% eingedicktem Traubensaft versetzt wird. Auch die fertigen Weine erhalten einen Zusatz in Form des „Sifone", eines nicht vergorenen, mit Weingeist stumm gemachten Mostes.

Gute Marsalaweine gelangen erst nach 2—5 Jahren in den Handel. Ihre Erzeugung ist auf die Provinz Trapani und auf den nordwestlichen Teil der Provinz Palermo beschränkt.

Bekannte italienische Dessertweine sind ferner der rote *Calabrese* von Syrakus und Milazzo, der Cardillo rosso von Catania, der weiße und der rote Zucco von Palermo, der Albanello, der Necarello, der Amarena, der Vernaccia Sardiniens, der Aleatico von der Insel Elba und die süßen Muskatweine von Syrakus und Catania.

**Samosweine.** Unter den *griechischen* Dessertweinen ist der von der Insel Samos stammende am bekanntesten. Ihm in der Qualität etwa gleich ist der Patras-Muskat. Sie werden aus den sehr reifen Trauben der Sorten Muskateller und Fukiano gekeltert, deren Most einer Angärung bis zu 5 Vol.-% unterworfen und dann mit reinem Alkohol aufgespritet wird. Die Samosweine, die 120—150 g/l Alkohol und 150—220 g/l unvergorenen Zucker enthalten, ähneln den Madeiraweinen. Besonders geschätzt sind der Moskado und der Mavrodaphne vom Peloponnes. — Ein „Vino santo" aus getrockneten Traubenbeeren wird auf der Insel Santorin hergestellt.

## 5. Andere Dessertweine

Dessertweine, die den beschriebenen sehr ähnlich sind, werden auch erzeugt in Frankreich (Muskatweine von Frontignan), in Südtirol und Steiermark, in Dalmatien, in Rumänien, auf der Krim, in Kleinasien, in Syrien und Palästina, auf Zypern, in Algerien, in Kalifornien und in Nordkarolina. Die bevorzugte Traubensorte zur Herstellung süßer Dessertweine ist auf der ganzen Welt die sehr aromatische *Muskatellertraube*.

Tabelle 20. *Zusammensetzung von Dessertweinen* (nach P.H. JOPPIEN 1962)

| Bezeichnung | Dichte 20/20°C | Alkohol Vol.-% | Alkohol g/l | Extrakt g/l | Gesamtsäure g/l | Zucker g/l | Extrakt zuckerfrei g/l | Glycerin g/l | Asche g/l |
|---|---|---|---|---|---|---|---|---|---|
| Tokayer . . . . . | 1,0207 | 15,5 | 121,9 | 104,8 | 7,1 | 78,9 | 26,9 | — | 2,4 |
| Malaga . . . . . . | 1,0667 | 16,22 | 128,1 | 229,5 | 4,7 | 198,4 | 32,1 | 2,3 | 4,1 |
| Jerez . . . . . . . | 0,9901 | 18,0 | 141,9 | 32,2 | 3,5 | 6,2 | 27,0 | 9,2 | 4,0 |
| Jerez Amontillado . | 0,9922 | 20,12 | 159,1 | 43,7 | 4,4 | 22,6 | 22,1 | 9,6 | 3,7 |
| Portwein, trocken . | 1,0070 | 20,35 | 161,5 | 80,7 | 4,3 | 60,6 | 20,1 | — | 2,2 |
| Portwein, süß . . . | 1,0330 | 19,95 | 158,3 | 147,2 | 3,0 | 130,0 | 17,3 | — | 2,5 |
| Madeira . . . . . | 1,0271 | 19,0 | 149,5 | 129,0 | 6,5 | 107,5 | 22,5 | 2,9 | 2,7 |
| Marsala . . . . . . | 1,0097 | 19,0 | 150,4 | 81,0 | 5,9 | 52,2 | 29,0 | 6,2 | 3,6 |
| Samos . . . . . . | 1,0682 | 18,79 | 147,9 | 238,4 | 3,2 | 217,1 | 15,1 | 3,4 | 2,1 |
| Mavrodaphne . . . | 1,0376 | 17,9 | 141,5 | 155,8 | 5,3 | 129,2 | 27,6 | 4,5 | 3,1 |
| Patras-Muskat . . . | 1,0654 | 18,26 | 143,9 | 229,6 | 2,7 | 218,3 | 12,3 | 3,1 | 2,2 |
| Kapwein-Muskat . . | 1,0640 | 19,75 | 155,9 | 230,1 | 5,7 | 203,6 | 27,5 | — | 3,0 |
| Russ. Dessertwein . | 1,0336 | 21,13 | 167,1 | 154,2 | 4,7 | 139,9 | 15,3 | — | 1,7 |

Zu den Süßweinen kann man auch die hochgezuckerten likörartigen Weine aus Kernobst, Beerenobst, Steinobst, Hagebutten usw. rechnen, die nach Artikel 7 der Ausführungsverordnung zum Weingesetz von 1930 unter Zusatz von Zucker und Alkohol (bis 20 g/l) hergestellt werden dürfen und die bei hohem Alkoholgehalt meist auch noch erhebliche Mengen Zucker enthalten (vgl. S. 297). Als Dessert*weine* im Sinne des Weingesetzes sind diese Erzeugnisse jedoch *nicht* anzusehen.

Auch die durch Eintrocknen der Trauben gewonnenen *Strohweine,* die süß und alkoholreich sind, gelten nicht als Dessertweine, wenn sie auch in Geschmack und Bukett den Dessertweinen oft sehr ähnlich sind.

Das gleiche gilt von den berühmten und oft sehr wertvollen *Trockenbeerenauslesen* des Rheingaus, der Pfalz und der Gegend von Sauternes deren Mostgewichte oft 150—250° Öchsle und mehr betragen. Da die Gärung bei diesen Auslesen durch den hohen Zuckergehalt stark beeinträchtigt ist, bleiben in diesen lang und langsam gärenden Weinen noch erhebliche Mengen unvergorener Zucker zurück, die sie den Dessertweinen ähnlich machen. Mit den Tokayer Ausbruchweinen und Essenzen haben sie gemeinsam, daß bei ihrer Herstellung keinerlei Zusätze von Alkohol oder von eingedicktem Traubensaft erfolgen. Es handelt sich vielmehr bei den Trockenbeerenauslesen um die hochwertigsten *naturreinen* Erzeugnisse der Rebkultur.

Eine Übersicht über die Zusammensetzung der bekanntesten Dessertweine bietet Tab. 20.

## 6. Rosinenwein

Die Herstellung von *Süßweinen* aus Traubenwein, getrockneten *Rosinen* (Zibeben), Zucker und Alkohol ist in Österreich zugelassen. Nach dem österreichischen Weingesetz sind bei der Bereitung von Süßweinen Zusätze von Alkohol oder Zucker, Rosinen- oder Korinthenauszügen und von Traubenmost, dessen Gärung durch Alkoholzusatz unterbrochen ist (Mistela), gestattet. Süßweine dürfen höchstens 22,5 Maßprozent (178 g/l) Alkohol enthalten, und Alkohol und Zucker sollen zusammen den Wert 260 g/l erreichen. In Deutschland und in der Schweiz dürfen Rosinenweine weder hergestellt noch in Verkehr gebracht werden.

Zur Süßweinbereitung werden möglichst *frische* Rosinen einer guten Traubensorte verwendet. Die feinsten Weine werden aus *Tafelrosinen* von Malaga oder aus *Sultaninen* hergestellt, die sich beide durch einen sehr reinen Geschmack auszeichnen. Im allgemeinen werden aber die wesentlich billigeren großen gelben Rosinen (Eleme) verwendet, die man mit etwa der doppelten Gewichtsmenge eines einfachen, aber extraktreichen Weines (Ödenburger Wein) versetzt und 2—5 Tage auszieht. Die Rosinen müssen vor der Verarbeitung von den Kämmen befreit und zerrieben werden.

In diesen zuckerreichen Rosinenauszügen wird durch Zusatz einer gärkräftigen Reinhefe in kleinen Fässern, die in heizbaren Kellern lagern, die Gärung eingeleitet, die aber nur langsam einsetzt und längere Zeit dauert. Durch den noch vor Beendigung der Gärung erfolgten Zucker- und Alkoholzusatz werden die Weine haltbar und verkaufsfähig. Um die Bildung eines *Sherrygeschmacks* zu beschleunigen, lagert man die Weine oft in nicht ganz gefüllten Fässern in warmen Räumen oder an der Sonne.

Der Zusatz von getrockneten Früchten, von Gewürzen und sonstigen Stoffen ist auch in Österreich verboten, ebenso die Bereitung von Süßweinen aus käuflichem Rosinenextrakt.

## II. Sekt

## 1. Allgemeines

Die während der Gärung gebildete Kohlensäure verbleibt noch einige Zeit im Wein und macht ihn lebendig, frisch und spritzig. Kohlensäurehaltige Weine erfreuen sich daher bei vielen Weintrinkern besonderer Beliebtheit. Das zeigt der erhebliche Verbrauch an Jungweinen (Süßkrätzer, Sauser, Federweißer), aber auch die Vorliebe für die spritzigen Weine der Mosel, der süddeutschen Weinbaugebiete und des Westschweizer Weinbaues.

Schon früher hat man versucht, Weine *vor* Beendigung der Gärung in Flaschen zu füllen, um ihnen die Gärungskohlensäure zu erhalten. Weine dieser Art sind der *Refosco* von Triest und der *Moscato spumante* von Asti (Italien), die nur eine Gärung durchmachen. Sie waren durch ihren Gehalt an Hefe trüb und hielten sich nicht lange. In Frankreich scheint man seit dem 16. Jahrhundert, vermutlich also

---

[1] Die Bezeichnung „Sekt" stammt angeblich (1825) von dem Berliner Schauspieler Ludwig Devrient (1784—1832).

seit der Verwendung von *Korken* als Flaschenweinverschluß, Weine auf Flaschen gefüllt zu haben, deren Gärung in den fast ebenerdigen „celliers" bei kalter Witterung ins Stocken geraten war. Diese Weine begannen im Frühjahr erneut zu gären und haben wohl den Weg zur Bereitung von Schaumwein mittels einer zweiten Gärung auf der Flasche gewiesen. Als erstem soll es DOM PÉRIGNON (1638—1715), dem Kellermeister der Benediktinerabtei Hautvillers (Champagne), gelungen sein, die trübende Hefe aus dem Wein zu entfernen, ohne dessen Gehalt an Kohlensäure wesentlich zu mindern. Jedenfalls erhielt er einen abgelagerten, klaren, stark schäumenden Wein, der unter der Bezeichnung *Champagner* oder *Sekt* bald in der ganzen Welt berühmt wurde.

In den Jahren 1750—1790 entstanden in Epernay, Reims und Châlons sur Marne eine Reihe größerer Kellereien, die Schaumweine (vins mousseux) nach dem Verfahren der Flaschengärung erzeugten. Kellereien wie *Veuve Cliquot* (1783), *Perrier-Jouet, Pommery et Greno, Mumm, Heidsieck, Moët et Chandon, Mercier* u. a. m. genießen noch heute Weltruf. Die Erzeugung an Champagner belief sich 1957 in Frankreich auf rund 48 Mio Flaschen. Die gesamte Schaumweinerzeugung Frankreichs wird auf etwa 100 Mio Flaschen geschätzt.
In Deutschland wurden die ersten Sektkellereien 1826 in Eßlingen (Württemberg) und in Grünberg (Schlesien) errichtet (H. NEUMANN 1956). Es folgten Kellereien in Weinsberg, Würzburg, Bad Dürkheim, Eltville und Mainz, so daß 1850 bereits 43 Sektkellereien in Deutschland bestanden, die jährlich 1,3 Mio Flaschen erzeugten (H. ARNTZ 1956). Heute beschäftigen sich mit der Bereitung von Sekt rund 100 Betriebe, vor allem am Rhein, am Main und an der Mosel. Namen wie *Burgeff* — Hochheim a. M. (seit 1837), *Deinhard* — Koblenz, *Henkell* — Wiesbaden, *Kessler* — Eßlingen, *Kupferberg* — Mainz, *Mattheus-Müller* — Eltville a. Rh., *Mumm* — Frankfurt, *Söhnlein-Rheingold* — Schierstein a. Rh. und *Deutz* und *Geldermann* — Breisach sind weithin bekannt. Im Jahre 1954 wurden in Deutschland 21,3 Mio, im Jahre 1963 95,7 Mio Flaschen Sekt versteuert, die 97,7 Mio DM Steuern erbrachten.

**Zur Sektbereitung** werden mit Vorliebe Weine mit genügendem Säuregehalt verwendet, die sich durch ein feines nicht aufdringliches Bukett auszeichnen. In Frankreich sind es besonders die Sorten Blauer Spätburgunder (Pinot noir fin), Grauer Burgunder (Pinot gris) und Trauben der Sorte Chardonnay. Für geringere Sekte genügen die Sorten Gamay, Müllerrebe und Portugieser. Die aus den roten Trauben vorsichtig gekelterten nahezu farblosen Weine werden als Clarettweine (clairet) bezeichnet. In Deutschland wird Sekt fast ausschließlich aus den Weinen weißer Trauben bereitet. Besonders die Sorte Riesling eignet sich in hervorragendem Maße dazu, Sekt von sehr angenehmer fruchtiger Art herzustellen. Rote Sekte, die besonders in England beliebt sind, werden in geringerer Menge in Frankreich und in Deutschland erzeugt.

Die Güte eines Sektes hängt in erster Linie von dem zur Herstellung verwendeten Ausgangsmaterial und von seiner Behandlung ab. Gute Sekte sollen nicht zu stark und nicht zu süß sein. Sie sollen eine lichte hellgelbe Farbe und ein feines, liebliches Bukett besitzen. Die Kohlensäure darf nicht gleich beim Einschenken entweichen, sondern soll möglichst fest gebunden sein, damit der Wein längere Zeit frisch und perlend bleibt. Sekt muß *kühl* getrunken werden, darf aber nicht so stark gekühlt sein, daß sein Bukett darunter leidet. Für Konsumsekt ist eine Temperatur von 8°, für Rieslingsekt von 10° und für Rotsekt von 13°C angemessen. Die rasch anregende Wirkung des Sektes wird seinem Gehalt an Kohlensäureäthylester $C_2H_5 \cdot HCO_3$ bzw. an Diäthylpyrocarbonat $C_2H_5 \cdot O \cdot CO \cdot O \cdot CO \cdot O \cdot C_2H_5$ zugeschrieben, das sich während der Lagerung unter dem in den Flaschen herrschenden starken Kohlensäuredruck bilden soll.
Bei der Herstellung von Sekt unterscheidet man drei Verfahren, die in Frankreich auf den Flaschenschildern vermerkt sein müssen:

> das Flaschengärverfahren (méthode champenoise),
> das Großraumgärverfahren (produit en cuve close),
> das Imprägnierverfahren (vin mousseux gazéifié).

## 2. Das Flaschengärverfahren

α) **Kelterung, Verschnitt.** Die von allen kranken und faulen Beeren befreiten Trauben werden in flachen Körben oder Kisten in den Kelterraum gebracht und in unversehrtem Zustand vorsichtig gepreßt. Der zunächst abfließende Traubensaft wird als bestes Ausgangsmaterial (cuvée) in besonderen Fässern eingelagert. Durch stärkeres Pressen erhält man einen ebenfalls noch guten Most, der „taille" genannt wird. Der nach dem Umscheitern gewonnene Nachdruck („rebêche") wird nicht mehr zur Bereitung von Schaumwein verwendet, sondern als Konsumwein ausgebaut. Da die Trauben zunächst nur schwach gepreßt werden, erhält man aus 100 kg nur etwa 50 l „cuvée".

Der abfließende Most wird schwach geschwefelt und in Fässern verschiedener Größe vergoren. Nach dem Abstich von der Hefe, der im allgemeinen schon im Dezember vorgenommen wird, erfolgt der für die Sektbereitung sehr wichtige *Verschnitt* (coupage). Da die zur Herstellung verwendeten Weine in ihrer Zusammensetzung Schwankungen unterliegen, sucht man durch Verschnitt von Weinen aus verschiedenen Jahren und Lagen diese Unterschiede auszugleichen und ein Ausgangsmaterial zu schaffen, das von der Eigenart der einzelnen Jahrgänge möglichst unabhängig ist. Angesehene Kellereien bringen aber auch Marken- und Jahrgangssekte heraus. Der Verschnitt, von dessen zweckmäßiger Durchführung die Güte und die Reintönigkeit des fertigen Sektes in hohem Maße abhängen, wird in großen, mit Rührwerken versehenen Behältern aus Holz oder verglastem Beton durchgeführt. Einige Zeit nach dem Verschnitt wird der Wein geschönt und filtriert, um alle Trubstoffe zu beseitigen.

Die deutschen Sektkellereien keltern im allgemeinen ihren Grundwein nicht selbst, sondern kaufen ihn, bauen ihn in der eigenen Kellerei aus und verschneiden ihn.

β) **Flaschengärung.** Zur Einleitung der zweiten Gärung, die in der Flasche erfolgen soll, wird der Wein mit bestimmten Mengen Zucker und mit Reinhefe versetzt. Da der Kohlensäuredruck in der Flasche von der Menge des vergorenen Zukkers abhängt, berechnet man den Zuckerzusatz nach bestimmten Formeln. Um einen Druck von 4—5$^1/_2$ at zu erzeugen, kommt man je nach dem Alkoholgehalt des Ausgangsweines mit einem Zusatz von 20—25 g/l Zucker aus. Ein höherer Druck als 6 at verursacht Flaschenbruch. Es darf nur reiner, ungeblauter Kandiszucker oder reinster Rübenzucker verwendet werden. Zur Einleitung der Gärung bedient man sich erprobter Reinhefestämme, die sehr gärkräftig und gegen Kohlensäuredruck unempfindlich sind. Bewährte Schaumweinhefen sind die Stämme Champagne Epernay 1938, Ch. Hautvillers, Ch. Ay, Ch. Mesnil und Aßmannshausen (für Rotsekt). Nach beendeter Gärung soll sich der Hefetrub als festes, körniges Depot abscheiden. Um die Bildung eines festen Depots zu begünstigen, setzt man vor der Gärung oft noch Tannin, Bentonit oder ähnliche Schönungsmittel in geringen Mengen zu.

Der mit Zuckerlösung und Hefe versetzte Wein wird sofort in dickwandige Flaschen gefüllt. Zum Verschließen der Flaschen werden sehr gute Korken von 32—34 mm ⌀ verwendet, die mit einem Stahlbügel (agraffe) im Flaschenhals festgehalten werden. Heute kommen als Füllkorken in großem Umfang auch Kronkorken in Betracht. In jeder Flasche wird ein Luftraum von etwa 15 ml belassen. Früher brachte man die geschlossenen Flaschen zunächst in Räume von 15—18°C, wo die Gärung rasch in Gang kam (Hauptgärung oder stürmische Gärung). Dann wurden die Flaschen in kühle Keller von 8—10°C gebracht, wo sich die Gärung oft über mehrere Monate hinzog (Feingärung). Die Kaltgärhefen wie Ch. Ay oder Winningen ermöglichen es heute, die Flaschen sofort in Kellerräume von normaler Temperatur (9—12°C) zu bringen, in denen die Gärung langsamer verläuft. Dadurch werden die traubeneigenen Bukette besser bewahrt und die Gärungsbukette feiner ausgebildet. Der während der Gärung immer stärker werdende Druck wird von Zeit zu Zeit mit einem mit Hohlnadel versehenen Manometer (Maumenésches Aphrometer) kontrolliert. Wird der Druck zu stark, so muß durch Abkühlung des Kellers eine Ver minderung des Druckes herbeigeführt werden, Es besteht sonst die Gefahr, daß viele Flaschen zu Bruch gehen. Durch Verbesserung der Flaschenherstellung und durch schärfere Betriebskontrolle konnten die früher auf 10% veranschlagten Verluste durch Flaschenbruch auf etwa 2% herabgesetzt werden. Je nach der Güte des erzeugten Sektes läßt man die Flaschen bis $1^1/_2$ Jahre und länger lagern. Sie werden während dieser Zeit öfters umgesetzt, wobei die Hefe durch kräftiges Schütteln im Wein verteilt wird. Sekte mit einem Kohlensäuredruck von $4^1/_2$—5 at bezeichnet man in Frankreich als „grand mousseux", Sekte mit einem Druck von 4—$4^1/_2$ at als „mousseux" und Sekte mit weniger als 4 at Druck als „crémant". In Deutschland sind diese Bezeichnungen nicht üblich. Deutsche Markensekte weisen durchweg einen Kohlensäuredruck von etwa 4,5 atü bei 20° C auf.

**γ) Degorgieren.** Zur Entfernung der in einem breiten Streifen abgesetzten Hefe werden die Flaschen auf Rüttelpulte gebracht, auf denen sie zunächst eine nur wenig schräge Lage einnehmen. Damit die Hefe sich vollständig über dem Stopfen sammelt, werden die Flaschen Monate lang täglich *gerüttelt*, d. h. einige Male um ihre Längsachse rasch nach rechts und links bewegt. Nach jedem Rütteln dreht der Arbeiter die Flasche etwa ein Achtel um ihre Achse und bringt sie zugleich in eine etwas steilere Lage. Der Hefetrub wandert allmählich auf den Korken der zuletzt fast senkrecht nach unten hängenden Flasche. War der Wein nicht geschönt und filtriert, so können sich schleimige Trubstoffe abscheiden, welche die Bildung eines festen Depots verhindern. Die Hefe klebt dann an der Flaschenwand und läßt sich nicht auf den Stopfen rütteln (Maskenbildung).

Durch besonders geübte Arbeiter wird nun das auf dem Korken sitzende Hefedepot entfernt. Der Arbeiter faßt mit einer Degorgierzange den Korken der vorher stark gekühlten Flasche und zieht ihn mitsamt dem auf ihm sitzenden Depot heraus. Im gleichen Augenblick dreht er die Flasche nach oben und verschließt sie behelfsmäßig wieder. Nach dem Verfahren von *Walfard* taucht man die Flaschen vorher mit dem Hals in eine Kältemischung, so daß der Wein etwa 1—2 cm über dem Korken gefriert. Die Hefe ist dann in einem kurzen Eispfropfen eingeschlossen, der leicht entfernt werden kann.

In den letzten Jahren ist man vielfach zur *Filtrationsenthefung* übergegangen, bei der das zeitraubende und daher kostspielige Rütteln der Flaschen in Wegfall kommt und lästige Flaschentrübungen weitgehend vermieden werden. Bei diesem Verfahren entleert man den in der Flasche vergorenen Rohsekt zuerst in einen Tank, gibt ihm dort die gewünschte Dosage und drückt ihn dann durch ein Filter in die Versandflasche.

**δ) Zusatz von Likör.** Um dem vom Trub befreiten Rohsekt (vin brut) die erforderliche Vollmundigkeit und Süße zu geben, erhält er einen Zusatz von „*Likör*" (dosage). Früher wählte man zur Dosierung eine Mischung von Kognak, Dessertwein, Gewürz- und Bukettstoffen. Heute verwendet man dazu nur eine Lösung von feinstem weißem Kandiszucker in einem sehr guten Wein. Während süße Sekte früher oft 100—150 g/l Zucker enthielten, begnügt man sich seit vielen Jahren mit einem Zuckergehalt von 10—50 g/l. Sekte mit einem Zusatz von sehr wenig Likör heißen *trocken* (dry, sec), mit mehr Likör *halbsüß* und mit viel Likörzusatz (über 12%) *süß*. Für Diabetiker bestimmter Sekt wird mit Sorbit, einem kristallinen süßschmeckenden Alkohol gesüßt, der unter Bezeichnungen wie „Sionon" im Handel ist.

Nach der Dosage werden die Flaschen aufgefüllt und rasch verkorkt. Zwischen Kork und Sekt soll eine „Gaskammer" von 15 ml bleiben. Der Kork wird durch ein am Flaschenhals befestigtes Drahtkörbchen gesichert. Auf die äußere Ausstattung der Sektflaschen wird von den Herstellern besonderer Wert gelegt. Nach § 17 des Weingesetzes von 1930 muß auf dem Flaschenschild angegeben sein, in welchem Land der Schaumwein auf Flaschen gefüllt wurde. Nach einem französischen Gesetz aus dem Jahre 1935 dürfen nur solche französischen Schaumweine die Bezeichnung „Champagner" führen, die aus Weinen ganz bestimmter Traubensorten und in genau abgegrenzten Gegenden der Champagne nach dem Flaschengärverfahren (méthode champenoise) hergestellt wurden und mindestens 12 Monate auf der Hefe gelagert waren. Alle anderen Schaumweine werden in Frankreich als „vins mousseux" bezeichnet.

In neuerer Zeit stellt man auch *naturreine* Sekte in der Weise her, daß man dem naturreinen Verschnittwein zur Einleitung der Flaschengärung nicht Zucker sondern entkeimten Traubensaft zusetzt.

## 3. Andere Verfahren der Sektbereitung

α) **Großraumgärverfahren.** Das Verfahren der Champagne zur Herstellung von Sekt erfordert neben einem großen Aufwand an Arbeitskräften und Material auch die Investierung großer Geldmittel. Schon vor 100 Jahren haben C. Maumené u. a. versucht, kohlensäurehaltige Weine in großen Behältern zu erzeugen, um das umständliche und zeitraubende Rütteln der Flaschen zu umgehen. Erst die Herstellung druckfester emaillierter Stahltanks, die mit Rührwerken ausgestattet sind, und die Einführung neuer Filtrierverfahren unter Gegendruck ermöglichten es aber, nach dem „Großraumgärverfahren" Sekte zu erzeugen, die billiger sind als die nach dem Flaschengärverfahren hergestellten.

Die auf diese Weise erzeugten Schaumweine werden erst nach ihrer Fertigstellung in Flaschen abgefüllt. Die Verfahren der Herstellung von Sekt in großen Behältern sind inzwischen so verbessert worden, daß die meisten Sektkellereien dazu übergegangen sind, wenigstens einen Teil ihrer Schaumweine nach einem solchen Großraumverfahren herzustellen. Dem im Flaschengärverfahren gewonnenen Sekt wird aber aufgrund seiner langen Lagerung eine bessere Qualität und größere Feinheit nachgerühmt.

β) **Imprägnierverfahren.** Während sich beim Flaschengärverfahren und beim Großraumgärverfahren der Sekt mit natürlich entstehender Kohlensäure sättigt, wird beim Imprägnierverfahren der Wein künstlich mit Kohlensäure versetzt. Man bedient sich hierzu besonderer Apparate, in denen die gut gekühlten Weine schon bei geringem Druck erhebliche Mengen Kohlendioxid aufnehmen. Ferner bevorzugt man bei diesem Verfahren alkoholreiche Weine, weil Kohlensäure in Alkohol besonders gut löslich ist.

Das Imprägnierverfahren, das technisch manche Schwierigkeiten bietet, wird zur Herstellung billiger Schaumweine verwendet. Wählt man indessen gute Weine von 80—100 g/l Alkoholgehalt und gute Dosierungsliköre als Ausgangsmaterialien, so erhält man auch nach diesem Verfahren qualitativ gute Schaumweine. Da jedoch die Kohlensäure nur schwach gebunden ist, stehen imprägnierte Schaumweine den Erzeugnissen der Gärverfahren in jedem Falle nach.

## 4. Herstellung von Fruchtschaumweinen

Die große Beliebtheit, deren sich die Schaumweine bei den Konsumenten erfreuen, hat dazu geführt, daß man auch aus dem billigeren Ausgangsmaterial der Obst- und Beerenweine Schaumweine bereitet. Am besten eignen sich dafür Apfel- und Birnenweine sowie Johannisbeer- und Heidelbeerweine.

Die Fruchtschaumweine werden nach den gleichen Verfahren hergestellt wie die übrigen Schaumweine, doch bevorzugt man das billige Imprägnierverfahren. Um eine Gärung des Dosierungszuckers im fertigen Schaumwein zu verhindern, wird der Alkoholgehalt der Obst- und Beerenweine schon bei der ersten Gärung auf etwa 80 g/l erhöht. Vor der Abfüllung in Schaumweinflaschen müssen die Weine völlig ausgebaut und geklärt sein.

## 5. Perlweine

Das Verlangen nach billigeren schäumenden Weinen hat vorübergehend zu einer vermehrten Herstellung von kohlensäurehaltigen leicht süßen Weinen geführt, die indessen *keine* Schaumweine im Sinne des Weingesetzes sind. Diese *Perlweine* (W. Petri 1932; K. Hennig 1952; E. Kielhöfer 1952), die unter Bezeichnungen wie „Rheinperle", „Moselperle" usw. in den Handel kommen, dürfen höchstens

Tabelle 21. *Analysen deutscher und französischer Sekte* (nach K. HENNIG 1952)

| Gruppe | Bezeichnung | Alkohol | Extrakt | Zucker | Extrakt zuckerfrei | Gesamtsäure | Flüchtige Säure | Nicht flüchtige Säure | Weinsäure | Glycerin | Asche | Aschenalkal. ml n-Lauge | Ester | Aldehyde | N | Gesamte $SO_2$ | Freie $SO_2$ | Druck atü bei 10°C | pH | rH |
|---|---|---|---|---|---|---|---|---|---|---|---|---|---|---|---|---|---|---|---|---|
| | | | | g/l | | | | | | | | | | | mg/l | | | | | |
| I | 0109 | 91,2 | 38,8 | 18,8 | 21,0 | 7,0 | 0,5 | 6,4 | 2,1 | 5,98 | 1,92 | 16,6 | 121 | 60 | 234 | 106 | 3 | 4,4 | 3,00 | 18,6 |
| | 0136 | 87,8 | 51,2 | 31,4 | 20,8 | 8,0 | 0,5 | 7,4 | 3,0 | 7,96 | 1,80 | 17,3 | 168 | 57 | 231 | 131 | 9 | 3,4 | 2,91 | 16,9 |
| | 0147 | 90,6 | 62,1 | 41,8 | 21,3 | 6,9 | 0,5 | 6,3 | 2,6 | 6,91 | 1,92 | 10,0 | 160 | 51 | 292 | 105 | 5 | 3,7 | 2,83 | 16,2 |
| | 0149 | 87,2 | 64,2 | 41,8 | 23,4 | 8,1 | 0,6 | 7,3 | 1,9 | 7,98 | 2,30 | 20,0 | 121 | 96 | 441 | 191 | 9 | 3,6 | 3,10 | 17,7 |
| | 0154 | 91,2 | 49,6 | 30,5 | 20,1 | 6,8 | 0,6 | 6,0 | 2,2 | 6,64 | 1,92 | 15,3 | 143 | 74 | 266 | 136 | 4 | 3,4 | 3,03 | 18,3 |
| II | 0123 | 93,3 | 44,4 | 25,9 | 19,5 | 6,4 | 0,4 | 5,9 | 2,6 | 6,31 | 1,76 | 16,3 | 154 | 46 | 269 | 123 | 18 | 4,0 | 3,00 | 15,6 |
| | 0127 | 85,1 | 49,9 | 30,2 | 20,7 | 7,6 | 0,5 | 3,0 | 2,2 | 5,69 | 1,75 | 16,0 | 135 | 36 | 196 | 66 | 4 | 3,7 | 2,96 | 18,5 |
| | 0136a | 90,6 | 55,9 | 37,6 | 19,5 | 7,3 | 0,7 | 6,4 | 2,6 | 6,25 | 1,85 | 16,0 | 163 | 76 | 201 | 148 | 2 | 3,5 | 2,94 | 17,4 |
| | 0149a | 83,8 | 56,1 | 39,3 | 21,7 | 7,9 | 0,7 | 7,0 | 2,6 | 6,69 | 1,98 | 17,3 | 150 | 88 | 207 | 180 | 7 | 3,8 | 2,92 | 17,1 |
| III | 0120 | 92,6 | 43,1 | 25,1 | 19,0 | 6,3 | 0,6 | 5,5 | 1,9 | 6,31 | 1,89 | 18,3 | 185 | 49 | 193 | 98 | 3 | 4,0 | 3,06 | 18,8 |
| | 0143 | 87,8 | 48,3 | 29,5 | 19,8 | 7,0 | 0,6 | 6,2 | 2,0 | 6,23 | 1,71 | 17,0 | 150 | 54 | 301 | 117 | 8 | 2,0 | 3,03 | 17,9 |
| | 0150 | 87,2 | 53,5 | 34,4 | 20,1 | 7,8 | 0,5 | 7,2 | 2,0 | 5,96 | 2,05 | 18,0 | 141 | 59 | 210 | 117 | 3 | 5,1 | 3,03 | 18,4 |
| IV | A | 96,7 | 42,1 | 22,6 | 20,5 | 7,2 | 0,5 | 6,6 | 3,4 | 7,05 | 1,51 | 11,7 | 163 | 18 | 476 | 32 | 4 | 4,1 | 3,03 | 17,0 |
| | B | 97,4 | 30,7 | 11,5 | 20,2 | 7,3 | 0,5 | 6,7 | 3,3 | 6,89 | 1,50 | 11,3 | 176 | 11 | 473 | 20 | 2 | 4,4 | 3,06 | 17,8 |
| | C | 95,4 | 49,9 | 27,8 | 23,1 | 10.4 | 0,5 | 9,8 | 4,5 | 5,83 | 1,41 | 10,7 | 176 | 29 | 514 | 39 | 2 | 4,2 | 2,76 | 14,9 |
| | D | 98,8 | 31,0 | 11,2 | 20,8 | 8,1 | 0,5 | 7,5 | 4,1 | 7,47 | 1,30 | 11,3 | 155 | 22 | 248 | 24 | 2 | 3,2 | 2,80 | 18,5 |
| | E | 94,7 | 51,4 | 34,7 | 17,7 | 6,8 | 0,6 | 6,0 | 2,6 | 5,96 | 1,16 | 10,3 | — | — | 298 | 53 | 2 | 3,8 | 2,93 | 15,5 |
| V | Veuve Cliquot | 102,0 | 192,2 | 173,1 | 20,1 | 6,0 | | | | 11,3 | 1,2 | | | | | | | | | |
| | Mattheus Müller | 108,5 | 136,1 | 114,1 | 23,0 | 7,0 | | | | 10,6 | 2,1 | | | | | | | | | |
| | Kupferberg | 104,4 | 58,7 | 40,1 | — | 6,2 | | | | 8,0 | 1,4 | | | | | | | | | |

40 g/l unvergorenen Zucker enthalten und sollen einen Kohlensäuredruck besitzen, der bei 10° C nicht mehr als 1,75—2 atü beträgt. Perlwein ist also *Wein* im Sinne des Weingesetzes, muß aber auf der Flasche durch die deutliche Bezeichnung „Perlwein" gekennzeichnet sein. Wird Perlwein unter *Zusatz* von Kohlensäure hergestellt, so muß dies auch dann durch einen entsprechenden Vermerk kenntlich gemacht werden, wenn der Kohlensäuregehalt des Perlweins nur z. T. diesem Zusatz entstammt.

Mit der Herstellung von Perlweinen soll besonders der Absatz kleiner unselbständiger Weine gefördert werden. Sie setzt kostspielige technische Einrichtungen wie Drucktanks, Schichtenfilter, Flaschenschwefler, Fülleinrichtungen und Verschlußmaschinen voraus, kommt demnach nur für größere gut eingerichtete Betriebe in Betracht. Die vorgeklärten und verbesserten Weine werden in Drucktanks nur so weit vergoren, daß sie noch 20—25 g/l unvergorenen Zucker enthalten und einen Kohlensäuredruck von etwa 2 atü aufweisen. Druckfüller, Flaschen und Flaschenverschlüsse müssen völlig steril sein. Die Aufmachung der Perlweinflaschen darf keinen Schaumwein vortäuschen.

Die in Tab. 21 zusammengestellten Analysen deutscher und französischer Schaumweine wurden von K. Hennig in den letzten Jahren durchgeführt und in der Deutschen Wein-Zeitung 1952, Bd. 88, S. 341—346 veröffentlicht. Gruppe I umfaßt deutsche Schaumweine mit Herkunfts- und Jahrgangsbezeichnungen, Gruppe II Schaumweine guter Qualität aus französischen oder deutschen Grundweinen, Gruppe III Hausmarken und Schaumweine, die nach dem Tankgärverfahren hergestellt wurden, und Gruppe IV französische Schaumweine bekannter Firmen. Zum Vergleich wurden in Gruppe V einige ältere Analysen von Schaumweinen angeführt. Der hier festgestellte sehr hohe Zuckergehalt ist schon seit einer Reihe von Jahren nicht mehr üblich.

# III. Weinhaltige Getränke

## 1. Wermutwein

Wermutwein ist das aus Wein unter Verwendung von *Wermutkraut* hergestellte Getränk, in welchem der dem Wermutkraut eigentümliche Geschmack deutlich hervortritt und das in 1 l mindestens 750 ml Wein sowie insgesamt mindestens 119 g und höchstens 145 g Alkohol enthält[1]. Bei der Herstellung von Wermutwein dürfen *nur* folgende Stoffe verwendet werden:

1. *Wein* außer Hybridenwein.

2. *Wermutkraut* allein oder im Gemisch mit anderen würzenden Pflanzenteilen, auch in Auszügen. Auf 1 l Wein dürfen höchstens 50 ml wäßriger Auszug zugesetzt werden.

3. Reiner mindestens 90 Vol.-% Alkohol enthaltender *Sprit*.

4. Technisch reiner *Rüben-* oder *Rohrzucker* auch in reinem Wasser gelöst. Auf 1 kg Zucker dürfen höchstens 2 l Wasser verwendet werden.

5. Kleine Mengen *gebrannter Zucker* (Zuckercouleur).

6. *Citronensäure.*

7. *Klärungsmittel* und Filterdichtungsstoffe (vgl. die 6. Verordnung zur Ausführung des Weingesetzes BGBl. 1954, I, 14).

Auf den *Flaschen* muß das Land der Herstellung durch die Bezeichnung „Deutscher Wermutwein", „Italienischer Wermutwein" usw. und der Name des Herstellers angegeben sein, bei deutschen Wermutwein auch der Herstellungsort.

Die Heimat des Wermutweines ist *Italien*, und zwar die Gegend von *Turin* (Vermouth di Torino), wo er im Jahre 1786 zuerst von *Antonio Benedetto Carpano* hergestellt worden ist.

Man verwendet zu seiner Herstellung meist Muskatweine.

Neben Wermutkraut (Artemisia absynthium) werden noch zahlreiche andere Kräuter verwendet: Thymian, Enzian, Tausendgüldenkraut, Chinarinda, Angelika, Kalmus, Koriander u. a. m. Durch Zusatz von Alkohol, Zucker und Citronensäure wird der Wermutwein so weit verbessert, daß er den italienischen Erzeugnissen ziemlich nahekommt. Echter *Vermouth di Torino* ist bernsteingelb, appetitanregend und besitzt einen aromatischen Geruch. Durch Lagern oder künstliche Alterung gewinnt er noch wesentlich an Güte. *Cinzano* ist ein meist weißer,

---

[1] RGBl. 1936, I, 196.

besonders beliebter Wermutwein. Die Ausfuhr aus Italien betrug im Jahre 1961 14.9 Mio l Wermutwein in Flaschen und 214 900 hl in anderen Behältnissen. Hauptabnehmer sind Deutschland, die Schweiz, Österreich und die USA.

Die *Zusammensetzung* der Wermutweine (vgl. Tab. 22) ist von der Beschaffenheit des Ausgangsmaterials, insbesondere aber von der Menge der Zusätze an Alkohol, Zucker und Citronensäure abhängig und somit gewissen Schwankungen unterworfen. Durch die Verordnung vom 20. III. 1936 ist für deutsche Wermutweine wenigstens die Menge des Weines und der Gehalt an Alkohol in bestimmten Grenzen festgelegt. Zur Herstellung von Wermutweinen darf nur *verkehrsfähiger Wein*, kein *Obst-* oder *Beerenwein* verwendet werden. Bezeichnungen, die auf eine heilende oder stärkende Wirkung hindeuten, wie Medizinal- oder Magenwermutwein, gelten als irreführend und sind nicht zugelassen.

## 2. Aromatisierte Weine (Kräuterweine)

Aromatisierte Weine sind die aus Wein unter Verwendung von würzenden Kräutern hergestellten Getränke. Zu ihnen gehören jedoch nicht: Wermutwein; Bowlen, Punsch, Glühwein; Trinkbranntweine aller Art; Arzneiweine (Chinawein, Kondurangowein, Kolawein, Pepsinwein usw.).

Aromatisierte Weine müssen so hergestellt sein, daß sie in 1 l insgesamt höchstens 140 g Alkohol und mindestens 750 ml Wein enthalten.

Zu ihrer Bereitung dürfen *würzende Kräuter* — ausgenommen Wermutkraut — und Auszüge daraus sowie die auch zur Herstellung von Wermutwein zugelassenen Stoffe (*Alkohol, Zucker, Citronensäure*) verwendet werden. Auch hinsichtlich der Kellerbehandlung und der Bezeichnung gelten für Kräuterweine die gleichen Richtlinien wie für Wermutwein. Die Verwendung von Bezeichnungen, die eine Verwechslung mit Branntweinen ermöglichen, wie „Typ Kirsch" oder „Typ Sherry Brandy", ist nicht gestattet.

Zu den Kräuterweinen sind auch die sog. *Bitterweine* zu rechnen, deren Herstellung sich von der des Wermutweines nur dadurch unterscheidet, daß ausgesprochen bittere Kräuter und Drogen, deren Verkauf nicht dem Apotheker vorbehalten ist, Verwendung finden. Dazu gehört z. B. der in England beliebte *Ingwerwein*. Auch der als *Amarena* bezeichnete aromatische Süßwein ist hier einzuordnen. Er wird vor allem auf Sizilien in der Weise gewonnen, daß man zuckerreichen Most auf Pfirsich-, Kirsch-, Weichsel- und Mandelblättern vergären läßt. Endlich muß ein *Rhabarberwein*, der durch Ausziehen von Rhabarberwurzeln und Gewürzen wie z. B. Cardamomen mit Jerezwein hergestellt wird, als Kräuterwein angesehen werden.

## 3. Arzneiweine oder Medizinische Weine

Arzneiweine oder Medizinische Weine[1] (nicht Medizinalweine!) im Sinne des Arzneibuches sind Arzneizubereitungen, die durch Ausziehen, Lösen oder Mischen von Arzneimitteln mit Wein hergestellt werden. Dazu gehören *Chinawein, Kondurangowein, Campherwein* und *Pepsinwein*, die als weinhaltige Getränke den Vorschriften des § 16 des Weingesetzes unterliegen. Der Verkehr mit Arzneiweinen bedarf einer besonderen Erlaubnis, von der nur Pepsinwein ausgenommen ist.

**Chinawein** wird nach D.A.B. 6 durch Mischen von 5 Tln. Chinafluidextrakt, 80 Tln. Jerezwein, 1 Tl. Pomeranzentinktur, 15 Tle. Zucker und 0,1 Tl. Citronensäure erhalten. Die Flüssigkeiten werden gemischt und nach einer Woche filtriert. Chinawein ist rotbraun und schmeckt bitter. Der wirksame Bestandteil ist das in der Rinde von Bäumen und Sträuchern der Gattung *Cinchona* vorkommende *Chinin*.

**Kondurangowein** besteht aus 10 Tln. Kondurangofluidextrakt, 80 Tln. Jerezwein, 9 Tln. Zucker und 1 Tl. aromatischer Tinktur. Dem der Rinde von *Marsdenia condurango* enthaltenen Glucosid *Kondurangin* schrieb man früher Heilwirkungen gegen den Magenkrebs zu. Heute wird Kondurangin in Form des Kondurangoweines nur noch als appetitanregendes Mittel bei Dyspepsien verwendet.

**Campherwein** aus 1 Tl. *Campher*, 1 Tl. Weingeist, 3 Tln. Gummischleim und 45 Tln. Weißwein hergestellt, ist weißlich trübe und riecht und schmeckt nach Campher.

**Brechwein.** In 249 Tln. Jerezwein wird 1 Tl. Brechweinstein gelöst. Die Lösung wird filtriert.

---

[1] Vgl. Deutsches Arzneibuch, Abschnitt: Vina medicata (Medizinische Weine).

Campherweine und Brechwein sind als reine, unter Verwendung von Wein hergestellte Arzneimittel anzusehen.

**Pepsinwein.** 25 Tle. *Pepsin* werden in 20 Tln. Glycerin und 20 Tln. Wasser gelöst und mit 3 Tln. Salzsäure, 92 Tln. Zuckersirup, 2 Tln. Pomeranzentinktur und 839 Tln. Jerezwein vermischt.

An Stelle von Jerezwein dürfen bei allen Arzneiweinen auch andere Dessertweine verwendet werden, die dem Jerezwein in Farbe und Geschmack ähnlich sind. Pepsinwein dient zur Anregung der Magenverdauung und wirkt mittelbar appetitanregend.

## 4. Sonstige weinhaltige Getränke

**Maiwein** (Maibowle) ist ein unter Verwendung von Wein hergestelltes gesüßtes Getränk, das durch *Waldmeisterkraut* (Asperula odorata) oder Maikräuteressenz gewürzt ist. Die Maikräuter müssen *vor* der Blüte gesammelt werden, da in dieser Zeit das auf einem Gehalt von Kumarin beruhende Aroma am stärksten ist. Zur Bereitung von Maiwein dürfen nur verkehrsfähige Weine verwendet werden.

Wird statt Wein ein ähnliches Getränk (Obst- oder Beerenwein) verwendet, um Maiwein zu bereiten, so muß dieser Zusatz ausdrücklich als *Maitrank* aus Fruchtwein oder ähnlich deklariert werden. Nach der allgemeinen Auffassung muß Maiwein einen verkehrsfähigen *Wein* als Grundlage haben.

**Bowlen.** Auch für die Bereitung der übrigen als *Bowle* bezeichneten Aufgüsse von Wein, Schaumwein, Selterswasser u. dgl. auf Früchte wie Pfirsich, Erdbeere, Ananas u. a. m. gilt die Bestimmung, daß nur verkehrsfähige Weine verwendet werden dürfen und zwar in solcher Menge, daß sie *wesentlich* zum Geschmack beitragen.

Eine Mischung aus Wein und Selterswasser wird als „*Schorle*" oder „*Gespritzter*" bezeichnet, eine Mischung aus Rotwein und Schaumwein als „*kalte Ente*". Die Getränke müssen den Vorschriften des Weingesetzes entsprechen.

**Weinpunsch.** Mit dem aus dem Sanskrit-Wort pantscha = 5 abgeleiteten Wort *Punsch* bezeichnet man eine Mischung der 5 Bestandteile: Wein, Rum oder Arrak, Zitronensaft, Zucker und Wasser, die noch mit aromatischen Stoffen versetzt sein kann. Wird das Wort Punsch in Verbindung mit dem Wort Wein oder mit der Bezeichnung einer Weinsorte (Burgunderpunsch) oder einer Weingegend (Bordeauxpunsch) verwendet, so gelten die Getränke als *weinhaltige* Getränke und unterliegen den Bestimmungen des Weingesetzes.

**Weinpunschextrakt** mit einem Alkoholgehalt von etwa 30 Vol. % gehört nach dem Branntwein-Monopolgesetz zu den Trinkbranntweinen, ist aber — da er 20 Vol.-% Wein enthalten muß — auch ein weinhaltiges Getränk.

Analysen weinhaltiger Getränke vgl. Tab. 22.

Tabelle 22. *Zusammensetzung weinhaltiger Getränke*

| Bezeichnung | Spez. Gewicht | Alkohol g/l | Extrakt g/l | Säure als Weinsäure g/l | Flüchtige Säuren g/l | Zucker g/l | Glycerin g/l | Mineralstoffe g/l |
|---|---|---|---|---|---|---|---|---|
| Vermouth di Torino . . | 1,0290 | 117,2 | 123,2 | 6,2 | 1,4 | 100,0 | — | 1,58 |
| Vino Vermouth Torino . | 1,0268 | 135,2 | 123,5 | 5,3 | 0,9 | 99,7 | — | 1,41 |
| Wermut . . . . . . . | 1,0343 | 139,2 | 144,3 | 5,1 | 0,9 | 128,8 | — | 2,21 |
| Feinster Wermut . . . | 1,0340 | 149,5 | 146,9 | 5,6 | 1,5 | 119,0 | — | 1,82 |
| Deutscher Wermutwein | 1,0309 | 131,1 | 131,5 | 4,2 | — | 99,2 | 7,66 | 2,47 |
| Kräuterwein . . . . . | 1,0278 | 110,9 | 148,0 | 4,0 | — | — | 8,55 | 2,70 |
| Amarena . . . . . . | 1,0438 | 119,2 | 164,9 | 7,0 | — | 114,0 | — | 2,70 |
| Pepsinwein . . . . . . | 1,0165 | 102,5 | 106,0 | 7,2 | 0,49 | — | 38,1 | 3,15 |
| Pepsinwein . . . . . . | 1,0163 | 153,4 | 100,9 | 4,8 | 0,16 | — | 12,5 | 3,15 |
| „Medizinalwein" . . . | — | 111,9 | 134,4 | 5,9 | 1,97 | 99,0 | 4,8 | 3,28 |

# K. Obst- und Beerenweine

## I. Allgemeines

Die Bereitung von Traubenwein ist auf die klimatisch begünstigten südlichen Länder beschränkt, in denen die Früchte des Weinstocks völlig ausreifen. In den nördlicher gelegenen Ländern, wo der Weinbereitung klimatisch bedingte Schwierigkeiten entgegenstehen, spielen dafür die *Obst- und Beerenweine* eine wichtige Rolle. Es werden dort besonders aus Äpfeln und Birnen weinähnliche Getränke hergestellt, die den breiten Massen einen Ersatz für den oft nicht erschwinglichen Weingenuß bieten und die sich als Volksgetränke großer Beliebtheit erfreuen. Neben Äpfeln und Birnen werden vor allem Johannisbeeren, Heidelbeeren und Stachelbeeren zur Weinbereitung verwendet, aber auch Erdbeeren, Kirschen, Hagebutten und Rhabarberstengel. In begrenztem Umfange dienten früher auch Brombeeren, Himbeeren und Preiselbeeren zur Herstellung von Beerenweinen.

α) **Wirtschaftliche Bedeutung.** Unter den Ländern, die Obstweine erzeugen, steht Frankreich, das größte Weinland der Welt, ebenfalls an erster Stelle. Auch in Deutschland, in England, in Österreich und in der Schweiz wird Obstwein hergestellt, doch folgen diese Länder erst in weitem Abstand. In *Frankreich* ist die Apfelweinerzeugung im Durchschnitt der Jahre mit 18 Mio hl jährlich angegeben worden. Etwa 30—40 $^0/_0$ der gesamten Obsternte werden in Großbetrieben verarbeitet, von denen einzelne bis zu 60000 hl Apfelwein (cidre) jährlich herstellen. Der Verbrauch an Obstwein beträgt in den nördlichen Departements der Normandie, der Picardie und der Bretagne je Kopf der Bevölkerung bis 450 l jährlich, während dort nur 30 l Traubenwein je Kopf und Jahr verbraucht werden.

In *Deutschland* spielte die Obstweinbereitung vor allem in Württemberg sowie in der Gegend von Frankfurt eine große Rolle. In Württemberg sind früher in manchen Jahren 80—90 $^0/_0$ der gesamten Obsternte „vermostet" worden.

In *England* schätzt man die Obstweinerzeugung auf 2.35 Mio hl, in der *Schweiz* auf 1.75 Mio hl jährlich. Heute wird aber ein ständig zunehmender Anteil der Apfel- und Birnensäfte in allen Ländern zu *Obstsüßmost* verarbeitet, der ein qualitativ hochwertiges Getränk darstellt und der die *Nährwerte* der Früchte unverändert enthält. Im Interesse der Volksgesundheit ist diese Entwicklung nur zu begrüßen. Auch die Herstellung von *Beerensüßmost* hat in den letzten Jahren stark zugenommen. Insbesondere erfreut sich der vitaminhaltige Saft der *schwarzen Johannisbeere* steigender Beliebtheit.

β) **Gesetzliche Bestimmungen.** Das deutsche Weingesetz faßt die aus dem Saft von Obst- und Beerenfrüchten, von Rhabarberstengeln usw. hergestellten Getränke unter dem Begriff „*Weinähnliche Getränke*" zusammen und regelt ihre Herstellung durch Artikel 7 der Ausführungsverordnung vom 16. VII. 1932. Von der deutschen Gartenbauwirtschaft wurden ferner Leitsätze für Obst- und Beerenweine, Hagebutten- und Rhabarberweine herausgegeben, die als sog. „Normativbestimmungen" eine Ergänzung zum Weingesetz bilden. Während im Weingesetz angegeben ist, welche Stoffe man bei der gewerbsmäßigen Herstellung der weinähnlichen Getränke, bei ihrer Gärung, Schwefelung, Schönung und Filtration zusetzen oder verwenden darf, enthalten die Normativbestimmungen Angaben darüber, welchen Mindestgehalt an Säure Alkohol und Extrakt und welchen Höchstgehalt an flüchtigen Säuren die weinähnlichen Getränke aufweisen sollen.

Nach § 10 Absatz 3 des Weingesetzes von 1930 dürfen die dem Wein ähnlichen Getränke im Verkehr nur mit Wortverbindungen wie Apfelwein, Johannisbeerwein usw. bezeichnet werden, d. h. mit Namen, welche die Früchte kennzeichnen, aus denen sie gewonnen wurden.

## Ausgangsstoffe

Die chemische Zusammensetzung der Obst- und Beerenfrüchte schwankt innerhalb weiter Grenzen und ist in hohem Maße von der Sorte, der Jahreswitterung, der Düngung, der Herkunft, dem Zeitpunkt der Ernte und der Lagerung abhängig. Der Zuckergehalt der Obst- und Beerensäfte bewegt sich zwischen etwa 50 und 150 g/l. Neben Trauben- und Fruchtzucker findet sich in den meisten Früchten etwas Rohrzucker, in Apfel- und Birnensäften sogar in erheblicher Menge. Der Gehalt an Säure (5—25 g/l) ist größeren Schwankungen unterworfen als bei Traubenweinen. In Obstsäften überwiegt bei weitem die Apfelsäure, in Beerensäften die Citronensäure. Aber auch Apfelmoste können Citronensäure bis zu 15% ihres Gesamtgehaltes an Säure enthalten und vereinzelt bis 20% Chinasäure (H. Lüthi 1955). *Sorbit* (vgl. S. 214) kommt in Apfel- und Birnensäften in einer Menge von 2,5 bis etwa 10 g/l vor. Ernährungsphysiologisch wichtig ist der Gehalt der Obst- und Beerensäfte an Mineralbestandteilen, vor allem an organischen Phosphaten. Ferner enthalten diese Getränke die als Ergänzungsstoffe wichtigen *Vitamine*, von denen besonders Vitamin A und C in frischen Johannisbeeren, Erdbeeren und Stachelbeeren nachgewiesen worden sind. Auch die für die einzelnen Obstarten charakteristischen Geruchs- und Geschmacksstoffe verdienen Erwährung.

Eine Übersicht über die chemische Zusammensetzung von Apfel- und Birnenweinen gibt Tab. 23.

Tabelle 23. *Analysen einiger Apfel- und Birnenweine*

| Bezeichnung | Dichte | Alkohol g/l | Extrakt g/l | Säure als Apfelsäure g/l | Flüchtige Säuren g/l | Gerbstoff g/l | Zucker g/l | Glycerin g/l | Asche g/l |
|---|---|---|---|---|---|---|---|---|---|
| Borsdorfer Apfel . . . . | 1,0006 | 47,7 | 22,6 | 4,6 | 0,18 | 0,42 | 1,0 | 4,5 | 2,3 |
| Trierer Mostapfel. . . . | 1,0019 | 42,9 | 23,9 | 5,5 | 0,35 | 0,37 | 1,0 | 4,2 | 3,3 |
| Goldparmäne . . . . . | 1,0016 | 56,0 | 23,2 | 6,7 | 0,40 | 0,35 | 1,0 | 4,7 | 3,0 |
| Tafelapfel . . . . . . . | 0,9994 | 58,0 | 23,4 | 3,8 | 0,89 | 0,39 | 1,7 | 3,8 | 2,8 |
| Glanzreinette (Schweiz) . | 1,0014 | 51,1 | 24,8 | 5,1 | 0,29 | 0,50 | 3,8 | 4,3 | 2,9 |
| Nägeli-Apfel (Schweiz) . | 1,0030 | 60,4 | 21,0 | 5,3 | 0,36 | 0,35 | 0,6 | 3,9 | 2,6 |
| Holzapfel . . . . . . . | 1,0004 | 58,0 | 26,0 | 6,3 | 0,79 | 1,40 | 2,1 | 3,3 | 2,9 |
| Grazer Apfelwein. . . . | 1,0014 | 47,7 | 23,7 | 5,3 | 1,92 | 5,43 | 1,1 | 3,8 | 3,0 |
| Cidre (Normandie) . . . | 1,0046 | 51,0 | 29,7 | 2,8 | — | 1,30 | 10,4 | — | 2,6 |
| Mostbirne . . . . . . . | 1,0128 | 49,3 | 53,7 | 6,5 | 0,19 | 0,96 | 9,0 | 3,1 | 4,1 |
| Knaußbirne . . . . . . | 1,0038 | 45,3 | 29,0 | 4,9 | 1,37 | 0,52 | 1,2 | 3,2 | 3,0 |
| Deutsche Bratbirne. . . | 1,0039 | 50,1 | 31,3 | 4,6 | 0,84 | 0,91 | 1,4 | 3,8 | 3,1 |
| Grazer Birnenwein . . . | 1,0078 | 47,7 | 39,1 | 7,1 | 2,42 | 2,34 | 3,3 | 3,3 | 3,7 |
| Theilers Birne (Schweiz) | 1,0022 | 65,0 | 26,3 | 4,4 | 0,82 | 0,20 | 1,0 | 4,1 | 4,1 |
| Franz. Obstwein . . . . | 1,0013 | 43,0 | 19,0 | 3,2 | — | 0,70 | — | — | 2,8 |

## II. Kelterung, Gärung, Ausbau

**Kelterung.** Die Obst- und Beerenfrüchte werden vor der Kelterung sauber gewaschen, von den Stielen befreit und in geeigneten Obstmühlen gemahlen. Da man insbesondere bei Äpfeln und Birnen eine breiige Masse erhält, bereitet das Ab-

Abb. 19. Packpresse. Hersteller: Amos, Heilbronn

pressen größere Schwierigkeiten als die Kelterung von Traubenmaische. Man bedient sich daher zum Keltern der Kernobstmaischen der *Packpressen* (Abb. 19), bei denen das Preßgut in Tücher eingeschlagen und unter Verwendung von Zwischenböden in dünnen Schichten übereinander gepackt und dann erst gepreßt wird. Auch die horizontale Willmes-Presse (S. 192) eignet sich gut zum Abpressen von Obst- und Beerenmaischen.

Der von der Kelter kommende Saft, der oft stark zum Braunwerden neigt, wird *sofort* mit 5—6 g/hl $SO_2$ (10—12 g/hl K.P.) geschwefelt. Die Trester werden meist mit etwa 10% Wasser versetzt und nach einigen Stunden nochmals abgepreßt. Nach Artikel 7 Absatz 10 der Ausführungsverordnung zum Weingesetz von 1930 darf Apfel- und Birnenmosten *Zucker* bis zur Erreichung eines Mostgewichts von 55° Öchsle zugesetzt werden. Nach Beendigung der Gärung ist jedoch eine Zuckerung nicht mehr zulässig. Bei der Herstellung von Beerenweinen unterliegt der Zuckerzusatz keiner Beschränkung. Obst- und Beerenweinen darf ferner *Milchsäure* bis zu einer Menge von 3 g/l zugesetzt werden, um einen zu geringen Säuregehalt auszugleichen.

Da insbesondere Beerenmoste oft einen hohen Gehalt an schleimigen Pektinstoffen besitzen, kann der Zusatz von pektinspaltenden Fermenten, wie Filtragol, Pektinol, Pectinex und Panzym, von Vorteil sein. Es wird dadurch das Auspressen wie auch die spätere Filtration erleichtert.

**Gärung.** Weder auf den Obstfrüchten noch auf den Beerenfrüchten finden sich von Natur aus Edelhefen, die eine saubere, reintönige Gärung verbürgen. Es empfiehlt sich daher, bei der Bereitung von Obst- und Beerenweinen stets *Reinhefe* anzuwenden. Man bedient sich der gleichen Hefestämme wie bei der Weinbereitung, bevorzugt aber die Kaltgärhefen, wenn die Kelterung der Obstweine erst spät im Jahr vorgenommen wird und der gekelterte Obstmost kalt in den Keller kommt. Die Reinhefe muß *sofort* nach der Kelterung in einer Menge von 1—2 l Ansatz je hl Most zugesetzt werden. Heidelbeer-, Preiselbeer- und Birnensäften sowie anderen stickstoffarmen Fruchtsäften gibt man als Stickstoffnahrung für die Hefe 25—40 g/hl Ammoniumsulfat oder -phosphat.

**Abstich, Ausbau.** Etwa 3—4 Wochen nach dem Ende der Hauptgärung können die gut geklärten Obst- und Beerenweine von der Hefe abgelassen und nochmals mit 4—5 g/hl $SO_2$ (8—10 g/hl K.P.) geschwefelt werden. Hatte sich die Hefe z. Z. des ersten Abstichs gut abgesetzt, so sind weitere Abstiche nicht mehr erforderlich. Im Ausbau und in der Kellerbehandlung, wie Schwefelung, Schönung, Filtration und Abfüllung in Flaschen, unterscheiden sich Obst- und Beerenweine *nicht* von der Behandlung der Traubenweine. Da sie meist erheblich weniger Alkohol und Säure enthalten, neigen sie in stärkerem Maße zu Krankheiten und Fehlern, wie Zähwerden, Stichigwerden, Mäuseln und Schwarzwerden.

## III. Bereitung von Likörweinen

Besonderer Beliebtheit erfreuen sich auch die aus Beerenobst hergestellten süßen und alkoholreichen *Likörweine*, zu deren Bereitung vor allem Stachelbeeren, Erdbeeren, schwarze Johannisbeeren (Cassis), Brombeeren, Hagebutten und Kirschen verwendet werden. Im Osten Deutschlands stellte man früher auch aus Äpfeln süße, alkoholreiche Weine (,,Apfelzider") her.

Die Beerensäfte werden so stark gezuckert, daß der Alkoholgehalt auf im Durchschnitt etwa 120 g/l (= 15 Maßprozent) ansteigt. Da hierzu so erhebliche Mengen Zucker notwendig sind, daß der glatte Verlauf der Gärung gefährdet ist, erfolgt der Zuckerzusatz nicht auf einmal, sondern in zwei bis drei Anteilen. Diese *stufenweise* Zuckerung verfolgt den Zweck, die Hefe allmählich an den hohen Alkoholgehalt zu gewöhnen und eine vorzeitige Gärstockung zu vermeiden. Die Gärung wird mit einer besonders gärtüchtigen, an hohen Alkoholgehalt angepaßten Südweinhefe durchgeführt.

Die erwünschte *Süße* erhalten Likörweine nach dem Abstich von der Hefe und am besten erst nach erfolgter Klärung und Filtration durch Zusatz von *Invertzucker*. Die Süßkraft dieses Zuckers ist etwa ein Viertel geringer als die des Rohrzuckers, bleibt aber im Wein in vollem Umfang erhalten. Bei Zusatz von Rohrzucker muß man der allmählichen Invertierung Rechnung tragen und ein wenn auch nicht erhebliches Nachlassen des süßen Geschmacks in Kauf nehmen.

## IV. Obstweine

**Apfelweine.** Zur Bereitung von Apfelweinen eignen sich vor allem die Sorten *Trierer Weinapfel, Rheinischer Bohnapfel, Roter Eiserapfel* und die verschiedenen grauen *Reinetten*. Säurearme Tafeläpfel und weiche Frühsorten sind zur Kelterung wenig geeignet. Frisch gepflückte Äpfel enthalten noch erhebliche Mengen Stärke, die erst während der Lagerung in Zucker umgewandelt wird. Man läßt daher die Äpfel einige Zeit liegen, bevor sie gekeltert werden. Eine gewisse Beschleunigung dieser Nachreife erzielt man dadurch, daß man die Äpfel zu Haufen aufschichtet

und schwitzen läßt. In einem Versuch konnte festgestellt werden, daß der Wassergehalt in dieser Zeit von 86 auf 80% zurückging, während gleichzeitig die Stärke,
die noch in einer Menge von 4% vorhanden war, verschwand und die Säure einen
Rückgang von 10,3 auf 7,7 g/l Apfelsäure aufwies. In der gleichen Zeit stiegen
Mostgewicht und Zuckergehalt noch erheblich an.

Apfelsäfte aus guten Obstsorten wiegen etwa 45—65° (Mittelgewicht 55°) und enthalten
ca. 100—150 g/l Zucker. Der Gehalt an Apfelsäure schwankt zwischen 4,5 und 10,5 g/l, der Gehalt an Pektinstoffen zwischen 7 und 20 g/l.

Vor der Kelterung werden die Äpfel sauber gewaschen und verlesen und dann in geeigneten
Mostmühlen (Rözmühlen) sehr fein gemahlen. Den frisch gekelterten Saft schwefelt man sofort
mit 4—5 g/hl $SO_2$ (= 8—10 g/hl Kaliumpyrosulfit). Die Vergärung wird am besten mit Reinhefe durchgeführt. Ein Zusatz von etwa 5% Quitten trägt zur Klärung bei und erhöht den
Wohlgeschmack.

Die Kellerbehandlung und der Ausbau der Apfelweine unterscheiden sich *nicht* von der Behandlung säurearmer Traubenweine. Auch die Obstweine bedürfen einer wiederholten Schwefelung, zumal sie meist stark zum Braunwerden neigen und ihres geringen Alkohol- und Säuregehaltes wegen leichter von Krankheiten befallen werden als Traubenweine.

**Birnenweine.** Zur Weinbereitung verwendet man säure- und gerbstoffreiche
Sorten, wie *Weilers Mostbirne, Schweizer Wasserbirne, Gelbmöstler, Theilersbirnen*
u. a. m. Meist keltert man die Birnen unter Zusatz eines gewissen Anteils von
Äpfeln, welche die fehlende Säure liefern. Aus einem solchen Gemisch lassen sich
sehr wohlschmeckende Weine herstellen, die bei guter Kellerbehandlung einem einfachen Traubenwein fast gleichkommen. Da die Birnenweine besonders leicht zum
Essigstich, zum Milchsäurestich und zum Schwarzwerden neigen, schwefelt man
die frisch gekelterten Moste genügend ein und vergärt sie bei niederer Kellertemperatur unter Zusatz einer bewährten Kaltgärhefe. Aus dem gleichen Grund soll
man Birnenwein frühzeitig abstechen, ausreichend schwefeln und kühl lagern.

Über die Zusammensetzung einiger Apfel- und Birnenweine gibt die Tab. 23
Aufschluß.

# V. Beerenweine

Von den zahlreichen Beerenfrüchten wird vor allem die rote *Johannisbeere* ihres
Säuregehaltes und ihrer Farbe wegen zur Weinbereitung verwendet, während die
schwarze Johannisbeere bei uns vorwiegend zur Süßmostbereitung dient. Auch
aus Heidelbeeren, Stachelbeeren, Erdbeeren und Brombeeren werden sowohl einfache Tischweine wie süße Likörweine hergestellt, doch nimmt deren Bedeutung
gegenüber dem ständigen Anwachsen der Süßmosterzeugung mehr und mehr ab.

Die Gärung der im Hochsommer gekelterten Beerensäfte verläuft oft recht
stürmisch. Sie müssen daher sofort nach der Kelterung kräftig geschwefelt und in
einem nicht zu warmen Kellter vergoren werden. Kann die gesamte Menge des anfallenden Beerensaftes nicht sofort zu Wein verarbeitet werden, so läßt man den
Saft vergären, schwefelt den Jungwein mit 12—15 g/hl K.P. ein und lagert ihn als
„Muttersaft" bis zur späteren Verwendung.

**Johannisbeerwein.** Von den verschiedenen Johannisbeersorten kommen für die
Weinbereitung vor allem die *Rote* und die *Weiße Holländische*, die *Rote* und die
*Weiße Versailler* und die *Kirschjohannisbeere* in Betracht. Schon ihrer Farbe wegen
sind die roten Sorten besonders beliebt.

Der Zuckergehalt der Johannisbeeren ist gering. Er schwankt je nach Reifegrad
und Sorte zwischen 50 und 80 g/l, beträgt also nur die Hälfte des Zuckergehaltes
eines normalen Traubensaftes mittlerer Güte. Dagegen sind die Beerensäfte reich
an Säure (20—30 g/l), die in der Hauptsache aus *Citronensäure* besteht, also einer
Säure, die in Traubenweinen nur in sehr kleinen Mengen vorkommt. Wesentlich
ist der Gehalt der Beerensäfte an *Vitaminen*, von denen man die Vitamine A und C
vor allem in frischen Johannisbeeren, Erd- und Stachelbeeren nachweisen konnte.

Der geringe Zuckergehalt und der hohe Gehalt an Säure schließt die Bereitung naturreiner Beerenweine von vornherein aus. Es kommt daher stets eine *Verbesserung* durch Zusatz von *Zucker* in Frage, sei es, daß man einfache Tischweine oder daß man hochwertige süße Likörweine herstellen will. Bei der Bereitung eines Tischweines von 70—80 g/l Alkohol (9—10 Maßprozent) und etwa 8 g/l Gesamtsäure hat sich folgende Vorschrift bewährt: Man fügt zu je 1 l frisch gekeltertem Johannisbeersaft 300—500 g Zucker, aufgelöst in $1^1/_4$—$1^3/_4$ l Wasser. Die Menge des Natursaftes vermehrt sich dadurch auf das $2^1/_2$—3fache des ursprünglichen Raumgehalts.

Will man einen *Dessertwein* von 120—140 g/l Alkoholgehalt herstellen, so setzt man bei Beerensäften mit hohem Säuregehalt zu je 1 l Saft 500—750 g Zucker, aufgelöst in 1—$1^1/_2$ l Wasser. Wünschen wir darüber hinaus einen *süßen Likörwein,* so wird der Dessertwein nach beendigter Gärung und Trennung von der Hefe mit so viel Invertzucker versetzt, bis der gewünschte Grad der Süße erreicht ist. Sehr bekannt und beliebt ist der aus *schwarzen* Johannisbeeren gewonnene Likörwein, der in Frankreich die Bezeichnung „*Cassis*" führt.

**Heidelbeerwein.** In Gebirgsgegenden wie im Schwarzwald, aber auch im Norden und Osten Deutschlands wird auch die *Heidelbeere* zur Weinbereitung verwendet. Heidelbeersäfte wiegen nur etwa 30—40° Öchsle und enthalten 9—12 g/l Gesamtsäure. Zur Verbesserung gibt man auf je 1 l Heidelbeersaft 250 g Zucker, aufgelöst in $^1/_2$ l Wasser, oder 350 g Zucker in 1 l Wasser gelöst. Man erhält auf diese Weise einen Tischwein mit etwa 80 g/l Alkoholgehalt. Will man Likörwein bereiten, so setzt man zu je 1 l Saft 500 g Zucker, in 1 l Wasser gelöst. Da Heidelbeerwein wenig Stickstoffsubstanz enthält, gibt man diesen Säften zur Förderung der Gärung etwa 40 g/hl Ammoniumsulfat oder Ammoniumphosphat. Auch bei der Bereitung von Heidelbeerwein empfiehlt sich genügende Schwefelung und die Verwendung von Reinzuchthefe. Es besteht sonst die Gefahr, daß die Heidelbeerweine den sehr unangenehmen Mäuselgeschmack (vgl. S. 268) annehmen.

Heidelbeerweine werden zur Erzielung einer gut gedeckten Farbe wie *Rotweine auf der Maische vergoren.* Sie erinnern in ihrem Geschmack auch an einfache Rotweine. Der ihnen anfänglich noch anhaftende Heidelbeergeschmack verliert sich nach längerer Lagerung. Erst nach einigen Jahren erlangen diese Weine ihre höchste Qualität. Bei Magen- und Darmerkrankungen sowie bei akuten und chronischen Verdauungsstörungen haben sie sich ebenso bewährt wie alte Rotweine.

**Stachelbeerwein.** *Stachelbeeren* eignen sich vor allem zur Bereitung von süßen Dessertweinen. Das Mostgewicht der Stachelbeersäfte liegt zwischen 40 und 50° Öchsle, der Gehalt an Gesamtsäure zwischen 10—15 g/l. Durch Zusatz von etwa 25% roten und schwarzen Johannisbeeren kann der Geschmack der Stachelbeerweine erheblich verfeinert werden. Vor dem Keltern setzt man der schleimigen Maische ein pektinspaltendes Ferment zu und läßt sie angären, damit sie sich leichter abpressen läßt. Um einen Dessertwein mit 120—130 g/l Alkohol zu gewinnen, setzt man zu 1 l Stachelbeersaft 400 g Zucker, aufgelöst in $^1/_2$ l Wasser.

**Erdbeerwein.** Auch aus *Erdbeeren* lassen sich schwere, süße Likörweine bereiten. Das beste Aroma besitzen die kleinen Früchte der Wald- und Monatserdbeeren, die aber für die Herstellung von Wein im allgemeinen zu teuer sind. Es dürfen nur ganz gesunde, aber nicht überreife Erdbeeren zur Weinbereitung verwendet werden. Ihr Mostgewicht beträgt nur etwa 25—30° Öchsle und ihr Säuregehalt 7—9 g/l. Auf 1 l Saft gibt man 150—250 g Zucker, aufgelöst in nur 100—200 ml Wasser zu. Nach beendigter Gärung werden die Erdbeerweine mit Invertzucker nachgesüßt und nach Bedarf mit Milchsäure (bis zu 3 g/l) versetzt.

**Brombeerwein, Himbeerwein, Preiselbeerwein.** Die Säfte der *Brombeeren* und der *Himbeeren* besitzen ein Mostgewicht von 30—40° und einen Säuregehalt von 12—18 g/l. Es lassen sich daraus nach etwa den gleichen Vorschriften, wie sie bei der Bereitung von Stachelbeer- und Johannisbeerlikörweinen angegeben wurden, sehr wohlschmeckende Dessertweine gewinnen.

Näheres über Obst- und Beerenweine ist in folgenden Veröffentlichungen nachzusehen: H. Schanderl u. J. Koch: Fruchtweinbereitung, 4. Aufl. 1957, Verlag E. Ulmer; K. Kroemer u. G. Krumbholz: Obst- und Beerenweine, Verlag Serger u. Hempel 1932; E. Ausderau, H. Lüthi u. E. Züllig: Die Verwertung des Obstes, 9. Aufl., Frauenfeld: Verlag Huber u. Co. 1951.

# L. Sonstige weinähnliche Getränke

Neben den Früchten des Kernobstes und der Beerensträucher werden andere zuckerhaltige Früchte nur in geringem Umfang zur Bereitung von Wein verwendet. Gelegentlich kommen dafür aber *Kirschen, Hagebutten, Holunderbeeren, Orangen* und *Rhabarberstengel* in Betracht, die in Ermangelung anderer Ausgangsmaterialien zur Bereitung von Weinen und Hausgetränken herangezogen werden. Auch durch Vergärung von *Malzauszügen* und von *Honig* lassen sich alkoholhaltige Getränke gewinnen, die dem Wein ähnlich sind. In wirtschaftlicher Hinsicht sind jedoch alle diese Getränke von sehr geringer Bedeutung.

**Kirschwein.** Am besten eignen sich zur Weinbereitung reife Sauerkirschen und Weichselkirschen, deren Säfte 55—65° wiegen bei 7—11 g/l Säuregehalt. Zur Bereitung von Tischweinen zuckert man sie auf etwa 85 g/l Alkohol, zur Bereitung von Dessertweinen auf 110—120 g/l Alkohol unter Nachsüßung mit Invertzucker. Eine Staffelung des Zuckerzusatzes ist auch hier von Vorteil. Gute Dessertweine aus Kirschen können im Laufe der Lagerung eine dem Portwein ähnliche Qualität erlangen.

Vor der Verarbeitung werden die Kirschen gewaschen, von den Stielen befreit und gemahlen. Dabei ist darauf zu achten, daß die Kerne nicht zerdrückt werden. Es besteht sonst die Gefahr daß sich durch Zersetzung des Amygdalins Blausäure bildet. Man läßt die Maische 12—24 Std angären und preßt dann erst ab. Die Zuckerung wird wie üblich nach der Höhe des Mostgewichts und nach dem Gehalt an Säure berechnet.

**Hagebuttenwein.** Die Früchte der wilden Rose, die 12—22% Zucker und 10—30 g/l Säure enthalten, werden von Stielen und Blütenköpfchen befreit, einmal durchgeschnitten und je kg Früchte mit 1 kg Zucker und 2 l Wasser versetzt. Zweckmäßig gibt man nicht die ganze Menge Zucker auf einmal zu, sondern stufenweise. Nach der ersten Gärung, die durch Zusatz von 30 g Ammonsalz je hl und durch einen Ansatz von Reinhefe unterstützt wird, preßt man ab und versetzt die Trester mit dem 2. Anteil der Zuckerlösung und nochmals mit 40 g/hl Ammonsalz. Erst nach Verlauf einer weiteren Woche wird die restliche Menge Zucker zugegeben. Nach 6—8 Wochen läßt man von der Hefe ab und süßt den Wein nach Wunsch mit Invertzucker.

**Rhabarberwein.** Man verwendet nur die Blattstiele, die gewaschen, gedämpft und gemahlen werden. Auf je 1 kg Stiele setzt man 600—800 g Zucker zu, aufgelöst in $1^1/_4$—$1^1/_2$ l Wasser. Der fertige Wein enthält dann etwa 105—115 g/l Alkohol. Zur Beschleunigung der Gärung gibt man zur Maische 40 g Ammoniumsalz je hl und verwendet eine gärkräftige Reinhefe. Die in den Stielen reichlich enthaltenen Salze der Oxalsäure werden während der Gärung z. T. ausgeschieden. Zur weiteren Ausfällung versetzt man den Rhabarberwein nach Beendigung der Gärung mit 60 g reinem kohlensaurem Kalk je hl.

Tabelle 24. *Analysen von Beeren- und Fruchtweinen*
(Sämtliche Weine sind unter Zusatz von Zucker hergestellt)

| Verwendete Fruchtart | Dichte | Alkohol g/l | Extrakt g/l | Säure (Citronens.) g/l | Flüchtige Säuren g/l | Invert- zucker g/l | Glycerin g/l | Stickstoff g/l | Mineral- stoffe g/l |
|---|---|---|---|---|---|---|---|---|---|
| Rote Johannisbeeren. . | 1,0054 | 62,1 | 39,8 | 18,6 | 0,80 | 1.8 | — | 0,48 | 4.00 |
| Weiße Johannisbeeren . | 1,0088 | 111.2 | 68.8 | 7,5 | 0,96 | 45,0 | — | — | 2,28 |
| Schwarze Johannis-<br>beeren (Cassis) . . . | 1,0116 | 119,2 | 72,9 | 8,0 | 1,04 | 50,2 | 6,0 | — | 2,20 |
| Heidelbeeren . . . . . | 1,0005 | 79,4 | 35,9 | 5,6 | 0,84 | 16,0 | — | — | 1,30 |
| Stachelbeeren . . . . | 1,0146 | 96,3 | 78,6 | 7,5 | 0,90 | 55,8 | — | — | 1,80 |
| Stachelbeeren . . . . | 1,0339 | 100,7 | 130,3 | 6,7 | 0,84 | 108,9 | — | — | 1,76 |
| Erdbeeren . . . . . . | 1,0603 | 101,5 | 206,8 | 10,2 | — | 180,1 | 6,1 | — | 3,10 |
| Walderdbeeren . . . . | — | 107,4 | 165,6 | 8,2 | — | 135,6 | 4,6 | — | 1.80 |
| Brombeeren . . . . . | 1,0679 | 89,8 | 176,2 | 5,8 | 0,93 | 140,8 | — | — | 1,60 |
| Himbeeren . . . . . . | 1,0463 | 82,6 | 161,9 | 5,2 | 2,42 | 133,5 | — | — | 4,00 |
| Sauerkirschen. . . . . | 1,0072 | 101,4 | 62,7 | 11,7 | 0,57 | 3,8 | — | 0,43 | 3,61 |
| Glaskirschen . . . . . | 1,0237 | 121,7 | 109,2 | 10,3 | 1,49 | 51,4 | — | 0,46 | 4,81 |
| Orangen . . . . . . . | 0,9960 | 48,5 | 38,1 | 12,6 | — | 24,3 | 5,2 | — | — |

**Orangenwein.** Die sehr saftigen Früchte der *Orange* eignen sich recht gut zur Bereitung eines angenehmen weinähnlichen Getränkes. Die Früchte werden von den Schalen befreit[1], quer durchgeschnitten und nur so leicht gepreßt, daß die Kerne nicht verletzt werden. Der von der Kelter abfließende Saft wird durch Zusatz von Zucker bzw. Zuckerwasser so weit verbessert, daß der Alkoholgehalt des Weines etwa 85—90 g/l, der Gehalt an Säure etwa 7—8 g/l beträgt. Orangenwein klärt sich gut und ist haltbar. Er gewinnt beim Lagern noch an Güte und nimmt eine schöne goldgelbe Farbe an.

**Malzwein.** Geschrotetes Malz wird mehrfach mit heißem Wasser (höchstens 2 l auf 1 kg!) ausgezogen, so daß möglichst viel Malzzucker in Lösung geht. Der Auszug (Würze) wird unter

---

[1] Der Wein würde sonst sehr bitter schmecken.

Verwendung von Reinhefe vergoren und ergibt ein leichtes, an Konsumwein erinnerndes, aber fades Getränk. Auf Zusatz von Alkohol scheidet sich Dextrin als flockiger Niederschlag ab.

Zucker und Säure dürfen bei der Herstellung von Malzweinen *nicht* verwendet werden.

**Maltonweine.** Die ebenfalls aus Malzauszügen hergestellten *Maltonweine* sind dessertweinähnliche Getränke, denen zur Erhöhung des Alkoholgehaltes und zur Nachsüßung Zucker bis zur 1,8fachen Gewichtsmenge des Malzes zugesetzt werden darf. Zunächst wird die Würze mit Milchsäurebakterien versetzt und zur Säurebildung etwa 24 Std sich selbst überlassen. Sobald sich 6—8 g/l Milchsäure gebildet haben, werden die Bakterien durch Erhitzen abgetötet und wird die Würze mit eingedicktem Malzextrakt auf eine für die Gärung günstige Konzentration gebracht. Während der Gärung setzt man weitere Mengen Malzextrakt und Rohrzucker zu, so daß der Wein schließlich einen Alkoholgehalt von 100—135 g/l besitzt. Von echtem Tokayer und anderen Dessertweinen sind die Maltonweine durch ihren Geschmack nach Malzextrakt leicht zu unterscheiden.

**Honigwein.** *Honigwein* (Met) wird durch Vergären einer Auflösung von Honig hergestellt, die nach dem Weingesetz auf 1 kg Honig höchstens 2 l Wasser enthalten darf. Man siedet den Honig mit Wasser, entfernt die sich ausscheidenden Eiweißstoffe durch Abschäumen und vergärt die abgekühlte Honiglösung mit Reinhefe. Ein Zusatz von Zucker ist nicht gestattet; doch darf gebrannter Honig, verschiedenes Gewürz (Nelken, Anis, Kräuter usw.) und Hopfen zugesetzt werden.

Met war ein beliebtes Getränk unserer Vorfahren und wurde früher überall in Europa hergestellt.

Als weinähnliche Getränke, die für Europa keine Bedeutung haben, sind ferner zu nennen:

**Ahornwein** aus dem Saft der in den Nordstaaten der USA und in Kanada häufig vorkommenden Ahornarten (Acer saccharum, A. saccharinum und A. Negundo);

**Palmwein** aus dem Saft der Dattelpalme;

**Pulque** aus dem Saft der besonders in Mexiko sehr verbreiteten Agave americana;

**Sake** (Reiswein, Reisbier), ein sherryartiges Getränk, das in Japan und China aus geschältem Reis hergestellt und warm getrunken wird;

**Tamarindenwein** aus dem süßsäuerlichen Mark der Früchte von Tamarindus indica.

Tabelle 25. *Zusammensetzung einiger weinähnlicher und weinhaltiger Getränke*

| Bezeichnung | Dichte | Alkohol g/l | Extrakt g/l | Säure als Apfelsäure g/l | Zucker g/l | Mineralstoffe g/l |
|---|---|---|---|---|---|---|
| Rhabarberwein . . . . . | 0,9921 | 81,4 | 15,3 | 3,5 | — | 2,44 |
| Malzwein. . . . . . . . | 0,9971 | 70,6 | 24,5 | 4,6 | 4,9 | 1,36 |
| Malton-Sherry . . . . . | 1,0245 | 123,0 | 115,2 | 8,1 | 55,9 | 2,30 |
| Met . . . . . . . . . . | — | 51,4 | 242,4 | 3,9 | 208,0 | 1,34 |
| Russischer Honigwein . . | 1,0626 | 87,9 | 200,7 | 8,2 | 157,0 | 1,69 |
| Sake. . . . . . . . . . | 0,9902 | 121,2 | 28,6 | 5,7 | 5,5 | 1,00 |

# M. Rückstände der Weinbereitung und ihre Verwertung

Die bei der Weinbereitung anfallenden Rückstände, wie Trauben- oder Obsttrester, Hefe, Schönungstrub usw., enthalten noch eine gewisse Menge Rohstoffe, die man einer nützlichen Verwendung zuzuführen sucht. Besonders in Ländern mit großer Weinerzeugung wird der Verwertung der Weinrückstände viel Beachtung geschenkt. Auch in Deutschland werden Trester und Hefe nicht einfach beseitigt, sondern zur Gewinnung von Nebenerzeugnissen wie Haustrunk, Tresterbranntwein, Hefebranntwein und Weinstein benutzt.

## I. Verwertung der Trester

Die *Trester* (Treber, Lauer) bestehen zu etwa 50% aus frischen Beerenhülsen, zu 25% aus Kernen und zu 25% aus den „Kämmen" (Stielen) der Trauben. Auf 100 l Traubenmaische im Gewicht von ca. 110 kg rechnet man je nach Traubensorte und Jahrgang 15—26 kg Trester, deren Gehalt an Zucker, Weinsäure, Tannin und

Öl starken Schwankungen unterliegt. Man verwendet die Trester bei uns in erster Linie zur Bereitung von *Haustrunk* und von *Tresterbranntwein*, in anderen Gebieten auch zur Gewinnung von Traubenkernöl und von Weinsäure.

**α) Tresterwein (Haustrunk).** Die frisch von der Kelter kommenden Trester werden *sofort* mit Wasser übergossen, und zwar mit 66 l auf die Trester (30 kg) von je 100 l Most. Zur Verhinderung einer vorzeitigen Gärung setzt man dem Wasser 12—15 g Kaliumpyrosulfit je hl zu. Man läßt den Tresteransatz 1—3 Tage unter öfterem Durchstoßen stehen, keltert ab und setzt zu 100 l Tresterauszug 8—10 kg Zucker. Verfährt man in Schwefelung, Abstich und Ausbau wie bei einem Traubenwein, so erhält man einen sauberen, gesunden Tresterwein. Versäumt man jedoch die Schwefelung und läßt man die schon mit Wasser übergossenen Trester in Gärung geraten, so entzieht der entstehende Alkohol den Trestern größere Mengen Gerbstoff, die das Getränk hart und rauh machen.

Die Trester zucker- und säurereicher Traubensorten wie Riesling eignen sich besser zur Haustrunkbereitung als die Trester säurearmer Sorten. In den badischen und württembergischen Weinbaugebieten, in denen vorwiegend säurearme Sorten angebaut werden, ist deshalb ein Zusatz von *Citronensäure* zum Haustrunk gestattet; für die anderen deutschen Weinbaugebiete wurde er beantragt. In ganz Deutschland ist es jedoch zulässig, Tresterwein mit Obstwein zu verschneiden. Das so gewonnene Getränk gilt wie der Tresterwein selbst als *Haustrunk* im Sinne des § 11 des Weingesetzes von 1930. Es darf nur im Haushalt des Herstellers verwendet oder an die bei ihm beschäftigten Personen ohne besonderes Entgelt und nur zu deren eigenem Verbrauch abgegeben werden.

In Frankreich und in Italien versetzt man die nur schwach ausgepreßten Trester mit etwa der gleichen Gewichtsmenge Wasser und keltert sie nach mehrtägigem Stehen nochmals ab. Den so gewonnenen Nachwein, zu dessen Bereitung oft gar kein Zucker verwendet wird, bezeichnet man als „piquette" bzw. als „vino piccolo" oder „vinello". Es handelt sich dabei um kleine, wenig haltbare Getränke, die ihres geringen Gehaltes an Alkohol und Säure wegen zum Verderben neigen.

**β) Tresterbranntwein.** Bei der Bereitung von Rotwein vergärt der Traubensaft auf der Maische. Die abgepreßten Trester enthalten daher keinen Zucker mehr, wohl aber noch gewisse Mengen Alkohol. Rotweintrester werden mit Vorteil zur Gewinnung von *Tresterbranntwein* verwendet. Sie liefern zunächst einen *Rohbrand*, der im allgemeinen nicht mehr als 40% Alkohol enthält. Durch nochmalige Destillation wird *Feinbrand* gewonnen, dessen Alkoholgehalt ca. 60% beträgt. Aus 100 kg stark ausgepreßten und festgetretenen Weintrestern erhält man 7—9 l Branntwein mit 50 Vol.-% Alkohol.

Tresterbranntwein unterscheidet sich ebenso wie Hefebranntwein von echtem Weinbrand durch seinen hohen Gehalt an Fuselöl und Önanthäther. Oft überwiegt der Önanthäther so stark, daß er alle übrigen Geruchstoffe überdeckt. Die Qualität des Tresterbranntweins ist um so besser, je hochwertiger das Traubenmaterial war und je reiner und zweckmäßiger die Trester aufbewahrt wurden. Alter Burgunder-„Marc" aus guten Jahrgängen wird dem Cognac fast gleich geachtet.

**γ) Weinstein.** Überall dort, wo größere Mengen Trester verarbeitet werden, lohnt sich auch die Gewinnung von *Weinstein*. Die vergorenen Trester von Rotweintrauben enthalten 3—5% Weinstein, die Trester von weißen Trauben etwa 2%.

Man läßt den noch heißen Inhalt des Brennkessels durch ein Sieb in einen Bottich ab, wo sich beim Erkalten Rohweinstein (Tresterfloß) in Kristallen abscheidet, die bis zu 75 und 80% Weinstein enthalten. Der Rohweinstein wird in chemischen Fabriken auf Weinsäure verarbeitet.

**δ) Traubenkernöl.** In den Kernen der Weintrauben ist ein wohlschmeckendes fettes Öl enthalten, dessen Menge je nach Traubensorte, Jahrgang und Herkunft zwischen 10 und 20% des Gewichts der trockenen Kerne schwankt. In den Kernen der blauen Traubensorten südlicher Weinbaugebiete ist der Ölgehalt am höchsten. In den weißen Trauben der deutschen Weinbaugebiete übersteigt er dagegen selten 10—12%. Zur Gewinnung von Traubenkernöl eignen sich nur frische, nicht gebrannte Trester.

In besonderen Maschinen werden die Kerne von den Hülsen und Kämmen getrennt, getrocknet, gemahlen und mit einem geeigneten Lösungsmittel wie Benzin oder Tetrachlorkohlenstoff extrahiert.

Reines Traubenkernöl ist hellgelb, dickflüssig und von angenehmem Geschmack. Es kann als Speiseöl oder zur Herstellung von Margarine verwendet werden. Geringwertiges Traubenkernöl dient zur Herstellung von Ölfarben oder zur Bereitung von Seife.

# II. Verwertung der Hefe

Die nach der Gärung sich absetzenden festen Bestandteile des Weines bezeichnet man als *Hefe* oder als *Trub, Geläger* oder *Drusen*. Der gelblichweiße bis bräunliche Bodensatz besteht nicht allein aus lebenden oder toten Hefezellen und anderen Kleinlebewesen, er enthält auch noch eine ganze Menge anderer Stoffe wie Eiweiß, Farbstoffe, Weinstein, weinsauren Kalk sowie Bestandteile des Beeren- oder Fruchtfleisches. Die Menge des sich absetzenden Hefetrubs schwankt etwa zwischen 3—5% des vergorenen Trauben- oder Obstsaftes. Die mittlere hellgelb gefärbte Schicht aus reiner Hefe wird als *Kernhefe* bezeichnet.

Bei der *Verwertung* des Hefetrubs wird zunächst der noch darin enthaltene *Wein* gewonnen (Hefepreßwein). Der Trub selbst wird auf *Hefebranntwein, Weinöl* und *Weinsäure* verarbeitet. Der verbleibende Rückstand besitzt noch einen gewissen Wert als Futter- oder Düngemittel.

α) **Hefewein und Hefepreßwein.** Der Hefetrub enthält noch 50—60% Wein, der durch Filtrieren in Filtern mit Trubkammern (Filterpressen) oder durch vorsichtiges Auspressen der in Säcke gefüllten Hefe auf einer geeigneten Kelter, z. B. der Willmes-Presse, gewonnen wird. Der Hefepreßwein ist als *Wein* im Sinne des Weingesetzes anzusehen und darf anderem Wein zugesetzt werden. Da er aber meist einen etwas unreinen Geschmack besitzt, sollte er nur mit geringem Wein verschnitten oder — mit Vorsicht — zum Auffüllen der Fässer verwendet werden.

β) **Hefebranntwein.** Durch Destillieren des Hefetrubes in geeigneten Brennapparaten erhält man einen beliebten Branntwein, der aromatischer als Tresterbranntwein ist und durch längeres Lagern noch an Wert und Wohlgeschmack gewinnt. Die Ausbeute aus 100 l dickflüssiger Hefe schwankt je nach Jahrgang, Traubensorte und Behandlung des Weines zwischen 11 und 20 l Hefebranntwein von 50 Vol.-% Alkohol.

Hefebranntwein unterscheidet sich von Weinbrand oder Tresterbranntwein durch einen höheren Gehalt an Weinöl (Önanthäther). Während reiner Weinbrand im Mittel 0,34% Fuselöl auf 100 Teile Alkohol enthält, beträgt bei Hefebranntwein der Gehalt an Fuselöl im Mittel 0,74%, berechnet als Amylalkohol. Auf diesen Gehalt an wasserunlöslichem Weinöl ist es zurückzuführen, daß Hefebranntwein sich beim Verdünnen mit Wasser milchig trübt.

γ) **Weinöl und Weinsäure.** Das in der Hefe enthaltene *Weinöl* (Önanthäther, Cognacöl) wird in der Weise gewonnen, daß man den Hefetrub nach Abdestillieren des Alkohols noch weiter erhitzt. Mit den Wasserdämpfen geht dann das schwer flüchtige Weinöl über, das sich in Form von Öltropfen auf dem Destillat sammelt. Aus 100 kg ausgepreßter Hefe erhält man nur etwa 40 g Weinöl, das in reinem Zustand farblos und leicht beweglich ist und einen betäubenden Geruch besitzt.

Das sehr wertvolle Weinöl, dessen Siedepunkt zwischen 225° und 230° C liegt, besteht aus einem Gemenge verschiedener Fettsäureester, unter denen die Äthyl- und Amylester der Caprin- und Capronsäure überwiegen. Es wird vor allem zur Herstellung von Weinbrandessenzen verwendet. Erst bei starker Verdünnung des Weinöls tritt der angenehm aromatische Weingeruch hervor. Weinöl wurde zuerst von J. von Liebig im Jahre 1836 aus Wein gewonnen.

Der Destillationsrückstand, die Hefeschlempe, wird möglichst heiß in Preßsäcke gefüllt und ausgepreßt. Aus der abfließenden Flüssigkeit kristallisiert beim Erkalten *Weinstein* in losen Kristallen und festen Krusten aus. Dickflüssiger Hefetrub enthält ca. 5—10%, abgepreßte frische Hefe ca. 12—20% Weinstein.

## Bibliographie

Babo, A. v. u. E. Mach: Handbuch des Weinbaus und der Kellerwirtschaft. Berlin: Paul Parey 1927.

Bassermann-Jordan, Fr. v.: Geschichte des Weinbaus, 2. Aufl., Bd. I. Frankfurter Verlagsanstalt 1923.

Böhringer, P.: Die Hefen, Bd. 2, S. 157—220. Nürnberg: Hans Carl 1962.

Engel, F.: Dessertweine. Neustadt a.d.W.: Weinblatt-Bücherei 1955.

Freudenberg, K.: Die Chemie der natürlichen Farbstoffe. Berlin: Springer 1933.

Geiss, W.: Lehrbuch der Weinbereitung und Kellerwirtschaft. Bad Kreuznach: Selbstverlag 1960.

Goethe, H.: Handbuch der Ampelographie. Berlin: Paul Parey 1887.

*Handbuch der Kellerwirtschaft.* Bd. I: G. Troost, Die Technologie des Weines, 3. Aufl. 1961; Bd. II: H. Schanderl, Die Mikrobiologie des Weines, 2. Aufl. 1959; Bd. III: E. Vogt, Weinchemie und Weinanalyse, 2. Aufl. 1958 und 3. Aufl. 1968. Stuttgart: E. Ulmer.

Hegi, G.: Flora von Mitteleuropa, Bd. 5. München: J.F. Lehmann 1925.

Kramer, O.: Kellerwirtschaftliches Lexikon, 2. Aufl. Neustadt a.d.W.: D. Meininger 1962.

Kroemer, K., u. G. Krumholz: Obst und Beerenweine. Braunschweig: Serger u. Hempel 1932.

Kulisch, P.: Anleitung zur sachgemäßen Weinverbesserung, 3. Aufl. Berlin: Paul Parey 1909.
Moog, H.: Rebsortenkunde. Stuttgart: E. Ulmer 1957.
Myrbäck, K.: Enzymatische Katalyse. Berlin: de Gruyter 1953.
Nègre, E., et P. Francot: Manuel practique de Vinification, S. 177—202. Paris: Flammarion 1941.
Ribéreau-Gayon, J.: Traité d'Oenologie. Paris u. Lüttich: Ch. Béranger 1947.
Saller, W.: Die Qualitätsverbesserung der Weine und Süßmoste durch Kälte. Frankfurt: G. Horn 1955.
Schanderl, H.: Die Mikrobiologie der Weinbereitung. Stuttgart: E. Ulmer 1950.
— Die Mikrobiologie des Mostes und des Weines, 2. Aufl. Stuttgart: E. Ulmer 1958.
—, u. J. Koch: Die Fruchtweinbereitung, 4. Aufl. Stuttgart: E. Ulmer 1957.
Seifert, W.: Chemie des Mostes und Weines. Wiesbaden: 1938.
Viala, P., et V. Vermorel: Ampélographie (7 Bände). Paris: Masson et Cie. 1915.
Vogt, E.: Weinbau, 4. Aufl., S. 47—68. Stuttgart: E. Ulmer 1967.
— Der Wein, seine Bereitung, Behandlung und Untersuchung, 5. Aufl. Stuttgart: E. Ulmer 1968.
Vogt, E.: Weinchemie und Weinanalyse, 3. Aufl. Stuttgart: E. Ulmer 1968.

## Zeitschriften-Literatur

Antoniani, C., e. L. Fedrico: Riv. Viticolt. **9**, 143 (1956).
Armet, H.: Progrès agric. et vitic. **86**, 328, 371 (1926).
Arntz, H.: Vinum siccum. Bonner Jahrbücher, Heft 159, 192—214 (1959).
Bayer, E., F. Born u. K.H. Reuther: Über Polyphenoloxydase der Trauben. Z. Lebensmittel-Untersuch. u. -Forsch. **105**, 77 (1957).
—, u. K.H. Reuther: Photometrische Mikrobestimmung von Acylgruppen. Analytische Verwendung von Eisen(III)-hydroxamsäurekomplexen. Chem. Ber. **89**, 2541 (1956a).
— — Papierchromatographische Analyse von Carbonsäureestergemischen sowie deren Anwendung zur Untersuchung von Aromastoffen. Angew. Chem. **68**, 698 (1956b).
Bertrand, G., u. L. Silberstein: C.R. Acad. Agric. **36**, 59 (1950).
Beyermann, K., u. H. Eschnauer: Bestimmung von Chrom in Most und Wein. Z. Lebensmittel-Untersuch. u. -Forsch. **118**, 308—311 (1962).
Bezzegh, Th.: Gärungs- und Atmungsversuche mit Schizosaccharomyces pombe. Diss. Zürich 1961.
— Die Bedeutung der Milchsäurebakterien in der Önologie. Weinberg u. Keller **10**, 470—479 (1963).
Bieber, H.: Der papierchromatographische Nachweis von rotem Hybridenfarbstoff. Dtsch. Wein-Ztg. **96**, 104 (1960).
Biedermann, W.: Schweiz. Z. Obst- u. Weinbau **61**, 189 (1952).
— Oxydation in Obst und Obstsäften. Mitt. Lebensmitteluntersuch. Hyg. **47**, 86—112 (1956).
Böhringer, P.: Trockener Jahrgang und Extraktgehalt. Das Weinblatt **46**, 51 (1952); **47**, 35 u. 57 (1953).
— Der Einfluß der Konzentrierung von Traubenmosten auf die Zusammensetzung der daraus gewonnenen Weine. Z. Lebensmittel-Untersuch. u. -Forsch. **100**, 97—110 (1955).
— Großversuche mit Anionenaustauschern zur Säureverminderung, insbesondere zur Verminderung der Schwefelsäure im Wein. Dtsch. Wein-Ztg. **93**, 688 (1957).
—, u. Th. Münz: Die Mostentsäuerung mit kohlesaurem Kalk durch Fällen des Ca-Doppelsalzes der Wein- und Apfelsäure; die praktische Entsäuerung eines Mostes, der Verdünnungsverschnitt, die Vergärung und die Ca-Rückfällung. Weinberg u. Keller **9**, 31 (1962).
Boeseken, J.: Über die Lagerung der Hydroxyl-Gruppen von Polyoxyverbindungen im Raum. Die Konfiguration der gesättigten Glykole und der $\alpha$- und $\beta$-Glucose. Ber. dtsch. chem. Ges. **46**, 2612 (1913).
Bronner, J.P.: Die wilden Trauben des Rheintals. Heidelberg 1857.
Deibner, L.: Oenometrie, ihr gegenwärtiger Stand, ihre Bedeutung für die Vorhersage gewisser oenologischer Erscheinungen. Rev. Fermentat. Industr. aliment. **9**, 158—172, 196—210 (1954).
Diemair, W., u. C. Gundermann: Zur Kalium- und Natriumbestimmung in Wein. Ein Vergleich der flammenphotometrischen mit der gravimetrischen Methode. Z. Lebensmittel-Untersuch. u. -Forsch. **109**, 469; **111**, 120 (1959).
—, u. G. Maier: Beiträge zur Weinanalytik. I. Bestimmung von Calcium, Magnesium und Weinsäure im Wein. Z. Untersuch. Lebensmittel **117**, 465 (1962).
Dietzel, R., u. S. Galanos: Optische Untersuchungen über die Schweflige Säure und ihre Alkalisalze, insbesondere das Kalium- und Ammoniumpyrosulfit. Z. Elektrochemie **1925**, S. 466.

DITTRICH, H. H.: Versuche zum Apfelsäureabbau mit einer Hefe der Gattung Schizosaccharomyces. Wein-Wissenschaft **18**, 392—410 (1963).
— Über die Glycerinbildung von Botrytis cinerea auf Traubenbeeren und Traubenmosten sowie über den Glyceringehalt von Beeren- und Trockenbeerenausleseweinen. Wein-Wissenschaft **19**, 12—20 (1964a).
— Zur Vergärung edelfauler und hochkonzentrierter Moste. Wein-Wissenschaft **19**, 169 (1964b).
DRAWERT, F.: Anwendung der Gaschromatographie zur Qualitätsbeurteilung von Weinen und Mosten. Vitis **2**, 172 (1960).
DURMISHIDSZE, S. V.: Biokhimiya **13**, 1 (1948).
EHRLICH, F.: Über die Bedingungen der Fuselölbildung und über ihren Zusammenhang mit dem Eiweißaufbau der Hefe. Ber. dtsch. chem. Ges. **40**, 1027 (1907).
— Über die Entstehung der Bernsteinsäure bei der alkoholischen Gärung. Biochem. Z. **18**, 391 (1909).
— Landwirtsch. Jb. **38**, 289 (1909).
ESCHNAUER, H.: Spurenelemente im Wein. Angew. Chem. **71**, 667—671 (1959).
FIORDILIGI, A.: Harpers Wine and Sprit Gazette 1957, Heft 3787, S. 197; Heft 3788, S. 245.
FLESCH, P.: Über Möglichkeiten und Grenzen zur Most- und Weinentsäuerung. Weinberg u. Keller **9**, 159 (1962).
—, u. D. JERCHEL: Über die Züchtung von Bacterium gracile in natürlicher l-Apfelsäure enthaltenden Nährmedien. Mitt. Klosterneuburg Serie A **10**, 1—13 (1960).
FREY-WISSLING, A.: Stoffwechsel der Pflanzen. Zürich 1949.
GÄRTEL, W.: Molybdänbestimmung in Most und Wein. Weinberg u. Keller **7**, 373 (1960).
GEISS, W.: Die Kohlensäure im Wein. Dtsch. Wein-Ztg. **87**, 423 (1951).
GENEVOIS, L.: Mineralische Zusammensetzung von Hefen, Austausch anorganischer und organischer Ionen durch die Hefe. Rev. Fermentat. Industr. aliment. **6**, 88—96 (1951).
— La synthese isoprenique des carotinoides. Bull. Soc. chim. France **21**, 450 (1954).
—, E. PEYNAUD u. J. RIBÉREAU-GAYON: Quantitative Untersuchungen über die Umsetzungsprodukte des einer alkoholischen Gärung zugesetzten Acetaldehyds. C.R. Acad. Sci. (Paris) **223**, 693 (1946).
— — — Bilanz der Sekundärprodukte der alkoholischen Gärung in den Rotweinen der Gironde. C.R. Acad. Sci. (Paris) **226**, 126 u. 439 (1948).
— — — Sur une relation numerique entre les divers produits secondaires de la fermentation alcoolique. Bull. Soc. Chim. biol. (Paris) **31**, 369 (1949).
GROHMANN, H., u. E. GILBERT: Zum papierchromatographischen Nachweis von Hybridenfarbstoffen. Dtsch. Wein-Ztg. **95**, 346 (1959).
GRÜNHUT, L.: Die Begutachtung der Dessertweine. Z. Lebensmittel-Untersuch. u. -Forsch. **26**, 498 (1913).
HAWORTH, W.N.: The Constitution of Sugars. London 1929.
HEIDE, C. VON DER, u. W. BARAGIOLA: Ergebnisse der amtlichen Weinstatistik, Berichtsjahr 1910/1911. Teil I. Weinstatistische Untersuchungen. Arb. Reichsgesundh.-Amt **42**, 12 (1912).
HEIMANN, W., u. Mitarbeiter: Die Warmfermentierung in Traubenmaische zur Gewinnung von Wein. Weinberg u. Keller **8**, 175 (1961).
HENNIG, K.: Einige Fragen zur Bilanz der Stickstoffverbindungen im Most und Wein. Z. Lebensmittel-Untersuch. u. -Forsch. **87**, 40 (1943).
— Die Schönung der Weine mit Aferin. Dtsch. Wein-Ztg. **88**, 226 (1952a); Z. Untersuch. Lebensmittel **97**, 114 (1953).
— Neue Methoden der Weinbehandlung. Dtsch. Wein-Ztg. **88**, 22 (1952b).
— Der Deutsche Schaumwein. Dtsch. Wein-Ztg. **88**, 341—346 (1952c).
— Die Bestimmung der flüchtigen Ester in Weinen, Weinbränden und Weinbrandverschnitten. Z. Lebensmittel-Untersuch. u. -Forsch. **97**, 457 (1953a).
— Ionenaustauscher in der Weinchemie und Kellerwirtschaft. Dtsch. Wein-Ztg. **89**, 137 (1953b).
— Möglichkeiten der rationellen Weinbehandlung. Dtsch. Wein-Ztg. **90**, 450 (1954).
— Die technische Anwendung von Pyrokohlensäurediäthylester in der Kellerei. Weinberg u. Keller **8**, 214—218 (1961).
—, u. A. LAY: Die Bestimmung der Kohlensäure in Wein, Perlwein und Schaumwein. Weinberg u. Keller **9**, 202—205 (1962).
—, u. R. BURKHARDT: Über die Farb- und Gerbstoffe sowie Polyphenole und ihre Veränderungen im Wein. Weinberg u. Keller **4**, 374—387 (1957).
— — Vorkommen und Nachweis von Querzitrin und Myricitrin in Trauben und Wein. Weinberg u. Keller **7**, 1—3 (1960).
—, u. S.M. FLINTJE: Papierchromatographische Untersuchung der Zucker, Zuckersäuren und Aminosäuren des Weines. Wein-Wissenschaft **8**, 129 (1954).
—, u. P. OHSKE: Vorratspfl. u. Lebensmittelforsch. **5**, 408 (1942).
—, u. FR. VILLFORTH: Vorratspfl. u. Lebensmittelforsch. **5**, 181 (1942).

Hilger, A.: Über die Zeitdauer der Verdampfung und Wiederverdichtung fester Körper. Liebigs Ann. Chem. **160**, 334 (1871).

Janke, A.: Arch. Mikrobiol. **41**, 79—114 (1962).

Jaulmes, P., u. M. Ney: Ann. Falsif. Expert. chim. 616, April 1960.

— Untersuchung von Rotwein-Verschnitt durch Chromatographie des Farbstoffes. Ann. Falsif. Fraudes **53**, 180 (1960).

Jerchel, D., P. Flesch u. E. Bauer: Untersuchungen zum Abbau der l-Apfelsäure durch Bacterium gracile. Liebigs Ann. Chem. **601**, 40 (1956).

Joppien, P.H.: Die chemische Zusammensetzung der Auslandsweine. Weinfach-Kalender **1962**, 289—392.

Kaczmarek, u. Weise: Gartenbauwissenschaft **16**, 314 (1941).

Kerp, W.: Über die Schweflige Säure im Wein. (Über die aldehyd-schweflige Säure im Wein.) Arb. Reichsgesundh.-Amt **21**, 156 (1904a).

— Zur Kenntnis der gebundenen schwefligen Säure. Arb. Reichsgesundh.-Amt **21**, 180 (1904); **21**, 372 (1904b).

— Über Schweflige Säure in Nahrungsmitteln. Chemiker-Ztg. **1907**, Nr. 85.

— Ergebnisse der amtlichen Weinstatistik. Berichtsjahr 1910/1911. Arb. Reichsgesundh.-Amt **42**, 22 (1912).

—, u. E. Bauer: Beiträge zur Kenntnis der Ausscheidung von neutralem schwefligsaurem Natrium und aldehydschwefligsaurem Natrium beim Hunde. Arb. Reichsgesundh.-Amt **21**, 285 (1904a).

— — Beitrag zur Kenntnis der Wirkung des neutralen schwefligsaurem Natriums, des aldehyd- und des acetonschwefligsauren Natriums sowie einiger anderer Stoffe auf Kaulquappen. Arb. Reichsgesundh.-Amt **21**, 304 (1904b).

— — Vergleichende Untersuchung der pharmakologischen Wirkungen der organisch gebundenen schwefligen Säure und des neutralen schwefligsauren Natriums. Arb. Reichsgesundh.-Amt **21**, 312 (1904c).

— — Zur Kenntnis der gebundenen schwefligen Säure. Arb. Reichsgesundh.-Amt **26**, 231 (1907a).

— — Über glukoseschweflige Säure. Arb. Reichsgesundh.-Amt **26**, 269 (1907b).

— — Über die elektrolytische Dissoziationskonstante der schwefligen Säure. Arb. Reichsgesundh.-Amt **26**, 297 (1907c).

— — Kommen dem schwefligsauren Natrium außer Salzwirkungen noch spezifische Wirkungen auf den Eiweißumsatz des Hundes zu? Arb. Reichsgesundh.-Amt **34**, 305 (1910a).

— — Über die Wirkungen der schwefligen Säure auf das überlebende Warmblüterherz. Arb. Reichsgesundh.-Amt **34**, 377 (1910b).

— — Vergleichende Untersuchung der pharmakologischen Wirkungen der organisch gebundenen schwefligen Säure und des neutralen schwefligsauren Natriums. Arb. Reichsgesundh.-Amt **43**, 187 (1913).

Kickton, A., u. P. Berg: Herstellung, Zusammensetzung und Beurteilung des Marsalaweines. Z. Lebensmittel-Untersuch. u. -Forsch. **52**, 175 (1926).

Kielhöfer, E.: Wein u. Rebe **26**, 1 (1944).

— Die Eiweißtrübung der 1947er Weine. 3 Mitteilungen. D. d. Weinbau, Wiss. Beihefte **2**, 233 (1948); **3**, 10, 33 (1949).

— Die Beurteilung der organoleptischen Eigenschaften des Weines und ihre Auswertung, insbesondere bei kellertechnischen Versuchen. D. d. Weinbau, Wiss. Beihefte **3**, 262 (1949).

— Die Eiweißtrübung des Weines. Z. Lebensmittel-Untersuch. u. -Forsch. **92**, 1 (1951a).

— Die Kohlensäure im Wein. Dtsch. Wein-Ztg. **87**, 313 (1951b).

— Die Wein-Entsäuerung mit Ionenaustauschern im Vergleich zur Entsäuerung mit kohlensaurem Kalk. Weinberg u. Keller **4**, 136 (1957).

— Ist die schweflige Säure im Wein mit unvergorenem Zucker weniger zuträglich als in durchgegorenem Wein? Weinberg u. Keller **5**, 523 (1958a).

— Die Bindung der Schwefligen Säure an Weinbestandteile. Weinberg u. Keller **5**, 461 (1958b).

— Die Wirkung von Schwefliger Säure und von Ascorbinsäure auf die organoleptischen Eigenschaften des Weines. Weinberg u. Keller **5**, 573 (1958c).

— Die organoleptische Wirkung der Ascorbinsäure im Wein mit freier Schwefliger Säure. Weinberg u. Keller **6**, 100 (1959a).

— Neue Erkenntnisse über die Schweflige Säure im Wein und ihren Ersatz durch Ascorbinsäure. Dtsch. Wein-Ztg. **96**, 14 (1960a).

— Die biologische Stabilisierung der alkoholarmen Weine mit unvergorenem Zucker durch Sorbinsäure. Das Weinblatt **55**, 991 (1960b).

— Anwendung der Ascorbinsäure in der Weinbehandlung. Wein u. Rebe **45**, 650 (1963).

—, u. H. Aumann: Mitt. Klosterneuburg Serie A **7**, 287 (1957a).

— — Untersuchungen über die Wirkung des Antibioticums Actidion auf Hefe im Vergleich mit anderen fungitoxischen Substanzen. Z. Lebensmittel-Untersuch. u. -Forsch. **105**, 283 (1957b).

KIELHÖFER, E., u. H. AUMANN: Gleichzeitige Bestimmung von Ascorbinsäure im Most und Wein. Weinberg u. Keller **5**, 25 (1958a).
— — Die Aldehydbestimmung im Wein. Z. Lebensmittel-Untersuch. u. -Forsch. **107**, 406 (1958b).
—, u. G. WÜRDIG: Bindung des Sauerstoffs durch Schweflige Säure und durch Ascorbinsäure. Weinberg u. Keller **5**, 644 (1958).
— — Die gegenseitige Beeinflussung von Schwefliger Säure und Ascorbinsäure in Modell-lösungen und im Wein. Weinberg u. Keller **6**, 21 (1959a).
— — Die organoleptische Wirkung der Ascorbinsäure im Wein mit freier Schwefliger Säure. Weinberg u. Keller **6**, 100 (1959b).
— — Untersuchungen über die gekoppelte Oxydation von Ascorbinsäure und Schwefliger Säure im Wein. Wein-Wissenschaft **15**, 103 (1960a).
— — Die an Aldehyd gebundene Schweflige Säure im Wein. Weinberg u. Keller **7**, 50—61, 313—328, 361—372 (1960b).
— — Die Entsäuerung sehr saurer Traubenmoste durch Ausfällung der Weinsäure und Apfel-säure als Kalkdoppelsalz. Dtsch. Wein-Ztg. **99**, 1022 (1963).
— — Das vereinfachte Verfahren zur Doppelsalz-Entsäuerung. Wein-Wissenschaft **20**, 341—353 (1965).
KIRCHHEIMER, F.: Wein u. Rebe **20**, 188 (1938); **21**, 85 (1939); **22**, 280 (1940); **26**, 15 (1944).
KOCH, A.: Weinbau u. Weinhandel **16**, 236 (1898); **18**, 395 (1900).
KOCH, J.: Kann die Schweflige Säure in der Kellertechnik der Weinbereitung durch „andere Stoffe" ersetzt werden? Dtsch. Wein-Ztg. **89**, 344 (1953).
— Kellertechnische Erfahrungen mit der neuzeitlichen Most- und Weinbehandlung. Weinberg u. Keller **3**, 49, 463 (1956).
— Reduktionsprobleme bei Most und Wein. Weinberg u. Keller **5**, 55 (1958); **7**, 404 (1960).
—, u. G. BRETTHAUER: Zur Beurteilung der Filtrationsenzyme. Z. Lebensmittel-Untersuch. u. -Forsch. **95**, 225 (1952).
—, u. F. EIDEN: Über eine vereinfachte Bestimmung des ITT-Wertes im Wein. Weinberg u. Keller **4**, 57 (1957).
—, u. E. SAJAK: Zur Frage der Eiweißtrübung der Weine. Weinberg u. Keller **10**, 35 (1963).
KONLECHNER, H., u. H. HAUSHOFER: Versuche mit Rotweinbereitungsverfahren. Mitt. Klo-sterneuburg Serie A **6**, 158 (1956).
— — Ergebnisse von Rotweinmaischeversuchen. Heißfermentierung. Mitt. Klosterneuburg **7**, 87, 248 (1957).
— — Versuche zur Herstellung von Rotwein mittels Heißfermentierung der Maische. Mitt. Klosterneuburg Serie A **8**, 169 (1958).
KROEMER, K., u. G. KRUMHOLZ: Arch. Mikrobiol. **2**, 352, 601 (1931); **3**, 113 (1932).
KRUG, O.: Das Schönen von Wein mit Ferrocaynkalium. Z. Lebensmittel-Untersuch. u. -Forsch. **48**, 96 (1924).
KULISCH, P.: Weinbau u. Weinhandel **7**, 449—469 (1889).
LEMPERLE, E., u. R. MECKE: Gaschromatographischer Nachweis der flüchtigen Inhaltsstoffe von Weinen. 1. Mitt.: Anreicherungs- und Meßmethoden. 2. Mitt.: Entwicklung der Aroma-stoffe während der Gärung. Wein-Wissenschaft **19**, 210 (1964).
LINDNER, A. F.: Was sind Spezialweine? Welche Untersuchungsmethoden sollen im inter-nationalen Weinhandel Anwendung finden? Der dtsch. Weinbau, Wiss. Beihefte **6**, 1 (1952a).
— Dessertweine und ihre Charakteristik. Dtsch. Lebensmittel-Rdsch. **48**, 133 (1952b).
LÜTHI, H.: Über das Lindwerden der Weine und Obstweine. Schweiz. Z. Obst- u. Weinbau **58**, 266 (1949).
— Neuere Ergebnisse auf dem Gebiete der Obstweinbereitung. Schweiz. Z. Obst- u. Weinbau **64**, 25 (1955).
—, u. U. VETSCH: Beiträge zur Kenntnis des biologischen Säureabbaues in unvergorenen und vergorenen Obst- und Traubensäften. Mitt. Lebensmitteluntersuch. Hyg. **50**, 264 (1959).
MECKE, R., R. SCHINDLER u. M. DE VRIES: Gaschromatographische Untersuchungen an Weinen. Wein-Wissenschaft **15**, 183 (1960).
—, u. M. DE VRIES: Gaschromatographische Untersuchung von alkoholischen Getränken. Z. analyt. Chem. **170**, 326 (1959).
MEHLITZ, A., u. SCHEURER: Über die enzymatische Klärung von Fruchtsäften und Süß-mosten. I. Die Veränderung der Fruchtsäfte bei der spontanen Klärung und enzymatischen Behandlung mit Filtrationsenzymen. Biochem. Z. **268**, 345 (1934).
—, u. H. MAASS: Über enzymatische Klärung von Fruchtsäften und Süßmosten. Neue Unter-suchungen über die Spontanklärung und die Klärung mit Filtrationsenzymen. Biochem. Z. **276**, 66 (1935).
MEUNIER, J.: Transformation du glucose en sorbite. C.R. Acad. Sci. (Paris) **111**, 49 (1890).
MICONÉ, C.: Riv. Viticolt. **4**, 426 (1951).

Möslinger, W.: Über die Säuren des Weines und den Säurerückgang. Z. Lebensmittel-Untersuch. u. -Forsch. **4**, 1120 (1901).
Müller-Thurgau, H.: Weinbau u. Weinhandel **6**, 121 (1888); **9**, 426 (1891); Zbl. Bakt., II. Abt. **2**, 707 (1896).
—, u. A. Osterwalder: Zbl. Bakt., II. Abt. **36**, 129 (1913); **48**, 34 (1917).
Muth, F., u. L. Malsch: Versuche zur Aufstellung einer Stickstoffbilanz in Traubenmosten und -weinen. Z. Lebensmittel-Untersuch. u. -Forsch. **68**, 487 (1934).
Münz, Th.: Die Bildung des Ca-Doppelsalzes der Wein- und Apfelsäure; die Möglichkeiten seiner Fällung durch Calciumcarbonat im Most. Weinberg u. Keller **7**, 239 (1960).
— Methoden zur praktischen Fällung der Wein- und Apfelsäure als Ca-Doppelsalz. Weinberg und Keller **8**, 103, 155 (1961).
Mühlberger, F.H., u. H. Grothmann: Über das Glycerin in Traubenmost und Wein. Dtsch. Lebensmittel-Rdsch. **52**, 67 (1956).
— Über das Glycerin in Traubenmosten und Weinen. Dtsch. Lebensmittel-Rdsch. **58**, 3, 65 (1962).
Neumann, H.: Der gegenwärtige Stand der Sektindustrie. Dtsch. Wein-Ztg. **92**, 23 (1956).
Osterwalder, A.: Zbl. Bakt., II. Abt. **90**, 226 (1934).
Paronetto, L.: Riv. Viticolt. **6**, 143 (1953).
Paul, F.: Zuverlässige Bestimmungsmethoden für Aldehyd und $SO_2$ unter Verwendung des Apparates von Lieb und Zacherl. Mitt. Klosterneuburg Serie A **4**, 225 (1954).
— Funktionen der in der Kellerwirtschaft verwendeten Reduktionsmittel und deren verfahrenstechnische Auswertung in der Erzeugung österreichischer Weine. Mitt. Klosterneuburg Serie A **12**, 275 (1962a); Wein u. Rebe **44**, 514 (1962b); Dtsch. Wein-Ztg. **98**, Nr. 22.
Paul, Th., u. A. Günther: Untersuchungen über den Säuregrad des Weines auf Grund der neueren Theorie der Lösungen. 1. Abhandlung: Theoretische Betrachtungen über den Säuregrad des Weines und die Methoden zu seiner Bestimmung. Arb. Reichsgesundh.-Amt **23**, 189 (1905).
— — 2. Abhandlung: Der Säuregrad verschiedener deutscher Weine und seine Beeinflussung durch Zusatz von Wasser und von Salzen. Arb. Reichsgesundh.-Amt **29**, 218 (1908).
Peynaud, E.: Ann. agronomiques, Nr. 3 (1950).
— Ann. Falsif. Fraudes **45**, 11 (1952).
—, et S. Lafourcade: Ann. de Technloogie **4**, 381—396 (1955).
—, et A. Mauric: Ann. de Technologie Agric. **1**, 111—139 (1956).
Pirson, A.: Fortschritte der Botanik **12**, 247 (1949).
— Ber. Bot. Ges. **63**, 73 (1950).
Prillinger, F.: Mitt. Klosterneuburg Serie A **2**, 20 (1952); A **7**, 138 (1957).
Radler, F.: Untersuchungen über die experimentelle Durchführung des biologischen Säureabbaues. Vitis **1**, 42 (1957).
— Arch. Mikrobiol. **31**, 224—230; **32**, 1—15 (1958).
— Die Bildung von Acetoin und Diacetyl durch die Bakterien des biologischen Säureabbaues. Vitis **3**, 136 (1959).
Rebelein, H.: Vereinfachtes Verfahren zur Bestimmung des Glycerins und Butylenglycols in Wein. Z. Lebensmittel-Untersuch. u. -Forsch. **105**, 296 (1957a).
— Unterscheidung naturreiner von gezuckerten Weinen und Bestimmung des natürlichen Alkoholgehaltes. Z. Lebensmittel-Untersuch. u. -Forsch. **105**, 403 (1957b).
— Untersuchungen über gesetzmäßige Beziehungen zwischen Weininhaltsstoffen. Mitt. Klosterneuburg Serie A **12**, 227—258 (1962).
Reichard, O.: Der Citronensäuregehalt von 1925er Pfalzweinen. Z. Lebensmittel-Untersuch. u. -Forsch. **52**, 318 (1926).
— Bestimmung der Citronensäure als Pentabromaceton und ihre Anwendung auf Wein. Z. Lebensmittel-Untersuch. u. -Forsch. **68**, 138 (1934).
— Citronensäure-Bestimmung und Gehalt im Wein. Z. Lebensmittel-Untersuch. u. -Forsch. **72**, 50 (1936).
Rentschler, H.: Schweflige Säure in Süßmosten und Traubensäften. Mitt. Lebensmitteluntersuch. Hyg. **42**, 251 (1951).
— Schweiz. Z. Obst- u. Weinbau **59**, 455 (1950).
—, u. H. Tanner: Das Bitterwerden der Rotweine. Mitt. Lebensmitteluntersuch. Hyg. **42**, 463 (1951).
— Schweiz. Z. Obst- u. Weinbau **60**, 298 (1951); **64**, 396 (1955).
— Über die Zusammensetzung der Fruchtsäuren von schweizerischen Obstsäften. Mitt. Lebensmitteluntersuch. Hyg. **45**, 142 (1954).
— Nachweis von Hybridenwein im Wein aus Vinifera-Reben. Mitt. Lebensmitteluntersuch. Hyg. **50**, 533 (1959).
Ribéreau-Gayon, J.: Oxydations et réductions dans les vins. Bordeaux 1933; Traité d'Oenologie 167—176. Paris 1947.

RIBÉREAU-GAYON, J.: Formation d'inhibiteurs et d'activeurs de la fermentation alcoolique par diverses moississures. C.R. Acad. Sci. (Paris) **234**, 251 (1952a).
— Sur la formation de substances inhibitrices de la fermentation par Botrytis cinera. C.R. Acad. Sci. (Paris) **234**, 478 (1952b).
— Action d'un activeur de la fermentation alcoolique produit par Aspergillus niger sur le bilan des produits secondaires. C.R. Acad. Sci. (Paris) **234**, 757 (1952c).
—, et P. RIBÉREAU-GAYON: La séparation des anthocyannes des raisins. C.R. Acad. Sci. (Paris) **238**, 2114 (1954a).
— — L'identification des anthocyannes des raisins. C.R. Acad. Sci. (Paris) **238**, 2188 (1954b).
— — Recherche sur la genese des produits secondaires de la fermentation alcoolique. Bull. Soc. Chim. biol. (Paris) **37**, 457 (1955).
—, P. SUDRAUD et M. DURQUELY: Les anthocyannes de la baie dans le geure Vitis. C.R. Acad. Sci. (Paris) **244**, 233 (1957).
RIPPEL, K.: Arch. Mikrobiol. **14**, 509 (1948).
RÜDIGER, M.: Die Wirkung von Agar-Agar bei der Klärung von Weinen und Obstsäften. Z. Lebensmittel-Untersuch. u. -Forsch. **64**, 77 (1932).
—, u. E. MAYR: Die Weinschönung. Kolloid-Z. **47**, 141 (1929).
SCAZZOLA, E.: Ann. Falsif. Fraudes **49**, 159 (1956).
SEIFERT, W.: Z. Landw. Versuchswesen in Österreich **4**, 980 (1901).
SEILER, F.: Kaliumpyrosulfit in der Kellerwirtschaft. Dtsch. Wein-Ztg. **87**, 252 (1951).
SEMICHON, L.: Sur la préparation du vin par la fermentation continue; sélection des ferments par l'alcool déja formé. C.R. Acad. Sci. (Paris) **176**, 1017 (1923).
— Physiologische Selektion der Fermente durch den Alkohol. Die Superquatregärung. Rev. Viticult. **71**, 85, 101, 117 (1929).
SIEG, J.M. VON: Weine aus Jerez de la Frontera. Das Weinblatt **44**, 587 (1950).
SCHANDERL, H.: Zbl. Bakt., II. Abt. **101**, 401 (1940).
— Dtsch. Wein-Ztg. **78**, 257 (1941).
— Wein u. Rebe. **18**, 1 (1936); **25**, 3 (1943).
— Über das Verhalten junger und alter Weine gegenüber Lüften und Schwefeln, und das Schicksal der gebundenen schwefligen Säure im menschlichen Magen. Dtsch. Wein-Ztg. **89**, Nr. 20 u. 21 (1953).
— Die Schweflige Säure des Weines in hygienischer Sicht. Z. Lebensmittel-Untersuch. u. -Forsch. **103**, 379 (1956).
— Mitt. Klosterneuburg Serie A **7**, 229 (1957).
SCHMITTHENNER, F.: Konservenindustrie 1931, Nr. 1—4.
SCHNEYDER, J.: Mitt. Klosterneuburg Serie A **13**, 81 (1963).
—, u. F. EPP: Mitt. Klosterneuburg Serie A **5**, 39 (1955).
— — Papierchromatographische Auftrennung der Farbstoffkomponenten von Rotweinen, Direktträgerrotweinen und vergorenen Beerensäften. Mitt. Klosterneuburg Serie A **9**, 111 (1959).
SCHÄTZLEIN, CHR., u. E. SAILER: Sorbit in reinen Traubenweinen. Z. Lebensmittel-Untersuch. u. -Forsch. **70**, 484 (1935).
SCHMIDT, H.L.: Diss. Mainz 1959.
STALDER, L.: Phytopathol. Z. **22**, 345 (1954).
STÜHRK, A., u. A. MÜLLER: Kellerwirtschaftliche Versuche zur Entsäuerung von 1965er Mosten mittels kohlensaurem Kalk. Wein-Wissenschaft **21**, 324 (1966).
TANNER, H.: Der Zinf-Gehalt von Weinen und Obstweinen. Mitt. Klosterneuburg Serie A **13**, 120 (1963).
—, u. H. RENTSCHLER: Über die Charakterisierung von Anthocyanfarbstoffen mittels Dünnschichtchromatographie. Mitt. Klosterneuburg **13**, 156 (1963).
TARANTOLA, C., et M. STRADA: Riv. Viticolt. 1948, Nr. 8 u. 9.
TRAUTH, F., u. K. BÖSSLER: Ein Beitrag zur Frage der Beziehungen zwischen Mostgewicht und Alkoholgehalt und deren Nutzanwendung bei der Verbesserung der Moste. Z. Lebensmittel-Untersuch. u. -Forsch. **72**, 476 (1936).
VILLFORTH, F.: Mitt. Klosterneuburg **4**, 212 (1954).
— Farbe, Farbwert und Farbanalyse vom Rotwein. Dtsch. Weinbau-Kalender 1955, S. 90—97.
— Wein-Wissenschaft 1958, Nr. 1.
VOGT, E.: Die Ausfällung von Eiweißstoffen bei der Klärung der Weine mit Kaliumferrocyanid. Weinbau u. Kellerwirtschaft **10**, 37 (1931).
— Der Einfluß einer Entsäuerung auf die Farbe der Rotweine. Weinbau u. Kellerwirtschaft **11**, 131 (1932).
— Die Verwendung luftundurchlässiger Behälter zur Lagerung von Wein. Weinbau u. Kellerwirtschaft **12**, 175 (1933).
— Über das Vorkommen von Sorbit in reinen Traubenweinen. Z. Lebensmittel-Untersuch. u. -Forsch. **67**, 415 (1934a).

Vogt, E.: Mostgewicht und Alkoholgehalt. Z. Lebensmittel-Untersuch. u. -Forsch. 68, 473 (1934b).
— Das Sorbitverfahren zum Nachweis von Obstwein in Traubenwein. Z. Lebensmittel-Untersuch. u. -Forsch. 69, 587 (1935).
— Untersuchungen über die Farbe der Rotweine. Wein u. Rebe 17, 93 (1935).
Voisenet, E.: Nouvelles recherches sur les vins amers de la fermentation acrylique de la glycerine. C.R. Acad. Sci. (Paris) 151, 518 (1910).
— Considérations nouvelles sur la maladie de l'amertume des vins dans ses rapports avec la fermentation acrylique de la glycerine. C.R. Acad. Sci. (Paris) 153, 898 (1911).
— Nouvelles recherches sur un ferment des vins amers. C.R. Acad. Sci. (Paris) 156, 1181 (1913).
— Nouvelles recherches sur la nature de la substance qui, dans la maladie de l'amertume des vins, produit le goût amer. C.R. Acad. Sci. (Paris) 188, 941 (1929a).
— Le divinylglycol considéré comme agent de la saveur amère, dans la maladie de l'amertume des vins. C.R. Acad. Sci. (Paris) 188, 1271 (1929b).
Weger, B.: Mitt. Klosterneuburg Serie A 7, 246 (1957).
Werder, J.: Zum Nachweis von Obstwein in Traubenwein. Mitt. Lebensmitteluntersuch. Hyg. 19, 394 (1928).
— Zum Nachweis von Obstsaft (Obstwein) in Traubenwein. Mitt. Lebensmitteluntersuch. Hyg. 20, 7, 245 (1929a).
— Das Sorbitverfahren zum Nachweis von Obstwein in Wein. Z. Lebensmittel-Untersuch. u. -Forsch. 58, 123 (1929b).
Willstätter, R., u. J. Zollinger: Untersuchungen über die Anthocyane. Liebigs Ann. Chem. 401, 189 (1913); 408, 1 (1915); Ber. dtsch. chem. Ges. 47, 2831 (1914); Chem. Zbl. 1915 I, 2, 739 ff.
Wobisch, F., u. J. Schneyder: Mitt. Klosterneuburg Serie A 5, 49 (1955).
Woll, E.: Wein-Wissenschaft 9, Nr. 5 (1955).
Zimmermann, J.G.: Cbl. Bakt., II. Abt. 95, 377 (1936).

# Wein II: Weinanalytik

Von

Dr. **D. HESS**, Nieder-Olm und Oberchemierat Dr. **F. KOPPE**, Bremen

Mit 45 Abbildungen

REICHARD wies in seinem Vorwort zum analytischen Teil des Kapitels Wein des Handbuches für Lebensmittelchemie, Ausgabe 1938, darauf hin, daß seinerzeit nur wenige Abschnitte der angewandten Lebensmittelchemie eine solche Fülle von eingehenden und umfangreichen Arbeiten aufgewiesen habe, wie die Untersuchung von Traubenmost und Wein.

Diese Bemerkung hat ohne Einschränkung auch heute noch Gültigkeit. Bedingt durch andere Fälschungsmethoden ist die Weinanalytik noch wesentlich umfangreicher geworden. Mehr denn je tragen neue Erkenntnisse der Weinforschung und der analytischen Chemie sowie die Entwicklung neuer, hochempfindlicher physikalischer Apparate dazu bei, daß alte Analysenverfahren durch neue, spezifischere Methoden ersetzt werden.

Es muß heute ganz besonderer Wert auf die einheitliche Durchführung dieser neuesten Methoden gelegt werden, denn nur dann kann auch international eine gleichartige Beurteilung eines Weines erzielt werden.

In der Erkenntnis dieser Notwendigkeit wurde das Internationale Übereinkommen zur Vereinheitlichung der Methoden der Untersuchung und Beurteilung der Weine am 13. X. 1954 in Paris unterzeichnet, das unter der Obhut des Internationalen Amtes für Rebe und Wein (OIV) steht.

In Deutschland ist inzwischen die „Amtliche Anweisung zur Untersuchung von Traubenmost und Wein" aus dem Jahre 1920 abgeändert und ergänzt worden durch die „Allgemeine Verwaltungsvorschrift für die Untersuchung von Wein und ähnlichen alkoholischen Erzeugnissen sowie von Fruchtsäften" vom 26. IV. 1960.

Die Bestimmungen dieser „Verwaltungsvorschriften" gelten für die Untersuchung von Wein, Schaumwein, dem Schaumwein ähnlichen, weinähnlichen und weinhaltigen Getränken, Weinbrand, Weinbrandverschnitt und Weindestillat sowie von Traubenmaische, Traubenmost, stichigen Erzeugnissen (Stichwein) und verstärktem Wein (Brennwein). Mit Ausnahme der gemeinsamen Bestimmung der Weinsäure, Milchsäure und Äpfelsäure (D. VII. 1.) gelten die Methoden in Abschnitt D auch für die Untersuchung von Fruchtsäften aller Art. Die Berechnung des zuckerfreien Extraktes nach D. III. 3. a entfällt bei Fruchtsäften.

In dem Bestreben nach einer einheitlichen Untersuchung und Beurteilung eines Weines werden die „Verwaltungsvorschriften" nachfolgend einen breiten Raum einnehmen, wobei die neuesten Änderungs- und Ergänzungsvorschläge der „Kommission für die Neubearbeitung der Amtlichen Anweisung zur Untersuchung des Weines" beim Bundesgesundheitsamt berücksichtigt wurden. Soweit es möglich ist, werden im Anschluß an die deutschen Vorschriften jeweils die Methoden des Internationalen Amtes für Rebe und Wein (OIV), Paris, aufgeführt.

# A. Entnahme und Behandlung der Proben

1. Vor Entnahme der Probe muß der Inhalt des betreffenden Behälters so gut durchgemischt sein, daß die Probe der tatsächlichen durchschnittlichen Beschaffenheit des zu untersuchenden Erzeugnisses entspricht. Soll durch die Untersuchung festgestellt werden, ob die Zusammensetzung des Inhalts eines Behälters in verschiedenen Schichthöhen ungleich ist, so sind Proben aus mehreren Schichthöhen der nicht durchmischten Flüssigkeit zu entnehmen. Bei Wein, der auf Hefe lagert, und bei kahmig gewordenem Wein ist die Probe aus der mittleren Flüssigkeitsschicht des nicht durchmischten Weines zu entnehmen. Erfolgt die Probeentnahme ohne Durchmischung, so ist dies auf dem Zettel oder Schild nach Nummer 6 und auf dem Begleitschein nach Nummer 8 besonders anzugeben.

2. Die Proben sind entweder durch den Zapfhahn des Behälters, wobei die zuerst ablaufende Flüssigkeit zu verwerfen ist, oder mit einem gereinigten Stechheber zu entnehmen. Ist beides nicht durchführbar, so darf ein sauberer Schlauch verwendet werden, der zunächst mit dem zu entnehmenden Erzeugnis auszuspülen ist.

Die Flaschen für die Aufnahme der Proben müssen rein und trocken oder mit dem zu entnehmenden Erzeugnis mehrmals ausgespült sein. Krüge oder undurchsichtige Flaschen, in denen etwa vorhandene Unreinlichkeiten und Abscheidungen nicht erkannt werden können, dürfen nicht verwendet werden.

3. Von Weinbrand, Weinbrandverschnitt und Weindestillat sind ca. 0,7 l, von verstärktem Wein annähernd 2 l oder 3 Flaschen mit je ca. 0,7 l und von den übrigen Erzeugnissen 1,5 l oder 2 Flaschen mit je ca. 0,7 l zu entnehmen. Diese Mengen genügen für die in der Regel auszuführenden Untersuchungen. Ein Mehrbedarf für anderweitige Untersuchungen ist von ihrer Art und der besonderen Fragestellung im Einzelfall abhängig.

4. Die Proben von Traubenmaische und Traubenmost sind aus der mittleren Flüssigkeitsschicht zu entnehmen und müssen von Schalen, Teilen der Kämme und dergleichen freibleiben. Sie dürfen nicht filtriert werden und sind, soweit erforderlich, durch Zusatz von ca. 0,7 g (ca. $^1/_2$ Teelöffel) benzoesaurem Natrium je Flasche haltbar zu machen. In diesem Fall ist jedoch zusätzlich je eine weitere Probe von mindestens 1,4 l zu entnehmen, der kein Konservierungsmittel zugesetzt wird und für deren rasche Beförderung zur chemischen Untersuchungsstelle Sorge zu tragen ist (Nr. 7). Die Haltbarmachung ist auf der Flasche und im Begleitschreiben anzugeben.

Von der Haltbarmachung darf abgesehen werden, wenn die Proben ohne größeren Zeitverlust an die Untersuchungsstellen abgeliefert werden können, ferner wenn sie nicht mehr deutlich gären und nicht mehr süß schmecken.

5. Die Flaschen sind mit reinen, ungebrauchten Korkstopfen zu verschließen und so zu versiegeln oder zu plombieren, daß ein Entfernen des Stopfens, ohne das Siegel oder die Plombe zu verletzen, nicht möglich ist. Zu diesem Zweck ist gegebenenfalls die Flaschenmündung nach Art des Champagnerknotens fest zu umschnüren und das Siegel auf dem trockenen Korkstopfen so anzubringen, daß der Stopfen und der auf ihm liegende Teil der Schnur mit Knoten und Schnurende von dem Siegellack vollständig bedeckt werden. Die Inschrift des Siegels muß deutlich lesbar sein.

6. Jede Flasche ist mit einem angeklebten Zettel, oder besser mit einem Hängeschild aus Pappe oder dergleichen, das anzubinden ist, zu versehen. Auf dem Zettel oder Schild sind die zur eindeutigen Kennzeichnung des Flascheninhaltes notwendigen Angaben etwa nach folgendem Muster anzubringen:

| | |
|---|---|
| Nummer der Probe: | (103; 2. Flasche) |
| entnommen am: | (20. XII. 1958 in Eheim) |
| entnommen bei: | (Schmid, Georg, Haus Nr. 56) |
| aus Behälter: | (Tank Nr. 16 im Hauskeller) |
| Rauminhalt: | (1200 l) |
| wirklicher Inhalt: | (ca. 1000 l) |
| Bezeichnung: | (1958 Eheimer Kirchberg) |
| Name des Probenehmers: | (Müller, Franz, Weinkontrolleur) |
| konserviert mit: | (benzoesaurem Natrium). |

7. Die Proben sind möglichst umgehend der chemischen Untersuchungsstelle zuzuleiten. Läßt sich dies nicht alsbald ausführen, so sind die Flaschen an einem vor Sonnenlicht geschützten kühlen Ort liegend aufzubewahren. Bei Jungwein, Traubenmost usw. ist wegen ihrer leichten Veränderlichkeit eine besonders schnelle Beförderung anzustreben.

8. Jeder einzelnen Probe ist ein Begleitschreiben beizugeben.

9. Sind die Proben vom Weinkontrolleur oder einem beamteten Sachverständigen entnommen, so hat er sich hierzu eingehend zu äußern und insbesondere den Grund der Probeentnahme bzw. der Beanstandung hervorzuheben.

10. Die Hälfte der Probe ist dem Betriebsinhaber versiegelt als Gegenprobe zurückzulassen.

# B. Umfang der Untersuchung

Die Untersuchung erstreckt sich auf die Sinnenprüfung (Abschnitt C) und die Analyse (Abschnitt D), deren Umfang dem Ermessen des Sachverständigen nach Lage des einzelnen Falles überlassen bleibt.

Die analytische Untersuchung der verschiedenen Erzeugnisse soll sich gemäß den „Verwaltungsvorschriften" in der Regel auf die nachstehend genannten Prüfungen erstrecken:

## I. Wein, Stichwein, Schaumwein, dem Schaumwein ähnliche, weinähnliche und weinhaltige Getränke

**Gewichtsverhältnis, Alkohol, Extrakt, Zucker, zuckerfreier und reduktionsfreier Extrakt, Asche, Gesamtalkalität der Asche, titrierbare Säuren, flüchtige Säuren, freie und gesamte schweflige Säure, Milchsäure, Citronensäure, weinfremde Farbstoffe**

Bei Dessertwein, Traubenmost und Traubenmaische ist stets auch auf Rohrzucker zu prüfen.

Wenn das Ergebnis der Untersuchung oder sonstige Verdachtsgründe und Umstände es notwendig erscheinen lassen, sind die Untersuchungen je nach Lage des Falles auf andere Bestandteile auszudehnen.

So erlaubt die Bestimmung der Polarisation und die Berechnung des Glucose-Fructose-Verhältnisses Rückschlüsse darauf, ob ein süßer Wein nach beendeter Gärung mit Traubenmost oder angegorenem Traubenmost nachgesüßt wurde bzw. ob ein in der Gärung unterbrochener Wein vorliegt.

Als Richtlinie kann gelten, daß eine Nachsüßung mit Traubenmost dann gegeben ist, wenn der Wein mindestens 10—15 g/l reduzierenden Zucker enthält und dabei der Anteil an Fructose etwa 50% des Gesamtzuckers beträgt. Bei Zusatz von absichtlich oder unabsichtlich angegorenem Most wird der Fructosegehalt etwas überwiegen, während das Glucose-Fructose-Verhältnis bei in der Gärung unterbrochenen oder edelsüßen Weinen ganz erheblich auf die Seite der Fructose verschoben ist.

Zur Frage der Naturreinheit eines Weines kann die Extraktzahl nach H. SEITH (1958) einen ersten Hinweis liefern. Die Verhältniszahl stellt den prozentualen Gehalt des zuckerfreien Extraktes vom Gesamtzucker dar. Letzterer ergibt sich aus dem vorhandenen Zucker zuzüglich des in Zucker umgerechneten Alkohols, wobei eine durchschnittliche Alkoholausbeute von 47% des vergorenen Zuckers zugrundegelegt wird. Die Aussagekraft der Extraktzahl beruht darauf, daß zwangsläufig jeder Zusatz von Alkohol oder von Zucker nach vollendeter Gärung zu einer Erniedrigung der Verhältniszahl führt. SEITH gibt auf Grund umfangreicher statistischer Erhebungen folgende Werte als unterste Grenze an:

Weißwein 8,5, Rotwein 9,0.

Ist neben einer deutlichen Unterschreitung dieser Grenzwerte auch das Glycerin-Alkohol-Verhältnis erniedrigt, so kann ein Zusatz von Alkohol als erwiesen angesehen werden.

Unter Berücksichtigung extrem ungünstiger Gärungsverhältnisse wird eine 6%ige Glycerinausbeute vom vorhandenen Alkohol noch als natürlich beurteilt.

Zur annähernden Berechnung des auf natürliche Weise entstandenen Alkohols können nach H. REBELEIN (1957 b) ferner die Formeln

$$50 \cdot \sqrt[3]{\text{Glycerin} \cdot \text{Butandiol}} \quad \text{und} \quad 100 \cdot \sqrt[2]{\text{Butandiol}}$$

dienen.

Nach neuesten Erkenntnissen muß insbesondere bei Anwendung der ersten Formel der natürlichen Alkoholausbeute unter extrem ungünstigen Gärungsbedingungen eine Toleranz von 25—30% zugebilligt werden. Auf die Veröffentlichung von A. Patschky (1967) wird in diesem Zusammenhang hingewiesen.

Nachdem im Arbeitsgang der colorimetrischen Glycerinbestimmung nach H. Rebelein (1957a) auch das Butandiol auf einfache Weise bestimmt werden kann, ist dem Analytiker gleichzeitig die Möglichkeit gegeben, einen Glycerinzusatz zu erkennen. Denn die Mengen der Gärungsnebenprodukte Glycerin und Butandiol lassen sich unter Berücksichtigung natürlicher Schwankungen zueinander in Beziehung setzen:

Die Maximalwerte für normal beschaffene Weine liegen bei 12,5 für das Verhältnis Glycerin: $\sqrt{\text{Butandiol}}$ und etwa bei 20 für das Verhältnis Glycerin:Butandiol. In einem Wein mit deutlichem Botrytiston können diese Verhältniszahlen auf 19 bzw. 30 ansteigen. Überschreitungen dieser Grenzzahlen deuten auf einen Glycerinzusatz hin.

Ein weiteres Kriterium für die Beurteilung eines Glycerinzusatzes stellt das Verhältnis

$$\frac{\text{Glycerin} \cdot 100}{\text{Extraktrest}}$$

dar, wobei sich der Extraktrest berechnet aus dem zuckerfreien Extrakt abzüglich der nichtflüchtigen Acidität. Übersteigt der Glyceringehalt 60% des Extraktrestes, so deutet auch dies auf einen Glycerinzusatz hin.

Über weitere Möglichkeiten für eine analytische Erkennung verfälschter Weine berichtet H. Rebelein (1962) in einer umfangreichen Arbeit. Darin wird gezeigt, daß zwischen dem Zucker-, Äpfelsäure- und einem neu definierten Restextraktgehalt des Traubensaftes gesetzmäßige Beziehungen bestehen, welche von Traubensorte, Herkunft, Lage und Jahrgang unabhängig sein sollen.

Rebelein entwickelte folgende theoretisch begründete Formeln, nach denen der ursprüngliche Zucker-, Äpfelsäure- und Restextraktgehalt des Traubensaftes berechnet werden kann:

$$\text{TA} = \text{Al} + \tfrac{Z}{2} + (\text{Gl} + \text{Bu})$$
$$\text{TÄ} = 0{,}9 \text{ Ges} + 0{,}75 \text{ Mi} + 0{,}5 \text{ A} - 0{,}9 \text{ W} - 1{,}1 \text{ E} - 0{,}13 \text{ Gl}^{1}$$
$$\text{RE} = \text{reduktionsfreier Extrakt} + \tfrac{1}{8} \text{Mi} + \tfrac{3}{4} \text{E} - 0{,}9 \text{ Ges} - 0{,}8 \text{ A} - 0{,}6 (\text{Gl} + \text{Bu}) - 0{,}2 \text{ W}$$

Für Dessertweine ist die Berechnungsweise des TA- und RE-Wertes wie folgt abzuändern:

$$\text{TA} = 12{,}5 \cdot \text{Gl} + \tfrac{Z'}{2} + (\text{Gl} + \text{Bu})$$
$$\text{RE} = \text{Gesamtextrakt indirekt} - \text{Z}' + \tfrac{1}{8} \text{Mi} + \tfrac{3}{4} \text{E} - 0{,}9 \text{ Ges} - 0{,}8 \text{ A} - 0{,}6 (\text{Gl} + \text{Bu}) - 0{,}2 \text{ W}$$

Es bedeuten:

TA = totaler Alkohol; TÄ = totale Äpfelsäure; RE = totaler Restextrakt; Al = Alkohol; Z = Gesamtreduktionswert als Invertzucker berechnet; Gl = Glycerin; Bu = Butandiol; E = flüchtige Säuren als Essigsäure berechnet; Mi = Milchsäure; W = Weinsäure; A = Asche; 12,5 Gl gibt den natürlichen Alkoholgehalt des vergorenen Anteiles des Dessertweines annähernd an; Z' = Reduktionswert nach Inversion bestimmt, als Invertzucker berechnet. Alle Werte in g/l angegeben.

*Anmerkung:*

[1] Ist das Verhältnis $\dfrac{\text{Glycerin} \cdot 100}{\text{Alkohol}}$ größer als 14, dann muß in die TÄ-Formel anstelle des Gliedes „0,13 · Glycerin" der Wert „1,0 · Bu" eingesetzt werden.

Nachdem nunmehr nach H. Rebelein (1964) die Äpfelsäure analytisch exakt bestimmt werden kann, ist es ratsam, diesen analytischen Wert anstelle der berechneten „totalen Äpfelsäure" (TÄ) in die weiteren Berechnungsformeln einzusetzen, um Fehlbeurteilungen an Weinen aus ungewöhnlichen Jahrgängen zu vermeiden.

Zwischen den drei Stoffgruppen TA, TÄ und RE fand Rebelein folgende Beziehungen:

$$\text{REZ-Wert} = \text{TA} \cdot \left(\tfrac{\text{TÄ}}{\text{RE}}\right)^{\frac{3}{4}}$$

$$\sqrt{\text{f-Wert}} \quad = \frac{\text{TÄ} - 0{,}11\ \text{RE}}{\left(\tfrac{\text{TÄ}}{\text{RE}}\right)^{\frac{3}{2}} \cdot \sqrt{\text{RE}} \cdot 3{,}6}$$

$$\text{H-Wert} \quad = \frac{\text{REZ-Wert}}{(\sqrt{\text{f-Wert}})^2}$$

und zog aus der Höhe dieser Kennwerte die nachstehend aufgeführten Rückschlüsse:

*1. Naturweine:* REZ-Werte nicht über 61; H-Werte nicht über 68; $\sqrt{\text{f}}$-Werte nicht unter 0,88.

*2. Gezuckerte Weine:*

a) *Trocken gezuckerte Weine:* REZ-Werte über 61; $\sqrt{\text{f}}$-Werte nicht unter 0,88; H-Werte meist über 68, gelegentlich auch niedriger.

b) *Naß gezuckerte Weine (mit Aufzuckerung):* REZ-Werte über 61; $\sqrt{\text{f}}$-Werte unter 0,88; H-Werte über 68. Je stärker die Divergenz zwischen REZ- und H-Wert und je niedriger der $\sqrt{\text{f}}$-Wert ist, desto größer ist das Maß der Naßzuckerung.

c) *Auf Natur gestellte Weine:* REZ-Werte normal, nicht über 61; $\sqrt{\text{f}}$-Werte deutlich unter 0,88; H-Werte über 68.

*3. Lediglich gewässerte Weine:* REZ-Werte erniedrigt; $\sqrt{\text{f}}$-Werte unter 0,88; H-Werte normal.

*4. Künstliche Konzentrierung (Konzentratweine):* REZ-Werte erhöht, möglicherweise über 61; H-Werte normal.

*5. Spitzenweine mit natürlicher Konzentration des Inhaltes der Traubenbeeren am Weinstock:* REZ-Werte an der oberen Grenze, in besonderen Fällen sogar über 61; $\sqrt{\text{f}}$-Werte stark erhöht; H-Werte deutlich bis stark erniedrigt.

Erfahrungen der letzten Jahre haben gezeigt, daß die angegebenen Grenzzahlen in ungewöhnlichen Weinjahrgängen größeren Schwankungen unterliegen können. Deshalb sollten Beanstandungen, die ausschließlich auf dieser Auswertung beruhen, vor eingehender Diskussion nicht erfolgen. Gegen die zusätzliche Heranziehung dieser Berechnung bestehen jedoch keine Bedenken, wenn die Beanstandung im gleichen Sinne bereits durch bisher bekannte Beurteilungsnormen getragen wird.

Einer Streckung des Weines mit Zucker, Wasser oder Alkohol steht der Zusatz von Obst- und Beerensaft oder -wein gegenüber. Während ein Verschnitt mit Säften und Gärungserzeugnissen aus Kernobst (Birnen, Äpfel) und Steinobst (Kirschen, Zwetschgen, Pflaumen, Pfirsichen, Aprikosen, Schlehen, Datteln u. a.) über eine Sorbitbestimmung nachgewiesen werden kann, erfordert der Nachweis von Säften und Weinen aus Beerenfrüchten (Johannisbeeren, Himbeeren, Heidelbeeren, Stachelbeeren) eine Citronensäurebestimmung. Nach Untersuchungen von O. Reichard, die von Ch. Schätzlein u. E. Sailer (1935) bestätigt wurden, ist auch die Verarbeitung von Rosinen am Vorhandensein großer Mengen Sorbit zu erkennen.

Im Verlauf der Überarbeitung der Burkhardt'schen Catechinwertbestimmung und der Methanolbestimmung nach E. Bremanis (1951) veröffentlichte H. Rebelein (1965a, b, c) einen Beitrag zum Nachweis von entfärbtem Rotwein, Erzeugnissen aus weiß gekelterten roten Trauben, Tresterwein und rot gefärbtem Weißwein.

Folgende Beurteilungsmaßstäbe wurden zur Diskussion gestellt:

1. *Anomaler Catechinwert, normaler Methanolwert, Weißweinfarbe:* Das Erzeugnis könnte einen Zusatz von Tresterauszügen, vermutlich nach der Gärung, erhalten haben. Es könnte sich aber auch um ein Erzeugnis aus weiß gekelterten roten Trauben handeln (Entscheidung durch Salzsäurereaktion).

2. *Anomaler Methanolgehalt, normaler Catechinwert, Weißweinfarbe:*
   a) Das Erzeugnis könnte einen Zusatz von methanolhaltigem Sprit erhalten haben.
   b) Es könnte sich um einen Tresterwein handeln, aus dem die Gerbstoffe durch kräftige Schönung entfernt worden sind.
   3. *Anomaler Methanolgehalt und anomaler Catechinwert, Weißweinfarbe:* Es handelt sich um einen Tresterwein oder entfärbten Rotwein.
   4. *Normaler Methanolgehalt und normaler Catechinwert, jedoch Rotweinfarbe:* Es handelt sich um einen mit natürlichen oder künstlichen Rotweinfarbstoffen gefärbten Weißwein.

## II. Brennwein und Weinbrand

Bei der Untersuchung von Brennwein ist darauf zu achten, ob nicht durch Zusatz von extrakterhöhenden Stoffen versucht worden ist, ihn so zu verfälschen, daß er der festgelegten Grenzzahl von mindestens 12 g/l zuckerfreiem Extrakt genügt.

Neben den allgemein üblichen Bestimmungen von Gewichtsverhältnis, Alkohol, Extrakt, Zucker, zuckerfreiem Extrakt, Asche, Aschenalkalität, Gesamtsäure und flüchtiger Säure wird somit unsbesondere z. B. auf den Gehalt an freier Weinsäure zu prüfen sein.

Zur Feststellung, ob zum Vinieren des Grundweines Weindestillat oder etwa Industriesprit verwendet worden ist, sind im Destillat des Brennweines der Methylalkohol, die flüchtigen Ester und die höheren Alkohole zu bestimmen, die fraktionierte Destillation nach Micko durchzuführen und die Ausgiebigkeit nach Wüstenfeld zu ermitteln.

Auf die neuesten gaschromatographischen Untersuchungen von F. Drawert u. Mitarb. (1967) sei an dieser Stelle hingewiesen.

Bei der Untersuchung von Weinbrand, Weinbrandverschnitt und Weindestillat ist in der gleichen Art zu verfahren wie bei Brennwein. Auch zum Nachweis einer künstlichen Aromatisierung, z. B. von Dessertweinen, kann die Mickodestillation herangezogen werden.

# C. Sinnenprüfung (Organoleptik)

## I. Allgemeine Hinweise

Laut „Verwaltungsvorschrift" ist die Sinnenprüfung in hellen, geruchsfreien Räumen derart durchzuführen, daß jeder Prüfer in einem besonderen Raum oder zumindest unbeeinflußt durch die übrigen Sachverständigen die Probe beurteilt. Der Sachverständige hat sein Urteil schriftlich abzugeben.

Ein Erzeugnis darf auf Grund der Sinnenprüfung nur beanstandet werden, wenn sich mindestens drei Sachverständige dafür aussprechen.

Für die sachgemäße Durchführung der Sinnenprüfung gelten im einzelnen folgende Grundsätze:

1. Der Prüfraum soll übliche Zimmertemperaturen (18—20°C) haben.

2. Die Temperatur der zu prüfenden Erzeugnisse soll ihrer Eigenart entsprechend gewählt sein.

3. Als Prüfgläser werden numerierte, farblose, dünnwandige Gläser von ca. 75 ml Inhalt auf ca. 5 cm hohem Stiel (sog. Apfelkelche) verwendet, die zu $^1/_3$ (ca. 25 ml) gefüllt werden.

4. Die Prüfung ist frühestens 1 Std nach einer Mahlzeit vorzunehmen und in Zweifelsfällen nach einiger Zeit zu wiederholen.

L. Macher (1965a, b) berichtet über den Zeitpunkt der Verkostung, daß erfahrungsgemäß die letzten Wochentage und auch die letzten Tagesstunden dafür ungeeignet seien. Am besten soll sich nach einem mäßigen Frühstück vor dem Sicheinstellen stärkerer Hungergefühle gegen 10 Uhr vormittags dienstags, mittwochs und donnerstags degustieren lassen. Rauchen soll vor dem Verkosten möglichst unterbleiben.

Als bekanntesten und bewährtesten Test beschreibt L. Macher in seiner Veröffentlichung die Dreiecksprobe („Triangeltest"), bei der von drei vorgelegten Proben die zwei identischen herauszufinden sind. Von zwei Mustern T und E werden drei Proben A, B, C vorgelegt, wobei erkannt werden soll, welche zwei von den dreien identisch sind, ob also A = B oder A = C ist. Somit können sich die folgenden Kombinationen einstellen: TEE, ETE, EET, TTE, TET und ETT. Bei der Dreiecksprobe wird vor dem sog. „degustativen Schock" gewarnt, bei dem die erste verkostete Probe am besten zu schmecken scheint. Es ist zweckmäßig, die Proben nochmals in einer anderen Bezeichnungsfolge zu servieren und zu bestimmen, ob die Wiederholung mit dem Ergebnis des ersten Testes übereinstimmt. Zur Kontrolle ist auch angezeigt, entweder drei identische oder drei unterschiedliche Proben vorzulegen.

Aus diesen Ausführungen mag jeder die Problematik dieser subjektiven Untersuchungsmethode erkennen, wobei der Triangeltest als die schärfste Art des Probierens gilt.

# II. Die organoleptische Beurteilung des Brennweines

## 1. Verkostung des Ausgangsmaterials

Der Prüfung des Brennweines selbst (gegebenenfalls nach Verdünnung mit Wasser) auf Aussehen, Geruch und Geschmack darf im allgemeinen keine allein ausschlaggebende Bedeutung beigemessen werden. Es ist hierbei zu berücksichtigen, daß der Brennwein in der Regel mit der dem Weinanteil entsprechenden Menge eigener Hefe geliefert wird und dadurch trübe und unansehnlich ist oder Bodensatz enthält. Der Geruch und Geschmack kann allein Grund für eine Beanstandung bilden, wenn Weinfehler, wie z. B. fauliger Geruch oder Geschmack oder „Mäuseln" festgestellt werden.

## 2. Verkostung des alkoholischen Destillats

Die organoleptische Prüfung des Destillats dient der Feststellung, ob der Grundwein mit Weindestillat oder mit Industriesprit aufgestärkt worden ist. Sie wird beträchtlich erleichtert, wenn man nicht das Destillat selbst, sondern seine einzelnen Fraktionen beurteilt.

### a) Prüfung der Fraktionen aus der Destillation nach Micko

Gemäß der „Allgemeinen Verwaltungsvorschrift" verfährt man hierzu wie folgt:

$$\frac{9600}{a}$$ ml der zu untersuchenden Flüssigkeit (a = Alkoholgehalt in Vol.-%) werden abgemessen und unter Verwendung von Glasschliffverbindungen in der unter D. II. 3. a) angegebenen Weise destilliert, bis 240 ml Destillat übergegangen sind. Aus diesem Destillat werden durch abermalige Destillation 6 Teildestillate (Fraktionen) von je 25 ml gewonnen, die auf Geruch und Geschmack zu prüfen sind. Als Destillationsaufsatz ist ein Birektifikator (Abb. 1) zu benutzen. Die Destillationsgeschwindigkeit ist so zu regeln, daß jeweils in 15 min 25 ml Destillat übergehen, die in numerierten Kölbchen zu je 25 ml aufgefangen werden. Stehen für die Untersuchung ausreichende Mengen Untersuchungsflüssigkeit nicht zur Verfügung, so ist der Versuch mit den halben Ausgangs- und Teildestillationsmengen auszuführen.

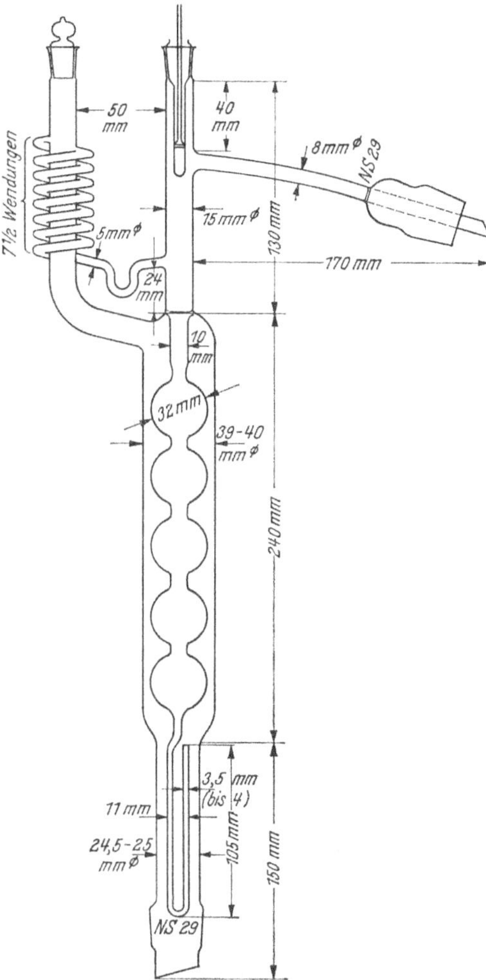


Abb. 1. Birektifikator für die fraktionierte Destillation nach Micko

In dem ersten Teildestillat treten leicht flüchtige Aromastoffe, vorwiegend Essigester neben Aldehyden, auf, die häufig auch noch in dem zweiten Teildestillat in schwächerem Maße festzustellen sind. Die typischen Weinaromastoffe sind hauptsächlich in dem zweiten bis vierten, bisweilen auch noch in dem fünften Teildestillat enthalten. Das sechste Teildestillat, das unverdünnt gekostet werden kann, schmeckt in der Regel wäßrig, bisweilen bei hohem Gehalt des Destillats an flüchtigen Säuren säuerlich. Auffallende, ungewöhnliche Geschmacksbeeinflussungen, wie durch unreine Gärung, faulige Hefe, Anbrennen des Brenngutes, dumpfigen Schimmelgeschmack oder weinfremde Aromastoffe werden in der Regel vom vierten Teildestillat ab festgestellt werden können.

Je 20 ml der Teildestillate 1—6 (5 ml dienen für die Ausgiebigkeitsprüfung) werden in ATL-Kostgläser (Abb. 2) gebracht und die ersten 4 Teildestillate mit der doppelten Menge, die Teildestillate 5 und 6 mit der gleichen Menge eines völlig geruch- und geschmackfreien Wassers von 20° C verdünnt. Nach 2 Std wird der Inhalt der Kostgläser gut durchgeschüttelt und zunächst auf Geruch und dann auf Geschmack geprüft.

Die typischen Weinaromastoffe sind in der Beurteilung nach Stärke und Reinheit zu kennzeichnen.

H. Burmeister (1964) weist darauf hin, daß die Ergebnisse der fraktionierten Destillation eines Brennweines nur teilweise einen Schluß auf die Qualität des daraus technisch hergestellten Weindestillats zulassen. Diese Ansicht wird von J. Koch u. D. Hess (unveröffentlicht) bestätigt. Sie stellten in Untersuchungen fest, daß die Verteilung von Äthanol, höheren Alkoholen und höheren Estern bei der Destillation nach Micko völlig anders verläuft als bei dem technischen Brennprozeß.

Die Prüfung der Destillatanteile nach Micko kann somit nicht allein die Grundlage für eine Beurteilung abgeben, sie muß durch die Ausgiebigkeitsprüfung nach Wüstenfeld ergänzt werden.

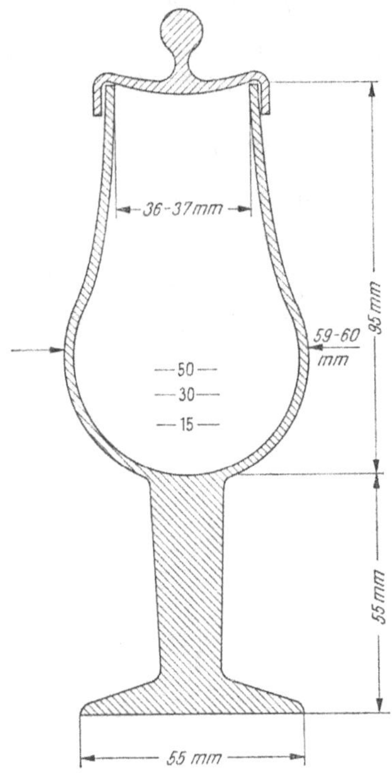



Abb. 2. ATL-Kostglas für die Verkostung der Teildestillate der Destillation nach Micko und der Ausgiebigkeitsverdünnungen nach Wüstenfeld

## b) Ausgiebigkeitsprüfung nach Wüstenfeld

Von den nach der Micko-Destillation erhaltenen Teildestillaten 2—4 werden je 5 ml in ein 100 ml Meßkölbchen zusammengegeben und mit völlig geruch- und geschmackfreiem Wasser bis zur Marke aufgefüllt. Nach dem Durchmischen werden in einer Reihe von ATL-Kostgläsern 0,1, 0,2, 0,3, 0,4, 0,5, 0,7, 1,0, 1,5 ml abpipettiert, die wieder mit völlig geruch- und geschmackfreiem Wasser auf je 100 ml ergänzt werden. Den verwendeten Millilitern Destillat entsprechen etwa folgende Verdünnungen:

| | |
|---|---|
| 0,1 ml ca. 1:2000 | 0,5 ml ca. 1:400 |
| 0,2 ml ca. 1:1000 | 0,7 ml ca. 1:300 |
| 0,3 ml ca. 1: 700 | 1,0 ml ca. 1:200 |
| 0,4 ml ca. 1: 500 | 1,5 ml ca. 1:140 |

Nach dem Durchmischen läßt man 2 Std stehen. Hierauf wird, beginnend mit der stärksten Verdünnung, durch Verkosten festgestellt, in welchem Glas zuerst das Auftreten der typischen Weinbukettstoffe geschmacklich deutlich bemerkbar ist. Die Grenze ihres Auftretens bezeichnet die Ausgiebigkeit des Erzeugnisses.

Zeigt eine Verdünnung noch einen wäßrigen Geschmack, die nächst geringere aber schon ein so deutliches Aroma, daß dessen erstes Auftreten zwischen den beiden Verdünnungen anzunehmen ist, so wird die Ausgiebigkeit durch den Mittelwert bezeichnet.

Zu beachten ist, daß die Ausgiebigkeitsprüfung mindestens 1 Std getrennt von der Prüfung des Destillats nach C. II. 2. a) vorgenommen wird. Hierbei sollen nur die charakteristischen

Weinbukettstoffe, nicht aber irgendwelche sonstigen Geschmackstoffe berücksichtigt werden. Eine Ausgiebigkeit von weniger als 1:200 ist bei Brennwein zu beanstanden.

Die „Allgemeine Verwaltungsvorschrift" läßt zu, daß gegebenenfalls auch andere Fraktionen außer der 2.—4. zur Ausgiebigkeitsprüfung herangezogen werden können, sofern diese noch typische Weinaromastoffe enthalten. Dies muß im Befund besonders angegeben werden. Untersuchungen von J. Koch u. D. Hess (unveröffentlicht) bestätigen, daß bei Hinzunahme der Fraktionen 1 und 5, wovon jeweils nur 3 ml statt 5 ml abgezweigt wurden, die Ausgiebigkeit deutlich erhöht wurde.

Außerdem wurde festgestellt, daß die Micko-Destillation möglichst bei einer Raumtemperatur von 20° C durchgeführt werden sollte, da bei höheren Umgebungstemperaturen ebenfalls höhere Ausgiebigkeiten erzielt werden können.

# D. Chemische und physikalische Verfahren

## I. Bestimmung des Gewichtsverhältnisses und des Mostgewichtes

### 1. Bestimmung des Gewichtsverhältnisses 20/20° C

Nach der „Allgemeinen Verwaltungsvorschrift" wird das Gewichtsverhältnis der zu untersuchenden Flüssigkeit mit Hilfe des Pyknometers bestimmt.

Wenn sie merkliche Mengen Kohlensäure enthält, ist sie zunächst durch wiederholtes kräftiges Schütteln in einem geräumigen Kolben und darauffolgendes Filtrieren durch ein bedecktes Faltenfilter möglichst vollständig von Kohlensäure zu befreien. Erforderlichenfalls ist die Behandlung zu wiederholen. Als Pyknometer ist ein durch Stopfen verschließbares Fläschchen von ca. 50 ml Inhalt mit einem ca. 6 cm langen, im mittleren Drittel mit einer Marke versehenen Hals von nicht mehr als 3,5 mm lichter Weite anzuwenden.

Das Pyknometer wird in reinem und trockenem Zustand leer auf 4 Dezimalen genau gewogen, nachdem es mindestens $^1/_4$ Std im Waagekasten gestanden hat. Dann wird es bis über die Marke mit frisch ausgekochtem destilliertem Wasser gefüllt, verschlossen und in ein Wasserbad von 20° C gestellt. Nach halbstündigem Stehen im Wasserbad wird die Oberfläche des im Pyknometer enthaltenen Wassers auf die Marke eingestellt. Dies geschieht zweckmäßig mit Hilfe einer zu einem feinen Haarröhrchen ausgezogenen Glasröhre. Die Oberfläche des Wassers bildet in dem Hals des Pyknometers eine gekrümmte Fläche; man stellt die Flüssigkeit in dem Pyknometerhals in der Weise ein, daß bei durchfallendem Licht der untere Rand der gekrümmten Oberfläche die Pyknometermarke eben berührt. Nachdem man den leeren Teil des Pyknometerhalses mit Stäbchen aus Filtrierpapier gereinigt hat, setzt man den Stopfen wieder auf, entfernt das Pyknometer aus dem Wasserbad und trocknet es äußerlich ab. Sodann stellt man es $^1/_2$ Std in den Waagekasten und wägt wie oben angegeben. Die Wägung des mit Wasser gefüllten Pyknometers ist dreimal auszuführen und aus den 3 Wägungen das Mittel zu nehmen. Nachdem man das Pyknometer entleert und getrocknet oder mehrmals mit der zu untersuchenden Flüssigkeit ausgespült hat, füllt man es mit dieser und verfährt genau in derselben Weise wie bei der Bestimmung des Wasserinhaltes des Pyknometers; besonders ist darauf zu achten, daß die Einstellung der Flüssigkeitsoberfläche stets in derselben Weise geschieht.

Die Berechnung des Gewichtsverhältnisses 20/20° C geschieht nach folgender Formel:

$$s = \frac{c - a}{b - a}$$

Hierbei bedeutet: a die Masse des leeren Pyknometers,
         b die Masse des bei 20° C bis zur Marke mit Wasser gefüllten Pyknometers,
         c die Masse des bei 20° C bis zur Marke mit der Untersuchungsflüssigkeit gefüllten Pyknometers.

Der Faktor $\dfrac{1}{b-a}$ ist bei allen Bestimmungen mit demselben Pyknometer gleich; wenn das Pyknometer längere Zeit im Gebrauch gewesen ist, müssen die Werte für das leere und für das mit Wasser gefüllte Pyknometer von neuem bestimmt werden, da sie sich mit der Zeit nicht unerheblich verändern können.

Liegt der Wert (b — a) zwischen 49,94 und 50,06 g, so kann bei trockenen Weinen das Gewichtsverhältnis, bezogen auf Wasser von 20° C, in abgekürzter Weise auch nach der folgenden Formel berechnet werden:

$$s = 0,02 \cdot (c - d).$$

In dieser Formel ist d = (b — 50,0000).
Das Gewichtsverhältnis ist mit 4 Dezimalstellen anzugeben.

Es ist zweckmäßig, daß das Pyknometer während des Einstellens auf die Marke im Wasserbad verbleibt. Wird es während dieses Arbeitsganges aus dem Thermostaten entnommen, so muß die Eichung durch wiederholtes Temperieren kontrolliert werden.

*Die OIV-Methode A 1c* unterscheidet die Bestimmung der *Volumenmasse* und der *relativen Dichte 20/20° C.*
*Die Volumenmasse* ist der Quotient aus der Masse eines bestimmten Wein- oder Mostvolumens bei 20° C geteilt durch dieses Volumen. Sie wird in Gramm pro Kubikzentimeter angegeben und ihr Symbol ist $\rho$ 20° C.
*Die relative Dichte* ist die Beziehung der Volumenmasse von Wein (oder von Most) bei 20° C zur Volumenmasse von Wasser bei derselben Temperatur, ausgedrückt in Dezimalzahlen.
Ihr Symbol ist $d_{20}^{20}$ oder einfach d, wenn keine Verwechslung möglich ist.

Konventionsmäßig müssen die Volumenmasse und die Dichte um den Einfluß des Schwefligsäureanhydrides oder der evtl. aus Stabilisierungsgründen dem Wein oder Most zugesetzten Konservierungsmittel korrigiert werden.
Als *Bezugsmethode* wird die Pyknometrie aufgeführt, wobei Doppelbestimmungen nicht um mehr als 0,0001 voneinander abweichen dürfen. Die Bestimmung wird in einem Spezialpyknometer aus Pyrex-Glas mit etwa 100 ml Rauminhalt ausgeführt, das mit einem eingeschliffenen Thermometer ausgestattet ist und dessen Temperaturskala von 10—30° C in $^1/_{10}$ Grade geteilt ist.
Zur genauen Berechnung der Volumenmasse sind für trockene Weine, Naturmoste, konzentrierte Moste und Süßweine gesonderte Korrekturtabellen erforderlich.
Neben der Bezugsmethode werden als *gebräuchliche Verfahren* die Pyknometrie mit gewöhnlichem Pyknometer, die Aräometrie und die Dichtemessung mittels hydrostatischer Waage angegeben. Bei Anwendung der beiden zuletzt genannten Verfahren sind Abweichungen in der 4. Dezimalen bis zu drei Einheiten gestattet.

Diese Bestimmungsverfahren sind insbesondere in Frankreich und Italien noch weit verbreitet. Eine Steigerung der Meßgenauigkeit ließ sich durch die Konstruierung neuer hydrostatischer Waagen erreichen. Durch Vergrößerung des Senkkörpers auf 10 oder 20 ml Flüssigkeitsverdrängung und automatische Ablesung, ähnlich wie bei einer modernen Analysenwaage, wurden Genauigkeiten erreicht, die den pyknometrischen Bestimmungen gleichkommen. Diese Methoden sind jedoch in Deutschland für die Weinuntersuchung von geringem Interesse und nicht zweckmäßig, da sie einerseits in der „Verwaltungsvorschrift" nicht vorgesehen sind und andererseits eine anschließende exakte Alkohol- und Extraktbestimmung nicht zulassen.

## 2. Bestimmung des Mostgewichtes von Traubenmost und Fruchtsäften aller Art. Berechnung des „ungefähren ursprünglichen Mostgewichtes" von angegorenen bzw. gegorenen Traubenmosten und ungezuckerten Weinen

Der durch Verminderung des Gewichtsverhältnisses 20/20° C um 1,0000 und Multiplikation mit 1000 erhaltene Wert wird als „*Mostgewicht*" bezeichnet. Er kann „*Öchslegrad 20/20° C*" genannt werden und ist in halben oder ganzen Zahlen anzugeben.
Bei alkoholfreien Flüssigkeiten erfolgt die *exakte Berechnung* des Mostgewichtes aus dem pyknometrisch nach D. I. 1. bestimmten Gewichtsverhältnis 20/20° C.

Als *gebräuchliche Verfahren* sind zu nennen:
Die Bestimmung mittels eines auf das Gewichtsverhältnis 20/20° C oder die Dichte 20/4° C amtlich geeichten Aräometers,

die Bestimmung des Gewichtsverhältnisses 20/20° C oder der Dichte 20/4° C mit der hydrostatischen Waage
und die Bestimmung mit dem Refraktometer.

Die Umrechnung der mittels Aräometer oder hydrostatischer Waage bestimmten Dichte
20/4° C in das Gewichtsverhältnis 20/20° C erfolgt mit hinreichender Genauigkeit nach der
Formel:

$$\text{Gewichtsverhältnis } 20/20° C = \frac{\text{Dichte } 20/4° C}{0,998230}$$

Mit dem Eintauchrefraktometer wird der Brechungswert des Mostes bei 20° C, ausgedrückt
in Skalenteilen, bestimmt. Aus den folgenden Tab. 1 und 2 wird das den Skalenteilen entsprechende Mostgewicht entnommen.

Tabelle 1. *Berechnung der Öchsle-Grade aus der Refraktion bei 20° C*
Prisma I

| Refr. | Öchsle | Refr. | Öchsle | Refr. | Öchsle |
|---|---|---|---|---|---|
| 37 | 23,2 | 60 | 46,7 | 83 | 69,5 |
| 38 | 24,2 | 61 | 47,7 | 84 | 70,5 |
| 39 | 25,2 | 62 | 48,7 | 85 | 71,5 |
| 40 | 26,3 | 63 | 49,7 | 86 | 72,5 |
| 41 | 27,3 | 64 | 50,7 | 87 | 73,4 |
| 42 | 28,4 | 65 | 51,7 | 88 | 74,4 |
| 43 | 29,4 | 66 | 52,7 | 89 | 75,4 |
| 44 | 30,4 | 67 | 53,7 | 90 | 76,4 |
| 45 | 31,5 | 68 | 54,7 | 91 | 77,3 |
| 46 | 32,5 | 69 | 55,7 | 92 | 78,3 |
| 47 | 33,5 | 70 | 56,7 | 93 | 79,2 |
| 48 | 34,5 | 71 | 57,7 | 94 | 80,2 |
| 49 | 35,6 | 72 | 58,7 | 95 | 81,1 |
| 50 | 36,6 | 73 | 59,7 | 96 | 82,1 |
| 51 | 37,6 | 74 | 60,6 | 97 | 83,0 |
| 52 | 38,6 | 75 | 61,6 | 98 | 84,0 |
| 53 | 39,6 | 76 | 62,6 | 99 | 84,9 |
| 54 | 40,7 | 77 | 63,6 | 100 | 85,9 |
| 55 | 41,7 | 78 | 64,6 | 101 | 86,8 |
| 56 | 42,7 | 79 | 65,5 | 102 | 87,8 |
| 57 | 43,7 | 80 | 66,5 | 103 | 88,7 |
| 58 | 44,7 | 81 | 67,5 | 104 | 89,7 |
| 59 | 45,7 | 82 | 68,5 | 105 | 90,7 |

0,1 Skalenteile $\cong$ 0,1 Öchsle

Unter dem „*ungefähren ursprünglichen Mostgewicht*" wird das bei angegorenen und gegorenen Mosten sowie bei Wein annähernd zurückberechnete Mostgewicht verstanden.

Bei *angegorenen und gegorenen Flüssigkeiten (außer Wein)* wird zur Berechnung des
„ungefähren ursprünglichen Mostgewichtes" zu dem mit dem Pyknometer, dem Aräometer
oder der hydrostatischen Waage bestimmten „scheinbaren Mostgewicht" der Alkoholgehalt,
ausgedrückt in g/l, hinzugezählt.

Wird die Bestimmung mit dem Refraktometer durchgeführt, so wird aus
A = Skalenteile des angegorenen bzw. gegorenen Mostes bei 20° C und
B = Skalenteile des alkoholischen Destillats bei 20° C nach der Formel

$$A - 2,1 \cdot B + 32,5 = C$$

der Wert C errechnet, mit dem aus Tab. 1 oder 2 das „scheinbare Mostgewicht" D entnommen
wird. Das „ungefähre ursprüngliche Mostgewicht" (UM) wird dann nach

$$UM = D + \text{Alkohol (g/l)}$$

berechnet.

Einen Anhaltspunkt für das „ungefähre ursprüngliche Mostgewicht" von *ungezuckerten
Weinen normaler Lese* kann die Berechnungsweise nach E. VOGT (1958) geben:

$$UM = 0,8 \cdot A + 0,4 \cdot E$$

Es bedeuten:
A = Gesamtalkohol (g/l),
E = Nichtzuckerstoffe im ursprünglichen Most.

Tabelle 2: *Berechnung der Öchsle-Grade aus der Refraktion bei 20° C*

Prisma II

| Refr. | Öchsle | Refr. | Öchsle | Refr. | Öchsle | Refr. | Öchsle |
|---|---|---|---|---|---|---|---|
| 0 | 89,3 | 22 | 109,7 | 44 | 129,2 | 66 | 148,9 |
| 1 | 90,2 | 23 | 110,6 | 45 | 130,1 | 67 | 149,8 |
| 2 | 91,2 | 24 | 111,5 | 46 | 131,0 | 68 | 150,7 |
| 3 | 92,1 | 25 | 112,4 | 47 | 131,8 | 69 | 151,6 |
| 4 | 93,1 | 26 | 113,3 | 48 | 132,7 | 70 | 152,5 |
| 5 | 94,0 | 27 | 114,2 | 49 | 133,6 | 71 | 153,4 |
| 6 | 94,9 | 28 | 115,1 | 50 | 134,5 | 72 | 154,3 |
| 7 | 95,9 | 29 | 116,0 | 51 | 135,4 | 73 | 155,2 |
| 8 | 96,8 | 30 | 116,9 | 52 | 136,3 | 74 | 156,1 |
| 9 | 97,7 | 31 | 117,8 | 53 | 137,2 | 75 | 157,0 |
| 10 | 98,6 | 32 | 118,7 | 54 | 138,1 | 76 | 157,9 |
| 11 | 99,6 | 33 | 119,6 | 55 | 139,0 | 77 | 158,8 |
| 12 | 100,5 | 34 | 120,4 | 56 | 139,9 | 78 | 159,7 |
| 13 | 101,5 | 35 | 121,3 | 57 | 140,8 | 79 | 160,6 |
| 14 | 102,4 | 36 | 122,2 | 58 | 141,7 | 80 | 161,5 |
| 15 | 103,3 | 37 | 123,1 | 59 | 142,6 | 81 | 162,4 |
| 16 | 104,2 | 38 | 124,0 | 60 | 143,5 | 82 | 163,3 |
| 17 | 105,1 | 39 | 124,8 | 61 | 144,4 | 83 | 164,2 |
| 18 | 106,0 | 40 | 125,7 | 62 | 145,3 | 84 | 165,1 |
| 19 | 106,9 | 41 | 126,6 | 63 | 146,2 | 85 | 166,0 |
| 20 | 107,8 | 42 | 127,5 | 64 | 147,1 | 86 | 166,9 |
| 21 | 108,7 | 43 | 128,4 | 65 | 148,0 | | |

0,1 Skalenteile $\cong$ 0,1 Öchsle

Für E ist einzusetzen:
Bei säurearmen Mosten der Wert 26, bei Mosten mit mittleren Säuregraden der Wert 29 und bei sehr säurereichen Mosten der Wert 32.

Insbesondere *für Weine spezieller Gewinnung*, wie Auslesen, Beerenauslesen, Trockenbeerenauslesen und Eisweine hat E. Gilbert (1967) ein *exaktes Verfahren* ausgearbeitet, das, ausgehend vom tatsächlichen chemischen Zahlenbild eines Weines unter Berücksichtigung der Vorgänge bei der alkoholischen Gärung und der nach derzeitiger Erkenntnis beim Ausbau des Weines zu erwartenden Veränderungen des Extraktes, das „ungefähre ursprüngliche Mostgewicht" (UM) innerhalb einer festgelegten Streubreite zu berechnen gestattet.

Die Berechnung stützt sich auf die Gesetzmäßigkeiten, wie sie in der Formel nach Tabarié zum Ausdruck kommen, und lautet wie folgt:

$$UM = E + Z + W + Mi + 1 - 0{,}64 \cdot Gl - (B + FlS)$$

Es bedeuten, ausgedrückt in (Gewichtsverhältnis 20/20° C — 1,0000) · 1000

E         = Gesamtextraktgehalt des Weines

Z         = der dem vorhandenen Alkoholgehalt entsprechende Zuckergehalt unter Zugrundelegung einer durchschnittlichen Alkoholausbeute von 46,5%

W       = der der Weinsteinausscheidung entsprechende Extraktgehalt = (6 — vorhandene Weinsäure g/l) · 1,8

Mi     = der der Milchsäurebildung entsprechende Extraktgehalt (1 g gebildete Milchsäure $\approx$ 1 g Extrakt)

Gl      = Extraktzunahme durch Glycerinbildung (1 g Glycerin = 0,64 g Extrakt)

B + FlS = Extraktzunahme durch Bildung von Bernsteinsäure und flüchtigen Säuren (Bernsteinsäure $\approx$ Alkohol (Vol.-%) · 0,1; 1 g gebildete Bernsteinsäure und flüchtige Säure $\approx$ 1 g Extrakt).

Die Streubreite des berechneten „ungefähren ursprünglichen Mostgewichtes" kann wie folgt angenommen werden:

Bei Erzeugnissen um 100° Ö $\pm$ 3,5°
bei Erzeugnissen um  80° Ö $\pm$ 3,0°
bei Erzeugnissen um  60° Ö $\pm$ 2,5°
bei Erzeugnissen um  40° Ö $\pm$ 2,0°

Das zur Berechnung bzw. Bestimmung angewandte Verfahren ist anzugeben.

# II. Bestimmung der Alkohole und Ester

## 1. Bestimmung des Alkohols (Äthanol)

### a) Destillationsverfahren (Pyknometrie)

Das gebräuchlichste Verfahren zur Bestimmung des Alkohols ist derzeit das Destillationsverfahren. Während der Wein gemäß der deutschen Verwaltungsvorschrift direkt der Destillation unterworfen wird, gehen die italienischen, französischen und schweizerischen Arbeitsverfahren und auch die internationalen Weinanalysenmethoden von dem neutralisierten bzw. alkalisierten Wein aus. Die Alkoholbestimmung durch Destillation erfaßt sämtliche Alkohole, sowie andere flüchtige Bestandteile, wie flüchtige Säuren usw. Ein Vergleich der Alkoholbestimmungen aus dem Wein direkt und dem neutralisierten bzw. alkalisierten Wein ergeben Abweichungen, die sich lediglich in der 4. Dezimalen auswirken. Diese geringfügigen Erhöhungen bei der Destillation sind auf folgende Ursachen zurückzuführen:

1. beim neutralisierten Wein werden die flüchtigen Säuren nicht überdestilliert,

2. beim alkalisierten Wein werden einerseits die flüchtigen Säuren zurückgehalten und andererseits der aus der Verseifung der vorhandenen Ester entstehende Alkohol mit erfaßt.

In der deutschen Verwaltungsvorschrift wird erst bei einem Gehalt von 1,2 g/l und mehr flüchtiger Säure eine Korrektur vorgenommen. Es dürfte sich jedoch empfehlen, bereits bei Gehalten von 0,8 g/l flüchtiger Säure eine Neutralisation vorzunehmen.

Die amtlichen deutschen, italienischen und französischen Tabellen zur Ermittlung des Alkoholgehaltes aus dem Destillat gehen von dem Gewichtsverhältnis 20/20° C von Wasser-Alkohol-Lösungen aus. Die Tabellen der internationalen Weinuntersuchungsmethoden, wie auch die von P. JAULMES (1951) gehen dagegen von den Dichten der wässrig-alkoholischen Mischungen bei 20° C aus.

Um die Gewichtsverhältnisse der Destillate in die Dichten umzurechnen, damit die Tabellen untereinander verglichen werden können, muß man die Gewichtsverhältnisse der Destillate mit der Dichte des Wassers bei 20° C = 0,998230 multiplizieren. Es ergibt sich dann zwischen den einzelnen Tabellen eine befriedigende Übereinstimmung, wie aus der Übersicht in Tab. 3 hervorgeht.

Die in der Tabelle wiedergegebenen Gehalte nach der amtlichen französischen Methode wurden der Tab. 1 des Journal Officiel de la Republique

Tabelle 3

| Gewichtsverhältnis 20/20° C | deutsche Tabelle (n. REICHARD) | italienische Tabelle | französische Tabelle (korr. n. JAULMES) | internationale Tabelle (OIV) |
|---|---|---|---|---|
| 0,9911 | 50,1 g/l<br>6,34 Vol.-% | 50,1 g/l<br>6,34 Vol.-% | 50,0 g/l<br>6,33 Vol.-% | d (korr.) = 0,98932<br>49,8 g/l<br>6,30 Vol.-% |
| 0,9834 | 100,2 g/l<br>12,70 Vol.-% | 100,2 g/l<br>12,70 Vol.-% | 100,3 g/l<br>12,71 Vol.-% | d (korr.) = 0,98164<br>99,6 g/l<br>12,61 Vol.-% |
| 0,9754 | 158,1 g/l<br>20,02 Vol.-% | 158,1 g/l<br>20,02 Vol.-% | 158,3 g/l<br>20,05 Vol.-% | d (korr.) = 0,97365<br>157,3 g/l<br>19,92 Vol.-% |
| 0,9724 | 179,9 g/l<br>22,79 Vol.-% | 179,9 g/l<br>22,79 Vol.-% | 180,5 g/l<br>22,86 Vol.-% | d (korr.) = 0,97065<br>179,3 g/l<br>22,71 Vol.-% |

21*

Francaise vom 20. IX. 1963, S. 8489 entnommen und mit den Korrekturwerten auf S. 8487 berichtigt.

*Nach der „Allgemeinen Verwaltungsvorschrift" wird die Bestimmung des Alkohols in Deutschland in folgender Weise vorgenommen:*

Die von der Bestimmung des Gewichtsverhältnisses her im Pyknometer enthaltene Flüssigkeit wird in einen Destillierkolben von ca. 250 ml Inhalt übergeführt und das Pyknometer dreimal mit zusammen 25 ml Wasser (bei Flüssigkeiten mit mehr als 160 g Alkohol/l mit zusammen 20 ml) nachgespült. Man verbindet den Kolben durch Gummistopfen oder Glasschliff mit Destillationsaufsatz und Schlangenkühler, dessen Kühlrohr in einer Capillare ausläuft.

Als Vorlage benutzt man das Pyknometer, in welchem die zu untersuchende Flüssigkeit abgemessen worden ist. Bei sehr geringen und hohen Alkoholgehalten ist der Boden des Pyknometers mit 5 ml Wasser zu bedecken, in welches die Capillare des Kühlers eintaucht, jedoch ohne den Boden des Pyknometers zu berühren. Das Pyknometer selbst ist mit Wasser bzw. mit Eis zu kühlen. Nunmehr destilliert man langsam, bis etwa 45 ml übergegangen sind, füllt das Pyknometer mit Wasser bis nahe zu der Marke auf, mischt durch quirlende Bewegung so lange, bis Schichten von verschiedener Dichte nicht mehr wahrzunehmen sind, stellt das Pyknometer $^{1}/_{2}$ Std in ein Wasserbad von 20° C und fügt mit Hilfe eines Haarröhrchens vorsichtig Wasser von 20° C zu, bis der untere Rand der Flüssigkeitsoberfläche die Marke eben berührt. Dann trocknet man den leeren Teil des Pyknometerhalses mit Stäbchen aus Filtrierpapier, setzt den Stopfen wieder auf, trocknet das Pyknometer äußerlich ab, stellt es $^{1}/_{2}$ Std in den Waagekasten und wägt.

Das Gewichtsverhältnis des Destillats, bezogen auf Wasser von 20° C, wird in der unter I. 1. angegebenen Weise berechnet.

*a)* Enthält die zu untersuchende Flüssigkeit in einem Liter weniger als 1,2 g flüchtige Säuren, berechnet als Essigsäure, so werden die dem gefundenen Gewichtsverhältnis entsprechenden Gramme Alkohol in einem Liter der zu untersuchenden Flüssigkeit aus Tab. 4 entnommen. Der Vol.-Gehalt an Alkohol bei 20° C in Prozenten ergibt sich aus Tab. 5. (Der Destillationsrückstand dient zur Bestimmung des Extraktgehaltes.)

*β)* Enthält die zu untersuchende Flüssigkeit in einem Liter 1,2 g oder mehr flüchtige Säuren, so wird das im Pyknometer enthaltene Destillat nach erfolgter Wägung unter Nachspülen mit Wasser in einen Kolben übergeführt, in diesem bis zum beginnenden Sieden erhitzt und unter Verwendung von Phenolphthalein als Indikator mit 0,1 n-Alkalilauge titriert. Die Zahl der verbrauchten ml 0,1 n-Lauge multipliziert man mit 0,000018 und zieht den gefundenen Wert von dem Gewichtsverhältnis des Destillats ab. Der dem korrigierten Gewichtsverhältnis entsprechende Alkoholgehalt wird aus Tab. 4 entnommen. Der Vol.-Gehalt an Alkohol bei 20° C in Prozenten ergibt sich aus Tab. 5.

*γ)* Bei Erzeugnissen mit mehr als 40 Vol.-% Alkohol ist die Destillation nach Verdünnung mit Wasser im Verhältnis 1:1 durchzuführen.

Der Alkoholgehalt ist in Gramm im Liter (g/l) mit einer Dezimalstelle und auch als Vol.-Gehalt bei 20° C in Prozenten mit 2 Dezimalstellen anzugeben.

## b) Refraktometrie

Mit der Alkoholbestimmung aus der Lichtbrechung im Eintauchrefraktometer und dem Gewichtsverhältnis 20/20° C befaßten sich u. a. A. Beckel (1929), P. Böhringer (1951) und W. Jilke (1951).

Nach H. Rebelein (1953) hängt die Genauigkeit der refraktometrischen Alkohol- und Extraktbestimmung von der Art des Extraktes ab. Da die Berechnung sich hinsichtlich des Extraktanteiles auf der spezifischen Refraktion des Rohrzuckers aufbaut, wird das Ergebnis in dem Maße, in dem die mittlere spezifische Refraktion des Weinextraktes von der des Rohrzuckers abweicht, ungenau. In der Regel entspricht die mittlere spezifische Refraktion des Weinextraktes der des Rohrzuckers. Bei ungewöhnlicher Zusammensetzung des Extraktes (z. B. auffallend hoher Säure, Glyceringehalt usw.) trifft das nicht mehr zu. Dann liefert die refraktometrische Bestimmung gegenüber der Destillationsmethode abweichende Ergebnisse, was sich beim Alkoholwert noch mehr bemerkbar macht als beim Extraktwert. Dies tritt insbesondere bei trockenen Tischweinen ein. Bei Weinen mit hohem Zuckergehalt, insbesondere bei Dessertweinen, besteht die Hauptmenge des Extraktes aus Zucker, weshalb die oben beschriebene

Tabelle 4. *Ermittlung des Alkoholgehalts g/l aus dem Gewichtsverhältnis des Destillates bei 20° C, bezogen auf Wasser von 20° C*

| Gewichtsverhältnis des Destillates bis zur 3. Dezimalstelle | 4. Dezimalstelle des Gewichtsverhältnisses des Destillates | | | | | | | | | |
|---|---|---|---|---|---|---|---|---|---|---|
| | 9 | 8 | 7 | 6 | 5 | 4 | 3 | 2 | 1 | 0 |
| | | | | | Gramm Alkohol in 1 l | | | | | |
| 0,999 | 0,5 | 1,1 | 1,6 | 2,1 | 2,7 | 3,2 | 3,7 | 4,2 | 4,8 | 5,3 |
| 0,998 | 5,8 | 6,4 | 6,9 | 7,4 | 8,0 | 8,5 | 9,0 | 9,5 | 10,1 | 10,6 |
| 0,997 | 11,2 | 11,7 | 12,3 | 12,8 | 13,3 | 13,9 | 14,4 | 15,0 | 15,5 | 16,1 |
| 0,996 | 16,6 | 17,2 | 17,7 | 18,2 | 18,8 | 19,3 | 19,9 | 20,5 | 21,0 | 21,6 |
| 0,995 | 22,1 | 22,7 | 23,3 | 23,8 | 24,4 | 25,0 | 25,5 | 26,1 | 26,6 | 27,2 |
| 0,994 | 27,8 | 28,3 | 28,9 | 29,4 | 30,0 | 30,6 | 31,2 | 31,8 | 32,4 | 32,9 |
| 0,993 | 33,5 | 34,1 | 34,7 | 35,3 | 35,8 | 36,4 | 37,0 | 37,6 | 38,2 | 38,8 |
| 0,992 | 39,4 | 39,9 | 40,5 | 41,1 | 41,7 | 42,3 | 42,9 | 43,5 | 44,1 | 44,7 |
| 0,991 | 45,3 | 45,9 | 46,5 | 47,1 | 47,7 | 48,3 | 48,9 | 49,5 | 50,1 | 50,7 |
| 0,990 | 51,3 | 51,9 | 52,5 | 53,2 | 53,8 | 54,4 | 55,0 | 55,6 | 56,2 | 56,8 |
| 0,989 | 57,4 | 58,1 | 58,7 | 59,3 | 59,9 | 60,5 | 61,2 | 61,8 | 62,5 | 63,1 |
| 0,988 | 63,7 | 64,3 | 65,0 | 65,6 | 66,3 | 66,9 | 67,5 | 68,2 | 68,8 | 69,4 |
| 0,987 | 70,0 | 70,7 | 71,3 | 72,0 | 72,6 | 73,3 | 73,9 | 74,6 | 75,2 | 75,9 |
| 0,986 | 76,5 | 77,2 | 77,8 | 78,5 | 79,1 | 79,8 | 80,5 | 81,1 | 81,8 | 82,5 |
| 0,985 | 83,1 | 83,8 | 84,5 | 85,2 | 85,8 | 86,5 | 87,2 | 87,8 | 88,5 | 89,2 |
| 0,984 | 89,9 | 90,6 | 91,2 | 91,9 | 92,6 | 93,3 | 94,0 | 94,7 | 95,3 | 96,0 |
| 0,983 | 96,7 | 97,4 | 98,1 | 98,8 | 99,5 | 100,2 | 100,9 | 101,6 | 102,2 | 102,9 |
| 0,982 | 103,6 | 104,3 | 105,0 | 105,7 | 106,4 | 107,1 | 107,8 | 108,5 | 109,2 | 109,9 |
| 0,981 | 110,7 | 111,4 | 112,1 | 112,8 | 113,5 | 114,2 | 114,9 | 115,7 | 116,4 | 117,1 |
| 0,980 | 117,8 | 118,5 | 119,3 | 120,0 | 120,7 | 121,5 | 122,2 | 122,9 | 123,6 | 124,4 |
| 0,979 | 125,1 | 125,8 | 126,5 | 127,3 | 128,0 | 128,7 | 129,5 | 130,2 | 130,9 | 131,7 |
| 0,978 | 132,4 | 133,1 | 133,9 | 134,6 | 135,3 | 136,1 | 136,7 | 137,5 | 138,2 | 139,0 |
| 0,977 | 139,7 | 140,4 | 141,2 | 141,9 | 142,7 | 143,4 | 144,2 | 144,8 | 145,6 | 146,4 |
| 0,976 | 147,1 | 147,9 | 148,6 | 149,3 | 150,0 | 150,8 | 151,5 | 152,3 | 153,0 | 153,7 |
| 0,975 | 154,5 | 155,2 | 155,9 | 156,7 | 157,4 | 158,1 | 158,9 | 159,6 | 160,3 | 161,1 |
| 0,974 | 161,8 | 162,5 | 163,2 | 164,0 | 164,7 | 165,4 | 166,2 | 166,9 | 167,6 | 168,4 |
| 0,973 | 169,1 | 169,8 | 170,6 | 171,3 | 171,9 | 172,7 | 173,4 | 174,1 | 174,9 | 175,6 |
| 0,972 | 176,3 | 177,0 | 177,7 | 178,5 | 179,2 | 179,9 | 180,6 | 181,3 | 182,0 | 182,7 |
| 0,971 | 183,5 | 184,2 | 184,9 | 185,6 | 186,3 | 187,0 | 187,7 | 188,4 | 189,1 | 189,8 |
| 0,970 | 190,5 | 191,2 | 191,9 | 192,6 | 193,3 | 194,0 | 194,7 | 195,4 | 196,1 | 196,8 |
| 0,969 | 197,5 | 198,2 | 198,9 | 199,6 | 200,3 | 201,0 | 201,6 | 202,3 | 203,0 | 203,7 |
| 0,968 | 204,4 | 205,0 | 205,7 | 206,3 | 207,0 | 207,7 | 208,4 | 209,0 | 209,7 | 210,4 |
| 0,967 | 211,1 | 211,7 | 212,4 | 213,1 | 213,7 | 214,4 | 215,1 | 215,7 | 216,4 | 217,0 |
| 0,966 | 217,7 | 218,4 | 219,0 | 219,7 | 220,3 | 221,0 | 221,7 | 222,3 | 223,0 | 223,6 |
| 0,965 | 224,3 | 224,9 | 225,6 | 226,2 | 226,8 | 227,5 | 228,1 | 228,8 | 229,4 | 230,1 |
| 0,964 | 230,7 | 231,4 | 232,0 | 232,6 | 233,2 | 233,9 | 234,5 | 235,1 | 235,8 | 236,4 |
| 0,963 | 237,0 | 237,6 | 238,2 | 238,9 | 239,5 | 240,1 | 240,7 | 241,3 | 242,0 | 242,6 |
| 0,962 | 243,2 | 243,8 | 244,4 | 245,0 | 245,6 | 246,2 | 246,8 | 247,5 | 248,1 | 248,7 |
| 0,961 | 249,3 | 249,9 | 250,5 | 251,1 | 251,7 | 252,3 | 252,9 | 253,5 | 254,0 | 254,6 |
| 0,960 | 255,2 | 255,8 | 256,4 | 257,0 | 257,6 | 258,2 | 258,8 | 259,4 | 259,9 | 260,5 |
| 0,959 | 261,1 | 261,7 | 262,3 | 262,8 | 263,4 | 264,0 | 264,6 | 265,2 | 265,7 | 266,3 |
| 0,958 | 266,8 | 267,4 | 268,0 | 268,6 | 269,1 | 269,7 | 270,2 | 270,8 | 271,4 | 271,9 |
| 0,957 | 272,5 | 273,1 | 273,6 | 274,2 | 274,7 | 275,3 | 275,9 | 276,4 | 277,0 | 277,5 |
| 0,956 | 278,1 | 278,6 | 279,2 | 279,7 | 280,3 | 280,8 | 281,4 | 281,9 | 282,5 | 283,0 |
| 0,955 | 283,6 | 284,1 | 284,7 | 285,2 | 285,8 | 286,3 | 286,8 | 287,4 | 287,9 | 288,4 |
| 0,954 | 289,0 | 289,5 | 290,1 | 290,6 | 291,1 | 291,6 | 292,1 | 292,7 | 293,2 | 293,7 |
| 0,953 | 294,3 | 294,8 | 295,3 | 295,8 | 296,4 | 296,9 | 297,4 | 297,9 | 298,4 | 299,0 |
| 0,952 | 299,5 | 300,0 | 300,5 | 301,0 | 301,5 | 302,1 | 302,6 | 303,1 | 303,6 | 304,1 |
| 0,951 | 304,6 | 305,1 | 305,6 | 306,2 | 306,7 | 307,2 | 307,7 | 308,2 | 308,7 | 309,2 |
| 0,950 | 309,7 | 310,2 | 310,7 | 311,2 | 311,7 | 312,2 | 312,7 | 313,2 | 313,7 | 314,2 |
| 0,949 | 314,7 | 315,2 | 315,7 | 316,1 | 316,6 | 317,1 | 317,6 | 318,1 | 318,6 | 319,0 |
| 0,948 | 319,5 | 320,0 | 320,5 | 321,0 | 321,5 | 322,0 | 322,4 | 322,9 | 323,4 | 323,9 |
| 0,947 | 324,4 | 324,8 | 325,3 | 325,8 | 326,3 | 326,7 | 327,2 | 327,7 | 328,2 | 328,7 |
| 0,946 | 329,1 | 329,6 | 330,1 | 330,5 | 331,0 | 331,5 | 332,0 | 332,4 | 332,9 | 333,3 |
| 0,945 | 333,8 | 334,3 | 334,7 | 335,2 | 335,7 | 336,1 | 336,6 | 337,1 | 337,5 | 338,0 |

Tabelle 5. *Umrechnung der Gramm Alkohol in 1 l auf den Volumengehalt an Alkohol bei 20° C in Prozenten*

| Gramm Alkohol in 1 l | | Gramm Alkohol in 1 l, Einer | | | | | | | | | |
|---|---|---|---|---|---|---|---|---|---|---|---|
| Hunderter | Zehner | 0 | 1 | 2 | 3 | 4 | 5 | 6 | 7 | 8 | 9 |
| | | | | | Volumengehalt an Alkohol in Prozenten | | | | | | |
| | 0 | 0 | 0,13 | 0,25 | 0,38 | 0,51 | 0,63 | 0,76 | 0,89 | 1,01 | 1,14 |
| | 1 | 1,27 | 1,39 | 1,52 | 1,65 | 1,77 | 1,90 | 2,03 | 2,15 | 2,28 | 2,41 |
| | 2 | 2,53 | 2,66 | 2,79 | 2,91 | 3,04 | 3,17 | 3,29 | 3,42 | 3,55 | 3,67 |
| | 3 | 3,80 | 3,93 | 4,05 | 4,18 | 4,31 | 4,43 | 4,56 | 4,69 | 4,81 | 4,94 |
| | 4 | 5,07 | 5,19 | 5,32 | 5,45 | 5,57 | 5,70 | 5,83 | 5,95 | 6,08 | 6,21 |
| | 5 | 6,33 | 6,46 | 6,59 | 6,71 | 6,84 | 6,97 | 7,09 | 7,22 | 7,35 | 7,49 |
| | 6 | 7,60 | 7,73 | 7,85 | 7,98 | 8,11 | 8,23 | 8,36 | 8,49 | 8,61 | 8,74 |
| | 7 | 8,87 | 8,99 | 9,12 | 9,25 | 9,37 | 9,50 | 9,63 | 9,75 | 9,88 | 10,01 |
| | 8 | 10,13 | 10,26 | 10,39 | 10.51 | 10,64 | 10,77 | 10,89 | 11,02 | 11,15 | 11,27 |
| | 9 | 11,40 | 11,53 | 11,65 | 11,78 | 11,91 | 12,03 | 12,16 | 12,29 | 12,41 | 12,54 |
| 1 | 0 | 12,67 | 12,79 | 12,92 | 13,05 | 13,17 | 13,30 | 13,43 | 13,55 | 13,68 | 13,81 |
| 1 | 1 | 13,93 | 14,06 | 14,19 | 14,31 | 14,44 | 14,57 | 14,69 | 14,82 | 14,95 | 15,07 |
| 1 | 2 | 15,20 | 15,33 | 15,45 | 15,58 | 15,71 | 15,83 | 15,96 | 16,09 | 16,21 | 16,34 |
| 1 | 3 | 16,47 | 16,59 | 16,72 | 16,85 | 16,97 | 17,10 | 17,23 | 17,35 | 17,48 | 17,61 |
| 1 | 4 | 17,73 | 17,86 | 17,99 | 18,11 | 18,24 | 18,37 | 18,49 | 18,62 | 18,75 | 18,87 |
| 1 | 5 | 19,00 | 19,13 | 19,25 | 19,38 | 19,51 | 19,63 | 19,76 | 19,89 | 20,01 | 20,14 |
| 1 | 6 | 20,27 | 20,39 | 20,52 | 20,65 | 20,77 | 20,90 | 21,03 | 21,15 | 21,28 | 21,41 |
| 1 | 7 | 21,53 | 21,66 | 21,79 | 21,91 | 22,04 | 22,17 | 22,29 | 22,42 | 22,55 | 22,68 |
| 1 | 8 | 22,80 | 22,93 | 23,06 | 23,18 | 23,31 | 23,44 | 23,56 | 23,69 | 23,82 | 23,94 |
| 1 | 9 | 24,07 | 24,20 | 24,32 | 24,45 | 24,58 | 24,70 | 24,83 | 24,96 | 25,08 | 25,21 |
| 2 | 0 | 25,34 | 25,46 | 25,59 | 25,72 | 25,84 | 25,97 | 26,10 | 26,22 | 26,35 | 26,48 |
| 2 | 1 | 26,60 | 26,73 | 26,86 | 26,98 | 27,11 | 27,24 | 27,36 | 27,49 | 27,62 | 27,74 |
| 2 | 2 | 27,87 | 28,00 | 28,12 | 28,25 | 28,38 | 28,50 | 28,63 | 28,76 | 28,88 | 29,01 |
| 2 | 3 | 29,14 | 29,26 | 29,39 | 29,52 | 29,64 | 29,77 | 29,90 | 30,02 | 30,15 | 30,28 |
| 2 | 4 | 30,40 | 30,53 | 30,66 | 30,78 | 30,91 | 31,04 | 31,16 | 31,29 | 31,42 | 31,54 |
| 2 | 5 | 31,67 | 31,80 | 31,92 | 32,05 | 32,18 | 32,30 | 32,43 | 32,56 | 32,68 | 32,81 |
| 2 | 6 | 32,94 | 33,06 | 33,19 | 33,32 | 33,44 | 33,57 | 33,70 | 33,82 | 33,95 | 34,08 |
| 2 | 7 | 34,20 | 34,33 | 34,46 | 34,58 | 34,71 | 34,84 | 34,96 | 35,09 | 35,22 | 35,34 |
| 2 | 8 | 35,47 | 35,60 | 35,72 | 35,85 | 35,98 | 36,10 | 36,23 | 36,36 | 36,48 | 36,61 |
| 2 | 9 | 36,74 | 36,86 | 36,99 | 37,12 | 37,24 | 37,37 | 37,50 | 37,62 | 37,75 | 37,88 |
| 3 | 0 | 38,00 | 38,13 | 38,26 | 38,38 | 38,51 | 38,64 | 38,76 | 38,89 | 39,02 | 39,14 |
| 3 | 1 | 39,27 | 39,40 | 39,52 | 39,65 | 39,78 | 39,90 | 40,03 | 40,16 | 40,28 | 40,41 |
| 3 | 2 | 40,54 | 40,66 | 40,79 | 40,92 | 41,04 | 41,17 | 41,30 | 41,42 | 41,55 | 41,68 |
| 3 | 3 | 41,80 | 41,93 | 42,06 | 42,18 | 42,31 | 42,44 | 42,56 | 42,69 | 42,82 | |

*Einschalttabelle zu Tabelle 5*

| Gramm Alkohol in 1 l Dezimale | Volumengehalt an Alkohol in Prozenten | Gramm Alkohol in 1 l Dezimale | Volumengehalt an Alkohol in Prozenten | Gramm Alkohol in 1 l Dezimale | Volumengehalt an Alkohol in Prozenten |
|---|---|---|---|---|---|
| 0,1 | 0,01 | 0,4 | 0,05 | 0,7 | 0,09 |
| 0,2 | 0,03 | 0,5 | 0,06 | 0,8 | 0,10 |
| 0,3 | 0,04 | 0,6 | 0,08 | 0,9 | 0,11 |

abweichende Refraktion der Weinextraktstoffe die Berechnung praktisch nicht mehr beeinflußt. In diesen Fällen erreicht die Genauigkeit der refraktometrischen Alkohol- und Extraktbestimmung diejenige der Destillationsmethode. Für die *serienmäßige* Bestimmung des Alkohol- und Extraktgehaltes von Dessertweinen,

Wermutweinen u. ähnl. kann diese Methode deshalb empfohlen werden. Für exakte Analysen ist jedoch nach wie vor das Destillationsverfahren als das genaueste vorzuziehen.

### c) Aräometrie

Die aräometrischen Bestimmungsverfahren beruhen darauf, daß eine bestimmte Weinmenge destilliert und auf die Ausgangsmenge wieder aufgefüllt wird. In dem Destillat wird mittels empfindlicher Aräometer oder mit der hydrostatischen Waage das Gewichtsverhältnis bestimmt und hieraus der Alkoholgehalt errechnet.

Diese Bestimmungsmethode ist jedoch mit Fehlern behaftet, wie z. B. Ausdehnung des Glases und Temperaturabhängigkeit der Oberflächenspannung.

### d) Chemisches Verfahren

Die chemische Alkoholbestimmungsmethode ist den schwach alkoholischen Flüssigkeiten (unter 5%) vorbehalten, sowie jenen Fällen, in denen man nur über ein geringes Probenvolumen verfügt. Das Verfahren beruht auf der Oxydation des Alkohols in schwefelsaurem Milieu mit Kaliumbichromat zu Essigsäure. Die Umsetzung erfolgt nach der Gleichung: $2\,K_2Cr_2O_7 + 8\,H_2SO_4 + 3\,C_2H_5OH \rightarrow 3\,CH_3COOH + 2\,Cr_2(SO_4)_3 + 2\,K_2SO_4 + 11\,H_2O$.

### e) Gaschromatographisches Verfahren

In neuerer Zeit wurden Arbeiten von R. J. BOUTHILET u. Mitarb. (1961) und R. L. MORRISON (1961) über die gaschromatographische Bestimmung von Äthanol veröffentlicht. Danach läßt sich Äthanol in Wein und Spirituosen einfach und rasch bestimmen.

BOUTHILET u. Mitarb. gehen von 20 ml einer Weinprobe aus, denen 3 ml Aceton p. a. hinzugefügt wurden. Von dieser Mischung wurde 1 $\mu$l zur gaschromatischen Analyse entnommen. Die erhaltenen Peaks der Fraktogramme wurden unter Zuhilfenahme eines dem Gaschromatographen angeschlossenen Disc-Integrators ausgewertet. Folgende technische Daten wurden angegeben: Kolonne 6 ft, $^1/_4$ inch $\varnothing$; Phase 20% Carbowax 20 M; Trägergas 20 ml Helium/min; Temp. 115—120° C; Detektorstrom 250 mA.

Ein neueres Verfahren stammt von O. L. HOLLIS (1966). Danach bewährt sich das sog. Porapak® besonders gut zur gaschromatographischen Bestimmung von Alkoholen. Porapak® wird durch Polymerisation von Styrol mit Divinylbenzol hergestellt und besteht aus porösen Kügelchen, die ähnlich wie bei der Gelfiltration wirken. Die Beschichtung mit einer flüssigen Phase entfällt demnach. Die Proben werden direkt, ohne vorherige Extraktion, in den Gaschromatographen injiziert. Versuche zur Bestimmung von Methanol und Äthanol mit Porapak® führten zu zufriedenstellenden Ergebnissen.

Die gaschromatographische Alkoholbestimmung dürfte in Zukunft an Bedeutung gewinnen.

### f) Enzymatisches Verfahren

Nach einer Veröffentlichung von H. TANNER u. E. M. BRUNNER (1964) hat namentlich bei sehr geringen Alkoholgehalten, bei denen die Destillationsmethode versagt, die enzymatische Bestimmung gute Dienste geleistet. Folgende Arbeitsweise hat sich nach einer von M. E. BRUNNER, H. RENTSCHLER u. H. TANNER gemachten Mitteilung bewährt (vgl. auch H. U. BERGMEYER 1962):

*Prinzip:*
Unter der Einwirkung des Enzyms Alkohol-Dehydrogenase (ADH) wird eine wasserstoffübertragende Reaktion katalysiert.

$$CH_3CH_2OH + DPN_{ox} \overset{ADH}{\rightleftharpoons} CH_3CHO + DPNH_{red}$$

Gleichzeitig mit der Überführung des Alkohols in Acetaldehyd wird das Coferment hydriert. Um diesen Reaktionsablauf zu sichern, ist es nötig, in alkalischem Milieu (Pufferlösung) mit Fermentüberschuß und einem Aldehydfänger (Semicarbazid) zu arbeiten. DPN als Wasserstoffakzeptor ermöglicht die quantitative Erfassung der Reaktion, da sich $DPN_{ox}$ durch seine Absorption im UV-Licht von $DPN_{red}$ unterscheidet. $DPN_{ox}$ besitzt bei 340 nm keine Lichtauslöschung, während $DPN_{red}$ eine starke Absorption verursacht. Der Anstieg der Extinktion ist dem entstehenden $DPN_{red}$ bzw. dem eingesetzten Äthanol proportional. Die Messungen erfolgen mittels eines Spektralphotometers bei einer Wellenlänge von 340 nm.

Der der gemessenen Lichtabsorption entsprechende Alkoholgehalt läßt sich einer Eichkurve entnehmen.

*Geräte und Hilfsmittel:*

Beckmann-Spektralphotometer DB oder ähnliches Fabrikat, Messungen im Bereich von 340 nm zulassend.

Quarzküvetten (nicht unbedingt erforderlich, jedoch empfehlenswert), 1 cm Schichtdicke.

Thermostat, einstellbar auf 25° C.

Stabpipetten mit langausgezogener Spitze, nicht bis zum Ende graduiert, à 0,1 und 0,2 ml.

*Reagentien:*

Pufferlösung: 10 g Natriumpyrophosphat ($Na_4P_2O_7$ + 10 $H_2O$ p. a. Merck) + 2,5 g Semicarbazidhydrochlorid + 0,5 g Glykokoll (nach Soerensen) werden in einem 300 ml Meßkolben nacheinander in 250 ml bidest. Wasser *vollständig* gelöst. Hierauf erfolgt ein Zusatz von 10 ml 2 n-NaOH, worauf mit bidest. Wasser zur Marke aufgefüllt wird. Das pH dieser Pufferlösung soll ca. 8,7 betragen. Wasser und Pufferlösung sollen nicht während längerer Zeit offen stehengelassen werden. — Die Pufferlösung ist im Kühlschrank während 14 Tagen haltbar.

Diphosphorpyridinnucleotid

$C_{21}H_{27}O_{14}N_7P_2$, Mol.-Gew. 663 (C. F. Boehringer & Söhne, Mannheim).

Als Trockensubstanz während vieler Monate haltbar.

DPN-Pufferlösung:

120 mg DPN werden in der Pufferlösung (300 ml) aufgelöst.

Diese Lösung ist im Kühlschrank aufbewahrt während 14 Tagen haltbar.

Suspension von Alkoholdehydrogenase (ADH) (C.F. Böhringer & Söhne, Mannheim).

Dieses Enzym ist relativ thermolabil und soll bei 0 bis + 4° C gelagert werden. Die Garantiedauer des Enzyms ist auf den Flaschen vermerkt. Vor Gebrauch ist die Suspension vorsichtig zu schütteln.

*Durchführung der Bestimmung:*

Je 9 ml DPN-Pufferlösung werden mit 0,03 ml ADH-Suspension vermischt. Für die Messung werden nun zu dieser Lösung 0,12 ml der alkoholhaltigen Getränkeprobe zugemischt. Die Küvetten sind mit dieser Mischung einmal vorzuspülen. Im Falle der Nullprobe wird die Getränkeprobe durch 0,12 ml bidest. Wasser ersetzt.

Der Versuchsansatz wird während 75—90 min bei einer konstanten Temperatur von 25° C belassen. Anschließend wird die Nullprobe bei 340 nm gegen bidest. Wasser gemessen (die Extinktion soll nicht über 0,1 Einheiten liegen). Hierauf werden sämtliche Proben gegen die Nullprobe ausgemessen.

*Eichkurve:*

10,0000 g abs. Alkohol (Merck p. a.) werden in einen 100 ml-Meßkolben eingewogen und mit bidest. Wasser zur Marke aufgefüllt. Diese genau 10%ige Lösung wird in gleicher Weise zu einer 1%igen Lösung verdünnt. Die 1%ige Lösung dient zur Erstellung einer Eichkurve für die Konzentrationen von 0,1—1$^0/_{00}$ Äthanol. Innerhalb dieses Konzentrationsbereiches ergeben die Extinktionswerte eine Gerade.

*Berechnung des Alkoholgehaltes:*

Anhand der Eichkurve werden die den ermittelten Extinktionen entsprechenden Äthanolgehalte ermittelt und in Vol.-% mit 2 Dezimalen angegeben.

*Bemerkungen:*

Die Reagentienflaschen sind nach dem Gebrauch sofort zu verschließen (ein allfälliger Alkohol- oder Aldehydgehalt der Luft kann zu einer erhöhten Extinktion des Blindwertes führen).

Das bidest. Wasser soll mittels Quarzgefäßen bereitet und auch in solchen Gefäßen gelagert werden.

Für die Reinigung der Glasgeräte soll *nie* Alkohol verwendet werden.

Glasgeräte sind mit einer Lösung, bestehend aus konz. $H_2SO_4$ + 0,5% $NaNO_3$ + 0,5% NaCl, über Nacht stehen zu lassen (Aufwärmen auf 90° C). Anschließend ist mit dest. Wasser und hierauf mit bidest. Wasser mehrmals zu spülen. Die in Filterpapier eingewickelten Glasgefäße sind im Trockenschrank zu trocknen.

Die Küvetten sind mit einem weichen Lederlappen zu polieren.

# 2. Bestimmung des Methanols

## a) Verfahren nach Rebelein

Der folgenden Bestimmungsmethode, die von der „Analysenkommission" des Bundesgesundheitsamtes zur Ergänzung der „Allgemeinen Verwaltungsvorschrift" vorgeschlagen wurde, liegt die Arbeit von E. BREMANIS (1951) zugrunde. Sie wurde von H. REBELEIN (1965) in einzelnen Punkten abgeändert und den bei Wein vorliegenden besonderen Verhältnissen angeglichen:

*Prinzip:*

Die zu untersuchende Flüssigkeit wird zunächst durch Erhitzen mit alkalischer Silbernitratlösung von Aldehyden und Terpenen befreit. Sodann wird das Methanol mit Kaliumpermanganat in saurer Lösung zu Formaldehyd oxydiert. Dieser gibt mit Chromotropsäure und konzentrierter Schwefelsäure eine Färbung, deren Intensität gemessen wird.

*Reagentien:*

Kaliumpermanganat-Phosphorsäurelösung:

1. 52,6667 g Kaliumpermanganat p. a. werden in heißem Wasser gelöst. Nach dem Erkalten wird mit Wasser auf 1 l aufgefüllt. (Lösung A)

2. Etwa 200 g konzentrierte Orthophosphorsäure p. a. werden mit Wasser zu 1 l verdünnt. 10 ml dieser Lösung werden mit n-Natronlauge titriert (Indikator:Phenolphthalein). Durch Zusatz von Wasser oder Phosphorsäure wird die Phosphorsäurelösung so eingestellt, daß auf 10 ml der Lösung 30 ml n-Lauge verbraucht werden. (Lösung B)

3. Bei Bedarf werden 60 ml Lösung A in einem 100 ml Meßkolben mit Lösung B bis zur Marke aufgefüllt.

Oxalsäure-Schwefelsäurelösung: 15,75 g Oxalsäure p. a. ($H_2C_2O_4 \cdot 2\,H_2O$) und 25 g konz. Schwefelsäure p. a. werden in Wasser gelöst. Die Lösung wird auf 250 ml aufgefüllt.

Chromotropsäurelösung: 300 mg Chromotropsäure p. a. werden in 20 ml Wasser gelöst. Die Lösung muß jeweils unmittelbar vor dem Gebrauch frisch hergestellt werden.

Konz. Schwefelsäure 96 Gew.-%: Es ist zweckmäßig, die zur Äpfelsäurebestimmung nach Nr. D. VII. 1. benötigte Schwefelsäure zu verwenden.

25 vol.-%iger Alkohol, hergestellt aus Alkohol p. a.

n-Silbernitratlösung

30%ige Kalilauge.

*Geräte und Hilfsmittel:*

Elektrophotometer (z. B. ELKO III mit Filter S 57 E)

Küvetten, 10 mm Schichtdicke

Thermostaten, eingestellt auf 20° C und 60° C

Destillationsapparatur mit Schlangenkühler NS 29

Spezialbürette zum Abmessen der konzentrierten Schwefelsäure (vgl. Abb. 7 [S. 392] zur Äpfelsäurebestimmung)

Bürette mit 0,05 ml Einteilung

Weithalsreagensgläser mit Schliffstopfen.

*Durchführung der Bestimmung:*

Bezeichnet man den Alkoholgehalt der zu untersuchenden Flüssigkeit, in Volumenprozenten ausgedrückt, mit a, so werden $\dfrac{250\ ml}{a}$ des bei der Bestimmung des Alkohols nach Abschnitt D. II. 1. a) erhaltenen Destillats aus einer geeigneten Bürette in einen Schliffkolben abgemessen und mit dest. Wasser zu etwa 48 ml ergänzt. Man fügt 1 ml n-Silbernitratlösung und 0,5 ml 30%ige Kalilauge sowie einige Siedesteinchen hinzu, schließt an einen Rückflußkühler (Schlangenkühler) an und kocht 30 min lang. Nach dem Abkühlen wird der Schlangenkühler von oben mehrmals mit insgesamt 10 ml Wasser ausgespült, um die letzten Reste von Alkohol in den Schliffkolben zurückzuführen. Dieser wird nun an die Destillationsapparatur angeschlossen und der Inhalt in ein 50 ml-Meßkölbchen langsam abdestilliert. Das Destillat wird bei 20° C mit Wasser auf 50 ml aufgefüllt. Die so erhaltene Lösung enthält dann genau 5 Vol.-% Alkohol. 2 ml dieses Destillats werden in einem mit Schliffstopfen versehenen, 10 ml fassenden graduierten, weithalsigen Schüttelzylinder mit 5 ml Kaliumpermanganat-Phosphorsäurelösung kräftig geschüttelt (Stopfen lüften), nach 15 min langem Stehen mit 2 ml Oxalsäure-Schwefelsäurelösung versetzt und wieder rasch durchgeschüttelt. Wegen der starken Entwicklung von Kohlendioxid wird der Stopfen sofort nach dem Umschütteln gelüftet und nur lose aufgesetzt. Nach etwa 15 min ist die Lösung vollkommen farblos und klar. Sollte ein geringer Mangandioxidniederschlag noch ungelöst sein, so wird der Schüttelzylinder fest verschlossen, ein- bis zweimal vorsichtig durchgemischt und der Stopfen wieder gelüftet.

Um das gelöste Kohlendioxid in Freiheit zu setzen, wird nun kräftig geschüttelt und der Stopfen sofort gelüftet. Die Entfernung der Hauptmenge des Kohlendioxids ist notwendig, um die Reaktionslösung genau abmessen zu können.

Erst jetzt wird die Chromotropsäurelösung hergestellt.

1 ml der Reaktionslösung wird in ein weithalsiges Reagensglas mit Schliffstopfen gebracht und mit 1 ml Chromotropsäurelösung versetzt. Durch Umschwenken wird gemischt. 10 ml der etwa 96 gew.-%igen Schwefelsäure werden langsam zugegeben. Man benutzt hierfür zweckmäßigerweise die Spezialbürette. Nach Aufsetzen des Stopfens mischt man durch Auf- und Abwärtsschütteln vorsichtig, wobei der Verschluß nach oben zu halten und darauf zu achten ist, daß die Flüssigkeit den Schliff nicht benetzt. Unmittelbar danach wird das Reagensglas im Thermostaten 20 min lang auf 60° C erwärmt und anschließend rasch auf etwa 20° C abgekühlt. Die Messung erfolgt in einer Küvette von 10 mm Schichtdicke bei 570 nm gegen Luft.

Aus der nach folgender Vorschrift aufgestellten Eichkurve werden die der gemessenen Extinktion entsprechenden $\mu$g Methanol entnommen, die in den angewandten 0,22 ml enthalten sind.

*Aufstellung der Eichkurve:*

In einem mit Wasser beschickten und genau gewogenen Jodzahlkolben läßt man 1 ml Methanol p. a. einlaufen. Nach sofortigem Aufsetzen des Stopfens und Umschwenken wird die Methanolmenge durch Differenzwägung genau bestimmt. Die Lösung wird sodann quantitativ in einen 1000 ml-Meßkolben übergeführt und mit Wasser zur Marke aufgefüllt. Je 5, 10, 15, 20 und 25 ml dieser Grundlösung werden unter Zusatz von je 10 ml 25 vol.-%igem Alkohol bei 20° C in einen 50 ml-Meßkolben mit Wasser bis zur Marke aufgefüllt. Mit je 2 ml dieser Verdünnungen wird die oben beschriebene Reaktion angestellt. Die erhaltenen Extinktionswerte, gegen die den angewandten 0,22 ml der Verdünnungen entsprechenden Methanolwerte aufgetragen, ergeben eine Gerade, die nicht im Nullpunkt endet. Die in die Eichkurve einzutragenden Methanolwerte ($\mu$g) der Verdünnungen erhält man, wenn man die in mg ausgedrückte Einwaage an Methanol durch 100 teilt und mit 2, 4, 6, 8 und 10 multipliziert. Durch einen Blindversuch (10 ml 25 vol.-%igen Alkohol mit Wasser in einem 50 ml-Meßkölbchen bis zur Marke auffüllen) überzeugt man sich, daß der verwendete Alkohol gegen Luft keine höhere Extinktion als 0.08—0.09 ergibt.

*Berechnung:*

Die in 1 l der zu untersuchenden Flüssigkeit enthaltene Menge Methanol (mg/l) ergibt sich durch Multiplikation der aus der Eichkurve entnommenen $\mu$g Methanol mit dem Alkoholgehalt der untersuchten Flüssigkeit. Der Methanolgehalt ist in g/l mit 2 Dezimalstellen anzugeben.

*Bemerkung:*

Bei Brennweinen und Branntweinen kann auch das zur Bestimmung der höheren Alkohole von störenden Aldehyden befreite Destillat verwendet werden. Aus diesem erhält man die erforderliche 5 vol.-%ige Verdünnung, wenn man 5 ml des Destillats mit 25 ml Wasser mischt. 2 ml dieser Verdünnung entsprechen 2 ml des nach der vorhergehenden Vorschrift erhaltenen Destillats. Die Berechnung des Methanolgehaltes wird wie unter „Berechnung" durchgeführt.

### b) Gaschromatographisches Verfahren

Die gaschromatographische Bestimmung des Methanols bietet gegenüber der colorimetrischen Methode die Vorteile der größeren Schnelligkeit und der größeren Genauigkeit. Sie ist außerdem auch in den Fällen anwendbar, wo die colorimetrische Methode versagt (Wodka). G. E. Martin u. Mitarb. (1963) wählten folgende Versuchsbedingungen: Gaschromatograph Modell F & M 609 mit Flammenionisationsdetektor. Trennsäule: 0,6 × 855 cm, davon 610 cm gefüllt mit 5% Carbowax 20 M auf Haloport F und 245 cm gefüllt mit 5% Carbowax 20 M auf Gas Chrom P (60—80 mesh). Säulentemperatur: 60° C.

Einspritzblock: 110° C. Trägergas: Helium, 75 ml/min.

Probenmenge $^1/_2$ $\mu$l. Probe und Standardlösungen (Methanol in Alkohol) wurde als innerer Standard Butanol zugesetzt.

Vergleichsanalysen zwischen dem gaschromatographischen und colorimetrischen Verfahren zeigten gute Übereinstimmung im Bereich zwischen 0,03—0,09 Vol.-%. Bei darunter oder darüber liegenden Mengen wurden colorimetrisch niedrigere Werte erhalten.

## 3. Bestimmung der höheren Alkohole

### a) Colorimetrische Methoden

Unter höheren Alkoholen versteht man hier die Summe der Alkohole mit einer Kohlenstoffzahl von größer als 2. Die Bestimmung erfolgt aufgrund ihrer Farbreaktion mit aromatischen Aldehyden in Gegenwart von konz. Schwefelsäure.

Auch aliphatische Aldehyde und Äthanol selbst gehen in gewissem Rahmen in die Reaktion ein. Daher ist die Eliminierung der im Destillat enthaltenen Aldehyde und die Einstellung auf eine konstante Äthanolkonzentration von 30 Vol.-% erforderlich. Daneben ist allgemein zu berücksichtigen, daß durch die Behandlung mit heißer Schwefelsäure die Ester gespalten werden, so daß auch die esterförmig gebundenen höheren Alkohole miterfaßt werden.

### α) Herstellung eines 30 vol.-%igen Destillats

Nach der „Allgemeinen Verwaltungsvorschrift" von 1960 verfährt man folgendermaßen: $\frac{6000}{a}$ ml der zu untersuchenden Flüssigkeit (a = Alkoholgehalt in Vol.-%) werden in einem Meßzylinder bei 20° C abgemessen und in einen Destillierkolben von 1000 ml Inhalt umgegossen. Den Zylinder spült man einmal mit 5 ml Wasser nach. Dann wird der Destillierkolben unter Verwendung von Glasschliffverbindungen und unter Ausschluß jeglicher Gummischlauchverbindung über einen Destillieraufsatz von ca. 20 cm Höhe mit einem Schlangenkühler verbunden und die Destillation unter Verwendung einer elektrisch beheizten Pilzhaube mit regelbarer Schaltung durchgeführt. Hierbei ist wichtig, daß die Stromzufuhr an der tiefsten Stelle der Pilzheizhaube erfolgt. Es wird zunächst vorsichtig, dann stärker erhitzt, bis der vorgelegte Meßkolben von 200 ml Inhalt fast bis zur Marke mit Destillat gefüllt ist. Schließlich füllt man mit Wasser bei 20° C zur Marke auf und mischt den Inhalt.

100 ml dieses Destillats werden zur Beseitigung von Aldehyden und Terpenen mit 2 ml n-Silbernitratlösung und 1 ml 30%iger Kalilauge $^{1}/_{2}$ Std am Rückflußkühler auf dem Wasserbad erhitzt und dann über freier Flamme abdestilliert. Das Destillat wird bei 20° C mit Wasser auf 100 ml aufgefüllt.

### β) Bestimmung nach der amtlichen Methode

Gemäß der „Allgemeinen Verwaltungsvorschrift" fährt man folgendermaßen fort:

*Reagentien:*

Salicylaldehydlösung: 1 g reinster Salicylaldehyd wird in reinem, fuselölfreiem Alkohol zu 100 ml gelöst. Der Alkohol darf für sich im Blindversuch mit Salicylaldehyd und Schwefelsäure keine Rotfärbung geben.

Schwefelsäure konz.

Vergleichslösung: 0,8 ml reiner i-Amylalkohol und 0,2 ml reines i-Butanol werden in reinem, fuselölfreiem Alkohol von 30 Vol.-% zu 100 ml gelöst. Hiervon werden 61 ml mit 30 vol.-%igem Alkohol zu 1 l verdünnt. Diese Vergleichslösung enthält dann 2,03 ml höhere Alkohole in 1 l absoluten Alkohol.

(i-Amylalkohol und i-Butanol sind vorher unter Vor- und Nachlaufabscheidung zu destillieren).

62 gew.-%ige Schwefelsäure, hergestellt aus gleichen Volumina Wasser und Schwefelsäure der Dichte 1,84.

*Durchführung der Bestimmung:*

5 ml des von Aldehyden und Terpenen nach a) befreiten Destillats werden in einem 100 ml Erlenmeyerkolben mit 2,5 ml einer 1%igen Lösung von reinstem Salicylaldehyd in reinem, fuselölfreiem Alkohol und 2,5 ml Wasser versetzt. Dann läßt man bei geneigter Stellung des Kölbchens 20 ml reine konz. Schwefelsäure zufließen und schwenkt sorgfältig um. Die Flüssigkeit erwärmt sich stark und nimmt bald eine violett-rote Färbung an, die allmählich zunimmt.

Gleichzeitig mit dem Destillat wird in genau gleicher Weise die Vergleichslösung angesetzt.

45 min nach Zusatz der Schwefelsäure haben sich die Mischungen nahezu auf Zimmertemperatur abgekühlt. Man verdünnt sie nun mit je 50 ml Schwefelsäure von etwa 62 Gew.-% und vergleicht unmittelbar anschließend die Farbstärken in einem Kolorimeter. Wenn weitere Verdünnung einer Lösung erwünscht ist, kann sie mit der gleichen Schwefelsäure vorgenommen werden. Bei jeder Reihe von Bestimmungen muß eine Vergleichsprobe mit angesetzt werden, da die Lösungen nicht längere Zeit haltbar sind. Die Reihenversuche sind in Gefäßen von der gleichen Form und Größe durchzuführen, weil die Farbstärke wesentlich von der Höhe der Temperatur und der Dauer der Erhitzung abhängt. Aus diesem Grunde ist es auch unstatthaft, vor der Zeit künstlich abzukühlen.

*Berechnung:*

Wurden am Kolorimeter für die Vergleichslösung a Teilstriche, für die zu untersuchende Lösung b Teilstriche abgelesen, so enthält das Destillat $x = \frac{2\,a}{b}$ ml höhere Alkohole, berechnet auf 1 l absol. Alkohol. Bei Verdünnung der Vergleichslösung auf die n-fache Menge oder der zu untersuchenden Lösung auf die m-fache Menge, ist das Ergebnis durch n zu teilen bzw. mit m malzunehmen.

Der Gehalt an höheren Alkoholen ist in ml/l absol. Alkohol anzugeben.

*Bemerkung:*

Das Ansetzen einer Vergleichslösung entfällt, wenn die Messung mit einem lichtelektrischen Photometer durchgeführt wird. In diesem Fall ist es erforderlich, eine Eichkurve aufzustellen, die dann auch der Berechnung zugrunde zu legen ist.

Da die einzelnen höheren Alkohole mit Salicylaldehyd unterschiedliche Farbintensitäten liefern, ergibt diese Methode bestenfalls reproduzierbare, aber keine echten Werte, es sei denn, daß das Verhältnis i-Amylalkohol:i-Butanol effektiv 4:1 beträgt. Wie u. a. B. BLEYER u. Mitarb. (1933) sowie J. KOCH u. D. HESS (1966) nachwiesen, sind die Unterschiede der molaren Farbintensitäten bei Verwendung von p-Dimethylaminobenzaldehyd wesentlich geringer als bei Verwendung von Salicylaldehyd. Auch C.S. BORUFF (1961) und H. BURMEISTER (1962) halten das erstgenannte Reagens zur Bestimmung der höheren Alkohole für geeignet. Die Entfernung der störenden Aldehyde ist nach D. PLÖTTNER (1961) mit m-Phenylendiamin, nach H. BURMEISTER nach ihrer Bindung an schweflige Säure mit stark basischem Ionenaustauscher besser möglich als mit alkalischer Silbernitratlösung.

### γ) Verfahren nach Koch-Hess

Aufgrund eingehender vergleichender Untersuchungen schlagen J. KOCH u. D. HESS (1966) folgende Methode vor:

*Reagentien:*

m-Phenylendiaminhydrochlorid

30%ige Kalilauge

p-Dimethylaminobenzaldehydlösung: 1 g Reagens wird in einer Mischung von 5 ml konz. Schwefelsäure in 90 ml Wasser gelöst und mit Wasser zu 100 ml aufgefüllt (jeweils frisch ansetzen)

Schwefelsäure konz. p. a.

Fuselöl-Testgemisch: 0,2 g i-Butanol und 0,8 g i-Pentanol werden mit 30 vol.-%igem gereinigtem Alkohol zu 100 ml aufgefüllt.

Äthanol gereinigt: 1 l Äthanol wird $^1/_2$ Std mit 5 g m-Phenylendiaminhydrochlorid am Rückfluß gekocht, dann abdestilliert, wobei die ersten und letzten 250 ml verworfen werden.

*Durchführung der Bestimmung:*

100 ml des nach a) erhaltenen Rohdestillats werden $^1/_2$ Std am Rückfluß mit 0,5 g m-Phenylendiaminhydrochlorid gekocht, weitgehend abdestilliert, $^1/_2$ Std mit 1 ml 30%iger Kalilauge am Rückfluß verseift, wieder abdestilliert und in einem Meßkolben auf 100 ml aufgefüllt.

Man pipettiert 2 ml hiervon (evtl. nach entsprechender Verdünnung mit gereinigtem 30 vol.-%igem Äthanol) bzw. 2 ml gereinigten 30 vol.-%igen Alkohol in 15 × 150 mm-Reagensgläser mit Schliffstopfen. Diese werden in einem Gestell in ein Eisbad gestellt.

Dann pipettiert man je 1 ml 1%ige Dimethylaminobenzaldehydlösung in jedes Glas, schüttelt um und stellt sie wieder für 3 min in das Eisbad. In die Reagensgläser gibt man, unter weiterer Kühlung im Eisbad, je 10 ml eiskalte konz. Schwefelsäure aus einer Bürette, schüttelt um und beläßt sie weitere 3 min im Eisbad. Nun stellt man sie genau 20 min lang in ein kochendes Wasserbad, dann wieder 3—5 min ins Eisbad und schließlich in ein Wasserbad von 20° C. Die Messung erfolgt in einem Spektralphotometer bei 540 nm gegen die Blindlösung, die Auswertung erfolgt anhand einer entsprechend aufgestellten Eichkurve.

*Bemerkung:*

Die Eliminierung der Aldehyde aus der Untersuchungslösung und dem zu reinigenden Alkohol kann auch nach H. BURMEISTER (1962) erfolgen.

Auch die Methode KOCH-HESS ist eine Konventionsmethode, die zwar reproduzierbar arbeitet, jedoch keine absol. Werte liefert (priv. Mitt.). Differenzen zum echten Gehalt an höheren Alkoholen von ± 10—20% sind möglich.

### b) Gaschromatographisches Verfahren

Auf dem Gebiete der gaschromatographischen Fuselölbestimmung sind zahlreiche Veröffentlichungen erschienen, auf die hier nicht näher eingegangen werden kann. Auf die Literaturzitate der Arbeiten von R.J. BOUTHILET u. W. LOWREY (1959), E. SITHO u. Mitarb. (1962), L. NYKÄNEN u. H. SUOMALEINEN (1963), G.E. MARTIN u. Mitarb. (1963), H. PFENNINGER (1963), B. DREWS u. H. SPECHT (1963), F. DRAWERT u. A. RAPP (1964), A.D. WEBB (1964), F. DRAWERT u. A. RAPP (1965), D.D. SINGER u. J.W. STILES (1965), F. PRILLINGER u. H. HOR-WARTISCH (1966), R.E.B. DUNCAN u. J.M. PHILP (1966) sei deshalb nur kurz hingewiesen.

Nach J. KOCH u. R. MARQUENIE (unveröff.) hat sich folgende Arbeitsweise bewährt:

*Meßanordnung:*
F. und M. 609 mit Flammenionisationsdetektor.
Trennsäule: 3 m lang, 3 mm ⌀, 20% Carbowax 20 M auf Chromosorb WS 60/80 mesh.
Temperaturen: Säule: 75—220° C programmiert mit 4,6° C/min; Einspritz- und Ditektor-block: 220° C; Trägergas: 30 N ml Argon/min; Brenngas: 15—20 N ml Wasserstoff/min mit etwa der zehnfachen Menge Preßluft; Schreiber: Empfindlichkeit 100/8, Papiernachschub $^{1}/_{4}$ Zoll/min.
Testlösung: 2,5 $\mu$l n-Propanol, 5 $\mu$l i-Butanol, 1,0 $\mu$l n-Butanol, 10,0 $\mu$l i-Pentanol und 1,0 $\mu$l n-Hexanol in 23 vol.-%igem Äthanol.

*Durchführung der Bestimmung:*
20 $\mu$l der zu untersuchenden Flüssigkeit, vornehmlich Brennwein, Weinbrand, Weinbrandverschnitt oder Weindestillat, werden in den Gaschromatographen direkt injiziert. Die Auswertung der Peakhöhen der einzelnen Substanzen erfolgt im Vergleich mit den Peakhöhen der Testlösung und unter Berücksichtigung der eingesetzten Mengen. Es empfiehlt sich, wenigstens einmal täglich die Testlösung mitlaufen zu lassen.

Eine Abtrennung der höheren Alkohole durch eine Extraktion analog wie bei den höheren Estern ist nicht zu empfehlen, da je nach den Extraktionsbedingungen und je nach der Intensität des Auswaschens des Alkohols mit Wasser unterschiedliche Mengen an höheren Alkoholen verloren gehen. Andererseits enthalten Wein- und Brennwein wesentlich größere Mengen an höheren Alkoholen als an höheren Estern, so daß eine Extraktion auch nicht erforderlich ist.

## 4. Bestimmung der Ester

### a) Gesamtester

Die flüchtigen Ester werden durch alkalische Verseifung und acidimetrische Titration der unverbrauchten Lauge bestimmt.
Gemäß der „Allgemeinen Verwaltungsvorschrift" verfährt man hierbei wie folgt:

*Reagentien:*
0,1 n-Kalilauge
0,1 n-Schwefelsäure
1%ige Phenolphthaleinlösung.

*Durchführung der Bestimmung:*
In einem Kolben aus einem durch Alkalien schwer angreifbaren Geräteglas wird zu 50 ml des nach 3. a) gewonnenen Rohdestillats nach Zusatz von 1 Tropfen Phenolphthaleinlösung so lange tropfenweise 0,1 n-Kalilauge zugegeben, bis schwache Rosafärbung auftritt. Dann fügt man noch genau 15 ml 0,1 n-Lauge hinzu und erhitzt den Inhalt des Kolbens unter Verwendung eines Rückflußkühlers 1 Std lang zum schwachen Sieden. Nach dem Abkühlen wird die Flüssigkeit in dem Kolben mit 0,1 n-Schwefelsäure titriert, bis die rote Färbung gerade verschwindet.

*Berechnung:*
Wurden a ml 0,1 n-Schwefelsäure verbraucht, so enthält das Destillat:
x = (15 — a) · 0,587 g flüchtige Ester, berechnet als Essigsäureäthylester, in 1 l absol. Alkohol. Der Gehalt an flüchtigen Estern ist, als Essigsäureäthylester berechnet, in Gramm in 1 l mit 2 Dezimalstellen anzugeben.

Wie Untersuchungen von J. KOCH u. D. HESS (unveröff.) gezeigt haben, ist diese Methode relativ störanfällig. Danach muß zumindest ein Blindwert für den Laugenverbrauch durch den Kolben selbst ermittelt werden. Hierzu behandelt man 50 ml 30 vol.-%igen Alkohol wie oben angegeben in dem gleichen Verseifungskolben und titriert nach dem Abkühlen die nicht verbrauchte Lauge mit 0,1 n-Schwefelsäure zurück.

Wenn hierzu b ml 0,1 n-Schwefelsäure benötigt wurden, so ist obige Berechnung wie folgt abzuändern:

$(b - a) \cdot 0{,}587 = g$ flüchtige Ester in 1 l absol. Alkohol (berechnet als Essigsäureäthylester).

P. Ribéreau-Gayon (1964) *schlägt folgende gaschromatographische Methode zur Bestimmung des Essigsäureäthylesters vor:* Von 100 ml Wein werden 20 ml abdestilliert. Hiervon injiziert man 40 $\mu$l in den Gaschromatographen Perkin Elmer 154 mit einer 2 m Polyäthylenglykol-Säule und Wärmeleitfähigkeitsmeßzelle. Säulentemperatur 95° C; Trägergas: Helium mit einem Eintrittsdruck von 0,7 atü. Die Auswertung erfolgt mittels einer entsprechend aufgestellten Eichkurve. Nach Ansicht des Verfassers ist nicht die Essigsäure, sondern Äthylacetat für die sensorische Wahrnehmung des Essigstichs maßgebend.

### b) Höhere Ester (Äthylester der $C_6$- bis $C_{12}$-Fettsäuren)

Die höheren Ester sind für einen Wein von besonderem Interesse, da sie nach Ansicht von E. Bayer u. L. Bässler (1961), J. Baraud (1964) und M. Flancy u. C. Jouret (1963) nicht nur unter Umständen nach Jahrgang und Rebsorte in ihrer Zusammensetzung unterschiedlich sein können, sondern auch das Weinaroma mitbestimmen. Zahlreiche Veröffentlichungen, außer den oben genannten, befassen sich daher mit der gaschromatographischen Bestimmung der höheren Ester. Sie unterscheiden sich im allgemeinen nur in der Art der Aufbereitung der Probe und der Art der Trennsäule.

Folgende Literaturhinweise können nur einen Teil der erschienenen Arbeiten wiedergeben: A. Fouassin (1959), J. Baraud (1961), H. Suomaleinen (1965), F. Drawert u. A. Rapp (1966).

*Nach J. Koch u. R. Marquenie (unveröff.) arbeitet man bei Brennwein wie folgt:*

*Meßanordnung:* F. und M. 720 mit Wärmeleitfähigkeitsmeßzelle; Säule: 3 m lang, 3 mm ⌀, 20% Carbowax 20 M auf Chromosorb WS 60/80 mesh; Temperaturen: Säule 75—220° C programmiert mit 4,6° C/min; Einspritz- und Ditektorblock: 220° C; Brückenstrom: 180 mA; Trägergas: 30 N ml Wasserstoff/min; Schreiber: Empfindlichkeit 4, Papiernachschub $^1/_4$ Zoll/min.

Testlösung: 1%ige ätherische Lösung der Äthylester der Capron, Önanth-, Capryl-, Caprin- und Laurinsäure.

*Durchführung der Bestimmung:*

400 ml Brennwein werden mit Wasser auf 10 Vol.-% Alkoholgehalt verdünnt, dreimal mit je 200 ml Äther extrahiert, die vereinigten Ätherextrakte dreimal mit je 200 ml Wasser zur Entfernung des Alkohols gewaschen, über Natriumsulfat getrocknet und auf dem Wasserbad bei 40° C auf 0,5 ml eingeengt. Zweckmäßigerweise engt man etwas weiter ein, führt den Rückstand in ein graduiertes Meßröhrchen über und wäscht mit Äther nach, bis die Gesamtmenge im Röhrchen 0,5 ml beträgt. Die Wasserbadtemperatur von 40° C darf nicht überschritten werden. 2—5 $\mu$l des Extraktes werden in den Gaschromatographen injiziert. Die Auswertung der einzelnen Peakhöhen erfolgt im Vergleich zu jenen der Testlösung. Es ist anzuraten, wenigstens einmal täglich gleiche Mengen der Testlösung zum Vergleich gaschromatographisch zu untersuchen.

## III. Bestimmung des Extraktes (Gehalt an Extraktstoffen)

Laut Definition des „Internationalen Amtes für Rebe und Wein" versteht man unter dem Gesamt-Trockenextrakt oder der Gesamt-Trockensubstanz die Gesamtmenge aller Weinsubstanzen, die sich unter bestimmten physikalischen Bedingungen nicht verflüchtigen.

In den verschiedenen zur Bestimmung des Gesamtextraktes üblichen Verfahren werden diese physikalischen Bedingungen derart festgelegt, daß die den Extrakt bildenden Stoffe nur möglichst geringe Änderungen erfahren.

Nach der „Allgemeinen Verwaltungsvorschrift" ist in Deutschland wie folgt zu verfahren:

# 1. Extraktbestimmung aus dem Gewichtsverhältnis des aufgefüllten Destillationsrückstandes („indirekter Extrakt")

Das für diese Bestimmung zu wählende Verfahren richtet sich danach, ob die zu untersuchende Flüssigkeit flüchtige Säuren in geringerer oder in größerer Menge als 1,2 g/l, berechnet als Essigsäure, oder ob sie Rohrzucker enthält.

a) *Bei rohrzuckerfreien Flüssigkeiten mit einem geringeren Gehalt an flüchtigen Säuren als 1,2 g/l* wird der Destillationsrückstand von der Alkoholbestimmung unter dreimaligem Nachspülen mit Wasser in das gleiche Pyknometer eingefüllt, mit dem die Bestimmung des Gewichtsverhältnisses vorgenommen worden ist. Das Pyknometer füllt man mit Wasser bis nahe zur Marke auf, mischt durch quirlende Bewegung so lange, bis Schichten von verschiedener Dichte nicht mehr wahrzunehmen sind, stellt das Pyknometer $^1/_2$ Std in ein Wasserbad von 20° C und fügt mit Hilfe eines Haarröhrchens vorsichtig Wasser von 20° C zu, bis der untere Rand der Flüssigkeitsoberfläche die Marke eben berührt. Dann trocknet man den leeren Teil des Pyknometerhalses mit Stäbchen aus Filtrierpapier, setzt den Stopfen auf, trocknet das Pyknometer äußerlich ab, stellt es $^1/_2$ Std in den Waagekasten und wägt. Das Gewichtsverhältnis der Flüssigkeit wird in der unter D. I. 1. angegebenen Weise berechnet und der dem gefundenen Wert entsprechende Extraktgehalt aus Tab. 6 entnommen, die im Anschluß an diese Vorschrift wiedergegeben ist.

Da flüchtige Säure nicht als Bestandteil des Extraktes gilt, beim Destillieren aber bis etwa zur Hälfte im Rückstand verbleibt, ist bei Weinen mit mehr als 1,2 g/l flüchtiger Säure eine Korrektur notwendig:

b) *Bei rohrzuckerfreien Flüssigkeiten, die in einem Liter 1,2 g oder mehr flüchtige Säuren enthalten,* zieht man den aus der Titration des alkoholischen Destillats nach der Vorschrift unter D. II. 1. a) b) sich ergebenden Wert für den Gehalt des Destillats an flüchtigen Säuren, ausgedrückt in Gramm in 1 Liter (g/l), von dem Gesamtgehalt an flüchtigen Säuren ab, multipliziert die Differenz mit der Zahl 0,00015[1], zieht den gefundenen Wert von dem nach der Vorschrift unter a) ermittelten Gewichtsverhältnis des Destillationsrückstandes ab und entnimmt den dem so berechneten Wert entsprechenden Extraktgehalt aus Tab. 6.

Bei rohrzuckerhaltigen Weinen ist eine vorausgehende Neutralisation notwendig, die mittels der nach der titrierbaren Säure errechneten Menge n-Natronlauge erfolgt; hierdurch wird eine Inversion des Rohrzuckers und damit eine Erhöhung des spezifischen Gewichts des Rückstandes vermieden.

c) *Bei rohrzuckerhaltigen Flüssigkeiten* verfährt man wie folgt: 50 ml der zu untersuchenden Flüssigkeit werden in einem Pyknometer bei 20° C abgemessen, unter Nachspülen mit Wasser in einen Destillierkolben von 250 ml Inhalt übergeführt, mit so viel normaler Natronlauge versetzt, als auf Grund der Gesamtsäurebestimmung zur Neutralisation erforderlich ist, und nach Ergänzung der Flüssigkeit mit Wasser auf 75 ml auf einem Drahtnetz über freier Flamme auf ca. 30 ml eingedampft.

Der Rückstand wird weiter behandelt, wie vorstehend unter a) angegeben. Die Bestimmung des Gewichtsverhältnisses ist mit demselben Pyknometer vorzunehmen, in dem die zu untersuchende Flüssigkeit abgemessen wurde. Von dem erhaltenen Wert ist abzuziehen:

1. Das Produkt aus der Gesamtmenge der in der zu untersuchenden Flüssigkeit enthaltenen flüchtigen Säuren, ausgedrückt in g/l, mit 0,00015[1],

2. das Produkt aus der zur Neutralisation der angewendeten 50 ml erforderlichen Anzahl ml n-Natronlauge mit 0,0007.

Der dem so berechneten Wert entsprechende Extraktgehalt ist aus Tab. 6 zu entnehmen.

Nach dem vorläufigen Entwurf der schweizerischen Weinuntersuchungsmethoden ist auch bei Erzeugnissen mit mehr als 100 mg/l schwefliger Säure eine Korrektur der Extraktbestimmung erforderlich. Es wird vorgeschlagen, bei Weinen mit mehr als 100 mg/l schwefliger Säure den in mg/l ausgedrückten Gehalt an $SO_2$ mit 0,0015 zu multiplizieren und die so erhaltene Zahl vom Extraktwert zu subtrahieren.

## 2. Extraktbestimmung durch Eindampfen ("direkter Extrakt")

Man setzt eine mit Deckel gewogene Wein-Platinschale von 75 ml Inhalt auf ein siedendes Wasserbad und läßt 50 ml Wein aus einer Pipette hineinfließen

Wenn die Flüssigkeit nahezu verdampft ist, (nach ca. 40 min), beobachtet man fortgesetzt, wie das Eindampfen fortschreitet, und sorgt durch öfteres Neigen der Schale für gleichmäßige Verteilung, Krustenbildung und völliges Eindampfen zur Trockne ist unbedingt zu vermeiden.

Der Endpunkt ist erreicht, wenn die dicke Flüssigkeit nicht mehr sofort der Schalenneigung folgt, sondern erst nach kurzem Zuwarten einen langsam fließenden Tropfen bildet. Die Schale wird dann abgetrocknet und $2^1/_2$ Std in eine der Trockenzellen[2] eines Heißwasser-Trockenschrankes gebracht, der bis über die zu benutzenden Zellen hinaus mit siedendem Wasser gefüllt ist[3]. Danach läßt man im Exsikkator erkalten und wägt bedeckt.

*Berechnung:*

Wurden a Gramm Trockenrückstand gewogen, so enthält 1 l der zur Untersuchung verwendeten Flüssigkeit:

$$x = a \cdot 20 \text{ g Extrakt („direkter Extrakt“).}$$

C. v. d. Heide u. W. Zeisset (1935) glaubten aus dem Verhältnis des direkten Extraktes zum indirekt bestimmten Rückschlüsse auf einen Glycerinzusatz ziehen zu können. Nachdem die Glycerinbestimmung heute jedoch einfach und schnell ausgeführt werden kann, hat die direkte Extraktbestimmung diese Bedeutung verloren. Außerdem ist die Methode umständlich und zeitraubend und schließt erhebliche Fehlerquellen ein.

## 3. Extraktbestimmung durch Berechnung nach Tabarié („berechneter Extrakt“)

Für viele Zwecke hinreichend genau läßt sich der Extraktgehalt auch aus dem Gewichtsverhältnis der alkoholischen Flüssigkeit und dem Gewichtsverhältnis des aufgefüllten alkoholischen Destillats durch einfache Berechnung nach der Formel von Tabarié ermitteln:

$$Se = Sw - Sa + 1,0000.$$

Hierbei bedeutet:

Sw = Gewichtsverhältnis der alkoholischen Flüssigkeit
Sa = Gewichtsverhältnis des alkoholischen Destillates
Se = Gewichtsverhältnis der aufgefüllten Extraktlösung.
Der Extraktwert für Se wird Tab. 6 entnommen.
Eine meist geringfügige Abweichung von dem nach 1. erhaltenen Ergebnis wird durch den Gehalt an flüchtigen Säuren bedingt.

Da die Tabellen zur Ermittlung des Extraktgehaltes auf dem Gewichtsverhältnis von Rohrzuckerlösungen aufgebaut sind und die spezifische Dichte von Zuckerlösungen in Mischung mit Alkohol stark vom Alkoholgehalt abhängt, muß ferner darauf hingewiesen werden, daß die Tabarié'sche Regel nur innerhalb eines relativ eng begrenzten Gebietes gültig ist, etwa zwischen 50 und 150 g/l Alkohol. Bei höheren Alkoholgehalten ist der nach Tabarié berechnete Extrakt niedriger als der indirekte, der den richtigen Wert darstellt. Bei niedrigem Alkoholgehalt, aber Zuckerwerten ab etwa 100 g/l ist der berechnete Extrakt andererseits größer als der aufgefüllte. Bei Getränken mit mehr als 18 Vol.-% Alkohol wird die Extraktberechnung nach Tabarié ungenau und ist nicht mehr anwendbar. Eine gewisse Gültigkeit besitzt die Formel lediglich bei zuckerarmen, nicht mit Alkohol versetzten Weinen.

*Anmerkungen:*

1. Wird der Gehalt an flüchtiger Säure in mval in 1 l ausgedrückt, so ist die Differenz mit 0,000009 zu multiplizieren.

2. Ausmaße der einzelnen Trockenzellen: 100 mm Breite, 100 mm Tiefe und 50 mm Höhe. Die Anzahl der Trockenzellen richtet sich nach der Größe des Trockenschrankes. Jede Trockenzelle muß auf 5 Seiten vom Wasser umspült sein. Der Abstand der Trockenzellen voneinander und von den Außenwänden des Trockenschrankes soll mindestens 25 mm betragen. Die Türen der Trockenzellen sind auf der Innenseite mit Asbestplatten gegen Wärmeverluste zu isolieren.

3. Die Zellen dürfen während des Trocknens nicht geöffnet werden.

4. Bei hochalkoholischen Dessertweinen (mehr als 18 Vol.-%) nicht anwendbar.

Nach den oben angeführten Vorschriften ist auch bei angegorenen Flüssigkeiten zu verfahren.

Bei nicht angegorenen Flüssigkeiten wird der Extrakt gefunden, indem man die dem Gewichtsverhältnis der betreffenden Flüssigkeit entsprechende Zahl (g Extrakt in 1 l Most) der Tab. 6 entnimmt.

Der Extraktgehalt ist in Gramm in 1 l (g/l) mit 1 Dezimalstelle anzugeben. Dabei ist stets das Verfahren zu benennen, nach welchem die Bestimmung vorgenommen wurde („indirekt", „direkt", berechnet".)

Neben dem Ausdruck „Gesamtextrakt" kennt man in Deutschland noch die Begriffe des reduktionsfreien und des zuckerfreien Extraktes.

Der *reduktionsfreie Extrakt* ist der Gesamtextrakt abzüglich des gesamten vorhandenen Zuckers. Hierbei ist unter Gesamtextrakt der indirekte, aus dem aufgefüllten Destillationsrückstand bestimmte Extrakt zu verstehen.

Die Berechnung des reduktionsfreien Extraktes wird bei den verschiedenen Erzeugnissen in folgender Weise vorgenommen:

a) *Rohrzuckerfreie Flüssigkeiten:* Reduktionsfreier Extrakt = Gesamtextrakt abzüglich der als Invertzucker berechneten, Fehling'sche bzw. Luff'sche Lösung reduzierenden Stoffe. Ergibt die Zuckerbestimmung nach der Hydrolyse (5 min, 67—70° C) einen höheren Wert, dann ist der nach der Hydrolyse bestimmte Zuckergehalt (als Invertzucker berechnet) abzuziehen. Als rohrzuckerfrei gelten die Flüssigkeiten, bei denen sich aus der Zuckerbestimmung nach und vor der Hydrolyse ein Saccharosegehalt von weniger als 2 g in 1 l errechnet.

b) *Rohrzuckerhaltige Flüssigkeiten:* Reduktionsfreier Extrakt = Gesamtextrakt abzüglich der Summe der Zucker aus den Fehling'sche bzw. Luff'sche Lösung direkt reduzierenden Stoffen (als Invertzucker berechnet) und dem Rohrzucker. Hierbei gilt als Rohrzucker die mit dem Faktor 0,95 multiplizierte Differenz zwischen dem nach und vor der Hydrolyse gefundenen Invertzucker.

Bei Anwesenheit von Reversionsprodukten (3stündige Salzsäure-Hydrolyse) ist der Wert der 3stündigen Hydrolyse in Abzug zu bringen.

Der *zuckerfreie Extrakt* ist der nach einer der vorherigen Methoden berechnete reduktionsfreie Extrakt, vermehrt bei Verschnittrotweinen um 2,5 g/l, bei sonstigen Erzeugnissen um 1 g/l.

Die Unterkommission des „Internationalen Amtes für Rebe und Wein" in Paris hat neben der Festlegung des „Gesamt-Trockenextraktes" drei weitere Begriffe definiert, die sich mit den deutschen Begriffen nicht decken:

Der *nicht reduzierende Extrakt (zuckerfreie Extrakt)* ist der Gesamt-Trockenextrakt abzüglich sämtlicher Zuckerarten. Dieser Begriff entspricht unserer Definition des reduktionsfreien Extraktes.

Der *reduzierte Extrakt* ist der Gesamt-Trockenextrakt vermindert um den 1 g/l übersteigenden Gesamtzucker, um das 1 g/l übersteigende Kaliumsulfat, um den Mannit (falls vorhanden) sowie abzüglich aller allenfalls dem Wein beigegebenen Substanzen.

Der *Extraktrest* ist der nicht reduzierende Extrakt (zuckerfreier Extrakt) abzüglich der als Weinsäure berechneten nichtflüchtigen Acidität.

## 4. Extraktbestimmung nach den OIV-Vorschriften

Die Vorschrift A 3 c der Sammlung internationaler Weinanalysenmethoden sowie die amtlichen französischen Untersuchungsvorschriften geben als Bezugsmethoden die Bestimmung des Gesamt-Trockenextraktes durch Wägung des Rückstandes des auf einer Filterpapierspirale verteilten Weines nach dessen Verdampfung in einem trockenen Luftstrom bei einem Druck von 20—25 Torr und einer Temperatur von 70° C unter festgelegten Bedingungen an.

Als gebräuchliche Methode ist daneben die densimetrische Bestimmung zugelassen, wie sie auch in Deutschland verbindlich ist.

Die im Folgenden abgebildete Tab. 6 zur Ermittlung des Extraktgehaltes (g/l) aus dem Gewichtsverhältnis des aufgefüllten Destillationsrückstandes bei 20° C, bezogen auf Wasser von 20° C stimmt mit der französischen und internationalen Tabelle überein.

Tabelle 6. *Ermittlung des Extraktgehaltes aus dem Gewichtsverhältnis 20/20° C*

| Gewichtsverhältnis bis zur 2. Dezimalstelle | 3. Dezimalstelle des Gewichtsverhältnisses | | | | | | | | | |
| | 0 | 1 | 2 | 3 | 4 | 5 | 6 | 7 | 8 | 9 |
| | | | | | Gramm Extrakt in 1 l | | | | | |
|---|---|---|---|---|---|---|---|---|---|---|
| 1,00 | 0 | 2,6 | 5,1 | 7,7 | 10,3 | 12,9 | 15,4 | 18,0 | 20,6 | 23,2 |
| 1,01 | 25,8 | 28,4 | 31,0 | 33,6 | 36,2 | 38,8 | 41,3 | 43,9 | 46,5 | 49,1 |
| 1,02 | 51,7 | 54,3 | 56,9 | 59,5 | 62,1 | 64,7 | 67,3 | 69,9 | 72,5 | 75,1 |
| 1,03 | 77,7 | 80,3 | 82,9 | 85,5 | 88,1 | 90,7 | 93,3 | 95,9 | 98,5 | 101,1 |
| 1,04 | 103,7 | 106,3 | 109,0 | 111,6 | 114,2 | 116,8 | 119,4 | 122,0 | 124,6 | 127,2 |
| 1,05 | 129,8 | 132,4 | 135,0 | 137,6 | 140,3 | 142,9 | 145,5 | 148,1 | 150,7 | 153,3 |
| 1,06 | 155,9 | 158,6 | 161,2 | 163,8 | 166,4 | 169,0 | 171,6 | 174,3 | 176,9 | 179,5 |
| 1,07 | 182,1 | 184,8 | 187,4 | 190,0 | 192,6 | 195,2 | 197,8 | 200,5 | 203,1 | 205,8 |
| 1,08 | 208,4 | 211,0 | 213,6 | 216,2 | 218,9 | 221,5 | 224,1 | 226,8 | 229,4 | 232,0 |
| 1,09 | 234,7 | 237,3 | 239,9 | 242,5 | 245,2 | 247,8 | 250,4 | 253,1 | 255,7 | 258,4 |
| 1,10 | 261,0 | 263,6 | 266,3 | 268,9 | 271,5 | 274,2 | 276,8 | 279,5 | 282,1 | 284,8 |
| 1,11 | 287,4 | 290,0 | 292,7 | 295,3 | 298,0 | 300,6 | 303,3 | 305,9 | 308,6 | 311,2 |
| 1,12 | 313,9 | 316,5 | 319,2 | 321,8 | 324,5 | 327,1 | 329,8 | 332,4 | 335,1 | 337,8 |
| 1,13 | 340,4 | 343,0 | 345,7 | 348,3 | 351,0 | 353,7 | 356,3 | 359,0 | 361,6 | 364,3 |
| 1,14 | 366,9 | 369,6 | 372,3 | 375,0 | 377,6 | 380,3 | 382,9 | 385,6 | 388,3 | 390,9 |
| 1,15 | 393,6 | 396,2 | 398,9 | 401,6 | 404,3 | 406,9 | 409,6 | 412,3 | 415,0 | 417,6 |
| 1,16 | 420,3 | 423,0 | 425,7 | 428,3 | 431,0 | 433,7 | 436,4 | 439,0 | 441,7 | 444,4 |
| 1,17 | 447,1 | 449,8 | 452,4 | 455,2 | 457,8 | 460,5 | 463,2 | 465,9 | 468,6 | 471,3 |
| 1,18 | 473,9 | 476,6 | 479,3 | 482,0 | 484,7 | 487,4 | 490,1 | 492,8 | 495,5 | 498,2 |
| 1,19 | 500,9 | 503,5 | 506,2 | 508,9 | 511,6 | 514,3 | 517,0 | 519,7 | 522,4 | 525,1 |
| 1,20 | 527,8 | — | — | — | — | — | — | — | — | — |

*Einschalttabelle zu Tabelle 6*

| 4. Dezimalstelle des Gewichtsverhältnisses | Gramm Extrakt in 1 l | 4. Dezimalstelle des Gewichtsverhältnisses | Gramm Extrakt in 1 l | 4. Dezimalstelle des Gewichtsverhältnisses | Gramm Extrakt in 1 l |
|---|---|---|---|---|---|
| 1 | 0,3 | 4 | 1,0 | 7 | 1,8 |
| 2 | 0,5 | 5 | 1,3 | 8 | 2,1 |
| 3 | 0,8 | 6 | 1,6 | 9 | 2,3 |

# IV. Bestimmung der Zucker

In der „Allgemeinen Verwaltungsvorschrift" zur Untersuchung von Wein und ähnlichen alkoholischen Erzeugnissen sowie von Fruchtsäften" von 1960 ist eine Zuckerbestimmungsmethode nicht enthalten. Wenn es in Zweifelsfällen auf eine wirklich exakte Zuckerbestimmung ankam, wird sich jeder Analytiker für die gravimetrische Methode mit Fehling'scher Lösung entschieden haben, die jedoch für Serienuntersuchungen zu zeitraubend ist.

Die Kommission für die Neubearbeitung der „Amtlichen Anweisung zur Untersuchung des Weines" beim Bundesgesundheitsamt hat sich lange Zeit mit diesem analytischen Problem beschäftigt. Anhand umfangreicher Ringversuche kam die Kommission zu dem Ergebnis, daß die maßanalytische Methode nach LUFF-SCHOORL in der Genauigkeit der gravimetrischen Bestimmungsweise nicht nachsteht. Hinsichtlich des Zeitbedarfs ist sie ihr aber weit überlegen und deswegen ganz besonders für die täglichen Routineuntersuchungen geeignet.

Die Analysenkommission beim Bundesgesundheitsamt hat dem Bundesgesundheitsministerium folgendes maßanalytisches Verfahren als Ergänzung zur „Allgemeinen Verwaltungsvorschrift" vorgeschlagen:

# 1. Maßanalytische Bestimmung

*Prinzip:*

Die mit Carrez-Lösung geklärte Flüssigkeit wird mit Luff'scher Lösung zum Sieden erhitzt. Dabei werden die direkt reduzierenden Zucker oxydiert und das zweiwertige Kupfer der Luff'schen Lösung zu einwertigem Kupfer reduziert. Dieses fällt als Kupfer(I)-oxid aus und wird in schwefelsaurer Lösung mittels Natriumthiosulfat indirekt titrimetrisch erfaßt. Nach Berücksichtigung eines Blindwertes kann anhand einer Tabelle — wiedergegeben im Anschluß an diese Vorschrift — die der verbrauchten Natriumthiosulfatlösung entsprechende Zuckermenge ermittelt werden.

Für die Bestimmung der nicht direkt reduzierenden Saccharose ist Inversion erforderlich.

*Reagentien:*

Carrez-Lösung I:

Eine Lösung von 15 g Kaliumhexacyanoferrat(II) ($K_4[Fe(CN)_6] \cdot 3\ H_2O$) p. a. in Wasser wird auf 100 ml aufgefüllt.

Carrez-Lösung II:

Eine Lösung von 30 g Zinksulfat ($ZnSO_4 \cdot 7\ H_2O$) p. a. in Wasser wird auf 100 ml aufgefüllt.

Luff'sche Lösung nach LUFF-SCHOORL:

25 g Kupfer(II)-sulfat ($CuSO_4 \cdot 5\ H_2O$) p. a. werden in 100 ml Wasser gelöst. Weiter werden 50 g Citronensäure ($C_6H_7O_8 \cdot H_2O$) in 200 ml Wasser von 40—50° C und 143,7 g wasserfreies Natriumcarbonat in 400 ml Wasser von 40—50° C gelöst. Man läßt die Lösungen auf 20° C abkühlen, setzt die Citronensäurelösung zu der Natriumcarbonatlösung, fügt die Kupfersulfatlösung hinzu und füllt mit Wasser auf 1000 ml auf. Die filtrierte oder nach einigen Tagen klar abgegossene Lösung ist gut verschlossen über längere Zeit haltbar.

30%ige Kaliumjodidlösung:

Diese Lösung kann in einer braunen, automatischen Bürette aufbewahrt werden.

25%ige Schwefelsäure

1%ige Stärkelösung:

Durch Zusatz einer Spur Quecksilber(II)-jodid ($HgJ_2$) kann diese Lösung haltbar gemacht werden.

0,1 n-Natriumthiosulfatlösung

35—36%ige Salzsäure p. a.

30%ige Kalilauge

Phenolphthaleinlösung:

0,1%ige Lösung von Phenolphthalein in 60%igem Alkohol

Eisessig.

## a) Bestimmung des direkt reduzierenden Zuckers

### α) Bestimmung in Flüssigkeiten mit einem Gehalt an direkt reduzierendem Zucker bis zu 8 g/l

25 ml der zu untersuchenden Flüssigkeit werden in einen 100 ml-Meßkolben pipettiert, mit 50 ml Wasser, 5 ml Carrez-Lösung I und nach dem Durchmischen mit 5 ml Carrez-Lösung II versetzt. Nach erneutem Durchmischen wird mit Wasser bei 20° C bis zur Marke aufgefüllt und nach 10 min filtriert.

25 ml des Filtrats werden mit einer Pipette in einen 300 ml-Erlenmeyerkolben gegeben, in den zuvor 25 ml Luff'sche Lösung einpipettiert wurden (es empfiehlt sich, zum Abmessen der Luff'schen Lösung immer dieselbe Pipette zu verwenden). Nach Zugabe von etwa 1 g gekörnten Bimsstein wird der Kolben unter leichtem Umschwenken über freier Flamme in der Weise erhitzt, daß die Flüssigkeit in etwa 2 min zu Sieden beginnt. Dann wird der Kolben sofort auf ein Asbestnetz gestellt und mit einem durchbohrten Gummistopfen an einen Rückflußkühler angeschlossen. Von diesem Augenblick an hält man den Kolbeninhalt genau 10 min im Sieden. Unmittelbar darauf wird der Kolben in kaltem Wasser abgekühlt. Nach völligem Erkalten setzt man 10 ml einer 30%igen Kaliumjodidlösung und unter vorsichtigem Umschwenken 25 ml einer 25%igen Schwefelsäure zu. Nach Zusatz von 2 ml einer 1%igen Stärkelösung wird mit 0,1 n-Thiosulfatlösung bis zum Farbumschlag nach gelblichweiß titriert.

In gleicher Weise wird ein Blindversuch durchgeführt, wobei anstelle der Zuckerlösung 25 ml Wasser mit der Luff'schen Lösung erhitzt werden. Aus der Differenz zwischen der Zuckertitration und dem Blindwert ergibt sich die Anzahl der verbrauchten Milliliter 0,1 n-Thiosulfatlösung.

## β) Bestimmung in Flüssigkeiten mit einem Gehalt an direkt reduzierendem Zucker von mehr als 8 g/l bis zu 20 g/l

25 ml der zu untersuchenden Flüssigkeit werden in einen 250 ml-Meßkolben pipettiert, mit 150 ml Wasser versetzt und wie unter a) angegeben geklärt. 25 ml des Filtrats werden zur Zuckerbestimmung nach a) Abs. 2 verwendet. Werden beim Titrieren nur etwa 5 ml 0,1 n-Thiosulfatlösung verbraucht, so empfiehlt es sich, eine günstigere Verdünnung zu wählen.

## γ) Bestimmung in Flüssigkeiten mit einem Gehalt an direkt reduzierendem Zucker von mehr als 20 g/l bis zu 80 g/l

In ein auf 4 Dezimalstellen gewogenes 50 ml fassendes Meßkölbchen mit eingeschliffenem Stopfen gibt man etwa 25 ml der zu untersuchenden Flüssigkeit und wägt auf 4 Dezimalstellen. Das Volumen wird durch Teilen des festgestellten Gewichtes durch das Gewichtsverhältnis 20/4° C der zu untersuchenden Flüssigkeit errechnet.

Die gewogene Flüssigkeitsmenge wird unter Nachspülen mit Wasser in einen 250 ml-Meßkolben gebracht, mit etwa 100 ml Wasser versetzt und wie unter a) angegeben geklärt. 25 ml des Filtrats werden in einen 100 ml-Meßkolben pipettiert und mit Wasser bei 20° C bis zur Marke aufgefüllt. Hiervon werden 25 ml zur Zuckerbestimmung nach a) Abs. 2 verwendet. Ist der Verbrauch an 0,1 n-Thiosulfatlösung sehr gering, so ist eine günstigere Verdünnung zu wählen (vgl. β) letzter Satz).

## δ) Bestimmung in Flüssigkeiten mit einem Gehalt an direkt reduzierendem Zucker von mehr als 80 g/l bis zu 160 g/l

In ein auf 4 Dezimalstellen gewogenes 50 ml fassendes Meßkölbchen mit eingeschliffenem Stopfen gibt man etwa 25 ml der zu untersuchenden Flüssigkeit und wägt auf 4 Dezimalstellen. Das Volumen wird durch Teilen des festgestellten Gewichtes durch das Gewichtsverhältnis 20/4° C der zu untersuchenden Flüssigkeit errechnet. Die gewogene Flüssigkeitsmenge wird unter Nachspülen mit Wasser in einen 250 ml-Meßkolben gebracht, mit etwa 100 ml Wasser versetzt und wie unter a) angegeben geklärt. 25 ml des Filtrats werden in einen 200 ml-Meßkolben pipettiert und mit Wasser bei 20° C bis zur Marke aufgefüllt. Hiervon werden 25 ml zur Zuckerbestimmung nach a) Abs. 2 verwendet. Ist der Verbrauch an 0,1 n-Thiosulfatlösung sehr gering, so ist eine günstigere Verdünnung zu wählen.

## ε) Bestimmung in Flüssigkeiten mit einem Gehalt an direkt reduzierendem Zucker von mehr als 160 g/l bis zu 340 g/l

In ein auf 4 Dezimalstellen gewogenes 50 ml fassendes Meßkölbchen mit eingeschliffenem Stopfen gibt man etwa 25 ml der zu untersuchenden Flüssigkeit und wägt auf 4 Dezimalstellen. Das Volumen wird durch Teilen des festgestellten Gewichtes durch das Gewichtsverhältnis 20/4° C der zu untersuchenden Flüssigkeit errechnet. Die gewogene Flüssigkeitsmenge wird unter Nachspülen mit Wasser in einen 500 ml-Meßkolben gebracht, mit etwa 250 ml Wasser versetzt und wie unter a) angegeben geklärt. 25 ml des Filtrats werden in einen 200 ml-Meßkolben pipettiert und mit Wasser bei 20° C bis zur Marke aufgefüllt. Hiervon werden 25 ml zur Zuckerbestimmung nach a) Abs. 2 verwendet. Ist der Verbrauch an 0,1 n-Thiosulfatlösung sehr gering, so ist eine günstigere Verdünnung zu wählen.

*Anmerkung:*

Als abgewogene Flüssigkeitsmenge wird vorteilhaft der Inhalt eines Pyknometers verwendet, wobei der Wasserwert des Pyknometers die Flüssigkeitsmenge in Kubikzentimetern darstellt. Dabei ist darauf zu achten, daß auf das doppelte Volumen aufgefüllt werden muß.

## b) Bestimmung des reduzierenden Zuckers nach der Hydrolyse

Von der nach der Klärung erhaltenen Lösung werden 25 ml je nach dem zu wählenden Verdünnungsgrad in einen 100 ml oder 200 ml-Meßkolben einpipettiert und mit Wasser zu 75 ml verdünnt. Der Kolben wird in einem Wasserbad in längstens 5 min auf 67—70° C gebracht. Wenn der Inhalt diese Temperatur erreicht hat, werden 5 ml 35—36%ige Salzsäure zugegeben. Darauf wird der Inhalt genau 5 min auf 67—70° C unter häufigem Umschwenken des Meßkolbens erhalten. Die Temperatur ist durch ein in den Meßkolben eingebrachtes Thermometer zu kontrollieren. Nach der Inversion kühlt man sofort auf 20° C, spült das Thermometer ab, neutralisiert mit 30%iger Kalilauge unter Zusatz eines Tropfens Phenolphthaleinlösung, versetzt sofort mit wenigen Tropfen Eisessig, bis die Farbe des Phenolphthaleins wieder verschwindet, füllt bei 20° C mit Wasser bis zur Marke auf und schüttelt um. Von dieser invertierten Lösung werden 25 ml für die Zuckerbestimmung nach a) verwendet und je nach dem zu erwartenden Zuckergehalt nach a), α) bis a) ε) verdünnt.

## c) Berechnung

*Berechnung des Gehaltes an direkt reduzierendem Zucker und an reduzierendem Zucker nach der Inversion:*

Die den verbrauchten Millilitern 0,1 n-Natriumthiosulfatlösung entsprechende Menge an direkt reduzierendem Zucker bzw. reduzierendem Zucker nach der Inversion, berechnet als Invertzucker, ergibt sich aus Tab. 7 und ist unter Berücksichtigung der Einwaage auf 1 l umzurechnen.

Der Gehalt an direkt reduzierendem Zucker bzw. reduzierendem Zucker nach der Inversion ist in Gramm Invertzucker in 1 l (g/l) mit 1 Dezimalstelle anzugeben.

*Berechnung des Rohrzuckergehaltes:*

Bezeichnet man mit

a die Gramm direkt reduzierenden Zuckers, berechnet als Invertzucker, die nach Abschnitt a) *vor* der Inversion in 1 l der untersuchten Flüssigkeit gefunden wurden und mit

b die Gramm Gesamtzucker, berechnet als Invertzucker, die nach Abschnitt b) *nach* der Inversion in 1 l der untersuchten Flüssigkeit gefunden wurden,

so enthält diese

x = 0,95 · (b — a) Gramm Rohrzucker in 1 l.

Der Gehalt an Rohrzucker ist in Gramm in 1 l (g/l) mit 1 Dezimalstelle anzugeben.

Tabelle 7. *Berechnung des Invertzuckergehaltes aus den Ergebnissen der maßanalytischen Bestimmung*

| 0,1 normale Natriumthiosulfatlösung ml | Invertzucker mg | Differenz |
|---|---|---|
| 1 | 2,4 | |
| 2 | 4,8 | 2,4 |
| 3 | 7,2 | 2,4 |
| 4 | 9,7 | 2,5 |
| 5 | 12,2 | 2,5 |
| 6 | 14,7 | 2,5 |
| 7 | 17,2 | 2,5 |
| 8 | 19,8 | 2,6 |
| 9 | 22,4 | 2,6 |
| 10 | 25,0 | 2,6 |
| 11 | 27,6 | 2,6 |
| 12 | 30,3 | 2,7 |
| 13 | 33,0 | 2,7 |
| 14 | 35,7 | 2,7 |
| 15 | 38,5 | 2,8 |
| 16 | 41,3 | 2,8 |
| 17 | 44,2 | 2,9 |
| 18 | 47,1 | 2,9 |
| 19 | 50,0 | 2,9 |
| 20 | 53,0 | 3,0 |
| 21 | 56,0 | 3,0 |
| 22 | 59,1 | 3,1 |
| 23 | 62,2 | 3,1 |

# 2. Gewichtsanalytische Bestimmung

*Prinzip:*

Die mit Bleiessig geklärte und mit Dinatriumhydrogenphosphat vom Bleiüberschuß befreite Flüssigkeit wird mit Fehling'scher Lösung zum Sieden erhitzt. Dabei werden die direkt reduzierenden Zucker oxydiert und das zweiwertige Kupfer der Fehling'schen Lösung zu Kupfer(I)-oxid reduziert. Letzteres wird nach dem Auswaschen und Trocknen durch Glühen im Muffelofen bei 800° C in Gegenwart von Luftsauerstoff in Kupfer(II)-oxid übergeführt und als solches nach dem Erkalten gewogen. Die dem gewogenen Kupfer(II)-oxid entsprechende Menge direkt reduzierender Zucker, berechnet als Invertzucker, wird der Tab. 8 entnommen, die im Anschluß an diese Vorschrift wiedergegeben ist.

Die Bestimmung des nicht direkt reduzierenden Zuckers (Saccharose) erfolgt in gleicher Weise nach vorheriger Inversion.

*Reagentien:*

0,25 bzw. 0,5 n-Alkalilauge

0,5 n-Essigsäure

Bleiessig: basische Blei(II)-acetatlösung (DAB VI). Bleiessig kann auch nach Vorschrift selbst hergestellt werden. Dazu werden 600 g reinstes kristallisiertes (Blei(II)-acetat $(Pb(C_2H_3O_2)_2 \cdot 3\ H_2O)$ mit 200 g reinstem Blei(II)-oxid verrieben und unter Zusatz von 100 ml Wasser in einem bedeckten Gefäß auf dem Wasserbad erhitzt, bis die Masse gleichmäßig weiß oder rötlich-weiß geworden ist. Dann setzt man allmählich in einzelnen Anteilen noch 1900 ml Wasser zu, läßt die trübe Flüssigkeit in einem verschlossenen Erlenmeyerkolben absitzen und gießt schließlich den nahezu klaren Anteil vom Bodensatz ab. Der Bleigehalt des Bleiessigs beträgt etwa 17 Gew.-%.

7,6%ige wäßrige Lösung von Dinatriumhydrogenphosphat $(Na_2HPO_4 \cdot 12\ H_2O)$

Kupfersulfatlösung nach FEHLING (sog. Fehling'sche Lösung I): 69,2 g reinstes kristallisiertes Kupfer(II)-sulfat $(CuSO_4 \cdot 5\ H_2O)$ DAB, werden in Wasser zu 1000 ml gelöst. Die Lösung ist erforderlichenfalls zu filtrieren.

Alkalische Seignettesalzlösung nach Fehling (sog. Fehling'sche Lösung II): 346 g kristallisiertes Kaliumnatriumtartrat ($KNaC_4H_4O_6 \cdot 4 H_2O$) DAB und 100 g reines Natriumhydroxid (Plätzchenform) DAB werden in Wasser zu 1000 ml gelöst. Die Lösung wird durch Glaswolle klar filtriert.

Die Fehling'schen Lösungen I und II sind getrennt aufzubewahren.

Salzsäure: 1 Raumteil reine, rauchende Salzsäure von der Dichte 1,19 wird mit 5 Raumteilen Wasser versetzt.

Kalilauge, 50 gew.-%ig.

Phenolphthaleinlösung

Eisessig.

*Geräte und Hilfsmittel:*

Porzellanfiltertiegel A I oder

mit Asbest beschickter Goochtiegel:

Der Asbest für Goochtiegel muß mit Salzsäure und mit Lauge ausgekocht sein. Um eine rasche Filtration zu erzielen, ist es zweckmäßig, den Goochtiegel zuerst unten mit grobfaserigem und obenauf mit feinfaserigem Asbest zu beschicken. Solche Tiegel sind insbesondere zur Zuckerbestimmung in Jungweinen und Verschnittrotweinen, die beim Kochen mit Fehling'scher Lösung das Kupfer(I)-oxid in schlecht filtrierbarer Form abscheiden, zu verwenden. Zum Reinigen werden sie über Nacht in 25%ige Salzsäure gestellt, mit heißem Wasser, heißer Fehling'scher Lösung und anschließend nochmals mit heißem Wasser ausgewaschen. Nach vorsichtigem Trocknen auf einem Asbestdrahtnetz über kleiner Flamme werden sie in einem elektrischen Muffelofen bei 800° C geglüht, zum Abkühlen $^1/_2$ Std in einen Exsiccator gestellt und dann gewogen.

## a) Vorbereitung der Probe (Klärung)

### α) Klärung von Erzeugnissen mit einem Zuckergehalt bis zu 40 g/l

50 ml der zu untersuchenden Flüssigkeit werden in eine Porzellanschale pipettiert und die zur Neutralisation auf Grund der Bestimmung der Gesamtsäure erforderliche Menge Alkalilauge hinzugefügt. Die Flüssigkeit wird auf dem Wasserbad auf etwa $^1/_3$ ihres Volumens eingeengt und mit Wasser in ein Meßkölbchen überspült, dessen Rauminhalt dem erforderlichen Verdünnungsgrad entspricht; die Verdünnung hat so zu erfolgen, daß die für die anschließende Zuckerbestimmung zu verwendende Flüssigkeit nicht mehr als 125 mg Zucker enthält, weil bei höheren Zuckergehalten der nur geringe Überschuß an Kupfer(II)-sulfat die quantitative Ausfällung des Kupfer(I)-oxids nicht mehr gewährleistet. Nach dem Erkalten gibt man 5 ml 0,5 n-Essigsäure und 5 ml Bleiessig hinzu, schüttelt um und versetzt mit 10 ml einer 7,6%igen wäßrigen Lösung von Dinatriumhydrogenphosphat. Nach erneutem Umschütteln und Auffüllen bis kurz unter die Marke temperiert man $^1/_2$ Std, füllt bei 20° C zur Marke auf, schüttelt um und filtriert durch ein trockenes Falterfilter. (Das Filtrat muß vollkommen klar sein).

### β) Klärung von Erzeugnissen mit einem Zuckergehalt von mehr als 40 g/l

In ein auf 4 Dezimalstellen gewogenes, 50 ml fassendes Meßkölbchen mit eingeschliffenem Stopfen gibt man bei Zuckergehalten bis zu 100 g/l etwa 50 ml, bei höheren Zuckergehalten etwa 25 ml der zu untersuchenden Flüssigkeit und wägt auf 4 Dezimalstellen. Das Volumen wird durch Teilen des festgestellten Gewichtes durch das Gewichtsverhältnis 20/4° C der zu untersuchenden Flüssigkeit errechnet. Die gewogene Flüssigkeitsmenge wird unter Nachspülen mit Wasser in einen Meßkolben gebracht, dessen Rauminhalt dem erforderlichen Verdünnungsgrad entspricht. Die Flüssigkeitsmenge soll etwa $^3/_4$ des Rauminhaltes des Meßkolbens entsprechen. Hierzu werden 5 ml 0,5 n-Essigsäure, 5 ml Bleiessig und nach Umschütteln 10 ml einer 7,6%igen wäßrigen Lösung von Dinatriumhydrogenphosphat gegeben. Nach dem Auffüllen bei 20° C bis zur Marke und kräftigem Umschütteln filtriert man durch ein trockenes Faltenfilter. (Das Filtrat muß vollkommen klar sein).

## b) Bestimmung des direkt reduzierenden Zuckers

In einen 300 ml-Erlenmeyerkolben werden 25 ml Kupfersulfatlösung (Fehling'sche Lösung I), 25 ml alkalische Seignettesalzlösung (Fehling'sche Lösung II), 25 ml Wasser und 25 ml des nach a) α) oder a) β) erhaltenen Filtrates gegeben. Hierauf wird der Erlenmeyerkolben sofort auf ein Drahtnetz gestellt, an einen Rückflußkühler angeschlossen und mit einem Bunsenbrenner so stark erhitzt, daß die Flüssigkeit spätestens nach $3^1/_2$—4 min zu sieden beginnt. Sobald sie kräftig siedet, wird die Flamme verkleinert und die Flüssigkeit genau 2 min im Sieden gehalten. Dann wird die Flüssigkeit in dem Erlenmeyerkolben sofort mit 100 ml luftfreiem kaltem Wasser versetzt und sogleich unter Verwendung einer Saugpumpe durch einen Porzellanfiltertiegel A 1 oder durch einen mit Asbest beschickten, gewogenen Goochtiegel filtriert. Der Kupfer(I)-oxidniederschlag wird zuerst mit kaltem, dann mit heißem Wasser gewaschen.

Nach vorsichtigem Trocknen des Tiegels auf einem Asbestdrahtnetz über kleiner Flamme wird, um das Kupfer(I)-oxid in Kupfer(II)-oxid überzuführen, in einem elektrischen Muffelofen bei 800° C 15 min geglüht. Dann läßt man den Tiegel $^1/_2$ Std im Exsiccator erkalten und wägt.

## c) Bestimmung des reduzierenden Zuckers nach der Inversion

50 ml des nach a) α) oder a) β) erhaltenen Filtrates werden in einem 100 ml-Meßkölbchen mit 30 ml einer Salzsäure, die durch Mischen von 1 Raumteil reiner rauchender Salzsäure von der Dichte 1,19 mit 5 Raumteilen Wasser bereitet wird, versetzt. Man erhitzt sodann die Lösung in einem etwas über 70° C warmen Wasserbad oder in einem Thermostaten innerhalb von $2^1/_2$ bis höchstens 5 min auf 67—70° C und hält diese Temperatur weiterhin genau 5 min unter häufigem Umschwenken des Meßkölbchens ein. Die Temperatur ist durch ein in das Meßkölbchen eingebrachtes Thermometer zu kontrollieren. Nach der Inversion kühlt man sofort auf 20° C ab, spült das Thermometer ab, neutralisiert mit 50%iger Kalilauge unter Zusatz eines Tropfens Phenolphthaleinlösung, versetzt sofort mit wenigen Tropfen Eisessig, bis

Tabelle 8. *Ermittlung des Invertzuckergehaltes aus der gewogenen Kupfer(II)-oxid-Menge*

| Kupferoxidgewicht (mit 2 Dezimalen) | Invertzucker- 1. und 2. Dezimale | 0 | 1 | 2 | 3 | 4 | 5 | 6 | 7 | 8 | 9 | Interpolationstabellen für die 4. Dezimale | |
|---|---|---|---|---|---|---|---|---|---|---|---|---|---|
| | | \multicolumn{10}{}{3. und weitere Dezimalen des Invertzuckergewichtes} | | | | | | | | | | | |
| 0,00 | 0,00 | — | — | — | — | — | 29 | 33 | 37 | 42 | 45 | | |
| 01 | | 49 | 53 | 57 | 61 | 65 | 70 | 74 | 78 | 82 | 86 | | |
| 02 | | 90 | 94 | 98 | 02 | 06 | 10 | 14 | 18 | 22 | 26 | | |
| 03 | 0,01 | 30 | 34 | 38 | 42 | 46 | 51 | 55 | 59 | 63 | 67 | | |
| 04 | | 71 | 75 | 79 | 83 | 87 | 91 | 95 | 99 | 03 | 07 | | |
| 05 | 0,02 | 11 | 15 | 19 | 23 | 27 | 32 | 36 | 40 | 44 | 48 | | 4 |
| 0,06 | | 52 | 56 | 60 | 64 | 68 | 73 | 77 | 81 | 85 | 89 | 1 | 0,4 |
| 07 | | 93 | 97 | 01 | 06 | 10 | 14 | 18 | 22 | 27 | 31 | 2 | 0,8 |
| 08 | 0,03 | 35 | 39 | 43 | 47 | 51 | 56 | 60 | 64 | 68 | 72 | 3 | 1,2 |
| 09 | | 76 | 80 | 84 | 89 | 93 | 97 | 01 | 05 | 10 | 14 | 4 | 1,6 |
| 10 | 0,04 | 18 | 22 | 26 | 30 | 34 | 39 | 43 | 47 | 51 | 55 | 5<br>6 | 2,0<br>2,4 |
| 0,11 | | 59 | 63 | 67 | 71 | 75 | 80 | 84 | 88 | 92 | 96 | 7 | 2,8 |
| 12 | 0,05 | 00 | 04 | 08 | 13 | 17 | 21 | 25 | 29 | 34 | 38 | 8 | 3,2 |
| 13 | | 42 | 46 | 50 | 55 | 59 | 63 | 67 | 71 | 76 | 80 | 9 | 3,6 |
| 14 | | 84 | 88 | 93 | 97 | 01 | 06 | 10 | 14 | 18 | 23 | | |
| 15 | 0,06 | 27 | 31 | 36 | 40 | 44 | 49 | 53 | 57 | 61 | 66 | | |
| | | | | | | | | | | | | | 5 |
| 0,16 | | 70 | 74 | 78 | 83 | 87 | 91 | 95 | 99 | 04 | 08 | | |
| 17 | 0,07 | 12 | 16 | 21 | 25 | 29 | 34 | 38 | 42 | 46 | 51 | 1 | 0,5 |
| 18 | | 55 | 59 | 64 | 68 | 73 | 77 | 81 | 86 | 90 | 95 | 2 | 1,0 |
| 19 | | 99 | 03 | 08 | 12 | 16 | 21 | 25 | 29 | 33 | 38 | 3 | 1,5 |
| 20 | 0,08 | 42 | 46 | 51 | 55 | 59 | 64 | 68 | 72 | 76 | 81 | 4<br>5 | 2,0<br>2,5 |
| 0,21 | | 85 | 89 | 94 | 98 | 03 | 07 | 11 | 16 | 20 | 25 | 6 | 3,0 |
| 22 | 0,09 | 29 | 33 | 38 | 42 | 46 | 51 | 55 | 59 | 63 | 68 | 7 | 3,5 |
| 23 | | 72 | 76 | 81 | 85 | 90 | 94 | 98 | 03 | 07 | 12 | 8 | 4,0 |
| 24 | 0,10 | 16 | 21 | 25 | 30 | 34 | 39 | 43 | 48 | 52 | 57 | 9 | 4,5 |
| 25 | | 61 | 66 | 70 | 75 | 79 | 84 | 88 | 93 | 97 | 02 | | |
| | | | | | | | | | | | | | 4 |
| 0,26 | 0,11 | 06 | 11 | 15 | 20 | 24 | 29 | 33 | 38 | 42 | 47 | | |
| 27 | | 51 | 56 | 60 | 65 | 69 | 74 | 78 | 83 | 87 | 92 | 1 | 0,4 |
| 28 | | 96 | 01 | 05 | 10 | 14 | 19 | 24 | 28 | 33 | 37 | 2 | 0,8 |
| 29 | 0,12 | 42 | 47 | 51 | 56 | 60 | 65 | 69 | 74 | 78 | 83 | 3 | 1,2 |
| 30 | | 87 | 92 | 96 | 01 | 05 | 10 | 15 | 19 | 24 | 28 | 4<br>5 | 1,6<br>2,0 |
| 0,31 | 0,13 | 33 | 38 | 42 | 47 | 51 | 56 | 61 | 65 | 70 | 74 | 6 | 2,4 |
| 32 | | 79 | 84 | 88 | 93 | 97 | 02 | 07 | 11 | 16 | 20 | 7 | 2,8 |
| 33 | 0,14 | 25 | 30 | 34 | 39 | 43 | 48 | 52 | 57 | 61 | 66 | 8 | 3,2 |
| 34 | | 70 | 75 | 79 | 84 | 89 | 94 | 98 | 03 | 08 | 12 | 9 | 3,6 |
| 35 | 0,15 | 17 | 22 | 27 | 31 | 36 | 41 | 46 | 51 | 55 | 60 | | |

Tabelle 8 (Fortsetzung)

| Kupferoxidgewicht (mit 2 Dezimalen) | Invertzucker 1. und 2. Dezimale | 3. Dezimale des Kupferoxidgewichtes | | | | | | | | | | Interpolationstabellen für die 4. Dezimale | |
|---|---|---|---|---|---|---|---|---|---|---|---|---|---|
| | | 0 | 1 | 2 | 3 | 4 | 5 | 6 | 7 | 8 | 9 | | |
| | | 3. und weitere Dezimalen des Invertzuckergewichtes | | | | | | | | | | | |
| | | | | | | | | | | | | 5 | |
| 0,36 | | 64 | 69 | 74 | 78 | 83 | 88 | 93 | 98 | 02 | 07 | | |
| 37 | 0,16 | 12 | 17 | 22 | 26 | 31 | 36 | 41 | 46 | 50 | 55 | 1 | 0,5 |
| 38 | | 60 | 65 | 69 | 74 | 79 | 84 | 88 | 93 | 98 | 02 | 2 | 1,0 |
| 39 | 0,17 | 07 | 12 | 16 | 21 | 26 | 31 | 35 | 40 | 45 | 49 | 3 | 1,5 |
| 40 | | 54 | 59 | 64 | 68 | 73 | 78 | 83 | 88 | 92 | 97 | 4 | 2,0 |
| | | | | | | | | | | | | 5 | 2,5 |
| 0,41 | 0,18 | 02 | 07 | 12 | 17 | 22 | 27 | 31 | 36 | 41 | 46 | 6 | 3,0 |
| 42 | | 51 | 56 | 61 | 65 | 70 | 75 | 80 | 85 | 89 | 93 | 7 | 3,5 |
| 43 | | 99 | 04 | 09 | 13 | 18 | 23 | 28 | 33 | 37 | 42 | 8 | 4,0 |
| 44 | 0,19 | 47 | 52 | 57 | 61 | 66 | 71 | 76 | 81 | 85 | 90 | 9 | 4,5 |
| 45 | | 95 | 00 | 05 | 10 | 15 | 20 | 25 | 30 | 35 | 40 | | |
| | | | | | | | | | | | | 6 | |
| 0,46 | 0,20 | 45 | 50 | 55 | 60 | 65 | 71 | 76 | 81 | 86 | 91 | 1 | 0,6 |
| 47 | | 96 | 01 | 06 | 11 | 16 | 21 | 26 | 31 | 36 | 41 | 2 | 1,2 |
| 48 | 0,21 | 46 | 51 | 56 | 61 | 66 | 71 | 76 | 81 | 86 | 91 | 3 | 1,8 |
| 49 | | 96 | 01 | 06 | 11 | 16 | 21 | 26 | 31 | 36 | 41 | 4 | 2,4 |
| 50 | 0,22 | 46 | 52 | 57 | 63 | 69 | 75 | 80 | 86 | 92 | 97 | 5 | 3,0 |
| | | | | | | | | | | | | 6 | 3,6 |
| 0,51 | 0,23 | 03 | 09 | 14 | 20 | 26 | 32 | 37 | 43 | 49 | 54 | 7 | 4,2 |
| 52 | | 60 | 66 | 71 | 77 | 82 | 88 | 94 | 99 | 05 | 10 | 8 | 4,8 |
| 53 | 0,24 | 16 | 22 | 27 | 33 | 38 | 44 | 49 | 55 | 60 | 66 | 9 | 5,4 |

die Farbe des Phenolphthaleins wieder verschwindet, füllt bei 20° C zur Marke auf und schüttelt um. Von dieser invertierten Lösung verwendet man 50 ml für die Bestimmung des Invertzuckers.

Nach Vermischen mit 25 ml Kupfersulfatlösung (Fehling'sche Lösung I) und 25 ml alkalischer Seignettesalzlösung (Fehling'sche Lösung II) ist nach b), wie bei der Bestimmung des direkt reduzierenden Zuckers beschrieben, weiter zu verfahren.

## d) Berechnung

*Berechnung des Gehaltes an direkt reduzierendem Zucker oder an reduzierendem Zucker nach der Inversion*

Die dem gewogenen Kupfer(II)-oxid entsprechende Menge direkt reduzierenden Zuckers bzw. des reduzierenden Zuckers nach der Inversion, jeweils berechnet als Invertzucker, ist der Tab. 8 zu entnehmen und auf 1 l umzurechnen. Der Gehalt an direkt reduzierendem Zucker bzw. reduzierendem Zucker nach der Inversion ist in Gramm Invertzucker in 1 l (g/l) mit einer Dezimalstelle anzugeben.

*Berechnung des Rohrzuckergehaltes*

Bezeichnet man mit
a die Gramm direkt reduzierenden Zuckers, berechnet als Invertzucker, die *vor* der Inversion in 1 l der untersuchten Flüssigkeit gefunden wurden und mit
b die Gramm Invertzucker, die *nach* der Inversion in 1 l der untersuchten Flüssigkeit gefunden wurden, so enthält diese

$$x = 0,95 \cdot (b - a) \text{ Gramm Rohrzucker in 1 l.}$$

Der Gehalt an Rohrzucker ist in Gramm in 1 l (g/l) mit 1 Dezimalstelle anzugeben.

## 3. Internationale Methoden des OIV

In die Sammlung der Internationalen Weinanalysenmethoden wurden als vorläufige Verfahren u. a. die Referenzmethoden und gebräuchlichen Methoden der offiziellen französischen Weinuntersuchungsvorschriften aufgenommen.

## a) Klärung des Weines

Als *Bezugsmethode* wird die Behandlung mit Quecksilberoxid des neutralisierten, vom Alkohol befreiten Weines vorgeschrieben, dessen Anionen gegen Acetat-Ionen ausgetauscht wurden. (Referenzmethode der offiziellen französischen Weinuntersuchungsvorschriften.)

Diese Verfahrensweise wird jedoch nur in Ausnahmefällen angewandt, wie zum Zweck der wissenschaftlichen Forschung, oder bei Weinen mit hohem Uronsäuregehalt. Um die Uronsäuren, insbesondere die in allen Weinen in kleinen Mengen vorkommende Galakturonsäure abzutrennen, verwendet man eine Säule mit schwach basischem Anionenaustauscher in Acetatform, der überdies auch die durch Blei oder Quecksilber fällbaren Anionen entfernt.

Von den *gebräuchlichen Verfahren* der Klärung mit Quecksilber, neutralem Bleiacetat, basischem Bleiacetat oder Carrez-Lösung (für Weißweine, schwach gefärbte Süßweine und Moste) wird die Abtrennung der störenden Substanzen mittels Quecksilber besonders empfohlen, weil durch sie die beste Entfärbung des Weines erreicht wird und die geringsten Zuckerverluste eintreten.

### α) Klärung des Weines mittels Quecksilberoxid

*Reagentien:*

Quecksilberlösung: 240 g Quecksilberoxid werden mit 240 ml Essigsäure (reinst) und Wasser zu 1 l ergänzt. Es wird bis zur Lösung des Quecksilberoxids gekocht und nach dem Abkühlen wieder auf 1 l aufgefüllt.

Etwa 4 n-Natronlauge: 160 g Natriumhydroxid werden mit Wasser zu 1 l gelöst. Diese Natronlauge muß ein gleiches Volumen Quecksilberlösung genau neutralisieren (Phenolphthalein als Indikator). Die Übereinstimmung des Laugentiters ist vor der Verwendung zu überprüfen, insbesondere dann, wenn die Quecksilberlösung einen Niederschlag abgeschieden hat. Erforderlichenfalls ist die Lauge entsprechend zu verdünnen.

*Geräte und Hilfsmittel:*

Schwefelwasserstoff-Entwicklungsapparat:

Das aus Schwefeleisen mit Salzsäure gewonnene Gas wird durch einen Glaswollpfropfen filtriert und durch eine mit Wasser beschickte Waschflasche geleitet.

Anordnung zur Vertreibung des überschüssigen Schwefelwasserstoffes:

Durch die in einer Saugflasche befindliche Lösung wird mittels einer Wasserstrahlpumpe Luft gesaugt. Die angesaugte Luft wird in einer vorgeschalteten, mit Wasser halbvoll gefüllten 1 l-Waschflasche zunächst mit Wasserdampf gesättigt.

*Durchführung der Klärung:*

100 ml der Untersuchungsflüssigkeit, *von der neben dem Zuckergehalt auch das optische Drehvermögen bestimmt werden soll*, werden nach Zusatz von (a — 0,5) ml n-Lauge (a = ml 0,1 n-Lauge, die zur Neutralisation von 10 ml Wein erforderlich sind) in einer Porzellanschale auf dem Wasserbad auf etwa 50 ml eingedampft. Unter dreimaligem Nachspülen mit Wasser wird der Schaleninhalt in einen 100 ml-Meßkolben gebracht, mit 5 ml Quecksilberlösung und unter Schütteln mit 5 ml etwa 4 n-Natronlauge versetzt und wenigstens 5 min zur Reaktion stehengelassen. Dann werden 2 ml Quecksilberlösung zugesetzt und auf 100 ml aufgefüllt. In die in eine 500 ml-Saugflasche filtrierte Lösung wird Schwefelwasserstoffgas eingeleitet, bis schwarzes Quecksilbersulfid ausfällt. Mit Hilfe einer Wasserstrahlpumpe wird mit Wasserdampf gesättigte Luft durch die Lösung gesaugt, bis der Schwefelwasserstoffgeruch verschwunden ist (5—10 min). Der Niederschlag wird abfiltriert; das Filtrat ist bei trockenen Weinen (Zuckergehalt < 5 g/l) ohne weitere Verdünnung auch für die Zuckerbestimmung zu verwenden.

Lösungen mit höheren Zuckergehalten werden nach Feststellung des optischen Drehvermögens vor der chemischen Zuckerbestimmung weiter verdünnt:

Moste und Mistellen 10 %ige Verdünnung,
Süßweine            20 %ige Verdünnung.

*Wird auf die polarimetrische Messung verzichtet,* so wird — auch in den Absätzen β) bis δ) — von folgenden Mengen und Verdünnungen ausgegangen:

| Weinsorte | Verdünnung | davon zur Klärung verwendete Menge |
|---|---|---|
| Most, Mistelle . . . . . . . . . . . . . . . . . . . | 10% | 10 ml |
| Süßweine (Volumenmasse 1,005—1,038) . . . . . | 20% | 20 ml |
| süßliche Weine (Volumenmasse 0,997—1,006) . . . | — | 20 ml |

Die Klärung mit Quecksilberlösung wird dann folgendermaßen durchgeführt:

In einem 100 ml-Meßkolben werden zu der jeweils vorgeschriebenen Menge Untersuchungslösung 20 ml Wasser und unter Schütteln 1 ml Quecksilberlösung sowie 1 ml etwa 4 n-Natronlauge hinzugegeben. Nach 5 min Reaktionszeit wird nochmals 1 ml Quecksilberlösung zugefügt, zur Marke aufgefüllt und filtriert. In der oben beschriebenen Weise wird Schwefelwasserstoff eingeleitet, mit Wasserdampf gesättigte Luft durchgesaugt und der schwarze Niederschlag abfiltriert.

1 ml Filtrat entspricht 0,01 ml Most oder Mistelle, 0,04 ml Süßwein bzw. 0,20 ml süßlichem Wein.

### β) Klärung des Weines durch neutrales Bleiacetat

*Reagentien:*

Neutrale Bleiacetatlösung (annähernd gesättigt): 250 g neutrales Bleiacetat werden mit heißem Wasser auf ein Volumen von 500 ml gebracht und bis zu Lösung geschüttelt.

*Durchführung der Klärung:*

100 ml eines *trockenen Weines* werden in einen 125 ml-Meßkolben gefüllt, (a — 0,5) ml n-Natronlauge (a = ml 0,1 n-Natronlauge, die 10 ml Wein neutralisieren) zugefügt und unter Schütteln mit 5 ml Bleiacetatlösung und 1 g Calciumcarbonat versetzt. Nach 15 min wird bis zur Marke aufgefüllt, noch 0,6 ml Wasser zugegeben, gemischt und filtriert.

1 ml Filtrat entsprechen 0,8 ml Wein.

Von *Mosten* und *Mistellen, Süßweinen* und *süßlichen Weinen* werden die oben angegebenen Mengen der Verdünnungen bzw. des unverdünnten Weines in einen 100 ml-Meßkolben mit 0,5 g Calciumcarbonat, etwa 60 ml Wasser und 0,5, 1 bzw. 2 ml neutraler Bleiacetatlösung versetzt. Es wird gut durchgemischt und 15 min stehengelassen. Nach dem Auffüllen bis zur Marke werden noch 0,2 ml Wasser zugefügt und filtriert.

1 ml Filtrat entspricht 0,01 ml Most oder Mistelle, 0,04 ml Süßwein bzw. 0,20 ml süßlichem Wein.

### γ) Klärung des Weines durch basisches Bleiacetat

*Reagentien:*

Basische Bleiacetatlösung: 300 g neutrales Bleiacetat und 170 g Bleioxid werden mit 700 ml Wasser versetzt. Der Ansatz wird mehrere Tage stehengelassen und von Zeit zu Zeit geschüttelt. Die abfiltrierte Lösung muß eine Dichte von 1,32 aufweisen.

0,1 n-Essigsäure

7,6%ige wäßrige Dinatriumhydrogenphosphatlösung.

*Durchführung der Klärung:*

100 ml eines *trockenen Weines* werden in einen 125 ml-Meßkolben gefüllt, (a — 0,5) ml n-Natronlauge (a = ml 0,1 n-Natronlauge, die 10 ml Wein neutralisieren) zugefügt und unter Schütteln mit 5 ml 0,1 n-Essigsäure und 5 ml basischer Bleiacetatlösung versetzt. Nach 15 min Reaktionszeit werden 10 ml einer 7,6%igen Dinatriumhydrogenphosphatlösung zugesetzt. Es wird umgeschüttelt, mit Wasser bis nahe zur Eichmarke ergänzt, nochmals gemischt und 15 min stehengelassen. Dann wird bis zur Marke aufgefüllt und filtriert.

1 ml Filtrat entspricht 0,8 ml Wein.

Bei der Klärung von *Mosten, Mistellen, Süßweinen* und *süßlichen Weinen* wird wie unter β) verfahren.

Diese Methode entspricht im Prinzip der unter D. IV. 2. a) α) und β) angegebenen Arbeitsweise.

### δ) Klärung des Weines durch Carrez-Lösung

Dieses Verfahren soll nur für Weißweine, für hellfarbige Süßweine und Moste verwendet werden und unterscheidet sich nicht von der unter D. IV. 1. a) α) angegebenen Methode.

## b) Bestimmung der reduzierenden Zucker

Das gewählte Bestimmungsverfahren ist mittels folgender Invertzucker-Maßlösung (10 g/l) zu überprüfen:

9,5 g Saccharose, reinst, trocken, werden in etwa 100 ml Wasser gelöst und mit 5 ml Salzsäure (D 1,19) invertiert. Nach 7 Tagen bei 10—15° C oder nach 3 Tagen bei 20—25° C ist die Saccharose vollständig hydrolysiert. Die Lösung wird bei 20° C auf 1 l aufgefüllt.

Die Inversion kann dadurch beschleunigt werden, daß die angesäuerte Saccharoselösung in einem 200 ml-Kolben in einem 60° C warmen Wasserbad auf 50° C erwärmt und 15 min auf dieser Temperatur gehalten wird. Nach $^1/_2$ Std Abkühlen bei Raumtemperatur wird der Kolben mit kaltem Wasser weiter abgekühlt, die Lösung in einen 1 l-Meßkolben gebracht und bei 20° C bis zur Marke aufgefüllt. Für die Überprüfung des Zuckerbestimmungsverfahrens wird durch Verdünnen eine Reihe von Lösungen verschiedener Konzentration hergestellt.

## α) Wägung als Kupfer(II)-oxid (Bezugsmethode)

Durchführung der Bestimmung und Berechnung sind identisch mit der von der Analysenkommission des Bundesgesundheitsamtes ausgearbeiteten gewichtsanalytischen Bestimmungsmethode (vgl. D. IV. 2. b) und d).

## β) Manganometrische Methode (Bezugsmethode)

Dieses Verfahren stellt die Referenzmethode der offiziellen französischen Weinuntersuchungsvorschriften dar.

*Reagentien:*

Kupferlösung A: 40 g Kupfersulfat reinst ($CuSO_4 \cdot 5\ H_2O$) werden unter Zusatz von 2 ml reinster Schwefelsäure mit Wasser zu 1 l gelöst.

Alkalische Tartratlösung B: 200 g Seignettesalz und 150 g reinstes Natriumhydroxid werden mit Wasser zu 1 l gelöst.

Eisen(III)-sulfatlösung C: 50 g reinstes, trockenes Eisen(III)-sulfat werden unter Zugabe von 200 g reinster Schwefelsäure mit Wasser zu 1 l gelöst. Diese Lösung muß folgender Anforderung entsprechen: 30 ml Lösung C, 100 ml Wasser und 1 Tropfen Eisen(II)-orthophenan-

Tabelle 9

| KMnO$_4$ 0,1 n | Invertzucker | KMnO$_4$ 0,1 n | Invertzucker | KMnO$_4$ 0,1 n | Invertzucker | KMnO$_4$ 0,1 n | Invertzucker |
|---|---|---|---|---|---|---|---|
| (ml) | (mg) | (ml) | (mg) | (ml) | (mg) | (ml) | (mg) |
| 4,0 | 12,4 | 10,0 | 32,2 | 16,0 | 53,5 | 22,0 | 76,4 |
| 4,2 | 13,0 | 10,2 | 32,9 | 16,2 | 54,2 | 22,2 | 77,2 |
| 4,4 | 13,6 | 10,4 | 33,6 | 16,4 | 55,0 | 22,4 | 78,0 |
| 4,6 | 14,3 | 10,6 | 34,3 | 16,6 | 55,7 | 22,6 | 78,7 |
| 4,8 | 14,9 | 10,8 | 35,0 | 16,8 | 56,4 | 22,8 | 79,5 |
| 5,0 | 15,5 | 11,0 | 35,6 | 17,0 | 57,2 | 23,0 | 80,3 |
| 5,2 | 16,2 | 11,2 | 36,4 | 17,2 | 57,9 | 23,2 | 81,1 |
| 5,4 | 16,8 | 11,4 | 37,0 | 17,4 | 58,7 | 23,4 | 81,9 |
| 5,6 | 17,5 | 11,6 | 37,7 | 17,6 | 59,4 | 23,6 | 82,7 |
| 5,8 | 18,1 | 11,8 | 38,4 | 17,8 | 60,1 | 23,8 | 83,5 |
| 6,0 | 18,8 | 12,0 | 39,1 | 18,0 | 61,0 | 24,0 | 84,4 |
| 6,2 | 19,4 | 12,2 | 39,7 | 18,2 | 61,6 | 24,2 | 85,2 |
| 6,4 | 20,1 | 12,4 | 40,5 | 18,4 | 62,4 | 24,4 | 86,0 |
| 6,6 | 20,7 | 12,6 | 41,2 | 18,6 | 63,2 | 24,6 | 86,7 |
| 6,8 | 21,4 | 12,8 | 42,0 | 18,8 | 64,0 | 24,8 | 87,5 |
| 7,0 | 22,0 | 13,0 | 42,6 | 19,0 | 64,8 | 25,0 | 88,4 |
| 7,2 | 22,7 | 13,2 | 43,3 | 19,2 | 65,4 | 25,2 | 89,2 |
| 7,4 | 23,4 | 13,4 | 44,1 | 19,4 | 66,2 | 25,4 | 90,0 |
| 7,6 | 24,1 | 13,6 | 44,7 | 19,6 | 67,1 | 25,6 | 90,9 |
| 7,8 | 24,7 | 13,8 | 45,5 | 19,8 | 67,8 | 25,8 | 91,6 |
| 8,0 | 25,5 | 14,0 | 46,3 | 20,0 | 68,7 | 26,0 | 92,5 |
| 8,2 | 26,1 | 14,2 | 47,0 | 20,2 | 69,3 | 26,2 | 93,3 |
| 8,4 | 26,8 | 14,4 | 47,6 | 20,4 | 70,1 | 26,4 | 94,1 |
| 8,6 | 27,5 | 14,6 | 48,4 | 20,6 | 70,9 | 26,6 | 95,0 |
| 8,8 | 28,1 | 14,8 | 49,1 | 20,8 | 71,6 | 26,8 | 95,8 |
| 9,0 | 28,8 | 15,0 | 49,8 | 21,0 | 72,4 | 27,0 | 96,6 |
| 9,2 | 29,5 | 15,2 | 50,5 | 21,2 | 73,2 | 27,2 | 97,3 |
| 9,4 | 30,1 | 15,4 | 51,3 | 21,4 | 74,1 | 27,4 | 98,2 |
| 9,6 | 30,8 | 15,6 | 52,1 | 21,6 | 74,9 | 27,6 | 99,1 |
| 9,8 | 31,5 | 15,8 | 52,7 | 21,8 | 75,6 | 27,8 | 99,9 |

throlinlösung werden in ein Becherglas gegeben. Diese Mischung muß gelb-grün sein und ein einziger Tropfen 0,1 n-Kaliumpermanganatlösung muß genügen, um eine rein grüne Färbung hervorzurufen. Zur Lösung C wird nun soviel 0,1 n-Kaliumpermanganatlösung gegeben, wie sich im Vorversuch als notwendig erwiesen hat. Für 1 l Lösung C werden im allgemeinen 1—3 ml 0,1 n-Kaliumpermanganatlösung benötigt.

0,1 n-Kaliumpermanganatlösung.

*Durchführung der Bestimmung:*

In einem 300 ml-Erlenmeyerkolben werden 20 ml Kupferlösung A, 20 ml alkalische Tartratlösung B und 20 ml Zuckerlösung, die nicht mehr als 100 mg reduzierende Zucker enthalten dürfen, 3 min am Rückfluß gekocht. Der Kolben wird sofort in kaltem Wasser gekühlt und der Niederschlag in einem Asbestfiltertiegel gesammelt. Der im Erlenmeyerkolben verbliebene Kupfer(I)-oxid-Niederschlag wird dreimal mit 20 ml ausgekochtem kalten Wasser gewaschen und schließlich mit 30 ml Eisen(III)-lösung C auf das Filter gebracht. Jetzt wird der Asbest mit dem Niederschlag in dieser Eisen(III)-lösung C suspendiert und das Kupfer(I)-oxid vollständig gelöst. Durch schwaches Saugen wird die teilweise reduzierte Eisen(III)-lösung C in einer Saugflasche gesammelt. Das verwendete Filter und das zur Lösung des Kupfer(I)-oxid-Niederschlages dienende Gefäß werden fünfmal mit je 20 ml Wasser nachgewaschen und das Filtrat schließlich mit 1 Tropfen Eisen(II)-orthophenanthrolinlösung versetzt.

Das entstandene Eisen(II) wird durch Titration mit 0,1 n-Kaliumpermanganatlösung bestimmt. Der Endpunkt der Titration ist erreicht, wenn die orangegrüne Färbung auf reines Grün umschlägt.

Die in der Untersuchungsflüssigkeit enthaltene Zuckermenge wird aus der Tab. 9 ermittelt.

## γ) Wägung als Kupfer(I)-oxid-Niederschlag

*Reagentien:*

Kupferlösung: 69,26 g Kupfersulfat reinst ($CuSO_4 \cdot 5 H_2O$) werden mit Wasser zu 1 l gelöst.

Alkalische Tartratlösung: 346 g Seignettesalz und 103,2 g Natriumhydroxid, reinst, werden mit Wasser zu 1 l gelöst.

*Durchführung der Bestimmung:*

In einem 400 ml-Becherglas werden 25 ml Kupferlösung, 25 ml alkalische Tartratlösung und ein weniger als 200 mg reduzierende Zucker enthaltendes Volumen der geklärten Untersuchungsflüssigkeit mit Wasser auf 100 ml ergänzt.

Das Becherglas wird mit einem Uhrglas bedeckt und auf einem Drahtnetz mit Asbestringblende rasch zum Sieden erhitzt und genau 2 min im Sieden gehalten. Durch Verdünnen mit kaltem Wasser wird rasch abgekühlt und gleich anschließend durch einen gewogenen Glasfiltertiegel 1 G 4 filtriert. Das Becherglas wird mit warmem Wasser ausgespült und der Niederschlag schließlich mit Alkohol und Äther gewaschen. Der Tiegel wird 2 min im Trockenschrank bei 100° C getrocknet und nach dem Abkühlen im Exsiccator gewogen.

Die als Invertzucker *anzugebende* Zuckermenge der Probenlösung wird mit Hilfe der folgenden Tab. 10 aus dem Gewicht des Kupfer(I)-oxid-Niederschlages ermittelt.

*Dieses gebräuchliche Verfahren kann zur Bezugsmethode ausgebaut werden, indem das Kupfer durch Elektrolyse an der Kathode abgeschieden und gewogen wird.*

Dazu wird der 30 min getrocknete Kupfer(I)-oxid-Niederschlag durch Waschen des Filtertiegels mit wenigstens 50 ml warmer Schwefelsäure/-Salpetersäure-Lösung (65 ml Schwefelsäure [1,84] und 50 ml Salpetersäure [1,4] mit Wasser zu 1 l aufgefüllt) gelöst. Die Lösung wird in einem Becherglas gesammelt.

Zwei Platinelektroden (Kathode vorher geglüht und gewogen) werden in die Lösung getaucht, die notfalls mit Wasser ergänzt wird, so daß die Elektroden von der Flüssigkeit vollständig bedeckt werden. Mit 0,1 $A/dm^2$ wird nun ein elektrischer Strom durch die Elektroden gegeben. Die Elektrolyse wird beendet, wenn ein Probetropfen der Lösung mit 1 Tropfen Kaliumcyanoferrat(II)-Lösung weder eine Färbung noch einen Niederschlag zeigt. Ohne den Stromfluß zu unterbrechen, werden die Elektroden in Wasser und 95%igen Alkohol getaucht. Die mit Kupfer überzogene Kathode wird bei 105° C 10 min getrocknet und nach dem Erkalten im Exsiccator gewogen.

Die in der Probelösung enthaltene Zuckermenge, ausgedrückt als Invertzucker, wird aus dem abgeschiedenen Kupfer anhand der Tab. 43—012 der „Official Methods of Analysis of the Association of Official Agricultural Chemists" (9. Ausgabe 1960, S. 726) ermittelt.

Wenn die Zuckerlösung keine Saccharose enthält, verwendet man Spalte 1. Ist Saccharose vorhanden, bestimmt man den Gesamtzuckergehalt und bezieht sich auf die Spalten 2, 3 oder 4, je nachdem die Menge etwa 0,3, 0,4 oder 2 g beträgt.

**Tabelle 10.** *Gewichtsanalytische Invertzuckerbestimmung aus der gewogenen Menge Kupfer(I)-Oxid*

| Tafel-differenz | Interpolations-Tabelle | | |
|---|---|---|---|
| | 0,4 | 0,5 | 0,6 |
| 0,1 | 0,0 | 0,0 | 0,1 |
| 0,2 | 0,1 | 0,1 | 0,1 |
| 0,3 | 0,1 | 0,2 | 0,2 |
| 0,4 | 0,2 | 0,2 | 0,2 |
| 0,5 | 0,2 | 0,2 | 0,3 |
| 0,6 | 0,2 | 0,3 | 0,4 |
| 0,7 | 0,3 | 0,4 | 0,4 |
| 0,8 | 0,3 | 0,4 | 0,5 |
| 0,9 | 0,4 | 0,4 | 0,5 |

(Spalte links außen: Zusatzkorrekturwert)

| Kupfer(I)-oxid | Invert-zucker | Fructose | Glucose |
|---|---|---|---|
| 10 | 4,5 | 4,7 | 4,3 |
| 11 | 4,9 | 5,2 | 4,7 |
| 12 | 5,4 | 5,7 | 5,1 |
| 13 | 5,8 | 6,1 | 5,5 |
| 14 | 6,3 | 6,6 | 6.0 |
| 15 | 6,7 | 7,1 | 6,4 |
| 16 | 7,2 | 7,6 | 6,8 |
| 17 | 7,6 | 8,0 | 7,3 |
| 18 | 8,1 | 8,5 | 7,7 |
| 19 | 8,5 | 9,0 | 8,1 |
| 20 | 9,0 | 9,5 | 8,5 |
| 21 | 9,4 | 9,9 | 9,0 |
| 22 | 9,9 | 10,4 | 9,4 |
| 23 | 10,3 | 10,9 | 9,8 |
| 24 | 10,8 | 11,4 | 10,3 |
| 25 | 11,2 | 11,8 | 10,7 |
| 26 | 11,7 | 12,3 | 11,1 |
| 27 | 12,1 | 12,8 | 11,6 |
| 28 | 12,6 | 13,3 | 12,0 |
| 29 | 13,0 | 13,7 | 12,4 |
| 30 | 13,5 | 14,2 | 12,8 |
| 31 | 13,9 | 14,7 | 13,3 |
| 32 | 14,4 | 15,2 | 13,7 |
| 33 | 14,8 | 15,7 | 14,1 |
| 34 | 15,3 | 16,1 | 14,6 |
| 35 | 15,8 | 16,6 | 15,0 |
| 36 | 16,2 | 17,1 | 15,4 |
| 37 | 16,7 | 17,6 | 15,9 |
| 38 | 17,1 | 18,0 | 16,3 |
| 39 | 17,6 | 18,5 | 16,7 |
| 40 | 18,0 | 19,0 | 17,2 |
| 41 | 18,5 | 19,5 | 17,6 |
| 42 | 18,9 | 19,9 | 18,0 |
| 43 | 19,4 | 20,4 | 18,4 |
| 44 | 19,8 | 20,9 | 18,9 |
| 45 | 20,3 | 21,4 | 19,3 |
| 46 | 20,8 | 21,9 | 19,8 |
| 47 | 21,2 | 22,3 | 20,2 |
| 48 | 21,7 | 22,8 | 20,6 |
| 49 | 22,1 | 23,3 | 21,1 |
| 50 | 22,6 | 23,8 | 21,5 |

| Kupfer(I)-oxid | Invert-zucker | Fructose | Glucose |
|---|---|---|---|
| 51 | 23,0 | 24,2 | 21,9 |
| 52 | 23,5 | 24,7 | 22,4 |
| 53 | 24,0 | 25,2 | 22,8 |
| 54 | 24,4 | 25,7 | 23,2 |
| 55 | 24,9 | 26,2 | 23,7 |
| 56 | 25,3 | 26,6 | 24,1 |
| 57 | 25,8 | 27,1 | 24,5 |
| 58 | 26,2 | 27,6 | 25,0 |
| 59 | 26,7 | 28,1 | 25,4 |
| 60 | 27,2 | 28,6 | 25,8 |
| 61 | 27,6 | 29,1 | 26,3 |
| 62 | 28,1 | 29,5 | 26,7 |
| 63 | 28,5 | 30,0 | 27,2 |
| 64 | 29,0 | 30,5 | 27,6 |
| 65 | 29,4 | 31,0 | 28,0 |
| 66 | 29,9 | 31,5 | 28,5 |
| 67 | 30,4 | 31,9 | 28,9 |
| 68 | 30,8 | 32,4 | 29,3 |
| 69 | 31,3 | 32,9 | 29,8 |
| 70 | 31,7 | 33,4 | 30,2 |
| 71 | 32,2 | 33,9 | 30,6 |
| 72 | 32,7 | 34,3 | 31,1 |
| 73 | 33,1 | 34,8 | 31,5 |
| 74 | 33,6 | 35,3 | 32,0 |
| 75 | 34,0 | 35,8 | 32,4 |
| 76 | 34,5 | 36,3 | 32,8 |
| 77 | 35,0 | 36,8 | 33,3 |
| 78 | 35,4 | 37,2 | 33,7 |
| 79 | 35,9 | 37,7 | 34,2 |
| 80 | 36,3 | 38,2 | 34,6 |
| 81 | 36,8 | 38,7 | 35,0 |
| 82 | 37,3 | 39,2 | 35,5 |
| 83 | 37,7 | 39,7 | 35,9 |
| 84 | 38,2 | 40,2 | 36,4 |
| 85 | 38,7 | 40,6 | 36,8 |
| 86 | 39,1 | 41,1 | 37,2 |
| 87 | 39,6 | 41,6 | 37,7 |
| 88 | 40,0 | 42,1 | 38,1 |
| 89 | 40,5 | 42,6 | 38,6 |
| 90 | 41,0 | 43,1 | 39,0 |
| 91 | 41,4 | 43,5 | 39,5 |
| 92 | 41,9 | 44,0 | 39,9 |
| 93 | 42,4 | 44,5 | 40,3 |
| 94 | 42,8 | 45,0 | 40,8 |
| 95 | 43,3 | 45,5 | 41,2 |
| 96 | 43,8 | 46,0 | 41,7 |
| 97 | 44,2 | 46,5 | 42,1 |
| 98 | 44,7 | 46,9 | 42,6 |
| 99 | 45,2 | 47,4 | 43,0 |
| 100 | 45,6 | 47,9 | 43,4 |
| 101 | 46,1 | 48,4 | 43,9 |
| 102 | 46,6 | 48,9 | 44,3 |
| 103 | 47,0 | 49,4 | 44,8 |
| 104 | 47,5 | 49,9 | 45,2 |
| 105 | 48,0 | 50,4 | 45,7 |

Tabelle 10 (Fortsetzung)

| Kupfer(I)-oxid | Invert-zucker | Fructose | Glucose | Kupfer(I)-oxid | Invert-zucker | Fructose | Glucose |
|---|---|---|---|---|---|---|---|
| 106 | 48,4 | 50,8 | 46,1 | 161 | 74,4 | 77,9 | 70,9 |
| 107 | 48,9 | 51,3 | 46,6 | 162 | 74,9 | 78,4 | 71,4 |
| 108 | 49,3 | 51,8 | 47,0 | 163 | 75,3 | 78,9 | 71,9 |
| 109 | 49,8 | 52,3 | 47,5 | 164 | 75,8 | 79,4 | 72,3 |
| 110 | 50,3 | 52,8 | 47,9 | 165 | 76,3 | 79,9 | 72,8 |
| 111 | 50,7 | 53,3 | 48,3 | 166 | 76,8 | 80,4 | 73,2 |
| 112 | 51,2 | 53,8 | 48,8 | 167 | 77,3 | 80,9 | 73,7 |
| 113 | 51,7 | 54,3 | 49,2 | 168 | 77,7 | 81,4 | 74,1 |
| 114 | 52,2 | 54,8 | 49,7 | 169 | 78,2 | 81,9 | 74,6 |
| 115 | 52,6 | 55,2 | 50,1 | 170 | 78,7 | 82,4 | 75,1 |
| 116 | 53,1 | 55,7 | 50,6 | 171 | 79,2 | 82,9 | 75,5 |
| 117 | 53,6 | 56,2 | 51,0 | 172 | 79,6 | 83,4 | 76,0 |
| 118 | 54,0 | 56,7 | 51,5 | 173 | 80,1 | 83,9 | 76,4 |
| 119 | 54,5 | 57,2 | 51,9 | 174 | 80,6 | 84,4 | 76,9 |
| 120 | 55,0 | 57,7 | 52,4 | 175 | 81,1 | 84,9 | 77,4 |
| 121 | 55,4 | 58,2 | 52,8 | 176 | 81,6 | 85,4 | 77,8 |
| 122 | 55,9 | 58,7 | 53,3 | 177 | 82,0 | 85,9 | 78,3 |
| 123 | 56,4 | 59,2 | 53,7 | 178 | 82,5 | 86,4 | 78,7 |
| 124 | 56,8 | 59,6 | 54,2 | 179 | 83,0 | 86,9 | 79,2 |
| 125 | 57,3 | 60,1 | 54,6 | 180 | 83,5 | 87,4 | 79,7 |
| 126 | 57,8 | 60,6 | 55,1 | 181 | 84,0 | 87,9 | 80,1 |
| 127 | 58,3 | 61,1 | 55,5 | 182 | 84,5 | 88,4 | 80,6 |
| 128 | 58,7 | 61,6 | 56,0 | 183 | 84,9 | 88,9 | 81,0 |
| 129 | 59,2 | 62,1 | 56,4 | 184 | 85,4 | 89,4 | 81,5 |
| 130 | 59,7 | 62,6 | 56,9 | 185 | 85,9 | 89,9 | 82,0 |
| 131 | 60,1 | 63,1 | 57,3 | 186 | 86,4 | 90,4 | 82,4 |
| 132 | 60,6 | 63,6 | 57,8 | 187 | 86,9 | 90,9 | 82,9 |
| 133 | 61,1 | 64,1 | 58,2 | 188 | 87,4 | 91,4 | 83,4 |
| 134 | 61,6 | 64,6 | 58,7 | 189 | 87,8 | 91,9 | 83,8 |
| 135 | 62,0 | 65,1 | 59,1 | 190 | 88,3 | 92,4 | 84,3 |
| 136 | 62,5 | 65,6 | 59,6 | 191 | 88,8 | 92,9 | 84,8 |
| 137 | 63,0 | 66,0 | 60,0 | 192 | 89,3 | 93,4 | 85,2 |
| 138 | 63,4 | 66,5 | 60,5 | 193 | 89,8 | 93,9 | 85,7 |
| 139 | 63,9 | 67,0 | 60,9 | 194 | 90,3 | 94,4 | 86,1 |
| 140 | 64,4 | 67,5 | 61,4 | 195 | 90,7 | 94,9 | 86,6 |
| 141 | 64,9 | 68,0 | 61,8 | 196 | 91,2 | 95,4 | 87,1 |
| 142 | 65,3 | 68,5 | 62,3 | 197 | 91,7 | 95,9 | 87,5 |
| 143 | 65,8 | 69,0 | 62,7 | 198 | 92,2 | 96,4 | 88,0 |
| 144 | 66,3 | 69,5 | 63,2 | 199 | 92,7 | 96,9 | 88,5 |
| 145 | 66,8 | 70,0 | 63,6 | 200 | 93,2 | 97,4 | 88,9 |
| 146 | 67,2 | 70,5 | 64,1 | 201 | 93,7 | 97,9 | 89,4 |
| 147 | 67,7 | 71,0 | 64,6 | 202 | 94,1 | 98,4 | 89,9 |
| 148 | 68,2 | 71,5 | 65,0 | 203 | 94,6 | 98,9 | 90,3 |
| 149 | 68,7 | 72,0 | 65,5 | 204 | 95,1 | 99,4 | 90,8 |
| 150 | 69,1 | 72,5 | 65,9 | 205 | 95,6 | 99,9 | 91,3 |
| 151 | 69,6 | 73,0 | 66,4 | 206 | 96,1 | 100,5 | 91,7 |
| 152 | 70,1 | 73,5 | 66,8 | 207 | 96,6 | 101,0 | 92,2 |
| 153 | 70,6 | 73,9 | 67,3 | 208 | 97,1 | 101,5 | 92,7 |
| 154 | 71,0 | 74,4 | 67,7 | 209 | 97,6 | 102,0 | 93,1 |
| 155 | 71,5 | 74,9 | 68,2 | 210 | 98,0 | 102,5 | 93,6 |
| 156 | 72,0 | 75,4 | 68,7 | 211 | 98,5 | 103,0 | 94,1 |
| 157 | 72,5 | 75,9 | 69,1 | 212 | 99,0 | 103,5 | 94,5 |
| 158 | 72,9 | 76,4 | 69,6 | 213 | 99,5 | 104,0 | 95,0 |
| 159 | 73,4 | 76,9 | 70,0 | 214 | 100,0 | 104,5 | 95,5 |
| 160 | 73,9 | 77,4 | 70,5 | 215 | 100,5 | 105,0 | 96,0 |

Tabelle 10 (Fortsetzung)

| Kupfer(I)-oxid | Invert-zucker | Fructose | Glucose | Kupfer(I)-oxid | Invert-zucker | Fructose | Glucose |
|---|---|---|---|---|---|---|---|
| 216 | 101,0 | 105,5 | 96,4 | 271 | 128,3 | 133,6 | 122,6 |
| 217 | 101,5 | 106,0 | 96,9 | 272 | 128,8 | 134,2 | 123,1 |
| 218 | 102,0 | 106,5 | 97,4 | 273 | 129,3 | 134,7 | 123,6 |
| 219 | 102,4 | 107,0 | 97,8 | 274 | 129,8 | 135,2 | 124,1 |
| 220 | 102,9 | 107,5 | 98,3 | 275 | 130,3 | 135,7 | 124,6 |
| 221 | 103,4 | 108,0 | 98,8 | 276 | 130,8 | 136,2 | 125,1 |
| 222 | 103,9 | 108,6 | 99,2 | 277 | 131,3 | 136,7 | 125,5 |
| 223 | 104,4 | 109,1 | 99,7 | 278 | 131,8 | 137,3 | 126,0 |
| 224 | 104,9 | 109,6 | 100,2 | 279 | 132,3 | 137,8 | 126,5 |
| 225 | 105,4 | 110,1 | 100,7 | 280 | 132,8 | 138,3 | 127,0 |
| 226 | 105,9 | 110,6 | 101,1 | 281 | 133,3 | 138,8 | 127,5 |
| 227 | 106,4 | 111,1 | 101,6 | 282 | 133,8 | 139,3 | 128,0 |
| 228 | 106,9 | 111,6 | 102,1 | 283 | 134,3 | 139,9 | 128,5 |
| 229 | 107,4 | 112,1 | 102,5 | 284 | 134,8 | 140,4 | 129,0 |
| 230 | 107,9 | 112,6 | 103,0 | 285 | 135,3 | 140,9 | 129,4 |
| 231 | 108,4 | 113,1 | 103,5 | 286 | 135,8 | 141,4 | 129,9 |
| 232 | 108,8 | 113,6 | 104,0 | 287 | 136,3 | 141,9 | 130,4 |
| 233 | 109,3 | 114,2 | 104,4 | 288 | 136,8 | 142,4 | 130,9 |
| 234 | 109,8 | 114,7 | 104,9 | 289 | 137,3 | 143,0 | 131,4 |
| 235 | 110,3 | 115,2 | 105,4 | 290 | 137,9 | 143,5 | 131,9 |
| 236 | 110,8 | 115,7 | 105,9 | 291 | 138,4 | 144,0 | 132,4 |
| 237 | 111,3 | 116,2 | 106,3 | 292 | 138,9 | 144,5 | 132,9 |
| 238 | 111,8 | 116,7 | 106,8 | 293 | 139,4 | 145,1 | 133,4 |
| 239 | 112,3 | 117,2 | 107,3 | 294 | 139,9 | 145,6 | 133,8 |
| 240 | 112,8 | 117,7 | 107,8 | 295 | 140,4 | 146,1 | 134,3 |
| 241 | 113,3 | 118,2 | 108,2 | 296 | 140,9 | 146,6 | 134,8 |
| 242 | 113,8 | 118,7 | 108,7 | 297 | 141,4 | 147,1 | 135,3 |
| 243 | 114,3 | 119,3 | 109,2 | 298 | 141,9 | 147,7 | 135,8 |
| 244 | 114,8 | 119,8 | 109,7 | 299 | 142,4 | 148,2 | 136,3 |
| 245 | 115,3 | 120,3 | 110,2 | 300 | 142,9 | 148,7 | 136,8 |
| 246 | 115,8 | 120,8 | 110,6 | 301 | 143,5 | 149,2 | 137,3 |
| 247 | 116,3 | 121,3 | 111,1 | 302 | 144,0 | 149,8 | 137,8 |
| 248 | 116,8 | 121,8 | 111,6 | 303 | 144,5 | 150,3 | 138,3 |
| 249 | 117,3 | 122,3 | 112,1 | 304 | 145,0 | 150,8 | 138,8 |
| 250 | 117,8 | 122,8 | 112,5 | 305 | 145,5 | 151,3 | 139,2 |
| 251 | 118,3 | 123,4 | 113,0 | 306 | 146,0 | 151,8 | 139,7 |
| 252 | 118,8 | 123,9 | 113,5 | 307 | 146,5 | 152,4 | 140,2 |
| 253 | 119,3 | 124,4 | 114,0 | 308 | 147,0 | 152,9 | 140,7 |
| 254 | 119,8 | 124,9 | 114,5 | 309 | 147,5 | 153,4 | 141,2 |
| 255 | 120,3 | 125,4 | 114,9 | 310 | 148,1 | 153,9 | 141,7 |
| 256 | 120,8 | 125,9 | 115,4 | 311 | 148,6 | 154,5 | 142,2 |
| 257 | 121,3 | 126,4 | 115,9 | 312 | 149,1 | 155,0 | 142,7 |
| 258 | 121,8 | 126,9 | 116,4 | 313 | 149,6 | 155,5 | 143,2 |
| 259 | 122,3 | 127,5 | 116,9 | 314 | 150,1 | 156,0 | 143,7 |
| 260 | 122,8 | 128,0 | 117,3 | 315 | 150,6 | 156,6 | 144,2 |
| 261 | 123,3 | 128,5 | 117,8 | 316 | 151,1 | 157,1 | 144,7 |
| 262 | 123,8 | 129,0 | 118,3 | 317 | 151,6 | 157,6 | 145,2 |
| 263 | 124,3 | 129,5 | 118,8 | 318 | 152,2 | 158,1 | 145,7 |
| 264 | 124,8 | 130,0 | 119,3 | 319 | 152,7 | 158,7 | 146,2 |
| 265 | 125,3 | 130,6 | 119,7 | 320 | 153,2 | 159,2 | 146,7 |
| 266 | 125,8 | 131,1 | 120,2 | 321 | 153,7 | 159,7 | 147,2 |
| 267 | 126,3 | 131,6 | 120,7 | 322 | 154,2 | 160,2 | 147,7 |
| 268 | 126,8 | 132,1 | 121,2 | 323 | 154,7 | 160,8 | 148,2 |
| 269 | 127,3 | 132,6 | 121,7 | 324 | 155,3 | 161,3 | 148,7 |
| 270 | 127,8 | 133,1 | 122,2 | 325 | 155,8 | 161,8 | 149,2 |

Tabelle 10 (Fortsetzung)

| Kupfer(I)-oxid | Invert-zucker | Fructose | Glucose | Kupfer(I)-oxid | Invert-zucker | Fructose | Glucose |
|---|---|---|---|---|---|---|---|
| 326 | 156,3 | 162,4 | 149,7 | 376 | 182,4 | 189,0 | 175,0 |
| 327 | 156,8 | 162,9 | 150,2 | 377 | 183,0 | 189,5 | 175,5 |
| 328 | 157,3 | 163,4 | 150,7 | 378 | 183,5 | 190,1 | 176,0 |
| 329 | 157,8 | 163,9 | 151,2 | 379 | 184,0 | 190,6 | 176,5 |
| 330 | 158,4 | 164,5 | 151,7 | 380 | 184,6 | 191,1 | 177,0 |
| 331 | 158,9 | 165,0 | 152,2 | 381 | 185,1 | 191,7 | 177,5 |
| 332 | 159,4 | 165,5 | 152,7 | 382 | 185,6 | 192,2 | 178,1 |
| 333 | 159,9 | 166,0 | 153,2 | 383 | 186,2 | 192,8 | 178,6 |
| 334 | 160,4 | 166,6 | 153,7 | 384 | 186,7 | 193,3 | 179,1 |
| 335 | 160,9 | 167,1 | 154,2 | 385 | 187,2 | 193,8 | 179,6 |
| 336 | 161,5 | 167,6 | 154,7 | 386 | 187,8 | 194,4 | 180,1 |
| 337 | 162,0 | 168,2 | 155,2 | 387 | 188,3 | 194,9 | 180,6 |
| 338 | 162,5 | 168,7 | 155,7 | 388 | 188,8 | 195,4 | 181,2 |
| 339 | 163,0 | 169,2 | 156,2 | 389 | 189,4 | 196,0 | 181,7 |
| 340 | 163,5 | 169,8 | 156,7 | 390 | 189,9 | 196,5 | 182,2 |
| 341 | 164,1 | 170,3 | 157,2 | 391 | 190,4 | 197,1 | 182,7 |
| 342 | 164,6 | 170,8 | 157,7 | 392 | 191,0 | 197,6 | 183,2 |
| 343 | 165,1 | 171,4 | 158,2 | 393 | 191,5 | 198,2 | 183,8 |
| 344 | 165,6 | 171,9 | 158,7 | 394 | 192,0 | 198,7 | 184,3 |
| 345 | 166,2 | 172,4 | 159,2 | 395 | 192,6 | 199,2 | 184,8 |
| 346 | 166,7 | 173,0 | 159,7 | 396 | 193,1 | 199,8 | 185,3 |
| 347 | 167,2 | 173,5 | 160,2 | 397 | 193,6 | 200,3 | 185,8 |
| 348 | 167,7 | 174,0 | 160,7 | 398 | 194,2 | 200,9 | 186,4 |
| 349 | 168,2 | 174,5 | 161,2 | 399 | 194,7 | 201,4 | 186,9 |
| 350 | 168,8 | 175,1 | 161,7 | 400 | 195,3 | 202,0 | 187,4 |
| 351 | 169,3 | 175,6 | 162,2 | 401 | 195,8 | 202,5 | 187,9 |
| 352 | 169,8 | 176,1 | 162,7 | 402 | 196,3 | 203,0 | 188,4 |
| 353 | 170,3 | 176,7 | 163,2 | 403 | 196,9 | 303,6 | 189,0 |
| 354 | 170,9 | 177,2 | 163,7 | 404 | 197,4 | 204,1 | 189,5 |
| 355 | 171,4 | 177,7 | 164,2 | 405 | 198,0 | 204,7 | 190,0 |
| 356 | 171,9 | 178,3 | 164,8 | 406 | 198,5 | 205,2 | 190,5 |
| 357 | 172,4 | 178,8 | 165,3 | 407 | 199,0 | 205,8 | 191,1 |
| 358 | 173,0 | 179,3 | 165,8 | 408 | 199,6 | 206,3 | 191,6 |
| 359 | 173,5 | 179,9 | 166,3 | 409 | 200,1 | 206,9 | 192,1 |
| 360 | 174,0 | 180,4 | 166,8 | 410 | 200,6 | 207,4 | 192,6 |
| 361 | 174,5 | 180,9 | 167,3 | 411 | 201,2 | 207,9 | 193,1 |
| 362 | 175,1 | 181,5 | 167,8 | 412 | 201,7 | 208,5 | 193,7 |
| 363 | 175,6 | 182,0 | 168,3 | 413 | 202,3 | 209,0 | 194,2 |
| 364 | 176,1 | 182,5 | 168,8 | 414 | 202,8 | 209,6 | 194,7 |
| 365 | 176,6 | 183,1 | 169,3 | 415 | 203,4 | 210,1 | 195,2 |
| 366 | 177,2 | 183,6 | 169,8 | 416 | 203,9 | 210,7 | 195,8 |
| 367 | 177,7 | 184,2 | 170,4 | 417 | 204,4 | 211,2 | 196,3 |
| 368 | 178,2 | 184,7 | 170,9 | 418 | 205,0 | 211,8 | 196,8 |
| 369 | 178,7 | 185,2 | 171,4 | 419 | 205,5 | 212,3 | 197,4 |
| 370 | 179,3 | 185,8 | 171,9 | 420 | 206,1 | 212,9 | 197,9 |
| 371 | 179,8 | 186,3 | 172,4 | 421 | 206,6 | 213,4 | 198,4 |
| 372 | 180,3 | 186,8 | 172,9 | 422 | 207,2 | 214,0 | 198,9 |
| 373 | 180,9 | 187,4 | 173,4 | 423 | 207,7 | 214,5 | 199,5 |
| 374 | 181,4 | 187,9 | 173,9 | 424 | 208,2 | 215,0 | 200,0 |
| 375 | 181,9 | 188,4 | 174,4 | 425 | 208,8 | 215,6 | 200,5 |

### δ) Komplexometrische Bestimmung des Kupfer(I)-oxid-Niederschlages

*Reagentien:*

Alkalische Kupferlösung: 25 g Kupfersulfat, reinst ($CuSO_4 \cdot 5\ H_2O$) 37,22 g Komplexon III, 286 g Natriumcarbonat, krist. Das Kupfersulfat wird in 100 ml, das Komplexon III in 250 ml und das Natriumcarbonat in 300 ml warmem Wasser gelöst. Zunächst wird die Komplexonlösung mit der Carbonatlösung gemischt und dann die Kupfersulfatlösung unter Rühren zugefügt. Es wird auf 1 l ergänzt und nach einigen Tagen filtriert.

Etwa n-Salpetersäure: 7 ml Salpetersäure [1,4] werden mit Wasser auf 100 ml aufgefüllt.

Etwa n-Ammoniak: 7,5 ml Ammoniak [0,92] werden mit Wasser auf 100 ml aufgefüllt.

0,02 m-Komplexon(III)-Lösung: 7,444 g Komplexon werden mit Wasser zu 1 l gelöst.

Murexid-Indicator: 1 g Murexid wird im Mörser mit 100 g Kochsalz verrieben. Pro Bestimmung werden 10—30 mg verwendet.

*Durchführung der Bestimmung:*

10 ml alkalische Kupferlösung und 10 ml der geklärten Untersuchungsflüssigkeit, die 2,5—3,5 mg Invertzucker enthalten, werden in einen 200 ml-Erlenmeyerkolben gegeben. Als Siedestein wird eine Glaskugel zugefügt.

Der Kolben wird auf einen Pyrexglasring von 55 mm ⌀ gestellt, der auf einer Asbestplatte mit einer 45 mm großen ringförmigen Öffnung liegt, und so unter Rückfluß erhitzt, daß die Lösung binnen 2 min siedet. Nach einer Kochzeit von genau 10 min wird rasch abgekühlt, indem durch den Rückflußkühler 20—25 ml kaltes Wasser in den Kolben gegeben werden. Die Flamme wird entfernt, das untere Ende des Kühlers mit einigen Tropfen Wasser abgespült und der Kolben in kaltem Wasser gekühlt.

Der Niederschlag wird in einem Filtertiegel gesammelt und mit kaltem Wasser gewaschen. Das Filtrat wird verworfen. Der Niederschlag wird mit 3—6 Tropfen konz. Salpetersäure gelöst, in dem benutzten Erlenmeyerkolben werden 5 ml etwa n-Salpetersäure erhitzt und die siedende Flüssigkeit nach Umschwenken durch den Filtertiegel gesaugt. Mit Wasser wird mehrmals nachgewaschen.

In die erkaltete Lösung wird bis zum Auftreten eines Niederschlages etwa n-Ammoniak gegossen und dann noch 5—10 ml n-Ammoniak zugefügt. Die Lösung muß klar sein.

Die Lösung wird mit 250 ml Wasser und 10—30 mg Murexid-Indicator versetzt und mit 0,02 m-Komplexon(III)-Lösung bis zum Farbumschlag von Grünlichgelb auf Purpurblau titriert.

Wurden n ml Komplexon(III)-Lösung verbraucht, so läßt sich der Invertzuckergehalt der Probenlösung mittels der folgenden Tab. 11 berechnen:

Tabelle 11. *Berechnung des Invertzuckergehaltes nach der komplexometrischen Bestimmungsmethode*

| n | Fructose | Glucose |
|---|---|---|
| 2,5— 5 | 0,736 n + 0,24 | 0,700 n + 0,52 |
| 5 —10 | 0,756 n + 0,14 | 0,742 n + 0,31 |
| | Invertzucker | Invertzucker |
| 10 —15 | 0,783 n — 0,11 | 0,783 n — 0,11 |
| 15 —20 | 0,803 n — 0,42 | 0,803 n — 0,42 |
| 20 —25 | 0,822 n — 0,80 | 0,822 n — 0,80 |
| 25 —30 | 0,838 n — 1,20 | 0,838 n — 1,20 |
| 30 —35 | 0,901 n — 3,07 | 0,901 n — 3,07 |
| 35 —40 | 0,946 n — 4,66 | 0,946 n — 4,66 |

### ε) Jodometrische Bestimmung der überschüssigen Kupferionen

Dieses Verfahren ist identisch mit der maßanalytischen Bestimmungsmethode nach LUFF-SCHOORL, die von der Analysenkommission des Bundesgesundheitsamtes zur Ergänzung der Allgemeinen Verwaltungsvorschrift von 1960 vorgeschlagen wurde und im Abschnitt D. IV. 1. ausführlich beschrieben ist.

### ζ) Colorimetrische Bestimmung der überschüssigen Kupferionen

*Reagentien:*

Kupferlösung A und alkalische Tartratlösung B vgl. manganometrische Bestimmungsmethode.

*Durchführung der Bestimmung:*

Um Zuckermengen von 0,5—4 g/l in der geklärten Untersuchungslösung zu bestimmen, wird folgendermaßen verfahren:

In einem mit Rückflußkühler versehenen Erlenmeyerkolben werden 20 ml Zuckerlösung, 20 ml Lösung A und 20 ml Lösung B zum Sieden erhitzt, welches 3 min unterhalten wird. Nach Kühlen in Eiswasser wird zentrifugiert und die optische Dichte der überstehenden

Flüssigkeit bei 630 nm gemessen. Zur Ermittlung des Zuckergehaltes dient eine Eichkurve (Gerade), die mit Hilfe von Verdünnungen der Invertzuckervergleichslösung 10 g/l erstellt wurde.

Die Eichkurve ist vom Meßgerät und vom Kupfertiter der Lösung A abhängig.

Die Methode läßt sich empfindlicher gestalten (0—1 g/l reduzierende Zucker), wenn 20 ml Probenlösung, 5 ml Lösung A und 5 ml Lösung B verwendet werden. In diesem Fall ist eine spezielle Eichkurve aufzustellen.

## 4. Enzymatisches Verfahren

Zum Mechanismus und zur Durchführung der enzymatischen Bestimmung von Glucose, Fructose und Saccharose wird auf das Werk von H. U. Bergmeyer (1962), die Veröffentlichungen von F. Drawert (1964), F. Drawert u. G. Kupfer (1965), H. H. Weichel (1965) und K. Möhler u. S. Looser (1967) hingewiesen.

## 5. Bestimmung der Polarisation

Der Nachweis für die Anwesenheit von Rohrzucker ist nur dann als erbracht anzusehen, wenn neben der maßanalytischen oder gravimetrischen Zuckerbestimmung auch das Ergebnis der Polarisationsmessung dafür spricht, und auch nur dann, wenn nach beiden Verfahren Rohrzuckerwerte von mindestens 2 g/l gefunden werden. Darüber hinaus soll Saccharose immer auch durch eine qualitative Prüfung nachgewiesen werden, wofür sich als geeignete Methode die Papierchromatographie bewährt hat (vgl. Ziffer 6).

*Prinzip der Polarisationsbestimmung:*

Es wird der in Kreisgraden anzugebende Winkel ermittelt, um den eine 200 mm lange Schicht einer unverdünnten, alkoholfreien, geklärten Zuckerlösung die Schwingungsebene eines polarisierten Lichtstrahls ablenkt. Die Messung wird auf das gelbe Natriumlicht bei einer Temperatur von 20° C bezogen und in Winkelgraden angegeben.

*Reagentien:*

0,25 bzw. 0,5 n-Alkalilauge
0,5 n-Essigsäure
Bleiessig: basische Blei(II)-acetatlösung (DAB). Bleiessig kann auch nach der bei der gewichtsanalytischen Bestimmung der Zucker angegebenen Vorschrift (vgl. Nr. 2) selbst hergestellt werden.
7,6%ige wässrige Lösung von Dinatriumhydrogenphosphat ($Na_2HPO_4 \cdot 12 H_2O$)
35—36%ige Salzsäure
20%ige Kaliumacetatlösung
Aktivkohle, z. B. „Clarocarbon F Aktivkohle Merck". Wird eine andere Kohle verwendet, so ist diese im bedeckten Porzellantiegel bei 600° C auszuglühen und auf ihre Reinheit und Brauchbarkeit zu prüfen.

*Geräte und Hilfsmittel:*

Polarimeter und Polarisationsrohre
Es sind nur Apparate zu verwenden, deren optische Bauart so vollkommen ist und deren Skala und Nonius so eingeteilt sind, daß die Beobachtungen mit einer Genauigkeit von mindestens 0,05 Kreisgraden angestellt werden können. Die Skala des Apparates und erforderlichenfalls die Längen der Beobachtungsröhren sind von Zeit zu Zeit auf ihre Richtigkeit zu prüfen. Die richtige Lage des Nullpunktes der Skala ermittelt man durch Einlegen eines mit reinem Wasser gefüllten Polarisationsrohres.

### a) Polarimetrische Prüfung von Erzeugnissen mit einem Zuckergehalt bis zu 100 g/l

100 ml der zu untersuchenden Flüssigkeit werden in eine Porzellanschale pipettiert und mit der aus dem Ergebnis der Gesamtsäurebestimmung errechneten Menge Alkalilauge neutralisiert. Die Flüssigkeit wird auf dem Wasserbad auf etwa $1/3$ ihres Volumens eingeengt und mit Wasser in ein 100 ml-Meßkölbchen übergespült. Nach dem Erkalten gibt man 5 ml 0,5 n-Essigsäure und 10 ml Bleiessig hinzu, schüttelt um und füllt mit Wasser bei 20° C zur Marke auf. 50 ml davon pipettiert man in ein 100 ml-Meßkölbchen, gibt 10 ml einer 7,6%igen wäßrigen Lösung von Dinatriumhydrogenphosphat hinzu, füllt bei 20° C bis zur

Marke auf, schüttelt kräftig um, filtriert durch ein trockenes Faltenfilter und bestimmt anschließend die Polarisation; der Drehungswinkel wird auf eine Schichtdicke von 200 mm bezogen und ist durch Multiplikation mit 2 auf die Konzentration der unverdünnten Probe umzurechnen.

Für die Bestimmung der *Polarisation nach Inversion* pipettiert man 40 ml dieser Lösung in ein 50 ml-Meßkölbchen und gibt 3 ml 35—36%ige Salzsäure hinzu. Man erhitzt sodann die Lösung in einem etwa 70° C warmem Wasserbad oder in einem Thermostaten innerhalb von $2^1/_2$ bis höchstens 5 min auf 67—70° C und hält diese Temperatur weiterhin genau 5 min unter häufigem Umschütteln des Meßkölbchens ein. Die Temperatur ist durch ein in das Meßkölbchen eingebrachtes Thermometer zu kontrollieren. Nach der Inversion wird rasch abgekühlt und bei 20° C bis zur Marke aufgefüllt. Sodann wird die Polarisation im 200 mm-Rohr bei 20° C bestimmt. Der abgelesene Drehungswinkel wird durch Multiplikation mit 2,5 auf die Konzentration der unverdünnten Probe umgerechnet.

## b) Polarimetrische Prüfung von Erzeugnissen mit einem Zuckergehalt von mehr als 100 g/l

*Polarimetrische Prüfung von Traubenmosten mit weniger als 5 g/l Alkohol*

50 ml Traubenmost mißt man in einem geeichten Meßkölbchen genau ab, bringt den Inhalt des Kölbchens unter Nachspülen mit Wasser in ein 100 ml-Meßkölbchen, neutralisiert mit der aus dem Ergebnis der Gesamtsäurebestimmung errechneten Menge Alkalilauge, gibt 5 ml 0,5 n-Essigsäure und 5 ml Bleiessig hinzu, schüttelt um, füllt mit Wasser bei 20° C bis zur Marke auf und verfährt weiter wie unter a) angegeben, jedoch mit dem Unterschied, daß nur 5 ml der 7,6%igen Dinatriumhydrogenphosphatlösung verwendet werden. Der abgelesene Drehungswinkel ist durch Multiplikation mit 4 (vor Inversion) beziehungsweise mit 5 (nach Inversion) auf die Konzentration der unverdünnten Probe umzurechnen.

*Polarimetrische Prüfung von Dessertweinen und Traubensäften mit mehr als 5 g/l Alkohol*

50 ml Dessertwein mißt man in einem geeichten Meßkölbchen bei 20° C genau ab, bringt den Inhalt des Kölbchens unter Nachspülen mit Wasser in eine Porzellanschale, neutralisiert mit der aus dem Ergebnis der Gesamtsäurebestimmung errechneten Menge Alkalilauge und engt die Flüssigkeit auf dem Wasserbad auf etwa $^1/_3$ ihres Volumens ein. Den Schaleninhalt spült man sodann mit Wasser in ein 100 ml-Meßkölbchen, gibt nach dem Erkalten 5 ml 0,5 n-Essigsäure und 5 ml Bleiessig hinzu und füllt bei 20° C mit Wasser bis zur Marke auf. 50 ml der filtrierten Lösung werden mit 5 ml 7,6%iger Dinatriumhydrogenphosphatlösung versetzt und bei 20° C auf 100 ml aufgefüllt. Zu der erneut filtrierten Lösung gibt man nötigenfalls zur weiteren Aufhellung 1,5 g Aktivkohle und filtriert nach 10 min[1].

Danach wird die Polarisation im 200 mm-Rohr bei 20° C bestimmt. Der Drehungswinkel ist durch Multiplikation mit 4 auf die Konzentration der unverdünnten Probe umzurechnen. Für die Bestimmung der Polarisation nach Inversion pipettiert man 40 ml der geklärten Lösung in ein 50 ml-Meßkölbchen und verfährt weiter wie unter a) angegeben. Der abgelesene Drehungswinkel ist durch Multiplikation mit 5 auf die Konzentration der unverdünnten Probe umzurechnen.

### c) Berechnung

Bezeichnet man mit $p_d$ die direkte Polarisation der untersuchten Flüssigkeit im 200 mm-Rohr und mit $p_i$ ihre Polarisation nach der Inversion, so ergibt sich der Gehalt an Rohrzucker in 1 l der untersuchten Flüssigkeit zu

$$x = 5,65 \cdot (p_d - p_i) \text{ g}$$

Der Rohrzuckergehalt ist in Gramm in 1 Liter (g/l) ohne Dezimalstelle anzugeben.

Die auf die unverdünnte Probe umzurechnenden Kreisgrade sind ebenfalls im Untersuchungsbefund anzugeben.

### d) Berechnung des Glucose-/Fructose-Verhältnisses

Aus der Gesamtmenge der reduzierenden Zucker einerseits und aus der Polarisation andererseits läßt sich das Verhältnis von Glucose zu Fructose berechnen, das bei der Beurteilung von mit Most, angegorenem Most oder gegorenem Most gesüßtem Wein von Bedeutung ist.

---

[1] Die Aktivkohle ist unbedingt auf ihre Brauchbarkeit zu prüfen, da bei Verwendung ungeeigneter Präparate Zuckerverluste auftreten können. Der Behandlung mit Aktivkohle ist die Messung in kürzeren Polarisationsrohren vorzuziehen.

Bezeichnet man mit
a den auf 1 l Wein bezogenen Glucosewert — berechnet aus dem Invertzuckergehalt · 0,95
p die gefundene direkte Polarisation des Weines,
so sind unter Berücksichtigung des Vorzeichens der Polarisation in 1 l Wein enthalten

$$0,37211 \cdot a - 3,5440 \cdot p \text{ g Fructose}$$
$$0,65915 \cdot a - 3,2463 \cdot p \text{ g Glucose}$$

*Bei rohrzuckerhaltigen Weinen* berechnet man zunächst nach den vorstehenden Formeln den Fructose- und Glucosegehalt des invertierten Weines, wobei für a und p jeweils die Werte nach der Hydrolyse einzusetzen sind, und subtrahiert davon die dem Rohrzuckergehalt entsprechende Fructose- und Glucosemenge.

Die direkte Bestimmung der Fructose neben anderen Kohlehydraten wird an anderer Stelle dieses Handbuches beschrieben, vgl. Bd. II, Teil 2, S. 395 ff.

# 6. Papierchromatographischer Nachweis der Zucker

## a) Nachweis von Saccharose

Wie bereits erwähnt, soll die quantitative Bestimmung von Saccharose durch die Zuckerbestimmung und die Polarisation vor und nach der Hydrolyse stets auch durch einen qualitativen Test untermauert werden. Hierfür bieten sich vor allem die Dünnschicht- und Papierchromatographie an, da diese Methoden genügend empfindlich sind, um einen Saccharosezusatz herunter bis zu 2 g/l sicher zu erfassen. A. AMATI u. Mitarb. veröffentlichten 1966 eine umfassende Arbeit über den dünnschichtchromatographischen Nachweis von Saccharose in Mosten.

α) *Eine Methode* von C. STELLA u. L. NICCOLAI (1966) *zum dünnschichtchromatographischen Nachweis von Saccharose in Most und Wein* wurde dem Internationalen Weinamt in Paris zur Überprüfung eingereicht. Das Prinzip dieser Methode besteht darin, daß bei der Erhitzung von Saccharose in saurem Milieu Hydroxymethylfurfurol entsteht, das mit Thiobarbitursäure eine gelb-orange Färbung ergibt. Die Thiobarbitursäure wird bereits dem Fließmittel zugesetzt. Im einzelnen wird folgendermaßen verfahren:

*Vorbereitung der Platten:*
*Beschichtung:* In einem Mörser werden 30 g Silicagel nach Stahl (Merck) sorgfältig mit 40 ml Wasser angerührt, dann nochmals 20 ml Wasser zur Erzielung einer guten Suspension zugegeben. Sobald die Suspension eine cremeartige Beschaffenheit zeigt, wird sie in das Streichgerät gegeben. Die angegebenen Mengen genügen für die Beschickung von 5 Platten der Größe 20 × 20 cm. Die Schichtdicke soll 400 μ betragen. Die Platten werden an der Luft getrocknet, bis ihre Oberfläche völlig undurchsichtig geworden ist, etwa nach 5 min.
*Aktivierung:* Die in einem Plattengestell befindlichen Platten werden in einem Trockenschrank 30 min auf 105° C erhitzt und dann bei Raumtemperatur abgekühlt und in einem mit Silicagel beschickten Exsiccator bis zum Gebrauch aufbewahrt.

*Fließ- und Entwicklungsflüssigkeit* (erst bei Gebrauch herzustellen):
a) Man mischt 6 Vol.-Teile mit Wasser gesättigtes Äthylacetat mit 3 Vol.-Teilen Eisessig, gibt 0,3% 2-Thiobarbitursäure und 5% krist. Trichloressigsäure zu.
Oder besser:
b) Zu einer Mischung aus wassergesättigtem Butanol und Eisessig (4:1 v/v) gibt man 0,3% 2-Thiobarbitursäure und 5% krist. Trichloressigsäure.

*Vorbereitung der Proben:*
Weine mit weniger als 10 g/l reduzierendem Zucker werden direkt aufgetragen. Süßweine und Moste werden mit 10% festem Magnesiumoxid versetzt, dann mit Bleiacetat geklärt und der Bleiüberschuß mit Kaliumsulfat beseitigt. Jeder Flecken darf nicht mehr als 0,25 mg reduzierenden Zucker enthalten.

*Vergleichslösungen:*
1. Saccharoselösung: 0,05%ige wäßrige Saccharoselösung
2. Lösungen von Saccharose und reduzierenden Zuckern:
Lösung A: 0,5%ige wäßrige Saccharoselösung
Lösung B: 5% Glucose und 5% Fructose in Wasser.
In einen 10 ml-Meßkolben gibt man 1 ml Lösung A und 1, 2, 3, 4 oder 5 ml Lösung B, je nach dem gewünschten Gehalt an reduzierenden Zuckern — d. h. 1, 2, 3, 4 oder 5% — und füllt mit Wasser bis zur Marke auf.

*Arbeitsweise:*

Mit einer Spritze werden auf eine Platte 1—5 $\mu$l der Probeflüssigkeit (je nach dem Gehalt der Probe an reduzierenden Zuckern) und 5 $\mu$l der Vergleichslösungen aufgetragen. Damit die Flecken keinen größeren Durchmesser als 2—3 mm erreichen, werden die Lösungen in mehreren Anteilen aufgetragen, wobei jedesmal mit Kaltluft getrocknet wird, z. B. Föhn.

Das Chromatographiergefäß wird mit dem Fließmittel gesättigt, indem man die Innenwände mit Filtrierpapier auskleidet, das mit dem Fließmittel getränkt wird. In das Chromatographiergefäß wird das Fließmittel etwa 1 cm hoch eingefüllt. Die Platte wird senkrecht in das Gefäß gestellt. Die Temperatur soll 30° C betragen. Man läßt das Fließmittel bis 16 cm über die Startlinie steigen. Die Zeitdauer hierfür beträgt bei Fließmittel a) etwa 2 Std und bei Fließmittel b) etwa 4 Std. Die Platte wird herausgenommen und unter dem Abzug bei Zimmertemperatur in waagerechter Lage getrocknet. Nach dem Trocknen entwickelt man 15 min in einem Trockenschrank mit Luftumwälzung bei 105° C.

*Auswertung der Ergebnisse:*

Bei Anwesenheit von Saccharose beobachtet man einen gelben bis orangefarbenen Fleck mit einem Rf-Wert, der dem der Saccharose-Vergleichslösungen entspricht. Die Fructose und Glucose geben gleichgefärbte Flecken mit einem höheren Rf-Wert als dem der Saccharose.

Empfindlichkeit der Reaktion: 2—3 $\mu$g Saccharose.

*Anmerkung:* Die Chromatographie kann jederzeit auch als aufsteigende Papierchromatographie mit folgenden Änderungen ausgeführt werden:

Papier: Schleicher und Schüll Nr. 2043
Trockenschrank ohne Luftumwälzung.

Vor der Entwicklung wird das Papier in das mit Fließmittel a) oder b) gesättigte Gefäß eingebracht. Mit dem Fließmittel a) wird nach etwa 8 Std eine Laufstrecke von 20—25 cm erreicht und mit Fließmittel b) nach 15 Std dieselbe Strecke. Nach Trocknen des Papiers an der Luft werden die Flecken sichtbar gemacht, indem man das Papier 15 min bei 105° C in den Trockenschrank bringt.

Eine Überarbeitung dieser Vorschrift führte zu folgendem Ergebnis: Durch Herabsetzen der Silicagel-Schichtdicke von 400 $\mu$ auf 250 $\mu$ konnte die Empfindlichkeit der Methode erheblich gesteigert werden, 2—3 $\mu$g Saccharose ließen sich jedoch auch dann nicht deutlich erkennen. Die papierchromatographische Arbeitsweise liefert eindeutig bessere Ergebnisse, sie hat jedoch den Nachteil eines größeren Zeitaufwandes.

TERCERO modifizierte die Methode von STELLA u. NICCOLAI hinsichtlich der Zusammensetzung des Fließmittels. Er verwendet eine Mischung aus Äthylacetat:Isopropanol:Wasser (65:30:5), der 0,3% 2-Thiobarbitursäure und 5% Trichloressigsäure zugesetzt sind.

Diese Modification ermöglicht nunmehr auch auf dünnschichtchromatographischem Wege einen genügend genauen Nachweis der Saccharose in Weinen und Mosten.

*β) Eine sehr einfache und leistungsfähige Methode zum chromatographischen Nachweis der Saccharose in Mosten und Weinen* wurde von der Direction Nationale de Chemie d'Argentine beim Internationalen Weinamt in Paris eingereicht.

Das Verfahren beruht auf der absteigenden Papierchromatographie. Als Fließmittel wird eine Mischung aus n-Butanol:Aceton:Wasser im Volumenverhältnis 4:5:1 verwendet. Die Laufzeit beträgt 19—24 Std. Das Chromatogramm wird an der Luft oder mit Hilfe eines Föhns getrocknet und anschließend beidseitig nicht zu kräftig mit einem Reagens aus 5 Vol.-Teilen einer 4%igen Lösung von frisch destilliertem Anilin in 95 vol.-%igem Alkohol, 5 Vol.-Teilen einer 4%igen Lösung von Diphenylamin in 95 vol.-%igem Alkohol und 1 Vol.-Teil reiner, sirupöser Phosphorsäure besprüht. Danach bringt man das Papier für 10 min in einen Trockenschrank von 80° C, dadurch erscheint Saccharose als grau-brauner Fleck, Glucose grau-blau und Fructose als hellbrauner Fleck.

Diese Methode läßt sich ohne weiteres auch als Rundfilterchromatographie durchführen, wenn man als Fließmittel n-Propanol:Essigester:Wasser im Volumenverhältnis 65:10:25 verwendet. In dieser Form wird die Methode von

M. Potterat (1956) und H. Hadorn (1958) beschrieben. Nach eigenen Erfahrungen lassen sich auf diese Weise 2 g/l Saccharose neben 150—170 g/l Invertzucker bei einer direkt aufgetragenen Menge von 20 $\mu$l noch einwandfrei nachweisen. Laufzeit 17 Std.

## b) Nachweis von Reversionsprodukten

Als Reversionsprodukte werden kondensierte Monosaccharide bezeichnet; sie wurden in jüngerer Zeit von K. Täufel u. K. Müller (1955) und von F.H. Mühlberger (1960) untersucht. Reversionsprodukte können bei radikaler Wärmeeinwirkung auf Traubenmost entstehen, sie werden insbesondere aber bei der Herstellung von künstlichem Invertzucker durch Säureinversion gebildet.

F.H. Mühlberger gibt zum papierchromatographischen Nachweis von Reversionsprodukten des künstlichen Invertzuckers in Traubenmosten und Weinen folgende Rundfiltermethode an:

*Vorbehandlung der Proben:*

Untersuchungsproben mit mehr als 8 g/l Zucker müssen von störendem Zucker befreit werden. Zum vorher notwendigen Entgeisten werden 50 ml Wein mit 20 ml Wasser versetzt und im Wasserstrahlvakuum bei höchstens 40° C wieder auf 50 ml eingedampft.

Die Proben werden mit einer Spatelspitze Bäckerhefe bei 25—30° C vergoren, anschließend klar abgeschleudert und zur Konservierung mit einigen Körnchen Quecksilberjodid versetzt.

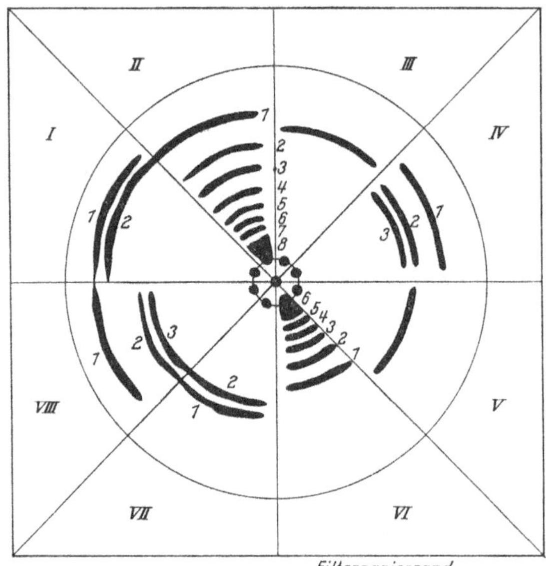


Abb. 3. Schematische Darstellung eines Ringchromatogramms mit verschiedenen Zuckern in Wein und Traubensaft (nach Mühlberger)

A. Papierchromatographische Identifizierung der Zucker in Weinen und Traubensäften
I. Traubensaft (natürlicher oder künstlicher Invertzucker)
1. Fructose; 2. Glucose
II. Wein mit Stärkesirup gesüßt
1. Glucose; 2. Maltose; 3. Trimaltose (Maltotriose); 4. u. ff. Tetramaltose usw.
III. Wein mit Saccharose
IV. Wein mit Stärkezucker gesüßt
1. Glucose; 2. u. 3. Reversionsprodukte des Stärkezuckers
V. Wein mit Maltose gesüßt

B. Papierchromatographische Identifizierung des Zuckeranteils nach Vergärung
VI. Stärkesirup
1. Trimaltose (Maltotriose); 2. u. ff. Tetramaltose usw.
VII. Reversionsprodukte von vergorenem Invertzucker
1. Reversionsprodukt Nr. 1; 2. Reversionsprodukt Nr. 2
VIII. Reversionsprodukte aus mit künstlichem Invertzucker gesüßtem Wein mit Fructose-Zuckerrest
1. Fructose-Rest; 2. Reversionsprodukt Nr. 1; 3. Reversionsprodukt Nr. 2

*Chromatographie:*

Von der vorbereiteten Untersuchungslösung werden 10 Tropfen aufgetragen. Als Vergleichslösung dient eine wie oben vergorene 15%ige Kunsthoniglösung, wovon ebenfalls 10 Tropfen aufgetragen werden. Zugleich läuft als Vergleich eine 5%ige Lösung von Trockenstärkesirup mit, die mit 4 Tropfen aufgetragen wird.

Als Fließmittel dient eine Mischung aus n-Butanol:Äthanol:Wasser im Volumenverhältnis 40:11:19.

Sprühmittel I: 1,23 g p-Anisidin in 100 ml Alkohol (96%), darin 1,66 g Phthalsäure lösen.

Sprühmittel II: 0,2 g Naphthoresorzin in 100 ml Alkohol (96%), 2,0 g Trichloressigsäure in 100 ml Wasser, vor dem Sprühen 1:1 mischen.

Nach etwa 24 Std Laufzeit wird das Chromatogramm an der Luft getrocknet, mit Sprühmittel I oder II auf beiden Seiten gleichmäßig gut angefeuchtet und anschließend während 10 min im Trockenschrank bei 100—105° C entwickelt. Dabei geben sich die zwei typischen Reversionsprodukte des künstlichen Invertzuckers als ziemlich dicht nebeneinander liegende Zonen zu beiden Seiten der Steighöhe der Maltose leicht zu erkennen. Sie sind mit Hilfe der in den benachbarten Sektoren laufenden Testlösungen leicht zu identifizieren (vgl. Abb. 3).

Ein unter Verwendung solchen Invertzuckers hergestellter Kunstwein zeigt gleichzeitig ein anderes auffälliges analytisches Merkmal, das auch einen Hinweis auf die Menge der Reversionsprodukte gibt:

Gegenüber der Zuckerbestimmung nach Zollinversion steigt der Invertzuckerwert nach dreistündiger Hydrolyse bei 67—70° C weiter deutlich an.

Nach eigenen Erfahrungen hat sich das unter a)$\beta$) als Rundfiltermethode durchgeführte Verfahren auch beim Nachweis von Reversionsprodukten bestens bewährt.

# V. Bestimmung der Asche und ihrer Bestandteile

## 1. Bestimmung der Asche

Gemäß der „Allgemeinen Verwaltungsvorschrift" hat die Ausführung dieser Bestimmung nach einer der beiden folgenden Methoden zu erfolgen:

a) 25 ml der zu untersuchenden Flüssigkeit werden in einer Platinschale durch Oberflächenverdampfer eingedampft und anschließend im Muffelofen bis zur vollständigen Verbrennung des Kohlenstoffs bei einer 550° C nicht übersteigenden Temperatur verascht.

Zuweilen verbrennt der Kohlenstoff nicht vollständig. In diesem Fall ist die Asche mit Wasser zu durchfeuchten, erneut einzudampfen und im Muffelofen zu veraschen. Notfalls ist diese Behandlung mehrmals zu wiederholen.

Man kann aber auch folgendermaßen verfahren:

b) 25 ml der zu untersuchenden Flüssigkeit werden in einer Platinschale auf dem Wasserbad eingedampft und erforderlichenfalls 1 Std im Luftbad bei etwa 120° C getrocknet. Die Schale wird in einen Asbestteller mit kreisförmigem Ausschnitt eingesetzt, der Rückstand vorsichtig verkohlt, die Kohle zerdrückt, mit heißem Wasser wiederholt ausgewaschen und der wässrige Auszug durch ein kleines aschenarmes Filter filtriert. Der Auszug muß farblos sein; im anderen Falle dampft man ihn über der Kohle zur Trockne ein, erhitzt gelinde, bis die Verkohlung vollständig ist, und nimmt von neuem mit heißem Wasser auf. Nachdem die Kohle vollständig ausgelaugt ist, gibt man das Filterchen in die Platinschale zur Kohle, trocknet den Schaleninhalt auf dem Wasserbad und verascht vollständig. Wenn die Asche weiß geworden ist, gießt man die filtrierte Lösung in die Platinschale zurück, verdampft zur Trockne, glüht schwach, läßt im Exsiccator erkalten und wägt, wobei die Platinschale mit einem Uhrglas zu bedecken ist. Nach nochmaligem schwachen Glühen und Erkalten im Exsiccator prüft man durch wiederholtes rasches Wägen das Ergebnis der Wägung nach.

*Berechnung:*

Wurden aus 25 ml b Gramm Asche erhalten, so beträgt der Gehalt an Asche aus 1 Liter der zur Untersuchung verwendeten Flüssigkeit: x = 40 · b Gramm.

Der Aschegehalt ist in g/l mit 2 Dezimalstellen anzugeben.

## 2. Bestimmung der Aschenalkalität

### a) Bestimmung der Gesamtalkalität

Die Asche von 25 ml der zu untersuchenden Flüssigkeit wird mit wenig Wasser angefeuchtet, mit einer gemessenen überschüssigen Menge (je nach der Menge der Asche mit 10—15 ml) 0,1 n-Schwefelsäure und einem Tropfen etwa 30%iger Wasserstoffsuperoxidlösung von neutraler Reaktion versetzt und die Mischung $^1/_4$ Std auf dem Wasserbad erhitzt, wobei jedoch ein Eintrocknen unbedingt zu vermeiden ist. Man bringt den Schaleninhalt alsdann unter mehrmaligem Nachspülen mit wenig kochendem Wasser in ein etwa 150 ml fassendes Erlenmeyerkölbchen aus Jenaer Glas, läßt erkalten, fügt einen Tropfen Tashiro-Indicator[1] zu und titriert mit einer gegen denselben Indicator eingestellten 0,1 n-Natronlauge.

*Berechnung:*

Wurden a ml 0,1 n-Schwefelsäure verwendet und für die Titration b ml n-Natronlauge benötigt, so beträgt die Gesamtalkalität der Asche aus 1 l der zu untersuchenden Flüssigkeit:

$$x = 4 \cdot (a - b) \text{ mval Alkali } (= \text{ ml Normallauge.})$$

Die Gesamtalkalität ist in mval für 1 l auf 0,5 genau anzugeben.

## b) Bestimmung der Alkalität des in Wasser löslichen Anteils der Asche

Die Asche von 25 ml der zu untersuchenden Flüssigkeit wird mit wenig Wasser angefeuchtet, mit 10 ml heißem Wasser übergossen und mit einer Gummifahne sorgfältig von den Schalenwandungen losgelöst. Die erhaltene Flüssigkeit wird mit den ungelösten Aschenteilen unter wiederholtem Nachspülen mit kleinen Mengen heißen Wassers in ein 25 ml fassendes Meßkölbchen übergeführt und in diesem nach Abkühlung auf 20° C mit Wasser zu 25 ml aufgefüllt. Die erhaltene Lösung wird durch ein kleines trockenes Filter in einen trockenen Kolben filtriert. Man versetzt 20 ml dieses wässrigen Auszuges in einem etwa 100 ml fassenden Erlenmeyerkölbchen aus Jenaer Glas vorsichtig mit 10—15 ml 0,1 n-Schwefelsäure und verfährt weiter wie vorstehend unter a) beschrieben.

*Berechnung:*

Wurden c ml 0,1 n-Schwefelsäure verwendet und für die Titration d ml 0,1 n-Natronlauge benötigt, so beträgt die Alkalität des in Wasser löslichen Anteils der Asche aus 1 l der untersuchten Flüssigkeit:

$$x = 5 \cdot (c - d) \text{ mval Alkali } (= \text{ ml Normallauge}).$$

Die Alkalität des in Wasser löslichen Anteils der Asche ist in mval für 1 l auf 0,5 genau anzugeben.

In der austitrierten Flüssigkeit der Gesamtalkalität wird zweckmäßigerweise nach Ziffer D. V. 4. c) die Phosphorsäure bestimmt. Bei der vorausgehenden Bestimmung der Alkalität hat dann allerdings der Zusatz von Perhydrol zu unterbleiben.

# 3. Bestimmung der Kationen

Die Bestimmung der Kationen gewinnt aus vielerlei Gründen an Interesse, sei es zur Aufstellung von Kationen-Anionenbilanzen (vgl. H. REBELEIN [1965 d]), sei es infolge des Trends, Wein in Dosen zu füllen, sei es zur Aufklärung von Weinverfälschungen. Hierzu sei auf Kapitel V, 5. verwiesen.

Zur Bestimmung der Kationen sei zunächst auf Bd. II 2, S. 59 ff und S. 82 ff verwiesen, wo allgemeine Methoden angegeben sind. Weitere umfangreiche Arbeiten stammen von F. A. POHL (1953). Die bei Wein und Traubensaft interessierenden Kationen werden im folgenden gemäß den Gruppen des periodischen Systems behandelt, und zwar zunächst die Hauptgruppen, dann die Nebengruppen.

## a) Bestimmung von Natrium

### α) Prüfung auf normalen oder anomalen Natriumgehalt

Zu dieser Vorprüfung dient die im Folgenden beschriebene allgemeine Verwaltungsvorschrift.

*Uranylreagens:*

Lösung 1: 90 g kristallisiertes Uranylacetat und 60 g Eisessig werden durch Erwärmen auf dem Wasserbad gelöst und zu 1 l aufgefüllt.

Lösung 2: 600 g Magnesiumacetat ($Mg[C_2H_3O_2]_2 \cdot 4\ H_2O$) und 60 g Eisessig werden durch Erwärmen auf dem Wasserbad gelöst und zu 1 l aufgefüllt.

---

[1] Tashiro-Indicator: 100 ml 0,1%ige wässrige Methylorangelösung + 4 ml 1%ige wässrige Methylenblaulösung.

Die Lösungen 1 und 2 werden gemischt und tropfenweise mit konz. Natriumacetatlösung versetzt, bis sich Tripelacetat als deutliche Trübung abscheidet. Die Mischung wird wiederholt umgeschüttelt und zum Abkühlen auf Zimmertemperatur beiseite gestellt und vor jedesmaligem Gebrauch filtriert.

*Durchführung:*

0,5 ml der zu untersuchenden Flüssigkeit werden in einem spitzen Zentrifugenglas mit 10 ml Uranylreagens gemischt, wiederholt durchgeschüttelt und nach halbstündigem Stehen ausgeschleudert. Flüssigkeiten mit einem Natriumgehalt bis zu 20 mg in 1 l zeigen einen nur hauchartigen, eben noch sichtbaren, gelblichgrünen Bodensatz. Dicker Bodensatz oder sofortige Trübung deuten auf größere anomale Mengen Natrium hin. Zum Vergleich kann eine wässrige Kochsalzlösung von 50 mg Natriumchlorid in 1 l mit Vorteil herangezogen und die Form der Kristalle unter dem Mikroskop nachgeprüft werden.

Die Bestimmung von Natrium erfolgt entweder als Natriummagnesiumuranylacetat oder flammenphotometrisch. Beides ist nach der allgemeinen Verwaltungsvorschrift möglich.

## β) Gewichtsanalytische Bestimmung als Natriummagnesiumuranylacetat nach O. Reichard (1936 b u. 1943)

*Reagentien:*
Uranylreagens: vgl. *a*)
25%ige Salzsäure
Kalkmilch aus 0,5 g natriumfreiem Calciumoxid
Phenolphthaleinlösung
n-Oxalsäure.

*Durchführung:*

50 ml der zu untersuchenden Flüssigkeit werden nach einem der unter 1 angegebenen Verfahren verascht (Maximale Veraschungstemperatur 550° C). Die Asche wird bei aufgelegtem Uhrglas vorsichtig mit 0,5 ml 25%iger Salzsäure durchfeuchtet und abgedampft. Der Abdampfrückstand wird nochmals mit ca. 0,5 ml 25%iger Salzsäure durchfeuchtet, in ca. 10 ml Wasser aufgenommen, in einen 50 ml-Meßkolben (möglichst mit Glasstopfen) unter Nachspülen mit heißem Wasser überführt und mit einer frisch bereiteten Kalkmilch aus 0,5 g natriumfreiem Calciumoxid versetzt, wiederholt umgeschüttelt, bis zur Marke mit Wasser aufgefüllt, abermals wiederholt durchgemischt und nach etwa $^1/_2$ Std durch ein glattes Filter in einen kalibrierten 50 ml-Meßzylinder filtriert (1. Filtrat). 40 ml von diesem 1. Filtrat (entsprechend 40 ml Ausgangsflüssigkeit) werden in einem 50 ml Meßkolben nach Zusatz von 1 Tropfen Phenolphthalein mit ca. 1,5—5 ml normaler Oxalsäure aus einer Bürette neutralisiert, mit weiteren 4 ml normaler Oxalsäure gemischt und vorsichtig mit 25%igem Ammoniak aus einer Pipette bis zur Rotfärbung versetzt (ca. 0,6—1 ml). (Nach dem Absetzen des Niederschlages darf 1 Tropfen Ammoniumoxalatlösung keine Trübung hervorrufen, widrigenfalls weitere Ammoniumoxalatlösung bis zur völligen Fällung hinzugegeben werden muß.) Sodann wird mit Wasser bis zur Marke aufgefüllt und mit einem glatten Filter in einen kalibrierten 50 ml-Meßzylinder glanzhell filtriert (2. Filtrat).

40 ml von diesem zweiten, völlig klaren, rosa gefärbten Filtrat, entsprechend 32 ml Ausgangsflüssigkeit, werden in einer Platinschale eingedampft. Der Rückstand, der alles Kalium, Natrium und Ammonium enthält, wird mit ca. 1,5 ml Schwefelsäure (1 + 4) durchfeuchtet, über einem Pilzbrenner auf einer Asbestplatte vorsichtig erhitzt, unter Steigerung der Hitze (nicht über 550° C) abgeraucht, farblos gebrannt und in 2 ml heißem Wasser aufgenommen. Die klare Lösung wird in ein 100 ml-Becherglas gegeben, die Schale mit 1 ml Wasser nachgewaschen, die Salzlösung sodann mit 25 ml Uranylreagens in einem Guß vermischt und dann nochmals mit 25 ml Uranylreagens in der Weise versetzt, daß diese in mehreren Anteilen zum Nachspülen der Platinschale mitbenutzt werden (Gesamtverbrauch an Uranylreagens 50 ml)[1]. Durch wiederholtes Umrühren und längeres Stehenlassen, am besten über Nacht, wird die Niederschlagsbildung und Abscheidung vervollständigt und beschleunigt.

Der gelbgrüne Bodensatz, der unter dem Mikroskop keine Nadeln der Kalium-, sondern nur die Tetraeder der Natriumverbindung zeigt, wird in einen gewogenen Glasfiltertiegel 1 G 4 filtriert. An den Wandungen des Becherglases haftende Kristalle werden mit einem Gummiwischer gelockert, mit einigen ml Uranylreagens und anschließend mit einer Mischung aus gleichen Teilen Alkohol und Aceton in den Filtertiegel übergespült. Dann werden Becherglas und Filtertiegel 3mal mit je 5 ml dieser Mischung ausgewaschen. Der Niederschlag wird kräftig abgesaugt, im Exsiccator über Calciumchlorid oder Kieselgel bei Unterdruck 10 min getrocknet und nach weiteren 10 min gewogen.

---

[1] Die mit 50 ml Uranylreagens zu fällende Natriummenge darf nicht mehr als 20 mg betragen. Anderenfalls ist mehr Reagens zu verwenden.

*Berechnung:*

Wurden a Gramm Natrium-Magnesium-Uranyl-Acetat gewogen, so enthält 1 Liter der zur Untersuchung verwendeten Flüssigkeit:

$$x = a \cdot 0{,}48 \text{ mg Natrium.}$$

Der Gehalt an Natrium ist in Milligramm in 1 Liter (mg/l) anzugeben.

### γ) Flammenphotometrische Bestimmung

Diese kann sowohl mit der zu untersuchenden Flüssigkeit (nach entsprechendem Verdünnen mit bidest. Wasser) als auch mit der Aschelösung durchgeführt werden. Spezielle Arbeiten zur Bestimmung von Natrium stammen u. a. von R. D. Bond u. J. T. Hutton (1958), H. Suter u. H. Hadorn (1960) und F. E. Boland (1966), von Natrium neben Kalium von J. Wurziger (1955), W. Diemair u. C. Gundermann (1959a u. 1959/60) und W. Schuhknecht u. H. Schinkel (1963). Danach ist die flammenphotometrische Bestimmung von Natrium gut möglich, sofern man mögliche Störfaktoren beachtet. Nach eigenen Untersuchungen stört bei der flammenphotometrischen Bestimmung (Wasserstoffflamme) von Natrium aus der in Salzsäure aufgenommenen Asche lediglich Kalium infolge Querempfindlichkeit. Die Erhöhung der Natrium-Emission durch steigenden Kaliumgehalt läßt sich durch eine Versuchsreihe ermitteln und kann dann rein rechnerisch berücksichtigt werden. (Vgl. auch die Erläuterungen bei der flammenphotometrischen Bestimmung von Calcium).

*Die Vorschrift A 25c des Internationalen Weinamtes* umgeht diese Störungsmöglichkeiten durch Verwendung einer entsprechenden Vergleichslösung, die zur Eichung des Flammenphotometers dient. Diese Vergleichslösung enthält Anionen, Kationen und organische Substanzen, wie sie in einem mit Wasser auf 1:10 verdünnten Wein vorliegen.

| Vergleichslösung | | | Verdünnungslösung | | |
|---|---|---|---|---|---|
| Alkohol | 10 | ml | Alkohol | 10 | ml |
| Citronensäure | 700 | mg | Citronensäure | 700 | mg |
| Zucker | 300 | mg | Zucker | 300 | mg |
| Glycerin | 1000 | mg | Glycerin | 1000 | mg |
| Kaliumbitartrat | 481,3 | mg | Kaliumbitartrat | 481,3 | mg |
| Calciumchlorid, trocken | 10 | mg | Calciumchlorid, trocken | 10 | mg |
| Magnesiumchlorid, trocken | 10 | mg | Magnesiumchlorid, trocken | 10 | mg |
| Natriumchlorid, trocken | 50,84 | mg | | | |
| Wasser . . . . . zu | 1 | l | Wasser . . . . . zu | 1 | l |

Um die Lösung zu bereiten, löst man vorerst 481,3 mg Kaliumbitartrat in $^1/_2$ l sehr heißem Wasser und mischt mit den anderen Substanzen, die zuvor in 400 ml Wasser gelöst worden sind. Schließlich ergänzt man zu 1 l. Man konserviert die Lösungen durch Zusatz von 2 Tropfen Allylisothiocyanat.

Im Fall von Süßweinen oder Mosten fügt man überdies eine Zuckermenge zu, die etwa in der auf $^1/_{10}$ verdünnten Probe enthalten ist. Bei Traubenmost und -saft ist der Zusatz von Alkohol zu unterlassen

Wenn es sich um Weine mit einem Zusatz von 1 g Salicylat pro Liter handelt, werden pro Liter Vergleichs- und pro Liter Verdünnungslösung je 86,4 mg Salicylsäure zugesetzt, da diese Substanz die Messung stark beeinflußt.

Man eicht das Photometer mit der Vergleichslösung und mit verschiedenen Verdünnungen dieser Vergleichslösung im Verhältnis $^1/_{20}$, $^1/_{10}$, $^1/_5$ und $^1/_2$ mit der Verdünnungslösung.

Die Messung erfolgt bei 589 nm mit dem mit Wasser auf $^1/_{10}$ verdünnten Wein. Falls es notwendig ist, verdünnt man den schon verdünnten Wein erneut auf $^1/_{10}$ mit Verdünnungslösung, damit der Galvanometerausschlag den Wert 100 nicht überschreitet.

### b) Bestimmung von Kalium

Zur Kaliumbestimmung sind verschiedene Verfahren möglich. O. Reichard (1953) verglich die Bestimmungen als Kaliumchloroplatinat, als Kaliumperchlorat, als Kaliumdiliturat (mit 5-Nitrobarbitursäure) und als Kaliumtetraphenylborat miteinander. J. Bonastre (1955) empfiehlt die letztere Methode. Nach C. Hurwitz u. H. W. Batchelor (1947) ist die Chloroplatinat-Methode für kleine

Kaliummengen geeignet. N. Schorl (1942) beschäftigte sich mit der Bestimmung mittels Trinatrium-hexanitro-cobaltat (III). W. Köhn (1947) fällte das Kalium mit Dipikrylamin und bestimmte das nicht verbrauchte Reagens colorimetrisch. L. Deibner u. P. Bernard (1955) fällten das Kalium mit Anilintartrat. Schließlich bietet sich auch hier, wie beim Natrium, die flammenphotometrische Bestimmung an (J. Wurziger 1955, W. Diemair u. C. Gundermann 1959a u. 1959/60, W. Schuhknecht u. H. Schinkel 1963, F. E. Boland 1965). Gemäß der Allgemeinen Verwaltungsvorschrift (1960) ist die Bestimmung von Kalium als Kaliumtetraphenylborat oder auf flammenphotometrischem Wege vorgeschrieben.

## α) Bestimmung als Kaliumtetraphenylborat

*Reagentien:*
10%ige Schwefelsäure
gesättigte wässrige Bromkresolgrünlösung
10%ige Natronlauge (kaliumfrei)
3%ige Lösung von Natriumtetraphenylborat in Wasser, klarfiltriert (die Lösung ist etwa 4 Wochen haltbar).

*Durchführung:*
Die Asche von 25 ml Untersuchungslösung, die nicht völlig weiß zu sein braucht, wird mit ca. 2 ml Wasser angefeuchtet, mit 0,5 ml Schwefelsäure angesäuert, die Lösung in ein 25 ml-Meßkölbchen unter Nachspülen mit Wasser gebracht, zur Marke aufgefüllt, durchgemischt und filtriert. 10 ml Filtrat (= 10 ml Ausgangsflüssigkeit) werden im Becherglas bis zur wahrnehmbaren Gelbfärbung mit 1 Tropfen Bromkresolgrünlösung mit Natronlauge bis zur Grünfärbung versetzt, auf dem Wasserbad bis auf etwa 50° C erwärmt, unter ständigem Umschwenken tropfenweise mit 5 ml[1] einer 3%igen Lösung von Natriumtetraphenylborat aus einer Bürette versetzt. Der weiße Niederschlag wird nach dem Abkühlen in einem gewogenen Glasfiltertiegel 1 G 4 filtriert, mit Wasser, das zuvor mit Kaliumtetraphenylborat gesättigt wurde, gut ausgewaschen, kräftig abgesaugt, im Trockenschrank bei 110° C getrocknet und gewogen.

*Berechnung:*
Wurden a Gramm Kaliumtetraphenylborat gewogen, so enthält 1 l der zur Untersuchung verwendeten Flüssigkeit:

$$x = a \cdot 10{,}91 \text{ mg Kalium.}$$

Der Gehalt an Kalium ist in Milligramm in Liter (mg/l) anzugeben.

## β) Flammenphotometrische Bestimmung

Die Bestimmung ist zweckmäßig mit der Asche nach V. 1. durchzuführen. (Weniger genaue Werte werden erhalten, wenn die flammenphotometrische Bestimmung ohne vorherige Veraschung vorgenommen wird. Die zu untersuchende Flüssigkeit ist dann zehnfach mit bidest. Wasser zu verdünnen.)

*Nach der Methode A 8 c des Internationalen Weinamtes* ist die Bestimmung auch ohne vorherige Veraschung möglich, wenn man durch eine entsprechende Vergleichslösung die Störungspartner berücksichtigt. (Vgl. hierzu auch die Erläuterungen bei der flammenphotometrischen Bestimmung von Calcium.) Diese Vergleichslösung enthält Anionen, Kationen und organische Substanzen in etwa den Mengen, wie sie in einem mit Wasser auf $^1/_{10}$ verdünnten Wein enthalten sind.

| Vergleichslösung | | | Verdünnungslösung | | |
|---|---|---|---|---|---|
| Alkohol | 10 | ml | Alkohol | 10 | ml |
| Citronensäure | 700 | mg | Citronensäure | 700 | mg |
| Zucker | 300 | mg | Zucker | 300 | mg |
| Glycerin | 1000 | mg | Glycerin | 1000 | mg |
| Prim. Natriumphosphat | 20 | mg | Prim. Natriumphosphat | 20 | mg |
| Calciumchlorid, trocken | 10 | mg | Calciumchlorid, trocken | 10 | mg |
| Magnesiumchlorid, trocken | 10 | mg | Magnesiumchlorid, trocken | 10 | mg |
| Kaliumbitartrat | 481,3 | mg | Weinsäure | 383 | mg |
| Wasser zu | 1 | l | Wasser zu | 1 | l |

---

[1] Diese Menge genügt für Weine, die weniger als 1 g/l Kalium enthalten. Anderenfalls ist die Menge der Natriumtetraphenylboratlösung zu vermehren. Die Menge des Fällungsreagens soll etwa das Anderthalbfache der stöchiometrischen Menge betragen.

Um die Vergleichslösung zu bereiten, löst man vorerst 481,3 mg Kaliumbitartrat in $^1/_2$ l sehr heißem Wasser und mischt mit den anderen Substanzen, die zuvor in 400 ml Wasser gelöst worden sind. Schließlich ergänzt man zu 1 l. Man konserviert die Lösungen durch Zusatz von 2 Tropfen Allylisothiocyanat. Im Falle von Süßweinen oder Mosten fügt man überdies eine Zuckermenge zu, die etwa in der auf $^1/_{10}$ verdünnten Probe enthalten ist.

Bei Traubenmost und -saft entfällt der Alkoholzusatz.

Da Natrium bei dieser Methode stört, gibt man eine größere Natriummenge zu, wenn es sich um Weine mit höherem Natriumgehalt handelt, die untersucht werden sollen. Die obige Lösung enthält 3,33 mg Na/l. Wenn es sich um Weine mit Salicylatzusatz handelt, werden bei einem Gehalt von 1 g/l Natriumsalicylat 100 mg/l Natriumsalicylat der Vergleichs- bzw. Verdünnungslösung zugesetzt, da diese Substanz die Messung stark beeinflußt.

Man eicht das Photometer mit der Vergleichslösung und mit verschiedenen Verdünnungen dieser Vergleichslösung im Verhältnis 1:20, 1:10, 1:5 und 1:2 mit der Verdünnungslösung.

Der Meßbereich soll zwischen den Werten 40 und 100 der Galvanometerskala liegen. Danach wählt man die endgültige Verdünnung des Weines, wobei die über 1:10 hinausgehende Verdünnung des Weines (die mit Wasser erfolgte), mit Verdünnungslösung vorgenommen wird.

### γ) Bestimmung als Kaliumhydrogentartrat

Die Methode von L. Deibner u. P. Bernard (1955) wurde unter der Vorschrift A 8 c 2 als „gebräuchliche Methode" vom Internationalen Weinamt angenommen.

*Prinzip:*

In einer Weinprobe wird die organische Substanz mittels Perhydrol und Salpetersäure zerstört, der Rückstand bei 200—250° C getrocknet, in heißem Wasser gelöst, filtriert und die erhaltene Lösung eingeengt. Man bewirkt darin in Gegenwart von Methanol die Kaliumbitartratfällung mittels einer alkoholischen Anilintartratlösung. Der erhaltene Niederschlag wird nach dem Auswaschen in Wasser gelöst. Der Kaliumgehalt wird durch acidimetrische Titration mit Natronlauge gegen Phenolphthalein bestimmt.

*Reagentien:*

30%iges Wasserstoffperoxid
Salpetersäure, d = 1,38
Methanol, rein, 99,5%
0,2%ige, wässrige Helianthinlösung
0,1 n-Salzsäure
Anilintartrat: 20 g Weinsäure werden in 500 ml dest. Wasser gelöst, 8 g frisch dest. Anilin zugefügt und mit 99,5%igem Methanol zu 1 l ergänzt.
Verdünnte Javel'sche Lauge (Handelsprodukt); 5 ml mit dest. Wasser auf 25 ml verdünnt; wässrige Phenollösung, 3%
1%ige alkoholische Phenolphthaleinlösung
0,05 n-Natriumhydroxidlösung, carbonatfrei
Kaliumchloridvergleichslösung, enthaltend 5 g/l Kalium (9,534 g/l KCl).

*Durchführung:*

In einen 250 ml-Aufschlußkolben mit langem Hals und rundem Boden gibt man 25 ml Wein oder ein größeres Volumen, das wenigstens 12,5 mg Kalium enthält, und fügt 10 ml Wasserstoffperoxid und 5 ml Salpetersäure zu. Man heizt am Sandbad bei 200—250° C und erneuert den Aufschluß mit 5 ml Wasserstoffperoxid und 2 ml Salpetersäure, wenn nötig. Damit ein vollkommen trockener Rückstand entsteht, ist auf das Abrauchen der nitrosen Dämpfe zu achten. Der Rückstand muß weiß oder schwach gelblich aussehen, falls größere Eisenmengen vorliegen. Nach dem Abkühlen wird der erhaltene Salzrückstand sofort vier- bis fünfmal mit je 10—15 ml kochendem, destilliertem Wasser behandelt, aufgekocht und filtriert, um den unlöslichen Rückstand abzutrennen. Es werden aschefreie Filter von 9 cm ⌀ und Analysentrichter mit 45 mm innerem Durchmesser verwendet. Man bringt die Lösung in ein 100 ml-Becherglas, das bei 5 ml eine Marke trägt. Das Volumen der vereinigten Flüssigkeiten beträgt 50—75 ml. Es ist unbedingt notwendig, das Volumen auf 5 ml einzuengen. Dazu benützt man vorerst ein Sandbad und schließlich ein siedendes Wasserbad. Man läßt abkühlen, ohne sich um den gebildeten Niederschlag zu kümmern.

Das Becherglas mit 5 ml Flüssigkeit wird in ein Eisbad gestellt und 1 Tropfen Helianthinlösung und ein oder mehrere Tropfen 0,1 n-Salzsäure bis zum Farbumschlag auf Rot zugesetzt. Unter Rühren mit einem Rührer wird das Fällungsreagens tropfenweise, im allgemeinen etwa 10 ml, zugesetzt. Man läßt 2 Std ruhen unter Beobachtung der Indicatorfarbe, die auf Gelb umschlagen muß. Es ist möglich, nachdem die Beständigkeit des Farbumschlages festgestellt wurde, einen Überschuß von etwa 2 ml Reagens zuzusetzen. Jedenfalls muß die Flüssigkeit nach 2 Std gelb gefärbt sein. Ein roter Farbton zeigt eine unvollständige Reaktion an. Dann filtriert man durch ein feinporiges, aschefreies Filter von 90 mm ⌀ unter Verwendung eines innen gerillten Trichters mit 45 mm Innendurchmesser. Der abgetrennte Niederschlag wird fünfmal mit je 10 ml Methanol gewaschen.

Es ist zusätzlich das vollständige Waschen des Niederschlages an 5 ml des Filtrates zu überprüfen; zu diesem Zweck fügt man einige Tropfen Javel'sche Lauge zu, wartet 2—3 min — in Gegenwart geringer Anilinmengen ist die Farbe des Filtrates gelb. Wenn diese Färbung nicht auftritt, fügt man 0,5—1 ml 3%ige Phenollösung zu, wartet 2—3 min — wenn das Waschen noch unvollständig ist, färbt sich die Lösung orangerosa oder gelb; wenn genügend gewaschen wurde, bleibt die Flüssigkeit farblos.

Das Filter mit dem Bitartratniederschlag wird in das Becherglas, das zur Fällung gedient hat, rückgeführt und 50 ml 80—90° C heißes ausgekochtes (entcarbonisiertes) destilliertes Wasser zugefügt, das man vorher mit 0,05 n-Natriumhydroxidlösung in Gegenwart von Phenolphthalein alkalisiert hat.

Man titriert die Acidität des sauren Tartrates mit 0,05 n-Natriumhydroxid, vorzugsweise mit Hilfe einer auf $^1/_{20}$ ml graduierten Bürette.

Zur Titerstellung und Vergleichstitration verwendet man 5 ml der Kaliumchloridlösung, die 25 mg Kalium enthalten, und verfährt wie angegeben. Schließlich erhält man den Titer eines ml Natronlauge in mg Kalium. Theoretisch entspricht 1 ml 0,05 n-Natronlauge 1,955 mg Kalium.

## c) Bestimmung von Calcium und Magnesium

Diese beiden Erdalkalimetalle werden gemeinsam abgehandelt, da sie häufig nebeneinander und mit den gleichen Methodiken bestimmt werden. Gemäß der amtlichen Anweisung von 1920 (O. Reichard 1938) wird Calcium, nach Abtrennung als Calciumoxalat, als Calciumoxid zur Auswaage gebracht. Magnesium wird in dem Filtrat der Calciumoxalatfällung als Magnesiumammoniumphosphat abgetrennt und schließlich als Magnesiumdiphosphat zur Auswaage gebracht.

Die Methode ist umständlich und zeitaufwendig. Moderne Methoden, wie die Komplexometrie und Flammenphotometrie, führen hier schneller zum Ziel. Daneben gibt es z. B. nach J. R. Wilson u. K. T. Williams (1961) für Calcium die Möglichkeit, dieses mit Glyoxal—bis—(2-hydroxyanil) colorimetrisch zu bestimmen.

Über die komplexometrische Titration von Calcium und Magnesium sind zahlreiche Veröffentlichungen erschienen, die hier nur teilweise berücksichtigt werden können. Systematische Untersuchungen stammen von J. Banks (1952) und O. G. Jems (1960). A. R. Abd-el-Raheen (1957) empfiehlt, störendes Phophat mit Aluminiumnitrat zu fällen und als Indicatoren zur Calciumtitration Eriochrom SE, zur gemeinsamen Calcium- und Magnesiumtitration Eriochromschwarz T. H. V. Malmstadt u. T. P. Hadjiioannon (1959) trennten Phosphat mit Zirkonnitrat und störende Schwermetalle mit Natriumdiäthyldithiocarbaminat ab und titrierten mit äthylendinitrilotetraessigsaurem Natrium gegen Eriochromschwarz T (Calcium und Magnesium) bzw. gegen Calcon (Calcium). E. F. Steagall (1964) entfernte störendes Sulfat mittels Anionenaustauscher und titrierte dann Calcium gegen Hydroxy-Naphtholblau und Calcium + Magnesium gegen Calmagite. Nach C. W. Raadsveld (1957) stört Phosphat bei der Titration von Calcium mit Komplexon III gegen Murexid nicht. U. Münch (1965) empfiehlt zur besseren Erkennung des Farbumschlages bei der chelatometrischen Bestimmung von Magnesium anstelle des Eriochromschwarz T eine Mischung von 500 mg Eriochromschwarz T, 100 mg Phthaleinpurpur und 50 mg Methylrot, mit Natriumchlorid 1:25 verrieben, als Indicator. H. Katz u. R. Navone (1964) bestimmten Calcium und Magnesium in einer Titrationslösung, indem sie zunächst durch Zusatz von 3 ml n-NaOH zu 50 ml Untersuchungslösung einen pH-Wert von 12—13 einstellten, wobei das Magnesium als Magnesiumhydroxid ausfiel, und das Calcium in der unfiltrierten Probe gegen Erichromblau SE titrierten. Anschließend säuerten sie mit 3,2 ml n-Salzsäure wieder an (pH 4), um das ausgefallene Magnesiumhydroxid wieder in Lösung zu bringen, und titrierten schließlich gegen Eriochromschwarz T.

Mit der komplexometrischen Bestimmung von Calcium und Magnesium in Wein beschäftigte sich u. a. R. G. Maria (1961). Danach sollen bis zu 10 mg Kupfer/l, 60 mg Eisen/l, 8 mg Mangan/l, 30 mg Aluminium/l und 300 mg Phosphat/l (berechnet als Phosphor) nicht stören.

W. Diemair u. G. Maier (1962) empfehlen zur Umgehung der Störung durch Phosphat die inverse Titration. Zur Calciumbestimmung werden 50 ml 2%ige Natronlauge + 10 ml 0,001 m-Komplexonlösung + 1 ml Triäthanolamin vorgelegt und mit dem Wein oder der Weinaschelösung titriert. Als Indicator dient 0,1 g einer Mischung von 0,125% Calconcarbonsäure und 0,0675% Methylrot in calciumfreiem Zucker. Der Umschlag geht von hellgrün nach farblos. Zur Magnesiumbestimmung wird eine Mischung aus 40 ml Wasser, 20 ml 0,001 m-Komplexonlösung, 2 ml Pufferlösung pH 10 (7,0 g Ammoniumchlorid + 75 ml 25%iger Ammoniak zu 100 ml aufgefüllt) und 1 ml Triäthanolamin p. a. mit Wein oder Weinasche titriert. Als Indicator dient 0,05 g einer 1%igen Verreibung von Eriochromschwarz T in Rohrzucker, der beim Endpunkt evtl. erneut zugesetzt werden muß. Bei dieser Titration wird die Summe von Calcium und Magnesium erfaßt.

Nach S. Iwano u. H. Sawanobori (1962) ist die Störung durch Phosphat zu vernachlässigen, wenn man bestimmte Fakten beachtet. Sie verglichen die weiter unten beschriebene Methode mit der gravimetrischen Methode und gelangten dabei zu guter Übereinstimmung. Auch zu Wein zugesetzte Mengen an Calcium und Magnesium fanden sie in guter Übereinstimmung mit der Theorie nach dieser Methode wieder.

### α) Verfahren nach Iwano u. Sawanobori (1962)

*Reagentien:*
   0,01 m-Komplexonlösung
   1-(2-Hydroxy-4-sulfo-1-naphthylazo)-2-hydroxy-3-naphthoesäure
   8 n-Kalilauge
   5%ige Kaliumcyanidlösung
   Aktivkohle, zweimal mit vollentsalztem Wasser gewaschen
   n-Salzsäure
   Ammoniak-Ammoniumchloridpuffer pH 10:7,0 g Ammoniumchlorid und 75 ml 25%iger Ammoniak werden mit Wasser zu 100 ml aufgefüllt.
   Eriochromschwarz T
   1%ige Polyvinylpyrrolidonlösung.

*Durchführung:*
25—50 ml Wein werden entgeistet, mit 1 g Aktivkohle entfärbt, filtriert und auf das Ausgangsvolumen wieder aufgefüllt.

Zur Calciumbestimmung werden 5 oder 10 ml hiervon mit 8 n-Kalilauge auf einen pH-Wert über 13 eingestellt. Nach dem Umschütteln läßt man 3—5 min stehen, fügt 1—2 ml Kaliumcyanidlösung und etwa 0,1 g 1-(2-Hydroxy-4-sulfo-1-naphthylazo)-2-hydroxy-3-naphthoesäure hinzu und titriert unter Rühren mit der Komplexonlösung bis zum bleibenden Umschlag von rot nach blau.

Zur Magnesiumbestimmung stellt man die austitrierte Lösung mit 2—3 Tropfen 10%iger Salzsäure auf pH 10 ein, fügt 2 ml Pufferlösung pH 10, 3 Tropfen Eriochromschwarz T-Lösung und einige Tropfen Polyvinylpyrrolidonlösung hinzu und erhitzt zum Sieden. Unter Rühren wird danach mit Komplexonlösung bis zum bleibenden Umschlag von schwach rosa auf blau titriert. Die Temperatur darf dabei nicht unter 80° C sinken.

1 ml 0,01 m-Komplexonlösung (Dinatriumsalz der Äthylendiamintetraessigsäure) entspricht 0,4008 mg Calcium bzw. 0,2432 mg Magnesium.

W. Diemair u. G. Maier (1962) weisen darauf hin, daß das zur Maskierung von Eisen, Aluminium und Mangan verwendete Triäthanolamin frisch sein muß und nicht zu lange in einer angebrochenen Flasche gestanden haben darf. Außerdem darf die Lauge nicht in Glasflaschen aufbewahrt werden.

Nach H. Bieber u. K. Wagner (1966) ist eine Kohlebehandlung dann kritisch, wenn die Kohle calcium- oder magnesiumhaltig ist. Auch bei Verwendung der üblichen Faltenfilter können merkliche Mengen Calcium und Magnesium aufgenommen werden.

Die letztgenannten Autoren benutzen das bei der gemeinsamen Bestimmung der Wein-, Milch- und Äpfelsäure nach H. Rebelein (1961) (vgl. Abschn. VII. 1.) anfallende phosphatfreie Eluat zur komplexometrischen Bestimmung. Die Methode ist von der Analysen-Kommission des Bundesgesundheitsamtes als Ergänzung für die Allgemeine Verwaltungsvorschrift vorgeschlagen.

### β) Verfahren nach Bieber u. Wagner (1966)

*Reagentien:*

2 n-Salzsäure

10%ige Salzsäure

20%ige Natronlauge (in einer PVC-Flasche aufzubewahren)

0,5%ige Essigsäure

25%iger Ammoniak

30%iges Wasserstoffperoxid

10 vol.-%ige Lösung von Triäthanolamin in Wasser

0,005 m-Lösung des Dinatriumsalzes der Äthylendiamintetraessigsäure: 0,9306 g $C_{10}H_{14}N_2Na_2O_8 \cdot 2 H_2O$/500 ml (ADTE-Lösung)

Ionenaustauscher Merck III oder gleichwertiger Anionenaustauscher

Calconcarbonsäure: 1 Teil mit 99 Teilen wasserfreiem Natriumsulfat verreiben

Indicator-Puffertablette Merck (enthält neben Eriochromschwarz T Ammoniumchlorid, das mit dem zugegebenen Ammoniak einen pH-Wert von 10—11 einstellt).

*Durchführung:*

Auf die zur Bestimmung der Wein-, Milch- und Äpfelsäure in der Acetatform vorliegenden Austauschersäule gibt man (vgl. Abschn. VII. 1.) 10 ml Wein oder Most und fängt das Eluat, zusammen mit der Waschflüssigkeit, in einem 100 ml-Meßkolben auf und füllt bis zur Marke auf. 50 ml werden in einer Platinschale auf dem Wasserbad eingedampft, der Rückstand verascht, mit einigen ml 2 n-Salzsäure abgeraucht und mit 60—80 ml Wasser quantitativ in einem 200 ml-Erlenmeyerkolben übergeführt. Beide Ionen werden aus einer Lösung direkt bestimmt.

Zur Calciumbestimmung wird die Lösung mit 2 ml 20%iger Natronlauge und 1 ml Triäthanolamin versetzt. Nach Zugabe einer Spatelspitze Calconcarbonsäureverreibung wird unter kräftigem Rühren, am besten mit Hilfe eines Elektromagnetrührers, mit 0,005 m-ADTE-Lösung bei pH 12 bis zum Farbumschlag von violettrosa nach reinblau titriert (nach Möglichkeit nicht bei Kunstlicht arbeiten!). Der Umschlag läßt sich besonders gut erkennen, wenn sich das Auge des Beobachters in Höhe des Titrationskolbens befindet, der Umschlagpunkt also nicht von oben, sondern von der Seite her beobachtet wird.

Zur Magnesiumbestimmung wird nach Zugabe von einigen Tropfen Perhydrol auf dem Wasserbad bis zur Farblosigkeit (evtl. schwach hellrosa Farbe) erhitzt und anschließend abgekühlt. Dann wird mit 4 ml 10%iger Salzsäure annähernd neutralisiert und nach Zusatz einer Indicatorpuffertablette Merck und 1—2 ml Ammoniak bei einem pH von 10—11 mit 0,005 m-ADTE-Lösung bis zum Farbumschlag von rot nach grün titriert.

*Berechnung:*

mg Calcium/l = Verbrauch an ml 0,005 m-ADTE-Lösung · 2 · 100 · 0,2004

mg Magnesium/l = Verbrauch an ml 0,005 m-ADTE-Lösung · 2 · 100 · 0,1216.

Nach Angabe der Autoren erzielten sie mit dieser Methode bei Calcium eine gute Übereinstimmung mit flammenphotometrischen Messungen. Bei Magnesium erhielten sie etwa 3—5% höhere Werte als nach der flammenphotometrischen Methode.

### γ) Flammenphotometrische Bestimmungsmethoden

Auch über die flammenphotometrische Bestimmung von Calcium und Magnesium existiert inzwischen zahlreiche Fachliteratur. Wenn hier trotzdem keine Standardmethode angegeben wird, so hängt dies mit der Apparatetechnik zusammen. In diesem Zusammenhang sei auf R. Herrmann u. C.T.J. Alkemade (1960) verwiesen, die ebenfalls keine „Kochrezepte" angeben, weil

1. die Geräte des Handels unterschiedliche Brenngas-Paarungen haben,

2. das Verhältnis der Brenngase unterschiedlich und damit die Brenngas-Temperaturen ebenfalls unterschiedlich sind.

Gerade diese Fakten haben einen wesentlichen Einfluß auf die Bestimmungsmöglichkeit der Alkalien und Erdalkalien, sei es durch ihren Einfluß auf die Intensität der Flammenfärbung, auf die Querempfindlichkeit oder auf die depressive Wirkung anderer Begleitsubstanzen. In diesem Zusammenhang sei auch auf die Arbeiten von E.C. Humphries (1956) und J.G. Brown u. Mitarb. (1950) verwiesen.

Trotz dieser Einschränkungen ist die Flammenphotometrie zur Bestimmung der Alkalien und Erdalkalien sehr gut geeignet, wenn man die beeinflussenden Faktoren entsprechend berücksichtigt (vgl. auch Bd. II 1, S. 361 ff). Grundvoraussetzung ist, daß die Flammentemperatur konstant ist, was nicht bei allen Geräten gewährleistet ist.

Störungen können zunächst von Anionen verursacht werden. Nach R. Engst u. L. Prahl (1964) wird die Bestimmung von Natrium und Kalium durch Hydroxyl-, Chlorid-, Nitrat-, Sulfat-, Phosphat- und Acetationen nicht beeinflußt. Die genannten Anionen stören aber bei der Calciumbestimmung, vor allem Phosphat, aber auch Sulfat (vgl. auch E. Bovay 1955). Phosphat verursacht eine maximale Depression der Intensität der Flammenfärbung, wenn Calcium und Phosphat im Verhältnis des tertiären Salzes, $Ca_3(PO_4)_2$, vorliegen. Ein weiterer Phosphatzusatz führt zu keiner vermehrten Depression. Auch M.J. Pro u. A.P. Mathers (1954) stellten fest, daß Acetat, Hydrogencarbonat, Chlorid, Nitrat und Sulfat ohne Einfluß bei der Natrium- und Kaliumbestimmung sind. Mehr als 500 mg/l Phosphat verringern die Kalium-, jedoch nicht die Natriumemission. Die genannten Anionen beeinträchtigen hingegen die Calcium- und Magnesiumbestimmung. Den Einfluß von 20—1000 mg/l Phosphat und Sulfat kann man durch Zusatz von 1% Glucose aber konstant halten.

Nach J.I. Dinnin (1960) kann man störendes Phosphat und Sulfat bei der Bestimmung von Calcium durch Zusatz von depressionshindernden Kationen, wie andere Erdalkalien und seltene Erden, ausschalten. Analog kann man nach K.E. Knutson (1957) durch Zusatz von ausreichenden Mengen Calcium bei der Magnesiumbestimmung die Störung durch Sulfat und Phosphat nahezu beseitigen. Der Autor empfiehlt außerdem, mit reduzierender Acetylenflamme zu arbeiten, wodurch die Störungen verringert werden. Nach F. Haworth u. T.J. Cleaver (1961) stören Sulfat und Phosphat bei genügender Verdünnung der Auflösung nicht. J. Fischer u. R. Kropp (1961) empfehlen den Zusatz von Strontium als inneren Standard, um die genannten Störungen zu umgehen. Nach E. Bovay (1955) ist es zweckmäßig, Grundlösungen zu verwenden, die eine ähnliche Zusammensetzung wie die Meßlösungen haben. Auch L. Guegen u. Mitarb. (1961) empfehlen die Verwendung geeigneter Standardlösungen.

Die Störungen durch Kationen lassen sich nach diesen Autoren ebenfalls durch geeignete Standardlösungen vermeiden. Gemäß der Arbeit von J. Spector (1955) kann man durch Zusatz von Aluminiumsalz den störenden Einfluß von größeren Mengen Calcium bei der Kaliumbestimmung verhindern. Ein Zusatz von n-Butanol führt nach K. Konopicky u. W. Schmidt (1960) zur deutlichen Emissionserhöhung der einzelnen Linien und Banden und verringert gleichzeitig die Querempfindlichkeit, z. B. bei der Calciumbestimmung gegen Natrium, Kalium und Magnesium. M.J. Pro u. A.P. Mathers (1954) stellten (bei Verwendung einer Wasserstoff-Sauerstoff-Flamme) fest, daß fast alle Kationen ohne Einfluß auf die Kalium- und Natriumbestimmung sind und Kupfer bis zu 10 mg/l, Eisen bis zu 2 mg/l und Mangan bis zu 10 mg/l auch die Calcium- und Magnesiumbestimmung nicht stören. Natrium stört Magnesium, falls es im Überschuß vorliegt, Kalium, falls sein Gehalt 500 mg/l überschreitet, Calcium, falls es in mehr als der zehnfachen Menge von Magnesium vorliegt. Kalium und Natrium haben bis zu 1 g/l aufeinander keinen Einfluß.

Weitere Störfaktoren stellen der Alkohol und der Zucker dar (M.A. AMERINE u. T.T. KISHABA 1952). Auch M.J. PRO u. A.P. MATHERS (1954) beschäftigten sich eingehend mit diesen Störfaktoren des Weines. Sie fanden, daß ein Zuckergehalt bis zu 50 g/l ohne wesentlichen Einfluß ist, in größeren Mengen jedoch die Emission verringert. Umgekehrt erhöht ein Alkoholgehalt bis 5 Vol.-% die Anzeige bereits um 5—10%.

Zur Umgehung der diversen Störmöglichkeiten wird von M.G. FAREY u. C.C.H. MACPHERSON (1966) vorgeschlagen, für die Bestimmung von Calcium dieses zunächst als Oxalat auszufällen, den Niederschlag in Perchlorsäure zu lösen und diese Lösung zur Flammenphotometrie zu verwenden. Entsprechend empfiehlt H. KICK (1954), Magnesium als Magnesiumammoniumphosphat vor seiner flammenphotometrischen Bestimmung abzutrennen.

Nach A. WÜNSCH u. K. TEICHER (1962) ist zur Magnesiumbestimmung die Atomabsorptionsspektroskopie besonders geeignet. Bei Verwendung einer Acetylenflamme lassen sich hierbei die störenden Einflüsse von Fremdionen fast völlig ausschalten.

Insgesamt gesehen kann man die störenden Einflüsse umgehen, wenn man zur Erstellung der Eichkurven und zur Messung Lösungen ähnlicher Zusammensetzung benutzt.

### d) Bestimmung von Aluminium

Nach der amtlichen Anweisung von 1920 (vgl. O. REICHARD 1938) wird Aluminium, nach Abtrennung von Eisen, als Aluminiumphosphat, bestimmt.

Modernere Methoden bedienen sich der Polarographie (H.W. HODGSON u. J.H. GLOVER 1951) oder der Photometrie (J. FRIES). E.J. RUBIN u. G.R. HAGSTROM (1959) bestimmten Aluminium fluorimetrisch mit Chinolin, und J.W. TULLO u. Mitarb. (1949) und A.R. DESCHREIDER (1953) mit 8-Hydroxychinolin. G. GIEBLER (1961) verglich verschiedene bei der Wasseranalyse übliche Methoden. Danach ist die Reaktion mit Hämatoxylin nicht spezifisch genug und führt zu inkonstanten Farbintensitäten. Auch die Reaktion mit Eriochromcyanin ist nicht genügend selektiv. Bei der Bestimmung mit Alizarin S stören Fluorid, Calcium, zweiwertiges Eisen und zweiwertiges Mangan. Ähnliches gilt für die Verwendung von Aluminon. Die Störfaktoren lassen sich jedoch beseitigen oder berücksichtigen. K.E. QUENTIN (1953) trennte das Aluminium vor seiner Bestimmung mit Aluminon papierchromatographisch ab.

Zur Bestimmung von Aluminium in Wein ist nach H. THALER u. F.H. MÜHLBERGER (1955) Eriochromcyanin geeignet, wenn man störendes Kupfer, Eisen, Mangan und Phosphat eliminiert bzw. in geeignete Oxydationsstufen bringt. Bei sehr niedrigem pH-Wert (0,4) läßt sich Eisen quantitativ, Kupfer teilweise mit Kupferron entfernen. Bei der zweiten Extraktion von Aluminium mit Kupferron mittels Chloroform bei einem höheren pH-Wert gelangen zwar etwas Kupfer und Mangan mit in den Extrakt, lassen sich jedoch mit Thioglykolsäure in nicht störende Oxydationsformen überführen. Die Störung durch Phosphat (Verzögerung der Bildung des Aluminium-Kupferronatkomplexes) umgeht man dadurch, daß man noch im stark sauren pH-Bereich neues Kupferron zusetzt und erst dann durch Zugabe von Ammoniumacetat auf den geeigneten pH-Wert (4,8) einstellt. Die Methode wurde von J. KOCH u. E. BREKER (1958) auch bei Säften angewandt.

## Verfahren nach Thaler und Mühlberger (1955)

*Reagentien:*

konz. Salzsäure p. a.
1 n-Salzsäure
2 n-Salzsäure
25%ige Salzsäure
20%iges Ammoniumacetat p. a.
10,96%ige Natriumchloridlösung p. a.
5%ige Kupferronlösung (höchstens 3 Tage alt)
1%ige Natronlauge (frisch zubereitet)
1%ige Phenolphthaleinlösung
Natriumcarbonat p. a., wasserfrei
Kaliumaluminiumsulfat
Chloroform p. a.
Acetatpuffer pH 6,0: 54,8 g Ammoniumacetat p. a., 21,8 g Natriumacetat p. a. und 1,2 ml Eisessig werden mit Wasser zu 1 l gelöst
Eriochromcyaninlösung: 1 g Eriochromcyanin „Merck" wird in einem Meßkolben (1 l) in etwas Wasser gelöst, mit 6 ml n-Salzsäure versetzt und mit Wasser zur Marke aufgefüllt.
Thioglykolsäure
Alle Lösungen werden mit doppelt dest. Wasser angesetzt.

*Durchführung:*

Je nach dem zu erwartenden Al-Gehalt verascht man 5—10 ml Saft bei 550—570° C[1], versetzt die Asche mit 2 ml konz. Salzsäure und dampft nach 5 min zur Trockne. Den Rückstand nimmt man mit 10 ml n-Salzsäure auf, dampft auf etwa 5 ml ab und bringt die Lösung quantitativ in einen 100 ml Schüttelzylinder. Das Volumen soll 20 ml betragen. Durch Zugabe von 2 Tropfen 25%iger Salzsäure bringt man die Lösung auf pH 0,4 und gibt dann tropfenweise 1 ml 5%ige Kupferronlösung zu. Nach 3—4 min (Zeit einhalten!) fügt man 5 ml Chloroform zu und schüttelt 6 min kräftig um. Das Chloroform, meist grün gefärbt von Eisen, läßt man ab und gibt nochmals 5 ml Chloroform zu und schüttelt erneut 5 min. Nach dem Absitzen läßt man das Chloroform ab und achtet darauf, daß das Zylinderrohr gut ausgespült wird. Dann versetzt man die Lösung im Schüttelzylinder mit 1 ml 5%iger Kupferronlösung, mischt durch und fügt 10 ml 20%ige Ammoniumacetatlösung und 0,5 ml 5%ige Kupferronlösung zu. Unter öfterem Umschütteln läßt man 30 min stehen, gibt dann 5 ml Chloroform zu, schüttelt 5 min und läßt nach dem Absetzen das Chloroform in einen Platintiegel ab, den man zum Eindampfen der Aluminium-Kupferronatlösung unter einen Oberflächenstrahler stellt. Während dieser Zeit extrahiert man die im Schüttelzylinder befindliche Lösung nochmals mit 5 ml Chloroform durch 4 min langes Schütteln, läßt die Chloroformlösung wieder in den Platintiegel ab und extrahiert ein drittes Mal mit 2,5 ml Chloroform 3 min lang.

Ist das Chloroform im Platintiegel verdampft, verbrennt man den Rückstand vorsichtig und glüht dann stark. Je nach der Menge des Aluminiums bleibt ein zuweilen nicht sichtbarer Rückstand zurück. Zu diesem gibt man 1 g Natriumcarbonat (wasserfrei) und schließt das Aluminium durch 15 min langes Schmelzen auf. (Man muß dafür sorgen, daß auch die Tiegelwände durch Drehen des Tiegels mit der Schmelze in Berührung kommen.)

Nach dem Erkalten der Schmelze fügt man 10 ml 2 n-Salzsäure zu (vorsichtig — Uhrglas!), um die Kohlensäure auszutreiben, und stellt den Tiegel auf eine Heizplatte. Nach dem Erkalten wird die gelöste Schmelze quantitativ in ein 100 ml-Meßkölbchen gespült. Man gibt einen Tropfen Thioglykolsäure zu und neutralisiert mit 1%iger Natronlauge (frisch hergestellt) gegen Phenolphthalein. Dann bringt man die Lösung mit 0,7 ml n-Salzsäure auf pH 2,1, pipettiert 15 ml 0,1%ige Eriochromcyaninlösung zu und läßt unter fortgesetztem Schwenken langsam aus einer Bürette 20 ml Acetatpuffer (pH 6,0) zutropfen. Nach dem Auffüllen mit doppelt dest. Wasser bis zur Marke mißt man nach 45 min im Photometer bei 528 nm in einer 0,25 cm Küvette gegen einen Blindwert, der zur gleichen Zeit angesetzt wurde.

Der Al-Gehalt wird einer Eichkurve entnommen.

Zur Aufstellung der Eichkurve löst man 8,7944 g Kaliumaluminiumsulfat (p. a.) zu 1 l (500 mg Al/l). 20 ml dieser Lösung werden mit 10 ml n-Salzsäure angesäuert und auf 1 l aufgefüllt. Diese Standardlösung dient zur Herstellung der Eichkurve.

---

[1] Die Einwaage wird so gewählt, daß nicht mehr als 20—100 μg zur Messung gelangen. Bei einem zu erwartenden Al-Gehalt von

   0— 10 mg Al/l nimmt man 10 ml Saft
 10— 20 mg Al/l nimmt man  5 ml Saft
 20—100 mg Al/l verdünnt man 5: 50  ⎫
100—200 mg Al/l verdünnt man 5:100  ⎬ und arbeitet mit 10 ml der Verdünnung
200—400 mg Al/l verdünnt man 5:200  ⎭

Je 1, 3, 5, 7, 9 und 10 ml der Standardlösung pipettiert man in 100 ml-Meßkölbchen, versetzt sie mit 10 ml 10,96%iger Natriumchloridlösung, fügt 1 Tropfen Thioglykolsäure zu, neutralisiert mit 1%iger Natronlauge gegen Phenolphthalein, pipettiert 15 ml Eriochromcyaninlösung hinzu und läßt tropfenweise 20 ml Acetatpuffer aus einer Bürette zufließen. Nach dem Auffüllen mit doppelt dest. Wasser bis zur Marke mißt man nach 45 min in einer 0,25 ml-Küvette. Die Extinktion wird in Abhängigkeit des Aluminiumgehaltes aufgetragen.

## e) Bestimmung von Eisen

Zur Bestimmung des Eisens nach der amtlichen Anweisung von 1920 (vgl. O. REICHARD 1938) wird das abgetrennte Eisen in seine dreiwertige Form gebracht, das aus zugesetztem Kaliumjodid eine äquivalente Menge Jod freisetzt. Dieses wird mit Natriumthiosulfat titriert.

In neuerer Zeit wurden eine Reihe von photometrischen Methoden erarbeitet (J. FRIES). Nach H. HARTKAMP (1962) kann man Eisen mit Pyridin-2,6-dicarbonsäure, nach A.K. MAJUMDAR u. S.P. BAG (1959) mit Chinolinsäure, nach P. COLLINS u. H. DIEHL (1960) mit 2,4,6-Tripyridyl-s-triazin, nach H. KONRAD (1960) mit Sulfosalicylsäure bestimmen. Verbreiteter sind jedoch die Verfahren mit $a,a'$-Dipyridyl, o-Phenanthrolin und auch Bathophenanthrolin (4,7-Diphenyl-1,10-phenanthrolin) (P. SPANYAR u. E. KEVEI 1960, H. WILDNER 1961).

Mit der Bestimmung von Eisen mit $a,a'$-Dipyridyl haben sich u. a. H. HADORN (1962) und O. v. LUPIN (1964) befaßt. Danach werden 10 ml Wein verascht, in 0,8 ml Salpetersäure (d = 1,19) aufgenommen und mit 10 ml Wasser in ein 25 ml-Meßkölbchen übergeführt. Hierzu setzt man 1,5 ml gesättigte schweflige Säure, 0,2 ml 1%ige $a,a'$-Dipyridyllösung in 95%igem Alkohol und 5 ml 20%ige Ammoniumacetatlösung zu. Das Kölbchen wird mindestens 2 Std oder über Nacht im Dunkeln aufbewahrt, zur Marke aufgefüllt und die Extinktion bei 530 nm gemessen.

Die Verwendung von o-Phenanthrolin zur Eisenbestimmung geht u. a. auf E. BENCZE (1948) zurück. L. DEIBNER (1960) hat sich ausführlich damit befaßt. Im allgemeinen erfolgt die Bestimmung nach der Mineralisierung der Untersuchungslösung. Nach J. KOCH u. E. BREKER (1955) und G. BRETTHAUER (1956) kann man in hellen Säften die Bestimmung direkt durchführen, da eine geringe Eigenfärbung durch die Art der Vergleichslösung zur Messung kompensiert wird. Bei Rotweinen kann man nach L. GENEVOIS u. J. LARROUQUÈRE (1961) die störenden Farbstoffe weitgehend mit Formalin fällen und die restlichen mit n-Butanol ausschütteln, so daß ebenfalls eine Veraschung nicht erforderlich ist.

Das folgende Verfahren wurde als *Methode A 9a vom Internationalen Weinamt* als Bezugsmethode zur Eisenbestimmung angenommen.

*Reagentien:*
Wasserstoffperoxid, 30%ig, eisenfrei
n-Salzsäure, eisenfrei
Ammoniak, rein, d = 0,92
Bimssteinkörnchen, mit siedender, halbkonzentrierter Salzsäure behandelt und mit dest. Wasser gewaschen.
2,5%ige Hydrochinonlösung in 1 vol.-%iger Schwefelsäure: die Lösung ist kühl und dunkel aufzuheben und bei Braunfärbung zu verwerfen.
Natriumsulfitlösung, 20%ig
Ammoniumacetatlösung, 20%ig
o-Phenanthrolinlösung, 0,5%ig in 96%igem Alkohol
Eichlösung: 8,6341 g Eisen(III)-ammoniumsulfat werden in 100 ml n-Salzsäure gelöst, was einige Zeit in Anspruch nimmt, und schließlich mit n-Salzsäure zur Marke aufgefüllt.

*Durchführung:*
Es gibt zwei Arten der Mineralisierung, deren Anwendung vom jeweiligen Zuckergehalt des Weines bestimmt wird[1].

---

[1] Nach eigenen Erfahrungen kann man aber auch eine normale Veraschung vornehmen.

Trockene oder wenig süße Weine (bis zu 50 g/l Zucker): in einen 100 ml-Kjeldahlkolben werden einige Körnchen Bimsstein, 20 ml Wein und 10 ml Wasserstoffperoxid gegeben. Die Flüssigkeit wird am Sandbad auf 2—3 ml eingedampft. Nach dem Erkalten werden dem Rückstand aus einer Bürette 3—4 ml (oder wenn nötig auch etwas mehr) Ammoniak tropfenweise zugefügt, ohne dabei die Wand des Kolbens zu benetzen. Um die Metallhydroxide zu fällen, ist es notwendig, die Lösung bis zum Auftreten des Ammoniakgeruches alkalisch zu machen. Die Stärke der Reaktion zwischen Wasserstoffperoxid und Ammoniak muß durch Kühlen mit kaltem Wasser oder Erwärmen auf dem Wasserbad unter Kontrolle gehalten werden.

Nach dem Erkalten wird der alkalischen Flüssigkeit soviel n-Salzsäure zugefügt, wie nötig ist, um den vorhandenen Hydroxidniederschlag zu lösen; dann wird die Lösung in einen 100 ml-Meßkolben übergeführt. Nach dem Nachwaschen des Kjeldahlkolbens mit n-Salzsäure wird die Flüssigkeit im Meßkolben mit der gleichen Säure bis zur Eichmarke aufgefüllt.

Reichlich Zucker enthaltende Weine (50—200 g/l): Die Oxydation der zuckerreichen Weine weicht etwas von der oben beschriebenen Verfahrensweise ab. 20 ml Wein werden mit 20 ml Wasserstoffperoxid behandelt. Die Flüssigkeiten, die mehr als 200 g/l Zucker enthalten, müssen vorerst auf die Hälfte oder auf ein Viertel verdünnt werden.

Von der auf 100 ml aufgefüllten Untersuchungslösung werden je 20 ml in 50 ml-Meßkolben mit Schliffstopfen pipettiert. Zu jeder Probe fügt man 2 ml Hydrochinonlösung, 2 ml Sulfitlösung und 1 ml o-Phenanthrolinlösung. Man läßt zur Reduktion 15 min stehen, fügt dann 10 ml Ammoniumacetatlösung hinzu und füllt mit Wasser zur Marke auf. Die auftretende Rotfärbung wird gegen Wasser bei 485 nm gemessen. Die Auswertung erfolgt zweckmäßigerweise mittels einer entsprechend aufgestellten Eichkurve.

Zur Bestimmung von Eisen mit Bathophenanthrolin sei auf H. Tanner (1967a) und L. Nykänen (1961) verwiesen. Diese Autoren bringen außerdem noch zwei methodische Varianten, die evtl. auch auf die Bestimmung mit o-Phenanthrolin übertragbar sein sollten. Nykänen trennt das Eisen durch Kationenaustauscher vom Wein ab, bevor er es der Farbreaktion unterwirft. Tanner führt zunächst die Farbreaktion durch und schüttelt den Farbkomplex mit Tetrachlorkohlenstoff aus. Danach wird die Extinktion der organischen Phase gemessen.

### f) Bestimmung von Kupfer

Die Bestimmung von Kupfer nach der amtlichen Methode von 1920 (vgl. O. Reichard 1938) erfolgt nach der Veraschung durch Vergleich der Braunfärbung mit Kaliumcyanoferrat(II) mit Lösungen bekannten Kupfergehaltes.

Neuere Methoden bedienen sich vor allem der Polarographie[1] (K. Hennig u. R. Burkhardt 1954, H. Rentschler u. H. Tanner 1955, J. Bonastre u. R. Pointeau 1957, der Atomabsorptionsspektrophotometrie (A. Caputi u. M. Ueda (1967)) und der Photometrie (J. Fries). Bekannt ist die Reaktion mittels Dithizon (R. Strohecker u. Mitarb. 1937), die auch die Grundlage des von der IUPAC anerkannten Verfahrens ist (vgl. L. Truffert 1962). Nach W.M. Banick u. G.F. Smith (1957) kann man, mit oder ohne Veraschung des Weines, den mit Bathocuproin entstehenden Komplex mit i-Amylalkohol extrahieren und photometrieren. Hierbei stören nur Zinn und größere Mengen Eisen (J. Fries).

Nach H. Hartkamp (1960) ist 6-Methylpyridin-2-aldoxim zur Kupferbestimmung spezifisch und geeignet. Hiernach stellt man die Untersuchungslösung mit 10—1000 $\mu$g Kupfer auf einen pH-Wert über 12, setzt 5 ml 1%iges Reagens in Methanol, 2 ml 10%ige Hydroxylaminhydrochloridlösung und 5 ml 5 n-Natronlauge zu, füllt auf 100 ml auf und photometriert bei 445 nm.

Ein weiteres Reagens ist 2,2'-Dichinolyl (R. Gaigl 1963). Nach E. Peynaud (1954) versetzt man 5 ml Wein mit 0,5 g Hydroxylaminhydrochlorid, 0,5 g Natriumacetat und 5 ml 0,02%ige Lösung des Reagenses in Amylalkohol und photometriert nach dem Ausschütteln bei 530 nm.

Nach K. Hennig u. A. Lay (1964) (vgl. auch K.R. Middleton 1965) ist auch Oxalsäure-bis-(cyclohexylidenhydrazid) (Cuprizon, ,,Merck'') gut geeignet. Hierzu

---

[1] Ein Verfahren hierzu ist in Abschnitt V. 3. g) angegeben.

löst man die Weinasche in 15 ml 10%iger Salzsäure, stellt mit 25%igem Ammoniak auf pH 9,0, gibt 10 ml Citratlösung (75 g Citronensäure + 95 ml 25%iges Ammoniak/250 ml) und 5 ml Cuprizonlösung (0,5%ig in 50%igem Alkohol) hinzu und füllt nach 2 min auf 100 ml auf. Die Messung erfolgt bei 595 nm.

Die Bestimmung von Kupfer mit Zinkdibenzyldithiocarbamat, von C.F. TIM-BERLAKE (1954) bei Apfelwein eingeführt, wurde von der Analysenkommission der Internationalen Fruchtsaftunion (IFU) für Säfte angenommen. Sie wird u. a. von D.H. STRUNK u. A.A. ANDREASEN (1967) für alkoholische Getränke und von D.C. ABBOTT u. J.R. HARRIS (1962b) für Trinkwasser als eine einfache und genaue Methode empfohlem. Die von der IFU angenommene Methode wird nachfolgend in gekürzter Form beschrieben.

*Reagentien:*
Schwefelsäure, 2-n und 1-n
Zinkdibenzyldithiocarbamat-Lösung, 0,1%ig in Tetrachlorkohlenstoff. Diese Lösung ist in braunen Flaschen in der Kälte aufzubewahren
Aceton, z. A.
Cu-freies Wasser (aus Quarzgefäß bidest. Wasser oder mittels Ionenaustauschern behandeltes dest. Wasser)
Standard-Kupferlösung für die Erstellung der Eichgeraden: 3,93 g Kupfersulfat z. A. (CuSO$_4$ · 5 H$_2$O) in dest. Wasser lösen und zu 1000 ml auffüllen. (1 ml dieser Lösung entspricht 1 mg Cu).

*Durchführung:*
10 ml Saft und 12,5 ml Säure (2 n) werden in einen 100 ml Scheidetrichter pipettiert und mit Cu-freiem dest. Wasser auf ca. 25 ml ergänzt. Anschließend werden noch 4 ml Aceton hinzugefügt, um eine bessere Phasentrennung zu erzielen. Nach einem Zusatz von 10 ml Carbamatlösung wird während 2 min tüchtig geschüttelt. Dieses Schütteln wird nach erfolgter Trennung wiederholt. Die gefärbte Tetrachlorkohlenstoff-Phase wird durch einen sich im Auslaufrohr befindlichen Wattepfropfen in eine 1 cm-Meßküvette filtriert und bei 435 nm gegen eine Blindlösung gemessen. Diese stellt man sich her, indem man anstelle des Fruchtsaftes 10 ml Cu-freies dest. Wasser verwendet. Die Auswertung erfolgt anhand einer Eichgeraden.

*Erstellung der Eichgeraden:*
Von der Standard-Kupferlösung werden Verdünnungen mit steigenden Kupfergehalten hergestellt (0, 2, 4, 6 mg Cu/l), und zwar in je 25 ml Schwefelsäure (1 n). Nach Zugabe von 10 ml Zinkdibenzyldithiocarbamatlösung wird geschüttelt und nach erfolgter Phasentrennung die Extinktion der Tetrachlorkohlenstoff-Phase ermittelt.

## g) Bestimmung von Zink

Das amtliche Verfahren von 1920 (vgl. O. REICHARD 1938) beruht darauf, daß beim Zerlegen einer genau neutralen Zinkchloridlösung mit Schwefelwasserstoff Salzsäure frei wird, die titrimetrisch erfaßt werden kann.

Zur photometrischen Bestimmung von Zink bieten sich nach J. FRIES Dithizon, 1-(2-Pyridyl-azo)-2-naphthol und Zincon an, wobei Störungsmöglichkeiten durch andere Kationen zu berücksichtigen sind. Nach P.C. VAN ERKELENS (1961) kann man Eisen, Kupfer, Mangan, Blei, Molybdän und Kobalt von Zink durch mehrfache Extraktionen mit Acetylaceton und Diäthyldithiocarbaminat bei verschiedenen pH-Werten trennen. Bei der Bestimmung mit Zincon werden von T.L. YUAN u. J.G.A. FISKELL (1958) und U. PALLOTTA (1963) Ionenaustauscher zur Abtrennung von Zink verwendet. Nach J. ANDREWS u. Mitarb. (1951) läßt sich Zink mit Di-$\beta$-naphthylthiocarbazon in Tetrachlorkohlenstoff von Blei, Kupfer und anderen Metallen abtrennen und bestimmen.

Das gebräuchlichste Reagens zur photometrischen Zinkbestimmung ist Dithizon. Die grundlegende Arbeit dürfte von R. STROHECKER u. Mitarb. (1937) stammen, die hiermit nebeneinander Zink, Kupfer und Blei bestimmten. Es wird u. a. auch von H. BARNES (1952) und H. WOLFF (1954) empfohlen. Zur Abtrennung von Blei und Zink benutzten R.G. AULT u. A.G.R. WHITEHOUES (1952) Diäthylthiocarbamat. Nach P. Spanyar u. Mitarb. (1961) kann man bei der Reaktion von Zink mit Dithizon bei pH 8—8,5 die Störung von Kupfer durch Thiosulfat beseitigen. D. W. Margerum u. F. Santacane (1960), die acht verschiedene Methoden miteinander verglichen, empfehlen die Extraktion von Zink mit Dithizon unter Verwendung von Diäthanoldithiocarbaminat zur Maskierung störender Ionen. Dadurch stört ein zehnfacher Überschuß von Cd, Co, Cu, Hg, Ni, Pb, Fe, Mn, Cr, Sn nicht, ein hundertfacher Überschuß kaum. Die Genauigkeit dieser Methode wird mit $99 \pm 1{,}8\%$ angegeben.

Ebenfalls geeignet zur Zinkbestimmung ist die Polarographie. H. W. Hodgson u. J. H. Glover (1951) polarographierten in Bariumchloridlösung bei pH 4,3—4,7 gegen eine gesättigte Calomelelektrode, J. C. Sirois (1962) benutzte als Grundelektrolyt eine Lösung aus Ammoniumchlorid, Ammoniak und Natriumsulfit, L. Caton u. C. Ungureanu (1964/65) Ammoniak. Einen ähnlichen Grundelektrolyten wie J. C. Sirois verwendeten K. Hennig u. R. Burkhardt (1954). Zur besseren Ausbildung der Kurven setzten sie noch etwas Gelatinelösung zu. Ein Sulfit- oder Hydrogensulfitzusatz ist erforderlich, um die Störung von Sauerstoff zu umgehen. Nach J. Deshusses u. J. Vogel (1962) ist in Gegenwart größerer Mengen Eisen und Kupfer eine Vortrennung mittels Dithizon erforderlich. Bei dem Verfahren von J. Bonastre u. R. Pointeau (1957) ist dies berücksichtigt.

Diese Methode, die die polarographische Bestimmung von Zink, Kupfer und Blei nebeneinander gestattet, wurde von der Analysenkommission der Internationalen Fruchtsaft-Union angenommen und ist auch dem Internationalen Weinamt empfohlen. Die Halbstufenpotentiale bei der im folgenden wiedergegebenen Methode liegen bei —0,46 V für Blei, —1,05 V für Zink und —0,40 V für Kupfer.

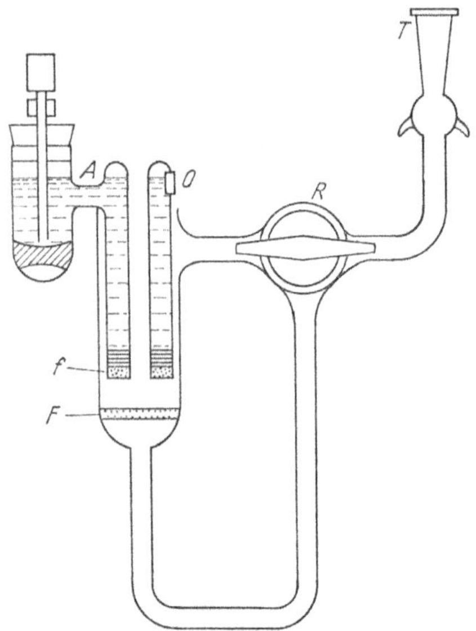


Abb. 4. Polarographiergefäß. A Kalomel-Elektrode (Anode), F Glasfritte, f Glasfritte als Abschluß des Stromschlüssels, O Einfüllöffnung für KCl gesättigt, R 3-Weg-Hahn, T Eintritt des Stickstoffs

*Prinzip:*
Blei und Zink werden nach vorangehender trockener Veraschung des Getränkes als Carbamatkomplex extrahiert. Nach Zerstörung des Komplexes mit Salzsäure werden Pb und Zn polarographisch bestimmt.

Die organische Phase der angesäuerten Probe enthält das Kupfer. Letzteres wird nach dem Abdampfen des Chloroforms und Veraschen des Rückstandes polarographiert.

*Geräte und Reagentien:*
Durchsichtige Quarzschalen
Polarograph
Muffelofen
Polarographiergefäß gem. Abb. 4
Salpetersäure, konz.
Salzsäure, 0,5 n und 1 n
Chloroform p. a.
Ammoniak
Ammoniumcitratlösung, 1 n
Essigsäure
Eichlösung für Kupfer: 3,93 g $CuSO_4 \cdot 5\ H_2O$ in dest. Wasser lösen und zu 1000 ml auffüllen (1 ml dieser Lösung entspricht 1 mg Cu)
Eichlösung für Blei: 1,60 g Bleinitrat werden in wenig dest. Wasser gelöst, 10 ml konz. Salpetersäure zugefügt und mit dest. Wasser zu 1 l aufgefüllt (1 ml dieser Lösung entspricht 1 mg Blei)

Eichlösung für Zink: 0,4398 g $ZnSO_4 \cdot 7\ H_2O$ p. a. werden in 1000 ml dest. Wasser gelöst. 1 ml entspricht 100 mg Zn
Dithizonlösung: 10 mg Dithizon werden in 100 ml Chloroform gelöst. Diese Lösung ist jedesmal frisch zu bereiten

Lösung A: 0,1 m-Ammoniumacetat und 0,03 m-Ammoniumrhodanid, beide wässrig. Diese Lösung wird mit verd. Essigsäure auf pH = 4,6 eingestellt.

Lösung B: Mischen von 3 Teilen 0,1 n-Dinatrium-äthylendiamintetraacetatlösung (Komplexon III) und 2 Teilen 0,1 n-NaOH. Das pH dieser Lösung sollte bei 8,0 liegen. Diese Lösung ist jedesmal frisch zu bereiten.

*Durchführung:*

10—20 ml Getränk werden in einer Platin- oder Quarzschale auf dem Wasserbad zur Trockne eingedampft, vorsichtig über kleiner Flamme verascht und im Muffelofen bei ca. 450° C geglüht, bis die Asche rein weiß ist.

Die Asche wird mit 3 ml konz. Salzsäure versetzt und nochmals zur Trockne eingedampft. Der Rückstand wird hierauf mit einigen ml heißem dest. Wasser aufgenommen und in einen Scheidetrichter übergeführt. Nach Zugabe von 5 ml 1 n-Ammoniumcitratlösung und 10 ml dest. Wasser wird die Lösung mit Ammoniak auf pH 9,5 eingestellt. Das Gemisch wird nun mit 10 ml Dithizonlösung versetzt und tüchtig geschüttelt. Nach erfolgter Trennung der Phasen wird die organische, rot gefärbte Phase in einen zweiten Scheidetrichter abgelassen und die wäßrige Phase solange mit Dithizonlösung ausgeschüttelt, bis die untere Phase grün bleibt. Die im zweiten Scheidetrichter befindlichen vereinigten Chloroformauszüge werden mit 10 ml 0,5 n-Salzsäure versetzt und geschüttelt. Die wäßrige Phase wird zur Trockne eingedampft, darauf mit 5 ml Lösung A aufgenommen und im Falle von Blei von —0,3 bis —0,6 V, im Falle von Zink von —0,6 bis —1,4 V polarographiert. Zur Polarographie, die auch in einem einfacheren Gefäß durchgeführt werden kann, muß die Lösung von Sauerstoff befreit sein. Bei dem Gefäß gemäß Abb. 4 wird hierzu Stickstoff 2 min durch die Glasfritte F geleitet, dann anschließend während der Polarographie über die Oberfläche der Lösung.

Zur Bestimmung des Kupfergehaltes wird die organische Phase eingedampft und verascht (Quarzschale). Der Rückstand wird mit einigen Tropfen Königswasser aufgenommen, mit einigen Tropfen dest. Wasser versetzt und nochmals zur Trockne eingedampft. Nach Zugabe von 5 ml der Lösung B wird polarographiert, und zwar von —0,15 bis —0,60 V.

*Berechnung:*

Die zu vermessende Stufenhöhe wird anhand einer Eichkurve ausgewertet, welche unter gleichen Bedingungen mit Lösungen von bekannten Pb-, Cu- bzw. Zn-Gehalt erstellt worden ist.

Das Getränk kann aber auch mit einer bekannten Menge Pb, Cu oder Zn versetzt und polarographiert werden. Die Metallgehalte in der angewandten Getränkeprobe berechnen sich nach dem letzteren Verfahren aus der Differenz der beiden Bestimmungen wie folgt:

$$\text{Pb, Cu, Zn in } \mu g/ml = \frac{a \cdot c}{b + (b - a) \cdot \dfrac{e}{d}}$$

wobei bedeuten:

a Stufenhöhe *vor* Eichzusatz in mm
b Stufenhöhe *nach* Eichzusatz in mm
c Konzentration der Eichlösung in $\mu g/ml$
d Anzahl ml zugesetzter Eichlösung (Blei, Kupfer oder Zink)
e Volumen der ursprünglich in das Elektrolysiergefäß gefüllten Lösung in ml.

Bei der Angabe des Metallgehaltes in mg/l sind eventuelle Verdünnungen durch entsprechende Multiplikationen zu berücksichtigen.

Weitere Bestimmungsprinzipien seien der Vollständigkeit halber noch erwähnt. Nach H. FUNK (1942) und P. WENGER (1942) läßt sich Zink gravimetrisch mit anthranilsaurem Natrium bestimmen. M. NEY (1948) stellte die salzsaure Lösung der Weinasche auf pH 4—6 ein und fällte daraus das Zink mit einer 3%igen alkoholischen Lösung von Hydroxychinolin. Der gewaschene Niederschlag wurde in Salzsäure gelöst und das darin enthaltene Hydroxychinolin bromometrisch erfaßt.

## h) Bestimmung von Zinn

Zur Bestimmung von Zinn gibt es im wesentlichen zwei Möglichkeiten, die Polarographie und die Bestimmung mittels Dithiol.

Bei der polarographischen Bestimmung ist nach J. MARKLAND u. F. C. SHENTON (1957) zu berücksichtigen, daß von der Naßveraschung herrührende Salpetersäure stört. Durch Erhitzen mit Ammoniumoxalat läßt sich diese Störung beseitigen. Zum Aufschluß selbst werden empfohlen (H. W. HODGSON u. J. H. GLOVER 1951,

D. L. Love u. S. C. Sun 1955, A. Porretta u. G. Bellucci 1959, R. C. Rooney 1963, L. Caton u. C. Ungeruanu 1964/65) Salpetersäure/Schwefelsäure/Perchlorsäure/Ameisensäure, Salpetersäure/Perchlorsäure/Schwefelsäure, Schwefelsäure/Wasserstoffperoxid u. a. Die polarographische Bestimmung erfolgt in salzsaurem, schwefelsaurem oder in gepuffertem salzsaurem System. Nach R. C. Rooney (1963) und nach Z. Malkus (1957) ist die oscillographische Polarographie besonders gut geeignet.

Mit der Bestimmung von Zinn mittels Dithiol (Toluol-3,4-dithiol) beschäftigten sich u. a. J. Schwaibold u. Mitarb. (1940), I. Stone (1941) und P. W. Board u. R. G. P. Elbourne (1964). R. de Giacomi (1940) trennte das Zinn vor der Bestimmung aus schwach salzsaurer Lösung als Sulfid ab. Nach seinen Beobachtungen ist ein Aufschluß unter Verwendung von Salpetersäure infolge Bildung unlöslicher Metazinnsäure ungeeignet. H. Cheftel u. Norvak (1949) bestimmten Zinn neben Kupfer und Eisen, indem sie nach einem nassen Aufschluß mit Salpetersäure und Schwefelsäure das Kupfer mittels Dithizon entfernten und störendes Eisen durch Erhitzen nach Zusatz von Thioglykolsäure ausschalteten. Sie konnten so 20 $\mu$g Zinn neben je 100 mg Kupfer und Eisen bestimmen. H. Onishi u. E. B. Sandell (1956) trennten Zinn destillativ als Bromid ab. K. Bürger (1961) destillierte nach einem nassen Aufschluß mit Schwefelsäure und Salpetersäure das Zinn als Zinn(IV)-Chlorid ab und reduzierte schließlich mittels Thioglykolsäure Zinn(IV) zu Zinn(II). Die Messung erfolgte nach Zusatz eines Dispergiermittels und Dithiol bei 530 nm.

Daneben sind noch andere Reaktionen möglich. Nach C. F. Coyle u. C. E. White (1957) gibt Zinn(IV) mit Flavonol in 0,1—0,5 n-Schwefelsäure eine hellblaue Fluorescenz, deren Maximum bei 470 nm liegt. 1 $\mu$g Zinn und weniger sollen danach erfaßbar sein. M. H. Thompson u. G. McLellan (1962) extrahierten Zinn(II) zweimal mit Diäthylammoniumdiäthylthiocarbamat in Chloroform und führten es in einen Farbkomplex mit Phenylfluoron über (vgl. auch J. Fries). Zinn(II) gibt nach A. B. Russell (1959) eine grüne Farbreaktion mit Silicomolybdänsäure. Zinn(IV) gibt mit Brenzcatechinviolett in Gegenwart von Gelatine einen sattblauen Zinnkomplex (M. Malat 1962). Von den im Wein vorkommenden Ionen stört Eisen nicht, wenn es durch Ascorbinsäure in zweiwertigem Zustand gehalten wird. Die Störung durch Phosphat läßt sich umgehen, indem man Zinn in Zinn(IV)-jodid überführt und mit Benzol extrahiert. Die gleiche Abtrennung von Zinn benutzten D. Thierig u. F. Umland (1966). Die Reextraktion erfolgt dann mit Schwefelsäure. Die Farbreaktion mit Brompyrogallolrot läßt sich bei 510 nm photometrieren. Der günstigste Meßbereich liegt bei 6—90 $\mu$g Sn/25 ml.

### i) Bestimmung von Blei

Zur Bestimmung von Blei sind zwei Prinzipien möglich, das polarographische Verfahren und die Dithizon-Methode.

Bei dem polarographischen Verfahren sind Störungen durch andere Bestandteile möglich. Daher empfehlen J. Bonastre u. R. Pointeau (1957)[1] und A. Porretta (1958) eine Vortrennung mittels Dithizon. Bei Wein stören nach E. Gilbert u. H. Grohmann (1959) nur Eisen(III) und Kupfer(II). Diese Störung umgingen sie, indem sie zu der zu polarographierenden Aschelösung Kaliumcyanoferrat(II) zusetzten, das Eisen, Kupfer und Zink ausfällt. Als Grundelektrolyt benutzten sie 1 ml 1 n-Lithiumchloridlösung, 1 ml 0,1%ige Gelatinelösung und 1 ml 0,5%ige Kaliumcyanoferrat(II)-Lösung, dem sie 5 ml salzsaure Aschelösung (2 ml 2 n-Salzsäure enthaltend) zusetzten. Das Halbstufenpotential

---

[1] Die Methode ist im Abschnitt V.3.g) angegeben.

zur Ausscheidung des Blei(II) beträgt in saurer Lösung ca. —0,5 V, bezogen auf die Kalomelelektrode.

Mit der Dithizon-Methode kann man nach R. STROHECKER u. Mitarb. (1937) Blei neben Kupfer und Zink bestimmen. Hierzu extrahiert man zunächst aus saurer Lösung mit Dithizon in Tetrachlorkohlenstoff das Kupfer, macht dann die wäßrige Phase schwach ammoniakalisch und extrahiert, nach Maskierung von Zink mit Cyanid, das Blei wiederum mit Dithizonlösung, die sich nach entsprechender Reinigung photometrieren läßt.

Störungsmöglichkeiten müssen also berücksichtigt werden. M.L. PANOUSE-PILGEAUD u. H. CHEFTEL (1939) eliminierten störendes Eisen mit Kupferron. E. BREMANIS u. Mitarb. (1955) benutzten in Anlehnung an K. GLEU u. R. SCHWAB (1950) Natrium-p-carbat, ein Pyridinderivat der Dithiocarbamidsäure, unter Mitverwendung von komplexbildendem Cyanid zur Selektierung von Blei. E.I. JOHNSON u. R.D.A. POLHILL (1957) isolierten Blei mittels Ionenaustauscher. H.C. LOCKWOOD (1954) extrahierte das Blei aus der Asche mittels Diäthyl-ammoniumdiäthyl-dithiocarbamat in Tetrachlorkohlenstoff bei pH 7, zersetzten den Komplex mit Säure und führten schließlich eine Extraktionstitration mit Dithizon in Chloroform durch. Auch Magnesium kann stören, wenn dieses bei dem für die Bleiextraktion erforderlichen pH-Wert aus der ammoniakhaltigen Lösung als Ammoniummagnesiumphosphat ausfällt und Spuren von Blei mitreißt. Diese Fällung läßt sich nach E.I. JOHNSON u. R.D.A. POLHILL (1955) und D.C. ABBOTT u. J.R. HARRIS (1962a) durch Zusatz von Natriumhexametaphosphat verhindern. Zur Vermeidung von Verlusten bei der trockenen Veraschung empfehlen D. ABSON u. A.G. LIPSCOMB (1957) einen Zusatz von Schwefelsäure. Hierdurch treten Verluste erst bei 570° C auf, während sonst bereits bei 480° C damit zu rechnen ist. Weitere Anregungen stammen von O. HÖGL u. H. SULSER (1951) und A. PORRETTA u. Mitarb. (1956). Die von der IUPAC aufgenommene Mikromethode zur Bestimmung von Blei in Lebensmitteln mit Dithizon ist in der Zeitschrift Lebensmittel-Untersuch. u. -Forsch. **127**, 225—229 (1965) nachzulesen.

Schließlich läßt sich Blei auch mit Diphenylcarbazid photometrisch bestimmen (T. v. LETONOFF u. J.G. REINHOLD 1940).

## j) Bestimmung von Arsen

Zur Bestimmung von Arsen nach der amtlichen Anweisung von 1920 (vgl. O. REICHARD 1938) wird die Untersuchungslösung aufgeschlossen und schließlich das Arsen im Marsh'schen Apparat ermittelt. Diese Methode ist sehr zeitraubend und für den praktischen Laboratoriumsbetrieb nicht brauchbar. Ein anderes Verfahren, ebenfalls von O. REICHARD (1938) beschrieben, stammt von J. GANGL u. J.VAZQUEZ SANCHEZ (vgl. auch W. DIEMAIR u. J. WAIBEL 1936). Danach wird Arsen nach dem Marsh'schen Prinzip in einer Spiralröhre an Quarz quantitativ abgeschieden, in Jodmonochloridlösung gelöst und das frei gemachte Jod in stark salzsaurer Lösung mit Jodat titriert.

Bei dem Verfahren von G. LOCKEMANN (1952) wird Arsen mittels der Gutzeit'schen Reaktion bestimmt. Die Auswertung der Gelbfärbung der mit Silbernitrat getränkten Papierscheibe erfolgt anhand der von bekannten Arsenmengen hervorgerufenen Gelbfärbungen. Die Methode ist nach eigenen Untersuchungen zwar recht brauchbar, sie ist vom Methodischen her jedoch prinzipiell unbefriedigend.

Nach G. CIUHANDU u. M. ROCSIN (1960) läßt sich Arsen mit Hilfe von p-sulfamidbenzoesaurem Silber photometrisch bestimmen. Eingehender geprüft ist die Bestimmung als Molybdänblau nach R. ZINZADSE (1930). Nach O. COLAGRANDE (1960) wird der Wein mit Schwefelsäure und Salpetersäure oxidativ aufgeschlossen, das Arsen in Arsen(V)-bromid übergeführt, dieses abdestilliert und mit Molybdänreagens und Hydrazinsulfat in Molybdänblau umgesetzt. Die photometrische Bestimmung erfolgt bei 720 nm. Auch H. Furrer (1961 u. 1963) nimmt einen oxydativen Aufschluß mit Schwefelsäure, Salpetersäure, Wasserstoffperoxid und Perchlorsäure oder mit Magnesiumnitrat vor, schüttelt die störenden Metalle mit Dithizon aus, reduziert Arsen(V) zu Arsen(III), verascht und bestimmt schließlich die mit Molybdänsalz gebildete Färbung photometrisch. Zur Vermeidung von Fehlern ist es erforderlich, die Lösungen in Kunststoffflaschen aufzubewahren.

Nach E. Kröller (1965) kann jedoch Phosphat bei dieser Reaktion stören. Er empfiehlt daher die photometrische Bestimmung mit Silberdiäthyldithiocarbamat. Hierzu wird nach einem oxydativen nassen Aufschluß der Untersuchungslösung mit Schwefelsäure und Salpetersäure Arsen(V) mit Hydrazinsulfat zu Arsen(III) reduziert, dieses als Arsen(III)-chlorid in einer Stickstoffphase abdestilliert und mit Zink und Salzsäure zu Arsenwasserstoff reduziert, das in eine Lösung von Silberdiäthyldithiocarbamat in Pyridin getrieben wird. Die entstehende Färbung wird bei 540 nm photometriert.

Nach I. Hoffmann u. A. D. Gordon (1963 u. 1964) sind beide Methoden, die Bestimmung als Molybdänblau und mittels Silberdiäthyldithiocarbamat, gleich gut geeignet.

## 4. Bestimmung der Anionen

### a) Bestimmung von Chlorid

Nach der „Allgemeinen Verwaltungsvorschrift" von 1960 verfährt man folgendermaßen: 100 ml der zu untersuchenden Flüssigkeit werden in einen 200 ml-Meßkolben pipettiert, mit 50 ml kaltgesättigter Barytlauge versetzt, zur Marke aufgefüllt und nach kräftigem Mischen filtriert. 100 ml des Filtrates (entsprechend 50 ml der zu untersuchenden Flüssigkeit) werden mit 20 ml verdünnter Salpetersäure (1:5) und 2—3 ml kaltgesättigter Kaliumpermanganatlösung versetzt, einige Minuten beiseite gestellt, bis die violette Farbe verschwunden ist, und mit 2 ml 3%igem Wasserstoffperoxid völlig entfärbt[1].

Nun wird mit 30—40 ml Äther und 2 ml Diphenylcarbazon-Indicator[2] versetzt und unter ständigem Schwenken mit 0,0282 n-Quecksilbernitratlösung[3] bis zum Farbumschlag des Indicators (Rosafärbung der zuvor gelb-bräunlichen Ätherschicht) titriert, wobei man von Zeit zu Zeit die Farbe der sich rasch abtrennenden Ätherschicht beobachtet.

*Berechnung:*
Wurden bei der Titration a Milliliter der 0,0282 n-Quecksilbernitratlösung verbraucht, so enthält 1 l der zur Untersuchung verwendeten Flüssigkeit:

$$x = 20 \cdot a \text{ Milligramm Chlor-Ionen.}$$

Der Chloridgehalt ist in Milligramm in 1 Liter (mg/l) anzugeben.

Von H. Grohmann (1939) wurde eine *argentometrische Bestimmung des Chlors* beschrieben, die gegenüber der mercuriometrischen Methode wesentliche Vorteile bietet. Sie hat unter der Nr. A 15 a als Bezugsmethode Eingang in die Internationalen Weinuntersuchungsvorschriften gefunden und wurde auch von der Analysenkommission des Bundesgesundheitsamtes für die Aufnahme in die Verwaltungsvorschrift an Stelle der jetzigen Methode vorgeschlagen. In Italien und Frankreich ist ebenfalls die argentometrische Bestimmung vorgeschrieben.

*Prinzip:*
In der zu untersuchenden Flüssigkeit wird zunächst die Hauptmenge der Farbstoffe mit Bariumhydroxid gefällt, sodann wird der nicht ausgefällte Teil der Farbstoffe durch Kaliumpermanganat zerstört. Die Bestimmung der Chloride in der nunmehr farblosen Flüssigkeit erfolgt durch argentometrische Titration.

---

[1] Schwach gefärbte Flüssigkeiten (z. B. Weißwein) bedürfen dieser Vorbehandlung nicht.
[2] 0,1%ige alkoholische Diphenylcarbazon-Lösung.
[3] 0,0282 n-Hg(NO₃)₂-Lösung: 3,054 g rotes Quecksilber(II)-oxid p. a. werden in 1 n-Salpetersäure zum Liter gelöst. 1 ml dieser Lösung entspricht 1 mg Chlor-Ionen.

*Reagentien:*
Gesättigte Kaliumpermanganatlösung (etwa 6,5%ig)
2 n-Salpetersäure
0,1 n-Silbernitratlösung
0,1 n-Kaliumthiocyanatlösung
Eisen-Ammonium-Alaunlösung: 15 g $NH_4Fe$ $(SO_4)_2$ · 12 $H_2O$ p. a. werden mit Wasser
zu 100 ml gelöst,
oder
Eisennitratlösung: 10 g Fe $(NO_3)_3$ · 9 $H_2O$ p. a. werden mit Wasser zu 100 ml gelöst.
Bariumhydroxidlösung: 50 g $Ba(OH)_2$ werden mit Wasser zu 1 l gelöst
Phenolphthaleinlösung
Äther
3%ige Wasserstoffperoxidlösung; frisch zubereiten.

*Durchführung der Bestimmung:*
In einem 200 ml-Meßkolben werden 100 ml der zu untersuchenden Flüssigkeit mit Bariumhydroxid gegen Phenolphthalein neutralisiert und mit Wasser zur Marke aufgefüllt. Nach kräftigem Durchmischen wird durch ein Faltenfilter filtriert, das zuvor mit lauwarmem Wasser ausgewaschen und wieder getrocknet wurde. 100 ml des Filtrates werden in einem 500 ml-Kolben mit 20 ml 2 n-Salpetersäure und 5 ml gesättigter Kaliumpermanganatlösung versetzt. Nach dem Umschütteln läßt man einige Minuten stehen, bis die violette Farbe verschwunden ist. Falls die Färbung bestehen bleibt, fügt man einige Tropfen 3%ige Wasserstoffperoxidlösung zu. Bei stark gefärbten Flüssigkeiten ist der Vorgang gegebenenfalls zu wiederholen, indem man noch einige Milliliter Kaliumpermanganatlösung und einige Tropfen 3%ige Wasserstoffperoxidlösung hinzusetzt, bis die violette Färbung verschwindet.

Zu der farblosen Flüssigkeit fügt man 10 ml einer 10%igen Eisennitratlösung (oder 10 ml einer 15%igen Eisen-Ammonium-Alaunlösung) als Indicator und dann 20 ml Äther und 10 ml einer 0,1 n-Silbernitratlösung hinzu. (Diese Menge genügt, wenn die zu untersuchende Flüssigkeit weniger als 1 g Natriumchlorid in 1 l enthält.)

Der Überschuß des Silbernitrats wird mit einer 0,1 n-Kaliumthiocyanatlösung bestimmt. Der Endpunkt der Titration ist erreicht, wenn die braunrote Färbung nicht mehr sofort verschwindet, sondern etwa 5 sec bestehen bleibt.

*Berechnung:*
Wurden bei der Titration a Milliliter 0,1 n-Kaliumthiocyanatlösung verbraucht, so enthält 1 l der untersuchten Flüssigkeit:

$$x = 35{,}46 \cdot [2 \cdot (10 - a)] \text{ mg Chlorid-Ion oder}$$
$$y = 0{,}1169 \cdot (10 - a) \text{ g Natriumchlorid}$$

Es werden zwei Dezimalstellen angegeben.

## b) Bestimmung von Sulfat

Die „Allgemeine Verwaltungsvorschrift" unterscheidet zwischen Vorprobe und genauer Bestimmungsmethode, je nachdem, ob bei der zu untersuchenden Flüssigkeit nur festgestellt werden soll, ob sie weniger Schwefelsäure in 1 l enthält als 2 g neutralem Kaliumsulfat entspricht, oder ob die Menge des Sulfatrestes genau bestimmt werden soll.

### Vorprobe

Man versetzt in einem kleinen Becherglas 10 ml der zum Sieden erhitzten Flüssigkeit mit 5 ml einer Lösung, die 5,608 g kristallisiertes Bariumchlorid ($BaCl_2$ · 2 $H_2O$) und 50 ml konzentrierte Salzsäure in 1 l enthält, läßt die Flüssigkeit in einem bedeckten Becherglas mehrere Stunden auf dem Wasserbad stehen, gießt vom Niederschlag ab und versetzt die Flüssigkeit mit einigen Tropfen verdünnter Schwefelsäure. Entsteht im Verlauf 1 Std ein Niederschlag, so enthält die Probe in 1 l weniger Schwefelsäure als 2 g neutralem schwefelsaurem Kalium entspricht. Entsteht kein Niederschlag, so ist die genaue Bestimmung der Schwefelsäure nach der folgenden Methode auszuführen.

### Bestimmung des Sulfatrestes

50 ml der zu untersuchenden Flüssigkeit werden in einem Becherglas mit einigen Tropfen Salzsäure versetzt, auf einem Drahtnetz erhitzt und unter Ergänzung der verdampfenden Flüssigkeit ca. 5 min im Sieden erhalten, wobei Kohlendioxid auf die Flüssigkeitsoberfläche geleitet wird. Dann fügt man einige Tropfen Ammoniak hinzu und versetzt tropfenweise mit Bariumchloridlösung (5,608 g kristallisiertes Bariumchlorid und 50 ml konzentrierte Salzsäure zu 1 l Wasser gelöst). Ein zu großer Überschuß an Bariumchlorid ist zu vermeiden.

Man läßt den Niederschlag absetzen und prüft durch Zusatz eines Tropfens Bariumchlorid-lösung zu der über dem Niederschlag stehenden klaren Flüssigkeit, ob die Schwefelsäure vollständig ausgefällt ist. Hierauf kocht man das Ganze nochmals auf und läßt 6 Std, mit einem Uhrglas bedeckt, auf dem heißen Wasserbad stehen. Dann gießt man die klare Flüssigkeit durch ein Filter von bekanntem Aschegehalt und wäscht den im Becherglas zurückbleibenden Niederschlag wiederholt mit heißem Wasser aus. Filter und Niederschlag werden getrocknet, in einem gewogenen Platintiegel verascht, geglüht und nach dem Erkalten im Exsiccator gewogen.

Wenn das auf dem Filter befindliche Bariumsulfat dunkel gefärbt ist, wird es zunächst mit verdünntem Ammoniak, dann mit verdünnter Salzsäure und schließlich mit heißem Wasser gewaschen. Alsdann wird weiter verfahren, wie vorstehend beschrieben.

*Berechnung:*

Wurden a Gramm Bariumsulfat gewogen, so sind in 1 l der zur Untersuchung verwendeten Flüssigkeit enthalten:

$$x = 8{,}231 \cdot a \text{ g Sulfatrest } (SO_4).$$

Diesem Gehalt an Sulfatrest entsprechen in 1 l der zur Untersuchung verwendeten Flüssigkeit

$$y = 14{,}93 \cdot a \text{ g Kaliumsulfat } (K_2SO_4).$$

Der Gehalt an Schwefelsäure (Sulfatrest) ist in Gramm Kaliumsulfat in 1 l (g/l) mit 2 Dezimalstellen anzugeben.

Diese Methode ist sehr zeitraubend. Sie soll auf Vorschlag der Analysenkommission des Bundesgesundheitsamtes durch die *komplexometrische Bestimmungsmethode* ergänzt werden, wie sie als gebräuchliche Arbeitsweise unter Nr. A 14 a in den Internationalen Weinuntersuchungsvorschriften enthalten ist und von J. Schneyder (1965a) ausgearbeitet worden wurde:

*Prinzip:*

In der zu untersuchenden Flüssigkeit werden die Sulfat-Ionen in saurer Lösung mit Bleinitrat als Bleisulfat gefällt. Dieses wird komplexometrisch mit Äthylendiamintetraessigsäure bestimmt.

*Reagentien:*

Konzentrierte Salpetersäure 65%ig (d = 1,40)

Bleinitratlösung: 25 g Bleinitrat werden in 100 ml Wasser gelöst und 1,5 ml konzentrierte Salpetersäure hinzugefügt

Waschflüssigkeit: Gleiche Teile verdünnte Salpetersäure (5 ml konzentrierte Salpetersäure werden mit Wasser zu 100 ml verdünnt) und 96%iges Äthanol werden unmittelbar vor der Bestimmung miteinander gemischt.

Komplexonlösung: 0,1-molare Dinatrium-Äthylendiamintetraessigsäurelösung: 37,22 g Dinatriumsalz-dihydrat der Äthylendiamintetraessigsäure werden mit Wasser zu 1 l gelöst

Pufferlösung: 54 g Ammoniumchlorid und 350 ml konzentrierte Ammoniaklösung (25%ig) werden mit Wasser zu 1 l aufgefüllt

Indicator: Eriochromschwarz T wird mit Natriumchlorid im Verhältnis 1:500 gut verrieben

0,1-molare Zinkchloridlösung: 13,7 g $ZnCl_2$ (wasserfrei) werden unter Verwendung einiger Tropfen Salzsäure mit Wasser zu 1 l gelöst. Die Lösung wird gegen 0,1-molare Dinatrium-Äthylendiamintetraessigsäurelösung eingestellt

Äthanol.

*Durchführung der Bestimmung:*

25 ml der zu untersuchenden Flüssigkeit werden in einem Zentrifugengläschen durch Zugabe einiger ml Äthanol auf einen Gehalt von annähernd 20 Vol.-% Alkohol gebracht und mit 0,6 ml konzentrierter Salpetersäure und 1 ml Bleinitratlösung versetzt. (1 ml der Bleinitratlösung entspricht etwa 5 g Kaliumsulfat in 1 l der zu untersuchenden Flüssigkeit.) Die Lösung ist beim Zusatz der einzelnen Reagentien jedesmal gut durchzuschütteln. Wenn sich der Bleisulfatniederschlag abzusetzen beginnt, frühestens jedoch nach $^1/_2$ Std, wird kurz zentrifugiert, die überstehende Flüssigkeit abgegossen und der Niederschlag zweimal mit je 5 ml der Waschflüssigkeit gewaschen und zentrifugiert.

Der gewaschene Niederschlag wird mit 50 ml Wasser in einen Erlenmeyerkolben, in den zuvor 5 ml Komplexonlösung gegeben wurden, übergespült. Dabei bedient man sich gleichzeitig eines Gummiwischers, um an der Wand des Zentrifugenglases anhaftendes Bleisulfat loszulösen.

Nach Zugabe von 2 ml Pufferlösung und einer Spatelspitze Indicator wird mit 0,1-molarer Zinkchloridlösung von Blau auf Weinrot titriert.

*Berechnung:*

Wurden a Milliliter 0,1-molare Zinkchloridlösung verbraucht, so enthält 1 l der untersuchten Flüssigkeit:

$$x = 48,03 \cdot 8 \cdot (5,00 - a) \text{ mg Sulfat-Ion}$$

oder als Kaliumsulfat berechnet:

$$y = 0,697 \cdot (5,00 - a) \text{ Gramm Kaliumsulfat.}$$

Der Gehalt an Schwefelsäure (Sulfatrest) ist in Gramm Kaliumsulfat in 1 l (g/l) mit 2 Dezimalstellen anzugeben.

### c) Bestimmung von Phosphat

Nach der „Allgemeinen Verwaltungsvorschrift" von 1960 ist der Phosphatrest nach folgender Methode gravimetrisch zu bestimmen:

*Reagentien:*

Schwefelsäurehaltige Salpetersäure: Man gießt 30 ml Schwefelsäure (D = 1,84) in 1 l Salpetersäure (D=1,2) und mischt gut durch

Sulfatmolybdänreagens: In einem 2—3 l fassenden Kolben werden 100 g Ammoniumsulfat mit 1 l Salpetersäure (D = 1,35—1,36) unter Umrühren gelöst. Desgleichen löst man 300 g Ammoniummolybdat in einem Literkolben in heißem Wasser, kühlt auf Zimmertemperatur ab, stellt auf die Marke ein und gießt die Lösung in dünnem Strahl unter Umrühren in die Ammoniumsulfatlösung. Man läßt wenigstens 48 Std bei Zimmertemperatur stehen, filtriert durch ein säurefestes, dichtes Filter und hebt die fertige Lösung gut verschlossen im Dunkeln auf.

Die Lösung scheidet beim Aufbewahren im Licht nach einiger Zeit Molybdänsäure ab. Solange keine Krustenbildung eintritt, ist das Reagens noch verwertbar; man hat nur darauf zu achten, daß es vollständig klar zur Verwendung gelangt. Auch ist es zweckmäßig, den Hals der Flasche nach jedem Gebrauch trocken auszuputzen, damit sich in ihrem Hals nichts ansetzt und ein Filtrieren vor dem Gebrauch sich erübrigt. Vor Licht geschützt, bleibt die Lösung fast unbegrenzt haltbar.

Ammoniumnitratlösung 2%ig: Sollte diese Lösung nicht an sich schon sauer reagieren, so gibt man einige Tropfen Salpetersäure bis zur schwach sauren Reaktion hinzu

Aceton puriss. des Handels: Dieses ist in braunen Flaschen aufzubewahren. Es muß neutral reagieren, darf keine über 60° C siedende Anteile enthalten, muß sich mit dem gleichen Volumen Wasser klar mischen und darf keine wesentlichen Mengen Wasser, Ammoniak und Aldehyd enthalten.

*Durchführung der Bestimmung:*

50 ml der zu untersuchenden Flüssigkeit werden in einer Platinschale eingedampft, über einem Pilzbrenner bei anfänglich kleiner, dann gesteigerter Flamme möglichst vollständig verascht (bei Reihenuntersuchungen empfiehlt sich die Veraschung im Muffelofen bei 550° C), mit 5 ml Wasser und 1 Tropfen Salpetersäure versetzt, abgedampft und weißgebrannt. Die Asche wird in 20 ml schwefelsäurehaltiger Salpetersäure gelöst und die Lösung unter Nachspülen mit weiteren 30 ml desselben Säuregemisches in ein 250 ml-Becherglas übergeführt. Die 50 ml betragende Flüssigkeit wird in dem Becherglas über einem Drahtnetz ohne Benutzung eines Glasstabes erhitzt, bis die ersten Kochblasen erscheinen; man entfernt dann vom Feuer, schwenkt einige Sekunden um, so daß die Wände des Becherglases nicht mehr überhitzt sind und gießt sofort aus einem Meßzylinder 50 ml Sulfatmolybdänreagens in dünnem Strahl in die Mitte der Lösung. Spätestens nach 5 min wird mit einem Glasstab $^1/_2$ min lang umgerührt. Nach 12—18 Std filtriert man den Ammoniumphosphormolybdat-Niederschlag durch einen Glasfiltertiegel 1 G 4 und wäscht fünfmal mit 2%iger Ammoniumnitratlösung aus. Nun wird der Filtertiegel mit Aceton einmal voll und zweimal etwa halbvoll gefüllt und das Aceton jedes Mal abgesaugt. Hierauf wird der Filtertiegel mit dem Niederschlag in einem leeren Exsiccator im Vakuum etwa $^1/_2$ Std getrocknet und anschließend sofort gewogen.

*Berechnung:*

Wurden a Gramm Ammoniumphosphormolybdat gewogen, so enthält 1 l der zur Untersuchung verwendeten Flüssigkeit:

$$x = a \cdot 659 \text{ mg Phosphatrest } (P_2O_5).$$

Der Gehalt an Phosphorsäure ist in Milligramm $P_2O_5$ in 1 l (mg/l) anzugeben.

Dieses ebenfalls zeitraubende Verfahren soll auf Vorschlag der Analysenkommission des Bundesgesundheitsamtes durch die folgende Arbeitsweise ersetzt werden, die als „*gebräuchliche Methode*" unter Nr. A 16 a in den *Internationalen Weinanalysenmethoden* enthalten ist und in etwa 20 min leicht durchgeführt werden kann (vgl. J. Schneyder 1956 b).

*Prinzip:*
Die austitrierte Lösung von der Bestimmung der Gesamtalkalität der Asche wird zur Entfernung der Kationen mit einem Kationenaustauscher versetzt und nach kurzem Erhitzen filtriert. Das Filtrat wird bei pH 4,6 mit Cer(III)-chlorid im Überschuß versetzt und die durch Bildung von unlöslichem Cer(III)-phosphat freigesetzte Säure mit Lauge wieder bis zum pH-Wert 4,6 titriert.

*Reagentien:*
Stark saurer Kationenaustauscher (z. B. Merck I, Amberlite IR 120 oder Dowex 50) wird durch Behandlung mit 10%iger Salzsäure in die H-Form übergeführt, anschließend durch Auswaschen mit Wasser von freier Salzsäure befreit und an der Luft getrocknet
Mischindicator: 0,04 g Methylorange werden in 20 ml Wasser gelöst. 0,20 g Bromkresolgrün und 0,04 Methylrot werden in 80 ml Äthanol gelöst. Beide Lösungen werden miteinander vermischt
Cer(III)-chloridlösung: 10 g $CeCl_3 \cdot 7\,H_2O$ p. a. werden mit Wasser zu 12,5 ml gelöst
n-Natronlauge
0,1 n-Natronlauge.

*Durchführung der Bestimmung:*
Die austitrierte Lösung von der Bestimmung der Gesamtalkalität der Asche (vgl. D. V. 2.) wird zum Sieden erhitzt und vorsichtig zur Entfernung der Kationen mit etwa 0,5 g Kationenaustauscher versetzt. Nach kurzem Aufkochen wird die Lösung in einen 200 ml-Erlenmeyerkolben filtriert und das Filter quantitativ ausgewaschen.
Man setzt dem Filtrat 2 Tropfen Mischindicator zu, stumpft die Säure zunächst mit etwa 0,5 ml n-Natronlauge ab und neutralisiert mit 0,1 n-Natronlauge bis zum Auftreten einer Graufärbung. Nach Zusatz von 2 Tropfen Cer(III)-chloridlösung (1 Tropfen entspricht etwa 0,2 g $P_2O_5$/l) wird mit 0,1 n-Natronlauge bis zum Indicatorumschlag titriert. Sodann setzt man noch einen weiteren Tropfen Cer(III)-chloridlösung zu. Schlägt die Farbe dabei nach Orange um, so titriert man mit 0,1 n-Lauge nach. Bleibt die Graufärbung bestehen, so war die Menge des Cer(III)-chlorids ausreichend.

*Berechnung:*
Wurden bei der Titration nach dem Zusatz der Cer(III)-chloridlösung a ml 0,1 n-Natronlauge verbraucht, so enthält 1 l der untersuchten Flüssigkeit

$$a \cdot 0,142 \text{ g } P_2O_5$$
$$a \cdot 0,196 \text{ g Phosphorsäure bzw.}$$
$$a \cdot 6 \text{ mval Phosphorsäure (als 3-basische Säure berechnet).}$$

Der Gehalt an Phosphorsäure ist in Milligramm $P_2O_5$ in 1 l (mg/l) anzugeben.

## d) Bestimmung von Nitrat

Vor einer Überbewertung des Nitratgehaltes bei der Beurteilung der Wässerungen eines Weines wurde insbesondere auch von J. Tillmanns (1911) gewarnt, der in 1 l garantiert naturreiner Weine nicht selten 10—14 mg $N_2O_5$, in einem Einzelfall sogar 18,75 mg $N_2O_5$ gefunden hatte.

Bis jetzt stand für den Nachweis und die Bestimmung des Nitratrestes im Wein nur die Reaktion mit Diphenylamin-Schwefelsäure zur Verfügung. Nachdem H. Rebelein (1967) eine exakte und schnell durchzuführende Bestimmungsmethode mitgeteilt hat, wird dem Nitratgehalt im Wein wieder mehr Bedeutung zukommen.

Im einzelnen verfährt man folgendermaßen:

*Prinzip:*
Das Nitrat wird durch Cadmiumschwamm, der im Wein direkt mit Zinkstaub und Cadmiumacetat erzeugt wird, zu Nitrit reduziert. Das Nitrit wird als Diazoverbindung colorimetrisch bestimmt.

*Geräte und Hilfsmittel:*
Elektrophotometer, z. B. ELKO III mit Filter S 53 E
Glasküvetten 10 mm Schichtdicke.

*Reagentien:*
5%ige Cadmiumacetatlösung: 5 g Cadmiumacetat purum werden unter Zusatz von 1 ml Eisessig mit Wasser zu 100 ml gelöst

20%ige Essigsäure: 50 ml Eisessig werden mit Wasser auf 250 ml aufgefüllt

Grieß-Reagens I: 1,5 g Sulfanilsäure p. a. und 50 ml Eisessig werden mit Wasser zu 250 ml gelöst

Grieß-Reagens II: 75 mg Naphthylamin-(1) p. a. werden nach Zusatz von 50 ml Eisessig mit Wasser zu 250 ml gelöst (im Dunkeln aufbewahren)

Zinkpulver p. a.

Ammoniak 25%ig p. a.

*Durchführung der Bestimmung:*
In einem 50 ml-Meßkölbchen werden 5 ml Wein, 5 ml Wasser und 2 ml konz. Ammoniak gemischt. Dann gibt man durch einen trockenen Trichter 500 mg Zinkpulver (auf $\pm$ 25 mg genau gewogen) zu. Sofort anschließend wird 1 ml 5%iges Cadmiumacetat pipettiert, das Kölbchen mit dem Zinkstaub kräftig umgeschwenkt, abgestellt und sofort die Cadmiumacetatlösung zugegeben. Man läßt das Cadmiumacetat nicht an der Wandung einfließen, sondern bläst es in die Mitte der Flüssigkeitsoberfläche ein. Ohne nochmals umzuschwenken läßt man 5 min stehen (es soll vermieden werden, daß der gebildete voluminöse Cadmiumschwamm zusammenballt), füllt nach Ablauf der Zeit zur Marke auf, schüttelt kräftig um und filtriert durch ein Faltenfilter.

Zu 10 ml des Filtrates werden unter Umschwenken 10 ml einer Mischung aus gleichen Teilen Grieß-Reagens I und Grieß-Reagens II gegeben, welche man kurz zuvor hergestellt hat. Zu weiteren 10 ml des Filtrates werden 10 ml 20%ige Essigsäure gegeben (Blindwert). Nach 15 min wird die Extinktion der entstehenden roten Farbstofflösung bei 530 nm unter Verwendung von 1 cm Küvetten gegen den Blindwert colorimetrisch gemessen.

Aus einer Eichkurve wird der Nitratgehalt des Weines oder Traubensaftes, berechnet als mg/l $N_2O_5$ entnommen. Reicht der Meßwert nicht aus, wiederholt man die Bestimmung mit einer entsprechenden Verdünnung des Weines.

*Aufstellen der Eichkurve:*
374 mg bei 105° C getrocknetes Kaliumnitrat werden mit Wasser zu 100 ml gelöst. Davon werden 15 ml auf 100 ml verdünnt; von dieser Verdünnung werden erneut 25 ml auf 250 ml aufgefüllt. Die letzte Verdünnung enthält dann 30 mg/l $N_2O_5$. Davon werden 20, 40, 60 und 80 ml auf 100 ml verdünnt. Diese Lösungen einschließlich der letzten Grundlösung entsprechen einem Nitratgehalt von 6, 12, 18, 24 und 30 mg $N_2O_5$ in 1 l Wein. Mit ihnen wird die Bestimmung des Nitratgehaltes wie oben angegeben vorgenommen. Die Extinktionswerte ergeben, gegen die entsprechenden $N_2O_5$-Werte aufgetragen, eine durch den Nullpunkt gehende Gerade.

*Bemerkung:*
Wenn kein entmineralisiertes Wasser zur Verfügung steht, sollte möglichst bidestilliertes Wasser verwendet werden.

## 5. Verhältnis Kalium:Natrium, Natrium:Chlorid, „freies Natrium"

In jüngster Zeit hat die Bildung der Verhältnisse Kalium:Natrium und Natrium:Chlor im Hinblick auf die Beurteilung einer unerlaubten Kellerbehandlung in der Weinanalytik eine besondere Stellung eingenommen.

Bei normal beschaffenen Weinen kann man davon ausgehen, daß der Kaliumgehalt der Asche etwa 40% beträgt, während an Natrium nur bis zu etwa 3% vorhanden sind. Das Verhältnis Kalium:Natrium liegt üblicherweise im Bereich zwischen 20:1 und 50:1 und kann auf etwa 100:1 ansteigen, jedoch wird der Wert 10:1 nicht interschritten. Ausnahme vgl. folgenden Absatz d.

Eine Erhöhung des Natriumgehaltes kann verschiedene Ursachen haben:

a) Der Wein wurde unzulässigerweise entgegen Art. 8 (2) b der Ausführungs-VO zum Weingesetz mit Natriumcarbonat behandelt.

b) Zum Schwefeln des Weines ist entgegen Art. 13 Ausführungs-VO zum Weingesetz nicht Kaliumpyrosulfit verwendet worden, sondern Natriumpyrosulfit.

c) Ist die Erhöhung des Natriumgehaltes gekoppelt mit einer deutlichen Erniedrigung des Kaliumanteils der Asche (unter 30%), so ist das ein Hinweis auf eine Behandlung mit Ionenaustauschern.

Mit Ausnahme von Spanien, welches Genehmigungen für bestimmte Typen von Austauschern erteilt, ist in keinem Land eine solche Kellerbehandlung bei der Weinbereitung zugelassen.

d) Bei Weinen aus Anbaugebieten mit extrem maritimen Witterungsbedingungen, insbesonders aus dem Mittelmeerraum, kann das Kalium-Natrium-Verhältnis bis auf 2:1 verschoben sein. In solchen Fällen ist auch der Chloridgehalt des Weines stark erhöht, so daß der Anstieg der Natrium-Menge auf einen erhöhten Kochsalzgehalt zurückgeführt werden muß.

Als Grenzwert des Gehaltes an Natrium, welches den vorhandenen Chlorionen nicht stöchiometrisch entspricht — sog. „freies Natrium" — können auf Grund von Sachverständigenbesprechungen 60 mg im Liter Wein toleriert werden.

e) Damit sind in ausreichendem Maße auch die Natrium-Ionen berücksichtigt, die evtl. über eine Bentonitschönung in den Wein hineingelangt sein können.

Eigene Versuche mit verschiedenen Natrium-Bentoniten, die von anderer Seite bestätigt wurden, haben ergeben, daß der Natriumgehalt bei sachgemäßer Anwendung von 150 g Bentonit auf 100 l Wein nur um 20 mg/l ansteigt.

# VI. Bestimmung des pH-Wertes und des Reduktionsvermögens

## 1. Bestimmung des pH-Wertes

Gemäß der „Allgemeinen Verwaltungsvorschrift" erfolgt die Bestimmung des pH-Wertes durch potentiometrische Titration mit der Glaselektrode bei 20° C.

Das Internationale Amt für Rebe und Wein hat eine Vorschrift für die Sammlung der Weinanalysenmethoden vorgeschlagen, die darauf beruht, daß die Potentialdifferenz zwischen zwei in die Untersuchungsflüssigkeit eintauchenden Elektroden gemessen wird. Die eine Elektrode besitzt ein Potential, das eine definierte Funktion des pH dieser Flüssigkeit ist, die andere hat ein festes und bekanntes Potential und bildet die Bezugselektrode.

Nach Eichung des pH-Meßgerätes mit Pufferlösungen von pH 3 und pH 4 werden die Elektroden in die Flüssigkeit, deren Temperatur zwischen 20 und 25° C liegen muß, eingetaucht und der pH-Wert direkt auf der Skala abgelesen. Die Pufferlösungen werden hergestellt durch Vermischen von x ml 0,1 n-Salzsäure und 50 ml 0,1 m-Kaliumhydrogenphtalatlösung (= 20,42 g/l) und Auffüllen zu 100 ml.

| x ml 0,1 n-HCl | pH-Wert bei 25° C | x ml 0,1 n-HCl | pH-Wert bei 25° C |
|---|---|---|---|
| 0,1 | 4,00 | 10,4 | 3,40 |
| 1,4 | 3,90 | 12,9 | 3,30 |
| 2,9 | 3,80 | 15,7 | 3,20 |
| 4,5 | 3,70 | 18,8 | 3,10 |
| 8,2 | 3,50 | 22,3 | 3,00 |

## 2. Bestimmung des Reduktionsvermögens

### a) Messung des Redoxpotentials

Zur Aufstellung einer exakt reproduzierbaren Methode zur Messung des Redoxpotentials wurden von L. Deibner u. J. Mourgues (1964) umfangreiche Versuche ausgeführt. 1965 wurde daraufhin dem Internationalen Amt für Rebe und Wein von L. Deibner folgende Methode vorgelegt:

*Definition:*
Unter dem Oxydoreduktionspotential $E_H$ einer Flüssigkeit versteht man den Spannungsunterschied, der zwischen einer Platinelektrode und einer normalen Wasserstoffelektrode entsteht, die beide in die Flüssigkeit eintauchen. Dieses Potential gibt das Oxydations- oder Reduktionsvermögen einer Flüssigkeit an.

*Prinzip:*

Man stellt durch Eintauchen einer Platin- und Kalomelelektrode in Wein unter Luftabschluß eine Zelle her. Die Elektroden sind mit einer kleinen Verbindungsbrücke verbunden. Man mißt die elektromotorische Kraft nach der endgültigen Stabilisierung, die sich nach genügender Wartezeit einstellt. Der gefundene Wert — positiv oder negativ — gestattet es, das Potential im Verhältnis zur Normal-Wasserstoffelektrode auszudrücken, die man vereinbarungsgemäß gleich Null setzt.

*Ausdruck der Ergebnisse:*

Der Ausdruck des Oxydationszustandes muß einen mittleren Wert des Potentials in Millivolt, bezogen auf die Normal-Wasserstoffelektrode, umfassen bei der konstanten Temperatur von $+ 20°$ C, die Konzentration der Wasserstoffionen, ausgedrückt als pH-Wert, die Temperatur, wenn die Messung nicht bei 20° C vorgenommen wurde und evtl. den $rH_2$-Wert enthalten. Die Art des verwendeten inerten Gases ist ebenfalls genau anzugeben.

*Geräte:*

1. *Potentiometer:*

Ein Röhrenvoltmeter zur Messung der Spannungsunterschiede zwischen Platin- und Kalomel-Elektroden mit einer Meß-Skala bis auf $1—1,5$ mV und Temperaturkorrektur. Die Meßgenauigkeit darf durch die Erwärmung des Gerätes nicht beeinträchtigt werden.

2. *Platinelektroden:*

a) Die Platinelektroden müssen aus sehr reinem Platin sein. Die Länge ihrer Drähte beträgt 15 mm und deren Durchmesser $0,6—0,8$ mm. Ihre Enden sind als Kugeln ausgebildet. Elektroden mit zwei Platindrähten sind vorzuziehen. Der Platindraht ist im Innern des Elektrodenglases mit dem Leitungsdraht verschweißt. Die Numerierung der Elektroden ist sehr nützlich, da sie die Kontrolle ihres Zustandes erleichtert.

b) Behandlung der Elektroden: Es sind vier Behandlungen erforderlich, zuerst mit Wasserstoffperoxid, dann mit konzentrierter Salpetersäure und anschließend mit konzentrierter Salzsäure. Danach wird längere Zeit im fließenden Wasser gewaschen. Wenn es notwendig ist, reibt man die Elektroden vor jeder Behandlung mit äußerster Vorsicht mit leicht angefeuchtetem Scheuerpulver ab. Nach den Messungen wäscht man die Elektroden mit Wasser, trocknet sie mit Filtrierpapier und taucht sie 15 min lang in Perhydrol ein. Mit den Säuren werden die Elektroden ebenfalls 15 min lang behandelt. Nach jeder Behandlung werden sie in fließendem Wasser gründlich gewaschen und mit Filtrierpapier abgetrocknet. Das Waschen mit fließendem Wasser dauert $2—3$ Std. Dann bringt man die Elektroden in dest. Wasser, das mehrmals gewechselt wird. Zwischen den Messungen läßt man sie in dest. Wasser, das häufig erneuert wird.

3. *Prüfung der Elektroden:*

Zur Prüfung des Potentiometers und der Elektroden benutzt man die Lösung nach MICHAELIS, die in 1 l enthält:

Kaliumferricyanid . . . . . 0,329 g
Kaliumferrocyanid . . . . . 0,422 g
Kaliumchlorid . . . . . . . 0,148 g

Das Oxydoreduktionspotential dieser Lösung beträgt $406 \pm 1$ mV bei 20° C, gemessen ohne Chinhydron. Die Lösung ist beständig, wenn sie lichtgeschützt in braunen Flaschen aufbewahrt wird. Es ist zweckmäßig, sie alle $2—3$ Monate frisch herzustellen. Die Eichung der Elektroden nimmt man in einem Elektrodengefäß genau bei 20° C vor (Thermostat).

Diese Eichung der Elektroden erfordert im allgemeinen höchstens einige Minuten, manchmal bis zu 30 min, je nach der Reinheit und dem Zustand des Platins. Man zeichnet die Ausschläge, die höchstens $\pm 4$ mV betragen, auf, was die Vornahme der erforderlichen Korrekturen erlaubt. Höhere Ausschläge bedingen eine Wiederholung der beschriebenen Behandlungen der Elektroden, bis brauchbare Werte erhalten werden. Beschädigte Elektroden werden ausgeschieden. Nach der Aufbewahrung der Elektroden in der „Michaelis-Lösung" ist ihre Behandlung unerläßlich.

4. *Kalomel-Elektrode:*

Die Kalomel-Elektrode (Stabform) ist in einem Rohr befestigt und hat in ihrem inneren Teil eine kleine Verbindungsbrücke von 15 mm Länge. Sie enthält einen in ein Capillarrohr eingeschmolzenen Draht. Die Elektrode ist mit gesättigter KCl-Lösung gefüllt und enthält außerdem noch einige Kristalle KCl.

5. *Elektrodengefäß:*

a) Das Elektrodengefäß besitzt ein Gesamtfassungsvermögen von 60 ml bei einem nutzbaren Volumen von $35—40$ ml. Das Gefäß hat fünf Schliffhälse, die sämtlich von absolut einwandfreier Beschaffenheit sein müssen. Die Schliffe des Elektrodengefäßes werden eingefettet. In diese Schliffhälse des Gefäßes bringt man: ein mit Wasser gefülltes Glasrohr, in das ein genaues kleines Thermometer eintaucht, die Kalomelelektrode, die Glaselektrode und zwei Doppelplatinelektroden. Läßt man die Glaselektrode weg, so kann eine weitere Doppelplatinelektrode eingeführt werden, wodurch die Meßgenauigkeit erhöht wird.

Der Elektrodenbehälter besitzt in seinem oberen Teil ein Überlaufrohr mit Hahn und im unteren Teil ein T-Rohr mit einem Hahn in der Waagerechten und zwei Hähnen in der Senkrechten. Die Enden der Elektroden dürfen sich im Gefäß nicht berühren. An jeden der Schliffhälse ist ein Seitenrohr angeschmolzen, das den Durchgang des inerten Gases gestattet. Das Gas selbst tritt durch das Seitenrohr ein, das an dem Mittelschliffhals angebracht ist. Das Elektrodengefäß ist mit einem Kühlmantel versehen, durch den mittels eines Thermostaten die Temperatur genau auf 20° C gehalten werden kann.

b) Das Entlüften des Elektrodengefäßes durch ein inertes Gas — Kohlensäure oder Stickstoff — wird durch eine Spezialvorrichtung kontrolliert. Diese besteht aus einem zylindrischen Glasgefäß mit Schliffstopfen, in dem ein Gaseinleitungsrohr bis zum Boden des Gefäßes angebracht ist und einem Gefäß mit Hahn und Capillarrohr. Dieses letztere Gefäß wird gefüllt mit:

15 ml 0,2 molarer $Na_2CO_3$-Lösung (56 g $Na_2CO_3 \cdot 10\ H_2O$ im Liter), in dem 150 mg Natriumdithionit ($Na_2S_2O_4$) gelöst sind. In dem zylindrischen Gefäß befinden sich 10 ml der Natriumcarbonatlösung, die mit einer Spur Indigokarmin versetzt ist.

Man läßt das inerte Gas mehrere Minuten lang durchströmen und fügt dann tropfenweise durch das Capillarrohr Natriumdithionit-Lösung bis zum Umschlag nach Gelb zu. Bei Grün- oder Blau-Färbung der Lösung ist eine neue Zugabe von Natriumdithionit-Lösung erforderlich. Die Entlüftung ist dann vollständig, wenn die Gelbfärbung wenigstens 10—15 min bestehen bleibt.

6. *Praktische Apparatur zur Entlüftung der Elektrodenzelle sowie zur bequemen Weinentnahme unter Luftausschluß*

Um die Entlüftung der Elektrodenzelle sowie die Weinentnahme unter Luftausschluß vorzunehmen, ist es unbedingt erforderlich, über eine genügend einfache Apparatur zu verfügen, die aus der Koppelung von zwei Zweiweghähnen mit schräger Bohrung besteht.

Solche Hähne sind auf der einen Seite mit zwei parallelen Ansatzröhren ausgerüstet und auf der anderen Seite mit einem zentralen Ansatzrohr versehen, das in der Mitte des Hohlmantels eines jeden Hahnes angeschmolzen ist. Man verbindet die beiden oberen Röhren, während die unteren Röhren der beiden Hähne abgeschnitten sind. Man erhält so einen Aufbau, der vermittels der beiden rechts und links gelegenen zentralen Ansatzröhren die Entlüftung der Elektrodenzelle ermöglicht. Das Gas strömt durch das Rohr von rechts ein und von da aus in die beiden oberen gekuppelten Röhren, um in die Zelle mittels der links liegenden zentralen Röhre zu gelangen.

Die beiden unteren abgeschnittenen Ansatzröhren sind mittels Gummischlauch an den Enden von zwei gebogenen Röhren verbunden, die in einen doppelt durchbohrten Gummistopfen eingeführt sind, wovon eine dieser Röhren bis zum Boden einer Flasche reicht, während die andere kaum aus der Bohrung des Stopfens herausragt. Zuerst wird eine leere Flasche genommen, da die ganze Apparatur vorerst mit Hilfe der zwei Hähne entlüftet werden muß.

7. *Gase*

Vor ihrer Verwendung muß man sich unbedingt davon überzeugen, daß sie frei von Sauerstoff sind. Für Wein wird Kohlensäure und für Traubensaft Stickstoff empfohlen. Die vorerwähnte Prüfung der Gase erfolgt mit der bereits beschriebenen Vorrichtung. Sie ist bei dem Elektrodengefäß mit aufgesetzten Elektroden während der potentiometrischen Messungen zu wiederholen, wenn man die Apparatur auf ein Eintreten von Luft überprüfen will.

*Arbeitsweise:*

1. *Einzelheiten*

Die Meßtechnik der Potentialmessung bei den Weinen ist gekennzeichnet durch das Fehlen jeder Zirkulation und Bewegung des Weines während der Messungen, sowie des Durchperlens des inerten Gases durch den Wein. Das Gas strömt lediglich in dem freien Zwischenraum oberhalb des Niveaus des Weines im Elektrodengefäß. Vor Beginn der Messung sind nur drei Wiederholungen zulässig. Außerdem sind unbedingt mindestens vier Platinelektroden zu verwenden und eine völlige Stabilisation des Potentials abzuwarten.

2. *Entlüftung*

Nach Einbringen der Elektroden und des Zubehörs in die Schliffhälse des Elektrodengefäßes verbindet man mit einem Gummischlauch die entsprechenden Rohre des Kontrollgefäßes für die Entlüftung und der Apparatur für die Weinentnahme. Hierzu benutzt man eine leere Flasche von der gleichen Art und Größe, wie die der Weinflasche. Eine derartige Anordnung gestattet eine völlige Entlüftung der Apparatur. Zunächst läßt man den Gasstrom durch die leere Flasche laufen, dann durch den oberen Umlauf mit den beiden Seitenarmen und den beiden Hähnen. Die Entlüftungsdauer mittels Kohlensäure beträgt 10 min, wenn das ganze System gut abgedichtet und der Gasdruck ausreichend ist. Die vollständige Entfernung der Luft wird durch den Indigokarmin-Indicator angezeigt.

### 3. *Einführung des Weines*

Wenn die Apparatur völlig luftftrei ist, ersetzt man die bis jetzt benutzte leere Flasche schnell durch die Flasche mit dem Wein. Der Eintritt von Luft ist ausgeschlossen, denn das Kohlensäurepolster um die Rohre verschwindet nicht schnell.

Durch Drehen der Hähne tritt der Wein unter Kohlensäuredruck in alle mit dem Elektrodengefäß verbundenen Rohre ein. Dieser „Waschwein" wird durch die Hähne am Boden des Elektrodengefäßes abgelassen. Wenn diese Hähne geschlossen sind, läßt man den Wein zur Füllung des Gefäßes bis zum Ansatz der Schliffhälse eindringen und entleert ihn wieder in der beschriebenen Weise. Dies wiederholt man dreimal. Dann füllt man das nutzbare Volumen des Gefäßes (35—40 ml), schließt die noch offenen Hähne und reduziert den Gasdruck, der über dem oberen Teil in dem Elektrodengefäß zirkulieren muß. Die Abwesenheit von Luft muß unbedingt laufend kontrolliert werden.

### 4. *Messung des Potentials*

Zur Messung müssen mindestens vier Platinelektroden benutzt werden, d. h. zwei Platin-Doppelelektroden. Die Potentialmessung mit vier oder sechs einfachen Elektroden wird durch Anwendung eines Umschalters erleichtert, der den Anschluß jeder dieser Elektroden nacheinander ermöglicht. Zwischen den Messungen ist das Potentiometer nur an eine Elektrode angeschlossen.

Im allgemeinen werden die Messungen alle 15 min ausgeführt; anschließend, wenn erforderlich, in Abständen von 30 min und zum Schluß alle 10 oder 15 min.

Bei Traubensäften liegt die Zeit der Geschwindigkeit des Potentialabfalles AmV (etwa 0,2 mV pro Minute) zwischen 3—4 Std (T). Der Ausdruck AmV ist die Differenz zwischen zwei Potentialwerten, die in Abständen von T Minuten gemessen wurden. Bei Weinen ist diese Zeit unterschiedlich. Sie liegt zwischen 30 min und $1^1/_2$ Std, je nach dem Zustand des Weines, dem der Elektroden, der Anzahl der vorausgegangenen Messungen an Weinen der gleichen Art.

Prinzipiell können die Messungen als beendet angesehen werden, wenn die durch jede Platinelektrode erhaltenen Potentialwerte nicht mehr als 2,5—5 mV, bezogen auf den zuvor notierten Wert differieren und die Messungen alle 10—15 min vorgenommen wurden.

Die mittlere Verschiebung bei den Angaben der Platinelektroden liegt höchstens bei 10 mV. Die Differenz bei den Angaben der zwei Drähte einer Platin-Doppelelektrode kann 5 mV erreichen. Die Notwendigkeit, die völlige Stabilität des Potentials abzuwarten, ist von entscheidender Bedeutung.

*Berechnung:*

Die potentiometrische Messung gibt die Potential-Differenz zwischen der Platinelektrode und der mit KCl gesättigten Kalomelelektrode an.

Je nach dem Oxydoreduktionszustand des Weines kann die Platinelektrode positiv oder negativ sein. Im ersten Falle muß man zum gefundenen Wert die Potentialdifferenz zwischen der gesättigten Kalomelelektrode und der Normalwasserstoff-Elektrode hinzurechnen. Das Potential der Wasserstoffelektrode wird vereinbarungsgemäß mit Null angenommen und ist 249 mV bei 20° C.

Im zweiten Falle zieht man den gefundenen Wert von dem Wert 249 mV ab. Dann erhält man das Oxydoreduktionspotential E, bezogen auf das Normal-Wasserstoff-Potential bei 20° C.

Bei Verwendung von vier oder sechs Platinelektroden berechnet man den mittleren Potentialwert des Weines, wobei evtl. abweichende Werte weggelassen werden.

Über diese Methode wurde auf der 8. Sitzung der Unterkommission für Analysenmethoden und Beurteilung von Wein des OIV im Mai 1966 in Paris beraten. Dabei wurde von der deutschen Delegation bezweifelt, ob die Messung dieser physikalischen Eigenschaft überhaupt von großem praktischem Nutzen ist, da sie stark von den dem Wein evtl. zugesetzten Stoffen — insbesondere Ascorbinsäure und Schwefeldioxid — abhängig ist. Ebenso soll ein Kontakt des Weines mit Luft von großem Einfluß sein.

P. JAULMES vertrat die Ansicht, daß die Messung dieses Potentials nur beanspruchen kann, die Eigenschaften des Weines in seinem augenblicklichen Zustand zu erfassen.

## b) Bestimmung des ITT-Wertes

Ein anderes Maß für das Reduktionsvermögen eines Weines stellt der ITT-Wert (Indicator-Time-Test) dar. Darunter ist die in Sekunden gemessene Zeit zu verstehen, innerhalb der eine 2,6-Dichlorphenol-Indophenol-Lösung bestimmter

Konzentration durch die in 10 ml Getränk vorhandenen reduzierenden Stoffe zu 80% entfärbt wird.

Hinsichtlich des Ausbaues eines Weines ist die Kenntnis des ITT-Wertes für den Kellermeister von großem Nutzen, da die Höhe dieser Kennzahl Rückschlüsse auf den natürlichen Oxydationsschutz des Weines zuläßt.

J. Koch u. F. Eiden (1957) geben folgende ITT-Werte für Weine an:

120 ausreichender Oxydationsschutz;

$>$120 Mangel an reduzierenden Stoffen;

$<$120 möglicherweise ist zu viel freie schweflige Säure vorhanden.

# VII. Bestimmung der Säuren

## 1. Bestimmung der Gesamtsäure

### a) Potentiometrische Titration

Die titrierbaren Säuren (Gesamtsäure) werden nach der „Allgemeinen Verwaltungsvorschrift" durch potentiometrische Titration mit der Glaselektrode bei 20° C bestimmt.

$\alpha$) Bei Fruchtsäften und Weinen aus Kern-, Stein- und Beerenobst, Trauben und Wildfrüchten bis zum pH 7,0.

$\beta$) Bei Fruchtsäften aus Citrusfrüchten und Ananas bis zum pH 8,4.

*Berechnung:*

Wurden bei der Titration von 25 ml a ml 0,25 n-Alkalilauge verbraucht, so enthält 1 l der untersuchten Flüssigkeit:

a) a · 0,75 g titrierbare Säuren (Gesamtsäure) als Weinsäure berechnet,

b) a · 0,64 g titrierbare Säuren (Gesamtsäure) als Citronensäure berechnet,

c) a · 10 Milliäquivalente Säure (= ml Normalsäure).

Der Gehalt an titrierbaren Säuren (Gesamtsäure) ist in Milliäquivalenten ohne Dezimale oder in Gramm Fruchtsäure in 1 l (g/l) berechnet als Weinsäure oder Citronensäure mit einer Dezimalstelle anzugeben.

### b) Titration mit Bromthymolblau als Indicator

Die *Internationalen Weinanalysenmethoden* schreiben für die Bestimmung der Gesamtsäure als Bezugsmethode ebenfalls die potentiometrische Titration vor. Daneben wird als gebräuchliche Methode die Titration mit Bromthymolblau als Indicator für die Endpunktbestimmung angegeben.

Dazu wird auch hier zunächst das Kohlendioxid entfernt, indem 50 ml Wein in einem unter Wasserstrahlvakuum stehenden 1 l-Kolben 1—2 min geschüttelt werden, bis die Entbindung des gelösten Gases aufgehört hat.

*Reagentien:*

0,05 n-Natronlauge, frei von $CO_2$.

Bromthymolblaulösung: 4 g Bromthymolblau werden in 200 ml neutralem Alkohol aufgelöst, dazu fügt man 200 ml $CO_2$-freies Wasser, versetzt bis zur blaugrünen Färbung (pH 7) mit n-Natronlauge (ungefähr 7,5 ml) und füllt mit Wasser zu 1 l auf.

Pufferlösung, pH 7: Eine Lösung von 107,3 g Kaliumdihydrogenphosphat in 500 ml n-Natronlauge wird mit Wasser zu 1 l aufgefüllt.

*Durchführung der Bestimmung:*

a) *Vorversuch: Herstellung der Vergleichsfarbe.* In einer Kristallisierschale von 12 cm ⌀ werden 25 ml ausgekochtes Wasser und 1 ml Bromthymolblau (4 g/l) mit 5 ml dekarbonisiertem Wein versetzt. Man neutralisiert mit 0,05 n-Natronlauge bis zum Farbumschlag auf Blaugrün und fügt sodann 5 ml der Pufferlösung pH 7 zu.

$\beta$) *Eigentliche Bestimmung.* In einer Kristallisierschale von 12 cm ⌀ werden 30 ml ausgekochtes Wasser und 1 ml Bromthymolblau (4 g/l) mit 5 ml dekarbonisiertem Wein versetzt. Man fügt 0,05 n-Natronlauge zu, bis eine Färbung erreicht wird, die unter gleichen Beobachtungsbedingungen der im Vorversuch erhaltenen gleich ist.

Volumen der verbrauchten Lauge = n Milliliter.

*Berechnung:*

Die Acidität des freien und gebundenen Schwefligsäureanhydrids wird bei der Gesamtacidität mitbestimmt. Das berücksichtigt man in der Weise, daß man von der verbrauchten Anzahl n ml jene Volumina n′ und n″ an 0,01 n-Jodlösung subtrahiert, welche für die Oxydation des freien und gebundenen Schwefligsäureanhydrids benötigt werden. Diese Werte werden bei der Bestimmung der flüchtigen Säure im Destillat aus 20 ml Wein gefunden (vgl. Absatz 3. d). Danach ergeben sich folgende Berechnungsformeln:

a) Gesamtsäure ausgedrückt in Milliäquivalenten/l
   $$10 \, n - 0{,}35 \, n' - 0{,}25 \, n''$$
b) ausgedrückt in Gramm Weinsäure in 1 l Wein
   $$0{,}75 \, (n - 0{,}035 \, n' - 0{,}025 \, n'')$$
c) ausgedrückt in Gramm Schwefelsäure in 1 l Wein
   $$0{,}49 \, (n - 0{,}035 \, n' - 0{,}025 \, n'')$$

## 2. Bestimmung der flüchtigen Säure

Die „Allgemeine Verwaltungsvorschrift" gibt hierzu zwei Methoden an:

### a) Halbmikroverfahren

Die Bestimmung erfolgt durch Wasserdampfdestillation mit der in Abb. 5 dargestellten Apparatur.

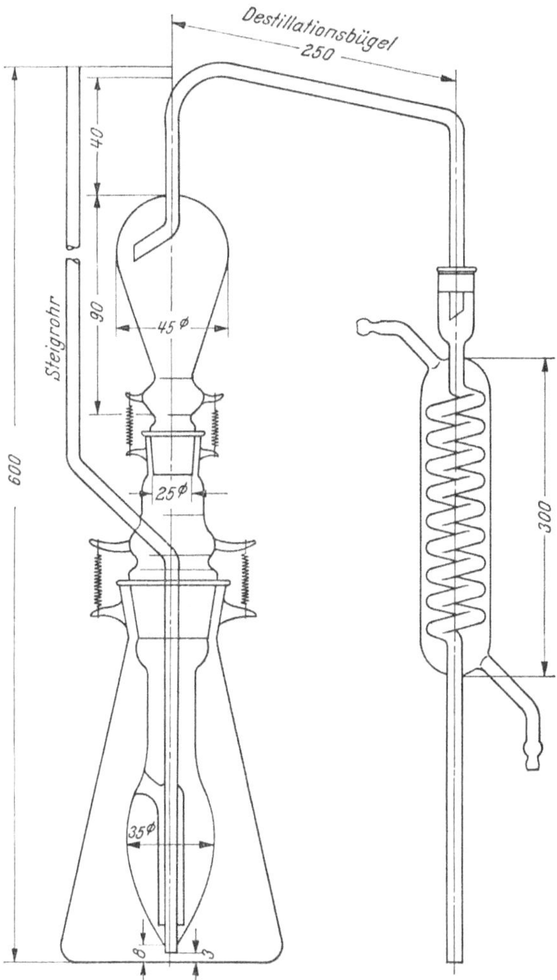


Abb. 5. Apparatur für die Bestimmung der flüchtigen Säuren nach dem Halb-Mikroverfahren. Weithals-Erlenmeyer-Kolben, 500 ml, Jenaer Glas (nach K. WOIDICH)

Zur Entwicklung von Wasserdampf dient ein 500 ml fassender Erlenmeyer-Kolben mit weitem geschliffenem Hals (NS 45). In dieses Gefäß wird ein zur Aufnahme der Probe dienen-

des, mit gleichem Schliff versehenes birnenförmiges Kölbchen eingesetzt, in welches ein eingeschmolzenes Dampfeinleitungsrohr einmündet. Das birnenförmige Kölbchen ist außerdem an
seinem oberen Ende mit Glasschliff (NS 29) versehen, der zum Aufsetzen der Kugelröhre eines
Destillationsbügels dient. Ein in das birnenförmige Kölbchen eingeschmolzenes Steigrohr bil-
det die Achse dieses Kölbchens und wird zwischen den beiden Glasschliffen seitlich aus der
Apparatur herausgeleitet. An den Destillationsbügel wird ein Schlangenkühler mit Glasschliff
(NS 19) angeschlossen. Als Destillationsvorlage dient ein 200 ml fassender Erlenmeyer-Kolben.
Die Abmessungen der Apparatur sind aus Abb. 5 zu ersehen.

Zur Bestimmung der flüchtigen Säuren werden 5 ml der zu untersuchenden Flüssigkeit in
das zur Aufnahme der Probe dienende Gefäß eingefüllt. Es ist darauf zu achten, daß der
Wasserspiegel des Wasserdampfentwicklers stets über dem Spiegel der Flüssigkeit im birnen-
förmigen Kölbchen liegt. Der Wasserdampfentwickler wird nach Zugabe von porösen Ton-
stückchen so erhitzt, daß ein kräftiger Wasserdampfstrom entsteht. Von der Probe werden
60 ml in die Vorlage überdestilliert. Das Destillat wird bis zum beginnenden Sieden erhitzt und
mit 0,1 n-Natronlauge gegen Phenolphthalein titriert.

*Berechnung:*

Wurden bei der Titration a Milliliter 0,1 n-Natronlauge verbraucht, so enthält 1 l der zur
Untersuchung verwendeten Flüssigkeit:

1,2 · a Gramm flüchtige Säuren, als Essigsäure berechnet, oder in Milliäquivalenten ausgedrückt:

y = 20 · a Milliäquivalente Säuren (= ml Normalsäure).

Diese Vorschrift geht auf die Versuche von E. Bohm (1955) und K. Woidich
(1930a) (1956b) zurück.

E. Bohm geht dabei nicht von 5 ml, sondern von 6 ml Wein aus. Dadurch
erübrigt sich jede Umrechnung; die bei der Titration verbrauchten Milliliter
0,1 n-Natronlauge geben direkt die Menge flüchtige Säure in g/l berechnet als
Essigsäure an.

## b) Makroverfahren

Zur Bestimmung dient ein Rundkolben von 200 ml Inhalt, der durch einen Gummistopfen
mit zwei Durchbohrungen verschlossen ist. Durch die erste Bohrung führt ein bis auf den Boden
des Kolbens reichendes, oben stumpfwinklig umgebogenes Glas-
rohr von 4 mm lichter Weite, das unten etwas stumpfwinklig
gebogen ist und eine kurze, 1 mm weite Ausströmungsspitze
besitzt.

Durch die zweite Bohrung führt ein Hakenaufsatz, dessen
Form und Abmessung in Abb. 6 angegeben sind und der mit
einem gut wirkenden Kühler verbunden ist. Als Destillationsvorlage dient ein 300 ml fassender hoher Erlenmeyer-Kolben,
welcher an der einem Rauminhalt von 200 ml entsprechenden
Stelle eine Marke trägt.

Man läßt zunächst durch das auf den Boden des Kolbens
führende Glasrohr einen lebhaften Wasserdampfstrom eintreten
und etwa 10 min durch den gesamten Apparat bei nicht ge-
fülltem Kühler strömen. Sodann unterbricht man das Einleiten des Wasserdampfes, setzt den Kühler in Tätigkeit, bringt
50 ml der zu untersuchenden Flüssigkeit in den Destillierkolben
und leitet in diesen einen lebhaften Strom von Wasserdampf.
Durch gleichzeitiges Erhitzen des Destillierkolbens mit einer
Flamme engt man unter stetem Durchleiten von Wasserdampf
die Flüssigkeit auf ca. 25 ml ein und trägt dann durch zweck-
mäßiges Erwärmen des Kolbens dafür Sorge, daß die Flüssigkeitsmenge sich nicht mehr ändert. Man unterbricht die De-

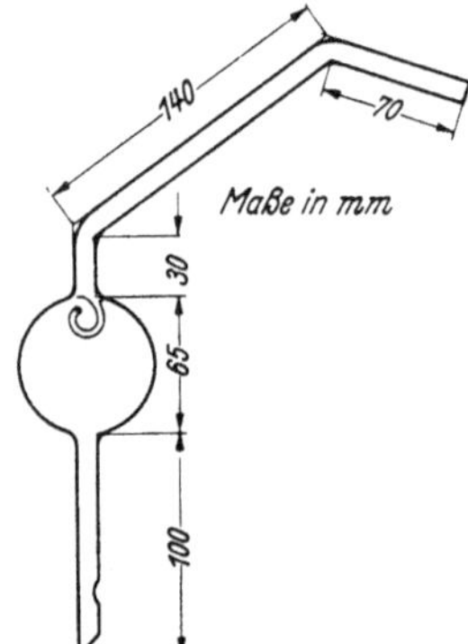


Abb. 6. Hakenaufsatz für die
Wasserdampfdestillation zur Bestimmung der flüchtigen Säure
nach dem Makroverfahren
(nach O. Reichard 1938)

stillation, wenn 200 ml Flüssigkeit übergegangen sind. Die Destillation ist so zu lenken, daß
dies 50 min nach Beginn des Einleitens der Fall ist. Alsdann erhitzt man das Destillat bis zum
beginnenden Sieden, setzt einige Tropfen Phenolphthaleinlösung hinzu und titriert mit 0,1 n-
Alkalilauge.

*Bemerkung:*

Enthält die zu untersuchende Flüssigkeit erwartungsgemäß mehr als 1 g/l flüchtige Säure,
so wird die Destillation erst unterbrochen, wenn 300 ml übergegangen sind.

*Berechnung:*

Wurden bei der Titration a Milliliter 0,1 n-Alkalilauge benötigt, so sind in 1 l der zur Untersuchung verwendeten Flüssigkeit enthalten:

x = 0,12 · a Gramm flüchtige Säuren, als Essigsäure berechnet,

oder es entspricht der Gehalt an flüchtigen Säuren in 1 l der zur Untersuchung verwendeten Flüssigkeit:

y = 2 · a Milliäquivalenten Säuren (= ml Normalsäure).

In Beanstandungs- und Schiedsfällen ist der Gehalt an freier und gebundener schwefliger Säure von den vorstehend nach a) oder b) bestimmten Werten abzuziehen.

Der Gehalt an flüchtigen Säuren ist in Gramm in 1 l, als Essigsäure berechnet, mit einer Dezimalstelle oder in Milliäquivalenten ohne Dezimalstelle anzugeben.

## c) Berechnung der titrierbaren nichtflüchtigen Säuren

Wurden in 1 l der zur Untersuchung verwendeten Flüssigkeit

a Gramm titrierbare Säuren als Weinsäure berechnet und b Gramm flüchtige Säuren als Essigsäure ermittelt, so sind in 1 l der zur Untersuchung verwendeten Flüssigkeit enthalten:

x = a—1,25 · b Gramm titrierbare nichtflüchtige Säuren, als Weinsäure berechnet.

Wurden in 1 l der zur Untersuchung verwendeten Flüssigkeit c Milliäquivalente titrierbare Säuren und d Milliäquivalente flüchtige Säuren ermittelt, so entspricht der Gehalt an titrierbaren nichtflüchtigen Säuren in 1 l der zur Untersuchung verwendeten Flüssigkeit:

y = c—d Milliäquivalenten Säuren (= ml Normalsäure).

Der Gehalt an titrierbaren nichtflüchtigen Säuren ist in Gramm in 1 l (g/l) mit einer Dezimalstelle oder in Milliäquivalenten ohne Dezimalstelle anzugeben.

## d) Internationale Methode

Gemäß der OIV-Vorschrift A 11a wird die flüchtige Säure aus 20 ml Wein nach Ansäuern mit 0,5 g Weinsäure mit Wasserdampf übergetrieben. Man sammelt 250 ml Destillat, das innerhalb von 12—15 min übergehen soll.

*An den in einem Dampfentwickler erzeugten Wasserdampf werden folgende Anforderungen gestellt:*

1. Er muß soweit frei von $CO_2$ sein, daß 250 ml Destillat, denen 0,1 ml 0,1 n-Lauge und 2 Tropfen 1%iger Phenolphthaleinlösung zugesetzt werden, die auftretende Färbung mindestens 10 sec beibehalten.

2. Nach der angewendeten Verfahrensweise müssen von einer im Siedegefäß anstelle von Wein vorgelegten wäßrigen Essigsäurelösung 99,5% im Destillat wiedergefunden werden.

3. Wenn man unter den gleichen Bedingungen anstelle von Wein n-Milchsäure im Siedegefäß vorlegt, dürfen davon höchstens 0,5% ins Destillat übergehen.

Jeder Apparat und jede Verfahrensweise, die den drei obigen Versuchsbedingungen entspricht, gilt als offizieller internationaler Apparat bzw. offizielle internationale Technik.

*Durchführung der Titration und Berechnung:*

Man titriert die Acidität mit 0,1 n-Lauge in Gegenwart von 2 Tropfen 1%iger, neutraler, alkoholischer Phenolphthaleinlösung. Laugenverbrauch: n ml.

Sogleich nach der acidimetrischen Titration wird mit 1 Tropfen Salzsäure angesäuert; dann werden 2 ml Stärkelösung und ein Kristall Kaliumjodid zugesetzt und das freie Schwefligsäureanhydrid mit 0,01 n-Jodlösung titriert. Verbrauchte Maßlösung: n' ml. Man fügt sodann 20 ml gesättigte Boraxlösung zu (dadurch wird die Lösung blaßrosa) und titriert erneut mit 0,01 n-Jodlösung bis zum Auftreten der Blaufärbung. Bei der zweiten jodometrischen Titration wird das an den Acetaldehyd gebundene Schwefligsäureanhydrid erfaßt. Verbrauchte Maßlösung n'' ml.

Die flüchtige Acididät ist ausgedrückt in Milliäquivalenten:

$$5 \left(n - \frac{n'}{10} - \frac{n''}{20}\right)$$

Für den Fall, daß die Proben Salicylsäure enthalten, muß die überdestillierte Salicylsäure bei pH 3 $\pm$ 0,5 kolorimetrisch gemessen und vom obigen Resultat abgezogen werden.

Ebenso muß eventuell zugesetzte Sorbinsäure abgezogen werden. Es ist zweckmäßig, diese Säure, die fast quantitativ übergeht, in einem kleinen, aliquoten Teil des Destillats, der vor der Titration abgezweigt wird, spektralphotometrisch zu bestimmen.

1 g Sorbinsäure entspricht 8,92 ml Normalsäure oder 0,438 g Schwefelsäure. Für einen Wein, dem 200 mg Sorbinsäure pro Liter zugesetzt wurden, beträgt der Korrekturwert, der abzuziehen ist, 1,7 mval oder 0,088 g Schwefelsäure oder 0,107 g Essigsäure pro Liter Wein.

# 3. Bestimmung der Weinsäure, Milchsäure und Äpfelsäure in einem Arbeitsgang nach Rebelein (1963, 1964)

Dieses Verfahren, das bereits als „gebräuchliche Methode" Aufnahme in die Analysenvorschriften des OIV gefunden hat, soll auf Vorschlag der Analysenkommission des Bundesgesundheitsamtes an die Stelle des Abschnitts V Nr. 11 der „Allgemeinen Verwaltungsvorschriften" von 1960 treten.

*Prinzip:*

Aus der zu untersuchenden Flüssigkeit werden die Säuren zunächst an einen stark basischen Anionenaustauscher fixiert, sodann mit Natriumsulfatlösung eluiert und nebeneinander kolorimetrisch bestimmt.

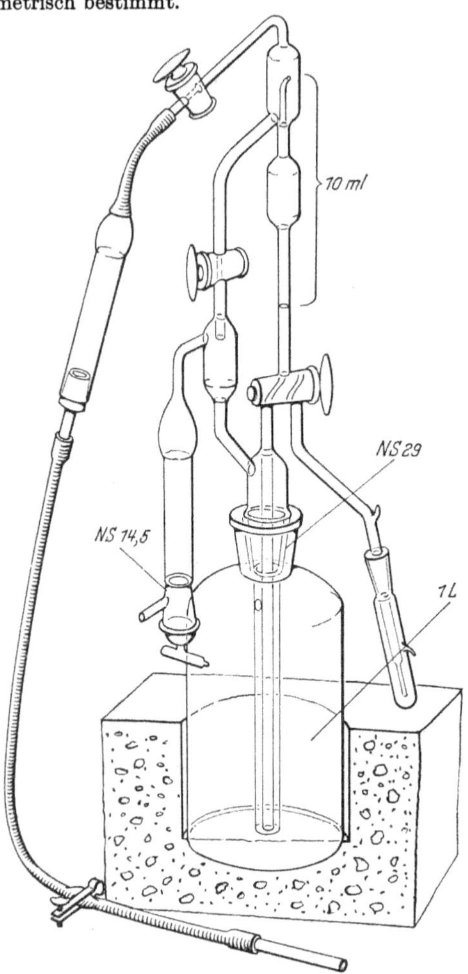


Abb. 7. Spezialapparatur zur Aufbewahrung und Abmessung der konzentrierten Schwefelsäure nach E. Heinse

Die Anwesenheit von Zuckern, Alkohol, Farbstoffen und Gerbstoffen stört nicht.

**α) Weinsäure**

Weinsäure gibt mit Ammoniummetavanadat eine Rotfärbung, deren Intensität bei 490 nm gemessen wird. Um den Einfluß der übrigen im Wein vorhandenen Oxycarbonsäuren auf den Blind-Extinktionswert der Vanadinsäurereaktion auszuschalten, wird die weinsäurehaltige Lösung gegen eine gleiche Lösung gemessen, in der die Weinsäure durch überschüssige Perjodsäure zerstört wurde. Die nicht umgesetzte Perjodsäure wird durch Zugabe von überschüssigem Glycerin entfernt.

**β) Milchsäure**

In schwach saurer Lösung wird die Milchsäure durch Cer(IV)-sulfat in Acetaldehyd übergeführt. Dieser gibt mit Dinatrium-pentacyanonitrosyl-ferrat(II) (Nitroprussid-Natrium) und Piperidin eine grüne bis violette Färbung, deren Intensität bei 570 nm gemessen wird.

**γ) Apfelsäure**

Äpfelsäure reagiert mit Chromotropsäure und konzentrierter Schwefelsäure unter Bildung einer gelben Färbung; die Farbintensität wird bei 420 nm gemessen.

*Geräte und Hilfsmittel:*

Elektrophotometer z. B. ELKO III mit Filtern S 42 E; S 49 E und S 57 E
Küvetten 10 mm

Glasrohr (Austauscherrohr) von 10—11 mm innerem Durchmesser, Länge ca. 30 cm. Ein Tropfhahn wird mittels eines durchbohrten Gummistopfens fest eingepaßt. Das Glasrohr des Tropfhahnes soll nicht über die innere Oberfläche des Gummistopfens hinausragen.

Weite Reagensgläser mit Glasschliffstopfen NS 19, dünnwandig, 50—60 ml Fassungsvermögen

Standschliffzylinder, 50 ml Fassungsvermögen
Spezialapparatur für konzentrierte Schwefelsäure nach E. Heinse, vgl. Abb. 7
Standgefäß für 0,5 molare Natriumsulfatlösung, dessen unterer Ausfluß durch einen Gummischlauch mit Klemmschraube, Tropfhahn und darüber geschobenen Gummistopfen mit dem Austauscherrohr verbunden werden kann.

*Reagentien:*

*a) zur Vorbereitung des Weines*

1. Stark basischer Anionenaustauscher z. B. Merck III. Die Eignung des Austauschers ist nach der u. a. Vorschrift zu überprüfen. Der Austauscher muß in der Acetatform vorliegen. Zu diesem Zweck wird er mindestens 1 Tag lang in 30%iger Essigsäure aufbewahrt. Es sollte stets eine größere Menge in 30%iger Essigsäure vorrätig gehalten werden (etwa 100 g Austauscher mit 200 ml 30%iger Essigsäure übergießen).

2. 30%ige Essigsäure: 300 ml Eisessig werden mit Wasser zu 1000 ml aufgefüllt.

3. 0,5%ige Essigsäure: 5 ml Eisessig werden mit Wasser zu 1000 ml aufgefüllt.

4. 7,1%ige (= 0,5-molare) Natriumsulfatlösung. Es ist zweckmäßig, sich einen größeren Vorrat herzustellen (355 g wasserfreies Natriumsulfat mit Wasser zu 5000 ml lösen).

*β) zur Weinsäurebestimmung*

5. 2%ige Ammoniummetavanadatlösung: 10 g $NH_4VO_3$ werden in 150 ml n-Lauge gelöst. Die Lösung wird in einen 500 ml-Meßkolben übergeführt. Nach Zugabe von 200 ml einer 27%igen Natriumacetatlösung füllt man mit Wasser bis zur Marke auf.

6. 2 n-Schwefelsäure

7. Perjodsäurelösung: 10,696 g $NaJO_4$ + 50 ml n-Schwefelsäure werden mit Wasser zu 1000 ml gelöst.

8. 10%ige Glycerinlösung: 10,0 g doppelt dest. Glycerin werden mit Wasser zu 100 ml gemischt.

9. 0,1 n-Schwefelsäure

10. Weinsäure p. a. zur Herstellung der Eichkurve.

*γ) zur Milchsäurebestimmung*

11. 0,1-molare Cer(IV)-sulfatlösung in 0,7 n-Schwefelsäure: 41,2396 g $Ce(SO_4)_2 \cdot 4 H_2O$ werden mit 357 ml einer 2 n-Schwefelsäure *in der Kälte* unter öfterem Umschwenken in einem 500 ml-Meßkolben gelöst. Erwärmen ist zu vermeiden, da sich unlösliches Cer-Oxid bilden kann. Man füllt mit Wasser zur Marke auf, mischt gründlich und gibt nochmals 10 ml Wasser zu. Nach abermaligem gründlichem Mischen entnimmt man 10 ml der Lösung, gibt sie mit 30 ml Wasser in einen Erlenmeyer-Kolben und fällt das Cer-sulfat unter Umschwenken mit 10 ml einer 2,5 n-Lauge. Man filtriert durch ein Faltenfilter und titriert 25 ml des Filtrates gegen Phenolphthalein mit 0,1 n-Säure. Verbrauch = a ml. Theoretisch sollten dabei 15 ml 0,1 n-Säure verbraucht werden. Man spült nun die noch übrigen 500 ml Cer(IV)-sulfatlösung quantitativ in einen 1 l-Meßkolben über und gibt unter Umschwenken soviel Milliliter n-Lauge hinzu, als dem Produkt (15 − a) · 10 entspricht. Eine dabei vorübergehend auftretende Ausfällung von gelartigem Cer(IV)-hydroxid, die sich bald wieder löst, ist belanglos. Man füllt mit Wasser zu 1000 ml auf und mischt. Die so hergestellte Lösung enthält 40,431 g Cer(IV)-sulfat (= 0,1-molar) in einer 0,7 n-Schwefelsäure.

12. 2,5 n-Natronlauge

13. 27%ige Natriumacetatlösung: 270 g wasserfreies Natriumacetat werden mit Wasser zu 1000 ml gelöst.

14. 2 n-Schwefelsäure

15. 2%ige Lösung von Dinatriumpentacyanonitrosyl-ferrat(II)(Nitroprussid-Natrium) : 2 g $Na_2Fe(CN)_5NO \cdot 2 H_2O$ p. a. werden mit Wasser zu 100 ml gelöst. Die Lösung muß im Dunkeln verschlossen aufbewahrt werden und soll nicht älter als 8 Tage sein.

16. 10%ige Piperidinlösung: 10 ml Piperidin werden mit Wasser zu 100 ml gelöst.

17. Milchsäure zur Herstellung der Eichkurve.

*δ) zur Äpfelsäurebestimmung*

18. Chromotropsäurelösung 5%ig: Die Lösung ist unmittelbar vor jeder Bestimmung frisch herzustellen. Je nach Bedarf werden 250 mg oder 500 mg chromotropsaures Natrium in 5 bzw. 10 ml Wasser gelöst.

19. Konzentrierte Schwefelsäure, 96 Gew.-%: Man geht von einer Schwefelsäure aus, deren Konzentration über 96 Gew.-% liegt (z. B. Schwefelsäure für die Stickstoffbestimmung, mindestens 98 Gew.-%). Von dieser Schwefelsäure werden in einem kleinen Becherglas etwa 7—8 g (etwa 4 ml) auf der Analysenwaage genau abgewogen (Einwaage = E) und quantitativ in einen 250 ml-Meßkolben übergespült. Man füllt mit Wasser bei 20 °C zur Marke auf. 50 ml dieser verdünnten Schwefelsäure werden gegen Phenolphthalein mit n-Lauge genau titriert. Werden hierbei a ml n-Lauge verbraucht, so enthält die konzentrierte Schwefelsäure

$$\frac{24{,}519 \cdot a}{E} = b \text{ Gewichtsprozente } H_2SO_4$$

Auf einer Waage mit einer Genauigkeit von 1,0 g wird ein Becherglas von entsprechender Größe, in welches zuvor genau $2000 \left(1 - \frac{96}{b}\right)$ ml Wasser gegeben worden sind, austariert. Dann läßt man die konzentrierte Schwefelsäure zufließen, bis das Gewicht der zugegebenen Schwefelsäure $2000 \cdot \frac{96}{b}$ beträgt und rührt mit einem Glasstab gründlich um. Die so hergestellte Schwefelsäure ist annähernd 96 gew.-%ig.

20. 7,1%ige Natriumsulfatlösung (Reagens 4)

21. Racemische Äpfelsäure p. a. oder L-Äpfelsäure zur Herstellung der Eichkurve.

*Prüfung des Austauschers auf seine Eignung*

*a) Herstellung der Testlösung*

Grundlösung: 5,000 g Weinsäure p. a. und 20 ml n-Milchsäure (9%ig) werden mit Wasser auf 100 ml aufgefüllt.

Lösung A: 10 ml der Grundlösung werden mit Wasser auf 100 ml aufgefüllt.

Lösung B: 10 ml Grundlösung werden mit 7,1%iger Natriumsulfatlösung auf 100 ml aufgefüllt. Von dieser Lösung werden 25 ml mit 7,1%iger Natriumsulfatlösung erneut auf 250 ml aufgefüllt.

*β) Durchführung der Überprüfung*

Die Lösung A, die in 1 l 5 g Weinsäure und 1,8 g Milchsäure enthält, wird, wie unter a)β) angegeben, durch den Austauscher geschickt. In dem Säure-Eluat wird die Weinsäure nach b)α) und die Milchsäure nach b)β) bestimmt. (Sollwerte: 5,0 g/l Weinsäure bzw. 1,8 g/l Milchsäure gemäß Eichkurve.)

Gleichzeitig wird dieselbe Messung mit der Lösung B ausgeführt, die die entsprechenden Weinsäure- und Milchsäuremengen bereits in der dem Eluat entsprechenden Verdünnung mit 7,1%iger Natriumsulfatlösung enthält, und nicht durch den Austauscher geschickt wurde. Die nach beiden Bestimmungen erhaltenen Weinsäure- bzw. Milchsäurewerte sollen um nicht mehr als $\pm 0,05$ g/l vom Sollwert abweichen. Erhält man mit der Lösung A weniger Weinsäure oder Milchsäure als mit der Lösung B, dann ist der Austauscher nicht geeignet.

## a) Vorbereitung des Weines

*a) Füllung des Austauscherrohres*

In das eine Ende des Glasrohres wird ein Tropfhahn mittels eines durchbohrten Gummistopfens fest eingepaßt. Man bedeckt den Gummistopfen etwa 2—3 mm hoch mit Glaswolle, füllt das Rohr mit Wasser und läßt dieses bis auf etwa 5 mm über die Glaswolle ablaufen. Nun füllt man das Rohr luftblasenfrei so mit dem in der Acetatform vorliegenden Ionenaustauscher (Reagens 1), daß nach dem Absetzen etwa 10 ml des Austauschers eingebracht sind. Der in 30%iger Essigsäure aufbewahrte Austauscher soll dabei durch Umschütteln aufgewirbelt und rasch durch einen Trichter in das Austauscherrohr übergespült werden. Um zu verhindern, daß der Austauscher beim späteren Auswaschen hochgewirbelt wird, stößt man mit einem Glasstab einen Glaswollepfropfen bis auf die Oberfläche des abgesetzten Austauschers.

*β) Isolierung der Säuren*

Man läßt bei vollgeöffnetem Tropfhahn die überstehende 30%ige Essigsäure bis auf etwa 2—3 mm über den oberen Glaswollepfropfen ablaufen, schließt den Hahn, füllt etwa 10 ml 0,5%ige Essigsäure nach und markiert die Stelle, wo nun der Flüssigkeitsspiegel steht, mit einem Fettstift.

Bei vollgeöffnetem Hahn läßt man sodann die Flüssigkeit wieder bis auf 2—3 mm über den oberen Glaswollepfropfen abfließen und wiederholt das Auswaschen noch viermal mit insgesamt 50 ml 0,5%iger Essigsäure. Nach dem Auswaschen gibt man bei geschlossenem Hahn 10 ml der zu untersuchenden Flüssigkeit auf den Austauscher.

Mit einer Tropfenfolge von etwa $1—1^1/_2$ Tropfen pro Sekunde (entsprechend einer Durchlaufmenge von 25—30 ml in 10 min) läßt man die Flüssigkeit bis kurz über den oberen Glaswollepfropfen abtropfen. Wird die Bestimmung gleichzeitig mit der komplexometrischen Bestimmung des Calciums und Magnesiums verbunden, so fängt man die abtropfende Flüssigkeit in einem 100 ml-Meßkolben auf und verfährt weiter wie unter V. 3. c) β) angegeben. Dann füllt man das Rohr wieder mit 0,5%iger Essigsäure bis zur Fettstift-Markierung auf. Man läßt bei gleicher Tropfenfolge durchlaufen und wäscht noch insgesamt siebenmal in gleicher Weise mit je 10 ml Wasser aus, wobei man am besten mit einer Spritzflasche unter Abspülen der Rohrwandung bis zur Markierung auffüllt. Nach dem letzten Auswaschen schließt man den Hahn, wenn die Flüssigkeitsoberfläche kurz über dem oberen Glaswollepfropfen steht, und eluiert die am Austauscher fixierten Säuren mit 0,5-molarer Natriumsulfatlösung (Reagens 4) in ein 100 ml-Meßkölbchen, bis die Marke erreicht ist. Zum Nachfüllen der 0,5-molaren Natriumsulfatlösung bedient man sich zweckmäßig einer automatischen Abfüllvorrichtung, die zugleich gewährleistet, daß der Flüssigkeitsspiegel stets auf gleicher Höhe bleibt. Die Durchflußgeschwindigkeit darf 2—3 Tropfen in der Sekunde nicht überschreiten, wobei stets 0,5-molare Natriumsulfatlösung über dem oberen Glaswollepfropfen stehen muß. Der Inhalt des bis zur Marke mit Eluat gefüllten 100 ml-Meßkölbchens wird gründlich gemischt.

## b) Colorimetrische Bestimmung der Säuren

### α) Weinsäurebestimmung

Je 20 ml des nach a)β) erhaltenen Eluats werden in zwei 200 ml Erlenmeyer-Kolben, die mit a und b bezeichnet werden, gegeben. Kolben a enthält die Meßlösung, Kolben b die Vergleichslösung. In den Kolben a gibt man 2 ml 2 n-Schwefelsäure (Reagens 6) sowie 5 ml 0,1 n-Schwefelsäure (Reagens 9) und 1 ml 10%ige Glycerinlösung (Reagens 8). In den Kolben b gibt man 2 ml 2 n-Schwefelsäure und 5 ml 0,05-molare Perjodsäurelösung (Reagens 7) und läßt es 15 min stehen, um die Weinsäure zu zerstören. Dann gibt man in den Kolben b 1 ml 10%ige Glycerinlösung hinzu, um die überschüssige Perjodsäure zu entfernen und läßt 2 min einwirken. Anschließend gibt man unter Umschwenken zuerst in den Kolben b, dann *sofort* in den Kolben a je 5 ml Vanadatlösung (Reagens 5), und mißt nach genau 1 1/2 min die Extinktion der Lösung des Kolbens a gegen die der Lösung des Kolbens b bei 490 nm in 10 mm-Küvetten. Man geht dabei so vor, daß man zunächst die Küvette für die Bestimmung des Blindwertes (Lösung aus Kolben b) in den Strahlengang des Instrumentes bringt und auf den optischen Nullpunkt (Durchlässigkeit 100%) einstellt. Dieser ändert sich langsam. Durch Nachdrehen der Feineinstellung hält man das Instrument auf dem optischen Nullpunkt, bis zum Ablauf der $1^1/_2$ min. Dann bringt man die Küvette, welche die Lösung aus dem Kolben a enthält (Meßlösung) in den Strahlengang und liest den Extinktionswert sofort ab. An Hand der nach c)a) aufgestellten Eichkurve erhält man unmittelbar den Weinsäuregehalt der zu untersuchenden Probe in Gramm in 1 l (g/l).

Der Gehalt an Weinsäure ist in Gramm in 1 l (g/l) mit einer Dezimalstelle anzugeben.

### β) Milchsäurebestimmung

In ein weites, etwa 50 ml fassendes Reagensglas mit Glasschliffstopfen gibt man 10 ml des nach a)β) erhaltenen Eluats und dazu 10 ml Cer(IV)-sulfatlösung (Reagens 11). Nach dem Mischen hängt man das Reagensglas in einen bereits vorher auf 65 °C erhitzten Thermostaten und beläßt die Lösung dort genau 10 min (unmittelbar nach dem Einhängen des Reagensglases in den Thermostaten wird der Glasstopfen kurz gelüftet, damit die erwärmte Luft sich ausdehnen kann). Nach Ablauf der 10 min nimmt man das Reagensglas heraus und kühlt 10 min in bewegtem Wasser (Thermostat) bei etwa 20 °C ab, gibt 5 ml einer 2,5 n-Natronlauge (Reagens 12) hinzu, mischt gründlich und filtriert durch ein Faltenfilter.

15 ml des Filtrats gibt man in einen 50 ml fassenden Standschliffzylinder, der zuvor unter Mischen mit 5 ml einer 27%igen Natriumacetatlösung (Reagens 13) und 2 ml einer 2 n-Schwefelsäure (Reagens 14) beschickt wurde. Dann gibt man 5 ml Dinatrium-pentacyanonitrosyl-ferrat (II)-Lösung (Nitroprussid-Natrium) (Reagens 15) zu und mischt. Anschließend setzt man 5 ml Piperidinlösung (Reagens 16) zu, mischt und gibt die Lösung sofort in eine 10 mm-Küvette. Die entstehende Färbung wird gegen Luft bei 570 nm gemessen. Der Höchstwert der Extinktion, der sich in 30—40 sec einstellt, gilt als Meßwert.

Aus der nach c)β) aufgestellten Eichkurve erhält man unmittelbar den Milchsäuregehalt der zu untersuchenden Probe in Gramm 1 l (g/l).

Der Gehalt an Milchsäure ist in Gramm in 1 l (g/l) mit einer Dezimalstelle anzugeben.

Übersteigt der Milchsäuregehalt den Meßbereich des Geräts, so wiederholt man die Bestimmung mit einer geeigneten Verdünnung des Eluats mit 7,1%iger Natriumsulfatlösung. Das Ergebnis ist dann auf die ursprüngliche Konzentration umzurechnen. Über den Einfluß der acetaldehyd-schwefligen Säure auf das Ergebnis der Milchsäurebestimmung vgl. Buchst. d).

### γ) Äpfelsäurebestimmung

*Vorbemerkungen:* Die Methode erfaßt einen Bereich von etwa 3,5—4 g Äpfelsäure in 1 l. Ist ein höherer Wert an Äpfelsäure zu erwarten, so stellt man eine geeignete Verdünnung des Eluats mit 7,1%iger Natriumsulfatlösung her.

Für jede Bestimmungsserie ist ein Blindversuch anzusetzen.

*Bestimmung:* In ein weites, etwa 50 ml fassendes Reagensglas mit Glasschliffstopfen gibt man mit einer Vollpipette 1 ml des nach a)β) erhaltenen Eluats und in ein zweites, gleiches Reagensglas für den Blindversuch 1 ml 7,1%ige Natriumsulfatlösung. Dann gibt man in beide Reagensgläser je 1 ml Chromotropsäure (Reagens 18) und läßt jeweils 10 ml konzentrierte Schwefelsäure (Reagens 19) zufließen, wozu man sich zweckmäßigerweise der o. a. Spezialbürette bedient. Nach dem Aufsetzen des Glasstopfens wird durch kräftiges Auf- und Abwärts-Schütteln gemischt, wobei der Verschluß stets nach oben zu halten und darauf zu achten ist, daß die Flüssigkeit den Schliff nicht benetzt (die für die Bestimmung unerläßlich gleichmäßige Durchmischung wäre durch einfaches Schwenken nicht zu erreichen). Unmittelbar nach dem Mischen werden die Reagensgläser genau 20 min in ein vorher zu lebhaftem Sieden gebrachtes Wasserbad eingehängt.

Nach Ablauf der Reaktionszeit wird auf 20 °C abgekühlt. Genau 90 min nach Beginn des Abkühlens wird die Extinktion e gegen den Blindwert in einer 10 mm-Küvette bei 420 nm gemessen. Mittels des nach Abschnitt c)$\gamma$) erhaltenen Extinktionskoeffizienten E wird der Roh-Äpfelsäurewert berechnet.

Roh-Äpfelsäurewert in Gramm in 1 l = e · E

Aus dem Roh-Äpfelsäurewert erhält man den Gehalt der Flüssigkeit an Äpfelsäure wie folgt: Bezeichnet man mit

R den gefundenen Roh-Äpfelsäurewert in Gramm in 1 l

W die nach b)$a$) gefundene Menge Weinsäure in Gramm in 1 l

M die nach b)$\beta$) gefundene Menge Milchsäure in Gramm in 1 l

so enthält 1 l der untersuchten Flüssigkeit:

$$x = \frac{R - 0{,}15 \cdot \sqrt{W \cdot M}}{1 - 0{,}02 \cdot W} = \text{Gramm Äpfelsäure}$$

Ist wegen eines den Meßbereich überschreitenden Äpfelsäuregehalts eine Verdünnung angesetzt worden, dann sind in die Korrekturformel die der Verdünnung entsprechenden Weinsäure- und Milchsäurewerte einzusetzen. Erst der so korrigierte Äpfelsäurewert wird mit dem Verdünnungsfaktor multipliziert.

Der Gehalt an Äpfelsäure ist in Gramm in 1 l (g/l) mit einer Dezimalstelle anzugeben.

## c) Aufstellung der Eichkurven

*a) Weinsäure*

500 mg Weinsäure p.a. werden unter Zugabe von 6,66 ml n-Lauge mit 7,1%iger Natriumsulfatlösung im Meßkolben zu 500 ml gelöst. Von dieser Lösung gibt man je 10, 20, 30, 40 und 50 ml in einen 100 ml-Meßkolben und füllt mit 7,1%iger Natriumsulfatlösung zur Marke auf. Man erhält so Lösungen, die den Austauscher-Eluaten (vgl. a) $\beta$)) von Weinen mit 1, 2, 3, 4 und 5 g/l Weinsäure entsprechen. Jeweils zweimal 20 ml dieser Lösung werden, wie unter b) $a$) beschrieben, der Messung unterworfen. Die erhaltenen Extinktionswerte, gegen die zugehörigen Weinsäurewerte aufgetragen, ergeben eine gegen den Nullwert hin leicht gekrümmte Kurve. Es ist deshalb erforderlich, bei der Messung kleiner Extinktionswerte den unteren, gekrümmten Teil der Kurve noch genauer zu bestimmen, indem man jeweils Lösungen von 0,1, 0,2 bis 0,9 und 1,0 g/l Weinsäure der Messung unterwirft.

*β) Milchsäure*

10 ml einer genau eingestellten n-Milchsäurelösung werden unter Zugabe von 10 ml n-Lauge mit 7,1%iger Natriumsulfatlösung im Meßkolben zu 1 l aufgefüllt. Je 5, 10, 15, 20 und 25 ml hiervon werden in 100 ml-Meßkölbchen mit 7,1%iger Natriumsulfatlösung zur Marke aufgefüllt. In 10 ml der so erhaltenen Testlösungen bestimmt man nach b) $\beta$) die Extinktionswerte. Die einzelnen Testlösungen entsprechen dabei den Austauscher-Eluaten (vgl. a) $\beta$) von Weinen mit 0,45, 0,9, 1,35, 1,8 und 2,55 g/l Milchsäure. Diese Milchsäurewerte, gegen die zugehörigen Extinktionswerte aufgetragen, liegen auf einer Geraden.

*γ) Äpfelsäure*

*Vorbemerkungen:* Die mit den Äpfelsäuretestlösungen erhaltenen Extinktionswerte ergeben beim Auftragen gegen die entsprechenden Äpfelsäurewerte eine Gerade, die durch den Nullpunkt geht. Der Extinktionskoeffizient hängt stark von der Konzentration der Schwefelsäure ab. Die als Reagens 19 aufgeführte 96%ige Schwefelsäure läßt sich aber nur mit einer Genauigkeit von etwa $\pm$ 0,2 Gew.-% herstellen. Für jede Charge des Reagens 19 ist deshalb der Extinktionskoeffizient gesondert festzustellen.

*Hierbei kann man sich auf einen Fixpunkt beschränken, der nach folgender Vorschrift ermittelt wird:*

300 mg racemische Äpfelsäure p.a. oder L-Äpfelsäure werden mit 7,1%iger Natriumsulfatlösung im Meßkolben zu 500 ml gelöst. 50 ml davon werden in einem 100 ml-Meßkolben mit 7,1%iger Natriumsulfatlösung zur Marke aufgefüllt. Die so erhaltene Lösung entspricht dem Austauscher-Eluat eines Weines, der 3,0 g Äpfelsäure im Liter enthält. Mit 1 ml dieser Verdünnung wird nach der unter b) $\gamma$) angegebenen Vorschrift die Extinktion bestimmt. Die Bestimmung wird dreifach angesetzt. Mit dem aus den hinreichend übereinstimmenden Meßergebnissen erhaltenen Mittelwert der Extinktion e wird der Extinktionskoeffizient berechnet,

$$E = \frac{3}{e} = \text{Extinktionskoeffizient}$$

## d) Einfluß der acetaldehyd-schwefligen Säure bei der colorimetrischen Bestimmung der Milchsäure

Nach H. Rebelein (1968) kann bei der vorstehend beschriebenen Bestimmungsweise acetaldehydschweflige Säure Milchsäure vortäuschen, und zwar etwa die Hälfte des Milchsäurewertes, der theoretisch aufgrund des Acetaldehydgehaltes des Weines zu erwarten ist.

Ein größerer Fehler an „vorgetäuschter" Milchsäure als 0,1 g/l (das ist etwa die Fehlergrenze der Bestimmung) ist erst bei einem Gehalt des Weines an gesamter schwefliger Säure zu erwarten, der größer als 250—300 mg/l ist.

Dieser Fehler kann nach folgender Arbeitsweise ausgeschaltet werden:

15 ml des Austauschereluats werden in einem 50-ml-Standzylinder mit Schliffstopfen mit 5 ml 27%igem Natriumacetat und 2 ml einer 1,55 n-$H_2SO_4$ (77,5 ml 2 n-$H_2SO_4$ werden mit Wasser zu 100 ml aufgefüllt) gemischt. Dann werden wie bei der Milchsäurebestimmung 5 ml 2%iges Nitroprussidnatrium und 5 ml 10%iges Piperidin zugegeben. Nach dem Mischen wird die entstehende Violettfärbung unter den bei der Milchsäurebestimmung gewählten Bedingungen colorimetrisch gemessen. Mit der erhaltenen Extinktion wird aus der für die Milchsäure aufgestellten Eichkurve der scheinbare „Milchsäurewert" B abgelesen, mit 0,25 multipliziert und von dem ermittelten Milchsäuregehalt abgezogen.

## 4. Bestimmung der Weinsäure

Die ausschließliche Bestimmung der Weinsäure kann auch nach der amtlichen Methode der „Verwaltungs-Vorschriften" von 1960 erfolgen. Das Verfahren geht auf Arbeiten von A. HALENKE u. W. MÖSLINGER (1895) zurück und wird folgendermaßen ausgeführt:

100 ml der zu untersuchenden Flüssigkeit werden in einen starkwandigen Filtrierstutzen mit Ausguß von 250 ml pipettiert, 2 ml Eisessig, 1 ml einer 20%igen Kaliumacetatlösung und 15 g gepulvertes reines Kaliumchlorid hinzugegeben und in Lösung gebracht. Dann wird so viel 96%iger Alkohol hinzugefügt, daß die Flüssigkeit 20 Vol.-% Alkohol enthält. Nachdem man durch starkes, ca. 1 min anhaltendes Reiben eines Glasstabes an der Wand des Becherglases die Abscheidung des Weinsteins eingeleitet hat, läßt man die Mischung wenigstens 15 Std bei 10—15° C stehen und filtriert dann den kristallinischen Niederschlag durch einen Glasfiltertiegel 1 G 3 oder durch einen Gooch-Tiegel, an dessen Boden wäßrig aufgeschwemmter Papierfilterstoff fest angepreßt wurde.

Zum Auswaschen des Niederschlages bedient man sich einer Lösung von 15 g Kaliumchlorid in 100 ml Wasser und 20 ml Alkohol von 96 Vol.-%. Zunächst spült man das Becherglas mit einem kleinen Anteil dieser Lösung aus, gibt die Flüssigkeit in den Filtertiegel, läßt das Becherglas gut abtropfen und wiederholt dies etwa zweimal. Sodann wird der im Filtertiegel befindliche Niederschlag durch dreimaliges Ausspülen und Aufgießen von wenigen Millilitern der Waschflüssigkeit ausgewaschen. Von letzterer müssen im ganzen genau 20 ml verwendet werden. Der Niederschlag wird dann mit siedendem alkalifreiem Wasser aus dem Filtertiegel herausgelöst, in den Filtrierstutzen zurückgespült und in der Siedehitze mit 0,25 n-Alkalilauge unter Verwendung von Azolithmintinktur oder Bromthymolblau titriert.

*Berechnung:*
Wurden a ml 0,25 n-Alkalilauge verbraucht, so enthält 1 l der zur Untersuchung verwendeten Flüssigkeit:

$$x = 0{,}375 \cdot (a + 0{,}6) \text{ Gramm Weinsäure,}$$

oder es entspricht der Gehalt an Weinsäure in 1 l der zur Untersuchung verwendeten Flüssigkeit:

$$y = 5 \cdot (a + 0{,}6) \text{ Milliäquivalenten Säure } (= \text{ml Normalsäure}).$$

*Bei Jungweinen und Traubenmosten ist die Fällung der Weinsäure zu wiederholen.* Zu diesem Zwecke versetzt man die titrierte Lösung des Niederschlages mit einer solchen Menge 0,25 n-Salzsäure, als der verbrauchten Alkalilauge entspricht. Alsdann bringt man die Flüssigkeit durch Zusatz von Wasser auf 100 ml und fällt die Weinsäure nach der vorstehenden Vorschrift aus.

*Berechnung:*
Wurden bei der zweiten Titration a ml 0,25 n-Alkalilauge verbraucht, so sind in 1 l der zur Untersuchung verwendeten Flüssigkeit enthalten:

$$x = 0{,}375 \cdot (a + 1{,}2) \text{ Gramm Weinsäure,}$$

oder es entspricht der Gehalt an Weinsäure in 1 l der zur Untersuchung verwendeten Flüssigkeit:

$$y = 5 \cdot (a + 1{,}2) \text{ Milliäquivalenten Säure } (= \text{ml Normalsäure}).$$

Der Gehalt an Weinsäure ist in Gramm in 1 l (g/l) mit einer Dezimalstelle oder in Milliäquivalenten ohne Dezimalstelle anzugeben.

*Nach Untersuchungen von* W. Diemair u. G. Maier (1962) liegen die nach dieser Methode gewonnenen Werte durchschnittlich um 0,9% zu hoch. Etwas bessere Ergebnisse wurden nach einer von J. Koch persönlich mitgeteilten Modifikation gefunden. Die etwas geänderte Vorschrift umgeht auch die Verwendung des Korrekturfaktors für die Weinsteinlöslichkeit.

Nach Koch werden 50 ml Wein in einem 150 ml-Becherglas mit 1 ml Eisessig, 1 ml Kaliumacetatlösung (20%ig) und 8 g Kaliumchlorid versetzt. Das Kaliumchlorid wird durch Umrühren möglichst gelöst. Dann erfolgt ein Zusatz von 26 ml Alkohol (96%ig) und die Einleitung der Kristallisation durch Reiben mit dem Glasstab. Nach 15 Std Stehenlassen bei + 5° wird durch eine Glasfritte 1 G 3 abgesaugt und wie bei der amtlichen Methode gewaschen. Die Titration des in heißem Wasser gelösten Niederschlages wird mit 0,0833 n-Natronlauge gegen Phenolphthalein ausgeführt.

*Berechnung:*
Werden a ml 0,0833 n-Natronlauge verbraucht, so enthält 1 l der untersuchten Flüssigkeit

$$x = \frac{a}{4}\ g\ \text{Weinsäure.}$$

W. Diemair u. G. Maier benutzten 0,1 n-Natronlauge zur Titration und multiplizierten den Verbrauch an dieser Lösung mit 0,3, um den Gehalt an Weinsäure in 1 l zu erhalten.

### Der Gehalt an freier Weinsäure

Setzt man den Weinsäurewert in Beziehung zum gefundenen Kaliumgehalt, so erhält man nach der Formel

$$\frac{150,1 \cdot \text{K-Gehalt (mg/l)}}{39,1}$$

die Menge Weinsäure (mg/l), die als saures Kaliumsalz in gebundener Form vorliegt. Die *„freie Weinsäure"* ergibt sich aus der Differenz zum analytisch ermittelten Weinsäuregehalt.

Üblicherweise wird sich so ein negativer Wert ergeben.

P. Sudraud hat jedoch in südostfranzösischen Weinen der Ernte 1965 Gehalte an sog. „freier Weinsäure" gefunden, die in 28% der Fälle über der in Deutschland geduldeten Toleranz von 1,5 g/l bei Weißweinen und 1,0 g/l bei Rotweinen lagen. Das Maximum betrug 3 g/l. In jüngster Zeit hat H. Rebelein (persönl. Mitteilung) auch in authentischen deutschen Weinen größere Mengen nicht an Kalium zu bindende Weinsäure gefunden. Anhand der gleichzeitig bestimmten Äpfelsäure konnte dann aber nachgewiesen werden, daß der Kalium-Mangel in den Fällen auf Unreife des Lesegutes zurückzuführen war.

Um Fehlbeurteilungen zu vermeiden, sollte deshalb bei nachgewiesener „freier Weinsäure" stets auch eine Äpfelsäurebestimmung durchgeführt werden.

Rebelein fand in zahlreichen Versuchen, daß das Verhältnis

$$\frac{\text{freie Weinsäure (g/l)}}{\text{Äpfelsäure (g/l)}}$$

durchschnittlich 0,25 betrug. Bei einer Verhältniszahl $> 0,6$ hält er einen Weinsäurezusatz für erwiesen.

## 5. Bestimmung der Milchsäure

### a) Bestimmung in Fruchtsäften

Für die Bestimmung der Milchsäure in Fruchtsäften eignet sich insbesondere das Verfahren von J. Koch u. G. Bretthauer (1951), das auch in den Internationalen-Fruchtsaft-Union-Analysen enthalten ist.

*Prinzip:*
Nach der Entzuckerung der Untersuchungslösung wird die Milchsäure mit Kaliumpermanganat zu Acetaldehyd oxydiert. Dieser wird in eine Natriumhydrogensulfit enthaltene

Vorlage abdestilliert und das durch den Acetaldehyd gebundene Natriumhydrogensulfit jodometrisch bestimmt. Die gefundene Menge an schwefliger Säure ist dem Acetaldehyd und der Milchsäure äquivalent.

*Geräte und Hilfsmittel:*

Apparatur zur Milchsäurebestimmung vgl. Abb. 8
Feinbürette mit 0,02 ml Einteilung,
Bürette mit 0,05 ml Einteilung,
Bürette mit 0,1 ml Einteilung.

*Reagentien:*

20%ige Kupfer(II)-sulfatlösung,

20%ige Calciumhydroxidaufschwemmung: 200 g Calciumoxid werden vorsichtig unter intensivem Rühren mit Wasser versetzt und nach dem Erkalten zu 1 l aufgefüllt. Die Aufschwemmung soll höchstens 1 Woche alt sein.

25%ige Orthophosphorsäure.

Phosphorsäure-Mangansulfatlösung: 100 g Mangan(II)-sulfat-1-hydrat p.a. ($MnSO_4 \cdot H_2O$) werden unter Erwärmen in 500 ml Wasser gelöst, mit 25 ml 85%iger Orthophosphorsäure versetzt und nach dem Erkalten auf 1 l aufgefüllt.

10%ige Natriumhydrogensulfitlösung.

Phosphatpuffer nach SOERENSEN, pH 7: 61 ml einer Lösung von 11,867 g/l $Na_2HPO_4 \cdot 2H_2O$ und 39 ml einer Lösung von 9,073 g/l $KH_2PO_4$ werden miteinander vermischt.

0,005 n-Kaliumpermanganatlösung: 160 mg $KMnO_4$ werden mit Wasser zu 1 l gelöst.

0,01 n-Jodlösung,
0,1 n-Jodlösung,
0,01 n-Natriumthiosulfatlösung,
10%ige Salzsäure,
Natriumhydrogencarbonat,
1%ige Stärkelösung.

*Durchführung der Bestimmung:*

Zur Entfernung des Zuckers werden 20 ml der zu untersuchenden Flüssigkeit in einen 200 ml-Meßkolben einpipettiert, 75 ml einer 20%igen Kupfer(II)-sulfatlösung zugesetzt und mit 75 ml einer 20%igen gut durchgeschüttelten Calciumhydroxidaufschwemmung kräftig gemischt. Nach $1^1/_2$stündigem Stehen wird mit Wasser bis zur Marke aufgefüllt und abfiltriert. Die überstehende Flüssigkeit bzw. das Filtrat muß wasserklar sein.

Für die Milchsäurebestimmung wird der in Abb. 8 dargestellte Destillationsapparat verwendet. 50 ml der vollständig entzuckerten Flüssigkeit werden in dem zu dieser Apparatur gehörenden 250 ml fassenden Destillierkolben mit etwa 2 Tropfen 25%iger Orthophosphorsäurelösung neutralisiert und mit 10 ml einer Phosphorsäure-Mangansulfatlösung versetzt. Hierauf wird der Destillierkolben mit dem Kühler verbunden.

Abb. 8. Apparat zur Milchsäurebestimmung (nach H. LIEB u. M. K. ZACHERL). Der Rückflußkühler hat bei einer Länge von 15 cm einen doppelten Kühlmantel. Das Vorlagegefäß besitzt ein Volumen von 80 ml, wobei auf den verjüngten Teil 5 ml entfallen
A. Zur Wasserstrahlpumpe. B. Eintritt der Luft

Die Vorlage wird mit 5 ml Wasser beschickt, an die Wasserstrahlpumpe angeschlossen und ein mäßiger Luftstrom durch die Apparatur gesaugt. Darauf bringt man die Destillation in Gang, hält 5 min im Sieden und ersetzt sodann das Wasser in der Vorlage durch 5 ml einer 10%igen Natriumhydrogensulfitlösung und 10 ml Phosphatpufferlösung. Das Vorlagegefäß ist in einer Eis-Wasser-Mischung zu kühlen.

Unter ständigem Sieden der Flüssigkeit im Destillierkolben läßt man aus dem Tropftrichter eine 0,005 n-Kaliumpermanganatlösung so zutropfen, daß erst nach Entfärbung eines jeden Tropfens der nächste zufließt. Das Ende der Oxydation, die sich innerhalb von etwa 20 min vollziehen soll, wird durch eine deutliche Braunfärbung der Reaktionsflüssigkeit angezeigt. Die Destillation wird dann noch 5 min ohne Permanganatzusatz weitergeführt.

Das Destillat wird in einen 200 ml-Erlenmeyer-Kolben übergespült, mit etwa 6 Tropfen 10%iger Salzsäure auf den pH-Wert 2—3 eingestellt und mit 0,1 n-Jodlösung unter Zusatz einiger Tropfen 1%iger Stärkelösung als Indicator bis zur Blaufärbung langsam titriert. Das überschüssige Jod nimmt man mit 0,01 n-Natriumthiosulfatlösung zurück und setzt bis zur eben wahrnehmbaren Blaufärbung wieder 0,01 n-Jodlösung tropfenweise zu. Nach Zusatz von etwa 1 g Natriumhydrogencarbonat tritt Entfärbung ein, so daß das freigewordene Hydrogensulfit mit 0,01 n-Jodlösung (Mikro-Bürette) bis zur mindestens 30 sec anhaltenden Blaufärbung titriert werden kann.

Verbrauch: a ml 0,01 n-Jodlösung.

Für jede Bestimmung oder Bestimmungsreihe ist ein Blindversuch anzusetzen.

Verbrauch: b ml 0,01 n-Jodlösung.

*Berechnung:*

Wurden beim Hauptversuch a ml und beim Blindversuch b ml 0,01 n-Jodlösung verbraucht, so enthält 1 l der untersuchten Flüssigkeit

$$x = (a - b) \cdot 0,09 \text{ g Milchsäure.}$$

Der Gehalt an Milchsäure ist in Gramm in 1 l (g/l) mit einer Dezimalstelle anzugeben.

## b) Enzymatische Bestimmung

Nach E. Peynaud u. Mitarb. (1966) liegt in Weinen mit normaler Hefegärung in überwiegendem Maße L(+)-Milchsäure vor, während beim biologischen Säureabbau der Äpfelsäure hauptsächlich D(—)-Milchsäure entsteht.

Bei Anwendung des enzymatischen Bestimmungsverfahrens ist zu berücksichtigen, daß damit nur die L(+)-Form der Milchsäure erfaßt wird, worauf auch K. Mayer (1963) hinweist.

*Das Prinzip dieser Methode ist folgendes:* Milchsäure wird durch Nicotinamidadenin-dinucleotid (NAD) in Gegenwart von Lactat-Dehydrogenase (LDH) zu Brenztraubensäure oxydiert. Diese wird durch Hydrazin abgefangen.

$$\text{L(+)-Milchsäure} + \text{NAD}^+ \xrightleftharpoons{\text{LDH}} \text{Brenztraubensäure} + \text{NADH} + \text{H}^+.$$

Zur genauen Durchführung der Bestimmung wird auf das Werk von H. U. Bergmeyer (1962) verwiesen.

## 6. Bestimmung der Äpfelsäure

### a) Polarographisches Verfahren

Nach H. Grohmann u. E. Gilbert (1954 und 1956) läßt sich die Äpfelsäure in Traubenmost und Wein exakt nach der folgenden Vorschrift bestimmen:

*Prinzip:*

Die Äpfelsäure wird durch Erhitzen in Gegenwart von Alkali in Fumarsäure übergeführt, die polarographisch bestimmt wird.

Gerbstoffe, Zucker und Milchsäure müssen vor der Bestimmung entfernt werden; Essigsäure, Weinsäure und Citronensäure stören die Reaktion nicht.

*Geräte und Hilfsmittel:*

Austauschersäule (vgl. Abb. 9),

Thermostat,

Wasserbad,

Trockenschrank,

Polarograph, z. B. Radiometer-Polarograph PO 3 h mit Selbstschreibeinrichtung,

Glaswolle,

Hartfilter, z. B. Schleicher und Schüll Nr. 1573, 12,5 cm ⌀,

Glaspistill,

Glasierte Porzellanschalen.

*Reagentien:*

20%ige wäßrige Silbernitratlösung,

0,1 n-Lithiumchloridlösung: 7,84 g LiCl · 2 H₂O werden mit Wasser zu 1 l gelöst,

0,5 n-Salzsäure,

2 n-Salzsäure,

25%ige Salzsäure,

0,5 n-Essigsäure,

n-Natronlauge,

10%ige Natronlauge,

etwa 2 n-Ammoniaklösung: 182 ml Ammoniak rein (d = 0,910) werden mit Wasser zu 1 l verdünnt,

10%ige Schwefelsäure,

95 vol.-%iger Alkohol, der mit 1% Petroläther vergällt sein kann,

70 vol.-%iger Alkohol,

2 n-Salpetersäure,

Bromthymolblaulösung,

Methylorangelösung,

Bentonit,

DL-Äpfelsäure: Die Reinheit wird durch Titration und Bestimmung des Schmelzpunktes (133° C) geprüft. Von dieser Äpfelsäure werden 20 g in 1 l Wasser gelöst,

Nachgereinigter Wasserstoff oder Stickstoff zur Polarographie,

Kationenaustauscher, z. B. Amberlite IR-120,

Anionenaustauscher, z. B. Amberlite IR-45.

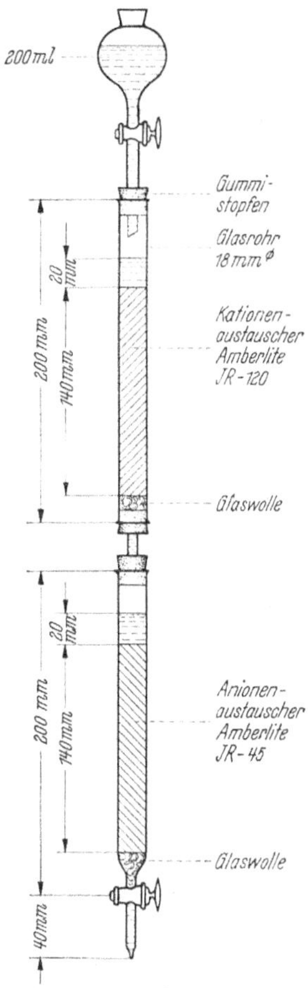

### α) Regenerierung der Austauscher

*Kationenaustauscher:*

Man läßt 10%ige Schwefelsäure und zwar das $1^1/_2$fache Volumen des Austauschers mit einer Geschwindigkeit von 1 Tropfen je Sekunde durchfließen. Mit warmem Wasser von nicht mehr als 70° C wird anschließend ausgewaschen, bis das Waschwasser neutral reagiert.

*Anionenaustauscher:*

Regenerierung mit 10%iger Natronlauge analog dem für Kationenaustauscher angewandten Verfahren.

Zweckmäßig werden nach jeder Bestimmung die Austauschersäulen mit regeneriertem Austauscher gefüllt und die Regenerierung der benutzten Austauscher von Zeit zu Zeit in größeren Säulen durchgeführt.

### β) Durchführung der Bestimmung

*Trennung der Säuren von den Gerbstoffen*

Man füllt 40 ml der zu untersuchenden Flüssigkeit in die Austauschersäule anteilmäßig ein, läßt sie mit einer Geschwindigkeit von 1—2 Tropfen pro Sekunde durch den Kationenaustauscher und anschließend in direkter Verbindung durch den Anionenaustauscher fließen und wäscht anschließend bei vollgeöffnetem Hahn mit 1000 ml Wasser aus.

Die Kationenaustauschersäule wird entfernt und ein Scheidetrichter auf die Anionenaustauschersäule gesetzt. Nunmehr werden die am Anionenaustauscher haftenden Säuren mit 200 ml 2 n-Ammoniaklösung bei einer Tropfgeschwindigkeit von etwa 5 Tropfen pro Sekunde eluiert. Das Eluat wird in einem 200 ml-Meßkolben aufgefangen und nach dem Temperieren auf 20° C zur Marke aufgefüllt. Nach dem Durchmischen werden 100 ml des Eluats in eine Porzellanschale gebracht und auf dem Wasserbad auf etwa 10 ml eingedampft.



Abb. 9. Austauschersäule zur vollständigen Abtrennung von Gerbstoffen aus Weinen (n. H. GROHMANN u. E. GILBERT)

*Trennung der Äpfelsäure von der Milchsäure durch Silbersalzfällung*

Der Rückstand, der schwach sauer reagiert, wird mit wenig Wasser in ein 100 ml-Becherglas übergespült und mit einem Tropfen Bromthymolblau versetzt. Man neutralisiert mit einigen Tropfen n-Natronlauge, dann mit 2—3 Tropfen 0,5 n-Essigsäure, wobei der grünliche Farbton wieder nach gelb umschlägt. Die Lösung, die nach der Neutralisation höchstens 30 ml betragen darf, wird mit 50 ml 95 vol.-%igem Alkohol versetzt. Dann gibt man tropfenweise unter Umrühren 5 ml Silbernitratlösung hinzu. Die vollständige Ausfällung wird durch Zugabe von einigen Tropfen Silbernitratlösung und einigen Millilitern Alkohol überprüft. Nach $^1/_2$stündigem Stehen wird durch ein schnellfiltrierendes Hartfilter filtriert und anteilmäßig mit insgesamt 50 ml 70 vol.-%igem Alkohol, dem auf 1 l 5 ml 20%ige Silbernitratlösung zugegeben wurden, ausgewaschen. Danach wird der Niederschlag mit etwa 40 ml heißem Wasser quantitativ in eine glasierte Porzellanschale übergespült und unter Zusatz von 2 Tropfen Methylorange mit etwa 2 ml verdünnter Salpetersäure versetzt. Unter Umrühren wird der Niederschlag auf dem Wasserbad in Lösung gebracht und quantitativ in ein 100 ml-Meßkölbchen übergeführt, in dem sich eine kleine Menge Betonit befindet. Durch Zugabe von etwa 2 ml 2 n-Salzsäure fällt man das überschüssige Silber, füllt mit Wasser zur Marke auf und filtriert.

*Umwandlung der Äpfelsäure in Fumarsäure*

50 ml des Filtrats werden in einer Porzellanschale mit 10%iger Natronlauge neutralisiert, mit weiteren 5 ml dieser Lauge versetzt und unter wiederholtem Verreiben mit einem Glaspistill auf dem Wasserbad zur Trockne eingedampft. Der Trockenrückstand wird 4 Std lang im Trockenschrank auf 130—140° C erhitzt und nach dem Erkalten mit etwa 10 ml Wasser in ein 50 ml-Meßkölbchen übergeführt. Die Schale spült man mit weiteren 10 ml Wasser aus. versetzt die im Meßkölbchen vereinigten Flüssigkeiten mit 5,5—6,0 ml 25%iger Salzsäure, füllt mit Wasser zur Marke auf, mischt und filtriert. (Die Salzsäurekonzentration des Filtrats entspricht etwa einer 0,5 n-Säure.)

*Polarographische Bestimmung der Fumarsäure*

1 ml des Filtrats (entsprechend 0,2 ml der zu untersuchenden Flüssigkeit) wird zu einer Mischung von 10 ml einer 0,1 n-Lithiumchloridlösung und 1 ml 0,5 n-Salzsäure zugefügt. Die Meßlösung beträgt dann genau 12 ml. Die Messungen werden nach Durchleiten von Wasserstoff oder Stickstoff in einem Thermostaten bei 20° C durchgeführt; das Volumen der Flüssigkeit ist konstant zu halten. Zur Messung der Stufenhöhe werden drei Tangenten an die Kurvenabschnitte: Kondensatoren, Stufenstrom und Diffusionsstrom angelegt. Im Schnittpunkt von Stufenstrom und Diffusionsstrom wird die Senkrechte auf die Kondensatorstromtangente gefällt und die Höhendifferenz gemessen.

*Aufstellung der Eichkurve*

Die Eichkurve wird auf die gleiche Weise mit der etwa 0,2%igen wäßrigen Lösung von Äpfelsäure aufgestellt. Der Gehalt an Äpfelsäure ist in Gramm in 1 l (g/l) mit einer Dezimalstelle anzugeben.

## b) Enzymatisches Verfahren

Dieses Verfahren beruht darauf, daß L(—)-Äpfelsäure durch Nicotinamidadenin-dinucleotid (NAD) in Gegenwart von Malat-Dehydrogenase (MDH) zu Oxalessigsäure oxydiert wird.

Das Gleichgewicht dieser Reaktion, das auf der Seite von L(—)-Äpfelsäure und NAD liegt, wird im alkalischen Medium durch NAD-Überschuß und Abfangen der Oxalessigsäure mit Hydrazin völlig auf die rechte Seite verschoben. Die während der Reaktion gebildete NADH-Menge ist äquivalent der L(—)-Äpfelsäuremenge. Die Absorption des NADH wird in einem geeigneten Spektralphotometer bei 340 nm oder 366 nm gemessen.

Nach einer von der Firma C.F. Boehringer & Söhne GmbH., Mannheim, herausgegebenen Vorschrift wird folgendermaßen verfahren:

*Reagentien:*

Lösung 1: 11,4 g Glycin und 25 ml Hydrazinhydrat werden mit 275 ml bidest. Wasser verdünnt. Die Lösung ist bei + 4° C 6 Monate haltbar.

Lösung 2: 300 mg NAD werden in 10 ml bidest. Wasser gelöst. Bei + 4° C 4 Wochen haltbar.

Lösung 3: 1 ml Malat-Dehydrogenase (10 mg/ml). Bei + 4° C 1 Jahr haltbar.

*Verdünnung der Probe:*

Enthält die klare, farblose, höchstens schwach opalisierende Probelösung mehr als 0,25 g L(—)-Äpfelsäure in 1 l, so sind folgende Verdünnungen vorzunehmen:

| geschätzter Gehalt (g/l) an L(—)-Äpfelsäure | Verdünnung mit bidest. Wasser | Verdünnungsfaktor |
| --- | --- | --- |
| < 0,25 | — | 1 |
| 0,25—2,5 | 1 + 9 | 10 |
| 2,5—25 | 1 + 99 | 100 |
| > 25 | 1 + 999 | 1000 |

*Durchführung der Bestimmung:*

In eine Glasküvette von 1 cm Schichtdicke werden 3 ml Lösung 1, 0,20 ml der Untersuchungsflüssigkeit und 0,20 ml Lösung 2 eingefüllt und die Extinktion $E_{1Probe}$ bei 340 nm oder 366 nm gegen Luft gemessen. Für die Messung von $E_{1Leerwert}$ werden in eine zweite Glasküvette von 1 cm Schichtdicke 3,20 ml Lösung 1 und 0,20 ml Lösung 2 einpipettiert. Die Messung erfolgt ebenfalls bei 340 nm oder 366 nm gegen Luft.

Die Lösungen werden jetzt in zwei Reagensgläser umgegossen, jedes mit 0,02 ml Lösung 3 versetzt und genau 60 min in ein Wasserbad von 25° C (Thermostat) gestellt. Danach wird jeweils die Extinktion $E_2$ der Probe und des Leerwertes in 1 cm-Küvetten bei 340 nm oder 366 nm gegen Luft gemessen.

*Berechnung:*

Die Extinktionsdifferenz des Leerwertes $(E_2-E_1)_L$ von der Extinktionsdifferenz der Probe $(E_2-E_1)_P$ abgezogen ergibt $\triangle$ E.

Für die Messung bei 340 nm gilt dann

$$\triangle E \cdot 0{,}368 \cdot \text{Verdünnungsfaktor } F = g \; L(-)\text{-Äpfelsäure in 1 l.}$$

Für die Messung bei 366 nm:

$$\triangle E \cdot 0{,}694 \cdot \text{Verdünnungsfaktor } F = g \; L(-)\text{-Äpfelsäure in 1 l.}$$

# 7. Bestimmung der Citronensäure und Citramalsäure

## a) Vorprobe auf Citronensäure mit Denigès-Reagens

O. REICHARD (1936) empfiehlt folgende gut orientierende Vorprüfung auf evtl. zugesetzte Citronensäure: 10 ml der zu untersuchenden Flüssigkeit werden mit 2 ml Denigès-Reagens (Lösung von 5 g Quecksilber(II)-oxid in 20 ml konzentrierter Schwefelsäure und 100 ml Wasser) versetzt, mit einer möglichst kleinen, zur Entfärbung eben ausreichenden Menge Eponitkohle (bei hellen Flüssigkeiten wie Weißwein nicht erforderlich) geschüttelt und farblos filtriert. 5 ml Filtrat werden bis nahe zum Sieden erhitzt und tropfenweise mit gesättigter Permanganatlösung so lange erhitzt, bis ein brauner Niederschlag ungelöst bleibt. Dieser wird durch einige Tropfen Perhydrol aufgehellt. Entscheidend für die Anwesenheit von Citronensäure ist eine opalescierende Trübung bei Zusatz der ersten Tropfen der Kaliumpermanganatlösung, weil spätere Fällungen auch durch Äpfelsäure veranlaßt sein können.

Eine milchig-weiße, eben noch durchscheinende Trübung, die eine dahinter gehaltene Schriftprobe (Druckbuchstaben) eben noch erkennen läßt, zeigt für Weine normale Mengen Citronensäure an, d. h. Mengen bis zu einem Höchstgehalt von ca. 500 mg/l.

Eine milchig-weiße, undurchsichtige Trübung, die nach dem Absetzen die Kuppe des Probierrohres völlig ausfüllt, ist für Wein anomal und deutet auf mehr als 500 mg/l Citronensäure hin.

Wie bereits erwähnt, wird die Reaktion durch höhere Äpfelsäuregehalte gestört. In einem solchen Fall kann also eine stärkere Niederschlagsbildung nicht verdächtig im Sinne von Citronensäurezusatz gedeutet werden. Dagegen würde eine stark positive Denigès-Reaktion bei kleiner Gesamtsäure bzw. bei kleiner nichtflüchtiger Säure und hoher Milchsäure — bei Wein die Kennzeichen eines biologischen Säureabbaus — einen Verdacht auf Citronensäurezusatz und damit die Notwendigkeit einer anschließenden quantitativen Bestimmung rechtfertigen.

## b) Bestimmung der Citronensäure als Pentabromaceton

Nach der amtlichen Methode der „Allgemeinen Verwaltungsvorschriften", die sich auf Arbeiten von O. REICHARD (1955) stützt, wird folgendermaßen verfahren:

25 ml der zu untersuchenden Flüssigkeit werden in einer weißglasierten Porzellanschale oder in einer Platinschale mit Ammoniak neutralisiert (Lackmus oder Umschlag des Naturfarbstoffs der Flüssigkeit), mit 5 ml Bariumchloridlösung (10%) gemischt, unter Umrühren auf dem Wasserbad bis auf etwa 5 ml eingedampft, noch heiß in ein graduiertes 50 ml Zentrifugenglas unter Nachspülen mit insgesamt 5 ml heißem Wasser gebracht, mit der dreifachen Raummenge Alkohol (96 Vol.-%) gemischt, so daß ein Gemisch mit 70 Vol.-% Alkohol resultiert, ausgeschleudert, die völlig klare Flüssigkeit abgegossen, der Bodensatz zweimal mit je 10 ml Alkohol (70 Vol.-%) in der Weise ausgewaschen, daß er mit gummibeschuhtem Glasstab gleichmäßig verrieben, dann mit einigen Tropfen und allmählich mit insgesamt 10 ml Alkohol (70 Vol.-%) homogenisiert, ausgeschleudert und das klare Zentrifugat abgegossen wird.

Der so gewaschene Bodensatz, der alle Citronensäure als Bariumcitrat enthält, wird durch längeres Ablaufenlassen (Zentrifugengläser auf den Kopf stellen!) von der Waschflüssigkeit möglichst vollständig befreit, noch feucht mittels Glasstab verrührt, zunächst mit einigen Tropfen, dann allmählich mit insgesamt 20 ml Schwefelsäure (10%ig) durchgemischt, mit 2,5 ml einer Lösung von 10 g Kaliumbromid und 2,3 g Kaliumbromat in 100 ml Wasser vermengt. Dann wird die Flüssigkeit quantitativ in ein 25 ml-Meßkölbchen übergeführt, mit Schwefelsäure bis zur Marke aufgefüllt und glanzhell zentrifugiert.

Vom klaren Zentrifugat, das nunmehr alle Citronensäure als freie Säure enthält, werden 20 ml (= 20 ml Ausgangsflüssigkeit) mit Sicherheitspipette in einen 50 ml-Erlenmeyer-Kolben abgemessen, auf $0\,°C^1$ abgekühlt und aus einer Bürette mit Kaliumpermanganatlösung (5%ig) tropfenweise derart versetzt, daß jeweils erst nach Verschwinden der Violettfärbung ein weiterer Zusatz erfolgt, so lange, bis über Goldgelb und Braun eine Trübung entsteht und ein dunkelbrauner Bodensatz sich zeigt und auch nach $^1/_2$stündigem Abkühlen auf $0°$ C bestehen bleibt; sodann wird mit einigen Tropfen schwefliger Säure[2] bis zitronengelb aufgehellt und erforderlichenfalls mit einigen Tropfen Kaliumbromidbromatlösung gelb gefärbt.

Der gelblichweiße Pentabromaceton-Niederschlag wird mindestens 12 Std stehen gelassen, durch einen Glasfiltertiegel 1 G 4 abfiltriert, zweimal mit kaltem Wasser völlig ausgewaschen und im Vakuum-Exsiccator über Phosphorpentoxid oder konz. Schwefelsäure bei $^1/_2$stündigem Evakuieren — wobei der Druck nicht auf weniger als 10 mm Quecksilbersäule absinken darf — bis zur Gewichtskonstanz (ca. 2 Std) getrocknet und gewogen (1. Wägung).

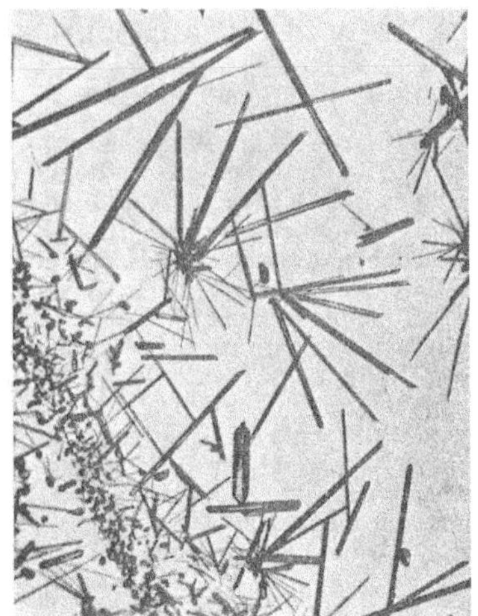

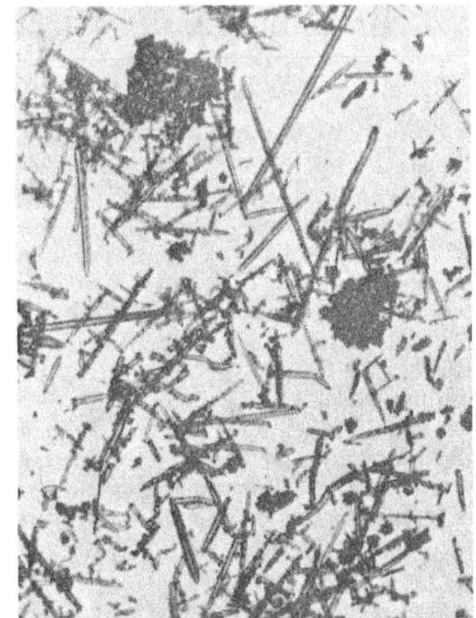

<table>
<tr><td>Abb. 10. Pentabromaceton, aus Alkohol<br>umkristallisiert (46fach)</td><td>Abb. 11. Pentabromaceton aus Wein<br>abgeschieden (46fach)</td></tr>
</table>

(aus O. Reichard 1938)

Das Leergewicht des Tiegels wird festgestellt, indem das Pentabromaceton durch Aufgießen und Durchsaugen von dreimal je 2 ml Alkohol (96 Vol.-%) völlig entfernt, der leere Tiegel im Vakuum-Exsiccator getrocknet und gewogen wird (2. Wägung).

*Berechnung:*

Ergab die 1. Wägung a Gramm und die 2. Wägung b Gramm, so entspricht (a — b) der Menge des gebildeten Pentabromacetons. In 1 l der zur Untersuchung verwendeten Flüssigkeit sind enthalten:

$$x = (a-b) \cdot 25{,}0^3 \text{ g Citronensäure (mit Kristallwasser).}$$

Der Gehalt an Citronensäure ist in Milligramm in 1 l (mg/l) anzugeben.

## c) Bestimmung der Citronensäure nach Rebelein

Angeregt durch die Beobachtung, daß schon Spuren Citronensäure in Gegenwart von Blei(IV)-acetat in essigsaurer Lösung mit diazotierter Sulfanilsäure eine intensive Gelbfärbung hervorrufen, die mit Weinsäure, Milchsäure, Bernsteinsäure und Essigsäure gar nicht und mit Äpfelsäure nur in ganz geringfügigem Maße eintritt, hat H. Rebelein (1967b) nach Ausschaltung einer Reihe von Störmöglichkeiten eine bestechende Methode ausgearbeitet, die innerhalb von $1^1/_2$—2 Std bequem ausgeführt werden kann. Sie ist damit dem Pentabromacetonverfahren

---

[1] Die Temperatur von $0°$ C ist möglichst im Kältethermostat genau einzuhalten.

[2] Anstelle der schwefligen Säure wird vorteilhafter eine Eisen(II)-ammonsulfat-Lösung verwendet.

[3] Empirischer Faktor unter Berücksichtigung der Löslichkeit des Bariumcitrats.

und der Methode von DIMOTAKI-KOURAKOU weit überlegen. Die Citramalsäure wird dabei nicht miterfaßt.

Die Arbeitsvorschrift, die z. Z. von der Analysenkommission des Bundesgesundheitsamtes überprüft wird, lautet wie folgt:

*Prinzip:*
Nach Abtrennung der Säuren durch Bariumchlorid in 68%igem Alkohol wird die Citronensäure mit einer charakteristischen Farbreaktion kolorimetrisch bestimmt.

*Reagentien:*
Citronensäure · 1 $H_2O$ p. a.
25%iges Ammoniak
Aktivkohle „Clarocarbon F"
96%iger Alkohol, unvergällt
Eisessig p. a.
20%ige Bariumchloridlösung: 20 g Bariumchlorid · 2 $H_2O$ p. a. werden mit Wasser zu 100 ml gelöst.
Waschflüssigkeit: 140 ml Wasser werden mit 300 ml reinem 96%igem Alkohol gemischt.
7,1%ige Natriumsulfatlösung: 71 g Natriumsulfat sicc. p. a. werden mit Wasser zu 1 l gelöst.
27%ige Natriumacetatlösung: 448 g Natriumacetat · 3 $H_2O$ p. a. werden mit Wasser zu 1 l gelöst.
2%ige Natriumnitritlösung: 2 g Natriumnitrit krist. p. a. werden mit Wasser zu 100 ml gelöst. Die Lösung ist in einer braunen Flasche lange haltbar.
Grieß-Reagens I: 1,5 g Sulfanilsäure p. a. und 50 ml Eisessig werden mit Wasser zu 250 ml gelöst (öfters umschütteln und über Nacht stehenlassen). Die Lösung ist in einer braunen Flasche unbegrenzt haltbar.
Gesättigte Blei(IV)-acetatlösung: ca. 50 g Blei(IV)-acetat eisessigfeucht, zur Synthese, werden in einer braunen Flasche mit etwa 250 ml Eisessig behandelt. Den nicht gelösten Teil des Blei(IV)-acetats läßt man absitzen, bis die überstehende Flüssigkeit klar ist. Die Lösung ist in einer braunen Flasche unbegrenzt haltbar. Nach Verbrauch der überstehenden gesättigten Lösung kann durch erneute Zugabe von Eisessig eine neue gesättigte Lösung hergestellt werden.
1%ige Blei(IV)-acetatlösung: 5 ml der gesättigten Blei(IV)-acetatlösung werden in einem 250 ml-Erlenmeyer-Kolben in einem Guß mit 50 ml einer 10%igen Kaliumjodidlösung versetzt und anschließend sofort unter Zusatz von Stärkelösung gegen 0,1 n-Natriumthiosulfatlösung titriert. Verbrauch a ml 0,1 n-Thiosulfatlösung.
$\dfrac{2{,}25 \cdot 1000}{a}$ ml der gesättigten Blei(IV)-acetatlösung werden mit Eisessig auf 1 l aufgefüllt.
Die Lösung ist in einer braunen Flasche unbegrenzt haltbar.

*Geräte und Hilfsmittel:*
Zentrifuge
Zentrifugengläser aus Jenaer Glas, ca. 40—50 ml Inhalt
gehärtete Filter
schnellaufende Faltenfilter
Gummiwischer, nahtlos
Photometer mit Filter S 42 E
Kurzzeitwecker
Glasküvetten 30 mm Schichtdicke

*Durchführung der Bestimmung:*

5 ml Wein oder Traubenmost werden in einem Zentrifugenglas mit 1 ml 25%igem Ammoniak und 1 ml 20%iger Bariumchloridlösung versetzt und mit einem Glasstab gemischt. Nach etwa 2 min werden 15 ml reiner 96%iger Alkohol zugesetzt und erneut mit dem Glasstab gemischt. Anschließend wird ca. 3—4 min zentrifugiert. Die überstehende Flüssigkeit wird abgegossen und der Niederschlag folgendermaßen ausgewaschen: 2 ml Waschflüssigkeit werden mit einer 2 ml-Pipette an den obersten Teil der Innenwandung des Zentrifugenglases geblasen, wobei das Zentrifugenglas gedreht wird. Anschließend wird der Niederschlag mit einem nahtlosen Gummiwischer innig mit der Waschflüssigkeit vermischt. Mit zweimal je 2 ml Waschflüssigkeit werden etwa anhaftende Niederschlagsteilchen von dem Gummiwischer abgespült, indem man die Waschflüssigkeit in hartem Strahl auf den Wischer bläst. Nach erneutem Zentrifugieren wird die Waschflüssigkeit abgegossen und der Waschvorgang in der beschriebenen Weise wiederholt. Der gewaschene Niederschlag wird noch alkoholfeucht mit ca. 10 ml 7,1%iger Natriumsulfatlösung übergossen und das Zentrifugenglas 10 min in ein siedendes Wasserbad gehängt, wobei zur besseren Zersetzung des zunächst klumpigen Niederschlags öfters mit einem Glasstab umgerührt wird.

26*

Noch heiß wird der Inhalt des Zentrifugenglases samt dem ausgeschiedenen Bariumsulfat mit 7,1%iger Natriumsulfatlösung quantitativ in ein 50 ml-Meßkölbchen übergeführt. Nach Abkühlen mit wird 7,1%iger Natriumsulfatlösung zur Marke aufgefüllt, gemischt und in ein Erlenmeyer-Kölbchen gegeben, in das vorher 0,2 g Aktivkohle eingewogen worden sind. Nach 5 min wird durch ein hartes Filter abfiltriert.

Je 2 ml des Filtrats werden in zwei mit a und b bezeichnete 50 ml-Erlenmeyer-Kölbchen gegeben, die zuvor mit 10 ml einer 27%igen Natriumacetatlösung beschickt worden sind. Jetzt wird eine Diazolösung bereitet, indem unter Umschwenken zu 1 ml 2%iger Natriumnitritlösung 5 ml Grieß-Reagens I gegeben werden. Unter Umschwenken gibt man zu Kölbchen a 2 ml Diazolösung und anschließend 5 ml Eisessig und zu Kölbchen b 2 ml Diazolösung und 5 ml 1%ige Blei(IV)-acetatlösung. Unmittelbar nach der Zugabe des Blei(IV)-acetates wird ein Wecker auf 13 min gestellt.

Nach Ablauf von etwa 5 min filtriert man den Inhalt der beiden Kölbchen a und b durch schnellaufende Faltenfilter. Diese Filtration ist notwendig, da das bei der Diazoreaktion gebildete und in der Reaktionsflüssigkeit gelöste Gas frei wird, sobald die Küvetten gefüllt werden. Das Gas setzt sich in Bläschen an den Küvettenwandungen fest und macht eine genaue Messung unmöglich. Kurz vor Ablauf der 13 min werden die Filtrate in 30 mm-Küvetten übergeführt und in das Photometer eingeschoben. Unmittelbar nach Ablauf der Zeit wird der Extinktionswert der Flüssigkeit des Kölbchens b bei 420 nm gegen den Blindwert des Kölbchens a gemessen.

Der Citronensäuregehalt des Weines oder Traubensaftes (mg/l Citronensäure · 1 $H_2O$) wird einer Eichkurve entnommen.

*Aufstellung der Eichkurve:*

250 mg Citronensäure · 1 $H_2O$ p. a. werden mit 7,1%iger Natriumsulfatlösung zu 100 ml gelöst. Hiervon werden 10 ml erneut mit 7,1%iger Natriumsulfatlösung auf 100 ml aufgefüllt. Von der letzten Lösung werden mit 7,1%iger Natriumsulfatlösung folgende Verdünnungen hergestellt: 5 ml auf 200 ml, 5 ml auf 100 ml, 5 ml auf 50 ml, 10 ml auf 50 ml, 15 ml auf 50 ml und 20 ml auf 50 ml. Von diesen Verdünnungen werden je 2 ml in mit a und b bezeichnete Erlenmeyer-Kölbchen gegeben, die zuvor mit 10 ml 27%iger Natriumacetatlösung beschickt wurden, und weiter wie oben angegeben verfahren. Diese Testlösungen entsprechen Citronensäuregehalten von 62,5, 125, 250, 500, 750 und 1000 mg/l Wein oder Traubensaft. Ein den Nullwert der Eichkurve angebender Meßpunkt wird erhalten, wenn je 2 ml 7,1%ige Natriumsulfatlösung in gleicher Weise der Messung unterworfen werden.

Die Verbindung der einzelnen Meßpunkte ergibt eine nur unmerklich gekrümmte Linie, die praktisch im Nullpunkt endet.

*Bemerkungen:*

Liegt der Citronensäuregehalt des Weines oberhalb des Meßbereichs, dann wird mit 7,1%iger Natriumsulfatlösung eine entsprechende Verdünnung des Filtrats des mit Kohle entfärbten Bariumchlorid-Niederschlags hergestellt und der Meßwert mit dem Verdünnungsfaktor multipliziert. Es wird angeraten, die Küvetten öfters mit Chromschwefelsäure oder dgl. zu reinigen, da sie sich bei längerem Gebrauch mit einer dünnen, unsichtbaren Schicht von Blei(IV)-oxid beschlagen können, die zu Ungenauigkeiten bei der Messung führen kann.

Weiter wird zur Vermeidung von unerwünschten Verfärbungen des Grieß-Reagens I empfohlen, bei der Zubereitung der Diazolösung das Grieß-Reagens nicht der Vorratsflasche direkt zu entnehmen, sondern die ungefähr benötigte Menge vorher in ein Erlenmeyer-Kölbchen zu geben.

Ein weiterer enormer Zeitgewinn läßt sich erzielen, wenn von dem bei einer Vollanalyse ohnehin anfallenden Natriumsulfat-Eluat der Milchsäure-Weinsäure-Äpfelsäure-Bestimmung ausgegangen wird. In diesem Falle erfordert die colorimetrische Bestimmung der Citronensäure praktisch nur 20 min. Voraussetzung ist dafür allerdings, daß die Eichkurve mit Testlösungen aufgestellt wurde, die ebenfalls durch den Austauscher gelaufen sind. Denn nach Feststellungen von H. Rebelein werden in dem Eluat nur maximal 87% des wirklichen Citronensäuregehalts wiedergefunden.

Das Eluatverfahren könnte somit auch höchstens zur routinemäßigen Bestimmung der Citronensäure benutzt werden, während in Beanstandungsfällen das Bariumchloridverfahren anzuwenden wäre.

## d) Bestimmung der Citronensäure, enzymatisch

Eine enzymatische Methode zur Citronensäurebestimmung wird von K. Mayer u. G. Pause (1965) beschrieben. Das sehr spezifische Verfahren gestattet, an 0,2 ml Untersuchungsflüssigkeit Konzentrationen von 50—300 mg Citronensäure im Liter genau zu erfassen. Bei höheren Konzentrationen wird das Probenmaterial entsprechend verdünnt bzw. ein kleineres Volumen eingesetzt.

## e) Bestimmung der Citronensäure und Citramalsäure (α-Methyläpfelsäure) nach Dimotaki-Kourakou

KOGAN-PEYNAUD arbeiteten 1958 eine Bestimmung der Citronensäure aus, die auf der schonenden Oxydation dieser Säure mit Kaliumpermanganat zu Aceton beruht.

V. DIMOTAKI-KOURAKOU (1962) fand auf papierchromatographischem Wege α-Methyläpfelsäure (Citramalsäure) im Wein und stellte fest, daß dieses Nebenprodukt der alkoholischen Gärung unter den gleichen Bedingungen wie die Citronensäure ebenfalls zu Aceton oxydiert wurde, so daß stets zu hohe Citronensäurewerte gefunden werden mußten.

Die in griechischen Weiß- und Rotweinen festgestellten Mengen Citramalsäure betrugen 60—124 mg/l. Hierauf beruht nach V. DIMOTAKI-KOURAKOU auch die irrige Annahme, daß der Gehalt an Citronensäure im Laufe der Gärung zunimmt. Es konnte nachgewiesen werden, daß der Citronensäuregehalt praktisch konstant bleibt, während die Konzentration der Citramalsäure, die im Most nicht vorhanden ist, im Laufe der Gärung zunimmt und der Menge des vergorenen Zuckers proportional ist. α-Methyläpfelsäure entsteht also nicht, wie bisher vermutet, durch bakterielle Decarboxylierung der Citronensäure. Während der Alterung der Weine soll die Citramalsäurekonzentration unverändert bleiben, während sich der Gehalt an Citronensäure beträchtlich vermindert.

V. DIMOTAKI-KOURAKOU trennt die Citramalsäure von der Citronensäure mit Hilfe eines Anionenaustauschers und bestimmt die beiden Säuren in getrennt aufgefangenen Eluaten durch Oxydation mit Permanganat und Titration des gebildeten Acetons.

*Reagentien:*
Austauscher Dowex 1 × 2 (50—100 mesh)
Natronlauge n, 2 n, 5 n
n-Salzsäure
Essigsäure 2,5 n, 4 n
5%ige Mangansulfatlösung
Kaliumpermanganatlösung 0,02 n, 0,05 n, 2 n
n-Schwefelsäure
Schwefelsäure (1+2 (Vol.), 1+4 (Vol.)
40%ige Eisen(II)-sulfatlösung
0,02 n-Jodlösung
0,02 n-Natriumthiosulfatlösung
Pufferlösung pH 3,2—3,4: 150 g Kaliumdihydrogenphosphat werden unter Zusatz von 5 ml konzentrierter Phosphorsäure mit Wasser zu 1 l gelöst.

*Geräte und Hilfsmittel:*
Oxydationsgefäß: Nach einer privaten Mitteilung von H. BIEBER hat sich als Oxydations- und Destillationsapparatur die von DIEMAIR, KOCH u. HESS für die Bestimmung der gesamten schwefligen Säure vorgeschlagene Versuchsanordnung bewährt (Abb. 23 S. 431), wenn als Destillierkolben ein 500 ml-Rundkolben verwendet wird und der Auslauf des Tropftrichters bis knapp unterhalb des Kolbenhalsansatzes verlängert wird.

Austauschersäule: Zweckmäßigerweise wird eine 50 ml-Bürette mit Hahn benutzt. Nach dem Einlegen eines kleinen Glaswollepfropfens wird die Säule mit 20 ml Austauscher Dowex 1 x 2 (50—100 mesh) beschickt, der durch aufeinander folgenden Durchlauf von n-Salzsäure und n-Natronlauge in die OH-Form übergeführt wird. Nach dem Waschen mit 50 ml Wasser wird der Austauscher mit Acetationen gesättigt, indem 250 ml 4 n-Essigsäure hindurchgegeben werden. Anschließend wird wieder mit 100 ml Wasser gewaschen.

Das Auswaschen mit n-Salzsäure erübrigt sich, wenn von vornherein der Austauscher Dowex p. a. in der Cl-Form eingesetzt wird. Dieser wird durch Spülen mit etwa 100 ml n-Natronlauge in die OH-Form übergeführt, mit 50 ml Wasser gewaschen und dann in der oben angegebenen Weise mit Acetationen gesättigt.

### α) Trennung der Citronensäure von der Citramalsäure

25 ml Wein werden in der Art durch den in der Acetatform vorliegenden Anionenaustauscher gegeben, daß in 1 min 1,5 ml durchlaufen. Nach dreimaligem Waschen der Säule mit je 50 ml Wasser werden mit derselben Durchlaufgeschwindigkeit mittels 200 ml 2,5 n-Essigsäure

die Bernsteinsäure, Milchsäure, Galakturonsäure, Citramalsäure und fast die ganze Äpfelsäure eluiert. Die ersten 25 ml des Eluats werden verworfen, der Rest in einem Oxydationsgefäß von 500 ml Inhalt aufgefangen.

Die Wein- und Citronensäure erscheinen erst im Eluat nach Durchlauf von 350 ml 2,5 n-Essigsäure. Um das Herauslösen zu beschleunigen, werden 100 ml 2 n-Natronlauge durch die Säule gegeben, wodurch neben der Wein- und Citronensäure auch die Mineralsäuren und ein Teil der auf dem Harz festgehaltenen Farbstoffe eluiert werden.

### β) Oxydation der Citramalsäure

In das Gefäß, welches die erste Fraktion des Eluats enthält, werden 10 ml 5 n-Natronlauge, 1 ml 5%ige Mangansulfatlösung und einige Bimssteinkörnchen gegeben. Nachdem aus dieser Lösung 75 ml — die zu verwerfen sind — abdestilliert wurden, wird mit der Oxydation begonnen, indem aus einem Trichter mit Hahn tropfenweise (1 Tropfen/sec) 0,02 n-Kaliumpermanganatlösung zugegeben wird. Die Oxydation wird solange fortgesetzt, bis Braunfärbung einen Überschuß von Permanganat anzeigt.

Es kann auch folgendermaßen verfahren werden:

Nach Konzentrierung der ersten Fraktion des Eluats auf dem Wasserbad, wobei die Essigsäure mit dem Wasserdampf entfernt wird, wird der Rückstand in ein Oxydationsgefäß von 100 ml Inhalt übergeführt und mit 5 ml n-Schwefelsäure, 25 ml einer Pufferlösung vom pH 3,2—3,4, 1 ml 5%iger Mangansulfatlösung und einigen Siedesteinchen versetzt. In der zum Sieden erhitzten Lösung wird die Oxydation vorgenommen.

*Abtrennung des Acetons:* Das Destillat aus der Oxydationslösung wird in einem gekühlten Schliffkolben aufgefangen, der einige Milliliter Wasser enthält. Wenn das Destillat 90 ml nicht überschreitet, wird es mit Wasser auf dieses Volumen aufgefüllt und 4,5 ml Schwefelsäure 1 + 2 (Vol.) und 5 ml 2 n-Kaliumpermanganatlösung zugefügt. Wenn das Destillat 90 ml weit überschreitet, wird auf 180 ml aufgefüllt und die doppelte Menge der Reagentien zugegeben. Unter diesen Bedingungen wird Acetaldehyd zu Essigsäure oxydiert, während das Aceton unverändert bleibt.

Der Kolben wird verschlossen und 45 min bei Zimmertemperatur stehengelassen. Anschließend wird der Permanganatüberschuß durch Zugabe einer 40%igen Eisen(II)-sulfatlösung beseitigt. Jetzt werden etwa 50 ml in einen Schliffkolben abdestilliert, der 17 ml bzw. 5 ml — wenn es sich um die zweite Arbeitsweise handelt — einer 5 n-Natronlauge enthält.

*Bestimmung des Acetons:* Zur Bestimmung des Acetons werden 25 ml 0,02 n-Jodlösung hinzugefügt. Nach 20 min Reaktionszeit werden 12 ml bzw. 8 ml Schwefelsäure 1 + 4 (Vol.) zugegeben und das überschüssige Jod mit 0,02 n-Natriumthiosulfatlösung zurücktitriert.

Mit einer Lösung von 50 ml Wasser, 17 ml bzw. 5 ml 5 n-Natronlauge, 25 ml 0,02 n-Jodlösung und 12 ml bzw. 8 ml Schwefelsäure 1 + 4 wird gleicherweise ein Blindversuch angesetzt.

*Berechnung:*

Die verbrauchten Milliliter Jodlösung werden mit 0,01973 multipliziert, um die Menge der Citramalsäure in g/l zu erhalten.

### γ) Oxydation der Citronensäure

In dem Oxydationsgefäß, welches die zweite Fraktion des Eluats enthält, wird durch Zugabe von etwa 20 ml Schwefelsäure 1 + 4 (Vol.) ein pH-Wert von 3,2—3,8 eingestellt. Dann werden 25 ml einer Pufferlösung vom pH 3,2—3,4, 1 ml 5%ige Mangansulfatlösung und einige Siedesteinchen zugegeben und 50 ml abdestilliert, die verworfen werden. Mit 0,05 n-Kaliumpermanganatlösung wird nun in der gleichen Weise wie bei der Citramalsäurebestimmung oxydiert.

*Abtrennung des Acetons:* Auch die Abtrennung des Acetons erfolgt unter den gleichen Bedingungen wie bei der Citramalsäurebestimmung. Nach Beseitigung des Permanganatüberschusses mit 40%iger Eisen(II)-sulfatlösung werden etwa 50 ml in einen gekühlten Schliffkolben abdestilliert, der 5 ml 5 n-Natronlauge enthält.

*Bestimmung des Acetons:* Zu dieser Lösung werden 25 ml 0,02 n-Jodlösung gegeben. Nach 20 min Reaktionszeit werden noch 8 ml Schwefelsäure 1 + 4 (Vol.) hinzugefügt und das überschüssige Jod mit 0,02 n-Natriumthiosulfatlösung zurücktitriert. Auch hier wird in gleicher Weise ein Blindversuch angesetzt.

*Berechnung:*

Zur Berechnung der wasserfreien Citronensäure (g/l) wird die Menge der verbrauchten Jodlösung mit 0,0256 multipliziert. Die Citronensäure · 1 $H_2O$ ergibt sich durch Multiplikation des so erhaltenen Wertes mit $\frac{210}{192} = 1,094$.

*Bemerkungen:*

Nach V. Dimotaki-Kourakou verläuft die Oxydation der Citronensäure wegen der vorhandenen drei Carboxylgruppen weniger genau als die der Äpfelsäure. Während die Fehlergrenze bei der Bestimmung der Citramalsäure aus einfachen Lösungen 3% nicht übersteigt, muß im Falle der Citronensäure mit einem Fehler von 8% gerechnet werden.

Bei einem Citronensäuregehalt von über 500 mg/l reicht die zugegebene Menge von 25 ml 0,02 n-Jodlösung für eine stöchiometrische Umsetzung des Acetons in Jodoform nicht aus. In solchen Fällen ist der Wein oder der Traubensaft im Verhältnis 1:1 zu verdünnen.

# 8. Bestimmung der Bernsteinsäure

Unter der Nr. A 13 a wurde das Verfahren von V. DIMOTAKI-KOURAKOU (1962) in die *Sammlung der Internationalen Weinanalysenmethoden* aufgenommen:

*Prinzip:*

Die Anionen des Weines werden mittels eines stark basischen Ionenaustauschers abgetrennt. Die störenden organischen Anionen werden durch Permanganat-Schwefelsäure oxydiert und die flüchtigen Säuren durch Wasserdampfdestillation entfernt. Anschließend wird die Bernsteinsäure durch Ätherextraktion abgetrennt und argentometrisch bestimmt.

*Reagentien:*

n- und 2 n-Natronlauge
n- und 2 n-Salzsäure
10%ige Ammoniumcarbonatlösung
33%ige Schwefelsäure
gesättigte Kaliumpermanganatlösung (65 g/l)
Lösung von Mohrschem Salz: 125 g/l Mohrsches Salz + 20 ml Schwefelsäure
0,1 n-Silbernitratlösung
Salpetersäure 1 + 1 (Vol.)
gesättigte Eisen-Ammonium-Alaun-Lösung

*Geräte und Hilfsmittel:*

Anionenaustauschersäule: Eine 50 ml-Bürette mit Hahn wird über einem Glaswollepfropfen mit 35 ml Austauscherharz Dowex 2 (80 mesh) oder Amberlite IRA-400 gefüllt. Nach dem Waschen mit n-Natronlauge und n-Salzsäure wird das Harz mit Carbonationen gesättigt, indem bis zur negativen Chloridreaktion eine 10%ige Ammoniumcarbonatlösung durch das Austauscherrohr gegeben wird. Anschließend wird mit Wasser bis zur negativen Carbonatreaktion gewaschen (Nachweis mit Bleiacetatlösung).

*Durchführung der Bestimmung:*

50 ml der Probe werden in einem 250 ml-Becherglas mit $^{1}/_{2}$ (a-1) ml n-Natronlauge versetzt, wobei a das Volumen einer 0,1 n-Lauge bedeutet, das für die Neutralisation von 10 ml Wein benötigt wird. Die so behandelte Probe wird mit einer Durchflußgeschwindigkeit von 1 Tropfen in 2 sec durch den in der Carbonatform vorliegenden Anionenaustauscher gegeben. Die Kolonne wird mit 50 ml Wasser nachgewaschen, wobei die gleiche Tropfenfolge eingehalten wird.

Die Bernsteinsäure, wie auch die anderen organischen und anorganischen Säuren, werden vom Harz quantitativ festgehalten. Die Alkohole, Aldehyde, Zucker usw. durchfließen die Kolonne und werden durch das Waschwasser restlos entfernt.

Ebenfalls mit einer Durchflußgeschwindigkeit von 1 Tropfen in 2 sec werden jetzt die an den Austauscher gebundenen Säuren mit 100 ml einer 10%igen Ammoniumcarbonatlösung eluiert. Zur Entfernung des überschüssigen Ammoniumcarbonats wird das Eluat mit 1 ml n-Natronlauge versetzt und auf die Hälfte eingedampft. Nach dem Abkühlen werden 2 ml 33%ige Schwefelsäure und 5 ml gesättigte Kaliumpermanganatlösung zugegeben und zum Sieden erhitzt.

Wenn sich die Lösung geklärt hat, wird noch so lange Permanganatlösung zugefügt, bis die auf 10—20 ml eingeengte Flüssigkeit braun bleibt. Für diese Oxydation werden etwa 7—12 ml Permanganatlösung verbraucht. Der Permanganatüberschuß und das Mangandioxid werden mit einer Lösung von Mohrschem Salz reduziert und die flüchtigen Säuren unter Einengen des Volumens auf wenigstens 20 ml durch Wasserdampfdestillation entfernt. Der Rückstand wird verlustlos (Nachspülen mit einigen Millilitern Wasser) in einen Äther-Extraktionsapparat übergeführt.

Nach Beendigung der Extraktion, die je nach Apparat 6—9 Std dauert, werden zum Ätherextrakt einige Milliliter Wasser hinzugefügt, der Äther verdampft und der Rückstand in einen 100 ml-Meßkolben gebracht. Nachdem zunächst mit n-Natronlauge und zum Schluß mit 0,1 n-Natronlauge gegen Phenolphthalein neutralisiert wurde, wird durch 1 Tropfen 0,1 n-Essigsäure die rote Färbung entfernt und dadurch gleichzeitig ein schwach saures Milieu (pH 6,7) eingestellt.

Jetzt werden 25 ml 0,1 n-Silbernitratlösung zugegeben, mit Wasser zu 100 ml ergänzt und frühestens nach 15 min filtriert. In 50 ml des Filtrats wird der Silbernitratüberschuß mit 0,1 n-Kaliumthiocyanatlösung in Gegenwart von 5 ml Salpetersäure (1:1) und 5 ml gesättigter Eisen-Ammonium-Alaun-Lösung bestimmt.

*Berechnung:*

Wurden bei der Titration n ml 0,1 n-Kaliumthiocyanatlösung verbraucht, so enthält 1 l Wein 0,118(25—2n) g Bernsteinsäure.

*Anmerkung:*

Für den Ausnahmefall eines hohen Glutaminsäuregehalts muß der Anionenaustauscherkolonne eine Säule mit einem stark sauren Kationenaustauscher vorgeschaltet werden, welche die Glutaminsäure bindet und von der Bernsteinsäure trennt.

Im folgenden werden für diesen Fall der Apparat und die Verfahrensweise beschrieben:

Kationenaustauscherkolonne: Diese besteht aus einer 50 ml-Bürette, die über einem Glaswollepfropfen 25 ml stark sauren Kationenaustauscher Dowex 50 (80 mesh) oder Amberlite IR-120 in H-Form enthält. Die Kolonne wird je zweimal mit 2 n-Natronlauge und 2 n-Salzsäure und schließlich mit Wasser gewaschen, bis im Eluat keine Chlorionen mehr nachgewiesen werden können.

Anionenaustauscherkolonne: Die auf S. 409 beschriebene Säule wird oberhalb des Austauscherharzes mit einem zweiten Glaswollepfropfen versehen und darüber 5 ml des schwach sauren Kationenaustauschers Amberlite IRC-50 gefüllt, der folgendermaßen vorbereitet worden ist:

Eine bestimmte Menge dieses Harzes wird in einer anderen Bürette zweimal mit 50 ml n-Salzsäure und 100 ml n-Natronlauge behandelt und bis zur neutralen Reaktion mit Wasser gewaschen. Dieses Harz hat jetzt die Eigenschaften eines Natriumsalzes einer schwachen Säure. Wenn eine saure Lösung diese Kolonne durchfließt, erhöht sich ihr pH wegen der Eluierung des Natriums. Die Probelösung wird dadurch nahezu neutralisiert und zersetzt nicht das an den Dowex 2-Anionenaustauscher gebundene Carbonat.

*Durchführung der Bestimmung:*

Beide Austauschersäulen werden mittels eines durchbohrten Stopfens miteinander verbunden, so daß insgesamt folgende Kolonne entsteht:

25 ml Dowex 50 oder Amberlite IR-120 (H-Form) 5 ml Amberlite IRC-50

35 ml Dowex 2 oder Amberlite IRA-400 (Carbonatform)

50 ml der Probe werden mit einer Durchflußgeschwindigkeit von 1 Tropfen in 10 sec durch die gesamte Kolonne gegeben. Bei gleicher Tropfenfolge wird mit 50—70° C warmem Wasser nachgewaschen. Nachdem die beiden Säulen getrennt wurden, werden die 5 ml Kationenaustauscher Amberlite IRC-50 aus der zweiten Säule mit etwas Wasser entfernt und die an den Anionenaustauscher gebundenen Säuren mit 100 ml 10%iger Ammoniumcarbonatlösung eluiert.

Die weitere Bestimmung der Bernsteinsäure erfolgt wie schon oben beschrieben.

## 9. Nachweis und Bestimmung der Schleimsäure

Bei der Untersuchung von Kristallabscheidungen in verschiedenen älteren Flaschenweinen stellten E. Kielhöfer u. G. Würdig (1961) fest, daß es sich nicht um die Ausscheidung von Weinstein handelte, sondern um das Calciumsalz der bis dahin im Wein noch nicht aufgefundenen Schleimsäure mit der Summenformel $C_6H_8O_8Ca \cdot 4\,H_2O$.

Die Säure muß, da sie nach Kenntnis des Gärungsmechanismus bei der alkoholischen Gärung nicht entstehen kann, bereits im Traubenmost vorhanden sein. Sie wird durch Oxydation der Galakturonsäure, einem Spaltprodukt des Traubenpektins, gebildet.

Kielhöfer u. Würdig fanden die Schleimsäure nur in Weinen, die aus mehr oder weniger faulen Trauben gewonnen wurden und nahmen an, daß die Schleimsäure durch enzymatische Oxydation unter Mitwirkung von Fäulnispilzen, insbesondere des Grauschimmels (Botrytis cinerea) entsteht.

Im Rahmen der Promotionsarbeit von W. Clauss (1964) über das Vorkommen und die Entstehung von Schleimsäure in Traubenmosten und Weinen wurden diese Vermutungen bestätigt und festgestellt, daß die Menge der Schleimsäure offensichtlich von der Intensität des Pilzbefalls abhängig ist.

In der Beurteilung von Spitzenweinen kann somit eine Schleimsäurebestimmung wertvolle Hinweise auf die Beschaffenheit des verwendeten Lesegutes geben.

G. WÜRDIG, W. CLAUSS u. J. SCHORMÜLLER (1966/67) geben für Moste mit verschiedenen Fäulnisgraden folgende Schleimsäurewerte an:

Lesegut mit geringem Pilzbefall (beginnende Fäulnis) 0,1—0,2 g/l; faules Lesegut zwischen 0,3 und 0,9 g/l; trockenfaules Lesegut etwa 1—2 g/l. Der sehr hohe Gehalt an Schleimsäure von 2 g/l wurde in einem Most aus extrem trockenfaulen Beeren gefunden.

Die genannten Autoren wandten zur Bestimmung und zum Nachweis der Schleimsäure das nachstehende Verfahren an:

### α) Isolierung und Bestimmung der Schleimsäure

100 ml filtrierter Most oder 300 ml Wein wurden durch einen stark sauren Austauscher (Amberlite IR 120, 20—50 mesh, H-Form) von den Kationen und einem Teil der Aminosäuren befreit und anschließend über eine mit stark basischem Austauscher (Amberlite IRA 400, 20—50 mesh, Formiatform) gefüllte Säule gegeben. Zur Fixierung der Säuren reichten bei 100 ml eingesetztem Most im allgemeinen 50 ml Harz aus. Bei Reihenuntersuchungen wurde eine Säule von etwa 15 cm Höhe und 1,1 cm ⌀ verwendet. Nach Fixierung der Säuren wurde der Austauscher mit etwa 3 l Wasser zur Entfernung der Zucker und anderer nicht gebundener Inhaltsstoffe gewaschen. Anschließend wurden die Säuren zuerst mit insgesamt 900 ml 2 n-Ameisensäure und dann mit 300 ml 6 n-Ameisensäure von der Säule abgelöst. Die Schleimsäure befand sich in den ersten 300 ml des durch 2 n-Ameisensäure erhaltenen Eluats. Diese wurden in Fraktionen von je 100 ml aufgefangen und getrennt aufgearbeitet. Dazu wurden die Eluate im Vakuumrotationsverdampfer bis zur Trockne eingedampft und die Rückstände in kaltem Alkohol aufgenommen. Nach kurzem Digerieren verblieb die Schleimsäure als rein weiße kristalline Substanz, die dann abgetrennt, mit wenig Alkohol gewaschen und gewogen wurde.

### β) Qualitativer Nachweis der Schleimsäure

Als qualitativer Nachweis wurde die Pyrrolreaktion durchgeführt: Einige Tropfen einer ammoniakalischen Lösung von Schleimsäure werden in einem kleinen Reagensglas zuerst mit fächelnder Flamme eingedampft; der Rückstand wird dann kräftig erhitzt und in die aufsteigenden Dämpfe ein mit konzentrierter Salzsäure befeuchteter Fichtenspan eingeführt. Eine intensive Violettfärbung weist auf Schleimsäure hin. Noch 0,1 mg Schleimsäure lassen sich so gut nachweisen.

## 10. Bestimmung der Kohlensäure in Wein, Perlwein und Schaumwein

Die von HENNIG u. LAY (1962) veröffentlichte Methode wurde von W. POSTEL (noch unveröff.) überarbeitet und in folgende Arbeitsweise abgewandelt:

*Prinzip:*

In der zu untersuchenden Flüssigkeit wird zunächst die Kohlensäure durch Zugabe einer starken Lauge gebunden und die störende schweflige Säure durch Wasserstoffperoxid oxydiert. In der alkalischen Probe wird sodann die gebundene Kohlensäure unter Erhitzen durch Phosphorsäure in Freiheit gesetzt und durch Einleiten von Stickstoff in eine mit überschüssiger Lauge beschickte Vorlage übergetrieben. Die nicht verbrauchte Lauge wird acidimetrisch titriert.

*Reagentien:*

0,5 n-HCl

0,5 n-NaOH: Die 0,5 n-Natronlauge ist täglich gegen Salzsäure einzustellen. Dazu werden 50 bzw. 70 ml 0,5 n-NaOH unter Zusatz von 60 ml Bariumchloridlösung und Phenolphthalein-Thymolphthalein mit 0,5 n-HCl titriert.

$BaCL_2$-Lösung: 60—65 g $BaCl_2 \cdot 2\ H_2O$ p. a. in 1 l Wasser lösen und gegen Phenolphthalein neutralisieren.

Mischindicator: 1 g Phenolphthalein und 0,5 g Thymolphthalein in 100 ml 96%igem Äthanol

Phosphorsäure, mindestens 85%ig (etwa 1,71) reinst

10%ige Wasserstoffperoxidlösung: Bei Bedarf aus Perhydrol p. a. frisch herstellen.

50%ige Natronlauge, herzustellen aus Natriumhydroxid-Plätzchen, reinst

Barytwasser.

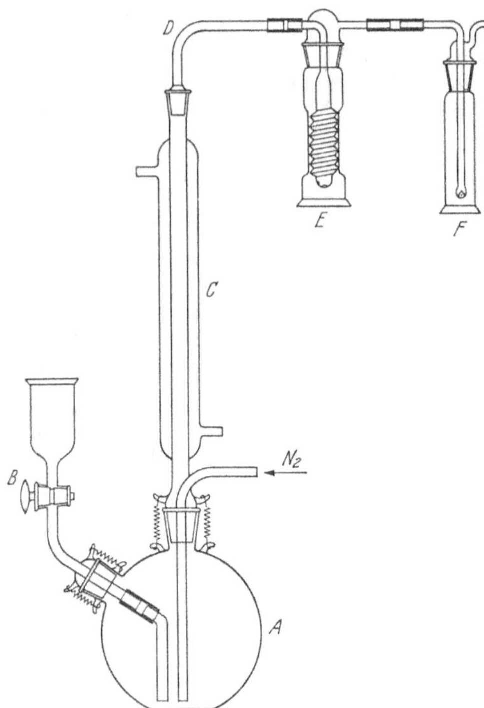


Abb. 12. Destillationsapparatur für die Bestimmung der Kohlensäure (nach W. Postel)

*Geräte und Hilfsmittel:*

Destillationsapparatur gemäß der Abb. 12 bestehend aus:

A 500 ml Rund- oder Stehkolben mit 2 Schliffen NS 34,5/35

B Trichter mit Hahn, bis zum Boden des Kolbens reichend

C Kühler mit Einleitungsrohr für den Stickstoff, das bis zum Boden des Kolbens reicht

D Brücke zu den als Vorlage dienenden Waschflaschen

E Gaswaschflasche nach Friedrichs mit Schliff NS 45/40 und austauschbarem Schraubeneinsatz, für 75 ml Absorptionsflüssigkeit

F Normale Waschflasche mit Schliff

Weithalserlenmeyerkolben: 300 ml
Stickstoff (aus der Bombe)
Waschflasche für den Stickstoff.

## a) Bestimmung in Wein

Durch die leere Apparatur läßt man zunächst etwa 10—15 min lang Stickstoff strömen, den man zur Reinigung durch eine Waschflasche mit 50%iger Natronlauge leitet. In den Destillierkolben gibt man dann über den Trichter, ohne den Stickstoffstrom zu unterbrechen, 50 ml 0,5 n-Natronlauge (zur Alkalisierung des Weins), anschließend 50 ml Wein und 3 ml 10%iges Wasserstoffperoxid (zur Oxy-

dation der schwefligen Säure) und spült mit 10—20 ml ausgekochtem Wasser nach. Nun werden die Vorlagen an die Apparatur angeschlossen. Die erste Gaswaschflasche, die die gesamte Kohlensäure aufnimmt, enthält genau 50 ml 0,5 n-Natronlauge sowie 20 ml ausgekochtes Wasser. Die zweite Waschflasche enthält Barytwasser und dient lediglich der Kontrolle, daß die gesamte Kohlensäure in der ersten Waschflasche gebunden wurde. Durch den Trichter läßt man dann 15 ml 85%ige Phosphorsäure in den Destillierkolben fließen und schließt den Trichterhahn. Wenn die Phosphorsäure mit der übrigen Flüssigkeit vermischt ist, wird erst langsam, dann stärker erhitzt und $1/_2$ Std im Sieden gehalten[1]. Hierdurch wird die freigesetzte Kohlensäure durch den Stickstoffstrom in die Vorlage übergeführt. Nach Abschluß der Destillation wird der Inhalt der ersten Waschflasche (E) unter Nachspülen von Flasche und Einsatz mit wenig ausgekochtem Wasser quantitativ in einen 300 ml-Weithalserlenmeyerkolben übergeführt, mit 60 ml Bariumchloridlösung versetzt und nach Zugabe des Mischindicators mit 0,5 n-Salzsäure bis zum Farbumschlag titriert.

## b) Bestimmung in Schaum- und Perlwein

Die ungeöffnete Flasche wird etwa 1 Std lang in eine Eis-Wasser-Kochsalz-Kältemischung, die man auf —7 bis —8°C gebracht hat, eingestellt. Hierdurch wird der Flascheninhalt auf etwa —5 bis —6°C abgekühlt, wobei noch keine Eisbildung, die zu vermeiden ist, eintritt. Anschließend wird die Flasche geöffnet, etwa 50—60 ml Sekt bzw. Perlwein werden in einen Meßzylinder abgegossen und sofort 50 ml 50%ige Natronlauge in die Flasche gegeben. Um

---

[1] Das Erhitzen erfolgt am besten mit einer Heizhaube, die man zum Anheizen etwa 5 min auf Stufe 1 und dann auf Stufe 2 einstellt.

Kohlendioxidverluste zu vermeiden, sind diese Maßnahmen möglichst schnell, jedoch äußerst vorsichtig durchzuführen, insbesondere sind heftige oder ruckartige Bewegungen der Flasche oder Schüttelbewegungen unbedingt zu vermeiden. Die Flasche wird sodann mit einem Gummistopfen verschlossen, vorsichtig umgeschüttelt und im Thermostaten auf 20°C temperiert. Dann wird der Flascheninhalt in einem Meßzylinder genau abgemessen. Von der festgestellten Gesamtmenge g sind 50 ml Lauge und (g —50) ml Schaum- bzw. Perlwein. Von dieser Gesamtmenge g werden 50 ml (entsprechend $(50 - \dfrac{2500}{g})$ ml Schaum- bzw. Perlwein) über den Trichter in den Destillierkolben der Apparatur, die wie unter a) angeführt von Stickstoff durchströmt wird, abpipettiert. Nach Zufügen von 3 ml 10%igem Wasserstoffperoxid und Nachspülen mit etwa 50 ml ausgekochtem Wasser werden die Vorlagen an die Apparatur angeschlossen. Die erste Gaswaschflasche, die die gesamte Kohlensäure aufnimmt, enthält genau 70 ml 0,5 n-Natronlauge. Im übrigen ist die Versuchsanordnung und -durchführung die gleiche wie unter a) angegeben.

*Berechnung:*

    a) Bestimmung in Wein

$$CO_2 \; g/l = 0{,}22 \cdot a$$

    b) Bestimmung in Schaum- bzw. Perlwein

$$CO_2 \; g/l = \frac{0{,}22 \cdot g \cdot a}{g - 50}$$

a = Milliliter verbrauchte 0,5 n-Natronlauge

g = Gesamtmenge des alkalisierten Schaum- bzw. Perlweins in Milliliter.

Der Gehalt an Kohlensäure ist in Gramm im Liter (g/l), berechnet als $CO_2$, mit einer Dezimalstelle anzugeben.

# VIII. Bestimmung mehrwertiger Alkohole

## 1. Bestimmung des Glycerins und Butandiols in einem Arbeitsgang nach Rebelein (1957 a)

*Prinzip:*

Glycerin und Butandiol werden durch Perjodsäure in spezifische Sekundärverbindungen — Formaldehyd und Ameisensäure beim Glycerin, Acetaldehyd beim Butandiol — gespalten. Die Aldehyde werden nebeneinander colorimetrisch bestimmt.

*Reagentien:*

0,05 m-Perjodsäurelösung: 10,696 g Natriumperjodat p. a. und 50 ml n-Schwefelsäure werden zu 1 l gelöst und klar filtriert.

n-Natronlauge

n-Schwefelsäure

0,2%ige wäßrige Phloroglucin-Lösung: 500 mg Phloroglycin p. a. werden zu 250 ml gelöst. Die Lösung soll nicht älter als 2—3 Wochen sein.

27%ige Natriumacetatlösung: 270 g wasserfreies Natriumacetat p. a. werden zu 1 l gelöst und klar filtriert.

10%ige Piperidinlösung: 10 ml Piperidin reinst werden mit Wasser auf 100 ml aufgefüllt. Die Lösung soll nicht älter als 2—3 Wochen sein.

2%ige Nitroprussidnatrium-Lösung: 2 g Nitroprussidnatrium p. a. werden zu 100 ml gelöst. Die Lösung soll nicht älter als 8—10 Tage sein.

Außer der n-Lauge und n-Säure werden alle Reagentien in braunen, gut verschlossenen Flaschen aufbewahrt.

*Geräte und Hilfsmittel:*

Elektrophotometer z. B. ELKO III mit Filter S 49 E und S 57 E

Küvetten 10 mm

Standschliffzylinder 50 ml und 100 ml

Wittscher Topf mit Glasfilternutsche 1 G 4

*Durchführung der Bestimmung:*

In einen 100 ml fassenden Schliffzylinder mit Gummistopfen werden durch einen Trichter 5 g Bariumhydroxid p. a. (nicht gepulvert) und 2 Teelöffel Seesand gegeben. Dann läßt man an der Wandung entlang 10 ml der zu untersuchenden Flüssigkeit zulaufen — bei Flüssigkeiten mit Zuckergehalten über 120 g/l nach Verdünnung 1:1 — schüttelt 30 sec lang kräftig durch und läßt unter öfterem Umschütteln 5 min stehen. Hiernach gibt man 50 ml Aceton p. a. zu, schüttelt wiederum 30 sec lang kräftig durch und stellt den verschlossenen Zylinder 5 min lang in einen Thermostaten bei 45° C, wobei jede Minute einmal kräftig umgeschüttelt wird. Inzwischen stellt man in einen Wittschen Topf als Vorlage einen Schliffkolben von 250 ml, der neben einigen Bimssteinchen 40 ml Wasser und 5 ml n-Natronlauge enthält.

Man filtriert möglichst noch warm durch eine Glasfilternutsche 1 G 4 in die Vorlage und saugt kräftig ab. Der Rückstand wird mittels Spatel aufgelockert und dreimal mit jeweils 10 ml Aceton p. a. ausgewaschen. Während der Acetonzugabe wird das Saugen unterbrochen und der Rückstand mit dem Aceton zu einem homogenen Brei verrührt. Anschließend wird scharf abgesaugt.

Unter Verwendung eines Widmer-Destillationsaufsatzes (Spiralenlänge 20 cm, Schliffapparatur) mit aufgesetztem Thermometer wird über kräftiger Flamme das Aceton abdestilliert, bis das Thermometer 100° C anzeigt. Man destilliert noch weitere 20 ml Wasser ab, gibt zum heißen Destillationsrückstand 5 ml n-Schwefelsäure, kühlt ab, führt den Destillationsrückstand quantitativ in ein 50 ml-Meßkölbchen über, füllt zur Marke auf und filtriert klar durch ein Papierfilter (Schleicher und Schüll 1574) von 12,5 cm ∅.

Das Filtrat ergibt die Lösung I.

Hiervon werden 10 ml (= 2 ml der zur Untersuchung verwendeten Flüssigkeit) in einem 100 ml-Meßkolben mit Wasser bis zur Marke aufgefüllt; dies ergibt die Lösung II. Beide Lösungen sollen innerhalb von höchstens 2—3 Std aufgearbeitet sein.

## a) Glycerinbestimmung

20 ml der Lösung II werden in einen 50 ml-Schliffzylinder gegeben und mit 10 ml 0,05 m-Perjodsäurelösung versetzt, umgeschüttelt und genau 5 min im verschlossenen Zylinder der Reaktion überlassen.

Dann gibt man 10 ml n-Natronlauge und 10 ml 0,2%ige wäßrige Phloroglucin-Lösung hintereinander zu, wobei man nach jedem Zusatz durch Umschütteln mischt. Beim Zusetzen der einzelnen Reagentien werden diese an die Wandung des Zylinders geblasen. Die Zugabe der Phloroglucinlösung muß schnellstens nach dem Mischen mit der Lauge erfolgen, um eine Polymerisation des Formaldehyds zu vermeiden.

Die Farbtiefe der Reaktionslösung wird in einem Photometer mit Filter S 49 E gegen Wasser in einer Küvette von 1 cm Schichtdicke gemessen. Die Messung muß sofort erfolgen, da das Farbmaximum bereits nach 50—60 sec erreicht wird und dann rasch wieder abfällt. Als Meßwert gilt der Extinktionswert des Farbmaximums, mit dem sich der Glyceringehalt aus einer Eichkurve ablesen läßt.

Enthält die zu untersuchende Flüssigkeit mehr als 5 g Zucker im Liter, so ist der erhaltene Glycerinwert mit dem aus Tab. 12 zu entnehmenden Faktor zu multiplizieren, um den tatsächlichen Glycerinwert zu erhalten. Hierbei ist zu beachten, daß sich der Korrekturwert bei Weinen und Mosten mit einem Zuckergehalt über 120 g/l, bei denen nach der Vorschrift eine Verdünnung 1:1 vorgesehen ist, aus dem halben Zuckergehalt pro Liter errechnet. Der wahre Glycerinwert bei solchen Weinen ergibt sich demnach wie folgt:

(Tabellen-Glycerinwert · Faktor des halben Zuckerwertes) · 2

Der Glyceringehalt ist in Gramm in 1 l (g/l) mit einer Dezimalstelle anzugeben.

Tabelle 12. *Korrekturfaktoren für die Bestimmung des Glycerins in zuckerhaltigen Erzeugnissen* (nach H. Rebelein)

| Zuckergehalt g/l | Faktor | Zuckergehalt g/l | Faktor |
|---|---|---|---|
| 5 | 1,020 | 80 | 1,123 |
| 10 | 1,030 | 90 | 1,134 |
| 20 | 1,045 | 100 | 1,145 |
| 30 | 1,060 | 110 | 1,156 |
| 40 | 1,073 | 120 | 1,168 |
| 50 | 1,086 | 130 | 1,180 |
| 60 | 1,099 | 140 | 1,191 |
| 70 | 1,111 | 150 | 1,202 |

Rebelein gibt an, daß die Glycerinbestimmung nur bei sorbit- und mannitfreien Erzeugnissen anwendbar sei, während die Butandiolbestimmung dadurch nicht gestört wird. Eigene Versuche bis zu Gehalten von 2 g/l Sorbit und 5 g/l Mannit haben jedoch keine Beeinträchtigung der Werte ergeben.

*Herstellung der Glycerinvergleichslösungen zur Aufstellung der Eichkurve*

Stammlösung: ca. 20 ml Glycerin, bidestilliert, p. a. werden mit Wasser auf 100 ml aufgefüllt und gut durchgemischt. Von dieser Lösung wird bei 17,5° C der Brechungsindex mit dem Eintauchrefraktometer bestimmt und der genaue Glyceringehalt der Lösung den Wagnerschen Tabellen zum Eintauchrefraktometer (Gustav Fischer-Verlag, Jena 1955) entnommen.

Von dieser Lösung werden 50 ml auf 500 ml aufgefüllt, davon wiederum 50 ml auf 500 ml und davon 100 ml auf 1000 ml (= Stammlösung).

Aus dieser Stammlösung stellt man acht Vergleichslösungen her, indem man 25, 50, 75, 100, 125, 150, 175 und 200 ml auf jeweils 250 ml auffüllt. Von diesen Vergleichslösungen werden jeweils 20 ml — wie oben beschrieben — mit Perjodsäure usw. behandelt. Die erhaltenen Extinktionswerte ergeben die Eichkurve. Zur Ermittlung des Nullpunktes werden 20 ml Wasser verwendet. Sämtliche Punkte der Eichkurve sind durch den Mittelwert aus jeweils drei Bestimmungen festzulegen.

## b) Butandiolbestimmung

5 ml des bei der Vorbereitung der Glycerinbestimmung erhaltenen Filtrats (Lösung I) und 5 ml 27%ige wäßrige Natriumacetatlösung werden in einem 50 ml-Schliffzylinder gemischt. Nach Zugabe von 10 ml 0,05 m-Perjodsäurelösung wird umgeschüttelt und die Mischung im verschlossenen Zylinder genau 2 min der Reaktion überlassen. Dann werden hintereinander 5 ml 2%ige wäßrige Nitroprussidnatriumlösung und 5 ml 10%ige wäßrige Piperidinlösung zugegeben, wobei diese Reagentien an die Wandung des Zylinders geblasen werden; nach jedem Zusatz wird gut durchgemischt. Das Farbmaximum des Reaktionsgemisches wird in einem Photometer mit Filter S 57 E in einer Küvette von 1 cm Schichtdicke gegen Wasser gemessen; das Farbmaximum wird nach ca. 30—40 sec erreicht und fällt dann rasch wieder ab. Als Meßwert gilt der Extinktionswert des Farbmaximums. Bei Zuckergehalten über 5 g/l ist zu dem ermittelten Butandiolwert der aus Tab. 13 ersichtliche Korrekturwert zuzuzählen bzw. abzuziehen.

Bei Erzeugnissen mit einem Zuckergehalt über 120 g/l, die vor der Untersuchung im Verhältnis 1:1 verdünnt wurden, ist nur der dem halben Zuckergehalt entsprechende Korrekturwert zu dem Butandiolwert zuzuzählen bzw. abzuziehen und dann das Ergebnis zu verdoppeln.

Der Gehalt an Butandiol ist in Gramm in 1 l (g/l) mit zwei Dezimalstellen anzugeben.

*Herstellung der Butandiolvergleichslösungen zur Aufstellung der Eichkurve*

Das Butandiol des Handels ist unter Verwendung eines Widmer-Destillationsaufsatzes zu rektifizieren, wobei je ein Drittel des Destillats als Vor- und Nachlauf zu verwerfen ist. (Der Siedepunkt des reinen Butandiols liegt bei 182° C.) Von dem rektifizierten Butandiol werden genau 2,000 g auf 1000 ml aufgefüllt; davon werden 50 ml nochmals auf 1000 ml aufgefüllt. Aus dieser Lösung (Stammlösung) werden die Vergleichslösungen hergestellt, indem 20, 40, 60 und 80 ml jeweils auf 100 ml aufgefüllt werden. Hiervon werden jeweils 5 ml wie oben beschrieben colorimetriert. Ein weiterer Eichpunkt wird mit 5 ml der Stammlösung und der Nullpunkt mit 5 ml Wasser ermittelt.

## 2. Weitere Methoden zur Glycerinbestimmung

### a) Bestimmung als Chinolinquecksilberjodid

Die Bestimmung des Glycerins im Wein und weinähnlichen Erzeugnissen auf dem Wege über die Skraup'sche Chinolin-Synthese wurde zuerst von O. REICHARD u. H. GSPAHN (1954) beschrieben. H. GROHMANN u. F. H. MÜHLBERGER (1956) überarbeiteten diese Methode unter besonderer Berücksichtigung geringer Glycerinmengen, wie sie in Traubensäften und Mistellen vorgefunden werden und geben folgende Arbeitsvorschrift an:

*Reagentien:*

Methanol (Erg.-Buch z. DAB 6)
96%iger Alkohol
konz. Schwefelsäure (D = 1,84)
7%ige Salzsäure
70%ige Kalilauge (g/100 ml)
Kaliumquecksilberjodid-Reagens: In eine Lösung von 100 g Kaliumjodid in 200 ml Wasser wird eine Lösung von 40,8 g $HgCl_2$ in 500 ml Wasser eingetragen. Zu der Mischung wird so lange tropfenweise eine 5%ige wäßrige $HgCl_2$-Lösung zugesetzt, bis eine eben beginnende rötliche

Tabelle 13. *Korrekturwerte, die bei zuckerhaltigen Weinen und Mosten zum gefundenen Butandiolwert zu addieren sind* (nach H. Rebelein)

| Butandiol g/l | Zuckergehalt g/l | | | | | | | | | | | | | | |
|---|---|---|---|---|---|---|---|---|---|---|---|---|---|---|---|
| | 10 | 20 | 30 | 40 | 50 | 60 | 70 | 80 | 90 | 100 | 110 | 120 | 130 | 140 | 150 |
| 0—0,2 | −0,035 | −0,035 | −0,035 | −0,035 | −0,035 | −0,035 | −0,035 | −0,035 | −0,035 | −0,035 | −0,035 | −0,035 | −0,035 | −0,035 | −0,035 |
| 0,3 | −0,03 | −0,03 | −0,03 | −0,03 | −0,03 | −0,03 | −0,03 | −0,03 | −0,03 | −0,03 | −0,03 | −0,03 | −0,03 | −0,03 | −0,03 |
| 0,4 | −0,03 | −0,03 | −0,03 | −0,03 | −0,03 | −0,03 | −0,03 | −0,03 | −0,03 | −0,02 | −0,02 | −0,02 | −0,02 | −0,02 | −0,02 |
| 0,5 | −0,03 | −0,03 | −0,03 | −0,03 | −0,02 | −0,02 | −0,02 | −0,02 | −0,02 | −0,02 | −0,02 | −0,01 | −0,01 | −0,01 | −0,01 |
| 0,6 | −0,03 | −0,03 | −0,02 | −0,02 | −0,02 | −0,02 | −0,02 | −0,02 | −0,01 | −0,01 | −0,01 | ±0,00 | ±0,00 | ±0,00 | ±0,00 |
| 0,7 | −0,03 | −0,02 | −0,02 | −0,02 | −0,01 | −0,01 | −0,01 | −0,01 | −0,01 | −0,01 | ±0,00 | ±0,00 | ±0,00 | ±0,00 | +0,01 |
| 0,8 | −0,03 | −0,02 | −0,02 | −0,01 | −0,01 | −0,01 | ±0,00 | ±0,00 | ±0,00 | ±0,00 | ±0,00 | +0,01 | +0,01 | +0,01 | +0,02 |
| 0,9 | −0,02 | −0,02 | −0,01 | −0,01 | ±0,00 | ±0,00 | +0,01 | +0,01 | +0,01 | +0,01 | +0,01 | +0,02 | +0,02 | +0,03 | +0,03 |
| 1,0 | −0,02 | −0,01 | ±0,00 | ±0,00 | +0,01 | +0,01 | +0,01 | +0,02 | +0,02 | +0,03 | +0,03 | +0,03 | +0,03 | +0,04 | +0,05 |
| 1,1 | −0,01 | −0,01 | ±0,00 | ±0,00 | +0,01 | +0,02 | +0,02 | +0,03 | +0,04 | +0,04 | +0,04 | +0,05 | +0,05 | +0,06 | +0,07 |
| 1,2 | −0,01 | −0,01 | ±0,00 | +0,01 | +0,02 | +0,03 | +0,03 | +0,04 | +0,05 | +0,05 | +0,05 | +0,06 | +0,07 | +0,07 | +0,08 |
| 1,3 | −0,01 | ±0,00 | +0,01 | +0,02 | +0,03 | +0,04 | +0,05 | +0,05 | +0,06 | +0,07 | +0,07 | +0,08 | +0,09 | +0,09 | +0,10 |
| 1,4 | ±0,00 | +0,01 | +0,02 | +0,03 | +0,04 | +0,05 | +0,06 | +0,07 | +0,08 | +0,09 | +0,09 | +0,10 | +0,11 | +0,11 | +0,12 |
| 1,5 | ±0,00 | +0,01 | +0,02 | +0,04 | +0,05 | +0,06 | +0,07 | +0,08 | +0,09 | +0,10 | +0,11 | +0,12 | +0,13 | +0,13 | +0,14 |
| 1,6 | +0,01 | +0,02 | +0,03 | +0,05 | +0,06 | +0,07 | +0,09 | +0,10 | +0,11 | +0,12 | +0,13 | +0,14 | +0,15 | +0,15 | +0,17 |
| 1,7 | +0,01 | +0,03 | +0,04 | +0,06 | +0,07 | +0,09 | +0,10 | +0,12 | +0,13 | +0,14 | +0,15 | +0,16 | +0,17 | +,018 | +0,19 |
| 1,8 | +0,02 | +0,03 | +0,05 | +0,07 | +0,09 | +0,10 | +0,12 | +0,13 | +0,15 | +0,16 | +0,18 | +0,19 | +0,20 | +0,21 | +0,22 |
| 1,9 | +0,02 | +0,04 | +0,06 | +0,08 | +0,10 | +0,12 | +0,14 | +0,15 | +0,17 | +0,18 | +0,20 | +0,21 | +0,23 | +0,24 | +0,25 |
| 2,0 | +0,02 | +0,05 | +0,07 | +0,10 | +0,12 | +0,14 | +0,15 | +0,17 | +0,19 | +0,20 | +0,22 | +0,24 | +0,26 | +0,27 | +0,28 |

Trübung, bestehend aus rotem $HgJ_2$, erkennbar wird. Nach dem Auffüllen auf 1 l mit Wasser und nach etwa 1stündigem Stehen wird in eine dunkle Flasche filtriert.

2,5%ige Quecksilberchloridlösung

Bariumhydroxid, feinst zerrieben

Anilinsulfat, rein, krist.

m-nitrobenzolsulfonsaures Natrium, trocken

Bentonit

Glycerinstammlösung: 1,200 g Glycerin bidest. in 100 ml 50%igem Alkohol. Es ist unerläßlich, das Glycerin auf seine Reinheit zu prüfen.

*Geräte und Hilfsmittel* (vgl. Abb. 13 und 14):

Kjeldahlkolben 250 ml, Halsdurchmesser 35 mm, Gesamthöhe 27 cm.

Wasserdampfentwicklungsgefäß: 2 l-Rundkolben mit Steigrohr und kurzem, spitzwinklig gebogenem Dampfableitungsrohr von 6 mm lichter Weite.

Destillationsaufsatz: Gummistopfen mit drei Durchbohrungen für

*das Dampfleitungsrohr.* Dieses soll 6 mm lichte Weite besitzen und an den Boden des Kjeldahlkolbens heranreichen. Der obere, stumpfwinklig abgebogene Schenkel soll etwa 10 cm lang sein;

*einen Hakendestillieraufsatz,* bestehend aus einem 7 cm langen Glasrohr von 6 mm lichter Weite, das an seinem unteren Ende abgeschrägt und seitlich mit einem Loch versehen ist. Das Rohr mündet in einem kugelförmigen Tropfenfänger von 60 mm $\varnothing$ und setzt sich als 27,5 cm langes Überleitungsrohr fort, das 2,5 cm nach Austritt aus der Kugel in einem Winkel von etwa 107° und nach weiteren 14 cm in einem Winkel von etwa 143° abgebogen ist;

*das Kalilauge-Zuleitungsrohr* von 3 mm lichter Weite. Dieses soll nur bis zum unteren Rand des Halses des Kjeldahlkolbens reichen und an der Glaswand anliegen. Es ist unmittelbar durch einen Naturkautschukschlauch mit einem an einem Stativ befestigten, 50 ml fassenden länglichen Tropftrichter zu verbinden, dessen Auslaufrohr zweckmäßig nur wenige Zentimeter lang ist.

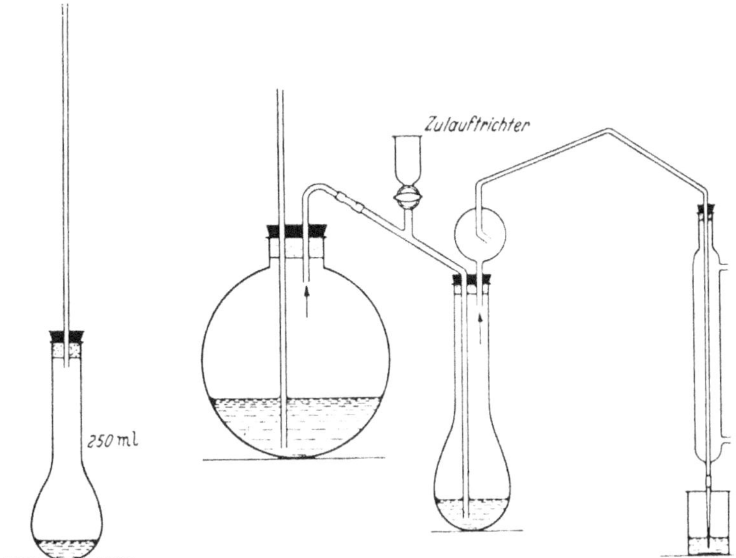


Abb. 13. Zur Überführung von Glycerin in Chinolin     Abb. 14. Zur Chinolindestillation
(nach O. REICHARD und H. GSPAHN)

In Abb. 14 ist der Kalilauge-Zulauftrichter mit dem Dampfeinleitungsrohr kombiniert.

Kühler: Länge des Kühlrohres 50 cm, lichte Weite 6 mm, Länge des Wasserkühlmantels 30 cm. Das Kühlrohr ist an seinem unteren Ende zu einer 2 mm weiten Öffnung ausgezogen und an seinem oberen Ende stumpfwinklig zu einem etwa 2 cm langen Schenkel abgebogen. Die Verbindung von diesem mit dem Überleitungsrohr des Destillationsaufsatzes wird durch einen Gummischlauch hergestellt.

### α) Vorbehandlung der zu untersuchenden Flüssigkeit

*aa) Von Proben, die weniger als 20 g Zucker im Liter enthalten,* werden 10 ml in einen 250 ml fassenden Kjeldahlkolben aus einer Pipette eingefüllt. Um ein bei der durchzuführenden Untersuchung etwa auftretendes Schäumen zu verhindern, werden ca. 50 mg Bentonit (1 Spatel-spitze) zugefügt. Unter gelegentlichem Umschütteln wird das so vorbehandelte Untersuchungs-material für einige Minuten beiseite gestellt.

*ββ) Von Proben die mehr als 20 g, jedoch nicht mehr als 180 g Zucker im Liter enthalten,* werden 40 ml aus einer Pipette in ein 100 ml-Meßkölbchen eingefüllt, in dem sich eine sehr fein ver-teilte Aufschlämmung von 10 g feinst verriebenem Bariumhydroxid in 30 ml Methylalkohol befindet, die zuvor ca. 15 min verschlossen gestanden hatte. Der Zusatz der zu untersuchenden Flüssigkeit zu der Bariumhydroxid-Aufschlämmung hat in rascher Tropfenfolge und unter ständigem Umschwenken zu erfolgen, um Zusammenballungen zu verhindern. Bei Proben, die mehr als 180 g Zucker im Liter enthalten, verwendet man eine Aufschlämmung von 15 g Barium-hydroxid in 30 ml Methylalkohol und verfährt im übrigen in derselben Weise. Man läßt nun 10 min stehen, setzt dann unter erneutem Umschwenken aus einer Spritzflasche 96%igen Alkohol hinzu und mischt durch quirlende Bewegung des Kölbchens gut durch. Nach 20 min langem Stehen im Thermostaten, wobei Gasblasen, die dem Niederschlag anhaften, durch wiederholtes Klopfen und Drehen des Kölbchens zu beseitigen sind, füllt man mit 96%igem Alkohol bis zur Marke auf und schüttelt kräftig um. Man läßt 1 Std bei 20° C stehen und filtriert durch ein mit Uhrglas bedecktes Faltenfilter in ein Erlenmeyer-Kölbchen. (Sollte sich das Filtrat nach einiger Zeit trüben, so ist dies ohne Bedeutung.)

50 ml des Filtrats werden in einer Porzellanschale auf dem Wasserbad vorsichtig einge-dunstet, wobei streng darauf zu achten ist, daß die Lösung nicht zu sieden beginnt (Wasser-dampfflüchtigkeit des Glycerins). Der Rückstand wird mit Wasser in ein 50 ml-Meßkölbchen übergespült. Nach dem Auffüllen mit Wasser bis zur Marke werden 10 ml in einen 250 ml fassenden Kjeldahlkolben überpipettiert.

Ist zu erwarten, daß die zu untersuchende Flüssigkeit nur sehr geringe Glycerinmengen enthält, so wird zu der im Kjeldahlkolben befindlichen Lösung genau 1 ml der Glycerinstamm-lösung hinzugesetzt (entsprechend 12 mg Glycerin) und gut durchgemischt.

## β) Durchführung der Bestimmung

Zu der nach *a)aa*) oder *a)ββ*) erhaltenen, im Kjeldahlkolben befindlichen Lösung werden 2,0 g Anilinsulfat (rein, kristallisiert) und 0,5 g trockenes m-nitrobenzolsulfonsaures Natrium sowie 11 ml konzentrierte Schwefelsäure (D = 1,84) hinzugefügt. Nach gutem Durchmischen wird ein mit einem Steigrohr von 80 cm Länge und 6 mm lichter Weite versehener Gummi-stopfen aufgesetzt. Sodann wird der Kjeldahlkolben auf einem Asbestdrahtnetz über einem Pilzbrenner 2 Std lang (vom Siedebeginn an gerechnet) so erhitzt, daß die Reaktionslösung sich gerade noch im beginnenden Sieden befindet. (Der Siedering der Schwefelsäure im Steig-rohr befindet sich dann etwa in der Höhe des Gummistopfens.) Anschließend wird mit 15 ml Wasser verdünnt und in fließendem Wasser rasch abgekühlt.

Hierauf wird der Kjeldahlkolben anstelle des Steigrohrs mit dem beschriebenen Destilla-tionsaufsatz versehen und mit einem kurzen Gummischlauch an ein zunächst nur einen gelin-den Dampfstrom erzeugendes Wasserdampfentwicklungsgefäß und an einen Kühler angeschlos-sen. Die Spitze des Kühlers taucht in ein 250 ml fassendes Becherglas, das 10 ml 7%ige Salz-säure enthält. (Das Becherglas muß, damit der Niederschlag später nicht an den Wänden haften bleibt, vor der Verwendung kräftig ausgedämpft werden. Die Benutzung eines Gummiwischers ist nicht ratsam, weil Teilchen des Niederschlages daran haften bleiben.) Während die Reak-tionslösung durch Schütteln des Kjeldahlkolbens ständig in kreisender Bewegung gehalten wird, läßt man langsam 40 ml 70%ige Kalilauge zufließen. Damit keine heftige Reaktion ent-steht, dürfen die letzten Anteile der Kalilauge nur tropfenweise zugesetzt werden. Hierauf wird der Dampfstrom, der bisher nur so stark gehalten wurde, daß die Reaktionslösung nicht zu-rücksteigen konnte, verstärkt, so daß innerhalb von 35 bis höchstens 45 min 100 ml überde-stillieren. Dabei wird die Reaktionsflüssigkeit im Kjeldahlkolben durch einen Brenner unter dem Asbestdrahtnetz auf gleichbleibendem Flüssigkeitsstand (Marke) gehalten.

Zu dem Destillat werden aus einem Meßzylinder 15 ml Kaliumquecksilberjodid-Reagens unter Umrühren hinzugefügt. Falls die dabei entstehende weißgelbe Trübung nur schwach ist und der dann nach öfterem Umrühren sich schnell zusammenballende und klar absetzende Niederschlag nur den Boden des Becherglases bedeckt, kann er unter gelegentlichem wieder-holtem Umrühren nach 15 min durch einen Glasfiltertiegel 1 G 4 abfiltriert und, wie unten be-schrieben, ausgewaschen und weiterbehandelt werden. Sonst läßt man zu der weißgelben, grün-stichigen Trübung aus einer Tropfpipette vorsichtig unter Umrühren 2,5%ige Quecksilberchlo-ridlösung ($HgCl_2$) zutropfen, bis der an der Eintropfstelle entstehende rote Niederschlag beim Umrühren nicht mehr augenblicklich, sondern langsam verschwindet bzw. bis der sich schnell zusammenballende Niederschlag nicht mehr grünstichig-gelb ist, sondern eine satt- bis fahl-gelbe Färbung angenommen hat. Das Entstehen einer auch nur schwachen Orangefärbung ist unbedingt zu vermeiden. Nach 30 min wird durch einen Glasfiltertiegel 1 G 4 filtriert, mit einer aus einer Aufschwemmung von Chinolinquecksilberjodid in Wasser frisch hergestellten und filtrierten Waschlösung ausgewaschen und nach etwa 1stündigem Trocknen bei 105° C bis zur Gewichtskonstanz gewogen. Eine evtl. Nachfällung im Filtrat ist ohne Bedeutung.

*Bemerkung:* Der Filtertiegel wird nach mechanischem Entfernen der Hauptmenge des Niederschlages durch Kochen mit Wasser gereinigt. Etwa noch vorhandene Niederschlagreste werden anschließend mit Aceton herausgelöst.

*Berechnung:*

1. *Bei Proben mit weniger als 20 g Zucker im Liter:*
Wurden aus 20 ml der zu untersuchenden, nach a)aa) vorbehandelten Flüssigkeit a Gramm Chinolinquecksilberjodid erhalten, so enthält 1 l der zur Untersuchung verwendeten Flüssigkeit:

$$x = a \cdot 11.3 \text{ Gramm Glycerin}$$

2. *Bei Proben mit mehr als 20 g Zucker im Liter:*
Wurden aus 40 ml der nach a)ββ) vorbehandelten Flüssigkeit a Gramm Chinolinquecksilberjodid erhalten, so enthält 1 l der zu untersuchenden Flüssigkeit:

$$x = a \cdot 27{,}6 \text{ Gramm Glycerin}$$

3. *Bei Proben mit mehr als 20 g Zucker im Liter und sehr geringen Glycerinmengen:*
Wurden aus 40 ml der nach a)ββ) vorbehandelten und, wie beschrieben, mit Glycerin versetzten Flüssigkeit a Gramm Chinolinquecksilberjodid erhalten, so enthält 1 l der zur Untersuchung verwendeten Flüssigkeit:

$$x = (a \cdot 27{,}6) - 3{,}0 \text{ Gramm Glycerin}$$

Der Glyceringehalt ist in Gramm in 1 l (g/l) mit einer Dezimalstelle anzugeben.

*Bemerkung:* Die Faktoren 11,3 bzw. 27,6 wurden von der Analysenkommission des Bundesgesundheitsamtes festgesetzt. Die Kommission ist dabei von den Werten der Originalarbeiten abgewichen, in denen die Faktoren 11,0 bzw. 11,9 und 27,5 bzw. 29,8 verwendet werden.

## b) Enzymatische Bestimmung

Zur Durchführung dieser biologischen Bestimmungsmethode wird auf die Arbeiten von F. DRAWERT u. G. KUPFER (1963), K. MAYER u. J. BUSCH (1963) und die Angabe im Bd. II, 2. 290 dieses Handbuches hingewiesen.

# 3. Nachweis von Sorbit und Mannit

## a) Sorbitnachweis nach Litterscheid

Gemäß der „Allgemeinen Verwaltungsvorschrift" von 1960 wird nach der Methode von F. M. LITTERSCHEID (1931) folgendermaßen verfahren:
100 ml der zu untersuchenden, gegebenenfalls durch Vergärung entzuckerten Flüssigkeit werden mit ca. 7 g Eponitkohle bis zum beginnenden Sieden erwärmt und rasch filtriert. Das Filter wird mit wenig warmem Wasser nachgespült. Das Filtrat, das klar und farblos sein muß, wird in einer halbkugeligen Glasschale auf dem Wasserbad bis zur Sirupdicke (etwa 4 ml) eingedampft. Man läßt erkalten, fördert die Abscheidung von Weinstein durch Rühren mit einem Glasstab und filtriert durch ein kleines, mit etwas Glaswolle oder Watte beschicktes Trichterchen in einen mit Glasstopfen verschließbaren graduierten Meßzylinder von 25 ml Inhalt. Die Menge des Filtrats darf einschließlich der zum Nachspülen verwendeten kleinen Menge Wasser 5 bis höchstens 6 ml nicht übersteigen.
Zu dem Filtrat fügt man die doppelte Menge (10—12 ml) rauchende Salzsäure (spez. Gew. 1,18—1,19), schüttelt etwa 5—10 min unter fließendem Wasser, fügt 3—4 Tropfen o-Chlorbenzaldehyd hinzu und schüttelt 1 min lang und nach $^1/_2$ Std nochmals einige Zeit kräftig durch. Ist Sorbit vorhanden, so bildet sich nach einigen Stunden Stehenlassen im Kühlschrank eine an der Oberfläche sich sammelnde weißlichgelbe Abscheidung. Ist kein Sorbit vorhanden, so bildet sich nur etwas braunes öliges Gerinnsel.
Nach frühestens 6—8 Std filtriert man durch einen gewaschenen Glasfiltertiegel 1 G 4 und fängt das Filtrat (ohne auszuwaschen!) in einem zweiten 25 ml-Schüttelzylinder mit Glasstopfen auf. Zu dem Filtrat setzt man nochmals 3—4 Tropfen o-Chlorbenzaldehyd hinzu, schüttelt wieder gut durch und stellt erneut 6—8 Std in den Eisschrank. Eine sich bildende Abscheidung von o-Trichlorbenzalsorbit wird mit der ersten Abscheidung vereinigt und in nachstehender Weise behandelt. Bei Anwesenheit von viel Sorbit muß das Verfahren gegebenenfalls ein drittes Mal wiederholt werden.

Die vereinigten Filterrückstände werden mit etwa 50—60 ml kaltem Wasser und anschließend so lange mit Methanol ausgewaschen, bis sie rein weiß erscheinen. Dazu sind etwa 50—75 ml Methanol erforderlich. Der Glasfiltertiegel wird nun an der Luft getrocknet und gewogen. o-Trichlorbenzalsorbit kristallisiert in feinen Nadeln (vgl. Abb. 15) und schmilzt in reinem Zustande bei 217° C. Da sich jedoch anhaftender Chlorbenzaldehyd nur schwer entfernen läßt, erreicht man diesen Schmelzpunkt erst nach mehrmaligem Umkristallisieren. Division der gewogenen Menge o-Trichlorbenzalsorbit durch 3 ergibt die vorhandene Menge Sorbit. Reine Obstweine enthalten etwa 4—8 g Sorbit im Liter.

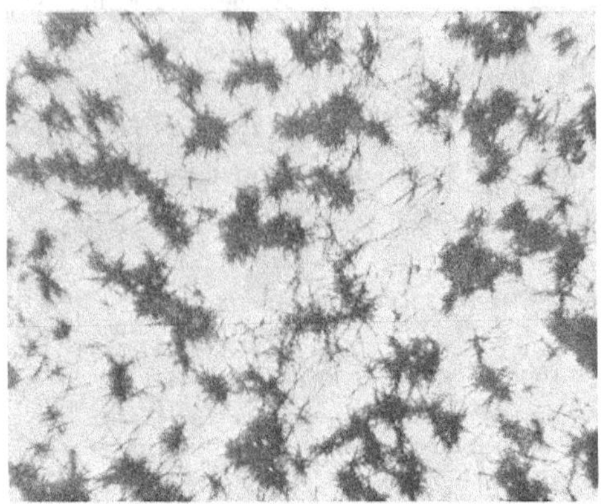

Abb. 15. o-Trichlorbenzalsorbit (46fach)

Um das Vorhandensein von Sorbit einwandfrei nachzuweisen, ist entweder eine Mischschmelzpunktbestimmung mit reinstem o-Trichlorbenzalsorbit vorzunehmen oder der o-Trichlorbenzalsorbit in Hexaacetylsorbit überzuführen. Zur Acetylierung wird der getrocknete und gewogene o-Trichlorbenzalsorbit zunächst in Sorbit übergeführt. Er wird hierzu mit etwas Methanol angefeuchtet und mit ca. 2 ml rauchender Salzsäure (spez. Gew. 1,18—1,19) überschichtet. Das Becherglas wird in den Dampfraum eines siedenden Wasserbades eingehängt. Man engt bis zum Verschwinden der stechenden Salzsäuredämpfe ein und wiederholt den Zusatz von wenig Salzsäure so lange, bis alle Anteile des o-Trichlorbenzalsorbits gelöst sind und ein Geruch nach o-Chlorbenzaldehyd nicht mehr wahrnehmbar ist. Sind trotzdem noch weißliche Flocken zurückgeblieben, so nimmt man mit wenig heißem Wasser auf und filtriert durch ein sehr kleines Filter in ein zweites Becherglas von 20 ml Inhalt. Wird nun auf dem Wasserbad wieder bis zur Trockne eingedampft, so besteht der Rückstand nur noch aus Sorbit. Er wird mit ca. 1 ml reinem Essigsäureanhydrid (Sdp 137° C) und einem kleinen Tropfen Pyridin ver-

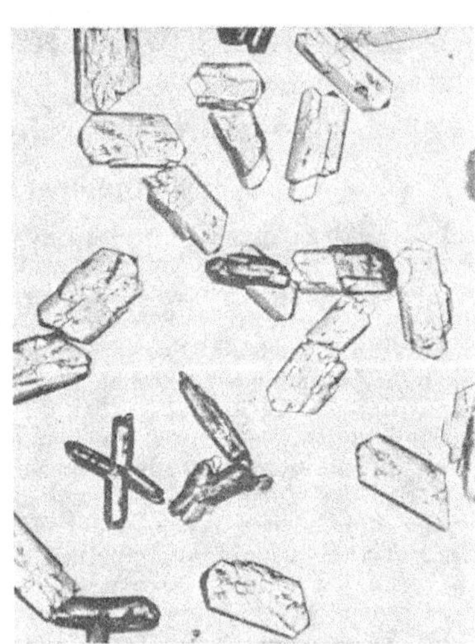

Abb. 16. Hexaacetylsorbit aus essigsaurer Lösung: Prismen mit abgeschrägten Enden (46fach)

Abb. 17. Hexaacetylsorbit aus Wasser umkristallisiert (46fach)
(Abb. 15—17 aus O. Reichard 1938)

setzt. Sodann bedeckt man das Becherglas mit einem Uhrglas oder einem kleinen Trichter und erhitzt einige Stunden auf dem Wasserbad, wobei der Sorbit in Hexaacetylsorbit übergeht. Zu der noch warmen Lösung gibt man ca. 3 ml heißes Wasser und bringt den Inhalt des Becherglases in ein Kristallisierschälchen, wo sich nach dem Erkalten der Hexaacetylsorbit in farblosen mit charakteristischen Endflächen versehenen Prismen ausscheidet (Abb. 16). Tritt nur eine milchige Trübung auf oder scheiden sich ölige Tropfen ab, so fügt man dem wieder heiß gemachten Gefäßinhalt tropfenweise Methanol zu, bis die Trübung verschwindet. Nach dem Erkalten impft man mit einer Spur reinen Hexaacetylsorbits, um die Kristallisation anzuregen. Die Kristalle werden auf einem Filter gesammelt, an der Luft getrocknet und gewogen. Ihr Schmelzpunkt liegt zwischen 97 und 99° C. Die Kristallform ist durch Betrachtung unter dem Mikroskop festzustellen. Hexaacetylsorbit kristallisiert aus Wasser in farblosen, derben Prismen (Abb. 17).

Exakte quantitative Aussagen erlaubt dieses Verfahren nicht. Bereits E. VOGT (1934) hat in umfangreichen Untersuchungen dargelegt, daß steigende Mengen Sorbit im Wein nach dieser Methode zwar gleichmäßig, jedoch nicht quantitativ erfaßt werden. VOGT erreichte nur eine durchschnittliche Ausbeute von 80%. Auch neuere Modifikationen der Litterscheidschen Arbeitsweise brachten keine besseren Ergebnisse.

### b) Schnellmethode zum Sorbitnachweis nach Peltzer

Angesichts dieser unbefriedigenden Ergebnisse mit der Litterscheidschen Methode gewinnt der vereinfachte Sorbitnachweis nach J. PELTZER (1949) an Bedeutung.

Es wird folgendermaßen verfahren:

In einem Schüttelzylinder mit Glasstopfen oder auch einem Reagensglas mit Korkstopfen werden 5 ml Wein mit 8 Tropfen o-Chlorbenzaldehyd und 10 ml rauchender Salzsäure (D = 1,19) kräftig geschüttelt und das Schütteln nach $^1/_2$ Std noch einmal wiederholt.

Bei Gegenwart von Sorbit tritt bald eine milchige Trübung auf, die meistens schon nach 1 Std ausflockt. Bei negativem Ausfall ist die Reaktionsflüssigkeit weniger milchig, sondern mehr opalisierend. Hierbei setzt sich nach einiger Zeit ein mehr pulvriger Niederschlag ab, der sich nach dem Abgießen der überstehenden Flüssigkeit leicht in Methanol löst.

Bei Ausführung der Reaktion in Rotwein mit wenig Obstwein ist die schnelle Beurteilung etwas erschwert. Bei Obstweinzusätzen von weniger als 10% empfiehlt es sich, 25 ml Wein in einer Schale auf dem Wasserbad auf wenige Milliliter einzudampfen, mit etwas Wasser im Schüttelzylinder auf 5 ml zu ergänzen und die Reaktion wie vorher auszuführen.

Eine quantitative Auswertung dieser Methode hält E. GILBERT (unveröff.) auf Grund der geringen Ausgangsmenge Wein von 5 ml bzw. 25 ml nicht für angezeigt. GILBERT empfiehlt, neben der zu untersuchenden Probe Vergleichsproben mit bekannten Gehalten an Apfelsaft oder Apfelwein bzw. Sorbit anzusetzen und die entstandenen Trübungen zu vergleichen. Diese Versuchsanordnung hat sich als Vorprüfung auf Sorbit ausgezeichnet bewährt.

### c) Nachweis von Mannit

Nach der „Allgemeinen Verwaltungsvorschrift" wird folgendermaßen verfahren:
Einige Milliliter der zu untersuchenden Flüssigkeit werden bei niedriger Temperatur auf einem Uhrglas langsam eingedunstet. Bei Anwesenheit von mindestens 1 g Mannit in 1 l der zu untersuchenden Flüssigkeit kristallisiert der Mannit innerhalb von 24 Std in Form sehr feiner seidenartiger Nadeln aus (vgl. Abb. 18 und 19).

### d) Chromatographischer Nachweis von Sorbit und Mannit

#### α) Verfahren nach Castagnola

Nach einer Veröffentlichung von V. CASTAGNOLA (1963) lassen sich Sorbit und Mannit mittels Dünnschichtchromatographie trennen und nachweisen. CASTAGNOLA verwendet Silicagel®-G-Platten, die während 40 min bei 105° C im Trockenschrank aktiviert wurden. Die Schichtdicke des Silicagels beträgt 0,250 mm. Als Fließmittel wird eine Lösung von Isopropanol —0,1 n-Borsäure im Volumenverhältnis 85:15 verwendet.

Die Untersuchungsflüssigkeit wird mit einer Mikropipette in einer Menge von 2—3 $\mu$l 1,5 cm vom unteren Rand der Platte entfernt aufgetragen. Nach dem Trocknen wird die Platte in die Chromatographierkammer gebracht, in die die

Steigflüssigkeit einige Stunden vorher eingefüllt wurde. Die Menge ist so zu bemessen, daß die Dünnschichtplatte etwa 5 mm eintaucht. Wenn die Fließmittel-
front 10 cm hoch gestiegen ist — bei einer Temperatur von 20—25° C etwa in 2 Std

Abb. 18. Massenhaft Mannitnadeln aus Traubenwein (Verdunstungsprobe), seidenartig glänzend
(46fach)

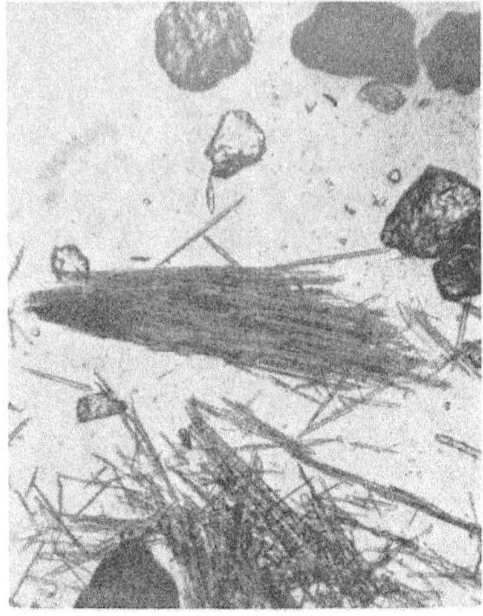

Abb. 19. Vereinzelte Mannitnadeln aus
deutschem Wein (Verdunstungsprobe)
(46fach)

(aus O. Reichard 1938)

— wird die Platte herausgenommen, das Fließmittel im warmen Luftstrom verdampft und die Polyalkohole mit einem Perjodat-Benzidin-Reagens folgendermaßen sichtbar gemacht:

Zunächst wird die Platte mit einer 0,1%igen wäßrigen Lösung von Natrium-
metaperjodat besprüht. Nach etwa 3 min wird dann mit einer Lösung von 2,8 g

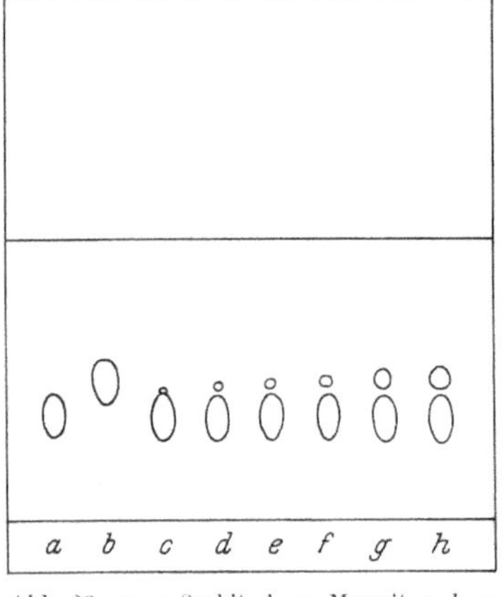



Abb. 20. a = Sorbit, b = Mannit, c–h =
Sorbit mit steigenden Mengen Mannit 0,5–1–
3–5–10–25%

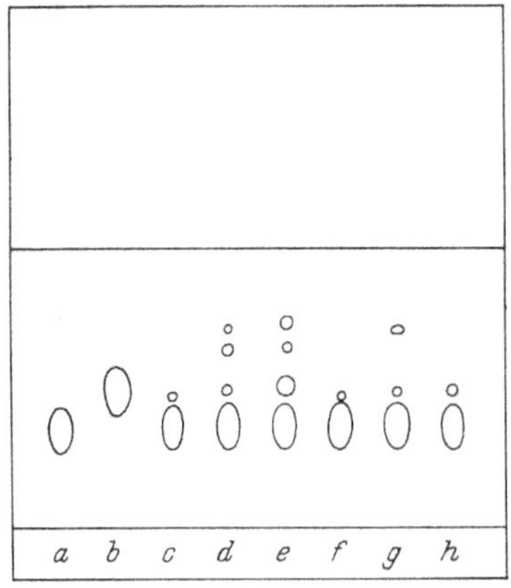



Abb. 21. a = Sorbit, b = Mannit, c–h =
Sorbitproben des Handels

Benzidin in 80 ml 95%igem Alkohol, 75 ml Wasser, 30 ml Aceton und 1,5 ml
n-Salzsäure nachgesprüht. Auf blauem Untergrund werden weiße bis gelbe
Flecken erhalten.

Auf Abb. 20 ist die dünnschichtchromatographische Trennung des Sorbits vom Mannit dargestellt. Abb. 21 zeigt neben den Reinsubstanzen Sorbit und Mannit die chromatographische Analyse verschiedener Sorbitproben des Handels (nach CASTAGNOLA).

### β) Verfahren nach Tanner

*Prinzip:*

Das auf Sorbit und/oder Mannit zu prüfende Getränk wird im Falle von hohem Farbstoffgehalt in der Hitze mit Kohle behandelt und anschließend auf einer Kieselgur-/Kieselgel-Platte dünnschichtchromatographisch untersucht. Nach dem Besprühen mit einem Gemisch aus gesättigter Blei(IV)-acetatlösung und alkoholischer Dichlorfluoresceinlösung treten nichtflüchtige Hydroxy-Verbindungen als orangerote Flecken hervor. Im UV-Licht bei 350 m$\mu$ erscheinen die Flecken in scharfer Begrenzung mit hellgelber Fluorescenz auf dunklem Untergrund.

Saccharosehaltige Getränke und solche mit einem Invertzuckergehalt oberhalb 20 g/l sind vor der Untersuchung durch Hefezusatz einer Schnellgärung zu unterwerfen (10—12 Std).

*Reagentien:*

Aktivkohle, z. B. Carboraffin C

Kieselgur G (Merck) für DC

Kieselgel GF (Merck) für DC

Laufmittel: Zu bereiten durch Zusammenmischen von 6 Volumteilen der Lösung A und 4 Volumteilen der Lösung B.

Lösung A: 20 ml Dioxan, 60 ml Essigsäureamylester, 20 ml Isopropylalkohol, 8 ml Wasser

Lösung B: 54 ml Isopropylalkohol, 7 ml Essigsäureäthylester, 8 ml Wasser

*Sprühreagens:*

Lösung I: gesättigte Lösung von Blei(IV)-acetat in Eisessig (2 Std nach Ansetzen gebrauchsfertig)

Lösung II: 1%ige alkoholische Lösung von Dichlorfluorescein

Vergleichslösungen

| | | | |
|---|---|---|---|
| Sorbit | 2,5 g/l | Glucose | 5 g/l |
| Mannit | 2,5 g/l | Fructose | 5 g/l |
| Glycerin | 5 g/l | Saccharose | 5 g/l |

*Geräte und Hilfsmittel:*

DC-Streichgerät, einstellbar auf 0,25 mm Schichtdicke

DC-Platten 20×20 cm oder 20×10 cm

Mikropipetten 1, 2 und 5 $\mu$l

Exsiccator mit Trockenmittel zur Aufbewahrung der Platten

Trockenschrank, einstellbar auf 105°C

UV-Lampe (350 m$\mu$)

Chromatographierkammer.

*Herstellung der DC-Platten:*

15 g Kieselgur G und 25 g Kieselgel GF werden in einer Reibschale mit 120 ml Wasser solange gerührt, bis sich eine homogene Aufschlämmung ergibt. Nach spätestens 1 min wird der dünne Brei in das Streichgerät gegossen. Beim Beschichten der Platten ist auf rasches Durchschieben zu achten. Nicht homogen beschichtete Platten werden noch vor dem Verlassen der Schablone zwecks erneuter Bestreichung zurückgeschoben.

Zum Austrocknen der Schicht werden die beschichteten Platten auf einer horizontalen, mit Filterpapier belegten Unterlage gelagert. Nach 1 Std werden die Platten zwecks Aktivierung für die Dauer von 45 min in einen auf 105°C beheizten Trockenschrank gestellt und anschließend in einem Exsiccator aufbewahrt.

*Auftragen der Substanzen:*

Die Probeflüssigkeiten und Vergleichslösungen werden mittels selbstfüllender Mikropipetten so auf die Startpunkte aufgetragen, daß unter Zwischentrocknung mittels eines Föhns in mehreren Portionen Flüssigkeit aufgesetzt werden kann.

Nach eigenen Versuchen werden zweckmäßigerweise folgende Mengen aufgetragen:

| | | |
|---|---|---|
| Vergleichslösung | je | 2 $\mu$l |
| Kernobstgetränke | | 2 $\mu$l |
| verdächtige Traubenweine | | 5 $\mu$l |

*Entwicklung des Chromatogramms:*

In die Chromatographierkammer wird vor jedem Einstellen der Platten soviel einer aus den Lösungen A und B bereiteten Mischung eingefüllt, daß der Flüssigkeitsstand etwa 1—1,5 cm beträgt.

Nach einer Laufzeit von etwa 2 Std wird die Platte im Luftstrom (Abzug) 30 min getrocknet und direkt anschließend kräftig mit einer Lösung besprüht, die vor Gebrauch durch Mischen von je einem Teil Blei(IV)-acetat- und Dichlorfluorescein-Reagens bereitet wurde. Nach wenigen Minuten werden orangerote Flecken auf hellem Untergrund sichtbar.

Die Charakterisierung der erhaltenen Flecken erfolgt im UV-Licht bei 350 m$\mu$. Sämtliche Flecken zeigen hier eine zitronengelbe Fluorescenz auf dunklem Untergrund.

Eigene Versuche bestätigten, daß unter den beschriebenen Versuchsbedingungen eine klare Trennung der Komponenten Sorbit-Mannit-Glucose/Fructose-Glycerin erfolgt. Die von Tanner angegebene untere Nachweisgrenze eines 2%igen Zusatzes von Obstwein zu Wein konnte allerdings nicht erreicht werden. Im UV-Licht bei 350 m$\mu$ war bestenfalls ein 5%iger Zusatz mit Sicherheit zu erkennen (Abb. 22).

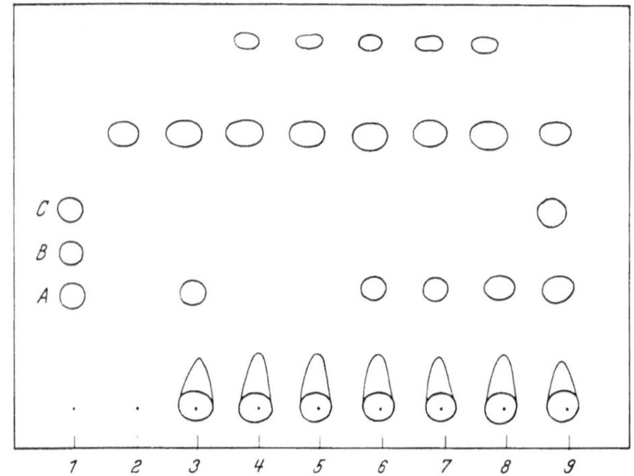


1. A Sorbit
   B Mannit
   C Glucose und Fructose
2. Glycerin
3. Vergorener Apfelsaft
4. Durchgegorener Weißwein
5.–8. Weißwein mit steigenden Mengen vergorenen Apfelsafts (2,5; 5; 7,5 und 10%)
9. Fruchttischwein mit Restsüße

Abb. 22. Schematische Darstellung eines Dünnschichtchromatogramms zum Sorbit- u. Mannitnachweis nach Tanner

# IX. Aldehyde

Innerhalb der Verbindungen mit Aldehydfunktion im Wein überwiegt bei weitem der während der Gärung entstandene Acetaldehyd (Äthanal). Die übrigen Aldehyde spielen eine nur untergeordnete Rolle. Neben den höheren aliphatischen Aldehyden sei hier noch auf Acrolein (Propenal) verwiesen, das bei Fehlgärungen entstehen kann. Furfurol kann besonders in aufgestärkten Brennweinen vorliegen. Vanillin wird in geringen Mengen aus dem Faßholz aufgenommen. Thujon kann in verfälschten südländischen Muskattraubenweinen vorliegen. Hydroxymethylfurfurol entsteht bei unsachgemäßer Behandlung infolge Wärmeeinwirkung in Traubensaft. Für spezielle Probleme sei auf Bd. II/2, S. 598ff. verwiesen.

## 1. Nachweis und Bestimmung der Gesamtaldehyde

### a) Nachweis

Nach der Allgemeinen Verwaltungsvorschrift (1960) verfährt man zum Nachweis der Aldehyde wie folgt:

*Reagentien:*

Fuchsinschweflige Säure: 0,100 g Fuchsin werden in 50 ml heißem Wasser gelöst. Nach dem Abkühlen wird eine Lösung von 1,000 g Natriumdisulfit in 20 ml Wasser und 1,0 ml konz. Salzsäure zugegeben und mit Wasser auf 100 ml aufgefüllt. Die frisch bereitete Lösung ist vor

Gebrauch 2 Std stehen zu lassen und stets vor Licht geschützt aufzubewahren. Sie darf nur schwach gelblich, keineswegs rötlich gefärbt sein. Die Lösung ist nicht länger als 1 Monat zu verwenden.

6%ige schweflige Säure.

*Durchführung:*

25 ml des nach II, 3a gewonnenen 30 vol.-%igen Rohdestillates werden in einen 50 ml-Meßzylinder mit Schliffstopfen gegeben, der zuvor mit einer 6%igen Lösung von schwefliger Säure ausgespült wurde, und 5 ml fuchsinschweflige Säure hinzugefügt. Bei Anwesenheit von Aldehyd entsteht spätestens nach 15 min eine Rotfärbung.

## b) Bestimmung

Zur Bestimmung der gesamten Aldehyde ist die Disulfitmethode nach P. Jaulmes u. P. Espezel (1935) in der von P. Jaulmes u. G. Hamelle (1961) und J.F. Guymon u. E.A. Crowell (1963) überarbeiteten Form geeignet. Die folgende Durchführung hat sich als zweckmäßig erwiesen.

### α) Modifiziertes Verfahren nach Guymon und Crowell (1963)

*Prinzip:*

Die Aldehyde werden aus einem schwach alkalisch gepufferten Milieu abdestilliert und in einer neutralen kaliumdisulfithaltigen Lösung aufgefangen. Man ermittelt schließlich aus der an Aldehyd gebundenen Menge an Kaliumhydrogensulfit den Aldehydgehalt.

*Reagentien:*

Kaliumdisulfitlösung: 15 g Kaliumdisulfit und 70 ml konz. Salzsäure werden mit Wasser zu 1 l aufgefüllt.

Phosphatlösung: 200 g Trinatriumphosphat und 4,5 g Komplexon III werden in Wasser gelöst und zu 1 l aufgefüllt.

Verdünnte Salzsäure: 250 ml konz. Salzsäure werden mit Wasser zu 1 l aufgefüllt.

Boratpuffer: 100 g Borsäure und 170 g Natriumhydroxid werden mit Wasser zu 1 l aufgefüllt.

0,05 n-Jodlösung
0,2%ige Stärkelösung
gesättigte Boraxlösung
etwa 0,01 n-Natriumthiosulfatlösung
etwa 0,1 n-Jodlösung.

*Durchführung:*

Man gibt 50 ml Wein und 50 ml Boraxlösung in einen 250 ml-Destillierkolben und destilliert etwa 50 ml ab. Als Vorlage dient ein 750 ml-Erlenmeyer-Kolben, der 300 ml Wasser, 10 ml Kaliumdisulfitlösung und 10 ml Phosphatlösung enthält. Der Vorstoß der Destillationsapparatur taucht dabei in diese Auffanglösung ein. Nach Beendigung der Destillation verschließt man den Erlenmeyer-Kolben, schüttelt um und läßt 15 min stehen. Dann fügt man 10 ml verdünnte Salzsäure und 10 ml Stärkelösung hinzu. Man oxydiert mit der 0,1%igen Jodlösung das überschüssige Hydrogensulfit und titriert einen evtl. Überschuß an Jodlösung mit 0,01 n-Thiosulfatlösung zurück. Nun fügt man 10 ml Boratpuffer hinzu und titriert mit 0,05 n-Jodlösung bis zum Bestehenbleiben einer leichtblauen Färbung.

*Berechnung:*

Der Aldehydgehalt errechnet sich wie folgt:

$$\text{Aldehyde (als Acetaldehyd) mg/l} = 22 \cdot \text{ml 0,05 n-Jodlösung}$$

*Anmerkungen:*

1. Der pH-Wert der Lösung nach Zugabe der Kaliumdisulfit- und der Phosphatlösung soll etwa 7,0—7,2 betragen. Andernfalls ist durch Zugabe von etwas Salzsäure oder Natronlauge zur Kaliumdisulfitlösung entsprechend zu korrigieren. Nach Zusatz von je 10 ml verdünnter Salzsäure und Boratpuffer im weiteren Verlauf der Bestimmung muß der pH-Wert zwischen 8,8 und 9,5 liegen. Andernfalls muß man durch Zugabe von etwas Salzsäure oder Natronlauge zum Boratpuffer entsprechend korrigieren.

2. 10 ml der Kaliumdisulfitlösung sollen mindestens 24 ml 0,1 n-Jodlösung verbrauchen.

3. In der Probemenge (50 ml) sollen nicht mehr als 30 mg Aldehyd, berechnet als Acetaldehyd, vorliegen. Andernfalls muß weniger eingesetzt werden.

4. Die Titration des Hydrogensulfit nach der Freisetzung aus der Bindung an Aldehyd (also nach dem Zusetzen des Boratpuffers) soll rasch erfolgen, bei Vermeidung von direktem Sonnenlicht und überflüssigem Schütteln, um die Oxydation des Hydrogensulfit durch Luft aus ein Minimum zu reduzieren.

Bei süßen Weinen mit über 30 g Zucker/l empfehlen J.M. Cortes u. M. de Campos Salcedo (1955) ein abgeändertes Verfahren. Nach ihren Ergebnissen vermindert sich bei der Destillation der mit Boraxlösung versetzten Untersuchungslösung der pH-Wert, so daß Karamellisierungen eintreten können, die das Ergebnis abfälschen. Sie schlagen eine Destillation unter vermindertem Druck (45 mm Quecksilber) vor, nachdem 25 ml Wein zunächst mit n-Natronlauge gegen Phenolphthalein neutralisiert und mit 25 ml Phosphatpuffer von pH 8 versetzt wurde. Der Phosphatpuffer besteht aus 96,9 ml Dinatriumhydrogenphosphatlösung (11,876 g $Na_2H PO_4 \cdot 2 H_2O$/l) und 3,1 ml Kalium-dihydrogenphosphatlösung (9,078 g $KH_2PO_4$/l).

Nach E. Kielhöfer u. H. Aumann (1958a) ist es hingegen günstiger, den Aldehyd aus dem mit Phosphorsäure angesäuerten Wein mittels der Lieb-Zacherl-Apparatur in mäßigem Luftstrom bei gelindem Erhitzen in einen kaliumhydrogensulfithaltigen Phosphatpuffer (pH 7) überzutreiben. Nach Wegnahme des überschüssigen Hydrogensulfits ist das an Aldehyd gebundene Hydrogensulfit mittels Natriumhydrogencarbonat freizusetzen und zu titrieren. Dadurch sollen Verluste bei der Destillation und bei der Titration zu vermeiden sein.

### β) Verfahren nach Kielhöfer u. Aumann (1958a)

*Reagentien:*

Phosphatpuffer pH 7: 3,35 g Kaliumdihydrogenphosphat und werden zu 1 l gelöst.
Hydrogensulfitlösung: 18,9 g Natriumsulfit und 150 ml n-Schwefelsäure werden zu 1 l aufgefüllt. Die Lösung ist nur beschränkt haltbar.
5%ige Phosphorsäure
10%ige Salzsäure
1%ige Stärkelösung
etwa 0,1 n-Jodlösung
etwa 0,01 n-Natriumthiosulfatlösung
0,01 n-Jodlösung
Natriumhydrogencarbonat.

*Durchführung:*

Das Absorptionsgefäß der Lieb-Zacherl-Apparatur wird mit 15 ml Phosphatpuffer und 2 ml Hydrogensulfitlösung beschickt. Man pipettiert 10—20 ml Wein (je nach der vorliegenden Aldehydmenge) und 2 ml Phosphorsäure in den Destillationskolben und schließt ihn gleichfalls an die Apparatur an. Nun leitet man einen mäßigen Luftstrom (z. B. mittels einer kleinen Membranpumpe) durch die Apparatur und erhitzt dabei 15 min lang vorsichtig mit fächelnder Flamme zum leichten Sieden.

Die Vorlage wird tropfenweise mit 1 ml 10%iger Salzsäure versetzt und nach Zugabe von 1 ml Stärkelösung das überschüssige Hydrogensulfit, wie unter a) beschrieben, eliminiert. Dann spült man in einen Erlenmeyer-Kolben über und setzt 0,01 n-Jodlösung bis zur deutlichen Blaufärbung zu. Nach Zugabe von etwa 1 g Natriumhydrogencarbonat titriert man mit 0,01 n-Jodlösung aus einer Mikrobürette bis zum Erreichen der gleichen Blaufärbung, die mindestens 1 min bestehen bleiben muß.

Zur Bestimmung des Blindwertes wird nach Beendigung der ersten Destillation, nach Anschluß einer frischen Hydrogensulfitvorlage, eine zweite Destillation unter den beschriebenen Bedingungen durchgeführt und titriert. Der hierbei erhaltene Verbrauch wird von dem bei der ersten Bestimmung erhaltenen Wert abgezogen.

*Berechnung:*

1 ml 0,01 n-Jodlösung entsprechen 0,22 mg Acetaldehyd.

Eine weitere Methode mit Natrium-cyanonitrosylferrat und Piperidin wird von K. Misselhorn (1963) angegeben.

Eine gaschromatographische Methode zur Bestimmung von Acetaldehyd ist von R. L. Morrison (1962) beschrieben, im übrigen sei auf dieses Handbuch, Bd. II/2, S. 598—668 verwiesen.

# 2. Nachweis und Bestimmung von Acrolein

## a) Nachweis

Der Nachweis von Acrolein ist nach L. ROSENTHALER u. G. VEGEZZI (1954) mit Hexylresorcin möglich.

*Reagentien:*
50%ige alkoholische Lösung von Hexylresorcin
1%ige alkoholische Quecksilberchloridlösung
gesättigte oder 50%ige Trichloressigsäurelösung
6%iges Wasserstoffperoxid.

*Durchführung:*
Man versetzt 50 ml Wein mit 2 ml 6%igem Wasserstoffperoxid und destilliert hiervon 5 ml ab (vgl. A.G. AVENT 1961). 2,5 ml Destillat versetzt man mit 2 Tropfen 50%iger alkoholischer Lösung von Hexylresorcin. 5 Tropfen 1%iger alkoholischer Quecksilberchloridlösung und zuletzt mit 2,5 ml gesättigter Trichloressigsäurelösung. Die Farbreaktion verläuft innerhalb 5 Std von blau bis grünblau über lila bis purpur. Hohe Alkoholkonzentrationen und Acetaldehyd fördern die Reaktion. Bei Verwendung von 50%iger Trichloressigsäure erfolgt die Färbung rascher und intensiver. verschwindet aber auch schneller wieder.

R. SELF u. Mitarb. (1963) wiesen Acrolein gaschromatographisch nach.

## b) Bestimmung

Nach A.G. AVENT (1961) kann man das Acrolein in dem wie oben angegeben gewonnenen Destillat mit Bromid-Bromat-Lösung gegen Methylorange als Redox-Indicator titrimetrisch erfassen.

Weiterhin ist die Skraup'sche Chinolinsynthese in Anlehnung an das Verfahren von H. GROHMANN u. F.H. MÜHLBERGER (1956) zur Bestimmung von Acrolein anwendbar.

# 3. Bestimmung von Furfurol

Furfurol reagiert mit Anilin in salzsaurer Lösung unter Ausbildung einer Rotfärbung. Gemäß der *Allgemeinen Verwaltungsvorschrift* (1960) wird es wie folgt bestimmt:

*Reagentien:*
farbloses Anilin, evtl. frisch destilliert
konz. Salzsäure (D = 1,126)
Furfurol, evtl. frisch destilliert
50 vol.-%iger Alkohol

*Durchführung:*
10 ml des nach II/3a gewonnenen Destillates werden mit 40 ml 50 vol.-%igem Alkohol gemischt. Zu der auf 20° C abgekühlten Mischung gibt man 2 ml Anilin und 0,5 ml Salzsäure. Gleichzeitig mit dem Destillat setzt man je 10 ml von Vergleichslösungen an, die in Alkohol von 30 Vol.-% bekannte Mengen Furfurol enthalten, und vergleicht die das Destillat enthaltende Lösung mit der in der Farbstärke ähnlichsten Vergleichslösung im Colorimeter. Einen ungefähren Anhalt für den erforderlichen Furfurolgehalt der Vergleichslösungen kann man sich durch eine Vorprobe verschaffen, wenn man in farblosen Reagensgläsern die Schichthöhen der dabei erhaltenen beiden Lösungen so einstellt, daß in der Durchsicht etwa die gleiche Farbstärke vorhanden ist.

Die Furfurolgehalte sind dann umgekehrt proportional den Schichthöhen. Für die Herstellung der Vergleichslösungen geht man zweckmäßig von einer Stammlösung aus, die durch entsprechendes Verdünnen mit Alkohol von 30 Vol.-% auf die gewünschte Furfurolgehalte gebracht wird.

*Berechnung:*
Wurden am Colorimeter für die Vergleichslösung, die n g Furfurol/l absol. Alkohol enthält, a Teilstriche, für die zur Untersuchung verwendete Lösung b Teilstriche abgelesen, so enthält

das Destillat $x = \dfrac{n \cdot a}{b}$ g Furfurol, berechnet auf 1 l absol. Alkohol. Der Gehalt an Furfurol ist in g/l absol. Alkohol mit zwei Dezimalstellen anzugeben.

Ergänzende Untersuchungen von J. Koch u. D. Hess (unveröff.) hierzu zeigten, daß das Farbmaximum, in einem weiten Bereich unabhängig von der Säurekonzentration, nach 12 min auftritt. Die Säurekonzentration hingegen beeinflußt die Farbintensität. Will man die Auswertung mittels Eichkurve durchführen, so muß die Säurekonzentration konstant gehalten werden. Folgende Vorschrift erwies sich dafür als geeignet:

### Verfahren nach Koch u. Hess (unveröffentl.)

*Reagentien:*
56 vol.-%iger Alkohol (59 ml 95 vol.-%igen Alkohol mit Wasser zu 100 ml auffüllen)
30 vol.-%iger Alkohol (32 ml 95 vol.-%igen Alkohol [aldehydfrei] mit Wasser zu 100 ml auffüllen)
Anilin, farblos, frisch destilliert (ca. 2 Tage haltbar)
n-Salzsäure

*Durchführung:*
10 ml des nach II/3a gewonnenen Destillates werden mit 35 ml 56 vol.-%igem Alkohol, 2,0 ml Anilin und 5,0 ml n-Salzsäure versetzt. Gleichzeitig werden als Reagentienblindwert 10 ml 30 vol.-%iger Alkohol mit den gleichen Zusätzen versehen. Nach 12 min mißt man die Extinktion der Untersuchungslösung gegen den Blindwert in 1 cm Küvetten bei 520 nm und wertet anhand einer entsprechend aufgestellten Eichgeraden aus.

## 4. Bestimmung von Hydroxymethylfurfurol

Mit der Bildung und Bestimmung von 5-Hydroxymethylfurfurol haben sich u. a. J. Koch u. R. Kleesaat (1959 und 1961) befaßt. Die Bestimmung führten sie in Anlehnung an das Verfahren von O. Winkler (1955) durch. Die Methode wurde zwischenzeitlich mit gewissen Ergänzungen von der Kommission des Bundesgesundheitsamtes für die Neubearbeitung der amtlichen Anweisung zur Untersuchung des Weines angenommen.

### Verfahren nach Koch u. Kleesaat (1959)

*Prinzip:*
In der mit Carrez-Lösung geklärten Flüssigkeit reagiert Hydroxymethylfurfurol mit Barbitursäure und p-Toluidin zu einer rotgefärbten Verbindung, deren Intensität bei 550 nm gemessen wird. Schweflige Säure stört hierbei und muß zuvor durch Oxydation mit Jodlösung entfernt werden.

*Reagentien:*
p-Toluidinlösung: 10 g p-Toluidin werden in einem 100 ml-Meßkölbchen in 50 ml Isopropanol gelöst. Nach Zusatz von 10 ml Eisessig füllt man mit Isopropanol zur Marke auf. Die Lösung ist 1 Tag haltbar.
Barbitursäurelösung: 500 mg bei 105 °C getrocknete Barbitursäure werden unter leichtem Erwärmen auf dem Wasserbad mit Wasser zu 100 ml gelöst. Die Lösung ist 1 Woche verwendbar.
Hydroxymethylfurfurol reinst: Käufliches Hydroxymethylfurfurol wird durch Lösen in wasserfreiem, peroxidfreiem Äther, Ausfällen mit der gleichen Menge Petroläther und Abdunsten im Vakuumexsiccator unter Stickstoff gereinigt. Das kristallisierte Hydroxymethylfurfurol wird sofort nach dem Wägen in dest. Wasser gelöst. Die Eichlösungen sind stets frisch herzustellen.
Carrez-Lösung I: 150 g Kaliumhexacyanoferrat(II) ($K_4Fe(CN)_6 \cdot 3 H_2O$) werden mit Wasser zu 1 l gelöst.
Carrez-Lösung II: 300 g Zinksulfat ($ZnSO_4 \cdot 7 H_2O$) werden mit Wasser zu 1 l gelöst.
Natriumhydrogencarbonat p. a.
1 %ige Stärkelösung
0,1 n-Jodlösung

*Durchführung:*
*Bei Abwesenheit von schwefliger Säure:*
25 ml der zu untersuchenden Flüssigkeit werden in einem 50 ml-Meßkolben mit je 1 ml Carrez-I- und -II-Lösung versetzt, gut durchmischt, mit dest. Wasser auf 50 ml aufgefüllt und blank filtriert. Tiefgefärbte Flüssigkeiten und solche, die mehr als 40 mg Hydroxymethylfurfurol/l enthalten, sind zuvor entsprechend zu verdünnen.

Je 2 ml des Filtrates werden in zwei Reagensgläser mit Schliffstopfen gegeben und mit 5 ml p-Toluidinlösung versetzt. Zu der einen Lösung (Vergleichslösung) gibt man 1 ml dest. Wasser, zu der anderen Lösung (Meßlösung) 1 ml Barbitursäurelösung. Sofort anschließend ist das Extinktionsmaximum der Meßlösung gegen die Vergleichslösung in einer 1 cm-Küvette bei 550 nm zu messen, das im allgemeinen nach 3—5 min auftritt.

*Bei Anwesenheit von schwefliger Säure:*

**Bei hellfarbigen Flüssigkeiten** werden 25 ml in einem 50 ml-Meßkolben mittels Natriumhydrogencarbonat, das in kleinen Anteilen hinzugefügt wird, auf pH 8 eingestellt. Nach Zugabe von 2 ml Stärkelösung wird die schweflige Säure durch tropfenweisen Zusatz von 0,1 n-Jodlösung bis zum Auftreten einer Blaufärbung oxidiert. Ein geringer Überschuß an Jod stört die weitere Untersuchung nicht. Anschließend versetzt man mit je 1 ml Carrez-I- und -II-Lösung, mischt gut durch, füllt mit Wasser zur Marke auf und filtriert.

In 2 ml des blanken Filtrates wird die Bestimmung, wie oben angegeben, durchgeführt.

**Bei dunkelfarbigen Flüssigkeiten** werden zur Feststellung der erforderlichen Jodlösung 10 ml in einen 200 ml-Erlenmeyer-Kolben gegeben und mit etwa 100 ml Wasser und 2 ml Stärkelösung versetzt. Nach Einstellung mit festem Natriumhydrogencarbonat auf pH 8 wird mit 0,1 n-Jodlösung bis zum Farbumschlag titriert.

Nun werden 25 ml der zu untersuchenden Lösung in einem 50 ml-Meßkolben mit festem Natriumhydrogencarbonat auf pH 8 eingestellt und mit der 2,5-fachen Menge der in der Vorprüfung verbrauchten ml 0,1 n-Jodlösung versetzt. Anschließend versetzt man die Lösung mit je 1 ml Carrez-I- und -II-Lösung, mischt gut durch, füllt mit Wasser zur Marke auf und filtriert. In 2 ml des blanken Filtrates wird die Bestimmung, wie oben angegeben, durchgeführt.

*Berechnung:*

Der Hydroxymethylfurfurolwert wird einer Eichgeraden entnommen, die auf die gleiche Weise unter Verwendung von Hydroxymethylfurfurollösungen von bekannten Gehalten aufgestellt wurde. Der Gehalt an Aldehyden der Furangruppe ist in mg Hydroxymethylfurfurol/l anzugeben.

Wie die Praxis gezeigt hat, ist die beschriebene Bestimmung der Ermittlung des erforderlichen Zusatzes an Jodlösung bei dunklen $SO_2$-haltigen Proben, bei dem auch evtl. vorhandene Ascorbinsäure zu berücksichtigen ist, nicht ganz glücklich, da der Farbumschlag auch bei der vorgeschriebenen Verdünnung relativ schlecht erkennbar ist. W. POSTEL (1968) schlägt daher vor, entweder die gesamte schweflige Säure und die Ascorbinsäure zu bestimmen und daraus den erforderlichen Zusatz an Jodlösung zu berechnen, oder noch eleganter die freie schweflige Säure an Acetaldehyd zu binden. Hierzu genügt ein Zusatz von 2,5 ml 1%iger Acetaldehydlösung zu 25 ml der zu untersuchenden Lösung. Es soll wenigstens die gleiche Menge an Acetaldehyd zugesetzt werden wie an freier schwefliger Säure vorliegt, ausgedrückt in Milligramm.

Auf jeden Fall muß davor gewarnt werden, die Untersuchungslösung mit Kohle oder Bleiacetat zur Entfärbung zu behandeln, da hierbei je nach der angewandten Menge Verluste an 5-Hydroxymethylfurfurol bis zu 100% eintreten können.

## 5. Bestimmung von Vanillin

Vanillin, 4-Hydroxy-3-methoxy-benzaldehyd, läßt sich nach zahlreichen Prinzipien bestimmen. Infolge des geringen Gehaltes im Wein sind jedoch chromatographische Methoden vorzuziehen. Hier bieten sich besonders die Verfahren von H. GROHMANN u. F. H. MÜHLBERGER (1954a) und J. DESHUSSES u. P. DESBAUMES (1957) an. Nach eigenen Untersuchungen ist jedoch ersterem der Vorzug zu geben, wenn man darauf achtet, daß das Extraktionsmittel Äther peroxidfrei ist.

### Verfahren nach Grohmann u. Mühlberger (1954a)

*Reagentien:*
Äther, peroxidfrei
Äthanol, absol.
25%ige Phosphorsäure
Petroläther (Kp 40—60)
Vanillin

salzsaure gesättigte Hydrazinsulfatlösung: 10 ml 25%ige Salzsäure + 90 ml gesättigte wäßrige Hydrazinsulfatlösung

Chromatographierpapier Schleicher u. Schüll 2043 b

*Durchführung:*
Von 100 ml Wein werden 50 ml unter Verwendung eines Kugelaufsatzes langsam (in ca. 1 Std) abdestilliert. Der Rückstand wird in einen Scheidetrichter gespült, mit 5 ml 25%iger Phosphorsäure angesäuert und dreimal mit je 25 ml Äther extrahiert. Enthalten die gesammelten Ätherauszüge eine Emulsion, so läßt man einige Zeit stehen und kann dann die restliche Emulsion zerschlagen. Anschließend wird die ätherische Phase mit 10 ml Wasser gewaschen, die ätherische Phase mit geglühtem Natriumsulfat getrocknet, in ein Becherglas überführt und der Äther vorsichtig abgedunstet. Hierzu ist ein Wasserbad schlecht brauchbar, man benutzt besser eine Heizplatte, die man jedoch sehr vorsichtig regulieren muß. Wird die Lösung, besonders gegen Ende zu heiß, so ist mit Vanillinverlusten zu rechnen. Der ätherfreie Rückstand wird in 1 ml absol. Alkohol aufgenommen. Diese Lösung dient zur papierchromatographischen Trennung.

Als Chromatographiergefäß dient eine Rundkammer mit einem Durchmesser von ca. 30 cm und einer Höhe von ca. 25 cm. In diese Kammer stellt man eine Petrischale von etwa 20 cm $\varnothing$. Der Deckel enthält eine zentrale Öffnung, durch die mittels eines Tropftrichters mit langem Auslauf die Petrischale mit dem Laufmittel beschickt werden kann. Den Kammerboden bedeckt man mit einer etwa 3 mm hohen Wasserschicht und läßt über Nacht äquilibrieren.

Das Chromatographierpapier Schleicher u. Schüll 2043 b wird auf 20 cm Höhe und eine dem Umfang der Petrischale entsprechenden Länge zurechtgeschnitten. Nach Auftragung der Untersuchungs- und Vergleichslösungen (0,1-0,5-1,0-1,5-2,0 µg Vanillin je Fleck enthaltend) wird das Papier zum Zylinder geformt und am nächsten Morgen in die Petrischale eingestellt, gleichzeitig ein Gläschen mit dem Laufmittel, und erneut 7 Std äquilibriert. Dann gibt man durch den Tropftrichter das wassergesättigte Laufmittel (Petroläther-Äther 2:1) in die Petrischale. Nach 50 min ist die Entwicklung beendet (Laufhöhe ca. 12 cm). Man nimmt das Papier heraus, läßt das Laufmittel verdunsten und besprüht mit Hydrazinsulfat in salzsaurer Lösung.

Die Auswertung und der Vergleich der Fleckengröße erfolgt unter dem UV-Licht. Bei einer evtl. Überlappung der Vanillinflecken durch eine andere grünlich fluoreszierende Substanz erfolgt die Auswertung bei Tageslicht.

## 6. Nachweis von Zimtaldehyd

Zum Nachweis von Zimtaldehyd extrahiert man dieses nach H. Grohmann u. F. H. Mühlberger (1954b) mit Pentan aus dem angesäuerten Wein. Nach vorsichtigem Einengen zur Trockne nimmt man den Rückstand in absol. Alkohol auf und trennt papierchromatographisch mit wassergesättigtem Petroläther auf. Als Sprühreagentien dienen salzsaure Hydrazinlösung oder Benzidin in Eisessig/Alkohol.

## 7. Nachweis und Bestimmung von Thujon

Zum Nachweis und zur Bestimmung von Thujon sei auf B. R. Cortina u. A. L. Montes (1954), P. H. Joppien (1956), W. Diemair u. G. Weinberger (1960) und L. Usseglio-Tomasset (1966) verwiesen.

## 8. Nachweis von Formaldehyd

Der Nachweis von Formaldehyd erfolgt nach F. Paul (1958b) mit Chromotropsäure.

# X. Nachweis und Bestimmung von Weinbehandlungsstoffen und einigen Folgeprodukten

## 1. Bestimmung der schwefligen Säure

### a) Bestimmung der gesamten schwefligen Säure

Die gesamte schweflige Säure ist im Wein oder Traubensaft nicht direkt zu bestimmen, sondern muß zuvor durch Destillation abgetrennt werden. Dabei muß die Destillationsapparatur möglichst luftfrei sein, um Oxydationen während der

Destillation zu verhindern. Zur Bestimmung der schwefligen Säure im Destillat sind verschiedene Möglichkeiten gegeben, die mit unterschiedlich großem Fehler behaftet sind. Die schweflige Säure kann mit Wasserstoffperoxid oxydiert werden und gravimetrisch als Benzidinsulfat (S. ROTHENFUSSER 1929) oder Bariumsulfat, acidimetrisch (F. PAUL 1958a) oder indirekt komplexometrisch (J.F. REITH u. J.J.L. WILLEMS 1958) bestimmt werden. Die schweflige Säure kann aber auch direkt jodometrisch erfaßt werden (W. WEINMANN u. L. WALTHER 1944, L. DEIBNER u. P. BERNARD 1953, W. DIEMAIR u. Mitarb. 1961a). Die Methode von W. DIEMAIR u. Mitarb. (1961a) hat sich in der Praxis gut bewährt und ist in Band II/2, S. 893—894 wiedergegeben.

Gemäß dem z. Z. noch gültigen amtlichen Verfahren (vgl. Band II/2, S. 894—896) wird die gesamte schweflige Säure im Wein nach Destillation und Oxydation gravimetrisch als Bariumsulfat bestimmt. Zwischenzeitlich wurde jedoch von der Kommission des Bundesgesundheitsamtes für die Neubearbeitung der amtlichen Anweisung zur Untersuchung des Weines eine neue Methode angenommen, in der das Destillationsverfahren nach W. DIEMAIR u. Mitarb. (1961a) mit der indirekten komplexometrischen Erfassung der zu Schwefelsäure oxydierten schwefligen Säure nach J.F. REITH u. J.J.L. WILLEMS (1958) kombiniert ist.

## Bestimmung nach Reith u. Willems (1958)

*Prinzip:*

Aus der zu untersuchenden Flüssigkeit wird die gebundene schweflige Säure durch Erhitzen mit Phosphorsäure in Freiheit gesetzt und zusammen mit der freien schwefligen Säure bei Abwesenheit von Luftsauerstoff in eine Vorlage übergetrieben. Durch Zusatz von Wasserstoffperoxid wird die schweflige Säure sodann zu Schwefelsäure oxydiert. Das Sulfat-Ion wird mit einer bekannten Menge Bariumchlorid im Überschuß gefällt. Die überschüssigen Barium-Ionen werden komplexometrisch titriert.

*Geräte und Reagentien:*

Destillationsapparatur, deren Einzelteile sämtlich durch Glasschliff miteinander verbunden sind, bestehend aus einem 250 ml-Rundkolben, einem Aufsatz mit einem 100 ml fassenden Tropftrichter und einem Schlangenkühler, dessen Vorstoß bis nahe an den Boden eines als Destillationsvorlage dienenden Erlenmeyer-Weithalskolben heranreicht. Unterhalb des Tropftrichters wird eine Asbestscheibe angebracht, um die Wärmestrahlung auf den Tropftrichter zu verringern (vgl. Abb. 23).

Dest. Wasser, das frei von Schwermetallspuren, insbesondere von Kupfer- und Eisenspuren sein muß. Dies ist besonders wichtig bei der Untersuchung von Fruchtsäften, weil schweflige Säure bei Gegenwart von Ascorbinsäure durch Spuren von Kupfer rasch oxydiert wird (vgl. W. DIEMAIR u. Mitarb. 1961b). (Die geringen, von Natur aus in Traubensäften und Wein enthaltenen Kupferspuren werden bei der Blauschönung entfernt, so daß diese Erzeugnisse praktisch kupferfrei sind. Es ist aber zu beachten, daß Wasser, das in Kupferapparaten destilliert wurde, stets Spuren von Kupfer enthält.)

30%iges Wasserstoffperoxid p. a., das Reagens muß vollkommen sulfatfrei sein

85%ige Phosphorsäure, frei von Schwermetallspuren

0,1 n-Natronlauge

Tashiro-Mischindicator: Man mischt 100 ml einer 0,03%igen Lösung von Methylrot in Äthanol mit 15 ml einer 0,1%igen wäßrigen Methylenblaulösung

0,01 molare Bariumchloridlösung: 2,4431 g $BaCl_2 \cdot 2 H_2O$ p. a. werden in kohlesäurefreiem dest. Wasser zu 1000 ml gelöst.

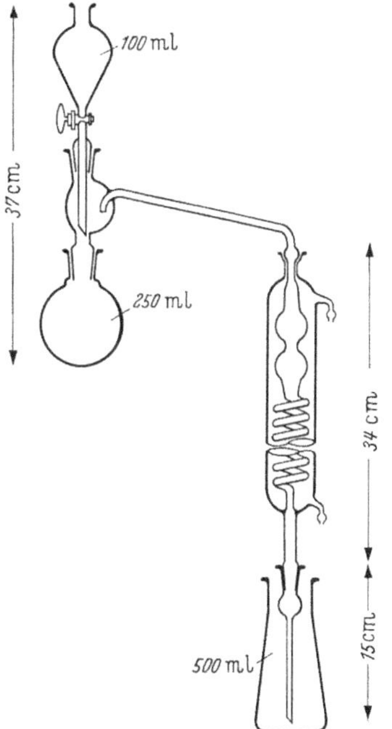


Abb. 23. Apparatur zur Bestimmung der gesamten schwefligen Säure

2 n-Salzsäure

Ammoniak-Ammoniumchlorid-Pufferlösung: Man löst 10 g Magnesium-Komplexon (Magnesium-dikaliumsalz der Äthylendiamintetraessigsäure) in 200 ml dest. Wasser und fügt eine Lösung von 70 g Ammoniumchlorid p. a. in 1800 ml 25%igen Ammoniak p. a. hinzu.

Eriochromschwarz-Indicator: 0,5 g Eriochromschwarz-T und 4,5 g Hydroxylaminhydrochlorid werden in 96%igem Äthanol zu 100 ml gelöst. Die Lösung ist etwa 3 Wochen haltbar.

0,02-molare Komplexonlösung: 7,444 g Dinatriumsalz-Dihydrat der Äthylendiamin-N-N'-tetraessigsäure werden in dest. Wasser zu 1000 ml gelöst. Der Titer der Lösung ist von Zeit zu Zeit zu kontrollieren.

*Durchführung:*

In den Destillierkolben gibt man 5 ml 85%ige Phosphorsäure, 50 ml dest. Wasser und einige angerauhte Glasperlen. Das Vorlagegefäß wird mit 1,5 ml 30%igem Wasserstoffperoxid und 30 ml dest. Wasser beschickt. Die Flüssigkeit im Destillierkolben wird zum Sieden erhitzt, um die Luft aus der gesamten Apparatur zu verdrängen. Wenn im Vorlagegefäß keine Luftblasen mehr entweichen, gibt man aus dem Tropftrichter 5 ml dest. Wasser in den Destillierkolben, um die restliche Luft aus dem Abflußrohr des Tropftrichters zu vertreiben. Nun gibt man 25 ml der zu untersuchenden Flüssigkeit in den Tropftrichter und läßt sie unter ständigem Weitersieden des Kolbeninhaltes zügig in den Destillierkolben tropfen. Dann wird noch zweimal mit je 10 ml dest. Wasser nachgespült und weiter destilliert. Beim Erhitzen des Destillierkolbens ist streng darauf zu achten, daß der Kolbeninhalt nicht anbrennt, da sonst zu hohe $SO_2$-Werte erhalten werden. Wenn der Inhalt im Destillierkolben noch etwa 50 ml beträgt, bricht man die Destillation ab und spült den Kühler mit dest. Wasser nach.

Der Erlenmeyer-Kolben mit dem Destillat wird 15 min auf dem siedenden Wasserbad erhitzt und nach dem Abkühlen mit 0,1 n-Natronlauge gegen Tashiro-Mischindicator titriert (Verbrauch a ml). Sodann wird die Flüssigkeit 5 min zum Sieden erhitzt und noch heiß mit $5 \cdot a + 5$ ml 0,01 molarer Bariumchloridlösung aus einer Bürette versetzt. Nun erhitzt man nochmals 1 min lang zum Sieden, läßt 1 Std lang auf dem siedenden Wasserbad (oder über Nacht bei Raumtemperatur) stehen, fügt zu der erkalteten Lösung 0,5 ml 2 n-Salzsäure und 4 ml Ammoniak-Ammoniumchlorid-Pufferlösung sowie 7 Tropfen Eriochromschwarz-Indicator zu und titriert zügig mit 0,02-molarer Komplexonlösung bis zum rein blauen Farbton.

*Berechnung:*

Wurden b ml 0,01-molare Bariumchloridlösung zugesetzt und c ml 0,02-molare Komplexonlösung verbraucht, so enthält 1 l der untersuchten Flüssigkeit

$$x = 25,6 \cdot (b - 2 \cdot c) \text{ Milligramm gesamte schweflige Säure (berechnet als } SO_2).$$

Der Gehalt an gesamter schwefliger Säure ist ohne Dezimalstelle anzugeben.

Interessant ist daneben die Methode von H. Tanner (1962). Hierbei wird die Untersuchungslösung mit Phosphorsäure und Methanol versetzt, im Stickstoffstrom die schweflige Säure abdestilliert und in Wasserstoffperoxid aufgefangen. Durch den Methanolzusatz wird vor allem die Gefahr des Anbrennens der Untersuchungslösung verringert.

## b) Bestimmung der freien schwefligen Säure

Diese ist im allgemeinen nur in der zu untersuchenden Probe selbst, ohne vorherige Abtrennung, möglich. Sie erfolgt jodometrisch. Drei Fakten müssen hierbei beachtet werden:

Während der Titration darf keine gebundene schweflige Säure freigesetzt werden.

Im Wein sind noch andere reduzierende Substanzen (besonders seit der Zulassung von Ascorbinsäure zur Weinbehandlung) vorhanden, die ebenfalls mit Jod reagieren.

In dunklem roten Traubensaft und Rotwein ist der Farbumschlag der Jod-Stärke-Reaktion schlecht zu erkennen.

Nach F. Paul (1958a) kann man auch die freie schweflige Säure in eine wasserstoffperoxidhaltige Vorlage absaugen und darin acidimetrisch bestimmen. Eine direkte polarographische Bestimmung im Wein ist ebenfalls möglich (W. Diemair u. Mitarb. 1961a), wobei allerdings nur die effektive freie schweflige Säure erfaßt wird, jedoch nicht die koordinativ angelagerte.

## α) Bestimmung in hellen Säften und Wein

Nach der bisherigen amtlichen Methode wird die freie schweflige Säure nach Ansäuern der Probe direkt jodometrisch bestimmt (vgl. Bd. II/2, S. 896). Die Kommission für die Neubearbeitung der amtlichen Anweisung zur Untersuchung des Weines hat inzwischen zwei andere Methoden aufgenommen, die die Störung bei der direkten jodometrischen Bestimmung durch andere reduzierende Substanzen umgehen.

### Methode nach W. Diemair u. Mitarb. (1961 a)

*Prinzip:*
Man ermittelt zunächst den Gesamtgehalt an reduzierenden Substanzen, saugt dann aus einer zweiten Probe die frei schweflige Säure ab und bestimmt den Restgehalt an reduzierenden Substanzen. Aus der Differenz errechnet sich der Gehalt an freier schwefliger Säure.

*Reagentien:*
n-Schwefelsäure
1%ige Stärkelösung
0,02 n-Jodlösung

*Durchführung:*
In einen 100 ml-Erlenmeyer-Kolben gibt man 25 ml der zu untersuchenden Flüssigkeit, fügt 10 ml n-Schwefelsäure und als Indicator 1 ml 1%ige Stärkelösung hinzu. Man titriert mit 0,02 n-Jodlösung, bis die Blaufärbung 30 sec bestehen bleibt.

Zur Bestimmung des Blindwertes gibt man in einen 250 ml fassenden Rundkolben 25 ml der zu untersuchenden Flüssigkeit, fügt 10 ml n-Schwefelsäure hinzu und verschließt mit einem doppelt durchbohrten Gummistopfen. Durch das eine Bohrloch des Stopfens führt ein zu einer Capillare ausgezogenes Glasrohr, das mit einer Kohlensäureflasche verbunden ist, durch das andere Bohrloch ein gewinkeltes Glasrohr, das an einer Wasserstrahlpumpe angeschlossen ist. Unter gleichzeitigem Durchleiten von Kohlendioxid wird 15 min lang abgesaugt, dann gibt man 1 ml 1%ige Stärkelösung zu und titriert *sofort* mit 0,02 n-Jodlösung, bis die Blaufärbung 30 sec bestehen bleibt.

*Berechnung:* Wurden beim Hauptversuch a ml und beim Blindversuch b ml 0,02 n-Jodlösung verbraucht, so enthält 1 l der zur Untersuchung verwendeten Flüssigkeit:

$$x = 25{,}6 \cdot (a-b) \text{ Milligramm}$$

freie schweflige Säure, berechnet als Schwefligsäureanhydrid ($SO_2$).

### Methode nach E. Kielhöfer u. H. Aumann (1958 b)

*Prinzip:*
Man ermittelt zunächst den Gesamtgehalt an reduzierenden Substanzen. In einer zweiten Probe bindet man die freie schweflige Säure an Propionaldehyd und bestimmt den Restgehalt an reduzierenden Substanzen. Aus der Differenz errechnet sich der Gehalt an freier schwefliger Säure.

*Reagentien:*
0,66%ige Propionaldehydlösung: Der Propionaldehyd wird jeweils vor dem Gebrauch zweimal destilliert (Kp 48°C). Das Destillat wird mit Wasser zu einer 0,66 gew.-%igen Lösung verdünnt.
25%ige Schwefelsäure
1%ige Stärkelösung
0,02 n-Jodlösung

*Durchführung:*
In zwei 200 ml-Erlenmeyer-Kolben, die mit A und B bezeichnet werden, gibt man je 50 ml der zu untersuchenden Flüssigkeit und pipettiert in den Kolben A 20 ml einer 0,66%igen wässrigen Lösung von Propionaldehyd und in den Kolben B 20 ml dest. Wasser. Beide Kolben werden nur einmal leicht geschwenkt. Nach 10 min gibt man in beide Kolben je 5 ml 25%ige Schwefelsäure und als Indicator je 1 ml 1%ige Stärkelösung. Dann titriert man mit 0,02 n-Jodlösung, bis die Blaufärbung 30 sec bestehen bleibt.

*Berechnung:*
Verbrauchte der Inhalt des Kolbens A bei der Titration a ml 0,02 n-Jodlösung und der Inhalt des Kolbens B b ml 0,02 n-Jodlösung, so enthält 1 l der zur Untersuchung verwendeten Flüssigkeit:

$$x = 12{,}8 \cdot (b-a) \text{ Milligramm}$$

freie schweflige Säure, berechnet als Schwefligsäureanhydrid ($SO_2$).

### β) Bestimmung in dunklen Säften und Weinen

Solange die Untersuchungslösungen nicht zu dunkel gefärbt sind, wird man durch Verwendung einer weißen Unterlage den Farbumschlag noch erkennen können. Ist dies jedoch nicht mehr möglich, so empfiehlt sich folgende Methode nach H. Tanner u. H. Rentschler (1951), die ebenfalls von der Kommission des Bundesgesundheitsamtes für die Neubearbeitung der amtlichen Anweisung zur Untersuchung des Weines angenommen wurde.

*Prinzip:*

Die freie schweflige Säure wird durch potentiometrische Titration bestimmt. Ascorbinsäure stört jedoch.

*Geräte und Reagentien:*

Millivolt-pH-Meter, an den ein Titrierzusatzgerät angeschlossen ist. Dieses Zusatzgerät enthält ein Normal- bzw. Quecksilberoxid-Element und einen hochohmigen Spannungsverteiler. Als Elektrode dient eine Platindoppelelektrode, so daß ein stets gleichbleibender Elektrodenabstand gewährleistet ist. Das Gerät ist etwa 15 min nach Einschalten des Stromes meßbereit.

    1%ige Stärkelösung

    n-Salzsäure

    0,01 n-Jodlösung

*Durchführung:*

In einen 100 ml fassenden Erlenmeyer-Kolben gibt man 25 ml der zu untersuchenden Flüssigkeit und 1 ml 1%ige Stärkelösung, stellt ihn auf ein magnetisches Rührwerk, taucht die Doppelplatinelektrode ein und setzt den Rührer in Bewegung. Der Meßbereichwähler wird auf —120 mV eingestellt und eine Spannung von —100 mV gewählt, wozu etwa 1 min erforderlich ist. Dann gibt man 10 ml n-Salzsäure hinzu, wobei sich die eingestellte Spannung nur unwesentlich ändert. Sodann titriert man mit 0,01 n-Jodlösung. Hierbei ist darauf zu achten, daß die Jodlösung nicht zu dicht bei den Platinelektroden eintropft, weil hierdurch störende Stromschwankungen verursacht werden. Der Endpunkt der Titration wird durch einen bleibenden starken Ausschlag der Galvanometernadel auf etwa —20 bis —30 mV angezeigt.

*Berechnung:*

Wurden bei der Bestimmung der freien schwefligen Säure a ml 0,01 n-Jodlösung verbraucht, so enthält 1 l der zur Untersuchung verwendeten Flüssigkeit:

    $x = 12,8 \cdot a$ Milligramm freie schweflige Säure, berechnet als Schwefligsäureanhydrid ($SO_2$).

*Anmerkung:*

In Gegenwart von Ascorbinsäure oder anderen reduzierenden Substanzen kombiniert man zweckmäßigerweise die Methode nach E. Kielhöfer u. H. Aumann (1958b) mit der potentiometrischen Titration.

Nach H. Tanner u. E. Greuter (1964) erhält man durch Zusatz von Kaliumjodid einen wesentlich schärferen Endpunkt. Sie benutzen zur Bestimmung 50 ml Getränk, 5 ml 25%ige Schwefelsäure und 10 ml 5%ige Kaliumjodidlösung und verfahren im übrigen wie oben angegeben. Auch bei der jodometrischen Titration gegen Stärkelösung soll sich der Umschlag sauberer einstellen. Die Verfasser führen dies darauf zurück, daß bei Zusatz von Kaliumjodid die im Wein enthaltenen Polyphenole von der Jodlösung nicht miterfaßt werden.

### c) Berechnung der gebundenen schwefligen Säure

Die gebundene schweflige Säure berechnet sich aus der Differenz der gesamten und freien schwefligen Säure. Sie liegt vor allem an Aldehyde gebunden vor, speziell an Acetaldehyd. Die Bindung an Glucose hingegen ist unbedeutend (W. Diemair u. Mitarb. 1960). Sie beträgt bei Weinen bis zu 5 mg/l, bei Süßreserven (je nach Art der Herstellung) 10—30 mg/l. Dies deckt sich weitgehend mit den Ergebnissen von E. Kielhöfer (1958).

Exakte Erkenntnisse über die Bindungsverhältnisse im Wein liegen noch nicht vor, jedoch haben z. B. die Arbeiten von J. Blouin (1966) gezeigt, daß die Ketosäuren wie Brenztraubensäure, a-Ketoglutarsäure, Glyoxylsäure und a-Galakturonsäure ebenfalls schweflige Säure zu binden vermögen. Nach den Ergebnissen dieses Autors ist der Ketosäuregehalt in Weinen aus edelfaulem Lesegut im Vergleich zu normalen Weinen stark erhöht. Dies erklärt den Befund von E. KIELHÖFER u. G. WÜRDIG (1960), wonach der Gehalt an gebundener schwefliger Säure, der nicht an Acetaldehyd und Glucose gebunden ist, in Weinen aus faulen Trauben wesentlich erhöht ist.

## 2. Bestimmung der l-Ascorbinsäure

Die Bestimmung der Ascorbinsäure ist nach den verschiedensten Prinzipien möglich (vgl. Bd. II/2, S. 764 ff), im Wein wird jedoch die Brauchbarkeit vieler Methoden durch das Vorliegen von freier schwefliger Säure, evtl. auch von zweiwertigem Eisen und anderen Substanzen in Frage gestellt.

Nach H. P. MOLLENHAUER (1959) maskiert man die freie schweflige Säure mit Aceton und titriert die Ascorbinsäure mit 2,6-Dichlorphenol-indophenol. Günstiger ist die Methode nach E. KIELHÖFER u. H. AUMANN (1958b). Hier dient der Jodverbrauch nach Bindung der freien schwefligen Säure mit Acetaldehyd zur Ermittlung des Ascorbinsäuregehaltes. Nach Angabe dieser Autoren sind von dem Ergebnis 10 mg/l abzuziehen, um den Jodverbrauch durch andere reduzierende Substanzen zu berücksichtigen.

R. BURKHARDT u. A. LAY (1966) empfehlen anstelle von Acetaldehyd Glykolaldehyd, der einfacher zu handhaben ist.

### α) Methode nach Kielhöfer u. Aumann (1958b)

*Reagentien:*
0,5%ige Acetaldehydlösung
1%ige Stärkelösung
25%ige Schwefelsäure
0,02 n-Jodlösung.

*Durchführung:*
In einen Erlenmeyer-Kolben pipettiert man 50 ml Wein und 5 ml Acetaldehydlösung. Nach 10 min gibt man 5 ml Schwefelsäure und 1 ml Stärkelösung hinzu und titriert mit der Jodlösung, bis die Blaufärbung 30 sec bestehen bleibt.

*Berechnung:*
Wurden a ml 0,02 n-Jodlösung verbraucht, so errechnet sich der Gehalt an Ascorbinsäure wie folgt:

$$\text{mg/l Ascorbinsäure} = (35,2 \cdot a) - 10$$

F. W. MÜLLER (1955) benutzt Formalin zur Bindung der freien schwefligen Säure und bestimmt die Ascorbinsäure mit Phosphor-18-Wolframsäure.

### β) Methode nach Müller (1955)

*Reagentien:*
2%ige und 4%ige Metaphosphorsäure (täglich frisch zu bereiten)
4,76%ige Natriumacetatlösung
30%iges Formalin
Folin-Reagens: 17,7 g kristallwasserfrei getrocknetes Natriumwolframat werden in einem Gemisch von 6,5 ml 85%iger Orthophosphorsäure und 30 ml Wasser gelöst. Die Lösung wird 1 Std am Rückflußkühler erhitzt. Nach dem Abkühlen der Flüssigkeit fügt man eine kleine Menge Bromwasser hinzu, bis die Bromfarbe sichtbar wird, schwenkt gut um und vertreibt das überschüssige Brom auf dem Wasserbad. Nach dem Abkühlen wird mit Wasser auf 100 ml aufgefüllt. Die Flüssigkeit ist leicht gelblichgrün und klar.

*Durchführung:*
5 ml Wein werden mit 5 ml 4%iger Metaphosphorsäure vermischt und hiervon so viel Milliliter entnommen, daß höchstens 80 μg Ascorbinsäure in der Probemenge enthalten sind, maximal jedoch 5 ml. Diese Menge wird in ein Reagensglas pipettiert und gegebenenfalls mit 2%iger Metaphosphorsäure zu 5 ml ergänzt. Hierzu gibt man 1 ml Natriumacetatlösung hinzu. Wird ein pH-Wert von 3 ± 0,2 nicht erreicht (Kontrolle mit schmalem Streifen Lyphanpapier), so wird durch Zusatz von Metaphosphorsäure oder Natriumacetatlösung entsprechend korrigiert. Nun ergänzt man mit Wasser auf 8,5 ml und fügt 1,5 ml Folin-Reagens hinzu. Nach gutem Mischen wird die Extinktion in einer 2 cm-Küvette bei 720 nm gegen einen Blindversuch

gemessen. Diesen stellt man sich analog mit 5 ml 2%iger Metaphosphorsäure her. Zur Ausschaltung störender Stoffe wird ein Parallelversuch mit Formalin in der Weise durchgeführt, daß man die auf pH 3 eingestellten Lösungen zunächst mit 1 ml Formalin versetzt, einige Minuten wartet, erst dann auf 8,5 ml mit Wasser ergänzt und im übrigen weiter wie oben verfährt. Auch mit Formalin muß ein Blindversuch angesetzt werden, gegen den zu messen ist.

*Auswertung:*
Diese erfolgt zweckmäßigerweise anhand einer entsprechend aufgestellten Eichkurve. Zur Auswertung benutzt man den Extinktionswert, der sich als Differenz der Extinktion ohne Formalin und der Extinktion mit Formalin ergibt.

Nach einer Mitteilung der Landes-, Lehr- und Forschungsanstalt für Wein- und Gartenbau, Neustadt/Weinstraße, erfolgt die Reduktion des Folin-Reagenses sicherer bei 40° C innerhalb von 20 min und führt zu reproduzierbaren Extinktionsmaxima, die etwa 1 Std konstant bleiben. Auch die Fixierung der nicht als Ascorbinsäure vorliegenden Stoffe mit Formalin muß nach dieser Mitteilung 10 min bei 40° C erfolgen.

Eine weitere Möglichkeit zur Bestimmung der Ascorbinsäure bietet die Polarographie (H. Woggon 1963, H. Woggon u. U. Köhler 1963, J. Herrmann u. W. Andrae 1963, H. G. Lento u. Mitarb. 1963). Nach W. Diemair u. Mitarb. (1961c) muß man dabei störenden Sauerstoff und freie schweflige Säure entfernen bzw. binden und den Einfluß des Äthanols berücksichtigen.

### γ) Methode nach Diemair u. Mitarb. (1961c)

*Reagentien:*
Pufferlösung: 150 ml 2 n-Essigsäure werden mit 750 ml 2 n-Natriumacetatlösung und 100 ml 2%iger Acetaldehydlösung versetzt und mit Natriumoxalat gesättigt.

Modellwein zur Herstellung der Eichgeraden: 9 g Weinsäure, 9 g Glycerin, 1 g Kaliumdihydrogenphosphat, 1 g Ammoniumsulfat, 0,5 g Natriumchlorid und 90 ml Äthanol werden zu 1 l mit Wasser gelöst und aufgefüllt und mit n-Natronlauge auf pH 3,5 eingestellt.

*Durchführung:*
15 ml der Pufferlösung werden in einem 50 ml-Erlenmeyer-Kolben, aus dem man die Luft mit Kohlendioxid verdrängt hat, mit 30 ml Wein aus der frisch entkorkten Flasche versetzt und auf 20° C temperiert. Das in einem Wasserbad ebenfalls auf 20° C temperierte Polarographiergefäß wird mit der gepufferten Untersuchungslösung gefüllt, und 5 min lang sauerstofffreier Stickstoff (200 Blasen/min) durchgeleitet. Dann polarographiert man bei anodisch polarisierter Quecksilber-Tropfelektrode von —0,1 bis +0,25 V. Der zu vermessende Diffusionsstrom ist der Konzentration an Ascorbinsäure proportional und kann anhand der Eichkurve, die mit dem Modellwein unter Zusatz bekannter Mengen an Ascorbinsäure zu erstellen ist, ausgewertet werden.

Schließlich sei noch auf eine Methode von J. Baraud (1951) verwiesen, wonach man in Most oder Wein die Ascorbinsäure zunächst mit Jod bei pH 7,4 zu Diketogulonsäure oxydiert und diese nach Kohlebehandlung mit 0,5%igem p-Sulfophenylhydrazin bei pH 4,7 (75 min bei 100° C) umsetzt. Die entstehende Gelbfärbung wird bei 436 nm gemessen. Zur Berücksichtigung von störenden Stoffen zerstört man in einem weiteren Versuch die entstandene Diketogulonsäure durch 15 min langes Erhitzen bei pH 4,0.

## 3. Nachweis und Bestimmung von Schwefelwasserstoff

Schwefelwasserstoff kann neben elementarem Schwefel während der Gärung durch Reduktion von Sulfat und Sulfit entstehen, er verleiht dem Wein oder Schaumwein einen unangenehmen „Böckser"-Ton. Nach T. Staudenmayer (1961) sind Mengen von 0,125—0,375 mg Schwefelwasserstoff/l bereits organoleptisch nachweisbar.

### a) Nachweis-Methoden

Hierzu sind von O. Reichard (1938) folgende Methoden angegeben.

*Mit alkalischer Bleilösung:* Man hängt in einen Kolben, in dem sich etwa 50 ml des zu prüfenden Weines befinden, einen mit alkalischer Bleiacetatlösung getränkten Filtrierpapierstreifen und läßt den Kolben verschlossen bei Raumtemperatur stehen. Je nach dem Gehalt an Schwefelwasserstoff färbt sich der Streifen in kürzerer oder längerer Zeit gelb, braun oder schwarz.

Erhält man auf diese Weise keine Färbung des Streifens, so destilliert man 50 ml Wein und fängt das Destillat in Wasser auf, das mit einigen Tropfen Bleiacetatlösung versetzt ist. Der Vorstoß des Kühlers muß in die Flüssigkeit eintauchen. Eine Gelb- oder Braunfärbung oder ein roter oder schwarzer Niederschlag zeigt die Anwesenheit von Schwefelwasserstoff an.

*Mit Natrium-cyanonitrosylferrat:* Man versetzt das in schwach alkalisiertem Wasser aufgefangene Weindestillat mit einigen Tropfen Natrium-cyanonitrosylferrat-Lösung und sorgt dafür, daß die Lösung stets alkalisch reagiert. Eine bald vorübergehende Blau- bis Violettfärbung zeigt Schwefelwasserstoff an.

*Mit p-Aminodimethylanilin:* Man versetzt das in 0,5 ml rauchender Salzsäure aufgefangene Weindestillat mit einigen Körnchen p-Aminodimethylanilin und 1—2 Tropfen verdünnter Eisenchloridlösung. Eine nach einiger Zeit auftretende Blaufärbung (Methylenblau) zeigt Schwefelwasserstoff an.

Diese Reaktion wurde von O. Karges u. K. Lang (1955) zur quantitativen Bestimmung ausgebaut.

## b) Halbquantitative Bestimmung

Nach einem von H. Eschnauer u. G. Tölg (1965/66) ausgearbeitetem Verfahren kann man Schwefelwasserstoff in Mengen von 1 mg/l mit einer Fehlerbreite von $\pm$ 7%, in Mengen von 0,1 mg/l mit einer Abweichung von $\pm$ 30% bestimmen. Diese Genauigkeit dürfte auch nach dem einfacheren halbquantitativen Verfahren von T. Staudenmayer (1961), das nachfolgend beschrieben ist, zu erreichen sein.

### Verfahren nach Staudenmayer (1961)

*Prinzip:*

Die durch Schwefelwasserstoff auf mit Winklers Reagens getränktem Papier verursachte Färbung wird unter reproduzierbaren Bedingungen mit entsprechend hergestellten Testverfärbungen verglichen.

*Apparatur und Reagentien:*

Apparatur vgl. Abb. 24. Die lichte Weite des Flansches oberhalb des Kühlers beträgt 4,5 mm. Die Waschflasche enthält verdünntes Winklers Reagens.

Winklers Reagens: 25 g Kaliumnatriumtartrat, 5 g Natriumhydroxid und 1 g Bleiacetat p.a. werden ad 100 ml Wasser gelöst und durch Watte filtriert.

Filterpapier (Schleicher u. Schüll 1575) wird mit Winklers Reagens getränkt und in einem schwefelwasserstofffreien Raum an der Luft getrocknet. Hiervon werden Scheiben von 2,8 cm $\varnothing$ ausgeschnitten und in dicht schließenden Glasgefäßen aufbewahrt.

Schwefelwasserstofflösung bekannten Gehaltes (ca. 1 mg/l).

0,1 n-Schwefelsäure.

*Durchführung:*

Je nach der zu erwartenden Schwefelwasserstoffkonzentration gibt man 5—50 ml Wein in Gefäß A, legt eine getränkte Filterpapierscheibe zwischen die beiden Flansche und setzt anschließend aus dem Seitentrichter etwa 5 ml 0,1 n-Schwefelsäure hinzu. Das Gefäß A wird auf 50—60° C erwärmt und ca. 5 l Luft in mäßigem Strom (etwa 1—3 Blasen/min) durchgesaugt. Dann wird die Filterpapierscheibe entnommen und kurz getrocknet. Die Auswertung erfolgt durch Vergleich mit den Testscheiben.

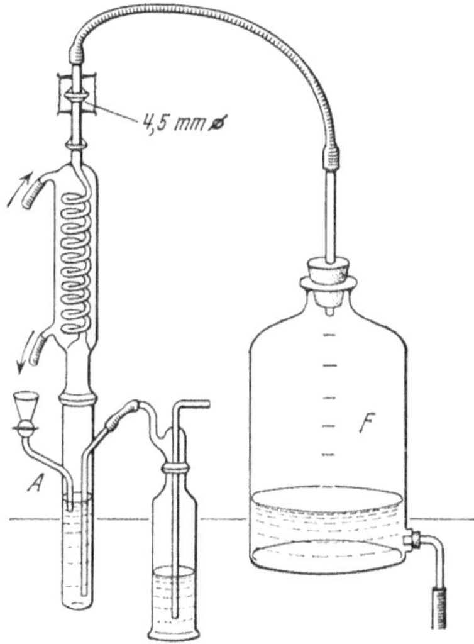


Abb. 24. Apparatur zur Bestimmung von Schwefelwasserstoff im Wein

A: 100 ml-Gefäß mit seitlichem Trichterrohr und Hahn

F: Abklärflasche zur Erzeugung des Luftstromes

Diese stellt man sich her, indem man bekannte Mengen Schwefelwasserstoff (0,5—2 $\mu$g) in analoger Weise mit dem Winklers Reagens auf den Filterpapierstreifen reagieren läßt. Die Testflecken sind licht- und luftempfindlich, halten sich aber 3 Monate unverändert, wenn man sie zwischen Objektträger eingeschlossen dunkel aufbewahrt.

Die untere Erfassungsgrenze beträgt 10 $\mu$g Schwefelwasserstoff/l Wein.

# 4. Bestimmung der Cyanwasserstoffsäure

## a) Nachweis von gelösten Cyanverbindungen (Überschönung)

Vor Ausführung der Untersuchung gemäß den nachstehenden Vorschriften ist auf die äußere Beschaffenheit des Weines zu achten. Mit Eisencyanverbindungen überschönte Weine trüben sich nach einiger Zeit von neuem, indem unter Abspaltung von Blausäure grünblaue Trübungen und Niederschläge entstehen. Bei dem Filtrieren solcher Weine bleiben auf dem Filter blaue oder grünblaue Niederschläge von unlöslichen Eisencyanverbindungen zurück.

*Vorprobe:*
10 ml des filtrierten Weines werden in einem Reagensglas mit 1 ml 10%iger, eisenfreier Salzsäure und 2 Tropfen einer Lösung von 5 g Kaliumcyanoferrat(II) und 5 g Kaliumcyanoferrat(III) in 100 ml Wasser versetzt. Entsteht im Verlaufe von 24 Std ein deutlicher Niederschlag von Berlinerblau und bleibt nach dieser Zeit beim Filtrieren durch ein kleines eisenfreies Filter und Auswaschen mit wenig kaltem Wasser ein deutlicher Niederschlag von Berlinerblau auf dem Filter zurück, so enthält der Wein keine gelösten Eisencyanverbindungen.

Bleibt dagegen kein deutlicher Niederschlag von Berlinerblau auf dem Filter zurück, so ist die Untersuchung wie folgt fortzusetzen.

*Nachweis gelöster Eisencyanverbindungen*
10 ml des filtrierten Weines werden in einem Reagensglas mit 1 ml 10%iger Salzsäure und 0,3 ml 1%iger Ammoniumeisen(III)-sulfatlösung versetzt. Man läßt das Gemisch 24 Std stehen, filtriert durch ein kleines Filter und wäscht dasselbe bei Rotweinen mit wenig kaltem Wasser aus. Bleibt auf dem Filter ein deutlicher Niederschlag von Berlinerblau zurück, so ist der Nachweis gelöster Eisencyanverbindungen erbracht.

## b) Nachweis und Bestimmung der Blausäure

Nach H. Bosselmann (1924) (vgl. auch O. Reichard 1938 und E. Vogt 1958) destilliert man die Cyanwasserstoffsäure in eine Silbernitratlösung über und titriert das nicht verbrauchte Silbernitrat mit Ammoniumthiocyanat zurück.

### Methode nach Bosselmann (1924)

*Reagentien:*
6%ige Natriumhydrogencarbonatlösung
ca. 0,01 n-Quecksilber(II)-chloridlösung
10%ige Salzsäure
schwach salpetersaure 0,01 n-Silbernitratlösung
gesättigte Ammoniumeisen(III)-sulfatlösung
0,01 n-Ammoniumthiocyanatlösung.

*Durchführung:*
300 ml des filtrierten (blautrubfreien) Weines werden in einem mit Kugelkühler versehenen Rundkolben unter ständigem Einleiten von Kohlensäure zum mäßigen Sieden erhitzt. Der aus dem Kühlrohr austretende Gasstrom wird durch zwei Waschgefäße geleitet, von denen das erste mit 30 ml 6%iger Natriumhydrogencarbonatlösung, das zweite mit 10 ml 0,01 n-Quecksilberchloridlösung und 1 ml 10%iger Salzsäure beschickt ist. Das erste Waschgefäß wird mittels eines Wasserbades auf etwa 90° C, das zweite auf 50—60° C erwärmt. Der Gasstrom tritt dann in das eigentliche Absorptionsgefäß ein, das ebenso wie eine daran angeschlossene Peligotsche Röhre eine abgemessene Menge (etwa 10 ml) schwach salpetersaure 0,01 n-Silbernitratlösung enthält. Etwa vorhandene Blausäure gibt sich in der ersten Silbernitratvorlage durch einen rein weißen lichtbeständigen Niederschlag von Silbercyanid zu erkennen.

Sobald sich die Silbercyanidfällung in der Vorlage zusammengeballt hat und eine erneut vorgelegte 0,01 n-Silbernitratlösung sich nicht mehr merklich trübt, wird der Versuch abgebrochen. Man filtriert das erhaltene Silbercyanid durch ein kleines Filter ab, wäscht mit wenig kaltem Wasser nach und titriert das Filtrat nach Zusatz von 2 Tropfen Ammoniumeisen(III)-sulfatlösung mit 0,01 n-Ammoniumthiocyanatlösung bis zur beginnenden Rotfärbung.

*Berechnung:*
Wurden a ml 0,01 n-Silbernitratlösung vorgelegt und b ml 0,01 n-Ammoniumthiocyanatlösung verbraucht, so sind in 1 l Wein (a—b) · 0,9 mg Cyanwasserstoffsäure enthalten.

In neuerer Zeit hat sich L. Deibner (1966) mit der Bestimmung der Blausäure im Wein beschäftigt. Danach kann man sie, nach Abtrennung mittels Bariumhydroxid und Eliminierung störender Begleitsubstanzen, mit Hilfe von Pyridin-barbitursäure spektrophotometrisch bestimmen.

In einer eingehenden Arbeit überprüften P. JAULMES u. R. MESTRES (1960 und 1962) die Destillationsbedingungen und die verschiedenen Bestimmungsmethoden. Danach empfiehlt sich zur Abtrennung der gesamten Blausäure (der freien und der in Kaliumcyanoferrat(II) gebundenen) nach Ansäuern des Weines mit Schwefelsäure und Zusatz von Kupfer(II)-chlorid eine Destillation über eine Vigreux-Kolonne. Als Vorlage, in die der Vorstoß eintaucht, dient eisgekühlte n-Natronlauge. Störende schweflige Säure wird darin mit Jodlösung zerstört. Die Bestimmung erfolgt nach J. EPSTEIN (1947) mittels Chloramin T und bis-(1-Phenyl-3-methyl-5-pyrazolon) (dessen eifache Darstellungsweise im Original beschrieben ist). Die entstehende Färbung kann bei 625 nm gemessen werden.

## 5. Nachweis und Bestimmung von Ameisensäure[1]

### a) Nachweis

Die amtliche Methode zum Nachweis von Ameisensäure im Wein ist in Bd. II/2, S. 898 beschrieben. Eleganter ist die in Anlehnung an die quantitative Bestimmung nach W. DIEMAIR u. C. GUNDERMANN (1959 b) entwickelte folgende Methode:

### Verfahren nach Diemair u. Gundermann (1959 b)

*Reagentien:*
2 n-Schwefelsäure
Magnesiumspäne
konz. Salzsäure
Chromotropsäurereagens: 100 mg Chromotropsäure in 2 ml Wasser lösen + 48 ml 15 m-Schwefelsäure.

*Durchführung:*
10 ml Wein oder Saft werden in die Apparatur zur Halbmikrobestimmung der flüchtigen Säure (vgl. Abb. 5) gegeben, mit 1 ml 2 n-Schwefelsäure angesäuert und im Wasserdampfstrom ca. 10 ml abdestilliert. 2 ml Destillat und 80 mg Magnesiumspäne gibt man in ein in Eiswasser stehendes Reagensglas. Unter ständigem Umschütteln fügt man 0,5 ml eiskalte konz. Salzsäure in Anteilen von ca. 0,05 ml im Abstand von je 1 min zu. Anschließend gibt man langsam 5 ml eisgekühltes Chromotropsäure-Reagens hinzu und stellt das Reagensglas 30 min in ein kochendes Wasserbad. Eine entstehende Violettfärbung weist auf Ameisensäure hin.

Besteht der Verdacht auf Anwesenheit von Formaldehyd, der die gleiche Reaktion gibt, so ist dies leicht entsprechend zu prüfen, wobei man den Zusatz von Magnesiumspänen und Salzsäure unterläßt.

### b) Bestimmung

Die übliche Methode nach H. FINCKE (1913), wonach die im Wasserdampfstrom abgetrennte Ameisensäure mit Quecksilber(II)-chlorid umgesetzt wird und das resultierende Quecksilber(I)-chlorid gravimetrisch oder titrimetrisch erfaßt wird, ist in Bd. II/2, S 898 wiedergegeben. Es sei jedoch hier darauf hingewiesen, daß nach den Ergebnissen von W. DIEMAIR u. C. GUNDERMANN (1959 b) bei der Wasserdampfdestillation zuckerhaltiger Lösungen geringe Mengen Ameisensäure aus Saccharose entstehen, die besonders bei kleinen Ameisensäurekonzentrationen relativ große Fehler verursachen. Schwerwiegender ist jedoch der Umstand, daß auch andere reduzierende Substanzen übergetrieben werden, die mit Quecksilber-(II)-chlorid reagieren[2]. Es wäre denkbar, daß durch Zusatz geeigneter Oxydationsmittel, z. B. Wasserstoffperoxid, zur Untersuchungslösung diese Störung umgangen werden kann. Eleganter dürfte jedoch das Verfahren nach W. DIEMAIR u. C. GUNDERMANN (1959 b) sein, wonach die Ameisensäure nach Reduktion zu Formaldehyd mit Chromotropsäure bestimmt wird.

---

[1] Die Ameisensäure wird wegen ihrer Eigenart separat von den anderen Konservierungsstoffen behandelt, auch wenn sie zwischenzeitlich nicht mehr als solcher zugelassen ist.
[2] Auch evtl. vorhandene Sorbinsäure geht in die Reaktion mit ein.

## Verfahren nach Diemair u. Gundermann (1959b)

*Reagentien:*

Weinsäure
Calciumcarbonat
Magnesiumband oder -späne
konz. Salzsäure
Chromotropsäurereagens: 5 g Chromotropsäure in 100 ml Wasser lösen und im Kühlschrank aufbewahren. Für den Gebrauch 4 ml Lösung mit 15 m-Schwefelsäure (1470 g/l = 80 Vol.-%) auf 100 ml auffüllen
Natriumformiat p. a.: bei 130° C im Trockenschrank entwässert.

*Durchführung:*

50 ml zuckerarmer oder 5 ml süßer Wein werden mit 50 bzw. 100 ml Wasser versetzt und nach Zugabe von 0,5 g Weinsäure nach Finke mit Wasserdampf destilliert (vgl. Bd. II/2, S. 898). Dazu werden zwei schrägstehende Kolben (750 ml) mit einfachen Destillieraufsätzen verwendet. Insgesamt werden 2 l Flüssigkeit abdestilliert, was etwa 2 Std beansprucht. Der Inhalt des zweiten Kolbens mit der Calciumcarbonataufschlämmung wird nun abfiltriert, das Calciumcarbonat mit heißem Wasser gut ausgewaschen und das Gesamtfiltrat auf dem Wasserbad zur Trockne eingeengt. Der Rückstand wird mit wenig Wasser aufgenommen, in ein 10 ml-Meßkölbchen filtriert und bis zur Marke aufgefüllt.

In ein 10 ml-Schliffkölbchen werden 2 ml dieser Lösung und 80 mg Magnesiumband gebracht. Unter Kühlung im Eiswasser fügt man unter ständigem Umschütteln 0,5 ml eisgekühlte konz. Salzsäure in Anteilen von 0,05 ml in Intervallen von je 1 min hinzu. Danach läßt man 5 ml eisgekühltes Chromotropsäurereagens zulaufen. Nach gründlichem Durchmischen wird die Lösung 30 min lang in ein siedendes Wasserbad gestellt. Die entstehende Violettfärbung ist für mehrere Stunden haltbar. Nach Ablauf der Reaktionszeit kühlt man unter fließendem Wasser ab und füllt mit 9 m-Schwefelsäure zur Marke auf. Die Färbung wird bei 570 nm gegen Wasser photometriert.

Die Auswertung erfolgt mittels einer Eichkurve, die mit Natriumformiat (ohne vorhergehende Wasserdampfdestillation nach Fincke) entsprechend erstellt wird. Sie verläuft gradlinig.

Es ist bekannt, daß nach obiger Destillationsweise bei einer Destillatmenge von 2 l die Ameisensäure nicht 100%ig übergetrieben wird. Es wäre jedoch denkbar, daß durch Erhöhung des Siedepunktes im ersten Kolben, der die Untersuchungslösung enthält, die Ameisensäure leichter ausgetrieben werden kann. Hierzu wäre unter Umständen gemäß dem Vorschlag von H. Schmidt (1960/61) wie bei der Sorbinsäurebestimmung ein Zusatz von 50—100 g wasserhaltiges Magnesiumsulfat zu 100 ml zu destillierender Lösung geeignet. Auch ein Zusatz an Säure könnte unter Umständen die Flüchtigkeit verbessern.

# 6. Nachweis und Bestimmung von Konservierungsstoffen

Bei den Konservierungsstoffen kann man zwei Gruppen unterscheiden, die *langfristig* und die *kurzfristig konservierenden Stoffe.* Zu den ersteren gehören u. a. Halogenessig- und -benzoesäure, Benzoesäure, p-Hydroxybenzoesäure und ihre Ester, Sorbin-, Salicyl- und Ameisensäure. Pyrokohlensäurediäthylester ist ein kurzfristig wirkender Konservierungsstoff, der als einziger zur Weinbehandlung in einer gewissen Höchstmenge zugelassen ist. Es genügt daher im allgemeinen ein qualitativer Nachweis. Lediglich bei Pyrokohlensäurediäthylester ist eine quantitative Bestimmung erforderlich. Es sei darauf hingewiesen, daß nach den papierchromatographischen Befunden von G. Guimberteau u. E. Portal (1961) 0,2—0,5 mg/l p-Hydroxybenzoesäure und bis zu 1,5 mg/l o-Hydroxybenzoesäure im Wein natürlich vorkommen können.

## a) Unspezifischer Nachweis

Der unspezifische Nachweis bildet bei Traubensaft nach J. Koch u. G. Schiffner (1959) keine Schwierigkeit, sofern sein Gehalt an freier schwefliger Säure 75 mg/l nicht überschreitet.

## Verfahren nach Koch u. Schiffner (1959)

*Prinzip:*

Der Saft wird mit einem Hefeansatz versetzt und die Kohlensäureentwicklung bei 25° C nach 15 Std ermittelt.

*Reagentien:*

Bäckerhefe
Traubenzucker
Asparagin
Kaliumdihydrogensulfat
Magnesiumsulfat
Kieselgur.

*Durchführung:*

Hefevermehrung: 25 g Traubenzucker, 1 g Asparagin, 0,5 g Kaliumdihydrogenphosphat und 0,5 g Magnesiumsulfat ($MgSO_4 + 7\ H_2O$) werden in wenig ausgekochtem dest. Wasser bei 20° C gelöst, mit 1 g frischer Preßhefe, die mit dest. Wasser fein angerieben wird, gemischt und in einem 100 ml-Meßkolben mit ausgekochtem dest. Wasser bis zur Marke aufgefüllt. Anschließend wird die Lösung in eine sterile Flasche oder einen Erlenmeyer-Kolben übergeführt, mit einer Spatelspitze Kieselgur versetzt, mit einem Gärspund verschlossen und 24 Std bei 25° C bebrütet (Hefeansatz I).

Nach Ablauf dieser Zeit werden 10 ml des gut umgeschüttelten, über Watte filtrierten Hefeansatzes erneut mit einer Lösung von 25 g Traubenzucker, 1 g Asparagin, 0,5 g Kaliumdihydrogenphosphat, 0,5 g Magnesiumsulfat und einer Spatelspitze Kieselgur mit ausgekochtem dest. Wasser auf 100 ml (Meßkolben) aufgefüllt und — wie oben beschrieben — 48 Std bei 25° C bebrütet (Hefeansatz II).

2 ml dieses gärenden Hefeansatzes werden für den Gärtest benutzt.

*Gärtest:* 2 ml Hefeansatz II werden nach dem Entfernen der Kohlensäure durch Filtrieren über Watte in ein Einhornröhrchen (vgl. Abb. 25) pipettiert. Man fügt 10 ml der zu untersuchenden Flüssigkeit zu, schüttelt kräftig um und bringt diese durch Kippen in den geschlossenen langen Schenkel des Gärröhrchens. Nach dem Verschließen des offenen Endes mit Watte wird das Röhrchen 15 Std bei 25° C bebrütet und die in dieser Zeit entwickelte Kohlensäure abgelesen.

Nach 15 Std beträgt der Mittelwert der gebildeten Kohlensäure ca. 4—6 ml bei nicht konservierten Säften.

Bei Wein ist der unspezifische Nachweis von Konservierungsstoffen nicht so einfach, Alkohol und schweflige Säure, unter Umständen noch andere Gärungsprodukte, stören, und die Ernährungsbedingungen für die Hefe sind unterschiedlich. Man wird daher zweckmäßigerweise den Wein durch Eindampfen auf das halbe Volumen vom Alkohol befreien, wieder auf das ursprüngliche Volumen auffüllen und die freie schweflige Säure durch Äthanal oder Propanal abbinden (64 mg $SO_2$ binden 44 mg Äthanal oder 56 mg Propanal), wozu ca. 24 Std ausreichen. Dann stellt man durch Zugabe von Zucker den Zuckergehalt

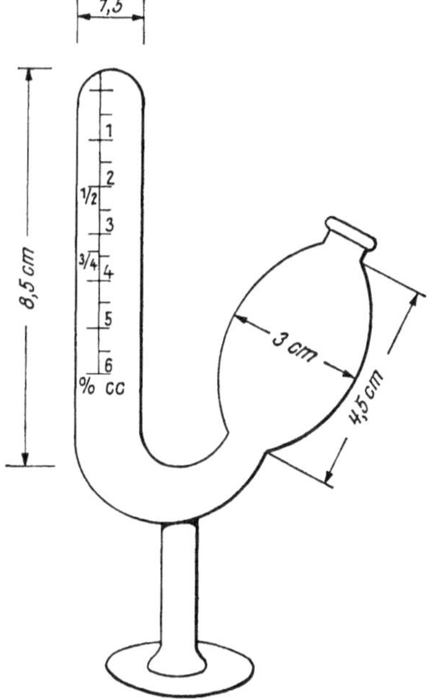


Abb. 25. Einhorn-Röhrchen

auf ca. 100 g/l ein, setzt 1 g Ammoniumsulfat und 2 g Asparagin je Liter zu und verfährt dann weiter wie oben angegeben.

Nach J. Ribéreau-Gayon u. E. Peynaud (1958) bindet man die freie schweflige Säure an Äthanal, stellt auf einen Alkoholgehalt von 10 Vol.-% ein, setzt 20—50 g Zucker, 1 g Ammoniumsulfat, 2 g Asparagin/l zu, vergärt mit *Saccharomyces oviformis* und ermittelt eine evtl. Gewichtsabnahme.

## b) Nachweis verschiedener langfristig wirkender Konservierungsstoffe

Hierfür bietet sich die papierchromatographische Arbeitstechnik an, mit der die meisten der Konservierungsstoffe nachweisbar sind. Hierüber haben u. a. H. Cats u. H. Onrust (1958), G. Herold u. G. Dickhaut (1960), E. Bohm (1962), T. Höyem (1962), A. S. Kovacs u. P. Denker (1962) sowie H. Guthenberg u. I. Beckman (1962) gearbeitet. Nach letzteren ist folgende Methode geeignet:

### α) Verfahren nach Guthenberg u. Beckman (1962)

*Reagentien:*
 Kalkmilch
 Natriumchlorid
 n-Salzsäure
 Äther
 Natriumsulfat
 n-Butanol
 25%iges Ammoniak
 Chininhydrochloridlösung: 1 g Chininhydrochlorid werden in 50 ml Aceton und 50 ml 95%igem Alkohol gelöst
 0,2%ige Ninhydrinlösung in Aceton
 Chromatographiepapier Schleicher u. Schüll Nr. 2043 b Mgl.

*Durchführung:*

100 ml Wein werden zum Vertreiben des Alkohols auf etwa die Hälfte eingeengt, mit Kalkmilch alkalisiert, mit Natriumchlorid gesättigt und nach 1 Std abfiltriert. Das Filtrat wird mit Salzsäure angesäuert und ausgeäthert, die Ätherphase mit Wasser gewaschen, über Natriumsulfat getrocknet und auf ca. 1 ml eingeengt.

0,01—0,04 ml hiervon werden auf das Papier aufgetragen und mit der organischen Phase einer Mischung von n-Butanol — 25%igem Ammoniak — Wasser (7:2:1) absteigend entwickelt. Die Laufdauer beträgt ca. 15 Std. Das Papier wird an der Luft getrocknet und im UV-Licht (254 nm) ausgewertet.

Die Halogenessigsäuren können erst nach Eintauchen in Chininhydrochloridlösung im UV-Licht erkannt werden (wobei einige der vorher schon vorhandenen Flecke ihr Aussehen verändern, vgl. Tab. 14) oder durch Eintauchen in Ninhydrinlösung, da sie unter dem Einfluß der hohen Ammoniakkonzentration im Fließmittel in Glycin und Halogenwasserstoff umgewandelt werden. Die Tab. 14 gibt die Reihenfolge der Flecken wieder.

Tabelle 14. *Papierchromatographische Trennung von Konservierungsstoffen*
(nach Guthenberg und Beckman 1962)

| Konservierungsstoff | Aussehen der Flecken | | Ninhydrin Tageslicht |
|---|---|---|---|
| | Vor der Behandlung mit Chinin, UV-Licht (254 nm) | Nach der Behandlung mit Chinin, UV-Licht (254 nm) | |
| p-Hydroxybenzoesäure | dunkelviolett | dunkel | — |
| Monobromessigsäure | unsichtbar | hellbraunviolett | violett |
| Monochloressigsäure | unsichtbar | hell fluorescierend | violett |
| Monojodessigsäure | unsichtbar | braun | violett |
| Benzoesäure | dunkelviolett | hell fluorescierend | — |
| Sorbinsäure | dunkelviolett | dunkel | — |
| Salicylsäure | blauviolett fluorescierend | hell fluorescierend | — |
| p-Chlorbenzoesäure | dunkelviolett | hell fluorescierend | — |
| p-Hydroxybenzoesäure-methylester | dunkelviolett | dunkel | — |
| p-Hydroxybenzoesäure-äthylester | dunkelviolett | dunkel | — |
| p-Hydroxybenzoesäure-propylester | dunkelviolett | dunkel | — |

Neben den papierchromatographischen Methoden werden in zunehmendem Maße gaschromatographische Methoden (J. Vogel u. J. Deshusses 1965, G. Würdig 1966), sowie dünnschichtchromatographische Methoden (J. W. Copius-Peere-

BOOM u. H. W. BEEKES 1964, E. LÜCK u. W. COURTIAL 1965) zum Nachweis von Konservierungsstoffen entwickelt.

Nach H. WOIDICH u. Mitarb. (1967) werden die Konservierungsstoffe mit Äther-Petroläther (1:1) extrahiert und auf leuchtstoffhaltigen Polyamidplatten aufgetragen. Als Fließmittel dienen Aceton-Benzol-Eisessig 40:5:1 (V/V) oder Benzol-Aceton-Eisessig 60:3:1 (V/V), in Gegenwart von p-Hydroxybenzoesäure-estern n-Pentan-n-Hexan-Eisessig 10:10:3 (V/V). Die Auswertung erfolgt im UV-Licht (254 und 360 nm) im Vergleich zu mitgelaufenen Testsubstanzen. Sorbin-, Benzoe-, p-Chlorbenzoe-, p-Hydroxybenzoesäure und ihre Ester erscheinen als dunkle Flecken auf gelbgrün fluorescierendem Grund, Salicylsäure zeigt deutlich hellblaue Fluorescenz. Die Methode wurde von der Weinanalysenkommission des Bundesgesundheitsamtes, nach Vornahme geringfügiger Abänderungen, gutgeheißen.

Interesse verdient darüberhinaus das folgende Verfahren wegen seiner zahlreichen Nachweisreaktionen.

### β) Verfahren nach A. Amati u. A. Formaglini (1965)

Die Konservierungsstoffe werden aus dem mit Schwefelsäure angesäuerten Wein ausgeäthert, die Ätherphase mit Wasser vom Alkohol befreit und die Konservierungsstoffe mit verdünnter Natronlauge daraus extrahiert. Nach erneutem Ansäuern der wäßrig-alkalischen Phase wird mit Äther-Petroläther extrahiert und der organische Extrakt eingeengt. Die dünnschichtchromatographische Trennung erfolgt an einer Mischung aus Kieselgel G und Kieselgur G (1:1) mit Hexan-Eisessig 96:4, die Entwicklung durch Besprühen mit 0,05%iger Rhodamin B-Lösung in Äthanol. Die im UV-Licht (230 und 366 nm) auftretende rosa bis violette Fluorescenz kann für p-Hydroxybenzoesäure durch erneutes Besprühen mit 3%igem Wasserstoffperoxid intensiviert werden, wobei gleichzeitig fluorescierende kobaltblaue Flecken, die von natürlichen Weininhaltsstoffen herrühren, verschwinden. Behandelt man die Platten nach der Auftrennung mit 3%iger alkoholischer Eisen(III)-chloridlösung, so ergeben bei Betrachtung im Tageslicht p-Hydroxybenzoesäure, Dehydroessigsäure, Zimtsäure, Sorbinsäure und „Piracid" (3-Propyl-6-butyl-2,4-Dihydropyron) gelborange und gelbe Flecken, Salicylsäure unbeständige purpurrote Flecken und p-Hydroxybenzoesäureester, Benzoesäure und p-Chlorbenzoesäure keine Reaktion. Bei nachfolgendem Besprühen mit 3%igem Wasserstoffperoxid entsteht durch Benzoesäure ein unbeständiger purpurroter Flecken. Beim Besprühen mit frisch bereiteter gesättigter wäßriger Thiobarbitursäurelösung geben o-Hydroxychinolin grüne, Salicylsäure rote, Zimtsäure gelbe und Sorbinsäure glänzend rote Flecken (Tageslicht). Beim Besprühen mit einer 3%igen alkoholischen Titan(III)-chloridlösung färben sich o-Hydroxychinolin gelb, Dehydroessigsäure violett, Piracid gelb und p-Chlorbenzoesäure purpurrot (Tageslicht). Durch Behandlung mit 20%iger alkoholischer Thymollösung, Trocknen (10 min bei 90° C), Besprühen mit 4 n-Schwefelsäure, Trocknen (10 min bei 120° C) ergeben Benzoesäureester blaß gelbe, Zimtsäure stark gelbe und Sorbinsäure purpurrote Flecken.

A. GRÜNE u. V. NOBBE (1967) trennten die Konservierungsstoffe auf Kieselgel-Schichten mit n-Butanol — Äthanol — 25%iges Ammoniak — Wasser (40:15:5:10) und benutzten als Nachweisreagentien 2%iges Wasserstoffperoxid, 2%ige Eisen-(III)-chloridlösung, 0,04%ige Bromkresolgrünlösung in 50%igem Äthanol bzw. konz. Salpetersäure. Zur besseren Auftrennung von Benzoe- und Sorbinsäure bromierten sie letztere mit Bromid-Bromat zu 4,5-Dibromhexensäure.

Weitere Möglichkeiten zum Nachweis und zur Bestimmung von Konservierungsstoffen sind in Bd. II/2, S. 877ff. und, soweit es sich um Säuren handelt, auf den S. 1356ff. angegeben. Beachtung verdient darüber hinaus u. a. eine neuere Arbeit von H. WOIDICH u. Mitarb. (1965) über die Sorbinsäurebestimmung in Wein.

Die amtlichen Methoden zum Nachweis und zur Bestimmung von Benzoesäure und Salicylsäure sind aus Bd. II/2, S. 907, 912—913, 926—927 und 929—930 ersichtlich.

### c) Nachweis und Bestimmung von Pyrokohlensäurediäthylester

Pyrokohlensäurediäthylester (PKE) oder korrekter Dikohlensäurediäthylester (nach den IUPAC-Richtlinien) ist seit 1962 im Handel erhältlich und durch die 9. Ausführungsverordnung zum Weingesetz vom 27. Juli 1965 zur Weinbehandlung zugelassen. Er tötet Hefen und gärungserregende Bakterien (O. Pauli u. H. Genth 1966/67) und zerfällt in wäßriger Lösung in Alkohol und Kohlensäure gemäß der Gleichung

$$C_2H_5\text{—}O\text{—}\underset{\underset{O}{\|}}{C}\text{—}O\text{—}\underset{\underset{O}{\|}}{C}\text{—}O\text{—}C_2H_5 + H_2O \rightarrow 2\,C_2H_5OH + 2\,CO_2$$

Die Halbwertszeit dieser Hydrolyse beträgt nach B. Duhm u. Mitarb. (1966/67) bei Raumtemperatur ca. $^1/_2$ Std. Sie ist nach etwa 20—24 Std vollständig abgelaufen. In Gegenwart von alkoholischen Erzeugnissen wie Wein entsteht als Nebenprodukt Diäthylcarbonat. Diese Nebenreaktion ist abhängig vom PKE- und vom Alkoholgehalt. Man kann daher nach E. Kielhöfer u. G. Würdig (1963) die dem Wein zugesetzte PKE-Menge gemäß der folgenden Gleichung berechnen:

$$\mu l\ PKE/l\ Wein\ =\ \frac{mg\ D\ddot{A}C/l}{A \cdot 0{,}51 + B} \cdot 100$$

Hierin ist DÄC die gefundene Menge Diäthylcarbonat, A der Alkoholgehalt des Weines in Volumprozent. Der Zahlenwert B berücksichtigt die Tatsache, daß PKE selbst geringe Mengen an Diäthylcarbonat enthält, und zwar ca. 0,5%. B ist die in 100 $\mu l$ PKE/l enthaltene Beimengung an Diäthylcarbonat, also ca. 0,5 mg. Nach Ansicht dieser Autoren kann man mit dieser Formel mit einer Genauigkeit von mindestens 90, durchschnittlich 95%, die zugesetzte Menge an PKE errechnen. Man wird also im allgemeinen Diäthylcarbonat bestimmen und daraus die zugesetzte Menge an PKE berechnen.

Der *Nachweis* von PKE *in frischgefülltem Wein* kann gemäß K. Hennig (1960) folgendermaßen durchgeführt werden:

### α) Nachweis nach Hennig (1960)

*Reagentien:*
Äther
Pentan
4-Aminoazobenzol
Eisessig
15%ige Essigsäure.

*Durchführung:*
500 ml Wein werden zweimal mit je 75 ml Äther-Pentan (45:105) ausgeschüttelt und die organische Phase mit 50 mg 4-Aminoazobenzol und 0,1 ml Eisessig versetzt. Nach dem Einengen im Vakuum auf 1 ml wird 1 Tropfen des Rückstandes auf Chromatographiepapier Schleicher u. Schüll 2043b Mgl aufgetragen und mit 15%iger Essigsäure aufsteigend über Nacht entwickelt. Das nicht umgesetzte 4-Aminoazobenzol ist mitgewandert und weist einen Rf-Wert von 0,54 auf. Das mit PKE reagierende 4-Aminoazobenzol bleibt als 4-Azobenzolcarminsäureäthylester ($C_2H_5\text{—}O\text{—}CO\text{—}NH\text{—}C_6H_4\text{—}N{=}NH$) als gelber Fleck am Startpunkt sitzen.

Nach O. Pauli u. H. Genth (1966/67) kann man diese Reaktion auch zur quantitativen Bestimmung von PKE selbst benutzen. Hierzu ist allerdings die säulenchromatographische Abtrennung der weineigenen Farbstoffe an Aluminiumoxid nach Brockmann erforderlich.

Zum Nachweis und zur *Bestimmung* von zu Wein zugesetztem PKE extrahiert man nach E. Kielhöfer u. G. Würdig (1963) und F. Prillinger (1964) mit Pentan und untersucht den Extrakt gaschromatographisch. Für Wein ist dieses Verfahren gut geeignet, bei alkoholfreien Getränken, wie z. B. auch Traubensaft, hingegen weniger. Hier empfiehlt sich nach F. Prillinger u. H. Hor-

WATITSCH (1964) und H. RENTSCHLER (1965) die Extraktion mit Schwefelkohlenstoff, die auch für Wein geeignet ist. J. KOCH u. R. MARQUENIE (1966) haben dieses Verfahren noch weiter vereinfacht.

### β) Bestimmung nach Koch u. Marquenie (1966)

*Reagentien:*

Schwefelkohlenstoff gereinigt: Man destilliert Schwefelkohlenstoff über eine 15 cm-Füllkörperkolonne und fängt die bei 46—47° C siedende Fraktion auf.

Natriumsulfat

Diäthylcarbonat.

*Gaschromatographische Bedingungen:*

Gerät: F & M Modell 609 mit Flammenionisationsdetektor

Säule: 10% Carbowax 20 M auf Diatoport S, 60/80 mesh; Edelstahlrohr: Länge 10 ft., äußerer ⌀: $^1/_8$ Zoll

Trägergas: Argon, Strömungsgeschwindigkeit: 30 Nml/min

Temperaturen: Säule 65—220° C, programmiert mit 4,6°/min, Injektionsblock und Detektor: 190° C

Empfindlichkeit: 10 × 8, Papiervorschub des Schreibers $^1/_4$ Zoll/min.

*Durchführung:*

200 ml der Probe werden im Scheidetrichter gründlich mit 20 ml Schwefelkohlenstoff geschüttelt. Die entstandene Emulsion wird anschließend durch Zentrifugieren (20 min bei 2500—3000 U/min) getrennt und die Schwefelkohlenstoff-Phase in einem Scheidetrichter abgezogen. Nach Trocknen über Natriumsulfat werden von dieser Lösung 1—5 $\mu$l für die Analyse eingesetzt.

Die Apparatur wird mit einer 0,1%igen Lösung von DÄC in Schwefelkohlenstoff geeicht.

*Berechnung:*

Die Berechnung von Diäthylcarbonat (DÄC) wird gemäß nachstehender Formel durchgeführt:

$$\text{g DÄC} = \frac{E_x \cdot PH_x \cdot V_{x1}}{E_S \cdot PH_S \cdot V_{x2}} \cdot V_S \cdot c_S \cdot d$$

Es bedeuten:

$PH_x$ = Peakhöhe des DÄC im Fraktogramm des Extraktes der Probe

$E_x$ = Detektorenempfindlichkeit für $PH_x$

$PH_S$ = Peakhöhe des DÄC im Fraktogramm der Eichlösung

$E_S$ = Detektorempfindlichkeit für $PH_S$

$V_{x1}$ = Volumen des eingeengten Extraktes der Probe

$V_{x2}$ = Volumen des für die GLC-Analyse eingesetzten Extraktes der Probe

$V_S$ = Volumen der für die GLC-Analyse eingesetzten Eichlösung

$c_S$ = Konzentration des DÄC in der Eichlösung

d = Dichte des DÄC

Zur Errechnung des zu Traubensaft zugesetzten PKE multipliziert man den Gehalt an Diäthylcarbonat mit 200. Die zu Wein zugesetzte Menge an PKE kann gemäß der auf S. 444 angegebenen Formel von E. KIELHÖFER u. G. WÜRDIG ermittelt werden.

F. PRILLINGER u. H. HORWATITSCH (1964) empfehlen für Zweifelsfälle, bei denen mit Substanzen zu rechnen ist, die Diäthylcarbonat auf dem Chromatogramm vortäuschen können, eine saure Hydrolyse vor der Extraktion durchzuführen und erhitzen hierzu 10 ml Getränk in einem geschlossenen Rohr mit 0,25 ml Schwefelsäure 1:4 30 min im Wasserbad.

C. REINHARD (1967) weist darauf hin, daß die Extraktion mit Schwefelkohlenstoff im Wein nicht quantitativ verläuft. Bei Verwendung von 10% Schwefelkohlenstoff fand er 73%, von 20% Schwefelkohlenstoff ca. 86% des zugesetzten Diäthylcarbonates wieder. Weiterhin ist es nicht möglich, die Schwefelkohlenstoffphase zu konzentrieren, da hierbei Verluste an Diäthylcarbonat auftreten. Auch bei längerem Stehenlassen des Extraktes ist mit Verlusten zu rechnen. Schließlich empfiehlt er, sich von der genügenden Reinheit des Schwefelkohlenstoffes gaschromatographisch zu überzeugen und ihn gegebenenfalls, in Anlehnung an F. PRILLINGER u. H. HORWATITSCH (1964), mit rauchender Salpetersäure zu reinigen.

Nach H. Garschagen (1967) ist auch die direkte gaschromatographische Bestimmung von Diäthylcarbonat in Wein, ohne vorausgegangene Extraktion, möglich. Dabei kann gleichzeitig der Alkoholgehalt mit hinlänglicher Genauigkeit ermittelt werden, der für die Berechnung der zugesetzten Menge an Pyrokohlensäurediäthylester erforderlich ist. Durch Verwendung einer Rückspüleinrichtung können die nicht interessierenden Komponenten aus der Säule rasch wieder entfernt werden, so daß Serienanalysen gut möglich sind.

### γ) Bestimmung nach Garschagen (1967)

*Reagentien:*

Diäthylcarbonat zur Eichung: 1,00 g werden in einem 100 ml-Meßkolben mit absolutem Alkohol zur Marke aufgefüllt. 1 ml dieser Lösung werden wiederum auf 100 ml mit absolutem Alkohol aufgefüllt. 10 ml dieser Zwischenlösung werden mit dest. Wasser auf 100 ml aufgefüllt (Standardlösung).

*Gerätebedingungen:*

Gaschromatograph mit Flammenionisationsdetektor und Kompensationsschreiber (z. B. Fraktometer F 20 der Fa. Perkin-Elmer)

Trennsäule: 2 m Stahlrohr, 2,7 mm Innendurchmesser, gefüllt mit 15% Trimethylolpropantripelargonat auf Celite 545, 60—100 mesh

Säulentemperatur: 80° C

Einspritzblocktemperatur: 175° C

Trägergas: 20 ml Stickstoff/min

Wasserstoff: 30 ml/min

Luft: 400 ml/min

*Durchführung:*

0,005—0,020 ml Wein werden mit einer Hamilton-Spritze langsam, innerhalb etwa 10 sec, in den Gaschromatographen injiziert. Äthanol erscheint unter den angegebenen Bedingungen nach etwa 2,5 min, wobei die Empfindlichkeit der Anzeige zu drosseln ist, Diäthylcarbonat nach ca. 16 min, wobei die höchste Empfindlichkeit einzuschalten ist.

Nach Registrierung dieses Peaks wird die Überwurfmutter mit dem Einspritzgummi abgeschraubt und das Probeneinlaßteil mittels einer Injektionsspritze mit 5—10 ml Wasser ausgespült. Danach schließt man einen Vakuumschlauch an den Einspritzblock an und evakuiert mit einer Wasserstrahlpumpe (30—40 Torr) 15 min. Anschließend versieht man das Einlaßteil wieder mit dem Einspritzgummi und kann nach 5 min die nächste Messung vornehmen. Während des Spül- und Saugvorganges wird die Zufuhr von Träger- und Brenngas nicht abgestellt.

Zur Eichung injiziert man von der Standardlösung, die 10 Vol.-% Alkohol und 10 mg Diäthylcarbonat/l enthält, genau die gleiche Menge wie von der Weinprobe. Man bestimmt die Peakflächen von Äthanol und Diäthylcarbonat, z. B. durch Multiplikation von Höhe und Halbwertsbreite.

*Berechnung:*

$$\text{mg Diäthylcarbonat/l} = \frac{c \cdot F_2}{F_1}$$

c  = Konzentration von Diäthylcarbonat in der Standardlösung in mg/l
$F_1$ = Peakfläche von Diäthylcarbonat bei der Standardlösung
$F_2$ = Peakfläche von Diäthylcarbonat bei der Weinprobe

$$\text{Vol.-\% Äthanol} = \frac{10 \cdot A_2}{A_1}$$

$A_1$ = Peakfläche von Äthanol bei der Standardlösung
$A_2$ = Peakfläche von Äthanol bei der Weinprobe

## 7. Nachweis und Bestimmung künstlicher Farbstoffe (Teerfarbstoff)

Zum Nachweis künstlicher Farbstoffe verfährt man gemäß der amtlichen Anweisung wie folgt:

*Reagentien:*

10%ige Kaliumhydrogensulfatlösung
entfettete Wollfäden: Es ist rohweißes, nicht mit Weißtönern (Blankophoren) behandeltes Wollgarn zu verwenden. Dieses ist im Soxhlet-Apparat mit Petroläther zu entfetten. Nach dem Trocknen an der Luft wird das Wollgarn in einem Becherglas 1 Std mit 5%igem Ammoniak

unter häufigem Umrühren mit einem Glasstab auf etwa 80 °C erwärmt, hierauf sehr gründlich mit dest. Wasser gespült und an der Luft getrocknet. Das Wollgarn soll möglichst nicht mit den Händen berührt werden.

konz. Salzsäure (D = 1,19)
1%ige Essigsäure
kalt gesättigte Bleiacetatlösung: 60 g krist. Bleiacetat in 100 ml Wasser lösen
1%iges Ammoniak
Chromatographierpapier Schleicher u. Schüll Nr. 2043 b mgl.
Laufmittel: 10%iges Ammoniak, dem 4% tertiäres Natriumcitrat zugesetzt ist.

*Durchführung:*

100 ml Wein oder Traubensaft werden mit 10 ml 10%iger Kaliumhydrogensulfatlösung versetzt und nach Zugabe von 0,1 g entfetteten Wollfäden 10 min in einem mit einem Uhrglas bedeckten Weithals-Erlenmeyerkolben zum Sieden erhitzt. Die Wolle wird herausgenommen und das Kochen noch dreimal mit je 0,1 g Wolle wiederholt. Sämtliche Wollfäden werden gründlich mit kaltem Wasser ausgespült und hierauf mit 100 ml Wasser und 1,5 ml konz. Salzsäure 10 min gekocht. Die Flüssigkeit wird abgegossen und das Kochen mit 100 ml Wasser und 1,5 ml konz. Salzsäure solange wiederholt, bis die Lösung farblos oder nahezu farblos ist. Die Wolle wird wieder gut mit dest. Wasser gespült und darauf in einer Mischung aus 50 ml 1%iger Essigsäure und 10 ml gesättigter Bleiacetatlösung 10 min gekocht. Die Flüssigkeit wird abgegossen, die Wolle mit warmem (ca. 30—40° C) Wasser ausgewaschen, dreimal einige min, in warmem Wasser unter öfterem Umschütteln stehen gelassen und schließlich nochmals gründlich mit dest. Wasser gespült.

Man läßt die Wolle nun in einem mit einem Uhrglas bedeckten Weithals-Erlenmeyerkolben, in den man 20 ml 1%iges Ammoniak gebracht hat, 30 min auf dem siedenden Wasserbad stehen und schüttelt öfters um. Die Lösung, die die künstlichen Farbstoffe enthält, wird abgegossen, die Wolle gut ausgedrückt und die Flüssigkeit auf dem Wasserbad auf 0,2—0,5 ml eingeengt.

Von der Lösung der Farbstoffe bringt man 1 Tropfen (evtl. mehrmals auftragen) auf das Chromatographierpapier und chromatographiert aufsteigend mit dem Fließmittel.

Zur Auswertung des Chromatogramms vgl. H. THALER u. G. SOMMER (1953a u. 1953b) (vgl. auch dieses Buch, Bd. II/2, S. 1293 ff.).

Nach J. RIEMERSMA u. F. J. M. HESLINGA (1960) hat sich zur papierchromatographischen Trennung der künstlichen Farbstoffe auch Trimethylcarbinol-Propionsäure-Wasser (50 : 12 : 38) mit 0,4% Kaliumchlorid als Laufmittel bewährt. Daneben sind dünnschichtchromatographische (vgl. z. B. P. WOLLENWEBER 1962) und säulenchromatographische Trennungen (vgl. z. B. J. ILLI 1963) möglich.

Neuerdings befaßt man sich auch mit der *quantitativen Bestimmung* von künstlichen Farbstoffen, die mittels der Wollfadenmethode nicht möglich ist, da sich die auf Wolle aufgezogenen Farbstoffe nicht mehr quantitativ abtrennen lassen. Nach J. SOHAR (1967) kann man diese mit Hilfe von quarternären Ammoniumbasen wie Cetyl-trimethyl-ammoniumbromid zunächst quantitativ in organische Phasen wie Pentanol, Hexanol oder Dichlormethan-Propanol (5:2) überführen. Sie lassen sich daraus mittels einer wäßrigen Lösung des Ammoniumsalzes des Phenyl-nitroso-hydroxyl-amins (Kupferron) wieder in die wäßrige Phase überführen und photometrieren. Diese Methode wurde auch bei Wein angewandt.

Nach J. DAVIDEK u. E. DAVIDKOVA (1966/67) und J. DAVIDEK (1966/67) ist zur quantitativen Abtrennung künstlicher Farbstoffe auch Polyamidpulver geeignet. Nach ihren Untersuchungen adsorbieren 0,2 g Polyamidpulver nach Ansäuern der Untersuchungslösung mit 10%iger Weinsäure- oder 10%iger Kaliumhydrogensulfatlösung ca. 20 $\mu$g Farbstoff quantitativ. Zur Eluierung des Farbstoffs vom Polyamidpulver empfehlen sie ein Gemisch von Methanol und 25%igem Ammoniak (95:5). (Dabei kann jedoch, nach J. SOHAR (1967), je nach der Art des Farbstoffes, z. B. bei Indigokarmin, teilweise Zersetzung auftreten.)

Anthocyane werden nach dem genannten Verfahren nicht miterfaßt bzw. lassen sich selektiv abtrennen. Auch die übrigen Polyphenole stören nicht.

Nach G. Lehmann u. H. G. Hahn (1968) empfiehlt es sich, zur Abtrennung der Farbstoffe vom Polyamidpulver anstelle der ammoniakalisch-methanolischen Lösung eine Lösung von 0,5 g Natriumhydroxid in 1 l 70%igem Methanol zu benutzen. Das Eluat ist in einer Lösung von 70%igem Methanol-Eisessig (1:1) aufzufangen, da sich die Farbstoffe anscheinend in alkalischem Milieu in Gegenwart von Luftsauerstoff verändern können. Außerdem ist das zu benutzende Polyamidpulver auf seine Adsorptionsfähigkeit zu prüfen, da diese bei den handelsüblichen Produkten in weitem Bereich schwanken kann. Störende Stoffe wie Säuren und Zucker lassen sich von den an Polyamid adsorbierten künstlichen Farbstoffen durch Auswaschen mit heißem Wasser abtrennen.

Anthocyane lassen sich nach G. Lehmann (priv. Mitt.) mit 50%iger Essigsäure aus dem Polyamidpulver auswaschen. Gerbstoffe und Polyphenolkörper werden zwar mit den künstlichen Farbstoffen gemeinsam eluiert, sind aber anschließend dünnschichtchromatographisch von diesen trennbar.

Auch Aluminiumoxid ist nach G. Lehmann u. H. G. Hahn (1967) und G. Lehmann u. Mitarb. (1967) zur Abtrennung und Bestimmung von künstlichen Farbstoffen geeignet. In diesen Arbeiten ist auch die dünnschichtchromatographische Auftrennung von Farbstoffgemischen und deren quantitative Bestimmung beschrieben.

## 8. Nachweis und Bestimmung von Süßstoffen

Bei den Süßstoffen genügt im allgemeinen ihr Nachweis, da sie für Wein und Traubensaft nicht zugelassen sind. In besonderen Fällen kann jedoch auch ihre Bestimmung von Interesse sein.

### a) Saccharin

Zum *Nachweis* von Saccharin (Benzoesäuresulfimid) dient nach der Allgemeinen Verwaltungsvorschrift (1960) der Geschmackstest, sowie, nach seiner Überführung in Salicylsäure, die Reaktion mit Eisen(III)-chlorid mit oder ohne papierchromatographischer Vortrennung.

*Reagentien:*
Schwefelsäure konz., verd. und 16,1 gew.-%ig
Äther, wasserfrei
25%ige Calciumchloridlösung
Natronlauge, 2%ig und 36%ig
Magnesiumoxidblättchen. Das Papier wird folgendermaßen hergestellt: 50 g Filtrierpapier werden in einer großen Flasche mit Wasser zu einem gleichmäßigen Brei geschüttelt. Der Papierbrei wird mit Wasser auf ca. 5 l verdünnt und mit 25 g gebrannter Magnesia versetzt, welche vorher mit Wasser zu einer gleichmäßigen Milch verrieben wurde. Die so bereitete Papiermasse wird in einem großen Büchnertrichter auf einen Leinenfilter gegossen und gründlich abgesaugt. Der Zerfall des Papiers kann durch Zugabe von 5%iger Natronlauge zum Aufschwemmwasser beschleunigt werden. Nach dem Filtrieren muß dann gut mit Wasser nachgewaschen werden. Die ca. 1 mm dicken Papierscheiben werden getrocknet, in Quadrate von 20×20 mm geschnitten und in Glasflaschen aufbewahrt.
Natriumhydroxid
Eisen(III)-chloridlösung von der Dichte 1,28 auf 1:600 verdünnt.
Äthylacetat
Natriumsulfat, wasserfrei
Chromatographierpapier Schleicher u. Schüll Nr. 2043 b mgl
Fließmittel: n-Butanol — i-Butanol — konz. Ammoniak — Wasser — Alkohol (35:35:20:10:7,5)
Sprühmittel: 0,5 ml Eisen(III)-chloridlösung + 60 ml Wasser

*Durchführung:*

### α) Vorprobe

In einen Scheidetrichter von ca. 150 ml Inhalt werden 100 ml der zu untersuchenden Flüssigkeit mit 1—2 ml konz. Schwefelsäure versetzt. Stark kohlensäurehaltige Flüssigkeit (z. B. Jungweine) werden zuerst durch Schütteln und Filtrieren von der Kohlensäure befreit. Bei alkoholarmen Flüssigkeiten fördert ein Zusatz von 5 ml 96%igem Alkohol die Extraktion. Die angesäuerte Flüssigkeit läßt man tropfenweise in einen schräggestellten Erlenmeyerkolben von ca. 200 ml Inhalt fließen, in welchem sich 25 ml wasserfreier Äther befinden. Es ist darauf zu achten, daß der Äther sich mit der wässrigen Flüssigkeit nicht zu intensiv mischt, da sonst hartnäckige Emulsionen entstehen. Auf den Erlenmeyerkolben wird ein Korkpfropfen gesetzt, der vorher mit einer 25%igen heißen Calciumchloridlösung, die den Kork weich erhält und einen Ätherverlust verhindert, getränkt worden ist. Der Kork hat eine dünne Durchbohrung, durch welche ein ca. 1 mm starker Draht aus Nickel, Platin oder Nichrom gesteckt ist. Der Draht ist an seinem unteren Ende zu einer Schlinge und einer horizontalen Spirale geformt. Die Schlinge drückt leicht auf den Mittelpunkt der Spirale. Zwischen der Spirale und der Schlinge wird ein kleines Papierquadrat (20×20 mm), das etwa 30% Magnesiumoxid enthält, angebracht.

Beim Verschließen des Erlenmeyerkolbens ist der Draht so hoch hinaufzuschieben, daß das daran befestigte Papierquadrat nicht in die Flüssigkeit taucht. Die Flasche wird an einen ruhigen Ort gebracht, wo sie keinen Erschütterungen ausgesetzt ist. Dann wird der Draht so tief hineingeschoben, daß das Papierquadrat ca. 2 mm oberhalb der Oberfläche der wässrigen Flüssigkeitsschicht in den Äther eintaucht. Nach 12—20 Std zieht man den Draht wieder hoch, läßt das Papier abtropfen und spült es mit einigen ml Äther ab. Man läßt das aus der Drahtspirale herausgenommene Magnesiumoxidblättchen auf einer Glas- oder Porzellantafel trocknen, ohne es zu erhitzen, und unterwirft es, insbesondere an den Ecken und Kanten, der Geschmacksprobe. Saccharin macht sich durch einen süßen Geschmack des Blättchens bemerkbar. Die Empfindlichkeit der Bestimmung kann aber noch bedeutend erhöht werden, wenn das Papierquadrat zwischen zwei Glas- oder Metallscheiben (z. B. zwei Münzen), die so groß sind, daß nur die Ecken des Papierquadrates herausragen[1], langsam getrocknet wird.

### β) Identifizierung des Saccharins

1. Das Magnesiumoxidblättchen, das nach *a)* das Saccharin enthält, wird in 1 ml 2%iger Natronlauge 10 min in einem Silbertiegel behandelt. Das Blättchen wird entfernt und die Lauge auf dem Wasserbad so lange eingedampft, bis der Tiegelinhalt gerade noch fließt. Dann wird mit 0,5 g gepulvertem Natriumhydroxid versetzt und in einem Luftbad $^1/_2$ Std auf 250°C erhitzt. Nach dem Erkalten wird der Inhalt des Tiegels in 30 ml Wasser gelöst und in einen Scheidetrichter gegeben. Die Lösung wird mit 5 ml 16,1%iger Schwefelsäure versetzt und mit 50 ml Äther ausgeschüttelt. Man trennt das Wasser vom Äther und verflüchtigt die ätherische Lösung unter Vermeidung des Siedens, nachdem man vorher 3 ml Wasser zugegeben hat. Dabei ist darauf zu achten, daß das zugegebene Wasser nicht verdampft, da sonst die Eisenchloridreaktion ausbleiben kann. Bei Zugabe einer frisch verdünnten Eisenchloridlösung tritt Violettfärbung ein, die das Vorhandensein von Salicylsäure anzeigt, in welche das Saccharin übergeführt wurde.[2]

2. Man schüttelt 100 ml der zu untersuchenden Flüssigkeit, die zuvor auf dem Wasserbad vom Alkohol befreit wurde, nach dem Ansäuern mit verdünnter Schwefelsäure viermal mit Äthylacetat aus. Die gesammelten Auszüge werden in einen Glasschliffdestillierkolben gebracht und durch Destillation auf ca. 5 ml eingeengt. Den Destillationsrückstand führt man unter Nachspülen mit wenigen ml Äthylacetat in einen Porzellantiegel über, entfernt das Äthylacetat vollständig durch Erwärmen auf dem Wasserbad und versetzt den Rückstand mit 1,5 ml 36%iger Natronlauge. Nun wird der Tiegel ca. 30 min lang im Sandbad auf 210—220° C (bis zum Schmelzen des Tiegelinhalts) erhitzt, um das Saccharin in Salicylat überzuführen. Nach dem Erkalten löst man die erstarrte Schmelze in verdünnter Schwefelsäure und schüttelt die Schwefelsäurelösung zweimal mit 25 ml Äther aus. Nach dem Abtrennen der wässrigen Schicht

---

[1] Es geht dabei das Saccharin durch Capillarwirkung aus der ganzen Magnesiumoxidmasse in die nicht geschützten Ecken über, in denen naturgemäß eine viel höhere Konzentration erzielt wird. Auf diese Weise gelingt der Nachweis des Saccharins in Wein, der 0,001% Saccharin enthält.

Die beschriebene Methode ist allerdings nicht quantitativ, da Versuche ergeben haben, daß nur ungefähr die Hälfte des Saccharins in das Magnesiumoxidpapier übergeht.

[2] Empfindlichkeit der Reaktion:

0,1% Saccharin enthaltende Flüssigkeiten ergeben eine sehr starke Violettfärbung

0,01% Saccharin enthaltende Flüssigkeiten ergeben eine starke Violettfarbung

0,001% Saccharin enthaltende Flüssigkeiten ergeben eine deutliche Violettfärbung

wird der Ätherauszug über wasserfreiem Natriumsulfat getrocknet, filtriert und auf ca. 1 ml eingeengt. Ca. 0,5 ml des eingeengten Ätherauszuges werden auf einen Streifen Chromatographierpapier aufgetragen und nach dem aufsteigenden Verfahren mit dem Fließmittel chromatographiert. Die Laufzeit beträgt 5—8 Std. Nach dem Trocknen an der Luft wird der Papierstreifen mit Eisenchloridlösung besprüht. Ein violetter Fleck (Rf ~ 0,4—0,5) zeigt Salicylsäure an und ist beweisend für das Vorhandensein von Saccharin in der zur Untersuchung verwendeten Flüssigkeit. Die Nachweisgrenze beträgt 10 $\mu$g Salicylsäure.

Nach E. Hieke u. B. Holbach (1967) kann obige Vorschrift besonders beim Nachweis geringer Saccharinmengen durch den natürlichen Gehalt des Weines an Salicylsäure zu falschen Ergebnissen führen. Sie empfehlen daher, vor dem alkalischen Aufschluß von Saccharin die Salicylsäure durch Oxydation in schwefelsaurer Lösung mit Kaliumpermanganat zu zerstören.

Nach H. Guthenberg u. I. Beckman (1962) (vgl. 6. b) a) kann Saccharin auch ohne vorhergehende Überführung in Salicylsäure papierchromatographisch (UV-Licht) nachgewiesen werden. Ähnlich verfuhren die beiden folgenden Autoren. L.C. Mitchell (1955) trennte Saccharin, Dulcin und Cyclamat mit Ammoniak-Äthylacetat-Aceton (10:10:100) und benutzte als Sprühreagens alkoholisch-ammoniakalische Silbernitratlösung. A. Castiglioni (1955a) trennte Saccharin von Dulcin mit n-Butanol-Ammoniak (4:1) und wies Saccharin mit $\alpha$-Naphthylamin und Kupferacetat nach. Letztere Reaktion ist nach R. Kliff-Müller (1956) weniger geeignet. Er empfiehlt, Saccharin durch Alkalischmelze in Salicylsäure überzuführen und dieses nach papierchromatographischer Abtrennung mit n-Butanol-i-Butanol-Ammoniak-Wasser-Äthanol (35:35:20:10:7,5) mit Bromkresolgrün und Eisen(III)-chlorid nachzuweisen.

Zum dünnschichtchromatographischen Nachweis von Saccharin neben Dulcin und Cyclamat benutzten T. Salo u. Mitarb. (1964) Platten mit acetyliertem Cellulosepulver und Polyamidpulver (9:6) mit dem Laufmittel Shell Sol a-n-Propanol-Eisessig-Ameisensäure (45:6:7:2). Als Sprühreagens ist 0,2%ige Dichlorfluoresceinlösung in Äthanol geeignet. Die Auswertung erfolgt im UV-Licht. H. Rother (1965) setzte diese Methode bei alkoholfreien Erfrischungsgetränken ein. Weiter sei auf eine Arbeit von E. Schildknecht u. H. König (1965) zur dünnschichtchromatographischen Trennung von Saccharin und Dulcin verwiesen.

Nach A. Castiglioni (1955b) lassen sich Saccharin und Dulcin auch papierelektrophoretisch trennen. F. Feigl (1961) reduziert zum Nachweis von Saccharin dieses mit Raney-Nickel, wobei der entstehende Schwefelwasserstoff Bleiacetatpapier verfärbt. Nach P. Scopigno Tandoi u. C. Tassi Micco (1966) kann man Saccharin mit einem Äther-Benzolgemisch aus dem Wein isolieren und seinen Nachweis mit Kupfersalz und Pyridin führen.

Methoden zur *Bestimmung* von Saccharin sind im Laboratoriumsbuch von Beythien-Diemair (1963) beschrieben. Nach W. Groebel (1965/66) läßt sich Saccharin auch gaschromatographisch bestimmen, nachdem man es mit Diazomethan in N-Methyl-saccharin übergeführt hat. Gemäß der AOAC-Methode (vgl. W. Horwitz 1960) wird Wein enteiweißt, das Filtrat ausgeäthert und der Rückstand der Ätherphase einer Carbonatschmelze unterworfen. Nach Aufnahme der Schmelze mit Wasser wird mit Bromwasser oxydiert und die entstandene Schwefelsäure als Bariumsulfat bestimmt.

### b) Cyclamat

Cyclamat oder auch Sucaryl (Natrium- oder Calciumcyclohexylsulfamat) läßt sich nach F. Feigl u. Mitarb. (1961) durch Oxydation mit Natriumnitrit und Fällung des entstehenden Sulfates mit Bariumchlorid nachweisen. L.C. Mitchell (1955) (vgl. auch Saccharin) empfiehlt einen papierchromatographischen Nachweis. Der dünnschichtchromatographische Nachweis ist nach T. Salo u. Mitarb.

(1964) bzw. H. Rother (1965) ebenfalls möglich (vgl. auch Saccharin). Cyclamat läßt sich nach H. Rother nur aus der angesäuerten Lösung mit Äther extrahieren. Will man es quantitativ extrahieren, so ist eine mehrstündige Perforation mit Äther erforderlich.

Zur quantitativen Bestimmung verfährt man gemäß den AOAC-Methoden (W. Horwitz 1960) (vgl. auch J. B. Wilson 1955) wie folgt:

*Reagentien:*
konz. Salzsäure
10%ige Bariumchloridlösung
10%ige Natriumnitritlösung

*Durchführung:*
100 ml Untersuchungslösung (10—300 mg Cyclamat enthaltend), versetzt man mit 10 ml konz. Salzsäure und 10 ml 10%iger Bariumchloridlösung. Nach dem Umrühren läßt man 30 min stehen und filtriert den entstandenen Niederschlag ab. Dieser wird gut ausgewaschen und das Waschwasser dem Filtrat zugesetzt. Dem Filtrat fügt man 10 ml 10%ige Natriumnitritlösung zu, rührt um, bedeckt mit einem Uhrglas und erhitzt mindestens 2 Std auf dem siedenden Wasserbad. Dabei wird in Abständen von 30 min kurz umgerührt. Dann läßt man die Lösung über Nacht warm stehen. Der gebildete Niederschlag wird auf einen tarierten engporigen Filtertiegel abgesaugt, gewaschen bis zur Chloridfreiheit, 10 min auf einer Asbestplatte mit einem Brenner vorgetrocknet, dann geglüht, im Exsiccator abkühlen lassen und gewogen.

*Berechnung:*

$$\text{mg Auswaage an } BaSO_4 \cdot 0{,}8621 = \text{mg Natriumcyclamat}$$
$$\text{mg Auswaage an } BaSO_4 \cdot 0{,}9266 = \text{mg Calciumcyclamat}$$

Diese Methode ist zunächst nur für wäßrige Lösungen und klare carbonisierte Getränke angenommen, nach M. T. Giordano u. V. Pennati (1965) jedoch auch bei Wein geeignet. Sie empfehlen allerdings, auch das weineigene Sulfat in der Siedehitze zu fällen.

Zur gaschromatographischen Bestimmung, die auch als Nachweisreaktion dienen kann, sei auf D. J. Rees (1965), P. H. Derse u. R. J. Daun (1966) und M. L. Richardson u. P. E. Luton (1966) verwiesen. Hierbei wird entweder das Cyclohexen bestimmt, das bei der Reaktion mit Nitrit entsteht, oder der Cyclohexylaminosulfonsäuremethylester nach Umsetzung mit Diazomethan (W. Groebel 1965/66).

## c) Dulcin

Zum *Nachweis* von Dulcin (p-Phenäthylcarbamid) wird nach der AOAC-Methode (W. Horwitz 1960) die alkalisierte Untersuchungslösung ausgeäthert und der Rückstand nach dem Abdunsten des Äthers bei 110° C getrocknet. Beim Befeuchten des Rückstandes mit konz. Salpetersäure und Zugabe von 1 Tropfen Wasser bildet Dulcin einen orangefarbenen bis ziegelroten Niederschlag. Begast man den Rückstand hingegen 5 min mit Chlorwasserstoff und gibt einen Tropfen Anisaldehyd hinzu, so bildet sich in Gegenwart von Dulcin eine orangerote bis blutrote Farbe.

Zum papierchromatographischen Nachweis von Dulcin sei u. a. auf L. C. Mitchell (1955) und J. Deshusses u. P. Desbaumes (1956) verwiesen. Letztere extrahierten das alkalisierte Filtrat der Klärung nach Carrez mit Äthylacetat, engten den Extrakt ein und reinigten die wäßrige Lösung des Rückstandes über Kohle. Nach einer erneuten Extraktion mit Äthylacetat chromatographierten sie schließlich aufsteigend mit Methylisobutylketon gesättigtem 2%igem Ammoniak. Zum Nachweis wurde mit einer 1%igen Lösung von p-Dimethylaminobenzaldehyd in n-Salzsäure besprüht. Dabei gibt Dulcin einen gelben Fleck mit dem Rf-Wert 0,72. Nach R. Kliffmüller (1956) ist als Sprühreagens Salpetersäure in Aceton geeignet.

Dünnschichtchromatographische Nachweise von Dulcin führten T. Salo u. Mitarb. (1964), H. Rother (1965) und E. Schildknecht u. H. König (1965). Nach dem Besprühen mit Dichlorfluorescein ist Dulcin (neben Saccharin und Cyclamat) im UV-Licht sichtbar (vgl. auch Saccharin).

Ein papierelektrophoretischer Nachweis von Dulcin neben Saccharin ist von A. Castiglioni (1955b) beschrieben.

Die *Bestimmung* von Dulcin ist nach G. Reif (1924) mit Xanthydrol gravimetrisch möglich. Gemäß den AOAC-Methoden (W. Horwitz 1960) läßt sich Dulcin aufgrund seiner Absorption bei 294 nm ermitteln. Hierzu muß evtl. vorhandenes Ultrasüß zunächst durch Extraktion mit Petroläther abgetrennt werden, dann wird die wäßrige Phase alkalisiert und ausgeäthert. Nach dem Waschen der Ätherphase mit Wasser wird der Äther abgedampft, der Rückstand bei 110° C getrocknet, in redest. Äthylacetat aufgenommen und die Absorption gegen Äthylacetat gemessen.

R. G. Eeckhaut (1955) bestimmte Dulcin, in dem er zunächst Wein mit Bleiacetat und Ammoniak behandelte, das blanke Filtrat mit Äthylacetat extrahierte und dieses mit Natriumsulfat trocknete. Die nach Zusatz von konz. Salpetersäure sich entwickelnde Gelbfärbung, die nach 2 Std ihr Maximum erreicht, läßt sich bei 410 nm photometrisch auswerten.

Die gaschromatographische Bestimmung von Dulcin ist nach W. Groebel (1965/66) möglich.

### d) Nachweis von Saccharin, Dulcin und Cyclamat nebeneinander

Die dünnschichtchromatographische Methode von T. Salo u. Mitarb. (1964/65) wurde in der folgenden überarbeiteten und in einigen Punkten abgeänderten Form von der Weinanalysenkommission des Bundesgesundheitsamtes gut geheißen.

*Reagentien:*
Petroläther (40—60°)
Flüssiger Ionenaustauscher Amberlite La-2 (Serva)
Aceton
Polyamidpulver für Dünnschichtchromatographie
Cellulosepulver 300 Ac für Dünnschichtchromatographie (Macherey und Nagel)
Essigsäure 1+4)
n-Salzsäure
verd. Schwefelsäure
Ammoniak (1+3)
0,1%ige Dulcinlösung in Methanol
0,1%ige Saccharinlösung in Methanol-Wasser (1:1)
0,1%ige Cyclamatlösung in Methanol-Wasser (1:1)
Fließmittel: Xylol — n-Propanol — Eisessig — Ameisensäure (45:6:7:2)
Sprühreagens: 0,2%ige Lösung von 2,7-Dichlorfluorescein in Äthanol

*Vorbereitung der Ionenaustauscherlösung:*
5 ml Ionenaustauscher werden mit 95 ml Petroläther und 20 ml Essigsäure (1+4) kräftig geschüttelt. Die obere Phase wird verwendet.

*Herstellung der Platten:*
9 g Cellulosepulver und 6 g Polyamidpulver werden mit 60 ml Methanol gut vermischt und auf die Platten gestrichen (ausreichend für 5 Platten). Die Platten werden 10 min bei 70°C getrocknet (Schichtdicke: 0,25 mm).

*Durchführung:*
50 ml Wein werden mit verd. Schwefelsäure angesäuert und zweimal mit je 25 ml der Ionenaustauscherlösung geschüttelt. Die vereinigten Auszüge werden dreimal mit je 50 ml Wasser gewaschen und anschließend dreimal mit je 15 ml Ammoniak (1+3) geschüttelt. Die vereinigten ammoniakalischen Lösungen werden im Vakuum bei etwa 50°C zur Trockne eingedampft. Der Rückstand wird mit 5 ml Aceton und 2 Tropfen n-Salzsäure aufgenommen, filtriert und auf dem Wasserbad bei etwa 70°C wiederum zur Trockne eingedampft. Dabei ist starkes Erhitzen zu vermeiden.

Der Rückstand wird in 1 ml Aceton aufgenommen und 5—10 $\mu$l der Lösung auf die Platte aufgetragen. Man chromatographiert bis zu einer Steighöhe von etwa 15 cm. Die Laufzeit beträgt etwa 1 Std.

Nach dem Trocknen an der Luft wird die Platte mit dem Sprühreagens kräftig besprüht. Saccharin und Cyclamat erscheinen sofort im Tageslicht als helle Flecken auf lachsfarbigem Grund. Bei Betrachtung im UV-Licht (254 oder 360 nm) fluorescieren alle drei Süßstoffe blau auf gelbem Grund.

Die Nachweisgrenze beträgt unter den angegebenen Bedingungen für Cyclamat 50 mg/l, für Saccharin und Dulcin 10 mg/l. Die Empfindlichkeit für alle drei Süßstoffe beträgt 5 $\mu$g.

### e) Ultrasüß

Der *Nachweis* von Ultrasüß = P 4000 (5-Nitro-2-propoxyanilin) läßt sich nach R. KLIFFMÜLLER (1956) papierchromatographisch führen. Als Sprühreagentien sind hierbei salpetrige Säure oder N-Naphthyläthylendiamin in Salzsäure geeignet. Weitere Reaktionen sind von K. MÖHLER (1950b) angegeben (vgl. auch das Laboratoriumsbuch von BEYTHIEN-DIEMAIR 1963). Nach den AOAC-Methoden (W. HORWITZ 1960) werden zum Ultrasüßnachweis 50 ml alkalisierte Probe mit dreimal 50 ml Petroläther extrahiert, die vereinigten Extrakte mit 10 ml Wasser gewaschen und nach Zusatz von 4 ml halbkonz. Salzsäure der Petroläther auf dem Wasserbad abgedampft. Der Rückstand wird mit einem kleinen Stückchen Zinnschwamm versetzt, 5 min auf dem Wasserbad gehalten und dann in ein Reagensglas umgefüllt. Bei tropfenweisem Zusatz von gesättigtem Bromwasser entsteht eine rosarote bis burgundrote Färbung, die durch überschüssiges Bromwasser wieder zerstört wird.

Die *Bestimmung* von Ultrasüß ist ebenfalls nach der AOAC-Methode möglich, die allerdings nur für nichtalkoholische Getränke verbindlich ist. Hierbei wird der Petrolätherextrakt aus der alkalisierten Probe nach Zusatz einer geringen Menge Salzsäure vom Extraktionsmittel befreit, der Rückstand mit Natriumnitrit und $a$-Naphthol behandelt und die entstehende Rotfärbung bei 515 nm gemessen. Die gleiche Reaktion benutzte auch K. MÖHLER (1950a) zur Bestimmung von Ultrasüß.

### f) Süßhilfe S 23/46

Den papierchromatographischen *Nachweis* von Süßhilfe S 23/46 (p-Methoxy-o-benzoylbenzoesäure) führte R. KLIFFMÜLLER (1956) mit Bromkresolgrün, wobei allerdings p-Chlorbenzoesäure stört. Nach K. MÖHLER (1950a) kann man sich die Halochromie zum Nachweis nutzbar machen. Eine Spur von Süßhilfe S 23/46 gibt mit konz. Schwefelsäure eine intensive gelbe bis orangerote Färbung, die bei vorsichtigem Erhitzen in Rot bis Rotbraun übergeht. Nach Zusatz von 1 Tropfen verdünnter Salpetersäure ändert sich die rote Farbe in hellgelb.

Die *Bestimmung* ist nach K. MÖHLER (1950a) mit Phenol und Schwefelsäure möglich. Nach dreistündigem Erhitzen auf 120° C, gefolgt von Verdünnung mit Wasser, Neutralisierung und Zusatz von Ammoniak, entsteht eine braunrote bis rotviolette Färbung, die photometrierbar ist. Dulcin und Vanillin stören hierbei, Saccharin nur in Mengen über 100 mg.

## XI. Natürliche Farb- und Gerbstoffe

Den natürlichen Farbstoffen in Wein, oder allgemeiner gesprochen, den phenolischen Substanzen im Wein, die unmittelbar oder mittelbar die Farbe des Weines bedingen, hat man seit Beginn der 50er Jahre ein gesteigertes Interesse gewidmet. Im deutschen Raum waren es unter anderem HENNIG u. Mitarb., im französischen Raum RIBÉREAU-GAYON u. Mitarb., die zahlreiche Beiträge hierzu geliefert haben. Nach Auffassung von P. RIBÉREAU-GAYON (1965) „hat man nach dem gegenwärtigen Stand der Kenntnisse keinen einzigen Hinweis über die Art der Substanz, die für die Farbe der Weißweine verantwortlich wäre". Bei jungen

Rotweinen sind die Anthocyane verantwortlich für die Färbung, bei der Farbe alter Rotweine spielen hingegen die Gerbstoffe die wichtigste Rolle.

Nach P. Ribéreau-Gayon u. E. Stonestreet (1966a) (vgl. auch die Arbeiten von K. Herrmann 1959 u. 1960) sind die hydrolysierbaren Gerbstoffe, die bei der Säurehydrolyse neben Zucker Gallus- oder Ellagsäure liefern, und im wesentlichen nur vom Faßholz stammen, von untergeordneter Bedeutung im Vergleich zu den kondensierten Gerbstoffen. Diese entstehen durch Kondensierung von Flavan-3-olen (Catechine) oder Flavan-3,4-diolen (Leukoanthocyanidine). Eine „gerbende" Eigenschaft ist nur diesen Polymerisationsprodukten zuzuschreiben, nicht ihren monomeren Formen. Nach Ansicht dieser Autoren bestehen die „gerbenden" Stoffe im Wein aus 2—10 Molekülen Leukoanthocyanidin. Bei höherem Polymerisationsgrad nimmt die gerbende Wirkung wieder ab. Die Catechine hingegen sind am Bau der Gerbstoffe der Weintraube und des Weines nicht oder nur sehr wenig beteiligt. Die polymeren Formen des Catechins bilden leicht die unlösbaren „Phlobaphen"-Niederschläge.

Hier sei auch auf die Arbeiten von E. C. Bate-Smith (1954) und T. Swain u. J. L. Goldstein (1964) verwiesen, die im wesentlichen Veröffentlichungen aus dem englischen Sprachraum berücksichtigen.

Neuere Arbeitsmethoden, wie z. B. die Gelfiltration, eröffnen weitere Wege zur Aufklärung der Phenolkörper des Weines. Interessante Arbeiten hierzu stammen von T. C. Somers (1966) und W. Diemair u. A. Polster (1967).

## 1. Farbmessung im Rotwein

Die Farbmessung im Rotwein ist nicht so unproblematisch (vgl. auch G. Mackinney u. C. O. Chichester 1954), wie man zunächst annehmen mag, da man zwischen Farbstärke und Farbtönung unterscheiden muß, wenn man die alterungsbedingten Veränderungen der Farbstoffe erfassen will. Die Vorschrift AOb des Internationalen Weinamtes lautet kurz und lapidar: Die Farbstärke eines Rotweines wird durch die optische Dichte (Extinktion) einer 1 cm dicken Schicht dieses Weines für Licht von der Wellenlänge 520 nm angegeben. Die Tönung dieser Farbe wird durch das Verhältnis der optischen Dichten bei 520 und 420 nm bestimmt.

P. Ribéreau-Gayon (1964) weist jedoch darauf hin, daß ein normaler Rotwein zu hohe Absorptionswerte bei der Messung in 1 cm-Küvetten aufweist, so daß eine Ablesung nicht mehr möglich ist. Da eine Verdünnung des Rotweines mit Wasser zu pH-Verschiebungen und damit zu Veränderungen der Farbintensität führen kann, schlägt er vor, die Messungen in 1 mm-Küvetten durchzuführen.

Nach V. Dimotaki-Kourakou u. A. Harvalia (1966) ist die Farbintensität als Summe der Extinktionen bei 420 und 520 nm zu bestimmen, d. h. bei dem Minimum und Maximum der Absorptionskurve eines Rotweines. Die so ermittelten Farbintensitäten geben eine relativ gute Beziehung zu der als Referenzmethode dienenden Tristimulus-Methode (vgl. G. Mackinney u. C. O. Chichester 1954), wenn es sich um einen gesunden Rotwein oder violetten Rotwein handelt. Bei hochfarbigen Weinen trifft dies nicht mehr zu, da hier die Anthocyane weitgehend abgebaut sind und Gerbstoffe für die Farbe verantwortlich sind.

Zur Bestimmung der Farbtönung empfehlen V. Dimotaki-Kourakou u. A. Harvalia (1966) die Messung des Winkels zwischen der Verbindungslinie der Extinktionen bei 420 und 520 nm und der Abszisse (vgl. Abb. 26). Nach ihren Messungen beträgt dieser Winkel

0— 32° bei gesunden Rotweinen,

32— 43° bei violetten Weinen,

150—180° bei hochfarbigen Weinen.

Nach Angaben von W. B. ROBINSON u. Mitarb. (1966) ermöglichen jedoch moderne Farbmeßgeräte, wie z. B. das Hunterlab Color and Color Difference Meter, echte Farbmessungen nach der Tristimulus-Methode ohne erhebliche Schwierigkeiten.

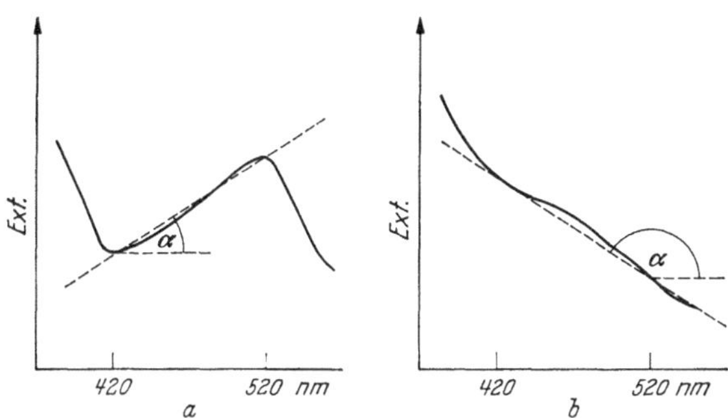


Abb. 26. Zur Farbmessung in Rotwein. Verlauf der Absorptionsspektren a in gesundem Rotwein, b in hochfarbigem Rotwein

Über den Zusammenhang zwischen der Farbe und der Art der Phenolkörper haben M. A. JOSLYN u. A. LITTLE (1967) gearbeitet.

## 2. Nachweis und Bestimmung der Anthocyane

Der *Nachweis* und die Trennung von Anthocyanfarbstoffen kann zur Identifizierung verschiedener Trauben- bzw. Rotweinsorten von Interesse sein (F. DRAWERT 1961). Hierzu bietet sich die Papierchromatographie (E. D. GARBER u. Mitarb. 1962) oder die Dünnschichtchromatographie (N. NYBOM 1963) an.

Nach Arbeiten von F. DRAWERT (1963) und H. TANNER u. Mitarb. (1963) sind folgende dünnschichtchromatographischen Methoden zur Trennung und Identifizierung der Anthocyane geeignet.

### α) Nachweis nach Drawert (1963) und Tanner u. Mitarb. (1963)

*Reagentien:*
10%ige Bleiacetatlösung
15%ige Natronlauge
Methanol
2 n-Salzsäure
Kieselgel G (MERCK) oder D-o (CAMAG)
Cellulosepulver MN 300 G
diverse Laufmittel

*Ausführung:*
50—100 ml Wein werden mit 10—20 ml Bleiacetatlösung versetzt und mit Natronlauge auf etwa pH 8,5 eingestellt. Der Niederschlag wird abzentrifugiert, die überstehende Flüssigkeit verworfen. Der Niederschlag wird mit 10 ml Methanol durchgerührt und wieder zentrifugiert. Der Rückstand wird mit 10 ml Aceton verrührt, nochmals zentrifugiert und das Aceton abgegossen. Der Rückstand wird im Vakuum (Exsiccator) ca. 1 Std völlig vom Aceton befreit und mit einem Glasstab zu einem trockenen Pulver zerrieben, das in 2 ml 2 n-Salzsäure aufgenommen wird. Nach Zugabe von 3 ml 50%igem Methanol wird durchgerührt und zentrifugiert. Die überstehende klare Lösung dient zur chromatographischen Auftrennung.

Zur Dünnschichtchromatographie eignen sich nach F. DRAWERT (1963) Schichten aus Kieselgel, Cellulosepulver und Gemische hiervon (z. B. 30 g Kieselgel G + 60 ml Wasser, 15 g Cellulosepulver MN 300 G + 85 ml Wasser, 12 g Kieselgel G + 12 g Cellulosepulver MN 300 G + 80 ml Wasser), als Laufmittel Äthylacetat-Phenol-Eisessig-Ameisensäure-Wasser(3:4:1:1:1 [Gewichtsanteile]) oder Äthylacetat-Phenol-Eisessig-Wasser (3:3:2:2 [Gewichtsanteile]). In dem letzteren Fließmittel können die Bleiniederschläge der Anthocyane direkt aufgenommen werden. Nach H. TANNER u. Mitarb. (1963) sind Kieselgel D-o-Schichten (1—2 Std bei 105 bis

110° C aktiviert) und das Partridge-Gemisch n-Butanol-Essigsäure-Wasser (4:1:2) oder besonders Äthylformiat-Butanon-Ameisensäure-Wasser (3:4:1:2) geeignet. Sie fanden bei Benutzung von äquilibrierten Kammern folgende Rf-Werte (Tab. 15):

Tabelle 15. *Rf-Werte von Anthocyanen nach* Tanner *u. Mitarb. (1963)*

| | Laufmittel nach Partridge<br>Rf | Laufmittel nach Tanner<br>Rf |
|---|---|---|
| | Verhalten im UV-Licht | Verhalten im UV-Licht |
| Malvin | 0,44 ziegelrot leuchtend | 0,33 ziegelrot leuchtend |
| Cyanin | 0,36 schwach dunkelrot leuchtend | 0,52 rot, keine Fluorescenz |
| Päonin | 0,56 orangerot leuchtend | 0,37 orangerot leuchtend |
| Delphinin | 0,35 dunkelrot, nicht leuchtend | 0,26 dunkelrot, nicht leuchtend |
| Malvidinmonoglucosid | 0,60 dunkelrot, nicht leuchtend | 0,61 rot, keine Fluorescenz |
| Cyanidin | 0,83 schwache Fluorescenz | 0,92 rot, keine Fluorescenz |
| Malvidin | 0,95 schwach dunkelrot leuchtend, keine Fluorescenz | 0,94 keine Fluorescenz |

Zur *Bestimmung* des Anthocyangehaltes in Rotweinen bieten sich nach P. Ribéreau-Gayon (1964 u. 1965) zwei Möglichkeiten an. Einerseits kann man Rotwein in saurem Milieu durch schweflige Säure entfärben und die Farbintensität vor und nach dieser Behandlung bei 520 nm bestimmen. Andererseits kann man die pH-Abhängigkeit der Farbe zur Bestimmung nutzen. Beide Methoden seien hier kurz wiedergegeben, da sie etwas unterschiedliche Werte liefern.

### β) Bestimmung nach P. Ribéreau-Gayon

*Reagentien:*

salzsaurer Alkohol: 1 l 95%iger Alkohol + 1 ml konz. Salzsäure
Lösung pH 0,6:100 ml Wasser + 2 ml konz. Salzsäure
Lösung pH 3,5:303,5 ml 0,2 m-Dinatriumhydrogenphosphatlösung + 696,5 ml 0,1 m-Citronensäure
Weinsäurelösung: 5 g Weinsäure + 67 ml n-Natronlauge + 105 ml 95 vol.-%iger Alkohol zu 1 l mit Wasser auffüllen
ca. 48%ige Natriumdisulfitlösung (diese Lösung muß 31—32 g $SO_2$ in 100 ml enthalten).
Eichlösung: Rote Trauben der Gattung *Vitis vinifera* werden mit Methanol extrahiert und die Anthocyane durch mehrfaches Umkristalliesiern mit Pikrinsäure und Äther gereinigt. Hieraus stellt man sich Anthocyanlösungen bekannten Gehaltes her (0—400 mg/l).

*Durchführung:*

*1. pH-Methode:* Man stellt folgende 2 Lösungen her:

| | Lösung 1 | Lösung 2 |
|---|---|---|
| Wein . . . . . . . . . . . . . . . | 1 ml | 1 ml |
| salzsaurer Alkohol . . . . . . . . | 1 ml | 1 ml |
| Lösung pH 0,6 . . . . . . . . . . | 10 ml | 0 ml |
| Lösung pH 3,5 . . . . . . . . . . | 0 ml | 10 ml |

Nach 1 Std werden die Extinktionen bei 520 nm in 1 cm-Küvetten gegen Wasser gemessen und ihre Differenz anhand einer entsprechend aufgestellten Eichkurve (vgl. Abb. 27) ausgewertet.

*2. $SO_2$-Methode:* Man mischt zunächst 1 ml Wein, 1 ml salzsauren Alkohol und 20 ml Lösung pH 0,6. Dann gibt man in 2 Reagensgläser

| | Glas 1 | Glas 2 |
|---|---|---|
| vorstehende Mischung . . . . . . . | 10 ml | 10 ml |
| Wasser . . . . . . . . . . . . . . | 4 ml | 0 ml |
| Natriumdisulfitlösung . . . . . . . | 0 ml | 4 ml |

Nach 20 min vergleicht man die in 1 cm-Küvetten bei 520 nm gegen Wasser gemessenen Extinktionen und erhält aus ihrer Differenz, anhand einer entsprechend aufgestellten Eichkurve (vgl. Abb. 27), den Anthocyangehalt.

Schließlich sei noch erwähnt, daß die Gel-Filtration auch bei Rotwein und rotem Traubensaft zu guten Ergebnissen führen sollte, da zumindest die ver-

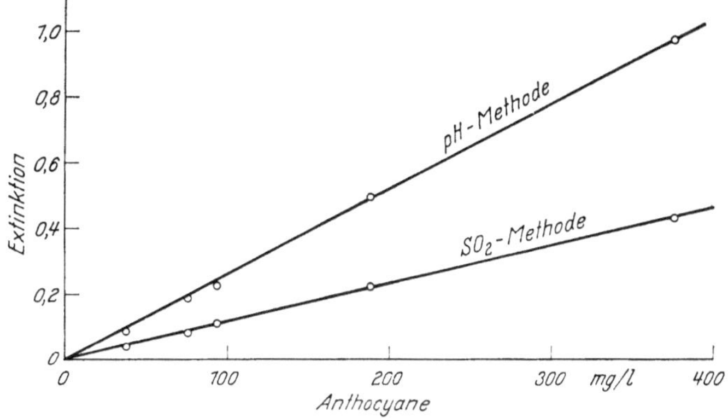


Abb. 27. Anthocyanbestimmung nach P. RIBÉREAU-GAYON

änderten Anthocyane und wahrscheinlich auch die Gerbstoffe sich nach dieser Methode von den Anthocyanen trennen lassen (J. KOCH u. E. HAASE-SAJAK 1967).

## 3. Nachweis und Bestimmung von Malvin

Der *Nachweis* von Hybriden in Rotwein und rotem Traubensaft ist erst möglich, nachdem von RIBÉREAU-GAYON und seinen Mitarbeitern in Bordeaux (vgl. H. GROHMANN u. F. GILBERT 1959) Malvidinglucosid als wesentlicher Bestandteil der Hybridenfarbstoffe erkannt worden war. Für weiße Hybridentrauben und -weine fehlen noch die entsprechenden Kenntnisse.

Zahlreiche Arbeiten haben sich seitdem mit den Möglichkeiten und Verbesserungsvorschlägen zum Nachweis und zur Bestimmung von Malvin beschäftigt, wobei in einigen Fällen auch Hybriden gefunden wurden, die keine Diglucoside enthielten (J. RIBÉREAU-GAYON u. E. PEYNAUD 1958). In anderen Fällen will man auch in reinen Europäertrauben geringe Mengen an Malvin nachgewiesen haben (Anonym 1961).

Wegen der verschiedenen Möglichkeiten der Vorbereitung der Proben, der papier- und dünnschichtchromatographischen Abtrennung des Malvins und seines Nachweises sei u. a. auf folgende Arbeiten hingewiesen: P. JAULMES u. E. NEY (1960) (entspricht der vom OIV provisorisch angenommenen Methode zum Malvin-Nachweis), H. RENTSCHLER (1959), H. TANNER u. H. RENTSCHLER (1960), H. RENTSCHLER u. Mitarb. (1961), G. REUTHER (1960), G. CAPPELLERI (1960, 1963, 1964), P. G. GAROGLIO (1960), L. BIRKHOFER u. Mitarb. (1966). Vom Bundesgesundheitsamt (Anonym 1963) wurde folgende Methode empfohlen, die sich eng an die Methode von W. DIEMAIR u. Mitarb. (1963) anlehnt. Sie berücksichtigt Einwände des Auslandes, daß auch in Vinifera-Trauben geringe Mengen an Malvin vorkommen können.

### α) Nachweis nach Diemair (1963)

*Prinzip:*

Die Anthocyane werden mit Bleiacetat gefällt, aufgearbeitet und schließlich papierchromatographisch die Mono- und Diglucoside getrennt. Der Nachweis von Malvin erfolgt im UV-Licht.

*Geräte und Reagentien:*

Zwei gleichgroße Glasschalen, innerer Durchmesser 23,5 cm, Höhe 3,0 cm; eine Petrischale zur Aufnahme des Fließmittels, etwa 8,5 cm ⌀ und 1,5 cm Höhe.

Schleicher u. Schüll 2043 b mgl: Ein normaler Bogen (58 × 60 cm) wird in vier gleiche Teile zerschnitten. Jeweils in die Mitte dieser Teilbogen wird ein Loch von 4,5 mm ⌀ zur Aufnahme eines etwa 4 cm hohen Saugdochtes gestanzt. Dieser besteht aus einem Papierröllchen, das aus einem etwa 4 × 7,5 cm großen Streifen desselben Papieres hergestellt wurde.

1-Butanol zur Chromatographie
96%ige Essigsäure (Eisessig) zur Chromatographie
Methanol reinst
Aceton reinst, DAB
10%ige wäßrige Lösung von Blei(II)-acetat p. a.
25%ige Ammoniaklösung (0,910) p. a.
0,5 n-Salzsäure
2 n-Salzsäure
1-Butanol:Eisessig:Wasser 6:2:3 (V:V:V). Das Fließmittel ist etwa 8 Tage verwendbar.
0,005%ige wäßrige Lösung von „Ponceau 6 R, besonders rein" („Lebensmittel-Rot 1" der Anlage 1 zur Farbstoffverordnung vom 19.XII.1959 BGBl. I, S. 756); Schultz (1931) Nr. 215. Die chemische Bezeichnung dieses Farbstoffes lautet: 1-Aminonaphthalin-4-sulfosäure→2-Hydroxynaphthalin-3,6,8-trisulfosäure (Natriumsalz).

Malvinchlorid rein: Das Präparat muß folgenden Anforderungen entsprechen: nadelförmige Kristalle.

Auf einem zweidimensionalen Papierchromatogramm (Chromatographiepapier: Schleicher u. Schüll 2043b mgl) mit dem Fließmittel 1-Butanol: Eisessig:Wasser = 6:2:3 (V:V:V) in Laufrichtung I und Eisessig:konz. Salzsäure (1,19): Wasser = 3:1:8 (V:V:V) in Laufrichtung II darf nur ein Fleck sichtbar sein. Der Rf-Wert dieses Flecks beträgt in Laufrichtung II 0,62 (Abweichungen von 0,60—0,65 können durch Temperaturschwankungen bedingt sein). Der Farbfleck muß im UV-Licht stark leuchtend ziegelrot bis orangerot fluorescieren.

Die Extinktion der nach folgender Vorschrift hergestellten 0,0025%igen Malvinchlorid-lösung muß, in einer 0,5 cm-Küvette bei 520 nm gegen dest. Wasser gemessen, zwischen 0,58 und 0,59 liegen:

2,5 mg reines kristalliertes Malvinchlorid werden auf einer Mikrowaage abgewogen und in 10 ml reinstem Methanol völlig gelöst. Die Lösung wird in einen 100 ml-Meßkolben überge-führt und mit 0,5 n-Salzsäure bis zur Marke aufgefüllt.

Sonstige Merkmale:

Schmelzpunkt: Die Substanz schmilzt bei etwa 162° C unter Zersetzung.

Farbe: Unter dem Mikroskop purpurrot, in verdünnter Säure bläulichrot, etwa dem Ponceaurot entsprechend, in alkalischer Lösung Farbumschlag nach blau.

Löslichkeit: Schwer löslich in Wasser, leicht löslich in Methanol, etwas weniger in Äthyl-alkohol.

In der Kälte in 1%iger Salzsäure ziemlich schwer, in 3%iger Salzsäure fast unlöslich.

In den heißen Säuren ziemlich löslich, in 7%iger Schwefelsäure leicht löslich.

Haltbarkeit: Reines kristallisiertes Malvinchlorid, im Dunkeln gut verschlossen aufbe-wahrt, ist mehrere Jahre haltbar.

In gelöstem Zustand ist die Haltbarkeit des Malvinchlorids begrenzt; Erwärmen be-schleunigt die Zersetzung.

Die beschriebene 0,0025%ige Malvinchloridlösung kann als Vergleichslösung benützt werden, wenn der unter den beschriebenen Bedingungen gemessene Extinktionswert nicht unter 0,54 gesunken ist. Für den jeweiligen Bedarf kann eine kleine Menge Vergleichslösung ohne Ab-wägen bequem auf folgende Weise hergestellt werden: In einem Reagensglas werden einige Kriställchen reinen Malvinchlorids (etwa $^1/_4$ mg) in wenigen Tropfen reinstem Methanol gelöst. Durch Zusatz von 0,5 n-wäßriger Salzsäure wird die Lösung zunächst auf eine Malvinchlorid-konzentration von ungefähr 4 mg/100 ml gebracht. Es ist vorteilhaft, die Salzsäure aus einer Bürette tropfenweise hinzuzufügen. Die Malvinchloridkonzentration von etwa 4 mg/100 ml kann am besten geschätzt werden durch Vergleich mit einer 0,005%igen wäßrigen Lösung des Farb-stoffes „Ponceau 6R"[1], die sich in einem zweiten Reagensglas gleichen Durchmessers befindet. Sobald Farbgleichheit erreicht ist, wird die Extinktion der Malvinchloridlösung in einem ge-eigneten Photometer bei 520 nm unter Verwendung einer 0,5 cm-Küvette gegen Wasser ge-messen. Aus dem so ermittelten Extinktionswert E wird mit Hilfe nachstehender Formel be-rechnet, wieviel ml 0,5 n-Salzsäure zu 1 ml dieser Lösung zugefügt werden müssen, um eine 0,0025%ige Malvinchlorid-Vergleichslösung zu erhalten:

$$\text{ml 0,5 n-HCl} = \frac{E - 0,58}{0,58}$$

---

[1] Die 0,005%ige Ponceaurotlösung, in dunkler Flasche bei Zimmertemperatur aufbewahrt, ist mehrere Monate haltbar. Die Extinktion der Ponceaurotlösung beträgt, unter den gleichen Bedingungen wie die der Malvinchlorid-Vergleichslösung gemessen, 0,50.

*Ausführung:*

25 ml Wein oder Traubensaft werden in einem 50 ml-Zentrifugenglas mit 5 ml 10%iger wäßriger Blei(II)-acetatlösung p.a. versetzt, mit einem Glasstab durchgerührt und etwa 3—5 min bei 3000 U/min zentrifugiert. Die überstehende klare Flüssigkeit wird in ein gleichgroßes Zentrifugenglas gegossen, der Rückstand mit 5 ml Wasser in Anteilen durchgerührt, unter den gleichen Bedingungen wie oben zentrifugiert und die überstehende Flüssigkeit ebenfalls in das zweite Zentrifugenglas gegeben. Zu dieser Flüssigkeit setzt man soviel 25%ige Ammoniaklösung p.a. (etwa 10 Tropfen) hinzu, bis sie deutlich alkalisch reagiert, rührt durch und zentrifugiert. Die überstehende Flüssigkeit, die praktisch farblos ist, wird verworfen. Der Niederschlag wird mit 10 ml reinstem Methanol durchgerührt und zentrifugiert. Nach Abgießen des Methanols wird der Rückstand mit 10 ml reinstem Aceton verrührt und nochmals zentrifugiert. Das Aceton wird abgegossen und der Rückstand im Vakuum (Exsiccator etwa 1 Std) völlig vom Aceton befreit und mit dem Glasstab zu einem trockenen Pulver verrieben. Dieses wird mit 2 ml 2 n-Salzsäure versetzt und mit dem Glasstab gerührt, bis alle dunkel gefärbten Partikel verschwunden sind. Nach Zugabe von 3 ml 50%igem reinstem Methanol wird gründlich durchgerührt und zentrifugiert. Die überstehende klare Lösung wird in einen kleinen Schliffzylinder gegeben. 0,02 ml davon (entsprechend 0,1 ml der Ausgangsflüssigkeit) werden mit einer Blutzuckerpipette auf das Chromatographiepapier in einer Entfernung von etwa 2 cm vom Mittelpunkt des Bogens aufgetragen, nachdem zuvor der Startpunkt markiert wurde[1].

Gleichzeitig trägt man 0,02 ml der Vergleichslösung in derselben Weise auf. Insgesamt können 4 Lösungen (3 Untersuchungslösungen und 1 Vergleichslösung) aufgetragen werden. Die Laufzeit mit dem angegebenen Fließmittel beträgt etwa 5 Std[2,3].

Der Rf-Wert des Malvinchlorids beträgt 0,4—0,45 vom Startpunkt aus. Anschließend wird das Chromatogramm im kalten Luftstrom getrocknet und danach unter der UV-Lampe (366 nm) betrachtet. Die Lampe muß mindestens 10 min vor der Beurteilung der Chromatogramme eingeschaltet werden. Außerdem ist es wichtig, das Blatt erst eine kurze Zeit unter der Lampe zu belassen. Malvin gibt sich durch eine leuchtend ziegelrote bis orangerote Fluorescenz einer Zone zu erkennen, die den gleichen Rf-Wert besitzt wie die mit der Vergleichslösung erhaltene Fluorescenzzone. Die Anwesenheit von rotem Hybridenwein ist erwiesen, wenn die Fluorescenz gleich stark wie die der Vergleichslösung oder stärker als diese ist.

Es wird ausdrücklich darauf hingewiesen, daß die vorgeschriebene Malvinchlorid-Vergleichslösung bei jeder Untersuchung mitchromatographiert werden muß und daß nur solche Flecke auszuwerten sind, die den gleichen Rf-Wert besitzen wie der aus der Vergleichslösung entstandene Malvinchloridfleck.

Interesse verdient daneben noch der von J. EISENBRAND u. Mitarb. (1965a und 1965b) ausgearbeitete Schnellnachweis von Malvin, bei dem die Fluorescenz des mit Eisessig 1:100 verdünnten Rotweines statt mit UV-Licht mit grünem Licht angeregt wird.

Ein Verfahren zur quantitativen *Bestimmung* von Malvin nach P. DORIER u. L.P. VERELLE (1966) beruht darauf, daß schonend oxydiertes Malvin in ammoniakalischem Milieu bei 366 nm eine lebhafte grüne Fluorescenz ergibt. Die bei roten Hybridenweinen gelegentlich vorkommenden Diglucoside Päonin und Delphinin geben unter den weiter unten angegebenen Bedingungen keine Fluorescenz. Diese Methode wurde von H. BIEBER (1967) noch vereinfacht, indem er als Vergleichslösung eine Lösung von 2,0 mg Chininsulfat in 1 l 0,1 n-Schwefelsäure einführte. Auch H. HADORN u. Mitarb. (1967) haben sich mit dieser Methode beschäftigt.

### β) Bestimmung nach Bieber (1967)

*Geräte und Reagentien:*

Spektralphotometer, z. B. Zeiss PMQII mit Fluorescenz-Zusatz; Anregung: Monochromatfilter 365 nm; Lichtquelle: Quecksilberlampe; Schwerpunkt der emittierenden Fluorescenz-

---

[1] Beim Auftragen der Lösung ist darauf zu achten, daß sie sich nicht mehr als 4 mm um den markierten Startpunkt herum ausbreitet, daß somit der Startfleck höchstens einen Durchmesser von 8 mm besitzt. Dasselbe gilt für das Auftragen der Vergleichslösung.

[2] Das Fließmittel darf nicht ganz bis zum Schalenrand laufen.

[3] Unterschiedliche Raumtemperaturen können Abweichungen nach oben oder unten zur Folge haben.

strahlung bei 490 nm mit Streulichtfilter 380—500 nm; Fluorescenz-Küvetten: 1 cm Schichtdicke

n-Salzsäure

1%ige Natriumnitritlösung

Ammoniak-Alkohol: 10 ml konz. Ammoniak (d = 0,910) mit 96%igem Äthanol auf 200 ml auffüllen

Chininsulfat-Stammlösung: 25 mg Chininsulfat puriss. DAB 6 ,,Boehringer" mit 0,1 n-Schwefelsäure lösen und zu 250 ml auffüllen

Chininsulfat-Meßlösung: 20,0 ml Stammlösung mit 0,1 n-Schwefelsäure zu 1 l auffüllen.

*Durchführung:*

1,0 ml Wein oder Traubenmost wird in einem Reagensglas mit 0,05 ml n-Salzsäure angesäuert, mit 1,0 ml 1%iger Natriumnitritlösung versetzt und geschüttelt. Nach genau 2 min werden 10,0 ml Ammoniak-Alkohol zugegeben und gemischt. Nach 5 min wird durch ein Faltenfilter in ein zweites Reagensglas filtriert.

Zur qualitativen Prüfung auf Malvin wird das Filtrat im UV-Licht bei 366 nm betrachtet. Bei Anwesenheit von Malvin ist eine grüne Fluorescenz zu beobachten.

Für die quantitative Bestimmung wird das Filtrat in eine Glasküvette für Fluorescenzmessungen von 1 cm Schichtdicke gefüllt und gegen die Chininsulfat-Meßlösung gemessen. Hierzu wird durch Öffnen des Spaltes auf eine Lichtdurchlässigkeit von 100% (T %) eingestellt und dann gegen die Untersuchungsprobe gemessen.

Malvinfreie Erzeugnisse besitzen bei der Messung gegen Chininsulfat Transmissionswerte von 2—8%. Bei stark malvinhaltigen Proben, insbesonders reinen Hybridenweinen, ist eine Verdünnung mit Wein erforderlich. Es ist zweckmäßig, immer mehrere Verdünnungen zu messen, da bei hohen Malvingehalten die Filtrate eine gelbbräunliche Eigenfärbung aufweisen können, wodurch das Meßergebnis nicht mehr exakt ist. In diesen Fällen wird der höchste Wert zur Berechnung herangezogen.

*Berechnung:*

Bei Anwendung von 1 ml Wein oder Traubensaft errechnet sich der Malvingehalt unter Zugrundelegung der Eichkurve nach folgender Formel:

$$\text{mg Malvin/100 ml} = 0{,}0426 \, (\text{T \%} - 6)$$

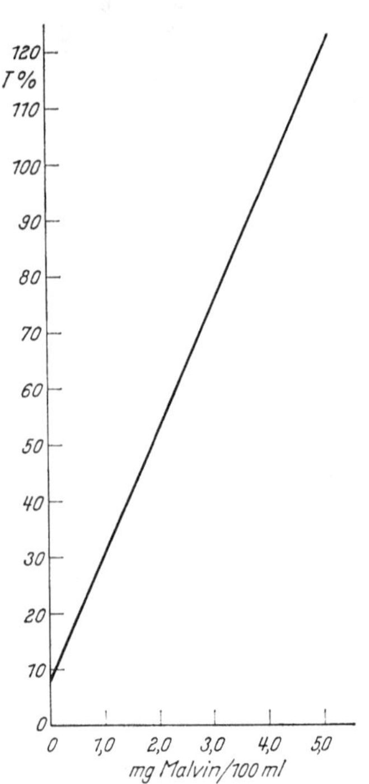



Abb. 28. Eichkurve zur Malvinbestimmung nach Bieber

Die von H. Bieber mit besonders reinem Malvinchlorid (die Extinktion der 0,0025%igen Lösung betrug bei 520 nm 0,620) in hybridenfreiem Rotwein erstellte Eichgerade zeigt den in Abb. 28 wiedergegebenen Verlauf.

Es sei darauf hingewiesen, daß ein Gehalt an freier schwefliger Säure von über 50 mg/l die Fluorescenz zu stören beginnt. Durch einen entsprechenden Zusatz an Acetaldehyd sollte diese Störung zu beheben sein.

## 4. Bestimmung der Gerbstoffe

Das amtliche Verfahren, ein von W. Fresenius u. L. Grünhut (1921) abgeändertes Verfahren nach J. Löwenthal u. C. Neubauer, beruht im wesentlichen darauf, mittels Permanganatlösung zunächst die Gesamtmenge aller oxydierbaren Stoffe einschließlich Gerbstoffe und Farbstoffe zu bestimmen. In einer Vergleichsprobe werden die Gerbstoffe und Farbstoffe durch Kohlebehandlung entzogen und danach die Summe der verbliebenen oxydierbaren Stoffe in gleicher Weise bestimmt. Als Indicator dient Indigolösung. Die Differenz beider Bestimmungen läßt annähernd Schlüsse über die Menge an Gerb- und Farbstoffen zu. Der Berechnung ist der Reduktionswert von Tannin zugrundegelegt.

Nach NEUBAUER (vergl. O. REICHARD 1938) sind zur Oxydation des Rotweinfarbstoffes relativ kleine Mengen Permanganat erforderlich. Den wahren Gerbstoffgehalt erhält man annähernd, wenn für den Farbstoff 0,1—0,2 g vom Gesamtwert für Gerbstoff und Farbstoff abgezogen werden.

### α) Verfahren nach Fresenius u. Grünhut (1921)

*Reagentien:*
Knochenkohle-Aufschwemmung
Schwefelsäure (D = 1,11)
Indigolösung: 3 g synthetischer Indigo werden mit 20 ml konz. Schwefelsäure sehr fein angerieben und 5 Std lang bei 40—50° C unter häufigem Umrühren aufbewahrt. Nach dem Erkalten gießt man die Flüssigkeit in 1 l Wasser, filtriert durch Papier und stellt in der für die Titrierung des Weines beschriebenen Weise für 20 ml des Filtrates den Verbrauch an Kaliumpermanganatlösung fest. Hierauf verdünnt man mit so viel Wasser, daß 20 ml der verdünnten Indigolösung zwischen 7 und 9 ml Permanganatlösung verbrauchen.
Kaliumpermanganatlösung: 1,33 g/l
0,1 n-Oxalsäurelösung.

*Durchführung:*
50 ml Rotwein oder 100 ml Weißwein werden — letzterer in zwei gesonderten Anteilen zu je 50 ml — auf dem Wasserbad auf die Hälfte eingedampft, sofort in ein 100 ml-Meßkölbchen übergeführt und nach dem Erkalten mit Wasser zur Marke aufgefüllt. Von der gut durchmischten Flüssigkeit führt man 50 ml in einen 1 l-Meßkolben über, fügt einige ml Knochenkohle-Aufschwemmung hinzu und läßt unter zeitweiligem Umschütteln mehrere Stunden lang stehen. Ist die Flüssigkeit über der Knochenkohle völlig entfärbt, so füllt man mit Wasser zu 1 l auf, schüttelt um und filtriert durch ein trockenes Filter. War die Flüssigkeit über der Knochenkohle nicht völlig entfärbt, so ist vor dem Auffüllen zu 1 l ein weiterer Zusatz der Aufschwemmung erforderlich. Man bringt nunmehr in eine große glasierte Porzellanschale 1 l dest. Wasser, fügt 10 ml Schwefelsäure hinzu und läßt aus einer Pipette bei Weißwein 20 ml, bei Rotwein 30 ml Indigolösung zufließen. Dann gibt man aus einer Pipette 20 ml des entgeisteten, zu 100 ml aufgefüllten und noch nicht mit Knochenkohle behandelten Weines hinzu und läßt aus einer Glashahnbürette unter stetigem Umrühren Kaliumpermanganatlösung tropfenweise einfließen, wobei die blaue Färbung allmählich in Dunkelgrün, Hellgrün und schließlich Grüngelb, alsdann durch Zusatz eines weiteren Tropfens der Kaliumpermanganatlösung in ein glänzendes Goldgelb übergeht. Kurz vor diesem Umschlag muß die Kaliumpermanganatlösung in einzelnen, sich langsam folgenden Tropfen zugesetzt werden. Die Titration ist zweimal auszuführen. Dann titriert man in gleicher Weise den mit Knochenkohle behandelten Wein. Man verwendet 400 ml der filtrierten Flüssigkeit, bringt sie in eine Porzellanschale, ergänzt mit Wasser auf 1 l und setzt 10 ml Schwefelsäure, sowie bei Weißwein 20 ml, bei Rotwein 30 ml Indigolösung hinzu. Auch dieser Versuch ist zu wiederholen.

*Berechnung:*
Wurden verbraucht von der Kaliumpermanganatlösung a ml für 10 ml 0,1 n-Oxalsäure, b ml für den nicht, c ml für den mit Knochenkohle behandelten Wein, so sind in 1 l Wein enthalten

$$\text{bei Weißwein } 2{,}08 \cdot \frac{b-c}{a}, \text{ bei Rotwein } 4{,}16 \cdot \frac{b-c}{a} \text{ g Gerbstoff und Farbstoff.}$$

Als weitere Methode sei diejenige von W. DIEMAIR, H. JANECKE u. G. KRIEGER (1951) aufgeführt. Hierzu dient das Reduktionsvermögen der Gerb- und Farbstoffe gegenüber Wolframat als Grundlage zu ihrer Bestimmung.

### β) Verfahren nach Diemair u. Mitarb.

*Reagentien:*
1%ige Gelatinelösung
Bleiessig DAB 6
12,5%ige Phosphorsäurelösung
10%ige Trinatriumphosphatlösung
Kieselgur
Natriumwolframatreagens: 100 g Natriumwolframat, 30 g Arsensäure, 50 ml konz. Salzsäure und 300 ml Wasser werden 2 Std am Rückfluß bis zum Erhalten einer klaren Lösung erhitzt und nach dem Abkühlen auf 1 l aufgefüllt
20%ige Natriumcarbonatlösung
Tannin

*Durchführung:*

10 ml Wein werden mit 2 ml einer 1%igen Gelatinelösung und 10 ml Bleiessig versetzt. Nach kräftigem Umschütteln zentrifugiert man den entstandenen Niederschlag ab (10—15 min lang bei 2000—3000 U/min). Der Niederschlag wird mit 3 ml einer 12,5%igen Phosphorsäurelösung und 20—30 ml Wasser unter kräftigem Umrühren aufgenommen. Zu dieser Lösung wird dann noch 1 ml einer 10%igen Natriumphosphatlösung gegeben, umgeschüttelt und hierauf filtriert. Eine etwaige schmutzige Trübung des Filtrates läßt sich leicht durch Zugabe von 0,5—1,0 g Kieselgur und nachträgliches Filtrieren beseitigen. Das klare Filtrat wird in einem 100 ml-Meßkölbchen mit 2 ml Natriumwolframatreagens und 10 ml einer 20%igen Natriumcarbonatlösung versetzt, zur Marke aufgefüllt und der entstandene blaue Farbton im Stufenphotometer gemessen (Filter S 66, Küvette 1 cm). Der durch die Reduktion des $W^{VI}$ zu $W^V$ durch Bildung einer Komplexverbindung auftretende blaue Farbton, dessen Intensitätsmaximum nach 30—45 min erreicht ist, ist über mehrere Stunden hinweg haltbar. Die Extinktion der Farblösung folgt dem Lambert-Beerschen Gesetz, und aus der Eichkurve, die mit Weingerbstoff hergestellt wird, läßt sich der Gerbstoffgehalt errechnen.

Nach G. Margheri (1960) kann man den Tanningehalt im Wein aufgrund der Tatsache bestimmen, daß Tannin ein charakteristisches Maximum bei 275 nm aufweist. Man verdünnt den Wein auf Meßstärke mit 10 vol.-%igem Alkohol und wertet die erhaltene Extinktion anhand einer mit Tannin in 10 vol.-%igem Alkohol (unter Zusatz von 4 g Weinsäure/l) erstellten Eichkurve aus.

Auch O. Colagrande (1961) arbeitete nach dem gleichen Prinzip, extrahierte jedoch die Gerbstoffe zuvor mit Äthylacetat und benutzte Tee-Gerbstoff als Eichsubstanz. Dieser soll fast die gleiche Extinktionskurve wie Rotweingerbstoff besitzen. Nach G. Margheri (1960) verläuft jedoch die Extraktion mit Äthylacetat nicht ganz quantitativ.

Basierend auf neuere Erkenntnisse haben P. Ribéreau-Gayon u. E. Stonestreet (1966b) eine weitere Methode zur Gerbstoffbestimmung ausgearbeitet.

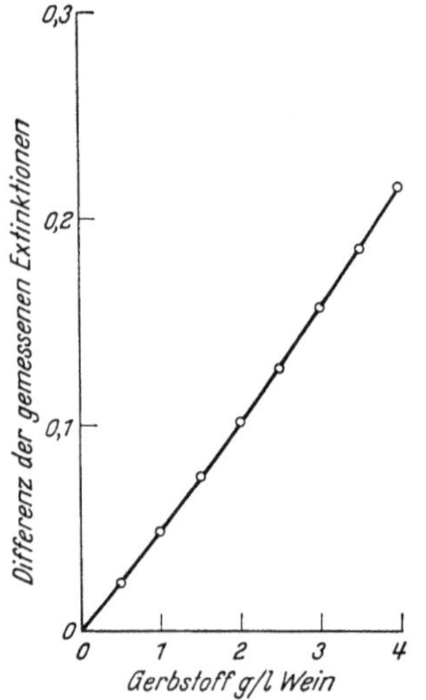


Abb. 29. Bestimmung der Gerbstoffe nach P. Ribéreau-Gayon u. E. Stonestreet (Die Verdünnung 1:50 ist einkalkuliert; die Meßwerte ergeben direkt den Gerbstoff-Gehalt des Weines in g/l)

### γ) Verfahren nach Ribéreau-Gayon u. Stonestreet (1966b)

*Prinzip:*

Durch Erhitzung in saurem Milieu werden die Leukoanthocyane, die im wesentlichen als Baustein der Gerbstoffe angesehen werden können, in Anthocyane übergeführt und die dabei entstehende Färbung gemessen. Die Reaktion ist nicht quantitativ aber reproduzierbar, da die Gerbstoffe mit 3—10 Molekülen Leukoanthocyan in annähernd gleichem Maße in die Reaktion eingehen.

*Reagens:*

konz. Salzsäure

*Durchführung:*

Man verdünnt den Wein 1:50 mit Wasser. In zwei Kölbchen gibt man je 4 ml dieses verdünnten Weines, 2 ml Wasser und 6 ml konz. Salzsäure. Ein Glas erhitzt man unter Rückfluß 45 min im Wasserbad auf 100° C. Man läßt dann 10 min unter fließendem Wasser abkühlen. Auch hierbei sorgt man, wie beim Erhitzen, für Lichtausschluß, da die Anthocyane lichtempfindlich sind. Dann gibt man zu beiden Kölbchen je 1 ml Alkohol zur Intensivierung und Stabilisierung der Farbe. Beide Lösungen werden in 1 cm-Küvetten bei 550 nm gegen Wasser gemessen und die Differenz der Extinktionen anhand einer Eichkurve ausgewertet. Die Differenzen sollen zwischen 0,05 und 0,2 liegen, da hierbei die Reproduzierbarkeit am besten gewährleistet ist.

Die Eichkurve wurde mit einem Leukoanthocyanextrakt der Strandkiefer erstellt, deren Gehalt titrimetrisch ermittelt wurde. Hiervon wurden definierte Mengen in eine synthetische Lösung gegeben, bestehend aus 10 vol.-%igem Alkohol mit 5 g Weinsäure/l und 0,89 g Natriumhydroxid/l. Die gefundene Eichkurve ist aus Abb. 29 ersichtlich.

# 5. Bestimmung der kondensierbaren Gerbstoffe

Während die Bestimmung der Gesamtgerbstoffe auf ihrem Reduktionsvermögen gegenüber Kaliumpermanganat oder Phosphorwolframsäure beruht, kann man die kondensierbaren Gerbstoffe besser mittels der Vanillin-Reaktion ermitteln. Nach T. SWAIN u. J. L. GOLDSTEIN (1964) erfaßt diese Reaktion die am $C_7$ oder $C_5$ und $C_3$ hydroxylierten Flavanderivate.

Flavonole gehen nach P. RIBÉREAU-GAYON u. E. STONESTREET (1966 b) in die Reaktion nicht mit ein. Man kann nach diesen Autoren außerdem annehmen, daß die Vanillin-Reaktion an dem gleichen C-Atom des Flavanderivates angreift, das auch bei der Kondensation von Catechin oder Leukoanthocyanidin besetzt wird. Man erfaßt demnach mit der Vanillin-Reaktion im wesentlichen nur die Moleküle, bei denen $C_6$ oder $C_8$ frei sind. Nach R. BURKHARDT (1963) reagieren hingegen die Hydroxylgruppen am $C_5$- bzw. $C_7$-Atom. Die von ihr erarbeitete Methode wurde von H. REBELEIN (1965 a) verbessert. Sie ist in der folgenden Vorschrift auch für Rotweine geeignet.

### α) Verfahren nach Rebelein (1965 a)

*Reagentien:*
Reinster 96%iger Alkohol, unvergällt
10%iger Alkohol: 50 ml 96%iger Alkohol auf 500 ml auffüllen
Vanillinlösung (täglich bei Bedarf frisch herzustellen!): 500 oder 1000 mg Vanillin puriss. (Fluka) mit 96%igem Alkohol auf 50 bzw. 100 ml lösen
d-Catechin (Fluka): d-Catechinhydrat wird in heißer 0,1%iger Essigsäure gelöst und heiß über Kohle gezogen. Die beim Abkühlen anfallenden Kristalle werden im Vakuumtrockenschrank bei 60° C getrocknet. Fp = 174° C
11,5 n-Salzsäure: 10 ml der käuflichen konz. Salzsäure p.a. werden im 100 ml-Meßkölbchen mit Wasser zur Marke aufgefüllt. Nach gründlichem Mischen werden damit 10 ml n-Lauge gegen Phenolphthalein titriert. Verbrauch = a ml der verdünnten Salzsäure. $\frac{a}{8,7} \cdot 1000$ ml der konz. Salzsäure werden zum Liter aufgefüllt. Die so eingestellte 11,5 n-Salzsäure wird zweckmäßigerweise in einer Spezialbürette (vgl. Abb. 30) mit damit verbundenem Vorratsbehälter aufbewahrt, um eine Abnahme der Normalität zu verhindern. Ein Absinken der Normalität um je 0,1 Normal-Einheiten würde einen Fehler von je ca. 5% des Wertes bewirken.

*Durchführung:*
In 2 Erlenmeyerkölbchen a und b von 100 ml Fassungsvermögen werden je 10 ml Weißwein oder mit 10%igem Äthanol 1:10 verdünnter Rotwein gegeben.

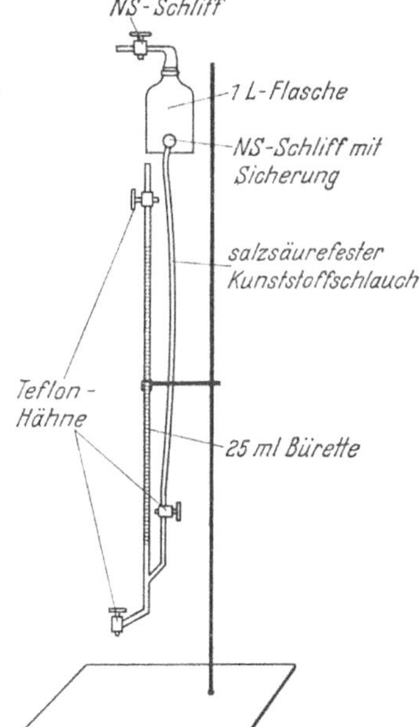


Abb. 30. Spezialbürette zur Aufbewahrung und Abmessung der 11,5 n-Salzsäure

Kölbchen a wird mit 5 ml Vanillinlösung, Kölbchen b mit 5 ml Alkohol unter Umschwenken versetzt. Dann fügt man in beiden Kölbchen je 10 ml 11,5 n-Salzsäure unter Umschwenken hinzu und mißt die entstehende Rotfärbung des Kölbchens a gegen die Blindlösung des Kölbchens b in 1 cm-Küvetten bei 490 nm. Als Meßwert gilt das Maximum der Extinktion, das je nach Art des Weines meistens nach 5—15 min erreicht wird. Die Auswertung erfolgt anhand einer Eichkurve, die entsprechend mit Lösungen von 0,1—0,5 g Catechin/l 10%iger Alkohol erstellt wird. Evtl. vorgenommene Verdünnungen sind zu berücksichtigen.

Bei Säften ist nach D. Hess (1967) diese Methode nur bedingt brauchbar, da Fructose in die Reaktion mit eingeht. Man kann diese Störung durch einen Korrekturfaktor annähernd kompensieren. Dieser Korrekturfaktor, um die in Säften gemessene Extinktion auf jene in zuckerfreiem Milieu überzuführen, beträgt 1—0,027 · x, wobei x der Fructosegehalt in g/l ist. Bei Anwesenheit von Saccharose ist deren Fructoseanteil mit einzubeziehen.

Günstiger ist es, bei der Bestimmung der kondensierbaren Gerbstoffe in Traubensaft in Anlehnung an T. Swain u. W. E. Hillis (1959) anstelle von Salzsäure Schwefelsäure zu verwenden.

Nach den Ergebnissen von D. Hess (1967) erhält man zwar hierbei, je nach dem Maße der Verdünnung, unterschiedliche Werte. Diese Störung ist jedoch zu umgehen, wenn man nicht den Saft selbst verdünnt, sondern die Reaktionslösung Saft-Schwefelsäure-Vanillin nach einer Reaktionsdauer von 10 min. Zucker geht auch hier in die Reaktion mit ein. Die linear verlaufende Eichgerade hat jedoch in dem Konzentrationsbereich von 40 g Glucose + 40 g Fructose bis 100 g Glucose + 100 g Fructose/l den gleichen Steigungswinkel.

### β) Verfahren nach Hess (1967)

*Reagentien:*

70 vol.-%ige Schwefelsäure
47 vol.-%ige Schwefelsäure
Vanillinreagens: 1 g Vanillin p.a. werden in 100 ml kalter 70 vol.-%iger Schwefelsäure gelöst. Das Reagens ist täglich frisch herzustellen
gereinigtes d-Catechin (vgl. 5. *a*)
Glucose
Fructose

*Durchführung:*

Je 1 ml Traubensaft werden in 2 Schliffreagensgläser A und B, in ein weiteres Reagensglas C 1 ml Wasser pipettiert. Zu den Proben A und C gibt man aus einer Bürette langsam (innerhalb 20—30 sec) unter stetem Umschwenken 2 ml Vanillin-Reagens, zu der Probe B analog 2 ml 70%ige Schwefelsäure. Nach 10 min werden die 3 Proben in gleichem Maße mit 47%iger Schwefelsäure auf Meßstärke verdünnt. Die Messung der Extinktion erfolgt nach insgesamt 15 min, gemessen ab Zugabe des Vanillin-Reagenses, bei 500 nm in 1 cm-Küvetten gegen Wasser.

Die gesuchte Extinktion berechnet sich aus den gemessenen Extinktionen gemäß folgender Gleichung:

$$\text{Extinktion x} = \text{Extinktion A} - (\text{Extinktion B} + \text{Extinktion C}).$$

Die Auswertung erfolgt anhand der Eichkurve und unter Berücksichtigung der vorgenommenen Verdünnung.

Die Eichkurve wird mittels einer wässrigen d-Catechinlösung (1—20 mg/l), die 50 g Glucose und 50 g Fructose/l enthält, aufgenommen.


## 6. Bestimmung der Leukoanthocyanidine (Proanthocyanidine)

Der Bestimmung der Leukoanthocyanidine dürfte eine immer größere Bedeutung zukommen, da sie durch moderne kontinuierliche Pressen wie z. B. Schneckenpressen dem Traubenmost in verstärkterem Maße vermittelt werden als z. B. durch die Korbpresse. Die Leukoanthocyanidine sind in monomerem Zustand nicht mit Gelatine fällbar und können bei der Zusammenlagerung durch Erhitzung oder Alterung späterhin zu Trübungen führen. Wegen des Verhaltens der Leukoanthocyanidine während der Gärung sei auf C. Cantarelli u. C. Peri (1964) verwiesen.

Zur Bestimmung der Leukoanthocyanidine werden diese im allgemeinen an Polyamidpulver adsorbiert, das nach entsprechendem Auswaschen zusammen mit den Leukoanthocyanidinen in Butanol-Salzsäure gelöst und erhitzt und die dabei entstehende Rotfärbung anschließend photometriert wird (G. HARRIS u. R.W RICKETTS 1959, K. WUCHERPFENNIG u. G. BRETTHAUER 1962). Je nach der Art des Polyamidpulvers sind unterschiedliche Ergebnisse möglich. Nach K. STEINER u. H.R. STOCKER (1965) ist diese Methode mit Verlusten verbunden, so daß sie in hellem Bier die direkte Bestimmung, ohne vorherige Adsorption an Polyamidpulver, empfehlen.

Schwierigkeiten bereitet weiterhin die Beschaffung einer geeigneten Eichsubstanz (F. KRAFFCZYK 1967), so daß es unter Umständen gemäß dem Vorschlag von K. Steiner u. H.R. STOCKER (1965) sinnvoller ist, nur die Extinktionen unter Angabe der Methode zu benutzen.

Zur Untersuchung des Aufbaus der Leukoanthocyanidine sei u.a. auf F. KRAFFCZYK (1966), M.A. JOSLYN u. H.F.K. DITTMAR (1967), R.U. SMATHERS u. H. CHARLEY (1967), H.R. STOCKER (1967) und K. SILBEREISEN u. F. KRAFFCZYK (1967) verwiesen.

# XII. Untersuchungen von Weintrübungen

Die häufigsten Flaschenweintrübungen sind
Biologische Trübungen
Eiweiß- und Gerbstofftrübungen
Weinstein- und ähnliche Trübungen.
Hinzu kommen Schwermetalltrübungen und Verunreinigungen.

Zur Identifizierung von Trübungen in Wein und Traubensaft wird der Bodensatz aus der Flasche oder das Zentrifugat einer mikroskopischen und chemischen Untersuchung unterzogen. Das Ergebnis dieser Untersuchungen und der Weinanalyse lassen Rückschlüsse auf die Trübungsursache oder -ursachen zu (G. TROOST 1955, E. VOGT 1958, P. BÖHRINGER 1962).

## 1. Mikroskopische Untersuchungen

Die mikroskopische Untersuchung, welche am ungefärbten und gefärbten Präparat vorgenommen werden kann, läßt die Art und Form der Trübungsstoffe erkennen.

### a) Biologische Trübungen

Man wird hier vor allem mit Hefen, Bakterien und evtl. auch toten Schimmelpilzen (bei schlechter Flaschenreinigung) zu rechnen haben. Hefetrübungen entstehen in restzuckerhaltigen Weinen mit niedrigem Alkoholgehalt. Je nach dem Zustand, in dem sich die Hefezellen befinden, kann man sie nach dem mikroskopischen Gesamtbild und der Gestalt der Einzelzelle als gärende, sprossende, sporende, ruhende oder sich zersetzende Populationen erkennen (Abb. 31 u. 32[1]).

Neben den Weinhefen können auch Kahmhefen *(Torulopsis)* (Abb. 33) und Schleimhefen *(Candida)* zu Trübungen führen.

Trübungen durch Bakterien sind häufig bereits makroskopisch von den Hefetrübungen (staubige Trübung) dadurch zu unterscheiden, daß sie feiner sind und als bläuliche, blinde Trübung erscheinen (G. TROOST 1955).

---

[1] Diese und die folgenden Abbildungen wurden freundlicherweise von der Fa. Seitz, Kreuznach, dem Weinforschungsinstitut, Trier, und dem Institut für Getränkeforschung, Nieder-Olm, zur Verfügung gestellt.

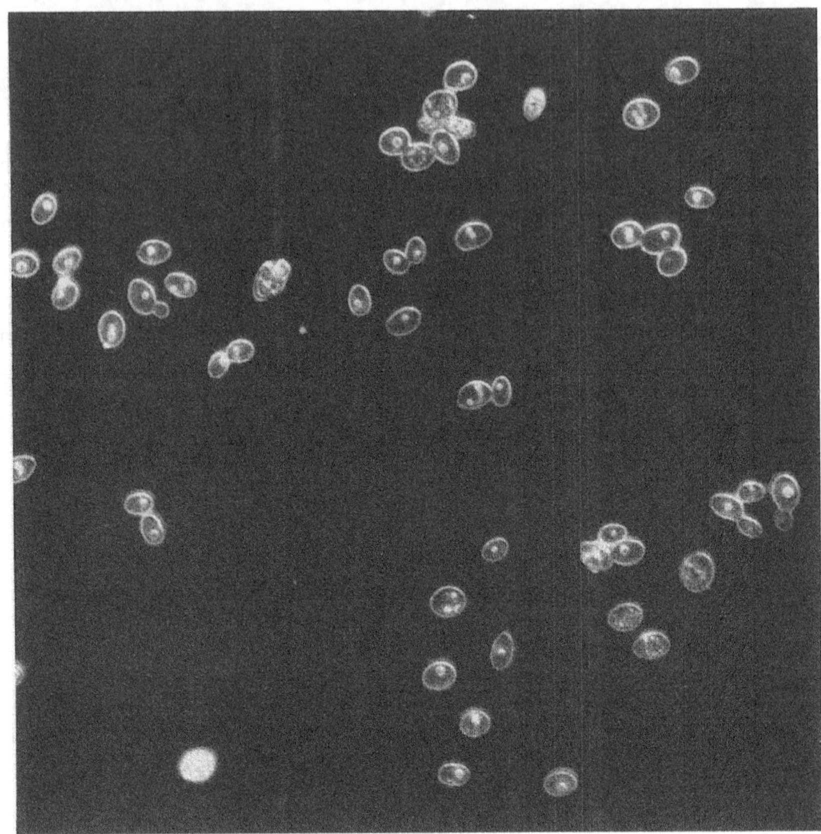

Abb. 31. Sprossende und sporende Hefe (Saccharomyces), 560:1

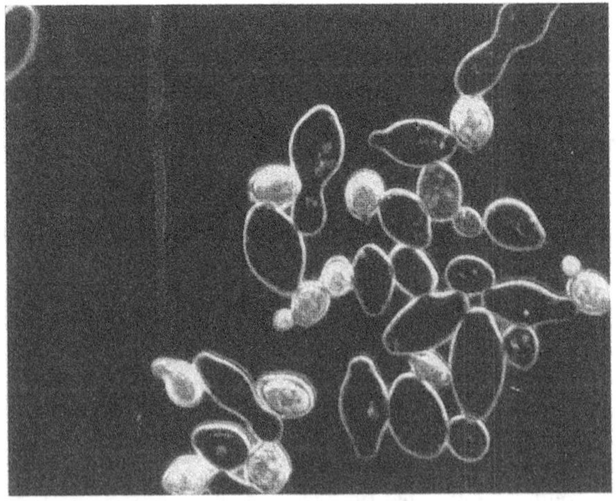

Abb. 32. Saccharomycodes, 560:1

Zu nennen sind zunächst die Essigbakterien. Sie stellen Stäbchenbakterien dar, die bald einzeln oder zu zweien verbunden *(Bact. kützingianum)*, bald zu langen Ketten aneinander gereiht sind *(Bact. aceti, Bact. pasteurianum* [Hansen] Zopf). Sie nehmen vielfach Involutionsformen an, sind von einer Schleimhülle umgeben und bilden Zooglöen.

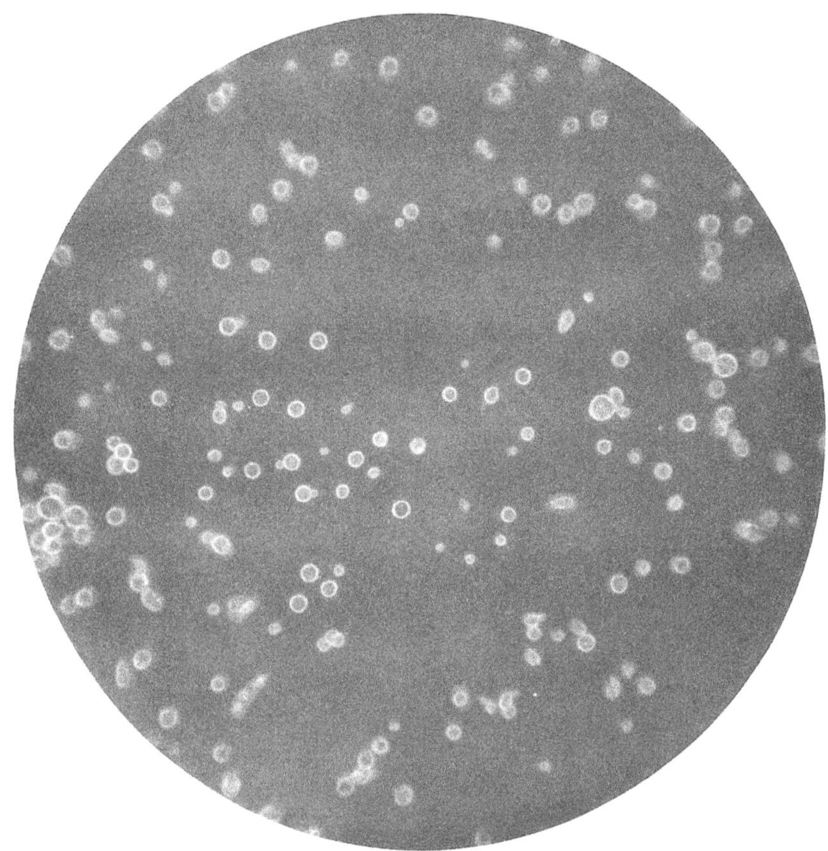

Abb. 33. Torula-Hefen, 560:1

Auch die Milchsäurebakterien gehören hierher, die entweder Kokken *(Pediococcus acidi lactici)* oder unbewegliche Stäbchen darstellen. Von letzteren sind zu nennen: *Bact. mannitopoeum, Bact. intermedium* und *Bact. gracile* (Abb. 34).

Zu den Apfelsäure zerstörenden Bakterien gehören der *Micrococcus malolacticus*, vielfach als Diplococcus vorkommend, der *Micrococcus vini Wortmann* und der *Bacillus vini Wortmann* (O. REICHARD 1938).

Schließlich sei noch auf Schimmelpilzinfektionen (Abb. 35) hingewiesen, die vorwiegend in Traubensaft auftreten können.

Zur genauen Identifizierung der Gattungen und Arten sei u. a. auf H. SCHANDERL (1959) verwiesen.

Die Identifizierung der Mikroben kann in Gegenwart von Eiweiß oder Gerbstoff sehr erschwert sein. Diese Störung läßt sich jedoch oftmals umgehen.

## Verfahren nach Staudenmayer (1966)

*Reagentien:*

Acridinorangelösung: 2,2 g Dinatriumhydrogenphosphat und 0,65 g Kaliumdihydrogenphosphat werden in 500 ml bidest. Wasser gelöst und 100 mg Acridinorange hinzugefügt. Die Lösung ist in einer Braunglasflasche kühl und dunkel aufzubewahren.

Wasserblaulösung: 50 mg Wasserblau Merck werden in 250 ml bidest. Wasser gelöst.

*Durchführung:*

In ein kleines Zentrifugenglas gibt man 10 ml Acridinorangelösung und soviel des gut aufgeschüttelten Trubes, daß eben eine leichte Trübung entsteht. Nach ca. 10 min wird kurz zentrifugiert. 1—2 Ösen des Zentrifugates werden in einem größeren Tropfen Wasserblaulösung auf den Objektträger gebracht und mit einem Deckglas bedeckt. Als Beleuchtungsquelle dient eine Blaulichtfluorescenzeinrichtung, z. B. die „Kleine Fluorescenzlampe" von Zeiss. Durch das Wasserblau wird die Fluorescenz der mit dem Material mitgeschleppten Acridinorangelösung gelöscht. Totes Eiweiß (Eiweißtrub und tote

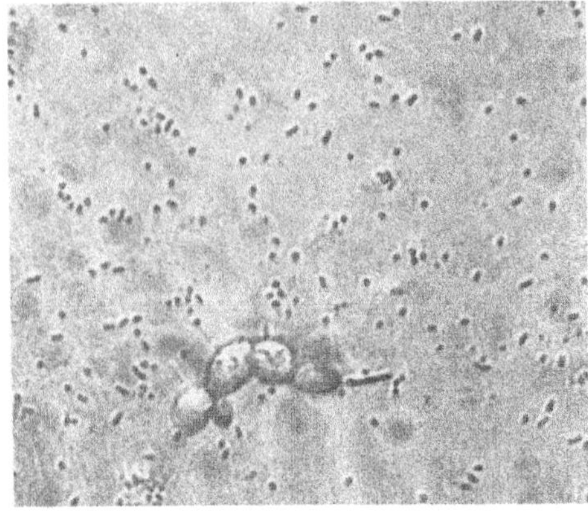

Abb. 34. Einzelne Hefezellen, vergesellschaftet mit Milchsäurebakterien (viele Kokken und 1 Stäbchen), 750:1

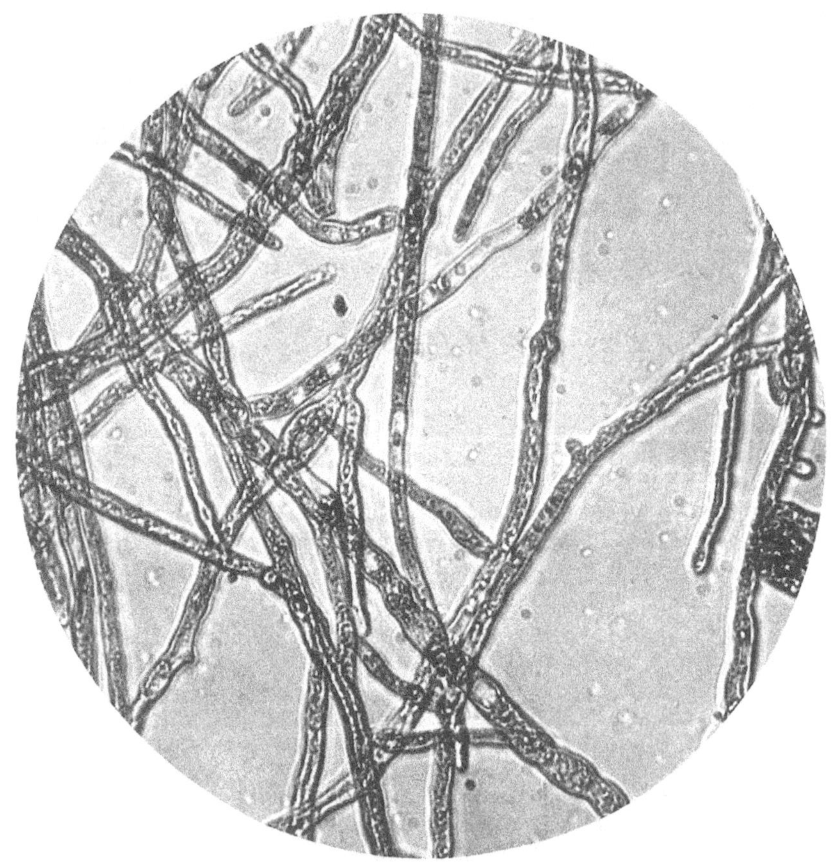

Abb. 35. Schimmelhyphen (Mucor), 560:1

Mikroorganismen) erscheinen weitgehend leuchtend rot, „Gerbstofftrub" fast nicht leuchtend braunrot, lebende Mikroorganismen grün bis gelbgrün, so daß sie deutlich aus dem roten Eiweißtrub herausleuchten. Die Präparate sollen nicht länger als 30 min bis zur Beobachtung liegen, da sonst eine teilweise Löschung der Fluorescenz auch in dem Material eintritt.

Nach einer Methode der Seitz-Werke (1965) kann man auch (in Abwesenheit von kristallinen Trübungen) durch Zusatz von 1 Tropfen 10%iger Natronlauge nichtbiologische Trübungen soweit auflösen, daß die Mikroben erkennbar werden (vgl. Abb. 36 u. 37).

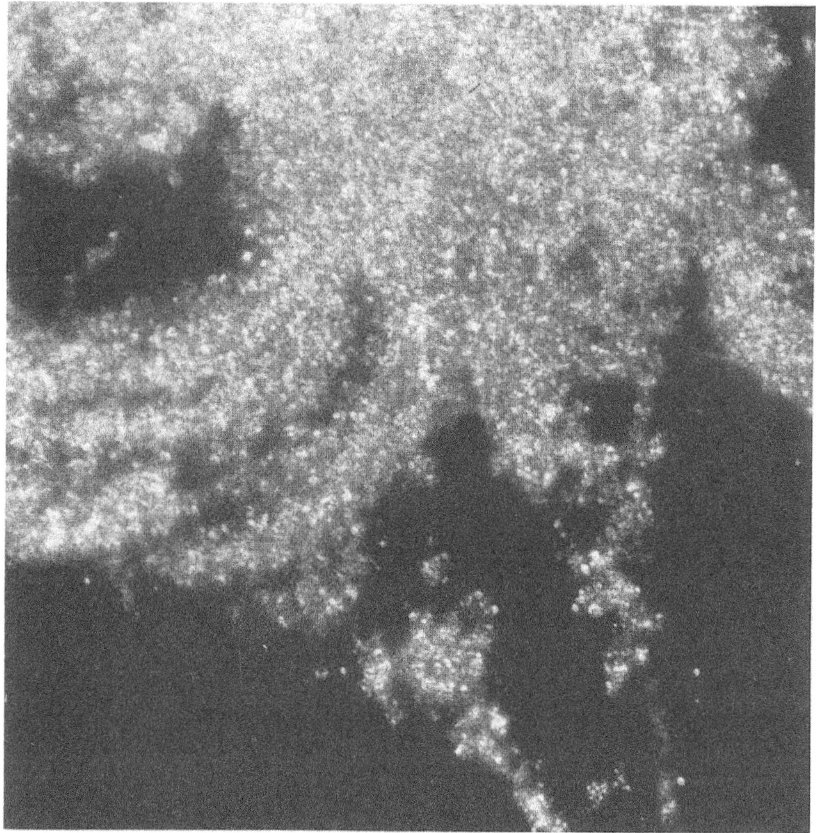

Abb. 36. Trubstoffe im Wein vor der Behandlung mit NaOH, 560:1

## b) Amorphe Trübungen

Hierzu gehören vor allem die durch Eiweiß, Gerb- und Farbstoff bedingten Trübungen, daneben Eisen(III)-phosphat, Kupfer(I)-sulfit, Schwefel und Schönungsflocken. Ihre mikroskopische Identifizierung ist z. T. mit Schwierigkeiten verbunden und erfordert Geschick und Erfahrung. Eiweiß und Gerbstoff lösen sich nicht in verdünnter Salzsäure (T. STAUDENMAYER 1966), hingegen weitgehend in Kalilauge (E. KIELHÖFER 1951). Die anorganischen Salze lösen sich in Salzsäure, der Schwefel in Schwefelkohlenstoff.

Die Gerbstofftrübungen zeigen nach H. TANNER (1961) unter dem Mikroskop charakteristisches, helles Aufleuchten einzelner Partikel und sind meist gelbbraun gefärbt. Eiweiß und Gerbstoff sind nach T. STAUDENMAYER (vgl. S. 468) mit

Acridinorangelösung zu selektieren. Ausgeschiedener Schwefel liegt nach H. Schanderl (1959) in kleinsten Kügelchen von der Größe der Mikrokokken vor.

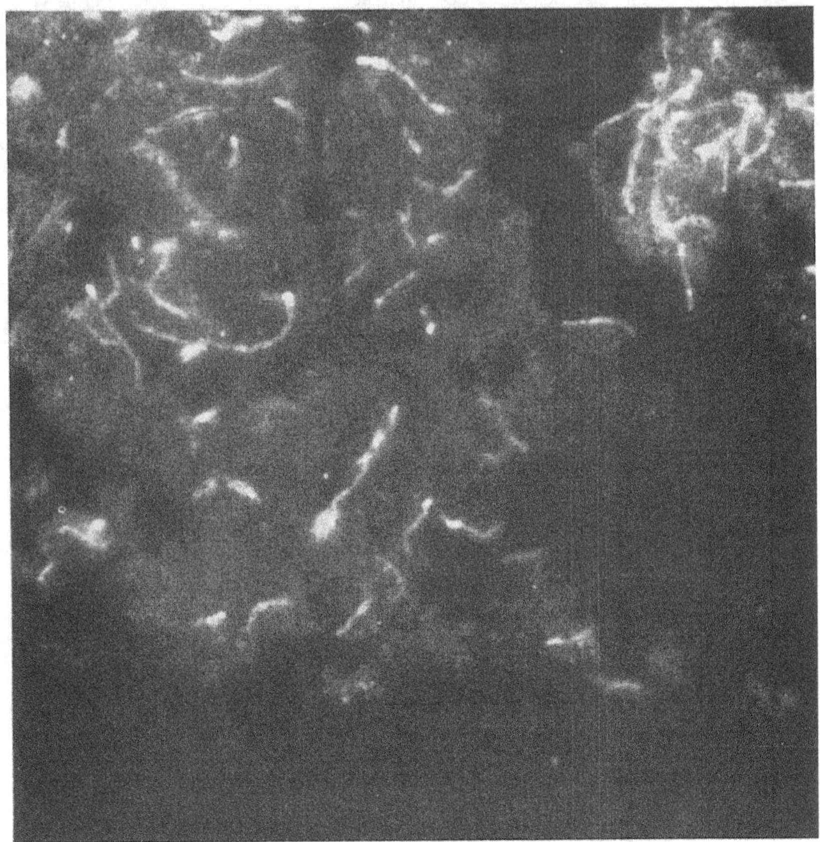

Abb. 37. Trubstoffe im Wein nach der Behandlung mit NaOH (Bakterienfäden), 560:1

### c) Kristalline Trübungen

Hier sind vor allem Kaliumhydrogentartrat und Calciumtartrat zu nennen. Ausgefallenes Kaliumhydrogentartrat zeigt meist eine charakteristische „Schiffchenform" oder ist trapezoid (Abb. 38 u. 39). Calciumtartrat, im allgemeinen wesentlich kleinkristalliner als Kaliumhydrogentartrat, hat gedrungene oder längliche Formen, die „Facetteschliffe" zeigen (Abb. 40).

Weiterhin sind Calciumsulfattrübungen bekannt (vgl. Abb. 41).

In neuerer Zeit wurden von E. Kielhöfer u. Mitarb. Calciummucat und Calciumoxalat als mögliche Bestandteile der Weintrübung erkannt. Schleimsäure gelangt aus faulem oder edelfaulem Lesegut in Most und Wein (G. Würdig u. Mitarb. (1966), J. Schormüller u. Mitarb. (1967), G. Würdig u. W. Clauss 1966). Oxalsäure gelangt möglicherweise aus dem Korken in den Wein. Ihr Calciumsalz ist meistens mit Calciummucat vergesellschaftet (E. Kielhöfer u. G. Würdig (1963a). Calciummucat tritt meist in Form weißer griesartiger Körnchen auf (Abb. 42), die aus zahlreichen säulenförmigen Kristallen mit quadratischem Querschnitt kugelig oder drusenförmig zusammengewachsen sind. Calciumoxalat (Abb. 43) besteht aus sehr feinen Kristallen von oktaedrischer Form mit der maximalen Größe einer normalen Hefezelle (5—10 $\mu$), meistens jedoch wesentlich kleiner (E. KIELHÖFER u. G. WÜRDIG 1962).

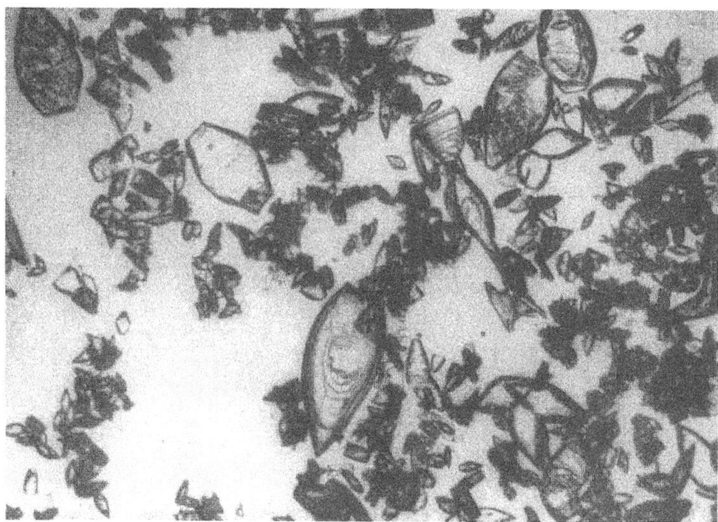

Abb. 38. Weinstein, 55:1

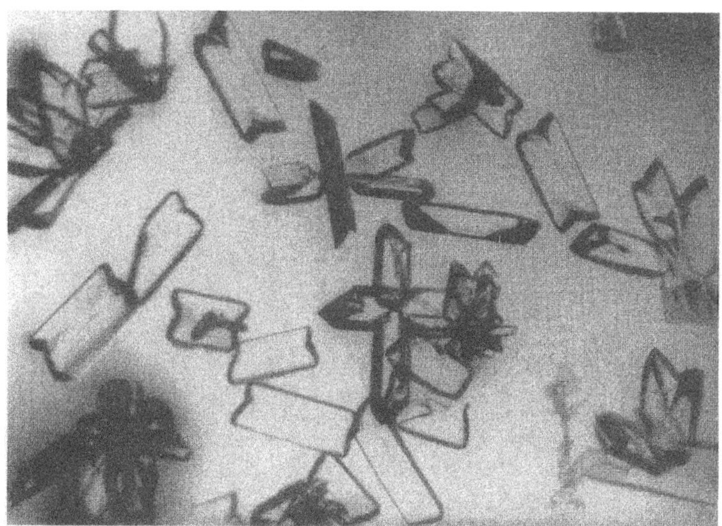

Abb. 39. Weinstein, 150:1

## d) Trübungen durch technische Verunreinigungen

Hierzu gehören vor allem Kieselgur (Abb. 44), Asbest und Cellulose aus Filterschichten (Abb. 45) sowie Korkteilchen.

Die Erkennung von Cellulosefasern unter dem Mikroskop wird durch Anfärbung mit Chlorzinkjodlösung (66 g Zinkchlorid in 34 ml Wasser lösen, 6 g Kaliumjodid zusetzen und anschließend soviel Jod, wie die Lösung aufnimmt) erleichtert.

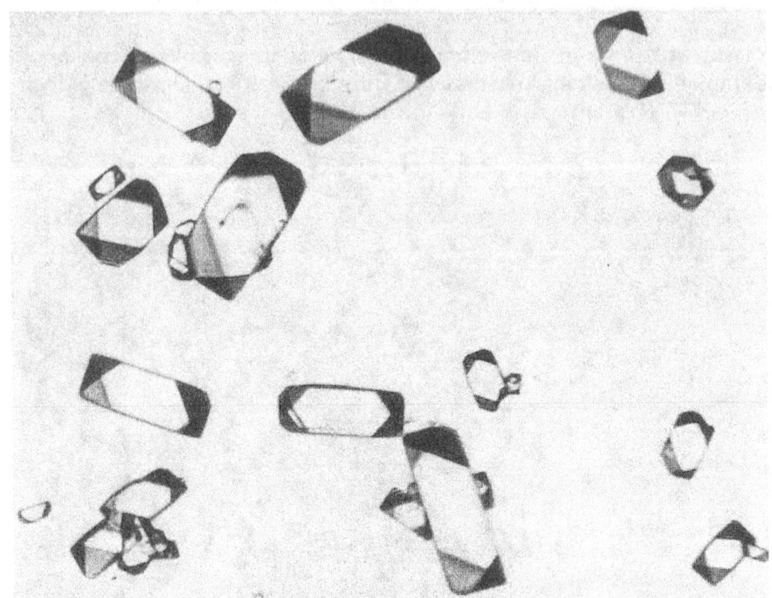

Abb. 40. Calciumtartrat, 280:1

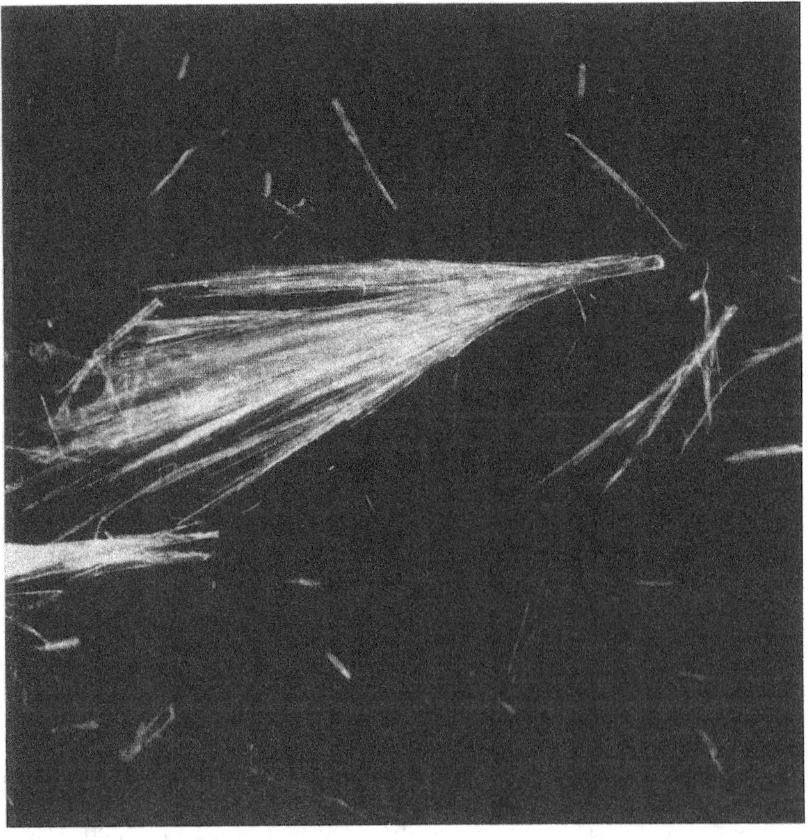

Abb. 41. Calciumsulfat, 560:1

Nach einer Einwirkungsdauer von 5 min erscheinen die Cellulosefasern blau gefärbt.

Ligninbestandteile lassen sich durch Zusatz von 1—2 Tropfen gesättigter Lösung von Phloroglucin in konz. Salzsäure nach 10 min durch eine karminrote Färbung nachweisen.

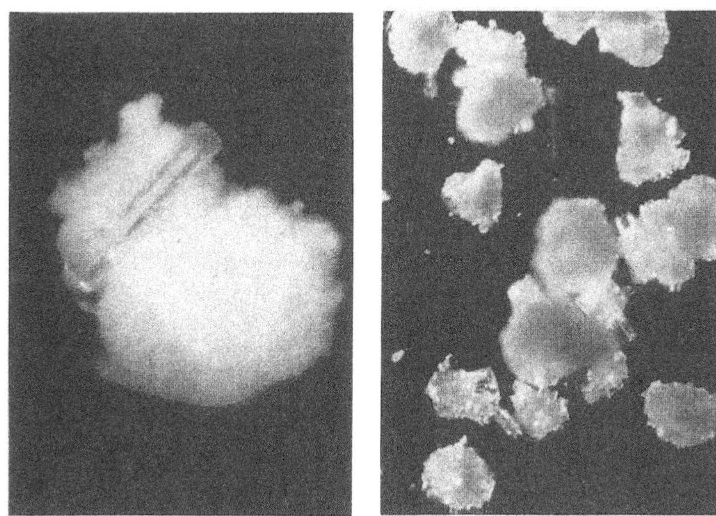

Abb. 42a u. b. Calciummucat, a 100:1, b 40:1

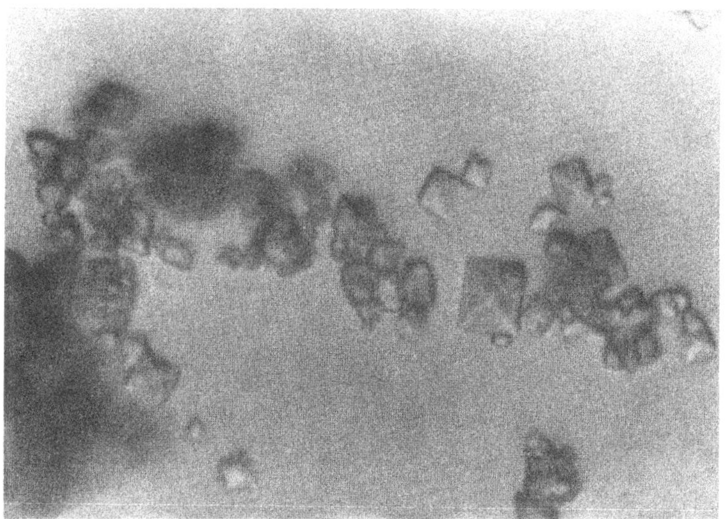

Abb. 43. Calciumoxalat, 1200:1

## 2. Chemische Untersuchungen

Die mikroskopische Prüfung kann durch chemische Untersuchungen sinnvoll ergänzt werden. Soweit es sich um den Nachweis von Anionen und Kationen handelt, bieten die Tüpfelanalysen nach F. FEIGL (1960) eine wertvolle Hilfe. An

Abb. 44. Kieselgur grob und fein, 125:1

Abb. 45. Asbest und Cellulose, 125:1

Kationen kommen im wesentlichen Kalium, Calcium, Eisen, Kupfer und Aluminium in Betracht, an Anionen Tartrat, Oxalat, Mucat und evtl. Sulfat und Phosphat.

### a) Systematische Untersuchung

Eine systematische Untersuchung des Trubes wird von H. Tanner u. U. Vetsch (1956) angegeben (vgl. Tab. 16), die von H. Tanner (1961) ergänzt wurde. Die angeführten Reaktionen können nach Angabe dieser Autoren folgendermaßen erfolgen (wobei der Nachweis der Metalle auch flammenphotometrisch möglich ist).

Tabelle 16. *Systematische Untersuchung von Trübungen* (nach H. Tanner u. U. Vetsch 1956)

| Bezeichnung der Trübung oder Ausscheidung | Kupfertrübung Kupfer ist mit unbekannter organischer Substanz verbunden | Calciumsulfat-Trübung | Weinstein-Ausscheidung | Calcium-tartrat-Ausscheidung | Kupfer(I)-sulfit-Trübung | Eisen(III)-phosphat-Trübung | Farbstoff-Gerbstoff-Ausscheidung | Eisen-Gerbstoff-Trübung | Biologische Trübung (Hefen, Pilze, Bakterien) | Thermolabile Eiweiß-Trübung |
|---|---|---|---|---|---|---|---|---|---|---|
| Beurteilung der Trübung von Auge; (stark trübe; Flocken; opalleszierend; Bodensatz; kristallin usw) | leichte Trübung, fast wie Schleier; brauner bis braunroter Bodensatz nach Stehen | weiße Ausscheidung, teilweise an Glaswandungen haftend | grober Bodensatz, klares Getränk, Bodensatz weist Farbe des Getränkes auf | Bodensatz; meist klares Getränk, Bodensatz weist Farbe des Getränkes auf | rötlicher Schleier; sehr fein; mitunter auch feiner rotbrauner Bodensatz | sehr feiner Schleier, evtl. Bodensatz, welcher Farbe des Getränkes aufweist | dunkle Ausscheidung, flockig, weist Farbe des Getränkes auf; mitunter starke Trübung im Getränk | schwacher Bodensatz; schwarzgefärbte Flüssigkeit | vielfach $CO_2$-Entwicklung, stabile Trübung, schwer zentrifugierbar | Schleier oder feiner Bodensatz |
| Verhalten der Trübung am Licht, im Dunkeln, in der Kälte, in der Wärme usw. | Trübung verschwindet am Sonnenlicht; Trübung entsteht im Dunkeln | entsteht meistens beim Abkühlen | entsteht meistens beim Abkühlen der Getränke | Entsteht nach Filtration oder nach Entsäuerung mittels kohlensaurem Kalk | Trübung verstärkt sich am Licht | Am Licht: Trübung verschwindet Beim Lüften: Trübung verstärkt sich | vorübergehende Erwärmung des Getränkes führt zu Trübung oder Ausscheidung | tritt beim Stehen von Getränken mit zu hohem Eisengehalt an der Luft auf, hauptsächlich säurearme Getränke | — | tritt nach der ersten Pasteurisation auf |
| Aussehen des Trubes (kristallin; flockig; farbig; fein; grob; voluminös usw) | braun bis braunrot, amorph | flockig, fein | feine bis grobe Kristalle | Kristallin; mittelgrob; Bodensatz weist Farbe des Getränkes auf | fein, rotbraun, meist sehr wenig Trub | feiner Trub, amorph, besitzt Farbe des Getränkes | flockig, unregelmäßige Partikel; meistens Farbe des Getränkes | amorph, fein | feiner Bodensatz, weist Farbe des Getränkes auf | amorph, fein, weist Farbe des Getränkes auf |
| Mikroskopisches Bild, Kristalle; unregelmäßige Teile; amorph; Hefen; Bakterien usw. | Trubbestandteile, amorph | Kristalle (feine Nadeln) | Kristalle | Kristalle | Trubteile amorph, fein | Trubbestandteile, amorph | Trubbestandteile, amorph, Flocken, aufleuchtende Partikel, meist goldbraun gefärbt | Trubbestandteile, amorph | Organismen | Trubbestandteile, amorph |

Tabelle 16. (Fortsetzung)

| Bezeichnung der Trübung oder Ausscheidung | Kupfertrübung Kupfer ist mit unbekannter organischer Substanz verbunden | Calciumsulfat-Trübung | Weinstein-Ausscheidung | Calcium-tartrat-Ausscheidung | Kupfer(I)-sulfit-Trübung | Eisen(III)-phosphat-Trübung | Farbstoff-Gerbstoff-Ausscheidung | Eisen-Gerbstoff-Trübung | Biologische Trübung (Hefen, Pilze, Bakterien) | Thermolabile Eiweiß-Trübung |
|---|---|---|---|---|---|---|---|---|---|---|
| Verhalten der Trübung im Getränk bei Zusatz von Salzsäure (10%ig) | Getränk wird hell | löslich | — | — | Trübung verschwindet | Trübung verschwindet | — | Trübung oder Schwarzfärbung verschwindet; Getränk wird glanzhell | Getränk wird nicht heller | Trübung verschwindet nicht |
| Verhalten des Niederschlages bei vorsichtigem Verbrennen auf dem Spatel | verbrennt nur teilweise | brennt nicht; weißer Rückstand | verbrennt, hinterläßt geschmolzene Masse | verbrennbar; weißer Rückstand | nicht brennbar; viel Rückstand | brennt nicht; weiße Schmelze | verbrennt vollständig | verbrennt nur teilweise | riecht nach verbranntem Haar | verbrennt vollständig, riecht nach verbranntem Haar |
| Flammenfärbung mit Magnesiastäbchen | ohne Kobaltglas: grüne Flamme | ohne Kobaltglas: ziegelrote Flamme | mit Kobaltglas: rosa Flamme | ohne Kobaltglas: ziegelrote Flamme; weißes Aufleuchten des Rückstandes | ohne Kobaltglas: grüne Flamme | — | — | — | — | — |
| Verhalten des Niederschlages oder des Getränkes bei Zusatz von 0.5%iger Kaliumcyanoferrat(II) | ohne Salzsäure bei viel Trub: Rotfärbung; später roter Bodensatz | — | — | — | ohne Salzsäure bei viel Trub: Rotfärbung; später roter Bodensatz | mit Salzsäure: blaue Farbe; später Ausflocken (blaue Flocken) | — | mit Salzsäure: blaue Farbe oder blaue Ausflockung | — | — |

Tabelle 16. (Fortsetzung)

| Bezeichnung der Trübung oder Ausscheidung | Kupfertrübung Kupfer ist mit unbekannter organischer Substanz verbunden | Calciumsulfat-Trübung | Weinstein-Ausscheidung | Calcium-tartrat-Ausscheidung | Kupfer(I)-sulfit-Trübung | Eisen(III)-phosphat-Trübung | Farbstoff-Gerbstoff-Ausscheidung | Eisen-Gerbstoff-Trübung | Biologische Trübung (Hefen, Pilze, Bakterien) | Thermolabile Eiweiß-Trübung |
|---|---|---|---|---|---|---|---|---|---|---|
| Verhalten der Trübung im Getränk bei Zusatz von Wasserstoffperoxid | Trübung verstärkt sich | — | — | — | verschwindet | Trübung verstärkt sich | — | — | — | — |
| Verhalten des Trubes bei Zusatz von konz. Schwefelsäure unter leichtem Erwärmen | — | — | — | — | — | — | rote Färbung, wird später dunkelrot bis schwarz | rote, später dunkelrote bis schwarze Färbung | — | verkohlt beim Erwärmen |
| Schwefelnachweis mittels Heparreaktion | — | positiv | — | — | positiv (vor Ausführung der Heparreaktion 1 Tr. $H_2O_2$ zusetzen zwecks Oxydation $SO_2 \rightarrow SO_3$ | — | — | — | — | meistens positiv |
| Silberspiegelreaktion | — | — | positiv | positiv (Ionenaustauscherbehandlung erforderlich; siehe Textteil) | — | — | positiv | positiv | — | — |
| Stickstoffnachweis | — | — | — | — | — | — | — | — | positiv | positiv |

**Heparreaktion:**

*Reagentien:*
   metallisches Natrium
   Silberblech

*Durchführung:*
   Eine Probe des ausgewaschenen Niederschlages wird in einem kleinen Glühröhrchen über leuchtender Flamme sehr vorsichtig getrocknet, mit einem Stückchen metallischen Natrium versetzt und vollständig verkohlt. Das rotglühende Röhrchen wird in etwa 3 ml Wasser in einem Reagensglas abgeschreckt, wobei das Glas zerfällt. 1—2 Tropfen der im Reagensglas befindlichen Flüssigkeit werden auf entfettetes Silberblech aufgetragen, wo durch die Bildung von Silbersulfid sofort eine festhaftende Schwarzfärbung entsteht.

**Stickstoffnachweis:**

*Reagentien:*
   Eisen(II)-sulfat
   10%ige Salzsäure

*Durchführung:*
   Die gemäß zur Durchführung der Heparreaktion vorbereitete Probelösung wird abfiltriert, mit drei kleinen Kristallen Eisen(II)-sulfat versetzt und kurz aufgekocht. Nach dem Abkühlen setzt man 1 ml 10%ige Salzsäure zu. Eine entstehende Blaufärbung beweist die Anwesenheit von Stickstoff.

**Silberspiegelreaktion:**

*Reagentien:*
   Silberspiegelreagens: 50 ml 0,1 n-Silbernitratlösung und 5 ml 10%ige Natronlauge werden gemischt und tropfenweise bis zur Auflösung des Silberhydroxidniederschlages mit konz. Ammoniak versetzt
   Kationenaustauscher: in heißem Wasser gut gereinigt und regeneriert.

*Durchführung:*
   Der abzentrifugierte Trub ist ein- bis zweimal mit 96%igem Alkohol zu waschen.
   In Gegenwart von Kalium wird ein Teil der isolierten Trubstoffe in einem Reagensglas mit 5 ml Silberspiegelreagens versetzt und 5 min über freier Flamme leicht erwärmt. Weinsäure und Gerbstoffverbindungen wirken reduzierend, so daß sich ein Silberspiegel am Reagensglas bildet.
   In Abwesenheit von Kalium wird der Trub in einem Reagensglas mit einigen ml Wasser evtl. unter Erwärmung gelöst. In drei Portionen werden unter jeweiligem Umschütteln je eine Spatelspitze Kationenaustauscherharz hinzugefügt, abfiltriert, und die Reaktion, wie oben angegeben, durchgeführt.

## b) Einzelnachweise

Über die hier angegebenen Reaktionen hinausgehend ermöglichen weitere Untersuchungen eine sichere Identifizierung des Trubes.

### α) Eiweiß
### Verfahren nach Burkhardt (1960)

*Reagentien:*
   Gesättigte, filtrierte Lösung von Amidoschwarz 10 B in Methanol-Eisessig (9:1)
   Methanol-Eisessig (9:1)

*Durchführung:*
   Man tüpfelt den zentrifugierten und mit 10%igem Alkohol ausgewaschenen Trub auf ein Filtrierpapier. Dieses taucht man 10 min in die Lösung von Amidoschwarz 10 B und wäscht dann den Farbstoff mehrfach in dem gleichen Lösungsmittelgemisch aus. Verbleibt eine echte Anfärbung auf dem Auftragefleck, so ist der Nachweis für Eiweiß erbracht.

Man kann außerdem den abzentrifugierten, mit Äthanol gewaschenen und mit Äther getrockneten Trub mit 0,5 ml 25%iger Salzsäure in einem zugeschmolzenen Schmelzröhrchen 24 Std bei 100° C im Trockenschrank hydrolysieren, die Salzsäure im Vakuumexsiccator über Natriumhydroxid entfernen und die Aminosäuren papierchromatographisch nachweisen. Hierzu nimmt man den Rückstand in wenig Wasser auf, trägt auf Chromatographierpapier Schleicher u. Schüll 2043 b auf und entwickelt mit Butanol-Ameisensäure-Wasser (75:15:10) absteigend.

Als Anfärbereagens dient Ninhydrin (200 mg in 5 ml 2 n-Essigsäure gelöst und mit n-Butanol auf 100 ml aufgefüllt). Nach dem Besprühen läßt man das Papier etwa 30 min bei 80—100° C trocknen. Die entstandenen violetten Flecken zeigen Aminosäuren an.

### β) Kondensierte Gerbstoffe

### Verfahren nach Burkhardt (1960)

*Reagentien:*

Gesättigte wäßrige Lösung von Malachitgrün oder Methylviolett
3—5%ige Essigsäure

*Durchführung:*

Man tüpfelt den zentrifugierten und mit 10%igem Alkohol ausgewaschenen Trub auf ein Filtrierpapier. Dieses taucht man 10 min in eine gesättigte wäßrige Lösung von Malachitgrün oder Methylviolett. Anschließend entfärbt man mit 3—5%iger Essigsäure. Bleibt ein Fleck in der Farbe des betreffenden Farbstoffes auf dem Auftragefleck zurück, so ist die Gegenwart von kondensierten Gerbstoffen erwiesen. Anderenfalls wird der Auftragefleck meist farblos, evtl. grau oder bräunlich.

Besteht der Verdacht auf Gegenwart von Leukoanthocyanidinen in einem farblosen Trub, so kann man analog P. RIBÉREAU-GAYON u. E. STONESTREET (1966b) den Trub 45 min mit einigen ml konz. Salzsäure am Rückfluß erhitzen (100° C). Eine dabei auftretende Rotfärbung läßt auf Anwesenheit von Leukoanthocyanidinen schließen.

### γ) Salze der Wein-, Schleim- und Oxalsäure

### Verfahren nach Kielhöfer u. Würdig (1962)

*Reagentien:*

Alkohol
12%ige Salzsäure
24%ige Salzsäure
konz. Salzsäure
Ammoniak
Fichtenholzspäne
Methylrot
gesättigte Oxalsäurelösung

*Durchführung:*

Der in einem Glasfiltertiegel gesammelte farblose oder weiße Kristalltrub wird dreimal mit Wasser und anschließend mit Alkohol gewaschen. Einige Kristalle werden in 12%iger Salzsäure gelöst und auf Kalium und Calcium spektralphotometrisch oder auch durch Flammenfärbung geprüft. Wird dabei Kalium nachgewiesen, so liegt Weinstein (Kaliumhydrogentartrat) vor, in Anwesenheit von Calcium kann Calciumtartrat, -mucat,- oxalat und -sulfat vorliegen.

Zum Nachweis von Calciummucat (vgl. auch E. KIELHÖFER u. G. WÜRDIG 1961) suspendiert man etwa 20 mg der Kristalle fein zerrieben in 1 ml Wasser und setzt zwei Tropfen 12%ige Salzsäure zu (Kaliumhydrogentartrat löst sich hierbei sofort). Calciummucat löst sich hierbei, scheidet aber dabei schon während des Lösens, seltener erst nach Anreiben mit einem Glasstab, die schwerlösliche Schleimsäure aus. Die Ausscheidung verstärkt sich noch bei Zusatz einiger Tropfen konz. Salzsäure. Die ausgeschiedene Schleimsäure wird abfiltriert, mit wenig Wasser. Alkohol und Äther gewaschen, getrocknet und der Schmelzpunkt bestimmt (213° C unter Zusetzung).

Zum Nachweis mittels der Pyrrolreaktion löst man die ausgeschiedenen Kristalle in 1 ml Wasser unter Zusatz von wenig Ammoniak. Einige Tropfen dieser Lösung werden in einem kleinen Reagensglas vorsichtig eingedampft und der Rückstand trocken erhitzt. Die aufsteigenden Dämpfe färben einen mit konz. Salzsäure befeuchteten Fichtenholzspan intensiv rotviolett. (Ammoniumtartrat gibt nur eine kaum wahrnehmbare rötliche Verfärbung).

Calciumsulfat läßt sich daran erkennen, daß sich 20 mg Substanz in 1 ml Wasser und 2 Tropfen 12%iger Salzsäure ohne Erwärmen nicht oder nur teilweise, hingegen in der Siedehitze löst und nach dem Abkühlen dünne lange Nadeln ergibt.

Löst sich die Substanz in dem vorgenannten schwachsauren Lösungsmittel auch beim Sieden nicht, sondern erst nach weiterem Ansäuern mit 8 Tropfen konz. Salzsäure, so handelt es sich um Calciumoxalat.

Zur Unterscheidung von oxalsaurem und weinsaurem Calcium versetzt man eine Lösung von 20—40 mg des Kristalltrubes in 2 ml 24%iger Salzsäure nach Zugabe von 1 Tropfen Methylrot tropfenweise mit soviel konz. Ammoniaklösung, bis die Farbe nach gelb umschlägt. Bildet sich bis dahin ein Niederschlag, so liegt Calciumoxalat vor. Bleibt die Lösung klar, so handelt es sich um Calciumtartrat.

Zur Prüfung, ob beide nebeneinander vorliegen, filtriert man nach dem Abkühlen das Calciumoxalat ab und setzt dem Filtrat einige Tropfen gesättigte Osalxäurelösung zu, bis die Farbe wieder nach rot umschlägt. In Gegenwart von Calciumtartrat muß nunmehr ein kräftiger Niederschlag auftreten. Eine nur schwache Trübung kann auch von zuvor nicht vollständig ausgeschiedenem Calciumoxalat herrühren.

Die angegebenen Konzentrationen müssen genau eingehalten werden. Im Zweifelsfall oder falls der Kristalltrub ein Gemisch verschiedener Calciumsalze darstellt, empfiehlt sich eine chromatographische Trennung der einzelnen Säuren nach J. Schormüller u. W. Clauss (1967).

Zur quantitativen Oxalsäurebestimmung sei auf J. Sarudi (1964) und K. Hennig u. A. Lay (1965) verwiesen.

### δ) Aluminiumtrübung

Nach B. Rankine (1962) bestehen Aluminiumtrübungen im Wein aus amorphen Teilchen von $1—2\ \mu\ \varnothing$. Sie lösen sich bei Zugabe von Salzsäure völlig, nicht aber in Gegenwart von Schwefelwasserstoff oder Wasserstoffperoxid und können so von Kupfer- und Eisentrübungen unterschieden werden.

### Bibliographie


Bergmeyer, H. U.: Methoden der enzymatischen Analyse. Weinheim: Verlag Chemie 1962.

*Boehringer, C. F. und Söhne GmbH*, Mannheim: Werksvorschriften zur Durchführung enzymatischer Bestimmungen.

Böhringer, P.: Weinhefe und Weinbereitung. In: Die Hefen, Bd. 2, Technologie der Hefen. Hrsg. von F. Reiff, R. Kautzmann, H. Lüers u. M. Lindemann. Nürnberg: Hans Carl 1962.

Clauss, W.: Untersuchungen über das Vorkommen und die Entstehung der Schleimsäure in Traubenmosten und Weinen. Diss. Techn. Univ. Berlin 1964 (D 83).

Feigl, F.: Tüpfelanalyse, I. Anorganischer Teil, II. Organisatorischer Teil. 4. deutsche Aufl. Frankfurt: Akademische Verlagsgesellschaft 1960.

Fries, J.: Spurenanalyse. Erprobte photometrische Methoden. Darmstadt: E. Merck AG.

Herrmann, R., u. C. T. J. Alkemade: Flammenphotometrie, 2. Aufl., S. 293. Berlin-Göttingen-Heidelberg: Springer 1959.

Horwitz, W.: Official Methods of Analysis of the Association of the Official Agricultural Chemists. 9. Aufl. Menasha (Wis.): George Banta Co. 1960.

Humphries, E. C.: Mineral components and ash analysis, flame photometer. In: Moderne Methoden der Pflanzenanalyse, Bd. I, S. 474—476. Hrsg. von K. Paech u. M. V. Tracey Berlin-Göttingen-Heidelberg: Springer 1956.

*Internationales Weinamt:* Sammlung der internationalen Weinanalysenmethoden. Deutsche Übersetzung. Wien: Typographische Anstalt 1962.

Jaulmes, P.: Analyse des vins. 2e édition revue, S. 543—535. Montpellier: Librairie Poulain 1951.

Kraffczyk, F.: Über einige Proanthocyanidine der Gerste und ihren Einfluß auf die Kältestabilität des Bieres. Dissertation D 83 der Fakultät für Allgemeine Ingenieurwissenschaften der Technischen Universität Berlin 1966.

Reichard, O.: Wein, 2. Teil. Analytischer Teil. Überwachung des Verkehrs. In: Handbuch der Lebensmittelchemie, 1. Aufl., Bd. VII, S. 286—447. Hrsg. von A. Juckenack, E. Bames, B. Bleyer u. J. Grossfeld. Berlin: Springer 1938.

Rebelein, H.: Über eine einheitlich anwendbare exakte Methode zur refraktometrisch-pyknometrischen Alkohol- und Extraktbestimmung in Branntweinen, Brennweinen, trockenen Weinen und Dessertweinen. Universität Würzburg, Dissertation 1953.

Ribéreau-Gayon, J., et E. Peynaud: Analyse et contrôle des vins. 2. Aufl., S. 327. Paris-Liège: Librairie Polytechnique Ch. Béranger 1958.

Ribéreau-Gayon, P.: Les composés phénoliques du raisin et du vin. Annales de Physiologie végétale. Institut National de la Recherche Agronomique, Paris. Saint-Amand: Imprimerie Bussière 1964.

SCHANDERL, H.: Mikrobiologie des Mostes und Weines. Stuttgart: Ulmer 1959.
SWAIN, T., and J.L. GOLDSTEIN: Quantitative Analysis of Phenolic Compounds. In: Methods in Polyphenol Chemistry. Hrsg. von J.B. PRIDHAM. Oxford-London-Edinburgh-New York-Paris-Frankfurt: Pergamon Press 1964.
TROOST, G.: Die Technologie des Weines. 2. Aufl. Stuttgart: Ulmer 1955.
VOGT, E.: Weinchemie und Weinanalyse. 2. Aufl. Stuttgart: Ulmer 1958.

## Zeitschriftenliteratur

ABBOTT, D.C., and J.R. HARRIS: The determination of traces of lead in drinking water. Analyst 87, 387—389 (1962a).
— — The colorimetric determination of traces of copper in drinking water. Analyst 87, 497—499 (1962b).
ABD-EL-RAHEEM, A.A.: An improved complexometric method for the determination of calcium and magnesium in milk. Netherl. Milk Dairy J. 11, 122—127 (1957).
ABSON, D., and A.G. LIPSCOMB: The determination of lead and copper in organic materials (foodstuffs) by a dry-ashing procedure. Analyst 82, 152—160 (1957).
AMATI, A., u. A. FORMAGLINI: Nachweis von gärungshemmenden Mitteln im Wein mittels Dünnschichtchromatographie. Riv. Viticolt. Enol. 18, 387—395 (1965) [in italienisch].
— — e G. LOSIG: Sulla determinatione del saccarosio nei mosti mediante cromatografia su strato sottile. Riv. Viticolt. Enol. Conegliano 19, 227—234 (1966).
AMERINE, M.A., and T.T. KISHABA: Use of flame photometer for determining the sodium, potassium and calcium content of wine. Proc. Amer. Soc. Enologists 3, 77—86 (1952).
ANDREWS, J., W.J. STRINGER and R.O.V. LLOYD: Colorimetric determination of trace metals in beer and in brewing materials. J. Inst. Brewing 57, 363—373, 438—441 (1951).
Anonym: Nachweis von rotem Hybridenwein und -most. Bundesgesundh.-Bl. 4, 26—27 (1961); 6, 125—126 (1963).
AULT, R.G., and A.G.R. WHITEHOUSE: Determination of zinc in beer and brewing materials. J. Inst. Brewing 58, 136—139 (1952).
AVENT, A.G.: An investigation into the presence of acrolein in a rhine wine Liebfrauenmilch 1959. Analyst 86, 479—480 (1961).
BANICK, W.M., and G.F. SMITH: The in situ determination of iron and copper in wine. Analyt. chim. Acta (Amsterdam) 16, 464—472 (1957).
BANKS, J.: The volumetric determination of calcium and magnesium by the ethylenediamine tetra-acetate method. Analyst 77, 484—489 (1952).
BARAUD, J.: Une nouvelle méthode de dosage de l'acide ascorbique. Bull. Soc. chim. France 1951, 837—843.
— Étude quantitative, par chromatographie en phase vapeur, des alcools et des estres de la fermentation alcoolique. Bull. Soc. chim. France 10, 1874—1877 (1961).
— Étude de diverses eaux-de-vie par chromatographie en phase gazeuse. Qualitas Plant. Mater. Vegetabiles 11, 207—210 (1964).
BARNES, H.: The determination of zinc by dithizone. Analyst 76, 220—223 (1951).
BATE-SMITH, E.C.: Flavonoid compounds in foods. Advanc. Food. Res. 5, 261—300 (1954).
BAYER, E., u. L. BÄSSLER: Systematische Identifizierung von Estern in Weinaroma. II. Mitteilung zur systematischen Identifizierung verdampfbarer organischer Substanzen. Z. analyt. Chem. 181, 418—424 (1961).
BECKEL, A.: Alkoholbestimmung in Branntwein aus Lichtbrechung und Dichte. Z. Untersuch. Lebensmittel 58, 78—98 (1929).
BENCZE, B.: Die photometrische Bestimmung des Eisens mit o-Phenanthrolin. Z. analyt. Chem. 128, 179 (1948); zit. nach G. BRETTHAUER (1956).
BIEBER, H.: Die fluorimetrische Bestimmung von Malvin in Traubenmost und Wein. Dtsch. Lebensmittel-Rdsch. 63, 44—46 (1967).
—, u. K. WAGNER: Die komplexometrische Bestimmung von Calcium und Magnesium in Wein und Traubensäften. Mitt. Rebe u. Wein, Obstbau u. Früchteverwert. 16, 104—106 (1966).
BIRKHOFER, L., C. KAISER u. M. DONIKE: Trennung von Anthocyangemischen durch Komplexbildung an Aluminiumoxid. J. Chromatograph. 22, 303—307 (1966).
BLEYER, B., W. DIEMAIR u. E. FRANK: Bestimmung höherer Alkohole (Fuselöl-Bestimmung). Z. Untersuch. Lebensmittel 66, 389—395 (1933).
BLOUIN, J.: Contribution à l'étude des combinaisons de l'anhydride sulfureux dans les moûts et les vins. Ann. Technol. Agr. 15, 223—287, 359—401 (1966).
BOARD, P.W., and R.G.P. ELBOURNE: Dispersing agents for the tin-dithiol complex. Analyst 89, 555—556 (1964).
BOHM, E.: Zur Bestimmung der flüchtigen Säure in Weinen. Dtsch. Lebensmittel-Rdsch. 51, 286—287 (1955).

Bohm, E.: Beitrag zum Nachweis von Konservierungsstoffen in Lebensmitteln. Mitt.-Bl. GDCh., Fachgr. Lebensmittelchem. **16**, 136—143 (1962).

Böhringer, P.: Bestimmung des Alkohol- und Extraktgehaltes von trockenen Weinen aus der Refraktion bei 20° C und dem Gewichtsverhältnis $\gamma L \frac{20°}{20°}$. Z. Lebensmittel-Untersuch. u. -Forsch. **93**, 65—75 (1951).

Boland, F.E.: Rapid flame photometric method for potassium in fruit. J. Ass. off. agric. Chem. **48**, 521—523 (1965).

— Rapid flame photometric method for sodium in fruits. J. Ass. off. agric. Chem. **49**, 617—619 (1966).

Bonastre, J.: Étude comparative de quelques procédés de dosage du potassium dans les vins. Ann. Falsif. Fraudes **48**, 1—5 (1955).

—, et R. Pointeau: Dosage polarographique des cations lourds dans les vins. Chim. analyt. **39**, 193—196 (1957).

Bond, R.D., u. J.T. Hutton: Die Verwendung von Schwefelsäure zur Unterdrückung der Calciumstörung bei der flammenphotometrischen Bestimmung von Natrium. Analyst **83**, 684—686 (1958); zit. nach Z. analyt. Chem. **171**, 115 (1959).

Boruff, C.S.: Fusel oil analysis of destilled beverages. J. Ass. off. agric. Chem. **44**, 383—386 (1961).

Bosselmann, H.: Über die Schönung des Weines mit Ferrocyankalium. Z. Untersuch. Nahrungs- u. Genußmittel **47**, 209—214 (1924).

Bouthilet, R.J., and W. Lowrey: The use of the gas chromatograph in the determination of fusel oil in grape brandy. J. Ass. off. agric. Chem. **42**, 634—637 (1959).

—, A. Caputi jun. and M. Ueda: Analysis of ethanol in wine by gas-liquid partition chromatography. J. Ass. off. agric. Chem. **44**, 410—414 (1961); zit. nach Z. Lebensmittel-Untersuch. u. -Forsch. **119**, 440 (1962/63).

Bovay, E.: Dosage de K, Ca, Mg, Na dans les cendres végétales par spectrophotometrie de flamme et dosage de N-total par semi-microdistillation. Mitt. Lebensmitteluntersuch. Hyg. **46**, 540—568 (1955).

Bremanis, E.: Ein Beitrag zum Nachweis und zur Bestimmung kleinerer Methanolmengen. Z. Lebensmittel-Untersuch. u. -Forsch. **93**, 1—7 (1951).

—, L. Schaible u. K.G. Bergner: Die gravimetrische Bestimmung von Blei mit disubstituierten Dithiocarbaminaten. Z. analyt. Chem. **145**, 18—23 (1955).

Bretthauer, G.: Über den Eisengehalt der Süßmoste. Fruchtsaft-Industr. **1**, 184—190 (1956).

Brown, J.G., O. Lilleland and R.K. Jackson: Use of flame methods for the analysis of plant material for potassium, calcium, magnesium and sodium. Proc. Amer. Soc. Hort. Sci. **56**, 12 (1950).

Bürger, K.: Bestimmung von Mikrogramm-Mengen Zinn in tierischem und pflanzlichem Material nach der Dithiolmethode. Z. Lebensmittel-Untersuch. u. -Forsch. **114**, 10—13 (1961).

Burkhardt, R.: Kork und Korkbehandlung in den Kellereien. Weinberg u. Keller **7**, 427—433 (1960).

— Einfache und schnelle quantitative Bestimmung der kondensierbaren Gerbstoffe in weißen Weinen und Tresterweinen. Weinberg u. Keller **10**, 274—285 (1963).

—, u. A. Lay: Bestimmung der Ascorbinsäure in Most und Weißweinen neben schwefliger Säure. Mitt. Rebe u. Wein, Obstbau u. Früchteverwert. **16**, 457—462 (1966).

Burmeister, H.: Zur Bestimmung des Fuselöls in Gärungsprodukten. Z. Lebensmittel-Untersuch. u. -Forsch. **118**, 233—244 (1962).

— Zur Untersuchung der Brennweine. Branntweinwirtsch. **104**, 499—503 (1964).

Cantarelli, C., and C. Peri: The leucoanthocyanins in white grapes. Their distribution, amount and fate during fermentation. Amer. J. Enol. Viticult. **15**, 146—153 (1964).

Cappelleri, G.: Die Möglichkeit des Nachweises von Hybriden in Wein. Riv. Viticolt. **13**, 343—348 (1960) [in italienisch].

— Neue Methode zur Erkennung der Hybriden in Weinen. Riv. Viticolt. **16**, 43—48 (1963) [in italienisch].

— Erhöhung der Empfindlichkeit und Vereinfachung des papierchromatographischen Nachweises der Hybriden in Weinen. Riv. Viticolt. **17**, 165—170 (1964) [in italienisch].

Caputi, A., and M. Ueda: The determination of copper and iron in wine by atomic absorption spectrophotometry. Am. J. Enol. Viticult. **18**, 66—70 (1967).

Castiglioni, A.: Papierchromatographie von Saccharin-Dulcinmischungen. Z. analyt. Chem. **145**, 188—189 (1955a).

— Papierelektrophorese von Saccharin-Dulcinmischungen. Z. analyt. Chem. **148**, 98—99 (1955b).

CASTAGNOLA, V.: Separazione rapida del Mannitolo dal Sorbitolo per mezzo della cromatografia su strato sottile. Boll. chim. farm. **102**, 784—788 (1963).

CATON, L., u. C. UNGUREANU: Die polarographische Bestimmung von Zinn, Kupfer und Zink in Konserven und Nahrungsmitteln. Lucrarile Inst. Cercetari Aliment. **7**, 493—511 (1964/65) [in rumänisch].

CATS, H., u. H. ONRUST: Der Nachweis von Konservierungsmitteln in Lebensmitteln durch Papierchromatographie. Chem. Weekbl. **54**, 456—458 (1958) [in holländisch].

CHEFTEL, H., et NORVAK: Dosage de petites quantités d'étain dans les matieres alimentaires. Ann. Falsif. Fraudes **42**, 142 (1949).

CIUHANDU, G., u. M. ROCSIN: Neue Methode zur photometrischen Arsenbestimmung. Z. analyt. Chem. **172**, 268—274 (1960).

COLAGRANDE, O.: Mikrobestimmung des Arsens im Wein. Riv. Viticolt. **13**, 379—385 (1960) [in italienisch].

— Über die Gerbstoffbestimmung im Wein. Riv. Viticolt. **9**, 323—331 (1961) [in italienisch].

COLLINS, P., u. H. DIEHL: Zur Bestimmung von Eisen in Wein. Analyt. chim. Acta (Amsterdam) **22**, 125—127 (1960); zit. nach Z. analyt. Chem. **178**, 223 (1960).

COPIUS-PEEREBOOM, J.W., and H.W. BEEKES: Thin-layer chromatography of preserving agents. J. Chromatograph. **14**, 417—423 (1964).

CORTES, J.M., et M. DE CAMPOS SALCEDO: Le dosage de l'éthanal dans les vins doux et boissons analogues. Ann. Falsif. Fraudes **48**, 479—483 (1955).

CORTINA, B.R., u. A.L. MONTES: Neue Methode zum Nachweis von Thujon in alkoholischen Getränken. An. Assoc. quim. argent. **42**, 213—222 (1954) [in portugiesisch].

COYLE, C.F., and C.E. WHITE: Fluorometric determination of tin with flavonol. Analytic. Chem. **29**, 1486—1488 (1957).

DAVIDEK, J.: Verwendung von Polyamid bei der Untersuchung der Lebensmittelfarbstoffe. III. Mitt. Quantitative Isolierung der Farbstoffe. Z. Lebensmittel-Untersuch. u. -Forsch. **132**, 285—291 (1966/67).

—, u. E. DAVIDKOVA: Verwendung von Polyamid bei der Untersuchung wasserlöslicher Lebensmittelfarbstoffe. II. Mitt. Isolierung von Farbstoffen aus Lebensmitteln für deren papierchromatographische Trennung. Z. Lebensmittel-Untersuch. u. -Forsch. **132**, 99—101 (1966/67).

DEIBNER, L.: Sur la valeur analytique de différentes techniques de dosage des traces de fer dans les vins et les jus de raisin par la méthode électrophotométrique à l'orthophenanthroline. Industr. agric. aliment. **77**, 170—180, 294—301 (1960).

— Dosage spectrophotométrique de l'acide cyanhydrique libre et combiné dans les vins et les jus de raisin au moyen du réactif pyridinobarbiturique. Chim. analyt. **48**, 278—289 (1966).

—, et P. BERNARD: Recherches sur la séparation quantitative, à l'aide d'un nouvel apparail distillatoire, de l'anhydride sulfureux contenu dans les liquides organiques et sur les conditions de sa stabilité dans les distillats. Industr. agric. aliment. **70**, 187—194 (1953).

— — Nouvelle technique de dosage du potassium dans les vins par précipitation à l'état de tartrate acide. Ann. Falsif. Fraudes **48**, 165—180, 217—222 (1955).

—, et J. MOURGUES: Influence de quelques facteurs sur les resultats des mesures du potential oxydoréducteur des vins. Ann. Technol. agric. **13**, 31—43 (1964).

DERSE, P.H., and R.J. DAUN: A gas-liquid chromatographic method for the determination of cyclohexylamine sulfamate salts in animal excreta. J. Ass. off. agric. Chem. **49**, 1090—1094 (1966).

DESCHREIDER, A.R.: Étude sur la cuisson des aliments dans les utensiles de cuisine en aluminium. Chimia (Zürich) **7**, 248—255 (1953).

DESHUSSES, J., et P. DESBAUMES: Recherche et identification de la dulcine dans les denrées alimentaires par chromatographie sur papier. Mitt. Lebensmitteluntersuch. Hyg. **47**, 264—269 (1956).

— — Recherche par chromatographie sur papier de la vanilline et de l'éthylvanilline dans les denrées alimentaires. Mitt. Lebensmitteluntersuch. Hyg. **48**, 49—58 (1957).

—, et J. VOGEL: Microdosage polarographique direct du zinc dans les denrées alimentaires. Pharmac. Acta Helv. **37**, 401—408 (1962).

DIEMAIR, W., u. C. GUNDERMANN: Zur Kalium- und Natriumbestimmung in Wein. Ein Vergleich der flammenphotometrischen mit der gravimetrischen Methode. Z. Lebensmittel-Untersuch. u. -Forsch. **109**, 469—474 (1959a).

— — Die Bestimmung der Ameisensäure in Wein. Z. Lebensmittel-Untersuch. u. -Forsch. **110**, 261—265 (1959b).

— — Zur Kalium- und Natriumbestimmung in Wein. Z. Lebensmittel-Untersuch. u. -Forsch. **111**, 120 (1959/60).

—, H. JANECKE u. G. KRIEGER: Über eine Methode der Gerbstoffbestimmung in der Rebe und im Wein. Z. analyt. Chem. **133**, 346—359 (1951).

Diemair, W., J. Koch u. D. Hess: Über den Einfluß der schwefligen Säure und l-Ascorbinsäure bei der Weinbereitung. I. Mitt. Über die Bindung der schwefligen Säure an Acetaldehyd und Glucose. Z. Lebensmittel-Untersuch. u. -Forsch. **113**, 277—289 (1960).

— — — Zur Bestimmung der gesamten und freien schwefligen Säure im Wein. Z. analyt. Chem. **178**, 321—330 (1961a).

— — — Über den Einfluß der schwefligen Säure und l-Ascorbinsäure bei der Weinbereitung. III. Mitt. Antioxydative Wirkung der schwefligen Säure und der l-Ascorbinsäure. Z. Lebensmittel-Untersuch. u. -Forsch. **114**, 26—38 (1961b).

— — — Die polarographische Bestimmung von l-Ascorbinsäure im Wein. Z. analyt. Chem. **178**, 330—335 (1961c).

—, u. G. Maier: Beiträge zur Weinanalytik. I. Mitt. Bestimmung von Calcium, Magnesium und Weinsäure im Wein. Z. Lebensmittel-Untersuch. u. -Forsch. **117**, 465—478 (1962).

—, u. A. Polster: Dünnschichtchromatographie und präparative Isolierung der Gerbstoffkomponente im Rotwein. Z. Lebensmittel-Untersuch. u. -Forsch. **134**, 80—86 (1967).

— — Eigenschaften und Isolierung der Gerbstoffe. Z. Lebensmittel-Untersuch. u. -Forsch. **134**, 345—352 (1967).

—, W. Postel u. H. Sengewald: Untersuchung über Anthocyane, insbesondere über das Malvin. I. Beitrag zur Analytik des roten Farbstoffes in Hybridenwein. Z. Lebensmittel-Untersuch. u. -Forsch. **120**, 173—179 (1963).

—, u. J. Waibel: Erfahrungen über die Bestimmung kleiner Arsenmengen in Mosten und Weinen. Z. Untersuch. Lebensmittel **72**, 226—234 (1936).

—, u. G. Weinberger: Über den Nachweis und die Bestimmung von Thujon in Wein. Z. Lebensmittel-Untersuch. u. -Forsch. **113**, 374—380 (1960).

Dimotaki-Kourakou, V.: Dosage de l'acide succinique des vins doux à l'aide des échangeurs d'ions. Ann. Falsif. Expert. chim. **54**, 70—83 (1961).

— La présence de l'acide a-methylmalique dans les vins. Ann. Falsif. Expert. chim. **55**, 149—158 (1962).

—, u. A. Harvalia: Beitrag zur Ausdrucksweise der Farbcharakteristika. Private Mitt. an Office international de la vigne et du vin 1966.

Dinnin, J. I.: Releasing effects in flame photometry. Determination of calcium. Analytic. Chem. **32**, 1475—1480 (1960).

Dorier, P., et L. P. Verelle: Nouvelle méthode de recherche des glucosides anthocyaniques dans les vins. Ann. Falsif. Expert. chim. **59**, Nr. 669, 1 (1966); zit. nach H. Bieber (1967).

Drawert, F.: Über Anthocyane in Trauben, Mosten und Weinen. Methoden zur Anreicherung und Trennung der Farbkomponenten. Vitis **2**, 288—304 (1961).

— Anwendung der Dünnschichtchromatographie und Säulenchromatographie zur Trennung der Anthocyane. Vitis **4**, 42—48 (1963).

— Enzymatische Analyse von Glucose, Fructose, Saccharose und Sorbit in Weinen und Traubenmosten. Vitis **4**, 185—187 (1964).

—, W. Heimann u. G. Tsantalis: Gaschromatographischer Vergleich verschiedener Branntweine. Z. analyt. Chem. **228**, 170—180 (1967).

—, u. G. Kupfer: Enzymatische Analysen. I. Bestimmung von Glycerin in Weinen und Traubenmosten. Z. Lebensmittel-Untersuch. u. -Forsch. **123**, 211—217 (1963).

— — Ein neuer Weg der enzymatischen Analyse von Glucose, Fructose und Saccharose in einem Arbeitsgang und ihre Anwendung bei Weinen und Traubenmosten. Z. analyt. Chem. **211**, 89—94 (1965).

—, u. A. Rapp: Über Inhaltsstoffe von Mosten und Weinen. IV. Modellgärversuche zur Untersuchung der Fuselölbildung und gaschromatographische Analyse von Fuselalkoholen. Vitis **4**, 262—268 (1964).

— Über Inhaltsstoffe in Mosten und Weinen. VII. Gaschromatographische Untersuchungen der Aromastoffe des Weines und ihrer Biogenese. Vitis **5**, 351—376 (1966).

— — u. W. Ulrich: Über Inhaltsstoffe von Mosten und Weinen. VI. Bildung von Hexanol als Stoffwechselprodukt der Weinhefen sowie durch Reduktion von Hexen-2-al-1 während der Hefegärung. Vitis **5**, 195—198 (1965).

Drews, B., u. H. Specht: Quantitative gaschromatographische Untersuchungen an Sprit-Fuselölen. Chemiker-Ztg., Chem. App. **87**, 696—697 (1963).

Duhm, B., W. Maul, H. Medenwald, K. Patzschke u. L. A. Wegner: Zur Kenntnis des Pyrokohlensäurediäthylesters. II. Mitt. Radioaktive Untersuchungen zur Klärung von Reaktionen mit Getränkebestandteilen. Z. Lebensmittel-Untersuch. u. -Forsch. **132**, 200—216 (1966/67).

Duncan, R. E. B., and J. M. Philp: Methods for the analysis of Scotch whisky. J. Sci. Food. Agric. **17**, 208—214 (1966).

Eeckhaut, R. G.: La dulcine et sa recherche dans les boissons. Fermentatio **1955**, Heft 2, 86—93.

EISENBRAND, J., O. HETT u. G. BECKER: Über den direkten Nachweis von Malvin in Lösungen mit Hilfe seiner Fluorescenz und die Anwendung auf Rotweinverdünnungen. Dtsch. Lebensmittel-Rdsch. **61**, 8—11 (1965a).
— — — Über die Rotfluorescenz in Rotweinverdünnungen.Dtsch. Lebensmittel-Rdsch. **61**, 177—181 (1965b).
ENGST, R., u. L. PRAHL: Über den Einfluß verschiedener Anionen, insbesondere des Phosphates, auf die flammenphotometrische Bestimmung von Natrium, Kalium, Calcium und Barium. Ernährungsforsch. **9**, 300—307 (1964).
EPSTEIN, J.: Estimation of microquantities of cyanide. Analytic. Chem. **19**, 272 (1947); zit. nach P. JAULMES u. R. MESTRES (1962).
ERKELENS, P.C. VON: Die Abtrennung geringer Mengen Eisen, Kupfer, Zink, Mangan, Blei, Molybdän und Kobalt. Analyt. chim. Acta (Amsterdam) **25**, 129—135 (1961); zit. nach Z. analyt. Chem. **191**, 154 (1962).
ESCHNAUER, H., u. G. TÖLG: Beiträge zur analytischen Chemie des Weines. XVI. Mitt. Bestimmung von Schwefelwasserstoff in Most und Wein. Z. Lebensmittel-Untersuch. u. -Forsch. **129**, 273—277 (1965/66).
FAREY, M.G., and C.C.H. MACPHERSON: A rapid flame photometric procedure for determining calcium in wine. Amer. J. Enol. Viticult. **17**, 203—205 (1966).
FEIGL, F.: Beiträge zur Verwendung von Tüpfelreaktionen bei der Lebensmitteluntersuchung. Z. Lebensmittel-Untersuch. u. -Forsch. **114**, 469—473 (1961).
—, D. GOLDSTEIN and D. HAGUENAUER: Contribution to organic spot test analysis. Z. analyt. Chem. **178**, 419—428 (1961).
FINCKE, H.: Beiträge zur Bestimmung der Ameisensäure in Nahrungsmitteln. Z. Untersuch. Nahrungs- u. Genußmittel **25**, 386—391 (1913).
FISCHER, J., u. R. KROPP: Die Anwendung von Strontium als innerer Standard und Normalisator zur flammenphotometrischen Bestimmung von Calcium in Gegenwart von verschiedenen Störpartnern. Z. analyt. Chem. **179**, 1—3 (1961).
FLANCY, M., et C. JOURET: Contribution à l'étude des eaux-de-vie d'Armagnac par chromatographie en phase gazeuse. Ann. Technol. agric. **12**, 39—50 (1963).
FRESENIUS, W., u. L. GRÜNHUT: Beiträge zur chemischen Analyse des Weines. 21. Bestimmung des Gerbstoffs und Farbstoffs. Z. analyt. Chem. **60**, 406—417 (1921).
FOUASSIN, A.: L'analyse des spiritueux par chromatographie en phase vapeur. Rev. Fermentat. Industr. aliment. **1**, 206—212 (1959).
FUNK, H.: Über die quantitative Bestimmung des Zinks und Cadmiums durch Fällung mit anthranilsaurem Natrium. Z. analyt. Chem. **123**, 241—244 (1942).
FURRER, H.: Die Bestimmung von Mikrogramm-Mengen Arsen. Mitt. Lebensmitteluntersuch. Hyg. **52**, 286—298 (1961), **54**, 291—297 (1963).
GAIGL, R.: Photometrische Schnellbestimmung von Kupfer in Fetten. Z. Lebensmittel-Untersuch. u. -Forsch. **119**, 506—509 (1963).
GARBER, E.D., W.F. REDDING and W. CHORNEY: Separation of anthocyanins by cellulose column chromatography. Nature (Lond.) **193**, 801—802 (1962).
GAROGLIO, P.G.: Vorschläge für neue Methoden zum Nachweis der Farbstoffe in Hybridenweinen und anderen weinchemischen Neuheiten. Riv. Viticolt. **15**, 187—189 (1962) [in italienisch].
GARSCHAGEN, H.: Über die Bestimmung von Diäthylcarbonat in mit Pyrokohlensäure-diäthylester behandelten Weinen. Weinberg u. Keller **14**, 131—135 (1967).
GENEVOIS, L., et J. LARROUQUÈRE: Dosage du fer dans les vins par la méthode de l'ortho-phénanthroline. Bull. Soc. chim. France **43**, 1905—1907 (1961).
GIACOMI, R. DE: The determination of tin in foodstuffs by means of dithiol. Analyst **65**, 216—218 (1940).
GIEBLER, G.: Vergleichende Untersuchungen der zur Bestimmung von Aluminium im Wasser gebräuchlichen Methoden. Z. analyt. Chem. **184**, 401—411 (1961).
GILBERT, E.: Beziehungen zwischen Alkoholgehalt eines ungezuckerten Weines und dem Gewichtsverhältnis des ursprünglichen Traubenmostes. Mitt. Klosterneuburg **17/1**, 25—35 (1967).
—, u. H. GROHMANN: Eine einfache quantitative polarographische Bleibestimmung in Traubenmost und Wein. Dtsch. Lebensmittel-Rdsch. **55**, 300—303 (1959).
GIORDANO, M.T., u. V. PENNATI: Die Bestimmung der Cyclamate im Wein. Riv. Viticolt. Enol. **18**, 357—360 (1965) [in italienisch].
GLEU, K., u. R. SCHWAB: Disubstituierte Dithiocarbamate („Carbate") als Fällungsreagentien für Metalle. Angew. Chem. **62**, 320—324 (1950).
GROEBEL, W.: Zur gaschromatographischen Bestimmung von Saccharin. Z. Lebensmittel-Untersuch. u. -Forsch. **129**, 153—155 (1965/66).
GROHMANN, H.: Direkte Bestimmung von Chlor im Wein und sein Gehalt bei Pfälzer und ausländischen Weinen. Z. Untersuch. Lebensmittel **77**, 482—488 (1939).

Grohmann, H., u. E. Gilbert: Über die polarographische Bestimmung von Äpfelsäure in Traubenmost und Wein. Z. Lebensmittel-Untersuch. u. -Forsch. **98**, 185—195 (1954); **103**, 32—41 (1956).

—, — Zum papierchromatographischen Nachweis von roten Hybridenfarbstoffen. Dtsch. Wein-Ztg. **95**, 346—348 (1959).

—, u. F. H. Mühlberger: Über die Unterscheidung zwischen natürlichen und zugesetzten Mengen an Vanillin in Dessertweinen und Aperitifs. Dtsch. Lebensmittel-Rdsch. **50**, 183—186 (1954a).

— — Der papierchromatographische Nachweis von Zimtaldehyd (Zimt) in Dessertweinen und weinhaltigen Getränken. Z. Lebensmittel-Untersuch. u. -Forsch. **99**, 361—367 (1954b).

— — Zur Bestimmung des Glycerins in Traubenmost, Wein und Dessertwein durch Überführung in Chinolin. Z. Lebensmittel-Untersuch. u. -Forsch. **103**, 177—189 (1956).

Grüne, A., u. V. Nobbe: Über zugelassene Konservierungsstoffe und ihre Identifizierung mit Hilfe von Fertigplatten für die Dünnschichtchromatographie. Riechstoffe, Aromen, Körperpflegemittel **17**, 501—514 (1967).

Gueguen, L., P. Rombauts, G. Lepine et M. Le Goff: Dosage du sodium, du potassium, du calcium et du magnésium par spectrophotométrie de flamme dans les aliments, le lait et les excreta. Ann. Biol. anim. **1**, 80—97 (1961).

Guimberteau, G., et E. Portal: Contribution à la recherche de l'acide benzoique et des acides-phenols dans les vins. Ann. Falsif. Expert. chim. **54**, 330—337 (1961); zit. nach Z. Lebensmittel-Untersuch. u. -Forsch. **118**, 198 (1962).

Guthenberg, H., u. I. Beckman: Identifizierung von Konservierungsmitteln auf Papierchromatogrammen durch Bestrahlung mit kurzwelligem Ultraviolettlicht. Z. Lebensmittel-Untersuch. u. -Forsch. **120**, 461—464 (1963).

Guymon, J. F., and E. A. Crowell: Determination of aldehydes in wines and spirits by the direct bisulfite method. J. Ass. off. agric. Chem. **46**, 276—284 (1963).

Hadorn, H.: Analyse und Beurteilung von Malzbonbons. Mitt. Lebensmitteluntersuch. Hyg. **49**, 290—298 (1958).

— Eisenbestimmung im Wein. Mitt. Lebensmitteluntersuch. Hyg. **53**, 35—42 (1962).

—, K. Zürcher u. V. Ragnarson: Neue fluorimetrische Methode zur Malvin-Bestimmung in Wein. Mitt. Lebensmitteluntersuch. Hyg. **58**, 1—30 (1967).

Halenke, A., u. W. Möslinger: Beiträge zur Analyse von Most und Wein. Z. analyt. Chem. **34**, 263—293 (1895).

Harris, G., and R. W. Ricketts: Studies on non-biological hazes of beers. VIII. Rapid estimation of anthocyanogenes in beer. J. Inst. Brewing **65**, 331—333 (1959).

Hartkamp, H.: Photometrische Bestimmung kleiner Kupfergehalte mit 6-Methyl-pyridin-2-aldoxim. Z. analyt. Chem. **176**, 185—194 (1960).

— Eisenbestimmung mit Pyridin-2,6-Dicarbonsäure. Photometrisches Präzisionsverfahren für kleine und mittlere Eisengehalte. Z. analyt. Chem. **190**, 66—78 (1962).

Haworth, F., and T. J. Cleaver: Flame-photometric determination of calcium and magnesium in vegetables. J. Sci. Food Agric. **12**, 848—852 (1961).

Heide, C. v. d., u. W. Zeisset: Die Extraktbestimmung im Wein. Z. Untersuch. Lebensmittel **69**, 138—145 (1935).

Hennig, K.: Der Pyrokohlensäurediäthylester, ein neues, rückstandloses, gärhemmendes Mittel. Weinberg u. Keller **7**, 351—358 (1960).

—, u. R. Burkhardt: Die quantitative, polarographische Bestimmung von Kupfer und Zink in der Weinasche. Z. Lebensmittel-Untersuch. u. -Forsch. **98**, 25—29 (1954).

—, u. A. Lay: Die Bestimmung der Kohlensäure in Wein, Perlwein und Schaumwein. Weinberg u. Keller **9**, 202—205 (1962).

— — Kolorimetrische Bestimmung von Kupfer in Wein mit Oxalsäure-bis-(Cyclohexyliden-hydrazid) „Cuprizon". Weinberg u. Keller **11**, 585—588 (1964).

— — Die gewichtsanalytische Bestimmung der Oxalsäure in Most und Wein. Weinberg u. Keller **12**, 425—427 (1965).

Herold, G., u. G. Dickhaut: Schnellverfahren zum papierchromatographischen Nachweis der zugelassenen Konservierungsmittel in Lebensmitteln. Mitt.-Bl. GDCh., Fachgr. Lebensmittelchem. **14**, 160—162 (1960).

Herrmann, J., u. W. Andrae: Oxydative Abbauprodukte der l-Ascorbinsäure. 2. Mitt. Polarographischer Nachweis. Nahrung **7**, 411—426 (1963).

Herrmann, K.: Über Katechine und Katechingerbstoffe und ihre Bedeutung in Lebensmitteln. Z. Lebensmittel-Untersuch. u. -Forsch. **109**, 487—507 (1959).

— Über Leukoanthocyanine und Leukoanthocyanin-Gerbstoffe und ihre Bedeutung in Lebensmitteln. Z. Lebensmittel-Untersuch. u. -Forsch. **112**, 105—118 (1960).

Hess, D.: Beitrag zur Bestimmung des Catechinwertes in Säften. Mitt.-Bl. GDCh., Fachgr. Lebensmittelchem. **21**, 46 (1967).

HIEKE, E., u. B. HOLBACH: Zum Nachweis von Saccharin in Wein. Mitt.-Bl. GDCh., Fachgr. Lebensmittelchem. 21, 37—39 (1967).

HODGSON, H.W., and J.H. GLOVER: The polarographic determination of aluminium, zinc and tin in water. Analyst 76, 706—710 (1951).

HÖGL, O., u. H. SULSER: Blei, Kupfer und Zink in Trink- und Brauchwasser. 2. Mitt. Mitt. Lebensmitteluntersuch. Hyg. 42, 286—311 (1951).

HÖYEM, T.: Separation, identification, and estimation of aromatic food preservatives and sorbic acid by paper chromatography and ultraviolet spectrophotometry. J. Ass. off. agric. Chem. 45, 902—905 (1962).

HOFFMAN, J., and A.D. GORDON: Arsenic in foods. Collaborative comparison of the arsine-molybdenum blue and the silver diethyldithiocarbamate methods. J. Ass. off. agric. Chem. 46, 245—249 (1963).

— — Determination of arsenic in foods. J. Ass. off. agric. Chem. 47, 629—630 (1964).

HOLLIS, O.L.: Separation of gaseous mixtures using porous polyaromatic polymer beads. Analytic. Chem. 38, 309—316 (1966).

HURWITZ, C., and H.W. BATCHELOR: Colorimetric determination of small amounts of potassium by the chloroplatinate method. Soil Sci. 63, 351—359 (1947).

ILLI, J.: Zur Isolierung von künstlichen Farbstoffen aus Lebensmitteln mit Hilfe von saurem (anionotropem) aktivem Aluminiumoxyd. Mitt. Lebensmitteluntersuch. Hyg. 54, 433—436 (1963).

IWANO, S., and H. SAWANOBORI: Titration of calcium and magnesium in wine with Ethylenediamine Tetraacetate. Amer. J. Enol. Viticult. 13, 54—57 (1962).

JAULMES, P., et P. ESPEZEL: Le dosage de l'acétaldéhyde dans les vins et spiritueux. Ann. Falsif. Fraudes 28, 325—335 (1935).

—, et G. HAMELLE: Le dosage de l'ion sulfureux et des aldéhydes par la méthode au sulfite. Ann. Falsif. Expert. chim. 54, 338—346 (1961).

—, et R. MESTRES: Recherche et dosage de l'acide cyanhydrique dans les Vins traités au ferrocyanure. Ann. Falsif. Expert. chim. 53, 455—468 (1960).

— — Le dosage de l'acide cyanhydrique dans les Vins. Ann. Technol. agric. 11, 249—269 (1962).

—, et M. NEY: Recherche des Vins d'hybrides rouges par chromatographie de la native colorante. Ann. Falsif. Expert. chim. 53, 180—183 (1960).

JEMS, O.G.: Stöchiometry of titration of calcium, magnesium and manganese at low concentration with EDTA, with the metal indicators murexide and eriochrome black T. Analyst 85, 738—744 (1960).

JILKE, W.: Über die Anwendbarkeit refraktometrischer Methoden bei der Untersuchung von Wein, weinähnlichen und weinhaltigen Getränken. Z. Lebensmittel-Untersuch. u. -Forsch. 93, 357—362 (1951).

JOHNSON, E.I., and R.D.A. POLHILL: The use of sodium hexametaphosphate in the determination of traces of lead in food. Analyst 80, 364—367 (1955).

— — The use of anion-exchange resin in the determination of traces of lead in food. Analyst 82, 238—241 (1957).

JOPPIEN, P.H.: Nachweis und Bestimmung von Thujon mittels Papierchromatographie, ein Beitrag zur Analytik der Aldehyde und Ketone der Terpenreihe. Z. Lebensmittel-Untersuch. u. -Forsch. 104, 393—401 (1956).

JOSLYN, M.A., and A. LITTLE: Relation of type and concentration of phenolics to color and color stability of rosé wines. Am. J. Enol. Viticult. 18, 138—148 (1967).

KARGES, O., u. K. LANG: Zur Methodik der Schwefelwasserstoffbestimmung in biologischem Material. Klin. Wschr. 1955, 825; zit. nach Z. Lebensmittel-Untersuch. u. -Forsch. 105, 132 (1957).

KATZ, H., and R. NAVONE: Method for simultaneous determination of calcium and magnesium. J. Amer. Water Works Ass. 56, 121—123 (1964).

KICK, H.: Zur flammenphotometrischen Bestimmung von Calcium, Magnesium und Mangan in Pflanzenaschen und Bodenauszügen. Z. Pflanzenernähr. Düng., Bodenkunde 67 (112), 53—57 (1954).

KIELHÖFER, E.: Die Eiweißtrübung des Weines. IV. Mitt. Über die Beschaffenheit des Trubes und die Verminderung des N-Gehaltes des Weines durch Trubabscheidung. Z. Lebensmittel-Untersuch. u. -Forsch. 92, 1—9 (1951).

— Die Bindung der schwefligen Säure an Weinbestandteile. Weinberg u. Keller 5, 461—476 (1958).

—, u. H. AUMANN: Die Aldehydbestimmung im Wein. Z. Lebensmittel-Untersuch. u. -Forsch. 107, 406—413 (1958a).

— — Gleichzeitige Bestimmung von Ascorbinsäure und freier schwefliger Säure in Wein und Most. Ein einfaches, auch für den Praktiker geeignetes Verfahren. Weinberg u. Keller 5, 25—30 (1958b).

Kielhöfer, E., u. G. Würdig: Die an unbekannte Weinbestandteile gebundene schweflige Säure (Rest-SO$_2$) und ihre Bedeutung für den Wein. Weinberg u. Keller **7**, 313—328, 361—372 (1960).
— — Über Vorkommen, Nachweis und Bestimmung der Schleimsäure im Wein und Weintrub. Z. Lebensmittel-Untersuch. u. -Forsch. **115**, 418—428 (1961).
— — Eine weitere bisher unbekannte Kristalltrübung in Flaschenwein. Dtsch. Wein-Ztg. **98**, 90—94 (1962).
— — Kristalltrübungen in Flaschenwein durch oxalsauren Kalk. Das Weinblatt **57**, 124—126 (1963a).
— — Nachweis und Bestimmung eines Zusatzes von Pyrokohlensäurediäthylester zu Wein. Dtsch. Lebensmittel-Rdsch. **59**, 224—228 (1963b).
— — Nachweis und Bestimmung von Diäthylcarbonat und Pyrokohlensäurediäthylester in Wein und Schaumwein. Dtsch. Lebensmittel-Rdsch. **59**, 197—200 (1963c).
Kliffmüller, R.: Beitrag zum papierchromatographischen Nachweis von Süßstoffen und Konservierungsstoffen. Dtsch. Lebensmittel-Rdsch. **52**, 182—184 (1956).
Knutson, K. E.: Flame photometric determination of magnesium in plant material. A study of the emission of magnesium in a highly reducing oxygen-acetylene flame. Analyst **82**, 241—254 (1957).
Koch, J., u. E. Breker: Über die Bestimmung von Schwermetallen in Traubensäften. Industr. Obst- u. Gemüseverwert. **40**, 252—254 (1955).
— — Über den Einfluß nicht ausgekleideter Aluminiumtanks auf die Beschaffenheit darin gelagerter Süßmoste. Fruchtsaft-Industr. **3**, 3—10 (1958).
—, u. G. Bretthauer: Über eine zuverlässige Methode zur Bestimmung der Milchsäure in Süßmost und Wein. Z. analyt. Chem. **132**, 346—356 (1951).
—, u. F. Eiden: Über eine vereinfachte Bestimmung des ITT-Wertes im Wein. Weinberg u. Keller **4**, 57—59 (1957).
—, u. E. Haase-Sajak: Zur Bestimmung von Anthocyanen in schwarzem Johannisbeersaft. Z. Lebensmittel-Untersuch. u. -Forsch. **131**, 347—351 (1967).
—, u. D. Hess: Zur Analytik von Weinbrand. II. Chemische Bestimmung der höheren Alkohole. Z. Lebensmittel-Untersuch. u. -Forsch. **129**, 277—284 (1965/66).
—, u. R. Kleesaat: Zur Frage der Naturreinheit von Säften. Dtsch. Lebensmittel-Rdsch. **55**, 246—251, 314 (1959).
— — Über die Bildung und Bestimmung von 5-Hydroxymethylfurfurol in Fruchtsäften. Fruchtsaft-Industr. **6**, 107—127 (1961).
—, u. R. Marquenie: Über den gaschromatographischen Nachweis von Pyrokohlensäurediäthylester (PKDE) and Diäthylcarbonat (DÄC) in alkoholfreien Getränken. Mitt.-Bl. GDCh., Fachgr. Lebensmittelchem. **20**, 105—107 (1966).
—, u. G. Schiffner: Unspezifischer Nachweis von chemischen Konservierungsmitteln in Fruchtsäften (Süßmosten), alkoholfreien Erfrischungsgetränken und Obstkonzentraten. Fruchtsaft-Industr. **4**, 3—8 (1959).
Köhn, W.: Neue colorimetrische Kaliumbestimmung mit Dipikrylamin. Z. analyt. Chem. **128**, 1—6 (1947).
Konopicky, K., u. W. Schmidt: Erweiterte Möglichkeiten der Flammenphotometrie. Z. analyt. Chem. **173**, 358—369 (1960).
Konrad, H.: Zur kolorimetrischen Bestimmung des Eisens in Wein mit Sulfosalicylsäure. Nahrung **4**, 365—373 (1960).
Kovacs, A. S., u. P. Denker: Zum Nachweis und zur Bestimmung von Konservierungsstoffen in Lebensmitteln. Industr. Obst- u. Gemüseverwert. **47**, 1—3 (1962).
Kraffczyk, F.: Die Anthocyanogene und ihre Bedeutung beim Mälzen und Brauen — ein Literaturüberblick. Mschr. Brauerei **20**, 249—253 (1967).
Kröller, E.: Untersuchungen zur Bestimmung von Arsen in Lebensmitteln. Dtsch. Lebensmittel-Rdsch. **61**, 115—117 (1965).
Lehmann, G., u. H. G. Hahn: Nachweis und Bestimmung wasserlöslicher, synthetischer Lebensmittelfarbstoffe mit Hilfe von Polyamidpulver. Z. analyt. Chem. (z. Z. im Druck) (1968).
—, — Quantitative Bestimmung von auf Cellulosedünnschichten getrennten Lebensmittel-Farbstoffen. Dtsch. Lebensmittel-Rdsch. **63**, 6—8 (1967).
— — u. P. Martinod: Methode zur quantitativen Bestimmung von auf Dünnschichten getrennten Substanzen. Z. analyt. Chem. **227**, 81—89 (1967).
Lento, H. G., C. E. Daugherty and A. E. Denton: Polarographic determination of total ascorbic acid in foods. J. agric. Food Chem. **11**, 22—26 (1963).
Letonoff, T. von, and J. G. Reinhold: Colorimetric determination of lead chromate by diphenylcarbazide. Application of a new method to analysis of lead in blood, tissue, and excreta. Industr. Engin. Chem. **12**, 280—284 (1940).

LITTERSCHEID, F.M.: Über ein neues „Sorbit-Verfahren" zum Nachweis von Obstweinen in Traubenweinen. Z. Untersuch. Lebensmittel **62**, 653—657 (1931).

LOCKEMANN, G.: Ein Schnellverfahren zur Ermittlung des Arsengehaltes von Traubenmost und anderen Fruchtsäften. Z. analyt. Chem. **137**, 26—30 (1952).

LOCKWOOD, H.C.: Determination of lead in foodstuffs. Analyst **79**, 143—146 (1954).

LOVE, D.L., and S.C. SUN: Polarographic determination of tin in ores. Analytic Chem. **27**, 1557—1559 (1955).

LÜCK, E., u. W. COURTIAL: Die dünnschichtchromatographische Trennung der Konservierungsstoffe Benzoesäure und Sorbinsäure. Dtsch. Lebensmittel-Rdsch. **61**, 78—79 (1965).

LUPIN, O. VON: Die Bestimmung des Eisens in Lebensmitteln mit $a,a'$-Dipyridyl und seine Bedeutung in der Weinschönung. Mitt.-Bl. GDCh., Fachgr. Lebensmittelchem. **18**, 78—80 (1964).

MACHER, L.: Die organoleptische Analyse. Alkohol-Industr. **78**, 498—499 (1965a); **78**, 549—552 (1965b).

MACKINNEY, G., and C.O. CHICHESTER: The color problems in foods. Advanc. Food Res. **5**, 301—351 (1954).

MAJUMDAR, A.K., and S.P. BAG: Spectrophotometric determination of iron with quinolinic acid. Analyt. chim. Acta (Amsterdam) **21**, 324—330 (1959).

MALAT, M.: Photometrische Zinnbestimmung mit Brenzcatechinviolett in Anwesenheit von Gelatine. III. Colorimetrische Studien. Z. analyt. Chem. **187**, 404—409 (1962).

MALKUS, Z.: Eine neue Methode zur Zinnbestimmung in Lebensmitteln mit Hilfe der oscillographischen Polarographie. Z. Lebensmittel-Untersuch. u. -Forsch. **106**, 257—262 (1957).

MALMSTADT, H.V., and T.P. HADJIIOANNON: Rapid and accurate automatic titration method for determination of calcium and magnesium in plant material with EDTA titrant. J. agric. Food Chem. **7**, 418—420 (1959).

MARGERUM, D.M., and F. SANTACANE: Evaluation of methods for trace zinc determination. Analytic. Chem. **32**, 1157—1161 (1960).

MARGHERI, G.: Bestimmung der Tannine des Weines mittels der UV-Spektrophotometrie. Riv. Viticolt. **13**, 401—406 (1960) [in italienisch].

MARIA, R.G.: Über die Bestimmung von Calcium und Magnesium in Wein. Riv. Viticolt. **14**, 221—229 (1961) [in italienisch].

MARKLAND, J., and F.C. SHENTON: Polarographic determination of tin in foods. Analyst **82**, 43—45 (1957).

MARTIN, G.E., G. CAGGIANO and J.E. BECK: Determination of methanol by gas-liquid chromatography. J. Ass. off. agric. Chem. **46**, 297—298 (1963).

— — and H. SCHLESINGER: Fusel oil determination by gas-liquid chromatography. J. Ass. off. agric. Chem. **46**, 294—297 (1963).

MAYER, K.: Über die Anwendung enzymatischer Methoden zur Getränke-Analyse. Mitt. Lebensmitteluntersuch. Hyg. **54**, 515—519 (1963).

—, u. I. BUSCH: Über eine enzymatische Glycerinbestimmung in Traubenmost und Wein. Mitt. Lebensmitteluntersuch. Hyg. **54**, 297—303 (1963).

—, u. G. PAUSE: Eine enzymatische Citronensäurebestimmung. Mitt. Lebensmitteluntersuch. Hyg. **56**, 454—458 (1965).

McFARLANE, W.D.: Determination of anthocyanogens. J. Inst. Brewing **67**, 502—506 (1961).

MIDDLETON, K.R.: Colorimetric determination of copper in plants. Analyst **90**, 234—240 (1965).

MISSELHORN, K.: Beitrag zur Aldehyd- und Acetalbestimmung in Spirituosen. Branntweinwirtsch. **103**, 401—406 (1963).

MITCHELL, L.C.: Separation and identification of cyclohexylsulfamate, dulcin and saccharin by paper chromatography. J. Ass. off. agric. Chem. **38**, 943—946 (1955).

MÖHLER, K.: Neuartige Süßstoffe. I. Mitt. Die Verwendung der p-Methoxy-o-benzoylbenzoesäure als Süßstoff, Nachweis und Bestimmung. Z. Lebensmittel-Untersuch. u. -Forsch. **90**, 431—434 (1950a).

— Neuartige Süßstoffe. III. Mitt. Nachweis und Bestimmung des 1-n-Propoxy-2-amino-4-nitrobenzols. Z. Lebensmittel-Untersuch. u. -Forsch. **91**, 124—126 (1950b).

—, u. S. LOOSER: Zur enzymatischen Bestimmung von Glucose und Fructose in Wein. Z. Lebensmittel-Untersuch. u. -Forsch. **134**, 18 (1967).

MOLLENHAUER, H.P.: Eine einfache Bestimmungsmethode für Ascorbinsäure. Dtsch. Wein-Ztg. **95**, 113—114 (1959).

MORRISON, R.L.: Determination of ethanol in wine by gas-liquid partition chromatography. Amer. J. Enol. Viticult. **12**, 101—106 (1961).

— The determination of acetaldehyde in high-proof fortifying spirits, beverage brandy, and wine. Amer. J. Enol. Viticult. **13**, 159—168 (1962).

MÜHLBERGER, F.H.: Zum Nachweis des Invertzuckerzusatzes in Traubenmosten und Weinen. Z. Lebensmittel-Untersuch. u. -Forsch. **113**, 265—277 (1960).

Müller, F.W.: Die Bestimmung der Ascorbinsäure mit Phosphor-18-Wolframsäure. Mitt.-Bl. GDCh., Fachgr. Lebensmittelchem. **1955**, 19—21.

Münch, U.: Mischindikator für die chelatometrische Bestimmung von Magnesium. Z. analyt. Chem. **212**, 419—420 (1965).

Ney, M.: Dosage rapide du zinc dans les vins. Ann. Falsif. Fraudes **41**, 533—537 (1948).

Nybom, N.: Dünnschichtchromatographische Anthocyanin-Analyse in Fruchtsäften. Fruchtsaft-Industr. **8**, 205—214 (1963).

Nykänen, L.: Eisenbestimmung im Wein. Z. Lebensmittel-Untersuch. u. -Forsch. **114**, 181—189 (1961).

—, and H. Suomalainen: The aroma compounds of alcoholic beverages. Teknillisen Kemian Aikakausilehti **20**, 789—795 (1963).

Ohnishi, H., and E.B. Sandell: Colorimetric determination of traces of tin with dithiol. Analyt. chim. Acta (Amsterdam) **14**, 153—161 (1956).

Pallotta, U.: Über die Zinkbestimmung in Produkten von landwirtschaftlichem Interesse mittels Zincon. II. Zinkbestimmung im Wein. Riv. Viticolt. **16**, 49—57 (1963) [in italienisch].

Panouse-Pigeaud, M.L., et H. Cheftel: Elimination du fer à l'aide de cupferron dans le dosage colorimétrique du plomb par la dithizone. Ann. Falsif. Fraudes **32**, 296—301 (1939).

Patschky, A.: Zur Feststellung eines Alkoholzusatzes bei Tischweinen. Dtsch. Lebensmittel-Rdsch. **63**, 197—200 (1967).

Paul, F.: Die alkalimetrische Bestimmung der freien, gebundenen und gesamten schwefligen Säure mittels des Apparates von Lieb und Zacherl. Mitt. Klosterneuburg, Ser. A, Rebe u. Wein **8**, 21—27 (1958a).

— Der Nachweis von Formaldehyd in Weinen und Fruchtsäften mit Chromotropsäure. Mitt. Klosterneuburg, Ser. A, Rebe u. Wein **8**, 192—196 (1958b).

Pauli, O., u. H. Genth: Zur Kenntnis des Pyrokohlensäurediäthylesters. I. Mitt. Eigenschaften, Wirkungsweise und Analytik. Z. Lebensmittel-Untersuch. u. -Forsch. **132**, 216—227 (1966/67).

Peltzer, J.: Vereinfachter Sorbitnachweis mit o-Chlorbenzaldehyd. Mitt.-Bl. GDCh., Fachgr. Lebensmittelchem. Heft 4—6, 57—58 (1949).

Peynaud, E.: Méthode colorimétrique de dosage du cuivre dans les vins à l'aide du 2,2'diquinolyle. Chim. analyt. **36**, 187—190 (1954).

—, S. Lafon-Lafourcade and G. Guimberteau: L(+) lactic acid and D(—) lactic acid in wines. Amer. J. Enol. Viticult. **17**, 302—307 (1966).

Pfenninger, H.: Gaschromatographische Untersuchung von Fuselölen aus verschiedenen Gärprodukten. II. Methodik der Fuselölbestimmung. III. Ergebnisse der gaschromatographischen Untersuchung von Fuselölen aus verschiedenen Gärprodukten. Z. Lebensmittel-Untersuch. u. -Forsch. **120**, 100—116, 117—126 (1963).

Plöttner, D.: Zur Bestimmung der höheren Alkohole und der Blausäure in Branntweinen. Branntweinwirtsch. **101**, 213—214 (1961).

Pohl, F.A.: Methoden zur spektrochemischen Spurenanalyse. I. Zur Spurenanalyse von Wässern. II. Zur Spurenanalyse von pflanzlichen Materialien. Z. analyt. Chem. **139**, 241—249, 423—429 (1953).

Porretta, A.: Polarographische Bleibestimmung in Konserven. Industr. ital. Conserve **33**, 213—214 (1958) [in italienisch].

—, u. G. Bellucci: Zinnbestimmung in Lebensmitteln. Industr. ital. Conserve **34**, 107—108 (1959) [in italienisch].

—, G. Capuano u. R. Cultrera: Über die spektralphotometrische Bestimmung von Blei in Lebensmitteln. Industr. ital. Conserve **31**, 7—9 (1956) [in italienisch].

Postel, W.: Die Bestimmung von 5-Hydroxymethylfurfurol in $SO_2$-haltigen Getränken. Vortrag am 22. III. 1968 in Frankfurt/M.

Potterat, M.: Une nouvelle technique de chromatographie sur papier. Mitt. Lebensmitteluntersuch. Hyg. **47**, 66—71 (1956).

Prillinger, F.: Über den Nachweis und die Bestimmung von Diäthylcarbonat in mit Pyrokohlensäurediäthylester „Baycovin" behandelten Weinen. Mitt. Klosterneuburg, Ser. A, Rebe u. Wein **14**, 29—32 (1964).

—, u. H. Horwatisch: Über ein rasches Verfahren zum Nachweis des Pyrokohlensäurediäthylesters in Getränken und zum natürlichen Vorkommen von Kohlensäureestern in Gärprodukten. Mitt. Klosterneuburg, Ser. A, Rebe u. Wein **14**, 251—257 (1964).

— — Gaschromatographische Untersuchungen von Weindestillaten. Die flüchtigen Bestandteile als Grundlage zur Beurteilung von Weinbrandverschnitten. Mitt. Klosterneuburg, Ser. A, Rebe u. Wein **16**, 115—126 (1966).

Pro, M.J., and A.P. Mathers: Metallic elements in wine by flame photometry. J. Ass. off. agric. Chem. **37**, 945—960 (1954).

Quentin, K.E.: Die Verwendung der Papierchromatographie zur Aluminiumbestimmung in Mineralwässern. Z. analyt. Chem. **140**, 92—102 (1953).

RAADSVELD, C.W.: Eine komplexometrische Schnellmethode zur Bestimmung des Calcium-gehaltes der Milch. Neth. Milk Dairy J. **10**, 114—122 (1957) [in holländisch].

RANKINE, B.: Aluminium haze in wine. Austral. Wine, Brew. and Spirit Rew. **1962**, Juni-Heft, 14—16; zit. nach Brauwiss. **17**, 25 (1964).

REBELEIN, H.: Vereinfachtes Verfahren zur Bestimmung des Glycerins und Butylenglykols in Wein. Z. Lebensmittel-Untersuch. u. -Forsch. **105**, 296—311 (1957a).

— Unterscheidung naturreiner von gezuckerten Weinen und Bestimmung des natürlichen Alkoholgehaltes. Z. Lebensmittel-Untersuch. u. -Forsch. **105**, 403—420 (1957b).

— Untersuchungen über gesetzmäßige Beziehungen zwischen Weininhaltsstoffen. Mitt. Klosterneuburg, Ser. A, Rebe u. Wein **12**, 227—258 (1962).

— Kolorimetrisches Verfahren zur gleichzeitigen Bestimmung der Weinsäure und Milchsäure in Most und Wein. Dtsch. Lebensmittel-Rdsch. **59**, 129—132 (1963).

— Kolorimetrische Bestimmung der Äpfelsäure in Verbindung mit der gleichzeitigen Bestimmung der Wein- und Milchsäure in Most und Wein. Dtsch. Lebensmittel-Rdsch. **60**, 140—144 (1964).

— Beitrag zur Bestimmung des Catechingehaltes in Wein. Dtsch. Lebensmittel-Rdsch. **61**, 182—183 (1965a).

— Beitrag zur Bestimmung des Methanolgehaltes in Weinen. Dtsch. Lebensmittel-Rdsch. **61**, 211—212 (1965b).

— Beitrag zum Catechin- und Methanolgehalt von Weinen. Dtsch. Lebensmittel-Rdsch. **61**, 239—240 (1965c).

— Die analytische Bedeutung von Kationen-Anionenbilanzen bei Traubenmosten und Weinen. Dtsch. Lebensmittel-Rdsch. **61**, 304—308 (1965d).

— Beitrag zur Bestimmung und Beurteilung des Nitratgehaltes von Traubenmosten und Wein. Dtsch. Lebensmittel-Rdsch. **63**, 233—239 (1967a).

— Vereinfachtes Verfahren zur colorimetrischen Bestimmung der Citronensäure im Wein und Traubenmost. Dtsch. Lebensmittel-Rdsch. **63**, 337—340 (1967b).

— Über den Einfluß der acetaldehyd-schwefligen Säure bei der colorimetrischen Bestimmung der Milchsäure. Dtsch. Lebensmittel-Rdsch. **64**, 9—11 (1968).

REES, D.J.: Determination of cyclamates in soft drinks. Analyst **90**, 568—569 (1965).

REIF, G.: Bestimmung von Dulcin mit Xanthydrol. Z. Untersuch. Nahrungs- u. Genußmittel **47**, 238—248 (1924).

REINHARD, C.: Beitrag zur Bestimmung von Diäthylcarbonat im Wein. Dtsch. Lebensmittel-Rdsch. **63**, 151—153 (1967).

REICHARD, O.: Nachweis und Bestimmung von Natrium in Wein und sein Gehalt bei Pfälzer Weinen. Z. Untersuch. Lebensmittel **71**, 501—515 (1936a).

— Citronensäure-Bestimmung und -Gehalt in Wein. Z. Untersuch. Lebensmittel **72**, 50—63 (1936b).

— Die Bestimmung von Natrium in Wein und Traubensaft und sein Gehalt, ein Beitrag zur Neubearbeitung der amtlichen Anweisung zur Untersuchung von Wein und Most. Z. Untersuch. Lebensmittel **85**, 146—158 (1943).

— Die Kaliumbestimmung im Wein. Z. analyt. Chem. **140**, 188—197 (1953).

— Die Bestimmung der Citronensäure als Pentabromaceton (PBrA) und ihre Anwendung auf Wein. Dtsch. Lebensmittel-Rdsch. **51**, 218—224 (1955).

—, u. H. GSPAHN: Neue Wege zur Bestimmung von Glycerin in Wein und weinähnlichen Erzeugnissen. Z. analyt. Chem. **141**, 252—272 (1954).

REITH, J.F., u. J.J.L. WILLEMS: Über die Bestimmung der schwefligen Säure in Lebensmitteln. Z. Lebensmittel-Untersuch. u. -Forsch. **108**, 270—280 (1958).

RENTSCHLER, H.: Nachweis von Hybridenwein im Wein aus Vinifera-Reben. Mitt. Lebensmitteluntersuch. Hyg. **50**, 533—540 (1959).

— Über den Nachweis der chemischen Konservierung von Weinen mit Pyrokohlensäure-diäthylester. Mitt. Lebensmitteluntersuch. Hyg. **56**, 265—269 (1965).

—, H. TANNER u. M. BRUNNER: Zur Identifizierung der für rote Hybridentraubensäfte und -weine charakteristischen Anthocyanfarbstoffe. 3. Mitteilung. Mitt. Lebensmitteluntersuch. Hyg. **52**, 312—320 (1961).

REUTHER, G.: Untersuchung zum Nachweis roter Hybriden-Charaktere in Säften und Weinen. Z. Lebensmittel-Untersuch. u. -Forsch. **113**, 480—484 (1960).

RIBÉREAU-GAYON, P.: L'acetate d'éthyle dans les vins, son dosage par chromatographie en phase gazeuse. Anal. Plant. Mat. Vegetab. **11**, 249—255 (1964).

— Die phenolischen Verbindungen der Traube und des Weines. Weinberg u. Keller **12**, 277—281 (1965).

—, et E. STONESTREET: Le dosage des anthocyanes dans le vin rouge. Bull. Soc. chim. France **1965**, 2649—2652.

— — Vorkommen und Bedeutung der Catechine, Leukoanthocyane und der Gerbstoffe in Rotweinen. Dtsch. Lebensmittel-Rdsch. **62**, 1—5 (1966a).

Ribéreau-Gayon, P., et E. Sonestreet: Dosage des tanins du vin rouge et détermination de leur structure. Chim. analyt. **48**, 188—195 (1966b).

Richardson, M.L., and P.E. Luton: Determination of cyclamate in soft drinks by gas chromatography. Analyst **91**, 520—521 (1966).

Riemersma, J.C., u. F.J.M. Heslinga: Über die Papierchromatographie wasserlöslicher Farbstoffe. Mitt. Lebensmitteluntersuch. Hyg. **51**, 94—104 (1960).

Robinson, W.B., J.J. Bertino and J.E. Whitcombe: Objective measurement and specification of color in red wines. Amer. J. Enol. Viticult. **17**, 118—125 (1966).

Rooney, R.C.: The determination of tin in beer. Analyst **88**, 959—962 (1963).

Rosenthaler, L., u. G. Vegezzi: Nachweis und Bestimmung des Acroleins in alkoholischen Flüssigkeiten. Z. Lebensmittel-Untersuch. u. -Forsch. **99**, 352—361 (1954).

Rothenfusser, S.: Ein neues Verfahren zur Erkennung und Bestimmung der schwefligen Säure in einem Arbeitsgang. Z. Untersuch. Lebensmittel **58**, 98—109 (1929).

Rother, H.: Über den Nachweis von Süßstoffen in alkoholfreien Erfrischungsgetränken. Naturbrunnen **15**, 156—158 (1965).

Rubin, E.J. and G.R. Hagstrom: Determination of aluminium and iron in plant tissue. J. agric. Food Chem. **7**, 722—724 (1959).

Russell, A.B.: The determination of small amounts of tin. Analyst **84**, 712—719 (1959).

Salo, T., E. Airo u. K. Salminen: Dünnschichtchromatographische Trennung und Identifizierung von Saccharin, Cyclamat und Dulcin. Z. Lebensmittel-Untersuch. u. -Forsch. **125**, 20—32 (1964).

Sarudi, J.: Gewichtsanalytische Bestimmung und Abtrennung der Oxalsäure als Thoriumsalz von Wein-, Äpfel-, Citronen- und Bernsteinsäure. Z. analyt. Chem. **203**, 106—111 (1964).

Schätzlein, Ch., u. E. Sailer: Sorbit in reinen Traubenweinen. Z. Untersuch. Lebensmittel **70**, 484—488 (1935).

Schildknecht, E., u. H. König: Nachweis und Bestimmung von künstlichen Süßstoffen (Saccharin und Dulcin) mittels Dünnschichtchromatographie. Z. analyt. Chem. **207**, 269—270 (1965).

Schmidt, H.: Eine spezifische colorimetrische Methode zur Bestimmung der Sorbinsäure. Z. analyt. Chem. **178**, 173—184 (1960/61).

Schneyder, J.: Maßanalytische Bestimmung der Sulfate in Wein. Mitt. Klosterneuburg Ser. A, Rebe u. Wein **6**, 155—157 (1956a).

— Maßanalytische Bestimmung der Phosphorsäure in der Weinasche. Mitt. Klosterneuburg, Ser. A, Rebe u. Wein **6**, 3—7 (1956b).

Schoorl, N.: Quantitative determination of potassium in the form of alkali cobaltonitrite. Recueil Trav. chim. Pays-Bas **61**, 91—102 (1942).

Schormüller, J., u. W. Clauss: Untersuchungen über das Vorkommen und die Entstehung der Schleimsäure in Traubenmosten und Weinen. III. Mitt. Säulen- und papierchromatographische Untersuchungen über die im Traubenmost enthaltenen Säuren. Z. Lebensmittel-Untersuch. u. -Forsch. **133**, 65—72 (1967).

— — u. G. Würdig: Untersuchungen über das Vorkommen und die Entstehung der Schleimsäure in Traubenmosten und Weinen. IV. Mitt. Parasitäre Bildung von Schleimsäure in den Beeren von Vitis vinifera aus Galakturonsäure nach dem Befall durch Botrytis cinerea. Z. Lebensmittel-Untersuch. u. -Forsch. **132**, 270—276 (1967).

Schuhknecht, W., u. H. Schinkel: Beitrag zur Beseitigung der Anregungsbeeinflussung bei flammenspektralanalytischen Untersuchungen. Eine Universalvorschrift zur Bestimmung von Kalium, Natrium, Lithium in Proben jeder Zusammensetzung. Z. analyt. Chem. **194**, 161—183 (1963).

Schwaibold, J., W. Borchers u. G. Nagel: Eine Methode zur Bestimmung kleinster Mengen an Zinn und ihre Anwendung bei biochemischen Materialien. Biochem. Z. **306**, 113—122 (1940).

Scopigno Tandoi, P., u. C. Tassi Micco: Untersuchungen über Saccharin in Wein: Nachweis als Komplex mit Kupfersalz und Pyridin. Boll. Lab. chim. provinciali **17**, 289—293 (1966) [in italienisch].

Seith, H.: Verhältnis des zuckerfreien Extraktes zum Gesamtzuckergehalt in Most und Wein. Mitt.-Bl. GDCh., Fachgr. Lebensmittelchem. **3**, 28—33 (1958).

*Seitz-Informationen:* Ermittlung der Trübungsursache in einem Wein mit Hilfe des Mikroskopes. Seitz-Informationen Praxis-Forschung-Technik 1965, Heft 26, S. 17.

Self, R., H.L.J. Rolley and A.E. Joyce: Some volatile compounds from cooked potatoes. J. Sci. Food Agric. **14**, 8—14 (1963).

Silbereisen, K., u. F. Kraffczyk: Isolierung und Struktur biflavonoider Proanthocyanidine (Anthocyanogene) der Gerste. Mschr. Brauerei **20**, 217—223 (1967).

Singer, D.D., and J.W. Stiles: The determination of higher alcohols in potable spirits. Comparison of colorimetric and gas-chromatographic methods. Analyst **90**, 290—296 (1965).

SIROIS, J.C.: The simultaneous determination by polarography of copper, zinc and manganese in plant material. Analyst 87, 900—904 (1962).

SITHO, E., L. NYKÄNEN and H. SUOMALAINEN: Gas-chromatography of the aroma compounds of alcohol beverages. Teknillisen Kemian Aikakausilehti 19, 753—762 (1962).

SMATHERS, R.U., and H. CHARLEY: Problems of measuring leucoanthocyanin content of pears. J. Food Sci. 32, 310—314 (1967).

SOHAR, J.: Extrahierung von Farbstoffen aus Lebensmitteln mit quarternären Ammonium-verbindungen. Z. Lebensmittel-Untersuch. u. -Forsch. 132, 359—362 (1967).

SOMERS, T.C.: Wine tannins — isolation of condensed flavonoid pigments by gel-filtration. Nature (Lond.) 209, 368—370 (1966).

SPANYAR, P., u. E. KEVEI: Kritische Überprüfung von Methoden zur Bestimmung von Eisen in Lebensmitteln. Központi Elélmiszeripari Kutató Intézet Közleményei 1960, Heft 4, 11—18.

—, J. TIMAR u. J. DERNEL: Bestimmung geringer Mengen von Zink in Lebensmitteln. Központi Elélmiszeripari Kutató Intézet Közleményei 1961, Heft 1, 12—15.

SPECTOR, J.: Mutual interferences and elimination of calcium interference in flame photometry. Analytic. Chem. 27, 1452—1455 (1955).

STAUDENMAYER, T.: Halbquantitative Schwefelwasserstoffbestimmung in Wein. Z. Lebensmittel-Untersuch. u. -Forsch. 115, 16—19 (1961).

— Eine verbesserte Methode zur Unterscheidung von lebenden Mikroorganismen und Eiweiß-trub im Wein. Wein-Wiss. 21, 127—129 (1966).

STEAGALL, E.F.: The EDTA titration of calcium and magnesium. J. Ass. off. agric. Chem. 48, 723—728 (1964).

STEINER, K., u. H.R. STOCKER: Über die Anthocyanogene. Schweiz. Brauerei-Rdsch. 76, 1—18 (1965).

STELLA, C., e L. NICCOLAI: Sulla indentificazione del saccarosio nei mosti e nei vini mediante cromatografia su strato sottile. Riv. Viticolt. Enol. Conegliano 19, 104—106 (1966).

STOCKER, H.R.: Zur Chemie der Flavonoidgerbstoffe. Synthese und Analyse des Leucoantho-cyanidins. Schweiz. Brauerei-Rdsch. 78, 33—44 (1967).

STONE, I.: Determination of traces of tin in malt beverages. Industr. Engin. Chem. 13, 791—792 (1941).

STROHECKER, R., H. RIFFART u. G. HABERSTOCK: Die stufenphotometrische Bestimmung von Blei, Kupfer und Zink mittels Dithizon in Wässern und Lebensmitteln. Z. Untersuch. Lebensmittel 74, 155—169 (1937).

STRUNK, D.H., and A.A. ANDREASEN: Collaborative study using ZDBT colorimetric method for the determination of copper in alcoholic products. J. Ass. off. agric. Chem. 50, 334—338 (1967).

SUOMALAINEN, H.: Flüchtige Begleitstoffe in Gärungslösungen, insbesondere in alkoholischen Getränken. Branntweinwirtsch. 105, 1—10 (1965).

SUTER, H., u. H. HADORN: Flammenphotometrische Natrium-Bestimmung in diätetischen Produkten. Mitt. Lebensmitteluntersuch. Hyg. 51, 107—117 (1960).

SWAIN, T., and W.E. HILLIS: The phenolic constituents of Prunus domestica. I. The quantitative analysis of phenolic constituents. J. Sci. Food Agric. 10, 63—68 (1959).

TANNER, H.: Moderne Weinkontrolle in Labor und Betrieb. Weinberg u. Keller 8, 298—316 (1961).

— Neues über die schweflige Säure und deren Bestimmung in Getränken und Konzentraten. Schweiz. Z. Obst- u. Weinbau 71, 316—320 (1962).

— Über eine Schnellbestimmung von Eisen in Getränken. Schweiz. Z. Obst- u. Weinbau 103, 180—184 (1967a).

— Über den dünnschichtchromatographischen Nachweis von Sorbit, Mannit und anderen Polyhydroxy-Verbindungen. Schweiz. Z. Obst- u. Weinbau 103, 610—617 (1967b).

—, u. E.M. BRUNNER: Zur Bestimmung des in alkoholfreien Getränken und in Aromadestil-laten enthaltenen Äthylalkohols. Mitt. Lebensmitteluntersuch. Hyg. 55, 480—487 (1964).

—, u. E. GREUTER: Über die Bestimmung von schwefliger Säure bei Gegenwart von Kalium-jodid. Schweiz. Z. Obst- u. Weinbau 73, 658—663 (1964).

—, u. H. RENTSCHLER: Eine elektrometrische Bestimmung der schwefligen Säure in hoch-farbigen Säften. Mitt. Lebensmitteluntersuch. Hyg. 42, 514—516 (1951).

— Der Polarograph als Hilfsmittel für Getränkeanalysen. 2. Mitt. Die quantitative polaro-graphische Bestimmung von Kupfer in süßen und vergorenen Getränken. Mitt. Lebensmitteluntersuch. Hyg. 46, 209—219 (1955).

— — Ergänzungen zum Nachweis von Hybridentraubensäften und -weinen. Mitt. Lebensmitteluntersuch. Hyg. 51, 130—131 (1960).

— — u. G. SENN: Über die Charakterisierung von Anthocyanfarbstoffen mittels Dünn-schichtchromatographie. Mitt. Klosterneuburg, Ser. A, Rebe u. Wein 13, 156—161 (1963).

Tanner, H., u. U. Vetsch: Wie werden Getränketrübungen charakterisiert? Schweiz. Z. Obst- u. Weinbau **65**, 238—243, 261—264 (1956).

Täufel, K., u. K. Müller: Die Reversion der Sacharide und ihre Bedeutung für die Analytik der Kohlenhydrate. Z. Lebensmittel-Untersuch. u. -Forsch. **100**, 351—359 (1955).

Thaler, H., u. F.H. Mühlberger: Die Bestimmung des Aluminiums in Lebensmitteln und biologischem Material. Z. analyt. Chem. **144**, 241—256 (1955).

—, u. G. Sommer: Studien zur Farbstoffanalytik. IV. Mitt. Die papierchromatographische Trennung wasserlöslicher Teerfarbstoffe. Z. Lebensmittel-Untersuch. u. -Forsch. **97**, 345—365 (1953a).

— — Studien zur Farbstoffanalytik. V. Mitt. Nachweis und Identifizierung wasserlöslicher Teerfarbstoffe in Lebensmitteln. Z. Lebensmittel-Untersuch. u. -Forsch. **97**, 441—446 (1953b).

Thierig, D., u. F. Umland: Photometrische Bestimmung kleiner Mengen Zinn mit Brompyrogallolrot. Z. analyt. Chem. **221**, 229—235 (1966).

Thompson, M.H., and G. McLellan: The determination of microgram quantities of tin in foods. J. Ass. off. agric. Chem. **45**, 979—982 (1962).

Tillmanns, J.: Über den Salpetersäuregehalt von naturreinen Weinen. Z. Untersuch. Nahrungs- u. Genußmittel **22**, 201—207 (1911).

Timberlake, C.F.: A rapid method for the estimation of copper in cider. Chem. and Industr. **1954**, 1442—1443.

Truffert, L.: Dosage des traces de cuivre dans les denrées alimentaires selon la méthode adoptée par l'union internationale de chimie pure et apliquée. Ann. Falsif. Expert. chim. **55**, 38—42 (1962).

Tullo, J.W., W.J. Stringer and G.A.F. Harrison: Estimation of aluminium in beer. Analyst **74**, 296—299 (1949).

Usseglio-Tomasset, L.: Die Bestimmung von $\alpha$- und $\beta$-Thujon in aromatisierten alkoholischen Getränken. Riv. Viticolt. Enol. **19**, 3—24 (1966) [in italienisch].

Vogel, J., et J. Deshusses: Identification des acides déhydroacétique, sorbique, benzoique, ortho-chlorobenzoique, parachlorobenzoique, salicylique, des esters méthylique, éthylique, propylique et butylique de l'acide para-hydroxybenzoique par chromatographie en phase gazeuse. Mitt. Lebensmitteluntersuch. Hyg. **56**, 35—37 (1965).

Vogt, E.: Das Sorbitverfahren zum Nachweis von Obstwein in Traubenwein. Z. Untersuch. Lebensmittel **67**, 407—425 (1934).

Webb, A.D.: Applications of gas chromatography in studying the aromatic qualities of wines. Qualitas Plant. Mater. Vegetabiles **11**, 234—243 (1964).

Weichel, H.H.: Die quantitative Bestimmung von Fructose neben anderen Kohlenhydraten in Lebensmitteln durch enzymatische Analyse. Dtsch. Lebensmittel-Rdsch. **61**, 53—55 (1965).

Weinmann, W., u. L. Walther: Zur Bestimmung der gesamten schwefligen Säure in Süßmosten. Z. Lebensmittel-Untersuch. u. -Forsch. **87**, 49—52 (1944).

Wenger, H.: À propos du dosage des cations du zinc et du cadmium par l'acide anthranilique. Helv. chim. Acta **25**, 1499—1500 (1942).

Wildner, H.: Eisen und Mangan in Brauwasser. Bedeutung, Nachweis, Bestimmung und Entfernung. Brauwiss. **14**, 101—106, 127—130 (1961).

Wilson, J.B.: Report on sugaryl. J. Ass. off. agric. Chem. **38**, 559—561 (1955).

Wilson, J.R., and K.T. Williams: A comparison of an ultra-micro method with an official method for the determination of calcium. J. Ass. off. agric. Chem. **44**, 269—271 (1961).

Winkler, O.: Beitrag zum Nachweis und zur Bestimmung von Oxymethylfurfurol in Honig und Kunsthonig. Z. Lebensmittel-Untersuch. u. -Forsch. **102**, 161—167 (1955).

Woggon, H.: Polarographische Bestimmung der Ascorbinsäure und des Gesamt-Vitamin C. Ernährungsforsch. **8**, 63—69 (1963).

—, u. U. Köhler: Zur polarographischen Bestimmung der Ascorbinsäure und ihrer Umwandlungsprodukte. Mitt. Lebensmitteluntersuch. Hyg. **54**, 95—113 (1963).

Woidich, H., H. Gnauer u. E. Galinowsky: Eine einfache Bestimmung der Sorbinsäure in Wein. Mitt. Klosterneuburg, Ser. A, Rebe u. Wein **15**, 295—299 (1965).

— — — Dünnschichtchromatographische Trennung einiger Konservierungsmittel. Z. Lebensmittel-Untersuch u. -Forsch. **133**, 317—322 (1967).

Woidich, K.: Über die Mikrobestimmung der schwefligen Säure in Wein und Fruchtsäften. Mikrochemie **8**, 147—150 (1930).

— Zur Bestimmung der flüchtigen Säure. Dtsch. Lebensmittel-Rdsch. **52**, 267 (1956).

Wolff, H.: Untersuchungen über die Bestimmung von Zink mit Dithizon in biologischen Präparaten. Biochem. Z. **325**, 267—269 (1954).

Wollenweber, P.: Dünnschichtchromatographische Trennungen von Farbstoffen an Cellulose-Schichten. J. Chromatograph. **7**, 557—560 (1962).

WUCHERPFENNIG, K., u. G. BRETTHAUER: Versuche zur Stabilisierung von Wein gegen oxydative Einflüsse durch Behandlung mit Polyamidpulver. Weinberg u. Keller **9**, 37—55 (1962).

WÜNSCH, A., u. K. TEICHER: Magnesiumbestimmung in Pflanzenaschen. Z. Pflanzenernähr. Düng., Bodenkunde **97**, 101—106 (1962).

WÜRDIG, G.: Die gaschromatographische Bestimmung von Sorbinsäure und Benzoesäure in Wein. Dtsch. Lebensmittel-Rdsch. **62**, 147—149 (1966).

—, u. W. CLAUSS: Herkunft und Entstehung von Schleimsäure — Ursache häufiger Kristalltrübungen im Wein. Weinberg u. Keller **13**, 513—517 (1966).

— — u. J. SCHORMÜLLER: Untersuchungen über das Vorkommen und die Entstehung der Schleimsäure in Traubenmosten und Weinen. I. Mitt. Nachweis und Bestimmung der Schleimsäure in Traubenmost. Z. Lebensmittel-Untersuch. u. -Forsch. **131**, 274—278 (1966).

WURZIGER, J.: Über die flammenphotometrische Bestimmung und den Gehalt von Kalium und Natrium im Wein. Dtsch. Lebensmittel-Rdsch. **51**, 124—130 (1955).

YUAN, T.L., and J.G.A. FISKELL: Dithizone and zincon procedures for zinc in plants. Separation of interfering elements by ion exchange resins. J. Ass. off. agric. Chem. **41**, 424—428 (1958).

ZINZADSE, R.: Z. Pflanzenernähr. Düng., Bodenkunde **16**, 129 (1930); zit. nach W. DIEMAIR u. J. WAIBEL (1936).

# Branntweine[1]


Von

Dr. **Heikki Suomalainen**, Helsinki,

Dipl.-Ing. **Olli Kauppila**, Rajamäki, Lic. phil. **Lalli Nykänen** und

Dipl.-Ing. **R. J. Peltonen**, Helsinki


Mit 45 Abbildungen

## A. Einleitung

In Ländern mit einer eigenen Gärungsindustrie bildet die Herstellung von Alkohol beinahe regelmäßig einen bedeutenden Produktionszweig. Als Melasse, Getreide oder Kartoffeln verbrauchende Industrie ist ihre Tätigkeit eng mit der Landwirtschaft und örtlichen Gegebenheiten verknüpft. So beruht in Ländern, deren Landwirtschaft zur Lieferung der Rohstoffe leicht imstande ist, die Produktion auf dieser Basis, während in Gegenden, in denen Landwirtschaftsprodukte nur in begrenztem Maße zur Verfügung stehen und deren Preis hoch liegt, der Alkohol in bedeutendem Ausmaß aus anderen Rohstoffen hergestellt wird. So z. B. werden in Nord-Europa, Schweden, Finnland und Norwegen in großem Umfange die in der Sulfitablauge enthaltenen Holzzucker zur Alkoholherstellung herangezogen. Als ernstzunehmenden Konkurrenten der Gärungsindustrie in bezug auf die Alkoholproduktion hat sich in den letzten Jahren die in rascher Gangart sich ausweitende petrochemische Industrie erwiesen. Das als Nebenprodukt anfallende Äthylen kann mit einfachen Verfahren und heutzutage auch mit geringen Kosten zu Alkohol umgewandelt werden. Kennzeichnend für die Entwicklung der Alkoholindustrie ist das Beispiel Englands, wo noch 1936 der Industriealkohol entweder aus Melasse oder Getreide hergestellt worden ist, schon im Jahre 1957 die Produktion synthetischen Alkohols die auf dem Gärungswege erfolgende Gewinnung von Industriealkohol überstieg und heutzutage wohl die Erzeugung von Alkohol zu diesem Zweck auf dem Wege der Gärung schon gänzlich eingestellt sein dürfte (L. M. Miall 1966). In gleicher Richtung bewegte sich die Entwicklung auch in den USA, wo der Anteil des aus Melasse, Getreide, Kartoffeln, Früchten und Sulfitablauge hergestellten Alkohols von Jahr zu Jahr geringer geworden ist und im Jahre 1963 noch knapp 25% der gesamten Alkoholproduktion ausmachte (H. O. Parsons 1964). In der Bundesrepublik Deutschland, wo in der Zeitspanne 1962/63—1963/64 die Gesamtproduktion an Alkohol um 28% gestiegen war, sind in den nach Rohstoffen unterteilten Produktionsgruppen recht bedeutende Änderungen zu verzeichnen (vgl. Tab. 1), dies trifft ganz besonders für die Produktion synthetischen Alkohols zu, dessen Anteil an der Gesamtproduktion in der gleichen Zeitspanne von 31% auf 40% stieg, währenddem seine Erzeugung nahezu 45000 Jahrestonnen erreichte (W. Kalkoff 1966).

---

[1] Für die in enger Zusammenarbeit mit den Verfassern vorgenommene Übersetzung der dieser Arbeit zugrunde liegenden Manuskripte aus dem Finnischen sprechen wir Herrn Laboratoriumsmeister Peter Neuenschwander unseren wärmsten Dank aus.

Tabelle 1. *Die deutsche Alkoholerzeugung in Brennereien, berechnet als 100%igen Alkohol*
(nach W. KALKOFF 1966)

|  | 1962/63 | | 1963/64 | |
|---|---|---|---|---|
|  | hl | % | hl | % |
| *Ablieferungspflichtige Alkoholerzeugung aus landwirtschaftlichen Rohstoffen* | | | | |
| a) aus heimischen Rohstoffen | | | | |
| Kartoffeln . . . . . . . . . . . . . . . . . | 249712 | 28,16 | 291094 | 25,91 |
| Korn . . . . . . . . . . . . . . . . . . . | 44423 | 5,01 | 109856 | 9,78 |
| Melasse (Rübenstoffe, Dickmaischverfahren und Lufthefe) . . . . . . . . . . . . . . | 416497 | 46,98 | 567709 | 50,52 |
| Summe a . . . . . . . . . . . . . . . . . | 710632 | 80,15 | 968659 | 86,21 |
| b) aus eingeführten Rohstoffen | | | | |
| Hirse . . . . . . . . . . . . . . . . . . . | 53800 | 6,07 | 22853 | 2,03 |
| Mais . . . . . . . . . . . . . . . . . . . | 69065 | 7,79 | 69795 | 6,21 |
| Manioka und Tapioka . . . . . . . . . . | 15322 | 1,73 | 34650 | 3,08 |
| Sonstige Stoffe . . . . . . . . . . . . . . | 37755 | 4,26 | 27792 | 2,47 |
| Summe b . . . . . . . . . . . . . . . . | 175942 | 19,85 | 155090 | 13,79 |
| Summe a+b . . . . . . . . . . . . . . | 886574 | 100,00 | 1123749 | 100,00 |

Die Erzeugung des ablieferungspflichtigen Alkohols aus landwirtschaftlichen Rohstoffen kommt zu rd. 80—90% aus inländischen Rohstoffen und der Rest aus eingeführten Rohstoffen

| *Die Herstellung von ablieferungsfreiem Alkohol* | | | | |
|---|---|---|---|---|
| a) ablieferungsfreier Alkohol, aus | | | | |
| Korn . . . . . . . . . . . . . . . . . . . | 333499 | 45,68 | 292199 | 42,47 |
| Traubenwein. . . . . . . . . . . . . . . . | 338989 | 46,43 | 324963 | 47,23 |
| Stoffbesitzern (aus heimischer Produktion) | 19273 | 2,64 | 32277 | 4,69 |
| anderen Stoffen, | | | | |
| Kernobst, Most, Weinhefe usw. . . . . . . | 4718 | 0,65 | 4713 | 0,69 |
| b) ablieferungsfrei, aber dem Monopol verkauft | 33577 | 4,60 | 33833 | 4,92 |
| Insgesamt . . . . . . . . . . . . . . . . . | 730056 | 100,00 | 687985 | 100,00 |

| *Die Herstellung von Alkohol, die grundsätzlich ablieferungspflichtig ist, aus* | | | | |
|---|---|---|---|---|
| Sulfitablaugen . . . . . . . . . . . . . . . | 206603 | 28,67 | 186712 | 24,79 |
| Äthylen . . . . . . . . . . . . . . . . . | 507418 | 70,41 | 556866 | 73,95 |
| anderen Stoffen (zwangsläufiger Anfall) . . . | 6591 | 0,92 | 9441 | 1,26 |
| Summe . . . . . . . . . . . . . . . . . | 720612 | 100,00 | 753019 | 100,00 |
| zuzüglich Alkohol, der den Herstellern zum eigenen gewerblichen Verbrauch oder zur Ausfuhr überlassen wurde. . . . . . . . . . | 2622 | | 453414 | |
| Insgesamt . . . . . . . . . . . . . . . . . | 723234 | | 1206433 | |

| *Zusammenstellung* | | | | |
|---|---|---|---|---|
| Aus landwirtschaftlichen und anderen organischen Rohstoffen | | | | |
| monopolablieferungspflichtig . . . . . . . | 886574 | 37,89 | 1123749 | 37,23 |
| ablieferungsfrei. . . . . . . . . . . . . . . | 696479 | 29,76 | 654152 | 21,67 |
| ablieferungsfrei, aber abgeliefert . . . . . . | 33577 | 1,43 | 33833 | 1,11 |
| Aus Syntheseherstellung und Sulfitablaugen | | | | |
| (Monopolbrennereien ablieferungspflichtig) . . | 720612 ⎫ | | 753019 ⎫ | |
| den Herstellern zum eigenen gewerblichen | | 30,92 | | 39,99 |
| Verbrauch oder zur Ausfuhr überlassen . . . | 2622 ⎭ | | 453414 ⎭ | |
| Summe . . . . . . . . . . . . . . . . . | 2339864 | 100,00 | 3018167 | 100,00 |
| Darüber hinaus wurden in West-Berlin aus landwirtschaftlichen Rohstoffen erzeugt . . . | 38177 | | 40904 | |
| Gesamte Erzeugung . . . . . . . . . . | 2378041 | | 3059071 | |

Alkohol ist unzweifelhaft eines der Produkte, dessen Herstellung stets empfindlich auf internationale Krisenlagen reagiert hat. Ein eindrückliches Bild davon geben die Produktionszahlen der USA der Jahre 1934—1946 (C.M. Beamer 1947). Während unmittelbar vor Ausbruch des zweiten Weltkrieges die Alkoholproduktion der USA bei ca. 100 Mio wine gallons (190 proof) lag, stieg sie mit dem Andauern des Krieges steil an und erreichte im Jahre 1945 ihren Spitzenwert von 627 Mio wine gallons. Von dieser Menge verbrauchte die Industrie 316 Mio Gallonen zur Herstellung synthetischen Gummis, 195 Mio Gallonen wurden für zivile Zwecke und in der chemischen Industrie verarbeitet, 32 Mio Gallonen wurden zu Frostschutzmitteln verarbeitet und 84 Mio Gallonen an Verbündete geliefert oder direkt zu militärischen Zwecken verbraucht. Nach Beendigung des Krieges ging die Produktion nahezu auf den Vorkriegsstand zurück. In der Welt-Alkoholproduktion dürften seither nur geringe Schwankungen eingetreten sein. Die Produktionszahlen der Jahre 1954—1957 lassen aber in manchen Ländern ein langsames Wachstum der Produktion erkennen (F. Brown 1960).

Als auf Veranlassung der Fermentation Industries Section of International Union of Pure and Applied Chemistry (IUPAC 1966) eine Übersicht über die Bedeutung und Ausdehnung der Gärungsindustrie im Jahre 1963 erstellt wurde, zeigte es sich, daß überall in der Welt die Industriealkoholerzeugung auf dem Gärungswege in starkem Maße rückläufig ist aufgrund der ständigen Ausweitung der synthetischen Alkoholherstellung. Die Produktion alkoholischer Getränke dagegen bewegt sich eindeutig in zunehmender Richtung. Die in Europa auf dem Gärungsweg gewonnene Alkoholmenge schätzte man auf etwa 1 Mio Jahrestonnen: England war daran mit 300 000 t, Frankreich mit 260 000 t und Italien mit 116 000 t beteiligt. Außerhalb von Europa blieb die Industriealkoholerzeugung bedeutend geringer, was seinen Grund darin haben kann, daß entweder dafür nur geringe Verwendung bestand, oder daß die synthetische Erzeugung bereits schon in eine stärkere Position aufgestiegen ist als die Herstellung durch Vergärung. In den USA wird jedoch praktisch der gesamte Industriealkohol auf synthetischem Wege hergestellt. Die Industriealkoholproduktion der Welt wird auf 1,3 Mio t im Jahr geschätzt. In dieser Zahl fehlen jedoch Angaben von einigen Großproduzenten, wie z. B. von der Sowjetunion. Infolge fehlender statistischer Angaben läßt sich nichts darüber aussagen, wie hoch die Gesamtproduktion von Industriealkohol — synthetischer Alkohol mitberücksichtigt — ansteigt; es kann nur festgehalten werden, daß diese z. B. in den USA für das Jahr 1963 auf 1,9 Mio t geschätzt worden ist (H.O. Parsons 1964).

Als ebenso schwierig wie das Abschätzen der Weltproduktion an Industriealkohol erwies sich die Beschaffung von Zahlenmaterial über die Produktion dest. alkoholischer Getränke. Weitere Schwierigkeiten bei der Interpretation der erhaltenen Angaben entstanden durch die in verschiedenen Weltteilen unterschiedlichen Volumeneinheiten, die Unterschiede in der Art der Angabe der Alkoholstärke sowie die aufgrund dieser Faktoren uneinheitlichen und oft schwer vergleichbaren Statistikzahlen. So können denn über die Welterzeugung von dest. alkoholischen Getränken nur grobe Schätzungen angegeben werden. Die Jahresproduktion scheint jedoch nahe an 20 Mio hl heranzukommen, berechnet als 100%igen Alkohol. Im Jahre 1963 wurde die Erzeugung Europas auf 7,5 Mio hl geschätzt, wobei England mit ca. 3,6 Mio hl, die Bundesrepublik Deutschland mit 1,6 Mio hl und Frankreich mit 0,5 Mio hl beteiligt war; im Jahre 1962 betrug die Cognac-Erzeugung Frankreichs etwa 0,34 Mio hl (L. Genevois 1964). In den USA wurde im gleichen Zeitraum etwas weniger als die Hälfte der europäischen Erzeugung oder 3,2 Mio hl, auf 100%igen Alkohol umgerechnet, dest. alkoholische Getränke produziert. Die Gesamtproduktion an dest. Getränken in Südamerika stieg in der gleichen Zeit auf über 2 Mio hl. Die Erzeugung Japans erreichte über 4 Mio hl. In Südafrika stieg die Herstellung solcher Getränke auf knapp 300000 hl; im Jahre 1964 betrug die Brandy-Produktion allein ca. 200000 hl.

Obwohl synthetischer Alkohol den Markt in bezug auf Industriealkohol in immer stärkerem Umfange erobert, wird jedoch der zu Getränken bestimmte Alkohol nach wie vor auf dem Gärungswege gewonnen. Vorläufig wenigstens dürften nirgends Vorschriften bestehen, die eine Verwendung von synthetischem Alkohol zur Bereitung von Getränken untersagen würden. Umgekehrt jedoch hat bisher auch kein einziges Land — soweit bekannt — dessen Verwendung zur Getränkeherstellung empfohlen und erst die Zukunft wird erweisen, ob dieser Weg zur Bereitung alkoholischer Getränke überhaupt je beschritten werden wird.

# B. Die technische Spiritusgewinnung

In der folgenden Darstellung wird das Hauptgewicht auf die in den Brennereien geschehende Spriterzeugung gelegt, weil diese als die üblichste Art, den bei der Herstellung alkoholischer Getränke als Rohstoff verwendeten Alkohol herzustellen, betrachtet werden kann. Der Vollständigkeit halber wird danach gestrebt, allgemeine Überblicke auch über andere Herstellungsverfahren von Äthanol und anderweitige Anwendungsgebiete zu geben, auch wenn diese nicht alle der Herstellung des als Genußmittel verwendeten Alkohols zuzurechnen sind.

## I. Rohstoffe

Die bei der Alkoholherstellung verwendeten Rohstoffe können in zwei Hauptklassen eingeteilt werden:

1. die eigentlichen Rohstoffe;
2. die Zusatz- und Hilfsstoffe.

## 1. Die eigentlichen Rohstoffe

Als Rohmaterial für die Spritherstellung sind praktisch alle Stoffe geeignet, die zuckerhaltig sind oder aus denen durch eine geeignete Vorbehandlung gärungsfähige Zucker erhalten werden können. Äthanol wird auch auf synthetischem Wege hergestellt.

In den verschiedenen Ländern variieren die zur Verwendung kommenden Rohstoffe in Abhängigkeit von der Beschaffbarkeit, dem Preis, der praktizierten Landwirtschaftspolitik usw. recht stark. Die eigentlichen Rohstoffe können wie folgt gruppiert werden:

a) zuckerhaltige Rohstoffe

wie Zuckerrübe, Zuckerrohr und die entsprechenden Melassen, Molke, Früchte, Beeren, Sulfitablauge;

b) stärke- und inulinhaltige Rohstoffe

wie Kartoffeln, Gerste, Roggen, Weizen, Mais, Hirse, Reis, Hafer, rote Rüben, Bataten, Manioka, Tapioka, Topinamburknollen;

c) cellulose- und hemicellulosehaltige Rohstoffe

wie Holz, Stroh;

d) Ausgangsstoffe der Äthanolsynthese

wie Äthylen.

Zusätzlich zu den genannten wird Sprit auch aus den Rückständen und aus verdorbenen Partien der Wein- und Bierherstellung gewonnen sowie durch Auffangen der Backschwaden in Großbäckereien.

Die orientierenden Werte der wichtigsten kohlenhydrathaltigen Rohstoffe werden in Tab. 2 dargestellt.

Tabelle 2. *Orientierende Werte kohlenhydrathaltiger Rohstoffe*

| | Gesamt-trocken-substanz, %[1] | Gärungsfähige Kohlenhydrate, berechnet als Monosaccharide | | Benötigte Rohstoffmenge kg/kg 100% Äthanol | |
|---|---|---|---|---|---|
| | | vom praktischen Gehalt, %[1] | von der Trocken-substanz, % | praktischer Wert[1] | als Trocken-substanz |
| Rübenmelasse | 80 | 50 | 63 | 4,2 | 3,4 |
| Rohrmelasse | 80 | 35 | 44 | 6,0 | 4,8 |
| Zuckerrübe | 25 | 18 | 72 | 11,6 | 2,9 |
| Zuckerrohr | 25 | 13 | 52 | 16,1 | 4,0 |
| Kartoffeln | 25 | 19 | 76 | 11,0 | 2,8 |
| Gerste | 86 | 57 | 66 | 3,7 | 3,2 |
| Roggen | 86 | 65 | 76 | 3,2 | 2,8 |
| Weizen | 86 | 66 | 77 | 3,2 | 2,8 |
| Mais | 87 | 67 | 77 | 3,1 | 2,7 |
| Hirse | 88 | 67 | 76 | 3,1 | 2,7 |
| Holz *(Scholler-Thornesch-Verfahren)* | 65 | 26 | 40 | 8,0 | 5,2 |
| Holz *(Bergius-Rheinau-Verfahren)* | 90 | 45 | 50 | 4,7 | 4,2 |
| Ablauge aus Nadelholz | 10 | 2 | 20 | 100 | 10 |
| aus Laubholz | 15 | 2 | 13 | 100 | 15 |

[1] Die praktischen Werte entsprechen am ehesten denjenigen, die der Rohstoff am Anfang der Spritherstellung aufwies.

Bei der Erstellung der Tabelle wurden folgende in der Bibliographie erwähnten Werke herangezogen: B. Drews (1951), H. Kreipe (1963) und H. Vogel (1949).

## 2. Die Zusatz- und Hilfsstoffe

Die benötigten Zusatz- und Hilfsstoffe hängen von den zur Anwendung kommenden Rohstoffen ab. Für die verschiedenen Stoffgruppen sind die Wichtigsten:

für zuckerhaltige Stoffe Wasser, Hefe, Hilfschemikalien, Reinigungs- und Desinfektionsmittel;

für stärkehaltige Stoffe die gleichen wie bei den zuckerhaltigen Stoffen, zusätzlich dazu aber noch Malz oder Pilzamylase;

für cellulosehaltige Stoffe Hydrolysesäuren, Hefe, Wasser und Neutralisationsmittel;

für die Ausgangsstoffe der Synthese Säuren, Katalysatoren und Wasser.

### a) Wasser

Wasser ist der bei der Spritgewinnung mengenmäßig am meisten verwendete Stoff. Es wird sowohl für den Prozeß selbst als auch zu Kühl- und Erhitzungszwecken gebraucht.

Der Verwendungszweck bestimmt die an das Wasser zu stellenden Anforderungen:

das für die eigentliche Produktion verwendete Wasser hat infektionsfrei und sonst von einwandfreier Beschaffenheit zu sein;

das Kühlwasser hat möglichst kühl und — unabhängig von der Jahreszeit — von konstanter Temperatur zu sein. Das Wasser darf auf Leitungen und Apparate — jedenfalls nicht nach dessen Vorbehandlung — nicht korrodierend wirken und es darf ebenfalls nicht zu Verstopfungen oder zur Bildung von Kesselstein führen;

das für Dampfkessel bestimmte Wasser muß von derartiger Beschaffenheit sein, daß es nach erfolgter Vorbehandlung die an Kesselspeisewasser gestellten Normen erfüllt.

H. KREIPE (1963, S. 43) hat das in Tab. 3 dargestellte Beispiel für den Wasserbedarf einer Brennerei angegeben.

Tabelle 3. *Wasserverbrauch (10° C) je 100 l Maische mit 8% Alkohol (Dämpfverfahren)*
(nach H. KREIPE 1963)

| | |
|---|---|
| 55 l | zum Einschütten |
| 35 kg | Dampf (1 Wasser) beim Dämpfen |
| 130 l | (max.) Kühlwasser vom Ausblasen bis zur Malzgabe |
| 250 l | (max.) Kühlwasser von der Malzgabe bis zum Anstellen |
| 80 l | Kühlwasser bei der Maischdestillation |
| 20 kg | Dampf (1 Wasser) bei der direkten Maischdestillation |
| 30 l | Spül- und Reinigungswasser, Dampf zum Ausdämpfen und für die Heizung |

zus. 600 l Wasser je hl Maische mit 8% Alkohol bzw.

ca. 7,5 m$^3$ Wasser je hl Weingeist als Rohspiritus (ca. 83 Gew.-%)

## b) Verzuckerungsstoffe

Die Hefe ist zur Vergärung von Stärke und Cellulose nicht imstande. Aus diesem Grunde müssen diese vor dem Hefezusatz zu gärfähigen Zuckern umgewandelt werden. Sowohl Cellulose wie auch Stärke können mittels Säurehydrolyse verzuckert werden. Die Säurehydrolyse wird jedoch normalerweise nur zur Verzuckerung cellulosehaltiger Stoffe, über die eine kurze Darstellung weiter unten (vgl. S. 524) gegeben wird, eingesetzt. Zur Verzuckerung stärkehaltigen Rohmaterials kommt Grünmalz, Darrmalz, Schimmelpilzamylase oder Bakterienamylase, deren Enzyme als Verzuckerungsagens wirken, zur Anwendung.

*Grünmalz und Darrmalz.* Zur Malzherstellung wird als Rohstoff beinahe ausschließlich Gerste herangezogen, seltener Hafer und nur in Ausnahmefällen Roggen oder Weizen. Von der Qualität des zur Verfügung stehenden Rohstoffes hängt in hohem Maße die Wirksamkeit des erzeugten Brennereimalzes ab. Die Qualitätsanforderungen an die zur Herstellung des Brennereimalzes verwendete Gerste weichen wesentlich von den Anforderungen an die für Brauereimalz verwendete ab. Am besten eignen sich flache, kleinkörnige, vier- oder sechszeilige Sommer- und Wintergersten. Dem Eiweißgehalt ist nach oben keine Grenze gesetzt, wie das bei der Brauereigerste der Fall ist. Die Keimfähigkeit sollte 95—98% betragen. Gerste, deren Keimfähigkeit unterhalb von 90% liegt, ist für die Malzherstellung ungeeignet. Die Gerste muß frei von Staub, Steinen oder Kornbruchstücken sein. Die Haltbarkeit während der Lagerung verlangt, daß der Feuchtigkeitsgehalt unter 15% gehalten wird.

## α) Herstellung von Grünmalz

Die erste Stufe der Herstellung besteht im Quellen der Gerste. Dies geschieht im sog. Quellstock und es wird damit einerseits eine Befeuchtung der Gerste bis zu einem für das Keimen vorteilhaften Feuchtigkeitsgehalt und andrerseits das Waschen derselben bezweckt.

Der Quellstock ist so zu bemessen, daß für je 100 kg Malzgerste ein Volumen von ca. 300 l vorgesehen werden. Das Getreide muß während dem Quellen in genügendem Maße Atmungsluft erhalten. So ist während der ca. 48 Std dauernden Quellung der Quellstock nur 10—15 Std mit Wasser gefüllt (Wasserweiche), während der restlichen Zeit wird das Wasser abgelassen (Luftweiche). Das Auffüllen und Entleeren wird 3—4 mal vorgenommen. Moderne Quellstöcke, deren schematische Darstellung aus Abb. 1 ersichtlich ist, sind mit Belüftungseinrichtungen versehen, dank derer die Zwischenentleerungen und Füllungen unterbleiben können.

In Kleinbrennereien geschieht die Keimung allgemein auf der Tenne. Nach der Quellung wird das quellreife Getreide je nach Temperatur in dünnerer oder dickerer Schicht auf der Tenne ausgebreitet. Steigt die Temperatur auf 15° C wird es zu einer gleichmäßigen Schicht ausgebreitet. Während der Keimung muß die Temperatur zwischen 15—18° C gehalten werden. Deshalb ist man bestrebt, die Tenne ca. 2 m unterhalb der Erdoberfläche im

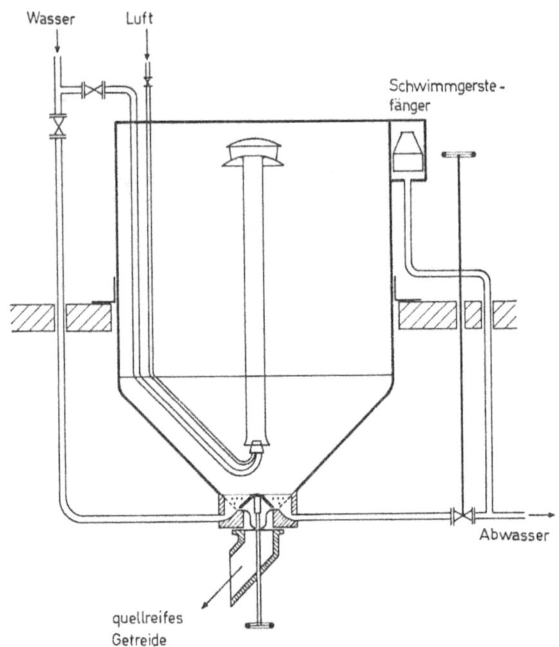


Abb. 1. Prinzipskizze eines Quellstocks (Trichterweiche). Type Gebr. Hermann, Köln

Kellergeschoß einzurichten, wodurch es zu einer gleichmäßigen, von Schwankungen der Außentemperatur unabhängigen Bodentemperatur von 10—12° C kommt. Zur Temperaturregelung, Belüftung und Verhinderung des Verfilzens muß die Schicht mindestens zweimal täglich umgeschaufelt werden. Die Tennenfläche muß zur Erreichung eines optimalen Resultates genügend groß sein. Man benötigt etwa 18—20 m² Tennenfläche je hl Weingeist täglicher Erzeugung.

Die normale Keimdauer schwankt zwischen 6—10 Tagen und ist abhängig von der Mälzungswirksamkeit und vom gewünschten Produkt. Nach einer Keimdauer von 6 Tagen haben die Keime etwa Kornlänge. Das Produkt wird dann als Kurzmalz bezeichnet. Wird die Keimung bis etwa zum 10. Tag weitergeführt, erhält man Langmalz, dessen Keime eine Länge von ca. 1,5 cm haben. Aus 100 kg Malzgerste erhält man ca. 150 kg Grünmalz mit einem Feuchtigkeitsgehalt von 45%.

In den industriellen Mälzereien ist man von der Tennenmälzung abgekommen und aus Gründen der Platz- und Arbeitskrafteinsparung zur Trommel-, Kasten- oder pneumatischen Mälzung übergegangen. Bei diesen geschieht die Behandlung des Getreides auf maschinellem Weg. Zur Temperatur- und Feuchtigkeitsregelung und zur gleichzeitigen Belüftung wird mit Feuchtigkeit gesättigte Luft verwendet. Das der Keimung vorangehende Quellen geschieht auf gleiche Weise wie anfangs beschrieben. Zu den modernsten Formen der industriellen Mälzung gehört die pneumatische Mälzung. Der Vorteil dieses Mälzungsverfahrens besteht darin, daß, weil die befeuchtete Luft von bestimmter Temperatur unter Druck die Gerstenschicht durchdringt, die Schichtdicke des Malzes größer sein kann als bei jenen Verfahren, bei denen die Luft nur durch Diffusion in das Malz eindringen kann.

Bei den Bestrebungen zur Verkürzung der Mälzungsdauer gelangte man mit Gibberellinsäurezusätzen zu recht guten Ergebnissen. Die Gibberellinsäure wurde als die am kräftigsten wirkende Verbindung aus der Gruppe der neun anderen strukturell ähnlichen Verbindungen des aus dem Schimmelpilz *Gibberella fujikuroi* isolierten Gibberellins festgestellt. Die Japaner, u. a. T. YABUTA u. T. HAYASHI (1940) sowie H. MUNEKATA u. S. KATO (1957), haben bei der Abklärung der Wirkungsweise des Gibberellins hervorragende Arbeit geleistet.

Durch Besprühen der feuchten Gerste nach dem Quellen mit einer wäßrigen Lösung von Gibberellinsäure in Mengen von 0,25—0,5 mg/kg lufttrockener Gerste kann eine Verkürzung der Mälzungsdauer je nach Gerstensorte und Lagerungsdauer um 2—4 Tage erreicht werden. Mit größeren Gibberellinsäuremengen wird eine größere Wirksamkeit erreicht, doch ist in Anbetracht des recht hohen Preises der Substanz eine Verwendung größerer Mengen wirtschaftlich unrentabel. Gibberellinsäure bewirkt bei der Mälzung ein rascheres Auflockern der Gerste, das seinerseits der raschen Vermehrung der für die Brennereiindustrie wichtigen Aktivitäten der $\alpha$- und $\beta$-Amylasen dienlich ist. Das Eindringen von Luft wird dank dem Auflockern der Körner stark erleichtert und es wurde festgestellt, daß gerade dieses für die Zunahme der Aktivität der $\alpha$-Amylase speziell verantwortlich ist, besonders dann, wenn die Belüftung verstärkt wird. Das Gewichtsdefizit infolge Atmung und Wachstum der Wurzeln bleibt bei der unter dem Einfluß der Gibberellinsäure verkürzten Keimdauer geringer.

### β) Darrmalz

Der Wassergehalt des Grünmalzes ist seiner Lagerung und auch längeren Transporten hinderlich. Wird das Malz in lagerfähiger und transportfester Form gewünscht, muß es einem Trockenprozeß unterworfen werden. Eine lohnende Darrmalzproduktion setzt eine Herstellung in einem größeren Rahmen voraus, als dies in einem gewöhnlichen Brennereibetrieb möglich ist. Aus diesem Grund ist die Produktion von Darrmalz meistens in gewerblichen Mälzereien konzentriert, bei denen die Verbraucher ihren Bedarf eindecken. Die Trocknung ist sorgfältig vorzunehmen, damit der Verlust an Amylase (Diastase) nicht zu groß wird.

Die Behandlung geschieht meistens in zwei Stufen. Während der ersten Stufe wird die Trocknungstemperatur auf 35—40° C gehalten; gleichzeitig wird das Malz mittels Durchblasen intensiv belüftet. Diese Entwässerungsphase dauert 12 Std und während dieser Zeit fällt der Feuchtigkeitsgehalt auf ca. 10%. Die weitere Trocknung während 12 Std bei 45—55° C erniedrigt den Feuchtigkeitsgehalt auf ca. 5%.

Bei der Trocknung geht im Malz auch noch eine Bildung von Aromastoffen vor sich, was bei der Herstellung verschiedener alkoholischer Getränke, wie etwa beim Kornbranntwein und Whisky, nutzbringend verwendet wird. Bei der Produktion neutralen Sprits hat dieser Punkt keine Bedeutung und so kommt z. B. bei der Herstellung von Kartoffelsprit die Verwendung von Grünmalz öfters vorteilhafter zu stehen als diejenige von Darrmalz. Die gleichzeitige Verwendung von Darrmalz neben Grünmalz und Schimmelpilzamylase ist jedoch oft von Nutzen. Mit seiner Hilfe können u. a. die bei der Produktion überraschend auftretenden Abweichungen wirkungsvoll ausgeglichen werden.

Die Verwendung von Grün- und Darrmalz bei der Verzuckerung wird auf S. 514 geschildert.

### γ) Schimmelpilzamylase

Gleich wie beim Keimen von Getreide bilden auch einige Bakterien und Schimmelpilze während ihres Wachstumes Stärke verzuckernde Enzyme. In Ost-Asien wurde schon seit Jahrtausenden eine mit Koji benannte Schimmelpilzamylase gebraucht. Als Beispiel sei das von den Japanern aus Reis hergestellte Saké-Getränk erwähnt. Von dem zur Herstellung von Schimmelpilzamylase in Frage kommenden Schimmelpilz-Stamm wird eine ausgeprägte Fähigkeit zur Bildung von Amylase erwartet. Diese Forderung erfüllen am ehesten einige *Aspergillus niger*- und *A. oryzae*-Stämme.

Zur Herstellung dienen zwei verschiedene Verfahren. Beim älteren, als Pilzmalzverfahren bekannten, geschieht die Züchtung als Flächenkultur auf Weizenkleie.

Auf die gelochten Hordenbleche der Brutkammer wird in ca. 3 cm dicker Schicht Weizenkleie, die im Laboratorium mit reingezüchtetem Schimmelpilz beimpft wurde, ausgebreitet. Der Schimmelpilz entwickelt sich am besten in einer mit Wasserdampf gesättigten Atmosphäre bei einer Temperatur von 33° C. Innerhalb von 24 Std wächst der Schimmelpilz durch die Kleieschicht hindurch, wodurch die ganze Masse filzartig wird. In dieser Phase muß die Masse von Hand zerbröckelt und gewendet werden; danach kann die Züchtung noch während weiteren 24 Std weitergehen. Wird das erhaltene Produkt nicht zur weiteren Lagerung getrocknet, so muß es unverzüglich weiterverarbeitet werden, denn infolge seines hohen Wassergehaltes ist es als solches für die Lagerung gänzlich ungeeignet. Die Verwendung des Pilzmalzes geschieht auf gleiche Weise wie beim Gerstenmalz und die erhaltenen Alkoholausbeuten können bei ihm sogar höher sein.

Das während dem zweiten Weltkrieg in den USA entwickelte submerse Amylaseverfahren eignet sich mit Vorzug für die Großproduktion.

Die in industriellem Maßstabe geschehende Züchtung wird im allgemeinen in zwei Stufen vorgenommen. Die Züchtungsbottiche sollen mit Misch-, Belüftungs- und Kühleinrichtungen versehen sein und müssen leicht gereinigt und sterilisiert werden können. Die Luft ist vor ihrem Einblasen in die Bottiche mikrobenfrei zu filtrieren. Zur Herstellung der Nährlösung können Getreide, Melasse, Schlempe und Nährsalze herangezogen werden. Vor der Beimpfung ist die Nährlösung zu sterilisieren. Die im Laboratorium gezüchtete Schimmelpilz-Reinkultur wird in den kleineren Bottich gebracht, in dem die Züchtung ca. 24 Std in Anspruch nimmt. Danach wird der Inhalt des kleineren Bottichs der im großen Bottich befindlichen sterilisierten Nährlösung zugegeben. Die Züchtung dieser Stufe dauert ca. 24—48 Std. Nach Abschluß der Züchtung wird der Bottichinhalt abgekühlt und mit Formalin behandelt. Der Infektionsfreiheit ist bei der Züchtung ganz besondere Beachtung zu schenken. Die Züchtungstemperatur beträgt ca. 30° C und das pH ist zwischen 4,5 und 6 zu halten.

Die Verwendung der nach dem Submersverfahren hergestellten Schimmelpilzamylase geschieht im Prinzip auf gleiche Art wie bei der Malzmilch. Es ist jedoch von Bedeutung, daß bei der Submersschimmelpilzamylase die Enzyme sich in Lösung befinden und sie deshalb nicht so hohe Verzuckerungstemperaturen ertragen wie gewöhnliches Malz. Schimmelpilzamylase verzuckert die Stärke bedeutend schneller als Gerstenmalz. Wegen der schlechten Wärmebeständigkeit und der allgemein schwachen Dextrinierungsfähigkeit der Schimmelpilzamylase wurde zur Verwendung in der Anfangsphase des Verzuckerungsprozesses eine wärmebeständige Bakterienamylase entwickelt. Dieses Produkt enthält zur Hauptsache $a$-Amylase, weshalb es eine kräftig dextrinierende Wirkung aufweist. Die eigentliche Hauptverzuckerung wird jedoch mit Schimmelpilzamylase vorgenommen.

### c) Hefe

Die Hauptarbeit bei der Herstellung von Äthanol auf dem Gärungswege leistet die Hefe, die unter anaeroben Bedingungen die Zucker der Gärlösung in Alkohol umwandelt, indem sie ein Molekül Hexosezucker in zwei Moleküle Äthanol und zwei Moleküle Kohlendioxid spaltet. Zur Spritfabrikation werden die speziell für Brennereizwecke entwickelten *Saccharomyces cerevisiae*-Stämme und bei der Molke als Rohstoffbasis das *Saccharomyces fragilis* verwendet. E. E. Harris u. Mitarb. (1948) haben bei der Herstellung von Äthanol aus Holzhydrolysat auch die Verwendbarkeit von Stämmen von *Candida (Torula) utilis* erprobt.

Die Kriterien einer guten Brennereihefe sind: rasches Wachstum, hohe Alkohol- und Zuckertoleranz, gute Gärfähigkeit und Beständigkeit gegen Veränderungen der Umgebungsbedingungen, wie pH, Temperatur und osmotischer Druck.

Charakteristisch für den üblichen absatzweisen Brennereibetrieb ist, daß für jede Charge eine neue Hefeportion benötigt wird. Dagegen wird beim kontinuierlichen Verfahren, wie z. B. bei der Verwertung von Sulfitablauge, die Hefe durch

Separieren oder auf andere Weise aus der gärenden Würze entnommen und erneut zurück in den Kreislauf gebracht und nur zeitweise erneuert.

*Die Herstellung der Hefe.* Auf klassische Weise wird die benötigte Hefe in der Brennerei selbst hergestellt, doch sind in den letzten Jahrzehnten eine Anzahl Brennereien infolge Mangels an Fachkräften und verkürzter Arbeitszeit zur Verwendung käuflicher Preßhefe übergegangen. Dies wurde seinerseits durch die verbesserte Qualität der Bäckerhefe möglich. Die Brennereihefe (Kunsthefe) hat jedoch im Vergleich zur Bäckerhefe sowohl in technischer wie auch in wirtschaftlicher Hinsicht viele Vorteile, von denen die folgenden erwähnt seien:

1. die mit Melasse unter aeroben Bedingungen gezüchtete Bäckerhefe verlangt beim Einsatz unter Brennerei-Bedingungen eine gewisse Angewöhnungszeit, dadurch fällt die Gärungsdauer länger aus als bei Brennereihefe;

2. Brennereihefen sind imstande, konzentriertere Würzen zu vergären und ertragen höhere Alkoholgehalte;

3. die Infektionsgefahr ist geringer.

In einigen Ländern, wie z. B. in England und in Finnland, wo im Rahmen des gleichen Konsortiums sowohl Sprit- als auch Hefefabriken betrieben werden, stellen die Hefefabriken die für den Bedarf der eigenen Spritfabriken notwendige Brennereihefe her.

## *Herstellungsverfahren*

### α) Milchsäureverfahren

Das älteste der Herstellungsverfahren ist das klassische Milchsäureverfahren nach DELBRÜCK. Es wurde konstatiert, daß Hefe auf Säure weniger empfindlich reagiert als einige den Brennereibetrieb störende Mikroorganismen. Beim Milchsäureverfahren wird die Acidität der Nährlösung mit Hilfe des Milchsäurebakteriums (*Lactobacillus delbrückii*) erreicht.

### β) Schwefelsäureverfahren

Da es sich beim Ansäuern mit Milchsäurebakterien um ein zeitraubendes und fachliches Können verlangendes Verfahren handelt, begann man schon früh die Verwendung von Mineralsäuren und technischer Milchsäure zur Ansäuerung zu prüfen. Als Resultat der Versuche wurde das Schwefelsäureverfahren entwickelt, als dessen Verwirklicher vor allen BÜCHELER (1901) genannt sei. In den Anfangszeiten wurde die Anwendung des Verfahrens durch die Schwierigkeiten bei der Bestimmung des Säuregrades erschwert. Mit der Entwicklung der pH-Meßtechnik lernte man auch die Überwachung des Säuregrades zu beherrschen und so verdrängte das Schwefelsäureverfahren fast vollständig das Milchsäureverfahren. Mit Hilfe des Schwefelsäureverfahrens gelang es, die Gärungsdauer von den durch das Milchsäureverfahren geforderten 2 Tagen auf einen zu senken und anstelle der früher benötigten drei Züchtungsbottichen genügen zwei.

### γ) Das vereinfachte Schwefelsäureverfahren

Sowohl für das Milchsäure- wie auch das Schwefelsäureverfahren ist es charakteristisch, daß zur Beimpfung einer neuen Hefemaische die zum voraus aus der Hauptmaische entnommene Mutterhefe verwendet wird. Eine bedeutende Vereinfachung des Züchtungsverfahrens gelang erst, als man beobachtete, daß eine Trennung der Hefe von der Maische nicht nötig sei, sondern daß die gesamte reife Hefe der Hauptmaische zugegeben werden kann. Eine spezielle Mutterhefe wird nicht mehr benötigt, sondern es kann der einige Zeit in Gärung befindlichen Hauptmaische eine der zugesetzten Hefemenge entsprechende Maischemenge entnommen werden, der dann im Hefezüchtungsapparat Nährsubstanzen zugegeben werden und wo auch ihre Ansäuerung mittels Schwefelsäure erfolgt. Die Züchtung dauert normalerweise 24 Std. Zwischen der Entleerung und der neuen Füllung ist eine gründliche Reinigung und Desinfektion des Züchtungsbottiches vorzunehmen.

Das beschriebene Verfahren hat außer seiner Einfachheit noch den Vorteil der Elastizität, denn es kann mit Hilfe der Anstelltemperatur und dem Anstell-pH nach der von H. Kreipe (1963, S. 108) aufgestellten Tabelle die Züchtungsdauer der Hefe in einem weiten Bereich wie folgt eingestellt werden:

| Führung | Anstelltemperatur | pH |
|---|---|---|
| 24 Std | 24—25° C | 3,4 |
| 48 Std | 22—23° C | 3,2 |
| 72 Std | 20—21° C | 3,0 |

So läßt sich z. B. die am Sonnabend geimpfte Hefe bis Montag usw. fertigstellen. Die Initialcharge kann mit separat gezüchteter Brennereihefe oder käuflicher Bäckerhefe angesetzt werden. Die Erzeugung kann nötigenfalls durch Zusatz von Mutterhefe zur Hefemaische während der Züchtung beschleunigt werden. Anstelle der bei den älteren Verfahren üblichen drei, bzw. zwei Züchtungsbottichen wird beim vereinfachten Schwefelsäureverfahren lediglich ein einziger Bottich benötigt. Die Menge der Hefemaische beträgt 5% derjenigen der Hauptmaische. Der Bottich sollte wegen der zu erwartenden Schaumbildung ein etwas größeres Volumen haben, und deshalb dürfte das geeignete Volumen ca. 7% desjenigen der Hauptmaische betragen. Ist z. B. das Volumen der Hauptmaische 10000 l, so muß der Inhalt des Hefezüchtungsbottichs 700 l betragen. Eine schematische Darstellung eines modernen Hefezüchtungsgefäßes wird in Abb. 2 gezeigt.

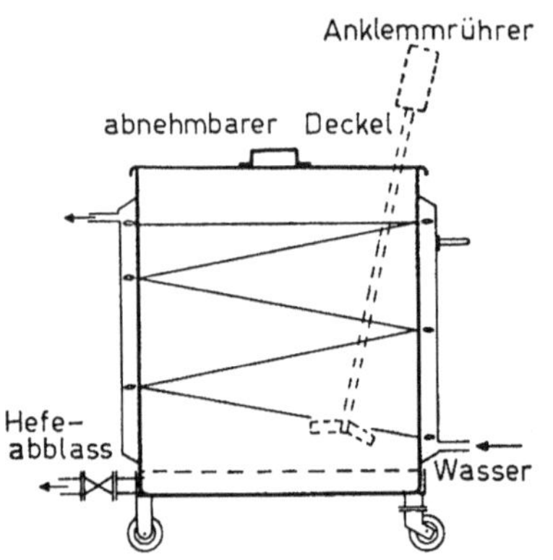


Abb. 2. Schema eines fahrbaren Satzhefegefäßes.
Type Gebr. Hermann, Köln

### δ) Der Magné-Apparat

In angelsächsischen Ländern wird zur Hefeherstellung der sog. Magné-Apparat gebraucht.

Er besteht aus zwei übereinander montierten Gefäßen, dessen oberes ein Volumen von ca. $^1/_{10}$ des unteren besitzt. Die in dem kleineren Gefäß fertiggestellte Hefe wird in das größere, sterilisierte Würze enthaltende Gefäß übergeführt. Nach der Mischung und der Desinfektionsreinigung des kleineren Gefäßes wird dieses wiederum aus dem größeren gefüllt. Die Züchtung geht gleichzeitig in beiden Gefäßen vor sich. 12—24 Std nach erfolgter Züchtung wird der Inhalt des größeren der Verwendung zugeführt, das Gefäß wird gereinigt und darin eine neue Nährwürze angesetzt, die mit Hefe des kleineren Gefäßes beimpft wird.

## 3. Lagerung der Rohstoffe und deren Vorbehandlung

### a) Kartoffeln

#### α) Lagerung der Kartoffeln

Die Lagerung der Kartoffeln ist eine recht anspruchsvolle Aufgabe, denn die Lagerungstemperatur muß zwischen —1°C und +8°C gehalten werden. Die beste Haltbarkeit und die geringsten Verluste werden erreicht, indem die Temperatur auf +3° bis +5°C gehalten wird.

Die in Mieten auf dem Felde geschehende Lagerung ist in bezug auf die Haltbarkeit der Kartoffeln und den Arbeitsaufwand nicht die bestmögliche. Deshalb wurde in den letzten Jahren in zunehmendem Maße zur Lagerung in speziellen Lagerräumen übergegangen. Das Kartoffellager einer neuzeitlichen Brennerei ist in Abständen von 2—3 m mit abdeckbaren Schwemmkanälen ausgestattet, die zusammen mit den von Lochblechen bedeckten Seitenkanälen gleichzeitig als Lüftungskanäle dienen. Die Kühlung der Kartoffelschicht, die eine Höhe von bis zu 3—4 m erreichen kann, geschieht mit Kaltluft, die unter Ausnützung des natürlichen Zuges oder mit Hilfe von Gebläsen über die Schwemmkanäle durch die Kartoffelschicht gedrückt wird. Die Kühlluft muß unbedingt kühl und trocken sein, damit eine Kondensatbildung auf der Oberfläche der Kartoffeln vermieden wird. Mit einer Lagerung in zweckentsprechenden Räumen lassen sich die Stärkeverluste auf 4—5% begrenzen, während sie bei der Lagerung in Mieten ca. 10% betragen.

### β) Reinigung der Kartoffeln

Die zur Spriterzeugung verwendeten Kartoffeln sind vor dem Kochen gründlich zu waschen. Die zu verwertenden Kartoffeln werden durch die Schwemmkanäle mit Hilfe fließenden Wassers dem Elevator zugeführt, der die Kartoffeln in den eigentlichen Kartoffelwäscher fördert. Die Kartoffeln werden schon in den Schwemmkanälen und im Elevator einer groben Vorreinigung unterzogen. Die eigentliche Wäsche geschieht nach dem Gegenstromprinzip in dem mit Mischern ausgestatteten kontinuierlich arbeitenden Wäscher. Als Waschflüssigkeit wird im allgemeinen das von der Maischekühlung anfallende warme Kühlwasser benutzt. Die gewaschenen Kartoffeln fördert man danach mittels eines Elevators in die Zwischenbehälter der Brennerei und von dort nehmen sie ihren Weg weiter zum Dämpfen. Die Gewichtsbestimmung geschieht mit einer an einem geeigneten Ort aufgestellten automatischen Waage oder indirekt durch Volumenbestimmung im Henze-Dämpfer.

Das Schema der Kartoffel-Lagerung und -Behandlung findet sich in Abb. 3.

## b) Getreide

### α) Lagerung von Getreide

Die Lagerfestigkeit von Getreide ist in größtem Maße von der Feuchtigkeit abhängig. Getreide, dessen Feuchtigkeit unter 14% liegt, kann als lagerfest angesehen werden. Steigt die Feuchtigkeit über 15% hinaus an, nimmt die Atmung des Getreides zu und die Lagerverluste werden größer. Sofern die im

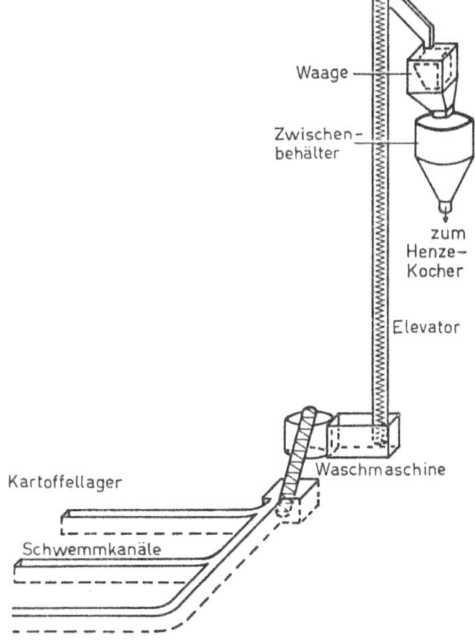


Abb. 3. Schema der Lagerungs- und Verarbeitungseinrichtungen für Kartoffeln

Zusammenhang mit der Atmung gebildete Wärme und das Wasser nicht abgeleitet werden können, steigt die Temperatur des Getreides weiter an, die Atmung wird dadurch beschleunigt und als Folge davon kann das Getreide in kurzer Frist verderben.

Die einfachste Lagerungsart ist die Bodenlagerung. Je trockener das Getreide ist, in um so höherer Schüttung kann es gelagert werden. Die Maximalhöhe bleibt jedoch auf etwas mehr als einen Meter beschränkt. Zur Lagerung großer Getreidemengen ist die Bodenlagerung nicht geeignet. In diesem Falle kommt die Silolagerung in Frage, bei der die Ausnutzung des zur Verfügung stehenden Raumes recht günstig ist, weil das Getreide in bis zu einigen zehn Metern hoher Schicht gelagert werden kann. Zusätzlich kann die im Zusammenhang mit der Silolagerung geschehende Getreidebehandlung vollständig mechanisiert werden (vgl. Abb. 4).

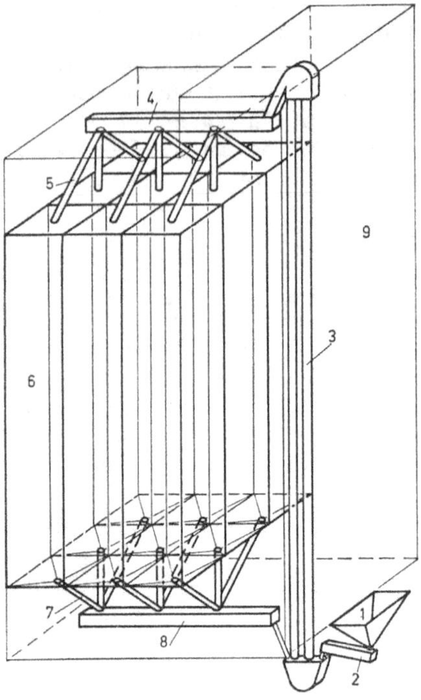

### β) Die Behandlung des Getreides

Im Zusammenhang mit der Lagerung müssen ständig Verschiebungen vorgenommen werden. Diese werden im allgemeinen mittels Ladeschaufeln, Elevatoren, Schneckenförderern, Kettenförderern und pneumatischen Fördereinrichtungen vorgenommen. Zur Silolagerung gehört als wesentlicher Teil auch die Trocknung des Getreides, welche am rationellsten mit zweckentsprechend gebauten Trocknern betrieben wird. Angeschlossen an die Behandlung ist eine Reinigung des Getreides von Strohhalmen, Schnüren, Steinen, Staub und Metallgegenständen sowie in Verbindung mit Mälzereien auch von Kornbruchstücken. Zur Durchführung dieser Aufgaben müssen die erforderlichen Maschinen vorhanden sein. Die unverzügliche Entgegennahme des angelieferten Getreides sowie seine Verwertung setzt das Vorhandensein automatischer Waagen voraus. Zur Erleichterung des in der Brennerei geschehenden Dämpfens wird das Getreide in der Regel in Hammer-, Walzen- oder anderen Mühlen geschrotet. Das Hauptgewicht wird beim Schroten auf gleichmäßige Qualität und Staubfreiheit des Produktes gelegt.

Abb. 4. Schematische Zeichnung eines Silobaues. 1 Kippmulde, 2 Waagrechtförderer, 3 Elevator, 4 Waagrechtförderer, 5 Füllstutzen des Silos, 6 Silozellen, 7 Entleerungsstutzen, 8 Waagrechtförderer, 9 Maschinenraum

# II. Herstellungsverfahren

Die Spriterzeugung kann entweder auf dem Gärungswege oder synthetisch erfolgen. Vom Standpunkt der Lebensmittel- und Genußmittelindustrie aus steht die in Brennereien mittels Vergärung von stärke- oder zuckerhaltigen Rohstoffen geschehende Erzeugung im Vordergrund. In verschiedenen Ländern, wie in Finnland, Schweden und Norwegen, wird auch der aus den Zuckern der Sulfitablauge gewonnene und hochgereinigte Alkohol als Rohstoff zur Herstellung alkoholischer Getränke verwendet. Synthetisch hergestelltes Äthanol wird für diesen Zweck noch nicht verarbeitet.

# 1. Die eigentliche Erzeugung

## a) Erzeugung aus stärkehaltigen Rohstoffen

Die wichtigsten Rohstoffe für die Brennereiindustrie sind Kartoffeln und Getreide. Die ihnen zuteil werdende Behandlung unterscheidet sich nur in Einzelheiten voneinander und in den meisten Brennereien ist es durchaus möglich, mit kleinen Umstellungen die Produktion sowohl auf Kartoffel- wie auch auf Getreidebasis zu betreiben. Sofern in der Behandlung Unterschiede auftreten, werden diese im folgenden speziell erwähnt. Das Schema einer Kartoffel-Getreidebrennerei ist in Abb. 5 dargestellt.

Die Hauptphasen der Erzeugung sind:

$\alpha$) Stärkeaufschluß und Verflüssigung,

$\beta$) Verzuckerung der Stärke,

$\gamma$) Der Gärprozeß,

$\delta$) Destillation der vergorenen Maische.

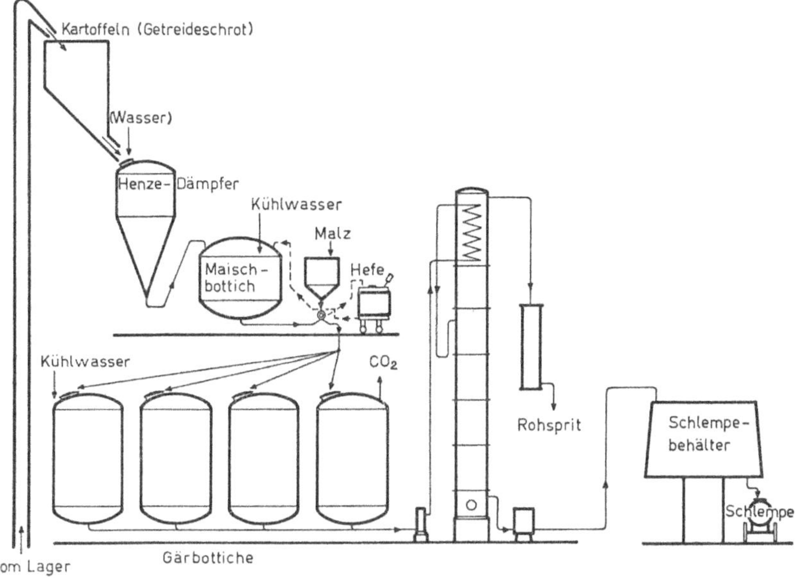


Abb. 5. Vereinfachte Prinzipskizze einer Kartoffel- und Getreidebrennerei. In der Abbildung fehlen das Kartoffellager und der Rektifizierapparat (vgl. Abb. 3 u. 21)

## $\alpha$) Der Stärkeaufschluß und Verflüssigung

In den in der Brennereiindustrie gebrauchten Rohstoffen ist die Stärke in den Pflanzenzellen lokalisiert. Damit ihre Verzuckerung erfolgreich durchgeführt werden kann, sind die Zellen zu zertrümmern und die Stärke muß in eine Form gebracht werden, die die Wirkung der Enzyme möglichst erleichtert. Dies geschieht durch Erhitzen der erwähnten Rohstoffe mit Wasser, wobei die Stärke quillt und verflüssigt wird. Auf die Verflüssigung haben folgende Faktoren wesentlichen Einfluß:

Temperatur; Erhitzungsdauer; Korngröße des Rohstoffes, seine Gleichmäßigkeit und Qualität, die alle untereinander in einem Abhängigkeitsverhältnis stehen.

Die Kriterien einer erfolgreichen Verflüssigung sind:

1. die Verflüssigung ist vom Standpunkte der Verzuckerung aus genügend weit getrieben worden;

2. eine Karamelisierung und eine Bildung von Melanoiden — Kondensationsprodukte von Aminosäuren und Zuckern — ist nicht eingetreten.

Um der ersten Bedingung zu genügen, muß die Temperatur genügend hoch und die Erhitzungsdauer ausreichend lang sein. Durch eine Erhöhung der Temperatur kann die Erhitzungsdauer verkürzt werden, und umgekehrt. Je gröber und härter der Rohstoff ist, um so intensiver muß die Wärmebehandlung ausfallen. Die durch Karamelisieren und Melanoidbildung eintretende Verschlechterung der Alkoholausbeute wird durch die gemeinsame Wirkung einer zu hohen Temperatur und zu langen Erhitzungsdauer verursacht. Insbesondere ist ein seiner Grobheit nach heterogener Rohstoff für diese Erscheinung besonders anfällig, denn die zur Verflüssigung grober Teilchen notwendige Behandlung kann für die feineren zu streng sein.

*Die Verflüssigungsverfahren*

Die in der Brennereiindustrie üblichen Verflüssigungsverfahren sind:

1. das absatzweise Dämpfverfahren,
2. das Maischverfahren bei Verzuckerungstemperatur,
3. das absatzweise offene Kochverfahren,
4. das kontinuierliche Dämpfverfahren.

Die die Wahl des Verfahrens bestimmenden Faktoren sind: die Rohstoffe, der Umfang der Produktion und Traditionen. Das Dämpfverfahren kann mit gutem Grunde als das allgemein übliche Verfahren betrachtet werden und wo die Produktion genügend groß ist tritt das Bestreben auf, vom absatzweisen Dämpfen zum kontinuierlichen überzugehen. Das offene Kochen und das Maischen bei Verzuckerungstemperatur eignet sich zur Verwendung nur in Spezialfällen.

*1. Das absatzweise Dämpfverfahren.* Das absatzweise Dämpfen geschieht durch Erhitzen in geschlossenen druckfesten Kochern durch direktes Einleiten von Dampf. Abhängig von lokalen Bedingungen und von den verwendeten Rohstoffen unterscheiden sich die Dämpfanlagen und -arten beträchtlich voneinander. In Europa werden im allgemeinen die stehenden, unten konusförmigen Henze-Dämpfer bevorzugt (vgl. Abb. 6). Der Kocher ist besonders für die Verwertung von Kartoffeln entwickelt worden, doch eignet er sich ebenso gut auch für das Dämpfen von Getreide. Die größten Vorzüge des Henze-Dämpfers sind seine vollständige Entleerbarkeit sowie die gleichmäßige Verteilung des einströmenden Dampfes. Zum Getreidedämpfen ist der Kocher mit einem Rührwerk auszustatten. In angelsächsischen Ländern, wo Kartoffeln als Rohstoff der Spriterzeugung nicht in besonderem Maße der Spriterzeugung nicht in besonderem Maße

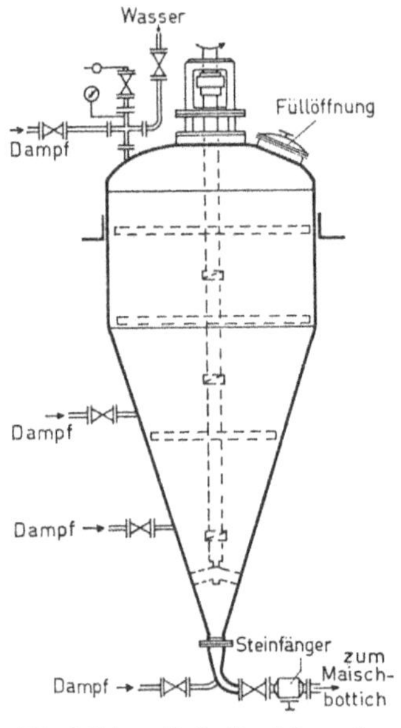


Abb. 6. Schematische Darstellung eines Henze-Dämpfers

Verwendung finden, werden waagerechte zylinderförmige Druckkocher eingesetzt. Die Apparate sind mit Rührwerken ausgestattet, die sich um die waagerechte Achse drehen und im Gefäßboden eingebaute Dampfdüsen besitzen. Neuerdings sind auch Typen mit zwei senkrechtstehenden, schnellaufenden Rührwerken in Betrieb. Kocher dieser Art sind in der Regel größer als die auf dem Kontinent gebrauchten Henze-Dämpfer. In letzter Zeit wurde auch die Verwendung kugelförmiger Kocher erprobt (H. MICKAT 1954). Beim Streben nach optimalen Resultaten bei der Verwertung des Rohstoffes wird die für diesen vorteilhafteste Temperatur-Erhitzungsdauer-Kombination ausgewählt. Diese kann von Fall zu Fall erheblich verschieden ausfallen. Der Dampfdruck beträgt üblicherweise zwischen 1—6 atü und die entsprechenden Temperaturen zwischen 119—164°C. Die Kochdauer bei Maximaltemperatur schwankt normalerweise zwischen 10 und 60 min. Der Behandlung kann sich eine bei niedriger Temperatur durchgeführte Einweichphase zugesellen. Dadurch wird Dampf gespart, die Maximaltemperatur kann herabgesetzt werden und die eigentliche Kochzeit wird verkürzt. Die Behandlungszeit je Charge kann somit zwischen 2—18 Std schwanken.

Tabelle 4. *Beispiele von Dämpf-Bedingungen beim absatzweisen Dämpfverfahren*
*(nach H. KREIPE 1963 und W.H. STARK 1954)*

| Rohstoff | Max. Temperatur | Max. Druck | Dämpf-Dauer bei Maximaltemperatur | Gesamtdauer |
| --- | --- | --- | --- | --- |
| | °C | atü | min | Std |
| Kartoffeln . . . . . . . | 143—147 | 3,0—3,5 | 10—15 | — |
| Kartoffeln . . . . . . . | 164 | 6 | 10—12 | 1,5—2 |
| Weizen. . . . . . . . | 151 | 4 | 10—15 | 3 |
| Weizen. . . . . . . . | 138 | 2,5 | 15—30 | 3 |
| Weizen. . . . . . . . | 155—161 | 4,5—5,5 | 40—55 | — |
| Mais . . . . . . . . | 151 | 4 | 10 | 3 |
| Mais . . . . . . . . | 138 | 2,5 | 15—30 | 3 |
| Roggen . . . . . . . | 146 | 3,5 | 5—15 | 4 |

Das Dämpfen von Kartoffeln unterscheidet sich wesentlich vom Getreide-Dämpfen. Der Wassergehalt der Kartoffeln ist derart hoch, daß sich ein Wasserzusatz erübrigt, während beim Getreidedämpfen mit einer zusätzlichen Wassermenge von 260—300 l per 100 kg Getreide gerechnet werden muß. Kartoffeln werden unzerkleinert der Dämpfung unterworfen, Getreide in der Regel geschrotet, wobei nach lokalem Brauch auch das Vollkorndämpfen geübt wird. Der Kocherinhalt wird durch die Brennereikapazität bestimmt. Per einmaliger Füllung müssen für je 100 kg Kartoffeln 140—150 l und für je 100 kg Getreide 500 l Kocherinhalt vorgesehen werden.

Beim Dämpfen kann ein Teil des Wassers durch geklärte Schlempe ersetzt werden. Dies kann für die pH-Einstellung und wegen der in der Schlempe enthaltenen Hefe-Nährstoffe von Vorteil sein.

*2. Das Maischverfahren bei Verzuckerungstemperatur.* Das Maischen bei Verzuckerungstemperatur ist einfach und stellt ein von der Energieverwertung aus gesehen vorteilhaftes Verfahren dar. Seine Anwendung beschränkt sich allerdings auf gesundes Getreide, insbesondere Roggen und Weizen, das Stärke verzuckernde Enzyme enthält. Weiter wird gefordert, daß das Getreide nicht muffig oder sonstwie unangenehm riechen darf, weil die niedrige Verflüssigungstemperatur zur Beseitigung der Gerüche nicht ausreicht.

Bei diesem Verfahren geschieht infolge der niedrigen Temperatur das Dämpfen und Verzuckern gleichzeitig. Das feingemahlene Getreide wird in kaltem Wasser eingeweicht und das pH mittels Schwefelsäure auf 5,3—5,6 eingestellt. Die im Getreide enthaltene Amylase reicht allein zur Verzuckerung der Stärke nicht aus, sondern es muß dem Gemenge noch 4—5% Darrmalz zugesetzt werden. Die Maische wird mit Direktdampf langsam auf die für die Wirksamkeit der Enzyme vorteilhafte Temperatur von 50—56° C erwärmt und danach auf die Hefezusatz-Temperatur von ca. 30° C abgekühlt. Die Erhitzungsphase dauert 1,5—2 Std. Als Folge der niedrigen Temperatur kann der Fall eintreten, daß die Maische unsteril bleibt und die Alkoholausbeute kann durch die Bakterieninfektion verschlechtert werden.

*3. Das absatzweise offene Kochverfahren.* Das offene Kochverfahren ist eine veraltete Methode, die noch in Brennereien ohne Druck-Kocher angewandt wird und die solches Getreide, das zur Maischung bei Verzuckerungstemperatur ungeeignet ist, verarbeitet. Die beim offenen Kochverfahren erreichbaren Temperaturen von 95—100° C reichen zur vollständigen Verflüssigung der Stärke noch nicht aus, weshalb im allgemeinen die mit dem offenen Kochverfahren erreichbaren Alkoholausbeuten um 4—5% kleiner ausfallen als beim Dämpfverfahren.

*4. Das kontinuierliche Dämpfverfahren.* Bei der Großproduktion können mit dem kontinuierlichen Dämpfverfahren im Vergleich zum absatzweisen Verfahren manche Vorteile, wie z. B. kleinere Anlagekosten, bedeutende Platzersparnis, Raschheit, regelmäßiger Dampfverbrauch sowie die Möglichkeit zur genauen automatischen Überwachung herausgeholt werden. Das kontinuierliche Verfahren wird in vielen Brennereien der USA, Kanadas und der Sowjetunion angewandt. In Abb. 7 wird das Schema des kontinuierlichen Dämpfverfahrens gezeigt. In der Sowjetunion haben Z. K. Aškinuzi u. Mitarb. (1960) die kontinuierliche Dämpfung unter Serieschaltung von 2—3 Henze-Dämpfern erprobt. Bei dieser Methode braucht man keinen so hohen Kochdruck wie bei der Rohr-Dämpfung.

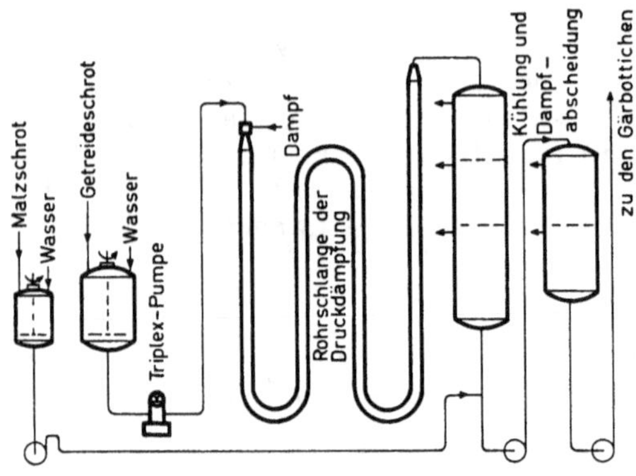


Abb. 7. Schema der kontinuierlichen Dämpfung und Verzuckerung

Tabelle 5. *Beispiele von Dämpf-Bedingungen beim kontinuierlichen Dämpfen*

| Rohstoff | Vordämpfen | | Dämpfen | | | Lit. |
| | Temperatur °C | Zeit min | Temperatur °C | Zeit min | Druck atü | |
|---|---|---|---|---|---|---|
| Mais . . . . . . . . . | 60—68 | 1—5 | 182 | 1,5 | 10 | 1 |
| Roggen . . . . . . | 60—68 | 1—5 | 138 | 3 | 2,5 | 1 |
| Weizen. . . . . . . | 60—68 | 1—5 | 177 | 1,5 | 8,5 | 1 |
| Hirse . . . . . . . . | 60—68 | 1—5 | 177 | 1,5 | 8,5 | 1 |
| Hirse . . . . . . . | 100—105 | — | 180—182 | 2—3 | 9—9,5 | 2 |
| Weizen. . . . . . . | 100—105 | — | 172—180 | 2—3 | 7,5—9 | 2 |
| Weizen[1] . . . . . . | 67—74 | 10 | 133—145 | 36—38 | 2—3,5 | 3 |

[1] In Serie geschaltete Henze-Dämpfer.

Literaturhinweise: 1: W. H. Stark (1954)
2: D. G. Juditskij u. A. A. Rudakov (1959)
3: Z. K. Aškinuzi u. Mitarb. (1960)

### β) Verzuckerung der Stärke

Der Zweck des Verzuckerns besteht im Aufspalten der großmolekularen Stärke zu hauptsächlich Maltose; nebenher bildet sich ebenfalls Glucose. Diese Zucker werden später dann von der Hefe zu Äthanol vergärt. In der Brennereiindustrie wird das Verzuckern ausschließlich auf enzymatischem Wege vorgenommen, die Säurehydrolyse wird unter Normalbedingungen nicht angewandt.

Das Hydrolysieren der Stärke stellt eine verhältnismäßig komplizierte Reaktion dar: die Aufspaltung geschieht oft über Zwischenstufen und der Verlauf der Reaktion ist stark abhängig vom verwendeten Verzuckerungspräparat. Als Verzuckerungsagentien werden Grünmalz, Darrmalz, Schimmelpilzamylase und

Bakterienamylase verwendet, deren Herstellung in Kapitel B, I. (S. 501—504), beschrieben wurde. Die Verzuckerungsagentien enthalten die als Amylase oder Diastase benannten Enzyme oder besser ein Enzymgemisch. In dem als Rohstoff verwendeten Getreide sind schon von Natur aus in geringer Menge Amylase enthalten, doch wird der Hauptteil davon erst beim Keimen des Getreides oder beim Vermehren des Schimmelpilzes oder der Bakterie gebildet. Im Enzymgemisch sind zwei für die Verzuckerung wichtige Enzyme, nämlich die $\alpha$-Amylase und die $\beta$-Amylase enthalten, die beide von verschiedener Wirkung sind.

Die $\alpha$-Amylase, die eine endo- oder dextrinogene Amylase darstellt, ist imstande, die Stärke unter Auftrennung der intermolekularen Bindungen der Amylosekomponente der Stärke zu hydrolysieren, wobei der Molekülgröße nach mittelgroße Dextrine entstehen. Im weiteren wird durch die $\alpha$-Amylase die zweite Stärkekomponente, das Amylopektin zu Grenzdextrinen gespalten. Die viscositätserniedrigende Wirkung der $\alpha$-Amylase ist recht stark, während diejenige von $\beta$-Amylase im Gegensatz dazu schwach ist; hingegen ist die $\beta$-Amylase ihrer Verzuckerungsfähigkeit nach sehr wirksam. Von den Stärkekomponenten wird die Amylose durch die $\beta$-Amylase vollständig, das Amylopektin aber nur teilweise zu Maltose gespalten. Von der theoretischen Maltosemenge entstehen so ca. 65%. Zusätzlich dazu bilden sich Dextrine und Oligosaccharide. Die $\beta$-Amylase wird wegen ihres auf die Enden des Stärkemoleküls gerichteten Einflusses und wegen der durch diese Wirkung als charakteristisches Resultat entstehenden Maltose als exo- oder saccharogene Amylase bezeichnet. $\alpha$-Amylase verträgt besser Wärme, aber schlechter saure Umweltsbedingungen als die $\beta$-Amylase. $\alpha$-Amylase verträgt sogar Temperaturen von über 70°C während die $\beta$-Amylase schon bei ca. 60°C zerstört wird. Das pH-Optimum der $\alpha$-Amylase liegt bei 5,7, dasjenige von $\beta$-Amylase bei 4,6. Zusätzlich zu den vorher erwähnten Enzymen enthalten die Verzuckerungsagentien noch andere Verzuckerungsenzyme (Amyloglucosidase) wie auch eiweißspaltende Enzyme.

Bei den Enzymsystemen von Getreide- und Schimmelpilzmalzen sind klare Unterschiede vorhanden:

Getreidemalze enthalten zur Hauptsache $\beta$-Amylase und daneben etwas $\alpha$-Amylase;

Schimmelpilzamylase besteht hauptsächlich aus $\alpha$-Amylase, dagegen ist überhaupt keine $\beta$-Amylase vorhanden. Daneben enthält sie die Maltose und Polysaccharide zu Glucose spaltende Amyloglucosidase.

Bakterienamylase enthält hauptsächlich $\alpha$-Amylase.

Die mit Getreidemalz und Schimmelpilzamylase verlaufende Hydrolyse und die erhaltenen Hydrolyseprodukte unterscheiden sich erheblich voneinander. W. Deckenbrock (1957) hat konstatiert, daß bei dem mit Getreidemalz vorgenommenen Verzuckern das Gleichgewicht zwischen dem gebildeten Zucker und den unverzuckerten Dextrinen recht rasch erreicht wird. Der Großteil der Reaktionen verläuft innerhalb von 10 min, das Gleichgewicht ist schon nach 30 min nahezu und 60 min nach erfolgter Malzzugabe vollständig erreicht. Im Gleichgewichtszustand herrschen ungefähr die folgenden Bedingungen:

| Maltose | Glucose | Trisaccharide | Grenzdextrine |
| --- | --- | --- | --- |
| 66% | 4% | 10% | 20% |

Die im Gleichgewichtszustand auftretenden Grenzdextrine beginnen erst zu zerfallen, wenn die Maltosemenge bei der Vergärung auf ungefähr ein Drittel des Anfangswertes abgefallen ist. Die während der Gärung vor sich gehende Spaltung wird Nachverzuckerung genannt.

Bei der Verzuckerung mittels Schimmelpilzmalz bildet sich kein eigentliches Gleichgewicht aus, sondern der Spaltprozeß geht auch noch nach erfolgtem Abkühlen auf Gärungstemperatur weiter. Die Hydrolyseprodukte sind die gleichen wie beim Getreidemalz, doch ist die Glucosemenge bedeutend größer und deren Bildung geschieht fortlaufend. Zu einem bestimmten Zeitpunkt nach Zugabe der Schimmelpilzamylase erreichen Maltose, die Oligosaccharide und Grenzdextrine ihre Maximalwerte, danach beginnen sie wieder abzusinken. Die während der Gärung vor sich gehende Nachverzuckerung erreicht bei Schimmelpilzmaischen die gleiche Größenordnung wie bei Getreidemalzmaischen.

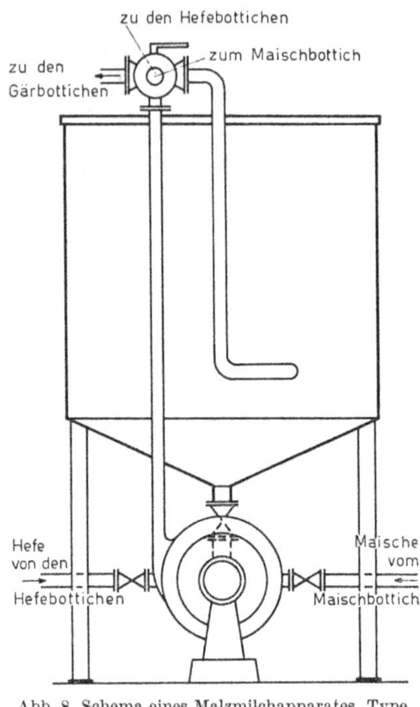


Abb. 8. Schema eines Malzmilchapparates. Type Gebr. Hermann, Köln

*Die Durchführung der Verzuckerung.* Vor seiner Verwendung muß das Getreidemalz zerkleinert oder geschrotet und mit Wasser zur sog. Malzmilch vermischt werden. Der Mischprozeß wird mit Vorteil in einem speziellen Malzmilchapparat (vgl. Abb. 8) vorgenommen. Derartige Apparate sind in der Regel so konstruiert, daß mittels der mit Schneiden versehenen Pumpe das Gemisch von Malz und Wasser so lange im Kreislauf geführt wird, bis das Malz zerkleinert und die Malzmilch fertig ist, die darauf in den Maischbottich gepumpt wird. In kleineren Brennereien kann die Pumpe des Malzmilchapparates auch zur Förderung von Hefe und der als Hefewürze dienenden Maische verwendet werden. Auch die Desinfektion der Malzmilch geschieht im Malzmilchapparat, sie wird in der Regel mit Formalin vorgenommen. Die angewandte Formalinmenge beträgt im Normalfall 0,01—0,02% der Maischemenge.

Die zur Verzuckerung benötigte Menge an Getreide- oder Schimmelpilzamylase ist außer vom angewandten Maischverfahren auch von der im Malz enthaltenen Enzymmenge abhängig. Zur Bestimmung der Aktivität amylolytischer Enzyme sind eine ganze Anzahl Methoden entwickelt worden, die entweder physikalischer oder chemischer Art sind. Die Methoden beruhen auf der Verfolgung des Einflusses der Amylasen auf Stärke: Kontrolle der Verflüssigung, viscosimetrische Amylasenbestimmung, nephelometrische Amylasenbestimmung, Verfolgung des Stärkeabbaues an der Änderung der Jodstärke-Farbreaktion, Amylasenbestimmung durch Alkoholfällung des Substrates, Bestimmung der freigesetzten reduzierenden Gruppen (Zucker, Dextrine) und Bestimmung der Alkoholausbeute oder der Kohlendioxidmenge im Verlaufe der Gärung. Als Beispiele angewandter Methoden kann diejenige zur Bestimmung der Totalaktivität der Amylasen (der diastatischen Kraft) nach W. Windisch u. P. Kolbach (1925), diejenige von R. Sandstedt u. Mitarb. (1939) verbesserte Methode nach Wohlgemuth, diejenige von W. J. Olson u. Mitarb. (1944) zur Bestimmung der Aktivität von $\alpha$-Amylase, sowie die Bestimmungsmethode für die saccharogene Aktivität von Schimmelpilzen von N. M. Erb u. Mitarb. (1948), erwähnt werden.

Man ist bestrebt, das Verzuckern bei Temperaturen und bei pH-Werten, die für die Wirksamkeit und die Beständigkeit der Enzyme vorteilhaft sind, vorzunehmen. In Tab. 6 sind Beispiele angewandter Malzmengen und Verzuckerungsbedingungen angeführt.

Das Verzuckern kann ohne besonderen Maischapparat im Gärbottich selbst vorgenommen werden und so wird z. B. beim „bakterienfreien Gärverfahren", wo das unter Druck gekochte Getreide direkt in den mit Rührwerk und Kühlung versehenen geschlossenen Gärbottich geblasen wird, wohin auch das Verzuckerungsagens zugegeben wird, vorgegangen. Die Verwendung eines besonderen Maischbottichs bietet jedoch bestimmte Vorteile, u. a. eine rasche Abkühlung und bessere Beherrschung der Verzuckerungsbedingungen, weshalb die Brennereien meistens mit solchen Apparaten versehen sind. Der Maischbottich, als dessen Material am besten Kupfer oder rostfreier Stahl geeignet ist, muß mit einem wirksamen Rührwerk, einer

Tabelle 6. *Beispiele verwendeter Malzmengen und Verzuckerungsbedingungen*
(nach H. KREIPE 1963 und W. H. STARK 1954)

| Rohstoff | Malz | Malzmenge % vom Rohstoff[1] | Verzuckerungs- temperatur °C | Zeit min | pH |
|---|---|---|---|---|---|
| Kartoffeln . . . . . | Grünmalz | 1,5—2 | 55—57 | — | 5,3—5,7 |
| Getreide . . . . . . | Grünmalz | 6—8 | 55—57 | — | 5,3—5,7 |
| Getreide . . . . . . | Darrmalz | 8—10 | 55—57 | — | 5,3—5,7 |
| Getreide . . . . . . | Darrmalz | 15—17[2] | 55—57 | — | 5,3—5,7 |
| Getreide . . . . . . | Pilzmalz | 7—12 | 55—57 | — | 5,3—5,7 |
| Getreide . . . . . . | Pilzmalz (submers) | 40[3] | 50 | — | — |
| Mais . . . . . . . | Darrmalz | 8—10 | 63 | 30 | 5,6 |
| Roggen . . . . . . | Darrmalz | 10—12 | 63 | 30—60 | 5,6 |
| Weizen. . . . . . . | Darrmalz | 8—10 | 63 | 5 | — |
| Getreide, kontinuier- liche Verzuckerung . | Darrmalz | 8—10 | 63 | 2 | 5,1—5,4 |

[1] Für Getreidemalz als Malzgetreide berechnet.
[2] Als Aromafaktor bei der Herstellung von Korndestillat-Schnäpsen.
[3] Dieser Wert kann nicht zum Vergleich herangezogen werden, weil das mittels Submerszüchtung erhaltene Produkt bedeutend mehr Wasser enthält als die anderen Malze.

Kühlschlange und besonderen Zusatzeinrichtungen (vgl. Abb. 9) ausgerüstet sein. Dem Inhalt nach soll der Bottich wenigstens die Größe des Dämpfers haben. Als Kühlfläche werden ca. 4 m²/1000 l benötigt.

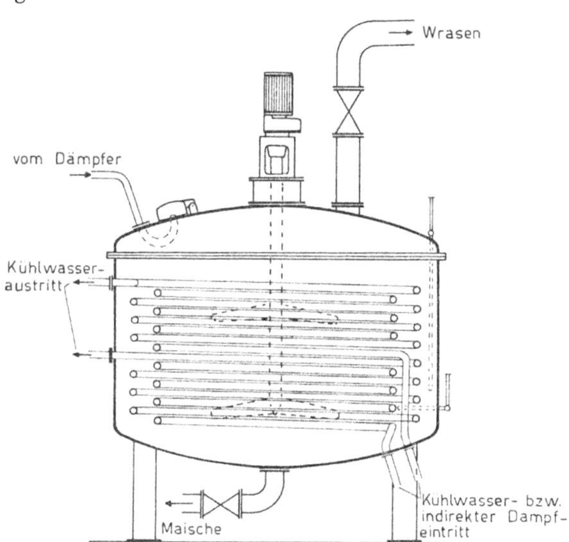


Abb. 9. Schema eines mit festem Deckel versehenen Maischbottichs

### γ) Der Gärprozeß

Die im Rohstoff enthaltenen oder daraus gebildeten Zucker, meistens Maltose und Glucose, zerfallen während der Gärung unter dem Einfluß der Enzyme der Hefe zu Äthanol und Kohlendioxid. Das Hexosemolekül wird dabei in 2 Moleküle Äthanol und 2 Moleküle Kohlendioxid gespalten. Gleichzeitig werden 22 kcal Wärme freigesetzt. Vom Gewicht des Hexosezuckers entstehen 51,14% Äthanol und 48,86% Kohlendioxid. Die aus 100 kg Stärke theoretisch erreichbare Ausbeute beträgt 71,54 l = 56,8 kg 100%iges Äthanol, die beste in der Literatur (vgl. H.

Kreipe 1963, S. 211) erwähnte Ausbeute betrug 67 l = 53,2 kg 100%iges Äthanol. Als Produkte der im Verlaufe der Gärung vor sich gehenden Nebenreaktionen entstehen u. a. Glycerol und Fuselalkohole.

Wie im Teil B, I. Rohstoffe, im Zusammenhang mit den Hefeherstellungsverfahren (S. 504—506) berichtet worden ist, werden in den Brennereien entweder selbstgezüchtete Hefe (Brennereikunsthefe) oder handelsübliche Preßhefe (Bäckerhefe) verwendet. Die Hefe wird der Maische nach dem Verzuckern und nach Abkühlung auf weniger als 30°C zugefügt. Die anzuwendende Hefemenge schwankt in Abhängigkeit von örtlichen Verhältnissen und dem jeweilig angewandten Verfahren, doch liegt sie im allgemeinen in der Größenordnung von 0,1—0,15 kg, gerechnet als Trockensubstanz, auf 1000 l Maische. So z. B. wird von Preßhefe, deren Trockensubstanzgehalt ca. 25% beträgt, im allgemeinen 0,5 kg/1000 l Maische zugegeben. Eine so kleine Hefemenge setzt voraus, daß das Hefewachstum auch noch während der Gärung weiterläuft. Die Hefezuwachsphase, die als Angärung bezeichnet wird, dauert 12—30 Std. Die Dauer der Angärung wird durch Einhalten einer relativ niedrigen Temperatur geregelt, denn je länger das Angären dauert und je niedriger die Temperatur ist, bei der es durchgeführt wird, um so kräftigere und gärfähigere Hefe erhält man. Dauert z. B. die Gesamtgärzeit 3 Tage, wird eine solche Starttemperatur gewählt, daß die Temperatur der Maische in 20 Std auf 24—25°C ansteigt. In einigen Fällen ist man bestrebt, die Gärung abzukürzen. Da dabei die Hefezunahme recht bescheiden bleibt, ist von ihr zur Beimpfung bedeutend mehr anzuwenden als im vorigen beschrieben wurde. Die Temperatur wird auf 28—30°C eingestellt. Für die Alkoholgärung ist dieser Bereich am vorteilhaftesten.

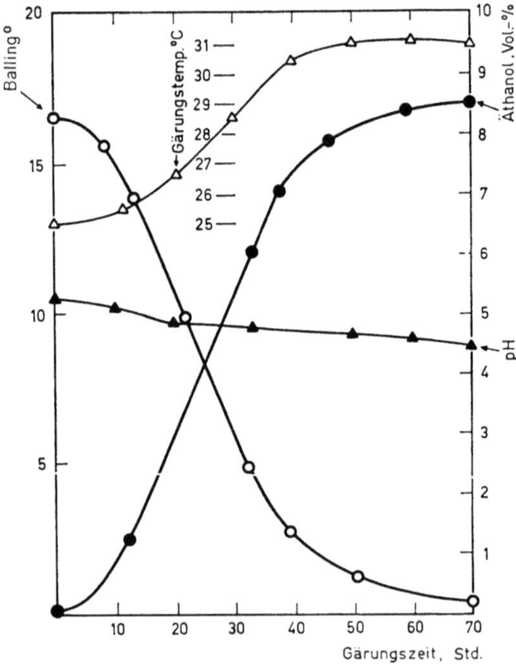


Abb. 10. Typischer Verlauf der Gärung einer Getreidemaische

Im Verlaufe der Angärung steigt der Alkoholgehalt auf 3—4% und die Hefezunahme geht allmählich ihrem Ende entgegen. Die nächste Phase ist die sog.

Hauptgärung, während der die Alkoholbildung in beschleunigtem Tempo verläuft. Dies bemerkt man u. a. an der kräftigen Kohlendioxidbildung und am Abnehmen des spez. Gewichtes der Maische. Die Hauptgärung dauert 15—20 Std und man ist bestrebt, die Temperatur der Maische im optimalen Bereich von 28—30°C zu halten. In der Schlußphase dieser Periode läßt man die Temperatur zwischenhinein auf 30—32°C ansteigen, damit sie während der letzten Phase der Gärperiode, der Nachgärung, ohne äußere Wärmezufuhr genügend hoch bleibt. Die Nachgärung dauert 30—40 Std. Die Temperatur wird durch Verändern der Kühlwassermenge geregelt. Die Kühlung des Gärbottichs geschieht entweder mit Oberflächenkühlung (Berieselung) oder mittels eingebauter Kühlschlangen.

Abhängig vom angewandten Verfahren schwankt die Gesamtgärdauer zwischen 48—96 Std. Verglichen mit der Gärdauer von Zuckerlösung, z. B. von Melasse, die 24—50 Std beträgt, ist dies recht lang. Der Unterschied rührt von der für die Nachverzuckerung benötigten Zeit her. In Abb. 10 wird graphisch der Verlauf einer typischen Gärung gezeigt. In Tab. 7 finden sich Beispiele von Gärbedingungen.

Bei der Erreichung einer hohen Alkoholausbeute spielt die Infektionsfreiheit der Maische eine äußerst wichtige Rolle. Gelingt es nicht, die Tätigkeit der Bakterien erfolgreich zu unterbinden, so werden die Folgen bald ersichtlich, dies sowohl in bezug auf den durch die Bakterien für ihr Wachstum konsumierten Zucker als auch an dem Sauerwerden der Maische. Beim Absinken des pH-Wertes auf ca. 4,3 beginnt die Zerstörung der Amylase und die Nachverzuckerung wird erst verlangsamt und hört dann ganz auf. Die bakterielle Tätigkeit kann wirkungsvoll mittels Formaldehyd, das entweder der Malzmilch oder direkt der gekühlten Maische zugesetzt wird, unterbunden werden. Die normalerweise verwendete Formalinmenge (Formalin = 40%ige Wasserlösung von Formaldehyd) von 150—200 ml/1000 l Maische beeinflußt das Hefewachstum nicht in nennenswertem Maße.

W. DECKENBROCK (1957) hat anläßlich des Vergleiches der Gärung von mit Getreidemalz und Pilzmalz verzuckerten Maischen konstatiert, daß die Angärung der mit Pilz-

Tabelle 7. *Beispiele von Gärungsbedingungen* (nach H. KREIPE 1963 und W. H. STARK 1954).

| Rohstoff | Angärung | | Hauptgärung | | Nachgärung | | Totaldauer Std | pH am | | Bg-Grade[1] | | Alkoholgehalt der vergorenen Maische, Vol.-% |
|---|---|---|---|---|---|---|---|---|---|---|---|---|
| | Dauer Std | Temperatur °C | Dauer Std | Temperatur °C | Dauer Std | Temperatur °C | | Anfang | Ende | Anfang | Ende | |
| Kartoffeln . | 20 | $<25$ | 18 | 30 | 30 | $<32$ | 68 | 5,3—5,7 | $>4,3$ | 18—19 | 0,7—1,4 | 8—9 |
| Weizen . . | 20 | $<25$ | 18 | 30 | 30 | $<32$ | 68 | 5,3—5,7 | $>4,3$ | 15—18 | 0—0,5 | 8—9 |
| Roggen . . | 20 | $<25$ | 18 | 30 | 30 | $<32$ | 68 | 5,3—5,7 | $>4,3$ | 15—18 | 0,5—1,0 | 8—9 |
| Mais. . . . | 20 | $<25$ | 18 | 30 | 30 | $<32$ | 68 | 5,3—5,7 | $>4,3$ | 15—18 | $<0$ | 8—9 |
| Getreide[2] . | 12—20 | 27—30 | — | 29—30 | — | $<32$ | 40—60 | 4,8—5,0 | 4,1—4,4 | 13—15 | $<0$ | 6,8—8,5 |
| Getreide[3] . | 20—30 | 18—25 | — | $<32$ | — | $<32$ | 56—72 | 4,8—5,0 | 4,1—4,4 | 13—15 | $<0$ | 6,5—8,5 |

[1] Der in der Tabelle erscheinende End-Bg-Wert ist der sog. scheinbare Bg, d.h. der Wert, der aus der alkoholhaltigen, filtrierten Maische erhalten wird. — [2] Temperatur geregelt. — [3] Temperatur nicht geregelt.

malz verzuckerten Maische rascher verläuft als diejenige mit Getreidemalz verzuckerte, weil die erstere mehr Glucose enthält. Im allgemeinen kommt der rascheren Angärung keine große Bedeutung für die Praxis zu, weil das Angären auch mit Pilzmalzmaischen hinreichend lang sein muß, damit der Hefe Zeit zur ordentlichen Vermehrung bleibt. Bei einer zu raschen Gärführung besteht noch die Gefahr, daß das Gären im Vergleich zur Nachverzuckerung so rasch verläuft und eine Lage eintritt, wo eine Gärung infolge dem Fehlen von Zucker nicht mehr zustande kommt. Dabei kann auch die Temperatur abfallen und die Nachgärung wird bedeutend verlangsamt.

*Apparate.* Im einfachsten Fall stellt der Gärapparat einen offenen, hölzernen oder betonierten usw. Behälter dar. Eine solche Anlage entspricht jedoch nicht mehr modernen Anforderungen, denn die Vermeidung einer Infektion dürfte wohl beinahe unmöglich sein, wie auch die Regelung der Temperatur. Zusätzlich würde durch Verdunstung 1—3% Äthanol im Verlaufe der Gärung verlorengehen. Als Folge von Infektionen und Verdunstungsverlusten fällt nach gemachten Erfahrungen in offenen hölzernen Bottichen die per 100 kg Stärke zu erhaltende Äthanolmenge um 2—4 l kleiner aus als in geschlossenen Metallbottichen.

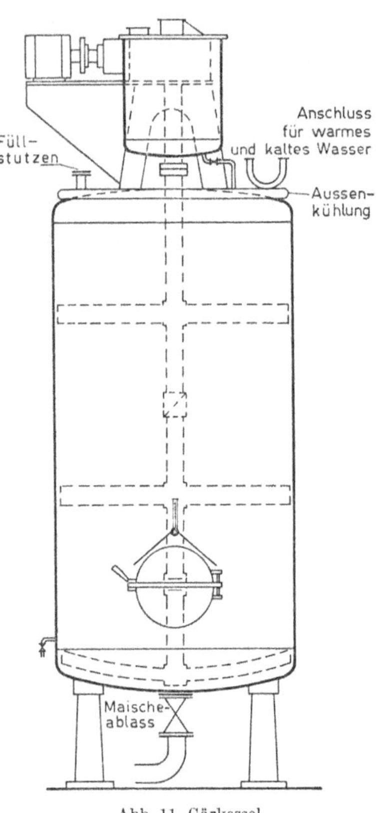


Abb. 11. Gärkessel

Zur Zeit werden die Gärbottiche in der Regel aus gewöhnlichen Stahlblechen konstruiert. Da die Gärlösungen schwach sauer sind, werden solche aus gewöhnlichem Stahl angefertigte Bottiche leicht angegriffen, sofern sie nicht auf die eine oder andere Weise geschützt werden. In den letzten Jahrzehnten wurde als Konstruktionsmaterial für Bottiche auch zu rostfreiem Stahl, Kupfer und Aluminiumlegierungen übergegangen, ungeachtet des im Vergleich zu Stahl relativ hohen Preises. Die Form des Gärbottichs kann sowohl kubisch als auch zylindrisch sein. Eine sehr viel verwendete Form stellt der stehende Zylinder dar (vgl. Abb. 11). Die Bottiche werden mit Rührern, Kohlensäurewäschern, inneren oder äußeren Kühleinrichtungen, Thermometern und den erforderlichen Rohrverbindungen und Mannlöchern ausgestattet.

Die vergärte Maische enthält ca. 8 Vol.-% Alkohol, was bedeutet, daß 100 l Äthanol rd. 1250 l Maische entsprechen. In den Gärbottichen müssen zusätzlich noch ca. 20% Schäumvolumen vorgesehen werden und so wächst der Gesamtbedarf an Gärraum auf etwa 1500—1600 l/100 l Äthanol. Die Bottichgröße richtet sich natürlich nach der täglich verarbeiteten Menge. Beim Betrieb mit 3tägigen Gärperioden muß die Brennerei wenigstens über vier Gärbottiche verfügen. Dabei sind drei Bottiche für die Gärung reserviert, während der vierte entleert, gereinigt und wieder gefüllt wird.

Das Prinzip der kontinuierlichen Gärung wurde bisher noch nicht in nennenswertem Maße bei der Vergärung von aus stärkehaltigen Rohstoffen hergestellten Maischen eingesetzt, sondern seine Verwendung beschränkt sich zur Hauptsache auf zuckerhaltige Rohstoffe. Der Grund dazu ist am ehesten bei der durch das Nachverzuckern geforderten langen Dauer zu suchen.

### δ) Destillation der vergorenen Maische

Der allgemeine Verlauf einer Destillation wird auf den S. 525—527 beschrieben. Das Äthanol, von dem die vergorene Maische 6—10 Vol.-% enthält, wird von dieser durch Destillation abgetrennt. Der als Produkt erhaltene Rohsprit hat je nach dem Destillationsverfahren eine Stärke von 85—95 Gew.-%. Er enthält eine ganze Anzahl Verunreinigungen, die durch eine separate Reindestillation oder Rektifikation zu entfernen sind. Der Destillationsrückstand, der als Schlempe bezeichnet wird, enthält die unvergorenen, nichtflüchtigen Komponenten des Rohstoffes, von denen ein Teil gelöst, der andere ungelöst vorliegt. Mit einer gut konstruierten Destillationsanlage kann auch der Hauptteil der Fuselalkohole abgetrennt werden.

Die heute verwendeten Destillationsanlagen sind in der Regel für ununterbrochenen Betrieb ausgelegt, obwohl besonders in kleinen Brennereien auch noch mit absatzweise arbeitenden Kolonnen gearbeitet wird. Der kontinuierlich arbeitende Destillationsapparat besitzt im allgemeinen eine oder zwei Kolonnen. Die zu destillierende Maische, die normal eine Temperatur von ca. 30°C aufweist, wird dem Oberteil der Maischekolonne durch den Rückflußkühler zugeführt, wo sie auf ca. 60°C vorgewärmt wird. In der Maischekolonne, die konstruktiv so gestaltet sein soll, daß sie nicht leicht zum Verstopfen neigt, wird der Alkohol von der Schlempe getrennt. Die Schlempe wird der Kolonne an deren unterem Ende entnommen und in einen Behälter gepumpt. Am oberen Kolonnenende wird der Äthanoldampf abgenommen und der Verstärkungskolonne zugeführt. Die Stärke des aus der Maischekolonne austretenden Alkoholdampfes ist ca. 30 Gew.-% und in der Verstärkungskolonne geht eine Konzentrierung auf 85—95 Gew.-% vor sich. Das Fuselöl wird im unteren Teil der Verstärkungskolonne abgenommen. Sind die Maische- und Verstärkungskolonnen übereinander angeordnet, fließt das bei der Verstärkung abgeschiedene Lutterwasser durch die Maischekolonne in die Schlempe. Die Maischekolonne und die Verstärkungskolonne können auch getrennt voneinander aufgestellt werden. Dabei wird zusätzlich noch ein Verdampfer montiert, in dem das Lutterwasser alkoholfrei destilliert wird. Auf diese Weise gerät kein Lutterwasser in die Schlempe

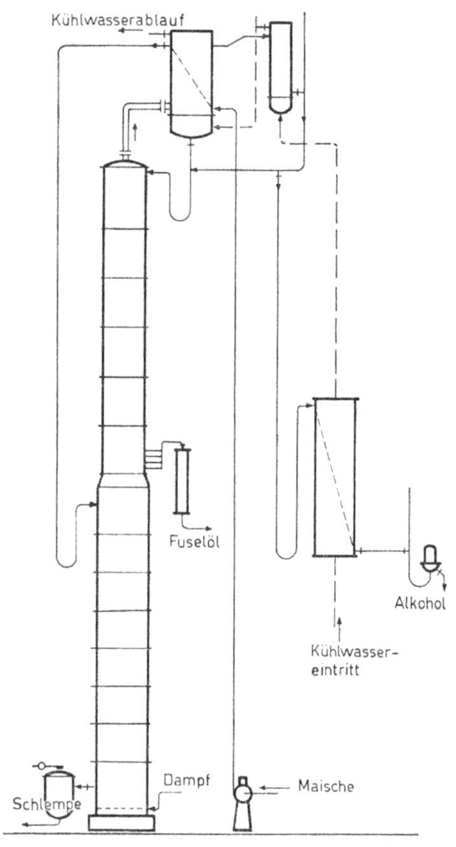


Abb. 12. Schema eines kontinuierlich arbeitenden Maischedestillierapparates einsäuliger Bauart

und man erhält eine Schlempe mit einem etwas höheren Trockensubstanz-Gehalt. Dazu kann von der ganzen Kapazität der Maischekolonne auch derjenige Teil für die Destillation der Maische ausgenützt werden, der sonst durch das Lutter-

wasser belegt ist. In den Abb. 12 u. 13 werden die Prinzipskizzen von zwei- und
dreiteiligen Destillationsanlagen gezeigt.

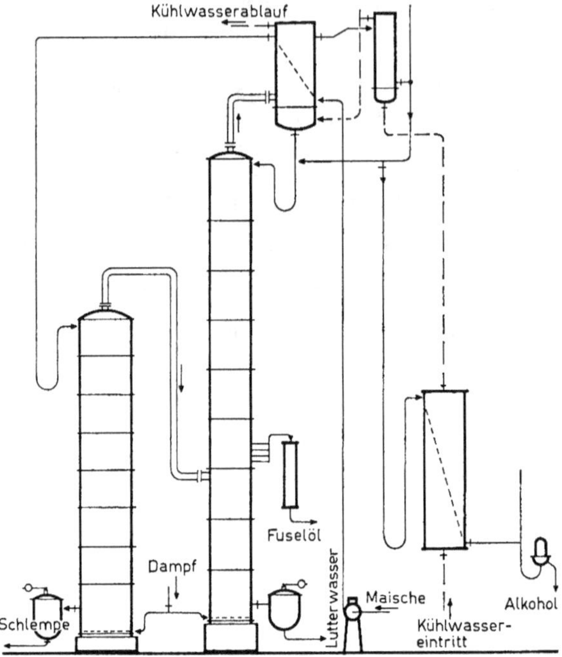


Abb. 13. Schema eines kontinuierlich arbeitenden Maischedestillierapparates zweisäuliger Bauart

## b) Herstellung aus zuckerhaltigen Rohstoffen

Der wichtigste unter den zuckerhaltigen Rohstoffen ist die Melasse. Die Verarbeitung anderer Rohstoffe wie z. B. Zuckerrüben, Zuckerrohr und Früchte ist
nur saisonmäßig und lokal von größerer Bedeutung. Zur zweiten Gruppe kann
auch die Sulfitablauge gezählt werden, die u. a. in Skandinavien als Rohstoff für
recht beträchtliche Spritmengen dient.

Die Herstellung aus zuckerhaltigen Rohstoffen weicht wesentlich von derjenigen aus stärkehaltigen Rohstoffen ab. Da die Hefe ohne weiteres imstande ist,
den im Rohstoff enthaltenen Zucker zu Äthanol zu vergären, entfällt die Verzuckerungsphase vollständig. Die Vergärung zuckerhaltiger Stoffe geschieht innerhalb
von 24—50 Std, während die Vergärung stärkehaltiger Stoffe wegen der langsam
verlaufenden Nachverzuckerung das Doppelte an Zeit benötigt. Die Anpassung
an die Prinzipien der kontinuierlichen Gärung ist einfach und kennzeichnend für
die Fabrikation in großem Maßstabe.

Prinzip                    **α) Herstellung aus Melasse**

Melassesprit wird bei der Herstellung alkoholischer Getränke hauptsächlich
für aromatisierte Getränke, wie Liköre gebraucht. Am meisten jedoch wird er als
technischer Alkohol verwendet. Die Unstetigkeit der Melassemärkte und der
billige Preis synthetischen Sprits haben jedoch bewirkt, daß technischer Sprit in
zunehmendem Maße aus synthetischem Alkohol hergestellt wird. In Europa geschieht die Herstellung zur Hauptsache aus Zuckerrübenmelasse, während andernorts wiederum Zuckerrohrmelasse bevorzugt wird. In einem gewissen Maße wurde

auch die sog. High-test-Melasse, die durch Eindampfen von Zuckerrübensaft, der zur Verhinderung des Kristallisierens invertiert worden war, verarbeitet. Der in der Melasse enthaltene Zucker besteht zum größten Teil aus Saccharose. Neben dem Zucker enthält die Melasse noch in schwankenden Mengen andere Verbindungen, wie verschiedene Salze und Stickstoffverbindungen.

*Herstellungsverfahren*

1. das Verfahren mit nur einer Maische;
2. das Teilmaischeverfahren;
3. die kontinuierlichen Verfahren.

*1. Das Verfahren mit nur einer Maische* eignet sich besonders zur Verwendung in der Produktion kleineren Umfanges. Die Melasse wird mit Wasser auf den Bg-Wert 15° verdünnt und das pH mittels Schwefelsäure auf 4—5 eingestellt. Das Sterilisieren der Maische ist nicht unbedingt notwendig, doch wird es im allgemeinen besonders bei der Verarbeitung stark infizierter Melasse angewandt. Als Nährstoffe für die Hefe werden etwas Ammoniumsalze und Phosphate zugefügt. Die Herstellung der Hefe geschieht in ihren Hauptzügen gleich wie in den Kartoffel- und Getreidebrennereien. Die Gärtemperatur wird 2—4°C höher gehalten als bei stärkehaltigen Rohstoffen. Infolge des hohen Salzgehaltes der Melasse bleibt der Endballing recht hoch. Beträgt der Ausgangsballing 15°, so wird der Endballing 4,5—5°.

*2. Das Teilmaischeverfahren.* Ein Nachteil des vorher beschriebenen Verfahrens ist die recht kleine Alkoholausbeute in bezug auf die Einheit des zur Verfügung stehenden Gärraumes. Mit dem Teilmaischeverfahren kann die Ausnützung des Gärraumes so weit verbessert werden, daß, wenn die Alkoholausbeute bei Verwendung nur einer einzigen Maische 40—50 l Alkohol per 1000 l Gärraum beträgt, diese beim Teilmaischeverfahren auf 75 l/1000 l ansteigt.

Beim Teilmaischeverfahren hält man den Zuckergehalt der Maische im Interesse der Gärung tief genug und gibt deshalb die Melasse nach und nach im Maße des Fortschreitens der Gärung zu. Der Prozeß wird mit verdünnter (12° Bg), den Gärbottich nur zum Teil füllenden Maische begonnen. Dieser Teil der Maische ist zu sterilisieren. Ist die Gärung gut in Schwung gekommen und der Bg um 2° unter den Anfangswert abgesunken, wird Maische, deren Bg-Wert 26° beträgt, zugegeben. Die Zugabe kann chargenweise oder in gleichmäßigem Strahl erfolgen. Die zugegebenen Mengen werden so eingestellt, daß der Bg-Wert allmählich auf 14° ansteigt. Infolge ihres hohen Salzgehaltes bleibt der Endballing der Maische auf 6—7°. Durch allmähliche Melassezufuhr gewöhnt sich die Hefe rechtzeitig an die hohe Salzkonzentration. Die Zugabe von Ammoniumsalzen und Phosphaten, die Regelung des pH-Wertes und der Temperatur wird im Prinzip gleich wie früher beschrieben durchgeführt.

*3. Die kontinuierlichen Verfahren.* Mit der Anwendung kontinuierlicher Verfahren wird die von der Großindustrie verlangte Kapazität durch günstige Raumausnützung, schnelle Gärung und gute Alkoholausbeute erreicht. Ein allgemein im Einsatz stehendes Verfahren ist dasjenige von *Les Usines de Melle*. Das Verfahren, dessen Prinzip in Abb. 14 als Skizze gezeigt wird, ist genaugenommen nur ein semikontinuierliches, doch kann es weiter zum kontinuierlichen ausgebaut werden, indem man die mit Hefe beimpfte Maische langsam durch die in Serie geschalteten Gärbottiche strömen läßt. Die aus Melasse oder anderen zuckerhaltigen Stoffen hergestellte Maische wird der Reihe nach den Gärungsbottichen A zugeführt. Die Hefe wird aus der fertig vergorenen Maische gewonnen, die mit der Zentrifuge D separiert wird. Die Hefemilch wird in den Behälter C geleitet, wo die Säurebehandlung zur Infektionsverhinderung geschieht. Die Säurebehandlung dauert ca.

4 Std, danach ist die Hefe bereit, dem in der Impfreihenfolge an erster Stelle stehenden Bottich zugeführt zu werden. Die vom Separator ablaufende geklärte Maische wird in den Zwischenbehälter B geleitet und von dort weiter zur Destillation.

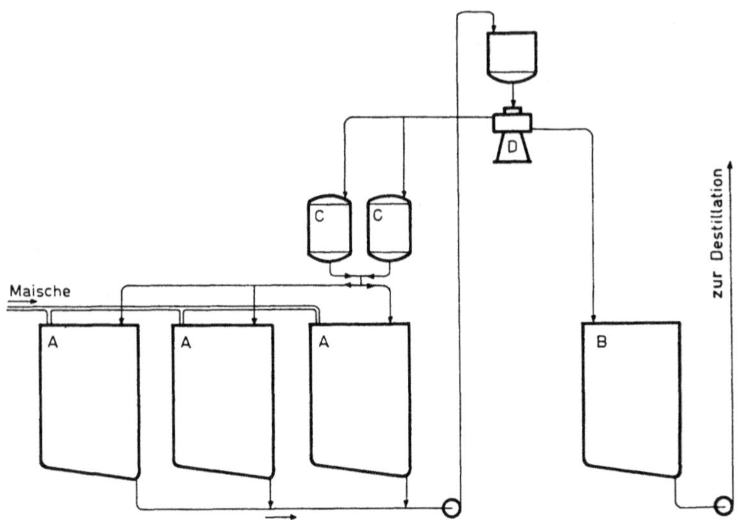


Abb. 14. Schema eines semikontinuierlichen, auf der Rückgewinnung der Hefe beruhenden Gärverfahrens. System von Les Usines de Melle

### β) Herstellung aus Zuckerrüben und Früchten

Die Würze wird aus Zuckerrübenschnitzeln durch Auslaugen mit heißem Wasser und aus Früchten durch Dämpfen hergestellt. Der übrige Teil der Herstellung verläuft im Prinzip genauso wie bei der Verwendung von Melasse. Die Austreibung des Äthanols aus den vergorenen Melasse-, Rüben- und Früchtemaischen geschieht den Hauptzügen nach wie bei den Kartoffel- und Getreidebrennereien.

### γ) Herstellung aus Sulfitablauge

Bei der Produktion von Sulfitcellulose bleibt eine Ablauge übrig, die außer den beim Aufschluß verwendeten Chemikalien und deren Reaktionsprodukte noch die bei der Holzhydrolyse mehrheitlich aus Hemicellulosen gebildeten Zucker enthält. Die von verschiedenen Autoren in der Ablauge gefundenen Hexosezucker sind Glucose, Mannose, Galaktose und Fructose. Das Auftreten der Zucker ist abhängig vom Aufschlußverfahren und von den verarbeiteten Holzarten. So hat z. B. J. Sundman (1947) festgestellt, daß die Hexosezucker der Ablauge von aus Fichtenholz hergestellter Starkmasse zu 90% aus Mannese und zu den restlichen 10% aus Galaktose bestehen, in den Hexosezuckern der Ablauge der Seidenmasse-Fabrikation sind 10% Glucose und 90% Mannose enthalten. Die Ablaugen enthalten im ganzen etwa 2—4% Zucker, von deren Menge ca. 65% gärfähig sind. Den Rest bilden Pentosezucker, zu deren Vergärung die Hefe nicht imstande ist.

Bei der Sulfitspritfabrikation werden erst die für die Hefe schädlichen Verbindungen entfernt: der Hauptteil des Schwefeldioxids wird aus der Lösung durch Belüften oder Einleiten von Dampf ausgetrieben und die Säuren werden neutralisiert, die Lösung geklärt und danach in benötigter Menge die für die Hefe wichtigen Nährsalze zugefügt. Nach erfolgtem Abkühlen wird die Lösung dem ersten der in Serie geschalteten Gärbottichen zugeführt, während gleichzeitig die aus dem letzten Bottich der Serie durch Separierung abgetrennte, auf die Vergärung von Sulfitablauge adaptierte Hefe zugesetzt wird. Von den Gärbottichen sind im allgemeinen je drei Stück in Serie geschaltet während je zwei solche Serien parallel geschaltet sind.

Die gärende Lösung wird mit einer derartigen Geschwindigkeit von Bottich zu Bottich gefördert, daß ihr Aufenthalt in der ganzen Apparatur ca. 20 Std dauert. Aus dem letzten Bottich fließt die vergorene Ablauge unter Zwischenschaltung eines Hefeseparators in einen Zwischenbehälter und von dort wird sie weiter der Destillation zugeführt. Das Degenerieren der Hefe wird durch laufendes Ausscheiden eines Teils der Hefe aus dem Cyclus verhindert. Die Hefe vermehrt sich entsprechend der ausgeschiedenen Hefe im Verlaufe der Gärung. In letzter Zeit haben mehrere Sulfitcellulosefabriken damit begonnen, zur Lösung ihres Abwasser-Problems die anfallende Sulfitablauge einzudampfen und den Eindampfrückstand als Brennstoff zu verfeuern. Durch Anschluß der Sulfitspritherstellung an den Eindampfprozeß konnte mancher Vorteil erreicht werden. Das Eindampfen geschieht im allgemeinen in sechs Stufen. Die Ablauge wird den Gärbottichen nach der dritten Stufe zugeführt. Bei dieser Vor-Eindampfung erreicht man eine Entfernung schädlicher Substanzen, wie z. B. $SO_2$ und flüchtiger Säuren. Aus diesem Grunde ist auch der Bedarf an Neutralisationschemikalien, im Vergleich zur nicht eingedampften Ablauge viel geringer. Auch das in der Ablauge enthaltene Methanol verflüchtigt sich bei der Vor-Eindampfung und kann bei Bedarf aufgefangen werden. Während des Vor-Eindampfens steigt der Zuckergehalt der Lösung auf das zweifache, weshalb auch der Alkoholgehalt der vergorenen Ablauge, der ohne Eindampfen etwa 0,6—1,3 Gew.-% beträgt, auf 1,2—2,5 Gew.-% ansteigt. Die vergorene Maische wird der vierten Stufe des Eindampfers zugeleitet, wo der Sprit als 6—7 Gew.-%ige Lösung aufgefangen werden kann. Diese wird dann erst der eigentlichen Destillationsapparatur zugeführt. Das Eindampfen der Ablauge geht noch über zwei Stufen weiter, nach denen sie auf einen Trockensubstanz-Gehalt von 55% konzentriert ist und als solche als Brennstoff dienen kann. Die von der verbrannten Ablauge übrigbleibende Asche enthält ca. 20% alkalische Stoffe, die zur Neutralisierung der von der dritten Eindampfstufe zur Gärung geleiteten Ablauge dient.

Zur Rohdestillationsanlage für Sulfitsprit gehören normal drei Kolonnen. In der ersten werden Äthanol und andere leicht destillierbare Stoffe abgetrennt. Flüchtige Säuren können durch Zusatz von Alkali in die Kolonne in nichtflüchtige umgewandelt werden. Bei neueren Verfahren wird die Neutralisation mit Alkali nicht durchgeführt und die Säuren werden erst in einer späteren Phase entfernt. Bei diesem Verfahren sind die Kolonnen aus säurefestem Material herzustellen. In der zweiten Kolonne wird die Verstärkung des Sprites vorgenommen und gleichzeitig in der Fuselölzone der Kolonne das Fuselöl abgetrennt. Das vom oberen Teil der Kolonne abgenommene Produkt wird in die dritte Kolonne eingeleitet, wo Methanol und andere leicht flüchtige Verbindungen am oberen und der Sulfitsprit am unteren Kolonnenende abgenommen werden. Die Herstellungs- und Destillationsverfahren, wie auch der Reinheitsgrad des Produktes sind von Betrieb zu Betrieb Schwankungen unterworfen und können von den oben beschriebenen beträchtlich abweichen.

Der zur Herstellung von alkoholischen Getränken sowie zu medizinischen und wissenschaftlichen Zwecken gebrauchte Sprit verlangt eine zusätzliche Reinigung in einem speziellen Rektifikationsapparat. Mit einer gut konstruierten Anlage ist man imstande den Sulfitsprit völlig einwandfrei zu reinigen. So z. B. mußte in Finnland unter dem Drucke der Verhältnisse während dem letzten Weltkrieg Sulfitsprit zu Trinkzwecken herangezogen werden und er wird seither — nunmehr neben Getreidesprit — fortlaufend zum gleichen Zweck verwendet ohne daß irgendwelche außergewöhnliche Einflüsse hätten beobachtet werden können. Der gesamte in Finnland zu medizinischen und technischen Zwecken verarbeitete Sprit ist Sulfitsprit.

## c) Herstellung aus cellulosehaltigen Rohstoffen

Die als Resultat der Säurehydrolyse von Holz und anderen cellulosehaltigen Stoffen erhältlichen Zucker können ebenfalls als Rohstoffe für die Gärungsindustrie herangezogen werden. Die Verarbeitung cellulosehaltiger Rohstoffe in der Gärungsindustrie hat jedoch bisher keine bemerkenswerten Proportionen erreicht, sondern es wurde die Versuchs- und Entwicklungsarbeit mehr im Sinne einer vorsorglichen Maßnahme im Hinblick auf evtl. eintretende Krisenzeiten fortgesetzt. Am meisten angewendet werden die Holzverzuckerungsverfahren nach Scholler-Thornesch und Bergius-Rheinau.

Beim erstgenannten Verfahren geschieht die Verzuckerung des Holzes mit 0,8%iger Schwefelsäure unter einem Druck von 8 atü bei 150—180° C. Die Rohmaterialien, verschiedenartige Holzabfälle, werden nicht vorgetrocknet. Die Verzuckerung geschieht in sog. Perkolatoren; die diesen entnommene Lösung enthält 3—4% reduzierende Zucker. Vor der Vergärung muß die Lösung mit Kalkstein oder dgl. neutralisiert und darauf filtriert werden. Aus 100 kg trockenem Nadelholz erhält man 22—24 l 100%iges Äthanol.

Beim Bergius-Rheinau-Verfahren geschieht die Verzuckerung des 6—10% Feuchtigkeit enthaltenden, getrockneten Holzes mit kalter 40%iger Salzsäure in einem auf dem Gegenstromprinzip beruhenden Apparat. Die Salzsäure wird von der dem Apparat entnommenen Lösung mittels Vakuumdestillation abgetrennt und konzentriert auf 40% dem Kreislauf wieder zugeführt. Das im Vakuum eingedampfte Produkt enthält 55—65% Zucker und es wird vor dem Hefezusatz auf eine für die Gärung geeignete Konzentration verdünnt. Aus 100 kg trockenem Nadelholz erhält man 32 l 100%igen Alkohol.

## d) Synthetische Herstellung

Bisher wurde synthetischer Alkohol zur Herstellung alkoholischer Getränke nicht herangezogen. Dagegen hat seine Verwendung zu technischen Zwecken

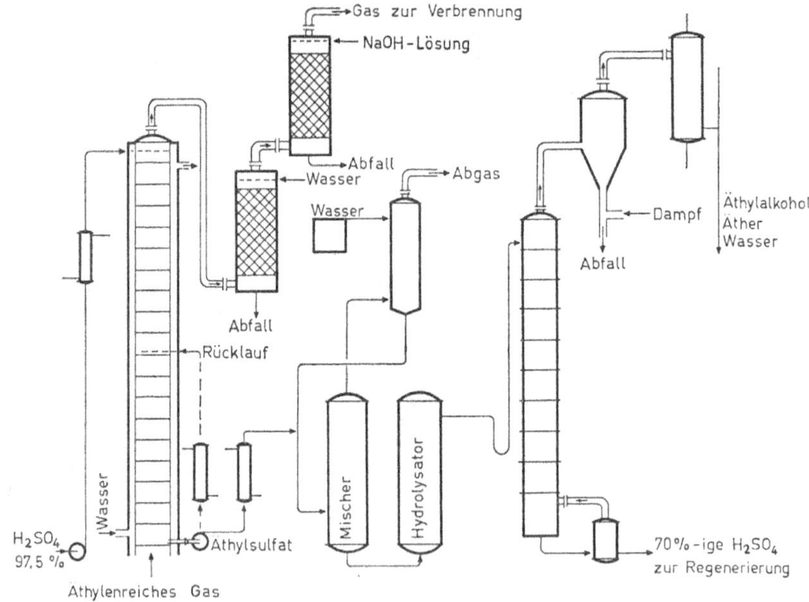


Abb. 15. Herstellung von Äthylalkohol aus Äthylen nach R.S. Aries (1947)

ständig zugenommen. Von den Methoden seiner Herstellung sind die wichtigsten die auf der direkten oder indirekten Wasseranlagerungsreaktion des Äthylens beruhenden. Die Herstellung durch andere Verfahren, wie durch dasjenige aus Kohle (Fischer-Tropsch), aus Acetaldehyd usw. haben in normalen Zeiten keine größere Bedeutung erlangt.

### α) Herstellung über die Äthylschwefelsäure

Bei diesem Verfahren, von dem ein Anwendungsschema in Abb. 15 gezeigt
wird, wird das Äthylen enthaltende Gas in konzentrierter, 96—97,5%iger Schwefelsäure absorbiert. Die sich bildende Äthylschwefelsäure wird hydrolysiert und das
entstehende Äthanol durch Destillation abgetrennt und zu einem je nach dem
Verwendungszweck verschiedenen Reinheitsgrad rektifiziert. Abhängig vom Herstellungsverfahren entsteht als Nebenprodukt verdünnte Schwefelsäure oder deren
Salze. Die Schwefelsäure wird aufkonzentriert und aufs neue dem Kreislauf zugeführt, die Salze werden zu Schwefelsäure regeneriert oder zu anderen Zwecken
verwendet.

### β) Herstellung aus Äthylen und Wasserdampf

Die Herstellung geschieht katalytisch in der Gasphase bei 100—140°C und bei
einem Druck, der auf ca. 250 atü ansteigen kann.

## 2. Trennung und Reinigung

Nach dem eigentlichen Herstellungsprozeß liegt das Äthanol in verdünnter
wäßriger Lösung vor, die feste und gelöste Verunreinigungen enthält. Seine Abtrennung aus diesem Gemisch, die Verstärkung und auch die Reinigung geschehen
durch Destillieren. Als Hilfsmittel der Reinigung wird in einigen Fällen die Aktivkohlebehandlung angewandt.

Der Verwendungszweck bestimmt den Reinheitsgrad. Der zur Herstellung von
Getränken verwendete Sprit muß gut gereinigt sein, während dagegen der Rein-
heitsgrad von Sprit zu technischen Zwecken erheblich schwanken kann. Bei der
Herstellung von Malz- und Weindestillaten, wie sie Whisky, Cognac und Brandy
darstellen, wird die Destillation so vorgenommen, daß ein bestimmter Anteil der
Verunreinigungen mit dem Destillat übergehen, die sich dann im Verlaufe des
Reifeprozesses zu den für das jeweilige Getränk charakteristischen Aromastoffen
umwandeln.

### Destillation

Die Trennung von in Mischung befindlichen Komponenten, wie z. B. von
Äthanol und Wasser mittels Destillation, beruht auf ihrer unterschiedlichen
Flüchtigkeit. So enthält der beim Erhitzen eines Äthanol-Wassergemisches entstehende Dampf mehr leicht flüchtiges Äthanol als in der ursprünglichen Mischung.
Beim Destillationsgeschehen wird der Dampf als Destillat aufgefangen, in dem also
die leichter flüchtigen Stoffe angereichert sind. Entsprechend werden die schwerer
flüchtigen Komponenten im Rückstand angereichert.

In sog. idealen Lösungen sind die Flüchtigkeit und die Siedepunkte untereinander proportional. Dabei ist die Flüchtigkeit der als reine Substanz niedriger siedenden Komponente im
Vergleich zur Flüchtigkeit der höher siedenden in linearem Verhältnis zur Differenz der Siedepunkte. In Wirklichkeit jedoch stellen die Mischungen recht selten solche oben erwähnte Ideal-
lösungen dar. Dies hat seinen Grund in den Beziehungen der Moleküle untereinander, die
zwischen den Molekülen verschiedener Stoffe anders sein können als die gegenseitigen Beziehungen von Molekülen der gleichen Art. Der durch die Verschiedenheiten ausgeübte Einfluß
auf die Flüchtigkeitsverhältnisse kann so groß werden, daß ungeachtet auch größter Siede-
punktunterschiede unter bestimmten Bedingungen eine Lage entstehen kann, bei der die
dest. Flüssigkeit und ihr Gleichgewichtsdampf die gleiche Zusammensetzung haben. Ein Gemisch, in dem der oben beschriebene Effekt auftritt, nennt man azeotrop. Bei der Destillation
eines Äthanol-Wassergemisches bei Normaldruck tritt der sog. azeotropische Punkt (Ausgezeichneter Punkt) bei 95,57 Gew.-% auf. Bei dieser Konzentration sind die Flüchtigkeitsverhältnisse derartige, daß eine Anreicherung nicht mehr stattfindet. Beim Destillieren verdünn-
terer als der oben erwähnten azeotropen Lösungen enthält das Destillat immer mehr Äthanol
als die ursprüngliche Lösung, aber bei der Destillation stärkerer Lösungen ist der Wassergehalt
des Destillates größer als in der zurückbleibenden Flüssigkeit. Als Folge der Azeotropie gelingt
es nicht, Äthanol mittels normaler Destillation auf höhere Konzentrationen als auf die oben-

genannte Stärke zu bringen. Durch Veränderung der Destillationsbedingungen kann auf die Flüchtigkeitsverhältnisse Einfluß genommen werden. So z. B. verschiebt eine Erniedrigung des Destillationsdruckes auf 100 mm QS den azeotropischen Punkt einer Äthanol-Wasser-lösung auf 99,25 Gew.-%. Der Zusatz einer dritten Komponente zum Gemisch hat ebenfalls Einfluß auf die Flüchtigkeitsverhältnisse. Die meisten Absolutierungsverfahren für Äthanol beruhen auf dieser Erscheinung.

Bei Äthanol-Wassergemischen befindet sich der azeotropische Punkt auf dem Siedepunkt-minimum, d. h. eine der azeotropen Stärke entsprechende Lösung siedet bei niedrigerer Tem-peratur als eine verdünntere oder stärkere Lösung. Der Siedepunkt reinen Äthanols bei 760 mm Druck liegt bei 78,30° C, derjenige solchen von 95,57 Gew.-% jedoch nur bei 78,15° C. Der azeotropische Punkt kann auch im Siedepunktmaximum auftreten, wie dies z. B. bei einer Mischung von Aceton und Chloroform der Fall ist. In einem solchen Fall sind die Flüchtigkeits-verhältnisse gerade umgekehrt als bei Gemischen, die ein Siedepunktminimum aufweisen.

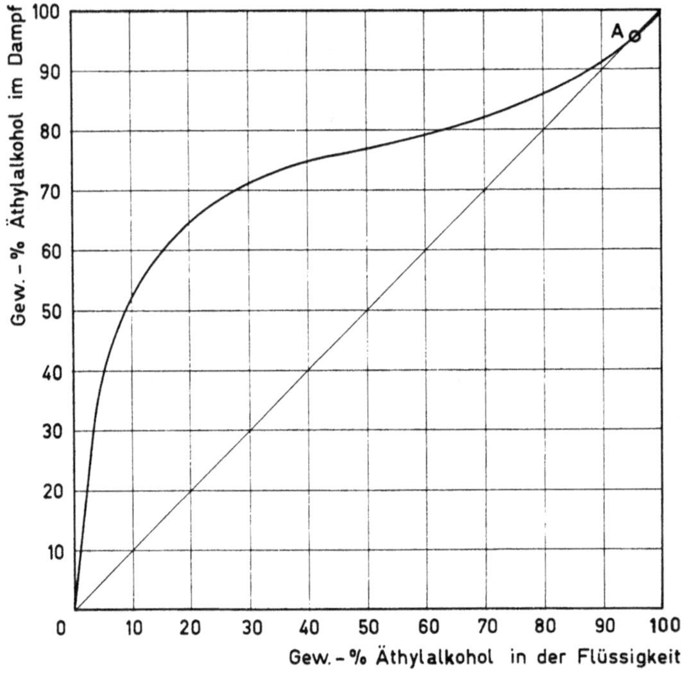


Abb. 16. Gleichgewichtskurven für die Destillation von Äthylalkohol-Wasser-Gemischen nach E. Kirschbaum (1960). A = Ausgezeichneter Punkt

Das beim Destillieren geschehende Anreichern wird durch eine Gleichgewichtskurve dar-gestellt. Auf der waagrechten Achse wird der Anteil des leichter siedenden Stoffes in der Flüssigkeit in Mol- oder Gewichtsprozenten und auf der senkrechten Achse sein Anteil im Dampf bei herrschendem Flüssig-Dampfgleichgewicht angegeben. In Abb. 16 ist die Gleich-gewichtskurve für das System Äthanol-Wasser dargestellt. Aus dieser kann z. B. ersehen wer-den, daß beim Verdampfen einer 8 Gew.-%igen Äthanol-Wasserlösung nach der Gleichge-wichtskurve der Äthanolgehalt im Dampf ca. 48,5 Gew.-% beträgt. Bei der Destillation in der Praxis kann ein Gleichgewichtszustand zwischen Flüssigkeit und Dampf nicht erreicht werden. Mittels einer einfachen Destillation gelingt es eine 8 Gew.-%ige Lösung auf ca. 30 Gew.-% zu verstärken. Durch genügend oft wiederholte Destillation, die am besten in einer Destillations-kolonne geschieht, kann das Äthanol auf eine Stärke nahe dem azeotropischen Punkt ange-reichert werden. Entsprechend kann das Wasser vom Alkohol durch genügend langes Kochen, wie es bei absatzweise arbeitenden Apparaten der Fall ist, befreit werden. Eine andere Möglich-keit bietet die Behandlung in vielen Phasen, wie bei der kontinuierlichen Destillation. Bei der Spritdestillation treten in der Mischung noch viele andere Substanzen als Äthanol und Wasser in Erscheinung. Ihre Flüchtigkeitsverhältnisse im Vergleich zu denjenigen des Äthanols sind sehr unterschiedlich und gerade aus diesem Grunde ist die Reindestillation von Äthanol ein ziemlich vielschichtiger Prozeß.

Die Destillation des Äthanols geschieht in der Regel in zwei Hauptphasen. Als erste Phase wird die Abtriebdestillation vorgenommen, wodurch Äthanol und andere flüchtige Stoffe von den nicht- oder schwerflüchtigen Stoffen getrennt und verstärkt werden. Das Destillat trägt den Namen Rohsprit und es enthält in wechselnden Mengen Aldehyde, Methanol, Ester, flüchtige Säuren, Fuselalkohole usw. Das Bodenprodukt, das bei den meisten Herstellungsverfahren Schlempe genannt wird, enthält in wäßriger Mischung diverse gelöste und ungelöste Stoffe. Mit modernen Destillationsapparaten gelingt es, den größten Teil der Fuselalkohole als eigene Fraktion abzutrennen. Rohsprit ist auch als solcher für manche technische Anwendungen brauchbar, jedoch muß der zu alkoholischen Getränken, medizinischen und zu anspruchsvollen technischen Zwecken benötigte Sprit durch wiederholte Destillation gereinigt werden.

Bei der Reindestillation von Rohsprit haben wir es mit einer viele verschiedene Komponenten enthaltenden Mischung zu tun. Die Flüchtigkeitsverhältnisse bestimmter Verunreinigungen sind dazu noch solche, daß sie aus dem Gemisch durch einfache Destillation nicht entfernt werden können. Die Trennung wird dadurch erreicht, indem der Rohsprit mit Wasser verdünnt wird, was die Flüchtigkeitsverhältnisse ändert. Wird der verdünnte Sprit destilliert, reichern sich die Aldehyde, Ester, ein Teil der Fuselalkohole usw. im Dampf an und können so vom Hauptprodukt abgetrennt werden. Das Hauptprodukt enthält auch weiterhin noch einen Teil der Verunreinigungen. Als folgende Phase kommt nun die Verstärkung des Sprits zur Durchführung und gleichzeitig werden die Fuselalkohole in der sog. Fuselzone der Kolonne abgetrennt. Der konzentrierte Sprit enthält je nach dem verwendeten Rohstoff noch in wechselnder Menge Methanol, welches in der folgenden Phase im Destillat angereichert wird. Es wurde festgestellt, daß diese Behandlungsphase auch einen verbessernden Einfluß auf den Geruch des Produktes ausübt. Die bei der Reindestillation erhaltenen Nebenprodukte werden im allgemeinen bei der Herstellung denaturierten Sprits wieder verwendet.

## Destillationsapparate

Die Schemas der Grundtypen der Destillationsapparate werden in Abb. 17 gezeigt. Der einfachste Destillationsapparat ist die der Abb. 17 A entsprechende absatzweise funktionierende, mit Beheizungs- und Kondensationsmöglichkeit ausgerüstete „Blase". Das zu destillierende Gemisch wird in die Blase eingefüllt und die Destillation wird so lange weitergeführt, bis die in der Blase befindliche Flüssigkeit überhaupt keine oder nur noch eine erlaubte Menge der zu trennenden Substanz enthält. So z. B. wird bei der Destillation einer 8 Vol.-%igen Maische als Destillat etwas weniger als ein Drittel der Maischemenge entfernt. Die Stärke des Destillates beträgt dabei ca. 30 Vol.-%. Wird eine stärkere Lösung gewünscht, muß das Destillat mit dem gleichen Apparat noch einmal destilliert werden und das so erhaltene Destillat nötigenfalls wiederum auf gleiche Weise. Die Trennfähigkeit eines solch einfachen Destillationsapparates kann in einem gewissen Maße dadurch verbessert werden, indem er mit dem in der Abb. 17 B gezeigten Rückflußkühler, der einen Teil des Destillates wieder in die Destillation zurückführt, ausgerüstet wird.

Neuerdings werden die oben erwähnten einfachen Apparate wie auch die aus ihnen weiterentwickelten sog. Doppelblasenapparate bei der Spritherstellung nicht mehr verwendet, außer vielleicht bei Destillationen in sehr kleinem Maßstabe. Dagegen haben diese Apparate bei der Herstellung von dest. Getränken wie z. B. Cognac, Brandy und Whisky und bei derjenigen von Gewürzdestillaten zum Gebrauch in alkoholischen Getränken ihre Bedeutung beibehalten. Zur Rektifikation eignen sich die in Frage stehenden Apparate nicht.

Eine genügend große Konzentration mittels wiederholter Destillation kann wirkungsvoll und wirtschaftlich durch Kolonnen erreicht werden. Die Kolonne ist ein mit Austauschböden ausgerüsteter oder mit Füllkörpern gepackter Turm, in dem der von unten nach oben steigende Dampf zur Berührung mit der auf den Böden oder der Oberfläche der Füllkörper befindlichen Flüssigkeit gezwungen wird, wobei ein wechselseitiges Kondensieren und Verdampfen vor sich geht. Es verhält sich also so, daß der von unten kommende Dampf gleichsam die oben befindliche

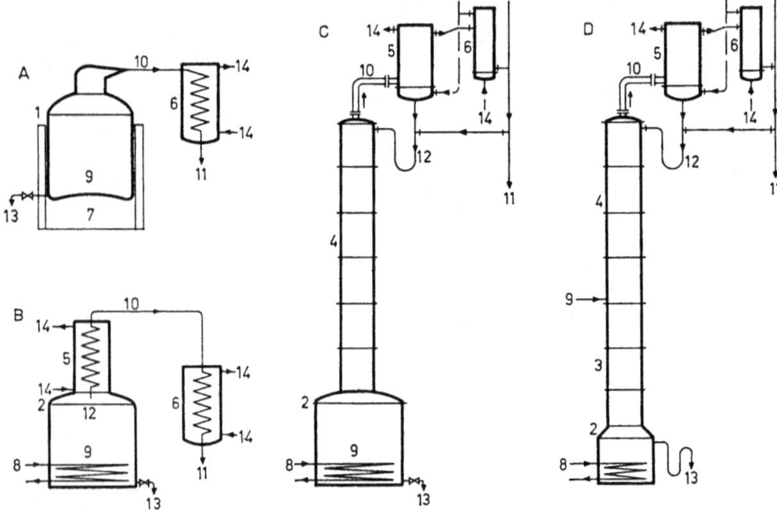

Abb. 17. Grundformen der Destillieranlagen nach J. Jacobs (1950). A = Einfache periodische Destillation. B = Periodische Destillation mit Rückflußkühler. C = Periodische Destillation mit Verstärkungssäule. D = Ununterbrochen arbeitende Destillation

1 Blase, 2 Verdampfungsgefäße, 3 Abtriebssäule, 4 Verstärkungssäule, 5 Rückflußkühler, 6 Verdichter und Kühler, 7 Feuerung, 8 Heizdampf, 9 Gemisch, 10 Destillatdampf, 11 Destillat, 12 Rückfluß, 13 Schwersiedendes, 14 Kühlwasser

Flüssigkeit zum Kochen bringt. Jedes der einzelnen Kondensations-Verdampfungs-Geschehen reichert die leichter flüchtige Komponente im Dampf und die schwerer flüchtige in der Flüssigkeit an. Mit Hilfe der Kolonne kann mit der einer einfachen Destillation entsprechenden Dampfmenge eine ganze Anzahl — vom Aufbau der Kolonne bestimmter — wiederholter Destillationen erreicht werden. Kolonnen können bei absatzweise arbeitenden Apparaten (vgl. Abb. 17C) und auch bei kontinuierlich arbeitenden (vgl. Abb. 17D) verwendet werden. Die mit Kolonnenapparaten durchgeführte absatzweise Destillation wird prinzipiell gleich wie die vorher beschriebene Destillation mit dem einfachen Apparat vorgenommen. Dank der Kolonne erhält man das Destillat jedoch in der Regel mit einer Destillation in der gewünschten Konzentration. Mit der absatzweisen Kolonnenanlage können sowohl die Abtriebsdestillation als auch die Rektifikation vorgenommen werden, obschon ihre Verwendung am ehesten auf kleinere Brennereien beschränkt ist. Bei der kontinuierlichen Destillation wird die zu destillierende Flüssigkeit gewöhnlich in der mittleren Zone der Kolonne eingespeist. In der Kolonne herrscht ein Gleichgewichtszustand, bei dem die Dämpfe leichter flüchtiger Komponenten unter Anreicherung nach oben steigen und die schwerer flüchtigen Substanzen gleichzeitig abwärts fließen. Am oberen Kolonnenende wird ständig das Destillat und am unteren das Bodenprodukt abgenommen. Auch bei den Zwischenböden der Kolonne kann eine Abnahme stattfinden. Die abgenommenen Gesamtmengen sind die gleichen wie die eingespeisten Mengen. Es können mehrere kontinuierlich arbeitende Kolonnen in Serie geschaltet werden.

## Bauteile der Destillationsapparate

1. *Erhitzung*. In ihrer primitivsten Form geschieht die Erhitzung der Blase durch direkte Feuereinwirkung. Das Verfahren findet Anwendung bei der Bereitung der u. a. für die Whisky-Herstellung gebrauchten Malzdestillate. Bei der Spritdestillation geschieht die Erhitzung beinahe ausnahmslos durch Dampf. Die Erhitzung mit Dampf kann entweder als direkte Erhitzung durch Einleiten von Dampf durch einen gelochten Rohrring direkt in die zu dest. Flüssigkeit oder indirekt geschehen. Im letzteren Falle geschieht die Beheizung mittels eines die Oberfläche der Destillationsblase bedeckenden Mantels, in den Dampf einströmt, einer in der Blase angeordneten Rohrschlange oder durch einen separaten Wärmeaustauscher.

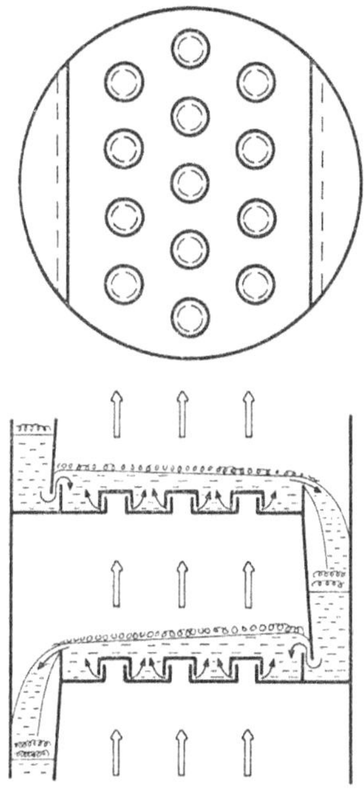

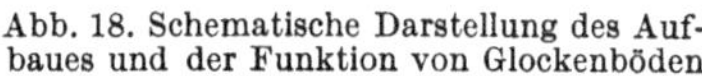

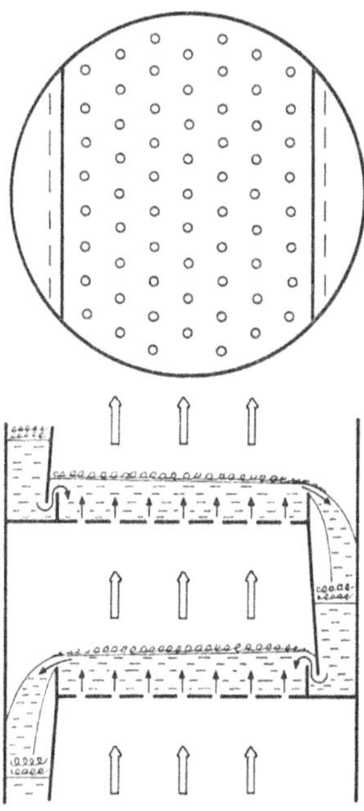

<table>
<tr><td>

Abb. 18. Schematische Darstellung des Aufbaues und der Funktion von Glockenböden

</td><td>

Abb. 19. Schematische Darstellung des Aufbaues und der Funktion von Siebböden

</td></tr>
</table>

2. *Der Verdampfungsteil*. In absatzweise arbeitenden Apparaten muß das Verdampfungsgefäß so groß sein, daß eine genügende Menge der zu dest. Flüssigkeit auf einmal in der Blase Platz findet. Die Blase ist mit einem Bodenhahn oder einem Ventil ausgerüstet, mit dem nach der Destillation der Rückstand abgelassen werden kann. Zur Verhinderung von Wärmeverlusten ist eine Isolation erforderlich.

Die Größe des Verdampfungsteiles einer kontinuierlich arbeitenden Kolonne wird im wesentlichen durch den Aufbau des Beheizungssystems bestimmt. Der benötigte Raum ist bedeutend kleiner als bei einer absatzweise arbeitenden Kolonne.

3. *Die Kolonne*. Meistens werden zylinderförmige, senkrechtstehende Kolonnen verwendet. Die Kolonne ist mit Böden versehen oder mit Füllkörpern gepackt. Es sind diverse Modelle von Kolonnenböden im Gebrauch. Von diesen sind die ältesten und in den Brennereien nach wie vor im allgemeinen Gebrauch stehenden Glockenböden (vgl. Abb. 18) und Siebböden (vgl. Abb. 19). Neuerdings wird in zunehmendem Maße beim Bau neuer Kolonnen von den Glockenböden abgegangen, z. T. wegen des hohen Preises dieser Konstruktion, zum andern Teil, weil mit anderen Bodentypen bessere Resultate erreicht werden. Dagegen hat der Siebboden wegen seiner Billigkeit und infolge neuer Konstruktionen, u. a. dank seiner gegenüber früher vergrößerten Öffnungen, eine Wiedergeburt erlebt. Von den neueren Bodenkonstruktionen seien die Ventilböden (vgl. Abb. 20) und auch die mit verschiedenartigen querlaufenden Schlitzen ausgestatteten, ihrer Funktion nach sowohl an den Glockenboden als auch an den Siebboden erinnernden Böden, erwähnt. In Füllkörperkolonnen sind die als Füllung gebrauchten Körper von Ring-, Sattel- oder anderer Form auf in regelmäßigen Abständen angeordneten Gitterrosten gelagert. Damit wird ein Setzen der Füllung und die Bildung von Kanälen verhindert. Die Verwendung von Füllkörperkolonnen bei der Spritdestillation beschränkt sich meistens auf die Absolutierung.

Bei der Konstruktion einer Kolonne ist eine Berechnung der der gewünschten Trennfähigkeit entsprechenden Anzahl Böden sowie die der gewünschten Kapazität entsprechenden Kolonnengröße notwendig. Zur Berechnung der Bodenzahl sind verschiedene Methoden entwickelt worden, von denen die einfachste auf der Benutzung der Gleichgewichtskurve beruht.

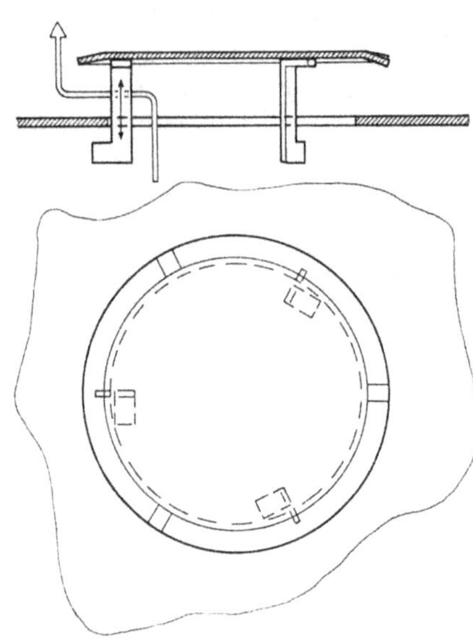

Abb. 20. Schema eines Ballast-Ventiles

Genaue Berechnungen sind eine Angelegenheit von so großem Arbeitsaufwand, daß zu ihrer Bewältigung elektronische Rechenmaschinen eingesetzt werden. Bei den Kapazitätsberechnungen sind die für jeden Bodentyp und deren Entfernung voneinander geeigneten Dampfgeschwindigkeiten, die sowohl einen Minimal- als auch einen Maximalwert aufweisen, in Betracht zu ziehen.

4. *Kondensatoren und Kühler.* Die Destillationsapparaturen müssen mit Kondensatoren ausgerüstet sein, mit deren Hilfe der Dampf kondensiert wird. Im weiteren sind noch Kühler notwendig, mit deren Hilfe das Destillat gekühlt werden kann. Ein Teil des Kondensates wird in die Destillation zurückgeführt. Dieser Teil wird nicht gekühlt, dies geschieht auch nicht mit jenem Teil, der einer an der gleichen Gruppe angeschlossenen Kolonne zur Weiterverarbeitung zugeleitet wird.

5. *Die Armaturen, Meß- und Regeleinrichtungen.* Moderne Destillationsanlagen enthalten in großer Zahl Rohre und Ventile wie auch Meß- und Regeleinrichtungen für Durchfluß, Temperatur und Dampfverbrauch. Ein Teil der Meß- und Regelgeräte kann zu geschlossenen, automatisch arbeitenden Regelkreisen geschaltet werden.

6. *Konstruktionsmaterial.* Als Konstruktionsmaterial für Destillationsanlagen wird bei der Destillation von Sprit allgemein Kupfer verwendet. Bei Spezialkonstruktionen, wie z. B. bei

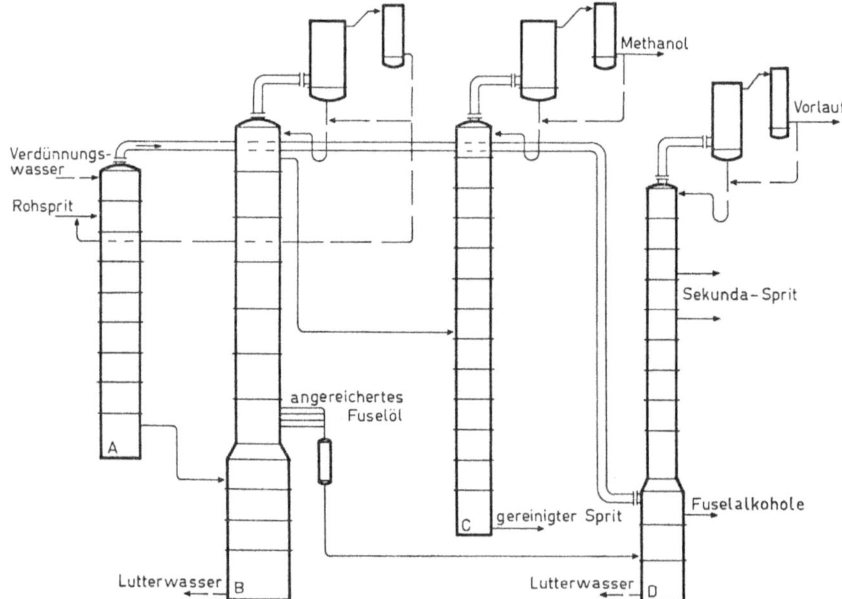


Abb. 21. Schema eines Rektifizierapparates

mit sauren Vorlaufdämpfen in Berührung kommenden Teilen, bei denen Kupfer nicht genügend widerstandsfähig ist, wird säurefester Stahl angewandt.

*7. Die Konstruktionen.* Bei der Spritdestillation finden sich Bauformen der Destillationsanlagen je nach Verwendungszweck und Größe der Produktion von der einfachsten Blase (vgl. Abb. 17A) bis zu den vielfältigsten, mit automatischen Reglern ausgestatteten Anlagen. In den Abb. 12 und 13 sind die Prinzipskizzen der zur Abtriebsdestillation von Brennereisprit gebrauchten kontinuierlichen Destillationsapparate abgebildet. In Abb. 17C wird ein absatzweise betriebener Reindestillationsapparat und in Abb. 21 ein nach dem Vierkolonnenprinzip arbeitender, kontinuierlicher Reindestillationsapparat gezeigt.

# III. Produkte und deren weitere Verwendung

## 1. Die Produkte

Qualität und Bezeichnung von Sprit sind abhängig von den verwendeten Rohstoffen, dem Herstellungsverfahren, der Reinigung und dem Verwendungszweck. In der Regel werden die Produkte nach dem verwendeten Rohstoff benannt, wobei z. B. von Kartoffel-, Getreide-, Melasse-, Sulfit-, Äthylen- usw. -sprit gesprochen wird. Aufgrund des Herstellungsverfahrens spricht man von Gärungsalkohol, synthetischem Alkohol usw. Nach ihrem Reinigungsgrad teilt man die Produkte grob in Rohsprit und gereinigten Sprit ein.

Der Verwendungszweck bestimmt den Reinheitsgrad und teilweise auch den zu verwendenden Rohstoff und das Herstellungsverfahren. Der zur Herstellung alkoholischer Getränke zur Verwendung kommende Sprit muß gut gereinigt sein, wenn auch in einigen Fällen die Anwesenheit bestimmter, als Aromasubstanzen wirkende Verunreinigungen erlaubt ist. Da die Forderung nach dem Gleichbleiben des sich aus den Verunreinigungen ergebenden Aromas bei der Destillation Schwierigkeiten bereiten kann, beschränkt sich die Anwendung einer derartigen selektiven Destillation auf Spezialfälle. In der Regel ist man bestrebt, ein geruchlich und geschmacklich neutrales, bestimmte Analysenwerte aufweisendes Produkt zu erzeugen. Dies ist von besonderer Wichtigkeit für den zur Herstellung von Getränken vom Wodka-Typ gebrauchten Sprit. Alkoholische Getränke vom Wodka-, Aquavit- und entsprechenden Typ werden traditionsgemäß aus Kartoffel- oder Getreidesprit hergestellt. Die Verwendung nach anderen Gärungsverfahren hergestellter Sprite, wie Melasse- und Sulfitsprit beschränkt sich auf bestimmte Getränketypen oder auf bestimmte Länder.

Das zu medizinischen, kosmetischen und Laboratoriumszwecken verwendete Produkt muß von hoher Reinheit und neutral sein, das letztgenannte Produkt wird öfters noch absolutiert und hat bestimmten, optischen Anforderungen zu genügen. Zu technischen Zwecken werden Spritqualitäten vom reinsten Sprit bis zu dem große Mengen Verunreinigungen enthaltenden Vorlauf verwendet. Als Sprit zu medizinischen, technischen und Laboratoriumszwecken eignen sich in der Regel unabhängig vom verwendeten Rohstoff alle Produkte, sofern sie den Reinheitsanforderungen entsprechen.

## 2. Die Verwendung der Produkte für technische und ähnliche Zwecke

### a) Vergällung (Denaturierung)

Sprit hat infolge seiner guten Lösungs-, Brenn- u. a. -eigenschaften wegen eine ausgedehnte Verwendung neben derjenigen zu eigentlichen Genußzwecken. Der Preis des zu Genußzwecken bestimmten Sprits wird im allgemeinen durch strenge Besteuerung so hoch getrieben, daß er im technischen Gebrauch mit anderen entsprechenden Produkten nicht mehr konkurrenzfähig ist. Aus diesem Grund ist der zu medizinischen, technischen u. ähnl. Zwecken verkaufte Sprit in der Regel steuerfrei oder nur leicht besteuert, wird jedoch zur Verhinderung von evtl. Mißbräuchen unter strenge Überwachung gestellt und in den meisten Fällen durch

Zusätze genußunfähig gemacht oder denaturiert. Es gibt eine Vielzahl von Verbindungen, die als Denaturierungsmittel Verwendung finden. Die über diese erlassenen Bestimmungen, wie auch die verwendeten Substanzen sind von Land zu Land recht verschieden. Bei der Auswahl der Substanzen sind den folgenden Punkten Beachtung zu schenken:

Die Substanz muß durch ihren Geschmack, Geruch, Brechreiz erregenden oder laxativen Eigenschaften usw. den Genuß verunmöglichen oder möglichst erschweren. Sie darf jedoch nicht lebensgefährlich sein.

Eine Abtrennung aus dem Sprit soll so schwer als möglich sein, damit sich eine Reinigung mit dem Ziel der Genießbarmachung nicht lohnt.

Die Substanz darf innerhalb des Anwendungsgebietes des denaturierten Produktes keine störende Wirkung haben.

Da es ein für alle Verwendungsgebiete passendes Denaturierungsmittel nicht gibt, kam man zu einer für die verschiedenen Anwendungsgebiete großen Denaturierungsmittel-Auswahl (vgl. Tab. 8).

Tabelle 8. *Beispiele von Denaturierungsmitteln zur Vergällung von Sprit für verschiedene Anwendungsgebiete*

| Gebiet | Denaturierungsmittel | Menge, g/kg |
|---|---|---|
| Pharmazeutische Industrie . . | Benzol | 20 |
|  | Äthyläther | 50 |
|  | Methyläthylketon | 20 |
|  | Thymol | 2 |
| Parfüm- und Seifenindustrie . . | Diäthylphtalat | 10 |
|  | Koloquintextrakt | 1 |
|  | Butanol | 30 |
|  | Menthol | 10 |
|  | Pfefferminzöl | 10 |
| Lack- und Farbenindustrie . . . | Crotonaldehyd | 6 |
|  | Terpentin | 7 |
|  | Aceton | 50 |
|  | Methyläthylketon | 20 |

Abhängig von der Anwendungsart und den Überwachungsmöglichkeiten kann der Grad der Denaturierung verschieden sein. Es wird allgemein zwischen unvollständig vergällten und vollständig vergällten Produkten unterschieden. Die ersteren sind in der Regel für beruflichen Gebrauch bestimmt, wo mittels Überwachung der Mißbrauch auf ein Minimum beschränkt werden kann, während die letzteren für den Verbrauch des großen Publikums vorgesehen sind. Die Vornahme der vollständigen Vergällung — soll diese genügend wirkungsvoll sein — setzt die Verwendung von mindestens zwei Denaturierungsmitteln voraus (vgl. Tab. 9).

Tabelle 9. *Beispiele vollständiger Vergällung*

| Verwendungsgebiet | Denaturierungsmittel | Mengen, g/kg |
|---|---|---|
| Brenn- und Reinigungsflüssigkeit . . . . . . . | Methylisobutylketon | 24 |
|  | Methyläthylketon | 16 |
| Sprit für motorische Zwecke . . . . . . . . | Benzin | 20 |
|  | Methylisobutylketon | 20 |
|  | Farbstoff |  |

## b) Absolutierung

Infolge der Azeotropizität von Äthanol-Wassermischungen kann eine Wasserfreimachung von Äthanol durch einfache Destillation nicht erreicht werden. Der durch Normaldestillation erhältliche Sprit, in der Regel 94—95 Gew.-%, ist als solcher schon für viele Zwecke geeignet, doch muß er in vielen Fällen, wie etwa bei der Verwendung zusammen mit Benzin, als Lösungsmittel, Ausgangsstoff für die chemische Industrie usw. praktisch gesehen wasserfrei sein.

Zur Absolutierung von Alkohol sind eine ganze Anzahl Verfahren vorgeschlagen worden, von denen jedoch nur einige allgemeine Verbreitung erfahren haben.

Die Verfahren beruhen:

auf der Bindung von Wasser z. B. an Calciumoxid, Kaliumnatriumacetat oder Glycerin;

auf der azeotropen Destillation z. B. mit Benzol, Cyclohexan, Trichloräthylen, Toluol oder Äther.

### α) Die auf der Bindung von Wasser beruhenden Verfahren

Die Verwendung von Calciumoxid, Natriummetall, Kupfersulfat u. a. wasserbindenden Verbindungen hat bei der Absolutierung im großen Maßstab keine Bedeutung mehr. Die Absolutierung mit diesen Substanzen beruht auf dem Überdestillieren des Äthanols.

Bei der auf der Anwendung von Kaliumnatriumacetat beruhenden sog. Hiag-Methode wird die KNa-Acetatschmelze in dem zu absolutierenden Alkohol gelöst und z. T. suspendiert. Dieses Gemisch fließt durch eine Füllkörperkolonne abwärts und bindet das im aufwärts strömenden Spritdampf enthaltene Wasser. Am oberen Kolonnenende kann der absolutierte Alkohol und an ihrem unteren Ende die Salz-Wasserlösung abgenommen werden; letztere wird in einer mit überhitztem Dampf beheizten Pfanne getrocknet und geschmolzen, um dann wieder in den Kreislauf zurückgebracht zu werden. Das Verfahren arbeitet kontinuierlich und eignet sich für die Großproduktion am ehesten zur Absolutierung von rohem Sprit. Die Verwendung von Glycerin und Äthylenglykol bei der Absolutierung geschieht im Prinzip auf gleiche Weise wie diejenige von Kaliumnatriumacetat.

### β) Die auf der azeotropen Destillation beruhenden Verfahren

Manche organische Flüssigkeiten, die in Äthanol vollständig löslich sind, lösen sich in Wasser jedoch nur beschränkt oder überhaupt nicht und bilden zusammen mit Wasser und Äthanol ein ternäres Azeotrop. So siedet z. B. das Wasser-Äthanol-Benzol-Azeotrop bei Normaldruck bei 64,86°C. Im Destillat sind 7,4% Wasser, 18,5% Äthanol und 74,1% Benzol enthalten. Kondensiert und gekühlt scheidet sich das Destillat in zwei Phasen, von denen die obere 84,5% Benzol, 14,5% Äthanol und 1% Wasser und die untere 53% Äthanol, 36% Wasser und 11% Benzol enthält. Entsprechende ternäre Azeotrope mit Äthanol und Wasser bilden noch andere Verbindungen, wie Cyclohexan, Toluol, Äthylacetat und Trichloräthylen. Die letztere weicht von den anderen dadurch ab, daß sie sich als spezifisch schwerere Flüssigkeit bei der Phasentrennung in der unteren Schicht abscheidet. Das auf der Verwendung von Trichloräthylen beruhende Absolutierungsverfahren führt den Namen Drawinol-Verfahren. Die auf der azeotropen Destillation beruhenden Verfahren sind in der Regel kontinuierliche und eignen sich gut für die Großproduktion.

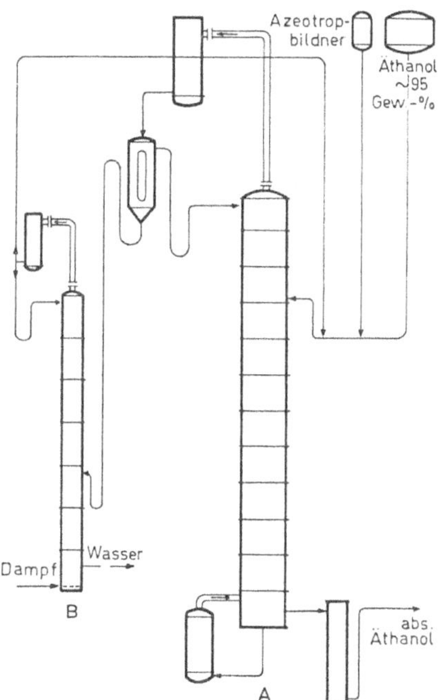


Abb. 22. Schema eines auf der azeotropen Destillation beruhenden Absolutierungsapparates.
A = Absolutierungskolonne. B = Rückgewinnungskolonne

Ein auf einem ternären Azeotrop beruhendes Absolutieren kann z. B. wie folgt durchgeführt werden: Zur Anlage gehören zwei Destillationskolonnen und ein Abscheidebehälter (vgl. Abb. 22). Die eine Kolonne ist die eigentliche Absolutierungskolonne, in die der zu absolutierende Sprit, sowie zur Deckung von Verlusten kleine Mengen von Absolutierungsmittel eingeleitet wird. Zusätzlich wird der Kolonne die vom Abscheidegefäß zurückzuführende

Absolutierungsmittel enthaltende Schicht und die in der Rückgewinnungskolonne vom Wasser befreite zweite Phase des Trenngefäßes zugeführt. Das absolutierte Produkt wird vom unteren Ende der Absolutierungskolonne, das Wasser von demjenigen der Rückgewinnungskolonne abgenommen. Das Absolutierungsmittel zirkuliert die ganze Zeit über in der Anordnung.

Äther bildet zusammen mit Wasser eine binäre Mischung. Beim Betrieb mit einem auf der Verwendung von Äther beruhenden Verfahren wird überhaupt keine Rückgewinnungskolonne gebraucht, denn das Wasser läßt sich direkt am Boden des Abscheidegefäßes abnehmen. Der praktischen Anwendung des Verfahrens sind jedoch dadurch Grenzen gesetzt, daß die Destillation unter Druck zu geschehen hat.

### γ) Andere Verfahren

Bei der Destillation unter vermindertem Druck verschiebt sich der Azeotroppunkt des Äthanol-Wassergemisches. Verfahren, die auf dieser Grundlage entwickelt worden sind, konnten jedoch wegen ihres großen Dampfverbrauches und der Größe der Apparatur keine Verbreitung von Bedeutung erfahren.

## 3. Andere Anwendungen

### α) Als Ausgangsstoff für die Synthese in der chemischen Industrie

Äthanol eignet sich als Ausgangsstoff für die Synthese einer ganzen Anzahl von Verbindungen. Die wichtigsten Verwendungsgebiete von Äthanol als Ausgangsstoff sind:

Essigfabrikation auf dem Gärungswege mit Hilfe von Essigsäurebakterien;

Herstellung von Äthyläther mittels Schwefelsäure;

Herstellung von Acetaldehyd durch Oxydation. Die Oxydation wird im allgemeinen auf katalytischem Wege durchgeführt. Vom Acetaldehyd gelangt man weiter zu einer Vielzahl anderer Produkte, von denen erwähnt sei: Essigsäure, Äthylacetat, Crotonaldehyd, Butanol, Vinylacetat und Polyvinylacetat.

Darstellung von Äthylen durch Wasserabspaltung. Vom Äthylen aus gelangt man weiter zu den vielfältigsten Erzeugnissen bis zum Polyäthylen hinauf, doch ist unter Normalbedingungen das aus Erdöl gewonnene Äthylen derart billig, daß sich seine Herstellung aus Äthanol gar nicht lohnt, im Gegenteil dazu geschieht im allgemeinen die Synthese in der Richtung vom Äthylen zum Äthanol.

### β) Hartspiritus

Äthanol kann durch Zusatz von Alkali- oder Erdalkalisalzen der Fettsäuren, Celluloseestern oder Pektinen in feste oder gelartige Form übergeführt werden. Die Produkte finden als Brennstoffe Verwendung.

## IV. Nebenprodukte

Der Anfall von Nebenprodukten steht in engem Zusammenhang mit der auf dem Gärungswege geschehenden Herstellung. Die dabei erhältlichen Nebenprodukte sind Kohlendioxid, Fuselalkohole und Schlempe.

## 1. Kohlendioxid

Von der Menge des bei der Hefegärung eingesetzten Hexosezuckers wird beinahe die Hälfte zu Kohlendioxid umgewandelt, das man öfters nutzlos entweichen läßt. Kohlendioxid hat jedoch in komprimierter Form in Druckflaschen gespeichert wie auch zu Kohlensäureeis (Trockeneis) verdichtet ein breites Anwendungsgebiet in Gießereien, zu Kühl- und Feuerlöschzwecken sowie in der Limonade- und Bierindustrie.

Zur Gewinnung des im Zusammenhang mit der Gärung entstehenden $CO_2$ wurde eine Anlage entwickelt, in der das anfallende Kohlendioxid gesammelt, gereinigt und komprimiert wird (vgl. Abb. 23). Die Gewinnung ist jedoch vor allem in kleineren Brennereien dadurch beschränkt, als die Investitionskosten für die Anlage im Vergleich zu dem für das Kohlendioxid zu erreichenden Preis relativ

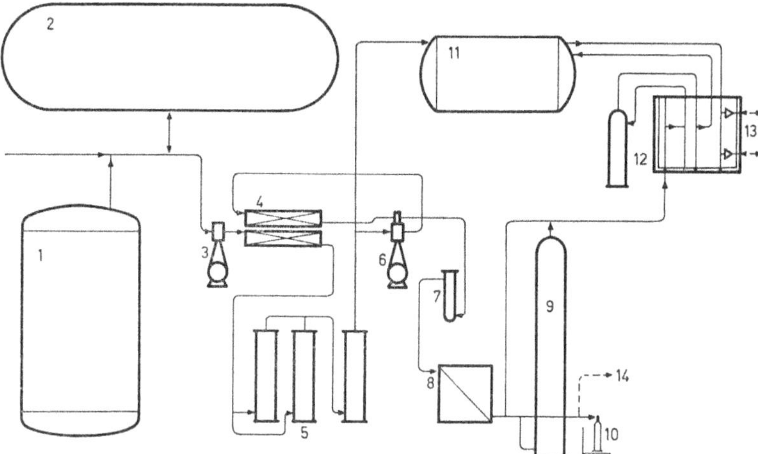

Abb. 23. Schema einer Gärungskohlensäureanlage nach J. KUPRIANOFF (1953).
1 Gärbottiche, 2 Gasbehälter, 3 Vorkompressor, 4 Kühler, 5 Reinigungsbatterie, 6 Hauptkompressor, 7 Hochdruck-filter, 8 Kondensator, 9 Stapelflasche für flüssiges $CO_2$, 10 Abfüllwaage, 11 Niederdruckbehälter, 12 Entspannungsstation, 13 Kohlensäuregas-Entnahme, 14 flüssiges $CO_2$ zur Trockeneis-Erzeugung

hoch sind. Weiterhin ist von Bedeutung, daß die Zeit des größten Absatzes für Kohlendioxid in die Sommermonate fällt, in denen die Brennereien meistens stilliegen.

## 2. Fuselalkohole

Bei der Alkoholgärung entstehen höhere Alkohole, für die sich die gemeinsame Bezeichnung Fuselalkohole eingebürgert hat. Sie werden in der Regel in einer Menge von 0,1—2% von derjenigen des Äthanols gebildet. Die Fuselalkohole werden zur Hauptsache im Zusammenhang mit der Rohspritdestillation in Form eines Produktes gewonnen, das die Bezeichnung Fuselöl trägt. Das Fuselöl enthält neben den Fuselalkoholen Äthanol und abhängig von den verwendeten Rohstoffen in kleiner Menge noch andere Verbindungen. Im Kapitel über die Zusammensetzung der Branntweine (S. 597—608) wird die Entstehung der Fuselalkohole und die Zusammensetzungen verschiedener Fuselöle behandelt.

Aus dem Fuselöl kann man durch verschiedene Reinigungs- und Fraktionierungsverfahren Komponenten abtrennen, von denen die wichtigste und mengenmäßig größte der sog. Gärungsamylalkohol darstellt. Im weiteren erhält man noch etwas Isobutanol und — besonders aus Sulfitspritfuselöl — n-Hexanol. Der Gärungsamylalkohol, ein Gemisch von Isoamylalkohol (75—85%) und optisch aktivem Amylalkohol (15—25%), wird meistens zur Milchfettbestimmung nach GERBER verwendet.

## 3. Schlempe

Wird von vergorener Maische das Äthanol abdestilliert, bleibt ein Nebenprodukt zurück, das als Schlempe bekannt ist. Wirkliche Bedeutung erlangte in der Praxis nur die bei der Getreide- und Kartoffelspritherstellung anfallende Schlempe, die als Viehfutter Verwendung findet. Die Schlempe enthält 6—10% Trockensubstanz, hauptsächlich Eiweiß, Rohfasern, Fett und Mineralstoffe, teilweise in gelöster, teilweise in fester Form. Infolge ihres hohen Eiweißgehaltes bildet die

Schlempe ein hochwertiges Futter. Die Anreicherung von Eiweißstoffen ist teilweise das Verdienst des während der Gärung geschehenden Abbaues von Kohlenhydraten und teilweise dasjenige der zugesetzten und während der Gärung vermehrten Hefe. Schlempe enthält noch in gewissem Maße hauptsächlich der B-Gruppe zugehörige Vitamine, die aus der Hefe herstammen.

Die *Verwendung der Schlempe* als Viehfutter beschränkt sich meistens auf die außerhalb der Weideperiode liegende Zeit. Ein weiterer Nachteil bildet ihre schlechte Haltbarkeit; die Schlempe ist in heißem Zustande zu verwerten, weil sie beim Abkühlen leicht in Verderbnis übergeht. Der große Wassergehalt macht dazu lange Transporte unrentabel. Großbrennereien, denen es aus wirtschaftlichen Gründen nicht möglich ist, ihren Betrieb während der Dauer der Weidezeit einzustellen, sahen sich in manchen Fällen zur Lösung ihres Schlempeverwertungs-Problems zur Trocknung der Schlempe gezwungen. Es sind verschiedenartige Trocknungsverfahren im Gebrauch, doch ist ihnen allen gemeinsam, daß die Schlempe durch Sieben, Dekantieren oder Separieren in 2—3 Komponenten aufgeteilt wird. Die Komponenten können nach der Zwischenbehandlung mittels Walzen-, Sprüh- oder Flammentrockner getrocknet werden.

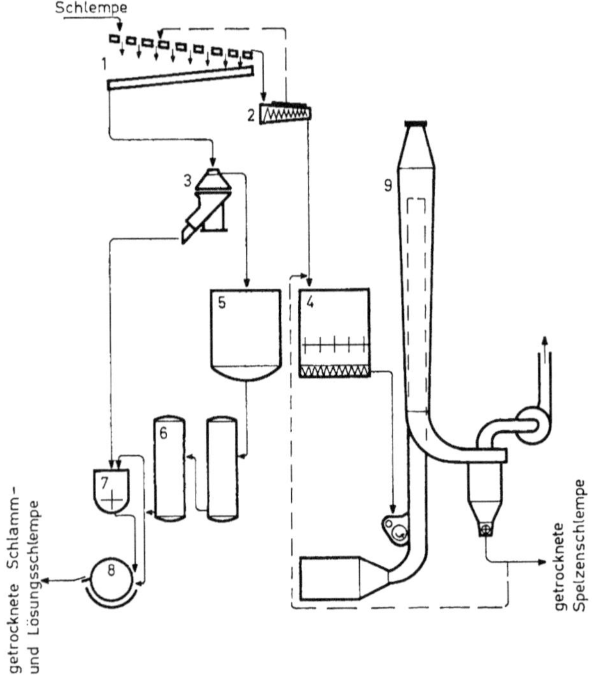


Abb. 24. Schema einer Schlempekonzentrierungs- und Trocknungs-Anlage.
1 Sieb, 2 Schneckenpresse, 3 Separator, 4 Rührer, 5 Zwischenbehälter, 6 Vakuumeindampfer, 7 Mischer, 8 Walzentrockner, 9 Flammentrockner

In Abb. 24 wird das Prinzipschema einer Schlempentrocknungsanlage gezeigt. Die in gelöstem Zustande vorliegenden Anteile der Schlempe (Distillers' solubles) lassen sich erfolgreich entweder direkt nach der Trennung oder getrocknet als Nährstoffe für mikrobiologische Züchtungsprozesse, wie die Herstellung von Penicillin und Futterhefe, verwerten.

# V. Abwasser

Das Abwasserproblem von Kartoffel- und Getreidebrennereien ist in hohem Maße von der Betriebsgröße der Brennerei abhängig. Der mengenmäßig umfangreichste und qualitativ schlimmste Abfall, die Schlempe, kann in kleineren Brennereien mühelos als Viehfutter abgesetzt werden. In Großbrennereien, die dazu oft noch ganzjährig in Betrieb sind, kann die Schlempe schwierige Abwasserprobleme hervorrufen, denen nur durch Trocknung der Schlempe begegnet werden kann. Als eine Art Zwischenstufe vor dem Übergang zur totalen Trocknung kann u. a. das in den Whiskybrennereien in Schottland übliche Verfahren angesehen werden, bei dem die in der Schlempe enthaltenen Feststoffe durch Sieben und Separieren abgetrennt, getrocknet oder als solche verkauft werden, während der den gelösten Teil enthaltende Anteil, der Sieb und Separator passiert hat, als Abwasser abgelassen wird.

Die übrigen, in Brennereien anfallenden Abwässer sind mengenmäßig gering, ihr Verschmutzungsgrad kann jedoch manchmal bedeutend sein. Die Abwässer werden meistens aus folgenden gebildet: Aus Wasch- und Einweichwässer der Mälzerei, aus Spülwässer von Apparaten und Räumen, aus den Abwässern der Hefereinzucht, aus dem bei der Destillation des Rohsprites anfallenden Lutterwasser, aus dem Kühlwasser sowie aus dem nur bei Kartoffelbrennereien anfallenden Kartoffel-Waschwasser. Die Behandlung von Abwässern, die keine Schlempe enthalten, ist stark von örtlichen Bedingungen und Bestimmungen abhängig; im allgemeinen reicht jedoch die Abscheidung fester Teilchen im Absetzbecken o. ä. vor dem Ablassen in Kloaken oder Gewässer durchaus aus.

Der Hauptabfall der Melassebrennereien, die Melasseschlempe, ist als solche für Viehfutter nicht verwendbar. Sie kann auch nicht unbehandelt in die Gewässer abgelassen werden. Die Behandlung muß in einer biologischen Kläranlage vorgenommen werden oder es muß, wie dies in einigen Fällen schon geschehen ist, zur Trocknung Zuflucht genommen werden. Aus getrockneter Melasseschlempe wurde früher Schlempekohle, Potasche, Cyanidverbindungen und andere Chemikalien sogar in industriellem Maßstabe hergestellt. Sie wurde in gewissem Maße auch als Rohstoff für Futterhefe herangezogen.

Die Sulfitspritherstellung steht in engem Zusammenhang mit den bei der Herstellung von Sulfitcellulose auftretenden Abwasserproblemen, die man in neuerer Zeit in vermehrtem Maße durch Eindampfen der Ablauge zu lösen trachtet. Die eingedampfte Ablauge wird als Brennstoff verfeuert.

# C. Spirituosen

## Begriff, Herstellung, Eigenschaften

Unter den Begriff Spirituosen fallen im allgemeinen solche alkoholische Getränke, deren Alkohol auf dem Gärungswege aus zuckerhaltigen Ausgangsstoffen oder aus Polysacchariden, die in Zucker umgewandelt worden sind, entstanden ist und der durch Destillation von der Gärlösung getrennt worden ist. Zu dieser Getränkegruppe werden alle jene alkoholhaltigen Getränke gezählt, die nicht als Weine und Biere betrachtet werden können.

Bei der Spirituosenherstellung werden in bezug auf die Destillation des Alkohols zwei verschiedene Verfahren angewandt. Beim einen wird im Zusammenhang mit der Destillation danach gestrebt, die aus den Rohstoffen stammenden und im Verlaufe der Gärung entstehenden charakteristischen Substanzen im Alkohol zu belassen. Die Menge der von der Seite des Alkohols aus als Verunreinigungen zu klassierenden Substanzen ist im Vergleich zu derjenigen des Alkohols recht gering, doch wirken sie entweder als solche oder als Resultat der im Verlaufe der Getränkeherstellung und Reifung vor sich gehenden Reaktionen in vorteilhafter Weise auf die Qualität des Endproduktes ein und bringen die erstrebten typischen Eigenschaften des Produktes hervor. Beim andern Verfahren kommt dem Anteil der Rohstoffe bei der Alkoholherstellung auf die typischen Eigenschaften des

Produktes keine wesentliche Bedeutung zu, sondern man ist bestrebt den Alkohol möglichst rein und seinen organoleptischen Eigenschaften nach neutral zu destillieren. Die Eigenschaften des Endproduktes werden dabei durch die neben dem Alkohol noch zusätzlich verarbeiteten Rohstoffe bestimmt.

Entsprechend dem oben gesagten können die Spirituosen aufgrund der Herstellungsverfahren und der Produktezusammensetzung in folgende Gruppen unterteilt werden:

    I. Branntweine
       1. Brennereierzeugnisse
       2. Branntweine auf Spritgrundlage

    II. Liköre

Von den Branntweinen werden auf die zuerst erwähnte Weise die Wein- und die meisten der Getreidebrandprodukte, Rum, Arrak, Früchte- und Beerenbranntweine, Genever sowie einige andere Spezialitätenbranntweine hergestellt. Auf Spritgrundlage werden Wodka und andere Branntweine ähnlichen Typs, diverse aromatisierte Branntweine sowie Aperitifs und Bitter fabriziert. Die Liköre könnten aufgrund ihres Herstellungsverfahrens eigentlich der zweiten Gruppe zugerechnet werden, sie unterscheiden sich jedoch durch ihren für sie charakteristischen hohen Zuckergehalt in solchem Maße von dieser, daß aller Grund besteht, sie in einer eigenen Gruppe einzuordnen.

In der Gesetzgebung der verschiedenen Staaten sind genaue Bestimmungen über die Herstellungsverfahren für bestimmte Getränkegruppen, über Qualitätsanforderungen und über die Benennungen enthalten. Am meisten in Einzelheiten gehend sind diese Bestimmungen in der Regel in solchen Staaten, die traditionsgemäß bedeutende Produzenten von Wein sind und in deren Volkswirtschaft dem Wein und alkoholischen Produkten allgemein eine besondere Bedeutung zukommt.

Nach den „Begriffsbestimmungen für Spirituosen" (Begr. Best.), Artikel 1 (1)[1] sind Spirituosen zum menschlichen Genuß bestimmte Getränke, in denen aus vergorenen, zuckerhaltigen Stoffen oder in Zucker verwandelten und vergorenen Stoffen durch Brennverfahren gewonnener Alkohol als wertbestimmender Anteil enthalten ist.

Spirituosen sind Trinkbranntweine im Sinne des Branntwein-Monopol-Gesetzes.

# I. Branntweine

## 1. Brennereierzeugnisse

### a) Cognac

Cognac ist die vom französischen Gesetz geschützte Bezeichnung für jene wertvollen und geschätzten Weindestillate, die innerhalb eines begrenzten Gebietes, zur Hauptsache in den Departments Charente und Charente-Maritime, hergestellt werden. Nach hergebrachter internationaler Praxis wird diese Herkunftsbezeichnung in den meisten Ländern akzeptiert. Die andernorts nach entsprechenden Verfahren aus Wein hergestellten Produkte werden als Brandy oder Weinbrand bezeichnet.

Die Verwendung der Originalbezeichnung Cognac wird außerordentlich genau von dem dem Finanzministerium unterstehenden Bureau National Interprofessional du Cognac überwacht. Nach den Verordnungen müssen die Trauben in diesem bestimmten Gebiet gewachsen

---

[1] Begriffsbestimmungen für Spirituosen in der Fassung vom 10. November 1956. In: Spirituosen-Jahrbuch 1963, S. 345. Versuchs- und Lehranstalt für Spiritusfabrikation in Berlin.

sein, der Wein muß innerhalb desselben Gebietes destilliert und das Destillat auch dort gereift werden. Das erlaubte Gebiet umfaßt die Kalkböden, die Lehmkalkböden und die Sandböden der Departemente Charente und Charente-Maritime mit Ausnahme der Sanddünen der Küste, der Inseln und der zum Gebirge gehörenden kieselhaltigen Böden.

Das Produktionsgebiet, dessen Anbaufläche 67500 ha (L. GENEVOIS 1964) beträgt, verteilt sich auf sieben verschiedene Gebiete, deren Reihenfolge nach der Qualität ihrer Produkte und deren Handelswert wie folgt dargestellt wird:

1. *La Grande Champagne*, umfaßt die Umgebung der Städte Segonzac und Cognac. Dazu gehören 28 Gemeinden.

2. *La Petite Champagne*, dieses Gebiet ist rund um dasjenige der Grande Champagne, insbesondere auf dessen Südseite gelegen und umfaßt 57 Gemeinden. Die Bezeichnung *Fine Champagne* bezeichnet ein Gemisch der Produkte der Grande Champagne und der Petites Champagnes, es enthält jedoch mindestens 50% Produkte des Gebietes der Grande Champagne.

3. *Les Borderies* liegt nordwestlich der Stadt Cognac. Seiner Fläche nach ist es das kleinste dieser Gebiete und ihm gehören 10 Gemeinden an.

4. *Les Fins Bois.*

5. *Les Bons Bois.*

6. *Les Bois ordinaires* et *les Bois à terroir.*

Von den beiden erstgenannten Gebieten werden die besten und im großen und ganzen als gleichwertig beurteilten Produkte erhalten. Der aus dem Gebiet der Borderies stammende Cognac ist wegen seines eigenständigen Aromas bekannt. Dieser reift relativ rasch und die Weichheit ist sein charakteristisches Merkmal. Die Produkte der vier übrigen Gebiete werden ihrem Typ nach als einfacher gehalten, während ein öfters anzutreffender erdiger Geschmack ihnen das Gepräge verleiht.

In den Kulturen, die Wein zur weiteren Destillation zu Cognac hervorbringen, sind nur bestimmte, genau vorgeschriebene Traubensorten zulässig. Heutzutage werden am meisten die vollaromigen weißen Sorten Folle Blanche, Colombard und St. Emilion angebaut. Die Merkmale dieser Traubensorten sind ihre Ergiebigkeit und ihre relativ späte Reife. Die Erntezeit fällt in die Monate September—Oktober.

Die zum Zerquetschen und Pressen der Trauben gebräuchlichen Geräte sind vom einfachen traditionellen Typ. Die Verwendung kontinuierlich arbeitender Schneckenpressen ist gänzlich untersagt. Der tiefere Grund des Verbotes liegt darin, daß man die mögliche Veränderung der Qualität durch zu effektives Pressen verhindern will. Den Preßsaft überläßt man der relativ raschen Gärung in Gärbottichen aus Beton, deren Innenflächen mit Glasplatten überzogen sind. Schon aus rein wirtschaftlichen Gründen wird die Gärung natürlich zu Ende geführt, weil evtl. zurückbleibender Zucker zusammen mit der Schlempe verlorengehen würde. Auf die Gärung folgt eine kurze Lagerung, deren Dauer normal 3—6 Wochen beträgt und die auf die Qualität des Endproduktes infolge der während dieser Zeit gebildeten Aromafaktoren Einfluß ausübt.

Nach den Vorschriften hat die Destillation in den aus Kupfer gefertigten Cognac-Destillationsapparaten (l'alambic Charentais, Abb. 25) zu geschehen. An den alten Formen der Destillationsapparate wird festgehalten und auch deren Größe ist immer noch die gleiche wie schon seit Jahrhunderten. Die Füllung der Blase schwankt zwischen einigen hundert Litern bis zu tausend Litern und macht etwa 70% des Gesamtvolumens aus. Die Destillationsblase von ovaler oder Birnenform, die direkt auf die Feuerstelle aufgebaut ist,

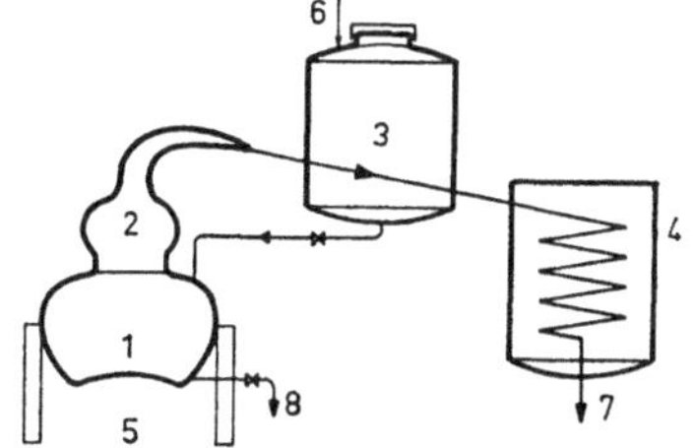

Abb. 25. Schema des Destillationsgerätes l'alambic Charentais.

1 Brennblase, 2 Helm, 3 Vorwärmer, 4 Kühler, 5 Heizofen, 6 Zulauf des Brennweines, 7 Ablauf des Destillates, 8 Ablauf des Destillationsrückstandes

wird durch Holz- oder Kohlenfeuer erhitzt. Die als Folge der sorgfältig geführten gleichmäßigen Erhitzung entweichenden alkoholhaltigen Dämpfe steigen in den der Blase aufgesetzten recht kleinen Helm auf, wo eine mäßige Dephlegmatisierung eintritt. Der Helm ist von zwiebelförmiger Gestalt und von ihm aus führt ein schwach gebogenes Steigrohr zum Vorwärmer, in dem der

der Blase zuzuführende Wein vorgewärmt wird. Das im Vorwärmer gebildete Kondensat läßt man nicht in die Blase zurückfließen, sondern es wird zusammen mit den nicht kondensierten Dämpfen durch eine Kühlschlange geschickt, wo die vollständige Kondensation eintritt und das Destillat gekühlt wird.

Die eigentliche Destillation wird in diesen einfachen Apparaten zweimal vorgenommen. Der zur Destillation kommende Wein enthält noch Hefe. Der Wein wird nicht filtriert und auch sonst nicht so behandelt, wie der zu Trinkzwecken verarbeitete Wein ausnahmslos behandelt wird. Ein Teil der zu den charakteristischen Eigenschaften des Cognacs gehörenden flüchtigen Aromasubstanzen hat seinen Ursprung gerade in dieser Weinhefe. Die erste Destillation ergibt das Rohdestillat (brouillis), dessen Alkoholgehalt zwischen 20 und 30 Vol.-% liegt. Dieses erste Destillat enthält die gesamte Alkoholmenge des Weines und sein Volumen beträgt ca. einen Drittel der zur Destillation genommenen Weinmenge. Mit drei vereinigten brouillis-Portionen wird dann die zweite Destillation vorgenommen (la bonne chauffe), anläßlich der bereits in Fraktionen getrennt wird. Der aldehydhaltige Vorlauf wird als la tête bezeichnet, die wertvolle Hauptfraktion, aus der dann im Verlaufe der Lagerung der Cognac entsteht, trägt den Namen le coeur, während der fuselhaltige Nachlauf mit la queue bezeichnet wird. Der Vorlauf wird zusammen mit der nächsten Weincharge zu einem gemeinsamen brouillis destilliert. Auf gleiche Weise wird auch mit dem Nachlauf verfahren.

Die Hauptfraktion, le coeur, wird in einer Stärke von 70—75 Vol.-% abgenommen. Das im Verlaufe der Destillation nach dem Vorlauf vorzunehmende Umschalten auf die Hauptfraktion und nach deren Abnahme wiederum auf den Nachlauf ist eine sehr wichtige, Erfahrung und Handfertigkeit verlangende Verrichtung. Frisch dest. Cognac ist farblos und von unangenehmem Geruch, jedoch erst die dem Destillieren folgende Reifung gibt ihm seine außerordentlichen Eigenschaften, das besondere Aroma und das feine Bukett. Das frische Cognacdestillat wird unmittelbar nach der Destillation in verhältnismäßig dünnwandige Fässer (barriques) umgefüllt. Diese sind aus schwerer Limousin-Eiche hergestellt und mit Sorgfalt vorbehandelt; in solchen neuen Fässern wird das Destillat nur während einer verhältnismäßig kurzen Zeit gelagert um zu verhindern, daß es nicht zuviele Stoffe aus dem Holz extrahiert. Nach dieser kurzen Reifung in neuen Fässern wird der Cognac zur endgültigen Reifung in gebrauchte Fässer umgefüllt. Während seiner Reifung extrahiert er aus dem Faßholz Gerbsäuren, Farbstoffe und auch aromagebende Substanzen. Gleichzeitig entstehen infolge chemischer Reaktionen verschiedenartige Geschmacks- und Geruchsstoffe. Die Verdunstung bewirkt während der Reifungszeit ziemliche Alkoholverluste. In den ersten Jahren können sie eine Abnahme des Alkoholgehaltes um 4—5 Vol.-% bedeuten, werden aber danach stufenweise geringer.

Die aus den gereiften Destillaten hergestellten Mischungen werden mit Wasser auf die Trinkstärke (ca. 40 Vol.-%) verdünnt. Zur Abrundung des Geschmackes des Cognacs können kleine Zuckerzusätze gemacht werden und zur Egalisierung der Farbe des endgültigen Handelsproduktes ist die Verwendung von Zuckercouleur gestattet. Die meisten Cognac-Abfüllbetriebe stabilisieren das Getränk vor dem Abziehen in Flaschen durch Kaltbehandlung und darauffolgende Filtration.

Das Bureau National Interprofessional du Cognac (BNICo) erteilt den gelagerten Destillaten Alterszeugnisse von 0—5 (Compte 0—5, deutsch Konto 0—5). Während der laufenden Destillationsperiode, die vom 1. September bis zum 31. August des folgenden Jahres dauert, gehört das Destillat dem Compte 0 (Konto 0) an. Am 1. September, vorausgesetzt daß das Destillat vor Ende Mai destilliert worden ist, wird es in das Compte 1 und am 1. September des folgenden Jahres in das Compte 2 usw. 3, 4 und 5 versetzt. Der dem Compte 0 zugehörige Branntwein darf in Frankreich nicht als Cognac bezeichnet werden. Die Verwendung von Bezeichnungen, die eine bestimmte Qualität mitteilen, setzt voraus, daß das Produkt aus Destillaten mit einem gewissen minimalen Alterszeugnis herstammt. Am 1. Januar 1954 sind in Frankreich Bestimmungen über die Altersstufungen des Cognacs in Kraft gesetzt worden:

Ein unter einer anderen Bezeichnung an den Verbraucher gelieferter Branntwein, wie „Dreistern", „Cognac", „Cognac Authentique" oder einem anderen vom Bureau National genehmigten Namen, darf keinem Bestandsverzeichnis entnommen sein, das geringeren Klassen als 4 oder 5 angehört, je nach den folgenden Bestimmungen.

### Art. 1

Die Bestimmungen „V. O." (very old), „V. S. O. P." (very superior old pale) „Reserve"
u. ähnl. dürfen nur solchen Branntweinen gegeben werden, die wenigstens aus dem Bestandsverzeichnis 4 stammen.

Die Bezeichnung „Extra", „Napoleon", „Vieille Réserve" u. ähnl. dürfen nur für Branntweine verwendet werden, die aus dem Bestandsverzeichnis 5 stammen. Die Bezeichnung für
andere Qualitäten, als die in den verschiedenen Absätzen genannten müssen vorher dem
Bureau National gemäß Art. 11 des interministeriellen Erlasses vom 20. Februar 1946 zur
Genehmigung vorgelegt werden.

### Art. 2

Die Bezeichnung, unter der Cognac geliefert wird, muß unbedingt auf den Verkaufsbelegen
und anderen Dokumenten des Bureau National angegeben werden.

### Art. 3

Die Nichtbeachtung obiger Vorschriften hat die Anwendung der in den Bestimmungen
über die Organisation des Verkaufes von Wein und Branntwein aus Cognac vorgesehenen
Zwangsmaßnahmen zur Folge.

## b) Armagnac

Von den übrigen französischen Weinbränden erreicht einzig der Armagnac
annähernd das gleiche Qualitätsniveau wie der Cognac. Die Geschichte des Armagnacs reicht weiter zurück als diejenige des Cognacs und seine Herstellung wird durch
die gleichen Bestimmungen des französischen Gesetzes geregelt, welche schon für
den Cognac zuständig sind. Seine in Süd-Frankreich gelegenen Weinbaugebiete
bilden die in den drei Departmenten Gers, Lot und Garonne liegenden Anbaugebiete *Bas-Armagnac,* deren Produkte sich durch ein recht kräftiges Aroma und
durch ihre Weichheit auszeichnen, *Ténarèze,* dessen Produkte von eher schwächerer Beschaffenheit sind und *Haut-Armagnac,* dessen mittelmäßige Weindestillate
nur in Ausnahmefällen zur Herstellung von Armagnac herangezogen werden. Die
hauptsächlichsten Traubensorten, die zur Anwendung kommen, sind auch hier
die Folle Blanche, Colombard, und dazu noch Jurangon und Meslier.

Die zur Destillation des Armagnacs gebrauchten Destillationsapparate (l'alambic d'Armagnac, Abb. 26) unterscheiden
sich insofern von denjenigen, die für die Destillation des Cognacs
(l'alambic Charentais) verwendet werden, als es sich um kontinuierlich arbeitende, mit 6—8 Glockenböden versehene kupferne
und des öfteren bewegliche Apparate handelt. Der Kühler dient
gleichzeitig als Vorwärmer für den Wein und ein ständiges Abziehen der Destillationsrückstände ist möglich. Aus dem zu destillierenden Wein wird vorher die Hefe entfernt und die Destillation wird so geführt, daß die gewünschte Stärke mit einmaliger Destillation erreicht wird. Das Weindestillat wird in
einer Stärke von 52—63 Vol.-% abgenommen und es stellt — wie
auch das Cognacdestillat — eine farblose Flüssigkeit von eigenartigem Geruch dar. Nach dem Gesetz ist die Destillationszeit
auf die zwischen dem Oktober und März liegenden Monate beschränkt. Die Reifung erfolgt in ihren Hauptzügen auf gleiche
Weise wie diejenige des Cognacs.

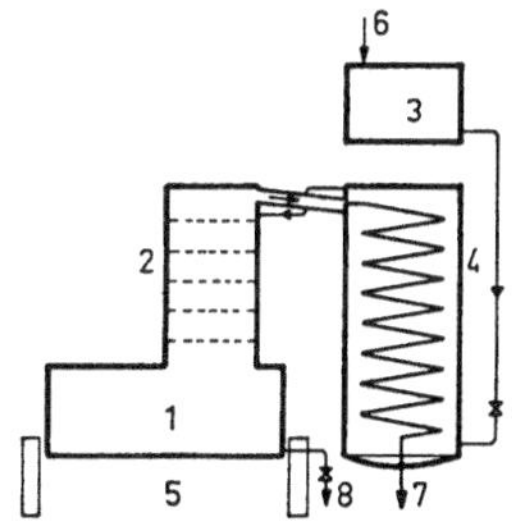

Abb. 26. Schema des Destillationsgerätes l'alambic d'Armagnac.

1 Brennblase, 2 Verstärkungssäule mit Glockenböden, 3 Zulaufbehälter, 4 Kühler und
Weinvorwärmer, 5 Heizofen,
6 Zulauf des Brennweines, 7 Ablauf des Destillates, 8 Ablauf
des Destillationsrückstandes

Das Aroma des Armagnacs weicht von demjenigen
des Cognacs einigermaßen ab — es ist nicht so „seifig",
trotzdem jedoch vollestrig und aromatisch sowie fruchtig
und Armagnac erreicht denn auch bei langdauernder
Reifung eine bemerkenswerte Feinheit seines Aromas. Die Produktion von Armagnac, sein Export und der Verbrauch in Frankreich sind von wesentlich bescheidenerem Ausmaß als beim Cognac. In den letzten Jahren wurden im Mittel 7000 hl
Armagnac exportiert (L. GENEVOIS 1964).

## c) Weinbrand

In allen weinproduzierenden Ländern der Erde werden bestimmte Weine zu Weindestillaten destilliert und zu Weinbränden gereift. Es werden dabei die gleichen Grundsätze und Methoden wie bei der Herstellung von Cognac und Armagnac angewandt. Man kann jedoch sagen, daß die angewandten Produktions- und Destillationsverfahren technisch weiter entwickelt sind und anstelle der überragenden Bedeutung einer gleichbleibenden Qualität wird mehr nach einer wirtschaftlichen Optimierung im Rahmen gegebener Qualitätsgrenzen gestrebt, während man gleichzeitig versucht, die Technik des Verfahrens leichter und exakter beherrschbar zu machen.

Begr. Best. Art. 11 (1)[1] Branntweine sind extraktfreie oder extraktarme Spirituosen mit oder ohne Geschmackszutaten. (2) Der Alkoholgehalt muß mindestens 32 Raumhundertteile betragen.

Begr. Best. Art. 12 (1)[1] Branntwein, dessen Alkohol ausschließlich aus Wein gewonnen und der nach Art des Cognacs hergestellt ist, darf als Weinbrand bezeichnet werden. Branntwein, der neben Weinbrand Alkohol anderer Art enthält, darf als Weinbrandverschnitt bezeichnet werden, wenn mindestens ein Zehntel des Alkohols aus Weinbrand stammt. Andere Getränke und Grundstoffe zu Getränken dürfen nicht als Weinbrand oder mit einer das Wort Weinbrand enthaltenden Wortbildung bezeichnet werden, auch darf das Wort Weinbrand kein Bestandteil anderer Angaben der Flaschenaufschrift sein; auf Eierweinbrand findet dieses Verbot keine Anwendung.

In Deutschland beruht die Herstellung von Weinbrand beinahe ausschließlich auf ausländischen Destillierweinen. Die eigenen Weine Deutschlands sind viel zu wertvolle Trinkweine, als daß man sie destillieren würde, zudem eignen sie sich ihrer Eigenschaften wegen nicht zur Destillation. Ihre vorzüglichen Eigenschaften können in ihren Destillaten nicht wiedergefunden werden. Zur Destillation bestimmte Weine sind zollbegünstigt und es wird gestattet, daß sie mit Weindestillaten aufgespritet mit maximal 20 g reinem Alkohol in 100 ml, entsprechend etwa 25 Vol.-%, eingeführt werden. Die zur Herstellung von Weinbrand bestimmten Brennweine werden zur Hauptsache aus Frankreich, aus den Gegenden der Charente und des Midi, eingeführt. Bedeutende Mengen kommen jedoch auch aus anderen Ländern wie Italien, Spanien, Jugoslawien, Griechenland und Ungarn.

Die Destillation geschieht z. T. nach Art der Charente in einfachen Blasen-Apparaten, die jedoch beinahe ausschließlich indirekt mit Dampf beheizt werden (vgl. Abb. 17 A und B, S. 528). In Abhängigkeit von den Eigenschaften der zu destillierenden Weine werden wechselnde Mengen an Vorlauf abgetrennt und danach das Hauptdestillat (Rauhbrand) aufgefangen. Das Destillat weist einen Alkoholgehalt von ca. 80 Vol.-% auf. Man ist bestrebt, bei der ersten Destillation allen Alkohol aufzufangen. Die Menge des Nachlaufes ist großen Schwankungen unterworfen; in einigen Fällen wird bei der Herstellung des Rauhbrands auf die Abtrennung von Vor- und Nachlauf gänzlich verzichtet, auf alle Fälle werden diese immer wieder der folgenden Rauhbrand-Destillation zugesetzt. Gegenwärtig wird in zunehmendem Maße zur Verwendung kontinuierlicher Destillationsapparate, in denen direkt durch Rektifizieren der gewünschte Rauhbrand erhalten wird, übergegangen. Nach dem Gesetz ist der höchste erlaubte Alkoholgehalt von Weindestillat 86 Vol.-%. Mit dieser Bestimmung wird danach gestrebt, daß die aus dem zu destillierenden Wein herstammenden Aromafaktoren auch im Destillat erhalten bleiben. Dieser Forderung muß sowohl bei der Konstruktion der Rektifikationsapparate als auch bei der anzuwendenden Destillationsart Rechnung getragen werden. Die zweite Destillation, der Feinbrand, wird jedoch auch heutzutage noch allgemein in absatzweise arbeitenden Destillationsapparaten, die aus Kupfer gefertigt und von traditioneller Form sind, vorgenommen. Abweichend vom früheren Brauch werden heutzutage auch diese indirekt mit Dampf beheizt.

Bei der Herstellung eines guten Weinbrandes sind neben einem geglückten Feinbrand und der darauffolgenden Mischung verschiedener Feinbrände die unmittelbar darauffolgende Reifung von außerordentlicher Bedeutung. Das deutsche Gesetz verlangt für Weinbrand eine mindestens halbjährige Reifung in Holzfässern, bevor er als Getränk fertiggestellt wird.

---

[1] Vgl. Fußnote S. 538.

Weindestillate werden in relativ kleinen Eichenfässern gelagert, deren Wirkung auf dem Übergehen von aus dem Holz ausgelaugten Stoffen in das Destillat und der sich unter dem Einfluß des Luftsauerstoffs und der Oberflächenaktivität des Holzes abspielenden chemischen Reaktionen beruht. Im Verlaufe der Lagerung werden kleinere Chargen in passendem Verhältnis vereinigt und die Reifung wird so in größeren Lagerungseinheiten fortgesetzt. Dieses Egalisieren wird während der Reifung mehrere Male wiederholt und zuletzt wird das endgültige Produkt durch Mischen sorgfältig gewählter Reifungspartien erhalten. Zur Klärung des endgültigen Produktes können verschiedenartige Schönungen herangezogen werden. Erlaubt sind Hausenblase, Gelatine, Eier-Eiweiß und Casein. Verbunden mit der Anwendung all dieser Schönungsmittel ist selbstverständlich die Filtrierung, die heutzutage meistens mit Schichtenfiltern unter Anwendung von Cellulose-Asbestschichten geschieht.

Das Gesetz erlaubt bei der Herstellung von Weinbrand die Verwendung speziell beschriebener Typage-Stoffe. Als solche werden verwendet: Auszüge von Eichenholz oder Eichenspänen, Pflaumen-Extrakte, Extrakte grüner Walnüsse oder Extrakte von Walnußschalen und Auszüge von getrockneten und gerösteten Mandelschalen. Das Extrahieren dieser Typage-Ausgangsstoffe wird mit Weindestillat auf kaltem Wege vorgenommen. Zusätzlich zu den Typage-Stoffen können auch kleine Mengen Zucker, bis zu einer Totalmenge von 2 g/100 ml, und Zuckercouleur sowie Dessertwein maximal 1 g/100 ml verarbeitet werden.

Obwohl Weinbrand überall dort hergestellt wird wo Reben gezüchtet werden, ist festzustellen, daß für den internationalen Handel nur die Produkte einiger weniger Gegenden von größerer Bedeutung sind. In Spanien wurde früher Weindestillat insbesondere zur Verwendung bei der Herstellung von Sherry und anderer aufgespriteter Weine produziert. Während dem zweiten Weltkrieg wurde die Beschaffung von Cognac verunmöglicht und aus diesem Grunde erreichte der Export spanischen Brandys bedeutende Ausmaße. Der Großteil spanischen Brandys wird in kontinuierlich arbeitenden Rektifizierapparaten erzeugt und deshalb ist das Destillat denn auch von deutlich leichterem Typ. Bei der Herstellung von Brandy wird als Typage-Stoff Sherry gebraucht. Als typische Eigenschaft spanischen Brandys kann sein Erdgeschmack gehalten werden. Portugal stellt Brandy aus den gleichen Gründen wie Spanien her. Portugiesischer Brandy wird aus Weinen des Douro-Gebietes destilliert und wird meistens zur Aufspritung des Portweines verwendet. Ausgehend von den Typage-Stoffen ist sein typischer Geschmack am ehesten portweinmäßig. Der süd-afrikanische Kap-Brandy, der zur Hauptsache in einfachen absatzweise arbeitenden Destillationsapparaten erzeugt wird, ist seinem Typ nach etwas leichter als spanischer oder portugiesischer Brandy. Sein Export hat nach dem zweiten Weltkrieg bedeutend zugenommen. Griechischer Brandy wird aus den verschiedensten Süßweinen hergestellt und wird entweder in absatzweise arbeitenden Destillationsapparaten oder kontinuierlichen Kolonnen destilliert. Schon während der Destillation werden oft verschiedenartige Typage-Stoffe zugesetzt und für das fertige Produkt ist die starke, durch Zuckercouleur zustande gebrachte Färbung typisch. USA-Brandy wird hauptsächlich in Kalifornien produziert und eigenartigerweise aus solchen Weinen, die zum direkten Genuß nicht tauglich sind. Die Produkte sind in der Regel von minderem Wert und der größte Teil des Brandys wird denn auch zu hochprozentigem Alkohol für Verschnittzwecke destilliert.

### d) Cognac- und Weinbrandverschnitt

Aus Cognac und Weinbrand werden üblicherweise auch verschnittene Getränke hergestellt. Als Aromaspender dienen Cognacs oder Brandys von starkem Aroma. Diese werden entweder mit Weindestillat oder erstklassigem Neutralalkohol verschnitten und darauf mit Wasser auf Trinkstärke verdünnt, wobei in diesem Zusammenhang noch eventuelle Typage-Stoffe beigegeben werden können und das Produkt mittels Zuckercouleur auf die gewünschte Farbstärke gebracht wird.

Nach allgemeiner Anschauung muß der zu diesen Getränken verarbeitete Cognac oder Brandy als solcher von guter Qualität sein und er muß in einer solchen Menge beigegeben werden, daß wenigstens 10% der gesamten Alkoholmenge des Getränkes aus dem verwendeten Cognac oder Brandy stammen. Bei der Herstellung verschnittener Cognacs und Brandys ist auch der Qualität des verwendeten Wassers besondere Beachtung zu schenken und es ist nach Möglichkeit weiches Wasser oder enthärtetes Wasser zwecks Vermeidung einer Nachfällung zu verwenden.

In der Gesetzgebung der meisten Staaten finden sich eingehende Vorschriften über Herstellung von Cognac- und Brandyverschnitten und über die Anforderungen an deren Zusammensetzung (Begr.Best. Art. 14)[1].

### e) Weintresterbranntweine

Weintresterbranntweine werden in der Regel in allen jenen Ländern hergestellt, in denen Cognac oder Brandy produziert wird. In Frankreich trägt das entsprechende Produkt die Bezeichnung Eau de Vie de Marc, in Italien und Kalifornien wird das entsprechende Produkt als Grappa bezeichnet. Bei der Tresterbranntweinherstellung überläßt man den Preßrückstand des Weines, den in den Schalen, Kernen und Dolden enthaltenen Zucker, der Gärung und der so entstandene Alkohol wird durch Destillation aus dem vergorenen Trester als solchem oder dann aus dem davon abgepreßten Saft entfernt. Das erhaltene Tresterdestillat wird derart gelagert, daß aus dem Holz keine Farbe aufgenommen wird, worauf es etwa 50 Vol.-%ig in den Handel gelangt. Sein Geschmack erinnert stark an frisches Weindestillat, doch dringt infolge der Anwesenheit des Tresters bei der Gärung und oft auch bei der Destillation ein eindeutiger kerniger Ton durch. Der Nachgeschmack des Getränkes ist fuselig. Tresterbranntweine enthalten in bedeutender Menge Methanol.

### f) Rum

Rum stellt ein alkoholisches Getränk dar, das auf dem Wege der Gärung durch Destillation aus Zuckerrohrsaft, Rohrzuckersirup oder aus anderen Nebenprodukten der Rohrzuckerherstellung erhalten wird. Im Verlaufe der Herstellung beträgt die Stärke des erhaltenen Rohdestillates in der Regel wenigstens 80 Vol.-% während der Rum nach erfolgter Reifung und dem Mischen verschiedener Partien auf seine Trinkstärke, die gewöhnlich 40 Vol.-% beträgt, verdünnt wird. Rum wird überall dort hergestellt, wo Zuckerrohr angepflanzt wird, vor allem in West-Indien. Die Rumherstellung scheint denn auch erstmalig vor ca. 300 Jahren gerade in Kuba praktiziert worden zu sein.

Begr. Best. Art. 17 (1)[1] Rum (Übersee-Rum) ist ein Erzeugnis, das im wesentlichen hergestellt ist aus Zuckerrohr, Zuckerrohrmelasse oder aus sonstigen Rückständen der Rohrzuckerfabrikation.

Es werden drei Haupttypen des Rums unterschieden: die recht leichten Rums vom Brandy-Typ, von denen als Beispiel der kubanische Rum erwähnt sei, die vollmundigen Rums von intensivem Aroma wie z. B. Jamaika-Rum und der dunkle, starke Martinique-Rum. Es sei dazu jedoch bemerkt, daß sich die Rums voneinander möglicherweise stärker als alle anderen alkoholischen Getränke unterscheiden und so hat jede Ortschaft, in der die Rumfabrikation betrieben wird, ihren eigenen Typ. Als leichte Rums werden z. B. Kuba-, Puerto-Rico-, Haïti- und Santo Domingo-Rum gehalten. Von schwererem Typ sind die Rums aus Jamaika, Trinidad, Martinique und der Demerara-Rum von British-Guayana, Barbados, New England und von den Virgin Islands. Jedes der Herstellungsgebiete hat

---

[1] Vgl. Fußnote S. 538.

jedoch seine eigenen Spezialitäten, die ihrem Typ nach von dem abweichen können, was man als Haupttyp zu halten gewohnt ist. Als Rohstoffe kommen reiner Rohrzuckersirup und frischer Preßsaft, entweder für sich oder mit Melasse gemischt, in Betracht. Auch der beim Eindampfen der Zuckerlösung abgeschöpfte Schaum (skimmings) wird zur Rumherstellung verwendet. Dieser Schaum besteht zum großen Teil aus geronnenen Eiweißstoffen und bildet somit eine vorzügliche Mikrobennahrung. Bei Mitverwendung der Preßrückstände und zuckerhaltiger Abfälle werden minderwertige Rumsorten erhalten, die vielfach von brenzligem und saurem Geruch und Geschmack sind und zur Hauptsache in den Produktionsgebieten verbraucht werden. Der Zusatz von Schlempe (dunder), dem Rückstand früherer Destillationen, bildet mancherorts, besonders bei der Herstellung hocharomatischer Rumsorten, einen wesentlichen Teil der Rumherstellung.

Der alte Dunder bleibt oft mehrere Tage in offenen Gruben liegen und wird durch Schimmelpilze, Kahmhefen und Bakterien weitgehend verändert. Sein Gesamtsäuregehalt kann mehr als 30 g/l erreichen und durch seinen hohen Gehalt insbesondere an flüchtigen Säuren erhöht er erfahrungsgemäß das Aroma des Rums. Die Verteilung der einzelnen Anteile in der Maische wechselt stark. Man verdünnt die zuckerhaltigen Lösungen auf etwa 8—10° Be und überläßt die Maische der freiwilligen Gärung, die in der Regel rasch eintritt und in 6—14 Tagen beendet ist. Die Gärtemperatur darf 36° C nicht überschreiten, weil sonst durch das Überhandnehmen der Essig- und Buttersäurebakterien die Tätigkeit der Hefe aufhört. Die Nebengärungen gehen zwar zu Lasten der Alkoholausbeute, aber es werden durch sie verschiedene Säuren gebildet, so daß die Aromabildung begünstigt wird, weil die Säuren sich bei der folgenden Lagerung zu Estern umsetzen können. Bei Demerara-Rum soll ein Zusatz von Schwefelsäure zur Maische zur Fernhaltung gärungsstörender Organismen sowie von Ammoniumsulfat als Hefenahrung erfolgen.

Das Brennen erfolgt meist in einfachen Blasenapparaten, die sich jedoch konstruktiv erheblich von den für die Herstellung von Weinbrand gebrauchten unterscheiden.

Bei der Rumdestillation werden Blasen großen Volumens, das einige tausend Liter betragen kann, verwendet und ihre Beheizung geschieht mit indirektem Dampf (Abb. 27). Ebenfalls zum Apparat gehören zwei ebenso mit indirektem Dampf beheizte Zwischenretorten, die mit dem Nachlauf der vorhergehenden Destillation beschickt werden. Die Vorlaufmenge bei der Rumdestillation ist relativ gering. Das Hauptdestillat wird in einer Stärke von 80—88 Vol.-% erzeugt.

Erst durch längere Lagerung in Eichenholzfässern bildet sich unter dem Einfluß des Luftsauerstoffs und durch Aufnahme von Extraktivstoffen aus dem Holz, insbesondere durch Neubildung von Estern das für Rum charakteristische Aroma, das in seiner Ausgiebigkeit von keinem anderen Branntwein erreicht wird. Die Lagerung dauert mindestens 3 Jahre, aber je länger sie dauert, um so feiner wird der Rum. Es befinden sich Rumsorten im Handel, die eine mehr als 10jährige

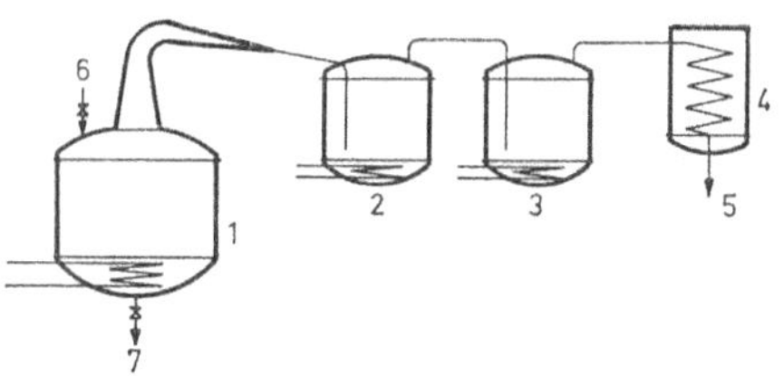

Abb. 27. Schema des absatzweise arbeitenden Destillationsapparates der Rumherstellung.

1 Brennblase, 2 u. 3 Retorten, 4 Kühler, 5 Ablauf des Destillates, 6 Zulauf der Maische, 7 Ablauf der Schlempe

Lagerung hinter sich haben. Die braune Farbe des Rums wird allgemein unter Zuhilfenahme von Zuckercouleur erreicht und sie hat demnach recht selten ihren Ursprung in der Faßreifung.

Die vorstehend beschriebene Fabrikationsart wird hauptsächlich bei der Herstellung vollaromigen Jamaika-Rums angewandt. Bei der Fabrikation von kubanischem Rum dagegen kommen bedeutend strenger überwachte Verfahren zur Anwendung. Zu seiner Herstellung wird als Rohstoff zur Hauptsache Zuckerrohrmelasse verarbeitet, der zusätzlich noch die Schlempe der vorhergehenden Destillation beigegeben wird.

Die Gärung wird durch Zugabe rein kultivierter Hefestämme in Gang gebracht und sehr rasch, innerhalb von 2—3 Tagen zu Ende geführt. Ein Überhandnehmen von Bakterien in der gärenden Maische wird durch Schwefelsäurezugabe unterbunden. Die vergorene Maische wird in kontinuierlichen Kolonnenapparaten auf relativ hohe Alkoholgehalte, über 80 Vol.-%, destilliert. Das Destillat ist von sehr leichtem Typ, so daß aus ihm als Resultat der Reifung ein recht neutraler Rum entsteht. Nach ungefähr 1-jährigem Reifen wird der junge Rum durch Kohlen- und Sandfilter filtriert, wodurch einige auf den Geruch wirkende Faktoren entfernt werden. In dieser Phase werden auch die Typage-Stoffe zugesetzt und danach überläßt man den Rum in großen hölzernen Reifungsbottichen der abschließenden Reifung. In den Handel kommt gewöhnlich eine Mischung alter und junger Rumpartien.

Heutzutage wird der Rum in der Regel in großen, in unmittelbarer Nähe der Zuckerfabriken gelegenen Brennereien produziert. Zusätzlich zu diesen arbeiten noch zahlreiche kleine landwirtschaftliche Brennereien, deren Anzahl jedoch ständig abnimmt. Die Zusammenfassung der Destillation in großen Brennereien hat eine allmähliche Abkehr von den traditionellen Verfahren und Destillationsgerätschaften, mit denen ein vollaromiger und ausgiebiger Rum produziert wurde, zur Folge.

*Verschnittener Rum.* Die Ausgiebigkeit und das kräftige Aroma des Rums haben natürlich zur Folge, daß er in großen Mengen dazu gebraucht wird, verschnittenen Getränken seine typischen Geschmacks- und Geruchseigenschaften zu verleihen. Verschnittene Rums werden aus Rum und Rohrmelassenalkohol oder anderem Neutralalkohol in sämtlichen Rum produzierenden Staaten, wie auch in Staaten die solchen einführen, hergestellt. Die verschnittenen Rums besitzen deutlich die typischen Aromaeigenschaften echten Rums.

## g) Arrak

Arrak ist ein aus Rohrzuckermelasse, Reis und bei einigen Typen auch aus Palmensaft nach Art des Rums hergestellter Branntwein, dessen Aroma die zu seiner Herstellung gebrauchten wilden Mikroorganismen ihren typischen Stempel aufdrücken. Die angestammten Produktionsgebiete für Arrak sind Ost-Indien, Java, Ceylon und Siam (Thailand).

Unter der Bezeichnung Arrak, oder Rak versteht man in China und Ost-Indien alle mittels alkoholischer Gärung hergestellten Getränke, in Ägypten Palmensaft, in der Türkei dest. Getränke im allgemeinen und in Persien Rosinen- und Dattelbranntweine. Der in Europa in den Handel kommende Arrak kommt jedoch gewöhnlicherweise aus Batavia (Djakarta), Java und Ceylon. Der Import geschieht meistens auf dem Weg über Holland.

Begr. Best. Art. 18 (1)[1] Arrak (Übersee-Arrak) ist ein Erzeugnis, hergestellt unter Verwendung von Reis, Zuckerrohrmelasse oder zuckerhaltigen Pflanzensäften.

Zur Herstellung von Batavia-Arrak kommen verschiedene Verfahren zur Anwendung, doch wird zur Hauptsache die Maische aus dem speziell für die Arrak-Herstellung angebauten Keton-Reis angesetzt. Keton-Reis hat einen besonders hohen Eiweißgehalt. Aus dem Reis, der Zuckerrohrmelasse und Wasser wird eine Mischung angesetzt, wobei der Reis erweicht und quillt. Der Maische wird allmählich ein Gemisch von in Gärung befindlichem Palmenwein (Toddy) und Melasse sowie Ragi zugegeben. Ragi sind ca. 3 cm große Kugeln aus einer teigähnlichen Masse von Reis, Reisstroh, Zuckerrohr, Galgant, Knoblauch und anderen Gewürzen und enthalten verschiedene diastaseproduzierende Schimmelpilzstämme und mit diesen in Symbiose lebende Hefen. Aus der Mischung bildet sich unter dem hauptsächlichen Einfluß des Ragi innerhalb 2 Tagen, nachdem sie zu verzuckern und zu gären begonnen hat, das sog. Taipej, dem Wasser zur Erreichung einer geeigneten Konzentration zugegeben wird und das man darauf der Gärung überläßt. Zur gärenden Maische wird noch Melasselösung zugefügt und nach erfolgter Abscheidung fester Bestandteile läßt man die Lösung in großen Gärbottichen zu Ende gären.

Das in Indien und Ceylon übliche Verfahren unterscheidet sich vom vorher beschriebenen:

---

[1] Vgl. Fußnote S. 538.

Keton-Reis wird sorgfältig verlesen und von allen beschädigten Körnern befreit. Dann läßt man ihn zunächst in wenig Wasser quellen und setzt der Masse so lange nach und nach kleine Mengen Wasser zu, als sie zu dessen Aufnahme noch fähig ist. Der Reis beginnt nun auszukeimen und wird zur Verhinderung von Fäulnis durch sehr vorsichtiges Rühren mit Holzspateln gelüftet. Der maximal ausgekeimte Reis wird durch Walzen fein zerquetscht, unter Rühren mit heißem Wasser versetzt und während längerer Zeit bei etwa 60°C gehalten. Infolge der Wirkung der gebildeten Diastase wird die kleisterartige Masse nach und nach dünnflüssig und es entsteht schließlich eine vollständig klare Flüssigkeit, die man zur Entfernung von Spelzen durch ein Sieb gießt. Darauf wird die Flüssigkeit abgekühlt, mit Toddy vermischt und nach erfolgter Gärung destilliert.

In diesem Fall wird die Stärke also durch Reisdiastase verzuckert, während auf Java die Umwandlung der Stärke in gärungsfähigen Zucker durch Schimmelpilze erreicht und zusätzlich noch Zuckerrohrmelasse zugesetzt wird. Es liegt auf der Hand, daß die erhaltenen Produkte geschmacklich erheblich voneinander abweichen. Die primitiven absatzweise arbeitenden Destillationsapparate werden nur noch äußerst selten zur Arrak-Destillation verwendet. Im gleichen Maße, wie bei der Produktion in Verbindung mit den Zuckerfabriken zu immer größeren Einheiten übergegangen wird, nimmt auch die Verwendung kontinuierlicher, mit indirektem Dampf beheizter Kolonnen-Anlagen zu. Der fertige Arrak wird gewöhnlich im Ursprungsland ein halbes Jahr in Fässern aus altem Teakholz, denen er keinen Farbstoff mehr entziehen kann, gelagert, wodurch sein Aroma ganz erheblich verbessert wird.

Beim Arrak werden allgemein zwei Qualitätsklassen unterschieden: der als exportwürdig anerkannte Batavia-Arrak und der minderwertigere Küsten-Arrak, der meistens in primitiven Kleinbrennereien erzeugt wird und der zu seinem Großteil im Ursprungsgebiet verbraucht wird. Ihr Qualitätsunterschied rührt meist von der Verschiedenheit der bei ihrer Herstellung verwendeten Mikrobenassoziationen her. Arrak kommt allgemein in ca. 600 l fassenden Holzfässern, in denen er auch noch im Importland weiter reift, zum Versand. Dem Verwendungszweck nach ist Arrak am ehesten mit dem Rum vergleichbar, von dem er sich jedoch durch sein eigentümliches juteartiges Aroma unterscheidet. Auch seine Ausgiebigkeit ist mit derjenigen von Rum nicht vergleichbar. Ein erheblicher Teil des Arrak findet seine Verwendung in der Süßwarenindustrie und bei der Würzung von Bäckereiprodukten. Insbesondere in Skandinavien dient Arrak zur Herstellung von Schwedenpunsch und auch sonst wird er hauptsächlich zur Fabrikation von Mischgetränken und Likören verwendet.

## h) Kornbranntweine (außer Whisky)

Begr. Best. Art. 19 (1)[1] Unter der Bezeichnung „Kornbranntwein", „Kornbrand" oder „Korn" darf nur ein Branntwein in den Verkehr gebracht werden, der ausschließlich aus Roggen, Weizen, Buchweizen, Hafer oder Gerste hergestellt ist und nicht im Würzeverfahren gewonnen ist (§ 101 Br. Mon. Ges.) und der die kennzeichnenden Eigenschaften eines aus Korn gewonnenen Branntweins aufweist. Diese dürfen durch die allein zulässige Färbung mit Zuckercouleur nicht beeinträchtigt werden. (4) Der Alkoholgehalt muß mindestens 32 Raumhundertteile betragen.

Zur Herstellung von Kornbranntwein werden die stärkehaltigen Rohstoffe Roggen, Weizen, Buchweizen, Hafer oder Gerste nach gründlicher Reinigung zunächst fein geschrotet und durch Stehenlassen mit kaltem Wasser angeteigt. Dem Wasser wird eine bestimmte Menge Schwefelsäure zugesetzt, wodurch ein gewisser Schutz gegen Infektionen erreicht und das pH auf einen passenden Wert eingestellt wird.

Während dem Stehenlassen wird das Schrot enzymatisch aufgeweicht, dadurch wird das Verflüssigen des Gemisches während der folgenden Verzuckerungsphase erleichtert. Nunmehr erfolgt ein Zusatz von mindestens 15% Darrmalz; die Masse wird unter Erwärmung auf 56°C durch ein Rührwerk in Bewegung gehalten, um durch möglichst innige Vermischung mit dem

---

[1] Vgl. Fußnote S. 538.

Malz eine vollständige Verzuckerung durchzuführen. Zur Kontrolle der erfolgten Verzuckerung wird mit einer Probe der filtrierten Lösung die Jod-Stärke-Reaktion vorgenommen. Zur Verminderung der Enzymaktivität wird dann kurze Zeit auf 62°C erhitzt und sofort abgekühlt. Die abgekühlte süße Maische läßt man vorteilhaft mit einer besonders für diese Zwecke gezüchteten Brennereihefe vergären. Die Gärung ist in wenigen Tagen beendet. Das Brennen erfolgt in kleinen Betrieben in einfachen Blasenapparaten. Es wird hier zunächst ein Rauhbrand hergestellt, der einer nochmaligen Destillation unter Abscheidung eines Vor- und Nachlaufes unterworfen wird, und der nach der Lagerung einen kräftig aromatisch schmeckenden Korn ergibt. Meist wird jedoch die Maische in größeren Brennereien in modernen Apparaten in einem Zuge gebrannt, wodurch unter Abscheidung des größten Teiles des Kornfuselöles ein hochprozentiger Kornsprit entsteht, der später mit Wasser auf Trinkstärke herabgesetzt wird. Kornsprit mit mehr als 90 Vol.-% Alkohol sollte aber nicht hergestellt werden und vom Verkehr ausgeschlossen sein, da ihm ein erheblicher Teil derjenigen Stoffe fehlt, die nach längerem Lagern den Wert des Kornbranntweines ausmachen.

Viele zur Zeit im Handel befindliche, aus hochprozentigem Kornsprit hergestellte Kornbranntweine schmecken milder als die oben genannten, haben nur ein geringeres Kornaroma und unterscheiden sich auch nach längerem Faßlager von den mit Hilfe einfacher Blasenapparate gewonnenen Trinkbranntweinen. Dieses Faßlager ist wichtig zur Erzeugung eines guten Produktes und bisher durch nichts zu ersetzen. Die Ausbeuten aus 100 kg Roggen betragen etwa 30—35 l Alkohol.

Die *Kornfuselöle* sind Erzeugnisse der Gärung, die in konz. Zustande betäubend riechen und erst in sehr starker Verdünnung ein angenehmes Aroma entwickeln. Ähnlich dem Önanthäther der Weingärung findet sich in der entgeisteten Maische das sog. Kornöl; es wird daraus durch Wasserdampfdestillation gewonnen. Kornöl bildet vermischt mit Kornfuselöl einen Handelsartikel und dient zur Erzeugung eines kornähnlichen Geschmackes für Branntweine verschiedener Art. Der sog. „Mutterkorn" ist ein viel Kornfuselöl enthaltendes Halbfabrikat.

*Kornessenzen*, die dazu dienen, einem Branntwein ein kornähnliches Aroma zu verleihen, enthalten z. B. Essigsäureester, Önanthäther, neben ätherischen Ölen wie Kümmelöl, Anisöl, Wacholderöl, Bittermandelöl und Sternanisöl.

### α) Genever

Genever ist ein speziell in Holland hergestellter Kornbranntwein von kräftigem Korn- und Malzaroma der zusätzlich noch mehr oder weniger nach Wacholderbeeren und anderen Aromastoffen schmeckt. Der holländische Genever gehört also zu den sog. Edelbranntweinen, wobei mit dieser Bezeichnung auf die Rohstoffe und deren Behandlung hingewiesen wird. Gleichzeitig gehört er aber auch wegen seines eigenständigen Geschmackes zu den sog. aromatisierten Branntweinen. Gegenwärtig unterscheidet man zwei ihrem Typ nach verschiedene Genever, der oude (alte) und der jonge (junge) Genever. Der erstere besitzt ein sehr kräftiges Aroma während der jonge Genever gewöhnlich nur relativ schwach aromatisiert ist und an einen beinahe reinen Kornbranntwein errinnert.

Begr. Best. Art. 27 (1)[1] Genever ist ein Branntwein, der a) aus einer Maische von Getreide und reichlich Darrmalz gebrannt wird, wobei die notwendige Zugabe von Wacholderbeeren spätestens während des letzten Destillationsvorgangs erfolgen kann, oder b) unter reichlicher Verwendung von Genever-Destillat mit Sprit oder Kornsprit hergestellt wird.

Das Genever-Destillat wird aus einer Maische von Getreide und reichlich Darrmalz unter Mitverwendung von Wacholderbeeren vor oder nach der Vergärung, im Destillier-Blasen-Verfahren gewonnen. (2) Der Genever oder das Genever-Destillat wird einer ausreichenden Lagerung unterzogen. Der Genever muß den für ihn charakteristischen Geschmack und Geruch haben. (3) Der Zusatz ätheri-

---

[1] Vgl. Fußnote S. 538.

scher Öle ist nicht üblich und wird deshalb als Verfälschung angesehen. (4) Der Alkoholgehalt beträgt mindestens 38 Raumhundertteile.

Der wichtigste Teilfaktor des Genevers ist der Moutwijn, der ein spezielles, recht aromatisches Brennereiprodukt darstellt, das als solches nicht zum Genuß bestimmt ist. Bei der Genever-Herstellung wird der Moutwijn aufs neue zusammen mit aromatischen Pflanzenteilen und Sprit destilliert.

Die Moutwijn-Maische wird aus geschrotetem Roggen, Gerste und Maismalz, die im gleichen Mengenverhältnis verwendet werden, hergestellt. Nach erfolgtem Hefezusatz wird während einiger Zeit in die Maische Luft eingeleitet, wobei die Hefe sich kräftig vermehrt (Wiener-Verfahren). Die Gärung setzt ein und bleibt unter Vermehrung der Hefe, die als Schaum an die Maischenoberfläche steigt und abgeschöpft werden kann, weiterhin intensiv. Die Hefe wird gewaschen und in Filterpressen zu Preßhefe getrocknet. Die Vergärung der Moutwijn-Maische dauert noch während weiteren 2 Tagen an, danach wird die Charge in einer einfachen, absatzweise arbeitenden Destillationsapparatur, die weder Dephlegmatoren noch Verstärkungsböden enthält, destilliert. Die Schlempe läßt man absetzen, die Dickschlempe samt den Spelzen wird verfüttert und der geklärte Teil der folgenden Maische wieder zugesetzt. Die Destillation wird wiederholt, wobei ein ca. 23 Vol.-%iges Produkt erhalten wird; nach der dritten Destillation erhält man den eigentlichen Moutwijn als ca. 46 Vol.-%iges Produkt. Der Charakter des Moutwijns ist kräftig malzig, getreideartig, und das Fuselaroma ist klar erkennbar. In Holland wird Moutwijn nur von einigen Brennereien erzeugt, die dieses Halbfabrikat allen eigentlichen Genever-Brennereien (Distilleerderijen) zur Weiterverarbeitung liefern. In den Genever-Brennereien wird der Moutwijn wiederum unter Zusatz von Neutralsprit und Gewürzen, wie Wacholderbeeren, Kümmel, Koriander und Anis, destilliert. Heutzutage geschieht die Herstellung auch einfacherweise durch Verschneiden des Moutwijns mit Neutralsprit und Würzen mit Gewürzdestillaten. Der Genever wird zum Schluß während kürzerer Zeit gelagert und danach in die typischen Steinzeugkrüge oder Vierkantflaschen abgezogen und dem Handel zugeführt.

Oude Genever ist ein charakteristischer Branntwein von kräftigem Malz- und Getreidearoma, der zusätzlich einen gewürzhaften Einschlag aufweisen kann. Seinem Typ nach eignet er sich weniger als Mischgetränk, sondern er wird immer gut gekühlt als solcher serviert. Jonge Genever ist sehr leicht, zu seiner Herstellung wird nur sehr wenig Moutwijn verwendet. Das Wacholderaroma und dasjenige der anderen Gewürze kann stärker in Erscheinung treten als beim oude Genever. Weil der englische Gin international ein sehr beliebtes Getränk geworden ist, wird holländischer Genever namentlich in den angelsächsischen Ländern oft unter dem Namen Hollands Gin oder Schiedam Gin vertrieben.

### β) Gin

Begr. Best. Art. 25 (1)[1] Gin ist ein Branntwein, der unter Verwendung von Destillaten aus Wacholderbeeren und Gewürzen hergestellt ist. (2) Der Alkoholgehalt beträgt mindestens 38 Raumhundertteile. (3) Wird ein Gin als „trocken" oder „Dry Gin" bezeichnet, so hat er einen Alkoholgehalt von mindestens 40 Raumhundertteilen.

Gin kann als die englische Modifikation des holländischen Genevers angesprochen werden. Soweit bekannt ist, brachten englische Soldaten die Vorliebe für Genever nach England. Man begann zur Aromatisierung des damals unreinen Alkohols Wacholderbeeren zu verwenden und so entwickelte sich mit der Zeit die für den Gin typische Herstellungsart, die sich von derjenigen für den Genever unterscheidet. Dem Gin fehlt das für den Genever typische intensive Getreidearoma, da heute zu seiner Herstellung sehr rein rektifizierter Sprit verwendet wird. Zu seiner Aromatisierung wird eine große Anzahl von Gewürzen herangezogen, wobei die Wacholderbeere dem Getränk das typische  Aroma verleiht.

Zur Herstellung von Distilled Gin wird rein rektifizierter Getreidesprit auf ca. 60 Vol.-% verdünnt und darauf zusammen mit der Gewürzmischung in einem Blasenapparat erneut destilliert. Die Mischung befindet sich entweder in der Destillier-

---

[1] Vgl. Fußnote S. 538.

blase oder sie wird in die Dampfphase oberhalb des Flüssigkeitsspiegels gebracht. Wacholderbeeren bilden den Hauptteil der Gewürzmischung und neben ihnen finden noch andere Gewürze in kleinen Mengen Anwendung; anzahlmäßig kann es sich dabei um eine ansehnliche Auswahl handeln. Die üblichsten unter ihnen sind Pomeranzenschalen, Koriander, Angelika, Kümmel, Fenchel und Lavendel. Das erhaltene Destillat wird mit einwandfreiem Wasser auf Trinkstärke, 40—45 Vol.-%, verdünnt und in indifferenten Behältern, z. B. emaillierten oder solchen aus säurefestem Stahl, gelagert. Gin wird nicht der Reifung unterworfen und dies ist auch nicht empfehlenswert, da seine Aromafaktoren für Oxydation empfindlich sind und das Aroma deshalb eine unangenehme terpenartige Note annehmen kann. Gin kann auch auf diese Weise hergestellt werden, indem man vorerst ein konzentriertes Aromadestillat anfertigt, mit dem dann neutraler rektifizierter Sprit aromatisiert wird. Zuletzt wird das so erhaltene Produkt auf Trinkstärke verdünnt.

In großen Mengen wird Gin auch als qualitätsmäßig anspruchslos zu betrachtendes Getränk hergestellt, indem neutraler Sprit mit fabrikmäßig hergestellten Aromakonzentraten aromatisiert wird. Ein derartiges Produkt wird unter der Bezeichnung Compounded Gin in den Verkehr gebracht.

Die sehr verbreitete Verwendung des Gins in verschiedenartigen Cocktails und Mischgetränken hat zur Folge, daß sein Anteil am Weltmarkt von bedeutender Größenordnung ist und ihm eine erhebliche wirtschaftliche Bedeutung zukommt.

### i) Whisky

Whisky ist ein Kornbranntwein, der aus Gerstenmalz und/oder ungemälztem Getreide mit Hilfe einer Gerstenmalzzugabe hergestellt, durch Destillation von der vergorenen Würze getrennt und nach einer Reifelagerung mit Wasser auf Trinkstärke verdünnt wird. In der Regel werden im Zuge der Herstellung des endgültigen Handelsproduktes Malzwhisky und Getreidewhisky gemischt. Das Destillat wird durch langdauernde Lagerung gereift und zeichnet sich durch einen charakteristischen Rauchgeschmack aus.

Whisky ist das bevorzugte Getränk der Angelsachsen und seine Beliebtheit in diesen Ländern läßt alle übrigen Spirituosen weit hinter sich. Nach dem zweiten Weltkrieg hat der Whiskykonsum auf der ganzen Erde stark zugenommen. Der Ursprung der Whiskyherstellung ist nicht bekannt, doch wird berichtet, daß schon im 12. Jahrhundert in Irland ein als uisquebeatha benanntes Getränk produziert wurde, von dem der Whisky seinen Namen haben soll. Der gälische Name uisquebeatha (uswuebath, usquebagh) hat die Bedeutung von „Lebenswasser". Aus Schottland besitzt man sichere Angaben über die dort Ende des 15. Jahrhunderts praktizierte Whiskyherstellung, jedoch findet sich das Wort uiskie erst zu Anfang des 17. Jahrhunderts.

Begr. Best. Art. 20 (1)[1] Whisky ist ein Getreidebranntwein mit dem für eine der bekannten Whiskyarten charakteristischen Geschmack und Geruch; er wird vorwiegend aus Gerstenmalz, Roggen und Weizen hergestellt. (2) Der Alkoholgehalt beträgt mindestens 43 Raumhundertteile.

#### α) Schottischer Whisky

*Malzwhisky (Malt Whisky).* Schottischer Whisky wird zur Hauptsache aus Gerste hergestellt. In früheren Zeiten kam zur Herstellung ausschließlich in Schottland kultivierte Gerste zur Verwendung während heutzutage ganz allgemein importierte Gerste verarbeitet wird.

Die der Brennerei zugelieferte Gerste wird vorerst von allen Unreinheiten und fehlerhaften Körnern befreit, damit ein Rohstoff von möglichst gleichmäßiger Qualität erhalten wird bevor

---

[1] Vgl. Fußnote S. 538.

er zur Einlagerung kommt. Für die Mälzung wird die Gerste zuerst in Tanks (steeps) durch Aufsaugenlassen von Wasser gleichmäßig befeuchtet um danach auf dem Boden der Mälzerei ausgebreitet zu werden wo sie wiederum durch Besprühen mit Wasser befeuchtet und zur Vermeidung von Überhitzung auch umgeschaufelt wird. Die Mälzung dauert 5—8 Tage und wird abgebrochen, wenn die Länge des Keims die gleiche ist, wie diejenige des Korns. Als Resultat erhält man Grünmalz, in dem sich die zur Umwandlung von Stärke in vergärungsfähige Zucker notwendige Amylase gebildet hat.

Im geeigneten Zeitpunkt wird das Grünmalz zur Trocknung auf den Siebböden der Trockentürme ausgebreitet, wo es durch die aufsteigenden Verbrennungsgase und den Rauch brennenden und mit feuchtem Torf bedeckten Kokses getrocknet wird. Durch diese Behandlung erhält das Malz den für das Endprodukt typischen Rauchgeruch. Die Trocknung des Malzes ist eine wichtige Phase des Herstellungsprozesses, da sie zur Hauptsache die Aromaeigenschaften des Destillates beeinflußt. Die Malzherstellung ist in bezug auf die Art des Trocknens von Ort zu Ort verschieden. Die Lowlands-Malze werden am wenigsten der Hitze ausgesetzt, die Highlands-Malze schon bedeutend mehr. Die Malze von Islay und Campbeltown dagegen können schon zu den gerösteten gezählt werden und sie vermitteln dem aus ihnen hergestellten Destillat das kräftige Torf-Aroma. In den Malzwhiskybrennereien, für die die diastatische Aktivität des Malzes keine Eigenschaft von Bedeutung ist, werden die Malze schärfer und bei höherer Temperatur getrocknet als dies bei den für die Getreidewhiskybrennereien bestimmten Malzen der Fall ist. Das fertig getrocknete Malz wird zur Entfernung der ausgetriebenen Keime gesiebt und darauf für die Maischung zu Schrot vermahlen.

Die Maischung geschieht durch wiederholte Extraktion des gemahlenen Malzes oder eines Gemisches von gemahlenem Malz und gemahlenem Getreide mit einer heißen (60°C) Flüssigkeit, die aus Wasser und der von der letzten, dritten, Extraktion der vorhergehenden Malzpartie erhaltenen dünnen Würze besteht. Die so erhaltene Würze wird darauf der Vergärung zugeführt während der Extraktionsrückstand als Viehfutter Verwendung findet. Zur Ingangbringung der Gärung wird der in großen Gärbottichen auf geeignete Temperatur (ca. 20°C) abgekühlten Würze Reinzuchthefe zugegeben. Die Gärung ist in ca. 72 Std beendet und in ihrem Verlaufe läßt man die Temperatur auf höchstens 32°C ansteigen. Die Würze wird sowohl vor als auch während der Gärung belüftet. Damit wird erreicht, daß die Hefe nicht auf den Boden des Gärbottiches absinken kann, daß die Entfernung der Kohlensäure aus der gärenden Würze erleichtert wird, der Zuwachs der Hefe und deren Aktivität ansteigt und kolloidale Substanzen ausgeflockt werden (vgl. Abb. 28).

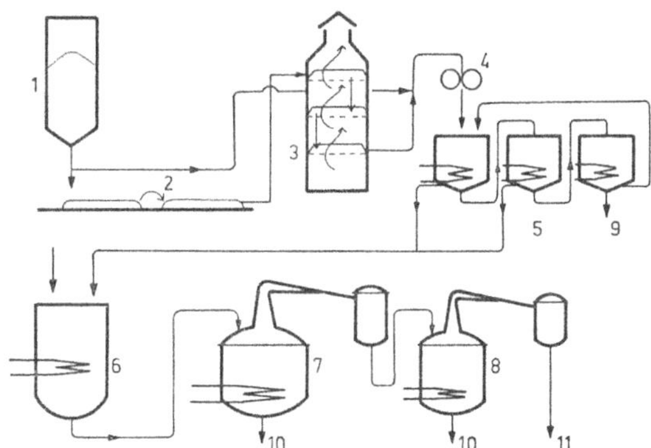

Abb. 28. Fließschema der Herstellung schottischen Pot Still-Whiskys.

1 Getreidesilo, 2 Mälzung, 3 Malztrocknung, 4 Getreide- und Malzschrotung, 5 Würzeherstellung nach dem Extraktionsverfahren, 6 Gärbottich, 7 Erste Destillation, 8 Zweite Destillation, 9 Extraktionsrückstand, 10 Destillationsrückstand, 11 Vorlauf, Produkt und Nachlauf

Die vergorene Würze, die nun den Namen wash führt, kommt zur Destillationsphase. Bei der Herstellung von Malzwhisky sind zwei separate Destillationen erforderlich, die beide in Blasenapparaten durchgeführt werden. In einem wash still wird der vergorene wash in einfacher Weise als ein Destillat überdestilliert, das nun den Namen low wines führt; der Destillationsrückstand pot ale wird zu Dünger getrocknet. Die low wines enthalten allen Alkohol, dazu sekundäre Stoffe und Wasser. Dieses erste Destillat wird nun ein zweites Mal in einem kleineren pot still destilliert und in drei Teilen aufgefangen: der Vorlauf foreshots, das Destillat clean whisky und der Nachlauf feints. Die foreshots und feints jeder Destillation werden der nächstfolgenden low-wines-Partie wieder zugefügt. Der Destillationsrückstand spent lees ist Abfall und geht in die Kloake.

*Getreidewhisky (Grain Whisky).* Die Herstellung von Getreidewhisky ist in mancher Hinsicht einfacher als diejenige von Malzwhisky und ist derjenigen von Kornbranntwein nicht unähnlich.

Die Überführung der Stärke zu vergärbaren Zuckern geschieht bei der Herstellung von Getreidewhisky zur Hauptsache mittels Säurehydrolyse unter Anwendung von Schwefelsäure. Es sind verschiedene Modifikationen bekannt, bei denen wechselnde Mengen von Malz zu Hilfe gezogen werden. Die Gärung wird auf gleiche Weise vorgenommen wie beim Herstellen von Malzwhisky, doch sind die Fabrikationschargen und damit auch die Apparate bedeutend größer. Die vergorene Würze wird in kontinuierlichen Kolonnenapparaten (patent stills, coffey stills) destilliert und das Produkt wird als nahezu 90 Vol.-%ig abgenommen. Das resultierende Getreidewhiskydestillat ist seinem Aroma nach wesentlich leichter als Malzwhisky.

*Die Reifung.* Als junges Destillat ist der Whisky rauh und von unangenehmem Aroma. Es wird in Fässern aus Weißeiche von wechselnder Größe gelagert, Hoghshead faßt ca. 200—300 l und butt ca. 500 l. Die Fässer können sowohl neu als auch gebraucht sein und sehr oft werden zur Reifung des Malzwhiskys die für den Transport von Sherry gebrauchten Fässer verwendet. Der in Fässern reifende Whisky bleibt unter Verschluß bis er verkauft und zum Mischen entnommen wird. Die Qualität des Whiskys entwickelt sich während der ersten Jahre außerordentlich rasch um sich darauf so zu verlangsamen, daß nach einer 10jährigen Reifung die Qualitätsentwicklung derart langsam verläuft, daß sie die Lagerungsverluste infolge Verdunstens in keinem Falle mehr kompensiert. In bezug auf die einzelnen Whiskys ist der Einfluß der Lagerung auf die Entwicklung ihrer Qualität sehr unterschiedlich. Die Festsetzung der optimalen Lagerungsdauer ist eine Aufgabe die Erfahrung und berufliche Fertigkeiten verlangt. Neutraler Getreidewhisky reift rascher als Malzwhisky.

*Das Mischen.* Das in den Handel kommende Produkt wird allgemein durch Herstellen eines blends aus Malzwhisky und Getreidewhisky in bestimmtem Verhältnis zubereitet. In der Regel ist der Anteil von Getreidewhisky größer als derjenige von Malzwhisky. Bloßer Malzwhisky wird ausgesprochen selten als Handelsware vertrieben. Die heutige Geschmacksrichtung, die auf die Natur der Mischung natürlich von großem Einfluß ist, stellt blends mit überwiegendem Getreidewhisky-Anteil und leichterem Typ entschieden in den Vordergrund. Die Herstellung von blend ist eine Tätigkeit, die außerordentlich große Kunstfertigkeit und langjährige Erfahrung verlangt, soll aus verschiedenen Malzwhiskys und Getreidewhiskys ein ständig gleichbleibendes Getränk entstehen, an das die Konsumenten gewohnt sind und das sie verlangen.

Für den Export wird der Whisky in der Regel auf 43 Vol.-% verdünnt und nach dem Willen des Gesetzgebers muß er wenigstens 3 Jahre alt sein, bevor er als Whisky in den Handel gebracht werden darf. Nach der Zubereitung des blends muß der Whisky noch einige Zeit gelagert werden, damit die Mischung ordentlich homogenisiert und Spättrübungen nach der Schlußfiltration und dem Abziehen in Flaschen vermieden wird. Bei der Whiskyabfüllung wurde bisher von der Kaltstabilisierung in größerem Maßstabe nicht Gebrauch gemacht.

### β) Irländischer Whisky

Die in Irland geübte Whiskyherstellung unterscheidet sich in einigen wesentlichen Punkten von der schottischen Herstellungsart. Neben Gerstenmalz und Gerste werden auch noch andere Getreidesorten wie Weizen, Roggen und Hafer verwendet. Die Böden der Malztrockentürme sind nicht gelocht, so daß die Verbrennungsgase nur mit der Oberfläche der Malzschicht in Berührung kommen können. Aus diesem Grunde tritt bei irischem Whisky der Rauchgeschmack weniger in den Vordergrund. Praktisch aller irischer Whisky wird in pot stills destilliert und die dabei angewandte Destillationsart ist außerordentlich kompliziert. Die Destillation wird gewöhnlich dreimal vorgenommen und in ihrem Verlaufe werden die Vor- und Nachläufe aufgefangen und auf verschiedene Weise früheren Destillationsstufen oder dann aber einer späteren Destillation der gleichen Stufe wieder zugefügt.

Auch die irischen Whiskys werden analog den schottischen mit Vorzug in zum Transport von Sherry verwendeten Fässern gereift. Die Reifung dauert in der

Regel wenigstens 5 Jahre, meistens gar 7 Jahre. Der irische Whisky kommt sowohl als blend derselben Brennerei als auch als Straight Whisky in den Handel.

### γ) Amerikanischer Whisky

In den USA wird der Whisky auf eine von den europäischen Verfahren abweichende Art hergestellt. Die Herstellung ist im allgemeinen auf große Brennereien konzentriert, die über große Produktionskapazität verfügen und in denen die Verfahren nach den Anforderungen der Großindustrie unter Beachtung von Wirtschaftlichkeit und optimalen Resultaten ausgerichtet sind. Grundsätzlich ist das Verfahren dasselbe wie bei der Herstellung des Getreidewhiskys in Schottland, doch sind die verarbeiteten Getreide anderer Art und die Anzahl der hergestellten Whiskyqualitäten, insbesondere in bezug auf die Zusammensetzung des für sie gebrauchten Rohstoffes, ist bedeutend vielfältiger.

Das in der Brennerei ankommende Getreide wird gereinigt, geschrotet und nach einer kleinen Malzzugabe mit Wasser gekocht, wodurch die Stärke vorerst verkleistert um dann später zu verzuckern. Die verzuckerte Würze, wort genannt, wird abgekühlt und darauf ohne Filtrierung durch Zugabe von Hefe zu beer vergoren. Die vergorene Würze wird in Kolonnenapparaten, unter denen sich sogar Zweikolonnensysteme finden, destilliert. Das anfallende Destillat weist einen Alkoholgehalt von ca. 80 Vol.-% auf, es wird mit einwandfreiem Wasser auf ca. 50 Vol.-% verdünnt und darauf in neuen, innen oberflächlich angekohlten Eichenfässern gereift. Der durch die neuen, angekohlten Eichenfässer ausgeübte Einfluß ist doppelter Art: Der Whisky erhält aus der Kohle den gewünschten Rauchgeschmack und zweitens hat die Kohle in einem gewissen Maße einen reinigenden Effekt, indem sie die übermäßige Fuselhaftigkeit adsorbiert und auch auf andere Weise auf das Reifungsgeschehen katalysierend wirkt.

Amerikanische Whiskys gibt es in verschiedenen Typen, der Unterschied liegt in den verwendeten Rohstoffen und in den angewandten Herstellungsverfahren. Die offiziellen Verordnungen kennen eine ganze Anzahl von Bezeichnungen, von denen mengenmäßig der Bourbon-Whiskey und der Rye-Whiskey die wichtigsten sind. Bourbon-Whiskey wird aus einem Getreidegemisch, das wenigstens 51% Mais enthalten muß, hergestellt. Dem Gerstenmalz wird in der Verzuckerungsphase etwas Roggen zugesetzt. Das zu Rye-Whiskey verwendete Getreidegemisch enthält wenigstens 51% Roggen. Neben diesen Haupttypen kennen die Verordnungen noch die Bezeichnungen Wheat-Whiskey, Malt-Whiskey und Rye-Malt-Whiskey. Corn-Whiskey wird so hergestellt, daß der zu seiner Herstellung verarbeitete Rohstoff wenigstens 80% Mais enthält. Dieser Whisky wird in nicht angekohlten Fässern gereift. Straight-Whiskey ist ein aus vergorener Getreidemaische erhaltenes Destillat, dessen Alkoholgehalt auch während der Destillation 80 Vol.-% nicht überschreiten darf und das nur mit einem Alkoholgehalt von max. 55 und min. 40 Vol.-% gelagert werden darf. Beim Abziehen in Flaschen darf sein Alkoholgehalt entweder nicht geändert oder dann nur auf das Minimum von 40 Vol.-% verdünnt werden, zudem muß er mindestens während 24 Kalendermonaten gelagert sein.

### δ) Kanadischer Whisky

In Kanada geschieht die Whisky-Fabrikation im großen und ganzen auf gleiche Weise wie in den USA. Den Hauptanteil der Herstellung bilden Rye-Whiskey, doch ist auch die Produktion von Bourbon-typischem von Bedeutung. Die kanadischen Whiskys sind ihrem Typ nach etwas leichter als diejenigen der USA.

### ε) Andere Whiskys

Neben den obenerwähnten wird auch in andern Ländern Whisky hergestellt, obschon ihrer Fabrikation eine geringere Handelsbedeutung zukommt. Oft wird so vorgegangen, daß das einheimische, gereifte Whiskydestillat mit schottischem Malzwhisky verschnitten wird. Den Produkten kommt gewöhnlich nur lokale Bedeutung zu.

## j) Obstbranntweine

Obst- und Beerenbranntweine werden allgemein an allen Orten der Erde aus lokalen wildgewachsenen und angepflanzten Früchten und Beeren hergestellt, indem man die auf passende Weise zerquetschte Früchtemasse der Gärung überläßt und unmittelbar danach den gebildeten Alkohol aus der vergorenen Maische abdestilliert. Durch geeignete Herstellungsverfahren gelingt es das der fraglichen Obstsorte innewohnende Aroma im dest. Produkt wieder zur Geltung zu bringen. In früherer Zeit beruhte die Herstellung auf der Verwendung wildgewachsener Früchte, heutzutage jedoch werden Obstbranntweine mehr oder weniger ausnahmslos aus gezüchteten Sorten hergestellt. Die bekannteren Obstbranntweine besitzen eine für sie feststehende lokale Note, die ihren Ursprung in dem durch die Bodenbeschaffenheit der fraglichen Gegend und den Klimabedingungen den Früchten mitgegebenen und in das Produkt übergegangenen Aroma sowie in der traditionellen Herstellungsart und -kunst haben. Zu diesen Branntweinen werden in der Regel auch die ohne Gärung nur durch Alkohol-Zusätze hergestellten Obst- und Beerengeiste gerechnet.

### α) Steinobstbranntweine

Begr. Best. Art. 21 (1)[1] Obstbranntweine, die ausschließlich aus der betreffenden vollen vergorenen Obstfrucht oder deren Säften ohne Zusatz von zuckerhaltigen Stoffen, Zucker oder Alkohol anderer Art gewonnen sind, und zwar aus:

a) Steinobst: Kirschen, Zwetschgen, Mirabellen, Pflaumen, Schlehen, Aprikosen, Pfirsichen;

b) Beeren: Heidelbeeren, Himbeeren, Brombeeren, Johannisbeeren, Erdbeeren, Vogelbeeren;

dürfen unter der Bezeichnung Kirschwasser, Zwetschgenwasser oder ähnlichen Bezeichnungen, die auf die Herstellung aus Kirschen, Zwetschgen oder sonstigen Obst- und Beerensorten hinweisen (Kirschbranntwein, Kirsch, Zwetschgenbranntwein, Steinobstbranntwein), in den Verkehr gebracht werden. (2) Der Alkoholgehalt beträgt mindestens 40 Raumhundertteile.

*Kirschwasser.* Unter den Obstbranntweinen ist das Kirschwasser ohne Zweifel der bekannteste und seine Bedeutung im Handel ist denn auch entsprechend groß. Es wird insbesondere im Schwarzwald, in der Schweiz und im Elsaß hergestellt. Zur Fabrikation von Kirschwasser werden verschiedene Süßkirschen-Sorten verwendet. Am geschätztesten sind die kleinfruchtigen Wild- und Vogelkirschen, die die Kulturformen dieser Früchte sind.

Die Kirschen werden vollreif ohne Stiele gepflückt und müssen in tadellosem Zustand, bevor Verderbnis eintreten kann, weiterverarbeitet werden. Die stiellosen Kirschen werden so eingeschlagen, daß die Steine nicht zertrümmert werden. Werden Zweiwalzenpressen verwendet, was bei der in großem Rahmen geschehenden Herstellung und auch bei der Verarbeitung von Früchten mit festem Fruchtfleisch unumgänglich ist, so muß der freie Zwischenraum der Walzen so justiert werden, daß eine Beschädigung der Steine nicht vorkommen kann. Indem ein Zertrümmern der Kirschensteine verhindert wird, vermeidet man einen zu starken Steingeschmack des fertigen Produktes. Die zerquetschte Früchtemasse wird in die sorgfältig gereinigten und geschwefelten oder mit einem Desinfektionsmittel behandelten Gärbottiche so eingefüllt, daß ca. $^1/_{10}$ des Volumens im Hinblick auf das Schäumen der Masse während der Gärung frei bleibt. Die Gärbottiche sind mit Vorteil vom geschlossenen Typ und mit Gärspunden ausgestattet, womit man auf einfachste Weise erreicht, daß ein Eindringen und Vermehren schädlicher aerober Mikroben in die gärende Maische verhindert wird. Zur Verhinderung von Fehlgärungen kann auch ein $SO_2$-Zusatz zur Anwendung kommen.

---

[1] Vgl. Fußnote S. 538.

Die Gärung kann spontan einsetzen, doch wird in der großen Mehrzahl der Fälle Reinzuchthefe zur raschen Ingangbringung der Gärung und zur Verhinderung von Fehlgärungen
angewandt. Normalerweise wird die Gärung bei einer Temperatur von 15—20°C geführt und
sie ist von recht langer Dauer, ca. 3 Wochen, von welcher Zeit die lebhafte Hauptgärung nur
einen Teil beansprucht. Im Verlaufe der Gärung entsteht in der Lösung unter dem Einfluß des
Emulsins auf das Amygdalin Benzaldehyd (Bittermandelöl), Traubenzucker und Cyanwasserstoffsäure (Blausäure). Die Menge der Cyanwasserstoffsäure im Kirschbranntwein ist großen
Schwankungen unterworfen, wobei die höchsten Gehalte bis zu 60 mg Gesamtblausäure im
Liter r. A. erreichen können.

Die vollständig vergorene Maische läßt man gewöhnlich vor dem Brennen während
einigen Wochen stehen, weil die in dieser Zeit vor sich gehende Esterbildung in vorteilhaftem
Sinne auf die Qualität des Endproduktes einwirkt. Dieses Stehenlassen ist auch wegen der
praktischen Durchführung der Arbeiten notwendig, weil die Kapazität des Brenngerätes
begrenzt ist. Die Konstruktion der Brenngeräte ist sehr unterschiedlich und umfaßt sowohl den
primitiven Blasenapparat mit direkter Beheizung als auch die heutzutage in allgemeinen
Gebrauch gekommenen modernen Destillationsanlagen, wie sie im Zusammenhang mit den
Weinbrenngeräten eingehender beschrieben werden (S. 527).

Wird ein einfacher Blasenapparat zur Destillation der Maische verwendet, so wird im
allgemeinen der Vorlauf, die Hauptfraktion und der Nachlauf getrennt aufgefangen. Zur
Herstellung des endgültigen Produktes werden mehrere Destillationen benötigt, zuerst erhält
man den Rauhbrand und durch erneute Destillation den Feinbrand. Bei moderneren Destillationsanlagen dagegen erreicht man mit einer Destillation direkt das Endprodukt Feinbrand
und wegen der indirekten Dampfbeheizung vermeidet man auch die Gefahr des Anbrennens.
Der Alkoholgehalt des Kirsch-Destillates beträgt ca. 60 Vol.-% und es muß vor dem Inverkehr-
bringen noch mit Wasser auf Trinkstärke verdünnt werden. Kirsch wird zur Vermeidung von
Farbstoffaufnahme in Steinzeug- oder Glasgefäßen gelagert und wasserklar und farblos in den
Handel gebracht. Geruch und Geschmack guten Kirschwassers erinnern intensiv an Kirschen,
denen sich ein feines Bittermandelaroma zugesellt. An Fusel erinnernde Züge dürfen im
Aroma des Kirschwassers überhaupt nicht auftreten.

In Dalmatien (Jugoslawien) und in der Nähe von Padua (Italien) wird aus
Marasca- oder anders genannt Zadarkirschen ein eigentümlicher Marascasprit
hergestellt, der hauptsächlich zur Bereitung des Maraschinolikörs und als Grundstoff für einige alkoholische Getränke dient. Marascasprit hat ein ausgesprochen
starkes Bittermandelaroma und sein Alkoholgehalt beträgt 60—70 Vol.-%.

*Zwetschgenwasser.* Die hauptsächlichsten Produktionsgebiete des Zwetschgen-
wassers liegen in Ost- und Mittel-Europa. Speziell sollen erwähnt werden Jugoslawien, Rumänien, die Tschechoslowakei und Ungarn, doch haben auch in Frankreich, Deutschland und der Schweiz Zwetschgenwässer alte Traditionen.

Zwetschgenwasser wird aus fehlerfreien, süßen Herbstzwetschgen hergestellt.
Das Fabrikationsverfahren ähnelt in seinen Grundzügen stark demjenigen für
Kirschwasser. In den verschiedenen Produktionsgebieten werden die Zwetschgenwässer mit unterschiedlichen Bezeichnungen benannt und ihre typischen Eigenschaften sind infolge der verschiedenartigen zur Verwendung kommenden Zwetsch-
gensorten etwas verschieden. In Baden und im Elsaß kommen sie unter dem Namen
Quetsch oder Quetschwasser in den Handel. Das schweizerische Pflümliwasser
wird aus den dort gedeihenden kleinen aromatischen Zwetschgen hergestellt. Der
ursprünglich jugoslawische Slivowitz ist ein weltbekanntes Zwetschgenwasser und
wird heutzutage unter dem gleichen Namen auch in Polen, in der Tschechoslowakei
und Ungarn produziert. In Rumänien hat das Produkt den Namen Zuika. Mirabel-
lenbranntwein ist ein aus den kleinen gelben Zwetschgen des Elsaß hergestellter
Zwetschgenbranntwein.

Seinen Eigenschaften nach unterscheidet sich das Zwetschgenwasser in gewisser Hinsicht vom Kirschwasser. Es kommt oft nach erfolgter Reifung in Holzfässern und etwas gefärbt in den Handel. Sein Aroma ist klar zwetschgenartig,
insbesondere im Nachgeschmack und es hat eine leichte Fusel-Note. Der Bitter-
mandelgeruch ist geringer als beim Kirschwasser.

*Andere Steinobstbranntweine.* Die Bedeutung der anderen Steinobstbranntweine ist verglichen mit derjenigen der Kirsch- und Zwetschgenwässer bescheidener und bleibt auch im besten Fall zur Hauptsache lokaler Natur. Sie werden aus Aprikosen, Pfirsichen, Zibarten, Schlehen und Prünellen, die genug Zucker enthalten um deren Verwendung zur Branntweinfabrikation zu ermöglichen, hergestellt. Ihre Produktion folgt den allgemeinen Linien der Steinobstbranntweine. Die erhaltenen Produkte werden in bedeutendem Ausmaße zur Herstellung verschiedener Fruchtliköre und auch zu Konditoreiprodukten verarbeitet. In Ungarn wird aus Aprikosen ein als Barack Pálinka benannter Branntwein hergestellt, der auch international bekannt ist.

### β) Kernobstbranntweine

Von den Kernobstbranntweinen sind die bedeutendsten der Apfelbranntwein (der Calvados in Frankreich, der Applejack in den USA) und der Birnenbranntwein, insbesondere der Williamsbirnenbranntwein. Ihnen allen kommt in ihrem Herstellungsland eine große wirtschaftliche Bedeutung als ausgleichender Faktor beim schwankenden Ertrag der Obsternten und in bezug auf den Calvados auch eine internationale wirtschaftliche Bedeutung zu.

Begr.Best. Art. 23 (1)[1] Kernobstbranntweine sind solche, die aus vergorenen Äpfeln oder aus anderem Kernobst aus der vollen Obstfrucht oder deren Säften ohne Zusatz von zuckerhaltigen Stoffen, Zucker oder Alkohol anderer Art gewonnen sind. (3) Der Alkoholgehalt muß mindestens 38 Raumhundertteile betragen.

Bei der Herstellung von Apfel- und Birnenbranntwein werden die reifen und fehlerfreien Früchte zur Entfernung anhaftender Pflanzenschutzmittel gewaschen und sorgfältig zerkleinert. Bei der Maischung des Steinobstes sprengt die Gärungsplasmolyse die Zellen leicht und die Zucker werden freigesetzt, bei Kernobst dagegen ist das Fruchtfleisch in einem solchen Maße stabil, daß die Zellstruktur mechanisch zertrümmert werden muß, damit die Zucker in Lösung gehen können. Im allgemeinen werden zur Zerkleinerung der Früchte mit Zacken versehene Walzenmühlen oder besser Schleudermühlen eingesetzt. Die zerkleinerte Fruchtmasse wird in den Gärbottich gebracht, wo sie unmittelbar in Gärung übergeht. In einigen Fällen ist es notwendig ihr etwas warmes Wasser zur Herabsetzung einer zu hohen Konsistenz und auch zur Erwärmung auf die zur Einleitung der Gärung vorteilhafte Temperatur von ca. 20°C zuzusetzen. Insbesondere dann, wenn infolge verdorbener Früchte eine Bakteriengärung befürchtet wird, muß mit Reinhefezugaben und zusätzlich noch mit $SO_2$ und Hefenährmitteln gearbeitet werden. Die Gärungsdauer von Obstmaischen ist starken Schwankungen unterworfen und hängt im wesentlichen davon ab, wie zuckerreich die Maische und wie vorteilhaft ihre Zusammensetzung für den Gärverlauf ist. Leichtgärende Maischen beanspruchen 2—3 Wochen während bei schwerer gärenden Maischen die Dauer sich bis über 5—6 Wochen hinziehen kann. Die gänzlich vergorene Maische wird ohne Dekantieren auf dieselbe Weise in Blasenapparaten destilliert wie es bei der Herstellung von Weinbrand üblich ist. Kann die vergorene Maische nicht sofort destilliert werden, muß sie vor dem Einfluß des Luftsauerstoffes geschützt werden um einer Infektion mit Essigbakterien und Kahmhefe vorzubeugen. Die Reifung der Obstbranntweine geschieht mit dem auf Trinkstärke verdünnten, 40—50 Vol.-%igen Getränk in Reifungsfässern oder -tanks. Die Reifung in Holzfässern wird einzig in der Kleinfabrikation angewandt und es muß dabei Sorge getragen werden, daß die zu reifende Ware nicht aus dem Faßholz Farbstoffe auslaugt.

Apfelbranntwein ist ein wasserklares Produkt, das in einer Stärke von 40—45 Vol.-% in den Handel gelangt. Der vom deutschen Gesetz vorgeschriebene Minimalalkoholgehalt ist 38 Vol-%. Apfelbranntwein ist geschmacklich recht neutral und das typische Apfelaroma ist nur schwach erkennbar. In Birnenbranntweinen tritt das charakteristische Birnenaroma intensiver hervor als das Apfelaroma bei Apfelbranntwein.

*Calvados* ist ein im Department Normandie in Frankreich hergestellter Apfelbranntwein, der internationales Ansehen genießt und nach französischem Gesetz mit dem Ursprungszeugnis geschützt ist. Er wird aus einer besonderen Apfelsorte

---

[1] Vgl. Fußnote S. 538.

gewonnen und unterscheidet sich vom deutschen Apfelbranntwein durch seine längerdauernde Reifung. Die Reifung geschieht in Holzfässern auf gleiche Weise wie bei der Reifung von Weindestillaten. Calvados hat eine Eigenfärbung und für ihn ist ein gewisser süßlicher Geschmack und eine bestimmte Schärfe typisch.

*Applejack* ist ein in den USA hergestellter Apfelbranntwein, der in seiner Heimat eine alte Tradition hat. Zu seiner Fabrikation werden reife, ausgewählte Früchte vorerst sorgfältig gewaschen und zu einer feinen Masse vermahlen aus der durch Pressen der Apfelsaft gewonnen wird. In dieser Beziehung unterscheidet sich die amerikanische Herstellungsart von der europäischen. Die Gärung wird entweder der Natur überlassen oder durch Reinhefezusatz in Gang gebracht. Die Vergärung des Saftes geschieht bei niedrigerer Temperatur als diejenige von Traubensaft, gewöhnlich unterhalb von 20°C und sie ist von bedeutend längerer Dauer. Sie kann inklusive Nachgärung bis zu 3—6 Monate dauern. Den vergorenen Apfelsaft, den Cider, läßt man klären und dekantiert ihn vor der Destillation. Der Großteil des Applejack wird in einfachen Blasenapparaten destilliert. Das erste Destillat (low wine) hat eine Stärke von ca. 34 Vol.-% und es wird ein zweites Mal der Destillation unterworfen, wobei es eine Stärke von 63—67 Vol.-% erreicht. Die Vor- und Nachläufe der zweiten Destillation werden zu anderweitigen Zwecken verwendet. Das erhaltene Produkt wird in Mischgefäßen auf ca. 60 Vol.-% verdünnt und in gebrauchten Fässern aus Weißbuchenholz gereift. Das Produkt wird nach einer 3—6 Monate dauernden Reifung als zum Genuß geeignet betrachtet. Nach 4—5jähriger Lagerung beginnt es seine charakteristischen Eigenschaften einzubüßen.

### γ) Beerenbranntweine und Obstgeiste

Obwohl es möglich ist, aus den meisten Beeren auf dem Gärungswege und durch Destillation Branntweine herzustellen ist jedoch die Bedeutung solcherart gewonnener Produkte recht gering und fast immer lokaler Art. Der in der Regel kleine Zuckergehalt der Beeren macht die Produktion unrentabel. Aus diesem Grunde werden allgemein Beeren-aromatische Branntweine unter Zusatz von Alkohol zu aus Beerenextrakt destilliertem Geist hergestellt.

Bei der Fabrikation eigentlicher Beerenbranntweine ist ein Mahlen der Beeren oft nicht notwendig, weil sie infolge ihrer Weichheit relativ leicht vermaischen. Einige Sorten mit zäher Haut, wie Johannisbeeren und Stachelbeeren, werden jedoch vorteilhafterweise gemahlen, gleich wie auch die trockenen und mehligen Vogelbeeren und Hagebutten, deren letzteren noch etwas Wasser zur Erzielung einer genügend saftigen Maische zugesetzt werden muß. Da die Beerenmaischen im allgemeinen für die Hefe nahrungsarm sind, müssen ihnen Nährstoffe zugefügt und das Ingangbringen der Gärung durch Reinzuchthefe gesichert werden. Die für das Gären vorteilhafteste Temperatur liegt bei etwas über 20°C während die Gärdauer Schwankungen unterworfen ist und sich im unvorteilhaftesten Falle bis zu einigen Wochen erstrecken kann. Die Destillation muß wegen dem geringen Zuckergehalt der Beeren und dem als Folge davon recht geringen Alkoholgehalt der vergorenen Maische im allgemeinen zweimal in einem mit Dephlegmator versehenen Destillationsapparat vorgenommen werden. Die Destillationsapparate sind ähnliche, in vielen Fällen genau dieselben, wie sie zur Destillation von Obstbranntweinen Verwendung finden. Beerenbranntweine werden u. a. aus den folgenden Beerensorten hergestellt: Himbeeren, Brombeeren, Erdbeeren, Heidelbeeren, Johannisbeeren und Vogelbeeren (Ebereschen).

*Obstgeiste*. Die Herstellung der Geiste ist relativ einfach, weil die Gärungsphase vollständig wegfällt. Die reifen, fehlerfreien Früchte oder Beeren läßt man in der Destillationsblase während einiger Zeit — ca. 1 Tag — zusammen mit neutralem Alkohol stehen, wonach die Masse destilliert wird. Der Vorlauf enthält oft den aromareichsten Teil, so daß dieser vom Destillat nicht abgetrennt wird. Bei der Gewinnung von Geist ist es durchaus möglich die Früchte oder Beeren auch während längerer Zeit vor der Destillation zusammen mit Alkohol stehen zu lassen.

Auf diese Weise kann die ganze Ernte auf einmal konserviert und später destilliert werden. In den so erhaltenen Geisten tritt im allgemeinen das Aroma der verwendeten Beeren oder Früchte rein und intensiv hervor. Sie werden in bedeutendem Ausmaße als Rohstoff zur Herstellung von Likören und Branntweinen gebraucht, weil das Produkt in der Regel sehr ausgiebig und haltbar ist. In ihrer ursprünglichen Form haben die Produkte als Getränke verwendet meist nur lokale Bedeutung.

Begr. Best. Art. 22 (1)[1] Werden frische (d. h. unvergorene) Heidelbeeren, Himbeeren, Brombeeren, Erdbeeren, Johannisbeeren, Vogelbeeren, Aprikosen und Pfirsiche, auch wenn sie mit zulässigen Konservierungsmitteln versetzt sind, unter Zusatz von Alkohol destilliert, so darf der gewonnene Branntwein unter den Bezeichnungen Heidelbeergeist, Himbeergeist, Brombeergeist oder entsprechenden Bezeichnungen in den Verkehr gebracht werden. (3) Der Alkoholgehalt beträgt mindestens 40 Raumhundertteile. (4) Zuckerzusatz und Färbung sind nicht üblich und deshalb als Verfälschung anzusehen.

## k) Wacholderbranntweine

Das erfrischende Aroma der Wacholderbeere wird in manchen Getränken verwendet, doch einzig in einigen typisch deutschen Getränken wie Steinhäger und Wacholder stammt der Alkohol auch aus dem in den Wacholderbeeren enthaltenen Zucker. Derartige Getränke, wie die eine lange Geschichte verzeichnenden international bedeutenden Gin und Genever, können in ihrer heutigen Form nicht mehr zu den Wacholderbranntweinen gezählt werden, obwohl sie das Aroma der Wacholderbeere aufweisen.

*Steinhäger.* Begr.Best. Art. 24 (1)[1] Unter der Bezeichnung Steinhäger darf nur ein Branntwein in den Verkehr gebracht werden, der ausschließlich durch Abtrieb unter Verwendung von Wacholderlutter aus vergorener Wacholderbeermaische hergestellt ist. (2) Bei der Weiterverarbeitung des Wacholderlutters zu Steinhäger durch Destillation wird nur Alkohol (Primasprit, Kornsprit, fein filtrierter Sprit) und Wasser hinzugesetzt. Die Beigabe von anderen Stoffen mit Ausnahme einer geringen Menge von Wacholderbeeren ist unzulässig. (4) Unter „Wacholderlutter" wird der Abtrieb aus einer Maische von Wacholderbeeren ohne jeden Zusatz und ohne Verwendung von Neutralisations- oder Schönungsmitteln verstanden. (5) Der Alkoholgehalt muß mindestens 38 Raumhundertteile betragen.

Zum Wacholderlutter, der als solcher Handelsware ist und aus dem der Steinhäger hergestellt wird, werden die besten italienischen Wacholderbeeren, die gänzlich reif geerntet worden und von Hand gelesen sind, verwendet.

Die Beeren werden vor der Weiterverarbeitung mindestens 1 Jahr eingelagert. Die blauschwarzen, innen orangegelben Beeren haben einen süßlich-bitteren Geschmack und sie enthalten getrocknet 20—30% gärungsfähige Zucker und ca. 1% äther. Öle. Da die Wacholderbeeren getrocknet vorliegen, wird mit ihnen nach einer kurzen Wäsche mit Wasser und dem Zerquetschen unter Zusatz einer ca. 3fachen Menge warmen Wassers die Maische angesetzt. Der Maische werden noch Hefenährstoffe, insbesondere Ammoniumsalze als Nährstickstoff in einer Menge von einigen 10 g per 100 l zugefügt. Die Gärung wird mittels Brauerei- oder Preßhefezusätzen kräftig in Gang gebracht. Die aus Wacholderbeeren angesetzte Maische ist schwer vergärbar und die Gärtemperatur muß deshalb bis auf 25°C gesteigert werden und dazu müssen der Hefe noch Hefenährpräparate zur Verfügung gestellt werden. Im besten Fall werden für die Gärung ca. 8 Tage gebraucht, doch kann sich die Dauer bis zu 2 Wochen ausdehnen. Zur Vermeidung von Essigstich wird ein Gärgefäß von geschlossenem Typ verwendet, und es wird danach gestrebt, den Einfluß der Luft zu eliminieren. Sofort nach Abschluß der Gärung wird die Maische der Destillation unterworfen; das dadurch erhaltene Produkt wird als Wacholderlutter bezeichnet.

*Wacholderlutter* als solcher ist Handelsware. Wird er als Zwischenprodukt zur Herstellung des Steinhäger gebraucht, so darf er nicht mit Filtrationshilfsmitteln

---

[1] Vgl. Fußnote S. 538.

behandelt werden. Soll daraus Wacholderbranntwein hergestellt werden, wird der Lutter verdünnt, mit Neutralisationsmittel behandelt und durch Asbest filtriert. Zur erneuten Destillation werden evtl. dem Lutter Gewürze zugefügt und das so erhaltene Produkt ist das Wacholderdestillat, das als Rohstoff zu verschiedenen gewürzten Branntweinen verarbeitet wird.

Bei der *Steinhägerherstellung* destilliert man die Mischung von Wacholderlutter und Neutralalkohol sorgfältig und trennt die Vor- und Nachläufe ab. In dieser Phase wird fast ausnahmslos dem Gemisch eine geringe Menge zerquetschter unvergorener Wacholderbeeren zugegeben. Auf 100 l des fertigen Produktes werden je nach seiner Qualität und den gewünschten Eigenschaften 2—10 l Wacholderlutter verwendet. Beim Destillieren wird nur ein sehr kleiner Vorlauf abgenommen und danach führt man die Destillation langsam bis zu einer Stärke von ca. 40 Vol.-% weiter. Der Mittellauf stellt das eigentliche Produkt dar, das noch auf die Trinkstärke von 38 Vol.-% verdünnt wird. Das fertige Produkt läßt man in Steinzeug- oder Glasgefäßen noch kürzere Zeit egalisieren. In den Handel kommt es in den typischen Steinzeugkrügen oder in Glasflaschen.

*Wacholder.* Begr.Best. Art. 26 (1)[1] Wacholder ist ein Branntwein, der aus Sprit-Wasser-Gemisch und/oder Korn-Sprit-Wasser-Gemisch unter Hinzufügung von Wacholderdestillat oder Wacholderlutter hergestellt wird. Die Verwendung von Wacholderöl ist unzulässig. (3) Der Alkoholgehalt dieser Wacholderbranntweine muß mindestens 32 Raumhundertteile betragen.

Der zur Herstellung von Wacholderbranntweinen herangezogene Wacholderlutter wird mit Neutralisationsmitteln, gewöhnlicherweise mit Magnesia, behandelt und darauf durch Asbest oder Kieselgur filtriert. Das Wacholderdestillat wird ohne Gärung gewonnen. Die Beeren werden zerquetscht und mit 50 Vol.-%igem Alkohol während 2 Tagen maceriert und das Macerat langsam destilliert. Das Destillat verdünnt man auf ca. 30 Vol.-% und filtriert es durch Asbest oder Kieselgur. Das Rohdestillat wird ein zweites Mal unter Abnahme des Vor- und Nachlaufes von der eigentlichen Hauptfraktion destilliert. Wacholder wird durch Destillieren aus einer Alkohol-Wassermischung, der Wacholderlutter oder Wacholderdestillat zugesetzt worden ist, hergestellt. Das Destillat wird auf die Trinkstärke von 32 Vol.-% verdünnt.

Steinhäger und reiner Wacholderbranntwein sind eigentlich die einzigen reinen Wacholderbeerenbranntweine. Steinhäger ist die Originalbezeichnung, doch werden Wacholderbranntweine auch in manchen anderen Ländern, in denen Wacholder in bemerkenswertem Maße gedeiht, nach denselben Grundsätzen hergestellt. Die besten Beeren liefert der in Italien gedeihende Wacholder während Beeren anderer Herkunft von geringerem Wert, ihrem Aroma nach grober sind.

## l) Verschiedene Spezialbranntweine

Überall auf der Erde werden aus zucker- und stärkehaltigen Pflanzenteilen und Früchten die verschiedensten Branntweine hergestellt. Ihre Bedeutung ist in der Regel lokaler Natur, obwohl die in den Handel gelangenden Mengen bedeutend sein können. Qualität und Eigenschaften der Getränke unterscheiden sich oft stark von den europäischen Geschmacksgewohnheiten und Normen.

Insbesondere in den europäischen Alpenländern ist der aus den ziemlich großen Wurzeln des Enzians *Gentiana lutea* gewonnene Enzianbranntwein bekannt. Die Wurzeln enthalten beträchtliche Mengen gärungsfähigen Zucker und sie kommen entweder in frischem oder getrocknetem Zustande zur Verarbeitung. Das Aroma des Enzianbranntweines ist eigenständig und an Drogen erinnernd. Tobinamburbranntwein wird aus den Wurzelknollen der Erd-Artischoke *Helianthus tuberosus,* die ca. 20% Inulin enthalten, gewonnen. Der erhaltene Branntwein hat seinem Aroma nach Ähnlichkeit mit dem Enzianbranntwein, ist jedoch von etwas schwä-

---

[1] Vgl. Fußnote S. 538.

cherer Qualität. Tequila, Mescal und Sotol sind hauptsächlich lokal bekannte Branntweine aus Süd-Amerika, insbesondere Mexiko. Tequila wird aus der kultivierten Form der *Agave tequilana* gewonnen und gewöhnlich zweimal destilliert. Das Produkt ist farblos und es kommt ungereift in den Handel. Mescal wird aus wildwachsender *Agave* hergestellt und nur einmal destilliert; auch dieses Produkt wird nicht der Reifung unterworfen. Sotol ist ein dem Mescal ähnliches Produkt, das aus einem Liliengewächs von der Art des Yucca gewonnen wird. Auf den Hawaii-Inseln wird ein mit Okolehao bezeichneter Branntwein hergestellt. Ursprünglich wurde er ausschließlich aus der Ti-Wurzel, *Cordyline eschscholziana*, gewonnen, während diese Pflanze in neuerer Zeit neben Koji-Reis und Rohrmelasse nur noch die Rolle eines Aromaspenders spielt. Das Getränk wird in angekohlten Fässern gereift und erinnert an frischen Bourbon-Whisky. Im Nahen Osten ist die Herstellung von Branntweinen aus Rosinen, Feigen und Datteln üblich. Auch Bananen, Melonen und Palmkerne dienen als Rohstoffe in der lokalen Branntwein-Produktion.

## 2. Branntweine auf Spritgrundlage

Eine große Anzahl verschiedenartiger alkoholischer Getränke wird durch Verdünnen von gereinigtem Sprit unterschiedlicher Herkunft auf Trinkstärke hergestellt. Zum Herbeiführen der gewünschten Eigenschaften der Getränke verwendet man Gewürze oder man aromatisiert sie unter Benutzung irgendwelcher Branntweine. Über die Herstellung und die Eigenschaften reinen Sprites sei auf das Kapitel B „Die technische Spiritusgewinnung" (S. 508—525) hingewiesen.

### a) Wodka und ähnliche Produkte

Unter Wodka versteht man neutralen, sehr reinen Getreide- oder Kartoffelsprit, der auf Trinkstärke verdünnt ist. Er wird nicht der Reifung unterworfen und zu seiner Lagerung verwendet man Behälter aus indifferentem Material, das während der Lagerung Farbe und Geschmack des Getränkes nicht beeinflussen darf.

Begr.Best. Art. 31 (1)[1] Wodka ist ein Branntwein, der aus fein filtriertem Alkohol oder nach besonderem Verfahren behandeltem Primasprit bzw. Kornfeinsprit hergestellt wird. Durch die „besonderen Verfahren" müssen die charakteristischen Merkmale des Wodka, die Reinheit und Weichheit des Geschmacks erreicht werden. (2) Der Alkoholgehalt beträgt mindestens 40 Raumhundertteile.

Zur Herstellung von Wodka werden Getreideprodukte oder Kartoffeln als Rohmaterial verwendet. Der stärkehaltige Ausgangsstoff wird mittels Dämpfung verkleistert und mit Malz oder einem anderen Amylasepräparat verzuckert.

Die Abtrennung des Alkohols aus der vergorenen Lösung geschieht im kontinuierlich arbeitenden Destillationsapparat der Brennerei, während die Reinigung des so erhaltenen Getreide- oder Kartoffelsprites zu Neutralalkohol in einer Rektifikationsanlage vorgenommen wird. Durch besonders sorgfältige Steuerung des Destillationsverlaufes erhält man den Alkohol in einer Reinheit, daß er schon als solcher zur Verdünnung zu Wodka geeignet ist. Im Zusammenhang mit der Verdünnung stehen oft verschiedene Maßnahmen, deren Zweck es ist, die möglicherweise trotz der Rektifikation im Alkohol verbliebenen Verunreinigungen zu entfernen und so die für den Wodka typische Eigenschaft der hohen Reinheit und Weichheit des Geschmackes zu erreichen.

Das Herabsetzen auf Trinkstärke kann einfacherweise in Meßbehältern vorgenommen werden, doch sind insbesondere in Großbetrieben eine große Anzahl verschiedener Mischgeräte im Gebrauch. Ihr Zweck ist es, den eigentlichen Meßvorgang zu beschleunigen und auch die Mischung von Wasser und Alkohol im physikalischen Sinne im Hinblick auf die Hydratation des Alkoholmoleküls zu fördern, von der man sich einen vorteilhaften Einfluß auf die Abrundung des Geschmacks verspricht. In der Großproduktion geschieht das Mischen mit Hilfe

---

[1] Vgl. Fußnote S. 538.

kontinuierlicher Durchflußmischer, denen Sand- oder Keramikfilter nachgeschaltet werden können, mit deren Hilfe man einen intensiven Mischeffekt anstrebt. Bekannt sind auch Verfahren, bei denen Mischung und Verdünnung anläßlich der Destillation schon in der Dampfphase geschehen. Die Qualität des zur Verdünnung verwendeten Wassers ist für die Güte des Produktes von wesentlicher Bedeutung. Das Wasser muß einwandfrei, von weicher und frischer Beschaffenheit und vollständig neutral sein. Bei der Wodkaherstellung ist unmittelbar nach dem Mischen eine Aktivkohlebehandlung sehr üblich.

Neben dem ursprünglichen, neutralen Wodka werden unter derselben Bezeichnung auch aromatisierte Produkte in den Handel gebracht. Diese müssen jedoch eher unter die auf Spritgrundlage hergestellten aromatisierten Branntweine eingereiht werden. Ursprünglich stammt Wodka aus Ost-Europa, insbesondere aus Rußland und Polen, er ist jedoch heute in der ganzen Welt üblich und wird auch überall fabriziert. Die handelsübliche Stärke des Wodkas liegt bei 40—45 Vol.-%.

## b) Aromatisierte Trinkbranntweine

Man kennt eine ganze Anzahl auf der Grundlage von neutralem Reinsprit hergestellte aromatisierte Branntweine. Als Gewürze werden in der Regel an Ort und Stelle erhältliche Pflanzen oder in einigen Fällen auch die das Aroma des Originalbranntweins nachahmenden Gewürzmischungen und Essenzen verwendet. Die bedeutendsten unter diesen aromatisierten Getränken dürften die besonders für die nordischen Länder typischen Schnäpse sein. Aquavit ist allgemein als der namhafteste Vertreter dieser Kategorie bekannt, doch kommen außer diesem noch andere auf verschiedene Weise aromatisierte Branntweine in den Handel, während aromatisierte Schnäpse vom Wodka-Typ nur sehr wenig bekannt sind.

*Aquavit.* Begr.Best. Art. 30 (1)[1] „Aquavit" ist ein vorwiegend mit Kümmel aromatisierter Branntwein. (2) „Tafelaquavit" ist ein unter Verwendung von Destillat aus Kümmel hergestellter, mindestens 38 Raumhundertteile Alkohol enthaltender Aquavit.

Als Ausgangsstoff der Aquavitherstellung dient besonders rein dest. Kartoffel- oder Getreidesprit. Die vorbereitete Gewürzmischung wird mit Alkohol extrahiert und der so erhaltene Extrakt destilliert. Die Gewürzmischung besteht zur Hauptsache aus Kümmel, doch werden zusätzlich in geringer Menge Anissamen, Koriander, Sternanis, Pomeranzenschalen usw. verwendet. Die Anzahl der Gewürze und deren Mengenverhältnisse sind von Fall zu Fall verschieden. Als Hauptregel kann jedoch gelten, daß Kümmel das Grundaroma liefert und die übrigen Gewürze dieses abrunden und ergänzen.

Sprit, Wasser und Gewürzdestillat sowie die anderen der Mischung zuzufügenden Stoffe, wie Zucker und in einigen Fällen auch Sherry oder ein anderer aromatischer Wein, werden vermischt und darauf zur Reifungslagerung in Holzfässer umgefüllt. Einige Aquavite, insbesondere die gefärbten, werden im besten Fall mehrere Jahre in Holzfässern gelagert, während andere farblose Aquavit-Typen ohne jegliche Reifungslagerung in den Handel gebracht werden. Internationales Ansehen hat insbesondere der dänische Aquavit erhalten, der auch unter Ursprungsschutz steht. Er wird unter dem Namen *Malteserkreuz*-Aquavit in den Verkehr gebracht. Auch in den andern skandinavischen Ländern hat die Aquavit-Herstellung alte Traditionen.

Auf gleiche Weise wie Kümmel das typische Gewürz des Aquavits ist, bilden auch andere Gewürzpflanzen die charakteristische Aromagrundlage für Branntweine. So z. B. sind aus Wacholderbeerdestillaten hergestellte Branntweine bekannt. Anisschnäpse sind besonders in Südeuropa und in den Ländern des Nahen Ostens beliebt. Ihr Herstellungsprozeß entspricht ganz demjenigen des

---

[1] Vgl. Fußnote S. 538.

Aquavits. Die Produkte werden unter ihren eigenen nationalen Bezeichnungen vertrieben, von denen Raki in der Türkei und Ouzo und Mastika in Griechenland bekannt sind. Das für Frankreich typische Produkt dieser Art ist der *Pernod*.

### c) Bittere

Bittere sind Getränke, die insbesondere ihrer tonischen Eigenschaften wegen wie Aperitive genossen werden und die auch in geringer Menge Bestandteile von Mischgetränken sein können. Ihr bitterer Geschmack entstammt den Auszügen und/oder Destillaten besonders bitterer Kräuter.

Begr.Best. Art. 32 (1)[1] a) Bittere sind Branntweine, hergestellt mit bitteren und aromatischen Pflanzen- und Fruchtauszügen und/oder -destillaten, Fruchtsäften, äther. Ölen mit oder ohne Zucker oder Stärkesirup. b) Der Alkoholgehalt muß mindestens 32 Raumhundertteile betragen. (2) Boonekamp ist ein Bitterbranntwein besonderer Art, dessen Alkoholgehalt mindestens 40 Raumhundertteile beträgt.

Die Herstellung der Bittere selbst ist nicht besonders schwierig, weil es sich dabei nur um die Mischung verschiedener Auszüge, Destillate sowie äther. Öle handelt und das fertige Produkt lediglich in abfüllfähigen Zustand gebracht werden muß. Zur Herstellung nach den geheimen Rezepten der zahlreichen Fabrikanten werden eine große Auswahl von Kräutern, Drogen und Gewürzen herangezogen.

Die Bittere werden in manchen verschiedenen Typen hergestellt. Einige davon sind zu rein medizinischen Zwecken bestimmt, die anderen schwanken ihrem Bittergrad nach vom Starkbitter bis zu den wermutähnlichen, nur schwach bitteren Produkten. Von den bekanntesten Bittere seien hier nur *Angostura, Boonekamp, Unicum, Fernet Branca, Abbott's Aged Bitters* und die meisten englischen Orange Bitters erwähnt.

## II. Liköre

Unter Likören versteht man stark zuckerhaltige alkoholische Getränke, deren Alkoholgehalt je nach Getränketyp zwischen 20—60 Vol.-% schwanken kann. Zu ihrer Aromatisierung finden Früchte, Beeren, verschiedene Gewürze, Kräuter und Auszüge von Drogen sowie Destillate und industriell hergestellte natürliche Essenzen und Zwischenprodukte Verwendung. Zur Süßung kommt gewöhnlich Zucker oder Stärkesirup zur Anwendung, hie und da auch Honig; der Zuckergehalt bewegt sich zwischen 200—550 g/l. Neutralsprit ist in der Regel die Alkoholgrundlage der Likörfabrikation, doch verwendet man ihrer geschmacklichen Eigenschaften wegen auch diverse Branntweine. Die im vorstehenden behandelten Bittere können mit gutem Grund, falls vom Zuckergehalt abgesehen wird, unter die Kategorie der Liköre eingereiht werden. Ihre Herstellung entspricht ganz derjenigen der Liköre und es läßt sich deshalb zwischen Bitteren und Likören keine deutliche Grenze ziehen.

Begr.Best. Art. 33 (1)[1] Liköre sind Spirituosen mit Zusatz von Zucker und aromatischen Stoffen, Pflanzen- und Fruchtauszügen und/oder -destillaten, Fruchtsäften und/oder äther. Ölen; ein Teil des Zuckers kann durch Stärkesirup ersetzt werden. Der Extraktgehalt (einschl. Zucker) beträgt mindestens 10 g, in der Regel jedoch 22 g und mehr, in 100 ml. (2) Bei Likören mit mindestens 22 g Extraktgehalt in 100 ml muß der Alkoholgehalt mindestens 30 Raumhundertteile betragen, ausgenommen die in Art. 35, 39—43 und 49 genannten Erzeugnisse; auf die höheren Mindestalkoholgehalte der Erzeugnisse gemäß Art. 34, 36 (4), 44—47 wird hingewiesen. Liköre mit einem geringeren Extraktgehalt müssen mindestens 32 Raumhundertteile Alkohol enthalten.

---

[1] Vgl. Fußnote S. 538.

# 1. Ausgangsstoffe

Die vier Hauptbestandteile der Likörherstellung sind Alkohol, Zucker, Wasser und die Aromakomponenten. Zu den Likören wird gewöhnlich aus Kartoffeln, Getreide oder Melasse hergestellter Neutralsprit verarbeitet. Der gleiche Sprit dient sowohl zum Ausziehen der Aromastoffe als auch zur eigentlichen Likörherstellung. In einigen Speziallikören, wie Emulsions- und Phantasielikören wird anstelle von Alkohol oft Branntwein, Cognac, Whisky, Arrak oder Rum verwendet. Als Zucker dient Raffinadezucker, der nach dem Auflösen eine farblose, klare Lösung mit einem Zuckergehalt von 650—670 g/l ergeben soll. Sie muß frei von Calziumsalzen sein, die sonst im fertigen Produkt kristalline Niederschläge hervorrufen können. Auch in bezug auf das Wasser werden Ansprüche gestellt; es soll weich und von guter Qualität sein und muß die an ein einwandfreies Trinkwasser zu stellenden angemessenen Forderungen erfüllen. Zur Herstellung der Aromakomponenten der Liköre dienen beinahe alle bekannten Früchte und Beeren, und auch Drogen und Gewürze. Heutzutage stehen dem Likör-Hersteller eine große Auswahl industriell gewonnener sehr hochwertiger Halbfabrikate, diverse natürliche Essenzen, Aromakonzentrate und Getränkegrundstoffe zur Verfügung. Durch ihre Anwendung läßt sich die Auszugs- und Destillationsphase der natürlichen Drogen umgehen und die Likörfabrikation wird so wesentlich vereinfacht. Als weiterer Vorteil bietet sich die konstante Qualität des so hergestellten Produktes an. Es sei festgestellt, daß der volumenmäßig größte Teil der Liköre gerade auf diese Art und Weise hergestellt wird.

Es ist in diesem Zusammenhang nicht möglich, die bei der Likörfabrikation verwendeten Früchte, Kräuter und Gewürze eingehend zu erörtern, das gleiche gilt auch für die Technik ihrer Verarbeitung. H. WÜSTENFELD u. G. HAESELER (1964) behandeln diese Fragen in detaillierter Art.

# 2. Verschiedene Liköre

## a) Kräuter- und Bitterliköre

Das Aroma der Kräuter- und Bitterliköre stammt aus Drogen und Gewürzen. Typisch für die Herstellung dieser Liköre ist die Verwendung vieler verschiedener Kräuter und Gewürze, so daß deren Aroma nicht nur durch ein vorherrschendes Gewürz gebildet wird, sondern es eine harmonische Verbindung der verschiedensten Aromafaktoren, die mittels sorgfältiger Auswahl und Herstellung zu einem charakteristischen Ganzen verbunden worden sind, darstellt. Die Verarbeitung der Kräuter und Gewürze ist die am meisten fachliches Können und Sorgfalt erheischende Phase, insbesondere dann, wenn zur Fabrikation des Likörs keine handelsüblichen Halbfabrikate verwendet werden. Die Aromafaktoren gewinnt man aus den Pflanzen durch Extraktion mit Alkohollösung und dieser Aromaauszug wird durch Destillation, mit Vorteil im Vakuum, weiter zum Gewürzdestillat verarbeitet (vgl. Abb. 29).

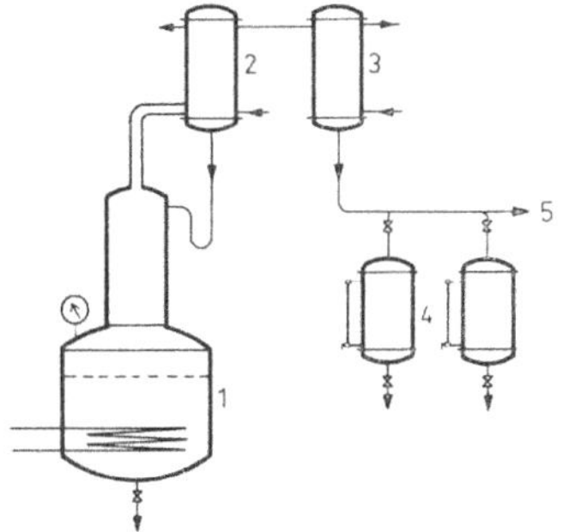

Abb. 29. Schema des Vakuumdestillationsapparates zur Herstellung von Gewürzdestillaten.

1 Brennblase, 2 Dephlegmator, 3 Kühler, 4 Zwei Vorlagebehälter für Destillatfraktionen, 5 Verbindung zur Vakuumpumpe

Die Arbeitsweise ist sehr variabel, so kann die Extraktion kalt, heiß oder mittels Perkolation vorgenommen werden. Die Destillation des erhaltenen Auszugs kann sowohl zusammen mit den Kräutern als auch nach erfolgter Trennung von diesen geschehen. In der Regel werden alle Gewürzbestandteile separat verarbeitet und aus ihnen die Destillate gewonnen, die dann durch Mischung in erprobtem Verhältnis den für den gewünschten Likör typischen Aromateil liefern. Es ist ferner möglich aus den Gewürzen vorerst ein Gewürzgemenge zu bilden, das dann extrahiert und direkt zu einem kombinierten Gewürzdestillat destilliert wird. Dabei ist jedoch die Steuerung der Destillation bedeutend schwieriger als bei der Verarbeitung nur eines einzigen Gewürzextraktes und führt zwangsläufig bei der Fraktionenteilung zu Kompromissen. Die Destillierbarkeit der erwünschten und nicht erwünschten Aromastoffe ist von Gewürz zu Gewürz verschieden und so wird das Auffinden des richtigen Zeitpunktes zur Umschaltung vom Vorlauf zum Hauptlauf und von diesem auf den Nachlauf zu einer Tätigkeit, die große Erfahrung und fachmännisches Wissen voraussetzt. Geschieht die Fabrikation ohne Destillation durch bloßes Extrahieren von Kräutermischungen, so erhält man Bitterliköre. Ihr Zuckergehalt ist gewöhnlich bedeutend geringer als bei den eigentlichen Likören.

Begr.Best. Art. 38 (1)[1] Kräuter-, Gewürz- und Bitterliköre sind Spirituosen, hergestellt mit Fruchtsäften, natürlichen ätherischen Ölen, natürlichen Essenzen und mit Zucker. (2) Für den Alkohol- und Extraktgehalt gilt Art. 33 Abs. 2.

Ist die richtige Gewürzdestillatmischung nach einem der erwähnten Verfahren fertiggestellt, können die verschiedenen Bestandteile des Likörs gemischt werden: Wasser und Zuckerlösung, Neutralalkohol sowie Aromaextrakte oder Gewürzdestillate. Die Mischung wird in besonderen, mit Rühreinrichtungen versehenen Behältern vorgenommen, die zudem mit Füllstandsmeßgläsern und Erwärmungsvorrichtungen versehen sind. Man läßt die fertige Likörmischung während ungefähr 2 Tagen stehen, kontrolliert ihre Zusammensetzung und nimmt evtl. Korrekturen vor. Bevor der Likör abfüllbereit ist, werden noch evtl. Farbstoffe zugesetzt, ferner läßt man ihn klären und unterwirft ihn der Filtration. Bei der Großfabrikation werden größere Likörpartien durch ausgewähltes Mischen der verschiedenen Fabrikationschargen zur Erzielung einer gleichbleibenden Qualität egalisiert. Danach, aber unmittelbar vor dem Abzug in Flaschen wird der Likör noch einmal absolut klar filtriert.

Wird der Likör auf „kaltem Wege" unter Heranziehung handelsüblicher Halbfabrikate wie Essenzen, Likörölen und Likörgrundstoffen hergestellt, kommt natürlich die ganze Phase der Extraktion und Destillation der Aromabestandteile in Fortfall. Die zu verwendenden aromatischen Halbfabrikate werden mit einer kleinen Menge Alkohol vermischt, wonach diese Mischung anstelle der im eigenen Betrieb hergestellten Aromaextrakte und Gewürzdestillate weiterverarbeitet wird. Dieses Verfahren wird heutzutage am meisten angewandt, obwohl der eine oder der andere Fabrikant zusätzlich dazu noch selbsthergestellte Destillate verwendet um seinem Produkt eine individuelle Nuance zu verleihen.

Die Reifung der Liköre beruht wegen der Art ihrer Herstellung und der Natur ihrer Aromafaktoren vor allem auf dem Einfluß der Zeit, die das Vereinigen der einzelnen Aromafaktoren zu einer harmonischen Gesamtheit bewirkt. Die zu fordernde Lagerdauer ist selten länger als einige Tage bis einige Monate. Wie bei allen chemischen Veränderungen, die als Funktion der Zeit ablaufen, bewirkt ein Temperaturanstieg eine Beschleunigung. Erwärmung ist jedoch eine mit Vorsicht anzuwendende Maßnahme zur Reifung von Likören und sie kann ein Ranzigwerden zur Folge haben. So z. B. eignet sich die Wärmebehandlung für die zu dieser Gruppe gehörenden Kräutermischliköre überhaupt nicht.

Zu dieser Gruppe gehören die reinen typischen und überall bekannten Kräuterlikörtypen *Chartreuse* und *Benediktiner* sowie die Bitterliköre Kurfürstlicher Magenbitter, Aromatique und Stonsdorfer. Zwischen diesen bekanntesten Vertretern haben die verschiedensten Kombinationen von Bitter und Süße ihren Platz. Diese sind oft von begrenzter Bedeutung und in der Regel nur für ein bestimmtes Gebiet typisch. Die Grenzziehung zwischen den eigentlichen Bitteren

---

[1] Vgl. Fußnote S. 538.

und den Bitterlikören ist ebenfalls schwierig. Der prinzipielle Unterschied zwischen Kräuterlikören einerseits und Bitteren sowie Bitterlikören anderseits besteht darin, daß weil im allgemeinen die Bitterstoffe nicht überdestillieren, diese in den erstgenannten fehlen. Die Aromakomponenten der Bittere und Bitterliköre werden zu ihrem überwiegenden Teil durch bloße Extraktion gewonnen, während das Aromagemisch der eigentlichen Kräuterliköre durch Destillation erhalten wird, wodurch das Aroma feiner und edler ausfällt. Extrakte werden nur sehr vorsichtig verwendet.

*Chartreuse* ist ein von französischen Kartäusermönchen hergestellter Kräuterlikör, der in zwei Typen in den Handel kommt. Der gelbe ist süßer, sein Alkoholgehalt beträgt 43 Vol.-% und der grüne ist trockener und hat einen Alkoholgehalt von 56 Vol.-%. Zur Herstellung des Chartreuse-Likörs werden eine große Anzahl verschiedener Kräuter und Gewürzpflanzen verwendet, von denen u. a. Angelika, Anis, Koriander, Alpenbeifuß, Ysop und Citronenmelisse das Gerüst bilden. Zusätzlich zu diesen verwenden die Fabrikanten noch viele andere Kräuter die dem Getränk eine spezielle Note verleihen und dieses abrunden. Als weitere Bestandteile des Likörs dienen Weindestillat und möglicherweise Honig und Dessertwein. *Benediktiner* ist ein ursprünglich ebenfalls von Mönchen entwickelter Likör, der ebenso wie der Chartreuse unter Verwendung von Weindestillat und Honig hergestellt wird. Im Gewürzgemisch treten als bedeutendste Faktoren Angelika, Ysop, Kardemom, Pfefferminz, Pomeranzen, Thymian usw. auf.

Bei den Bitterlikören spielen als Aromaträger in erster Linie die aus den Schalen verschiedener Citrusfrüchte erhaltenen Auszüge eine bedeutende Rolle. Zusätzlich zu diesen verwendet man Chinarinde und diverse Bitterwurzeln. Zur Aromatisierung dienen in großer Anzahl Kräuter und Gewürze.

### b) Gewürzliköre

Die hauptsächlich durch Destillation hergestellten Gewürzliköre unterscheiden sich von den soeben behandelten dadurch, daß ihr Aroma zum überwiegenden Teil von nur einem Gewürz geliefert wird. Die typischen Vertreter dieser Gruppe, die überall bekannten Anis- und Pfefferminzliköre werden gänzlich aus Destillaten hergestellt. Für die Gewürzliköre gelten dieselben Begriffsbestimmungen wie für Kräuter- und Bitterliköre.

Die Grundzüge der Herstellung von Gewürzlikören sind die gleichen wie bei den Kräuterlikören. Das zu extrahierende Gewürzgemisch ist jedoch nur aus einigen wenigen Gewürzen aufgebaut oder man beschränkt sich gar nur auf ein einziges Gewürz. Das Gewürzdestillat der Liköre erhält man in der Regel durch Mischung der aus den einzelnen Gewürzen erhaltenen Destillate. Die am weitesten verbreiteten Liköre dieser Gruppe, die Anis- und Pfefferminzliköre, werden fast immer aus fabrikmäßig gewonnenen äther. Ölen hergestellt. Anislikör, als dessen bedeutendster Vertreter *Anisette* (Marie Brizard) genannt sei, ist ein nur aus Anisdestillat, dessen Hauptkomponente Anethol ihm den Geschmack verleiht, hergestelltes klares und sehr süßes Produkt. An seiner Süßigkeit haben außer der großen Zuckermenge auch das eigene Aroma des Anethols entscheidend Anteil. Anislikör wird überall in etwa gleicher Art fabriziert. Der zweite Vertreter dieser Gruppe ist der Pfefferminzlikör, dessen Verbreitung ebenso allgemein ist. Er wird fast gänzlich aus reinem Pfefferminzöl, Neutralsprit, Zuckerlösung und Wasser aufgebaut. Ein Zusatz weiterer Aromastoffe kommt nur in sehr geringer Menge in Frage.

Zu derselben Gruppe rechnet man auch Produkte, die lokal eine begrenzte Verbreitung erfahren haben und z. T. als veraltet zu betrachtende Gewürzliköre. Von den Kümmellikören gibt es manche verschiedene Typen, denen ein außerordentlich intensives Kümmelaroma eigen ist. Sie unterscheiden sich voneinander hauptsächlich durch ihren Zuckergehalt. Kümmelliköre kennt man auch in Form von Kristall- oder Eislikören, in deren Flaschen Zucker auskristallisiert ist. Goldwasser ist ein farbloser, klarer Reindestillatlikör, als dessen Gewürze u. a. Koriander, Pomeranzenschalen, Kardemom, Macis und Wacholderbeeren angetroffen werden. Seinen Namen verdankt er dem Blattgold, das ihm in kleinen Flöckchen zugefügt worden ist. Ingwer-, Vanille-, Muskat-, Nelken- und Zimtliköre sind ihren Namen gemäß aromatisierte Destillatliköre.

### c) Früchte- und Beerenliköre

Früchte- und Beerenliköre sind aus Säften, Extrakten, Konzentraten oder Destillaten oder deren Gemischen, Zucker, Sprit und Wasser hergestellte Spirituosen, die ihrer Bezeichnung gemäß ein reines und intensives Früchte- oder Beerenaroma aufweisen. Solche Liköre werden aus den in der jeweiligen Gegend vorkommenden Früchten oder Beeren, sofern sich deren Aroma in ein alkoholisches Produkt überführen läßt und sich einige Zeit hält, hergestellt. Nach den deutschen Begriffsbestimmungen unterscheidet man Fruchtliköre, die den Saft der betreffenden Frucht enthalten müssen und Fruchtaromaliköre, in denen das typische Aroma der Frucht intensiv hervortreten muß. Unter den Früchte- und Beerenlikören nehmen die Citrusliköre einen besonderen Platz ein. Sie sind in der ganzen Welt verbreitet und werden auch allerorts hergestellt, obwohl die Citrus-Früchte oft importiert werden müssen. Auch die Kirschenliköre und insbesondere der Cherry Brandy sind stark verbreitet.

Begr.Best. Art. 35 (1)[1] Fruchtsaftliköre sind Spirituosen, in denen der Saft derjenigen Fruchtarten, nach denen die Liköre benannt sind, als wesentlicher, geschmacksbestimmender Bestandteil enthalten ist. Der Gesamtgehalt an Fruchtsaft je 100 l Fertigware beträgt mindestens 20 l.

Begr.Best. Art. 36 (1)[1] Fruchtaromaliköre sind Zubereitungen, die ihren charakteristischen Geschmack aus Früchten oder Fruchtteilen erhalten, nach denen sie benannt sind. Die Verwendung künstlicher Aromastoffe mit Ausnahme von Vanillin gilt als Verfälschung.

Die Fruchtliköre sollten nach H. Wüstenfeld u. G. Haeseler (1964) neben Sprit in überwiegender Menge aus Fruchtsaft bestehen. Wasserzusatz sollte möglichst vermieden und die erforderliche Zuckermenge im Rohsaft aufgelöst werden. Zur Verbesserung des Aromas wird manchmal anstelle von Sprit die Verwendung der betreffenden Fruchtbranntweine empfohlen. Nachdem die Likörbestandteile vermischt worden sind, werden dem Gemisch je nach Bedarf Klärmittel zugefügt und der Likör wird nach einiger Zeit filtriert. Bei der Fabrikation in großem Maßstab werden mehrere Chargen egalisiert und erst danach folgt die Schlußfiltration. Vor der Abfüllung wird der Likör kürzere Zeit in Glasemail- oder Edelstahltanks oder in besonderen Fällen in kleineren speziell behandelten Holzfässern gelagert. Fruchtliköre werden in der Regel rasch auf Flaschen abgezogen, da eine längere Lagerung in Holzfässern insbesondere auf das Aroma abschwächend wirkt. Citrusliköre sind zudem noch lichtempfindlich, was ihnen leicht einen terpenartigen Geschmack verleiht.

Aus der großen Auswahl an Fruchtsaftlikören ist in erster Linie der Kirschenlikör und insbesondere der *Cherry Brandy* zu erwähnen. Im Cherry Brandy wird neben dem üblichen Kirschensaft in bedeutender Menge Kirschwasser verwendet. Der Geruch und Geschmack beider läßt sich im Produkt gut erkennen. Unter den

---

[1] Vgl. Fußnote S. 538.

Kirschenlikören gibt es viele Variationen, zu deren Aromatisierung Rum, Whisky, Kaffee usw. herangezogen werden. Der aus schwarzen Johannisbeeren hergestellte Cassis-Likör ist ein Beerenlikör, der weite Verbreitung erfahren hat. Einen vorzüglichen Ruf hat der französische, sehr süße *Crème de Cassis*, der aus der Gegend von Dijon stammt, erhalten. Erwähnung verdienen auch die Erdbeer-, Himbeer-, Vogelbeer-, Brombeer-, Ananas- und Heidelbeerliköre sowie die nordischen Spezialitäten Sumpfbrombeer- und Ackerbeerliköre aus *Rubus chamaemorus* und *R. arcticus*. Unter den Fruchtaromalikören sind die Citrusliköre in ihren verschiedenen Formen die wichtigsten und verbreitesten. Zu ihnen gehören die aus Curaçao, Pomeranzen, Orangen, Mandarinen, Citronen usw. hergestellten Getränke. Eine besondere Stellung unter den Citruslikören nimmt der *Curaçao-Likör* ein, der überall verbreitet ist und sehr geschätzt wird. Das Aroma der Citrusliköre stammt beinahe ausschließlich aus der Fruchtschale. Bei der Herstellung des Aromadestillates für die Citrusliköre werden die reinen, nicht gewachsten und frischen Citrusfrüchte auf der Schälmaschine derart geschält, daß einzig die oberste Schicht, in der die das reinste Aroma besitzenden äther. Öle lokalisiert sind, zur Verwendung kommt. Eine Mitverarbeitung der Pulpa sollte vermieden werden, weil diese Bitterstoffe enthält, die ungünstig auf die Reinheit des erhaltenen Destillates einwirken. Der Verwendung frischer Schalen ist der Vorzug zu geben, da in getrockneten bereits ein Verharzen der Aromastoffe eingetreten sein kann. Die Schalen werden während kurzer Zeit, am besten über Nacht, maceriert. Die Destillation des Auszuges erfolgt so, indem dieser von den extrahierten Schalen getrennt wird, oder es ist dafür Sorge zu tragen, daß die Schalen nur in den Dampfraum des Destillationsapparates gelangen. Die Aromabestandteile der Citrusfrüchte sind leicht destillierbar und wenn dafür Sorge getragen wird, daß früh genug auf den Nachlauf umgestellt wird, erhält man sehr reine Destillate. Durch Verdünnung mit Wasser und darauffolgender Separation oder Filtration mit Asbest oder Kieselgur lassen sich die in das Destillat gelangten Terpene entfernen. Durch erneute Destillation erhält man reine und lagerfähige Produkte. Das Fruchtschalenaroma der Citrusliköre muß intensiv, klar und rein sein. Eventuelle andere Aromastoffe werden in der Regel in so kleinen Mengen mitverwendet, daß sie in keinem Fall hervortreten.

*Curaçao-Likör* wird aus den Schalen frischer oder getrockneter Curaçao-Früchte, denen die Pulpa noch anhaftet, gewonnen und aus diesem Grund hat das Produkt ein eigenartiges schwach bitteres Aroma. Auch die Terpene werden nicht vollständig entfernt, so daß der fertige Curaçao-Likör beim Abkühlen schwach trübe wird, welche Erscheinung durch Erwärmen wieder verschwindet. Dieser Likörtyp wird in verschiedenen Süßigkeitsgraden fabriziert, die auch unterschiedliche Alkoholgehalte aufweisen: der süßere, gelbe Curaçao hat den kleinsten Alkoholgehalt, 32 Vol.-%. Der wasserklare, trockene Typ wird in verschiedenen Alkoholstärken in den Handel gebracht, wobei der stärkste Curaçao Triple Sec eine solche von 48 Vol.-% aufweist. Der braune oder grüne Curaçao ist seinem Geschmack nach bitterer und zu seiner Herstellung wird undestillierter Curaçao-Extrakt verwendet.

Von den Orange-Likören sind zwei Typen bekannt, der eine ist von goldgelber Farbe und der andere von rötlicher. Der bekannteste Vertreter dieses Likörs ist der französische *Grand-Marnier*. Die Herstellung der Mandarinen- und Pomeranzenliköre geschieht auf gleiche Weise wie diejenige der gewöhnlichen Citrusliköre. Zur Klasse der aus Aprikosen hergestellten Liköre gehörend ist der *Apricot-Brandy* zu betrachten. Aprikosenlikör enthält neben Aprikosensaft und/oder Aprikosenextrakt noch Aprikosengeist und normalerweise auch Weindestillat.

## d) Kakao-, Kaffee-, Cola- und Teeliköre

Diesen Likören ist das aus betreffenden Rohstoffen stammende Aroma eigen. Sie werden entweder aus Extrakten oder Destillaten unter Zusatz von Sprit und Zucker hergestellt.

Begr.Best. Art. 39 (1)[1] Kakao- (Kakao mit Nuß), Kaffee- und Teeliköre sind Liköre, die unter Verwendung der Rohstoffe hergestellt werden, nach denen sie benannt sind. (2) Diese Erzeugnisse werden mit Destillat oder Extrakt oder beidem hergestellt. (3) Sofern diese Liköre mindestens 22 g Extrakt in 100 ml enthalten, muß der Alkoholgehalt mindestens 25 Raumhundertteile betragen.

Kakaolikör wird in zwei verschiedenen Typen angeboten, von denen der farblose ein Destillatlikör und der braune ein Extraktlikör von intensivem Aroma ist. Zur Herstellung des farblosen Kakaolikörs, Crème de Cacao, werden geröstete und geschrotete Kakaobohnen guter Qualität während einigen Tagen mit Sprit extrahiert. Der Extrakt wird zusammen mit den Bohnen und einem Wasserzusatz destilliert und der ganze übergehende Alkohol aufgefangen. Zu Likören, die aus solchem Destillat hergestellt werden, verwendet man noch Zusatzstoffe, unter denen Vanille der bekannteste ist. Zusammen mit dem Kakao-Aroma harmoniert ausgezeichnet auch das Aroma der Haselnuß. Kakao mit Nuß wird so hergestellt, indem man neben Kakaobohnen noch Nüsse verwendet, die zusammen mit diesen weiterverarbeitet werden. Das gewünschte Ergebnis erreicht man durch Verändern des Kakao/Nuß-Verhältnisses.

Zur Herstellung von Kaffeelikör wird erstklassiger gerösteter und grobgemahlener Kaffee mit Wasser extrahiert. Der erhaltene Kaffeextrakt wird mit Zuckersirup und Sprit zum Likör verarbeitet. Zur Vertiefung des Aromas wird etwas Vanille und Branntwein oder Arrak zugefügt. Die Bezeichnung „Mokkalikör" bedeutet einzig, daß der Kaffeegehalt relativ hoch ist. Die Fabrikation von Kaffeelikör mit handelsüblichen Kaffeextrakten ist durchaus möglich und vereinfacht die Herstellung wesentlich. Tee- und Colaliköre haben keine größere Bedeutung erfahren und ihre Herstellung entspricht derjenigen der vorher erwähnten Kakao- und Kaffeeliköre.

## e) Emulsionsliköre

Emulsionsliköre enthalten Milch, Rahm und/oder Eigelb in emulgierter Form sowie Sprit und Zucker. Als Aromabestandteile können sie noch Schokolade, Kaffee oder Weinbrand enthalten. Unter den Emulsionslikören ist der Eierlikör der bedeutendste und er ist unter der Bezeichnung Advokat-Likör allgemein bekannt. Die Bezeichnung Advokat ist brasilianischen Ursprungs und stammt von den Advokat-Birnen, die zu einem gleichnamigen Getränk verarbeitet wurden. Der unter der Bezeichnung Advocaat vertriebene Eierlikör ist besonders in Holland beliebt und weitherum bekannt.

Begr.Best. Art. 42 (1)[1] Eierlikör ist eine Zubereitung aus Alkohol, Zucker und Eigelb aus frischen Hühnereiern. Die Eier müssen im eigenen Betrieb aufgeschlagen werden. Das hierdurch gewonnene Eigelb kann auch bei Temperaturen unter —10°C eingefroren und bis zur Bearbeitung aufbewahrt werden. Die Verwendung von Kühlhauseiern, Kalkeiern oder geölten Eiern gilt als Verfälschung. Natürliche Aromastoffe dürfen zugesetzt werden. (5) Der Alkoholgehalt muß mindestens 20 Raumhundertteile betragen.

Zur Herstellung des Eierlikörs wird das vom Eiklar getrennte einwandfreie Eigelb zusammen mit der im Rezept mitgeteilten Wassermenge und mit Zucker in einem besonderen heizbaren Mischgerät zu einer glatten Masse vermischt. Eventuell im Eigelb verbliebene Dotterhäute oder Hagelschnüre sind durch Sieben zu entfernen oder die Masse muß in einem besonderen Emulgator homogenisiert werden; Eiklar in geringer Menge wirkt auf die Emulsion stabilisierend. Zu Beginn des Mischens erwärmt man die Masse und fügt nach einiger Zeit

---

[1] Vgl. Fußnote S. 538.

langsam den vorgewärmten Sprit, die Aromazusätze und Wasser bei. Man setzt das Rühren während der ganzen Zeit fort und erhöht die Temperatur der Masse auf 50—60°C. Diese Temperatur wird einige Zeit aufrechterhalten, danach kühlt man unter ständigem Rühren ab. Den fertigen Likör läßt man gekühlt 2 Tage stehen um die in ihn gelangten Luftblasen entweichen zu lassen; danach ist er bereit zur Abfüllung.

Eierweinbrand wird in gleicher Weise wie Eierlikör hergestellt mit dem Unterschied, daß anstelle von Sprit Weinbrand oder Weindestillat verwendet wird. Unter Schokoladelikör versteht man Eierlikör, dem Schokolademasse zugefügt worden ist, in gewissen Fällen wird jedoch zu seiner Bereitung auch Eiklar herangezogen. Eierlikör läßt sich auch mit Kaffee aromatisieren, in diesem Falle spricht man von Kaffee-Emulsionslikör. Kombinationen von Milch-, Rahm- und Eierlikören gibt es in großer Anzahl, ohne daß sie jedoch eine nennenswerte Bedeutung erlangen konnten.

### f) Schwedenpunsch

Schwedenpunsch ist ein likörartiges Getränk, das insbesondere im Norden viele Freunde hat. Der Punsch wird aus Arrak, Sprit, Zucker und Wasser hergestellt. Zur Aromatisierung werden zusätzlich noch Cognac, Rum und diverse Gewürze, unter ihnen besonders Zitronen verwendet. Das Getränk ist von ursprünglich indischer Herkunft und seine hindustanische Bezeichnung lautet Panc (Pantsch), was so viel wie „fünf" bedeutet und darauf hinweist, daß zu seiner Herstellung fünf Hauptbestandteile nötig sind: Sprit, Zucker, Wasser, Zitronensaft und Gewürze.

Begr.Best. Art. 49 (1)[1] Schwedenpunsch ist ein Likör, der unter Mitverwendung von Arrak und Gewürzen hergestellt wird. (2) Der Alkoholgehalt muß mindestens 25 Raumhundertteile betragen.

Die verschiedenen Komponenten — Arrak, Sprit, Zucker und Wasser — werden gemischt und in gewissen Fällen noch Cognac oder Rum und Zitronensaft zugefügt. Der Süßigkeitsgrad ist für die verschiedenen Marken unterschiedlich, der Zuckergehalt beträgt im Mittel ca. 250 g/l. Die Qualität des Punsches steht und fällt mit derjenigen des verwendeten Arraks und dessen Anteil im Getränk.

### g) Punschextrakte

Punschextrakte sind nicht zum unmittelbaren Genuß bestimmte Getränke, sondern stellen konzentrierte Gemische dar, aus denen durch Verdünnen mit heißem Wasser, Tee oder Wein sog. Heißgetränke hergestellt werden. Ihrer Zusammensetzung nach entsprechen sie zu ihrem Großteil dem Schwedenpunsch, doch unterscheiden sie sich voneinander oft in recht starkem Maße.

Begr.Best. Art. 50 (1)[1] Unter Punsch-Extrakten oder Punsch-Sirupen, beide auch kurz „Punsche" genannt, versteht man Spirituosen, die dazu bestimmt sind, mit Wasser getrunken zu werden. (2) Punsch-Extrakte enthalten, wenn sie die Bezeichnung „Rum-" oder „Arrakpunsch" tragen, mindestens 5% Originalrum oder 10% Originalarrak, bezogen auf den gesamten Alkoholgehalt.

### h) Verschiedene Spezialliköre

*Cordial Medoc* ist ein Likör, dessen Alkohol zu einem bedeutenden Teil aus Wein oder Weindestillat stammt. Das charakteristische Aroma von Likören dieses Typs entstammt der Iriswurzel.

Begr.Best. Art. 45 (1)[1] Cordial Medoc ist ein Likör, dessen Alkohol mindestens zu 20% aus Weindestillat oder Weinbrand stammt, der weiter Fruchtextrakt und/oder Drogenauszüge enthält. (2) Der Alkoholgehalt beträgt mindestens 38 Raumhundertteile.

---

[1] Vgl. Fußnote S. 538.

Der Ausdruck „Cordial" ist nicht überall gleichbedeutend, so z. B. bedeuten in den USA Likör und Cordial ungefähr dasselbe. In Europa versteht man unter Cordial einen Likör mit einer in einem gewissen Maße medizinischen Wirkung. Zu seiner Aromatisierung dienen kreislaufwirksame Drogen. Die besonders von den Engländern geschätzten Cordial-Liköre haben mit Getränken vom Cordial Medoc-Typ nichts gemeinsam.

*Honig-Liköre* werden unter Verwendung reichlicher Mengen echten Bienenhonigs und Zuckersirups hergestellt.

Begr.Best. Art. 47 (1)[1] Unter der Bezeichnung „Honigliköre", „Bärenfang", „Petzfang" u. ähnl. Bezeichnungen wird nur ein Likör in den Verkehr gebracht, zu dessen Herstellung mindestens 25 kg Bienenhonig auf 100 l fertigen Likör verwendet worden sind.

Der Klärung der Likörmischung vor der Abfüllung ist bei den Honiglikören besondere Aufmerksamkeit zu schenken. Die Mischung muß der Eiweißfällung unterworfen und danach scharf filtriert werden.

*Whisky-Liköre* sind typisch englische Produkte, sie sind jedoch auch im übrigen Europa verbreitet. Von den Whisky-Honiglikören *Drambuie*, *Irish Mist* und *Glayva* ist eine Nachahmung unter der Bezeichnung „Honig mit Whisky" im Handel. Auf Whiskygrundlage stellt man auch Kaffee- und Fruchtliköre her.

*Kristall-Liköre* sind gewöhnlich Gewürz- oder Fruchtliköre, deren Flaschen vor der Abfüllung mittels Auskristallisieren von Zucker auf ihrer Innenseite eine schöne kristalline „Schale" erhalten haben. Indem man dafür Sorge trägt, daß der Alkohol- und Zuckergehalt des Likörs so gewählt wird, daß er eine gesättigte Zuckerlösung darstellt, erhält man eine bleibende Kristallschicht. Die Flaschen müssen natürlich während der Fabrikation mit der gebotenen Sorgfalt behandelt werden.

Unter der Bezeichnung *Goldwasser* werden in der Regel Gewürz-Liköre vertrieben, denen bei der Abfüllung Blattgold zugesetzt worden ist. Der bekannteste Vertreter dieser Art Liköre ist das Danziger Goldwasser.

Auf dem Markt werden dazu noch eine Anzahl verschiedener Phantasieliköre angeboten, deren Einreihung aufgrund ihrer Aromazusammensetzung mit Schwierigkeiten verbunden ist.

## III. Früchte, Kräuter und Gewürze, Essenzen und Halbfabrikate

Die degustativen Eigenschaften aromatisierter Branntweine und Liköre werden zum großen Teil durch die Aromafaktoren der zu ihrer Herstellung verwendeten Pflanzen und Früchte bestimmt. Die Anzahl der verwendeten Gewürzpflanzen oder Pflanzenteile sowie Früchte ist außerordentlich groß, wie aus der im vorstehenden beschriebenen Herstellung der einzelnen Branntweine und Liköre ersehen werden kann.

Über die in der Spirituosenindustrie verwendeten Kräuter, Gewürze und Früchte geben H. Wüstenfeld u. G. Haeseler (1964) eine eingehende Beschreibung und behandeln die folgenden Drogen in detaillierter Weise:

**Wurzeldrogen:** Alant (*Radix Helenii*), Angelika (*Radix Angelicae*), Arnika (*Radix Arnicae montanae*), Baldrianwurzel (*Radix Valerianae*), Bertramwurzel (*Radix Pyrethri*), Bibernelle, Pimpinellenwurzel (*Radix Pimpinellae*), Curcuma (*Rhizoma Curcumae*), Diptamwurzel (*Radix Dictammi albi*), Enzianwurzel (*Radix Gentianae rubrae*), Galgantwurzel (*Rhizoma Galangae minoris*), Ingwer (*Rhizoma Zingiberis*), Kalmus (*Rhizoma Calami*), Liebstöckel (*Radix Levistici*), Meisterwurz, Kaiserwurz (*Rhizoma Imperatoriae*), Nelkenwurz (*Radix Gei urbani*, *Rhizoma Caryophyllacae*), Ratanhiawurzel (*Radix Ratanhiae*), Rhabarber (*Rhizoma Rhei*),

---

[1] Vgl. Fußnote S. 538.

Schlangenwurzel (*Rhizoma Serpentariae*), Sellerie (*Radix Apii graveolentis*), Süßholz (*Radix Liquiritiae*), Tormentillwurzel, Blutwurz, Ruhrwurz (*Rhizoma Tormentillae*), Veilchenwurzel (*Rhizoma Iridis*), Zitwer (*Rhizoma Zedoariae*).

**Kräuter**: Artemisiadrogen (*Herba* und *Flores Absinthii*) aus verschiedenen Artemisiaarten (*Artemisia absinthium, A. mutellina, A. glacialis, A. aallesiaca, A. spicata*), *Herba Abrotani* aus *A. abrotanum* und weiter Basilicum (*Herba Basilici*), Bitterdistel (*Herba Cardui beneticti*), Bitterklee (*Folia Trifolii fibrini*), Ivakraut (*Herba seu flores Ivae moschatae*), Majoran (*Herba Majoranae*), Melisse, Zitronen-Melisse (*Folia Melissae*), Minzen (*Folio Menthae*), Rosmarin (*Folia Rosmarini*), Salbei (*Folia Salviae*), Tausendgüldenkraut (*Herba Centaurii minoris*), Tee (*Folia Thea*), Thymian (*Herba Serpylli, H. Thymi*), Zitronenthymian (*Thymus Citridorus*), Waldmeister (*Herba Asperulae odoratae*), Ysop (*Herba Hysoppi*).

**Blüten**: Arnikablüten (*Flores Arnicae montanae*), Fliederblüten (*Flores Sambuci*), Hopfenblüten (*Flores Humuli lupuli*), Kamillenblüten (*Flores Chamomillae vulgaris* und *romanae*), Karkade (*Flores Hibisci sabdariffae*), Lavendelblüten (*Flores Lavandulae*), Nelken (*Flores Caryophylli*), Orangenblüten (*Flores Aurantii*), Pappelknospen (*Gemmae populi*), Safran (*Flores Croci*), Wollblumen (*Flores Verbasci*), Zimtblüten (*Flores Cassiae*).

**Samen und Früchte**: Angelikasamen (*Semen Angelicae*), Anis (*Fructus Anisi vulgaris*), Sternanis (Badian, *Fructus Anisi stellati*), Bisamkörner oder Moschuskörner (*Semen Abelmoschi*), Bittermandeln (*Semen Amygdali amarum*), Fenchel (*Fructus Foeniculi*), Heidelbeeren (*Fructus Myrtilli*), Johannisbrot oder Karobe (*Fructus Ceratoniae* oder *Siliqua dulcis*), Kaffee (*Semen Coffeae*), Kakao (*Semen Cacao*), Kardamomen (*Fructus Cardamomi*), Kolanuss (*Semen Colae*), Koriander (*Fructus Coriandri*), Kubeben (*Fructus Cubebae*), Kümmel, Feldkümmel (*Fructus Carvi*), Römischer Kümmel (*Fructus Cumini*), Muskatnuß (*Semen Myristicae, Nuces Moschatae*), Muskatblüte (*Macis*), Paradieskörner (*Semen Paradisi*), Pfeffer (*Fructus Piperis nigri*), Piment (*Fructus Pimentae*), Röhrenkassia (*Fructus Cassiae fistulae*), Selleriesamen (*Semen Apii graveolentis*), Tonkabohnen (*Semen Tonca*), Vanille (*Fructus Vanillae*), Wacholderbeeren (*Fructus Juniperi*).

**Rinden und Hölzer**: Angosturarinde (*Cortex Angosturae*), Chinarinden (*Cortex Chinae*), Condurangorinde (*Cortex Condurango*), Guajak- oder Pockholz (*Lignum Guajaci*), Kaskarillarinde (*Cortex Cascarillae*), Massoyrinde (*Cortex Massoyae*), Sandelhölzer (*Lignum Santali rubrum, L.S. album*), Wintersrinde (*Cortex Winteranus verus*), Zimtrinden (*Cortex Cinnamoni ceylanici, C.C. chinensis, Cortex Canellae albae*).

**Sonstige Drogen, Harze usw.**: Lärchenschwamm (*Fungus Laricis*), Aloe, Ambra, Benzoeharz, Catechu, Guajakharz, Manna, Myrrhe, Perubalsam, Tamarindenmus.

Von den wichtigsten Rohstoffen der Likörindustrie, den Citrusfrüchten, werden besonders die folgenden Sorten teilweise als Saft und teilweise als Schalenextrakte und deren Destillate verwendet: Zitronen (*Citrus medica subsec. Limonum*) und deren Schalen (*Cortex Citri fructus*), Pomeranzen (*Citrus aurantium var. amara*) und deren Schalen (*Cortex aurantii fructus amar.*) sowie die getrockneten, unreifen Früchte (*Fructus aurantii immaturi*), Curaçaofrüchte (*Citrus aurantium var. Curassaviensis*) und deren getrocknete Schalen (*Cortex Aurantii fructus viridis*), Bergamottefrucht (*Citrus aurantium var. Bergamea*), Orangen (*Citrus aurantium var. sinensis*), Mandarinen (*Citrus nobilis*) und Pampelmusen (*Citrus decumana*).

Nur in Ausnahmefällen ist die Branntwein- und Likörindustrie zur Verarbeitung frischer Gewürzpflanzen in der Lage, da der Großteil ausländischen oder gar überseeischen Ursprungs ist. In der Regel verwendet man die aus den Pflanzen gewonnenen getrockneten Produkte, deren Transport über weite Strecken und deren Lagerung möglich sind. Alle diese getrockneten Gewürzpflanzen werden von spezialisierten Importfirmen geliefert. Die Drogen werden mit Vorteil in luft- und feuchtigkeitsdichten Packungen verpackt und trocken, kühl und vor Sonnenlicht geschützt gelagert. Im Gewürzlager ist insbesondere das evtl. Auftreten tierischer Schädlinge im Auge zu behalten und dafür zu sorgen, daß diese möglichst früh auf geeignete Weise vernichtet werden.

Das Abtrennen der Aromabestandteile aus den Gewürzen geschieht durch heiße oder kalte Extraktion mit Sprit und durch Destillieren des erhaltenen Extraktes allein oder zusammen mit dem Gewürz. Die nicht flüchtigen Aromabestandteile können nur durch Extraktion ausgenützt werden, die flüchtigen Aromastoffe erhält man wohl ebenfalls durch Extraktion, doch verbessern sich oft deren Eigenschaften, wenn sie durch Destillation von den andern extrahierten Stoffen getrennt werden. Die zur Herstellung der Spirituosen verwendeten Gewürzpflanzen können jede für sich allein behandelt werden, wobei bei der Herstellung des Getränkes aus den verschiedenen Extrakten und Destillaten ein Gewürzgemisch gebildet wird, oder aber es werden alle in einem Getränk vorkommenden Gewürze vorerst gemischt und darauf gemeinsam der Extraktion unterworfen. Es hängt von den Umständen der Fabrikation ab, welchem Verfahren der Vorzug gegeben wird.

Werden zur Branntwein- und Likörfabrikation im eigenen Betrieb hergestellte Säfte, Extrakte und Destillate verarbeitet, so verlangt dies eine zur Produktion dieser Halbfabrikate eingerichtete eigene Abteilung. Die Einrichtung muß die im folgenden kurz aufgezählten Geräte umfassen: Eine zum Mahlen der Gewürze geeignete Mühle, Gefäße sowohl zur Kalt- als auch zur Heißextraktion und zusätzlich — falls eine Produktion in ausgedehntem Maßstab in Frage steht — auch Extraktionsgefäße unterschiedlichen Fassungsvermögens, da die Behandlung der Gewürze oft in verschieden großen Partien geschieht. Im weiteren werden noch Destillierapparate zur Gewinnung der verschiedenen Destillate benötigt. Bei der Verarbeitung der früher genannten Rohstoffe in frischer Form kommt noch die durch den natürlichen Reifungsprozeß notwendige Saisonarbeit hinzu, welche eine ungleichmäßige Arbeitsbelastung zur Folge hat. Von Bedeutung ist auch die zu dieser Verarbeitungsphase gehörige Forderung nach außerordentlich gut entwickeltem fachmännischem Können, einer gründlichen Ausbildung und langjähriger Erfahrung.

Die Branntwein- und Likörindustrie verarbeitet heutzutage in großer Anzahl industriell hergestellte Gewürzauszüge und -destillate, Saftkonzentrate und Grundstoffe. Auf Grund seiner vielseitigen und technisch vollständigen Einrichtungen ist dieser Industriezweig in der Lage, der Getränkeindustrie sehr verwendungsfähige Halbfabrikate anzubieten. Der einzelne Hersteller kann durch deren Verwendung die Grundzusammensetzung seiner Getränke planen und indem er in begrenztem Maße Extrakte und Destillate eigenen Ursprungs mitverarbeitet, erreicht er eine individuelle Verfeinerung des Aromas seiner Produkte.

Der Getränkeindustrie stehen dreierlei aus reinen Naturprodukten gewonnene Halbfabrikate, die prinzipiell in gleicher Weise hergestellt sind, wie es der Branntwein- oder Likörfabrikant in seinem eigenen Betrieb tut, zur Verfügung. Essenzen sind entweder konzentrierte Extrakte oder Destillate von Gewürzen. Die aus einer einzigen Pflanze gewonnenen Destillat-Essenzen werden als eigentliche äther. Öle benannt. Typische Extrakt-Essenzen sind u. a. Chinarinde-, Curaçao-, Kaffee- und Kakaoessenzen; von den äther. Ölen seien u. a. Anis-, Kümmel-, Pfefferminz- und Wacholderöl erwähnt. Erhältlich sind auch Essenzkombinationen, die für bestimmte Getränke vorgesehen sind und die aus beiden Essenztypen aufgebaut sind. Deren Aromakonzentrat entspricht dem typischen Aroma des fertigen Produktes. Aus solchen Kombinationen, deren Konzentrierung nicht so weit getrieben werden kann wie bei den Essenzen, werden geringer konzentrierte Aromagemische, die sog. Getränkegrundstoffe, hergestellt. Neben Essenzen und Grundstoffen sind zur Likörbereitung auch konzentrierte Fruchtsäfte erhältlich. Säfte können im allgemeinen auf 6—10fache Konzentration eingedickt werden, wodurch Lagerraum gespart wird.

## IV. Lagerung und Behandlung der fertigen Produkte

### 1. Lagerung und Reifung

Ist das reine Destillationsprodukt Branntwein auf Trinkstärke verdünnt, aromatisierter Branntwein oder Likör fertig gemischt, bedeutet das noch keinesfalls, daß das Getränk damit auch abfüllfertig und handelsfähig sei. Branntweine oder Liköre sind aus Komponenten aufgebaute Mischungen, deren Bestandteile verschiedenartige Lösungen sind. Beim Mischen entstehen unmittelbar oder erst nach Ablauf einiger Zeit Trübungen oder Niederschläge. Diese Erscheinungen verlaufen langsam weiter und das Getränk muß aus diesem Grund gelagert und fachmännisch behandelt werden, bevor es endgültig filtriert und auf Flaschen abgezogen werden kann, damit seine Klarheit auch in der Zukunft gewährleistet ist. Auch wenn die verschiedenen Teilfaktoren der Spirituosen vor der Mischung klar und frei von Niederschlägen sind, verursacht jedoch die Mischung in den Gleichgewichtsverhältnissen der diversen Getränkebestandteile derartige Veränderungen, daß fast ausnahmslos Trübungen oder Niederschläge die Folgen sind. Ein Teil der Niederschläge hat seine Ursache in einer verringerten Löslichkeit während der andere Teil seinen Grund in der gegenseitigen Unverträglichkeit der in den Komponenten enthaltenen Substanzen hat.

Trübungen und Niederschläge in den fertigen Produkten werden u. a. durch die folgenden Faktoren verursacht:

Metallsalze, insbesondere Calcium-, Magnesium- und Eisensalze. Calcium- und Magnesiumsalze gelangen mit unbehandeltem, hartem Wasser in die Getränke. Auch das Filtrationsmaterial kann als Calciumquelle in Frage kommen und in einigen Fällen konnte festgestellt werden, daß dieses aus der Zuckerlösung stammte. Eisen kann mit den Rohstoffen, in die es durch ungeeignete Verarbeitungsgeräte gelangt ist, in die Getränke verschleppt worden sein;

Pektin stammt vielfach aus den verarbeiteten Säften und kann noch in dieser Phase zu Störungen Anlaß geben;

Dextrine, die aus dem Stärkesirup stammen;

Pflanzeneiweiße, die ihren Ursprung in verschiedenen Rohstoffen haben;

ätherische Öle, Terpene, Harze und Wachse stammen aus den Gewürzen und Drogen;

natürliche Farbstoffe.

Die Entfernung der durch diese Substanzen ausgelösten Trübungen werden im folgenden Kapitel über Filtration und Behandlung erörtert.

Allein schon die Entfernung der Trübungen aus den Spirituosen wirkt in verbessernder Hinsicht auf den Geschmack, indem dieser eine Verfeinerung erfährt. Einen noch größeren Einfluß hat die Reifung, die die Folge der während der Lagerung ablaufenden chemischen Reaktionen ist. Der Verlauf des Reifungsprozesses in den verschiedenen Getränken ist noch bei weitem nicht abgeklärt, doch sind an ihm Oxydations- und Veresterungsreaktionen sowie Acetalbildung in bemerkenswerter Weise beteiligt. Einen weiteren Beitrag bei der Reifung von Weinbränden liefert das Herauslösen von Extraktstoffen aus dem Faßholz. Als Resultat der Reifung werden die vorerst intensiven und rauhen Aromakörper abgebaut und an ihrer Stelle bildet sich ein weicherer, abgerundeter und edlerer Duft und Geschmack aus. Die zwischen den Sekundärkomponenten langsam verlaufenden Reaktionen gehen weiter, bis das der Lagerungstemperatur entsprechende Gleichgewicht erreicht ist. Die vom Luftsauerstoff in der Flüssigkeit verursachten Oxydationsreaktionen können dagegen ungehindert weitergehen und führen nach sehr langer Lagerungsdauer zu ungünstigen Alterungserscheinungen. Jedem Getränk ist eine optimale Lagerungsdauer eigen, in deren Verlauf es die besten Eigenschaften entwickelt. Beim Überschreiten dieser Optimaldauer tritt keine Verbesserung mehr ein, sondern die Entwicklung beginnt sich in der Regel in ungünstiger Richtung zu bewegen. Einige Spirituosensorten wie Wodka und andere auf der Grundlage von sehr reinem Sprit aufgebaute Getränke ertragen eine Oxydation überhaupt nicht, das gleiche läßt sich auch von den auf Citrus-Grundlage hergestellten Likören sagen. Im ersteren Falle setzt eine Bildung unerwünschten Acetaldehydes ein und im zweiten eine Zersetzung der äther. Öle.

Bei den in der Spirituosenindustrie Verwendung findenden Behältern lassen sich im Prinzip zwei Typen unterscheiden. Holzfässer, die zur Lagerung solcher Getränke dienen, bei denen eine Einwirkung des Luftsauerstoffes gesucht wird und eventuelle aus dem Holz extrahierte Stoffe erwünscht sind. Das Gegenstück dazu bilden Behälter von vollständiger

Dichtigkeit und Luftundurchlässigkeit. Holzfässer und deren vorteilhafte Reifungswirkung werden vornehmlich bei der Herstellung von Weinbränden, Whiskys und Kornbranntweinen und bei der Reifung einiger Liköre und Bittere herangezogen.

Die Holzfässer (Abb. 30) werden aus Eichenholz hergestellt — zur Lagerung besonders geschätzter Weindestillate werden solche aus Limousin-Eichenholz bevorzugt. Holzfässer sind im Gebrauch unhandlich, da ihre Instandhaltung beschwerlich ist und Kosten verursacht. Das Holz der Fässer nimmt das Aroma des in ihnen aufbewahrten Getränkes an

Abb. 30. Stehender Eichenbehälter auf Betonfundament mit einem Fassungsvermögen von 10000 l

und begrenzt damit eine Verwendung der Fässer für die Lagerung anderer Produkte. Ein Waschen bis zum neutralen Geruch ist oft beinahe unmöglich. Die Verwendung von Holzfässer ist jedoch unumgänglich für die Reifung derartiger Getränke, für deren Entwicklung der Luftsauerstoff einen Faktor von wesentlicher Bedeutung darstellt. Bei der Holzfaßlagerung entstehen immer merkbare Verdunstungsverluste. Die Höhe dieser Verluste ist zum großen Teil abhängig von der Qualität der Behälter und ihrer Größe sowie von den Feuchtigkeits- und Temperaturverhältnissen des Lagerraumes. Allgemeingültige Werte für die zu erwartenden

Verluste lassen sich nur schwer angeben, doch können als Faustregel jährliche Verdunstungsverluste in der Größenordnung von 3—4 $^0/_0$ gehalten werden. Große Holzfässer, deren Holz
nach langdauerndem Gebrauch mit Extraktivstoffen gesättigt ist und dadurch seine Porosität
verloren hat und deren Oberflächen im Vergleich zum Volumen klein sind, haben naturgemäß
geringere Lagerverluste.

Aus Metall gefertigte Behälter finden in der Spirituosenindustrie vielseitige Verwendung.
Man setzt sie bei allen Fabrikationsphasen als Misch- und Behandlungsgefäße und als Lager-

Abb. 31. Stehender Behälter aus säurefestem Stahl auf verstellbaren Füßen mit einem Fassungsvermögen von
15 000 l

behälter für Halbfabrikate und fertige Produkte ein. Metallbehälter können in ziemlich frei
gewählten Formen und Größen gebaut werden, so daß sie sich möglichst gut den Verwen-
dungsbedingungen und den Platzverhältnissen anpassen. Auch ihre Ausrüstung mit zweckentsprechenden Armaturen ist in recht freier Weise möglich. Ihre Reinigung und Wartung ist
leicht zu bewerkstelligen und zur Einsparung von Arbeitskräften relativ leicht mechanisierbar.

Behälter aus säurefestem Stahl (Abb. 31) stellen die Ideallösung dar, doch steht ihrer
Anschaffung oft der sehr hohe Preis entgegen. Sie kommen neben der normalen Reinigung ohne

weitere Wartung aus und sind gegen alle in Frage kommenden Alkoholkonzentrationen, Säuren und anderen Chemikalien beständig. Beinahe dieselben Eigenschaften weisen auch die mit Glasemail beschichteten Stahlbehälter auf. Sie sind gegen alle Alkoholgehalte beständig und auch in bezug auf Säuren als vollständig sicher anzusehen. Die Glasemailschicht ist jedoch empfindlich gegen mechanische Stoßbeanspruchung. Zur Behebung solcher Schäden der Emailoberfläche sind jedoch befriedigende Verfahren im Gebrauch. Eine regelmäßige Kontrolle und Wartung ist erforderlich. Auch die Außenflächen müssen zur Verhinderung möglicher Korrosionsschäden regelmäßig gewartet werden.

In den letzten Jahren sind Überzugsmassen für Stahlbehälter in den Handel gekommen, die für die Zwecke der Spirituosenindustrie geeignet sind. Sie sind sowohl gegen Säuren als auch gegen starke Alkohollösungen beständig. Es handelt sich dabei um Kunststoffprodukte, die in mehreren Schichten auf der Behälterinnenfläche eingebrannt werden (vgl. Abb. 32). Wie bei den

Abb. 32. Liegender Stahlbehälter auf verstellbaren Füßen mit einem Fassungsvermögen von 15000 l. Behälterinnenseite einbrennlackiert und Außenseite mit Epoxydlack gestrichen

Glasemailbehältern muß auch hier die Möglichkeit einer Reparatur der beschädigten Schutzschicht an Ort und Stelle und die regelmäßige Inspektion der Behälteraußenseite vorgesehen werden. Die Anschaffungskosten sind bei einbrennlackierten Behältern bedeutend kleiner als bei Behältern aus säurefestem Stahl und solchen mit Glasemailoberfläche.

Bei der Spirituosenherstellung im Kleinen können mit gutem Erfolg auch glasierte Steinzeugbehälter eingesetzt werden. Sie können jedoch nur in relativ kleinen Größen hergestellt werden und sind im Gebrauch auch etwas unhandlicher als die besprochenen Metallbehälter. Änderungen in bezug auf die Armaturen sind ausgeschlossen und auch ihre mechanische Festigkeit ist derjenigen von Metallbehältern unterlegen.

## 2. Behandlung und Filtration

Der Zweck der Behandlung und Filtration von Spirituosen besteht im Herbeiführen eines derartigen stabilen Zustandes, daß in den Getränken nach dem Abfüllen keine Trübungen und Niederschläge mehr auftreten und auch die Farbe und die übrigen Eigenschaften unverändert bleiben. Verallgemeinert kann gesagt werden, daß eine langdauernde Lagerung mit darauffolgender Filtration ausreicht, um die Stabilität des Produktes zu garantieren. Oft ist es jedoch angezeigt, eine Kältebehandlung oder verschiedenartige Schönungen anzuwenden. Der Zweck dieser Maßnahmen besteht entweder einfach darin, eine lange, Kosten verursachende Lagerung abzukürzen, oder aber die ihrer Natur nach schwer filtrierbaren Niederschläge in eine leichter zu behandelnde Form zu bringen und der Gefahr einer Nachtrübung vorzubeugen. Zur Vermeidung einer durch anorganische Salze hervorgerufenen Trübung müssen alle Rohstoffe, insbesondere das Wasser, fachgemäß behandelt werden.

Eine Kältebehandlung des fertig gemischten Getränkes ermöglicht oft ein Coagulieren kolloider Trübungen und ein schnelleres Ausflocken der Niederschlagsstoffe verbunden mit deren Umwandlung in grobere Formen (vgl. Abb. 33). Die durch diese Methode gebotenen Möglichkeiten werden heutzutage in großem Maßstab ausgenützt. Das Getränk wird in einem Durchflußkühler auf nahezu jene Temperatur abgekühlt, bei der die Bildung von Eiskristallen beginnt und darauf in wärmeisolierten Tanks während einigen Tagen bis zwei Wochen kalt gelagert. Nachdem der Niederschlag sich abgesetzt hat wird das kalte Getränk blank filtriert und nach Erwärmung auf Raumtemperatur auf Flaschen abgezogen. Eine solche Behandlung sichert in den meisten Fällen die Stabilität des Getränkes.

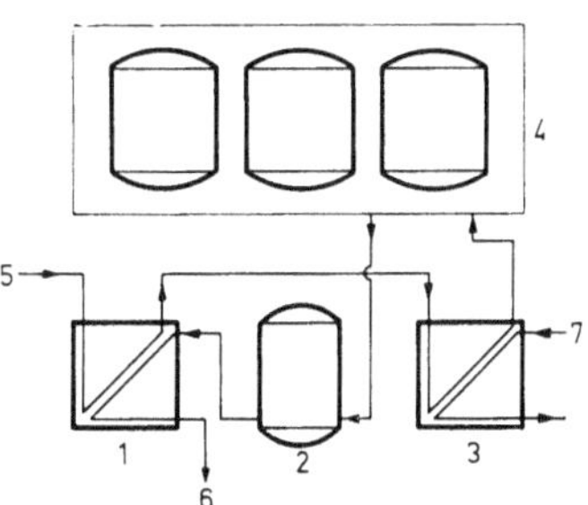

Abb. 33. Fließschema der Kaltstabilisationsanlage.

1 Wärmeaustauscher, 2 Filter, 3 Kühler, 4 Wärmeisolierte Behälter, 5 Zulauf des zu stabilisierenden Getränkes, 6 Stabilisiertes, abfüllbereites Getränk, 7 Kühlmedium

Bei schwierig bildenden und schwer filtrierbaren Ausfällungen werden verschiedenartige Schönungen vorgenommen. Mit ihrer Hilfe wird der kolloide Zustand der Ausfällung aufgehoben und man erhält dadurch eine leichter filtrierbare Flüssigkeit. Lösliche Schönungsmittel sind die Eiweißpräparate Gelatine und Casein oder Eiereiweiß, die in gelöster Form dem zu behandelnden Getränk zugefügt werden. Unter dem Einfluß des im Getränk enthaltenen Alkohols coaguliert das Eiweiß und schließt so die Trubstoffe ein oder adsorbiert sie teilweise. Nach einiger Zeit setzt sich der Niederschlag ab und ist dadurch leicht filtrierbar. Auf der Adsorptionswirkung beruhen auch die mineralischen Schönungsmittel wie gebrannte Magnesia, Kaolin und Bentonit. Diese werden dem zu behandelnden Getränk beigemischt, wonach sie sich langsam absetzen und damit die Trubstoffe adsorbieren und mitnehmen. Bei der Verwendung verschiedener Klärmittel muß bedacht werden, daß diese immer auf irgend eine Weise auf die geschmacklichen Eigenschaften des Getränkes und auf seine Farbe von Einfluß sind. In Vorversuchen muß vorerst die Wirksamkeit des vorgesehenen Klärungsverfahrens im fraglichen Fall und darauf sein evtl. Einfluß auf die Geschmacks- und Farbeigenschaften des Produktes abgeklärt werden.

Die Ausschaltung einer durch Metalle verursachten Trübung geht am besten so vor sich, daß man schon während der Fabrikation dafür Sorge trägt, daß der Metallgehalt der Rohstoffe nicht störend wirkt. Besondere Aufmerksamkeit muß in dieser Hinsicht dem verwendeten Wasser geschenkt werden. Ist der Eisengehalt des fertigen Produktes immer noch zu hoch, so können zu dessen Herabsetzung die Möslinger Blauschönung oder Aferrin-Präparate angewandt werden. Auch zur Entfernung von Kupfer ist Aferrin gut geeignet. Die durch Calcium und Magnesium verursachten kristallinen Tartrat- und Citratniederschläge können am besten durch eine Kältebehandlung entfernt werden.

Das zur Filtrierung der gelagerten und behandelten Spirituosen anzuwendende Filtrationsgerät muß entsprechend den Betriebsbedingungen gewählt werden, wobei die Größe der zu filtrierenden Partien und die in der Zeiteinheit benötigte Filterleistung wie auch die Eigenschaften der zu filtrierenden Flüssigkeit berücksichtigt werden müssen. Die Filtration beruht auf der Wirkung der porösen Schicht des eigentlichen Filterelementes, in der die festen Teilchen der trüben Flüssigkeit zurückgehalten werden. Am Filtereffekt haben sowohl die Siebwirkung des Filterelementes als auch die Adsorption des Filtermaterials Anteil.

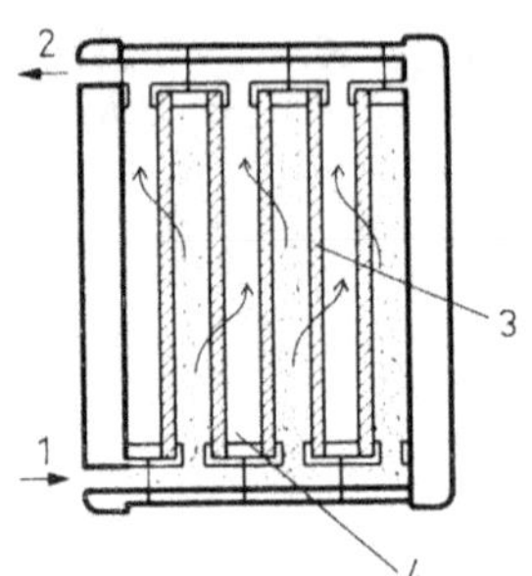

Abb. 34. Funktionsprinzip des Schichtenfilters.
1 Zu filtrierende trübe Flüssigkeit, 2 Filtrierte klare Flüssigkeit, 3 Filterschicht, 4 Filterplatte

In der Getränkeindustrie verwendet man zur Zeit hauptsächlich zwei Filtertypen, das Schichtenfilter und das Anschwemmfilter. Das aktive Element des Schichtenfilters (Abb. 34 u. 35) bilden aus Cellulose- und Asbestfasern aufgebaute, kartonähnliche Schichten, von denen je nach der benötigten Filterfläche in wechselnder Anzahl zwischen den Filterplatten in das Filter eingesetzt werden. Die Filterschichten

Abb. 35. Seitz-Schichtenfilter bei Verwendung als Kieselgurfilter. Im Vordergrund der Kieselgurdosierapparat, links die Pumpe und im Hintergrund das 60 × 60 cm-Schichtenfilter

sind in unterschiedlichen Porositätsgraden erhältlich. Zur Vorfiltration verwendet man einen sehr porösen, schnell filtrierenden Schichtentyp und zur scharfen Schlußfiltration einen Typ mit geringer Porosität. Die am weitesten verbreitete Schichtenfiltergröße arbeitet mit Schichten von 40 × 40 cm und ihre Leistung bei der Klarfiltration kann man auf etwa 60 l/Std/ Schicht veranschlagen. Die Filterleistung der Großfilter mit einer Größe von 60 × 60 cm kann auf ca. 150 l/Std/Schicht veranschlagt werden.

Beim Anschwemmfilter dient eine aus Asbest oder Kieselgur durch Anschwemmen auf ein Metallgewebe hervorgebrachte Filterschicht als filtrierendes Element. Bei dieser Methode wird der trüben Flüssigkeit während dem Filtervorgang ständig Kieselgur zugefügt, mit dessen Hilfe man dem die Filterschicht verstopfenden Einfluß der Trubstoffe entgegenwirkt. Dieser Filtertyp wird in verschiedenen Konstruktionen hergestellt, bei denen die Filterelemente sowohl viereckig als auch rund sein können und die sowohl waag- als auch senkrecht angeordnet werden (vgl. Abb. 36 u. 37). Es sind auch Filtertypen erhältlich, deren Betrieb gänzlich mechanisiert ist und deren Druckkessel zur Entleerung und Neubeschichtung nicht geöffnet werden muß. Auch die Schichtfilter können mit besonderen Trubrahmen zur Kieselgurfiltration versehen werden. Als Filterleistung der eigentlichen Kieselgurfilter können 1000—1500 l/m² Filterfläche/Std angenommen werden. Der für die Filtration sowohl mit Schichten- als auch Anschwemmfilter notwendige Druck wird mittels Zentrifugalpumpen erzeugt. In der Kleinfabrikation und bei der Filtration sehr kleiner Mengen kommen sog. Kleinfilter zur Anwendung, die mit Falldruck funktionieren und im Prinzip Anschwemmfilter sind.

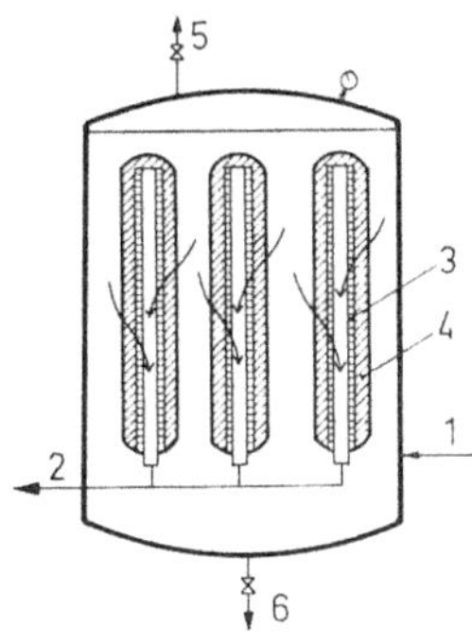

Abb. 36. Funktionsprinzip des Kieselguranschwemmfilters.

1 Zu filtrierende trübe Flüssigkeit, 2 Filtrierte klare Flüssigkeit, 3 Engmaschiges Stahldrahtgewebe, 4 Filtrierende Kieselgurschicht, 5 Entlüftungsventil, 6 Ablaßventil

Abb. 37. Kieselguranschwemmfilter (Niagara) in einer Kaltstabilisationsanlage. Rechts das eigentliche Filter, links der Behälter für die Kieselgursuspension, unten die Hauptpumpe und die Kieselgurdosierpumpe. Im Hintergrund ist der Kühler der Kaltstabilisationsanlage sichtbar

# D. Zusammensetzung der Branntweine

## I. Nebenbestandteile der alkoholischen Gärung

### 1. Allgemeines

Neben den Hauptprodukten der alkoholischen Gärung, dem Äthanol und dem Kohlendioxid, bilden sich in der Gärungslösung in der Regel in nur geringen Mengen, aber anzahlmäßig reichlich verschiedene Nebenprodukte, die bei der

Bildung des für ein alkoholisches Getränk charakteristischen Aromas eine bedeutende Rolle spielen (H. Suomalainen 1965). Es gelang bis dahin schon eine bedeutende Anzahl dieser Begleitstoffe in diversen Gärungslösungen, alkoholischen Getränken oder aus diesen durch Destillation abgetrennten Fraktionen zu identifizieren (R. Stevens 1960; A.D. Webb u. J.L. Ingraham 1963; W.C. Lawrence 1964). Ihr Hauptteil gehört zu den aliphatischen Verbindungen, nur selten sind sie von aromatischer Natur. Aufgrund ihrer funktionalen Gruppen können die bei der Gärung gebildeten Produkte in Alkohole, Carbonylverbindungen, Säuren, Ester, Stickstoff enthaltende Basen, Schwefelverbindungen, Kohlenwasserstoffe und Phenole eingeteilt werden.

Welche Nebenprodukte bei der Gärung gebildet werden, hängt in starkem Maße von den während der Gärung herrschenden Bedingungen ab, die außer der eigentlichen Alkoholgärung auch deren Nebenreaktionen steuern. In bezug auf die während der Gärung gebildeten Nebenprodukte nimmt die Hefe eine zentrale Stellung ein. Wie H. Suomalainen u. L. Nykänen (1964, 1966a) gezeigt haben ist sie sogar bei stickstofffreier Zuckergärung imstande, die gleichen Alkohole, Ester und Säuren hervorzubringen, die auch in den Aromafraktionen alkoholischer Getränke auftreten. Die zentrale Stellung, die die Hefe als Produzent von Fettsäuren und Estern einnimmt läßt sich gut verstehen, denn das Fett der Hefe setzt sich, wie dies H. Suomalainen u. A.J.A. Keränen (1963a, b) gaschromatographisch durch Analyse des Hefefettes nachweisen konnten, aus den entsprechenden Fettsäurekomponenten zusammen, die während der Gärung leicht aus der Hefezelle in die sie umgebende Lösung diffundieren.

Die Bedeutung der verschiedenen Hefestämme als Bildner von für die Aromabildung wichtigen Nebenprodukten ist noch nicht näher abgeklärt worden. Wir wissen jedoch, daß z. B. zwischen den Fettsäurezusammensetzungen von Bäckerhefe und untergäriger Brauereihefe bedeutende Unterschiede bestehen (H. Suomalainen 1968; H. Suomalainen u. A.J.A. Keränen 1967a). Der infolge zu reichlicher Isoamylacetatbildung aufgetretene Geschmackfehler eines finnischen Bieres konnte in der Praxis durch Auswechseln des Hefestammes der Brauerei eliminiert werden (E. Sihto u. V. Arkima 1963). Der Einfluß verschiedener Hefestämme auf die gegenseitigen Verhältnisse der Aromastoffe konnte auch bei der Herstellung von Sherry und Brombeer-Wein festgestellt werden (A.D. Webb u. Mitarb. 1964; R.E. Orser u. H.Y. Yang 1966), während die Aromazusammensetzung von spanischem Sherry und in Finnland mit Sherryhefe aus Johannisbeeren hergestelltem Wein, trotz der Verschiedenheit des verwendeten Ausgangsmaterials, eine weitgehende Ähnlichkeit aufwies (H. Suomalainen u. L. Nykänen 1966b).

Die aus den Rohstoffen in die Gärungslösung gelangten Verbindungen vermehren ihrerseits die Anzahl der Komponenten und können auch auf die Eigenständigkeit des Aromas bestimmter Getränketypen einwirken. Dieser Einfluß kann noch durch die der Gärung folgenden Nachbehandlungen, wie Destillation und Alterung, verstärkt werden. Das gegenseitige Mengenverhältnis der in der Gärungslösung entstandenen Verbindungen verändert sich leicht und dies in der Regel um so mehr, je weiter die Fraktionierung getrieben wird.

Gleichzeitig gehen auch chemische Reaktionen vor sich, wie die Umwandlung von Aldehyden zu Acetalen und die Verbindung von Säuren und Alkoholen zu Estern. Der Abbau einiger Aromakomponenten und die Bildung neuer ist allem Anschein nach ein recht lang dauernder Prozeß. Weil die Reaktionen langsam verlaufen, nimmt das Reifen der meisten Getränkearten Jahre oder gar Jahrzehnte in Anspruch. Mit Ausnahme einiger vereinzelter Fälle (P. Ronkainen u. Mitarb. 1962) weiß man noch nicht, um wie bedeutende chemische Veränderungen es sich im gesamten handelt. Aber die in den letzten Jahrzehnten entwickelten Analysenverfahren haben doch die Klärung dieser Fragen gleich wie diejenigen der bei der Gärung entstehenden Nebenprodukte in den Bereich des Möglichen gebracht. Insbesondere gelang mit Hilfe der Papier-, Dünnschicht- und Gaschromatographie die Analyse immer geringerer Substanzmengen in Gemischen mit einer immer größer werdenden Zahl von Komponenten.

## 2. Carbonylverbindungen

### a) Acetaldehyd

Der Acetaldehyd ist bekanntlich die wichtigste der bei der Alkoholgärung gebildeten Carbonylverbindungen. Er ist regelmäßig sowohl in Gärungslösungen als auch in dest. alkoholischen Getränken und auch Spriten anzutreffen.

Im Jahre 1910 entdeckte O. Neubauer (O. Neubauer u. K. Fromherz 1910—1911) die Vergärbarkeit der Brenztraubensäure zu Acetaldehyd und Kohlendioxid. Nach vorübergehender Ablehnung (C. Neuberg u. A. Hildesheimer 1911) hat sich C. Neuberg (C. Neuberg u. L. Karczag 1911; C. Neuberg u. J. Kerb 1912; vgl. auch S. Kostytschew 1912) die Auffassung, daß die Brenztraubensäure ein Übergangsprodukt des enzymatischen Kohlenhydrat-Abbaues darstellt, zu eigen gemacht. Auf dieser Grundlage hat der Autor auch sein bekanntes Schema der Alkoholgärung aufgebaut, wo das Methylglyoxal den Ausgangspunkt für die späteren Phasen der Gärung bildet (C. Neuberg u. J. Kerb 1914a). Das Auftreten von Acetaldehyd als Zwischenphase der Alkoholgärung konnte er mit dem von ihm entwickelten Abfangverfahren (C. Neuberg 1913; C. Neuberg u. E. Reinfurth 1918; C. Neuberg u. J. Hirsch 1919; C. Neuberg u. M. Kobel 1936) bestätigen. Das der Gärungslösung zugesetzte Alkalibisulfit bindet den entstehenden Acetaldehyd als Aldehydbisulfitverbindung; der zur Reduktion des Aldehydes verwendete Wasserstoff wird an das Dihydroxyacetonphosphat angelagert und die Gärung verläuft mehr in der Richtung einer Glycerolgärung (C. Neuberg u. E. Färber 1917; C. Neuberg u. J. Hirsch 1919; W. Connstein u. K. Lüdecke 1919). So erklärt sich auch der bei der Vergärung von Sulfitablauge im erhaltenen Rohsprit anzutreffende, relativ hohe Acetaldehydgehalt (E. Hägglund 1915; C. Neuberg u. E. Reinfurth 1918; R. Sieber 1921; E. Hägglund u. B. E. Sundroos 1923; E. Hägglund 1951).

Die Carbonylverbindungen — insbesondere der Acetaldehyd und sein Diäthylacetal — sind ihres sehr intensiven Geruches wegen als Verunreinigungen für den Sprit und als Aromafaktoren für die Weindestillate und Trinkbranntweine von erheblicher Bedeutung. Der Geruch des Acetaldehydes ist jedoch in solchem Maße stechend, daß er die Genießbarkeit alkoholischer Getränke, tritt er in diesen in größeren Mengen auf, erheblich herabsetzt. Aus diesem Grunde wird danach gestrebt, den Acetaldehydgehalt schon in der Destillationsphase möglichst stark zu verringern. Als niedrig siedende Verbindung, Sdp 21°C, reichert er sich im Vorlauf an, trotz dem großen Unterschied der Siedepunkte ist jedoch seine Abtrennung aus dem Alkohol keineswegs vollständig (P. Piha 1959; M. Pyke 1965), aus diesem Grunde können selbst in den reinsten Spritsorten immer wieder Aldehyde in geringen Mengen angetroffen werden. Der Aldehydgehalt des Produktes ist abhängig von der Wirksamkeit der Rektifikation, eine mangelhaft durchgeführte Reindestillation wiederspiegelt sich regelmäßig in einer Zunahme des Aldehydgehaltes sowohl bei Sulfit- als auch bei Getreide- und anderen Spritsorten. Im Zusammenhang mit der qualitativen Klassierung der Sprite tritt denn oft die Frage auf, wie hoch der Aldehydgehalt ansteigen darf, ohne nachteilig in Erscheinung zu treten. Nach D. Plöttner (1961b) könne in Kornbranntweinen noch ein Aldehydgehalt von der Größenordnung 50 mg/l r.A. gutgeheißen werden, damit auch die anderen für Kornbranntweine typischen Aromastoffe im Destillat erhalten bleiben. Eine möglichst vollständige Entfernung der Aldehyde ist oft auch unnötig. So z. B. kann bei längerer Lagerung der Destillate in Holzfässern ein Ansteigen deren Gesamtaldehydgehaltes beobachtet werden, das auf eine Oxydation des Äthanols zu Acetaldehyd durch den Luftsauerstoff zurückzuführen ist. Der Anteil des freien Aldehydes dagegen nimmt gewöhnlich ab, weil Aldehyd und Alkohol zusammen unter Bildung von Diäthylacetal reagieren.

Die Festlegung einer Grenze für die Aldehydgehalte dest. Getränke ist noch schwieriger als für die vorher erwähnten Spritsorten, so daß auch erhebliche Schwankungen des Aldehydgehaltes sogar in Getränken gleichen Typs nicht selten sind. Verwertbare Angaben über die Aldehydgehalte der Getränke sind denn auch nur im Rahmen einer ausgedehnten Qualitätskontrolle zu erhalten.

Solche statistische Daten haben mitgeteilt: P. Valaer u. W.H. Frazier (1936), P. Valaer (1937, 1939, 1940), A.J. Liebmann u. M. Rosenblatt (1943) und A.J. Liebmann u. B. Scherl (1949). Aus diesen Angaben wurden einige mittlere Aldehydgehalte errechnet und in Tab. 10 dargestellt.

Tabelle 10. *Aldehydgehalte einiger destillierter Alkoholge-tränke berechnet nach den von* P. Valaer u. A.J. Liebmann *mitgeteilten Werten*

| Art des Branntweines | Aldehydgehalt als Acetaldehyd mg/l r.A. |
|---|---|
| Cognac | 160—300 |
| Armagnac | 200—230 |
| Brandy, amerikanisch | 40—380 |
| Whisky, schottisch | 70—160 |
| Whisky, amerikanisch | 120—440 |
| Rum | 0—400 |

Nach G. Haeseler u. H. Specht (1963) schwankt der Aldehydgehalt bei den Kirschwässern zwischen 80 und 250 mg/l r.A. und bei den Zwetschgenwässern zwischen 115 und 170 mg/l r.A. K. Misselhorn (1963) hat bei seinen Untersuchungen über die Acetalbildung in alkoholischen Getränken sowohl den freien als auch den an Acetal gebundenen Aldehyd in den meisten Getränkearten kolorimetrisch bestimmt. Diese Resultate werden in Tab. 11 dargestellt.

Tabelle 11. *Die Acetaldehyd- und Diäthylacetalgehalte in einigen Branntweinen* (nach K. Misselhorn 1963)

| Art des Branntweines | Vol.-% | pH | Aldehyd frei mg/l | Aldehyd gesamt mg/l | Aldehyd frei mg/l r.A. | Aldehyd gesamt mg/l r.A. | Acetal mg/l | Acetal mg/l r.A. | Gebundener Aldehyd bezogen auf Gesamtaldehyd, % |
|---|---|---|---|---|---|---|---|---|---|
| Weindestillat, nicht gelag. | 73 | 3,1 | 109 | 140 | 149 | 192 | 83 | 115 | 22 |
| Weinbrand | 38 | 5,3 | 28 | 35 | 74 | 92 | 19 | 48 | 20 |
| Weinbrand, Markenartikel | 38 | 6,0 | 30 | 40 | 79 | 105 | 27 | 70 | 25 |
| Weinbrand, Markenartikel | 38 | 3,8 | 31 | 43 | 82 | 113 | 32 | 83 | 28 |
| Weinbrand, sehr alt | 38 | 4,1 | 41 | 51 | 108 | 134 | 27 | 70 | 20 |
| Weinbrand, französisch | 38 | 3,9 | 50 | 59 | 131 | 155 | 24 | 64 | 15 |
| Cognac, Markenartikel | 38 | 3,4 | 20 | 23 | 53 | 61 | 8 | 21 | 13 |
| Cognac, sehr alt | 55 | 3,6 | 46 | 68 | 84 | 124 | 59 | 107 | 32 |
| Armagnac, 4 Jahre, VSOP, Markenartikel | 40 | 3,1 | 69 | 80 | 172 | 200 | 29 | 75 | 14 |
| Malt Whisky | 44 | 4,0 | 57 | 67 | 129 | 152 | 27 | 88 | 15 |
| Whisky, blended, Markenartikel | 43 | 4,0 | 35 | 40 | 82 | 105 | 13 | 62 | 12 |
| Whisky, deutsch, Markenartikel | 43 | 7,6 | 13 | 16 | 30 | 37 | 8 | 19 | 19 |
| Oude Genever | 38 | 7,5 | 8 | 10 | 21 | 26 | 5 | 13 | 20 |
| Doppelkorn | 38 | 6,8 | 8 | 11 | 21 | 29 | 11 | 29 | 27 |
| Doppelkorn | 38 | 7,5 | 11 | 13 | 29 | 34 | 5 | 13 | 15 |
| Steinhäger | 38 | 7,9 | 6 | 10 | 16 | 26 | 11 | 17 | 40 |
| Wacholder | 38 | 5,8 | 1 | 4 | 3 | 10 | 8 | 19 | 75 |
| Kirschwasser | 50 | 3,9 | 42 | 55 | 84 | 110 | 35 | 70 | 24 |
| Zwetschgenwasser | 45 | 3,6 | 55 | 96 | 122 | 213 | 110 | 244 | 43 |
| Himbeergeist | 50 | 5,3 | 31 | 38 | 62 | 76 | 19 | 38 | 18 |
| Williamsbirnenbranntwein | 45 | 7,4 | 34 | 34 | 76 | 76 | 0 | 0 | 0 |
| Original Jamaika Rum | 75 | 4,2 | 120 | 236 | 160 | 315 | 311 | 416 | 49 |
| Martinique Rum | 44 | 6,2 | 27 | 34 | 61 | 77 | 19 | 43 | 21 |
| Westindischer Rum | 44 | 4,4 | 27 | 42 | 61 | 95 | 40 | 91 | 36 |
| Jamaika Rum-Verschnitt | 45 | 5,2 | 11 | 17 | 24 | 38 | 16 | 38 | 35 |
| Original Arrak | 60 | 4,1 | 95 | 152 | 158 | 253 | 153 | 255 | 37 |

Die Festsetzung der oberen Grenze für den Aldehydgehalt von Spriten für technische Zwecke ist einzig eine Frage der Qualität und sie hängt nur davon ab, wie weit die Rektifizierung zweckmäßigerweise getrieben werden soll. Vergleichshalber sind einige Spritsorten in die Tab. 12 aufgenommen worden.

Tabelle 12. *Die Aldehydgehalte einiger Spritsorten*

| Sprit | Aldehydgehalt, mg/l |
|---|---|
| Roher Getreidesprit, finnisch | 30—100 |
| Gereinigter Getreidesprit, finnisch | < 10 |
| Primasprit und extra fein filtrierter Sprit, deutsch | < 4 |
| Branntwein zur unvollständigen Vergällung, deutsch | < 150 |
| Entwässerter Branntwein nach DAB 6, deutsch | < 4 |
| Roher Sulfitsprit, finnisch | 200—300 |
| Sulfitsprit für technische Zwecke, finnisch | < 50 |
| Gereinigter Sulfitsprit, finnisch | < 5 |
| Gereinigter Sulfitsprit für spektrofotometrische Zwecke, finnisch | < 5 |
| Synthetischer Äthylensprit, dänisch | < 5 |

## b) Acetal

Dank ihrer Carbonylgruppe sind die Aldehyde sehr reaktionsfähig. Sie sind an Reaktionen mit manchen andern Substanzen in der Gärungslösung, später während der Destillation oder erst in den Destillaten beteiligt.

Zusätzlich zu dem, daß die Aldehyde leicht zu primären Alkoholen reduziert und zu Carbonsäuren oxydiert werden können, reagieren sie in wäßriger Lösung mit Wasser unter Bildung von Aldehyddihydrat, $R \cdot CH(OH)_2$. In alkoholischer Lösung lagern sie sich auf gleiche Weise unter Bildung von Halbacetalen,

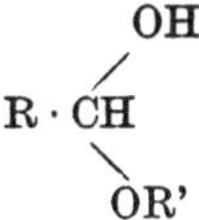

an Alkohol an, die mit dem andern Alkoholmolekül zu Acetal, $R \cdot CH(OR')_2$, kondensieren (H. L. DE LEEUW 1911; W. HEROLD u. K. L. WOLF 1931; I. LAUDER 1948a, b; G. W. MEADOWS u. B. DE B. DARWENT 1952a, b). Obwohl die Benennung Acetal oder Acetale alle Verbindungen dieses Typs umfaßt, versteht man allgemein als Trivialname darunter das Diäthylacetal des Acetaldehyds, das durch Kondensation von Acetaldehyd mit Äthanol entsteht.

Das Hydrat und das Halbacetal des Aldehyds sind thermisch labile Verbindungen. Sie werden rasch gebildet, aber auch ebenso rasch abgebaut. Sie geben zu leicht freien Aldehyd ab, als daß sie ausgleichend auf den vom Aldehyd herrührenden stechenden Geruch wirken würden. Dagegen verlaufen Bildung und Abbau des Acetals, verglichen mit dem vorigen, langsamer und es erträgt auch die Destillation ohne sich zu zersetzen. Die Acetale sind auch vom Gesichtspunkt der alkoholischen Getränke aus interessante Verbindungen deshalb, weil sie durch ihr Entstehen klar imstande sind, den stechenden Geruch der Aldehyde abzurunden und so zu einer Verbesserung des Getränkearomas beizutragen (G. HAESELER 1954), dies ist besonders dann der Fall, wenn der Aldehydgehalt der Getränke anfänglich hoch war.

Die Reaktion zwischen Aldehyd und Alkohol ist säurekatalytisch, wobei aber die Säuren gleichzeitig auch die ihr entgegengerichtete Reaktion, die Hydrolyse des Acetals, katalysieren. Im Gleichgewichtszustand zwischen Aldehyd und Acetal steht die Acetalmenge in Abhängigkeit vom Alkoholgehalt der Lösung; in nur wenig Wasser enthaltenden alkoholischen Getränken liegt der Aldehyd fast vollständig als Acetal vor, während er in wasserhaltigen Lösungen zur Hauptsache als freier Aldehyd oder als Aldehydhydrat vorhanden ist. Bei der Abklärung der Acetalbildung konnte festgestellt werden, daß außer Säuren auch einige anorganische Salze als Katalysatoren bei der Kondensation der Aldehyde und Alkohole wirken können; steht Ferrichlorid als Katalysator zur Verfügung geht die Reaktion zwischen Formaldehyd und Methanol gar noch weiter als bei der Verwendung von Salzsäure (H. ADKINS u. B. H. NISSEN 1922; H. ADKINS u. E. W. ADAMS 1925; H. ADKINS u. A. E. BRODERICK 1928a, b; H. ADKINS u. Mitarb. 1931; E. W. ADAMS u. H. ADKINS 1925; W. H. HARTUNG u. H. ADKINS 1927; H. E. CARSWELL u. H. ADKINS 1928; J. N. STREET u. H. ADKINS 1928). Später jedoch konnte beobachtet werden, daß die Salze selbst nicht als Katalysatoren wirken, sondern nur die in den Salzen als Verunreinigungen enthaltenen kleinen Mineralsäuremengen. Die Wirkung der Salze besteht lediglich darin, daß sie das bei der Reaktion entstehende Wasser binden, was in starken Alkohollösungen das Gleichgewicht in die für die Kondensation günstige Richtung verschiebt (A. J. DEYRUP 1934).

Wie schnell die Acetalbildung verläuft und wie rasch das Aldehyd-Acetal-Gleichgewicht erreicht wird, hängt vom Alkoholgehalt der Lösung, aber als säurekatalytische Reaktion auch stark vom Säuregrad ab. E. PEYNAUD u. A. MAURIE (1938) haben konstatiert, daß das Erreichen des Gleichgewichtszustandes in nahezu neutraler, 40 Vol.-% Alkohol enthaltender Lösung bei 18°C sogar mehrere Monate in Anspruch nehmen kann (vgl. Tab. 13).

Tabelle 13. *Der Einfluß des pH auf das Einstellen des Acetaldehyd-Acetal-Gleichgewichts in 40 Vol.-%igem Alkohol bei 18°C* (nach E. PEYNAUD u. A. MAURIE 1938)

| pH   | 2,0   | 3,0    | 4,0    | 5,0       |
|------|-------|--------|--------|-----------|
| Zeit | 4 Std | 16 Std | 3 Tage | 3 Monate  |

Ebenso interessant wie das Erreichen des Gleichgewichts sind die Konzentrationen im Gleichgewichtszustand, d. h. wieviel Aldehyd unter welchen Bedingungen höchstens in Acetal umgewandelt wird. H. ADKINS u. E. W. ADAMS (1925) sind bei der Abklärung der Gleichgewichtsverhältnisse von der Reaktion

$$R \cdot CHO + 2\ R'OH \rightleftharpoons R \cdot CH(OR')_2 + H_2O$$

ausgegangen, nach der ein Aldehydmolekül mit zwei Alkoholmolekülen unter Bildung eines Moleküls Acetal und eines Moleküls Wasser reagierte. Aus der Gleichung

$$K = \frac{(Acetal)}{(Aldehyd)} \frac{(Wasser)}{(Alkohol)^2}$$

haben sie die Gleichgewichtskonstanten für die meisten Acetale bestimmt und erhielten z. B. als Gleichgewichtskonstante für die Reaktion zwischen Acetaldehyd und Äthanol den Wert 0,073. S. HÄHNEL (1935) nimmt an, daß bei der Acetalbildung das Gleichgewicht nach der langsamsten Phase bestimmt wird, anders gesagt als Funktion der Änderung vom Halbacetal zum Acetal und daß die Konzentration des Halbacetals der Konzentration des freien Aldehydes im Gleichgewichtszustand entspricht. Die Gleichgewichtskonstante kann dabei aus der Gleichung

$$K = \frac{(Acetal)}{(Halbacetal)} \frac{(Wasser)}{(Alkohol)}$$

erhalten werden. Mit dieser Berechnungsart fand HÄHNEL als Konstante für das Gleichgewicht Acetaldehyd-Diäthylacetal den Wert K = 0,94. Nach dem gleichen Grundsatz gerechnet erhält man als Konstante für die von H. ADKINS u. E. W. ADAMS (1925) mitgeteilten Resultate den Wert K = 0,97, während E. PEYNAUD u. A. MAURIE (1938) als dessen Wert bei 15°C 0,86 angegeben haben. Anläßlich der Untersuchung der Acetalbildung haben sich J. F. GUYMON u. J. A. NAKAGIRI (1957) der von PEYNAUD u. MAURIE mitgeteilten Werte bedient, aus denen sie durch erneute Berechnung für die Konstante den Wert 0,94 bei 15°C erhielten. Als mittlere Konstanten fanden sie bei 3°C den Wert 1,01, bei 24°C 0,77 und bei 37°C 0,66. Mit Hilfe dieser Konstanten lassen sich aus der Gleichgewichtsgleichung leicht errechnen, ein wie großer Anteil der Aldehyd-Gesamtmenge bei der jeweils

in Frage stehenden Alkoholkonzentration zu Acetal umgewandelt worden ist. Die in Tab. 14 angegebenen prozentualen Acetalmengen wurden erhalten, indem als Gleichgewichtskonstante der Wert K = 0,94 benutzt wurde.

Tabelle 14. *Der relative Anteil des Diäthylacetals im Acetaldehyd in Alkohol-Wassermischung bei 15°C berechnet unter Verwendung der Gleichgewichtskonstante K = 0,94*

| Alkoholgehalt, Vol.-% | 10 | 20 | 30 | 40 | 50 | 60 | 70 | 80 | 90 | 96 |
|---|---|---|---|---|---|---|---|---|---|---|
| Vom Aldehyd als Diäthylacetal gebunden, % | 3,1 | 6,7 | 10,7 | 15,5 | 21,4 | 28,6 | 37,9 | 50,5 | 68,7 | 84,9 |

In solchen Trinkbranntweinen, deren Säuregrad so hoch ist, daß das Aldehyd-Acetal-Gleichgewicht erreicht wird, kann angenommen werden, daß etwa 10—20% des Gesamtaldehydes als Acetal vorliegen; in 40 Vol.-%igem Alkohol z. B. würde der Anteil des Acetals ca. 15% betragen. Zu einer bemerkenswerten Acetalbildung kommt es erst bei hohen Alkoholgehalten; in 80 Vol.-%igem Alkohol befinden sich im Gleichgewichtszustand Aldehyd und Acetal im Verhältnis 1:1. Andererseits aber kann erwartet werden, dann nämlich, wenn durch Destillation eine Abtrennung von Aldehyd angestrebt wird, daß die Mengen freien Aldehyds und Acetals im Verlaufe der Destillation auf verschiedene Weise verändert werden und es zu bedeutenden Unterschieden der Gleichgewichtsverhältnisse kommt (P. PIHA 1959).

Bei der Bestimmung von Aldehyd und Acetal in mehreren Branntweinen konnte K. MISSELHORN (1963) die Feststellung machen, daß der Acetalanteil in diesen zwischen 0 und 75% schwanken kann (Tab. 11). Der höchste Acetalgehalt von 416 mg/l r.A. wurde in originalem Jamaika-Rum gefunden, dieser entspricht 49% der Gesamtaldehydmenge. Die reichliche Acetalbildung rührt z. T. vom hohen Alkoholgehalt (75 Vol.-%) des Jamaika-Rums her. Obwohl in anderen Rum-Sorten der Acetalanteil bedeutend geringer, 21—36% war, war er jedoch deutlich höher als derjenige, der sich aufgrund deren Alkoholgehaltes (45 Vol.-%) nach der Gleichgewichtsbedingung erwarten ließ. In französischen Weinbränden und Cognacs schwankte der Acetalanteil zwischen 13 und 15% und in deutschen Weinbränden zwischen 20 und 28%, in schottischem Whisky zwischen 12—15%, während er in deutschem Whisky 19% betrug. Eine besonders kräftige Acetalanhäufung ließ sich in Steinhäger und in Wacholder nachweisen; im ersteren betrug der Anteil gebundenen Aldehyds 40% und im letzteren 75%. Branntweine gleichen Typs haben auch G. HAESELER u. J. VOGL (1953) analysiert, wobei sie in diesen 11—22% Acetal, berechnet von der Gesamtaldehydmenge, fanden (vgl. Tab. 15). Bei Alkoholgehalten zwischen 12—85 Vol.-% ist die Acetalbildung in diesen Proben etwas unterhalb derjenigen geblieben, die das Erreichen des Gleichgewichtes erwarten lassen würde.

P. JAULMES u. J.C. DIEUZEDE (1954) sowie P. JAULMES u. G. HAMELLE (1961) haben eine Methode der direkten Bisulfittitration zur Bestimmung des freien Aldehydes und des Acetals in alkoholischen Produkten ausgearbeitet. Diese Methode wurde von J.F. GUYMON u. J.A. NAKAGIRI (1957) sowie durch J.F. GUYMON u. E.A. CROWELL (1963) zur Abklärung des Mechanismus des Aldehyd-Acetalgleichgewichtes in Spriten und Weindestillaten herangezogen. Nach den mitgeteilten Resultaten (Tab. 16 u. 17) wird in den meisten Fällen mit der Acetalmenge der Gleichgewichtszustand erreicht oder sie kommt recht nahe daran heran. Außergewöhnlich geringe Acetalanteile konnten die Autoren einzig in neutralen Weinbränden feststellen, in denen die Acetalbildung als säurekatalytische Reaktion erwartungsgemäß recht langsam ist.

Da man den freien Acetaldehyd als einen der störendsten, auf den Geruch des Sulfitsprits einwirkenden Faktoren hielt, hat man schon lange dem Auftreten von Acetaldehyd und Acetal in Sulfitsprit besondere Aufmerksamkeit geschenkt. Schon im Jahre 1915 erwähnt E. HÄGGLUND (1915), daß die bei der Destillation rohen Sulfitsprits zuerst abgetrennte Fraktion neben Äthanol noch Acetaldehyd, Aceton, Methanol und strukturmäßig unbekannte Äther enthielt. Nicht sehr lange danach zeigte A.W. OWE (1922a, b), daß der Vorlauf der Sulfitspritdestillation zusätzlich

Tabelle 15. *Aldehyd- und Acetalgehalt in einigen Branntweinen* (nach G. Haeseler u. J. Vogl 1953)

| Proben | Alkohol Vol.-% | pH | Aldehyd[1] mit Schiffschem Reagens | | Aldehyd[1] mit Nitroprussidnatrium und Piperidin | | | | | | Acetal[3] | | Gebundener Aldehyd bezogen auf Gesamtaldehyd % |
| | | | | | ohne Säurezusatz (freier Aldehyd) | | mit Säurezusatz (Gesamtaldehyd) | | gebundener Aldehyd[2] | | | | |
| | | | im Original mg/l | im Alkohol[4] mg/l | im Original mg/l | im Alkohol[4] mg/l | im Original mg/l | im Alkohol[4] mg/l | im Original mg/l | im Alkohol[4] mg/l | im Original mg/l | im Alkohol[4] mg/l | |
|---|---|---|---|---|---|---|---|---|---|---|---|---|---|
| Weinrohdestillat | 38,6 | 4,5 | 57 | 149 | 78 | 202 | 88 | 228 | 10 | 26 | 27 | 70 | 11 |
| Weindestillat, normal | 78,3 | 4,6 | — | — | 95 | 122 | 113 | 144 | 18 | 22 | 48 | 59 | 16 |
| Weinbrandverschnitt | 38,0 | 5,1 | — | — | 34 | 90 | 43 | 112 | 9 | 22 | 24 | 59 | 20 |
| Weindestillat, Vorlauf | 80,4 | 4,5 | 1420 | 1770 | 1370 | 1710 | 1770 | 2200 | 400 | 490 | 1070 | 1300 | 22 |
| Weindestillat, Nachlauf | 24,5 | 4,3 | 8 | 32 | 18 | 74 | 22 | 90 | 4 | 16 | 11 | 43 | 18 |
| Kirschwasser I | 49,8 | 4,0 | 55 | 110 | 44 | 87 | 52 | 105 | 8 | 18 | 21 | 48 | 16 |
| Kirschwasser II | 48,6 | 4,0 | 40 | 82 | 36 | 75 | 41 | 85 | 5 | 10 | 13 | 27 | 12 |
| Kirschwasser III | 49,8 | 4,0 | 70 | 140 | 49 | 99 | 56 | 112 | 7 | 13 | 19 | 35 | 12 |
| Zwetschenwasser | 45,1 | 4,2 | 65 | 144 | 63 | 139 | 77 | 172 | 14 | 33 | 38 | 88 | 19 |
| Himbeergeist | 49,5 | 3,6 | 30 | 60 | 42 | 84 | 49 | 100 | 7 | 16 | 19 | 43 | 15 |
| Arrak | 66,2 | 4,5 | 133 | 201 | 126 | 191 | 149 | 226 | 23 | 35 | 62 | 94 | 15 |
| Rum | 75,0 | 4,5 | 261 | 348 | 287 | 383 | 350 | 466 | 63 | 83 | 170 | 220 | 18 |
| Nordhäuser Korn[5] | 40,0 | 4,4 | 41 | 102 | 39 | 97 | 49 | 122 | 10 | 25 | 27 | 67 | 20 |
| Kornkonzentrat | 85,0 | 4,8 | 53 | 63 | 49 | 58 | 62 | 73 | 13 | 15 | 35 | 40 | 21 |
| Ebereschenrohbranntwein | 75,0 | 4,6 | 209 | 278 | 199 | 266 | 227 | 303 | 28 | 37 | 75 | 99 | 12 |
| Topinamburbranntwein | 58,5 | 4,6 | 36 | 62 | 41 | 70 | 48 | 82 | 7 | 12 | 19 | 32 | 15 |
| Wacholder Lutter | 12,0 | 4,6 | 23 | 192 | 25 | 204 | 29 | 243 | 4 | 39 | 11 | 105 | 15 |

[1] Bezogen auf Acetaldehyd.
[2] Gesamtaldehyd minus freier Aldehyd.
[3] Acetal, berechnet als Diäthylacetal, aus gebundenem Aldehyd.
[4] Diese Werte wurden auf den Gehalt an reinem Alkohol bezogen.
[5] Etwa 10 Jahre alt.

Tabelle 16. *Freier und gebundener Aldehyd in verschiedenen Weinbränden*
(nach J.F. GUYMON u. J.A. NAKAGIRI 1957)

| Getränk | Vol.-% | pH | Aldehyde | | | |
|---|---|---|---|---|---|---|
| | | | total mg/l | frei mg/l | gebunden, % | |
| | | | | | gefunden | im Gleichgewicht[1] |
| Neutraler Weinbrand . . | 94 | 6,7 | 35 | 31 | 11 | 81 |
| Handelsüblicher Weinbrand . . . . . . | 93,5 | 6,9 | 237 | 111 | 53 | 80 |
| Handelsüblicher Weinbrand . . . . . . | 92,5 | 2,6 | 332 | 92 | 72 | 78 |
| Ungealterter kontinuierlich dest. Brandy . . . . . | 54,5 | 4,4 | 64 | 49 | 23 | 25 |
| Ungealterter in Blasenapparat dest. Brandy . | 54,5 | 5,2 | 69 | 58 | 16 | 25 |
| Kontinuierlich dest. Brandy nach 7 Jahren Faßlagerung . . . . . | 52,5 | 4,2 | 57 | 43 | 24 | 23 |
| In Blasenapparat dest. Brandy nach 7 Jahren Faßlagerung . . . . . | 52,5 | 4,2 | 100 | 74 | 26 | 23 |
| Gealterter Brandy nach 7 Jahren Flaschenlagerung; ursprünglich Sulfit enthaltend . . . | 42 | 3,2 | 253 | 211 | 17 | 17 |

[1] Abgeschätzt nach den Daten von E. PEYNAUD u. A. MAURIE (1938).

Tabelle 17. *Der Anteil des als Acetal gebundenen Aldehydes vom Gesamtaldehyd in einigen Weindestillaten und Weinen* (nach J.F. GUYMON u. E.A. CROWELL 1963)

| Probe | Alkohol Vol.-% | pH | Anteil des Acetals, % | |
|---|---|---|---|---|
| | | | festgestellt | berechnet |
| Brandy, 8 Jahre alt . . . . . . . . . . | 52 | 4,1 | 22 | 22 |
| Brandy, 8 Jahre alt . . . . . . . . . . | 72 | 4,7 | 39 | 42 |
| Handelsüblicher Brandy, rektifiziert . . . | 42 | 4,2 | 13,9 | 16 |
| Alter Sherrywein . . . . . . . . . . . | 17 | 3,6 | 2,6 | 5,5 |
| Junger Sherrywein. . . . . . . . . . . | 15 | 3,6 | 3,7 | 4,5 |
| Natursüßer weißer Tafelwein . . . . . . | 12 | 3,4 | 2,6 | 3,5 |

noch Acetal enthält. Das gleichzeitige Auftreten von Acetal und Acetaldehyd wurde später auch anläßlich anderer, die Destillation von Sulfitsprit zum Thema habenden Untersuchungen konstatiert (N. HELLSTRÖM 1940, 1944; S. HÄHNEL 1944). Durch Anwendung der fraktionierten Destillation konnte N. HELLSTRÖM (1940) den Nachweis erbringen, daß der Vorlauf des Sulfitsprites 8% freien Acetaldehyd und 28% Acetal enthielt. Aufgrund der Aldehyd- und Acetalmengen und unter Berücksichtigung des Alkohol- und Wassergehaltes der Fraktion schätzte er die Gleichgewichtskonstante der Aldehyd-Acetalreaktion größenordnungsmäßig zu 1, was bedeutet, daß in rohem Sulfitsprit die Konzentrationen sowohl des freien Acetaldehydes als auch Acetals der chemischen Gleichgewichtsreaktion entsprechen und daß sich dieses Gleichgewicht in recht kurzer Zeit einstellt. H. SUOMALAINEN u. P. RONKAINEN (1963b) haben gaschromatographisch Sulfitspritvorlauf analysiert und konnten ihrerseits die Feststellung machen, daß dieser reichlich Acetal enthielt, dies in weit größerer Menge als freier Acetaldehyd (Abb. 38).

Der Umstand, daß Acetal zusammen mit Äthanol ein azeotropes Gemisch bildet (34,5% Acetal und 65,5% Äthanol; Sdp 78,2°C) und daß das Acetal trotz seinem hohen Siedepunkt (102,7°C) bei der Destillation ca. 20%igen Alkohols im

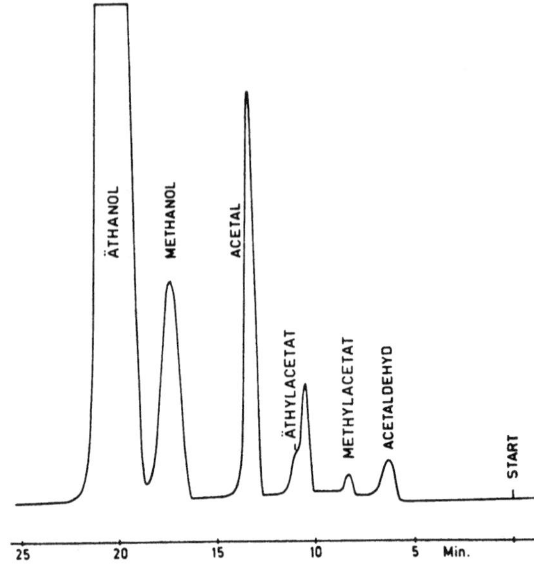


Abb. 38. Gaschromatogramm der Vorlauf-Fraktion eines Sulfitsprites. Zwei hintereinandergeschaltete Kolonnen je 2 m; Triglycol und Di-n-Decylphtalat auf Chromosorb; Temperatur 100°C; Trägergas Helium (nach H. Suomalainen u. P. Ronkainen 1963b)

Vorlauf angereichert werden kann, ist für die Rektifikation des Sulfitsprites von erstrangiger Bedeutung. Schon seit längerer Zeit gelang es, den zu Genußzwecken bestimmten Sulfitsprit sowohl von freiem als auch zu Acetal gebundenem Aldehyd in einem solchen Maße zu reinigen, daß diese keine Qualitätsverminderung des Produktes verursachen können.

### c) Andere Aldehyde

Neben dem Acetaldehyd enthalten alkoholische Getränke, Weindestillate und Sprite noch andere aliphatische Aldehyde (R. Stevens 1960; A.D. Webb u. J.L. Ingraham 1963). Verglichen mit dem Acetaldehyd sind deren Mengen im allgemeinen recht gering, was auch der Grund dafür ist, daß es sehr selten gelungen ist, sie quantitativ zu bestimmen. Das üblicherweise angewandte Verfahren bei der qualitativen Analyse der Carbonylverbindungen ist die papierchromatographische Identifizierung der Aldehyde als deren 2,4-Dinitrophenylhydrazone. Dieser Weg wurde auch von V. Ličev u. I.M. Panajotov (1958) eingeschlagen, die den Gehalt an aliphatischen Aldehyden im Weinbrand der Sorte „Dimiat" Ernte 1953 untersucht haben, um eine genauere Erklärung der Bildung der aroma- und geschmackgebenden Eigenschaften des Weinbrandalkohols im Verlaufe seiner Reifung zu erhalten. Die Anwesenheit von Formaldehyd, Acetaldehyd, Propionaldehyd, Butyraldehyd, Valeraldehyd, Önanthaldehyd und Furfurol wurde nachgewiesen. Darüber hinaus haben die Verfasser Versuche durchgeführt, diejenigen Aldehyde der aromatischen Reihe zu bestimmen, die aus dem Holz der Behälter stammen. Unter den identifizierten aromatischen Aldehyden waren Syringaaldehyd, Coniferylaldehyd und p-Hydroxybenzaldehyd. Eine Klärung der gleichen Frage haben auch P. Ronkainen u. Mitarb. (1962), vgl. auch H. Suomalainen u. P. Ronkainen (1963b), durch Bestimmung der Aldehyde ebenfalls als 2,4-Dinitrophenylhydrazone in Weindestillaten verschiedenen Alters versucht. Die Muster der Altersstufung Compte 0—5 stammten aus den folgenden Unter-Gebieten der Cognac-Region: Grande Champagne, Petite Champagne, Borderies und Fins Bois. Die Verfasser identifizierten papierchromatographisch Acetaldehyd, Isobutyraldehyd, Furfurol und Isovaler- und/oder opt.akt. Valeraldehyd und unter Verwendung der Dünnschichtchromatographie Glyoxal und Methylglyoxal (vgl. P. Ronkainen u.

Mitarb. 1964). Im weiteren stellten sie fest, daß bei den in Frage stehenden Weindestillaten im Verlaufe der Alterung eine deutliche Zunahme ihres Gehaltes an Acetaldehyd vor sich gegangen war, während dagegen die übrigen Carbonylverbindungen konstant blieben oder leicht abnahmen (vgl. Tab. 18).

Tabelle 18. *Die Veränderungen der aliphatischen Carbonylkomponenten beim Altern des Weindestillates aus dem Gebiet der Grande Champagne* (nach H. Suomalainen u. P. Ronkainen 1963 b)

| Carbonylkomponente | Die relative Aldehydmenge im Weindestillat | | | |
| --- | --- | --- | --- | --- |
| | Compte 2 | Compte 3 | Compte 4 | Compte 5 |
| Isovaleraldehyd . . . . . . . | 1,6 | 1,5 | 1,4 | 0,7 |
| Isobutyraldehyd . . . . . . . | 7,2 | 6,9 | 8,1 | 4,8 |
| Acetaldehyd . . . . . . . . | 11,2 | 17,5 | 25,0 | 28,6 |
| trans-Derivat des Furfurals . . | 4,9 | 5,2 | 3,5 | 3,1 |
| cis-Derivat des Furfurals . . . | 1,0 | 1,0 | 1,4 | 1,7 |

R. B. Carroll u. L. C. O'Brien (1959) analysierten gaschromatographisch die Aromastoffe von schottischem Whisky, Bourbon-Whisky, amerikanischem und französischem Apfelschnaps, Rum und französischem Brandy und fanden in diesen nebst Acetaldehyd in geringen Mengen Formaldehyd. Dieselbe Methode haben F. J. Kabot u. L. S. Ettre (1962) bei der Bestimmung der flüchtigen Aromastoffe von schottischem Whisky, Bourbon-Whisky und südafrikanischem Brandy angewandt. Sie erwähnen von den Carbonylverbindungen neben Acetaldehyd noch Aceton gefunden zu haben, der in Bourbon-Whisky in einer Konzentration von 10 ppm (v/v) vorhanden sei; den Autoren gelang dagegen die Identifizierung des Formaldehyds nicht. Von den höheren aliphatischen Aldehyden wurde gaschromatographisch zusätzlich noch n-Hexanal identifiziert, das sowohl in schottischem Whisky, südafrikanischem Brandy als auch in Alkoholdestillaten stickstofffreier Zuckergärungen anzutreffen war (H. Suomalainen u. L. Nykänen 1964, 1966 a).

Man kann sich vorstellen, daß der Hauptteil der in Gärungslösungen auftretenden Carbonylverbindungen als Resultat der Decarboxylierung von Ketosäuren entsteht. Diese Auffassung wird auch durch die soeben abgeschlossenen Untersuchungen, die mit Hilfe von Bäcker- und Brauereihefe den Metabolismus der $a$-Ketosäuren abzuklären versuchten, gestützt (H. Suomalainen 1964; H. Suomalainen u. T. Linnahalme 1966). Da das Vorhandensein der den identifizierten Aldehyden entsprechenden Ketosäuren in der Hefe und in besonders reicher Menge auch in Gärungslösungen konstatiert wurde (H. Suomalainen u. P. Ronkainen 1963 a; H. Suomalainen u. A. J. A. Keränen 1967b), ist es sehr gut begreiflich, daß die in Getränken anzutreffenden Aldehyde *a priori* schon in Spriten verschiedener Herkunft auftreten. So konnten P. Piha u. Mitarb. (1960) bei der Klärung der Carbonylzusammensetzung des Sulfitsprites mit einer papierchromatographischen Methode die Anwesenheit von Acetaldehyd, Isovaler- und/ oder opt. akt. Valeraldehyd, n-Hexanal, Isobutyraldehyd, Propionaldehyd und Furfurol (vgl. P. Ronkainen u. Mitarb. 1962) und, abhängig vom jeweiligen Herstellungsverfahren, in einigen Fällen auch Crotonaldehyd in rohem Sulfitsprit nachweisen. Im rohen Getreidesprit wurden die gleichen Aldehyde mit Ausnahme des Crotonaldehydes festgestellt. In beiden Spriten bildete der Acetaldehyd im Vergleich mit den andern Carbonylverbindungen die dominierende Komponente während Isovaleraldehyd in Sulfitsprit und Isobutyraldehyd in Getreidesprit an zweiter Stelle stand. V. P. Grjaznov (1959) hat in Getreide-, Kartoffel- und Melassesprit Acetaldehyd, Acrolein und Butyraldehyd gefunden. K. Nose u. Mitarb. (1956) geben an, in dest. Kartoffelsprit Acetaldehyd, Isobutyraldehyd, Acrolein, Methyläthylketon, Methylisopropylketon und Diacetyl gefunden zu haben. Auch B. Drews

u. Mitarb. (1965a) teilen mit, daß es ihnen gelungen ist, papierchromatographisch die ungesättigten Aldehyde Acrolein und Crotonaldehyd in Sulfitsprit und in den meisten anderen Spritsorten zu identifizieren.

Neben papier- und dünnschichtchromatographischen Verfahren wurde die Identifizierung der 2,4-Dinitrophenylhydrazone der Carbonylverbindungen auch auf die Weise vorgenommen, indem die Dinitroverbindungen zuerst mittels Ozon zu den den Carbonylverbindungen entsprechenden Carbonsäuren oxydiert und darauf die freien Carbonsäuren gaschromatographisch bestimmt wurden (P. Ronkainen 1964, 1966). Mit dieser Methode konnte ermittelt werden, daß roher Getreidesprit 55 mg/l Acetaldehyd, 1,3 mg/l Isobutyraldehyd, 1,5 mg/l Isovaleraldehyd, 0,4 mg/l Propionaldehyd sowie Spuren von n-Butyraldehyd und n-Hexanal enthielt. In rohem Sulfitsprit erreichten die Aldehydmengen ca. das Zehnfache der in Getreidesprit enthaltenen und auch hier waren Acetaldehyd, Isobutyraldehyd und Isovaleraldehyd am reichlichsten vertreten.

## d) Diacetyl, Acetoin und 2,3-Butylenglykol

Schon seit den Zeiten von Harden (A. Harden u. G.S. Walpole 1906: G.S. Walpole 1911) sind Acetylmethylcarbinol (Acetoin) und 2,3-Butylenglykol als Produkte der Gärung bekannt. Aber erst in den früheren zwanziger Jahren konnten Neuberg und seine Mitarbeiter die Bedingungen der Acyloinkondensation durch Hefe zum ersten Mal erforschen (als Übersicht vgl. C. Neuberg u. M. Kobel 1927, 1936). Sie zeigten, wie unter dem Einfluß gärender Hefe und auch zellfreien Hefemacerationssaftes zugesetzte Aldehyde mit dem bei der alkoholischen Zuckerspaltung intermediär erzeugten Acetaldehyd zu optisch aktiven Körpern, sog. Acyloinen, zusammentreten: $R \cdot CHO + OHC \cdot CH_3 \rightarrow R \cdot CH(OH) \cdot CO \cdot CH_3$. Wurde einer gärenden Zuckerlösung Benzaldehyd zugesetzt (C. Neuberg u. J. Hirsch 1921) so lagerte sich dieser dem während der Gärung entstehenden Acetaldehyd an und als Reaktionsprodukt erhielt man einen aromatischen Ketoalkohol, der dann bei der späteren Identifizierung als Phenylacetylcarbinol, $C_6H_5 \cdot CH(OH) \cdot CO \cdot CH_3$, erkannt wurde (C. Neuberg u. H. Ohle 1922a, b). Wurde o-Chlorbenzaldehyd verwendet, erhielt man den entsprechenden aromatischen Ketoalkohol $C_6H_4Cl \cdot CH(OH) \cdot CO \cdot CH_3$ (C. Neuberg u. L. Liebermann 1921). Das praktische Interesse an einer Reaktion wie dieser wird noch durch die Tatsache vergrößert, daß z. B. das Furfurol z. T. in

$$\text{Furylmethylglykol.} \quad \underset{\displaystyle HC \diagdown_{\textstyle O}\diagup}{\overset{\displaystyle HC — CH}{\underset{\displaystyle HC \quad\;\; C}{\Vert \qquad \Vert}}} — CH(OH) \cdot CH(OH) \cdot CH_3, \;\text{umgesetzt wird, das}$$

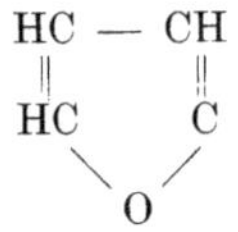

zweifellos durch enzymatische Hydrierung des primär aus der Kondensation von Furfurol mit Acetaldehyd hervorgegangenen Acyloins entstanden ist (P. Liang 1936).

Auf gleiche Weise, wie Benzaldehyd und seine Homologen an den bei der Gärung entstehenden Acetaldehyd angelagert werden, kann man Ketoalkohole auch aus aliphatischen Aldehyden erhalten. Der einfachste Vertreter dieser Körperklasse ist das Acetoin, $CH_3 \cdot CH(OH) \cdot CO \cdot CH_3$, das Acyloin des Acetaldehydes. Bei der Brenztraubensäuregärung und beim Zusatz von Acetaldehyd zur gärenden Zuckerlösung als Abfangmittel für den Acetaldehyd „in statu nascendi" geschieht die Reaktion recht leicht und es konnte festgestellt werden, daß in erheblicher Menge links drehendes Acetoin gebildet wird (J. Hirsch 1922; C. Neuberg u. E. Reinfurth 1923; C. Neuberg u. O. Rosenthal 1924). Ein Zusatz von Aldehyd zu einer Suspension von glykogenfreier Hefe erzeugt dagegen praktisch kein Acetoin (C. Neuberg u. E. Simon 1925).

Die von Neuberg vorgeschlagene Betrachtungsweise über den Mechanismus der Acetoinbildung durch Hefe wird bis in die Gegenwart im großen und ganzen anerkannt. Das so gebildete Acetoinmolekül bildet bei Reduktion 2,3-Butylenglykol und bei Oxydation Diacetyl nach folgender Formel:

$$
\begin{array}{ccccc}
CH_3 & & CH_3 & & CH_3 \\
| & & | & & | \\
C=O & \xrightarrow[-2\,H]{+2\,H} & C=O & \xrightarrow[-2\,H]{+2\,H} & H-C-OH \\
| & & | & & | \\
C=O & & H-C-OH & & H-C-OH \\
| & & | & & | \\
CH_3 & & CH_3 & & CH_3
\end{array}
$$

Es ist seit langem bekannt (H. v. PECHMANN u. F. DAHL 1890), daß Acetoin auch durch den Luftsauerstoff zu Diacetyl oxydiert wird. Anderseits haben C. NEUBERG und seine Mitarbeiter (C. NEUBERG u. F.F. NORD 1919; C. NEUBERG u. M. KOBEL 1925) und G. NAGELSCHMIDT (1927) gezeigt. daß Acetoin und auch Diacetyl durch gärende Hefe zu 2.3-Butylenglykol reduziert werden. Dieses insbesondere für die Darstellung komplizierterer Alkohole nützliche biochemische Verfahren wird als „phytochemische Reduktion" bezeichnet. Sie schließt eine ganze Menge verschiedener Verbindungen ein. auf die gärende Hefe reduzierend wirken kann (C. NEUBERG u. G. GORR 1927, 1936; F.G. FISCHER 1940). Herrührend vom kräftigen Reduktionsvermögen der Hefe ist auch in aeroben Hefegärungen 2.3-Butylenglykol stärker vertreten als Acetoin (H. SUOMALAINEN u. L. JÄNNES 1946a. b). Auch bei der industriellen Bäckerhefeproduktion wurde 2.3-Butylenglykol in geringer Menge beobachtet — ungeachtet der intensiven Belüftung (A.J. KLUYVER u. Mitarb. 1925).

In solchen Acyloinen. in denen ein Teil des Moleküls aus aromatischen Aldehyden oder Furfurol herstammt. weisen die Anordnung der Hydroxyl- und der Carbonylgruppen im Molekül klar darauf hin. daß das bei der Hefegärung entstehende Acyloin die $CH_3 \cdot CO$-Gruppe der Brenztraubensäure entnimmt. Die gleiche Schlußfolgerung haben auch R.L. BERG u. W.W. WESTERFELD (1944) gezogen indem sie feststellten. daß das aus der mit animalem Enzym katalysierten Reaktion von Propionaldehyd und Pyruvat entstehende Acyloin zur Hauptsache 3-Hydroxy-2-pentanon ist und nicht das mit ihm isomere 2-Hydroxy-3-pentanon. Zur Bestätigung dieses Umstandes in bezug auf die Acetoinbildung haben N.H. GROSS u. C.H. WERKMAN (1947a. b) mit $^{13}C$-Isotop markierten Acetaldehyd dem Gemenge von Pyruvat und Hefesaft zugefügt. Nach der Isolierung des gebildeten Acetoins bestimmten sie die Verteilung des $^{13}C$-Isotops im Molekül. Die Verfasser fanden das markierte Isotop an beiden Enden des Moleküls, etwas mehr jedoch in dem Carbinol-Teil des Acetoin-Moleküls. H. SUOMALAINEN u. T. LINNAHALME (1966) konnten anläßlich ihrer Arbeiten über die Metabolisierung der $a$-Ketosäuren durch Bäcker- und Brauereihefe feststellen. daß bei der kombinierten Pyruvat- und $a$-Ketobutyrat-Gärung mit getrockneter Brauereihefe von beiden asymmetrischen 5-C Acyloinen. 3-Hydroxy-2-pentanon und 2-Hydroxy-3-pentanon, die erste Verbindung in stärkerem Maße gebildet wurde. Dies stimmt gut mit der Auffassung überein. daß „aktiver Acetaldehyd" der aus Pyruvat hervorgegangen ist. eine Vorstufe der Acyloine sei.

H. HOLZER u. K. BEAUCAMP (1961) haben mit $^{14}C$-markierten Verbindungen gezeigt. daß, wenn Pyruvat-Decarboxylase aus Brauereihefe mit Pyruvat inkubiert wird. Brenztraubensäure zusammen mit dem Thiaminpyrophosphat der Decarboxylase „aktives Pyruvat", $a$-Lactyl-2-Thiaminpyrophosphat, ergibt, und entsprechend aus Acetaldehyd oder „aktivem Pyruvat" bei der Decarboxylation „aktiver Acetaldehyd", $a$-Hydroxyäthyl-2-Thiaminpyrophosphat, erhalten wird.

Apocarboxylase setzt nur nach Zusatz von Pyruvat aus „aktivem Acetaldehyd" Aldehyd frei, anders gesagt als Folge einer Austauschreaktion. Die Inkubation von $^{14}C$-„aktivem Acetaldehyd" und freiem Acetaldehyd mit Apocarboxylase ergab markiertes Acetoin. H. HOLZER (1961) und H. HOLZER u. Mitarb. (1962) zeigten, daß „aktiver Acetaldehyd" die Rolle eines Zwischengliedes in der Reaktion die vom Pyruvat zum Acetaldehyd, Acetyl-CoA und über Acetyl-Thiaminpyrophosphat (Acetyl-TPP) zu Acetat führt (vgl. Abb. 39). Mit Acetaldehyd ergibt der „aktive Acetaldehyd" Acetoin, mit Pyruvat $a$-Acetolactat und mit $a$-Ketobutyrat $a$-Acetohydroxybutyrat. Auch G.L. CARLSON u. G.M. BROWN (1961) haben erkannt, daß Hydroxyäthyl-Thiaminpyrophosphat durch eine Anzahl Mikroorganismen. unter Einschluß der Bäckerhefe. gebildet wird und daß dies als Acetaldehyd-Spender für die enzymatische Acetoinbildung ausgenützt werden kann. Sie vermuten, daß bei Anwendung von $a$-Ketobutyrat der gebildete Thiamin-Abkömmling ähnlich dem Hydroxypropyl-Thiaminpyrophosphat sei.

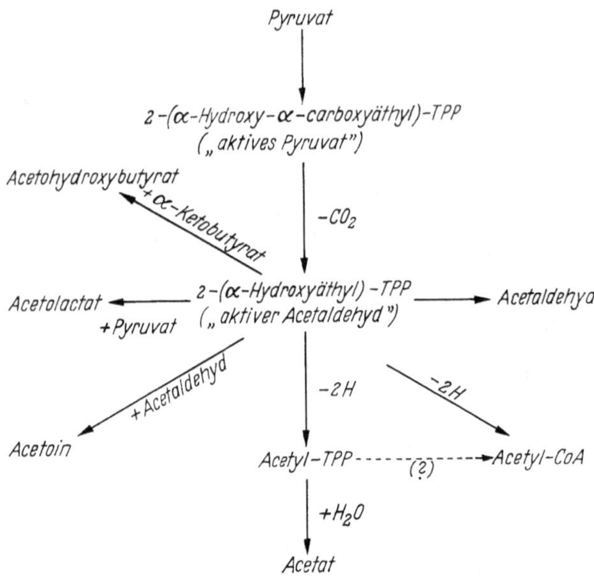


Abb. 39. „Aktiver Acetaldehyd" als Zwischenprodukt des Pyruvatabbaues (TPP = Thiaminpyrophosphat) nach H. Holzer (1961)

Anderseits haben J.L. Owades u. Mitarb. (1959, 1960) festgestellt, daß Acetoin durch Hefe als Nebenprodukt der Valinsynthese, während der Decarboxylierung seiner Zwischenstufe, der $a$-Acetomilchsäure gebildet wird. Die Verfasser geben der Auffassung Ausdruck, daß ein entsprechender Mechanismus bei der Isoleucin-Synthese vorliege und daß Methyläthyldiketon (2,3-Pentanedion) — vermutlich über 3-Hydroxy-2-pentanon — das Nebenprodukt dieser Synthese sein kann. E. Juni (1952) hat jedoch früher die Auffassung vertreten, daß $a$-Acetomilchsäure nicht der Vorläufer des in der Hefe enthaltenen Acetoins sein könne. K.F. Lewis u. S. Weinhouse (1958) wiederum haben bewiesen, daß Bäckerhefe zur Synthese von Acetolactat aus Pyruvat wohl imstande ist. M. Strassman u. Mitarb. (1958, 1960) berichten, daß ein zellfreies Präparat aus Bäckerhefe Acetomilchsäure zu $a$-Ketoisovaleriansäure, dem Vorläufer des Valins, umwandelt, doch hat man auch gezeigt, daß frische Bäckerhefe Acetolactat noch schneller als Pyruvat decarboxyliert (W. Dirscherl u. H. Höfermann 1951). Der Weg der Diacetylbildung bei der Hefegärung, wie beim Brauen durch Vergärung mit Brauereihefe scheint ungeachtet der vielen Untersuchungen, die in den letzten Jahren über dieses Thema angestellt worden sind (M.W. Brenner u. Mitarb. 1963; W.C. Lawrence 1964; B. Drews u. Mitarb. 1962b, 1965b; H. Kringstad u. S. Rasch 1966) weiterhin jedem Erklärungsversuch zu trotzen. Mit Interesse kann verzeichnet werden, daß G.A.F. Harrison u. Mitarb. (1965, 1966) mit Hilfe der Gaschromatographie und dem Elektronen-Einfang-Detektor (electron capture detector) das Vorkommen von 2,3-Pentanedion neben Diacetyl wenigstens in obergärigem Bier nachweisen konnten während P. Ronkainen u. Mitarb. (1967) es dünnschichtchromatographisch in untergärigem Bier nachgewiesen haben.

Diacetyl, Acetoin und 2,3-Butylenglykol sind eine Gruppe von Verbindungen, von denen das Diacetyl als recht allgemeiner und bemerkenswerter Aromafaktor der Lebensmittel bekannt ist. So werden Diacetyl als auch Acetoin u. a. in Kaffee, Kakao, Honig und Käse (H. Schmalfuss u. H. Barthmeyer 1929, 1932; H.E. Calbert u. W.V. Price 1949a, b) sowie Wein- und Obstessig (E. Tóth 1941; E. Rentschler 1942; H. Suomalainen u. J. Kangasperko 1963) angetroffen. Als Aromasubstanz der Butter ist das Diacetyl schon seit den zwanziger Jahren bekannt, und man ist nach wie vor der Meinung, daß es ihr hauptsächlichster Aromabildner sei (C.B. van Niel u. Mitarb. 1929; H. Schmalfuss u. H. Barth-

MEYER 1929, 1932; J. KRENN u. D. VALIK 1949; J.W. PETTE 1949; M.A. KRISHNASWAMY u. F.J. BABEL 1951). Des weiteren wurde festgestellt, daß Diacetyl auch für das Aroma des Weins (J. RIBEREAU-GAYON u. E. PEYNAUD 1958; J.F. GUYMON u. E.A. CROWELL 1965) und insbesondere des Bieres (M.W. BRENNER u. Mitarb. 1963; W.C. LAWRENCE 1964; B. DREWS u. Mitarb. 1962b, 1965b) von Bedeutung ist.

E. PEYNAUD u. M. LAFON (1951a, b) haben das Auftreten von Diacetyl, Acetoin und 2,3-Butylenglykol in französischen Weinbränden verschiedenen Alters wie auch in verschiedenen Branntweinen untersucht. Obschon die genannten Verbindungen ihrer Menge nach sehr starken Schwankungen unterworfen sind vertreten die Verfasser jedoch die Meinung, daß der Gehalt an Diacetyl, Acetoin und 2,3-Butylenglykol die zwischen den Getränken vorhandenen Typenunterschiede wiederspiegelt. Verglichen mit Cognac enthält z. B. Armagnac in bedeutend reicherem Maße Acetoin und 2,3-Butylenglykol, was wenigstens teilweise eine Folge derer unterschiedlicher Destillationsart ist. Aromareicher Originalrum enthielt alle erwähnten Verbindungen ebenfalls in reichlicher Menge. In Whisky fanden die Verfasser überhaupt kein Diacetyl und auch das Acetoin war nur in geringem Maße vertreten, 2,3-Butylenglykol jedoch wurde — und das ist das Besondere — ungefähr in gleicher Menge wie im Cognac aufgefunden.

Weil es voraussehbar ist, daß schon kleine Diacetylmengen, 2—3 mg/l Einfluß auf Geruch und Geschmack des Feinsprits haben (vgl. J. WESSEL 1955), verfolgten H. SUOMALAINEN u. Mitarb. (1955) und T. SALO u. H. SUOMALAINEN (1957, 1958) das Auftreten des Diacetyls in verschiedenen Spritsorten und -qualitäten und konnten feststellen, daß alle Rohsprite, handle es sich um rohen Sulfitsprit, Kartoffelsprit oder Gerstensprit, Diacetyl enthalten (vgl. Tab. 19). In rohem Sulfitsprit wurden einigemale sehr bedeutende Mengen Diacetyl, bis zu 10—15 mg/l, in einer Vorlaufprobe sogar bis zu 50 mg/l gefunden. Bei der Rektifikation sinkt der Diacetylgehalt jedenfalls so stark, daß bei den Feinspritsorten höchstens von Diacetylspuren die Rede sein kann.

Anläßlich der dünnschichtchromatographischen Analyse der Carbonylverbindungen roher Getreide- und Sulfitsprite konnte P. RONKAINEN (1966) feststellen, daß diese Proben neben Diacetyl auch in geringen Mengen 2,3-Pentanedion ent-

Tabelle 19. *Diacetylgehalte verschiedener finnischer Spritsorten*
(nach T. SALO u. H. SUOMALAINEN 1958)

| Spritsorte | Probe aus Fabrik in | Diacetyl mg/l |
|---|---|---|
| roher Sulfitsprit | Nord-Finnland | 8,6 <br> 1,0 |
| | Mittel-Finnland | 14,7 <br> 11,8 <br> 2,8 <br> 0,4 <br> 0,0 |
| | Süd-Finnland | 0,7 |
| roher methanolfreier Sulfitsprit | Nord-Finnland | 0,0 |
| | Mittel-Finnland | 0,4 |
| | Süd-Finnland | 0,4 <br> 0,0 |
| Feinsprit aus Sulfitsprit | | 0,0 |
| roher Kartoffelsprit | | 0,7 |
| Feinsprit aus Kartoffelsprit | | 0,0 |
| roher Gerstensprit | | 0,7 |
| Feinsprit aus Gerstensprit | | 0,0 |

hielten. Unter Verwendung der gleichen Methode haben P. Ronkainen u. H. Suomalainen (1966) diese Verbindungen auch in Whisky und Cognac gefunden; beide Getränke enthielten 15 mg/l Diacetyl.

# 3. Methylalkohol

## a) Bildung des Methanols

Methanol tritt allgemein in geringer Menge in auf dem Gärungswege hergestellten Spriten und in alkoholischen Getränken auf. Hohe Methanolgehalte wurden in Obstbranntweinen und in Tresterbranntweinen festgestellt, während der Methanolgehalt in Spriten die aus Melasse und Getreide hergestellt worden sind, in der Regel am geringsten ist. Als gänzlich methanolfrei kann der synthetische, aus Äthylen erzeugte Sprit gehalten werden. Die zur Alkoholherstellung verwendeten Rohstoffe haben infolgedessen einen entscheidenden Einfluß auf die Methanolbildung, doch führen die bei den Herstellungsverfahren auftretenden Unterschiedlichkeiten, insbesondere die Destillation und deren Durchführung, zu recht bedeutsamen Schwankungen des Methanolgehaltes auch gleichartiger Produkte. Seines allgemeinen Auftretens ungeachtet bildet das Methanol nach G. Bertrand u. L. Silberstein (1949, 1950a, b, 1952) jedoch kein Nebenprodukt der Alkoholgärung. Es ist offensichtlich, daß das während der Gärung entstandene Methanol — wie Th. v. Fellenberg (1914), E. Dinslage u. O. Windhausen (1926) und W. Zimmermann u. L. Malsch (1937) schon früher angenommen haben — aus dem in den Pflanzenzellen enthaltenen Pektin herstammt. Die Pektinstoffe der Pflanzen sind aufgebaut aus Tetragalakturonsäureeinheiten, die in 1,4-Stellung mittels $a$-glykosidischer Bindung untereinander zu langen Molekülketten verbunden sind. Im Mittel sind etwa 80% ihrer Carboxylgruppen mit Methanol verestert; man hat berechnet, daß das vollständig veresterte Polygalakturonsäuremolekül 16,3% Methanol enthält (Z. I. Kertesz 1951). Im Most werden die in den festen Pflanzenteilen, hauptsächlich in den Samen und in der Schale, lokalisierten pektolytischen Enzyme befreit und verursachen so die Hydrolyse der Estergruppen des Pektins, während gleichzeitig die Pektinstoffe selbst in Verbindungen mit geringerer Molekülgröße gespalten werden. A. Mehlitz u. H. Drews (1960) sowie B. Weger (1960) konnten beobachten, daß in geringem Maße die Methylesterhydrolyse schon im Fruchtsaft in Gang kommt; eine bedeutend vollständigere Hydrolyse geschieht jedoch erst während der alkoholischen Gärung. Als Hydrolyse- und Spaltprodukte werden außer dem Methanol noch L-Arabinose, D-Galaktose und D-Galakturonsäure erhalten.

Nach Bertrand u. Silberstein hängt die Methanolbildung zur Hauptsache vom Pektingehalt der Gärlösung ab. Eine Anzahl anderer Autoren haben jedoch festgestellt, daß die Zunahme des Gehaltes an pektolytischen Enzymen in der Gärlösung auf die Methanolbildung bedeutend kräftigeren Einfluß hat als eine Vermehrung der Pektinstoffe. So haben u. a. J. H. Kilbuck u. Mitarb. (1949) sowie N. A. Hall u. Mitarb. (1952) eine deutliche Zunahme des Methanolgehaltes in Säften konstatiert, denen pektolytische Enzyme zugesetzt worden waren. Eine Zunahme des Methanolgehaltes kann auch beobachtet werden, wenn die Gärungslösungen reichlich Schalenfraktionen enthalten. M. Flanzy u. L. Bouzigues (1959) nehmen ebenfalls an, daß der höhere Methanolgehalt der Rotweine am ehesten auf die von den Schalenteilen der Trauben herstammenden Methylesterasen zurückzuführen und somit nicht abhängig vom Pektingehalt der Gärlösung ist. Rotweine enthalten denn allgemein etwas mehr Methanol als Weißweine. Auch die Vorbehandlung der Früchte wie etwa ihr macerieren, verursacht nach M. Flanzy u. Y. Loisel (1958) eine Zunahme des Methanols im Wein.

## b) Methanolgehalt in Trinkbranntweinen

Zur Bestimmung des Methanolgehaltes von alkoholischen Getränken sind eine Reihe Analysenmethoden vorhanden. Eine solche bildet u. a. die alte, ihrem Grundgedanken nach unverändert gebliebene Bestimmungsart nach G. DENIGES (1910a, b), bei der das Methanol in saurer Lösung mit Kaliumpermanganat zu Formaldehyd oxydiert wird, welches seinerseits zusammen mit schwefelsaurem Fuchsin eine blaue, blauviolette oder tiefrote Färbung ergibt. Diese Reaktion ist durch zahlreiche Untersuchungen zu einer quantitativen Bestimmungsmethode für Methanol weiterentwickelt worden (TH. v. FELLENBERG 1915; J.M. KOLTHOFF 1922; E. DINSLAGE u. O. WINDHAUSEN 1926; O. ANT-WUORINEN 1935; O. ANT-WUORINEN u. E. KOTONEN 1937; O. OJA u. Mitarb. 1959). Bei der zweiten zur Methanolbestimmung entwickelten Methode wird nach der Oxydationsphase der Formaldehyd mit Chromotropsäure bestimmt (C.E. BRICKER u. H.R. JOHNSON 1945; R.N. BOOS 1948; TH. KLEINERT u. E. SREPEL 1948; G.F. BEYER 1951; E. BREMANIS 1951; L. AHLÉN u. O. SAMUELSON 1953; L. UINO u. T. SALO 1960).

Seit den Zeiten, da diese kolorimetrischen Methoden zur Bestimmung der Methanolgehalte in verschiedenen Trinkbranntweinen zur Verwendung kamen, wurden die höchsten Methanolgehalte regelmäßig in solchen Tresterbranntweinen gefunden, bei deren Fabrikation die Obstmaische vor der Vergärung nicht vom Trester getrennt worden ist. Dies konnte auch in den vergangenen Jahren bestätigt werden (vgl. Tab. 20).

Tabelle 20. *Methanolgehalt in einigen alkoholischen Getränken*

| Branntweinsorte | Methanolgehalt Vol.-% | Vol.-% auf den Gesamtalkohol berechnet | Referent |
|---|---|---|---|
| Cognac . . . . . . . | 0,04 —0,05 | 0,09—0,10 | L. NYKÄNEN (1963) |
| Whisky . . . . . . . | 0,005—0,01 | 0,01—0,03 | L. NYKÄNEN (1963) |
| Beerenlikör . . . . | 0,01 —0,02 | 0,03—0,09 | L. NYKÄNEN (1963) |
| Obstbranntweine . . | 0,10 —0,50 | 0,28—1,11 | L. NYKÄNEN (1963) |
| Kirschwässer . . . . | — | 0,20—0,80 | H. RATZ (1963) |
| Kirschwässer . . . | 0,30 —0,60 | 0,60—0,80 | G. HAESELER u. H. SPECHT (1963) |
| Zwetschgenwässer . . | — | 0,35—1,64 | H. RATZ (1963) |
| Zwetschgenwässer . | 0,50 —0,80 | 1,00—1,60 | G. HAESELER u. H. SPECHT (1963) |
| Wodka, finnisch . . | 0,01 —0,02 | 0,01—0,05 | L. NYKÄNEN (1966) |
| Wodka, polnisch . . | 0,01 —0,02 | 0,03—0,05 | L. NYKÄNEN (1966) |
| Wodka, russisch . . | 0,01 —0,02 | 0,03—0,05 | L. NYKÄNEN (1966) |
| Rum . . . . . . . . | 0,004—0,03 | 0,01—0,06 | L. NYKÄNEN (1966) |

Beide vorher erläuterten Analysenmethoden enthalten eine Reaktionsphase, in deren Verlauf das Methanol mit recht kräftigen Oxydantien in Formaldehyd umgewandelt wird. Es ist durchaus möglich, daß verschiedenartige Begleitstoffe der alkoholischen Getränke auf die kolorimetrische Bestimmung störend einwirken. Dies muß besonders bei der Beurteilung geringer Methanolgehalte bedacht werden. Der störende Einfluß der Begleitstoffe wird bei der gaschromatographischen Methanolbestimmung ausgeschaltet. G.E. MARTIN u. Mitarb. (1963a) haben eine gaschromatographische Analysenmethode für Methanol entwickelt, die zur Bestimmung sehr geringer Methanolgehalte in Whisky, Brandy, Rum und Wodka gut geeignet ist.

## c) Methanolgehalt in Spritsorten

Die Methanolgehalte der verschiedenen Getreidespritsorten sind recht gering. Nach W. DECKENBROCK (1953a, b) enthalten rohe Getreidesprite weniger als

0,07 Vol.-% Methanol, Kartoffelsprit 0,135 Vol.-% und Melassesprit 0,025 Vol.-%, bezogen auf reinen Alkohol. Der Methanolgehalt von in Finnland hergestelltem rohem Getreidesprit bewegte sich in der letzten Zeit zwischen 0,06—0,11 Vol.-%, bezogen auf reinen Alkohol. Wesentlich höher als bei den vorher erwähnten Spritsorten steigt der Methanolgehalt bei rohem Sulfitsprit und bewegt sich in den meisten Fällen zwischen 1,0—1,5 Vol.-%. Da das im Sulfitsprit enthaltene Methanol zur Hauptsache beim Abbau des Lignins gebildet wird kann der Methanolgehalt schon des rohen Sulfitsprites dadurch bedeutend reduziert werden, indem die Sulfitablauge in besonderen Eindampfern behandelt wird. Der Rohsprit ist als solcher für manche technische Zwecke gut geeignet, sein Methanolgehalt fällt nach erfolgter Verstärkungsdestillation auf unter 0,06 Vol.-%.

Der Methanolgehalt reiner Spritqualitäten hängt natürlich stark von der Wirksamkeit der Rektifikation ab. Deutsche Kornbranntweine enthalten in der Regel weniger als 0,05 Vol.-% Methanol. Noch kleinere Methanolgehalte wurden in finnischem reindestilliertem Getreidesprit festgestellt; durch Intensivierung des Rektifikationseffektes gelang es, den Methanolgehalt sogar unter 0,01 Vol.-% zu senken. Zu entsprechenden Resultaten gelangt man auch bei der Reinigung von Sulfitsprit.

Obwohl der Reinheitsgrad oder die Qualitätseigenschaften verschiedener Spritsorten nicht mehr entscheidend von den zu ihrer Herstellung verwendeten Rohstoffen abhängig ist, wurde immer wieder die Eignung des Sulfitsprites zu Genußzwecken, insbesondere wegen dem in ihm enthaltenen Methanol, angezweifelt. In der Bundesrepublik Deutschland wurde der maximal erlaubte Methanolgehalt des Primasprits auf 0,3 Vol.-% festgesetzt. Diese Methanolmenge im Sprit kann nach W. Deckenbrock (1953a) vom gesundheitlichen Standpunkt aus gesehen als völlig unbedenklich gehalten werden. In rektifiziertem Sulfitsprit ist der Methanolgehalt stets unterhalb dieser Grenze geblieben. Es ist demnach klar, daß rektifizierter Sulfitsprit in einem derart geringen Maße Methanol und auch andere Verunreinigungen enthält, daß diese seiner weiteren Verwendung bei der Herstellung alkoholischer Getränke keinerlei Beschränkungen auferlegt. So wurde in Schweden bereits schon seit dem Jahre 1919 Sulfitsprit zur Herstellung alkoholischer Getränke herangezogen (O. Cyrén 1946). In Finnland wurde kurz nach der Aufhebung der Prohibition im Jahre 1932 damit begonnen, den Sulfitsprit teilweise auch bei der Getränkefabrikation zu verwenden.

### d) Giftigkeit

Methanol ist eine farblose, leicht verdunstende Flüssigkeit, Sdp 64,7°C, und erinnert in einem derartigen Maße an Äthanol, daß sogar größere Methanolmengen in einer Äthanollösung aufgrund von Geruch und Geschmack nicht mehr erkannt werden können. Methanol hat ebenso wie Äthanol eine berauschende und in größeren Dosen genossen eine narkotische Wirkung. J. Ferguson (1939), F. Brink u. J. M. Posternak (1948), L. S. Goodman u. A. Gilman (1958) sowie R. T. Williams (1959) haben festgestellt, daß beim Vergleich der narkotischen Wirksamkeit des Alkohols zu der aufgenommenen Molmenge, die Wirksamkeit des Methanols etwa $^2/_3$ derjenigen des Äthanols betrug. Wegen seiner speziellen Giftwirkung ist jedoch das Methanol bedeutend gefährlicher als die anderen Alkohole, weshalb es denn auch in alkoholischen Getränken als wenig erwünschter Bestandteil gehalten wird.

Die Vergiftung mit Methanol verursacht meistens vollständige und unwiderrufliche Erblindung. Die individuelle Methanolverträglichkeit ist großen Unterschieden unterworfen; so z. B. sind Fälle bekannt, bei denen sogar Gaben von 10 ml Methanol zur Erblindung führten, während anderseits Methanolaufnahmen bis zu 90 ml ohne bleibende Schäden verliefen. Allgemein jedoch sind 100—200 ml Methanol als tödliche Dosis zu betrachten (T. Sollmann 1957). Die Giftigkeit des Methanols beruht nach heutiger Auffassung auf der langsamen Ausscheidung seiner Stoffwechselprodukte wie Formaldehyd, Ameisensäure und deren Abkömmlinge sowie des Methanoles selbst aus dem Körper. H. Aebi u. Mitarb. (1957) sowie J.-P. von Wartburg (1959) haben konstatiert, daß Methanol im Organismus zehnmal langsamer oxydiert wird als Äthanol. Für den Menschen bleibt so die Oxydationsgeschwindigkeit unter

1 g/h. Mit Tierversuchen konnten G. R. BARTLETT (1950a) und H. AEBI u. Mitarb. (1957) zeigen, daß vom verabreichten Methanol etwa 50—65% oxydiert werden und der Rest auf dem Weg über den Urin oder die ausgeatmete Luft als solcher oder in konjugiertem Zustand aus dem Körper ausgeschieden wird.

E. ASSER (1914) hat schon sehr früh beobachtet, daß der gleichzeitige Genuß von Äthanol die Verbrennung des Methanols verlangsamt. Weil dadurch die Bildung der giftigen Metaboliten des Methanols verzögert wird, kann Äthanol mit Erfolg als Gegengift bei Methanolvergiftungen eingesetzt werden. Den Einfluß des Äthanols haben später u. a. die folgenden Autoren untersucht: O. RØE (1946, 1950), L. J. ZATMAN (1946), G. R. BARTLETT (1950b), G. LEAF u. L. J. ZATMAN (1952) sowie J.-P. VON WARTBURG (1959); eine gute Übersicht über die Biochemie der Methanolvergiftung haben I. R. COOPER u. M. M. KINI (1962) veröffentlicht. Es wird angenommen, daß das Äthanol mit dem Methanol um das Alkoholdehydrogenaseenzym (ADH) rivalisiert und auf diese Weise die Verbrennung des Methanols behindert. Nach der Auffassung von B. CHANCE (1948) und G. R. BARTLETT (1952) geschieht jedoch die Oxydation des Methanols zur Hauptsache durch Vermittlung des Katalase-Systems. Unter Verwendung eines rohen Präparates konnte L. J. ZATMAN (1946) die Feststellung machen, daß ADH Methanol oxydiert und daß zudem das Äthanol die Oxydation selbst dann noch behindert, wenn das Verhältnis Äthanol/Methanol so niedrig wie 1:16 ist. Obwohl reines, aus der Leber des Pferdes isoliertes ADH Methanol überhaupt nicht oxydiert, wie dies von H. SUND u. H. THEORELL (1963) geäußert wurde, konnten jedoch vor kurzem J.-P. VON WARTBURG u. Mitarb. (1964) zeigen, daß das Methanol als Substrat für Menschen-ADH wirkt. Die größere Affinität des ADH in bezug auf Äthanol erklärt so zu einem bedeutenden Teil die Tatsache, daß das Äthanol auf die Verbrennung des Methanols im menschlichen Organismus einen verzögernden Einfluß ausübt. Die Bedeutung des Katalase-Systems bei der Verbrennung des Methanols konnte dagegen bisher experimentell nicht bestätigt werden. Da Äthanol zusätzlich auch noch die Methanolausscheidung beschleunigt, wie dies G. LEAF u. L. J. ZATMAN (1952) beobachten konnten, kann Äthanol in der Praxis zur Behandlung der Methanolvergiftung herangezogen werden. Dies kann seinerseits z. T. auch dazu beitragen, die schädliche Wirkung der in den alkoholischen Getränken enthaltenen Methanolmengen zu reduzieren. Mit handelsüblichen alkoholischen Getränken können demnach keine derartigen Methanolmengen aufgenommen werden, daß diese — in einem Zug genossen — eine Methanolvergiftung verursachen könnten, oder daß selbst fortlaufender Genuß zu einer Akkumulierung des Methanols im Körper führen könnte.

## 4. Die höheren Alkohole (Fuselalkohole)

### a) Die Bildung der Fuselalkohole

Schon zu Beginn dieses Jahrhunderts war unter den Herstellern von Branntwein der Begriff „Fuselöl" recht gut bekannt und es gelang auch dessen Zusammensetzung mittels fraktionierter Destillation abzuklären. Man wußte, daß im Fuselöl als Hauptkomponenten Isoamylalkohol, opt.akt. Amylalkohol und Isobutylalkohol enthalten sind, doch lag deren Ursprung, ebenso wie der Mechanismus ihrer Bildung noch im Dunkeln.

Ein bedeutender Fortschritt bei der Klärung der Bildung der Fuselalkohole geschah, als F. EHRLICH in den Jahren 1905—1917 in seinen grundlegenden Untersuchungen zeigen konnte, daß bestimmte, im Fuselöl auftretende Alkohole zurückgeführt werden konnten auf die ihnen entsprechenden Aminosäuren, der Isoamylalkohol auf das Leucin, der opt.akt. Amylalkohol auf das Isoleucin und das Isobutanol auf das Valin. Vereinfacht können die Reaktionen mit folgenden Gleichungen beschrieben werden:

$$\begin{array}{cc} \mathrm{CH_3}\!\!\diagdown & \mathrm{CH_3}\!\!\diagdown \\ \quad\ \ \mathrm{CH\cdot CHNH_2\cdot COOH} \longrightarrow & \quad\ \ \mathrm{CH\cdot CH_2OH + NH_3 + CO_2} \\ \mathrm{CH_3}\!\!\diagup & \mathrm{CH_3}\!\!\diagup \\ \text{Valin} & \text{Isobutanol} \end{array}$$

$$\begin{array}{cc} \mathrm{CH_3}\!\!\diagdown & \mathrm{CH_3}\!\!\diagdown \\ \quad\ \ \mathrm{CH\cdot CH_2\cdot CHNH_2\cdot COOH} \longrightarrow & \quad\ \ \mathrm{CH\cdot CH_2\cdot CH_2OH + NH_3 + CO_2} \\ \mathrm{CH_3}\!\!\diagup & \mathrm{CH_3}\!\!\diagup \\ \text{Leucin} & \text{Isoamylalkohol} \end{array}$$

$$\begin{array}{cc} \mathrm{CH_3\cdot CH_2}\!\!\diagdown & \mathrm{CH_3\cdot CH_2}\!\!\diagdown \\ \quad\ \ \mathrm{CH\cdot CHNH_2\cdot COOH} \longrightarrow & \quad\ \ \mathrm{CH\cdot CH_2OH + NH_3 + CO_2} \\ \mathrm{CH_3}\!\!\diagup & \mathrm{CH_3}\!\!\diagup \\ \text{Isoleucin} & \text{opt.akt. Amylalkohol} \end{array}$$

Auf analoge Weise entstehen nach F. Ehrlich (1907, 1911, 1912) auch die aromatischen Alkohole Tyrosol, Tryptophol und $\beta$-Phenyläthylalkohol aus ihren entsprechenden Aminosäuren Tyrosin, Tryptophan und Phenylalanin sowie Benzylalkohol und neben diesem noch Benzaldehyd aus Phenylaminoessigsäure. Nach der Auffassung von Ehrlich geschieht die Umwandlung der Aminosäuren zu den Fuselalkoholen unter Einwirkung der Hefeenzyme, und Ehrlich nannte denn auch den Prozeß „die alkoholische Gärung der Aminosäuren". Zur gleichen Zeit in der er darlegte, daß Hefe, deren Eiweißstoffwechsel durch eine Behandlung mit Alkohol-Äther oder Aceton inaktiviert war, zur Bildung von Fuselalkoholen nicht imstande ist, stellte er fest, daß zur Bildung von Fuselöl auch gärfähige Zucker vorhanden sein müssen (F. Ehrlich 1906).

Der Reaktionsverlauf von Aminosäure zu Alkohol enthält zwei Phasen, nämlich die Deaminierung und Decarboxylierung der Aminosäure. O. Neubauer u. K. Fromherz (1910 —1911) haben gezeigt, daß aus Phenylaminoessigsäure bei der Hefegärung Phenylglyoxylsäure gebildet wird gleich wie aus der dem Tyrosin entsprechenden Hydroxyphenylbrenztraubensäure der p-Hydroxyphenyläthylalkohol, das Tyrosol gebildet wird. Die Autoren nahmen an, daß als Zwischenstufe zwischen der Ketosäure und dem Alkohol der Aldehyd steht. Aus der Aminosäure bildet sich nach ihnen über die Iminosäure die Ketosäure, deren Decarboxylierungsprodukt Aldehyd weiter zu Alkohol reduziert wird. Der Reaktionsverlauf wird durch das folgende Schema ausgedrückt:

$$\underset{\underset{\text{COOH}}{|}}{\overset{\overset{\text{R}}{|}}{\text{HC}}}\!\!-\!\text{NH}_2 \xrightarrow[-\text{H}_2]{\text{Acceptor}} \underset{\underset{\text{COOH}}{|}}{\overset{\overset{\text{R}}{|}}{\text{C}}} = \text{NH} \xrightarrow[+\text{H}_2\text{O}]{-\text{NH}_2} \underset{\underset{\text{COOH}}{|}}{\overset{\overset{\text{R}}{|}}{\text{C}}} = \text{O} \xrightarrow{-\text{CO}_2} \underset{\text{Aldehyd}}{\text{R} \cdot \text{CHO}} \xrightarrow[+\text{H}_2]{\text{Donator}} \underset{\text{Alkohol}}{\text{R} \cdot \text{CH}_2\text{OH}}$$

C. Neuberg u. H. Steenbock (1913) haben ihrerseits gezeigt, daß Isovaleraldehyd bei der Hefegärung zu Isoamylalkohol reduziert wird, sie haben ferner angenommen, daß bei der Bildung der Fuselalkohole die Ketosäuren zu den entsprechenden Aldehyden decarboxyliert und dann weiter zu Alkoholen reduziert werden. C. Neuberg u. W.H. Peterson (1914) zeigten, daß bei Hefegärung aus $\alpha$-Keto-$\beta$-methylvaleriansäure sowohl opt. akt. Valeraldehyd als auch opt.akt. Amylalkohol entsteht. R.S.W. Thorne (1937) konnte darauf die Bestätigung dafür finden, daß zum mindesten bei der Umwandlung von Valin, Phenylalanin, Tyrosin und Tryptophan zu den entsprechenden Fuselalkoholen der Ehrlich-Neubauer-Neuberg-Mechanismus wirke. J.W. Spanyer, Jr. u. A.T. Thomas (1956) haben bei ihren im pilot-plant-Maßstab durchgeführten Untersuchungen, in welchem Ausmaße die Hefe zur Verwertung der der Gärungslösung zugesetzten Aminosäuren imstande sei, beobachtet, daß 32% des dl-Leucins während der Alkoholgärung zu Isoamylalkohol umgewandelt wurde; es herrschte jedoch eine lineare Abhängigkeit zwischen dem der Gärungslösung zugefügten Leucin und dem entstandenen Fuselalkohol.

Durch Vergleich des abnehmenden Aminosäuregehaltes eines gärenden Weinmostes mit der Fuselöl-Bildung kamen J.G.B. Castor u. J.F. Guymon (1952) sowie J.G.B. Castor (1953) zur Auffassung, daß die natürlichen Aminosäurenreserven der Gärungslösung, auch wenn die Autolyse der Hefe mit in Rechnung gesetzt wird, nicht ausreichten um die konstatierten Fuselölmengen zu produzieren, sondern daß das Fuselöl auch aus andern Ausgangsstoffen herstammen müsse. Bei Zusatz von $^{14}$C-methylmarkiertem Natriumacetat zu einem synthetischen Medium, welches nebst Rohzucker, Ammoniumphosphat und Asparagin als Stickstoffquellen und die nötigen Wuchstoffe enthielt, konnten L. Genevois u. M. Lafon (1956, 1957) nach der Vergärung radioaktiven Kohlenstoff sowohl im Amylalkohol als auch im Isopropanol nachweisen. Aufgrund dieses Sachverhaltes vertreten sie die Auffassung, daß zumindest ein Teil der Fuselalkohole über das Acetat aus Zucker gebildet würde (vgl. L. Genevois 1962). Die Meinung, daß die Fuselalkohole schlußendlich aus Zucker herstammen, hat die Unterstützung von verschiedener Seite gefunden (G. Thoukis 1958a, b; L. Genevois u. J. Baraud 1959; E. Peynaud u. G. Guimberteau 1958, 1962; J. L. Ingraham u. J.F. Guymon 1960). E. Peynaud u. G. Guimberteau (1958, 1959) sowie M. Yamada u. T. Watarai (1956) und M. Yamada u. Mitarb. (1962) konnten die Feststellung machen, daß die Zugabe auch anderer Aminosäuren als Leucin und Valin die Bildung von Isobutanol und Isoamylalkohol anregt.

Eine bedeutende Bereicherung zur Fuselölbildungstheorie von Ehrlich-Neubauer-Fromherz haben S. SentheShanmuganathan u. S.R. Eldsen (1958) sowie S. SentheShanmuganathan (1960a, b) mit ihren mit Bäckerhefe und aus ihr hergestellten zellfreien Extrakten durchgeführten Untersuchungen gebracht. Unter dem Einfluß der in der Hefe enthaltenen Transaminasen (Aminotransferasen) geschieht als erste Phase der Fuselölbildung eine Veränderung der Aminosäure über die Umaminierung zu Ketosäure, aus der durch Decarboxylierung der entsprechende Aldehyd erhalten werden kann, der dann schließlich zu Alkohol reduziert wird. Der Reaktionsverlauf kann schematisch durch folgende Formel dargestellt werden:

$$\text{Leucin} + a\text{-Ketoglutarsäure} \xrightarrow{\text{Transaminase}} a\text{-Ketoisocapronsäure} + \text{Glutaminsäure}$$

$$a\text{-Ketoisocapronsäure} \xrightarrow{\text{Carboxylase}} \text{Isovaleraldehyd} + CO_2$$

$$\text{Isovaleraldehyd} + NADH_2 \xrightarrow{\text{Alkoholdehydrogenase}} \text{Isoamylalkohol} + NAD$$

Nach S. SENTHESHANMUGANATHAN (1960a) katalysiert ein dialysierter, zellfreier Extrakt von Bäckerhefe den Übergang der Aminogruppe von Asparaginsäure, Leucin, Norleucin, Isoleucin, Valin, Norvalin, Methionin, Phenylalanin, Tyrosin und Tryptophan zu $a$-Ketoglutarsäure, während die Hefecarboxylase mit Leichtigkeit zur Decarboxylierung der gebildeten $a$-Ketoisovaleriansäure, $a$-Ketovaleriansäure, $a$-Ketoisocapronsäure und $a$-Ketocapronsäure imstande ist; etwas weniger leicht decarboxyliert sie auch die p-Hydroxyphenylbrenztraubensäure.

Durch Verwendung mit $^{14}$C-Isotopen markierter Aminosäuren gelang es die experimentelle Bestätigung dafür zu erhalten, daß einige Aminosäuren als Ausgangssubstanzen für die ihnen entsprechenden Fuselalkohole fungieren. Auf diese Weise konnte G. THOUKIS (1958a, b) zeigen, daß der bei der Gärung gebildete Isoamylalkohol aus dem Leucin herstammt. Ebenso haben H. SUOMALAINEN u. H. KAHANPÄÄ (1963) markierte Aminosäuren zur Abklärung der Fuselalkohol-Bildung durch Bäckerhefe eingesetzt. Bei der gaschromatographischen Analyse der entstandenen Fuselölkomponenten konnten sie feststellen, daß bei Zusatz radioaktiv markierten L-Valins, L-Leucins und L-Isoleucins zu einer mit Bäckerhefe vergorenen Zuckerlösung eine verstärkte Bildung der entsprechenden Fuselalkohole, Isobutanol, Isoamylalkohol und/oder opt. akt. Amylalkohol eintrat und daß sich ein bedeutender Anteil der Radioaktivität nach der Gärung in der die Fuselalkohole enthaltenden Phase anreicherte. Verzweigtkettige, $a$-substituierte Aminosäuren nichtnatürlichen Ursprungs metabolisierten dagegen mit Bäckerhefe nicht und hatten demnach auch keinen Einfluß auf die Bildung von Fuselalkoholen.

Bedeutend weniger eingehend wurde die Bildung von n-Propanol und n-Butanol untersucht, obwohl beide im Fuselöl recht allgemein anzutreffen sind. R. E. KEPNER u. Mitarb. (1954) versuchten die n-Propanolbildung nach der Ehrlichschen Theorie, durch Zusatz von $a$-Aminobuttersäure zu einer glucosevergärenden Hefesuspension zu erklären. Die Autoren erhielten jedoch nur 0,03% n-Propanol, obwohl unter sonst gleichen Bedingungen mit Leucin Isoamylalkoholausbeuten von nahezu 100% erhalten wurden. J. F. GUYMON u. Mitarb. (1961) haben gezeigt, daß in einer mit Hefe vorgenommenen stickstofffreien Glucosegärung die $a$-Aminobuttersäure als Ausgangssubstanz für die $a$-Ketobuttersäure dient. Die entstandene Ketosäure kann als Stammsubstanz für das n-Propanol fungieren, doch bildet sie auch eine Zwischenstufe bei der Synthese des Isoleucins (C. D. WILLSON u. E. A. ADELBERG 1957) und somit eine Zwischenstufe bei der Bildung opt. akt. Amylalkohols. Gleichzeitig mit der Feststellung der stimulierenden Wirkung von $a$-Aminobuttersäure auf die Bildung von n-Propanol und opt. akt. Amylalkohol konnte man die Beobachtung machen, daß 1-$^{14}$C markierte $a$-Aminobuttersäure die Radioaktivität der Fuselalkohole nicht merkbar erhöht hatte, während 2-$^{14}$C $a$-Aminobuttersäure selektiv die Aktivität des n-Propanols und des opt. akt. Amylalkohols erhöhte. Nach J. L. INGRAHAM u. Mitarb. (1961) entstände n-Butylalkohol entsprechend aus $a$-Ketovaleriansäure, die bei der Biosynthese aus $a$-Ketobuttersäure in einer entsprechenden Reaktionskette gebildet würde, wie nach M. STRASSMAN u. Mitarb. (1956) $a$-Ketoisocapronsäure beim Aufbau des Leucins aus $a$-Ketoisovaleriansäure synthetisiert wird. Als interessante Feststellung ist zu halten, daß der Gärungslösung zugesetztes Norleucin, aus dem $a$-Ketocapronsäure gebildet wird, mit einem Bäckerhefemutanten die Bildung von n-Amylalkohol stimulierte (J. L. INGRAHAM u. Mitarb. 1961). A. D. WEBB u. J. L. INGRAHAM (1963) brachten ein Bildungsschema der Fuselalkohole vor (vgl. Abb. 40).

Bei den Reaktionen spielen die Ketosäuren, aus denen durch Decarboxylierung die entsprechenden Aldehyde gebildet und die weiter zu den entsprechenden Fuselalkoholen reduziert werden, eine zentrale Rolle. H. SUOMALAINEN u. P. RONKAINEN (1963a) gingen von der Arbeitshypothese aus, daß, sofern die Ketosäuren wirklich die Schlüsselsubstanzen der Fuselölbildung sind, die in Frage stehenden Ketosäuren auch in der Hefe und in den Gärungslösungen gefunden werden müßten. Durch Fällung der Ketosäuren als 2,4-Dinitrophenylhydrazone und durch ihre dünnschichtchromatographische Analyse als solche oder nach Reduktion als entsprechende Aminosäuren konnte denn auch in Bäckerhefe und Gärungslösungen Brenztraubensäure, $a$-Ketoglutarsäure, $a$-Ketobuttersäure, $a$-Ketoisovaleriansäure und $a$-Ketoisocapronsäure nachgewiesen werden, wobei die Gärungslösung die zehn- oder gar mehr als 100fachen Mengen an Säuren enthielt als die Hefe. Anläßlich später weitergeführter Unter-

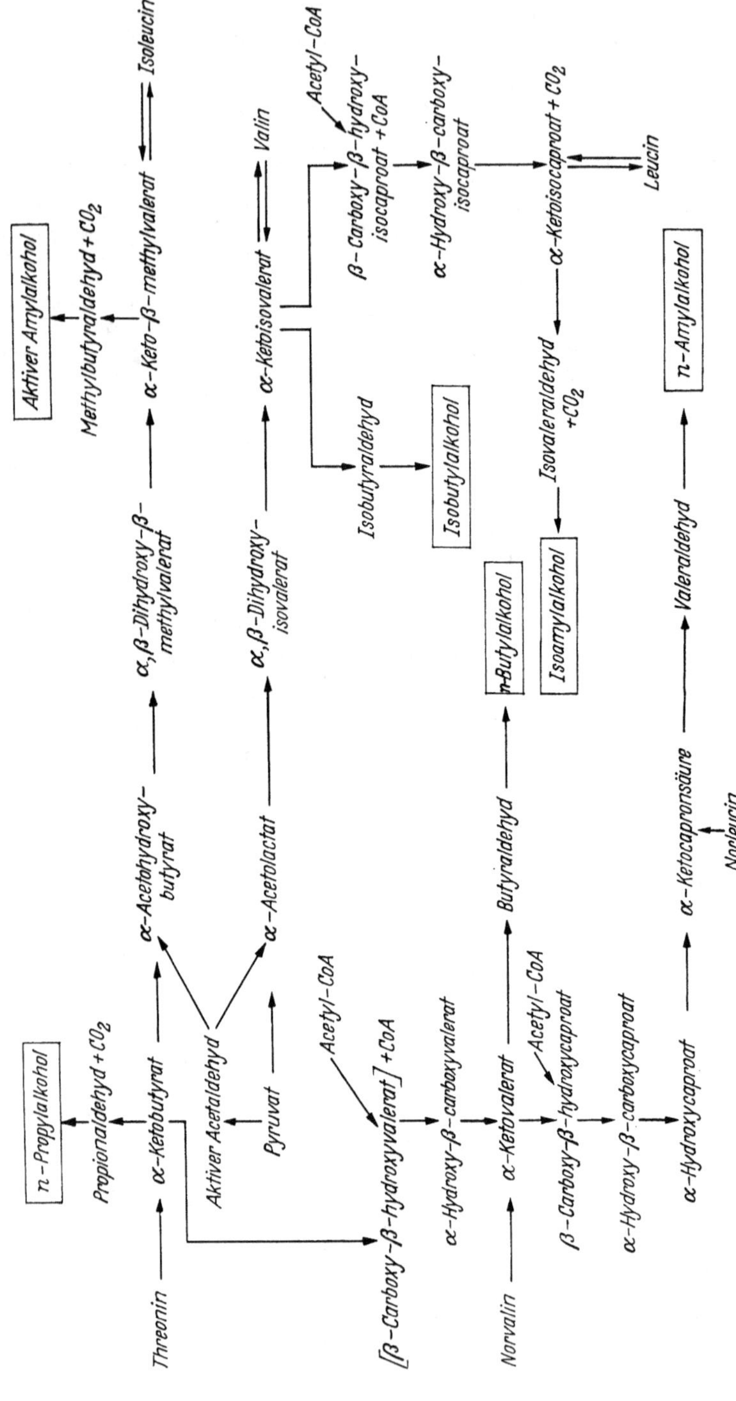


Abb. 40. Schematische Darstellung der Entstehung der Fuselalkohole sowie n-Butyl- und n-Amylalkohol (nach A.D. Webb u. J.L. Ingraham 1963, ergänzt)

suchungen (H. Suomalainen u. A.J.A. Keränen 1967b) konnte in der Gärlösung u. a. noch $\alpha$-Keto-$\beta$-methylvaleriansäure, die Stammsubstanz des opt.akt. Amylalkohols identifiziert werden (vgl. Tab. 21). $\alpha$-Ketovaleriansäure und $\alpha$-Ketocapronsäure, die von Webb und Ingraham in ihrem Bildungsschema (vgl. Abb.40) der Fuselalkohole vorausgesetzten Stammsubstanzen des n-Butylalkohols und des n-Amylalkohols wurden dagegen nicht angetroffen. Bei der Metabolisierung der $\alpha$-Ketosäuren — von der $\alpha$-Ketobuttersäure zu der $\alpha$-Ketocaprylsäure — unter dem Einfluß von Bierhefe in der anaeroben Glukosegärung bilden sich zur Hauptsache um ein Kohlenstoffatom kürzerkettige Fuselalkohole und nur in geringem Umfang entsprechende Fettsäuren (K. Nordström 1963c).

In den letzten Jahren strebte man die Abklärung der Frage an, ob die Bildung auch der aromatischen Alkohole, $\beta$-Phenyläthylalkohol, Tyrosol und Tryptophol im Verlaufe der Hefegärung auf dem Wege über die Ketosäurenphase geschehe. Obwohl die Tryptophansynthese mit Hefe, wie auch mit anderen Mikroorganismen, ohne Benutzung der Ketosäurenzwischenstufe geschieht (vgl. T. Äyräpää 1963), geht die Synthese des Phenylalanins und des Tyrosins wie auch die Bildung von Phenyläthylalkohol und Tyrosol über die Ketosäure. Man nimmt an, daß das Deaminieren oder das Transaminieren (vgl. S. SentheShanmuganathan 1960a) auch des Tryptophans zur Ketosäure und weiter zu Tryptophol — oder Indol-3-essigsäure ($\beta$-Indolylessigsäure) — führe. Bei der Abklärung der $\beta$-Phenyläthylalkoholbildung im Verlaufe der Gärung konnte T. Äyräpää (1963, 1965) unter Verwendung von $^{14}$C-markiertem Phenylalanin feststellen, daß beide Wege, sowohl der synthetische, als auch der von der Aminosäure ausgehende in Frage kommen. Es ist müßig darüber zu diskutieren, welcher Weg der Bildung höherer Alkohole, der Ehrlichsche oder der synthetische, von größerer Bedeutung ist, ohne die genauen Bedingungen zu kennen. Bei niedrigen Aminosäurekonzentrationen wird der Hauptteil des zugesetzten Phenylalanins zu Phenyläthylalkohol umgebaut, während der synthetische Weg der Phenyläthylalkoholbildung auch bei hohen Aminosäuregehalten und dem Vorhandensein stickstoffhaltiger Nährstoffe im Überschuß bedeutend ist. T. Äyräpää (1963) kommt denn auch zum Schluß, daß die Bildung des Phenyläthylalkohols vollkommen gleichartig verläuft wie die Bildung der aliphatischen Fuselalkohole. Beachtenswert ist auch daß H. Suomalainen u. A.J.A. Keränen (1967b) anläßlich ihrer Arbeiten über die von der Hefe gebildeten Ketosäuren die dem Tyrosin entsprechende p-Hydroxyphenylbrenztraubensäure und die dem Phenylalanin entsprechende Phenylbrenztraubensäure in der Gärungslösung finden konnten.

Tabelle 21. *In Hefe und/oder Gärungslösungen gefundene Ketosäuren und Aldehyde sowie die entsprechenden Alkohole und Aminosäuren* (nach H. Suomalainen 1965, 1968)

| Alkohole | Aldehyde gefunden[1,2] | $\alpha$-Ketosäuren gefunden[3,4] | Entsprechende Aminosäuren |
|---|---|---|---|
| Äthanol | Acetaldehyd | Brenztraubensäure | Alanin |
| n-Propanol | Propionaldehyd | $\alpha$-Ketobuttersäure | $\alpha$-Aminobuttersäure |
| Isopropanol | — | — | — |
| n-Butanol | Butyraldehyd | — | Norvalin |
| Isobutanol | Isobutyraldehyd | $\alpha$-Ketoisovaleriansäure | Valin |
| sek. Butanol | — | — | — |
| — | — | $\alpha$-Keto-$\gamma$-mercapto-buttersäure | Methionin |
| tert. Butanol | — | — | — |
| n-Amylalkohol | — | — | Norleucin |
| Isoamylalkohol | Isovaleraldehyd | $\alpha$-Ketoisocapronsäure | Leucin |
| opt.akt. Amylalkohol | opt.akt. Valeraldehyd | $\alpha$-Keto-$\beta$-methyl-valeriansäure | Isoleucin |
| n-Hexanol | Hexanal | — | — |
| n-Heptanol | Heptanal | Oxalessigsäure | Asparaginsäure |
| — | — | $\alpha$-Ketoglutarsäure | Glutaminsäure |
| $\beta$-Phenyläthylalkohol | — | Phenylbrenztraubensäure | Phenylalanin |
| Tyrosol | — | p-Hydroxyphenyl-brenztraubensäure | Tyrosin |
| Tryptophol | — | — | Tryptophan |
| Glykol | Glykolaldehyd (Glyoxal) | — | Serin |

[1] vgl. P. Piha u. Mitarb. (1960)
[2] vgl. P. Ronkainen u. Mitarb. (1962)
[3] vgl. H. Suomalainen u. P. Ronkainen (1963a)
[4] vgl. H. Suomalainen u. A.J.A. Keränen (1967b)

## b) Zusammensetzung der Fuselöle

### α) Die Fuselalkohole

Die zur Alkoholherstellung verwendeten Rohstoffe haben zusammen mit den übrigen Gärungsbedingungen Einfluß darauf, wieviel Fuselöl in der Gärungslösung gebildet wird und demzufolge kann der Anteil der Fuselölfraktion im Destillat zwischen 0,1 und 2 % der Äthanolmenge schwanken. Die Art der Destillation ist natürlich ebenfalls von Bedeutung für die Ausbeute und in geringerem Maße auch für die Zusammensetzung der Fuselölfraktion. Bei kontinuierlich arbeitenden Destillationsapparaten geschieht die Abscheidung des Fuselöles in der Fuselölzone der Verstärkungskolonne. Das dort abgenommene Fuselöl wird zwecks Entfernung des Äthanols mit Wasser vermischt in ein Trenngefäß geleitet, wo sich das leichtere Fuselöl als Schicht auf der Wasseroberfläche ansammelt und so abgezogen werden kann. Das derart gewonnene Fuselöl stellt eine gefärbte, meistens gelbe, ölige Flüssigkeit dar, doch kann es — wie dies beim Sulfitfuselöl der Fall ist — auch einen dunkelbraunen Farbton annehmen. Herrührend von dem in ihm enthaltenen Amylalkohol ist der Geruch des Fuselöls intensiv und hustenreizend, während sein Geschmack brennend ist.

Das hauptsächlichste Analysenverfahren zur Abklärung der Fuselölzusammensetzung ist in den letzten Jahren die Gaschromatographie gewesen und in der Literatur finden sich denn auch die Beschreibungen verschiedener Kolonnenfüllungen, die sich zur Bestimmung der Fuselalkohole als geeignet erwiesen haben (R. Stevens 1960; A. D. Webb u. J. L. Ingraham 1963). Die im Fuselöl regelmäßig auftretenden Isomeren des Amylalkohols, der Isoamylalkohol (3-Methylbutanol-(1)) und der opt.akt. Amylalkohol (2-Methylbutanol-(1)), deren Trennung mittels Destillation sehr mühsam und zeitraubend ist (F. C. Whitmore u. J. H. Olewine 1938; M. R. Fenske u. Mitarb. 1932, 1936), können gaschromatographisch ohne Schwierigkeiten u. a. durch Anwendung von Glycerol-, Diglycerol-, 1,4-Butanediol-, 1,2,4-Butanetriol-, Isoerythritol- und Sorbitol-Kolonnen bestimmt werden (A. P. van der Kloot u. Mitarb. 1958; A. D. Webb u. R. E. Kepner 1961). Triäthanolaminkolonnen, die von J. Baraud (1961), E. Sihto u. Mitarb. (1962), J. Baraud u. A. Maurice (1963) sowie von L. Nykänen u. H. Suomalainen (1963) u. a. zum Analysieren der Fuselölzusammensetzungen verschiedener Getränke herangezogen wurden, ermöglichten eine beinahe vollständige Trennung dieser Isomere. B. Drews u. Mitarb. (1962a) haben dem Triäthanolamin 1% Natriumcaproat zugesetzt und es gelang ihnen mit einer derartigen Kolonnenfüllung die Isomere 2,2-Dimethylpropanol-(1) und 3-Methylbutanol-(2) zu trennen, deren gute Trennung man mit 1,2,4-Butantriol als stationärer Phase erreichte. Eine relativ gute Trennwirkung für Isoamylalkohol und opt.akt. Amylalkohol konnte mit einer Diäthyl-D-tartrat-Kolonne erhalten werden (A. L. Prabucki u. H. Pfenninger 1961; H. Pfenninger 1963a, b, c).

Fuselöl enthält in der Regel 60—80% Gärungsamylalkohol, der aus Isoamylalkohol und opt.akt. Amylalkohol zusammengesetzt ist. Die optisch inaktive Komponente ist regelmäßig reichlicher vertreten und ihr relativer Anteil im Gärungsamylalkohol bewegt sich zwischen 55—85%. Die normalerweise mengenmäßig an zweiter Stelle stehende Komponente des Fuselöls ist der Isobutylalkohol, dessen relativer Anteil zwischen 15—30% schwankt. Auch n-Propanol tritt in den meisten Fuselölen auf, in einigen davon ist dieser Alkohol in einer Menge von über 10% enthalten.

Die bedeutend seltener als die vorher erwähnten Fuselalkohole auftretende Komponente ist das sek. Butanol, von dem größere Mengen lediglich in Wein- und Obstfuselölen angetroffen wurden (A. D. Webb u. Mitarb. 1952; R. M. Ikeda u. Mitarb. 1956; J. Baraud u. L. Genevois 1958; L. Genevois u. J. Baraud 1959; C. Tarantola u. L. Usseglio Tomasset

1960; J. BARAUD 1961, 1962; H. PFENNINGER 1963b). n-Butanol — meistens nur als Spurenkomponente auftretend — konnte in der Mehrzahl der Fuselöle identifiziert werden; die höchsten Gehalte wurden in Obst-, Kartoffel- und Sulfitfuselölen angetroffen, von denen das zuletzt erwähnte in reichem Maße auch n-Amylalkohol enthält; in einigen Sulfitfuselölen konnten Konzentrationen dieses Alkohols bis zu 3% festgestellt werden (J. BARAUD 1961; E. SIHTO u. Mitarb. 1962; B. DREWS u. H. SPECHT 1963; H. PFENNINGER 1963b). J. BARAUD u. L. GENEVOIS (1958), L. GENEVOIS u. J. BARAUD (1959) sowie J. BARAUD (1961, 1962) teilen mit, daß sie in Wein- und Melassefuselölen gaschromatographisch Isopropanol bestimmen konnten. In Fuselölen der gleichen Art haben sie zusätzlich noch Methylisopropylcarbinol (sek. Isoamylalkohol, 3-Methylbutanol-(2)) identifiziert, das auch durch C. TARANTOLA u. L. USSEGLIO TOMASSET (1960) in denselben Fuselölen gefunden worden ist. J. BARAUD u. L. GENEVOIS (1958) sowie L. GENEVOIS u. J. BARAUD (1959) erwähnen, daß Melassefuselöl Diäthylcarbinol (Pentanol-(3)) enthalte; J. BARAUD u. A. MAURICE (1963) ihrerseits fanden im Fuselöl des Rums Propylmethylcarbinol (Pentanol-(2)).

In der Literatur finden sich zahlreiche Angaben über das Auftreten von im Vergleich zu Amylalkohol höheren aliphatischen Alkoholen in Fuselölen (R. STEVENS 1960; A.D. WEBB u. J.L. INGRAHAM 1963; W.C. LAWRENCE 1964). Durch Analyse der Zusammensetzungen von Melasse-, Getreide-, Batat-, Kartoffel- und Weinfuselölen konnten in diesen u. a. n-Hexanol, n-Heptanol, Heptanol-(2), n-Oktanol, n-Nonanol, Nonanol-(2) und n-Dekanol identifiziert werden. In reichlicher Menge wurde n-Hexanol besonders in Weinfuselölen gefunden (A.D. WEBB u. Mitarb. 1952; R.M. IKEDA u. Mitarb. 1956; R.E. KEPNER u. A.D. WEBB 1961; A.D. WEBB u. Mitarb. 1963). Hohe Hexanolgehalte werden auch in Sulfitfuselöl angetroffen. In industriellem Maßstab wird das Hexanol durch Fraktionierung gewonnen; so z. B. fallen in den Rajamäki-Werken des Staatlichen Finnischen Alkoholmonopols jährlich ca. 2 t dieser Substanz an, wobei die Ausbeuten zwischen 3—5% je nach der Qualität des Fuselöls schwanken.

Einige bedeutende Komponenten der Fuselölzusammensetzung ausgedrückt in relativen Verhältniszahlen sind in die Tab. 22—24 aufgenommen worden.

Obwohl es bekannt ist, daß die aromatischen Fuselalkohole, $\beta$-Phenyläthylalkohol, Tyrosol und Tryptophol bei der Hefegärung gebildet werden, konnte einzig der Phenyläthylalkohol in einigen Fuselölen nachgewiesen werden. T. TAIRA (1933) sowie T. TAIRA u. T. MASUJIMA (1934) identifizierten den Phenyläthylalkohol als Phenylurethanderivat in der oberhalb 132°C siedenden Fraktion der Batat-, Sake- und Melassefuselöle. R.M. IKEDA u. Mitarb. (1956) gelang seine Isolierung durch Destillation aus dem Fuselöl des Weines. In nicht dest. Getränken, Bieren und Weinen wird nunmehr der Phenyläthylalkohol mit Hilfe verschiedener Analysenmethoden bestimmt (T. ÄYRÄPÄÄ 1961, 1962a, b; R. STEVENS 1961; E. SIHTO u. Mitarb. 1962; E. SIHTO u. V. ARKIMA 1963; V. ARKIMA u. E. SIHTO 1964; A.D. WEBB u. Mitarb. 1963; J. STRATING u. A. VENEMA 1961; A.P. VAN DER KLOOT u. F.A. WILCOX 1963) und ebenso in dest. alkoholischen Getränken, wie Whisky und Brandy, sowie in Alkoholdestillaten stickstofffreier Zuckergärungen (L. NYKÄNEN u. H. SUOMALAINEN 1963; H. SUOMALAINEN u. L. NYKÄNEN 1964, 1966a). In Bier und Wein wurden spektrofotometrisch und mittels papier- und gaschromatographischen Methoden ebenfalls Tyrosol und Tryptophol bestimmt, in dest. Getränken jedoch konnte keine der beiden Substanzen angetroffen werden (R.S.W. THORNE 1937; T. ÄYRÄPÄÄ u. Mitarb. 1961; W.D. MCFARLANE u. Mitarb. 1963, 1964; W.D. MCFARLANE 1964; W.D. MCFARLANE u. M.B. MILLINGEN 1964; W.D. MCFARLANE u. K.D. THOMPSON 1964; P. RIBEREAU-GAYON u. J.-C. SAPIS 1965; L. NYKÄNEN u. Mitarb. 1966a). Kürzlich haben B. DREWS u. Mitarb. (1966) gezeigt, daß neben den bei der Hefegärung in reichlicher Menge entstehenden aromatischen Fuselalkoholen, Tyrosol, Tryptophol und Phenyläthylalkohol, auch aus L-Histidin in geringen Spuren Histidol gebildet wird.

### β) Andere im Fuselöl auftretende Verbindungen

Ein Teil der im Fuselöl vorhandenen Substanzen entstammt den in der Gärungslösung enthaltenen Verbindungen. Typisch z. B. für das Sulfitfuselöl ist, daß es die ursprünglich vom Holz herrührenden Verbindungen, wie Terpene und Terpenalkohole (E. HÄGGLUND 1951) enthält. Den Terpenverbindungen des Sulfitfuselöls

Tabelle 22. *Prozentuale Zusammensetzung verschiedener Fuselöle* (nach J. BARAUD 1961)

| Komponente | Äpfel-fuselöl | Melassefuselöl 1 | Melassefuselöl 2 | Wein-fuselöl | Rüben-fuselöl | Roggen-fuselöl | Kartoffel-fuselöl | Topinambur-fuselöl | Gersten-fuselöl | Sulfitablaugen-fuselöl |
|---|---|---|---|---|---|---|---|---|---|---|
| Äthylalkohol | 0,5 | 8,6 | 0,7 | 0,7 | 0,4 | 2,5 | 4,5 | 6,7 | Spuren | 1,6 |
| Isopropylalkohol | — | — | 0,7 | 0,2 | 0,2 | — | — | — | — | — |
| n-Propylalkohol | — | 13,8 | 1,3 | 1,4 | 0,8 | 1,9 | 2,4 | 2,0 | 7,6 | 14,7 |
| sek. Butylalkohol | — | — | — | 2,0 | — | — | — | — | — | — |
| Isobutylalkohol | 2,5 | 14,5 | 5,3 | 11,8 | 3,8 | 5,5 | 6,4 | 12,5 | 33,5 | 36,0 |
| Methylisopropylcarbinol | — | Spuren | 1,1 | 2,0 | Spuren | — | — | — | — | — |
| n-Butylalkohol | 1,8 | — | — | — | — | Spuren | 2,8 | — | — | 0,7 |
| opt.akt. Amylalkohol | 17,8 | 25,9 | 90,9 } | 82,0 } | 94,9 } | 90,15 } | 83,95 } | 78,8 } | 18,2 | 8,2 |
| Isoamylalkohol | 77,4 | 37,2 | | | | | | | 40,6 | 37,1 |
| n-Amylalkohol | — | — | — | — | — | — | — | — | — | 1,6 |

Tabelle 23. *Prozentuale Zusammensetzung verschiedener Fuselöle* (nach B. DREWS u. H. SPECHT 1963)

| Komponente | Kartoffel-fuselöl | Roggen-fuselöl | Weizen-fuselöl | Gersten-fuselöl | Melasse-fuselöl | Sulfitablaugenfuselöl 1 | Sulfitablaugenfuselöl 2 | Sulfitablaugenfuselöl 3 | Holzzucker-fuselöl |
|---|---|---|---|---|---|---|---|---|---|
| Äthylalkohol | 6,5 | 10,0 | 0,7 | 0,2 | 8,3 | 1,0 | 0,6 | 4,6 | 16,6 |
| n-Propylalkohol | 11,5 | 8,7 | 3,4 | 4,5 | 10,3 | 6,2 | 4,6 | 1,6 | 7,9 |
| Isobutylalkohol | 31,9 | 18,7 | 17,5 | 21,2 | 20,8 | 20,0 | 32,5 | 26,8 | 18,9 |
| n-Butylalkohol | — | — | — | — | — | 0,7 | 1,3 | 2,8 | 0,9 |
| opt.akt. Amylalkohol | 12,8 | 17,2 | 21,6 | 22,3 | 17,2 | 13,6 | 11,8 | 10,3 | 9,3 |
| Isoamylalkohol | 37,3 | 45,4 | 56,8 | 51,8 | 43,4 | 55,9 | 48,2 | 42,3 | 33,6 |
| n-Amylalkohol | — | — | — | — | — | 1,7 | 0,9 | 0,6 | — |
| n-Hexylalkohol | — | — | — | — | — | 0,8 | 0,02 | 11,0 | — |
| Cyclopentanon | — | — | — | — | — | — | — | — | 12,8 |
| Unbekannte Substanz | — | — | — | — | — | 0,1 | 0,02 | — | — |

Tabelle 24. *Mittlere prozentuale Zusammensetzung verschiedener Fuselöle* (nach H. PFENNINGER 1963b)

| Komponente | Melasse-fuselöl | Getreide-fuselöl | Kartoffel-fuselöl | Obst-fuselöl | Hefe-fuselöl | Sulfitablaugen-fuselöl |
|---|---|---|---|---|---|---|
| n-Propylalkohol | 8,6 | 9,1 | 16,4 | 10,2 | 11,0 | 6,8 |
| sek. Butylalkohol | — | — | — | 2,4 | 6,2 | — |
| Isobutylalkohol | 20,6 | 19,2 | 15,9 | 21,4 | 23,8 | 22,3 |
| n-Butylalkohol | 0,5 | 0,2 | 1,2 | 2,2 | 2,3 | 0,7 |
| opt.akt. Amylalkohol | 31,3 | 19,0 | 13,6 | 13,6 | 19,0 | 13,1 |
| Isoamylalkohol | 39,1 | 52,4 | 52,9 | 56,4 | 37,7 | 56,1 |
| n-Amylalkohol | — | — | — | — | — | 1,0 |

haben zum ersten Mal P. Klason u. B. Segerfelt (1911) sowie H. Borgström (1915) Beachtung geschenkt, die feststellten, daß Sulfitfuselöl Borneol enthalte. Nach den Untersuchungen von B. Holmberg u. E. Sunesson (1923) liegen 14—22% des Borneols in seiner L-Form vor. Die erste gründliche Abklärung der Zusammensetzung des Sulfitfuselöls stammt von G. Komppa u. Y. Talvitie (1931). Durch fraktionierte Destillation gelang es ihnen im Vorlauf geringe Mengen von Furan bzw. Sylvan nachzuweisen. Die Fraktion bis 100°C bestand hauptsächlich aus Äthanol; Aldehyde und Ketone konnten nur durch Farbreaktionen festgestellt werden. In den höhersiedenden Fraktionen wurde Isobutylalkohol festgestellt, doch bestand die weitaus größte Menge des Fuselöls aus Gärungsamylalkohol. Ferner wurden reichliche Mengen n-Hexanol und eine geringe Menge n-Heptanol gefunden. An Terpenverbindungen fanden sie Limonen oder Dipenten sowie in geringer Menge Camphen. Letzterer kann jedoch bei der Aufarbeitung der Fraktionen aus Borneol entstanden sein. Von den Terpenalkoholen konnten sie L-Borneol und DL-Fenchol sowie von den phenolischen Verbindungen Guajakol feststellen. Die über 240°C siedenden Anteile wurden nicht genauer untersucht; ein blauer Kohlenwasserstoff, wahrscheinlich Azulen, wurde jedoch beobachtet. N. Hellström (1940, 1943, 1944) hat auch eine Fuselölfraktion analysiert und erhielt durch Destillation mit der Podbielniak-Skärblom-Linder-Kolonne die in Tab. 25 wiedergegebene Zusammensetzung. Zur Abtrennung der Terpene verwendete S. Hähnel (1944) bei der Sulfitspritrektifikation einen kontinuierlich arbeitenden Destillationsapparat.

Tabelle 25. *Zusammensetzung des Sulfitspritfuselöls* (nach N. Hellström 1943)

| Komponente | % | Komponente | % |
|---|---|---|---|
| Wasser | 17 | Borneol | 6 |
| Äthylalkohol | 12 | Guajakol | 0,2 |
| Isobutylalkohol | 12 | Ester | 1 |
| Isoamylalkohol | 35 | Säure | 0,2 |
| opt. akt. Amylalkohol | 7 | Unbestimmte Komponenten | 7,6 |
| n-Hexylalkohol | 2 | | |

Die Fraktion „unbestimmte Komponenten" setzt sich aus Stoffen zusammen, deren Siedepunkt höher als 160°C liegt.

W. Jensen u. P. Rinne (1952) haben die relativen Mengen der Komponenten von 16 bei der Sulfitspritfabrikation anfallenden Fuselölen durch Destillation bestimmt und ermitteln, daß diese 9—19% Wasser, 7—12% Äthanol, 0—5% n-Propanol, 4—29% Isobutanol, 24—52% Amylalkohole, 3—16% n-Hexanol, 2—8% Borneol, 1—5% der bei 70—95°C und 15 mm Hg siedenden, nicht identifizierten Fraktion und 0—6% der beim gleichen Druck bei 110—128°C siedenden Fraktion, enthielten. Eines der Fuselöle enthielt ca. 17% phenolische Verbindungen, von denen sich n-Propylguajakol als die Hauptkomponente erwies, während Eugenol mit einem Anteil von 15—20% im Gemisch enthalten war (W. Jensen 1950; W. Jensen u. Mitarb. 1953). R.J. Peltonen (1954) kam aufgrund der von ihm vorgenommenen Destillationsversuche mit der Toddschen Kolonne zum Schluß, daß Sulfitfuselöl 14% Wasser, 14% Äthanol, 17% Isobutanol, 36% Amylalkohole, 10% höhere Alkohole und 9% nicht destillierbare Substanzen enthält; n-Hexanol, Borneol und Fenchol waren dabei in der Fraktion der höheren Alkohole enthalten.

Obwohl die *Sulfitablauge* in bezug auf die zur Herstellung von Alkohol verwendeten anderen Rohstoffe in gewissem Sinne eine Sonderstellung einnimmt, so scheinen doch dieselben oder ihrem Typ nach sehr gleichartigen Verbindungen neben den normalen Fuselalkoholen auch in Fuselölen ganz anderen Ursprungs antreffbar zu sein. Entsprechende phenolische Verbindungen, die in Sulfitfuselöl auftreten, wurden auch — und das ist das Spezielle — in der Fuselölfraktion von Whisky gefunden. Das Auftreten phenolischer Verbindungen im Whisky haben schon P. Schidrowitz u. F. Kaye (1905) erwähnt, die annahmen, daß diese ihren Ursprung in der zur Trocknung und Räucherung der Malze verwendeten Steinkohle und des Torfs haben. H. Braus u. F. D. Miller (1958) haben diese Verbindungen eingehender untersucht, indem sie die bei der Destillation von Whisky anfallenden Fuselöle fraktioniert destillierten und so die phenolischen Verbindungen isolierten, die sie dann papierchromatographisch identifizieren konnten. Als Zusammensetzung der Phenole fanden sie 50% p-Methylguajakol, 25% p-Äthylguajakol und 7% Guajakol sowie 18% nicht destillierbare Substanzen, zur Hauptsache Vanillin. Zudem fanden sie im Fuselöl noch in geringer Menge Phenol und o-Kresol. Die Autoren sind der Meinung, daß die erwähnten Phenole beim durch Mikroben verursachten enzymatischen Abbau der in der Gärungslösung enthaltenen Ligninverbindungen entstehen.

Dem Ursprung der phenolischen Verbindungen sind in letzter Zeit auch R. D. Steinke u. M. C. Paulson (1964) nachgegangen, indem sie die Bildung der mit Wasserdampf flüchtigen Phenole beim Dämpfen des Getreides und bei der Alkoholgärung studierten. Im kondensierten Wasserdampf der Getreide-Dämpfung und in den Alkoholdestillaten der Gärlösungen konnten sie papier- und gaschromatographisch fünf substituierte Phenole, nämlich p-Vinylphenol, p-Äthylphenol, p-Vinylguajakol, p-Methylguajakol und p-Äthylguajakol identifizieren. Im weiteren konnten sie zeigen, daß das p-Vinylphenol und das p-Äthylphenol in der Gärungslösung aus der p-Cumarinsäure, das p-Vinylguajakol und das p-Äthylguajakol aus der Ferulasäure und das p-Methylguajakol aus Vanillin entstanden sein können. Die Stammsubstanzen der Phenole sind in geringen Mengen als freie Verbindungen in Mais und Gerstenmalz enthalten und ihre Menge nimmt während des Dämpfens des Getreides noch zu. Das thermische Decarboxylieren der Säuren geht wahrscheinlich schon anläßlich der Dämpfung vor sich, weil geringe Mengen p-Vinylphenol und p-Vinylguajakol mit dem Wasserdampf überdestillieren. In Gärungslösungen geschieht das Decarboxylieren bei Verwendung bestimmter Brauereihefestämme; nach der Auffassung von Steinke u. Paulson hat das Decarboxylieren zur Hauptsache seinen Grund in der Tätigkeit der in der Gärungslösung enthaltenen Bakterien. Die aus Zimtsäure entstandenen Vinylverbindungen sind offenbar Zwischenprodukte, die im Verlaufe der Gärung weiter zu den entsprechenden Äthylverbindungen hydriert werden. Die Autoren glauben, daß dieselben Bakterien auch imstande sind, die Carbonylgruppe des Vanillins im Verlaufe der Bildung von Methylguajakol aus Vanillin in eine Methylgruppe umzubauen.

Die Japaner Y. Hirose u. Mitarb. (1962) haben aus Mais-, Gersten- und Melassefuselöl zuerst durch Destillation den Isoamylalkohol und die niedriger siedenden Verbindungen abgetrennt und danach gaschromatographisch die oberhalb von 132°C siedende, neutralisierte Fuselölfraktion analysiert. Im Maisfuselöl gelang ihnen der Nachweis gesättigter aliphatischer Alkohole bis zum Undecylalkohol und daneben noch Phenyläthylalkohol, Sesquiterpene, Terpene, Terpenalkohole, Ketone, aliphatische und aromatische Kohlenwasserstoffe sowie in größerer Anzahl verschiedene Ester. Die gleichen Verbindungen, obwohl in geringerer Menge, haben sie nach ihren Angaben auch in Gersten- und Melassefuselöl gefunden (vgl. Tab. 26—28).

Tabelle 26. *Zusammensetzung des oberhalb von 132°C siedenden Maisfuselöls*
(nach Y. Hirose u. Mitarb. 1962)

| Verbindung | ml | Verbindung | ml |
|---|---|---|---|
| Iso- und opt. akt. Amylalkohol | 16,43 | Acetophenon | 0,28 |
| n-Amylalkohol | 2,54 | Heptylacetat | 0,14 |
| n-Hexylalkohol | 16,77 | $a$-Methyl-$a$'-($\beta$-furyl)-tetrahydrofuran | 0,36 |
| Äthylcaproat | 5,56 | n-Octylalkohol | 5,51 |
| Benzaldehyd | 0,38 | Aliphatische Kohlenwasserstoffe | |
| Methylheptylketon | 0,34 | (Sdp $\sim$ 200°C) | 8,41 |
| Äthylcaprylat | 25,91 | Aromatische Kohlenwasserstoffe | |
| Methylamylcarbinol | 0,10 | (Sdp $\sim$ 200°C) | 6,13 |
| Methylheptenon | 0,35 | Naphtalen | 0,19 |
| Methylhexylketon | 0,35 | Äthylbenzoat | 0,12 |
| Hexylacetat | 0,31 | Campher | 0,56 |
| Limonen und andere Terpen-Kohlen- | | Linalool | 0,97 |
| wasserstoffe | 0,31 | Borneol | 6,52 |
| Äthylönanthat | 1,45 | Phenyläthylalkohol | 0,44 |
| Matsutake-öl | 0,91 | Methylheptylcarbinol | 0,12 |
| n-Heptylalkohol | 3,99 | Benzylalkohol | Spuren |

Fortsetzung Tabelle 26

| Verbindung | ml | Verbindung | ml |
|---|---|---|---|
| Äthylpelargonat | 1,56 | Amylcaproat | 0,10 |
| Phenyläthylacetat | 3,32 | Äthylcaprat | 40,94 |
| n-Nonylalkohol | 1,02 | *a*-Ionon | 0,06 |
| Octylacetat | 0,36 | Amylcaprylat | 0,87 |
| Methylheptylcarbinolacetat | 0,65 | Äthyllaurat | 9,55 |
| Äthylphenylacetat | 0,37 | n-Undecylalkohol | 0,13 |
| Unbekannte Ketone | 0,82 | Äthylmyristat | 0,53 |
| n-Decylalkohol | 0,46 | Amylcaprat | 2,37 |
| Nonylacetat | 0,62 | Methyltridecylketon | 3,54 |
| Decylacetat | 0,35 | Unbekannter Alkohol | 1,33 |
| Phenyläthylpropionat | 1,09 | Äthyl- und Amyllaurat[1] | 0,23 |
| Citronellol und andere Terpenalkohole | 2,81 | Äthyl- und Amylmyristat[1] | 1,61 |
| Sesquiterpen-Kohlenwasserstoffe | 0,45 | Äthyl- und Amylpalmitat[1] | 15,10 |
| Undecylacetat | 0,30 | Äthyl- und Amylstearat[1] | 6,12 |

[1] Diese Daten wurden aus der 36. Fraktion erhalten (Destillation im Vakuum, dann Verseifung, Veresterung und Gaschromatographierung). Das Adjektiv Amyl-, das den Estern vorangestellt ist, beinhaltet sowohl Iso- als auch opt. akt. Amylalkohol.

Tabelle 27. *Zusammensetzung des Gerstenfuselöls*
(nach Y. HIROSE u. Mitarb. 1962)

| Verbindung | ml | Verbindung | ml |
|---|---|---|---|
| Äthylalkohol | 34,7 | n-Octylalkohol | 0,14 |
| n-Propylalkohol | 11,9 | Amylcaproat | 0,49 |
| Isobutylalkohol | 89,9 | Phenyläthylacetat | 0,77 |
| n-Butylalkohol | 6,7 | Phenyläthylalkohol | 0,50 |
| Iso- und opt. akt. Amylalkohole | 676,1 | Methylsalicylat | 0,05 |
| n-Amylalkohol | 0,13 | Kohlenwasserstoff (Sdp $\sim$ 230°C) | 5,93 |
| Methylamylcarbinol | 0,68 | Amylcaprylat | 1,42 |
| n-Hexylalkohol | 0,36 | Äthylcaprat | 2,58 |
| Amylisovalerat | 0,37 | Äthyllaurat | 2,20 |
| Äthylcaprylat | 1,40 | Wasser usw. | 94,5 |
| n-Heptylalkohol | 0,07 | Rückstand | 67,6 |
| Methylheptylcarbinol | 0,08 | | |

Tabelle 28. *Zusammensetzung der aus Melassefuselöl abgetrennten Alkoholfraktion*
(nach Y. HIROSE u. Mitarb. 1962)

| Verbindung | g | Verbindung | g |
|---|---|---|---|
| n-Hexylalkohol | 0,017 | *a*-Terpineol | 0,230 |
| n-Heptylalkohol | 0,018 | n-Nonylalkohol | 0,022 |
| n-Octylalkohol | 0,352 | Citronellol | 0,195 |
| Methylheptylcarbinol | 0,099 | n-Decylalkohol | 0,243 |
| Campher | 0,104 | Methylnonylcarbinol | 0,020 |
| Borneol | 0,239 | n-Undecylalkohol | 0,003 |
| Menthol | 0,813 | n-Dodecylalkohol | 0,073 |
| Phenyläthylalkohol | 0,060 | Nerolidol (trans-Form) | 0,311 |

## c) Der Fuselölgehalt der Spritsorten und alkoholischen Getränke

Wenn der Alkohol nach Beendigung des Gärungsprozesses durch Destillation verstärkt wird, erhält man gleichzeitig damit einen bedeutenden Teil des während der Gärung gebildeten Fuselöls. So enthalten z. B. rohe Getreidespritе normal ca. 2 g/l Fuselalkohole. Bei der Herstellung reinen Sprits strebt man jedoch danach, das Fuselöl aus dem Produkt möglichst vollständig zu entfernen. Die mit wirksamen Kolonnen ausgerüsteten Brennereien sind heute ohne weiteres zur Herstellung von Sprit, dessen Fuselölgehalt unter 5 mg/l liegt, in der Lage. Ein derartiger Fuselölgehalt kann bereits als vollständig bedeutungslos gehalten werden. Andrerseits aber ist das Fuselöl ein bedeutender Aromaspender und aus diesem Grunde beläßt man gewöhnlich eine bestimmte Menge Fuselöl in alkoholischen Getränken. Deshalb enthalten fast alle durch Destillation verstärkten alkoholischen Getränke Fuselöl in wechselnden Mengen, einige von ihnen gar in bedeutendem Maße. Nach den in der Literatur veröffentlichten Daten bleibt der Fuselölgehalt alkoholischer Getränke normal unter 0,3%. Bei der Analyse verschiedenartiger alkoholischer Getränke haben P. Valaer (1937, 1939, 1940) sowie G. E. Martin u. Mitarb. (1963 b) konstatiert, daß der Fuselölgehalt auch in gleichartigen Getränken bedeutenden Schwankungen unterworfen ist. In der folgenden Tab. 29 werden die als Amylalkohol berechneten Fuselölgehalte einiger Getränketypen dargestellt.

Tabelle 29. *Fuselölgehalt in Trinkbranntweinen*
(nach P. Valaer 1937, 1939, 1940)

| Branntwein | Fuselölgehalt als Amylalkohol, g/l |
|---|---|
| Cognac | 0,90—1,27 |
| Armagnac | 0,92—0,97 |
| Amerikanischer Brandy | 0,14—1,27 |
| Griechischer Obstbranntwein | 0,11—1,21 |
| Blended Scotch Whisky | 0,35—1,14 |
| Irish Pott-Still Whisky | 0,73—1,55 |
| Kuba Rum | 0,26—0,94 |
| Jamaika Rum | 0,63—1,07 |
| Puerto-Rico Rum | 0,04—1,69 |
| Demerara Rum | 0,19—1,00 |

Unter Verwendung eines auf der Komarowsky-Reaktion beruhenden Analyseverfahrens und durch Vergleich des Totalfuselölgehaltes mit einer Mischung von Isoamylalkohol und Isobutanol (80:20) hat L. Nykänen (1963) die Fuselölgehalte einiger schottischer Blended Whiskys, Cognacs und Rumsorten bestimmt (vgl. Tab. 30).

Tabelle 30. *Die Totalfuselölgehalte einiger alkoholischer Getränke*
(nach L. Nykänen 1963)

| | Anzahl Proben | Fuselöl, g/l | | | Fuselöl, g/l r.A. | | |
|---|---|---|---|---|---|---|---|
| | | Maximum | Mittel | Minimum | Maximum | Mittel | Minimum |
| Whisky | 8 | 1,71 | 1,20 | 0,75 | 3,93 | 2,73 | 1,72 |
| Cognac | 3 | 1,90 | 1,41 | 0,90 | 4,34 | 3,41 | 2,08 |
| Rum | 5 | 0,86 | 0,58 | 0,28 | 2,01 | 1,52 | 0,87 |

Die Fuselölzusammensetzung der Getränke wird eingehender im Kapitel über die Zusammensetzung des Aromas in Trinkbranntweinen (vgl. S. 625—637) behandelt.

### d) Die physiologische Wirkung der Fuselalkohole

Die Fuselalkohole sind im allgemeinen narkotische Stoffe in dem Sinne, als sie imstande sind, die verschiedensten biologischen Funktionen reversibel zu inhibitieren. Die Wirkung der aliphatischen Alkohole nimmt mit zunehmender Länge ihrer Kohlenstoffketten regelmäßig zu. Es wurde festgestellt, daß die Wirkung dieser Stoffe mit deren thermodynamischen Aktivitätskoeffizient oder mit ihrem chemischen Potential im System übereinstimmt (J. Ferguson 1939, 1951; F. Brink u. J.M. Posternak 1948), eine Beobachtung, der große Bedeutung bei der Entwicklung der Theorie der narkotischen Wirkung zukommt. In einfachen Testanordnungen bleibt denn auch der molare Wirkungsgrad nahe dem relativen Aktivitätskoeffizienten.

Gibt man der Wirkung des Äthanols den Wert 1, so erhält z. B. n-Propanol für seine narkotische Wirkung ca. 3,9, n-Butanol 14,3, Isobutanol 11,7, Isoamylalkohol 52 und sek. Amylalkohol 28.

Die mit Säugetieren erhaltenen experimentellen Werte zeigen jedoch keine derart großen Unterschiede zwischen Äthanol und den höheren Alkoholen. Die Resorption, Verteilung, Oxydation und Elimination der Alkohole verschieben und begrenzen auf unterschiedliche Weise die Auswirkungen im intakten Organismus. Die primären Alkohole bilden gute Substrate für die Alkoholdehydrogenase der Leber (A.D. WINER 1958; C.C. WRATTEN u. W.W. CLELAND 1965), die dadurch rasch zu Aldehyden und weiter zu den entsprechenden Säuren oxydiert werden. Die sekundären Alkohole gehen in die entsprechenden Ketone über und werden weiter oxydiert; sie konjugieren auch in weit stärkerem Maße zu Glucuroniden als die primären Alkohole (R.T. WILLIAMS 1959). Die hohe Umsatzgeschwindigkeit ist ein wichtiger Faktor bei der Abschätzung der Giftigkeit dieser Alkohole. Dies bedeutet, daß sie im Organismus nicht gespeichert werden.

Im lebenden Organismus wird das Nervensystem am empfindlichsten durch die Wirkung der Alkohole betroffen. Dies führt bei Vergiftungsfällen zur Bewußtlosigkeit und die unmittelbare Todesursache bei akuten Vergiftungen besteht in der Lähmung des Atmungszentrums. Als Beispiele experimenteller Werte seien die folgenden, aufgrund der molaren Gaben errechneten relativen Werte angeführt: Berauschende Wirkung auf Ratten, Äthanol 1, n-Propanol 2,5, Isopropanol 2,7, n-Butanol 6,3, Isobutanol 3,6 (H. WALLGREN 1960). Berauschende Wirkung auf Mäuse, Äthanol 1, Phenyläthylalkohol ca. 2 (H. WALLGREN u. Mitarb. 1963). Letale Wirkung auf Hunde, Äthanol 1, n-Propanol 2, n-Butanol 3,9 (D.C. MacGREGOR u. Mitarb. 1964). In alkoholischen Getränken erreicht jedoch die Fuselölmenge niemals eine solche Höhe, daß deren Wirkung auch nur ein Zehntel des toxischen Effektes überschreiten würde.

Systematische und kontrollierte Vergleiche der Giftigkeit verschiedener Getränke und deren anderen Wirkungen auf die physiologischen Funktionen wurden nur sehr wenige durchgeführt. In Uruguay verglichen J.J. ESTABLE u. Mitarb. (1954) die akute Giftwirkung reinen Alkohols mit verschiedenen ortsüblichen dest. Getränken und auch mit den Wirkungen von Cognac und Whisky unter Verwendung von Fischen, Mäusen, Meerschweinchen und Hunden als Versuchstiere. In allen untersuchten Fällen war die Giftigkeit in direkter Abhängigkeit von der Menge des verabfolgten Äthanols. Auch bei langdauernden Untersuchungen mit Ratten konnten sie ebenfalls keine klaren Unterschiede zwischen den durch diese Getränke hervorgerufenen nachteiligen Wirkungen konstatieren (J.J. ESTABLE u. Mitarb. 1959). In Versuchen über die pharmakologischen Wirkungen subtoxischer Gaben konnten ebenfalls keine klaren Unterschiede zwischen den verschiedenen alkoholischen Getränken gefunden werden, auf keinen Fall solche Unterschiede, die ihren Ursprung im Fuselöl hätten.

# 5. Organische Säuren

## a) Bildung

Die enzymatische Synthese der langkettigen Fettsäuren geht nach heutiger Auffassung bei den geradzahligen über Acetylcoenzym A (Acetyl-CoA) und bei den ungeradzahligen über Propionylcoenzym A (Propionyl-CoA) während sich die Kohlenstoffkette immer um je zwei Kohlenstoffatome verlängert. Nach diesem Schema werden die gesättigten Fettsäuren wenigstens bis zur Palmitinsäure aufgebaut, die ungesättigten dagegen entstehen durch Dehydrogenierung der entsprechenden gesättigten Säuren (S.J. WAKIL 1961, 1964; F. LYNEN 1959, 1961a, b, 1965a, b, 1967; J. ERWIN u. K. BLOCH 1964; P.K. STUMPF 1964). Den Anstoß zu dieser Denkweise gab S. GURIN, als er zusammen mit seinen Mitarbeitern den Nachweis erbrachte, daß Palmitinsäure aus Essigsäure entsteht (R.O. BRADY u. S. GURIN 1950, 1952; F. DITURI u. S. GURIN 1953; J. VAN BAALEN u. S. GURIN 1953). S.J. WAKIL u. Mitarb. zeigten ihrerseits, daß in dem Fettsäure synthetisierenden System Acetyl-CoA, $HCO_3^-$, ATP, $Mn^{2+}$ und $NADPH_2$ als aktive Komponenten fungieren und daß ein bestimmter Teil der Enzymfraktion Acetyl-CoA zu Malonyl-CoA carboxyliert (S.J. WAKIL 1958; S.J. WAKIL u. Mitarb. 1957, 1958; J.W. PORTER u. Mitarb. 1957; D.M. GIBSON u. Mitarb. 1958). Das die Malonyl-CoA-Bildung katalysierende Enzym, die Acetyl-CoA Carboxylase, enthält Biotin als carboxylvermittelnde Gruppe, benötigt aber zu seiner Wirksamkeit zusätzlich noch $Mn^{2+}$-Ionen (F. LYNEN 1959, 1961a, b; F. LYNEN u. Mitarb. 1959; F. LYNEN u. M. TADA 1961; S.J. WAKIL 1961, 1964; S.J. WAKIL u. D.M. GIBSON 1960). Die erste Phase der Synthese verläuft nach dem folgenden Schema:

$$CH_3COSCoA + CO_2 + ATP \xrightarrow{Mn^{2+} + \text{Biotin Enzym}} HOOCCH_2COSCoA + ADP + P_i$$

In dem folgenden Schritt der Synthese kondensieren Acetyl-CoA und Malonyl-CoA unter Anwesenheit von $NADPH_2$ und der zweiten Enzymfraktion, der Fettsäure-Synthetase stufenweise während dem Fortschreiten der Reaktion wie folgt:

$$CH_3COSCoA + \underset{\underset{\displaystyle COOH}{|}}{H_2CCOSCoA} \xrightarrow{-CO_2} CH_3-\overset{\overset{\displaystyle O}{||}}{C}-CH_2-COSCoA \xrightarrow{NADPH_2}$$

$$\underset{\underset{\displaystyle CH_3-CH-CH_2-COSCoA}{}}{\overset{\overset{\displaystyle OH}{|}}{}} \xrightarrow{-H_2O} CH_3-CH=CH-COSCoA \xrightarrow{NADPH_2}$$

$$CH_3-CH_2-CH_2-COSCoA \xrightarrow{+HOOCCH_2COSCoA} CH_3-CH_2-CH_2-\overset{\overset{\displaystyle O}{||}}{C}-CH_2-COSCoA ----\rightarrow$$

$$CH_3-(CH_2-CH_2)n-COSCoA \xrightarrow{-CoASH} CH_3-(CH_2-CH_2)n-COOH$$

Das Anlagern von Malonyl-CoA an Acetyl-CoA sowie danach an die Zwischenprodukte hat zur Folge, daß während der Kondensation die Kohlenstoffkette immer um gerade Anzahlen von Kohlenstoffatomen so wächst, daß die endständigen Kohlenstoffatome 15 und 16 des Endproduktes, der Palmitinsäure, aus dem Acetyl-CoA und die Kohlenstoffatome 1—14 aus dem Malonyl-CoA herstammen. Vereinfacht kann die Synthese der Palmitinsäure mit der folgenden stöchiometrischen Gleichung dargestellt werden (S.J. Wakil 1964):

$$\text{Acetyl-CoA} + 7 \text{ Malonyl-CoA} + 14 \text{ NADPH} + 14 \text{ H}^+ \longrightarrow$$

$$CH_3(CH_2)_{14}COOH + 7 CO_2 + 8 \text{ CoASH} + 14 \text{ NADP}^+ + 6 H_2O$$

Die Fettsäure-Synthetasen sind ohne Zweifel SH-Enzyme, deren Tätigkeit bei der Fettsäuresynthese durch Reagentien, die an der SH-Gruppe angreifen inhibiert werden kann (R.O. Brady u. Mitarb. 1960). F. Lynen (1961 b) nahm denn auch bei seiner Erklärung der durch Thiole hervorgebrachten Stimulation und der durch an die Sulfhydryl-Gruppe anlagernden Reagentien verursachten Inhibition an, daß die für den katalytischen Effekt unentbehrlichen SH-Gruppen zum Enzym selbst gehören. Einerseits dies und andererseits die Tatsache, daß bei der Synthese eine Bildung freier Zwischenprodukte nicht nachgewiesen werden konnte, führte F. Lynen zur Hypothese, daß der wirkliche Mechanismus einen Übergang des Acyl-Anteils des Esters des Coenzyms-A zu den Sulfhydryl-Gruppen des Multienzym-Komplexes enthält. Anläßlich der Modifizierung seiner ursprünglichen Hypothese hat vor kurzem F. Lynen (1967) die Ansicht vorgelegt, daß zum Enzym zwei Sulfhydryl-Gruppen gehören, welche sowohl Acetyl-CoA als auch Malonyl-CoA vor deren Kondensation zu Acetacetyl-S-Enzym binden.

Für die Biosynthese der Stearinsäure wurden zwei alternative Mechanismen vorgeschlagen: Entweder, das Verlängern der Kette geschehe auf gleiche Weise wie beim Synthetisieren der Palmitinsäure, oder dann so, daß Acetyl-CoA mit Palmityl-CoA kondensiere (S.J. Wakil 1961, 1964). Im Gegensatz zum Säugetier-Enzym ist das Hefe-Enzym zur Synthese freier Palmitinsäure nicht imstande, wohl aber zur derjenigen eines Gemisches von Palmityl-Stearyl-CoA (F. Lynen 1967). Beim Vergleich des schützenden Effektes der homologen gesättigten Acyl-CoA-Abkömmlinge mit der inaktivierenden Wirkung des N-Äthylmaleinimids, konnte Lynen noch zusätzlich feststellen, daß die Schutzwirkung mit länger werdender Kette des Acyl-Rests abnimmt. Diese Beobachtung kann zur Erklärung beitragen, warum der Prozeß auf der Stufe des Palmityl- und Stearyl-CoA's stehenbleibt. Es hat sich erwiesen, daß der Schutzeffekt der Acyl-CoA-Abkömmlinge entgegen dem Wirken des N-Äthylmaleinimids mit dem Grad der Acylierung der „peripheren" Sulfhydryl-Gruppen parallel geht und dies kann bedeuten, daß die Acetyl-Radikale in einem weit größeren Maße als die Palmityl-Radikale acyliert werden können.

Die Biosynthese der ungeraden gesättigten Fettsäuren geht über die entsprechenden Phasen vor sich. Sie unterscheidet sich jedoch darin, daß in der ersten Phase der Reaktion Propionyl-CoA und Malonyl-CoA kondensieren (S.J. Wakil 1961). Durch Messung der Oxydationsgeschwindigkeit des $NADPH_2$ bei der Fettsäuresynthese konnte S.J. Wakil (1961) feststellen, daß die Affinität des Enzyms zu Propionyl-CoA etwa den 25. Teil der Affinität zu Acetyl-CoA beträgt und diejenige zu Butyryl-CoA gar nur den 170. Teil ausmacht, was in gewissem Sinne die Tatsache erklärt, daß in lebenden Organismen hauptsächlich geradzahlige Fettsäuren gebildet werden.

Nach der Ansicht von D. K. Bloomfield u. K. Bloch (1958, 1960), sowie J. Erwin u. K. Bloch (1964) werden die ungesättigten Fettsäuren der Hefe aus den gesättigten Säuren oder direkt aus den Palmityl- und Stearyl-CoA gebildet. Das Dehydrieren zu $\Delta^9$-Enoaten geschieht einzig durch Einwirkung molekularen Sauerstoffs.

In geringen Mengen können kurzkettige Fettsäuren auch aus $a$-Ketosäuren, durch deren Decarboxylieren zu Aldehyden und weiterer Oxydation zu Fettsäuren gebildet werden, falls die Reaktion nicht auf dem Weg über die Reduktion der Aldehyde zu Alkoholen verläuft (K. Nordström 1963c, 1964f). Dies dürfte insbesondere dann zutreffen, wenn es sich um die Bildung kurzkettiger Isosäuren handelt.

Die Zusammensetzung der Fettsäuren in Hefe wurde bis dahin nur wenig untersucht. K. Täufel u. Mitarb. (1936) teilen mit, daß das Fett von Brauereihefe Palmitin-, Stearin- und Linolsäure und, zusätzlich zu diesen, noch Ölsäure in einer Menge bis zu zwei Dritteln des Gehaltes an Gesamtfettsäure enthalte. Nach M. S. Newman u. R. J. Anderson (1933) bestehen etwa 25% des Gesamtgehaltes an ungesättigten Säuren in Bäckerhefe aus einer ungesättigten Fettsäure, deren Kohlenstoffkette 16 Kohlenstoffatome besitzt. Die Fettsäurezusammensetzung wurde später in *Candida utilis* (R. Reichert 1945), in einer nicht näher definierten Hefe (T. P. Hilditch u. R. K. Shrivastava 1948) und in *Rhodotorula gracilis* (J. Holmberg 1948) untersucht. In der erstgenannten Hefe wurden Öl- und Linolsäure in einer Menge von 70% und in den beiden anderen bis zu 50—60% des Gesamtfettsäuregehaltes gefunden. In den beiden letztgenannten Hefen war auch der Gehalt an Palmitinsäure relativ hoch, er erreichte 25—30%. J. Baraud u. L. Genevois (1960) untersuchten gaschromatographisch die Fettsäuren der Bäckerhefe und teilten mit, daß Palmitin- und Ölsäure die Hauptkomponenten mit einem Anteil von 50,3% und 36,8% am Gesamtfettsäuregehalt bildeten. H. Suomalainen u. A. J. A. Keränen (1963a, b) konnten feststellen, daß die Bäckerhefe reichlich Palmitoleinsäure neben Öl- und Palmitinsäure enthielt.

Wird Bäckerhefe unter aeroben Bedingungen gezüchtet, so verursacht ein Biotindefizit eine Verminderung des Gehaltes an $C_{18}$-Fettsäuren, insbesondere Ölsäure, während der Gehalt an Palmitoleinsäure und der Säuren niedriger als $C_{16}$ gleichzeitig ansteigt. Das Verhältnis des Gehaltes ungesättigter Säuren, $C_{18}:1 + C_{16}:1$, zu demjenigen gesättigter Säuren in aerob gezüchteter Bäckerhefe variiert zwischen 4,2 und 6,6, d. h. die Hefe enthält wesentlich mehr ungesättigte als gesättigte Fettsäuren (H. Suomalainen u. A. J. A. Keränen 1963a). Die Tab. 31 zeigt anderseits die Fettsäurezusammensetzung von anaerob gezüchteter Bäckerhefe mit oder ohne Biotinzusatz, nachdem die ziemlich anaerob gezüchtete Stufe $A_2$ und die aerob gezüchtete Stufe $A_5$ als Impfhefen verwendet wurden (H. Suomalainen u. A. J. A. Keränen 1963b). Wird Bäckerhefe anaerob gezüchtet, so fällt ihr Gehalt an den ungesättigten Fettsäuren, Öl- und Palmitoleinsäure, steil auf weniger als die Hälfte ab, sogar bis zu einem Drittel des ursprünglichen Gehaltes unabhängig davon, ob das Kulturmedium Biotin enthielt oder nicht. Das Abfallen des Gehaltes an Palmitoleinsäure ist mit einem Ansteigen des Gehaltes an Palmitinsäure verbunden, eine Steigerung des Stearinsäuregehaltes jedoch konnte bei vermindertem Ölsäuregehalt nicht beobachtet werden. Das Verhältnis der ungesättigten Säuren, $C_{18}:1 + C_{16}:1$, zu den entsprechenden gesättigten Säuren fällt von ungefähr 5 auf 1 und noch

Tabelle 31. *Veränderung der Fettsäurezusammensetzung der unter anaeroben Bedingungen gezüchteten Bäckerhefe, mit und ohne Biotinzusatz* (in % des Totalgehaltes an Fettsäuren) (nach H. Suomalainen u. A. J. A. Keränen 1963b)

| Fettsäure | Hefe der $A_2$-Stufe | Bäckerhefe der semiaeroben $A_2$-Stufe als Impfhefe | | Hefe der $A_5$-Stufe | Bäckerhefe der aeroben $A_5$-Stufe als Impfhefe | |
|---|---|---|---|---|---|---|
| | | Biotin zugesetzt 100 $\mu$g | Ohne Biotin, aber mit 50% Asparaginsäure-N | | Biotin zugesetzt 100 $\mu$g | Ohne Biotin, aber mit 50% Asparaginsäure-N |
| $C_{18}$ . . . . . . . | 3,1 | 5,2 | 4,7 | 2,6 | 1,6 | 2,9 |
| $C_{18}:1$ . . . . . . | 46,3 | 15,8 | 19,1 | 25,7 | 10,2 | 15,5 |
| $C_{16}$ . . . . . . . | 14,3 | 46,9 | 45,6 | 12,9 | 40,1 | 25,7 |
| $C_{16}:1$ . . . . . . | 35,0 | 14,1 | 14,9 | 53,1 | 29,7 | 34,6 |
| $C_{14}$ . . . . . . . | 0,1 | 6,0 | 7,0 | 4,3 | 8,6 | 9,5 |
| $C_{12}$ . . . . . . . | 0,1 | 5,0 | 2,9 | 0,6 | 4,2 | 5,4 |
| $C_{10}$ . . . . . . . | 0,2 | 7,0 | 5,8 | 0,1 | 5,6 | 6,4 |
| $C_{18} + C_{18}:1$ . . . | 49,4 | 21,0 | 23,8 | 28,3 | 11,8 | 18,4 |
| $C_{16} + C_{16}:1$ . . . | 49,3 | 61,0 | 60,5 | 66,0 | 69,8 | 60,3 |
| Niedriger als $C_{16}$ . . | 0,9 | 18,0 | 15,7 | 5,7 | 18,4 | 21,3 |
| $\dfrac{C_{18}:1 + C_{16}:1}{C_{18} + C_{16}}$ . . | 4,7 | 0,6 | 0,7 | 5,1 | 1,0 | 1,7 |

darunter, falls Palmitinsäure zu überwiegen beginnt. Auch hier konnte beobachtet werden, daß der Gehalt an $C_{18}$-Fettsäuren abnimmt und gleichzeitig derjenige von Fettsäuren mit weniger als 16 Kohlenstoffatomen bemerkenswert ansteigt. Die von Bloch u. Mitarb. (D. K. Bloomfield u. K. Bloch 1960; K. Bloch u. Mitarb. 1961) angeführten Resultate geben eine vollständige Erklärung für die Zunahme der Palmitinsäure auf Kosten der Palmitoleinsäure, sie können jedoch die Verhinderung der Synthese von $C_{18}$-Fettsäuren nicht erklären.

Die Fettsäurezusammensetzung von untergäriger Brauereihefe unterscheidet sich von derjenigen von Bäckerhefe insbesondere im Hinblick auf die Gegenwart der Linolensäure und den im Überfluß vorhandenen Fettsäuren mit einer kürzeren Kohlenstoffkette (Abb. 41).

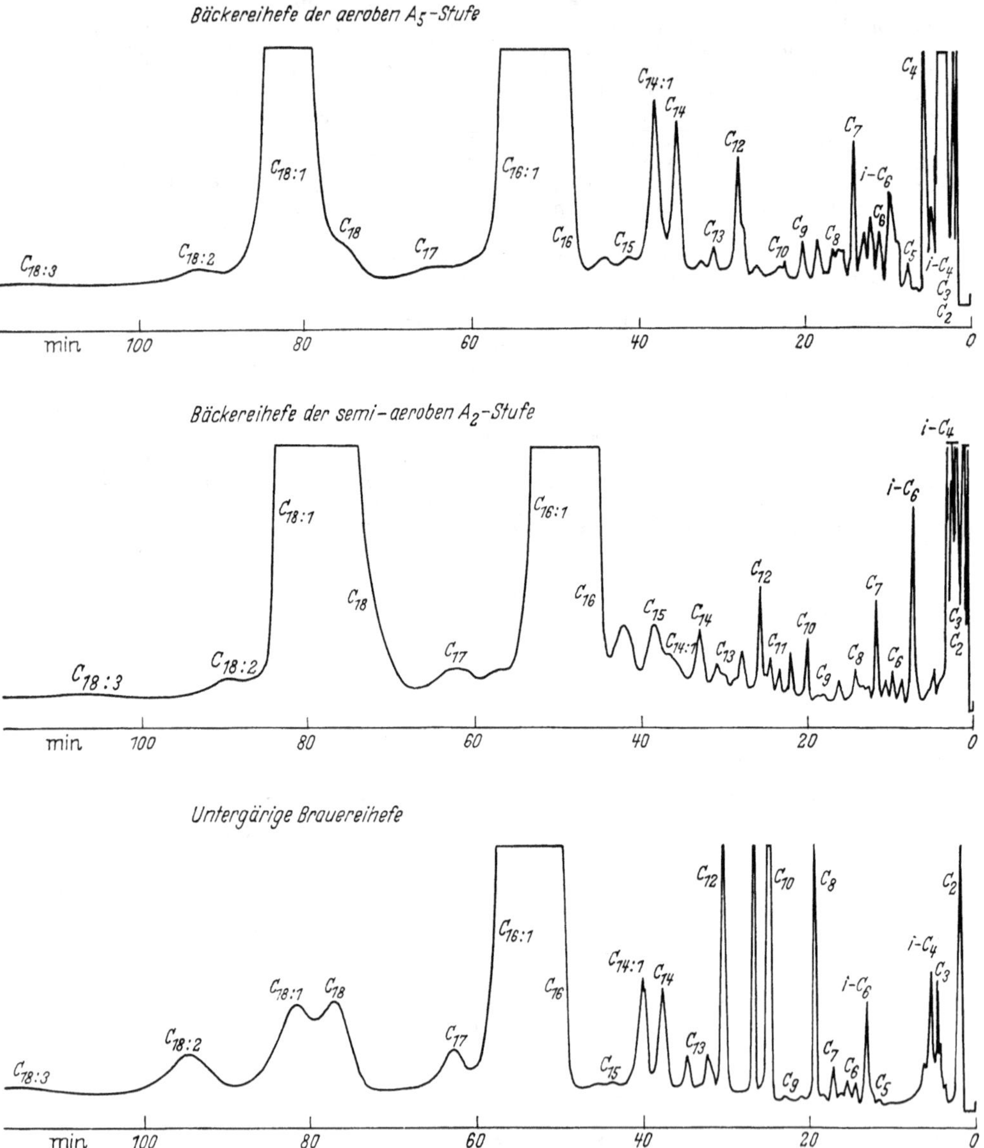


Abb. 41. Als Methylester gaschromatographisch bestimmte Fettsäuren in einer aerob und einer semi-aerob gezüchteten Bäckerhefestufe sowie einer untergärigen Brauereihefe. Kolonne 1,8 m; Reoplex 400 auf Celite (mit Säure gewaschen); Temperaturprogramm 65—200° C, 5° C/min; Trägergas Argon (H. Suomalainen u. A.J.A. Keränen 1967a)

Anderseits enthält Brauereihefe bedeutend weniger Ölsäure als Bäckerhefe. Wie aus Abb. 41 ersichtlich ist, enthalten beide Hefen in geringen Mengen auch ungeradzahlige Fettsäuren (H. SUOMALAINEN u. A.J.A. KERÄNEN 1967a). Brennereihefe dürfte ihrer Fettsäurezusammensetzung nach am ehesten an Bäckerhefe erinnern.

## b) Die Zusammensetzung flüchtiger Säuren in Trinkbranntweinen

Es ist bekannt, daß für den Gesamtsäuregehalt von Gärungslösungen und solchen nicht dest. alkoholischen Getränken wie Biere und Weine eine große Anzahl verschiedener flüchtiger und nichtflüchtiger organischer Säuren verantwortlich sind. Aus den Rohstoffen herstammende flüchtige Säuren finden sich in alkoholischen Getränken im allgemeinen wenig. Unverdorbene Trauben- und Fruchtsäfte enthalten von diesen Säuren im Mittel 0,02—0,06 g/l, wobei jedoch schon eine wenn auch geringe Fäulnis des Materials den Gehalt verzehnfachen kann (M. AMERINE 1954; M. AMERINE u. W.V. CRUESS 1960; R. STEVENS 1960; W.C. LAWRENCE 1964). Da es eine genau bestimmte Einteilung nicht gibt, wird die Unterscheidung in flüchtige und nicht flüchtige Säuren in der Regel nach dem Kriterium vollzogen, ob diese mit Alkohol- und Wasserdampf überdestillieren oder nicht. Aus diesem Grund sind die in dest. alkoholischen Getränken und Spriten enthaltenen, aus der Gärungslösung herstammenden Säuren alle „flüchtige Säuren", obwohl einige von ihnen erst bei sehr hohen Temperaturen sieden und andere bei Zimmertemperatur noch Verbindungen von festem Zustand sind.

Flüchtige Säuren sind zur Hauptsache aliphatische Carbonsäuren beginnend mit der Ameisensäure bis zu den $C_{18}$-Säuren. Unter ihnen finden sich gerad- und verzweigtkettige sowie gesättigte und ungesättigte Säuren. Als Hauptkomponente ist stets Essigsäure vorhanden, deren Anteil an der Zusammensetzung der flüchtigen Säuren nach den letzten gaschromatographischen Bestimmungen zwischen 50% und 90% sowohl in nicht dest. als auch in dest. Produkten schwankt (V. ARKIMA 1965; L. NYKÄNEN u. Mitarb. 1966b u. 1968). Die erhebliche Bildung von Essigsäure als Nebenprodukt der alkoholischen Gärung, insbesondere in alkalischen Lösungen, ist ja auch seit altersher bekannt (NEUBERGs dritte Vergärungsform).

Die große Schwankung des relativen Anteils der Essigsäure in der Säurezusammensetzung der Trinkbranntweine, gleich wie auch die Schwankung der Gesamtmengen flüchtiger Säuren haben ihren Grund wenigstens teilweise in der Destillation. Nach den in unseren Laboratorien im Zusammenhang mit der Qualitätskontrolle durchgeführten Bestimmungen enthält Whisky flüchtige Säuren im Mittel 150 mg/l, Cognac 200 mg/l und Rum 300 mg/l, bei einigen vereinzelten Qualitäten können diese Mengen auf über das Zweifache ansteigen. Es wurden jedoch auch bedeutend geringere als die mittleren Werte angetroffen. Anläßlich der papierchromatographischen Analyse der Aromasubstanzen von Weindestillaten haben A. FREY u. D. WEGENER (1956, 1957) neben der Essigsäure noch Propion-, Butter-, Valerian- und Capronsäure identifiziert. I.A. EGOROV u. A.K. RODOPULO (1964) haben sich bei der Untersuchung der in Brandy enthaltenen Aromastoffe der Gaschromatographie bedient und bestimmten von den freien Säuren die Ameisen-, Essig-, Propion-, Isobutter-, Isovalerian- und Capronsäure. K. YAMADA u. Y. FUKUI (1963) teilen mit, daß sie in Whisky Butter-, Capron-, Capryl-, Caprin-, Laurin- und Myristinsäure gefunden haben. Zusätzlich zu diesen zählt R. STEVENS (1960) in seiner Literaturübersicht verschiedene Säuren auf, die frei oder als Ester in verschiedenen Fuselölen identifiziert worden sind. L. NYKÄNEN u. Mitarb. (1968) klärten die Zusammensetzung der flüchtigen Säuren in Whisky, Rum und Cognac durch Abscheidung der freien Säuren mittels Wasserdampfdestillation und deren Extraktion mit Äther ab. Die Bestimmung der gegenseitigen Mengenverhältnisse der Säuren geschah bis zur Caprinsäure gas-

chromatographisch als freie Säuren (vgl. Abb. 42), während die höheren Fettsäuren als Methylester bestimmt wurden. Die Tab. 32 gibt ein Beispiel für die
Schwankung der Säurezusammensetzung in Whisky, Rum und Cognac. Läßt man
die als Hauptkomponente auftretende Essigsäure unberücksichtigt, so nehmen in
diesen Getränken Capryl- und Caprinsäure den prozentual größten Anteil ein. Von
den beiden ist der Anteil der letztgenannten am größten in Whisky und Rum, in

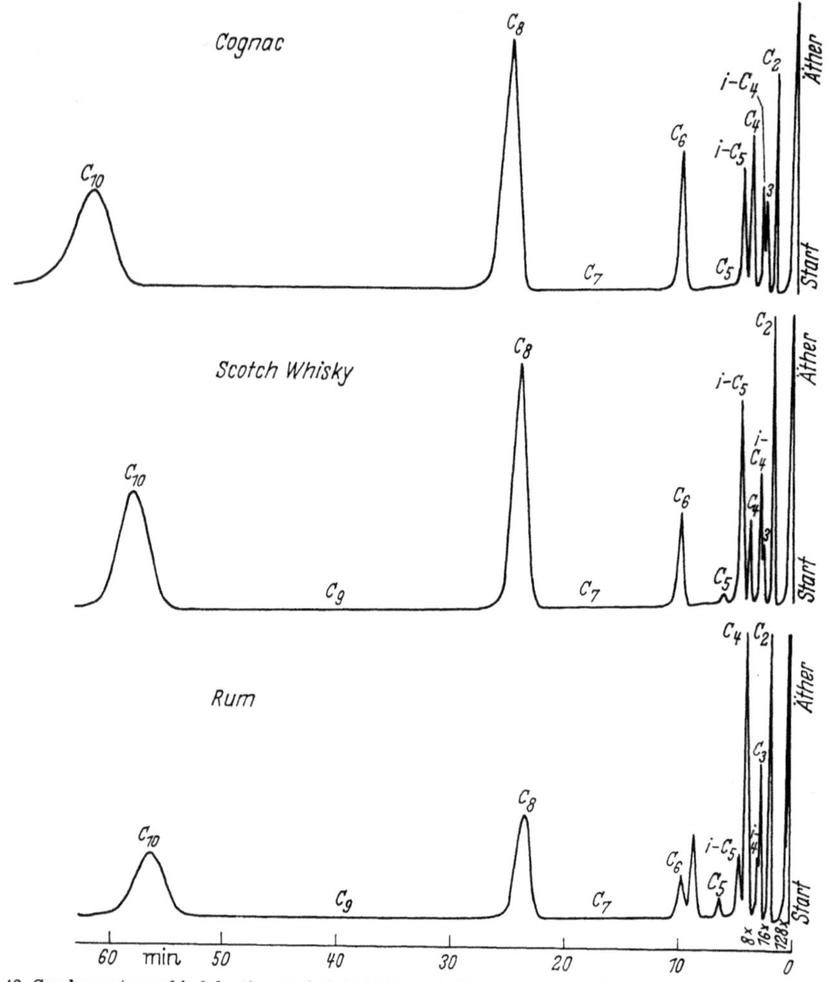



Abb. 42. Gaschromatographisch bestimmte freie Fettsäuren in Cognac, Whisky und Rum. Kolonne 1,5 m; Butandiolsuccinat und Phosphorsäure auf Chromosorb W HMDS; Temperatur 157°C; Trägergas Helium mit Ameisensäure (L. Nykänen u. Mitarb. 1968)

Cognac und Brandy dagegen ist ihre Reihenfolge umgekehrt. In der Säurezusammensetzung von Whisky, Rum und Cognac reichlich vertreten ist auch die Laurinsäure und in fast gleichem Maße wie diese oder eher etwas weniger die Capronsäure. Größenordnungsmäßig gleich treten in den Säurezusammensetzungen der
Whiskys und Cognacs die Propion-, Isobutter-, Butter- und Isovaleriansäure auf,
während der Gehalt an n-Valeriansäure allgemein bedeutend geringer als derjenige
der vorhergenannten Säuren ist. Recht erhebliche Mengen an n-Valeriansäure
wurden jedoch in einem irländischen Whisky angetroffen; es wurde festgestellt,

Tabelle 32. *Die prozentualen Anteile der freien Säuren (Essigsäure nicht berücksichtigt) in einigen Whiskys, Rums und Weindestillaten* (nach L. NYKÄNEN u. Mitarb. 1968)

| Säure | Whisky aus | | | | | | | | Rum aus | | | | Weindestillate | | |
|---|---|---|---|---|---|---|---|---|---|---|---|---|---|---|---|
| | Schottland I | Schottland II | Irland I | Irland II | Japan I | Japan II | USA | Spanien | Martinique I | Martinique II | Martinique III | Jamaika | Cognac I | Cognac II | Süd-afrik. Brandy |
| Propionsäure | 1,5 | 1,7 | 9,4 | 2,4 | 2,2 | 1,0 | 5,3 | 0,7 | 15,7 | 14,5 | 7,4 | 30,2 | 2,7 | 3,4 | 1,3 |
| Isobuttersäure | 4,9 | 4,5 | 6,2 | 2,6 | 2,4 | 2,8 | 2,4 | 1,6 | 3,6 | 2,9 | 4,1 | 4,3 | 3,6 | 2,4 | 7,0 |
| Buttersäure | 1,5 | 1,7 | 10,1 | 2,4 | 2,6 | 1,3 | 13,2 | 0,8 | 15,3 | 8,5 | 12,8 | 8,0 | 3,6 | 2,3 | 2,9 |
| Isovaleriansäure | 5,9 | 6,1 | 7,8 | 3,5 | 4,7 | 4,3 | 9,2 | 2,5 | 4,7 | 6,2 | 3,0 | 6,5 | 3,3 | 2,0 | 6,4 |
| Valeriansäure | 0,1 | 0,3 | 2,4 | 0,6 | 0,6 | 0,6 | 0,8 | 0,2 | 6,5 | 1,7 | 1,5 | 1,8 | Spur. | 0,1 | 0,4 |
| Isocapronsäure | — | — | — | Spur. | — | Spur. | — | — | — | — | — | — | — | — | — |
| Capronsäure | 4,2 | 5,2 | 8,6 | 4,0 | 5,8 | 4,6 | 14,0 | 3,3 | 5,4 | 5,3 | 4,5 | 6,6 | 8,2 | 7,7 | 8,6 |
| Önanthsäure | 0,1 | 0,2 | 0,4 | 0,2 | Spur. | 0,5 | 0,8 | 0,1 | Spur. | 2,4 | 0,3 | 0,3 | Spur. | Spur. | 2,1 |
| Caprylsäure | 26,7 | 28,8 | 17,5 | 19,9 | 24,8 | 27,3 | 19,3 | 25,0 | 14,5 | 13,5 | 24,1 | 8,9 | 35,0 | 36,8 | 28,6 |
| Pelargonsäure | 0,2 | 0,8 | — | 0,8 | 1,5 | 0,7 | 0,4 | 0,2 | Spur. | Spur. | 0,3 | 0,5 | Spur. | 0,4 | Spur. |
| Caprinsäure | 31,6 | 31,8 | 21,1 | 45,0 | 40,8 | 35,8 | 20,0 | 43,2 | 17,5 | 26,1 | 32,0 | 16,6 | 30,4 | 32,8 | 21,9 |
| Undecansäure | 0,1 | Spur. | — | — | — | Spur. | — | — | 0,3 | 0,7 | — | — | Spur. | — | Spur. |
| Laurinsäure | 16,2 | 13,7 | 7,0 | 13,8 | 12,0 | 16,2 | 7,0 | 17,3 | 6,5 | 12,0 | 8,3 | 9,0 | 8,6 | 9,4 | 10,2 |
| Tridecansäure | 0,1 | — | — | — | — | Spur. | — | — | 0,1 | — | — | Spur. | 0,1 | Spur. | — |
| Myristinsäure | 2,2 | 0,8 | 1,2 | 1,2 | 0,7 | 1,3 | 2,3 | 2,2 | 1,1 | 1,5 | 0,4 | 1,7 | 1,6 | 1,4 | 2,6 |
| Pentadecansäure | 0,1 | Spur. | — | — | — | Spur. | 0,1 | — | 0,1 | Spur. | — | 0,1 | Spur. | — | — |
| Palmitinsäure | 1,7 | 1,7 | 3,4 | 1,8 | 0,7 | 1,1 | 3,2 | 0,8 | 4,0 | 3,2 | 0,5 | 2,9 | 1,1 | 0,8 | 3,0 |
| Palmitoleinsäure | 2,0 | 1,5 | 1,2 | 0,6 | 0,2 | 1,0 | 0,7 | 1,4 | 1,0 | 0,6 | 0,2 | 0,9 | 0,5 | 0,3 | 1,4 |
| Heptadecansäure | Spur. | Spur. | — | — | — | Spur. | Spur. | Spur. | — | — | — | Spur. | — | Spur. | — |
| Stearinsäure | 0,3 | 0,2 | 2,4 | 0,6 | 0,4 | 0,5 | 0,4 | 0,1 | 0,3 | 0,4 | 0,2 | 0,5 | 0,1 | 0,1 | 0,4 |
| Ölsäure | 0,4 | 0,5 | 1,3 | 0,6 | 0,2 | 0,4 | 0,9 | 0,2 | 1,2 | 0,5 | 0,2 | 0,5 | 0,5 | 0,1 | 2,2 |
| Linolsäure | 0,2 | 0,5 | — | — | 0,4 | 0,6 | — | 0,4 | 2,2 | — | 0,2 | 0,7 | 0,7 | — | 1,0 |
| Flüchtige Säuren, mg/l als Essigsäure | 90 | 140 | 120 | 110 | 100 | 120 | 410 | 120 | 600 | 240 | 300 | 300 | 170 | 210 | 360 |
| Essigsäure, % der flüchtigen Säuren | 40 | 60 | 95 | 85 | 75 | 60 | 90 | 50 | 85 | 85 | 75 | 90 | 50 | 50 | 75 |

daß der gleiche Whisky auch reichlich n-Buttersäure enthielt. Die gegenseitigen Verhältnisse der Säuren sind im Vergleich mit anderen Whiskys, besonders in amerikanischen Bourbon Whisky, von stark abweichender Art. Dieser enthält doppelt so viel Capronsäure wie Laurinsäure. Die Höhe des Capronsäuregehaltes erreicht beinahe auch denjenigen der n-Buttersäure, während Capryl- und auch Caprinsäure ihrem Gehalt nach nur um ein geringes größer als diese sind. Für Rum scheint ein hoher Propion- und Buttersäureanteil typisch zu sein, in Jamaika-Rum nimmt die Propionsäure gar die Stellung der Hauptkomponente ein. Rum enthält auch in besonders reichem Maße n-Valeriansäure. Mit zunehmender Kettenlänge der Fettsäuren nach der Laurinsäure verringert sich deren relativer Anteil in all diesen Getränken recht steil. Von diesen wird im allgemeinen nur die Palmitinsäure in nennenswerter Menge angetroffen. Für schottischen Whisky ist jedoch typisch, daß er Palmitin- und Palmitoleinsäure in ungefähr gleicher Konzentration enthält. Als untereinander gleichgroße Komponenten treten auch deren Äthylester auf (L. Nykänen u. H. Suomalainen 1963; H. Suomalainen u. L. Nykänen 1964, 1966 a).

Im Lichte der die Säurezusammensetzungen alkoholischer Getränke verschiedenen Typs verkörpernden Resultate scheint es, daß unter Weglassung einiger individueller Unterschiede, die Säurezusammensetzungen in gleichartigen Getränken und gar zwischen verschiedenen Getränketypen sich voneinander erstaunlich wenig unterscheiden. Im weiteren kann festgestellt werden, daß ein mit den genannten recht ähnliche Säurezusammensetzung in Destillaten einer stickstofffreien Rohrzuckergärung beobachtet werden konnte (H. Suomalainen u. L. Nykänen 1964, 1966 a). Dies und andererseits auch das Wissen um die Ähnlichkeit der Fettsäurezusammensetzung der Hefe (H. Suomalainen u. A. J. A. Keränen 1963 a, b) haben zu dem Gedanken geführt, daß die Hefe und deren Fettsäuresynthese während der Gärung eine zentrale Stellung bei der Bildung sowohl der Fettsäuren als auch deren Ester einnehmen.

## 6. Ester

### a) Bildung

Die aus kurzkettigen Carbonsäuren und niederen aliphatischen Alkoholen gebildeten Ester werden gewöhnlich als Fruchtester benannt. Sie stellen verhältnismäßig niedrig siedende, leichtflüchtige Flüssigkeiten dar und es ist ihnen im allgemeinen ein kräftiger, gleichzeitig aber angenehmer Duft eigen; so z. B. erinnert der Geruch des Amylesters der Valeriansäure an Äpfel, derjenige des Äthyl- und Amylesters der Essigsäure an das Aroma der Birnen und der Geruch des Äthyl- und Amylesters der Buttersäure an das Aroma der Ananas. So werden denn auch eine ganze Anzahl dieser Fruchtester in den ätherischen Ölen der Früchte angetroffen (C. Weurman 1963, 1965, 1966). Auch die als Nebenprodukte der Alkoholgärung entstehenden Ester spielen für das Aroma alkoholischer Getränke eine bedeutende Rolle.

Das Vorkommen von Estern, insbesondere dasjenige von Äthylacetat, in Gärungslösungen ist schon seit langem bekannt, auf welche Weise jedoch die Ester gebildet werden, ist bis in die letzten Jahre ungeklärt geblieben. Gewöhnlich wurde die Erklärung der Esterbildung unter Anlehnung an die bekannte Veresterungsreaktion angestrebt:

$$ROH + R'COOH \rightleftharpoons R'COOR + H_2O$$

Eine nichtenzymatische Reaktion ist jedoch, wie dies K. Nordström (1961) feststellte, 1000mal zu langsam, als daß mit ihrer Hilfe die Äthylacetatbildung bei einem solchen pH und einer Temperatur, wie sie bei der Biergärung herrschen, erklärt werden könnte. Auch jene Möglichkeit, daß die Esterasen die Esterbildung im Verlaufe der Gärung beschleunigen würden, ist abzulehnen, weil eine Zunahme der Äthylacetatbildung nicht eintritt, auch wenn der Gärungslösung Essigsäure zugesetzt wird (K. Nordström 1961). Noch wesentlich schwieriger ist es, das Verestern von höheren Fettsäuren als der Essigsäure mit Alkoholen, die höher als Äthanol sind, auf der Grundlage einer chemischen Reaktion zu erklären. Derartige Veresterungen geschehen in Gärungslösungen ohne Zweifel viele Male langsamer als die Äthylacetatbildung. Dessenungeachtet treten solche Ester in erheblichem Maße sowohl in Weinen als auch in Bieren auf (R. STEVENS 1960; A. D. WEBB u. J. L. INGRAHAM 1963; W. C. LAWRENCE 1964). Die Esterbildung kann jedoch zu einer bedeutenden chemischen Reaktion werden, wenn die Reifung starker alkoholischer Getränke und insbesondere Destillate in Frage steht. Außer einem hohen Alkoholgehalt kann auch eine bedeutende Zunahme des Säuregrades ein Fortschreiten der Veresterung in Richtung auf den Gleichgewichtszustand zur Folge haben, wie dies H. SUOMALAINEN u. J. KANGASPERKO (1963) bei der Verfolgung der Zunahme des Estergehaltes in gelagertem Gärungsessig konstatieren konnten.

Indem E. PEYNAUD (1956) feststellte, daß die Äthylacetatbildung bei der Gärung in sehr starkem Maße von der Hefeart abhängt und die Belüftung die Veresterung erheblich fördert, ist er zur Annahme gekommen, daß die Ester als direkte Produkte einer von der Hefe hervorgerufenen Biosynthese gebildet würden. Nach PEYNAUD jedoch besteht kein Zusammenhang zwischen der Bildung des Esters und derjenigen flüchtiger Säuren. Dieselbe Annahme hat auch L. ENEBO (1956, 1957) ausgesprochen. Bei der Analyse von vier schwedischen Bieren konnte er feststellen, daß diejenigen, die reichlich Äthylacetat enthielten, nur einen geringen Essigsäuregehalt hatten.

Ausgehend vom Gedanken, daß die in der Gärungslösung gebildeten Ester Produkte der Enzymtätigkeit der Hefe seien, gelang es K. NORDSTRÖM in den Jahren 1961—1966 in weitgehendem Maße den Bildungsmechanismus der flüchtigen Ester bei mit Brauereihefe durchgeführten Gärungen abzuklären. Schon früher hatte C. CANTARELLI (1955) konstatiert, daß Pantothensäure ein maßgebender Faktor für die Äthylacetatbildung durch *Hansenula anomala*-Hefe unter aeroben Bedingungen sei. Pantothensäure stimuliert auch die Äthylacetatbildung in mit Brauereihefe durchgeführten anaeroben Gärungen und dies selbst bei Konzentrationen, die auf die Hefevermehrung keinerlei Einfluß haben, auch wenn ein auf Pantothensäuremangel empfindlicher Hefestamm verwendet wurde, während Natriumarsenit sich als kräftiger Inhibitor erwies (K. NORDSTRÖM 1962b). Aufgrund dessen ist NORDSTRÖM denn auch der Meinung, daß Coenzym A, das in einer Primärreaktion in Acyl-CoA (K. NORDSTRÖM 1962b, 1963a, c, 1964b, d, f, 1965, 1966a, b, c) umgewandelt wird, bei der Synthese eine zentrale Rolle spielt, während die Hauptreaktion nach dem folgenden Schema abläuft:

$$RCOSCoA + R'OH \rightleftharpoons RCOOR' + CoASH$$

Geht die Veresterung von den Fettsäuren aus, werden diese in der Primärphase nach folgender Gleichung aktiviert:

$$RCOOH + ATP + CoASH \rightleftharpoons RCOSCoA + AMP + PP_i$$

Wenn zur Esterbildung Fettsäuren ($C_1$—$C_{11}$) als Substrat verwendet werden, so entstehen aus den geradkettigen Säuren ausgehend vom $C_4$ bis zum $C_{11}$ Ester, nicht aber aus der Propion-, Isobutter- und Isovaleriansäure und sehr wahrscheinlich auch nicht aus der Ameisensäure; gleicherweise erwies sich auch die Isocapronsäure als schlechteres Substrat als die n-Capronsäure (K. NORDSTRÖM 1963b, 1964b, d). Die verschiedenen untergärigen Hefestämme bildeten die Ester auf ungefähr gleiche Weise (K. NORDSTRÖM 1964c). Ungesättigte Fettsäuren veresterten schlechter als die gesättigten geradkettigen Säuren (K. NORDSTRÖM 1966c).

Acyl-CoA kann in der Primärreaktion auch aus $a$-Ketosäuren gebildet werden:

$$RCOCOOH + CoASH + NAD \rightleftharpoons RCOSCoA + NADH_2 + CO_2$$

K. NORDSTRÖM (1963c) hat in mit Brauereihefe durchgeführten anaeroben Gärungen die Bildung von Estern, Alkoholen und Säuren aus mehreren $a$-Ketosäuren untersucht. Von besonderem Interesse unter diesen Ketosäuren sind die $a$-Ketoisovalerian-, $a$-Ketoisocapron- und $a$-Keto-$\beta$-methylvaleriansäure, denn ihre Bildung und diejenige entsprechender Aldehyde bei der Gärung konnte von H. SUOMALAINEN u. Mitarb. (H. SUOMALAINEN u. P. RONKAINEN 1963a, b; H. SUOMALAINEN u. A. J. A. KERÄNEN 1967b) festgestellt werden. Sollten diese Ketosäuren oxydativ decarboxylieren, so würden aus ihnen durch Veresterung Äthylisobutyrat, Äthylisovalerat und $a$-Keto-$\beta$-methylvalerat entstehen, anders gesagt Ester, die nicht über eine Aktivierung der entsprechenden Fettsäuren gebildet werden. Unumgängliche Voraussetzung für das Metabolisieren einer zugesetzten Ketosäure ist natürlich, daß diese in die Hefezelle einzudringen vermag. H. SUOMALAINEN u. E. OURA (1958) haben jedoch gezeigt, daß die $a$-Ketosäuren wirklich in die Hefezelle eindringen, obwohl dies langsamer als bei den Fettsäuren geschieht, und daß die intakte Hefe imstande ist, Ketosäuren mit verschieden langen Kohlenstoffketten zu decarboxylieren. Bei der Decarboxylierung der Ketosäuren verläuft die Hauptreaktion in der Richtung auf eine Bildung von Aldehyden und weiter zu Alkoholen, so z. B. liefert $a$-Ketobuttersäure n-Propylalkohol (C. NEUBERG u. J. KERB 1914b;

vgl. auch S. 581 und 598—601). Nach K. Nordström (1963c) ist das Verhältnis zwischen der Fuselalkoholbildung und dem Zusatz von $a$-Ketosäure nahezu linear von der $a$-Ketobuttersäure bis zur $a$-Ketocaprylsäure, während die Ausbeute an zu Alkoholen umgewandelten $a$-Ketosäuren mit steigendem Molekulargewicht schwerfällig bis zur $a$-Ketovaleriansäure ansteigt um dann konstant zu bleiben; die *iso*-Säuren wurden in einem bedeutend geringeren Umfang zu Alkoholen umgewandelt als die geradkettigen Ketosäuren. Eine geringe Menge der zugesetzten $a$-Ketosäuren wurden als Fettsäuren mit einem um ein Kohlenstoffatom reduzierten Skelet zurückerhalten. Aus den erwähnten $a$-Ketosäuren bildeten sich dagegen nur in sehr kleiner Menge Äthylester, die gebildeten Mengen bewegten sich in einer Größenordnung, daß die Bildung der Ester auch in diesem Falle durch Aktivieren der Fettsäuren erklärt werden kann. Eine Bildung von Äthylestern kann deshalb auch nicht bei der Metabolisierung von Aminosäuren, Valin, Leucin und Isoleucin zustande kommen (K. Nordström 1964f).

Als in den letzten Jahren die Aromastoffe von auf dem Gärungswege hergestellten, destillierten und nicht destillierten alkoholischen Getränken gaschromatographisch analysiert wurden, kam die Auffassung zum Ausdruck, daß die Hefe im Verlaufe der alkoholischen Gärung in reichem Maße geradzahlige Fettsäuren und die ihnen entsprechenden Ester liefere (L. Nykänen u. H. Suomalainen 1963; H. Suomalainen u. L. Nykänen 1964, 1966a). Der Gedanke, daß die Bildung der Säuren und Ester mit Hilfe eines gleichartigen Mechanismus geschehe, scheint ganz im Bereiche des Möglichen zu sein. Bei der Entstehung des Endproduktes würden in der letzten Phase die Säuren durch Hydrolyse aus den Acyl-CoA-Verbindungen freigesetzt, während die Alkoholyse dagegen zu Estern führen würde (K. Nordström 1964f):

$$CH_3(CH_2\!-\!CH_2)_n \; COSCoA$$

CoASH ╱ H$_2$O         ROH ╲ CoASH

$$CH_3(CH_2\!-\!CH_2)_n \; COOH \qquad\qquad CH_3(CH_2\!-\!CH_2)_n \; COOR$$

Eine Bestätigung dieser Hypothese konnte aber noch nicht erreicht werden. Bemerkenswert ist das Fehlen einer Korrelation zwischen dem Anstieg des Totalestergehaltes und den aus den der Gärungslösung zugesetzten Säuren entstandenen Estern (K. Nordström 1966b), eine enge Abhängigkeit herrscht dagegen zwischen der Zunahme der Ester und der Hefevermehrung (K. Nordström 1963b, 1964a).

Welche Ester die Gärungslösung enthält, hängt auch von den anwesenden Alkoholen ab. Die Mehrzahl der Ester sind Äthylester. Äthanol hat auf die Bildung von Äthylacetat einen stimulierenden Einfluß (K. Nordström 1962a). Anläßlich der Abklärung der Esterbildung durch andere Alkohole und Essigsäure konnte K. Nordström (1964e) zeigen, daß Brauereihefe bei anaerober Gärung zur Synthese von Essigsäureestern aus geradkettigen Alkoholen bis zum Heptanol imstande ist; die Isoalkohole waren schlechtere Substrate als ihre geradkettigen Isomere. Enthielt die Gärungslösung Butter-, Valerian-, Isocapron- und Capronsäure sowie Isoamylalkohol und n-Amylalkohol, so entstanden aus allen zugesetzten Säuren die Isoamyl- und n-Amylester. Seltsamerweise jedoch inhibierte ein Zusatz anderer Alkohole zur Gärungslösung die Bildung von Äthylacetat.

## b) Der Estergehalt von Spriten und Destillaten

Ebenso wie andere während der Gärung gebildete Nebenprodukte erhöhen auch die Ester den Verunreinigungsgrad von zu technischen Zwecken hergestellten Spriten. Aus diesem Grunde versucht man schon bei der Verstärkungsdestillation eine Abtrennung der am leichtesten flüchtigen Ester aus dem Sprit mit dem Vorlauf zu erreichen. Weitere Ester, insbesondere die hochsiedenden Verbindungen, werden mit der Fuselölfraktion abgeschieden. Durch die Verwendung verschiedener Destillationsarten und -apparate kommt man denn auch bei der Fraktionierung zu stark schwankenden Resultaten, was zur Folge hat, daß die Estergehalte roher Sprite sehr große Unterschiede aufweisen. So bewegen sich denn die in der Praxis erreichten niedrigsten Estergehalte in der Größenordnung von 10 mg/l, während die höchsten Gehalte 500 mg/l überschritten.

Anläßlich seiner Reindestillation kann der Estergehalt rohen Sprites noch weiter herabgesetzt werden. Erstklassige rektifizierte Sulfit- und Getreidesprite haben normalerweise Estergehalte von unter 10 mg/l. Reichlicher werden Ester dagegen in für Trinkzwecke bestimmten Getreidespriten angetroffen, wobei die

Ester stets Begleiter des leichtflüchtigen Kornaromas und weitgehend an der Ausbildung des Buketts beteiligt sind (H. SPECHT 1957; W. DECKENBROCK u. S. KÜSTERS 1958). Betriebsdestillationen haben auch ergeben, daß Kornaroma und Estergehalt in engstem Zusammenhang stehen; eine fortschreitende Verminderung der Esterzahl im Verlaufe der Rektifikation entsprach ganz der Abnahme des Kornaromas (D. PLÖTTNER 1959). Nach D. PLÖTTNER (1960, 1961a, b) wird für einen Branntwein, der noch als „Korn" angesprochen werden soll, eine Mindestmenge an Estern zu fordern sein, die auf rd. 35 mg Ester/l r.A. festgelegt werden kann.

Zweifellos spielen die Ester auch für den Genußwert von Weindestillaten und Obstbranntweinen eine wichtige Rolle, obwohl bis dahin die Frage nach der Bedeutung des Gesamtestergehaltes und diejenige einzelner Verbindungen für die Aromabildung noch nicht beantwortet werden konnte. Zur Abklärung der Frage, welche Veränderungen bei den für das Aroma wesentlichen Komponentengruppen im Verlaufe der Destillation und bei der Abtrennung der Vor-, Mittel- und Nachläufe geschehen, destillierten A. FREY u. D. WEGENER (1956) 1000 l französischen Brennwein mit einem Alkoholgehalt von 23 Vol.-% in zwei Partien von je 500 l. Insgesamt 580 l Rohbrand wurden aufgefangen und dann zur Abscheidung von Vorlauf und Nachlauf einer zweiten Destillation in der Feinbrandblase unterworfen. Sie machten die Feststellung, daß der höchste Estergehalt (4,7 g/l) zu Beginn der Destillation auftritt und dieser mit dem Fortschreiten der Destillation stark abnimmt. Seinen Minimalwert von 0,2 g/l erreicht der Estergehalt nachdem die Hälfte der vorgelegten Menge überdestilliert war um dann im Nachlauf auf etwa das Doppelte dieses Wertes anzusteigen. Deutsche Weindestillate enthalten Ester in einer Konzentration von 0,3—2,0 g/l r.A. und Weinbrände 0,5—1,6 g/l r.A. (H. WÜSTENFELD u. G. HAESELER 1964).

L. TORBÁGYI-NOVÁK u. J. VERHÁS (1956) haben den Gehalt an schwerer flüchtigen Estern in Kirschbranntweinen, Weichselbranntweinen und Aprikosenbranntweinen bestimmt und fanden, daß diese Ester in einer Konzentration von

Tabelle 33. *Mittlerer Estergehalt einiger amerikanischer Branntweine* (nach P. VALAER 1939)

| Branntwein | Estergehalt g/l | als Essigsäureäthylester g/l r.A. |
|---|---|---|
| Weinbrand . . . . . | 0,689 | 1,33 |
| Pfirsichbranntwein . . | 1,625 | 2,74 |
| Aprikosenbranntwein . | 2,261 | 4,46 |
| Apfelbranntwein . . . | 0,887 | 1,61 |
| Dattelbranntwein . . | 2,222 | 3,72 |
| Orangenbranntwein. . | 1,027 | 1,09 |
| Ananasbranntwein . . | 0,695 | 1,37 |
| Brombeerbranntwein . | 0,581 | 0,91 |
| Pflaumenbranntwein . | 0,948 | 1,50 |
| Rosinenbranntwein . | 3,014 | 5,58 |
| Birnenbranntwein . . | 1,513 | 2,20 |
| Kirschbranntwein . . | 1,539 | 2,19 |
| Feigenbranntwein . . | 1,426 | 2,78 |

1,1—4,3 g/l (1,9—8,7 g/l r.A.) enthielten. Nach G. HAESELER u. H. SPECHT (1963) schwankt bei den authentischen Kirschwässern der Gehalt an Gesamtestern zwischen 1,2—5,0 g/l r.A., an leichtflüchtigen Estern 0,4—4,1 g/l r.A. und an schwerflüchtigen Estern 0,7—1,7 g/l r.A., während die entsprechenden Werte für authentische Zwetschenwässer sind: Gesamtester 0,9—3,7 g/l r.A., leichtflüchtige Ester 0,5—2,4 g/l r.A. und schwerflüchtige Ester 0,4—1,3 g/l r.A. Entsprechende

Estergehalte für Steinobstbranntweine hat auch H. Ratz (1966) erhalten. Nach seinen Bestimmungen schwankt der Gesamtestergehalt bei den authentischen Kirschwässern von 2,5—11,0 g/l r.A.; von 33 untersuchten Proben liegen aber nur 4 unter 3 g/l r.A. und nur 2 über 9 g/l r.A. Der Gehalt an schwerflüchtigen Estern schwankt ebenfalls und die Werte liegen zwischen 0,4—4,0 g/l r.A. In noch weiterem Rahmen, 1,3—9,7 g/l r.A., bewegt sich der Gehalt an leichtflüchtigen Estern. Bei den Zwetschen-, Pflaumen- oder Mirabellenwässern scheint der Gesamtestergehalt aufgrund einiger Analysenresultate von gleicher Größenordnung zu sein wie bei den Kirschwässern. Der Gehalt an schwerflüchtigen Estern bleibt dagegen etwas geringer als in den zuletzt erwähnten Produkten.

P. Valaer (1939) hat eine große Anzahl amerikanische Branntweine analysiert, deren mittlere Estergehalte in Tab. 33 zusammengefaßt sind.

### c) Der Estergehalt in alkoholischen Getränken

Der Estergehalt der Trinkbranntweine steht in der Regel in engem Zusammenhang mit demjenigen des unverdünnten Destillates. In Getränken vom Wodka-Typ, die aus Primasprit bzw. Kornfeinsprit hergestellt werden, schwanken die Estergehalte in einigen finnischen, amerikanischen, polnischen und russischen Produkten zwischen 10—20 mg/l, entsprechend etwa 25—50 mg/l r.A. (L. Nykä-nen 1966), während der mittlere Estergehalt von Kornbranntweinen nach K. Misselhorn (1964) bei 160 mg/l r.A. liegt.

Der hohe Estergehalt von Weindestillaten wiederspiegelt sich auch in den aus ihnen hergestellten Getränken. P. Valaer (1939), der neben Weindestillaten mehrere über 3 Jahre alte französische Cognac- und Armagnacproben analysiert hat, fand in den Cognacs Estergehalte von 0,36—0,58 g/l und in den Armagnacs solche von 0,49—0,60 g/l. H. Riffart u. W. Diemair (1944) haben die Estergehalte von 720 Brennweinen verschiedenen Ursprungs der Jahrgänge 1935—1942 bestimmt. Die Höchst- und Niedrigstwerte werden in Tab. 34 dargestellt.

Tabelle 34. *Estergehalte von Brennweinen verschiedenen Ursprungs*
(nach H. Riffart u. W. Diemair 1944)

| Herkunft des Brennweines | Estergehalt g/l r.A. | Herkunft des Brennweines | Estergehalt g/l r.A. |
|---|---|---|---|
| Frankreich, ohne nähere Angabe | 0,4—3,7 | Griechenland | 0,8—1,5 |
| Frankreich, Midi | 0,4—1,9 | Rumänien | 0,5—1,8 |
| Frankreich, Charente | 0,8—2,7 | Jugoslawien | 0,9—2,3 |
| Italien | 0,5—2,1 | Ungarn | 0,5—1,4 |

Zur Gruppe der aus Getreide hergestellten Branntweine, die in bedeutendem Maße Ester enthalten und von denen angenommen werden kann, daß die Ester auf die Aromabildung des Getränkes von erheblichem Einfluß seien, gehören insbesondere die Whiskys. Die international bekannteste Warenmarke ist ohne Zweifel der Scotch Whisky, bei dem zwei Hauptsorten unterschieden werden können, der Malzwhisky und der Getreidewhisky. Geschmacklich und geruchlich lassen sich die fast neutralen schottischen Getreidewhiskys mit den deutschen Kornbranntweinen durchaus vergleichen, während die schottischen Malzwhisky-sorten großenteils durch einen kräftigen Torfrauchcharakter gekennzeichnet sind (G. Hartmann 1962, 1964). Nach den von P. Valaer (1940) mitgeteilten Analysenwerten unterscheiden sich diese Typen am klarsten sowohl durch ihren Fusel-öl- als auch Estergehalt. Schottische Malz-Pot-Still-Whiskys enthalten im Mittel Ester wie folgt: Highlands 0,78 g/l r.A., Lowlands 0,60 g/l r.A., Islays 0,48 g/l r.A. und Campeltowns 0,45 g/l r.A., während der mittlere Estergehalt in schottischen

Getreidewhiskys 0,23 g/l r.A. und schottischen Blended-Whiskys 0,45 g/l r.A. beträgt. Estergehalte gleicher Größenordnung haben auch G. HARTMANN (1962) und K. MISSELHORN (1964) in schottischen Whiskys gefunden. Irischer Whisky, der sich dem Aroma nach vom schottischen Typ unterscheidet, hat im Mittel einen Estergehalt von 0,5 g/l r.A. (P. VALAER 1940) und amerikanischer, 4 Jahre gelagert, einen solchen von im Mittel 0,8 g/l r.A. (P. VALAER u. W. H. FRAZIER 1936). Von G. HARTMANN (1965a) sind kürzlich einige Analysenwerte für irländische Whiskys verschiedenen Alters bekanntgeworden, die unterscheiden zwischen solchen Produkten, die nach dem Patent-Still-Verfahren hergestellt, und solchen, die nach dem Pot-Still-Verfahren fabriziert worden sind. Der Autor hat u. a. die folgenden Estermengen angetroffen: Whiskys nach dem Patent-Still-Verfahren, 2 Jahre alt, 0,19—0,33 g/l r.A.; Whiskys nach dem Pot-Still-Verfahren, frisch, 0,28—0,34 g/l r.A., 8 Jahre alte Whiskys 0,37—0,81 g/l r.A. und nach 13—14jähriger Holzfaßlagerung 0,38—0,87 g/l r.A., sowie nordirische Getreide-Whiskys, 8 Jahre alt, 0,39—0,42 g/l r.A. Den Estergehalt von kanadischem Whisky ermittelte G. HARTMANN (1965b) mit 0,23 g/l r.A., der somit in der gleichen Größenordnung wie beim schottischen Getreide-Whisky ist.

Der Einfluß des Estergehaltes auf die Intensität des Aromas tritt wohl am klarsten beim Rum in Erscheinung, und oft, jedoch nicht immer, verändern sich die Esterzahlen mit den Ausgiebigkeitswerten in gleicher Richtung. Bei der Qualitätseinstufung des Rums bildet der Estergehalt oder die Esterzahl eine wichtige Grundlage für die Beurteilung; die sog. Esterzahl gibt an, wieviel mg Ester, berechnet als Essigsäureäthylester, in 100 ml reinem Alkohol enthalten sind. G. WOLLNY (1959) erwähnt, daß J. R. MCFARLANE Jamaika-Rum nach der Intensität seines Aromas in folgende Qualitäten eingeteilt hat: Common Clean, Plummer, Wedderburn und Flavoured, für deren Esterzahlen er die folgenden Grenzwerte angab:

| | | | |
|---|---|---|---|
| Common Clean | . . . . . 80—150 | Wedderburn | . . . . . . 200— 300 |
| Plummer | . . . . . . . 150—200 | Flavoured | . . . . . . 700—1600 |

G. WOLLNY führt weiter aus, daß, weil früher Rums mit Esterzahlen zwischen 4000—6000 in den Verkehr gebracht worden seien, im Jahre 1935 durch die Regierung von Jamaika ein Gesetz erlassen worden ist, wonach die maximale Esterzahl in einem Rum auf 1600 festgesetzt wurde. Bei den meisten Rumtypen liegen denn auch die Estergehalte unterhalb dieses Wertes, wie die aus den von P. VALAER (1937) mitgeteilten Analysenresultaten errechneten mittleren Estergehalte erkennen lassen: Gehalt an Estern in Kuba-Rum 0,4 g/l r.A., in Jamaika-Rum 1,6 g/l r.A., in Puerto-Rico-Rum 0,5 g/l r.A. und in Demerara-Rum 0,4 g/l r.A. Als Folge der großen Auswahl an Rum-Qualitäten sind auch die Schwankungen des Estergehaltes recht groß.

### d) Der Einfluß der Alterung auf den Estergehalt

Eine lang dauernde Reifung hat bekanntlich erheblichen Anteil am Aufbau des Aromas alkoholischer Getränke. Ohne weiteres ist es klar, daß sich diese nicht nur auf die Esterbildung beschränkt, sondern daß zwischen vielen verschiedenen Verbindungen chemische Reaktionen ablaufen. Es kann jedoch erwartet werden, daß bei solchen Getränken, deren Alkoholgehalt während der Lagerung relativ hoch ist, infolge der Umstände vornehmlich ein Verestern in Gang kommt. Möglicherweise kommt hierzu noch eine Umesterung der schon im Verlaufe der Gärung gebildeten Ester. Weil alle mit der Alterung im Zusammenhang stehenden Änderungen langsam verlaufen und unter Umständen mehrere Jahre in Anspruch nehmen können, so steht über die während der Reifung vor sich gehenden Änderungen nur sehr knappes Zahlenmaterial zur Verfügung. Als Vergleichsbasis wurden in der Regel die das gleiche Herstellungsverfahren durchlaufenen jungen Destillate herangezogen. In den Fällen, wo ein derartiger Vergleich vorgenommen werden kann, hat die Veränderung des Estergehaltes eine klare Tendenz, sie nimmt ständig zu. P. Valaer u. W. H. Frazier (1936), A. J. Liebmann u. M. Rosenblatt (1943), A. J. Liebmann u. B. Scherl (1949) sowie A. J. Liebmann (1953) haben insbesondere die in amerikanischen Whiskys im Verlaufe der Alterung geschehenden Veränderungen verfolgt, während P. Valaer (1939) dasselbe bei amerikanischen Weindestillaten tat. In den Tab. 35—37 seien die analytischen Kennzahlen dieser Untersuchungen wiedergegeben.

Tabelle 35. *Die Änderungen der analytischen Daten im Verlaufe der Lagerung einiger amerikanischer Whiskys*
(berechnet von G. Haeseler [1951] nach Werten von P. Valaer u. W. H. Frazier [1936])

| Lagerdauer Jahre | | Alkohol Vol.-% | Gesamtsäure g/100 l | Ester g/100 l | Fuselöl g/100 l | Extrakt g/100 l | Aldehyd g/100 l | Furfurol g/100 l |
|---|---|---|---|---|---|---|---|---|
| 0 | Höchst | 51,3 | 9,6 | 21,5 | 230,7 | 20,1 | 20,8 | — |
| | Durchschn. | 50,6 | 7,7 | 17,0 | 161,1 | 10,5 | 7,6 | — |
| | Niedrigst | 50,0 | 5,3 | 13,7 | 78,7 | 2,9 | 2,4 | 0 |
| ¹/₂ | Höchst | 51,5 | 52,4 | 32,8 | 244,3 | 121,9 | 22,7 | 2,2 |
| | Durchschn. | 50,7 | 40,3 | 26,5 | 166,8 | 92,5 | 9,6 | 1,7 |
| | Niedrigst | 50,0 | 31,7 | 18,2 | 87,0 | 61,6 | 3,9 | 0,6 |
| 1 | Höchst | 51,7 | 53,4 | 35,3 | 245,4 | 135,1 | 20,5 | 2,2 |
| | Durchschn. | 51,0 | 50,1 | 29,9 | 166,5 | 114,4 | 10,2 | 1,9 |
| | Niedrigst | 50,3 | 38,4 | 21,9 | 92,0 | 89,8 | 4,3 | 0,6 |
| 2 | Höchst | 52,7 | 65,6 | 38,7 | 232,1 | 166,7 | 24,5 | 2,2 |
| | Durchschn. | 51,9 | 59,7 | 34,7 | 168,3 | 143,0 | 11,0 | 1,9 |
| | Niedrigst | 50,6 | 48,2 | 25,2 | 97,6 | 113,7 | 4,6 | 0,8 |
| 3 | Höchst | 53,7 | 73,6 | 43,9 | 249,8 | 197,9 | 22,6 | 2,7 |
| | Durchschn. | 52,8 | 65,2 | 38,9 | 172,0 | 163,0 | 11,1 | 2,1 |
| | Niedrigst | 51,2 | 54,1 | 28,5 | 98,4 | 129,8 | 4,6 | 0,8 |
| 4 | Höchst | 55,4 | 78,6 | 48,8 | 260,8 | 213,8 | 21,7 | 3,0 |
| | Durchschn. | 53,9 | 70,6 | 45,0 | 178,5 | 178,7 | 11,6 | 2,2 |
| | Niedrigst | 52,0 | 59,8 | 37,6 | 96,0 | 141,8 | 6,0 | 0,8 |

Tabelle 36. *Die Änderungen der analytischen Daten im Verlaufe der Lagerung eines amerikanischen Whiskys* (nach A. J. Liebmann u. B. Scherl 1949)

| Alter Jahre | Alter Monate | Vol.-% | pH | Ges.-säure | g/100 l bezogen auf 50 Vol.-% Alkohol | | | | | | | Farbe (Dichte) |
|---|---|---|---|---|---|---|---|---|---|---|---|---|
| | | | | | Gebundene Säuren | Ester | Aldehyde | Furfurol | Fuselöl | Extrakt | Tannine | |
| | 0 | 50,9 | 4,92 | 5,9 | 0,8 | 16,7 | 1,4 | 0,2 | 111 | 8,7 | 0,7 | 0,032 |
| | 1 | 50,7 | 4,62 | 20,4 | 3,7 | 17,2 | 2,1 | 1,2 | 123 | 44,1 | 12 | 0,156 |
| | 3 | 50,7 | 4,46 | 32,2 | 5,3 | 18,5 | 2,8 | 1,5 | 131 | 66,6 | 21 | 0,205 |
| | 6 | 50,7 | 4,38 | 42,5 | 6,6 | 21,8 | 3,3 | 1,6 | 131 | 87,7 | 28 | 0,243 |
| 1 | 12 | 51,0 | 4,38 | 53,4 | 8,3 | 26,8 | 4,1 | 1,7 | 132 | 111,1 | 35 | 0,282 |
| | 18 | 51,3 | 4,29 | 58,1 | 9,0 | 31,1 | 4,8 | 1,8 | 132 | 127,6 | 39 | 0,308 |
| 2 | 24 | 51,5 | 4,29 | 61,8 | 9,2 | 35,5 | 5,5 | 1,8 | 134 | 137,5 | 42 | 0,328 |
| | 30 | 51,8 | 4,28 | 64,1 | 9,3 | 38,9 | 5,8 | 1,9 | 136 | 147,7 | 44 | 0,341 |
| 3 | 36 | 52,0 | 4,27 | 65,8 | 9,3 | 41,8 | 6,0 | 1,8 | 135 | 152,7 | 47 | 0,352 |
| | 42 | 52,3 | 4,26 | 67,8 | 9,4 | 44,7 | 6,0 | 1,9 | 137 | 157,7 | 48 | 0,360 |
| 4 | 48 | 52,6 | 4,26 | 69,2 | 9,4 | 47,6 | 6,1 | 1,8 | 138 | 165,9 | 48 | 0,365 |
| | 54 | 52,8 | 4,26 | 69,7 | 9,4 | 48,0 | 6,1 | 1,7 | — | 166,0 | 49 | 0,367 |
| 5 | 60 | 53,0 | 4,26 | 70,2 | 9,5 | 51,9 | 6,2 | 1,7 | — | 173,0 | 49 | 0,368 |
| | 66 | 53,3 | 4,26 | 72,0 | 9,5 | 55,6 | 6,3 | 1,8 | — | 174,2 | 49 | 0,369 |
| 6 | 72 | 53,7 | 4,24 | 71,6 | 9,5 | 57,6 | 6,5 | 1,8 | — | 181,5 | 49 | 0,380 |
| | 78 | 53,9 | 4,24 | 74,4 | 9,6 | 61,2 | 7,0 | 1,8 | — | 186,0 | 50 | 0,385 |
| 7 | 84 | 54,3 | 4,23 | 76,2 | 9,7 | 62,0 | 7,0 | 1,8 | — | 198,6 | 50 | 0,389 |
| | 90 | 54,4 | 4,22 | 79,4 | 9,7 | 64,4 | 7,0 | 2,0 | — | 198,9 | 50 | 0,413 |
| 8 | 96 | 54,7 | 4,20 | 81,9 | 9,7 | 64,8 | 7,0 | 2,0 | — | 209,6 | 53 | 0,449 |

Tabelle 37. *Die Änderungen der analytischen Daten im Verlaufe der Lagerung eines amerikanischen Weindestillates*
(berechnet von G. Haeseler [1951] nach Werten von P. Valaer [1939])

| Lager-dauer Jahre | Alkohol Vol.-% | pH | Gesamt-säuren g/100 l | Flüchtige Säure g/100 l | Ester g/100 l | Fuselöl g/100 l | Extrakt g/100 l | Asche g/100 l | Alde-hyd g/100 l | Fur-furol g/100 l |
|---|---|---|---|---|---|---|---|---|---|---|
| 0 | 50,15 | 5,35 | 8,4 | 7,2 | 40,5 | 79,2 | 65,6 | 27 | 2,0 | 0,5 |
| $^1/_2$ | 50,9 | 4,01 | 40,8 | 32,4 | 44,9 | 83,1 | 104 | 19 | 6,0 | 0,7 |
| 1 | 51,4 | 3,96 | 62,4 | 46,8 | 58,1 | 85,3 | 172 | 17 | 7,9 | 1,4 |
| 2 | 51,7 | 3,93 | 69,6 | 52,8 | 59,8 | 88,9 | 194 | 18 | 7,8 | 1,4 |
| 3 | 52,3 | 3,91 | 76,8 | 62,2 | 66,6 | 102 | 214 | 15 | 9,8 | 2,0 |
| 4 | 52,6 | 3,90 | 79,2 | 65,4 | 71,3 | 104,3 | 230 | 14 | 11,2 | 2,0 |

M. Pyke (1965) konnte feststellen, daß sich in der Gruppe der durch den Reifungsprozeß schottischen Getreide-Whiskys hervorgerufenen Verschiebungen Steigerungen der Konzentrationen an Estern, flüchtigen Säuren und Aldehyden finden (vgl. Tab. 38). Die im Verlaufe der Alterung vor sich gehende absolute wie auch relative Er-höhung des Estergehaltes hängt ohne Zweifel von manchen Faktoren ab, wie etwa vom Estergehalt des frischen Produktes, von der Esterzusammensetzung, von der Menge und Zusammensetzung an freien Säuren und selbst-verständlich auch vom Alkoholgehalt. Ob die Alterungsgeschwindigkeit in einem Abhängig-keitsverhältnis z. B. zur Bildungsgeschwindig-keit der Ester steht, darauf findet sich in der Literatur keine Antwort. Bemerkenswert ist jedoch, daß die relative Zunahme der aus den von P. Valaer u. W. H. Frazier (1936) und P. Valaer (1939) angegebenen Analysen-werten errechneten Estergehalte in den Whis-kys bedeutend intensiver ist als in den Wein-destillaten (vgl. Abb. 43).

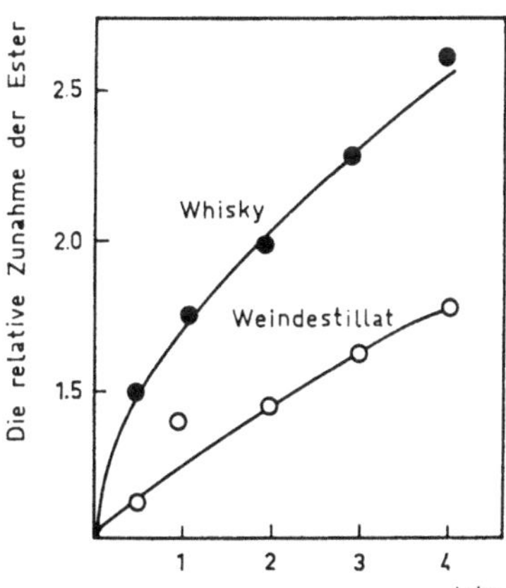


Abb. 43. Die relative Zunahme des Esterge-haltes im Verlaufe der Alterung in amerikani-schem Whisky und Weindestillat (nach Werten von P. Valaer u. W. H. Frazier 1936 und P. Valaer 1939)

Tabelle 38. *Typische Analysenwerte von schottischem Getreide-Whisky*
(nach M. Pyke 1965)

| Inhaltsstoff | Frisch hergestellt g/l r.A. | Gealtert g/l r.A. |
|---|---|---|
| Höhere Alkohole . . . . . . . . . | 1,18 | 1,15 |
| Ester (als Äthylacetat) . . . . . . | 0,12 | 0,22 |
| Flüchtige Säuren (als Essigsäure) . . | 0,01 | 0,23 |
| Aldehyde (als Acetaldehyd) . . . . | 0,02 | 0,08 |

### e) Die Esterzusammensetzung

#### α) In Fuselölen

An einer Aufklärung der Esterzusammensetzung hat man schon seit langem reges Interesse bekundet. Das Auftreten der Komponenten in nur geringen Men-gen in Gärungslösungen und alkoholischen Getränken stellte für ihre Identifizie-rung die Hauptschwierigkeit dar. So gelang denn in älteren Untersuchungen die Identifizierung der meisten Ester nur in Fraktionen, meistens dem Fuselöl, die aus großen Destillatmengen abgetrennt worden waren.

Unter Anwendung der fraktionierten Destillation konnten P. Schorigin u. Mitarb. (1933) in Kartoffelfuselöl die Äthylester von Capron-, Capryl-, Caprin-, Laurin-, Myristin- und Palmitinsäure identifizieren. A. D. Webb u. Mitarb. (1952) haben die Zusammensetzung eines Weinfuselöls, das einer kalifornischen Brennerei entstammte, untersucht und fanden darin 5,6% Ester. Mittels fraktionierter Destillation und Papierchromatographie identifizierten sie in der Esterfraktion die Äthylester der Capron-, Capryl-, Caprin-, Laurin- und Palmitinsäure sowie den Isoamylester der Caprylsäure und den Isobutylester der Caprinsäure und fanden im weiteren noch nicht genauer bestimmte Ester der Butter- und Myristinsäure. Die Autoren teilen ferner mit, daß das Fuselöl vermutlich in geringen Mengen noch Methylsalicylat, Isoamylcaprat, Isoamylcaproat, Isoamyllaurat, Isobutylcaprylat sowie opt. akt. Amylalkohol-Ester der Capryl-, Caprin- und Laurinsäure enthalte. R. E. Kepner u. A. D. Webb (1961) haben entsprechende Untersuchungen über die im Fuselöl des aus Muscat-Rosinen hergestellten Brandys enthaltenen Komponenten durchgeführt indem sie die durch Destillation getrennten Fraktionen der gaschromatographischen Analyse unterwarfen. In der höher als Isoamylalkohol siedenden Fraktion, die 15% der Gesamtmenge ausmachte, fanden sie in reichem Maße verschiedene Ester, Hexanol und mehrere freie Säuren, deren prozentuale Anteile in Tab. 39 dargestellt sind.

Tabelle 39. *Hochsiedende Komponenten im Fuselöl des aus Muscat-Rosinen hergestellten Brandys entsprechend 15% des Gesamtfuselöls* (nach R. E. Kepner u. A. D. Webb 1961)

| Komponente | % | Komponente | % |
|---|---|---|---|
| Äthylcaprat | 25 | Äthylpalmitat | 3 |
| Äthyllaurat | 13 | Isoamyllaurat | 3 |
| Äthylcaprylat | 13 | Äthylpelargonat | 2 |
| β-Phenyläthylacetat | 12 | Isoamylcaprylat | 2 |
| n-Hexanol | 4 | Äthylmyristat | 1,5 |
| Isoamylcaprat | 4 | Unbekannte Komponenten | 8—10 |

In geringen Mengen wurden angetroffen: Äthylpentadecanoat, n-Propylcaprylat, Isobutylcaprylat, Isoamylcaproat, opt. akt. Amylcaprylat, opt. akt. Amylcaprat, opt. akt. Amyllaurat, opt. akt. Amylcaproat, Essigsäure, Caprylsäure, Caproinsäure, Caprinsäure und Isovaleriansäure.

Voraussichtlich waren vorhanden: n-Hexylacetat, Äthylcaproat, Isobutylcaprat, Äthylönanthat, Isoamylmyristat, opt. akt. Amylmyristat, Önanthsäureester, Pelargonsäureester, Isobuttersäure, Önanthsäure und Pelargonsäure.

Eine ganze Anzahl von Substanzen die für das Aroma von schottischem Whisky von Bedeutung sind, haben K. Jones u. R. Wills (1966) aus dem bei der Whiskydestillation anfallenden Fuselöl isoliert und identifiziert. Vom getrockneten Fuselöl trennten sie durch fraktionierte Destillation den unterhalb von 132°C siedenden Anteil, der zur Hauptsache aus Fuselalkoholen bestand, ab. Die prozentuale Zusammensetzung des Fuselöls geben sie wie folgt an: n-Propanol 1,3%, sek. Butanol 0,03%, Isobutanol 12,3%, n-Butanol 0,2%, Gärungsamylalkohol 80,6%, von dem 69% Isoamylalkohol und 31% opt. akt. Amylalkohol waren, sowie 5,5% des oberhalb von 132°C siedenden Fuselöls. Anläßlich der gaschromatographischen Analyse konnten im Destillationsrückstand noch weitere 63 Verbindungen unterschieden werden, von denen es gelang 34 zu identifizieren. Unter den identifizierten Verbindungen fanden sich an Alkoholen nur Amylalkohol-Isomere und n-Hexanol, während die übrigen verschiedene Ester waren. Die identifizierten Verbindungen und ihre prozentualen Anteile im Destillationsrückstand gehen aus Tab. 40 hervor.

Tabelle 40. *Die im oberhalb 132 °C siedenden Anteil des Fuselöls schottischen Whiskys identifizierten Verbindungen* (nach K. Jones u. R. Wills 1966)

| Verbindung | % | Verbindung | % |
|---|---|---|---|
| Amylalkohole | 9,39 | Isoamylcaprat | 2,02 |
| Methylcaproat | 0,52 | Isobutyltridecanoat | 0,07 |
| Äthylcaproat | 0,72 | Äthylmargarat | 0,04 |
| n-Hexanol | 1,97 | Isobutylmyristat | 0,28 |
| Äthylcaprylat | 5,05 | Äthylstearat | 5,34 |
| Äthylpelargonat | 0,03 | Isoamylundecanoat | 0,62 |
| Äthylcaprat | 0,01 | Äthylnondecanoat | 0,01 |
| Isoamylcaproat | 0,01 | Isoamyllaurat | 0,27 |
| Äthylundecanoat | 10,51 | Isobutylpalmitat | 3,62 |
| Isobutylcaprylat | 2,28 | Äthylheneicosanoat | 0,09 |
| Äthyllaurat | 0,03 | Isoamyltridecanoat | 0,90 |
| Isoamylcaprylat | 0,60 | Äthylbehenat | 1,21 |
| Isobutylcaprat | 5,05 | Isobutylstearat | 1,70 |
| Äthylmyristat | 5,85 | Äthyltricosanoat | 0,16 |
| Isoamylpelargonat | 0,11 | Äthyllignocerat | 0,16 |
| Isobutyllaurat | 0,25 | Isobutylarachidat | 0,10 |
| Äthylpalmitat | 1,22 | Isoamylpentadecanoat | 13,9 |

### β) In Weinhefeöl

Bei der Destillation von Weinhefegeläger fällt im Destillat in geringer Menge, etwa 40 g pro 100 kg Geläger, ein meist durch etwas Kupfer aus der Destillieranlage anfangs smaragdgrün gefärbtes Öl an, welches Weinhefeöl, Weinbeeröl, Drusenöl, Cognacöl oder auch Önanthäther genannt wird. Die Zusammensetzung dieses fruchtig riechenden Produktes hat J. Schneyder (1958) gaschromatographisch analysiert. Er stellte fest, daß dieses gerade die für Gärungslösungen typischen Ester enthält und fand folgende Zusammensetzung: Äthylcaprat 50%, Äthyllaurat 20%, Äthylcaprylat 10%, Äthylmyristat 3%, Äthylpalmitat 3% und Äthylstearat 1%. Daneben konnte etwas Wasser und Äthanol nachgewiesen werden. E. Dehaux u. H. Belien (1959) fanden mittels fraktionierter Destillation für Weinhefeöl die folgende Komposition: Äthylcaprylat 8%, Äthylpelargonat 14%, Äthylcaprat 40%, Äthyllaurat 15%, vermutlich Äthylmyristat 4%, sowie die freien Fettsäuren $C_8$ und $C_9$ 13%.

# II. Zusammensetzung des Aromas in Trinkbranntweinen

## 1. Allgemeines

Die Typenunterschiede der alkoholischen Getränke und in gewissen Fällen auch Qualitätsunterschiede innerhalb desselben Typs kommen in betonter Weise im Aroma zum Ausdruck. Da sich das für jeden Getränketyp charakteristische Aroma im Verlaufe der Fabrikation weiter entwickelt und individualisiert, können Unterschiede im Herstellungsverfahren und in der Reifung in bedeutendem Maße die Ausbildung vieler Nuancen fördern.

Eine bedeutende Anzahl der in Gärungslösungen und verkaufsfertigen Getränken auftretenden Aromabestandteile konnte bisher identifiziert werden und sie sind in die Literaturübersichten aufgenommen worden (R. Stevens 1960; A. D. Webb u. J. L. Ingraham 1963; W. C. Lawrence 1964; C. Weurman 1963, 1965, 1966). Unter diesen Aromastoffen finden sich sowohl Carbonylverbindungen, höhere Alkohole, freie Fettsäuren als auch Ester, wobei die Letztgenannten anzahlmäßig weitaus am reichlichsten vertreten sind. Von Bedeutung ist auch, daß es bisher nicht gelang zu zeigen, daß, mit Ausnahme einiger seltener Fälle, das

Getränkearoma durch eine bestimmte oder einige wenige Verbindungen verändert würde. Die Intensivierung des Aromas bei Zunahme der Totalmengen an bestimmten Substanzgruppen wie Fuselölen und Estern ist eine bekannte Erscheinung, doch scheinen auch die gegenseitigen Verhältnisse der Aromastoffe hier unzweifelhaft eine bedeutende Rolle zu spielen.

Als zur Klärung der Aromazusammensetzung alkoholischer Getränke in den vergangenen Jahren neue Analysenmethoden entwickelt wurden, bediente man sich in den meisten Fällen der gaschromatographischen Analyse. Aber das große Problem der gaschromatographischen Untersuchung von Branntweinen bilden jedoch die Mengen an Äthanol und Wasser, die im Verhältnis zu den interessierenden Stoffen enorm groß sind. Um deren störenden Einfluß auszuschalten, nahmen R. Mecke u. M. de Vries (1959) sowie R. Mecke u. Mitarb. (1960a, b) bei der Bestimmung der Aromastoffe in Getränken das Extraktionsverfahren in Gebrauch, wobei diese vom Äthanol und Wasser durch Extrahierung mit einem Äther-Pentan-Gemisch (2:1) im Scheidetrichter oder in einem Extraktor nach Kutscher-Steudel (Fr. Kutscher u. H. Steudel 1903) getrennt werden. Der Überschuß des als Azeotrop bei 33°C siedenden Lösungsmittels wird nach der Extraktion vorsichtig abgedunstet, wonach der die Aromastoffe in konzentrierter Form enthaltende Extrakt der gaschromatographischen Analyse unterworfen wird. Als Lösungsmittel für die Extraktion eignet sich auch Isopentan (Sdp 28°C), das mit Erfolg bei der Untersuchung von Whisky und Brandy Verwendung fand (L. Nykänen u. H. Suomalainen 1963; H. Suomalainen u. L. Nykänen 1964, 1966a).

Obwohl die neuen gaschromatographischen Methoden die Bestimmung der Aromaverbindungen wesentlich erleichtert haben, besteht jedoch keine Möglichkeit mit ihrer Hilfe die ganze Aromakomposition mit einer einzigen Analyse zu erfassen. Auch weiterhin noch hat man sich auf die separate Bestimmung einzelner Gruppen von mehr oder weniger gleichartigen Verbindungen zu beschränken. Die Kenntnis über den wirklichen Aufbau des Aromas bleibt demnach mangelhaft und dies dürfte auch einer der Gründe dafür sein warum die aufgrund der gaschromatographischen Ergebnisse nachgeahmten künstlichen Aromagemische sich ihrer Nuance nach vom natürlichen Aroma unterscheiden. Bei der zukünftigen Abklärung der Aromastruktur und des Einflusses der einzelnen Komponenten auf die Gesamtwirkung sollten in vermehrtem Maße außer den quantitativen Verhältnissen auch deren Geruchs- und Geschmacksintensität in Betracht gezogen werden. In der Form der Sinnesprüfung wurde dies auch getan. Heutzutage ist man imstande, die Geruchs- und Geschmacksreize auch mittels physikalischer Methoden zu messen, darüber sind in der Literatur einige erfolgreiche Beispiele bekannt geworden (H.T. Andersen u. Mitarb. 1963; H. Diamant u. Mitarb. 1963; R.C. Gesteland u. Mitarb. 1963 sowie D. Ottoson u. E. von Sydow 1964).

## 2. Kornbranntwein

Für das Kornaroma ist die brot- und malzartige Note charakteristisch, deren Intensität dem Totalestergehalt parallel läuft. Anläßlich der Abklärung der Esterzusammensetzung hat H. Specht (1957) mit Hilfe der Infrarotspektroskopie festgestellt, daß rektifizierte Kornsprite vornehmlich Essigsäureester höherer Alkohole enthalten; dies gilt vor allem für Kornsprite mit typischem Malzcharakter. W. Deckenbrock u. S. Küsters (1958) konnten durch Verwendung zweier papierchromatographischer Methoden nachweisen, daß Kornbranntwein in geringen Mengen Essig-, Propion-, Butter-, Valerian- und Capronsäure als freie Säuren enthielt. Dieselben Fettsäuren treten auch als Äthylester auf. Der Anteil an Essigsäureester nahm einen bedeutenden Platz ein. Die in einem Sprit enthaltene Buttersäuremenge erschien offenbar zufälligerweise schwach erhöht.

In rektifiziertem Äthylalkohol fanden P. Gryaznov u. G.V. Rzhechitskaya (1957) Methylacetat, Äthylformiat, Äthylacetat, Äthylisobutyrat, Isoamylisovalerat, Isoamylacetat und Äthylisovalerat. Bei der Berechnung des gegenseitigen Verhältnisses der in russischem Wodka vorkommenden Ester aufgrund ihres

Säureanteils konnten G. L. OSHMYAN u. A. V. IGNATOVA (1961) beobachten, daß die bei der Fabrikation übliche Behandlung des Alkohols mit Aktivkohle die Esterzusammensetzung etwas verändert. Die von ihnen gefundenen Resultate gehen aus Tab. 41 hervor.

Tabelle 41. *Die Veränderung der Esterzusammensetzung in unbehandeltem und mit Aktivkohle behandeltem Wodka* (nach G. L. OSHMYAN u. A. V. IGNATOVA 1961)

| Säurekomponente des Esters | Unbehandelter Wodka % | Behandelter Wodka % |
|---|---|---|
| Ameisensäure . . . . . . . . . . | 14,9 | 12,6 |
| Essigsäure. . . . . . . . . . . . | 82,0 | 78,7 |
| Propionsäure . . . . . . . . . . | 0,9 | 2,1 |
| Buttersäure . . . . . . . . . . . | 0,7 | 2,8 |
| Valeriansäure . . . . . . . . . . | 0,6 | 0,2 |
| Capronsäure . . . . . . . . . . | 0,4 | 0,2 |
| Önanthsäure. . . . . . . . . . . | 0,5 | 0,3 |
| Pelargonsäure und höhere Säuren . | — | 3,1 |

Nach ihren Bestimmungen verringern sich auch die Mengen freier Säuren, insbesondere Essigsäure, beim Behandeln des Wodkas mit Aktivkohle bedeutend. Aus den Totalsäuremengen berechnet erhielten die Autoren für behandelten Wodka die folgende Zusammensetzung: Ameisensäure 12,7%, Essigsäure 59,0%, Propionsäure 1,7%, Buttersäure 4,5%, Valeriansäure 2,6%, Capronsäure 1,5% sowie Önanth-, Capryl-, Pelargon- und höhere Säuren zusammen 18%.

## 3. Cognac, Brandy und Weindestillat

Mit papier-, dünnschicht- und gaschromatographischen Methoden ist die Identifikation einer ganz bedeutenden Anzahl von Aromastoffen in Weindestillaten, Weinbränden und Cognacs gelungen. Die gegenseitigen Verhältnisse der Komponenten oder deren Totalmengen, wie auch die Carbonylverbindungen (vgl. S. 581—594) und die freien Carbonsäuren (vgl. S. 613—616) in den Getränken sind schon früher behandelt worden.

Da Weindestillate, Weinbrände und Cognacs verglichen mit anderen Komponentengruppen in bedeutendem Maße sowohl Fuselalkohole als auch Ester enthalten, sind diese auch bei der eingehenderen Analyse der Aromazusammensetzung in den Vordergrund gerückt. Einer der ersten Versuche zur gaschromatographischen Abklärung der Fuselalkoholzusammensetzung von Brandys unternahmen R. J. BOUTHILET u. W. LOWREY (1959). Indem sie die Fuselalkohole durch vorsichtiges Destillieren konzentrierten, konnten sie im Destillationsrückstand n-Propanol, Isobutanol und Isoamylalkohol eruieren. Mit Hilfe der mit Äther-Pentan durchgeführten Extraktion und der gaschromatographischen Analyse hat J. BARAUD (1961) die Zusammensetzung des Aromas von zwei Weindestillaten der Cognac-Region, Fins Bois und Grande Champagne, untersucht. Nach den über die Fuselzusammensetzungen vorliegenden Analysen enthalten beide Cognacs reichlich Gärungsamylalkohol während die gegenseitigen Verhältnisse der Fuselalkohole bei beiden im großen und ganzen dieselben waren und denjenigen ähnelten, die allgemein bei durch Destillation abgetrenntem Fuselöl erhalten werden. Der bedeutendste Unterschied zwischen den beiden Proben fand sich in der Acetalmenge, die im Fins Bois-Destillat höher anstieg als der Anteil des n-Propanols im Fuselöl (vgl. Tab. 42).

Tabelle 42. *Die Fuselzusammensetzung zweier Cognac-Proben*
(Angaben in Mol.-%; nach J. Baraud 1961)

| Komponente | Fins Bois | Grande Champagne |
|---|---|---|
| Methanol . . . . . . . . . | 0,8 | 0,4 |
| Acetal . . . . . . . . . . | 3,15 | Spuren |
| n-Propanol . . . . . . . . | 1,65 | 1,75 |
| sek. Butanol . . . . . . . | 0,9 | 0,85 |
| Isobutanol . . . . . . . | 15,45 | 17,70 |
| Gärungsamylalkohol . . . . | 78,05 | 79,35 |

Neben den Fuselalkoholen und Acetal bestimmte J. Baraud (1961) in Grande Champagne-Destillat noch leichtflüchtige Ester. In der Esterzusammensetzung überwiegt klar das Äthylacetat; Isobutylacetat und Isoamylacetat treten ungefähr in gleich großen Mengen auf, während Äthylpropionat die am schwächsten vertretene Esterkomponente bildet. Neben Essigsäure- und Propionsäureestern findet man aber in Cognac auch schwerflüchtige Ester, deren gegenseitige Verhältnisse in zwei Cognacs, Fins Bois und Grande Champagne, in Tab. 43 dargestellt werden.

Tabelle 43. *Zusammensetzung der schwerflüchtigen Ester in zwei Cognacs* (Angaben in Mol.-%; nach J. Baraud 1961)

| Äthylester von | Fins Bois | Grande Champagne |
|---|---|---|
| Capronsäure . . . . . . . . | 5,4 | 10,2 |
| Önanthsäure . . . . . . . | 4,2 | 11,8 |
| Unbekannte Säure . . . . . | 4,1 | 14,0 |
| Caprylsäure . . . . . . . | 8,9 | 14,4 |
| Caprinsäure . . . . . . . | 27,9 | 20,0 |
| Laurinsäure . . . . . . . | 19,7 | 9,9 |
| Myristinsäure . . . . . . . | 4,2 | 1,7 |
| Palmitinsäure . . . . . . . | 15,9 | 6,3 |
| Stearin- und Ölsäure . . . . | 9,7 | 11,7 |

Neben diesen Produkten wurde ein Tresterbranntwein aus einer Fehlgärung analysiert, dessen Fuselöl neben den erwähnten Fuselalkoholen in geringen Mengen zwei weitere Pentanol-Isomere, der sek. opt. akt. Amylalkohol (Pentanol-(2)) und n-Amylalkohol enthielt. Dieselben leichtflüchtigen Ester wie im Cognac wurden auch in diesem Produkt gefunden.

Der Gehalt an höheren Alkoholen im Brandy wurde von I. A. Egorov u. Mitarb. (1963) gaschromatographisch nach 150stündiger Extraktion mit Pentan bestimmt. Im Extrakt 5jährigen Brandys wurden 0,2% Methanol, 1,7% n-Propanol, 3,2% Isobutanol, 1,2% n-Butanol und 11,4% Gärungsamylalkohol nachgewiesen, ferner waren wahrscheinlich Äthylacetat, Äthylpropionat und n-Amylalkohol vorhanden. B. V. Lipis u. Z. A. Mamakova (1963) haben gaschromatographisch flüchtige Verbindungen in diversen Weinen, Brandys und Rohspriten analysiert. Sie konnten feststellen, daß sich deren Aroma aus insgesamt 17 Komponenten zusammensetzt, von denen sie Acetaldehyd, Äthanol, Methylacetat, Acetal, Äthylacetat, Isopropylacetat, Propylacetat, Isobutylacetat, Butylacetat, Methanol, Isopropanol, sek. Butanol, n-Propanol, Isobutanol, n-Butanol und die beiden Isomere des Amylalkohols identifizieren konnten. I. A. Egorov u. A. K. Rodopulo (1964) konnten in Brandy gaschromatographisch als Aromakomponenten außer flüchtigen Säuren (vgl. S. 613) von den Estern Äthylformiat, Äthylacetat, Äthylpropionat, Äthylisobutyrat, Äthylisovalerat, Äthylcaproat, Äthylcaprylat, Isobutylisobutyrat, Isobutylisovalerat, Isoamylacetat, Isoamylisobutyrat, Isoamylcaproat und von den Alkoholen Methanol, Äthanol, Isopropanol, n-Propanol, Isobutanol, Isoamylalkohol, n-Amylalkohol, n-Hexanol und n-Heptanol nachweisen. Die Autoren erwähnen im weiteren noch, daß die Alterung des Brandys mit einer Abnahme des Gehaltes an Isobutanol, Amylalkoholen, Hexanol und den Estern der niederen Fettsäuren verbunden ist, während der Gehalt an höher siedenden Estern ansteige.

M. FLANZY u. C. JOURET (1963) haben die Aromazusammensetzung von 7 Armagnac-Destillaten, die aus drei verschiedenen Traubensorten hergestellt waren, untersucht. Auch hier war als Hauptkomponente der Fuselalkohole Gärungsamylalkohol (71,9—91,4 Mol.-%) vorhanden und von den anderen mengenmäßig noch feststellbaren Alkoholkomponenten Isobutanol (8,3—27,0 Mol.-%) und n-Propanol (0,3—1,6 Mol.-%). Das sek. Butanol tritt in den meisten Armagnac-Destillaten nur als Spurenkomponente in Erscheinung. Neben den Fuselalkoholen bestimmten die Verfasser noch die molprozentuale Zusammensetzung in bezug auf die Ester, deren Werte in die Tab. 44 aufgenommen sind.

Tabelle 44. *Esterzusammensetzung in Mol.-% von einigen Armagnac-Proben*
(nach M. FLANZY u. C. JOURET 1963)

| | Armagnac-Proben | | | | | | |
|---|---|---|---|---|---|---|---|
| | 1 | 2 | 3 | 4 | 5 | 6 | 7 |
| Äthylacetat u. Acetal . . . . | 40,4 | 92,2 | 86,0 | 80,2 | 92,8 | 50,7 | 84,5 |
| Äthylpropionat . . . . . . . | Spuren | Spuren | 5,8 | 10,7 | 1,0 | 9,1 | 7,7 |
| Nicht identifizierter Ester . . . | Spuren | Spuren | Spuren | 4,3 | 1,0 | 5,2 | 0,5 |
| Isobutylacetat . . . . . . . | 5,8 | — | 2,0 | 1,6 | Spuren | 27,7 | 6,1 |
| Isoamylacetat . . . . . . . . | 53,8 | 7,8 | 6,2 | 3,2 | 5,2 | 7,3 | 1,2 |
| Äthylcaproat . . . . . . . . . | — | Spuren | — | Spuren | — | — | Spuren |
| Äthylönanthat . . . . . . . | 3,2 | 8,7 | 6,2 | 6,8 | 0,8 | 5,2 | 6,7 |
| Äthylcaprylat . . . . . . . | 42,9 | 44,0 | 28,5 | 57,3 | 25,3 | 28,3 | 44,7 |
| Äthylcaprat . . . . . . . . | 11,7 | 13,0 | 7,5 | 15,4 | 7,4 | 5,7 | 12,7 |
| Nicht identifizierter Ester (Zimtsäureäthylester ?) . . | 42,2 | 34,3 | 57,8 | 20,5 | 66,5 | 60,8 | 35,9 |

Armagnac-Probe 1 = Baco 22 A, Arthez 1952; 2 = Baco 22 A, Panjas 1952; 3 = St.-Emillion des Charentes 1952; 4 = Folle Blanche 1952; 5 = Baco 22 A, Arthez 1945; 6 = St.-Emillion des Charentes 1945; 7 = Folle Blanche 1945.

Die Untersuchungen über die Zusammensetzung von österreichischen und französischen Weindestillaten, deren Alkoholgehalt zwischen 55 und 75 Vol.-% schwankte, haben F. PRILLINGER u. H. HORWATITSCH (1966) durchgeführt. Durch Extraktion von 250 ml Weinbrand mit 50 ml Pentan in einem Extraktor nach KUTSCHER-STEUDEL konnten sie feststellen, daß bei 20stündiger Extraktion wohl der Großteil der Alkohole und Ester entzogen wurde, daß aber bei einer neuerlichen Extraktion noch immer nicht zu vernachlässigende Substanzmengen anfallen. Jedoch können unter gleichen Extraktions- und Aufbereitungsbedingungen vergleichbare Werte für die einzelnen Inhaltsstoffe erhalten werden. Mit Hilfe der Gaschromatographie konnten sie aus dem Extrakt 23 verschiedene Substanzen trennen und zum Großteil identifizieren. Als sie die Mengen der einzelnen Komponenten auf einen Alkoholgehalt von 50 Vol.-% umrechneten, stellten sie fest, daß die Summe der Fuselalkohole in den Destillaten der österreichischen wie auch französischen Grundweine eine weitgehende Konstanz aufwies, während im Gehalt an Methanol, Milchsäureäthylester, Essigsäure und Acetaldehyd größere Schwankungen zu beobachten waren. Verglichen mit österreichischen Weindestillaten scheint für die französischen Destillate sowohl ein höherer Gehalt an Fuselöl als auch an Milchsäureäthylester typisch zu sein. Die Resultate dieser Untersuchung werden in den Tabellen 45 und 46 wiedergegeben.

Tabelle 45. *Die in einigen österreichischen Weindestillaten enthaltenen Mengen an Aromastoffen* (in mg/l bezogen auf 50 Vol.-% Alkohol; nach F. Prillinger u. H. Horwatitsch 1966)

| Verbindung | I | Betrieb A II | III | Betrieb B I | II | Betrieb C I | II | Betrieb D I | II | Mittelwerte |
|---|---|---|---|---|---|---|---|---|---|---|
| Alkoholgehalt, Vol.-%. | 57,2 | 56,8 | 57,6 | 64,3 | 76,3 | 70,0 | 71,1 | 74,0 | 74,6 | — |
| Methanol . . . . . . | 170,0 | 197,0 | 102,0 | 63,0 | 102,0 | 190,0 | 85,0 | 160,0 | 100,0 | 129,8 |
| Propanol . . . . . . | 101,0 | 113,0 | 164,0 | 71,0 | 107,0 | 104,0 | 95,0 | 168,0 | 132,0 | 117,2 |
| Isobutanol. . . . . . | 200,0 | 212,0 | 190,0 | 192,0 | 174,0 | 238,0 | 185,0 | 328,0 | 314,0 | 225,8 |
| n-Butanol . . . . . . | 13,0 | 12,0 | 1,5 | Spur. | 1,4 | 4,0 | 3,5 | 3,5 | 3,7 | 5,3 |
| opt. akt. Amylalkohol . | 132,0 | 106,0 | 102,0 | 122,0 | 144,0 | 182,0 | 194,0 | 187,0 | 180,0 | 134,9 |
| Isoamylalkohol. . . . | 528,0 | 580,0 | 590,0 | 510,0 | 620,0 | 644,0 | 647,0 | 730,0 | 643,0 | 625,2 |
| Hexanol. . . . . . . | 10,0 | Spur. | 3,5 | 8,0 | 9,0 | 8,0 | 8,4 | 13,4 | 15,0 | 9,4 |
| Fuselalkohole insges. . | 984,0 | 1023,0 | 1051,0 | 903,0 | 1055,0 | 1180,0 | 1133,0 | 1430,0 | 1289,0 | 1116,4 |
| Essigsäureäthylester . | 600,0 | 530,0 | 726,0 | 468,0 | 193,0 | 400,0 | 345,0 | 193,0 | 536,0 | 432,7 |
| Essigsäureisoamylester | 4,4 | 1,5 | 2,0 | Spur. | Spur. | 1,0 | 2,0 | 1,4 | 1,4 | 2,1 |
| Milchsäureäthylester . | 72,0 | 88,0 | 83,0 | 52,0 | 13,0 | 55,0 | 73,0 | 32,0 | Spur. | 59,1 |
| Essigsäure. . . . . . | 91,0 | 159,0 | 69,0 | 222,0 | 17,0 | 146,0 | 94,0 | 80,0 | 260,0 | 126,6 |
| Acetaldehyd . . . . | 93 | 133 | 74 | 170 | 42 | 120 | 160 | 36 | 234 | 118 |

Tabelle 46. *Die in einigen französischen Weindestillaten enthaltenen Mengen an Aromastoffen* (in mg/l bezogen auf 50 Vol.-% Alkohol; nach F. Prillinger u. H. Horwatitsch 1966)

| Verbindung | Betrieb A I | II | Betrieb B I | I | Betrieb D II | III | Mittelwerte |
|---|---|---|---|---|---|---|---|
| Alkoholgehalt, Vol.-% . | 56,4 | 55 | 64,2 | 64,2 | 63,2 | 59,6 | — |
| Methanol. . . . . . . | 107,0 | 115 | 190,0 | 332,0 | 122 | 463 | 221,8 |
| Propanol . . . . . . . | 178,0 | 160 | 236,0 | 136,0 | 150 | 183 | 173,8 |
| Isobutanol . . . . . . | 415,0 | 370 | 354,0 | 281,0 | 388 | 362 | 361,6 |
| n-Butanol . . . . . . | 5,8 | 2 | 4,2 | 6,0 | 2 | 13 | 5,6 |
| opt. akt. Amylalkohol . | 208,0 | 200 | 147,0 | 199,0 | 222 | 214 | 199,0 |
| Isoamylalkohol . . . . | 842,0 | 980 | 616,0 | 740,0 | 978 | 833 | 830,8 |
| Hexanol . . . . . . . | 5,0 | Spuren | 3,0 | 9,0 | 10,5 | 9,6 | 6,2 |
| Fuselalkohole insges. . | 1654,8 | 1712 | 1360,2 | 1371,0 | 1750,5 | 1614,6 | 1577,1 |
| Essigsäureäthylester . . | 492,0 | 600 | 464,0 | 490,0 | 407 | 478 | 489,3 |
| Essigsäureisoamylester . | 1 | 4 | Spuren | 1 | 1,4 | 0,7 | 1,6 |
| Milchsäureäthylester . | 185 | 162 | 410 | 101 | 86 | 186 | 188,6 |
| Essigsäure . . . . . . | 386 | 310 | 134 | 142 | 151 | 121 | 208,0 |
| Acetaldehyd . . . . | 98 | — | 58 | 155 | 82 | 160 | 106 |

# 4. Obstbranntweine

Typisch für die meisten Obstbranntweine ist das fruchtige Aroma, das an den Duft der als Rohstoffe verwendeten Früchte erinnert. Arbeiten, in denen diese Aromastoffe untersucht worden sind, finden sich in der Literatur nur wenige.

Anläßlich der Klärung der Anwendbarkeit der Gaschromatographie zur Unterscheidung von Branntweinen haben R. Gygi u. M. Potterat (1957) die Bukettstoffe eines Marc-, eines Kirsch- und eines Kernobstbranntweins untersucht. Die Autoren teilten jedoch mit, daß sie in diesen nur zwei Aromastoffe eruieren konnten, nämlich Isopropanol und Äthylacetat. F. Prillinger u. H. Horwatitsch (1965) haben in Obstbranntweinen neben Methanol und Fuselalkoholen die Gehalte an einigen Äthylestern bestimmt. In den analysierten Produkten war im Vergleich mit anderen Estern Äthylacetat überaus reichlich vertreten; dessen Menge überschritt bei einigen Proben gar deren Gehalt an Fuselalkoholen. Recht bedeutend war auch die Menge des Methylesters der Essigsäure in den Obstbranntweinen, was z. T. seinen Grund in den oft sehr hohen Methanolgehalten dieser Produkte hat. Die von den Autoren mitgeteilten Resultate sind in der Tab. 47 enthalten. Neben den Alkoholen und Estern analysierten sie auch Carbonylverbindungen und stellten fest, daß Acetaldehyd die Hauptkomponente bildete, während in geringerer Menge Propionaldehyd auftrat und Valeraldehyd als Spurenkomponente vorlag.

Tabelle 47. *Die Mengen der leichtflüchtigen Bukettstoffe in Obstbranntweinen*
(Angaben in mg/l; nach F. PRILLINGER u. H. HORWATITSCH 1965)

| Branntwein | Methyl-acetat | Äthyl-acetat | Propyl-acetat | Äthyl-propionat | Äthyl-butyrat | Methanol | n-Propanol | Isobutanol | n-Butanol | opt. akt. Amylalkohol | Isoamylalkohol |
|---|---|---|---|---|---|---|---|---|---|---|---|
| Weinbrand | 10 | 715 | — | 3 | — | — | 295 | 173 | — | 70 | 424 |
| Williamsbirnen-brand | 42 | 320 | — | 2 | — | 2620 | 360 | 403 | 37 | 119 | 504 |
| Marillenbrand | 20 | 2080 | 10 | 8 | 3 | 1710 | Haupt-menge | 332 | 184 | 140 | 605 |
| Pfirsichbrand | 55 | 832 | Spur. | — | — | 1820 | 193 | 72 | — | 21 | 104 |
| Kirschbrand | 25 | 588 | 5 | 10 | 6 | 1200 | 874 | 195 | Spur. | 75 | 374 |

F. DRAWERT u. A. RAPP (1965) haben zunächst im Handel befindliche Weinbrände (14 Proben) deutscher, französischer, russischer und spanischer Herkunft sowie deutsche und jugoslawische Obstbranntweine (6 Proben) analysiert. In den Branntweinen identifizierten sie Acetaldehyd, Methanol, Isobutanol, n-Butanol, Isoamyl- und opt. akt. Amylalkohol sowie den n-Amylester der Essigsäure. Nach ihren quantitativen Bestimmungen enthalten die Weinbrände Isobutanol 0,04 bis 0,35 g/l und Gärungsamylalkohol 0,07—1,2 g/l. Weiter geben sie an von n-Amylacetat 0,02—0,10 g/l gefunden zu haben. In Obstbranntweinen wurden folgende Gehalte festgestellt: Isobutanol 0,10—0,25 g/l, Gärungsamylalkohol 0,32—0,75 g/l und zusätzlich noch n-Amylacetat 0,15—0,53 g/l. Der augenfälligste Unterschied zwischen den Weinbränden und den Obstbranntweinen besteht im höheren Estergehalt der Obstbranntweine.

Die höheren Alkohole und die leichtflüchtigen Ester von Apfelbranntweinen haben J. BARAUD u. A. MAURICE (1963) nach Äther-Pentan-Extraktion gaschromatographisch bestimmt. Die Tab. 48 gibt die Werte der Aromastoffe für zwei Calvados-Proben an. In Kirsch- und Zwetschgenwässern gleich wie auch in Himbeergeist wurden als Aromastoffe Acetaldehyd, Äthylacetat, Methanol, Isobutanol, sek. Butanol, n-Butanol, Isoamylalkohol, opt. akt. Amylalkohol, n-Amylalkohol, Äthylcaproat, n-Hexanol und sek. Octanol (Octanol-(2)) identifiziert (E. LEMPERLE u. R. MECKE 1965).

Tabelle 48. *Die Mengen leichtflüchtiger Aromastoffe in Mol.-% in Apfelbranntweinen*
(nach J. BARAUD u. A. MAURICE 1963)

| Komponente | Calvados I | Calvados II | Komponente | Calvados I | Calvados II |
|---|---|---|---|---|---|
| Methylacetat | 1,6 | 6,4 | sek. Butanol | 28,6 | Spuren |
| Äthylacetat | 8,5 | 12,7 | n-Propanol | 20,0 | 5,5 |
| Äthylpropionat | 2,2 | Spuren | Isobutanol | 6,6 | 9,3 |
| n-Propylacetat | 0,8 | 2,0 | n-Butanol | 1,6 | 2,7 |
| Isobutylacetat | 0,8 | 2,5 | opt. akt. Amylalkohol | 5,6 | 12,7 |
| Isoamylacetat | 1,2 | 2,5 | Isoamylalkohol | 22,5 | 43,7 |

# 5. Whisky

Unter den auf Getreidebasis hergestellten Branntweinen bildet Whisky einen eigenen speziellen Typ. Überall in der Welt wird er aus verschiedenen Getreidearten und nach voneinander abweichenden Herstellungsverfahren produziert, was manchen Produkten ein vom schottischen Whiskytyp abweichendes Aroma verleiht. Ihnen gemeinsam ist jedoch der mehr oder weniger stark ausgeprägte Rauchgeruch.

Einer der wesentlichsten Aromafaktoren des Whiskys ist das Fuselöl, von dem er in reichlicher Menge enthält (vgl. S. 608). Bei der Abklärung der Veränderungen der Fuselölzusammensetzung in verschiedenen Whiskytypen haben E. Sihto u. Mitarb. (1962) die relativen Mengen der Fuselalkohole gaschromatographisch in schottischem Blended Whisky, in einem mitteleuropäischen Whisky und in einem nur aus Roggen hergestellten Whisky sowie zu Vergleichszwecken noch in zwei Rums bestimmt. Es wurden jedoch in diesen Getränken keine sehr schroffen Unterschiede beobachtet, obwohl Intensität und Typ des Aromas von Getränk zu Getränk verschieden war. Als anderseits die Fuselzusammensetzungen in gleichartigen Whiskys bestimmt wurden (vgl. Tab. 49), konstatierte man, daß auch in diesen die relativen Anteile der Fuselalkohole Schwankungen unterworfen waren, doch standen diese mit den verschiedenen Nuancen des Aromas nicht im Zusammenhang (L. Nykänen 1963).

Tabelle 49. *Die prozentualen Anteile der Fuselalkohole in einigen schottischen und einem irischen Whisky* (nach L. Nykänen 1963)

| Alkohol | Scotch Whisky | | | | | | | | | Irish Whisky |
|---|---|---|---|---|---|---|---|---|---|---|
| | 1 | 2 | 3 | 4 | 5 | 6 | 7 | 8 | 9 | |
| Isoamylalkohol. . . . . | 37 | 36 | 41 | 55 | 54 | 61 | 56 | 41 | 62 | 62 |
| opt. akt. Amylalkohol. . | 13 | 11 | 12 | 13 | 13 | 17 | 14 | 14 | 17 | 20 |
| Isobutylalkohol . . . . | 42 | 44 | 39 | 28 | 27 | 20 | 24 | 37 | 20 | 18 |
| n-Propylalkohol . . . . | 8 | 9 | 8 | 4 | 6 | 2 | 6 | 8 | 1 | Spuren |

Unter Verwendung eines internen Standards konnte D. D. Singer (1966) mittels gaschromatographischer Analyse direkt in den Getränken die Gehalte an Isoamylalkohol (inbegriffen opt. akt. Amylalkohol), Isobutanol und n-Propanol von 78 verschiedenen Getränken, darunter Brandys und Whiskys, bestimmen. Er machte die Feststellung, daß die Gehalte an einzelnen Komponenten und auch der Totalfuselölgehalt in weitem Rahmen schwanken, was schon früher mit colorimetrischen Analysenmethoden beobachtet werden konnte (vgl. S. 608). Einige von seinen Resultaten sind in Tab. 50 zusammengefaßt. Nach der von ihm geäußerten

Tabelle 50. *Gehalte an Fuselalkoholen in einigen Whiskys* (Angaben in mg/l r.A., nach D. D. Singer 1966)

| Whisky | Anzahl Proben | Isoamyl-alkohol | Isobutyl-alkohol | n-Propyl alkohol | Total |
|---|---|---|---|---|---|
| Gemischter schottischer Whisky | 9 | 740—830 | 610—1000 | 210—360 | 1670—2110 |
| Feiner, gemischter schottischer Whisky . . . . . . . . . . | 2 | 910—940 | 890—900 | 340—370 | 2170—2180 |
| Ungealterter schottischer Malzwhisky, 6—10 Jahre alt . . . | 7 | 1620—2650 | 760—1700 | 270—400 | 2700—4680 |
| Schottischer Malzwhisky . . . | 9 | 1640—2200 | 880—1380 | 210—500 | 3020—3780 |
| Ungealterter schottischer Getreidewhisky . . . . . . | 5 | 8—125 | 410—720 | 220—490 | 650—1100 |
| 6 Jahre alter schottischer Getreidewhisky . . . . . . | 5 | 43—190 | 490—1260 | 210—490 | 790—1330 |
| Bourbon-Whisky . . . . . . | 3 | 4060—5050 | 1350—1550 | 280—290 | 5890—6740 |
| Kanadischer Whisky . . . . . | 1 | 880 | 220 | 55 | 1150 |
| Irischer Whisky . . . . . . . | 1 | 4200 | 2500 | 250 | 6950 |
| Holländischer Whisky . . . . | 1 | 460 | 310 | 60 | 830 |

Auffassung ist der Gehalt an höheren Alkoholen nicht charakteristisch für den Destillattyp, doch liegen die Verhältnisse der Alkohole zueinander innerhalb der für die einzelnen alkoholischen Getränke typischen Grenzen. Für die Verhältnisse $\frac{\text{Isoamylalkohol}}{\text{Isobutylalkohol}}$ und $\frac{\text{n-Propylalkohol}}{\text{Isobutylalkohol}}$ teilt er für Cognac die Werte 2,86 bzw. 0,4, für Brandy 3,09 bzw. 0,58, und für Scotch Whisky 1,09 bzw. 0,42 mit.

Auch A. BOBER u. W. HADDAWAY (1963) haben die direkte gaschromatographische Analyse zur Bestimmung der Fuselölgehalte in diversen Rum-, Brandy- und Whiskysorten herangezogen. In den meisten Proben bestimmten sie zusätzlich noch Furfurol, Furfurylalkohol, Äthylcaproat und -caprylat. Als Furfurolgehalt in schottischem Whisky nennen sie 2—7 mg/l, den Gehalt an Äthylcaprylat geben sie mit 1—6 mg/l an, während zwei Proben Furfurylalkohol in einer Konzentration von 1 mg/l enthielten. In kanadischem und Bourbon-Whisky tritt Äthylcaproat mit einem Gehalt von 1—2 mg/l auf. Nach den Bestimmungen der Autoren finden sich am meisten von diesen Verbindungen in Rum und Brandy, nämlich Furfurol 4—33 mg/l, Furfurylalkohol 1—15 mg/l, Äthylcaproat 1—6 mg/l und Äthylcaprylat 1—9 mg/l, während eine Brandyprobe einen Äthylcaprylatgehalt von 21 mg/l aufwies. In zwei Rums fanden sich Gehalte an Isopropylalkohol von 50 mg/l.

Neben den Fuselalkoholen enthält Whisky als Aromastoffe in reichlichem Maße verschiedene Ester. R. B. CARROLL u. L. C. O'BRIEN (1959) fanden in schottischem und Bourbon-Whisky sowie in amerikanischem und französischem Brandy in geringer Menge Äthylformiat und etwas reichlicher Äthylacetat. Als L. NYKÄ-

Tabelle 51. *Die identifizierten Aromakomponenten von Whisky*
(nach L. NYKÄNEN u. H. SUOMALAINEN 1963; H. SUOMALAINEN u. L. NYKÄNEN 1964, 1966 a)

| Alkohole | Ester | Freie Säuren[1] | Carbonylverbindungen |
| --- | --- | --- | --- |
| Methanol | *Äthylester:* | Essigsäure | Formaldehyd[2] |
| n-Propanol | Ameisensäure-[2] | Propionsäure | Acetaldehyd |
| n-Butanol | Essigsäure- | Isobuttersäure | Acetal |
| Isobutanol | Capronsäure- | Buttersäure | Propionaldehyd[3] |
| sek. Butanol | Önanthsäure- | Isovaleriansäure | Isobutyraldehyd[3] |
| Isoamylalkohol | Caprylsäure- | Valeriansäure | Isovaler- und/oder |
| opt. akt. Amylalkohol | Pelargonsäure- | Isocapronsäure | 2-Methylbutyraldehyd[3] |
| n-Hexanol | Caprinsäure- | Capronsäure | Hexanal |
| $\beta$-Phenyläthylalkohol | Undecansäure- | Önanthsäure | Aceton[2] |
| Geraniol | Laurinsäure- | Caprylsäure | Diacetyl[3] |
| | Myristinsäure- | Pelargonsäure | Pentandion[3] |
| | Palmitinsäure- | Caprinsäure | Glyoxal[3] |
| | Palmitoleinsäure- | Undecansäure | Methylglyoxal[3] |
| | Stearinsäure- | Laurinsäure | Vanillin[4] |
| | Ölsäure- (wahrscheinlich) | Tridecansäure | Syringaldehyd[4] |
| | Linolsäure- | Myristinsäure | |
| | | Pentadecansäure | |
| | *Isobutylester:* | Palmitinsäure | |
| | Essigsäure- | Palmitoleinsäure | |
| | | Heptadecansäure | |
| | *Isoamylester:* | Stearinsäure | |
| | Essigsäure- | Ölsäure | |
| | Capronsäure- | Linolsäure | |
| | Caprylsäure- | | |
| | Caprinsäure- | | |
| | | | |
| | *Phenyläthylalkoholester:* | | |
| | Essigsäure- | | |

---

[1] L. NYKÄNEN u. Mitarb. (1968) (vgl. Tab. 32); [2] R. B. CARROLL u. L. C. O'BRIEN (1959); [3] P. RONKAINEN u. H. SUOMALAINEN (1966); [4] G. E. MARTIN u. Mitarb. (1965).

nen u. H. Suomalainen (1963) sowie H. Suomalainen u. L. Nykänen (1964, 1966a) (vgl. auch H. Suomalainen 1965, 1968) sich mit der Aromazusammensetzung von Whisky, Brandy und den aus reiner Zuckergärung erhaltenen Alkoholdestillaten beschäftigten, haben sie die Aromastoffe mit Isopentan extrahiert und identifizierten die Verbindungen mittels gaschromatographischer Analyse. In den erhaltenen Aromaextrakten fanden sich Alkohole, einige Carbonylverbindungen und freie Fettsäuren. Der Hauptteil des Aromas setzt sich jedoch aus Estern zusammen (vgl. Tab. 51).

Obwohl die gegenseitigen Verhältnisse der Komponenten in der Aromazusammensetzung von Whiskys gleichen Typs Schwankungen unterworfen sind, und

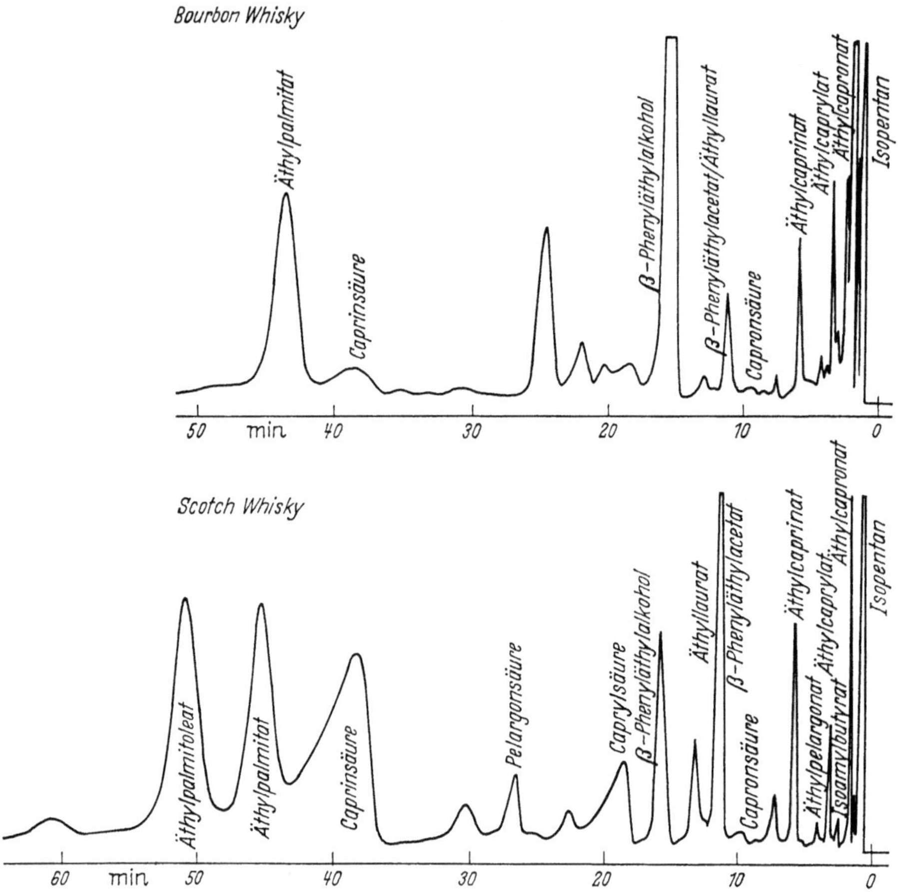


Abb. 44. Gaschromatogramme der Aromakomponenten von Bourbon und Scotch Whiskys. Kolonne 5 m; Butandiolsuccinat auf Chromosorb W HMDS; Temperatur 206°C; Trägergas Helium (L. Nykänen u. H. Suomalainen 1963)

dies oft in erheblichem Maße, konnten doch die Unterschiede zwischen verschiedenen Whiskysorten mittels Konzentrierung der Aromabestandteile und ihrer gaschromatographischen Analyse unter gänzlich gleichartigen Bedingungen nachgewiesen werden (vgl. Abb. 44). So ist z. B. in Bourbon-Whisky der Äthylester der Capronsäure reichlich vertreten, während von den Äthylestern der Capryl- und Caprinsäure nur wenig vorhanden ist und beide ungefähr im gleichen Verhältnis. Im Gegensatz dazu nimmt in schottischem Whisky die Menge der Äthylester von der Capron- zur Laurinsäure zu. Schottischer Whisky enthält klar weniger β-Phenyläthylalkohol als Bourbon-Whisky, was sich seinerseits auf die auch sinnesmäßig wahrnehmbare Unterschiedlichkeit der Aromen beider Getränke auswirkt. Bei der Herstellung dieser Whiskytypen sind auch bestimmte Unter-

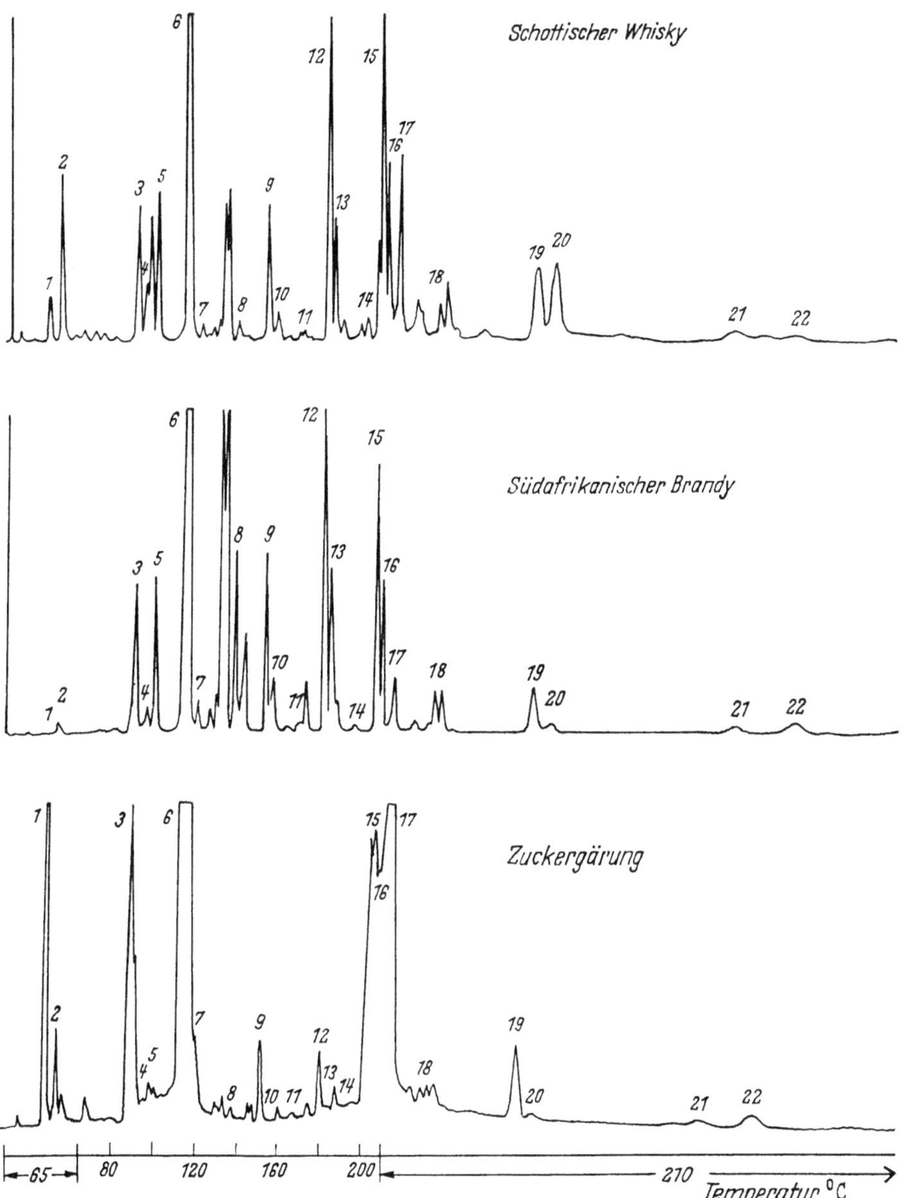


Abb. 45. Gaschromatogramme der Aromakomponenten in schottischem Whisky, südafrikanischem Brandy und im Destillat einer stickstofffreien Zuckergärung.

1 Äthylacetat, 2 Äthanol, 3 Isobutanol, 4 Hexanal, 5 Isoamylacetat, 6 Isoamylalkohol, 7 Äthylcaproat, 8 Äthylönanthat, 9 Äthylcaprylat, 10 Isoamylcaproat, 11 Äthylpelargonat, 12 Äthylcaprat, 13 Isoamylcaprylat, 14 Äthylundecanoat, 15 Äthyllaurat, 16 Isoamylcaprat, 17 β-Phenyläthylalkohol, 18 Äthylmyristat, 19 Äthylpalmitat, 20 Äthylpalmitoleat, 21 Äthylstearat und 22 Äthyllinoleat. Kolonne 2,4 m; Carbowax 20 M auf Chromosorb W HMDS; Temperaturprogramm 65—210°C, 4°C/min; Trägergas Helium (H. SUOMALAINEN u. L. NYKÄNEN 1964)

schiede vorhanden, da schottischer Whisky ungefähr im gleichen Verhältnis die Äthylester der Palmitin- und Palmitoleinsäure enthält, während Bourbon-Whisky, gleich wie Brandy, wesentlich weniger Äthylester der Palmitoleinsäure als der Palmitinsäure enthält (vgl. Abb. 45). Die qualitative Zusammensetzung des Aromas der verschiedenen Whiskys bleibt ebenfalls sehr gleichartig und es konnte gezeigt werden, daß dieselben Aromakomponenten in aus gänzlich anderen Rohstoffen hergestellten Getränken wie in Brandys und in den Destillaten stickstofffreier Zuckergärung vorhanden sind (Abb. 45). In der zuletzterwähnten unterscheiden sich wohl die Komponentenmengen in schroffer Weise, doch zeigt schon das Auftreten der Verbindungen an sich, daß bei der Bildung von Aromastoffen, kommen dabei freie Säuren oder Ester in Frage, nicht so sehr die verwendeten Rohstoffe, sondern die Hefe im Vordergrund steht.

# 6. Rum

Unter den Getränken mit einer gleichartigen Rohstoffbasis findet sich kaum ein zweiter Typ wie Rum, dessen Aromaintensität und Bukett in so weiten Grenzen schwankt. Als üblicher Zug des Rum-Aromas kann gleichwohl sein fruchtiger, süßlicher und im Vergleich mit andern Getränken vielleicht eher estermäßige Duft gehalten werden. Trotz alledem erinnert die Aromakomposition des Rums nach den bis dahin vorgenommenen qualitativen Analysen an diejenige von Weindestillaten und Whiskys. So treten die Fuselalkohole im Rum in ungefähr gleichen Mengenverhältnissen wie bei den anderen Getränken auf, mit der Ausnahme, daß Jamaika-Rum ohne Zweifel mehr sek. Butanol als die anderen enthielt (E. Sihto u. Mitarb. 1962; A. Maurel 1963). J. Baraud u. A. Maurice (1963) die die Fuselölzusammensetzung in 18 Rum-Proben analysiert haben, fanden sek. Butanol einzig in Jamaika-Rum. Dieser ist gleichzeitig auch der einzige Rum, von dem sie mitteilen, daß sie in ihm sek. Amylalkohol (Pentanol-(2)) eruieren konnten. Welchen Schwankungen die Zusammensetzung der Fuselalkohole in Mol.-% in den verschiedenen Rum-Sorten unterworfen ist, geht aus Tab. 52 hervor. Die Autoren haben in den gleichen Rum-Sorten zusätzlich die Zusammensetzung in Mol.-% an leichtflüchtigen Estern bestimmt sowie die Esterzahlen für den Jamaika-Rum und einen charakteristischen Martinique-Rum angegeben (Tab. 53 und 54).

A.J. Maurel u. J.-P. Lafarge (1963) haben gaschromatographisch die leichtflüchtigen Aromastoffe in Rum identifiziert und teilen mit, in diesem Acetaldehyd, Äthylformiat, Acetal, Methanol, Äthylacetat, Äthylpropionat, n-Propanol, Isobutanol, n-Butanol, Isoamylalkohol und Äthylcaproat gefunden zu haben; die Totalmenge dieser Verbindungen betrug 300 mg/100 ml r.A. A.J. Maurel (1964) hat

Tabelle 52. *Fuselölzusammensetzung in verschiedenen Rum-Sorten, in Mol.-% bezogen auf die analysierte Substanz* (nach J. Baraud u. A. Maurice 1963)

| Herkunft | Anzahl der Proben | n-Propanol | sek. Butanol | n-Butanol | Iso-butanol | opt. akt. Amylalkohol | Iso-amylalkohol | sek. opt. akt. Amylalkohol |
|---|---|---|---|---|---|---|---|---|
| Jamaika . . . | 1 | 45,7 | 4,8 | 5,5 | 7,0 | 6,6 | 28,3 | 2,1 |
| Nicaragua . . | 1 | 2,0 | 0 | 0 | 16,2 | 19,5 | 62,3 | 0 |
| Argentinien . | 1 | 10,0 | 0 | Spuren | 18,1 | 11,9 | 60,0 | 0 |
| Brasilien. . . | 1 | 4,0 | 0 | 0 | 17,6 | 16,2 | 62,2 | 0 |
| Australien . . | 1 | 6,5 | 0 | Spuren | 22,2 | 17,6 | 53,7 | 0 |
| Martinique . | 9 | 2,1-26,0 | 0—Spur. | 0—4 | 13,5-22,7 | 6,6-13,0 | 43,5-72,3 | 0 |
| Guadeloupe . | 4 | 4,4-17,2 | 0—Spur. | 0 | 13,0-19,4 | 5,8-14,0 | 50,0-74,7 | 0 |

zwei von den französischen Antillen stammende Rum-Qualitäten untersucht und fand in industriell hergestelltem Rum die meisten der vorstehend aufgezählten Verbindungen und zusätzlich noch Spuren von Aceton und in einem Hausbrand-Rum noch tert. Butanol.

Tabelle 53. *Esterzusammensetzung in verschiedenen Rums, in Mol.-% bezogen auf den Gesamtanteil an leichtflüchtigen Estern* (nach J. BARAUD u. A. MAURICE 1963)

| Herkunft | Anzahl der Proben | Äthyl-formiat | Äthyl-acetat | Äthyl-propionat | Äthyl-butyrat | Methyl-acetat | Propyl-acetat | Isobutyl-acetat | Isoamyl-acetat |
|---|---|---|---|---|---|---|---|---|---|
| Jamaika . . . | 1 | Spuren | 54,4 | 6,5 | 23,0 | 7,0 | 2,1 | Spuren | 7,0 |
| Nicaragua . . | 1 | 0 | 90,0 | 0 | 0 | 10,0 | Spuren | 0 | Spuren |
| Argentinien . | 1 | 1,6 | 85,4 | 0 | 1,4 | 11,6 | 0 | 0 | 0 |
| Brasilien . . | 1 | 13,6 | 59,0 | 3,9 | 0 | 17,6 | 2,9 | 0 | 2,9 |
| Australien . . | 1 | 1,9 | 78,2 | 1,5 | 0,9 | 14,5 | 0 | 0 | 3,0 |
| Martinique . . | 9 | 0—6,8 | 49,6—100 | 0—5 | 0—2,5 | 0—34,8 | 0—2,9 | 0—6,2 | 0—3,5 |
| Guadeloupe . | 4 | 0 | 55,0—100 | 0 | 0—13,3 | 0—38,2 | 0 | 0—8,2 | 0—4,0 |

Tabelle 54. *Die Mengen leichtflüchtiger Ester in Jamaika- und Martinique-Rum* (nach J. BARAUD u. A. MAURICE 1963)

| Ester | Jamaika | Martinique |
|---|---|---|
| | mg/100 ml | |
| Äthylformiat . . . . . | Spuren | Spuren |
| Methylacetat . . . . . | 38 | 44 |
| Äthylacetat . . . . . | 359 | 200 |
| Äthylpropionat . . . . | 50 | 5,5 |
| Propylacetat . . . . . | 16 | 5,5 |
| Isobutylacetat . . . . | Spuren | 0 |
| Äthylbutyrat . . . . . | 200 | 0 |
| Isoamylacetat . . . . | 68 | 1,5 |

R. K. STEVENS u. G. E. MARTIN (1965) extrahierten die Aromastoffe des Rums mit Chloroform und bestimmten im eingedampften Extrakt die hochsiedenden Verbindungen. Mit dieser Methode konnten sie die Zugehörigkeit von höheren Estern zur Aromazusammensetzung des Rums nachweisen. Unter diesen waren Äthylcaprylat, -caprat und -laurat am reichlichsten vertreten und in etwas geringerem Maße Äthylmyristat und -palmitat von denen früher gesagt wurde, daß sie sowohl zu den Estern der Weindestillate als auch zu denjenigen der Whiskys gehören.

## A. Einleitung

### Bibliographie

*Statistical Year-Book of the World Power Conference. Nr. 9. Data on Resources and Annual Statistics for 1954—1957, with a Considerable Number of Statistics for 1958.* S. 85—93. Hrsg. von F. BROWN. Percy Lund, Humphries & Co. London, on behalf of The Central Office, World Power Conference, London 1960.

### Zeitschriftenliteratur

BEAMER, C. M.: Production of synthetic alcohol from ethylene. Chem. Engin. Progr. **43**, T 92—96 (1947).
GENEVOIS, L.: Les industries francaises de fermentation. Partie I. L'industrie francaise de l'alcool et des produits alcooliques. Industr. agric. aliment. **81**, 399—407 (1964).

IUPAC, *Applied Chemistry Division, Fermentation Industries Section:* World wide survey of fermentation industries 1963. Pure appl. Chem. **13**, 405—417 (1966).

Kalkoff, W.: Die Alkoholwirtschaft in der Bundesrepublik. Bericht für den Arbeitsausschuß im COPA seitens der deutschen Vertretung (DBV). Branntweinwirtsch. **106**, 367—372 (1966).

Miall, L.M.: Thirty years of fermentation. Process Biochem. **1**, 9—12, 39 (1966).

Parsons, H.O.: Organic output continues upward trend. Final 1963 figures for some industry segments point to over-all production gain compared with 1962. Chem. Engin. News **42**, Nr. 36, 107—114 (1964).

## B. Die technische Spiritusgewinnung

### Bibliographie

Aries, R.S.: Alcohol, industrial. In: Encyclopedia of chemical technology. Bd. I, S. 252—288. Hrsg. von R.E. Kirk u. D.F. Othmer. New York: Interscience Encyclopedia, Inc. 1947.

Arnold, W.: Der Apparatebau. München: Carl Hanser 1959.

Dehnicke, J., u. H. Kreipe: Laboratoriumsbuch für die Brennerei- und Hefeindustrie. 2. Aufl. Halle (Saale): Wilhelm Knapp 1952.

Dietrich, K.R.: Ablaufverwertung und Abwasserreinigung in der biochemischen Industrie. Heidelberg: Dr. Alfred Hüthig 1960.

Foth, G.: Handbuch der Spiritusfabrikation. Berlin: Paul Parey 1929.

—, u. B. Drews: Die Praxis des Brennereibetriebes auf Wissenschaftlicher Grundlage. 2. Aufl. Berlin: Paul Parey 1951.

Haehn, H.: Biochemie der Gärungen. Berlin: Walther de Gruyter & Co. 1952.

Hoppe, H.J., u. J. Heinricht: Kommentar zum Gesetz über das Branntweinmonopol. Bd. 1—4. Berlin: Versuchs- u. Lehranstalt für Spiritusfabrikation 1958.

Hägglund, E.: Chemistry of wood. New York: Academic Press 1951.

Jacobs, J.: Destillier-Rektifizier-Anlagen. München: R. Oldenbourg 1950.

Kirschbaum, E.: Destillier- und Rektifiziertechnik. 3. Aufl. Berlin-Göttingen-Heidelberg: Springer 1960.

Klar, M.: Fabrikation von absolutem Alkohol zwecks Verwendung als Zusatzmittel zu Motor-Treibstoffen. Halle (Saale): Wilhelm Knapp 1936.

Kreipe, H.: Sprithefen und Sprit. I. Getreide- und Kartoffelbrennerei. In: Die Hefen. Bd. II, S. 340—383. Hrsg. von F. Reiff, R. Kautzmann, H. Lüers u. M. Lindemann. Nürnberg: Hans Carl 1962.

— Technologie der Getreide- und Kartoffelbrennerei. Nürnberg: Hans Carl 1963.

Kretschmar, H.: Hefe und Alkohol. Berlin-Göttingen-Heidelberg: Springer 1955.

Kuprianoff, J.: Die feste Kohlensäure. 2. Aufl. Stuttgart: Ferdinand Enke 1953.

Macher, L.: Biologische Brennerei-Betriebskontrolle. Nürnberg: Hans Carl 1950a.

— Leitfaden der Kornbrennerei-Praxis. Minden/Westf.: Wilhelm Strothmann 1950b.

Meinck, F., H. Stooff u. H. Kohlschütter: Industrie-Abwässer. 3.Aufl. Stuttgart: Gustav Fischer 1960.

Palmedo, H.: Futterwert und Verfütterung der Schlempe. Hrsg. von Bundesverband Deutscher Kartoffelbrenner e.V. Heilbronn a.N. 1956.

Rüdiger, M.: Der landwirtschaftliche Brennereibetrieb. 6. Aufl. Stuttgart: Ferdinand Enke 1952.

Stark, W.H.: Alcoholic fermentation of grain. In: Industrial fermentations. Bd. I, S. 17—72. Hrsg. von L.A. Underkofler u. R.J. Hickey. New York: Chemical Publ. Co. 1954.

Vogel, H.: Die Rohstoffe der Gärungsindustrie. Basel: Wepf & Co. 1949.

Whitmarsh, J.M.: British Fermentation Industries. London: Sir Isaac Pitman & Sons, Ltd. 1958.

Wildner, H., u. G. Wildner: Methoden zur Messung der enzymatischen Amylolyse. Nürnberg: Hans Carl 1958.

Yabuta, T., and T. Hayashi: Biochemistry of the „bakanae" fungus of rice. Agric. Hortic. (Tokyo) **15**, 1991—1998 (1940); zit. nach: Eigenschaften und Wirkungen der Gibberelline. S. 1—5. Hrsg. von R. Knapp. Berlin-Göttingen-Heidelberg: Springer 1962.

### Zeitschriftenliteratur

Aškinuzi, Z.K., A.C. Jegorov, A.U. Mamunja, A.I. Nagitscheva, P.K. Suitsch u. M.F. Tjuznjev: Die kontinuierliche Maischung in der Spritfabrik von Trilesski. Spirtovaya Promyshlennostj **26**, Nr. 4, 15—19 (1960) [russisch].

BÜCHELER, M.: D.R.P., 123437 (1901).

DECKENBROCK, W.: Zum Problem des fermentativen Stärkeabbaues im Brennereiprozeß. Stärke **9**, 34—39 (1957).

DREWS, B., u. H. SPECHT: Schimmelpilzamylase in deutschen Brennereien. Branntweinwirtsch. **79**, 369—372 (1957).

— — u. W. HOFFMANN: Brennerei-Pilzmalze. Branntweinwirtsch. **100**, 210—211 (1960).

ERB, N.M., R.T. WISTHOFF and W.L. JACOBS: Factors affecting the production of amylase by Aspergillus niger, strain NRRL 337, when grown in submerged culture. J. Bact. **55**, 813—821 (1948).

FREY, A., u. A. STREIT: Neuzeitliche Kartoffellagerung in Brennereibetrieben. Branntweinwirtsch. **79**, 1—6 (1957).

HARRIS, E.E., M.L. HANNAN, R.R. MARQUARDT and J.L. BUBL: Fermentation of wood hydrolyzates by Torula utilis. Industr. Engin. Chem. **40**, 1216—1220 (1948).

JUDITSKIJ, D.G., u. A.A. RUDAKOV: Über ein Schnellverkochen des Rohstoffes. Spirtovaya Promyshlennostj **25**, Nr. 6, 5—10 (1959) [russisch].

KREIPE, W.: Betrachtungen zu neueren Arbeiten über die Anwendung von Gibberellinsäure bei der Herstellung von Brennmalzen. Branntweinwirtsch. **103**, 436—439 (1963).

MARCINOWSKI, H.-J.: Die steuerfreie Verwendung von Branntwein und seine Vergällung. Branntweinwirtsch. **101**, 159—168 (1961).

MICKAT, H.: Der Henze-Dämpfer auch kugelförmig. Alkohol-Industr. **67**, 578 (1954).

MUNEKATA, H., and S. KATO: Biochemical studies on bakanae fungus. XL. Application of gibberellin to malting industry. Jôzô Kagaku Kenkyû Hokoku **3**, 1—10 (1957); zit. nach Chem. Abstr. **51**, 18137 (1957).

OLBRICH, H.: Brennerei- und Destillationstechnik im Deutschen Museum. Branntweinwirtsch. **103**, 87—110 (1963).

OLSON, W.J., R. EVANS and A.D. DICKSON: A modification of the Kneen and Sandstedt methods for the determination of $a$- and $\beta$-amylases in barley malt. Cereal Chem. **21**, 533—539 (1944).

SANDSTEDT, R.M., E. KNEEN and M.J. BLISH: A standardized Wohlgemuth procedure for $a$-amylase activity. Cereal Chem. **16**, 712—723 (1939).

SUNDMAN, J.: Die Zuckerarten von Sulfitablauge. Finnish Paper Timber J. **29**, 113—114, 116—117 (1947) [schwedisch].

WEBB, W.H.A.: Some examples of process engineering in the fermentation industries. Brewers Guild J. **47**, 499—511 (1961).

WINDISCH, W., u. P. KOLBACH: Über die Bestimmung der diastatischen Kraft im Malz und in Malzextrakten. Wschr. Brauerei **42**, 139—141 (1925).

WINDISCH, W.W., and N.S. MHATRE: Microbial amylases. Advanc. appl. Microbiol. **7**, 273 bis 304 (1965).

WONNEBERGER, W.: Zur kontinuierlichen Gärung in den französischen Rübenbrennereien. Branntweinwirtsch. **103**, 1—5 (1963).

YABUTA, T., and T. HAYASHI: Biochemistry of the „bakanae" fungus of rice. Agric. Hortic. (Tokyo) **15**, 1991—1998 (1940); zit. nach: Eigenschaften und Wirkungen der Gibberelline. S. 1—5. Hrsg. von R. KNAPP. Berlin-Göttingen-Heidelberg: Springer 1962.

## C. Spirituosen

### Bibliographie

BAUMANN, J.: Handbuch des Süßmosters. 5. Aufl. Stuttgart: Eugen Ulmer 1959.

*Begriffsbestimmungen für Spirituosen* in der Fassung vom 10. November 1956. In: Spirituosen Jahrbuch 1963, S. 345—378. Versuchs- und Lehranstalt für Spiritusfabrikation in Berlin.

HARTMANN, G.: Cognac, Armagnac, Weinbrand. Berlin: Carl Knoppke Grüner 1955.

HERSTEIN, K.M., and M.B. JACOBS: Chemistry and Technology of Wines and Liquors. 2. Aufl. Toronto-New York-London: D. van Nostrand Co. 1948.

REITERSMANN, R., u. G. HARTMANN: Die Frucht-Liköre. 2. Aufl., neubearbeitet von G. HARTMANN. Berlin: Carl Knoppke Grüner 1952.

RENOUIL, Y., et P. DE TRAVERSAY: Dictionnaire du Vin. Bordeaux: Féret et Fils 1962.

SCHMIDT, J., u. A. RICHTER: Spirituosen-Warenkunde. 3. Aufl. Leipzig: Fachbuchverlag 1959.

SVENSSON, H.: Vin og Brennevin. Oslo: J.W. Cappelens 1953.

TROOST, G.: Die Technologie des Weines. 3. Aufl. Stuttgart: Eugen Ulmer 1961.

WINDISCH, K., u. M. RÜDIGER: Die Obstbrennerei. 3. Aufl., neubearbeitet von G. SCHWARZ u. L. MALSCH. Stuttgart: Eugen Ulmer 1960.

Wohlmann, R., G. Hartmann, E. Walter, H. Reiner, A. Paraik, G.E. Massenez u. A. van Tuijn's: Liköre und Branntweine unserer Zeit. 2. Aufl. Köln: Selbstverlag Rudolf Wohlmann 1963.
Wüstenfeld, H., u. G. Haeseler: Trinkbranntweine und Liköre. 4. Aufl., neubearbeitet von G. Haeseler. Berlin-Hamburg: Paul Parey 1964.

### Zeitschriftenliteratur

Genevois, L.: Les industries francaises de fermentation. Partie I. L'industrie francaise de l'alcool et des produits alcooliques. Industr. agric. aliment. 81, 399—407 (1964).

### *D. Zusammensetzung der Branntweine*

### Bibliographie

Amerine, M.A., and W.V. Cruess: The technology of wine making. Westport, Conn.: The Avi Publ. Co. 1960.
Andersen, H.T., M. Funakoshi and Y. Zotterman: Electrophysiological responses to sugars and their depression by salt. In: Olfaction and taste. Proc. 1st Int. Symposium, Wenner-Gren Center, Stockholm, September 1962. Hrsg. von Y. Zotterman. S. 177—192. Oxford-London-New York-Paris: Pergamon Press 1963.
Arkima, V., u. E. Sihto: Über die Gaschromatographie einiger im Verlaufe der Biergärung entstehenden Aromakomponenten. In: European Brewery Convention, Proc. 9th Congress, Brussels, 1963. S. 268—275. Amsterdam-London-New York: Elsevier Publ. Co. 1964.
Äyräpää, T.: Formation of phenethyl alcohol during alcoholic fermentation, compared with the formation of aliphatic fusel alcohols. In: European Brewery Convention, Proc. 9th Congress, Brussels, 1963. S. 276—285. Amsterdam-London-New York: Elsevier Publ. Co. 1964.
—, J. Holmberg and G. Snellmann-Persson: Lipids and lipid-soluble substances in beer and wort. In: European Brewery Convention, Proc. 8th Congress, Vienna, 1961. S. 286—297. Amsterdam-London-New York-Princeton: Elsevier Publ. Co. 1961.
Brenner, M.W., S.R. Blick, G. Frenkel and J. Siebenberg: New light on diacetyl. In: European Brewery Convention, Proc. 9th Congress, Brussels, 1963. S. 233—246. Amsterdam-London-New York: Elsevier Publ. Co. 1964.
Carroll, R.B., and L.C. O'Brien: Gas-liquid chromatography of whiskies. American Chemical Society Meeting, Boston, Mass., April 8, 1959.
Cyrén, O.: Svensk kemisk industri. S. 44. Stockholm: Albert Bonniers 1946.
Diamant, H., M. Funakoshi, L. Ström and Y. Zotterman: Electrophysiological studies on human taste nerves. In: Olfaction and taste. Proc. 1st Int. Symposium, Wenner-Gren Center, Stockholm, September 1962. Hrsg. von Y. Zotterman. S. 193—203. Oxford-London-New York-Paris: Pergamon Press 1963.
Enebo, L.: Einige niedrigmolekulare „Mikroverunreinigungen" im Bier und deren Einfluß auf Geschmack und Schaumhaltungsvermögen des Biers. In: 11. Skandinaviske Bryggeritekniske Møte, Oslo, 1956. S. 297—310. Oslo: Den Norske Bryggeri Forening 1956 [schwedisch].
— On some volatile minor compounds in beer. In: European Brewery Convention, Proc. 6th Congress, Copenhagen, 1957. S. 370—376. Amsterdam-London-New York-Princeton: Elsevier Publ. Co. 1957.
Erwin, J., and K. Bloch: Biosynthesis and distribution of unsaturated fatty acids. In: Metabolism and physiological significance of lipids. The proceedings of the advanced study course, Cambridge, September 1963. Hrsg. von R.M.C. Dawson u. D.N. Rhodes. S. 29—31. London-New York-Sydney: John Wiley & Sons 1964.
Ferguson, J.: Relations between thermodynamic indices of narcotic potency and the molecular structure of narcotics. In: Mécanisme de la narcose. Colloques Internationaux du Centre National de la Recherche Scientifique 26, Paris, Avril 1950. S. 25—39. Paris: Centre National de la Recherche Scientifique 1951.
Harrison, G.A.F., W.J. Byrne and E. Collins: Applications of electron capture chromatography to brewery problems. In: European Brewery Convention, Proc. 10th Congress, Stockholm, 1965. S. 352—359. Amsterdam-London-New York: Elsevier Publ. Co. 1966.
Gesteland, R.C., J.Y. Lettvin, W.H. Pitts and A. Rojas: Odor specifities of the frog's olfactory receptors. In: Olfaction and taste. Proc. 1st Int. Symposium, Wenner-Gren Center, Stockholm, September 1962. Hrsg. von Y. Zotterman. S. 19—34. Oxford-London-New York-Paris: Pergamon Press 1963.

GOODMAN, L.S., and A. GILMAN: The pharmacological basis of therapeutics. 2. Aufl. New York: MacMillan Co. 1958.

HÄGGLUND, E.: Die Sulfitablauge und ihre Verarbeitung auf Alkohol. Sammlung Vieweg 29. Braunschweig: Friedr. Vieweg & Sohn 1915.

— Chemistry of wood. S. 459—462. New York: Academic Press 1951.

KERTESZ, Z.I.: The pectic substances. S. 67—77. New York-London: Interscience Publishers 1951.

KRENN, J., u. D. VALIK: Untersuchungen über die Art und Weise der Bildung der Aromastoffe der Butter. XII Int. Dairy Congress, Stockholm, Proc. 2, 516—524 (1949).

LYNEN, F.: Enzymes and cofactors involved in fatty acid synthesis. In: Colloques Internationaux du Centre National de la Recherche Scientifique 99, Paris, 1961. S. 25—39. Paris: Centre National de la Recherche Scientifique 1961 a.

McFARLANE, W.D.: The comparative biochemistry of batch and continuous fermentation. Second International Fermentation Symposium, London, September 1964, unpublished.

—, and M.B. MILLINGEN: The aromatic amino acids in alcoholic fermentations. Amer. Soc. Brewing Chemists, Proc. **1964**, 41—47.

—, P.F. SWORD and G. BLINOFF: Catechin-tannins in brewing. In: European Brewery Convention, Proc. 9th Congress, Brussels, 1963. S. 174—181. Amsterdam-London-New York: Elsevier Publ. Co. 1964.

—, K.D. THOMPSON and R.H. GARRATT: The retention of clarity, color, and flavor in beer through control of the tannin content. Amer. Soc. Brewing Chemists, Proc. **1963b**, 98—103.

NEUBERG, C.: Der Zuckerumsatz der Zelle. In: Handbuch der Biochemie des Menschen und der Tiere. S. 569—609. Hrsg. von C. OPPENHEIMER. Ergänzungsband. Jena: Gustav Fischer 1913.

—, u. G. GORR.: Phytochemische Reduktionen. In: Die Fermente und ihre Wirkungen. 5. Aufl., Bd. III, S. 1212—1221. Hrsg. von C. OPPENHEIMER. Leipzig: Georg Thieme 1927.

— — Phytochemische Reduktionen. In: Handbuch der biologischen Arbeitsmethoden. Abt. IV, Teil 1, S. 645—670. Hrsg. von E. ABDERHALDEN. Berlin-Wien: Urban u. Schwarzenberg 1936.

—, u. M. KOBEL: Carboligase. In: Die Fermente und ihre Wirkungen. 5. Aufl., Bd. III, S. 1329—1337. Hrsg. von C. OPPENHEIMER. Leipzig: Georg Thieme 1927.

— — Abfangverfahren. In: Handbuch der biologischen Arbeitsmethoden. Abt. IV, Teil 1, S. 593—614. Hrsg. von E. ABDERHALDEN. Berlin-Wien: Urban u. Schwarzenberg 1936.

NORDSTRÖM, K.: Possible control of volatile ester formation in brewing. In: European Brewery Convention, Proc. 10th Congress, Stockholm, 1965. S. 195—208. Amsterdam-London-New York: Elsevier Publ. Co. 1966a.

OWADES, J.L., L. MARESCA and G. RUBIN: Nitrogen metabolism during fermentation in the brewing process. II. Mechanism of diacetyl formation. Amer. Soc. Brewing Chemists, Proc. **1959**, 22—26.

PETTE, J.W.: Some aspects of the butter aroma problem. XII Int. Dairy Congress, Stockholm, Proc. 2, 572—579 (1949).

RIBEREAU-GAYON, J., et E. PEYNAUD: Analyse et contrôle des vins. 2. Aufl., S. 280—281. Paris-Liège: Librairie Polytechnique Ch. Béranger 1958.

RONKAINEN, P.: Methods for the chromatographic identification of carbonyl compounds isolated as their 2,4-dinitrophenylhydrazones from fermented solutions and alcohol distillates. Thesis, Univ. Turku 1966.

SOLLMANN, T.: A manual of pharmacology. 8. Aufl. Philadelphia-London: W. B. Saunders Co. 1957.

STUMPF, P.K.: Biosynthesis of long-chain fatty acids in higher plants. In: Metabolism and physiological significance of lipids. The proceedings of the advanced study course, Cambridge, September 1963. Hrsg. von R.M.C. DAWSON u. D.N. RHODES. S. 125—140. London-New York-Sydney: John Wiley & Sons 1964.

SUND, H., and H. THEORELL: Alcohol dehydrogenases. In: The enzymes. 2. Aufl., Bd. VII, S. 25—83. Hrsg. von P.D. BOYER, H. LARDY u. K. MYRBÄCK. New York-London: Academic Press 1963.

SUOMALAINEN, H.: The structure and function of yeast cell. In: Aspects of yeast metabolism, a Guinness Symposium, Dublin, 1965. Hrsg. von A.K. MILLS u. H. KREBS. S. 1—31. Oxford-Edinburgh: Blackwell Scientific Publications 1968.

THOUKIS, G.: The formation of isoamyl alcohol from leucine by the action of Saccharomyces cerevisiae var. ellipsoideus. Diss. Univ. Davis, Calif. 1958a.

VAN DER KLOOT, A.P., R.I. TENNEY and V. BAVISOTTO: An approach to flavor definition with gas chromatography. Amer. Soc. Brewing Chemists, Proc. **1958**, 96—103.

—, and F.A. WILCOX: Studies on the determination of beer volatiles by gas chromatography. III. $\beta$-Phenethyl alcohol. Amer. Soc. Brewing Chemists, Proc. **1963**, 93—97.

Wakil, S.J.: The synthesis of fatty acids in animal tissues. In: Metabolism and physiological significance of lipids. The proceedings of the advanced study course, Cambridge, September 1963. Hrsg. von R. M.C. Dawson u. D.N. Rhodes. S. 3—27. London-New York-Sydney: John Wiley & Sons 1964.

Wartburg, J.-P. von: Studien über die Oxydation von $^{14}$C-Aethanol an der Ratte. Diss. Univ. Bern 1959.

Williams, R.T.: Detoxication mechanisms. 2. Aufl., S. 796. London: Chapman & Hall 1959.

Wüstenfeld, H., u. G. Haeseler: Trinkbranntweine und Liköre. 4. Aufl., neubearbeitet von G. Haeseler. Berlin-Hamburg: Paul Parey 1964.

## Zeitschriftenliteratur

Adams, E.W., and H. Adkins: Catalysis in acetal formation. J. amer. chem. Soc. 47, 1358 bis 1367 (1925).

Adkins, H., and E.W. Adams: The relation of structure, affinity and reactivity in acetal formation. I. J. amer. chem. Soc. 47, 1368—1381 (1925).

—, and A.E. Broderick: Hemiacetal formation and the refractive indices and densities of mixtures of certain alcohols and aldehydes. J. amer. chem. Soc. 50, 499—503 (1928a).

— — The rate of synthesis and hydrolysis of certain acetals. J. amer. chem. Soc. 50, 178—185 (1928b).

—, and B.H. Nissen: A study of catalysis in the preparation of acetal. J. amer. chem. Soc. 44, 2749—2755 (1922).

—, J. Semb and L.M. Bolander: Some relationships of the ratio of reactants to the extent of conversion of benzaldehyde and furfuraldehyde to their acetals. J. amer. chem. Soc. 53, 1853—1858 (1931).

Aebi, H., H. Koblet u. J.-P. von Wartburg: Über den Mechanismus der biologischen Methanoloxydation. Helv. physiol. pharmacol. Acta 15, 384—399 (1957).

Ahlén, L., u. O. Samuelson: Bestimmung von Methanol und Äthanol in Sulfitablauge. Svensk Papperstidn. 56, 81—84 (1953) [schwedisch].

Amerine, M.A.: Composition of wines. I. Organic constituents. Advanc. Food Res. 5, 353 bis 510 (1954).

Ant-Wuorinen, O: Bestimmung des Methylalkoholgehaltes in Alkohol und alkoholhaltigen Getränken. Z. Untersuch. Lebensmittel 69, 59—67 (1935).

—, u. E. Kotonen: Bestimmung des Methylalkoholgehaltes in Alkohol und alkoholhaltigen Getränken. II.Mitt. Z. Untersuch. Lebensmittel 74, 273—281 (1937).

Arkima, V.: Die relativen Mengen flüchtiger Säuren im Bier. Mschr. Brauerei 18, 121—124 (1965).

Asser, E.: Über Aenderung der Methylalkoholoxydation durch andere Alkohole. Z. exp. Path. Ther. 15, 322—334 (1914).

Äyräpää, T.: Occurrence of phenethyl alcohol in beer. J. Inst. Brewing 67, 262—266 (1961).

— Phenethyl alcohol in wines. Nature (Lond.) 194, 472—473 (1962a).

— Estimation of phenethyl alcohol in fermentation products. J. Inst. Brewing 68, 504—508 (1962b).

— The formation of phenethyl alcohol from $^{14}$C-labelled phenylalanine. J. Inst. Brewing 71, 341—347 (1965).

Baalen, J. van, and S. Gurin: Cofactor requirements for lipogenesis. J. biol. Chem. 205, 303—308 (1953).

Baraud, J.: Étude quantitative, par chromatographie en phase vapeur, des alcools et esters de la fermentation alcoolique. Bull. Soc. chim. France 1961, 1874—1877.

— Quelques aspects de l'utilisation de la chromatographie en phase vapeur en biochimie. Mises au Point de Chimie analytique pure et appliquée et d'Analyse bromatologique 10, 79—102 (1962).

—, et L. Genevois: Présence de méthyl-3 butanol-2 (isopropylméthylcarbinol) et de pentanol-3 (diéthylcarbinol) dans les produits de la fermentation alcoolique. C.R. Acad. Sci. (Paris) 247, 2479—2481 (1958).

— — Les acides gras des eaux-de-vie et de la levure. Bull. Soc. chim. France 1960, 212.

—, et A. Maurice: Les alcools et esters des eaux-de-vie de canne et de pomme. Industr. aliment. agric. 80, 3—7 (1963).

Bartlett, G.R.: Combustion of $C^{14}$ labelled methanol in intact rat and its isolated tissues. Amer. J. Physiol. 163, 614—618 (1950a).

— Inhibition of methanol oxidation by ethanol in the rat. Amer. J. Physiol. 163, 619—621 (1950b).

— Does catalase participate in the physiological oxidation of alcohols? Quart. J. Stud. Alcohol 13, 583—589 (1952).

BERG, R.L., and W.W. WESTERFELD: The mechanism of ketol formation from pyruvate and aldehydes. J. biol. Chem. **152**, 113—118 (1944).

BERTRAND, G., et L. SILBERSTEIN: Sur la teneur des vins en méthanol. C.R. Acad. Sci. (Paris) **229**, 1281—1284 (1949).

— — La fermentation alcoolique de la levure produit-elle normalement du méthanol? C.R. Acad. Agric. France **36**, 191—192 (1950a).

— — La fermentation du sucre par la levure produit-elle normalement du méthanol? C.R. Acad. Sci. (Paris) **230**, 800—803 (1950b).

— — Sur la teneur des vins en méthanol. II. C.R. Acad. Sci. (Paris) **234**, 491—494 (1952).

BEYER, G.F.: Spectrophotometric quantitative determination of methanol in distilled spirits. J. Ass. off. agric. Chem. **34**, 745—748 (1951).

BLOCH, K., P. BARONOWSKY, H. GOLDFINE, W.J. LENNARZ, R. LIGHT, A.T. NORRIS and G. SCHEUERBRANDT: Biosynthesis and metabolism of unsaturated fatty acids. Federat. Proc. **20**, 921—927 (1961).

BLOOMFIELD, D.K., and K. BLOCH: The role of oxygen in the biosynthesis of unsaturated fatty acids. Biochim. biophys. Acta **30**, 220—221 (1958).

— — The formation of $\Delta^9$-unsaturated fatty acids. J. biol. Chem. **235**, 337—345 (1960).

BOBER, A., and L.W. HADDAWAY: Gas chromatographic identification of alcoholic beverages. J. Gas Chromatog. **1**, Nr. 12, 8—13 (1963).

BOOS, R.N.: Quantitative colorimetric microdetermination of methanol with chromotropic acid reagent. Analytic. Chem. **20**, 964—965 (1948).

BORGSTRÖM, H.: Untersuchung des Festkörpers im Entgasungskondensat der Sulfitkocherei. Svensk Papperstidn. **18**, 62 (1915) [schwedisch].

BOUTHILET, R.J., and W. LOWREY: The use of the gas chromatograph in the determination of fusel oil in grape brandy. J. Ass. off. agric. Chem. **42**, 634—637 (1959).

BRADY, R.O., and S. GURIN: Biosynthesis of labelled fatty acids and cholesterol in experimental diabetes. J. biol. Chem. **187**, 589—596 (1950).

— — Biosynthesis of fatty acids by cell-free or water-soluble enzyme systems. J. biol. Chem. **199**, 421—431 (1952).

—, E.G. TRAMS and R.M. BRADLEY: Participation of closely juxtaposed sulfhydryl groups in fatty acid biosynthesis. Biochem. biophys. Res. Commun. **2**, 256—258 (1960).

BRAUS, H., and F.D. MILLER: Composition of whisky: Steam-volatile phenols of fusel oil. J. Ass. off. agric. Chem. **41**, 141—144 (1958).

BREMANIS, E.: Ein Beitrag zum Nachweis und zur Bestimmung kleinerer Methanolmengen. Z. Lebensmittel-Untersuch. u.-Forsch. **93**, 1—7 (1951).

BRICKER, C.E., and H.R. JOHNSON: Spectrophotometric method for determining formaldehyde. Industr. Engin. Chem., Analytic. Edit. **17**, 400—402 (1945).

BRINK, F., and J.M. POSTERNAK: Thermodynamic analysis of the relative effectiveness of narcotics. J. cell. comp. Physiol. **32**, 211—233 (1948).

CALBERT, H.E., and W.V. PRICE: A study of the diacetyl in cheese. I. Diacetyl content and flavor of cheddar cheese. J. Dairy Sci. **32**, 515—520 (1949a).

— — A study of the diacetyl in cheese. II. The changes in diacetyl content of cheddar cheese during manufacturing and curing. J. Dairy Sci. **32**, 521—526 (1949b).

CANTARELLI, C.: Formation of volatile esters during alcoholic fermentation. I. Mechanism of synthesis of ethyl acetate in Hansenula. Ann. Microbiol. **6**, 219—241 (1955) [italienisch]; zit. nach Chem. Abstr. **50**, 16029 (1956).

CARLSON, G.L., and G.M. BROWN: The natural occurrence, enzymatic formation, and biochemical significance of a hydroxyethyl derivative of thiamine pyrophosphate. J. biol. Chem. **236**, 2099—2108 (1961).

CARSWELL, H.E., and H. ADKINS: The relation of the structure of ketones to their reactivity and affinity in acetal formation. J. amer. chem. Soc. **50**, 235—241 (1928).

CASTOR, J.G.B.: The free amino acids of musts and wines. II. The fate of amino acids of must during alcoholic fermentation. Food Res. **18**, 146—151 (1953).

—, and J.F. GUYMON: On the mechanism of formation of higher alcohols during alcoholic fermentation. Science (Washington) **115**, 147—149 (1952).

CHANCE, B.: The enzyme-substrate compounds of catalase and peroxides. Nature (Lond.) **161**, 914—917 (1948).

CONNSTEIN, W., u. K. LÜDECKE: Über Glycerin-Gewinnung durch Gärung. Ber. dtsch. chem. Ges. B **52**, 1385—1391 (1919).

COOPER, J.R., and M.M. KINI: Biochemical aspects of methanol poisoning. Biochem. Pharmacol. **11**, 405—416 (1962).

DECKENBROCK, W.: Zur Frage des Identitätsnachweises für Kornbranntwein durch die Methanolprobe. Dtsch. Lebensmittel-Rdsch. **49**, 30—32 (1953a).

— Läßt sich Kornbranntwein von Monopolbranntwein durch die Methylalkoholprobe unterscheiden? Alkohol-Industr. **66**, 11—12 (1953b).

Deckenbrock, W., u. S. Küsters: Zum Problem des Kornaromas. Branntweinwirtsch. **80**, 45—47 (1958).

Dehaux, E., u. H. Belien: Weinhefenöl. Riechstoffe u. Aromen **9**, 97—98, 171 (1959).

Deniges, G.: Recherche de traces de méthanal en présence d'éthanal par la fuchsine bisulfitée. C.R. Acad. Sci. (Paris) **150**, 529—531 (1910a).

— Recherche de l'alcool méthylique en général et spécialement en présence de l'alcool éthylique. C.R. Acad. Sci. (Paris) **150**, 832—834 (1910b).

Deyrup, A.J.: Determination of acidity in ethyl alcohol by velocity of acetal formation. J. amer. chem. Soc. **56**, 60—64 (1934).

Dinslage, E., u. O. Windhausen: Über die Giftigkeit des Methylalkohols und dessen Nachweis. Z. Untersuch. Lebensmittel **52**, 117—147 (1926).

Dirscherl, W., u. H. Höfermann: Über die mögliche Rolle der $a$-Oxy-$a$-methyl-acetessigsäure bei der fermentativen Acetoinbildung. 12. Mitt. über Acyloine. Biochem. Z. **322**, 237—244 (1951).

Dituri, F., and S. Gurin: Lipogenesis by homogenates or particle-free extracts of rat liver. Arch. Biochem. Biophys. **43**, 231—232 (1953).

Drawert, F., u. A. Rapp: Gaschromatographische Beurteilung der Qualität von Branntweinen. Z. Lebensmittel-Untersuch. u. -Forsch. **126**, 406—409 (1965).

Drews, B., u. H. Specht: Quantitative gaschromatographische Untersuchungen an Sprit-Fuselölen. Chemiker-Ztg. **87**, 696—697 (1963).

— — u. J.-M. Brümmer: Über Acrolein und Crotonaldehyd im Gärungsäthylalkohol. Branntweinwirtsch. **105**, 77—88, 118—124 (1965a).

— — u. G. Offer: Trennung isomerer aliphatischer Alkohole durch Gaschromatographie. Z. analyt. Chem. **189**, 325—330 (1962a).

— — H.-J. Ölscher u. F.-M. Thürauf: Diacetyl im Bier. Mschr. Brauerei **15**, 109—113 (1962b).

— — u. G. Trenel: Über Acetoin und seine Umwandlungsprodukte im Bier. Mschr. Brauerei **18**, 259—264 (1965b).

— — u. E. Schwartz: Über die bei der alkoholischen Gärung der Hefe entstehenden aromatischen Alkohole. Mschr. Brauerei **19**, 76—88 (1966).

Egorov, I.A., and A.K. Rodopulo: Investigation of chemical composition of brandy by gas-liquid chromatography. Izv. Akad. Nauk SSSR, Ser. Biol. **29**, 613—622 (1964) [russisch]; zit. nach Chem. Abstr. **61**, 15308 (1964).

— — and A.F. Pisarnitskii: Higher alcohols in brandy alcohol identified by gas-liquid chromatography. Dokl. Akad. Nauk SSSR **151**, 729—731 (1963) [russisch]; zit. nach Chem. Abstr. **59**, 13313 (1963).

Ehrlich, F.: Ueber die Entstehung des Fuselöls. Z. Verein. dtsch. Zucker-Industr. **55**, 539 bis 567 (1905).

— Zur Frage der Fuselölbildung der Hefe. Ber. dtsch. chem. Ges. **39**, 4072—4075 (1906).

— Über die Bedingungen der Fuselölbildung und über ihren Zusammenhang mit dem Eiweißaufbau der Hefe. Ber. dtsch. chem. Ges. **40**, 1027—1047 (1907).

— Über die Vergärung des Tyrosins zu p-Oxyphenyl-äthylalkohol (Tyrosol). Ber. dtsch. chem. Ges. **44**, 139—146 (1911).

— Über Tryptophol ($\beta$-Indolyl-äthylalkohol), ein neues Gärprodukt der Hefe aus Aminosäuren. Ber. dtsch. chem. Ges. **45**, 883—889 (1912).

— Neuere Untersuchungen über die Vorgänge beim Eiweißstoffwechsel der Hefe- und Schimmelpilze. Z. angew. Chem. **26**, 518 (1913a).

— Die Gärung des Eiweißes. Z. angew. Chem. **26**, 603 (1913b).

— Über den Nachweis von Tyrosol und Tryptophol in verschiedenen Gärprodukten. Biochem. Z. **79**, 232—240 (1917).

—, u. P. Pistschimuka: Überführung von Aminen in Alkohole durch Hefe und Schimmelpilze. Ber. dtsch. chem. Ges. **45**, 1006—1012 (1912).

Estable, J.J., J.W. Grezzi and B. Baraibar: Quantitative determination of collagen and hepatic lipides in conjunction with experimental chronic intoxication with distilled spirits. An. Fac. Med. Montevideo **44**, 261—268 (1959) [spanisch].

— — and J. Varela Rodríguez: Comparative toxicity of alcohol and various national distilled alcoholic beverages for fish kept in aquariums. Arch. Soc. Biol. Montevideo **21**, 43—47 (1954) [spanisch]; zit. nach Chem. Abstr. **50**, 2043 (1956).

Fellenberg, Th. von: Ueber den Ursprung des Methylalkohols in Trinkbranntweinen. Mitt. Lebensmitteluntersuch. Hyg. **5**, 172—178 (1914).

— Ueber den Nachweis des Methylalkohols nach Dénigès und seine Verwertung zur quantitativen Bestimmung in wäßriger Lösung. Mitt. Lebensmitteluntersuch. Hyg. **6**, 1—24 (1915).

Fenske, M.R., D. Quiggle and C.O. Tongberg: Composition of straight-run Pennsylvania gasoline. I. Design of fractionating equipment. Industr. Engin. Chem. **24**, 408—418 (1932).

—, C.O. Tongberg, D. Quiggle and D.S. Cryder: Fractional distillation columns with one hundred theoretical plates. Industr. Engin. Chem. **28**, 644—645 (1936).

FERGUSON, J.: The use of chemical potentials as indexes of toxicity. Proc. roy. Soc., Ser B (Lond.) **127**, 387—404 (1939).

FISCHER, F.G.: Neuere Methoden der präparativen organischen Chemie. 6. Die Benutzung biochemischer Oxydationen und Reduktionen für präparative Zwecke. Angew. Chem. **53**, 461—471 (1940).

FLANZY, M., et L. BOUZIGUES: Pectines et méthanol dans les moûts de raisin et les vins. Ann. Inst. nat. Recherche agron., Sér. E 8, 59—67 (1959).

—, et C. JOURET: Contribution a l'étude des eaux-de-vie d'armagnac par chromatographie en phase gazeuse. Ann. Technol. agric. **12**, 39—50 (1963).

—, et Y. LOISEL: Évolution des pectines dans les boissons et production de méthanol. Ann. Inst. nat. Recherche agron., Sér. E 7, 311—321 (1958).

FREY, A., u. D. WEGENER: Trennung und Identifizierung von Aromastoffen in Weindestillaten. I. Mitt. Trennung und Identifizierung von freien und veresterten Fettsäuren. Z. Lebensmittel-Untersuch. u. -Forsch. **104**, 127—136 (1956).

— — Trennung und Identifizierung von Aromastoffen in Weindestillaten. II. Mitt. Trennung und Identifizierung der höheren Alkohole. Z. Lebensmittel-Untersuch. u. -Forsch. **105**, 98—104 (1957).

GENEVOIS, L.: La fermentation alcoolique fonction du milieu. Mises au Point de Chimie analytique pure et appliquée et d'Analyse bromatologique **10**, 49—77 (1962).

—, et J. BARAUD: Les produits secondaires de la fermentation alcoolique; la composition des fusels. Industr. agric. aliment. **76**, 837—844 (1959).

—, et M. LAFON: Transformation de l'acétate marqué par la levure. Bull. Soc. Chim. biol. (Paris) **38**, 89—97 (1956).

— — Origine des huiles de fusel dans la fermentation alcoolique. Chim. et Industr. **78**, 323—326 (1957).

GIBSON, D.M., E.B. TITCHENER and S.J. WAKIL: Studies on the mechanism of fatty acid synthesis. V. Bicarbonate requirement for the synthesis of long-chain fatty acids. Biochim. biophys. Acta **30**, 376—383 (1958).

GRJAZNOV, V.P.: Identifikation der Aldehyde, Ester und höheren Alkohole in Rektifikationsprodukten von Äthylalkohol. Kvasný průmysl **5**, 58—61 (1959) [tschechisch].

GROSS, N.H., and C.H. WERKMAN: Isotopic composition of acetylmethylcarbinol formed by yeast juice. Arch. Biochem. **15**, 125—131 (1947a).

— — Fixation of heavy carbon acetaldehyde by active juices. Antonie v. Leeuwenhoek **12**, 17—25 (1947b).

GRYAZNOV, V.P., and G.V. RZHECHITSKAYA: The identification of esters in the products of rectification (of alcohol). Spirtovaya Prom. **23**, 10—15 (1957) [russisch]; zit. nach Chem. Abstr. **52**, 647 (1958).

GUYMON, J.F., and E.A. CROWELL: Determination of aldehydes in wines and spirits by the direct bisulfite method. J. Ass. off. agric. Chem. **46**, 276—284 (1963).

— — The formation of acetoin and diacetyl during fermentation, and the levels found in wines. Amer. J. Enol. Viticult. **16**, 85—91 (1965).

—, J.L. INGRAHAM and E.A. CROWELL: The formation of n-propyl alcohol by Saccharomyces cerevisiae. Arch. Biochem. Biophys. **95**, 163—168 (1961).

—, and J.A. NAKAGIRI: The bisulfite determination of free and combined aldehydes in distilled spirits. J. Ass. off. agric. Chem. **40**, 561—575 (1957).

GYGI, R., u. M. POTTERAT: Einige praktische Anwendungen der Gaschromatographie. Mitt. Lebensmitteluntersuch. Hyg. **48**, 497—504 (1957).

HAESELER, G.: Analytische Kennzahlen von Edelbranntweinen. Branntweinwirtsch. **5**, 205—207 (1951).

— Fragen zur Untersuchung von Brennwein und Weinbrand. Branntweinwirtsch. **76**, 245—248 (1954).

—, u. H. SPECHT: Nachweis von Fälschungen bei Edelobstbranntweinen. Branntweinwirtsch. **103**, 31—37 (1963).

—, u. J. VOGL: Zur Aldehyd- und Acetalbestimmung in Spirituosen. Z. Lebensmittel-Untersuch. u. -Forsch. **97**, 460—470 (1953).

HÄGGLUND, E., u. B.E. SUNDROOS: Zur Kenntnis der Gärung der Sulfitablauge. Acta Acad. Aboensis, Math. Phys. **2**, Nr. 6 (1923).

HÄHNEL, S.: Volumetrische Bestimmung einiger Carbonylverbindungen. II. Mitt. Bestimmung von Acetaldehyd nach der Bisulfitmethode. Svensk kem. Tidskr. **47**, 275—285 (1935) [schwedisch].

— Removal of terpenes during the distillation of sulfite alcohol. Svensk Papperstidn. **47**, 75—76 (1944) [schwedisch].

HALL, N.A., E. KRUPSKI and L. FISCHER: Methanol in Washington wines. Amer. J. Pharm. **124**, 343—350 (1952).

Harden, A., and G.S. Walpole: Chemical action of Bacillus lactis aerogenes (Escherich) on glucose and mannitol. Production of 2:3-butyleneglycol and acetylmethylcarbinol. Proc. roy. Soc., Ser. B (Lond.) 77, 399—405 (1906).

Harrison, G.A.F., W.J. Byrne and E. Collins: The determination of diacetyl and 2,3-pentanedione in beer head space by gas chromatography. J. Inst. Brewing 71, 336—341 (1965).

Hartmann, G.: Die Reifung des Whisky. Alkohol-Industr. 75, 12—15 (1962).

— Whiskys aus Schottland. Alkohol-Industr. 77, 10, 12, 52—54 (1964).

— Irischer Whiskey. Alkohol-Industr. 78, 11—13 (1965a).

— Kanadischer Whisky. Alkohol-Industr. 78, 500—502 (1965b).

Hartung, W.H., and H. Adkins: Affinity, reactivity and structure in acetal formation. II. J. amer. chem. Soc. 49, 2517—2524 (1927).

Hellström, N.: On impurities in sulphite spirits. I. Tidsskr. Kjemi og Bergwesen 20, 12—14 (1940).

— Impurities in sulfite alcohol. II. Svensk kem. Tidskr. 55, 161—168 (1943) [schwedisch].

— Impurities in sulfite alcohol. III. Svensk Papperstidn. 47, 73—74 (1944) [schwedisch].

Herold, W., u. K.L. Wolf: Optische Untersuchungen am System Aldehyd-Alkohol. Z. physikal. Chem. B 12, 165—193 (1931).

Hilditch, T.P., and R.K. Shrivastava: The component fatty acids of a yeast fat. Biochim. biophys. Acta 2, 80—85 (1948).

Hirose, Y., M. Ogawa and Y. Kusuda: Constituents of fusel oils obtained through the fermentation of corn, barley and sweet molasses. Agric. biol. Chem. (Tokyo) 26, 526—531 (1962).

Hirsch, J.: Über eine biosynthetische Kohlenstoffkettenverknüpfung in der aliphatischen Reihe. Zur Kenntnis der Carboligase. V. Mitt. Biochem. Z. 131, 178—187 (1922).

Holmberg, B., u. E. Sunesson: Über Sulfitlaugenborneol. Svensk kem. Tidskr. 35, 215 bis 229 (1923) [schwedisch].

Holmberg, J.: Yeast lipids. I. The component acids of Rhodotorula gracilis fat. Svensk kem. Tidskr. 60, 14—20 (1948).

Holzer, H.: Wirkungsmechanismus von Thiaminpyrophosphat. Angew. Chem. 73, 721—727 (1961).

—, u. K. Beaucamp: Nachweis und Charakterisierung von $a$-Lactyl-Thiaminpyrophosphat („actives Pyruvat") und $a$-Hydroxyäthyl-Thiaminpyrophosphat („activer Acetaldehyd") als Zwischenprodukte der Decarboxylierung von Pyruvat mit Pyruvatdecarboxylase aus Bierhefe. Biochim. biophys. Acta 46, 225—243 (1961).

—, F. da Fonseca-Wollheim, G. Kohlhaw and Ch. W. Woenckhaus: Active forms of acetaldehyde, pyruvate, and glycolic aldehyde. Ann. N.Y. Acad. Sci. 98, 453—465 (1962).

Ikeda, R.M., A.D. Webb and R.E. Kepner: Comparative analysis of fusel oils from Thompson Seedless, Emperor, and Muscat of Alexandria wines. J. agric. Food Chem. 4, 355—363 (1956).

Ingraham, J.L., and J.F. Guymon: The formation of higher aliphatic alcohols by mutant strains of Saccharomyces cerevisiae. Arch. Biochem. Biophys. 88, 157—166 (1960).

— — and E.A. Crowell: The pathway of formation of n-butyl and n-amyl alcohols by a mutant strain of Saccharomyces cerevisiae. Arch. Biochem. Biophys. 95, 169—175 (1961).

Jaulmes, P., et J.C. Dieuzede: Le dosage de l'acétaldéhyde dans les spiritueux. Ann. Falsif. Fraudes 47, 9—14 (1954).

—, et G. Hamelle: Le dosage de l'ion sulfureux et des aldéhydes par la methode au sulfite. Ann. Falsif. Expert. chim. 54, 338—346 (1961).

Jensen, W.: Investigation of fusel oil obtained in the production of alcohol from sulphite waste liquor. I. Paper and Timber (Helsinki) B 32, 329—332 (1950) [schwedisch].

—, and P. Rinne: Investigation of fusel oil obtained in the production of alcohol from sulphite waste liquor. II. Paper and Timber (Helsinki) 34, 137—139 (1952) [schwedisch].

— — and M. Vainio: Investigation of fusel oil obtained in the production of alcohol from sulphite waste liquor. III. Paper and Timber (Helsinki) 35, 135—138 (1953) [schwedisch].

Jones, K., and R. Wills: Separation and composition of a Scotch whisky fusel oil. J. Inst. Brewing 72, 196—201 (1966).

Juni, E.: Mechanisms of the formation of acetoin by yeast and mammalian tissue. J. biol. Chem. 195, 727—734 (1952).

Kabot, F.J., and L.S. Ettre: Gas chromatography gives direct analysis of wide variety of alcoholic beverages. The Perkin-Elmer Instrument News 13, Nr. 4, 1, 7—9 (1962).

Kepner, R.E., J.G.B. Castor and A.D. Webb: Conversion of $a$-amino-n-butyric acid to n-propanol during alcoholic fermentation. Arch. Biochem. Biophys. 51, 88—93 (1954).

—, and A.D. Webb: Components of muscat raisin fusel oil. Amer. J. Enol. Viticult. 12, 159—174 (1961).

KILBUCK, J.H., F. NUSSENBAUM and W.V. CRUESS: Pectic enzymes. Investigations on their use in wine making. Wines and Vines 30, 23—25 (1949).

KLASON, P., u. B. SEGERFELT: Borneol, ein Nebenprodukt der Sulfitspritherstellung. Svensk kem. Tidskr. 23, 149—150 (1911) [schwedisch].

KLEINERT, TH., u. E. SREPEL: Eine kolorimetrische Bestimmung kleiner Formaldehydmengen mittels Chromotropsäure. Mikrochemie, Mikrochim. Acta (Wien) 33, 328—332 (1948).

KLUYVER, A.J., H.J.L. DONKER u. F. VISSER'T HOOFT: Über die Bildung von Acetylmethylcarbinol und 2,3-Butylenglykol im Stoffwechsel der Hefe. Biochem. Z. 161, 361—378 (1925).

KOLTHOFF, J.M.: Der Nachweis von Methylalkohol in äthylalkoholischen Flüssigkeiten. Pharmac. Weekbl. 59, 1268—1274 (1922) [holländisch]; zit. nach Chem. Zbl. 94, II, 267 (1923).

KOMPPA, G., u. Y. TALVITIE: Über den Nachlauf des Sulfitspiritus. Ann. Acad. Sci. fenn., Ser. A 33, Nr. 11, 1—11 (1931).

KOSTYTSCHEW, S.: Über Alkoholgärung. I. Mitt. Über die Bildung von Acetaldehyd bei der alkoholischen Zuckergärung. Hoppe-Seylers Z. physiol. Chem. 79, 130—145 (1912).

KRINGSTAD, H., and S. RASCH: The influence of the method of preparation of pitching yeast on its production of diacetyl and acetoin during fermentation. J. Inst. Brewing 72, 56—61 (1966).

KRISHNASWAMY, M.A., and F.J. BABEL: Biacetyl production by cultures of lactic acid-producing Streptococci. J. Dairy Sci. 34, 374—385 (1951).

KUTSCHER, FR., u. H. STEUDEL: Beschreibung eines Ätherextraktionsapparates. Hoppe-Seylers Z. physiol. Chem. 39, 473—476 (1903).

LAUDER, I.: Studies on hemiacetal formation. Part I. The system acetaldehyde-water. Trans. Faraday Soc. 44, 729—734 (1948a).

— Studies on hemiacetal formation. Part II. The system acetaldehyde-methyl alcohol. Trans. Faraday Soc. 44, 734—735 (1948b).

LAWRENCE, W.C.: Volatile compounds affecting beer flavor. Wallerstein Lab. Commun. 27, 123—152A (1964).

LEAF, G., and L.J. ZATMAN: A study of the conditions under which methanol may exert a toxic hazard in industry. Brit. J. industr. Med. 9, 19—31 (1952).

LEEUW, H.L. DE: Über das System Acetaldehyd-Äthylalkohol. Z. physikal. Chem. (Leipzig) 77, 284—314 (1911).

LEMPERLE, E., u. R. MECKE: Gaschromatographische Analyse der flüchtigen Inhaltsstoffe von Weinen, Mosten und Spirituosen. Z. analyt. Chem. 212, 18—30 (1965).

LEWIS, K.F., and S. WEINHOUSE: Studies in valine biosynthesis. II. $\alpha$-Acetolactate formation in microorganisms. J. amer. chem. Soc. 80, 4913—4915 (1958).

LIANG, P.: Über die Umsetzung des Furfurols durch gärende Hefe. Hoppe-Seylers Z. physiol. Chem. 244, 238—240 (1936).

LIČEV, V., u. I.M. PANAJOTOV: Aliphatische Aldehyde im Alkohol von Weinbränden. Bulgar. Akad. Nauk., Izv. Khim. Inst. 6, 121—129 (1958) [bulgarisch]; zit. nach Branntweinwirtsch. 100, 106 (1960).

LIEBMANN, A.J.: Distilled alcoholic beverages. J. agric. Food Chem. 1, 1146—1152 (1953).

—, and M. ROSENBLATT: Changes in whisky while maturing. Industr. Engin. Chem. 35, 994—1002 (1943).

—, and B. SCHERL: Changes in whisky while maturing. Industr. Engin. Chem. 41, 534—543 (1949).

LIPIS, B.V., and Z.A. MAMAKOVA: Analysis of volatile components of wine, brandy, and raw alcohols by gas-liquid chromatography. Vinodelie i Vinogradarstvo SSSR 23 (3), 7—11 (1963) [russisch]; zit. nach Chem. Abstr. 59, 4516 (1963).

LYNEN, F.: Participation of acyl-CoA in carbon chain biosynthesis. J. cell. comp. Physiol. 54, Suppl. 1, 33—49 (1959).

— Biosynthesis of saturated fatty acids. Federat. Proc. 20, 941—951 (1961b).

— Der Weg von der „aktivierten Essigsäure" zu den Terpenen und Fettsäuren. Angew. Chem. 77, 929—944 (1965a).

— Von der „aktivierten Essigsäure" zu den Terpenen und Fettsäuren. Umschau 65, 321—326 (1965b).

— The role of biotin-dependent carboxylations in biosynthetic reactions. Biochem. J. 102, 381—400 (1967).

—, J. KNAPPE, E. LORCH, G. JÜTTING u. E. RINGELMANN: Die biochemische Funktion des Biotins. Angew. Chem. 71, 481—486 (1959).

—, u. M. TADA: Die biochemischen Grundlagen der „Polyacetat-Regel". Angew. Chem. 73, 513—519 (1961).

McFARLANE, W.D., and K.D. THOMPSON: Colorimetric methods for determination of aromatic alcohols in beer. J. Inst. Brewing 70, 497—502 (1964).

MacGregor, D.C., E. Schönbaum and W.G. Bigelow: Acute toxicity studies on ethanol, propanol, and butanol. Canad. J. Physiol. Pharmacol. **42**, 689—696 (1964).
Martin, G.E., G. Caggiano and J.E. Beck: Determination of methanol by gas-liquid chromatography. J. Ass. off. agric. Chem. **46**, 297—298 (1963a).
— — and H. Schlesinger: Fusel oil determination by gas-liquid chromatography. J. Ass. off. agric. Chem. **46**, 294—297 (1963b).
—, J.A. Schmit and R.L. Schoeneman: Various components of Bourbon whisky by thin layer and gas-liquid chromatography. J. Ass. off. agric. Chem. **48**, 962—964 (1965).
Maurel, A.: Applications récentes de la chromatographie en phase gazeuse à l'analyse des alcools. Bull. Soc. chim. France **1963**, 316—319.
Maurel, A.J.: Étude chromatographique en phase gazeuse des constituants des rhums. C.R. Acad. Agric. France **50**, 52—57 (1964).
—, et J.-P. Lafarge: Étude des eaux-de-vie par chromatographie en phase gazeuse. C.R. Acad. Agric. France **49**, 332—339 (1963).
Meadows, G.W., and B. de B. Darwent: The kinetics of the reactions of acetaldehyde with methanol. Trans. Faraday Soc. **48**, 1015—1023 (1952a).
— — The reactions of acetaldehyde with methanol. Canad. J. Chem. **30**, 501—506 (1952b).
Mecke, R., R. Schindler u. M. de Vries: Gaschromatographie. Eine leistungsfähige Analysenmethode für Getränkeuntersuchungen. Wein-Wiss. **15**, 151—157 (1960a).
— — — Gaschromatographische Untersuchungen an Weinen. Wein-Wiss. **15**, 183—191 (1960b).
—, u. M. de Vries: Gaschromatographische Untersuchung von alkoholischen Getränken. Z. analyt. Chem. **170**, 326—332 (1959).
Mehlitz, A., u. H. Drews: Entstehung und Bedeutung von Methylalkohol in Fruchtsäften. Flüssiges Obst. **27**, Nr. 4, 6—9 (1960); zit. nach Fruchtsaft-Industr. **5**, 151 (1960).
Misselhorn, K.: Beitrag zur Aldehyd- und Acetalbestimmung in Spirituosen. Branntweinwirtsch. **103**, 401—406 (1963).
— Bericht über die im zweiten Halbjahr 1963 im Laboratorium der ATL ausgeführten Auftragsanalysen. Branntweinwirtsch. **104**, 114—117 (1964).
Nagelschmidt, G.: Gestufte phytochemische Reduktion. Biochem. Z. **186**, 317—321 (1927).
Neubauer, O., u. K. Fromherz: Über den Abbau der Aminosäuren bei der Hefegärung. Hoppe-Seylers Z. physiol. Chem. **70**, 326—350 (1910—11).
Neuberg, C., u. E. Färber: Über den Verlauf der alkoholischen Gärung bei alkalischer Reaktion. I. Zellfreie Gärung in alkalischen Lösungen. Biochem. Z. **78**, 238—263 (1917).
—, u. A. Hildesheimer: Über zuckerfreie Hefegärungen. I. Biochem. Z. **31**, 170—176 (1911).
—, u. J. Hirsch: Wirkungsweise der Abfangmethode bei der Acetaldehyd-Glycerin-Spaltung des Zuckers. Die Korrelation von Acetaldehyd und Glycerin innerhalb der gesamten Gärführung, der zeitliche Verlauf dieser Vergärungsform und ihre gewöhnlichen Beziehungen zur alkoholischen Gärung. Biochem. Z. **98**, 141—158 (1919).
— — Über ein Kohlenstoffketten knüpfendes Ferment (Carboligase). Biochem. Z. **115**, 282—310 (1921).
—, u. L. Karczag: Über zuckerfreie Hefegärungen. V. Zur Kenntnis der Carboxylase. Biochem. Z. **36**, 76—81 (1911).
—, u. J. Kerb: Entsteht bei zuckerfreien Hefegärungen Äthylalkohol? Z. Gärungsphysiol. **1**, 114—120 (1912).
— — Über zuckerfreie Hefegärung. XIII. Zur Frage der Aldehydbildung bei der Gärung von Hexosen sowie bei der sog. Selbstgärung. Biochem. Z. **58**, 158—170 (1914a).
— — Zuckerfreie Hefegärungen. XV. Über die Bildung von n-Propylalkohol bei der Vergärung von a-Ketobuttersäure. Biochem. Z. **61**, 184—186 (1914b).
—, u. M. Kobel: Über das physiologische Verhalten des Acetoins. I. Mitt. Über das Verhalten des Acetoins zu Hefe. Biochem. Z. **160**, 250—255 (1925).
—, u. L. Liebermann: Zur Kenntnis der Carboligase. II. Mitt. Biochem. Z. **121**, 311—325 (1921).
—, u. F.F. Nord: Phytochemische Reduktion von Diketonen. Ber. dtsch. chem. Ges. **52**, 2248—2254 (1919).
—, u. H. Ohle: Zur Kenntnis der Carboligase. III. Mitt. Der Bau der biosynthetisch verknüpften mehrgliedrigen Kohlenstoffketten. Biochem. Z. **127**, 327—339 (1922a).
— — Zur Kenntnis der Carboligase. IV. Mitt. Weitere Feststellungen über die biosynthetische Kohlenstoffkettenverknüpfung beim Gärungsvorgange. Biochem. Z. **128**, 610—618 (1922b).
—, u. W.H. Peterson: Die Valeraldehyd- und Amylalkoholgärung der Methyläthylbrenztraubensäure. Biochem. Z. **67**, 32—45 (1914).
—, u. E. Reinfurth: Die Festlegung der Aldehydstufe bei der alkoholischen Gärung. Ein experimenteller Bewcis der Acetaldehyd-Brenztraubensäuretheorie. Biochem. Z. **89**, 365—414 (1918).

NEUBERG, C., u. E. REINFURTH: Eine neue Form der Umwandlung des Acetaldehyds durch gärende Hefe. VI. Mitt. über Carboligase. Biochem. Z. **143**, 553—565 (1923).

—, u. O. ROSENTHAL: Zusammenhang von carboligatischer Synthese mit carboxylatischem Abbau (Verwendung von Acetaldehyd als Abfangmittel). Ber. dtsch. chem. Ges. B **57**, 1436—1441 (1924).

—, u. E. SIMON: Zur Kenntnis der biochemischen Acyloinsynthese. VIII. Mitt. über Carboligase. Biochem. Z. **156**, 374—378 (1925).

—, u. H. STEENBOCK: Über die Bildung höherer Alkohole aus Aldehyden durch Hefe. I. Übergang von Valeraldehyd im Amylalkohol. Biochem. Z. **52**, 494—503 (1913).

NEWMAN, M.S., and R.J. ANDERSON: The chemistry of the lipids of yeast. I. The composition of the acetone-soluble fat. J. biol. Chem. **102**, 219—228 (1933).

NIEL, C.B., VAN, A.J. KLUYVER u. H.G. DERX: Über das Butteraroma. Biochem. Z. **210**, 234—251 (1929).

NORDSTRÖM, K.: Formation of ethyl acetate in fermentation with brewer's yeast. J. Inst. Brewing **67**, 173—181 (1961).

— Formation of ethyl acetate in fermentation with brewer's yeast. II. Kinetics of formation from ethanol and influence of acetaldehyde. J. Inst. Brewing **68**, 188—196 (1962a).

— Formation of ethyl acetate in fermentation with brewer's yeast. III. Participation of coenzyme A. J. Inst. Brewing **68**, 398—407 (1962b).

— Formation of ethyl acetate in fermentation with brewer's yeast. IV. Metabolism of acetyl-coenzyme A. J. Inst. Brewing **69**, 142—153 (1963a).

— Formation of esters from acids by brewer's yeast. I. Kinetic theory and basic experiments. J. Inst. Brewing **69**, 310—322 (1963b).

— Formation of esters, acids and alcohols from $a$-keto acids by brewer's yeast. J. Inst. Brewing **69**, 483—495 (1963c).

— Formation of ethyl acetate in fermentation with brewer's yeast. V. Effect of some vitamins and mineral nutrients. J. Inst. Brewing **70**, 209—221 (1964a).

— Formation of esters from acids by brewer's yeast. II. Formation from lower fatty acids. J. Inst. Brewing **70**, 42—55 (1964b).

— Formation of esters from acids by brewer's yeast. III. Formation by various strains. J. Inst. Brewing **70**, 226—233 (1964c).

— Formation of esters from acids by brewer's yeast. IV. Effect of higher fatty acids and toxicity of lower fatty acids. J. Inst. Brewing **70**, 233—242 (1964d).

— Formation of esters from alcohols by brewer's yeast. J. Inst. Brewing **70**, 328—336 (1964e).

— Studies on the formation of volatile esters in fermentation with brewer's yeast. Svensk kem. Tidskr. **76**, 510—543 (1964f).

— Formation of volatile esters by brewer's yeast. Brewers Digest **40**, 60—67 (1965).

— Formation of esters from lower fatty acids by various yeast species. J. Inst. Brewing **72**, 38—40 (1966b).

— Formation of esters from acids by brewer's yeast: Formation from unsaturated acids. Nature (Lond.) **210**, 99—100 (1966c).

NOSE, K., S. URABE and S. YAMASHITA: Impurities in distilled alcohol. I. Acids, aldehydes, and ketones in the low-temperature distillate. Hakkô Kyôkaishi **14**, 410—417 (1956) [japanisch]; zit. nach Chem. Abstr. **51**, 7642 (1957).

NYKÄNEN, L.: Methanol and fusel alcohols in alcoholic beverages. Teknillisen Kemian Aikakauslehti **20**, 129—133 (1963) [finnisch].

— Unpubliziert, 1966.

—, E. PUPUTTI and H. SUOMALAINEN: Gas chromatographic determination of tyrosol and tryptophol in wines and beers. J. Inst. Brewing **72**, 24—28 (1966a).

— — — Unpubliziert, 1966b.

— — — Volatile fatty acids in some brands of whisky, cognac and rum. J. Food. Sci., **33**, 88—92 (1968).

—, and H. SUOMALAINEN: The aroma compounds of alcoholic beverages. Teknillisen Kemian Aikakauslehti **20**, 789—795 (1963).

OJA, O., R.J. PELTONEN u. M. KOSKI: Die Bestimmung des Methanolgehaltes in Alkohol mit Schiffschem Reagens. Systematische Fehler und statistische Sicherheit der Nullprobe. Z. analyt. Chem. **169**, 321—327 (1959).

ORSER, R.E., and H.Y. YANG: Gas-liquid chromatographic analysis of blackberry wine extracts fermented by different yeast strains. Amer. J. Enol. Viticult. **17**, 106—111 (1966).

OSHMYAN, G.L., and A.V. IGNATOVA: Chemistry of the action of activated charcoal upon alcohols. Tr., Tsentr. Nauchn.-Issled. Inst. Spirt. i. Likero-Vodochn. Prom. **1961**, Nr. 11, 242—250 [russisch]; zit. nach Chem. Abstr. **57**, 14291 (1962).

OTTOSON, D., and E. VON SYDOW: Electrophysiological measurements of the odour of single components of a mixture separated in a gas chromatograph. Life Sci. **3**, 1111—1115 (1964).

Owades, J.L., L. Maresca and G. Rubin: Nitrogen metabolism during fermentation in the brewing process. II. Mechanism of diacetyl formation. Amer. Brewer 93, Nr. 3, 24—26 (1960).

Owe, A.W.: Acetal im Sulfitsprit. Tidskr. Kjemi og Bergvesen 2, 143—144 (1922a) [norwegisch].
— Vorkommen von Acetal im Sulfitspiritus. Papier-Fabrikant 20, 1564—1565 (1922b).

Pechmann, H. von, u. F. Dahl: Über die Reductionsproducte der 1,2-Diketone. Ber. dtsch. chem. Ges. 23, 2421—2427 (1890).

Peltonen, R.J.: Die Destillation des Fuselöls. Bericht aus den Forschungslaboratorien des Finnischen Staatlichen Alkoholmonopols (Alko) Nr. 4002a, S. 1—8 (1954) [finnisch].

Peynaud, E.: The formation of ethyl acetate by wine yeasts. Industr. agric. aliment. 73, 253—257 (1956) [französisch]; zit. nach Chem. Abstr. 50, 12395 (1956).
—, et G. Guimberteau: Sur la teneur des vins en alcools supérieurs. Estimation séparée des alcools isobutylique et isoamylique. Ann. Falsif. Fraudes 51, 70—80 (1958).
— — Mécanismes de la formation des alcools supérieurs au cours de la fermentation alcoolique. C.R. Acad. Sci. (Paris) 248, 868—870 (1959).
— — Sur la formation des alcools supérieurs par les levures de vinification. Ann. Technol. agric. 11, 85—105 (1962).
—, et M. Lafon: Présence et signification du diacétyle, de l'acétoine et du 2,3 butanediol dans les eaux-de-vie. Ann. Falsif. Fraudes 44, 263—283 (1951a).
— — Note complémentaire sur les corps acétoiniques des eaux-de-vie (Marcs de Bourgogne, Genièvres, Whiskies). Ann. Falsif. Fraudes 44, 399—402 (1951b).
—, et A. Maurie: L'acétal dans les eaux-de-vie, son dosage volumétrique. Reactions d'acétalisation. Bull. int. Vin 11, 42—46 (1938).

Pfenninger, H.: Gaschromatographische Untersuchungen von Fuselölen aus verschiedenen Gärprodukten. I. Mitt. Problemstellung und Literaturübersicht. Z. Lebensmittel-Untersuch. u. -Forsch. 119, 401—415 (1963a).
— Gaschromatographische Untersuchungen von Fuselölen aus verschiedenen Gärprodukten. II. Mitt. Methodik der Fuselölbestimmung. Z. Lebensmittel-Untersuch. u. -Forsch. 120, 100—116 (1963b).
— Gaschromatographische Untersuchungen von Fuselölen aus verschiedenen Gärprodukten. III. Mitt. Ergebnisse der gaschromatographischen Untersuchung von Fuselölen aus verschiedenen Gärprodukten. Z. Lebensmittel-Untersuch. u. -Forsch. 120, 117—126 (1963c).

Piha, P.: Volatility data relative to ethanol of some aliphatic aldehydes and acetal present in impurity concentrations in ethanol-water mixtures. Suomen Kemistilehti 32B, 100—104 (1959).
—, M. Kitunen, A.-M. Holmberg u. H. Suomalainen: Aliphatische Aldehyde des Sulfit- und Getreidesprits. Z. Lebensmittel-Untersuch. u. -Forsch. 113, 134—143 (1960).

Plöttner, D.: Über die aromatischen Stoffe des Kornbranntweins. Dtsch. Lebensmittel-Rdsch. 55, 144—146 (1959).
— Über die Beurteilung von Korndestillat. Branntweinwirtsch. 100, 231—232 (1960).
— Über die Bedeutung der schwerflüchtigen Aromastoffe des Kornbranntweins. Branntweinwirtsch. 101, 324—325 (1961a).
— Über die Klassifizierung von Kornbranntwein in der Europäischen Alkohol-Union. Branntweinwirtsch. 101, 479—482 (1961b).

Porter, J.W., S.J. Wakil, A. Tietz, M.I. Jacob and D.M. Gibson: Studies on the mechanism of fatty acid synthesis. II. Cofactor requirements of the soluble pigeon liver system. Biochim. biophys. Acta 25, 35—41 (1957).

Prabucki, A.L., u. H. Pfenninger: Über die gas-chromatographische Trennung der isomeren gesättigten aliphatischen Alkohole bis zu 5 C-Atomen. Helv. chim. Acta 44, 1284 bis 1286 (1961).

Prillinger, F., u. H. Horwatitsch: Gaschromatographische Bestimmung der Alkohole in Weinen, Destillaten und in der Gärungskohlensäure. Mitt. (Klosterneuburg), Ser. A, Rebe u. Wein 15, 72—79 (1965).
— — Gaschromatographische Untersuchungen von Weindestillaten. Die flüchtigen Bestandteile als Grundlage zur Beurteilung von Weinbrandverschnitten. Mitt. (Klosterneuburg), Ser. A, Rebe u. Wein 16, 115—126 (1966).

Pyke, M.: The manufacture of Scotch grain whisky. J. Inst. Brewing 71, 209—218 (1965).

Ratz, H.: Über die Untersuchung und Beurteilung von Kirsch- und Zwetschgenwässern. Branntweinwirtsch. 103, 61—65 (1963).
— Untersuchung und Beurteilung von Steinobstbranntweinen, insbesondere von Kirsch- und Zwetschgenwässern. Branntweinwirtsch. 106, 4—12 (1966).

Reichert, R.: Über die Lipoide der Wuchshefen (Torula utilis). I. Die Zusammensetzung der acetonlöslichen Lipoide. Helv. chim. Acta 28, 484—495 (1945).

Rentschler, E.: Über den Acetylmethylcarbinolgehalt in Essigen. Dtsch. Essigindustr. 1942, 94—95; zit. nach Z. Untersuch. Lebensmittel 85, 588 (1943).

RIBEREAU-GAYON, P., et J.-C. SAPIS: Sur la présence dans le vin de tyrosol, de tryptophol, d'alcool phényléthylique et de γ-butyrolactone, produits secondaires de la fermentation alcoolique. C.R. Acad. Sci. (Paris) 261, 1915—1916 (1965).

RIFFART, H., u. W. DIEMAIR: Beitrag zur Untersuchung von Brennwein (verstärktem Wein zur Herstellung von Weinbrand) unter Berücksichtigung der stufenphotometrischen Methode (RIFFART u. KELLER). Z. Lebensmittel-Untersuch. u. -Forsch. 87, 61—64 (1944).

RONKAINEN, P.: Conversion of 2,4-dinitrophenylhydrazones of aliphatic aldehydes by ozone oxidation to the corresponding carboxylic acids for gas chromatographic analysis. Suomen Kemistilehti 37B, 227—228 (1964).

—, V. ARKIMA and H. SUOMALAINEN: The identification of carbonyl compounds in beer. J. Inst. Brewing 73, 567—570 (1967).

—, D. KAEMPGEN u. H. SUOMALAINEN: Die Einheitlichkeit des 2,4-Dinitrophenylosazons des Glyoxals. Z. analyt. Chem. 201, 14—20 (1964).

—, T. SALO u. H. SUOMALAINEN: Carbonylverbindungen der Weindestillate und deren Veränderungen im Verlaufe der Reifeprozesse. Z. Lebensmittel-Untersuch. u. -Forsch. 117, 281—289 (1962).

—, and H. SUOMALAINEN: Dicarbonyl compounds of whisky and cognac. Suomen Kemistilehti 39 B, 280—281 (1966).

RØE, O.: Methanol poisoning, its clinical course, pathogenesis, and treatment. Acta med. scand. 126, Suppl. 182, 1—253 (1946).

— The roles of alkaline salts and ethyl alcohol in the treatment of methanol poisoning. Quart. J. Stud. Alcohol 11, 107—112 (1950).

SALO, T., u. H. SUOMALAINEN: Die Bestimmung des Diacetyls im Sprit. Z. Lebensmittel-Untersuch. u. -Forsch. 106, 367—372 (1957).

— — Diacetylgehalt von Sulfitsprit und Spritsorten anderer Ursprungs. Z. Lebensmittel-Untersuch. u. -Forsch. 108, 421—422 (1958).

SCHIDROWITZ, P., and F. KAYE: The chemistry of whisky. J. Soc. chem. Industr. (Lond.) 24, 585—589 (1905).

SCHMALFUSS, H., u. H. BARTHMEYER: Diacetyl als Aromabestandteil von Lebens- und Genußmitteln. Biochem. Z. 216, 330—335 (1929).

— — Nachweis von Diacetyl und Methyl-acetyl-carbinol in Lebensmitteln. Z. Untersuch. Lebensmittel 63, 283—288 (1932).

SCHNEYDER, J.: Gaschromatographische Untersuchungen. Das Weinhefeöl. Mitt. (Klosterneuburg), Ser. A, Rebe u. Wein 8, 186—192 (1958).

SCHORIGIN, P., W. ISSAGULJANZ, W. BELOW u. S. ALEXANDROWA: Über die Zusammensetzung von hochsiedenden Anteilen des Fuselöls. Ber. dtsch. chem. Ges. B 66, 1087—1093 (1933).

SENTHESHANMUGANATHAN, S.: The mechanism of the formation of higher alcohols from amino acids by Saccharomyces cerevisiae. Biochem. J. 74, 568—576 (1960a).

— The purification and properties of the tyrosine-2-oxoglutarate transaminase of Saccharomyces cerevisiae. Biochem. J. 77, 619—625 (1960b).

—, and S.R. ELSDEN: The mechanism of the formation of tyrosol by Saccharomyces cerevisiae. Biochem. J. 69, 210—218 (1958).

SIEBER, R.: Über den Acetaldehydgehalt von Sulfitsprit. Chemiker-Ztg. 45, 349—350 (1921).

SIHTO, E., and V. ARKIMA: Proportions of some fusel oil components in beer and their effect on aroma. J. Inst. Brewing 69, 20—25 (1963).

—, L. NYKÄNEN and H. SUOMALAINEN: Gas chromatography of the aroma compounds of alcoholic beverages. Teknillisen Kemian Aikakauslehti 19, 753—762 (1962).

SINGER, D.D.: The analysis and composition of potable spirits. Determination of $C_3$, $C_4$ and $C_5$ alcohols in whisky and brandy by direct gas chromatography. Analyst. 91, 127—134 (1966).

SPANYER, J.W., jr., and A.T. THOMAS: Pilot-plant study of utilization of leucine by Saccharomyces cerevisiae. J. agric. Food Chem. 4, 866—868 (1956).

SPECHT, H.: Ultrarotspektroskopische Methoden zur Erkennung von Spriten. Branntweinwirtsch. 79, 409—419 (1957).

STEINKE, R.D., and M.C. PAULSON: The production of steam-volatile phenols during the cooking and alcoholic fermentation of grain. J. agric. Food Chem. 12, 381—387 (1964).

STEVENS, R.: Beer flavour. I. Volatile products of fermentation: A review. J. Inst. Brewing 66, 453—471 (1960).

— Beer flavour. III. β-Phenylethanol. J. Inst. Brewing 67, 329—331 (1961).

STEVENS, R.K., and G.E. MARTIN: Gas chromatographic identification of ethyl esters of fatty acids in domestic and imported rums. J. Ass. off. agric. Chem. 48, 802—805 (1965).

STRASSMAN, M., L.A. LOCKE, A.J. THOMAS and S. WEINHOUSE: A study of leucine biosynthesis in Torulopsis utilis. J. amer. chem. Soc. 78, 1599—1602 (1956).

—, J.B. SHATTON, M.E. CORSEY and S. WEINHOUSE: Enzyme studies on the biosynthesis of valine in yeast. J. amer. chem. Soc. 80, 1771—1772 (1958).

652    H. Suomalainen, O. Kauppila, L. Nykänen u. R.J. Peltonen: Branntweine

Strassman, M., J.B. Shatton and S. Weinhouse: Conversion of $a$-acetolactic acid to the valine precursor, $a,\beta$-dihydroxyisovaleric acid. J. biol. Chem. **235**, 700—705 (1960).
Strating, J., and A. Venema: Gas-chromatographic study of an aroma concentrate from beer. I. Qualitative features. J. Inst. Brewing **67**, 525—528 (1961).
Street, J.N., and H. Adkins: The effect of certain beta substituents in the alcohol upon affinity and reactivity in acetal formation. J. amer. chem. Soc. **50**, 162—167 (1928).
Suomalainen, H.: Verknüpfung der Zellpermeabilität mit der enzymatischen Aktivität der Hefe. Suomen Kemistilehti **37**A, 214—225 (1964).
— Flüchtige Begleitstoffe in Gärungslösungen, insbesondere in alkoholischen Getränken. Branntweinwirtsch. **105**, 1—11 (1965).
—, and L. Jännes: Fermentative formation of diacetyl. Nature (Lond.) **157**, 336—337 (1946a).
— — Dehydrogenation of pyruvic acid as condition for the fermentative formation of acetylmethylcarbinol. Svensk kem. Tidskr. **58**, 38—52 (1946b).
—, and H. Kahanpää: Formation of fusel alcohols from amino acids with branched chains. J. Inst. Brewing **69**, 473—478 (1963).
—, u. J. Kangasperko: Aromasubstanzen des Gärungsessigs. Z. Lebensmittel-Untersuch. u. -Forsch. **120**, 353—356 (1963).
—, and A.J.A. Keränen: The effect of biotin deficiency on the synthesis of fatty acids by yeast. Biochim. biophys. Acta **70**, 493—503 (1963a).
— — The effect of anaerobic conditions on the synthesis of fatty acids by yeast. Suomen Kemistilehti **36**B, 88—90 (1963b).
— — Fatty acid composition of baker's and brewer's yeast. Chem. Phys. Lipids, in press 1967a.
— — The keto acids formed by baker's yeast. J. Inst. Brewing **73**, 477—484 (1967b).
—, A. Kirjonen u. R.J. Peltonen: Diacetyl im rohen Sulfitsprit. Z. Lebensmittel-Untersuch. u. -Forsch. **102**, 338—341 (1955).
—, and T. Linnahalme: Metabolites of $a$-ketomonocarboxylic acids formed by dried baker's and brewer's yeast. Arch. Biochem. Biophys. **114**, 502—513 (1966).
—, and L. Nykänen: The formation of aroma compounds by yeast in sugar fermentation. Suomen Kemistilehti **37**B, 230—232 (1964).
— — The aroma components produced by yeast in nitrogen-free sugar solution. J. Inst. Brewing, **72**, 469—474 (1966a).
— — The aroma components produced by sherry yeast in grape and berry wines. Suomen Kemistilehti **39**B, 252—256 (1966b).
—, and E. Oura: Cell permeability and decarboxylation of $a$-keto acids by intact yeast. Biochim. biophys. Acta **28**, 120—127 (1958).
—, and P. Ronkainen: Keto acids in baker's yeast and in fermentation solution. J. Inst. Brewing **69**, 478—483 (1963a).
— — Carbonylverbindungen der verschiedenen Spritsorten und Weindestillate. Teknillisen Kemian Aikakauslehti **20**, 413—417 (1963b).
Taira, T.: Unsaponifiable high-boiling substances in fusel oils. J. agric. chem. Soc. Japan **9**, 379—387 (1933); zit. nach Chem. Abstr. **27**, 4341 (1933).
—, and T. Masujima: Unsaponifiable matter with higher boiling points in fusel oil. II. J. agric. chem. Soc. Japan **10**, 232—247 (1934); zit. nach Chem. Abstr. **28**, 4171 (1934).
Tarantola, C., et L. Usseglio Tomasset: La composition de quelques huiles de fusel italiennes analysée au moyen de la chromatographie en phase vapeur. Industr. agric. aliment. **77**, 657—659 (1960).
Täufel, K., H. Thaler u. H. Schreyegg: Zur Kenntnis des Fettes der Hefe (Saccharomyces spec.). Z. Untersuch. Lebensmittel **72**, 394—404 (1936).
Thorne, R.S.W.: The assimilation of nitrogen from amino-acids by yeast. J. Inst. Brewing **43**, 288—293 (1937).
Thoukis, G.: The mechanism of isoamyl alcohol formation using tracer techniques. Amer. J. Enol. Viticult. **9**, 161—167 (1958b).
Torbágyi-Novák, L., u. J. Verhás: Der Gehalt an schweren flüchtigen Estern in Obstbranntweinen. Z. Lebensmittel-Untersuch. u. -Forsch. **104**, 182—187 (1956).
Tóth, E.: Die Unterscheidung von Weinessig und Spritessig. Z. Untersuch. Lebensmittel **82**, 439—451 (1941).
Uino, L., u. T. Salo: Bestimmung des Methanolgehaltes im Sprit mit Chromotropsäure. Z. Lebensmittel-Untersuch. u. -Forsch. **113**, 129—134 (1960).
Valaer, P.: Foreign and domestic rum. Industr. Engin. Chem. **29**, 988—1001 (1937).
— Brandy. Industr. Engin. Chem. **31**, 339—353 (1939).
— Scotch whisky. Industr. Engin. Chem. **32**, 935—943 (1940).
—, and W.H. Frazier: Changes in whisky stored for four years. Industr. Engin. Chem. **28**, 92—105 (1936).

Wakil, S. J.: A malonic acid derivate as an intermediate in fatty acid synthesis. J. amer. chem. Soc. **80**, 6465 (1958).
— Mechanism of fatty acid synthesis. J. Lipid Res. **2**, 1—24 (1961).
—, and D. M. Gibson: Studies on the mechanism of fatty acid synthesis. VIII. The participation of protein-bound biotin in the biosynthesis of fatty acids. Biochim. biophys. Acta **41**, 122—129 (1960).
—, J. W. Porter and D. M. Gibson: Studies on the mechanism of fatty acid synthesis. I. Preparation and purification of an enzyme system for reconstruction of fatty acid synthesis. Biochim. biophys. Acta **24**, 453—461 (1957).
—, E. B. Titchener and D. M. Gibson: Evidence for the participation of biotin in the enzymic synthesis of fatty acids. Biochim. biophys. Acta **29**, 225—226 (1958).
Wallgren, H.: Relative intoxicating effects on rats of ethyl, propyl and butyl alcohols. Acta pharmacol. toxicol. **16**, 217—222 (1960).
—, L. Sammalisto and H. Suomalainen: Physiological effect of phenethyl alcohol. J. Inst. Brewing **69**, 418—420 (1963).
Walpole, G. S.: The action of Bacillus lactis aerogenes on glucose and mannitol. Part II. The investigation of the 2:3 butanediol and the acetylmethylcarbinol formed; the effect of free oxygen on their production; the action of B. lactis aerogenes on fructose. Proc. roy. Soc., Ser, B (Lond.) **83**, 272—286 (1911).
Wartburg, J.-P. von, J. L. Bethune and B. L. Vallee: Human liver-alcohol dehydrogenase. Kinetics and physicochemical properties. Biochemistry **3**, 1775—1782 (1964).
Webb, A. D., and J. L. Ingraham: Fusel oil. Advanc. appl. Microbiol. **5**, 317—353 (1963).
—, and R. E. Kepner: Fusel oil analysis by means of gas-liquid partition chromatography. Amer. J. Enol. Viticult. **12**, 51—59 (1961).
— — and W. G. Galetto: Comparison of the aromas of flor sherry, baked sherry, and submerged-culture sherry. Amer. J. Enol. Viticult. **15**, 1—10 (1964).
— — and R. M. Ikeda: Composition of a typical grape brandy fusel oil. Analytic. Chem. **24**, 1944—1949 (1952).
—, P. Ribereau-Gayon et J. N. Boidron: Premières observations sur l'etude des substances odorantes des vins. C. R. Acad. Agric. France **49**, 115—123 (1963).
Weger, B.: Über den Methylalkoholgehalt von Fruchtsäften. Fruchtsaft-Industr. **5**, 62—69 (1960).
Wessel, J. (A/S Vinmonopolet, Oslo): Schriftliche Mitt. 1955.
Weurman, C.: Lists of volatile compounds in food. Central Institute for nutrition and food research T. N. O. Utrecht, The Netherlands. Report No. R 1687. S. 3—17 (1963), S. 3—11 (1965), S. 14—24 (1966).
Whitmore, F. C., and J. H. Olewine: The primary active amyl halides. J. amer. chem. Soc. **60**, 2570—2571 (1938).
Willson, C. D., and E. A. Adelberg: The biosynthesis of isoleucine and valine. IV. Accumulation of citramatic and $a,\beta$-dimethylmalic acids by a Neurospora mutant. J. biol. Chem. **229**, 1011—1018 (1957).
Winer, A. D.: A note on the substrate specificity of horse liver alcohol dehydrogenase. Acta chem. scand. **12**, 1695—1696 (1958).
Wollny, G.: Vom Rum. Arten, Herstellung und Zusammensetzung. Alkohol-Industr. **72**, 499—502 (1959).
Wratten, C. C., and W. W. Cleland: Kinetic studies with liver alcohol dehydrogenase. Biochemistry **4**, 2442—2451 (1965).
Yamada, K., and Y. Fukui: Whisky flavor. II. High-boiling components. Nippon Nogei Kagaku Kaishi **37**, 53—57 (1963) [japanisch]; zit. nach Chem. Abstr. **61**, 6345 (1964).
Yamada, M., J. Shitara, S. Yoneyama, H. Komoda, M. Kosaki and K. Yoshizawa: Amino acid fermentation by yeasts. I. A new pathway of fusel oil formation. Tokyo Nogyo Daigaku Nogaku Shuho **7**, 97—102 (1962); zit. nach Chem. Abstr. **58**, 9593 (1963).
—, and T. Watarai: Alcoholic fermentation of amino acids by yeasts. Formation of isobutyl alcohol from $dl$-$a$-alanine. Nippon Jôzô Kyôkai Zasshi **51**, 559—569 (1956) [japanisch]; zit. nach Chem. Abstr. **51**, 17078 (1957).
Zatman, L. J.: The effect of ethanol on the metabolism of methanol in man. Biochem. J. **40**, lxvii—lxviii (1946).
Zimmermann, W., u. L. Malsch: Der Methylalkoholgehalt von Obstbranntweinen. Z. Untersuch. Lebensmittel **73**, 165—171 (1937).

# Untersuchung der Branntweine und Sprite

Von

Regierungsdirektor Dr. Ing. **WILHELM HORAK**, Offenbach, Prof Dr. **A. FREY**,
Weihenstephan und Dipl.-Ing. **GERHARD GÜNTHER**, Lüdinghausen

Mit 6 Abbildungen

## I. Sinnenprüfung (Organoleptik)
### 1. Äußere Beschaffenheit

Alle Sprite, sowie viele Edelbranntweine, sollen farblos sein. Um dies festzustellen, vergleicht man die Probe mit destilliertem Wasser. In zwei gleiche, farblose Glaszylinder wird in genau gleicher Schichthöhe (mindestens 25 cm) in einen die Probe, in den anderen dest. Wasser eingefüllt. Die Glaszylinder werden auf eine weiße Unterlage gestellt und in der Aufsicht geprüft. Eine Probe ist farblos, wenn sie sich nicht von der Wasserprobe unterscheidet. Beim Verdünnen mit Wasser darf bei Spriten keine Veränderung eintreten.

Bei nicht farblosen Erzeugnissen gibt man den Farbton in Vergleichsfarben, wie cognac-, kirsch-, himbeer-, lachsfarben usw. an.

Ferner soll in der Beurteilung das Aussehen angegeben werden, ob die Probe glanzklar, klar, leicht trübe, milchig trübe oder stark trübe ist und ob sie ungelöste Stoffe, wie Bodensatz oder Schwebestoffe enthält.

## 2. Geruch und Geschmack

Bei Branntweinen und Spriten, die mittelbar oder unmittelbar zum Genuß bestimmt sind, ist die Geruchs- und Geschmacksprüfung von größter Bedeutung. Keines der modernen Untersuchungsverfahren besitzt eine so hohe Empfindlichkeit wie der Geruchs- und Geschmackssinn. Man stellt oft mit den Sinnesorganen markante Unterschiede fest, die von den neuzeitlichen Untersuchungsverfahren nicht erfaßt werden.

Den Makel der Subjektivität kann man stark einschränken, wenn für die Teste mehrere (mindestens drei) erfahrene Prüfer herangezogen werden, die ihre Ergebnisse unabhängig voneinander schriftlich niederlegen und unterzeichnen. Diese Testergebnisse können bei Gerichtsverhandlungen mit dem Gutachten vorgelegt werden.

Die Prüfung soll vor dem Essen, 1—2 Std nach dem Frühstück vorgenommen werden. Die Prüfer sollen ausgeruht und entspannt sein und sitzend, nur auf den Test konzentriert, mit geschlossenen Augen die Prüfung vornehmen. In wichtigen Fällen wiederholt man den Test 24 Std später.

Die Prüfung soll nur in vollkommen geruchlosen Räumen vorgenommen werden. Man soll nie mehr als drei bis fünf Proben hintereinander testen. Zwischen den einzelnen Proben legt man kurze Pausen ein, die man zum Mundspülen benutzen kann. Essen ist während der Prüfung nicht vorteilhaft, höchstens ein Stückchen Weißbrot.

Nur die Prüfung von verdeckten Proben liefert objektive Ergebnisse. Während der Prüfung sollten auch Diskussionen jeder Art unterbleiben. Man soll bemüht sein, immer etwa gleich große Schlucke zu nehmen. Die Probe wird einige Sekunden im Mund bewegt und anschließend ausgespuckt.

Nach den Beschaffenheitsbedingungen der Bundesmonopolverwaltung für Branntwein müssen Primasprite geruch- und geschmacklich neutral sein, das heißt, sie dürfen bei der Sinnenprobe nicht erkennen lassen, aus welchem Rohstoff sie stammen. Sie müssen geruchlos sein und dürfen keinen charakteristischen Geschmack besitzen; man prüft nur, ob sie weich, mild, oder scharf brennend schmecken.

Bei Spirituosen ist es nicht Aufgabe der Sinnenprobe festzustellen, welche Branntweinsorte dem Konsumenten besser schmeckt, das ist Aufgabe der Marktforschung. Es ist zu prüfen, ob die vom Konsumenten erwarteten charakteristischen Geruchs- und Geschmacksmerkmale in ausreichendem Maße vorhanden sind, ob Geruch und Geschmack reintönig sind oder ob ein fremdartiger Geruch oder Geschmack festgestellt werden kann.

Für die Sinnenprobe von Spriten und Destillaten werden Kostgläser verwendet, wie sie in der „Allgemeinen Verwaltungsvorschrift IV für die Untersuchung von Wein und ähnlichen Erzeugnissen" vom 26. IV. 1960 abgebildet sind. Die Proben werden mit nicht gechlortem Leitungswasser auf 30 Vol.-% verdünnt. Bei Spriten sollte die Verdünnung nicht im Kostglas, sondern so genau wie möglich in graduierten Schüttelzylindern durchgeführt werden, weil bereits geringe Unterschiede in der Alkoholstärke Geruch und Geschmack stark beeinflussen.

Edelbranntweine sollte man in der handelsüblichen Stärke in Cognac-Schwenkern testen. Nach dem Einfüllen hält man das Glas 1—2 min in der Hand, damit sich das Aroma anreichern kann, dann wird getestet. Bei aromareichen Proben kann man noch nach einiger Zeit im geleerten Glas typische Geruchsmerkmale wahrnehmen.

## 3. Degustative Prüfung der am Birektifikator erhaltenen Fraktionen

K. MICKO hat vor etwa 60 Jahren die fraktionierte Destillation am Birektifikator zur organoleptischen Untersuchung von Rum eingeführt. Diese Methode hat sich so gut bewährt, daß heute nicht nur Rum und Weinbrand, sondern fast alle Edelbranntweine und viele Rohbranntweine nach diesem Verfahren untersucht werden.

Das Gerät, der sog. „Birektifikator", wurde von der Glasbläserei des Gärungsinstitutes Berlin entwickelt. Es ist in der „Allgemeinen Verwaltungsvorschrift für die Untersuchung von Wein und ähnlichen Erzeugnissen" vom 26. IV. 1960 abgebildet.

Die organoleptische Prüfung der Fraktionen, die auf einem scharf trennenden Rektifiziergerät gewonnen wurden, ergänzt gut die Sinnenprüfung der Originalprobe. Man fällt auch nicht so leicht Fälschungen zum Opfer, wie es bei der Verkostung der Originalprobe immer möglich ist. Einigermaßen reproduzierbare Werte erhält man aber nur bei gleichem Rücklaufverhältnis und bei gleicher Abstrichgeschwindigkeit. Dies erreicht man, wenn die in der Abbildung angegebenen Normen des Gerätes genau eingehalten werden. Von besonderer Wichtigkeit ist die wirksame Höhe des Flüssigkeitsverschlusses (Syphonröhrchen) zwischen dem Luft- und Kugelkühler. Leider ist gerade dieser nicht genormt. Die Druckverhältnisse sind der wirksamen Höhe des Flüssigkeitsverschlusses direkt proportional. Mit steigendem Druck erhöht sich die Dampftemperatur und damit auch das wirksame Wärmegefälle im Luftkühler (Erhöhung des Rücklaufverhältnisses).

Weil das Gerät einen Luftkühler besitzt, sollte es nur in Räumen aufgestellt werden, die keinen großen Temperaturschwankungen unterworfen und frei von Zugluft sind. Die Abtriebsgeschwindigkeit soll so geregelt werden, daß der Abtrieb von 200 ml in 2 Std beendet ist.

Das Destillat fängt man in Kölbchen zu 25 ml auf. Besser bewährt haben sich Schüttelzylinder gleichen Inhalts mit eingeschliffenem Glasstopfen. Man kann die Destillatmenge für die Ausgiebigkeitsprüfung abmessen und für die Sinnenprobe genauer verdünnen.

Die Proben werden vor dem Abtrieb auf 40 Vol.-% verdünnt. Von Weindestillaten und Rum nimmt man 8 Fraktionen zu 25 ml ab. Die erste und zweite Fraktion enthalten die leicht flüchtigen Vorlaufprodukte, die dritte und vierte Fraktion den Mittellauf, die fünfte und sechste Fraktion die Nachlaufprodukte. Die siebte und achte Fraktion sind wäßrig und fast alkoholfrei.

Die einzelnen Fraktionen werden in Kostgläsern wie unter 2. angegeben geprüft. Bei Weindestillaten sind in der ersten Fraktion Acetaldehyd und Ester enthalten. In der zweiten Fraktion hat der Acetaldehyd bereits stark abgenommen, dagegen sind die Ester noch gut wahrnehmbar. Die für Weindestillate typischen Bukettstoffe befinden sich in der dritten und vierten Fraktion, das Weinfuselöl in der fünften und sechsten. Die fünfte und sechste Fraktion sind meistens etwas trüb, weil die Alkoholstärke so abgenommen hat, daß die Fuselöle nicht mehr gelöst bleiben. Der Destillationsrückstand gibt Aufschluß über den Gehalt an nicht flüchtigen Stoffen, vor allem ist bei länger gelagerten Weindestillaten ein deutlicher Holzgeschmack wahrnehmbar.

Wenn die mittleren Fraktionen kein oder nur ein schwaches Weinbukett aufweisen, kann man mit Sicherheit einen Zusatz von neutralem Sprit annehmen. Sind bei neutralen Mittelfraktionen die fünfte und besonders die sechste Fraktion sehr fuselölreich, dann wurde Weinfuselöl zugesetzt, um ein Weinbukett vorzutäuschen.

Bei Rum befinden sich die charakteristischen Ester schon in den ersten beiden Fraktionen, in den folgenden findet eine Anreicherung der schwerflüchtigen Alkohole und Ester statt. In der fünften und sechsten Fraktion kann man ein juchtenähnliches Aroma wahrnehmen.

Von den übrigen Edel- und Rohbranntweinen sollte man etwa 10 Fraktionen zu 15 ml abnehmen. Auf die wäßrigen Fraktionen kann verzichtet werden.

Die organoleptische Prüfung wird durch spektralphotometrische oder gaschromatographische Untersuchungen gut ergänzt (vgl. S. 692, 698).

## 4. Ausgiebigkeitsprüfung nach Wüstenfeld

Nach diesem Verfahren soll die Verdünnung ermittelt werden, bei welcher das für die Branntweinart charakteristische Aroma im Geruch und Geschmack zuerst wahrgenommen wird. Man will ein Maß finden, das zahlenmäßig die Aromastärke zum Ausdruck bringt.

Für die Ausgiebigkeitsprüfung von Weindestillaten verwendet man die am Birektifikator gewonnenen Fraktionen, zwei bis vier bei den anderen Branntweinen geht man von der Originalprobe aus.

Ursprünglich war diese Methode nur für Rum vorgesehen, wo sie sich gut bewährt hat, weil die in Deutschland beliebten Flouvared Typen von Jamaica Rum ein sehr starkes Aroma besitzen.

Die Original-Branntweinproben werden auf 40 Vol.-% verdünnt. Von Rum oder Arrak werden 0,1 ml des verdünnten Branntweins mit 50 ml nicht gechlortem, reinstem Trinkwasser verdünnt und gut vermischt. Von dieser Verdünnung werden 0,25, 0,5, 1,0, 2,0 und 3,0 ml in

Kostgläser pipettiert und mit Wasser auf 50 ml gebracht. Wie unter 2. angegeben wird mit der stärksten Verdünnung beginnend verkostet. Die angeführten Verdünnungen entsprechen 1:50000, 25000, 12500 und 8300.

Als Ausgiebigkeitsgrad gilt die Verdünnung, bei welcher der Charakter des Branntweins zuerst wahrgenommen wurde. Bei Jamaica Rum gelten Ausgiebigkeitsgrade von 1:10000 als mager, die Höchstgrenze liegt bei 1:100000. Diese Ausgiebigkeit besitzen aber nicht alle Rumarten, z. B. bei dem in Frankreich üblichen Martinique-Rum ist das Aroma im Original nur schwach wahrnehmbar. Die Begriffsbestimmung für Rum müßte wesentlich erweitert und schärfer gefaßt werden.

Arrak hat eine durchschnittliche Ausgiebigkeit von 1:16000, Steinobstbranntweine von 1:1000 bis 1:2000, Whisky 1:500 bis 1:1000.

Für die Untersuchung von Weindestillaten ist die Ausgiebigkeitsprüfung amtlich vorgeschrieben.

Von der zweiten bis vierten Birektifikatorfraktion werden je 5 ml in einem 100-ml-Meß-kölbchen mit reinstem Wasser verdünnt. Nach gründlichem Durchmischen werden 0,1, 0,2, 0,3, 0,4, 0,5, 0,7, 1,0 und 1,5 ml in Kostgläser pipettiert und mit Wasser auf 100 ml ergänzt. Die Verdünnungen entsprechen 1:2000, 1000, 700, 500, 400, 300, 200 und 140.

Nach der allgemeinen Verwaltungsvorschrift für die Untersuchung von Weinen gilt erst diejenige Verdünnung als Ausgiebigkeitsgrenze, bei welcher sich die typischen Weinbukettstoffe geschmacklich deutlich bemerkbar machen. Bei Weinbränden soll der Ausgiebigkeitsgrad zwischen 1:200 und 1:600 liegen.

Die Ergebnisse haben eine sehr große Streuung, weil abgesehen von der verschiedenen Empfindlichkeit der Sinnesorgane der Begriff „Bukettstoffe" sehr dehnbar ist. Außerdem wird verlangt, daß sich die Weinbukettstoffe „deutlich" bemerkbar machen, dadurch wird die Streuungsfläche der Ergebnisse noch mehr vergrößert. Solange es keine haltbare und gute Standard-Vergleichslösung gibt, wird man keine reproduzierbaren Werte erhalten.

# II. Allgemeine Verfahren

Der Alkoholgehalt wird in Volumprozenten[1] oder Gewichtsprozenten[2] angegeben. In der Branntweinmonopolgesetzgebung werden die Bezeichungen Raum- und Gewichtshundertteile verwendet.

## 1. Dichte, Gewichtsverhältnis

Betreffend der Dichte vgl. Bd. II/1 S. 14—37. In der Branntweinanalyse ist es üblich, das Gewichtsverhältnis bei 20/20°C zu bestimmen. Unter Gewichtsverhältnis versteht man das Verhältnis des Gewichtes eines bestimmten Volumens einer Flüssigkeit bei einer bestimmten Temperatur zu dem Gewicht des gleichen Volumens Wasser bei der gleichen Temperatur im lufterfüllten Raum. Die Bestimmung läßt sich labormäßig wesentlich leichter durchführen. Die Tabellenwerke für Alkohol -und Extraktgehalt beginnen mit reinem Wasser, das einem Gewichtsverhältnis von 1,0000 entspricht.

Ein Gewichtsverhältnis 15/15°C ist in der Praxis nicht üblich. Die Dichte 15/4°C wird wegen internationaler Rücksichten nur noch beim Mineralöl angewandt. Durch Verordnung vom 21. XII. 1927 wurde der § 138 der Eichordnung vom 8. XI. 1911 dahin geändert, daß der Rauminhalt aller Meßgeräte, einschließlich Pyknometer, bei 20°C seinen Nennwert hat (RGBl, I, 1927, 495). Nach den z. Z. auf europäischer Basis geführten Verhandlungen kann man als endgültig annehmen, daß die Bezugstemperatur der Dichten für Alkoholtafeln und Alkoholmeter international 20°C betragen wird.

---

[1] Abkürzung — % vol — z. Z. noch Vol.-%.
[2] künftig „Massenprozente", Abkürzung — % masse — z. Z. noch Gew.-%.

Vervielfacht man das Gewichtsverhältnis 20/20°C mit 0,99823, so erhält man die Dichte bei 20/4°C.

Genaue Ergebnisse erhält man nur bei der Verwendung von Pyknometern (Dichtefläschchen).

In geringem Maße wird zur Dichtebestimmung noch die Mohr-Westphalsche Waage benutzt. Sie liefert zwar die Werte schneller, aber weniger genau (vgl. Bd. II/1 S. 26).

Aräometer werden zur Dichtebestimmung von Spriten nicht verwendet. Zur Ermittlung der Alkoholstärke benützt man Alkoholometer, das sind Prozentaräometer, die an Stelle der Dichte die entsprechenden Alkoholprozente angeben. Die Ausführungen betreffend Prozent-Aräometer in Bd. II/1 S. 863 sind überholt und nicht zutreffend.

### a) Bestimmung des Gewichtsverhältnisses mit dem Langhals-Pyknometer nach Reischauer

Vgl. S. 661. Das Pyknometer wird vollkommen trocken und rein gewogen (Angabe des Gewichts auf mindestens vierte Dezimale nach dem Komma genau). Anschließend wird es mit destilliertem, luftfreien Wasser bis etwa 5 mm über dem Eichstrich befüllt und für mindestens 20 min in einen Thermostaten gestellt, der die Temperatur von 20°C konstant hält (maximale Abweichung ± 0,1°C). Nach dem Temperieren wird auf den Eichstrich genau eingestellt. Um die Handwärme auszuschalten, faßt man das Pyknometer am oberen Ende des Halses an und zieht mit einem Filterröllchen das über dem Eichstrich stehende Wasser ab. Die Filterröllchen werden aus halben Rundfiltern ⌀ 9 cm hergestellt. Sie eignen sich besser als Haarröhrchen, weil man die Eichmarke ständig im Auge behält und gleichzeitig mit dem Einstellen auch den Pyknometerhals trocknet. Nach dem Einstellen beläßt man das Pyknometer noch 3—5 min im Thermostaten und prüft nach, ob sich die Einstellung nicht verändert hat. Das Pyknometer wird hierauf gut abgetrocknet und genau gewogen. Beim Einstellen ist darauf zu achten, daß an der Wandung des Pyknometers keine Luftbläschen haften. Aus Pyknometern mit ziemlich steilem Übergang zwischen Pyknometerkörper und Hals lassen sich die Luftbläschen durch Klopfen mit dem Finger leicht entfernen; schwieriger ist es, wenn der Übergang fast rechtwinklig ist.

### b) Bestimmung des Gewichtsverhältnisses mit dem Weithals-Pyknometer nach Gay Lussac

Für sämige Erzeugnisse, wie Eierlikör, verwendet man weithalsige Pyknometer mit eingeschliffenem, capillar durchbohrtem Glasstöpsel (vgl. Bd. II/1, Abb. 5, Typ II).

Nach dem Temperieren wird die aus der Capillare getretene Flüssigkeit mit Filterpapier abgewischt. Dann taucht man das Pyknometer für einige Sekunden in kaltes Wasser, wodurch ein Zusammenziehen der Flüssigkeit in der Capillare erreicht wird. Anschließend kann das Pyknometer ohne Verluste getrocknet und gewogen werden. Zieht man von dem Gewicht des mit Wasser gefüllten Pyknometers das Leergewicht ab, so erhält man das Wassergewicht (Wasserwert) bei der entsprechenden Temperatur. Wird in gleicher Weise mit der zu untersuchenden Probe verfahren, so erhält man das Probengewicht des gleichen Volumens bei der gleichen Temperatur.

$$\text{Das Gewichtsverhältnis } 20/20°C = \frac{\text{Probengewicht } 20°C}{\text{Wasserwert } 20°C}$$

## 2. Äthanol

Nachweisreaktionen vgl. Bd. II/2 S. 547—549.

### a) Bestimmung aus dem Gewichtsverhältnis oder aus der Dichte

Diese Methode kann nur bei extraktfreien, reinen Äthanol-Wassermischungen (unvergällten Spriten) angewandt werden. In der Regel werden für derartige Bestimmungen Alkoholometer (Alkoholspindel) verwendet (vgl. 2b). Nur wenn ganz genaue Ergebnisse verlangt werden, wenn man Alkoholspindeln überprüfen will oder wenn die Probenmenge für eine Spindelung nicht ausreicht, benützt man das Pyknometer. Der dem Gewichtsverhältnis entsprechende Alkoholgehalt kann einem Tabellenwerk entnommen werden (vgl. Bd. II/2 S. 582 u. ff.).

## b) Bestimmung mit dem Alkoholmeter (Weingeistspindel)

Vor der Spindelung muß bei unbekannten Proben geprüft werden, ob sie spindelfähig sind. Eine Alkoholprobe ist spindelfähig, wenn sie farblos und klar ist, keinen fremdartigen Geruch oder Geschmack besitzt, beim Eindampfen keinen nennenswerten Rückstand hinterläßt und sich beim Verdünnen mit Wasser nicht trübt. Die Probe darf keine Stoffe enthalten, die Alkohol vortäuschen, wie Methanol, Propanol 1, Propanol 2 usw. Rohbranntweine werden zwar gespindelt, obwohl sie bis zu 1% Nebenbestandteile aus der alkoholischen Gärung enthalten können. Bei der Festsetzung der Übernahmepreise wird diesem Umstand Rechnung getragen. Vor- und Nachläufe dagegen werden nicht gespindelt, es wird nur der gaschromatographisch festgestellte Alkoholgehalt berücksichtigt. Vergällte Sprite sind nicht spindelfähig. Nach der Vergällung wird zwar gespindelt, die aus der Spindelanzeige und dem Reingewicht ermittelte Alkoholmenge (Weingeistmenge) dient aber nur dem Zweck, die Verwendung des vergällten Branntweins überwachen zu können.

Verschiedene Erzeugnisse, die leicht gefärbt sind, wie z. B. Rum oder solche, die geringe Mengen ätherischer Öle enthalten, wie manche Wacholderdestillate, die eigentlich nicht spindelfähig wären, kann das Bundesmonopolamt für Branntwein als spindelfähig erklären, wenn der Unterschied zwischen Spindelwert und tatsächlichem Alkoholgehalt innerhalb der Abrundung liegt.

Bisher wurden für amtliche Zwecke (Ermittlung der steuerpflichtigen Weingeistmenge) nur Weingeistspindeln in Gewichtsprozenten verwendet, weil Volumenprozentspindeln nicht geeicht, sondern nur beglaubigt wurden. Die Bezugstemperaturen für Spindeln und amtliche Weingeisttafeln war +15°C. Es gibt folgende Spindelgrößen:

| Bereich | eingeteilt in | | Thermometereinteilung |
|---|---|---|---|
| 0— 11 Gew.-% | ganze | Gewichtshdt | in ganze Grade |
| 10— 67 Gew.-% | 0,5 | Gewichtshdt | in ganze Grade |
| 65—100 Gew.-% | 0,2 | Gewichtshdt | in 0,5 Grade |
| 90—100 Gew.-% | 0,1 | Gewichtshdt | in 0,2 Grade |

Außerdem gibt es eine Spezialspindel für absoluten Alkohol für den Dichtebereich von 0,8020—0,7820 und einen Spindelsatz, bestehend aus 10 Spindeln von 0—50,4 Gew.-%, die in 0,2 Gew.-% und 0,5°C unterteilt sind. Spindellänge 165 mm. Die Spindeln dienen der Feststellung des Äthanolgehaltes von Destillaten (vgl. S. 661).

Die nationalen Eichbehörden von 15 Ländern haben sich zu einer Internationalen Organisation für gesetzliches Meßwesen OIML (Organisation Internationale de Metrologie Legale) zusammengeschlossen. Sekretariatsland ist Frankreich, mitarbeitende Länder sind die Bundesrepublik Deutschland, Belgien, Dänemark, Indonesien, Niederlande, Norwegen, Österreich, Polen, Spanien, Schweden, Schweiz, UdSSR, Ungarn und Venezuela. Zu ihren Aufgaben gehört auch die Herausgabe von internationalen Alkoholtafeln mit einer Bezugstemperatur von 20°C.

Die OIML hat provisorisch die vom polnischen Zentralinstitut für Maße neu ausgearbeiteten Alkoholtafeln angenommen, sie dürften im Frühjahr 1968 erscheinen. Die Physikalisch-Technische Bundesanstalt Braunschweig wird anhand dieser Unterlagen die deutschen Weingeisttafeln ausarbeiten.

Ursprünglich war geplant, nur Aräometer herauszugeben. Man hat sich jedoch bei Besprechungen im Fachnormenausschuß Laborgeräte im Deutschen Normenausschuß dahin geeinigt, daß die Prozentaräometer beibehalten werden. Künftig sollen Gewichts- und Volumprozentspindeln geeicht werden. Beide Spindelarten werden genormt, es werden zwei Normenblätter herausgegeben.

Geplant sind je 10 Spindeln, in Bereichen von 10 zu 10%, Bezugstemperatur 20°C.

Für die ersten fünf Spindeln von 0—50% beträgt der Durchmesser des Schwimmkörpers 28—30 mm, für die restlichen fünf Spindeln von 50—100% beträgt er 22—24 mm. Stengeldurchmesser mindestens 4 mm, Skalenlänge 115—130 mm, Spindellänge maximal 400 mm.

Alle Spindeln sind in 0,1% eingeteilt, Teilstrichabstand 0,8 mm. Thermometerbereich +5 bis +25 °C, eingeteilt in 0,2°C.

Die Weingeisttafeln werden nach Fertigstellung mit einem Einlegeblatt, das die Korrekturwerte enthält, die man zu den bei 15°C ermittelten Werten hinzuzählen muß, versehen und sofort herausgegeben. Die Ausrüstung mit neuen Spindeln dagegen wird in Etappen durchgeführt werden und kann sich über einige Jahre hinziehen. Für die Übergangszeit werden Korrekturtafeln verwendet. Für Volumprozente hat P. Jaulmes u. S. Brun (1966) Korrekturtafeln bereits geschaffen, die Korrekturwerte liegen zwischen 0 und 0,1%.

Die Spindeln für absoluten Alkohol und der Spindelsatz für die Äthanolbestimmung durch Abtrieb werden vorerst beibehalten und die gefundenen Werte anhand der Tabelle korrigiert.

Die Bezeichnung „Gewichtsprozente" soll künftig international in „Massenprozente" umgewandelt werden, abgekürzt — % masse —, die Volumprozente werden — % vol — abgekürzt.

Bei der — Alkoholometrie — ist zu beachten:

Weingeistspindel (Alkoholometer) und Standglas müssen trocken und rein sein. Ist das Standglas zwar rein, aber nicht trocken, so muß es mindestens dreimal mit dem zu spindelnden Branntwein gespült werden. Der Durchmesser und die Höhe des Standglases müssen so groß sein, daß die Spindel frei schweben kann und nicht den Boden berührt. Das Standglas muß senkrecht stehen. Dies erreicht man am leichtesten, wenn es kardanisch aufgehängt wird.

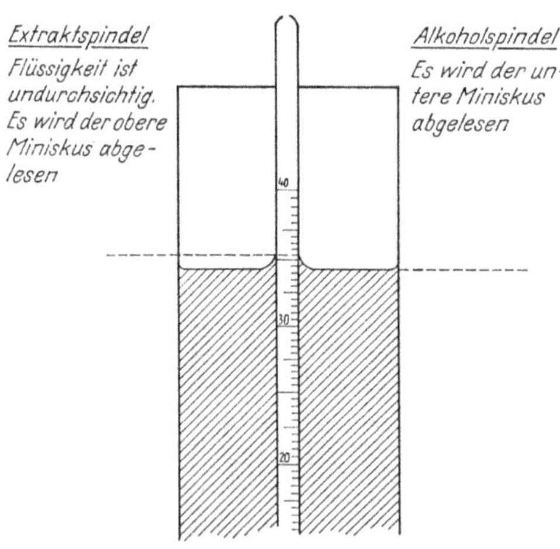


Abb. 1. Spindelablesung

Vor dem Ablesen der Spindelanzeige ist zu prüfen, ob der Spindelkörper frei von Luftblasen ist. Setzen sich am unteren Teil des Spindelkörpers Luftblasen an, so wird ein geringerer Alkoholgehalt vorgetäuscht. Sobald sich der Stand der Quecksilbersäule im Thermometer nicht mehr ändert, wird die scheinbare Alkoholstärke (Weingeiststärke) in der Ebene des Flüssigkeitsspiegels abgelesen (Abb. 1). Zur Ablesung ist das Auge in eine Stellung dicht unterhalb des Flüssigkeitsspiegels zu bringen. Bei dieser Augenstellung erscheint an der Stelle, über der der Flüssigkeitswulst liegt, nur ein Strich, der den Stengel der Spindel rechtwinklig schneidet (Abb. 1). Der der Schnittlinie zunächst liegende Teilstrich gibt die scheinbare Stärke der Probe an. Liegt die Schnittlinie in der Mitte zweier Teilstriche, ist der obere Strich maßgebend. Unmittelbar nach der Feststellung der Alkoholstärke wird die Temperaturanzeige abgelesen. Der dem Ende der Quecksilbersäule zunächst liegende Teilstrich zeigt die Temperatur der Flüssigkeit an. Steht das Ende der Quecksilbersäule zwischen zwei Teilstrichen, so ist auch hier der obere Strich maßgebend.

Entsprechend der abgelesenen scheinbaren Stärke und Temperatur ist die wahre Stärke der Probe aus Tafel 1[1] der Tafeln für die amtliche Weingeistermittlung zu entnehmen. Der Alkoholgehalt (Weingeiststärke) von Alkohol absolutus (wasserfreiem Äthanol) wird mit einer besonderen Spindel ermittelt. Der Dichtebereich (15°C) von 0,8020—0,7820 — gleich 99—100 Gew.-% — ist in 100 Teilstriche eingeteilt. Jeder Teilstrich entspricht demnach 0,0002 Einheiten der Dichte. Abgelesen werden Teilstriche und Temperatur. Aus der Tafel 2a der Tafeln für die amtliche Weingeistermittlung entnimmt man die wahre Alkoholstärke.

## c) Bestimmung des Wassergehaltes in absolutem Alkohol

Der Bedarf an absolutem Alkohol für medizinische, kosmetische und chemische Zwecke nimmt ständig zu. In der Tafel 2a werden die Werte auf 0,1% angegeben, das bedeutet aber nicht, daß sie auch auf 0,1% genau sind, weil bei Aräometern Eichfehler zulässig und unvermeidbar sind. Für verschiedene chemische Zwecke sind geringste Wassermengen von Bedeutung. Wenn man den Alkoholgehalt auf zwei Dezimalstellen genau benötigt, bestimmt man den Wassergehalt jodometrisch nach K. FISCHER (vgl. Bd. II/2 2. 25—32). Zieht man den Wassergehalt von 100 ab, so erhält man den Alkoholgehalt.

## d) Bestimmung durch Destillation (Abtrieb)

Diese Methode kann nur dann angewandt werden, wenn die Probe neben nicht flüchtigen Stoffen außer Äthanol keine anderen flüchtigen Anteile (andere Alkohole, Aldehyde, Ketone, Äther, Ester usw.) enthält.

Sauer oder alkalisch reagierende Proben müssen vor dem Abtrieb neutralisiert werden.

Flüchtige, in Wasser unlösliche Substanzen, wie ätherische Öle oder Ester, werden vor dem Abtrieb mit Petroläther ausgeschüttelt.

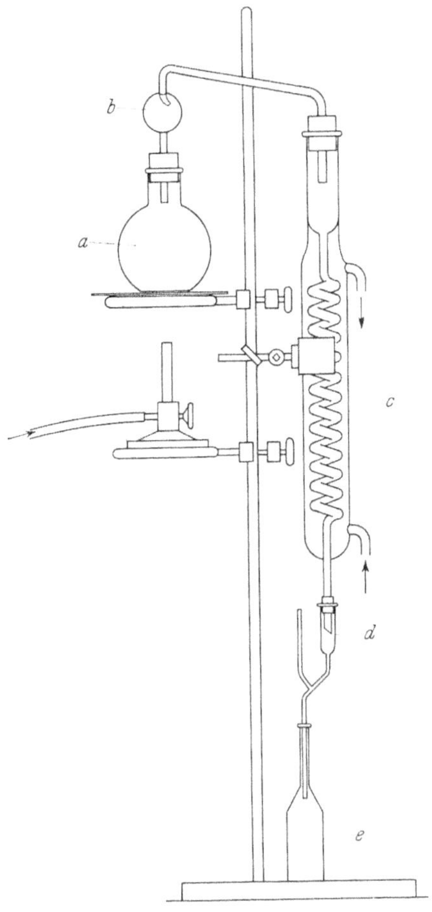


Abb. 2. Destillierelement. a Siedekolben, b Destillationsaufsatz, c Schlangenkühler, d Pyknometertrichterchen, e Pyknometer 50 ml (nach REISCHAUER)

Benötigt man den Gesamtäthanolgehalt (freies und als Ester gebundenes Äthanol), so müssen die Ester vor dem Abtrieb verseift werden.

In Abb. 2 ist ein Destillationselement, wie es zum Abtrieb benötigt wird, dargestellt.

---

[1] Die amtliche deutsche Tafel geht auf das Jahr 1888 zurück und beruht auf Beobachtungen von MENDELEJEW und auf thermische Ausdehnungsmessungen der Kaiserlichen Normal Eichungskommission. Sie gibt das Verhältnis der Dichte der Alkohol-Wassermischung bei t°C zur Dichte des Wassers bei 15°C an.

Um die Strahlungswärme auszuschalten, müssen die einzelnen Elemente in einem entsprechenden Abstand aufgestellt werden oder man verwendet Trennwände aus Asbest. Wenn die Destillate keiner Geschmacksprüfung unterzogen werden sollen, eignen sich als Verschlußmittel am besten Gummistopfen. Sie schließen gut ab, lassen sich leicht und schnell aufsetzen und abnehmen. Verbindungen von Teilen der Brennvorrichtung mit Glasschliffen müssen mit Spiralfedern gesichert werden, trotzdem bereitet das Lösen der Apparateteile oft Schwierigkeiten. Man sollte daher, wenn Glasschliffe notwendig sind, nur Kugelschliffe verwenden.

Wie bereits unter II 1 ausgeführt, erhält man nur genaue Werte bei Verwendung von Langhals-Pyknometern nach Reischauer.

Ohne Zweifel kann man umso genauer auf den Eichstrich einstellen, je enger der Pyknometerhals ist. Ein zu dünner Hals hat aber den Nachteil, daß der Inhalt mit einem Capillarrohr herausgeblasen werden muß, wodurch Verluste eintreten können. Erfahrungsgemäß ist ein innerer Pyknometerdurchmesser von 4 mm am günstigsten. Wenn man das Pyknometer verkehrt auf den Destillierkolben setzt, läuft der Inhalt von Flüssigkeiten mit Dichten unter 1 von selbst aus. Ansonsten genügt ein leichtes Klopfen gegen die auf dem Kolbenhals aufgelegten Finger.

Um Stauungen im Pyknometer beim Befüllen und bei der Destillation zu vermeiden, verwendet man Trichterchen mit einem seitlichen Belüftungsrohr (vg. Abb. 2d).

Von besonderer Wichtigkeit ist die Wassermenge, die zum Ausspülen des Pyknometers nach dem Entleeren in den Destillierkolben benötigt wird.

Nach den amtlichen Vorschriften (§ 5 (9) c der Technischen Bestimmungen) werden Volumprozente auf 0,1% abgerundet. Ein Restalkoholgehalt von weniger als 0,025 Vol.-% im Destillationsrückstand wirkt sich daher auf das Ergebnis nicht mehr aus. K. Rokitansky u. Mitarb. (1954) haben Diagramme aufgestellt, aus denen hervorgeht, welche Flüssigkeitsmenge von einer Probe bestimmter Alkoholstärke abdestilliert werden muß, damit im Destillationsrückstand nur der gewünschte Restalkoholgehalt zurückbleibt.

Gaschromatographisch kann man die Restalkoholgehalte schnell und genau bestimmen. Es wurden Alkoholwassermischungen von 10, 20, 30, 38 und 45 Vol.-% angesetzt. Von jeder Alkoholstärke wurden je 50 ml in sechs Destillierkolben gefüllt und mit 0, 10, 20, 30, 40 und 50 ml Wasser verdünnt. Die Abtriebsmenge betrug immer 45 ml. Im Destillationsrückstand wurde gaschromatographisch (vgl. S. 700) der Restalkoholgehalt bestimmt. Die Abtriebsgeschwindigkeit betrug zwei Tropfen je Sekunde, verwendet wurde das in Abb. 2 dargestellte Destilliergerät.

Wenn der Restalkoholgehalt nicht mehr als 0,025 Vol.-% betragen soll, ergeben sich nach diesen Versuchen folgende Höchstmengen an Spülwasser:

| Alkoholgehalt der Probe in Vol.-% | 45 | 38 | 30 | 20 | 10 |
|---|---|---|---|---|---|
| Maximale Spülwassermenge in ml | 15 | 20 | 25 | 35 | 50 |

Je nach Beschaffenheit und Zusammensetzung der Proben ergeben sich folgende Untersuchungsverfahren:

**α) Ermittlung des Äthanolgehaltes nach Volumprozenten** bis höchstens 45 Vol.-% in extrakthaltigen Erzeugnissen, die außer Äthanol keine anderen flüchtigen Stoffe enthalten:

Das Gewichtsverhältnis 20/20° C der Probe wird in einem Langhalspyknometer von 50 ml, wie unter II 1 beschrieben, ermittelt. Anschließend wird der Pyknometerinhalt in einen Siedekolben von 250 ml Inhalt quantitativ übergespült.

Ist eine Bestimmung des Extraktgehaltes nicht vorgesehen, so können bei zum Schäumen neigenden Proben einige Tropfen Siliconöl zugegeben werden. Die Verwendung von einigen Siedesteinchen (Glasperlen bei Extraktbestimmungen) gewährleistet ein regelmäßiges Sieden der Probe.

Der Siedekolben wird angeschlossen und das Destillat in dem eben benutzten Pyknometer aufgefangen. Ist das Pyknometer zu ⁴/₅ gefüllt, wird die Destillation abgebrochen. Nach dem Auffüllen mit dest. Wasser bis knapp unter die Eichmarke wird der Inhalt durch kreisende

Bewegungen durchgemischt, um die Kontraktion auszuschließen. Das Gewichtsverhältnis des Destillates wird, wie schon beschrieben, bei 20/20°C ermittelt. Aus der Tab. 3 in Bd. II/2 S. 582—586 können die entsprechenden Volumprozente entnommen werden.

Benötigt man auch die Gewichtsprozente, so sind diese nach der Gleichung

$$\text{Gew.-}\% = \frac{\text{Vol.-}\% \cdot 0{,}790 \;(\text{Gewichtsverhältnis des Äthanols bei } 20/20°\text{C})}{\text{Gewichtsverhältnis der Probe bei } 20/20°\text{C}}$$

zu berechnen.

**β) Ermittlung des Äthanolgehaltes in Gewichtsprozenten** in dickflüssigen Erzeugnissen (z. B. Emulsionslikören) oder in Gemischen von festen in flüssigen Stoffen (z. B. Früchte in Spirituosen) bis etwa 38 Gew.-%:

Man wiegt 60—80 g Probe auf zwei Dezimalstellen genau in einen Destillierkolben von 250 ml Inhalt ein und schließt ihn an das Destilliergerät an. Das Destillat wird in einem gewogenen Erlenmeyerkolben mit Schliff von 200 ml Inhalt aufgefangen. Wenn etwa $^4/_5$ der Flüssigkeit abgetrieben sind, wird die Destillation abgebrochen und das Destillat mit dest. Wasser auf das Gewicht der Einwaage gebracht. In einem Langhalspyknometer wird das Gewichtsverhältnis ermittelt und aus Tab. 3 in Bd. II/2 S. 582—586 die entsprechenden Gewichtsprozente entnommen. Werden von Flüssigkeiten, wie Emulsionslikören, auch die Volumprozente benötigt, so wird in einem Weithalspyknometer mit eingeschliffenem, capillar durchbohrtem Glasstöpsel (vgl. Bd. II/1 S. 21, Typ II) das Gewichtsverhältnis der Probe bei 20/20°C bestimmt und die Volumprozente nach der Gleichung

$$\text{Vol.-}\% = \frac{\text{Gew.-}\% \cdot \text{Gewichtsverhältnis der Probe bei } 20/20°\text{C})}{0{,}790 \;(\text{Gewichtsverhältnis des Äthanols bei } 20/20°\text{C}}$$

berechnet.

Bei Früchten oder Pflanzenteilen in Spirituosen ist die Probenentnahme von größter Wichtigkeit. Die eingesandte Probenmenge (mindestens 500 g) wird in zwei ungefähr gleiche Teile geteilt. Dabei ist darauf zu achten, daß das Verhältnis der festen Anteile zur Flüssigkeit das gleiche bleibt. Die so erhaltenen Probenmengen werden in zwei vorher gewogene Kolben eingefüllt und das Reingewicht auf 0,1 g genau festgestellt. Falls der Flüssigkeitsanteil gering ist, wird etwas Wasser zugesetzt.

**γ) Ermittlung des Äthanolgehaltes in Gewichtsprozenten in Erzeugnissen von mehr als 38 Gew.-% (45 Vol.-%)**

Wie unter II/1 beschrieben, wird in einem Langhalspyknometer das Gewichtsverhältnis bei 20/20°C bestimmt. Der Pyknometerinhalt wird in einen Destillierkolben entleert. Bei Erzeugnissen bis etwa 70 Gew.-% fügt man (einschließlich Spülwasser) 50—70 ml Wasser zu, liegt der Äthanolgehalt über 70 Gew.-%, so werden ungefähr 100 ml Wasser zugegeben. Das Destillat wird in einem Erlenmeyerkolben mit Schliff von 200 ml Inhalt aufgefangen. Die Destillation ist beendet, wenn bei doppelter Verdünnung 80 und bei dreifacher 100—120 ml übergegangen sind. Mit dest. Wasser wird auf das doppelte bzw. dreifache Gewicht der Einwaage (Gewicht des Pyknometerinhalts) aufgefüllt, das Gewichtsverhältnis bestimmt, aus der Tab. 3 in Bd. II/2 S. 582—586 die entsprechenden Gewichtsprozente entnommen und je nach Verdünnung mit 2 oder 3 vervielfacht. Die Volumprozente können wie unter II 2dβ angegeben berechnet werden.

Stehen Analysenwaage und Thermostat nicht zur Verfügung, so kann die Ermittlung des Äthanolgehaltes für Betriebs- oder amtliche Zwecke vereinfacht durchgeführt werden.

*Zu II, 2d, a:* In einem Meßkolben von 100 ml Inhalt wird die Probe knapp bis über die Marke eingefüllt und 15—20 min in einem gleichmäßig temperierten Raum stehen gelassen. Dann wird mit einem Röllchen aus Filter- oder Löschpapier auf die Marke eingestellt. Der Meßkolbeninhalt wird in einen Destillierkolben von 500 ml entleert und auf dem in Abb. 2 dargestellten Gerät abgetrieben. Gut bewährt hat sich für diese Zwecke das vom Gärungsinstitut Berlin entwickelte Destilliergestell (Abb. 3). Man muß nur darauf achten, daß sich das Destillat im Meßkolben nicht zu sehr erwärmt. Die Destillation ist beendet, wenn $^4/_5$ des Meßkolbens gefüllt sind. Mit dest. Wasser wird bis knapp unter die Marke aufgefüllt. Der Meßkolben wird 15—20 min an demselben Ort belassen wie vor dem Abtrieb. Man stellt mit dest. Wasser bis zur Marke ein und trocknet mit einem Papierröllchen den Kolbenhals. Mit einer Volumprozentspindel wird der Äthanolgehalt in Volumprozenten ermittelt.

*Zu II 2d, β und γ:* Das vereinfachte Verfahren unterscheidet sich nur dadurch, daß an Stelle des Pyknometers ein 100-ml-Meßkolben verwendet wird und der Äthanolgehalt der Destillate nicht mit dem Pyknometer, sondern mit einer Gewichtsprozentspindel ermittelt wird.

## δ) Ermittlung des Äthanolgehaltes in Gewichtsprozenten in Erzeugnissen, die außer Äthanol noch andere flüchtige, in Wasser unlösliche Stoffe enthalten.

In einem Vorversuch wird die Probe in einem Reagensglas mit Wasser verdünnt. Wenn sich nach Zugabe von Petroläther und etwas Kochsalz nach dem Ausschütteln zwei klare Schichten bilden, wird der Äthanolgehalt wie folgt bestimmt:

In einem Langhalspyknometer wird das Gewichtsverhältnis bei 20/20° C ermittelt. Anschließend wird der Pyknometerinhalt in einen Scheidetrichter von 500 ml Inhalt entleert. Man setzt, einschließlich Spülwasser, soviel dest. Wasser zu, daß der Äthanolgehalt höchstens 30 Gew.-% noch beträgt. Der verdünnten Probe werden 2—3 g Kochsalz und 50 ml Petroläther zugesetzt (bei farblosen Erzeugnissen auch einige Körnchen Methylorange). Vor dem Verschließen wird der Scheidetrichter ca. 1 min zum Temperaturausgleich im Kreise geschwenkt, dann verschlossen und geschüttelt. Nach 6—8 Std wird die untere, klare Schicht in einen Destillierkolben abgelassen. Der Petrolätherauszug wird noch zweimal mit je 5 ml Salzwasser gewaschen. Das Waschwasser wird mit der Hauptmenge vereinigt. Der Abtrieb, die pyknometrische Ermittlung des Äthanol-

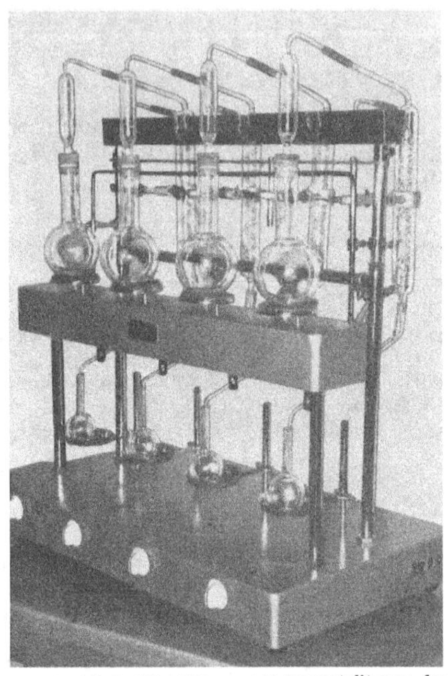

Abb. 3. Alkohol-Destilliergestell, hergestellt von der Glasbläserei des Instituts für Gärungsgewerbe Berlin

gehaltes in Gewichtsprozenten und die Berechnung der Volumprozente erfolgt wie unter II 2β und γ angegeben.

Ergibt der Vorversuch keine klaren Schichten, dann ist der Pyknometerinhalt in der üblichen Weise in einen Destillierkolben von 250 ml Inhalt zu entleeren. Das Destillat wird in einem Scheidetrichter von 500 ml Inhalt aufgefangen und wie vorstehend angegeben mit Petroläther ausgeschüttelt.

Es empfiehlt sich, den Scheidetrichter während des Abtriebs mit einer Asbestplatte (etwa 12 × 12 cm), die in der Mitte eine Öffnung für den Hals des Scheidetrichters besitzt, abzudecken, um die Wärmestrahlung auszuschalten.

## ε) Ermittlung des Gesamtäthanolgehaltes (des freien und als Ester gebundenen) in Gewichtsprozenten.

Nach erfolgter Bestimmung des Gewichtsverhältnisses wird der Pyknometerinhalt in einen Destillierkolben von 250 ml Inhalt entleert. Nach Zusatz von 100 ml Natronlauge (Dichte 1,30) wird am Rückflußkühler bis zur vollständigen Verseifung gekocht. Nach dem Abkühlen wird der Rückflußkühler gespült. Der Abtrieb, die Ermittlung der Gewichtsprozente und die Berechnung der Volumprozente erfolgt wie unter II 2 β angegeben.

Wenn die Möglichkeit einer gaschromatographischen Untersuchung besteht, sollte man bei den unter δ beschriebenen Verfahren prüfen, ob die Destillate noch Ester und die Petrolätherschicht noch Äthanol enthalten. Bei dem Verfahren ε ist nur das Destillat auf unverseiften Ester zu prüfen.

ζ) **Genauigkeit der Äthanolbestimmungsmethoden durch Abtrieb:** Bei den Methoden nach II 2 α und β sollen bei den notwendigen Doppelbestimmungen die Unterschiede weniger als 0,1% betragen, die sich naturgemäß bei der Methode II 2 γ verdoppeln. Bei den Methoden II 2 δ und ε kann der unvermeidbare Fehler auf 0,3% ansteigen.

### e) Bestimmung aufgrund der Wärmeausdehnung mit dem Alkrumeter

Das von J. KRUTZSCH (1955) entwickelte Verfahren beruht auf der Wärmeausdehnung alkoholischer Flüssigkeiten. Extraktgehalte bis zu 2% Zucker beeinflussen die Bestimmung nur wenig (bei 40 Vol.-% beträgt der Fehler 0,2 Vol.-%). Der Meßbereich umfaßt 25—85 Vol.-% (Abb. 4).

*Meßvorgang:* Die zu untersuchende Probe wird in ein Glasgefäß von 100 ml Inhalt mit eingeschliffenem Thermometer eingefüllt (Abb. 4). Ein seitlich angebrachter Ablaßhahn regelt die Niveauhöhe. Man läßt soviel Flüssigkeit ab, bis die Flüssigkeitsoberfläche (Miniskus) im Steigrohr bei der Marke M steht. Schaltet man die unter dem Gefäß befindliche Glühlampe ein, so dehnt sich die Flüssigkeit im Steigrohr infolge Erwärmung aus. Wenn der Miniskus die Marke L passiert, wird die Temperatur $t_A$ und, wenn er die Marke K passiert, die Temperatur $t_E$ abgelesen. Aus $t_E$ und $t_A$ wird die Differenz $t_E - t_A$ gebildet, sie dient als Maßgröße für den Äthanolgehalt. Jedem Apparat ist eine Mehrfachskala beigegeben, aus der man entsprechend der Temperaturdifferenz $t_E - t_A$ die Volumprozente, Gewichtsprozente und die Alkoholzahl nach DAB 6 ablesen kann.

Für grobe Betriebsanalysen hat J. KRUTZSCH auch sog. Likörtafeln herausgegeben, aus denen man entsprechend der Temperaturdifferenz und dem Litergewicht der Probe den Äthanolgehalt entnehmen kann.

### f) Refraktometrische Bestimmung

Refraktometrisch kann man den Äthanolgehalt nur in Proben bestimmen, die nicht mehr als 60 Vol.-% Äthanol und höchstens 30 g Extrakt im Liter enthalten. Bei extraktreichen Proben bedingt der hohe Zuckergehalt Abweichungen.

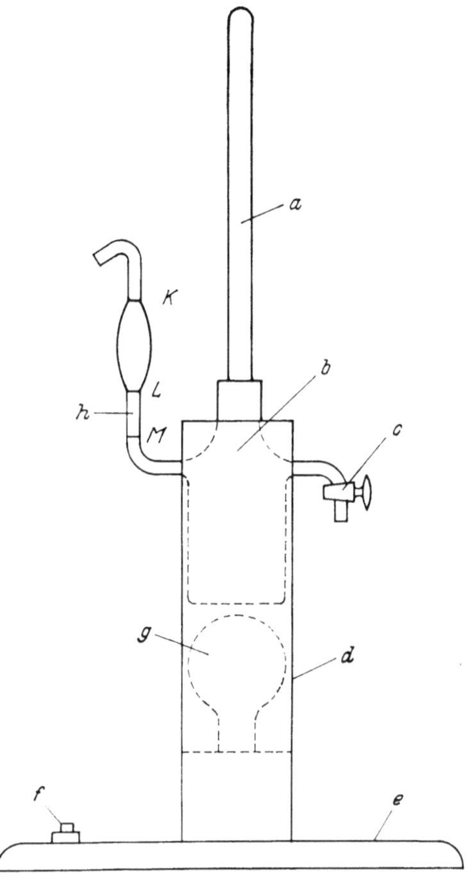

Abb. 4. Alkrumeter nach J. KRUTZSCH (1955). *a* Thermometer, *b* Glasgefäß, *c* Glashahn, *d* Zylinder, *e* Sockel, *f* Schalter, *g* Glühlampe, *h* Steigrohr

Obwohl man in einem Analysengang den Äthanol- und Extraktgehalt mehrerer Proben ermitteln kann, wird in der Branntweinanalyse dieses Verfahren nur wenig angewandt, gut bewährt hat es sich dagegen bei der Untersuchung von Bieren.

Als besonders geeignet für die Bestimmung der Lichtbrechung in Flüssigkeiten ist das Eintauchrefraktometer nach Zeiss (vgl. Bd. II/1 S. 892—893).

A. BECKEL (1929) hat die Arbeiten von FRANK-KAMENENSKI u. R. SAAR fortgesetzt und auf der Grundlage der Wagner'schen Tabellen einfache Formeln aufgestellt und Tabellen entwickelt, nach welchen man aus dem Gewichtsverhältnis 15/15°C und der bei 17,5°C ermittelten Lichtbrechung den Äthanol- und Extraktgehalt feststellen kann.

Die von A. Beckel stammenden Tabellen wurden durch die Zeisswerke Jena auf die Dichte 20/4°C und die Lichtbrechung bei 20°C umgerechnet. Das Eintauchrefraktometer hat bei 20°C für dest. Wasser einen Skalenwert von 14,5.

*Durchführung der Bestimmung:* Man mißt die Lichtbrechung genau bei 20°C und ermittelt pyknometrisch das Gewichtsverhältnis bei 20/20°C und rechnet letzteres auf die Dichte von 20/4°C durch Vervielfachen mit 0,99823 um (vgl. auch Bd. II/2 S. 550).

*Bestimmung des Äthanolgehaltes:*
Der tausendfache Wert der Dichte 20/4°C = L
Die bei 20°C ermittelte Lichtbrechung      = B
Die Kennzahl $KZ_A$ = 1000 + B — L
Aus den Tab. 1 bzw. 2 entnimmt man der Kennzahl $KZ_A$ entsprechend die Gramme im Liter und die Volumprozente.

*Bestimmung des Extraktgehaltes:*
$$\text{Die Grundzahl } GZ_W = B + L$$
Aus den Tab. 1 bzw. 2 entnimmt man den der Kennzahl $KZ_A$ entsprechenden Wert $GZ_A$. Man zieht von der Grundzahl $GZ_W$ den Wert für $GZ_A$ ab, wenn ein Überwert bleibt, so wird aus der Tab. 2 der diesem Wert entsprechende Extraktgehalt in Gramm im Liter abgelesen.

*Beispiel für den Äthanolgehalt:*
Gewichtsverhältnis 20/20°C = 0.9734 vervielfacht mit 0,99823 ergibt die Dichte bei 20/4°C = 0,9717, demnach ist L = 971,7. Die Lichtbrechung wurde mit 48,4 = B ermittelt.
$$KZ_A = 1000 + 48{,}4 - 971{,}7 = 76{,}7$$

Nach der Tab. 1 entsprechen

| | | |
|---|---|---|
| 76,0 = | 175,4 g/L = | 22,22 Vol.-% |
| 0,5 = | 1,4 g/L = | 0,18 Vol.-% |
| 0,2 = | 0,6 g/L = | 0,07 Vol.-% |
| 76,7 = | 177,4 g/L = | 22,47 Vol.-% Äthanol |

*Beispiel für den Extraktgehalt:*

$$B = 48{,}4$$
$$L = 971{,}7$$
$$GZ_W = B + L = 1020{,}1$$

Aus der Tab. 1 entnimmt man den der $KZ_A$ entsprechenden interpolierten Wert für $GZ_A$ = 1018,56

$$GZ_W = 1020{,}1$$
$$- GZ_A = 1018{,}56$$
$$GZ_W - GZ_A = \quad 1{,}59$$

Nach der Tab. 2 entsprechen

$$1{,}00 = 1{,}29 \text{ g/L}$$
$$0{,}50 = 0{,}64 \text{ g/L}$$
$$0{,}09 = 0{,}12 \text{ g/L}$$
$$\text{Extraktgehalt} = 2{,}05 \text{ g/L}$$

## g) Gaschromatographische Bestimmungen

Vgl. S. 698.

## h) Blutalkoholbestimmung nach E. Widmark

Bd. II/2 S. 554—555, ADH-Methode Bd. II/2 S. 290—291

# 3. Extrakt

Unter Extrakt versteht man alle nicht flüchtigen, gelösten Substanzen.

## a) Das direkte Verfahren

Bei klaren Lösungen kann man den Extraktgehalt der Trockensubstanz gleichsetzen und kann sie wie üblich durch Trocknen bestimmen. Es ist jedoch folgendes zu beachten:

1. Viele Spirituosen enthalten Extraktstoffe, die leicht zersetzlich sind.
2. Beim Trocknen kann sich bei hohem Extraktgehalt eine zähe Haut bilden, die Wasser zurückhält.

In eine vorher geglühte und gewogene Platinschale wird die Probe eingewogen und bei 103—105°C bis zur Gewichtskonstanz getrocknet. Extraktreichen Proben wird bei der Einwaage eine bestimmte Menge ausgeglühten Seesands zugemischt, um die Hautbildung zu vermeiden, und im Vakuum werden sie getrocknet.

Tabelle 1. *Rechentafel II für Alkohol von 32,75—60,91 R.H.* = *Vol.-% (mit Rechenhilfen)*

| $KZ_A$ | $\pm$ | 0,05 | 0,10 | 0,15 | 0,20 | 0,25 | 0,30 | 0,35 | 0,40 | 0,45 | 0,50 |
|---|---|---|---|---|---|---|---|---|---|---|---|
| g/l | $\pm$ | 0,15 | 0,3 | 0,4 | 0,55 | 0,7 | 0,85 | 0,95 | 1,1 | 1,25 | 1,4 |
| R.H. | $\pm$ | 0,02 | 0,04 | 0,05 | 0,07 | 0,09 | 0,11 | 0,13 | 0,14 | 0,16 | 0,17 |

| Kennzahl $KZ_A$ | Grundzahl $GZ_A$ | Alkohol g/l | Alkohol R.H. | Kennzahl $KZ_A$ | Grundzahl $GZ_A$ | Alkohol g/l | Alkohol R.H. |
|---|---|---|---|---|---|---|---|
| 105 | 1022,46 | 258,5 | 32,75 | 145 | 1016,81 | 371,0 | 47,00 |
| 106 | 1022,50 | 261,3 | 33,11 | 146 | 1016,50 | 373,8 | 47,35 |
| 107 | 1022,53 | 264,1 | 33,46 | 147 | 1016,18 | 376,6 | 47,71 |
| 108 | 1022,55 | 267,0 | 33,82 | 148 | 1015,85 | 379,3 | 48,06 |
| 109 | 1022,56 | 269,8 | 34,18 | 149 | 1015,52 | 382,1 | 48,41 |
| 110 | 1022,56 | 272,6 | 34,54 | 150 | 1015,18 | 384,9 | 48,76 |
| 111 | 1022,56 | 275,4 | 34,89 | 151 | 1014,83 | 387,6 | 49,11 |
| 112 | 1022,54 | 278,3 | 35,25 | 152 | 1014,46 | 390,4 | 49,46 |
| 113 | 1022,51 | 281,1 | 35,61 | 153 | 1014,09 | 393,2 | 49,81 |
| 114 | 1022,47 | 283,9 | 35,97 | 154 | 1013,71 | 395,9 | 50,16 |
| 115 | 1022,42 | 286,7 | 36,32 | 155 | 1013,33 | 398,7 | 50,51 |
| 116 | 1022,36 | 289,5 | 36,68 | 156 | 1012,95 | 401,4 | 50,86 |
| 117 | 1022,29 | 292,3 | 37,04 | 157 | 1012,56 | 404,2 | 51,20 |
| 118 | 1022,21 | 295,2 | 37,39 | 158 | 1012,17 | 406,9 | 51,55 |
| 119 | 1022,13 | 298,0 | 37,75 | 159 | 1011,77 | 409,7 | 51,90 |
| 120 | 1022,04 | 300,8 | 38,11 | 160 | 1011,36 | 412,4 | 52,25 |
| 121 | 1021,94 | 303,6 | 38,47 | 161 | 1010,95 | 415,1 | 52,59 |
| 122 | 1021,83 | 306,5 | 38,82 | 162 | 1010,53 | 417,9 | 52,94 |
| 123 | 1021,71 | 309,3 | 39,18 | 163 | 1010,11 | 420,6 | 53,29 |
| 124 | 1021,58 | 312,1 | 39,54 | 164 | 1009,68 | 423,3 | 53,63 |
| 125 | 1021,44 | 314,9 | 39,90 | 165 | 1009,25 | 426,1 | 53,98 |
| 126 | 1021,29 | 317,7 | 40,25 | 166 | 1008,81 | 428,8 | 54,33 |
| 127 | 1021,13 | 320,6 | 40,61 | 167 | 1008,36 | 431,6 | 54,68 |
| 128 | 1020,96 | 323,4 | 40,97 | 168 | 1007,91 | 434,3 | 55,02 |
| 129 | 1020,78 | 326,2 | 41,33 | 169 | 1007,45 | 437,1 | 55,37 |
| 130 | 1020,59 | 329,0 | 41,68 | 170 | 1006,98 | 439,8 | 55,72 |
| 131 | 1020,39 | 331,8 | 42,04 | 171 | 1006,51 | 442,5 | 56,06 |
| 132 | 1020,19 | 334,7 | 42,40 | 172 | 1006,03 | 445,3 | 56,41 |
| 133 | 1019,98 | 337,5 | 42,75 | 173 | 1005,55 | 448,0 | 56,77 |
| 134 | 1019,76 | 340,3 | 43,11 | 174 | 1005,06 | 450,7 | 57,11 |
| 135 | 1019,53 | 343,1 | 43,47 | 175 | 1004,56 | 453,5 | 57,45 |
| 136 | 1019,29 | 345,9 | 43,82 | 176 | 1004,05 | 456,2 | 57,80 |
| 137 | 1019,05 | 348,7 | 44,18 | 177 | 1003,53 | 459,0 | 58,15 |
| 138 | 1018,80 | 351,5 | 44,53 | 178 | 1003,00 | 461,7 | 58,49 |
| 139 | 1018,54 | 354,3 | 44,89 | 179 | 1002,47 | 464,4 | 58,84 |
| 140 | 1018,27 | 357,1 | 45,24 | 180 | 1001,93 | 467,2 | 59,18 |
| 141 | 1017,99 | 359,9 | 45,59 | 181 | 1001,39 | 469,9 | 59,52 |
| 142 | 1017,71 | 362,7 | 45,95 | 182 | 1000,85 | 472,6 | 59,87 |
| 143 | 1017,42 | 365,5 | 46,30 | 183 | 1000,35 | 475,3 | 60,22 |
| 144 | 1017,12 | 368,2 | 46,65 | 184 | 999,75 | 478,0 | 60,56 |
| 145 | 1016,81 | 371,0 | 47,00 | 185 | 999,19 | 480,8 | 60,91 |

Tabelle 2. *Rechentafel I für Alkohol von 0,27—32,75 R.H. = Vol.-% (mit Rechenhilfen über der Tafel, für Extrakt rechts neben der Tafel)*

| KZ$_A$ . . . . . . ± | 0,05 | 0,10 | 0,15 | 0,20 | 0,25 | 0,30 | 0,35 | 0,40 | 0,45 | 0,50 |
|---|---|---|---|---|---|---|---|---|---|---|
| g/l . . . . . . ± | 0,1 | 0,3 | 0,4 | 0,6 | 0,7 | 0,9 | 1,0 | 1,2 | 1,3 | 1,4 |
| R.H. . . . . . ± | 0,02 | 0,04 | 0,06 | 0,07 | 0,09 | 0,11 | 0,13 | 0,15 | 0,17 | 0,18 |

| Kenn-zahl KZ$_A$ | Grund-zahl GZ$_A$ | Alkohol g/l | Alkohol R.H. | Kenn-zahl KZ$_A$ | Grund-zahl GZ$_A$ | Alkohol g/l | Alkohol R.H. | Berechnung des Extraktes GZ$_W$–GZ$_A$ | E g/l |
|---|---|---|---|---|---|---|---|---|---|
| 17 | 1012,70 | 2,1 | 0,27 | 61 | 1015,27 | 131,6 | 16,67 | 10 | 12,87 |
| 18 | 1012,60 | 5,1 | 0,64 | 62 | 1015,47 | 134,5 | 17,04 | 20 | 25,74 |
| 19 | 1012,49 | 8,0 | 1,01 | 63 | 1015,67 | 137,4 | 17,41 | 30 | 38,61 |
|  |  |  |  | 64 | 1015,87 | 140,3 | 17,78 | 40 | 51,48 |
| 20 | 1012,38 | 10,9 | 1,38 | 65 | 1016,08 | 143,3 | 18,15 | 50 | 64,35 |
| 21 | 1012,28 | 13,8 | 1,75 | 66 | 1016,29 | 146,2 | 18,52 | 60 | 77,22 |
| 22 | 1012,19 | 16,8 | 2,12 | 67 | 1016,50 | 149,1 | 18,89 | 70 | 90,09 |
| 23 | 1012,11 | 19,7 | 2,49 | 68 | 1016,72 | 152,0 | 19,26 | 80 | 102,96 |
| 24 | 1012,05 | 22,6 | 2,87 | 69 | 1016,95 | 154,9 | 19,63 | 90 | 115,83 |
| 25 | 1012,00 | 25,6 | 3,24 | 70 | 1017,18 | 157,9 | 20,00 | 100 | 128,70 |
| 26 | 1011,96 | 28,5 | 3,61 | 71 | 1017,40 | 160,8 | 20,37 | 1 | 1,29 |
| 27 | 1011,93 | 31,4 | 3,98 | 72 | 1017,62 | 163,7 | 20,74 | 2 | 2,57 |
| 28 | 1011,91 | 34,4 | 4,35 | 73 | 1017,83 | 166,6 | 21,11 | 3 | 3,86 |
| 29 | 1011,90 | 37,3 | 4,72 | 74 | 1018,04 | 169,6 | 21,48 | 4 | 5,15 |
| 30 | 1011,90 | 40,2 | 5,09 | 75 | 1018,24 | 172,5 | 21,85 | 5 | 6,43 |
| 31 | 1011,90 | 43,1 | 5,46 | 76 | 1018,43 | 175,4 | 22,22 | 6 | 7,72 |
| 32 | 1011,91 | 46,1 | 5,84 | 77 | 1018,62 | 178,3 | 22,59 | 7 | 9,01 |
| 33 | 1011,93 | 49,0 | 6,21 | 78 | 1018,80 | 181,2 | 22,96 | 8 | 10,30 |
| 34 | 1011,96 | 52,0 | 6,58 | 79 | 1018,98 | 184,1 | 23,33 | 9 | 11,58 |
| 35 | 1012,00 | 54,9 | 6,95 | 80 | 1019,16 | 187,1 | 23,70 | 0,1 | 0,13 |
| 36 | 1012,06 | 57,8 | 7,33 | 81 | 1019,33 | 190,0 | 24,07 | 0,2 | 0,26 |
| 37 | 1012,13 | 60,8 | 7,70 | 82 | 1019,50 | 192,9 | 24,43 | 0,3 | 0,39 |
| 38 | 1012,20 | 63,7 | 8,07 | 83 | 1019,67 | 195,8 | 24,80 | 0,4 | 0,51 |
| 39 | 1012,28 | 66,7 | 8,45 | 84 | 1019,84 | 198,7 | 25,17 | 0,5 | 0,64 |
| 40 | 1012,37 | 69,6 | 8,82 | 85 | 1020,01 | 201,6 | 25,54 | 0,6 | 0,77 |
| 41 | 1012,46 | 72,5 | 9,19 | 86 | 1020,18 | 204,5 | 25,91 | 0,7 | 0,90 |
| 42 | 1012,56 | 75,5 | 9,56 | 87 | 1020,34 | 207,4 | 26,27 | 0,8 | 1,03 |
| 43 | 1012,67 | 78,4 | 9,94 | 88 | 1020,50 | 210,3 | 26,64 | 0,9 | 1,16 |
| 44 | 1012,78 | 81,4 | 10,31 | 89 | 1020,65 | 213,1 | 27,00 | 0,01 | 0,01 |
| 45 | 1012,88 | 84,3 | 10,68 | 90 | 1020,80 | 216,0 | 27,36 | 0,02 | 0,03 |
| 46 | 1012,99 | 87,3 | 11,06 | 91 | 1020,95 | 218,9 | 27,72 | 0,03 | 0,04 |
| 47 | 1013,10 | 90,2 | 11,43 | 92 | 1021,09 | 221,7 | 28,08 | 0,04 | 0,05 |
| 48 | 1013,22 | 93,2 | 11,80 | 93 | 1021,23 | 224,6 | 28,45 | 0,05 | 0,06 |
| 49 | 1013,35 | 96,1 | 12,18 | 94 | 1021,37 | 227,4 | 28,81 | 0,06 | 0,08 |
| 50 | 1013,48 | 99,1 | 12,55 | 95 | 1021,50 | 230,3 | 29,17 | 0,07 | 0,09 |
| 51 | 1013,61 | 102,0 | 12,92 | 96 | 1021,63 | 233,1 | 29,53 | 0,08 | 0,10 |
| 52 | 1013,74 | 105,0 | 13,30 | 97 | 1021,76 | 235,9 | 29,89 | 0,09 | 0,12 |
| 53 | 1013,88 | 107,9 | 13,67 | 98 | 1021,88 | 238,8 | 30,24 |  |  |
| 54 | 1014,03 | 110,9 | 14,05 | 99 | 1021,99 | 241,6 | 30,60 |  |  |
| 55 | 1014,19 | 113,8 | 14,42 | 100 | 1022,09 | 244,4 | 30,96 |  |  |
| 56 | 1014,35 | 116,8 | 14,80 | 101 | 1022,19 | 247,2 | 31,32 |  |  |
| 57 | 1014,52 | 119,8 | 15,17 | 102 | 1022,28 | 250,0 | 31,67 |  |  |
| 58 | 1014,70 | 122,7 | 15,55 | 103 | 1022,36 | 252,9 | 32,03 |  |  |
| 59 | 1014,89 | 125,7 | 15,92 | 104 | 1022,42 | 255,7 | 32,39 |  |  |
| 60 | 1015,08 | 128,6 | 16,29 | 105 | 1022,46 | 258,5 | 32,75 |  |  |

## b) Das indirekte Verfahren

Seit etwa 1920 wird nicht mehr das direkte, sondern vornehmlich das sog. indirekte Verfahren angewandt. Bei diesem Verfahren wird der Extraktgehalt in Gramm Rübenzucker in 100 ml oder 100 g ausgedrückt. Obwohl der Extrakt nicht nur aus Rübenzucker besteht, sondern noch andere Zuckerarten, Säuren, Salze usw. enthält, die etwas andere Dichten besitzen, nimmt man den kleinen Fehler in Kauf, weil man dafür gut reproduzierbare Werte erhält.

Anschließend an die Bestimmung des Äthanolgehaltes nach II, 2, d), a), wird der Destillationsrückstand quantitativ in das gleiche Pyknometer gespült, das zur Äthanolbestimmung gedient hat. Mit dest. Wasser wird bis knapp unter die Eichmarke aufgefüllt, temperiert und auf die Eichmarke eingestellt. Der Tab. 1 Bd. II/2 S. 410—421 entnimmt man die entsprechenden g Extrakt in 100 ml.

Benötigt man g in 100 g, so wird der Destillationsrückstand der Äthanolbestimmung nach II 2 $\beta$ mit dest. Wasser auf die Einwaage aufgefüllt und das Gewichtsverhältnis bei 20/20°C bestimmt. Dem vorstehend angeführten Tabellenwerk entnimmt man die entsprechenden g in 100 g. Man kann aber die g/100 g (Gewichtsprozente) auch nach der Gleichung

$$\text{Extraktgehalt in Gew.-}\% = \frac{\text{Extraktgehalt g/100 ml}}{\text{Gewichtsverhältnis der Probe bei 20/20°C}}$$

umrechnen.

*Vereinfachte Verfahren der Extraktbestimmung*

Der bei der vereinfachten Äthanolbestimmung zu II. 2, d), a) im Destillierkolben verbliebene Rückstand wird quantitativ in den gleichen Meßkolben, wie er für die Äthanolbestimmung benutzt wurde, gespült, bis knapp unter die Marke mit dest. Wasser aufgefüllt, im Raum temperiert und auf die Marke eingestellt. Mit einem Aräometer, das in g/100 ml eingeteilt ist, wird der Extraktgehalt ermittelt. Die erforderlichen Spindelsätze mit Korrekturtafeln von O. KÄMPF (1956) werden vom Gärungsinstitut Berlin geliefert.

Wurde die Äthanolbestimmung in Gewichtsprozenten zu II, 2, d), $\beta$) durchgeführt, so wird der Rückstand mit dest. Wasser auf das ursprüngliche Gewicht der Einwaage gebracht. Mit einem Aräometer, das in Gewichtsprozenten eingeteilt ist, werden die Gewichtsprozente Extrakt ermittelt.

## c) Bestimmung nach der Tabarie'schen Formel

$$dE = (1 + d) - dA$$

dE = Gewichtverhältnis 20/20°C des Extraktes
d  = Gwichtsverhältnis 20/20°C der Probe
dA = Gewichtsverhältnis 20/20°C des Destillates

Aus der Tab. 1 Bd. II/2 S. 410—421 wird der dem Gewichtsverhältnis dE entsprechende Extraktgehalt entnommen. Diese Methode liefert auch bei sämigen Proben gute Werte. Die Tabarie'sche Formel kann auch zur Überprüfung der Äthanolbestimmung benutzt werden. Man bestimmt alle drei Gewichtsverhältnisse und prüft nach, ob die Gleichung

$$dA = (1 + d) - dE$$

sitmmt.

## d) Refraktometrische Bestimmung

Dieses Verfahren wurde bereits unter II 2 f) bei der refraktometrischen Bestimmung des Äthanols beschrieben.

## e) Bestimmung in Emulsionslikören

Nach der eingangs angeführten Definition versteht man unter Extrakt die Summe der nicht flüchtigen, gelösten Substanzen. Bei Emulsionslikören ist aber das Eiweiß nicht gelöst, sondern nur emulgiert. Keines der aufgeführten Verfahren kann verläßliche Werte liefern. Deshalb sollte man in Proben, die ungelöste oder emulgierte Stoffe enthalten, keine Extraktbestimmungen vornehmen. Man könnte sich auf die Bestimmung des Zuckergehaltes beschränken. Emulsionsliköre enthalten immer mehr als 22 g Zucker in 100 ml und entsprechen daher auch der Verordnung der Bundesmonopolverwaltung für Branntwein vom 25. II. 1958, die in Absatz 2 für Liköre einen Mindestextraktgehalt von 22 g in 100 ml vorschreibt.

# 4. Zucker

Trinkbranntweine enthalten hauptsächlich zugesetzte Saccharose, ferner aus Fruchtsäften und Früchten Fructose und Glucose. Bei Anwesenheit von Fruchtsäuren wird ein Teil der Saccharose in Invertzucker aufgespalten. Sämige Liköre enthalten außerdem Oligosaccharide des Stärkesirups (Capillärsirup), der zum Verdicken der Liköre zugesetzt wird. Man bestimmt nur in ganz seltenen Fällen die einzelnen Zuckerarten, in der Regel wird der Gesamtzucker als Invertzucker bestimmt.

## a) Als Gesamtinvertzucker

Die Probe wird soweit verdünnt, daß sie weniger als 1% Zucker enthält. 100 ml der verdünnten Probe werden auf dem Wasserbad auf etwa ein Viertel eingeengt, um das Äthanol und reduzierende Stoffe wie flüchtige Aldehyde zu entfernen. Der Rückstand wird mit wenig Wasser in ein 100-ml-Meßkolben übergespült, invertiert und anschließend neutralisiert. Üblich ist die sog. Zollmethode, wie sie in Bd. II/2 S. 360 angegeben ist. Zum Abscheiden der Eiweißstoffe eignet sich am besten die Carrez-Lösung (vgl. Bd. II/2 S. 331). Nach dem Abkühlen, Auffüllen bis zur Marke und Filtrieren durch ein trockenes Filter wird der Zuckergehalt nach einer der im Bd. II/2 S. 344 und ff. aufgeführten gravimetrischen oder maßanalytischen Methoden bestimmt.

## b) Stärkesirup (Oligosaccharide, Dextrin)

Sie werden in Trinkbranntweinen am zweckmäßigsten durch die Alkoholfällung, wie in Bd. II/2 S. 351 beschrieben, nachgewiesen. Eine quantitative Bestimmung ist in Bd. II/2 S. 452 u. ff. angegeben, wird aber bei Trinkbranntweinen nur selten durchgeführt.

# 5. Abdampf-, Glührückstand, Asche, Mineralstoffe

Hochprozentige Sprite (Primasprite) und reine, unverdünnte Destillate enthalten nur ganz geringe Mengen gelöster Stoffe, die aus den Apparaturen, Rohrleitungen oder Lagerbehältnissen stammen. Es wird nicht der Extraktgehalt, sondern der Abdampfrückstand bestimmt, der nach den Beschaffenheitsbedingungen der Bundesmonopolverwaltung für Branntwein bei Primasprit z. B. höchstens 15 mg im Liter (1,5 mg in 100 ml) betragen darf.

## a) Abdampfrückstand

250 ml der Probe werden durch einen Glasfilter- oder Goochtiegel filtriert, um Schwebestoffe abzuscheiden, die einen höheren Abdampfrückstand vortäuschen könnten. In einer Platinschale wird auf dem Wasserbad abgedampft und im Trockenschrank bei 102°C getrocknet. Das nach dem Erkalten im Exsiccator festgestellte Gewicht mal vier ergibt den Abdampfrückstand in mg im Liter.

## b) Glührückstand

Der Abdampfrückstand wird in der Platinschale über einer Bunsenbrennerflamme verascht, geglüht und im Exsiccator abkühlen gelassen. Das festgestellte Gewicht mal vier ergibt den Glührückstand in mg im Liter. In Destillaten, die mit nicht dest. Wasser auf Trinkstärke herabgesetzt wurden, kann die Menge des Glührückstandes etwas ansteigen.

## c) Aschengehalt

In Trinkbranntweinen, die Zusätze von Säften, Auszügen, Zucker usw. erhalten haben, wird nach der für Wein im Bundesanzeiger 1960 veröffentlichten Methode der Aschengehalt bestimmt:

$\alpha$) 25 ml der zu untersuchenden Flüssigkeit werden in einer Platinschale durch Oberflächenverdampfer (vgl. Bd. II/2 S. 49) eingedampft und anschließend im Muffelofen bis zur vollständigen Verbrennung des Kohlenstoffes bei einer 550°C nicht übersteigenden Temperatur verascht. Verbrennt der Kohlenstoff nicht vollständig, so ist die Asche mit dest. Wasser zu befeuchten, erneut einzudampfen und im Muffelofen wiederum zu veraschen. Notfalls ist diese Behandlung mehrmals zu wiederholen.

$\beta$) 25 ml der zu untersuchenden Probe werden in einer Platinschale auf dem Wasserbad eingedampft und, wenn erforderlich, 1 Std im Trockenschrank bei etwa 120°C getrocknet. Der getrocknete Rückstand wird vorsichtig geglüht und verkohlt. Die Kohle wird zerdrückt und mit heißem Wasser mehrmals ausgewaschen. Der wäßrige Auszug wird durch ein aschefreies Filter filtriert. Der in der Platinschale verbleibende Rückstand wird getrocknet und weiter geglüht, bis man eine weiße Asche erhält. Nun setzt man den wäßrigen Auszug hinzu, trocknet und glüht weiter, bis die Asche weiß und gewichtskonstant ist. Die Angabe des Aschengehaltes erfolgt in Grammen im Liter (g/l) mit zwei Stellen hinter dem Komma.

### d) Mineralstoffe

In vielen Fällen ist eine Untersuchung der Asche erforderlich. Die Bestimmung der einzelnen Mineralstoffe im Abdampfrückstand und in der Asche erfolgt nach den in Bd. II/2 S. 57—68 und 97 u. ff. angegebenen Vorschriften.

## 6. Methanol

Methanol bildet sich während der alkoholischen Gärung durch Verseifung der aus den Rohstoffen stammenden Pektine (Polygalakturonsäuren, mit z. T. mit Methanol veresterten Carboxylgruppen). Der Pektingehalt ist für jeden Brennereirohstoff spezifisch, deshalb bewegt sich auch der Methanolgehalt in bestimmten Grenzen.

| Brennereirohstoff | Methanolgehalt mg/100 ml | Brennereirohstoff | Methanolgehalt mg/100 ml |
|---|---|---|---|
| Zucker . . . . . . . . . . | frei | Zwetschgen . . . . . . . . . | 800—3000 |
| Rübenmelasse . . . . . . . | frei | Kernobst . . . . . . . . . . | 300—3000 |
| Zuckerrohrmelasse . . . . . | frei | Kernobstwein . . . . . . . . | 200 |
| Kartoffel . . . . . . . . . | 150— 300 | Kernobsttrester . . . . . . | 650—3100 |
| Getreide . . . . . . . . . . | 5— 40 | Weintrester . . . . . . . . | 500—2700 |
| Kirschen . . . . . . . . . | 400—1100 | Sulfitablaugen . . . . . . . | bis 8000 |

Obwohl Methanol bei 64,7°C und Äthanol bei 78,5°C sieden, ist eine Trennung der beiden Substanzen durch Destillation sehr schwierig. H. Ratz (1966) hat die bereits früher gemachten Erfahrungen bestätigt, daß der Vorlauf keinesfalls mehr Methanol enthält als die übrigen Fraktionen, es ist im Gegenteil im Nachlauf oft etwas mehr Methanol enthalten als im Vorlauf. Diese Ergebnisse wurden auch durch Versuche im Labor der Bundesmonopolverwaltung für Branntwein bestätigt. Von 240 ml Zwetschgenwasser (42 Vol.-%) wurden bei langsamer Destillation auf einem einfachen Gerät sechs Fraktionen à 20 ml abgenommen. Der Methanolgehalt auf Äthanol bezogen war in allen Fraktionen fast gleich, in der letzten Fraktion war er geringfügig höher. Selbst in großen Reinigungswerken ist es bei Einsatz von Kartoffelbranntwein und bei wirtschaftlicher Arbeitsweise nicht möglich, das Methanol vollkommen abzuscheiden. Die Beschaffenheitsbedingungen lassen deshalb für Primasprite einen Methanolgehalt bis 0,2 Vol.-% zu. Nur bei der Absolutierung von Spriten mit Schleppmitteln wie Benzin-Benzol erhält man ohne Schwierigkeiten einen methanolfreien, absoluten Alkohol.

### a) Nachweismethoden
Diese sind in Bd. II/2 auf den S. 539 u. ff. aufgeführt.

### b) Quantitative colorimetrische Bestimmungen
Diese Verfahren beruhen darauf, daß Methanol zu Formaldehyd oxydiert wird, welches Farbreaktionen ergibt.

α) **Mit fuchsinschwefliger Säure:** Die Bestimmung mit fuchsinschwefliger Säure nach Denigé liefert gut reproduzierbare Werte, deshalb wurde sie auch in die vom Bundesmonopolamt herausgegebenen Technischen Bestimmungen unter § 26 aufgenommen (vgl. auch Bd. II/S 2. 542).

Bei dieser Bestimmung ist die Äthanolmenge (nicht Äthanolkonzentration) von großer Bedeutung.

Nur bei hochprozentigen Spriten (Primaspriten) mit fast gleich hohen Äthanolgehalten (94—95 Gew.-%) braucht man auf die Äthanolmenge keine Rücksicht zu nehmen.

Bei nicht hochprozentigen Branntweinen gibt es zwei Möglichkeiten, die Äthanolmenge zu regulieren: Man verdünnt die Probe wie in Bd. II/2 S. 542 angegeben pyknometrisch auf 10 Vol.-%, dabei wird aber auch der Methanolgehalt stark herabgesetzt, oder man fügt nach W. Horak u. H. Lehmann (1960) die fehlende Äthanolmenge in Form von methanolfreiem, absolutem Alkohol zu, wie in der nachstehenden Tabelle angegeben ist.

| Äthanolgehalt der Probe | Äthanolmenge in 0,2 ml Probe | an absolutem Alkohol sind zuzusetzen |
|---|---|---|
| 10 Vol.-% | 0,02 ml | 0,18 ml |
| 20 Vol.-% | 0,04 ml | 0,16 ml |
| 40 Vol.-% | 0,08 ml | 0,12 ml |
| 50 Vol.-% | 0,10 ml | 0,10 ml |
| 60 Vol.-% | 0,12 ml | 0,08 ml |
| 80 Vol.-% | 0,16 ml | 0,04 ml |
| 90 Vol.-% | 0,18 ml | 0,02 ml |

β) **Mit Chromotropsäure:** Chromotropsäure gibt mit Formaldehyd eine Violettfärbung. Die von Bremanis (1951) ausgearbeitete und von L. Uino u. T. Salo modifizierte Methode (vgl. Bd. II/2 S. 543) gibt ebenfalls nur gut reproduzierbare Werte, wenn die Versuchsbedingungen, wie Äthanolmenge, Einwirkungszeit, Temperatur und Alter der Chromotropsäurelösung genau eingehalten werden. Nach einer großen Zahl von Bestimmungen konnte festgestellt werden, daß beide colorimetrischen Methoden brauchbare Werte liefern.

Die Bestimmung des Methanolgehaltes wird in den letzten Jahren immer mehr zum Nachweis von Fälschungen von Kirsch- und Zwetschgenwässern herangezogen, es empfiehlt sich daher, den Methanolgehalt nach beiden Methoden zu bestimmen.

### c) Gaschromatographische Methode

(Vgl. auch S. 698.) Die Methode liefert bei geringen Methanolgehalten die besten Werte. Wenn man ein Gerät mit Flammenionisationsdetektor besitzt, sollte man zuerst den Methanol- und Äthanolgehalt gaschromatographisch bestimmen und anschließend noch nach einer der colorimetrischen Methoden.

## 7. Aldehyde und Acetale

Alle durch alkoholische Gärung gewonnenen Branntweine und fast alle synthetischen Sprite enthalten Acetaldehyd (Äthanal). Furfurol ist nur in Obstbranntweinen bis max. 5 mg/100 ml, in Whisky und Rum bis 15 mg/100 ml enthalten. Benzaldehyd kommt in bestimmten Obstbranntweinen nur in ganz geringen Mengen vor. P. Piha u. Mitarb. (1960) haben papierchromatographisch noch Formaldehyd, Propionaldehyd und Isovaleraldehyd nachgewiesen. Ein Teil des Acetaldehyds ist nicht nur in Edelbranntweinen, sondern auch in Rohbranntweinen aus Kartoffel und Melasse und vor allem in Vorläufen an Äthanol als Acetal (Acetaldehyddiäthylacetal) gebunden.

## a) Nachweis des Acetaldehyds

Vgl. Bd. II/2 S. 644.

## b) Bestimmung des Gesamtaldehyds in hochprozentigen Spriten und Branntweinen

Nach den Untersuchungsvorschriften der Bundesmonopolverwaltung für Branntwein gibt es zwei Verfahren.

**α) Sprite und Branntweine mit einem Aldehydgehalt bis 6 mg/100 ml:** In einen Mischzylinder mit Fuß, Schliffstopfen, Gesamthöhe 112 mm, äußerer Durchmesser 19 mm und Ringmarken bei 4,4, 10 und 14 ml füllt man bis zur Marke 4,4 ml die Probe, bis zur Marke 10 ml Wasser und bis zur Marke 14 ml das Reagens nach SCHIFF auf Aldehyde ein und schüttelt durch. Nach 20 min Stehen im Wasserbad bei 20°C wird die Extinktion gegen einen aldehydfreien Sprit gemessen, der unter den gleichen Bedingungen angesetzt wurde.

Die notwendige Eichkurve für Acetaldehyd wird mit Testlösungen hergestellt, die in 100 ml fusel- und aldehydfreiem Sprit 0,1—2 mg Acetaldehyd enthalten. Proben mit Aldehydgehalten von 2—6 mg/100 ml müssen entsprechend mit reinstem Sprit verdünnt werden.

**β) Sprite und Rohbranntweine mit mehr als 6 mg/100 ml Aldehyd:** In einen Jodzahlkolben von 300 ml Inhalt (Erlenmeyerkolben mit Schliffstopfen und Kragen) werden 150 ml dest. Wasser, 10 ml einer 7%igen Hydroxylaminhydrochlorid-Lösung[1], drei Tropfen einer 0,1%igen wässerigen Methylorange-Lösung und 25 ml der zu untersuchenden Probe gefüllt. In einen zweiten Kolben gibt man anstelle der Probe 25 ml aldehydfreien Sprit. Beide Kolben bleiben $^1/_2$ Std bei Zimmertemperatur stehen. Dann wird die Blindprobe mit 0,1 n-Natronlauge bis zur Erreichung der Zwiebelfarbe titriert. Der zu untersuchende Sprit wird nun auf den Farbton der Blindprobe eingestellt.

Der Verbrauch an 0,1 n-Natronlauge abzüglich des Verbrauchs für die Blindprobe mit 17,6 multipliziert ergibt mg/100 ml Acetaldehyd.

Das vorstehend beschriebene Verfahren kann für Synthesesprit aus Äthylen nicht unbedenklich angewandt werden, weil dieser im Gegensatz zu Gärungsalkohol auch Ketone enthält, die auf Oxime ebenfalls ansprechen.

**γ) Gesamtaldehyd in nicht hochprozentigen, extraktfreien Branntweinen:** Man stellt zweckmäßig die zu untersuchenden Proben immer auf die gleiche Alkoholstärke ein, dann benötigt man nur eine Eichkurve.

10 ml des auf 40 Vol.-% eingestellten Branntweins oder Destillats werden mit 2 ml Reagens nach SCHIFF auf Aldehyde versetzt. Nach 20 min Stehen im Wasserbad bei 20°C wird wie unter 7 b a beschrieben, die Extinktion bestimmt. Proben mit höherem Aldehydgehalt müssen mit 40 vol.-%igem aldehydfreiem Sprit verdünnt werden.

## c) Acetale

Ein einwandfreier Nachweis und eine genaue quantitative Bestimmung ist nur gaschromatographisch möglich (vgl. S. 698). Bei den chemischen Methoden ist zu berücksichtigen, daß Acetale wenig stabile Verbindungen sind. Extrakthaltige Proben müssen vor der Bestimmung destilliert werden. Um eine Spaltung oder Neubildung des Acetals zu verhindern, wird stark alkalisch destilliert. Es werden 50 ml Branntwein mit 5 ml 0,1 n-Natronlauge versetzt und davon werden 50 ml abdestilliert.

Nach K. MISSELHORN (1963) wird der gesamte und freie Aldehyd bestimmt. Der aus der Differenz erhaltene gebundene Aldehyd wird in Acetal umgerechnet.

**α) Bestimmung des freien Aldehyds:** In einem 50-ml-Erlenmeyerkölbchen versetzt man 5 ml der Probe mit 5 ml Natriumacetatlösung[2] und gibt dann so schnell wie möglich (unter Ausblasen der Pipette) je 5 ml Nitroprussidnatriumlösung[3] und Piperidinlösung[4] hinzu und schwenkt kurz um.

---

[1] 69 g Hydroxylaminchlorhydrat zu 1000 ml gelöst.

[2] Natriumacetatlösung: 27 g Natriumacetat-Sicc. reinst, werden mit Wasser zu 100 ml aufgefüllt und klar filtriert (haltbar).

[3] Nitroprussidnatriumlösung: 2 g Natriumnitroprussiat p. a. werden mit Wasser zu 100 ml gelöst (in brauner Flasche aufbewahrt, ist die Lösung 1—2 Wochen haltbar).

[4] Piperidinlösung: 10 ml Piperidin reinst, werden mit Wasser zu 100 ml aufgefüllt. (Die Lösung hält sich 2—3 Wochen.)

Nach 40—50 sec bestimmt man die Extinktion bei 560 m$\mu$ gegen Wasser. Die Eichkurve wird durch Verdünnungen von frisch dest. Acetaldehyd mit Wasser für den Bereich von 0—6 mg/100 ml aufgestellt.

β) **Bestimmung des Gesamtaldehyds:** In einem Erlenmeyerkölbchen mit Schliff werden 10 ml der Probe mit 5 ml Spaltungssäure[1] versetzt und für 5 min in ein Wasserbad von 60°C belassen. Danach kühlt man ab und gibt 5 ml Natronlauge[2] hinzu. Von dem Reaktionsgemisch werden 5 ml so weiter behandelt, wie bei der Bestimmung des freien Aldehyds angegeben ist. Wegen der eingetretenen Verdünnung sind die aus der Eichkurve entnommenen Aldehydwerte zu verdoppeln.

Die Differenz zwischen Gesamtaldehyd und freiem Aldehyd mit 2,68 multipliziert, ergibt den Acetalgehalt, berechnet als Diäthylacetal.

γ) **Methode nach P. Jaulmes u. J. Diedeuzede (1954):** Sie bestimmen in Spirituosen den gesamten und freien Acetaldehyd, indem ersterer in saurem Milieu bei einer Alkoholstärke von 50 Vol.-% mit Kaliummetabisulfit hydrolysiert wird. Nach einer Behandlung mit Trinatriumphosphat, Salzsäure und Natriumborat wird mit 0,1 n-Jodlösung titrimetrisch der Gesamtaldehydgehalt bestimmt. Ähnlich, nur ohne Hydrolyse wird der freie Acetaldehyd ermittelt. Eine Modifizierung des vorstehenden Verfahren bringen J. Guymon u. J. Nakagiri (1957).

δ) **Nach E. Penčeva u. V. Ličev (1961)** bietet sich auch auf **polarographischem Wege** eine Möglichkeit an, den freien und als Acetal gebundenen Acetaldehyd gleichzeitig zu bestimmen.

### d) Furfurol

Die von der Bundesmonopolverwaltung für Branntwein abgegebenen Sprite (Prima- und Sekundasprite) sollen frei von Furfurol sein.

α) **Nachweis von Furfurol:** Der Nachweis erfolgt mit Anilin. 10 ml Probe werden mit 1 ml frisch dest. Anilin und zwei bis drei Tropfen Salzsäure (37%ig) versetzt. Nach 5 min darf keine rötliche Färbung eintreten.

β) **Spektralphotometrische Bestimmung:** In Branntweinen oder Destillaten erfolgt die Bestimmung zweckmäßig spektralphotometrisch im UV-Bereich bei 275 m$\mu$ (vgl. S. 692).

γ) **Quantitative Bestimmung mit Anilin:** 10 ml des auf 40 Vol.-% eingestellten Destillates oder extraktfreien Branntweins werden mit 2 ml farblosem, gegebenenfalls frisch dest. Anilin und mit 0,5 ml Salzsäure (Dichte 1,125 = 25%) versetzt. Es wird gut durchgemischt. 5 min bei 20°C im Wasserbad belassen und die Tiefe der rosaroten Färbung colorimetrisch unter Benutzung eines Blaufilters in einer 1-cm-Küvette bei 520 m$\mu$ gemessen. Die Ergebnisse werden einer Eichkurve entnommen, die unter Verwendung von Testlösungen mit 0,5, 1,0- und 2,- mg in 100 ml 40 vol.-%igem Äthanol erstellt wurde. Der Farbwert ändert sich deutlich mit der Zeit, die Zeitabstände vom Zusammenmischen der Substanzen bis zum Messen müssen daher immer gleich sein. Bei höheren Furfurolgehalten als 2 mg/100 ml muß mit 40 vol.-%igem Äthanol verdünnt werden.

δ) **Polarographische Bestimmung nach J. Ekster (1956):** Dem auf 30 Vol.-% eingestellten Destillat wird das gleiche Volumen Acetatpufferlösung[3] zugesetzt. 4 ml dieser Lösung werden in einer elektrolytischen Zelle mit 0,04 g kristallisiertem Natriumsulfit versetzt und nach 5 min das Polarogramm aufgenommen. Das Reduktionspotential von Furfurol beträgt 1,26—1,28 V, das Potential der Halbwelle 1,36—1,37 V.

### e) Acrolein (Propenal)

Nachweis und Bestimmung vgl. Bd. II/2 S. 646.

### f) Benzaldehyd

Nachweis und Bestimmung vgl. Bd. II/2 S. 648—649.

## 8. Höhere Alkohole, Fuselöle

Unter Fuselöl versteht man nicht nur die höheren Alkohole, sondern alle höher siedenden Anteile, wie sie in Brennereien und Branntweinreinigungswerken als Nachlauf ausgeschieden werden. Wird der Nachlauf durch Auswaschen

---

[1] Spaltungssäure: 25 ml n-Salzsäure werden mit etwa 100 mg Kaliumpyrosulfit versetzt und mit Wasser auf 50 ml aufgefüllt (in gefüllter Flasche haltbar).

[2] Natronlauge: 25 ml 0,1 n-Natronlauge werden mit Wasser auf 50 ml aufgefüllt.

[3] Ein Gemisch aus gleichen Teilen 0,1 n-Essigsäure und 0,1 n-Natronlauge.

vom Äthanol weitgehend befreit, so erhält man ein ölähnliches Produkt, das als — Fuselöl — bezeichnet wird. Die Fuselöle bestehen nur zum Großteil aus höheren Alkoholen, sie enthalten neben diesen noch verschiedene Ester, Fettsäuren usw.

Alle Fuselöle enthalten: Propanol 1 (n-Propanol), Butanol 1 (prim. n-Butanol), Methylpropanol 1 (prim. i-Butanol), 2-Methyl-butanol-1 (opt. aktiver Gärungs-amylalkohol), 2-Methyl-butanol-4 (opt. inaktiver Gärungsamylalkohol), Äthyl-acetat sowie Ester der vorstehend aufgeführten Alkohole.

Kornfuselöle besitzen einen etwas höheren Estergehalt. Obstbranntweinfusel-öle enthalten neben einem höheren Estergehalt (vor allem Caprylsäureäthylester) etwas Furfurol und Butanol 2 (sek. n-Butanol).

Fuselöl aus Laugenbranntwein (vergorene Sulfitablaugen) enthält noch 2,5—3,0 % Furfurol und bis 20 % Terpene und Harze.

Propanol 2 (Isopropanol) wurde bisher in Fuselölen nur selten und nur in ganz geringen Mengen nachgewiesen.

Synthesesprit aus Äthylen kann keine Gärungsfuselöle enthalten, man be-zeichnet aber das bei der Reinigung von Synthesesprit anfallende ölige Nachlauf-produkt auch als Fuselöl. Es besteht aus Butanolen (vor allem tert. Butanol), Ketonen und Polymeren des Äthylens.

## a) Nachweisreaktionen und Bestimmungsmethoden der einzelnen höheren Alkohole

Vgl. Bd. II/2 S. 557—567 und unter gaschromatographische Methoden S. 82.

## b) Untersuchung des Fuselöls

Bis zur Einführung der Gaschromatographie war nach den zur Verfügung stehenden klassischen Methoden eine Analyse der Fuselöle und Bestimmung der einzelnen Bestandteile sehr schwierig und ungenau. Man mußte sich auf die fraktionierte Destillation und ähnliche sehr wenig befriedigende Verfahren be-schränken.

Das bei der Branntweingewinnung und Reinigung ausgeschiedene „Fuselöl" wird nach der Brennereiordnung § 204 außer Anspruch gelassen, wenn die in einer gesättigten Calciumchloridlösung unlöslichen Anteile mehr als 75 Vol.-% betragen, ansonsten gilt das Erzeugnis noch als Branntwein. Die Prüfung erfolgt durch den Zollaufsichtsbeamten nach einer im § 16 der Technischen Bestimmungen ange-gebenen Vorschrift.

In einen Schüttelzylinder (Fuselölprober) werden 10 ml Fuselöl mit 30 ml gesättigter Calciumchloridlösung ausgeschüttelt. Die nicht gelöste, obere, ölige Schicht ergibt durch Ver-vielfachen mit 10 den Fuselölgehalt in Volumprozenten.

In Zweifelsfällen entscheidet das Bundesmonopolamt aufgrund einer gas-chromatographischen Nachuntersuchung (vgl. S. 698).

## c) Bestimmung des Fuselölgehaltes in Spriten und Branntweinen

Die Beschaffenheitsbedingungen fast aller Länder lassen für gereinigte Brannt-weine (Prima-, Fein-, eff-Sprite, Alkohol absolutus für medizinische Zwecke nach DAB 6), die für Genußzwecke, medizinische, pharmazeutische und kosmetische Zwecke bestimmt sind, höchstens 0,5 mg/100 ml Fuselöl zu. In der Regel liegt der Wert zwischen 0 und 0,1 mg/100 ml. Bei Sekundaspriten, die für technische und gewerbliche Zwecke vorgesehen sind, ist die Höchstmenge für Fuselöl auf 10 mg/ 100 ml festgesetzt. In Wirklichkeit wird die Grenze von 5 mg nur selten erreicht.

Bei Rohbranntweinen kann der Fuselölgehalt bis auf 1000 mg/100 ml und bei Edelbranntweinen bis auf 400 mg/100 ml ansteigen.

α) **Methode nach Komarowsky:** Diese Methode ist eigentlich ein mit Salicylaldehyd verstärkter, hochempfindlicher Schwefelsäuretest, auf den alle Bestandteile der Branntweine und Sprite, selbst das Äthanol sowie alle Verunreinigungen organischer Natur verschieden ansprechen. Die bei dem Test sich bildenden Farbtöne sind verschieden, von hell Gelbgrün des Äthanols bis zum Dunkelrotbraun des Methylpropanol 1 (prim. i-Butanol). Noch weit größere Unterschiede gibt es in der Farbintensität. Die geringste Verfärbung ergibt nicht, wie man annehmen sollte, das Methanol, sondern das Äthanol und die stärkste nicht die Gärungsamylalkohole, sondern das Methylpropanol 1. Setzt man die Lichtabsorption von Äthanol gleich 0, so erhält man mit einem Colorimeter (Elko II) bei 490 m$\mu$ für Methanol eine Lichtabsorption von 39%.

Versetzt man 100 ml reines Äthanol mit 0,5 mg aller Substanzen, die sich bei der alkoholischen Gärung bilden können, so erhält man folgende Lichtabsorptionen (der Lichtspalt wird so weit geöffnet, daß die Lichtabsorption für Äthanol gleich 0 ist):

| | Farbton | Lichtabsorption % |
|---|---|---|
| Äthanol | hell gelbgrün | 0 |
| Methanol | wie Äthanol | 0 |
| Propanol 1 (n-Propanol) | wie Äthanol | 0 |
| Methylpropanol 1 (prim. i-Butanol) | dunkel, rotbraun | 85 |
| Gärungsamylalkohole | violettbraun | 36 |
| Acetaldehyd | bräunlich | 10 |
| Äthylacetat | wie Äthanol | 0 |
| Amylacetat | bräunlich | 25 |
| Furfurol | fast wie Äthanol | 3—5 |
| Essigsäure | wie Äthanol | 0 |

Aus dieser Versuchsreihe kann gefolgert werden, daß bei Prima- und Feinspriten mit einem Fuselölgehalt von weniger als 0,5 mg/100 ml die stärkste Lichtabsorption das Methylpropanol 1 besitzt. Setzt man die Lichtabsorption von Methylpropanol 1 gleich 100, so beträgt sie bei den Gärungsamylalkoholen etwa 42 und bei Acetaldehyd etwa 12%. Die einzelnen Ester haben eine geringere Lichtabsorption als die entsprechenden Alkohole. Methanol, Propanol 1, Äthylacetat und Essigsäure wirken sich überhaupt nicht mehr aus.

Werden die Substanzen in einer Menge von 50 mg/100 ml zugesetzt, so lassen sich die Proben mit Methylpropanol 1, Gärungsamylalkoholen, Amylacetat, Acetaldehyd und Furfurol nicht mehr messen, sie müßten mit reinem Äthanol 1:10 bzw. 1:100 verdünnt werden. Die übrigen Begleitstoffe ergeben (Äthanol gleich 0 gesetzt) folgende Lichtabsorption:

| | Farbton | Lichtabsorption % |
|---|---|---|
| Äthanol | hell, gelbgrün | 0 |
| Methanol | rötlich gelb | 44 |
| Propanol 1 | rotbraun | 85 |
| Äthylacetat | fast wie Äthanol | 20 |
| Essigsäure | fast wie Äthanol | 20 |

Aus der zweiten Versuchsreihe geht hervor, daß sich bei fuselölreichen Proben, die stark verdünnt werden müssen, Propanol 1, Methanol, Äthylacetat und Essigsäure nur wenig auswirken. Von den Nachlaufprodukten haben daher nur Bedeutung Methylpropanol 1, die Gärungsamylalkohole und die Ester der genannten

Alkohole, von den Vorlaufprodukten nur der Acetaldehyd. Weil man zum Fuselöl nur Nachlaufprodukte zählen soll, muß zumindest die vom Acetaldehyd hervorgerufene Absorption berücksichtigt werden.

Für hochgereinigte Sprite gibt es z. Z. noch keine Methode, die so empfindlich ist, wie der Komarowskytest. Selbst gaschromatographisch mit einem FID lassen sich nur Proben untersuchen, die mehr als 2 mg/100 ml Fuselöl enthalten. Die Einspritzmenge kann nicht unbeschränkt erhöht werden, weil der hohe Äthanolgehalt (96 Vol.-%) die übrigen Piks überdecken würde.

Bei allen Edelbranntweinen und nicht vorgereinigten Rohbranntweinen (z. B. aus Kartoffeln oder Korn) ist die Gaschromatographie die einzig befriedigende Methode. 1. Es wird das Original ohne Verwendung von Reagentien untersucht. 2. Es werden alle höheren Alkohole, auch Propanol 1, erfaßt. 3. Die einzelnen Alkohole können auch mengenmäßig mit guter Genauigkeit bestimmt werden (vgl. S. 698). Der Komarowskytest dagegen liefert für fuselölreiche Branntweine, auch nach verschiedenen Modifikationen, nur wenig befriedigende Ergebnisse. Größere chemische Reaktionen, wie Verseifen der Ester, Zerstörung des Aldehyds, bergen in sich die Gefahr, daß Verunreinigungen der Reagentien als Fuselöl mitgewertet werden. Der Fehler wird besonders groß, wenn die Ergebnisse bei Verdünnungen mit Faktoren bis zu 100 vervielfacht werden müssen.

Ausführung des Komarowskytestes: Wie aus den Vorbemerkungen hervorgeht, handelt es sich bei dem Komarowskytest um ein altes, aber immer noch bewährtes Verfahren, soweit nicht die Möglichkeit einer gaschromatographischen Untersuchung besteht. Reproduzierbare Werte erhält man nur, wenn die Versuchsbedingungen, Zusatzmengen, Einwirkungszeiten, Temperaturen, Zusammensetzung der Testlösungen, genau festgelegt sind und eingehalten werden. Die verwendeten Glasgeräte müssen ideal sauber sein. Die Reagentien Schwefelsäure und Salicylaldehyd müssen von p. a. Qualität sein. Weil Salicylaldehyd nur beschränkt haltbar ist, liefert die Firma E. Merck AG, Darmstadt, Salicylaldehyd in Ampullen zu 2 ml abgefüllt. Wenn die Ampullen im Kühlschrank aufbewahrt werden, sind sie mehrere Monate haltbar. Die alkoholische Salicylaldehydlösung muß ebenfalls dunkel und kühl gelagert werden, dann kann man sie 10—14 Tage verwenden.

Die Bundesmonopolverwaltung für Branntwein hat für die Untersuchung von hochprozentigen Spriten und Branntweinen folgende Methoden festgelegt:

*a* 1) für Sekundasprite, Alkohol absolutus für technische Zwecke; Fuselölgehalt bis 10 mg/100 ml.

*a* 2) für Rohbranntweine; Fuselölgehalt bis etwa 60 mg/100 ml.

*a* 3) für eff-, Primasprite, Alkohol absolutus für medizinische Zwecke nach DAB 6; Fuselölgehalt bis 0,5 mg/100 ml.

**Zu *a* 1)** In einem Schüttelzylinder mit Glasstopfen von 50 ml Inhalt werden 10 ml des zu untersuchenden Sprites gegeben. Aus einer Pipette läßt man 1 ml einer 1%igen alkoholischen Salicylaldehydlösung[1] zufließen. Aus einer weiteren Pipette (empfehlenswert sind automatische Pipetten, die so abgeschliffen sind, daß die Auslaufzeit 8—10 sec beträgt), setzt man 20 ml Schwefelsäure Dichte 1,84 zu, mischt den Inhalt vorsichtig durch dreimaliges Kippen innerhalb 5 sec durch und beläßt die Probe 10 min bei Zimmertemperatur. Darauf wird die Probe in ein Wasserbad von 20°C gestellt. Nach 20 min wird das Reaktionsgemisch in eine Küvette von 10 mm Schichtdicke eingefüllt. Genau $1/_2$ Std nach dem Zusatz der Schwefelsäure wird die Extinktion der gefärbten Mischung gegen die gelbgrüne Färbung eines Ansatzes gemessen, der — wie vorstehend beschrieben — mit fuselölfreiem Sprit erhalten wurde.

Von der festgestellten Extinktion (Gesamtextinktion $E_g$) der Spritprobe muß der durch den Aldehydgehalt hervorgerufene Extinktionswert ($E_a$) in Abzug gebracht werden. Zur Auswertung der Extinktion wird ein Diagramm mit einem künstlichen Fuselölgemisch angefertigt. Für Melasse- und Heferohbranntweine, sowie für Sprite aus der Reinigung verwendet man ein

---

[1] 1 g Salicylaldehyd + 99 g fuselöl- und aldehydfreier Sprit.

Gemisch aus 90 Vol.-% 2-Methyl-butanol-4 (i-Amylalkohol) und 10 Vol.-% Methylpropanol 1 (prim. i-Butanol). Für Sulfitsprite besteht das Gemisch aus 55.-Gew.-% 2-Methyl-butanol-4, 35.-Gew.-% Methylpropanol 1 und 10.-Gew.-% Borneol. Dieses künstliche Fuselölgemisch wird in zunehmenden Mengen (1, 2, 4, 6, 8, und 10 mg/100 ml) mit fuselölfreiem Sprit angesetzt, die Extinktionswerte bestimmt und in ein Diagramm aufgetragen. In ähnlicher Weise wird ein Diagramm angefertigt, in welches die Extinktionswerte eingetragen werden, die durch Acetaldehyd beim Komarowskytest hervorgerufen werden. Zu diesem Zweck wird Acetaldehyd in entsprechenden Mengen in fusel- und aldehydfreiem Sprit gelöst und die Extinktionswerte bestimmt.

Dem Diagramm für Acetaldehyd wird der Extinktionswert entnommen, der dem Acetaldehydgehalt entspricht, wie er durch die Hydroxylaminhydrochlorid- oder eine andere Methode ermittelt wurde. Die Extinktion des Fuselöls ($E_f$) = Gesamtextinktion ($E_g$) weniger Extinktion des Aldehyds ($E_a$). Dem berechneten Extinktionswert ($E_f$) entsprechend entnimmt man aus dem Diagramm (vgl. Abb. 5) den Fuselölgehalt.

**Zu α 2)** Bei Branntweinen bis etwa **60 mg/100 ml** Fuselöl wird in dem Schüttelzylinder 1 ml Probe mit 9ml reinstem Sprit verdünnt. Die Probe wird wie vorstehend beschrieben weiterbehandelt. Aus dem Diagramm für Acetaldehyd wird der Extinktionswert ($E_a$) abgelesen, der dem zehnten Teil des festgestellten Acetaldehydgehaltes entspricht. Von der abgelesenen Gesamtextinktion ($E_g$) wird die Aldehydextinktion ($E_a$) abgezogen. Der der Fuselölextinktion ($E_f$) entsprechende Fuselölwert mal zehn ergibt den Fuselölgehalt (vgl. Abb. 5).

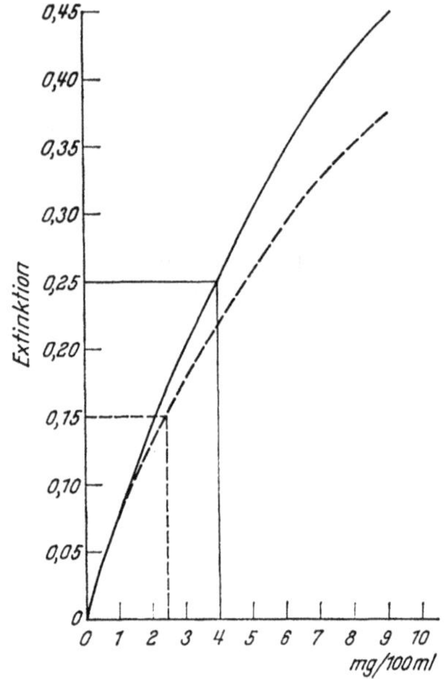


Abb. 5. Fuselöl- und Acetaldehyddiagramm. ——— Künstliches Fuselölgemisch, - - - - Acetaldehyd.

Beispiel:
Aldehydgehalt 25 mg/100 ml, geteilt durch 10 = 2,5. Dies entspricht einer Extinktion $E_a$ von 0,15.

Gesamtextinktion $E_g$ = 0,40 minus Aldehydextinktion $E_a$ = 0,15. Fuselölextinktion $E_f$ = 0,25

E 0,25 entspricht 4 mg/100 ml × 10 = 40 mg Fuselöl in 100 ml

**Zu α 3)** Für Primasprite und Alkohole absolutus für medizinische Zwecke nach DAB 6 wird nach dem gleichen Verfahren gearbeitet wie unter α 1 angegeben. Die Extinktion der zu untersuchenden Probe wird jedoch absolut gegen dest. Wasser gemessen. Es sind Vergleichslösungen mit 0,2, 0,4, 0,6 und 1 mg/100 ml des künstlichen Fuselölgemisches in fusel- und aldehydfreiem Sprit anzusetzen und die Extinktionswerte wie unter α 1 beschrieben gegen Wasser zu bestimmen. Acetaldehydgehalte bis 1 mg/100 ml können direkt von dem ermittelten Fuselölwert abgezogen werden, weil die Extinktion bei Mengen bis 1 mg/100 ml bei Fuselöl und Acetaldehyd praktisch gleich sind.

Reihenversuche haben ergeben, daß bei richtiger Festlegung der Diagramme und genauester Beachtung der Untersuchungsvorschriften vollkommen reproduzierbare Werte erhalten werden.

**β) Modifikation des Komarowskytestes nach H. Wüstenfeld u. H. Haeseler (1964) für niederprozentige Branntweine.** Wie bereits ausgeführt, ist beim Komarowskytest der Äthanolgehalt auch von Bedeutung und muß berücksichtigt werden. Es ist zweckmäßig, auf eine einheitliche Stärke zu verdünnen, z. B. 30. Vol.-%, man kommt so mit einem Diagramm aus.

Die Branntweinprobe oder das Destillat wird auf 30 Vol.-% eingestellt. 100 ml werden zur Ausschaltung des Aldehyds mit 3 ml Wasser und 0,5 g m-Phenylendiamin-Chlorhydrat versetzt (früher verwendete man Silberoxid, es hat sich aber nicht bewährt, weil zusätzlich Aldehyd gebildet werden kann) und 30 min am Rückflußkühler gekocht. Anschließend wird weitgehend abdestilliert und auf 100 ml wieder aufgefüllt. 5 ml der behandelten Probe werden in einem 100-ml-Erlenmeyerkölbchen (mit Schliffstopfen) mit 2,5 ml einer 1%igen alkoholischen Salicylaldehydlösung und 2,5 ml Wasser versetzt. Die Probe wird vorsichtig mit 20 ml reinster, konzentrierter Schwefelsäure unterschichtet und vermischt. Nach 1 Std stellt man die Extinktion bei 490 m$\mu$ fest oder man vergleicht mit Typenlösungen[1], die genau so behandelt werden wie die Probe.

| A | I | Fuselölgehalt mg/100 ml | Fuselölgehalt mg/100 ml bez. a. r. A. |
|---|---|---|---|
| 0,25 g + 0,0625 g | | 62,5 | 208,3 |
| 0,125 g + 0,0313 g | | 31,2 | 104,– |
| 0,0625 g + 0,0156 g | | 15,6 | 52,– |
| 0,0313 g + 0,0078 g | | 7,8 | 26,– |
| 0,0156 g + 0,0039 g | | 3,9 | 13,– |
| 0,0078 g + 0,0020 g | | 2,5 | 6,5 |
| 0,0059 g + 0,0015 g | | 1,5 | 4,9 |
| 0,0039 g + 0,0010 g | | 1,– | 3,3 |
| 0,0020 g + 0,0005 g | | 0,5 | 1,6 |

**γ 1) Methode nach C. S. Boruff (1959):** Nach BLEYER, DIEMAIR u. FRANK eignet sich p-Dimethylaminobenzaldehyd besser zur Fuselölbestimmung als Salicylaldehyd, weil die Schwankungen der Farbintensitäten zwischen den einzelnen höheren Alkoholen, vor allem zwischen Methylpropanol 1 und den Gärungsamylalkoholen, nicht so groß sind.

Soweit keine extraktfreien Proben vorliegen, müssen sie zuvor destilliert werden. Anschließend müssen die Proben vom Aldehyd befreit werden. Für Edelbranntweine und Likördestillate geschieht dies am zweckmäßigsten durch Kochen mit m-Phenylendiamin, wie unter β) angegeben. Die Proben werden genau auf 30 Vol.-% eingestellt. Proben mit mehr als 6 mg/100 ml Fuselöl müssen mit 30 vol.-%igem fuselölfreiem Sprit auf 2—5 mg/100 ml verdünnt werden. Bei verschiedenen Edelbranntweinen, wie Rum, Whisky usw., sind 20- bis 50-fache Verdünnungen erforderlich.

Man pipettiert 2 ml der notfalls verdünnten Probe, bzw. 2 ml Wasser für den Blindversuch in Reagensgläser 15 × 150 mm mit Schliffstopfen und stellt diese in einem Gestell in ein Eisbad. Dann wird 1 ml der p-Dimethylaminobenzaldehydlösung[2] hinzupipettiert, geschüttelt und für 3 min wieder in das Eisbad gestellt. Noch im Eisbad läßt man 10 ml eiskalte, konzentrierte Schwefelsäure hinzufließen, schüttelt sofort durch und beläßt die Proben weitere 3 min im Eisbad. Hierauf wird das Gestell mit den Gläsern aus dem Eisbad in kochendes Wasser gebracht und dort 20 min belassen. Anschließend gelangen die Gläser für 3—5 min wieder in das Eisbad und schließlich in ein Wasserbad von 20°C. Die Extinktion der entwickelten roten Farbe wird bei 540 m$\mu$ gegen die Blindlösung gemessen. Die Auswertung erfolgt anhand einer entsprechenden Eichkurve. Als Testlösung werden 0,2 g Methylpropanol 1 (prim. i-Butanol) und 0,8 g Gärungsamylalkohol mit reinstem 30 vol.-%igem Sprit auf 100 ml aufgefüllt.

**γ 2) Modifikation nach H. Burmeister (1962):**

Er empfiehlt, den Aldehyd durch Anionenaustauscher (z. B. Permutit ES) zu entfernen. 10 ml der Probe werden in einem Reagensglas mit Schliffstopfen mit 0,5 ml einer 5—6%igen schwefligen Säure versetzt und nach dem Umschütteln 30 min stehengelassen. Anschließend wird das Reaktionsprodukt durch die Austauschsäule gegeben, die vorher mit reinstem 40 vol.-%igem Sprit gespült wurde. In der Austauschsäule werden die Hydroxysulfonsäuren zurückgehalten. In einem 100-ml-Meßkolben wird die anlaufende Flüssigkeit aufgefangen und mit 40 vol.-%igem reinstem Sprit solange nachgewaschen, bis die Kolbenmarke erreicht ist. Der Fuselölgehalt wird mit p-Dimethylaminobenzaldehyd bestimmt, wie unter a 1 angegeben.

Nach Feststellungen von J. KOCH u. D. HESS ist für Weinbrände und Edelbranntweine die Methode nach BORUFF am besten geeignet. Die Methode BURMEISTER unterscheidet sich von ersterer nur durch die Art der Aldehydabscheidung. Für die Untersuchung hochprozentiger, ziemlich reiner Sprite sind diese Methoden weniger geeignet.

**γ 3) Modifikation des Komarowskytestes nach A. P. Mathers u. R. L. Schoenemann (1956):** Sie verwenden als Indicatorreagens 4-Hydroxybenzaldehyd-3-sulfon-

---

[1] In 500 ml 30 vol.-%igem Sprit werden 2 Methyl-butanol-4 (Isoamylalkohol) = A und Methylpropanol 1 (prim. i-Butanol) = I gelöst:
[2] 1 g p-Dimethylaminobenzaldehyd, 5 ml konzentrierte Schwefelsäure, mit Wasser auf 100 ml aufgefüllt.

säure. Nach R. L. Schoenemann (1963) hat diese Methode der Boruff-Methode gegenüber verschiedene Vorteile: erheblich vergrößerte Analysenbreite (0—1500 mg/l), schnellere Durchführbarkeit, kleinere Schwankungsbreite der Ergebnisse und einfache Berechnung. Allerdings ist hier die Reaktion stärker von der Zusammensetzung des Fuselöls abhängig als dies bei der Boruff-Methode der Fall ist.

### δ) Untersuchungsverfahren der französischen Alkoholverwaltung:

Bei diesem Verfahren wird nur reine Schwefelsäure verwendet. Die Spritprobe wird auf 66,6°G.L. (Gay-Lussac) verdünnt. 10 ml der verdünnten Probe werden mit 10 ml reiner, konzentrierter Schwefelsäure versetzt und 1 Std auf 120°C gehalten. Nach dem Erkalten darf bei reinen, aldehydfreien Spriten die Verfärbung nicht stärker sein als bei einer Bezugslösung[1].

Für aldehydhaltige und fuselölreiche Proben ist folgendes Verfahren anzuwenden:

In einen 100-ml-Meßkolben werden 33 ml der auf 50°G.L. herabgesetzten Probe eingefüllt und mit einem reinen auf 50°G.L. verdünnten Sprit aufgefüllt. Der Inhalt des Meßkolbens wird in einen 250-ml-Kochkolben entleert. Ferner werden 1 ml reines, frisch dest. Anilin, 1,5 ml Phosphorsäure d = 1,71 und zwei Körnchen Bimsstein zugegeben. Der Kolbeninhalt wird 1 Std lang am Rückflußkühler im Kochen gehalten. Nach dem Abkühlen wird der Kolben an ein Destilliergerät angeschlossen und langsam werden 75 ml abgetrieben. Danach werden 10 ml des Destillates und 10 ml einer Musterlösung[2] in je ein Kölbchen getan, mit je 10 ml konzentrierter Schwefelsäure versetzt, durchgemischt und 1 Std in einem Bad von 120°C belassen; die sich bei der untersuchten Probe ergebende Färbung muß geringer oder höchstens gleich der Musterlösung sein.

Bei Proben mit höheren Fuselölgehalten muß mit fuselölfreiem Sprit entsprechend verdünnt werden.

### ε) Untersuchungsverfahren nach B. Röse. 
Das Verfahren beruht darauf, daß der auf genau 30 Vol.-% herabgesetzte Branntwein in einem Schüttelapparat nach K. Windisch mit Chloroform ausgeschüttelt wird. Man liest nach Temperierung auf 15°C die Volumenvermehrung ab. Parallel dazu läuft ein Blindversuch mit reinstem Sprit. 1 ml Volumenvermehrung entspricht 0,6631 ml Fuselöl.

Dieses Verfahren hat keine große Bedeutung mehr, weil es nur bei Proben mit viel Fuselöl angewandt werden kann. Außerdem wird die Bestimmung von allen Bestandteilen des Branntweins in verschiedener Stärke beeinflußt. Das Verfahren ist langwierig und läßt sich bei serienmäßigen Betriebsanalysen nur schwer anwenden.

G. H. Osborn u. O. E. Mott (1952) bestimmen das Fuselöl mit Schwefelsäure und Furfurollösung: Zu 10 ml des auf 50 Vol.-% eingestellten Destillates werden langsam 10 ml konz. Schwefelsäure unter Eiskühlung zugegeben. Bei 20°C werden 0,5 ml einer 1%igen wäßrigen Furfurollösung zugesetzt. Nach dem Durchschütteln mißt man die Durchlässigkeit bei 515 m$\mu$ in einer 1-cm-Kuvette. Ebenso behandelt wird eine Vergleichslösung aus Gärungsamylalkohol, Methylpropanol 1, n-Propanol und Caprylalkohol 3:2:1:1.

---

[1] Die Bezugslösung erhält man, indem man eine Mischung aus 10 ml Lösung A, 20 ml Lösung B und 5 ml Lösung C mit dest. Wasser auf 1000 ml verdünnt.

Lösung A: 62 g Kobaltchlorid · 6 Wasser, 25 ml reine Salzsäure mit dest. Wasser auf 100 ml aufgefüllt.

Lösung B: 232 g Urannitrat · 6 Wasser, 25 ml reine Salzsäure, mit dest. Wasser auf 1000 ml aufgefüllt.

Lösung C: 47 g Kupfersulfat · 5 Wasser, 25 ml reine Salzsäure, mit dest. Wasser auf 1000 ml aufgefüllt.

[2] In einen 1000-ml-Meßkolben werden 0,6665 g reines Methylpropanol 1 (prim. i-Butanol) eingewogen und mit aldehyd- und fuselölfreiem Sprit, der auf 66,6°G.L. eingestellt ist, aufgefüllt.

# 9. Säuren

## a) Gesamtsäure in hochprozentigen Spriten (über 92 Gew.-%)

Der maximale Säuregehalt in Prima- und Feinspriten ist in fast allen Staaten auf 1 mg/100 ml, berechnet als Essigsäure, festgesetzt. Dieser Bedingung müssen auch die Untersuchungsverfahren angepaßt werden.

Die Bundesmonopolverwaltung für Branntwein verwendet als Indicator eine 0,1%ige alkoholische Methylrotlösung (Dimethylaminoazobenzolcarbonsäure, pH 4,2—6,3). Der Indicator gibt auch bei Verwendung von 0,01 n-Natronlauge einen klar erkennbaren, scharfen Umschlagspunkt. Bei Verwendung von Phenolphthalein dagegen ist der Umschlagspunkt schleppend und verwischt.

100 ml des zu untersuchenden Sprits werden mit ein bis zwei Tropfen 0,1%iger Methylrotlösung versetzt und sofort mit 0,01 n-Natronlauge in einer in 0,01 ml eingeteilten, 10 ml fassenden Bürette bis zum Auftreten der Gelbfärbung titriert. Zur deutlichen Erkennung des Umschlagspunktes kann eine Vergleichslösung (100 ml säurefreier Sprit + 0,2 ml 0,01 n-Natronlauge + 1—2 Tropfen des vorgeschriebenen Indicators) verwendet werden.

1 ml 0,01 n-Natronlauge entspricht 0,6 mg Essigsäure in 100 ml.

## b) Gesamtsäure in Erzeugnissen mit weniger als 92 Gew.-%)

Bei niedergrädigen Erzeugnissen ist auch bei Verwendung von Methylrot der Umschlagspunkt sehr schleppend. Da jedoch bei diesen Proben die Säuregehalte wesentlich höher liegen (z. B. bei Kirschwässern bis 250 mg/100 ml), kann zur Titration 0,1 n-Natronlauge verwendet werden.

*a* Entsprechend dem zu erwartenden Säuregehalt werden 50 oder 100 ml Probe mit 0,1 n-Natronlauge gegen Phenolphthalein als Indicator (pH 8,2—10,6) titriert.

*β* H. WÜSTENFELD u. G. HAESELER (1964) empfehlen für exakte Bestimmungen die potentiometrische Messung mit Glaselektroden. Die Proben müssen mit dest. Wasser auf etwa 30 Vol.-% verdünnt werden, weil es bisher noch keine Glaselektroden für hochprozentige alkoholische Flüssigkeiten gibt. Das Wasser muß vorher auf das gleiche pH eingestellt werden, auf welches die Probe titriert wird, z. B. pH 7,0.

## c) Flüchtige Säuren

Die flüchtigen Säuren werden mit Wasserdampf nach dem Halbmikro- oder Makroverfahren überdestilliert und heiß mit 0,1 n-Natronlauge gegen Phenolphthalein titriert. Die beiden Untersuchungsverfahren sind in der „Allgemeinen Verwaltungsvorschrift für die Untersuchung von Wein und ähnlichen alkoholischen Erzeugnissen sowie von Fruchtsäften" vom 26. IV. 1960 enthalten.

## d) Nicht flüchtige Säuren

Man bestimmt nach a) oder b) die Gesamtsäure und nach c) die flüchtigen Säuren.

Nicht flüchtige Säure = Gesamtsäure — flüchtiger Säure.

Man bestimmt zunächst nach a) oder b) die Gesamtsäure. Anschließend dampft man die gleiche Probenmenge ein und bestimmt im Rückstand die nicht flüchtigen Säuren.

Flüchtige Säure = Gesamtsäure — nicht flüchtiger Säure.

Nach verschiedenen Untersuchungsvorschriften soll vor der Titration die Probe etwa 30 min am Rückflußkühler gekocht werden, dadurch soll die aus der Gärung stammende Kohlensäure entfernt werden. Alle Branntweine haben einen Rohbrand, viele auch einen Feinbrand durchgemacht, wobei die Gärungskohlensäure praktisch restlos entfernt wurde, jedenfalls läßt sich mit 0,1 n-Natronlauge kein Unterschied mehr feststellen. Bei Rohbränden, die auf einfachen Blasengeräten gewonnen wurden, könnte die Kohlensäure den Säurewert unbedeutend beeinflussen. Es ist vorteilhaft, wenn die Säurebestimmung mit der Esterbestimmung gekoppelt wird.

### e) Nachweis und Bestimmung der einzelnen organischen Säuren

Außer Essigsäure können in Branntweinen und Spriten noch folgende organische Säuren enthalten sein:

**α) Ameisen-, Butter-, Capryl-, Capron-, Laurin-, Pelargon- und Önanthsäure:** Nachweis und Bestimmung vgl. Bd. II/2 S. 1356—1412.

**β) Gerbsäurenachweis:** In einem Reagensglas wird die Probe mit zwei Tropfen einer 5%igen Ferrichloridlösung versetzt. Farblose Branntweine färben sich selbst bei geringen Mengen Gerbsäure intensiv blau. Mit Zuckercouleur gefärbte Branntweine färben sich je nach dem Gerbsäuregehalt schmutzig blaugrün bis tiefblau.

**γ) Citronensäure** wird wie in der „Allgemeinen Verwaltungsvorschrift für die Untersuchung von Wein und ähnlichen alkoholischen Erzeugnissen sowie Fruchtsäften" vom 26. IV. 1960 angegeben als Pentabromaceton bestimmt (vgl. auch S. 403). M. Pro u. R. Nelson (1956) bestimmen die Citronensäure photometrisch. Der größte Teil des Äthanols wird im Vakuum verdampft. Der Rückstand wird zentrifugiert und der flüssige Anteil mit Wasser auf das Ausgangsvolumen gebracht. Unter Eiskühlung werden konzentrierte Schwefelsäure, Metaphosphorsäure, Kaliumbromid und Kaliumpermanganatlösung zugesetzt. Ein Überschuß an Kaliumpermanganat wird mit Wasserstoffperoxid zerstört. Anschließend wird mit Heptan ausgeschüttelt. Der abgetrennten Heptanphase wird alkalische Pyridinlösung zugesetzt und 4 min auf 80°C erwärmt. Nach dem Abkühlen in Eiswasser wird durch Zentrifugieren die Pyridinphase abgeschieden und mit Äthanol versetzt. Von der rotgefärbten Lösung wird die Extinktion bei 535 m$\mu$ ermittelt. Eine Eichkurve wird durch gleiche Behandlung einer Standard-Citronensäurelösung angefertigt.

### f) Blausäure (Cyanwasserstoffsäure)

Blausäure kommt in Steinobstbranntweinen teils frei und teils an Benzaldehyd gebunden vor. Nach H. Flygare (1952) enthalten Steinobstbranntweine bis 5 mg/100 ml Blausäure.

**α) Nachweis nach J. M. Kolthoff:** 10 ml der zu untersuchenden Flüssigkeit werden mit 20 mg Ferrosulfat und 10 Tropfen eines Carbonat-Bicarbonatgemisches, das 8 g Natriumcarbonat ($Na_2CO_3 \cdot 10 H_2O$) und 8 g Natriumbicarbonat in 100 ml enthält, versetzt. Man schüttelt gut durch, läßt $^1/_2$ Std bedeckt stehen und säuert dann mit Schwefelsäure an. Tritt 1—1$^1/_2$ Std nach der Ansäuerung eine Blaufärbung ein, ist Blausäure nachgewiesen. Mit dieser Methode lassen sich noch 2 mg Cyan im Liter nachweisen.

**β) Nachweis der freien Blausäure nach A. Juckenack u. Mitarb.** (1938): 5 ml Branntwein oder Destillat werden in einem Reagensglas mit einigen Tropfen eines frisch bereiteten alkoholischen Auszuges von Guajakholzspänen und zwei Tropfen stark verdünnter Kupfersulfatlösung (1:1000) versetzt und durchgemischt. Eine Blaufärbung weist auf freie Blausäure hin.

**γ) Nachweis der gebundenen Blausäure nach A. Juckenack u. Mitarb.** (1938): 5 ml Branntwein werden mit Alkalilauge deutlich alkalisiert und 2—3 min stehen gelassen. Daraufhin macht man die Flüssigkeit mit Essigsäure ganz schwach sauer und weist die nunmehr im freien Zustand vorhandene Blausäure mit Guajakharzlösung und Kupfersulfat, wie unter β) angegeben, nach. Enthält der Branntwein freie und gebundene Blausäure, so führt man die Guajak-Kupferprobe mit der gleichen Menge Branntwein mit und ohne Alkali aus und vergleicht die Stärken der Blaufärbung. Um die Unterschiede besser zu erkennen, muß man gegebenenfalls den Branntwein mit Wasser verdünnen.

### g) Quantitative Bestimmung der Blausäure

**α) Gewichtsanalytische Bestimmung der freien Blausäure nach A. Juckenack u. Mitarb.** (1938): 500 ml Branntwein werden mit einem geringen Überschuß von Silbernitratlösung versetzt, nach kurzem Stehen fällt die freie Blausäure als Silbercyanid aus. Man filtriert durch einen Goochtiegel, wäscht den Niederschlag mit kaltem Wasser aus, bis das Waschwasser keine Silberionen mehr enthält, behandelt mit Äthanol und Äther, trocknet bei 105°C und wägt.

0,1 g Cyansilber entspricht 0,0201 g Blausäure

**β) Gewichtsanalytische Bestimmung der gesamten Blausäure nach A. Juckenack u. Mitarb.** (1938): Durch Zusatz von Ammoniak werden die Aldehydverbindungen der Blausäure zerlegt, sodann bestimmt man die gesamte Blausäure in gleicher Weise wie die freie. Zu 250—500 ml Branntwein setzt man Ammoniak zu bis zur stark alkalischen Reaktion, schüttelt durch, setzt sofort einen Überschuß von Silbernitrat und nach abermaligem Umschütteln sofort Salpetersäure bis zur sauren Reaktion hinzu und verfährt weiter wie unter a) angegeben. Weil das Ammoniak rasch zersetzend auf die Blausäure wirkt, müssen Ammoniak, Silbernitrat und Salpetersäure möglichst schnell zugegeben werden; bei Anwesenheit von Ammoniak wird Benzaldehydcyanhydrin augenblicklich zerlegt.

**γ) Titrimetrische Bestimmung der freien Blausäure nach Th. v. Fellenberg** (1930): 50 ml extraktfreier Branntwein oder Destillat werden in einem Schüttelzylinder mit 5 ml Silbernitratlösung[1] bis zum Zusammenballen des Niederschlages von Silbercyanid kräftig geschüttelt. Man filtriert durch ein Filter von 5—6 cm ∅ bis das Filtrat klar kommt und wäscht mit einer Mischung von 1 ml n-Salpetersäure und 60 ml Wasser gründlich nach, wozu drei bis fünf Filterfüllungen nötig sind. Eine dabei im alkoholischen Filtrat entstehende Trübung ist ohne Bedeutung.

Das Filter mit dem Niederschlag wird in ein 100-ml-Erlenmeyerkölbchen gebracht, man übergießt mit 1—2 ml konzentriertem Ammoniak, kocht die Hauptmenge der Flüssigkeit ab, verdünnt mit einigen Millilitern Wasser und kocht weiter, bis der Ammoniakgeruch nahezu verschwunden ist. Zum ausgeschiedenen Silbercyanid gibt man nunmehr 0,5 ml konzentrierte Salpetersäure, verdampft wieder einen Teil der Flüssigkeit, verdünnt erneut mit einigen Millilitern Wasser und kocht bis zur völligen Lösung des Niederschlags. Der Rückstand wird mit Wasser auf 3—5 ml verdünnt, mit zwei Tropfen Ferriammoniumsulfatlösung[2] versetzt und mit Rhodanammoniumlösung[3] titriert, wozu man bei geringem Blausäuregehalt eine in 0,01 ml eingeteilte 1-ml-Pipette verwendet.

1 ml Rhodanammoniumlösung entspricht 10 mg Blausäure im Liter.

**δ) Titrimetrische Bestimmung der gesamten Blausäure:** 50 ml extraktfreier Branntwein oder Destillat werden mit 5 ml Silbernitratlösung sowie mit 2,5 ml n-Ammoniak unter Umschwenken versetzt und sofort mit 3,5 ml n-Salpetersäure angesäuert. Die weitere Behandlung des Niederschlages wird, wie unter γ) angegeben, durchgeführt.

Da bei der vorstehend beschriebenen Arbeitsweise leicht Fehler entstehen können, empfiehlt D. PLÖTTNER (1961) den Silbercyanidniederschlag in einer Labor-Handzentrifuge in zwei Gläsern à 15 ml bei etwa 3500 U/min abzuschleudern und dreimal nach Aufrühren mit einem dünnen Glasstab mit 0,1%iger Salpetersäure nachzuzentrifugieren. Bei einer Schleuderzeit von wenigen Minuten läßt sich die Flüssigkeit praktisch ohne Substanzverlust dekantieren. Beim Nachschleudern kann man zur schnelleren Abscheidung des flockigen Niederschlags etwas Äthanol hinzufügen.

Der Rückstand wird in den Zentrifugiergläsern mit 1—2 ml konzentriertem Ammoniak gelöst, und dann die Hauptmenge des Ammoniaks am besten in einem Glycerinbad unter Zusatz eines Siedesteinchens bei 60—100°C vorsichtig abgetrieben. Nach Zugabe von etwas Wasser läßt man die Temperatur des Bades auf 120°C ansteigen und engt soweit ein, bis das Ammoniak fast vollständig verschwunden ist. Ein zu weites Einengen ist zu vermeiden. In jedes Zentrifugierglas gibt man 0,5 ml Salpetersäure (d = 1,40). Der Silbercyanidniederschlag beginnt sich bei einer Temperatur des Bades von 120°C unter öfterem Umschwenken der Gläser zu lösen; nach Zusatz von etwas Wasser tritt nach kurzer Kochzeit bei etwa 130°C eine klare Lösung ein. Notfalls wird mit etwas zusätzlicher Salpetersäure nachgeholfen. Die klare Lösung wird quantitativ in ein Erlenmeyerkölbchen übergespült und dann — wie vorstehend beschrieben — mit Rhodanammoniumlösung titriert.

Weitere Nachweis- und Bestimmungsmethoden vgl. Bd. II/2 S. 1025.


# 10. Ester

Aus hochprozentigen, hochgereinigten Spriten, die praktisch aldehyd- und fuselölfrei sind, werden zwangsläufig bei der Reinigung auch die Ester abgeschieden. Deshalb enthalten die Beschaffenheitsbedingungen der Bundesmonopolverwaltung für Branntwein keine Angaben über Ester.

---

[1] Silbernitratlösung mit einem Gehalt von 3,143 g/l (1 ml entspricht 0,5 mg HCN).
[2] 5%ige Ferriammoniumlösung.
[3] Rhodanammoniumsulfatlösung mit einem Gehalt von 1,412 g/l, genau auf die Silbernitratlösung eingestellt.

In den Beschaffenheitsbedingungen der europäischen Konvention für Wein und Spirituosen wird für Feinalkohol ein maximaler Estergehalt von 5 mg/100 ml zugelassen.

Bei Edelbranntweinen mit Estergehalten bis zu 900 mg/100 ml hat die Esterbestimmung große Bedeutung, weil gerade die Ester der schwerflüchtigen Fettsäuren und die Ester der höheren Alkohole mit Essigsäure für den Geschmacks- und Geruchscharakter von großer Bedeutung sind.

Die konventionelle Methode der Esterbestimmung durch alkalische Verseifung befriedigt sehr wenig, weil sie nur die Gesamtmenge der Ester, als Essigsäure- äthylester berechnet, erfaßt. Aus der Gesamtmenge der Ester kann man auf die Qualität des Branntweins nicht schließen. Rückschlüsse erlauben nur gaschromato- graphische Untersuchungen, weil die einzelnen Ester getrennt und quantitativ erfaßt werden (vgl. S. 703).

### a) Bestimmung durch alkalische Verseifung

Nach H. Wüstenfeld u. G. Haeseler werden in einem 500-ml-Kochkolben, je nach dem zu erwartenden Estergehalt 50, 100 oder 200 ml Destillat oder extraktfreier Branntwein eingemessen. Man verwendet eine Apparatur mit Glasschliff und gut wirkendem Rückflußkühler. Um etwa vorhandene Kohlensäure auszutreiben kocht man zunächst 10 min lang unter Rückfluß, kühlt ab und setzt unter Verwendung von Phenolphthalein als Indicator bis zur schwachen Rosafärbung 0,1 n-Natronlauge zu. Anschließend werden 10 ml der gleichen Lauge (enthält die Probe viel Ester, so daß die rote Färbung während des Kochvorganges verschwinden könnte, setzt man entsprechend mehr zu) hinzugegeben und 45 min lang unter Rückfluß gekocht. Während dem Abkühlen wird ein Kalk-Sodaröhrchen auf den Kühler gesetzt, das den Zutritt von Kohlensäure aus der Luft verhindern soll. Nach dem Abkühlen gibt man aus einer Bürette soviel 0,1 n-Salzsäure hinzu, bis die rote Färbung verschwunden ist. Es wird nun wieder mit 0,1 n-Natronlauge auf den gleichen schwachrosa Farbton wie am Anfang zurücktitriert. Der Umschlagspunkt kann auch potentiometrisch ermittelt werden.

Gleichzeitig ist ein Blindversuch mit Wasser oder mit einer esterfreien Alkohol-Wasser- Mischung mit der gleichen Konzentration und unter den gleichen Bedingungen durchzuführen. Die hierbei verbrauchte Lauge ist bei der Berechnung des Hauptversuches in Abzug zu bringen.

Wurden für 100 ml Probe 10,0 ml und nach der Säurezugabe nochmals 0,4 ml 0,1 n-Natronlauge vorgelegt und für die Rücktitration 8 ml 0,1 n-Salzsäure benötigt, so wurden für die Verseifung 10,0 + 0,4 — 8,0 = 2,4 ml Lauge verbraucht (der Verbrauch für den Blindversuch ist noch zu berücksichtigen). 1 ml 0,1 n-Natronlauge entspricht 8,8 mg Essigsäureäthylester und 2,4 ml ergeben 21,12 mg /100 ml. Der Estergehalt in 100 ml reinem Alkohol wird nach der Gleichung

$$\frac{\text{Estergehalt} \cdot 100}{\text{Vol.-\% des Branntweins}}$$

berechnet.

*a)* D. Plöttner (1961) hält bei Trinkbranntweinen eine Vorprüfung für erforderlich, ob beim Herabsetzen auf Trinkstärke nicht permutiertes Wasser verwendet wurde.

50 ml Branntwein werden in einer Schale über die Hälfte eingedampft. Ergibt die Prüfung des Rückstandes mit Phenolphthalein eine Rotfärbung, so kann auf die Verwendung von permutiertem Wasser geschlossen werden. In einem derartigen Fall setzt man der Probe vor der Destillation etwas verdünnte Schwefelsäure zu, um die Ester vollständig zu erhalten.

*β)* K. Hennig (1953) empfiehlt das Destillat durch Anionenaustauscher von den Säuren zu befreien, weil gerade die in Weinbränden vorhandene schweflige Säure, Essigsäure und Kohlensäure bei der Titration einen ziehenden Endpunkt bewirken.

50 ml Weinbrand werden mit 25 ml Wasser und etwas Tannin versetzt und bis auf 20 ml abdestilliert. Das Destillat läßt man langsam durch eine 18 cm lange Absorptionsröhre mit einem Durchmesser von 3 cm laufen, die 6—7 cm hoch mit 25—30 ml Anionenaustauscher (Lewatit M I) angefüllt wird. Der mit Wasser vorgequollene Anionenaustauscher wird mit 2%iger Natronlauge aktiviert; anschließend muß solange mit Wasser gewaschen werden, bis das Waschwasser gegen Phenolphthalein neutral reagiert. Eine Füllung reicht für 10—15 Bestimmungen.

## b) Die papierchromatographische Esterbestimmung
Vgl. S. 697.

## 11. Flüchtige Basen (aliphatische Amine)

In Hefe-, selten in Melasse- und Rübenrohbranntweinen sind die aliphatischen Amine Methyl-, Äthyl-, Dimethyl- und Trimethylamin enthalten. Sie bilden sich aus dem Eiweiß abgestorbener Hefezellen oder aus dem Betain der Melasse. Bereits in geringsten Mengen (über 0,2 mg/100 ml) verleihen sie dem Branntwein einen sehr unangenehmen Geruch nach faulem Fisch.

Nach den Beschaffenheitsbedingungen dürfen Sprite für Genußzwecke keine Amine enthalten. Bei Spriten für technische Zwecke, Hefe-, Melasse- und Rübenrohbranntweinen beträgt die Höchstmenge an Aminen 0,2 mg/100 ml, berechnet als Methylamin.

*α*) **Nachweis (Vorprüfung):** Nach den Untersuchungsvorschriften der Bundesmonopolverwaltung für Branntwein werden 100 ml Probe mit 10 ml n-Schwefelsäure versetzt und auf dem Wasserbad bis auf etwa 2 ml eingedampft. Der Rückstand wird in einen 100-ml-Meßkolben übergespült und mit Wasser bis zur Marke aufgefüllt. Davon werden 10 ml mit 1 ml Neßler's Reagens versetzt und mit 10 ml einer Testlösung verglichen, die 0,2 mg Methylamin in 100 ml entspricht. Zur Herstellung der Testlösung werden 0,3464 g Ammoniumchlorid in 1 l dest. Wasser gelöst.

*β*) **Quantitative Bestimmung:** Ergibt der unter *a*) aufgeführte Vorversuch einen Gehalt an flüchtigen Basen von mehr als 0,2 mg/100 ml, so wird eine quantitative Bestimmung durchgeführt. 250 ml Probe werden mit 20 ml n-Schwefelsäure und 50 ml Wasser versetzt und in einer Kjeldahlapparatur bis auf etwa 20 ml abdestilliert. Nach dem Abkühlen werden 12,5 ml einer 15%igen Natronlauge und 50 ml Wasser hinzugefügt und in eine Vorlage mit 10 ml 0,01 n-Schwefelsäure überdestilliert. Die überschüssige Schwefelsäure wird mit 0,01 n-Natronlauge zurücktitriert.

1 ml 0,01 n-Schwefelsäure entspricht 0,124 mg/100 ml Amin. Zur Titration wird der Indicator nach TASCHIRO[1] verwendet.

*γ*) **Bestimmung mit p-Nitranilin:** Nach E. KRÖLLER (1950) werden 2 ml des zu prüfenden Sprits in ein Reagensglas pipettiert. Dann gibt man in genau gleiche Reagensgläser je 2,0, 1,0, 0,5, 0,25, 0,1 und 0,05 ml einer Aminvergleichslösung[2] und ergänzt den Inhalt der Vergleichslösungen mit reinstem Äthanol auf 2 ml. In jedes Reagensglas werden 0,5 ml der p-Nitranilinlösung[3] und ein Tropfen Barytwasser getan. Ist der gebildete Farbton zu kräftig, so setzt man allen Proben 2 ml reinstes Äthanol zu. Der rote bis orangerote Farbton der Probe wird mit den Vergleichslösungen, die einem Gehalt von 0,3, 0,15, 0,07, 0,03 und 0,015% Amin entsprechen, verglichen. Die erhaltenen Farbskalen sind nicht lange unverändert haltbar, sondern verfärben sich langsam zu bräunlichen Tönen hin, bleiben jedoch untereinander mehrere Stunden vergleichsfähig. Diese Methode ist nur für Proben mit etwas höheren Amingehalten geeignet.

---

[1] Lösung I 0,2 g Methylrot in 100 ml Äthanol.
Lösung II 0,125 g Methylenblau in 100 ml Äthanol. Man mischt 100 ml von Lösung I mit 50 ml von Lösung II.

[2] Die Aminlösung besteht aus je 1 ml Methyl-, Dimethyl- und Trimethylaminlösung (33%ig Merck) in 327 ml reinstem Äthanol gelöst.

[3] 1 g p-Nitranilin wird in etwa 20 ml Wasser unter Zufügen von 2 ml rauchender Salzsäure und Erwärmen gelöst. Unter kräftigem Rühren setzt man 160 ml Wasser und 20 ml einer 2,5%igen Natriumnitritlösung zu. Nach kräftigem Schütteln, wobei sich fast alles klar löst, läßt man einige Zeit stehen und filtriert dann die überstehende Flüssigkeit ab. Die so gewonnene Lösung ist lange haltbar, eventuelle Ausscheidungen können unbeachtet bleiben.

## 12. Permanganat-Test

Die Bestimmung des Permanganat-Testes hat im In- und Ausland bei der Spritanalyse Eingang gefunden. Wenn durch den Test auch keine bestimmte Verunreinigung mengenmäßig erfaßt werden kann, so gibt er doch einen Überblick über die in dem Sprit enthaltenen reduzierenden Stoffe. Die in den einzelnen Ländern angewandten Methoden sind ziemlich gleich, sie unterscheiden sich nur durch die Konzentration der Kaliumpermanganatlösung und durch die Zusammensetzung der Vergleichslösung.

Nach der amtlichen Vorschrift der Bundesmonopolverwaltung für Branntwein werden 10 ml Probe in ein farbloses Reagensglas gefüllt und mit 1 ml 0,01 n-Kaliumpermanganatlösung versetzt (die Kaliumpermanganatlösung muß stets frisch durch Verdünnen einer 0,1 n-Lösung bereitet werden). Um reproduzierbare Werte zu erhalten, ist die Bestimmung bei 20°C, wenn möglich in einem Ultrathermostaten durchzuführen. Man stellt die Zeit in Minuten fest, in welcher der Farbton von violett in lachsfarben umschlägt. Man benützt hierzu 10 ml einer Vergleichslösung[1]. Die Durchmesser und die Glasqualität der Reagenslgäser für die Vergleichslösung und Probe müssen gleich sein. Die Beschaffenheitsbedingungen der Bundesmonopolverwaltung für Branntwein schreiben einen Permanganat-Test von mindestens 20 min vor. In der Praxis liegt er bei Trinkspriten zwischen 30 und 40 min.

Es ist bekannt, daß der Permanganat-Test nicht allein von der reduzierenden Substanz abhängen kann, da in vielen Fällen Sprite mit hohem Aldehydgehalt einen günstigeren Test aufweisen als aldehydärmere. W. Horak u. H. Lehmann (1959) haben festgestellt, daß

1. mit zunehmendem Säuregehalt der P-Test abnimmt,

2. die Abnahme des P-Testes bei Gegenwart starker Säuren größer ist als bei Gegenwart schwacher,

3. ab einer bestimmten Säurekonzentration (0,2—0,3 mg/100 ml) der P-Test praktisch nicht mehr beeinflußt wird.

Ferner konnte nachgewiesen werden, daß die Abnahme des P-Testes nicht auf Aldehyde zurückgeführt werden kann, die durch die Säure aus Acetalen gebildet wurden.

M. Alfredsson u. R. Losell (1965) haben die Arbeiten fortgesetzt und festgestellt, welche Stoffe und wie stark sie auf den P-Test einwirken. Ferner haben sie ermittelt, wieweit bei Gegenwart von Säure der Einfluß der einzelnen Stoffe verstärkt wird. Die Ergebnisse haben sie in neun Kurvenblättern festgehalten.

Höhere Alkohole haben erst eine bemerkenswerte Wirkung, wenn sie in bedeutenden Mengen vorkommen, ihre Wirkung steigt mit zunehmendem Molekulargewicht.

Die gesättigten Aldehyde verkürzen schon bei niedriger Konzentration die Entfärbungszeit. Die Iso-Verbindungen sind etwas reaktionsschneller als die Normal-Verbindungen. 6-Ring-Verbindungen mit gesättigten Seitenketten haben nur eine kleine Wirkung; diese wird erheblich verstärkt, wenn in der Seitenkette eine Doppelbindung vorkommt.

Ungesättigte Alkohole verkürzen die Entfärbungszeit, aber um ein Vielfaches schneller wird sie durch Aldehyde mit Doppelbindung verkürzt (z. B. Crotonaldehyd oder Acrolein).

---

[1] 1,9 g Kobaltnitrat ($Co(NO_3)_2 \cdot 6 H_2O$) werden in einem 100-ml-Meßkolben in etwa 50 ml Wasser gelöst. Dazu kommen 1,4 ml einer 0,1 n-Kaliumchromatlösung und 10 ml einer 2 n-Salpetersäure. Anschließend wird mit Wasser bis zur Marke aufgefüllt. Wenn die Vergleichslösung lichtgeschützt aufbewahrt wird, bleibt der Farbton lange Zeit unverändert.

Der Chloraminwert in 10 ml mal 100 geteilt durch den durchschnittlichen Chloraminwert des Fruchtsaftes ergibt den Fruchtsaftgehalt.

## 13. Teerfarbstoffe

Die Färbeprobe auf Wolle und die papierchromatographische Bestimmung der Farbstoffe erfolgt nach der „Allgemeinen Verwaltungsvorschrift für die Untersuchung von Wein und ähnlichen alkoholischen Erzeugnissen sowie von Fruchtsäften" vom 26. IV. 1960. Vgl. auch Bd. II/2 S. 1257 und S. 69.

## 14. Süßstoff

Die Untersuchung erfolgt ebenfalls nach der „Allgemeinen Verwaltungsvorschrift für die Untersuchung von Wein und ähnlichen alkoholischen Erzeugnissen sowie von Fruchtsäften".

## 15. Thujon

Nachweis und Bestimmung vgl. Bd. II/2 S. 659.

## 16. Fruchtsaft in Likören

Die Bestimmung des Fruchtsaftgehaltes in Likören erfolgt mit Hilfe des Chloramin- und Formolwertes. Nach E. BENK (1963) ist es zweckmäßig, zur Ermittlung des Fruchtsaftgehaltes in Fruchtsaftlikören den Chloramin- oder Formolwert heranzuziehen (vgl. auch Bd. II/2 S. 1069 u. ff.).

**α) Chloraminwert:** 10 ml des am Wasserbad entgeisteten Likörs werden in einem mit Glasstopfen verschließbaren Kölbchen nach Zusatz von 50 ml 0,01 n-Chloraminlösung[1] $^1/_4$ Std lang im Dunkeln stehen gelassen. Nach Zusatz von etwas festem Kaliumjodid und verdünnter Schwefelsäure wird das ausgeschiedene Jod mit 0,01 n-Natriumthiosulfatlösung — Stärkelösung als Indicator — zurücktitriert. 1 ml Chloraminlösung entspricht 1 ml Natriumthiosulfatlösung. Die Differenz zwischen der vorgelegten Anzahl ml Chloraminlösung und der verbrauchten Anzahl ml Natriumthiosulfatlösung stellt den Chloraminwert dar.

Die Chloraminwerte betragen bei

| | |
|---|---|
| Ananassaft | 5,7—13,6 |
| Erdbeersaft | 6,3—13,8 |
| Himbeersaft | 9,6—20,1 |
| Johannisbeersaft | 8,8—16,0 |
| Kirschsaft | 18,8—21,9 |

**β) Formolwert nach E. Benk (1963)):** 50 ml Fruchtsaftlikör werden mit Wasser zu 250 ml verdünnt und in einem 500-ml-Erlenmeyerkolben mit einem kleinen Hornlöffel voll Tierkohle (0,25 g) wenige Minuten lang geschüttelt. Nach kurzem Stehen wird durch ein doppeltes Faltenfilter filtriert. 100 ml des klaren und farblosen Filtrates versetzt man in einer 150 ml fassenden Porzellanschale mit 0,2 ml Phenolphthaleinlösung, neutralisiert annähernd mit 0,25 n-Natronlauge, engt auf dem Wasserbad bis auf ungefähr 20 ml ein und titriert nach dem Erkalten mit 0,1 n-Natronlauge auf rosa. Nun setzt man 20 ml verdünnte 20%ige Formaldehydlösung hinzu, die man zuvor gegen Phenolphthalein genau neutralisiert hat, und titriert mit 0,1 n-Natronlauge erneut auf rosa. Die nach Zugabe des Formaldehyds verbrauchten ml 0,1 n-Natronlauge stellen den Formolwert dar. Er wird bei Fruchsaftlikören für 100 ml angegeben.

Die Formolwerte betragen bei

| | |
|---|---|
| Ananassaft | 0,7—1,8 |
| Erdbeersaft | 0,6—1,4 |
| Himbeersaft | 0,5—2,6 |
| Johannisbeersaft | 0,7—1,4 |
| Kirschsaft | 0,8—2,5 |
| Zitronensaft | 1,0—1,5 |
| Orangensaft | 1,7—2,9 |

## 17. Bestimmung des Eigelbgehaltes

Der Eigelbgehalt kann aus der Lecithinphosphorsäure oder aus der Gesamtphosphorsäure bestimmt werden.

---

[1] 1,4082 g/l p-Toluidinsulfonchloramid-Natrium.

**α) Lecithinphosphorsäure:** Unter Lecithinphosphorsäure versteht man die im Eigelb vorhandenen, alkohollöslichen Phosphorverbindungen (Lecithin und deren Abbauprodukte Glycerin-Phosphorsäure-Ester), die extrahiert und als $P_2O_5$ bestimmt werden.

Nach J. Grossfeld u. J. Peter (1935) werden 10 g Eierlikör in einem 100-ml-Kolben abgewogen, der mit Normalschliff versehen ist und bei 100 ml eine Marke besitzt. Unter Umschütteln setzt man etwa 70 ml 95 vol.-%igen Äthanol zu und kocht $^1/_4$ Std lang am Rückflußkühler. Danach wird der Kolben noch warm unter Umschwenken mit Benzol aufgefüllt und bei Zimmertemperatur auf die Marke eingestellt. Nach dem Zusatz einer kleinen Menge Kieselgur wird durch einen Kapseltrichter mit Faltenfilter filtriert. Die ersten 20 ml werden verworfen, die weiteren 50 ml in einer Platinschale auf dem Wasserbad eingedampft und anschließend verascht.

Zur Bestimmung der Phosphorsäure wird die Asche mit 10 ml Wasser und 2,5 ml Salpetersäure (d = 1,40) versetzt und unter Nachspülen mit Wasser in ein Becherglas übergespült. Die Flüssigkeitsmenge wird mit Wasser auf etwa 50 ml ergänzt und bis zum Sieden erhitzt. Nach dem Erkalten fügt man 75 ml Molybdatlösung[1] zu und läßt unter öfterem Umschwenken 24 Std bei Zimmertemperatur stehen. Die überstehende Flüssigkeit wird durch ein Papierfilter von 40 mm Halbmesser gegossen. Der Niederschlag wird dekantierend und unter Nachwaschen mit der Waschflüssigkeit[2] vollständig auf das Filter gebracht. Das Auswaschen ist beendet, wenn die vom Filter laufende Flüssigkeit auf Zusatz von Kaliumferrocyanidlösung keine Braunfärbung mehr gibt. Das Filter wird mit dem Niederschlag naß in einen gewogenen Porzellantiegel gebracht und darin über einer sehr kleinen Flamme getrocknet und vorsichtig verkohlt. Anschließend wird $^1/_2$ Std lang im Muffelofen bei 500°C verascht. Die Temperatur darf 550°C nicht überschreiten, da sonst Sublimation der Phosphormolybdänsäure eintritt. Nach dem Erkalten im Exsiccator wird der Tiegel zurückgewogen. Das Phosphormolybdat liegt als $P_2O_5 \cdot 24\ MoO_3$ (Molekulargewicht 3596,7) vor. Ist a das Gewicht des Niederschlages und b die angewendete Menge Eierlikör in g, dann errechnet sich die Menge Lecithinphosphorsäure $P_2O_5$) (Molekulargewicht 142,0) zu:

$$\frac{a \cdot 39{,}47}{b} = g\ P_2O_5/kg$$

Benötigt man die Menge $P_2O_5$ in einem Liter, so muß die Dichte des Eierlikörs in einem Weithalspyknometer bestimmt werden (vgl. II. 1. b S. 658).

$$\frac{2 \cdot a \cdot 39{,}47 \cdot d}{b} = g\ P_2O_5/1\ l\ Likör.$$

Der Faktor 2 berücksichtigt, daß während der Alkoholextraktion die Hälfte der eingewogenen Menge verworfen wurde.

Reines Eigelb enthält 1,01% Lecithinphosphorsäure, demnach müßte man den gefundenen Wert mit 99 multiplizieren. Eierlikör enthält aber kein ideal reines Eigelb, es haftet an dem Dotter immer etwas Eiweiß, Eiweißstränge usw. B. Rössler (1967) hat aufgrund vieler Untersuchungen den Faktor mit 110 ermittelt, welcher der Wirklichkeit am besten entspricht. Nach den Begriffsbestimmungen für Spirituosen soll Eierlikör 240 g Eigelb im Liter enthalten. Bei einem Faktor von 110 rechnet B. Rössler mit einer Toleranz von 10—15 g je Liter.

**β) Gesamtphosphorsäure:** Diese wird bestimmt wie unter α) angegeben, man läßt lediglich die alkoholische Extraktion fort.

Man kann etwa 5 g Eierlikör abwägen und unmittelbar, unter Zugabe von Magnesiumacetatlösung, eindampfen und veraschen. Das Verhältnis von Lecithinphosphorsäure zur Gesamtphosphorsäure (beide als $P_2O_5$ berechnet) wurde mit 1 : 1,40 gefunden. Die Umrechnungsfaktoren von Gesamtphosphorsäure auf Roheigelb liegen zwischen 82 und 86.

---

[1] 155 g Ammoniummolybdat werden in einer Mischung von 400 ml 10%iger Ammoniak-Lösung (d = 0,96) und 145 ml Wasser gelöst. Die Lösung wird unter Umrühren in 1400 ml Salpetersäure (d = 1,2) gegossen.

[2] 100 g Ammoniumnitrat werden in kaltem Wasser gelöst. Man setzt 50 ml Salpetersäure (d = 1,21) hinzu und ergänzt auf 2 Liter.

# III. Beschaffenheit der Vergällungsmittel und Zusatzstoffe sowie deren Nachweis in Branntweinen

## 1. Mittel zur vollständigen Vergällung

Die vollständige Vergällung von Branntwein steht ausschließlich der Bundesmonopolverwaltung für Branntwein zu. Sie bestimmt auch die Art der Vergällungsmittel. Die genaue Zusammensetzung und Beschaffenheit der Mittel zur vollständigen Vergällung werden daher nicht bekanntgegeben. Zur Zeit werden eingesetzt:

a) Methyläthylketon (Butanon), dem zur Erhöhung der vergällenden Wirkung noch etwa 5% anderer Ketone zugesetzt werden.

b) Für Brennspiritus Methyläthylketon wie unter a) angegeben mit einem geringen Zusatz an Pyridinbasen. Der so vollständig vergällte Branntwein kommt als Brennspiritus in den Handel.

Die Bundesmonopolverwaltung für Branntwein behält sich auch den Nachweis dieser Vergällungsmittel vor. Die Ketone werden gaschromatographisch, die Pyridinbasen spektralphotometrisch nachgewiesen.

## 2. Mittel zur unvollständigen Vergällung

Die Vergällung kann von Zollbeamten beim Verwender vorgenommen werden. Mit Toluol vergällter Branntwein kann von den Vertriebsstellen der Bundesmonopolverwaltung für Branntwein bereits vergällt bezogen werden. Allgemein zugelassen sind für steuerfreie Verwendungszwecke Toluol und Benzol.

Die Beschaffenheitsbedingungen der Vergällungsmittel und Zusatzstoffe sind den Technischen Bestimmungen des Bundesmonopolamtes entnommen.

### a) Toluol

Äußere Beschaffenheit: Farblose, auch in der Kälte nicht erstarrende Flüssigkeit mit eigenartigem Geruch.
Gewichtsverhältnis 20/20°C: 0,845—857.
Siedeverhalten: Werden 100 ml Toluol übergetrieben, so sollen bis 100°C höchstens 5 ml und bis 120°C mindestens 90 ml übergegangen sein.
Mischbarkeit mit Wasser: Werden 40 ml Toluol mit 40 ml Wasser durchgeschüttelt, so soll nach der Trennung der Flüssigkeiten die obere Schicht mindestens 38 ml betragen.
Mischbarkeit mit Äthanol: Werden 80 ml Toluol mit 20 ml Äthanol durchgeschüttelt, so soll eine klare Lösung entstehen.

### b) Benzol (Reinbenzol)

Äußere Beschaffenheit: Farblose Flüssigkeit mit eigenartigem Geruch.
Gewichtsverhältnis 20/20°C: 0,880—0,890.
Siedeverhalten: Von 79—84°C sollen 95% übergehen.
Erstarrungspunkt: + 5°C.
Mischbarkeit mit Äthanol: In Alkohol klar löslich. Gibt man zu einer Mischung von 30 ml Äthanol und 10 ml Wasser 40 ml Reinbenzol, so soll nach kräftigem Schütteln die obere Schicht 40 ml betragen.

Die Untersuchung der Vergällungsmittel Toluol und Benzol als solche erfolgt gaschromatographisch, der Nachweis im Branntwein spektralphotometrisch im UV-Bereich und gaschromatographisch (vgl. S. 692, 703).

Nach der gaschromatographischen Untersuchung enthält Reinbenzol 10—15% Toluol.

Für bestimmte steuerfreie Verwendungszwecke sind zugelassen Diäthyläther, Petroläther und Schellack.

## c) Äthyläther

Äußere Beschaffenheit: Farblose, leicht bewegliche Flüssigkeit mit eigenartigem Geruch.
Gewichtsverhältnis 20/20°C: 0,707—0,720.
Siedepunkt: 34—36°C.
Mischbarkeit mit Äthanol: In jedem Verhältnis mischbar, Der Nachweis in Branntweinen erfolgt durch Geruchsprüfung oder gaschromatographisch.

## d) Petroläther

Äußere Beschaffenheit: Leicht bewegliche, farblose, nicht fluorescierende Flüssigkeit mit eigenartigem Geruch.
Gewichtsverhältnis 20/20°C: 0,600—0,700.
Siedeverhalten: Werden 100 ml übergetrieben, so sollen bis 55°C höchstens 20 ml und bis 75°C mindestens 90 ml übergegangen sein.
Mischbarkeit mit Wasser: Werden 40 ml Petroläther mit 40 ml Wasser durchgeschüttelt, so soll nach Trennung der Flüssigkeiten die obere Schicht 38 ml betragen.
Mischbarkeit mit Äthanol: Werden 80 ml Petroläther mit 20 ml Äthanol durchgeschüttelt, so soll eine klare Lösung entstehen.

Die Untersuchung des Vergällungsmittels und dessen Nachweis im Branntwein kann gaschromatographisch erfolgen (vgl. S. 703).

## e) Schellack

Schmelzpunkt: Zwischen 60 und 100°C.
Löslichkeit in Äthanol: 1 g Schellack ist in 100 ml Äthanol in der Hitze klar oder nur mit schwacher Trübung löslich und gibt beim Abkühlen eine geringe Ausscheidung von Schellackwachs, das an seinem Schmelzpunkt von 75°C erkannt werden kann.
6 g Schellack werden mit 100 ml Äthanol 24 Std unter öfterem Umschütteln bei Zimmertemperatur stehen gelassen, anschließend durch ein gewogenes Filter abfiltriert und mit Äthanol gut nachgewaschen. Das Filter mit Rückstand wird bei 100°C getrocknet und dann gewogen. Es sollen nicht mehr als 0,3 g Rückstand bleiben.
Löslichkeit in Äthyläther: Werden 5 g gepulverter Schellack mit Äthyläther ausgezogen, so verbleiben mindestens 4,5 g Rückstand, mit Petroläther ausgezogen mindestens 4 g Rückstand.
Säurezahl: 55—65.
Verseifungszahl: 195—210.
Esterzahl: nicht unter 135.
Anstelle von Schellack kann auch Fichtenkolophonium zur Vergällung verwendet werden.
Äußere Beschaffenheit: Gelbe bis dunkelbraune Stücke. Sie sind spröde und zeigen einen glasglänzenden, muscheligen Bruch mit harzigem Geruch.
Löslichkeit in Äthanol: 2 g gepulvertes Fichtenkolophonium lösen sich in 25 ml Äthanol bei Zimmertemperatur. Auf Zusatz von Wasser entsteht eine Harzabscheidung.
Prüfung auf Harzsäure: Werden einige Körnchen in etwa 1 ml Essigsäureanhydrid gelöst, so soll beim Versetzen der Lösung mit 1 Tropfen Schwefelsäure (d = 1,50) sofort eine blau- oder rotviolette Färbung auftreten, die nach kurzer Zeit in ein mißfarbenes Braun übergeht.

# 3. Zusatzstoffe zur Genußunbrauchbarmachung von Branntwein

Steuerbegünstigter Branntwein (zum besonderen, ermäßigten Verkaufpreis) wird mit Zusatzstoffen genußunbrauchbar gemacht. Für Riech- und Schönheitsmittel besteht die Ausnahme, daß der dafür bestimmte Branntwein unter amtlicher Aufsicht verarbeitet werden kann (§ 118 der Verwertungsordnung).

## a) Nicht im Deutschen Arzneibuch aufgeführte alkoholhaltige Heilmittel

Für alkoholhaltige Heilmittel, vorwiegend zum äußerlichen Gebrauch, die im Deutschen Arzneibuch *nicht* aufgeführt sind, für alkoholhaltige Desinfektionsmittel, die auch Heilzwecken dienen können, und für Franzbranntweine u. ähnl. Einreibungen kann der Branntwein mit Kampfer, Thymol oder Koniferenölen genußunbrauchbar gemacht werden.

### α) Kampfer

Äußere Beschaffenheit: Weiße Kristalle mit starkem eigenartigen Geruch und brennend scharfem Geschmack. Beim Erwärmen in einer offenen Schale verflüchtigt sich Kampfer vollständig; beim Anzünden verbrennt er mit rußender Flamme.

Löslichkeit: In Wasser nur wenig, in Äthanol, Äthyläther und Chloroform leicht löslich.

Schmelzpunkt: Über 155°C.

Siedepunkt: 202—210°C.

### β) Thymol

Äußere Beschaffenheit: Farblose, fast durchsichtige Kristalle, die sich beim Erhitzen verflüchtigen, mit thymianähnlichem Geruch und brennendem Geschmack.

Verhalten in Wasser: Thymol soll im Wasser untersinken, nach dem Erwärmen bis zum Schmelzen jedoch auf dem Wasser schwimmen.

Schmelzpunkt: Zwischen 45 und 51°C.

Siedepunkt: Zwischen 228 und 234°C.

Verhalten in essigsaurer Lösung: Werden einige Körnchen Thymol in 1 ml Eisessig gelöst, so soll auf Zusatz von 6 Tropfen Schwefelsäure (d = 1,84) und 1 Tropfen Salpetersäure (d = 1,40) eine dunkelgrüne Färbung entstehen.

### γ) Koniferenöle (Fichten-, Kiefernnadel-, Latschenkiefernöl)

Äußere Beschaffenheit: Farblose bis grünlich gelbe, balsamisch riechende Flüssigkeiten.

Gewichtsverhältnis 20/20°C: 0,850—0,890.

Brechungsindex: 1,470—1,480.

Löslichkeit in Äthanol: 1 Teil Öl löst sich in 5—10 Teilen Äthanol zu einer klaren bis schwach trüben Flüssigkeit.

## b) Im Deutschen Arzneibuch aufgeführte alkoholhaltige Arzneimittel

Für alkoholhaltige Heilmittel vorwiegend zum äußerlichen Gebrauch, die im Deutschen Arzneibuch aufgeführt sind. Zur Genußunbrauchbarmachung des Branntweins sind zugelassen: Kampfer, fette Öle, Kalilauge, 15-, 33- und 50%ig, Kaliseife, Bleiessig, Teerarten und Natriumcarbonatlösung 15%ig, soweit sie in der Rezeptur des Arzneimittels enthalten sind. Diese Zusatzstoffe müssen den im Deutschen Arzneibuch aufgeführten Bedingungen entsprechen.

## c) Alkoholhaltige Riech- und Schönheitsmittel

Als Zusatzstoffe sind zugelassen Thymol und Phthalsäurediäthylester.

### α) Thymol

Vgl. unter 3. a) β).

### β) Phthalsäurediäthylester

Äußere Beschaffenheit: Farblose oder gelblich gefärbte Flüssigkeit mit schwachem eigenartigem Geruch.

Gewichtsverhältnis 20/20°C: 1,120—1,130.

Siedepunkt: 294—302°C.

Gehalt an Phthalsäurediäthylester: 5 g Phthalsäurediäthylester werden mit 75 ml n-Natronlauge und 20 ml Äthanol versetzt und in einem Kolben mit aufgesetztem Rückflußkühler unter vorsichtigem Umschwenken erhitzt. Nachdem eine vollständige Lösung eingetreten ist, wird das Gemisch $^1/_2$ Std im Sieden erhalten. Anschließend wird mit Normal-Säure gegen Phenolphthalein titriert. Die verbrauchten ml Normal-Säure werden von 75 ml in Abzug gebracht, der Rest ergibt mit 2,22 vervielfacht den Gehalt an Phthalsäurediäthylester, der mindestens 97,5 Gew.-% betragen soll.

Der Nachweis von Phthalsäurediäthylester im Branntwein besteht darin, daß Phthalsäure mit Resorcin bei Gegenwart von konzentrierter Schwefelsäure Fluorescëin liefert, das eine gelbe Färbung zeigt, die bei Versetzen mit Ammoniak intensiv grünlich fluoresciert.

Ungefähr 30 ml Probe werden auf dem Wasserbad zur Trockene eingedampft.

Der Rückstand wird mit einer Spatel abgekratzt und in ein Reagensglas gebracht. Man gibt zwei bis drei kleine Kristalle Resorcin hinzu und versetzt mit 5 Tropfen konzentrierter Schwefelsäure. Darauf wird das Reagensglas 5 min lang in einem Ölbad auf 160°C erhitzt und nach dem Abkühlen mit 3 ml verdünntem

Ammoniak versetzt. Eine auftretende intensive Fluorescenz zeigt die Anwesenheit von Phthalsäure (Phthalsäurediäthylester) an.

Spektralphotometrisch im UV-Bereich läßt sich Phthalsäurediäthylester in geringsten Mengen quantitativ nachweisen (vgl. S. 693).

## 4. Unvollständige Vergällung von Branntwein zur Essigbereitung

Der Branntwein wird mit Essig vergällt. In 100 l reinem Äthanol sollen mindestens 6 kg wasserfreie Essigsäure enthalten sein. Außerdem soll die Alkoholstärke mit Wasser soweit herabgesetzt werden, daß in 100 l nur 40 l Äthanol enthalten sind.

*Beispiel:* Auf 100 l reines Äthanol = 60 l 10% igen Essig und 90 l Wasser.

# IV. Spektralphotometrische Untersuchungen

Die theoretischen Grundlagen der Lichtabsorptionsmessungen werden in Bd. II/1 auf den S. 377—414 behandelt.

## 1. Im UV-Bereich

Im UV-Bereich von 200—320 m$\mu$ besitzen aliphatische Verbindungen nur eine geringe Lichtabsorption, wesentlich stärker ist sie bei Substanzen mit mehreren Doppelbindungen und bei Ringbindungen.

Spektralphotometrische Untersuchungen können nach dem Punktmeßverfahren durchgeführt werden. Man muß von Hand aus die Wellenlängen, Spaltbreiten usw. einstellen, die Extinktionen ablesen und eintragen. Bei den wesentlich teureren aber registrierenden Geräten laufen alle diese Vorgänge automatisch ab, man erhält ein fertiges Absorptionsdiagramm.

Die Proben werden in Glas- oder Quarzglasküvetten mit Schichtdicken von 1 oder 5 cm eingefüllt. Wenn man auf genaue Ergebnisse Wert legt, kommen für Messungen im UV-Bereich nur Quarzglasküvetten in Betracht. Gemeinsam benutzte Quarzglasküvetten müssen die gleiche spektrale Durchlässigkeit besitzen. Die Herstellerfirmen liefern gepaarte Küvetten in Sätzen zu vier Stück.

Die Untersuchungsmethodik ist in den Beschreibungen, welche die Lieferfirmen den Geräten beigeben, enthalten. Kurz beschrieben ist der Meßgang folgender:

In eine Küvette kommt bei relativer Messung das Lösungsmittel, bei absoluter Messung dest. Wasser. Die Küvetten 2—4 sind zur Aufnahme der Proben bestimmt. Man öffnet den Lichtspalt durch Drehen an der Spalttrommel nur soweit, daß ein schmaler Lichtstreifen auf der Wellenlängenskala sichtbar wird. Nun dreht man am Triebknopf solange, bis die Mitte des Lichtstreifens auf den gewünschten Teilstrich der Wellenlängenskala fällt. Der Lichtstrahl von gewünschter Wellenlänge wird zunächst durch die Küvette mit dem Vergleich geschickt. Man öffnet den Lichtspalt soweit, bis am Anzeigegerät eine Durchlässigkeit (Transmission) von 100% angezeigt wird. Dann schiebt man die Probe in den Strahlengang und liest am Anzeigegerät im oberen Teil der Skala die Durchlässigkeit (Transmission) oder im unteren Teil der Skala die Extinktion ab und trägt sie in Millimeterpapier, besser Logarithmenpapier, ein. In der beschriebenen Weise wird der gesamte UV-Bereich durchgemessen. Die genauesten Werte erhält man, wenn die Wellenlängen nur geringfügig (etwa um 0,25 m$\mu$) verändert werden, ansonsten können Maxima übersehen werden.

### a) Die Lichtabsorption der Gärungsalkohole

Die Tab. 3 gibt die Lichtabsorption der einzelnen Gärungsalkohole in Prozenten an. Gemessen wurde absolut gegen dest. Wasser in einer 1-cm-Küvette.

Tabelle 3. *Lichtabsorption der Gärungsalkohole im UV-Bereich*

| m$\mu$ | 205 | 210 | 220 | 230 | 240 | 250 | 260 | 270 | 280 | 290 | 300 | 310 | 320 |
|---|---|---|---|---|---|---|---|---|---|---|---|---|---|
| Methanol | 74 | 49 | 30 | 10 | 2 | — | — | — | — | — | — | — | — |
| Äthanol | 85 | 77 | 49 | 25 | 7 | 1 | — | — | — | — | — | — | — |
| Propanol 1 | 88 | 72 | 36 | 11 | 2 | — | — | — | — | — | — | — | — |
| Propanol 2 | 92 | 78 | 63 | 52 | 36 | 35 | 47 | 58 | *61* | 53 | 35 | 15 | — |
| Butanol 1 | 94 | 98 | 94 | 49 | 30 | 22 | 12 | 8 | 3 | 2 | — | — | — |
| Methylpropanol 1 | 97 | 98 | 100 | — | — | — | — | — | 90 | 67 | 82 | 88 | 79 |
| Gärungsamylalk. | 93 | 98 | 100 | — | — | 98 | 96 | 95 | 84 | 63 | 54 | 46 | 31 |

Eine besonders schwache Lichtabsorption haben Methanol, Äthanol, Propanol 1, Propanol 2 (Isopropanol und Butanol 1 (n-Butanol). Methylpropanol 1 (prim. i-Butanol) und die Gärungsamylalkohole können nur verdünnt gemessen werden, weil sie zwischen 210 und 240 m$\mu$ bzw. 210 und 270 m$\mu$ eine 100%ige Lichtabsorption besitzen. Propanol 2 hat bei 280 m$\mu$ und Methylpropanol 1 bei 312,5 m$\mu$ ein zweites Maximum. Spektralphotometrisch lassen sich die anderen Gärungsalkohole neben Äthanol nicht bestimmen, weil ihr Anteil im Verhältnis zum Äthanol zu gering ist.

## b) Reinheitsprüfung von Spriten und Branntweinen

Mit einiger Vorsicht kann die Spektralphotometrie zur Reinheitsprüfung von Spriten und Branntweinen herangezogen werden. Branntweinproben mißt man gegen reinsten Sprit, Sprite dagegen absolut gegen dest. Wasser in der 5-cm-Küvette.

Hochgereinigte Sprite ergeben fast die gleichen Absorptionslinien. Es wäre aber irrig anzunehmen, daß die Spektralphotometrie die Organoleptik ersetzen kann. Die Sinnenprüfung kann auch bei Spriten mit der gleichen Absorptionslinie noch gut merkbare Unterschiede ergeben; organoleptisch wurden Spriten mit den gleichen Absorptionslinien Geruchs- und Geschmacksnoten von sehr gut bis ungenügend erteilt. Andererseits beweist eine Abweichung der Absorptionslinien noch lange nicht, daß dieser Sprit größere Mengen an Verunreinigungen enthalten muß. Von Substanzen mit starker Lichtabsorption, wie Farbstoffen, Zucker, Furfurol usw., genügen Bruchteile eines Milligramms im Liter, um eine starke Abweichung hervorzurufen.

## c) Prüfung der am Birektifikator erhaltenen Fraktionen

Die Spektralphotometrie kann zur Ergänzung der Organoleptik herangezogen werden. Man mißt die am Birektifikator oder auf einem ähnlichen, scharf trennenden Rektifiziergerät erhaltenen Fraktionen durch. Die ermittelten Maxima können Hinweise auf bestimmte Begleitstoffe oder Verunreinigungen geben. Für die Herkunftsprüfung von Rohbranntweinen kann die spektralphotometrische Untersuchung der einzelnen Fraktionen sehr nützlich sein.

Nach G. Haeseler u. H. Specht (1963) kann man die Spektroskopie auch zur Beurteilung von Kirsch- und Zwetschgenwässer heranziehen. Es wird die Absorptionslinie der Probe mit denen von authentischen Kirsch- bzw. Zwetschgenwässern verglichen. Gemessen wird absolut gegen Wasser. Liegt die Absorptionslinie unter denen von authentischen Proben, so dürfte ein Teil des Äthanols der Probe nicht aus dem Zucker von Steinobst stammen, sondern aus zugesetztem, vergorenem Rübenzucker, oder es wurde neutraler Sprit zugesetzt.

## d) Nachweis und Bestimmung von Branntweinbegleitstoffen, Vergällungsmitteln und Zusatzstoffen

Die Wellenlänge eines Maximums ist für die Art, die Höhe (Extinktion) für die Menge des Stoffes maßgebend. Weil die Messungen von verschiedenen

Faktoren, wie Temperatur usw., abhängen, können die in der Tab. 4 aufgeführten Werte nur als Richtgrößen angesehen werden. Als Lösungsmittel wurde Äthanol verwendet. Gemessen wurde in der 1-cm-Küvette.

Tabelle 4. *Nachweis und Bestimmung von Branntweinbegleitstoffen, Vergällungsmitteln und Zusatzstoffen*

| Art | Maximum in mμ | Unter Nachweisgrenze |
|---|---|---|
| Acetaldehyd. . . . . . . | 212,5, 285 | 150 mg/100 ml |
| Aceton . . . . . . . . . | 270 | 20 mg/100 ml |
| Gärungsamylalkohol  . . | 215, 256, 262,5 | 400 mg/100 ml |
| Benzaldehyd  . . . . . | 207,5, 245, 280 | 0,2 mg/100 ml |
| Furfurol . . . . . . . . | 225, 271,25 | 0,1 mg/100 ml |
| Vanillin. . . . . . . . | 217,5, 230, 280, 310 | 0,1 mg/1000 ml |
| Petroläther . . . . . . | von 230—260 6 klare Maxima | 10 mg/100 ml |
| Benzol . . . . . . . . | 233,5, 238,5, 243, 248,5, 254,5, 260,5 | 0,1 mg/1000 ml |
| Toluol . . . . . . . . | 255,5, 262, 268,75 | 0,1 mg/1000 ml |
| Pyridinbasen . . . . . | 262,5 | 1 mg/1000 ml |
| Phenol . . . . . . . . | 220, 272,5 | 1 mg/100 ml |
| Phthalsäurediäthylester | 220, 275 | 1 mg/1000 ml |

Nachstehend wird ein Meßverfahren ausführlich beschrieben. Als Beispiel wurde Benzol gewählt, weil es 6 Maxima besitzt und weil die Benzolbestimmung bei der Untersuchung von Alkohol absolutus nach DAB 6 eine wichtige Rolle spielt. Bei der Entwässerung von Sprit wird als Schleppmittel Benzin-Benzol verwendet, der entwässerte Alkohol muß jedoch benzolfrei sein. Spektralphotometrisch lassen sich noch 0,1 mg/1000 ml bestimmen.

Bevor man mit der Untersuchung beginnt, muß das erforderliche Eichdiagramm angefertigt werden. Man stellt Lösungen von Benzol (für spektroskopische Zwecke) in reinstem Äthanol in verschiedenen Konzentrationen her z. B. 0,25, 0,50, 0,75 und 1,0 ml in 1000 ml. Man mißt von 220—320 mμ die Extinktionen in Abständen von 0,25 mμ. In der Abb. 6 sind der besseren Übersichtlichkeit wegen nur zwei Konzentrationen angegeben. Man liest von der unteren Skala des Anzeigegerätes die Extinktion E ab, und trägt sie in Logarithmenpapier ein. Ab Extinktion gleich 0,699, welche einer Transmission T = 20% der oberen Skala entspricht, wird die Ablesung von der unteren Skala ungenau. Es ist deshalb günstiger, wenn man von der oberen Skala die Transmission T abliest und den entsprechenden E-Wert der Tab. 5 entnimmt. Die Werte wurden nach der Gleichung E = 10g 1/T berechnet.

Tabelle 5. *Zusammenhang zwischen Transmission (Durchlaßgrad und Extinktion) von T = 0% bis T = 20%*

| T % | 0,0 | 0,1 | 0,2 | 0,3 | 0,4 | 0,5 | 0,6 | 0,7 | 0,8 | 0,9 |
|---|---|---|---|---|---|---|---|---|---|---|
| 1 | 2,000 | 1,959 | 1,921 | 1,886 | 1,854 | 1,824 | 1,796 | 1,770 | 1,745 | 1,721 |
| 2 | 1,699 | 1,678 | 1,658 | 1,638 | 1,620 | 1,602 | 1,585 | 1,569 | 1,553 | 1,538 |
| 3 | 1,523 | 1,509 | 1,459 | 1,481 | 1,468 | 1,456 | 1,444 | 1,432 | 1,420 | 1,409 |
| 4 | 1,398 | 1,387 | 1,377 | 1,366 | 1,357 | 1,347 | 1,337 | 1,328 | 1,319 | 1,310 |
| 5 | 1,301 | 1,293 | 1,284 | 1,276 | 1,268 | 1,260 | 1,252 | 1,244 | 1,237 | 1,229 |
| 6 | 1,222 | 1,215 | 1,208 | 1,201 | 1,194 | 1,187 | 1,180 | 1,174 | 1,168 | 1,162 |
| 7 | 1,155 | 1,149 | 1,143 | 1,137 | 1,131 | 1,125 | 1,119 | 1,114 | 1,108 | 1,103 |
| 8 | 1,097 | 1,092 | 1,086 | 1,081 | 1,076 | 1,071 | 1,066 | 1,061 | 1,056 | 1,051 |
| 9 | 1,046 | 1,041 | 1,037 | 1,032 | 1,027 | 1,022 | 1,018 | 1,014 | 1,009 | 1,004 |
| 10 | 1,000 | 0,996 | 0,992 | 0,988 | 0,983 | 0,979 | 0,975 | 0,971 | 0,967 | 0,963 |
| 11 | 0,959 | 0,955 | 0,951 | 0,947 | 0,943 | 0,939 | 0,936 | 0,932 | 0,928 | 0,924 |
| 12 | 0,921 | 0,917 | 0,914 | 0,910 | 0,906 | 0,903 | 0,900 | 0,896 | 0,893 | 0,890 |
| 13 | 0,887 | 0,883 | 0,879 | 0,876 | 0,873 | 0,870 | 0,867 | 0,863 | 0,860 | 0,857 |
| 14 | 0,854 | 0,851 | 0,848 | 0,845 | 0,842 | 0,839 | 0,836 | 0,833 | 0,830 | 0,827 |
| 15 | 0,824 | 0,821 | 0,819 | 0,816 | 0,813 | 0,810 | 0,807 | 0,804 | 0,802 | 0,799 |
| 16 | 0,796 | 0,793 | 0,790 | 0,788 | 0,785 | 0,782 | 0,780 | 0,777 | 0,774 | 0,772 |
| 17 | 0,770 | 0,767 | 0,764 | 0,762 | 0,760 | 0,757 | 0,755 | 0,752 | 0,750 | 0,747 |
| 18 | 0,745 | 0,743 | 0,740 | 0,738 | 0,735 | 0,733 | 0,730 | 0,728 | 0,725 | 0,723 |
| 19 | 0,721 | 0,719 | 0,717 | 0,714 | 0,712 | 0,710 | 0,708 | 0,705 | 0,703 | 0,701 |
| 20 | 0,699 | | | | | | | | | |

Nach Abb. 6a liefert Benzol 6 Maxima. Die den Konzentrationen entsprechenden E-Werte trägt man in Millimeterpapier ein und man erhält für jedes Maximum einen Strahl (Abb. 6b). Bei Substanzen, die mehrere Maxima besitzen wie Benzol, hat man noch den Vorteil, daß man die Richtigkeit der Messungen nachprüfen kann, weil für jede Konzentration die E-Werte auf einer Ordinate liegen müssen. In Abb. 6 z. B. stellt die voll ausgezogene Linie die E-Werte für 0,25 ml Benzol in 1000 ml dar. Die E-Werte der Maxima betragen 0,08, 0,14, 0,27, 0,43, 0,47 und 0,6. Trägt man im Eichdiagramm (Abb. 6b) die E-Werte auf den entsprechenden Wellenlängen ein, so müssen alle Werte wie die Abbildung zeigt auf einer Ordinate liegen.

Bei späteren Untersuchungen genügt es, wenn man die E-Werte nur im Bereich der Maxima mißt. Es genügen auch vollkommen die 4 Maxima von

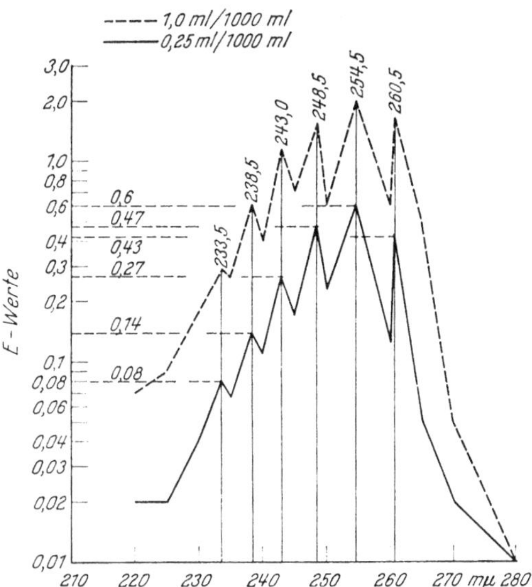


Abb. 6a

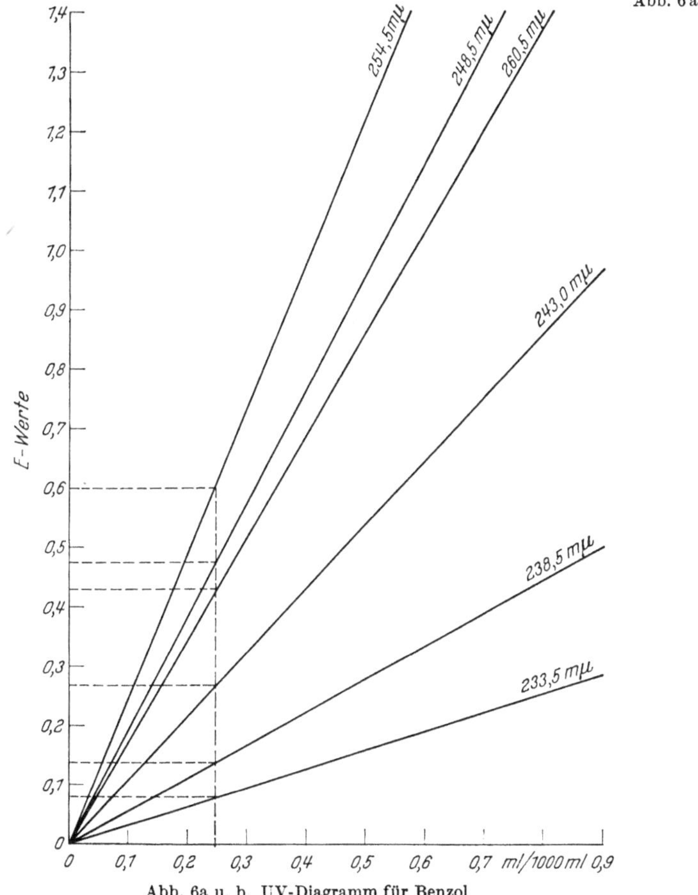


Abb. 6b

Abb. 6a u. b. UV-Diagramm für Benzol

243,0—260,5 m$\mu$. Aus dem Eichdiagramm entnimmt man den entsprechenden Benzolgehalt. Liegen die E-Werte nicht auf einer Ordinate, so liegt ein Meßfehler vor oder es handelt sich um einen anderen Stoff als Benzol.

## 2. Im IR-Bereich

Die theoretischen Grundlagen der IR-Spektralphotometrie sind in Bd. II/1 S. 406—417 enthalten.

In der Branntwein- und Spritanalyse haben die IR-Spektra weniger Bedeutung, sie eignen sich mehr zu Konstitutionsaufklärung.

H. Specht (1957) benützt die IR-Spektroskopie zur Reinheitsprüfung von Branntweinen und Spriten und zur Feststellung ihrer Herkunft. Wegen der geringeren Empfindlichkeit kann man im Gegensatz zum UV-Bereich nicht die Originalproben untersuchen, sondern nur angereicherte Extrakte.

300 ml Sprit (96 Vol.-%) oder eine Obstbranntweinmenge, die 288 ml reines Äthanol enthält, werden mit Calciumchloridlösung (665 g Calciumchlorid auf 1 l) auf 950 ml gebracht und in einem Perforator-Schott 196V/1000 ml mit 270 ml Schwefelkohlenstoff und 30 ml frisch dest. Äther 8 Std extrahiert. Der Schwefelkohlenstoff p. a. wird vorher mit rauchender Salpetersäure behandelt, mit Wasser gewaschen, getrocknet und nachher in einer Vigreuxkolonne über gebranntem Kalk, Ceresin und Calciumchlorid mit Kupfersulfat entwässert. Nach dem Extrahieren wird die Probe nochmals mit 100 ml Schwefelskohlentoff ausgeschüttelt und an einer Widmerspirale zuerst auf 100 ml, dann auf 50 ml und schließlich auf 20 ml eingeengt. Von jedem der drei Konzentrate werden die Ultrarotspektren von 2—15 $\mu$ bei einer Schichtdicke von 1 mm aufgenommen. Die verschiedenen Rohbranntweine und Sprite ergaben Banden von verschiedener Lage, Form und Intensität, die für ihre Art typisch sind.

In der Praxis hat sich diese Methode nach Feststellungen von G. Haeseler u. H. Specht (1963) bei der Untersuchung von Steinobstbranntweinen, vor allem Kirschwässern, gut bewährt. Die Bande 13,25 $\mu$ darf bei Kirschwässern den Extinktionswert von 0,140 nicht unterschreiten, ansonsten besteht ein Teil des Äthanols aus zugesetztem neutralen Sprit oder es wurde Rübenzucker mitvergoren. Die Nachweisgrenze liegt bei 30% Äthanol- bzw. 10% Zuckerzusatz. Das Extinktionsverhältnis der Banden 5,75 $\mu$ zu 13,25 $\mu$ soll den Wert von 10,0 nicht überschreiten.

Bei Zwetschgenwässern ist der Nachweis von Fälschungen, vor allem ein Äthanolzusatz, schwieriger. Das Verhältnis der Extinktionen der Banden 12,0 $\mu$ zu 13,25 $\mu$ liegt bei unverfälschten Proben zwischen 1,02 und 2,99, bei Spritzusätzen von 10—50% zwischen 1,15 und 1,34. Bei Zuckerzusätzen dagegen liegen die Werte zwischen 4,77—7,88. Die unterste Grenze dürfte bei 4,0 liegen.

# V. Papierchromatographische Untersuchungen

Die theoretischen Grundlagen sind in Bd. II/1 S. 519—556 enthalten.

Die Papierchromatographie ergänzt die spektralphotometrischen und gaschromatographischen Methoden. Sie ermöglicht den Nachweis von geringen Mengen gelöster fester Stoffe. Die quantitative Bestimmung dieser Stoffe liefert allerdings nicht so genaue Werte wie die beiden anderen beschriebenen Verfahren. Die Durchführung der Bestimmungen erfordert große praktische Erfahrung.

## a) Nachweis und Bestimmung von Zuckerarten

Die Kenntnis, welche Zuckerarten in einer Spirituose enthalten sind, ist oft von Bedeutung. W. Deckenbrock (1956) untersuchte extraktfreie Kornbranntweine auf geringen Zuckerzusatz, der den Geschmack des Branntweins etwas verfeinern soll. Die Untersuchungsvorschriften sind im Bd. II/2 S. 382—390 enthalten.

## b) Nachweis von Farbstoffen

Es genügt nicht mehr der Nachweis, daß ein Lebensmittel gefärbt ist, es muß auch nachgewiesen werden, welcher Farbstoff verwendet wurde und ob er gesundheitsschädlich ist. Der Nachweis durch die sog. Wollfadenmethode, die Isolierung der Farbstoffe und die papierchromatographische Trennung vgl. Bd. II/2 S. 1253—1309, vgl. auch Bd. II/1 S. 555.

## c) Nachweis und Bestimmung von Estern

Nach A. OSZTROVSZKY u. J. UJSZÁSZI (1960) kann man die Ester in Obstbranntweinen papierchromatographisch bestimmen. Aus den Branntweinen werden die Ester mit Äther extrahiert, ihre Hydroxamate gebildet und die ätherischen Lösungen unter Verwendung von einer Amylalkohol-Essigsäure-Wasser-Mischung (4:2:5) als Lösungsmittel durch absteigende Papierchromatographie chromatographiert. Die Entwicklung erfolgt mit Ferrichlorid, und aus den Rf-Werten der Flecken wird die Art der Ester bestimmt.

Zur quantitativen Bestimmung werden die ausgeschnittenen Flecke in Salzsäure und Ferrichlorid gelöst und die Extinktionen der Lösungen gemessen.

## d) Nachweis von Vanillin und Weinbrandtypagestoffen

Nach W. DECKENBROCK (1956) muß bei geringen Mengen Vanillin eine Konzentrierung vorgenommen werden. 100 ml der zu untersuchenden Flüssigkeit werden unter Verwendung eines Kugelaufsatzes innernalb 1 Std auf 50 ml abdestilliert. Man kann auch von dem entgeisteten Rückstand der fraktionierten Destillation ausgehen, von welchem ebenfalls 50 ml für die weiteren Untersuchungen verwendet werden. Der Rückstand wird mit wenig Wasser in einen Scheidetrichter übergespült, mit 5 ml 25%iger Phosphorsäure angesäuert und dreimal mit je 25 ml Äther DAB 6 ausgeschüttelt. Die Ätherauszüge werden in einem verschlossenen Glas zentrifugiert. Die ätherische Flüssigkeit wird vollständig in einen Scheidetrichter abgesaugt und mit 5 ml Äther nachgespült. Nach kurzem Waschen mit 10 ml Wasser wird der vom Wasser befreite Rückstand in ein Becherglas übergeführt und durch vorsichtiges Verdunsten der Äther entfernt. Der Rückstand — meist bräunlich gefärbt — wird in 1 ml absoluten Äthanol gelöst und mit einer Mikropipette auf den Startpunkt aufgetragen, der sich auf einer Linie (3 cm vom unteren Rand) befindet. Der Abstand der einzelnen Startpunkte beträgt 2,8 cm. Als Gefäß eignet sich das von K. BERGNER u. H. SPERLICH (1951) empfohlene 2-Liter-Weckglas Nr. 13 A, dessen Boden mit einer 3 mm hohen Wasserschicht bedeckt wird. Das vorbereitete Papier wird mit Heftklammern zu einem Zylinder geformt und in eine, in dem Gefäß befindliche Petrischale ( ⌀ 7 cm) gestellt. Als Fließmittel wird eine Petroläther-Äther-Mischung (2:1) verwendet. Das Fließmittel wird in einem Refraktometergläschen ebenfalls in das Gefäß gestellt. Nach etwa 7 Std hat sich das Papier und das Fließmittel mit Wasser gesättigt. Durch den Deckel werden mit einem Glasrohr 15—20 ml des wassergesättigten Fließmittels in die Petrischale gegeben. Nach 50 min wird das Papier getrocknet und zur Sichtbarmachung mit Hydracinreagens[1] besprüht.

Im durchfallenden Tageslicht kann man 0,07 $\mu$g Vanillin an einer schwachen Gelbfärbung noch erkennen. Im UV-Licht erkennt man noch 0,02 $\mu$g an einem ins Beige gehenden Farbton. Grundsätzlich sollte eine alkoholische Vanillinlösung als Vergleichslösung mitlaufen, die für sich und mit der Probe gemischt auf das Papier aufgetragen wird.

Weinbrandtypagen können fünf Flecke ergeben. Der erste Fleck mit dem größten Rf-Wert ist gelb gefärbt und stammt vom Vanillin. Dann folgen Fleck zwei ziegelrot, Fleck drei zitronengelb, Fleck vier karminrot. Die Substanzen, welche die Flecken zwei bis vier hervorrufen, sind noch unbekannt. Der Fleck fünf, ebenfalls gelb, ist auf Protocatechualdehyd zurückzuführen. Bei Anwesenheit von Zuckercouleur erhält man zwei charakteristische, gelb gefärbte Flecken von noch unbekannten Stoffen.

---

[1] 10 ml 25%ige Salzsäure + 90 ml wässerige Hydracinlösung.

### e) Nachweis von Zimtaldehyd

Nach G. Grohmann u. F. Mühlberger (1954) wird Zimtaldehyd mit Pentanol extrahiert. Als Fließmittel verwendet man Benzin.

### f) Nachweis von Zuckercouleur

Nach W. Deckenbrock (1956) wurde bei gefärbten Kornbranntweinen ein gelber Fleck festgestellt mit einem Rf-Wert, der geringer ist als bei Vanillin. Er ist auch dunkler als der von Vanillin hervorgerufene Fleck, im UV-Licht fluoresciert er grüngelb. Ein zweiter gelb gefärbter Fleck befindet sich über der Startlinie.

Diese Flecken wurden nur bei Kornbranntweinen festgestellt, die mit Zuckercouleur gefärbt waren. Ein mit synthetischem Farbstoff versetzter Branntwein zeigt diese Erscheinungen *nicht*.

### g) Nachweis von Aromastoffen

Die Geruch und Geschmack bedingenden Aromakomponenten eines Weindestillates sind zum größten Teil bereits in dem zur Destillation kommenden Brennwein enthalten. Sie stellen Sekundärprodukte der alkoholischen Gärung dar, die allerdings bei der Destillation und Lagerung noch zusätzlichen Veränderungen unterliegen (B. J. Kallmann 1960).

A. Frey u. D. Wegener (1956 und 1957) benutzten die Rundfilter-Papierchromatographie[1] zur Trennung und Identifizierung der Gesamtfettsäuren, der freien und veresterten Säuren und der höheren Alkohole eines Weindestillates. Die Ringchromatogramme wurden mit dem Fließmittel Butanol-Ammoniak-Wasser (80:6:14) entwickelt und mit 0,04%iger Bromthymolblau-Lösung besprüht.

W. Deckenbrock u. S. Küsters (1958) benutzten diese Methode, um Kornaromastoffe zu identifizieren. Als Entwickler wurde ebenfalls eine Butanol-Ammoniak-Wassermischeung verwendet, als Sprühreagens eine Lösung von 0,2 g Ninhydrin und 0,05 g Ascorbinsäure in 100 ml absolutem Äthanol.

Diese Untersuchungen wurden nach E. Bayer u. K. Reuther (1956) auch mit Mischungen von n-Butanol-Dimethylformamid-Wasser (4,5:0,5:5,0) als Laufmittel durchgeführt. Die Chromatogramme können nach dem Besprühen mit einer 5%igen Lösung von Ferrichlorid in n-Butanol ausgewertet werden.

## VI. Dünnschicht-Chromatographie

Das Wesen des Verfahrens wird in Bd. II/1 S. 597 u. ff. beschrieben. Es hat den Vorteil, daß man mit geringen Substanzmengen auskommt.

Es kann angewandt werden bei Zuckerbestimmungen (S. 603—604), Farbstoffbestimmungen (S. 614—615).

E. Vioque u. R. T. Holman (1963) wenden das Verfahren zur Trennung von Estergemischen auf Kieselgel G-Schichten mit Hexan unter Zusatz von 10—30% Äthyläther an. Wenn die Substanzen bandförmig aufgetragen werden, lassen sie sich nach dem Abschaben und Elution mit Äthyläther als Hydroxamate bei 520 m$\mu$ im Spektralphotometer mit einer Genauigkeit von $\pm$ 2,5% bestimmen.

## VII. Gaschromatographische Untersuchungen

Die chemischen Untersuchungsverfahren von Branntweinen und Spriten liefern keine befriedigenden Ergebnisse. Bei der Aldehydbestimmung werden Aldehyde und Acetale erfaßt, die Fuselölbestimmung spricht auf alle Begleitstoffe

---

[1] Vgl. Handbuch Bd. II/1 S. 530.

und Verunreinigungen an, die Esterbestimmung gibt die Summe der verseifbaren Ester, als Äthylacetat gerechnet, an. Die spektralphotometrischen Untersuchungen sind zwar sehr empfindlich und liefern sehr genaue Werte, erfassen aber nur bestimmte Gruppen. Ähnlich verhält es sich mit den papierchromatographischen Untersuchungen, nur sind hier die quantitativen Bestimmungen weniger genau.

Einen befriedigenden Durchbruch hat erst die Gaschromatographie geschaffen. Man kann den Äthanolgehalt in allen Erzeugnissen bestimmen, ganz gleich wie sie zusammengesetzt sind. Es ist auch ohne Bedeutung, ob das Erzeugnis Stoffe enthält, die bei der klassischen Abtriebsmethode Äthanol vortäuschen würden. Erst jetzt können die bei der Branntweingewinnung anfallenden Vorläufe und Fuselöle schnell und genau untersucht werden. Bei der Untersuchung von Edelbranntweinen erhält man in wenigen Stunden eine quantitative Analyse.

Die theoretischen Grundlagen der Gaschromatographie kann man dem Bd. II/1 S. 622—682 entnehmen.

In der Branntwein- und Spritanalyse werden Wärmeleitfähigkeitsdetektore WLD und Flammenionisationsdetektore FID verwendet. Der FID mißt die Änderung der Ionisierung einer Wasserstoffflamme durch organische Verbrennungsprodukte, er kann daher nicht alle Substanzen erfassen. Zu diesen Substanzen gehören Wasserstoff, Sauerstoff, Stickstoff, alle Edelgase, Wasser, Schwefelwasserstoff, die Kohlenoxide, Blausäure, Ammoniak, Formaldehyd und Ameisensäure.

In der Branntwein- und Spritanalyse werden vornehmlich gefüllte (gepackte) Säulen verwendet. Die Capillarsäule (Golaysäule) bewährt sich besser bei Vielstoffgemischen wie ätherischen Ölen, Benzinen usw.

Als Trägermaterial eignet sich körnige, besonders ausgewählte Kieselgur (Chromosorb) oder geglühte Kieselgur (Celite). Wenn die Elutionsbande unsymmetrische Piks zeigt (Schwanzbildung), so verhält sich das Trägermaterial nicht indifferent. Der Mangel kann durch eine Behandlung mit Mineralsäuren vor der Beschickung der Säulen oder durch Silanisieren[1] behoben werden. Ein weiteres Trägermaterial ist Teflon, ein Poly-Tetrafluoräthylen.

Besonders wichtig ist die Wahl der Trennflüssigkeiten (stationäre Phasen). Aus der großen Zahl der angebotenen Trennflüssigkeiten haben sich für die Untersuchung von Branntweinen und Spriten folgende Säulen gut bewährt: Für Geräte mit Wärmeleitfähigkeitsdetektoren eine 2 m Säule mit Diäthylhexylsebacinat auf Chromosorb (Temperaturbereich 50—150°C), kombiniert mit einer 2 m Säule mit Glycerin auf Celite (Temperaturbereich bis 100°C). Letztere hat die Aufgabe, die Rückhaltezeit für Wasser zu verlängern.

Für Geräte mit Wärmeleitfähigkeitsdetektoren und Flammenionisationsdetektoren: Zwei Säulen à 2 m mit Polyäthylenglykol auf Celite (Temperaturbereich bis 160°C). Di-n-decylphthalat auf Chromosorb (Temperaturbereich 50 bis 175°C). In der Mineralölindustrie werden 10 m lange Säulen mit Diglycerol auf Chromosorb verwendet, die sich auch in der Branntweinanalyse bewähren, sie trennen gut die Pentanole. H. PFENNINGER (1963) empfielt Diäthyl-D-tartrat auf Chromosorb, vor allem bei der Untersuchung von Fuselölen.

Als Trägergas wäre Wasserstoff wegen seiner hohen Wärmeleitfähigkeit sehr geeignet, zu berücksichtigen ist aber die große Explosionsgefahr. Am besten geeignet ist Helium, umsomehr, als es in der letzten Zeit wesentlich billiger wurde. Stickstoff besitzt ungünstige Wärmeleitwerte und ist daher für Wärmeleitfähigkeitsdetektore weniger gut zu verwenden, für den Flammenionisationsdetektor dagegen ist er gut geeignet.

---

[1] Behandlung mit Hexamethyldisilaean oder mit Dimethylchlorsilan.

# 1. Bestimmung des Äthanolgehaltes

Gaschromatographisch sollte man den Äthanolgehalt nur in Proben bestimmen mit weniger als 0,5 Vol.-% Äthanol oder in solchen, die neben Äthanol noch andere flüchtige Stoffe enthalten, die Äthanol vortäuschen können, wie andere Alkohole, Ester, Äther usw. Bei allen handelsüblichen Spirituosen und bei den meisten Riech- und Schönheitsmitteln sind die konventionellen Abtriebsmethoden vorzuziehen, weil sie einfacher sind und man mehrere Bestimmungen gleichzeitig durchführen kann.

Für Äthanolbestimmungen eignen sich am besten, soweit nicht Werte in Promille verlangt werden, Gaschromatographen mit Wärmeleitfähigkeitsdetektoren. Flammenionisationsdetektore sind ohne Umstellung für diese Zwecke zu empfindlich. Bei hohen Äthanolgehalten müßte mit entsprechend großen Empfindlichkeitsfaktoren gerechnet werden.

### a) In extraktfreien Erzeugnissen mit weniger als 0,5 Vol.-% Äthanol

die andere flüchtige Stoffe mit ähnlichen Rückhaltezeiten wie Äthanol nicht enthalten.

Nach dieser Methode untersucht man Lutterwässer, ferner Destillate von Erzeugnissen, die alkoholfrei sein sollen. Dieses Verfahren dient auch zur Kontrolle der Äthanolbestimmungen durch Abtrieb, ob die Rückstände genügend alkoholfrei sind.

Durch Verdünnen bereitet man eine Vergleichslösung von etwa 0,5 Vol.-%. Zuerst wird eine etwa 50%ige Äthanol-Wassermischung angesetzt, deren Äthanolgehalt durch Spindelung oder pyknometrisch genau ermittelt werden kann. Von dem Gemisch wird 1 ml in einen 100-ml-Meßkolben pipettiert und mit dest. Wasser aufgefüllt. Mit einer exakt arbeitenden Spritze (z. B. Hamilton) wird in Abständen von 3—5 min dreimal die Vergleichslösung und im Anschluß daran dreimal die Probe eingespritzt.

Zunächst bestimmt man die Flächenwerte der Vergleichslösung durch Vermessen (Gesamtrückhaltezeit · Bandenhöhe bzw. Bandenbreite gemessen in der halben Bandenhöhe · Bandenhöhe) oder durch Planimetrieren oder durch Verwiegen der ausgeschnittenen Flächen. In der gleichen Weise verfährt man mit den Flächen der Probe. Aus den Flächen der Vergleichslösung der Probe werden die Durchschnitte gebildet.

$$\frac{\text{Durchschnittsfläche der Probe} \cdot \text{Vol.-\% der Vergleichslösung}}{\text{Durchschnittsfläche der Vergleichslösung}} = \text{Vol.-\% der Probe.}$$

### b) In extraktfreien Erzeugnissen, die neben Äthanol noch andere flüchtige Substanzen enthalten

Wenn unbekannte Proben untersucht werden und die Möglichkeit besteht, daß sie Substanzen enthalten, welche die gleiche Rückhaltezeit[1] besitzen wie Äthanol, dann muß man mehrere Messungen mit verschiedenen Säulen durchführen.

Wenn von den aufgenommenen Piks (Banden) nur der Äthanolgehalt von Interesse ist, verwendet man zu seiner Bestimmung einen sog. „inneren Standard". Dieser muß eine weitgehend reine Substanz sein, die mit Sicherheit in der Probe nicht enthalten ist, einen klaren Pik ergeben und keine zu lange Rückhaltezeit besitzen. Der Standard wird der Probe in genau bekannter Menge zugesetzt. Für die Äthanolbestimmung eignen sich z. B. Aceton, n-Butanol, Benzol usw.

Die aus den Flächenwerten errechneten Ergebnisse entsprechen weder Gewichts- noch Volumprozenten. Diese erhält man erst mit Hilfe der stoffspezifischen Korrekturfaktoren der einzelnen Substanzen. Vervielfacht man den Flächenwert einer Substanz mit ihrem stoffspezifischen Korrekturfaktor, so erhält man den korrigierten Flächenwert, der dem Gewicht der Substanz proportional ist. Zur Ermittlung des Korrekturfaktors wählt man eine Substanz wie Benzol oder Toluol und setzt deren Korrekturfaktor gleich 1,00. Es werden die zu bestimmende Substanz, im vorliegenden Fall reiner, absoluter Alkohol und die Bezugssubstanz genau

---

[1] Rückhaltezeit = Retentionszeit.

eingewogen und die Gewichtsprozente unter Berücksichtigung des Reinheitsgrades der Bezugssubstanz berechnet. Anschließend werden die Flächen aufgenommen und ausgewertet. Der stoffspezifische Korrekturfaktor für Äthanol ($f_A$) wird nach der Formel

$$f_A = \frac{\text{Gew.-}\% \text{ Äthanol} \cdot \text{Fläche der Bezugssubstanz}}{\text{Gew.-}\% \text{ Bezugssubstanz} \cdot \text{Fläche des Äthanols}}$$

berechnet.

Von dem inneren Standard muß in der gleichen Weise der stoffspezifische Korrekturfaktor ($f_S$) bestimmt werden.

$$f_S = \frac{\text{Gew.-}\% \text{ Standard} \cdot \text{Fläche der Bezugssubstanz}}{\text{Gew.-}\% \text{ Bezugssubstanz} \cdot \text{Fläche des Standards}}$$

Die Äthanolbestimmung kann ohne besondere Vorbereitungen durchgeführt werden. In ein Erlenmeyerkölbchen mit Schliffstopfen werden eine bestimmte Probenmenge und der innere Standard eingewogen. Von der zugesetzten Standardmenge werden die Prozente ausgerechnet. Kennt man ungefähr den Äthanolgehalt, so wiegt man nur soviel von der Standardsubstanz ein, daß man für Äthanol und Standard mit der gleichen Empfindlichkeit auskommt. Bei Verwendung von Aceton als Standard nimmt man etwa ein Drittel des Äthanolgehaltes. Die Flächen des Äthanols und des inneren Standards werden durch Planimetrieren oder Verwiegen ausgewertet.

$$\text{Gew.-}\% \text{ Äthanol} = \frac{\text{Fläche}_A \cdot f_A \cdot \text{Gew.-}\% \text{ des Standards}}{\text{Fläche}_S \cdot f_S}$$

## c) In extrakthaltigen Erzeugnissen, die neben Äthanol auch andere flüchtige Substanzen enthalten

Das nach II, 2, d), $\delta$) (S. 664) erhaltene Destillat ist wasserlöslich (z. B. Riech- und Schönheitsmittel, die Propanol 1 oder Propanol 2 enthalten).

Dem Destillat, das auf das Gewicht der Einwaage (Pyknometerinhalt) gebracht wurde, wird der innere Standard zugesetzt. Die gaschromatographische Bestimmung wird wie unter b) angegeben durchgeführt.

## d) In extrakthaltigen Erzeugnissen, die neben Äthanol noch andere flüchtige Substanzen enthalten

Mit Petroläther erhält man keine klare Trennung der Schichten (sehr ölhaltige Proben wie Lacke) oder die Probenmenge reicht für eine Destillation nicht aus (Äthanol in Blutseren).

**α) Für Lacke und lackähnliche Erzeugnisse** wird nach W. HORAK u. H. LEHMANN (1960) von der Probe eine bestimmte Menge in einen Destillierkolben genau eingewogen. Nun wird ein Lösungsmittel zugesetzt, das einen höheren Siedepunkt als Äthanol hat und in der Probe nicht enthalten ist, z. B. 50 ml Butanol. Man destilliert in einen gewogenen Erlenmeyerkolben und füllt mit dem Lösungsmittel je nach Alkoholstärke auf das gleiche oder doppelte Gewicht der Einwaage auf. Anschließend wird der Äthanolgehalt wie unter b) angegeben bestimmt.

**β) Unter Verwendung einer Vorsäule.** Zu allen Perkin-Elmer Gaschromatographen gibt es als Zusatzgerät eine elektrisch heizbare Vorsäule. Die Probe wird wenn erforderlich mit einem Lösungsmittel verdünnt und mit dem inneren Standard versetzt in die Vorsäule eingespritzt. Für Lacke u. ähnl. Erzeugnisse ist die Vorsäule mit Teflonpulver gefüllt. Die schwer verdampfbaren Bestandteile werden zurückgehalten, die leicht flüchtigen dagegen werden vom Trägergas in die Säule des Hauptgerätes gespült und dort wie üblich getrennt. Die weitere Bestimmung erfolgt wie unter b) angegeben.

Eine Vorsäule, angeschlossen an einen Gaschromatographen mit FID, eignet sich auch zur Äthanolbestimmung in Blutseren. Als inneren Standard verwendet man Aceton. Die Vorsäule ist mit Glaskügelchen von 0,4 mm $\varnothing$ gefüllt, aufgeheizt wird auf 150°C.

**γ) Automatischer Gaschromatograph Multifract 40.** Eine Weiterentwicklung ist der automatische analytische Gaschromatograph Multifract 40; er ist ausgerüstet mit einem elektro-pneumatischen Dosiersystem, einem thermostatisierbaren Probenwechseltisch und einem Programmgeber. Das Gerät wurde von G. Machata entwickelt. Es beruht auf der Dampfraummethode (Head space). Bei der Dampfraumanalyse wird die Probe in einem geschlossenen Gefäß untergebracht, das in ein gleichmäßig temperiertes Bad eintaucht. Die Probe für die gaschromatographische Analyse wird nur aus dem Dampfraum über der Probe entnommen. Die Proben werden wenn erforderlich ebenfalls mit einem Lösungsmittel verdünnt und anschließend mit dem inneren Standard versetzt.

Es können hintereinander 30 Proben untersucht werden. Bei dem Gerät laufen die einzelnen Arbeitsphasen wie Probennahme, Proben-Überführung und Reinigung der Probenentnahmeeinrichtung automatisch ab. Bei der Probenentnahme hebt sich der Probenwechseltisch, die Dosiercapillare durchsticht den Verschluß der Probenflasche und befindet sich damit im Dampfraum der Probenflasche. Das Gerät bedarf keiner Wartung, es kann auch über Nacht in Betrieb sein. Sollen weniger als 30 Proben untersucht werden, so kann man durch Einsetzen eines Kontaktstiftes in den Lochkreis des Probenwechseltisches den automatischen Ablauf stoppen.

Wenn nur geringe Äthanolmengen bestimmt werden sollen (Äthanol in Blutseren), so wird der Probennehmerautomat an einen Gaschromatographen mit FID angeschlossen.

## 2. Bestimmung von Methanol, Propanol 1 und Propanol 2

Methanol ist in den meisten Erzeugnissen aus Gärungsalkohol enthalten, weil es sich destillativ vom Äthanol nur schwer trennen läßt. Propanol 1 ist ebenfalls ein Erzeugnis der alkoholischen Gärung, Propanol 1 und Propanol 2 werden in vielen kosmetischen Erzeugnissen als Äthanolersatz verwendet. Für die Bestimmung dieser Alkohole gelten die gleichen Versuchsbedingungen wie für Äthanol. Man muß nur die richtige Säule wählen, welche Äthanol von den anderen Alkoholen gut trennt, und für jeden Alkohol muß der stoffspezifische Korrekturfaktor bestimmt werden.

**α) Methanol.** Für die Bestimmung von Methanol neben Äthanol ist am besten die Säule mit Polyäthylenglykol als stationäre Phase auf Celite geeignet. Bei Verwendung eines FID kann man noch Mengen bis 0,2 mg/100 ml bestimmen.

**β) Propanol 1** (n-Propanol). Als stationäre Phase eignen sich Diäthylhexylsebacinat auf Chromosorb und Polyäthylenglykol auf Celite.

**γ) Propanol 2** (Isopropanol). Als stationäre Phase eignen sich Diäthylhexylsebacinat auf Chromosorb und Diglycerol auf Chromosorb. Nicht geeignet ist Polyäthylenglykol, weil Äthanol und Propanol 2 die gleichen Rückhaltezeiten haben.

## 3. Trennung der aliphatischen Alkohole $C_1$ bis $C_5$ (Fuselöle)

In der Tab. 6 werden die relativen Gesamtrückhaltezeiten verschiedener Alkohole von $C_1$ bis $C_5$ angegeben. In der Praxis benötigt man die absoluten Gesamtrückhaltezeiten, das ist die Zeit vom Start bis zum Maximum des Piks. Diese Werte müssen jedoch für jedes Gerät und für jede Säule bestimmt werden, weil diese Werte von vielen Faktoren abhängen. Sie ändern sich schon mit dem Alter der stationären Phase. Die relativen Rückhaltezeiten dagegen geben das Verhältnis einzelner Substanzen zu einer Substanz an, deren absolute Gesamtrückhaltezeit gleich 1,000 gesetzt wurde. Diese Verhältnisse bleiben in etwa immer gleich. Da es bei jeder stationären Phase Substanzen mit der gleichen Rückhaltezeit gibt, ist es oft erforderlich, die gleiche Probe auf verschiedenen Säulen zu messen.

Tab. 6 gibt die relativen Gesamtrückhaltezeiten der aliphatischen Alkohole $C_1$ bis $C_5$ für verschiedene Säulenpackungen an. Die absolute Gesamtrückhaltezeit für Butanol 1 wurde gleich 1,000 gesetzt.

Tabelle 6

| Substanzen | Säulen-Nummer | | | | | |
| --- | --- | --- | --- | --- | --- | --- |
| | 1 | 2 | 3 | 4 | 5 | 6 |
| Methanol | — | 0,228 | 0,138 | *0,424* | 0,600 | *0,292* |
| Äthanol | *0,700* | 0,288 | 0,154 | *0,422* | *0,540* | *0,341* |
| Propanol 1 | 0,827 | 0,506 | 0,405 | 0,600 | 0,707 | 0,556 |
| Propanol 2 (Isopropanol) | 0,525 | *0,300* | 0,221 | 0,388 | 0,440 | *0,322* |
| Butanol 1 | 1,000 | 1,000 | 1,000 | 1,000 | 1,000 | 1,000 |
| 2-Methylpropanol 1 (prim. i-Butanol) | *0,700* | *0,675* | *0,734* | 0,748 | 0,733 | 0,736 |
| Butanol 2 (sek. Butanol) | 0,587 | 0,538 | 0,552 | 0,606 | *0,560* | 0,517 |
| Methylpropanol 2 (tert. i-Butanol) | 0,385 | 0,313 | 0,279 | 0,382 | 0,346 | 0,283 |
| 2-Methyl-butanol-1 (opt. akt. Gärungsamylalkohol) | 0,975 | 1,321 | *1,917* | *1,451* | *1,220* | *1,400* |
| 2-Methyl-butanol-4 (opt. inakt. Gärungsamylalkohol) | 1,062 | 1,478 | *1,868* | *1,451* | *1,220* | *1,400* |
| 2-Methyl-butanol-2 (tert. Amylalkohol) | 0,477 | *0,300* | *0,753* | — | — | — |
| Pentanol-1 (prim. n-Amylalkohol) | 1,250 | 1,882 | 2,418 | — | — | — |
| Pentanol-2 (sek. n-Amylalkohol) | *0,700* | 0,888 | 1,281 | — | — | — |
| Pentanol-3 (Diäthylcarbinol) | 0,625 | 0,750 | 1,070 | — | — | — |

Anmerkung: Die *kursiv* gesetzten Säulen-Nummern weisen auf gleiche Rückhaltezeiten hin

Säulen-Nr.:

1 Diglycerol auf Chromosorb WLD
2 Diäthyl-D-tartrat auf Celite WLD
3 Diäthylhexylsebacinat auf Celite WLD
4 Diäthylhexylsebacinat + Glycerin auf Chromosorb WLD
5 Polyäthylenglykol + Glycerin auf Celite WLD
6 Polyäthylenglykol + Polyäthylenglykol auf Celite FID.
Es handelt sich jeweils um Säulen von 2 m Länge.
Gleiche Rückhaltezeiten haben:
Säule 1: Äthanol, 2-Methylpropanol 1, Pentanol 2
Säule 2: Propanol 2, 2-Methyl-butanol 2
Säule 3: 2-Methylpropanol 1, 2-Methyl-butanol 1, 2-Methyl-butanol-4, 2-Methyl-butanol-2.
Säule 4: Methanol, Äthanol, 2-Methyl-butanol 1, 2-Methyl-butanol-4
Säule 5: Äthanol, 2-Methylpropanol 1, 2-Methyl-butanol-1, 2-Methyl-butanol-4.
Säule 6: Methanol, Äthanol, Propanol 2, 2-Methyl-butanol-1, 2-Methyl-butanol-4.

# 4. Bestimmung der nichtalkoholischen Begleitstoffe von Branntweinen und Spriten sowie von Vergällungsmitteln

Die Tab. 7 gibt die relativen Gesamtrückhaltezeiten der nicht alkoholischen Branntweinbegleitstoffe und der Branntweinvergällungsmittel an. Die absolute Gesamtrückhaltezeit von Butanol 1 wurde 1,000 gesetzt.

Nach Tab. 7 haben folgende Substanzen die gleichen, bzw. fast die gleichen Rückhaltezeiten:

Säule 1: Alle Ester, Acetaldehyd und fast alle Vergällungsmittel weisen in den Rückhaltezeiten nur geringfügige Unterschiede auf. Diese Säule ist nur zur Trennung der $C_5$-Alkohole gut geeignet.

Säule 4: n-Propylacetat + Acetal, Acetaldehyd + Diäthyläther, Aceton + Methylacetat.
Säule 5: Ameisensäureäthylester + Methylacetat, Isopropylacetat + Acetal, Äthylacetat + Aceton, Isobutylacetat + Chloroform + Methylisopropylketon.
Säule 6: Methylacetat + Aceton, Isobutylacetat + Chloroform, Acetal + Toluol.

Tabelle 7

| Substanzen | Säulen-Nummer | | | |
|---|---|---|---|---|
| | 1 | 4 | 5 | 6 |
| Methylacetat | 0,137 | *0,227* | *0,220* | *0,215* |
| Äthylacetat | 0,137 | 0,320 | *0,246* | 0,269 |
| n-Propylacetat | 0,154 | *0,571* | 0,332 | 0,395 |
| Isopropylacetat | — | 0,394 | *0,233* | 0,278 |
| n-Butylacetat | 0,196 | 1,114 | 0,494 | 0,659 |
| Isobutylacetat | 0,158 | 0,834 | *0,366* | *0,478* |
| Isoamylacetat | — | 1,737 | 0,593 | 0,853 |
| Caprosäureäthylester | — | — | — | 1,511 |
| Caprinsäureäthylester | — | — | — | 5,512 |
| Caprylsäureäthylester | — | — | — | 3,146 |
| Ameisensäuremethylester | — | 0,137 | 0,186 | — |
| Ameisensäureäthylester | — | 0,216 | *0,220* | 0,205 |
| Acetaldehyd | 0,212 | *0,171* | 0,140 | 0,146 |
| Acetal | 0,604 | *0,571* | *0,233* | 0,611 |
| Diäthyläther | 0,054 | *0,160* | 0,127 | 0,098 |
| Aceton | 0,191 | *0,240* | *0,246* | *0,215* |
| Chloroform | 0,137 | 0,485 | *0,353* | *0,483* |
| Benzol | 0,109 | 0,375 | 0,606 | 0,409 |
| Toluol | 0,133 | 0,994 | 0,413 | 0,590 |
| Pyridin | — | 1,771 | 1,733 | 1,420 |
| Methyläthylketon | 0,213 | 0,365 | *0,307* | 0,307 |
| Methylisopropylketon | 0,196 | 0,491 | 0,353 | — |
| Äthylamylketon | 0,313 | 3,081 | — | 1,307 |

Anmerkung: Die *kursiven* Säulennummern weisen auf gleiche Rückhaltezeiten hin.

## 5. Die Untersuchung der Nebenprodukte aus der Branntweingewinnung, der Edelbranntweine und der vergällten Branntweine

### a) Fuselöl

Seit Einführung der Gaschromatographie werden alle aus Reinigungswerken stammenden, gewaschenen Fuselöle im Bundesmonopolamt für Branntwein untersucht, wodurch ein ansehnliches Zahlenmaterial zusammengekommen ist. Die Fuselöle stammen aus Kartoffel-, Melasse- und Getreidebranntweinen.

Der Äthanolgehalt liegt zwischen 0 und 3 Vol.-%, die wertbestimmenden Gärungsamylalkoholgehalte zwischen 50 und 92 Vol.-%. Butanol 1 ist nur in ganz geringen Mengen enthalten (maximal 0,8 Vol.-%), dagegen enthalten Fuselöle 0,5—20 Vol.-% Propanol 1 und 6—20 Vol.-% 2-Methylpropanol 1. Nicht nachzuweisen sind Propanol 2 und in Fuselölen aus Agrarstoffen alle $C_5$-Alkohole außer den beiden Gärungsamylalkoholen.

An Ester enthalten die Fuselöle ganz geringe Mengen Äthylacetat, bis 0,5 Vol.-% und Amylacetat bis 0,6 Vol.-%. Obstbranntweinfuselöl enthält außerdem bis 0,4% Furfurol. Bei Fuselölen aus vergorenen Sulfitablaugen steigt der Furfurolgehalt bis auf 3% an. Daneben enthält Sulfitfuselöl noch Terpene und Pentanol 1.

Nach H. Pfenninger (1963) sollen Fuselöle aus Obstwein und Weinhefe auch Butanol 2 enthalten.

Ein Rückschluß auf den Brennereirohstoff aus der Zusammensetzung der Fuselöle ist bei Kartoffel-, Melasse- und Getreidebranntweinen kaum möglich. Die Zusammensetzung der Fuselöle ist viel zu schwankend, außerdem ist bei hochentwickelten Reinigungsgeräten die Art der Rektifizierung von großem Einfluß auf die Beschaffenheit des Fuselöls. Fuselöle aus Obstbranntweinen enthalten immer viel mehr Propanol 1 als solche aus Agrarstoffen. Dies ist darauf zurückzuführen, daß bei guter Rektifizierung das wasserlösliche Propanol 1 zum Großteil in den Vorlauf geht, was beim gewöhnlichen Feinbrennen nicht möglich ist. So kann man auch die hohen Gärungsamylalkoholgehalte (bis 92 Vol.-%) der Fuselöle, die bei der Gewinnung von Primasprit anfallen, erklären.

H. PFENNINGER (1963) berechnete die Verhältnisse zwischen den Gärungsamylalkoholen 2-Methyl-butanol 1 zu 2-Methyl-butanol-4 und bezeichnet sie als Faktor $Q_A$. Eine Trennung der Gärungsamylalkohole erreicht man nur mit Säulen, die Diäthyl-D-tartrat oder Diglycerol als stationäre Phase besitzen.

Der Faktor $Q_A$ beträgt bei
Melassefuselöl 1:1,1 bis 1:1,7
Getreidefuselöl 1:2,1 bis 1:3,3
Kartoffelfuselöl 1:3,7 bis 1:4,1
Sulfitspritfuselöl 1:3,6 bis 1:5,5
Obstspritfuselöl 1:3,2 bis 1:5,9

Für die Untersuchung der Fuselöle sind Geräte mit WLD gut geeignet. Hat man die Gewißheit, daß alle Substanzen erfaßt werden, so mißt man die einzelnen Flächen durch, vervielfacht die Flächenwerte mit den stoffspezifischen Korrekturfaktoren und setzt die Summe der korrigierten Flächenwerte gleich 100 und berechnet anteilmäßig den Prozentgehalt der einzelnen Substanzen.

Ist man nicht sicher, daß alle Substanzen erfaßt werden oder will man sich davon überzeugen, so verwendet man einen inneren Standard. Für Fuselöl eignet sich z. B. Aceton.

### b) Vorläufe

Durch die Gaschromatographie wurde es erst möglich, Vorläufe schnell und genau zu untersuchen. Man erhält die leicht flüchtigen Ester Methylacetat und Äthylacetat getrennt, ebenso Acetaldehyl und Acetal. Man konnte feststellen, daß bei hochprozentigen Vorläufen der Großteil des Acetaldehyds als Acetal gebunden ist. Acetale sind auch beständiger als man bisher annahm, erst beim Kochen mit verdünnter Säure zerfallen sie vollständig.

Für die Untersuchung von Vorläufen empfehlen sich auch Geräte mit WLD.

In den meisten Fällen ist die Summe der Begleitstoffe des Äthanols geringer als 3 %. Die Dichten der Begleitstoffe weichen von der des Äthanols nicht wesentlich ab. Man begeht daher nur einen unbedeutenden Fehler, wenn man den Spindelwert der Probe in Gewichtsprozenten gleich 100 setzt und davon den Prozentgehalt der einzelnen korrigierten Flächen berechnet.

Benötigt man nur den Äthanolgehalt oder liegt die Summe der Begleitstoffe über 3%, so verwendet man einen inneren Standard; bewährt haben sich Pyridin und Toluol.

### c) Edelbranntweine

Für die Untersuchung von Edelbranntweinen sind Geräte mit WLD zu wenig empfindlich, diesen Ansprüchen werden nur Geräte mit FID gerecht. Die Einspritzmenge muß sehr gering gehalten werden, höchstens $3\,\mu l$, weil sonst die Äthanolbande die übrigen überdeckt.

Die Auswertung kann man mit Hilfe eines inneren Standards vornehmen. Besser jedoch hat sich die Methode bewährt, wie sie bei den Vorläufen empfohlen wurde, umsomehr als die Summe der Begleitstoffe bei Edelbranntweinen in der Regel unter 1% liegt. Der Spindelwert des Branntweins wird gleich 100 gesetzt und mit den korrigierten Flächenwerten werden die Gewichtsprozente der einzelnen Begleitstoffe berechnet. Anschließend kann man die Gewichtsprozente mit Hilfe der Dichte in Milligramm in 100 ml umrechnen.

Der FID ist ausreichend empfindlich, so daß eine Anreicherung der Begleitstoffe — außer durch fraktionierte Destillation — nicht erforderlich ist. Den besten Einblick in die Zusammensetzung eines Edelbranntweins erhält man, wenn die am Birektifikator oder auf einem anderen scharf fraktionierenden Gerät gewonnenen Teilfraktionen gaschromatographisch untersucht werden.

**α) Extraktionsmethode nach R. Mecke u. M. de Vries (1959).** Gemisch aus Äther und n-Pentan (2:1). Dieses Gemisch hat den Vorteil, daß es leicht siedet (33°C). Beide Komponenten haben sehr kurze Rückhaltezeiten, so daß Extraktionsmittelreste nicht stören können.

Nachteile der Extraktionsmethoden sind, daß nicht alle Substanzen erfaßt werden und nicht in dem Verhältnis, wie sie in dem Erzeugnis enthalten sind. Die Extraktionsmittel müssen vorher genau auf Verunreinigungen geprüft werden, sonst könnten diese für Begleitstoffe der untersuchten Probe gehalten werden.

**β) Temperatur-Programmierung.** Für die Qualität der Edelbranntweine sind die höher siedenden Anteile wie Ester, ätherische Öle usw. von maßgebender Bedeutung. In Stoffgemischen mit weitem Siedebereich ist es schwierig, alle Komponenten zu erfassen, weil mit zunehmender Rückhaltezeit die Bandenbreiten wachsen und bie Bandenhöhen entsprechend abnehmen. Hier kann die Temperatur-Programmierung Abhilfe schaffen. Darunter versteht man die vor der Analyse geplante Änderung der Säulentemperatur während der Analyse. Zu Beginn der Messung besitzt die Säule die niedrigste Temperatur, die Substanzen mit den kürzesten Rückhaltezeiten (niedrigsten Siedepunkten) wandern durch die Säule, die höher siedenden dagegen bleiben in der stationären Phase gelöst. Erst mit steigender Temperatur werden entsprechend ihrem Verteilungskoeffizienten die höher siedenden Anteile frei. Mit der Änderung der Temperatur ändern sich auch die Wanderungsgeschwindigkeiten der einzelnen Komponenten und damit auch ihre Rückhaltezeiten. Die Anfangstemperatur soll so gewählt werden, daß die niedrig siedenden Anteile noch klar getrennt werden. Nach H. Farnow (1958) soll die Anfangstemperatur nicht wesentlich mehr als um 100°C unter dem Siedepunkt der höchst siedenden Komponente liegen.

**γ) Präparative Gaschromatographie.** Sie dient der Trennung von Gemischen in ihre Komponenten, die in größter Reinheit anfallen. Die aufgefangenen Teilsubstanzen können für sich untersucht werden. Von unbekannten Substanzen kann mit Hilfe anderer Methoden z. B. der IR-Spektralphotometrie die Struktur ermittelt werden. Die präparative Gaschromatographie verlangt Säulen mit weitaus größerem Durchmesser. Die Probenmenge beträgt bis 1,5 ml und kann von Hand aus oder automatisch eingespritzt werden. Bei Säulen mit geringerem Durchmesser kann der Trennvorgang wiederholt werden; aus einem Probegefäß wird die Probe je nach Bedarf mehrmals eingespritzt. Ein geringer Teilstrom wird zur Kontrolle durch den Detektor geleitet. Unter dem Gasaustritt des Gerätes befindet sich ein Drehtisch mit acht Probegefäßen. Dieser kann von Hand aus oder automatisch, durch das Registriergerät ausgelöst, bewegt werden. Wenn die Registrierfeder zur Nullstellung zurückgekehrt und damit eine Komponente aufgefangen ist, kommt das nächste Probegefäß an die Reihe.

Auf dem Gebiet der Branntwein- und Spritanalyse gibt es noch keine Erfahrung, wie weit die präparative Gaschromatographie eingesetzt werden kann. Sie dürfte sich aber gerade bei der Fuselöl- und Esterbestimmung gut bewähren.

# VIII. Unterscheidung von Gärungsalkohol und Essig von synthetischem Material durch den $^{14}$C-Gehalt

Künftig wird im EWG-Raum die Unterscheidung von Gärungsalkohol und synthetischem Äthanol (das im Bundesgebiet in letzter Zeit in großen Mengen anfällt) und von Gärungsessig und synthetischer Essigessenz von noch größerer Bedeutung sein als bisher. Chemische Methoden versagen vollkommen, weil im synthetischen Sprit wegen seiner hohen Reinheit spezifische Begleitstoffe nicht mehr nachweisbar sind. Besonders schwierig wird es, wenn das Äthanol erst aus verdünnten aber komplexen Mischungen, wie Spirituosen, isoliert werden muß oder wie beim Speiseessig, wo das Äthanol chemisch umgesetzt ist.

H. Simon u. Mitarb. (1968) haben zur Unterscheidung von biologischem und synthetischem Material die Bestimmung des radioaktiven Kohlenstoffes ($^{14}$C) benutzt. Produkte aus biologischem Material haben einen geringen Gehalt an radioaktivem Kohlenstoff ($^{14}$C). Die Halbwertzeit beträgt 5760 Jahre. Da Kohle und Erdöl viele Millionen Jahre alt sind, zeigt ihr Kohlenstoff keine Radioaktivität mehr.

Für archäologische Zwecke wurde die $^{14}$C-Bestimmung schon eingesetzt. V. Faltings hat bereits 1952 den „natürlichen $^{14}$C-Gehalt" zur Unterscheidung von Gärungs- und Syntheseessig verwendet. Allerdings war die Meßmethodik damals noch so aufwendig, daß an eine routinemäßige Anwendung nicht zu denken war.

Die Flüssigkeitsscintillations-Zählung stellt heute ein relativ einfaches und empfindliches Verfahren für solche Substanzen dar, die z. B. mit Toluol mischbar sind und keine starken Löscher- oder Verdünner-Eigenschaften haben. Diese Voraussetzungen sind nach H. Simon für Äthanol mit weniger als 8% Wasser und für Essigsäure mit weniger als 4% Wasser gegeben.

Eine gewisse Komplikation ergibt sich aus der Inkonstanz des „natürlichen" $^{14}$C-Gehaltes seit 1952, da bei Atombombenexplosionen künstlich erzeugter Kohlenstoff-14 den natürlichen, von der kosmischen Strahlung herrührenden, erhöht hat. So stellten u. a. K. O. Münnich u. J. C. Vogel (1959) eine Steigerung des $^{14}$C-Gehalts des atmosphärischen Kohlendioxids um nahezu 35% gegenüber dem Standardwert fest. Bis 1964 hat sich der $^{14}$C-Gehalt, der ursprünglich ca. 14,4 tpm[1] pro Gramm Kohlenstoff in recentem biologischem Material betrug, auf ca. 25—27 tpm/gC[2] erhöht. Hier spielt jedoch noch ein anderer Effekt eine Rolle. Hauptsächlich durch Messung von Holz, das durch Jahresringe genau datiert werden konnte, ließ sich feststellen, was auch aufgrund der „natürlichen" $^{14}$C-Genese anzunehmen war, daß der $^{14}$C-Gehalt der Atmosphäre über Jahrhunderte konstant war. Von 1850—1953 sank dieser Wert um etwa 4% als Folge der Verdünnung des atmosphärischen $^{14}$C-Gehalts durch die Zufuhr großer Mengen von $^{14}$C-freiem Kohlendioxid aus der industriellen Verbrennung von Kohle und Erdöl (Sueß-Effekt 1955). So kann organisches Material, das in der Nähe großer Industriegebiete wächst, einen geringeren $^{14}$C-Gehalt aufweisen.

Die $^{14}$C-Gehalte wurden in einem Tri-Carb der Firma Packard gemessen.

## 1. Analyse des Äthanols

Zur Analyse des Äthanols werden Doppelbestimmungen durchgeführt, indem je 10,0 ml Äthanol mit 10 ml Toluol-Scintillator[3] in einem Zählgläschen aus kaliumarmen Glas vermischt werden. Bei optimaler Geräteeinstellung ergab sich eine Zählausbeute von 63,1%. Der Null-

---

[1] tpm = Transmutationen (Kernzerfälle) pro Minute.
[2] In Höhen von ca. 5000 m und 33—35° nördlicher Breite zwischen Januar und August 1946 von Flugzeugen gesammelt.
[3] (5,0 g 2,5-Diphenyloxacol und 0,30 g 1,4-Bis-2-(4-methyl-5-phenyloxazolyl)-benzol).

effekt betrug 18,7 tpm. Daraus ergibt sich ein Verhältnis des Quadrats der Zählausbeute zum Nulleffekt von 213. Untersucht man das Produkt aus Zählausbeute und Volumprozent Äthanol in Abhängigkeit von den Volumprozenten Äthanol, so ergibt sich ein Maximum bei 60% Äthanol und 40% Scintillator. Das Mischungsverhältnis 50:50 liegt jedoch nur ca. 3% unter diesem Optimalwert. Die Zählzeit wurde meist so gewählt, daß 5000—7000 Impulse registriert wurden. Die Zählausbeute wurde mit Hexadecan-$^{14}$C (bezogen von Radiochemical Centre Amersham) bestimmt.

Falls die Äthanolproben mehr als 8% Wasser enthalten, werden sie durch Destillation angereichert. Äthanol aus Branntweinen und Likören wird durch zweimalige Destillation erhalten. Vor der zweiten Destillation wird Aktivkohle zur völligen Entfärbung zugesetzt. Der Wassergehalt der Proben kann pyknometrisch ermittelt werden.

In Tab. 8 sind die Meßergebnisse einer Reihe von Äthanolproben wiedergegeben. 10 ml Äthanol enthalten 4,1 g Kohlenstoff. Sie sollten 56,6 tpm zeigen,

Tabelle 8. *$^{14}$C-Gehalt verschiedener Äthanolproben*

| Nr. | Probenbezeichnung | Jahr | Herkunft | $^{14}$C-Gehalt tpm/10 ml (Nullwert abgezogen) |
|---|---|---|---|---|
| 1 | Sekundasprit aus Äthylen | — | — | 0 |
| 2 | Sekundasprit aus Äthylen | 1964 | — | 0 |
| 3 | Sekundasprit aus Äthylen | 1965 | — | 0 |
| 4 | Alkohol absol. für techn. Zwecke aus Äthylen | — | — | 0 |
| 5 | Sekundasprit aus Sulfitablaugen | 1960 | Finnland | 53 |
| 6 | Sekundasprit aus Sulfitablaugen | 1961 | Finnland | 51 |
| 7 | Sekundasprit aus Sulfitablaugen | 1965 | — | 71 |
| 8 | Sekundasprit aus Sulfitablaugen | 1965 | — | 65 |
| 9 | Sekundasprit aus Sulfitablaugen | 1965 | — | 61 |
| 10 | Sekundasprit aus Holzzucker | 1954 | — | 62 |
| 11 | Obstbranntwein | 1951 | — | 58 |
| 12 | Likör | 1952 | — | 52 |
| 13 | Branntwein | 1955 | — | 53 |
| 14 | Sprit aus Zuckerrohrmelasse | 1956/57 | Kuba | 51 |
| 15 | Sprit aus Obst | 1956 | Spanien | 57 |
| 16 | Primasprit aus Rübenmelasse | 1957 | Jugoslawien | 59 |
| 17 | Sprit aus Kartoffel | 1956/57 | Polen | 56 |
| 18 | Sprit aus Zuckerrohrmelasse | 1958 | Kuba | 57 |
| 19 | Sprit aus Zuckerrohrmelasse | 1959 | Peru | 56 |
| 20 | Sprit aus Kartoffel und Melasse | 1958/59 | Polen | 64 |
| 21 | Primasprit aus Zuckerrohrmelasse | 1959 | Kuba | 72 |
| 22 | Sprit aus Zuckerrohrmelasse | 1959 | Argentinien | 51 |
| 23 | Sprit aus Feigen | 1959 | — | 69 |
| 24 | Sprit aus Zuckerrohrmelasse | 1960 | Kuba | 67 |
| 25 | Sprit aus Zuckerrohrmelasse | 1959/60 | Indien | 76 |
| 26 | Sprit aus Rübenmelasse | 1960 | Polen | 70 |
| 27 | Sprit aus Zuckerrohrmelasse | 1961/62 | Indien | 65 |
| 28 | Sprit aus Zuckerrohrmelasse | 1962/63 | Kuba | 63 |
| 29 | Sprit aus Kartoffel und Melasse | 1962 | Polen | 80 |
| 30 | Primasprit aus Rübenmelasse | 1962/63 | Jugoslawien | 112 |
| 31 | Trinkbranntwein | 1963 | — | 98 |
| 32 | Trinkbranntwein | 1964 | — | 110 |
| 33 | Primasprit aus Melasse | 1965 | — | 123 |
| 34 | Kartoffel-Rohbranntwein | 1965 | — | 131 |
| 35 | Getreide-Rohbranntwein | 1965 | — | 115 |
| 36 | Melasse-Rohbranntwein | 1965 | — | 126 |
| 37 | Hefelüftungs-Rohbranntwein | 1965 | — | 123 |
| 38 | Kartoffel-Rohbranntwein | 1965 | — | 117 |
| 39 | Kartoffel-Rohbranntwein | 1965 | — | 116 |
| 40 | Melasse-Rohbranntwein | 1965 | — | 114 |
| 41 | Melasse-Rohbranntwein | 1965 | — | 113 |
| 42 | Melasse-Rohbranntwein | 1965 | — | 124 |

falls der Kohlenstoff recent ist und in biologischem Material fixiert wurde. Erhöhungen stammen aus der [14]C-Produktion bei Atombombentests.

Die Werte lassen sich in drei Gruppen einteilen. Die aus Äthylen gewonnenen Proben (1—4) zeigen keinen [14]C-Gehalt (Gruppe I). Von den aus Holz gewonnenen Äthanolen (Gruppe II) zeigen die Proben 8, 9 und 10 Werte zwischen 61—65 tpm, was etwas über den erwarteten Werten liegt, Die Werte der Proben 5 und 6 sind etwa 12% zu tief. Dies könnte seine Ursache darin haben, daß Holz verwendet wurde, das in der Nähe von Industriegebieten gewachsen ist. Die Probe 7 mit 71 tpm spricht für einen Anteil an jungem Holz, da dieses einen wesentlich höheren [14]C-Gehalt besitzt. Die Proben 11—28 aus biologischem Material zwischen 1951—1963 weisen Werte zwischen 52—76 tpm auf und entsprechen damit den Werten für Äthanol auf Holzbasis. Von 1962 ab (Gruppe III) zeigen die Proben aus Gebieten nördlich des Äquators stark steigende [14]C-Gehalte. Da die Atombombenversuchsgebiete im wesentlichen nördlich des Äquators lagen, ist dies verständlich. Ab 1964 wurde etwa eine Verdoppelung des ursprünglichen [14]C-Gehaltes erreicht (Proben Nr. 31—42). Man ersieht daraus, daß es ohne weiteres möglich ist, Äthanol, dessen Kohlenstoff aus Kohle oder Erdöl stammt, von solchem aus Holz und schließlich solchem aus Material, das in den letzten 1—5 Jahren gewachsen ist, zu unterscheiden. Der durchschnittliche relative Fehler der angegebenen Messungen dürfte bei 5—7% liegen. Er ließe sich ohne großen Aufwand auf 2—3% reduzieren. Daher sollten sich auch Mischungen von Gärungsalkohol aus den letzten Jahren mit Synthesesprit mit befriedigender Genauigkeit bestimmen lassen.

## 2. Analyse des Speiseessigs

Die von H. Simon u. Mitarb. durchgeführten Untersuchungen waren darauf angelegt, Mischungen von Synthese- und Gärungsessig möglichst genau bestimmen zu können.

Eine Essigmenge, die etwa 50 ml Essigsäure enthält, wird destilliert, im Destillat durch einen Aräometer der Essigsäuregehalt ermittelt und danach 110% der stöchiometrisch nötigen Calziumcarbonatmenge portionsweise unter gutem Rühren zugegeben. Nach ca. 30 min Stehen bei 60°C wird abgesaugt und das Filtrat im Vakuum bis kurz vor beginnender Kristallisation eingedampft. Die konzentrierte Calciumcarbonatlösung wird in Porzellanschalen bei 130°C völlig vom Wasser befreit, das scharf getrocknete Material wird fein pulverisiert und in einem Rundkolben in Diphosphorsäure[1] eingetragen. Die hieraus im Vakuum dest. Essigsäure wird mit etwas Calciumhydroxid versetzt, am Rückfluß erhitzt, erneut destilliert und von einem kleinen Aliquot der Essigsäuregehalt potentiometrisch bestimmt. Die Proben müssen mindestens 96%ig an Essigsäure sein. Für die Analyse werden zweimal je 10 ml der vorstehend gewonnenen Essigsäure mit 10,0 ml Toluol-Scintillator gemischt. Die Zählausbeute wird in einer dritten Probe durch Zugabe von Hexadecan-[14]C bestimmt. Sie bewegt sich im Verlauf einiger Monate zwischen 48 und 52%. Zur Bestimmung des Nulleffektes werden zweimal je 10,0 ml synthetische reine Essigsäure wie oben mit Scintillator gemischt. Der Wert bewegt sich zwischen 17,5—19,5 tpm. Das Verhältnis Quadrat der Zählausbeute zu Nulleffekt beträgt damit 120—155. Das Maximum des Produkts aus Zählausbeute und Volumprozent Essigsäure in Abhängigkeit von den Volumprozenten liegt bei 45% Essigsäure und 55% Scintillator. Das Mischungsverhältnis 50:60 liegt jedoch nur ca. 2% unter diesem Optimalwert. Für die Proben mit innerem Standard genügt eine Meßzeit von 20—30 min. Jede der zwei Meßproben und der zwei Nulleffektsproben werden mindestens 150 min gemessen.

Werden die Proben Sonnenlicht oder starkem künstlichem Licht ausgesetzt, so geben sie eine stark überhöhte Zählrate, die bei einer Temperatur von +5°C nach ca. 60 Std verschwunden ist.

Die Ergebnisse der Messungen von 10 ml Eisessigproben sind in Tab. 9 wiedergegeben. 10,0 ml Eisessig enthalten 4,2 g Kohlenstoff und es wären unter Berücksichtigung des Sueß-Effekts 58,1 tpm zu erwarten. Die Proben 1—3 zeigen nach

---

[1] 70 g Calciumacetat auf 250 g Diphosphorsäure.

Abzug des Nulleffekts keine [14]C-Aktivität. Die Essigsäure ist synthetisch aus Kohle oder Erdölprodukten gewonnen. Die Proben 4—6 zeigen im Mittel 103,9 tpm. Die Proben 7—9 sind Testmischungen aus recentem und fossilem Material. Die aufgrund der [14]C-Methode gefundenen Werte sind befriedigend und liegen bei der angewandten Zähltechnik wenig unter dem Sollwert. Die Proben 10 und 11 waren in ihrer Zusammensetzung ursprünglich nicht bekannt. Die Übereinstimmung ist auch befriedigend. Ein Verschnitt von Gärungsessig mit Syntheseessig ist dann feststellbar, wenn der Anteil des letzteren 5—7% überschreitet.

Tabelle 9. *[14]C-Gehalt verschiedener Essigsäureproben*

| Nr. | Probenbezeichnung | [14]C-Gehalt | Prozentgehalt eingestellt | Gärungsessig gefunden |
|---|---|---|---|---|
| 1 | Essigessenz . . . . . . . . . . . . . . . | 0 | — | — |
| 2 | Eisessig (Riedel de Haen) . . . . . . | 0 | — | — |
| 3 | Eisessig (Merck) . . . . . . . . . . | 0 | — | — |
| 4 | Weinessig . . . . . . . . . . . . . . | 105,7 | 100 | gleich 100% gesetzt |
| 5 | Weinessig . . . . . . . . . . . . . . | 104,4 | 100 | |
| 6 | Branntweinessig . . . . . . . . . . | 102,4; 104,3 103,1; 103,6 | 100 | |
| 7 | Weinessig . . . . . . . . . . . . . | 39,5 | 40 | 37,8 |
| 8 | Weinessig . . . . . . . . . . . . . | 60,3 | 60 | 57,8 |
| 9 | Weinessig . . . . . . . . . . . . . | 82,2 | 80 | 78,8 |
| 10 | Branntweinessig . . . . . . . . . . | 63,0 | 60 | 60,5* |
| 11 | Handelsware unbekannter Herkunft . | 83,8 | 80 | 80,5* |

* Die Proben wurden mit Syntheseessigsäure von den Firmen gemischt, das Mischungsverhältnis war z.Z. der Untersuchung unbekannt.

## IX. Mindest-Äthanolgehalte (Weingeistgehalte), Beschaffenheitsbedingungen und Kennzahlen von Spriten und Branntweinen

### 1. Mindest-Äthanolgehalte (Weingeistgehalte)

#### a) Sprite

Der international übliche Mindest-Äthanolgehalt beträgt 96,0 Vol.-% (93,9 Gew.-%). Die Sachverständigengruppe für die Spirituosen beim Europarat verlangt für „neutralen Alkohol zu Genußzwecken" die gleiche Äthanolstärke.

Nur im Bundesgebiet wird der Äthanolgehalt (Weingeistgehalt) in Gewichtsprozenten angegeben und beträgt z.Z. noch mindestens 94,4 Gew.-% (96,4 Vol.-%). Es sind jedoch Bestrebungen im Gange, auch im Bundesgebiet den Mindestäthanolgehalt den internationalen Gepflogenheiten anzupassen.

#### b) Branntweine (Spirituosen)

Die Monopolgesetzgebung verlangt für Arrak, Rum und Obstbranntweine eine Mindestweingeiststärke von 38 Vol.-%. Auch die Sachverständigengruppe, die nur diese orginären Branntweine behandelt, stellt die gleiche Forderung. Für sonstige Trinkbranntweine sind 32 Vol.-% gesetzlich vorgeschrieben, soweit nicht nach der Verordnung von 28. II. 1958 Ausnahmen zugelassen sind

1. für Emulsionsliköre wie Eier-, Schokolade-, Sahne- und Milchlikör
   sowie eigelbhaltige Kaffee- und Schokoladenliköre . . . . . . . . . . . . . 20,0 Vol.-%
2. für Kaffee-, Kakao- und Teeliköre sowie Mokka mit Sahne-Likör . 25,0 Vol.-%
3. für Fruchtsaftliköre; der Gesamtfruchtsaftgehalt beträgt je 100
   Liter Fertigware mindestens 20 Liter . . . . . . . . . . . . . . . . . . . . . . 25,0 Vol.-%
4. für Schwedenpunsch . . . . . . . . . . . . . . . . . . . . . . . . . . . . . . . . 25,0 Vol.-%
5. für alle anderen Liköre . . . . . . . . . . . . . . . . . . . . . . . . . . . . . . . 30,0 Vol.-%

Als Liköre gelten nur solche gesüßten Trinkbranntweine, die mindestens 22 g Extrakt in 100 ml enthalten. Beträgt die Weingeiststärke 32 Vol.-% oder mehr, so genügt ein Extraktgehalt von 10 g in 100 ml.

Die festgelegten Weingeist- und Extraktgehalte sind Mindestgehalte und dürfen nicht unterschritten werden. Es gibt keine Toleranz, der Spirituosenhersteller kann zu seiner Sicherheit den Weingeistgehalt um ein bis zwei Zehntel höher einstellen als vergeschrieben ist.

## 2. Beschaffenheitsbedingungen

### a) Sprite

Die Sachverständigengruppe für die Spirituosen im Europarat bezeichnet den Trinksprit (Primasprit) als „neutralen Alkohol zu Genußzwecken" und gibt folgende Definition: Man versteht unter „neutralem Alkohol zu Genußzwecken" den Alkohol, der durch Destillation und Rektifikation vergorener alkoholbildender Stoffe gewonnen worden ist und der den festgelegten Reinheitsanforderungen entspricht.

Unter alkoholbildenden Stoffen versteht man nur natürliche zucker-, stärke- oder cellulosehaltige Stoffe. Synthesesprit kann demnach nicht für Genußzwecke verwendet werden. Für Cellulosealkohol wird jedoch die Einschränkung gemacht, daß jede vertragschließende Partei die Möglichkeit hat, die Einfuhr und den Vertrieb von Cellulosealkohol und von Spirituosen, die solchen Alkohol enthalten, für ihr Gebiet zu untersagen.

Die Beschaffenheitsbedingungen der Bundesmonopolverwaltung für Branntwein verlangen, daß ein Primasprit farblos, klar, geruch- und geschmacklich neutral ist. Unter „neutral" versteht man, daß der Sprit seine Herkunft nicht mehr erkennen läßt. Die Bestimmungen für den „neutralen Alkohol" für Genußzwecke lauten: Dieser Alkohol muß farblos und klar sein und den für Äthanol eigenen Geruch und Geschmack haben, wobei sich der verwendete Rohstoff kaum spürbar bemerkbar machen darf.

Die Tab. 10 gibt die Beschaffenheitsbedingungen der Bundesmonopolverwaltung für Branntwein für zum Genuß bestimmte Sprite (extrafeinfiltrierter Sprit, Primasprit und Alkohol Absolutus nach DAB 6) im Vergleich mit den Beschaffenheitsbedingungen, wie sie von der Sachverständigengruppe beim Europarat für „neutralen Alkohol zu Genußzwecken" vorgeschlagen wurden, an.

Tabelle 10. *Beschaffenheitsbedingungen für Trinksprite*

|  | Trinksprite aus dem Bundesgebiet | Neutraler Alkohol für Genußzwecke |
|---|---|---|
| Permanganattest (Entfärbung) . . . . . | mindestens 20 min | mindestens 20 min |
| Fuselöl (höhere Alkohole) höchstens . . . | 0,5 mg/100 ml | 0,5 mg/100 ml |
| Aldehyde höchstens . . . . . . . . . . | 0,4 mg/100 ml | 1 mg/100 ml |
| Ester höchstens . . . . . . . . . . . . | keine Angabe | 5 mg/100 ml |
| Säure als Essigsäure höchstens . . . . . | 0,4 mg/100 ml | 1 mg/100 ml |
| Furfurol . . . . . . . . . . . . . . . | nicht nachweisbar | nicht nachweisbar |
| Methanol höchstens . . . . . . . . . . | 200 mg/100 ml | 20 mg/100 ml |
| Abdampfrückstand höchstens . . . . . | 1,5 mg/100 ml | 1 mg/100 ml |
| Flüchtige Basen . . . . . . . . . . . | nicht nachweisbar | nicht nachweisbar |

### b) Branntweine

Die Sachverständigengruppe versteht unter Branntwein ein Getränk oder eine Flüssigkeit zum menschlichen Genuß, das hauptsächlich aus Alkohol und Wasser besteht und das im allgemeinen Nebenbestandteile enthält, deren Gesamtheit dem Branntwein seinen charakteristischen Geschmack und sein charakteristisches Bukett verleiht.

Ursprünglich wollte man auch die Untersuchungsmethoden auf europäischer Basis festlegen, hat aber zumindest für die nächste Zeit davon Abstand genommen. Es sollten auch nur die konservativen chemischen Methoden festgelegt werden. Bei dem heutigen Stand der Chemie sollte man sich auch in der Branntweinanalyse auf modernere Verfahren stützen. In der Spritanalyse haben die konventionellen Methoden ihre Berechtigung behalten, weil die zugelassenen Höchstmengen so gering sind, daß sie von den modernen Verfahren nicht erfaßt werden.

In der Tab. 11 sind die von der europäischen Sachverständigengruppe vorgeschlagenen Anforderungen aufgeführt. Die Zahlen in der Klammer bedeuten die Vorschläge der deutschen Sachverständigengruppe.

Keine Einigung konnte betreffend des Methanolgehaltes (besonders bei Spriten) erzielt werden. Man hat sich dahin geeinigt, daß der Methanol- und Blausäuregehalt von jedem Land festgesetzt wird.

Tabelle 11. *Beschaffenheitsbedingungen für Branntweine*

| | Furfurol max. | Aldehyde max. | Säure max. | Ester | Höhere Alkohole | Akrolein |
|---|---|---|---|---|---|---|
| | | | | in mg/100 ml r. A. | | |
| Branntwein aus Wein . . . . | 2,2 (5,0) | 40 (50) | 100 | min. 50 | 100—400 | 0,2 |
| Trester . . . . . . . . . . | 2,2 (5,0) | 160 | 100 | min. 100 | min. 200 | 0,2 |
| Weinhefe . . . . . . . . . | 2,2 (5,0) | 80 | 100 | min. 200 | min. 200 | 0,2 |
| Kernobst . . . . . . . . . | 2,2 (5,0) | 160 | 100 | min. 150 | min. 160 | 0,2 |
| Kirschbranntwein . . . . . | 2,2 (5,0) | 60 | 150 | 300—900 (200—700) | min. 120 (100) | 0,2 |
| Pflaumen- und Zwetschgenbranntwein | 2,2 (5,0) | 80 (60) | 100 | 200—700 | min. 120 (100) | 0,2 |
| Enzianbranntwein . . . . . | 2,2 (5,0) | 160 | 100 | min. 40 | min. 160 | 0,2 |
| Rum . . . . . . . . . . . | 2,2 (12) | 80 | 100 (150) | min. 20 (80) | 80 (100) | 0,2 |
| Whisky . . . . . . . . . . | 1,1 (15) | 20 | 100 | max. 50 (200) | max. 320 (400) | 0,2 |

Ein Branntwein muß als zum Genuß nicht geeignet erklärt werden, wenn er mehr als 400 g/100 ml r. A. höhere Alkohole enthält.

Auch über die Beschaffenheitsbedingungen für Rum konnte man sich nicht einigen, es wurde der Rum daher zuerst aus der Liste gestrichen, später wieder aufgenommen, aber ohne Zahlenangaben. Man überläßt die Entscheidung der Geschmacksrichtung der einzelnen Länder.

## 3. Kennzahlen von Spriten und Branntweinen

W. Horak u. H. Lehmann (1956) haben die für Industrie, Gewerbe und Verkehr wichtigen Kennzahlen ermittelt.

### a) Verdunstungszahl

Zu ihrer Feststellung wurde die Verdunstungszeit für 0,5 ml Äthyläther (auf die Mitte eines Stücks Filterpapier Schleicher Schüll Nr. 597 mit einer Pipette aufgetragen) gleich 1 gesetzt. Es wurde jeweils die Zeit gemessen, in der 0,5 ml Probe bei 20°C vollständig verdunsten.

Tabelle 12. *Verdunstungszahlen*

| Probe | Verdunstungszeit | Verdunstungszahl |
|---|---|---|
| Äthyläther (p.a.) . . . . . . | 37 sec | 1 |
| Primasprit 94,5 Gew.-% . . . | 5 min 35 sec | 9,0 |
| Alkohol abs. . . . . . . . . . | 5 min 13 sec | 8,2 |

## b) Flammpunkte

Die Bestimmungen wurden auf einem Gerät nach ABEL-PENSKY durchführt.

Tabelle 13. *Flammpunkte*

| Probe | Gew.-% (Spindelwerte) | Flammpunkt (°C) |
|---|---|---|
| Primasprit | 94,6 | 16,5 |
| | 50,0 | 24,5 |
| | 5,5 | 56,0 |
| Toluolbranntwein | 99,3 | 11,0 |
| | 80,0 | 16,0 |
| Benzolbranntwein | 99,2 | 9,0 |
| | 70,6 | 11,5 |
| Phthalsäurediäthylesterbranntwein | 98,8 | 15,0 |
| | 60,5 | 23,0 |
| | 29,0 | 31,0 |
| Brennspiritus | 92,1 | 15,5 |
| | 64,5 | 21,0 |
| | 30,0 | 27,0 |

## c) Gefrierpunkte

Zur Durchführung der Messungen diente eine Apparatur nach BECKMANN mit Stockthermometer (Ablesegenauigkeit 0,1 °C). Als Kühlmittel wurde Aceton mit Trockeneis verwendet.

Tabelle 14. *Gefrierpunkte von extraktfreiem Äthanol und extrakthaltigen Erzeugnissen*

| Alkoholstärke | Extraktgehalt g/l | Gefrierpunkt (°C) |
|---|---|---|
| 57,8 Vol.-% = 50,0 Gew.-% | | —39,1 |
| 50,0 Vol.-% = 42,5 Gew.-% | | —31,4 |
| 30,0 Vol.-% = 24,7 Gew.-% | | —15,3 |
| 25,0 Vol.-% = 20,4 Gew.-% | | —11,3 |
| 20,0 Vol.-% = 16,3 Gew.-% | | — 7,6 |
| 5,0 Vol.-% = 4,0 Gew.-% | | — 1,2 |
| 32,0 Gew.-% | 150 | —31,5 |
| | 50 | —26,6 |
| 30,0 Vol.-% | 150 | —18,9 |
| | 50 | —16,9 |
| 25,0 Vol.-% | 150 | —14,6 |
| | 50 | —12,5 |
| 20,0 Vol.-% | 150 | —10,2 |
| | 50 | — 8,8 |
| Edelkirschlikör 30,6 Vol.-% | 440 | —37,8 |
| Bergamottelikör 30,7 Vol.-% | 374,7 | —32,6 |
| Weinbrand 38,0 Vol.-% | — | —23,7 |

## d) Viscosität

G. HAESELER u. S. ULLMANN (1953) haben mit einem Höppler-Viscosimeter (vgl. Bd. II/1 S. 56, betreffend der Definition vergl. Bd. II/1 S. 41 u. ff.) die Viscosität verschiedener Trinkbranntweine bestimmt. Die Viscositätswerte lagen zwischen 2,5 und 1000 cP (Centpoise).

Tabelle 15. *Viscositätswerte verschiedener Trinkbranntweine*

| Probe | Viscositätswert in cP |
|---|---|
| Boonekamp, 3,87 g/100 ml Extrakt | 3,3 |
| Kümmel, 13,27 g/100 ml Extrakt | 4,1 |
| Eierlikör | 468,0 |
| Schokoladenlikör | ca. 1000,0 |

## Bibliographie

Cramer, F.: Papierchromatographie. 4. Aufl. Weinheim/Bergstr.: Verlag Chemie 1958.
Farnow, H.: Gas-Chromatographie. Hrsg. von Dragoco Holzminden.
Fincke, H.: Handbuch der Lebensmittelchemie. Bd. II, Teil 2, S. 1077. Berlin. Springer 1935.
Horwitz, W.: Official Methods of Analysis of the Association of Official Agricultural Chemists. 9. Aufl., S. 446. Washington: Association of Official Agricultural Chemists 1960a, für 1960b S. 104.
Jaumes, P., et S. Brun: Extrait des Travaux de la Société de Pharmacie de Montpellier, Bd. XXVI, Heft 1, 1966. Montpellier Imprimerie de la Charité 1966.
Juckenack, A., E. Bames, B. Bleyer u. J. Grossfeld: Handbuch der Lebensmittelchemie, Bd. VII, S. 653—655. Berlin: Springer 1938a; 1938b, S. 672; 1938c, S. 675; 1938d, S. 681 bis 682; 1938e, S. 683.
Kämpf, W.: Temperatur-Korrektionstabelle für Saccharometer nach Gemischtprozenten 15 °C (g/100 ml). Berlin: Glasbläserei des Institutes für Gärungsgewerbe 1957.
— Die Alkoholfundamentaltafeln der EWG-Länder und der EWG-Zolltarif. Spirituosenjahrbuch 1964, S. 421—424. Berlin: Otto Hellwig 1964.
Kaiser, R.: Chromatographie in der Gasphase. Bd. I. Mannheim: Bibliographisches Institut 1960a; zit. nach Z. Lebensmittel-Untersuch. u. -Forsch. **120**, 103 (1963).
— Chromatographie in der Gasphase. Bd. I. Mannheim: Bibliographisches Institut 1960b; zit. nach Z. Lebensmittel-Untersuch. u. -Forsch. **120**, 111 (1963).
Keil, B.: Laboratoriumstechnik der organischen Chemie. Berlin: Akademie-Verlag 1961; zit. nach Z. Lebensmittel-Untersuch. u. -Forsch. **120**, 103 (1963).
Kretzschmar, H.: Hefe und Alkohol. Berlin-Göttingen-Heidelberg: Springer 1955; zit. nach Z. Lebensmittel-Untersuch. u. -Forsch. **120**, 100 (1963).
Pawlowski, u. E. Schild: Die brautechnischen Untersuchungsmethoden, 8. Aufl., S. 519. Nürnberg: Hans Carl 1961.
Penčeva, E., u. V. Ličev: Über die Anwendung der Polarographie zur Bestimmung des Aldehydgehaltes in Weinbrand. Bulgarisches Forschungsinstitut für Weinindustrie und Brauerei. Wissenschaftliche Arbeiten, Bd. IV, S. 33—46 (1961) [bulgarisch]; zit. nach Branntweinwirtschaft **102**, 371 (1962).
Rokitansky, K., A. Foramitti u. K. Schaden: Mitt. Versuchsstat. Gärungsgewerbe, Bd. VIII, S. 160—185. Wien 1954; zit. nach H. Wüstenfeld u. G. Haeseler 1964e.
*Schweizerisches Lebensmittelbuch.* 4. Aufl. Bern: Zimmermann & Cie AG 1937a; zit. nach Rankoff 1958.
— 4. Aufl., S. 325. Bern: Zimmermann & Cie AG 1937b; zit. nach Z. Lebensmittel-Untersuch. u. -Forsch. **120**, 100 (1963).
Walter, E.: Untersuchung und Beurteilung der Branntweine, Liköre, Obstsäfte und deren Rohstoffe. S. 30—33. Berlin: Carl Knoppke Grüner 1955a, für 1955b, S. 49.
Wüstenfeld, H.: Trinkbranntweine und Liköre. 3. Aufl., S. 424—425. Berlin-Hamburg: Paul Parey 1953.
—, u. G. Haeseler: Trinkbranntweine und Liköre. 4. Aufl., S. 407—408. Berlin-Hamburg: Paul Parey 1964.

## Zeitschriftenliteratur

Acker, L., W. Diemair u. D. Pfeil: Die Stärke. **6**, 241 (1954); zit. nach W. Deckenbrock (1956a).
Alfredsson, M., u. R. Losell: Über den Permanganattest in der Spritanalyse. Branntweinwirtschaft **17**, 469—472 (1965).
Bayer, E., u. K. Reuther: Papierchromatographische Analyse von Carbonsäureester-Gemischen sowie deren Anwendung zur Untersuchung von Aromastoffen. Angew. Chem. **68**, 698—701 (1956); zit. nach W. Deckenbrock (1958).
Beckel, A.: Alkoholbestimmung in Branntwein aus Lichtbrechung und Dichte. Z. Untersuch. Lebensmittel **58**, 78—98 (1929); zit. nach A. Juckenack, E. Bames, B. Bleyer u. J. Grossfeld: Handbuch der Lebensmittelchemie, Bd. VII, S. 656. Berlin: Springer 1938.
Benk, E.: Über die Möglichkeit zum Nachweis von Emulgatoren in Getränkegrundstoffen und Getränken. Mineralwasser-Ztg. **16**, 780—982 (1963).
Bergner, K., u. H. Sperlich: Anwendung der Papierchromatographie bei der Untersuchung von Lebensmitteln. Dtsch. Lebensmittel-Rdsch. **47**, 134—138 (1951); zit. nach W. Deckenbrock (1956b).
Beythien, A.: Dtsch. Dest.-Ztg. **56**, 56 (1935).
Bouthilet, R. J., and W. Lowrey: The use of the gas chromatography in the determination of fusel oil in grape brandy. J. Ass. off. agric. Chem. **42**, 634—637 (1959); zit. nach Z. Lebensmittel-Untersuch. u. -Forsch. **112**, 337 (1960).

Boruff, C.S.: Report on fusel oil. Colorimetric method for quantitative determination of fusel oil in distilled beverages. J. Ass. off. agric. Chem. **42**, 331—336 (1959); zit. nach Branntweinwirtschaft **102**, 337—338 (1962).

Bremanis, E.: Ein Beitrag zum Nachweis und zur Bestimmung kleiner Methanolmengen. Z. Lebensmittel-Untersuch. u. -Forsch. **93**, 1—7 (1951).

*Bundesmonopolverwaltung für Branntwein:* Neufassung der Beschaffenheitsbedingungen für den Verkauf von Branntwein durch die Bundesmonopolverwaltung. Anlage I. Branntweinwirtschaft **101**, 292 (1961a).

— Neufassung der Beschaffenheitsbedingungen für den Verkauf von Branntwein durch die Bundesmonopolverwaltung. Anlage II. Branntweinwirtschaft **101**, 295 (1961b); 1961c, S. 294; 1961d, S. 295—296; 1961e, S. 293—294.

Burmeister, H.: Zur Bestimmung des Fuselöls in Gärungsprodukten. Z. Lebensmittel-Untersuch. u. -Forsch. **118**, 233—244 (1962); zit. nach H. Wüstenfeld u. G. Haeseler: Trinkbranntweine und Liköre, 4. Aufl., S. 446. Berlin-Hamburg: Paul Parey 1964.

Cortina, B., u. A. Montes: Neue Methode zum Nachweis von Thujon in alkoholischen Getränken. An. Asoc. quim. argent. **42**, 213—222 (1954) [spanisch]; zit. nach Chem. Zbl. **127**, 3169 (1956).

Deckenbrock, W.: Ein neuer Alkoholnachweis. Branntweinwirtschaft **75**, 129—131 (1953a).

—, u. M. Sprick: Zur Frage des Methanolgehaltes in Spirituosen. **75**, 1—4 (1953b).

— Anwendung der Papierchromatographie bei Untersuchungen von Spirituosen. Alkohol-Industr. **69**, 151—153 und 170—172 (1956a).

— Zum Nachweis von unzulässigen Zusätzen zum Kornbranntwein. Branntweinwirtschaft **78**, 121—126 (1956b).

—, u. S. Küsters: Zum Problem des Kornaromas. Branntweinwirtschaft **80**, 45—47 (1958).

Duchowny, A.J.: Die Bestimmung von Kupfer und Eisen in Weinbrandprodukten. Weinbereit. Weinbau UdSSR **15**, 28—29 (1955) [russisch]; zit. nach Chem. Zbl. **127**, 5428 (1956).

Dymtschischin, D.A.: Über das Verdünnen der Weinbrandalkohole vor der Analyse. Weinbereit. Weinbau UdSSR **12**, 24—26 (1952) [russisch]; zit. nach Chem. Zbl. **124**, 784 (1953).

Eegriwe, E.: Reaktion und Reagentien zum Nachweis organischer Verbindungen. Z. analyt. Chem. **110**, 22—25 (1937a); zit. nach E. Bremanis (1951).

— Mikrochim. Acta (Wien) **2**, 239 (1937b); zit. nach E. Bremanis (1951).

Ekster, J.: Eine polarographische Methode zur Bestimmung von Furfurol im Weinbrand. Weinbereit. Weinbau UdSSR **16**, 21—24 (1956) [russisch]; zit. nach Chem. Zbl. **128**, 10899 (1957).

Falkowitsch, J.J.: Bestimmung von Kupfer in Wein und Cognac mit Hilfe von Ionenaustauschharzen. Nahrungsmittel-Technol. **1960**, 144—147 (1960) [russisch]; zit. nach Chem. Zbl. **134**, 9522 (1963).

Faltings, V.: Anwendung der natürlichen $^{14}$C Aktivität in der Lebensmittelchemie. Angew. Chem. **64**, 605 (1952).

Fellenberg, Th. v.: Mitt. Lebensmitteluntersuch. Hyg. **21**, 43 (1930); zit. nach H. Wüstenfeld u. G. Haeseler: Trinkbranntweine und Liköre, 4. Aufl., S. 447—448. Berlin-Hamburg: Paul Parey 1964.

Fiehe, J.: Z. Untersuch. Nahrungs- u. Genußmittel **18**, 30 (1909); zit. nach H. Wüstenfeld u. G. Haeseler (1964m).

Flygare, H.: Der Blausäuregehalt Badischer Steinobstbranntweine. Alkohol-Industr. **65**, 189—192 (1952).

Franck, R., u. F. Langer: Weingeistermittlung in Rohsprit. Dtsch. Lebensmittel-Rdsch. **46**, 11—12 (1950); zit. nach Z. Lebensmittel-Untersuch. u. -Forsch. **93**, 55—56 (1951).

Frank-Kammenetzki, A.: Z. öffentl. Chem. **14**, 185 (1908); zit. nach A. Juckenack, E. Bames, B. Bleyer u. J. Grossfeld: Handbuch der Lebensmittelchemie, Bd. VII, S. 656. Berlin: Springer 1938.

Frey, A., u. D. Wegener: Trennung und Identifizierung von Aromastoffen in Weindestillaten. Z. Lebensmittel-Untersuch. u. -Forsch. **104**, 127—136 (1956) und **105**, 98—104 (1957).

Grohmann, G., u. F. Mühlberger: Der papierchromatographische Nachweis von Zimtaldehyd (Zimt) in Dessertweinen und weinhaltigen Getränken. Z. Lebensmittel-Untersuch. u. -Forsch. **99**, 361—367 (1954); zit. nach W. Deckenbrock (1956a).

Grossfeld, J., u. J. Peter: Erkennung und Nachweis verdorbener Eier. Z. Untersuch. Lebensmittel **69**, 19 (1935).

Gyumon, J., and J. Nakagiri: The bisulfit determination of free and combined aldehyds in distilled spirits. J. Ass. off. agric. Chem. **40**, 561—575 (1957); zit. nach Chem. Zbl. **129**, 7620 (1958).

Haeseler, G., u. S. Ullmann: Viskosität von Spirituosen. Branntweinwirtschaft **74**, 219—224 (1952).

—, u. J. Vogl: Zur Aldehyd- und Acetalbestimmung in Spirituosen. Z. Lebensmittel-Untersuch. u. -Forsch. **97**, 460—470 (1953a).

Haeseler, G., u. S. Ullman: Viskosität von Spirituosen. Branntweinwirtschaft **75**, 101—103 (1953b).
— Zur Theorie und Praxis der Alkoholbestimmung. Branntweinwirtschaft **77**, 197—200 (1955).
—, u. H. Specht: Nachweis von Fälschungen bei Edelobstbranntweinen. Branntweinwirtschaft **103**, 31—37 (1963) (vgl. H. Wüstenfeld u. G. Haeseler: Trinkbranntweine und Liköre, 4. Aufl., S. 89. Berlin-Hamburg: Paul Parey 1964).
Hennig, K.: Die Bestimmung der flüchtigen Ester in Weinen, Weinbränden und Weinbrandverschnitten. Z. Lebensmittel-Untersuch. u. -Forsch. **97**, 457—460 (1953).
Herissey, H.: J. Phar. Chim. (Paris) **23**, 60 (1904); zit. nach A. Juckenack u. Mitarb. (1938e).
Högl, O.: Untersuchungen an Süßweinen und Mistellen mit papierchromatographischen Methoden. Z. Lebensmittel-Untersuch. u. -Forsch. **95**, 177—179 (1952); zit. nach W. Deckenbrock (1956a).
Horak, W., u. H. Lehmann: Kennzahlen verschiedener Branntweine und Sprite. Alkohol-Industr. **69**, 523—524 (1956) (vgl. auch G. Haeseler: Kennzahlen von Edelbranntweinen. Branntweinwirtschaft **79**, 205—207 [1957]).
— — Der Permanganattest von Spriten. Alkohol-Industr. **72**, 235—236 (1959).
— — Die Methylalkoholbestimmung in der Spritanalyse. Alkohol-Industr. **73**, 67—69 (1960a).
— — Die Anwendung der Gaschromatographie bei der Analyse von Spriten, Nebenerzeugnissen der Spritreinigung und von alkoholischen Erzeugnissen. Alkohol-Industr. **73**, 367—372 (1960b).
Hunter, J.R., E.W. Cole and J.W. Pence: Determination of ethanol in yeastfermented liquors by gas chromatography. J. Ass. off. agric. Chem. **43**, 769—771 (1960); zit. nach Z. Lebensmittel-Untersuch. u. -Forsch. **116**, 206 (1961/1962).
Jaulmes, P., u. J. Dieuzede: Acetaldehydbestimmung in Spirituosen. Ann. Falsif. Fraudes **47**, 9—14 (1954); zit. nach Z. Lebensmittel-Untersuch. u. -Forsch. **100**, 334 (1955).
Jenard, H.: Le Petit J. Brass. **67**, 830 (1959); zit. nach Z. Lebensmittel-Untersuch. u. -Forsch. **120**, 112 (1963).
Kämpf, W.: Beitrag zur Alkohol- und Extraktbestimmung. Branntweinwirtschaft **78**, 218—223 (1956).
Kallmann, B.J.: Trennung und Identifizierung von Aromastoffen in Weindestillaten. Branntweinwirtschaft **100**, 515—517 (1960).
Kisslitzina, A.: Photoelektrocolorimetrische Bestimmung von höheren Alkoholen, Furfurol, Methylalkohol und Eisen. Weinbereit. Weinbau UdSSR **18**, 10—12 (1958) [russisch]; zit. nach Chem. Zbl. **130**, 4648 (1959).
Kline, A.P., and G.B. Conkright: Estimation of hexoses in distilled spirits. J. Ass. off. agric. Chem. **44**, 387—397 (1961).
Kolthoff, J.: Z. analyt. Chem. **57**, 3 (1918); zit. nach A. Juckenack u. Mitarb. (1938d).
Kracalova, D.: Refraktometrische Saccharosebestimmung in gesüßten Spirituosen. Kvasný Průmysl **2**, 258—259 (1956) [tschechisch]; zit. nach Chem. Zbl. **129**, 12552 (1958).
Kröller, E.: Eine Möglichkeit zur einfachen quantitativen Bestimmung aliphatischer Amine im Sprit. Dtsch. Lebensmittel-Rdsch. **46**, 38 (1950).
Krutzsch, J.: Ein neues Verfahren zur Messung des Alkoholgehaltes. Alkohol-Industr. **4**, 447—449 (1950).
— Alkrumeter mit vergrößerter Meßgenauigkeit. Alkohol-Industr. **68**, 465—467 (1955).
Lafon, J., u. P. Couillaud: Schnellverfahren für Nachweis und Bestimmung von Kupfer im im Branntwein. Ann. Falsif. Fraudes **46**, 35—40 (1953); zit. nach Z. Lebensmittel-Untersuch. u. -Forsch. **99**, 64 (1954).
— — Dépistage et dosage du calcium dans lex eaux-de-vie. Zit. nach J. Hartmann: Die Bestimmung und Beseitigung des Calciums im Branntwein. Z. Lebensmittel-Untersuch. u. -Forsch. **118**, 164—165 (1962/1963).
— —, M. Caumeil et M. Marche: Teneur en plomb des eaux-de-vie de cognac. Ann. Technol. **1960**, 109—116 (1960); zit. nach Z. Lebensmittel-Untersuch. u. -Forsch. **119**, 444 (1963).
Martin, G.E., G. Caggiano and J.E. Beck: Determination of methanol by gas-liquid chromatography. J. Ass. off. agric. Chem. **46**, 297—298 (1963a); zit. nach Spirituosenjahrbuch 1964, S. 446—447.
— — and H. Schlesinger: Fusel oil determination by gas-liquid chromatography. J. Ass. off. agric. Chem. **46**, 294—295 (1963b); zit. nach Spirituosenjahrbuch 1964, S. 446.
Mathers, A.P.: J. Ass. off. agric. Chem. **41**, 121—122 (1958) und **42**, 336 (1959).
—, and R. Schoenemann: 4-Hydroxybenzaldehyde-3-sulfonic acid as a reagent in the colorimetric fusel oil determination. J. Ass. off. agric. Chem. **39**, 834—844 (1956); zit. nach Z. Lebensmittel-Untersuch. u. -Forsch. **107**, 369 (1958).
Mecke, R., u. M. de Vries: Gaschromatographische Untersuchung von alkoholischen Getränken. Z. analyt. Chem. **170**, 326—332 (1959); zit. nach Z. Lebensmittel-Untersuch. u. -Forsch. **120**, 113 (1963).

MICKO, K.: Z. Untersuch. Nahrungs- u. Genußmittel 16, 433—451 (1908); zit. nach H. WÜSTEN-FELD u. G. HAESELER (1964w).

MISSELHORN, K.: Beitrag zur Aldehyd- und Acetalbestimmung in Spirituosen. Branntwein-wirtschaft 103, 401—406 (1963) (vgl. auch H. WÜSTENFELD u. G. HAESELER: Trinkbrannt-weine und Liköre. 4. Aufl., S. 444—445. Berlin: Paul Parey 1964).

MOHLER, H., u. W. HÄMMERLE: Unterscheidung des Kirschwassers von seinen Verfälschungen. Mitt. Lebensmitteluntersuch. Hyg. 30, 284—320 (1939).

MÜLLER, W.: Tabellen zur Bestimmung von Alkohol und Extrakt. Vorratspfl. u. Lebensmittel-forsch. 4, 397—407 (1941); zit. nach H. WÜSTENFELD u. G. HAESELER (1964j).

MÜNNICH, K.O., u. J.C. VOGEL: Internationales $^{14}$C-Symposium, Gronningen, Sept. 1950.

NAVARA, A., L. LAHO, J. CEPCE u. J. VESELSKY: Bestimmung der flüchtigen Säuren in alko-holischen Flüssigkeiten mit neuer Normalschliffapparatur. Kvasný Průmysl 1961, 60—62 (1961) [tschechisch]; zit. nach Alkohol-Industr. 74, 632 (1961).

NAY, N.CH., u. P. LAL: Z. öffentl. Chem. 14, 185 (1908); zit. nach H. WÜSTENFELD (1953).

OSBORN, G., and O. MOTT: The determination of higher alcohols in whisky and other potable spirits. Analyst 77, 260—262 (1952); zit. nach Z. Lebensmittel-Untersuch. u. -Forsch. 95, 391 (1952).

OSZTROVSZKY, A., u. J. UJSZASZI: Papierchromatographische Methode für die Esterbestim-mung in Obstbranntweinen. Mitt. Gär.-Industr. 1960, 29—33 (1960) [ungarisch]; zit. nach Chem. Zbl. 133, 1826 (1962).

— — Bestimmung von Fruchtestern im Branntwein mit papierchromatographischem Ver-fahren. Acta Chim. Acad. Sci. Hung. 27, 285—293 (1961) [ungarisch]; zit. nach Chem. Zbl. 134, 6052 (1963).

OZORAI, J.: Der Fuselölgehalt des entwässerten Sprits. Szeszipar 5, 168 (1962) [ungarisch]; zit. nach Alkohol-Industr. 76, 156 (1963).

PEYNAUD, E., et M. LAFON: Présence et signification du diacétyle, de l'acétoine et du 2,3 butandiol dans le eaux-de-vie. Ann. Falsif. Fraudes 44, 263—283 (1951); zit. nach Z. Lebensmittel-Untersuch. u. -Forsch. 95, 145 (1952).

—, et G. GUIMBERTEAU: Ann. Falsif. Fraudes 51, 70 (1958); zit. nach Z. Lebensmittel-Unter-such. u. -Forsch. 120, 102 (1963).

PFENNINGER, H.: Gaschromatographische Untersuchungen von Fuselölen aus verschiedenen Gärprodukten. Z. Lebensmittel-Untersuch. u. -Forsch. 119, 413 (1963a).

— Gaschromatographische Untersuchungen von Fuselölen aus verschiedenen Gärprodukten.

PFENNINGER, H.: Gaschromatographische Untersuchungen von Fuselölen aus verschiedenen Gärprodukten. Z. Lebensmittel-Untersuch. u. -Forsch. 119, 413 (1963a); 120, 118—119 (1963b); 102—116 (1963c).

PIHA, P., M. KITUNEN, A. HOLMBERG u. H. SUOMALEINEN: Aliphatische Aldehyde des Sulfit- und Getreidesprits. Z. Lebensmittel-Untersuch. u. -Forsch. 113, 134—143 (1960).

PLÖTTNER, D.: Über den Nachweis der Verwendung unvergorener Wacholderbeeren bei der Steinhägerherstellung und eine Methode zur Prüfung des Aromas von Steinhägern. Dtsch. Lebensmittel-Rdsch. 52, 189—191 (1956).

— Qualitätsfragen bei Wacholderbranntweinen. Dtsch. Lebensmittel-Rdsch. 54, 32—35 (1958).

— Zur Bestimmung der höheren Alkohole und Blausäure in Branntweinen. Branntweinwirt-schaft 101, 213—214 (1961a).

— Über die Bestimmung der Ester in Spriten und Branntweinen. Dtsch. Lebensmittel-Rdsch. 57, 207—208 (1961b).

POPOFF, A.: Bestimmung von Kupfer in Wasser-Alkohol-Gemischen und in Branntwein. Nahrung 2, 969—974 (1958); 3, 1079—1085 (1959).

PRIDOROGINA, J.M.: Verbesserung der Methode zur Bestimmung der Stärke von Weinbrand und Weinbrandspriten. Weinbereit. Weinbau UdSSR 12, 30—31 (1952) [russisch]; zit. nach Chem. Zbl. 126, 8280 (1955).

PRO, M., and R. NELSON: Spectrophotometric determination of citric acid. J. Ass. off. agric. Chem. 39, 952—957 (1956); zit. nach Z. Lebensmittel-Untersuch. u. -Forsch. 109, 268 (1959).

RANKOFF, G., A. POPOFF u. A. JOVTSCHEFF: Bestimmung kleiner Mengen Methylalkohol in Äthylalkohol und Branntweinen. Nahrung 1, 96—102 (1957); 2, 268—280 (1958).

RATZ, H.: Untersuchung und Beurteilung von Steinobstbranntweinen insbesondere von Kirsch- und Zwetschgenwässern. Branntweinwirtschaft 1, 4—10 (1966).

ROSENTHALER, L., u. G. VEGEZZI: Zur Kenntnis der Komarowskyschen Reaktion. Brannt-weinwirtschaft 75, 68—69 (1953).

— — Nachweis und Bestimmung des Acroleins in alkoholischen Flüssigkeiten. Z. Lebens-mittel-Untersuch. u. -Forsch. 99, 352—361 (1954).

— Über die Entstehung des in Destillaten von Gärungsprodukten vorhandenen Furfurols. Branntweinwirtschaft 77, 478 (1955a).

Rosenthaler, L., u. G. Vegezzi: Über eine Farbreaktion von Gärungsprodukten. Z. Lebensmittel-Untersuch. u. -Forsch. **102**, 33—34 (1955b).
Rössler, B.: Alkohol-Industr. **19**, 449—453 (1967).
Saar, R.: Refraktometrische Schnellanalyse von Branntweinen und Edelbranntweinen. Z. Untersuch. Lebensmittel **56**, 144—158 (1928); zit. nach A. Juckenack, E. Bames, B. Bleyer u. J. Grossfeld: Handbuch der Lebensmittelchemie, Bd. VII, S. 656. Berlin: Springer 1938.
Salo, T., u. H. Suomaleinen: Die Bestimmung des Diacetyls im Sprit. Z. Lebensmittel-Untersuch. u. -Forsch. **106**, 367—372 (1957).
Schoeneck, H., u. W. Wanninger: Dichte von Alkohol-Wassermischungen als Funktion des Gehalts und der Temperatur. — Beitrag zur internationalen Vereinheitlichung der Alkoholometrie. PTB-Mitteilungen **77**, 4, 336—308 (1967).
Schoenemann, R.L.: Determination of fusel oil in distilled spirits. J. Ass. off. agric. Chem. **46**, 285—288 (1963); zit. nach Spirituosenjahrbuch 1964, S. 453.
Sennewald, K.: Neuaufstellung der Wagner'schen Refraktionstabelle für Äthylalkohol-Wassermischungen bei 17,5° C. Z. Untersuch. Lebensmittel **60**, 409—419 (1930); zit. nach A. Juckenack, E. Bames, B. Bleyer u. J. Grossfeld: Handbuch der Lebensmittelchemie. Bd. VII, S. 656. Berlin: Springer 1938.
Shito, E., L. Nykänen u. H. Suomaleinen: Gaschromatographische Untersuchung der Aromakomponenten alkoholischer Getränke. Teknillisen Kemian Aikakausilehti **19**, 753—762 (1962) [finnisch]; zit. nach Branntweinwirtschaft **103**, 252—253 (1963).
Sichert-Bleyer: Z. Spiritusindustr. **56**, 64 (1933).
Simon, H., P. Rauschenbach u. A. Frey: Unterscheidung von Gärungsalkohol und Essig von synthetischem Material durch $^{14}$C-Gehalt. Z. Lebensmittel-Untersuch. u. -Forsch. **136**, 279—284 (1968).
Specht, H.: Die Ultraviolettabsorption von Spriten. Branntweinwirtschaft **81**, 305—310 (1959) (vgl. D. Plöttner: Über die Beurteilung von Korndestillaten. Branntweinwirtschaft **100**, 231—232 [1960]).
— Ultrarotspektroskopische Methoden zur Erkennung von Spriten. Branntweinwirtschaft **79**, 409—419 (1957).
Strauss, V.: Beitrag zur Alkoholbestimmung in äther.-ölreichen Spirituosen. Branntweinwirtschaft **79**, 446—448 (1957).
Suess, H.E.: Science **122**, 415 (1955).
Sundholm, G., u. R.G. Lindahl: Die Schwefelbestimmung im Sprit mit dem Wickbold'schen Apparat. Branntweinwirtschaft **102**, 155—157 (1962).
Täufel, K., u. U. Pankow: Apotheker-Ztg. **43**, 240 (1928); zit. nach H. Wüstenfeld (1953).
Thaler, H., u. G. Sommer: Studien zur Farbstoffanalytik. Z. Lebensmittel-Untersuch. u. -Forsch. **97**, 345—365 und 441—446 (1953); zit. nach W. Deckenbrock (1956a).
Tkatschuk, W.F.: Eine Schnellmethode zur Bestimmung des Zucker- und Extraktgehaltes in Weinbrand. Weinbereit. Weinbau UdSSR **18**, 12—15 (1958) [russisch]; zit. nach Chem. Zbl. **130**, 9752 (1959).
Torbágyi-Novák, L., u. J. Verhas: Der Gehalt an schwer flüchtigen Estern in Obstbranntweinen. Z. Lebensmittel-Untersuch. u. -Forsch. **104**, 182—187 (1956).
Torns, A.: Der Einfluß des Extraktgehaltes auf die Alkoholstärke. Alkohol-Industr. **68**, 236—237 (1955).
Uino, L., u. T. Salo: Bestimmung des Methanolgehaltes im Sprit mit Chromotropsäure. Z. Lebensmittel-Untersuch. u. -Forsch. **113**, 129—134 (1960).
Végh, A., u. L. Auber: Kritische Bemerkungen zum Nachweis der Methanolverunreinigung des Alkohols. Lebensmittelanalyt. Mitt. **5**, 33—41 (1959); zit. nach Chem. Zbl. **131**, 9405 (1960).
Vioque, E., u. R.T. Holmann: Qualitative Bestimmung von Estern. Z. analyt. Chem. **193**, 307 (1963); zit. nach Spirituosenjahrbuch 1964, S. 458.
Wa: Gerbsäure im Branntwein. Alkohol-Industr. **70**, 180—182 (1957) (vgl. auch H. Wüstenfeld u. G. Haeseler: Trinkbranntweine und Liköre, 4. Aufl., S. 471. Berlin-Hamburg: Paul Parey 1964).
Walter, E.: Der Einfluß des Extraktgehaltes auf die Alkoholstärke. Alkohol-Industrie **68**, 41—43 (1955a).
— Alkoholbestimmung mittels Pyknometer. Alkohol-Industr. **75**, 16 (1962).
Webb, A.D., R. Kepner and R. Ikeda: Composition of a typical grape brandy fusel oil. Analytic. Chem. **1952**, 1944—1949 (1952); zit. nach Branntweinwirtschaft **75**, 171 (1953).
West, D.B., R.F. Evans and K. Becker: Brewers Digest **47** (1952); zit. nach Z. Lebensmittel-Untersuch. u. -Forsch. **120**, 112 (1963).
Wickbold, R.: Die photometrische Trübungstitration zur Bestimmung kleiner Sulfatmengen. Angew. Chem. **65**, 159 (1953); zit. nach G. Sundholm (1962).

WICKBOLD, R.: Bestimmung von Schwefel- und Chlorspuren in organischen Substanzen. Angew. Chem. **69**, 530 (1957); zit. nach G. SUNDHOLM (1962).

WILHARM, G., u. G. HOLZ: Beitrag zur Kenntnis des Acroleins in Obstbränden, Maischen und Mosten. Z. Lebensmittel-Untersuch. u. -Forsch. **92**, 96—99 (1951).

WOODMANN, A.G., and L. DAVIS: J. Ind. Engin. Chem. **4**, 588 (1912); zit. nach A. JUCKENACK u. Mitarb. (1938e).

WÜSTENFELD, H., u. G. LUCKOW: Mitt. Abt. Trinkbranntwein u. Likörfabrikation **20**, 2—6 (1930); zit. nach H. WÜSTENFELD u. G. HAESELER: Trinkbranntweine und Liköre, 4. Aufl., S. 77. Berlin-Hamburg: Paul Parey 1964.

ZEGLIN, H.: Nachweis geringster Mengen Methanol in alkoholischen Getränken. Z. Lebensmittel-Untersuch. u. -Forsch. **96**, 116 (1953).

# Hinweise für die lebensmittelrechtliche Beurteilung

Von

Prof. Dr. **K. G. BERGNER**, Stuttgart

Für die lebensmittelrechtliche Beurteilung alkoholischer Genußmittel und die dazu erforderlichen Untersuchungen durch den Chemiker sind nachstehende Rechtsvorschriften und sonstige Beurteilungsgrundlagen zu beachten:

## I. Bier

1. *Biersteuergesetz* (BSG.). Vom 14. März 1952 (BGBl. I S. 149) in der Fassung vom 10. Mai 1968 (BGBl. I S. 349).

Neben dem vorwiegend steuerrechtlichen Inhalt sind lebensmittelrechtlich wichtig:

| | |
|---|---|
| § 3 (2) | Biergattungen (nach Stammwürzegehalt). |
| § 9 | Bierbereitung, zugelassene Stoffe (für untergäriges Bier „Reinheitsgebot", für obergäriges Bier Zulassung weiterer Stoffe [nicht in Bayern]). Ausnahmegenehmigungen für besondere Biere, für die Ausfuhr und für wissenschaftliche Versuche. Durch die Novelle von 1968 Zulassung von Hopfenpulver und Hopfenauszügen sowie Regelung für Klärmittel für Würze und Bier. <br> (Vgl. hierzu auch *Verordnung über den Verkehr mit Süßstoff*. Vom 27. Februar 1939 [RGBl. I S. 336] i. d. F. vom 23. Juni 1966 [BGBl. I S 365]). |
| § 10 | Verkehr mit Bier (Bezeichnungen, Kenntlichmachung) (vgl. dazu 2. §§ 8, 26; sowie 13. und 14.). |
| § 11 | Verkehrsverbot für Zubereitungen zur Herstellung von Bier sowie für Stoffe und Vorschriften für die Bierbereitung im Haushalt. Regelung für Farbmittel, Farbebier und Hopfenzubereitungen nach § 9 Abs. 2, 4 und 5. |
| § 12 (4) | Abgabe von Bier nur in genußfertigem Zustand. |
| §§ 21, 23 | Bierähnliche Getränke <br> (vgl. hierzu Malzwein, Honigwein, Weingesetz § 10 und Ausführungsverordnung Art. 7 Abs. 2 E, F, G. Met ist kein Bier im steuerrechtlichen Sinn: RGSt 21, 346 ff, siehe HOLTHÖFER, JUCKENACK, NÜSE, Deutsches Lebensmittelrecht, 4. Aufl., Bd. III, S. 246. Berlin, Köln, Bonn, München: Carl Heymanns Verlag 1966). |

2. *Durchführungsbestimmungen zum Biersteuergesetz.* Vom 14. März 1952 (BGBl. I S. 153) in der Fassung vom 2. Dezember 1957 (BGBl. I S. 1831).

| | |
|---|---|
| § 5 | Farbebier (dazu Anlage A, Farbebierordnung mit Begriffsbestimmung [§ 1 (1)] und Verwendungsvorschriften [§ 10]). |

zu BSG § 3 (2):

| | |
|---|---|
| § 8 | Biergattungen, Definition des Stammwürzegehalts. |

zu BSG § 9 (1) bis (4):

| | |
|---|---|
| § 16 | Begriff der Bierbereitung. |
| § 17 | Braustoffe (zur Zulässigkeit bestimmter Bierklärmittel hat der Bundesminister der Finanzen in zahlreichen Erlassen Stellung genommen [siehe HOLTHÖFER, JUCKENACK, NÜSE, Deutsches Lebensmittelrecht, 4. Aufl. Bd. III, S. 287. Berlin, Köln, Bonn, München: Carl Heymanns Verlag 1966]). Regelung jetzt durch Biersteuergesetz § 9 Abs. 6. |
| § 18 | Reinheitsanforderungen an technisch reinen Zucker. |
| § 19 | Brauwasser (zu beachten ist auch § 11 des *Bundes-Seuchengesetzes* vom 18. Juli 1961 [BGBl. I S. 1012] i. d. F. vom 23. Januar 1963 [BGBl. I S. 57]). |

| | |
|---|---|
| § 20 | Verwendung von Rückständen der Bierbereitung und von Kohlendioxid. |
| § 21 | Begriffsbestimmung „obergärig" und „untergärig". |
| § 22 | Zuckerverwendung. |

zu BSG § 9 (7):

| | |
|---|---|
| § 23 | Ausnahmegenehmigungen für besondere Biere (durch die Oberfinanzdirektionen). |

zu BSG § 9 (9):

| | |
|---|---|
| § 24 | Wasserzusatz. |

zu BSG § 9 (10), § 10:

| | |
|---|---|
| § 25 | Begriff „gegoren". |
| § 26 | Kenntlichmachung von Einfach- und Schankbier und der Verwendung von Zucker und künstlichem Süßstoff. |
| § 27 | Vermischung verschiedener Biergattungen oder von Bier mit anderen Getränken nur auf Verlangen des Verbrauchers unmittelbar vor Verbrauch. |

zu BSG § 11:

| | |
|---|---|
| § 28 | Verbotene Zubereitungen. |
| § 31 | Probeentnahme (dazu Anlage 1: Anleitung zur Feststellung des Stammwürzegehalts). |
| § 52/53 | Vorschriften für Versandgefäße. |

zu BSG §§ 21 bis 23:

| | |
|---|---|
| § 95 | Bierähnliche Getränke. |

Soweit das BSG und seine Durchführungsbestimmungen keine speziellen Regelungen treffen, gelten für Bier und bierähnliche Getränke die allgemeinen Bestimmungen des Lebensmittelgesetzes:

3. *Gesetz über den Verkehr mit Lebensmitteln und Bedarfsgegenständen.* Vom 5. Juli 1927 i. d. F. vom 29. Juli 1964 (BGBl. I S. 560)

> insbesondere über Gesundheitsschädlichkeit (§ 3), Verfälschung, Nachmachung, Verdorbenheit, irreführende Bezeichnung (§ 4), Anwendung von Schädlingsbekämpfungsmitteln und von Bedarfsgegenständen (§ 4b), Bestrahlung (§ 4c; dazu *Lebensmittelbestrahlungs-Verordnung* vom 19. Dezember 1959 [BGBl. I S. 761]. Einfuhrbestimmungen (§ 21) (Der Zusatz fremder Stoffe ist durch § 9 BSG geregelt, das von § 4a LMG b. a. w. unberührt bleibt.)

Aufgrund des Lebensmittelgesetzes wurden erlassen:

4. *Verordnung über die Zulassung fremder Stoffe als Zusatz zu Lebensmitteln (Allgemeine Fremdstoff-Verordnung).* Vom 19. Dezember 1959 (BGBl. I S. 742) i. d. F. vom 14. März 1967 (BGBl. I S. 345).

| | |
|---|---|
| § 2 (2) | Nr. 6: Zulassung von Calciumhydroxid als Zusatz zum Brauwasser. |

5. *Verordnung über diätetische Lebensmittel.* Vom 20. Juni 1963 (BGBl. I S. 415) i. d. F. vom 22. Dezember 1965 (BGBl. I S. 2140)

> Zu berücksichtigen bei Bier für diätetische Zwecke, z. B. für Diabetiker (§ 12).

6. *Verordnung über Pflanzenschutz-, Schädlingsbekämpfungs- und Vorratsschutzmittel in oder auf Lebensmitteln pflanzlicher Herkunft (Höchstmengen-VO-Pflanzenschutz-).* Vom 30. November 1966 (BGBl. I S. 667)

> gilt auch für Getreide und Hopfen.

7. *Verordnung über den Zusatz fremder Stoffe bei der Aufbereitung von Trinkwasser (Trinkwasser-Aufbereitungs-Verordnung).* Vom 19. Dezember 1959 (BGBl. I S. 762) i. d. F. vom 27. Juni 1960 (BGBl. I S. 479)

> gilt im Rahmen von § 19 der Durchführungsbestimmungen zum BSG auch für **Brauwasser.**

## Weitere spezielle Rechtsvorschriften:

8. *Verordnung Nr. 129/67/EWG des Rates vom 13. Juni 1967 zur Festsetzung der Standardqualitäten für Weichweizen, Roggen, Gerste, Mais und Hartweizen für das Wirtschaftsjahr 1967/68* (ABl. Europ. Gemeinsch. Nr. 120 vom 21. Juni 1967, S. 2352/67).

Untersuchungsmethoden und Definition in Anhang I und II.

9. *Gesetz über die Herkunftsbezeichnung des Hopfens.* Vom 9. Dezember 1929 (RGBl. I S. 213) i. d. F. vom 12. August 1954 (BGBl. I S. 256)

10. *Gesetz über das Branntweinmonopol.* Vom 8. April 1922 (RGBl. I S. 405) i. d. F. vom 29. März 1967 (BGBl. I S. 385)

§ 116        Bestimmungen über Bierhefe.

11. *Verordnung über Getränkeschankanlagen (Getränkeschankanlagenverordnung).* Vom 14. August 1967 (BGBl. I S. 561)

12. *Verordnung über technische Anforderungen an Getränkeschankanlagen.* Vom 15. März 1966 (BAnz. Nr. 56 vom 22. März 1966).

## Sonstige Beurteilungsgrundlagen:

13. Als Anhaltspunkt für die *Bierbezeichnung* Export, Spezial, Märzen, Pils, Doppelbock, . . .ator, extra usw. können die vom Wirtschaftsministerium Baden-Württemberg eingetragenen Wettbewerbsregeln des Baden-Württembergischen Brauerbundes und des Landesverbands der Baden-Württembergischen Mittelstandsbrauereien dienen (abgedruckt: Dtsch. Lebensmittel-Rdsch. *64*, 125 [1968]).

14. Ferner sind die *Abkommen zum Schutze von Herkunftsangaben, Ursprungs- und anderen geographischen Bezeichnungen*, die u. a. mit Frankreich, Griechenland, Italien und der Schweiz abgeschlossen wurden (von Fall zu Fall veröffentlicht im Bundesgesetzblatt, Teil II) zu beachten.

# II. Wein

1. *Weingesetz* (WG.). Vom 25. Juli 1930 (RGBl. I S. 356) i. d. F. vom 12. August 1965 (BGBl. I S. 780).

(Eine Novelle ist in Vorbereitung; sie soll jedoch erst 2 Jahre nach ihrer Verkündung in Kraft treten.)

Aufgrund des WG. wurde erlassen:

2. *Verordnung zur Ausführung des Weingesetzes* (AVO.). Vom 16. Juli 1932 (RGBl. I S. 358) i. d. F. vom 27. Juli 1965 (BGBl. I S. 657)

Durch 1. und 2. sind geregelt:

für *Wein, einschließlich „Perlwein", Dessertwein und „Grundwein"*

| | |
|---|---|
| WG. § 1 | Begriff „Wein" (nicht erschöpfend). |
| § 2 | Weinverschnitt (dazu AVO. Art. 1; für Importe von Dessertwein Art. 11, für Exporte Art. 12). |
| § 2a | Traubenlese. |
| § 3 | Zuckerung (dazu: AVO. Art. 2 und Anlage 1, Art. 3). |
| § 4 | Kellerbehandlung (dazu: AVO. Art. 4 und Anlage 2, für Importe Art. 11, für Exporte Art. 12). |
| §§ 5—8 | Vorschriften für die Bezeichnung, Aufmachung, und Kennzeichnung (dazu: AVO. Art. 5 und 6; *Anordnung Nr. 3 des Reichsbeauftragten für die Regelung des Absatzes von Weinbauerzeugnissen, Kennzeichnung von Wein.* |

Vom 10. September 1935 [RNVBl. S. 570; RGesundh.Bl. S. 884].
Außerdem sind die *Abkommen zum Schutze von Herkunftsangaben, Ursprungs- und anderen geographischen Bezeichnungen* zu beachten, die mit Frankreich, Griechenland, Italien, Portugal und der Schweiz abgeschlossen wurden; [von Fall zu Fall veröffentlicht im Bundesgesetzblatt Teil II]). Vgl. auch 10.

| | |
|---|---|
| § 9 | Verbot der Nachmachung von Wein. |
| § 13 | Verkehrsverbote für bestimmte Erzeugnisse (in Abs. 3 Regelung der „Restsüße") (dazu: AVO. Art. 8; Abs. 4 enthält eine Begriffsbestimmung für „Grundwein"). |
| § 14 | Einfuhrverbote (dazu: AVO. Art. 9 bis 11; *Wein-Zollordnung*, Fassung von 1939 [RZollBl. S. 139], in Buchform: Berlin: Carl Heymanns Verlag 1939]; mehrfach ergänzt, z. B. durch Erlaß des BMF betr. die *Entnahme von Proben* vom 7. März 1961 [abgedruckt: Z. Lebensmittel-Untersuch. u. -Forsch. (Ges. u. VO) *115*, 9 (1962)]; *Erläuterungen zum Deutschen Zolltarif*, von Fall zu Fall veröffentlicht im BZollBl., u. a. mit Bestimmungen über ausländischen *Verschnittrotwein; Verzeichnis der in der Bundesrepublik zur Untersuchung von ausländischem Wein, Traubenmost und Traubenmaische von den obersten Landesbehörden bestellten öffentlichen Fachanstalten.* Erl. des BdF vom 20. Januar 1964 [BZollBl. S. 136] i. d. F. vom 17. Mai 1966 [BZollBl. S. 411]). |
| § 15 | Weiterverarbeitungsverbote (siehe unten). |
| § 16 | (siehe unten. Dazu: AVO. Art. 15, Herstellung von Weinbrand, Anforderungen an verstärkten Wein, [„Brennwein"]). |
| §§ 19—24 | Überwachungsvorschriften (dazu: AVO. Art. 19; *Grundsätze für die einheitliche Durchführung des Weingesetzes.* Vom 2. November 1933 [RGBl. I S. 801], geändert durch Abschnitt VII der *Allgemeine Verwaltungsvorschrift für die Untersuchung von Wein und ähnlichen alkoholischen Erzeugnissen sowie von Fruchtsäften.* Vom 26. April 1960 [BAnz. Nr. 86 vom 5. Mai 1960, Beilage — berichtigt BAnz. Nr. 172 vom 7. September 1961]. auch bei weinähnlichen und weinhaltigen Getränken, Schaumwein und dem Schaumwein ähnlichen Erzeugnissen, Weindestillat, Weinbrand, Weinbrandverschnitt zu beachten.) |

für *weinähnliche Getränke* einschließlich (vergorenen) Mosten nach Landesbrauch:

| | |
|---|---|
| WG. § 10 | Herstellung aus dem Saft von frischem Stein-, Kern- oder Beerenobst, aus Hagebutten, Schlehen, frischen Rhabarberstengeln, Malzauszügen oder Honig; Bezeichnung (dazu: AVO. Art. 7 und Anlage 2; RdErl. des RuPrMdI *betr. Mostersatzstoffe* vom 9. Dezember 1935 [MiBliV. S. 1496] und RdErl. des RMdI betr. *Verwendung von Rosinen zu Kunstwein* vom 19. Januar 1940 [MiBliV. S. 135]). |

*für Haustrunk*

| | |
|---|---|
| WG. § 11 | Herstellung, Verkehrsverbot (dazu: AVO. Art. 4) |

*für weinhaltige Getränke* (siehe auch 6.)

| | |
|---|---|
| WG. § 12 (3) | Verbot der Verwendung von Traubensüßmost |
| § 15 | Verbot der Verwendung vom Verkehr ausgeschlossener Erzeugnisse (§ 13 Abs. 1, 2) |
| § 16 | Ermächtigung zum Verbot bestimmter Stoffe (dazu: AVO. Art. 13) |

*für Traubenmaische, Traubenmost, Traubensaft* (Traubensüßmoste)

| | |
|---|---|
| WG. § 5 (3) | Zusatz von filtrationsentkeimtem Traubenmost zu Wein (dazu: AVO. Art. 6) |
| § 12 | Beschaffenheit, Bezeichnung, Verwendung (dazu: AVO. Art. 4 und 5) |
| § 13 | Verkehrsverbot für bestimmte Erzeugnisse (dazu: AVO. Art. 8) |
| § 14 | Bestimmungen für eingeführte Erzeugnisse (dazu: AVO. Art. 9 und 10) |

für *Schaumwein und dem Schaumwein ähnliche Getränke*

| | |
|---|---|
| WG. § 2 (4) | Ausnahmen von den Wein-Verschnittbestimmungen |
| § 3 (5) | Ausnahme von den Zuckerungsbestimmungen |
| § 12 (3) | Regelung der Mitverwendung von Traubensüßmost, Ausnahmen |
| § 15 | Verbot der Verwendung vom Verkehr ausgeschlossener Erzeugnisse (§ 13 Abs. 1, 2) |
| § 16 | Ermächtigung zum Verbot bestimmter Stoffe (dazu: AVO. Art. 13) |
| § 17 | Bezeichnung, Kennzeichnung (dazu: AVO. Art. 17; Begriffsbestimmungen: *Durchführungsbestimmungen zum Schaumweinsteuergesetz* i. d. F. vom 6. November 1958 [BGBl. I S. 766], § 1) |

für *Weindestillat, Weinbrand und Weinbrandverschnitt* siehe C. Branntwein 6.

> Zur *Verwendung* von Wein, weinhaltigen oder dem Wein ähnlichen — auch aromatisierten — Getränken *bei der Herstellung von Trinkbranntwein* siehe C. Branntwein 1. (§ 103 a, 2. §§ 127, 127a)
>
> 6. WG. § 16; AVO. Art. 15, 16 (für Weinbrand und Weinbrandverschnitt)
>
> Zum *Monopolausgleich* auf eingeführte Weine, weinhaltige und dem Wein ähnliche — auch aromatisierte — Getränke, deren Alkoholgehalt ganz oder teilweise auf Alkoholzusatz beruht, siehe C. Branntwein 1. § 151.

für *Weinessig* siehe Bd. VI, Abschnitt „Essig".

Vorschriften für die *chemische Untersuchung* (siehe Teil „Weinanalytik"):

3. *Allgemeine Verwaltungsvorschrift für die Untersuchung von Wein und ähnlichen alkoholischen Erzeugnissen sowie von Fruchtsäften.* Vom 26. April 1960 (BAnz. Nr. 86 vom 6. Mai 1960, berichtigt BAnz. Nr. 172 vom 7. September 1961). (Siehe auch Probeentnahme- und Untersuchungsanweisungen der Wein-Zollordnung, durch die Verwaltungsvorschrift z. T. erneuert.)

4. *Gesetz zum Internationalem Übereinkommen zur Vereinheitlichung der Methoden zur Untersuchung und Beurteilung von Wein.* Vom 22. April 1959 (BGBl. II S. 456) mit Anlage A, Begriffsbestimmungen und Untersuchungsmethoden, Anlage B, Vordruckmuster

> (dazu: *Bekanntmachung über das Inkrafttreten des Internationalen Übereinkommens zur Vereinheitlichung der Methoden zur Untersuchung und Beurteilung von Wein.* Vom 3. Februar 1960 [BGBl. II S. 1251]).

Soweit das WG. und seine AVO. keine speziellen Regelungen treffen, gelten für die hier aufgeführten Erzeugnisse die allgemeinen Bestimmungen des Lebensmittelgesetzes (LMG.):

5. *Gesetz über den Verkehr mit Lebensmitteln und Bedarfsgegenständen.* Vom 5. Juli 1927 i. d. F. vom 29. Juli 1964 (BGBl. I S. 560),

> z. B. über Gesundheitsschädlichkeit (§ 3), Nachmachung und irreführende Bezeichnung weinähnlicher und weinhaltiger Getränke und Schaumweine, Verfälschung und Verdorbenheit (§ 4), Anwendung von Schädlingsbekämpfungsmitteln und von Bedarfsgegenständen (§ 4b), Bestrahlung (§ 4c, dazu: *Lebensmittelbestrahlungs-Verordnung* vom 19. Dezember 1959 [BGBl. I S. 791]). Einfuhrbestimmungen (soweit nicht durch WG. und AVO. geregelt; § 21). (Die Bestimmungen des WG. und seiner AVO. über den Zusatz fremder Stoffe bleiben b. a. w. unberührt.)

Aufgrund des WG. und des LMG. wurden erlassen:

6. *Verordnung über Wermutwein und aromatisierte Weine.* Vom 20. März 1936 (RGBl. I S. 196) i. d. F. vom 30. Juli 1965 (BGBl. I S. 661)

Aufgrund des LMG. wurden erlassen:

7. *Verordnung über die äußere Kennzeichnung von Lebensmitteln (Lebensmittel-Kennzeichnungsverordnung).* Vom 8. Mai 1935 (RGBl. I S. 590) i. d. F. vom 9. September 1966 (BGBl. I S. 950)

> gilt auch für Traubensüßmost (siehe auch 13. und 14.)

8. *Verordnung über diätetische Lebensmittel.* Vom 20. Juni 1963 (BGBl. I S. 415) i. d. F. vom 22. Dezember 1965 (BGBl. I S. 2140)

> z. B. bei Erzeugnissen, die für Diabetiker bestimmt sind, zu beachten.

9. *Verordnung über Pflanzenschutz-, Schädlingsbekämpfungs- und Vorratsschutzmittel in oder auf Lebensmitteln pflanzlicher Herkunft* (Höchstmengen-VO-Pflanzenschutz-). Vom 30. November 1966 (BGBl. I S. 667)

> gilt auch für Obst und Weintrauben.

Zur Werbung mit gesundheitlichen Hinweisen (soweit nicht durch AVO. Art. 5 (1) Nr. 2 verboten)

10. *Gesetz über die Werbung auf dem Gebiet des Heilwesens.* Vom 11. Juli 1965 (BGBl. I S. 604)

für *medizinische Weine*

11. *Deutsches Arzneibuch 6. Ausgabe (in der 7. Ausgabe nicht mehr enthalten)*
> Vina medicata: Vinum camphoratum, Vinum Chinae, Condurango, Pepsini (weitere siehe Ergänzungsbuch zum Deutschen Arzneibuch, Neudruck Stuttgart: Deutscher Apotheker-Verlag, 1953)

12. *Gesetz über den Verkehr mit Arzneimitteln.* Vom 16. Mai 1961 (BGBl. I S. 533) i. d. F. vom 18. Januar 1968 (BGBl. I S. 93). Siehe auch 10.

## Sonstige Beurteilungsgrundlagen:

für *Traubensäfte* (Traubensüßmoste)

13. *Leitsätze* (der Kommission zur Schaffung eines Deutschen Lebensmittelbuches) *für Fruchtsäfte (Süßmoste).* Vom 10./11. März 1966; Bekanntmachung vom 30. September 1966 (BAnz. Nr. 195 vom 15. Oktober 1966; GMBl. S. 518)

für *Obst- und Fruchtweine*, -dessertweine, -schaumweine, -wermutweine, vergorene Moste nach Landesbrauch und weiterverarbeitete Erzeugnisse:

14. *Qualitätsnormen und Deklarationsvorschriften für verarbeitetes Obst und Gemüse.* Fassung 1965 (Braunschweig: Verlag Günter Hempel 1965), Anhang 1: Richtlinien für die Herstellung, Kennzeichnung und Beurteilung von Obst- und Fruchtweinen und weiterverarbeiteten Erzeugnissen.

# III. Branntwein

1. *Gesetz über das Branntweinmonopol.* Vom 8. April 1922 (RGBl. I S. 405) in der Fassung vom 29. März 1967 (BGBl. I S. 385)

Neben den vorwiegend monopol- und steuerrechtlichen Vorschriften sind lebensmittelrechtlich wichtig:

| | |
|---|---|
| § 3 | Einfuhrmonopol für Branntwein, ausgenommen Rum, Arrak, Cognac, Liköre (dazu: Ausnahmen für Armagnac, Genever, Gin und Whisky — Bek. der Bundesmonopolverwaltung vom 14. Juni 1965 (BAnz. Nr. 113 vom 23. Juni 1965]). |
| § 100 | Mindest-Alkoholgehalt für Trinkbranntweine; Kennzeichnungsvorschriften (für Weinbrand und Weinbrandverschnitt siehe 6.). |

| | |
|---|---|
| § 101 | Bestimmungen über Kornbranntwein. |
| § 102 | Bestimmungen über Obst- und Beerenbranntweine sowie über Steinhäger (dazu: *Bezeichnung „ . . . geist"*, RdErl. des Preuß. Min. f. Volkswohlfahrt vom 27. Februar 1932 [abgedruckt: Holthöfer, Juckenack, Nüse: Deutsches Lebensmittelrecht, 4. Aufl., Bd. III, S. 372. Berlin, Köln, Bonn. München: Carl Heymanns Verlag 1966]). |
| § 103 | Verbot von Branntweinschärfen. |
| § 103a | Verbot der Verwendung von Wein, weinhaltigen oder dem Wein ähnlichen — auch aromatisierten — Getränken bei der Herstellung von Trinkbranntwein, ausgenommen Weinbrand und Weinbrandverschnitt (weitere Ausnahmen siehe 2. §§ 127, 127a). |
| § 104 | Verbot irreführender Hinweise auf Monopolerzeugnisse. |
| § 115 | Verbot eines Methanolgehaltes in Lebensmitteln, Heil-, Vorbeugungs- und Kräftigungsmitteln, Riechmitteln und Kosmetika. |
| § 116 | Bestimmungen über Branntwein- und Bierhefe. |
| § 129 | Strafbare Handlungen auf dem Gebiet des Lebensmittelrechts. |
| § 151 | Monopolausgleich auf eingeführte Weine, weinhaltige und dem Wein ähnliche — auch aromatisierte — Getränke, deren Alkoholgehalt ganz oder teilweise auf Alkoholzusatz beruht (dazu: Erlaß des BMF betr. *Erhebung des Monopolausgleichs vom* 10. März 1967 [BZollBl. S. 266] mit einigen Begriffserläuterungen). |

2. *Branntweinverwertungsordnung* (in der ursprünglichen Fassung Anlage 2 der Grundbestimmungen vom 12. September 1922 [Zentralbl. f. d. Deutsche Reich S. 707] i. d. F. vom 21. März 1967 (BGBl. I S. 356)

| | |
|---|---|
| § 127 | Mitverwendung von Wein, Wermutwein und dem Wein ähnlichen Getränke (zu § 103a des Branntweinmonopolgesetzes) |
| § 127a | Meldepflicht für diese Verwendung (Zu §§ 127, 127a: *Dienstanweisung* des BMF vom 10. März 1967 [BZollBl. S. 260] mit *Begriffsbestimmungen*) |
| § 128, 130, 131 | Kennzeichnung von Trinkbranntwein (dazu: Erlaß des BMF betr. *Kennzeichnung von Trinkbranntwein in Kleinflaschen* vom 8. April 1957 [BZollBl. S. 205]). |

3. *Verordnung über den Mindestweingeistgehalt von Trinkbranntwein.* Vom 28. Februar 1958 (BAnz. Nr. 48 vom 11. März 1958) i. d. F. vom 27. April 1966 (BAnz. Nr. 83 vom 3. Mai 1966)

4. *Technische Bestimmungen zu den Ausführungsbestimmungen zum Gesetz über das Branntweinmonopol.* Vom 28. Februar 1958 (BZollBl. Nr. 16 vom 20. Juni 1958)

> Inhalt: Technische Vorschriften u. a. für die Probenahme, Bestimmung des Weingeist- und Extraktgehalts, der Nebenbestandteile und Fremdstoffe und für die Vergällung von Branntwein.

5. *Beschaffenheitsbedingungen für den Verkauf von Branntwein durch die Bundesmonopolverwaltung.* Vom 7. April 1962 (abgedruckt: Dtsch. Lebensmittel-Rdsch. 57, 252—253, 1961)

> mit Untersuchungsmethoden.

Für *Weindestillat, Weinbrand, Weinbrandverschnitt* gelten:

6. *Weingesetz* (WG.). Vom 25. Juli 1930 (RGBl. I S. 356) i. d. F. vom 12. August 1965 (BGBl. I S. 780) und

*Verordnung zur Ausführung des Weingesetzes* (AVO.) Vom 16. Juli 1932 (RGBl. I S. 358) i. d. F. vom 27. Juli 1965 (BGBl. I S. 657)

| | |
|---|---|
| WG. § 2 (4) | Ausnahmen von den Weinverschnittbestimmungen. |
| § 12 (3) | Regelung der Verwendung von Traubensüßmost. |

§ 13 (1) (2) Verkehrsverbote (auch für Brennwein geltend) (dazu: AVO. Art. 8 Abs. 2d) cc)).

§ 14 (3)     Regelung der Verwendung importierter Erzeugnisse.

§ 15     Verbot der Verwendung vom Verkehr ausgeschlossener Erzeugnisse (§ 13 Abs. 1, 2).

§ 16     Ermächtigung zum Verbot bestimmter Stoffe (dazu: AVO. Art. 13, 15, 16)

§ 18     Herstellung, Bezeichnung, Kennzeichnung, Mindestalkoholgehalt (dazu: AVO. Art. 18)

§ 19—24   Überwachungsvorschriften

Untersuchungsvorschriften siehe Allgemeine Verwaltungsvorschrift, B. Wein, 3.

Für *weinhaltige Apéritifs* und *Mixgetränke:*

7. *Verordnung über Wermutwein und aromatisierte Weine.* Vom 20. März 1936 (RGBl. I S. 196) i. d. F. vom 30. Juli 1965 (BGBl. I S. 661)

insbesondere §§ 4 bis 8

*Für Getränke aus Wachholderbranntwein, Whisky, Wodka, Rum, Korn, Bitteren oder Likören unter Zusatz* ausschließlich *von Tafelwässern:*

7a. *Verordnung über den Weingeistgehalt von Trinkbranntweinen, die unter Zusatz von Tafelwässern hergestellt sind.* Vom 26. März 1968 (BGBl. I S. 236)

Soweit die o. a. Rechtsvorschriften keine speziellen Regelungen vorsehen, gelten für Trinkbranntwein die allgemeinen Bestimmungen des Lebensmittelgesetzes:

8. *Gesetz über den Verkehr mit Lebensmitteln und Bedarfsgegenständen.* Vom 5. Juli 1927 i. d. F. vom 29. Juli 1964 (BGBl. I S. 560)

insbesondere über Gesundheitsschädlichkeit, auch von branntweinhaltigen Bedarfsgegenständen (§ 3); Verdorbenheit, Verfälschung, Nachmachung, irreführende Aufmachung (§ 4); Verbot des Zusatzes fremder Stoffe — Zusatz von Trinkbranntwein selbst ist zugelassen — (§ 4a). (Für dem Weingesetz unterliegende Erzeugnisse bleiben dessen Vorschriften unberührt). Regelung u. a. für technische Hilfsstoffe (§ 4b), Bestrahlung (§ 4c; dazu: *Lebensmittelbestrahlungs-Verordnung.* Vom 19. Dezember 1959 [BGBl. I S. 761]). Einfuhrbestimmungen (§ 21).

Aufgrund des Lebensmittelgesetzes erlassene Verordnungen:

9. *Verordnung über die Zulassung fremder Stoffe als Zusatz zu Lebensmitteln (Allgemeine Fremdstoff-Verordnung).* Vom 19. Dezember 1959 (BGBl. I S. 742) i. d. F. vom 14. März 1967 (BGBl. I S. 345)

u. a. Zulassung von Blattgold und Blattsilber

10. *Verordnung über färbende Stoffe (Farbstoff-Verordnung).* Vom 19. Dezember 1959 (BGBl. I S. 756) i. d. F. vom 14. März 1967 (BGBl. I S. 345)

Zulassung bestimmter fremder Stoffe zum Färben von Fruchtaroma-, Kräuter- und Gewürzlikören, Kräuter- und Gewürzbranntweinen.

11. *Verordnung über Essenzen und Grundstoffe (Essenzen-Verordnung)* Vom 19. Dezember 1959 (BGBl. I S. 747) i. d. F. vom 15. März 1961 (BGBl. I S. 227)

Durch Brennverfahren gewonnene alkoholische Getränke, Weindestillate und Punschextrakte unterliegen dieser Verordnung nicht (§ 1 (3) Nr. 1 und 2); Spirituosen dürfen nicht mit künstlichen Essenzen oder mit Essenzen, die nicht ausschließlich Trinkbranntwein als Lösungsmittel enthalten, hergestellt werden. Eine Reihe von Stoffen, Pflanzen oder Pflanzenteilen dürfen zum Schutz der menschlichen Gesundheit nicht zur Herstellung von Essenzen oder Grundstoffen verwendet werden (§ 2; Anlage 1)

12. *Verordnung über diätetische Lebensmittel.* Vom 20. Juni 1963 (BGBl. I S. 415) i. d. F. vom 22. Dezember 1965 (BGBl. I S. 2140)

> Verbot, Trinkbranntwein als diätetisches Lebensmittel oder mit Hinweisen auf diätetische Zwecke in den Verkehr zu bringen.

Zur Werbung mit gesundheitlichen Hinweisen:

13. *Gesetz über die Werbung auf dem Gebiete des Heilwesens.* Vom 11. Juli 1965 (BGBl. I S. 604)

und

Runderlaß des RMdI vom 18. Juli 1939 (MiBliV. S. 1551), die *Werbung für Trinkbranntweinerzeugnisse* betreffend.

## Sonstige Beurteilungsgrundlagen:

14. *Begriffsbestimmungen für Spirituosen* i. d. F. vom 10. November 1956 (abgedruckt: u. a. Dtsch. Lebensmittel-Rdsch. *53*, 260—267 (1957) und Holthöfer, Juckenack, Nüse: Deutsches Lebensmittelrecht, 4. Aufl., Bd. III, S. 376—421. Berlin, Köln, Bonn, München: Carl Heymanns Verlag 1966)

> (in einzelnen Punkten durch die nach 1956 ergangenen, oben aufgeführten Rechtsvorschriften überholt.)

Bei der Kennzeichnung von Spirituosen sind außerdem die z. B. mit Frankreich, Griechenland, Italien, Portugal und der Schweiz getroffenen *Abkommen zum Schutze von Herkunftsangaben, Ursprungs- und anderen geographischen Bezeichnungen* (von Fall zu Fall veröffentlicht im Bundesgesetzblatt Teil II) sowie das *Madrider Abkommen zur Unterdrückung falscher Herkunftsangaben* i. d. F. vom 2. Juni 1934 (RGBl. II 1937 S. 583) zu beachten.

# Sachverzeichnis

GPSR Compliance
The European Union's (EU) General Product Safety Regulation (GPSR) is a set
of rules that requires consumer products to be safe and our obligations to
ensure this.

If you have any concerns about our products, you can contact us on

ProductSafety@springernature.com

In case Publisher is established outside the EU, the EU authorized
representative is:

Springer Nature Customer Service Center GmbH
Europaplatz 3
69115 Heidelberg, Germany